# Symbols

## SYMBOLS[1]

$a$ = wire radius [m]
$\mathbf{A}$ = magnetic vector potential [V-s/m]
AF = array factor
$A_e$ = effective aperture = $e_r A_{em}$ [m$^2$]
$A_{em}$ = maximum effective aperture [m$^2$]
$A_p$ = physical aperture = physical area of an aperture antenna [m$^2$]
AR = polarization ellipse axial ratio ($1 \leq |\text{AR}|$)
$b$ = mean radius of a loop [m]
$B$ = fractional bandwidth = BW/$f_C$
$B_p$ = percent bandwidth = $B \times 100 = 2\dfrac{f_U - f_L}{f_U + f_L} \times 100$ [%]
$B_r$ = ratio bandwidth = $f_U/f_L$
BW = antenna bandwidth = $f_U - f_L$ [Hz]
BWFN = beamwidth between first nulls [rad]
$c$ = velocity (speed) of electromagnetic waves in free space $\approx 3 \times 10^8$ m/s
$c$ = directivity factor used in $D = c\, 2\, L/\lambda$
$d$ = interelement spacing in an equally spaced array [m]
$D$ = diameter of an antenna [m]
$D$ = directivity; directivity in dB = 10 log $D$
$D_u$ = directivity of a uniform aperture (constant amplitude and phase)
$e_r$ = radiation efficiency
$\mathbf{E}$ = electric field vector [V/m]
$E_a$ = aperture electric field [V/m]
$E^i$ = incident electric field vector [V/m]
EIRP = effective (or equivalent) isotropically radiated power [W]
$f$ = frequency [Hz]
$f_L$ ($f_U$) = lower (upper) operating frequency of an antenna [Hz]
$f(\,)$ = pattern factor or array factor normalized to unity maximum
$F(\,)$ = radiation pattern normalized to unity maximum
$g(\,)$ = element pattern in a continuous current antenna normalized to unity maximum
$g_a(\,)$ = pattern of a single element in an array normalized to unity maximum
$g_{ae}(\,)$ = average active element pattern normalized to a typical element in the array with all elements active
$g_i(\,)$ = isolated-element pattern normalized to unity maximum
$G$ = (maximum) gain of an antenna; gain in dB = 10 log $G$
$G_o$ = gain with no phase error
$G_{ref}$ = gain of a reference antenna
$G_r$ = gain of a receive antenna
$G_t$ = gain of a transmit antenna
$h$ = height of an antenna above ground [m]
$\mathbf{h}$ = vector effective length of an antenna [m] = $h\,\hat{\mathbf{h}}$

[1] This is a list of the frequently used symbols and abbreviations used in the book. Discussions of the topics associated with each symbol can be located by looking under the term name for the symbol in the index. Units for important quantities are listed on page 5. Values for physical constants are in Appendix B. Coordinate systems are in Appendix C.1.1. Greek symbols are on the inside back cover.

(*Continued*)

$\mathbf{H}$ = magnetic field vector [A/m]
HP = half-power beamwidth [rad]; $HP_{deg}$ = half-power beamwidth [deg]
$HP_{E°}$ ($HP_{H°}$) = half power beamwidth in degrees in *E*-plane (*H*- plane) [deg]
$I$ = (electric) current [A]
$I_{in}$ = current at input terminals of an antenna [A]
$I_m$ = maximum current appearing on an antenna [A]
$I^m$ = magnetic current [V]
$\mathbf{J_S}$ = surface current density [A/m]
$k$ = beamwidth factor used in HP = $k\ \lambda/L$
$K$ = antenna factor [$m^{-1}$]
$L$ = inductance [H]
$L$ = mean length of a wire loop [m]
$L$ = length of a line source antenna or linear array [m]
$\mathbf{M}$ = magnetic current density vector [$V/m^2$]
$n$ = index of refraction (except in Chap. 16)
$\hat{\mathbf{n}}$ = unit normal vector
$p$ = polarization efficiency; polarization mismatch factor ($0 \leq p \leq 1$)
$P$ = power radiated [W]
$P_D$ = power delivered from an antenna to a load (after impedance and polarization mismatches) [W]
$P_{in}$ = power into an antenna (includes ohmic loss) [W]
$P_o$ = power lost to ohmic resistance [W]
$P_N$ = power available due to noise [W]
$P_r$ = power available from a receiving antenna if properly matched [W]
$P_t$ = power from a transmitter delivered to an antenna [W]
$q$ = charge [C]
$q$ = impedance mismatch factor ($0 \leq q \leq 1$)
$Q$ = radiation quality factor
$r$ = spherical coordinate radius [m]
$r'$ = distance from a point in a source distribution to an observation point P [m]
$r_p$ = distance from the coordinate origin to the observation point P [m]
$r_{ff}$ = distance to far field from a coordinate origin centered on an antenna [m]
$R$ = distance between two points in three dimensional space [m]
$R$ = line of sight separation on a radio link [m]
$R_A$ = input resistance at antenna terminals [Ω]
$R_{ri}$ = radiation resistance referred to the input terminals [Ω]
$R_S$ = surface resistance [Ω]
$s$ = surface area (except Chap. 9, where S is used) [$m^2$]
$S$ = time-average power flux density [$W/m^2$]
$\mathbf{S}$ = Poynting vector [$W/m^2$]
SLL = side lobe level relative to main beam peak; side lobe level in dB = 20 log (SLL)
$t$ = time [s]
$T_A$ = antenna output noise temperature [K]
$T_r$ = receiver input noise temperature [K]
$U$ = radiation intensity [W/steradian]
$v$ = volume (except Chap. 9, where $V$ is used)
$v$ = phase velocity [m/s]
$V_A$ = open circuit voltage across the terminals of an antenna [V]
VSWR = voltage standing wave ratio (VSWR ≥ 1)
$X_{in}$ = input reactance at antenna terminals [Ω]
XPOL = cross polarization level (usually relative to pattern main beam peak)
$Z$ = impedance [Ω]
$Z_A$ = impedance at input to antenna [Ω]
$Z_m$ = active impedance of $m^{th}$ element in an array with all elements excited [Ω]
$Z_{mn}$ = mutual impedance between the $m^{th}$ and $n^{th}$ elements of an array antenna [Ω]

**ANTENNA**
**Theory** and **Design**

Warren L. **Stutzman**
Gary A. **Thiele**

제3판

# 안테나 이론과 설계

윤영중 · 김형락 · 민경식 · 임영석 옮김

WILEY

TEXTBOOKS
텍스트북스

Antenna Theory and Design 3/E
Warren L. Stutzman, Gary A. Thiele

ISBN 978-04-70576-64-9



**옮긴이 소개**

**윤영중** 연세대학교
**김형락** 대림대학교
**민경식** 한국해양대학교
**임영석** 전남대학교

# 안테나 이론과 설계 제3판

**발행일** 2024년 3월 10일 1쇄 발행
**지은이** Warren L. Stutzman, Gary A. Thiele
**옮긴이** 윤영중, 김형락, 민경식, 임영석
**발행인** 임은정 **발행처** (주)텍스트북스
**주소** 서울시 영등포구 양평로 30길 14, 세종앤까뮤스퀘어 1109호
**전화** 02-702-5725 **팩스** 02-702-5727 **웹사이트** www.textbooks.co.kr
**등록번호** 제2022-000098호
**ISBN** 979-11-91679-21-2 93560 **정가** 45,000원

# 지은이 머리말

*Preface*

1981년에 『안테나 이론과 설계(Antenna Theory and Design)』의 초판이 발행되었고, 1998년에 2판이 발행되었다. 30년의 기간 동안 주로 무선통신에서 안테나의 응용분야가 눈에 띄게 확장되었다. 또한 기술적 발전과 함께 안테나의 존재와 그 중요성에 대한 대중적 인식도 증가했다. 오늘날에는 모든 도심 및 전원 지역에서 기지국 안테나를 볼 수 있다. 스마트폰과 같은 무선 전화는 안테나를 소비자의 손에 쥐어지게 하였다. 개인용 및 기업용 차량에는 위성 내비게이션(예: GPS), 위성 및 광역 라디오, 휴대전화, 원격 차량출입, 무선 요금징수, 원격 타이어 공기압 모니터링을 포함하여 다양한 무선적 기능이 포함되어 있다.

이번 3판은 2판보다 4개 장이 늘어난 총 16개 장으로 구성되어 있으며, 새로운 내용 소개와 함께 이전에 다루었던 주제들에 대한 재편성도 이루어졌다. 이번 3판은 안테나의 최신 무신 응용에 대해 다루는 부분을 비롯하여 여러 가지 새로운 부분을 포함하고 있다. 제11장은 박형 안테나와 무선 개인통신 안테나에 대한 장으로, 마이크로스트립 안테나와 배열에 대해 보다 광범위하게 다루고 있으며 누설파 안테나, 안테나 크기에 대한 근본적 한계, 소형기기를 위한 안테나, 무선 주파수 인식(RFID)안테나, 유전체 공진기 안테나, 대형 안테나들의 근거리장, 안테나 성능에 대한 인체의 영향, 전자파 노출에 의한 방사장해 등을 다루고 있다.

제12장은 무선 응용을 위한 단말 및 기지국 안테나에 관한 장으로, 위성 단말 안테나, 기지국 안테나, 차량용 안테나, 스마트 안테나, 적응형 안테나에 대한 새로운 내용을 다룬다.

책의 구성은 무선 응용을 새롭게 강조하기 위해 약간 수정되었다. 새로운 제1장은 안테나에 중점을 둔 무선 통신의 역사에 대해 광범위하게 다룬다. 이는 안테나 응용에 대한 배경과 구체적인 응용을 위해 안테나를 설계하는 데 있어서 기본원칙들을 추구해야 하는 동기를 제공한다. 제1장은 안테나와 관련된 설계 변수들과 안테나 종류에 관해서도 개략적으로 살펴본다. 이번 개정판에서는 이전 판보다 학생들이 시스템 내에서 사용되는 안테나에 대해 평가를 내리는 데 필요한 지식을 더 먼저 습득할 수 있도록 제4장에서 시스템적 측면을 다루었다. 제4장에서는 배열 안테나에 대한 개론만 다루고, 제8장에서 상세하게 다룬다. 또한 제8장에서는 급전회로망과 광대역 위상 배열 등과 같은 안테나 배열의 몇 가지 실용적인 측면들을 다룬다.

이번 개정판에서 각 장의 끝에 수록된 문제는 2판의 504개로부터 586개로 증가하였다. 상당수의 새로운 문제들은 학생들이 안테나에 관한 수준 높은 정량적 연구를 수행하도록 권장하기 위하여 시뮬레이션적인 측면을 포함하도록 만들었다. 고정된 정답이 없이 자유로운 고찰이 가능한 프로젝트들 또한 추가되었다.

이 책은 대학 강의실에서 폭넓게 사용할 수 있는 교재로, 주요한 목적은 안테나 시스템을 시험하고 설계하는 데 있어서 기본 원리에 대한 이해 및 기술 발전의 중요성을 강조하는 것이다. 이 책은 학생들뿐 아니라 실무기술자들도 많이 사용하는데, 이는 실제로 사용되는 안테나를 해석하는 데 직접적으로 사용할 수 있는 기본적인 주제들에 대한 응용성 때문이다. 여러 안테나들에 관한 자료를 수록한 핸드북들이 있지만, 이러한 핸드북이나 특정 주제에 한정된 책들은 일반적으로 안테나를 완전히 이해하기 위한 충분한 배경지식을 제공해 주지 않기 때문에 결국 공식을 부정확하게 사용하게 될 우려가 있다.

『안테나 이론과 설계』에서는 안테나 기본원리, 안테나 기술, 그리고 일반적인 안테나 설계의 3가지 관점에서 안테나를 다룬다. 처음 4개 장은 안테나 기본원리에 대해 중점적으로 다룬다. 학생들이 안테나에 대해 처음 접하는 것으로 간주하고 모든 기본적인 물리적·수학적 원리들을 제1, 2, 3장에서 소개한다. 여기에는 맥스웰 방정식과 더불어 안테나가 어떻게 방사하는지에 대한 물리적인 설명 또한 포함된다. 4가지의 기본적인 안테나 소자들은 아래에 언급된 부분에서 소개한다.

전기적 소형 안테나—3.1절
공진형 안테나—제3장과 제6장
광대역 안테나—제7장
개구면 안테나—제9장

또한 배열은 3.5절에 처음 소개되고, 제8장에서 자세히 다룬다. 시스템에 사용되는 장비로서의 안테나의 사용은 제4장에서 다룬다. 제10장에서는 빔 성형 또는 낮은 부엽의 안테나에 적용하기 위한 배열 안테나와 연속적인 안테나의 합성에 대해 다룬다. 제11장, 12장은 박형 안테나와 단말 안테나를 다루며, 제13장에서는 안테나 측정을 다룬다. 제14장부터 16장까지는 간단한 안테나 소자뿐만 아니라 복잡한 안테나시스템도 해석할 수 있는 수치 전자기 해석법에 대해 소개한다. 오늘날에는 안테나 계산을 위하여 다양한 안테나에 특수화된 컴퓨터 코드 및 수학응용 패키지를 접할 수 있다(부록 G 참조).

이 책은 일반적인 전자공학과 4학년 학생의 수준을 가정해서 집필하였다. 따라서 독자는 전자공학과 물리학에서 통상적으로 요구하는 전자기학의 기초 과정을 수강했을 것으로 간주한다. 복소수, 삼각함수, 벡터 대수학 및 좌표계(직각, 원통, 구 좌표계) 등의 수학지식이 필수적이다. 벡터 연산은 다양한 곳에서 사용되며, 스칼라 적분 또한 빈번하게 사용된다.

## 교육 과정에 대한 제안

이 책은 기초 또는 심화 과정에 상관없이 다양한 학업 프로그램에 맞게 사용될 수 있다. 안테나에 대한 첫 번째 과정은 보통 4학년의 한 학기 선택 과목 또는 대학원 기초과목으로 진행된다. 한 학기 기초 과정에서는 제1장부터 7장까지, 그리고 8장과 9장의 일부를 다룬다. 석사 과정에서는 제8, 9장의 일부를 추가할 수 있다. 합성(제10장), 박형 안테나(제11장), 그리고 단말기용 안테나(제12장)와 같은 후반부의 주제들은 앞부분의 진도에서 함께 다룰 수도 있다. 예를 들어 11.6.3절의 PIFA 안테나는 제6장의 도선 안테나와 같이 다루면 좋다.

두 번째 과정에서는 제10장부터 16장까지 학습하며 심화 설계, 합성, 수치 해석에 중점을 두는 것이 좋다. 또는 제14장부터 16장까지의 수치 해석을 집중적으로 다루는 것도 한 가지 방법이 될 것이다.

## ▶ 학습법

이 책은 안테나의 종류와 특정 안테나를 다루는 데에 일반적인 접근방식을 취한다. 기본원리에 대한 전반적인 논의 후, 설계 공식을 도출하고 이를 몇 가지 계산과 구체적인 예시를 통해 설명한다. 몇 가지 세부사항들은 종종 각 장의 끝에 연습문제로 제시되기도 한다. 이는 독자들이 자료의 양에 압도되지 않도록 하기 위함이다. 동일한 이유로, 무선 응용을 위한 많은 안테나들이 제시되었으나 완벽하게 다루지는 않았으며, 이는 핸드북이나 특정 주제에 특수화된 교재로 보완하는 것이 좋다. 각 데이터는 이론적인 공식에 기초한 수치 또는 실험적 모델이나 계산을 통해 필요한 만큼 제시된다. 더불어 실험적으로 얻어진 공식은 성능 변수를 쉽게 평가할 수 있도록 여러 곳에 제시되었다.

## ▶ 학습 도구로서의 시뮬레이션

오늘날 안테나 수치해석 프로그램과 안테나를 위한 상업적 시뮬레이션 패키지를 어떻게 만들 수 있는지에 대해 설명하는 문헌들은 널리 보급되어 있다(부록 H.10 참조). 따라서 근사 공식의 정확도를 확인하기 위해 책 전반에 걸쳐 수치해석 시뮬레이션의 결과를 종종 분석적인 계산결과와 함께 제시하였다. 각 장 끝의 많은 문제들, 또는 문제의 일부분은 수치값을 얻기 위하여 시뮬레이션의 사용을 요한다. 이러한 경우 대부분 "시뮬레이션"이라는 표기를 하였다. 이러한 문제들은 학습 경험을 크게 높이고 시뮬레이션을 사용하는 데 자신감을 갖게 할 것이다. 물론 이러한 문제들은 생략하거나 수치해석이 나오는 제14장부터 16장까지를 다룰 때까지 미룰 수도 있다. 또는 교재 앞부분을 진행하면서 필요한 대로 수치해석에 대해 다루는 것도 가능하다. 어느 경우가 됐든, 독자들은 최소한 하나의 시뮬레이션 패키지를 구하여 이를 안테나 공부에 사용해야 할 것이다. 많은 상용 코드들이 삼차원 구조를 다룰 수 있고 잘 정리된 해석 결과를 제공하는 훌륭한 사용자 인터페이스를 갖추고 있다. 첫 번째로 선택하게 되는 코드는 모멘트 기법에 기초한 도선 안테나 시뮬레이션 패키지가 될 것이다. 부록 G에서 안테나를 위한 수치해석 도구와 이용 가능한 시뮬레이션 패키지 관련 제안에 대해 조금 더 다루었다.

## ▶ 학습 참고 자료

독자 스스로 더 공부할 수 있도록 여러 가지 사항을 추가하였다. 안테나 분야에 적용되는 특수한 용어들이 많이 존재하는데, 이 책의 용어들은 IEEE 표준 정의를 따랐다. 각 장의 맨 뒤에서 찾을 수 있는 참고문헌은 앞으로의 공부에 많은 도움을 줄 것이다. 또한 부록 H에 영어로 발행된 거의 모든 안테나 문헌을 기술적 주제에 따라 정리했으며, 여기에는 2판부터 쓰였던 특정한 안테나 주제들에 대한 여러 책들도 포함되어 있다. 이 책들로부터 쓰인 인용문은 본문에 다음과 같은 형식으로 표시하였다: [H.x.y: 저자, 쪽 번호]. 그 외의 부록에는 주파수 스펙트럼, 여러 재료에 대한 데이터, 그리고 안테나 해석에 사용되는 수학 공식들이 수록되어 있다.

## ▶ 감사의 말

이 책의 저술은 많은 분들의 지원이 있었기에 가능했다. 우리는 이번 개정판에 값진 기술적 도움을 준 많은 분들께 감사를 드린다. 제의된 변경 사항을 검토해 준 분들은 이 책의 구성과 많은 기술적인 주제들에 대해 중요한 구상을 제공해 주었다. 저자 중 한 명(WLS)에게 귀중한 의견을 내준 다음의 사람들에게 특별한 감사를 표한다: 무선 주파수 인식(RFID)에 관한 도움을 준 Impinj의 John Kim

과 Ron Oliver, 휴대전화 안테나 자료를 제공한 Sony-Ericsson의 M. C. Huynh 박사, 단말기용 안테나에 관한 도움을 준 Intel의 Seong-Youp Suh 박사, 마이크로스트립 안테나에 관한 도움을 University of Brasilia] Marco Terada , University of Massachusetts Dan Schaubert 교수, 방송용 안테나에 관한 도움을 준 University of Buenos Aires의 Valentino Trainotti, 시스템 연산에 대해 도움을 준 Virginia Tech의 Tim Pratt 교수, 그리고 여러 제안을 해 준 Virginia Tech Antenna Group의 William A. Davis 교수, Majid Manteghi 교수, Taeoung Yang에게 감사한다. 그리고 지속적인 지원을 아끼지 않은 Virginia Tech의 ECE 학과에도 감사한다.

다른 한 저자(GAT)는 다음의 기술적인 기여를 해 준 분들께 감사를 전한다: 여러 그래프를 위해 MATLAB 계산을 해 주고, 초안을 읽고 수많은 세부사항에 의견을 준 나의 아들 Eric Thiele 박사, 14.8.3절의 빠른 해석 자료에 기여하고 제14장과 16장의 다른 부분들을 도와준 익명을 부탁한 나의 친구이자 동료, 14.13.2절의 예제를 제공하고 제14장의 여타 부분들, 특히 14.1절에 기여한 BerrieHill Research Corp.의 Tri Van 박사와 Ton Van, 제11장과 15장의 누설파 자료에 도움을 준 USAF의 Grag Zelinski 소령, 그리고 여러 참고 자료를 제공해 준 AFRL의 Seng Hong 박사에게 감사한다. 또한 University of Dayton의 ECE 학과, 풀이집의 여섯 장이 넘는 부분을 준비하는 데 도움을 준 University of Dayton의 Kuan Chang Pan, 이번 3판을 집필하면서 MATLAB을 사용할 수 있게 해 준 MathWorks Book Program에도 감사한다.

마지막으로, 우리 저자들은 우리의 아내들, Claudia와 Jo Ann에게 이 세 권의 책을 준비하는 동안 수많은 시간을 참고 지내 온 것에 대해 감사를 표한다.

**Warren L. Stutzman**
Professor Emeritus
Virginia Tech Antenna Group
ECE Department, Virginia Tech
Blacksburg, Virginia

**Gary A. Thiele**
Professor Emeritus
ECE Department
University of Dayton
Dayton, Ohio

# 옮긴이 머리말
*Preface*

맥스웰의 전자파에 대한 관계식을 실험적으로 증명한 헤르츠의 실험, 50개 도선을 이용한 송신 안테나로 최초로 시도된 마르코니의 대서양 횡단 무선통신, 제2차 세계대전 등을 겪으면서 급격히 발전해 온 전파통신에 힘입어 안테나 공학도 눈부신 발전을 거듭해 왔다. 특히 우리나라에서도 1904년 대한제국시대에 도입한 '광제호'에 처음으로 선박용 안테나를 설치해 전파통신이 이뤄진 이후, 1980년대의 올림픽을 거치면서 이동통신이나 위성통신 등과 같은 무선통신이 급격히 발달하면서 안테나 사용이 엄청나게 확대되었다. 한때 집집마다 높은 장대 위에 매단 TV 수신용 야기 안테나에서 이제는 위성방송 수신용 안테나, 집 안에 있는 무선 전화기용 안테나, FM라디오 수신용 안테나, 자동차용 안테나, 그리고 휴대하고 다닐 수 있는 이동전화 안테나까지 수많은 안테나를 우리 주변에서 쉽게 볼 수 있게 되었다. 이러한 안테나는 무선통신 시스템의 처음과 끝에 위치해 시스템의 전체 성능을 좌우하는 중요한 요소가 되며, 이에 따라 시스템에 가장 적합한 안테나 사용이 시스템의 효율성 제고에 매우 큰 몫을 차지하게 되었다.

이러한 추세에 맞춰 안테나에 관련한 다양한 주제를 다룬 교재가 꾸준히 발행되어 오고 있다. 그중 Stutzman 교수와 Thiele 교수가 이 '안테나 이론과 설계(Antenna Theory and Design)'는 1981년 초판이 발행된 이래 많은 대학에서 교재로 사용되어 왔으며, 특히 이 책은 안테나의 기본적인 설명에서부터 실제 사용되는 다양한 안테나의 특성과 설계기술에 이르기까지 매우 폭넓고 실용적으로 구성되어 있다. 1998년 2판이 발행된 이후, 저자들은 최근 안테나 분야의 다양한 응용과 급속한 설계기술의 발전에 따라 4개의 장을 추가하여 기존의 내용을 전반적으로 보강하고 재편성하며, 다양한 실질적인 예를 추가한 개정판을 발간하였다. 특히 이번 개정판에서는 산업 전반에 걸쳐 널리 활용되고 있는 마이크로스트립 안테나와 배열 안테나에 관한 내용이 더욱 보강되었고, 또한 휴대전화를 포함한 무선개인통신 안테나, 무선주파수 인식(RFID), 스마트 안테나, 적응형 안테나 및 안테나 성능에 대한 인체의 영향, 전자파 노출에 의한 방사장애 등 최근 이슈가 되고 있는 분야들에 관한 내용이 광범위하게 추가되었으며, 시뮬레이션을 포함한 각종 예제 및 연습문제의 추가를 통해 본 교재를 접하는 학생들이 안테나 공학의 실제 응용에 대해 이해하는 데 도움이 될 수 있도록 개정되었다. 따라서 이번 개정판은 안테나 공학을 공부하고자 하는 학부 및 대학원 학생들뿐만 아니라 현장에서 일하는 안테나 설계 관련 연구원 및 실무기술자들에게도 기본이론부터 다양한 응용분야에 대한 안테나의 설계기술까지 제공해 줄 수 있어 유익한 길잡이가 될 것으로 생각한다.

역자들은 이번 개정판을 번역하는 데 가능한 한 원본에 충실하고자 노력하였으며, 직역함으로써 오히려 어색한 부분은 그 뜻을 정확히 전달하고자 의역을 하였다. 몇 군데 발견된 원본의 오기 또한 자체적으로 수정해 바로잡았다. 용어는 관련분야의 용어사전을 참고함으로써 가능한 한 현재 안테나 공학 분야에서 일반적으로 사용되는 용어들을 사용했으며, 이해를 돕기 위해 영어표현을 병기하기도 했다.

끝으로 같이 번역 작업을 해 주신 임영석 교수님, 민경식 교수님, 김형락 교수님과 해당 연구실의 연구원 여러분께도 감사드리며, 특히 전체적인 작업을 도와준 연세대학교 박사과정의 윤지환 님에게도 감사의 뜻을 전한다.

마지막으로 책의 출판을 위해 노력해 주신 텍스트북스 관계자 여러분에게 감사드린다.

2024년 2월 20일

대표역자 윤영중 적음

# 차례
*Concents*

## 제 3 장



## 제 4 장

## 제 5 장

## 선전원 ▸ 141



## 제 6 장

## 도선 안테나 ▸ 165

## 제 7 장

## 광대역 안테나 ▸ 235



## 제 8 장

## 배열 안테나 ▸ 293

## 제 9 장

## 제 11 장



## 제 12 장

## 제 13 장



## 제 14 장

## 부록

# 제 1 장 서론

## Introduction

본 교재에서는 학생들이 안테나 분석 및 설계에 쉽게 적용할 수 있도록 기본적인 원리들을 소개할 것이다. 안테나가 어떻게 동작하는지를 이해하기 위해서는 전자기 현상에 대한 물리적 원리들을 알아야 한다. 안테나 설계에 관한 문제는 수학 및 컴퓨터를 이용한 계산과 함께 물리적 원리들을 이용해 풀 수 있지만, 물리나 수학적인 부분에 대해서는 너무 깊이 다루지 않도록 할 것이다. 다음 장에서 안테나 설계에 필요한 수학적 도구에 대해 다루기에 앞서, 이번 장에서는 안테나 분야에 대한 배경과 함께 기본원리, 용어, 그리고 응용분야에 대하여 간략히 소개할 것인데, 먼저 안테나의 간난한 역사와 관련된 기술적 발전에 대해 다루도록 한다.

특정한 문헌에서 내용을 인용한 경우, 이에 관한 참고문헌 목록은 각 장의 끝부분에 기록되어 있다. 또한 부록 H의 안테나 도서목록은 학생들의 이해를 한층 돕기 위해 주제별로 분류되어 있다. 부록 H에 있는 도서에 대한 인용구는 다음과 같은 형식으로 지정되어 있다: [H.x.y: 저자, 쪽 번호]. 이 책에서는 안테나 용어에 대한 IEEE 정의[H.2: IEEE]를 최대한 따르고 있다.

## 1.1 안테나의 역사

안테나는 주로 원거리통신(telecommunication)과 같은 통신분야에 사용된다. 여기서 'tele'라는 단어는 그리스 어원의 '멀리 떨어진'이라는 뜻으로 사용된다. 참고문헌 1~6[1~6; H.8.2: Visser, Chaps. 1 and 2] 그리고 전반적으로 안테나와 관련된 기술의 역사를 다루고 있다. 사카(Sarkar), 마이유(Mailloux), 올리너(Oliner), 살라자-팔마(Salazar-Palma), 센굽타(Sengupta)가 작업한 매우 추천할 만한 문헌[2]에는 전기, 자기, 광, 그리고 안테나를 포함한 무선통신에 대한 역사적인 사건들을 연대기 순으로 요약해 놓았으며, 무선에 연관된 핵심 기술들의 발전에 대해 폭넓게 다룬다.

### 1.1.1 통신의 역사

안테나는 통신 분야에서 가장 광범위하게 사용되고 있지만, 사실 무선통신 등 전자통신은 인류 역사에서 비교적 최근에 개발된 기술이다. 45억 년간 존재해 온 지구상에서 현대 인류는 불과 20만 년 전부터 존재해 왔고, 전자통신이 등장한 지는 불과 200년도 지나지 않았다. 고대의 장거리 통신에서는 메시지를 전달하기 위해 배달원을 고용했다. 초기 메시지는 그림이나 약호 등을 이용하였고, 기원전 500년경에 그리스 알파벳이 만들어졌다. '알파벳(alphabet)'이란 단어는 그리스 알파벳의 첫 두 문자 'alpha'와 'beta'의 합성어이다[3]. 로마인들은 수기로 쓰인 메시지를 전달하기 위해 배달원들을 광범위하게 활용했다. 19세기 미국에서 메시지 배달은 말을 잘 타는 사람들을 이용하여 다시 새롭게 개발되었으며(Pony Express 등이 이에 해당한다), 이를 통해 열흘 안에 전국적인 메시지 배달이 가능해졌다. 이는 당시로서는 상당히 빠른 것이었다. 서면으로 된 메시지를 전달하는 데에는 비둘기도 이용되었다.

표 1-1에는 무선통신에 중점을 두고 통신에서의 중요한 사건들에 대한 연대표를 나타내었다. 근대 이전 문명에서의 통신은 가시영역에서 깃발을 활용하거나 비가시영역에서 연기를 통한 신호를 활용하는 등 시각적인 통신 방식을 사용했다. 비가시영역에서는 북과 같은 도구를 이용하여 음향통신을 하기도 했다. 깃발을 이용한 신호전달은 선박 간 통신에서 오늘날에도 여전히 많이 사용되고 있다. 북을 이용한 통신은 지상에서 약 10 km에 달하는 통신 거리를 가진다[3]. 고대에는 낮 시간에는 주로 연기를 이용한 통신을, 밤 시간에는 주로 불을 이용한 통신을 했다. 이러한 초창기의 모든 장거리 통신 방식들이 디지털 기술을 사용했다는 것은 매우 흥미로운 점이다. 1844년 전자 통신의 효시 역시 모스부호를 통한 디지털 방식이었으며, 최초의 전신 전송선로를 통해 볼티모어에서 워싱턴 DC까지 "하나님께서 행하신 일이 어찌 그리 대단한지(What hath God wrought?)"라는,

**표 1-1** 안테나 및 통신에서의 주요 역사적 사건에 대한 연대표.

근대문명 이전(2백만 년 전까지)
시각을 이용한 통신: 연기 신호, 깃발
청각을 이용한 통신: 북

| | |
|---|---|
| 1844 | 전신—전자통신의 효시<br>새뮤얼 모스*(Samuel Morse)* |
| 1864 | 맥스웰 방정식—전파와 전자기 스펙트럼에 대한 원리<br>제임스 클라크 맥스웰*(James Clerk Maxwell)* |
| 1866 | 최초의 대서양 횡단 전신 케이블 연결 성공 |
| 1876 | 전화기—선을 이용한 장거리용 아날로그 통신<br>알렉산더 그레이엄 벨*(Alexander Graham Bell)* |
| 1887 | 최초의 안테나<br>하인리히 헤르츠*(Heinrich Hertz)* |
| 1897 | 최초의 상용 무선(전파) 시스템<br>굴리엘모 마르코니*(Guglielmo Marconi)* |
| 1901 | 최초의 대서양 횡단 전파통신<br>굴리엘모 마르코니 |
| 1920 | 최초의 방송용 전파 기지국 |

제2차 세계대전에 의한 레이더의 발달; 혼 안테나, 반사판 안테나 및 배열 안테나

1950년대 방송 텔레비전이 널리 활용됨
1960년대 위성통신 및 광섬유
1980년대 휴대전화의 광범위한 사용에 의해 무선에 대한 재발견이 이루어짐

전자기학의 선구자

*제임스 클라크 맥스웰*

안테나의 선구자

*하인리히 헤르츠*

무선의 선구자

*굴리엘모 마르코니*

오늘날에는 이미 유명해진 메시지를 전송하였다. 새뮤얼 모스(Samuel Morse, 1791~1872)에 의해 발명된 이 전신은 손으로 전신키(telegraph key)를 통해 '점'과 '점선'을 만들고, 반대편 끝에서 소리를 통해 듣는 교환원에 의해 수신되는 방식으로 동작했다. 최초의 수중 전신 케이블은 1851년 영국해협에 설치되었다. 재미있는 일화가 있는데, 어떤 어부가 케이블을 바다뱀으로 착각하고는 잡아채서 끌어올리다가 그만 잘라 버리는 바람에 갑자기 기능이 중단된 적이 있었다고 한다[3, p. 32]. 몇 차례 실패를 거듭하고 나서야 1866년 대서양을 가로지르는 전신 케이블 연결이 완성되었다. 그러나 초기 메시지 전송 가격이 무려 글자당 1달러였다! 1876년 알렉산더 그레이엄 벨(Alexander Graham Bell, 1847~1922)의 전화기 발명으로 인해, 최근 다시 디지털 통신으로 돌아오기까지 오랜 시간 동안 전자통신은 아날로그 통신 방식을 사용하게 되었다.

전자파에 대한 수학 및 물리적인 기반은 1864년 제임스 클라크 맥스웰(James Clerk Maxwell)에 의하여 주어졌고, 이는 맥스웰 방정식이라 불린다. 무선(전파)전신은 1887년 하인리히 헤르츠(Heinrich Hertz)와 1897년 굴리엘모 마르코니(Guglielmo Marconi)가 각각 발명한 안테나와 전파 시스템을 통해 가능해졌다. 1901년 마르코니는 최초로 대서양 횡단의 대륙 간 전파 통신을 수행하였다. 20세기 전반기에는 보다 복잡한 전파 시스템을 가능케 한 전자공학의 몇몇 진보가 이루어졌다. 이는 제2차 세계대전 중에 레이더 시스템 등을 실현시킨 마이크로파 장비들이 개발되면서 막을 내리게 되었다. 1960년대에 광섬유 케이블의 성장으로 인해 선을 이용한 통신이 새로운 형태로 다시 활용되었다. 마침내 1980년대에 전파통신의 대규모 활용이 이루어지는데, 이는 첫 활용 이후 약 한 세기가 지나 이루어진 무선 통신의 재발명이라 할 수 있다. 이제 안테나에 중점을 두고, 통신 역사의 주요한 과학적, 기술적 사건들에 대해 자세히 살펴볼 것이다.

### 1.1.2 전자파를 이해하는 데 공헌한 주요 사건들

무선 통신을 가능하도록 하는 전자파는 전장과 자장으로 구성된다. 전장과 자장은 자연계에 존재하는 네 개의 힘 중 두 힘인 전기력 및 자기력과 연관되어 있다.[1] 나머지 둘은 중력과 핵력(약력 및 강력)이다. 마찰이나 스프링의 장력으로 인해 발생하는 일반적인 힘은 사실 전기력과 자기력에 의한 것이다. 초기의 전자기학에 대한 연구는 전기와 자기를 연관되지 않은 별개의 현상으로 여겼으나, 오늘날에는 이것이 단지 정적인 상태에서만 사실임이 알려져 있다.

1600년에 영국의 물리학자 겸 엘리자베스 1세 여왕의 주치의였던 윌리엄 길버트(William Gilbert, 1544~1603)는 전기와 자기에 대한 책을 발간했다. 1772년에는 영국의 화학자 겸 물리학자인 헨리 캐번디시 경(Sir Henry Cavendish, 1731~1810)이 오늘날에는 잘 알려진 사실인 전하가 가지는 힘은 거리의 제곱에 반비례한다는 것을 유도하였고, 이는 1785년 프랑스의 물리학자 샤를 오귀스탱 쿨롱(Charles Augustin Coulomb, 1736~1806)에 의하여 실험적으로 증명되었다. 이 법칙은 오늘날 그의 이름을 따라 불리고 있다. 1800년 이탈리아의 물리학자 알레산드로 볼타(Alessandro Volta, 1745~1827)에 의하여 발명된 전기 축전지는 최초로 전기의 지속적인 공급을 가능하게 했으며, 이후의 실험적 발명에 핵심적인 역할을 했다. 1819년에 덴마크 물리학자 한스 외르스테드(Hans Oersted, 1777~1851)는 전류가 흐르는 도선 근처에 나침반 바늘이 놓였을 때 방향이 바뀌는 것을 그의 학생들에게 수업을 하는 중에 우연히 발견하였다. 이는 전자기학(electromagnetism)의

[1] 물리학자들은 자기력이 전하의 움직임에 의해 생성되기 때문에 자기력을 전기력에 포함시키기도 한다.

기초가 된다. 외르스테드는 전류가 자장을 생성하고 그것이 나침반 바늘의 자장과 상호작용을 했다는 것을 완전히 깨닫지는 못했지만, 프랑스의 수학자 겸 물리학자 앙드레 마리 앙페르(Andre Marie Ampere, 1775~1836)는 그것을 이해했다. 외르스테드가 발표한 일주일 후에 앙페르는 그 결과를 확인하고 '오른손 법칙'을 소개했다. 오른손 법칙은 오른손 엄지가 가리키는 방향으로 전류가 흐를 때, 말아 쥔 나머지 손가락의 방향과 자장의 방향이 일치한다는 것이다. 앙페르는 또한 전류가 흐르는 평행한 도선들에서 전류의 방향이 같을(다를) 경우 서로 끌어들인다(밀어낸다)는 것을 증명하였다. 앙페르는 또한 자성체가 정렬된 작은 전기적 전류 루프로 구성되어 있다고 가정했는데, 이는 수십 년 후 사실로 증명되었다.

전장과 자장의 완벽한 연계성에 대한 이론은 1831년 영국의 물리학자 겸 화학자 마이클 패러데이(Michael Faraday, 1791~1867)가 전기유도(즉 변화하는 자장에 의해 생성되는 전장)와 변압기의 원리를 발견하면서 정립되었다. 그는 축전지를 사용하지 않고 정상 전류를 제공하는 최초의 전기 발전기를 구축하였다. 패러데이는 영구자석에 의하여 형성된 자장을 따라 쇳가루가 정렬되는 것을 관찰하고, 이를 바탕으로 '역선(lines of force)'을 만들어 냈다. 패러데이는 장의 방향과 세기를 시각화하기 위해 오늘날 장선(field line)이라 불리는 역선을 이용하였다(장이 강할수록 선들이 더 촘촘하게 형성된다). 그뿐만 아니라 그는 장이 물리적으로 실재한다고 믿었다. 장이론은 마침내 전기, 자기, 그리고 중력에 의한 '원격작용' 현상에 대해 설명할 수 있게 되었다. 맥스웰은 후에 장에 대한 사용을 보다 개선하였다.

최초의 전파방사 실험은 1842년 프린스턴(Princeton) 대학의 조지프 헨리(Joseph Henry, 1797~1878)가 행했다. 그는 위층에 설치된 전자회로에서 섬광(spark)을 발생시켰을 때, 지하실에 설치된 수신회로에서 발생하는 전류 때문에 나침반의 바늘이 자화되어 움직이는 사실을 발견했다. 이 실험을 수 킬로미터 떨어진 지점까지 확장해 진행했을 때에도 같은 결과를 얻을 수 있었다. 그는 또한 자기 집 지붕에 수직도선(vertical wire)을 설치해 번갯불의 섬광까지도 검출했다. 이러한 일련의 실험들이 도선 안테나(wire antenna)의 시초였다.

1875년에 전신키가 닫힐 때 전자파가 방사되는 현상을 발견한 토머스 에디슨(Thomas Edison)은 1885년 이 실험에 기초해 끝부분에 정관(top-loaded) 수직 안테나를 이용한 통신 시스템의 특허를 취득했다.

안테나 이론은 스코틀랜드의 수학자 겸 물리학자인 맥스웰(James Clerk Maxwell, 1831~1879)[2]이 1864년 영국학술원(Royal Society)에서 발표한 맥스웰 방정식을 기초로 한다. 이 방정식은 전기와 자기력(electric and magnetic forces)을 전자기학(electromagnetism)이라는 단일 이론으로 통합시켰다. 맥스웰은 전자기 이론 방정식을 하나의 집합으로 형성하기 위해 암페어 법칙, 가우스 법칙, 패러데이 법칙과 함께 변위전류를 사용하였다. 맥스웰은 또한 빛도 전자기학적으로 설명할 수 있으며, 빛과 전자파는 같은 속도로 진행한다는 것을 예견하기도 했다. 그는 사실상 현재 잘 알려진 $3 \times 10^8$ m/s에 매우 근사한 빛의 속도 값을 유도해 냈다. 하지만 구스타프 키르히호프(Gusta*v* Kirchhoff, 1824~1887)가 전기신호가 빛의 속도로 전파한다는 사실을 1875년에 처음 발견했다. 맥스웰은 전자기적 현상이 내부뿐만 아니라 대전체의 주변에도 존재한다는 개념을 도입했다. 비록 맥스웰은 원격작용을 가능케 하는 우주공간의 에테르(ether) 존재에 대한 잘못된 믿음을

[2] 참고문헌 [7~9]에서 맥스웰의 생애에 대해 자세히 다루고 있다.

갖고 있었으며, 전기가 입자 특성을 가진다는 개념을 부정했음에도, 그의 방정식은 없어지지 않고 살아남았다. 맥스웰은 유능한 실험주의자가 될 수 있었음에도 불구하고 그의 이론을 증명하기 위한 어떠한 실험도 하지 않았으며, 실험에 대한 제안조차 하지 않았다. 그는 1873년에 두 권으로 된 *Treatise on Electricity and Magnetism*을 발간하였지만 그의 지지자들이 이해하기에는 쉽지 않았다. 흥미롭게도 맥스웰은 컬러사진의 기초를 개발하고 1861년 첫 컬러사진을 만들기도 했다. 그는 그의 이론이 헤르츠에 의해 실험적으로 증명되기 전에 1879년 48세 나이에 위암으로 세상을 떠났다.

맥스웰의 업적은 곧바로 받아들여지지 않았다. 이는 아마 물리학자들이 자신들의 연구결과를 역학법칙을 포함한 뉴턴의 법칙에 연관시켜 보는 것이 당시의 관례였으나, 맥스웰은 이를 행하지 않았기 때문일 것이다. 또한 뉴턴과 달리 맥스웰은 스스로를 적극적으로 드러내는 사람이 아니었다 [9]. 다수의 물리학자들이 사실 맥스웰의 이론에서 역학적인 하부구조가 발견될 것이라 생각하며 수십 년을 기다렸으나, 상대성과 양자이론이 우세하게 되면서 물리적 토대의 통합을 이루려는 시도는 무산되었다[10, p. 100]. 1905년 알베르트 아인슈타인(Albert Einstein, 1879~1955)의 특수상대성이론에 따르면 (빛의 속도에 근접하는) 상대속도가 고려될 때는 뉴턴 역학이 수정되어야 함이 밝혀졌다. 반면 맥스웰의 방정식은 이미 상대론적이고 상대속도로 움직이는 전하에 대해서도 수정될 필요가 없다.

무선 기술을 끝내 번창하도록 한 전자기학의 몇몇 선구자들의 중요한 기여들을 기리기 위해, 전기량의 단위를 이 거장들의 이름을 따서 붙이게 되었다.

| 단위 | 공헌자 | 양 | 기호 |
|---|---|---|---|
| 암페어(ampere) | 앙드레 앙페르 | 전류 | A |
| 쿨롱(coulomb) | 샤를 쿨롱 | 전하 | C |
| 패럿(farad) | 마이클 패러데이 | 정전용량 | F |
| 헨리(henry) | 조지프 헨리 | 유도용량 | H |
| 헤르츠(hertz) | 하인리히 헤르츠 | 주파수 | Hz |
| 볼트(volt) | 알레산드로 볼타 | 전압(기전력) | V |

### 1.1.3 통신기술 발전의 주요 사건들

1872년에 미국의 치과의사 머론 루미스(Mahlon Loomis, 1826~1886)는 무선전신에 대한 첫 번째 특허를 획득했다. 그는 버지니아의 블루리지 산맥에 있는 서로 22 km 떨어진 두 산봉우리 꼭대기에서 200 m 전선을 연에 매달고 간략한 시연을 했다. 한쪽 끝을 접지시키면 대기전기(atmospheric electricity)의 교란에 의해 다른 반대쪽 끝에 있는 전류계에 변화가 생겼다[2, p. 69, p. 251]. 그러나 루미스는 자기 자신이 대기 중 낮은 곳에 존재하는 전도층을 조절하고 있다고 믿었으며, 따라서 그의 특허의 기본전제에는 결함이 있었다고 할 수 있다.

1884년에 존 헨리 포인팅(John Henry Poynting, 1852~1914)은 맥스웰 이론이 전장과 자장을 계산해서 공간을 통한 에너지의 흐름을 예측하는 데 이용될 수 있음을 보였다. 헤비사이드(Heaviside)는 거의 비슷한 시기에 독자적으로 같은 발견을 하였다[1. p. 313].

1886년에(1887년에 발간) 독일의 물리학자 하인리히 헤르츠(Heinrich Hertz, 1857~1894)[3]는

[3] 헤르츠의 생애와 기여에 대한 글은 참고문헌 [11~13]에서 찾을 수 있다.

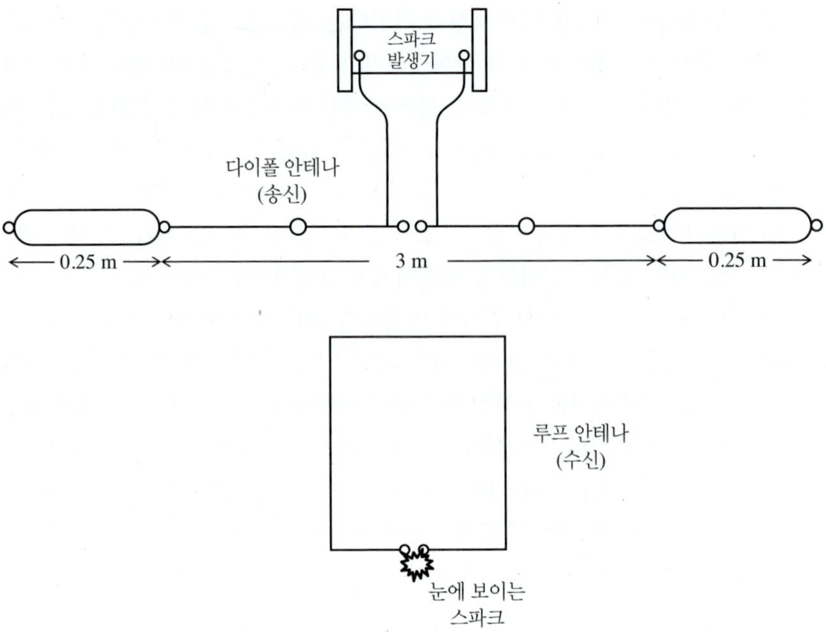


**그림 1-1 1886년 헤르츠에 의해 구축되고 시험된 최초의 완전한 전파 시스템.** 다이폴 전원 안테나와 루프 수신 안테나를 포함하고 있다. 두 안테나 모두 최초로 제안된 것이었다.

전자파가 빛의 속도로 공기 중을 전파해 나간다는 맥스웰의 주장을 실험적으로 입증할 수 있었다. 헤르츠는 전자공학을 전공하는 학생들에게 회로 이론 분야에서 저명한 물리학자 구스타프 키르히호프의 지도하에 1880년 베를린 대학교에서 박사학위를 취득하였다(키르히호프는 흑체 복사의 물리학적 의미를 발견하고 정의를 내리기도 하였다). 헤르츠는 또한 에너지 보존법칙의 개념에 기여하였으며, 또한 그에게 가시광 영역 위의 방사선을 관찰할 것을 제안한 헤르만 헬름홀츠(Hermann Helmholtz, 1821~1894) 지도하에 공부하기도 하였다. 헤르츠는 그림 1-1과 같이 다이폴 안테나와 루프 안테나의 개념을 처음으로 도입하였고, 이를 이용하여 최초의 전파 시스템을 구축하였다.[4] 헤르츠가 고안한 전기적 교란의 1차 전원은 동일 평면에 놓인 두 개의 금속판으로 이루어진 스파크 발생기(spark gap generator)로 각각은 전선을 통해 유도코일(induction coil)에 연결되었다. 이러한 초기 안테나는 3.1절에서 설명할 축전기판(capacitor-plate) 다이폴 안테나와 유사하며 '헤르츠 다이폴(Hertzian dipole)'이라고 한다. 그는 또 전기적 교란(electrical disturbance)을 적절한 공진크기와 불꽃이 발생할 수 있는 공극(air gap)을 지닌 단일 도선 루프에서 눈으로 확인할 수 있는 불꽃을 통해 검출할 수 있음을 발견했다. 검출기를 송신기와 반사판으로 쓰이는 큰 도체판 사이에서 움직이면서, 그는 50 MHz의 주파수에 해당하는 파장 6 m의 정재파를 만들었다. 헤르츠의 전자파에 대한 이해는 완벽해서 그는 루프의 둘레를 다양하게 증가시키면서 불꽃 길이가 최대가 되도록 유도하였다. 그렇게 함으로써 공진주파수 35 MHz에 해당하는 파장 8.6 m를 얻기 위해, 4.3 m 둘레에서 루프가 반파장 공진을 갖도록 하였다[11, 12].

[4] 비록 헨리가 헤르츠보다 40년 먼저 도선 안테나를 사용했지만, 그 동작과 사용에 대한 원리를 완전히 이해한 것은 헤르츠가 최초였다.

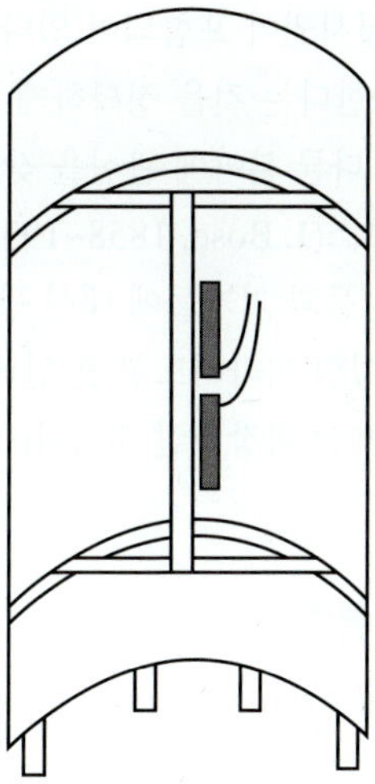

그림 1-2 **헤르츠가 1888년에 발명한 455 MHz 원통형 포물면 반사판.** 안테나 수평 방향의 포물면 형상은 1.2 m의 개구면 폭을 가지며, 수직 방향의 직선 형상은 2 m의 길이를 가진다.

헤르츠는 처음으로 전자파 존재에 대한 확정적인 증명을 하였다. 이러한 실험실의 무선 시스템에서 헤르츠는 정재파, 반사, 굴절, 편파와 같은 몇 가지 중요한 요소들을 발견하였다. 빛은 전자파라는 맥스웰의 가정에 기반하여 헤르츠는 당시 잘 알려진 광선광학 원리를 이용해서 더욱 지향성을 가지는 안테나를 설계하였다. 헤르츠는 주로 실내에서 실험하는 경우가 많았고, 벽으로부터 반사되는 신호를 줄여야겠다고 생각했기 때문에 지향성 안테나가 필요하다고 생각하였다. 1888년에 그는 그림 1-2에서와 같이 아연판을 이용해서 원통형 포물면(parabolic cylinder) 모양의 반사판 안테나를 제작했다. 이 안테나는 초점선(focal line)에 놓여 있는 다이폴 안테나로 급전되고 동작주파수는 455 MHz였다. 개구면의 크기가 비록 수평으로 1.8파장(1.2 m)이고 수직으로 3파장(2 m)에 불과했음에도, 35° 너비로 수직면에 대해서 80°의 충분히 좁은 지향성의 빔을 만들었다[14]. 헤르츠는 1893년에 최초의 안테나에 대한 책으로 여겨지는 *Electric Waves* [H.3: Hertz]를 출간하였다. 그는 또한 표피효과와 광전효과에 대해서도 조사하였다. 헤르츠는 36세의 젊은 나이에 구강 종양에 의한 합병증으로 사망하였다[15].

1888년에 대학도 마치지 못한 영국의 물리학자이자 전기공학자 올리버 헤비사이드(Oliver Heaviside, 1850~1925)는 맥스웰의 업적을 더 확장하였다. 그는 스칼라 형태로 이루어진 맥스웰의 20개로 이루어진 방정식의 수를 줄이고, 벡터 표기법을 도입함으로써 현재와 같은 4개의 완전한 방정식을 얻게 되었다. 세 권으로 이루어진 그의 저서『*Electromagnetic Theory*』에서 상층 대기권에 전리층(ionosphere) 또는 헤비사이드층(Heaviside layer)이라 불리는 전하층이 존재할 것이라 예측하였다. 이러한 층에서의 반사를 통해 장거리 통신이 가능하게 된다. 그는 또한 신호가 왜곡되지 않고 전송되도록 하기 위해 전송선로에 유도성 부하를 사용하는 방식을 제안하였고, 이를 통해 실용적인 유선 장거리 통신이 가능하게 되었다. 헤비사이드는 종종 전기통신의 아버지라고 불린다.

영국의 물리학자 올리버 로지(Oliver Lodge, 1851~1940)는 헤르츠나 마르코니가 했던 유사한 실험들을 보다 높은 주파수에서 수행했다. 1898년 8월 16일자로 취득한 그의 미국 특허 609,154에는 '헤르츠파 전신', 부하 다이폴, 쌍원추 안테나(7.4절 참조), 유전체 렌즈(9.8절 참조), 심지어 주파수분할다중화에 대한 실시권이 포함되어 있다. 그는 또한 '임피던스'라는 용어의 사용을 통일하였고, 태양이 전파를 방출한다는 것을 정확하게 제안하였다. 1910년 이후에 로지는 기술분야가 아닌 죽은 자와의 대화 같은 다른 분야에 관심을 갖게 되었다.

인도의 물리학자 J. 보스(J. Bose, 1858~1937)는 주파수가 60 GHz에 이르는 마이크로파 및 밀리미터파 대역에서의 현상들과 기기들에 대한 광범위한 연구를 수행하였다. 1896년에 그는 최초로 그가 수집 깔때기라고 불렀던 피라미드형 혼 안테나(9.4.3절 참조)를 개발하였는데, 이는 로지가 개발한 개방된 도파관 방사체를 확장시킨 것이다(9.2.2절 참조). 그는 또한 편파와 편파기에 대해서도 연구하였다.

### 1.1.4 장거리 무선통신

이탈리아 전기공학자 굴리엘모 마르코니(Guglielmo Marconi, 1874~1937)는 헤르츠의 업적을 연구함으로써 전자파가 전신에 사용될 수 있다는 결론을 내렸다. 그는 수 킬로미터 밖에서 번개를 검출하는 첫 번째 실험 이후, 1895년 그림 1-2와 같이 해르츠가 사용한 것과 유사한 마이크로파 원통형 포물면 안테나를 제작하여, 1.2 GHz 주파수에서 동작하는 단거리 부호 전송실험에 사용하였다. 그 후 그는 동작주파수를 낮추고 모노폴 안테나를 사용하였다. 당시의 여러 안테나 설계자들과 마찬가지로 마르코니 또한 그의 실험을 수행하는 데에 이론을 적용하지 않았고, 대신 경험에 대부분 의존하였다. 그는 왜 장거리 통신에서 낮은 주파수가 더 좋은지 완전히 이해하지 못했고, 또한 모노폴이 1/4 파장의 길이에서 가장 잘 동작한다는 사실도 알지 못했다. 그러나 이처럼 밤과 낮 시간대 모두에서 장거리 통신에 양호한 성능을 보임으로써 HF 대역 및 그 이하의 주파수 대역은 향후 수십 년간 매우 많이 사용되었다. 마르코니는 이탈리아 정부로부터 지원받는 데 실패하고 1896년 영국으로 가게 되었으며, 이후의 실험을 위해 영국 우편공사와 협력하게 되었다. 1901년 마르코니는 다양한 시스템이 다른 주파수에서 동작할 수 있도록 조정 가능한 무선 시스템을 통해 영국 특허번호 7777('four sevens 특허'로 알려진)을 획득하였다. 당시의 통념과는 달리, 마르코니는 낮은 주파수에서 전파신호가 지구 곡률을 따라갈 수 있을 것이라 생각했다. 이것을 극적으로 증명하기 위해서 그는 영국 콘월의 폴듀에 송신기를 두고 캐나다 뉴펀들랜드의 세인트존스에 수신기를 두어 3,500 km의 링크를 구성하였다. 1901년 최초의 대서양 횡단 전파통신에 사용된 송신 안테나는 그림 1-3과 같이 지상에 연결된 스파크 전송기, 그리고 상단 끝부분에서 1 m 간격으로 펼쳐지고 45.7 m짜리 기둥에 의해 지지되는 54개의 도선들로 이루어졌다. 이 안테나는 평면 모노콘(monocone)의 한 변형으로 볼 수 있었다(7.4절 참조). 수신 안테나는 연에 매달린 122 m 길이의 구리도선 형태였다.

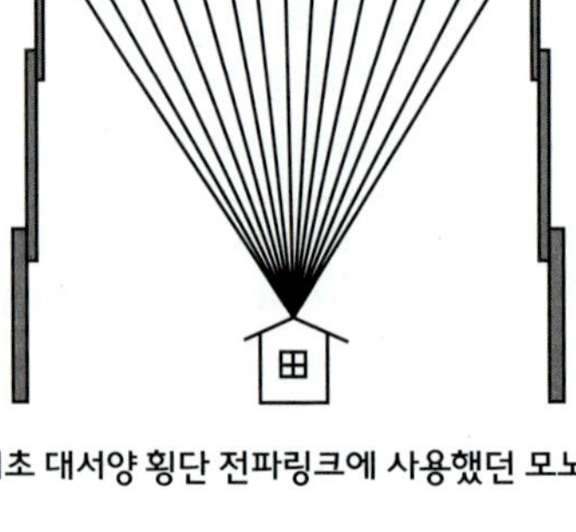

그림 1-3 마르코니가 500 kHz로 최초 대서양 횡단 전파링크에 사용했던 모노폴 송신 안테나.

정확한 동작주파수는 아직 논란의 주제로 남아 있다. 주파수를 상향시켜 다시 실험을 구현해 보고 수치해석을 수행한 결과에 따르면, 마르코니가 500 kHz 주파수를 쓴 것으로 나타난다[2, Chap. 12]. 모스부호를 이용해 알파벳 's'(짧게 세 번)를 반복적으로 보냈으며, 마르코니는 그의 실험노트에 세 번의 성공적인 수신이 있었다고 기록하였다. 비록 그 이전에 그의 성공을 가능케 한 여러 요소들이 알려져 있었지만, 그야말로 이러한 여러 요소들을 상업적으로 이용 가능한 하나의 시스템으로 결합하였기에, **무선전신**(wireless telegraphy)을 발명한 사람은 마르코니로 여겨진다. 신뢰성 있는 대서양 횡단 무선전신 서비스는 1907년에 시작되었다. 마르코니는 1899년에 미국 마르코니 무선전신회사(Marconi WirelessTelegraph Company of America)를 설립하였고 이는 1919년 미국 전파법인(RCA: Radio Corporation of America)으로 바뀌었다. 기록에 따르면 1912년 4월 14일 침몰한 SS급 여객선 **타이타닉호**에 마르코니 무선세트가 있었으며, 이를 통해 조난 신호를 보냈다고 한다. 그러나 근처에 있던 **캘리포니아호**에서 근무 중이던 당직 무선통신사가 **타이타닉호**의 침몰 당시 잠이 들어 있었고, 결국 **타이타닉호**에서 보내는 조난 신호를 받지 못했다.[5] 멀리 있던 **카르파시아호**는 조난 신호를 받고 4시간 후에 도착하여 **타이타닉호**에 탑승했던 2,233명의 승객과 승무원 중 706명만을 구조할 수 있었다.

무선(wireless)이라는 용어는 1920년 라디오 방송이 시작될 때까지 사용되었다. 오늘날까지도 잘 사용되고 있는 라디오(radio)라는 용어의 의미는 AM이나 FM 방송에 대한 용도로서 남아 있다. 휴대전화를 널리 사용하게 되면서, 무선이라는 용어가 다시 널리 사용되기 시작하고 있으며, 선으로 연결되지 않고 선을 사용하지 않는 다양한 통신 시스템에 대해 다시 많이 사용되고 있다. 라디오(radio)라는 용어는 전자파가 송신기로부터 바깥쪽으로 방사형으로 퍼져 나가기 때문에 radii(radius의 복수형)라는 단어로부터 유래되었거나[2, p. 107], 또는 단순히 전자파 방사(electromagnetic radiation)의 축약형으로 표현되었을 것이다. IRE(Institute of Radio Engineers)에서는 라디오라는 용어를 1913년에 정식으로 채택하였다.

러시아 물리학자 알렉산더 포포프(Alexander Popov, 1859~1905) 또한 헤르츠가 전파를 발견한 사실의 중요성을 인식했으며, 마르코니보다 1년 앞서 전파를 수신하기 위한 방법을 연구하기 시작했다. 그는 1897년에 3마일 떨어진 배와 연안 사이에 신호를 보낸 무선통신 실험으로 최초의 안테나 사용자로서 인정받기도 한다. 포포프는 마르코니가 후에 사용한 것과 동일한 고도 도선 안테나를 이용하였다. 고도도선 안테나는 이후 30년 동안 사용된 주된 안테나이다. 비록 포포프가 실험적으로는 처음이었지만, 무선통신을 상업적으로 개발하고 대서양 횡단 통신을 선도한 사람은 마르코니였다. 따라서 무선통신의 아버지는 마르코니라 해도 과언이 아니다.

캐나다계 미국인 물리학자 레지널드 페센든(Reginald Fessenden, 1866~1932)은 1906년에 반송파를 이용한 변조를 통해 음악을 보내거나 받는 것을 시연하였고, 따라서 **무선전화**(wireless telephony)와 **진폭변조**(AM: amplitude modulation)의 효시가 된다. 페센든은 500여 개의 특허를 갖고 있었지만 토머스 에디슨이 1,093개의 특허로 세계신기록을 갖고 있는 것에 비하면 많은 것은 아니었다. 페센든은 1902년 **헤테로다인**(heterodyne) 수신기법으로, 1905년 **슈퍼헤테로다인**(superheterodyne) 수신기법으로 특허를 받았다.

효율적인 신호검출 기술의 발전은 영국의 전기공학자 존 플레밍(John Fleming, 1849~1945)

---

[5] 마르코니가 사용했던 장비에 대해서는 [H.8.2: Visser, Chap. 2]를 참고하라.

과 미국인 리 드 포레스트(Lee De Forest, 1873~1961)가 당시에는 전자밸브라고 불렸던 이극 진공관(vacuum tube diode)에 대한 특허를 각각 1904년과 1905년에 획득한 1900년대 초반부터 이루어졌다. 수십 년 후 트랜지스터가 등장하면서 널리 무선 음성통신이 가능케 되기까지는 드 포레스트가 1906년 특허를 획득한 삼극관(triode tube, 'Audion')이 전파 수신의 주요한 검파 수단으로 활용되었다. 미국의 전기공학자인 에드윈 암스트롱(Edwin Armstrong, 1890~1954)은 1918년 8개의 튜브를 이용하여 슈퍼헤테로다인 라디오 수신기(superheterodyne radio receiver)를 개발하였으며 이를 통해 단지 다이얼을 돌림으로써 라디오 수신기를 맞출 수 있게 되었다. 그는 또한 제2차 세계대전 이후 널리 사용된 주파수변조(FM: frequency modulation)를 개발하였다. 비록 그는 특허로 수백만 달러의 돈을 벌었지만, 사업에 관해 많은 법적인 분쟁이 있었고 결국 1954년에 자살하였다.

1912년에는 Wireless Institute와 Society of Radio Engineers의 합병으로 IRE가 설립되었다.[6] 안테나의 중요성은 학술지인 *Proceedings of the IRE* 첫 호의 첫 번째 기고문이 안테나에 관한 주제(방사저항 측정방법)였다는 것만 보아도 알 수 있을 것이다[16]. 안테나(antenna)라는 용어는 마르코니에 의해 처음으로 쓰였는데, 초기의 형태는 도선 안테나를 지지하기 위한 나무막대였다. 막대를 의미하는 이탈리아어가 antenna다[H.8.2: Visser, p. 31; 15]. 공중선(aerial)이라는 용어 또한 많이 사용되고 있다. 라틴어로 안테나의 복수형을 뜻하는 antennae는 문헌들에서 종종 발견되곤 한다. 또한 곤충이나 바닷가재와 같은 갑각류의 머리에 붙은 '더듬이'를 의미하는 용어로 안테나가 사용되기도 한다.

20세기 초기의 안테나 개발은 대부분 수 MHz 대역이나 그 이하에서 동작했던 신호발생기의 가용성 때문에 제한적이었다. 이 대역에서 공진형 안테나(예를 들어 반파장 다이폴)는 물리적으로 크고 낮은 지향성을 가졌다. 제1차 세계대전을 겪으면서 보안통신의 중요성이 대두되었고, 따라서 지향성 안테나를 더욱 필요로 하게 되었는데, 이는 HF 대역(3~30 MHz, 단파대역)이나 그 이상 대역에서 더 쉽게 구현 가능하다. 1916년 마르코니는 150 MHz로 급전하는 모노폴을 지닌 원통형 포물면 반사판을 개발하였다.

웨스팅하우스사에 의한 상업 라디오 방송은 1920년 펜실베이니아의 피츠버그 KDKA-AM 방송국에서 처음으로 시작하였다. 이때 처음으로 공공의 목적으로 계속해서 방송되는 음성이나 음악 방송이 시작되었다[17, Chap. 15]. 웨스팅하우스는 1921년부터 가정용 AM 수신기를 팔기 시작했다. 1932년에는 미국에서 방송용 지향성 안테나가 도입되었다. FM 방송은 1940년에 미국에서 시작되었으며 1945년까지 42~50 MHz 대역을 사용하여 방송되었다. FM 방송의 인기는 1950년대 중반에 TV 방송이 급격하게 성장하면서 시들해졌지만 1950년대 말에 다시 활기를 되찾게 되었다. 정규 TV 방송은 흑백화면의 형태로 영국에서 1939년, 미국에서 1941년에 시작되었으며, 1948년과 1952년 사이에 가장 크게 성장하였다. 1960년대 초부터는 RCA의 3원색 시스템을 이용하여 모든 방송에서 컬러 TV 프로그램을 방영하였다.

### 1.1.5 현대 무선기술

이동전화(mobile telephone)는 Bell Telephone Company에 의해서 1924년에 뉴욕시 경찰차에 처음으로 도입되었다. 야기 안테나(Yagi antenna)는 1926년 일본에서 개발되었고(6.3절 참조), 1934년

[6] IRE는 AIEE(American Institute of Electrical Engineers)와 합병되어 1963년 IEEE (Institute of Electrical and Electronic Engineers)를 이룬다.

에는 상업 전화용으로 마이크로파 링크가 시작되었으며 포물면 반사판 안테나가 사용되었다.

낮은 GHz 대역 주파수에서 동작하는 마이크로파 안테나는 1900년 이전에 보스와 로지에 의해 연구되었으나, 1930년대에 해당 주파수에서 동작하는 신호발생기가 등장하기 전까지는 사용되지 못했다. 마이크로파(microwave, 0.3~300 GHz 주파수 대역)라는 용어는 1932년에 처음으로 사용되었다[18]. 1934년에는 최초의 상업적 마이크로파 무선전화 시스템이 1.8 GHz에서 영국과 프랑스 사이에 설치되었다. 또한 공동 마그네트론(cavity magnetron)과 반사형 클라이스트론(reflex klystron)의 마이크로파 전원은 각각 1937년, 1939년에 개발되었다. 마그네트론은 전자 오븐에서와 같이 고출력 마이크로파를 생성하는 장비로 사용되곤 한다. 마이크로파 전원들과 제2차 세계대전의 군사적인 요구를 통해 촉진된 새로운 응용분야들로 인해, 이미 수년 전에 발명된 혼 안테나(9.4절 참조)와 반사판 안테나(9.6절 참조)가 마침내 광범위한 응용분야를 찾게 되었고, 오늘날까지 통신과 새로운 응용분야인 레이더(radar, 4.6절 참조)에 널리 사용되고 있다.[7] 미국 정부는 마이크로파 기술 개발을 위해 제2차 세계대전 동안 운영되었던 MIT의 Radiation Laboratory라는 두뇌집단에 투자를 했고, 그 결과 28권의 보고서가 나왔으며 그중 한 권은 안테나, 특히 개구면 안테나에 관한 것이었다[H.3: Silver]. 또한 실용적인 배열 안테나(제8장 참조)가 현재까지도 계속되고 있는 장기적인 개발단계에 들어갔다.

제2차 세계대전 후에는 세 개의 주요한 무선 응용분야가 성장을 이루었다. 레이더에서 주로 사용되는 반사판 안테나의 기계적 스캐닝 방식은 급전부만 기계적으로 구현하고 기계적 위상변환기 이외에는 전혀 기계적 구동 부품이 없는 위상배열로 점차 대체되었다[5]. 텔레비전 방송은 1920년대 초반에 라디오 방송이 그랬던 것처럼 1948년과 1952년 사이에 폭발적으로 증가하였다. 위성통신은 1960년대에 시작되어 현재는 음성, 영상, 데이터뿐만 아니라 이동용 위성전화와 이동용 위성방송 라디오와 같은 사용자 링크를 위해 거대한 노드들을 광대역을 통해 서로 연결해 주고 있다. 마지막으로 1980년대에 셀룰러 지상파 이동용 라디오가 시작되었고 이는 핸드셋을 위한 소형 안테나의 다양한 혁신을 낳았다(제11장 참조). 또한 주파수 독립 안테나와 마이크로스트립 안테나라는 두 가지의 완전히 새로운 종류의 안테나가 등장하였다(표 1-4, 제7장 및 11.2절 참조). 1960년대에 들어 전자기학 문제를 컴퓨터를 이용하여 푸는 수치해석 방법들이 연구의 영역으로부터 실무 공학자들이 사용하기 쉬운 도구로 발전되었다(제14~16장 참조). 현재는 많은 상용 소프트웨어 패키지들이 복잡한 안테나 시스템 시뮬레이션을 가능하게 해 주고 있다. 그리고 현재 안테나 설계는 순수하게 부품 수준으로 접근하던 방식에서 두 가지 방향으로 진화하고 있다. 하나는 전체 시스템의 요구에 맞추어 설계하는 것이며, 다른 하나는 새로운 물질과 통합하는 것이다. 무선에서의 안테나 기술은 도선, 동축케이블, 광섬유 케이블, 인터넷과 무선을 모두 아우르는 혼합된 형태의 통신이 발전해 나가는 데 있어서 중요한 일부를 이루고 있다.

## 1.2 안테나란 무엇이며, 언제 사용하는가?

### 1.2.1 안테나란 무엇인가?

전기적 신호는 전송선로를 통해서 또는 단말에 장착된 안테나를 이용하여 빈 공간을 통해 전달된

[7] 레이더의 역사에 대해서는 [H.8.2: Visser, Sec. 2.4]를 참고하라.

다. 전송선로(transmission line)는 전기적 신호와 이와 관련된 전자파 에너지를 전송선로 근처 혹은 내부로 구속시킨다. 이는 보통 회로의 경우에 회로로부터 충분한 거리가 떨어진 지점에서는 에너지가 존재하지 않는 것과 마찬가지다. 전송선로는 주로 균형 잡힌 도체 시스템이나 닫힌 금속구조를 이용하여 에너지를 전송선로 내부에 완전히 가두거나 그 근처로 제한시킨다. 안테나는 이와 정반대의 목적인 방사(radiate)를 위해, 즉 전기적 신호를 안테나로부터 멀리 떨어진 지점까지 도달시키기 위해 동작한다. 예를 들어 잘 설계된 전송 안테나는 전원부로부터 매우 먼 곳에서 탐지 가능한 전력 밀도를 생성할 것이다. IEEE는 안테나를 '전자파를 방사하거나 수신하도록 설계된 송신 또는 수신 시스템의 일부'[H.2: "IEEE Standard Definitions of Terms for Antenna"]로 정의한다. 전송선로는 (적어도 하나의 도체를 가지는) 유도구조를 필요로 하는 반면, 안테나는 유도구조가 필요 없다. RF(radio frequency) 전송선로에는 동축케이블, 평행선로, 빈 파이프 형태의 도파관(그림 6-31 참조) 등이 있다. 안테나는 송신모드일 때는 전송선로의 유도된(또는 구속된) 전자파를 자유공간의 전자파로 변환하고 수신모드일 때는 반대로 동작하는 변환기로 보면 적절할 것이다.

안테나가 효율적으로 동작하기 위해서는 안테나의 물리적 크기가 적어도 동작주파수 파장의 몇 분의 일 정도는 되어야 한다. 표 1-2는 일반 주파수 대역과 이에 해당하는 파장 값을 나타내는 전자기 스펙트럼을 요약한 것이다. 스펙트럼에 대한 더 상세한 자료는 부록 A에 있다. 예를 들어 1미터보다 크기가 작은 일반적인 회로들은 수 MHz에 달하는 동작주파수에서는 파장 대비 매우 작기

**표 1-2** 전자파 스펙트럼.

| 대역 표기 | 주파수 | 파장 | 사용 예 |
|---|---|---|---|
| ELF(Extremely Low Frequency) | 3 to 30 Hz | 100 to 10 Mm | |
| SLF(Super Low Frequency) | 30 to 300 Hz | 10 to 1 Mm | 전력선 |
| ULF(Ultra Low Frequency) | 300 to 3 kHz | 1 Mm to 100 km | |
| VLF(Very Low Frequency) | 3 to 30 kHz | 100 to 10 km | 잠수함 통신 |
| LF(Low Frequency) | 30 to 300 kHz | 10 to 1 km | RFID |
| MF(Medium Frequency) | 300 kHz to 3 MHz | 1 km to 100 m | AM 방송 |
| HF(High Frequency) | 3 to 30 MHz | 100 to 10 m | 단파방송 |
| VHF(Very High Frequency) | 30 to 300 MHz | 10 to 1 m | FM과 TV 방송 |
| UHF(Ultra High Frequency) | 300 MHz to 3 GHz | 1 m to 10 cm | TV, WLAN, GPS. 마이크로파 오븐 |
| SHF(Super High Frequency) | 3 to 30 GHz | 10 to 1 cm | 레이더, WLAN, 위성통신 |
| EHF(Extremely High Frequency) | 30 to 300 GHz | 10 to 1 mm | 레이더, 전파천문, 고속 점대점 데이터링크, 위성통신 |
| 마이크로파 | 1 to 300 GHz | 30 cm to 1 mm | |
| 밀리미터파 | 30 to 300 GHz | 10 to 1 mm | |
| 서브밀리미터파 | 300 GHz 이상 | 1 mm 이하 | |

**주파수와 파장 간의 변환**

$$\lambda = c/f$$

$$\lambda(\text{m}) = 3 \times 10^8/f(\text{Hz})$$

$$\lambda(\text{m}) = 300/f(\text{MHz})$$

$$\lambda(\text{cm}) = 30/f(\text{GHz})$$

때문에 방사하지 않는다. 일반적인 회로 해석에서는 모든 장들이 소자들(저항, 커패시터, 인덕터)에 집중되어있다고 가정하는 집중소자모델을 이용한다. 반면 전송선로의 경우에는 대부분 파장 대비 어느 정도 크기를 갖기 때문에, F/m(패럿/미터)와 같이 전기적 특성이 단위 길이당 값으로 표현되는 분산소자 해석을 이용해야 한다. 이 경우 의도하지 않은 방사가 발생하여 교란을 일으킬 수 있다. 따라서 고속 디지털 회로나 고주파 기기의 설계에는 방사를 최소화하기 위한 기술이 고려된다(4.7절 참조).

### 1.2.2 안테나는 언제 사용하는가?

전송선로와 반대로 안테나는 유도구조가 필요 없다. 그러나 전파들은 송신 안테나로부터 모든 방향으로(비록 불균일하더라도) 방사된다. 송신기와 수신기 간의 거리 에 대하여 신호가 전송선로를 따라 진행하면서 발생하는 전력 손실은 $(e^{-\alpha r})^2$에 비례한다. 여기서 $\alpha$는 전송선로의 감쇠상수이다. 반면 안테나 간에 가시선이 확보된 경우에는 전력 손실은 $1/r^2$에 비례한다. 이를 보면 '케이블과 안테나 중 어느 것을 택해야 하는가?, '전송선로를 이용해야 하는가, 아니면 무선을 이용해야 하는가?'라는 질문을 떠올리게 된다. 전파손실 외에 다양한 요소들이 이 결정에 영향을 끼친다. 일반적으로 전송선로는 저주파에서, 그리고 짧은 거리용으로 사용된다. 그러나 넓은 대역폭 때문에 고주파가 통신용으로는 더 많이 사용된다. 거리 또는 주파수가 증가할수록 전송선로를 사용할 때 신호의 손실과 비용이 증가하게 되어 대개 안테나를 대신 사용하는 것으로 결정하게 된다. 장거리의 경우, 송신 안테나와 수신 안테나를 사용하여 무선통신을 하는 것이 전송선로를 사용하는 것에 비하여 더 적절하며 매우 경제적이다.

안테나는 많은 응용에서 필수적이다. 예를 들어 항공기, 우주선, 선박, 또는 지상운송수단을 포함하는 이동통신에는 안테나가 필요하다. 안테나는 또한 하나의 송신단말이 무한한 수의 이동 가능한 수신단(예를 들면 자동차 라디오)을 담당해야 하는 방송에도 많이 사용된다. 방송 라디오가 아닌 지역 라디오(경찰, 소방, 구조대 등), 아마추어 라디오, 무선 개인통신 또한 안테나를 필요로 한다. 안테나의 응용분야에는 통신을 제외하고도 많다. 원격감지와 산업용이 여기에 포함된다. 원격감지 시스템은 능동형(예를 들면 레이더)일 수도 있고 수동형(예를 들면 방사분석계)일 수도 있으며, 이는 산란된 에너지나 물체로부터의 고유 발산을 수신할 수 있다(4.5절, 4.6절 참조). 수신 신호는 물체나 현장의 정보를 추론하기 위해 처리된다. 산업용 예로는 마이크로파를 이용한 조리, 건조가 있다.

이외에 전송 시스템의 유형을 결정하는 데 영향을 끼치는 요소로는 역사적 이유, 보안성, 신뢰도가 있다. 무선 기술이 활용되기 이전에는 전화 회사들이 유선통신을 제공하였으며, 비록 소비자들이 무선 개인통신으로 이전해 갔음에도 불구하고 전화관련 기반시설들은 계속 사용되고 있다. 전화 회사들은 장거리 전화통화를 위해 마이크로파와 광섬유 전송선로를 채택했다. 위성 무선 링크는 국제 전화통화와 연계된 기지국으로 텔레비전 프로그램을 분배하는 데 사용된다. 또한 수백만의 가정에서는 직접 방송 위성으로부터 텔레비전 프로그램을 수신한다. 초소형 개구면 단말(VSAT: very small aperture terminal)은 개인정보 네트워크에서 광범위하게 사용되는데, 예를 들면 신용카드 승인을 위해 주유소와 소매점을 위성을 통해 상호 연결시키는 등의 용도로 사용된다. 비록 전송선로가 무선에 비해 더 높은 보안성을 제공하지만, 무선 역시 암호화 기술을 통해 안전하게 사용될 수 있다.

신뢰도는 유선 또는 무선 간의 상호연결성을 결정하는 데 영향을 끼치는 추가적인 요소이다. 무선 신호는 신호 경로 상의 건물이나 전리층, 그리고 날씨 등 환경적인 조건에 영향을 받는다. 게다가 간섭은 언제나 무선 시스템의 큰 위협요소이다. 반면에 케이블은 주로 폭풍이 몰아칠 때(높은 고도에 있는 케이블의 경우) 그리고 땅에 묻힌 케이블을 팔 때 잘못해서 손상될 위험이 있다. 이 모든 요소들은 전송선로를 사용하거나 안테나를 사용하는 데 연관된 비용과 관련하여 고려되어야 한다. 케이블을 기반으로 하는 시스템은 주로 부지 점유권을 구입하거나 임대해야 하기 때문에 높은 비용이 요구된다. 무선 기반 시스템은 단지 안테나 설치지점에 관한 비용만이 요구되며, 기술 발전에 따라 개선되는 신뢰도와 장비의 비용 절감 등에 의한 이점이 있다. 케이블과 무선 통신 시스템은 미래에도 특정 응용분야에 따른 선택과 함께 계속 사용될 것이다.

이 장의 다음 두 절에서는 안테나가 어떻게 동작하는지에 대한 기본적인 이해와 실제 환경에서 마주치게 되는 안테나의 종류들에 대해 개괄적으로 알아볼 것이다.

## 1.3 안테나는 어떻게 방사하는가

이번 절에서는 다음 장에서 안테나에 대한 완전한 수학적 전개를 다루기 전의 준비단계로서, 간략화된 물리적 설명을 포함하는 몇 가지 예제를 통해 방사의 기본원리를 설명할 것이다. 차후에 다뤄질 안테나의 분석과 설계에는 수학적인 기반이 요구된다. 방사란 어떤 전원으로부터 전파해 나가는 전자장의 교란(disturbance)을 말한다. 따라서 전자파의 총전력은 거리에 따라 감소하지 않는다. 이러한 교란은 시변 전류원(time-varying current source)에서 발생하는데, 이러한 전류는 가속전하 분포를 갖고 있다. 따라서 단일가속전하로 방사에 대한 논의를 시작해 보자.

그림 1-4의 $z$ 방향으로 일정한 속도로 움직이는 단일전하를 생각해 보자. 우리는 정전기 이론을 통해 전하에 의한 전장(종종 쿨롱장이라고 불리는)이 반대 극을 가지는 전하나 무한대 지점에서 종결된다는 것을 알고 있다. 따라서 전하가 점 A에 도달하기 전에는($t < 0$) 정전장선이 전하로부터 무한대 지점까지 방사상으로 퍼져 나가고 전하와 함께 움직인다. 전하가 $t = 0$에서 점 A에 도달하면, $t = \Delta t$에 점 B에 도달할 때까지 전하는 가속하기 시작(즉 속도가 증가하며, $t = \Delta r$에 점 B에 도달한 이후에는 가속하여 얻어진 속도로 $t > \Delta t$인 모든 시간 동안 계속 이동한다. 그림 1-4의 반지름 $r_A$인 원 밖에 있는 방사방향으로의 전장선은 전하가 점 A에 있을 때 발생한 것이다. 반지름 $r_B$의 원은 점 B에 중심을 두었으며 이 점 B는 가속주기 $\Delta t$가 경과했을 때의 전하 위치이다. 반지름 $r_B$ 내부에서 전장선은 점 B로부터 방사상 형태로 뻗어 간다. 원과 원 사이의 거리는 시간 $\Delta t$초 동안 빛이 진행한 거리와 같다. 즉 $\Delta r = r_B - r_A = \Delta t/c$이다. 전하는 빛의 속도(c)에 비해서 느리게 움직이므로, $\Delta z \ll \Delta r$이고 그 원들은 거의 동심원이다. 그림 1-4에서 거리 $\Delta z$는 명확성 때문에 $\Delta r$에 비해서 상대적으로 크게 그렸다. $\Delta r$ 영역 내의 전장선들은 전하가 없을 때 전장선은 연속이어야 한다는 조건 때문에 서로 연결했다. 이러한 영역들은 분명히 교란된 장구조(disturbed field structure)의 하나이다. 이러한 교란은 전하의 가속으로 발생했으며 이 가속은 그림 1-4에 표시된 순간보다 $r_B/c$만큼 전에 끝나게 된다. 이러한 교란은 빛의 속도로 바깥쪽을 향해 뻗어 나간다. 전장선은 $\Delta r$ 영역에서 '구부러지게' 되는데, 이로 인해 방사성분에 더해 횡방향 성분인 $E_t$가 생기게 된다. 앞으로 보게 되겠지만, 횡방향 성분의 존재는 방사장의 특성 중 하나이며, 이러한 교란은 무한대까지 전파해 나간다.

이 예시에서 중요한 물리적 원리는 가속된 전하가 방사한다는 것이다. 가속은 일반적으로 전하의 속력이나 방향의 변화에 의하여 일어난다. 안테나가 방사하는 기본적 메커니즘은 도선에서 전하

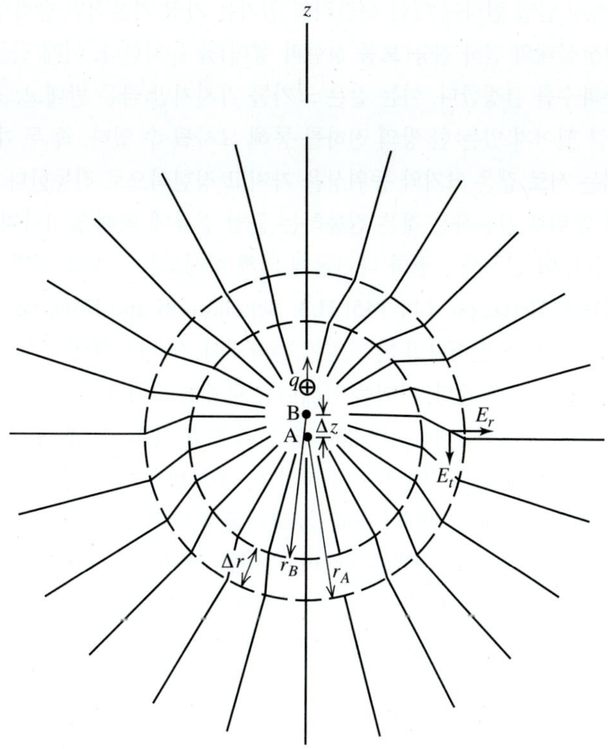


**그림 1-4** **가속전하 입자의 방사.** 전하 $q$가 점 A(시간 $t = 0$)에 도달할 때까지 $+z$ 방향으로 일정한 속도로 이동. 점 A부터 점 B까지(시간 $t = \Delta t$)는 가속하고 그 나음에는 그 속도를 유지한다. 그림의 전장선은 전하가 점 B를 통과한 후 $r_B/c$의 시간이 경과했을 때이다.

가 앞뒤로 움직이거나(즉 전하가 교란되거나), 혹은 발진기에 반응하여 진동하는 것이다. 전하의 방향은 도선의 끝에서 역전되는데, 이것이 곧 가속되는 것이고 결국 방사가 일어나게 된다.

이러한 사실은 방사는 곧 교란이라는 것을 설명해 준다. 이것은 잔잔한 호수에 돌을 떨어뜨림으로써 발생하는 일시적인 파에 대응한다. 여기서 호수 표면의 교란은 돌이 물속으로 사라진 후에도 한참 동안 돌이 떨어진 점을 기점으로 방사상 형태로 뻗어 나갈 것이다. 레오나르도 다빈치(Leonardo da Vinci, 1452~1519)는 파의 움직임에 대한 또 다른 비유를 들었는데, 파의 움직임은 바람이 부는 밀밭에서 아래 줄기부분은 가만히 있지만 위쪽은 물결치며 움직이는 것에 비유할 수 있다는 것이다[H.3: Schelkunoff and Friis, p. 10]. 가속된 전하는 방사를 일으키기 위해서는 반드시 필요하지만, 파를 지속하기 위해서는 필요치 않다. 일단 파가 시작되면 전장은 폐곡선 형태를 이루고(왜냐하면 선이 종단될 전하가 존재하지 않으므로) 원래 전원으로부터 빛의 속도로 멀어지며 전파해 간다. 이에 대한 이해를 돕기 위한 유용한 역학적 비유는 한쪽 끝이 고정된 밧줄에 대한 것인데, 반대쪽 끝에서 밧줄을 흔들게 되면 밧줄이 뒤틀리면서 그 뒤틀림이 전파해 나가게 된다.

가속전하의 예에서 보았듯이 방사의 지향성은 분명하게 존재한다. 그림 1-4의 교란은 횡방향의 전장 성분이 최대일 경우, 즉 전하가속 방향에 수직인 방향에서 최대가 됨을 알 수 있다. 다음 장에서 보게 될 것이지만 안테나의 최대방사 방향은 가속된 전하를 수반하는 직선도선 안테나(straight wire antenna)에 대해 수직 방향으로 나타나게 된다.

가속된 단일 전하에 대한 순간적인 인가는 가장 기본적인 방사형태의 예시이다. 전하는 일반적으로 정상상태의 전하 진동(보통 정현파 형태)을 유지한다. 이때 진동하는 전하의 진동수는 방사 전파의 주파수를 결정한다. 이는 같은 크기를 가지지만 극은 반대고, 진동주파수 파장보다 훨씬 짧은 거리만큼 떨어져 있는 한 쌍의 전하를 통해 묘사될 수 있다. 즉 두 개의 전하는 서로 극이 반대라는 것 외에는 서로 같은 크기와 동위상을 가지고 정현적으로 진동한다. 개념적으로 전하가 양 끝을 오고 가며 앞뒤로 진동하는 것은 진동하는 균일 전류에 의해 일어나며, 이를 이상적인 다이폴이라 부를 수 있다. 이 진동하는 전하 다이폴에 의해 형성되는 전장을 몇몇 순간에 대하여 그림 1-5에 나타내었다[H.3: Hertz, pp. 144-145; H.3: Schelkunoff and Friis, Sec. 4.17]. 2.3절에서 다루게 되겠지만, 도선 다이폴 안테나 또한 그림에 나타내어, 그 방사형태 역시 작은 다이폴 안테나의 방사와 동일하다는 것을 보여 준다. 다이폴 안테나는 나중에 그림 3-2에서 다룰 이상적인 다이폴 안테나와 마찬가지로, 앞뒤로 진동하는 전하분포를 얻기 위한 전류 경로를 형성한다. 그림 1-5에서 주파수 $f$(그리고 주기 $T = 1/f$)로 진동하는 전류가 $t = 0$보다 1/4주기 앞서 인가됐다. 위쪽으로 흐르는 전류는 다이폴 상반부에는 전하의 초과를, 그리고 하반부에는 전하의 결핍을 가져온다. 최대전하는 그림 1-5$a$에서처럼 $t = 0$일 때 발생하며, 다이폴 상하반부 사이에는 전압이 발생한다. 다이폴 상반부의 양전하는 하반부의 음전하 쪽으로 끌려오게 되는데, 이것이 바로 전류의 발생이다. 전류는 그림 1-5$b$에서처럼 $t = T/4$일 때 최대가 되고, 이 순간 전하는 중화되므로 전장선을 종단시킬 전하는 더

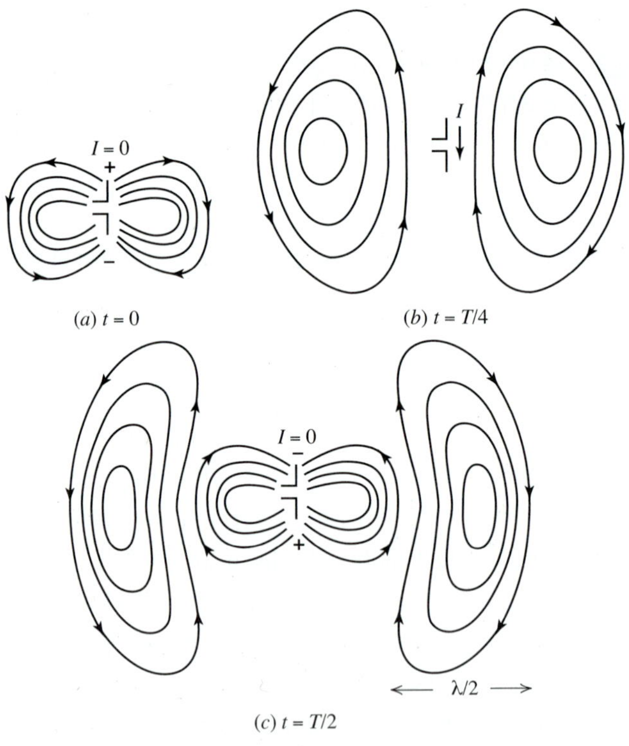


**그림 1-5 여러 순간에서 진동하는 전하에 의한 다이폴의 전장.** 전장선은 다이폴의 한쪽에만 나타내었지만 실제로는 다이폴 주변 모든 곳에 존재한다. 진동주파수는 $f$이고 주기는 $T = 1/f$이다. 같은 크기에 극은 반대인 한 쌍의 전하 간의 거리는 진동주파수의 파장보다 훨씬 짧다. 다이폴 안테나의 방사가 이상적인 다이폴 안테나와 같다는 것 또한 나타내었다.

이상 존재하지 않는다. 따라서 다이폴 근처에서 폐루프를 형성한다. 다음 1/4주기 동안에 음전하는 그림 1-5*c*에서처럼 다이폴의 최상단에 축적된다. 다이폴 근처에서의 전장은 단일가속전하 때와 마찬가지로 진동하는 전하에 수직 방향으로 가장 강하다. 시간이 경과하면 전장선은 다이폴로부터 떨어져서 공간 상에서 폐루프를 형성하며, 시간이 흐름에 따라 다이폴로부터 퍼져 나간다. 전류의 측면에서 보면 안테나의 전도전류는 공간의 변위전류로 바뀌는데, 이것은 안테나 근처에서는 종방향장(longitudinal field)을, 안테나에서 어느 정도 떨어진 곳에서는 회전장(solenoidal field)을 형성하게 한다. 이러한 과정은 계속되는데, 방사 방향(radial direction)에 수직이고 안테나로부터 무한원점으로 진행하는 전장성분을 통해 방사가 발생한다. 이 예시는 전하가 앞뒤로 가속될 때(즉 진동할 때) 규칙적인 교란이 발생하고 지속적인 방사가 일어난다는 일반적인 이론을 보여주고 있다. 안테나는 이러한 전하의 진동을 제공하기 위하여 설계된다.

진동하는 다이폴 안테나에 대한 이 예시는 전하가 격리된 거리가 파장에 비해 매우 짧다는 것을 가정한다. 미소길이가 아닌 다이폴 안테나에서는 방사가 도선을 타고 연속적으로 일어난다 [19]. 다양한 길이의 다이폴 안테나에 대해서는 6.1절에서 더욱 자세히 설명하겠다. 진동하는 다이폴 모델에 대한 또 다른 중요한 단순화는 전하가 다이폴의 끝까지 실제로 이동한다는 것이다. 길이가 유한한 안테나에서는 전하가 거의 이동하지 않고 단지 신호발생기로부터 발생한 교란에 의해 필요한 만큼만 변위된다[20]. 여기서도 밀밭에서 부는 바람에 대해 상상해 보면 이를 이해하는 데 도움이 될 것이다. 안테나의 방사를 도미노 현상에 비유하는 것도 적절한 예시이다. 도미노가 넘어질 때 그 속도는 도미노의 상단부를 따라 진행하는 파의 진행보다는 훨씬 느린 반면, 도미노의 하단부는 움직이지 않는다. 하지만 유효전류에 의한 전하의 교란을 안테나의 길이를 따라 전하가 실제로 움직이는 것으로 생각하는 것이 더 편리할 것이다.[8] 이러한 가정은 기존 회로분석에도 동일하게 적용된다.

2.3절에서 진동 다이폴의 수학적 해가 방사에 필요한 특성을 만듦을 보여 줄 것이다. 즉 진동 다이폴의 전장은 거리에 따라 $1/r$로 감소하고, 반면에 정전 다이폴의 전장은 $1/r^3$으로 감소한다는 것이다. 안테나 장의 시간-공간 변화는 제15장에서 다룬다.

안테나가 어떻게 전파하는가에 대하여 알기 위해서는 전송선로가 전송선로를 둘러싼 장과 연관된 파의 유도구조 역할을 한다는 맥스웰의 발견을 이해하여야 한다. 안테나는 전파를 안테나를 둘러싼 공간에 속박시키기보다는 외부로 방출하려는 경향을 가진 구조다. 이러한 개념을 이해하기 위해서 그림 1-6*a*의 종단이 개방된 전송선로를 생각하자. 개방된 회로의 종단은 입사파와 상호작용하는 반사를 발생시키는 큰 불연속을 형성한다. 이때 전자파는 정재파 패턴을 형성하게 되고, 선로 종단에서 전류의 크기는 0이 되며 종단으로부터 반주기마다 이러한 0점이 반복되어 나타난다. 이러한 전류들은 그림 1-6*a*의 화살표로 나타냈듯이 서로 반대 방향으로 흐른다. 전송선로에서 도선은 파(wave)를 인도하는 역할을 하고 전력은 전장과 자장으로 표시한 것처럼 도체 주변 영역에 존재하게 된다. 종단개방 전송선로의 장은 그림 1-6*a*에서 보여 주고 있다. 전장은 선로의 전하로부터 출발하거나 종단되며 선로에 수직이다. 자장은 도선을 감싸는 원형이 된다. 여기서 모든 장들은 두 선로 사이에서는 그 세기가 보강되고 그 밖에서는 서로 상쇄됨을 주목해야 한다. 이것은 선 간 간격이 파장보다 훨씬 작을 때 성립하며 대부분의 경우는 여기에 해당한다. 만일 그림 1-6*b*에서처럼 선로의

[8] 이 시점 이후부터 보다 단순화하기 위해, 안테나의 전류가 안테나를 타고 이동하는 전하라는 전통적인 모델을 채택할 것이다. 이 모델에서는 전류가 평형상태에서 이웃 전하로 전달되는 전하의 변위를 나타내는 유효전류로 여겨진다.

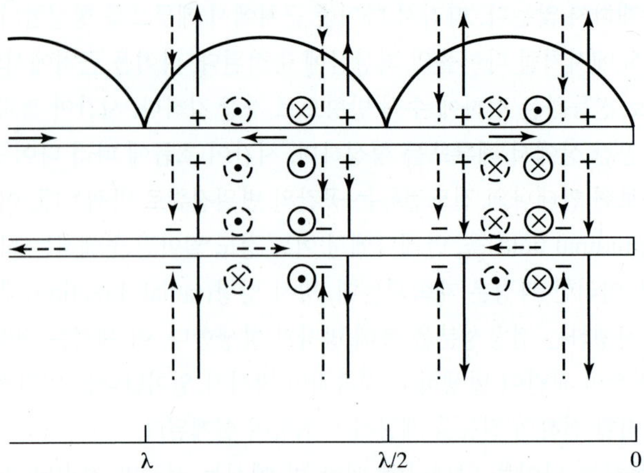


(a) 전류, 전하, 전자장 상태를 보여 주는 개방된 전송선로. 전장은 선으로, 자장은 화살표의 머리와 꼬리로, 또 위쪽(아래쪽) 선로에서 발생한 장은 실선(점선)으로 표시하고 있다. (내부의 장을 표현하기 위해 선로 간의 이격거리를 일반 전송선로보다 크게 나타내었다.)

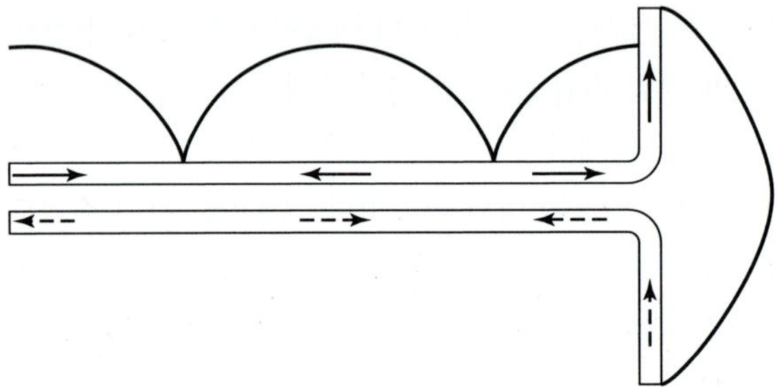

(b) 전송선로의 양단을 구부려 만든 반파장 다이폴 안테나의 첨두치(peak) 전류

**그림 1-6** **개방 전송선으로부터 다이폴 안테나를 만드는 방법.**

종단이 바깥쪽으로 굽어지면 선로 사이의 보강된 장은 공간으로 불거져 나올 것이다. 주목할 점은 수직 도선의 두 반쪽 선(이 경우 1/4 파장)의 전류는 더이상 반대 방향이 아니고 둘 다 이 순간에는 위쪽 방향으로 흐른다는 사실이다. 실제로 다이폴의 전류는 그림에서처럼 대략 정현파의 형태이다. 그러나 전송선로에서의 전류는 개방된 전송선로의 불연속인 경우와 비교하면 안테나에 의해서 전송선로의 특성 임피던스와 임피던스 정합이 좋아져 순수한 정재파가 아니다. 그림 1-6*b*는 최대 전류일 때의 순간이다. 시간이 경과하고 전류가 진동을 하면 교란이 발생하게 되는데, 이러한 교란은 가속단일전하 때와 마찬가지로 안테나에서 멀어져 공간으로 퍼져 나간다. 반파장 다이폴 안테나에 대한 전자장 분포는 그림 1-5에서 표현하고 있는 이상적인 다이폴 안테나의 분포와 비슷하다. 와이어 안테나에 대해서는 제6장에서 더욱 자세하게 다루도록 하겠다.

## 1.4 안테나의 네 종류

대부분의 안테나는 가역성 소자(reciprocal device)이고 송수신 시 동일하게 동작한다. 따라서 안테나는 어느 쪽이 취급하기 쉬운가에 따라서 송신 또는 수신 안테나로 간주한다. 수신 시에 안테나는

**표 1-3** 안테나 성능 파라미터.

- **방사패턴 $F(\theta, \phi)$:** 아래 사항을 포함한 안테나 방사의 각도에 따른 변화:
  지향성의 단일 또는 다수의 좁은 빔
  전방향성(어느 한 평면에서의 균일방사)
  성형 주빔
- **지향성 $D$:** 안테나로부터 같은 거리에서 평균전력밀도에 대한 최대방사 쪽으로 발생하는 전력밀도의 비
- **이득 $G$(또는 방사효율 $e_r$, $G = e_r D$):** 안테나의 손실만큼 감소된 지향성
- **편파:** 송신 안테나가 방사할 때 전장 벡터의 시간에 따른 궤적을 추적하여 생기는 모양.
  안테나 편파: 선형, 원형, 타원형
- **임피던스 $Z_A$:** 안테나 단자에서의 입력 임피던스
- **대역폭:** 주요 성능 파라미터값들을 사용할 수 있게 하는 주파수 범위
- **주사:** 공간에서 방사패턴의 이동.
  주사는 기계적인 방법 또는 전류의 위상을 조절하는 전자적인 방법 등으로 가능함
- **시스템 고려사항:** 기계적 고려사항(크기, 무게, 공기역학, 진동, 위치 정확도),
  환경적 측면(바람, 비, 온도, 고도의 영향), 산란/레이더 단면적, 심미적 형상
- **송신 안테나 특수 고려사항:** 전력제어, 상호변조, 방사선 장해
- **수신 안테나 특수 고려사항:** 잡음

입사파를 모아서 전송선로에 연결된 급선점(feed point)으로 전달하는 역할을 한다. 어떤 경우에 안테나는 마치 렌즈가 빛을 한 군데로 모으듯이 전파를 한 곳으로 모으는 기능을 한다. 안테나는 방향 특성을 갖고 있다. 즉 전자파의 전력밀도는 안테나를 중심으로 각도에 따라 세기가 변하면서 공간으로 방사된다.

이 절에서 우리는 안테나를 평가하는 데 사용할 파라미터를 소개하고 네 가지 형태의 안테나에 대해서 논한다. 안테나 성능 파라미터가 표 1-3에 있으며, 다음 장에서 보다 자세하게 다루어질 것이다. 방사패턴(radiation pattern, 간단히 하면 패턴)은 안테나가 송신용으로 쓰일 때 안테나로부터의 각도에 따른 방사의 변화를 나타낸다. 수신 시 안테나는 입사방향으로의 패턴값에 따라 입사파에 응답하게 된다. 그림 1-7의 전형적인 패턴은 주빔(main beam)과 부엽(side lobe) 패턴을 보여 주고 있다. 방사는 안테나에서 떨어진 거리 $r$에 따른 전력밀도 $S$를 구함으로써 정량화할 수 있다. 이와 같이 그림 1-7에서 보여 준 폭이 좁고 단일 주빔을 갖고 있는 지향성 안테나는 점대점(point-to-point)

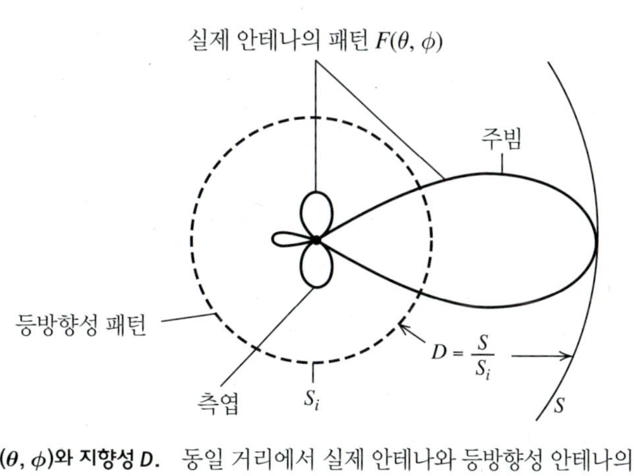


**그림 1-7** **방사패턴 $F(\theta, \phi)$와 지향성 $D$.** 동일 거리에서 실제 안테나와 등방향성 안테나의 전력밀도는 각각 $S$와 $S_i$이다.

통신에 사용된다. 응용분야에 따라 주빔의 형태는 매우 중요해진다. 반면에 어떤 한 평면에서 방사패턴이 일정한 전방향성(omnidirectional) 안테나는 안테나 주변 수평면 방향의 모든 방향으로 균일한 커버리지를 가져야 하므로 방송용으로 적합하다.

안테나는 본질적으로 하나의 공간 증폭기(spatial amplifier)이다. 지향성(directivity)이란 어떤 안테나의 최대 방사전력이, 모든 방사전력이 전 방향으로 균일하게 분포된다고 가정했을 때와 비교해서 얼마나 큰지를 나타내는 것이다. 그림 1-7은 실제 안테나의 방사패턴을 등방향성(isotropic) 안테나와 비교해서 보여 주고 있다(그림 2-14 참조). 이제 안테나를 이용해 특정 방향으로 방사량이 증가한다는 것은 자명한 일이다. 이득(gain) G는 안테나의 저항성 손실로 감소된 지향성이다.

세 번째 파라미터로서 편파(polarization)는 안테나에서 방사되는 전장의 벡터 성질을 설명한다. 순시전장벡터의 첨두(tip)의 궤적에 따라 이루어지는 모양이 파의 편파를 결정한다. 직선도선 안테나는 그 도선과 평행한 선형편파를 방사하게 된다. 많이 쓰이는 또 다른 편파는 원형편파이다. 일반적으로 편파는 타원형이다. 이중편파안테나(dual-polarized antenna)는 동일 주파수, 동일 통신로를 이용해서 서로 직교편파에 각기 다른 정보를 전송하게 함으로써 통신 용량을 두 배로 증가시킬 수 있다.

안테나의 입력 임피던스(input impedance)는 안테나 단자에서 전압과 전류의 비이다. 일반적으로 안테나의 입력 임피던스는 그 안테나에 연결되는 전송선로의 특성 임피던스에 정합되어야 한다. 대역폭(bandwidth)은 하나 이상의 성능 파라미터를 측정했을 때 안테나가 적절한 성능을 보이는 주파수 범위이다. 일반적으로 사용되는 대역폭의 정의에 대해서는 7.1절을 참고한다. 끝으로 안테나의 주빔이 일정한 공간내에서 주사(scan)되기를 원할 것이다. 이것은 안테나를 기계적으로 회전시키거나, 전자적으로 회전되도록 아니면 기계나 전자 스캐닝을 복합해서 할 수 있다.

파라미터값 사이에는 상충관계(trade-off)가 있다. 보통 안테나 성능은 하나 또는 그 이상의 다른 파라미터 레벨을 희생해야 어떤 한 파라미터값을 현저히 향상시킬 수 있다. 바로 이 점 때문에 안테나 설계가 쉽지 않다.

안테나는 주요 성능의 특성에 따라 4가지 기본 형태로 분류할 수 있다. 이들 4가지 형태를 살펴봄으로써 안테나의 일반적 특성을 빨리 파악할 수 있을 것이다. 새로운 안테나를 보게 되면 그것이 어떤 종류인지 구분해 보자. 표 1-4의 안테나 종류는 주파수 스펙트럼에서 일반적으로 사용되는 순서대로 소개했다. 전기적 소형 안테나는 VHF나 그 이하의 주파수에서 사용된다. 공진형 안테나는 주로 HF부터 낮은 GHz 주파수 대역에서 사용되고 광대역 안테나는 VHF부터 중간 GHz 주파수대에서 사용된다. 개구면(aperture) 안테나는 UHF와 그 이상에서 사용된다. 이러한 구분은 개관으로서의 역할을 하며 안테나에 대한 지식이 점점 쌓여갈 때 가끔씩 살펴볼 필요가 있다.

전기적 소형(혹은 간단히 소형) 안테나(electrically small antenna)는 크기가 파장에 비해서 훨씬 작다. 전기적 소형 안테나는 구조가 간단하며, 그 특성이 구조 형태에 민감하지 않다. 자동차의 AM 라디오 수신에 사용되는 수직 모노폴은 하나의 좋은 예이다. 길이는 약 0.003 $\lambda$이고 방사패턴은 수평면에서 거의 전방향성의 특성이 있다. 이러한 특성은 우리가 원하는 것이지만, 낮은 입력 저항성분과 높은 입력 리액턴스는 상당히 문젯거리다. 또한 이러한 소형 안테나는 구조 자체가 가지는 저항성손실(ohmic loss) 때문에 효율이 매우 낮다.

공진형 안테나(resonant antenna)는 좁은 주파수 대역에서 우수한 입력 임피던스를 갖는 간단한 구조의 안테나가 필요할 때 자주 사용되는 안테나이다. 이것은 넓은 주빔을 갖고 있으며 낮거나

**표 1-4** **안테나의 종류.**

- **전기적 소형 안테나:** 안테나 구조의 크기는 파장(λ)보다 훨씬 작다.

  특성:
  낮은 지향성
  낮은 입력 저항
  높은 입력 리액턴스
  낮은 방사효율

  예:

단형 다이폴

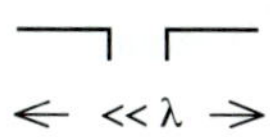


소형 루프

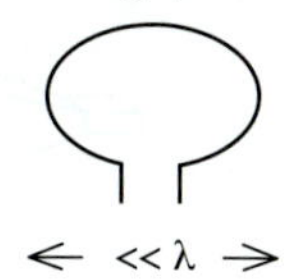


- **공진형 안테나:** 안테나는 특정 주파수나 좁은 주파수 범위에서만 잘 동작한다.

  특성:
  중간 혹은 낮은 이득
  실수값의 입력 임피던스
  좁은 대역폭

  예:

반파장 다이폴

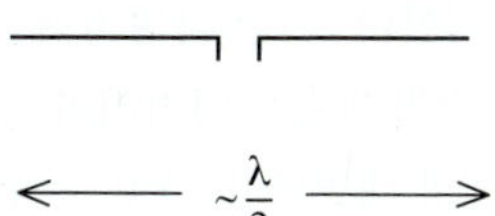


마이크로스트립 패치

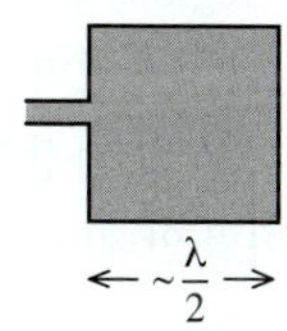


야기(Yagi) 안테나

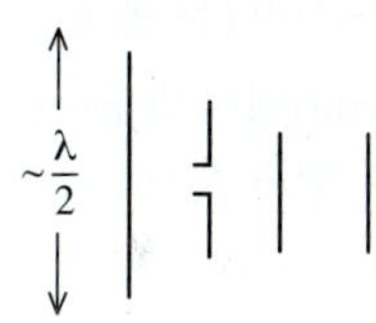


- **광대역 안테나:** 패턴, 이득, 그리고 임피던스는 넓은 주파수영역에 걸쳐 사용 가능한 수준을 가지며, 또한 거의 일정한 값을 가진다.

  한 파장의 원주길이 또는 반파장의 크기에 해당하는 동작영역에 의해 특징지어지며, 이 영역은 주파수가 변함에 따라 안테나 상에서 위치가 변한다.

  특성:
  중간 혹은 낮은 이득
  일정한 이득
  실수값의 입력 임피던스
  넓은 대역폭

  예:

스파이럴 안테나

대수주기 다이폴 배열

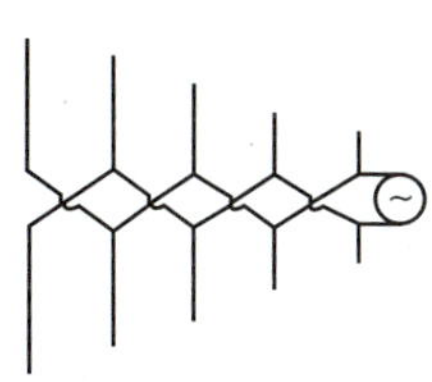

(계속)

**표 1-4** 안테나의 종류(계속).

- **개구면 안테나:** 전파가 통과해 나가는 실제 개구면이 있다.

  특성:
  
  높은 이득
  
  주파수에 따라 이득 증가
  
  중간 대역폭

  예:

보통 정도(수 dB)의 이득을 갖는다. 가장 좋은 예로 반파장 다이폴 안테나가 있다.

넓은 주파수 범위에서 동작하는 안테나는 여러 응용분야에서 필요하다. **광대역 안테나**(broadband antenna)는 높은 쪽과 낮은 쪽의 동작주파수 비가 2:1인 대역폭 내에서 하나 이상의 파라미터(패턴, 이득, 그리고/혹은 임피던스)를 측정했을 때 이용할 수 있는 성능을 갖는 안테나이다. 광대역 안테나는 동작영역(active region)에 의해 특징지어진다. 진행(혹은 전파)하는 파는 급전점(feed point)에서 발생하며 방사 없이 동작영역으로 진행한다. 이 동작영역에서 거의 모든 전력이 방사된다. 원형구조의 광대역 안테나는 한 파장의 원주길이가 동작영역이며, 원형편파를 발생시킨다. 이것의 한 예가 표 1-4의 스파이럴 안테나로서 20:1의 대역폭을 가질 수 있다. 선형소자 또는 일직선의 가장자리들로 만들어진 광대역 안테나는 소자가 반파장 정도의 길이를 가질 때 동작영역을 가지며, 이러한 선형소자들에 평행한 선형편파를 발생시킨다. 광대역 안테나는 그 일부분만이 특정 주파수에서 방사하므로 안테나 이득은 낮다. 그러나 대역폭 내에서는 이득이 거의 일정하다는 장점이 있다. 또한 광대역 안테나의 진행파 성질은 입력 임피던스가 저항성이라는 것을 의미하며 이는 연결된 전송 선로에 쉽게 정합할 수 있다.

**개구면 안테나**(aperture antenna)는 전파되는 전자파가 흘러갈 수 있는 구멍을 가진다. 표 1-4에 나타난 혼 안테나가 개구면 안테나의 좋은 예 중 하나인데, 이 안테나는 전파에 대해 '깔때기'처럼 동작한다. 개구면은 일차원 또는 그 이상의 차원 상에서 수 파장 정도의 길이를 가진다. 방사패턴은 일반적으로 좁은 주빔을 가지기 때문에 이득은 통상적으로 높은 편이며, 보통 수준의 대역폭(2:1 정도)을 가진다. 한 가지 단점으로 여겨질 수 있는 성질이 있는데, 물리적인 개구면 크기가 고정되어 있으므로 주파수가 증가함에 따라 주빔의 패턴이 줄어든다는 것이다.

일반적인 설계과정은 요구되는 이득을 얻을 수 있는 안테나 형태를 선택하는 것이다. 아래 목록은 이러한 선택에 대한 가이드를 제공할 것이다.[9]

[9] dB 단위로 표현한 이득은 전력비로서의 이득에 10 log를 취한 것이다.

- **5 dB 또는 그 이하**
  전기적 소형 안테나
  루프 안테나
  다이폴, 모노폴
- **5 ~ 8 dB**
  마이크로스트립 패치 안테나
  평면형 주파수 독립 안테나(예: 스파이럴 안테나)
- **8 ~ 15 dB**
  야기–우다 안테나
  축모드 헬리컬 안테나
  대수주기 다이폴 배열 안테나
- **15 dB 이상**
  개구면 안테나
    혼 안테나
    반사판 안테나

또한 다수의 소자를 이용하여 안테나 배열을 구현함으로써 이득을 높일 수도 있다.

안테나 공학의 미래는 무엇인가? 안테나 공학의 흥미로운 점은 종종 전자기기나 컴퓨터에서 목격할 수 있는 것과 달리, 새로운 안테나 기술혁신이 결코 종래의 안테나를 대체하지 않는다는 점이다. 오랫동안 사용되었던 안테나는 최신 혁신 솔루션과 함께 새로운 응용분야를 찾게 될 것이다. 종종 전자기기에서 고도의 집적화를 통해 한없는 소형화가 이루어지는 것과 달리, 안테나에서는 기본적인 물리적 한계로 인해 일반적으로 설계된 안테나가 한없이 소형화되는 것은 불가능하다. 그러나 각 사람과 기기가 선을 이용한 연결에서 벗어나 보다 광범위한 통신을 이루는 것에 대한 요구가 증가하고 있다. 자주 언급되는 목표는 전 세계 어떤 사람에게든지, 어떤 장치에든지 별도의 연결 없이 닿을 수 있게 되는 것이다. '무선' 사회는 오직 안테나를 통해서만 구축될 수 있는 환경이다. 따라서 안테나 공학의 미래는 매우 밝다. 4.5절에서는 무선통신에서의 안테나에 대한 기술적 개요에 대하여 설명할 것이다.

## 참고문헌 References


1. Sir Edmund Whittaker, *A History of the Theories of Aether and Electricity*, Vol. I: *The Classical Theories*, Harper Torchbooks. New York, 1960. First published by Thomas Nelson and Sons, 1910.
2. T. Sarkar, R. Mailloux, A. Oliner, M. Salazar-Palma, and D. Sengupta, *History of Wireless*, Wiley, 2006.
3. E. Larsen, *Telecommunications*-A History, Frederick Muller Ltd., London, 1977.
4. Isaac Asimov, *Asimov's Biographical Encyclopedia of Science and Technology*, revised 2nd edition, Doubleday, Garden City, New York, 1982.
5. Jack Ramsay, "Highlights of Antenna History," *IEEE Ant. & Prop. Soc. Newsletter*, pp. 8-20, Dec. 1981. (Reprinted from IEEE Communications Magazine, Sept. 1981.)

6. A. D. Olver, "A Century of Antenna Development," IEE Conference Publication No. 274, Vol. I, 1987.
7. L. Campbell and W. Garnett, *The Life of James Clerk Maxwell*, 1882. Available from www.sonnettsoftware.com.
8. James Rautio, "In Search of Maxwell," *Microwave J.*, Vol. 49, pp. 76-88, July 2006.
9. James Rautio, "Twenty Three Years: The Acceptance of Maxwell's Theory," *Microwave J.*, Vol. 51, pp. 104-116, July 2008.
10. Albert Einstein, *Out of My Later Years*, Wisdom Library, 1950.
11. John D. Kraus, "Heinrich Hertz-Theorist and Experimenter," *IEEE Trans. on Micro. Th. and Tech.*, Vol. 36, pp. 824-829, May 1988.
12. J. H. Bryant, "The First Century of Microwaves-1886 to 1986," *IEEE Trans. on Micro. Th. and Tech.*, Vol. 36, pp. 830-858, May 1988.
13. C. Susskind, "Heinrich Hertz: A Short Life," *IEEE Trans. on Micro. Th. and Tech.*, Vol. 36, pp. 802-805, May 1988.
14. J. Ramsay, "Microwave Antenna and Waveguide Techniques before 1900," *Proc. IRE*, Vol. 46, pp. 405-415, Feb. 1958.
15. G. Pelosi, S. Selleri, and B. Valotti, "Antennae," *IEEE Vehicular Technology Soc.* Newsletter, Vol. 42, pp. 14-16, Aug. 2000.
16. M. I. Pupin, "A Discussion on Experimental Tests of the Radiation Law for Radio Oscillators," *Proc. of the Institute of Radio Engineers*, Vol. 1, pp. 3-13, 1913.
17. L. Lichty and M. Topping, *American Broadcasting: A Source Book on the History of Radio and Television*, Hastings House, New York, 1975.
18. G. Pelosi, "The Birth of the Term Microwaves," *Proceedings of IEEE*, Vol. 84, p. 326, Feb. 1996.
19. E. K. Miller, "The Incremental Far Field and Degrees of Freedom of the Sinusoidal Current Filament," *IEEE Trans. Ant. and Prop. Mag.*, Vol. 49, pp. 13-20, Aug. 2007.
20. H. E. Green, "A Comment on Charge Motion on a Dipole Antenna," *IEEE Trans. Ant. and Prop, Mag.*, Vol. 50, pp. 174-175, Aug. 2008.

## 연습문제 Problems

**1.3-1** ▸ 안테나에 의해 방사된 전자파에 대하여 전력밀도가 $1/r^2$에 따라 감소하는 이유가 안테나를 중심에 둔 구의 면적이 거리에 따라 증가하게 되고, 또한 총 방사전력은 보존된다는 사실에 의한 것임을 보여라.

**1.3-2** ▸ 파장의 길이에 비해 매우 작은($L \ll \lambda$) 이상적인 다이폴 안테나가 있다고 하자. 실제로 전하가 반주기($T/2$) 동안 도선의 전체 길이를 따라 이동한다고 할 때, 전하의 이동속도가 빛의 속도에 비해 훨씬 작다($v \ll c$)는 것을 보여라.

**1.4-1** ▸ *프로젝트: 안테나 찾기.* (a) 네 개의 주요 안테나 유형에서 대표적인 안테나 하나씩을 찾아라. 안테나들은 당신의 주변에서 널리 사용되고 있을 것이다. 안테나와 안테나가 설치된 주변의 사진을 찍거나 그림을 그려라. 만약 주변에서 안테나를 찾는 것이 불가능할 경우 카탈로그나 잡지, 인터넷을 이용하여도 된다. (b) 조사한 각각의 네 개의 안테나에 대한 정보를 포함하여 간단한 보고서를 작성하라. 안테나에 대한 정보는 안테나 유형, 동작주파수, 사용 목적 및 용도 등을 포함하여 생각할 수 있는 어떤 것이든 좋다.

# 제 2 장 안테나의 기초

## *Antenna Fundamentals*

제1장에서는 전자기학 원리에 대한 전반적인 개요와 그것이 안테나에 어떻게 적용되는지에 대해 다루었다. 이어서 이번 장의 처음 두 절에서는 전자기학의 기본원리를 안테나의 분석과 설계에 직접적으로 응용하기 위해 적절한 수학적인 표현을 도입하여 설명할 것이다. 2.3절에서는 이러한 원리들을 중요한 고전적인 문제 중 하나인 이상적인 다이폴 안테나에 적용할 것이다. 이번 장의 남은 절에서는 안테나의 기본적인 특성을 나타내는 방사패턴, 지향성과 이득, 임피던스, 효율, 편파에 대해서 소개한다.

## 2.1 전자기학의 기초

안테나를 해석함에 있어 전자기학 공식들은 벡터 형태를 사용하며 보통 구좌표계에서 표현된다. 전자장은 음파 같은 스칼라장과는 달리 편파를 가지므로, 벡터 형식으로 표현하면 전장의 방향을 의미하는 편파를 설명하는 데 용이하다. 또한 안테나는 삼차원 공간의 모든 방향으로 방사하기 때문에 전자기학을 해석하는 데에 구형 좌표계가 필요하며, 장에 대한 표현은 안테나 주변에서 $\theta$와 $\phi$의 각도의 함수로 구좌표계에서 이루어진다. 비록 안테나를 해석함에 있어 벡터 형식을 취하고 구좌표계를 사용하지만, 기계공학의 경우에서 자주 등장하는 것과 같은 비선형 조건은 거의 발생하지 않는다. 사실, 전자기학의 응용은 주로 선형적이고(linear), 균일하며(homogeneous), 등방향성인(isotropic) 시스템으로 취급한다. 따라서 일부 복잡한 수학적 문제들은 발생하지 않게 된다.

이번 절에서는 전기공학이나 물리학에서 다루어지는 전자장에 관한 내용을 간략 살펴본다. 더 자세한 내용은 기본적인 전자기학 교재들을 참고하라.

시간영역에서 표현된 기본적인 전자기학 방정식들은 다음과 같다.[1]

$$\nabla \times \mathscr{E} = -\frac{\partial \mathscr{B}}{\partial t} \tag{2-1}$$

$$\nabla \times \mathscr{H} = \frac{\partial}{\partial t}\mathscr{D} + \mathscr{I}_{\mathbf{T}} \tag{2-2}$$

$$\nabla \cdot \mathscr{D} = \rho_T(t) \tag{2-3}$$

$$\nabla \cdot \mathscr{B} = 0 \tag{2-4}$$

$$\nabla \cdot \mathscr{I}_{\mathbf{T}} = -\frac{\partial}{\partial t}\rho_T(t) \tag{2-5}$$

[1] 시변장 양은 필기체로 표시한다. 예를 들어 $\mathscr{E} = \mathscr{E}(x, y, z, t)$.

위 미분방정식의 처음 4개는 맥스웰 방정식이라 하며 마지막은 연속방정식이다. 연속방정식을 포함한 위의 회전(curl) 방정식들은 맥스웰방정식의 회전 및 발산(divergence)방정식들과 등가가 된다. 시변장 문제에서는 회전방정식들과 연속방정식의 형태가 더 편한 표현방식이다. 이러한 미분방정식은 각각 대응하는 적분방정식들이 있다.

만일 전원 $\rho_T(t)$와 $\mathscr{I}_T(t)$가 각 주파수 $\omega$로 시간에 따라 정현적으로 변하면 그 장들 역시 정현적으로 변하며 때때로 이것을 시간조화장(time harmonic field)이라고 부른다. 기본적인 전자기학 방정식과 그 해는 아래와 같이 페이저장(phasor field)을 도입하면 상당히 간단해진다.[2]

$$\mathscr{E} = \text{Re}(\mathbf{E}e^{j\omega t}), \quad \mathscr{H} = \text{Re}(\mathbf{H}e^{j\omega t}), \quad \text{etc.} \tag{2-6}$$

여기서 페이저 양인 **E**, **H**, **D**, **B**, $\rho_T$, 그리고 $\mathbf{J_T}$는 다만 공간좌표만의 복소함수이다(즉 시간 종속성은 나타나지 않고 있다). 식 (2-6)의 페이저 정의를 식 (2-1)부터 식 (2-5)까지 사용하고 방정식 양변에 나타나는 $e^{j\omega t}$ 항을 소거하면 아래의 식이 된다.

$$\nabla \times \mathbf{E} = -j\omega\mathbf{B} \tag{2-7}$$

$$\nabla \times \mathbf{H} = j\omega\mathbf{D} + \mathbf{J_T} \tag{2-8}$$

$$\nabla \cdot \mathbf{D} = \rho_T \tag{2-9}$$

$$\nabla \cdot \mathbf{B} = 0 \tag{2-10}$$

$$\nabla \cdot \mathbf{J_T} = -j\omega\rho_T \tag{2-11}$$

식 (2-1)부터 식 (2-5)까지 시간미분함수는 식 (2-7)부터 식 (2-11)까지에서 $j\omega$로 대치됐고 시변전자기 양은 그들의 대응하는 페이저로 바뀌었다. 이러한 과정은 회로망 해석에서 시간종속 미분방정식이 라플라스 변환되고 시간미분함수가 $j\omega$(또는 $s$)로 대치됐던 것과 유사하다. 식 (2-7)부터 식 (2-10)까지를 그들이 정현적 변화장에 적용되므로 맥스웰 방정식의 시간조화 형태라 한다.

만일 하나 이상의 주파수가 존재하면 먼저 식 (2-7)부터 식 (2-11)까지를 주파수 $\omega$의 함수로 페이저에 대해서 푼 다음 그 시변장 값은 역변환함으로써 얻을 수 있다. 이것 또한 회로망 문제를 풀 때 사용했던 절차와 유사하다. 다행히도 안테나 문제에서는 신호 대역폭이 보통 매우 작아서 이러한 절차가 꼭 필요하지는 않다. 전형적인 경우에 반송주파수는 변조 형태에 따라 그 주파수 근처에서 주파수가 확산되어 전송된다. 해석의 편의상 우리는 반송주파수와 동일한 한 주파수만을 사용한다. 이와 같이 특별히 언급하지 않은 경우에는 이 책의 모든 부분에서 시간조화장을 가정할 것이다.

총전류밀도 $\mathbf{J_T}$는 외부전류 혹은 전원전류 **J**와 그 전류 때문에 발생한 전도전류밀도 $\sigma\mathbf{E}$로 이루어진다.

$$\mathbf{J_T} = \sigma\mathbf{E} + \mathbf{J} \tag{2-12}$$

외부전류밀도는 알려진 양이며 종종 안테나의 가정된 전류밀도로 생각한다. 그러나 장방정식에 관한 한 그것은 알려진 함수이다. 전류밀도 $\sigma E$는 전원전류밀도 **J**로 전장이 발생하고 그 전장에 의해서 주변도체에 흐르는 전류밀도이다. 이것은 장방정식을 풀어서 **E**를 구하면 쉽게 계산할 수 있다. 전도율 $\sigma$에 추가해서 유전율 $\varepsilon$과 투자율 $\mu$를 알면 물질의 성질은 더욱더 구체적으로 규정할 수 있

[2] 어떤 저자들은 $e^{-j\omega t}$를 사용함에 주의하라. 이것은 식 전개 시 부호가 바뀜을 의미한다.

다. 여기서[3]

$$\mathbf{D} = \varepsilon \mathbf{E} \tag{2-13}$$

$$\mathbf{B} = \mu \mathbf{H} \tag{2-14}$$

이다.

장방정식을 그 해를 얻기 쉽게 다시 써서, 식 (2-12)와 식 (2-13)을 식 (2-8)에 대입하면

$$\nabla \times \mathbf{H} = j\omega\left(\varepsilon + \frac{\sigma}{j\omega}\right)\mathbf{E} + \mathbf{J} = j\omega\varepsilon' \mathbf{E} + \mathbf{J} \tag{2-15}$$

이다. 여기서 $\varepsilon' = \varepsilon - j(\sigma/\omega)$로 정의한다. 안테나 문제에서 보통은 안테나 주변의 공기 중에서 장을 구하게 된다. 이 경우 $\sigma = 0$이고 $\varepsilon' = \varepsilon$이다. 따라서 우리는 아래의 전개 과정에서 $\varepsilon'$ 대신 $\varepsilon$을 사용할 것이다. 그러나 만일 전도율 $\sigma$가 0이 아니면 $\varepsilon$ 대신에 $\varepsilon' = \varepsilon - j(\sigma/\omega)$를 사용해야 한다. 또한 안테나에 대하여 가장 중점적으로 다루는 장은 **E**와 **H**임을 주목하라.[4] 그들을 전장과 자장의 세기라 하며 각각 V/m와 A/m의 단위를 갖고 있다.

$\rho$를 전원전류밀도 **J**에 해당하는 전원전하라 하자. 그러면 식 (2-12)부터 식 (2-14)까지를 식 (2-7)과 식 (2-9)부터 식 (2-11)까지에 사용하고 식 (2-15)를 반복하면 아래의 식을 얻는다[식 (2-18)에 대해서는 연습문제 2.1-2 참조].

$$\nabla \times \mathbf{E} = -j\omega\mu\mathbf{H} \tag{2-16}$$

$$\nabla \times \mathbf{H} = j\omega\varepsilon\mathbf{E} + \mathbf{J} \tag{2-17}$$

$$\nabla \cdot \mathbf{E} = \frac{\rho}{\varepsilon} \tag{2-18}$$

$$\nabla \cdot \mathbf{H} = 0 \tag{2-19}$$

$$\nabla \cdot \mathbf{J} = -j\omega\rho \tag{2-20}$$

이것들은 전원전류밀도 **J**와 전원전하밀도 $\rho$가 분명하게 나타난 시간조화 전자장방정식들이다. 때때로 가상의 자기전류(magnetic current)밀도 **M**을 도입하는 것이 편리할 때가 있다. 그러면 식 (2-16)은 아래와 같이 된다.

$$\nabla \times \mathbf{E} = -j\omega\mu\mathbf{H} - \mathbf{M} \tag{2-21}$$

자기전류는 복잡한 전장문제를 대치하는 등가전원으로서 유용하게 사용된다.

기본적인 전자기학 방정식의 해는 경계조건을 만족시키기 전까지는 완전하지 않다. 시간조화 형태로 표시된 경계조건은 아래와 같다.

$$\hat{\mathbf{n}} \times (\mathbf{H_2} - \mathbf{H}_1) = \mathbf{J}_s \tag{2-22}$$

$$(\mathbf{E_2} - \mathbf{E_1}) \times \hat{\mathbf{n}} = \mathbf{M}_s \tag{2-23}$$

여기서 전기와 지기 표면전류 $\mathbf{J}_s$와 $\mathbf{M}_s$는 각각의 매질 파라미터가 $\varepsilon_1, \mu_1, \sigma_1$ 그리고 $\varepsilon_2, \mu_2, \sigma_2$인 두 개의 균일 매질 경계면 위에 흐르고 있다. $\mathbf{M}_s$는 등가자류판(sheet)이 사용되지 않는 한 0이다. 경계

[3] 일반적으로 $\varepsilon$과 $\mu$는 복소수이나 대부분 안테나 문제에서는 근사적으로 실수로 취급한다.

[4] 때로는 전자장을 표현하는 기본 파라미터로 **E**와 **H** 대신 **E**와 **B**가 사용된다[1].

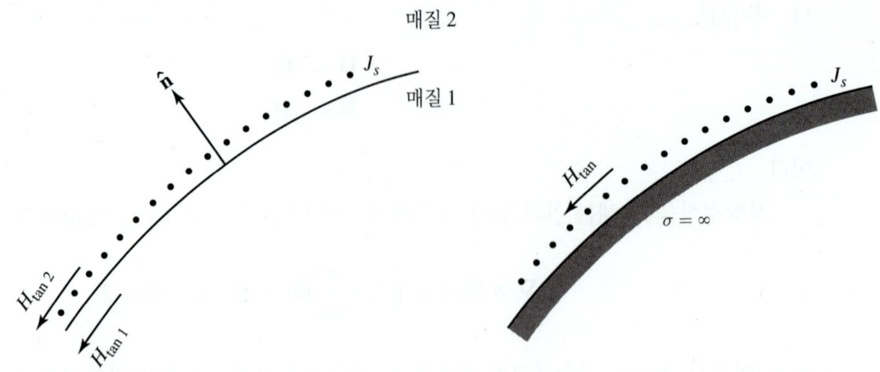


(a) 일반적인 경우 (b) 한쪽이 완전도체인 경우

**그림 2-1 자장의 경계조건.**

면에 수직인 단위법선벡터 $\hat{\mathbf{n}}$은 매질 1에서 매질 2로 향하는 벡터이다. 단위법선과의 벡터곱은 경계면의 접선성분만 남게 한다. 따라서 이 방정식들은 다음과 같이 쓸 수 있다.

$$H_{\tan 2} = H_{\tan 1} + J_s \quad \textbf{(2-24)}$$

$$E_{\tan 2} = E_{\tan 1} + M_s \quad \textbf{(2-25)}$$

이러한 경계조건들은 식 (2-17)과 식 (2-21)의 적분형태로 유도된다. 만일 한쪽 매질이 완전도체이면 그 경계조건은 다음과 같다.

$$H_{\tan} = J_s \quad \textbf{(2-26)}$$

$$E_{\tan} = 0 \quad \textbf{(2-27)}$$

자장에 대한 접선경계조건은 그림 2-1에 일반적인 경우와 매질 1이 완전도체인 경우 두 가지로 보여 주고 있다. 경계조건 방정식 내의 모든 장은 바로 그 경계면에서 값이 산출되어야 하며 또 그 방정식들은 경계면을 따라서 각 점에 적용된다.

전력보존 방정식 혹은 포인팅 정리(Poynting's theorem)는 맥스웰의 회전방정식으로부터 유도할 수 있다. 폐곡면 $s$로 둘러싸인 체적 $v$를 생각하자. 체적 $v$ 내의 전원에 의해 전달된 복소전력 $P_s$는 $s$를 뚫고 나가는 전력 $P_f$, 체적 $v$ 내에서 소비되는 시평균전력 $P_{d_{av}}$와 체적 $v$ 내의 시평균 저장된 전력의 합과 같다.

$$P_s = P_f + P_{d_{av}} + j2\omega(W_{m_{av}} - W_{e_{av}}) \quad \textbf{(2-28)}$$

폐곡면 $s$를 뚫고 나가는 복소전력은 아래 식에서 구할 수 있다.

$$P_f = \frac{1}{2}\oiint_s \mathbf{E} \times \mathbf{H}^* \cdot d\mathbf{s} \quad \textbf{(2-29)}$$

여기서 $d\mathbf{s} = ds\hat{\mathbf{n}}$이고 $\hat{\mathbf{n}}$은 표면에서 외향하는 단위법선벡터이다. $\mathbf{E}$와 $\mathbf{H}$는 실효치 페이저가 아닌 첨두치 페이저이므로 전력표현식에 1/2이 나타남을 유의해야 한다. 이 적분의 피적분함수를 포인팅 벡터(Poynting vector)로 정의한다.

$$\mathbf{S} = \tfrac{1}{2}\mathbf{E} \times \mathbf{H}^* \quad \textbf{(2-30)}$$

이것은 $W/m^2$의 단위를 갖는 전력밀도이다.

폐곡면 $s$로 둘러싸인 체적 $v$내에서 소비되는 시평균전력은

$$P_{d_{av}} = \frac{1}{2}\iiint_v \sigma|E|^2 dv \tag{2-31}$$

이다. 시평균 저장 자기에너지는

$$W_{m_{av}} = \frac{1}{2}\iiint_v \frac{1}{2}\mu|H|^2 dv \tag{2-32}$$

이고, 시평균 저장 전기에너지는

$$W_{e_{av}} = \frac{1}{2}\iiint_v \frac{1}{2}\varepsilon|E|^2 dv \tag{2-33}$$

이다. 만일 전원전력이 구체적으로 알려지지 않으면 아래와 같이 체적전류밀도로 계산할 수 있다.

$$P_s = -\frac{1}{2}\iiint_v \mathbf{E} \cdot \mathbf{J}^* \, dv \tag{2-34}$$

만일 자류밀도가 사용되면 $\mathbf{H}^* \cdot \mathbf{M}$ 항이 피적분함수에 추가로 더해져야 한다.

식 (2-29)에서 폐곡면 $s$ 상에서 복소 포인팅 벡터 $1/2(\mathbf{E} \times \mathbf{H}^*)$의 적분은 그 표면를 뚫고 나가는 총복소전력이 됨을 알 수 있다. 복소 포인팅 벡터란 어떤 점에서 단위면적당 와트로 표시되는 복소전력밀도를 나타내는 것으로 가정한다. 그러면 어떤 곡면 $s$(반드시 폐곡면일 필요는 없음)를 통과해 나가는 전력은 그 면적에 대해서 복소 포인팅 벡터를 적분해서 구할 수 있다. 우리는 특히 실전력(real power)에 관심이 있다(여기서 실전력이란 전장과 자장이 동위상인 복소전력의 실수성분을 말한다). 면적 $s$를 통과하는 실전력은

$$P = \mathrm{Re}\left(\iint_s \mathbf{S} \cdot d\mathbf{s}\right) = \frac{1}{2}\mathrm{Re}\left(\iint_s \mathbf{E} \times \mathbf{H}^* \cdot d\mathbf{s}\right) \tag{2-35}$$

이다. 이러한 평균전력 흐름에 대한 기준 방향은 $d\mathbf{s} = ds\hat{\mathbf{n}}$에 포함되어 있는 단위법선벡터 $\hat{\mathbf{n}}$으로 결정된다.

## 2.2 방사에 대한 맥스웰 방정식의 해

이 절에서는 맥스웰 방정식에 근거해 안테나의 방사장을 구하기 위한 방법을 기술한다. 이 책에서 다루는 안테나 해석은 이러한 기본적인 관계식에서 출발한다. 따라서 맥스웰 방정식으로 반드시 되돌아갈 필요는 없다.

안테나 문제는 외부전류밀도 $\mathbf{J}$에서 발생한 전자장을 구하는 것이다. 아주 간단한 경우에는 이러한 전류분포는 해를 구하는 과정에서 얻게 된다. 어떻게 전류분포를 구하느냐 하는 문제는 이 책의 여러 군데에서 언급할 것이지만 지금은 전류분포를 알고 있고 거기서 $\mathbf{E}$와 $\mathbf{H}$를 구한다고 가정한다. 앞에서 언급했듯이 우리는 식 (2-16)과 식 (2-17)에 주어진 맥스웰의 두 개의 회전방정식이 필

요하다. 이것은 두 개의 결합된 선형 1차 미분방정식이다. 이 두 방정식은 미지함수 **E**와 **H**가 두 식 모두에 포함돼 있으므로 결합됐다. 따라서 이 방정식들은 연립해서 풀어야 한다. 주어진 **J**에 대한 **E**와 **H**의 해를 간단히 하고자 스칼라와 벡터전위함수 Φ와 **A**를 도입한다.

벡터전위함수는 **H**의 발산이 0이라는 식 (2-19)로부터 정의될 수 있다. 그러므로 벡터장 **H**는 순환(circulation)성분만 있다. 그래서 **H**는 때때로 회전장(solenoidal field)이라 한다. 이것은 순환성분만 있으므로 아래와 같이 임의의 벡터함수의 회전으로 표시할 수 있다.

$$\boxed{\mathbf{H} = \frac{1}{\mu}\nabla \times \mathbf{A}} \tag{2-36}$$

여기서 **A**는 (자기)벡터전위[(magnetic) vector potential]이다. 정확성을 더 입증해 보면, 식 (2-36)은 식 (2-19)를 항등적으로 만족시키므로, 즉 식 (C-9)로부터 임의의 **A**에 대해서 $\nabla \cdot \nabla \times \mathbf{A} \equiv 0$이므로 가능하다. **A**의 회전은 식 (2-36)으로 정의됐지만 **A**를 완벽하게 정의하려면 그 발산이 정해져야 한다.

스칼라전위는 식 (2-36)을 식 (2-16)에 대입함으로써 구할 수 있다.

$$\nabla \times (\mathbf{E} + j\omega\mathbf{A}) = 0 \tag{2-37}$$

괄호 속의 표현은 전장을 나타내며 그 회전이 0이어서 그것을 보존장이라 하고 정전장(static electric field)처럼 작용한다. (전기)스칼라전위[(electric) scalar potential] Φ는

$$\mathbf{E} + j\omega\mathbf{A} = -\nabla\Phi \tag{2-38}$$

로 정의하는데, 이것은 식 (2-37)을 항등적으로, 즉 임의의 Φ에 대해 식 (C-10)에서 $\nabla \times \nabla\Phi \equiv 0$을 만족시키기 때문이다. 식 (2-38)을 총전장에 대해서 풀면

$$\mathbf{E} = -j\omega\mathbf{A} - \nabla\Phi \tag{2-39}$$

이 되는데 이것은 잘 알려진 결과이다.

전장 **E**와 자장 **H**는 이제 식 (2-36)과 식 (2-39)에서처럼 전위함수들로 표시된다. 만일 우리가 그러한 전위함수들을 안다면 **E**와 **H**는 쉽게 구할 수 있을 것이다.

전위함수의 해는 식 (2-36)을 식 (2-17)에 대입하여 구한다.

$$\nabla \times \mathbf{H} = \frac{1}{\mu}\nabla \times \nabla \times \mathbf{A} = j\omega\varepsilon\mathbf{E} + \mathbf{J} \tag{2-40}$$

식 (C-17)의 벡터 항등식을 이용하고

$$\nabla \times \nabla \times \mathbf{A} \equiv \nabla(\nabla \cdot \mathbf{A}) - \nabla^2\mathbf{A} \tag{2-41}$$

식 (2-39)를 식 (2-40)에 대입하면

$$\nabla(\nabla \cdot \mathbf{A}) - \nabla^2\mathbf{A} = j\omega\mu\varepsilon(-j\omega\mathbf{A} - \nabla\Phi) + \mu\mathbf{J} \tag{2-42}$$

혹은

$$\nabla^2\mathbf{A} + \omega^2\mu\varepsilon\mathbf{A} - \nabla(j\omega\mu\varepsilon\Phi + \nabla \cdot \mathbf{A}) = -\mu\mathbf{J} \tag{2-43}$$

이다. 앞에서 언급한 것처럼 **A**의 발산은 아직도 정해지지 않았다. 편리한 방법 중 하나는 식 (2-43)의 세 번째 항이 없어지도록 **A**의 발산을 선택하는 것이다. 이것을 로렌츠 조건(Lorentz condition)

(그러나 H. Lorentz보다는 L. Lorenz의 공로[2])이라 한다.

$$\nabla \cdot \mathbf{A} = -j\omega\mu\varepsilon\Phi \tag{2-44}$$

그러면 식 (2-43)은 다음과 같이 된다.

$$\boxed{\nabla^2 \mathbf{A} + \omega^2 \mu\varepsilon \mathbf{A} = -\mu \mathbf{J}} \tag{2-45}$$

식 (2-44)처럼 선택함으로써 변수 분리의 효과를 가져왔다. 즉 식 (2-45)에는 Φ가 없고 **A**만이 포함되어 있다. 이것이 벡터 파동방정식(vector wave equation)이다. 이것은 외부전류 **J**가 결정된 후 **A**에 대해서 풀어야 하는 하나의 미분방정식이다. 그러면 장들은 식 (2-36)과

$$\boxed{\mathbf{E} = -j\omega \mathbf{A} - j\frac{\nabla(\nabla \cdot \mathbf{A})}{\omega\mu\varepsilon}} \tag{2-46}$$

에서 쉽게 구할 수 있다. 위 식은 식 (2-39)와 식 (2-44)로 얻었다. 여기서 주목할 것은 **A**만 알면 된다는 점이다. 약간 더 복잡한 절차를 거치면 벡터 파동방정식에 덧붙여 스칼라 파동방정식도 아래와 같이 구할 수 있다.

$$\nabla^2 \Phi + \omega^2 \mu\varepsilon \Phi = -\frac{\rho}{\varepsilon} \tag{2-47}$$

식 (2-47)은 독자 여러분이 유도해 보라. 이러한 방법을 사용하면 **E**는 식 (2-39)로부터 구할 수 있다. 여기서 식 (2-47)의 $\rho$는 식 (2-20)의 연속방정식에 의해서 식 (2-45)의 **J**와 관계가 있음을 주목하라.

벡터 파동방정식 (2-45)는 세 개의 스칼라 방정식으로 분해해서 풀 수 있다. 이것은 식 (C-18)을 사용해서 **A**를 직각좌표성분으로 분해함으로써 얻을 수 있다.

$$\nabla^2 \mathbf{A} = \hat{\mathbf{x}}\nabla^2 A_x + \hat{\mathbf{y}}\nabla^2 A_y + \hat{\mathbf{z}}\nabla^2 A_z \tag{2-48}$$

직각좌표성분은 그들의 단위벡터가 직각좌표의 함수가 아니므로 라플라스 기호($\nabla^2$) 밖으로 인수화하여 사용한다. 이러한 특징은 직각좌표에서만 유일하게 성립한다. **A**를 항상 직각좌표성분으로 분해할 수는 있지만 **A**의 각성분의 라플라시안(Laplacian)은 주어진 문제의 기하학적 구조에 알맞은 좌표계로 표시해야 한다. 그 해는 식 (2-48)을 식 (2-45)에 대입하고 직각좌표성분들을 같게 놓음으로써 구할 수 있다.

$$\begin{aligned} \nabla^2 A_x + \beta^2 A_x &= -\mu J_x \\ \nabla^2 A_y + \beta^2 A_y &= -\mu J_y \\ \nabla^2 A_z + \beta^2 A_z &= -\mu J_z \end{aligned} \tag{2-49}$$

여기서 $\beta^2 = \omega^2\mu\varepsilon$이다. 실상수(real-valued constant)

$$\beta = \omega\sqrt{\mu\varepsilon} \tag{2-50}$$

을 전파되는 파의 위상상수라 한다. 이것은 전파가 진행할 때 단위거리당 위상 변화에 대한 척도이다. 파의 정의에 의해 한 주기 동안, 즉 한 파장을 진행하면서 전파의 위상이 $2\pi$만큼 변화하므로, 다음과 같이 표현하며

$$\beta = \frac{2\pi}{\lambda} \tag{2-51}$$

식 (2-50)으로부터 전자파의 속도를 다음과 같이 구할 수 있다.[5]

$$c = \frac{1}{\sqrt{\mu\varepsilon}} \tag{2-52}$$

맥스웰은 전자파의 속도에 대한 이러한 결론을 얻고, 그 속도가 유한상수라는 정확한 결론에 도달했다. 또한 빛 역시 전자파의 일종이므로 이러한 결론은 빛에 대해서도 적용 가능하다. 식 (2-50)과 (2-52)를 이용하면

$$\beta = \frac{\omega}{c} = \frac{2\pi f}{c} \tag{2-53}$$

이고, 식 (2-51)과 함께 다음과 같은 결과를 얻는다.

$$c = f\lambda \tag{2-54}$$

자유공간(그리고 공기 중)에서 $c = 1/\sqrt{\mu_0\varepsilon_0} \approx 3 \times 10^8$ m이다. 여기서 $\mu_0$와 $\varepsilon_0$는 자유공간에서의 투자율과 유전율이다. 이 관계식은 전자파의 모든 주파수에 대한 파장을 계산하는 데에 사용된다. 헤르츠는 파장을 알아내기 위해 먼저 금속 시트에서 반사됨으로써 생성된 정재파의 인접한 골 사이의 거리(이는 반파장과 일치한다)를 측정하고 식 (2-54)를 이용하여 실험적으로 빛의 속도를 추출하였다.

시간영역에서는 파의 전파속도가 무한하지 않기 때문에, 파가 거리 $\Delta r$을 진행해 나갈 경우, 도착시간에 지연이 발생한다. 이를 소위 **지연시간**(retarded time)이라고 하며$\Delta t = \Delta r/c$로 정의한다. 이에 해당하는 위상의 변화는 시간 지연의 주기 $T(=1/f)$의 비율로부터 구할 수 있다:

$\Delta phase = \beta\Delta r = \frac{2\pi f}{c}(c\Delta t) = 2\pi\frac{\Delta t}{T}$. 예를 들어 전파하는 거리가 $\Delta r = \lambda/4$라면 지연시간은 $\Delta t = \frac{\Delta r}{c} = \frac{\lambda}{4}\frac{1}{f\lambda} = \frac{T}{4}$이고, 위상천이는 $\Delta phase = 2\pi\frac{T/4}{T} = \frac{\pi}{2} = 90°$이다.

식 (2-49)의 세 방정식은 동일한 형태이다. 이 방정식 중 하나의 해를 구하면 나머지 두 방정식에 대한 해는 쉽게 구할 수 있다. 먼저 **점전원**(point source)에 대한 해를 구하자. 이러한 단위 임펄스 응답해는 임의의 전원을 점전원의 집합으로 간주함으로써 일반해를 구하는 데 사용한다. 점전원에 대한 미분방정식은

$$\nabla^2\psi + \beta^2\psi = -\delta(x)\,\delta(y)\,\delta(z) \tag{2-55}$$

이다. 여기서 $\psi$는 원점에 위치한 점전원에 대한 응답이며 $\delta(\ )$는 단위 임펄스 함수 또는 디랙 델타 함수(Dirac delta function, 부록 F.1 참조)이다. 점전원은 극미한 크기를 갖지만 그와 관련된 전류는 방향을 갖는다. 이유는 실제 문제를 푸는 데 점전원은 방향을 갖고 있는 전류의 작은 일부분을 나타내기 때문이다. 만일 점전원 전류가 $z$방향이라면

$$\psi = A_z \tag{2-56}$$

이다. 점전원은 원점을 제외한 모든 점에서 0이므로 식 (2-55)는 원점 이외의 곳에서

[5] 문맥상으로 속도라고 표현하는 것이 일반적이다. 여기서 전자파의 속도는 방향성에 대한 의미는 배제하고 오직 속도의 크기만을 표현한다. 정확하게는 속력이라고 할 수 있다.

$$\nabla^2\psi + \beta^2\psi = 0 \tag{2-57}$$

이 된다.

이것은 복소 스칼라 파동방정식(scalar wave equation) 또는 헬름홀츠 방정식(Helmholtz equation)이라 한다. 이 경우 구대칭이므로 라플라시안은 구좌표로 표시되고 $\psi$는 $r$만의 함수이다. 식 (2-57)의 두 해는 $e^{-j\beta r}/r$과 $e^{+j\beta r}/r$이다. 이것은 각각 방사상으로 외향(outward) 그리고 내향(inward) 하며 진행하는 파이다. 두 해 중에서 물리적으로 의미 있는 해는 점전원에서 외향하며 진행해 나가는 파뿐이다. 비례상수를 계산하면(연습문제 2.2-3 참조) 점전원 해는

$$\psi = \frac{e^{-j\beta r}}{4\pi r} \tag{2-58}$$

이다. 이것은 식 (2-55)의 해이고 원점에 위치한 점전원으로부터 외향하는 거리 $r$에 따른 크기와 위상의 변화이다. 만일 전원이 임의의 위치에 존재한다면 우리는 전원의 위치와 관찰점 $P$의 거리 $R$을 계산해야 한다(그림 2-2 참조). 그러면

$$\psi = \frac{e^{-j\beta R}}{4\pi R} \tag{2-59}$$

이다. 점전원은 이상적 다이폴 안테나의 해를 위한 시작점이며 다음 절에서 자세히 다룬다.

임의의 $z$방향 전류밀도에 대해서 벡터전위 또한 같은 $z$방향이 된다. 만일 우리가 그것을 전류분포 $J_z$로 가중된 점전원의 집합으로 생각하면 응답 $A_z$는 식 (2-59)의 점전원 응답의 합이다. 이것은 전원체적(source volume) $v'$에 대한 적분으로 표시된다.

$$A_z = \iiint_{v'} \mu J_z \frac{e^{-j\beta R}}{4\pi R} dv' \tag{2-60}$$

비슷한 방정식들이 $x$와 $y$ 성분에 대해서도 성립한다. 그러면 전체 해는 모든 성분들의 합이 된다.

$$\mathbf{A} = \iiint_{v'} \mu \mathbf{J} \frac{e^{-j\beta R}}{4\pi R} dv' \tag{2-61}$$

이것은 벡터 파동방정식 (2-45)의 해이다. 기하학적 구조는 그림 2-2에 있다. 도시된 좌표계는 전원점과 장점(field point)을 설명하는 데 사용된다. $\mathbf{r}'$은 좌표원점에서 전원점까지의 벡터이고 $\mathbf{r}_p$는 좌표원점에서 장점 $P$까지의 벡터이다. 벡터 $\mathbf{R}$은 전원점에서 장점까지의 거리 벡터이고 $\mathbf{r}_p - \mathbf{r}'$로 나타낼 수 있다. 이러한 기하학적 구조는 표준으로 이 책에서 계속 사용할 것이다.

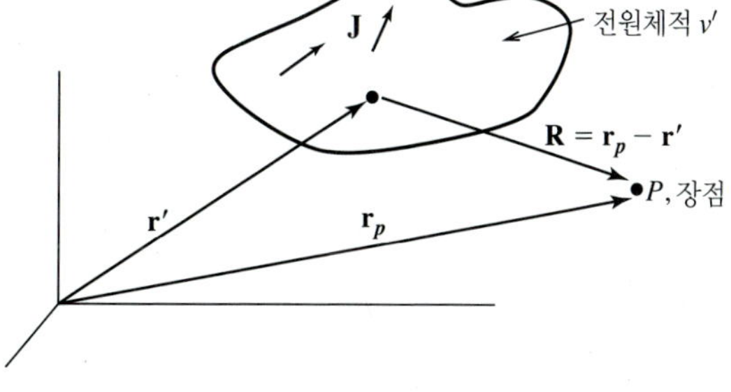


그림 2-2 방사문제 풀이를 위한 벡터.

우리는 전류분포 **J**에 의해서 발생된 장을 구하는 절차를 아주 간단히 요약할 수 있다. 먼저 **A**를 식 (2-61)에서 구하고 다음에 **H**를 식 (2-36)으로 구한다. 그러면 **E**는 식 (2-46)으로부터 얻을 수 있다. 그러나 **E**는 전원영역 내에서 종종 식 (2-17) 로 아래와 같이 구하는 것이 더 간단하다.

$$\mathbf{E} = \frac{1}{j\omega\varepsilon}(\nabla \times \mathbf{H} - \mathbf{J}) \tag{2-62}$$

또는 장점이 전원에서부터 어느 거리만큼 떨어져 있으면, 즉 $P$점에서 $\mathbf{J} = 0$이면

$$\mathbf{E} = \frac{1}{j\omega\varepsilon}\nabla \times \mathbf{H} \tag{2-63}$$

로부터도 구할 수 있다.

## 2.3 이상적 다이폴

앞 절에서 설명한 원리들은 이 절에서 미소전류소에 의한 장을 구하는 데에 사용된다. 길이가 전기적으로 매우 작은, 즉 $\Delta z \ll \lambda$이며 전류크기가 균일한 안테나를 **이상적 다이폴**(ideal dipole)이라고 한다. 이것은 전류가 안테나의 전 길이에 걸쳐 크기와 위상이 균일하다는 의미에서 이상적이라고 한다. 실제로 이러한 불연속 전류를 구현하기란 매우 어렵다. 따라서 이러한 이상적 다이폴을 근사화할 수 있는 실제 구현방법은 3.1절에서 다룬다. 실제 응용에서 안테나의 큰 전류의 한 부분을 설명하고자 전류소(current element)라는 용어를 이상적 다이폴 대신 사용한다. 이와 같이 실제 안테나는 먼저 연속전류의 가느다란 필라멘트로 분해하고, 이러한 필라멘트는 다시 이상적 다이폴로 세분화할 수 있다. 그러면 안테나의 장은 이러한 이상적 다이폴들로부터의 장을 모두 합하면 된다. 이상적 다이폴에 사용되는 또 다른 용어들로는 헤르츠 전기 다이폴(Hertzian electric dipole), 전기적 다이폴(electric dipole), 미소 다이폴(infinitesimal dipole), 그리고 더블릿(doublet) 등이 있다. 전기적으로 작은, 중앙급전(center-fed) 도선 안테나는 중앙에서 도선 끝으로 갈수록 전류가 점점 감소해 0이 되는 전류분포를 갖고 있다. 이러한 단형 다이폴(short dipole) 안테나는 이상적 다이폴과 같은 방사패턴을 갖게 된다. 더 자세한 것은 2.7절과 3.1절에서 취급한다.

좌표원점에 중심을 두고 $z$축 방향으로 놓인 길이가 $\Delta z$인 전류소를 생각하자. 전류는 $I$로 일정하다. 이 경우 벡터전위를 위한 식 (2-61)의 체적적분은 선적분으로 바뀐다.[6]

$$\mathbf{A} = \hat{\mathbf{z}}\mu I \int_{-\Delta z/2}^{\Delta z/2} \frac{e^{-j\beta R}}{4\pi R} dz' \tag{2-64}$$

길이 $\Delta z$는 파장 및 거리 R에 비해서 매우 작다(그림 2-3 참조). $\Delta z$가 매우 작아서 전류소의 점들에서 장점까지의 거리 $R$은 원점에서 장점까지의 거리 r과 거의 같다. 식 (2-64)에 $R$ 대신 $r$을 대입하고

---

[6] 식 (2-64)의 결과는 또한 다이폴 상의 전류밀도를 아래와 같이 나타내서 구할 수 있다.

$$\mathbf{J} = I\,\delta(x')\,\delta(y')\hat{\mathbf{z}} \quad \text{for} \quad -\frac{\Delta z}{2} < z' < \frac{\Delta z}{2}$$

이것을 식 (2-61)에 대입하면

$$\mathbf{A} = \hat{\mathbf{z}}\mu I \int_{-\infty}^{\infty} \delta(x')dx' \int_{-\infty}^{\infty} \delta(y')\,dy' \int_{-\Delta z/2}^{\Delta z/2} \frac{e^{-j\beta R}}{4\pi R} dz'$$

이며, 여기서 식 (2-64)가 나온다.

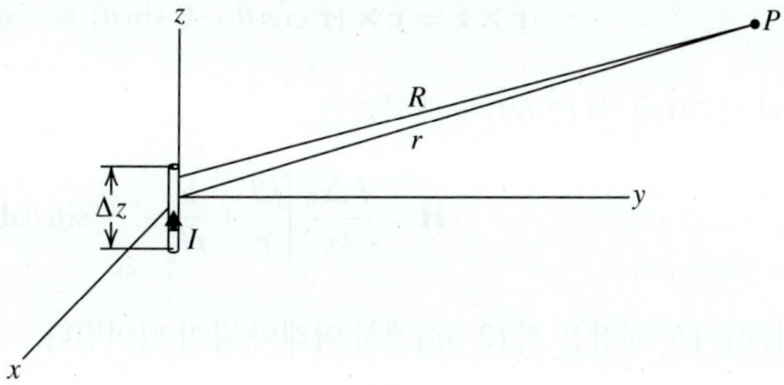


그림 2-3 **이상적 다이폴.** 전류 I는 균일하고, $\Delta z \ll \lambda$이며 $R \approx r$이다.

적분하면 아래와 같다.

$$\mathbf{A} = \frac{\mu I e^{-j\beta r}}{4\pi r} \Delta z \,\hat{\mathbf{z}} \tag{2-65}$$

이 결과는 점전류소의 경우에는 정확히 맞을 것이고, 작은($\Delta z \ll \lambda$, $\Delta z \ll R$) 그러나 유한한 균일 전류소에 대해서는 근사적으로 맞을 것이다. 점전원에 대한 벡터전위 $\mathbf{A}_z$는 앞 절에서 유도했다. 식 (2-58)을 보자. 여기서 $I\Delta z = 1$이다. 많은 전류전원에 대해서는 식 (2-64)의 분모에 $R$ 대신 $r$을 대입해도 되지만, 지수에 있는 $R$ 대신 $r$을 대입할 수는 없다. 그러나 매우 작은 전원의 경우에는 분모나 지수항에 $R$ 대신 $r$을 사용해도 된다.

이제 이상적인 다이폴에서 발생하는 전자장을 구할 준비가 되어 있다. 자장은 식 (2-36)에서 아래와 같이 구할 수 있다.

$$\mathbf{H} = \frac{1}{\mu} \nabla \times \mathbf{A} = \frac{1}{\mu} \nabla \times (A_z \hat{\mathbf{z}}) \tag{2-66}$$

만일 벡터 항등식 (C-16)을 적용하면 위 식은 다음과 같이 된다.

$$\mathbf{H} = \frac{1}{\mu} (\nabla A_z) \times \hat{\mathbf{z}} + \frac{1}{\mu} A_z (\nabla \times \hat{\mathbf{z}}) = \frac{1}{\mu} (\nabla A_z) \times \hat{\mathbf{z}} \tag{2-67}$$

상수 벡터의 회전은 0이므로 두 번째 항은 0이다. 식 (2-65)를 식 (2-67)에 대입하면

$$\mathbf{H} = \nabla \left( \frac{I\,\Delta z e^{-j\beta r}}{4\pi r} \right) \times \hat{\mathbf{z}} \tag{2-68}$$

를 얻는다. 식 (C-33)에서 구좌표계에서의 경도(gradient)를 적용하면

$$\begin{aligned} \mathbf{H} &= \frac{I\Delta z}{4\pi} \frac{\partial}{\partial r} \left( \frac{e^{-j\beta r}}{r} \right) \hat{\mathbf{r}} \times \hat{\mathbf{z}} \\ &= \frac{I\Delta z}{4\pi} \left[ \frac{-j\beta e^{-j\beta r}}{r} - \frac{e^{-j\beta r}}{r^2} \right] \hat{\mathbf{r}} \times \hat{\mathbf{z}} \end{aligned} \tag{2-69}$$

이 된다. 식 (C-3)에서

$$\hat{\mathbf{r}} \times \hat{\mathbf{z}} = \hat{\mathbf{r}} \times (\hat{\mathbf{r}} \cos\theta - \hat{\boldsymbol{\theta}} \sin\theta) = -\hat{\boldsymbol{\phi}} \sin\theta \tag{2-70}$$

이 된다. 식 (2-70)을 식 (2-69)에 대입하면

$$\mathbf{H} = \frac{I\,\Delta z}{4\pi}\left[\frac{j\beta}{r} + \frac{1}{r^2}\right] e^{-j\beta r} \sin\theta\,\hat{\boldsymbol{\phi}} \tag{2-71}$$

을 얻는다. 따라서 전장은 식 (2-63)에서 아래와 같이 얻어진다.

$$\begin{aligned}\mathbf{E} = {} & \frac{I\,\Delta z}{4\pi}\left[\frac{j\omega\mu}{r} + \sqrt{\frac{\mu}{\varepsilon}}\frac{1}{r^2} + \frac{1}{j\omega\varepsilon r^3}\right] e^{-j\beta r} \sin\theta\,\hat{\boldsymbol{\theta}} \\ & + \frac{I\,\Delta z}{2\pi}\left[\sqrt{\frac{\mu}{\varepsilon}}\frac{1}{r^2} + \frac{1}{j\omega\varepsilon}\frac{1}{r^3}\right] e^{-j\beta r} \cos\theta\,\hat{\mathbf{r}}\end{aligned} \tag{2-72}$$

식 (2-71)과 식 (2-72)는 아래와 같이 쓸 수 있다.

$$\mathbf{H} = \frac{I\,\Delta z}{4\pi} j\beta\left(1 + \frac{1}{j\beta r}\right)\frac{e^{-j\beta r}}{r} \sin\theta\,\hat{\boldsymbol{\phi}} \tag{2-73$a$}$$

$$\begin{aligned}\mathbf{E} = {} & \frac{I\,\Delta z}{4\pi} j\omega\mu\left[1 + \frac{1}{j\beta r} - \frac{1}{(\beta r)^2}\right]\frac{e^{-j\beta r}}{r} \sin\theta\,\hat{\boldsymbol{\theta}} \\ & + \frac{I\,\Delta z}{2\pi}\eta\left[\frac{1}{r} - j\frac{1}{\beta r^2}\right]\frac{e^{-j\beta r}}{r} \cos\theta\,\hat{\mathbf{r}}\end{aligned} \tag{2-73$b$}$$

이상적인 다이폴과 같은 가장 간단한 안테나에서도, 안테나와 근접한 거리에서는 $1/r^2$, $1/r^3$과 같은 성분들이 무시될 수 없기 때문에 장에 대한 표현이 복잡해진다. 식 (2-73$b$)의 전장에 대한 표현은 진행방향에 횡방향 성분($\theta$)과 방사방향 성분($r$)을 가진다. 다이폴 근처에서의 전력밀도는 바깥방향을 향하는 방사방향(r)의 실수값(소비되는)과 이에 대해 횡방향 성분($\theta$)의 허수값(리액티브)을 가진다. 연습문제 2.3-3과 아래의 식 (2-79)를 보라. 만일 $\beta r$이 크면(즉 $\beta r \gg 1$, 또는 $\beta = 2\pi/\lambda$이므로 $r \gg \lambda$이면) $j\beta r$의 역멱(inverse power)을 갖는 모든 항은 1에 비해서 아주 작을 것이므로 식 (2-73)은 아래와 같이 된다.

$$\mathbf{E} = \frac{I\Delta z}{4\pi} j\omega\mu \frac{e^{-j\beta r}}{r} \sin\theta\,\hat{\boldsymbol{\theta}} \tag{2-74$a$}$$

$$\mathbf{H} = \frac{I\Delta z}{4\pi} j\beta \frac{e^{-j\beta r}}{r} \sin\theta\,\hat{\boldsymbol{\phi}} \tag{2-74$b$}$$

이 식들은 다이폴에서 멀리 떨어진 점에서의 전자장으로 이상적 다이폴의 방사장이라 한다. 전장과 자장의 비는

$$\frac{E_\theta}{H_\phi} = \frac{\omega\mu}{\beta} = \frac{\omega\mu}{\omega\sqrt{\mu\varepsilon}} = \sqrt{\frac{\mu}{\varepsilon}} = \eta \tag{2-75}$$

이다. 여기서 $\eta = \sqrt{\mu/\varepsilon}$으로 매질의 고유 임피던스(intrinsic impedance)이다(자유공간에서는 $\eta_0 = 376.7\ \Omega \approx 120\pi\Omega$). 이것은 평면파의 한 성질이다. 또한 안테나로부터 먼 거리에서는 항상 전장과 자장이 이러한 방법으로 상호결합되어 있음을 알게 될 것이다.

식 (2-74)의 장을 식 (2-30)에 대입하면 이상적 다이폴을 둘러싸고 있는 반지름 $r$의 구를 뚫고 나가는 복소전력밀도에 대한 표현식을 얻는다.

$$\begin{aligned}\mathbf{S} &= \frac{1}{2}\mathbf{E}\times\mathbf{H}^* \\ &= \frac{1}{2}\left(\frac{I\Delta z}{4\pi}\right)^2 j\omega\mu\frac{e^{-j\beta r}}{r}\sin\theta\,\hat{\boldsymbol{\theta}}\times(-j\beta)\frac{e^{+j\beta r}}{r}\sin\theta\,\hat{\boldsymbol{\phi}} \\ &= \frac{1}{2}\left(\frac{I\Delta z}{4\pi}\right)^2 \omega\mu\beta\frac{\sin^2\theta}{r^2}\hat{\mathbf{r}}\end{aligned} \tag{2-76}$$

이것은 전형적인 두 가지 빙사 특성인 실수값과 방사방향(radially directed)을 나타내고 있다. 식 (2-29)를 사용하면 이상적 다이폴을 둘러싸고 있는 반지름 $r$의 구를 뚫고 나가는 총전력은

$$\begin{aligned}P_f &= \iint \mathbf{S}\cdot d\mathbf{s} = \frac{1}{2}\left(\frac{I\Delta z}{4\pi}\right)^2\omega\mu\beta\int_0^{2\pi}d\phi\int_0^{\pi}\sin^3\theta\,d\theta \\ &= \frac{1}{2}\left(\frac{I\Delta z}{4\pi}\right)^2\omega\mu\beta 2\pi\frac{4}{3} \\ &= \frac{\omega\mu\beta}{12\pi}(I\Delta z)^2\end{aligned} \tag{2-77}$$

이다. 이것은 실수값이며 이러한 실전력(real power)은 소비전력(dissipated power)을 의미한다. 여기서 '소비'라는 표현을 쓴 이유는 파가 전원에서 전파되어 나가기만 하고 다시 되돌아오지 않기 때문이다. 사실 반지름 $r$의 구를 뚫고 나가는 평균전력은 식 (2-35)에서 언급한 것처럼 식 (2-77)의 실수부를 취함으로써 얻는다. 이 경우는 실수부만 존재하므로 변함없이 그대로이다. 이러한 전력의 표현은 $r$에 무관하다. 따라서 반지름이 더 큰 구에 대해서 적분해도 그 결과는 동일할 것이다. 이러한 전력을 방사전력(radiated power)이라 한다.

식 (2-73)의 일반적인 장 표현식은 이상적 다이폴로부터 어떤 거리에서도 적용되며 다이폴의 입력 임피던스를 이해하는 데 매우 중요하다. 다이폴로부터 아주 가까운 거리, 즉 $\beta r \ll 1$ 또는 $r \ll \lambda$에서는 $r$의 가장 큰 역멱을 갖는 항만이 식 (2-73)에서 필요하다.

$$\mathbf{H}^{\mathrm{nf}} = \frac{I\Delta z e^{-j\beta r}}{4\pi r^2}\sin\theta\,\hat{\boldsymbol{\phi}} \tag{2-78a}$$

$$\mathbf{E}^{\mathrm{nf}} = -j\eta\frac{I\Delta z}{4\pi\beta}\frac{e^{-j\beta r}}{r^3}\sin\theta\,\hat{\boldsymbol{\theta}} - j\eta\frac{I\Delta z}{2\pi\beta}\frac{e^{-j\beta r}}{r^3}\cos\theta\,\hat{\mathbf{r}} \tag{2-78b}$$

이것을 안테나의 근거리장(near field)이라 한다. 실제로 식 (2-78$a$)에서 $1/r^2$로 변하는 자장은 단형이며, 정상 혹은 서서히 진동하는 전류의 자장, 즉 유도장이다. 식 (2-78$b$)에서 $1/r^3$으로 변하는

전장은 $+q$와 $-q$가 $\Delta z$만큼 떨어진 정전 혹은 준정전 다이폴의 전장과 같다. 여기서 전장의 성분 $E_\theta^{nf}$와 $E_r^{nf}$는 서로 동위상이지만 자장 $H_\phi^{nf}$와는 90°의 위상차, 즉 리액티브 전력을 나타내고 있음을 주목하라. 이것은 이러한 근거리장을 복소 포인팅 벡터 표현식 (2-30)에 대입함으로써 직접 보여 줄 수 있다.

$$\begin{aligned}\mathbf{S}^{nf} &= \frac{1}{2}[E_\theta^{nf} H_\phi^{nf*}\hat{\mathbf{r}} - E_r^{nf} H_\phi^{nf*}\hat{\boldsymbol{\theta}}] \\ &= -\frac{j\eta}{2\beta}\left(\frac{I\Delta z}{4\pi}\right)^2 \frac{1}{r^5}(\sin^2\theta\,\hat{\mathbf{r}} - \sin 2\theta\,\hat{\boldsymbol{\theta}})\end{aligned} \tag{2-79}$$

이러한 전력밀도 벡터는 허수이다. 따라서 평균방사전력 흐름이 없음을 주목하라. 이에 반해서 방사장은 동위상이고 방사방향의 실수 포인팅 벡터가 된다[식 (2-74)와 식 (2-76) 참조]. 허수전력밀도는 방사에 관계 있는 진행파보다는 오히려 정재파에 대응하며 리액티브 소자에 저장되는 에너지를 나타낸다. 식 (2-78)의 전장과 자장 사이의 90° 위상 관계는 에너지가 시간에 따라 두 장 사이에서 상호교환됨을 의미한다. 즉 어떤 순간에 다이폴 근처의 전장은 최대전하 영역에 근접한 곳에서 아주 강하게 되며 1/4주기 후에 에너지는 전류가 최대가 되는 다이폴 중앙에 근접한 자장에 축적된다.

근거리장의 허수전력밀도는 안테나 입력 임피던스의 리액티브 성분에 따른 것이다. 만일 안테나의 저항성 손실이 무시될 수 있으면 입력 임피던스의 실수부는 방사를 나타낸다. 안테나 임피던스는 2.6절에서 더 자세히 논의한다. 방사에 관련된 전력밀도는 어디서든지 존재하며 근거리장 영역을 통과한다. 식 (2-76)의 방사전력밀도와 식 (2-79)의 근거리장 전력밀도는 둘 다 $\theta = 90°$에서 최대이다. 이상적 다이폴에서 최대방사전력과 리액티브 전력이 같게 되는 거리는 $r = \lambda/2\pi$이다(연습문제 2.3-5 참조). 즉 이 반지름 내에서는 리액티브 전력이 우세하다. 이 영역을 때때로 라디안구(radiansphere)라 한다.

안테나에서 먼 거리($r \gg \lambda/2\pi$), 즉 원거리장 영역(far-field region)에서 모든 전력은 방사전력이다. 원거리장은 안테나 주변의 각분포(angular distribution), 즉 방사 패턴이 안테나와의 거리에 무관하다는 사실로 더욱 특징적이다. 장영역과 원거리장이 시작되는 안테나와의 거리에 대해서는 2.4.3절에서 더 자세히 논의한다.

## 2.4 방사패턴

1.4절에서는 안테나 주변에서 방사 레벨의 각 변화를 설명함으로써 방사패턴을 간단히 소개했다. 안테나는 여러 방향을 통하여 신호를 송신하거나 수신하기 위해 사용된다. 방사패턴은 아마도 안테나의 가장 중요한 특성일 것이다. 이 절에서는 방사패턴에 관련된 몇 가지 정의를 소개하고 방사패턴을 계산하는 일반적 절차를 유도한다.

### 2.4.1 방사패턴의 기본사항

방사패턴(안테나 패턴)은 안테나의 방사(원거리장) 성질을 도식적으로 표현한 것이다. 일반적인 방사패턴의 예제가 그림 1-7에 나와 있다. 우리는 앞 절에서 이상적인 다이폴의 방사장은 거리에 반비례, 즉 $1/r$로 변함을 알았다. 이는 모든 종류의 안테나에서 동일한 속성이다. 즉 어떠한 안테나에서든지 안테나로부터 멀리 떨어진 지점에서의 방사장은 구면파 형태로 진행하면서 거리에 따라 감쇠한

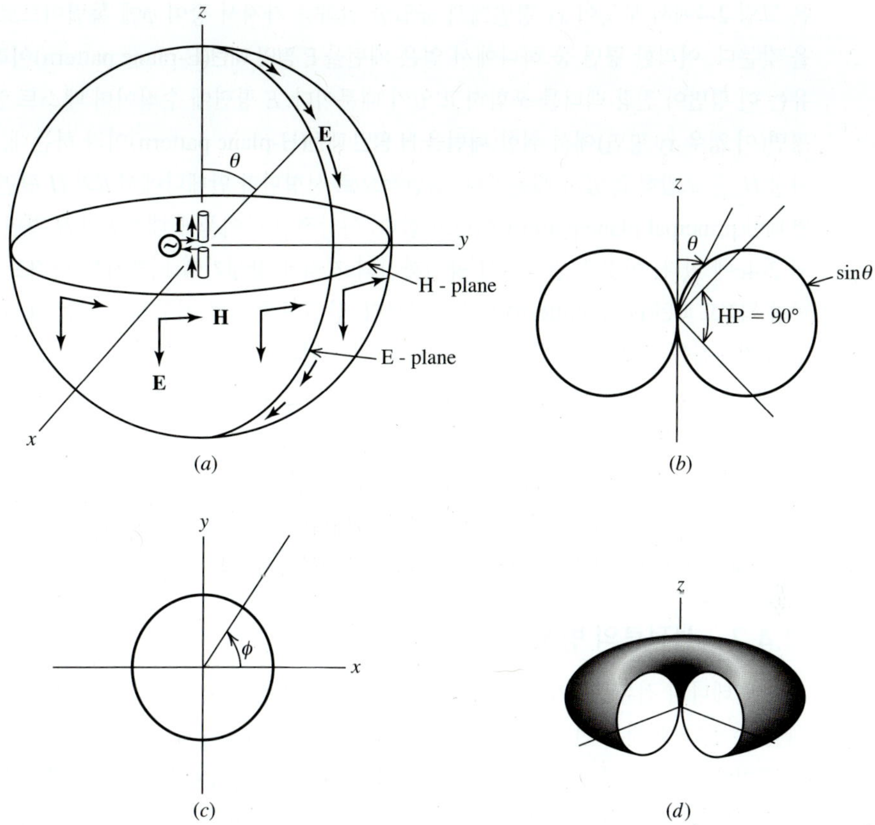


**그림 2-4** **이상적 다이폴의 방사.** (*a*) 장성분. (*b*) $|E_\theta|$ 또는 $|H_\phi|$의 $E$ 평면 방사패턴의 극좌표 도식. (*c*) $|E_\theta|$ 또는 $|H_\phi|$의 $H$ 평면 방사패턴의 극좌표 도식. (*d*) 방사패턴의 3차원 도식.

다. 하지만 관측 각도($\theta$, $\phi$)에 따른 변화는 안테나의 크기와 구체적인 구조에 따라 다르다. 실제로, 안테나와 방사패턴과의 관계는 안테나 연구에 있어서 큰 부분이다.

방사패턴의 개념을 이해하는 데 용이한 방법은 원형 구체를 상상해 보는 것이다. 이 구체는 그림 1-7과 같이 전 방향으로 동일하게 방사하는 가상적인 등방향성 방사 패턴을 나타낸다. 이 구체를 쥐어짜면 형태가 변하게 되는데, 이는 어떤 방향으로는 더 많이 방사하고 나머지 방향으로는 덜 방사하는 것을 나타낸다. 모든 방향에서 방사된 전체 전력은 동일하지만, 먼 지점에 있는 구면의 한 지점에서 나타나는 전력밀도(W/m$^2$)는 방향에 따라 패턴의 제곱에 비례하여 변한다(제곱이 사용된 이유는 패턴은 장을 표현한 것이기 때문이다).

방사패턴은 안테나로부터 방사되는 장을 계산하거나 측정해서 나타낼 수 있다. 이상적 다이폴에서 방사되는 원거리장이 그림 2-4의 반지름 $r$인 구표면 위에 나타나 있다. 그림 2-4$a$의 장벡터의 크기와 방향은 식 (2-74)를 따른다. 그들은 장이 최대인 순간을 보여 주고 있다. 구표면을 따라 움직이며 $E_\theta$에 평행인 전장 프로브(electric field probe) 안테나는 $\sin\theta$에 비례하는 출력을 갖게 된다(그림 13-4 참조). 구에서 $E_\theta$와 $H_\phi$의 각 변화는 그림 2-4$b$에 보이듯이 $\sin\theta$이다. 그림으로 표시된 방사패턴은 단위 평면에서는 $\phi$ 방향에 대하여 장의 변화가 없기 때문에 동일한 방사패턴을 가지며, 이는 그림 2-4c에서 볼 수 있듯이 $xy$ 평면 상의 균일한 패턴으로 나타난다. $z$축을 포함하는 임의의 평면은 그림 2-4에서 보듯이 $xy$ 평면에서 균일한 변화를 가져서 장이 $\phi$에 독립이므로 동일한 방사패턴을 갖는다. 이러한 평면 중 하나에서 얻은 패턴을 **E 평면 패턴**(E-plane pattern)이라고 하는데, 그 이유는 이 평면이 전장 벡터를 포함하고 있기 때문이다. $E$ 평면에 수직이며 테스트 안테나를 절단하는 평면(이 경우 $xy$ 평면)에서 취한 패턴을 **H 평면 패턴**(H-plane pattern)이라 하는데, 이것은 그 평면이 자장 $H_\phi$를 포함하고 있기 때문이다. 일반적으로 선형편파 안테나에서 $E$와 $H$ 평면 패턴의 경우 **주평면 패턴**(principal plane pattern)이라고 한다. 이상적인 다이폴에 대한 $E$와 $H$ 평면 패턴이 그림 2-4$b$와 2-4$c$에 있다. 이것은 원점에서 곡선까지의 거리가 장세기에 비례하는 극좌표 도식이다. 이들을 종종 **극좌표 패턴**(polar pattern)이라고 부른다. 단일 방향으로 지향성을 갖는 패턴의 경우, 주평면은 빔의 최대점을 지나는 2개의 서로 수직인 평면이 된다.

이상적 다이폴에 대한 완전한 3D 패턴은 그림 2-4$d$에 한쪽을 잘라 낸 등각투영도로 나타내었다. 이러한 극좌표 방사패턴은 구멍 없는 '도넛'처럼 보인다. 이것은 $xy$ 평면에서는 균일하므로 **전방향성 패턴**(omnidirectional pattern)이라고도 한다. 전방향성 안테나는 지면에 평행하는 수평면 상으로 전방향성 패턴면이 놓이는 지상 기지국 안테나에 아주 많이 사용된다. 새로운 안테나를 취급해야 할 때는 먼저 3차원에서 완벽한 방사패턴을 가시화하도록 하라.

## 2.4.2 선전류의 방사

만일 안테나의 전류분포가 알려지면 방사패턴은 일반적으로 이상적 다이폴 때와 같은 방법으로 계산할 수 있다. 이것은 먼저 식 (2-61)로 주어진 벡터 전위를 구해야 계산할 수 있다. 간단한 예로, 원점 근처에서 $z$축 방향에 있는 필라멘트 전류를 생각하자. 많은 안테나는 이러한 **선전원**(line source)으로 모델링할 수 있다. 직선도선 안테나는 이의 좋은 예이다. 이 경우 벡터 전위는 $z$성분만 있고 그 적분은 선적분이 된다.[7]

$$A_z = \mu \int I(z') \frac{e^{-j\beta R}}{4\pi R} dz' \tag{2-80}$$

전원의 대칭성 때문에 방사장이 $\phi$에 무관함을 알 수 있다. 이것은 관측자가 $r$과 $z$를 일정하게 유지하고 그 전원 주위를 돌 때 전원의 모양은 항상 동일하게 보이기 때문이다. 이와 같이 그의 방사장 역시 $\phi$에 대해서 변하지 않는다. 그러므로 편의상 그림 2-5에서처럼 관측점을 한 고정된 $\phi$인 y$z$ 평면($\phi = 90°$)으로 제한하자. 그러면 그림 2-5로부터

$$r^2 = y^2 + z^2 \tag{2-81}$$

$$z = r\cos\theta \tag{2-82}$$

$$y = r\sin\theta \tag{2-83}$$

이 된다. 만일 그림 2-2의 일반적인 구조를 이 경우에 적용하면 $\mathbf{r}_p = \mathbf{r} = y\hat{\mathbf{y}} + z\hat{\mathbf{z}}$ 그리고 $\mathbf{r}' = z'\hat{\mathbf{z}}$이므로 $\mathbf{R} = \mathbf{r}_p - \mathbf{r}' = y\hat{\mathbf{y}} + (z - z')\hat{\mathbf{z}}$가 되고 그러면

$$R = \sqrt{y^2 + (z - z')^2} = \sqrt{y^2 + z^2 - 2zz' + (z')^2} \tag{2-84}$$

[7] 이러한 결과는 또한 식 (2-60)에서 $J_z(r') = I(z')\,\delta(x')\,\delta(y')$를 이용함으로써 얻을 수 있다. 여기서 $dv' = dx'\,dy'\,dz'$이다.

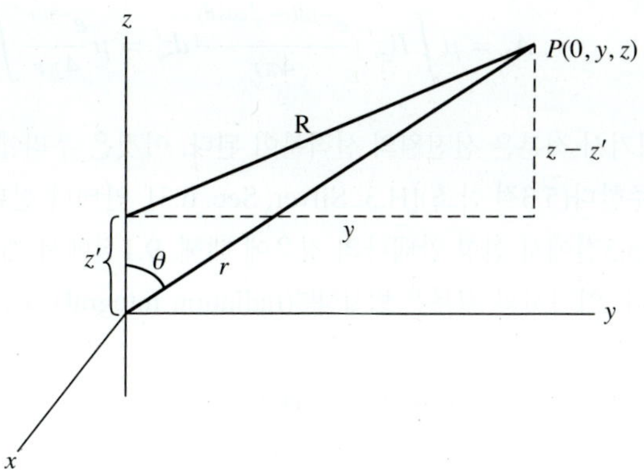


그림 2-5 z축에 놓여 있는 선전원의 장 계산에 사용된 구조.

가 된다. 모든 장점 좌표를 구좌표계로 변환하기 위해서 식 (2-82)와 식 (2-83)을 식 (2-84)에 대입하면

$$R = \{r^2 + [-2r\cos\theta z' + (z')^2]\}^{1/2} \tag{2-85}$$

이 된다.

$R$에 대한 근삿값을 얻고자 식 (2-85)를 이항정리 식 (F-4)를 이용해 전개하면 아래와 같이 된다.

$$\begin{aligned} R &= (r^2)^{1/2} + \frac{1}{2}(r^2)^{-1/2}[-2r\cos\theta z' + (z')^2] + \frac{\frac{1}{2}\left(-\frac{1}{2}\right)}{2}(r^2)^{-3/2} \\ &\quad \cdot [-2r\cos\theta z' + (z')^2]^2 + \cdots \\ &= r - z'\cos\theta + \frac{(z')^2\sin^2\theta}{2r} + \frac{(z')^3\sin^2\theta\cos\theta}{2r^2} + \cdots \end{aligned} \tag{2-86}$$

만일 $z'$이 $r$보다 작으면 $z'$의 멱이 증가할 때 이 급수의 항들은 감소한다. $R$에 대한 이러한 표현식은 방사적분식 (2-80)에서 근사 정도에 따라 사용된다. 분모(이 경우 크기에만 영향을 준다)에서는

$$R \approx r \tag{2-87}$$

을 사용한다. 왜냐하면 원거리장에서 $r$은 안테나 크기에 비해서 상당히 크므로, 즉 $r \gg z' \geq z'\cos\theta$이 되기 때문이다. 위상항 $-\beta R$을 다룰 때는 선전원의 각 점에서 관측점까지 거리를 계산할 때 더욱 더 정확한 $R$ 값을 사용해야 한다.

적분식 (2-80)은 선전원 각 점에서의 기여도를 합한 것이나. 비록 각 전원점으로 생긴 파의 진폭은 거의 같겠지만 만일 경로차가 파장의 몇 분의 일 정도만 되면 위상은 상당히 달라질 수 있다. 그러므로 식 (2-80)에서 분자의 $R$ 값을 구하려면 식 (2-86) 급수에서 처음 두 항을 취해야 한다. 즉

$$R \approx r - z'\cos\theta \tag{2-88}$$

원거리장 근사식 (2-87)과 (2-88)을 식 (2-80)에 대입하면

$$A_z = \mu \int I(z') \frac{e^{-j\beta(r - z'\cos\theta)}}{4\pi r} dz' = \mu \frac{e^{-j\beta r}}{4\pi r} \int I(z') e^{j\beta z'\cos\theta} dz' \tag{2-89}$$

이 된다. 여기서 적분은 선전원의 선적분이 된다. 이것은 푸리에변환형(Fourier-transform-type) 적분으로 간주한다(5.3절 참조)[H.3: Silver, Sec. 6.3]. 안테나 전류 분포와 방사패턴 사이의 푸리에변환 관계는 5.3절에서 선형 안테나의 경우에 대해, 9.1절에서 개구면 안테나의 경우에 대해 다시 살펴볼 것이다. 여기서의 적분은 **방사적분**(radiation integral) 또는 **회절적분**(diffraction integral)이라 불린다.

다음으로 자장은 식 (2-36)을 이용해 얻는다.

$$\begin{aligned} \mathbf{H} &= \frac{1}{\mu} \nabla \times \mathbf{A} = \frac{1}{\mu} \nabla \times (A_z \hat{\mathbf{z}}) \\ &= \frac{1}{\mu} \nabla \times (-A_z \sin\theta\, \hat{\boldsymbol{\theta}} + A_z \cos\theta\, \hat{\mathbf{r}}) \end{aligned} \tag{2-90}$$

여기서 식 (C-3)이 사용되었다. $\mathbf{A}_z$는 $r$과 $\theta$의 함수이므로 식 (C-35)에서처럼 구좌표에서의 회전은

$$\mathbf{H} = \hat{\boldsymbol{\phi}} \frac{1}{\mu} \frac{1}{r} \left[ \frac{\partial}{\partial t} (-r A_z \sin\theta) - \frac{\partial}{\partial \theta} (A_z \cos\theta) \right] \tag{2-91}$$

가 된다. 식 (2-89)를 위 식에 대입하면

$$\begin{aligned} \mathbf{H} &= \hat{\boldsymbol{\phi}} \frac{1}{\mu} \left\{ \mu \frac{-\sin\theta}{4\pi r} \int I(z') e^{j\beta z'\cos\theta} dz' \frac{\partial}{\partial r} e^{-j\beta r} - \frac{e^{-j\beta r}}{4\pi r^2} \frac{\partial}{\partial \theta} \right. \\ &\quad \left. \cdot \left[ \mu \cos\theta \int I(z') e^{j\beta z'\cos\theta} dz' \right] \right\} \\ &= \hat{\boldsymbol{\phi}} \frac{1}{\mu} \frac{e^{-j\beta r}}{4\pi r} \left\{ j\beta\, \mu \sin\theta \int I(z') e^{j\beta z'\cos\theta} dz' \right. \\ &\quad \left. - \frac{1}{r} \frac{\partial}{\partial \theta} \left[ \mu \cos\theta \int I(z') e^{j\beta z'\cos\theta} dz' \right] \right\} \end{aligned} \tag{2-92}$$

이 된다. 위 식의 첫 번째 항과 두 번째 항의 비는 $\beta r$의 크기이다. 만일 $\beta r \gg 1$이면 두 번째 항은 첫 번째 항에 비해 작으며 이상적 다이폴의 원거리장에서처럼 무시할 수 있다. 따라서 식 (2-92)는 아래와 같이 된다.

$$\mathbf{H} = \hat{\boldsymbol{\phi}} \frac{j\beta}{\mu} \sin\theta\, \mu \frac{e^{-j\beta r}}{4\pi r} \int I(z') e^{j\beta z'\cos\theta} dz' = \frac{j\beta}{\mu} \sin\theta\, A_z \hat{\boldsymbol{\phi}} \tag{2-93}$$

전장은 식 (2-46)에서 구할 수 있으며 아래와 같다.

$$\mathbf{E} = -j\omega \mathbf{A} - j \frac{\nabla (\nabla \cdot \mathbf{A})}{\omega \mu \varepsilon} \tag{2-94}$$

식 (2-80)을 식 (2-81)에서 사용하고 $r^{-1}$항만 취하면(그리고 $\beta r \gg 1$로 가정하면) 원거리장 근사식은 아래와 같다.

$$\mathbf{E} = -j\omega A_\theta \hat{\boldsymbol{\theta}} = j\omega \sin\theta A_z \hat{\boldsymbol{\theta}} \tag{2-95}$$

$-j\omega\mathbf{A} = -j\omega(-A_z \sin\theta\,\boldsymbol{\theta} + A_z \cos\theta\,\hat{\mathbf{r}})$이므로, 이 결과는 식 (2-94)의 첫 번째 항에서 $\hat{\mathbf{r}}$에 수직인 성분임을 주목하라. 이것은 선전원에만 국한되지 않고 모든 전원에 적용되는 중요한 일반적 결과이다.

$z$ 방향의 선전원(일반적으로는 임의의 $z$ 방향 전류전원)에서 방사장은 $H_\phi$와 $E_\theta$이며 식 (2-93)과 식 (2-95)에서 얻어진다. 이제 $A_z$를 계산하는 문제만 남았다. 이것은 일반적으로는 식 (2-60)에, 그리고 $z$ 방향 선전원의 경우는 식 (2-89)로 주어졌다. $A_z$를 계산하는 문제가 안테나 해석에서 가장 중요한 핵심 부분이다. 원거리장 영역의 특성에 대해 좀 더 알아본 다음 이 주제에 대해 다시 취급하고자 한다.

식 (2-93)과 식 (2-95)로 주어진 방사장 성분의 비는 아래와 같다.

$$E_\theta = \frac{\omega\mu}{\beta} H_\phi = \frac{\omega\mu}{\omega\sqrt{\mu\varepsilon}} H_\phi = \eta H_\phi \tag{2-96}$$

여기서 $\eta = \sqrt{\mu/\varepsilon}$ 는 매질의 고유 임피던스이다. 이와 같이 방사장들은 서로 수직이며 또 진행방향 $\hat{\mathbf{r}}$에 대해서도 수직이다. 이들의 크기는 식 (2-96)으로 주어지는데, 바로 잘 알려진 평면파의 성질이며, 진행방향에 수직인 전장과 자장을 갖는 'TEM파(transverse electromagnetic wave)'의 일반적인 형태를 갖게 된다. 일반적으로 유한 크기 안테나에서 일어나는 방사파는 TEM파의 특별한 경우로 이른바 '구면파(spherical wave)'라고 한다. 이러한 구면파는 안테나에서 방사상으로 외향하며 이 방사장들은 방사성분($r$성분)을 갖고 있지 않다. 구면파의 특성은 장 표현식에서 $e^{-j\beta r}/4\pi r$항이 나타내고 있다[식 (2-93) 참조]. $e^{-j\beta r}$의 위상항은 원점에서 방사상으로 외향해 진행하는 진행파를 나타내고, $1/r$의 진폭항은 미소다이폴의 경우와 마찬가지로 균일 전력 흐름(constant power flow)을 의미한다. 사실 크기가 유한한 모든 안테나에서 방사장들은 안테나에서 떨어진 거리의 함수로서 이러한 특징을 나타내고 있다.

방사장의 특징을 볼 수 있는 또 다른 방법은 이러한 구면파가 원거리장에 있는 관측자에게 평면파처럼 보인다는 점에 유의하는 것이다. 이러한 '국부 평면파 현상(local plane wave behavior)'은 평면파의 곡률반경이 충분히 커서 국부 영역에서는 위상면이 거의 평면으로 보이기 때문에 생긴다.

### 2.4.3 원거리장 조건과 장영역

앞 절의 선전류에 대한 결과는 임의의, 그러나 크기가 유한한 안테나로 쉽게 확장할 수 있다. 원거리장에서 장은 국부 평면파 형태를 나타내며 거리에 따라 $1/r$로 진폭이 변한다. 이 절에서는 원거리장을 위한 안테나에서 최소거리를 결정하기 위한 조건을 찾아내는데, 이는 근사 원거리장에 대해 기하학적 해석을 함으로써 시작한다.

그림 2-6에서처럼 선전류의 각 점에서 평행선을 그리면, 식 (2-86)의 $R$에 대한 표현식에서 고차항을 무시해서 얻은 식 (2-88)에 의해 원거리장까지의 거리 $R$은 $r$과 기하학적으로 관계가 있다. 평행선 근사법(parallel ray approximation)은 고찰점이 무한원점에 있을 때 정확하지만 원거리장에서도 근사적으로 사용할 수 있다. 방사문제 계산은 종종 평행선 근사법을 이용한 후 기하학적 방법으로 위상에 대한 $R$을 결정하면 된다. 그림 2-7의 일반적인 전원으로부터

$$R = r - r'\cos\alpha \tag{2-97}$$

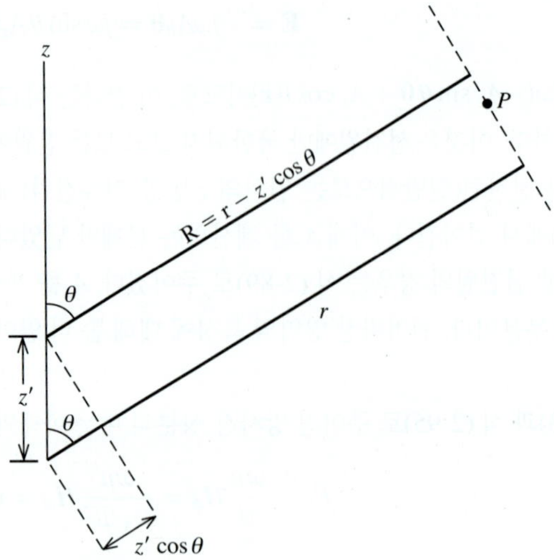


그림 2-6 선전원의 원거리장 계산을 위한 평행선 근사법.

임을 알 수 있다. 내적의 정의에 의해서

$$R = r - r' \frac{\mathbf{r} \cdot \mathbf{r}'}{rr'}$$

또는

$$\boxed{R = r - \hat{\mathbf{r}} \cdot \mathbf{r}'} \tag{2-98}$$

이다. 이것은 방사적분의 위상을 위한 $R$의 일반적인 근사 표현식이다. 여기서 만일 $z$축에 놓인 선전원과 같이 $\mathbf{r}' = z'\hat{\mathbf{z}}$,이면 식 (2-98)은 식 (2-88)로 바뀌는 것에 주목하라.

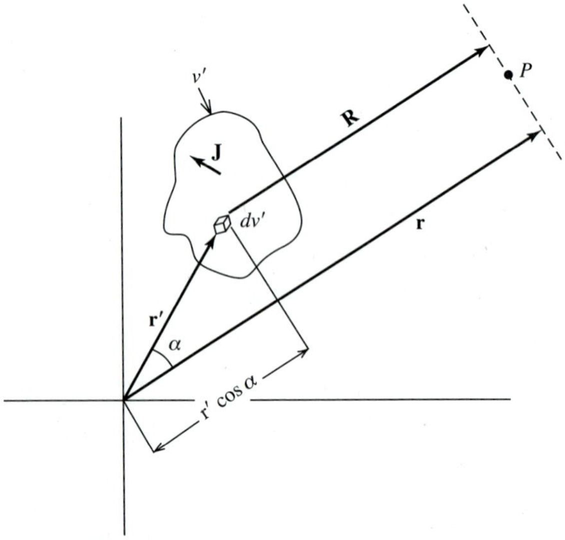


그림 2-7 일반적인 전원으로부터 원거리장 계산을 위한 평행선 근사법.

원거리장이 시작되는 전원의 거리에 대한 정의는 평행선 가정에서 생기는 오차가 무시될 수 있는 거리이다. 원거리장이 시작되는 거리 $r_{ff}$는 식 (2-86)의 세 번째 항을 무시함으로써 경로차가 $\lambda/16$가 되는 r의 값이다. 이것은 $2\pi/\lambda \cdot \lambda/16 = \pi/8$ rad $= 22.5°$의 위상오차(세 번째 항을 무시할 때)에 해당한다.

만일 D가 선전원의 길이라면 $r_{ff}$는 식 (2-86)의 세 번째 항의 최댓값($z' = D/2$ 그리고 $\theta = 90°$일 때)을 $\lambda/16$, 즉 $(D/2)^2/2r_{ff} = \lambda/16$와 같게 놓음으로써 구할 수 있다. $r_{ff}$에 대한 답은 다음과 같다.

$$\boxed{r_{ff} = \frac{2D^2}{\lambda}} \tag{2-99}$$

원거리장 영역은 $r \geq r_{ff}$이고 $r_{ff}$를 원거리장 거리(far-field distance) 또는 레일리(Rayleigh) 거리라고 부른다. 안테나의 크기가 파장 대비 작을 경우에는 원거리장을 만족시키기 위한 식 (2-99)의 일반적인 경우에 대한 조건은 충분히 크지 못하다. 추가적으로 고려되어야 할 부분들이 있는데, 이는 먼저 장영역에 대해 보다 자세히 다룬 후에 살펴볼 것이다.

근거리장(near field)이라 불리는 원거리장 영역 안쪽의 영역은 리액티브 장이 방사상(실수값)보다 지배적인 리액티브 근거리장(reactive near field) 영역과, 방사장이 리액티브 장보다 지배적인 방사 근거리장(radiating near field) 영역으로 나뉜다. 이상적인 다이폴에서 리액티브 근거리장과 방사 근거리장 영역의 경계는 $r = \lambda/2\pi$에서 발생하는데, 이는 2.3절 끝부분에서 알아본 라디안구의 반지름이다. 이 결과는 식 (2-73)에서 나온 이상적인 다이폴의 일반적인 장에 대한 식으로부터 구할 수 있다. 이 식들에는 방사거리인 $r$에 종속된 $1/r$, $1/r^2$, $1/r^3$ 항 들이 있다. 다이폴로부터의 거리가 늘어남에 따라 $1/r^3$ 항이 다른 항들에 비해 빨리 사라지고, 그 다음 $1/r^2$ 항이 사라지고, 원거리장에서는 오직 $1/r$ 항만이 주요하게 된다. 벡터 성분들의 실수부와 허수부는 $\beta r = 1$ 또는 $r = \lambda/2\pi = 0.16\lambda$인 경우에 서로 같으며, 이 지점이 리액티브 근거리장과 방사 근거리장의 경계가 된다(연습문제 2.4-3 참조). 연습문제 2.3-5에서 전력밀도 표현식을 이용하면 동일한 결과를 얻을 수 있다. 2.3절에 따르면 이상적인 다이폴의 장을 유도하기 위한 조건은 $\lambda \gg \Delta z$와 $r \gg \Delta z$이다. 연습문제 2.3-5를 통해 알 수 있듯이 방사 전력밀도와 리액티브 전력밀도의 비는 $(\beta r)^3$다. 따라서 만약 $\beta r = 10$이라면 방사 전력밀도가 리액티브 전력밀도보다 1000배(30 dB) 큰 것이다. 따라서 $r = 10/\beta = 1.6\lambda$는 이상적인 다이폴의 원거리장 영역의 경계가 된다. 또한 $\beta r = 10$인 경계에서는 파동 임피던스(횡방향 장 성분들의 비)가 자유공간의 고유 임피던스인 $\eta$에 수렴하게 되며, 이로부터 자유공간 파가 잘 구성되었다는 것을 알 수 있다(연습문제 2.4-4 참조). 보다 엄격한 조건인 $r = 5\lambda$에서는 식 (2-73*b*)의 $E_\theta$, 성분의 오차가 식 (2-74*a*)의 근사화된 원거리장의 경우와 비교하여 30 dB 아래이다(연습문제 2.4-5 참조)[3]. 그림 2-8*a*에는 이상적인 다이폴의 장영역에 대해 다음과 같이 요약한다. 리액티브 근거리장 영역은 $r = 0$부터 $0.16\lambda$까지, 방사 근거리장 영역은 $r = 0.16\lambda$부터 $5\lambda$까지, 원거리장 영역은 $5\lambda$ 이상이다. 이는 반지름 $a$가 $0.16\lambda$ 이하인 구의 내부에 포함될 수 있는 어떠한 전기적 소형 안테나(electrically small antenna)에도 적용할 수 있다.

리액티브 근거리장과 방사 근거리장의 경계는 이상적인 다이폴이 아닌 방사전원의 경우에는 달라진다. 선전원에 대하여 이 영역은 안테나로부터 $0.62\sqrt{D^3/\lambda}$까지가 된다(연습문제 2.4-6 참조) [H.8.8: Walter, (2-109)]. 식 (2-99)에 나와 있듯이 원거리장은 $2D^2/\lambda$부터 시작한다. 또 다른 원거리장 조건은 $r$이 $D$보다 커야 한다는 점이다. 이 조건은 크기 의존도에 대해 식 (2-87)에서 사용

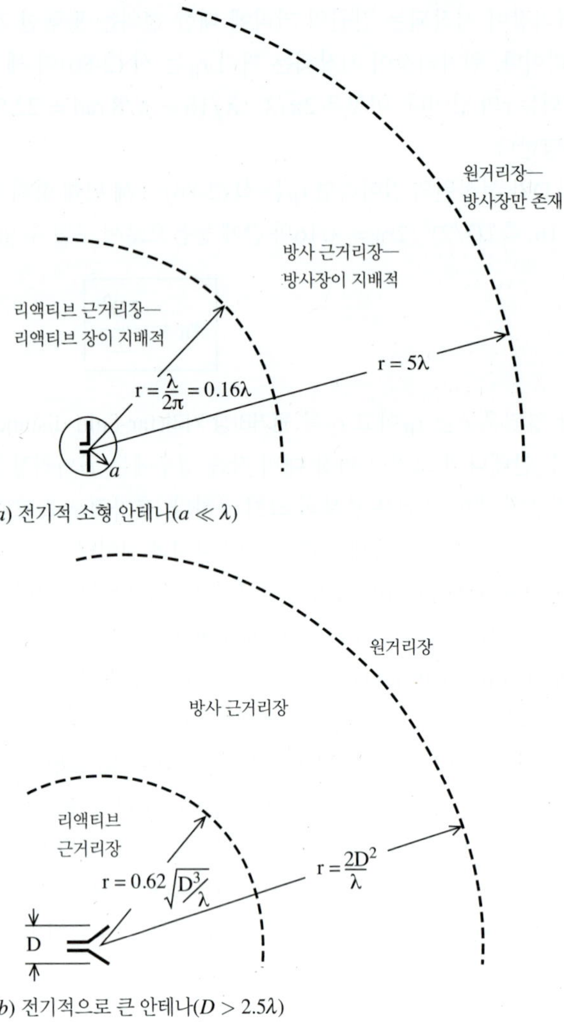


**그림 2-8** **장영역에 대한 요약(실제 스케일을 반영한 그림이 아님).**

한 $R \approx r$ 근사에서도 언급한 적이 있다. 보다 구체적으로 말하자면, $r$은 $5D$보다 커야 하는데, 이는 원거리장 영역에 대해 거리에 따른 최대 오차가 10% 미만이 되는 조건이다(연습문제 2.4-7 참조). $\beta r = (2\pi r/\lambda) \gg 1$로부터 주어지는 $r \gg \lambda$ 조건은 식 (2-92)를 식 (2-93)으로 간략화하는 데 사용되었다. 종종 이 한계는 이상적인 다이폴에서 사용된 것과 비슷한 이유로 $r > 1.6\lambda$가 되기도 한다. 길이 D를 가지는 선전원에 대하여 원거리장 영역의 조건은 다음과 같이 요약된다.

$$r > \frac{2D^2}{\lambda} \qquad \textbf{(2-100}a\textbf{)}$$

$$r > 5D \qquad \textit{원거리장 조건} \qquad \textbf{(2-100}b\textbf{)}$$

$$r > 1.6\lambda \qquad \textbf{(2-100}c\textbf{)}$$

원거리장 영역을 제한하는 $2D^2/\lambda$는 주로 UHF 대역 또는 그 이상에서 동작하는 안테나에 대한 경계조건이 된다. 동작주파수보다 안테나가 작은 보다 낮은 주파수 대역에서는 식 (2-100)에 나온

조건들을 만족시키기 위해 원거리장 거리가 $2D^2/\lambda$보다 커야 한다(연습문제 2.4-8 참조). 원거리장에 대한 논의는 13.2절에서 다시 다룰 것이다.

방사장(원거리장)은 작은 전류분포들이 방사에 기여하는 정도를 모두 더함으로써(적분) 구할 수 있다. 그렇게 구한 방사패턴은 안테나로의 거리 $r$로부터 독립적이며, 안테나에 대한 각도에 따라서만 변화한다. 예를 들어 이상적인 다이폴의 $\sin\theta$ 패턴은 원거리장 어디에서나 유효하다. 이는 방사전원의 일부로부터 나오는 선들이 평행하다고 가정하여 생기는 결과이다. 따라서 원거리장에서 거리는 중요하지 않으며 오직 각도만 중요하다. 모든 안테나에 대해 더 일반화해 보면 원거리장에서는 오직 방사 방향에 수직인 성분($\theta$ 성분과 $\phi$ 성분)만 존재한다는 것이다.

그림 2.8$b$는 전기적으로 작지 않은 안테나의 장영역 구분을 요약하고 있다. 리액티브 근거리장은 $r = 0$부터 $0.62\sqrt{D^3/\lambda}$까지이다. 원거리장은 $2D^2/\lambda$, $5D$, $1.6\lambda$ 중 큰 값부터 시작한다. 방사 근거리장 영역은 리액티브 근거리장 영역과 원거리장 영역의 사이이다. $5D$와 $2D^2/\lambda$ 조건은 $D = 2.5\lambda$일 때 서로 같다. 따라서 원거리장 거리에 대한 관점으로 볼 때, $D > 2.5\lambda$일 경우 그 안테나는 전기적으로 큰 안테나로 간주된다.

### 2.4.4 방사장 계산을 위한 순서

2.4.2절의 선전원에 의한 방사장의 유도는 임의의 안테나로 일반화할 수 있다. 다행히 유도과정 자체는 안테나를 해석할 때마다 반복할 필요는 없다. 즉 각각의 새로운 안테나 시스템마다 이와 연관된 맥스웰 방정식으로 되돌아올 필요는 없다. 대신 선전원의 결과와 일반화된 식을 이용하면 된다. 이것은 아래와 같이 3단계로 이루어진다.

1. **A를 구하라.** 그림 2-2의 기호를 이용해 안테나의 구조에 가장 알맞은 좌표계를 선택하라. 일반적으로 진폭항에는 $R \approx r$로 놓고 식 (2-61)을 사용하고 위상항을 취급할 때는 식 (2-98)의 평행선 근사식을 이용하라. 그러면

$$\mathbf{A} = \mu \frac{e^{-j\beta r}}{4\pi r} \iiint_{v'} \mathbf{J} e^{j\beta \hat{\mathbf{r}} \cdot \mathbf{r}'} \, dv' \tag{2-101}$$

이 된다. $z$방향의 부피를 갖는 전원에 대해서는 아래와 같다.

$$\mathbf{A} = \hat{\mathbf{z}} \mu \frac{e^{-j\beta r}}{4\pi r} \iiint_{v'} J_z e^{j\beta \hat{\mathbf{r}} \cdot \mathbf{r}'} \, dv' \tag{2-102}$$

$z$축 위에 놓인 $z$ 방향 선전원에 대해서는

$$\mathbf{A} = \hat{\mathbf{z}} \mu \frac{e^{-j\beta r}}{4\pi r} \int I(z') e^{j\beta z' \cos\theta} \, dz' \tag{2-103}$$

이 되며 이것은 곧 식 (2-89)이다.

2. **E를 구하라.** 일반적으로 아래의 전장

$$\mathbf{E} = -j\omega \mathbf{A} \tag{2-104}$$

에서 전파방향 $\hat{\mathbf{r}}$에 수직인 횡단면 성분을 이용하라. 이것은 **A**의 원거리장 구(far-field sphere)에 대한 접선성분으로 아래와 같이 표시할 수 있다.

$$\mathbf{E} = -j\omega\mathbf{A} - (-j\omega\mathbf{A}\cdot\hat{\mathbf{r}})\hat{\mathbf{r}} = -j\omega(A_\theta\hat{\boldsymbol{\theta}} + A_\phi\hat{\boldsymbol{\phi}}) \quad \text{(2-105)}$$

$z$ 방향 전원에 대해서

$$\mathbf{E} = j\omega\sin\theta A_z\hat{\boldsymbol{\theta}} \quad \text{(2-106)}$$

이고 식 (2-95)로 나타난다.

3. **H를 구하라.** 일반적으로 아래의 평면파 관계식을 이용하라.

$$\mathbf{H} = \frac{1}{\eta}\hat{\mathbf{r}}\times\mathbf{E} \quad \text{(2-107)}$$

이 방정식은 원거리장에서 전장 **E**와 자장 **H**는 서로 수직이며 또 진행방향에 대해서도 수직임을 나타낸다. 그리고 그들의 진폭관계는 $\eta$에 의해서 결정된다. $z$방향 전원에 대해서는

$$H_\phi = \frac{E_\theta}{\eta} \quad \text{(2-108)}$$

이며, 곧 식 (2-75)이다.

가장 어려운 단계는 방사적분을 계산하는 첫 번째 단계이다. 이러한 주제에 대해서는 이 책에서 여러 번 언급하겠지만 절차의 편리한 점을 보이고자 한 예를 들겠다. 여기서 예로 드는 균일선전원은 또한 일반적인 방사패턴의 개념과 정의를 도입하는 데 이용할 것이다.

## 예제 2-1 균일선전원

**균일선전원**(uniform line source)은 전류가 모든 점에서 일정한 선전원이다. 만일 우리가 원점에 중심을 두고 $z$축에 놓인 $z$ 방향의 균일선전원을 이용하면 전류는

$$I(z') = \begin{cases} I_o & x' = 0, \quad y' = 0, \quad |z'| \le \dfrac{L}{2} \\ 0 & \text{그 외} \end{cases} \quad \text{(2-109)}$$

이다. 여기서 $L$은 그림 2-9에서처럼 선전원의 길이이다. 먼저 식 (2-103)에서 아래와 같이 $A_z$를 구하면

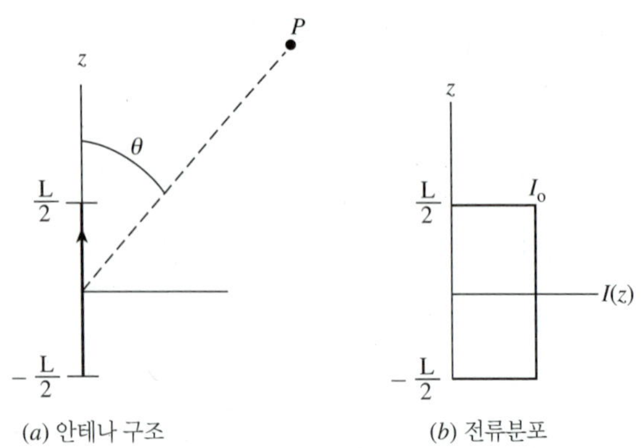


그림 2-9 균일선전원(예제 2-1).

$$
\begin{aligned}
A_z &= \mu \frac{e^{-j\beta r}}{4\pi r} \int_{-L/2}^{L/2} I_o e^{j\beta z' \cos\theta}\, dz' \\
&= \mu \frac{e^{-j\beta r}}{4\pi r} I_o \left[ \frac{e^{j\beta(L/2)\cos\theta} - e^{-j\beta(L/2)\cos\theta}}{j\beta\cos\theta} \right] \\
&= \mu \frac{I_o L e^{-j\beta r}}{4\pi r} \frac{\sin[(\beta L/2)\cos\theta]}{(\beta L/2)\cos\theta}
\end{aligned}
\tag{2-110}
$$

이 된다. 그러면 전장은 식 (2-106)에서

$$
\mathbf{E} = j\omega \sin\theta A_z \hat{\boldsymbol{\theta}} = \frac{j\omega\mu I_o L e^{-j\beta r}}{4\pi r} \sin\theta \frac{\sin[(\beta L/2)\cos\theta]}{(\beta L/2)\cos\theta} \hat{\boldsymbol{\theta}} \tag{2-111}
$$

이 되고, 자장은 $H_\phi = E_\theta/\eta$로 쉽게 구할 수 있다.

---

## 2.4.5 방사패턴의 정의

방사패턴은 안테나의 중심에 대한 구 표면에서 보이는 변화이므로 $r$은 일정하고 다만 $\theta$와 $\phi$의 변화만 있게 된다. 장의 표현식을 최댓값이 1이 되도록 정규화하는 것이 편리하다. **E**의 $\theta$ 성분만 갖는 $z$ 방향 전원에 대해서 표현식은 아래와 같다.

$$
F(\theta, \phi) = \frac{E_\theta}{E_\theta(\max)} \tag{2-112}
$$

여기서 $F(\theta, \phi)$는 정규화된 장패턴(normalized field pattern)이며 $E_\theta(\max)$는 반지름 $r$의 구 위에서 $E_\theta$의 최댓값이다. 패턴은 실수값이며 크기는 양수가 되도록 한다. 또한 이 경우에, 패턴은 상대적으로 $\theta$ 방향의 선형편파를 갖는다. 일반적으로 패턴은 어떠한 편파 상태에 대해서도 정의될 수 있다. 13.4절에 상세 사항이 나타나 있다.

일반적으로 $E_\theta$는 복소값을 가질 수가 있으며, $F(\theta, \phi)$도 복소수일 수 있다. 이 경우 진폭이 1로 정규화된 점에서 위상은 보통 0으로 놓는다. 우리는 상대적인 위상관계에만 관심이 있으므로 이는 적절하다. 패턴 변화는 물론 $r$에 무관하다. 패턴의 크기는 식 (2-112)에 절댓값을 취한 값이 된다.

$z$축에 놓인 전류소는 식 (2-74a)로 아래와 같은 정규화된 장패턴을 갖는다.

$$
F(\theta) = \frac{(I\Delta z/4\pi) j\omega\mu (e^{-j\beta r}/r)\sin\theta}{(I\Delta z/4\pi) j\omega\mu (e^{-j\beta r}/r)} = \sin\theta \tag{2-113}
$$

이 경우 $\phi$에 대한 변화는 없다.

균일선전원에 대한 정규화된 장패턴은 식 (2-111)과 식 (2-112)로부터

$$
F(\theta) = \sin\theta \frac{\sin[(\beta L/2)\cos\theta]}{(\beta L/2)\cos\theta} \tag{2-114}
$$

이며, $\phi$에 대한 변화도 없다. 이 표현식의 두 번째 인수는 함수 $\sin(u)/u$의 형태로 종종 마주치게 될 것이다. 이 함수는 $u = 0$일 때 최댓값 1이 되는데, $u = (\beta L/2)\cos\theta$이므로 $\theta = 90°$에 대응한다. 식 (2-114)에서 $\theta = 90°$를 대입하면 1이 되고, 따라서 $F(\theta)$는 올바르게 정규화되었음을 알 수 있다.

일반적으로 정규화된 장패턴은 아래 식과 같이 곱의 형태로 표시할 수 있다.

$$\boxed{F(\theta, \phi) = g(\theta, \phi)f(\theta, \phi)} \tag{2-115}$$

여기서 $g(\theta, \phi)$는 소자성분(element factor)이고 $f(\theta, \phi)$는 패턴성분(pattern factor)이다. 패턴성분은 전류의 적분에 따라 결정되어 공간에서의 전류분포에 영향을 받는다. 소자성분은 전류분포의 미소전류소(infinitesimal current element)의 패턴이다. 예를 들면 $z$방향의 전류소에 대해서는 $F(\theta) = \sin\theta$이다. 이것은 명백히 소자성분이다. 따라서 $z$방향의 전류소에 대해서는

$$g(\theta) = \sin\theta \tag{2-116}$$

이다. 실제로 이러한 성분은 식 (2-95)에서 나오며 전류소의 $\theta$ 방향으로의 투영으로 볼 수 있다. 다시 말하면 $\theta = 90°$에서 전류소의 최대길이를, 그리고 $\theta = 0°$ 또는 $\theta = 180°$에서 미소전류소의 꼭짓점을 보게 된다. 따라서 이 방향으로는 방사가 전혀 없다. 인수 $\sin\theta$는 고찰각도 $\theta$에서 보게 되는 전류소의 일부분을 나타낸다. 반면에 패턴성분 $f(\theta, \phi)$는 전류소들의 집합으로 생각할 수 있는 전류분포의 방사기여도들을 합한 효과를 나타낸다. 따라서 어떤 특정 방향으로의 패턴값은 각각의 크기와 위상을 고려해 각 전류소에서 원거리장까지의 평행선을 더해서 얻을 수 있다. 식 (2-101)의 방사적분은 각각의 전류소에서 원거리장 기여도(far-field contribution)를 합하는 것이며, 이를 정규화하면 곧 패턴성분이다. 안테나 해석은 보통 여기에서처럼 안테나를 송신안테나로 생각함으로써 더 쉽게 이해할 수 있다. 그러나 대부분의 안테나는 가역성이며, 그 방사 성질은 수신할 때도 송신 때와 동일하다(13.1절 참조).

전형적인 방사패턴을 그림 2-10에 극좌표 그림과 3차원 그림으로 나타내었다. 안테나의 여러 부분에서 나오는 방사선(ray)은 서로 다른 크기와 위상으로 원거리장에 도달한다. 이것은 방사선이 출발한 안테나 위 각 점의 전류가 다르며, 또 원거리장까지의 경로차에서 생기는 위상변화 때문이다. 이러한 방사선들은 상호간섭을 일으키며 '로브(lobe)'를 만드는 원인이 된다.

최대방사방향을 포함하는 방사 로브는 가장 높은 방사세기를 가지는 각을 향하게 되며, 안테나의 각 부분에서 나오는 방사선이 원거리장에서 다른 방향보다 상대적으로 더 동위상에 가깝게 도달하기 때문에 발생한다. 일정한 위상을 갖는 전원에서 모든 방사선은 아테나에 수직인 방향에서 동위상으로 도달하며 방사패턴은 그 방향에서 최대가 된다. 이상적 다이폴의 경우, 전원이 충분히 작기 때문에 전원에서 나오는 방사선들은 근본적으로 위상차가 없어서 패턴인수가 1이 된다고 언급한 바 있다.

식 (2-114)의 $z$ 방향 균일선전원 패턴에서 그 성분들이

$$g(\theta) = \sin\theta \tag{2-117}$$

$$f(\theta) = \frac{\sin[(\beta L/2)\cos\theta]}{(\beta L/2)\cos\theta} \tag{2-118}$$

로 됨을 알 수 있다. 긴 선전원($L \gg \lambda$)에 대해서 식 (2-118)의 패턴성분은 소자성분 $\sin\theta$보다 훨씬 첨예하며 전체 패턴은 근사적으로 식 (2-118)과 같다. 즉 $F(\theta) \approx f(\theta)$이다. 따라서 많은 경우에 식 (2-118)에서 얻은 $f(\theta)$만으로 문제를 다룰 수가 있다. 만일 빔이 주사(scanned)된다고 가정하면(이 문제는 2.4.6절에서 논의한다) 패턴 최대가 $z$축에 접근할 때 소자성분은 크게 중요해진다.

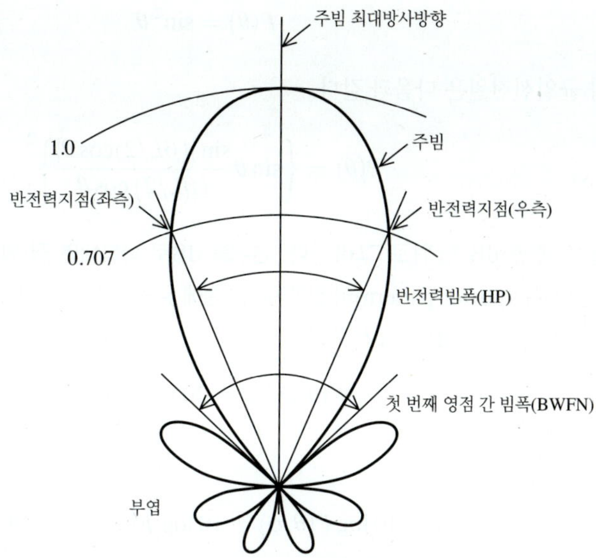


(*a*) 상대적인 장세기를 나타낸 극좌표 그림

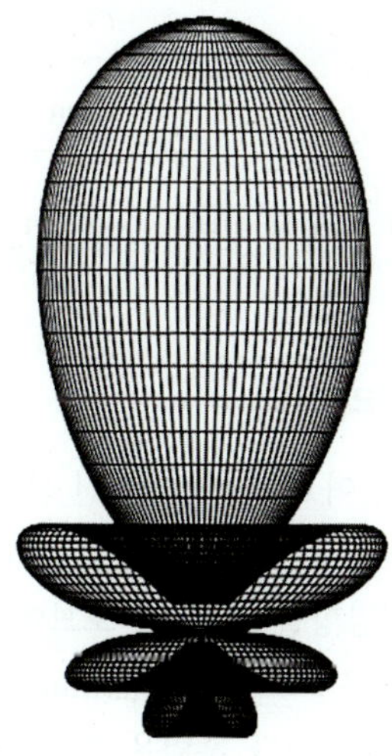

(*b*) 3차원 그림

**그림 2-10 전형적인 방사패턴.**

안테나 방사의 지향성은 또 다른 방사패턴, 즉 전력패턴으로 설명할 수 있다. 전력패턴은 전력 밀도의 각 종속성(angular dependence)을 나타내며 포인팅 벡터 $r$성분의 $\theta$, $\phi$ 변화로 구할 수 있다. $z$ 방향 전원에 대해서 $H_\phi = E_\theta/\eta$이므로, 포인팅 벡터의 $r$성분은 $(1/2)E_\theta H_\phi^* = |E_\theta|^2/2\eta$이며, 정규화한 전력패턴은 그 장패턴 크기의 제곱과 같다. 즉 $P(\theta) = |F(\theta)|^2$이다. 일반적으로 정규화된 전력패턴(power pattern)은 아래와 같다.

$$P(\theta, \phi) = |F(\theta, \phi)|^2 \tag{2-119}$$

$z$ 방향 전류소의 정규화된 전력패턴은

$$P(\theta) = \sin^2\theta \qquad \text{(2-120)}$$

이며, $z$방향 균일선전원은 다음과 같다.

$$P(\theta) = \left\{\sin\theta \frac{\sin[(\beta L/2)\cos\theta]}{(\beta L/2)\cos\theta}\right\}^2 \qquad \text{(2-121)}$$

패턴들은 종종 dB 단위로 그려진다. 단위를 dB로 나타내면 장(의 크기)패턴[field (magnitude) pattern]과 전력패턴(power pattern)이 같아진다는 점에 유의하라. 이것은 그들에 대한 정의로 직접 확인할 수 있다. 장의 세기를 dB로 표시하면

$$|F(\theta,\phi)|_{\text{dB}} = 20\log|F(\theta,\phi)| \qquad \text{(2-122)}$$

이고, 전력을 dB로 나타내면

$$P(\theta,\phi)_{\text{dB}} = 10\log P(\theta,\phi) = 10\log|F(\theta,\phi)|^2 = 20\log|F(\theta,\phi)| \qquad \text{(2-123)}$$

이므로

$$\boxed{P(\theta,\phi)_{\text{dB}} = |F(\theta,\phi)|_{\text{dB}}} \qquad \text{(2-124)}$$

가 됨을 알 수 있다. 그림 13-6은 일반적으로 패턴을 도시하는 4가지 형식으로 나타낸 동일한 안테나 패턴을 보여 준다.

### 2.4.6 방사패턴 파라미터

전형적인 안테나 전력패턴이 dB 단위가 아닌 선형단위(linear unit)의 극좌표 그림으로 그림 2-10*a*에 나타나 있다. 그것은 몇 개의 **로브**(lobe)들로 이루어졌다. **주엽**(main lobe, major lobe) 또는 주빔(main beam)은 최대방사방향을 포함하는 로브이다. 일반적으로 주엽보다 작은 일단의 로브들도 존재하게 된다. 주엽보다 작은 로브들을 **부엽**(minor lobe)이라고 한다. 부엽들은 **측엽**(side lobe)과 후엽(back lobe)으로 구성되어 있다. 후엽은 주엽과 정반대 방향에 있거나 때로는 주엽과 반대 방향의 반공간(half-space)에 존재한다고 생각한다. 때때로 측엽이라는 용어는 주엽 근처의 부엽들을 일컬을 때 사용된다. 그러나 대부분 부엽을 총칭할 때 사용하므로 우리도 측엽을 이와 같은 의미로 사용한다.

안테나의 방사는 수학적으로 방사패턴함수, 즉 장의 경우 $F(\theta, \phi)$, 전력의 경우 $P(\theta, \phi)$로 나타낸다. 이러한 방사의 각분포는 이 절에서 논의하게 될 패턴의 여러 가지 도식적 방법으로 가시화할 수 있다. 이러한 도식방법은 또한 방사패턴 특성을 정량화하기 위해 사용되는 패턴 파라미터를 정의할 때 사용한다.

그림 2-10*b*의 3차원 그림은 전체적인 방사패턴을 일목요연하게 보여 주기는 하지만 아주 정확한 수치를 제공하지는 못한다. 이러한 패턴을 여러 방향의 평면으로 절단하는 것은 아주 많이 사용하는 패턴 표시법이다. 그들은 보통 $E$와 $H$ 평면 패턴을 포함한다(그림 2-4*b*와 그림 2-4*c* 참조). 패턴은 보통 그 패턴이 $\theta$만의 함수가 되도록 여러 가지 고정된 $\phi$값으로 절단한다. 우리도 여기서 이러한 경우를 취급한다. 전형적으로 부엽들은 정의 값과 부의 값을 번갈아 가며 갖는다(그림 5-2 참조).

가장 일반적인 형태의 패턴은 복소수이다. 그러면 우리는 장패턴의 크기 $|F(\theta)|$ 또는 전력패턴 $P(\theta)$를 사용해 보자.

전력이 얼마나 잘 주엽으로 집중되어 있느냐 하는 척도는 (상대적인) **측엽레벨**(side lobe level)로 표시하는데, 이것은 측엽 최곳값과 주엽 최곳값의 비로 정의된다. 전체 패턴의 가장 큰 측엽레벨을 **최대측엽레벨**(maximum side lobe level)이라 하며 약어로 SLL로 표시한다. dB로 표시하면

$$\mathrm{SLL_{dB}} = 20\log\frac{|F(\mathrm{SLL})|}{|F(\max)|} \tag{2-125}$$

가 되며 여기서 $|F(\max)|$는 패턴 진폭의 최댓값을, 그리고 $|F(\mathrm{SLL})|$은 가장 큰 측엽진폭의 최댓값을 의미한다. 정규화된 패턴에 대해서는 $F(\max) = 1$이다.

주빔의 폭은 **반전력 빔폭**(half-power beamwidth) HP로 정의되는데 이 반전력 빔폭은 전력패턴 주빔값이 그 최댓값의 반이 되는 두 점 사이의 각을 말한다.

$$\mathrm{HP} = |\theta_{\mathrm{HP\,left}} - \theta_{\mathrm{HP\,right}}| \tag{2-126}$$

여기서 $\theta_{\mathrm{HP\,left}}$와 $\theta_{\mathrm{HP\,right}}$는 정규화된 전력패턴값이 1/2이 되는 주빔의 '왼쪽'과 '오른쪽' 점들을 말한다(그림 2-10 참조). 장패턴 $|F(\theta)|$에서 이러한 점들은 $1/\sqrt{2}$ 값에 해당한다. 예를 들어 이상적인 다이폴의 $\sin\theta$ 패턴은 $\theta$ 값이 $\theta_{\mathrm{HP\,left}} = 135°$와 $\theta_{\mathrm{HP\,right}} = 45°$일 때 $1/\sqrt{2}$가 된다. 그러면 $\mathrm{HP} = |135° - 45°| = 90°$가 된다. 이것은 그림 2-4*b*에서 보여 주고 있다. HP의 정의는 반전력점들의 차의 절댓값이며 왼쪽과 오른쪽의 지점을 서로 바꾸어 표시해도 HP 값은 변함이 없다는 점에 주목하라. 3차원에서 방사패턴의 주엽은 대상체(solid object)이며 반전력 윤곽선(half-power contour)은 연속적인 곡선이 된다. 만일 이러한 곡선이 타원형이면 타원의 장축과 단축을 포함하는 패턴절단은 IEEE에서 정의하는 **반전력 주빔폭**(principal half-power beamwidth)을 결정한다.

안테나는 그들이 만드는 패턴의 종류에 따라 분류하기도 한다. **등방향성 안테나**(isotropic antenna)란 비록 가상적이기는 하지만 모든 방향으로 균등하게 방사하는 일정한 방사패턴을 갖고 있다. **전방향성 안테나**(omnidirectional antenna)란 한 평면 위에서 패턴이 일정한 안테나인데, 그 한 예가 그림 2-4의 이상적 다이폴 안테나이다. 방사패턴의 모양은 '도넛'형태이다. 구현 불가능한 등방성 패턴에 비해, 전방향성 패턴은 구현이 가능하다. 그리고 많은 응용분야가 있다. 예를 들어 휴대전화 안테나의 경우 사용자가 사용할 때에 임의의 방향으로 안테나가 향하기 때문에 전방향으로 방사해야 한다. 또한 기지국 안테나로서 사용된다. 전송탑 주변의 지상에 있는 사용자들에게 방사하여야 하기 때문이다.

안테나를 종종 브로드사이드(broadside) 또는 엔드파이어(endfire) 안테나로 분류할 때도 있다. **브로드사이드 안테나**(broadside antenna)란 주빔의 최댓값이 안테나를 포함하는 평면에 수직인 방향으로 존재하고, **엔드파이어 안테나**(endfire antenna)란 주빔의 최댓값이 안테나를 포함하는 평면 위에 존재하는 안테나를 말한다. $z$축 위의 선형전류에 대해서 브로드사이드 방향은 $\theta = 90°$이며, 엔드파이어 방향은 0°와 180°이다. 예를 들면 이상적인 다이폴이 브로드사이드 안테나이다. $z$방향의 선전원에 대해서는 몇 개의 패턴이 있을 수 있다. 그림 2-11에서 몇 개의 $|f(\theta)|$ 패턴을 볼 수 있다. 3차원의 완전한 패턴은 $z$축을 중심으로 그 패턴을 회전시켜 얻을 수 있다. 따라서 전체 패턴은 $E$ 평면 패턴으로 얻을 수 있다. 그림 2-11*a*의 브로드사이드 패턴은 **부채형 빔**(fan beam)이라고 한다. 그림 2-11*c*의 전체 3차원 엔드파이어 패턴은 엔드파이어 방향으로 로브가 단 하나만 있다. 이러한

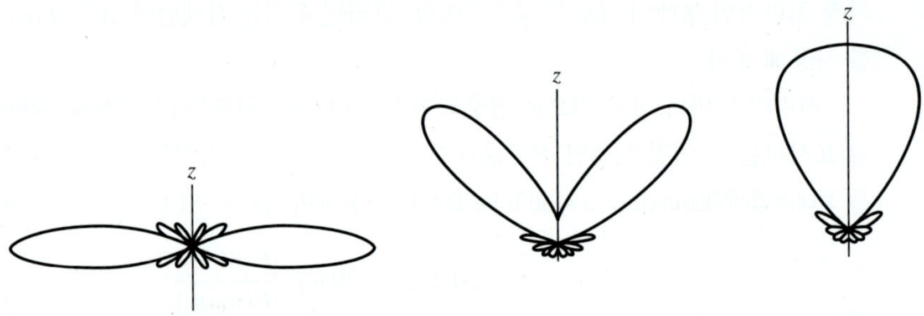


그림 2-11 균일선전원 패턴 $|f(\theta)|$의 극좌표 그림.

단엽을 연필형 빔(pencil beam)이라고 한다. 전체 패턴을 얻기 위해 이러한 패턴에 곱하게 되는 소자 성분 $\sin\theta$는 엔드파이어 패턴에 아주 중요한 영향을 미친다는 사실에 주목하자.

## 2.5 지향성과 이득

안테나의 중요한 정량적 특성을 나타내는 요소 중 하나는 그 안테나가 어느 특정 방향으로 에너지를 얼마나 많이 집중해 방사할 수 있는가 하는 점이다. 안테나의 이러한 특성을 지향성(directivity)이라 하며, 안테나의 효율이 100%라면 지향성은 곧 이득과 같다. 보통 이득은 등방향성 안테나 또는 반파장 다이폴 안테나를 기준으로 했을 때의 상대적인 양을 의미한다.

지향성을 정의하기 위해, 어떤 안테나에서 방사하는 전력이 식 (2-29)에서 다음과 같이 된다는 것을 상기하자.

$$P = \iint \mathbf{S} \cdot d\mathbf{s} = \frac{1}{2}\mathrm{Re}\iint (\mathbf{E} \times \mathbf{H}^*) \cdot d\mathbf{s} \tag{2-127}$$

$$= \frac{1}{2}\mathrm{Re}\int_0^{2\pi}\int_0^{\pi} (E_\theta H_\phi^* - E_\phi H_\theta^*) r^2 \sin\theta \, d\theta \, d\phi \tag{2-128}$$

일반적으로 방사장은 $\theta$와 $\phi$ 성분이 있을 것이다. 식 (2-107)에서

$$H_\phi = \frac{E_\theta}{\eta} \quad \text{and} \quad H_\theta = -\frac{E_\phi}{\eta} \tag{2-129}$$

이고, 이것을 식 (2-128)에서 사용하면

$$P = \frac{1}{2\eta}\iint (|E_\theta|^2 + |E_\phi|^2) r^2 \, d\Omega \tag{2-130}$$

이다. 여기서 $d\Omega$ = 미소입체각(element of solid angle) = $\sin\theta \, d\theta \, d\phi$이며 그림 2-12에서 볼 수 있다. 이 적분은 안테나를 둘러싸고 있는 어떤 표면에서도 할 수 있는데, 편의상 보통 원점에 중심을 둔 구표면에서 행한다. 방사장의 진폭 변화가 $1/r$이므로 아래와 같이 정의되는 방사세기(radiation intensity)를 도입하는 것이 편리하다.

$$U(\theta, \phi) = \tfrac{1}{2}\mathrm{Re}(\mathbf{E} \times \mathbf{H}^*) \cdot r^2 \hat{\mathbf{r}} = S(\theta, \phi) r^2 \tag{2-131}$$

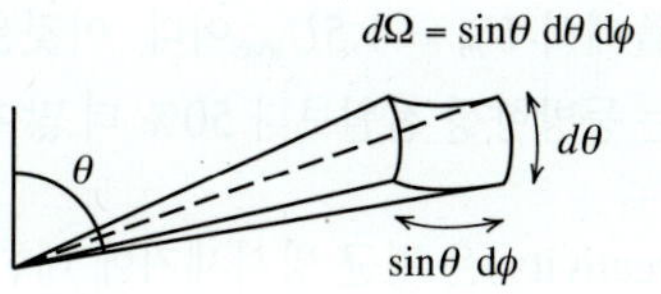


그림 2-12 미소입체각 $d\Omega$.

방사세기는 단위 입체각당 어떤 주어진 방향으로 방사되는 전력이며, 제곱라디안(square radian) [또는 스테라디안(steradian), sr]당 와트(watt) 단위를 갖는다. 방사세기를 사용할 때의 이점은 그것이 $r$에 무관하다는 사실이다. 방사세기는

$$U(\theta, \phi) = U_m|F(\theta, \phi)|^2 \tag{2-132}$$

로 표시한다. 여기서 $U_m$은 최대방사세기이며, $|F(\theta, \phi)|^2$은 $(\theta_{\max}, \phi_{\max})$ 방향에서 최댓값 1로 정규화된 전력패턴이다. 따라서

$$U_m = U(\theta_{\max}, \phi_{\max}) \tag{2-133}$$

이다. 방사된 총전력은 안테나를 감싸는 총입체각에 대해서 방사세기를 적분해 얻는다.

$$P = \iint U(\theta, \phi)\, d\Omega = U_m \iint |F(\theta, \phi)|^2\, d\Omega \tag{2-134}$$

모든 방향으로 균일하게 방사하는 등방향성 전원은 비록 가상적이기는 하지만 매우 유용한 개념이다. 등방향성 전원의 방사세기는 모든 공간에 $U_{\text{ave}}$로 균일하다. 그러면 전 공간은 $4\pi$ sr이므로 (연습문제 2.5-1 참조) $P = \iint U_{\text{ave}}\, d\Omega = U_{\text{ave}} \iint d\Omega = 4\pi U_{\text{ave}}$이다. 비등방향성 전원에 대해서 방사세기는 전 공간에서 균일하지는 않지만 스테라디안당 평균전력은 아래와 같이 정의할 수 있다.

$$U_{\text{ave}} = \frac{1}{4\pi} \iint U(\theta, \phi)\, d\Omega = \frac{P}{4\pi} \tag{2-135}$$

평균방사세기 $U_{\text{ave}}$는 동일한 입력전력 $P$의 등방향성 전원에서 방사하게 되는 방사세기 $U(\theta, \phi)$와 같다.

예를 들어 이상적인 다이폴을 다시 생각해 보자. 식 (2-74)와 식 (2-131)로부터

$$U(\theta, \phi) = \frac{1}{2}\left(\frac{I\Delta z}{4\pi}\right)^2 \beta\omega\mu \sin^2\theta \tag{2-136}$$

$$U_m = \frac{1}{2}\left(\frac{I\,\Delta z}{4\pi}\right)^2 \beta\omega\mu \tag{2-137}$$

$$F(\theta, \phi) = \sin\theta \tag{2-138}$$

을 얻는다. 평균방사세기는 이상적 다이폴의 총방사전력 표현식 (2-77)에서 다음과 같이 얻는다.

$$\begin{aligned} U_{\text{ave}} &= \frac{P}{4\pi} = \frac{(\beta\omega\mu/12\pi)(I\Delta z)^2}{4\pi} = \frac{1}{3}\left(\frac{I\Delta z}{4\pi}\right)^2 \beta\omega\mu \\ &= \frac{2}{3} U_m \quad \text{이상적 다이폴} \end{aligned} \tag{2-139}$$

따라서 이상적 다이폴에서 $U_m = 1.5U_{ave}$이다. 이것은 최대방사방향으로 진행하는 방사세기가 동일한 전력을 방사하는 등방향성 전원보다 50% 더 많이 방사함을 의미한다.

***지향성.*** 지향성(directivity)은 평균 방사세기에 대한 특정 방향으로의 방사세기의 비로 정의된다. 대상기준이 되는 방향은 주로 최대 방사가 되는 방향으로 정의하며, 다음과 같이 주어진다.

$$D = \frac{U_m}{U_{ave}} = \frac{U_m}{P/4\pi} \tag{2-140}$$

다른 언급이 없으면, 지향성은 최대 지향성 값으로 간주한다. 위 수식의 분모와 분자를 $r^2$으로 나누면, 식 (2-140)은 안테나로부터 $r$만큼 떨어진 곳에서의 전력밀도의 비와 같다.

$$D = \frac{U/r^2}{U_{ave}/r^2} = \frac{\frac{1}{2}\max[\mathrm{Re}(\mathbf{E} \times \mathbf{H}^*) \cdot \hat{\mathbf{r}}]}{P/4\pi r^2} \tag{2-141}$$

따라서 지향성은 평균에 대한 최대 방사세기(W/sr)의 비와, 평균전력밀도(W/m$^2$)에 대한 최대전력밀도의 비, 두 가지 방법으로 표현될 수 있다.

지향성은 패턴 함수와 직접적으로 연관이 될 수 있다. 첫째로 빔 입체각(beamsolid angle) $\Omega_A$를 정의하자.

$$\boxed{\Omega_A = \iint_{\text{sphere}} |F(\theta, \phi)|^2 \, d\Omega} \quad \text{빔 입체각} \tag{2-142}$$

그림 2-13과 같이 실제 방사패턴의 빔 입체각은 빔의 전체 영역에서 최대방사세기로 일정하게 분포할 경우에 해당하는 입체각과 같은 크기이다. 즉

$$P = U_m \, \Omega_A \tag{2-143}$$

또한 이 식은 식 (2-134)와 식 (2-142)를 통해서 얻을 수도 있다. 최종적으로 식 (2-135)를 식 (2-142)와 함께 (2-140)에 대입하면, 다음과 같은 수식을 얻는다.

$$\boxed{D = \frac{4\pi}{\Omega_A}} \quad \text{지향성} \tag{2-144}$$

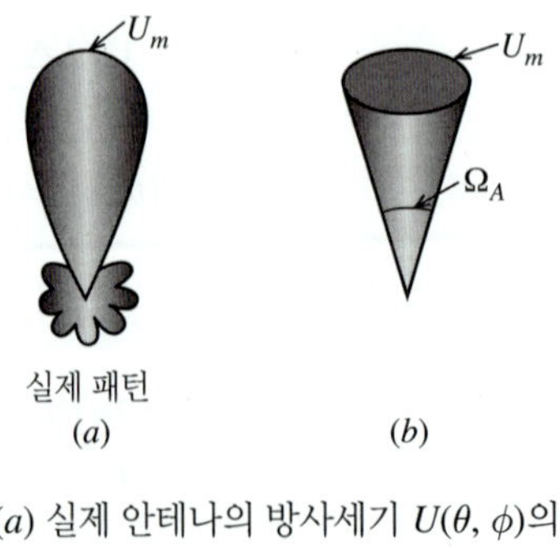


**그림 2-13 안테나 빔 입체각 $\Omega_A$.** (*a*) 실제 안테나의 방사세기 $U(\theta, \phi)$의 그림. (*b*) 실제 방사패턴의 $U(\theta, \phi)$의 최댓값과 같은 크기의 방사세기로 입체각이 $\Omega_A$인 깔때기 안에 실제 안테나의 모든 방사세기를 집중한 그림.

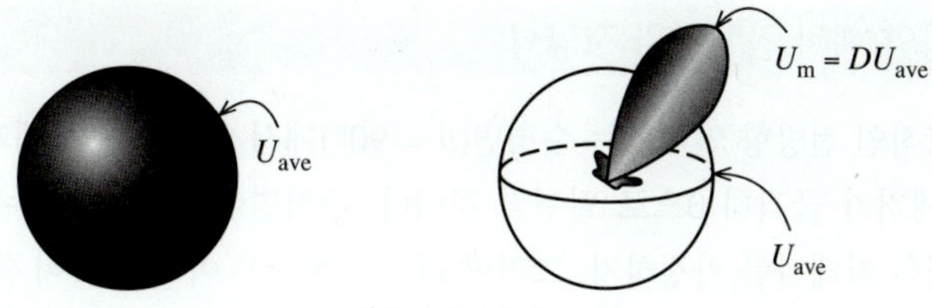


(a) 등방향으로 균일하게 분포된 방사세기 ty distrib(b) 실제 안테나에서 보이는 방사세기 ntensity tual antenna.

**그림 2-14** **지향성 개념도.**

이 결과들은 지향성이 패턴의 형태에 따라 결정된다는 것을 의미한다. 지향성은 안테나 하드웨어의 세부적인 요소와는 독립적이다. 패턴 각도의 함수로서의 지향성은 전력패턴에 지향성을 곱함으로써 다음과 같이 간단히 표현될 수 있다.

$$D(\theta, \phi) = D|F(\theta, \phi)|^2 \tag{2-145}$$

$|F(\theta, \phi)|^2$의 최댓값이 1이므로 각도의 함수인 지향성의 최댓값은 $D$이다.

지향성의 개념은 그림 2-14에 있다. 만일 방사전력이 전 공간에 균일하게 등방향으로 분포되어 있다면 방사세기는 그림 2-14$a$에서 보여 주는 것처럼 최댓값이 평균값과 같을 것이다. 즉 $U_m = U_{\text{ave}}$ 또는 $\Omega_A = 4\pi$가 된다. 이와 같이 이러한 등방향성 패턴의 지향성은 1이다. 실제 안테나의 방사세기 분포 $U(\theta, \phi)$가 그림 2-14$b$에 있다. 최대방사세기는 $(\theta_{\text{max}}, \phi_{\text{max}})$ 방향에서 $U_m = DU_{\text{ave}}$이고 평균방사세기는 $U_{\text{ave}} = P/4\pi$이다. 동일한 전력이 등방향성 전원에 의해 방사되는 경우보다 $(\theta_{\text{max}}, \phi_{\text{max}})$ 방향으로는 $D$배만큼 더 큰 전력밀도가 존재하게 된다. 따라서 방사전력 $P$를 원하는 방향(최대 방사 방향)으로 향하게 함으로써 그 방향에서의 방사세기는 같은 전력이 등방향성으로 방사되는 경우에 비하여 $D$만큼 증가된다.

### 예제 2-2 이상적 다이폴의 지향성

이상적 다이폴의 지향성은 식 (2-139)와 식 (2-140)에서 쉽게 구할 수 있다.

$$D = \frac{U_m}{U_{\text{ave}}} = \frac{U_m}{\frac{2}{3}U_m} = \frac{3}{2} \quad \textit{이상적 다이폴} \tag{2-146}$$

보통 지향성은 식 (2-144)로 직접 계산된다. 지향성의 계산은 간단히 빔 입체각을 구하는 일이다. 식 (2-138)을 식 (2-142)에 대입하면

$$\Omega_A = \int_0^{2\pi}\int_0^{\pi} |\sin\theta|^2 \sin\theta \, d\theta \, d\phi = 2\pi\frac{4}{3} = \frac{8\pi}{3} \tag{2-147}$$

가 되며, 아래와 같이 동일한 지향성을 얻게 된다.

$$D = \frac{4\pi}{\Omega_A} = \frac{4\pi}{8\pi/3} = \frac{3}{2} \tag{2-148}$$

이와 같이 이상적인 다이폴의 지향성은 지향성이 1인 등방향성 전원보다 50%가 크다.

### 예제 2-3 전방향 섹터 안테나의 지향성

이상적인 전방향 안테나는 수평면($\theta = 90°$)에서 일정한 방사세기를 가질 것이며, 이 평면 밖에서는 그 세기가 급격히 0으로 떨어질 것이다. 수직면에서 패턴이 수평면으로부터 $\pm\frac{\pi}{6}(\pm 30°)$ 범위에서 일정한 안테나를 가정하자. 그러면 패턴 표현식은 아래와 같이 쓸 수 있다.

$$F(\theta) = \begin{cases} 1 & \frac{1}{3}\pi < \theta < \frac{2}{3}\pi \\ 0 & \text{그 외} \end{cases} \tag{2-149}$$

식 (2-142)에서 패턴의 입체각은

$$\begin{aligned} \Omega_A &= \iint |F(\theta, \phi)|\, d\Omega = \int_0^{2\pi} \int_{\pi/3}^{2\pi/3} \sin\theta\, d\theta\, d\phi \\ &= (2\pi)[-\cos\theta]_{\pi/3}^{2\pi/3} = (2\pi)(0.5 + 0.5) = 2\pi \end{aligned} \tag{2-150}$$

이며, 식 (2-144)에서 지향성은

$$D = \frac{4\pi}{\Omega_A} = \frac{4\pi}{2\pi} = 2. \tag{2-151}$$

이다.

---

***이득.*** 위에서 밝힌 것처럼 지향성은 순전히 안테나의 방사패턴으로 결정된다. 안테나가 시스템(말하자면 송신 안테나로서)에 사용될 때 그 지향특성과 더불어 안테나가 얼마나 효과적으로 입력단자에서의 가용전력을 방사전력으로 변환시킬 수 있느냐가 관심사항이다. 이것을 정량화하면 이득(gain)은 송신기에서 안테나로 입력된 순 전력에 대한 최대방사세기의 비에 $4\pi$를 곱한 것, 또는

$$G = \frac{4\pi U_m}{P_{\text{in}}} \quad \text{이득} \tag{2-152}$$

으로 정의할 수 있다. 이것은 전력량에 대한 것으로 때로는 전력이득이라고도 한다. 이 정의는 4.2절에서 논의하는 임피던스나 편파의 부정합에 의한 손실들을 포함하지는 않는다.

이득은 $G(\theta, \phi) = G|F(\theta, \phi)|^2$과 같이 전력패턴을 포함하여 각의 함수로도 나타낼 수 있으며, 특정 방향에서의 값으로 주어질 수도 있다. 특정 방향이 주어지지 않거나 $\theta$, $\phi$의 함수가 아닌 경우는 최대이득을 의미한다.

지향성은 식 (2-140)에서 $D = 4\pi U_m/P$로 쓸 수 있다. 이것을 식 (2-152)와 비교해보면 최대이득과 지향성의 차이는 사용한 전력이 서로 다르다는 것을 알 수 있을 것이다. 지향성이란 모든 입력전력이 방사전력으로 변환됐다고 가정할 때, 즉 $P_{\text{in}} = P$일 때 안테나가 갖게 될 이득으로 생각할 수 있다. 이득이란 실제 안테나가 위에서 언급한 형태로는 동작하지 않으며 입력전력의 일부가 안테나 상에서 손실된다는 사실을 반영한다. 입력전력 $P_{\text{in}}$ 가운데 방사전력으로 변환되지 않는 부분은 안테나나 근처의 구조물에서 흡수된다. 이로부터 **방사효율**(radiation efficiency), $e_r$을 아래와 같이 정의할 수 있다.

$$e_r = \frac{P}{P_{\text{in}}} \qquad \textit{방사효율} \tag{2-153}$$

방사효율의 값은 다음과 같이 제한된다.

$$0 \le e_r \le 1 \tag{2-154}$$

많은 안테나들은 방사효율이 1에 가까워서 매우 효율적이다. 그러나 전기적 소형 안테나는 아주 비효율적이며, 방사효율도 1보다 훨씬 작다.

식 (2-153)으로부터 식 (2-140)에 $P = e_r P_{\text{in}}$을 대입하면

$$\boxed{G = e_r D} \tag{2-155}$$

가 된다. 따라서 안테나의 이득은 순수한 방향특성만의 지향성에 방사효율을 곱한 것과 같다. 또한 이득과 동의어로 절대이득(absolute gain)이라는 용어를 가끔 사용하기도 한다.

***지향성과 이득의 단위.*** 이득은 전력비이므로 다음과 같이 dB로 표시할 수 있다.

$$G_{\text{dB}} = 10 \log G \tag{2-156}$$

마찬가지로 지향성에 대해서는 아래와 같다.

$$D_{\text{dB}} = 10 \log D \tag{2-157}$$

예를 들면 이상적 다이폴의 dB로 표시된 지향성은

$$D_{\text{dB}} = 10 \log 1.5 = 1.76\,\text{dB} \qquad \textit{이상적 다이폴 지향성} \tag{2-158}$$

이다.

안테나 이득은 종종 어떤 기준 안테나에 대한 상대적인 성능을 기술하는 데 사용된다. 이러한 상대이득(relative gain)은 어떤 안테나의 최대방사세기 $U_m$ 대 동일입력전력에 대한 기준안테나의 최대방사세기 $U_{m.\text{ref}}$의 비로서 다음과 같이 정의한다.

$$G_{ref} = \frac{U_m}{U_{m,\,\text{ref}}} \tag{2-159}$$

이것은 측정 관점에서 보면 편리한 정의이다. 이득에 대한 원칙적인 정의는 기준 안테나로서 가상적인 손실이 없는 등방향성 안테나를 가정한다. 이것은 손실 없는 등방향성 기준 안테나가 모든 입력전력을 전부 방사하므로 최대방사세기는 $P_{\text{in}}/4\pi$이며, 이 결과를 식 (2-159)의 $U_{m.\text{ref}}$에 대입함으로써 식 (2-152)가 되므로 쉽게 이해할 수 있을 것이다.

1 GHz 이하의 주파수 대역에서는 반파장 다이폴 안테나에 대한 상대적인 이득값으로 나타내는 것이 일반적이다. 왜냐하면 이 주파수 범위에서는 이득 측정 시 주로 반파장 다이폴이 기준 안테나로 사용되기 때문이다(13.3절 참조). 반파장 다이폴 안테나의 지향성은 1.64 혹은 2.15 dB이다(3.2절 참조). 따라서 반파장 다이폴 안테나에 대한 상대이득은 dBd로 표시하고, 이것은 손실이 없는 등방향성 안테나를 기준으로 한 상대적인 이득에 대해 다음과 같은 관계가 있다.

$$G(\text{dBd}) = G(\text{dB}) - 2.15 \quad \textbf{(2-160)}$$

이득의 단위로 때로는 dB대신 dBi를 사용하는데, 기준 안테나로서 등방성 안테나가 사용되었음을 강조하기 위해서다. 산술적으로 6.1 dB 이득을 갖는 안테나의 이득을 아래와 같은 형태로 표시할 수 있다.

$$G = 6.1\,\text{dB} = 6.1\,\text{dBi} = 3.95\,\text{dBd} \quad \textbf{(2-161)}$$

주의할 점은, 특히 1 GHz 이하의 육상 이동통신 산업에서 종종 안테나 규격으로 dBd를 의미할 때 dB 단위가 사용된다는 점이다.

## 2.6 안테나 임피던스

송신 안테나의 주된 기능은 구속파(bound wave)를 비구속파(unbound wave)로 바꾸는 것이며, 수신 안테나의 경우 반대 기능을 수행한다. 반면에 안테나에 연결된 전송선로는 안테나에 에너지를 전달하는 역할을 하며, 선로 내에서 방사가 일어나지 않고 안테나 자체에서 방사가 발생하도록 설계되어야 한다. 안테나는 방사 현상과 하드웨어 회로 사이에서 중간 매개체 역할을 수행한다. 안테나의 입력단은 중간 매개체로서의 접점을 형성하며 회로의 임피던스는 안테나의 입력 특성을 결정한다. 안테나의 입력 임피던스(input impedance)[또는 간단히 안테나 임피던스(antenna impedance)]는 근처에 있는 다른 안테나나 물체의 영향을 받지만, 여기서는 하나의 고립된 안테나를 가정한다.

일반적인 회로의 임피던스와 마찬가지로, 안테나 임피던스는 실수부와 허수부로 구성된다.

$$\boxed{Z_A = R_A + jX_A} \quad \textit{입력 임피던스} \quad \textbf{(2-162)}$$

그림 2-15*a*는 안테나의 일반적인 모델을 나타내며, 그림 2-15*b*는 송신 안테나의 등가모델을 나타낸다. 안테나의 임피던스는 가역성 특성으로 인해 송수신의 경우에 모두 동일하다. 수신 안테나와 이의 등가모델은 4.2절에서 다룬다. 입력저항 $R_A$는 에너지 소모를 의미하며 이는 두 가지 이유로 발생한다. 안테나를 떠나서 돌아오지 않는(즉 방사되는) 전력과 집중 저항소자 내부에서 발생하는 손실과 같은 저항손실이 그것이다. 전기적 소형 안테나의 경우 저항성 손실이 크지만, 그렇지 않은 다

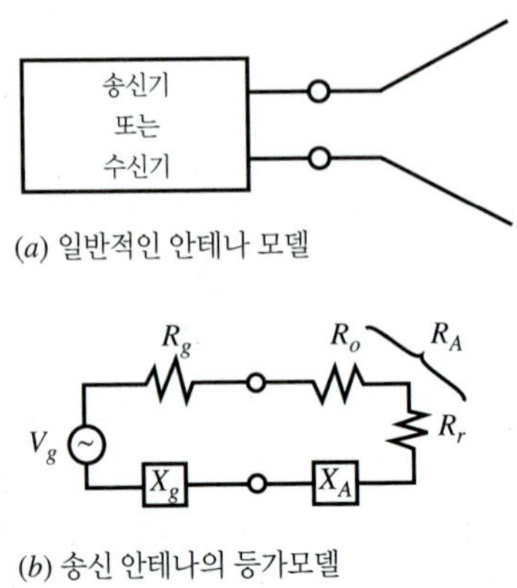


그림 2-15 안테나 모델.

른 안테나의 경우에는 저항성 손실이 방사에 의한 에너지 손실에 비해 작다. 입력 리액턴스 $X_A$는 안테나의 근거리장에 저장된 전력을 나타낸다.

먼저 입력저항에 대해 알아보자. 안테나에서 소비된 평균전력은

$$P_{\text{in}} = \frac{1}{2} R_A |I_A|^2 \tag{2-163}$$

이다. 여기서 $I_A$는 입력단에서 발생하는 전류이다. 계수 1/2은 전류 $I_A$가 시간축 파형에서 최댓값을 나타내기 때문이다. 소비된 전력을 방사성과 저항성 손실로 나누면 다음과 같다.

$$\begin{aligned} P_{\text{in}} &= P + P_o \\ \frac{1}{2} R_A |I_A|^2 &= \frac{1}{2} R_r |I_A|^2 + \frac{1}{2} R_o |I_A|^2 \end{aligned} \tag{2-164}$$

여기서 입력단자에 관계된 안테나의 방사저항을 아래와 같이 정의한다.

$$R_r = \frac{2P}{|I_A|^2} \tag{2-165}$$

식 (2-164)에서

$$R_A = R_r + R_o \tag{2-166}$$

가 된다. 여기서 $R_o$는 안테나의 직접적인 구동부분과 접지면 같은 안테나 구조의 또다른 부분에서 발생하는 손실을 포함하는 저항성 손실과 관계된 저항이다. 안테나의 손실저항(ohmic resistance)은 아래와 같이 정의된다.

$$R_o = \frac{2P_o}{|I_A|^2} = \frac{2(P_{\text{in}} - P)}{|I_A|^2} \tag{2-167}$$

방사전력은 식 (2-35)를 이용하면 아래와 같다.

$$P = \frac{1}{2} \iint_{s_{\text{ff}}} (\mathbf{E} \times \mathbf{H}^*) \cdot d\mathbf{s} \tag{2-168}$$

여기서 $s_{\text{ff}}$는 원거리장에서의 표면적을 의미하며 보통은 구표면이 된다. $P$는 실수인데, 전력밀도 $\mathbf{S} = \frac{1}{2}\mathbf{E} \times \mathbf{H}^*$가 원거리장에서 실수이기 때문이다.

방사저항은 안테나 위의 임의점에서의 전류와 연계해 정의할 수 있다. 따라서 $R_r$은 입력단자를 기준으로 한 방사저항으로 정의한다. 안테나의 최대전류 $I_m$과 관계된 방사저항 $R_{rm}$은 식 (2-165)에서 $I_A$ 대신 $I_m$을 사용함으로써 얻을 수 있다. 이 절에서는 중앙급전형 전기적 단형 안테나를 다루는데, 이는 전류가 항상 입력단자에서 최대이므로 $R_r = R_{rm}$이다. 이에 대해서는 6.1절에서 다시 논의한다.

길이가 $\Delta z \ll \lambda$이고 입력전류가 $I_A = I$인 이상적 다이폴의 방사전력은 식 (2-77)에서 주어진다. 따라서 식 (2-165)에 따라 방사저항은 아래와 같이 된다.

$$R_r = \frac{2P}{|I_A|^2} = \frac{2}{I^2}\frac{\omega\mu\beta}{12\pi}(I\Delta z)^2 = \frac{\sqrt{\mu\omega}\sqrt{\mu}\sqrt{\varepsilon}}{\sqrt{\varepsilon}\,6\pi}\beta(\Delta z)^2$$

$$= \eta\frac{\beta^2}{6\pi}(\Delta z)^2 = \eta\frac{2}{3}\pi\left(\frac{\Delta z}{\lambda}\right)^2$$

$$R_r = 80\pi^2\left(\frac{\Delta z}{\lambda}\right)^2\Omega \qquad \text{이상적 다이폴} \tag{2-169}$$

이상적인 다이폴의 경우 $\Delta z \ll \lambda$이므로 $R_r$은 매우 작다.

낮은 주파수를 제외하고는 표피 깊이 $\delta = \sqrt{2/\omega\mu\sigma}$는 도체 반지름에 비해 아주 작으며, 따라서 축방향으로 균일전류가 흐르는 길이 $L$인 안테나의 손실저항은 도선의 길이에 비례하고, 도선의 반지름에 반비례한다.

$$R_o \approx \frac{L}{2\pi a}R_s \tag{2-170}$$

여기서 $L$은 도선의 길이이며, $a$는 도선 반지름, 그리고 $R_s$는 표면저항이다.

$$R_s = \sqrt{\frac{\omega\mu}{2\sigma}} \tag{2-171}$$

이상적인 다이폴은 그림 2-16$a$에서처럼 균일전류를 갖는다. 실제로 직선도선 안테나의 전류는 도선 양단으로 갈수록 점진적으로 0에 접근해야 한다. 이른바 **단형 다이폴**(short dipole)이라는, 길이가 $\Delta z \ll \lambda$인 중앙급전 도선 다이폴의 전류분포는 그림 2-16b에서처럼 거의 삼각형 형태이다. 만일 단형 다이폴의 양 끝단에 금속판을 장착하면(그림 3-3 참조), 금속단의 가장자리에서 방사형 전류가 0으로 감소하게 된다. 이것은 다이폴의 수직부분에서는 전류가 거의 일정하게 되어서 이상적 다이폴 모델로 사용할 수 있게 한다. 3.1절의 단형 다이폴을 설명할 때 더 자세히 살펴보자.

이상적 다이폴은 안테나 도선의 각 점에서 나오는 방사선(ray)의 경로차에서 생기는 크기와 위상의 차를 무시한다는 가정하에 2.3절에서 패턴을 계산했다. 단형 다이폴 또한 $\Delta z \ll \lambda$를 만족시켜서 그 방사패턴은 이상적인 다이폴과 같은 $\sin\theta$ 방사패턴을 가질 것이다. 이상적 다이폴과 단형 다이폴은 1.5의 같은 지향성을 갖는데, 이것은 패턴 모양이 지향성을 결정하기 때문이다.

단형 다이폴의 삼각형 형태의 전류분포는 그 등가길이가 실제 물리적 길이의 반이 된다. 이것은 등가길이가 그림 2-16에서처럼 거리에 따른 전류곡선으로 형성되는 면적에 비례하기 때문이다. 이러한 면적은 단형 다이폴의 경우 $\exp(j\beta z'\cos\theta) \approx 1$로 놓고, 식 (2-103)의 방사적분으로 얻을 수 있다. 방사장은 이러한 등가길이에 비례한다. 방사저항은 원거리전장의 제곱을 적분한 것에 비례하고 또 이상적인 다이폴과 단형 다이폴의 패턴은 같기 때문에 방사저항은 등가길이의 제곱에 비례한다. 단형 다이폴의 삼각형 모양의 전류면적은 균일전류 형태의 1/2이 되므로 방사저항은 이상적 다이폴의 1/4이다. 식 (2-169)를 4로 나누면

$$R_r = 20\pi^2\left(\frac{\Delta z}{\lambda}\right)^2\Omega \qquad \text{단형 다이폴} \tag{2-172}$$

이 된다. 단형 다이폴의 손실저항 또한 이상적 다이폴 때보다 감소한다. 단형 다이폴의 손실저항은

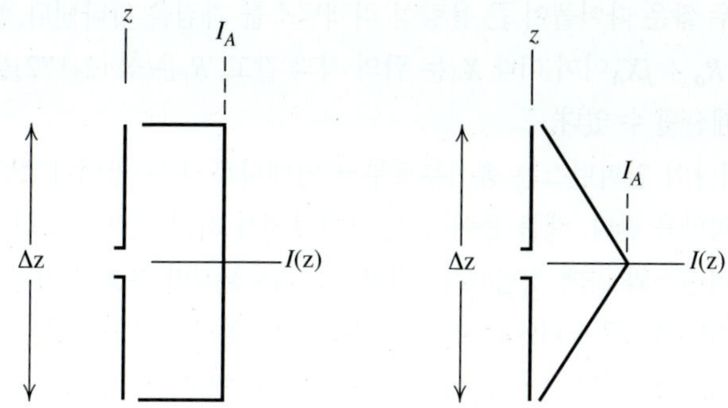


(a) 이상적 다이폴 (b) 단형 다이폴

**그림 2-16 이상적 다이폴과 단형 다이폴의 전류분포:** $\Delta z \ll \lambda$. $I_A$는 각 안테나 중심부의 단말을 통한 입력전류값이다. 실제의 경우 사용되는 것은 (b)에 나타난 단형 다이폴이다.

먼저 저항성 손실에 대한 전력소비를 결정함으로써 구할 수 있는데, 이것은 안테나 상에 있는 임의의 점에서 그 전류의 제곱에 비례한다. 일반적으로 소모된 총전력은 전류의 제곱을 도선 안테나 전 길이에 대해 적분해서 얻는다. 이것은 식 (2-167)과 함께 다음과 같이 된다.

$$R_o = \frac{2P_o}{|I_A|^2} = \frac{1}{|I_A|^2}\frac{R_s}{2\pi a}\int_{-L.2}^{L/2} |I(z)|^2\,dz \tag{2-173}$$

이 식은 $L = \Delta z$인 균일전류의 경우 식 (2-170)이 됨을 쉽게 알 수 있다. 그림 2-16b의 단형 다이폴 삼각전류는 도선에서의 위치함수로 아래와 같이 쓸 수 있다.

$$I(z) = I_A\left(1 - \frac{2|z|}{\Delta z}\right), \qquad |z| \le \frac{\Delta z}{2} \tag{2-174}$$

이것을 식 (2-173)에 사용하면

$$R_o = \frac{\Delta z}{2\pi a}\frac{R_s}{3} \qquad \text{단형 다이폴} \tag{2-175}$$

이 된다. 이것은 식 (2-170)에 주어진 동일 길이 $\Delta z$의 이상적 다이폴 때의 1/3임을 주목하라. 단형 다이폴의 방사저항은 이상적 다이폴의 1/4이었으므로 방사저항은 손실 저항보다 더 많이 감소한다. 따라서 효율은 동일 길이의 이상적 다이폴 때보다 단형 다이폴이 더 낮게 된다.

입력 임피던스의 실수부가 방사된 전력에 기여하는 것과는 대조적으로 입력 임피던스의 허수부는 근거리장 영역에 저장되는 전력을 나타낸다. 이러한 현상은 회로 이론에서 복소값을 갖는 부하 임피던스의 역할과 매우 유사하다. 전기적 소형 안테나(즉 파장보다 작은 안테나)는 아주 큰 입력 리액턴스를 갖고 있으며 작은 방사저항값을 갖는다. 예를 들어 단형 다이폴은 용량성 리액턴스를 가지고 있는 반면, 전기적 소형 루프 안테나는 유도성 리액턴스를 갖고 있다. 이는 저주파 회로 이론에서 예상된 결과이다. 단형 다이폴의 리액턴스는 [H.6: *Ant. Eng. Hdbk.*, 4th ed., p. 4~5]에서 다음과 같이 근사화된다.

$$X_A = -\frac{120}{\pi\frac{\Delta z}{\lambda}}\left[\ln\left(\frac{\Delta z}{2a}\right) - 1\right]\Omega \qquad \text{단형 다이폴} \tag{2-176}$$

이는 매우 짧은 다이폴이 큰 용량성 리액턴스를 가짐을 나타낸다. 단형 다이폴의 총입력 임피던스는 $R_r + R_o + jX_A$이며 이때 $X_A$는 위의 식과 같고, $R_r$은 식 (2-172)를 통해, 그리고 $R_o$는 식 (2-175)로부터 계산될 수 있다.

안테나의 임피던스는 송신부로부터 안테나로 또는 안테나로부터 수신부로 전력을 전달할 때 중요한 역할을 한다. 예를 들어 수신 안테나에서 최대 전력을 수신하기 위한 수신부 임피던스는 안테나 임피던스와 공액 정합(같은 저항, 크기는 같지만 부호가 다른 리액턴스)을 이루어야 한다. 수신부는 일반적으로 50 Ω에 해당하는 실수값의 임피던스를 가지기 때문에 정합 회로를 이용하여 안테나 리액턴스 성분을 '제거시켜' 주는 것이 필수적이다. 정합 회로를 사용함에 따른 단점은 다음과 같다. 첫째, 정합 회로 내부에서 정합 코일과 같은 소자가 사용됨에 따라 저항손실이 증가하고 이에 따라 효율이 감소하게 된다. 둘째, 정합 회로가 좁은 주파수 대역에서만 동작한다는 것이다. 이는 안테나의 동작 대역폭을 감소시키게 된다. 임피던스 정합 기법은 6.4절에서 다룬다.

## 2.7 방사효율

일반적으로 효율항은 제공된 총전력에 대한 원하는 전력의 비이다. 2.5절에서 도입하여 식 (2-153)에서와 같이 정의된 방사효율 $e_r$은 안테나가 받은 순 전력에 대한 방사된 전력(원하는 전력)의 비로 나타낸다.

$$e_r = \frac{P}{P_{in}} = \frac{P}{P + P_o} \tag{2-177}$$

여기서

$P$ = 방사전력

$P_o$ = 안테나에서 저항성 손실로 소모된 전력

$P_{\text{in}} = P + P_o$ = 입력전력 = 안테나가 받은 전력

식 (2-164)와 식 (2-165)를 식 (2-177)에 대입하면 안테나의 방사효율을 저항에 관한 식으로 나타낼 수 있다.

$$e_r = \frac{\frac{1}{2}R_r|I_A|^2}{\frac{1}{2}R_r|I_A|^2 + \frac{1}{2}R_o|I_A|^2} = \frac{R_r}{R_r + R_o} = \frac{R_r}{R_A} \tag{2-178}$$

여기서는 식 (2-166)이 사용되었다. 따라서 총입력저항 대비 방사저항은 방사효율을 나타낸다(보통 효율이라고만 언급한다). 이 기본 방정식을 통해 고정된 방사저항에 대해 다른 저항성분이 높아질수록 효율이 떨어진다는 결과를 확인할 수 있다. 많은 안테나들의 방사효율은 거의 100%에 가깝지만 전기적 소형 안테나의 경우 일반적으로 매우 낮은 방사효율을 갖는다. 낮은 방사효율을 가지는 안테나의 경우 수신부나 저전력 송신분야에서 사용될 수 있다. 하지만 고출력 송신 안테나의 경우 가능한 한 100%에 근접한 방사효율을 가져야 한다. 그 이유는 저항손실은 전력 소모를 야기시켜 고출력을 유지하기 위한 비용 증가를 불러일으키며, 발생된 열로 인해 안테나가 손상을 입거나 파괴될 수 있기 때문이다. 다음은 임피던스와 효율을 계산하기 위한 예제이다.

**예제 2-4** **자동차 라디오 휩 안테나의 임피던스와 방사효율**

31 in($h = 0.787$ m) 차량 펜더에 장착된 휩 안테나는 AM과 FM을 수신하기 위해 자동차에 수십 년간 사용된 안테나이다. 현재 생산되는 자동차의 경우 주로 12.3절에서 다룰 유리 부착형 안테나를 사용하지만 본 예제에서 다룰 차량 펜더에 장착된 휩 안테나는 차량용 안테나에 대한 기준을 제공하며 일반적으로 거의 최대 성능을 구현한다. 문제의 단순화를 위해, 차량의 펜더부분은 안테나가 모노폴로 동작하기 위한 우수한 접지면이라고 가정한다. 휩은 1/8 in 지름($a = 0.15875$ cm)을 갖는 철로 구성되었다. AM 대역에서의 동작주파수는 1 MHz ($\lambda = 300$ m)이며, 이때 안테나의 전기적 길이는 약 $h = 0.0026\,\lambda$이다. 이는 휩 안테나가 전기적 소형 안테나임을 의미한다. 식 (3-15)의 단형 모노폴 안테나의 경우를 적용하면 방사저항은 다음과 같다.

$$R_r = 40\pi^2\left(\frac{0.787}{300}\right)^2 = 0.00271\,\Omega \tag{2-179}$$

스테인리스 철의 도전율을 사용하여(부록 B.1 참조) 식 (2-171)을 이용하면

$$R_s = \sqrt{\frac{2\pi \times 10^6 \cdot 4\pi \times 10^{-7}}{2 \cdot 2 \times 10^6}} = 1.405 \times 10^{-3}\,\Omega \tag{2-180}$$

식 (2-175)에 의해 손실저항은 다음과 같다.

$$R_o = \frac{h}{2\pi a}\frac{R_s}{3} = \frac{0.787}{2\pi \cdot 1.5875 \times 10^{-3}}\frac{1.40 \times 10^{-3}}{3} = 0.0370\,\Omega \tag{2-181}$$

식 (2-178), (2-179), (2-181)에 의한 방사효율은 다음과 같다.

$$e_r = \frac{R_r}{R_r + R_o} = \frac{0.00271}{0.00271 + 0.0370} = 6.82\% \tag{2-182}$$

방송용 수신 안테나가 낮은 효율을 갖지만, 크고 효율이 높은 고출력 송신 안테나에 의해 극복될 수 있다. 따라서 시스템의 비용과 복잡도는 송신국에 집중되어야 하며, 이는 저렴하고 단순한 수신 안테나 사용을 가능하게 한다. 식 (2-155)를 사용하면 안테나 이득은 $G = e_r D = 0.0682(1.5) = 0.1023 = -9.9$ dB이다. 안테나 이득은 총손실 11.7dB[ $= 10\log(0.0682)$]를 포함하여 1.76에서 $-9.9$ dB로 감소하였다. 입력 리액턴스의 경우 위에서 구한 파라미터 값을 식 (2-176)에 대입함으로써 계산할 수 있으며 그 값은 $X_A = -37{,}882\,\Omega$이다(그림 6-6 참조). 이는 매우 큰 용량성 리액턴스이며, 심각한 임피던스 부정합을 야기한다. 총 입력 임피던스는 다음과 같다.

$$Z_A = R_r + R_o + jX_A = 0.03971 - j37,882\Omega \tag{2-183}$$

이 예제에서 사용한 선형 다이폴 모델의 수치해석적 모멘트법 시뮬레이션 결과는 제14장에서 다룰 것이며 위와 매우 유사한 값을 갖는다.

---

안테나의 저항성 손실의 경우 방사효율을 감소시키는 것 이외에도 다른 좋지 않은 결과를 일으킨다. 저항 소자가 사용된 전기 시스템에서와 같이 안테나의 저항성 손실은 잡음의 원인이 된다.

1 MHz 이상의 주파수를 사용하는 수신 시스템에서 신호의 크기가 작을 경우 내부 잡음이 신호의 크기보다 클 수 있다. 수신 안테나는 외부 잡음도 역시 수신한다. 주파수가 1 MHz 근처이거나 그보다 저주파인 경우, 주로 번개에 의해 야기되는 외부 잡음이 상당한 영향을 끼치게 되며, 이러한 외부 잡음은 항상 존재한다. 방사저항을 통해 안테나에 의해 유입된 외부 잡음의 크기는 일반적으로 내부 잡음보다 크며 안테나 손실은 용인될 정도의 수준이다. 안테나 잡음은 4.3절에서 자세하게 다룬다.

전기적 소형 안테나의 낮은 방사효율은 초전도 물질을 사용함으로써 매우 향상될 수 있다. 그러나 대부분의 응용분야에서 실온에서 사용하는 초전도 안테나 기술은 아직 미숙한 실정이다. 한센은 초전도 안테나에 대해 다루었다[H.8.11].

안테나 이론에서 효율과 관련된 다른 인자들은 9.3절에서 다룬다. 안테나 방사효율과 관련된 측정은 13.3.3절에서 다룰 것이다.

## 2.8 안테나 편파

시간에 따라 정현적으로 변하는 단일 주파수의 전자파는 어떤 고찰점에서 주파수, 크기, 위상, 편파에 따라 그 특성이 나타나게 된다. 이 중 처음 3개는 익숙한 파라미터이다. 그러나 편파는 종종 학생이나 공학기술자들도 제대로 이해하지 못하고 있다. 안테나의 편파는 송신 시 안테나에서 어떤 주어진 방향으로 방사되어 나가는 파의 편파이다. 이 절에서는 먼저 전자파에서 일어날 수 있는 편파에 대해서 논의하고, 그 다음으로 안테나 편파에 대해서 논의한다. 안테나와 파의 편파에 대한 더 완벽한 논의는 참고문헌 [H.11.1: Stutzman]을 참고하라.

크기가 유한한 안테나에서 방사되는 위상면, 즉 동일 위상의 표면은 매우 작은 고찰영역에서는 거의 평면으로 볼 수 있다. 이러한 파를 **평면파**(plane wave)라 하며 그 전장과 자장은 한 평면 위에 존재한다. 평면파의 **편파**(polarization)는 어떤 고정된 고찰점에서 시간에 따라 변하는 전장의 궤적이다. 그 한 예가 그림 2-17의 수직 선형편파인데, 이 그림은 어떤 한순간에 나타나는 전장의 공간 변화를 보여 주고 있다. 시간이 경과하면 어떤 일정한 점에서 전장($\mathscr{E}_x$)은 수직선을 따라서 상하로 진동한다. 편파가 제대로 이루어진 파의 궤적은 일반적으로 타원이다. 그림 2-17에서와 같이 자장의 시간과 공간 변화는 전장의 변화와 유사하다. 이 경우 자장은 전장에 수직이다. 파는 비주기적일 수도 있으나 안테나는 이러한 파를 만들어 낼 수 없으므로, 불규칙적으로 편파된 그러한 파는 여

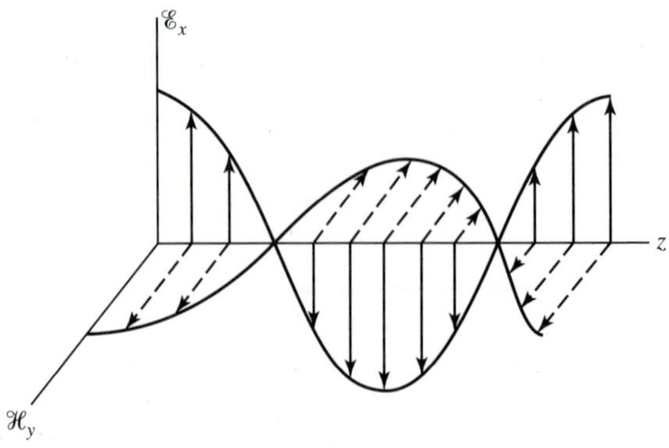


**그림 2-17** **어떤 순간에 선형(수직)편파의 전장(실선)과 자장(점선)의 공간분포.** ([H.11.1:Stutzman] © 1993. Artech House Inc, Norwood, MA의 허가하에 재인쇄.)

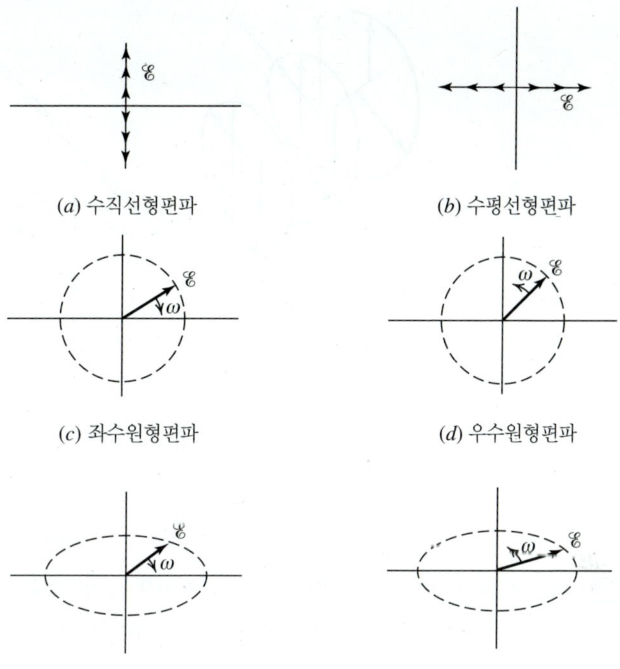

(*a*) 수직선형편파 (*b*) 수평선형편파

(*c*) 좌수원형편파 (*d*) 우수원형편파

(*e*) 좌수타원편파 (*f*) 우수타원편파

그림 2-18 **몇 가지 대표적인 편파 그림.** 파는 독자 쪽으로 접근하고 있다.

기서 고려하지 않는다. 잡음 신호가 불규칙적인 편파를 나타낸다.

편파타원 중 몇 가지 중요하고 특별한 경우가 있다. 만일 전장벡터가 어떤 직선을 따라서 앞뒤 또는 좌우로 이동하면 그 파를 **선형편파**(linearly polarized)라고 한다(그림 2-18*a*, 2-186*b* 참조). 이는 이상직 디이폴이나 모든 선형전류에 의한 예이다. 만일 전장벡터의 길이가 일정하게 유지되고 어떤 원주를 따라서 회전하게 되면 그러한 파를 **원형편파**(circulary polarized)라고 한다. 이때 각주파수 $\omega$의 속도로 회전하게 되는데 회전방향은 두 방향 중 하나가 될 것이다. 만일 파가 관측자를 향해 진행하고 전장벡터가 시계방향으로 회전하면 그 파는 **좌수 편파**(left-hand polarized)라 하며 왼손법칙이 적용된다. 즉 왼손의 엄지가 파의 진행방향을 가리키면 나머지 손가락은 순시치 전장 $\mathscr{E}$의 회전방향이 된다. 만일 파가 반시계방향으로 회전하면 **우수 편파**(right-hand polarized)가 된다. 좌우수 원형편파가 그림 2-18*c*와 2-18*d*에 제시되어 있다. 헬리컬 안테나는 원형편파를 만들어 내고 파의 회전방향은 헬리컬 권선 방향과 동일하다. 예를 들면 오른손 방향으로 감긴 헬리컬 안테나는 우수원형편파를 발생시킨다(7.3절 참조). 마지막으로 그림 2-18*e*와 2-18*f*는 가장 일반적인 경우인 좌수와 우수 방향의 **타원편파**(elliptical polarization)를 보여 주고 있다.

원형편파의 시간–공간 변화는 시각적으로 나타내기가 어렵다. 그림 2-19는 좌수원형편파의 공간 투시도이다. 벡터패턴이 $+z$축을 따라서 진행하면 어떤 고정점에서의 전장은 $xy$ 평면에서 시계방향으로 회전하는 것처럼 보인다(즉 좌수원형편파를 만든다). 이것은 그림 2-19에서 보여 주는 것처럼 이 그림의 고정 평면에서 벡터의 시간적 변화로 설명할 수 있다.

일반적인 타원편파가 기준축과 함께 그림 2-20에 나타나 있다. 이러한 타원편파의 파는 $+z$ 방향으로 진행하고 있다. 회전방향은 왼쪽 또는 오른쪽일 수 있다. 순시치 전장벡터 $\mathscr{E}$는 $x$와 $y$축을

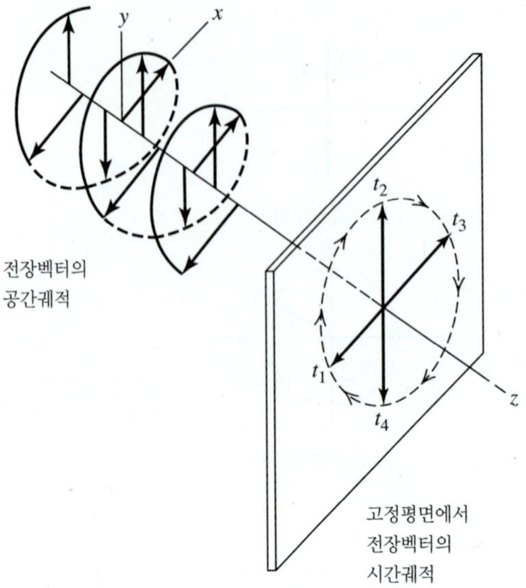


**그림 2-19** **어떤 고정된 시간에 좌수원형편파의 공간분포와 파가 $+z$ 방향으로 진행될 때 한 고정평면에서 전장의 시간에 따른 궤적.** ([H.11.1: Stutzman] © 1993. Artech House, Inc..Norwood, MA의 허가하에 재인쇄.)

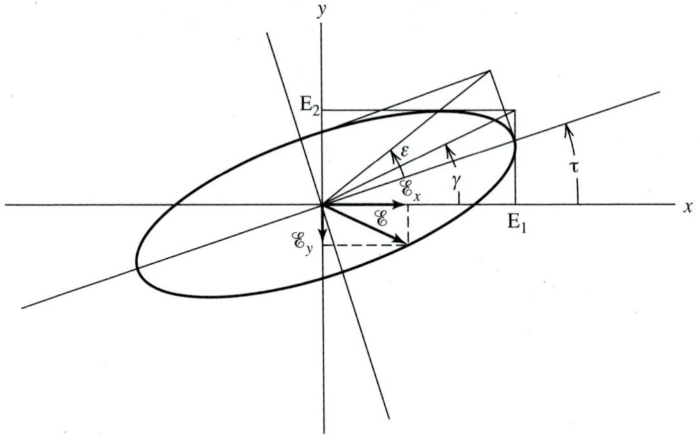


**그림 2-20** **일반적인 타원편파. 파의 방향은 $+z$ 방향에서 지면을 뚫고 나오는 방향이다.** 순시치 전장벡터 $\mathscr{E}$의 궤적은 타원을 형성한다. ([H.11.1: Stutzman] © 1993. Artech House, Inc., Norwood, MA의 허가하에 재인쇄.)

따라서 $\mathscr{E}_x$와 $\mathscr{E}_y$ 성분을 갖는다. 이러한 성분의 최곳값을 $E_1$과 $E_2$라 하자. 각 $\gamma$는 아래 식에서처럼 $E_1$와 $E_2$의 상대적인 값을 나타낸다.

$$\gamma = \tan^{-1}\frac{E_2}{E_1}, \qquad 0° \le \gamma \le 90° \tag{2-184}$$

타원의 경사각 $\tau$는 $x$축(수평)과 타원의 장축과의 사잇각이다. 각 $\varepsilon$은 그림 2-20에서 보는 것처럼

$$\varepsilon = \cot^{-1}(-AR), \quad 1 \le |AR| \le \infty, \qquad -45° \le \varepsilon \le 45° \tag{2-185}$$

이다. 여기서 타원의 축비(axial ratio)인 |AR|은 장축 전장성분 대 단축 성분의 비이다. 선형편파의 경우 $AR = \infty$이며, 식 (2-185)에 의하여 $\varepsilon = 0°$이다. **AR**의 부호는 우수편파일 때 양이고 좌수편파일 때 음이다. 축비는 보통 20 log |AR|의 dB로 나타낸다.

그림 2-20의 순시치 전장은 아래 식과 같이 표시할 수 있다(편의상 $z = 0$으로 놓는다).

$$\mathscr{E} = \mathscr{E}_x\hat{\mathbf{x}} + \mathscr{E}_y\hat{\mathbf{y}} = E_1 \cos \omega t\,\hat{\mathbf{x}} + E_2 \cos(\omega t + \delta)\hat{\mathbf{y}} \tag{2-186}$$

여기서 $\delta$는 $y$ 성분이 $x$ 성분을 앞서는 위상이다. 위 식은 시간이 흐름에 따라 타원 모양을 나타낸다. 만일 성분들이 동위상($\delta = 0$)이면 전장벡터는 선형편파가 된다. 선형편파의 방향은 $E_1$과 $E_2$의 상대적 값에 의해서 결정된다. 예를 들어 만일 $E_1 = 0$이면 수직선형편파가 되고, $E_2 = 0$이면 수평선형편파이다. 또 $E_1 = E_2$이면 축과 45°를 이루는 선형편파가 된다. 선형편파는 무한대의 축비를 갖는 겹쳐진 타원이다. 만일 $\delta$가 0이 아니면 축비는 유한값이다. $\delta>0$일 때 $\mathscr{E}_y$는 $\mathscr{E}_x$보다 위상이 앞서며 회전방향은 왼쪽이다. $\delta < 0$일 때는 회전방향이 오른쪽이 된다. 만일 $E_1 = E_2$(즉 $\gamma = 45°$) 그리고 $\delta = \pm 90°$이면 편파는 원형이다($+90°$는 좌수 그리고 $-90°$는 우수가 된다). 원형편파축비의 크기는 1이다.

식 (2-186)의 페이저는

$$\mathbf{E} = E_1\hat{\mathbf{x}} + E_2 e^{j\delta}\hat{\mathbf{y}} \tag{2-187}$$

이며, 다시 아래와 같이 쓸 수 있다(연습문제 2.8-3 참조).

$$\mathbf{E} = \sqrt{E_1^2 + E_2^2}(\cos\gamma\,\hat{\mathbf{x}} + \sin\gamma\, e^{j\delta}\hat{\mathbf{y}}) = |E|\hat{\mathbf{e}} \tag{2-188}$$

$|E|$는 장의 크기를, $\hat{\mathbf{e}}$는 장의 복소벡터를 나타내며 크기는 1로 정규화된다. 이와 같이 $\gamma$와 $\delta$는 파의 편파상태를 완전히 결정짓는다. 따라서 쌍으로 표시된 각 $(\varepsilon, \tau)$나 $(\gamma, \delta)$로 파의 편파 상태를 유일하게 정의할 수 있다. 이러한 각 사이의 변환은 아래와 같다.

$$\gamma = \frac{1}{2}\cos^{-1}(\cos 2\varepsilon\ \cos 2\tau) \tag{2-189}$$

$$\delta = \tan^{-1}\left(\frac{\tan 2\varepsilon}{\sin 2\tau}\right) \tag{2-190}$$

예를 들어 $x$축을 기준으로 45° 기울어진 선형편파($\tau = 45°$)는 $E_1 = E_2 = 1/\sqrt{2}$이고, $AR = \infty$이다. 식 (2-185)에 의하여 $\varepsilon = \cot^{-1}(\infty) = 0°$이고, 식 (2-189)와 식 (2-190)에 의하여 $\gamma = 45°$, $\delta = 0°$가 된다.

안테나의 편파(polarization of an antenna)는 송신 시 안테나에서 방사되는 파의 편파이다. 그러므로 파의 편파에 대한 모든 논의는 직접 안테나의 편파에 적용할 수 있다. 안테나에서 방사되는 파의 편파는 방사각에 따라 달라진다. 만약 안테나의 편파가 언급되었는데 각도에 대한 언급이 없다면, 주빔의 꼭짓점에서의 편파라고 가정한다. 안테나의 편파는 주로 주빔 영역 내에서는 일정하게 유지된다. 그러나 부엽의 경우 주엽에서의 편파와 아주 다를 수 있다. 패턴과 함께 안테나의 편파를 측정할 때에는 수직인 두 성분(주로 $E_\theta$, $E_\phi$)의 크기와 상대적인 위상차를 측정한다. $z$축 방향의 다이폴 안테나와 같은 선형 편파 안테나의 주 평면 상의 패턴은, 선형편파 프로브가 $E$ 평면이나 $H$ 평면

상의 $E_\theta$ 방향에 맞춰졌을 때를 정확히 명시해야 한다. 이와 반대로, 원형편파 안테나의 경우는 주평면이 $E$ 평면이나 $H$ 평면이 아니다. 왜냐하면 이 평면이 유일하게 결정되지 않기 때문이다. 대신에 원형편파 안테나의 경우 $\phi = 0°$와 $\phi = 90°$ 평면과 같이 두 개의 서로 수직인 평면이 사용된다.

가역성 안테나들은 송신과 수신 시 동일한 방사패턴을 갖는다. 그리고 이것은 편파를 포함한 방사에서의 벡터 특성에도 모두 적용된다. 따라서 송신 안테나는 편파타원축비, 회전방향, 장축방향 등의 편파 특성이 수신 안테나와 동일하면 수신 안테나에 편파정합되었다고 한다. 예를 들어 우수원형편파 수신 안테나는 우수원형편파에 편파정합되었다. 기계적인 대응 관계로서 우수원형편파(RHCP)의 파에 대응하는 오른쪽으로 나삿니를 낸 나사와, RHCP 안테나에 대응하는 오른쪽으로 난 나사홈을 생각하자. 이제 나사와 나사홈은 안테나의 송수신 때처럼 나사를 박거나 빼낼 때 잘 정합되어 있을 것이다. 편파를 지닌 파의 수신에 대한 중요한 주제는 4.2절에서 더 논의할 것이다.

안테나 편파를 이용한 좋은 예로는 FM 라디오 방송과 TV가 있다. 원래 미국에서 송신하는 FM과 TV 방송을 위한 송신 안테나는 수평편파를 사용하였다[H.6: *Ant.Eng. Hdbk.*, 3rd ed., p. 28-4]. 1960년대에 연방통신위원회(FCC)는 FM 방송을 수평편파(또는 원형편파)뿐만 아니라 수직편파로 방송할 수 있게 하였으며, 이는 수직으로 편파된 휩 안테나를 이용하는 차량의 방송 수신을 용이하게 하였다. 실제로 FM라디오 방송의 경우 일반적으로 타원편파를 발생시키는 변형 다이폴 안테나를 사용하는데 이는 수평편파 성분보다 수직편파 성분의 신호 세기를 크게 하여 수신을 용이하게 하기 위함이다. 1977년, FCC는 송신기의 수평편파의 최대 EIRP를 유지하고 이와 같은 크기를 수직편파에 이용함으로써 TV 방송의 우수원형편파 사용을 허용하였다. 이로써 수신기가 선형편파 안테나인 경우에 안테나 정렬 방향에 대한 민감도가 낮아졌고, 수신기에 반대 편파(좌수원형편파)로 도달하는 반사파에 의한 고스트 영상에 대해서도 개선되었다.

헬릭스나 나선형 안테나 등은 바로 원형편파로 만들 수 있다(제7장 참조). 또한 적절한 급전회로 설계로도 원형편파를 만들 수 있다. 예를 들면 그림 4-6*b*와 같이 두개의 수직 반파장 다이폴에 같은 크기를 급전하고 그중 하나의 다이폴에 다른 다이폴의 급전부 길이에 비해 1/4파장(90도 위상차) 긴 선로를 추가함으로써 급전을 주는 방법이 있다. 추가된 지연 선로에 의해 안테나가 속한 평면에 수직 방향으로 원형편파가 발생할 것이다.

이 장에서 소개한 원리와 용어들은 다음 장에서 알아볼 중요한 방사 시스템에 그대로 사용될 것이다.

## 참고문헌 References


1. J. W. Arthur,' "The Fundamentals of Electromagnetic Theory Revisited," *IEEE Trans. on Ant. & Prop. Mag.*, Vol. 50, pp. 19–65, Feb. 2008.
2. J. Van Bladel, "Lorenz or Lorentz?," *IEEE Trans. on Ant.&Prop. Mag.*, Vol. 33, p. 69, April 1991.
3. S. Laybros and P. F. Combes, "On Radiating-Zone Boundaries of Short, $\lambda/2$, and $\lambda$ Dipoles," *IEEE Trans. on Ant. & Prop. Mag.*, Vol. 46, pp. 53–64, Oct. 2004.

## 연습문제 Problems

**2.1-1** ▸ 식 (2-1)에 식 (2-6)을 이용해 식 (2-7)을 유도하라.

**2.1-2** ▸ 식 (2-11), (2-12), (2-20)과 함께 식 (2-19)에 식 (2-13)을 이용해 $\sigma$에 의한 손실을 포함한 식 (2-18)을 유도하라.

**2.1-3** ▸ $\varepsilon$과 $\mu$가 실수이고 $\mathbf{M} = 0$이라는 가정하에 항등식 (C-19)를 이용해 식 (2-28)부터 식 (2-34)까지 유도하라.

**2.1-4** ▸ 포인팅 정리와 유사한 형태로 전압 전원으로 구동되는 직렬 *RLC* 회로망의 복소 전력 방정식을 세워라.

**2.2-1** ▸ 식 (2-18)에서 시작해서 식 (2-47)을 유도하라.

**2.2-2** ▸ 시간 변화를 고려한 $z$축으로 진행하는 파의 위상 표현식은 $\omega t - \beta z$이다. 파의 위상이 상수가 되는 위치에서 이 식은 상수이다. 시간에 대한 미분을 이용하여 식 (2-53)에 나온 속도를 증명하라.

**2.2-3** ▸ (a) $\psi = Ce^{-j\beta r}/r$이 식 (2-57)을 원점 외의 모든 지점에서 만족시킴을 보여라. (b) 원점을 포함하는 공간에 대해 식 (2-55)를 적분하고 $\psi = Ce^{-j\beta r}/r$를 치환하고, $r$이 0으로 수렴하게 함으로써 $C = (4\pi)^{-1}$임을 보여라. 즉 식 (2-58)을 증명하라.

**2.3-1** ▸ 식 (2-73*b*)가 식 (2-72)에서 유도됨을 보여라.

**2.3-2** ▸ 다음 두 가지 방식으로, 모든 영역에서 유효한 전장의 식 (2-73b)를 유도하라: (a) 식 (2-63)에 자장에 대한 식 (2-73*a*)를 이용, (b) 식 (2-46)에 식 (2-65)에 있는 벡터 전위를 이용.

**2.3-3** ▸ 자유공간 상의 구좌표계의 중심에 $z$ 방향으로 정렬되어 있고 $I\,\Delta z$만큼의 전류가 흐르는 이상적인 다이폴 시스템이 있다고 하자. (a) 식 (2-73)을 이용하여 복소 포인팅 벡터의 일반적인 식을 구하라. 단, $r$은 근거리장 영역에 있을 수 있다. (b) 그 다음에 전류 성분을 모두 포함하는 반지름이 $r$인 폐구면을 통해 나오는 시평균 전력을 구하라. 구한 답은 식 (2-77)과 같을 것이다. 왜 그럴까? (c) (a)에서 구한 결과를 이용하여 식 (2-79)를 유도하라.

**2.3-4** ▸ 식 (2-73*b*)의 이상적 다이폴에 대한 전장이 맥스웰 방정식 $\nabla \cdot \mathbf{E} = 0$을 만족시킴을 보여라.

**2.3-5** ▸ 이상적 다이폴의 근거리 영역에서 전력밀도의 실수값과 허수값의 비가 $(\beta r)^3$이 됨을 보여라. 그렇게 함으로써 실수와 허수의 전력밀도가 $(\beta r) = 1$ 또는 $r = \lambda/2\pi$일 때 서로 같음을 보여라. *힌트*: 식 (2-76)과 (2-79)를 이용하라.

**2.4-1** ▸ 식 (2-95)를 식 (2-89)와 식 (2-94)를 이용하여 오직 $1/r$ 항만 유지한 채로 증명하라. 즉 $\beta r \gg 1$임을 이용하라.

**2.4-2** ▸ 식 (2-98)은 평행선 가정 없이 유도할 수 있다. $R = [(\mathbf{r} - \mathbf{r}')(\mathbf{r} - \mathbf{r}')]^{1/2}$로 놓고 전개해 $r$로 인수분해하고, 가장 작은 항들을 무시하며 이항정리의 첫 번째 두 항을 사용해서 식 (2-98)을 유도하라.

**2.4-3** ▸ 식 (2-73)에서 $r$만이 변화하는 경우를 살펴봄으로써, $\beta r = 1$인 경우에 각 장 성분들의 실수부와 허수부가 같음을 보여라. $E_\theta$에 대해서는 먼저 첫 번째 항을 무시함으로써 리액티브 근거리장($\beta r \ll 1$) 형태를 만들도록 하라.

**2.4-4 ▸** (a) 이상적 다이폴의 파동 임피던스 $(E_\theta/H_\phi)$를 구하라. (b) $\beta r$이 0부터 20까지 변화함에 따라 구한 식이 어떻게 변하는지 살펴보고 그래프를 그려라. $\beta = 10(r = 1.6\lambda)$일 때의 값을 확인하여 자유공간의 고유 임피던스와 비교하라.

**2.4-5 ▸** 식 (2-73*b*)에 제시된 이상적 다이폴의 $E_\theta$와 식 (2-74*a*)의 원거리장 값을 비교하여 그 오차를 그려라. $5\lambda$일 때 어떤 값을 갖는가?

**2.4-6 ▸** (a) 길이 $D$에 대하여 리액티브–방사 근거리장의 경계조건인 $r = 0.62\sqrt{D^3/\lambda}$를 유도하라. 이를 위해 먼저 식 (2-86)의 4번째 항이 최대가 되는 $\theta$가 54.7도임을 유도하라. 그리고 4번째 항의 최대 위상 오차가 $\pi/8$가 되는 값을 구하라. (b) 경계조건이 이상적 다이폴(즉 $r = 0.16\lambda$)에 대한 경우와 동일하게 되기 위한 선전원의 길이를 구하라.

**2.4-7 ▸** 선전원의 길이가 $D$일 때, 선전원의 중심으로부터의 거리 $r$ ($r = 5D$라고 가정하라)에 대하여 원거리장까지의 거리의 최대 오차($R = r - D/2$)가 10%가 됨을 $R = 0.9r$을 이용해 보여라.

**2.4-8 ▸** 길이 $D$를 가지는 선형 안테나의 원거리장 경계조건인 $r_{ff} = 2D^2/\lambda$를 이용하여, $D = 5\lambda$ $D = \lambda/2$(반파장 다이폴), 그리고 $D = 0.01\lambda$(단형 다이폴)의 $r_{ff}$를 구하라. 계산한 원거리장 거리가 각각의 경우에 모두 타당한 값을 가지는가? 만약 아니라면 그 이유는 무엇인가?

**2.4-9 ▸** 원거리장 거리 조건인 식 (2-100)을 이용하여 각각의 원거리장 조건을 세로축 $r/\lambda$, 가로축 $D/\lambda$인 하나의 그래프에 나타내라. 그래프 중 원거리장 영역에 해당하는 부분을 표시하라.

**2.4-10 ▸** 31 in(0.787 m)의 길이를 가지며 펜더에 장착된 자동차 라디오 안테나의 원거리장에 대한 기준을 주파수가 1 MHz인 경우에 대해 살펴보라. 어떤 기준이 한계 조건이 되는가? 문제 2.4-9의 그래프가 도움이 될 것이다.

**2.5-1 ▸** 구에 대하여 모든 영역을 $d\Omega$에 대해 적분하면 $4\pi$ 스테라디안이 됨을 보여라.

**2.5-2 ▸** *전력*패턴이 $0 < 0 < \pi/2$에서는 $|\cos^n \theta|$로 주어지고 $\pi/2 < \theta < \pi$에서는 0일 때, (a) $n = 1, 2, 3$에 대하여 지향성을 구하라. (b) 각각의 $n$에 대한 반전력빔폭을 구하라. (c) 극좌표 형식으로 각각의 $n$에 대하여 방사패턴을 그리고 이에 대하여 논하라. (d) $n = 0$인 경우의 지향성에 대해서 설명하라.

**2.5-3 ▸** 어떤 안테나의 원거리장 패턴이 $\phi$에 대해서는 무관하고 $\theta$에 대해서만 아래와 같이 변한다.

| | |
|---|---|
| $0° \le \theta \le 30°$에서 | $F = 1$ |
| $60° \le \theta \le 120°$에서 | $F = 0.5$ |
| $150° \le \theta \le 180°$에서 | $F = 0.707$ |
| $30° < \theta < 60°$, $120° < \theta < 150°$에서 | $F = 0$ |

안테나의 지향성을 구하라. 또 $\theta = 90°$ 방향의 지향성을 구하라.

**2.5-4 ▸** 어떤 단엽패턴의 빔 입체각이 근사적으로 다음과 같이 주어졌다.

$$\Omega_A \approx \mathrm{HP}_E \mathrm{HP}_H$$

여기서 $\mathrm{HP}_E$와 $\mathrm{HP}_H$는 $E$와 $H$ 평면에서 주빔의 라디안으로 나타낸 반전력 빔폭이다. 또한

$$D \approx \frac{41,253}{\mathrm{HP}_{E^\circ} \cdot \mathrm{HP}_{H^\circ}}$$

임을 보여라. 여기서 $\mathrm{HP}_{E^\circ}$와 $\mathrm{HP}_{H^\circ}$는 각(degree)으로 표시된 $E$와 $H$ 평면 반전력 빔폭이다.

**2.5-5** ▸ 낮은 부엽레벨을 가지는 혼 안테나의 반전력빔폭이 두 주평면에서 동일하게 29°인 경우, 연습문제 2.5-4의 근사식을 활용하여 혼 안테나의 지향성을 데시벨 단위로 구하라.

**2.5-6** ▸ 어떤 섹터 안테나의 패턴이 규정된 각 영역(angular region)에서 균일방사세기를 가지며 밖의 영역에서는 0이다. 예를 들어

$$F(\theta) = \begin{cases} 1 & \frac{\pi}{2} - \alpha < \theta < \frac{\pi}{2} + \alpha \\ 0 & \text{그 외} \end{cases}$$

이다. 이러한 패턴에 대응하는 지향성에 대한 표현식을 유도하라. 이 표현식을 예제 2-3의 특수한 경우에 대하여 검토하라.

**2.5-7** ▸ 비행기가 지표면과 평행하게($z$ 방향으로) 날고 있다. 지표면 탐사 레이더를 위해서는 어떤 일정 영역의 지표면을 균일하게 조사할 수 있는 안테나가 필요하다. 코시컨트 패턴(cosecant pattern)이라고 하는 것이 이러한 요구를 충족시킨다. 그림에서 $h = r\cos\left(\frac{\pi}{2} - \theta\right)$ 또는

$$r = \frac{h}{\sin\theta} = h\csc\theta$$

임을 알 수 있다. 이 식은 $\theta$가 감소할 때 지표면에 도달하기 위해서는 방사가 얼마나 멀리 진행되어야 하는지를 나타낸다. 방사패턴

$$F(\theta) = \csc\theta$$

는 거리에 따른 장의 $1/r$ 변화를 보상할 것이다. 또한 만일 $\phi$ 변화가 작은 각 범위 $\phi_0$내에서 섹터 패턴이면 $F(\theta, \phi)$는

$$F(\theta,\ \phi) = \begin{cases} \csc\theta & \theta_1 < \theta < \frac{\pi}{2},\ 0 < \phi < \phi_0 \\ 0 & \text{그 외} \end{cases}$$

이다. 지향성의 표현식을 유도하라.

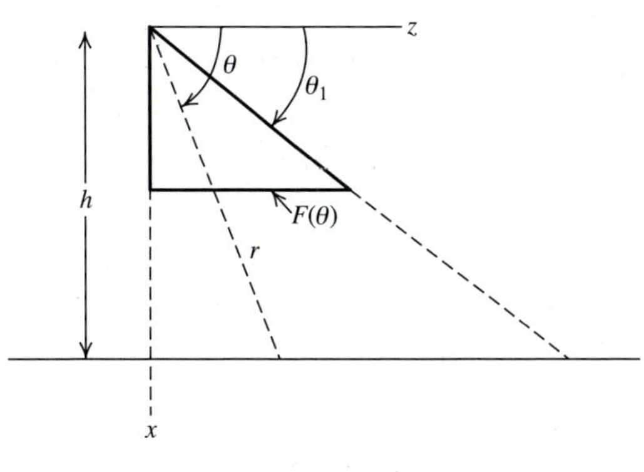

**2.5-8** ▸ *가우시안 패턴(Gaussian Pattern).* 원대칭이며 좁은 빔 안테나 패턴은 종종 아래와 같이 주어지는 가우시안 형태로 모델링된다.

$$F(\theta) = e^{-4\ \ln\left(\sqrt{2}\right)(\theta/\mathrm{HP})^2}$$

이러한 패턴에 연관된 지향성의 표현식을 각각 라디안 단위와 도(°) 단위의 각도로 표시된 반전력 빔폭 **HP**로 나타내라. 이것을 $\Omega_A$의 적분 시 $\sin\theta$를 근사적으로 $\theta$로 놓고, 또 적분구간을 무한대로 확장시켜 행하라.

**2.5-9** ▸ 어떤 안테나의 지향성은 20이며, 방사효율은 90%이다. 이득을 dB로 구하라.

**2.5-10** ▸ 방사효율이 95%이고, 아래 방사패턴을 갖는 어떤 안테나의 이득을 계산하라.

$$F(\theta) = \begin{cases} 1 & 0 \le \theta < 20^\circ \\ 0.707 & 20^\circ \le \theta < 120^\circ \\ 0 & 120^\circ \le \theta < 180^\circ \end{cases}$$

**2.6-1** ▸ 식 (2-173)의 손실저항 공식을 이용해 아래 경우의 $R_o$에 대한 표현식을 증명하라: (a) 식 (2-170)으로 주어진 균일전류, (b) 식 (2-175)로 주어진 삼각형전류.

**2.6-2** ▸ 동조된 송신 안테나. (a) 그림 2-15의 등가회로를 사용하고 리액티브가 동조($X_L = -X_A$)되었다고 가정하여 방사되는 전력 $P$와, 저항성 손실로 소모되는 전력 $R_g$와, $R_o$를 $P_g$, $P_o$를 이용해서 표현하라. (b) 리액티브가 동조되었을 뿐 아니라, 발생기와 안테나의 저항 또한 정합되었다고 할 때($R_g = R_r + R_o$) (a)에서 도출한 전력 표현식을 간략화하라. 그리고 공급된 전력 중 발생기의 저항 성분에 의해 소모된 양을 구하라.

**2.7-1** ▸ 지름 6.35 mm (0.25 in)인 알루미늄으로 만든 2 m 길이의 다이폴 안테나가 500 kHz에서 동작한다. 다음 가정하에서 방사효율을 계산하라: (a) 균일 전류분포, (b) 삼각형 전류분포.

**2.7-2** ▸ 27 MHz의 생활 무전기는 70 Ω의 방사저항을 갖고 있는 반파장 안테나를 사용한다. 만일 안테나가 지름 6.35 mm 알루미늄으로 만들어졌을 때 그것의 방사효율을 계산하라. 대략적인 근사치로 전류는 삼각형 분포로 가정한다.

**2.7-3** ▸ 50 MHz에서 동작하는 무선전화기는 속이 빈 지름 4 mm 알루미늄으로 만들어진 38 cm의 모노폴 안테나를 사용한다. 방사효율을 계산하라. 식 (3-13)을 사용하여 다이폴의 저항값으로부터 모노폴의 저항값을 계산하라.

**2.7-4** ▸ *제시된 효율을 만족시키는 단형 다이폴 안테나 설계하기.* (a) 단형 다이폴에 대하여 방사저항과 손실저항의 비를 구하라($r = R_r/R_o$). (b) 예제 2-4의 효율을 계산함으로써 (a)에서 도출한 식의 타당성을 검증하라. (c) 100 MHz에서 동작하며 18번 구리도선으로 만들어진 단형 다이폴의 방사효율이 90%가 되기 위한 길이를 계산하라.

**2.8-1** ▸ 타원편파의 순시치 전장성분들이 $\mathscr{E}_x = E_1 \cos(\omega t - \beta z)$와 $\mathscr{E}_y = E_2 \cos(\omega t - \beta z + \delta)$이다. 아래 편파에 대한 $E_1$, $E_2$, $\delta$를 규정하라.

(a) $E_1 \neq 0$ 및 $E_2 \neq 0$인 선형편파

(b) 우수원형편파

(c) 좌수원형편파

**2.8-2** ▸ 연습문제 2.8-1에 주어진 총벡터전장의 주파수 영역 형태를 써라.

**2.8-3** ▸ 식 (2-187)로 식 (2-188)을 증명하라. **E**의 크기는 $|\mathbf{E}|^2 = \mathbf{E} \cdot \mathbf{E}^*$에서 구할 수 있다는 사실을 이용하라. 또한 그림 2-20의 $\gamma$는 변이 $E_1$과 $E_2$이고 빗변이 $|\mathbf{E}|$인 삼각형의 각임을 유의하라.

**2.8-4** ▸ 완전도체 평면에 수직으로 입사하는 RHCP파는 반사에 의해 LHCP파로 변하는 것을 증명하라.

**2.8-5** ▸ *CP를 생성하기 위한 급전 네트워크.* (a) 각각 $x$축과 $y$축으로 놓인, 서로 직교하는 두 개의 다이폴을 도선을 이용하여 급전하는 경우를, $+z$축 방향으로 RHCP를 생성하기 위한 급전선을 평행 도선 전송선로를 사용하여 그려라. 추가적인 1/4파장의 전송선로를 명확히 표시하라. (b) $-z$축 방향으로 방사될 때의 편파는 어떻게 되는가?

# 제 3 장 간단한 방사 시스템

*Simple Radiating Systems*

이전 장에서 안테나의 수학적 원리를 소개하고, 몇 개의 기본적인 방사체를 보여 줬다. 이 장에서는 몇 가지 일반적인 간단한 안테나 소자와 배열에 관하여 이전 장의 논의를 계속할 것이다. 많은 다양한 형태와 상세한 증명은 각각의 방사 시스템을 설명하는 장에서 다루도록 남겨 놓았다. 특히 이 장에서는 전기적으로 작은 다이폴, 반파장 다이폴, 모노폴, 전기적으로 작은 루프, 그리고 두 개의 배열에 대하여 논의한다. 이러한 안테나들은 안테나의 공부에 기본적일 뿐만 아니라, 대부분의 안테나 시스템에서 발견되는 기본적인 요소들이기도 하다. 게다가 복잡한 안테나 시스템도 성분별로 나눠 보면 위에서 다루었던 기본적인 안테나들로 전부 나타낼 수 있다. 영상이론 또한 접지면 위에서의 안테나의 동작을 이해하기 위하여 이 장에서 다룬다.

## 3.1 전기적 소형 다이폴

동작주파수에서 길이가 파장보다 작은 안테나를 전기적 소형 안테나(electrically small antenna)라 하며 이는 가장 기본적인 안테나이고 1.4절에서 다루었다. 파장에 비해 짧은 정도는 적용 대상에 따라 결정되지만 일반적으로는 파장의 1/10 이하 길이를 말한다. 자세한 내용은 11.5절에서 다룬다. 전기적인 크기와 물리적인 크기는 아주 다를 수 있다. 저주파에서 사용하는 안테나는 물리적으로 아주 크지만 전기적으로는 작다. 즉 크기는 파장에 비해 아주 작다. 이는 특히 낮은 MHz 대역이나 그 이하의 주파수에서 사실이다. 우리는 2.7절에서 전기적 소형 안테나가 본질적으로 비효율적이라고 배웠다.

그러나 이것은 수신 시스템에서는 대부분 큰 문제가 되지 않으며 물리적 소형 안테나는 크기, 무게, 비용, 그리고 휴대할 수 있다는 점에서 이점이 있다. 이 절에서는 2.3절과 2.7절에서 다루었던 전기적 소형 안테나인 이상적 다이폴과 단형 다이폴에 대해서 다시 다룬다. 또한 전기적 소형 안테나의 실용적인 형태에 대해서도 다룬다.

가장 간단한 전기적 소형 안테나는 그림 3-1*a*와 같이 중앙에 도선으로 급전을 한 단형 다이폴(short dipole)이다. 다이폴의 양팔이 곤충의 감각기관인 더듬이(antenna)와 닮았다고 해 안테나(antenna)라는 이름을 붙이게 되었다[H.3: Schelkunoff and Friis, p. 5]. 단형 다이폴의 전류분포는 그림 2-16*b*와 그림 3-1*c*에서처럼 거의 삼각형 모양을 하고 있다. 이것은 박막 도선 안테나(지름 $\ll \lambda$)의 전류분포가 근사적으로 정현파형이며 도선 양단에서 전류값이 0이기 때문이다. 단형 다이폴의 팔의 길이는 한 파장보다 매우 짧으므로 정현파 전류의 작은 일부만이 팔에 나타나며 그 형태는 거의 선형이다(그림 3-1*c* 참조).

도선 양단으로 가면서 전류가 감소하는 것은 그림 3-1*a*에서처럼 도선 표면에 전하가 나타나도록 만든다. 그림 3-1*b*는 다이폴 단자의 입력전류가 최대인 순간에서의 전류와 전하 분포를 나타낸

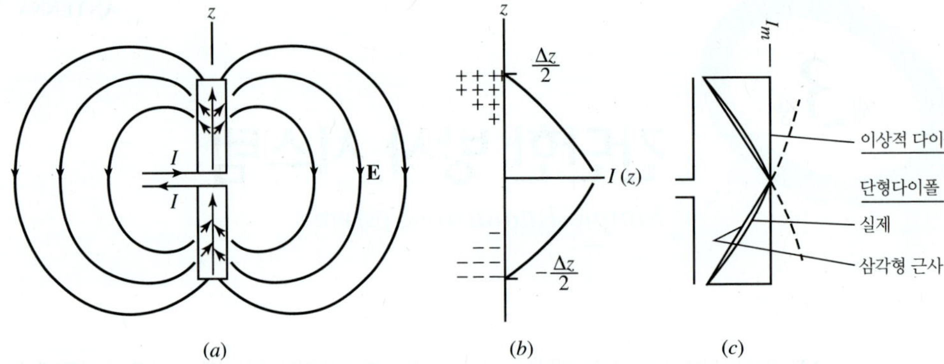


그림 3-1 **단형 다이폴.** $\Delta z \ll \lambda$. (*a*) 안테나의 전류와 안테나를 둘러싸고 있는 전장. (*b*) 전류와 전하 분포. (*c*) 이상적 다이폴의 전류분포와 비교한 단형 다이폴 전류분포와 삼각형 근사.

것이다. 입력전류는 시간에 따라 정현적으로 변하므로 다이폴의 전류와 전하 분포도 동일하게 변한다. 이와 같은 전하의 축적은 다이폴 주변 공간에 변위전류밀도 $j\omega\varepsilon\mathbf{E}$를 유도하고 이어서 변위전류밀도는 그림 1-5에 예시된 것처럼 전원에서 외부로 전파하는 전자파를 발생시키게 된다. 도전전류가 회로의 집중회로 소자 사이를 결합시켜 주는 것처럼, 변위전류는 공간에서 송신 안테나를 수신 안테나와 결합시켜 준다. ($z$축 방향으로 놓인) 모든 형태의 전기적 소형 다이폴의 방사패턴은 그림 2-4에서처럼 $\sin\theta$이다.

이상적 다이폴에서, 모든 전하는 안테나의 양단에 축적된다. 실제로 이상적 다이폴은 균일전류로 해석되거나 그림 3-2에서처럼 각주파수 $\omega$에서 진동하는 두 개의 점전하로 해석될 수 있다(연습문제 3.1-1 참조). 전하다이폴 모델은 전하가 안테나의 양단에 축적되며 높은 방사저항을 보인다. 사실 식 (2-169)의 이상적 다이폴의 방사저항은 식 (2-172)에 주어진 단형 다이폴의 방사저항에 비해 4배나 크다.

단형 다이폴의 입력 리액턴스는 용량성이다. 이것은 그림 1-6에서처럼 안테나를 개방회로 전송선로로 가시화해 살펴볼 수 있다. 안테나의 종단에서 급전점까지의 거리가 $\lambda/4$보다 짧을 때는 입력 임피던스가 용량성이 된다. 이것은 전송선로 이론에 의해 개방회로 종단에서 거리 $s$인 곳의 임피던스는 $-jZ_o\cos(\beta s)$가 되기 때문이다. 간단한 전송선로 이론은 방사가 이루어질 때에만 정성적 결과를 제공한다. 단형 다이폴의 용량성 리액턴스에 대한 근사식은 식 (2-176)에 주어진다. 정확한 임피

그림 3-2 **이상적 다이폴 모델.** (*a*) 균일전류 모델. (*b*) $I = j\omega q$인 전하다이폴 모델.

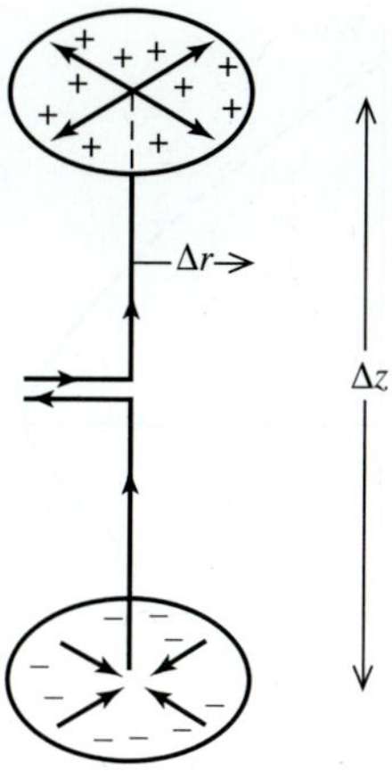


그림 3-3 **축전기판 안테나.** 안테나 위에 나타낸 화살표는 전류를 표시한다. 평판 위의 전하분포도 나타나 있다.

던스 계산은 모멘트법을 사용할 수 있다(제14장 참조). 코일을 장착하는 것은 이러한 커패시턴스를 농조시키는 데 자주 사용된다.

균일전류를 갖는 이상적 다이폴의 큰 방사저항을 실제로 실현시키려면 도선 양단에 전하축적을 위한 메커니즘을 제공해야 한다. 도선 양단에 금속판을 장착시키는 일이 이를 달성하기 위한 한 가지 방법이다. 이것을 **축전기판 안테나**(capacitor-plate antenna) 또는 원정관 다이폴 안테나(top-hat-loaded dipole antenna)라 한다. 그림 3-3에서는 이러한 안테나의 구성과 안테나의 전류, 전하의 분포를 보여 주고 있다. 만약 $\Delta z \ll \lambda$이면 평판 위의 방사형 전류(radial current)는 원거리장에서 거의 상쇄되는 장을 만든다. 그 이유는 위아래 평판의 전류 방향은 서로 반대이며 평판 사이의 간격에 따른 위상차($\beta\Delta z \ll 2\pi$)는 작기 때문이다. 그 외에 $\Delta z \ll \Delta r$이면 평판은 전하를 축적하게 되고 도선의 전류는 일정하게 된다. 따라서 축전기판 안테나는 균일한 전류가 흐르는 이상적 다이폴 모델로 가깝게 근사화할 수 있다. 실제로 방사형 도선이 단판(solid plate) 대신 정부 부하(top loading)에 자주 사용된다.

이상적 다이폴을 근사화하기 위해 사용되는 또 다른 형태의 소형 안테나는 그림 3-4$a$에 있는 **전송선로 부하 안테나**(transmission line loaded antenna)이다. 전류분포를 결정하기 위해 전송선로 이론의 결과를 도입할 수 있다. 전류는 기본적으로 양단에서 0이며 도선을 따라 정현파형으로 나타난다. 이러한 전류분포는 $L < \lambda/4$에 대해 그림 3-4$b$에 도시했다. 만약 $\Delta z \ll \lambda$이면, 수평 도선에 흐르는 전류에서 생긴 장은 원거리장에서 소멸한다. 또한 $\Delta z \ll L$이면, 수평 도선은 전하를 저장하기 위한 유효장소를 제공하며 수직 부분에 흐르는 전류는 그림 3-4$b$에서 예시된 것처럼 거의 일정하다. 따라서 방사는 전류가 거의 일정한 수직 부분에서 이루어지며 안테나는 이상적 다이폴로 근사화된다.

그림 3-4$c$에 나온 전송선로 부하 다이폴의 모노폴 형태는 **역 L형 안테나**(ILA: inverted-L antenna)라고 불린다. 소형 ILA는 한 파장보다 훨씬 작은 길이를 갖고 있다. ILA는 주로 협대역 분야에서 많이 이용된다. ILA는 차고문 송신기에 많이 이용된다(예제 11-3 참조). ILA의 리액턴스는 수평 선로를 더 추가함으로써 줄일 수 있다. 예를 들어 그림 3-4$a$의 좌측에 수평 선로를 추가하게 되면 동일한 병렬 용량 소자를 추가한 것과 같다. 수평 선로를 더 추가함에 따라, 리액턴스는 더욱 감소되고, 그림 3-3과 같은 축전기판 안테나가 된다. ILA의 진화형은 더욱 넓은 대역폭을 가지며 1/4

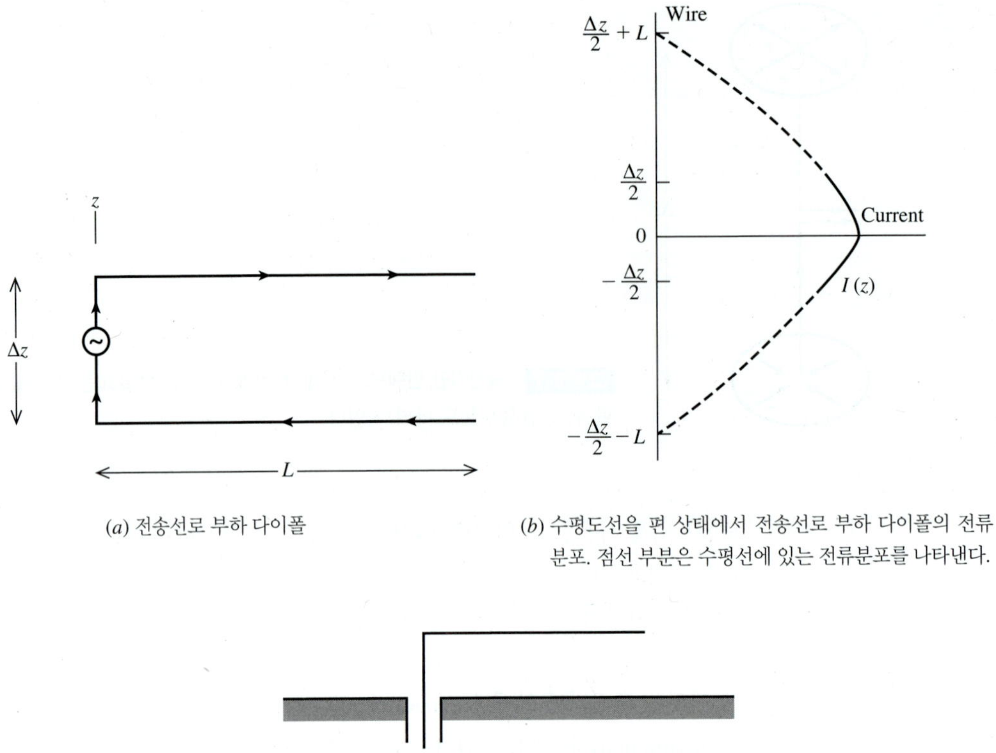


(a) 전송선로 부하 다이폴

(b) 수평도선을 편 상태에서 전송선로 부하 다이폴의 전류분포. 점선 부분은 수평선에 있는 전류분포를 나타낸다.

(c) 역 L형 안테나(ILA)

그림 3-4 전송선로 부하 안테나.

파장 근처의 길이를 갖는 소형 휴대용 무선기기를 구성하는 데 많이 이용된다. 이러한 안테나들은 11.6.3절에서 더욱 자세히 다룬다.

전기적 소형 안테나들은 주파수 스펙트럼이 다른 영역에서 서로 다른 이유로 사용된다. 예를 들면 파장이 매우 긴 VLF 영역에서 전기적 단형 수직 방사기는 큰 원정관(top-hat load)과 함께 사용된다. 원정관은 안테나 외관을 그림 3-3과 같은 축전기판 안테나처럼 보이게 한다. AM 방송 대역과 같은 스펙트럼으로 올라가 보면 2.7절에서 본 것처럼 수신 안테나는 보통 전기적으로 소형이다. AM 송신 안테나는 작지 않고 다음 절에서 다루는 공진 크기이다. VHF나 그 이상의 주파수에서 전기적 소형 안테나는 특수한 상황에서만 사용된다.

현재까지 구현된 통신 시스템 중 가장 낮은 주파수를 사용했던 것은 미 해군의 엘프 프로젝트(Project ELF)로서, 수중에서의 잠수함 통신을 위한 것이었다. 1985년부터 2004년까지 위스콘신과 미시간에서 운용된 두 송신국에서는 전신주에 의해 지지된 길이 22.5~45 km (14~28 mi)의 다중도선을 사용했다. ELF 주파수로는 주파수에 따라 급격히 증가하는 수중에서의 손실을 피하기 위해 76 Hz가 사용되었다. 이 협대역 통신 시스템의 목적은 단지 잠수함에게 수면으로 올라와서 완벽한 양방향 통신을 수행할 수 있는 새로운 통신 시스템을 사용하라는 메시지의 간단하게 부호화된 신호를 전송하는 것이다. 이 주파수의 매우 긴 자유공간 상에서의 파장은 3950 km (2450 mi)이므로 45 km의 도체길이는 단 0.01파장에 해당되어 매우 비효율적인 시스템임을 의미한다.

## 3.2 반파장 다이폴

**반파장 다이폴**(half-wave dipole)은 직접 응용하거나 모델링의 구성요소로서 가장 일반적인 안테나이다. 반파장 다이폴은 중간에서 급전이 들어가는 곧은 도선으로 구현이 된다. 간단하고 정확한 모델은 전류분포가 그림 3-5*a*와 같이 중심부에서 최고점을 가지는 정현파를 이루는 선전류 모델이다. 반파장 다이폴 안테나는 간단한 물리적 구조 때문에 광범위한 용도로 쓰이고 입력 리액턴스가 0이고 적절한 입력 저항을 가지고 있는 공진형 안테나로서 많이 사용된다. 무한히 얇은 정확한 반파장 다이폴 안테나의 입력 임피던스는 $Z_A = 73 + j42.5\ \Omega$이다. 도선 다이폴의 입력 임피던스는 6.1절에서 더 자세히 다룬다. 그러나 도선의 끝을 리액턴스가 0이 될 때까지 조금씩 잘라가면 도선 반파장 다이폴 안테나가 동조된다는 사실을 짚고 넘어갈 필요가 있다. 도선의 지름이 두꺼울수록 점점 더 짧아진다(연습문제 3.2-7과 14.5절의 데이터 참조). 동조된 반파장 다이폴 안테나의 경우 입력 임피던스가 약 $70 + j0\ \Omega$이 된다. 따라서 반파장 다이폴의 경우 일반적인 장치의 임피던스에 매칭이 자연스럽게 잘될 수 있다는 장점이 있다. 또한 일반적인 물질로 제작을 하여도 방사효율이 100%에 가깝다.

개방회로의 평행도선 전송선로의 두 도체를 바깥쪽으로 굽혀서 반파장 다이폴 안테나를 만드는 것은 1.3절과 그림 1-6에서 보여 줬다. 기본적으로 바깥쪽으로 굽어진 도체의 끝 쪽은 전송선로의 내부 장을 공간 상에 노출시켜 방사를 할 수 있게 해준다. 전송선로 상의 정현파 형태의 전류분포는 다이폴에서도 존재한다고 가정한다. 좀 더 복잡한 해석적 방법이나 수치해석적 방법에 의하면(제14장 참조) 특히 파장보다 짧은 두께를 가지고 있는 반파장 도선 안테나의 경우에는 전류분포는 정현파형에 매우 근사하고, 수학적으로 완벽한 정현파 전류에 의해 방사되는 방사패턴과의 차이는 무시할 만하다고 증명해 준다. 그림 3-5*a*와 같이 $z$축의 중심에 서 있는 반파장 다이폴 상에서의 정현파 형태의 전류분포는 다음과 같이 주어진다.

$$I(z) = I_m \sin\left[\beta\left(\frac{\lambda}{4} - |z|\right)\right], \quad |z| \le \frac{\lambda}{4} \tag{3-1}$$

여기서 $\beta = 2\pi/\lambda$이다. 이 전류는 그림 3-5*a*에서처럼 안테나 양단($z = \pm\lambda/4$)에서 0으로 되며 그 최댓값 $I_m$은 중앙($z = 0$)에서 발생한다. 방사된 전장패턴은 식 (2-103)부터 식 (2-106)까지의 $z$ 방

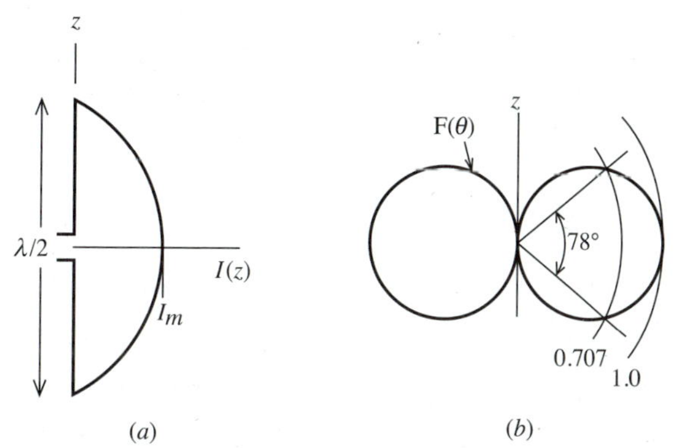


그림 3-5 **반파장 다이폴.** (*a*) 전류분포 $I(z)$. (*b*) 방사패턴 $F(\theta)$.

향의 선전원에 대한 과정에 의해서 다음과 같이 구할 수 있다.

$$E_\theta = j\omega\mu \frac{2I_m}{\beta} \frac{e^{-j\beta r}}{4\pi r} \sin\theta \frac{\cos[(\pi/2)\cos\theta]}{\sin^2\theta} \tag{3-2}$$

이 표현식에서 $g(\theta) = \sin\theta$인 소자성분을 확인할 수 있으며, 정규화된 패턴 인자는 다음과 같다.

$$f(\theta) = \frac{\cos[(\pi/2)\cos\theta]}{\sin^2\theta} \tag{3-3}$$

$g(\theta), f(\theta)$ 모두 $\theta = \pi/2$에서 최댓값 1을 갖는다. 최댓값 1로 정규화된 최종 전장 패턴[식 (2-115) 참조]은 다음과 같이 쓸 수 있다.

$$F(\theta) = g(\theta)f(\theta) = \frac{\cos[(\pi/2)\cos\theta]}{\sin\theta} \qquad \text{반파장 다이폴} \tag{3-4}$$

$E$ 평면 패턴은 그림 3-5*b*에 선형, 극좌표 형식으로 나타냈다. 방사는 다이폴 주위 방향으로 균일한데($H$ 평면에서) 그 이유는 식 (3-4)에서의 패턴 함수가 $\phi$의 함수가 아니기 때문이다. 이는 다이폴의 구조적 대칭성에서 예상될 수 있다. 삼차원 패턴 형상은 도넛 모양이며 단형 다이폴과 비슷하다. 다이폴 패턴에 대한 해석은 6.1절에서 다시 할 것이다.

지금까지 이상적 다이폴, 단형 다이폴, 반파장 다이폴 안테나를 소개했다. 이들 다이폴의 특성과 성능은 3.4절의 표 3-2에 나와 있다. 각각 균일한 전류분포와 삼각형 전류분포를 갖는 이상적 다이폴과 단형 다이폴은 패턴이 동일하다. 2개 다이폴 모두 90°의 반전력 빔폭을 갖고 지향성은 1.5이다(그림 2-4 참조). 반파장 다이폴의 반전력 빔폭은 다소 작은 78°이며, 따라서 지향성은 더 높은 1.64 또는 2.15 dB 값을 갖는다. 이것은 6.1절에서 유도한다.

반파장 다이폴의 길이는 전기적으로 충분히 길어서 도선 상 각 전류소로부터의 방사는 원거리장까지의 거리차이 때문에 안테나 주위 각의 함수로 원거리장에서 많은 위상변화를 갖게 된다. 브로드사이드 방향($\theta = \pi/2$)에서는 모든 경로길이가 같고 따라서 위상의 합이 패턴의 최댓값을 이루게 된다. 다른 방향에서는 전류소 간의 위상차에 의한 부분적인 상쇄가 일어나게 되고 엔드파이어 방향($\theta = 0, \pi$)에서는 180도의 차이가 나게 된다. 엔드파이어 방향에서의 주된 영향은 소자성분 $g(\theta) = \sin\theta$에 의한 것이며, 이는 끝 점에서 바라봤을 때 투영면적이 없어지면서 값이 0이 된다. 다이폴 길이가 한 파장보다 길어지면, 전류소의 원거리장에 기여하는 형태가 역위상이 되며, 부분적 또는 전체적으로 브로드사이드 방향에서 상쇄가 일어나게 되고 다른 방향에서의 보강간섭이 일어나게 되어, E 평면 상에서의 다중 로브를 구성하게 된다(그림 6-3과 6-4 참조). 이는 실제 사용되는 중앙 급전의 도선 안테나가 왜 한 파장보다 짧은지를 설명해 준다.

## 3.3 모노폴과 영상이론

지금까지는 다른 환경적 요인을 배제한 채 자유공간 환경에서의 안테나만을 다루었다. 그러나 안테나를 둘러싼 환경적 요인은 주로 패턴과 임피던스에 영향을 끼친다. 지형보다 높은 고이득의 안테나에서는 환경의 영향이 적다. 그러나 주변에 장애물이 있는 넓은 빔을 갖는 안테나의 방사특성은 주위환경의 영향을 크게 받는다. 안테나 주변의 가장 일반적인 장애물은 **접지면**(ground plane)이다. 이상적인 형태의 접지면은 평면이며 무한하고 완전도체로서 **완전 접지면**(perfect ground plane)이라고 한다. 파장에 비해서 평평한(즉 표면 편차 $\ll \lambda$) 실제 접지면은 평평하다고 가정했을 때에 약간의 편차가 있다. 완전도체라는 가정은 과장된 표현이 아니며 알루미늄 또는 구리와 같은 양도체는 아주 정확하게 완전도체로 모델링된다. 그러나 무한이란 가정은 오차를 유발할 수 있다. 그러나 대개의 경우 완전 접지면은 안테나 크기에 비해 더 큰 고체 금속판 또는 평면 도선망 시스템(planar wire grid system)에서 쉽게 근사화된다. 이 절에서는 완전 접지면에서 동작하는 안테나를 모델링하기 위한 영상이론을 다루며, 모노폴 안테나에 그 이론을 적용한다. 완벽하지 않은 접지면에서 동작하는 안테나도 이 책의 적절한 곳에서 다룰 것이다. 유한 평면에 근접한 도선 안테나의 경우 6.6절에서 다룬다. 실제 지구를 접지면으로 가정하고 해석한 내용은 6.7절에서 다룬다. 그리고 인체 근처에서 동작하는 안테나는 11.9절에서 다룬다. 불완전한 접지면에서의 안테나는 각각 제14장과 제16장에서 다루는 모멘트법이나 회절에 대한 기하학적 이론에 근거한 시뮬레이션 도구를 사용하여 정확하게 해석할 수 있다.

### 3.3.1 영상이론

완전 접지면이 존재하는 곳에서 동작하고 있는 안테나는 서로 다른 각도로 관찰점에 도달하는 2개의 파를 만든다. 그중에서 한 개의 파는 안테나에서 직접 도달하는 직접파이며 다른 하나는 접지면에서 스넬(Snell)의 반사법칙을 만족시키며 반사해 도달하는 반사파이다. 이것은 완전 접지면과 불완전 접지면 위의 안테나를 해석하기 위해 6.6절과 6.7절에서 다루는 접근 방법이다. 이 절에서는 첫 번째 원리로부터 해법을 구하고 영상 안테나가 반사파의 등가 전원으로 동작한다는 것을 살펴볼 것이다.

먼저 그림 3-6*a*와 같이 이상적 다이폴이 완전 접지면 부근에서 접지면에 수직으로 놓여 있는 경우를 고려하자. 접지면은 일반적으로 수평이므로 이러한 상태를 완전 접지면 위에 놓인 이상적 수직 다이폴이라고 한다. 우리는 *PP*′면 위에서 **E**와 **H**장을 구하고자 한다. 경계조건을 포함한 미분방정식(파동방정식)에 대한 해의 유일성은 *PP*′면 아래에서는 다르지만, *PP*′면에서는 동일한 경계조건을 만족시키고 *PP*′면 위에 있는 전원과 동일한 전원을 갖는 등가 시스템을 허용한다. 원래의 시스템처럼 *PP*′면 위에서 원래의 시스템이 만드는 장과 동일한 상을 형성하는 등가 시스템은 *PP*′면 아래로 같은 거리만큼 떨어져서 같은 방향으로 향하는 영상전원을 가진다. 이 경우 영상전원은 그림 3-6*b*와 같은 가상의 이상적 다이폴이 된다.

*PP*′면을 따르는 전장의 접선성분이 0인 경계조건은 이러한 전원 배치로 충족된다는 것을 간단히 증명해 보자. 이를 위해 식 (2-73*b*)에 의해 주어지는 이상적 다이폴에 대한 전장에 관한 식을 살

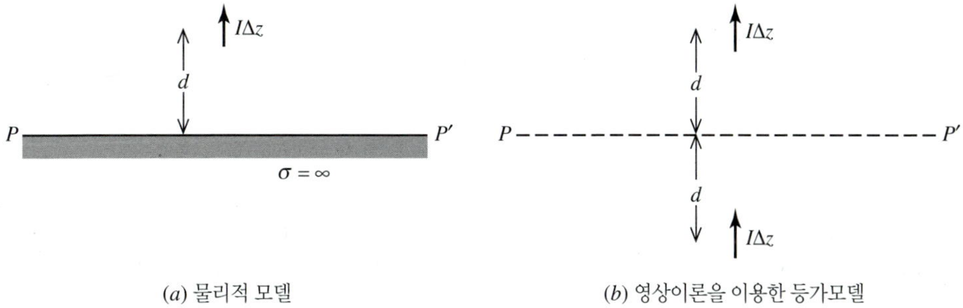


(*a*) 물리적 모델　　(*b*) 영상이론을 이용한 등가모델

**그림 3-6** 완전도체 접지면 위의 이상적 수직 다이폴.

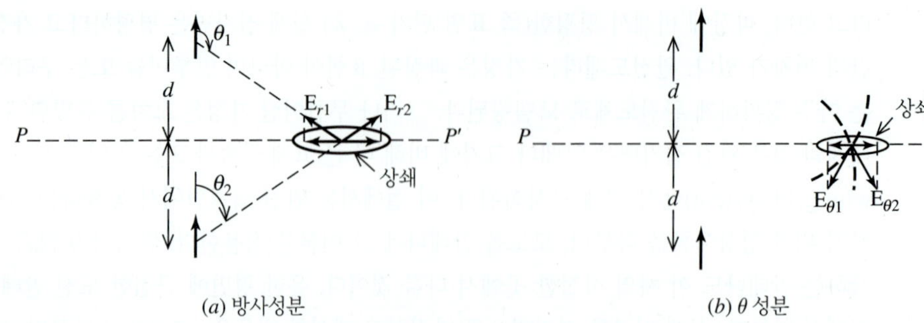


**그림 3-7** **그림 3-6의 이상적 다이폴과 접지면에서의 영상 다이폴.** 함께 동작하는 전원과 그 영상전원은 원래의 완전 접지면이 놓이는 *PP′*면을 따라서 0인 접선 전장세기를 만든다.

펴본다. 접지면은 안테나의 근거리장에 일반적으로 놓여 있으므로 전장에 관한 완전한 식을 사용해야 한다. 방사성분($\hat{r}$ 성분)은 $\cos\theta$에 따라서 변하고, $\hat{\theta}$ 성분은 $\sin\theta$에 따라서 변한다. 여기서 $\theta$는 전류소 방향을 따르는 축에서 이루어지는 각이다. $\theta_1$과 $\theta_2$는 각각 원전원과 그것의 영상에 대한 전류소로부터 *PP′*면 위에 있는 임의의 점까지의 각이다. 이때 전원의 방사성분은 다음과 같다.

$$E_{r1} = C\cos\theta_1 \tag{3-5}$$

$$E_{r2} = C\cos\theta_2 \tag{3-6}$$

전원의 크기가 동일하고 경계면 위의 점들은 각 전류소로부터 동일 거리에 있으므로 상수 C는 각각의 장 성분에 대해 동일하다. 그림 3-7*a*에서 다음과 같음을 알 수 있다.

$$\theta_1 + \theta_2 = 180° \tag{3-7}$$

따라서

$$E_{r1} = C\cos(180° - \theta_2) = -C\cos\theta_2 \tag{3-8}$$

이고, 이를 식 (3-6)과 비교하면 다음 식과 같음을 알 수 있다.

$$E_{r1} = -E_{r2} \qquad \text{경계면을 따라} \tag{3-9}$$

따라서 *PP′*면을 따라 방사성분은 크기가 같고 위상이 반대가 된다. $E_{r2}$는 $\theta_2$가 90°보다 작으므로 영상전원에서 바깥쪽으로 향하고, 따라서 $\cos\theta_2$는 양의 값이다. 반면에 $E_{r1}$은 식 (3-8)이 음의 값이므로 원전원을 향해 안쪽으로 방사방향을 취한다. 그림 3-7*a*는 이들 관계를 나타내고 있으며, *PP′*면에 대한 각 성분의 투영값이 상쇄됨을 보여 준다. $\theta$ 성분에 대해서도 동일한 방식에 따라 다음 식을 얻을 수 있다.

$$E_{\theta1} = D\sin\theta_1 = D\sin\theta_2 \tag{3-10}$$

$$E_{\theta2} = D\sin\theta_2 \tag{3-11}$$

여기서 $D$는 상수이고 경계면을 따라서 다음과 같이 된다.

$$E_{\theta1} = E_{\theta2} \qquad \text{경계면을 따라} \tag{3-12}$$

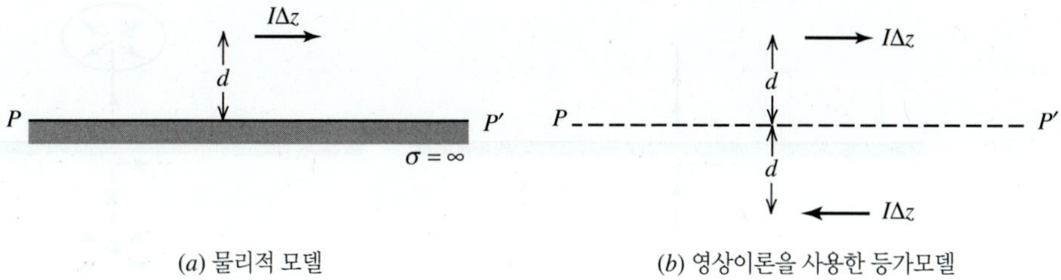


그림 3-8 완전 접지면 위에서 접지면과 평행한 이상적 다이폴.

그림 3-7$b$는 $PP'$면을 따라 이들 $\theta$ 성분의 투영이 0임을 보여 준다.

접지면에 수직인 이상적 다이폴과 그 영상은 함께 동작하므로 $PP'$면 상에서의 총접선 전장세기는 0임을 보였다. 따라서 접지면 위에서의 전원 배치와 경계조건은 변하지 않으므로, 그림 3-6$b$의 시스템은 그림 3-6$a$의 원래 문제와 등가적이다. 두 개의 시스템은 $PP'$면 위에서 장들이 서로 동일하다는 의미에서 등가이다. 위의 유도는 그림 3-6$b$의 두 전원으로 시작해 $PP'$면을 따르는 표면을 완전 접지면으로 대치하면 그림 3-6$a$에 도달함으로써 역으로 유도할 수 있다. 기억해 둘 만한 주요 특징은 완전접지면이 존재하는 곳에서 동작하는 원래 전원이 접지면 위에 만드는 장은 원전원과 그 영상전원이 각각 자유공간에서 동작할 때의 장을 독립적으로 구하고 이들 장을 합해 구할 수 있다는 것이다.

완전 접지면과 평행하게 놓인(즉 수평적인) 이상적 다이폴은 영상면 아래에서 등거리에 있는 영상을 갖지만 이 경우 영상은 그림 3-8에서 보는 것처럼 방향이 반대이다. 그림 3-8$a$의 물리적 모델과 $PP'$면 위에서 동일한 장을 만들어 주는 그림 3-8$b$의 등가모델은 그림 3-7과 유사한 간단한 그림으로 증명할 수 있다.

완전 접지면에 대해 임의의 방향으로 놓인 전류소의 영상은 전류소를 수직성분과 수평성분으로 분해하고, 각 성분에 대한 영상을 형성한 후에 이들 영상성분으로부터 영상을 구성해 구할 수 있다. 그림 3-9에서 한 예를 제시했다. 임의의 전류분포에 대한 영상은 유사한 방법으로 얻어진다. 전류는 수직과 수평 전류소로 분해되고 그 영상은 쉽게 구해진다. 따라서 영상전류분포는 이들 영상전류소의 벡터합이다.

## 3.3.2 모노폴

영상이론의 원리는 이 절에서 몇 가지 형태의 모노폴 안테나로 설명한다. **모노폴**(monopole)은 중앙 급전점에서 반으로 분할되고 접지면에 대해 급전하는 다이폴이다. 완전 접지면에 놓인 세 가지 형태의 모노폴과 그들에 대한 영상을 그림 3-10에 제시했다. 고주파수의 모노폴은 그림 3-11$a$에서

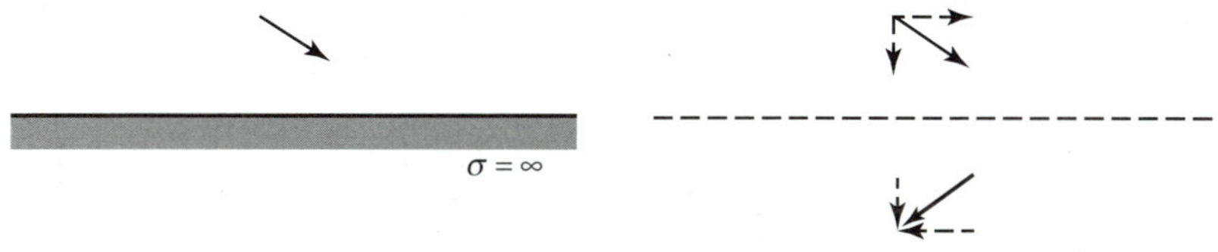


그림 3-9 완전 접지면에 비스듬히 향한 이상적 다이폴.

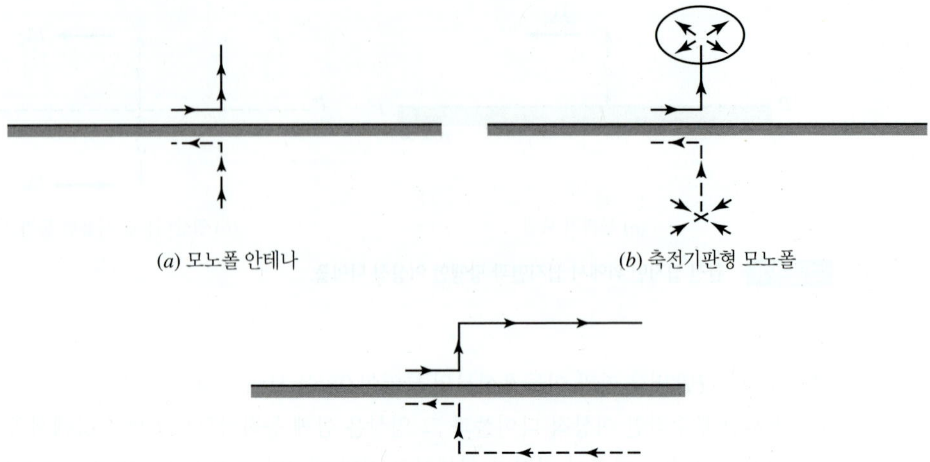

(a) 모노폴 안테나 (b) 축전기판형 모노폴

(c) 전송선로형 모노폴(역 L형 안테나)

그림 3-10 영상(점선)을 갖는 완전 접지면 위의 모노폴 안테나.

처럼 접지면 배후에서 동축케이블로 종종 급전된다.

모노폴 위의 전류와 전하는 다이폴의 대응하는 위쪽 절반과 동일하지만 단자 전압은 다이폴의 절반이다. 그 이유는 입력단자의 간격 폭이 다이폴의 절반이며, 이 절반의 거리에 다이폴과 동일한 전장이 분포하고 있기 때문이다. 따라서 모노폴에 대한 입력 임피던스는 대응하는 다이폴의 절반이며 다음 식과 같이 주어진다.

$$Z_{A,\text{mono}} = \frac{V_{A,\text{mono}}}{I_{A,\text{mono}}} = \frac{\frac{1}{2}V_{A,\text{dipole}}}{I_{A,\text{dipole}}} = \frac{1}{2}Z_{A,\text{diople}} \tag{3-13}$$

이것은 방사저항에 대해서도 쉽게 설명된다. 전장은 오직 반구에만 분포하므로 방사된 전력은 동일한 전류를 갖는 다이폴의 절반이다. 따라서 모노폴의 방사저항은 다음과 같이 주어진다.

$$R_{r,\text{mono}} = \frac{P_{\text{mono}}}{\frac{1}{2}|I_{A,\text{mono}}|^2} = \frac{\frac{1}{2}P_{\text{dipole}}}{\frac{1}{2}|I_{A,\text{dipole}}|^2} = \frac{1}{2}R_{r,\text{dipole}} \tag{3-14}$$

예를 들면 단형 모노폴의 방사저항은 식 (2-172)에서

$$R_{r,\text{mono}} = 40\pi^2\left(\frac{h}{\lambda}\right)^2 \quad \text{for} \quad h \ll \lambda \tag{3-15}$$

이다. 여기서 $h$는 모노폴의 길이이며 $\Delta z = 2h$이다.

그림 3-11처럼 완전 접지면 위의 모노폴의 방사패턴은 영상평면 위의 전장이 동일하므로 자유공간에 동일하게 놓인 다이폴의 방사패턴과 동일하다. 따라서 전력은 동일한 방식으로 분포하지만 공간의 절반에만 분포하므로 완전 접지면에 대해 급전된 모노폴은 자유공간에서 동일한 다이폴의 총전력의 절반만큼 방사한다. 그 결과, 완전 접지면 위에서 모노폴의 빔입체각은 자유공간에서 동일한 다이폴의 절반이고 지향성은 두 배이다.

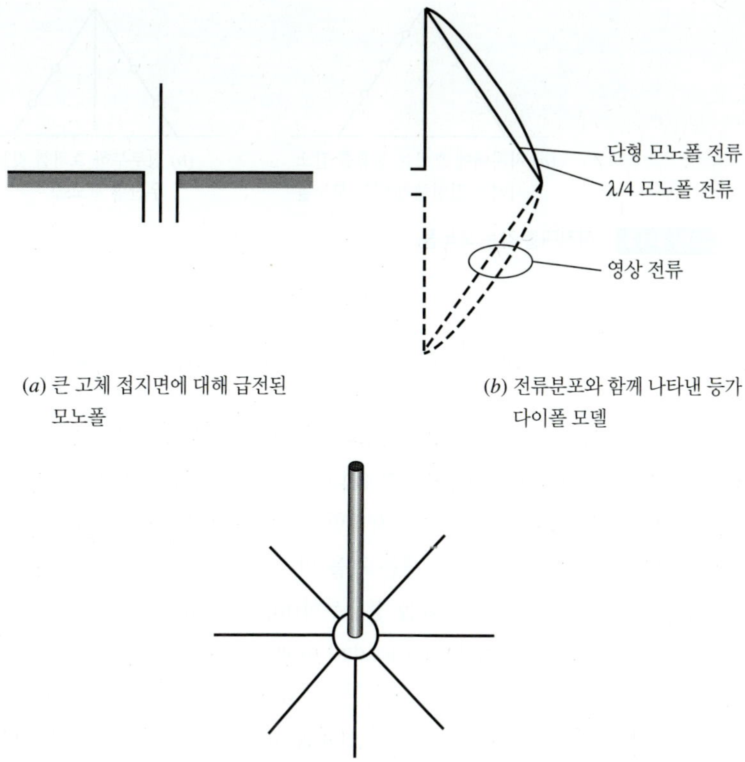


(a) 큰 고체 접지면에 대해 급전된 모노폴

(b) 전류분포와 함께 나타낸 등가 다이폴 모델

(c) 접지면을 가장하기 위한 방사형 도선을 갖는 실제 모노폴 안테나

**그림 3-11** **동축케이블로 접지면에 급전한 모노폴 안테나.**

$$D_{\text{mono}} = \frac{4\pi}{\Omega_{A,\text{mono}}} = \frac{4\pi}{\frac{1}{2}\Omega_{A,\text{dipole}}} = 2D_{\text{dipole}} \tag{3-16}$$

이것은 다른 방법으로도 보일 수 있다. 만약 자유공간의 다이폴이 $U_m$의 최대방사세기를 갖는다면, 전류가 동일한 완전 접지면 위의 절반 길이의 모노폴은 전장이 동일하므로 같은 값의 $U_m$을 가질 것이다. 다이폴의 총방사전력은 $P$이므로 모노폴로부터의 방사전력은 $\frac{1}{2}P$이다. 두 안테나에 대한 지향성은 식 (2-140)으로부터

$$D_{\text{mono}} = \frac{U_m}{\frac{1}{2}P/4\pi} = 2D_{\text{dipole}} \tag{3-17}$$

가 된다. 지향성 증가는 방사세기(즉 전장세기) 증가에서 비롯하는 것이 아니라 평균방사세기가 감소함으로써 이루어진다. 이것은 다이폴에 의해서 방사되는 전력의 반이 모노폴에 의해서 방사되기 때문이다. 따라서 단형 모노폴의 지향성은 $2(1.5) = 3$이다.

표 3-2와 식 (3-17)로부터 $\lambda/4$ 모노폴의 지향성은 자유공간에서 반파장 다이폴의 두 배가 된다.

$$D = 2(1.64) = 3.28 = 5.16\,\text{dB} \quad \lambda/4\text{-모노폴} \tag{3-18}$$

표 3-2와 식 (3-13)에서 무한히 얇은 $\lambda/4$ 모노폴의 입력 임피던스는 다음과 같다.

(*a*) 지지대에 흐르는 전류를 감소 시키는 절연체가 있는 모노폴

(*b*) 정부부하 효과를 갖는 우산형 모노폴

**그림 3-12** **지지대를 갖는 모노폴.**

$$Z_A = \frac{1}{2}(72 + j42.5) = 36 + j21.3\,\Omega \quad \lambda/4\text{-모노폴} \tag{3-19}$$

VHF 아래의 주파수 대역에서는 1/4 파장 모노폴이 물리적으로 커지게 된다. 예를 들어 표준 AM 라디오 방송 대역에서, 1 MHz의 1/4파장 수직 모노폴 안테나는 길이가 75 m (246 ft)이다. 이러한 큰 안테나의 경우 주로 스스로 지지할 수 없다. 그림 3-12*a*처럼 당김줄이 역학적인 지지를 위하여 추가되고, 전류가 당김줄로 새는 것을 막기 위하여 절연체가 당김줄 사이에 추가된다. 타워의 높이는 그림 3-12*b*와 같이 당김줄을 정부부하(top-loaded) 형태로 사용하면 1/4파장 아래로 줄어들 수 있다. 이 우산형 모노폴(umbrella loaded monopole)의 전류분포는 타워의 꼭대기에서부터 당김줄로 이어진다. 이는 타워 부분에 균일한 전류분포를 이루게 하여 방사저항을 증가시킨다. 그러나 당김줄의 전류들이 부분적으로 타워의 전류를 상쇄시킨다. 바람 등의 영향으로부터 보호하기 위한 적절한 지지구조를 제공하기 위해 당김줄을 타워 꼭대기에서 서로 120° 정도로 벌어지게 하고 높은 타워에 대해서는 하나 또는 두 레벨 정도의 지지구조를 설치한다. 타워 안테나에 대한 더욱 자세한 설명은 [H.6: *Ant. Eng.Hdbk.*, 4th ed., Chap. 27]을 참조하라. 2.6절에서 언급하였듯이, 방사저항은 전류 대 거리의 곡선 아래의 면적에 비례한다. 이러한 사실을 이용하여, 항상 하듯이 전류분포가 정현파 형태라고 가정하면, 정부 부하 모노폴의 수정된 방사저항은 다음과 같다[1].

$$R_r = 40\pi^2\left(\frac{h}{\lambda}\right)^2(1 + \cos\beta h)^2 \qquad \text{정부부하 모노폴} \tag{3-20}$$

$\lambda/4$ 모노폴에 대하여 $\beta h = \pi/2$, $\cos\beta h = 0$이므로, 이 식은 예상하였듯이 식 (3-15)가 된다. 이 식은 $0.15\lambda$보다 짧은 단형 모노폴을 나타내고, 꼭대기에 전류가 없다는 것(즉 선형 전류분포)을 의미한다. 우산형 모노폴 안테나의 측정 데이터는 [2]에 나타나 있다.

## 3.4 소형 루프 안테나와 쌍대성

최대 크기가 파장의 10분의 1보다 작은 폐루프 전류를 **소형 루프 안테나**(small loop antenna)라고 한다. 다시 말하지만, 작다는 것은 전기적으로 작다는 것이며, 파장과 비교해서 작다는 의미로 해석된다. 이 절에서는 소형 루프 안테나의 방사특성을 해석하는 데 두 가지 방법을 사용한다. 우선적으로 소형 루프는 이상적 다이폴과 쌍대적 관계에 있음을 보여 주고, 맥스웰 방정식에 포함된 쌍대성을 살펴봄으로써 이상적 다이폴에 대해 이전에 유도한 결과를 이용해 소형 루프의 장들을 구한다. 다음으로 직접 소형 루프의 장을 유도하고 그 결과 값들이 쌍대성을 이용해 얻은 결과와 동일하다는 사실을 보인다.

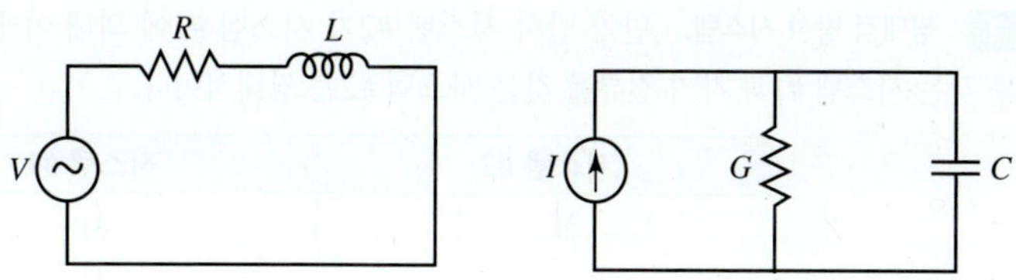


(*a*) 원래 회로망 (*b*) 쌍대적 회로망

**그림 3-13** **쌍대적 회로망.** $I(=)V$, $G(=)R$, $C(=)L$.

## 3.4.1 쌍대성

안테나 문제는 그 구조가 해가 알려진 안테나와 쌍대적인 관계에서 자주 발생한다. 만약 안테나의 구조들이 서로 쌍대적이라면, 쌍대성 원리를 사용해 파라미터를 상호 교환함으로써 한 안테나의 장을 다른 안테나의 장 표현에서 구할 수 있다. 소형 루프를 학습하기에 앞서 안테나에 적용되는 일반적인 쌍대성 원리를 논의한다.

쌍대적 안테나 구조는 쌍대적 회로망과 유사하다. 예를 들면 그림 3-13$a$처럼 저항 $R$과 인덕터 $L$의 직렬회로에 인가되는 전압원을 갖는 간단한 회로망을 고려해 보자. 그림 3-13$b$의 쌍대적 회로망은 컨덕턴스 $G(=)R$과 커패시턴스 $C(=)L$의 병렬회로에 인가되는 전류원 $I(=)V$이다. 부호 '(=)'는 컴퓨터 프로그램 명령어에서 등가기호와 같이 좌측의 양을 우측의 양으로 대치한다는 것을 의미한다. 회로망이 쌍대적이므로 그 해도 쌍대적이다. 이 예에서, 원래 직렬회로망은 망방정식(mesh equation)으로 기술할 수 있다.

$$V = RI + j\omega LI \tag{3-21}$$

이 망방정식의 쌍대는 $V$를 $I$, $R$을 $G$, $L$을 $C$로 대체함으로써 얻어지는 노드방정식(node equation)이다. 이때 쌍대적 병렬회로망을 위한 노드방정식은 다음과 같다.

$$I = GV + j\omega CV \tag{3-22}$$

안테나 문제로 돌아와서, 전류밀도 $\mathbf{J_1}$을 갖는 전류원과 $(\varepsilon_1, \mu_1, \sigma_1)$을 갖는 물질에서의 경계조건을 생각해 보자. 이 경우에 대한 맥스웰 방정식은 식 (2-16)과 식 (2-15)에서 다음과 같이 쓸 수 있다.

$$\nabla \times \mathbf{E}_1 = -j\omega\mu_1 \mathbf{H}_1 \tag{3-23}$$

$$\nabla \times \mathbf{H}_1 = -j\omega\varepsilon_1' \mathbf{E}_1 + \mathbf{J}_1 \tag{3-24}$$

여기서 $\mathbf{E_1}$과 $\mathbf{H_1}$은 $(\varepsilon_1, \mu_1, \sigma_1)$의 물질과 함께 $\mathbf{J_1}$에 의해 생성되는 장들이다. 이제 자기전류밀도 $\mathrm{M}_2$를 갖는 가상적인 자기전류원과 $(\varepsilon_2, \mu_2, \sigma_2)$의 물질을 생각하자. 이 경우에 대한 맥스웰 방정식은 식 (2-15)와 식 (2-21)로부터 다음과 같이 쓸 수 있다.

$$\nabla \times \mathbf{H}_2 = j\omega\varepsilon_2' \mathbf{E}_2 \tag{3-25}$$

$$\nabla \times \mathbf{E}_2 = -j\omega\mu_2 \mathbf{H}_2 - \mathbf{M}_2 \tag{3-26}$$

여기서 $\mathbf{E_2}$와 $\mathbf{H_2}$는 $\mathbf{M_2}$에 의해 발생하는 장들이다.

**표 3-1** **쌍대적 방사 시스템.** 만약 방사 시스템 #2가 시스템 #1에 의해 아래와 같이 대체될 수 있다면 전기 전류를 갖는 시스템 #1과 자기 전류를 갖는 시스템 #2는 쌍대적이다.

| 시스템 #2 | 시스템 #1 |
|---|---|
| $\mathbf{M}_2$ | $\mathbf{J}_1$ |
| $\varepsilon_2'$ | $\mu_1$ |
| $\mu_2$ | $\varepsilon_1'$ |
| $\mathbf{E}_2$ | $-\mathbf{H}_1$ |
| $\mathbf{H}_2$ | $\mathbf{E}_1$ |

만일 표 3-1의 과정이 수행될 수 있으면 전기 시스템과 자기 시스템은 쌍대적이다. 이것을 증명하는 것은 쉽다. 식 (3-25)와 식 (3-26)이 식 (3-23)과 식 (3-24)에 쌍대 관계인지 알아보고자, 표 3-1의 좌변 행의 양들을 대응하는 우변 행의 양들로 식 (3-23)과 식 (3-24)는 대입한다. 그 결과는 다음과 같다.

$$\nabla \times \mathbf{E}_1 = j\omega\mu_1(-\mathbf{H}_1) \tag{3-27}$$

$$\nabla \times (-\mathbf{H}_1) = -j\omega\varepsilon_1' \mathbf{E}_1 - \mathbf{J}_1 \tag{3-28}$$

따라서 식 (3-21)과 식 (3-22)가 쌍대방정식인 것처럼, 전기 시스템 방정식인 식 (3-25)와 식 (3-26)은 자기시스템 방정식인 식 (3-25) 및 식 (3-26)과 각각 쌍대적이다. 시스템 방정식들이 쌍대적이므로 그 해 역시 쌍대적이다. 이를 증명하기 전에 쌍대성의 원리를 요약해 보자.

**만약** 두 시스템의 전원이 쌍대적이면, 즉

$$\mathbf{M}_2 \,(=)\, \mathbf{J}_1 \tag{3-29}$$

그리고 **만약** 경계조건도 쌍대적이면,[1] 즉

$$\mu_2 \,(=)\, \varepsilon_1', \quad \varepsilon_2' \,(=)\, \mu_1 \tag{3-30}$$

**그러면** 시스템 #2의 장은 시스템 #1의 장 표현식에 식 (3-30)을 대입해 시스템 #1의 해로부터 아래와 같이 대치해서 구할 수 있다.

$$\mathbf{E}_2 \,(=) - \mathbf{H}_1, \quad \mathbf{H}_2 \,(=)\, \mathbf{E}_1 \tag{3-31}$$

이제 이상적 전기 다이폴의 알고 있는 장 관계식에서 쌍대성을 이용해 소형 전류 루프의 장을 구한다. 전류 루프는 균일한 자기전류 $I_m$과 길이 $\Delta z$를 갖는 가상의(이상적) 자기 다이폴로 표현할 수 있다. 만약 식 (3-32)와 같이 놓는다면 식 (3-29)에서처럼 두 전원은 쌍대적이다.

$$I^m \,(=)\, I^e \tag{3-32}$$

여기에서 $I^e$는 길이 $\Delta z$를 가지는 이상적 전기 다이폴의 전류이다. 이 경우 어떠한 물질도 존재하지 않으므로 경계조건은 없다. 이상적 전기 다이폴은 다음과 같은 장 해를 갖는다.

[1] $\varepsilon_1' = \varepsilon_1 - j(\sigma_1/\omega)$임을 주의하라. 만약 자기전도도 $\sigma_2^m$의 자기 도체가 시스템 #2에 존재한다고 가정하면 $\mu_2$는 $\mu_2' = \mu_2 - j(\sigma_2^m/\omega)$이 되어서 $\varepsilon_1'$이 $\mu_2'$으로 대체되거나 등가적으로 $\sigma_1$이 $\sigma_2^m$으로 대체 될 것이다.

$$\mathbf{E}_1 = E_{\theta 1}\hat{\boldsymbol{\theta}} + E_{r1}\hat{\mathbf{r}} \tag{3-33}$$

$$\mathbf{H}_1 = H_{\phi 1}\hat{\boldsymbol{\phi}} \tag{3-34}$$

그리고 쌍대적 자기 다이폴의 장은 식 (3-31)로부터 다음과 같이 구해진다.

$$\mathbf{E}_2\,(=)\,-\,\mathbf{H}_1 = -H_{\phi 1}\hat{\boldsymbol{\phi}} \tag{3-35}$$

$$\mathbf{H}_2\,(=)\,\mathbf{E}_1 = E_{\theta 1}\hat{\boldsymbol{\theta}} + E_{r1}\hat{\mathbf{r}} \tag{3-36}$$

이때 다음과 같은 대체식을 사용하면 다음과 같은 식을 얻을 수 있으며, 이는 식 (3-30)과 두 시스템을 둘러싸고 있는 매질이 $\mu$와 $\varepsilon$을 가지는 균일매질이라는 사실로부터 얻어진다.

$$\mu_2 = \mu\,(=)\,\varepsilon_1' = \varepsilon \qquad \text{그리고} \qquad \varepsilon_2' = \varepsilon\,(=)\,\mu_1 = \mu \tag{3-37}$$

$\omega\sqrt{\mu\varepsilon}$에서 $\mu$를 $\varepsilon$으로 대체하고 $\varepsilon$을 $\mu$로 대체하면 $\omega\sqrt{\varepsilon\mu}$가 되므로 $\beta$는 변하지 않음을 주의하라. 식 (2-73)의 이상적 전기 다이폴 장 표현식에서 식 (3-32), 식 (3-37)과 더불어 식 (3-35)와 식 (3-36)을 사용해 다음과 같은 식을 얻는다.

$$\mathbf{E}_2 = \frac{I^m \Delta z}{4\pi} j\beta\left(1 + \frac{1}{j\beta r}\right)\frac{e^{-j\beta r}}{r}\sin\theta\,\hat{\boldsymbol{\phi}} \tag{3-38}$$

$$\mathbf{H}_2 = \frac{I^m \Delta z}{4\pi} j\omega\varepsilon\left[1 + \frac{1}{j\beta r} + \frac{1}{(j\beta r)^2}\right]\frac{e^{-j\beta r}}{r}\sin\theta\,\hat{\boldsymbol{\theta}} + \frac{I^m \Delta z}{2\pi} j\omega\varepsilon\left[\frac{1}{j\beta r} + \frac{1}{(j\beta r)^2}\right]\frac{e^{-j\beta r}}{r}\cos\theta\,\hat{\mathbf{r}} \tag{3-39}$$

이 식들은 전기전류를 가지는 소형 루프에 대한 완전한 장 표현식이다(이는 근거리장에서도 유효하다). 원거리장 성분은 $r^{-1}$에 따라 변화하는 항만을 남김으로써 다음과 같이 얻어진다.

$$\mathbf{E}_2 = -I^m\,\Delta z\,j\beta\frac{e^{-j\beta r}}{4\pi r}\sin\theta\,\hat{\boldsymbol{\phi}} \tag{3-40}$$

$$\mathbf{H}_2 = I^m\,\Delta z\,j\omega\varepsilon\frac{e^{-j\beta r}}{4\pi r}\sin\theta\,\hat{\boldsymbol{\theta}} \tag{3-41}$$

이들 방사장은 이상적 전기 다이폴의 방사장과 함께 그림 3-14에서 보여 준다. 두 안테나 모두 동일

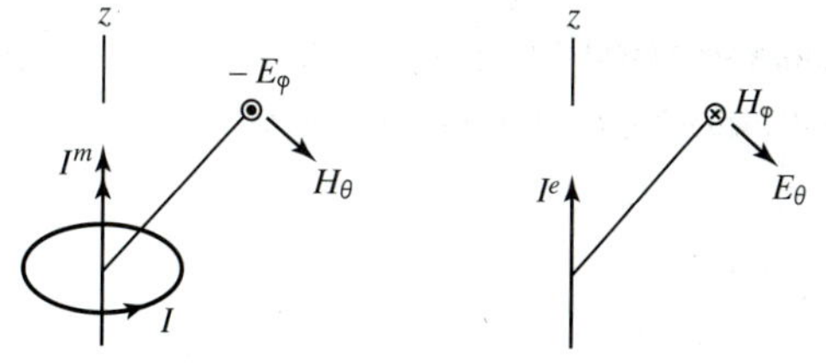


(a) 소형 전류 루프와 등가 자기 다이폴 (b) 이상적 전기 다이폴

**그림 3-14** 이상적 자기 다이폴과 전기 다이폴의 방사장 성분.

한 방사패턴, 즉 $\sin\theta$를 가진다. 이상적 전기 다이폴의 자장성분 $H_\phi$는 오른손법칙을 사용해 쉽게 기억할 수 있다. 먼저 오른손 엄지손가락을 다이폴의 전류가 흐르는 곳에 가져다 대고 전류가 흐르는 방향으로 가리킨다. 그러면 나머지 손가락들은 자장의 방향으로 회전을 갖게 된다. 이와 같은 사실은 식 (3-24)의 암페어의 법칙에서 내포하고 있다. 유사한 관계가 자기 다이폴에도 적용된다. 이 경우 왼손법칙이 사용되며 얻어진 장은 전장성분 $-E_\phi$이다. 이 사실은 식 (3-26)의 결과에서 온다.

### 3.4.2 소형 루프 안테나

쌍대성을 이용해 균일전류분포를 가지는 소형 루프에 대한 장 표현식을 얻었다. 그러나 이들 표현식은 등가 자기 다이폴의 전류진폭 $I^m$을 포함하고 있다. 소형 루프 문제를 직접 해결함으로써 루프의 전류 $I$와 $I^m$사이의 관계식을 얻을 수 있다. 이는 원거리장에서만 적용할 수 있다.

소형 루프의 방사장은 루프의 형태와는 무관하고 단지 루프의 면적에만 관계하는 것으로 알려져 있다. 따라서 계산을 간단히 하고자 그림 3-15$a$에서 보는 바와 같이 정사각형의 루프에 대해 알아본다. 이 정사각형 루프를 따라 전류는 진폭이 $I$로 일정하고 위상이 0이다. 정사각형 루프의 각 변은 짧고 균일한 전류 절편을 가지는 이상적 다이폴로 간주할 수 있다. $x$축에 평행한 2개의 변은 $x$축 방향의 총벡터전위를 가지며 식 (2-65)로부터 다음 식으로 주어진다.

$$A_x = \frac{\mu I \ell}{4\pi}\left(\frac{e^{-j\beta R_1}}{R_1} - \frac{e^{-j\beta R_3}}{R_3}\right) \tag{3-42}$$

여기서 두 번째 항의 음 부호는 변 3에서의 전류가 음의 $x$축 방향이므로 발생한다. 변 2와 변 4에 대해서도 동일한 과정을 통해 다음과 같은 결과를 얻는다.

$$A_y = \frac{\mu I \ell}{4\pi}\left(\frac{e^{-j\beta R_2}}{R_2} - \frac{e^{-j\beta R_4}}{R_4}\right) \tag{3-43}$$

원거리장의 근사화는 진폭변동을 위해 사용되는 거리는 거의 동일하고(즉 $R_1 \approx R_2 \approx R_3 \approx R_4 \approx r$) 위상차는 각 변에서 발생하는 장이 평행하다는 가정을 통해 얻어진다. 평행 경로차를 비교함으로써 기하학적 고찰로부터 다음과 같은 결과를 얻는다.

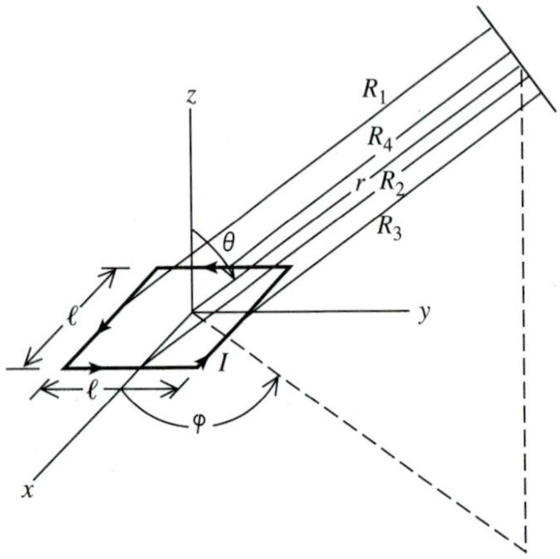


($a$) 정사각형 루프의 기하학적 구조

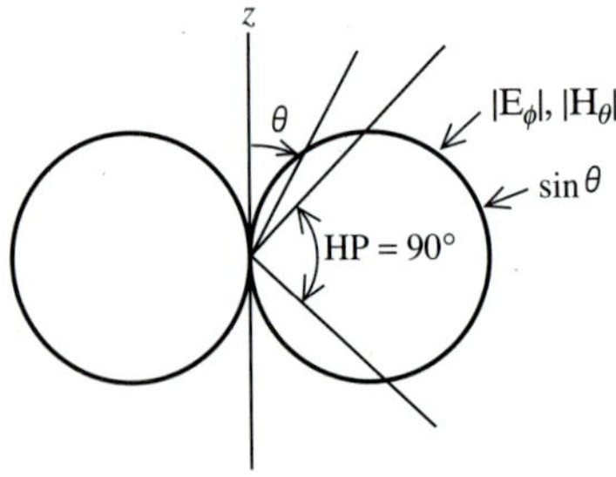


($b$) 소형 루프의 방사패턴

그림 3-15 소형 루프 안테나.

$$R_1 = r + \frac{\ell}{2}\sin\theta\sin\phi, \quad R_2 = r - \frac{\ell}{2}\sin\theta\cos\phi$$
$$R_3 = r - \frac{\ell}{2}\sin\theta\sin\phi, \quad R_4 = r + \frac{\ell}{2}\sin\theta\cos\phi \tag{3-44}$$

식 (3-42)와 식 (3-43)의 지수항에 식 (3-44)를 대입하고, 분모에 $r$을 대입하면

$$A_x = \frac{\mu I\ell e^{-j\beta r}}{4\pi r}\left(e^{-j\beta(\ell/2)\sin\theta\sin\phi} - e^{+j\beta(\ell/2)\sin\theta\sin\phi}\right)$$
$$A_y = \frac{\mu I\ell e^{-j\beta r}}{4\pi r}\left(e^{+j\beta(\ell/2)\sin\theta\cos\phi} - e^{-j\beta(\ell/2)\sin\theta\cos\phi}\right)$$

또는 다음 식을 얻는다.

$$A_x = -2j\frac{\mu I\ell e^{-j\beta r}}{4\pi r}\sin\left(\frac{\beta\ell}{2}\sin\theta\sin\phi\right)$$
$$A_y = 2j\frac{\mu I\ell e^{-j\beta r}}{4\pi r}\sin\left(\frac{\beta\ell}{2}\sin\theta\cos\phi\right) \tag{3-45}$$

이 루프는 파장에 비해 작으므로 $\beta\ell = 2\pi\ell/\lambda$ 역시 작다. 따라서 식 (3-45)의 사인 함수는 다음과 같이 대체할 수 있다.

$$A_x \approx -j\frac{\mu I e^{-j\beta r}}{4\pi r}\beta\ell^2 \sin\theta\ \sin\phi$$
$$A_y \approx j\frac{\mu I e^{-j\beta r}}{4\pi r}\beta\ell^2 \sin\theta\ \cos\phi \tag{3-46}$$

총벡터 전위를 얻기 위해 성분들을 조합하면 다음과 같다.

$$\mathbf{A} = A_x\hat{\mathbf{x}} + A_y\hat{\mathbf{y}} = j\beta\ell^2\frac{\mu I e^{-j\beta r}}{4\pi r}\sin\theta\left(-\sin\phi\hat{\mathbf{x}} + \cos\phi\hat{\mathbf{y}}\right) \tag{3-47}$$

괄호 안의 항은 식 (C-6)에서의 단위벡터 $\hat{\boldsymbol{\phi}}$이다. 그러므로

$$\mathbf{A} = j\beta S\frac{\mu I e^{-j\beta r}}{4\pi r}\sin\theta\,\hat{\boldsymbol{\phi}} \tag{3-48}$$

가 된다. 여기서 $S$는 루프의 면적이다. 모든 $\mathbf{A}$는 전파방향에 대해 수직이므로 식 (2-104)에서 얻은 방사전장은 $-j\omega A$가 되며 다음과 같이 주어진다.

$$\mathbf{E} = \eta\beta^2 S\frac{I e^{-j\beta r}}{4\pi r}\sin\theta\,\hat{\boldsymbol{\phi}} \tag{3-49}$$

여기서 $\omega\mu\beta = \omega^2\mu\sqrt{\mu\varepsilon} = \sqrt{\mu/\varepsilon}\,\omega^2\mu\varepsilon = \eta\beta^2$이다. 방사자장은 다음과 같다.

$$\mathbf{H} = \frac{1}{\eta}\hat{\mathbf{r}}\times\mathbf{E} = -\beta^2 S\frac{I e^{-j\beta r}}{4\pi r}\sin\theta\,\hat{\boldsymbol{\theta}} \tag{3-50}$$

식 (3-49) 또는 식 (3-50)을 자기다이폴의 방사장에 대한 식 (3-40) 또는 식 (3-41)과 비교함으로써 다음과 같은 결과를 얻는다.

$$I^m \Delta z = j\omega\mu IS \tag{3-51}$$

이 식은 소형 전류 루프와 등가 자기 다이폴 사이의 관계를 만들어 준다. **자기 모멘트(magnetic moment)** $IS$를 가지는 소형 루프에 대한 완전한 장 표현식은 식 (3-51)을 이용해 식 (3-38)과 식 (3-39)로부터 얻어진다. 이들 장은 루프의 형태와는 무관하며 단지 자기 모멘트(전류와 면적)에만 관계된다. 따라서 소형 루프의 방사패턴은 그 형태와는 무관하고 이상적 전기 다이폴의 방사패턴과 같다(그림 3-15*b* 참조). 대형 루프의 방사장은 6.8절에서 유도한다.

소형 루프 외에 자기 다이폴의 또 다른 구현 방법은 바로 접지면에 좁은 슬롯을 파는 것이다. 그러면 슬롯의 긴 축방향의 등가 자기전류에 의한 장이 만들어진다. 슬롯 안테나는 8.10절과 16.7절에서 더 다루게 된다.

루프 안테나는 1886년 헤르츠(Hertz)가 실험에서 수신기로 처음 사용한 이후 지금까지 사용되어 왔다(그림 1-1 참조). 이 안테나는 도넛 모양의 전방향성 방사패턴을 가지며 많은 응용 분야에 사용된다. ($xy$ 평면에서) 수평 소형 루프 안테나와 ($z$ 방향의) 수직 단형 다이폴은 모두 수평면($xy$ 평면)에서 균일방사특성을 갖는다. 그러나 다이폴은 수직편파($E_\theta$)인 반면, 루프 안테나는 수평편파($E_\phi$)이다. 이제 소형 루프 안테나의 임피던스 특성에 대해 알아보고 다중권선 루프(multiturn loop)와 페라이트코어 루프(ferrite core loop)에 대해 설명한다.

소형 루프 안테나의 임피던스는 이상적 다이폴의 임피던스와 매우 다르다. 이상적 다이폴의 임피던스는 용량성이지만 소형 루프 안테나의 임피던스는 유도성이다. 그러면 먼저 입력저항에 대해 알아보자. 식 (2-128)의 소형 루프의 방사장들을 이용해 다음과 같이 방사전력을 계산함으로써 방사저항을 구할 수 있다.

$$P = 10I^2(\beta^2 S)^2 \tag{3-52}$$

이때 방사저항은 다음과 같다.

$$R_r = \frac{2P}{I^2} = 20(\beta^2 S)^2 \approx 31{,}200\left(\frac{S}{\lambda^2}\right)^2 \Omega \quad \textit{소형 루프 안테나} \tag{3-53}$$

이 결과는 루프의 둘레길이가 파장의 3/10보다 작은 실제적인 소형 루프 안테나의 방사저항에 대해 합리적인 근삿값을 준다.

루프 안테나의 방사저항은 다중권선을 사용함으로써 상당히 증가될 수 있다. 권선수가 $N$인 루프의 자기 모멘트는 $NIS$가 된다. 여기서 $S$는 단일권선의 면적이다. 이때 방사저항은 다음과 같다.

$$R_r = 20(\beta^2 NS)^2 \approx 31{,}200\left(\frac{NS}{\lambda^2}\right)^2 \Omega \quad \textit{소형 다중권선 루프 안테나} \tag{3-54}$$

방사저항은 권선수의 제곱 $N^2$에 비례한다. 다중권선 루프 안테나의 총길이는 파장에 비해 짧기 때문에($0.1\lambda$ 이하), 전류분포는 거의 상수가 되므로, 이전의 소형 루프 안테나 해석방법을 적용하면 패턴은 단일 루프 안테나인 그림 3-15와 같게 된다.

루프 안테나의 방사저항을 증가시키는 또 다른 방법은 페라이트 코어의 주변을 감아서 **페라이트 막대안테나**(ferrite rod antenna)[루프 막대 안테나(loop-stick antenna) 또는 페라이트 코어 다중권선 루프(ferrite-core multiturn loop)라고도 불린다]를 구성하는 것이다. 이는 주로 손실이 많이 커지는 VHF 주파수 대역까지 사용된다. 방사저항은 식 (3-54)로 구할 수 있지만 유한한 길이 때문에 위상 속도는 페라이트 코어에서보다 떨어지게 된다. 따라서 페라이트의 상대 투자율이 유효(상대) 투자율 [effective (relative) permeability] $\mu_{\text{eff}}$로 바뀌게 되고, $\beta = \omega\sqrt{\mu\varepsilon} = \frac{2\pi}{\lambda}\sqrt{\mu_o\varepsilon_o}\sqrt{\mu_{\text{eff}}}$가 된다.

식 (3-54)를 이 효과를 고려하여 바꾸면, 루프 막대 안테나의 방사저항은 다음과 같이 된다.

$$R_r \approx 31{,}200\left(N\mu_{\text{eff}}\frac{S}{\lambda^2}\right)^2 \Omega \quad \textit{페라이트 막대 안테나} \tag{3-55}$$

유효 투자율은 코어의 투자율 외에도 코어의 상대적인 코어 길이(relative core length, 길이와 지름의 비) $R$ 함수인 기하학적 구조의 영향을 다음과 같이 받는다[3, 4].

$$\mu_{\text{eff}} = \frac{\mu_r}{1 + D(\mu_r - 1)} \tag{3-56a}$$

단[4]

$$D = \text{소자(demagnetization) 인자} = 0.37\, R^{-1.44} \tag{3-56b}$$

이다. 이 식은 $\mu_{\text{eff}}$가 항상 $\mu_r$보다 작다는 것을 의미한다. 하지만 더 길고 더 얇은 코어에서는 $R$ 값이 커지게 되어 $\mu_{\text{eff}}$ 값이 $\mu_r$ 값에 근접하게 된다. 이 표현식은 코어가 그 위에 감겨 있는 권선의 길이보다 더 길다고 가정한다. 다른 경우는 $\mu_{\text{eff}}$ 값이 감소해서 식 (3-56) 값의 0.7배가 되면 코어가 권선의 길이와 같게 된다. 1 MHz 근처의 AM 방송에서의 수신기에 $\mu_{\text{eff}}$가 50, $R$이 10 근처인 일반적인 값들의 페라이트 막대 안테나가 많이 이용된다. 페라이트는 손실이 많기 때문에 송신부에는 사용되지 않는다.

소형 루프 안테나 역시 손실저항을 가진다. 도선의 길이가 $\ell_1 \times \ell_2$인 직사각형 루프에 대해, 도선의 손실저항은 근사적으로 다음과 같이 주어진다.

$$R_w = \frac{2\ell_1\ell_2}{\pi(2a)^2}R_s\left\{\frac{1}{[(\ell_1/2a)^2 - 1]^{1/2}} + \frac{1}{[(\ell_2/2a)^2 - 1]^{1/2}}\right\} \tag{3-57}$$

여기서 $a$는 도선의 반지름이고 $R_s$는 식 (2-171)의 표면저항이다. 만약 $\ell_1$과 $\ell_2$가 $a$보다 매우 크다면(즉 도선이 얇은 경우) 식 (3-57)은 다음과 같이 간략해진다.

$$R_w = \frac{2(\ell_1 + \ell_2)}{2\pi a}R_s \tag{3-58}$$

이 식은 임의의 모양을 가지는 루프에 대해 다음과 같이 일반화할 수 있다.

$$R_w = \frac{L_m}{2\pi a}R_s \tag{3-59}$$

여기서 $L_m$은 도선 루프의 평균 길이, 즉 둘레를 나타낸다.

원형 루프인 경우 위 식은 다음과 같이 나타낼 수 있다.

$$R_w = \frac{2\pi b}{2\pi a} R_s = \frac{b}{a} R_s \quad \textit{원형 루프} \tag{3-60}$$

여기서 $b$는 루프의 평균 반지름이고 $a$는 도선의 반지름이다[식 (2-170) 참조].

앞에서 이미 언급했듯이 소형 루프 안테나는 원래 유도성이다. $\ell_1 \times \ell_2$인 소형 직사각형 루프의 인덕턴스는 다음과 같이 주어진다.

$$L = \frac{\mu}{\pi}\left(\ell_2 \cosh^{-1}\frac{\ell_1}{2a} + \ell_1 \cosh^{-1}\frac{\ell_2}{2a}\right) \quad \textit{직사각형 루프} \tag{3-61}$$

반지름 $b$를 가지는 소형 원형 루프에 대해, $a \ll b$인 경우 인덕턴스는 다음과 같다.

$$L = \mu b\left[\ln\left(\frac{8b}{a}\right) - 2\right] \quad \textit{원형 루프} \tag{3-62}$$

$N$회 감은 루프의 손실과 인덕턴스는 $N^2$을 곱하면 된다. 페라이트 막대 안테나는 또한 페라이트 코어에서의 손실도 있다. 하지만 주로 코일의 손실보다 작다. 코어의 손실을 계산하는 방법과 프로그램에 대해서는 [H.8.1: Miron]을 참고하라.

방사저항은 단형 다이폴 ($R_r \propto f^2$)에서보다 소형 루프 ($R_r \propto f^4$)에서 주파수의 감소에 따라 더 빠르게 감소한다. 다중 권선 루프는 방사 저항을 높이기 위해 사용된다[식 (3-55) 참조]. 그러나 도선의 손실은 권선수를 줄이고, 방사저항을 유지하기 위해 페라이트 코어(예: 루프 막대 안테나)를 사용함으로써 줄일 수 있다. 실제로 인덕턴스를 제거하기 위해 가변 커패시터가 루프와 평행하게 삽입된다.

소형 루프 안테나는 특히 수신 안테나로서 다양한 응용분야가 있다. 예를 들어 단일권선 루프 안테나는 페이저에서 많이 쓰였다. 앞에서 언급하였듯이 다중권선 소형 루프 안테나의 경우 AM 방송에서 수신기로 많이 쓰인다. 소형 루프 안테나는 또한 방위 측정 장치의 수신부나 장의 세기를 측정하는 프로브로 사용된다.

### 예제 3-1 소형 원형 루프 안테나

4 mm의 지름을 가진 구리도선으로 이루어진 단일권선 원형 루프 안테나가 있다. 루프의 원주는 0.8 m이며 30 MHz ($\lambda = 10$ cm)에서 0.08 $\lambda$이다. 이는 전기적 소형 안테나를 의미한다. 이 경우 입력 임피던스와 방사효율을 계산하고자 한다. 먼저 식 (3-54)에 의하여 방사저항은 다음과 같다.

$$R_r = 31{,}200\left(\frac{S}{\lambda^2}\right)^2 = 31{,}200\left(\frac{0.0509}{10^2}\right)^2 = 8.09\times10^{-3}\ \Omega \tag{3-63}$$

단, 루프의 면적은 $S = \pi b^2 = 0.0509$ m$^2$이며, 반지름 $b = 0.8/2\pi = 0.127$ m에 의하여 계산되었다. 부록 B.1의 구리의 도전율 $\sigma = 5.8\times10^7$ S/m를 이용하여 식 (2-171)에 의해 표면 저항을 구해 보면 다음과 같다.

$$R_s = \sqrt{\frac{2\pi f \mu_o}{2\sigma}} = 1.43\times10^{-3}\ \Omega \quad \textbf{(3-64)}$$

식 (3-60)에 의해 도선의 손실저항은

$$R_w = \frac{b}{a}R_s = \frac{0.127}{0.002}1.43\times10^{-3} = 0.0910\ \Omega \quad \textbf{(3-65)}$$

이 된다. 그러면 총입력저항은 $R_A = R_r + R_w = 8.09\times10^{-3} + 0.091 = 0.0991\ \Omega$이 되고, 방사효율은

$$e_r = \frac{R_r}{R_A} = \frac{8.09\times10^{-3}}{0.0991} = 0.082 = 8.2\% \quad \textbf{(3-66)}$$

이다. 식 (3-62)에 의한 인덕턴스는 $L = 6.77\times10^{-7}$ H이고, $X_A = 2\pi L = 127\ \Omega$이다. 따라서 입력 임피던스는 $Z_A = R_A + jX_A = 0.0991 + j127\ \Omega$이다. 이는 도선의 손실을 고려한 $Z_A = 0.105 + j131\ \Omega$의 모멘트법 시뮬레이션 결과와도 매우 유사하다. 여기서 두 가지 사실을 알 수 있다. 도선의 손실은 방사저항보다 매우 크며 유도성 리액턴스는 입력 임피던스의 실수부보다 훨씬 크다. 이로써 소형 루프는 대체로 방사하는 인덕터처럼 동작한다고 볼 수 있다.

---

개념적이거나 또는 복잡한 안테나 시스템에 실제 사용될 수 있는 기본적인 안테나 소자들을 소개했다. 이러한 소자들의 특성을 표 3-2에 정리하였다. 모든 패턴들은 도넛 모양으로(전방향성) 다이폴 형태 소자들의 수직면 상에서 균일하고 소형 루프안테나의 루프 형상으로 균일한 형태를 지닌다.

## 3.5 두 소자 배열

지금까지 소개한 개별 소자 안테나의 방사패턴은 조절할 수 없다. 그러나 여러 안테나 소자가 조합되면 시간변화요구에 대응하는 패턴의 조정 등을 포함해서 방사패턴을 상당히 변화시킬 수 있다. 이러한 것을 가능하게 하는 다중 방사소자의 구조를 **배열 안테나**(array antenna) 또는 간단하게 **배열**(array)이라 부른다. 이번 절에서 배열의 가장 기본적인 형태인 두 개의 소자배열을 알아본다. 더 많은 수의 배열과 배열에 관한 많은 응용은 제8장에서 다룬다.

배열에 대한 분석은 모든 방향으로 균일하게 방사하는 등방향성 점 전원(isotropic point source) 혹은 등방향성 전원(isotropic soure), 등방향성 방사체(isotropic radiator), 등방향성 소자(isotropic element)으로부터 시작한다. 등방향성 송신(수신) 소자는 3차원의 모든 방향으로 균일하게 송신(수신)한다. 그림 2-14*a*에서 등방향성 방사체의 패턴을 참조하라. 비록 가상적이긴 하지만, 등방향성 방사체는 간단한 초기 문제 형태를 제공해 준다. 소자로서 사용된 실제 안테나의 효과를 고려한 전체 패턴은 간단한 곱셈과정으로 표현된다. 완전한 배열의 해석은 각 소자의 크기와 위상을 포함하는 페이저의 합으로 표현되며, 제8장에서 자세하게 다룰 것이다. 이번 절에서는 예제에서 보여준 것과 같이 페이저의 합에 의해 표현되는 시각검사 방법이라 불리는 방법을 사용한다. 먼저 등방향성 소자의 예제로 시작한다. 등방향성 소자에 의한 배열 패턴을 배열성분(array factor)이라 부른다. '성분'이란 단어는 실제 배열에서 배열성분과 소자패턴을 곱해야 완전한 배열패턴을 구할 수 있음을 말하기

**표 3-2** 일반적인 안테나 소자의 특성 정리.

| 안테나 종류 | 선길이 | 전류 | 패턴 | HP | $D$ | $D$[dB] | $R_r[\Omega]$ | 손실저항 [Ω] | 리액턴스 |
|---|---|---|---|---|---|---|---|---|---|
| 등방향성* | — | — | 등방향성 | 360° | 1 | 0 | — | — | — |
| 이상적 다이폴 | $L \ll \lambda$ | 균일 분포 | $\sin\theta$ | 90° | 1.5 | 1.76 | $80\pi^2\left(\frac{L}{\lambda}\right)^2$ | $\frac{R_s}{2\pi a}L$ | 용량성 |
| 단형 다이폴 | $L \ll \lambda$ | 삼각형 분포 | $\sin\theta$ | 90° | 1.5 | 1.76 | $20\pi^2\left(\frac{L}{\lambda}\right)^2$ | $\frac{R_s}{2\pi a}\frac{L}{3}$ | 용량성, 식 (2-176) 참조 |
| 반파장 다이폴 | $L = 0.5\lambda$ | 정현형 분포 | $\frac{\cos\left(\frac{\pi}{2}\cos\theta\right)}{\sin\theta}$ | 78° | 1.64 | 2.15 | ~70 | $\frac{R_s}{2\pi a}\frac{\lambda}{4}$ | 0을 갖도록 조절 가능 |
| $\lambda/4$ 모노폴 | $h = 0.25\lambda$ | 정현형 분포 | $\frac{\cos\left(\frac{\pi}{2}\cos\theta\right)}{\sin\theta}$ | — | 3.68 | 5.15 | ~35 | $\frac{R_s}{\pi a}\frac{\lambda}{4}$ | 0을 갖도록 조절 가능 |
| 소형 루프 | $L_m \ll \lambda$ | 균일 분포 | $\sin\theta$ | 90° | 1.5 | 1.76 | $31{,}200\left(\frac{S}{\lambda^2}\right)$ | $\frac{L_m}{2\pi a}R_s$ | 유도성, 식 (3-61), (3-62) 참조 |

*가상적인 기준패턴

위하여 포함되었다. 예제들은 송신 관점에서 안테나를 사용하였으나, 얻어진 패턴은 가역성에 의해 수신 시에도 같게 된다.

## 예제 3-2 동일한 진폭과 위상 전류를 갖고 반 파장만큼 떨어져 있는 두 개의 등방향성 점전원 (그림 3-16)

그림 3-16*a*는 이러한 경우의 패턴을 시각검사로 어떻게 근사적으로 구할 수 있는지 보여 주고 있다. 두 점전하를 연결하는 직선을 수직으로 반분하는 선($x$축) 상의 각 점에서 두 점전하까지의 경로는 동일하다. 각 전원의 진폭과 위상 또한 같아서 그 파들은 $x$축의 원거리장에 동일한 위상과 크기로 도달하게 된다. 이와 같이 전체 장은 한 전원에 의한 것에 두 배가 된다. 이러한 상황은 배열의 축($z$축)을 따라서는 다르다. 만일 우리가 $+z$축의 오른쪽을 보면 왼쪽 전원으로부터 나온 파들은

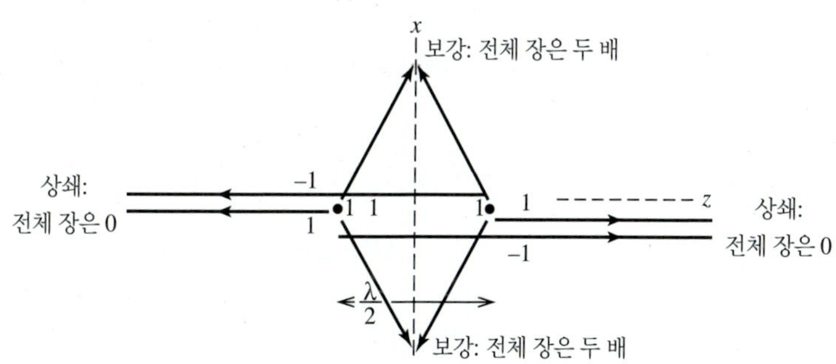


(*a*) 시각검사 방법

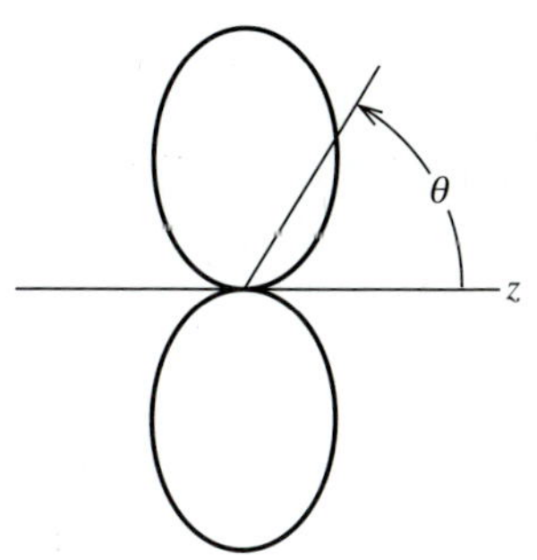


(*b*) 배열성분 $f(\theta) = \cos[(\pi/2)\cos\theta]$의 극좌표 그림

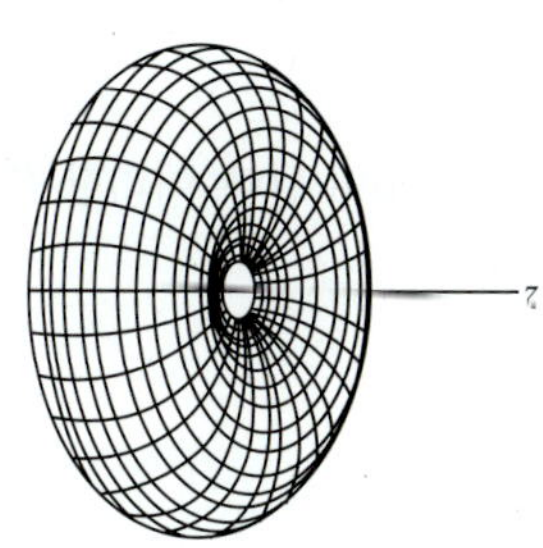


(*c*) 3차원 극좌표 패턴

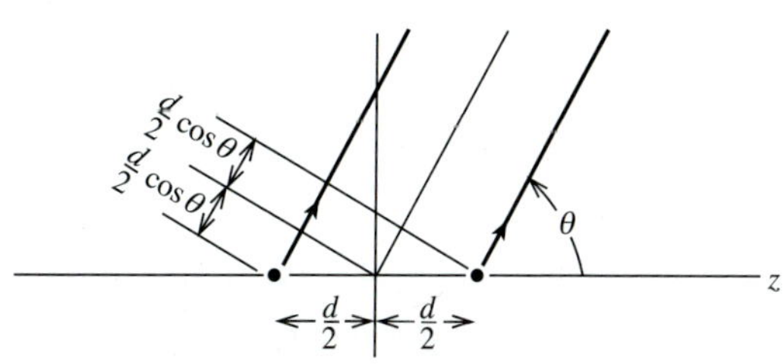


(*d*) 레이를 사용한 패턴 계산의 기하구조

**그림 3-16** 동일한 진폭과 위상 전류를 갖고 반 파장만큼 떨어진 두 등방향성 점전원(예제 3-2).

오른쪽 전원에 도달하기 전에 반 파장을 진행해야 한다. 이것은 180° 위상지연에 해당한다. 그러고 나서 파들은 $+z$축을 따라서 오른쪽으로 계속 진행해 나가며 원거리장까지 이러한 위상 관계를 유지한다. 이와 같이 $+z$방향으로 진행하는 두 전원으로부터 나온 파들은 원거리장에 180°의 위상차(전원 간의 간격이 반 파장이므로)를 갖고 도달한다. 그리고 크기가 같다(전원이 같으므로). 그러므로 완벽한 상쇄가 일어나고 전체 장은 0이 된다. 같은 논리를 $-z$방향에 대해서도 사용할 수 있다. 전체 패턴은 $\pm x$방향으로는 2배의 값이, 그리고 $\pm z$방향으로는 0이 된다. 그리고 그 사이에서는 완만한 변화가 있을 것이다(왜냐하면 관측자가 배열 중심으로부터 일정한 반지름을 갖고 브로드사이드 방향에서 축방향으로 이동할 때 두 전원에서 나온 파들의 위상차는 0에서 180°로 완만하게 변하기 때문이다). 이러한 패턴이 그림 3-16*b*에 나타나 있다. 3차원의 패턴은 손가락으로 $z$축을 잡고 그 패턴을 회전시켜서 쉽게 얻을 수 있다. 그림 3-16*c*의 3차원 패턴은 이상적 다이폴과 유사한 도넛 모양의 패턴이다.

우리는 또한 배열성분을 수학적으로 정확히 계산할 수 있다. 그림 3-16*d*에서 보여 준 경로차에 따른 위상을 이용하면 배열성분은 두 페이저의 합이다.

$$\mathrm{AF} = 1e^{-j\beta(d/2)\cos\theta} + 1e^{j\beta(d/2)\cos\theta} = 2\cos\left(\beta\frac{d}{2}\cos\theta\right) \qquad \textbf{(3-67)}$$

소자 사이의 거리는 $d = \lambda/2$이므로 $\beta d/2 = \pi/2$이고 식 (3-67)은 아래와 같이 된다.

$$\mathrm{AF} = 2\cos\left(\frac{\pi}{2}\cos\theta\right) \qquad \textbf{(3-68)}$$

최댓값이 1이 되도록 배열성분을 정규화하면

$$f(\theta) = \cos\left(\frac{\pi}{2}\cos\theta\right) \qquad \textbf{(3-69)}$$

이 된다. 이것은 $\theta = \pi/2$일 때 $\cos[(\pi/2)\cdot 0] = 1$이므로 최대가 되고 $\theta = 0$에서는 $\cos[(\pi/2)\cdot 1]$이므로 0이 된다. 이러한 결과는 그림 3-16*b*의 시각검사 방법과 일치한다.

## 예제 3-3 동일 진폭과 반대 위상 그리고 반 파장 떨어진 두 개의 등방향성 점전원(그림 3-17)

만일 배열을 송신용으로 생각하면 패턴의 전체적인 특징들은 그림 3-17*a*에서처럼 시각검사 방법으로 결정할 수 있다. 각 점전원으로부터 $x$축 위의 임의의 점까지의 경로는 동일하다. 그러나 왼쪽 전원은 오른쪽에 비해 180°의 위상차가 있다. 이와 같이 $x$축 위의 점에 도달하는 파들은 180° 위상차를 갖고 있고 진폭은 같으므로 서로 상쇄되어 장이 존재하지 않는다. $z$축을 따라서는(양방향으로) 전류가 갖고 있는 180°의 위상차는 두 전원 사이의 반 파장 경로차 때문에 보상이 된다. 예를 들어 $+z$ 방향에서 왼쪽 전원으로부터 나온 파는 오른쪽 전원으로부터 나온 파에 360°(전원에 의해서 180°, 그리고 반 파장 거리를 진행하면서 180°) 위상지연을 갖고 오른쪽 전원 위치에 도달한다. 이것은 결국 동위상이 되며 원거리장에서 파들이 서로 합해지므로 최대가 된다. 이러한 몇 개의 패턴 값을 갖고 그림 3-17*b*와 유사한 전체 패턴을 그릴 수 있다. 그림 3-17*c*의 3차원 극좌표 그림은 아령 같은 모양이다.

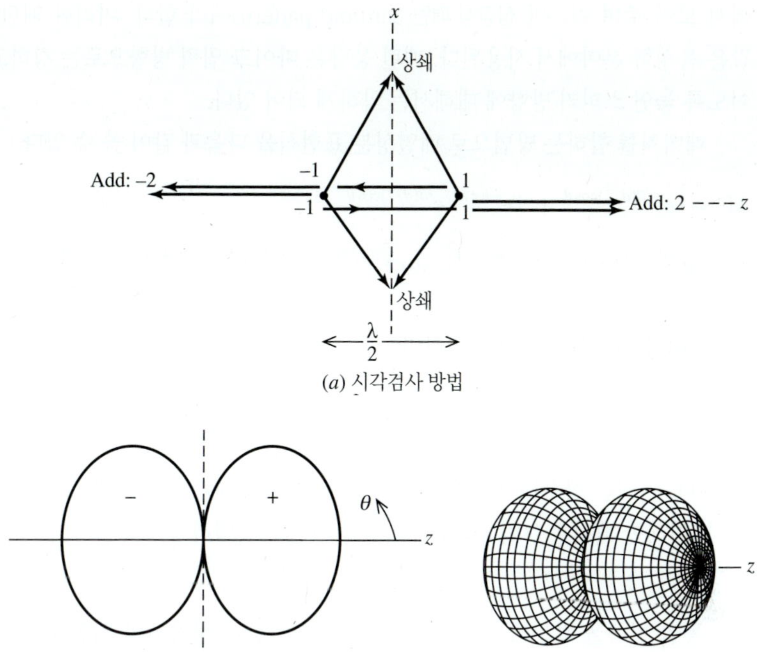


(a) 시각검사 방법

(b) 배열성분 진폭 $|f(\theta)| = |[\sin(\pi/2)\cos\theta]|$의 극좌표 그림

(c) 3차원 극좌표 패턴

**그림 3-17** **동일 진폭과 반대 위상 그리고 반 파장만큼 떨어진 두 등방향성 점전원(예제 3-3).**

페이저 덧셈과 그림 3-16*d*를 이용하면 배열성분을 아래와 같이 정확히 계산할 수 있다.

$$\text{AF} = -1e^{-j\beta(d/2)\cos\theta} + 1e^{j\beta(d/2)\cos\theta} = 2j\sin\left(\beta\frac{d}{2}\cos\theta\right) \quad \textbf{(3-70)}$$

$d = \lambda/2$를 대입하고 정규화하면

$$f(\theta) = \sin\left(\frac{\pi}{2}\cos\theta\right) \quad \textbf{(3-71)}$$

이 된다. 이러한 패턴을 그리면 시각검사 방법(그림 3-17*b* 참조)에 의한 것과 동일한 결과를 얻는다.

## 예제 3-4 동일 진폭과 90° 위상차 그리고 $\lambda/4$만큼 떨어진 두 등방향성 점전원(그림 3-18)

그림 3-18의 송신배열 왼쪽 전원으로부터 나와서 $+z$방향으로 진행하는 파들은 $\lambda/4$경로로 인해서 90° 위상차를 갖고 오른쪽 전원 위치에 도달한다. 그러나 오른쪽 전원은 왼쪽 전원보다 90° 늦게 급전된다. 따라서 $+z$방향의 파는 원거리장에서 서로 더해진다. 오른쪽 전원에서 나와 $-z$방향으로 진행하는 파들은 왼쪽 전원이 위치한 곳에서 왼쪽 전원의 파에 비해 180°(경로차로 인해서 90° 그리고 급전에서 90°) 위상차를 갖게 된다. 그림 3-18*b*를 보라. $\theta = 0°(+z$방향)와 $180°(-z$방향) 사이의 각에서 2(완전합산)로부터 0(완전상쇄)에 이르는 패턴 변화가 완만하다. 이러한 패턴은 그림 3-18*c*

에서 보여 주며 이른바 심장형 패턴(cardioid pattern)이라 한다. 이러한 패턴은 종종 마이크 패턴과 같은 음성학 분야에서 사용된다. 패턴 응답은 마이크 입력 방향으로는 강하고 궤환(feedback)을 줄이도록 놓인 스피커 방향에 대해서는 약하게 되어 있다.

페이저를 합하는 방법으로 배열성분 표현식을 다음과 같이 쓸 수 있다.

$$\mathrm{AF} = 1e^{-j\beta(d/2)\cos\theta} + 1e^{-j(\pi/2)}e^{j\beta(d/2)\cos\theta}$$

$$= e^{-j(\pi/4)}\left[e^{-j[\beta(d/2)\cos\theta-\pi/4]}\right] + e^{j[\beta(d/2)\cos\theta-\pi/4]} = e^{-j(\pi/4)}2\cos\left(\frac{\beta d}{2}\cos\theta - \frac{\pi}{4}\right) \quad \textbf{(3-72)}$$

$d=\lambda/4$를 대입하고 또 정규화하면

$$f(\theta) = \cos\left[\frac{\pi}{2}(\cos\theta - 1)\right] \quad \textbf{(3-73)}$$

이 된다. 이러한 함수는 $\theta = 0°$에서 최댓값 1을 $\theta = 90°$에서 $1/\sqrt{2}$, 그리고 $\theta = 180°$에서 0값을 갖는다. 이러한 패턴은 그림 3-18$c$에서 얻은 패턴과 동일하다.

---

동일 진폭을 갖는 두 개의 소자에 대해 다양한 위상차 $\alpha$와 배열 간의 거리 $d$에 따른 배열성분 그림을 그림 3-19에 나타내었다. 절대적인 전계 강도를 비교한 것으로 1937년에 브라운(Brown)이 처음 이와 같은 패턴을 나타냈다[5]. 또한 같은 입력전류에 대한 가상의 등방향성 점전원의 방사패턴을 점선으로 나타내었다. 이에 대한 그림의 예는 예제 3-2~3-4에 자세하게 나타냈다. 그림 3-19

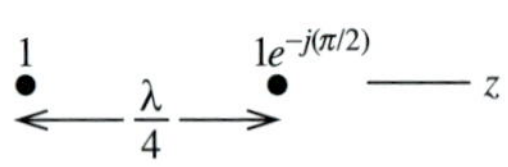


($a$) 배열 형태

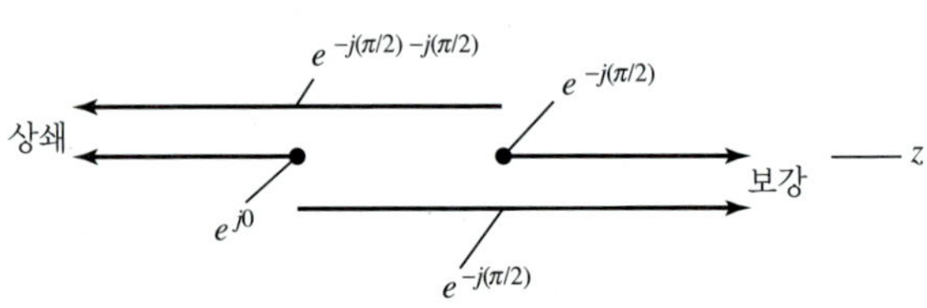


($b$) 시각검사 방법

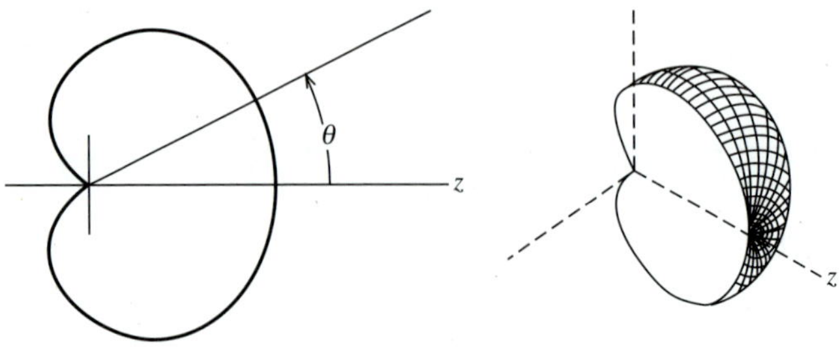


($c$) 배열성분 $f(\theta) = \cos[(\pi/4)(\cos\theta-1)]$ 의 극좌표 그림 ($d$) 3차원 극좌표 패턴

**그림 3-18** **동일 진폭과 왼쪽보다 90° 뒤진 위상을 갖는 오른쪽 소자.** 그리고 $\lambda/4$ 떨어진 두 등방향성 점전원(예제 3-4). 이러한 패턴 형태를 심장형 패턴이라 한다.

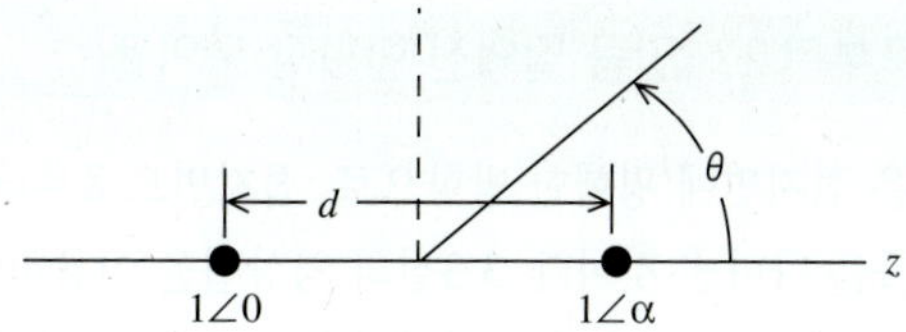


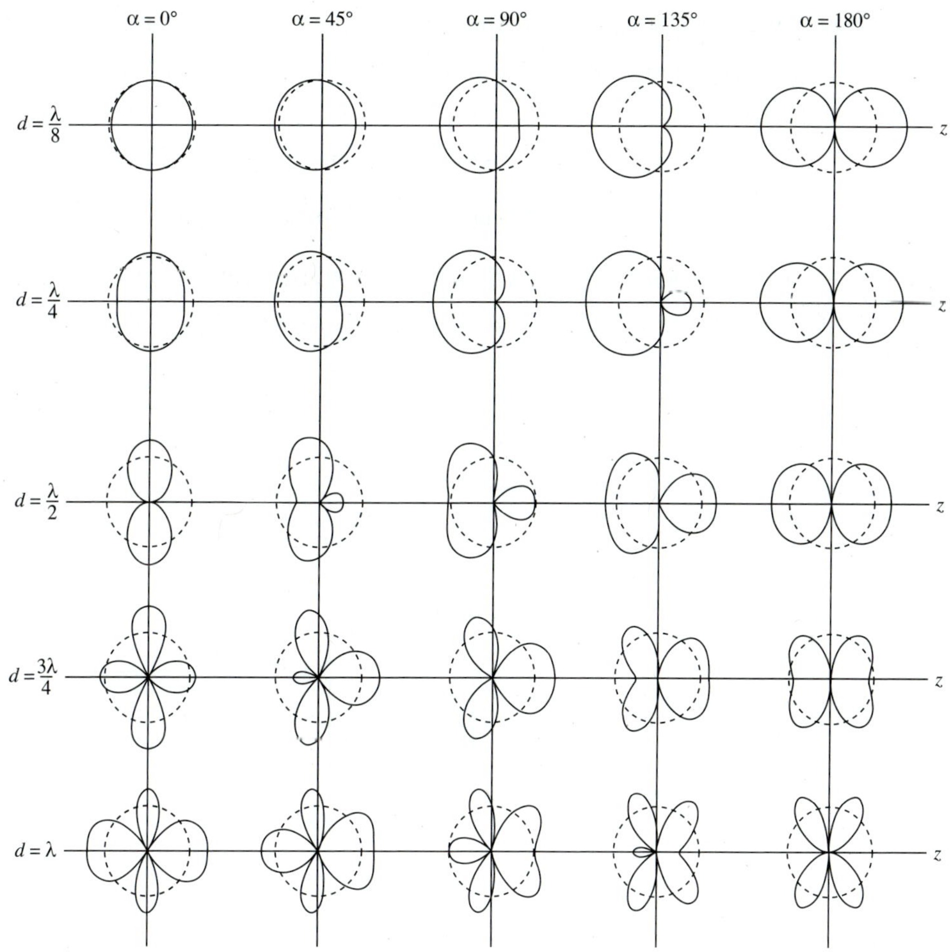


**그림 3-19 동일한 전류 크기를 가지는 두 개의 등방향성 소자로 구성된 배열에 대하여, 다양한 위상 $\alpha$, 소자 간 거리 $d$ 에 따른 배열성분 그래프.** 동일한 전류입력을 가지는 가상의 등방향성 점전원의 방사패턴을 단위 원으로 함께 나타내었다.

는 간격이 $d = \lambda/8$만큼 작은 경우조차도 위상차에 대한 변화가 배열성분의 모양을 얼마나 많이 바꾸는지 보여주고 있다. 위상배열에 대한 주제는 8.9절에서 다룬다.

다음의 예제 3-5는 배열의 전체 패턴을 어떻게 구하는지, 그리고 배열효과를 얻기 위해 단일 소자뒤에 접지면을 두는 실질적인 구현 방안 등을 소개한다. 그림 3-20에서 나타나듯이, 이러한 구조는 효과적으로 두 소자배열이지만 실제로는 한 개의 안테나만 필요함을 보여 준다. 이와 같이 접지면이 붙은 안테나에 대한 실제적인 응용들이 많이 있다(6.6절과 12.2절 참조).

## 예제 3-5 접지면으로부터 $\lambda/4$만큼 떨어진 반파장 다이폴

그림 3-20은 접지면에 평행한 방향으로, 접지면으로부터 $\lambda/4$만큼 떨어진 지점($s = \lambda/4$)에 있는 반파장 다이폴을 나타낸 것이다. 3.3절의 영상법을 이용하면 접지면이 있는 경우에 대한 패턴을 이해할 수 있다. 영상법을 적용하면 접지면을 제거하고, 대신 접지면이 있는 위치로부터 실제 다이폴이 있는 거리와 동일한 거리만큼 떨어져 있어서 $d = \lambda/2$가 되며, 실제 다이폴과 길이가 같고 평행한 영상 다이폴을 생각함으로써, $z > 0$ 영역에 존재하는 장을 그대로 생성해 내는 등가 문제를 만들어 낼 수 있다. 그림 3-8에 나타난 원리에 따르면 영상 다이폴은 실제 다이폴과 같은 크기의 여기 신호를 갖고, 180°의 역위상을 가지게 되며, 이는 예제 3-3의 구조와 사실 동일한 것이다. 따라서 배열성분은 식 (3-71)로부터 $f(\theta) = \sin(\frac{\pi}{2}\cos\theta)$의 형태가 됨을 알 수 있다. 배열 소자는 반파장 다이폴인데, 보통의 경우처럼 $z$축이 아닌, $x$축을 따라 놓여 있다. 소자패턴은 $g_a(\theta,\phi) = \dfrac{\cos((\pi/2)\sin(\theta)\cos\phi)}{\sqrt{1-\sin^2\theta\cos^2\phi}}$으로 주어진다(예제 8-7 참조). 앞에서 언급한 급한 것처럼, 그리고 8.4절에서 보다 자세히 다루어질 것과 같이, 완전한 배열패턴은 배열성분과 소자패턴을 곱함으로써 주어지게 되며, 그 결과는 다음

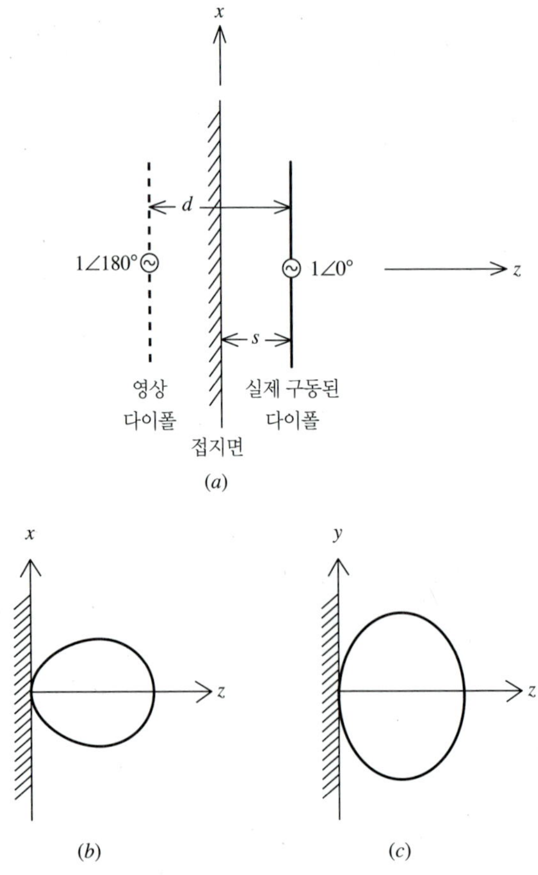


**그림 3-20 접지면으로부터 $\lambda/4$만큼 떨어진 지점에 위치하는($s = \lambda/4$) 평행 반파장 다이폴.** 영상다이폴은 실제 다이폴과 평행하며, 크기가 같고, 위상은 180° 어긋나 있으며, 접지면으로부터 같은 거리만큼 떨어져 있다($d = \lambda/2$) (예제 3-5). (*a*) 실제 구조. (*b*) E 평면 패턴. (*c*) H 평면 패턴.

과 같다.

$$F(\theta, \phi) = g_a(\theta, \phi) f(\theta) \tag{3-74a}$$

$$= \frac{\cos((\pi/2)\sin(\theta)\cos\phi)}{\sqrt{1-\sin^2\theta\cos^2\phi}} \sin\left(\frac{\pi}{2}\cos(\theta)\right) \tag{3-74b}$$

이 함수를 이용한 주평면 패턴은 그림 3-20*b*와 *c*에 나와 있다. 뒤쪽 절반 평면($z < 0$)에 대한 방사는 표시되지 않았는데, 이는 접지면의 단락 효과에 의해 장이 존재하지 않게 되기 때문이다. *E* 평면 패턴이 H 평면 패턴보다 좁은 것을 볼 수 있는데($HP_E = 72°$, $HP_H = 120°$), 이는 소자 패턴이 *H* 평면에서는 전방향성 패턴을 가지기 때문이다. 즉 $g_a(\theta, \phi = 90°) = 1$이기 때문이다. 또한 이 배열을 통해 단방향성의 빔이 단 하나의 안테나 소자만으로 형성되었음을 볼 수 있다. 이는 여러 응용분야에서 매우 바람직한 것이라 할 수 있다. 지향성은 식 (3-74b)의 패턴을 적분함으로써 빔 입체각 $\Omega_A$를 구한 후, $D = 4\pi/\Omega_A$를 통해 7.5 dB임을 알 수 있다. 이와 같이 독립된 단일 반파장 다이폴의 지향성(2.15 dB) 대비 증가된 지향성은 영상 다이폴에 따른 배열 효과와 뒤쪽 절반의 공간으로 방사되는 에너지가 없어짐에 따른 것이다. 연습문제 3.5-5는 시뮬레이션을 통해 이러한 부분을 다시 다루고 있다.

## 참고문헌 References


1. V. Trainotti and L. Dorado, "Short Low- and Medium-Frequency Antenna Performance," *IEEE Trans. on Ant. and Prop. Mag.*, Vol. 47, pp. 66-90, Oct. 2005.
2. A. F. Gangi, S. Sensiper, and G. R. Dunn, "The Characteristics of Electrically Short, Umbrella Top-loaded Antennas," *IEEE Trans. on Ant. and Prop.*, Vol. AP-13, pp. 864-871, Nov. 1965. Also see W. Weeks, *Antenna Engineering*, McGraw-Hill, New York, 1968; pp. 44-46.
3. W. Polydoroff, *High Frequency Magnetic Materials*, John Wiley: New York, 1960.
4. R. Pettengill, H. Garland, and J. Mendl, "Receiving Antenna Design for Miniature Receivers," *IEEE Trans. on Ant. and Prop.*, Vol. AP-26, pp. 528-530, July 1977.
5. G. H. Brown, "Directional Antennas," *Proc. IRE*, Vol. 25, pp. 78-145, Jan. 1937.


## 연습문제 Problems

**3.1-1** ▸ 그림 3-2*b*와 같은 이상적 다이폴의 발진 전하모델을 사용해 식 (2-73*b*)의 전장식을 유도하라. *힌트*: 이 문제에서 원거리장 스칼라 전위 함수는 다음과 같다.

$$\Phi = \frac{q}{4\pi\varepsilon_\circ}\left[\frac{e^{-j\beta(r-(\Delta z/2)\cos\theta)}}{r-(\Delta z/2)\cos\theta} - \frac{e^{-j\beta(r+(\Delta z/2)\cos\theta)}}{r+(\Delta z/2)\cos\theta}\right]$$

여기서 평행선 근사법이 사용되었으며 $e^{j\omega t}$는 생략되었다. $r \gg \Delta z$. $\lambda \gg \Delta z$, 그리고 $I = j\omega q$를 사용해 다음과 같이 됨을 보여라. 여기서 식 (2-39)를 이용하라.

$$\Phi = \frac{e^{-j\beta r}}{4\pi r^2}\frac{I\Delta z}{j\omega\varepsilon_\circ}(1 + j\beta r)\cos\theta$$

**3.1-2** ▸ 그림 3-1*b*의 실제 단형 다이폴 안테나에 대한 전류밀도는 다음과 같이 쓸 수 있다.

$$\mathbf{J} = \hat{\mathbf{z}} J_o \sin\left[\beta\left(\frac{\Delta z}{2} - |z|\right)\right]$$

전하밀도에 관한 식을 구하라.

**3.1-3** ▸ 그림 3-3의 축전기판 안테나의 커패시터의 용량이 다음과 같이 주어짐을 보여라.

$$C = \frac{\pi(\Delta r)^2 \varepsilon_o}{\Delta z}$$

커패시턴스는 전적으로 두 개의 평판에 의해 결정되며 프린징(fringing) 효과는 무시된다고 가정한다.

**3.1-4** ▸ (a) 연습문제 3.1-3의 커패시턴스에 관한 공식을 이용해, $\Delta r = 0.01\lambda$와 $\Delta z = 0.02\lambda$인 축전기판 다이폴의 용량성 리액턴스를 계산하라. (b) 이 안테나의 방사저항을 계산하라.

**3.2-1** ▸ 전류 발진의 시간 주기 동안 여러 순간에 대한 반파장 다이폴의 전류분포를 그려라.

**3.2-2** ▸ 식 (3-3)의 반파장 다이폴에 대한 패턴성분이 $\theta = \pi/2$에서 단위값으로 정규화됨을 보여라.

**3.2-3** ▸ 식 (3-4)에서 $0 \le \theta \le 180°$ 동안의 반파장 다이폴에 대한 방사패턴 $F(\theta)$를 계산하고 그려라. 그림 3-5*b*에서 보인 것처럼 선형, 극좌표 형태로 도시하라.

**3.2-4** ▸ 식 (2-173)에서 반파장 다이폴의 손실저항이 다음과 같음을 보여라.

$$R_o = \frac{R_s}{2\pi a}\frac{\lambda}{4}$$

**3.2-5** ▸ 연습문제 3.2-4의 결과를 사용해 지름이 6.35 mm (0.25 in)인 알루미늄 도선으로 만들어진 반파장 다이폴의 방사효율을 100 MHz에서 계산하라. 방사저항은 70Ω으로 가정한다.

**3.2-6** ▸ 반파장 다이폴에 대해 식 (3-2)와 같이 전장 표현식을 구하라.

**3.2-7** ▸ *시뮬레이션*. 시뮬레이션 코드를 이용해(모멘트법 코드가 가장 적당할 것이다. 제14장과 부록. G.1 참조) 반지름이 $0.0003\lambda$이며 길이가 $0.48\lambda$인 반파장 다이폴의 입력 임피던스를 계산하라. 단, 도체 손실은 무시한다.

**3.3-1** ▸ 완전 접지면에 평행인 이상적 다이폴에 대한 그림 3-8*b*의 영상이론 모델이 평면 $PP'$을 따라서 접선전장이 0이 되는 것을 보여라.

**3.3-2** ▸ 그림 3-10*a*에 보인 것처럼 $\lambda/4$ 길이의 얇은 모노폴에 대해

(a) 모노폴이 $z$축 방향으로 놓여 있을 때 $\theta$의 함수로 극좌표 형태의 방사패턴을 대략적으로 그려라.

(b) 지향성을 구하라.

(c) 입력 임피던스를 구하라.

**3.3-3** ▸ *우산형 모노폴 안테나*. 안테나의 길이가 $0.2\lambda$인 우산형 모노폴의 방사저항을 식 (3-20)을 이용하여 계산하라. 단형 다이폴 공식 (3-15)와 완벽한 $\lambda/4$ 길이의 모노폴 공식 (3-19)의 결과와

서로 비교해 보라.

**3.3-4** ▸ *시뮬레이션*. (a) 시뮬레이션 코드를 이용해 반지름이 0.0001$\lambda$이며 길이가 0.49$\lambda$인 반파장 다이폴의 입력 임피던스와 이득을 계산하라. 단, 도체 손실은 무시한다. (b) 완전접지면 위에 있는 $\lambda/4$ 길이의 모노폴에 대해 (a)를 반복하고 결과를 서로 비교하라.

**3.4-1** ▸ 식 (2-98)을 사용해 소형 정사각형 루프에 대한 원거리장 거리 식 (3-44)를 유도하라.

**3.4-2** ▸ 소형 루프에서 방사된 전력이 식 (3-52)에 의해 주어짐을 증명하라.

**3.4-3** ▸ 식 (3-57)에서 식 (3-58)로 됨을 보여라.

**3.4-4** ▸ 주파수가 300 MHz일 때 반지름 $a = 0.0005\lambda$인 도선으로 된 원형 루프에 대해, 루프의 둘레가 각각 0.01$\lambda$, 0.05$\lambda$, 0.1$\lambda$인 경우에 대하여 입력 임피던스를 구하라. 단, 와이어는 손실이 없다고 가정한다. (a) 식 (3-53)과 (3-62)를 이용하여 방사저항과 리액턴스 성분을 계산하라. (b) *시뮬레이션*. 시뮬레이션 코드를 이용해 방사저항과 리액턴스 성분을 구하고 (a)의 결과와 비교하라.

**3.4-5** ▸ 정사각형 루프 안테나 경우에 대해 연습문제 3.4-4를 반복하고 식 (3-53)과 (3-61)로 구한 방사저항과 리액턴스 값을 서로 비교하라.

**3.4-6** ▸ 손실저항이 없다고 가정할 때 예제 3-1의 루프와 같은 면적의 작은 정사각형 루프 안테나에 대해 입력 임피던스를 계산하라. 주파수는 30 MHz이며 4 mm의 지름을 갖는 와이어의 손실은 없다고 가정한다. (a) 임피던스를 계산하는 데 적절한 공식을 사용하여 계산하라. (b) *시뮬레이션*. 시뮬레이션 코드를 이용하여 임피던스를 구하여 (a)와 비교해 보고, 예제 3-1의 결과와 비교해 보라. 이득과 HP 값이 각각 어떻게 되는가?

**3.4-7** ▸ 단일권선으로 이루어져 있으며 10 MHz에서 동작하는 No. 8 AWG 구리선으로 구성된 반지름 0.5 m의 원형 루프 안테나가 있다. (a) 방사저항을 계산하라. (b) 손실저항을 계산하라. (c) 방사효율을 계산하라. (d) 입력 리액턴스를 계산하라. (e) *시뮬레이션*. 도선의 손실을 포함한 상태에서 위와 같은 값들을 구하도록 수식적 시뮬레이션을 수행하고 결과를 비교하라. 또한 이득값을 비교해 보라.

**3.4-8** ▸ 단일권선으로 이루어져 있으며 I MHz에서 동작하는 No. 20 AWG 구리선으로 구성된 반지름 0.15 m의 원형 루프 안테나가 있다. (a) 방사저항을 계산하라. (b) 손실저항을 계산하라. (c) 방사효율을 계산하라. (d) 입력 리액턴스를 계산하라. (e) *시뮬레이션*. 도선의 손실을 포함한 상태에서 위와 같은 값들을 구하도록 수식적 시뮬레이션을 수행하고 결과를 비교하라. 또한 이득값을 비교해 보라.

**3.4-9** ▸ 1200 kHz에서 동작하는 AM 방송 수신기는 $\mu_r = 50$이고 30 mm의 길이와 8 mm의 지름을 갖는 페라이트 코어에 No. 30의 구리선으로 1000회 감은 페라이트 막대 안테나를 사용한다. 방사저항과 페라이트 코어의 손실은 무시한 방사효율을, 그리고 리액턴스를 구하라.

**3.4-10** ▸ 1 MHz에서 동작하는 AM 방송 수신기는 $\mu_r = 38$이고 25 mm의 길이와 단면적이 1 cm×3 mm인 페라이트 코어에 No. 30의 구리선으로 500회 감은 루프 막대형 안테나를 사용한다. 방사저항과 방사효율을 구하라. 페라이트 코어의 손실은 무시한다.

**3.4-11** ▸ 각 변이 0.5 m인 단일권선 정사각형 루프 안테나가 30 MHz에서 동작하고 있다. 도선은 지름이 2 cm인 알루미늄이다. (a) 방사저항, (b) 입력 임피던스, (c) 방사효율을 계산하라.

**3.4-12** ▸ (a) 식 (3-38)과 (3-39)를 이용하여 자기 다이폴에 관한 전파 임피던스($E_\phi/H_\theta$)를 유도하라. (b) 위 식을 $\beta r$이 0에서 20까지 변할 때에 대하여 도식화하라. 단, $\beta r = 10(r = 1.6\lambda)$일 때 자유공간에서의 고유 임피던스와 비교해 보라.

**3.5-1** ▸ 컴퓨터 프로그램을 작성하고 예제 3-2에서 3-4까지의 경우의 방사패턴을 극좌표로 도식화하라.

**3.5-2** ▸ 중앙급전으로 이루어져 있으며 $z$축을 중심으로 하는 $0.4\lambda$ 떨어진 단형 다이폴 두 개가 있다. 그들의 전압전원은 같은 최댓값과 위상값을 갖는다. (a) 패턴에 대한 수식적 표현을 유도하라. (b) *시뮬레이션*. 컴퓨터 코드를 이용하여 주파수 300 MHz에서 동작하는 $L = 0.08\lambda$이며 $a = 0.001\lambda$인 배열에 대해 시뮬레이션하고 방사패턴을 그려라. (a)를 기초로 구해진 반전력빔폭의 값과 서로 비교해 보라.

**3.5-3** ▸ $d = 0.8\lambda$인 경우에 대해 연습문제 3.5-2를 반복하라.

**3.5-4** ▸ 중앙급전으로 이루어져 있으며 $z$축을 중심으로 하는 $1\lambda$ 떨어진 반파장 다이폴 두 개가 있다. 그들의 전압전원은 같은 최댓값과 위상값을 갖는다. (a) 패턴에 대한 수식적 표현을 유도하라. (b) *시뮬레이션*. 컴퓨터 코드를 이용하여 주파수 300 MHz에서 동작하는 $L = 0.48\lambda$이며 $a = 0.0005\lambda$인 배열에 대해 시뮬레이션하고 방사패턴을 그려라. (a)를 기초로 구해진 반전력빔폭의 값과 서로 비교해 보라.

**3.5-5** ▸ *시뮬레이션*. (a) 시뮬레이션 코드를 이용하여 예제 3-5의 접지면 앞에 놓인 다이폴에 대해 분석하라. 다이폴과 그 영상은 300 MHz에서 동작하고 $L = 0.47\lambda$, $a = 0.001\lambda$을 갖는다. 입력 임피던스와 이득을 구하고 두 개의 주평면에서의 방사패턴을 그려라. 그리고 식 (3-74$b$)의 패턴에 근거한 반전력빔폭값과 비교하라. (b) 식 (3-74$b$)의 패턴에 대한 수치적분을 사용하여 이득을 구하고 시뮬레이션 결과와 비교하라.

# 제 4 장 안테나의 시스템 응용
*System Applications for Antennas*

## 4.1 서론

안테나는 송수신 RF 회로를 자유공간과 연결해 주는 장치다. 시스템 설계를 시작할 때 안테나 사양은 전체 시스템 사양과 함께 고려되어 개발되어야 한다. 안테나를 고려하지 않고 시스템을 설계하면, 시스템이 목표로 하는 성능을 만족시키기 위한 안테나를 장착할 만한 공간을 확보하기 어려울 수 있다. 전체 시스템과 세부 기기들 간에 적절한 균형을 유지하는 것은 마치 의사를 찾아서 힝생제를 요구하는 환자에 비유될 수 있다. 의사는 찾아온 환자에게 바로 처방전을 주지 않고, 환자의 증상에 대해 먼저 물어보고 환자의 상태를 확인하기 위해 적절한 테스트를 할 것이다. 이와 유사하게, 안테나 기술자는 시스템 파라미터에 대한 정보를 확인한 후에, 수행될 프로젝트에 사용될 시스템 사양을 결정하는 데 참여해야 한다. 전기적, 기계적, 그리고 환경적인 안테나의 서브시스템 사양은 전체 시스템 사양으로부터 나온다. 시스템을 통해 분산된 다양한 기능성을 확보하는 방향으로 진보해 가는 현재의 안테나 기술을 고려할 때, 안테나 기술자가 시스템 실계에 관여하게 될 여지는 점점 늘어나게 될 것이다.

1.2절에서 언급한 바와 같이, 안테나 응용범위는 통신, (수동형 및 능동형) 센싱과 이미징, 그리고 제어, 의료, 조리 등 산업 전반에 존재한다. 비통신 무선 응용의 한 예는 반려동물의 피부 안에 이식할 수 있는 마이크로칩 RFID 태그이다. 이번 장에서 통신 응용분야의 중요성을 고려하여 통신 시스템에서의 안테나에 관해 알아보도록 할 것이다. 하지만 이번 장에서의 거의 모든 내용들은 다른 모든 응용분야에 적용될 수 있다. 또한 통신 시스템과 방사 측정에 필수적인 잡음에 대해서도 다루도록 할 것이다.

## 4.2 안테나의 수신 특성

안테나는 먼 거리에 있는 전원으로부터 도달하는 전력밀도를 수신기에 연결된 전송선의 전류로 변환하는 데 사용된다. 수신 신호가 매우 약하기 때문에 될 수 있으면 모든 손실을 조심스럽게 고려해야만 한다. 이를 위해서는 수신 안테나의 적절한 모델링이 필수적이다. 이 절에서는 다양한 수신 안테나 모델을 설명하고, 편파와 임피던스 부정합 손실을 포함해 시스템 구성에 관련된 손실을 논의한다.

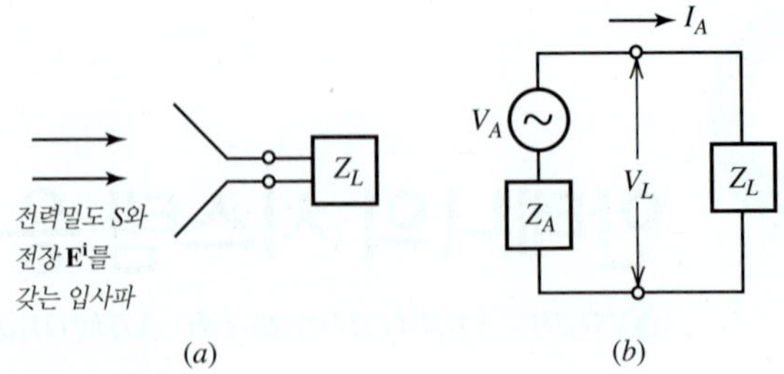


그림 4-1 **수신 안테나에 대한 등가회로.** (a) 부하 임피던스 $Z_L$을 가지는 수신기에 연결된 수신 안테나. (b) 등가회로.

수신 안테나는 입사되는 평면파로부터 전력을 모은다.[1] 받은 전력량을 계산하는 방법에는 두 가지가 있는데, 그중 하나는 입사된 전자장 세기로부터 구하는 것이며 다른 하나는 입사된 전력밀도로부터 구하는 것이다. 여기서는 이 두 가지 접근법을 모두 사용할 것인데, 그 이유는 유도과정에 상당한 연관성이 있기 때문이며, 구해지는 두 값들이 실제에서 모두 사용되기 때문이다. 장에 관한 접근법에서는, 수신 안테나가 입사된 전자장 $E^i$를 다음과 같이 정의되는 수신 안테나의 **유효길이(effective length)[유효높이(effective height)라고도 한다]**를 이용하여 개방회로 전압 $V_A$로 변환한다.

$$h = \frac{V_A}{E^i} \qquad \textit{안테나의 유효길이} \tag{4-1}$$

즉 유효길이는 유도된 전압 대 입사된 전자장의 비율이다. $V_A$는 그림 4-1에 보이는 것과 같이 $Z_L$이 무한하다고 가정할 때 안테나에 걸리는 개방회로 전압이다. $V_A$와 $E^i$는 모두 실효치(rms)가 아닌 첨두치로 표현된다. 유효길이는 IEEE에서 "선형편파 안테나의 유효길이"라 정의되어 있다. 이 책에서는 유효길이라는 개념을 임의의 편파를 가지는 전파나 안테나에 관한 것으로 일반화하고 **벡터 유효길이(vector effective length) h**를 다음과 같이 정의함으로써 위상개념을 포함시킬 것이다.

$$V_A = \mathbf{E}^i \cdot \mathbf{h}^* \tag{4-2}$$

식 (4-2)의 복소켤레는 다음 논의에서 편파부정합과 관련하여 설명될 것이다. 만일 전파 혹은 안테나가 선형편파를 가진다면, 이는 생략될 수 있다.

벡터 유효길이는 또한 기본적인 전자기학에 대한 개념에서 가역성의 원리를 도입함으로써 표현될 수 있다[1]. 이는 내적을 통해 미터당 전압의 단위를 갖는 입사된 장 벡터인 $\mathbf{E}^i$를 미터 단위를 갖는 벡터 유효길이인 $h$에 투영함으로써, 볼트(volt) 단위의 출력전압 $V_A$를 얻게 되는 직관적인 관계이다. $h$는 수신된 안테나의 패턴정보를 포함하고 있으므로 종종 $\mathbf{h}(\theta, \phi)$로 표현된다. 만약 $\mathbf{h}$에 대해 하나의 값만이 주어진다면, 이는 패턴의 최대치를 갖는 방향에 대한 값이라는 의미다. 최대출력 전압은 수신안테나의 패턴의 최대치를 갖는 방향으로 전파가 들어올 때, 그리고 편파가 수신 안테나와 정합될 때 발생한다.

[1] 수신기에서 전파는 수신 안테나 영역에서 평면파 형태를 갖게 되는데, 이는 전원으로부터 멀리 떨어진 지점에서의 구형파는 매우 큰 곡률반경을 갖기 때문이다. 이는 가끔 부분적인 평면파라고 부른다.

### 예제 4-1 이상적 다이폴의 벡터 유효길이

예를 들어 이상적 다이폴의 방사전장을 고려하자. 이것은 식 (2-74*a*)로부터

$$\mathbf{E} = \frac{j\omega\mu I}{4\pi}\frac{e^{-j\beta r}}{r}\Delta z \sin\theta\ \hat{\boldsymbol{\theta}} \tag{4-3}$$

이다. **h**는 안테나의 크기와 방사패턴의 각도 의존에 관한 정보를 가지고 있으므로

$$\mathbf{E} = \frac{j\omega\mu I}{4\pi}\frac{e^{-j\beta r}}{r}\mathbf{h} \tag{4-4}$$

과 같이 쓸 수 있으며, 여기서

$$\mathbf{h} = \Delta z \sin\theta\ \hat{\boldsymbol{\theta}} \tag{4-5}$$

이다. **h**의 차원은 길이이며, 이 식은 이상적 다이폴의 유효길이가 각도 $\theta$로부터 보는 실제 길이의 투영임을 분명하게 나타내고 있음을 주목하자. 그러나 이것이 일반적으로 맞는 것은 아니다. 입사되는 전파와 안테나의 편파정보는 $\mathbf{E}^i$와 **h**로부터 각각 얻을 수 있다. 편파와 편파부정합에 관한 자세한 내용은 4.4.4절과 4.4.5절에서 알아본다. 소형 루프 안테나의 벡터 유효길이는 연습문제 4.2-1에서 다룬다.

---

입사된 전력밀도로부터 수신된 전력을 구하는 방식에서는 수신 안테나가 입사전력밀도(시평균 유속 밀도라고도 한다) $S$를 **최대유효개구면적**(maximum effective aperture)이라고 부르는 수신 안테나의 에너지를 '수집하는 면적' $A_{em}$으로 변환하는 것처럼 생각할 수 있다. $A_{em}$은 다음과 같은 수식으로부터 정의된다.

$$P_{rm} = S\ A_{em} \tag{4-6}$$

가능한 최대 수신전력 $P_{rm}$은 안테나가 최대로 수신하는 방향을 취할 때(즉 주빔의 최대치가 입사파의 방향을 향하고 있을 때), 편파가 정합되어 있을 때, 그리고 부하와 임피던스 정합이 이루어졌을 때 얻어진다. 여기서 말하는 '최대'는 안테나의 저항손실이 없는 경우에 대한 것이다.

이제 두 개의 안테나에 대한 상호작용을 공식화할 수 있다. 최대 전력은 부하저항과 안테나의 저항이 서로 공액 정합이 되어 있을 때($R_L = R_A$ 그리고 $X_L = -X_A$) 전달될 것이다.

$$Z_L = R_L + jX_L = R_A - jX_A \qquad \textit{최대 전력전달을 위한 공액 정합} \tag{4-7}$$

그림 4-1의 회로에서부터 얻어지는 수신전력은 다음과 같다.

$$P_{rm} = \frac{1}{2}|I_A|^2 R_L = \frac{1}{2}\frac{|V_A|^2}{(R_A+R_L)^2+(X_A+X_L)^2}R_L \tag{4-8}$$

공액 정합이 이루어진 경우, 식은 다음과 같이 줄어든다.

$$P_{rm} = \frac{1}{8}\frac{|V_A|^2}{R_A} \qquad \textit{임피던스 정합이 된 경우} \tag{4-9}$$

선형편파된 안테나의 경우 식 (4-9)를 보다 간략화하기 위해 식 (4-1)을 식 (4-9)에 입하고 식 (4-6)과 같다고 놓으면

$$P_{\rm rm} = \frac{1}{8}\frac{|V_A|^2}{R_A} = \frac{1}{8}\frac{|E^i h|^2}{R_A} = SA_{\rm em} = \frac{1}{2}\frac{|E^i|^2}{\eta}A_{\rm em} \tag{4-10}$$

과 같으며, 식 (2-30)에서 평면파에 대해 입사된 파의 전력밀도 표현식(포인팅 벡터크기)은

$$S = \frac{1}{2}|\mathbf{E}\times\mathbf{H}^*| = \frac{1}{2}\frac{|E^i|^2}{\eta} \tag{4-11}$$

이 된다. 식 (4-10)을 $h$에 대하여 풀면 원하는 유효길이 값을 얻게 된다[H.11.1:Stutzman, p. 141].

$$h = 2\sqrt{\frac{R_A A_{\rm em}}{\eta}} \tag{4-12}$$

유효길이는 최대유효면적의 제곱근에 비례하며, 짐작하는 바와 같이 단위는 미터다. 실제로 유효길이는 다이폴 안테나와 같은 선형 안테나에 관련하여 사용되며, 유효면적은 포물면 반사판 안테나와 같은 개구면 안테나에 관련되어 쓰인다.

수신 안테나의 특성을 규정하기 위한 또 다른 값은 안테나 인자(antenna factor), $K$로서 다음과 같이 정의된다.

$$K = \frac{E^i}{V_L} \qquad \textit{안테나 인자} \tag{4-13}$$

안테나 인자는 일반적으로 50 Ω과 같은 표준 부하에 대하여 입사된 장의 세기 $E^i$에 의해 발생한 출력 전압 $V_L$을 나타낸다. 안테나 인자의 단위는 $\rm m^{-1}$이다. 안테나 인자는 임피던스 부정합에 의한 영향은 포함하지만, 전송선로의 손실은 포함하지 않는다. 만일 높은 임피던스를 갖는 부하가 사용된다면, 식 (4-13)의 전압은 개방회로 전압이 되며 식 (4-1)의 유효길이의 역수와 같은 값이 된다. 즉 $K = 1/h$가 된다. 안테나 인자는 주로 전압을 측정하고 프로브 안테나의 안테나 인자를 곱함으로써 프로브에 의해 수신된 전장을 구하는 데 사용되며, 이에 대한 설명은 13.5절에 나와 있다. 안테나 인자는 또한 4.7절에서 볼 수 있듯이 전자파 적합성 측정에도 사용된다.

### 예제 4-2 이상적 다이폴 안테나의 최대유효면적

이상적 다이폴 안테나의 최대유효면적은 식 (4-9)와 식 (4-10)을 식 (4-5)와 함께 사용하여 구할 수 있다.

$$A_{\rm em} = \frac{P_{\rm rm}}{S} = \frac{\frac{1}{8}\frac{|V_A|^2}{R_r}}{\frac{1}{2}\frac{|E^i|^2}{\eta}} = \frac{1}{4}\frac{\eta}{R_r}\frac{|E^i|^2(\Delta z)^2}{|E^i|^2} = \frac{1}{4}\frac{\eta}{R_r}(\Delta z)^2 = \frac{1}{4}\frac{\eta(\Delta z)^2}{\eta\frac{2}{3}\pi\left(\frac{\Delta z}{\lambda}\right)^2} = \frac{3}{8\pi}\lambda^2$$
$$= 0.119\,\lambda^2 \tag{4-14}$$

여기서 이상적 다이폴 안테나의 방사저항값은 식 (2-169)를 사용했다. 이 결과는 직관적인 예상과는 어긋나는데, 이는 다이폴 안테나의 최대유효면적이 길이 $\Delta z(\Delta z \ll \lambda)$에 무관하게 나타났기 때문이다. 그러나 다이폴 안테나의 길이는 아무 문제없이 임의로 줄어들 수 없다. $R_r$은 $(\Delta z/\lambda)^2$에 비례하므로 비록 다이폴 안테나의 길이가 감소할 때 $A_{\rm em}$이 변하지 않는다고 해도, 방사저항은 급격하게 감소하게 되며, 결국 수신기와 안테나 사이에 필요한 공액 임피던스 정합을 이루기 어렵기 때문에 최대유효면적은 얻어지지 않게 될 것이다.

## 4.3 안테나 잡음과 방사분석계

잡음은 모든 종류의 수신 시스템을 방해하며, 주어진 방향에 대하여 수신 안테나는 수신 신호만큼 잡음 또한 받아들이게 된다. 신호는 하나 또는 몇 개의 방향에서 들어오지만 잡음은 그림 4-2*a*처럼 모든 방향에서 들어온다. 수신 안테나 빔의 피크방향은 신호가 도달하는 방향에 최대한 일치하도록 맞추는 동시에 패턴을 조절하여 수신되는 잡음을 줄일 수 있다. 흑체복사 이론에 따르면 안테나 주변환경에 있는 물체는 어떤 종류의 물체이건 전자파를 방사한다. 잡음은 비간섭성이어서 잡음전력을 서로 합할 수 있으므로, 안테나는 안테나의 패턴을 통해 도달한 잡음방사를 합해서 신호와 함께 출력에 잡음 특성이 더해지게 된다. 등가적인 안테나 단자의 동작 모델은 안테나의 방사저항을 온도 $T_A$의 잡음 저항으로 고려하여 그림 4-2*b*에 나타내었다. 그래서 실제 환경에서 안테나로부터 같은 출력 잡음전력이 나오도록 하였다. **안테나 온도**(antenna temperature) $T_A$는 실제 안테나의 물리적인 온도가 아니며, 주변 환경에서 안테나가 동작할 때와 동일한 잡음전력 $P_{NA}$를 만드는 등가온도이다. 안테나 잡음온도는 종종 안테나 주변의 온도보다 높을 수 있다. 잡음이론으로부터 온도 $T$에서 대역폭 $\Delta f$의 잡음저항으로부터 발생하는 잡음전력은

$$P_N = k\,T\,\Delta f \tag{4-15}$$

여기서

$P_N$ = 잡음에 의한 전력 [W]

$k$ = 볼츠만 상수 = $1.38 \times 10^{-23}$ $\mathbf{JK^{-1}}$

$T$ = 잡음온도 [K]

$\Delta f$ = 수신기 대역폭 [Hz]

이다. 이와 같은 잡음을 흔히 **나이퀴스트 잡음**(Nyquist noise) 또는 **존슨 잡음**(Johnson noise)이라고 한다. 안테나의 출력 잡음전력 $P_{NA}$는 안테나 잡음온도 $T_A$를 이용하면 이 식으로부터 얻을 수 있다. 총 시스템 잡음전력은 안테나 출력 잡음전력과 수신기 입력 잡음전력의 합으로 표현할 수 있다. 잡음온도 역시 합산이 되며, 따라서 전체 시스템 잡음온도는 다음과 같이 계산된다.

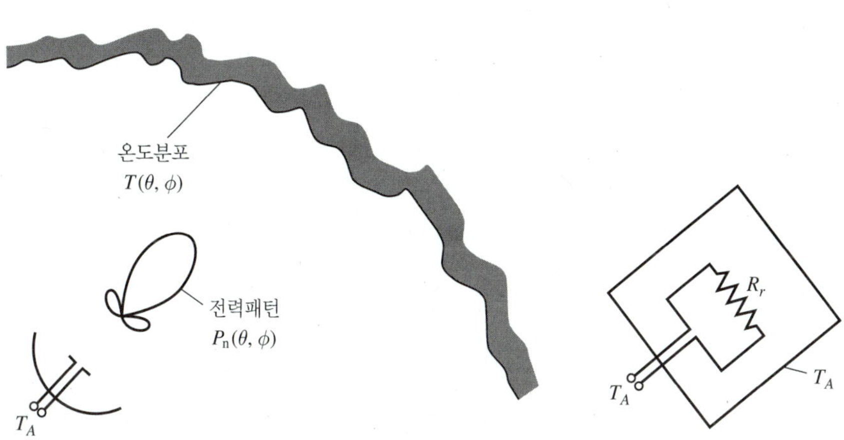


(*a*) 안테나 온도 $T_A$를 만드는 $(\theta, \phi)$ 방향에서 생기는 안테나 수신 잡음

(*b*) 등가 모델

**그림 4-2** **안테나 온도.**

$$T_{\text{sys}} = T_A + T_r \tag{4-16}$$

여기서 $T_r$은 수신기 입력 잡음온도이다.

안테나의 잡음 동작을 연구하려는 데에는 두 가지 동기가 있다. 통신과 능동원격탐사 시스템에 대한 잡음열화와 수동원격탐사 시스템의 잡음 계산을 위해서이다. 대부분의 통신과 능동원격탐사 시스템에서 잡음전력은 적절한 동작을 위해서 신호레벨보다 충분히 낮아야 한다. 이것은 도달하는 신호가 약한 장거리 통신 시스템에서 특히 필요하다. 이 경우 '반송파 대 잡음비(carrier-to-noise ratio)' CNR로 시스템을 평가하는데, 이는 시스템 잡음전력에 대한 신호전력의 비로 결정된다.

$$\text{CNR} = \frac{P_D}{P_{\text{Nsys}}} \qquad \textit{반송파 대 잡음비} \tag{4-17}$$

여기서

$P_D =$ 안테나로부터 전송된 반송파 전력 [W]

$P_{\text{Nsys}} =$ 시스템 잡음전력 $= k\,T_{\text{sys}}\,\Delta f$ [W]

이며, $T_{\text{sys}}$는 식 (4-16)으로부터 구할 수 있다. $P_D$는 평균 변조 반송파 전력이다. CNR과 밀접하게 관련되어 있는 변수는 신호 대 잡음비(SNR: signal-to-noise ratio)인데, 이는 복조된 후의 신호전력을 이용한 값이지만 종종 CNR 대신 사용되기도 한다.

방사분석계(radiometer)는 수동원격탐사에서 잡음을 측정하는 데 이용되는 수신시스템으로, 주로 좁은 빔 안테나로 잡음 배경을 주사해 '뜨거운' 물체에서 잡음을 검출하며 영상을 형성하게 된다. 이것은 원치 않는 다른 잡음들로부터 원하는 물체에서의 잡음을 측정하는 특별한 상황이라고 볼 수 있다. 한 예로 지구표면의 강수량을 우주로부터 위성 마이크로파 방사분석계를 통해 측정하는 경우를 들 수 있다. 물 입자는 전파에 대해 손실이 있으므로 저항과 비슷하게 잡음을 생성해 낸다. 폭풍의 윤곽과 세기는 폭풍의 잡음을 통해 감지하게 되는데 이는 폭풍의 외부와 다른 잡음온도를 통하여 구별된다. 방사분석계는 또한 '전파 천체(radio stars)'라 불리는 태양이나 행성, 별, 또는 은하 등과 같은 천체로부터 잡음을 측정하는 전파천문학에 사용된다. 많은 천체의 물체들은 연속적으로 넓은 주파수 대역에 걸쳐 방사하는 특성을 가지고 있으며, 전력밀도는 1933년 우연히 전파천문 관측을 하면서 지구 밖에서 발생한 잡음을 처음으로 측정한 칼 잰스키(Karl Jansky, 1905~1950)를 기념하여 Hz 기준으로 표현되는 잰스키(jansky)($=10^{-26}\ \text{Wm}^{-2}\ \text{Hz}^{-1}$) 단위를 사용한다.

잡음전력은 먼저 안테나 온도를 계산함으로써 알 수 있다. 그림 4-2$a$에서 보는 바와 같이 안테나의 응답함수인 정규화 전력패턴 $P_n(\theta, \phi)$로 가중된 배경 온도분포 $T(\theta, \phi)$를 통한 잡음의 합에서 $T_A$를 알 수 있는데, 전력패턴을 사용하는 이유는 잡음이 전력 단위로 더해지기 때문이다. 이것은 온도분포에 대해 적분하면 수학적으로 다음과 같이 표현된다.

$$T_A = \frac{1}{\Omega_A} \int_0^{\pi}\!\!\int_0^{2\pi} T(\theta,\phi) P_n(\theta,\phi)\, d\,\Omega \qquad \textit{안테나 온도} \tag{4-18}$$

그림 4-2$a$는 하늘을 향한 지구국 안테나를 보이고 있으나, 식 (4-18)은 아주 일반적인 식이다. 만일 주변이 모든 방향각에 대해 일정한 온도 $T_o$라면, $T_o$가 식 (4-18)에서 적분기호 밖으로 나오면서 $T_A = T_o$가 되며, 이것은 예측된 결과이다. 이 경우, 안테나는 온도 $T_o$의 잡음으로 완전히 둘러싸여 있으며, 출력 안테나 온도는 안테나 패턴 형태와 상관없이 $T_o$와 같다. 입체각 범위 $\Omega_s$가 작고 일정

온도 $T_s$를 지니는 이산분포된 전원일 때 안테나 빔이 전원의 중심을 향하고 전원에 비해 넓다면, 전원에 대해 $P_n(\theta, \phi) \approx 1$이고, 식 (4-18)은

$$T_A = \frac{\Omega_s}{\Omega_A} T_s \qquad \textit{작은 이산분포 전원} \tag{4-19}$$

과 같이 된다. 원형으로 대칭인 전원이나 원형 대칭의 안테나 빔에 대해서, 입체각 $\Omega_s$와 $\Omega_A$는 전원의 각의 크기의 제곱과 HP$^2$에 각각 비례하게 된다.

안테나 잡음전력 $P_{\text{NA}}$는 온도분포 $T(\theta, \phi)$가 결정되면, 식 (4-18)로부터 계산된 $T_{\text{A}}$를 식 (4-15)에 대입하여 얻을 수 있다. 물론 이것은 배경에 달려 있긴 하지만, 일반적으로 $T(\theta, \phi)$는 우주잡음과 지상잡음의 두 가지 성분으로 구성된다. 대부분의 상황에서 지상잡음온도는 290 K 값으로 잘 근사화된다. 그러나 입사각이 지표면에 인접하는 경우의 매끈한 면에 대해서는 잡음온도가 매우 작게 나타난다.

지상잡음과 달리, 우주잡음은 그림 4-3에서 보는 것과 같이 주파수의 영향을 많이 받는 함수로 나타낼 수 있는데, 이는 안테나의 손실과 지면 잡음을 고려하지 않았을 때 안테니의 잡음온도를 주파수에 관한 함수로 표현한 것이다. 우주잡음은 대기, 은하(외계), 인공 잡음으로 구성되어 있다(자연적인 잡음에 대한 정리는 [2]를 참조하라). 우리가 속한 은하계로부터 발생한 '은하계 잡음(galactic noise)'은 은하계의 중심을 향하는 방향으로 특히 강하게 발생한다. 약 10 MHz 이하에서 발생한 외부 잡음은 매우 강해서 보통 수신단에서의 내부잡음보다 크게 되고, 이로 인해 안테나의 효율과 지향성이 신호 대 잡음비에 거의 영향을 끼치지 못하게 된다. 따라서 AM 라디오 대역에서 사용되는 페라이트 루프 안테나와 같이 비효율적인 안테나도 수신용으로 사용될 수 있다. 이 주파수에서 주요한 잡음원은 주로 장거리 사이에 발생하는 번개 등 대기로부터 오는 것인데, 이는 전리층에서의 반사

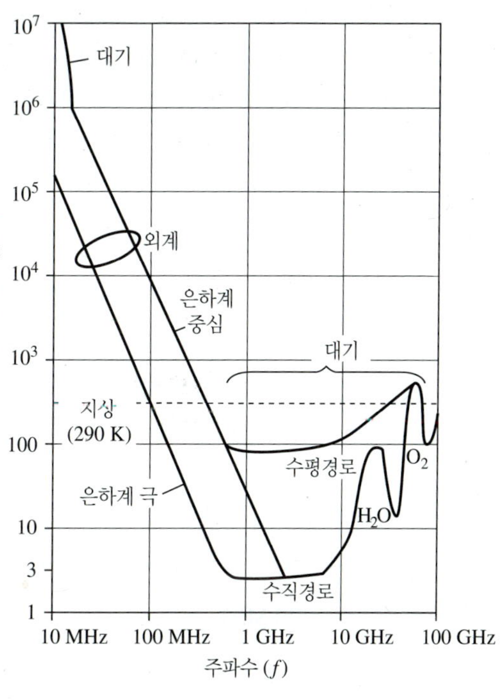


**그림 4-3** 동작주파수와 방향각의 함수로 나타낸 안테나 온도에 대한 우주잡음 분포.

에 의해 매우 먼 거리를 전파해 나간다. 전력선, 전기모터 등으로부터 발생한 인공적인 잡음 또한 중요한데, 특히 도심지역에서 그 영향이 크다. 10~100 MHz의 대역에서 자연잡음은 대기잡음과 은하잡음(은하계와 태양계)의 혼합으로 구성된다. 100 MHz~1 GHz 대역에서는 은하잡음이 주가 되며, 1~10 GHz 대역은 잡음지수가 가장 낮은 대역인데, 여기서 잡음은 앙각이 줄어들수록 증가하게 된다. 그 이유는 대기의 높이는 유한하고 대기에서의 경로 길이는 앙각이 낮을수록 길어지기 때문이다. 10 GHz가 넘어가게 되면 대기잡음이 다시 주가 되며, 수증기와 비중계 흡수에 의해 주파수와 함께 증가하게 되는데, 그 정도는 계절과 지역에 따라 차이가 난다. 대기 가스 또한 잡음원이 될 수 있으며 그중 수증기와 산소가 22 GHz와 60 GHz에서 강하고 넓은 스펙트럼을 가지는 것을 볼 수 있다.

그림 4-3에서 관찰할 수 있는 중요한 것은 1~10 GHz 대역에서 볼 수 있는 '목욕통' 형태의 움푹 패인 부분이다. 잡음이 낮을 뿐만 아니라 쓸 수 있는 신호대역이 넓어서 이 주파수 대역은 다양한 무선 통신에 매우 적합하다. 이 대역에 대해 또한 자명한 사실은 감소되지 않는 대기의 절대온도 3 K인데, 이에 대한 원인으로는 우주 생성 당시의 '빅뱅'에 의한 잔여 효과에 따른 것이라는 이론이 제기되어 있다. 이 발견은 1965년에 아더 펜지아스(Arthur Penzias)와 로버트 윌슨(Robert Wilson)이 4 GHz에서 전파 천문학 활동을 하는 중에 관찰되었다. 그들은 이 발견으로 노벨상을 수상하였다. 흥미롭게도 지구 밖의 생명체에 관한 조사가 이 이론을 기반으로 해당 주파수에 집중되었는데, 그 이유는 만약 외계 생명체가 있다면 그들은 인간이 낮은 잡음과 적은 대기손실로 이 주파수대역을 사용할 것이라 추측할 것이라는 예상 때문이었다.

물론 안테나 패턴 모양과 지향성은 식 (4-18)에서처럼 안테나 잡음온도에 큰 영향을 끼친다. 지상잡음온도가 안테나 잡음에 미치는 영향은 지상 방향으로는 매우 낮은 레벨의 부엽을 가지고 있고 하늘 쪽으로 높은 이득을 갖는 안테나에서는 매우 적다. 반면에 넓은 패턴을 갖는 안테나는 우주잡음뿐만 아니라 상당한 양의 지상잡음도 수신하게 된다.

방사분석계는 군용과 민간용에서 모두 유용하게 쓰인다. 그 예로 뜨거워진 엔진으로 인해 발생한 강한 방사 혹은 금속으로 되어 있는 본체에서 발생한 약한 방사를 지면의 방사와 비교하여 야간에 나무 등으로 은폐되어 있는 차량을 항공기를 통해 탐지할 수 있다. 두 번째 예는 공항에서 숨겨진 무기를 찾아내기 위해 승객을 영상화하는 밀리미터파 방사분석계이다.

### 예제 4-3 직접 방송위성 수신

가정에서 저렴하면서도 작은 단말로 높은 품질의 텔레비전 채널을 수신하는 것은 새로운 안테나의 설계 방법의 발전을 포함하여 오랜 기간 동안 이루어진 기술의 발전을 통해 가능해졌다. DirecTv [휴즈(Hughes) 네트워크 서비스의 상표]는 12.2~12.7 GHz 대역에서 120 W의 전력을 전송하며, 5개의 압축된 디지털 비디오 채널을 조정할 수 있는 각각의 24 MHz 트랜스폰더가 55 dBW의 EIRP를 갖는다. 수신기는 잡음온도가 67 K인 저잡음 저주파 변환기를 사용하며, 안테나 온도와 결합하면 125 K의 시스템 잡음온도가 발생한다. 우리는 지금부터 위성링크의 잡음을 분석하고, 그 결과를 예제 4-4의 링크계산에 이용할 것이다. 필요한 파라미터는 다음과 같다.

$\Delta f =$ 유효 신호 대역폭 $= 20$ MHz

$T_{sys} = 125$ K

$P_D = -116.9$ dBW(예제 4-4)

시스템 잡음온도와 식 (4-15)를 이용하여 잡음전력을 구하면

$$P_{\mathrm{Nsys}} = kT_{\mathrm{sys}}\Delta f = 1.38 \times 10^{-23} \cdot 125 \cdot 20 \times 10^{6} = 3.45 \times 10^{-14} = -134.6\ \mathrm{dBW} \tag{4-20}$$

이다. 그러므로 반송파 대 잡음비는 식 (4-17)에서

$$\mathrm{CNR(dB)} = P_D(\mathrm{dBW}) - P_{\mathrm{Nsys}}(\mathrm{dBW}) = -116.9 - (-134.6) = 17.7\ \mathrm{dB} \tag{4-21}$$

이며, 이것은 적당한 동작을 위해 필요한 적정 여유전력이다.

## 4.4 통신 시스템에서의 안테나

통신 링크의 주요 응용분야에서 사용되고 있는 안테나의 역할을 올바르게 평가하는 일은 중요하다. 그림 4-4에서 간단한 통신 링크의 예를 볼 수 있다. 앞서 4.2절에서는 최대유효개구면적을 통하여 수신 안테나의 출력전력을 계산하는 방법을 소개했다. 이번 절에서는 전원과 수신단 간의 거리를 포함하고 기존의 링크 모델에서 몇몇의 손실 조건을 포함하는 완벽한 링크 모델을 구성한다. 이를 위해 먼저 안테나 지향성과 이득의 중요한 변수들을 다시 살펴보고, 몇몇의 기본적인 관계에 대해 정리하도록 한다.

### 4.4.1 지향성, 이득, 유효개구면적

등가 최대유효개구면적보다는 지향성을 이용하는 것이 시스템의 계산에 편리하다. 지향성은 최대유효면적과 직접적인 비례관계에 있으며, 이 둘을 연결시키는 공식은 다양한 방법으로 유도될 수 있다. 여기서는 다이폴 안테나로부터 이 관계를 도출하겠지만, 이 관계식은 안테나의 종류에 관계없이 유효하다. 개구면 안테나에 대한 관계식은 9.3절에서 다룰 것이다. 다른 유도방법은 참고문헌 [1]과 [H.4: Collin]에 나와 있다. 다이폴을 바탕으로 한 유도를 진개히기에 앞서, 1.5 값을 갖는 이상적인 다이폴의 지향성은 다음과 같은 방법으로 표현될 수 있음을 보자.

$$D = \frac{3}{2} = \frac{4\pi}{\lambda^2}\frac{3}{8\pi}\lambda^2 \tag{4-22}$$

이렇게 각 인자들을 분류하는 방법은 식 (4-13)에서 $A_{\mathrm{em}}$을 규명하게 한다. 따라서

$$\boxed{D = \frac{4\pi}{\lambda^2}A_{\mathrm{em}}} \tag{4-23}$$

이것을 식 (2-144)의 $\mathrm{D} = 4\pi/\Omega_A$와 비교하면 어떤 안테나에도 적용할 수 있는 다음과 같은 일반식을 얻는다.

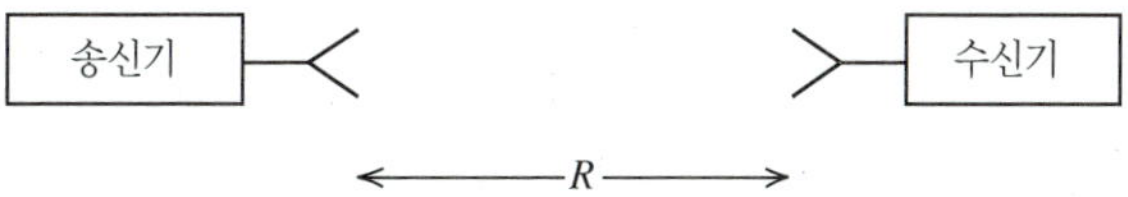


그림 4-4 통신 링크.

$$\boxed{\lambda^2 = A_{em}\ \Omega_A} \tag{4-24}$$

우리는 이 관계식에서 몇 가지 흥미 있는 개념을 얻을 수 있다. 고정된 파장(동작 주파수)에 대해 $A_{em}$과 $\Omega_A$는 반비례한다. 즉 (일반적으로 안테나의 물리적인 크기가 증가함으로써 최대유효개구면적이 증가함에 따라 빔입체각은 감소한다. 이것은 전력이 각도 상에서 더욱 집중된다는 것을 의미한다. 다른 말로 표현하면, 빔입체각은 감소하고 그 결과 $D = 4\pi/\Omega_A$에 의해 지향성은 커진다는 것이다. 식 (4-24) 또한 고정된 최대유효개구면적(즉 안테나의 크기)에 대해 파장이 감소함에 따라(주파수가 증가함에 따라) 빔입체각은 감소하고 지향성은 증가함을 보여 준다.

실제로 완전하게 무손실인 안테나는 존재하지 않는다. 2.5절에서 안테나에 의해 수신된 전력은 무손실 안테나일 때보다 $e_r$(방사효율)배만큼 감소된다. 다음의 **유효개구면적**(effective aperture)[혹은 **유효면적**(effective area)] 정의에 의한 개구면 계산에는 저항성 손실이 포함된다.

$$A_e = e_r\, A_{em} \qquad \textit{유효개구면적} \tag{4-25}$$

식 (4-6)은 최대유효개구면적을 유효개구면적으로 치환시켜 수신 안테나의 손실을 포함시킴으로써 일반화할 수 있다. 사용 가능 전력 $P_A$는 다음과 같이 표현된다.

$$P_A = S\, A_e \tag{4-26}$$

여기서는 다시 한번 수신 안테나 패턴의 최대 방향이 입사파의 방향과 일치한다고 가정하였다. 이러한 간단한 식은 아주 직관적이며 유효개구면적($m^2$) $A_e$를 지닌 수신안테나가 입사전력밀도($W/m^2$)를 부하에 공급된 전력(W)으로 변환시키는 작용을 한다는 것을 보여 준다.

이득은 지향성에 손실을 포함하여 나타낸다. 즉 식 (2-155)와 같이 $G = e_r D$이다. 식 (4-23)의 양변에 $e_r$을 곱하고 식 (4-25)를 이용함으로써 지향성 표현식에서 이득에 관한 식

$$G = e_r D = \frac{4\pi}{\lambda^2} e_r A_{em} = \frac{4\pi}{\lambda^2}\, A_e$$

또는

$$\boxed{G = \frac{4\pi}{\lambda^2}\, A_e} \tag{4-27}$$

을 구할 수 있다. 안테나의 저항손실은 이득 계산에 포함되지만, 입사파와 수신 안테나의 편파가 일치하지 않기 때문에 발생하는 손실, 그리고 안테나와 부하 간의 임피던스 부정합에 의해 생기는 손실은 별도로 고려되는데, 이는 이러한 손실들이 안테나를 어떻게 사용하느냐에 따라 결정되는 것이지, 안테나 자체의 특성에 의한 것이 아니기 때문이다.

IEEE[H.2]에서는 유효면적(개구면적)을 주어진 방향에 대해 정의하고 있다. 따라서 일반적으로 유효개구면적은 전력패턴에 대한 정보를 포함한다: $A_e(\theta, \phi) = A_e|F(\theta, \phi)|^2$. 마찬가지로 이득 역시 종종 방향의 함수로 주어진다.

$$G(\theta,\phi) = \frac{4\pi}{\lambda^2} A_e(\theta,\phi) = \frac{4\pi}{\lambda^2} A_e|F(\theta,\phi)|^2 \tag{4-28}$$

만약 유효개구면적 혹은 이득에 관해서 방향에 대한 언급이 없다면, 이는 최대치를 가정한 것이다.

가끔 절대이득(absolute gain)이라는 표현으로 최대 이득을 나타내기도 한다. 9.3절에서는 **개구면 효율**(aperture efficiency) $\varepsilon_{ap}$에 의하여 유효개구면적이 안테나의 물리적 개구면적 $A_p$보다 작거나 같다는 것을 보여 줄 것이다.

$$A_e = \varepsilon_{ap} A_p \tag{4-29}$$

여기서 $\varepsilon_{ap} \leq 1$이다. 앞에서 수신 안테나에 대한 일반적인 관계식을 전개했지만 이 식들은 13.1절에서 다루게 될 가역성의 원리에 따라 송신 안테나에 대해서도 동일하게 적용된다는 것을 유념하자. 또 식 (4-12)로부터 나온 유효길이는 $A_{em}$을 $A_e$로 치환함으로써 저항손실을 포함하도록 수정됨을 주목하자. 이들 관계식은 다음에 논의하는 통신 시스템 계산에 사용된다.

### 4.4.2 통신 링크

이제 그림 4-4의 통신 링크에서의 전력전달을 기술하고자 한다. 만약 송신 안테나가 등방향성이면, 거리 $R$에서의 전력밀도는 다음과 같다.

$$S = \frac{U_{ave}}{R^2} = \frac{P_t}{4\pi R^2} \tag{4-30}$$

여기서 $P_t$는 송신 안테나에 의해 수용된 시평균 입력전력이며 식 (2-131)과 식 (2-135)로부터 구면파 확산 손실 항인 $1/R^2$이 사용되었다. 실제로 이득 $G_t$를 지닌 송신 안테나는 항상 수신기 방향으로 향하게 된다. 그러면 수신 안테나로 입사하는 전력밀도는 식 (4-30) 값으로부터 이득만큼 증가하게 된다.

$$S = \frac{G_t U_{ave}}{R^2} = \frac{G_t P_t}{4\pi R^2} \tag{4-31}$$

식 (4-26)에 이 식을 사용하면 가용 수신전력은

$$P_r = SA_{er} = \frac{G_t P_t A_{er}}{4\pi R^2} \tag{4-32}$$

이 된다. 여기서 $A_{er}$은 수신 안테나의 유효개구면적이며 수신 안테나는 최대응답을 가지도록 지향, 편파되어 있다고 가정한다. 식 (4-27)로부터 $A_{er} = G_r \lambda^2/4\pi$이므로 식을 두 안테나의 이득으로 나타내면 다음과 같다.

$$\boxed{P_r = P_t \frac{G_t G_r \lambda^2}{(4\pi R)^2}} \qquad \textit{프리스 전달공식} \tag{4-33}$$

이 식은 가용전력을 송신전력, 안테나의 이득과 파장의 항으로 나타낸다. 이것은 **프리스 전달공식**(Friis transmission formula)에 대해 가장 널리 알려진 형태이며 통신링크 분석의 기초가 된다. 여기에는 몇 가지 가정이 필요하다. 가장 중요한 가정은 다른 물체로부터의 반사에 의한 이차 전파경로가 없이 깨끗한 가시선(LOS: line of sight)을 갖는다는 것이다(자유공간 조건). 또한 안테나가 각각의 최대 이득을 구현하기 위해 서로 마주 보는 방향으로 향하고 있다고 가정한다. 또한 송신과 수신 안테나는 그들의 전송선과 임피던스 정합이 되어 있고, 서로 동일하며 정렬된 편파를 가진다고 가정한다. 실제 통신 링크에서는 위의 가정들을 모두 만족시키기란 거의 불가능하다. 그러나 임던스 부정합, 편파 부정합, 안테나 오정렬에 의한 손실을 포함시키는 것은 간단한 문제이다. 보다 정확한 결과는 자유공간이 아닌 곳에서의 전파조건을 포함함으로써 얻을 수 있다.

링크 공식 (4-33)의 간편한 dB 형태는 양변에 10 log를 취함으로써 얻어진다.

$$P_r(\text{dBm}) = P_t(\text{dBm}) + G_t(\text{dB}) + G_r(\text{dB}) - 20\log\ R(\text{km}) - 20\log\ f(\text{MHz}) - 32.44 \tag{4-34}$$

단위 dBm은 전력에서 mW를 데시벨로 표현한 것이다. 예를 들어 30 dBm은 1 W이다. 이 식에서 전력은 종종 1 W 이상에 대한 단위로 dBW로 표현된다. $G_t$(dB), $G_r$(dB)은 각각 송신 안테나와 수신 안테나의 이득을 데시벨로 표현한 것이며, $R$(km)은 송신단과 수신단 사이의 거리를 km로 표현한 것이고, $f$(MHz)는 MHz 단위로 표현된 주파수이다. 가끔 식 (4-33)에 있는 $\lambda^2/(4\pi R)^2$은 자유공간손실(free space loss)로 정의된다. 자유공간손실의 dB 형태는 $L_{fs} = 20\log R(\text{km}) - 20\log f(\text{MHz}) - 32.44$이며 이는 식 (4-34)의 뒤의 세 항과 같다. 자유공간손실은 $1/R^2$ 성분을 포함하는데 이는 자유공간에서 구 형태로 퍼지는 파의 손실과 관련된다. 그러나 이 식은 $\lambda^2$을 포함하는 반면, 자유공간이 주파수에 의존적이지 않다는 것은 잘 알려진 사실이다. 따라서 자유공간손실이란 말은 잘못된 표현이다. 자유공간손실은 기본 링크 공식인 (4-34)에서 등방향성 안테나(예를 들어 안테나 이득이 모두 0 dB)가 사용될 때의 모든 손실을 포함하고 있다.

식 (4-28)을 각각의 안테나에 적용함으로써 방향에 따른 이득으로 안테나 간의 오정렬을 프리스 전달공식에 포함시킬 수 있다. 편파로 인한 효과와 저항 부정합은 증배상수에 포함되어 있다. 따라서 종단 임피던스에 공급되는 전력은 다음과 같이 주어진다.

$$\boxed{P_D = pq\ P_r} \tag{4-35}$$

여기서

$P_D$ = 안테나에서 공급되는 전력

$P_r$ = 수신 안테나에서의 유용전력

$p$ = 편파효율(또는 편파 부정합 인자) $0 \le p \le 1$

$q$ = 임피던스 부정합 인자, $0 \le q \le 1$

이다. 식 (4-35)를 다음과 같이 dB 형태로 나타내는 것이 편리하다.

$$P_D(\text{dBm}) = 10\log\ p + 10\log\ q + P_r(\text{dBm}) \tag{4-36}$$

부정합으로 인한 손실에 대한 자세한 내용은 EIRP가 주제인 다음 절에서 더 상세히 살펴볼 것이다. 실현이득(realized gain)은 저항의 부정합으로 인한 손실계산이 포함된 이득 값이며 이는 $qG$와 같다.

### 4.4.3 유효 등방향성 방사전력(EIRP)

통신 시스템에서 자주 사용되는 개념인 유효(또는 등가) 등방향성 방사전력, 즉 EIRP[effective(또는 equivalent) isotropically radiated power]는 이득 $G_t$를 가지는 안테나패턴의 최대치 방향에 해당하는 전력밀도와 같은 값을 갖는 등방향성 안테나에서 방사된 전력의 양을 뜻한다. EIRP는 단순히 송신 안테나의 이득에다가 그 안테나에 연결된 송신단에서 안테나로 전달된 총전력을 곱한 값이다.

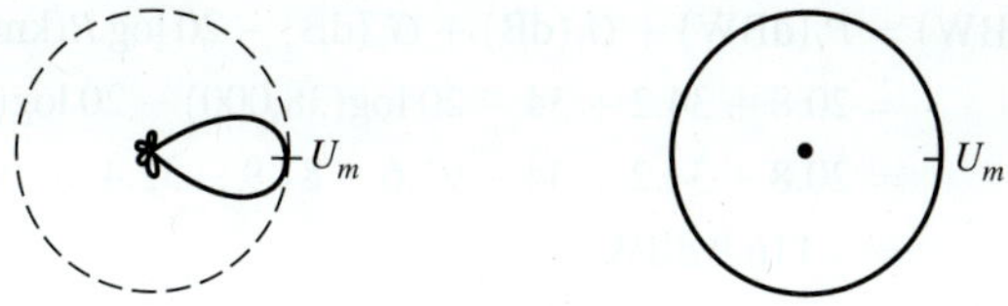


($a$) 입력전력 $P_t$와 이득 $G_t$를 가지는 지향성 안테나

($b$) 입력전력 $P_tG_t$와 단위 이득을 가지는 등방향성 안테나

**그림 4-5 유효 등방향성 방사전력(EIRP)의 예.** ($a$)와 ($b$)에서 $\text{EIRP} = 4\pi U_m$.

$$\text{EIRP} = P_tG_t \tag{4-37}$$

그림 4-5$a$에 표현된 것처럼, 입력전력 $P_t$를 갖는 송신 안테나의 최대 방사세기 $U_m$은 최대 방사를 하는 방향을 향한다. 식 (2-133)을 보라. 식 (2-152)로부터 안테나의 이득은 $G_t = 4\pi U_m/P_t$이므로, $\text{EIRP} = P_t(4\pi U_m/P_t) = 4\pi U_m$이 된다. 같은 방사세기 $U_m$은 그림 4-5$b$에서와 같이 입력전력이 $P_tG_t$인 무손실 등방향성 안테나($G_t = 1$)로부터 얻을 수도 있다. 즉 최대 패턴방향에서 지향성 안테나와 같은 방사세기를 얻기 위해서는 등방향성 안테나는 입력 전력이 $G_t$가 곱해진 만큼 더 커야 함을 뜻한다. 유효방사전력(ERP: effective radiated power)은 방송산업(FM과 TV)에서 사용되는데, 반파장 다이폴을 기준으로 하며, 송신기에서 안테나까지의 전송선로에서 발생하는 손실을 포함한다. 그러나 ERP는 때로 위에서 정의한 의미로서 EIRP 대신 사용되기도 한다. 예를 들어 5 dB의 손실을 갖는 전송선로를 통해 이득 7 dB짜리 안테나에 급전하는 100,000W급 송신기를 가진 FM 라디오 기지국의 ERP는 $50 - 5 + 7 - 2.15 = 49.85$ dBW가 된다. EIRP는 다음 예제에서처럼, 보통 위성 통신 산업에서 사용된다.

## 예제 4-4 직접 방송위성 수신 *(계속)*

잡음 전력을 계산했던 예제 4-3의 위성 TV 수신기에 대한 사례를 이 예제를 통하여 마무리한다. 전형적인 시스템은 여러 개의 압축된 비디오 채널을 처리하는 개개의 24 MHz 트랜스폰더는 여러 개의 압축된 비디오 채널을 처리하며, 위성으로부터 120 W의 전력으로 주파수를 송신한다. EIRP는 55 dBW이고 수신 시스템은 지름이 0.46 m (18 in)이며 오프셋 급전방식인 반사판 안테나를 사용한다. 이 예제에서는 다음 링크 파라미터 값들을 사용해 수신신호전력을 계산한다.

$f = 12.45$ GHz (12.2에서 12.7 GHz 대역의 중간)

$P_t(\text{dBW}) = 20.8\ \text{dBW}(120\text{W})$

$G_t(\text{dB}) = \text{EIRP}(\text{dBW}) - P_t(\text{dBW}) = 55 - 20.8 = 34.2\ \text{dB}$ 식 (4-37) 사용

$R = 38{,}000$ km (전형적인 경사 경로의 길이)

$$G_r = \frac{4\pi}{\lambda^2}\varepsilon_{\text{ap}}A_p = \frac{4\pi}{(0.024)^2}0.7\left(\pi\frac{0.46}{4}\right)^2 = 2538 = 34\ \text{dB}\ (\text{개구효율 } 70\%)$$

식 (4-34)로부터 정합되었다고 가정한 경우 안테나로부터 전달된 전력은

$$\begin{aligned} P_D(\text{dBW}) &= P_t(\text{dBW}) + G_t(\text{dB}) + G_r(\text{dB}) - 20\log R(\text{km}) - 20\log f(\text{MHz}) - 32.44 \\ &= 20.8 + 34.2 + 34 - 20\log(38{,}000) - 20\log(12450) - 32.44 \\ &= 20.8 + 34.2 + 34 - 91.6 - 81.9 - 32.4 \\ &= -116.9\,\text{dBW} \end{aligned} \quad \textbf{(4-38)}$$

이다. 이것은 겨우 $2 \times 10^{-12}$ W의 전력에 불과하다. 고이득 안테나가 없다면(합쳐서 68.2 dB), 이러한 신호는 불행하게도 잡음 속에서 사라질 것이다.

### ▸4.4.4 임피던스 부정합

부하 임피던스가 안테나 임피던스에 정합되었을 때 최대전력을 수신할 수 있는데, 이는 식 (4-9)의 조건하에서 그림 4-1*b*에 나타난 모델의 경우와 같다. 일반적인 부하 임피던스 경우에는 식 (4-8)이 적용된다. 이 두 경우의 비는 임피던스 부정합 인자 $q$로 나타낸다.

$$q = \frac{P_{\text{rm}}}{P_{\text{rm,matched}}} = \frac{4R_A R_L}{(R_A + R_L)^2 + (X_A + X_L)^2} \quad \textbf{(4-39)}$$

식 (4-7)에서와 같이 임피던스가 정합된 경우 위 식은 $q = 1$로 줄어들며, 이는 부정합으로 인한 손실이 없다는 것을 의미한다. 특성임피던스 $Z_o$인 전송선이 안테나에 연결되어 있는 상황이라면 다음과 같다.

$$q = \frac{4R_A Z_o}{(R_A + Z_o)^2 + X_A^2} \quad (R_T = Z_o, X_T = 0) \quad \textbf{(4-40)}$$

많은 경우, 전압 반사계수(voltage reflection coefficient) $\Gamma$를 먼저 구함으로써 $q$를 얻는 것이 편리하다. 수신된 전력은 (1로 정규화된) 입사 전력보다 상대 반사전력만큼 작으므로

$$q = 1 - |\Gamma|^2 \quad \textbf{(4-41)}$$

이고, $\Gamma$는 측정을 통해서나 다음과 같이 계산을 통해 얻을 수 있다.

$$\Gamma = \frac{Z_L - Z_A^*}{Z_L + Z_A} \quad \textbf{(4-42)}$$

식 (4-7)에서처럼 안테나가 부하에 공액 정합이 되어 있다면, 위의 두 식은 $\Gamma = 0$과 $q = 1$이 되며, 따라서 부정합으로 인한 손실이 없게 된다. 반사계수의 크기는 또한 전압 정재파비(VSWR: voltage standing wave ratio)를 측정함으로써 알 수 있다.

$$|\Gamma| = \frac{\text{VSWR} - 1}{\text{VSWR} + 1} \quad \textbf{(4-43)}$$

만약 안테나가 전송선로와 정합되어 있다면, VSWR = 1이고 $q = 1$이 된다. 이 둘 사이에 큰 부정합이 있다면, VSWR은 큰 값을 갖고 $q$는 0에 근접하게 된다. 측정장비는 보통 반사되는 양을 나타내기 위해 반사손실(return loss) RL을 보여 준다. 반사손실의 단위는 dB이며 반사계수와는 다음과 같은 관계를 갖는다.

$$\text{RL} = -20\log|\Gamma| \quad [\text{dB}] \qquad \textit{반사손실} \quad \textbf{(4-44)}$$

정합된 조건이라면 $\Gamma = 0$ 그리고 RL $= \infty$가 된다. 여기서 무한대의 반사손실은 안테나에서 반사된 신호가 모두 부하에서 '손실'된다는 것을 말한다. 일반적으로 안테나 임피던스 정합 조건은 VSWR $\leq 2$, 즉 $|\Gamma| \leq 0.333$, 그리고 RL $\leq 9.5$ dB이다. 가역성에 따라, 임피던스 부정합의 결과는 송신하는 경우와 수신하는 경우 모두에 동일하게 적용된다. 다시 한번 강조하자면, 임피던스 부정합은 이득 혹은 유효면적에 포함되어 있지 않고 독립적으로 계산되는데, 이는 그것이 안테나 고유의 특성이 아니라 단지 안테나가 어떻게 쓰이는지에 따라 결정되는 것이기 때문이다. 예를 들어 만약 이득이란 것이 단지 50 Ω의 부하가 연결된 경우만을 가정하는 것이라면, 다른 부하가 사용될 때는 이득을 계산하는 것이 어려워질 것이다.

### 4.4.5 편파 부정합

임피던스 부정합과 같이, 이득와 유효개구면적의 개념은 편파 부정합을 포함하지 않고, 반드시 별도로 계산되어야 한다. 편파 이론은 2.8절에서 소개되었고, 이를 이용해 안테나와 전파 간의 상호작용을 계산할 수 있다. 보다 자세한 사항은 참고문헌[H.11.1: Stutzman, Chap. 6]을 참조하라. 당연한 얘기지만, 방사된 파의 편파는 송신안테나의 편파이며, 일반적으로 패턴각과 함께 변하게 된다. 수신 안테나에 도착한 파는 안테나 편파와 축비, 방향(편파 회전에 따른) 및 기울어진 각도(즉 타원편파의 주축의 방향이 같을 때)가 같다면, 수신 안테나의 편파와 정합된다. **편파효율**(polarization efficiency) 또는 **편파부정합 인자**(polarization mismatch factor) $p$는 들어오는 파와 수신 안테나가 편파에 있어서 완전 부정합에서 완전 정합으로 변함에 따라 0에서 1로 바뀐다. 완전 정합($p = 1$)은 파와 안테나 편파의 상태가 같을 때 일어난다. 완전한 부정합($p = 0$)은 파와 안테나가 **교차편파**(cross-polarized) 되었을 때 일어난다. 그림 13-14는 동일편파와 교차편파의 상황을 보여 주고 있다. 교차편파 상태의 예는 수평과 수직선형편파와 같은 직교선형편파와 우수와 좌수원형편파이다. 편파의 부정합은 안테나가 편파와 정합되었을 때와 비교해서 부정합되어 있는 파로부터 더 적은 전력을 받아들인다는 점에서 보면 손실이 된다. 몇 가지 경우에서, 손실은 조정에 의해 회복될 수 있다. 예를 들어 링크 상에서 같은 방향과 축비를 갖는 송신과 수신 안테나의 편파 정합은 단순히 편파 타원의 주축이 같아질 때까지 어느 하나의 안테나를 회전시킴으로써 가능하다. 파와 안테나에 대한 편파정보는 각각 전장 $\mathbf{E}^i$와, 수신 안테나의 벡터 유효길이 $\mathbf{h}$에 포함되어 있다. 이용 가능한 수신전력은 식 (4-2)의 $|\mathbf{E}^i \cdot \mathbf{h}^*|^2$에 나온 것처럼 수신 단자 전압의 제곱에 비례한다. 이 표현을 최댓값으로 정규화하면 수신된 전력의 일부를 나타내는 $p$를 얻을 수 있다.

$$p = \frac{|\mathbf{E}^i \cdot \mathbf{h}^*|^2}{|\mathbf{E}^i|^2 \cdot |\mathbf{h}^*|^2} = |\hat{\mathbf{e}}^i \cdot \hat{\mathbf{h}}^*|^2 \tag{4-45}$$

여기서 $\hat{\mathbf{e}}^i$와 $\hat{\mathbf{h}}^*$는 각각 입사파와 수신 안테나 벡터 유효길이의 복소 단위벡터이다. 깨끗한 가시선 상이고, 중간의 전파 매질이 편파에 영향을 끼치지 않는다면, $\hat{\mathbf{e}}^i$는 멀리 떨어진 송신 안테나의 편파 $\hat{\mathbf{h}}_t$와 같다. 안테나 벡터 유효길이는 송신 상황에서 정의된다. 식 (4-45)의 공액은 수신 안테나 편파 기준의 틀에 대하여 진행 방향을 뒤집고, 파와 수신 안테나를 같은 수신 안테나 좌표계 상에 놓는 역할을 한다. 공액이 사용되지 않은 경우, 이러한 역할을 위해서 계산에서 오류가 발생할 수도 있는 부분적인 조작이 필요하게 된다. 식 (4-45)를 이용하면 마치 안테나가 송신하는 경우처럼 가정하여 안테나 벡터 유효길이를 사용할 수 있다. 이러한 상대적인 좌표 시스템의 사용에 대한 적절한 비유는 두 사람이 악수를 하는 것이다. 서로 마주 보면서, 각 사람이 반대편에 서 있으면서 각자의 오른손으로 서로 악수하는 것을 '정합되었다'라고 할 수 있다. 같은 방식으로, 원형 우수 편파(RHCP)된 파는 RHCP 수신 안테나에 정합된다. CP의 방향에 대해 혼란을 가졌던 고전적인 예는 1962년 7월 11일, 텔스타 위성을 이용한 첫 번째 대서양 횡단 TV 송신에서 발생한 것이다. 영국과 프랑스의 수신국들은 미국의 메인(Maine)주에 있는 지상국으로부터 송신되는 CP 신호를 받으려고 시도하였다. 영국인들이 CP 방향을 잘못 이해하여 편파가 부정합되었다. 그러나 프랑스의 수신국은 적절한 편파를 가지고 있었고, 먼저 신호를 수신할 수 있었다.

파와 안테나의 편파 단위 벡터는 그림 4-6의 좌표계를 활용하고 식 (2-188)의 형태를 통해 다음과 같이 표현된다.

$$\hat{\mathbf{e}} = \cos\gamma_i \hat{\mathbf{x}} + \sin\gamma_i e^{j\delta_i} \hat{\mathbf{y}} \quad \textbf{(4-46}a\textbf{)}$$

$$\hat{\mathbf{h}} = \cos\gamma \hat{\mathbf{x}} + \sin\gamma e^{j\delta} \hat{\mathbf{y}} \quad \textbf{(4-46}b\textbf{)}$$

여기서 $(\gamma_i, \delta_i)$와 $(\gamma, \delta)$는 도달 방향에서 입사파와 안테나에 관련된 편파각이다(그림 2-20 참조). 편파효율을 계산하는 과정은 다음 예제에서 설명한다.

## 예제 4-5 LP 안테나로 LP파 수신하기

그림 4-6$a$에 보이는 바와 같이 경사각이 $\tau_i$인 선형편파(LP) 입사파가 경사각 $\tau$의 LP안테나에 입사하고 있다. 여기서 다이폴은 일반적인 LP 안테나를 나타내는 데 사용된다. 입사파는 다이폴 안테나

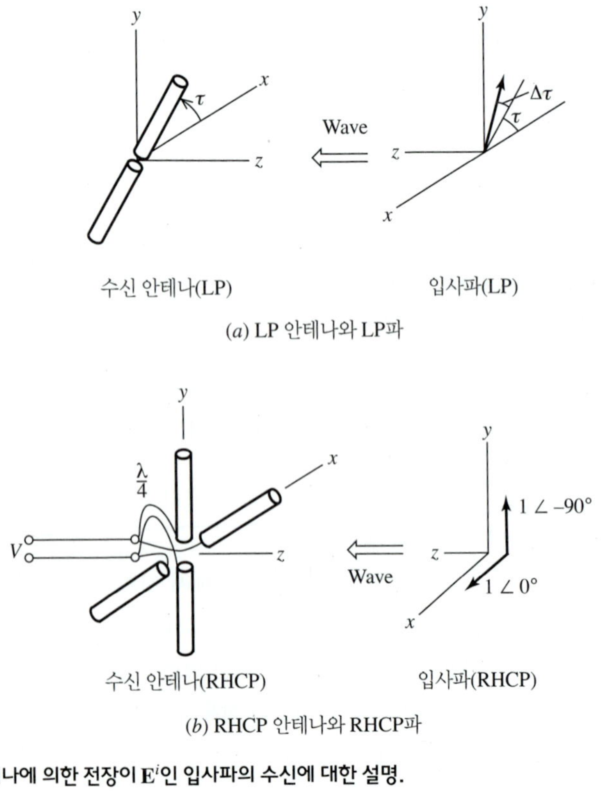


**그림 4-6** **수신 안테나에 의한 전장이 $\mathbf{E}^i$인 입사파의 수신에 대한 설명.**

의 면($xy$ 평면)에 법선방향으로 도달하는데, 이것은 수신 안테나의 일반적인 동작 상황과 일치한다. LP의 경우, $\varepsilon = 0$와 $\varepsilon_i = 0$을 식 (2-189)에 대입하면 각각 $\gamma_i = \tau_i$와 $\gamma = \tau$이 된다. 식 (2-190)으로부터 $\delta_i = 0$, $\delta = 0$을 각각 얻는다. 이 값들을 식 (4-46)에 대입하면 식 (4-45)는 다음과 같다.

$$
\begin{aligned}
p = |\hat{\mathbf{e}}^i \cdot \hat{\mathbf{h}}^*|^2 &= |(\cos\tau_i\,\hat{\mathbf{x}} + \sin\tau_i\,\hat{\mathbf{y}}) \cdot (\cos\tau\,\hat{\mathbf{x}} + \sin\tau\,\hat{\mathbf{y}})|^2 \\
&= |\cos\tau_i\cos\tau + \sin\tau_i\sin\tau|^2 = \cos^2(\tau_i - \tau) = \cos^2(\Delta\tau)
\end{aligned}
\tag{4-47}
$$

그러므로 입사파와 안테나 둘 다 LP일 때, 편파효율은 상대적인 경사각 $\Delta\tau$만의 함수이다. $\Delta\tau = 0°$이면 입사파와 안테나는 나란하다(예를 들면 $\mathbf{E}^i$가 다이폴에 평행하다). 입사파와 안테나는 동일편파이다. 즉 입사파와 안테나는 편파정합이며, $p = 1$이다. 입사파와 안테나가 직교하면, $\triangle r = 90°$이며 식 (4-47)로부터 $p = 0$이다. 그러므로 수신안테나의 출력은 없으며 입사파와 안테나는 교차편파이다. 실제로 안테나는 완전하게 편파를 맞출 수 없으며, 안테나 편파에 교차편파된 파의 편파 상태에 대해 약간의 반응을 보이게 된다.

## 예제 4-6 CP 안테나로 CP파 수신하기

링크 상에서 원형편파(CP)를 계산하면 편파상태에 대한 복소 벡터 형태와 식 (4-45)의 복소 공액의 역할이 나타나게 된다. 그림 4-6$b$에 나타낸 1/4파장 지연선로를 가지며 다이폴을 교차시킨 우수원형편파(RHCP) 수신 안테나를 고려하자. 이 안테나가 송신 안테나로서 동작하면, $x$와 $y$ 성분의 크기가 같고 $y$ 성분이 $x$ 성분에 대해 90°만큼 지연되므로 $+z$ 방향에서 다음과 같은 편파 상태를 가진다.

$$
\hat{\mathbf{h}} = \frac{1}{\sqrt{2}}(\hat{\mathbf{x}} - j\hat{\mathbf{y}}) \quad RHCP \tag{4-48}
$$

또한 이것은 $\gamma = 45°$, $\delta = -90°$인 경우 식 (4-46$b$)의 결과이다(2.8절 참조). 이와 마찬가지로 RHCP 입사파에 대해서는 다음과 같다.

$$
\hat{\mathbf{e}}^i = \frac{1}{\sqrt{2}}(\hat{\mathbf{x}} - j\hat{\mathbf{y}}) \quad RHCP \tag{4-49}
$$

그러므로 식 (4-45)로부터 편파효율은

$$
p = |\hat{\mathbf{e}}^i \cdot \hat{\mathbf{h}}^*|^2 = \left| \frac{1}{\sqrt{2}}(\hat{\mathbf{x}} - j\hat{\mathbf{y}}) \cdot \frac{1}{\sqrt{2}}(\hat{\mathbf{x}} - j\hat{\mathbf{y}})^* \right|^2 = 1 \tag{4-50}
$$

이며, 입사파는 안테나에 대해 완전히 정합되어 있다. 이 결과는 또한 안테나가 입사파에 어떻게 반응하는지를 살펴봄으로써 설명될 수 있다. $x$ 다이폴은 $1\angle 180°$의 전압을 만든다. 입사파와 안테나의 $x$축 기준 방향이 반대이므로 180°를 포함한다. $y$ 다이폴은 $1\angle 90°$로 여기되고, 출력은 1/4파장 길이의 전송선로에 의해 90°만큼 지연되어, 전송선 단자에서 $1\angle 180°$로 여기된 전압을 만든다. 두 개 다이폴의 전압을 결합하면 $2\angle 180°$가 되며, $x$와 $y$ 성분의 완전한 보강을 나타낸다. 그러므로 안테나는 입사파에 정합되게 된다. 입사파가 좌수원형편파(LHCP)라면, $y$ 성분의 위상은 $-90°$가 아니라 $+90°$가 되고, 전송선에서 완전한 상쇄가 일어난다. LHCP의 경우 식 (4-49)에서 $\hat{\mathbf{y}}$ 항의 부호는 양이며 $p = 0$이다. 이것은 교차편파 상황을 나타낸다.

**예제 4-7** CP 안테나로 LP파 수신하기

그림 4-6*a*의 LP파가 그림 4-6*b*의 CP 안테나에 입사된다고 가정해 보자. 편파효율은 예제 4-5에서의 $\hat{\mathbf{e}}^i$와 예제 4-6의 $\hat{\mathbf{h}}$를 사용해 계산한다.

$$p = |\hat{\mathbf{e}}^i \cdot \hat{\mathbf{h}}^*|^2 = \left|(\cos\tau_i\,\hat{\mathbf{x}} + \sin\tau_i\,\hat{\mathbf{y}}) \cdot \frac{1}{\sqrt{2}}(\hat{\mathbf{x}} - j\hat{\mathbf{y}})^*\right|^2 = \frac{1}{2}|\cos\tau_i + j\sin\tau_i|^2 = \frac{1}{2} \qquad \textbf{(4-51)}$$

따라서 CP 안테나로 수신하면 LP파에서 얻을 수 있는 전력의 절반을 잃게 된다. CP파와 LP 안테나에서도 동일하다. 대부분의 시스템 응용에서 이 3 dB 손실은 중요하며, 입사파에 정합된 안테나를 사용해야 한다. 반면에 한 안테나는 선형편파, 다른 안테나는 원형편파로 한 의도적인 동작 링크도 있다. 예를 들어 우주선의 선형편파 안테나로부터 나온 파는 우주 이동 또는 전리층의 패러데이(Faraday) 회전에 의해 회전하게 될 것이고, 만약 원형편파의 수신 안테나를 사용하게 되면, 이때 입사되는 선형편파 신호의 방향각에 따른 전력 레벨의 동요가 일어나지 않게 된다. 비록 3 dB 손실이 발생하지만, 수신신호는 일정하게 된다. 만약 두 개의 선형편파된 안테나가 예제 4-5와 같이 위성과 지구 간의 통신에 쓰인다면, 결과적으로 $\Delta\tau$가 0°에서 90°로 변할 동안 $p$는 1에서 0으로 변하게 되어 엄청난 편파손실의 가능성이 생기게 되므로, 편파 추적 시스템이 정렬을 유지할 수 있도록 해야 한다.

## 4.5 무선 통신 시스템에서의 안테나

**무선 통신**(wireless communication) 또는 단순하게 **무선**(wireless)은 단말에 선을 연결하지 않는 모든 전자 통신 방법을 포괄하는 넓은 의미의 용어이다. **전파통신**(radio communication)은 전파를 사용하는 통신으로 무선 통신의 일부이지만, 종종 상호적으로 사용된다. 일반적으로 무선이란 말은 전파 기술을 사용하지 않는 대신 적외선 또는 초음파 기술을 사용하는 시스템까지도 포함한다. 원래 무선이란 말은 초창기에, 즉 약 100여 년 전까지 많이 쓰였으며, 그 후 전파(radio)란 말이 20세기 대부분 사용되다가 세기 말에는 무선이 다시 유명해졌다(전파와 무선 통신의 역사에 대해서는 1.1절을 참조하라). **라디오**(radio)라는 말은 전자 수신기, 송수신기 등의 장치를 가리키는 데도 사용된다.

무선의 주된 응용분야는 음성, 영상 및 데이터 통신과 위치확인, 신분확인, 무선호출, 제어, 의학 등이다. **위치기반 서비스**(location-based service)는 반복되는 비용발생 없이 스스로 위치를 결정할 수 있도록 저렴한 모바일 단말기에 신호를 제공하는 위성 관측의 발전과 함께 급속도로 확장되었다. GPS(Global Positioning Satellite)가 바로 그 예이다. 이러한 서비스는 적은 비용으로 위치 결정을 제공하지만, 그 위치는 사용하는 단말기에서만 확인이 가능하다. 단말기의 위치를 또 다른 장소에 통신하기 위해서는 귀환 링크가 추가되어야 한다. 이를 가능하게 하는 통상적인 방법은 셀룰러 또는 위성 링크를 사용하는 것이다. 혁신적인 무선 응용분야가 지속적으로 다양하게 증가하고 있다. 의료사업에서의 흥미 있는 한 가지 예로, 삼킬 수 있는 알약에 카메라를 장착하여 장관(intestinal tract)의 영상을 얻고, 이에 대한 데이터를 몸에 장착한 수신 배열에 전송하는 무선 캡슐 내시경을 들 수 있다.

### 4.5.1 공간 주파수 재사용과 셀룰러 시스템

주파수 스펙트럼은 무선기술의 천연자원이다. 주파수 스펙트럼은 한정되어 있기 때문에, 네트워크 안에서 커버리지와 용량을 최대화하기 위해 공유하고 재사용해야 한다. 주파수는 같은 주파수에서 동시에 다른 위치, 각도 및 편파를 사용하여 재사용할 수 있다. 하지만 주파수를 재사용하는 가장 일반적인 방법은 같은 주파수 채널을 공간적으로 분할하는 것(공간 주파수 재사용)이며 이 기술을 셀룰러(cellular) 무선 통신이라고 한다.

일반적으로 단말기들은 고정되기도 하고, 휴대 가능(portable)하며 이동(mobile)될 수도 있다. 고정된 단말기는 움직이지 않는 데 반해, 모바일 단말기는 움직이면서 통신한다. 전통적으로 휴대용이란 말은 동작범위에서 쉽게 움직일 수 있는 단말기란 의미로 사용되었다. 무선 통신에서 휴대용이란 걷고 있는 사용자가 손으로 들고 쓰는 단말기를 의미하고, 모바일은 차량의 속도로 움직이는 중의 동작을 의미한다. 단말기의 플랫폼은 육상, 공중, 배, 또는 위성 등이 될 수 있다.

그림 4-7은 큰 단위의 영역에 서비스가 가능하도록 하기 위해 개별적인 셀의 크기가 다양하게 변함을 볼 수 있다. 이는 언제 어디서든 누구와도 글로벌한 연결이 가능하도록 하는 전 세계적인 목표를 위해 요구되는 것이다[3, 4]. 무선기술은 다양한 장치들에서 서비스가 결합되는 과정을 거치고 있다. 예를 들어 스마트폰은 여러 개의 음성과 데이터 대역(셀룰러, GSM, DCS, PCS), 위치확인(GPS), 무선근거리통신망(WiFi), 모바일 TV, 위성 통신 등을 포함하고 있다. 물론 이러한 각각의 물리적인 통신 링크를 위해서는 여러 개의 안테나가 필요하게 된다. 특히 다양한 통신과 서비스 대역에서 동작하기 위한 작은 크기의 휴대용 단말기에 적용 가능한 안테나를 설계하는 것은 큰 과제이다. 이러한 주제와 휴대전화 기지국에 대한 부분은 제12장에서 자세히 다루게 된다. 아래에 나타낸 셀 크기 규모에 대한 예시들은 그림 4-7에 묘사되어 있다.

- **메가셀** megacell
  메가셀은 위성 플랫폼을 '기지국'으로 사용하는 대륙 크기 범위에 서비스를 제공한다. 단말기는 비행체, 배, 또는 육지 상에(모바일, 휴대용, 또는 고정된 상태로) 있을 수 있다.
- **매크로셀** macrocell [무선 광역 통신망(WWAN: wireless wide area network)용]
  매크로셀러(Macrocellar)는 시골이나 도심지에서 주변 영역보다 높은 탑이나 건물 위에 기지국 안테나를 설치하여 제공되는 일반적인 휴대 서비스를 의미한다. 서비스는 30 km 정도까지 가능하다.
- **마이크로셀** microcell [무선 도시지역 통신망(WMAN: wireless metropolitan area network)용]
  마이크로셀러(microcellar) 기지국은 매크로셀러보다 낮은 전력을 사용하며 셀 범위도 작고, 도심지역에서만 사용된다. 안테나는 종종 건물 측면이나 전봇대에 장착된다. 셀 반경은 1 km나 그 이내로 캠퍼스나 쇼핑몰 등에 서비스된다.
- **피코셀** picocell [무선 근거리 통신망(WLAN: wireless local area network)용]
  건물, 작은 캠퍼스, 공항, 화물차 및 항공기 등의 내부가 피코셀에 속한다. 와이파이(WiFi: wireless fidelity) 시스템이 피코셀의 가장 주요한 응용이라 할 수 있다.
- **펨토셀** femtocell
  전형적인 휴대전화 서비스는 집 안 또는 건물 내에 펨토셀을 사용하여 확장된다.

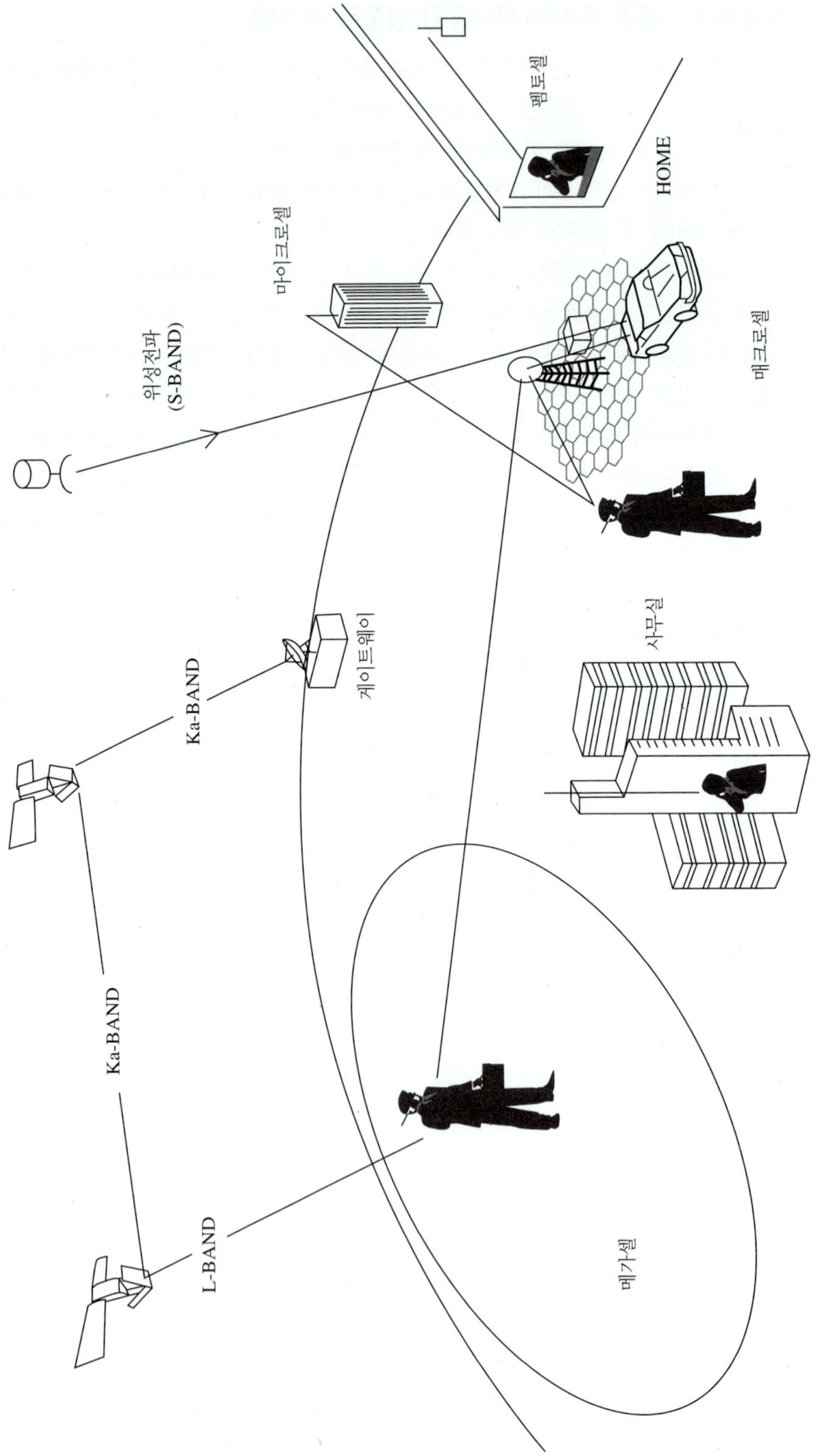


**그림 4-7** 위성–단말 간 링크, 위성 간 링크, 위성 급전 링크, 지상 격자망, 실내 네트워크 등 다양한 크기의 셀로 이루어진 다중모드 범세계 통신 개념도.

- **개인영역셀** personal area cell [무선 개인근거리 통신망(WPAN: wireless personal area network)용]
  개인영역은 주로 컴퓨팅 장치 및 휴대전화 등의 기기 사이에서 통신하는 데 사용된다. 서비스 범위는 몇 미터에 불과하다. 이를 사용하는 기술에는 블루투스(Bluetooth)와 초광대역(UWB: ultra wideband)이 있다.
- **인체영역셀** body area cell [무선 인체영역 통신망(WBAN: wireless body area network)용]
  인체를 점검하고 데이터를 근처의 단말기로 보내기 위해 착용과 삽입 가능한 무선 장치가 WBAN에서 사용된다. 이 기술은 급부상하고 있으며, 많은 응용분야가 나올 것이다.

하나의 송신기와 여러 개의 수신기를 가지고 있는 단방향 링크는 **방송통신**(broadcast communication)이라 불린다. AM 및 FM 방송 라디오가 좋은 예이다. 방송은 하나의 거대하고 고정된 고가의 송신기와 다수의 저가 수신기(이동 가능할 수도 있음)로 구성된다. 양방향 통신 링크는 이중(duplex) 시스템이라 불린다. 셀룰러폰과 같이 양방향으로 다수의 송수신기를 다루는 하나 또는 다수의 기지국은 **점대다점통신**(point-to-multipoint communication)이라 불린다. 마지막으로 **점대점통신**(point-to-point communication)은 단일 방향 또는 양방향으로 두 지점을 직접 연결할 때 사용된다. 차고문 개폐기가 단일 방향 점대점통신의 한 예이다. 링크에 대한 다른 중요기술은 각각 기지국에서 사용자로, 사용자에서 기지국으로의 연결을 위한 **순방향 링크**(forward link)와 **역방향 링크**(reverse link)이다. 기지국에서 사용자로, 사용자에서 기지국으로의 연결에 대한 다른 용어로는 **하향링크**(downlink)와 **상향링크**(uplink)가 있는데, 이는 위성 통신에 근간을 둔 용어들이다.

어떤 기술 분야든 미래를 예측하는 것에는 위험성이 따른다. 하지만 향후 무선시스템에서는 확실히 스펙트럼의 공동 사용 및 재사용을 통한 효율성이 강조될 것이다. 변조와 코딩의 발전과 더불어 물리적인 부분도 계속해서 강조될 것이다. 예를 들어 안테나의 역할이 더 많은 서브시스템의 기능에 포함될 것이다. 오늘날 디지털 라디오에서는 시스템에서 안테나의 정확한 위치를 정의하기 어렵다. 예를 들어 **소프트웨어 라디오**(software radio)에서는 하나의 하드웨어가 여러 경우에 다른 기능을 하기 위해 재설정 및 재구성된다. 이러한 부분은 주로 소프트웨어를 통해 수행되어 물리적인 계층이 이 소프트웨어를 통해 제어될 수 있다. 다중 안테나는 다이버시티 또는 다중입력다중출력(MIMO: multiple-input, multiple-output)에서의 적응형 배열이나 다중 센서와 같은 용도에 더욱 범용적으로 사용될 것이다. 보다 진보된 형태인 **인지무선**(cognitive radio)은 동작환경을 감지하고 주파수를 바꾸는 등의 방식으로 그에 적응할 것이다. 이러한 혁신을 가능케 하기 위해서는 새로운 안테나 기술이 요구될 것이다.

### 4.5.2 통신 링크에서의 전파 효과

4.4절에서의 기본 통신 원리는 완벽한 LOS와 전파 방해가 없는 상태를 가정하였다. 하지만 실제 무선 시스템은 안테나와 전파 효과 사이에 복잡한 상호작용으로 이뤄지며, 이는 역동적인 전파환경을 갖는 이동 및 휴대가 가능한 응용분야에서 더욱 두드러진다. 휴대 단말기는 실내 또는 도심지에서 작은 전파 플랫폼, 운용자 및 주변의 많은 사물들과 안테나 사이에 있어서 특히 복합적인 상호작용을 가진다. 일반적인 이동 통신과 휴대 무선 통신을 비교한 예로 표 4-1에 시스템에서 안테나와 전파 요소가 끼치는 영향을 나타내었다. 이동 통신의 경우, 건물 옥상에 설치된 이득 5 dB짜리 안테나(예를 들어 1/4$\lambda$ 위에 놓인 5/8$\lambda$ 소자가 놓인 동일선 상의 안테나)를 사용한다고 가정하였다(12.3절

표 4-1 이동 및 개인 무선 통신 단말의 성능 비교.

| 비교 성분 | 이동 통신 | 휴대용 통신 | 휴대용 통신에 따른 총손실 |
|---|---|---|---|
| 안테나 이득 | 5 dB | –4 dB | 9 dB |
| 전송 전력 | 3 W | 0.6 W | 7 dB |
| 건물 투과 손실 | - | 10 dB | 10 dB |
| 휴대용 통신에 따른 총손실 | - | - | 26 dB |

참조). 이동 통신의 경우는 모든 초창기 셀룰러 통신과 오늘날의 상업용 및 공공 차량에서 사용되는 지상 이동 통신을 모두 대표한다. 휴대 기기는 한 손으로 쥘 수 있을 정도의 크기를 가지며, 작은 크기로 인해 낮은 전력에서 동작하고 낮은 이득을 갖는 안테나를 사용해야 한다. 게다가 휴대 단말기는 종종 건물내부에서 동작하기 때문에 모바일 단말기보다 더 많은 손실을 갖는다. 표 4-1의 예에서 모바일 단말기와 비교해서 휴대 단말기는 총 26 dB만큼 더 손실을 겪었다. 현대의 셀룰러 시스템은 더 작은 셀을 사용함으로써 이와 같이 감소된 신호를 보상한다.

경로 효과는 전파 손실을 일반화하고 부정합 손실과 그 외에 다른 효과에 의한 손실을 포함할 수 있도록 링크에 관한 식 (4-34)를 확장시킴으로써 고려된다.

$$\begin{aligned} P_D(\text{dBm}) &= P_t(\text{dBm}) + G_t(\text{dB}) + G_r(\text{dB}) - 10n\log\ R(\text{km}) - 20m\log f(\text{MHz}) \\ &\quad - 32.44 + 10\log(p) + 10\log(q) - \sum_i L_i \end{aligned} \tag{4-52}$$

여기서

$P_D(\text{dBm})$ = dBm 단위의 수신기에 전달된 전력

$P_t(\text{dBm})$ = dBm 단위의 송신기에서 출력된 전력

$G_t(\text{dB})$, $G_r(\text{dB})$ = 각각 송신, 수신 안테나의 이득

$R(\text{km})$ = km 단위의 송신기와 수신기 사이의 거리

$n$ = 거리 변화에 따른 거듭제곱(자유공간의 경우 $n = 2$)

$f(\text{MHz})$ = MHz 단위의 동작 주파수

$m$ = 주파수 변화에 따른 거듭제곱(자유공간의 경우 $m = 2$)

$p, q$ = 각각 편파와 임피던스 부정합 인자

$L_1, L_2$ = 송신, 수신 안테나의 높이 $h_1$, $h_2$에 따른 dB 단위의 손실

$L_3$ = 깨끗한 대기 중에서의 dB 단위 흡수 손실

$L_4$ = 액체비중계(예, 강우)에 의한 dB 단위 흡수 손실

$L_5$ = 실외와 실내 사이에서 건물에 의한 dB 단위 손실

이다. 자유공간경로에 대해서, $n = 2$, $m = 2$이고 $L_i = 0$이다. 자유공간이 아닌 경우, $n$ 제곱과 $m$ 제곱 및 손실 $L_1$과 $L_2$가 주어진 전파 환경에 대하여 특정 장소에 국한된 모델들로부터 결정되거나, 보다 일반적으로는 위치와 시간의 변화에 따른 통계에 기반을 둔 평균 모델들로부터 결정된다. 이동하는 단말기와 링크 근처에서 움직이는 물체는 서로 다른 경로를 통해 수신기로 들어오는 다중 신호를 발생시킴으로써 다양한 페이딩을 일으킨다. 평균 모델들은 경험적인 데이터나 분석, 또는 이

둘 모두에 기반을 둔다. 여기서는 몇몇의 손실 인자에 대해 간략하게 논의할 것이며, 보다 자세한 내용은 H.4, H.9.1에 나열된 참고문헌들, 그리고 참고문헌 [5]에서 찾을 수 있다.

일반적인 $n$은 실외 전파 환경에서는 4 값을 가지며, 음영지역 또는 차단된 LOS경로에서는 보다 큰 값을 가진다. 자유공간 상의 값인 2에서 4로 증가하는 것은 지수적 특성을 고려할 때 매우 극단적인 것이다. 예를 들어 이러한 증가는 20 km 경로에서 26 dB의 추가적인 손실과 동일한 의미를 가진다. 대부분의 모델에서 $m$은 자유공간에서의 값인 2이다. HF 대역 이하에서는 전리층 효과가 반드시 고려되어야 한다. 깨끗한 대기 중에서의 흡수 $L_3$는 수 GHz보다 낮은 주파수에서는 작지만, 각각 22 GHz와 60 GHz 근처에 있는 수증기 및 산소 대역에서의 높은 감쇠에 의해 주파수가 높아짐에 따라 함께 증가하게 된다. 강우 흡수 $L_4$는 수 GHz 이하에서는 작지만 10 GHz 이상에서는 상당한 값을 가진다. 강우 감쇠에 따른 간단한 모델에 대해서는 참고문헌 [6]을, 10~30 GHz 영역에서의 실험적 데이터에 대해서는 참고문헌 [7]을 살펴보라. 외부에서 건물 내부로 들어가는 신호의 전파 손실은 건물의 재질 및 주파수에 따라 수 dB가 추가될 수 있다[H.4: Siwiak]. 편파 또한 전파에 영향을 끼친다. 지면 반사는 편파에 따라 달라지며 이는 간접적인 다중경로 성분에 영향을 미친다(6.7절을 참조하라). 원형 편파는 반사파가 입사파와 반대 방향의 편파를 가지게 되어 직접파와 상쇄간섭을 일으키지 않기 때문에 자연적으로 발생하는 다중경로의 제거에 유용할 수 있다[H.11.1: Stutzman, Sec. 8.2.3]. 임피던스 부정합은 링크의 양 끝에서 발생할 수 있음을 유의하라.

### 4.5.3 이득 추정

안테나와 통신 시스템 분석에서 특별히 유용한 도구는 안테나 이득을 측정하는 기술이다. 이득은 다양한 방법으로 계산되고 측정될 수 있으며, 이는 9.3절에서 상세하게 다룰 것이다. 앞으로 살펴볼 것처럼, 특정한 안테나에 대한 대부분의 정보를 다루는 기술은 가장 정확한 이득 값을 제공한다. 그러나 여기서는 한 가지 매우 간단하지만 강력한 이득 추정 방법에 대해서만 설명하도록 한다.

지향성은 오직 안테나의 패턴에만 의존하며, 따라서 패턴 자료만으로도 계산되고 추정될 수 있다. 지향성은 식 (2-144)의 $D = 4\pi/\Omega_A$와 같이 빔 입체각에 반비례 관계로 변화한다. 빔 입체각은 식 (2-142)를 사용하여 모든 각에 대해 전력패턴을 적분함으로써 알 수 있다. $\Omega_A$를 찾고, 이로부터 $D$를 얻기 위해 여러 개의 패턴 단면을 측정 혹은 계산한 후, 이를 수식적으로 적분할 수 있다. 여기서 전개하고자 하는 간단한 방법은 빔 입체각을 추정하기 위해 주평면 패턴의 반전력 빔폭을 이용하는 것이다. 이는 오직 주빔에서의 입체각 $\Omega_M$과 전체 패턴의 입체각 $\Omega_A$의 비인 빔효율(beam efficiency) $\varepsilon_M$을 정의함으로써 시작된다.

$$\varepsilon_M = \frac{\Omega_M}{\Omega_A} = \frac{\displaystyle\iint_{main\ beam} |F(\theta,\phi)|^2 d\Omega}{\displaystyle\iint_{4\pi} |F(\theta,\phi)|^2 d\Omega} \qquad \text{빔 효율} \tag{4-53}$$

주빔 입체각은 주빔의 최대점을 지나는 주평면에서 반전력 빔폭의 곱으로서도 잘 근사화된다.

$$\Omega_M \approx \mathrm{HP_E HP_H} \tag{4-54}$$

그러면 이 결과를 조합해 지향성을 추정할 수 있다.

$$D = \frac{4\pi}{\Omega_A} = \frac{4\pi\varepsilon_M}{\Omega_M} \approx \frac{4\pi\varepsilon_M}{\mathrm{HP_E HP_H}} = \frac{41{,}253\ \varepsilon_M}{\mathrm{HP_{E^\circ} HP_{H^\circ}}} \tag{4-55}$$

여기서 $\mathrm{HP_{E^\circ}}$와 $\mathrm{HP_{H^\circ}}$는 $E$ 평면과 $H$ 평면에서 도(°, degree)로 표현된 반전력 빔폭이다. 때로 측엽이 없다는 가정(모든 전력이 주빔에 집중되어 있다면)하에 $\varepsilon_M = 1$을 얻기도 한다.

$$D \approx \frac{41{,}253}{\mathrm{HP_{E^\circ} HP_{H^\circ}}} \qquad \text{측엽이 없을 때} \tag{4-56}$$

이 공식은 지향성이 낮은 안테나에서 매우 잘 맞는다. 예를 들어 $\mathrm{HP_{E^\circ}} = 78$, $\mathrm{HP_{H^\circ}} = 360$을 갖는 반파장 다이폴은 식 (4-56)을 통해 D ≈ 1.47 값을 가짐을 알 수 있는데, 이는 정확한 값인 1.64에 근접한 결과다.

단순한 소자(소형 안테나나 반파장 다이폴 같은) 이외의 안테나는 주빔 이외 방향으로 하나 이상의 엽을 갖는다. 이러한 안테나의 전형적인 빔효율은 약 0.63이다. 만일 손실이 없다면(또는 별도로 고려된다면) $e_r = 1$이고, 실제 상황에서 전형적인 안테나가 가지는 이득은 $\varepsilon_M = 0.63$일 때 식 (4-55)로부터

$$D = e_r D \approx D \approx \frac{26{,}000}{\mathrm{HP_{E^\circ} HP_{H^\circ}}} \qquad \text{일반적인 사용식} \tag{4-57}$$

이다. 이와 같이 단순화된 공식을 활용하면 오용의 위험성이 있고 정확도가 떨어질 수 있다는 점을 주의하라. 이러한 공식은 추정을 위해서 사용될 뿐이며 빔폭에 대해 알고 있을 때에만 사용된다.

## 예제 4-8 휴대전화 역방향 링크

휴대전화에서 섹터 안테나를 포함하는 기지국까지의 전형적인 휴대전화의 역방향 링크(상향링크)를 고려해 보자. 휴대전화는 1900 MHz에서 300 mW의 전력을 −1 dB 이득과 VSWR = 3인 수직편파 전방향성 안테나를 통해 송신한다. 8 km 떨어진 기지국의 안테나는 45° 기울어진 선형편파, 6°의 고도각 빔폭과 90°의 방위각 빔폭을 갖는다. 이때 수신 안테나에서 받을 수 있는 전력을 계산하고자 한다. 우선 기지국의 수신 안테나 이득은 식 (4-57)을 이용해 $G_r = 16.8$ dB가 되며, 임피던스 정합되어 있다. 송신단에서의 임피던스 부정합 손실은 식 (4-43)을 식 (4-41)에 대입하여 $q = 0.75$가 됨을 알 수 있다. 편파 부정합 손실은 식 (4-47)로부터 구할 수 있으며 $p = 0.5$이다. 많은 전파 시나리오에서 전형적으로 적용되는 거리에 다른 변화 $1/R^4$를 사용하면, 식 (4-52)로부터

$$\begin{aligned} P_D(\mathrm{dBm}) &= P_t(\mathrm{dBm}) + G_t(\mathrm{dB}) + G_r(\mathrm{dB}) - 40\log R(\mathrm{km}) - 20\log f(\mathrm{MHz}) - 32.44 \\ &\quad + 10\log(0.5) + 10\log(0.75) \\ &= 24.8 - 1 + 16.8 - 36.1 - 65.6 - 32.44 - 3 - 1.25 = -97.8\ \mathrm{dBm} \end{aligned} \tag{4-58}$$

잡음과 CNR 또한 계산할 수 있다. 그림 4-3으로부터, 주어진 주파수에서 우주잡음은 매우 낮음을 알 수 있으며, 대부분의 안테나 잡음은 지상으로부터 발생한다. 안테나잡음을 200 K, 수신단의 잡음을 250 K로 가정하면, 시스템 잡음 $T_{\mathrm{sys}} = 450$ K가 된다. 이제 식 (4-15)를 사용하면 1.5 MHz의 채널 대역폭에 대해 잡음전력을 구할 수 있다.

$$\begin{aligned} P_{\mathrm{Nsys}} &= kT_{\mathrm{sys}}\Delta f = 1.38 \times 10^{-23}(450)1.5 \times 10^6 = 9.32 \times 10^{-15} = -140.3\ \mathrm{dBW} \\ &= -110.3\ \mathrm{dBm} \end{aligned} \tag{4-59}$$

식 (4-17)로부터 반송파 대 잡음비는 다음과 같이 주어진다.

$$\text{CNR} = \frac{P_D}{P_{\text{Nsys}}} = P_D(\text{dBm}) - P_{\text{Nsys}}(\text{dBm}) = -97.8 - (-110.3) = 12.5\ \text{dB} \tag{4-60}$$

## 4.6 레이더 시스템에서의 안테나

이제는 레이더로 관심을 돌려 보자. 그림 4-8에서 보는 바와 같이 비행기가 레이더의 목표물이라고 생각하자. 단안정 레이더(monostatic radar)를 형성하는 송신, 수신 안테나가 동일 장소에 있고, 패턴의 최대점이 목표물을 향해 있다고 가정한다. 그렇다면 목표물에 입사되는 전력밀도는

$$S^i = \frac{P_t}{4\pi R^2} G_t = \frac{P_t A_{\text{et}}}{\lambda^2 R^2} \tag{4-61}$$

이며, 여기서 식 (4-27)과 식 (4-31)을 사용했다. 목표물이 얻는 전력은 입사전력밀도에 비례하므로

$$P^i = \sigma S^i \tag{4-62}$$

이며, 여기서 비례상수 $\sigma$는 레이더 단면적(RCS: radar cross section, $\text{m}^2$)이며, 목표물이 입사전력을 모든 방향으로 균일하게 재방사하는 데 근거한 목표물의 등가면적이다. 비록 입사전력 $P^i$가 실제로 균등하게 산란되지 않지만, 수신기 방향으로 산란되는 전력만으로 목표물이 균등하게 산란한다고 가정할 수 있다. $P^i$가 균등하게 산란되는 것처럼 보여서, 수신기에 도달하는 전력밀도는

$$S^s = \frac{P^i}{4\pi R^2} \tag{4-63}$$

이다. 수신기에서 얻을 수 있는 전력은 식 (4-32)에서

$$P_r = A_{er} S^s \tag{4-64}$$

이다. 위의 네 식을 결합하면

$$P_r = A_{er} \frac{\sigma S^i}{4\pi R^2} = P_t \frac{A_{er} A_{et}\ \sigma}{4\pi R^4\ \lambda^2} \tag{4-65}$$

을 얻고, 이것을 레이더 방정식(radar equation)이라 부른다. 식 (4-27)을 이용하면, 이 식은

$$P_r = P_t \frac{\lambda^2 G_r G_t \sigma}{(4\pi)^3 R^4} \tag{4-66}$$

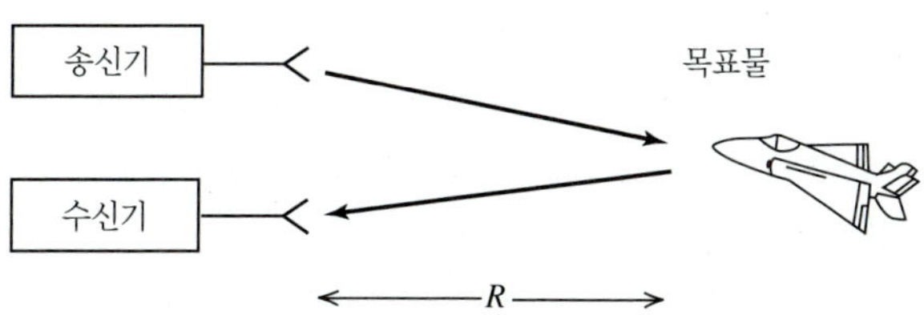


그림 4-8 레이더의 예.

와 같이 간편한 형태로 다시 쓸 수 있다. 이것은 연속파(CW: continuous wave) 레이더에서 쓰이는 기본적인 형태의 레이더 거리 공식이다. 대개의 경우처럼 송수신 안테나가 동일하다면 $G_rG_t = G^2$ 이다.

식 (4-62)와 식 (4-63)을 결합하면 레이더 단면적 $\sigma$의 정의를 얻는다.

$$\sigma = \frac{4\pi R^2 S^S}{S^i}, \quad R >>> \lambda \tag{4-67}$$

이것은 송신기 방향에서 입사전력밀도에 대한 수신기 방향의 방사세기 $R^2S^S$의 $4\pi$배의 비이다. $R^2$을 곱하게 되면 $\sigma$는 거리에 대해 독립적이 된다. 이것은 입사파는 목표물 상에서 측정되는 반면 산란된 전력은 $R^2$에 반비례하기 때문이다.

형태가 복잡한 산란 물체의 레이더 단면적은 입사각, 산란각, 주파수, 편파, 구성된 물질 등을 포함하는 여러 가지 변수의 함수이다. 몇 가지 예가 16.16절에 있다. RCS는 방향이나 목표물의 물리적 크기와 직접적이거나 간단한 수학적 관계로 주어지지는 않는다.

### 예제 4-9 단안정 레이더의 측정거리

경찰 레이더는 전형적으로 대략 10, 24, 또는 35 GHz에서 동작하는 단순한 저전력 CW 도플러 레이더다. 다음 파라미터를 지닌 경찰 레이더 장치를 고려해 보자. 송신단은 50 mW의 최대 출력을 갖는 건 효과 다이오드를 사용한다. 수신단은 저잡음 쇼트키 장벽 혼합기 다이오드를 사용하고, 적절한 탐지를 위해 최소 −120 dBm의 수신전력을 필요로 한다. 안테나는 2.5인치 직경의 CP 원형 혼 안테나로 이득 23 dB와 반전력 빔폭 12°를 가진다. 100 $m^2$의 RCS를 가지는 오토바이가 있다고 가정해 보자. 오토바이의 속도 측정을 위한 이 레이더의 최대 측정거리는 무엇인가? 식 (4-66)으로부터

$$R = \left[P_t \frac{\lambda^2 G^2 \sigma}{(4\pi)^3 P_r}\right]^{1/4} = \left[(50\times10^{-3})\frac{(0.8\times10^{-2})^2(2\times10^2)^2(10^2)}{(4\pi)^3(10^{-15})}\right]^{1/4} = 1.59 \text{ km}$$

이다. 이 경우, 속도 측정을 위한 최대 범위는 1마일보다 조금 작은데, 이는 이러한 부류의 레이더 장비에서 전형적인 값이다.

## 4.7 의도하지 않은 방사체로서의 안테나

도체 상의 시변전류는 방사한다. 이 책에서는 RF 방사를 송신 또는 수신할 수 있는 도체에 대해 다룬다. 이러한 도체들은 의도된 전자장을 방사 그리고/또는 수신하므로 안테나라고 부른다. 하지만 잠재적으로 전자파장해(EMI: electromagnetic interference)를 일으킬 수 있는 의도하지 **않은** 전자장 또한 존재한다. 전자파장해의 원인과 해결책에 대한 연구는 전자파적합성(EMC: electromagnetic compatibility)의 영역이다.

21세기의 주요 관심사는 디지털 기기이다. 디지털 전자기기에 의해 방출된 전자장은 정부 규제에 따라 기기로부터 특정 거리만큼 떨어진 지점에서 지정된 최저 수준이하를 만족시켜야 한다. 이

로부터 방출 한도가 결정된다. 또한 기기는 원치 않은 전자장에 노출되었을 때 성능이 저하될 만큼 민감해서는 안 된다. 이로부터 내성 한도가 결정된다.

전자파적합성은 세 가지 기술적 추세에 따라 점점 더 중요해지고 있다. 첫 번째는 더 빠른 프로세서 속도로 인해 펄스 상승 속도가 짧아지게 된다는 것이다. 이는 먼 거리까지도 방출되는 점점 더 높은 주파수 성분을 가진 에너지를 증가시킨다(변위전류는 주파수에 비례함을 기억하라). 두 번째는 반도체 디지털 논리회로와 신호처리 회로가 낮은 문턱전압으로 동작함으로써 전자파장해에 더욱 민감해진다는 것이다. 세 번째로 장비들이 대부분 플라스틱 형태의 재질로 씌어지기 때문에 금속 케이스에 비해 장비 자체가 가지는 고유한 차폐효과가 감소한다는 것이다.

전자 장비는 방출과 내성에 대한 정해진 기준을 만족시키지 않는 한 판매될 수 없다. 이러한 기준을 만족시킬 수 있는 가장 효율적인 방법은 설계 과정에서 원치 않는 방사와 수신을 없애기 위한 원칙들을 도입하는 것이다. 많은 비용과 노력이 소모되는 설계 후 수정 작업을 배제하기 위해서 안테나에 대한 이해는 이 과정에서 필수적이다. 피해야 할 몇 가지 예시들이 그림 4-9에 나타나 있는데, 이들은 의도되지 않은 안테나 소자들에 대한 것이다.

폴(Paul)의 예시는 PCB 상의 의도되지 않은 작은 전류 루프에 의해 생성되는 어려움에 대해 나타낸다[8]. PCB 상에서 50 MHz의 주파수에서 100 mA의 전류를 가진 1 cm × 1 cm짜리 전류 루프를 생각해 보자. 연방통신위원회(FCC)의 B급 측정거리 표준인 3m에서 이 전류 루프로부터의

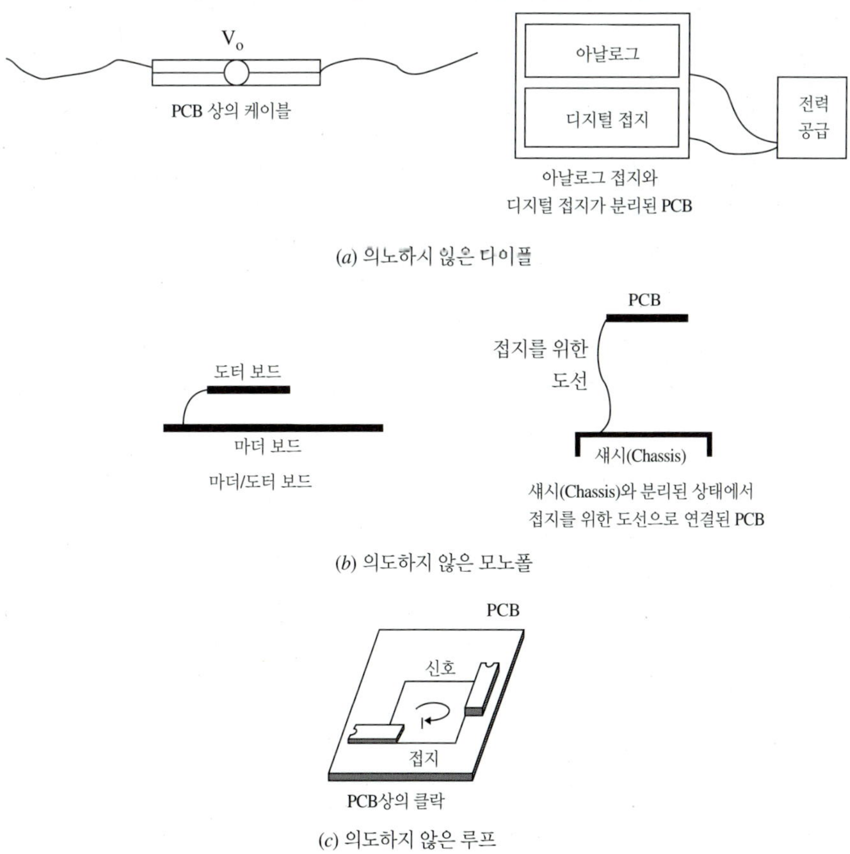

(*a*) 의도하지 않은 다이폴

(*b*) 의도하지 않은 모노폴

(*c*) 의도하지 않은 루프

**그림 4-9** 의도되지 않은 방사 소자의 예.

최대 전장은 40.8 dB$\mu$V/m다. 이 주파수에서의 연방통신위원회의 B급 기준에 따른 한계는 40.8 dB$\mu$V/m다. 따라서 이러한 전류 루프를 포함하는 전자제품은 연방통신위원회의 기준을 만족시키지 못하여 판매될 수 없을 수도 있다. 안테나에 대한 지식을 가진 PCB 설계자는 설계 과정에서 어떻게 하면 이러한 전류 루프를 피할 수 있을지 알 수 있을 것이다(연습문제 4.7-2 참조).

방출 측정을 수행할 때, 스펙트럼 분석기나 네트워크 분석기 또는 RF 전압측정기와 같은 수신기들이 사용된다. 특정 주파수에서 읽히는 값들은 주로 dB$\mu$V (1마이크로볼트에 대한 dB 값) 단위로 표현되는 수 마이크로볼트의 값을 가질 것이다. 그러나 실제로 필요한 것은 측정 안테나에서의 전장 $E^i$이다. 왜냐하면 규제 요건 자체가 $E^i$의 형태로 표현되어 있기 때문이다. 안테나 단말 전압 $V_L$과 $E^i$의 관계는 안테나 인자 $K$를 이용하여 식 (4-13)처럼 표현된다. 안테나 인자는 장비의 누설전파(간섭)에 따른 방출이나 내성을 정량화하는 데 사용된다. 방출 시험에서는 이미 안테나 인자를 알고 있는 프로브 안테나가 정해진 출력 전력으로 송신하는 시험 중인 장비(DUT: device under test)로부터 신호를 수신한다. 프로브는 최대 응답을 만족시키도록 놓이게 된다. 보통 영점 조절된 안테나 인자 데이터가 측정 안테나와 함께 주어지는데, 이는 안테나 인자(또는 벡터 유효길이)에 대한 분석적인 결정이 대부분 안테나에서 쉽지 않기 때문이다. 보통 영점 조절된 프로브 데이터는 30 MHz에서 1 GHz까지 주어진다(7.9절 참조). 일반적으로 스펙트럼 분석기 전압 $V_r$은, 케이블 손실 $L_c$를 포함시키고 식 (4-13)을 이용해 dB 형태로 표현하면 다음과 같다(13.5절 참조).

$$V_r(\text{dB}\mu\text{V}) = V_L(\text{dB}\mu\text{V}) - L_c(\text{dB}) = E^i(\text{dB}\mu\text{Vm}^{-1}) - K(\text{dBm}^{-1}) - L_c(\text{dB}) \quad \textbf{(4-68)}$$

## 예제 4-10 전자파적합성 시험을 위한 안테나 인자

전자기기는 전자파적합성 측정 안테나의 단말에서 전압을 생성시키는 원치 않는 전장을 100 MHz에서 방출한다. 안테나의 표면에서 전장의 세기는 연방통신위원회 B급 기준의 한계인 43.5 dB$\mu$V/m 또는 $E^i = 149.62\ \mu$V/m이며, 시험 중인 장비(DUT)로부터 표준 거리 3 m 떨어진 지점에서 측정된 것이다. 안테나 제조사에 의해 제공된 안테나의 안테나 인자는 14 dBm$^{-1}$이다. 안테나는 100 ft당 4.5 dB의 손실을 가지는 25 ft짜리 RG-58U 동축 케이블에 의해 스펙트럼 분석기에 연결되어 있다. 스펙트럼 분석기에서 읽히는 전압은 얼마인가?

안테나 단말에서의 전압은 식 (4-68)을 통해 구해질 수 있다.

$$\begin{aligned} V_r(\text{dB}\mu\text{V}) &= E^i(\text{dB}\mu\text{Vm}^{-1}) - K(\text{dBm}^{-1}) - L_c(\text{dB}) = 43.5 - 14 - 25 \times 4.5/100 \\ &= 28.375\ \text{dB}\mu V \end{aligned}$$

따라서 이 전자기기는 연방통신위원회의 요구사항을 만족시키기 위해, 그리고 다양한 불확정요소에 따른 안정도의 여유분을 확보하기 위해서, 스펙트럼 분석기에서 읽히는 전압이 28.375 dB$\mu$V보다 낮아지도록 방출 크기를 줄일 필요가 있다.

## 참고문헌 References


1. J. H. Reed, Ed., An *Introduction to Ultra Wideband Communication Systems*, Prentice-Hall, Chap. 4, 2005.
2. W. Flock and E. K. Smith, "Natural Radio Noise—A Mini-Review," *IEEE Trans. on Ant. and Prop.*, Vol. AP-32, pp. 762–767, July 1984.
3. Y. Rahmat-Samii and W. L. Stutzman, Ed., "Special Issue on Wireless Communications," *IEEE Trans. on Ant. and Prop.*, Vol. 46, June 1998.
4. W. L. Stutzman and C. B. Dietrich Jr., "Moving beyond Wireless Voice Systems," *Scientific American*, Vol. 278, pp. 80–81, April 1998.
5. D. E. Kerr, *Propagation of Short Radio Waves*, Dover: New York, 1951.
6. W. L. Stutzman and J. W. LaPean, "Model Predicts Rain Attenuation in Satellite Links," *Microwaves & RF*, Vol. 31, pp. 108–115, April 1992.
7. W. L. Stutzman, et al., "Results from the Virginia Tech Propagation Experiment Using the Olympus Satellite 12, 20, and 30 GHz Beacons," *IEEE Trans. on Ant. and Prop.*, Vol. 43, pp. 54–62, Jan. 1995.
8. C. R. Paul, *Introduction to Electromagnetic Compatibility*, 2nd ed., Wiley, p. 428, 2006.


## 연습문제 Problems

**4.2-1** ▸ *소형 루프 안테나의 벡터 유효길이.* (a) $xy$ 평면에 있는 소형 루프 안테나에 대해 벡터 유효길이 표현이 식 (3-49)로부터 시작해서

$$\mathbf{h} = -j\beta\mu_{\text{eff}}NS\sin\theta\,\hat{\boldsymbol{\phi}}$$

임을 유도하라. 루프 안테나의 권선 수는 $N$, 유효 상대 투자율은 $\mu_{\text{eff}}$, 한 번 감은 면적은 S이다. (b) 소형 루프 안테나와 단형 다이폴 안테나의 유효길이의 비를 구하라. (c) 1.5 MHz에서 동작하는 0.3 m의 지름을 갖는 단일 권선 루프의 경우와 같은 주파수에서 동작하는 0.3 m 길이를 갖는 단형 다이폴에 대해서 (b)를 수행하라. 결과에 대해 설명하라.

**4.2-2** ▸ 페라이트 막대 안테나는 $\mu_{\text{eff}} = 38$, 지름 $= 1.17$ cm의 페라이트 자심에 선이 22번 감겨 있다. 연습문제 4.2-1에 나온 표현을 이용하여 1 MHz에서의 (최대)유효길이를 계산하라.

**4.2-3** ▸ (a) 식 (4-8)과 (4-10)을 이용하여 $A_{em}$의 일반적인 표현을 유도하라. (b) 이 표현이 공액 정합에 대해 식 (4-12)로 간략화됨을 보여라.

**4.2-4** ▸ (a) 식 (4-13)에 기초하여 안테나 인자를 dB 형식의 수식으로 나타내라. (b) 이 공식을 이용하여 8 dB 손실의 케이블에 의해 스펙트럼 분석기에 연결되어 있는 안테나 인자 값을 dB/m 단위로 계산하라. 입력 임피던스가 50 Ω인 스펙트럼 분석기에서 측정된 전압은 40 dB$\mu$V이다. 입사파는 안테나와 정합되어 있고, 세기는 60 dB$\mu$V/m이다.

**4.3-1** ▸ 지상 기반의 방사분석계는 HP = 0.079°인 안테나 빔폭을 가지며, 화성에 맞춰져 있을 때 9.5 GHz에서 측정되는 안테나 온도는 0.8 K다. 화성은 원판 형태로 보이며 벌어진 각은 0.005°이다. 이때 화성의 등가 전원 온도를 구하라.

**4.3-2** ▸ 40 dB의 지향성을 갖는 안테나의 주빔은 태양을 중심으로 향해 있으며, 태양을 향해 벌

어진 각은 0.5°다. 태양의 잡음온도가 6,000 K일 때, 12 GHz에서 태양이 안테나 온도에 얼마나 기여하는지 계산하라.

**4.3-3** ▶ 고도각을 0°에서 90°로 제한하였을 때, 5 GHz에서 1.5 MHz의 대역폭을 갖는 안테나의 잡음전력을 dBW 단위로 계산하라.

**4.4-1** ▶ 등방향성 안테나에 대해 최대유효개구면적에 대한 표현을 유도하라. 그리고 그 결과를 단형 다이폴의 경우와 비교하라.

**4.4-2** ▶ (a) 식 (4-12)의 안테나 유효길이를 최대유효개구면적 대신 지향성을 사용하여 유도하라. 안테나의 저항 손실은 지향성을 대신하여 이득을 사용할 때 포함됨을 기억하라. (b) 이상적 다이폴의 경우에 대한 표현을 구하라. (c) 100 MHz에서 반파장 다이폴의 유효길이를 계산하라. 실제 물리적 길이와 비교하라.

**4.4-3** ▶ (a) 무손실 등방향성 안테나에 대해 유효개구면을 $\lambda^2$의 형태로 구하라. (b) 단형 다이폴 안테나에 대해 (a)를 반복하고, 예제 4.2의 결과와 비교하라. (c) 반파장 다이플에 대해 (a)를 반복하라. (d) 100 MHz에서 반파장 다이폴의 유효개구면적을 구하고 3 mm의 도선지름을 갖는 경우의 물리적인 면적과 비교하라.

**4.4-4** ▶ 스테라디안(steradian) 단위와 제곱 각도(square degree)로 이상적 다이폴의 빔입체각 $\Omega_A$를 계산하라. 이상적 다이폴의 $A_{em} = 0.119\,\lambda^2$인 것을 이용하라.

**4.4-5** ▶ 송신 안테나가 주어진 특정 방향에서 최대 원거리 전장 $E = 90I\,\frac{e^{-j\beta r}}{r}$를 만든다고 가정하자. 여기서 $I$는 종단 전류의 최댓값이다. 무손실 안테나의 입력 저항은 50Ω이다. 이 안테나의 최대유효개구면적 $A_{em}$을 구하라. 구해진 답은 파장의 제곱에 어떤 숫자를 곱한 형태일 것이다.

**4.4-6** ▶ 지름 3.66 m의 원형 개구면 포물면 반사판 안테나의 유효개구면적은 6.30 $m^2$이다. 11.7 GHz에서 dB 단위로 이득을 구하라.

**4.4-7** ▶ 지름 1.22 m의 포물면 반사판 안테나의 유효개구면적은 물리적 개구면적의 55%다. 20 GHz에서 dB 단위로 이득을 구하라.

**4.4-8** ▶ 70% 개구면 효율을 갖는 지름 0.3 m의 원형 개구면 안테나의 이득을 각각 5, 10과 20 GHz에서 구하라. 이 문제는 일반적으로 사용되는 주파수 범위에서 위성용 작은 지상단말 안테나의 성능을 근사화하고, 고정된 개구면 크기에 대한 이득의 주파수 의존도를 정량화한다.

**4.4-9** ▶ 식 (4-33)으로부터 dB 형태로 된 식 (4-34)의 전력전달 공식을 유도하라.

**4.4-10** ▶ 식 (4-34)와 유사하게 전력전달 공식을 구하라. 단, 거리 R에 대한 단위는 마일이다.

**4.4-11** ▶ FM 방송 무선국은 2 dB 이득 안테나 시스템이며, 송신전력은 100 kW이다. 이때 유효 등방향성 방사전력을 kW 단위로 구하라.

**4.4-12** ▶ 송신기의 유효 등방향성 방사전력과 수신 안테나의 유효 개구면적, 자유공간에서의 확산손실 $1/4\pi R^2$을 포함하는 형태로 전력전달 공식을 유도하라. 식 (4-33)으로부터 시작하라.

**4.4-13** ▶ 식 (4-33)을 이용하여 예제 4-4의 DBS 시스템에 대해 수신된 전력을 와트 단위로 계산하라.

**4.4-14** ▶ 150 MHz VHF 송신기는 10 dB 이득을 갖는 안테나에 20 W를 전달한다. 이때 50 km 떨어진 지점에서 3 dB 이득을 갖는 수신 안테나로부터 이용 가능한 전력을 W 단위로 구하라.

**4.4-15** ▸ 단말 간의 연결 거리는 같되, 다른 단말 구성을 갖는 통신 링크에서의 수신전력을 구하고자 한다. 다음의 단말 안테나의 조건에 따라 주파수 의존성을 확인하기 위해, 기본적인 통신 링크에 대하여 수신전력과 송신전력의 비 $P_r/P_t$를 구하라. 조건은 다음과 같다: (a) 두 안테나 모두 주파수에 대해 일정한 이득을 가지는 경우, (b) 송신 안테나는 이득이 일정하고, 수신 안테나는 유효개구면적이 일정한 경우, (c) 두 안테나 모두 일정한 유효개구면적을 가지는 경우.

**4.4-16** ▸ 식 (4-41$a$)를 이용하여 식 (4-39)를 유도하라.

**4.4-17** ▸ 송신 안테나는 연결된 전송선의 임피던스에 정합되어 있지 않다. 방사세기 또는 이것과 등가인 일정거리에서의 전력밀도는 완전 임피던스 정합의 경우보다는 감소한다. 전송선의 VSWR 값을 1.01, 1.2, 2, 그리고 10으로 만드는 부정합 상황에 대해 이러한 감소를 dB로 계산하라. 또한 반사손실을 계산하라.

**4.4-18** ▸ 축비가 2 dB이고 경사각이 $\tau = 45°$인 우수타원편파에 대한 복소단위벡터 $\hat{\mathbf{e}}$를 구하라. 그리고 다음의 편파를 가진 수신 안테나의 편파효율을 계산하라: (a) 수평선형편파, (b) 수직선형편파, (c) 우수원형편파, (d) 좌수원형편파, (e) AR = 2 dB이며 $\tau = 45°$인 우수타원편파, (f) AR = 2 dB이며 $\tau = 135°$인 좌수타원편파.

**4.5-1** ▸ 저궤도(LEO) 위성 시스템에서는 최대 1,500 km 떨어진 지점에 있는 지상의 이용자를 향해 1.62 GHz에서 29 dB의 이득을 갖는 안테나를 통해 전송한다. 최대 거리에서 이용자가 받는 전력이 적어도 −100 dBm이 되기 위해 필요한 위성에서의 송신전력을 구하라. 이용자는 위성 쪽을 향하고 있는 1 dB 이득의 안테나를 사용한다.

**4.5-2** ▸ 휴대전화 기지국 송신기는 850 MHz에서 20 W의 전력을 10 dB 이득의 안테나에 전달한다. 자유공간 전파를 가정하고, 20 km 떨어진 지점에서 3 dB 이득을 갖는 모바일 수신 안테나로부터 이용 가능한 전력을 W로 구하라.

**4.5-3** ▸ 연습문제 4.4-14의 무선 시스템의 성능을 동축 케이블과 광섬유 케이블을 사용한 유선 시스템의 성능과 비교해 보자.

(a) 0.1 dB/m의 감쇠를 가정하고, 50 km 거리에 대한 동축 케이블 손실을 dB로 구하라.

(b) 연습문제 4.4-14의 무선 시스템에서의 순 손실은 무엇인가? 즉 송신 안테나와 수신 안테나의 입력 포트 사이에서의 순 손실을 구하라.

(c) 이 케이블 시스템에서 중계 증폭기가 필요한가?

(d) 500 m 거리에 대해서 (a)와 (b)를 반복하라.

(e) 300 MHz에서 500 m 거리, 케이블 감쇠 0.14 dB/m에 대해서 (a)와 (b)를 반복하라. 안테나의 이득은 같다.

(f) 감쇠 1 dB/km의 광섬유 케이블에 대해서 50 km와 500 m 거리의 손실을 dB로 각각 구하라.

(g) 위의 결과들을 표로 정리하라.

**4.5-4** ▸ 152.65 MHz에서 동작하는 무선 호출기 수신기는 3.65 mm × 0.70 mm의 사각단면적을 가지는 구리 밴드를 이용해 한 번 감아서 만든 길이 41.6 mm, 폭 13 mm의 루프 안테나를 사용한다. (a) 방사효율을 구하라 (b) 이득을 구하고, 유효개구면적을 구하라. (c) 입력 전장 세기가 $13\mu\mathrm{V/m}$일 때 안테나의 출력전력을 구하라.

**4.5-5** ▸ 1900 MHz에서 동작하는 예제 4-8의 순방향 링크에 대한 계산을 수행하라. 기지국은 20W를 송신하고, 휴대 단말은 290 K의 안테나 온도와 1500 K의 수신 입력 잡음온도를 가진다고 가정하라. 송신 안테나는 전송선로와 임피던스 정합되어 있다고 가정하라.

**4.6-1** ▸ 266.4 km 범위에서 10 $m^2$의 목표물을 탐지하는 단안정 레이더를 가정하자. 이 레이더는 3 GHz에서 100 kW를 송신한다. 안테나 이득은 40 dB이고, 수신 전력은 $-100$ dBm 또는 $10^{-13}$ W이다. 잠행하는 목표물의 RCS가 $-30$ dBsm ($10^{-3}$ $m^2$)일 때, 어떤 범위에서 탐지되겠는가?

**4.7-1** ▸ 안테나에 유도된 전압 $V_L$은 입사 전장의 매 V/m에 대해 0.2 V이다. 144 MHz에서 입사 전장에 대해, 안테나에서 dB$\mu$V 단위의 어떤 전압 레벨이 FCC의 B급 제한인 43.5 dB$\mu$V/m를 만족시키겠는가?

**4.7-2** ▸ 4.7절에서 언급한 1 cm × 1 cm 크기의 루프에서 방사된 방출 레벨을 줄이는 두 가지 방법을 제안하라.

# 제5장 선전원

## Line Sources

선전원은 2.4.4절에서 언급되었으며 선전류라고 명명되었다. 이것은 또한 전류 필라멘트로 생각될 수 있다. 선전원은 실제 안테나는 아니지만 많은 안테나의 해석에 사용될 수 있으므로 이번 장을 통해 알아보도록 한다. 그림 5-1과 같이 너비 4$\lambda$, 높이 2$\lambda$로 구성된 사각 개구면의 높이 방향으로의 전장 방향을 가지며, 너비 방향으로 코사인 함수 분포를 따라 크기가 변화하는 전장에 대해 생각해 보자. 이때 $E$ 평면과 $H$ 평면에서의 부엽 레벨과 반전력 빔폭은 어떤 값을 갖는가? 이번 장을 통해 방사패턴과 관련된 위와 같은 질문에 대해 쉽게 답할 수 있을 것이다.

## 5.1 균일선전원

균일선전원이라는 특별히 중요한 경우를 고려함으로써 선전원에 대한 논의를 시작한다. 균일선전원은 다음 식과 같이 주어지는 균일진폭과 선형위상의 전류분포를 갖는다.

$$I(z') = \begin{cases} I_o e^{j\beta_o z'} & -\dfrac{L}{2} < z' < \dfrac{L}{2} \\ 0 & \text{그 외} \end{cases} \tag{5-1}$$

여기서 $\beta_o$는 선전원을 따라 나타나는 단위 길이당 위상천이이다. 자유공간에서의 파수 $\beta$와 도파관에서의 파수 $\beta_o$는 일반적으로 같지 않다.

균일선전원의 비정규화 패턴성분은 다음과 같다.

$$f_{\text{un}}(u) = \int_{-L/2}^{L/2} I(z') e^{j\beta z' \cos\theta} dz' = I_o L \frac{\sin u}{u} \tag{5-2}$$

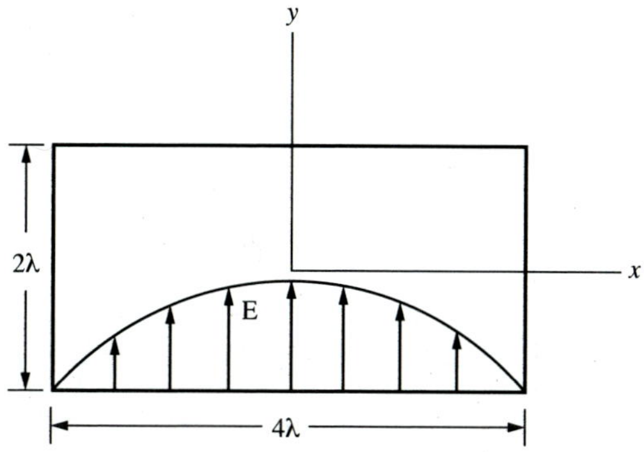


그림 5-1 직사각형 개구면에 코사인 형태로 분포된 전장.

여기서

$$u = (\beta \cos\theta + \beta_o)\frac{L}{2} \quad (5\text{-}3)$$

이며, 식 (5-2)의 값을 구하는 것은 브로드사이드 균일선전원에 대해 식 (2-110)에 주어진 것과 유사하다.

다음 식과 같은 각 $\theta_o$(연습문제 5.4-1 참조)를 도입하는 것이 편리하다.

$$\beta_o = -\beta\ \cos\theta_o \quad (5\text{-}4)$$

그러면 식 (5-3)은 다음과 같이 된다.

$$u = \frac{\beta L}{2}(\cos\theta - \cos\theta_o) \quad (5\text{-}5)$$

식 (2-106)과 식 (5-2)로부터 원거리 전장 세기는 다음과 같이 된다.

$$E_\theta = \frac{j\omega\mu e^{-j\beta r}}{4\pi r} I_o L\ \sin\theta \frac{\sin u}{u} \quad (5\text{-}6)$$

이 균일선전원장에 대한 패턴성분은 다음과 같다.

$$f(u) = \frac{\sin u}{u} \quad (5\text{-}7)$$

이 패턴성분은 절댓값을 사용하지 않고 그림 5-2에서 보여 준다. 최대치는 $u = 0$에서 발생하고 단위값(0 dB)을 갖는다. 영점들은 첫 번째 영점들 사이의 빔폭인 $2\pi$를 제외하고는 $\pi$의 배수에서 발생하고 $\pi$만큼씩 떨어져 있다.

균일선전원 패턴성분의 반전력 빔폭은 다음 식을 풀어서 구한다.

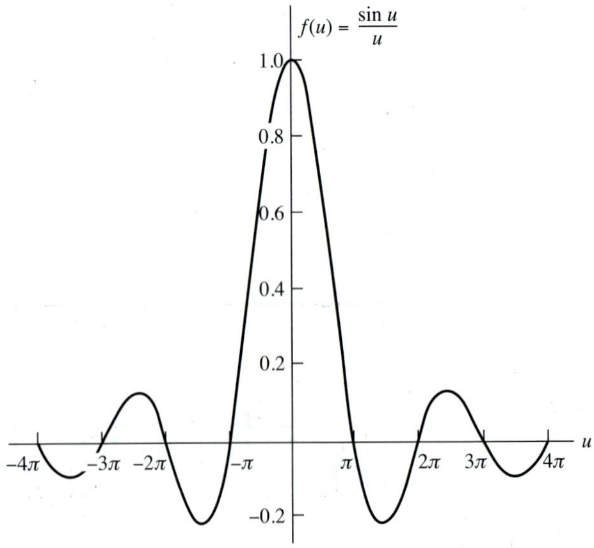


그림 5-2 길이가 $L$이고 $u = (\beta L/2)\cos\theta$인 균일선전원의 패턴성분.

$$\frac{1}{\sqrt{2}} = \frac{\sin u_{\mathrm{HP}}}{u_{\mathrm{HP}}} \tag{5-8}$$

이것에 대한 해는 $u_{\mathrm{HP}} = \pm 1.39$이다. 그러면 식 (5-5)로부터 다음과 같이 된다.

$$\theta_{\mathrm{HP}} = \cos^{-1}\left(\frac{2}{\beta L} u_{\mathrm{HP}} + \cos\theta_o\right) = \cos^{-1}\left(\pm 0.443 \frac{\lambda}{L} + \cos\theta_o\right) \tag{5-9}$$

양의 기호는 주빔 최댓값의 오른쪽 반전력점에 해당하며 음의 기호는 왼쪽의 반전력점에 해당한다. 따라서 식 (2-126)으로부터 다음과 같이 된다.

$$\begin{aligned} \mathrm{HP} &= \left|\theta_{\mathrm{HP\,left}} - \theta_{\mathrm{HP\,right}}\right| \\ &= \left|\cos^{-1}\left(-0.443\frac{\lambda}{L} + \cos\theta_o\right) - \cos^{-1}\left(0.443\frac{\lambda}{L} + \cos\theta_o\right)\right| \end{aligned} \tag{5-10}$$

이 공식은 일반적이기는 하나 단지 양쪽의 반전력점이 가시영역($0 \le \theta \le 180°$)에서 나타날 때만 유용하며 식 (5-10)의 아크코사인(arccosine)의 변수는 $-1$과 $+1$ 사이에 존재할 것을 요구한다. 브로드사이드 균일선전원에 대해, $\theta_0 = 90°$이며 식 (5-10)은 다음과 같이 축소된다(연습문제 5.1-1 참조).

$$\mathrm{HP} = 2\ \sin^{-1}\left(0.443\frac{\lambda}{L}\right) \quad (\theta_o = 90°) \tag{5-11}$$

긴 선전원($L \gg \lambda$)일 경우, $x \ll 1$에 대해 $\sin^{-1}(x) \approx x$이므로 다음과 같이 근사화된다.

$$\mathrm{HP} \approx 0.886\frac{\lambda}{L}\ \mathrm{rad} = 50.8\frac{\lambda}{L}\ \mathrm{degrees} \quad (\theta_o = 90°) \tag{5-12}$$

엔드파이어 균일선전원의 경우, 단지 하나의 반전력점만 가시영역에 나타나므로

$$\mathrm{HP} = 2\ \cos^{-1}\left(1 - 0.443\frac{\lambda}{L}\right) \quad (\theta_o = 0° \text{ or } 180°) \tag{5-13}$$

가 된다. 긴 선전원($L \gg \lambda$)일 경우, 이 값은 다음과 같이 근사화할 수 있다(연습문제 5.1-2 참조).

$$\mathrm{HP} \approx 2\sqrt{0.886\frac{\lambda}{L}}\ \mathrm{rad} \qquad (\theta_o = 0° \text{ or } 180°) \tag{5-14}$$

식 (5-14)는 식 (5-12)보다 더 넓은 빔폭을 나타내므로 빔폭은 패턴이 브로드사이드에서 멀어짐에 따라 증가한다고 결론지을 수 있다(그림 5-4 참조).

브로드사이드 균일선전원에 대한 반전력 빔폭 식 HP $= 0.886(\lambda/\mathrm{L})$은 두 개의 근사과정을 사용해 얻어졌다. 소자성분 $\sin\theta$의 효과는 무시되었으며, 또한 선전원이 길다고 가정했다. 몇 가지 예제를 사용해, 이 근사식들이 빔폭에 얼마만큼 영향을 주는지 알 수 있다. 표 5-1에서, 세 개의 균일 선전원에 대한 반전력 빔폭값들이 다양한 정도의 근사식을 이용하여 주어졌다. 두 번째 열은 완전한 패턴식에서 구한 HP이다.

$$F(\theta) = \sin\theta\frac{\sin[(\beta L/2)\ \cos\theta]}{(\beta L/2)\ \cos\theta} \quad (\theta_o = 90°) \tag{5-15}$$

**표 5-1** 브로드사이드 균일선전원에 대한 반전력 빔폭값.

| 길이 $L$ | 식 (5-15)의 완전한 패턴 $F$에서 구한 정확한 값 | 패턴성분 $f=\dfrac{\sin u}{u}$로부터 구한 값 | $\text{HP}=0.886\,\dfrac{\lambda}{L}$로부터 구한 값 |
|---|---|---|---|
| $2\lambda$ | 24.766° | 25.591° | 25.382° |
| $5\lambda$ | 10.112° | 10.166° | 10.153° |
| $10\lambda$ | 5.071° | 5.080° | 5.076° |

세 번째 열은 오직 식 (5-7)의 패턴성분에서 얻은 HP이다. 마지막 열은 식 (5-12)에서 얻어진 패턴성분이다. $5\lambda$에서조차 모든 값이 매우 가까운 일치를 보인다는 것을 주목하라. 길이가 길어질수록 근삿값들도 개선된다는 것을 알 수 있다.

가장 큰 부엽은 첫 번째 부엽이다(즉 주빔에 가장 가까운 부엽이다). 부엽들의 최댓값 위치는 식 (5-7)을 미분하고 그것을 0과 같다고 놓음으로써 구해진다. 이것은 다음과 같다.

$$u_{\text{SL}} = \tan u_{\text{SL}} \tag{5-16}$$

곡선 $\tan u_{\text{SL}}$과 직선 $u_{\text{SL}}$의 교차점들은 부엽의 최대 위치를 제공한다(주빔의 최댓값은 $u_{\text{SL}_0}=0$에서 존재한다). 첫 번째 부엽의 최댓값은 $u_{\text{SL}_1}=\pm 1.43\pi$에서 발생한다. 이것은 $\pi$와 $2\pi$에 있는 패턴 영점들 사이에서 정확히 중앙 지점에 있지 않다. 부엽의 최댓값들은 영점들 사이의 중앙 지점보다는 주빔 쪽으로 약간 근접해 있다. 첫번째 부엽의 최대 위치에서 식 (5-7)의 값을 구하면 0.217 또는 $-13.3$ dB이다.

균일선전원의 패턴성분에 대한 극좌표 그래프는 공통 패턴성분으로부터 도식적으로 얻을 수 있다. 균일선전원의 공통 패턴성분은 그림 5-3*a*에 나타내었다. 이것은 모든 전원의 길이 $L$과 주사각 $\theta_0$에 사용될 수 있다. 전형적인 경우는 그림 5-3*b*에서 보여 준다. $u$와 $\theta$ 사이의 변환 식 (5-5)는 점선에 의해 그래프로 설명된다. 주어진 $\theta$값에 대한 패턴값들은 이 그래프 변환을 이용해 공통 패턴성분에서 얻을 수 있다. 변환에서 이용된 원의 반지름은 $\beta L/2$이고 그 원점은 $u=-(\beta L/2)\cos\theta_o$에 존재한다.

한 예를 들어 3파장 길이의 균일선전원을 생각하자. 공통 패턴성분은 그림 5-4*a*에서 보여 준다. 브로드사이드 경우의 극좌표 패턴은 그림 5-4*b*에서 보여 준다. 주빔의 최대 각 45°에 대한 패턴성분은 그림 5-4*c*에 나타냈다. 엔드파이어의 경우는 그림 5-4*d*에 보인다. 이미 지적한 것처럼 주빔(그리고 부엽)은 엔드파이어 근처에서 넓어져 있음을 주목하라. 그와 같은 패턴들을 만드는 데 요구되는 전류분포들은 그림 5-5에 보인다. 진폭은 그림 5-5*a*에 있는 것처럼 모든 경우에 일정하다. 주빔 주사를 위해 요구되는 선형위상분포는 그림 5-5*b*에 나타냈다.

총패턴에 대한 소자성분의 영향은 3파장 길이의 균일선전원에 대해 그림 5-6에서 보여 준다. 그림 5-6*a*의 브로드사이드 경우에서, 소자성분은 비교적 영향이 작다. 그러나 패턴성분이 단일 엔드파이어 빔을 만드는 그림 5-6*b*의 엔드파이어의 경우에서 총패턴에 대한 소자성분의 영향은 엔드파이어 방향에 영점을 만들어 줌으로써 주빔을 둘로 나눈다.

다음으로 균일선전원에 대한 지향성을 생각하자. 소자성분이 패턴에 미치는 영향을 무시할 수 있다고 가정하면 지향성은 쉽게 구할 수 있다. 이때 패턴성분 $f$만으로 작업할 수 있다. 먼저 빔입체

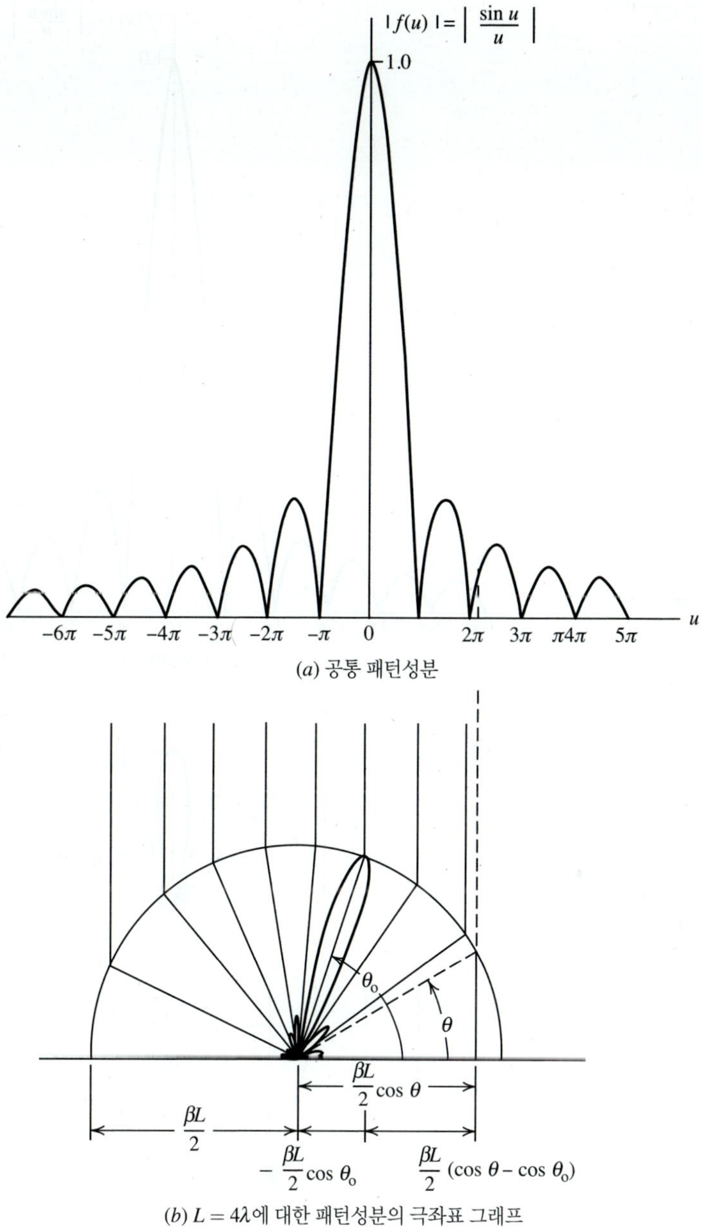


**그림 5-3** **균일선전원의 공통 패턴성분으로 얻어지는 극좌표 그래프.**

각은 식 (2-142)와 식 (5-7)에서 소자성분 $g$를 단위값으로 놓으면 다음과 같이 구해진다.

$$\Omega_A = \int_0^{2\pi}\int_0^{\pi}\left|\frac{\sin u}{u}\right|^2 \sin\theta\, d\theta\, d\phi \tag{5-17}$$

만약 식 (5-3)을 이용해 적분변수 $\theta$를 $u$로 치환한다면, $du = -(\beta L/2)\sin\theta\, d\theta$이고 식 (5-17)은 다음과 같다.

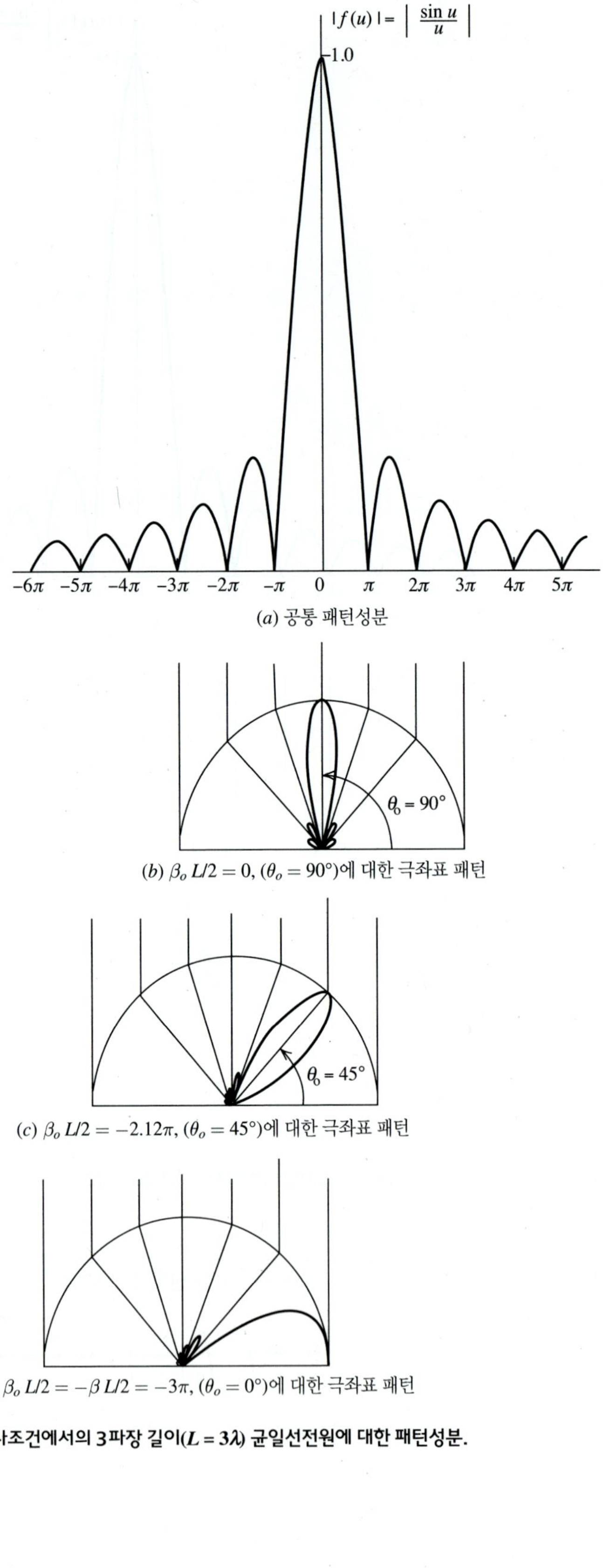


**그림 5-4** **다양한 주사조건에서의 3파장 길이($L = 3\lambda$) 균일선전원에 대한 패턴성분.**

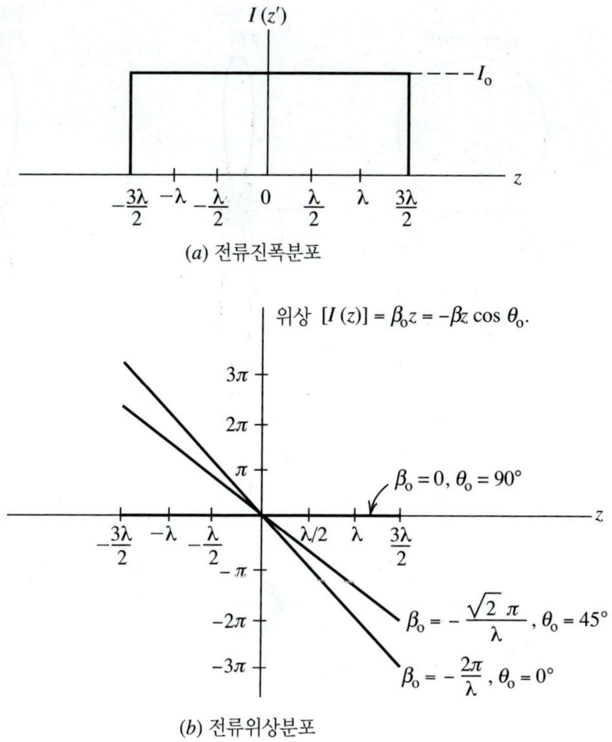


그림 5-5 그림 5-4의 3파장 길이의 균일선전원패턴에 대한 전류분포.

$$\begin{aligned}\Omega_A &= \int_0^{2\pi} d\phi \int_{(\beta+\beta_o)L/2}^{(-\beta+\beta_o)L/2} \frac{\sin^2 u}{u^2} \frac{du}{-(\beta L/2)} \\ &= 2\frac{\lambda}{L}\int_{(\beta_o-\beta)L/2}^{(\beta_o+\beta)L/2} \frac{\sin^2 u}{u^2} du\end{aligned} \quad \text{(5-18)}$$

일반적인 경우에 대해 이 식의 값을 구하는 것은 연습문제 5.1-7에서 다룬다. 브로드사이드의 경우($\beta_0 = 0$)에 대해, 적분구간은 $-\beta L/2$에서 $\beta L/2$까지이다. 만약 $L \gg \lambda$이면 $\beta L/2 \gg 1$이고 적분구간은 $-\infty$에서 $+\infty$까지로 근사화한다. 그리고 만약 식 (F-12)를 이용한다면, 그 적분값은 $\pi$이다. 따라서 $\Omega_A \approx 2\lambda\pi/L$이고, $D = 4\pi/\Omega_A$는 다음과 같다.

$$D_u = 2\frac{L}{\lambda} \quad (\text{브로드사이드 } L \gg \lambda) \quad \text{(5-19)}$$

여기서 아래첨자 $u$는 균일선전원을 나타낸다. 엔드파이어의 경우($\beta_o = \pm\beta$)에 대해, 적분구간은 0에서 $\beta L/2$까지이며 $L \gg \lambda$일 때, 0에서 $\infty$까지로 근사화한다. 그리고 그 적분값은 $\pi/2$이다. 따라서 $\Omega_A \approx \lambda\pi/L$이고 $D_u$는 다음과 같이 된다.

$$D_u = 4\frac{L}{\lambda} \quad (\text{엔드파이어 } L \gg \lambda) \quad \text{(5-20)}$$

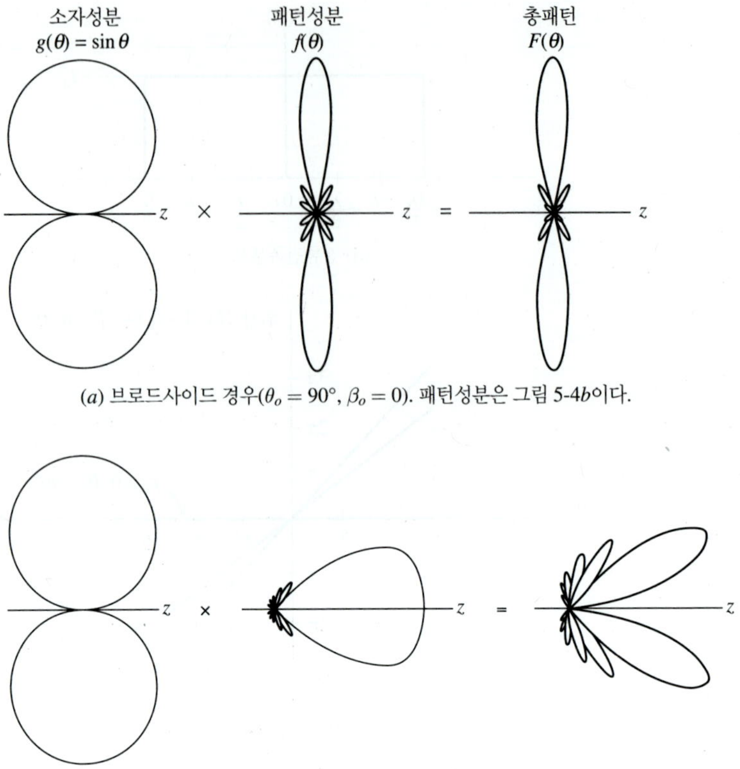


(*a*) 브로드사이드 경우($\theta_o = 90°$, $\beta_o = 0$). 패턴성분은 그림 5-4*b*이다.

(*b*) 엔드파이어 경우($\theta_o = 0°$, $\beta_o L/2 = -3\pi$). 패턴성분은 그림 5-4*d*이다.

**그림 5-6** **길이 3파장의 균일선전원에 대한 총패턴.**

균일선전원은 고정 길이를 갖는 선형위상 전원에서 얻을 수 있는 최대 지향성을 나타낸다. 다음 절에서 볼 수 있듯이 다른 전류분포에 대해서는 더 낮은 지향성을 나타낸다.

균일선전원에 대해 여기서 제시된 빔폭과 지향성 관계로 전원의 길이와 주사각의 함수로서 패턴 변화에 대한 감각을 가질 수 있다. 먼저 패턴성분만을 고려해 보자. 길이가 증가함에 따라 빔폭은 감소하고 지향성은 증가한다. 부엽레벨은 (만약 선전원이 첫 번째 부엽의 최댓값을 볼 수 있을 만큼 충분히 길다면) 길이 변동과 무관하게 일정하다. 이것은 균일선전원에 대해 항상 $-13.3$ dB이다. 주사 선전원의 경우, 빔폭은 주빔이 브로드사이드에서 멀리 주사됨에 따라 증가한다. 그러나 ($z$축에 관해 $E$ 평면 패턴을 회전함으로써 얻어진) 총주빔의 체적은 감소하고, 그 결과, $\Omega_A$는 감소하므로 지향성은 증가하게 된다. 빔폭과 지향성은 브로드사이드 부근의 주사각에 대해서는 천천히 변하나 엔드파이어 부근에서는 급속히 변한다. 완전한 패턴은 소자성분의 영향이 포함되어야 한다. 긴 전원($L \gg \lambda$)의 경우, 패턴성분 $f(\theta)$는 소자성분 $g(\theta) = \sin\theta$보다 훨씬 더 좁은 패턴을 가지며 $g(\theta)\, f(\theta)$에서 얻어지는 총패턴은 $f(\theta)$와 밀접하게 근사화된다. 따라서 부엽레벨, 빔폭, 지향성은 엔드파이어 부근을 제외하고는 패턴성분 $f(\theta)$만으로도 정확히 결정된다. 엔드파이어 부근에서 소자성분은 중대한 영향을 준다. 왜냐하면 그림 5-6*b*에서 보여 주는 것처럼 소자성분은 총패턴을 0°와 180° 방향에서 0으로 만들어 주기 때문이다.

## 예제 5-1 슬릿으로 입사하는 평면파

균일선전원의 간단한 물리적 예는 그림 5-7에서처럼 양도체로 입사하는 균일 평면파를 갖는 양도체 내의 길고 좁은 슬릿(slit)이다. 위상면(동일 위상의 평면)은 평행선으로 표시된다. 그림 5-7*a*에서 파는 슬릿에 수직으로 입사하고 있다. 따라서 위상면이 슬릿에 평행하므로 슬릿은 균일한 진폭으로 여기되고, 균일한 위상을 가지게 된다. 그러므로 슬릿은 균일한 위상을 갖는 균일선전원으로

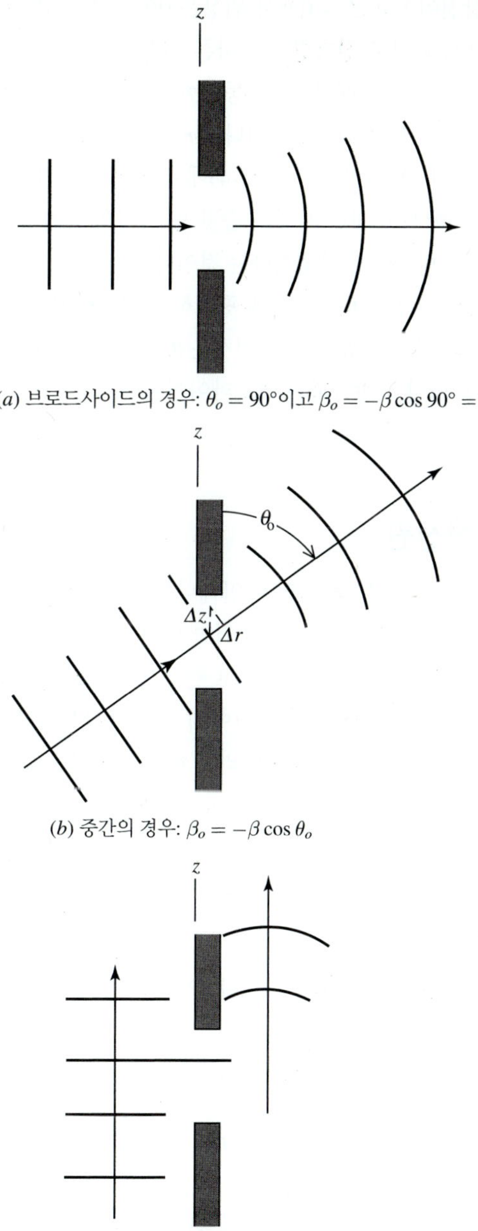


(*a*) 브로드사이드의 경우: $\theta_o = 90°$이고 $\beta_o = -\beta \cos 90° = 0$

(*b*) 중간의 경우: $\beta_o = -\beta \cos \theta_o$

(*c*) 엔드파이어의 경우: $\theta_o = 0$이고 $\beta_o = -\beta$

**그림 5-7** **균일선전원의 예: 왼쪽에서 입사하는 균일 평면파에 의해 조사된 양도체 내의 폭 $L$을 갖는 무한 길이의 슬릿.**

작용하게 된다. 전류분포에 대한 이와 같은 등가 장분포는 9.1절에서 자세히 다룬다. 그러나 슬릿의 오른쪽 방향의 최대방사는 주로 왼쪽 방향에서 입사하는 파의 전파방향, 즉 $\theta_o = 90°$ 방향이 된다. 선전원의 경우, 전원에 따른 위상천이는 $\beta_o = -\beta \cos \theta_0$에 의해 최대 방사방향 $\theta_o$와 관련된다. 여기서 $\beta$는 입사평면파의 위상상수이다. $\theta_o = 90°$이므로 $\beta_o = -\beta \cos 90° = 0$이다. 따라서 슬릿에 따른 위상천이는 없다. 이는 슬릿에 수직 입사하는 평면파에 대해 항상 사실임을 이미 살펴보았다.

평면파의 전파방향이 슬릿면과 $\theta_o$의 각도를 갖는다면 파의 도착 시간차에 의해 슬릿에 따른 위상천이가 생길 것이다. 사실 이러한 위상천이는 $\beta_o z'$에 의해 주어지며, 여기서 $\beta_o$는 슬릿에 따른 단위길이당 위상천이이고 $z' = 0$에서 위상은 0이라고 가정했다. 그러나 위상은 전파방향에서 $\beta$ rad/m만큼 천이하게 되므로 전파방향을 따른 거리 $\Delta r$에 대해 위상천이는 $\Delta\phi = -\beta\, \Delta r$이 된다(파는 $e^{-j\beta r}$의 형태로 전파하기 때문이다). 동일한 위상천이가 슬릿을 따라 거리 $\Delta z$에서 발생한다. 즉 $\Delta\phi = \beta_o\, \Delta z$이다(그림 5-7*b* 참조). 그러나 $\Delta r = \Delta z \cos \theta_o$이고 위상천이는 동일하므로 $\Delta\phi = -\beta\, \Delta z \cos \theta_o = \beta_o\, \Delta z$가 된다. 따라서 식 (5-4)에 주어진 것처럼 $\beta_o = -\beta \cos \theta_o$이며, 이것은 편리한 정의이다. 그림 5-7*b*에서 분명한 사실은 슬릿 또는 이의 등가 선전원에서 일어나는 최대방사는 파의 전파방향인 $\theta = \theta_o$ 방향에서 발생한다는 것이다.

그림 5-7*c*에서 입사파는 슬릿에 평행하게 진행하고 있다. 슬릿을 따른 단위 미터당 위상천이는 음의 위상상수와 분명히 동일하다. 이것은 $\theta_o = 0°$에 대해 $\beta_o = -\beta \cos \theta_o = -\beta$로부터 알 수 있다. 이 경우 오른쪽 방향의 방사파는 엔드파이어이다.

## 5.2 테이퍼형 선전원

선전원으로 모델링할 수 있는 많은 안테나는 테이퍼형 분포를 갖도록 설계된다. 이는 전류진폭이 선전원의 양단으로 갈수록 감소하게 되면 패턴 부엽이 작아지고 주빔은 넓어지기 때문이다. 대부분의 응용에서는 낮은 부엽이 요구되므로 결과적으로 넓은 주빔이 수용된다. 따라서 부엽레벨과 반전력 빔폭 사이의 절충이 안테나 엔지니어의 주요 관심사이다.

한 예를 들어 코사인 테이퍼형이라고 하는 전류분포를 고려해 보자. 여기서

$$I(z') = \begin{cases} I_o \cos\left(\dfrac{\pi}{L} z'\right) e^{j\beta_o z'} & -\dfrac{L}{2} < z' < \dfrac{L}{2} \\ 0 & \text{그 외} \end{cases} \tag{5-21}$$

이다. 이러한 전류분포 형태는 그림 5-8*a*에서 보여 준다. 정규화되지 않은 패턴성분은 다음과 같다.

$$\begin{aligned} f_{\text{un}}(\theta) &= I_o \int_{-L/2}^{L/2} \cos\left(\frac{\pi}{L} z'\right) e^{j(\beta \cos\theta + \beta_o) z'} dz' \\ &= \frac{I_o}{2} \int_{-L/2}^{L/2} [e^{j(\pi/L + \beta \cos\theta + \beta_o) z'} + e^{-j(\pi/L - \beta \cos\theta - \beta_o) z'}] dz' \\ &= \frac{I_o}{2} \left[ \frac{e^{j(\pi/L + \beta \cos\theta + \beta_o) z'}}{j(\pi/L + \beta\cos\theta + \beta_o)} + \frac{e^{-j(\pi/L - \beta \cos\theta - \beta_o) z'}}{-j(\pi/L - \beta\cos\theta - \beta_o)} \right]_{-L/2}^{L/2} \end{aligned} \tag{5-22}$$

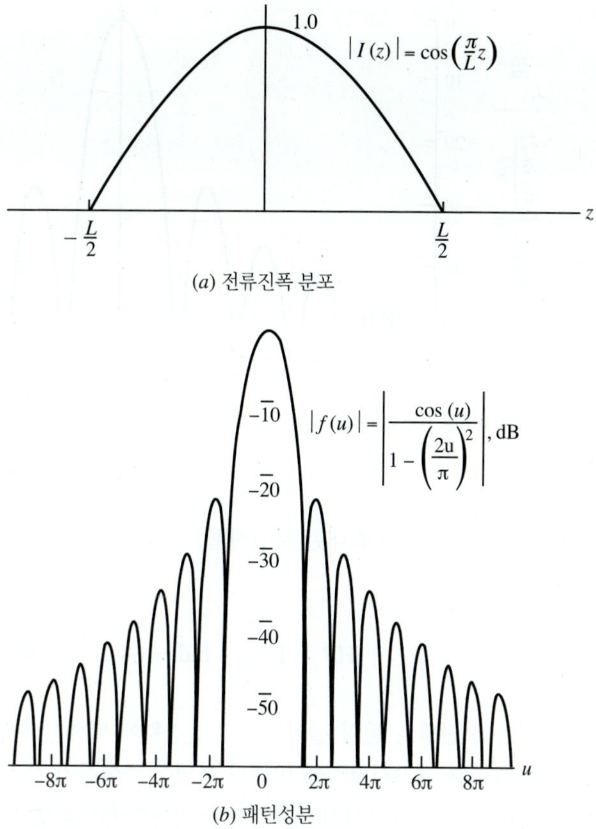


**그림 5-8** **코사인 테이퍼형 선전원에 대한 전류분포와 패턴성분.**

위 수식의 값을 구하면 다음과 같다.

$$f_{\text{un}}(\theta) = I_o \frac{2L}{\pi} \frac{\cos[(\beta\cos\theta + \beta_o)L/2]}{1 - [(\beta\cos\theta + \beta_o)L/\pi]^2} \tag{5-23}$$

식 (5-4)에서처럼 $\beta_o = -\beta\cos\theta_o$를 사용하고 패턴성분이 $\theta = \theta_o$에서 단위값이 되도록 정규화하면 다음과 같다.

$$f(\theta) = \frac{\cos[(\beta L/2(\cos\theta - \cos\theta_o)]}{1 - [(\beta L/\pi)(\cos\theta - \cos\theta_o)]^2} \tag{5-24}$$

이 패턴은 식 (5-5)를 사용해 $u$에 대한 식으로 쓸 수 있다.

$$f(u) = \frac{\cos u}{1 - (2u/\pi)^2} \tag{5-25}$$

이 패턴은 그림 5-8$b$에 나타냈다. 그림 5-12$a$에 도시한 균일선전원에 대한 부엽레벨과 비교해 보자.

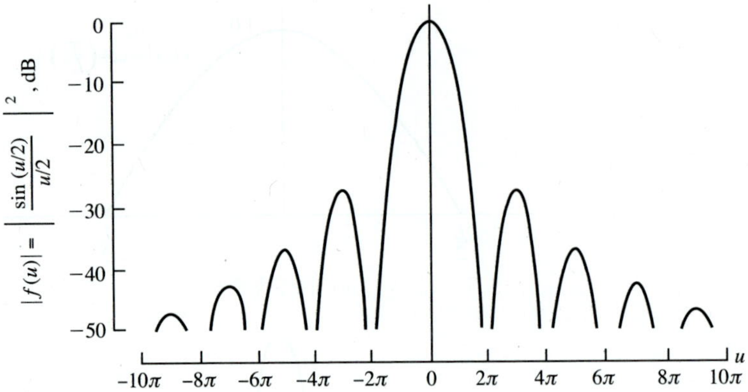


그림 5-9 삼각 테이퍼형 선전원의 패턴성분.

코사인 테이퍼링 선전원에 대한 부엽레벨은 −23.0 dB이고 빔폭은 브로드사이드의 경우에 대해 다음과 같이 주어진다.

$$\mathrm{HP} \approx 1.19\,\frac{\lambda}{L}\ \mathrm{rad} = 68.2\,\frac{\lambda}{L}\ \mathrm{degrees} \tag{5-26}$$

코사인 테이퍼형 선전원은 동일 길이의 균일선전원에 비해서 부엽레벨은 10 dB 더 낮고 빔폭은 38% 더 크다. 그러나 균일선전원에 비해서 부엽이 줄어들긴 했지만 주빔이 넓어지므로 지향성은 더 작아진다. $D/D_u$ 비는 균일선전원과 동일한 길이의 테이퍼형 선전원의 지향성을 비교하는 데 사용된다. 코사인 테이퍼형의 경우 $D/D_u = 0.810$이다. 식 (5-19)에서 실제 지향성 $D$는 다음과 같다.

$$D = 0.810 D_u = 1.620\,\frac{L}{\lambda} \quad (\text{브로드사이드}, L \gg \lambda) \tag{5-27}$$

만약 코사인 제곱 테이퍼형의 경우에서처럼 전류진폭 테이퍼가 더 증가한다면, 부엽은 더욱 감소하고 빔폭은 훨씬 넓어지게 된다. 코사인 제곱형의 경우뿐만 아니라 기타 여러 중요한 경우에 대한 패턴 파라미터를 표 5-2에 요약했다[1; H.6: Hansen, Vol. Ⅰ, Chap. 1; H.3: Silver, p. 187].

표 5-2 테이퍼형 선전원 분포의 특성.

a. 삼각 테이퍼

$$I(z) = 1 - \frac{2}{L}|z| \quad |z| \le \frac{L}{2}$$

$$f(u) = \left[\frac{\sin(u/2)}{u/2}\right]^2$$

| HP (rad) | 부엽레벨 (dB) | $D/D_u$ |
|---|---|---|
| $1.28(\lambda/L)$ | −26.6 | 0.75 |

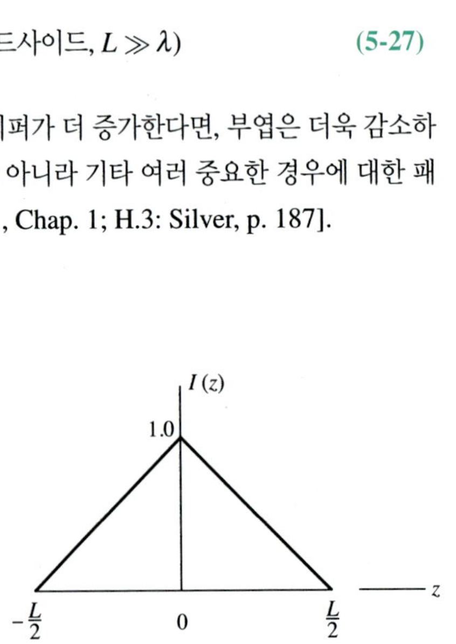

**표 5-2** **테이퍼형 선전원 분포의 특성.** *(계속)*

b. 코사인 테이퍼

$$I(z) = \cos^n\left(\frac{\pi z}{L}\right) \qquad |z| \leq \frac{L}{2}$$

$$f(u) = \frac{\sin u}{u} \qquad n = 0$$

$$f(u) = \frac{\cos u}{1-(2u/\pi)^2} \qquad n = 1$$

$$f(u) = \frac{1}{1-(u/\pi)^2}\frac{\sin u}{u} \qquad n = 2$$

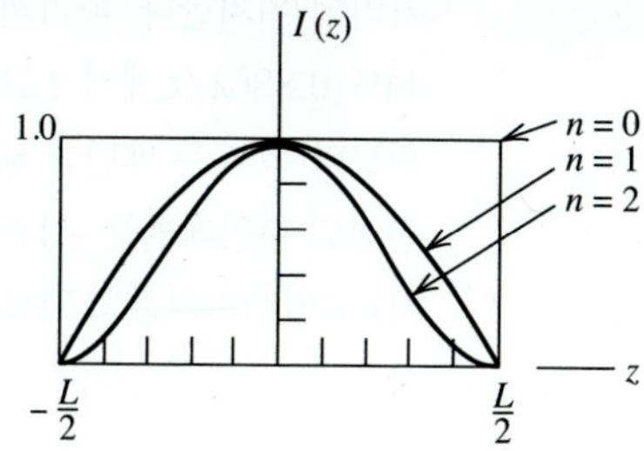


| $n$ | HP (rad) | 부엽레벨 (dB) | $D/D_u$ | Type |
|---|---|---|---|---|
| 0 | $0.886\frac{\lambda}{L}$ | −13.3 | 1.00 | 균일선전원 |
| 1 | $1.19\frac{\lambda}{L}$ | −23.0 | 0.810 | 코사인 테이퍼 |
| 2 | $1.44\frac{\lambda}{L}$ | −31.7 | 0.667 | 코사인 제곱 테이퍼 |

c. 기반 위의 코사인 테이퍼

$$I(z) = C + (1-C)\ \cos\frac{\pi z}{L}$$

$$f(u) = \frac{C\dfrac{\sin u}{u} + (1-C)\dfrac{2}{\pi}\dfrac{\cos u}{1-(2u/\pi)^2}}{C + (1-C)\dfrac{2}{\pi}}$$

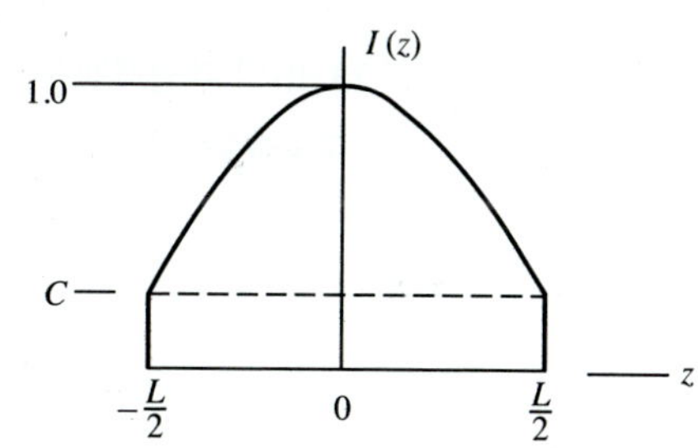


| 가장자리 값 | | | | |
|---|---|---|---|---|
| $C$ | $-20\log C$ (dB) | HP (rad) | 부엽레벨(dB) | $D/D_u$ |
| 0.3162 | −10 | $1.03\frac{\lambda}{L}$ | −20 | 0.92 |
| 0.1778 | −15 | $1.08\frac{\lambda}{L}$ | −22 | 0.88 |
| 0 | $-\infty$ | $1.19\frac{\lambda}{L}$ | −23 | 0.81 |

주의 1: 패턴 표현식은 $u = (\beta L/2)(\cos\theta - \cos\theta_o)$의 어떠한 값에 대해서도 타당하다. 그러나 반전력 빔폭과 지향성은 브로드사이드 선전원 [$\theta_o = 90°$, $u = (\beta L/2)\cos\theta$]과 $L \gg \lambda$에 대해 근사화한 값이다.

주의 2: 각각의 선전원에 대한 지향성은 $L \gg \lambda$인 브로드사이드 선전원에 대해 다음과 같이 $D/D_u$ 비로 구한다.

$$D = \frac{D}{D_u}D_u = \frac{D}{D_u}2\frac{L}{\lambda}$$

주의 3: 소자성분 $\sin\theta$는 계산식에서 생략되었다. 길이가 긴 브로드사이드 선전원에 대해 브로드사이드 방향과 그 근처에는 그 영향이 극히 미소하기 때문이다.

한 가지 더 예를 들어 표 5-2*a*의 삼각 전류 테이퍼형을 살펴보자. 패턴 $(\sin u/u)^2$은 균일선전원 패턴의 제곱이다. 이러한 특성은 균일 선전원 패턴인 그림 5-2와 삼각 선전원 패턴인 그림 5-9를 비교해 볼 때 분명해진다. 삼각 선전원의 첫 번째 영점들은 균일선전원 패턴에 비해 두 배만큼 먼 거리에 위치한다. 따라서 첫 번째 영점들 사이의 빔폭은 대체적으로 두 배가 된다. 반전력 빔폭은 44%($0.886\lambda/L$에서 $1.28\lambda/L$로)만큼 더 크다. 또한 삼각 선전원의 부엽들도 *u*축 위에서 균일선전원보다 폭이 두 배만큼 넓어지며 dB 단위의 부엽레벨은 균일선전원에 비해 두 배 정도 작다. 균일선전원의 부엽레벨은 −13.3 dB이고 삼각 선전원의 부엽레벨은 −26.6 dB이다. 지향성은 (표 5-2*a*에서) 균일선전원값의 75%임을 알 수 있다.

표 5-2에서 전류진폭분포와 이것이 원거리장 패턴에 미치는 영향을 일반화해 언급하고자 한다. 전류위상은 일정하다고 가정한다. **전류진폭의 테이퍼가 선전원의 중앙에서 가장자리로 갈수록 심해지면 부엽은 감소하고 빔폭은 증가한다.** 결과적으로 지향성은 감소한다. 따라서 부엽레벨과 빔폭 사이의 조절이 필요하게 된다. 안테나 엔지니어는 각각의 사양에 따른 설계 문제에 대해 빔폭과 부엽레벨 사이의 절충을 결정할 수 있어야 한다.

## 예제 5-2 코사인 테이퍼형 직사각형 개구면

그림 5-1의 개구면에 대해 *E*, *H* 평면에서의 부엽레벨과 반전력 빔폭(HP)을 계산하라.

첫째로 전장분포가 *x* 방향으로 코사인 형태를 가짐을 확인할 수 있다. *y* 방향으로의 전장분포는 전장선들이 균일한 크기의 선들이기 때문에 일정하다. 표 5-2를 참고하면, *H* 평면에서의 코사인 분포는 −23 dB의 부엽레벨을, *E* 평면에서의 균일 분포는 −13.3 dB의 부엽레벨을 갖는다는 것을 알 수 있다. **부엽레벨은 개구면의 크기와 무관하고, 오직 개구면에서의 전장의 분포에 의존한다.**

표 5-2로부터, *H* 평면에서의 HP는 $1.19/4 = 0.3$ rad 혹은 17°임을 알 수 있다. *E* 평면에서, HP는 $0.886/2 = 0.443$ rad 혹은 25.4°이다. **반전력 빔폭은 개구면의 크기와 개구면에서의 전장분포 모두에 의존한다.**

## 예제 5-3 원통형 포물면 반사판 안테나

원통형 포물면 반사판 안테나(그림 5-10 참조)는 선전원으로 모델링될 수 있다. 포물면은 그림 5-10의 반사판(즉 개구면)의 양 가장자리 사이의 거리가 $10\lambda$이고 *y* 방향의 개구면에서 장분포는 가장자리 값이 −15 dB인 기반 위의 코사인 테이퍼형으로 존재한다고 가정한다. 그러면 표 5-2*c*에서 반전력 빔폭은

$$\mathrm{HP} = 1.08\lambda/L = 0.108 \ \ \mathrm{rad} = 6.2^\circ$$

이고 부엽레벨은 −22 dB이다. 그림 16-21은 기반 위에 대략 코사인 형태로(그림 16-22) 존재하는 개구면 분포에 대해 1차원 개구면 적분을 통해 계산된 패턴을 보여준다. 이것은 *H* 평면에서 −22 dB의 부엽레벨과 6.2°의 반전력 빔폭을 갖는다. 16.6절에서 안테나는 *x* 방향으로 무한대이므로 *E* 평면 데이터는 존재하지 않는다(즉 3차원 문제라기보다는 오히려 2차원 문제이다). 그러나 안테나는 그림 5-10에서 암시하는 것처럼 *x* 방향(*E* 평면)으로 길이가 또한 $10\lambda$이고 개구면

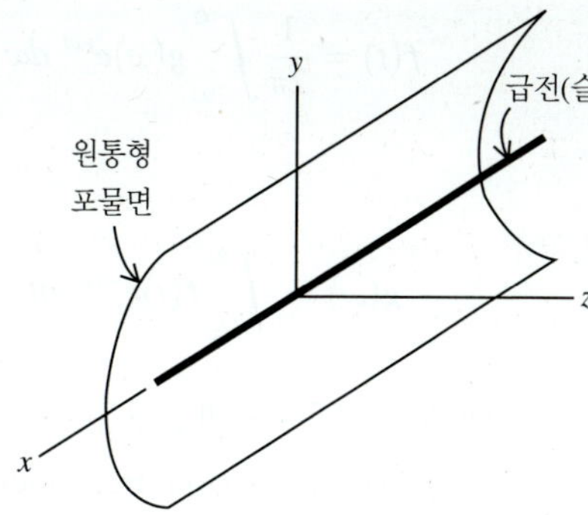


그림 5-10 원통의 축을 따라 $x$ 방향 편파의 급전을 갖는 원통형 포물면 반사판.

분포가 $E$ 평면에서 균일하다고 가정한다. 그러면 $E$ 평면 패턴은 균일선전원으로 모델링될 수 있다. 만약 주평면의 분포들이 분리될 수 있다면, 개구면 지향성은 선전원 공식들로 얻을 수 있다[식 (9-86) 참조]. 제9장에서는 개구면 안테나에 대해 더 많은 것을 다룰 것이며, 이 예제에서처럼 선전원 결과들은 중요한 역할을 할 것이다.

## 5.3 원거리장 패턴과 전원분포 사이의 푸리에변환 관계

원거리장 패턴과 (비주기적인) 그 전원의 분포는 푸리에변환쌍을 이룬다. 이것을 살펴보고자 식 (2-103)과 식 (2-106)을 고려하자. 여기서 $I(z') = |I(z')|e^{j\beta_o z'}$이며

$$F_{\text{un}}(\theta) = \sin\theta \int_{-L/2}^{L/2} |I(z')| e^{j(\beta\cos\theta + \beta_o)z'} dz' \tag{5-28}$$

또는 다음과 같다.

$$f_{\text{un}}(\theta) = \frac{F_{\text{un}}(\theta)}{\sin\theta} = \int_{-L/2}^{L/2} |I(z')| e^{j(\beta\cos\theta + \beta_o)z'} dz' \tag{5-29}$$

여기서도 역시 소자패턴 $\sin\theta$는 선전원의 원거리장 패턴에 흡수되었다. 따라서 $f_{\text{un}}(\theta)$는 소자패턴이 등방성인 선전원의 원거리장으로 간주될 수 있다. $I(z')$는 $z' > L/2$와 $z' < -L/2$의 경우 0이므로 식 (5-29)의 적분구간은 무한대로 확장될 수 있다. 따라서

$$f_{\text{un}}(\theta) = \int_{-\infty}^{\infty} |I(z')| e^{j(\beta\cos\theta + \beta_o)z'} dz' \tag{5-30}$$

이 수식은 푸리에변환쌍 중 한쪽임을 알 수 있다. (안테나)쌍 중 다른 한쪽은 다음과 같다.

$$I(z') = \frac{1}{2\pi} \int_{-\infty}^{\infty} f_{\text{un}}(\theta) e^{-jz'\beta\cos\theta} \, d(\beta\cos\theta) \tag{5-31}$$

회로이론에서 푸리에변환쌍(회로)은 다음과 같이 쓸 수 있다.

$$f(t) = \frac{1}{2\pi}\int_{-\infty}^{\infty} g(\omega)e^{j\omega t}\, d\omega \tag{5-32}$$

그리고

$$g(\omega) = \int_{-\infty}^{\infty} f(t)e^{-j\omega t}\, dt \tag{5-33}$$

이다. 만약 $\cos\theta$와 $\beta z'$을 $t$와 $\omega$에 각각 대응시키면 $z'/\lambda$는 주파수에 대응하게 된다. $z'/\lambda$는 헤르츠/라디안(hertz/radian) 단위를 갖는 공간주파수(spatial frequency)라고 불린다. $\theta$가 실수이고 $|\cos\theta| \leq 1$인 경우 $f_{un}(\theta)$와 관련된 장분포는 방사전력을 나타내며, 반면에 $|\cos\theta| > 1$인 경우는 무효전력 또는 저장된 전력을 나타낸다(예를 들면 2.4.3절 참조). 패턴 $f_{un}(\theta)$ 또는 각스펙트럼은 평면파의 각분포를 나타낸다. $|\cos\theta| \leq 1$인 경우, 각스펙트럼은 원거리장 패턴 $f_{un}(\theta)$와 동일하다.

회로이론에서, (시간영역에서) 아주 좁은 펄스는 크거나 넓은 주파수 스펙트럼을 갖는다. 따라서 이러한 펄스가 필터를 통과하려면 필터는 넓은 통과대역을 가져야 한다. 이와 유사하게 매우 좁은 원거리장 패턴을 갖는 안테나는 폭넓은 공간 주파수대역을 통과해야 한다. 즉 안테나는 전기적으로 크지 않으면 안 된다. 따라서 안테나는 공간필터로 간주할 수 있다. 이러한 개념은 방사분석계(radiometry)나 전파천문학(radio astronomy)에서 널리 사용한다.

전원과 원거리장의 함수가 푸리에변환쌍을 이룬다는 사실을 인지함으로써 얻을 수 있는 가장 큰 이점은 특히 회로이론의 푸리에변환이론에서 사용되는 유용한 엄청난 정보량을 활용할 수 있다는 것이다. 예를 들어 표 5-3은 안테나이론에서 구해진 일반적인 몇 가지 푸리에변환쌍들을 보여 준다. 이들 중 일부는 푸리에 변환에 대한 지식에 의존하지 않고 만든 표 5-2에서도 또한 나타난다. 표 5-3의 쌍들은 양방향으로 적용된다. 즉 표 5-3에서 전원분포와 원거리장 분포는 최소한 이론적으로 상호교환될 수 있다. 그러나 몇 가지 경우에 결과에 나타난 분포들은 원거리장 패턴이나 전원분포로서 실제적이지 못하다. 식 (5-30)을 잘 이해하면 식 (5-31)에 바로 적용될 수 있을 것 같지만 그렇지 않다. 식 (5-31)의 적용은 여러 가지 방법을 이용해 안테나를 합성할 수 있게 해 준다. 안테나 합성은 제10장에서 다룬다.

## 5.4 고속파와 저속파 분포

이 장의 앞부분에서는 선전원에서의 위상 진행을 고려하였으며 이는 $e^{j\beta_o z'}$로 표현하였다. 이 지수 표현은 주파수 영역 파동 방정식을 만족시키며, 따라서 이는 $z$축을 따라 진행하는 파의 수학적인 표현이다(연습문제 2.2-2 참조). 파수 $\beta_o$는 선전원에 의해 표현되는 실제 안테나 구조에서의 전파의 성질에 따라 자유공간의 파수 $\beta = 2\pi/\lambda$보다 클 수도 있고 작을 수도 있다. 따라서 다음과 같은 표현이 가능하다.

$$\beta_o = 2\pi/\lambda_g \tag{5-34}$$

여기서 $\lambda_g$는 실제 안테나에서의 위상속도 $v$와 연관이 있는 관 내 파장이다. $v = f\lambda_g$이므로

$$\cos\theta_o = -\frac{\beta_o}{\beta} = -\frac{\lambda}{\lambda_g} = -\frac{c}{v} \tag{5-35}$$

**표 5-3** 몇 가지 일반적인 푸리에변환쌍.

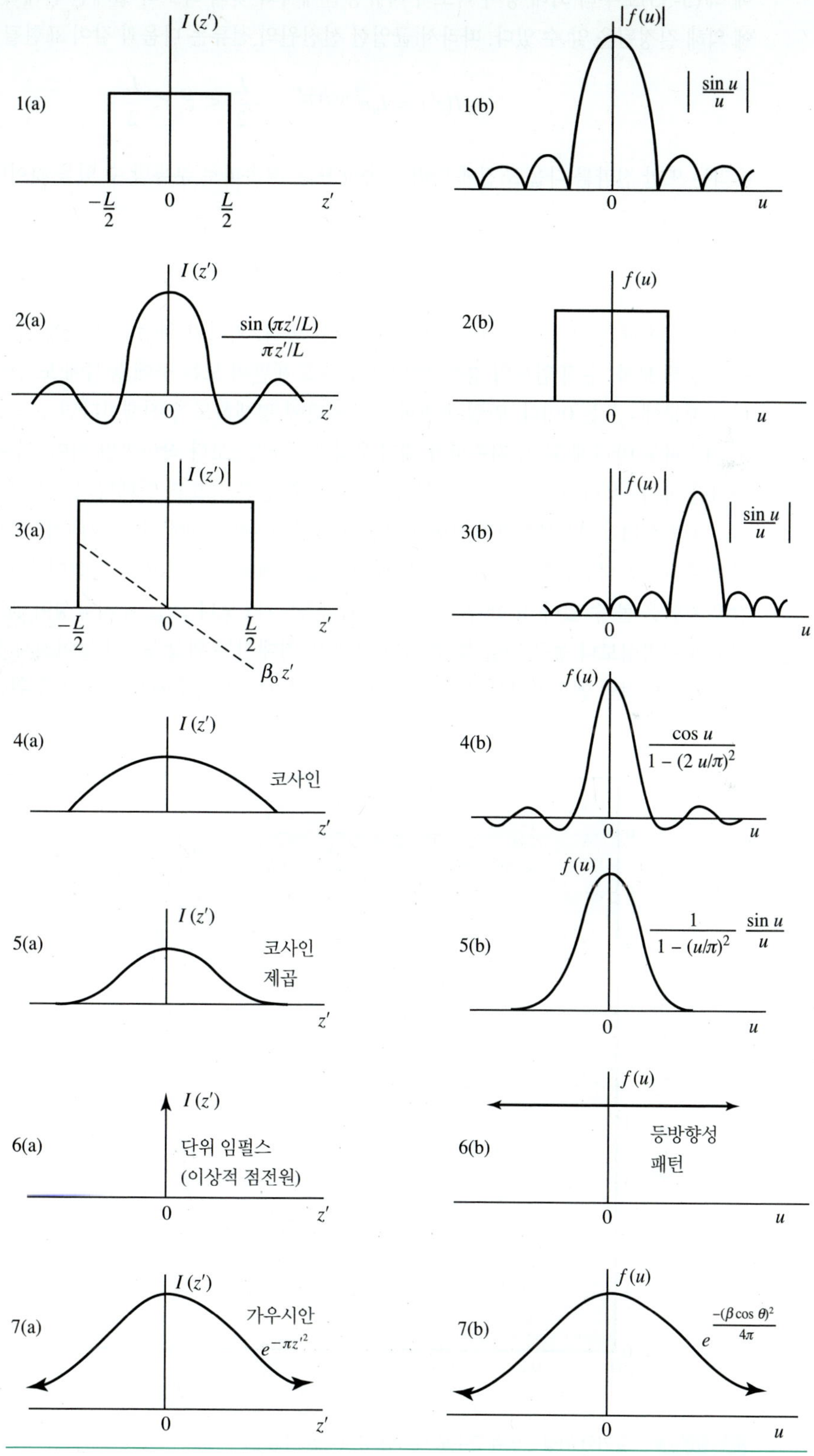

이다. 이 장의 앞부분에서 우리는 위상의 진행이 최대 방사 각도를 결정한다는 것을 보았다. 그 대신에 식 (5-35)로부터 최대 방사 각도가 자유공간에서의 빛의 속도와 설계된 안테나의 위상 속도의 비에 의해 결정됨을 알 수 있다. 따라서 균일한 선전원의 전류는 다음과 같이 표현될 수 있다.

$$I(z') = I_o e^{j\beta(c/v)z'} \quad -\frac{L}{2} < z' < \frac{L}{2} \tag{5-36}$$

우리는 또한 전파를 다음 조건에 따라 고속파 또는 저속파로 분류할 수 있을 것이다.

$$\text{고속파}, \quad c/v < 1$$
$$\text{저속파}, \quad c/v > 1$$

전파가 고속파가 되기 위해서는 $v$가 $c$보다 커야 한다. 커다란 완전 도체판에 입사하는 정현 평면파를 가정해 보자. 수직 입사의 경우, 파의 마루가 도체판의 모든 곳에 동시에 도착하게 되며, $v$가 무한하기 때문에 $c/v$는 0이다. 만일 평면파가 도체판에 평행하도록 진행한다면, $c = v$가 되므로 고속파도 저속파도 아니게 된다. 저속파가 되기 위해서는 $v$가 $c$보다 작아야만 하며, 이 예제에서는 불가능하지만 야기–우다 또는 축모드의 헬릭스 안테나와 같은 유도파 안테나의 경우에는 가능하다.

그림 5-11은 $2\lambda$ 선전원과 $10\lambda$ 선전원의 패턴성분의 $c/v$에 대한 상대적인 지향성 $D_u/(L/\lambda)$를 보여 준다. $2\lambda$ 선전원이 파장보다 충분히 크지 않음에도 불구하고 두 곡선이 식 (5-19), 식 (5-20)과 잘 일치함을 볼 수 있다. 또한 두 경우 모두 위상속도가 $c$보다 느릴 때 지향성이 엔드파이어($c/v = 1$) 경우의 지향성보다 높은 것을 볼 수 있다. 곡선의 최대치는 위상속도가 늦어져서 선전원에서의 위상지연이 일반적인 엔드파이어의 위상지연보다 2.94라디안(경우에 따라 편의를 위해 $\pi$ 라디안으로 근

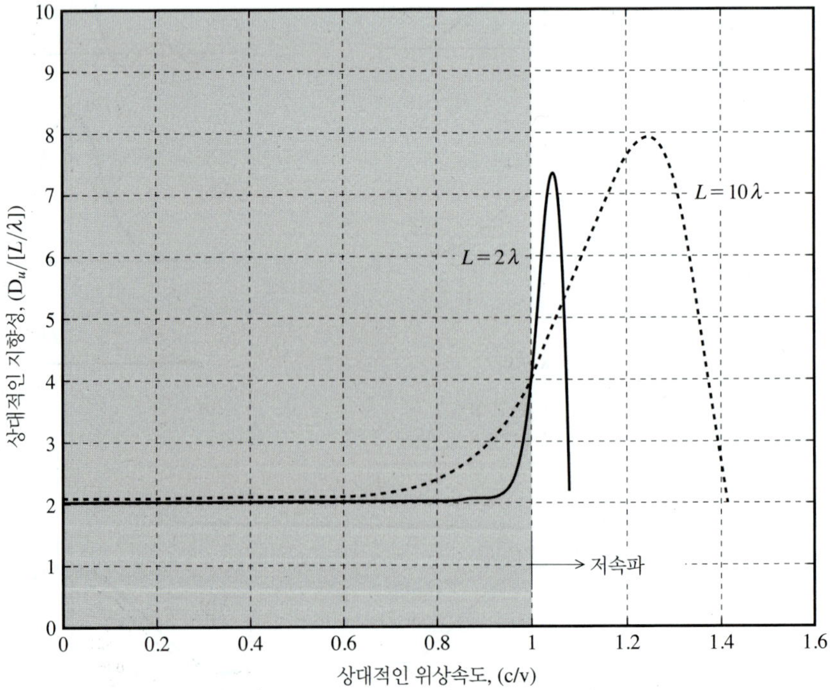


그림 5-11 길이와 위상속도의 함수로 나타낸 상대적인 지향성.

사화하기도 한다)만큼 초과하는 위상속도를 가질 때 발생한다. 이를 한센–우드야드의 지향성 증가 (Hansen-Woodyard increased directivity) 조건이라 한다. 우리는 이 조건을 자연적으로 만족시키는 두 가지 안테나로서, 야기–우다 안테나를 제6장에서, 헬릭스 안테나를 제7장에서 살펴볼 것이다.

그림 5-11에서의 지향성이 식 (5-6)에서의 $\sin\theta$ 소자성분의 영향은 포함하지 않고 있음을 주목하라. 이는 그림 5-6$a$가 나타내듯이 브로드사이드의 경우에는 중요한 문제가 아니다. 엔드파이어의 경우, 만일 안테나 소자성분이 $\sin\theta$와 비슷하다면 이는 중요한 문제가 된다. 그러나 소자성분은 야기–우다 안테나나 축모드 헬리컬 안테나와 같은 엔드파이어 안테나에서는 경우에 따라 매우 다를 수 있다.

## 5.5 초지향성 선전원

표 5-2에서 볼 수 있듯이, 선전원으로부터의 최대(일반적인) 지향성은 전원 크기가 균일하게 분포하였을 때 발생한다. 그러나 초지향성을 만족시키는 특정한 조건에서 더 큰 지향성을 얻을 수 있다. 일반적으로 $L > \lambda$인 선형전원들은 $|\cos\theta_o| \leq 1$이거나 $c/v \leq 1$일 때 갖는 위상분포 $e^{\pm j\beta_o z'}$을 사용해 얻은 지향성보다 더 클 때 초지향성을 갖는다라고 한다. 그러므로 앞 절의 한센–우드야드 조건은 $c/v > 1$이며 $|\cos\theta_o| > 1$임을 의미하므로 초지향성 조건이 된다.

초지향성은 주빔을 비가시영역으로 주사하는 간섭과정으로 만들어진다(그림 5-12 참조). 여기서 $|u| > \pi L/\lambda$ 또는 $|\cos\theta_o| > 1$이다. 이것은 에너지를 근거리장에 축적시킴으로써 큰 값의 안테나 $Q$를 만들어 준다. 무효전력은 비가시영역에서 패턴 성분을 적분해서 근사적으로 구해지고 방사전력은 가시영역(여기서 $|u| \leq \pi L/\lambda$)에서 패턴성분을 적분해 얻어진다. 초지향성을 정량화하고자, 초지향성 비율 $R_{\text{SD}}$는 방사전력에 대한 방사전력과 무효전력의 합의 비로 정의된다. 브로드사이드 선전원에 대한 값은 다음과 같다[2].

$$R_{\text{SD}} = \frac{\displaystyle\int_{-\infty}^{\infty} |f(u)|^2\, du}{\displaystyle\int_{-\pi L/\lambda}^{\pi L/\lambda} |f(u)|^2\, du} \tag{5-37}$$

브로드사이드가 아닌 다른 경우는 분모에서 적분구간이 바뀐다(연습문제 5.5-1과 5.5-2 참조).

$Q$ 값은 무효전력 대 방사전력의 비로 표현될 수 있다.

$$Q \approx \frac{\displaystyle\int_{-\infty}^{-\pi L/\lambda} |f(u)|^2\, du + \int_{\pi L/\lambda}^{\infty} |f(u)|^2\, du}{\displaystyle\int_{-\pi L/A}^{\pi L/\lambda} |f(u)|^2\, du} \tag{5-38}$$

앞의 두 수식을 비교해 보면 $R_{\text{SD}} \approx 1 + Q$가 된다. 만약 선전원이 전기적으로 작다면 $(L \ll \lambda)$, 방사 $Q$를 결정하기 위해 소자성분 $\sin\theta$는 반드시 식 (5-38)에 포함되어야 한다[2].

균일선전원의 초지향성을 살펴보고자 지향성을 다음과 같이 표현할 수 있다.

$$D_u \simeq R_{\text{SD}} \frac{2L}{\lambda} \tag{5-39}$$

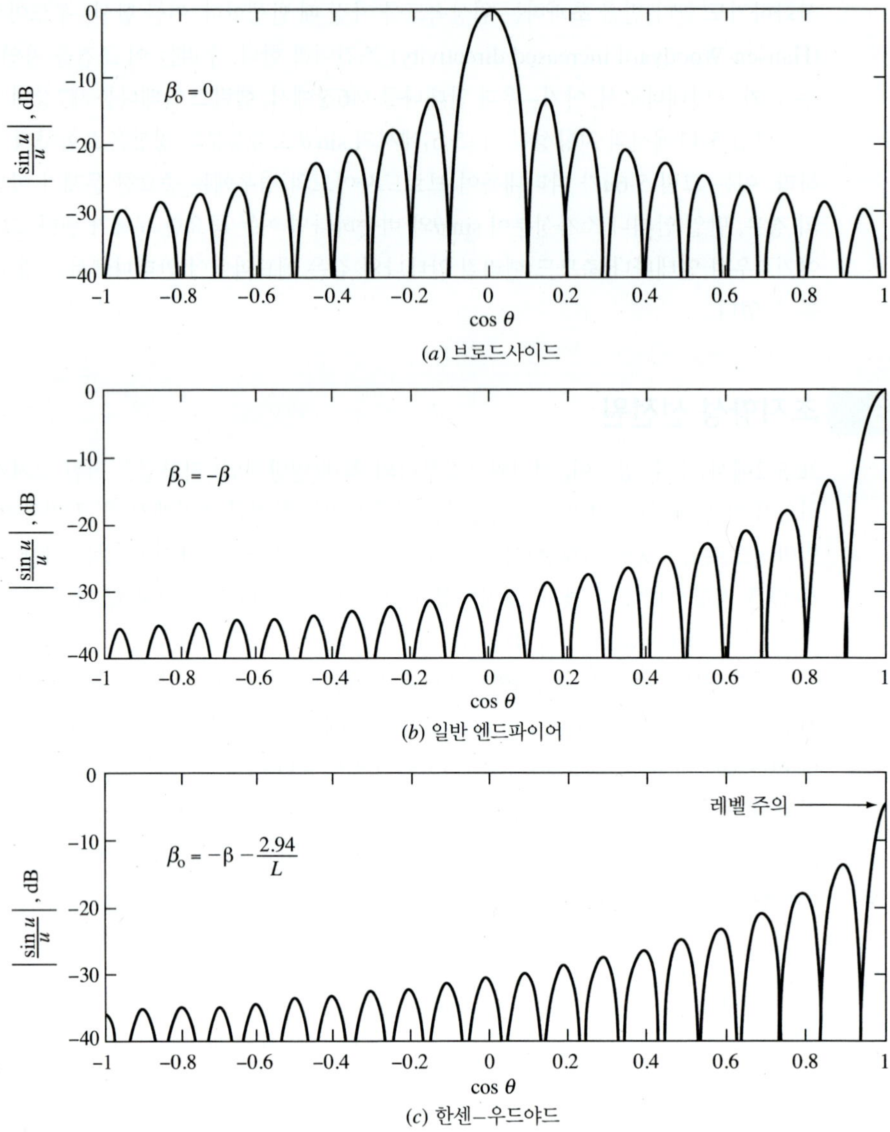


**그림 5-12** **10λ 선전원에 대한 원거리장 패턴.** 해당하는 초지향성 비율은 표 5-4에 보인다.

**표 5-4** **10λ 선전원의 초지향성.**

| 사례 | $R_{SD}$ |
|---|---|
| 브로드사이드 | 1.01 |
| 일반 엔드파이어 | 2.01 |
| 한센–우드야드 | 8.03 |

길이가 긴 선전원에 대한 식 (5-19)와 식 (5-20)을 비교해 보면 브로드사이드 선전원에 대해 $R_{SD} = 1$이고 일반 엔드파이어 선전원에 대해서는 $R_{SD} = 2$가 됨을 알 수 있다. 10λ 선전원에 대해 표 5-4에

서 보는 것처럼 이 값은 근사적으로 사실이다. 표에서 $R_{SD}$의 정확한 값들은 식 (5-37)을 이용해 얻었다. 표 5-4는 한센-우드야드의 경우에 대해서 적정 수준의 초지향성이 달성될 수 있음을 보여 준다. 일반 엔드파이어의 경우 $R_{SD} = 2.01$ 값은 초지향성 조건이 되지 못한다. 왜냐하면 $R_{SD}$ 값이 선형위상분포 $e^{\pm j\beta_o z'}$과 $|\cos\theta_0| \le 1$을 사용해 얻은 값이기 때문이다. 브로드사이드의 경우, 정교하면서도 빠른 위상변화의 조정이 필요하므로 1보다 훨씬 더 큰 초지향성 비율은 실제적이지 못하다. 그와 같은 빠른 위상변화가 실제로 달성된다 해도 필연적으로 발생하는 저항성 손실로 인한 방사효율($e_r$)의 저하 때문에 초지향성을 곧 초이득과 연관시킬 수는 없다.

### 예제 5-4 10λ 브로드사이드 선전원의 초지향성

$L = 10\lambda$일 때 브로드사이드 선전원에 대한 $R_{SD}$ 값을 계산한다.

$$f(u) = \frac{\sin u}{u} \qquad \text{여기서} \qquad u = \frac{\beta L}{2}\cos\theta \quad \text{since } \theta_o = 90°$$

초지향성 비율은 식 (5-37)로 구한다. 식 (5-37)의 분자는 식 (F-12)에서 $\pi$가 된다. 식 (5-37)의 분모는 부분적분을 이용해서 구할 수 있다.

$$dy = \frac{1}{u^2}\,du \ \text{와} \qquad x = \sin^2 u$$

라고 하면

$$y = -\frac{1}{u} \ \text{와} \qquad dx = 2\sin u\ \cos u\, du$$

가 된다. 이제

$$\int x\,dy = xy - \int y\,dx$$

가 되고, 위 수식들을 이에 대입해 정리하면 다음을 얻을 수 있다.

$$\int_{-10\pi}^{10\pi} \frac{\sin^2 u}{u^2}\,du = -\frac{\sin^2 u}{u}\bigg|_{-10\pi}^{10\pi} - \int_{-10\pi}^{10\pi}\left(\frac{-1}{u}\right)2\sin u\cos u\,du$$

$$= 0 + \int_{-10\pi}^{10\pi}\frac{\sin 2u}{2u}\,d(2u) = 2\,\mathrm{Si}(20\pi)$$

여기서 식 (F-13)의 사인 적분이 사용되었다. 따라서

$$R_{SD} = \frac{\pi}{2\,\mathrm{Si}(20\pi)} = \frac{3.14159}{3.10976} = 1.01$$

이고 표 5-4의 브로드사이드에 대한 값이 확인되었다.

## 참고문헌 References


1. J. F. Ramsay, "Lambda Functions Describe Antenna/Diffraction Patterns," *Microwave J.*, Vol. 6, pp. 69-107, June 1967.
2. G. A. Thiele, P. L. Detweiler, and R. P. Penno, "On the Lower Bound of the Radiation Q for Electrically Small Antennas," *IEEE Trans. on Ant. and Prop.*, Vol. AP-51 pp. 1263-1268, June 2003.


## 연습문제 Problems

**5.1-1** ▸ 다음을 증명하라.

$$\cos^{-1}(-x) - \cos^{-1}(x) = 2 \sin^{-1}(x)$$

그리고 식 (5-11)을 증명하라. 이를 위해서 $x = \sin\alpha$인 $\alpha$와 $\cos(\alpha \pm \pi/2) = \mp \sin\alpha$를 이용하라.

**5.1-2** ▸ 앤드파이어 균일선전원에 대한 반전력 빔폭 식을 증명하라. 식 (5-13)에서 시작해서 식 (5-14)를 유도하라. 힌트: 우선 $\alpha = \cos^{-1}(1 - y)$라 놓는다. 여기서 $y = 0.443(\lambda/L)$이다. 그런 다음 $\cos^2\alpha$를 취하고 $y^2$은 무시한다. 1은 $\cos^2\alpha + \sin^2\alpha$로 놓는다. 그리고 $\sin\alpha \approx \alpha$로 근사화한다.

**5.1-3** ▸ 브로드사이드 균일선전원의 원거리 전장 $E_\theta$는 짧은 선전원($L \ll \lambda$)에 대해 이상적 다이폴의 전장 식으로 근사화할 수 있음을 보여라.

**5.1-4** ▸ 다음의 균일선전원에 대한 반전력 빔폭(단위: °)과 지향성(단위: dB)을 구하라.

(a) $8\lambda$ 브로드사이드 균일선전원

(b) $8\lambda$ 엔드파이어 균일선전원

(c) $16\lambda$ 브로드사이드 균일선전원

(d) $16\lambda$ 엔드파이어 균일선전원

**5.1-5** ▸ (a) 브로드사이드와 엔드파이어($\theta_o = 0°$) 두 가지 경우에 대해, 균일선전원에 대한 공통 패턴성분을 사용해 $4\lambda$ 균일선전원의 극좌표 그래프를 구하라.

(b) (a)에서 얻어진 극좌표 그래프로부터 반전력 빔폭을 측정하라.

(c) 식 (5-12)와 식 (5-14)를 사용해 반전력 빔폭을 계산하라(단위: °). 이 계산치와 (b)에서 구한 값이 일치하는 정도는 얼마나 정확하게 극좌표 그래프를 구했는지에 달려 있다.

**5.1-6** ▸ 다음 길이를 갖는 균일선전원에 대해 세 개의 근사 정도를 보여 주는 표 5-1의 반전력 빔폭 값들을 증명하라: (a) $2\lambda$, (b) $5\lambda$, (c) $10\lambda$.

**5.1-7** ▸ *균일선전원의 지향성.*

(a) 식 (5-18)에서 다음 식을 유도하라.

$$\frac{\beta L}{D_u} = \frac{\cos a - 1}{a} + \frac{\cos b - 1}{b} + \text{Si}(a) + \text{Si}(b)$$

여기서 $D_u$는 여기신호의 단위길이당 위상천이 $\beta_o$를 갖는 균일선전원의 지향성이다. 그리고 $a = (\beta - \beta_o)L$, $b = (\beta + \beta_o)L$이다. 그리고 Si는 식 (F-13)에서 정의된 사인 적분함수이다.

(b) $\theta_o = 90°$에서 $0°$까지 $\theta_o$의 함수로서 $\beta L = 10$과 $\beta L = 100$에 대해, 브로드사이드이고 길이가 매우 긴 균일선전원의 지향성에 대한 비, 즉 $D_u/(2L/\lambda)$로써 지향성을 도시하라.

(c) (a)의 식은 브로드사이드의 경우($\theta_o = 90°$), 어떻게 축소되는가?

(d) $L$이 한 파장보다 훨씬 더 큰 경우, (c)에서 구한 값이 식 (5-19)가 됨을 보여라.

(e) (c)의 결과를 사용해 1부터 10까지의 $\beta L$에 대해, 브로드사이드이고 길이가 매우 긴 균일 선전원의 지향성에 대한 비(즉 $\lambda D_u/2L$)로써 지향성을 나타내라. 이 결과는 긴 선전원의 지향성의 근삿값이 얼마나 잘 작용하는지 보여준다.

**5.2-1** ▸ 식 (5-25)의 코사인 테이퍼형 선전원 패턴에 대해 다음을 증명하라. (a) $L \gg \lambda$에 대해 브로드사이드 경우의 $\text{HP} = 1.19(\lambda/L)$, (b) 부엽레벨은 $-23.0$ dB이다.

**5.2-2** ▸ $3\lambda$의 브로드사이드, 코사인 테이퍼형 선전원에 대한 패턴성분을 선형 및 극좌표로 도시하라. 그림 5-4의 과정을 따른다.

**5.2-3** ▸ 길이가 3 m이고, 1 GHz에서 동작하는 브로드사이드 선전원의 전류분포가 코사인 제곱 테이퍼형이다.

(a) 반전력 빔폭을 구하라(단위: °).

(b) 지향성을 구하라(단위: dB).

**5.2-4** ▸ 다음 전류분포를 갖는 $10\lambda$ 길이의 선전원에 대해 반전력 빔폭과(단위: °) 지향성을(단위: dB) 구하라. (a) 균일. (b) 삼각. (c) 코사인, (d) 코사인 제곱, (e) $-10$ dB 기반 위의 코사인.

**5.2-5** ▸ *삼각 전류 테이퍼형의 선전원*.

(a) 표 5-2$a$의 전류분포에서 정규화 패턴성분 $f(u)$를 유도하라.

(b) $L \gg \lambda$인 경우, 반전력 빔폭은 $1.28(\lambda/L)$, 부엽레벨은 $-26.6$ dB임을 증명하라. 이를 치환에 의해 구할 수도 있고, 또한 몇 가지 균일선전원 결과식의 도움을 받아 구할 수 있다.

**5.2-6** ▸ 삼각 테이퍼형의 전류분포에서 패턴은 균일 전류분포를 갖는 경우의 제곱과 같다. 푸리에변환 이론으로 전류분포가 어떻게 서로 연관되어 있는지 설명하라.

**5.2-7** ▸ 반파장보다 짧은 다이폴 안테나는 전류분포가 근사적으로 삼각형이다(그림 2-16$b$ 참조).

(a) 삼각 전류분포를 갖는 브로드사이드 선전원에 대한 원거리장의 완전한 전장식 $E_\theta$를 구하라.

(b) 단형 다이폴($L \ll \lambda$)에 대해 (a)의 식을 근사화하라.

(c) 이를 이상적 다이폴의 원거리장 식 $E_\theta$와 비교하고 논하라.

**5.2-8** ▸ 표 5-2에 있는 코사인 제곱형 선전원 전류분포에 대한 패턴성분을 유도하라. 또한 반전력 빔폭 식도 증명하라.

**5.2-9** ▸ 브로드사이드 선전원이 $-10$ dB 기반 위의 코사인 전류분포를 갖는다. 동작주파수는 200 MHz이고 길이는 20 m이다. 다음을 계산하라: (a) 반전력 빔폭(단위: °), (b) 지향성(단위: dB).

**5.2-10** ▸ 표 5-2의 기반 위의 코사인 전류분포를 갖는 선전원에 대한 패턴성분 식을 유도하라.

**5.2-11** ▸ 브로드사이드 선전원에 대한 지향성은 다음으로 계산할 수 있다.

$$D = \frac{2}{\lambda} \frac{\left| \int_{-L/2}^{L/2} I(z) \ dz \right|^2}{\int_{-L/2}^{L/2} |I(z)|^2 \ dz}$$

이 식은 식 (9-66)의 1차원적 유추이다. 이 식을 사용해 다음을 구하라.

(a) 균일선전원의 지향성, 즉 $D_u = 2L/\lambda$을 유도하라.

(b) 기반 위의 코사인 전류분포를 갖는 선전원에 대한 $D/D_u$를 유도하라. 이때 $C$ 값은 각각 1, 0.3162, 0.1778, 0이다.

**5.4-1** ▸ 식 (5-35)를 유도하기 위해, 식 (5-2)에 식 (5-1)을 대입하고 $z'$에 관해 지수 항을 편미분한 후 이를 0으로 놓아라. 이것은 정지 위상의 원리에 의해 최대 방사의 각을 구하는 것으로 불린다(16.15절 참조).

**5.4-2** ▸ $y$축에 평행이며 중심이 $z$축에 있는 도선들로 구성된 배열이 있다. 도선들 사이의 간격은 1/4파장이다. 첫 번째 도선은 좌표의 원점에 위치하며, 다음 도선은 $z = \lambda/4$에 놓여 있고 다른 도선들도 이와 같이 배열되어 있다. 파는 도선들을 따라 $+z$ 방향으로 진행하며, 선에 전류를 유기시킨다.

(a) 만약 원점에서 시작하는 전류의 위상이 0°, −80°, −160°, −240°, −320° 등이라면, 고속파인가 저속파인가?

(b) 만약 원점에서 시작하는 전류의 위상이 0,° −100°, −200°, −300°, −400° 등이라면, 고속파인가 저속파인가?

**5.5-1** ▸ 표 5-4에 있는 일반 엔드파이어의 $R_{SD}$ 값을 증명하라. 참고: $u = (\beta L/2)(\cos\theta - 1)$.

**5.5-2** ▸ 표 5-4에 있는 한센–우드야드의 $R_{SD}$ 값을 증명하라. 참고: $u = 0.5[\beta L(\cos\theta - 1) - 2.94]$.

# 제 6 장 도선 안테나

## *Wire Antennas*

이 장에서는 도선 안테나(wire antenna)의 주요한 사항들에 대해 논의한다. 도선 안테나는 가장 오래되었지만 여전히 모든 안테나들 중 가장 널리 쓰이는 안테나이다. 생각할 수 있는 도선의 어떠한 형태나 구조도 실제로 적용할 수 있으며, 고체 도선이나 관 모양 도체로 만들 수도 있다. 도선 안테나는 상대적으로 간단하고, 만들기 쉬우며, 매우 저렴하다.

도선 안테나에 대해 완벽하게 정확한 해를 얻으려면 전장의 접선성분이 도선을 따라 0이 되는 경계조건하에서 도선에 흐르는 전류를 구해야 한다. 이러한 접근방식은 적분방정식을 필요로 하는데, 많은 근사적인 해들이 지난 수십 년 동안 연구되어 왔다[1]. 이런 고전적인 해결법이 다소 지루하고 몇몇의 간단한 도선 형태에만 제한되는 반면, 컴퓨터를 이용한 현대적 수치해석법은 개념적으로 더 간단하며 많은 도선 안테나 구조에 적용할 수 있다. 이러한 수치해석법(모멘트법)은 제14장에서 논의한다. 이 장에서는 도선 안테나의 특성들을 알아보고자 간단한 접근방식을 택했다. 이것은 매우 정확한 공학적 결과를 제공해 줄 뿐만 아니라, 도선 안테나가 어떻게 동작하는지에 관한 개념적 이해를 제공해 준다. 예를 들어 루프 안테나에 대해 설명하는 6.8절에서 간단한 이론과 좀 더 정확한 수치해석 결과 간의 자세한 비교를 통해 간단한 이론의 정확도를 보여 줄 것이다.

이 장에서는 직도선형 다이폴(straight wire dipole), V자형 다이폴(vee dipole), 폴디드 다이폴(folded dipole), 야기-우다 배열(Yagi-Uda array), 루프(loop)와 같은 몇몇 공진형 도선 안테나에 대해 알아본다. 공진형 안테나는 공진 시 입력 리액턴스가 0인 정재파형 안테나(예를 들면 다이폴)이다.

광대역 특성의 진행파형 도선 안테나, 헬릭스(helix), 대수주기(log-periodic)와 같은 안테나들은 다음 장에서 논의한다. 도선 안테나의 급전방식과 불완전 접지면에서의 안테나 성능은 이 장에 포함되어 있다. 이 장에서 다루는 대부분의 전개과정은 지금까지 정리된 원리들을 사용했고, 설계 데이터와 제작에 필요한 지침, 그리고 도선 안테나의 응용 부분을 강조했다.

### 6.1 다이폴 안테나

2.3절과 3.1절의 단형 다이폴(short dipole), 3.2절의 반파장 다이폴(half-wave dipole)과 달리 이 절에서는 임의의 길이의 다이폴에 관해 알아본다. 다이폴 안테나에 대해서는 매우 많은 연구를 집중적으로 해 왔으나[1], 여기서는 전류분포에 관한 가정된 형태를 포함하는 간단하지만 효과적인 접근법을 사용한다. 그러고 나서 방사적분을 계산하고, 그 결과 패턴 파라미터도 구한다. 다이폴에서의 전류분포는 정현파 형태로 가정하며, 이것은 측정에 의해 확인된 매우 적합한 가정이다. 물론 전류는 다이폴의 양 끝에서 0이 되어야만 한다. 사실 여기서는 개방회로 평행도선 전송선로에서 보이는 전류분포를 사용한다. 만약 그런 전송선로의 끝을 양쪽으로 구부려 도선 안테나를 형성한다면, 구부러진 부분의 전류분포는 근본적으로는 바뀌지 않는다고 가정한다. 비록 이러한 가정이 엄격하게는 옳지 않지만, 도체의 지름이 $0.01\lambda$나 더 작은 얇은 안테나에서는 훌륭한 근사로 볼 수 있다.

### 6.1.1 직도선형 다이폴

그림 6-1의 직도선형 다이폴은 $z$축을 따라 위치하고 있다. 이것은 평형 2선 전송선로에 의해 중앙으로 급전된다. 즉 각 도선의 전류는 크기가 같고 방향이 반대이다. 안테나를 따라 분포하는 전류는 정현파 형태로 가정하고 다음과 같이 쓸 수 있다.

$$I(z) = I_m \sin\left[\beta\left(\frac{L}{2} - |z|\right)\right], \quad |z| < \frac{L}{2} \tag{6-1}$$

다이폴이 자유공간에 위치하므로 위상상수는 자유공간에서의 $\beta$이다.

안테나의 전류분포를 시각화하는 것은 유용한데, 그림 6-2가 $L < \lambda/2$인 다이폴에서의 전류분포를 나타낸다. 실선은 실제 전류분포를 나타내고 점선은 사인파 함수의 연장 부분을 나타낸다. 여기서 주의할 점은 점선 부분의 전류분포는 전송선로에 나타나지 않는다는 것이다. 이 경우 식 (6-1)의 $I_m$은 안테나에서 얻어질 수 있는 최대 전류가 될 수 없다. 그림 6-2에 보이는 안테나에서의 최대전류는 $z = 0$인 입력단에서 나타나고, 그 값은 $I_m \sin(\beta L/2)$이 된다. 그리고 그림 6-2의 화살표는 전류의 방향이다. 안테나 상하 절반부의 전류는 어떠한 시점에서도 같은 방향을 나타내고, 그 결과 각 절반부에서의 방사 영향은 서로 보강하는 형태가 된다. 그러나 전송선로에서는 반대 방향으로 전류가 흐르

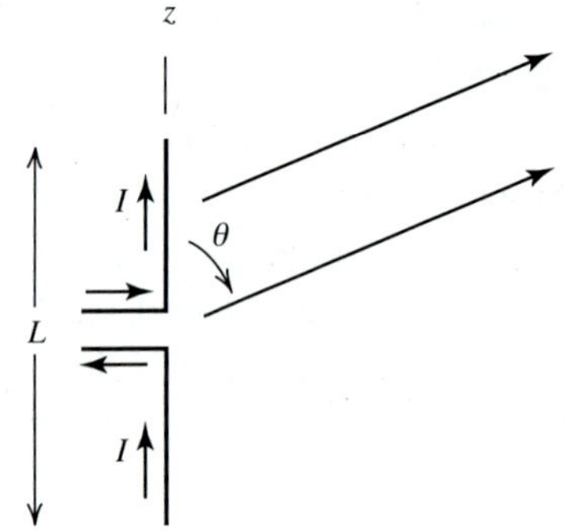


그림 6-1 다이폴 안테나.

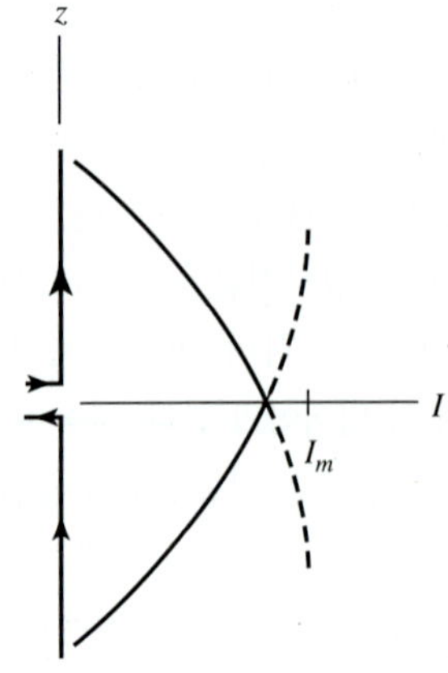


그림 6-2 $L < \lambda/2$ 길이의 다이폴에서의 전류분포.

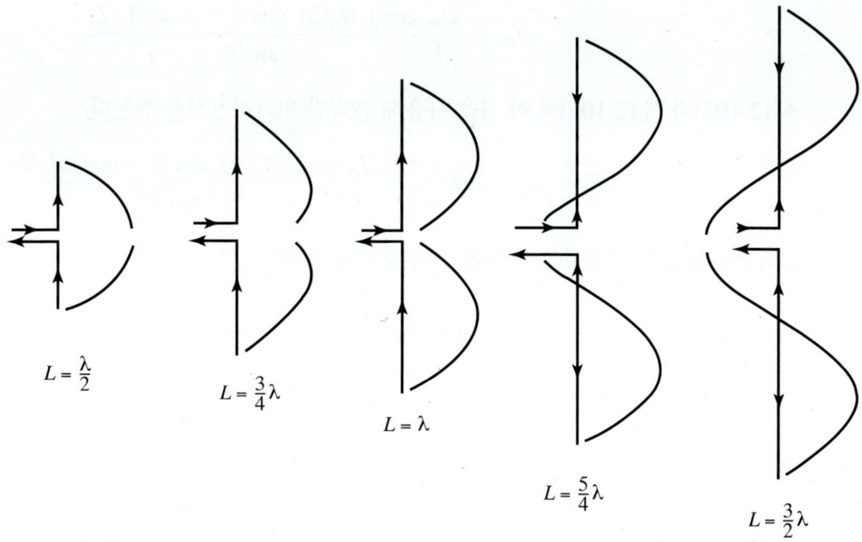


**그림 6-3 다양한 중앙급전 다이폴에 대한 전류분포.** 화살표는 최대전류 조건에서의 상대적인 전류방향을 나타낸다.

게 되어, 일반적으로 가까운 간격의 도체에 대해 방사 영향이 제거되게 된다(그림 3-4*a* 참조).

그림 6-3에 다양한 다이폴에서의 전류분포가 안테나와 함께 그려져 있다. 안테나에 그려진 사인파 곡선은 도선에서의 전류세기를 나타내는데, $z$ 점에서의 곡선값은 같은 $z$ 점에서의 **도선 전류**(on the wire) 값과 같다. 그리고 화살표는 역시 전류의 방향을 나타낸다. 이러한 곡선을 그리기 위해서는 전류가 0인 도선의 한쪽 끝 $z$축에서 시작해 급전부를 향해 움직이면서 정현파 곡선을 그리면 된다. 그러고 나서 다른 절반에서의 전류분포는 급전부에 대해 대칭이 되게 그리면 된다. 만약 다이폴이 한 파장보다 더 길어지면 안테나의 전류분포는 모두 동일한 방향이 되지 않는다. 반 파장 영역에 걸쳐 전류는 동일한 위상을 보이지만, 인접한 다음 반 파장 영역과는 반대 위상이다. 이때 방사패턴에서 다소 큰 상쇄 효과가 나타날 것이다. 이것은 나중에 어떻게 발생하는지 상세하게 보일 것이다. 제시된 모든 전류분포 그림들은 최대 여기 상태를 나타낸다. 입력 전송선로에는 각주파수 $\omega = 2\pi c/\lambda$의 정현파 발생기가 연결되어 있다고 가정한다. 어떤 시점에서의 전류 정재파형은 식 (6-1)에 $\cos \omega t$를 곱해서 얻는데, 이것은 식 (2-6)을 따른다.

다이폴의 방사패턴을 구하기 위해서는 먼저 다음의 방사적분을 계산한다.

$$f_{\text{un}} = \int_{-L/2}^{L/2} I(z')\ e^{j\beta z' \cos\theta}\ dz' \tag{6-2}$$

식 (6-1)의 전류 표현식을 대입하면

$$f_{\text{un}} = \int_{-L/2}^{0} I_m \sin\left[\beta\left(\frac{L}{2}+z'\right)\right] e^{j\beta z' \cos\theta}\ dz' + \int_{0}^{L/2} I_m\ \sin\left[\beta\left(\frac{L}{2}-z'\right)\right] e^{j\beta z' \cos\theta}\ dz' \tag{6-3}$$

이 된다. 이 적분을 계산하면(연습문제 6.1-1 참조) 다음과 같은 비정규화된 패턴을 얻는다.

$$f_{\text{un}} = \frac{2I_m}{\beta} \frac{\cos[(\beta L/2)\ \cos\theta] - \cos(\beta L/2)}{\sin^2\theta} \tag{6-4}$$

식 (2-103)과 식 (2-106)에 이 식을 사용해 완벽한 원거리전장을 얻는다.

$$E_\theta = j\omega\mu\ \sin\theta \frac{e^{-j\beta r}}{4\pi r} \frac{2I_m}{\beta} \frac{\cos[(\beta L/2)\ \cos\theta] - \cos(\beta L/2)}{\sin^2\theta} \tag{6-5}$$

$\omega\mu/\beta = \eta$이므로 이 식은 다음과 같이 간단하게 된다.

$$E_\theta = j\eta \frac{e^{-j\beta r}}{2\pi r} I_m \frac{\cos[(\beta L/2)\ \cos\theta] - \cos(\beta L/2)}{\sin\theta} \tag{6-6}$$

이 함수의 $\theta$에 따른 변화는 원거리장 패턴(far-field pattern)을 결정한다. $L = \lambda/2$에 대해

$$F(\theta) = \frac{\cos[(\pi/2)\ \cos\theta]}{\sin\theta} \quad (L = \lambda/2) \tag{6-7}$$

이다. 이 표현식은 3.2절에서 얻어진 식 (3-4)와 동일하다. 이것은 **반파장 다이폴**(half-wave dipole)의 정규화된 전장패턴이다. 반전력 빔폭은 78°이고, 방사패턴은 그림 6-4$a$와 같다.

길이 $L = \lambda$인 중앙급전 다이폴에 대한 식 (6-6)에서의 정규화된 전장패턴은 다음과 같다.

$$F(\theta) = \frac{\cos(\pi \cos\theta) + 1}{2 \sin\theta} \quad (L = \lambda) \tag{6-8}$$

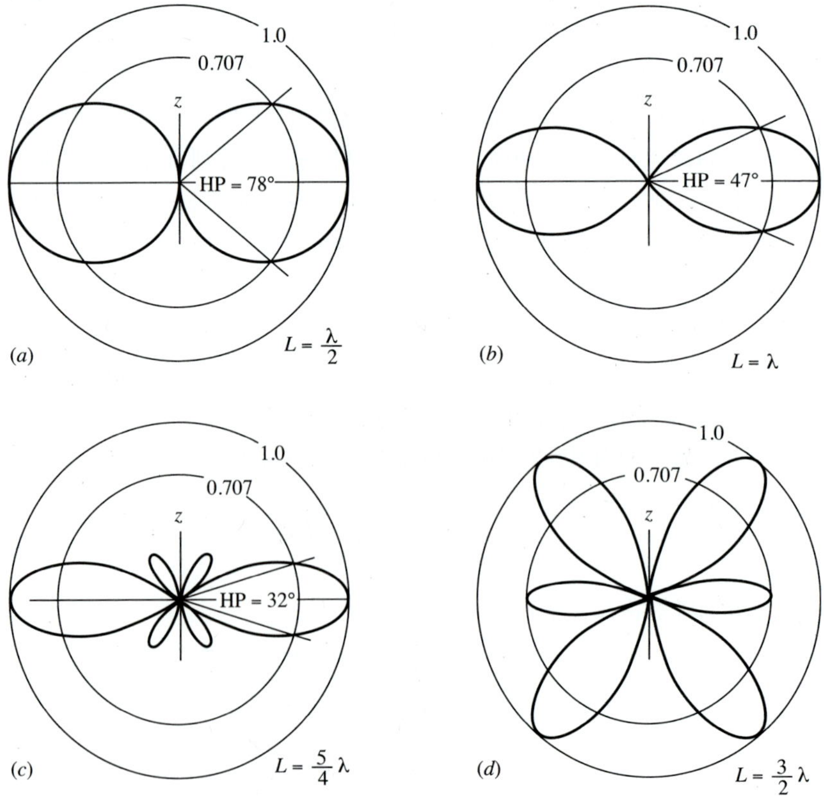


**그림 6-4** 길이 $L$인 직선형 중앙급전 다이폴 안테나의 방사패턴.

**한파장 다이폴**(full-wave dipole)의 반전력 빔폭은 47°이고, 이것의 방사패턴도 역시 그림 6-4*b*에 나타나 있다. 만약 $L = \frac{3}{2}\lambda$이면 패턴함수는 다음과 같다.

$$F(\theta) = 0.7148 \frac{\cos\left(\frac{3}{2}\pi \cos\theta\right)}{\sin\theta} \quad \left(L = \frac{3}{2}\lambda\right) \tag{6-9}$$

계수 0.7148은 정규화 상수이다. 이미 언급한 바와 같이 한 파장보다 더 긴 다이폴인 3/2파장 다이폴의 방사패턴은 안테나의 반대 방향 전류에 의한 상쇄효과로 그림 6-4*d*와 같이 다중엽 구조(multiple lobe)를 가지게 된다. 이러한 효과는 $\frac{5}{4}$파장의 경우에도 볼 수 있다.

$L/\lambda$가 매우 작아짐에 따라 식 (6-6)의 다이폴 패턴 변화는 $\sin\theta$에 접근한다. 그러므로 $z$축을 따라 놓여 있는 단형 다이폴의 방사패턴은 $\sin\theta$가 됨을 알 수 있다. 단형 다이폴의 패턴은 90°의 반전력 빔폭을 가짐을 기억하라(그림 2-4*b* 참조).

방사저항을 얻기 위해서는 먼저 방사전력을 알아야만 한다. 식 (6-6)을 식 (2-130)에 대입하면

$$\begin{aligned} P &= \frac{1}{2\eta}\int_0^{2\pi}\int_0^{\pi} \eta^2 \frac{I_m^2}{(2\pi r)^2}\left\{\frac{\cos[(\beta L/2)\ \cos\theta] - \cos(\beta L/2)}{\sin\theta}\right\}^2 r^2 \sin\theta\, d\theta\, d\phi \\ &= \frac{\eta}{8\pi^2} I_m^2 \int_0^{2\pi} d\phi\ 2\int_0^{\pi/2} \frac{\{\cos[(\beta L/2)\ \cos\theta] - \cos(\beta L/2)\}^2}{\sin\theta}\ d\theta \end{aligned} \tag{6-10}$$

가 된다. 적분변수를 $\tau = \cos\theta$로 치환하면 $d\tau = -\sin\theta\, d\theta$가 되고

$$\begin{aligned} P &= \frac{\eta}{2\pi} I_m^2 \int_1^0 \frac{\{\cos[(\beta L/2)\tau] - \cos(\beta L/2)\}^2}{1-\tau^2}(-d\tau) \\ &= \frac{\eta}{4\pi} I_m^2 \int_0^1 \left(\frac{\{\cos[(\beta L/2)\tau] - \cos(\beta L/2)\}^2}{1+\tau} \right. \\ &\quad \left. + \frac{\{\cos[(\beta L/2)\tau] - \cos(\beta L/2)\}^2}{1-\tau}\right)\ d\tau \end{aligned} \tag{6-11}$$

여기서 마지막 표현식은 다음과 같은 등가를 적용했다.

$$\frac{1}{1-u^2} = \frac{1}{2}\left(\frac{1}{1+u} + \frac{1}{1-u}\right) \tag{6-12}$$

식 (6-11)은 사인과 코사인 적분함수로 계산될 수 있다[식 (F-13)과 (F-14) 참조]. 반파장 다이폴의 특별한 경우에 대한 더 간단한 표현식이 단일 코사인 적분함수로 얻어질 수 있다. 즉 $\beta L/2 = \pi/2$일 때 식 (6-11)은 다음과 같이 된다.

$$P = \frac{\eta}{4\pi} I_m^2 \int_0^1 \left[\frac{\cos^2(\pi\tau/2)}{1+\tau} + \frac{\cos^2(\pi\tau/2)}{1-\tau}\right]\ d\tau \tag{6-13}$$

다시 변수들을 $v = 1-\tau$와 $\omega = 1+\tau$로 바꾸고, 식 (6-13)에 대입하면

$$\begin{aligned} P &= \frac{\eta}{4\pi} I_m^2 \left[\int_1^0 \frac{-\sin^2(\pi v/2)}{v} dv + \int_1^2 \frac{\sin^2(\pi w/2)}{w} dw\right] = \frac{\eta}{4\pi} I_m^2 \int_0^2 \frac{\sin^2(\pi v/2)}{v} dv \\ &= \frac{\eta}{4\pi} I_m^2 \int_0^2 \frac{1-\cos\pi v}{2v}\ dv \end{aligned} \tag{6-14}$$

적분변수를 $t = \pi v$로 다시 치환하면 다음과 같다.

$$P = \frac{\eta}{8\pi} I_m^2 \int_0^{2\pi} \frac{1 - \cos t}{t}\, dt = \frac{\eta}{8\pi} I_m^2 \ \mathrm{Cin}(2\pi) = \frac{\eta}{8\pi} I_m^2 (2.44) \qquad \textbf{(6-15)}$$

여기서 Cin($x$)는 식 (F-16)에 의한 코사인 적분함수에 관련되어 있고, 참고문헌 [2]에 표로 나타나 있다. 이 경우 Cin($2\pi$) = 2.44이다. 식 (6-15)에 이것과 $\eta = 120\pi$를 사용하면 반파장 다이폴에 관한 방사저항은 다음과 같아진다.

$$R_r = \frac{2P}{I_m^2} = \frac{2(15\ I_m^2\ 2.44)}{I_m^2} = 73\,\Omega \quad \left(L = \frac{\lambda}{2}\right) \qquad \textbf{(6-16)}$$

무한히 얇은 다이폴 안테나 역시 리액티브 임피던스 성분을 가진다. 반파장 다이폴에 대한 리액턴스는 유도성이고, 완전한 입력 임피던스는 다음과 같다.

$$Z_A = 73 + j42.5\,\Omega \quad \left(L = \frac{\lambda}{2}\right) \qquad \textbf{(6-17)}$$

이 값은 무한히 얇은 다이폴에 대해 유도 기전력법(induced emf method)으로 알려진 고전적인 과정을 통해 구할 수 있다[H.4: Jordan & Balmain, Chap. 14]. 그러나 도선 지름이 유한한 다이폴의 입력 임피던스는 제14장의 모멘트법을 이용하여 구할 수 있는데, 이 방법에서는 전류의 형태를 가정하지 않는다. 그림 6-5와 그림 6-6은 작은 지름의 중앙급전 다이폴에 대한 입력저항과 리액턴스 계산 결과를 나타낸다. 이 그림에서 공진효과를 명백히 알 수 있다. 3.1절에서 지적한 것처럼 짧은 길이에 대해서는 입력 리액턴스가 용량성이 된다.

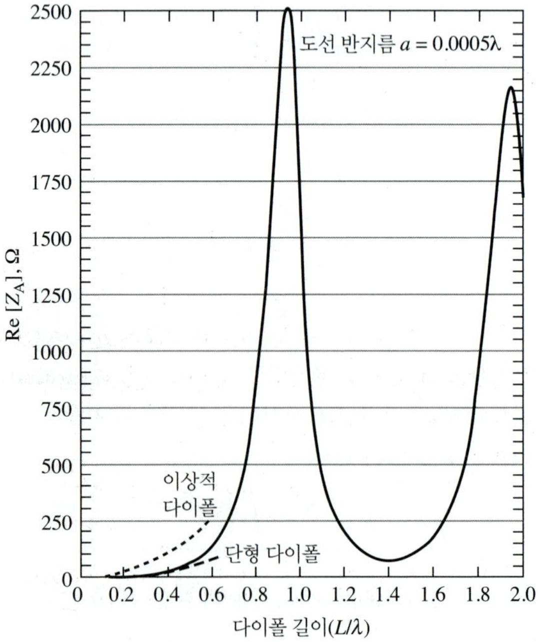


**그림 6-5** **길이 $L$의 함수로서 나타낸 반지름 0.0005$\lambda$의 중앙급전 도선다이폴의 계산된 입력저항(실선).** 균일한 전류분포를 가지는 이상적 다이폴의 입력저항 $R_{ri} = 80\pi^2(L/\lambda)^2$(점선). 삼각형 전류분포 근사법을 이용한 단형 다이폴의 입력저항 $R_{ri} = 20\pi^2(L/\lambda)^2$(쇄선).

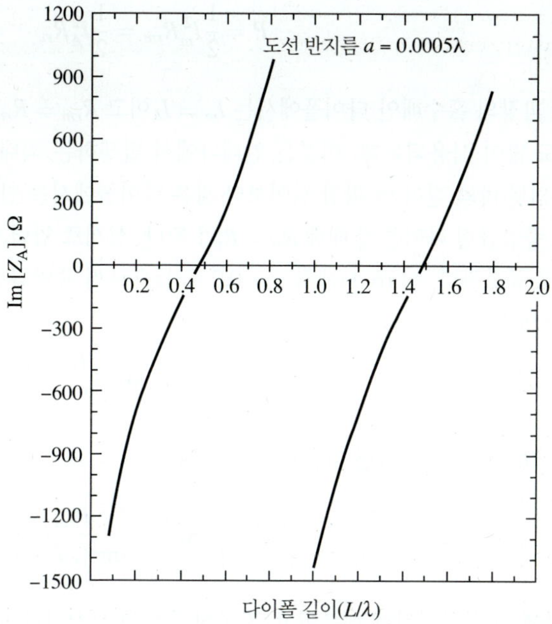


그림 6-6 길이 $L$의 함수로서 나타낸 반지름 $0.0005\lambda$의 중앙급전 도선다이폴의 계산된 입력 리액턴스.

그림 6-5의 점선은 균일한 전류분포를 가지는 이상적 다이폴에 대해 식 (2-169)에서 얻어지는 입력저항이다. 이것은 실제 도선 다이폴에서 얻어지는 결과인 그림 6-5의 실선과는 차이가 있음을 알 수 있다. 그러나 식 (2-172)의 $R_{ri} = 20\pi^2(L/\lambda)^2$을 가지는 삼각형 전류 근사법은 그림 6-5의 쇄선과 같이 단형 다이폴에 대한 적절한 입력방사저항의 근삿값을 제공해 준다. 도선 다이폴의 입력저항을 근사화하는 몇몇 간단한 공식들이 표 6-1에 주어졌다[3]. 예를 들어 $L = \lambda/2$에 대해 두 번째 공식을 사용하면 $R_{ri} = 24.7(\pi/2)^{2.4} = 73.0\ \Omega$가 되는데, 이것은 식 (6-17)과 일치한다. 표 6-1에서 얻어지는 값들도 역시 그림 6-5의 값들과 아주 잘 일치한다.

입력저항은 방사저항과 관련될 수 있다. 방사저항을 정의하는 데는 다른 전류 참고점들을 사용한 여러 방식들이 있는데, 일반적으로 방사저항은 전류분포 최대점 $I_m$을 사용해 정의한다. 이때 실제로 최대점이 안테나에서 발생하는지 안 하는지는 상관이 없다. 그리고 이 정의에 대해서는 기호 $R_{rm}$을 사용한다. 방사저항을 입력단 지점에서 참고하는 것도 유용한데, 이 경우에는 기호 $R_{ri}$를 사용한다. 이 정의들을 이용해 방사전력을 표시하면 다음과 같은 관계로 나타난다.

표 6-1 다이폴의 입력저항에 대한 간단한 공식들.

| 길이 $L$ | 입력저항($R_{ri}$), Ω |
|---|---|
| $0 < L < \dfrac{\lambda}{4}$ | $20\pi^2\left(\dfrac{L}{\lambda}\right)^2$ |
| $\dfrac{\lambda}{4} < L < \dfrac{\lambda}{2}$ | $24.7\left(\pi\dfrac{L}{\lambda}\right)^{2.4}$ |
| $\dfrac{\lambda}{2} < L < 0.637\lambda$ | $11.14\left(\pi\dfrac{L}{\lambda}\right)^{4.17}$ |

$$P = \frac{1}{2} I_m^2 R_{rm} = \frac{1}{2} I_A^2 R_{ri} \tag{6-18}$$

길이가 반 파장의 홀수배인 다이폴에서는 $I_m = I_A$이고 $R_{rm} = R_{ri}$가 된다. $R_r$로 표기되는 세 번째의 방사저항도 많이 사용되는데, 이것은 안테나에서 발생하는 최대전류와 관련된 방사저항이다. 2.6절에서 논의된 바와 같이 반 파장 길이보다 짧은 다이폴에서는 안테나의 최대전류가 항상 중앙에서 발생하고, 중앙급전 다이폴에 대해 $R_{ri} = R_i$가 된다. 실제로 입력저항이 주요 관심 사항이어서 $R_{ri}$가 일차적으로 중요하다. 식 (6-1)에서 $z = 0$으로 둠으로써 중앙급전 다이폴에 대한 $R_{rm}$과 관련된 식을 얻을 수 있다.

$$I_A = I_m \sin \frac{\beta L}{2} \tag{6-19}$$

위 식을 식 (6-18)에 대입하면 다음과 같이 된다.

$$R_{ri} = \frac{I_m^2}{I_A^2} R_{rm} = \frac{R_{rm}}{\sin^2(\beta L/2)} \tag{6-20}$$

$R_{ri}$는 방사에 의한 입력저항 성분이고, 저항성 손실을 무시한다면 전체 입력저항 $R_A$와 같아진다. 대부분의 경우 특별히 언급하지 않으면 저항으로 생기는 손실은 무시한다.

$L = \lambda, 2\lambda, 3\lambda, ..., \beta L/2 = \pi, 2\pi, 3\pi, ...$인 다이폴 길이에 대해 식 (6-20)으로부터 $R_{ri}$는 무한대 값을 가진다. 예를 들어 그림 6-3$c$의 한파장 다이폴은 급전 지점에서 전류가 0이 되므로 무한대의 입력 임피던스를 갖는다. 이것은 물론 완벽한 사인파형 전류분포라는 가정하에서 성립한다. 유한한 두께를 가지는 다이폴은 그림 6-5에서 볼 수 있듯이 거의 파장의 정수배가 되는 길이에 대해 크지만 유한한 값의 입력 임피던스를 가진다. 이러한 현상은 식 (6-1)의 전류분포에 대한 편차로 발생하는데, 실제 다이폴에서는 항상 유한한 입력전류가 존재하기 때문이다. 다른 길이의 다이폴에 대해서는 정현파형 전류분포가 얇은 도선 다이폴 안테나에 대한 좋은 근사가 된다.

반파장 다이폴의 길이를 약간 줄임으로써 안테나가 공진하도록 만들 수 있다($X_A = 0$). 이때 무한히 얇은 반파장 다이폴의 입력 임피던스는 약 $70 + j0\ \Omega$이다. 그림 6-6에서 반지름 $0.0005\lambda$인 다이폴은 수평축과 교차하는 지점($X_A = 0$)에 상응하는 길이에서 공진한다. 첫 번째 교차 지점은 반파장 다이폴의 경우이고, 이때 공진 길이는 $\lambda/2$보다 조금 짧다. 도선의 두께가 증가함에 따라 다이폴은 공진을 이루기 위해 점점 짧아져야 한다는 것이 밝혀졌다. 공진을 위한 대략적인 길이가 표 6-2에 주어졌다. 도선 반지름이 $0.0005\lambda$인 다이폴에서 반파장 다이폴의 경우 길이 대 지름비 $L/2a$는 500이 된다. 표 6-2에서 공진을 위해서는 길이가 약 4% 짧아져야 함을 알 수 있다($L = 0.48\lambda$). 이것은 그림 6-6의 공진점과 거의 일치한다. 실제로 도선 안테나는 필요한 길이보다 약간 길게 만들어진다. 그러고 나서 송신기가 안테나에 연결되고 정재파비(또는 반사전력)를 급전 전송선로 상에서 모니터하면서 낮은 정재파비를 얻을때까지 계속 안테나의 끝단을 잘라 내며 다듬는다. 이때 길이가 공진을 얻기 위해 감소함에 따라 입력저항도 같이 감소한다. 예를 들어 $L/2a = 50$이고 $L = 0.475\lambda$인 얇은 다이폴에 대해 표 6-1의 두 번째 공식을 적용하면 $R_A = 64.5\ \Omega$이 된다. 물론 리액턴스는 0이 된다.

다이폴은 공진형이므로 대역폭이 좁다. 반파장 다이폴의 주파수에 따른 VSWR은 그림 6-7과 같다. 일반적으로 대역폭은 '어떤 특성에 대해서 안테나의 성능이 정해진 기준을 만족시키는 주파

**표 6-2** 도선의 지름 $2a$, 길이 $L$인 반파장 공진형 다이폴을 만들기 위해 필요한 도선 길이.

| 길이 대 지름 비, $L/2a$ | 필요한 % 단축 | 공진 길이 $L$ | 다이폴 두께 구분 |
|---|---|---|---|
| 5000 | 2 | $0.49\lambda$ | 매우 얇음 |
| 50 | 5 | $0.475\lambda$ | 얇음 |
| 10 | 9 | $0.455\lambda$ | 두꺼움 |

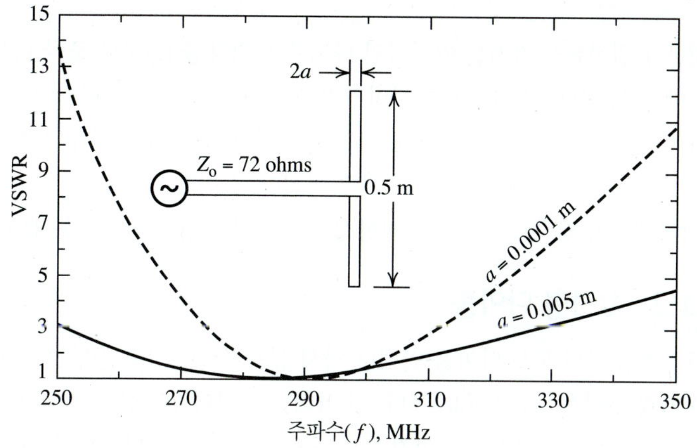


**그림 6-7** 도선 지름이 다른 다이폴에 대해 주파수 함수로 계산된 VSWR.

수 범위'로 정의된다[4]. 이 경우 정해진 기준을 VSWR이 2.0:1보다 작다는데 두면, 그림 6-7에서 $a = 0.005$ m ($L/2a = 50$)와 $a = 0.0001$ m ($L/2a = 2500$)인 경우의 대역폭은 각각 $310 - 262 = 48$ MHz와 $304 - 280 = 24$ MHz가 된다. 대역폭을 설계주파수(300 MHz)에 대한 %로 나타내면 대역폭은 16%와 8%이다. 이것은 다이폴이 두꺼워질수록 대역폭이 넓어진다는 중요한 원리를 보여 준다. 그리고 더 두꺼운 다이폴일수록 최소 VSWR은 얇은 다이폴의 경우보다 더 낮은 주파수에서 발생한다. 사실 표 6-2의 규칙을 사용한다면 공진 주파수는 도선 반지름 0.005 m와 0.0001 m에 대해 285 MHz와 294 MHz로 계산된다. 이 값들은 그림 6-7의 곡선 최솟점과 잘 일치한다.

그림 6-7의 두꺼운 원통형 실린더 모양 다이폴에서의 향상된 대역폭은 그림 6-8에서 볼 수 있는 평판 금속 스트립 다이폴에서도 가능하다. 어떤 조건하에서 등가 성능을 보이는 원통형 실린더 모양 다이폴의 반지름과 금속 스트립 폭과의 관계는 $a = 0.25\,w$이다[5]. 평판 금속 스트립 다이폴의 이점은 일차적으로 제작의 용이성에 있다.

마지막으로 반파장 다이폴의 지향성은 $\mathrm{D} = 4\pi U_m/P$로부터 구할 수 있다. 방사전력 $P$는 식 (6-15)로 계산되고, 식 (6-6)의 원거리전장을 이용하면 최대방사세기는 다음과 같다.

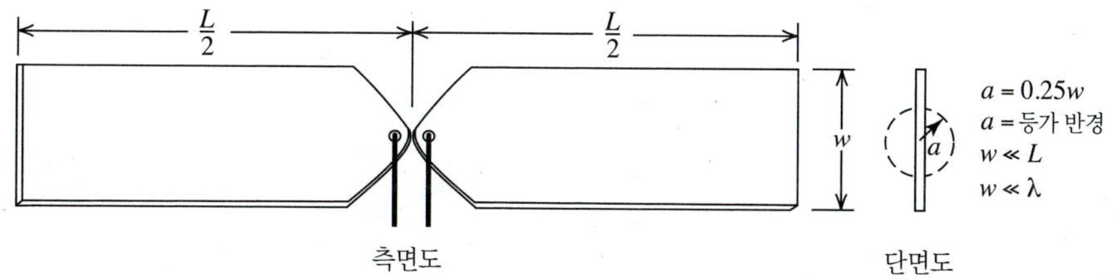


**그림 6-8** 평판 금속 스트립 다이폴.

$$U_m = \frac{r^2}{2\eta}|E_\theta|^2_{\max} = \frac{1}{2\eta}\frac{\eta^2 I_m^2}{(2\pi)^2} = \frac{\eta}{8\pi^2}I_m^2 \tag{6-21}$$

그러므로 지향성은 다음과 같이 된다.

$$D_{(\lambda/2)\text{ dipole}} = \frac{4\pi U_m}{P} = \frac{4\pi(\eta/8\pi^2)I_m^2}{(\eta/8\pi)I_m^2(2.44)} = 1.64 = 2.15 \text{ dB} \tag{6-22}$$

이것은 균일전류를 가지는 이상적인 다이폴의 지향성 1.5보다 조금 더 크다. 그러므로 매우 짧은 다이폴에 대해 지향성은 1.5이고 길이가 반 파장까지 증가함에 따라 지향성도 1.64까지 증가한다. 길이가 더 길어짐에 따라, 지향성도 역시 증가한다. 한파장 다이폴의 지향성은 2.41이다. 좀 더 높은 지향성은 약 1.25$\lambda$의 길이에 대해서 얻어진다. 길이가 더 길어짐에 따라 그림 6-4$d$에서 볼 수 있듯이 방사패턴이 깨지기 시작하고 지향성도 급격히 떨어진다(연습문제 6.1-10 참조).

### 6.1.2 V자형 다이폴

직도선형이 아닌 도선 다이폴 안테나 역시 실용적으로 사용된다. 이러한 안테나 중 하나가 그림 6-9의 **V자형 다이폴**(vee dipole)이다. 이 안테나는 길이 $h$인 선로 양 끝이 중심각 $\gamma$를 가지도록 벌어진 개방회로 전송선로처럼 이루어져 있다. 중심각 $\gamma$의 중앙 방향으로 최대 지향성을 가지게 하는 중심각 $\gamma$는 다음과 같이 주어진다.

$$\begin{aligned} \gamma &= 152\left(\frac{h}{\lambda}\right)^2 - 388\left(\frac{h}{\lambda}\right) + 324, \qquad 0.5 \le \frac{h}{\lambda} < 1.5 \\ \gamma &= 11.5\left(\frac{h}{\lambda}\right)^2 - 70.5\left(\frac{h}{\lambda}\right) + 162, \qquad 1.5 \le \frac{h}{\lambda} \le 3.0 \end{aligned} \tag{6-23}$$

이때 $\gamma$의 단위는 °(각도)이고, 지향성 $D$는 다음과 같다.

$$D = 2.95\left(\frac{h}{\lambda}\right) + 1.15 \tag{6-24}$$

이 식은 제14장의 모멘트법(MoM)을 사용하여 $0.5 \le h/\lambda \le 3.0$인 안테나에 대해 경험적으로 유도되었다.

V자형 다이폴의 지향성은 직선형 다이폴의 지향성보다 더 클 수 있다. 이것은 그림 6-10에서 보듯이 $h = 0.75\lambda$이고, 그 결과 식 (6-23)에서 $\gamma = 118.5°$가 되는 경우의 방사패턴을 통해서도 알

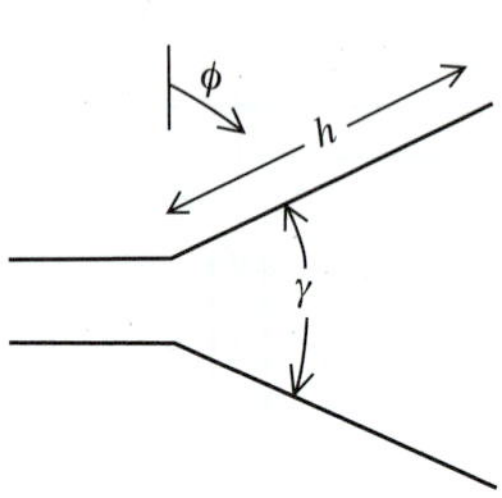


그림 6-9 V자형 다이폴 안테나.

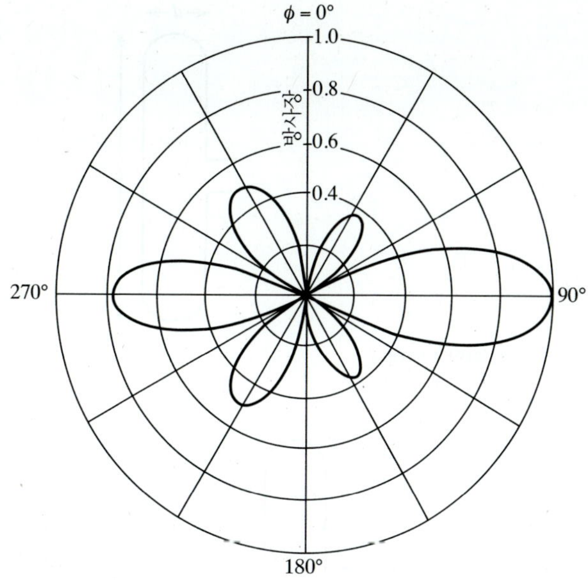


**그림 6-10** $h = 0.75\lambda$, $\gamma = 118.5°$, $a = 0.0005\lambda$**인 그림 6-9의 V자형 다이폴의 원거리장 방사패턴.**

수 있다. 이때 최대방사방향은 $\phi = 90°$이고 $\phi = 270°$인 방향에서의 지향성은 약 2 dB 떨어진다. 그리고 이보다 더 중요한 것은 부엽의 레벨이 낮다는 점이다. 대부분의 경우 V자형 다이폴은 낮아진 부엽 레벨 때문에 직도선형 다이폴보다 더 큰 지향성을 제공한다(그림 6-4*d* 참조). 식 (6-24)로부터 그림 6-10의 V자형 다이폴의 지향성은 $D = 2.94(0.75) + 1.15 = 3.355 = 5.26$ dBi가 된다. $1.5\lambda$길이의 직도선형 다이폴의 지향성은 약 2.2 또는 3.4 dBi이다.

V자형 다이폴 안테나의 입력 임피던스는 일반적으로 같은 길이의 직도선형 다이폴보다 작다. 예를 들어 그림 6-10의 V자형 다이폴의 입력 임피던스는 $106 + j17\ \Omega$인데, 이것은 그림 6-5와 그림 6-6에서 본 것처럼 직도선형 다이폴($L = 1.5\lambda$)의 경우보다 작다.

## 6.2 폴디드 다이폴 안테나

**폴디드 다이폴 안테나**(folded dipole antenna)는 매우 실용적인 안테나로, 그림 6-11에서처럼 두 개의 평행 다이폴 양 끝을 서로 연결해 좁은 도선 루프를 형성한 것이다. 이때 $d$의 크기는 길이 $L$과 파장에 비해 훨씬 작다. 급전점은 한쪽 편의 중앙에 위치한다. 폴디드 다이폴은 기본적으로 전류가 동일하지 않은 불평형(unbalanced) 전송선로이다. 이것의 동작은 전류가 2가지 모드로 이루어져 있다고 간주해서 분석하는데, 하나는 전송선로 모드이고 다른 하나는 안테나 모드이다. 이들 모드에 대한 전류가 그림 6-12에 나타나 있다.

전송선로 모드에서의 전류는 $d$가 작으므로 원거리장에서 서로 상쇄간섭을 일으키는 전자장(field)을 만들어 낸다. 이 모드에서의 입력 임피던스 $Z_t$는 다음과 같이 단락회로 부하를 가진 전송선로에 대한 식으로 주어진다(연습문제 6.2-3 참조).

$$Z_t = jZ_o \tan \beta\frac{L}{2} \tag{6-25}$$

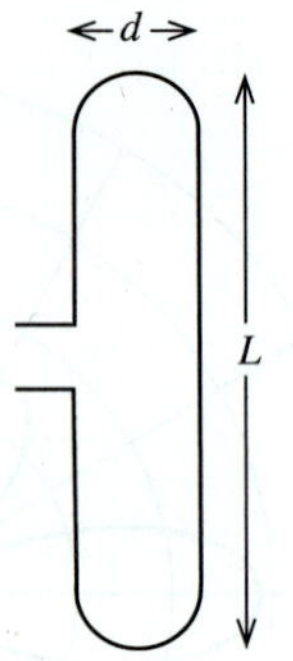


그림 6-11 폴디드 다이폴 안테나.

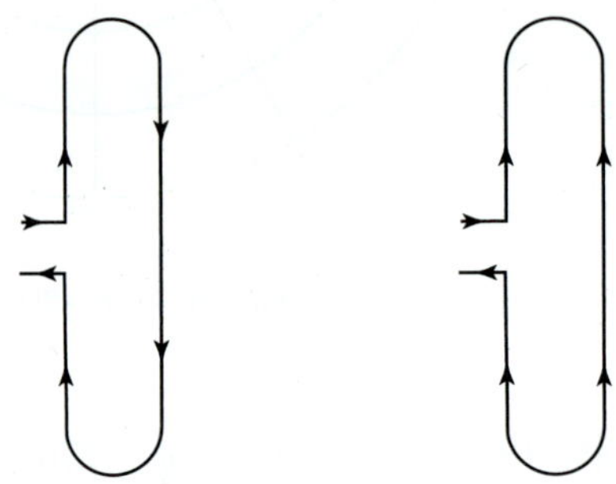

(*a*) 전송선로 모드 (*b*) 안테나 모드

그림 6-12 폴디드 다이폴 안테나의 전류 모드.

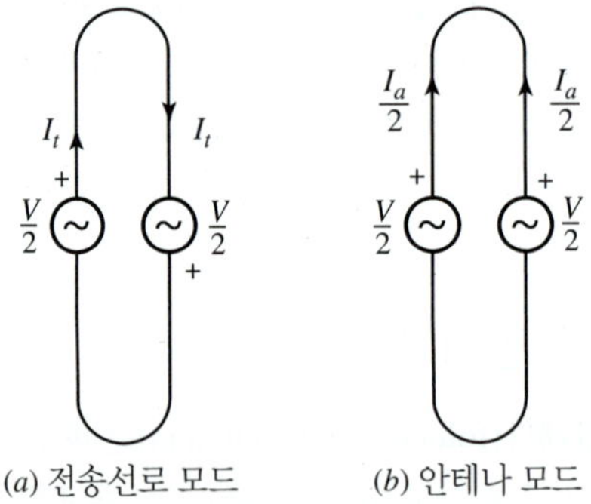


(*a*) 전송선로 모드 (*b*) 안테나 모드

그림 6-13 **폴디드 다이폴의 각 단에 인가된 전압 V에 대한 모드 여기와 전류.** 이 모드들의 중첩은 완전한 폴디드 다이폴 모델을 제공한다.

이때 $Z_o$는 전송선로의 특성 임피던스이다.

안테나 모드에서 각 수직부분의 전류로 만들어지는 전자장들은 서로 유사한 방향을 가지므로 원거리장에서 보강간섭을 일으키게 된다. 이 모드에서 전하들은 일반적인 다이폴처럼 다이폴의 양 끝에서 반사되어 입력단으로 되돌아오는 게 아니라 양 끝에서 '코너를 따라' 진행하게 되는데, 이것은 공진 길이에 대한 입력전류의 2배를 만들게 된다. 그 결과 안테나 모드는 공진 길이 다이폴 전류의 반이 되는 입력전류를 가지면 된다.

전압 $V$가 폴디드 다이폴의 입력단에 인가되었다고 가정하자. 전체적인 동작은 그림 6-13의 각 모드에 대한 등가회로들의 중첩으로 결정된다. 각 모드에 대한 값들이 중첩되고 전압들이 더해지면, 왼쪽에서의 전압은 $V$가 되고 오른쪽에서의 전압은 당연히 0이 된다. 그러므로 전송선로 모드 전류는 다음과 같다.

$$I_t = \frac{V}{2Z_t} \tag{6-26}$$

안테나 모드에서는 전체 전류가 양쪽 전류의 합인 $I_a$로 표시되고, 이 전류를 여기하기 위한 전압은 $V/2$이다. 그러므로 안테나 전류는 다음과 같다.

$$I_a = \frac{V}{2Z_d} \tag{6-27}$$

이때 일차 근사에 대해 $Z_d$는 똑같은 도선 크기의 일반 다이폴 입력 임피던스와 같다. 왼쪽에서의 전체 전류는 $I_t + \frac{1}{2}I_a$이고 전체 전압은 $V$인데, 그 결과 폴디드 다이폴의 입력 임피던스는 다음과 같이 된다.

$$Z_A = \frac{V}{I_t + \frac{1}{2}I_a} \tag{6-28}$$

식 (6-28)에 식 (6-26)과 식 (6-27)을 대입하면 입력 임피던스는 다음과 같이 된다.

$$Z_A = \frac{4Z_tZ_d}{Z_t + 2Z_d} \tag{6-29}$$

예를 들어 많이 쓰이는 **반파장 폴디드 다이폴**을 고려해 보자. 식 (6-25)에서 $L = \lambda/2$이면 $Z_t = jZ_o \tan[(2\pi/\lambda)(\lambda/4)] = jZ_o \tan(\pi/2) = \infty$이므로 식 (6-29)는 다음과 같이 된다.

$$Z_A = 4Z_d \quad \left(L = \frac{\lambda}{2}\right) \tag{6-30}$$

그러므로 반파장 폴디드 다이폴은 반파장 다이폴에 비해 4배 증가된 임피던스를 나타낸다. 반파장 다이폴이 공진에서 실수의 입력 임피던스를 가지는 것처럼 반파장 폴디드 다이폴 역시 마찬가지이다.

반파장 폴디드 다이폴에서의 전류는 특히 시각화하기 쉽다. 따라서 이에 대한 전류와 임피던스를 다시 유도하고자 한다. 만약 그림 6-11의 오른쪽에 있는 수직 도선부를 급전부를 대칭으로 잘라 내고, 도선을 전류교란 없이 펴면, 이것은 그림 6-14처럼 된다. 양 끝은 실제로는 연결되어 있으므로 전류가 0이 아니다. 이 현상을 보다 잘 살펴보는 방법은 전류를 다시 원래 상태대로 접어 보는 것인데, 이렇게 하면 접힌 부분의 전류가 그림 6-15$a$에서 볼 수 있는 것처럼 뒤집혀 있음을 알 수 있다. 그러면 그림 6-15에서처럼 똑같은 전체 전류가(그러므로 똑같은 패턴이) 폴디드나 일반 다이폴에서 동시에 얻어진다. 차이는 폴디드 다이폴의 경우 똑같은 크기를 가진 2개의 아주 가깝게 위치한 전류들을 가진다는 것이고, 일반 다이폴의 경우 그것들이 한 도선에 결합되어 있다는 것이다. 이로부터 두 경우의 입력전류는 다음 관계로 연관된다.

$$I_f = \frac{1}{2}I_d \quad \left(L = \frac{\lambda}{2}\right) \tag{6-31}$$

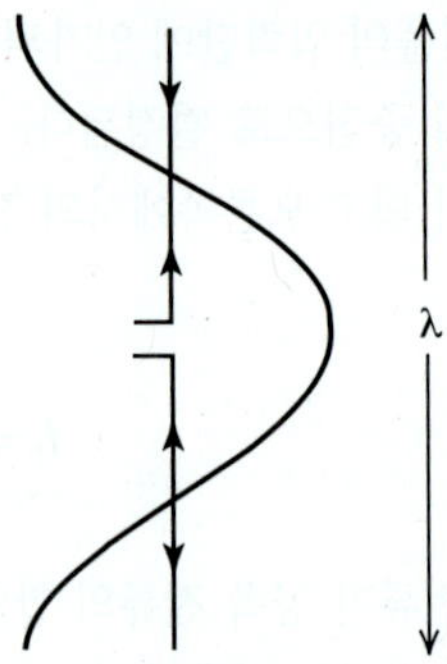


그림 6-14 전류교란 없이 펴진 반파장 폴디드 다이폴의 안테나 모드에 대한 전류.

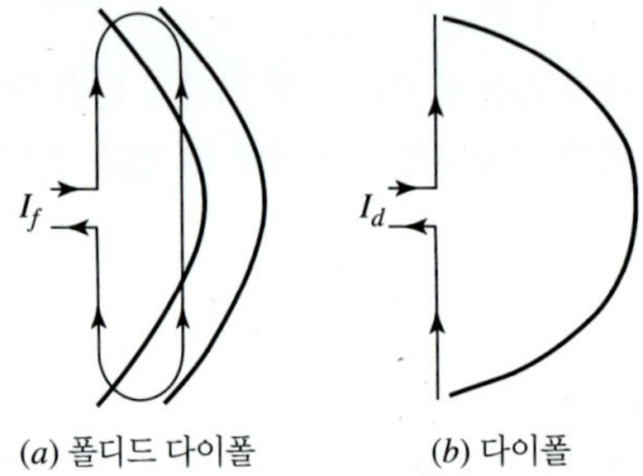


그림 6-15 반파장 다이폴의 전류.

그리고 입력전력은 각각 다음과 같다.

$$P_f = \frac{1}{2} Z_A I_f^2 \quad (\text{폴디드 다이폴}) \tag{6-32}$$

$$P_d = \frac{1}{2} Z_d I_d^2 \quad (\text{다이폴}) \tag{6-33}$$

반파장일 때 전체 전류가 동일하므로 방사된 전력 역시 동일하다. 식 (6-32)와 식 (6-33)을 같게 두고 식 (6-31)을 사용하면 다음과 같이 되는데, 이것은 식 (6-30)의 결과를 재확인해 주는 것이다.

$$\frac{1}{2} Z_d I_d^2 = \frac{1}{2} Z_A \frac{1}{4} I_d^2$$

또는

$$Z_A = 4Z_d \quad \left(L = \frac{\lambda}{2}\right) \tag{6-34}$$

공진 시 반파장 폴디드 다이폴의 입력 임피던스는 일반 다이폴 입력 임피던스의 4배가 된다. 공진 시 반파장 다이폴이 약 70 Ω의 입력저항을 가지므로 반파장 폴디드 다이폴은 다음과 같은 입력 임피던스를 가진다.

$$Z_f = 4(70) = 280\,\Omega \quad (\text{반파장}) \tag{6-35}$$

이 임피던스는 일반적으로 많이 사용되는 평행 2선 전송선로의 300 Ω에 매우 가깝다.

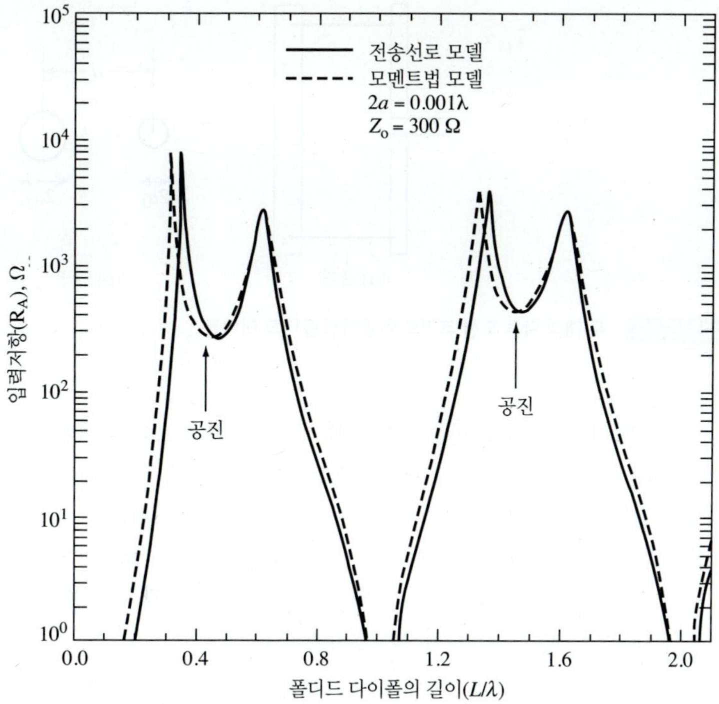


**그림 6-16** **폴디드 다이폴의 입력 저항.** 실선은 전송선로 모델로 계산되었고, 쇄선은 좀 더 정확한 모멘트법으로 계산되었다. 도선 반지름 $a$는 $0.0005\lambda$이고 도선 간격 $d$는 $12.5a$이다.

유한한 도선 두께를 지닌 폴디드 다이폴에 대한 입력 저항 궤적이 폴디드 다이폴의 길이 함수로서 그림 6-16에 나타나 있으며, 실선은 전송선로 모델에서 얻어진 것이다. 도선 간의 간격 $d = 12.5a$일 때 특성 임피던스가 300 Ω 전송선로$[Z_o = (\eta/\pi)\ \text{In}(d/a) = 120\ \text{In}(12.5a/a) \approx 300\ \Omega]$에 해당한다. 폴디드 다이폴 입력 임피던스는 식 (6-25)와 식 (6-29)로 구해진다. 예를 들어 길이 $L = 0.8\lambda$, 간격 $d = 12.5a$, 반지름 $a = 0.0005\lambda$를 고려할 때, 식 (6-25)와 그림 6-5, 그림 6-6, 그리고 식 (6-29)를 이용하면 다음과 같은 식들을 얻는다.

$$Z_t = j300\ \tan\ 0.8\pi = -j218\,\Omega \tag{6-36}$$

$$Z_d = 950 + j950 \tag{6-37}$$

$$Z_A = 28 - j461\,\Omega \qquad (L = 0.8\lambda) \tag{6-38}$$

이 결과는 그림 6-16의 $R_A$ 값들과 일치한다.

제14장의 모멘트법을 사용해 계산한 입력 임피던스가 그림 6-16에서 쇄선으로 나타나 있다. 간단한 전송선로 모델과 수치해석법 간에는 매우 우수한 일치 결과를 보여 준다. 두 방법 모두 입력 임피던스의 실수부가 첫 번째 공진($L \approx 0.48\lambda$)에서 300 Ω보다 약간 작고, 두 번째 공진($L \approx 1.47\lambda$)에서 300 Ω보다 약간 크다. 이것이 바로 고조파 관계에 있는 주파수들에서 폴디드 다이폴을 유용하게 만드는 특성이다. 그리고 $L \approx \lambda, 2\lambda, \ldots$ 일 때 $Z_A$가 매우 낮은 값을 가짐을 주목하라. 이것은 전송선로 모델로 쉽게 설명될 수 있는데, $\tan(\beta L/2) \approx \tan\pi = 0$이 되고, 그래서 $Z_t = 0$이고 식 (6-29)에서 $Z_A$는 0이 된다.

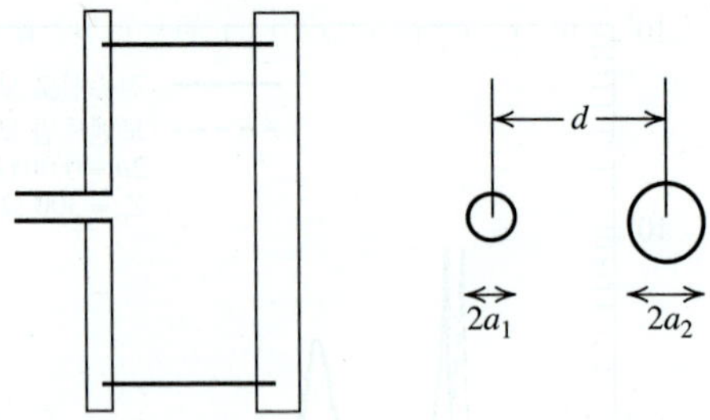


(a) 측면 (b) 단면

그림 6-17 두 개의 다른 도선 크기로 만들어진 폴디드 다이폴.

폴디드 다이폴은 FM 방송 주파수 대역의 수신용 안테나로 사용되는데, 약 반 파장(100 MHz에서 1.5 m) 길이가 되는 300 Ω 평행 2선 전송선로 일부를 잘라 내서 만들 수 있다. 양 끝은 납땜으로 서로 연결되는데, 전체 길이 $L$이 원하는 주파수(보통 100 MHz)에서 반 파장보다 조금 짧게 된다. 그러고 나서 하나로 된 도선의 중심부를 잘라 낸 후, 수신기에 급전하는 평행 2선 전송선로에 연결한다.

가끔씩 그림 6-17과 같이 두 개의 다른 도선 크기를 가지는 폴디드 다이폴도 제작된다. 반파장 경우에 대한 이 때의 입력 임피던스는 다음과 같다.

$$Z_A = (1+c)^2 Z_d \quad \left(L = \frac{\lambda}{2}\right) \tag{6-39}$$

주어진 값 $d$, $a_1$, $a_2$에 대해 c가 주어질 수 있다[H.6: *Ant. Eng. Hdbk.*, 4th ed., pp. 4-16]. 많은 경우처럼 $a_1$, $a_2$가 $d$보다 훨씬 작다면, $c$는 근사적으로 다음과 같이 주어진다.

$$c \approx \frac{\ln(d/a_1)}{\ln(d/a_2)} \tag{6-40}$$

폴디드 다이폴 안테나는 매우 일반적인 도선 안테나인데, 임피던스 성질과 제조의 용이성, 그리고 구조적인 견고성 때문이다. 동일한 크기의 도선으로 만들어진 반파장 폴디드 다이폴의 입력 임피던스는 그림 6-16에서처럼 300 Ω 평행 2선 전송선로의 입력 임피던스와 매우 비슷하다. 물론 도선의 반지름을 바꿈으로써 입력 임피던스를 변화시킬 수 있다. 반파장 폴디드 다이폴은 원하는 임피던스 성질을 가질 뿐만 아니라, 일반 다이폴보다 더 넓은 대역폭을 가진다. 이러한 이유로 폴디드 다이폴은 야기–우다 안테나나 많이 쓰이는 다른 안테나의 급전 안테나로서 자주 사용된다.

## 6.3 야기–우다 안테나

다이폴형 안테나에서 더 큰 이득을 얻기 위한 하나의 방법은 배열 구성으로 하나 이상을 사용하는 것이다. 제8장에서 다루겠지만, 일반적으로 배열구조는 모든 소자가 동일하고 급전망을 이용해 각 소자에 직접 급전을 하여 배열의 모든 소자가 동작하게 만든 것이다. 이번 절에 나온 배열 구성은 일반적으로 오직 하나의 소자만이 송신단이나 수신단에 직접 연결되어 있고, 나머지 소자들은 기생소자이다. 그러한 배열을 기생배열(parasitic array)이라고 부른다. 기생소자(parasitic element)라고 하는 직접 급전되지 않는 소자는 급전되는 소자로부터의 근거리장 결합(near-field coupling)에 의해 여기된다. 평행 다이폴의 기생소자 선형배열을 **야기–우다 안테나**(Yagi-Uda antenna), 야기–우다 배열, 또는 간단히 '야기(Yagi)' 안테나라고 한다. 야기–우다 안테나는 간단한 구조와 상대적으로 높은 이득 때문에 매우 많이 쓰인다. 이 절에서는 야기-우다 안테나의 동작 원리와 설계 데이터에 대해 다룬다[6~11].

야기 안테나에 대한 최초 연구는 1926년, 일본 센다이에 있는 토호쿠 대학교의 신타로 우다에 의해 이루어졌고, 연구 결과는 1926년과 1927년에 일본어로 출판되었다. 우다의 교수인 야기는 1928년 우다의 연구 결과를 재평가해 영문으로 펴냈다[7]. 흔히 부르는 야기 안테나는 영국에서 제2차 세계대전 전에 VHF 레이더용으로 사용되었으며, 이때는 마이크로파 대역의 레이더를 사용하기 위한 고출력의 마이크로파 전원이 가용되기 이전이다. 오늘날 야기 안테나는 레이더 사용과 관계없이 HF와 VHF 안테나로 널리 알려져 있다.

야기 안테나의 기본 단위는 3소자로 구성되어 있다. 3소자 야기 안테나의 동작 원리를 이해하기 위해서, 먼저 여진기(driver)를 고려하고 배열에 기생소자를 첨가한다. 여진기로는 공진 반파장 다이폴을 고려하자. 기생소자가 여진기에 매우 가깝게 위치했을 때, 기생소자에 여기되는 전장은 여진기에서 나온 전장과 거의 같게 된다.

$$E_{\text{incident}} = E_{\text{driver}} \tag{6-41}$$

기생소자에서 여기된 전류와 그것에 의해 발생한 도선에 접하는 방사전장 $E_{\text{parasite}}$는 가까운 간격 때문에 여진기로부터의 입사파에 대해 거의 같은 크기와 반대 위상을 가지게 된다. 이것은 여진기로부터 기생소자에 도달한 전장이 기생소자에 접선 방향이고, 도체에 접선 방향인 전체 전장은 0이 되기 때문이다. 그러므로 기생소자에 의해 방사된 전장은 기생소자의 전체 접선성분 전장이 0이 되도록 한다. 즉 $0 = E_{\text{incident}} + E_{\text{parasite}}$이 된다. 이것을 식 (6-41)과 결합하면 다음과 같이 된다.

$$E_{\text{parasite}} = -E_{\text{incident}} = -E_{\text{driver}} \tag{6-42}$$

3.5절의 2소자 배열 이론으로부터, 2개의 매우 가깝게 위치한 동일 크기, 반대 위상 소자들은 엔드파이어 방사패턴을 나타냄을 알고 있다(그림 3-19 참조, $d = \lambda/8$, $\alpha = 180°$). 서로 $0.04\lambda$(비실용적인) 떨어진 2소자 기생배열의 계산된 방사 패턴은 그림 6-18*b*에서 볼 수 있다. 그림 6-18*a*의 배열의 이득은 2소자에서 방사되는 전장 사이의 무시할 수 없는 소멸간섭 때문에 대단히 낮다. 이러한

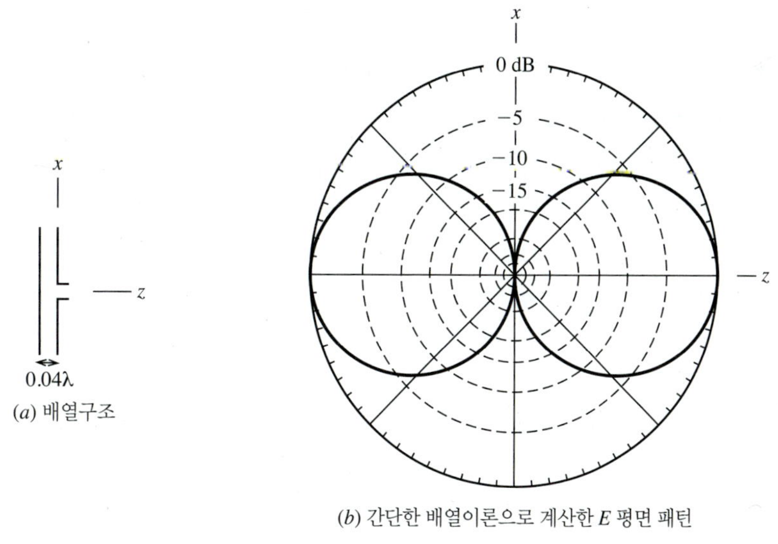


**그림 6-18 반파장 공진 다이폴의 2소자 배열.** 하나의 여진기와 기생소자의 2소자 배열. 전류는 식 (6-41)에 따라 구해졌다.

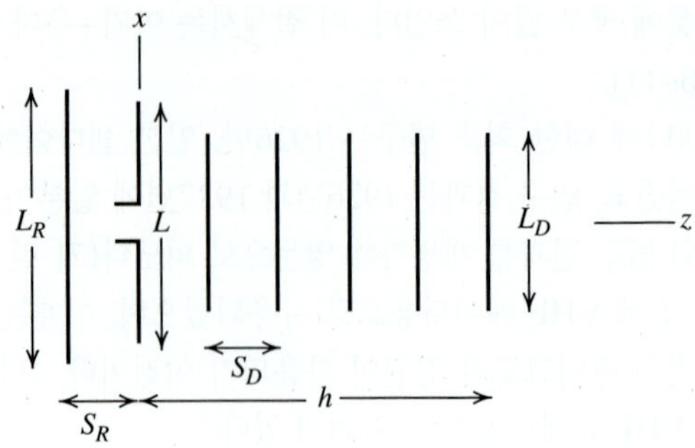


그림 6-19 일반적인 야기-우다 안테나 모양.

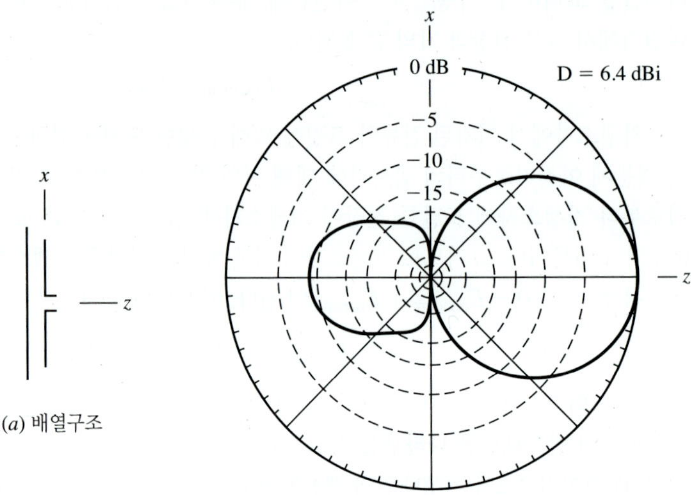


(a) 배열구조

(b) 모멘트법 코드로 계산한 $E$ 평면 패턴

**그림 6-20 $0.2\lambda$ 간격으로 떨어진, 길이 $L = 0.47\lambda$의 여진기와 길이 $0.482\lambda$의 반사기로 이루어진 2소자 야기-우다 안테나.** 두 선의 반지름은 모두 $0.00425\lambda$.

배열은 강한 초지향성을 갖는다.

야기 안테나의 특징은 서로 다른 길이의 기생소자들이 상당히 다른 방식으로 동작한다는 것이다. 만약에 기생소자 길이 $L_R$이 공진 길이보다 길면 반사기(reflector)로 동작한다. 반면 기생소자 길이 $L_D$가 공진 길이보다 짧다면 그림 6-19에서 보이듯이 방사 방향을 $z$축으로 향하게 하기 때문에 도파기(director)로 동작한다. 이러한 효과들은 그림 6-18에서 사용된 것처럼 인접한 거리에서 모의 실험될 수 있다. 그러나 좀 더 현실적인 반사기 간격 $S_R$과 도파기 간격 $S_D$에 의해 더 나은 결과를 얻을 수 있다.

그림 6-20은 그림 6-19에서 $0.2\lambda$ 간격의 반사기와 여진기로만 이루어진 2소자 배열의 $E$ 평면 패턴을 보여 준다. 여진기 길이 $L$은 $0.47\lambda$이고, $L_R$은 $0.482\lambda$이다. 이 방사패턴은 더 긴 기생소자의 반사 동작을 보여 준다. 그림 6-21은 그림 6-19에서 하나의 도파기 소자와 $L = 0.47\lambda$인 여진기로만 이루어진 2 소자의 $E$ 평면 패턴을 보여준다. 도파기의 길이 $L_D$는 $0.42\lambda$이다. 이 방사패턴은 더 짧은 소자의 도파 동작을 보여 준다. 그림 6-20과 6-21에서의 패턴은 $z$ 방향으로의 더 큰 방사가 반사

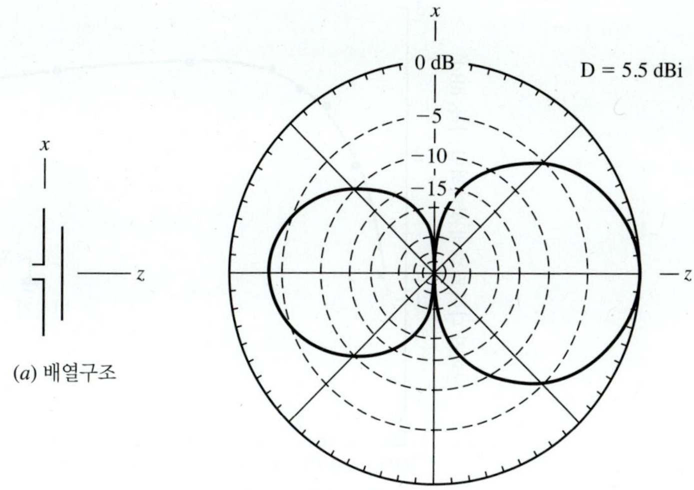


(*a*) 배열구조

(*b*) 모멘트법 코드로 계산한 *E* 평면 패턴

**그림 6-21** **0.2λ 간격으로 떨어진, 길이 $L = 0.47\lambda$의 여진기와 길이 0.42λ의 도파기로 이루어진 2소자 야기–우다 안테나.** 두 도선의 반지름은 모두 0.00425λ.

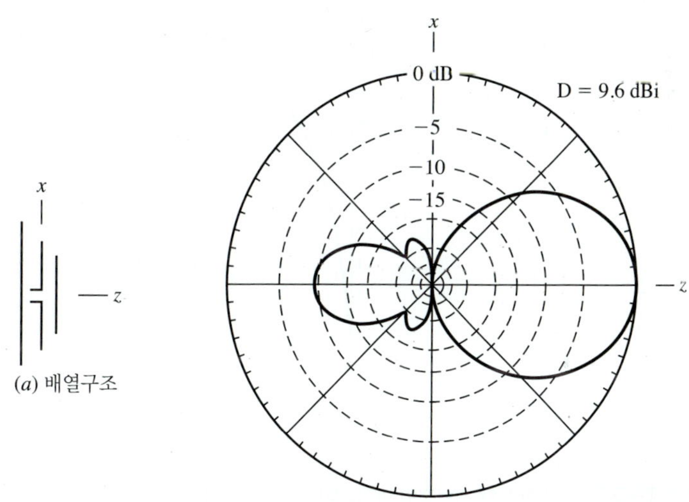


(*a*) 배열구조

(*b*) 모멘트법 코드로 계산한 *E* 평면 패턴

**그림 6-22** **0.2λ 간격으로 떨어진, 길이 $L = 0.47\lambda$의 여진기와 길이 0.482λ의 반사기, 그리고 길이 0.442λ의 도파기로 이루어진 3소자 야기–우다 안테나.** 반지름은 모두 0.00425λ(표 6-3 참조).

기와 도파기 소자를 둘 다 사용함으로써 얻어질 수 있다는 것을 제안한다. 그림 6-22는 그림 6-20과 6-21의 변수를 사용한 3소자 배열의 패턴이다. 그림 6-22에서는 0.420λ 대신 0.442λ 도파기가 사용되었다. 길이 0.442λ는 2소자 배열에서는 잘 동작하지 않지만 3소자 배열에서는 최적의 길이이다. 우리는 그림 6-19에서처럼 하나 이상의 도파기를 사용함으로써 *z* 방향에서의 방사가 더 증대됨을 볼 수 있을 것이다.

3소자 야기 안테나에서 얻을 수 있는 최대지향성은 약 9 dBi나 7 dBd이다[8]. 최대지향성을

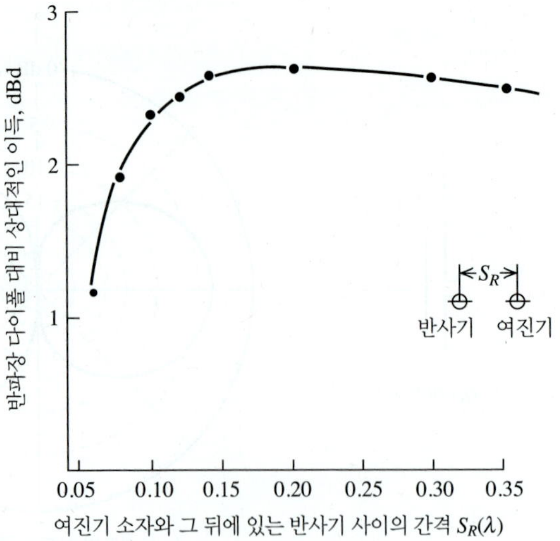


**그림 6-23** **간격 $S_R$에 따른 다이폴과 반사기의 측정된 이득(dBd) [11].**

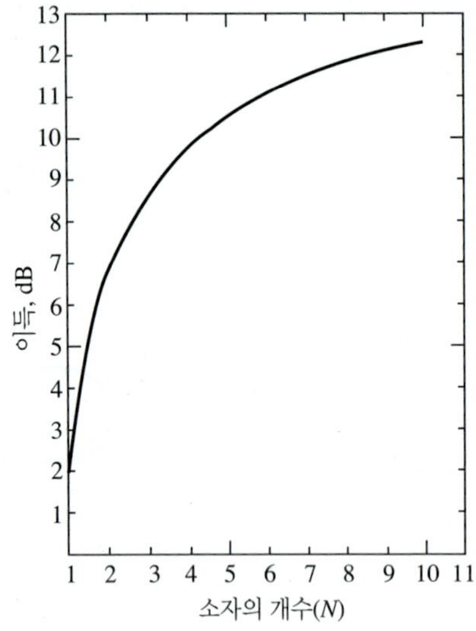


**그림 6-24** **총소자수 대 전형적인 야기-우다 안테나의 이득.** 소자 간격은 $S_R = S_D = 0.15\lambda$. 도체의 지름은 $0.0025\lambda$. (Green [10] © 1966. Institution of Engineers, Australia 허가하에 사용.)

얻기 위한 최적의 반사기 간격 $S_R$은 그림 6-23에서 볼 수 있듯이 0.15~0.25$\lambda$이다. 이때 독립된 다이폴 안테나에 비해 2.5 dBd 이상의 이득을 나타내며, 만약 반사기로 간단한 도선 모양의 소자 대신 평판을 사용하면 이득은 3 dBd가 될 것이다. 그러므로 단일 도선 모양 반사기 소자는 다이폴의 이득 향상 면에서 거의 평판만큼의 효율을 나타낸다.

도파기 간의 간격은 일반적으로 0.2~0.35$\lambda$인데, 더 넓은 간격은 긴 배열에서, 더 좁은 간격은 짧은 배열에서 사용된다. 전형적인 반사기 길이는 0.5$\lambda$이고 여진기는 기생소자가 존재하지 않을 때의 공진 길이이다[9]. 도파기 길이는 보통 공진 길이보다 10~20% 짧은데, 정확한 길이가 도파기 수 $N_D$나 도파기 간격 $S_D$보다 더 민감하게 작용한다.

야기 안테나의 이득은 제5장에서 다룬 균일선전원에 대한 내용에서처럼 그것의 중앙지지대 길이(boom length)와 연관되어 있다. 하지만 야기 안테나와 같은 기생배열에서는 야기 안테나가 균일하게 여기되지 않으므로(그림 6-27 참조) 도파기가 배열에 첨가됨에 따라 소자당 조금씩의 이득 증가가 있다. 이때 도파기 간격 $S_D$는 고정되어 있다고 가정한다. 사실 5~6개까지의 도파기 추가는 이득(dB)의 상당한 증가를 보여 주지만, 그 이상 추가하면 그림 6-24에서처럼 크게 증가하지 않게 된다. 그림 6-24는 하나의 여진기와 하나의 반사기가 존재하고 모든 소자 간의 간격 $S_R = S_D = 0.15\lambda$인 경우 배열 소자수 $N$에 대한 이득을 그려 놓은 것이다[10]. 도파기 수 $N$을 3에서 4로 증가시킬 경우 이득은 약 1 dB 증가하지만, 9에서 10으로 증가시킬 경우에는 이득이 약 0.2 dB밖에 증가하지 않는다.

반사기의 추가는 아주 작은 이득의 증가만을 가져오므로 보통 그렇게 하지 않는다. 반사기의 주된 기능은 급전점에서의 구동점 임피던스와 배열의 후엽에 관계되어 있다. 이득과 관련된 패턴 모양은 대부분 도파기에 의해 좌우된다. 도파기 간격과 도파기 길이는 서로 밀접한 관계에 있지만 도파기 길이가 조금 더 민감한 파라미터이고, 이것은 중앙지지대 길이가 증가함에 따라 더 중요해진다.

미국 국립 표준 사무국(National Bureau of Standards)(현재 NIST)의 비에즈비크(Viezbicke)[11]가 수십 년에 걸쳐 행한 실험은 야기–우다 안테나 설계에 대한 많은 자료를 제공해 준다. 지면으로부터 수 파장 떨어져서 행해진 이 실험의 목적은 0.2~4.2$\lambda$의 정해진 중앙지지대 길이 $L_B = S_R + h$에서 최적의 설계값을 결정하는 것이다. 비에즈비크 연구 결과의 일부가 표 6-3에 정리되어 있는데,

**표 6-3** 6개의 다른 중앙지지대 길이의 야기–우다 배열 안테나에 대한 기생 다이폴의 최적 길이 $L_B$.

| | $d/\lambda = 0.0085$<br>$S_R = 0.2\lambda$ | 야기–우다 배열의 중앙지지대 길이, $\lambda$ | | | | | |
|---|---|---|---|---|---|---|---|
| | | **0.4** | **0.8** | **1.20** | **2.2** | **3.2** | **4.2** |
| 반사기 길이, $L_R/\lambda$ | | 0.482 | 0.482 | 0.482 | 0.482 | 0.482 | 0.475 |
| 도파기 길이, $L_{D_n}/\lambda$ | $D_1$ | 0.442 | 0.428 | 0.428 | 0.432 | 0.428 | 0.424 |
| | $D_2$ | | 0.424 | 0.420 | 0.415 | 0.420 | 0.424 |
| | $D_3$ | | 0.428 | 0.420 | 0.407 | 0.407 | 0.420 |
| | $D_4$ | | | 0.428 | 0.398 | 0.398 | 0.407 |
| | $D_5$ | | | | 0.390 | 0.394 | 0.403 |
| | $D_6$ | | | | 0.390 | 0.390 | 0.398 |
| | $D_7$ | | | | 0.390 | 0.386 | 0.394 |
| | $D_8$ | | | | 0.390 | 0.386 | 0.390 |
| | $D_9$ | | | | 0.398 | 0.386 | 0.390 |
| | $D_{10}$ | | | | 0.407 | 0.386 | 0.390 |
| | $D_{11}$ | | | | | 0.386 | 0.390 |
| | $D_{12}$ | | | | | 0.386 | 0.390 |
| | $D_{13}$ | | | | | 0.386 | 0.390 |
| | $D_{14}$ | | | | | 0.386 | |
| | $D_{15}$ | | | | | 0.386 | |
| 도파기 사이의 거리($S_D/\lambda$) | | 0.20 | 0.20 | 0.25 | 0.20 | 0.20 | 0.308 |
| 반파장 다이폴 대비 이득, dBd | | 7.1 | 9.2 | 10.2 | 12.25 | 13.4 | 14.2 |
| 설계 곡선(그림 6-25) | | (*A*) | (*C*) | (*C*) | (*B*) | (*C*) | (*D*) |
| 전후방비, dB | | 8 | 15 | 19 | 23 | 22 | 20 |

*Source*: P. P. Viezbicke, "Yagi Antenna Design," NBS Tech. Note 688, National Bureau of Standards, Washington, DC, Dec. 1976.

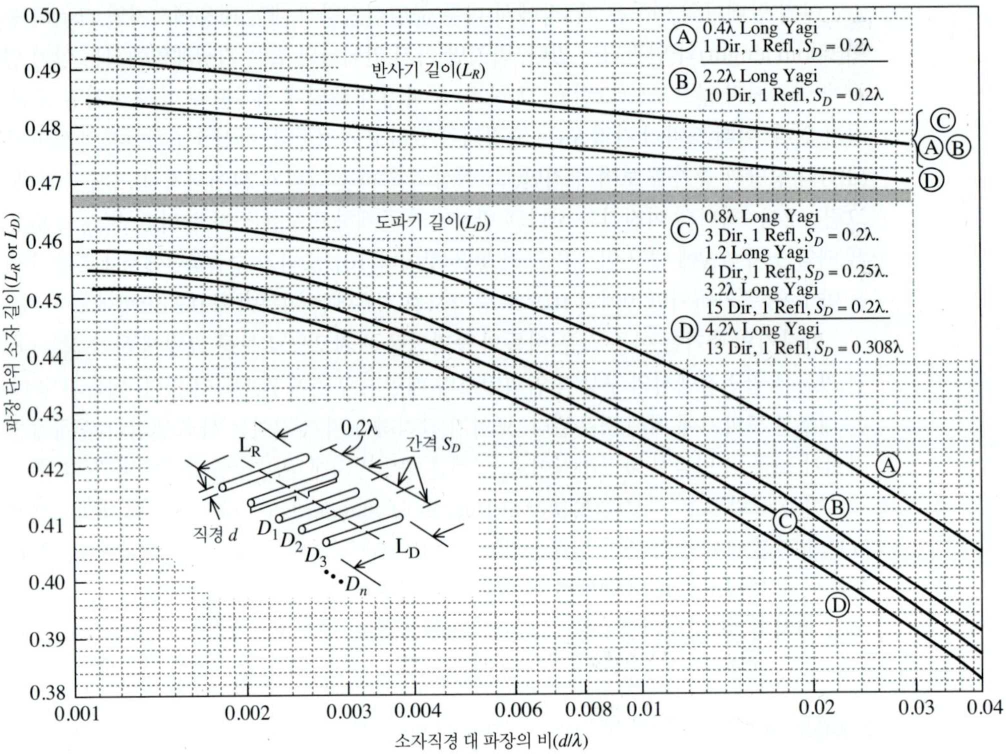


그림 6-25 표 6-3의 야기 안테나에 대한 설계 곡선[11].

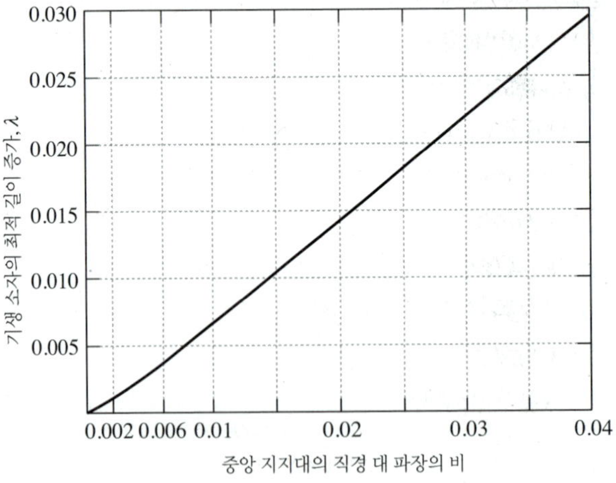


그림 6-26 금속 중앙지지대가 야기 안테나 기생소자의 길이에 미치는 영향을 보여 주는 그래프[11].

이것을 설계에 사용할 수 있다. 비에츠비크 연구와 참고문헌 [12], [13]에 요약된 결과들은 사용된 도체의 지름(그림 6-25 참조)과 금속 중앙지지대가 사용될 때의 금속 중앙지지대 지름(그림 6-26 참조) 두 경우 모두에 대해 자유공간 기생소자 길이를 어떻게 보정하는지 보여 주고 있다. 금속 중앙지지대는 기생소자의 전압분포가 소자 중심에서 0을 나타낼 수 있으므로 사용될 수 있다. 이상적으로 배열의 중심을 따라 있는 무한히 얇은 금속 중앙지지대는 전압분포를 변화시키지 않는다. 그러나 실

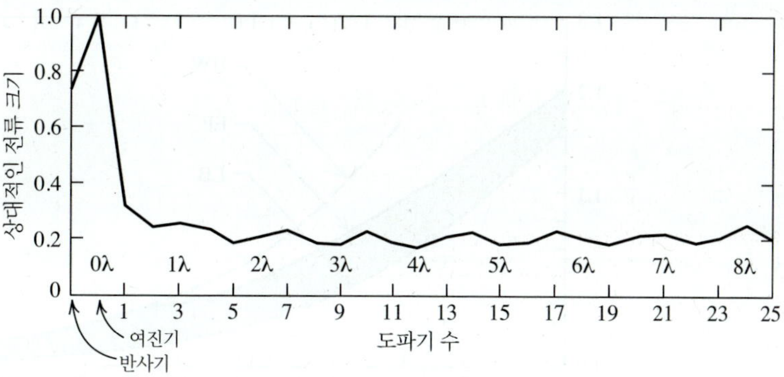


**그림 6-27** **27소자 야기 안테나 배열에서 상대적인 전류 크기.** (Thiele [6] © 1969. IEEE 허가하에 사용.)

제 크기의 금속 중앙지지대는 기생소자 길이의 증가로 보상되어야만 하는 영향을 가진다. 바꿔 말해 기생소자들은 중앙지지대로부터 절연된다면 어떠한 보상도 필요치 않다.

적어도 몇 개의 도파기를 가진 야기-우다 안테나는 저속파(slow wave) 형태(즉 $c/v > 1$)의 표면파를 지원하는 엔드파이어 진행파 안테나로 보일 수 있다. 즉 여진기-반사기 쌍은 파의 위상속도 $v$가 자유공간의 광속 $c$보다 작도록, 즉 $v < c$가 되도록 파를 감속시키는 도파기들로 파를 내보내게 된다. 또는 위상지연의 관점에서 보면, 진행 방향으로의 배열축을 따라 존재하는 단위 길이당 위상지연은 일반적인 엔드파이어 조건의 경우보다 더 크다. 최대이득에 필요한 일반적인 엔드파이어 이상의 부가적인 위상지연은 균일선전원에 대한 한센-우드야드 조건과 동일하다고 생각할 것이다(5.4절 참조). 만약 중앙지지대 길이가 꽤 길다면, 이것은 근사적으로 참이 된다.

잘 설계된 야기 안테나에서의 도파기 전류들은 그림 6-27에서처럼 거의 동일하다[6]. 만약 여진기로부터 가장 먼 도파기까지의 부분적인 중앙지지대 길이 $h$(그림 6-19 참조)가 길다면($h \gg \lambda$), 한센-우드야드 조건은 여진기로부터 가장 멀리 떨어진 도파기(단자 도파기)에서 표면파와 자유공간파 간의 위상차가 거의 180°가 되도록 요구한다. 그러므로

$$h\beta_g - h\beta = \pi \tag{6-43}$$

또는

$$\lambda/\lambda_g = c/v = 1 + \lambda/2h \tag{6-44}$$

가 성립된다. 여기서 $\beta_g$는 배열 진행축에서의 유도 위상상수 또는 파수이고 $\lambda_g$는 이에 상응하는 유도 파장, 그리고 $\lambda$는 비유도(자유공간) 파장을 나타낸다. $\beta_g = -\beta\cos\theta_o \approx -\beta(c/v)$이고 $c/v > 1$는 $|\cos\theta_o| > 1$임을 암시하고 있다는 것을 유의하라. 식 (6-44)는 그림 6-28에서 위쪽 쇄선으로 나타나 있다.

에른스펙(Ehrenspeck)과 포일러(Poehler)의 실험[9]에 따르면 최적의 단자 위상차가 짧은 야기 안테나에서는 약 60°, $4\lambda < h < 8\lambda$에 대해서는 약 120°, 그리고 $h > 20\lambda$에 대해서는 180°까지 증가한다. 이것은 그림 6-28에 실선으로 나타나 있다. 야기 안테나나 다른 엔드파이어 구조들에 대한 데이터로부터 최적의 $c/v$ 값은 실선 또는 실선 바로 밑의 음영지역임을 알 수 있다. 야기 안테나보다 더 효율적으로 표면파를 여기할 수 있는 다른 표면파 구조들은 쇄선으로 이루어진 아래쪽 경계(LB)에 가까운 음영영역에서 최적의 $c/v$ 값을 가질 수 있다. 반면 이런 모든 표면파 구조들이

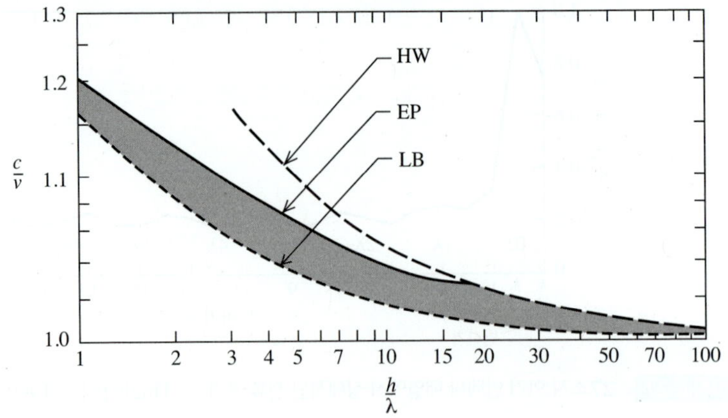


그림 6-28 안테나 길이 $h/\lambda$의 함수로서 나타낸 최대이득표면파 안테나에 대한 상대적인 위상속도 $c/v = \lambda/\lambda_g$. HW = Hansen–Woodyard 조건[식 (6-43) 참조], EP = Ehrenspeck과 Poehler 실험값, LB = 아래쪽 경계(이상적인 표면 여기 경우). ([H.6: Ant. Eng. Habk., 3rd ed.] © 1993. McGraw-Hill Companie*s* 허가하에 사용.)

매우 길어진다면 한센–우드야드 조건에 접근한다.

표면파가 진행하는 리액티브 표면으로서의 도파기를 고려하고 더 긴 중앙지지대 길이에 대해 도파기 길이는 더 짧아지려 한다는 표 6-3의 결과로부터, 표면파는 전체 위상지연이 지나치게 크지 않고 그림 6-28의 실선에 위치하게 하기 위해 긴 중앙지지대 길이에 대해 리액티브 표면에 덜 결합한다는 것을 짐작할 수 있다. 도파기 간격 $S_D = 0.2\lambda$인 배열에 대해 표 6-3을 살펴보면 중앙지지대 길이가 길어질 경우 도파기는 짧아지려 한다는 것을 알 수 있다.

야기 안테나는 저중량, 저가이면서 상당히 높은 이득을 제공하기 때문에 HF–VHF–UHF 주파수 범위에서 아주 많이 사용된다. 이 안테나는 상대적으로 수 % 정도의 좁은 대역폭을 갖지만 다이폴 대신 폴디드 다이폴 같은 다른 급전부를 사용하면 대역폭을 다소 향상시킬 수 있다. 구동점 임피던스가 보통 상호 결합 영향으로 자기 임피던스보다 상당히 감소됨에도, 폴디드 다이폴은 다이폴보다 더 높은 입력 임피던스를 나타낸다. 그리고 이득의 증가는 야기 안테나를 배열하거나 '적층(stacking)'시킴으로써 얻을 수 있다. 최대이득은 거의 한 파장 떨어뜨림으로써 얻어진다(그림 8-16 참조). 그러므로 실제 적용 시 다소 좁은 대역폭이 허용된다면 야기 안테나로 저가에 9~12 dB 정도 되는 좋은 이득을 얻을 수 있다.

## 예제 6-1 TV 채널 12 야기 안테나 설계

205.25 MHz인 TV 채널 12용 12소자 야기 안테나를 금속 중앙지지대로부터 절연된 1 cm 지름의 소자를 사용해 설계하려고 한다[13]. 중앙지지대 길이는 $2.2\lambda$이고, 표 6-3에서 $0.2\lambda$ 간격이 필요함을 알 수 있다. 205.25 MHz에서의 파장은 1.46 m이다. 그러므로 모든 소자 간의 간격은 29.2 cm이다. 각 소자 길이는 다음 네 단계로 구할 수 있다.

1. 그림 6-25의 설계를 위한 곡선 B 위에 표 6-3의 소자 길이를 표시하라. 설계를 위한 곡선은 $0.0085\lambda$의 도체 지름에 해당한다.

2. 사용된 1 cm 도체가 지름으로 0.0065$\lambda$이므로 표에서의 소자 길이는 약간 증가해야만 한다. 이것은 수평축 위의 0.0065$\lambda$에서 수직선을 그리면 된다. 이 선은 두 개의 곡선과 교차하는데, 이것은 반사기와 첫 번째 도파기의 보정된 길이를 나타낸다.

$$L_R = 0.483\,\lambda, \qquad L_{D_1} = 0.4375\lambda$$

   도파기 'B' 곡선을 따라 0.0065$\lambda$에 해당하는 수직선의 교차점에 의한 보정된 길이와 위의 1 단계에서 구해진 첫 번째 도파기 길이 간의 차이를 주목하라. 모든 도파기는 이 차이에서 결정된 양만큼 길이가 증가되어야 한다.

3. 분할기를 이용하여 도파기 B 곡선 위에서 첫 번째 도파기의 처음 길이와 보정된 길이 간의 거리를 측정하라. 다른 도파기 길이 각각을 보정된 길이를 결정하기 위해 이 양만큼 왼쪽으로 이동시켜라.

$$\begin{aligned} L_{D_2} &= 0.421\lambda \\ L_{D_3} &= L_{D_{10}} = 0.414\lambda \\ L_{D_4} &= L_{D_9} = 0.405\lambda \\ L_{D_5} &= L_{D_6} = L_{D_7} = L_{D_8} = 0.398\lambda \end{aligned}$$

4. 네 번째 단계는 일반적으로 그림 6-26을 사용해 필요한 경우 금속 중앙지지대에 대한 길이 보상을 하는 것이다. 이 문제의 경우 중앙지지대는 금속이지만 소자와 절연되어 있어서 어떠한 보상도 필요치 않다(연습문제 6.3-5 참조).

---

제14장의 모멘트법을 이용해 예제 6-1의 방사패턴을 계산하면 그림 6-29와 같이 되고 계산된 지향성은 11.82 dBd인데, 이것은 표 6-3의 이득값 12.25 dBd와 잘 일치한다. 다이폴 여진기에 대한 계산된 입력 임피던스는 26.5 + $j$23.7 Ω이고, 계산된 방사패턴에서의 전후방비는 38.5 dB로 후엽이 거의 존재하지 않는다.

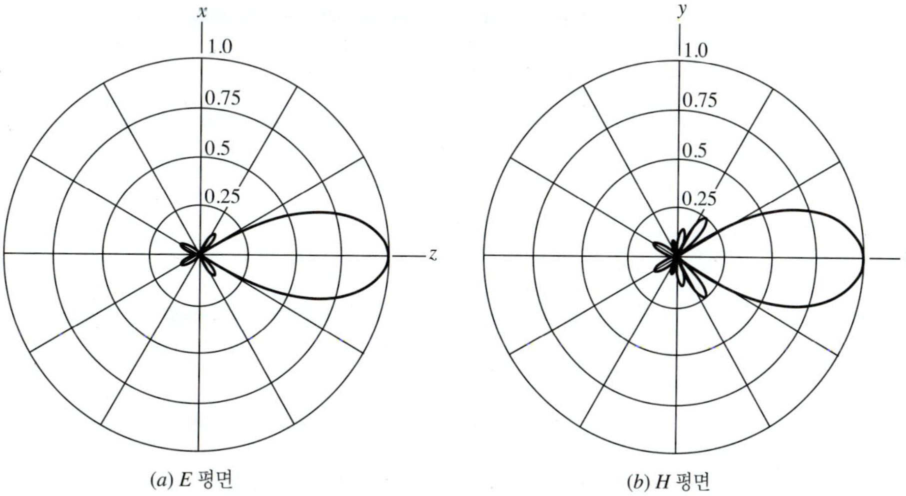


그림 6-29 예제 6-1의 12 소자 야기 안테나에 대한 계산된 방사패턴.

## 6.4 도선 안테나의 급전

안테나를 송신기 또는 수신기에 연결할 때 여러 질문들이 생긴다. 전송선로를 어떻게 사용하는 것이 가장 좋은 방법일까? 안테나, 전송선로와 송신기 또는 수신기 사이의 임피던스를 '정합'시키는 가장 좋은 방법은 무엇일까? 불평형(unbalanced) 전송선로를 평형(balanced) 안테나로 변환할 필요가 있을까? 이 절에서는 위와 같은 질문들에 대한 해결책을 제시한다.

### 6.4.1 전송선로

그림 6-30과 같은 송신모드로 동작하는 안테나를 가정해 보자. 그림 6-30의 두 안테나 시스템 모두 발진기와 안테나 사이에 특성 임피던스 $Z_o$인 전송선로를 가진다. 도선 안테나는 그림 6-31 과 같은 동축케이블 또는 평행 도선 전송선로 형태로 대부분 급전된다.

원형 동축케이블의 가장 기본적인 $Z_o$ 값은 50 Ω(실수값)이다. 이 값은 여러 인자들 중 조정된 값이다. 동축케이블에서 가장 큰 전력을 처리할 수 있는 $Z_o$ 값은 30 Ω이고, 가장 높은 전압일 때는 60 Ω이다. 그리고 가장 작은 도체 손실일 때의 $Z_o$ 값은 77 Ω이다[14]. 동축케이블의 특성 임피던스는 다음 식과 같이 안쪽과 바깥쪽 지름의 비에 의해 결정된다.

$$Z_o = \frac{60}{\sqrt{\varepsilon_r}} \ln\left(\frac{b}{a}\right) \tag{6-45}$$

평행 도선 전송선로는 더 높은 값을 가지는 경향이 있는데, '평행-2선형'일 때 보통 75 또는 300 Ω의 특성 임피던스 값, 개방된(예를 들면 도체 사이가 공기일 때, $\varepsilon_r = 1$) 도선 전송선로일 때 보통 450, 또는 600 Ω의 특성 임피던스 값을 갖는다. 도체 사이간격에 따라 $Z_o$는 다음의 식으로 결정된다.

$$Z_o = \frac{120}{\sqrt{\varepsilon_r}} \cosh^{-1}\left(\frac{d}{2a}\right) = \frac{120}{\sqrt{\varepsilon_r}} \ln\left(\frac{d + \sqrt{d^2 - (2a)^2}}{2a}\right) \tag{6-46}$$

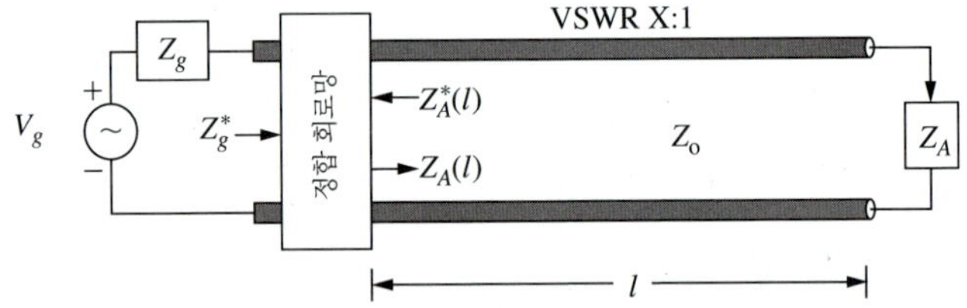

(a) 복소 정합

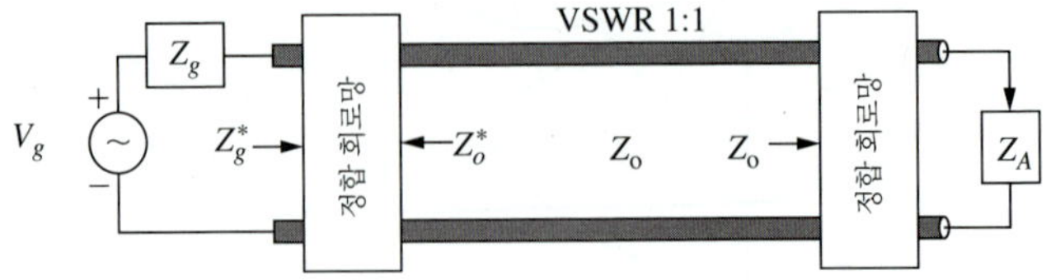

(b) 무반사 정합

그림 6-30 전송선로의 복소 및 무반사 정합.

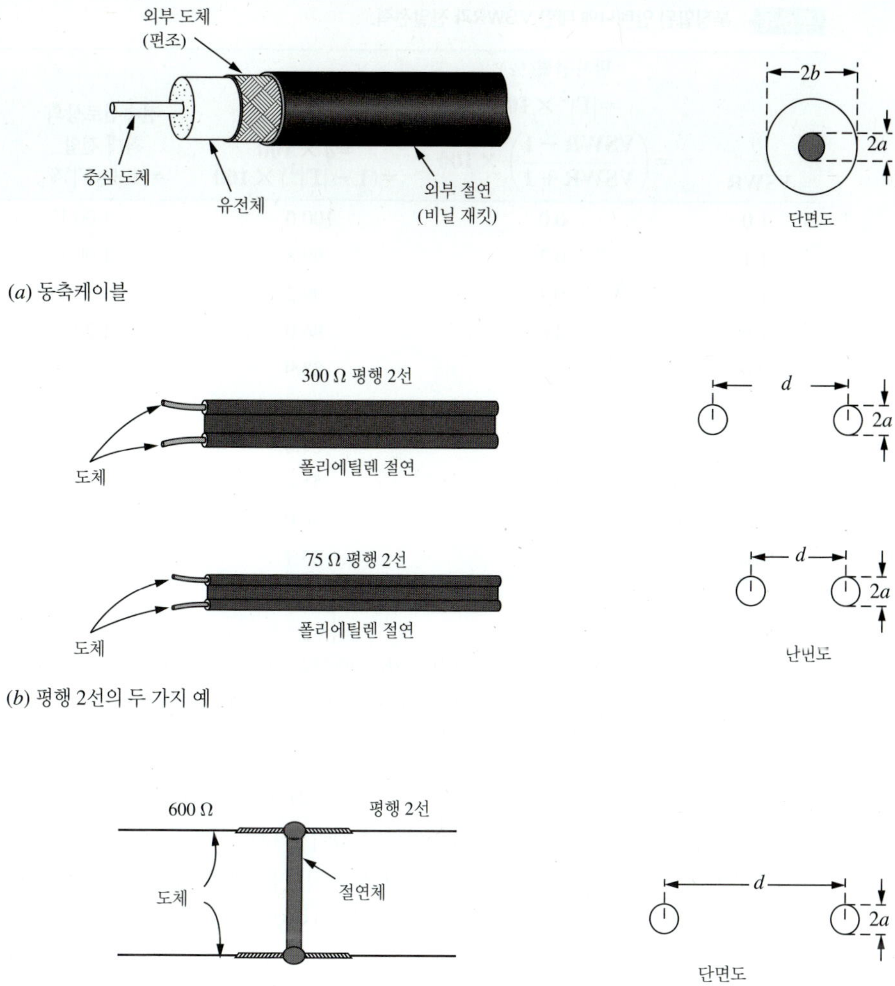


(a) 동축케이블

(b) 평행 2선의 두 가지 예

(c) 개방된 2도선 선로

**그림 6-31 도선 안테나의 급전을 위한 일반적인 전송선로.**

개방된 도선 선로의 장점은 높은 전력처리 능력과 손실이 적다는 점이다. 평행도선 선로는 도체 사이의 공간이 선로의 전송특성을 방해할 만큼 충분히 크므로 VHF 대역과 그보다 높은 주파수에서는 거의 사용하지 않는다. 즉 전송선로에 의한 방사가 일어날 수도 있다. 평행 도선 선로는 평형 전송선로이지만 반면에 동축 선로는 불평형 선로이고 이에 대한 것은 6.4.3절에서 설명하겠다.

## 6.4.2 정합 회로망

그림 2-15의 등가회로에서 송신모드의 안테나가 있다고 가정해 보자. 회로이론을 통해 발진기로부터 안테나에 의한 부하의 실수부 $R_A = R_o + R_r$로의 최대 전력전달은 오른쪽의 부하 임피던스 $Z_A$가 왼쪽의 전원 임피던스 $Z_g$와 공액 정합일 때 일어남을 알 수 있다. 즉 최대 전력 전송에서는 $Z_A = Z_g^*$이다. 공진 크기의 안테나에 대해서는 $R_r \gg R_o$이므로 $R_A \approx R_r$이 된다.

그림 6-30은 그림 2-15를 확장해 놓은 것이다. 그림 2-15는 안테나에서 송신기 또는 수신기와 같은 전원으로 연결되는 전송선로를 나타내지 않을 때의 가장 일반적인 안테나 시스템 등가회로이

표 6-4 부정합된 안테나에 대한 VSWR과 전달전력.

| VSWR | 반사전력(%) $=\|\Gamma\|^2 \times 100$ $=\left(\frac{VSWR-1}{VSWR+1}\right)^2 \times 100$ | 전달전력(%) $=q \times 100$ $=(1-\|\Gamma\|^2) \times 100$ | 전송선로상의 최대 전압 $=(1+\|\Gamma\|)V_o$ | 반사손실 $=-20 \log(\|\Gamma\|)$ |
|---|---|---|---|---|
| 1.0 | 0.0 | 100.0 | 1.00 $V_o$ | ∞ dB |
| 1.1 | 0.2 | 99.8 | 1.09 $V_o$ | 26.4 dB |
| 1.2 | 0.8 | 99.2 | 1.17 $V_o$ | 20.9 dB |
| 1.5 | 4.0 | 96.0 | 1.20 $V_o$ | 14.0 dB |
| 2.0 | 11.1 | 88.9 | 1.33 $V_o$ | 9.54 dB |
| 3.0 | 25.0 | 75.0 | 1.50 $V_o$ | 6.02 dB |
| 4.0 | 36.0 | 64.0 | 1.60 $V_o$ | 4.47 dB |
| 5.0 | 44.4 | 55.6 | 1.67 $V_o$ | 3.52 dB |
| 5.83 | 50.0 | 50.0 | 1.71 $V_o$ | 3.01 dB |
| 10.0 | 66.9 | 33.1 | 1.82 $V_o$ | 1.74 dB |

다. 안테나와 전원이 0.1λ 이상 분리되어 있을 때에는 전원과 안테나를 연결하는 데 있어서 반드시 전송선로 이론을 적용해야 한다. 수파장 이상의 분리가 통상적이다.

안테나를 급전할 때 최대 전력 전송만 고려해야 하는 것은 아니다. 다른 두 가지 고려사항은 (1) 부하로부터 반사된 전력이 최소가 되도록 하거나 (2) 원하는 전류분포를 얻고자 함이다. 일반적으로 최대 전력 전송일 때는 부하로부터의 반사가 0이 아니다.

부하에서 최소 반사는 고출력 송신기가 사용되었을 때 특히 중요하다. 이때 반사된 전력은 전송선로 상에 전압 정재파(VSWR)와 전류 정재파(ISWR)를 만들게 된다. VSWR은 선로에서 송신기의 출력전압 $V_o$보다 큰 전압 $V_{max}$을 만든다. 이것은 방전의 형태로 선로에 전압에 의한 절연파괴를 일으키게 된다. 더구나 반사된 전력은 송신기 최종 출력단의 증폭기에 손상을 입히거나 또는 이로 인해 원하는 송신 주파수가 변하는 '주파수 당김' 현상을 초래할 수도 있다. 고출력이 아닌 경우는 낮은 VSWR이 꼭 필요치 않을 수 있다. 이것은 표 6-4에 정리되어 있다. 예를 들어 2:1의 VSWR은 89%의 전력 전송을 나타낸다. 대부분의 상업용과 아마추어 통신 링크에서는 방사되거나 수신된 전력에서의 11% 감소가 크게 중요하지 않을 수 있다.

그렇다면 전송선로에서 낮은 VSWR을 가진 시스템을 얻기 위해서, 그리고 최대전력 전송을 하기 위해서는 어떻게 해야 할까? 그림 6-30*a*는 단일 주파수에서 공액정합을 위한 단일 정합 회로망이다. 정합 회로망은 선로상 어디에도 위치할 수 있다. 그림 6-30*b*에서 오른쪽의 정합 회로망은 안테나 임피던스 $Z_A$와 선로의 특성 임피던스 $Z_o$ 사이에 무반사 정합을 위한 것이다. 왼쪽의 정합 회로망은 전원과 전송선로 사이의 공액 정합을 위한 것이다. 만약 전송선로가 매우 낮은 손실을 가지고, 선로의 특성 임피던스가 기본적으로 완전한 실수값을 가진다면, 그림 6-30의 시스템은 최대전력 전송을 위한 공액 정합과 부하에서의 무반사 정합을 모두 얻을 수 있다. 이것은 아주 이상적인 상태이다. 그림 6-30*a*의 시스템은 잠재적으로 그림 6-30*b* 시스템보다 더 넓은 대역을 나타낸다.

정합 회로망은 여러 단점들이 있다. 예를 들어 정합 회로망이 거의 완벽한 정합으로 설계되었다면, 이것은 거의 좁은 대역일 것이다. 만약 정합 회로망이 넓은 대역으로 설계되었다면, 이것은 대역 내의 모든 주파수에서 거의 완벽한 정합이 아닐 것이다. 정합 회로망은 비용, 무게, 그리고 시스템의 전력손실을 야기하고, 안테나 시스템의 대역폭을 감소시킨다. 그러나 다행히도 정합 회로망을 사용하는 경우의 장점들이 항상 단점들보다 더 많다.

안테나의 방사 특성 인자인 $Q_A$는 $Q_A > 10$일 때 안테나 대역폭의 역수에 가깝다. 그러므로 퍼센트로 표현된 대역폭 $B_p$는 다음과 같다.

$$B_p \approx \frac{1}{Q_A} \times 100\% \quad Q_A > 10\text{일 경우} \tag{6-47}$$

그림 6-30$a$에서 시스템의 $Q$인 $Q_s$는 안테나 방사인자 $Q$인 $Q_A$와 정합 회로망 $Q$인 $Q_m$으로 표현된다.

$$\frac{1}{Q_s} = \frac{1}{Q_A} + \frac{1}{Q_m} \tag{6-48}$$

예를 들어 $Q_A$와 $Q_m$이 10이라면(각각 10%의 대역폭을 가진다), 시스템의 대역폭은 $Q_s$에 의해 5%가 된다. 많은 응용에서 광대역의 정합 회로망을 사용하려고 하는 것은 당연한 현상이다.

안테나 효율 $e_r$과 정합 회로망 효율 $e_m$은 직렬이므로 시스템 효율 $e_s$는 두 효율의 곱이다. 예를 들어 안테나 효율이 0.98이고 정합 회로망 효율이 0.92라면 시스템효율은 0.89이고, 두 효율에 따른 전력손실은 약 0.5 dB이다. 정합 회로망으로 야기되는 손실로 인해 시스템 $Q$는 감소하고 대역폭은 증가한다. 하지만 이 경우 단점은 시스템 효율도 감소한다는 것이다.

낮은 손실의 광대역 정합 회로망들은 쉽지 않은 설계 문제이고 이 책에서 소개할 범위는 아니다. 가장 일반적인 광대역 정합 문제는 주어진 주파수 범위 내에서 완전한 정합의 적정한 오차범위를 만족시키면서 임의의 임피던스를 또 다른 임의의 임피던스로 정합시키는 것이다. 하지만 안테나 설계자가 이와 같은 임의의 문제를 직면할 일은 거의 없다. 왜냐하면 $Z_o$를 포함한 여러 임피던스들 중 적어도 하나는 거의 저항성이고 주파수에도 무관할 것이기 때문이다. 광대역 정합에 대한 더 자세한 내용은 [H.8.2: Munk, pp. 288-305; H.6: *Ant. Eng. Hdbk.*, 4th ed., Chap. 52]를 참고하기 바란다.

정합 회로망은 높은 주파수와 낮은 주파수에서 각각 다른 하드웨어를 구성한다. UHF 대역과 낮은 마이크로파 주파수에서는 리액티브 성분을 제거하고 전송선로 임피던스의 실수값으로 변환하기 위해 스터브와 같은 뷰포 조절 장치를 사용한다. 낮은 주파수에서의 리액티브의 조정은 가변 커패시터나 코일과 같은 것으로 이루어지는데, 이러한 집중소자들의 전기적 크기가 파장에 비해 작기 때문에 가능하다. 임피던스의 수준을 바꿀 수 있는 방법은 공기로 채워진 공심코일을 변환기로 사용하는 것이다.

낮은 주파수에서 집중소자를 사용하는 예로 그림 6-32의 L 회로망과 Pi 회로망이 있다. L 회로망은 두 복소 임피던스 사이의 공액 정합을 하기 위해 리액티브 소자만을 사용한다. 하지만 어떤 경우에는 필요한 값을 실제로 구현하기 힘들 수도 있다. Pi 회로망은 2개 대신 3개의 변수를 지녀서 더 다양성을 지닌 구조이다[H.6: *Ant. Eng. Hdbk.*, 4th ed., Chap. 52]. Pi 회로망은 예를 들면 50옴~수백 옴으로 낮은 임피던스를 약간 높은 임피던스에 정합시키는 데 사용될 수 있다. 또는 50옴~수 옴의 낮은 임피던스를 정합시키는 데도 사용된다. 또한 Pi 회로망은 (좁은) 대역폭을 약간 더 조절할 수 있다.

높은 주파수에서는 스터브, $\lambda/4$ 변환기, 다단 $\lambda/4$ 변환기, 체비셰프 변환기, 이항 변환기, 변환기와 스터브의 복합, 테이퍼 선로 등과 같은 정합 회로망을 이용할 수 있다. 이러한 기술들에 대한 자세한 내용은 [H.6: *Ant. Eng. Hdbk.*, 4th., Chap. 52]를 참고하기 바란다.

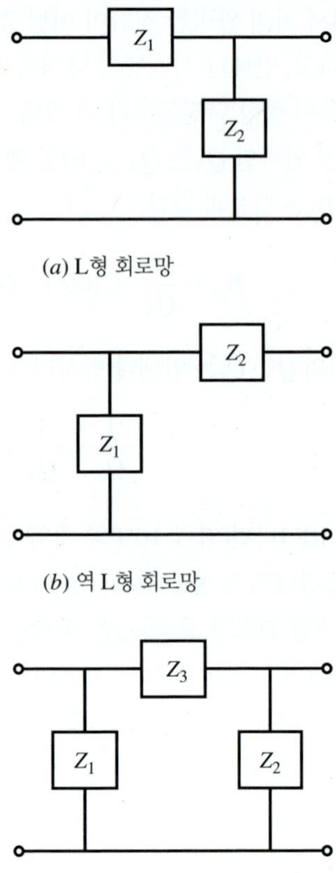


그림 6-32 집중소자 정합 회로망.

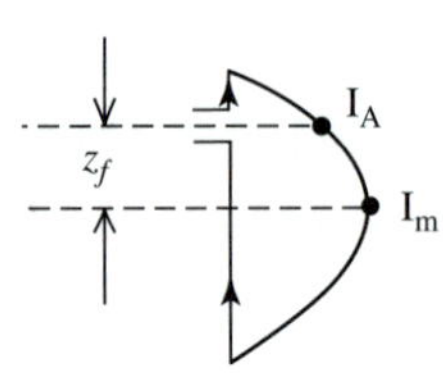


그림 6-33 위치가 변한 급전점을 가지는 반파장 다이폴.

정합 회로망 없이 안테나의 입력 임피던스를 바꿀 수 있는 여러 방법들이 있다. 예를 들어 다이폴의 입력저항은 급전점을 중앙에서 벗어나게 해서 바꿀 수 있다. 급전점이 다이폴의 중앙에서 $z_f$만큼 벗어나 있다면, 입력단의 전류는 다음과 같이 된다.

$$I_A = I_m \sin\left[\beta\left(\frac{L}{2} - |z_f|\right)\right] \tag{6-49}$$

그림 6-33과 같은 반파장 다이폴의 경우, $\beta L/2 = \pi/2$이 되고 다음과 같은 식이 된다.

$$I_A = I_m \cos \beta z_f \tag{6-50}$$

저항성 손실을 포함하지 않을 때, 입력저항은 식 (6-50)을 식 (6-20)에 대입하면 알 수 있다.

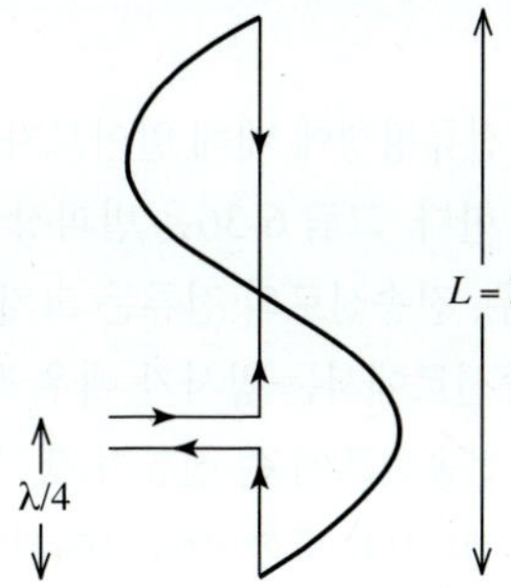


그림 6-34 비중앙급전 방식의 한파장 다이폴의 전류분포.

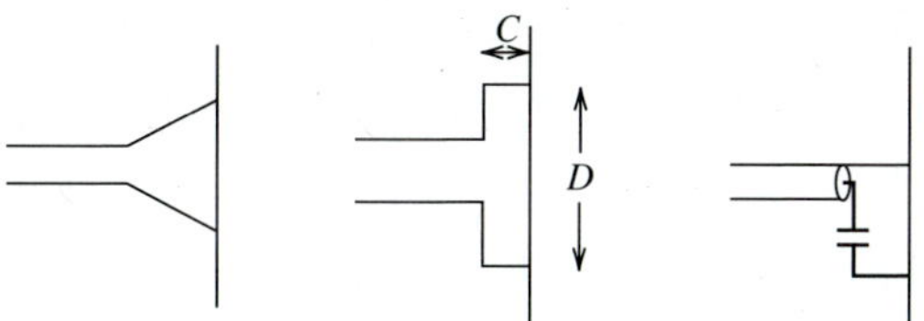


(*a*) 델타(delta) 정합 (*b*) 티(tee) 정합 (*c*) 감마(gamma) 정합

그림 6-35 병렬정합 구조.

$$R_A = \frac{I_m^2}{I_A^2} R_{rm} = \frac{R_m}{\cos^2 \beta z_f} \quad \left(L = \frac{\lambda}{2}\right) \tag{6-51}$$

급전점이 도선의 끝으로 집근함에 따라, 식 (6-51)의 입력저항은 무한대로 증가한다. 실제로 입력저항은 급전점이 끝으로 움직임에 따라 매우 커진다. 패턴은 급전점 이동에 대해 근본적으로 바뀌지 않으나, 매우 긴 다이폴에서는 급전점의 이동에 따른 패턴과 입력 임피던스는 중앙급전의 경우와 큰 차이를 보인다. 예를 들어 그림 6-34와 같이 한쪽 끝에서 $\lambda/4$ 위치에 급전되는 한파장 다이폴은 그림 6-3*c*의 중앙급전 한 파장 다이폴과 상당히 다른 전류분포를 가질 것이고, 패턴에서는 브로드사이드 방향에서 영점을 가진다.

비중앙급전 방식은 비대칭적이고 그림 6-34에서 볼 수 있는 것처럼 안테나에서 바람직하지 않은 위상반전을 만들어 낼 수 있다. 도선 안테나의 중앙점에서 멀어짐에 따라 입력저항이 증가하는 대칭적인 급전을 **병렬급전**(shunt feed)이라고 한다. 그림 6-35는 몇 가지 형태의 병렬정합 방법을 보여 준다. 이 중 T자형 정합법에 대해 설명하겠는데, 나머지 형태의 정합법도 이와 유사한 방식을 따르게 된다. T자형 정합의 중앙 부분은 넓은 급전 간격을 가진 다이폴과 병렬로 연결된 단락된 전송선로처럼 보인다. 단락된 전송선로는 $\lambda/4$보다 짧은데, 그 결과 임피던스는 유도성이 된다. 만약 다이폴의 길이를 짧게 하거나 병렬 접합부(shunt leg)에 가변 커패시터를 둔다면 커패시턴스가 발생해 인덕턴스를 제거할 수 있다. 간격 *D*가 증가함에 따라 입력임피던스도 증가하는데, *D*가 다이폴 길이의 약 반이 될 때 최댓값을 갖는다. *D*가 너 증가하면 임피던스는 감소하게 되고, 결국 *D*가 다이폴 길이와 같아졌을 때 폴디드 다이폴의 임피던스와 같아진다. 정확한 임피던스는 길이 *C*와 *D*, 그리고 폴디드 다이폴의 경우처럼 다이폴 도선지름 대 병렬부(shunt arm) 지름의 비에 따라 달라진다. 실제의 경우 임피던스 조절을 위해 병렬부와 다이폴 사이에 미끄럼 접촉을 만든다. 그리고 병렬정합 부분에 의해 원치 않는 형태의 방사가 일어나게 된다.

### 6.4.3 밸런

다음으로 도선 안테나의 전류평형에 대해 알아보자. 많은 안테나가 본질적으로 대칭구조여서 전류는 대칭 또는 평형이어야 한다. 그림 6-36은 반파장 다이폴에서의 평형과 불평형 동작 예를 보여 주고 있다. 평형 동작의 경우, 전송선로의 전류는 크기가 같고 반대 방향을 가진다. 그 결과 매우 가깝게 위치한 두 도체인 전송선로에서는 방사가 매우 작게 된다. 그림 6-36*b*의 불평형 동작의 경우, 전류 $I_1$이 $I_2$보다 더 크므로 전송선로에 순 전류가 생겨 원하는 방향이나 원하는 편파를 벗어나는 조절하기 힘든 방사가 발생하게 된다. 또한 안테나에서 불평형 전류가 평형 경우의 방사패턴을 왜곡시킬 것이다. 따라서 평형동작의 경우가 더 바람직하다는 것을 알 수 있다.

전송선로들은 평형(balanced) 선로와 불평형(unbalanced) 선로로 나타낼 수 있다. 평행 도선은 본질적으로 평형선로인데, 만약 평형전류의 입사파가 선로를 따라 들어가면 대칭구조 안테나에 평형전류를 여기하게 된다. 반면 동축선로는 평형이 아니다. 동축선로를 따라 진행하는 파는 평형전류 모드로 되는데, 즉 내부도체와 외부도체 안쪽에서의 전류가 크기는 같고 방향이 반대가 된다. 그러나 이 파가 대칭 구조의 안테나에 입사되었을 때 전류가 외부도체 바깥쪽으로 흐를 수 있게 되어 안테나와 전송선로를 불평형 상태로 만든다. 그림 6-37에서 볼 수 있듯이 다이폴 양쪽 부분에서의 전류는 서로 불평형이다. 동축선로의 바깥쪽으로 흐르는 전류 $I_3$는 방사를 일으키고 동축선로에서의

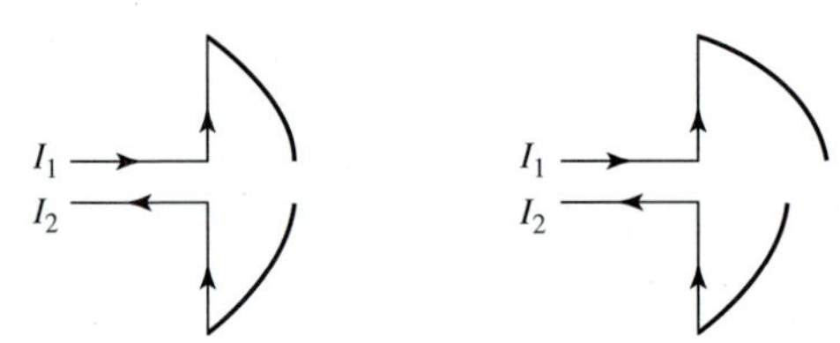


(*a*) 평형 전류 $I_1 = I_2$ (*b*) 불평형 전류 $I_1 > I_2$

그림 6-36 중앙급전 반파장 다이폴의 평형과 불평형 동작.

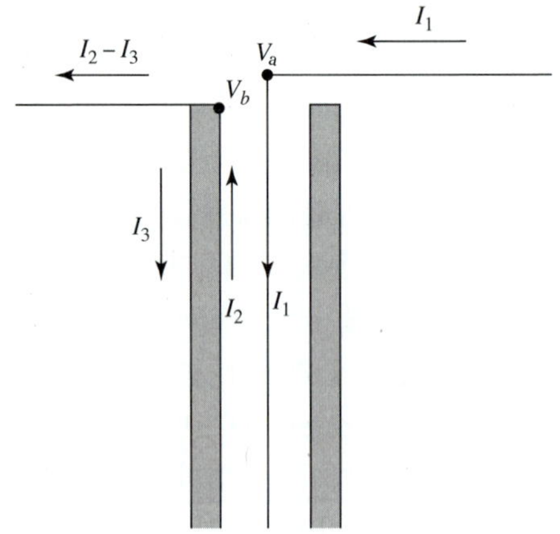


그림 6-37 중앙에서 다이폴 안테나를 급전하는 동축선로 단면.

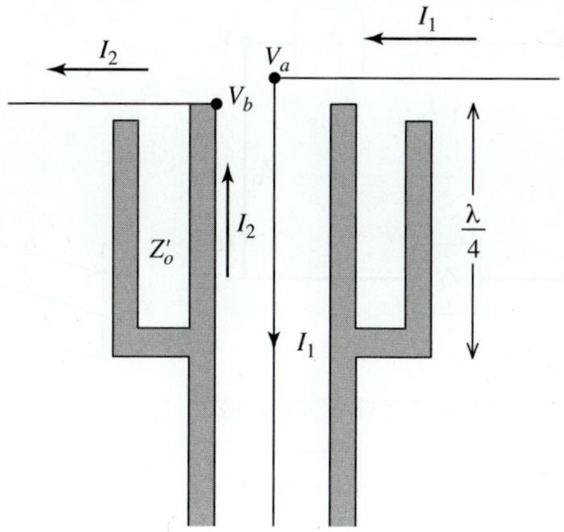


그림 6-38 중앙에서 다이폴 안테나를 급전하는 슬리브형 밸런 단면.

전류 $I_1$과 $I_2$는 외부 도체의 두께 때문에 외부 환경과 차단되어 있다. 이 전류들은 실제로 방사를 일으키지 않으면서 불평형이 될 수 있는데, 이때 줄어들어야 하는 것이 바로 외부도체 외부 표면으로 흐르는 전류이다. 이 외부 표면전류를 줄이는 데 밸런(balun: balanced to unbalanced transformer)이 사용된다.

그림 6-37의 경우는 안테나 단자의 전압을 알아봄으로써 이해할 수 있다. 이 전압들은 크기는 같지만 반대 위상을 가진다(즉 $V_a = -V_b$). 두 전압 모두 동축선로의 바깥쪽으로 전류를 흐르게 한다. 만약 두 전압에 의한 동축선로 바깥쪽에서의 전류 크기가 같다면 순 전류는 0이 될 것이다. 안테나의 한 단자가 직접 외부도체에 연결되어 있어서, 그 단자의 전압 $V_b$는 다른 전압 $V_a$보다 훨씬 강한 전류를 만들어 낸다.

반면 그림 6-37의 단자 'b'에 도달한 전류 $I_2$는 다이폴 팔 부분에서 흐르는 $I_2 - I_3$와 동축선로의 바깥으로 내려가는 $I_3$로 나뉜다. 밸런이 하는 역할은 $I_3$를 0 또는 거의 0에 가깝게 만들어서, 다이폴의 두 팔 부분에 흐르는 전류가 같거나 거의 같도록 만드는 것이다. 그러므로 **밸런은 동축선로의 외부도체의 순 전류가 0이 되도록 다이폴의 평형 입력 임피던스를 동축선로의 불평형 임피던스로 변환시킨다.**

밸런의 동작 원리를 그림 6-38의 슬리브형(또는 바주카) 밸런(sleeve or bazooka balun)을 통해 알아보자. 슬리브와 동축선로의 외부도체는 특성 임피던스가 $Z'_o$인 또다른 동축선로를 형성하는데, 이것은 안테나 단자에 위치한 입력으로부터 $\lambda/4$ 떨어진 곳에서 단락되어 있다. 그림 6-37에 대한 등가회로를 그림 6-39*a*에 나타냈다. 반면 그림 6-38의 등가회로는 그림 6-39*b*인데, 두 단자 모두에서 접지면에 대해 매우 높은 임피던스를 나타낸다. 그러므로 그림 6-39*b*는 전류 $I_1$과 $I_2$가 같은 그림 6-39*c*의 평형조건과 등가가 된다.

쉽게 제작될 수 있는 밸런 형태가 그림 6-40의 폴디드 밸런(folded balun)이다. 단자 a에서 전송선로의 외부도체까지 $\lambda/4$ 길이의 동축선로는 안테나 임피던스 $Z_A$에 영향을 주지 않는다. 주 전송선로의 외부도체에 결합된 부가적인 $\lambda/4$ 길이의 동축선로는 또 다른 등가 전송선로를 형성하는데, 이것은 $\lambda/4$ 길이이고 C에서 단락되어 있다. 그러므로 C에서의 단락회로는 이상적으로 안테나 단자에서 무한대의 임피던스가 되는데, 이것은 $Z_A$와 병렬관계에서 입력 임피던스를 변화시키지 않는다.

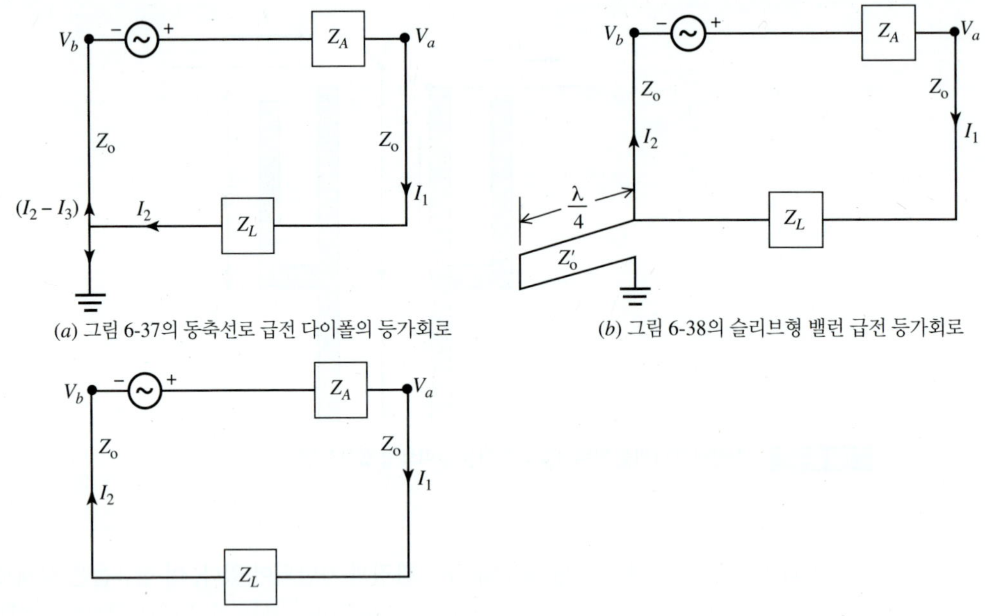


(a) 그림 6-37의 동축선로 급전 다이폴의 등가회로

(b) 그림 6-38의 슬리브형 밸런 급전 등가회로

(c) $I_1 = I_2$인 $\lambda/4$ 전송선로가 제거된 그림 6-38의 최종 등가회로

**그림 6-39** 특성 임피던스가 $Z_o$이고 부하 임피던스가 $Z_L$인 동축선로에서 급전된 다이폴 안테나 등가회로.

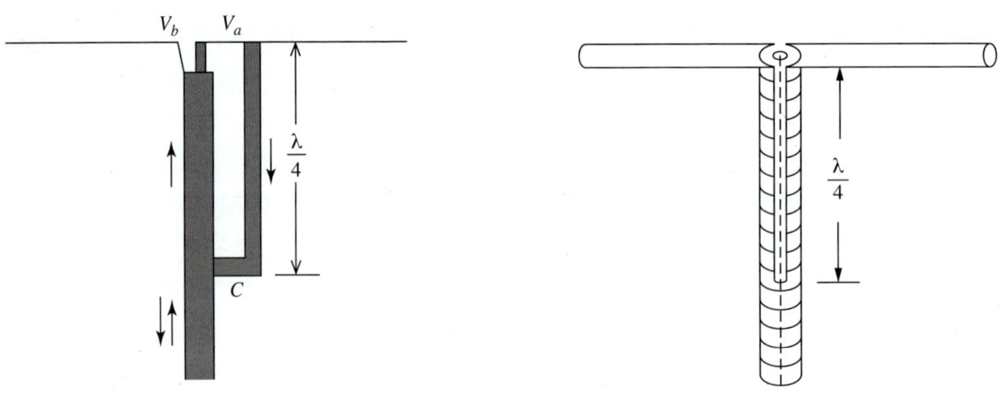


(a) 폴디드 밸런

(b) 분리형 동축선로 밸런

**그림 6-40** 폴디드 밸런과 분리형 동축선로 밸런의 등가회로.

$\lambda/4$ 길이의 선로는 동축선로 외부의 전류를 제거시키고, 그 결과 $C$ 점 아래에서 주 동축선로 외부의 순 전류는 그림 6-40$a$에서처럼 0이 된다.

그림 6-40$b$의 분리형 동축선로 밸런의 기능도 폴디드 밸런과 같다. 물론 슬리브와 폴디드, 분리형 동축선로 밸런은 포함된 $\lambda/4$ 길이 때문에 광대역이 되지 않는다.

광대역 밸런은 그림 6-41처럼 적어도 몇 파장 길이의 전송선로에 걸쳐 평형 전송선로를 불평형 전송선로로 테이퍼링(tapering)하여 만들어진다. 그림 6-41$a$는 평형 전송선로를 불평형 마이크로

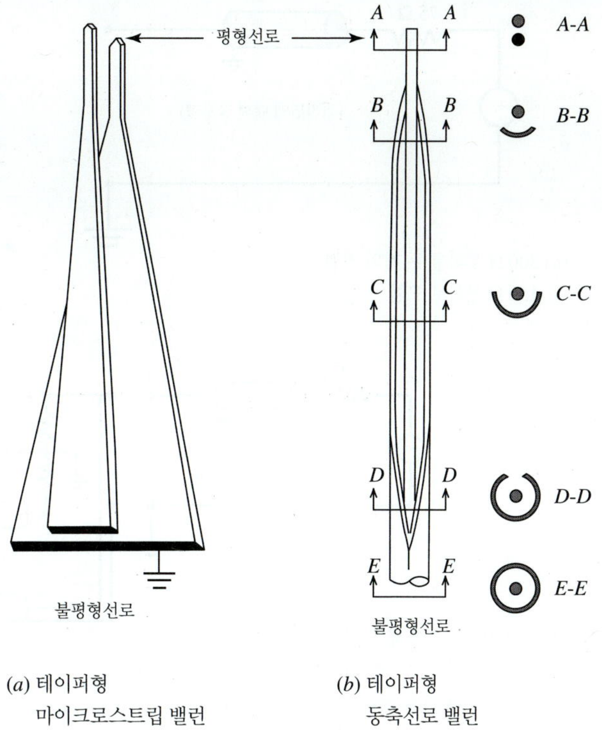


그림 6-41 광대역 밸런.

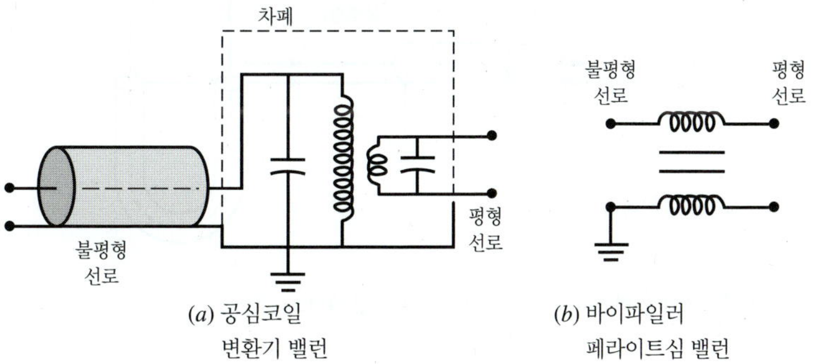


그림 6-42 낮은 주파수에서 사용되는 밸런.

스트립 선로로 테이퍼링하는 것을 보여 주고 있고, 그림 6-41*b*는 평형선로를 불평형 동축선로로 테이퍼링하는 것을 보여 주고 있다.

이제까지 살펴본 밸런들은 마이크로파 주파수대에서 VHF 대역까지 유용한 것이다. VHF 이하의 주파수대에서는 이러한 형태를 적용하는 것이 실용적이지 못해 그림 6-42와 같은 변환기가 사용된다. 그림 6-42*a*는 저주파수 대역에서 유용한 공심 코일 변환기(air core transformer)이고, 그림 6-42*b*는 VLF에서 UHF까지 사용될 수 있는 바이파일러 페라이트심 밸런(bifilar wound ferrite core balun)이다.

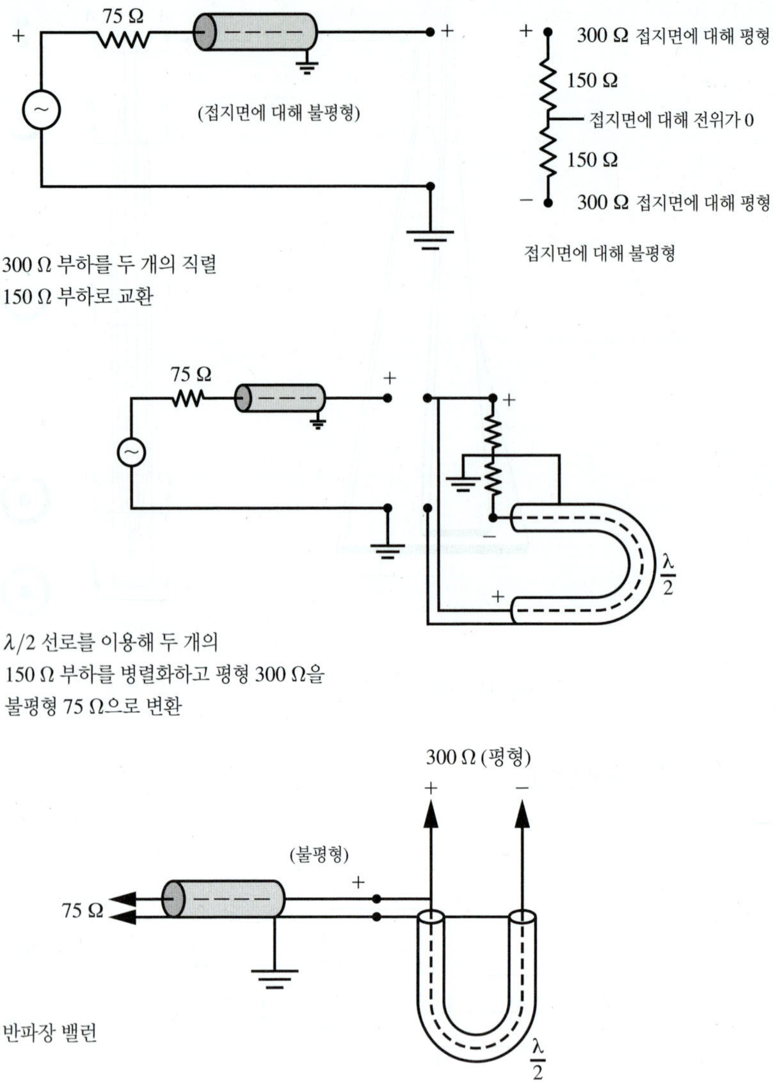


(*a*) 300 Ω 부하를 두 개의 직렬 150 Ω 부하로 교환

(*b*) $\lambda/2$ 선로를 이용해 두 개의 150 Ω 부하를 병렬화하고 평형 300 Ω을 불평형 75 Ω으로 변환

(*c*) 반파장 밸런

**그림 6-43** **4:1 임피던스 구성을 보여 주는 반파장 밸런.**

임피던스 변환이 정합의 목적을 위해 밸런에 포함될 수 있다. 예를 들면 그림 6-43의 '4:1' 밸런은 불평형 75 Ω 임피던스를 300 Ω 평형 임피던스로 변환한다. 이러한 형태의 밸런은 폴디드 다이폴에 유용하다. 4:1 밸런의 동작 원리를 이해하기 위해 300 Ω이 직렬로 연결된 2개의 150 Ω 임피던스로 로드되어 평형 상태를 유지하는 그림 6-43*a*를 고려해 보자. 두 끝단 사이 중간지점은 접지면에 대해 전위가 0이므로, 그림 6-43*b*에 그 지점이 접지된 것으로 나타난다. 또한 그림 6-43*b* (−) 단자를 (+) 단자로 바꾸기 위해 $\lambda/2$ 길이의 동축선로가 사용되었고, 이는 다시 위쪽의 (+)단자에 연결된다. 이는 좌측의 동축선로에서 바라볼 때, 병렬이면서 불평형한 2개의 150 Ω 임피던스를 나타내게 된다. 안테나 부하는 여전히 300 Ω이다. 그러므로 그림 6-43*c*에서 볼 수 있듯이 우리는 4:1 밸런을 만들 수 있다. 임피던스를 변환시키지 않는 밸런은 '1:1' 밸런이라고 한다.

## 6.5 부하 도선 안테나

도선 안테나의 특성은 도선에 저항과 인덕턴스, 그리고/혹은 커패시턴스를 추가함으로써 달라질 수 있다. 이는 '부하(loading)'라고 불리며 분포된 형태 또는 *R*, *L*, *C* 집중소자를 이용해 분리된 형태로 구현될 수 있다.

### 6.5.1 집중 부하 도선 안테나

집중 부하는 다음과 같은 이유에 의해 주로 사용된다: (1) 다중대역 동작 특성을 얻기 위해, (2) 전류분포를 변화시켜 패턴을 조절하기 위해(즉 위상지연), (3) 안테나의 길이를 물리적으로 줄이기 위해.

다중대역 동작 특성의 경우 병렬 공진 LC 회로의 '조종 트랩'을 통해 이루어질 수 있다. 그림 6-44는 $f_H$에서의 조종 공진을 사용하여 고주파($f_H$)와 저주파($f_L$) 두 개 대역에서 동작하는 모노폴 안테나의 구조를 나타낸다. 안테나가 $f_H$에서 동작할 경우, 트랩은 높은 임피던스를 가지게 되어 안테나 아랫부분으로부터 안테나의 윗부분을 효율적으로 고립시킨다. 따라서 고주파에서 안테나는 $\lambda/4$ 모노폴로 동작하게 된다. 트랩공진이 $f_H$일 경우에 안테나가 $f_L$에서 동작한다면, 트랩은 인덕터와 같이 동작하여 저주파 대역에서의 물리적 길이를 증가시킨다. $f_L$에서 물리적 길이의 증가량은 트랩 소자들의 $L/C$ 비율에 의해 결정된다[H.8.1: ARRL Antenna Book]. 트랩이 없는 경우, 모노폴은 고주파($f_H$)에서 약 반 파장의 길이를 가지게 되는데, 이는 안테나 입력에서의 최소 전류를 유발하여 임피던스 정합을 매우 어렵게 한다(연습문제 6.1-4 참조).

많은 경우 $\lambda/4$ 모노폴 안테나의 이득보다 높은 이득을 갖는 (수직) 모노폴이 요구된다. $\lambda/4$ 모노폴 안테나의 이득보다 더 높은 이득을 얻기 위해서는 그림 6-45에 나타난 것과 같이 $3\lambda/4$ 혹은 $7\lambda/8$ 모노폴 안테나를 사용할 수 있다. 실제의 경우, $\lambda/4$ 스터브 대신 인덕터가 주로 사용된다. 스터브와 이를 대체하는 인덕터는 모노폴의 윗부분과 아랫부분의 전류가 동위상이 되도록 요구되는 위상을 지연시키는 역할을 한다. 또한 인덕터는 코일 안에 있는 코일형 스터브를 구성하는 도선으로도 생각될 수 있다.

$3\lambda/4$ 모노폴에서 직렬 인덕터의 역할은 VSWR을 향상시키는 것이다. 그림 6-46*a*는 직렬 인

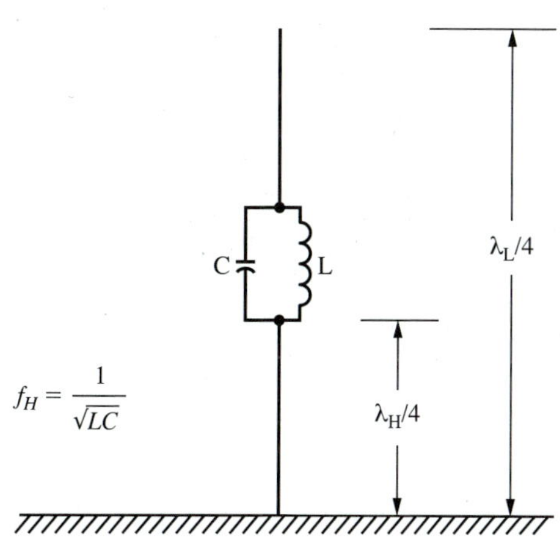


그림 6-44 트랩 모노폴 안테나.

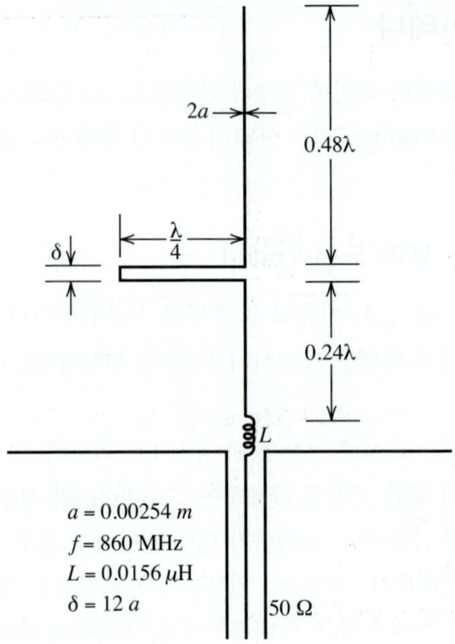


그림 6-45 **직렬 부하를 지닌 $3\lambda/4$ 부하 모노폴.**

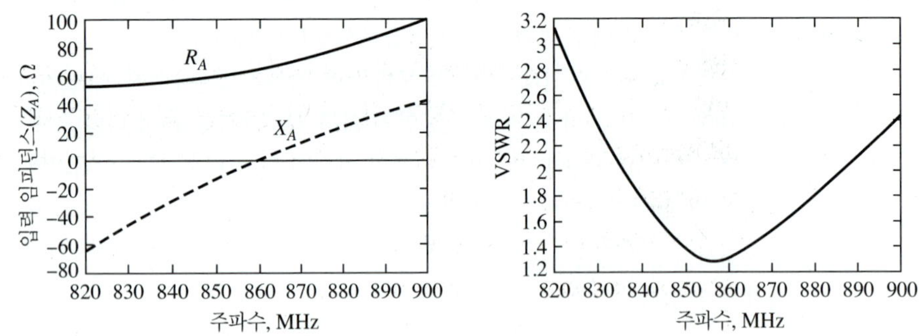


(a) 입력 임피던스 (b) 전압 정재파비

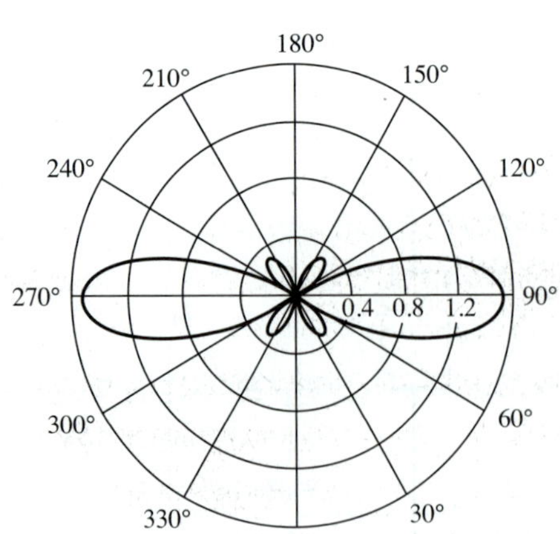


(c) 원역장 패턴

그림 6-46 **그림 6-45에 나타낸 $3\lambda/4$ 부하 모노폴의 특성.**

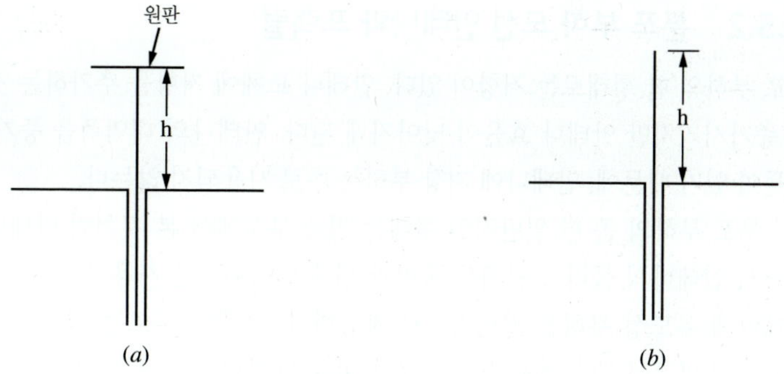


**그림 6-47 부하가 장착된, 그리고 장착되지 않은 모노폴.** (*a*) 끝 부분에 부하가 장착된 모노폴. (*b*) 부하가 장착되지 않은 모노폴.

덕터가 연결된 모노폴의 입력 임피던스를 나타낸다. 이때 860 MHz에서 리액턴스가 0이 된다. 그림 6-46*b*는 50 Ω에 대한 VSWR을 나타낸다. 이 VSWR 곡선은 약간의 인덕턴스를 증가시킴으로써 좀 더 대칭적으로 만들어질 수 있다.

그림 6-46*c*는 원거리장 패턴을 나타낸다. 그림 6-4에 나타낸 $3\lambda/2$ 다이폴의 경우와 비교하여 강한 브로드사이드 방사가 일어남에 주목하라. $3\lambda/4$ 모노폴의 이득은 $\lambda/4$ 모노폴의 이득보다 적어도 3 dB 높으며, 약 8~9 dBi의 값을 가진다[H.3: Kraus,3rd ed., p. 824].

다른 형태의 일반적인 집중 부하 안테나로는 그림 6-47과 같은 정부 부하 모노폴이 있다(그림 3-10*b* 참조). 만약 모노폴이 상단 부하가 없고 $h < \lambda/5$인 경우라면, 모노폴의 방사저항은 모노폴 끝단에서 전류가 0으로 가는 단형 다이폴의 방사저항인 식 (2-172)의 절반이다. 혹은

$$R_r = 40\pi^2 \left(\frac{h}{\lambda}\right)^2 \tag{6-52}$$

이다. 다이폴의 총길이는 $\Delta z$인 반면 모노폴은 그 높이가 $h(\Delta z = 2h)$임을 상기하라. 만약 모노폴 상에서의 전류를 일정하게 만들 수 있다면 일정한 전류분포를 갖는 모노폴의 방사저항이 식 (2-169)의 절반이 되므로 방사저항은 4배가 될 것이다. 혹은 식 (3-15)에 주어지고 3.3.1절에서 언급된 다음과 같은 수식으로 표현된다.

$$R_r = 160\pi^2 \left(\frac{h}{\lambda}\right)^2 \tag{6-53}$$

일정한 전류분포는 그림 6-47에 나타난 것과 같이 상단 부하를 결합함으로써 이루어질 수 있다. 상단 부하는 부하가 부착되지 않은 선형 모노폴 안테나 끝에서 0으로 가는 전류의 일부를 포함하여 수직 전류 성분이 거의 일정하게 만든다. 상단 부하를 추가함으로써, 방사저항은 적어도 4배가 증가하며, 전기적으로 길어진 모노폴로 인해 용량성 성분이 줄어든 리액턴스 값을 가질 수 있다. 즉 긴 모노폴 안테나가 좀 더 큰 유도성 성질을 갖는다.

이론적으로, 인덕터 혹은 도선 코일 형태를 모노폴의 끝단에 사용함으로써 정부부하를 사용하는 경우와 유사한 결과를 얻을 수 있다. 하지만 현실적인 이유로 대개 사용되지 않는다.

### 6.5.2 분포 부하 도선 안테나와 프랙털

분포 부하의 한 형태로는 저항이 있다. 안테나 도체에 저항을 추가하는 것은 방사 $Q$를 낮춰 대역폭을 증가시키지만 안테나 효율이 낮아지게 된다. 안테나의 대역폭을 증가시키는 좀 더 효율적인 방법들이 있기 때문에, 안테나에 저항 부하는 주로 사용되지 않는다.

분포 부하의 좀 더 일반적인 형태는 집중 부하에서 본 것처럼 안테나의 전기적인 길이는 유지하면서 안테나의 물리적 길이를 줄이기 위해 인덕턴스를 사용하는 것이다. 프랙털(fractal) 구조는 안테나에 유도성 부하를 자연적으로 제공한다. 프랙털 구조는 생성자의 형상을 연속적으로 반복함으로써 만들어진다. 예를 들면 그림 6-48*a* 첫 번째 반복은 생성자 형상과 동일하다(즉 모노폴 안테나에 삼각형과 유사한 형상을 삽입). 두 번째 반복은 첫 번째 형상의 곧은 부분에 생성자 형상을 적용함으로써 얻어지며, 고차 반복 또한 동일한 방법으로 계속 구현될 수 있다. 다른 예로는 그림 6-48*b*에서 볼 수 있듯이 삼각형 판에 삼각형 모양의 빈 공간을 생성자 형상으로 사용하는 시어핀스키(Sierpinski) 개스킷 모노폴을 들 수 있다.

그림 6-48*a*는 분포 부하를 나타낸다. 즉 곧은 도선 형태를 코흐(Koch) 프랙털 형상으로 변화시키는 것은 코흐 모노폴의 다양한 부분들 사이에서의 인덕턴스를 증가시킨다. 인덕턴스의 증가는 공진 특성은 유지하되 일반 선형 모노폴에 해당하는 길이보다 모노폴을 짧게 구현할 수 있게 한다.

몇몇 프랙털들은 형상의 작은 부분이 전체의 형상에 줄어든 크기로 복사되는 자기유사(self-similarity) 특성을 갖는다. 이 특성은 안테나의 다중대역 동작을 가능하게 할 수 있다. 그림 6-48*b*의 시어핀스키 개스킷 모노폴이 이 경우이다. 시어핀스키 모노폴의 전체 크기는 가장 낮은 주파수에서의 동작을 결정하는 반면 개개의 빈 공간은 하나 혹은 더 많은 높은 주파수에서의 동작을 돕는다. 빈 공간들은 분포 부하의 형태이다.

프랙털은 1996년에 안테나 커뮤니티에 소개되었고 적잖은 논란을 불러일으켰다. 원래 프랙털은 광대역 특성을 갖는 것으로 생각되었지만, 지금은 다중대역 특성을 갖는 것으로만 알려져 있다.

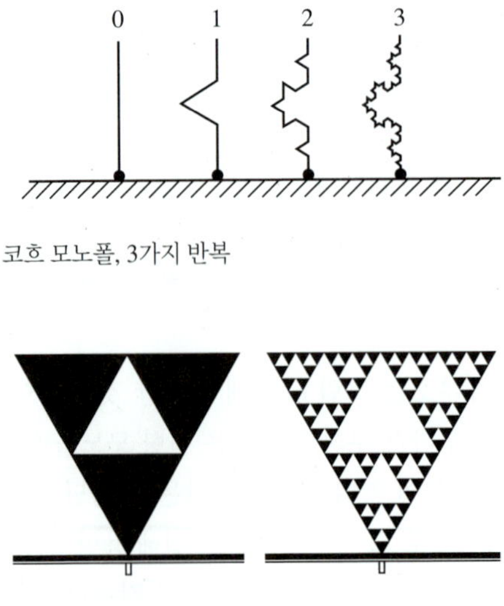


(*a*) 코흐 모노폴, 3가지 반복

(*b*) 시어핀스키 개스킷 모노폴, 1차 그리고 4차 반복

그림 6-48 프랙털 안테나의 두 가지 예.

프랙털은 실제로 동작하지만 다른 안테나 형상들보다 반드시 좋은 특성을 나타내지는 않는다[H.6: *Modern Antenna Hdbk*, Chap. 10;H.8.11:Hasen, pp. 74-81]. 이는 베스트(Best)[H.6: *Modern Antenna Hdbk*, Chap. 10]에 의해 알려졌으며, 그는 같은 도선 길이를 갖는 수직 모드 헬릭스(그림 7-13 참조)와 코흐 모노폴 중 수직 모드 헬릭스가 더 나은 인덕터 성질을 가져 코흐 모노폴에 비해 더 낮은 공진 주파수를 구현함을 보였다. 베스트는 또한 시어핀스키 모노폴의 경우, 다중 공진 특성이 프랙털 형상의 세부 양식 때문이 아니라 삼각형 판 내부의 빈 공간에 의해 나타남을 보였다. 요약하자면, 분포 부하를 통한 프랙털 구조는 안테나의 크기를 줄이고 다중대역에서의 동작을 가능하게 하는 장점을 제공하지만 최적화된 방법은 아니라는 것이다[16].

분포 부하의 또 다른 형태로는 유전체 부하가 있다. 만약 $\lambda/4$ 공진 모노폴과 같은 안테나가 무한한 유전체 내부에 삽입되어 있을 경우, 모노폴의 공진길이는 $1/\sqrt{\varepsilon_r}$ 배만큼 짧아지게 된다. 만약 물질이 무한하지 않고 바깥 물질이 공기일 경우 짧아지는 공진길이는 줄어들게 된다. $\varepsilon_r$이 큰 경우, 임피던스 정합의 복잡성과 줄어든 정합회로 효율의 영향으로 인해 방사저항이 줄어들게 된다. 대역폭 역시 $\varepsilon_r$이 증가함에 따라 감소하게 된다. 일반적으로 집중 부하 기법이 유전체 부하 기법보다 선호된다[H.9.1: Fujimoto, Chap. 3].

## 6.6 접지면이 부착된 도선 안테나

앞에서 도선 안테나의 임피던스 대역폭이 도선을 두껍게 함으로써 개선될 수 있음을 살펴보았다. 이 절에서는 평평한 금속판을 이용하여 도선 안테나의 이득을 개선할 수 있는 세 가지 방법이 소개된다. 첫 번째 방법은 단일 평면판을 사용하며, 나머지 두 방법은 각각 두 개의 평면판을 사용한다. 처음 두 안테나에서는 한 방향으로 방사할 수 있도록 하는 반사판으로서 평면판이 사용된다. 세 번째 경우 역시 한 방향으로 방사하게 되는데, 판 한 개는 반사판으로서 동작하고 다른 판은 공동(cavity)과 같은 공진을 일으키는 역할을 한다. 이러한 종류의 반사판 안테나들은 제작이 단순하고 비용도 저렴하다. 이들은 때로 비주기적 반사판이라고 불리기도 한다. 물론 곡면을 사용하는 또 다른 주류의 반사판들도 있다. 그중 가장 흔한 예는 포물면 반사판이다. 포물면 반사판은 제9장에서 상세히 다루어진다.

### 6.6.1 평판 반사판

가장 간단한 반사판 시스템은 그림 6-49에 나타난 것처럼 다이폴 안테나를 큰 평판으로부터 $s$만큼 떨어진 거리에 평행하게 위치시키는 것이다. 평판이 무한할 경우, 영상법(3.3절)을 사용하여 다이폴과 무한 평판을 거리 $2s$만큼 떨어진 두 개의 평행 다이플로 대체할 수 있다. 영상 성분은 원래의 다이폴과 180° 위상 차이를 가지며, 그 쌍은 $x > 0$인 방향으로 방사패턴을 만드는 두 소자 엔드파이어 배열을 이룬다. $H$ 평면에서의 방사패턴은 식 (3-71)에 주어졌으며 이는 그림 3-20$c$에 나타내었다. $E$ 평면 방사패턴의 경우 식 (3-71)과 식 (3-3)의 곱으로 주어지며, 그 결과는 그림 3-20$b$의 좁은 패턴에 해당한다.

3.5절에서 언급된 두 소자 배열 형상은 $s = \lambda/4$ 일 때 일반 엔드파이어 배열이 된다. $s < 0.25\lambda$인 경우, 영상에서 다이폴까지의 위상지연이 일반 엔드파이어인 경우의 위상지연을 초과하여 초지향성이 발생할 수 있다. $s < 0.25\lambda$의 경우, 그림 6-50에 나타난 저항 손실이 없는($R_o = 0$) 경우와 같이 지향성이 2.15 dBi + 3.0 dB = 5.15 dBi를 초과할 수 있다[H.3: Wolff, p. 297]. 저항성 손실

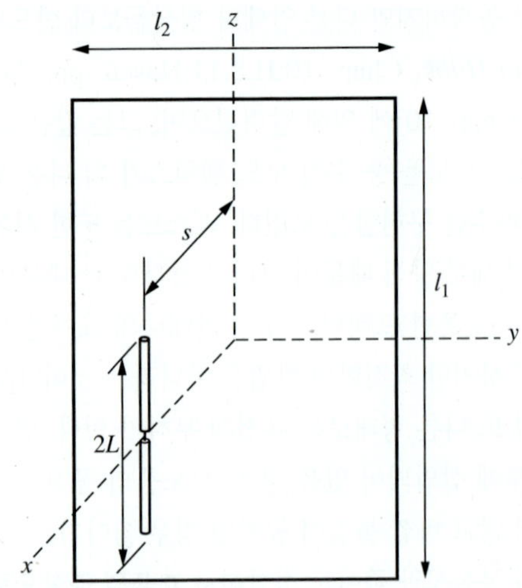


그림 6-49 직사각형 평판에 평행한 다이폴 안테나.

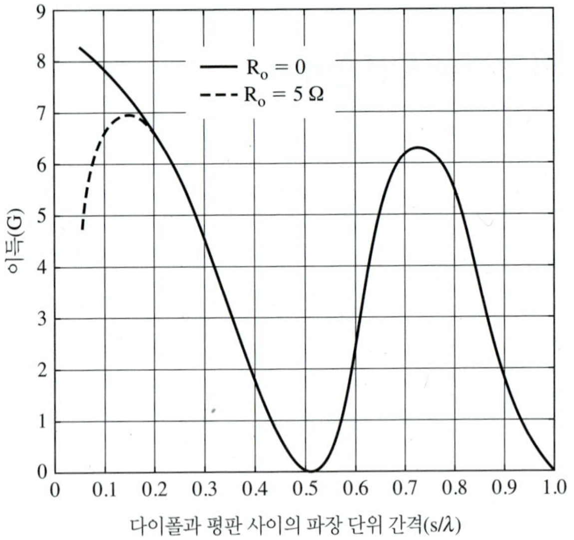


그림 6-50 평판 반사판으로부터의 거리에 따른 반파장 다이폴의 이득 계산값. ([H.3: Wolff) ©1988. Artech House Inc., Norwood, MA의 허가하에 사용.)

$R_o$가 포함된 경우, 약 $s = 0.15\lambda$인 경우에 가장 높은 이득이 나타나게 되지만 여전히 이득은 5.15 dBi 이상이다. 그림 6-50은 저항성 손실로 인해 초이득과 초지향성이 일치하지 않음을 보여 주는 예이다(5.5절 참조).

다이폴을 평판에 근접시키는 것은 이득뿐만 아니라 다이폴의 입력 임피던스 역시 변화시킨다. 이는 다이폴과 평판 사이(또는 다이폴과 다이폴의 영상 사이)의 결합(8.7절 참조)에 의한 것이다. 거리 $s$의 변화에 따른 다이폴의 입력 저항 변화는 그림 6-51에 나타내었다. 식 (6-17)에 주어진 73 Ω에서 변화되는 입력 저항 값은 다이폴과 평판 사이의 상호작용 때문이다.

평판이 무한하지 않을 경우, 평판의 유한한 크기는 방사패턴, 이득에 영향을 미치며 입력 임피

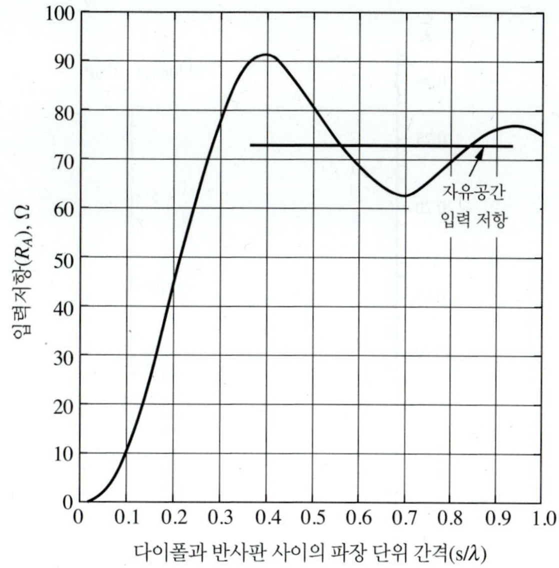


**그림 6-51** 평판 반사판으로부터의 거리에 따른 공진 다이폴의 입력 저항 계산값($L = 0.4781\lambda$, $a = 0.001\lambda$).

던스에는 매우 작은 영향을 미친다. 이러한 영향들은 단순히 평판의 크기 때문이 아니라 평판 모서리에서 발생하는 회절(16.7절 참조)에 의한 것이다. 반전력 빔폭은 회절에 의해 상당한 영향을 받는다. 반파장 다이폴이 평판 앞에 $\lambda/4$ 떨어져 있는 경우를 고려해 보자. 평판의 크기가 $1\lambda \times 1\lambda$인 경우 $H$ 평면에서의 반전력 빔폭은 93°이며, $2\lambda \times 2\lambda$ 크기인 경우 113°, 그리고 $3\lambda \times 3\lambda$의 경우 111°이다[H.3:Milligan, 2nd ed., p. 227]. 그에 반해, 무한한 도체 판의 경우 반전력 빔폭은 120°이다(예제 3-5와 연습문제 3.5-5 참조).

평판의 크기와 이의 회절 특성은 전후방비를 결정한다. 예를 들어 평판이 $1\lambda \times 1\lambda$인 경우, 전후방비는 약 16 dB이며, $2\lambda \times 2\lambda$의 경우 약 22 dB, 그리고 $3\lambda \times 3\lambda$의 경우 약 28 dB의 값을 가진다[H.3: Milligan, 2nd ed., p. 227]. 대부분의 경우, $1.5\lambda \times 1.5\lambda$ 평판이 적당하다. 평판은 속이 꽉 찰 필요는 없으며 입사 전장의 방향과 동일한 방향의 도선 또는 막대기들로 이루어진 격자로 대체될 수 있다.

그림 6-52는 도선 격자를 통과하여 전달되는 양을 결정하기 위한 계산 도표를 나타낸다. 계산 도표는 도선 격자의 접선 방향에 해당하는 전장 성분에 적용된다. 각 도선들의 지름은 $2a$이며 도선 중심 사이의 거리는 $s$이다. 계산 도표는 도표의 왼쪽에 위치한 파장 단위의 도선 사이 거리와 도표의 오른쪽에 위치한 도선 반지름과 도선 사이 거리의 비를 직선으로 연결함으로써 사용할 수 있다. 연결하는 직선이 '전달 전력(dB)'이라고 명시된 도표의 중앙에 위치한 선을 교차할 때 전달 전력이 결정된다. 계산 도표를 만드는 데 사용된 원리는 참고문헌 [17]에서 찾을 수 있다. 계산 도표의 정확도는 경험적인 자료에 의한 전달 전력과 비교하였을 때 ±1 dB보다 나은 결과를 갖는다. 이 계산 도표는 직교하는 도선들로 이루어진 도선 격자에 고려되는 도선들과 망을 만드는 수직을 이루는 평행 도선 성분을 따로 고려함으로써 적용될 수 있다.

예를 들어 그림 6-52에서 도선 사이의 거리가 $0.15\lambda$이고 도선 반지름과 도선 사이의 거리의 비가 12.5인 경우, 입력 전력의 약 94%와 96% 사이의 반사 전력에 해당하는 전달 전력인 $-13 \pm 1$

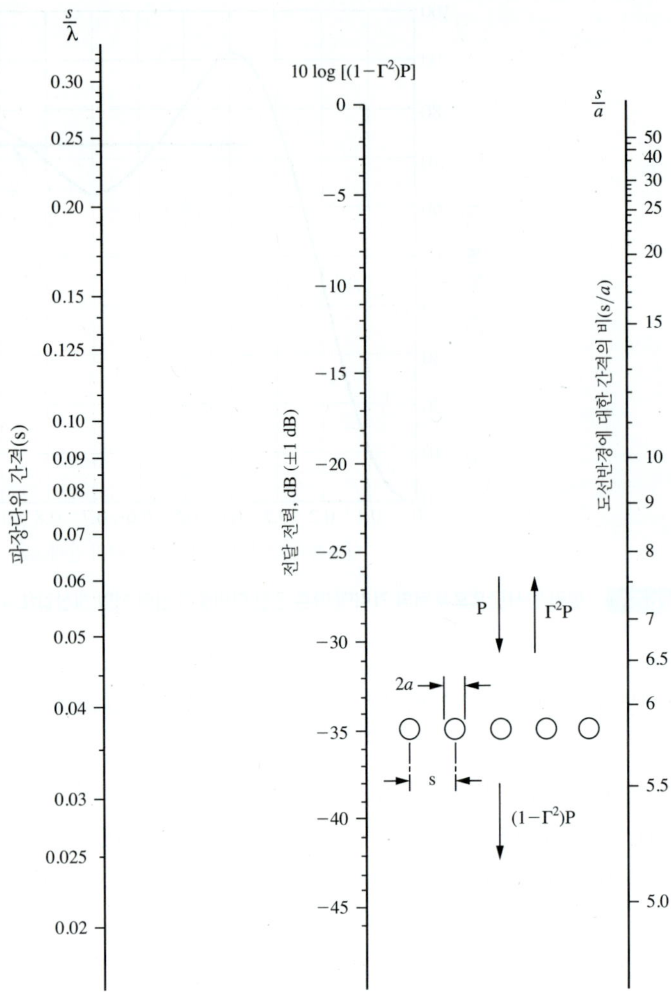


그림 6-52 **평행 도선의 격자를 통하는 전달 전력.** Γ는 도선 격자의 전압 반사 계수이다. (Mumford [17] © 1961. IEEE의 허가하에 사용.)

dB를 갖는다. 이는 각각 약 0.3과 0.2 dB 사이에 해당하는 반사 전력의 작은 손실을 나타내며 이는 대부분의 응용분야에서 무시할 수 있는 부분이다. 따라서 계산 도표는 도선 격자 반사판을 설계하는 데 있어 합당한 지표를 제공한다. 도선 격자를 반사판으로 사용하는 것은 효율적인 반사판으로 동작함과 동시에 안테나 무게와 바람의 영향을 줄일 수 있게 한다.

## 6.6.2 코너 반사판 안테나

반파장 다이폴로 10~12 dB의 이득을 얻을 수 있는 또 다른 실용적인 안테나가 1938년 크라우스(J. D. Kraus)에 의해 개발된 코너 반사판 안테나(corner reflector antenna)이다[H.3: Kraus]. 첫 번째 실험 모델은 그림 6-53의 90° 코너 반사판이었다. 비록 다른 각도의 반사판도 사용될 수 있지만 90° 코너 반사판이 가장 실용적인 것이며 이 절에서 논의한다. 코너 반사판은 UHF 주파수에서 이득표준으로서 사용된다.

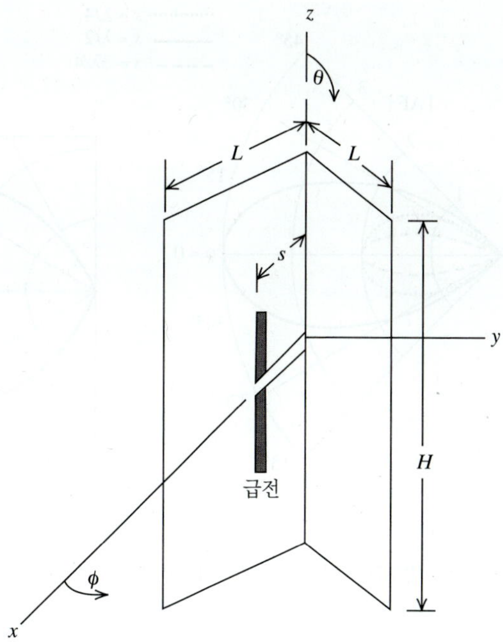


그림 6-53 $\phi = \pm 45°$에서 금속판을 갖는 직각 코너 반사판.

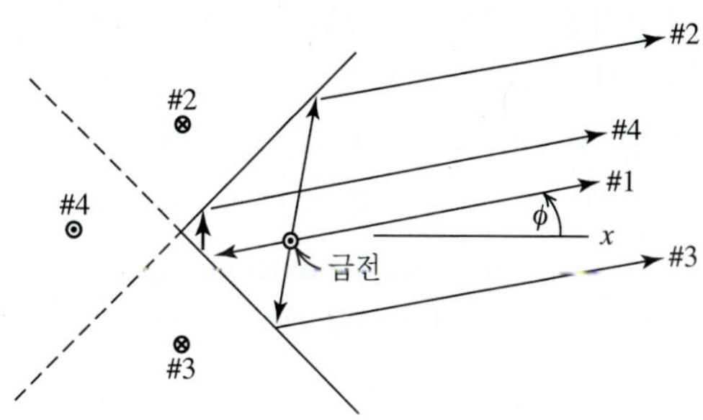


그림 6-54 영상법으로 표현된 직각 코너 반사판과 반사 방법에 대한 설명.

코너 반사판 안테나는 영상법과 배열이론을 통해 쉽게 분석될 수 있다. 소스와 3개의 영상을 보여 주는 그림 6-54를 생각해 볼 때, 식 (3-67)로부터 구해지는 급전소자 (1)과 영상 (4)에 대한 배열성분은 $2\cos[\beta s\cos(\phi)]$이다. 영상 (2)와 (3)의 영향은 동일하지만 90° 회전과 반대 위상을 고려하여, 즉 $-2\cos[\beta s\cos(90° - \phi)]$이다. 그러므로 만약 무한히 뻗은 도체 반사판을 가정한다면, $-45° \le \phi \le 45°$에서 유효한 $xy$ 평면($H$ 평면) 배열성분은 다음과 같다.

$$\mathrm{AF}(\theta = 90°,\ \phi) = 2\cos(\beta s\cos\phi) - 2\cos(\beta s\sin\phi) \tag{6-54}$$

$xz$ 평면($E$ 평면) 배열성분은 유사한 과정으로 다음과 같이 구해진다.

$$\mathrm{AF}(\theta, \phi = 0°) = \{-2 + 2\cos[\beta s\cos(90° - \theta)]\}g(\theta) \tag{6-55}$$

여기서 소자성분 $g(\theta)$는 일반적으로 반파장 다이폴 경우의 것이다.

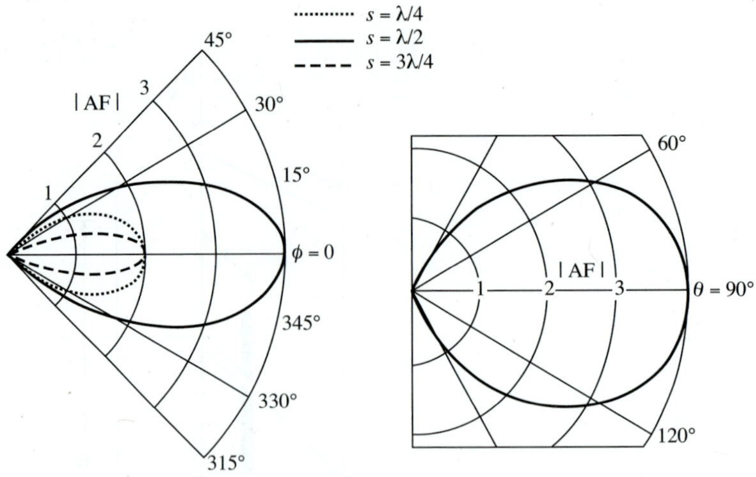


(a) *H* 평면 (b) *E* 평면

**그림 6-55** **두 개의 (반무한) 반평면으로 이루어지고, 반파장 다이폴에 의해 급전된 직각 코너반사판의 주평면 패턴 |AF|.** ($E$ 평면에서는 단지 $3\lambda/4$ 간격이 사용되었다.)

패턴 모양, 이득, 급전점 임피던스는 모두 급전부와 코너 간의 간격 s의 함수가 된다(그림 6-55*a* 참조). 90° 코너 반사판에 대한 방사패턴은 $-45° \leq \phi \leq 45°$에서 부엽이 존재하지 않고 $0.25\lambda \leq s \leq 0.75\lambda$에서 훌륭한 지향성을 보인다. 지향성은 도체판이 무한대로 뻗어 있을 때, $s = 0.5\lambda$에서 최대를 나타낸다[35]. 하지만 이 경우 다이폴 급전의 입력 임피던스는 크게 될 것이다(125 Ω 정도). 간격을 $0.35\lambda$까지 줄이면 이론적으로 70 Ω 정도의 입력 임피던스가 되지만 이득은 거의 감소하지 않는다. 가끔 보우타이 안테나(bow-tie antenna, 그림 7-34 참조)가 급전을 위해 사용되는데, 그이유는 보우타이 안테나가 일반적인 선형 다이폴보다 월등히 넓은 임피던스 대역폭을 나타내기 때문이다.

물론 실제 설계를 위해 도체판을 유한하게 할 필요가 있다. 유한 길이의 도체판 때문에 주빔이 나빠지지 않게 하기 위한 바람직한 최소 길이가 $L = 2s$라는 것은 광선 추적법(ray tracing)을 통해 알 수 있다. 높이 $H$는 일반적으로 다이폴 급전부에 의한 후방 직접방사를 최소화하기 위해서 급전 안테나 길이의 1.2~1.5배가 된다. 유한 크기 도체판에서의 방사패턴은 그림 6-55에서 볼 수 있는 것처럼 무한 길이 도체판의 경우보다 더 넓게 나타난다. 급전부 구동점 임피던스에서의 유한 크기 도체판의 영향은 일반적으로 무시할 수 있다. 코너 반사판 안테나에 대한 더 자세한 논의는 [H.3:Miligan, 2nd ed., pp. 237-241]에서 볼 수 있다.

### 6.6.3 백파이어 안테나

단형 백파이어 안테나(SBFA: short backfire antenna)는 단순하고 소형화된 효율적인 안테나이다. SBFA는 그림 6-56과 같이 일반적으로 약 $0.5\lambda$ 떨어진 두 개의 서로 다른 크기를 갖는 평행 반사판으로 구성되며 다이폴은 주로 두 반사판의 중간에 위치한다. 이와 같은 배치는 누설 공동 공진기(leaky cavity resonator)라고도 불리지만, 두 가지 혹은 그 이상의 방사 메커니즘들이 결합됨으로 인해 이의 방사 메커니즘은 완벽하게 알려져 있지 않다. SBFA의 기본 방사 방향은 작은 반사판의

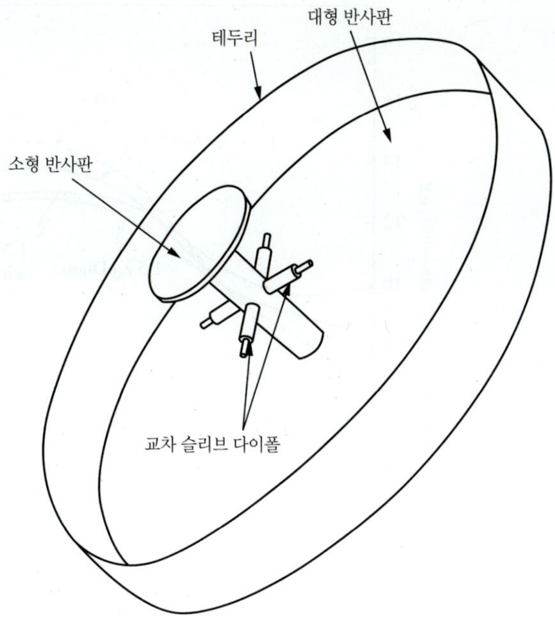


**그림 6-56** 소형 그리고 대형 반사판 사이의 교차 다이폴을 구비한 단형 백파이어 안테나. ([H.8.11: Kumar] © 1989. H. D. Hristov 의 허가하에 사용.)

수직 방향이다.

SBFA는 다음과 같은 장점을 가진다: 설계와 제작이 단순함, 가볍고 소형화된 크기를 가짐, 크기에 비해 높은 이득을 구현, 낮은 부엽과 후엽 크기를 가짐, 이중 편파와 원형 편파의 수용 가능, 임피던스 정합의 용이성, 그리고 높은 전력 수용량을 가짐[H.8.11: Kumar, Chap. 5]. SBFA는 위성 및 미사일과 같이 배열 안테나와 경량성이 요구되는 응용분야에 사용되기 좋은 안테나이다.

도드(Dod)[18]는 그림 6-56에 나타난 SBFA의 실험적 연구를 수행하였다. 그의 연구는 큰 반사판의 지름이 $2.0\lambda$일 때 작은 반사판의 디스크 크기가 반전력 빔폭(HP)과 부엽 크기(SLL)에 미치는 영향을 보여 준다. 작은 반사판의 크기가 증가함에 따라, 반전력 빔폭은 줄어들고 부엽의 크기는 증가한다. 이러한 특성은 작은 반사판의 지름이 이의 공진 지름인 약 $0.58\lambda$보다 작아 마치 야기 안테나의 도파기와 같이 동작하는 것을 의미한다. 이 특성은 6.3절에서 언급된 야기 안테나의 도파기가 공진 길이보다 작은 것과 유사하다. 도드는 큰 반사판의 지름이 $1.5\lambda$인 경우에 대해서도 실험하였으며, 이 경우 같은 경향이 관찰되었지만 큰 반사판의 지름이 큰 경우에 비해 반전력 빔폭이 줄어들고 부엽 크기가 증가하였다.

그림 6-57은 작은 반사판의 크기 변화에 따른 이득의 변화를 보여 준다[18]. 이 곡선은 디스크의 크기가 공진 크기와 유사한 크기 근처에서 첨두치를 갖는 경향을 보인다. 작은 반사판의 크기가 공진 크기의 근처일 경우, $2.0\lambda$ 크기의 큰 반사판의 경우의 이득이 $1.5\lambda$ 크기의 큰 반사판에 비해 높은 이득을 갖는다. 큰 반사판과 작은 반사판의 크기가 각각 $2.0\lambda$이고 $0.5\lambda$일 경우, $H$ 평면에서의 반전력 빔폭은 약 37°이며 $E$ 평면에서는 약 34°의 값을 갖는다. 만약 테두리의 높이가 $0.5\lambda$라면, 안테나의 이득은 그림 6-57보다 높아질 것이다.

그림 6-58은 SBFA의 큰 반사판의 지름이 $2.0\lambda$인 경우의 VSWR을 나타낸다[18]. VSWR =

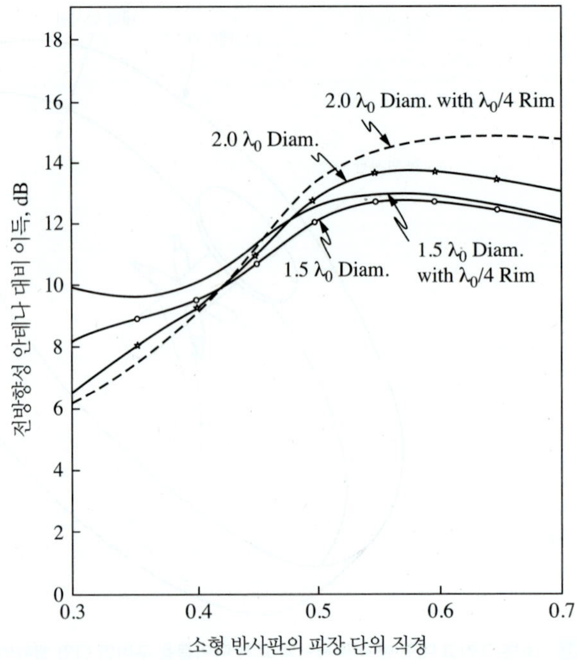


**그림 6-57** 두 가지 크기의 대형 반사판에서 가장자리 유무에 따른 소형 반사판의 지름 대비 1500 MHz에서 측정된 이득[18].

2:1을 적용하면, 임피던스 대역폭은 약 3.3%이다. 1.5 GHz에서의 낮은 VSWR은 다이폴의 슬리브(7.5절 참조) 길이를 조절하거나 다이폴 자체의 길이를 조절함으로써 얻을 수 있다. 임피던스 대역폭의 경우 큰 반사판으로부터 다이폴까지의 위치를 조절하여 개선될 수 있지만, 이는 이득을 약간 낮추게 된다[19, 20].

그림 6-58의 곡선은 공동 공진을 통해 해석되거나 SBFA를 하나의 도파기와 초반사판으로 구성된 3소자 야기 안테나로 보아 야기 유형 공진으로 해석된 공진 특성을 나타낸다. 그림 6-58에 사용된 변수들은 일반적으로 큰 가장자리 높이를 제외하고는 SBFA의 전형적인 값들이다. 그림 6-59는 전형적인 SBFA의 방사패턴을 보여 준다. 주평면 패턴은 일반적으로 매우 유사한 특성을 갖는다. 부엽의 크기는 일반적으로 −20 dB 혹은 더 낮은 값을 가지며, 후엽의 크기는 약 −30 dB이다. 패턴의 대역폭은 일반적으로 임피던스 대역폭에 비해 매우 넓다.

그림 6-56의 큰 반사판에 붙은 가장자리는 이득은 물론 부엽과 후엽 특성에 큰 영향을 미친다. 가장자리 높이가 약 0.5~0.6$\lambda$인 경우, 가장자리 높이가 전혀 없는 경우에 비해 최대 5 dB의 이득이 향상됨을 확인하였다[22]. SBFA에서 안테나 개구면은 큰 반사판의 평면 면적과 가장자리에 의해 결정된다. 그림 6-56의 원형 개구면이 유효 개구면적이라고 가정하고 식 (4-27)에 $A_e = A_p$ ($A_p$는 물리적 개구면적)를 적용하면, 안테나의 이득은 다음과 같다.

$$G = \frac{4\pi}{\lambda^2}A_p = \frac{4\pi}{\lambda^2}(\pi \cdot 1.0\lambda^2) = 39.48 = 16\text{ dBi} \qquad \text{(6-56)}$$

이는 참고문헌 [21]에 보고된 측정 이득과 일치하는 결과이다. 물리적 개구면적이 유효 개구면적과 같다고 가정하는 것은 균일 개구면 분포를 의미하며 상계 이득을 성취하는 것이 어렵다는 것을

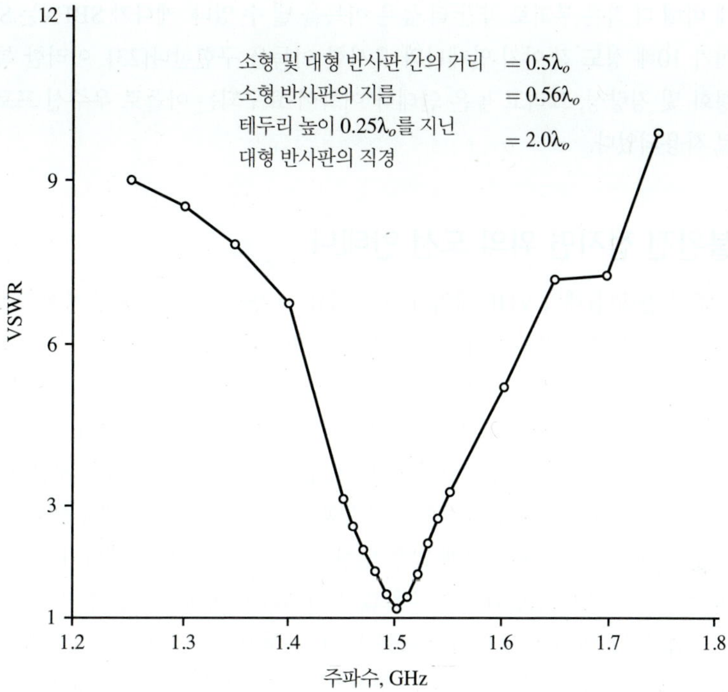


그림 6-58 주파수 대비 측정된 VSWR[18].

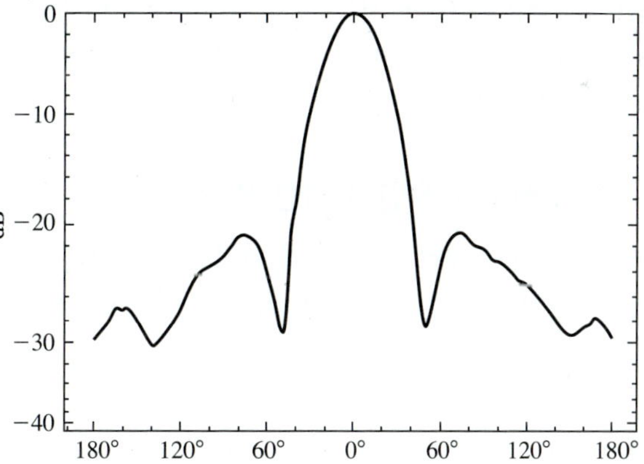


그림 6-59 전형적인 SBFA에 대한 주평면 패턴.

나타낸다(제5장에서 브로드사이드 선전원의 최대 지향성이 선전원이 균일한 분포일 때 나타났다는 것을 상기하라). 그러나 근거리장 측정결과, 개구면에서 코사인 분포가 나타나며 가장자리를 넘어서까지 확장된 전장 분포를 보였고 이는 물리적 개구면보다 큰 가상의 개구면을 생성하는 것으로 생각될 수 있다[22]. 이는 예상보다 높은 이득을 설명하는 데 도움이 된다. 가장자리의 끝단을 넘어 개구면 장이 확장되는 것은 제16장에서의 회절 이론에 의해 설명될 수 있다. 또한 회절 이론은 최적의 가장자리 높이가 왜 0.5~0.6$\lambda$인가를 설명한다.

SBFA는 포물면 접시보다 제작하기 쉽고 경제적이며 같은 크기의 지름을 가지는 포물면 접시에 비해 더 작은 부피로 약간 더 높은 이득을 낼 수 있다. 게다가 SBFA는 SBFA에 비해 지지구조 길이가 10배 정도 긴 야기 안테나와 유사한 이득을 구현한다[23]. 이러한 특성으로 인해 SBFA는 소형화 및 경량성, 그리고 높은 안테나 이득이 요구되는 아폴로 우주선 프로그램의 사령선 통신용으로 사용되었다.

## 6.7 불완전 접지면 위의 도선 안테나

저주파 안테나(대략 VHF 대역과 그 이하)는 지면이나 건물 등 주위 환경에 많은 영향을 받는다. 3.3절에서 완전 접지면의 안테나를 분석하는 방법에 대해 다루었다. 이상적인 형태의 완전 접지면은 무한하고 평탄한 완전도체이나, 실제로 안테나 크기에 비해 매우 큰 양도체 평면을 이와 같이 근사화할 수 있다. 3.3절의 영상법으로부터 완전 접지면이나 완전 접지면과 유사한 면 위의 안테나는 배열과 같이 동작한다는 것을 알 수 있으며, 접지면 위의 방사패턴은 배열이론을 사용해 얻을 수 있다.

이 절에서는 완전 접지면으로 가정할 수 없는 접지면에 대해 살펴본다. 저주파 안테나가 보통 도선 안테나이고 주변 환경에 많은 영향을 받으므로 도선 안테나가 접지면 위에 있는 경우를 설명할 것이다. 그러나 일반화된 이론은 많은 안테나 형태에 적용될 수 있다.

접지면은 모노폴 주위의 방사형 도선, 자동차의 지붕이나 실제 지면 같은 많은 형태가 있을 수 있다. 많은 경우 지면은 무한하고 평탄하다고 가정할 수 있으나 불량도체이다. 양도체는 $10^7$ S/m 이상의 도전율을 갖지만 지면의 도전율은 많이 변해야 보통 $10^{-3}$에서 $12 \times 10^{-3}$ S/m의 값을 가지기 때문이다. 이때 최댓값은 부토(rich soil)에서 나타나고, 최젓값은 바위나 모래가 많은 토양에서 나타난다. 낮은 도전율에서는 근처 안테나에서 발생한 전장이 지면으로 들어가 $\sigma|E|^2$의 저항성 손실을 야기하는 전류를 발생시킨다. 이 손실은 입력 저항성분이 증가함에 따라 크게 나타나고, 그래서 안테나의 방사효율을 떨어뜨린다.

### 6.7.1 실제 지구 접지면의 패턴 효과

실제 지면 위의 안테나 패턴은 안테나가 완전 접지면 위에서 동작할 때와는 다르며, 근사화된 패턴은 영상법을 이용해 구할 수 있다. 실제 지면에서 영상의 세기가 완전 접지면의 값에 비해 줄어드는 것을 제외하면 3.3.4절에서 말한 것과 같이 완전 접지면에서 영상이론을 적용할 수 있다(완전 평면에서는 수직 성분에 대해 같은 진폭과 위상을 갖고 수평 성분에 대해 반대 위상을 갖는다). 영상의 크기는 지면에 도달하는 전자장의 적절한 편파에 대한 평면파 반사계수로 가중치를 주어 근사화할 수 있다. 그림 6-60과 같이 영상까지 함께 나타난 지면에서 높이 $h$만큼 떨어진 수직의 단형 다이폴을 생각하자. 원거리장에서는 그림과 같이 직접파와 영상 안테나로부터 오는 반사파가 존재하게 된다. 직접파의 전원과 그 영상은 배열을 형성하며, 지면 위의 전장은 식 (2-74$a$)를 적용하면 아래와 같이 된다.

$$E_\theta = j\omega\mu \ \sin\theta\left(IL\frac{e^{-j\beta R_1}}{4\pi R_1} + \Gamma_V IL\frac{e^{-j\beta R_2}}{4\pi R_2}\right) \tag{6-57}$$

여기서 $L$은 단형 다이폴의 길이이고 $\Gamma_V I$는 영상 다이폴의 전류이다. $\Gamma_V$는 평탄한 지면과 수직 입사편파에 대한 평면파 반사계수인데, 이때 $E$는 지면에 법선방향으로 정의된 입사평면에 존재하고 파는 전원으로부터 지면에서의 법선방향으로 진행한다. 원거리장 계산을 위해 평행선을 이용하면

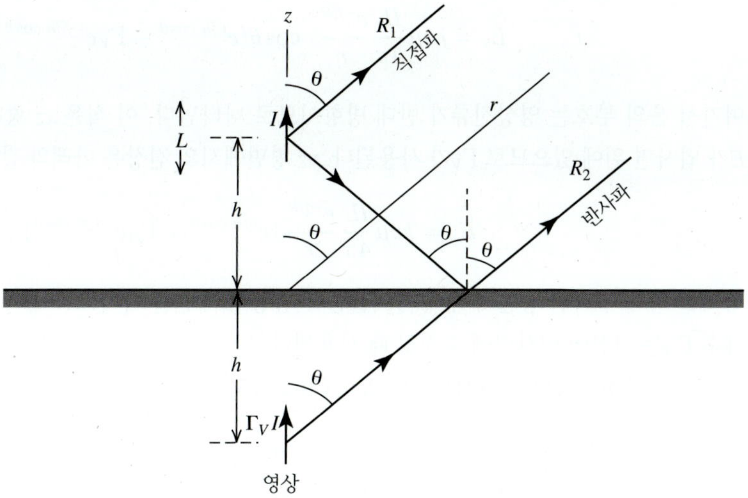


그림 6-60 실제 지면 위의 전류 $I$인 수직 단형 다이폴과 전류 $\Gamma_V I$인 영상.

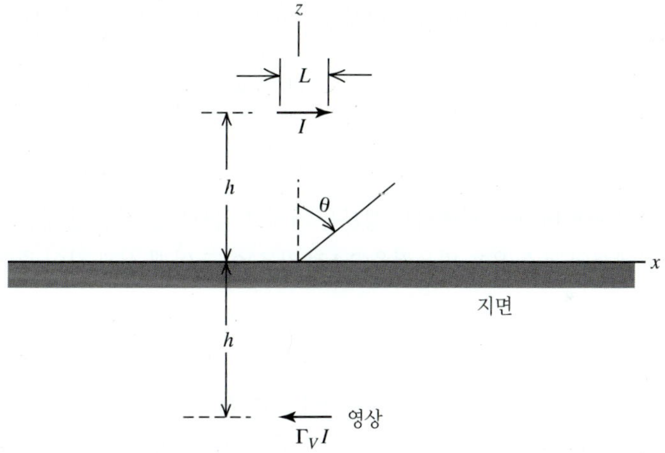


그림 6-61 $xz$ 평면에서 실제 지면 위의 전류 $I$인 수평 단형 다이폴과 전류의 영상 $\Gamma_V I$. $yz$ 평면의 영상 전류는 $\Gamma_H I$이다.

원거리장 거리의 식이 아래와 같이 된다.

$$R_1 = r - h\cos\theta \qquad \text{and} \qquad R_2 = r + h\cos\theta \tag{6-58}$$

그러면 식 (6-57)은 아래와 같이 줄어든다.

$$E_\theta = j\omega\mu\frac{IL}{4\pi}\frac{e^{-j\beta r}}{r}\sin\theta\left(e^{j\beta h\cos\theta} + \Gamma_V e^{-j\beta h\cos\theta}\right) \tag{6-59}$$

여기서 분모에는 $R_1 \approx R_2 \approx r$를 사용한다. 이 식은 지면 위쪽에서 유효하며, 소자패턴 $\sin\theta$와 괄호 안에 두 개의 소자가 $2h$ 떨어졌을 때의 배열에 대한 배열성분을 포함하고 있다.

마찬가지로 그림 6-61과 같은 수평 방향의 단형 다이폴에 대해 $xz$ 평면에서 아래와 같이 된다.

$$E_\theta = j\omega\mu \frac{IL}{4\pi} \frac{e^{-j\beta r}}{r} \cos\theta (e^{j\beta h \cos\theta} - \Gamma_V e^{-j\beta h \cos\theta}) \tag{6-60}$$

여기서 음의 부호는 영상전류가 반대 방향이므로 나타난다. 이 식은 $xz$ 평면에 대해서만 유효하며, $E$가 입사면 위에 있으므로 $\Gamma_V$가 사용된다. $yz$ 평면에서의 전장은 아래와 같다.

$$E_\phi = j\omega\mu \frac{IL}{4\pi} \frac{e^{-j\beta r}}{r} (e^{j\beta h \cos\theta} + \Gamma_H e^{-j\beta h \cos\theta}) \tag{6-61}$$

다이폴 축에 수직인 평면에 대해 다이폴은 전방향성 패턴을 가지므로 소자패턴은 1이다. 수평 반사계수 $\Gamma_H$는 전장이 입사면에 수직일 때 사용된다.

$\Gamma_H$에 대한 정의 때문에[H.4: Jordan, Chap. 16] 식 (6-61)의 두 번째 항에는 음의 부호가 없다.

$$\Gamma_H = \frac{\cos\theta - \sqrt{\varepsilon_r' - \sin^2\theta}}{\cos\theta + \sqrt{\varepsilon_r' - \sin^2\theta}} \tag{6-62}$$

이것은 편파면(즉 표면에 대한 수직 방향과 전파 방향으로 형성된 면)에 대해 수직 성분을 가지고 입사하는 전장에 대한 평면파의 반사계수이다. 또한 $\Gamma_V$는 다음과 같다[H.4: Jordan, Chap. 16].

$$\Gamma_V = \frac{\varepsilon_r' \cos\theta - \sqrt{\varepsilon_r' - \sin^2\theta}}{\varepsilon_r' \cos\theta + \sqrt{\varepsilon_r' - \sin^2\theta}} \tag{6-63}$$

이것은 편파면에 대해 평행하는 성분을 가지고 입사하는 전장에 대한 평면파 반사계수이며, $\varepsilon_r'$은 이 지표면에서의 복소 유효 비유전율(2.1절 참조)이고 아래 식과 같이 주어진다.

$$\varepsilon_r' = \frac{\varepsilon'}{\varepsilon_o} = \varepsilon_r - j\frac{\sigma}{\omega\varepsilon_o} \tag{6-64}$$

$\varepsilon_r$과 $\sigma$는 지면의 비유전율과 도전율이다. 지면은 평균적으로 $\varepsilon_r = 15$를 가지며, 미국 대륙의 지면 도전율은 $10^{-3}$에서 $12 \times 10^{-3}$ S/m까지 변한다[H.4: Jordan, Chap. 16].

$\varepsilon_r'$의 허수 부분을 아래 식과 같이 표현하는 것이 편리하다.

$$\frac{\sigma}{\omega\,\varepsilon_o} = 18 \times 10^3 \frac{\sigma}{f_{\text{MHz}}} \tag{6-65}$$

저주파(1 MHz 이하)에서 허수부 또는 복소 유전율의 손실 부분이 우세하고, 높은 주파수(예를 들면 100 MHz 이상)에서는 실수부가 우세하다.

그림 6-62에 도전율이 $\sigma = 12 \times 10^{-3}$인 보통 지표면에서의 반사계수가 나타나 있다. 이 곡선은 많은 정보를 준다. 먼저 전 주파수 대역과 지표면 도전율에 대해 낮은 고도각($\theta \sim 90°$)에서는 $\Gamma_H$가 $-1$에 가까운 것을 알 수 있다. 이는 $\angle\Gamma_V = -90°$일 때 의사 브루스터각(pseudo-Brewster angle)이 존재하므로 낮은 고도각에서 그 위상과 크기가 빠르게 변하는 $\Gamma_V$와 비교된다. 이러한 현상은 식 (6-63)과 식 (6-64)에서 $|\Gamma_V| \to 1$이 되므로 $\sigma \to \infty$ 또는 $\omega \to 0$일 때는 발생하지 않는다.

지면 근처의 안테나는 지면으로 입사하는 평면파를 만들지 않기 때문에 영상의 세기를 얻기 위해 평면파 반사계수를 사용하는 것은 근사화에 불과하다. 위에서 설명한 것과 같이 방사뿐만 아니

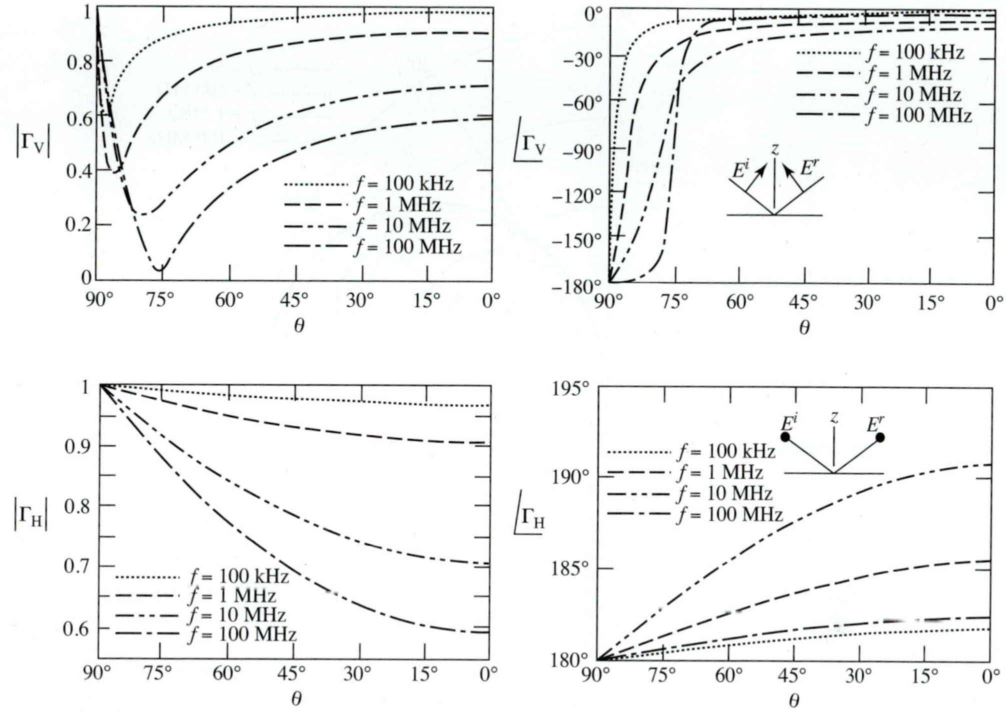


**그림 6-62** **네 가지 주파수에서 $\Gamma_V$와 $\Gamma_H$의 크기와 위상.** 수평면은 $\theta = 90°$임. $\sigma = 12 \times 10^{-3}$ S/m, $\varepsilon_r = 15$.

라 지표면을 따라 전파하는 표면파도 존재한다. HF와 VHF 주파수 대역에서 표면파는 매우 빨리 감쇠한다. $\theta$가 90° 근처인 접지각(grazing angle)에서는 $\Gamma_V \approx -1$이 되고, 식 (6-59)에서 알 수 있듯이 지면에 근접한 수직 안테나는 $\theta = 90°$ 방향으로 거의 방사되지 않는다. 이 경우 주간 표준 방송용 AM에서처럼 모두 표면파로 전파한다. 표면파를 무시하고 위에서 주어진 과정을 사용했을 때 나타나는 영향은 수직 안테나에서 그다지 심각하지 않다는 것을 알 수 있다[24]. 수평 안테나에서 평면파 반사계수 방법이 유효하려면 안테나는 지면에서 최소한 $0.2\lambda$ 이상 떨어져야 한다[25].

다양한 지표면에 위치한 수직 단형 다이폴 고도각면 패턴이 그림 6-63에 나타나 있다. 지표면이 완전도체일 때($\sigma = \infty$) 접지면 위의 패턴은 자유공간에서의 단형 다이폴과 같은 $\sin\theta$이다. 그래서 완전 접지면 위의 방사는 지표면을 따라 최대가 된다. 반면에 실제 지표면에서 방사 최대점은 지표면보다 위로 향해 있고, 같은 입력전력에 대해 효율이 줄어들어 세기가 작아지는데, 이것은 일반적인 경향이다. 수직 안테나에 대한 손실 지면의 효과는 방사패턴을 위쪽으로 향하게 한다. 6.7.2절에서 설명될 좋은 방사형 접지면 시스템은 지표면을 따라 낮은 각도에서의 방사를 증가시킴으로써 완전 접지면에서와 거의 비슷한 패턴을 만들며, 이러한 낮은 각도에서의 방사는 전리층 반사를 이용한 장거리 통신 링크에 특히 중요하다.

접지면 위 $\lambda/4$에 위치한 수직 단형 다이폴은 영상과 $\lambda/2$ 떨어진 배열을 형성한다. 완전 접지면에서 $\varepsilon_r' = \infty$이고 식 (6-63)의 $\Gamma_V$는 $+1$이 된다. 따라서 배열은 $\lambda/2$ 떨어져 있고, 동일하게 여기되며, 동위상의 동일선상 배열이 된다. 이 패턴은 그림 6-64$a$에 나타나 있다($\sigma = \infty$). 실제 지표면에 대해 $\theta$가 90° 근처인 접지각에서 $\Gamma_V \approx -1$이므로 배열은 서로 상쇄되어 그림 6-64$a$와 같이 지표

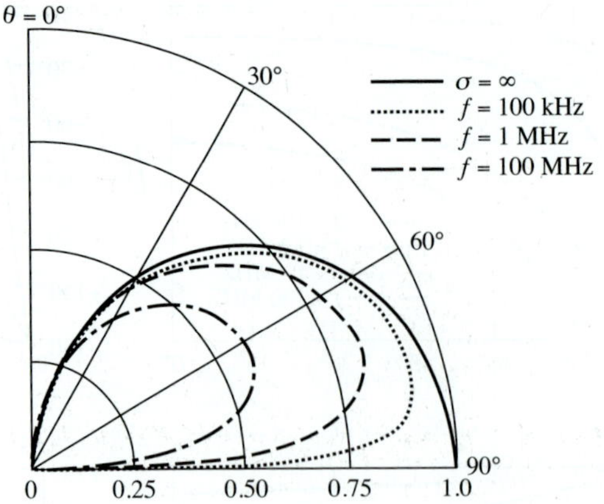


**그림 6-63** 세 가지 주파수에서 완전 접지면($\sigma = \infty$)의 경우와 비교한 평탄한 지면($\varepsilon_r = 15$, $\sigma = 1.2 \times 10^{-2}$ S/m)에서의 수직 단형 다이폴의 고도각면 패턴.

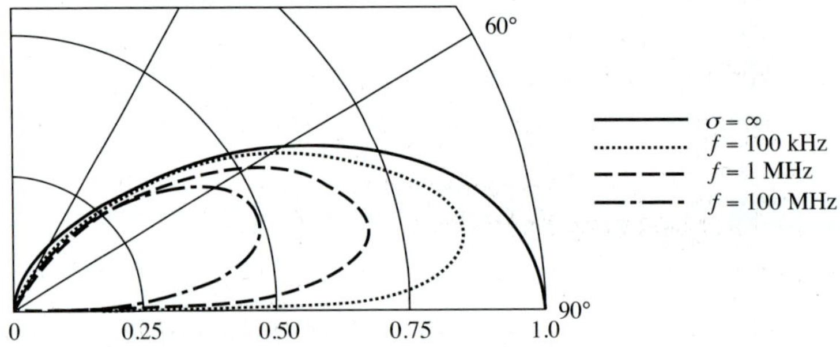


(*a*) 지면에서 $\lambda/4$ 떨어진 단형 다이폴, $h = \lambda/4$

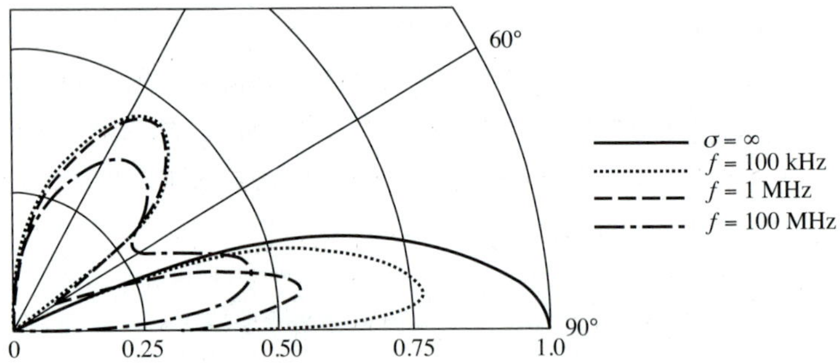


(*b*) 지면에서 $\lambda/2$ 떨어진 단형 다이폴, $h = \lambda/2$

**그림 6-64** 세 가지 주파수에서 완전 접지면($\sigma = \infty$)의 경우와 비교한 평탄한 지면($\varepsilon_r = 15$, $\sigma = 1.2 \times 10^{-2}$ S/m)에서 $h$만큼 떨어진 수직 단형 다이폴의 고도각면 패턴.

면을 따라 영점이 된다. 높이 $h$가 $\lambda/2$까지 증가하면, 그림 6-60의 등가배열은 $\lambda$의 간격을 갖게 되고 $h = \lambda/4$일 때 나타나는 효과와 더불어 다중엽이 생긴다. $h = \lambda/2$일 때의 고도각면 패턴은 그림 6-64$b$와 같다.

그림 6-61의 수평 단형 다이폴에 대해 방사는 같은 수직 안테나와는 달리 $z$축을 포함하는 모든

평면에서 같지 않다. 다이폴의 축에 수직인 $yz$ 평면에서의 방사전장은 식 (6-61)에 나타나 있다. 반사계수 $\Gamma_H$는 완전 접지면에서 완전히 $-1$이고, 저주파라면 실제 지평면에서 모든 각 $\theta$에 대해 $-1$의 근삿값을 갖는다. 소자패턴은 소자들을 $H$ 평면($yz$ 평면)에서 바라볼 때 등방성을 나타낸다. 그래서 배열성분이 패턴을 완전히 결정한다. 유한한 도전율에 의한 낮은 고도각면 패턴 효과는 수직 안테나보다 수평 안테나에서 훨씬 적게 나타난다.

접지면 위의 단형 다이폴에 대한 식 (6-59)에서 식 (6-61)까지의 전자장에 대한 식은 적절한 소자패턴을 사용하면 다른 안테나 형태에서도 사용될 수 있다. 특히 식 (6-59)의 $\sin\theta$와 식 (6-60)의 $\cos\theta$는 원하는 안테나의 자유공간 패턴으로 바뀔 수 있다.

### 6.7.2 접지면 제작

앞 절에서 지구표면과 자유공간의 경계면에 근접한 안테나의 성능에 미치는 불완전한 지표면 효과에 대해서 설명하였다. 이 효과는 높은 도전성의 접지면을 사용함으로써 극복할 수 있다. 탁월한 접지면은 안테나 크기에 비해 매우 큰 금속판을 사용하여 만들 수 있다. 예를 들어 그림 16-27에서 볼 수 있듯이 어떤 유한한 크기의 완전 도체 접지면 위에 모노폴이 있다고 가정해 보자. 이런 접지면에 대한 패턴이 그림 6-63의 $\sigma = \infty$인 이상적인 경우의 패턴에 비해 달라지는 점은 접지면의 유한한 크기 때문이다. 그림 16-28에서 $0 < \theta < 90°$일 때의 패턴은 그림 6-63과 비교했을 때 유한한 크기의 접지면에 대한 방사패턴을 보여 준다. 접지면의 가장자리는 안테나 입력 임피던스에 영향을 줄 수도 있다. 이 효과는 그림 16-42에 설명되어 있다.

금속 접지판은 최소한 $\lambda/4$ 크기의 방사 면적이 필요하기 때문에 낮은 주파수에서는 실용적이지 않다. 이 절에서는 방사패턴에 미치는 지표면의 영향과 지표면으로의 전력 손실을 최소화하기 위해 실제 지표면의 외견상 도전율을 증가시키는 방법에 대해 알아보고자 한다.

지면에 놓여 있는 수직 모노폴 안테나에 대해 생각해 보면(완전 접지면에서의 모노폴에 대한 설명은 3.3절 참조), 안테나의 끝 쪽으로 도달한 전류는 안테나를 빠져나와 공기 중에서 변위전류를 형성하고, 지표 쪽으로 들어가면 안테나의 아래쪽으로 향하는 전도전류가 만들어진다. 지표면에서의 손실은 높은 도전율의 귀환경로를 만들어 주면 감소될 수 있다. 이것은 주로 **방사형 접지면 시스템**(radial ground system)으로 얻을 수 있다. 사용되는 도선의 크기는 중요하지 않고 필요로 하는 기계적 세기에 의해 결정된다. 8번 AWG 도선이 일반적으로 사용되는 도선이며, 이것을 땅에 묻을 필요는 없으나 편의상 땅속에 묻어 설치한다. 전자장이 통과해야 하는 지면의 두께를 최소화하기 위해 너무 깊이 묻지 말아야 하며, 가끔은 링 모양의 접지면 띠로 모노폴의 아래쪽에 방사형 도선을 서로 연결하거나, 종종 모노폴 아래쪽의 지면에 한 개 또는 여러 개의 말뚝을 박아 놓기도 한다.

방사형 시스템과 지표면의 손실성 저항은 모노폴 구조의 손실성 저항에 더해져 입력 임피던스의 전체 손실성 저항을 결정한다. 방사체가 있든지 없든지 접지면에서의 저항성 손실은 자장과 전장 손실로 각각 구분되어 별도로 계산한 후 각각을 단순히 합치면 된다[27]. 자장 손실은 접지면 표면에서의 접선 자장과 관련이 되고, 전장 손실은 접지면 바로 위의 수직 전장 성분에 기인한다. 자장 손실은 보통 전장 손실보다 훨씬 크다. 접지면의 방사형 도선의 저항성 손실은 지표면 자체의 두 저항성 손실에 비해 무시할 만하다[27].

특히 고출력 송신 안테나에서는 높은 효율을 얻기 위해서 잘 설계된 방사형 시스템이 중요하다. 반면에 간단한 모노폴 구조에서는 세 개 정도의 등간격 방사 도선으로 적절한 방사형 시스템을 형성한다. 종종 방사 도선을 아래쪽으로 기울여서 수평면 상으로 최대 방사가 되도록 한다. (그림 16-28

은 유한한 크기의 접지면에 의해 $\theta < 90°$로 최대 방사가 이루어지는 평면 접지면 상의 모노폴을 보여 준다.) 손실이 있는 지표면 위의 모노폴에 대해 좋은 방사형 시스템의 추가적인 장점은 최대 방사가 그림 6-63에서와 같이 고도각 방향으로 올라가는 것 대신 수평면에 가깝게 이루어진다는 것이다.

표준 AM 방송 송신 안테나에 사용된 가장 정교한 접지 시스템은 송신탑 주위에서 탑으로부터 $\lambda/4$ 길이를 갖고 균일한 3° 간격의 120개 방사형 도선으로 이루어진다. 일반적으로 방사형 도선의 길이는 모노폴 안테나의 높이와 거의 같다. 보통 토양에서의 120개 방사형 도선 접지 시스템의 총 손실성 저항값을 도선 길이에 대한 함수로 몇몇 주파수에 대해 그림 6-65에 나타냈다[26]. 3 MHz에서 약 $\lambda/4$ (25 m) 길이인 120개 도선 접지 시스템의 저항은 약 1.6 Ω이다. 지면의 표면 저항값이 주파수의 제곱근으로 변해[식 (2-171) 참조] 접지 시스템의 저항은 저주파에서 도선 길이가 파장의 제곱근에 비례해 증가한다면 상수가 될 것이다. 3 MHz 이상에서 그림 6-65의 도선 길이에 대한 곡선은 3 MHz 곡선보다 약간 오른쪽에 위치한다. 이것은 도선이 $\lambda/4$ 정도 길이보다 길어져도 많은 전류 밀도 대부분이 방사선 영역 내에 발생하고 길이를 더 늘여도 특성에는 큰 변화가 없기 때문이다.

지표면이나 지표 내에서의 도선 접지 시스템에 대한 제작 이론은 오히려 쉽게 정리될 수 있다. 방사형 시스템의 기능은 전자장이 안테나에서 접지면으로 들어가 전류를 여기하는, 즉 $\sigma|E|^2$ 저항성 손실을 만드는 것을 막기 위한 것이다. 위 설명에서 볼 수 있는 것과 같이 만일 120개의 $\lambda/4$ 길이의 방사형 도선을 쓴다면 접지 시스템에 의한 손실성 저항값은 기껏해야 수 Ω이고 보통은 1 Ω 이하이다. 대부분의 응용에서 120개의 방사선을 설치하는 것은 비실용적이다. 일반적으로 50개의 $\lambda/4$ 길이 방사선을 사용하면 지면의 손실이 수 Ω으로 줄어들 것이며, 더 적은 수의 방사선이 사용되면, 수 Ω의 저항값이 추가될 수 있다. 또 만일 방사선 길이(사용되는 개수와는 관계없이)가 $\lambda/10$ 이하

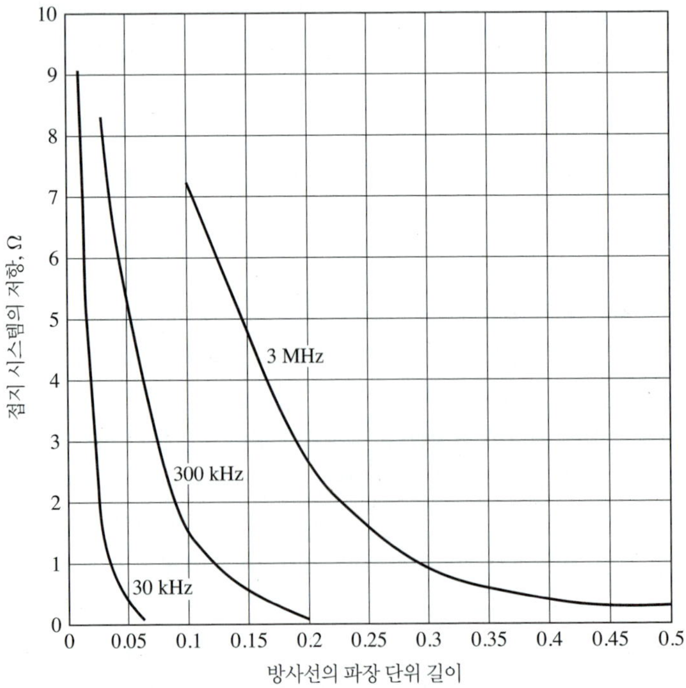


그림 6-65 일반적인 토양에 120개의 방사형 도선을 사용한 방사형 접지 시스템의 전형적인 저항 [26].

로 줄어든다면, 접지 시스템의 저항은 크게 증가할 것이다.[1] 방사형 도선은 지면 위에 놓거나 얕게 묻을 수 있다(단, 결코 깊게 묻지는 않는다). 도선의 선택은 기계적인 문제에 의해 주로 결정된다. 방사선의 수가 늘어남에 따라 각도선을 통하는 전류가 줄어들고 필요로 하는 도선 지름이 줄어든다. 안테나의 밑단에서 방사선은 서로 연결되어 하나 또는 그 이상의 접지 말뚝과도 연결된다.

## 6.8 대형 루프 안테나

이 절에서는 루프 둘레길이 $L$이 1/10 파장 이상의 크기를 가진 전기적 대형 루프 안테나에 대해서 다룬다. 대형 루프에 대해서 말하기 전에 소형 루프에 대해 먼저 복습해 보자. 파장에 비해 매우 작은 둘레길이를 갖는 전기적 소형 루프 안테나는 루프 면(그림 3-15의 $xy$ 평면)으로 전방향성인 도넛 모양의 패턴을 갖고, 루프 면 방향으로 편파를 지닌다. $z$축 방향의 소형 다이폴의 패턴 역시 $xy$ 평면에서 전방향성이 되나, 방사된 전장은 $xy$ 평면에 수직인 편파를 지니게 된다(그림 2-4 참조). 3.4절에서 전기적 소형 루프 안테나의 패턴과 방사저항은 루프 모양과 상관없고 단지 루프 면적에 따라 변한다는 것을 알았다. 소형 루프 면으로 최대 방사를 하고 루프의 수직 축방향으로 영점이 되는 도넛 모양의 패턴은 루프를 따라 흐르는 전류의 크기와 위상이 일정하다고 하는 가정의 결과이다. 전기적 소형 루프 안테나는 낮은 방사저항과 높은 유도성 리액턴스 때문에 송신용도로 사용하기에는 적합하지 않다.

대형 루프의 전류 크기와 위상은 루프 주변의 위치에 따라 변하므로, 루프 크기에 따라 임피던스와 패턴이 바뀌게 된다. 만약 루프 둘레길이가 파장길이와 비슷하거나 그보다 크다면 루프 면에 수직인 방향으로 최대 방사가 되는 패턴을 갖는다. 대형 루프 안테나는 그림 6-66처럼 $y$축 수직 방향으로 루프가 위치할 때 수평면($x$축을 따라)의 좁은 영점(null)을 만드는 **방향 탐지**(DF: direction finding) 시스템에서 사용된다. 이것은 가장 흔한 응용으로서 수평면에서 정확한 도달각(angle-of-arrival)을 결정할 수 있게 한다. 고정된 물리적 크기를 갖는 대형 루프 안테나도 공진형 안

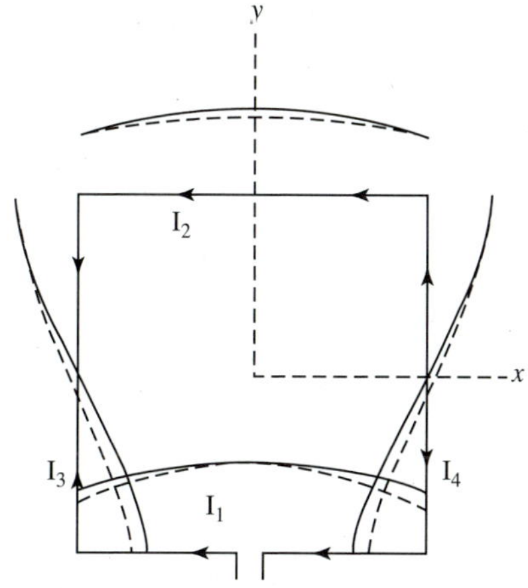


**그림 6-66 한파장 정사각형 루프 안테나.** 각 변의 길이는 $\lambda/4$이다. 실선은 식 (6-66)의 정현파 전류분포를 가진다. 쇄선은 정확한 모멘트법으로 얻어진 전류 크기이다.

[1] 접지 시스템 설계에 대한 더 자세한 내용과 참고문헌은 [3: Weeks, Sec. 2.6]에서 얻을 수 있다.

테나의 특성처럼 주파수가 변함에 따라 성능이 변하게 된다. 대형 루프 안테나의 모양은 보통 원형 또는 정사각형이다. 물리적 크기가 큰 낮은 주파수에서는 보통 정사각형 모양인데, 이것은 정사각형 모양을 유지하기 위해 십자가 또는 대각선의 나무 지지대를 사용하여 제작하는 것이 더 용이하기 때문이다. 스스로 지지할 수 있는 원형 루프는 보통 UHF 대역이나 그 이상의 주파수 대역에서 사용된다. 원형과 정사각형 루프는 보통 첫 번째 공진점에서 동작하며 둘레길이는 한 파장보다 약간 크다. 스토러(Storer)[28]는 다양한 표와 그래프를 이용하여 원형 루프의 전류분포와 임피던스에 대한 분석적 식을 제공하고 있다. 또한 원형 루프 안테나의 원거리장을 표현하는 방법[29], 지향성과 방사저항에 대한 근사식[30] 등이 연구되었다. 원형 루프 안테나에 대한 요약은 [H3: Burberry, Chap. 4]를 참고하기 바란다. 균일한 전류를 가진 원형 루프는 연습문제 6.8-1에 있다. 정사각형 루프 안테나의 특별한 예로 둘레길이가 한파장이고 거의 균일한 전류를 가짐으로써 수평면에서(수평면 상에 루프가 있을 때) 전방향성을 나타내고 수평편파 방사형태를 가진 알포드 루프 안테나(Alford loop-antenna)가 있다. 이는 합당한 임피던스와 효율을 가지면서 소형인 다른 안테나에서는 얻기가 힘들다. 같은 둘레길이를 갖는 대형 원형 루프와 대형 정사각형 루프는 성능이 비슷하다(연습문제 6.8-5 참조).

먼저 **한파장 정사각형 루프 안테나**(one-wavelength square loop antenna)는 정현파 전류분포를 가정하는 다른 공진 도선 안테나에 사용되는 것과 같은 방법으로 분석한다. 정현파 전류분포를 가정하는 것이 가장 좋은 방법임이 참고문헌 [31]의 실험을 통해 입증된 바 있다. 다음에는 정확한 수치해석 결과를 가정한 분석 결과와 비교한다. 마지막으로 정사각형 루프의 둘레길이에 따른 계산된 임피던스 값을 계산해 낸다.

한파장 정사각형 루프 안테나는 $x$축에 평행한 변의 중앙에 급전할 때 최대로 시작하는 연속적인 루프를 가리키는 그림 6-66(실선)처럼 전류분포가 정현파형이라고 가정하자. 각 변은 1/4 파장을 갖는데 전류는 다음과 같이 표현된다.

$$\mathbf{I}_1 = \mathbf{I}_2 = \hat{\mathbf{x}} I_o \cos(\beta x'), \qquad |x'| \le \frac{\lambda}{8}$$
$$\mathbf{I}_4 = \mathbf{I}_3 = \hat{\mathbf{y}} I_o \sin(\beta y'), \qquad |y'| \le \frac{\lambda}{8} \tag{6-66}$$

방사특성의 해는 일반적인 방법으로 구한다. 먼저 식 (2-101)에서 벡터 전위는 다음과 같다.

$$\mathbf{A} = \mu \frac{e^{-j\beta r}}{4\pi r} \int_{\text{loop}} \mathbf{I} e^{j\beta \hat{\mathbf{r}} \cdot \mathbf{r}'}\, dl \tag{6-67}$$

위상지연에 대한 함수를 찾기 위해 원점으로부터 각 변 위의 임의의 위치로 향하는 벡터를 표현하면 다음과 같다.

$$\mathbf{r}'_1 = x'\hat{\mathbf{x}} - \frac{\lambda}{8}\hat{\mathbf{y}} \qquad \mathbf{r}'_2 = x'\hat{\mathbf{x}} + \frac{\lambda}{8}\hat{\mathbf{y}}$$
$$\mathbf{r}'_3 = -\frac{\lambda}{8}\hat{\mathbf{x}} + y'\hat{\mathbf{y}} \qquad \mathbf{r}'_4 = \frac{\lambda}{8}\hat{\mathbf{x}} + y'\hat{\mathbf{y}} \tag{6-68}$$

이때 아래 첨자는 대응하는 변을 나타낸다. 식 (C-4)로부터 $\hat{\mathbf{r}}$에 대한 표현을 사용하고 식 (6-68)을 식 (6-67)에 적용해 루프에 대한 폐적분을 각 변에 대한 적분으로 분리하면 다음과 같다.

$$\mathbf{A} = \mu \frac{e^{-j\beta r}}{4\pi r} I_o \left[ -\hat{\mathbf{x}} \int_{-\lambda/8}^{\lambda/8} \cos(\beta x') e^{j\beta x' \sin\theta \cos\phi} \left( e^{-j(\pi/4)\sin\theta \sin\phi} + e^{j(\pi/4)\sin\theta \sin\phi} \right) dx' \right.$$
$$\left. + \hat{\mathbf{y}} \int_{-\lambda/8}^{\lambda/8} \sin(\beta y') e^{j\beta y' \sin\theta \sin\phi} \left( -e^{-j(\pi/4)\sin\theta\cos\phi} + e^{j(\pi/4)\sin\theta\cos\phi} \right) dy' \right]$$
$$= \mu \frac{e^{-j\beta r}}{4\pi r} I_o \left[ -\hat{\mathbf{x}} 2 \cos\left( \frac{\pi}{4} \sin\theta \sin\phi \right) \int_{-\lambda/8}^{\lambda/8} \cos(\beta x') e^{j\beta x' \sin\theta\cos\phi} \, dx' \right.$$
$$\left. + \hat{\mathbf{y}} 2j \sin\left( \frac{\pi}{4} \sin\theta \cos\phi \right) \int_{-\lambda/8}^{\lambda/8} \sin(\beta y') e^{j\beta y' \sin\theta\sin\phi} \, dy' \right] \tag{6-69}$$

대괄호 내 두 항에서 각각의 첫 번째 항은 1, 2변과 3, 4번 쌍에 대한 각각의 배열성분이다. 이에 대한 적분 계산과 간소화 과정을 통해 아래 식을 얻을 수 있다(연습문제 6.8-2 참조).

$$\mathbf{A} = \mu \frac{e^{-j\beta r}}{4\pi r} \frac{2\sqrt{2} I_o}{\beta} \left\{ \hat{\mathbf{x}} \frac{\cos[(\pi/4)\cos\Omega]}{\sin^2\gamma} \left[ \cos\gamma \sin\left( \frac{\pi}{4}\cos\gamma \right) - \cos\left( \frac{\pi}{4} \cos\gamma \right) \right] \right.$$
$$\left. - \hat{\mathbf{y}} \frac{\sin[(\pi/4)\cos\gamma]}{\sin^2\Omega} \left[ \cos\Omega \cos\left( \frac{\pi}{4}\cos\Omega \right) - \sin\left( \frac{\pi}{4}\cos\Omega \right) \right] \right\} \tag{6-70}$$

$$\cos\gamma = \sin\theta \cos\phi \qquad \text{and} \qquad \cos\Omega = \sin\theta \sin\phi \tag{6-71}$$

각 $\gamma$과 $\Omega$는 기하학적으로 해석할 수 있다. 이 기호들은 각각 $\theta$와 유사하게 $x$와 $y$축에 대한 구형 좌표계의 극각도(polar angle)이다[식 (C-4) 참조].

원거리전장 성분은 다음과 같다.

$$E_\theta = -j\omega A_\theta = -j\omega \mathbf{A} \cdot \hat{\boldsymbol{\theta}} = -j\omega (A_x \hat{\mathbf{x}} \cdot \hat{\boldsymbol{\theta}} + A_y \hat{\mathbf{y}} \cdot \hat{\boldsymbol{\theta}})$$
$$- -j\omega (A_x \cos\theta \cos\phi + A_y \cos\theta \sin\phi) \tag{6-72a}$$

$$E_\phi = -j\omega \mathbf{A} \cdot \hat{\boldsymbol{\phi}} = -j\omega(-A_x \sin\phi + A_y \cos\phi) \tag{6-72b}$$

식 (6-70)에서 $A_x$와 $A_y$를 구해 대입하면

$$E_\theta = \frac{j I_o \eta e^{-j\beta r}}{\sqrt{2}\pi r} \cos\theta \left\{ \frac{\sin\phi \sin[(\pi/4)\sin\theta\cos\phi]}{1 - \sin^2\theta \sin^2\phi} \right.$$
$$\cdot \left[ \sin\theta \sin\phi \cos\left( \frac{\pi}{4} \sin\theta \sin\phi \right) - \sin\left( \frac{\pi}{4} \sin\theta \sin\phi \right) \right]$$
$$- \frac{\cos\phi \cos[(\pi/4)\sin\theta \sin\phi]}{1 - \sin^2\theta \cos^2\phi}$$
$$\left. \cdot \left[ \sin\theta \cos\phi \sin\left( \frac{\pi}{4} \sin\theta \cos\phi \right) - \cos\left( \frac{\pi}{4} \sin\theta \cos\phi \right) \right] \right\} \tag{6-73a}$$

$$E_\phi = \frac{jI_o\eta e^{-j\beta r}}{\sqrt{2}\pi r}\Bigg\{\frac{\cos\phi\ \sin[(\pi/4)\ \sin\theta\ \cos\phi]}{1-\sin^2\theta\ \sin^2\phi}$$

$$\cdot\left[\sin\theta\ \sin\phi\ \cos\left(\frac{\pi}{4}\sin\theta\ \sin\phi\right)-\sin\left(\frac{\pi}{4}\sin\theta\ \sin\phi\right)\right]$$

$$+\frac{\sin\phi\ \cos[(\pi/4)\ \sin\theta\ \sin\phi]}{1-\sin^2\theta\ \cos^2\phi}$$

$$\cdot\left[\sin\theta\ \cos\phi\ \sin\left(\frac{\pi}{4}\sin\theta\ \cos\phi\right)-\cos\left(\frac{\pi}{4}\ \sin\theta\ \cos\phi\right)\right]\Bigg\} \quad \textbf{(6-73b)}$$

를 얻을 수 있다. 이 식들은 2.4절의 원리를 사용해 바로 유도할 수 있다.

원거리전장 식은 주평면에서 간단히 표시된다. 루프면인 $xy$ 평면($E$ 평면)에서는 $\theta = 90°$이고, 식 (6-73)은 아래와 같이 간략히 할 수 있다.

$$E_\theta\left(\theta=\frac{\pi}{2}\right)=0 \quad \textbf{(6-74a)}$$

$$E_\phi\left(\theta=\frac{\pi}{2}\right)=\frac{jI_o\eta e^{-j\beta r}}{\sqrt{2}\pi r}\frac{\pi}{4}\Bigg\{\frac{\sin[(\pi/4)\ \cos\phi]}{(\pi/4)\ \cos\phi}\left[\sin\phi\ \ \cos\left(\frac{\pi}{4}\sin\phi\right)-\sin\left(\frac{\pi}{4}\sin\phi\right)\right]$$

$$+\frac{\cos[(\pi/4)\ \sin\phi]}{(\pi/4)\ \sin\phi}\left[\cos\phi\ \sin\left(\frac{\pi}{4}\cos\phi\right)-\cos\left(\frac{\pi}{4}\ \cos\phi\right)\right]\Bigg\} \quad \textbf{(6-74b)}$$

그림 6-67$a$(실선)에 정규화된 $E_\phi$ 값이 그려져 있다. $x$축($\phi = 0°$, $180°$)에서는 $E_\phi = 0$이 된다. 이것은 3, 4변이 각 중심점을 기준으로 해 전류분포가 반대이므로 브로드사이드 방향에서 0인 패턴을

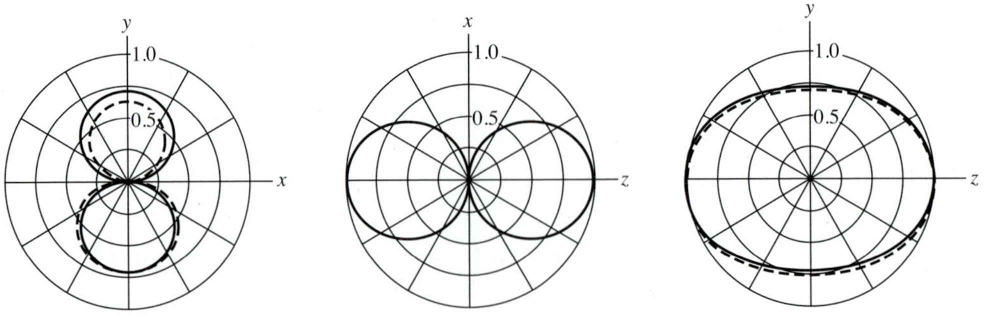


($a$) $E_\phi$의 $xy$ 평면(루프 평면과 $E$ 평면) 정규화 패턴. 이 평면에서 HP = 99°

($b$) $E_\theta$의 $xz$ 평면($E$ 평면) 정규화 패턴. 이 평면에서 HP = 85°. 이 평면에서 두 방식으로 구해진 패턴은 동일

($c$) $E_\phi$의 $yz$ 평면(루프 평면과 $H$ 평면) 패턴

**그림 6-67 한파장 정사각형 루프 안테나의 주평면 패턴.** 실선은 그림 6-66의 정현파 전류분포에 의한 패턴이고, 쇄선은 정확한 수치해석법으로 얻어진 전류분포에서 구한 패턴이다.

갖게 된다. $y$축을 따라 식 (6-74$b$)는 다음과 같이 표현된다.

$$E_\phi\left(\theta = \frac{\pi}{2},\ \phi = \frac{\pi}{2}\right) = \frac{jI_o\eta e^{-j\beta r}}{\sqrt{2}\pi r}\frac{1}{\sqrt{2}} \tag{6-75}$$

$E$ 평면인 $xz$ 평면에서 식 (6-73)은 아래와 같이 유도된다.

$$E_\phi(\phi = 0) = 0 \tag{6-76$a$}$$

$$E_\theta(\phi = 0) = \frac{jI_o\eta e^{-j\beta r}}{\sqrt{2}\pi r}\frac{\sin\theta\ \sin[(\pi/4)\ \sin\theta] - \cos[(\pi/4)\ \sin\theta]}{\cos\theta} \tag{6-76$b$}$$

그림 6-67$b$(실선)에 정규화된 $E_\theta$ 값이 그려져 있다. $\theta = 90°$가 됨에 따라 식 (6-76$b$)는 식 (6-74$a$)와 같이 0이 된다.

$H$ 평면인 $yz$ 평면에서 식 (6-73$a$)는 다음과 같이 간략화된다.

$$E_\theta\left(\phi = \frac{\pi}{2}\right) = 0 \tag{6-77$a$}$$

$$E_\phi\left(\phi = \frac{\pi}{2}\right) = -\frac{jI_o\eta e^{-j\beta r}}{\sqrt{2}\pi r}\cos\left(\frac{\pi}{4}\sin\theta\right) \tag{6-77$b$}$$

그림 6-67$c$(실선)에 정규화된 $E_\phi$ 값이 그려져 있다. $\cos[(\pi/4)\ \sin\theta]$ 패턴은 1, 2변의 중심점에 위치한 두 개의 섬원에 의한 배열성분이다. $z$축($\theta = 0°$)에서 식 (6-76)과 식 (6-77)은 똑같이 다음 식과 같은 $x$축에 평행한 전장을 나타낸다.

$$E_x = -\frac{jI_o\eta e^{-j\beta r}}{\sqrt{2}\pi r} \tag{6-78}$$

이 값은 식 (6-75)의 $y$축 위의 $E_x$에 비해 $\sqrt{2}$배 더 크다. 이것은 그림 6-67$c$에 잘 나타나 있으며 $y$축은 $z$축의 1 값에 비해 0.707이다. $xy$ 평면 패턴과 $z$축의 완전한 3D 패턴의 최댓값과 비례한 결과는 그림 6-67$a$에서 볼 수 있다.

그림 6-67의 패턴에서 한파장 정사각형 루프 안테나의 방사특성에 대해 일반화된 결론을 내리면, 루프 평면에 수직 방향($z$축 방향)으로 최대방사가 일어나며, 이 방향에서 급전점을 포함하는 변($x$축)에 평행한 편파가 된다. 루프 평면에서 급전점을 포함하는 변으로 평행한 방향($x$축)으로 영점이 있고, 영점 방향에 수직($y$축)인 방향에 빔의 최고점이 나타난다. 이는 루프 평면에 수직인 방향으로 영점이 있고, 전방향성 패턴을 갖는 루프 평면에서 최대방사가 일어나는 소형 루프 안테나와는 많이 다른 결과들이다.

정사각형 루프에 실제 전류분포를 이용해서 모멘트법으로 시뮬레이션한 결과와 비교해 보면 정현파 분포의 가정이 얼마나 정확한지 확인해 볼 수 있다(제14장과 부록 G 참조). 도선 반지름 $0.001\lambda$인 정사각형 루프의 시뮬레이션에 의한 전류분포가 그림 6-66에 쇄선으로 나타나 있으며, 실선으로 표시한 정현파 전류분포 가정과 잘 일치함을 알 수 있다. 그러나 전류분포의 약간의 차이에 의한 패턴에 대한 영향은 그림 6-67에 잘 나타나 있다. 이 절에서 다룬 식으로 계산한 패턴(실선)과 시뮬레이션을 통한 패턴(쇄선)이 거의 일치한다. 시뮬레이션은 급전점에 의해 전류가 비대칭으로 분포되는 현상까지 고려하므로 $xy$ 평면에서 비대칭적인 패턴을 보인다. 이 평면에서 반전력 빔폭은

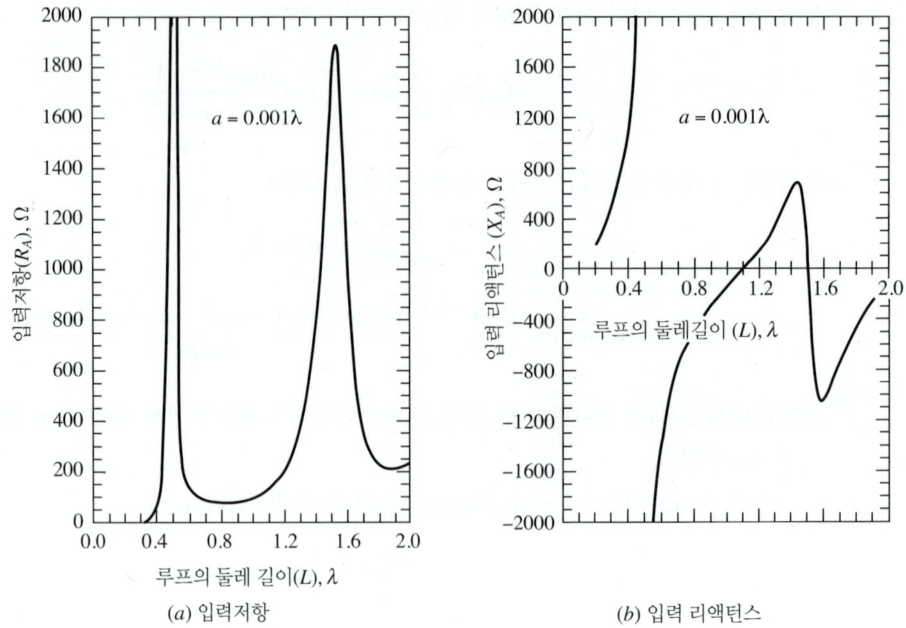


**그림 6-68** **파장 단위의 루프 둘레 함수로 나타낸 정사각형 루프 안테나의 입력 임피던스.** 루프의 한 변 중심으로 급전을 하고 도선 반지름 $a = 0.001\lambda$이다(수치해석법 사용).

간단한 이론과 시뮬레이션에 따라 각각 99°와 103°로 나타난다. *xz* 평면에서 계산되고 시뮬레이션된 각각의 패턴은 둘 다 85°의 빔폭을 갖는다. 참고로 반파장 다이폴은 빔폭이 78°이다. 이러한 수치해석법과 근사적인 해석방법 간의 자세한 비교를 통해서 알 수 있는 것은 이 책에서 채택한 적절한 근사를 이용한 간단한 이론이 충분히 좋은 공학적 결과를 얻을 수 있음을 나타내 준다는 것이다.

그림 6-68에 모멘트법의 수치해석방법을 이용하여 계산한 도선 반지름이 $0.001\lambda$인 정사각형 루프 안테나의 임피던스가 둘레길이에 대한 함수로 나타나 있다. 루프 안테나에서 예상한 대로, $0.4\lambda$보다 작은 둘레길이에서 리액턴스는 유도성이 되고 그것보다 커지면 용량성이 되었다가, 더 큰 둘레길이에서 유도성과 용량성이 교대로 나타난다. 이것은 다이폴이 짧은 길이에서 용량성일 때를 제외하면 그림 6-6의 다이폴의 임피던스와 비슷한 현상이다. 루프 둘레길이를 증가시키면서 루프를 다이폴과 비교해 보면, 루프의 경우는 큰 리액턴스를 갖는 반공진이 먼저 발생하고, 그 후에 영의 리액턴스를 갖는 공진이 나타나게 된다. 반면에 다이폴은 순서가 반대로 나타난다. 3.4.2절에서 사용된 균일한 전류 가정에 근거해 계산된 입력 임피던스 값은 둘레길이가 $0.1\lambda$ 혹은 그 이상으로 커지면 정확성이 떨어지게 된다. 이는 균일한 전류 가정이 대형 루프 이론에는 유효하지 않음을 의미한다. 더 자세한 내용은 연습문제 6.8-3을 참조하라. 스토러[28]는 원형 루프에서도 같은 결과가 나옴을 발견했다. 그림 6-68로부터 대형 루프 안테나는 둘레길이가 $0.7\lambda$보다 커질 때 적절한 입력 임피던스 값을 나타냄을 알 수 있다.

한 파장 둘레길이일 때, 입력 임피던스는 $102 - j142\ \Omega$이고, 이득[2]은 3.1 dB이다. 공진은 그

[2] 시뮬레이션에서 무손실 도선으로 가정하였지만, 손실은 매우 작고 이득은 모든 전기적 대형 안테나에서와 마찬가지로 지향성과 같다고 가정한다.

림 6-68에서 볼 수 있듯이 임피던스가 133 Ω(실수값)이고 $L = 1.1\lambda$일 때 일어난다. 공진된 $a = 0.001\lambda$인 한파장 정사각형 루프($L = 1.1\lambda$)의 이득은 3.41 dB이고, 공진된 반파장 다이폴보다 1.26 dB(3.41 − 2.15 dB) 높다. 대형 정사각형 루프의 최대 이득은 $L = 1.4\lambda$일 때 4.01 dB이지만 임피던스는 $657 + j669$ Ω이다. 대부분의 응용을 위한 가장 좋은 설계는 동작 주파수 대역의 중간에서 공진을 하기 위한 안테나 크기로 만들고 가능한 한 대역폭이 넓게끔 임피던스 정합을 하는 것이다. 원형 루프의 경우에 같은 도선 반지름 $0.001\lambda$를 사용하여 시뮬레이션한다면 유사한 결과를 얻을 것이다(연습문제 6.8-5 참조). 한 파장의 원주를 갖는 원형 루프의 임피던스는 $121 - j95$ Ω이고 이득은 3.45 dB이다. 공진은 원주가 $1.06\lambda$일 때 일어나며, 이때 임피던스는 142 Ω(실수값)이고 이득은 3.67 dB이다. 이는 정사각형 루프의 값과 비슷하다. 대형 원형 루프의 최대 이득은 원주가 $1.42\lambda$일 때 4.46 dB이다. 원형 루프의 이득은 같은 크기의 정사각형 루프보다 십분의 몇 dB 더 높다는 결론을 내릴 수 있다. 만약 더 두꺼운 도선을 사용한다면, 이득은 높아질 것이다. 또한 공진은 더 큰 둘레 길이일 때 나타나고 입력 저항도 커진다.

## 참고문헌 References


1. R. W. P. King, "The Linear Antenna—Eighty Years of Progress," *Proc. IEEE*, Vol. 55, pp. 2–16, Jan. 1967.
2. M. Abramowitz and I. Stegun, *Handbook of Mathematical Functions*, NBS Applied Math. Series 55, U.S. Gov. Printing Office, Washington, D.C., 1964, Chap. 5.
3. R. F. Schwartz, "Input Impedance of a Dipole or Monopole," *Microwave J.*, Vol. 15, p. 22, Dec. 1972.
4. "IEEE Standard Defintions of Terms for Antennas," *IEEE Standard* 145–1993, 1993.
5. C. M. Butler, "The Equivalent Radius of a Narrow Conducting Strip," *IEEE Trans. Ant. & Prop.*, Vol. 30, pp. 755–758, July 1982.
6. G. A. Thiele, "Analysis of Yagi-Uda Type Antennas," *IEEE Trans. on Ant. & Prop.*, Vol. AP-17, pp. 24–31, Jan. 1969.
7. H. Yagi, "Beam Transmission of Ultra-Short Waves," *Proc. IRE*, Vol 16, p. 715, 1928.
8. S. Uda and Y. Mushiake, *Yagi–Uda Antenna*, Saski Printing and Publishing Company, Ltd., Sendai, Japan, 1954.
9. H. W. Ehrenspéck and H. Poehler, "A New Method for Obtaining Maximum Gain for Yagi Antennas," *IRE Trans. on Ant. & Prop.*, Vol. AP-7, pp. 379–386, Oct. 1959.
10. H. E. Green, "Design Data for Short and Medium Length Yagi–Uda Arrays," *Institution of Engineers (Australia), Elec. Eng. Trans.*, pp. 1–8, March 1966.
11. P. Viezbicke, *"Yagi-Antenna Design," NBS Technical Note 688*, U.S. Government Printing Office, Washington, D.C., Dec. 1976.
12. J. L. Lawson, *Yagi Antenna Design*, American Radio Relay League, Newington, CT, 1986.
13. J. H. Reisert, "How to Design Yagi Antennas," *Ham Radio Magazine*, pp. 22–31, Aug. 1977.
14. U. Inan and A. Inan, *Engineering Electromagnetics*, Addison-Wesley, p. 758, 1999.
15. G. A. Thiele, E. P. Ekleman, Jr., and L. W. Henderson, "On the Accuracy of the Transmission Line Model for Folded Dipole," *IEEE Trans. on Ant. & Prop.*, Vol. AP-28, pp. 700–703, Sept. 1980.

16. J. M. Gonzalez-Arbesu, S. Blanch, and J. Romeu, “Are Space-Filling Curves Efficient Small Antennas?” *IEEE Ant. & Wireless Prop. Letters*, Vol. 2, pp. 147–150, 2003.
17. W. W. Mumford, “Some Technical Aspects of Microwave Radiation Hazards,” *Proc. IRE*, Vol. 49, pp. 427–447, Feb. 1961.
18. L. R. Dod, “Experimental Measurements of the Short-Backfire Antenna,” NASATech. Report No. X-525-66-480, Oct. 1966.
19. G. S. Kirov, “Design of Short Backfire Antennas,” *IEEE Ant. & Prop. Mag*., Vol. 51, pp. 110–120, Dec. 2009.
20. S. Ohmori, et al., “An Improvement in Electrical Characteristics of a Short, Backfire Antenna,” *IEEE Trans. on Ant. & Prop*., Vol. 31, pp. 644–646, July 1983.
21. H. W. Ehrenspeck, “A New Class of Medium-Size High-Efficiency Reflector Antennas,” *IEEE Trans. on Ant. & Prop*., Vol. AP-22, pp. 329–332, March 1974.
22. K. M. Chen, D. P. Nyquist, and J. L. Lin, “Radiation Fields of the Short Backfire Antenna,” *IEEE Trans. on Ant. & Prop*., Vol. AP-16, pp. 596–597, Sept. 1968.
23. H.W. Ehrenspeck, “The Short Backfire Antenna,” *Proc. IEEE*, Vol 53, pp. 1138–1140, Aug. 1965.
24. E. K. Miller et al., “Analysis of Wire Antennas in the Presence of a Conducting Half-Space. Part I. The Vertical Antenna in Free Space,” *Canadian J Phys*., Vol. 50, pp. 879–888, 1972.
25. E. K. Miller et al., “Analysis of Wire Antennas in the Presence of a Conducting Half-Space. Part II. The Horizontal Antenna in Free Space,” *Canadian J. Phys*., Vol. 50, pp. 2614–2627, 1972.
26. B. W. Griffith, *Radio-Electronic Transmission Fundamentals*, McGraw-Hill, New York, 1962, Chap. 43.
27. L. A. Dorado and V. Trainoti, “Accurate Evaluation of Magnetic- and Electric Field Losses in Ground Systems,” *IEEE Trans. on Ant. & Prop. Mag*., Vol. 49, pp. 58–70, Dec. 2007.
28. J. E. Storer, “Impedance of Thin-Wire Loop Antennas,” *AIEE Trans*., Part 1, Vol. 75, pp. 606–619, Nov. 1956.
29. D. H. Werner, “An Exact Integration Procedure for Vector Potentials of Thin Circular Loop Antennas,” *IEEE Trans. on Ant*. & Prop., Vol. 44, pp. 157–165, Feb. 1996.
30. J. D. Mahony, “Approximations to the Radiation Resistance and Directivity of Circular-Loop Antennas,” *IEEE Trans. on Ant. & Prop. Mag*., Vol. 36, pp. 52–55, Aug. 1994.
31. Phillis Kennedy, “Loop Antenna Measurements,” *IRE Trans. on Ant. & Prop*., Vol. 4, pp. 610–618, Oct. 1956.

## 연습문제 *Problems*

**6.1-1** ▸ 식 (F-11)의 적분을 이용해 식 (6-3)에서 식 (6-4)를 증명하라.

**6.1-2** ▸ 식 (6-6)에서 $L \ll \lambda$일 때 다이폴의 방사패턴이 단형 다이폴의 패턴인 sin $\theta$로 줄어든다는 것을 보여라.

**6.1-3** ▸ (a) 그림과 같이 동일선 상에 가깝게 배열한 두 개의 반파장 다이폴 출력이 합회로에 의해 더해진다. 안테나에 합회로까지 전송선로는 같은 길이를 갖는다. 배열 기술을 이용해 이 안테나 시스템의 패턴 $F_a(\theta)$를 써라.

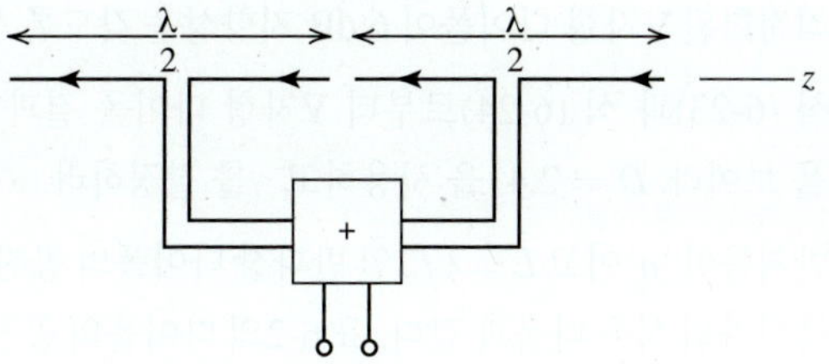

(b) 중앙급전, 한파장 다이폴이 $z$축에 놓여 있다. 이 안테나의 패턴식 $F_b(\theta)$를 써라.

(c) 두 안테나의 전류분포 $I_a(z)$와 $I_b(z)$를 그려라. 이 전류분포로 두 안테나의 패턴에 대해 설명할 수 있는가? 패턴식을 이용해 수학적으로 증명하라.

**6.1-4** ▸ 중앙급전, 한파장 다이폴은 급전점에서 전류가 최소가 되므로 거의 쓰이지 않는다. 대신 아래 그림과 같이 급전할 경우 전류분포를 그려라. 또 패턴이 어떻게 될지 간단히 그리고 그 이유를 설명하라.

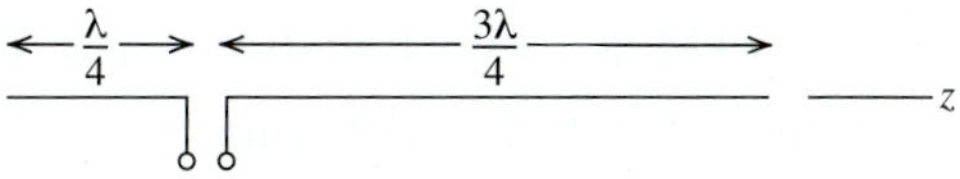

**6.1-5** ▸ (a) 연습문제 6.1-3$a$의 배열은 병렬급전 동위상 배열이다. 병렬도선 전송선로가 합의 기능을 하려면 어떻게 연결해야 하는가? 또 각 도선에서 전류방향을 그려라.

(b) (a)에서 배열의 소자가 180° 역위상을 갖도록 급전된다. 전송선로가 차의 기능을 하려면 어떻게 연결해야 하는가? 각 도선에서 전류방향을 그려라.

**6.1-6** ▸ 5.2절의 코사인 테이퍼형 전류분포 결과를 사용해 식 (6-7)의 반파장 다이폴의 패턴을 유도하라.

**6.1-7** ▸ 식 (6-9)의 정규화 상수가 $3\lambda/2$ 다이폴 패턴의 경우 0.7148이 됨을 보여라. 최대방사가 일어나는 각도 $\theta_o$(단위: °)는 얼마인가?

**6.1-8** ▸ 주파수가 177 MHz인 TV 채널 7을 수신하기 위한 공진형 반파장 다이폴을 제작하려고 한다. $\frac{1}{2}$인치의 지름을 갖는 알루미늄관이 사용된다면 안테나의 길이(단위: cm)는 얼마이겠는가?

**6.1-9** ▸ 식 (6-1)과 식 (6-4)를 이용해 길이가 $2.0\lambda$와 $2.5\lambda$인 다이폴에 대해 전류분포와 원거리장 패턴을 그려라. 그리고 그림 6-3, 6-4와 비교하라.

**6.1-10** ▸ (a) 정현파 전류분포를 갖는 임의 길이 $L$의 중앙급전 다이폴의 방사전력이 아래와 같음을 보여라.

$$P = \frac{\eta I_m^2}{4\pi}\left\{0.5772 + \ln(\beta L) - \mathrm{Ci}(\beta L) + \frac{1}{2}\ \sin(\beta L)[\mathrm{Si}(2\beta L) - 2\ \mathrm{Si}(\beta \mathrm{L})]\right.$$
$$\left. + \frac{1}{2}\cos(\beta L)\left[0.5772 + \ln\left(\frac{\beta L}{2}\right) + \mathrm{Ci}(2\beta L) - 2\ \mathrm{Ci}(\beta L)\right]\right\}$$

(b) 지향성에 대한 식을 유도하고 다이폴 길이가 0에서 $3\lambda$까지 변할 때 길이 $L$에 대한 함수로 지향성을 그려라.

**6.1-11** ▸ 표 6-2의 반파장 공진에 관한 길이 축소 과정을 이용해 그림 6-7에 나타난 두 다이폴의 공진주파수를 계산하라.

**6.1-12** ▶ 최적화된 V자형 다이폴이 6 dB 지향성을 갖도록 설계하라.

**6.1-13** ▶ 식 (6-23)과 식 (6-24)로부터 V자형 다이폴 결과가 한파장 직도선형 다이폴의 결과와 거의 동일함을 보여라. $D = 2.41$을 사용하고 $\gamma$를 결정하라.

**6.1-14** ▶ 반지름이 '$a$'이고 $L = \lambda/2$인 반파장 다이폴의 공진 길이를 $L_{res}$라고 할 때, 명목상 반파장 다이폴의 단축인자의 식은 다음과 같다. 표 6-2의 다이폴의 공진 길이를 계산하고 결과를 비교하라.

$$L_{res} = 0.5\left(1 - \frac{0.2257}{\ln\left(2\frac{L}{2a}\right) - 1}\right)$$

*선택사항*: 모멘트 코드를 사용하고 표 6-2와 위의 식을 비교하라.

**6.2-1** ▶ (a) 얇은 도선의 반파장 폴디드 다이폴 안테나의 길이에 대한 간단한 식이 필요하다. 이 식이 $L(\text{cm}) = 14{,}250/f(\text{MHz})$임을 보여라.

(b) 각 VHF TV 채널과 FM 방송 대역(100 MHz) 수신용 안테나에 이용하기 위해 필요한 반파장 폴디드 다이폴의 길이를 표로 나타내라(단위: cm).

**6.2-2** ▶ 길이 $2a = L = 0.4\lambda$, 도선의 두께 $0.001\lambda$이고, 도선 간격 $d = 12.5a$인 폴디드 다이폴의 입력 임피던스를 전송선로 모델을 이용해 계산하라. 결과를 그림 6-16의 값과 비교하라.

**6.2-3** ▶ $Z_o$가 전송선로의 특성 임피던스를 나타낼 때, 부하로부터 $l$만큼 떨어진 거리의 전송선로 임피던스 $Z_L$은 다음과 같다.

$$Z(l) = Z_o \frac{Z_L \cos\beta l + jZ_o \sin\beta l}{Z_o \cos\beta l + jZ_L \sin\beta l}$$

부하가 $l = \frac{L}{2}$에서 단락일 때, 이 식이 식 (6-25)로 간소화됨을 보여라.

**6.3-1** ▶ 3.5절의 배열이론을 이용하여 그림 6-18$a$의 배열을 분석하라.

(a) $E$ 평면 패턴을 그리고 그림 6-18$b$와 비교하라.
(b) $H$ 평면 패턴을 그려라.
(c) 다이폴(소자) 패턴으로 식 (6-7)을 사용하라.

**6.3-2** ▶ 수치해석 결과는 그림 6-18에 나타난 두 소자 기생배열의 소자전류가 거의 정현파형이고 소자 중앙에서의 전류 크기와 위상이 여진기의 경우 $1.0\angle{-88°}$, 기생소자의 경우 $0.994\angle 81.1°$임을 보여 준다. 간단한 배열이론을 이용해 선형좌표와 극좌표 형태의 $H$ 평면 패턴을 구하고 그려라.

**6.3-3** ▶ 위상 다이어그램은 배열의 동작에 관한 기본 아이디어를 얻는 데 유용하다. 위상 다이어그램을 이용해 연습문제 6.3-2의 2소자 기생배열의 엔드파이어 방향에서 상대 원거리장을 구하라(즉 전후방비를 찾아라). 이를 위해서는 소자 간 거리에 의한 공간 위상지연을 포함한 각 소자의 위치에서의 전체 페이저(phasor)를 찾아야 한다. 각 소자의 크기는 1이고 여진기의 위상은 $-88°$이고 기생소자에서는 $81.1°$이다.

**6.3-4** ▶ 50.1 MHz에서 동작하고 10.2 dBd 이득을 갖는 야기 안테나를 설계하라. 기생소자는 금속 중앙지지대로부터 절연되어 있고 소자의 지름은 $0.0021\lambda$이다.

**6.3-5** ▶ 432 MHz에서 동작하고 14.2 dBd 이득을 갖는 야기 안테나를 설계하라. 기생소자는 전기적 접촉을 통해 금속 중앙지지대로 받쳐져 있다. 소자의 지름은 $0.00343\lambda$이고 중앙 지지대의 지

름은 0.0275$\lambda$이다.

**6.3-6** ▸ *제작 프로젝트—10¢ 야기 안테나.* 이 프로젝트는 10¢ 이하의 가격으로 고이득 안테나를 어떻게 제작하는가에 대한 예제이다. 토끼 귀 모양 같은 적당한 안테나를 사용했을 때 눈 오는 듯한 화면을 나타내는 한계수신 상태를 갖는 TV 채널에 맞춰놓아라. 제작과정은 다음과 같다. 크고 딱딱한 골판지 조각을 찾아서 전체 배열 길이보다 몇 센티미터가량 길고 도파기 길이보다는 5 cm 정도 좁게 만든다. 여러 개의 두꺼운 옷걸이를 구해 될 수 있으면 꼿꼿하게 펴고 필요한 반사판과 도파기 길이로 자른다. 급전 소자는 평행 2선 전송선로로 구성된 폴디드 다이폴이다. 이것을 여진기의 길이보다 약간 더 길게 자른다. 끝부분을 벗겨 내고 두 도선을 납땜해 전체 길이가 여진기의 길이가 되도록 한다. 폴디드 안테나의 중심에 있는 여진기의 한 도선을 자르고 안테나의 전송선로로 사용할 긴 평행 2선 전송선로의 끝에 납땜한다. 골판지 위에 소자의 위치를 정확히 표시한다. 여진기 위치의 마분지에 폴디드 다이폴을 고정시킨다. 옷걸이 기생소자는 단순히 마분지의 골에 넣어 위치를 맞춘다. 전송선로를 수신기에 연결한다. 안테나를 회전시키고 수신상태를 확인한다. 큰 수신효율 차이가 있을 것이다. 필요하다면, 예를 들어 다락과 같은 곳으로 안테나를 올릴 수도 있다. 제작 시 옷걸이 소자를 다른 골에 위치시켜 매우 쉽게 소자 간 거리를 조정할 수 있다. 거리를 조금 변화시켰을 때는 거의 차이를 볼 수 없다. 보통 최대성능 향상은 수평편파, 즉 소자들이 지표면에 평행할 때 얻게 된다.

**6.3-7** ▸ *제작 프로젝트—중가의 야기 안테나.* 야기 안테나는 거의 아래와 같은 방법으로 만들 수 있다. 한계수신 상태를 갖는 TV 채널을 선택하고 그 주파수에서 야기 안테나를 설계하라. 이 프로젝트에 사용할 재료는 배열의 전체 길이보다 약간 더 긴 1 × 2 in의 판자와 수 미터 정도의 알루미늄 도선(보통 No. 8 AWG)이다. 반사기와 도파기를 위해 도선을 잘라서 다듬고 곧게 만든다. 반사기와 도파기를 위해 나무 기둥의 적당한 위치에 도선의 지름보다 조금 큰 구멍을 뚫는다. 모든 구멍이 직선을 이루는지 확인하라. 여진기는 다이폴의 평면이 배열선에 수직이 되는 방향을 지닌 폴디드 다이폴이다. 배열선 상 약 2 cm 되는 기둥 부분에 하나의 구멍을 뚫는다. 배열선 아래쪽 같은 거리에서 기둥의 양쪽에 약 0.5 cm 정도 깊이의 구멍을 뚫는다. 여진기 길이의 두 배 이상이 되도록 도선을 자른다. 이 도선을 위쪽 구멍에 넣고 중심을 맞춘다. 각 끝의 원하는 길이에서 도선을 구부리고 이것을 기둥 쪽으로 다시 구부린다. 도선의 길이를 정렬해 도선의 끝을 만들어 놓은 구멍에 끼워서 대칭 폴디드 다이폴이 되도록 한다. 평행 2선 전송선로 끝의 피복을 벗겨 기둥에 가깝게 폴디드 다이폴의 끝(급전점)에 감고, 전기적으로 잘 연결되어 있는지 확인하라. 두 도선의 벗긴 피복을 남겨 둔다. 작은 철사 못으로 급전점에 있는 도선의 끝과 기둥을 고정시킬 수 있다. 동시에 안테나 도선과 못 사이에 평행 2선 선로의 연결도 죄어 줄 수 있으며, 급전점은 납땜으로 연결한다. 피복 끝의 벗겨 낸 부분 장력의 완화를 위해 기둥의 아래쪽에 압정으로 고정시킨다. 남은 소자들을 중심을 맞추어 구멍에 넣고, 도선과 나란히 구멍에 T자 못을 박아 위치를 고정시켜라. 이제 제작이 끝났으면 전송선로를 수신기에 연결하고 수신을 확인하라. 안테나 위치와 방향을 바꾸면서 시험해 보라.

**6.3-8** ▸ 2소자 야기 안테나가 여기 소자에 $1\angle 164°$, 기생소자에 $0.5\angle 238°$로 전류분포를 갖는다. 소자 간 거리는 0.2$\lambda$이다. 기생소자가 도파기나 반사기 중 어느 것으로 동작하는가? 위상 다이어그램을 사용해 그 이유를 설명하라.

**6.3-9** ▸ 소자 간 거리가 0.2$\lambda$인 두 개의 소자를 갖는 야기 안테나의 여기소자 전류분포가 $1\angle 254°$

이고 기생소자의 전류분포가 $0.6\angle-32°$이다. 기생소자가 도파기와 반사기 중 어느 것으로 동작하겠는가? 그 이유는 무엇인가?

**6.4-1** ▶ 끝단에 실수 임피던스 $R_L$이 연결된 수신 안테나의 등가회로가 있다. 고정된 실수값 안테나 임피던스 $R_A$에 대해 부하로 최대전력전달이 되기 위한 조건은 $R_L = R_A$임을 증명하라.

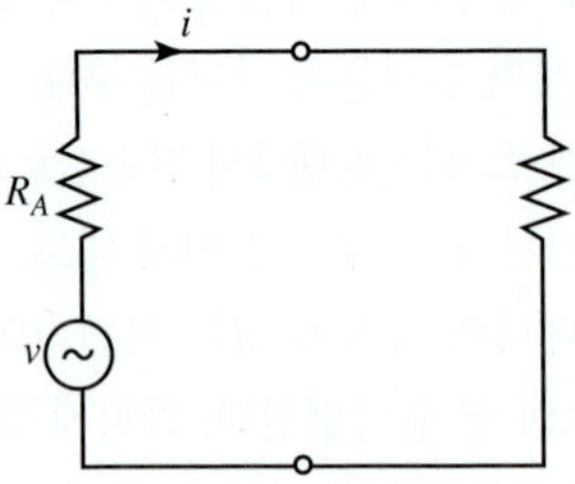


**6.4-2** ▶ $R_t$의 실수 임피던스를 갖는 송신기가 실수의 특성 임피던스가 $R_o$인 손실이 없는 전송선로에 연결되어 있다. 그리고 실수 입력 임피던스가 $R_o$인 안테나가 연결되어 있다.

(a) 안테나로 전달된 전력/ 소멸된 총전력인 전송효율의 식을 유도하라. 이때 부정합 효과는 없다고 가정한다.

(b) $R_t = R_o$, $R_t = 0.5R_o$, $R_t = 0.1R_o$일 때 퍼센트 효율을 계산하라.

**6.4-3** ▶ 연습문제 6.2-3의 $Z_A(l)$ 식을 이용하고 그림 6-30*a*를 참고하여, 안테나 임피던스가 $40 - j20\ \Omega$이고 $l = 42.3\lambda$일 때 임피던스 $Z(l)$을 구하라.

**6.5-1** ▶ 모노폴이 비유전율 3.4인 대형 유전체에 박혀 있다. 도선 반지름이 얇다고 가정할 때, $\lambda/4$ 모노폴의 자유공간 파장에서의 길이를 구하라.

**6.6-1** ▶ 도선 격자가 입사전력 2.5% 미만으로 통과시키려고 한다. 격자의 도선 간격은 $0.12\lambda$이다. 도선의 반지름을 구하라.

**6.6-2** ▶ 도선 격자의 반사손실은 0.5 dB이고, 도선의 반지름에 대한 간격 비율은 20이다. 간격은 얼마가 되어야 하는지 $\lambda$로 표현하라.

**6.6-3** ▶ 도선 격자의 반사손실이 1 dB이다. 반사되는 입사전력은 몇 %인가?

**6.6-4** ▶ 차폐를 측정하기 위해 도선 격자가 사용되었다. 입사전력의 1%보다 적은 양이 $0.1\lambda$ 간격의 격자로 통과한다. 필요한 도선의 반지름을 구하라.

**6.6-5** ▶ (a) 식 (6-54)의 배열소자 크기를 계산하고 그려라. $|\mathrm{AF}(\theta = 90°, \phi = 0°)|$의 최댓값이 $s = 0.5\lambda$일 때 얻어질 수 있음을 확인하라.

(b) 그림 6-54를 이용해 이것이 사실임을 논리적으로 설명하라.

**6.7-1** ▶ 완전 접지면에서 높이 $h$에 대한 함수로 이상적인(미소) 다이폴의 지향성에 관한 식을 유도하라. 다이폴은 접지면에 수직으로 놓여 있다. 3.3절과 8.5절의 결과를 이용하라.

**6.7-2** ▶ 단형 다이폴이 완전 접지면 위 $\lambda/4$ 거리에 있다. 다이폴이 (a) 수직, (b) 수평으로 있을 때 다이폴과 다이폴의 영상에 대한 간단한 배열이론을 이용해 극좌표계의 $E$ 평면과 $H$ 평면 패턴을 그려라.

**6.7-3** ▶ 완전 접지면 위로 반파장 위에 놓인 단형 다이폴에 대해 문제 6.7-2를 반복하라.

**6.7-4** ▸ 수평 단형 다이폴이 평탄한 실제 지표면에서 $\lambda/4$ 떨어져 있고 1 MHz에서 동작한다. 지면의 도전율은 $\sigma = 12 \times 10^{-3}$ S/m이고 비유전율은 $\varepsilon_r = 15$이다. 이 주파수, $\sigma$, $\varepsilon_r$에서 모든 $\theta$에 대해 $|\Gamma_H| = 0.9$이고 $\Gamma_H$의 위상은 $-190°$이다.

(a) 위쪽 반공간에서 $H$ 평면의 고도각면 패턴을 극좌표계로 계산하고 그려라.

(b) 완전 접지면에서 단형 다이폴의 결과(연습문제 6.7-2*b*의 결과)와 이 결과를 비교하라.

**6.7-5** ▸ $\lambda/4$ 공진형 모노폴 안테나가 1 MHz에서 송신 안테나로 사용되며, 120개의 방사선을 지닌 방사선 시스템이 사용된다. 97%의 효율을 얻기 위해 방사형 도선의 필요한 길이는 얼마인가? 탑의 다른 저항성 손실은 무시하라.

**6.8-1** ▸ *균일 원형 루프 안테나(uniform circular loop antenna).* 중심이 원점에 있고 *xy* 평면에 놓여 있는 반지름 *b*의 원형 루프에 아래 식과 같이 균일한 진폭과 위상의 전류가 흐른다.

$$\mathbf{I} = I_o \hat{\boldsymbol{\phi}}'$$

(a) 대칭성 때문에 방사패턴은 $\phi$에 독립적이고 $\mathbf{A}$는 $\phi$ 성분만을 갖는다. 이것을 이용해 원거리장에서 $\mathbf{A}$가 아래 식이 됨을 보여라. $\phi = 0$을 가정할 수 있고 $\phi$ 성분만 존재하므로 대칭성을 이용하라.

$$\mathbf{A} = \hat{\boldsymbol{\phi}}\, \mu \frac{e^{-j\beta r}}{4\pi r} I_o b \int_0^{2\pi} \cos\phi' e^{j\beta b \sin\theta \cos\phi'}\, d\phi'$$

(b) $E_\phi$에 대한 식을 찾아라. *힌트*: 식 (F-7)을 사용하라.

(c) 이 결과가 식 (3-49)의 소형 루프 안테나의 식으로 간략히 된다는 것을 보여라.
*힌트*: $x \gg 1$일 때 $J_1(x) \approx x/2$를 이용하라.

**6.8-2** ▸ 식 (6-69)가 식 (6-70)이 됨을 보여라. 적분을 위해 식 (E-6)과 식 (E-7)을 이용해 cos $(\beta x')$와 sin $(\beta y')$을 지수함수의 합 형태로 바꾸어라.

**6.8-3** ▸ *시뮬레이션.* 이 문제는 보통의 대형 정사각형 루프에 소형 루프 이론을 적용하여 소형 루프 이론이 오류가 있음을 분석해 보는 것이다. 둘레길이가 0.01, 0.05, 0.1, 0.15, 0.2$\lambda$일 때 소형 루프 이론에 근거한 입력 임피던스(방사저항과 입력 리액턴스)를 계산하고 시뮬레이션 코드를 사용한 값과 비교하라. 도선 반지름이 0.001$\lambda$이고 주파수는 300 MHz이다. 결과에 대해 설명하라.

**6.8-4** ▸ *시뮬레이션.* 둘레길이가 1.1$\lambda$이고 도선 반지름이 0.001$\lambda$인 정사각형 루프 안테나를 시뮬레이션 코드를 이용하여 분석하라.

(a) 입력 임피던스를 계산하고 그림 6-68과 비교하라.

(b) 방사패턴을 그리고 그림 6-67의 패턴과 유사함을 설명하라.

(c) 이득을 계산하라.

**6.8-5** ▸ *시뮬레이션.* 이 문제는 시뮬레이션 코드를 이용하여 원형과 정사각형의 대형 루프 안테나를 비교하는 것이다.

(a) 그림 6-66의 구조에서 시뮬레이션 코드를 이용해 $L$ = 1, 1.5, 2$\lambda$이고 도선 반지름이 0.001$\lambda$일 때 정사각형 루프 안테나의 이득과 입력 임피던스를 계산하라. 그리고 그림 6-68의 임피던스 값과 비교하라.

(b) 같은 둘레길이의 원주를 갖는 원형 루프에 대해 (a)를 반복하라. 같은 도선반지름을 사용하라.

(c) 두 안테나에 대해 계산한 값을 도표화하라. 그리고 유사한 점에 대해 설명하라.

**6.8-6** ▸ 통신 링크에서 $z$축에 수직인 반파장 폴디드 다이폴이 송신에 사용되고 한파장 정사각형 루프 안테나가 수신에 사용된다(그림 6-66). 최대 전력전달을 위한 일반 좌표계에서의 안테나 방향과 급전점을 포함한 안테나의 투시도를 그려라.

**6.8-7** ▸ *TV 안테나 설계*. 채널이 37인 방송 TV를 수신하기 위한 정사각형 루프 안테나를 설계하라. 2 mm 지름의 도선을 사용하고, 입력 임피던스와 이득의 값을 적어라. *힌트*: 공진 루프와 시뮬레이션 코드를 이용하라.

**6.8-8** ▸ *프로젝트*. 참고문헌 및 관련자료를 참고하여 알포드 루프 안테나에 대해 조사하라. 그리고 안테나 설계 배경과 더불어 응용사례, 동작 원리, 실제 구현할 수 있는 예제에 대한 시뮬레이션 코드를 사용한 성능 계산, 그리고 결과에 대한 분석 등을 정리한 보고서를 작성하라.

# 제 7 장 광대역 안테나
## Broadband Antennas

## 7.1 서론

안테나를 이용하는 많은 시스템들이 넓은 주파수 영역에서 동작하는 안테나를 필요로 한다. 대역폭이 넓은 안테나를 **광대역 안테나**(broadband antenna 혹은 wideband antenna)라고 한다. 대역폭은 중심주파수에 대한 백분율이나 비율로 정의된다. $f_U$와 $f_L$을 각각 만족할 만한 성능으로 동작하는 주파수 영역의 상한과 하한 주파수라고 하자. 안테나의 동작대역은 $f_L$에서 $f_U$에 걸친 주파수 범위이며 중심주파수는 한계 주파수들의 산술평균으로 $f_C = (f_U + f_L)/2$이다. 안테나의 대역폭(antenna bandwidth)은 $\mathrm{BW} = f_U - f_L$로 정의하며 단위는 주파수이다. 그렇지만 절대 주파수보다는 보통 퍼센트 혹은 비율과 같은 상대적인 용어로 안테나의 대역폭을 표현한다. 중심주파수 비대역폭(fractional bandwidth) $B$는 $B = \mathrm{BW}/f_C$와 같이 정의하는데, 보통은 이를 백분율로 나타낸 퍼센트 대역폭(percent bandwidth)을 다음과 같이 정의하여 사용한다.

$$B_p = B \times 100 = \frac{\mathrm{BW}}{f_C} \times 100 = 2\frac{f_U - f_L}{f_U + f_L} \times 100 \quad [\%] \tag{7-1}$$

상하한 주파수 비대역폭(ratio bandwidth)은 하한 주파수에 대한 상한 주파수의 비율로서 정의한다.

$$B_r = \frac{f_U}{f_L} \tag{7-2}$$

그림 7-1은 퍼센트 대역폭과 상하한 주파수 비대역폭을 나타낸 것이다.

퍼센트 대역폭과 상하한 주파수 비대역폭 사이의 변환은 다음 식을 이용하여 구할 수 있다.

$$B_r = \frac{200 + B_p}{200 - B_p} \qquad B_p = 2\frac{B_r - 1}{B_r + 1} \times 100 \quad [\%] \tag{7-3}$$

예를 들어 50% 대역폭은 $B_r = 1.67$에 해당하고, 67%는 $B_r = 2$('옥타브'), 100%는 $B_r = 3$, 그리고 164%는 $B_r = 10$('디케이드')에 해당한다. 퍼센트 대역폭의 정의에 이용되는 중심주파수로는 설계 주파수, 공진주파수, 최소 VSWR 주파수, 그리고 기하평균주파수 $f_C = \sqrt{f_L f_U}$ 등이 사용되기도 한다. 안테나 크기에 대한 기본적인 한계를 시험할 때와 같이(11.5절 참조), 대수 축척으로 주파수를 고려할 때는 보통 기하평균 중심주파수를 사용한다. 산술평균과 기하평균을 이용하여 계산한 $B_p$ 값들은 $B_r = 1.5$에 이를 때까지도 거의 차이가 나지 않는데, 이때 차이는 2%이다(연습문제 7.1-1 참조). 대역폭 값들은 퍼센트를 사용하는지 혹은 비율을 사용하는지 밝히지 않은 채로 사용되지만, 퍼센트 대역폭은 단위 %로, 상하한 주파수 비대역폭은 $B_r : 1$과 같은 비율 형식으로 표현한다. 협대역

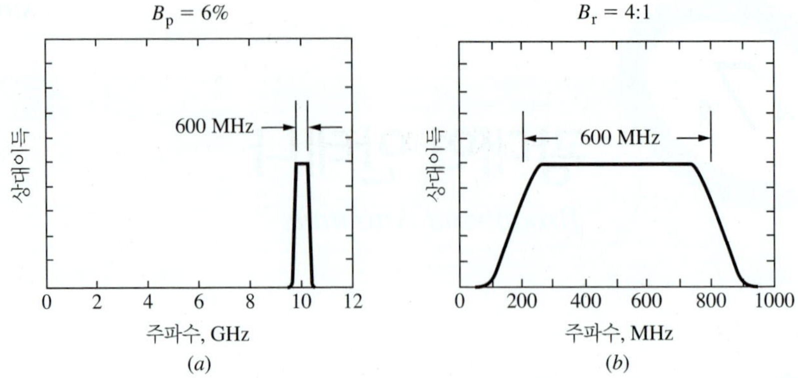


**그림 7-1** **주파수에 따른 상대 이득.** (a) 퍼센트 대역폭의 예. (b) 상하한 주파수 비대역폭의 예.

안테나의 대역폭은 보통 퍼센트 대역폭으로, 반면에 광대역 안테나는 보통 상하한 주파수 비대역폭으로 표현한다.

안테나 성능은 임피던스, 패턴, 이득 또는 편파에 대한 요구되는 성능 값과 비교하여 평가한다. 예를 들어 안테나 이득 사양이 12 dB(최소)인데 선택한 안테나의 이득이 중심주파수에서 14 dB라고 가정하자. 이 경우의 동작 대역은 이득이 2 dB만큼 낮아지는 주파수들에 의해 결정된다. 전기적으로 소형인 안테나의 경우에는 거의 대부분 임피던스 정합이 적합하게 이루어지는지에 의해 동작 대역이 제한된다. 임피던스 대역폭은 흔히 $f_L$과 $f_U$ 사이의 모든 주파수에서 VSWR이 2 또는 그 이하가 되는 것으로 정의된다. 공진형 안테나 역시 연결된 전송선로와의 임피던스 정합에 의해 제한된다. 예를 들어 그림 6-7의 반 파장 다이폴들은 VSWR $\leq$ 2인 대역폭이 8%와 16%이다. 대역폭을 제한하게 되는 성능은 안테나에 따라 다르다. 원형편파 안테나는 보통 축비 사양에 의해 제한된다. 대역폭에 대한 수식어가 없는 경우에는 동작 대역에 걸쳐 모든 성능 값들이 제시된 사양을 만족시키는 것으로 가정한다.

대부분의 안테나는 $f_L$에서 $f_U$에 걸친 하나의 연속적인 동작 대역을 갖는다. 그러나 다중의 분리된 동작 대역을 갖는 안테나[**다중대역 안테나**(multiband antenna)라고 한다]가 점점 많이 활용되고 있는데, 특히 무선통신 분야에서 그렇다. 다중대역 안테나의 각 동작 대역은 연관된 대역폭을 갖는다. 안테나를 선택하는 과정에서는 시스템적인 면도 역시 중요하다. 안테나가 동작 대역 내의 모든 주파수를 동시에 다루어야 하는 경우의 대역폭을 **순시 대역폭**(instantaneous bandwidth)이라고 한다. 탐지(레이더처럼) 혹은 통신을 목적으로 시간상의 임펄스를 다루는 시스템의 경우에는 보통 넓은 순시 대역폭이 요구된다. 임펄스 초광대역 시스템에는 7.10절에서 논의하게 될 순시 대역폭이 넓은 안테나가 필요하다. 대부분의 경우에 안테나는 그 대역의 전체를 동시에 이용할 필요가 없다. 이런 안테나의 가장 일반적인 경우는 방사 특성은 광대역에 걸쳐 충족되지만, 입력 임피던스는 좁은 대역에서만 충족되는 안테나이다. 외부 정합회로망을 조절하거나 혹은 안테나 내부를 조절하여 전체 대역 내 주파수들의 부대역에 걸쳐 적절한 임피던스 정합이 되도록 함으로써 이 문제를 해결할 수 있다. 이것을 **가변 대역폭**(tunable bandwidth)이라고 한다.

통신에서의 '광대역'이라는 용어는 응용 분야에 따라 결정되는 대역폭의 척도이지만, 여기에서는 다음과 같이 광대역 안테나를 구체적으로 정의한다. 즉 광대역 안테나는 한 옥타브($B_r$ = 2) 혹은 그 이상의 대역폭에 걸쳐서 관심이 있는 특성 지표들의 변화가 두드러지게 나타나지 않는 안테나이다. 전기적으로 소형인 안테나와 공진형 안테나는 거의 광대역이 될 수 없고, 제9장에서 논의하게 될 개구면 안테나는 광대역 성능을 보일 수 있다. 이 장에서는 광대역 특성을 기준으로 특별히 선별한 안테나들에 관하여 살펴본다.

이 장에서 보게 되겠지만, 광대역 안테나에는 물리적인 치수가 갑작스럽게 변화하지 않고 대신 매끄러운 기하 구조를 갖는 물질을 이용하고 각을 강조하는 구조가 요구된다. 물리적인 구조가 매끄러우면 패턴과 입력 임피던스도 주파수에 따라 완만하게 변한다. 이 간단한 개념으로 광대역 안테나를 설계할 수 있다.

## 7.2 진행파형 도선 안테나

지금까지 다루어 온 도선 안테나들은 공진 구조로 되어 있었다. 급전점에서부터 도선의 끝까지 바깥쪽으로 진행해 나아가는 파는 반사되어 정재파 형태의 전류분포를 형성한다. 이것은 다이폴의 위 반쪽에 흐르는 전류에 대한 식 (6-1)을 살펴봄으로써 알 수 있다. 이 식을 다시 정리하면 다음과 같다.

$$I_m \sin\left[\beta\left(\frac{L}{2}-z\right)\right] = \frac{I_m}{2j}\, e^{j(\beta L/2)}\left(e^{-j\beta z}-e^{j\beta z}\right) \qquad \text{(7-4)}$$

괄호 안의 첫 번째 항은 진행해 나아가는 파를, 두 번째 항은 반사파를 나타내는 것으로 볼 수 있다. 음의 부호는 개방회로에서의 전류 반사계수이다.

만약 반사파가 안테나 상에 거의 나다나지 않는다면, 이것을 **진행파형 안테나**(traveling-wave antenna)라고 말한다. 공진형 안테나에는 정재파가 발생하는 반면에 진행파형 안테나는 진행파가 전송되는 구조로 동작한다. 반사를 막기 위해 종단에 부하를 사용하여 진행파를 만든다. 또한 매우 긴 안테나는 종단에 이르기까지 전력의 대부분을 소모하게 되어 종단에의 입사전력이 매우 적게 되므로 반사파가 작게 된다. 이 절에서는 몇 가지 도선 형태의 진행파형 안테나들을 다룬다. 이 절의 일부 안테나들은 본질적으로 제6장에서 다룬 공진형 도선 안테나들에 대응하는 진행파형 안테나들이다. 이들은 대역폭이 2:1 정도의 광대역성을 보인다.

가장 간단한 진행파형 도선 안테나는 온전히 진행파만을 전송하는 직선도선으로, **진행파형 긴 도선 안테나**(traveling-wave long wire antenna)라고 한다. 긴 도선이란 길이가 반 파장 이상인 도선을 의미한다. 진행파형 긴 도선은 그림 7-2에 나타낸 것처럼, 정합부하 $R_L$로 도선 종단에서 발생하는 반사를 막는다. 이러한 구조는 이 절에서 제시되는 다른 구조와 마찬가지로 정확히 해석하기가 매우 힘들다. 실제 성능과 큰 차이가 없는 방사패턴을 간단하게 계산할 수 있도록 다음과 같이 몇 가지 가정을 한다. 첫 번째로, 접지면 효과는 무시하고 안테나는 자유공간에서 동작한다고 가정한

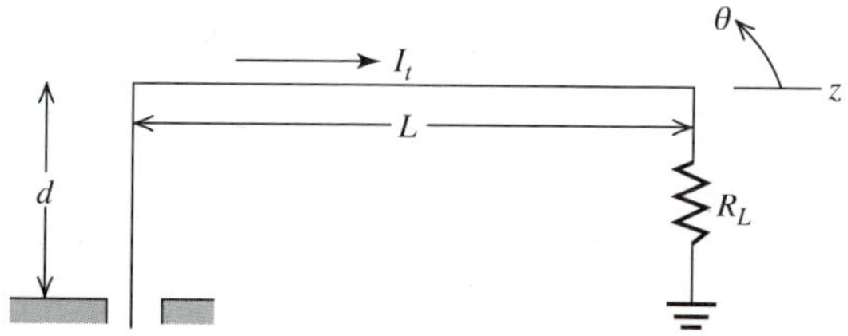


그림 7-2 진행파형 긴 도선 안테나.

다. 불완전한 접지면 상에서 동작하는 진행파형 긴 도선을 **비버리지 안테나**(Beverage antenna) 또는 **파동 안테나**(wave antenna)라고 한다. 특정한 경우에는 앞장에서 다룬 기법들을 이용하여 접지면을 고려할 수 있다. 두 번째로, 급전에 관한 세부사항들은 중요하지 않다고 가정한다. 그림 7-2의 긴 도선은 하나의 실제적인 급전방법으로 동축선로로 급전되고 있다. 길이 $d$의 수직 부분은 방사하지 않는다고 가정하는데, 그것은 $d \ll L$인 경우에는 근사적으로 사실이다. 마지막으로 도선을 따라서 발생하는 방사손실과 저항성 손실은 작다고 가정한다. 감쇠를 무시하면, 전류진폭은 일정하고 위상속도는 자유공간에서의 속도이다[1]. 그러면 다음과 같이 쓸 수 있다.

$$I_t(z) = I_m e^{-j\beta z} \tag{7-5}$$

이 식은 자유공간의 위상상수 $\beta$로 $+z$ 방향으로 전파하는 감쇠가 없는 진행파를 나타낸다.

식 (7-5)의 전류는 위상상수가 $\beta_o = -\beta$로 선형인 균일선전원의 전류이다. 식 (5-4)에서, $\beta_o = -\beta \cos \theta_o$이므로 패턴성분(소자성분 영향들을 포함하지 않은)의 최대 방사각은 $\theta_o = 0°$이며, 이것은 엔드파이어 패턴을 의미한다. 식 (5-6)으로부터 완전한 방사패턴은 다음과 같다.

$$F(\theta) = K \ \sin\theta \ \frac{\sin[(\beta L/2)(1-\cos\theta)]}{(\beta L/2)(1-\cos\theta)} \tag{7-6}$$

여기에서 $K$는 길이 $L$에 따른 정규화 상수이다. $L = 6\lambda$에 대한 극좌표 패턴은 그림 7-3에 나타나 있다. 길이가 $L = n\lambda$이면 각 $0 < \theta_m < 90°$에서 $n$개의 순방향 로브들이 나타난다. 이 예제에서는 $n = 6$이다. 소자성분 $\sin\theta$로 인하여 엔드파이어 방향으로 영점이 형성된다. 그러므로 단일 엔드파이어 로브(패턴성분에 의해 형성되는)가 형성되지 않고, '주빔'은 $z$축에 대해 회전 대칭인 원추형이다. 이 경우의 최대 방사각은 $\theta_m(L = 6\lambda) = 20.1°$이다. 일반적으로 이것은 $L$의 함수이다. $L$의 함수로 식 (7-6)을 $\theta_m$에 대해 풀면, 그림 7-4의 그래프를 얻는다. 최대 방사각에 대한 근사식은 다음과 같다 [H.3: Wolff].

$$\theta_m = \cos^{-1}\left(1 - \frac{0.371}{L/\lambda}\right) \tag{7-7}$$

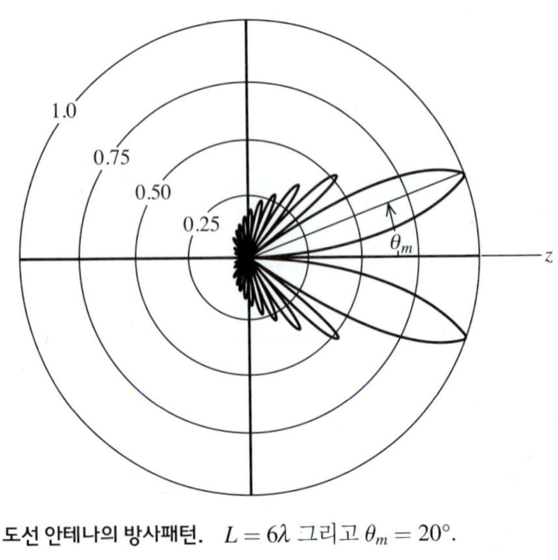


그림 7-3 진행파형 긴 도선 안테나의 방사패턴. $L = 6\lambda$ 그리고 $\theta_m = 20°$.

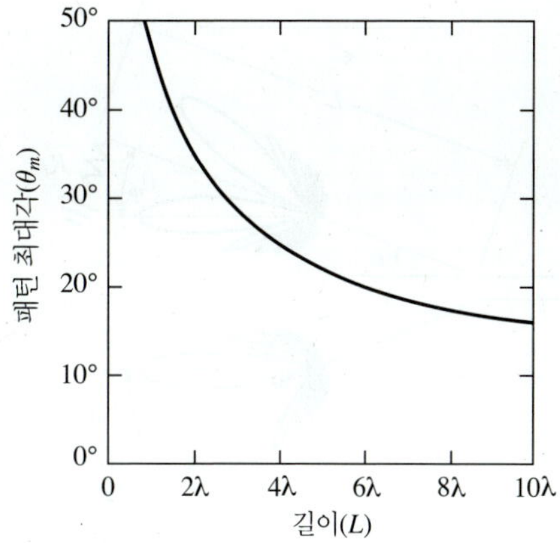


**그림 7-4 자유공간에서 동작하는 길이 $L$인 진행파형 긴 도선 안테나의 패턴 최대각.** 식 (7-7)을 참조하라.

그림 7-4 또는 식 (7-7)로부터 얻어지는 길이가 $L$인 진행파형 긴 도선 안테나에 대한 빔 방향 값들을 이용하여 정재파형 직선 도선 안테나(즉 다이폴 안테나)에 대한 근사적인 빔 방향을 계산할 수 있다. 예를 들어 그림 7-4에서 $L = 3\lambda/2$에 대한 $\theta_m$은 40°고, 그림 6-4$d$의 다이폴에 대한 $\theta_m$은 42.6°이다. $L$이 증가함에 따라 진행파형 안테나와 정재파형 안테나의 주빔 최대각은 서로 접근한다[H.6: *Ant. Eng. Habk.*, 1st ed., Chap. 6]. 정재파형 도선 안테나는 반대 방향으로 두 번째 주엽이 나타나기 때문에 진행파형 도선 안테나와 구별된다. 그림 6-4$d$를 참조하라. 이는 식 (7-5)의 진행파 전류는 식 (7-4)의 정재파 전류의 첫 번째 항에 해당한다는 것을 살펴봄으로써 알 수 있다. 식 (7-4)의 두 번째 항은 반사파인데, 형태는 비슷하지만 반대 방향인 패턴을 형성한다. 그러므로 진행파형 안테나는 $\theta = \theta_m$ 방향에서 최대가 되는 빔을 형성하는데, 같은 길이의 정재파형 안테나 경우에는 $\theta = 180° - \theta_m$ 방향으로 빔이 하나 더 형성된다.

진행파형 안테나의 입력 임피던스는 항상 허수부가 매우 작아 실수부가 대부분이다. 이는 저손실 전송선로 상에서 순수한 진행파의 임피던스는 전송선로의 특성 임피던스(실수)와 같다는 것을 상기하면 이해할 수 있다. 진행파를 제공하는 안테나들은 비슷한 방식으로 동작한다. 진행파형 긴 도선 안테나의 방사저항은 200~300 Ω이 된다(연습문제 7.2-5 참조). 종단저항은 방사저항의 값과 같아야 한다.

6.1.2절에서 다룬 공진형 V자 안테나는 도선의 양단을 정합부하로 종단하여 진행파형 안테나로 만들 수 있다. 그림 7-5는 **진행파형 V자 안테나**(traveling-wave vee antenna)를 나타낸 것이다. 분리된 각각의 팔에 의한 패턴은 식 (7-6)에 의해 표현되고, 그림 7-3은 그 예를 보여 준다. 그림 7-5에서, $\alpha \approx \theta_m$일 때, V자의 각 팔로부터의 빔 최댓값들이 앞쪽 방향으로 늘어서게 된다. 양팔의 공간적인 분리 효과를 고려하면 V자형 안테나에 대한 더 정확한 해석을 얻을 수 있다(연습문제 7.2-8 참조). $\alpha$의 함수로 패턴을 계산하면 아래와 같은 경우에 좋은 패턴이 얻어짐을 알 수 있다.

$$\alpha \approx 0.8\,\theta_m \tag{7-8}$$

여기에서 $\theta_m$은 그림 7-4 또는 식 (7-7)에서 구할 수 있다. 그림 7-4와 식 (7-8)에서 $L = 6\lambda$, $\theta_m = 20°$일 때 $\alpha \approx 16°$가 되며, 이러한 기하학적 구조를 갖는 V자 안테나의 패턴을 그림 7-5에 나타냈다. 큰 부엽들은, 축을 따라 한 줄로 늘어서지 않는, V자의 각 절반으로부터의 빔들에 의한 것이다.

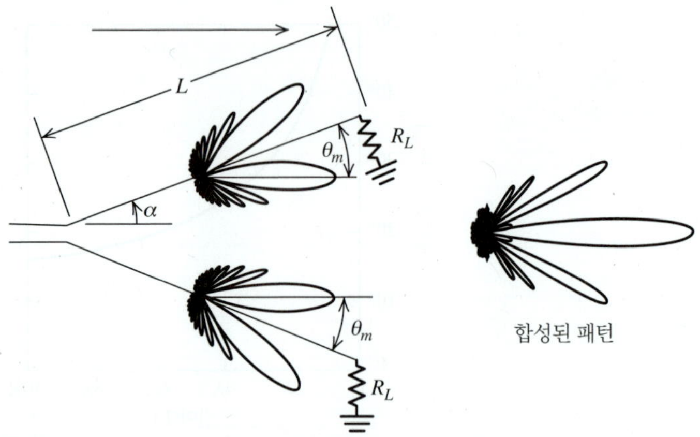


그림 7-5 **진행파형 V자 안테나.** 여기에서 $L = 6\lambda$이고, $\alpha = 0.8\ \theta_m = 16°$이다.

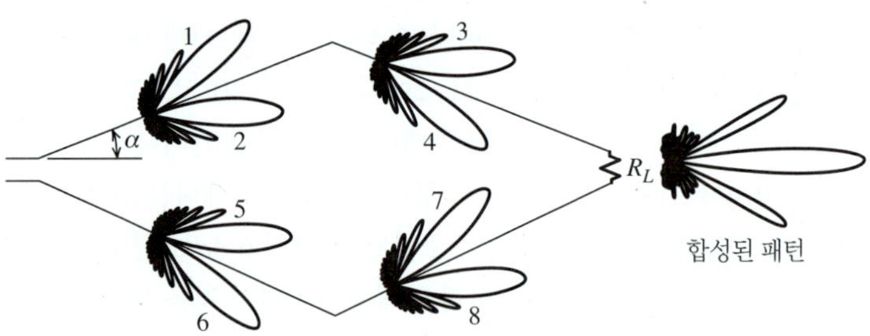


그림 7-6 **마름모형 안테나.** 각 변의 길이는 $L$이다. 2번과 3번, 5번과 8번 빔 성분들은 정렬하여 합성된 패턴의 주빔을 형성한다. 여기에서 $L = 6\lambda$이고, $\alpha = 16°$이다.

V자를 포함하는 평면 이외의 V자 안테나의 패턴은 V자 각 절반들로부터 방사되는 원추형 빔들을 합성해야 하므로 다소 복잡해진다. 진행파형 V자 안테나를 이용하면 굽은 도선 구조로 상대적으로 높은 이득을 얻을 수 있다.

진행파형 V자 안테나의 개념을 확장하여 그림 7-6에 나타낸 **마름모형 안테나**(rhombic antenna)를 얻을 수 있다. 이 안테나를, 두 선 사이가 점점 벌려져서 특성 임피던스가 그에 따라 점점 증가하는 전송선로로 간주함으로써 그 동작을 아주 쉽게 가시화할 수 있다. 부하저항 $R_L$은 전송선로를 정합시키기 위한 값이다. 진행파는 안테나를 따라 전송되어 나아가다 정합 부하에 흡수된다. 선로 사이의 간격이 파장에 비해서 크므로 방사가 일어나게 된다. 적절하게 설계하면, $z$ 방향의 단일 빔을 가지는 지향성 패턴을 얻을 수 있다.

자유공간에서 동작하는 마름모형 안테나는 두 개의 진행파형 V자 안테나를 합쳐 놓은 것으로 모델링할 수 있다. V자 안테나에서처럼 $\alpha = 0.8\ \theta_m$으로 놓으면, 그림 7-6에 보이는 마름모형 안테나의 2, 3, 5, 그리고 8번 빔은 일렬로 늘어서게 된다. 이때 $\theta_m$은 역시 그림 7-4에 따른다. 두 V자 안테나들이 공간적으로 분리되므로 마름모형 안테나의 패턴은 단일 V자 안테나의 것과 같지 않다(연습문제 7.2-9 참조).

6.7.1절에서 언급한 기법들을 이용하여 실제의 지표면 위에서 동작하는 마름모형 안테나에 미치는 영향을 해석할 수 있다. 수평적으로 배향된 마름모형 안테나의 경우, 반사계수 $\Gamma_H$는 근사적으로 $-1$이고 실제 지표면은 완전도체로 볼 수 있다. 낮은 주파수에서는 이와 같은 가정이 수평 안테나에 미치는 영향이 미미하다는 것을 그림 6-62로부터 알 수 있다. 완전 접지면 위로 거리 $h$만큼 떨어진 마름모형 안테나의 배열성분은 접지면을 따라 영점을 형성한다. 참고문헌 [2~5]를 보면 접지면 위의 마름모형 안테나에 대한 몇 개의 설계들이 있다. 이러한 설계 중 하나는 특정한 고도각에서 주엽이 정렬되도록 하는 것이다. 그렇게 하면 마름모 각 $\alpha$와 주빔의 고도각은 같고, 접지면 위의 높이 $h$는 다음 식 (7-9)로 주어진다.

$$h = \frac{\lambda}{4 \sin \alpha} \tag{7-9}$$

그리고 각 다리의 길이 $L$은 다음과 같다.

$$L = \frac{0.371\lambda}{\sin^2 \alpha} \tag{7-10}$$

예를 들어 $\alpha = 14.4°$이면, $L = 6\lambda$이고 $h = 1\lambda$이다. 마름모형 안테나의 임피던스는 전형적으로 600~800 Ω 정도이다.

정합된 종단으로 인하여 마름모형 안테나의 효율은 상당히 감소된다. 방사되지 않는 전력은 부하 $R_L$에 흡수된다. 그러나 이 전력손실은, 정합된 부하가 없다면 반사되는 전류에 의해 발생하는 큰 후엽으로 나타나게 되는 전력이다. 진행파의 특성으로 인하여 패턴이 개선될 뿐만 아니라 임피던스 대역폭 또한 더 넓어진다. 잘 설계된 진행파형 안테나는 반사전력이 작거나 없으므로, 안테나의 입력 임피던스에는 리액턴스 성분이 거의 없다.

위에서 논의한 진행파형 안테나는 자유공간에서 살펴본 것이다. 실제 대지의 불완전한 전도성을 고려할 필요가 있는 일종의 진행파형 안테나는 그림 7-7에 나타낸 비버리지 안테나이다. 높이 $h$는 파장에 비해 아주 작고, 길이 $L$은 보통 2~10 파장 사이이다. 그림 7-7에서와 같이 수직 편파로 평면파가 입사되면, 불완전한 전도성의 대지에 의해 전장의 수평성분이 전부 단락되어 없어지지 않는다. 이 수평성분으로 인하여 길이 $L$인 안테나 도체에 전류가 유도되는 것이다. 또한 비버리지 안테나와 손실 대지에 대한 그의 영상을 불평형 전송선로로 간주할 수 있다. 6.2절에서 논의한 폴디드 다이폴 안테나의 경우처럼 불평형 전송선로에서는 방사가 일어나게 된다.

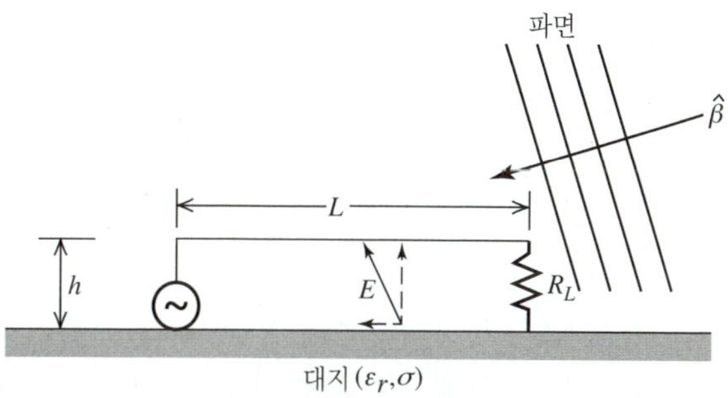


그림 7-7 불완전한 접지면 상의 비버리지 수신 안테나.

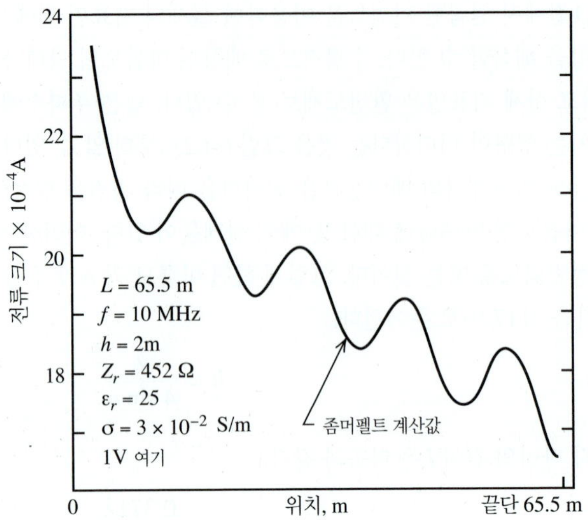


**그림 7-8** $L = 2.18\lambda, h = 0.067\lambda$**인 비버리지 안테나 상의 전류분포.**

그림 7-8에서 길이 2.18$\lambda$인 비버리지 안테나에 흐르는 전류를 볼 수 있다. 곡선은 불완전한 전도성 대지에 근접해 있는 안테나의 경우에 대해서 정밀한 좀머펠트(Sommerfeld) 이론을 사용하여 계산된 것이다[1, 2]. 방사손실뿐만 아니라 대지에서의 열손실 또한 크기 때문에, 전류는 급전단에서 부하단으로 가면서 점점 감소하게 된다. 전류분포의 이러한 부분은 식 (7-5)를 수정함으로써 설명할 수 있다.

$$I_t(z) = I_m e^{-\alpha z} e^{-j\beta z} \tag{7-11}$$

전류분포의 주된 부분에 중첩된 정재파도 볼 수 있다. 이는 부하단으로부터 작은 반사파가 존재한다는 증거이다. 반사파는 또한 급전단을 향해 전파되어 가면서 세기가 감소하는 것을 볼 수 있다. 반사파는 식 (7-11)과 비슷한 관계로 표현할 수 있다. 6.7절에서 제시한 근사이론은 그림 7-8에 있는 전류분포를 얻는 데 사용할 수 없다. 그 이유는 비버리지 안테나가 접지면에 너무 근접해 있고, 수평적 길이가 길어서 대지와의 상호작용이 너무 세기 때문이다. 그 대신에 정밀하지만 복잡한 좀머펠트 이론[1]을 사용하여야 한다.

그림 7-9는 전술적인 안테나로 군에서 사용되는 비버리지 안테나에 대한 전형적인 고도각 평면의 패턴을 보여 준다. 이 안테나는 지면 위로 높이 올릴 필요가 없기 때문에 이 목적에 특히 잘 맞는다. 패턴들에 대해 몇 가지 사항을 주의해야 한다. 주파수가 높아지면 패턴은 고도각과 방위각 평면에서 빔폭이 더 좁아지며, 예상할 수 있는 것처럼 방사각이 더 낮아진다. 더욱이 후엽방사가 낮아지

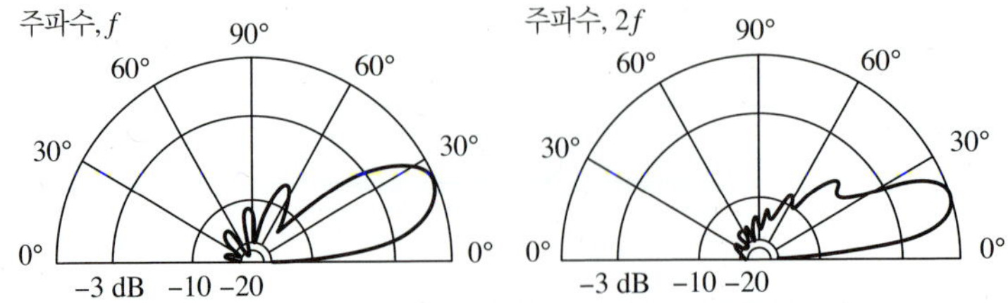


**그림 7-9** **비버리지 안테나에 대한 전형적인 고도각 패턴.**

는데, 특히 길이가 전기적으로 두 배가 될 정도로 주파수가 높아지는 경우에 더 낮아지며, 소멸성 손실이 일어날 가능성이 많아진다.

접지면에 대한 방사각(출발각)을 가능한 한 낮게 하기 위해 비버리지 안테나의 급전단을 보통 부하단보다 더 높게 한다. 비버리지 안테나는 주로 주파수 스펙트럼의 LF와 낮은 HF 부분에서 사용된다. 비버리지 안테나가 최초로 이용된 것은, 50과 60 kHz로 미국과 런던 사이의 대서양 횡단 통신을 위한 무선전화의 초창기에 롱아일랜드에서의 일로 알려지고 있다. 비버리지 안테나는 진행 원리를 이용한 최초의 안테나이다.

## 7.3 헬리컬 안테나

도체를 나선형태로 감은 다음 적절히 급전하면 **헬리컬 안테나**(helical antenna) 또는 간단히 **헬릭스**(helix)라고 하는 안테나가 만들어진다. 헬리컬 안테나의 전형적인 기하구조를 그림 7-10에 나타냈다. 헬리컬 안테나의 한 개의 권선을 펼쳐 보면, 그림 7-11에서 보는 것처럼 다양한 헬리컬 안테나 파라미터들 사이의 관계를 살펴볼 수있다. 헬리컬 안테나를 설명하기 위해 사용되는 기호들을 다음과 같이 정의한다.

$D$ = 헬리컬 안테나의 지름(코일의 중심들 간의)
$C$ = 헬리컬 안테나의 원주길이 $= \pi D$
$S$ = 권선들 사이의 간격 $= C \tan \alpha$
$\alpha$ = 피치각 $= \tan^{-1} \frac{S}{C}$
$L$ = 한 권선의 길이 $= \sqrt{C^2 + S^2}$
$N$ = 권선 수
$L_w$ = 헬리컬 안테나 코일의 길이 $= NL$
$h$ = 높이 = 축의 길이 $= NS$
$d$ = 헬리컬 안테나 도체의 지름

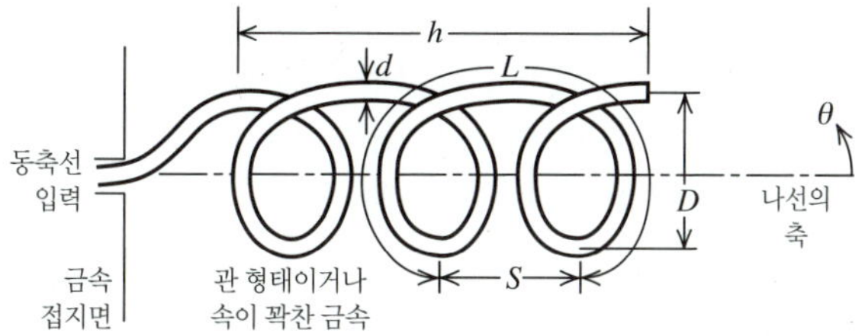


**그림 7-10** **헬리컬 안테나의 기하구조와 크기.** 이것은 왼손 방향으로 감은 헬리컬 안테나이다.

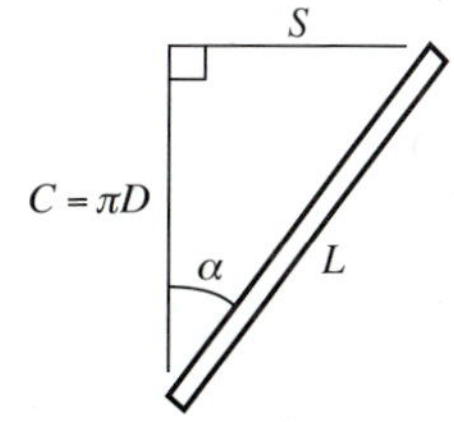


**그림 7-11** **헬리컬 안테나의 한 권선을 펼친 모델.**

$S = 0$ ($\alpha = 0°$)일 때, 헬리컬 안테나는 루프 안테나가 되며, $D = 0$ ($\alpha = 90°$)이면 선형 안테나가 된다.

헬리컬 안테나는 수직 모드와 축모드의 두 가지 모드로 동작할 수 있다. 수직 모드에서는 헬리컬 안테나 축에 수직인 방향으로 가장 강한 방사가 일어난다. 이는 헬리컬 안테나의 지름이 파장에 비해 작을 때 일어난다. 축모드에서는 헬리컬 안테나의 축을 따라 최대방사가 일어난다. 헬리컬 안테나의 원주가 한 파장 정도일 때 축모드가 발생한다. 이 절에서는 수직 모드와 축모드의 헬리컬 안테나에 대해 소개한다. 더 자세한 내용은 [H.3: Kraus, 3rd ed.; H.4: Volakis, 4th ed., Chap. 12; H.8.3: Nakano]를 참조하라.

### 7.3.1 수직 모드 헬리컬 안테나

수직 모드로 동작할 때, 방사장은 헬리컬 안테나 축에 수직인 방향으로 최대가 되며, 특정 기하학적인 구조의 경우 이론적으로는 원형편파를 방사하게 된다. 수직 모드로 동작하는 경우 헬리컬 안테나의 치수들은 파장에 비해 작아야 한다. 즉 $D \ll \lambda$ 그리고 보통 $L \ll \lambda$이다. 수직 모드 헬리컬 안테나는 전기적으로 소형이고 따라서 효율이 낮다.

헬리컬 안테나는 소형이므로 안테나의 길이 전체에서 전류의 진폭과 위상이 일정하다고 가정한다. 원거리장 패턴은 권선 수에 무관하며, 한 권선을 조사해 얻을 수 있다. 한 권선은 그림 7-12에서 보는 것처럼 소형 루프와 이상적인 다이폴로 근사화될 수 있다. 식 (2-74$a$)로부터 이상적인 다이폴 안테나의 원거리 전장은 다음과 같다.

$$\mathbf{E}_D = j\omega\mu\, IS\, \frac{e^{-j\beta r}}{4\pi r} \sin\theta\, \hat{\boldsymbol{\theta}} \tag{7-12}$$

여기에서 헬리컬 권선 사이의 간격인 $S$는 그림 7-12의 이상적 다이폴 안테나의 길이이다. 식 (3-49)에서 소형 루프 안테나의 원거리 전장은 다음과 같다.

$$\mathbf{E}_L = \eta\beta^2 \frac{\pi}{4} D^2 I \frac{e^{-j\beta r}}{4\pi r} \sin\theta\, \hat{\boldsymbol{\phi}} \tag{7-13}$$

여기에서 $\pi D^2/4$는 루프의 면적이다. 그림 7-12에 나타낸 것처럼 한 권선에 대한 총방사장은 식 (7-12)와 (7-13)의 장들의 벡터합이다. 두 성분 모두 $\sin\theta$ 패턴이며(그림 7-13 참조), 서로의 위상차는 90°이다. 전장성분들의 비는 다음과 같다.

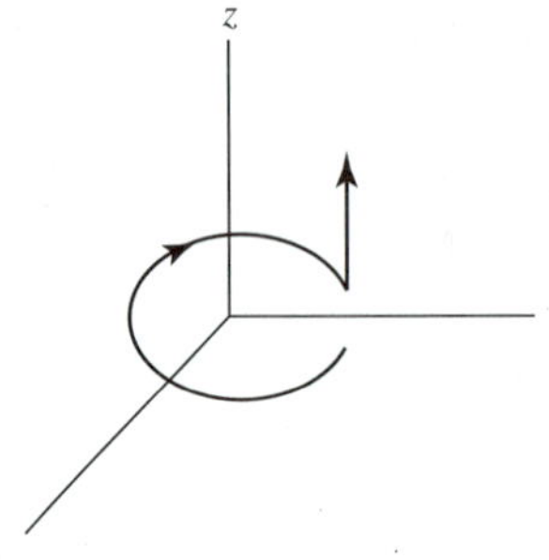


그림 7-12 소형 루프와 이상적인 다이폴로 근사화한 수직 모드 헬리컬 안테나의 한 권선.

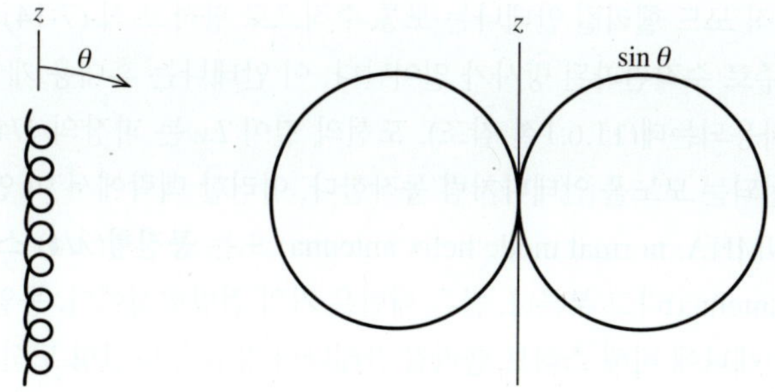


(a) 기하학적 구조 (b) $|E_\theta|$ 및 $|E_\phi|$ 모두에 대한 방사패턴

그림 7-13 수직 모드 헬리컬 안테나와 방사패턴.

$$\frac{|E_\theta|}{|E_\phi|}=\frac{4\omega\mu S}{\sqrt{(\mu/\varepsilon)}\omega\sqrt{\mu\varepsilon}(2\pi/\lambda)\pi D^2}=\frac{2S\lambda}{\pi^2 D^2}=\frac{2\frac{S}{\lambda}}{\left(\frac{C}{\lambda}\right)^2} \tag{7-14}$$

이 식의 값이 1보다 클 때는 타원편파의 축비(axial ratio)와 동일하고, 1보다 작을 때는 축비의 역수가 된다. 2.8절을 참조하라. 축비의 극한값은 수평편파를 가지는 소형루프에 해당하는 0 ($S=0$)과 수직편파를 가지는 단형 다이폴에 해당하는 $\infty$ ($D=0$)이다.

선형 성분들(서로 수직인)이 90°의 위상차를 가지므로, 축비가 1이면 원형편파를 얻을 수 있다. 식 (7-14)를 1과 같다고 놓으면 이 조건을 다음과 같이 구할 수 있다.

$$C=\pi D=\sqrt{2S\lambda} \tag{7-15}$$

이러한 원형편파는 패턴이 0이 되는 방향(헬리컬 안테나의 축방향)을 제외한 모든 방향에 대해 얻을 수 있다. 그림 7-11로부터

$$L\sin\alpha=S \quad \text{or} \quad \alpha=\sin^{-1}\frac{S}{L} \tag{7-16}$$

그리고

$$C^2+S^2=L^2 \tag{7-17}$$

이 성립함을 알 수 있다. 수직 모드에서의 원형편파에 대해, 식 (7-17)에 식 (7-15)로 주어지는 헬리컬 안테나의 원주를 이용하면 다음 식을 얻을 수 있다.

$$S_{\rm CP}^2+2S_{\rm CP}\lambda-L^2=0 \tag{7-18}$$

이것은 이차방정식으로 $S$에 대해 다음과 같이 풀어낼 수 있다.

$$S_{\rm CP}=\frac{-2\lambda\pm\sqrt{4\lambda^2+4L^2}}{2}=\lambda\left[-1\pm\sqrt{1+\left(\frac{L}{\lambda}\right)^2}\right] \tag{7-19}$$

물리적인 길이인 $S$가 양수가 되도록 양의 부호를 선택하고 식 (7-16)에 대입하면 원형편파를 얻기 위해 요구되는 피치각을 얻을 수 있다.

$$\alpha_{\rm CP}=\sin^{-1}\left[\frac{-1+\sqrt{1+(L/\lambda)^2}}{L/\lambda}\right] \tag{7-20}$$

수직 모드 헬리컬 안테나는 보통 수직으로 향하고 식 (7-14)의 비가 1보다 크게 되도록 동작되므로, 주로 수직편파된 방사가 일어난다. 이 안테나는 휴대용 개인 라디오와 같은 소형 송수신기로 널리 사용되는데(11.6.1절 참조), 도선의 길이 $Lw$는 파장의 1/4 정도이고, 안테나는 접지면 상에서 급전되는 모노폴 안테나처럼 동작한다. 이러한 맥락에서 이 안테나는 흔히 **수직 모드 헬리컬 안테나**(NMHA: normal mode helix antenna) 또는 **공진형($\lambda$/4) 스터브 헬리컬 안테나**(resonant stub helix antenna)라고 부른다. 물론 패턴은 거의 전방향성이다. 동일 높이를 갖는 기존의 직선 도선 모노폴 안테나에 비해 스터브 헬리컬 안테나의 장점은 나선형 도선이 인덕터와 같이 작용하여 전기적 단형 안테나에 내재하는 커패시턴스 성분을 상쇄하는 경향이 있다는 점이다. 헬리컬 안테나의 도선을 따라 흐르는 전류는 근사적으로 사인파의 형태이다. 완전 접지면 위의 공진 스터브 헬리컬 안테나의 방사저항은 $\lambda/8$ 이하의 높이인 경우 다음과 같다[H.6: *Ant. Eng. Hdbk*., 3rd ed., Chap. 13].

$$R_r \approx 640\left(\frac{h}{\lambda}\right)^2 \Omega \quad \text{공진형 스터브 헬리컬 안테나} \tag{7-21}$$

이에 대응하는 단형 모노폴 안테나의 방사저항은 식 (3-15)로부터 $R_r = 395(h/\lambda)^2\Omega$이다. 스터브 헬리컬 안테나가 전기적 단형 안테나보다 더 높은 방사저항을 갖는다는 점은 기존의 단형 모노폴(직선 도선의)에 비해 또 하나의 개선책이 될 수 있다.

수직 모드 헬리컬 안테나가 광대역 안테나는 아니지만 구조적으로는 축모드 헬리컬 안테나와 유사하다. 다음 절에서 살펴보게 될 축모드 헬리컬 안테나는 광대역이다.

### 예제 7-1 휴대용 무선통신을 위한 스터브 헬리컬 안테나

883 MHz ($\lambda = 34$ cm)의 셀룰러 무선전화 대역에서 동작하는 스터브 헬리컬 안테나가 있다. 4-권선의 헬리컬 안테나는 높이가 2.25 in.(5.7 cm), 즉 $h = 0.168\lambda$이고, 지름이 0.2 in.(0.5 cm)로, 원주 길이는 $C = 0.046\lambda$이다. 권선 사이의 간격은 $S = h/N = 5.7\text{ cm}/4 = 1.43\text{ cm} = 0.042\lambda$이다. 헬리컬 안테나의 길이는 $L_w = |(NC)^2 + h^2|^{1/2} = 0.25\lambda$이며, 바로 공진 길이이다.

식 (7-14)로부터 축비는 다음과 같다.

$$|\text{AR}| = \frac{2\left(\dfrac{S}{\lambda}\right)}{\left(\dfrac{C}{\lambda}\right)^2} = \frac{2(0.042)}{(0.046)^2} = 38$$

이것으로 거의 수직 선형편파임을 알 수 있다. 식 (7-21)로부터 방사저항은 $R_r = 640(0.168)^2 = 18$ $\Omega$이다. 같은 높이의 직선형 모노폴 안테나의 경우는 $R_r = 395(0.168)^2 = 11\ \Omega$이다.

## 7.3.2 축모드 헬리컬 안테나

축모드 헬리컬 안테나는 약 15 dB 정도에 이르는 적당한 이득과 원형편파가 요구되는 경우에 사용된다. 헬리컬 안테나는 비교적 단면적이 작아서 UHF 주파수대에서 일반적으로 사용되는데, 위성통신용으로 광범위하게 사용된다. 이 절에서는 축모드로 동작하는 단권선 헬리컬 안테나의 설계 사항들을 중점적으로 더 자세하게 살펴본다. 축모드에서, 헬리컬 안테나는 엔드파이어 안테나처럼 헬리컬 안테나의 축(그림 7-10의 $+z$ 방향)을 따라 단일 주빔을 방사한다. 방사는 축방향 부근에서는 원형편파에 가깝다. 나선의 권선 수가 증가함에 따라 주빔의 폭이 좁아진다. 축모드는 나선형 안테나의 원주 $C$가 한 파장 정도일 때 발생한다. 권선 수가 2~3회 정도인 헬리컬 안테나들은 다음 식에 상응하는 주파수 범위에서 좋은 성능을 보인다.

$$\frac{3}{4}\lambda \le C \le \frac{4}{3}\lambda \tag{7-22}$$

이 식으로부터 대역폭비를 다음과 같이 구할 수 있다.

$$B_r = \frac{f_U}{f_L} = \frac{c/\lambda_U}{c/\lambda_L} = \frac{4/3}{3/4} = \frac{16}{9} = 1.78 \tag{7-23}$$

이 값은 광대역 안테나에 대한 기존의 2:1 대역폭비의 정의에 근접한 값이다. 긴 헬리컬 안테나의 경우에는 동작주파수의 상한이 $4\lambda/3$보다 더 낮으며, 대역폭은 1.78보다 작아진다.

크라우스(Kraus)[H.3: Kraus, 1st ed., Chap. 4]는 축모드의 헬리컬 안테나에 대한 선구적인 작업을 수행했으며 방사패턴, 이득, 편파, 임피던스에 대한 경험적인 공식들뿐만 아니라 안테나 동작에 대한 간략한 설명을 했다. 계속 수행해 온 실험 결과들[3, 6]로부터 헬리컬 안테나의 성능에 대한 더 정확한 모델을 만들어 냈다. 이어지는 전개는 이 업적들을 기반으로 한 것이다.

축모드 헬리컬 안테나의 동작을 간단하게 설명할 수 있는 근사모델은, 헬리컬 안테나가 급전점으로부터 진행해 나아가는 진행파만을 전송한다고 가정한다. 이러한 진행파와 관련된 전장은 원형으로 회전하면서 진행하여, 나선의 종단으로부터 거의 원형편파로 방사된다.

수직 모드 헬리컬 안테나에서는 감아 올라가는 나선 전체에 걸쳐 전류의 위상이 거의 균일한 데 반하여, 축모드 헬리컬 안테나에 흐르는 전류의 위상은, 진행파의 특성으로 인하여 나선을 따라서 연속적으로 변하게 된다. 원주가 한 파장에 가깝기 때문에 한 권선의 대칭되는 점들에서의 전류는 약 180° 위상차를 보인다. 이로써 반 바퀴 진행에 의한 전류방향 반전 효과가 상쇄된다. 따라서 나선의 대칭점들에서 일어나는 방사는 거의 동위상이 되어, 원거리장에서 축방향으로 증강된다. 이 방사 메커니즘은 6.8절에서 다룬 한 파장 루프의 메커니즘과 거의 유사하다.

초창기의 측정들[H.3: Kraus]과 이론적 해석[3] 모두에 따르면 진행파의 위상속도는 거의 한센–우드야드 엔드파이어의 위상속도를 따른다는 것을 알 수 있다. 패턴 계산을 위한 종래의 모델은 [H.3: Stutzman and Thiele, 2nd ed., Sec. 6.2]에서와 같이 각 권선을 배열의 한 소자로 보는 배열 접근법을 택하는 것이다. 여기에서는 좀 더 쉬운 선전원 모델을 따르기로 한다. 위상은 한센–우드야드 엔드파이어의 그것과 같고 진폭은 균일하다고 가정하였는데, 이는 패턴계산을 목적으로 하는 경우에 적절하다. 식 (8-38*b*)의 한센–우드야드 엔드파이어 배열의 경우로부터 권선과 권선 간의 위상천이는

$$\alpha_h = -\left(\beta S + \frac{\pi}{N}\right) \tag{7-24}$$

인데, 여기에서 권선간격 $S$는 소자간격 $d$와 등가이다. 식 (7-24)와 $h = NS$를 이용하면, 선전원 모델링을 위해 필요한 단위길이당 위상천이는

$$\beta_o = \frac{\alpha_h}{S} = -\left(\beta + \frac{\pi}{NS}\right) = -\beta - \frac{\pi}{h} \tag{7-25}$$

이다. 식 (5-7)로부터 선전원의 패턴성분은 $\sin u/u$인데, 식 (5-3)으로부터 $u$는 다음과 같다.

$$u = (\beta\ \cos\theta + \beta_o)\frac{h}{2} = \frac{1}{2}[\beta h(\cos\theta - 1) - \pi] \tag{7-26}$$

이미 언급하였듯이 소자 성분은 $\cos\theta$이다. 따라서 완전한 선전원 패턴은 식 (5-6)에서와 같이 소자 성분과 패턴성분을 곱하여 다음 식으로 구할 수 있다.

$$F(\theta) = \frac{\pi}{2}\cos\theta\frac{\sin\left\{\frac{1}{2}\left[\beta h(\cos\theta - 1) - \pi\right]\right\}}{\frac{1}{2}[\beta h\ (\cos\theta - 1) - \pi]} \tag{7-27}$$

여기에서 $\pi/2$는 $\theta = 0°$에서 1로 정규화하기 위해 필요하다. 이 표현식은 $E_\theta$와 $E_\phi$에 적용된다.

축모드 헬리컬 안테나의 두드러진 특징은 넓은 범위의 헬리컬 안테나 파라미터 값들에 걸쳐서 ($5° < \alpha < 20°$와 $\frac{3}{4}\lambda < C < \frac{4}{3}\lambda$) 지향성을 증가시키는 조건이 충족되도록 자동적으로 위상 속도가 조절된다는 점이다. 이것은 실증적으로 밝혀진 결과이다. 야기–우다 안테나의 도파기를 저속파(slow wave)구조로 볼 수 있는 것과 똑같이, 헬리컬 안테나를 원형으로 편파된 진행파를 전송하는 저속파구조로 볼 수 있다. 하지만 야기–우다가 협대역인 데 반하여 헬리컬 안테나는 자가 위상 조정(self-adjusting phase) 기능 때문에 광대역이라는 중요한 차이점이 있다.

물론 축모드 헬리컬 안테나의 전기적 성능은 몇 가지 기하학적 구조 파라미터들에 영향을 받는다. 피치각이 $\alpha = 13°$일 때 헬리컬 안테나가 광대역 특성을 갖기 때문에 주로 이 값으로 하는데, 피치각이 11°와 14° 사이에서도 역시 좋은 특성을 보인다[4]. 권선 수가 증가함에 따라 이득이 증가하고 축비는 감소한다. 모멘트법과 같은 수치해석 코드를 이용하여 헬리컬 안테나를 정확하게 모의해석할 수 있지만, 주요 성능 파라미터들을 근사적으로 계산할 수 있는 간단한 공식을 가지고 설계도구로 사용하면 도움이 된다. 광범위한 측정 데이터들에 기초한 실험적 공식들이 크라우스에 의해 처음 개발되었다[H.3: Kraus, 1st ed.]. 연구를 계속함으로써 정확도가 개선되어오고 있다. 제시된 공식들을 $12° < \alpha < 15°$이고 $N > 5$이며 또한 원주는 식 (7-22)로 제한되는 조건하에서 이용할 수 있다.

반전력 빔폭을 각도로 나타내면 다음과 같다.

$$\mathrm{HP} = \frac{65^o}{\frac{C}{\lambda}\sqrt{N\frac{S}{\lambda}}} \tag{7-28}$$

크라우스가 원래 사용한 분자의 상수는 52°였는데, 이 값이 너무 낮은 것으로 밝혀졌다. 높은 대칭성을 갖는 구조이기 때문에 나선의 축을 지나는 모든 단면에 이 공식을 적용할 수 있다. 이득의 근사식은 HP에 대한 근사로부터 식 (4-57)을 이용하여 바로 다음 식으로 얻어진다.

$$G = \frac{26{,}000}{\mathrm{HP}^2} = 6.2\left(\frac{C}{\lambda}\right)^2 N\frac{S}{\lambda} \tag{7-29}$$

이 식은 이득 공식이지만 도선의 손실(보통은 작다)과 정합회로망 손실(1 dB 혹은 그 이상이 될 수 있는)을 포함하고 있지 않아서, 이들은 개별적으로 고려해 줘야 한다. 영점이 채워지거나 부엽이 높아지는 것과 같은 현실에서 흔히 발생하는 패턴의 불완전함에 기인하는 이득의 감소들이 이 공식에 포함된다. 크라우스가 원래 사용했던 맨 앞의 상수는 15였지만, 이는 너무 높은 값으로 밝혀졌다[5]. 광범위한 실험적 연구결과, 이 공식 분자의 상수는 파라미터들이 앞에 언급한 범위의 경우일 때 4.2와 7.7 사이의 값을 갖는다[6]. 식 (7-29)에 의하면 이득이 주파수에 따라 $f^3$과 같이 변화하는데, 실험에 따르면 이것은 $N$이 10 정도일 때만 정확하게 맞다. 식 (7-29)로부터 $N$에 따른 변화는 선형적이므로, 나선의 길이를 두 배로 하면 이득은 3 dB만큼 증가한다. 그러나 측정에 의하면 이 값은 너무 높다[6]. 원주의 변화 $(C/\lambda)^2$은 식 (7-22)로 그 범위가 제한되는데, 실험에 의하면 $C = 1.1\lambda$ 부근일 때 이득이 최대가 된다[6].

축비에 대한 고전적인 실험 공식 [H.3: Kraus, 1st ed.]은

$$|\mathrm{AR}| = \frac{2N+1}{2N} \tag{7-30}$$

인데, 권선 수의 증가에 따라 원형편파가 개선된다는($|\mathrm{AR}|$이 작아지는) 것을 보여 주고 있다. 권선 수가 10인 헬리컬 안테나인 경우 식 (7-30)으로부터 $|\mathrm{AR}| = 21/20 = 1.05 = 0.4$ dB이다. 이 값은 너무 낙관적인 값으로 현실적으로 구현하기 어렵다. 실험 데이터에 의하면 $0.8 < C/\lambda < 1.2$인 경우 축비는 1.2 (1.5 dB)보다 작다[6]. 나선의 마지막 권선들의 지름을 줄여 감으로써 축비를 개선할 수 있다. 방사파의 회전 방향은 그림 7-14에서 볼 수 있는 바와 같이 권선을 감는 방향에 의해 결정된다. 즉 좌(우)수 방향으로 감긴 헬리컬 안테나는 좌(우)수 방향의 편파를 갖는다. 안테나가 송신용 또는 수신용으로 이용되더라도 편파의 방향은 동일하다.

입력 저항에 대한 고전적인 공식은 다음과 같다.

$$R_A = 140\frac{C}{\lambda}\ \Omega \tag{7-31}$$

적절하게 설계된 헬리컬 안테나에는 거의 순수하게 진행파만 전송되기 때문에 입력 임피던스는 실수 값이다. 실제 헬리컬 안테나의 입력 임피던스는 급전에 관한 사소한 것들에 영향을 받기 때문에, 이 공식은 근사적인 것이다. 그러나 입력 임피던스는 넓은 대역폭에 걸쳐서 거의 저항성이다.

축모드 헬리컬 안테나는 성능이 좋으며 지향성을 증가시키는 조건이 충족되는 경우 전술한 실증적 관계들에 의해 근사적으로 표현할 수 있다. 이 점은 권선의 수가 적은 헬리컬 안테나들에 대해서 식 (7-23)의 대역폭에 걸쳐서 그렇다. 긴 나선의 경우는 상단 동작 주파수가 낮아진다. 예를 들면 $N = 50$일 경우 $f_U$는 $C \approx \lambda$에 해당한다[3].

헬리컬 안테나 상에 순전히 진행파만 존재한다면, 접지면의 영향은 거의 없다. 그러나 헬리컬 안테나의 종단으로부터 급전 영역으로 반사되어 오는 파를 포함하여 여타 모드들이 나타나게 된다. 이것 때문에 접지면의 기하학적 구조가 중요하게 된다. 근사적인 지침에 따르면 접지면의 지름은 최소한 $3\lambda/4$가 되어야 한다. 더 커다란 접지 평면 대신에 컵이나 콘 모양의 접지 구조가 자주 사용된다[7]. 그림 7-14에서 볼 수 있듯이, 동축 커넥터의 내부 도체는 나선에 그리고 외부 도체는 접지 구조에 접속한다. 도체의 지름은 견고하며 자체지지가 가능한 구조가 될 수 있도록 결정한다. 헬리컬 안테나 도체의 지름 $d$는 보통 $0.005\lambda$와 $0.05\lambda$ 사이의 값으로 한다. 급전지점에 임피던스 변환기를 삽입하거나, 동축 케이블로부터 헬리컬 안테나의 권선이 시작되는 부분까지의 도선의 위치를

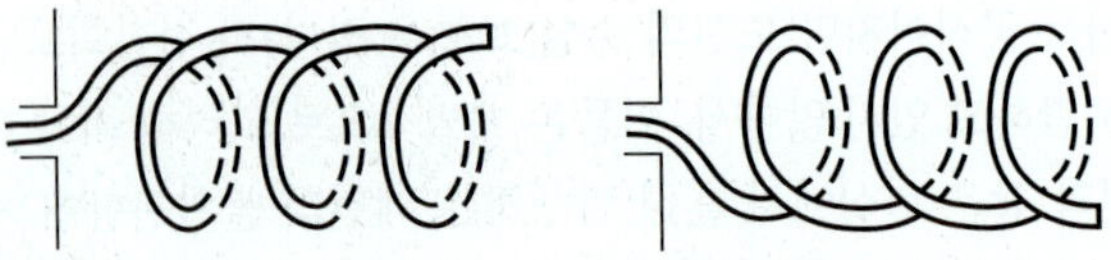
(a) 좌수 방향의 헬리컬 안테나 (b) 우수 방향의 헬리컬 안테나

**그림 7-14 좌수와 우수 방향의 헬리컬 안테나.** 축모드 헬리컬 안테나에서 감는 방향은 안테나의 편파방향을 결정한다.

조정함으로써 입력 임피던스를 50 Ω으로 맞출 수 있다.

헬리컬 안테나의 다양한 변형들이 있다. 예를 들면 헬리컬 안테나의 끝부분에서 점차적으로 지름을 감소시키는 방법으로 나선을 테이퍼링하면 임피던스, 패턴, 그리고 편파 특성을 개선할 수 있다 [8]. 원통형이 아니라 구 표면을 따라 나선을 감으면 대역폭은 희생되지만 부피가 작은 안테나를 얻을 수 있다[9]. 최근에는 또 다른 변형으로 대역폭은 거의 감소시키지 않으면서 부피를 줄이기 위해 내부 스터브를 사용하는 스터브 장하 헬리컬 안테나(stub-loaded helix antenna)가 개발되었다[10].

## 예제 7-2 10회 권선 축모드 헬리컬 안테나

헬리컬 안테나는 구성이 용이하며 그 성능이 이 절에서 제시한 간단한 이론으로 예측한 것과 근사적으로 잘 맞는다. 이것을 이 예제에서 살펴본다. 중심주파수가 8 GHz ($\lambda = 3.75$ cm), 원주가 $C = 0.92\lambda = 3.45$ cm로 설계된 10회 권선을 사용한 헬리컬 안테나에 대해 실험적인 결과를 계산값과 비교해 본다. 헬리컬 안테나의 피치각은 $\alpha = 13°$이다. 권선 사이의 간격은 $S = C \tan \alpha = 3.45 \tan 13° = 0.796$ cm이다. 두 개의 주평면에 대해 측정된 방사패턴은 그림 7-15a와 그림 7-15b에

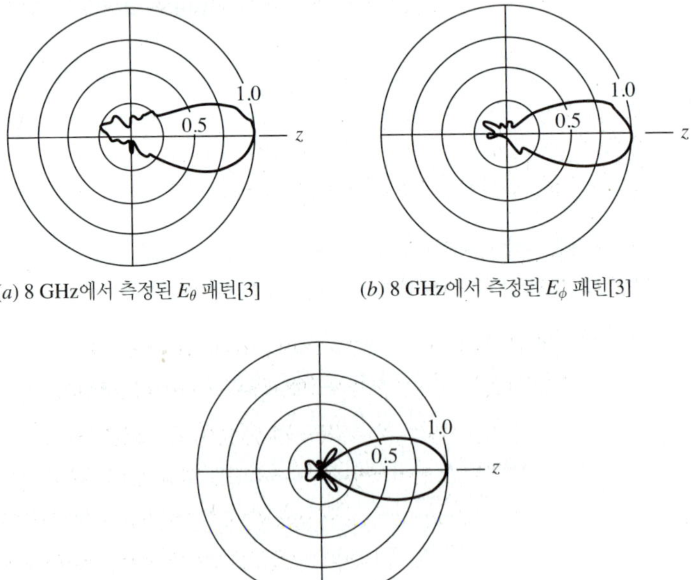

(a) 8 GHz에서 측정된 $E_\theta$ 패턴[3] (b) 8 GHz에서 측정된 $E_\phi$ 패턴[3]

(c) 식 (7-27)로부터 계산된 패턴

**그림 7-15 $C = 0.92\lambda$, $\alpha = 13°$인 10회 권선을 사용한 축모드 헬리컬 안테나의 방사패턴(예제 7-2).**

서 볼 수 있다[3]. 이들 패턴은 거의 비슷하며, 식 (7-27)의 간단한 이론으로 계산된 그림 7-15$c$의 패턴과 잘 비교된다. 측정된 패턴의 빔폭은 약 44°이다. 그림 7-15$c$의 계산된 패턴은 HP = 39°고, 식 (7-28)의 경험적인 근사식으로부터 구한 빔폭은

$$\text{HP} = \frac{65°}{\frac{C}{\lambda}\sqrt{N\frac{S}{\lambda}}} = \frac{65°}{0.92\sqrt{10(0.212)}} = 48° \quad \textbf{(7-32)}$$

인데, 식 (7-27)로부터 얻어지는 빔폭은 다음과 같다.

$$\text{HP} = 47° \quad \textbf{(7-33)}$$

식 (7-29)에 의해서 예측되는 이득은 다음과 같다.

$$G = 6.2\left(\frac{C}{\lambda}\right)^2 N\frac{S}{\lambda} = 6.2(0.92)^2 10(0.212) = 11.1 = 10.5\ \text{dB} \quad \textbf{(7-34)}$$

## 7.4 쌍원추 안테나

다이폴과 모노폴 안테나의 광대역화를 위한 시도는 안테나 역사의 초기에 이루어졌다. 올리버 로지(Oliver Lodge)는 1897년에 쌍원추 안테나를 만들었고 마르코니(Marconi)는 1901년에 수직 모노콘(monocone) 안테나(그림 1-3 참조)를 제작하였다. 원추형 안테나 개발에 관한 연구는 [H.8.1: Bevensee]를 참조하라.

그림 6-7에서 볼 수 있듯이, 간단한 다이폴 안테나의 대역폭은 두꺼운 도선을 사용함으로써 증가시킬 수 있다. 이 개념을 확장하여 쌍원추형의 구조를 형성하도록 도체를 나팔 모양으로 펼치게 되면 대역폭을 더욱 증가시킬 수 있다. 그리하면 일정한 도선의 지름은 완만히 변화하는 지름과 일정한 각(원추 표면의)으로 대치된다. 이 절에서는 이상적인 쌍원추 안테나를 먼저 살펴보고 이어서 두 가지의 실제적인 형태인 유한한 쌍원추 안테나와 디스콘(discone)을 살펴보기로 한다.

### 7.4.1 무한 쌍원추 안테나

만약 안테나 도체의 절반에 해당하는 각각이 끝과 끝이 맞닿은 무한한 원추형 도체면이고, 급전점에서 유한한 간격을 가질 경우, **무한 쌍원추 안테나**(infinite biconical antenna)는 그림 7-16과 같은 모양이 된다. 구조가 무한하므로, 전송선로처럼 해석될수 있다. 시변 전압이 간격 양단에 인가되면, 전류는 간격으로부터 도체의 표면을 따라 방사상으로 흘러 나간다. 이러한 전류에 의해 회전 자장 $H_\phi$가 형성된다. TEM 전송선로 모드(모든 장 성분들이 진행방향에 대해 수직)라고 가정하면, 전장은 자장과 직각을 이루며, $\theta$ 방향 성분이다. 위쪽 원추의 전위가 양이고, 아래쪽 원추의 전위가 음일 때, 그림 7-16에 보이는 바와 같이 전기력선은 위쪽 원추로부터 아래쪽 원추로 형성된다.

원추들 사이의 영역에서는 $\mathbf{J} = 0$, $\mathbf{H} = H_\phi\hat{\boldsymbol{\phi}}$, 그리고 $\mathbf{E} = E_\theta\hat{\boldsymbol{\theta}}$이다. 따라서 암페어의 법칙 $\nabla \times \mathbf{H} = j\omega\varepsilon\mathbf{E} + \mathbf{J}$는 $r$ 성분에 대해 다음과 같이 정리된다.

$$\frac{1}{r\ \sin\theta}\frac{\partial}{\partial\theta}(\sin\theta\, H_\phi) = j\omega\varepsilon E_r = 0 \quad \textbf{(7-35)}$$

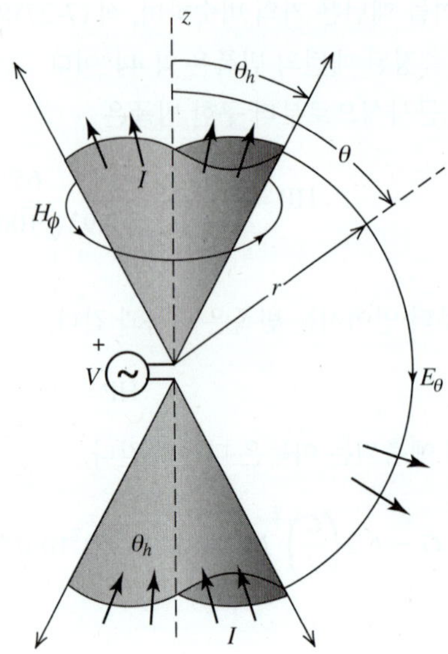


그림 7-16 **무한 쌍원추 안테나.** 장 성분과 전류가 보인다.

그리고 $\theta$ 성분에 대해서는 다음과 같이 된다.

$$-\frac{1}{r}\frac{\partial}{\partial r}(rH_\phi) = j\omega\varepsilon E_\theta \tag{7-36}$$

식 (7-35)로부터, $\partial/\partial\theta\,(\sin\theta\, H_\phi) = 0$이므로

$$H_\phi \propto \frac{1}{\sin\theta} \tag{7-37}$$

이다. 이러한 구조는 구면파를 전송하는 도파관과 같은 역할을 하므로, 식 (7-37)은 다음과 같이 쓸 수 있다.

$$H_\phi = H_o \frac{e^{-j\beta r}}{4\pi r}\frac{1}{\sin\theta} \tag{7-38}$$

이를 식 (7-36)에 대입하면 다음을 얻는다.

$$E_\theta = \frac{-1}{j\omega\varepsilon}\frac{1}{r}\frac{H_o}{4\pi\ \sin\theta}\frac{\partial}{\partial r}(e^{-j\beta r}) = \frac{\beta H_o}{\omega\varepsilon}\frac{1}{r}\frac{e^{-j\beta r}}{4\pi}\frac{1}{\sin\theta} = \eta H_o \frac{e^{-j\beta r}}{4\pi r}\frac{1}{\sin\theta} \tag{7-39}$$

이 방정식은 간단히 $E_\theta = \eta H_\phi$이고, 이는 파가 TEM이라는 것을 확인해 준다. 장 성분이 $1/\sin\theta$과 같이 변하므로, 방사패턴은 다음과 같다.

$$F(\theta) = \frac{\sin\theta_h}{\sin\theta}, \qquad \theta_h < \theta < \pi - \theta_h \tag{7-40}$$

여기에서는 도체 표면에서의 최댓값이 1이 되도록 정규화하였다. 이 패턴을 그림 7-17에 나타냈다.

입력 임피던스를 구하기 위해 먼저 단자 전압과 전류를 구한다. 그림 7-16을 참조하면, 일정한 반지름 $r$을 따라 적분하여 전압을 다음과 같이 구할 수 있다.

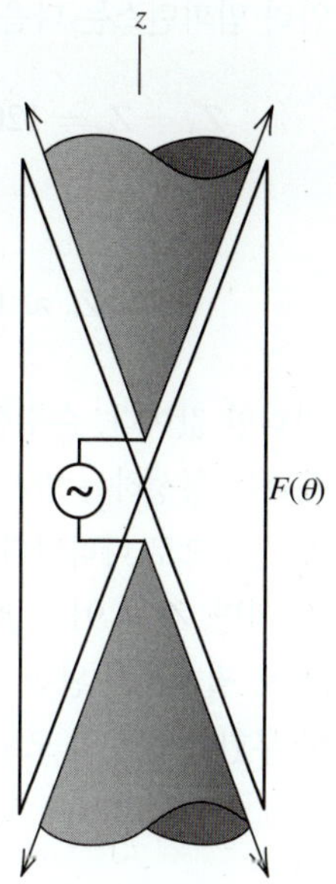


그림 7-17 무한 쌍원추 안테나의 방사패턴.

$$V(r) = \int_{\theta_h}^{\pi-\theta_h} E_\theta r \; d\theta \tag{7-41}$$

원추들은 등전위면이므로 어떤 $r$에 대해서도 이 과정을 수행할 수 있다. 위 방정식에 식 (7-39)를 대입하면 다음을 구할 수 있다.

$$\begin{aligned} V(r) &= \frac{\eta H_o}{4\pi} e^{-j\beta r} \int_{\theta_h}^{\pi-\theta_h} \frac{d\theta}{\sin\theta} = \frac{\eta H_o}{4\pi} e^{-j\beta r} \left[ \ln \left| \tan \frac{\theta}{2} \right| \right]_{\theta_h}^{\pi-\theta_h} \\ &= \frac{\eta H_o}{2\pi} e^{-j\beta r} \; \ln\left( \cot \frac{\theta_h}{2} \right) \end{aligned} \tag{7-42}$$

도체 표면에서의 $H_\phi$에 대한 경계조건은 $J_s = H_\phi$이다. 한 원추 상의 전체 전류는 그림 7-16에서 보는 것처럼 전류밀도 $J_s$를 원추 둘레를 따라 적분하여 다음과 같이 구할 수 있다.

$$I(r) = \int_0^{2\pi} H_\phi r \; \sin\theta \; d\phi = 2\pi r H_\phi \; \sin\theta \tag{7-43}$$

위 식에 식 (7-38)을 대입하면 다음을 얻는다.

$$I(r) = \frac{H_o}{2} e^{-j\beta r} \tag{7-44}$$

식 (7-42)와 식 (7-44)로부터, 임의의 점 $r$에서의 특성 임피던스는 다음과 같다.

$$Z_o = \frac{V(r)}{I(r)} = \frac{\eta}{\pi} \ln\left( \cot \frac{\theta_h}{2} \right) \tag{7-45}$$

이것은 $r$에 대한 함수가 아니므로, 입력단($r = 0$)에서의 임피던스도 역시 이 값이다. 식 (7-45)에

$\eta \approx 120\pi$ 값을 사용하면 입력 임피던스는 다음과 같다.

$$Z_A = Z_o = 120 \ \ln\left(\cot \frac{\theta_h}{2}\right) \ \Omega \tag{7-46}$$

$\theta_h$가 20°보다 작다면

$$Z_A = Z_o \approx 120 \ \ln\left(\frac{2}{\theta_h}\right) \ \Omega \tag{7-47}$$

이 되는데, 여기에서 $\theta_h$는 라디안 값이다. 순수한 진행파만이 존재하므로 입력 임피던스는 실수이다. 무한한 구조이므로, 정재파를 형성하는 반사의 원인이 되는 불연속점이 존재하지 않는다. 정재파는 임피던스에서 리액턴스 성분으로 나타난다(몇 공진점들을 제외하고). $\theta_h = 1°$이면, $Z_A = 568 + j0\ \Omega$이다. 그리고 $\theta_h = 50°$이면, $Z_A = 91 + j0\ \Omega$이다.

하나의 원추가 전 방향으로 펼쳐져서 완전 접지면 형태가 되면, 접지면 위에 무한한 원추 한 개가 있는 결과가 된다. 이러한 무한 쌍원추의 모노폴 형태의 입력 임피던스는 무한 쌍원추 경우의 절반이다.

### 7.4.2 유한 쌍원추 안테나

실제 쌍원추 안테나는 무한 쌍원추의 두 원추를 종단하여 만든다. 이러한 **유한 쌍원추 안테나**(finite biconical antenna)를 그림 7-18에 나타냈다. 안테나를 감싸는 반지름이 $h$인 가상의 구 내부에는 TEM파와 함께 원추의 종단에서 생성된 고차모드가 존재한다. 이러한 고차모드는 안테나의 리액턴스를 형성하는 주된 요인이다. 원추의 종단부에서 반사가 일어나 입력 임피던스가 복소값이 되게 하는 정재파가 형성된다.

그림 7-18에서 각 $\theta_h$를 증가시킴으로써 입력 임피던스의 리액턴스 부분이 최솟값으로 유지되는 대역폭을 점점 더 넓게 할 수 있다. 동시에 입력 임피던스의 실수 부분은 주파수 변화에 대해

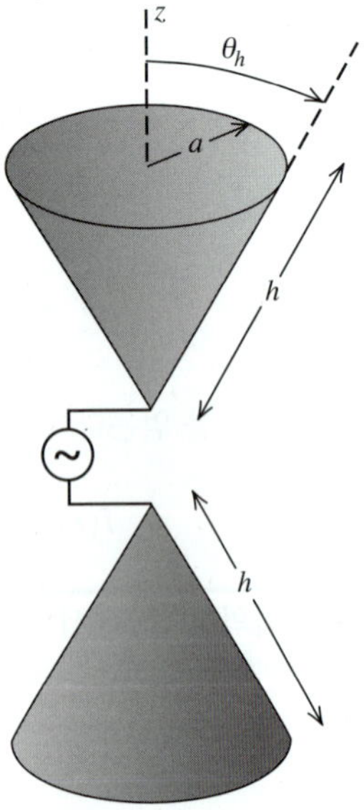


그림 7-18 유한 쌍원추 안테나.

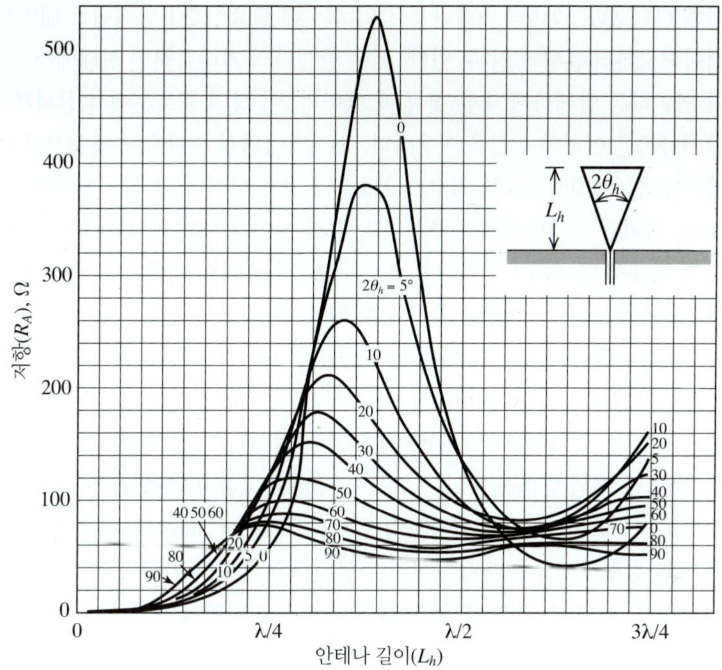


(*a*) 입력 저항

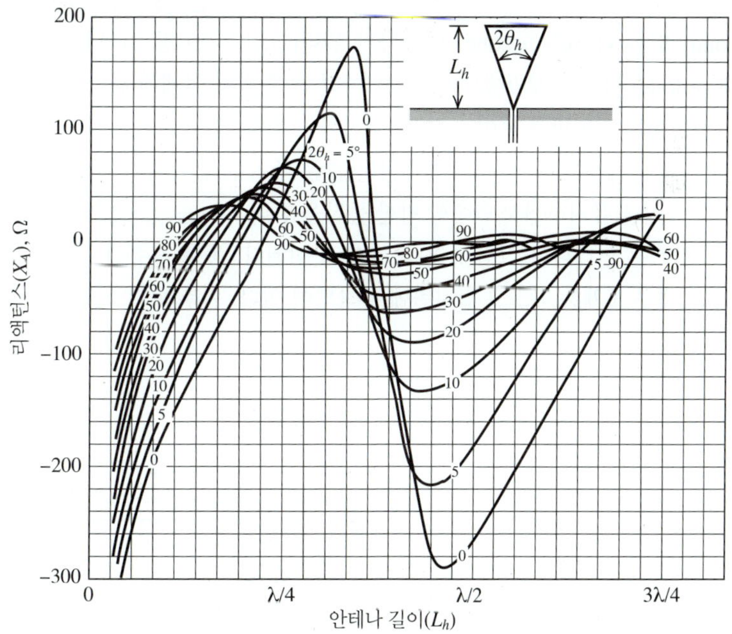


(*b*) 입력 리액턴스

**그림 7-19** **플레어(flare) 각 $2\theta_h \le 90°$인 원추형 모노폴의 높이 $L_h$에 따른 측정 입력 임피던스.** [H.6: *Ant. Eng. Hdbk*., Ist ed., Chap. 3). © 1961. McGraw-Hill Companies의 허가하에 사용.)

(또는 그림 7-18에서 $h$의 변화에 대해) 덜 민감해진다. 이러한 현상은 원추형 모노폴 안테나에 대한 그림 7-19의 측정된 데이터로부터 알 수 있다. 여기에서 안테나 임피던스는 모노폴의 높이 $L_h$에

대해 나타냈다. 광대역 안테나를 정의하는 데 필요한 2:1 임피던스 대역폭을 얻을 수 있음을 이러한 데이터로부터 분명히 알 수 있다. 이는 안테나의 기하학적인 형태에서 안테나의 길이보다는 각도에 더 의존하는 안테나에 대한 첫 번째 예이다. 이 장의 뒷부분에서 살펴보게 되는 주파수에 독립적인 안테나들은 이러한 특성을 이용한다. 광대역이면서 주파수에 독립적인 안테나들에서 볼 수 있는 또 다른 특성은 어떤 중요한 치수가 최소한 $\lambda/4$가 되어야 한다는 점이다. 그림 7-19를 주의 깊게 살펴보면, 임피던스 대역폭은 원추형 모노폴의 높이가 대략 $\lambda/4$에서 시작하여 $\lambda/2$를 넘어서까지 이어지고 있음을 알 수 있다. 원추형 모노폴이나 원추각이 작은 유한 쌍원추의 패턴은 같은 길이의 일반적인 모노폴 또는 다이폴의 패턴과 매우 유사하다.

유한 쌍원추 안테나에 대한 훨씬 간단한 대안으로는 일반적으로 사용되는 '**보우타이**(bow-tie)' 안테나가 있다(그림 7-34 참조). 이는 무게가 가볍고 제작 비용이 저렴하지만, 입력 임피던스는 유한한 쌍원추 안테나보다 주파수 변화에 대하여 얼마간 더 민감하다. 보우타이는 보통, 두꺼운 기판 상에 두 개의 반쪽을 하나는 위쪽에 다른 하나는 아래쪽에 각각 인쇄하는 방법으로 제작한다. 보우타이의 모노폴 형태를 **삼각형 안테나**(triangular antenna)라고 부르는데, 임피던스 특성이 그림 7-19의 원추형 모노폴과 유사하지만 안테나의 길이에 따른 변동이 조금 덜하다[11]. 37% 대역폭의 단방향 보우타이는 접지면 상의 $3\lambda/8$ 위치에 접지면에 평행하게 설치하여 만들 수 있다[12].

### 7.4.3 디스콘 안테나

유한 쌍원추 안테나의 한 원추를 원반 모양의 접지면으로 대치하면, 그 구조는 디스크 콘(disk-cone) 또는 **디스콘**(discone) 안테나가 된다(그림 7-20 참조). 디스콘 안테나는 1945년 칸도이안(Kandoian)[13]이 개발했으며, 그 후 여러 해에 걸쳐 설계에 관한 실험적 연구들이 이루어졌다[14, 15]. 이는 수직편파를 보이고, 거의 일정한 방위각 패턴(즉 전방향 패턴)이 요구되는 경우에 이용된다(수직 다이폴처럼). 디스콘 안테나는 넓은 주파수 범위(수 옥타브)에 걸쳐서 적절한 패턴과 임피던스 특성을 유지하면서 만족할 만한 동작을 한다.

디스콘 안테나는 그림 7-20과 같이 구성된다. 동축 전송선로의 외부 도체는 원추에 연결되어 있고, 내부 도체는 디스크 접지면에 부착되어 있다. 원추와 디스크는 고체 금속 혹은 방사상의 도선

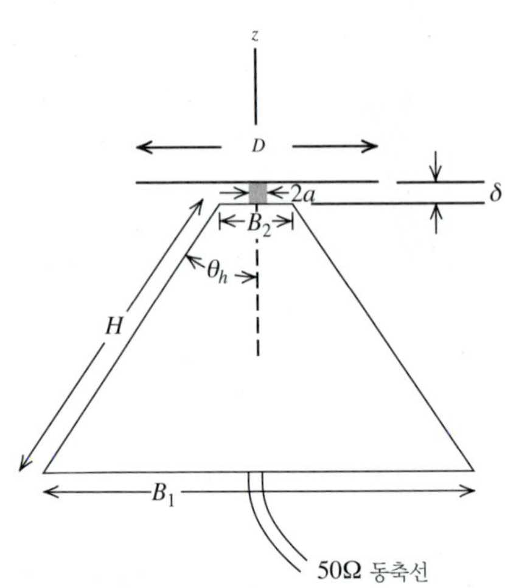


그림 7-20 **디스콘 안테나.** 전형적인 치수들은 $H \sim 0.7\lambda$, $B_1 \sim 0.6\lambda$, $D \sim 0.4\lambda$, $\delta \ll D$이다.

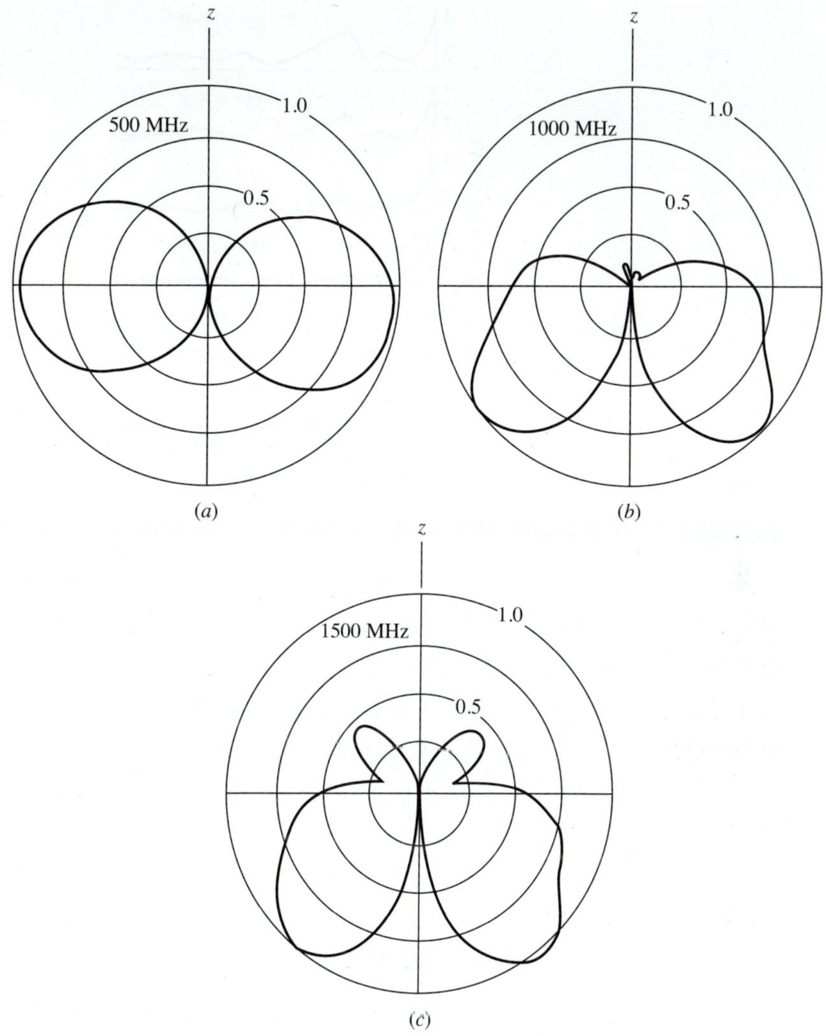


**그림 7-21** $H = 21.3$ **cm**, $B_1 = 19.3$ **cm, 그리고** $\theta_h = 25°$**인 디스콘 안테나의 측정 패턴.**

들로 구성될 수 있다. 이상적으로 접지면과 원추 사이의 패턴은 무한 쌍원추의 패턴이다. 이런 전방향성 패턴은 방송용에 적합하다.

주파수의 변화에 대하여 적절한 패턴 특성을 유지하면서, 광대역 임피던스 특성(일반적으로 50 Ω)을 갖도록 디스콘 안테나를 설계할 수 있다[15]. 전형적인 중심주파수에서의 치수들은 $H = 0.7\lambda$, $B_1 = 0.6\lambda$, $D = 0.4\lambda$, $\theta_h = 25°$, $\delta \ll D$이다. 예를 들면 그림 7-21의 패턴을 가지는 디스콘의 중심주파수는 1 GHz ($\lambda = 30$ cm)이다. 따라서 1 GHz에서 $H = 21.3$ cm $= 0.71\lambda$, $B_1 = 19.3$ cm $= 0.64\lambda$, 그리고 $\theta_h \approx \sin^{-1}[(B_1/2)/H] = 27°$이다. 나일(Nail)[14]은 $H$나 $\theta_h$값과는 독립적인 $D = 0.7B_1$, $\delta = 0.3B_2$라는 최적설계공식을 유도했다.

3:1 대역폭에 걸친 패턴 성능이 그림 7-21에 나타나 있다. 저주파에서는 구조가 파장에 비해 작고, 패턴은 단형 다이폴과 크게 다르지 않다(그림 7-21*a* 참조). 주파수가 증가함에 따라 접지면의 전기적 크기는 증가하고, 패턴은 아래쪽 반공간 내로 더욱 제한된다(그림 7-21*b* 참조). 주파수가

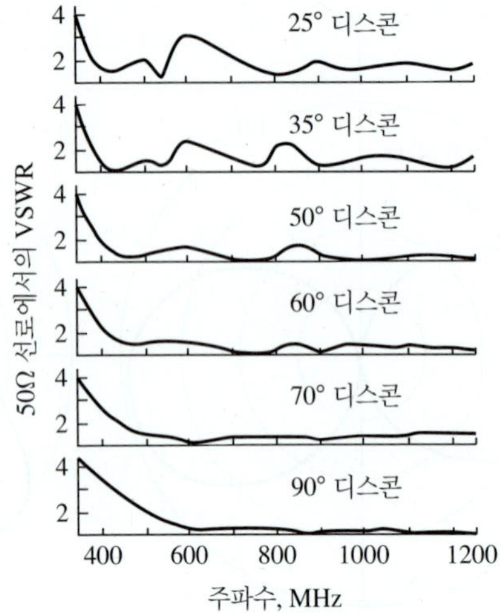


**그림 7-22** **다양한 원추각 $2\theta_h$에 따른 디스콘의 VSWR 곡선.** ([H.6: Rudge] © 1983. IET의 허가하에 사용.)

더욱 증가하면, 안테나의 동작은 무한 구조의 안테나와 비슷해진다. 예를 들면 1500 MHz에서, (그림 7-21*c*의) 패턴은 그림 7-16에 보이는 무한 쌍원추 안테나의 모노폴 형태의 패턴과 비슷하다. 디스크 파라미터 $D$와 원추 사이의 간격 $\delta$의 여러 값들에 대한 측정 결과로부터 패턴이 이러한 파라미터들에 민감하지 않다는 것을 알 수 있다[15].

나일의 최적설계공식 [14]은 안테나의 가장 높은 동작주파수에서 $B_2 \approx \lambda_U/75$이고 $\delta \ll D$인 경우에 해당한다. $B_2$가 더 크고 $\delta \approx 0.5B_2$일 때는, 원주와 디스크 사이에서 $N$형의 커넥터가 사용되는 경우 나일의 방정식이 수정되어야 한다[16]. 이 경우, 실험 측정에 따르면 $\delta = 0.5B_2$, $2a = 0.33B_2$, $D = 0.75B_1$. $L = 1.15\lambda_L$이다. 한 옥타브 대역폭에 걸쳐서 1.5:1 이하의 VSWR을 쉽게 얻을 수 있고, $45° < 2\theta_h < 75°$에서 가장 좋은 결과가 나타난다는 것이 참고문헌 [16]에 나타나 있다. 다양한 디스콘 각들에 대한 VSWR을 보여 주는 그림 7-22 [H.6: Rudge Vol. 2. p. 735]로부터 이 점은 명백하다. 근사적으로 $45° < 2\theta_h < 75°$인 경우에 높은 주파수에서의 평탄한 VSWR 곡선과 함께 낮은 주파수에서의 가장 좋은 성능을 얻을 수 있다.

디스콘, 쌍원추, 그리고 보우타이 안테나들은 무게와 비용을 절감하기 위해 고체금속 대신에 종종 도선들을 이용하여 제작되며 몇 가지의 상용제품들을 이용할 수 있다. 그림 14-36에서 도선으로 제작된 모노콘을 볼 수 있다. 시뮬레이션 연구[17] 결과, 8개 이상의 도선들로 모노콘을 제작하면 상응하는 고체 모노콘 안테나와 성능이 비슷하다는 점이 밝혀졌다. 참고문헌 [18]도 참조하라.

## 7.5 슬리브 안테나

6.1절에서 보았듯이, 다이폴 안테나는 주파수에 매우 민감하며, 그 대역폭은 이 장의 앞부분에서 언급한 안테나들이 갖는 옥타브 대역폭에 비해 훨씬 작다. 그러나 다이폴이나 모노폴에 슬리브를 추가하면 한 옥타브 이상으로 대역폭을 증가시킬 수 있다. 이 절에서는 내부 방사소자 주위에 관 모양의 도체 슬리브를 결합한 몇 가지 형태의 **슬리브 안테나**(sleeve antenna)를 살펴본다. 슬리브 안테나의 실제적인 구조에 중점을 둔다.

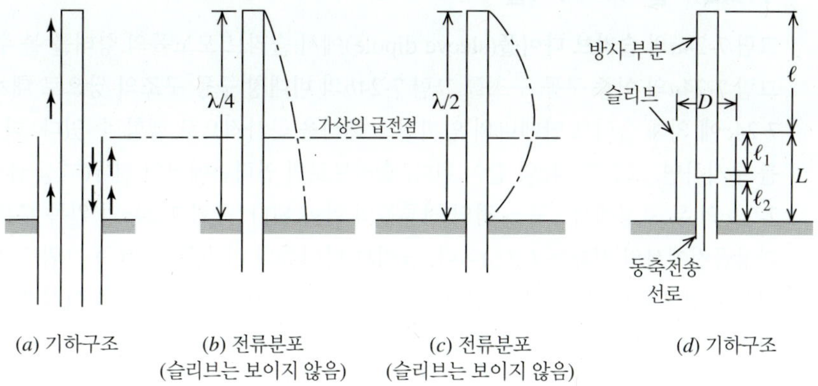


**그림 7-23 슬리브 모노폴 구조: (a)의 화살표는 $\ell + L \leq \lambda/2$일 때의 극성을 나타낸다.** 중심 도체에서의 다른 전류분포를 (b)와 (c)에서 볼 수 있다.

## 7.5.1 슬리브 모노폴

동축 전송선로로 급전되는 **슬리브 모노폴**(sleeve monopole)의 구조를 그림 7-23*a*에 나타냈다. 슬리브 외부는 방사소자로 동작하고 내부는 급전 동축 전송선로의 외부도체로 동작한다. 원칙적으로 슬리브의 길이는 0부터(슬리브가 없는) 슬리브가 안테나의 전체 방사 부분에 해당하게 되는 길이까지 모노폴 전체 길이의 어느 일부분이 될 수 있다. 그러나 실제로 슬리브는 대개 모노폴 길이의 약 $\frac{1}{2}$~$\frac{1}{3}$이다. 이유는 그림 7-23*b*와 그림 7-23*c*에서 명확히 나타나며, 전체 모노폴 길이가 $\lambda/4$에서 $\lambda/2$까지 변함에 따라 가상의 급전점에서의 전류는 약간만 변화한다. 그러므로 임피던스는 최소한 한 옥타브 이상에서 얼마간 일정하게 유지된다. 슬리브가 없는 일반적인 모노폴의 경우와 같이, 안테나 치수들은 패턴보다는 임피던스에 더 많은 영향을 미친다.

그림 7-23*d*를 살펴보면, 슬리브 모노폴의 첫 번째 공진은 모노폴 길이 $\ell + L$이 약 $\lambda/4$가 되는 주파수에서 일어난다. 이 첫 번째 공진을 주파수 대역의 하단 부근에서 일어나게 하고, 그리하여 전체 길이가 $\ell + L$로 고정되도록 설계한다. 남은 설계 변수는 $\ell/L$이다. $\ell/L = 2.25$가 되게 하면 4:1의 대역에 걸쳐서 최적의(주파수에 대해 거의 일정한) 방사패턴을 얻을 수 있다는 것이 실험적으로 밝혀졌다[19]. 슬리브 바깥쪽의 전류가 모노폴 자체의 윗부분의 전류와 거의 같은 위상을 가지므로, 그림 7-23*a*의 화살표가 나타내는 것처럼, $\ell + L \leq \lambda/2$인 경우 $\ell/L$의 값은 거의 영향을 미치지 않는다. 그러나 전기적 길이가 더 길어지면 $\ell/L$의 비가 매우 중요하게 되며, 방사패턴에 커다란 영향을 끼친다. 왜냐하면 슬리브 바깥 면의 전류가 모노폴의 윗부분과 동위상이어야 할 필요는 없기 때문이다. 최적의 성능에 대한 몇 가지 전형적인 예가 표 7-1에 나와 있다. 몇몇 응용에서는 VSWR이 매우 클 수도 있어 정합회로가 필요하다.

**표 7-1 슬리브 모노폴의 최적 패턴 설계를 위한 규격.**

| | |
|---|---|
| 패턴 대역폭 | 4:1 |
| $\ell + L$ | 대역의 하단에서 $\lambda/4$ |
| $\ell/L$ | 2.25 |
| $D/d$ | 3.0 |
| VSWR | 8:1 이하 |

### 7.5.2 슬리브 다이폴

그림 7-24*a*의 **슬리브 다이폴**(sleeve dipole)에서 슬리브 모노폴의 형태를 볼 수 있다. 그림 7-24*b*와 그림 7-24*a*의 이중 구동 구조를 그림 7-24*b*의 비대칭 구동 구조의 쌍으로 대체하여 얻어지는 그림 7-24*c*에 의해 슬리브 안테나의 임피던스 해석을 근사적으로 행할 수 있다. 더 긴 부분의 지름 변화를 무시하면, 그림 7-24*c*와 같이 된다. 슬리브로의 입력단에서의 전류(가상 급전) $I_A(z_f)$는 대략 그림 7-24*c*의 두 구성에서 $z = z_f$ 점의 전류들의 합이 된다. 그림 7-24*c*의 왼쪽 부분에서, 비대칭 구조의 가상급전에서의 전류는 $I_{as}(z_f)$이다. 슬리브 다이폴의 아래쪽 절반(즉 그림 7-24*c*의 오른쪽 절반)에서의 급전으로 발생하는 동일한 지점의 전류는 점 $z_f$에서 급전이 이루어질 때 점 $-z_f$의 전류와 동일하다. 이는 두 구조가 물리적으로 등가이기 때문이다. 따라서

$$I_A(z_f) \approx I_{as}(z_f) + I_{as}(-z_f) \tag{7-48}$$

슬리브의 입력 어드미턴스는 다음과 같다.

$$Y_A \approx \frac{I_{\text{as}}(z_f) + I_{\text{as}}(-z_f)}{V_A} \approx Y_{\text{as}}\left[1 + \frac{I_{\text{as}}(z_f)}{I_{\text{as}}(-z_f)}\right] \tag{7-49}$$

여기에서

$$Y_{\text{as}} \approx \frac{2}{(Z_1 + Z_2)} \tag{7-50}$$

이고, $Z_1$은 길이의 절반이 $L_1$인 대칭 안테나의 임피던스이고 $Z_2$는 길이의 절반이 $L_2$인 대칭 안테나의 임피던스이다[H.3: Weeks, Sec. 4.4.4]. 식 (7-50)은 연습문제 6.1-4에서와 같이 비대칭 다이폴의 임피던스를 예측하는 데 유용하다.

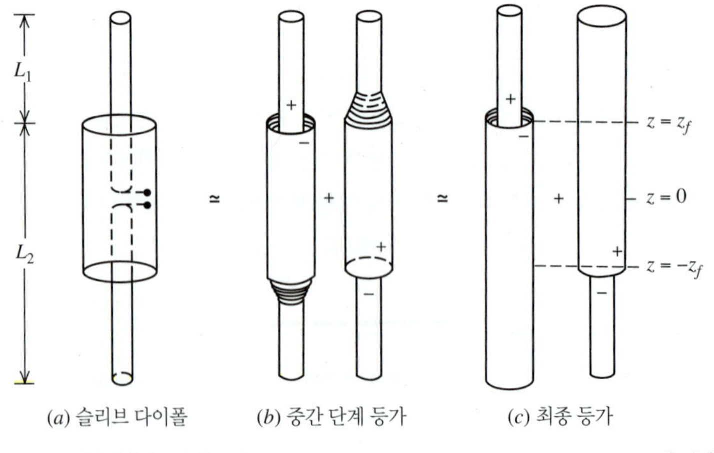


그림 7-24 슬리브 다이폴 구성과 근사적 등가. ([H.3: Weeks] 1968. McGraw-Hill Companies의 허가하에 사용.)

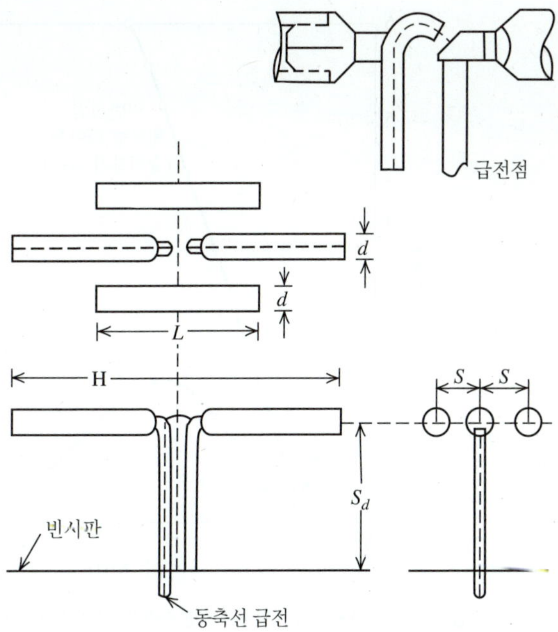


그림 7-25 전면, 위, 측면에서 본 평면반사판을 가진 개방형 슬리브 안테나.

그림 7-24*a*의 슬리브 다이폴은 그림 7-25와 같이 관 모양의 슬리브를 구동 소자 각 변에 근접한 두 개의 도체로 대체한 **개방 슬리브 다이폴**(open-sleeve dipole)로 근사화할 수 있다. 기생부의 길이(모의 슬리브)는 대략 중앙급전 다이폴 길이의 절반이다. 실험적인 관점에서 설명하게 될 개방 슬리브 다이폴은 평면 반사판 혹은 접지면의 전면에서 동작한다[20, 21]. 평면 반사판이 없는 슬리브 다이폴에도 이 결과를 적용할 수 있다.

안테나는 225~400 MHz의 주파수 대역에서 동작하도록 설계되었다. 다이폴과 반사판 사이 간격 $S_d$는 간격이 크면 발생하게 되는 방사패턴의 저하를 막기 위해 400 MHz에서 $0.29\lambda$가 되도록 결정하였다. 개방 슬리브 다이폴을 만들기 위한 모든 치수들을 표 7-2에 나타내었다. 이 설계 값들은 넓은 대역폭에 걸쳐서 낮은 VSWR을 제공한다. 기존의 슬리브가 없는 다이폴과 지름 $D$가 2.9 cm인 개방 슬리브 다이폴의 VSWR 특성을 비교하여 나타낸 그림 7-26으로 이 점을 알 수 있다. 비록

표 7-2 최소의 VSWR을 위한 반사판을 가진 개방 슬리브 다이폴의 전기적 크기.

| 파라미터 (그림 7-25 참조) | 최저 주파수에서의 전기적 크기 (225 MHz) | 최고 주파수에서의 전기적 크기 (400 MHz) |
|---|---|---|
| $D$ | $0.2600\lambda$ | $0.0470\lambda$ |
| $H$ | $0.3850\lambda$ | $0.6840\lambda$ |
| $L$ | $0.2160\lambda$ | $0.3850\lambda$ |
| $S$ | $0.0381\lambda$ | $0.0677\lambda$ |
| $S_d$ | $0.1630\lambda$ | $0.2900\lambda$ |

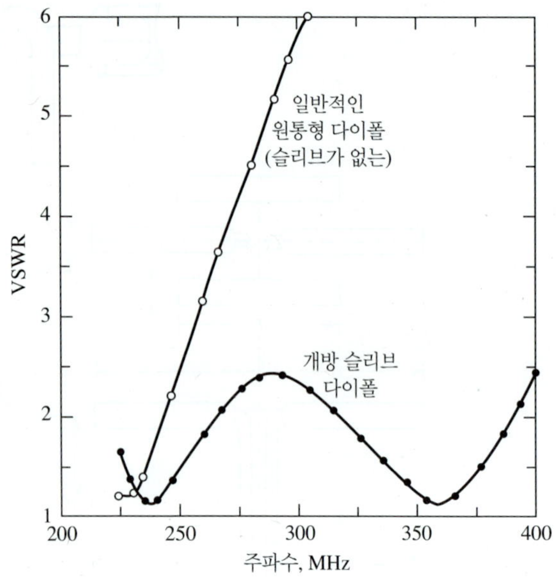


**그림 7-26** **기존의(슬리브가 없는) 원통형 다이폴과 개방 슬리브 다이폴의 VSWR 응답의 비교.** 둘 다 지름은 $D = 2.9$ cm 이다[20].

이 결과가 개방 슬리브 다이폴의 완전한 설계 데이터를 나타내지는 않지만, 반사판이 있거나 또는 없는 개방 슬리브 다이폴 설계의 출발점 역할을 한다.

## 7.6 주파수 독립 안테나의 원리

주파수 독립 안테나의 시초는 1950년대 후반 일리노이 대학에서 행해졌던 연구에서 찾을 수 있는데, 이 절에서 살펴보게 될 구조들이다. 주파수 독립 안테나의 초창기 비군사적 응용은 1960년대부터 전 세계 가정집에서 사용된 대수주기 다이폴 TV 안테나이다.

다음 장에서 논의하는 개구면 안테나는 2:1 이상의 대역폭이 가능하나, 주파수가 증가함에 따라 주빔 폭이 좁아진다. 반면에 매우 넓은 주파수 영역에서 일정한 안테나 패턴을 유지하도록 요구되는 경우가 많다. 약 10:1 혹은 그 이상의 대역폭을 갖는 안테나를 **주파수 독립 안테나**(frequency-independent antenna)라고 한다. 가장 순수한 형태의 주파수 독립 안테나는 주파수가 변하더라도 일정한 패턴, 임피던스, 편파, 그리고 위상 중심을 가져야 된다. 이 모든 기준을 만족시키는 안테나는 거의 없다. 축모드 헬리컬 안테나는 약 2:1의 대역폭에 걸쳐 일정한 임피던스와 위상 중심의 위치를 갖지만, 주파수 증가에 따라 주빔이 좁아진다. 주파수 독립의 원리는 이 절에서 논의할 것이며, 10:1 대역폭이 가능한 안테나는 다음 두 절에 걸쳐서 다룬다.

쌍원추 안테나는 주파수 독립 동작에 대한 이론을 대표적으로 보여 준다. 7.4절에서, 무한 쌍원추 안테나의 입력 임피던스와 패턴은 주파수에 독립적이라는 것을 알았다. 이것은 정확히 우리가 바라는 바이다. 주파수 독립을 가능하게 하는 쌍원추 구조의 특색은 각을 강조하고 길이가 유한하지 않다는 데 있다. 이것은 쌍원추를 절단하여 그림 7-18의 유한 쌍원추 안테나를 만들면 그 대역폭이 제한된다는 점을 살펴보면 알 수 있다. 물론 일반적으로 안테나에 유한한 값의 길이가 존재하지

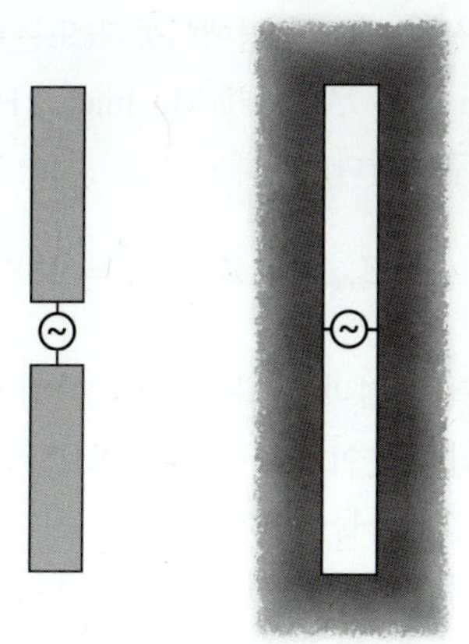


그림 7-27 상보 다이폴과 슬롯 안테나.

않는다면, 그 구조는 무한한 것이 될 것이다. 럼지(Rumsey)[H.8.3: Rumsey]는 실제로 주파수 독립 안테나는 유한한 길이들을 최소화하고 각의 의존성을 최대화하여 만든다고 했다. 각을 강조하는 개념은 주파수 독립 안테나군을 만드는 데 이용되어 왔다.

각 강조 개념과 더불어 주파수 독립의 동작을 가능하게 하는 또 다른 특성, 즉 자기상보성(self-complementarity)이 있다. 입력 임피던스가 $Z_{\text{metal}}$인 금속 안테나를 고려해 보자. 공기를 금속으로 대체하고 금속을 공기로 대체함으로써 이중구조를 형성할 수 있다. 그 결과로 구현된 **상보**(complementary) 안테나는 입력 임피던스 $Z_{\text{air}}$를 가진다. 상보 안테나들은 사진에서의 양화와 음화의 관계와 유사하다. 그림 7-27에 보인 리본 다이폴과 그것의 상보인 슬롯 안테나가 한 예이다.

바비네(Babinet)의 원리를 이용하여 상보 안테나의 임피던스를 구할 수 있다. 광학에서의 바비네 원리는 다음과 같이 기술할 수 있다. 즉 서로 상보적인 도전성 박판들 뒤에 있는 광원에 의해 광원이 없는 쪽에 밝은 영역들이 각각 형성되는데, 이들을 중첩하면 마치 박판들이 없을 때 그러한 것처럼 전체 영역이 밝게 된다. 이 사실을 전자기장으로 확장하면[19] 상보 안테나들의 입력 임피던스에 대한 다음과 같은 중요한 공식을 얻을 수 있다[H.8.3: Mushiake, p. 16].

$$Z_{\text{metal}}\,Z_{\text{air}} = \frac{\eta^2}{4} = \frac{(376.7)^2}{4} = 35{,}475.7\ \Omega \qquad \textbf{(7-51)}$$

이 식은 유전체나 자성체가 존재하지 않는다고 가정한 것인데, 만약 존재한다면 자유공간의 값 대신에 적절한 $\eta$를 사용하여야 한다. 그림 7-27$a$의 다이폴이 반 파장보다 약간 짧은 길이에서 공진한다면, 그 임피던스는 $Z_{\text{metal}} = Z_{\text{dipole}} = 70\ \Omega$이다. 그러면 식 (7-51)로부터, 그림 7-27$b$의 슬롯 안테나의 임피던스, $Z_{\text{air}}$는

$$Z_{\text{slot}} = \frac{\eta^2}{4Z_{\text{dipole}}} = \frac{35{,}475.7}{4(70)} = 506.8\ \Omega \quad \textit{반 파장 슬롯 안테나} \qquad \textbf{(7-52)}$$

이다. 연습문제 7.6-2는 이상적 다이폴의 상보인 슬롯을 다루는 문제이다.

두 상보 안테나의 임피던스들의 곱은 상수이며 $\eta^2/4$이다. 어떤 안테나의 상보가 자기 자신이라면, 임피던스는 주파수에 독립적이다. 이것을 **자기상보성**이라고 하는데, 이 경우 안테나와 자신의 상

보는 동일하다. 자기상보 구조는 평행이동과(또는) 회전을 통하여 자신의 상보와 정확히 겹치게 만들 수 있다. 임피던스 값은 무시아케(Mushiake)[H.8.3: Mushiake]가 언급한 바와 같이, 식 (7-51)로부터 다음과 같이 구해진다.

$$Z_{\text{metal}} = Z_{\text{air}} = \frac{\eta}{2} = 188.5\,\Omega \quad \textit{자기상보 안테나} \tag{7-53}$$

식 (7-53)의 주파수 독립 임피던스는 주파수 독립 안테나의 두 번째 설계 원리이다. 즉 자기상보 안테나는 주파수 독립인 경향이 있다는 것이다. 그러나 자기상보는 아니지만 주파수에 따른 임피던스 변화가 여전히 작은 안테나들이 많이 있다.

이 장에서 이루어진 안테나 연구를 통하여 광대역 동작을 가능하게 하는 몇 가지 특성을 알 수 있다. 다음 절에서 매우 넓은 대역폭을 유도하는 안테나 형태에 대한 내용을 다루기 전에, 광대역 특성에 대해 요약해 보자. 광대역 동작을 가능하게 하는 특성들은 다음과 같다.

1. **길이보다 각을 강조.** 7.3절의 헬리컬 안테나와 7.7절의 스파이럴이 그 예이다. 둘 다 고정된 물리적 길이 요소를 피하면서 광대역을 형성한다.
2. **자기상보 구조.** 그림 7-29의 등각 스파이럴이 예이다.
3. **두꺼운 금속—'두꺼울수록 좋다.'** 다이폴과 같은 공진형 안테나에서도 도선 지름을 증가시킴으로써 대역폭을 넓힐 수 있다. 그림 6-7을 참조하라. 쌍원추 안테나는 극단적으로 두꺼운 다이폴이며 대역폭이 넓다. 쌍원추 안테나는 또한 각을 강조한다. 그림 7-34의 보우타이 안테나는 또 다른 예이다.

이상적으로는 주파수 독립 안테나는 이 세 가지 특성을 모두 보여 주어야 한다. 실제로 광대역 안테나를 성공적으로 설계하기 위해서 이런 특성을 강조하지만, 엄격하게 요구하지 않는 경우가 많다. 예를 들면 7.8절에서 몇몇 대수주기 안테나는 자기 상보 원리에 벗어나지만 여전히 넓은 대역폭을 갖는다. 이와 같이 하면 안테나의 임피던스는 식 (7-53)으로 주어지는 상수가 되지 않고 주파수에 따라 변하는 단점이 있다. 이것은 많은 경우에 큰 문제가 되지는 않는다.

주파수 독립 안테나의 두드러진 특징은 자가조정(self-scaling) 동작이다. 대부분의 방사는 이른바 동작영역(active region)이라고 하는, 폭이 반 파장 혹은 원주가 한 파장 되는 주파수 독립 안테나의 부분에서 발생한다. 방사는 구조평면에 수직 방향으로 최대이고, 6.8절에서 논의한 한 파장 루프와 유사한 방식으로 설명할 수 있다. 주파수가 감소할수록, 동작영역은 그 폭이 반 파장이 되는 안테나의 더 큰 부분으로 이동한다. 각의 특성을 강조하고 두꺼운 금속을 사용함으로써 주파수 변화에 따라 전류를 조정할 수 있는 영역을 제공하는 구조를 만들어 낼 수 있다.

주파수 독립 안테나는 두 가지 형태, 즉 스파이럴 안테나와 대수주기 안테나로 나눌 수 있다. 스파이럴 안테나는 다음 절에서 논의하며 대수주기 안테나는 그 다음 절에서 다룬다.

## 7.7 스파이럴 안테나

스파이럴 안테나와 그 변형들은 대개 정확하게 또는 유사하게 자기상보성을 갖도록 만든다. 이것은 40:1이라는 극히 넓은 대역폭을 갖는다. 역사적으로 등각 스파이럴이 먼저 발명되었으므로 이것으로부터 논의를 시작한다[22][H.6: *Ant. Eng. Hdbk.*, 4th ed., Chap. 13].

### 7.7.1 등각 스파이럴 안테나

그림 7-28에 보이는 등각 스파이럴 곡선은 다음의 생성 방정식(generating equation)으로 표현된다.

$$r = r_0 e^{a\phi} \tag{7-54}$$

여기에서 $r_0$는 $\phi = 0$일 때의 반지름이고 $a$는 스파이럴의 확장률을 조절하는 상수이다. 그림 7-28의 스파이럴은 오른손 방향으로 회전하는 것이다. 왼손 방향으로 회전하는 스파이럴은 음의 $a$의 값을 사용하여, 또는 그림 7-28의 나선형을 간단히 뒤집어서 얻을 수 있다. 등각 스파이럴 곡선을 이용하여 **평면형 등각 스파이럴 안테나**(planar equiangular spiral antenna)라고 하는 그림 7-29의 안테나를 만들 수 있다. 금속 영역의 네 가장자리는 각 곡선에 대한 식 (7-54) 형태의 방정식을 갖고 있다. 특히 가장자리 1은 그림 7-28의 것과 정확히 일치하며, 따라서 $r_1 = r_0 e^{a\phi}$이다. 가장자리 2는 같은 나선 곡선을 갖지만 각 $\delta$만큼 회전하므로, $r_2 = r_0 e^{a(\phi-\delta)}$가 된다. 안테나의 다른 반쪽 부분에 대한 모서리들은 구조가 대칭이 되도록 형성한다. 즉 하나의 스파이럴 팔을 반 회전시키면 다른 스파이럴의 팔과 일치하게 된다. 그러므로 $r_3 = r_0 e^{a(\phi-\pi)}$ 그리고 $r_4 = r_0 e^{a(\phi-\pi-\delta)}$이다. 그림 7-29의 구조는 자기상보이며, 따라서 $\delta = \pi/2$이다. 이런 방식으로 구현할 필요는 없지만, 자기상보의 경우에는 패턴대칭이 가장 적합한 방법이다.

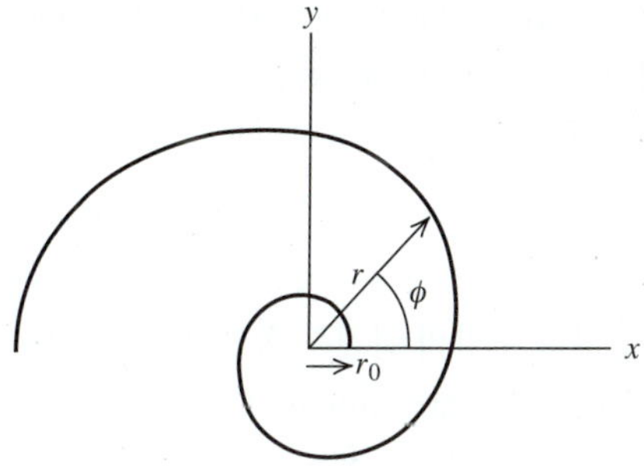


그림 7-28 $r = r_0 e^{a\phi}$, $r_0 = 0.311$ cm, 그리고 $a = 0.221$인 등각 스파이럴 곡선.

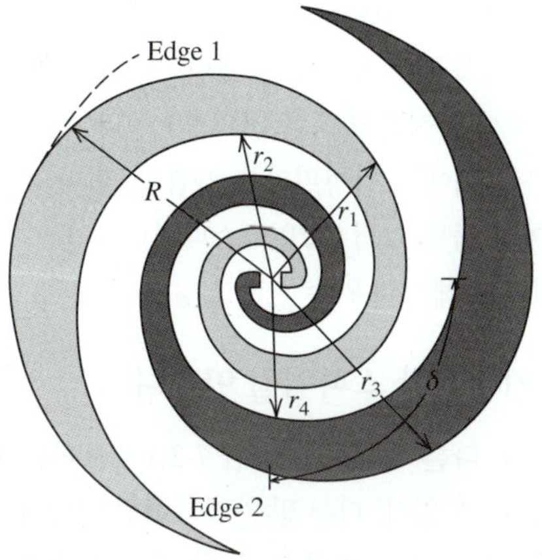


그림 7-29 $\delta = 90°$인 자기상보의 평면형 등각 스파이럴 안테나.

평면형 등각 스파이럴 안테나의 임피던스, 패턴, 그리고 편파는 넓은 범위의 주파수에 걸쳐서 거의 일정하다. 중심에서의 급전점, 전체 반지름, 그리고 확장률이 안테나 성능에 영향을 미친다. 확장률 $a$는 **팽창비**(expansion ratio) $\varepsilon$을 통해 더 편리하게 나타낼 수 있는데, $\varepsilon$는 나선의 1회전에 대한 반지름의 증가 인자를 나타내고 있다. 즉 $\varepsilon$은

$$\varepsilon = \frac{r(\phi + 2\pi)}{r(\phi)} = \frac{r_o e^{a(\phi+2\pi)}}{r_0 e^{a\phi}} = e^{a2\pi} \tag{7-55}$$

이다. $\varepsilon$에 대한 전형적인 값은 4이고, 식 (7-55)로부터 $a = 0.221$이다. 동작대역의 상단주파수 $f_U$는 급전구조에 의해 결정된다. 최소 반지름 $r_0$는 팽창비 $\varepsilon$이 4일 때 $f_U$에서 약 1/4파장이 된다[H.8.3: Rumsey]. 거의 등가적인 기준으로 급전 영역에서의 원주가 $2\pi r_0 = \lambda_U = c/f_U$인 것이다. 물론 스파이럴은 이 점에서 종단되며, 급전 전송선로에 연결된다. 저주파 한계는 전체 반지름 $R$에 의해 정해지고 대략 $f_L$에서 1/4파장이 된다. 그 대신에, 스파이럴을 꼭 감싸는 원의 원주를 이용하여 저주파 한계를 $C = 2\pi R = \lambda_L$과 같이 설정할 수 있다.

1/2회전과 3회전 사이의 스파이럴들이 파라미터 $a$와 $\delta$에 상대적으로 덜 민감하다는 것이 실험적으로 밝혀졌다[22]. 1.5회전의 스파이럴이 최적에 가깝다. 예를 들어 그림 7-29에 보이는 $a = 0.221$인 1.5회전의 스파이럴을 살펴보자. 각 가장자리 곡선은 식 (7-54)의 형태이므로, 최대 반지름은 $R = r(\phi = 3\pi) = r_0 e^{0.221(3\pi)} = 8.03 r_0$이다. 이것은 $\lambda_L/4$와 같다. 여기에서 $\lambda_L$은 대역 하단 주파수에서의 파장이다. 급전점에서는 $r = r(\phi = 0) = r_0 e^0 = r_0$이며, 이것은 $\lambda_U/4$와 같다. $\lambda_U$는 대역 상단 주파수에서의 파장이다. 대역폭은 $f_U/f_L = \lambda_L/\lambda_U = \lambda_L/4/\lambda_U/4 = 8.03$이다. 이와 같은 8:1 대역폭이 전형적인 값이지만, 40:1의 대역폭도 얻을 수 있다.

식 (7-53)에 따라, 자기상보 등각 스파이럴은 $188.5 + j0\ \Omega$의 입력 임피던스를 가져야 한다. 실제로 측정된 임피던스 값은 이것보다 낮은 경향이 있는데(약 $120 + j0\ \Omega$), 이는 금속의 한정된 두께와 어느 한쪽 팔을 따라 중앙의 급전부 쪽으로 감겨지는 동축 급전선로 때문에 발생하는 현상이다[22]. 이 형태의 급전을 **무한 밸런**(infinite balun)이라고 한다. 평형 기능은 동축의 외부에 여기되는 모든 전류들이 중앙의 급전점으로 흘러나오기 때문에 가능하다. 이 전류는 기본적으로 팔에서의 전류와 같이 행동하여 동작영역에 도달하면 방사하게 된다. 대칭을 유지하기 위해서, 또 다른 팔에는 의사 동축(dummy coax)이 부착된다.

자기상보 평면 등각 스파이럴 안테나의 방사패턴은 스파이럴 평면에 대해 브로드사이드 방향으로 두 개의 광폭 빔을 갖는 양방향성 패턴이다. $z$축이 스파이럴 평면에 수직일 때 장 패턴은 대략 $\cos\theta$가 된다. 따라서 반전력 빔폭은 거의 90°이다. 방사의 편파는 브로드사이드로부터 70°까지에 이르는 각의 넓은 범위에서 원형편파에 가깝다. 편파의 방향은 스파이럴이 확장되어 가는 방향에 의해 정해진다. 예를 들면 그림 7-29의 스파이럴은 종이면 바깥쪽 방향에 대해서는 오른손 편파로, 종이면 안쪽 방향에 대해서는 왼손 편파로 방사한다.

### 7.7.2 아르키메디안 스파이럴 안테나

평면 스파이럴의 또 다른 형태로는 그림 7-30에 보이는 **아르키메디안 스파이럴 안테나**(Archimedean spiral antenna)가 있다. 다른 많은 스파이럴 안테나처럼 이 안테나는 인쇄형 회로 기술을 사용해 쉽게 만들 수 있다. 그림 7-30의 두 스파이럴의 방정식은 다음과 같다.

$$r = r_0\phi \tag{7-56}$$

$$r = r_0(\phi - \pi) \tag{7-57}$$

아르키메디안 스파이럴은 등각 스파이럴과 비교하여 지수형이라기보다는 극각(polar angle, $\phi$)에 선형적으로 비례하므로 훨씬 더 느리게 확장된다.

아르키메디안 스파이럴 안테나의 간단한 기하학적 구조를 이용하여 주파수 독립 안테나의 중요한 동작원리를 설명할 수 있다. 방사가 일어나게 되는 동작영역에 의해 방사의 '대역'을 설명할 수 있다. 주파수 독립 안테나의 급전점과 동작영역 사이에서는, 전류들은 전송선로 모드로 존재하며 이들로부터 유도되는 장은 원거리장에서 서로 상쇄된다. 동작영역은, 곡선 구조의 경우에는 원주가 한 파장 길이가 된 안테나의 부분, 또는 직선 도선이나 모서리를 갖는 안테나에서는 반 파장 길이의 소자들을 갖는 안테나 부분에 생긴다. 동작영역에서의 방사로 인하여 전력을 소모하기 때문에 동작영역을 지나서는 전류가 작게 되고 안테나는 사실상 크기가 무한한 것처럼 동작한다. 물론 동작영역은 주파수에 맞춰 안테나를 따라 이동한다. 스파이럴의 기하학적 구조가 매끄럽기 때문에, 주파수가 낮아지면 안테나의 전기적 성능은 변하지 않고 그대로인 채로 동작영역은 스파이럴의 바깥쪽으로 멀어진다. 그러므로 자가조정이 이루어지고, 주파수에 독립적으로 동작한다.

이제 그림 7-30을 이용해 스파이럴 안테나가 어떻게 동작하는지 물리적으로 살펴본다. 두 팔은 점 $F_1$과 $F_2$에서 180°의 위상차를 갖도록 급전된다. 이것을 서로 반대로 향하는 전류 화살표로 나타내고 있다. 전류는 1번 팔(−)의 경우에는 안쪽으로, 2번 팔(+)의 경우에는 바깥쪽으로 향한다. $A$까지의 팔의 길이들, 즉 $F_1A_1$과 $F_2A_2$가 같으므로 급전으로부터 $A$까지의 위상변화는 동일하고, 그림 7-30에서 볼 수 있는 바와 같이 전류방향이 유지된다. 원주가 한 파장이 되는 동작영역은 $A$ 또는 $B$로 표시된 점을 포함한다. 이 영역 내에서는 전류의 크기는 거의 같다고 가정할 수 있다. 그러나 위상은 진행파가 팔을 따라 진행함에 따라 변한다. 동작영역 내에서 원주가 전기적으로 크기 때문에,

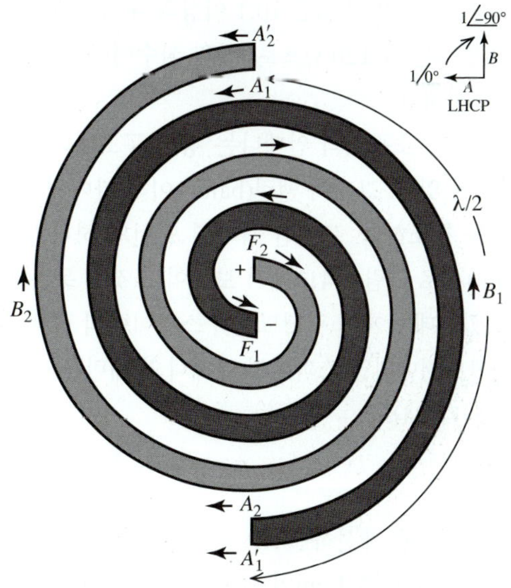


**그림 7-30** **아르키메디안 스파이럴 안테나.** 이 경우 외부 원주는 한 파장, 그러므로 동작영역이다. 그림에 삽입된 화살표는 방사된 전장에 대한 벡터 다이어그램이고, 종이면 바깥쪽으로의 방사는 왼손 방향으로의 원형 편파임을 보여 준다.

위상을 반드시 고려해야 한다. 경로길이의 차가 $\lambda/2$이기 때문에 $A_1$과 $A_1'$ 사이와 $A_2$와 $A_2'$ 사이에서 위상이 180° 변화한다. 180° 위상 변화는 반 회전으로 인한 방향 반전과 상쇄되기 때문에 서로 다른 팔에 있는 인접한 점들($A_1$, $A_2'$ 그리고 $A_2$, $A_1'$)은 동위상이다. 덧붙여서, 이들 쌍의 반대편 점들도 동위상이다. 즉 $A_1$, $A_2'$은 $A_2$, $A_1'$과 동위상이다. 이 동위상 조건으로부터 브로드사이드 방향으로 전장이 커지며, 최대방사를 하게 된다. 동작영역보다 안쪽에서는 서로 다른 팔의 인접점들 사이의 전기적 거리는 전기적으로 크지 않으므로, 인접점들 사이에는 급전에 의한 반위상 상태가 보존된다. 이것이 전송선로 모드이며 방사는 작다. 남은 진행파의 반사를 막기 위해 종종 저항성 부하를 스파이럴의 끝에 부가한다.

마지막으로 원형편파 특성에 관하여 살펴본다. 동작영역에서 스파이럴을 따라 1/4회전 지점들은 90° 위상차를 가진다. 예를 들면 점 $B_1$에서의 위상은 점 $A_1$에서보다 90°만큼 뒤진다. 게다가 공간상으로는 두 전류가 직교한다. 전류 크기는 또한 거의 같다.그러므로 원형편파 방사에 대한 모든 조건이 충족된다. 즉 방사장들(두 전류에 의해 만들어진)은 서로 직교하고 같은 크기이며 위상차는 90°이다. 그림 7-30의 벡터 다이어그램으로 알 수 있는 바와 같이, 파는 좌수원형편파이다. 좌수편파는 왼손 방향으로 감긴 스파이럴로부터 비롯한다. 이것은 지면 바깥 방향으로의 방사에 대한 경우이다. 종이면의 다른 쪽에서 본다면, 스파이럴은 오른손 감는 방향이 되며 RHCP를 형성한다.

위 논의에 따르면, 스파이럴은 스파이럴 면에 수직방향으로 넓은 주빔을 만든다는 것이 명확하다. 대부분 응용에는 단방향성 빔이 필요하다. 이것은 스파이럴의 뒤쪽을 접지면으로 막아서 형성할 수 있다. 대개는 스파이럴 뒤쪽에 금속 공동을 사용해, **후방 공동 아르키메디안 스파이럴 안테나**(cavity-backed Archimedean spiral antenna)를 만든다. 이것으로 고정된 물리적 길이(접지면까지의 거리)가 설계에 필요하게 되고, 따라서 실제로 주파수 독립인 동작에 변화가 생긴다. 대부분의 상업적인 장비에서는 공진효과를 줄이기 위해 공동 내에 흡수체를 사용함으로써 이 점을 교정하게 된다. 그러나 이와 같은 교정 작업 때문에 손실이 발생한다. 후방 공동 아르키메디안 스파이럴 안테나의 전형적인 성능 파라미터 값은 10:1 이상의 대역폭에 걸쳐 HP = 75°, $|\mathrm{AR}| = 1$ dB, $G = 5$ dB이다. 입력 임피던스는 약 120 Ω으로, 거의 실수이다. 등각 스파이럴의 성능은 아르키메디안 스파이럴의 성능과 유사하다.

스파이럴과 같은 초광대역 안테나는 평형 구조이다. 그들은 일반적으로 불평형 구조인 동축케이블에 연결되어 있다. 그래서 밸런(balun)이 스파이럴 급전에 포함되어야 한다. 밸런 원리에 대해서는 6.4.3절을 참조하라. 그러한 광대역 밸런의 하나가 테이퍼형 동축 광대역 밸런(tapered-coax wideband balun)으로 그림 6-41*b*에서 보듯이 그것은 동축케이블의 바깥 도체를 점점 잘라 나아감으로써 만들 수 있는데 남겨진 평행도선이 스파이럴의 팔에 연결되도록 한다[23].

후방 공동 아르키메디안 스파이럴 안테나의 패턴은 경험적으로 유도된 함수에 의해 다음과 같이 모델링될 수 있다[24].

$$F(\theta) = \cos^{5.8}(0.53\ \theta) \tag{7-58}$$

이 패턴의 반전력 점들을 계산하면 HP = 74°를 얻을 수 있다.

그림 7-31*a*는 지름이 5.4 cm인 실험적 모델을 보여 주고 있다. 이 스파이럴 안테나의 낮은 차단주파수는 원주가 한 파장일 때이므로 다음과 같이 구할 수 있다.

$$c/\lambda = c/\pi D = 30/5.4\,\pi = 1.77\,\mathrm{GHz} \tag{7-59}$$

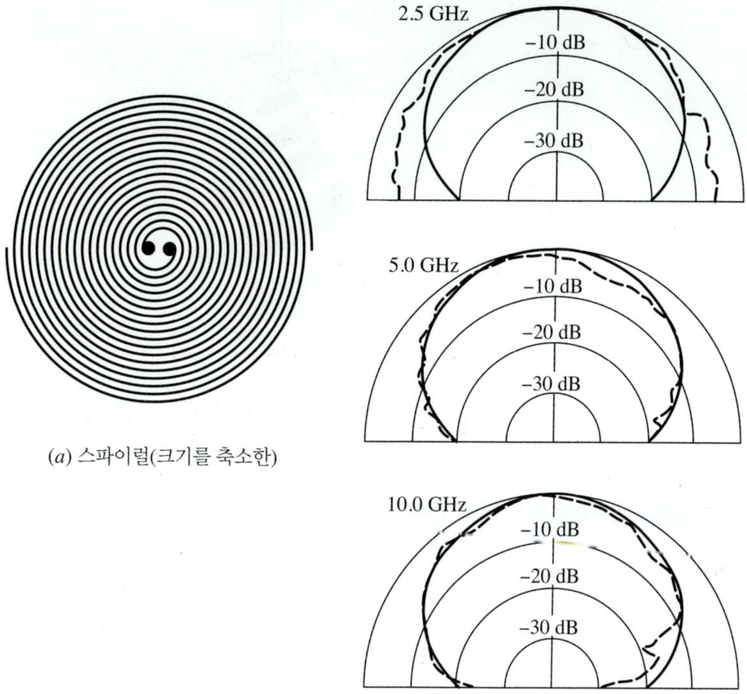


(*a*) 스파이럴(크기를 축소한)

(*b*) 방사 패턴: 측정된 패턴 (점선)과 $\cos^{5.8}(0.53\theta)$를 이용해 계산된 패턴(실선)

**그림 7-31** 4:1 대역폭 후방 공동 아르키메디안 스파이럴 안테나.

세 주파수, 즉 2.5(차단주파수 약간 위), 5, 그리고 10 GHz에 대한 측정패턴이 그림 7-31*b*에 나와 있다. 또한 식 (7-58)의 패턴 모델도 도시되어 있다. 패턴이 주파수 독립 안테나의 특성인 4:1의 대역폭에 걸쳐 거의 일정함을 알 수 있다. 후방 공동 아르키메데스 스파이럴 안테나에 대한 측정된 안테나 패턴을 그림 13-13에서 볼 수 있다.

### 7.7.3 원추형 등각 스파이럴 안테나

비평면 형태의 스파이럴 안테나를 이용하여, 후방 공동을 사용하지 않고 단일 주빔을 형성할 수 있다. 예를 들면 원추형 표면에 맞춘 평면 등각 스파이럴 안테나는 그림 7-32에 보이는 **원추형 등각 스파이럴 안테나**(conical equiangular spiral antenna)를 형성한다. 원추형 등각 스파이럴 안테나에 대한 방정식은 다음과 같다.

$$r = e^{(a\ \sin\theta_h)\phi} \quad \textbf{(7-60)}$$

평면 스파이럴은 원추형 등각 스파이럴의 $\theta_h = 90°$인 특별한 경우이다. 금속으로 된 한 스파이럴의 가장자리에 대한 방정식들은 $r_1$에 대해서는 식 (7-60)이고 $r_2 = e^{(a\ \sin\theta_h)(\phi-\delta)}$, 그리고 자기상보의 경우에는 $\delta = \pi/2$이다. 이것을 180° 회전시키면 또 다른 스파이럴 팔이 만들어진다. 팔의 가장자리는 임의의 원추 반각 $\theta_h$에 대해 방사상의 선과 일정한 각 $\alpha$를 유지한다[H.8.3: Rumsey].

$$a = \cot\alpha \quad \textbf{(7-61)}$$

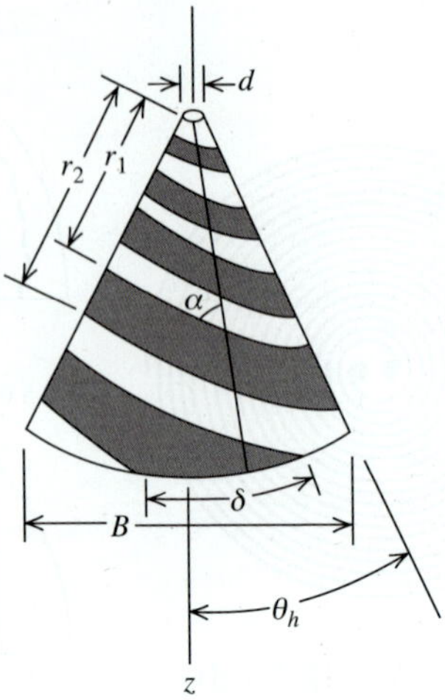


그림 7-32 원추형 등각 스파이럴 안테나.

원추형 등각 스파이럴 안테나는 원추 끝에서 $-z$ 방향으로 지향하는 하나의 주빔을 갖는다. 자기상보 형태를 취하면 가장 좋은 방사패턴을 얻을 수 있다. $\theta_h \leq 15°$이고 $\alpha$가 약 70°인 경우의 전형적 패턴은 $\theta = 180°$ 방향으로 최대인 넓은 주빔을 형성하고 반전력 빔폭은 약 80°이다. 구조가 회전 대칭적이므로 패턴 또한 거의 회전 대칭적이다. 방사장의 편파는 스파이럴의 감긴 방향에 의해 결정되며 거의 원형편파에 가깝다. 그러나 축으로부터의 각이 증가함에 따라 편파 타원율이 증가한다.

임피던스[H.8.3: Rumsey]는 다음의 관계식으로 간략히 할 수 있다.

$$Z_o \approx 300 - 1.5\delta(\text{degrees})\ \Omega \tag{7-62}$$

여기에서 $\delta$(각도)는 그림 7-32의 각 $\delta$이다. 자기상보의 경우, $\delta$는 90°이고 식 (7-62)로부터 $Z_o \approx$ 165 Ω이다. 이것은 식 (7-53)의 이론적인 값 188.5 Ω에 가깝다. 임피던스는 $\theta_h$나 $\alpha$에 의해 크게 영향을 받지 않는다.

원추형 등각 스파이럴 안테나의 설계는 다소 간단하고, 참고문헌 [25]에 따라 진행된다. 동작대역의 상단 주파수 $f_U$는 절단된 정점 지름이 1/4파장일 때 발생한다. 즉 $\lambda_U/4$이다. 대역의 하단 주파수 $f_L$은 밑면의 지름 $B$에 의해 결정되는데, $B = 3\lambda_L/8$의 관계가 있다. $\theta_h$는 대개 15°보다 작고 $\alpha$는 약 70°이다. $\theta_h = 10°$이고 $\alpha = 73°$인 경우에 전후방비는 15 dB이고, 축에서의 편파 축비는 3 dB 이하이다.

## 7.7.4 관련된 구조

앞에서 설명한 스파이럴 안테나는 급전점 단자들이 반대의 위상으로 급전되어 기본적인 기모드로 동작하지만, 다른 방식으로도 동작할 수 있다. 고차모드로 동작이 가능한데 원주가 파장의 홀수 배 (3, 5, ...)가 되는 동작영역을 갖는다. 스파이럴 급전단자들에 동위상으로 급전하면 우모드를 생성할 수 있는데, 스파이럴의 브로드사이드 방향으로 영점이 발생한다. 이 패턴은 방향탐지(DF: direction finding)에 유용하다[H.11.4: Lipsky].

그림 7-33 물결모양 안테나.

정사각형의 팔을 갖는 아르키메디안 스파이럴은 크기가 22% 감소된다. 이것은 둘레가 원형의 경우 $\pi D$에서 정사각형인 경우 4D까지로 증가되기 때문이다. 또한 대역폭을 확장하기 위하여 스파이럴의 팔을 지그재그 형태로[26], 코일 형태로, 또는 부하를 연결한 형태[H.9.1: Waterhouse, Chap. 4]로 만들 수 있다. 스파이럴 안테나에 관한 추가적인 사항들은 다음 참고문헌에서 찾아볼 수 있다: [H.8.3: Corzine and Mosko], [H.8.3: Nakano], [H.8.6: *Ant. Eng. Hdbk*, 4th ed., Chap. 13].

스파이럴과 관련된 광대역 안테나에는 **물결모양 안테나**(sinuous antenna)가 있다[27]. 그림 7-33에 보이는 것처럼, 물결모양 안테나는 스파이럴 안테나보다 더 복잡하다. 그러나 편파 특성을 더 유연하게 이용할 수 있다. 두 개의 반대되는 팔의 쌍들은 직교하는 선형편파를 만든다. 이 쌍은 편파 다이버시티 또는 송/수신 동작을 위해 개별적으로 사용할 수 있다. 또는 두 팔 쌍의 출력들을 결합하여 동시에 LHCP와 RHCP를 발생시킬 수 있다. 동작 원리는 평면형 스파이럴의 경우와 매우 유사하다.

## 7.8 대수주기 안테나

앞 절의 주파수 독립인 스파이럴 안테나는 각도를 강조하여 광대역 안테나를 구현하는 원리를 보여 준 것이다. 스파이럴 안테나가 복잡한 구조는 아니지만, 원형이나 직선의 가장자리를 포함한 간단한 기하학적 구조를 이용할 수 있다면 구성은 간단해질 것이다. 이러한 형태의 안테나를 이 절에서 다룬다. 어떻게 이러한 발상이 전개되는지 보기 위해, 첫 번째로 그림 7-34의 **보우타이 안테나**(bow-tie antenna)[**바이핀 안테나**(bifin antenna)라고도 한다]를 살펴본다. 이것은 유한 쌍원추 안테나의 평면형이다(그림 7-18 참조). 또 안테나 평면에 수직인 넓은 주빔을 가지는 양방향성 패턴을 가지며, 또한 선형편파이다. 보우타이 안테나는 UHF TV채널의 수신 안테나로 사용되는데, 후엽을 제거하기 위해 안테나의 뒤쪽에 종종 도선망 접지면을 설치한다. 전류가 핀의 끝에서 갑자기 종단되기 때문에, 안테나의 대역폭이 제한된다. 곧 알게 되겠지만, 간단한 보우타이 안테나를 그림 7-35에 보이는 것처럼 변형하면, 급전점에서 거리가 멀어짐에 따라 전류는 급격히 감소하게 된다. 주기적으로 위치한 돌기를 사용하므로 이 안테나를 넓은 의미로 대수주기 안테나의 하나로 분류한다. **대수주기 안테나**(log-periodic antenna)는 임피던스와 방사특성이 주파수의 대수로서 주기적으로 반복하는 구조적 형태를 가지는 안테나이다. 실제로 동작주파수 대역에 걸친 특성 변화가 크지 않

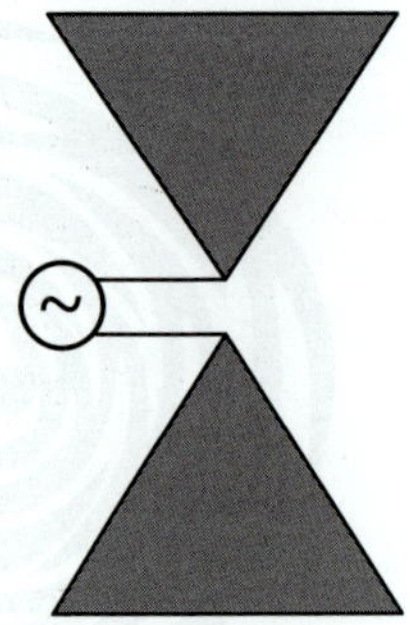

그림 7-34 보우타이 안테나.

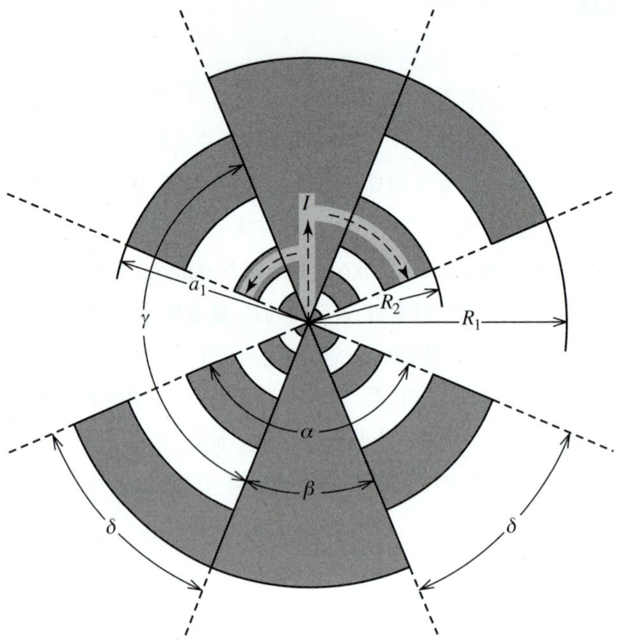


그림 7-35 **대수주기 톱니형 평면 안테나(자기상보형).** 중간대역 전류는 절반의 상단에 보인다.

아, 대수주기 안테나는 대개 주파수 독립 안테나로 간주한다.

주파수 독립 안테나에 대한 연구는 대부분 1950년대 말과 1960년대에 일리노이 대학에서 이루어졌다[28]. 일련의 안테나들이 많은 실험을 통해 개발되었다. (이러한 발전에 대한 뛰어난 역사적 논의는 [H.3: Weeks, Sec. 7.2]를 참조하라.) 여러 형태의 구조가 실험되었으며, 광대역 특성을 보이는 구조들은 광대역에 필요한 구조의 성질을 결정하는 데 이용되었다.

주파수 독립 스파이럴 안테나는 앞 절에서 논의했다. 이 절에서는 대수주기 안테나군의 개발에 대해 개략적으로 서술한다. 대수주기의 변형으로 대수주기 다이폴 안테나가 만들어지는데, 이는 직선 도선의 단편들로만 구성된다.

최초의 대수주기 안테나들 중의 하나로 그림 7-35에 보이는 **대수주기 톱니형 평면 안테나**(log-periodic toothed planar antenna)가 있다. 톱니를 제외하고는 보우타이 안테나와 유사하다. 톱니는 안테나가 보우타이 형태의 구조일 때 흐르는 전류를 교란하는 역할을 한다. 전류는 톱니를 따라 흘러 나아가는데, 사용 주파수의 한계에서가 아니라면, 안테나의 종단에서는 그리 크지 않다. 평면 등각 스파이럴 안테나를 살펴봄으로써 이 안테나의 약간은 특이한 형태를 설명할 수 있다. 스파이럴의 중심으로부터 어떤 방사상의 선을 따라, 도체의 면(또는 가까운) 가장자리들의 위치는 식 (7-54)로부터 다음과 같다.

$$r_n = r(\phi + n2\pi) = r_0 e^{a(\phi+n2\pi)} \tag{7-63}$$

$n$번째 위치에 대한 $n+1$번째 위치의 비는

$$\frac{r_{n+1}}{r_n} = \frac{r_0 e^{a(\phi+(n+1)2\pi)}}{r_0 e^{a(\phi+n2\pi)}} = e^{a2\pi} = \varepsilon \tag{7-64}$$

인데 이것은 식 (7-55)의 팽창비다. 이것은 상수이고, 따라서 가장자리들의 거리(또는 주기)는 평면형 스파이럴 경우의 일정한 비가 된다. 그림 7-35의 구조에 대해, 가장자리 거리들의 비는 하나의 상수이고, 다음 척도인자로 주어진다.

$$\tau = \frac{R_{n+1}}{R_n} < 1 \tag{7-65}$$

슬롯 폭은 다음과 같이 표현된다.

$$\sigma = \frac{a_n}{R_n} < 1 \tag{7-66}$$

이러한 관계들은 임의의 $n$에 대하여 성립한다. 파라미터 $\tau$에 의해 그 구조의 주기가 결정된다. 그러므로 주기적인 패턴, 그리고 같은 주기를 가지는 임피던스 특성을 예상할 수 있다. 바꾸어 말하면, 만약 인접한 주기에서 주파수 $f_{n+1}$과 $f_n$에서 동일한 성능을 갖는다면 아래와 같은 식이 성립한다.

$$\frac{f_n}{f_{n+1}} = \tau, \quad f_n < f_{n+1} \tag{7-67}$$

이 수식의 형태를 $f_{n+1} = f_n/\tau$으로 바꾼 다음 양변에 로그를 취하면 아래와 같다.

$$\log f_{n+1} = \log f_n + \log(1/\tau) \tag{7-68}$$

따라서 그 성능은 로그 형태로 주기적이므로, 대수주기(log-periodic) 안테나라고 부른다. 모든 대수주기 안테나들은 이러한 특성을 가진다.

대수주기 톱니형 평면 안테나의 톱니 크기를 적당히 조정하면, 그 구조를 자기상보 형태로 만들 수 있다. 그림 7-35에서, 일반적으로(자기상보형이든 아니든)

$$\gamma + \beta = 180° \quad \text{그리고} \quad \beta + 2\delta = \alpha \tag{7-69}$$

인 것을 알 수 있다. 구조가 자기상보형이면(그림에서처럼)

$$\alpha = \gamma \quad \text{그리고} \quad \beta = \delta \tag{7-70}$$

이다. 식 (7-70)을 식 (7-69)에 대입하면 $\alpha + \beta = 180°$ 그리고 $\beta + 2\beta = \alpha$가 된다. 이 두 식을 풀면 자기상보 대수주기 톱니형 평면 안테나에 대해 다음과 같은 결과를 얻을 수 있다.

$$\alpha = 135° \quad \text{그리고} \quad \beta = 45° \tag{7-71}$$

앞 절에서 보았듯이, 자기상보인 안테나는 광대역인 경향이 있고 입력 임피던스는 188.5 Ω이다.

톱니의 폭과 간격을 동일하게 하면, $\sigma = a_n/R_n = R_{n+1}/a_n$이다. 식 (7-65)를 사용하여 $\sigma$에 대해 풀면 아래와 같은 결과를 얻는다.

$$\sigma = \sqrt{\tau} \tag{7-72}$$

이러한 관계와 자기상보적 특성은 실제로 많이 쓰인다.

대수주기 톱니형 평면 안테나의 특성들은 $\tau$에 따라 변한다. $\tau$값이 증가함에 따라 반전력 빔폭이 증가한다는 사실이 실험을 통해 발견되었다[H.8.3: Rumsey]. 즉 $\tau = 0.2$에서 약 30°인 반전력 빔폭은 $\tau = 0.9$에서는 약 75° 정도로 증가한다. 그 패턴은 안테나 평면의 각 법선방향으로 두 개의 최대 로브를 가진다. 방사장은 톱니 가장자리에 평행한 선형편파이다. 이 편파는 톱니가 없는 경우 ($\delta = 0$)—이때 안테나는 보우타이가 되는데—의 편파에 수직이다. 방사상으로 흐르는 전류에 비해 횡방향으로 흐르는 전류가 지배적이라는 사실은 중요하다. 대부분의 전류는 길이가 대략 $\lambda/4$(동작 영역)인 톱니 상에 나타난다. 이것은 우리가 보아 온 것처럼 광대역 특성을 얻는 데 꼭 필요하다. 동작주파수의 한계값들은 가장 큰 톱니와 가장 작은 톱니가 $\lambda/4$ 길이가 되는 주파수에 의해 설정된다.

대수주기 톱니형 평면 안테나는 주파수에 대해서 식 (7-65)에 주어진 주기 $\tau$로 주기적으로 반복하는 성능(임피던스와 패턴)을 가져야 한다. 비록 주파수에 독립적인 동작을 하지는 않지만 안테나의 자기상보형 형태로 인하여 주기 사이의 주파수들에서, 즉 $f_n < f < f_{n+1}$인 경우, 그 성능이 그다지 크게 변하지는 않는다. 실제로 측정한 결과 대략 10:1 이상의 대역폭에서 거의 동일한 패턴들을 보였다[H.8.3: Rumsey].

그림 7-36의 **대수주기 톱니형 쐐기 안테나**(log-periodic toothed wedge antenna)는 그림 7-35에 나타낸 평면형에 대하여 단방향 패턴을 갖는 형태이다. 그림 7-35의 평면형에서는 끼인각 $\psi$가 180°이다. 하나의 넓은 주빔이 2방향으로 존재한다. 그 패턴들은 30° $< \psi <$ 60°에서 거의 주파수에 독립적이다. 편파는 그림 7-36에 나타나 있듯이 선형이며 축방향의 방사의 경우에는 $y$ 방향이다. 쌍원추 안테나에서와 같이 방사상으로 흐르는 전류에 의해 작은 교차 편파($x$ 방향) 성분이 발생한다. 보통 이 교차 편파 성분은 축 상의 동일 편파($y$ 방향) 성분보다 18 dB 정도 낮다. 동일 편파 성분은 주파수 독립적인 작용과 관련한 횡방향 전류 모드가 강하게 여기된다는 점을 나타낸다. 쐐기

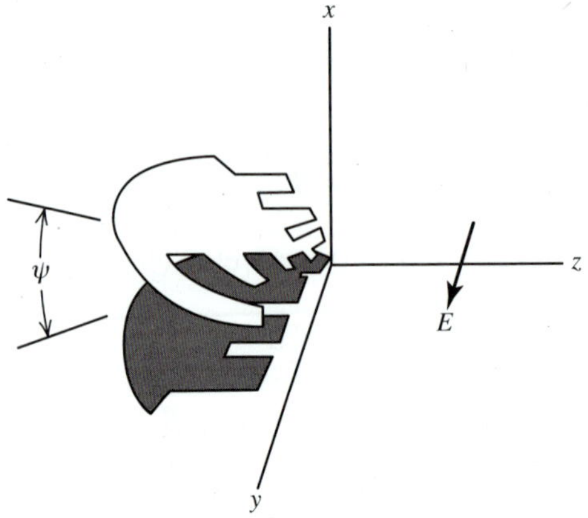


그림 7-36 대수주기 톱니형 쐐기 안테나.

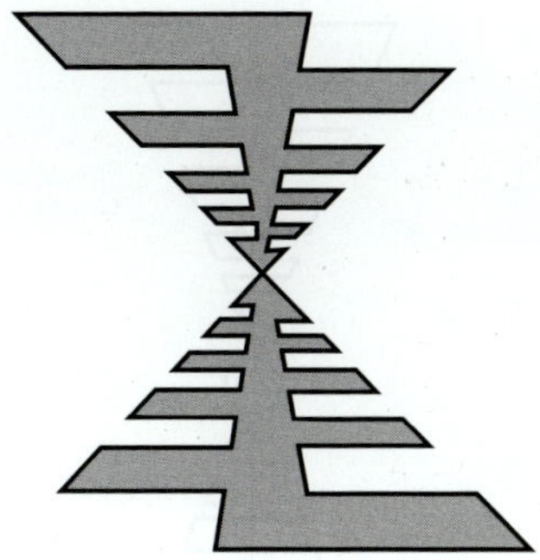

그림 7-37 대수주기 톱니형 사다리꼴 안테나.

형의 대역폭은 판형의 대역폭과 비슷하다. 그렇지만 입력 임피던스는 $\psi$가 감소함에 따라 작아진다. 평면의 경우($\psi = 180°$)에, 자기상보 안테나로 188.5 Ω의 임피던스를 가져야 하지만, 실제 임피던스는 약 165 Ω이다. 반면에 $\psi = 30°$인 쐐기 형태의 임피던스는 70 Ω이다. $\psi$가 감소함에 따라 구조의 한 주기($\tau$의 주파수 비율)에 대한 임피던스의 변화폭이 증가한다. 예를 들어 $\psi = 60°$인 경우에는 기하평균에 대해 3:1의 편차가 일어난다[H.8.3: Rumsey].

제작상의 관점에서, 만약 톱니형 안테나의 가장자리를 직선의 형태로 만들 수 있다면 바람직할 것이다. 이러한 구조의 단순화는 안테나의 성능에 별로 영향을 주지 않는 것으로 밝혀졌다. 이것은 대수주기 안테나 발전에 대한 또 다른 중요한 진척이다. 예를 들어 만약 그림 7-35의 대수주기 톱니형 평면 안테나의 톱니형 가장자리를 직선으로 대신한다면, 그 결과는 그림 7-37의 **대수주기 톱니형 사다리꼴 안테나**(logperiodic toothed trapezoid antenna)가 된다. 이 안테나의 성능은 그림 7-35의 곡선형 가장자리 형태의 경우와 유사하다. **대수주기 톱니형 사다리꼴 쐐기 안테나**(log-periodic toothed trapezoid wedge antenna)는 평면형을 쐐기형으로 구부려서 만들 수 있는데 이렇게 할 경우 그림 7-36과 유사한 형태가 된다. 사실 두 쐐기형(곡선 가장자리와 사다리꼴)의 패턴은 유사하다. 그렇지만 사다리꼴형은 $\psi = 60°$인 경우에 한 주기에 걸쳐 변화폭이 1.6:1 정도에 그치는 더 나은 임피던스 성능을 갖는다[H.8.3: Rumsey].

지금까지 설명해 온 고체금속(또는 금속판) 안테나는 사용 파장이 짧은 경우에는 실용적이지만, 저주파의 경우에는 이러한 구조들은 다소 비현실적일 수 있다. 판형 안테나의 가장자리를 따라서 가느다란 도선으로 형태를 구성하는 도선형으로 판형 안테나를 대신할 수 있다. 그림 7-38*a*가 이 주요한 구조적 단순화의 예인데, 이것은 그림 7-37의 도선형태이다. 이 **대수주기 사다리꼴 도선 안테나**(log-periodic trapezoid wire antenna)를 꼭대기에서 구부려서 단방향 패턴을 형성하는 쐐기 형태가 되도록 할 수도 있다. **대수주기 사다리꼴 쐐기 도선 안테나**(log-periodic trapezoid wedge wire antenna)는 그것의 금속판 형태와 성능이 유사하다. 쐐기 각 $\psi = 45°$에 대한 측정 결과, $E$ 및 $H$ 평면의 반전력 빔폭이 66°이고, 이득이 9.2 dB이며, 전후방비는 12.3 dB이다. 입력 임피던스의 평균은 10:1 대역에 걸쳐 1.45의 VSWR을 기준으로 해 110 Ω으로 측정되었다[29]. 다른 쐐기형 대수주기 안테나와 마찬가지로 주빔 최대는 정점으로부터 직선방향이며 방사는 선형편파이다.

평면형 혹은 쐐기형의 형태를 갖는 더 간단한 대수주기 도선 안테나들이 있다. 그림 7-38*b*의 **대수주기 지그재그형 도선 안테나**(log-periodic zig-zag wire antenna)가 한 예이다.

대수주기 안테나의 변형의 마지막 단계는 오직 평행도선 단편들을 사용하는 것이다. 이것이 그

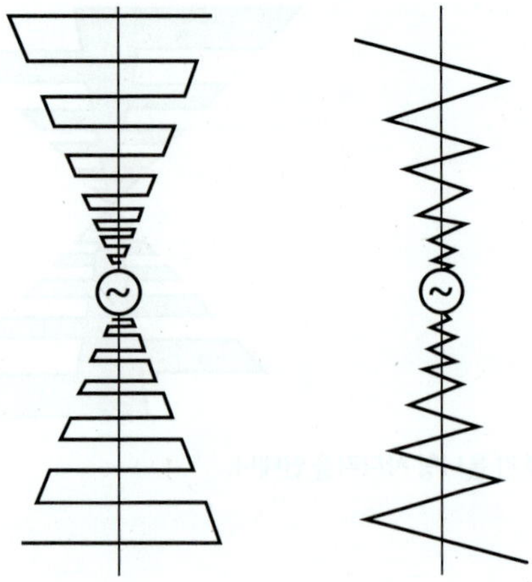

(*a*) 사다리꼴　　　(*b*) 지그재그형

그림 7-38 대수주기 도선 안테나의 구성.

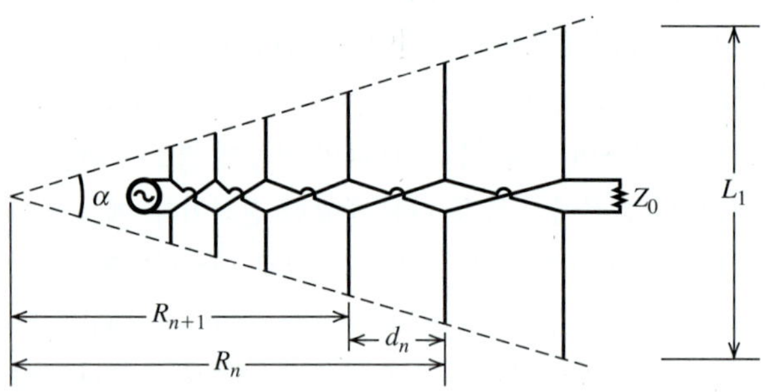


그림 7-39 대수주기 다이폴 배열의 기하학적 구조.

림 7-39의 **대수주기 다이폴 배열**(log-periodic dipole array)이다[30,31]. 이 대수주기 다이폴 배열(LPDA)은 정점에 있는 급전점에서 바깥쪽으로 나아가면서 점점 길이가 길어지는 평행도선 다이폴들의 직렬급전배열이다. 인접 소자들 사이에서 연결 급전선들이 교차하는 것에 주목하라. 이것은 그림 7-39의 LPDA가 그림 7-37의 톱니형 사다리꼴의 접어진 형태—끼인각이 0°인 쐐기형이 된다—와 닮은 점을 주목하면 이해할 수 있다. 두 개의 중앙 금속핀(fin)들이 평행전송선 역할을 하고, 이 핀들로부터 톱니가 교대로 돌출하는 형태이다. 금속 도선이 이렇게 교대로 나타나는 형태는 모든 쐐기형 대수주기 안테나에 대해 나타난다.

그림 7-40은 LPDA를 구성하는 특별히 성공적인 방법을 보인 것이다. 동축 전송선로는 급전 도체들 중 하나의 내부를 통과한다. 동축 외부는 그 도체에 부착되며 동축 내부 도체는 LPDA 전송선로의 다른 도체에 연결된다.

그림 7-39에서 보는 것처럼 끼인각이 $\alpha$인 쐐기에 의해 다이폴의 길이가 제한된다. LPDA에 대한 척도인자 $\tau$는 다음과 같다.

$$\tau = \frac{R_{n+1}}{R_n} < 1 \qquad (7\text{-}73)$$

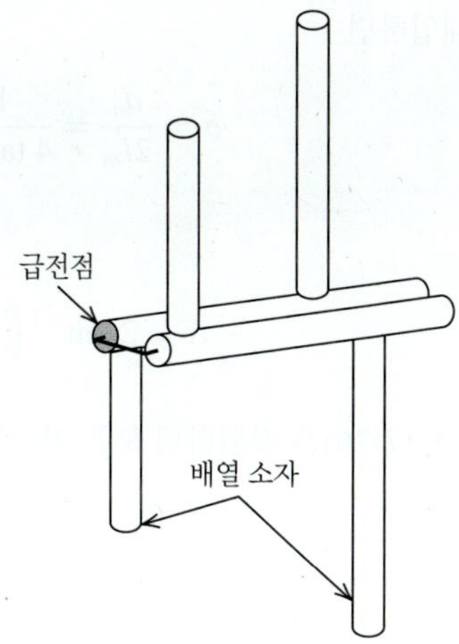


그림 7-40 대수주기 다이폴 배열 구조의 세부사항.

끼인각이 $\alpha/2$인 직각 삼각형에 대해 다음과 같은 식이 성립한다.

$$\tan\frac{\alpha}{2} = \frac{L_n/2}{R_n} = \frac{L_{n+1}/2}{R_{n+1}} \tag{7-74}$$

따라서

$$\frac{L_1}{R_1} = \cdots = \frac{L_n}{R_n} = \frac{L_{n+1}}{R_{n+1}} = \cdots = \frac{L_N}{R_N} \tag{7-75}$$

이 된다. 식 (7-73)에 이 결과를 이용하면 다음과 같다.

$$\tau = \frac{R_{n+1}}{R_n} = \frac{L_{n+1}}{L_n} \tag{7-76}$$

따라서 연속하는 소자 위치들의 비는 연속하는 다이폴 길이들의 비와 같다.

LPDA에 대한 간격 인자는 다음과 같이 정의한다.

$$\sigma = \frac{d_n}{2L_n} \tag{7-77}$$

그림 7-39에 나타낸 것과 같이 소자간격은 다음과 같이 주어진다.

$$d_n = R_n - R_{n+1} \tag{7-78}$$

그런데 $R_{n+1} = \tau R_n$이므로

$$d_n = R_n - \tau R_n = (1-\tau)R_n \tag{7-79}$$

이다. 식 (7-74)에서 $R_n = L_n/2\tan(\alpha/2)$이다. 이것을 식 (7-79)에 사용하면 다음과 같다.

$$d_n = (1-\tau)\frac{L_n}{2\tan(\alpha/2)} \tag{7-80}$$

이것을 식 (7-77)에 대입하면

$$\sigma = \frac{d_n}{2L_n} = \frac{1-\tau}{4\tan(\alpha/2)} \tag{7-81}$$

또는

$$\alpha = 2\tan^{-1}\left(\frac{1-\tau}{4\sigma}\right) \tag{7-82}$$

가 된다. 식 (7-81)과 식 (7-76)을 결합하면 모든 치수들의 값을 다음과 같이 조정할 수 있다.

$$\tau = \frac{R_{n+1}}{R_n} = \frac{L_{n+1}}{L_n} = \frac{d_{n+1}}{d_n} \tag{7-83}$$

다른 대수주기 안테나에서 본 것처럼 LPDA의 경우에도 역시 동작영역이 있는데, 이 동작영역에서는 반 파장 길이의 다이폴에 인접한 수 개의 다이폴들에 다른 방사 소자들보다 더 많은 전류가 분포한다. LPDA의 동작을 야기–우다 안테나와 유사한 것으로 보면 편리하다. 가장 활성적인 다이폴(가장 큰 전류가 분포하는) 뒤쪽의 더 긴 다이폴은 반사기처럼 동작하고, 앞쪽의 인접한 더 짧은 다이폴들은 도파기 역할을 한다. 그러면 방사는 정점 방향으로 이루어진다. 안테나를 둘러싸는 쐐기는 주빔 최대의 방향을 가리키는 화살의 모양이다.

동작주파수가 변함에 따라, 동작영역은 안테나의 다른 부분으로 이동한다. 동작대역의 주파수 한계는 가장 긴 다이폴과 가장 짧은 다이폴이 반 파장 공진을 하는 각각의 주파수들에 의해 아래와 같이 대략적으로 결정된다.

$$L_1 \approx \frac{\lambda_L}{2} \quad \text{and} \quad L_N \approx \frac{\lambda_U}{2} \tag{7-84}$$

여기에서 $\lambda_L$과 $\lambda_U$는 각각 저역과 고역 한계 주파수에 해당되는 파장이다. 동작영역이 하나의 다이폴에만 완전하게 국한되지 않으므로, 보통 전대역에 걸쳐 적절한 성능을 보장하기 위해 배열의 양 끝에 다이폴들을 추가한다. 필요한 부가적인 다이폴의 수는 $\tau$와 $\sigma$의 함수이다[32][H.8.3: Smith]. 그러나 중요하지 않은 응용에서는 식 (7-84)로도 충분하다.

LPDA의 패턴, 이득, 그리고 임피던스는 설계 파라미터인 $\tau$와 $\sigma$에 의존한다. LPDA는 구조가 단순하고, 비용이 저렴하며, 무게가 가벼워서 널리 사용되는 광대역 안테나이므로, 예제를 통해 상세한 설계 과정을 살펴본다. 이득 윤곽선은 $\tau$와 $\sigma$의 함수로 그림 7-41에 곡선으로 나타냈다[31]. 높은 이득을 얻기 위해서는 큰 $\tau$의 값이 필요한데, 이것은 매우 완만한 확장을 의미한다. 즉 전체 길이가 큰 LPDA를 의미한다. 다이폴의 두께가 이득에 미치는 영향은 미미하다. 두께가 2배가 되면 이득은 약 0.2 dB 증가한다[H.8.3: Rumsey]. 또한 이득은 급전 임피던스의 영향을 받는데[32], 급전 임피던스가 100 Ω 이상으로 증가하게 되면 이득이 감소하는 경향이 있다.

그림 7-41(상단부)은 $\tau$와 $\sigma$에 따른 LPDA의 이득 변화를 보여 준다. 이러한 곡선들은 원래 캐럴(Carrel)[31]에 의해 제시되었지만 이득이 높게 잘못 예측된 값들을 수정한 것이다[32, 33, 34]. 참고문헌 [H.3: Balanis]에서는 캐럴의 곡선 값을 1 dB씩 그리고 참고문헌 [35]에서는 1.5 dB씩 균일하게 줄였다. 참고문헌 [32, 34]의 데이터에 따르면, 캐럴의 본래 곡선 값은 $\tau$의 높은 값보다 낮은 값에서 (이득에 대해) 오류가 더 많이 발생하는 것으로 드러난다. 따라서 그림 7-41에서 11 dB와

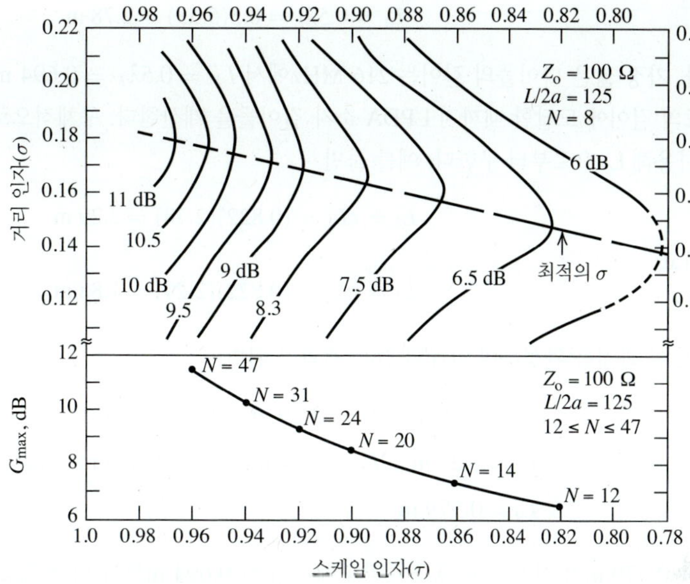


**그림 7-41** **대수주기 다이폴 배열의 이득.** (상단부는 캐럴 [31]로부터 수정된 윤곽들이고, 하단부는 참고문헌 [32]의 데이터에서 유도된 최대이득곡선)

6 dB 윤곽선은 캐럴의 윤곽선보다 각각 1 dB와 2 dB 더 낮다.

그림 7-41의 하단 부분은 참고문헌 [32]의 데이터에서 유도된 이득곡선을 나타낸다. 여기에서 $N$은 다이폴의 개수인데 12에서 47까지 변한다(위에 나타난 $N = 8$일 때의 캐럴의 수정된 윤곽선과는 달리). $G_{max}$의 값이 그림 7-41의 상단에 나타난 최적의 $\sigma$ 선에서의 이득 윤곽선 값보다 더 크다. $G_{max}$ 대 $\tau$곡선은 100 Ω 또는 더 큰 급전 임피던스에 대해 실제로 달성될 수 있는 LPDA 이득의 상한을 나타낸다고 볼 수 있다.

LPDA에 대한 설계와 계산에 관한 좀 더 자세한 내용은 참고문헌 [32~35]에서 찾아볼 수 있다. 또한 LPDA는 크기가 감소된 형태로 또는 인쇄회로 기술[36~39]을 이용하여 제작할 수 있다.

## 예제 7-3 54~216 MHz 대수주기 다이폴 안테나의 최적 설계

54에서 216 MHz에 이르는 전체 VHF TV와 FM 방송대역에서 동작하는 4:1 대역폭을 갖는 안테나를 만들고자 한다. 설계이득은 6.5 dB라고 한다. 그림 7-41으로부터 최적 설계를 위한 $\tau$와 $\sigma$의 값은 다음과 같다.

$$\tau = 0.822 \quad \text{그리고} \quad \sigma = 0.149 \tag{7-85}$$

식 (7-82)로부터 다음을 구할 수 있다.

$$\alpha = 2\tan^{-1}\left[\frac{1-0.822}{4(0.149)}\right] = 33.3^\circ \tag{7-86}$$

가장 긴 다이폴 길이를 먼저 결정한다. 가장 낮은 동작주파수(54 MHz)에서, 식 (7-84)로부터 다이폴의 길이는 반 파장 정도여야 한다. 따라서

$$L_1 = 0.5\lambda_L = 0.5(5.55) = 2.78 \text{ m} \tag{7-87}$$

이다. 가장 짧은 다이폴의 길이는 216 MHz에서 $L_U = 0.5\lambda_U = 0.694$ m 정도여야 한다. 0.694 m 정도의 길이에 도달할 때까지 LPDA 소자 길이들을 계산한다. 구체적으로 소자 길이는 $L_{n+1} = \tau L_n$을 사용해 L1으로부터 구한다. 예를 들면

$$L_2 = \tau L_1 = (0.822)(2.78) = 2.29 \text{ m}$$

그리고

$$L_3 = \tau L_2 = (0.822)(2.29) = 1.88 \text{ m}$$

이다. 이 과정을 완성하면 아래와 같은 결과가 된다.

$$\begin{aligned} &L_1 = 2.78 \text{ m}, \quad L_2 = 2.29 \text{ m}, \quad L_3 = 1.88 \text{ m}, \quad L_4 = 1.54 \text{ m} \\ &L_5 = 1.27 \text{ m}, \quad L_6 = 1.04 \text{ m}, \quad L_7 = 0.858 \text{ m}, \quad L_8 = 0.705 \text{ m} \\ &L_9 = 0.579 \text{ m} \end{aligned} \tag{7-88}$$

$L_9 = 0.579$ m가 가장 높은 동작주파수에서 구한 0.694 m보다 더 작으므로 배열은 아홉 번째 소자로 종단된다. 대역 가장자리에서의 성능을 개선하기 위해 배열 끝에 소자들을 추가할 수도 있다.

이 예제에 대한 소자간격은 다음과 같이 식 (7-81)로부터 구한다.

$$d_n = 2\sigma L_n = 2(0.149)L_n = 0.298L_n \tag{7-89}$$

식 (7-88)의 소자 길이를 사용하면 아래와 같은 결과를 얻는다.

$$\begin{aligned} &d_1 = 0.828 \text{ m}, \quad d_2 = 0.682 \text{ m}, \quad d_3 = 0.560 \text{ m}, \quad d_4 = 0.459 \text{ m} \\ &d_5 = 0.378 \text{ m}, \quad d_6 = 0.310 \text{ m}, \quad d_7 = 0.256 \text{ m}, \quad d_8 = 0.210 \text{ m} \end{aligned} \tag{7-90}$$

이러한 다이폴 길이와 간격은 그림 7-39에 보이는 LPDA를 완벽하게 나타낸다. 이 배열의 총길이는 식 (7-90)으로 주어진 간격들의 합, 즉 3.683 m가 된다. 안테나의 테두리 윤곽은 $\alpha = 33.3°$인 각 섹터에 맞는다.

## 예제 7-4 200~600 MHz LPDA의 특성

이 예제에서, 주파수의 함수로서 LPDA의 이득, 패턴, 임피던스, 그리고 전류분포를 조사한다. 200에서 600 MHz까지의 대역에서 동작하는 안테나를 설계한다. 최적 성능과 9 dB의 이득을 설계 목표로 하는 경우, 그림 7-41로부터 $\tau = 0.917$, $\sigma = 0.169$임을 알 수 있다. 가장 낮은 동작주파수(200 MHz)는 $\lambda_L = 1.5$ m의 파장을 가지므로, 첫 번째 소자는 $L_1 = \lambda_L/2 = 0.75$ m의 길이를 갖는다. 가장 짧은 소자의 길이는 600 MHz에서의 반 파장 정도가 되어야 한다. 즉 $\lambda_U/2 = 0.500$ m/2 $= 0.250$ m이다. 앞의 예제에서 설명된 설계기술과 좁은 쪽의 종단에 네 개의 소자를 추가로 사용하면 그림 7-42와 같은 18소자 LPDA가 구성된다(안테나의 기하학적 구조에 대한 상세한 내용은 연습문제로 남겨 둔다).

그림 7-42의 LPDA는 14.10.2절의 컴퓨터 기술들을 사용해 모델링되었다. 대역폭 가장자리와 중간주파수에서의 다이폴 단자 전류는 그림 7-42에서 볼 수 있다. 또한 전송선의 전압 크기 분포들

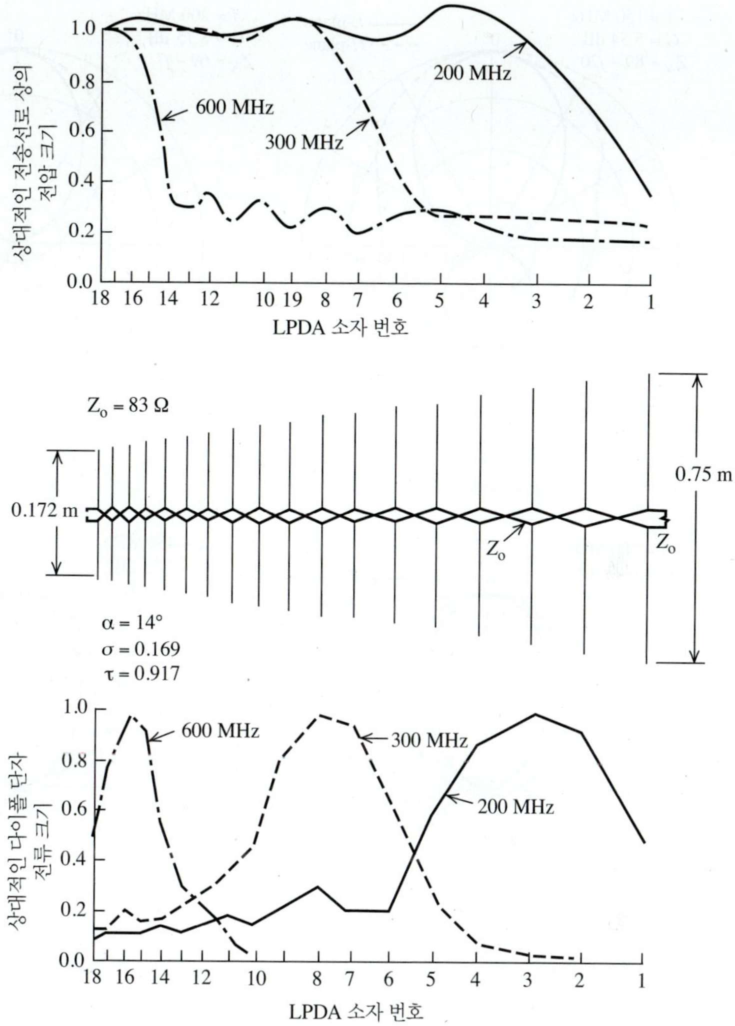


**그림 7-42** **200~600 MHz 대역에서 동작하는 최적 대수주기 다이폴 안테나(예제 7-4).** (상단) 83 Ω 전송선로 상의 전압분포. (중간) 기하학적 구조. (하단) 상대적인 다이폴 단자 전류 크기.

도 보인다. 이러한 전류와 전압들로부터 이전에 몇 차례 언급했던 동작영역 작용을 살펴볼 수 있다. 예를 들면 200 MHz에서는 강한 전류가 흐르는 세 개의 다이폴과 상당한 전류가 흐르는 총 5개의 다이폴이 있다. 그림 7-42에 나타낸 것처럼, 동작 대역에서의 다른 주파수들에 대해서도 그러한데, 이때 동작영역은 안테나의 어떤 다른 부분으로 이동한다. 높은 주파수 한계에서는, 소자 14가 대략 반 파장 길이이고 추가된 나머지 네 개 소자들은 600 MHz에서의 동작영역을 보조하기 위해 제공된다.

이득, 패턴, 그리고 임피던스 특성을 주파수의 함수로서 그림 7-43에 나타내었다. 150 MHz에서는 큰 후방 로브 때문에 설계값 9 dB보다 상당히 작은 이득을 가진다. 또한 입력 임피던스는 작지 않은 허수부를 가진다. 물론 이러한 열악한 성능은 그 주파수에서 동작영역이 적절하게 형성되기에는 안테나의 길이가 충분하지 않기 때문에 발생한다. 그러나 대역의 하한인 200 MHz에서는 패턴

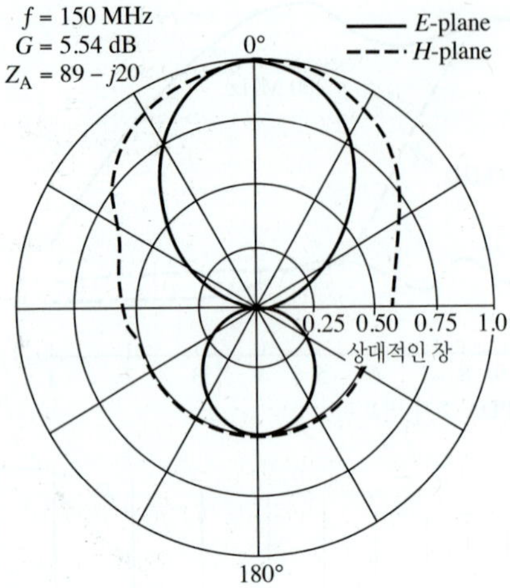


(a) 150 MHz.

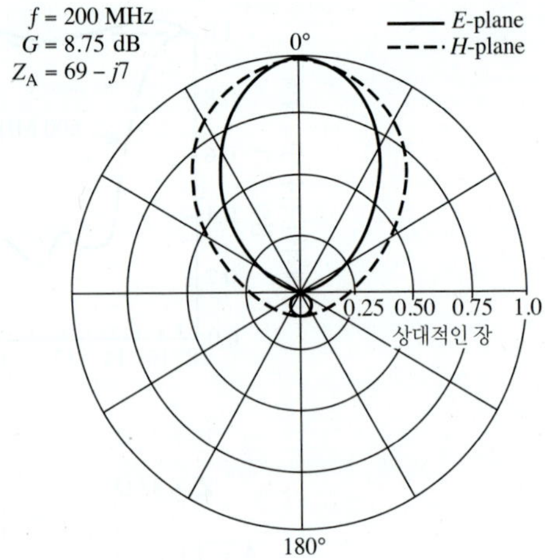


(b) 200 MHz.

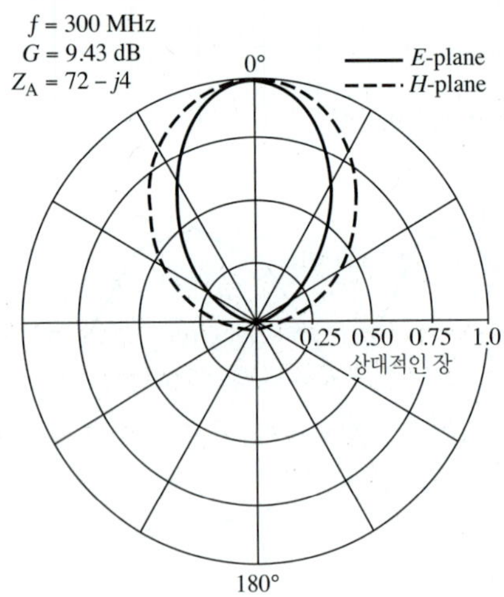


(c) 300 MHz.

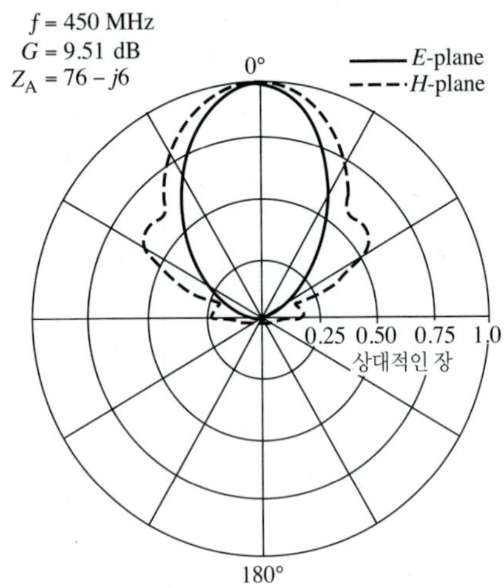


(d) 450 MHz.

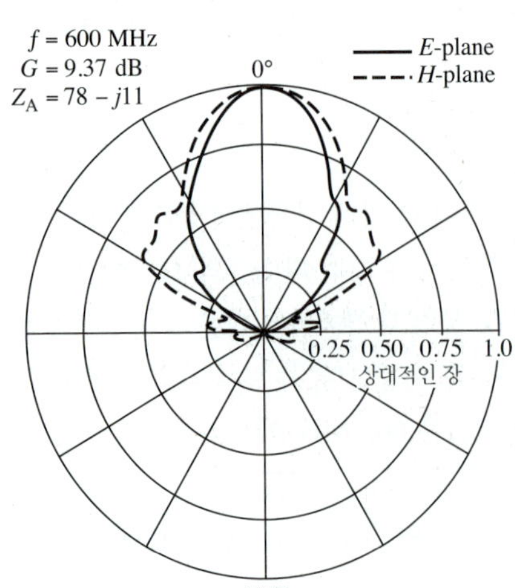


(e) 600 MHz.

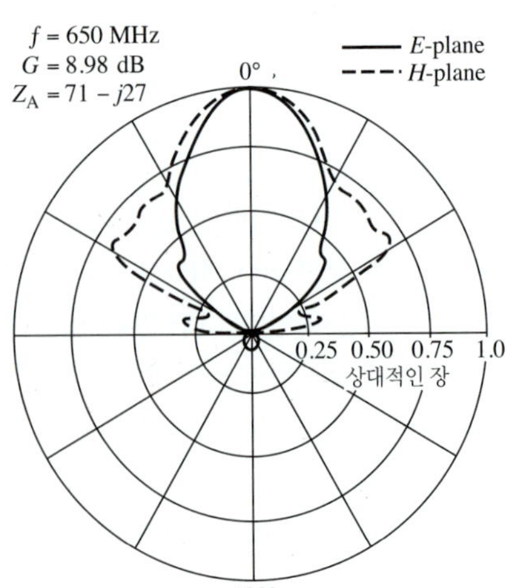


(f) 650 MHz.

**그림 7-43** **예제 7-4의 대수주기 다이폴 안테나에 대한 여러 가지 주파수에서의 방사패턴.** 이득과 임피던스 값들도 주어진다. 14.10.2절의 모멘트법을 사용하여 계산했다.

에 후방방사가 거의 나타나지 않으므로, 이득은 설계 목표에 근접하며, 입력 임피던스는 작은 허수부를 가진다. 이와 비슷하게, 추가된 소자들 때문에 650 MHz의 성능은 대역의 상한인 600 MHz에서의 성능에 비해 그다지 나빠지지 않는다. 대역의 상하한 사이의 주파수에서는 이득, 패턴, 그리고 임피던스가 주파수 독립 특성을 보이며 일정한 값을 적절히 유지한다. 그림 7-43*c*와 7-43*d*는 중간 주파수의 전형이다. 계산된 이득이 윤곽에 의해 나타난 9 dB 값을 초과한다는 사실은 적어도 세 가지 요인들의 결합으로 생긴다. 즉 (1) 다른 급전 임피던스(100 Ω 이하)가 사용되고, (2) $L/2a$의 비가 125와 다르며, (3) 캐럴의 원래 윤곽들에 대해 아마 여기에서 적용된 추정 이득 감소가 다소 과도하다는 것이다. 이 세 가지 요인들로 각각 0.1~0.2 dB의 오차를 설명할 수 있을 것이다.

이 예제에서 사용된 종단은 순수하게 저항성이며 전송선로의 특성 임피던스와 같지만, 리액티브 종단(reactive termination) 또한 사용될 수 있다. 리액티브 종단을 사용하면 LPDA에서 원하지 않는 공진이 발생할 수 있는데, 이 공진은 종단과 동작 영역의 종단 측에 있는 정지영역 사이에 가두어져 있는 에너지에 의해 발생한다. 약간의 저항성분을 갖는 종단을 사용하거나 LPDA 전송선로 임피던스로 비교적 높은 값(즉 $Z_o \sim 150\ \Omega$)을 사용함으로써 이렇게 높은 $Q$를 갖는 공진들을 제거할 수 있다. 이렇게 하면 다이폴 소자들이 선로에 더 강하게 부하로 작용하기 때문이다. 이것은 동작영역을 보다 더 효율적으로 만들고[39], 그 결과 동작영역을 지나 전파되는 에너지가 거의 남지 않게 되어, 방사패턴에 강한 공진효과를 야기한다.

## 7.9 광대역 EMC 안테나

전자파 적합성 시험은 크게 두 가지 부류로 나뉜다. 즉 방사 시험(즉 원하지 않게 전송되는 방사)과 내성 혹은 면역성 시험(즉 요구하지 않는데 수신되는 방사)이다. 각 경우의 안테나에 대한 요구조건은 동일하지 않다. 방사 시험을 위해서 EMC 안테나는 광대역이어야 하고, 넓은 방사패턴(즉 지향성이 낮은)을 가져야 하고, VSWR이 낮아야(< 2 : 1) 하며, 임의 편파의 전장과 자장을 수신할 수 있어야 한다. 내성 시험을 위해서 안테나는 고전력을 나룰 수 있어야 하고 방향성 패턴을 가져야 한다.

EMC 표준들은 유럽에 기반을 둔 국제전파장해특별위원회(CISPR: Comite International Speciale des Perturbations Radio-Electroniques)에서 만들어지는데 정부에서 채택하면 국가 표준이 된다. 미국의 FCC와 같은 정부 기구들은 때로는 이들 기준을 자기 국가의 필요에 맞도록 변경하여 채택하기도 한다. 예를 들어 CISPR은 등급 B의 장비(비상용 장비)로부터의 복사성 방사 측정을 시험 대상 장비(DUT: device under test)로부터 10 m 거리에서 시행할 것을 요구하는데, FCC 표준은 측정거리를 3 m로 규정하고 있다. 3 m에서는 DUT도 EMC 안테나도 각각 상대의 원거리장에 있지 않다. 이 점은 표준 측정 거리를 이용하여 부분적으로 극복할 수 있는 측정에 대하여 부정적이라는 것이 명백하다.

CISPR 등급 B 측정 표준은 공식적으로는 방사 시험 주파수 영역을 포괄하는 한 벌의 조율된 다이폴들을 요구하지만, 대부분의 조건하에서 광대역 안테나를 사용하는 것을 허용한다. 그러나 조율된 다이폴을 사용하지 않으려면 보정된 안테나 인자를 사용해야 한다. 안테나 인자는 4.7절에서 살펴보았다. 광대역 안테나에 대한 CISPR의 요구사항에는 표 7-3의 것들이 포함된다. 안테나 단자

표 7-3 광대역 안테나에 대한 CISPR 요구사항

| | |
|---|---|
| 주파수 | 30~1000 MHz |
| 편파 | 대체로 선형 편파 |
| 교차편파 | 정렬된 편파보다 20 dB 이하 |
| 극좌표 패턴 | 1 dB 이내의 직접 및 반사된 광선 응답(즉 넓은 안테나 패턴) |
| VSWR | 2:1 미만 |

에 감쇠기를 삽입하여 사용하지 않으면 가장 낮은 주파수들에서는 CISPR의 2:1 VSWR 요구조건을 만족시키기 어렵다.

방사 시험은 30 MHz에서부터 최소한 1 GHz에 걸쳐서 수행된다. 두 단계로 주파수 영역을 감당할 수 있도록 유한 쌍원추(7.4.2절)와 대수주기(7.8절)가 흔히 사용되는데, 쌍원추 안테나는 30~300 MHz를, 대수주기는 300~1000 MHz를 감당한다. 이 두 안테나를 하나의 안테나로 조합한 바이로그 안테나(Bilog antenna)가 상품으로 팔리고 있다. 바이로그의 쌍원추 부분에 대한 몇 가지 가능한 구조들이 있는데, 그림 7-44에 나타낸 것이 그중 하나이다. 그림 7-45는 바이로그에 대한

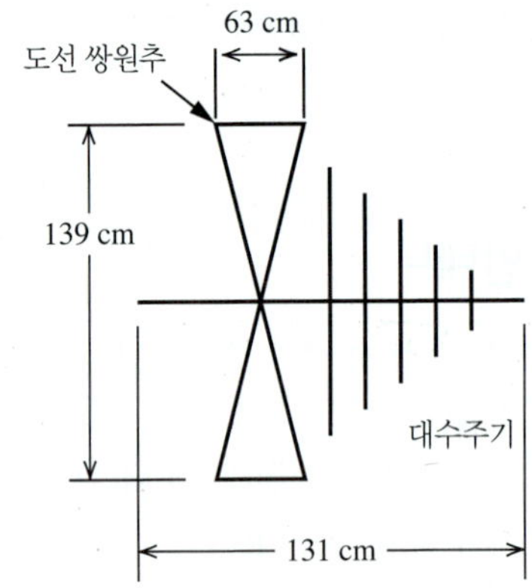


그림 7-44 바이로그 안테나. (TESEQ, Inc.의 제공으로 허가하에 사용.)

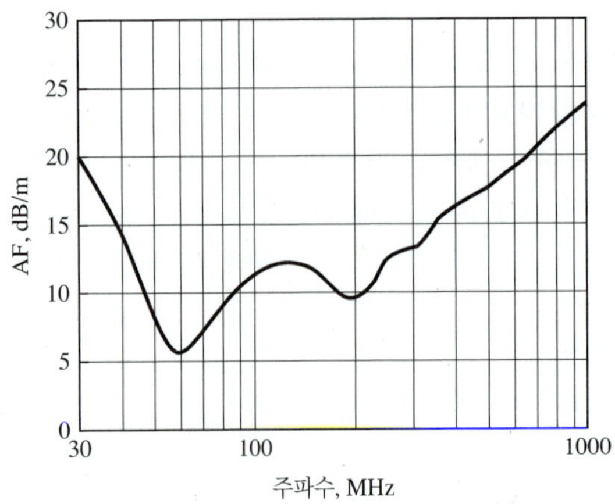


그림 7-45 그림 7-44에 있는 바이로그 안테나의 안테나 인자. (TESEQ, Inc.의 제공으로 허가하에 사용.)

전형적인 안테나 인자를 나타낸 것이다. 이상적으로 안테나 인자는 크기가 작아야 하고, 예리한 공진이 없어야 하며, 외부 인자에 대한 민감성이 최소여야 한다. 그림 7-44에 있는 안테나의 경우, 60 MHz에서 30 MHz로 내려가면서 VSWR과 이득 모두가 현저하게 나빠진다. 그러나 안테나 인자를 알고 있기 때문에, 이 점은 EMC 측정에 있어 문제가 되지 않는다.

## 7.10 초광대역 안테나

초광대역(UWB: ultra-wideband) 시스템은 매우 넓은 대역폭을 가지고 레이더와 통신에 응용된다. UWB 통신 시스템의 대역폭은 전송되는 정보를 다루기에 필요한 것보다 훨씬 넓다[40]. UWB 통신은 비디오, 데이터, 음악 등의 좁은 영역에서의 분배를 위한 무선 개인통신망(wireless personal area network)에 적합하다(4.5.1절 참조). 통신 이외의 응용 분야에는 영상시스템(지표탐사 레이더, 벽투과 레이더, 감시, 그리고 의료영상)과 차량용 레이더가 있다. UWB 시스템에는 다중 반송파형(MC-UWB)과 임펄스형(I-UWB)의 두 가지 유형이 있다. MC-UWB는 스펙트럼을 각각 반송파를 갖는 여러 부대역들로 나누고, 안테나들은 보통의 주파수 영역법으로 해석이 가능하다. I-UWB는 신호를 여러 옥타브의 대역에 걸쳐 확산시킨 임펄스를 이용하므로 시간영역 기법들이 필요하고 안테나는 충분한 순시대역폭을 가져야 한다. 짧은 지속시간의 펄스로 인한 주파수 영역에서의 확산은 완벽한 임펄스의 푸리에 변환으로 설명될 수 있는데, 이것은 표 5-3의 여섯 번째 항목에서 볼 수 있다.

최근 미국에서는 FCC가 3.1에서 10.6 GHz까지를 포함하는 UWB를 위한 주파수 대역을 배정하였기 때문에 상업적인 UWB 시스템이 확대되고 있다. 대역폭(이 경우에는 EIRP가 중심주파수에서의 값보다 −10 dB 낮아지는 주파수들로 대역의 끝단들이 정의된다)은 500 MHz 혹은 중심주파수의 20%를 점유해야 하고, 어느 쪽이든 더 커야 한다. 허가를 받을 필요는 없지만 방사가 1 MHz 내의 EIRP −41.3 dBm을 넘지 않아야 한다. 낮은 전력을 사용하기 때문에 단거리 시스템으로 응용이 제한되지만 같은 주파수를 공유하는 다른 시스템과의 간섭을 줄일 수 있다. 물론 기존의 통신 시스템들은 대역폭이 더 좁으며 훨씬 더 큰 전력을 전송한다.

군사용 시스템들도 통신과 레이더뿐만 아니라 고전력 마이크로웨이브(HPM: high power microwave)라고 불리는 특별한 응용분야에 UWB 기술을 이용한다. HPM은 매우 높은 전력 수준(즉 메가와트)의 매우 좁은 펄스를 사용하는 유도 에너지원을 이용한다. 사용되는 안테나는 임펄스 방사 안테나(IRA: impulse radiating antenna)라고 부르는데, 100:1의 주파수비인 35 MHz에서 3.5 GHz까지 평탄한 주파수 스펙트럼을 갖는 파형을 방사할 수 있다[41]. 대역폭을 넓히기 위해 IRA 내에 전력을 소모하는 매질을 사용하기도 한다.

임펄스 UWB 시스템은 시간영역에서 왜곡이 적은 펄스 신호를 가져야 한다. 그러기 위해서는 주파수에 대하여 진폭은 일정하고 위상은 선형적으로 변하는 방사장을 발생시키는 이상적인 UWB 안테나가 필요하다. 이것은 입력의 시간 미분이 되는 출력을 발생시키는 안테나로 가능하다[40, p. 13]. 이와 같은 분산이 없는 시스템에서는 원 펄스 파형에 대한 무왜곡의 복제 펄스가 수신기 출력으로 나오게 되며, 패턴주빔의 반전력 빔폭 내의 각들에서 역시 그렇다(그림 15-31 참조).

I-UWB 안테나에서 위상 중심(phase center)은 중요한 역할을 한다. 그것은 원거리장에서의 위상이 일정한 구면의 유효 중심이다. 분산이 없는 방사를 위해서는 안테나의 위상 중심이 주파수에

따라 변하지 않아야 하고, 대역폭에 걸쳐서 임피던스와 패턴이 일정해야 한다[H.8.3: Schantz, p. 42]. 많은 안테나들은 위상 중심이 일정하지 않다. 광대역 안테나의 위상 중심은 흔히 주파수에 따라 위치가 이동한다.

UWB 안테나에는 세 가지 유형이 있다[H.6: Balanis, 4th ed., Chap. 19].

**유형 I. 다이폴/모노폴 안테나의 변형**

광대역의 다이폴/모노폴과 쌍원추 부류의 안테나로 3:1의 대역폭을 얻을 수 있다.

**유형 II. 흡수성 부하 혹은 곡선의 기하구조를 갖는 안테나**

흡수체나 곡선의 가장자리를 통하여 회절을 조절할 수 있다. 흡수성 안테나는 임펄스 UWB에 적합하지만 손실이 있다. 곡선의 기하구조를 갖는 안테나의 예로는 비발디 안테나(그림 8-35*d* 참조)와 완만하고 연속적인 곡선의 기하구조를 얻기 위해 가장자리를 말아 올린 혼이 있다.

**유형 III. 주파수 독립 안테나**

이 안테나들에는 동작대역에 걸쳐서 주파수의 변화에 따라 그 모양과 전기적인 크기를 유지하는 동작영역이 있다. 예로는 이 장에서 이미 언급했던 LPDA, 스파이럴, 그리고 물결모양 안테나가 있다. 그러나 이 안테나들의 위상 중심은 동작영역과 함께 이동하기 때문에 분산이 발생하고 따라서 안테나는 I-UWB에 부적절하게 된다.

그림 7-46은 시간영역의 응용분야에 적절한 소형 UWB 안테나의 진화를 보여준다[42, 43]. 그림 7-46*a*의 구형 안테나(spherical antenna)와 그의 변형들이 광대역 응용분야에 수십 년 동안 사용되어 왔다. UWB 안테나 유형 II의 곡선형 기하구조를 강조한 것이다. 안테나의 높이는 가장 낮은

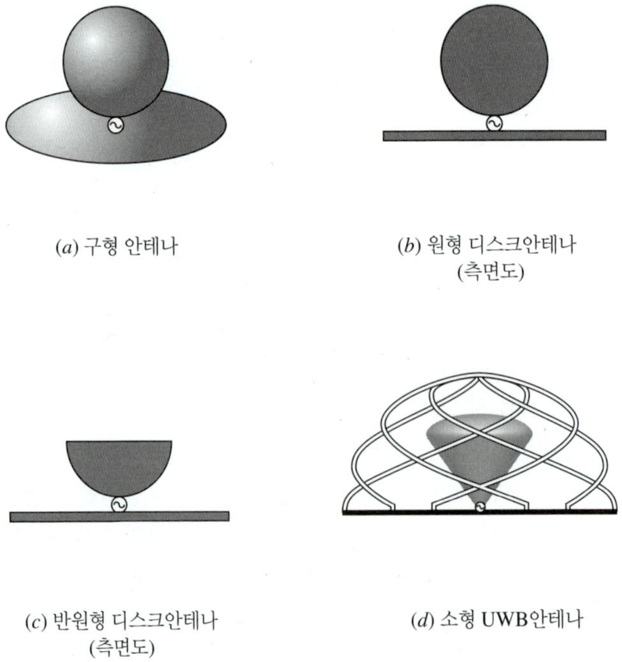

(*a*) 구형 안테나

(*b*) 원형 디스크안테나 (측면도)

(*c*) 반원형 디스크안테나 (측면도)

(*d*) 소형 UWB안테나

그림 7-46 UWB 응용에 적합한 안테나들의 진화.

주파수에서 1/4파장이다. 지름이 2.8 cm인 원형 접지면 상의 높이가 2.5 cm인 구에 대한 VSWR은 3에서 12 GHz에 걸쳐서 2:1보다 작다. 이 주파수 범위에 걸쳐서, 위상은 주파수에 따라 선형이고 거의 전방향성인 훌륭한 임펄스 응답을 갖는다. 안테나의 부피를 줄이기 위해 구를 디스크의 형태로 납작하게 하면 그림 7-46*b*의 **원형 디스크 안테나**(circular disk antenna)가 되는데, 전기적 성능은 구형 안테나에 비해 조금 나빠질 뿐이다. 디스크를 절반으로 하여 크기를 더 줄이면 그림 7-46*c*의 **반원형 디스크 안테나**(half-circular disk antenna)가 된다. VSWR = 2에 대하여 대역의 하단 주파수가 3에서 4.2 GHz로 증가하는 점을 제외하고는 그 성능은 전의 것들과 역시 거의 같다. 현재까지 가장 소형인 UWB 안테나는 그림 7-46*d*의 **소형 *UWB* 안테나**(compact UWB antenna)이다. 30 cm 접지면상의 지름 3.2 cm인 둘러싸는 반구에 대하여 측정한 VSWR은 2에서 18 GHz까지 2:1 정도였다[43]. 시간영역 성능 역시 좋다. 다른 UWB 안테나들에 대한 자세한 내용은 다음의 참고문헌에서 찾아볼 수 있다: [40, Chap. 4],[42, 44, 45], [H.8.3: Volakis, Sec. 3.2.8], 21 [H.8.3: Schantz, Chap. 6].

## 참고문헌 *References*


1. E. K. Miller et al., "On Increasing the Radiation Efficiency of Beverage-Type Antennas," Lawrence Livermore National Lab, UCRL-52300, July 1977.
2. G. J. Burke et al., "Computer Modeling of Antennas near the Ground," Lawrence Livermore National Lab, UCID-18626, May 1980.
3. T. S. Maclean and R. Kouyoumjian, "The Bandwidth of Helical Antennas," *IEEE Trans. on Ant. and Prop.*, Vol. AP-7, pp. S379-S386, Dec. 1959.
4. D. Emerson, "The Gain of an Axial-Mode Helix Antenna", *ARRL Antenna Compendium*. Vol. 4, pp. 64-68, 1996.
5. K. F. Lee and P. F. Wong, "Directivities of Helical Antennas Radiating in the Axial Mode." *IEE Proc.*, Part H, Vol. 131, pp. 121-122, April 1984.
6. H. E. King and J. L. Wong, "Characteristics of 1 to 8 Wavelength Uniform Helical Antennas", *IEEE Trans. on Ant. and Prop.*, Vol. AP-28, pp. 291-296, March 1980.
7. K. R. Carver, "The Helicone: A Circularly Polarized Antenna with Low Side Lobe Level." *Proc. IEEE*, Vol. 55, p. 559, April 1967.
8. R. G. Vaughan and J. Bach Anderson, "Polarization Properties of the Axial Mode Helix Antenna," *IEEE Trans. on Ant. and Prop.*, Vol. AP-33, pp. 10-20, Jan. 1985.
9. A Safaai-Jazi and J. C. Cardoso, "Radiation Characteristics of a Spherical Helical Antenna". *IEE Proc.-Microwave, Antennas, & Propagation*, Vol. 143, pp. 7-12, Feb. 1996.
10. R. M. Barts and W. Stutzman, "Stub Loaded Helix Antenna," U.S. Patent No. 5.986.6. Nov. 16, 1999.
11. G. H. Brown and O. M. Woodward, "Experimentally Determined Radiation Characteristics of Conical and Triangular Antennas," *RCA Review*, Vol. 13, pp. 425-452, Dec. 1952.
12. M. C. Bailey, "Broad-Band Half-Wave Dipole," *IEEE Trans. on Ant. and Prop.*, Vol. AP-32. pp. 410-412, April 1984.
13. A. G. Kandoian. "Three New Antenna Types and Their Applications," *Proc. IRE*, Vol. 34, pp. 70W-75W, Feb. 1946.
14. J. J. Nail, "Designing Discone Antennas," *Electronics*, Vol. 26, pp. 167-169, Aug. 1953.

15. T. H. Crowley and W. Marsh, "Discone Type Antennas," Ohio State Research Foundation Tech. Rept. 510-13, June 30, 1954.
16. T. Rappaport, "Discone Design Using Simple N-Connector Feed," *IEEE on Ant. and Prop. Newsletter*, Feb. 1988.
17. C. E. Smith, C. M. Butler, and K. Umashankar, "Characteristics of a Wire Biconical Antenna," *Microwave J.*, Vol. 22, pp. 37-40, Sept. 1979.
18. O. Givati and A. Fourie, "Analysis of Skeletal Wire Conical Antennas," *IEEE Trans. on Ant. and Prop.*, Vol. 44, pp. 844-858, June 1996.
19. A. J. Poggio and P. E. Mayes, "Pattern Bandwidth Optimization of the Sleeve Monopole Antenna," *IEEE Trans. on Ant. and Prop.*, Vol. AP-14, pp. 643-645, Sept. 1966.
20. H. E. King and J. L. Wong, "An Experimental Study of a Balun-Fed, Open-Sleeve Dipole in Front of a Metallic Reflector," Aerospace Corp. Rept. No. TR-0172 (2158)-2, Feb. 1972.
21. J. L. Wong and H. E. King, "An Experimental Study of a Balun-Fed Open Sleeve Dipole in Front of a Metallic Reflector," *IEEE Trans. on Ant. and Prop.*, Vol. AP-20, March 1972.
22. J. D. Dyson, The Equiangular Spiral Antenna," *IRE Trans. on Ant. and Prop.*, Vol. AP-7, pp. 181-187, April 1959.
23. J. W. Duncan and V. P. Minerava, "100-1 Bandwidth Balun Transformer," *Proc. IRE*, Vol. 44, pp. 31-35, Jan. 1960.
24. D. G. Shively and W. L. Stutzman, "Wideband Arrays with Variable Element Sizes," *IEE Proc.*, Part H, Vol. 137, pp. 238-240, Aug. 1990.
25. J. D. Dyson, "The Unidirectional Equiangular Spiral Antenna," *IRE Trans. on Ant. and Prop.*, Vol. AP-7, pp. 329-334, Oct. 1959.
26. E. Roland and W. F. Patterson, "A Slow-Wave Flat Spiral Antenna," *17th USAF Antenna Symposium* (U. Ill. Allerton Park), Nov. 1967.
27. T. -T. Chu and H. Oltman, "The Sinuous Antenna," *Microwave Syst. News and Communication Technology*, Vol. 18, pp. 40-48, June 1988.
28. R. H. DuHammel and D. E. Isbell, "Broadband Logarithmically Periodic Antenna Structures," *IRE Intern. Conv. Record*, pp. 119-128, 1957.
29. R. S. Elliott, "A View of Frequency Independent Antennas," *Microwave J.*, Vol. 5, pp. 61-68, Dec. 1962.
30. D. E. Isbell, "Log Periodic Dipole Arrays," *IRE Trans. on Ant. and Prop.*, Vol. AP-8, pp. 260-267, May 1960.
31. R. Carrel, The Design of Log-Periodic Dipole Antennas," *IRE Interna. Convention Rec.*, Part 1, pp. 61-75, 1961.
32. G. DeVito and G. B. Stracca, "Comments on the Design of Log-Periodic Dipole Antenna," *IEEE Trans. on Ant. and Prop.*, Vol. AP-21, pp. 303-308, May 1973.
33. G. DeVito and G. B. Stracca, "Further Comments on the Design of Log-Periodic Dipole Antennas," *IEEE Trans. on Ant. and Prop.*, Vol. AP-22, pp. 714-718, Sept. 1974.
34. P. C, Butson and G. T. Thompson, "A Note on the Calculation of the Gain of Log- Periodic Dipole Antennas," *IEEE Trans. on Ant. and Prop.*, Vol. AP-14, pp. 105-106, Jan. 1976.
35. J. K. Breakall and R. A. R. Solis, "A New Design Method for Low Side Lobe Level LogPeriodic Dipole Antennas." *Appl. Computational Electromagnetics Soc. J.*, Vol. 11, pp. 9-15, Nov, 1996.
36. D. F. DiFonzo, "Reduced Size Log Periodic Antennas," *Microwave J.*, Vol. 7, pp. 37-42, Dec. 1964.

**37.** S. C. Kuo, "Size-Reduced Log-Periodic Dipole Array Antenna," *Microwave J.*, Vol. 15, pp. 27-33, Dec. 1972.

**38.** C. K. Cumpbell et al., "Design of a Stripline Log-Periodic Dipole Antenna," *IEEE Trans. on Ant. and Prop.*. Vol. AP-25, pp. 718-721, Sept. 1977.

**39.** C. C. Bantin and K. G. Balmain, "Study of Compressed Log-Periodic Dipole Antennas," *IEEE Trans. on Ant. and Prop.*, Vol. AP-18, pp. 195-203, March 1970.

**40.** J. H. Reed, *An Introduction to Ultrawideband Communication Systems*, Prentice-Hall, 2005.

**41.** W. D. Prather et al., "Recent Developments in Ultra-Wideband Sources and Antennas," in *Ultra-Wideband Short Pulse Electromagnetics 5*, Kluwer Academic / Plenum Publishers, pp. 393-397, New York, 2002.

**42.** T. Yang, S-Y Suh, R. Nealy, W. A. Davis, and W. Stutzman, "Compact Antennas for UWB Applications," *IEEE Aerospace & Elec. Sys. Mag.*, Vol, 19, pp. 16-20, May 2004.

**43.** W. A. Davis, T. Yang, and W. Stutzman, "The Design of Ultra-Wideband Antennas," *URSI General Assembly Meeting* (Chicago), Aug. 2008.

**44.** D. Ghosh et al., "Transmission and Reception by Ultra-Wideband Antenas," *IEEE Ant. and Prop. Mag.*, Vol. 48, pp. 67-98, Oct. 2006.

**45.** T. Yang, W. A. Davis, and W. L. Stutzman, "Fundamental-Limit Perspectives on Ultrawideband Antennas," *Radio Science*, Vol. 44, Feb. 2009.

## 연습문제 Problems

**7.1-1** ▸ 중심주파수로 산술평균과 기하평균을 모두 사용하여 퍼센트 대역폭을 1에서 3까지의 $B_r$의 함수로 그려라.

**7.1-2** ▸ 식 (7-3)의 관계를 유도하라.

**7.2-1** ▸ $6\lambda$ 길이인 진행파형 긴 도선 안테나의 최대방사는 도선으로부터 각 20.1°에서 발생한다는 것을 증명하라.

**7.2-2** ▸ $L/\lambda = 1, 3, 6, 10$인 경우에 대하여, 진행파형 긴 도선에 대한 식 (7-7)의 근사적인 빔 최대 각 공식을 그림 7-4의 값들과 비교하라.

**7.2-3** ▸ 진행파형 긴 도선 안테나로부터의 방사전력이 다음과 같음을 보여라.

$$P = 30I_m^2\left[2.108 + \ln\left(\frac{L}{\lambda}\right) - \text{Ci}(2\beta L) + \frac{\sin(2\beta L)}{2\beta L}\right]$$

식 (5-6), 식 (7-6), 그리고 식 (2-130)을 사용하라.

**7.2-4** ▸ 진행파형 긴 도선에 대한 연습문제 7.2-3의 방사전력 식을 사용해

(a) 다음의 지향성 식을 유도하라.

$$D = \frac{1.69\cot^2\left[\dfrac{1}{2}\cos^{-1}\left(1 - \dfrac{0.371}{L/\lambda}\right)\right]}{2.108 + \ln\left(\dfrac{L}{\lambda}\right) - \text{Ci}(2\beta L) + \dfrac{\sin(2\beta L)}{2\beta L}}$$

(b) $L/\lambda = 2, 5, 10, 20$에 대한 지향성을 계산하라. $\mathrm{Ci}(2\beta L)$은 이러한 $L$의 값들에 대해 근사적으로 0이다.

**7.2-5** ▸ 진행파형 긴 도선에 대한 연습문제 7.2-3의 방사전력 식을 사용해

(a) 방사저항에 대한 식을 구하라.

(b) $L/\lambda = 2, 5, 10, 20$에 대한 방사저항을 구하라. $\mathrm{Ci}(2\beta L)$은 이러한 $L$의 값들에 대해 근사적으로 0이다.

**7.2-6** ▸ 8파장 길이인 진행파형 긴 도선 안테나의 선형, 극좌표 그래프를 그려라.

**7.2-7** ▸ 진행파형 긴 도선 안테나를 완전히 일반화하려면 전류분포는 다음과 같이 주어져야 한다.

$$I_t(z) = I_m e^{-az} e^{-j\beta_o z}$$

여기에서 $a$는 방사와 저항성 손실을 나타내는 감쇠정수이다. $\beta_o$는 위상상수이며, 속도인자 $p = v/c$와는 $\beta_o = \beta/p$로 관련되어 있다.

(a) 다음 패턴함수를 유도하라.

$$F(\theta) = K \sin\theta \frac{\sinh\left[\dfrac{aL}{2} + j\dfrac{\beta L}{2}\left(\dfrac{1}{p} - \cos\theta\right)\right]}{\dfrac{aL}{2} + j\dfrac{\beta L}{2}\left(\dfrac{1}{p} - \cos\theta\right)}$$

(b) 이것은 $a = 0$이고 $p = 1$인 경우 식 (7-6)이 됨을 보여라.

(c) $a = 0$이고 $L = 6\lambda$일 때 $p = 1.0, 0.75, 0.5$에 대해 극좌표 패턴을 그려라.

**7.2-8** ▸ *진행파 V자형 안테나.*

(a) 영 위상 기준점을 그림 7-5의 V자형 안테나의 꼭짓점에 위치시키고 다음과 같은 방사패턴을 유도하라.

$$F_V(\theta) = K_V[F_1(\theta) - F_2(\theta)]$$

여기에서

$$F_1(\theta) = e^{j(\beta L/2)[-1+\cos(\theta-\alpha)]} \sin(\theta - \alpha) \frac{\sin[(\beta L/2)(1 - \cos(\theta\text{-}\alpha))]}{(\beta L/2)(1 - \cos(\theta - \alpha))}$$

그리고 $F_2(\theta)$는 $-\alpha$가 $\alpha$로 대치되는 것을 제외하고, $F_1(\theta)$와 같다. 이러한 패턴 식은 V자형 안테나 평면에서만 유효하다.

(b) $L = 6\lambda$ 그리고 $\alpha = 16°$에 대해 그림 7-5의 극좌표 패턴을 그려라.

**7.2-9** ▸ *마름모형 안테나.*

(a) 그림 7-6에 있는 마름모형 안테나의 패턴이 다음과 같음을 보여라.

$$F_R(\theta) = K_R\{F_1(\theta) - F_2(\theta) + e^{-j\beta L}[F_3 - F_4]\}$$

여기에서 $F_3 = e^{j\beta L\cos(\theta-\alpha)}F_2$ 그리고 $F_4 = e^{j\beta L\cos(\theta+\alpha)}F_1$이다. $F_1$과 $F_2$는 연습문제 7.2-8에 있다. 이 식은 마름모형 안테나의 평면에서만 유효하다.

(b) $L = 6\lambda$ 그리고 $\alpha = 16°$에 대해 그림 7-6의 극좌표 패턴을 그려라.

**7.2-10** ▸ 접지면 위의 마름모형 안테나가 20°의 고도각에서 최대의 주빔을 갖도록 설계하려고 한다. 필요한 마름모꼴의 구조를 결정하라.

**7.3-1** ▸ 높이가 0.01, 0.05, 0.08, 그리고 0.1$\lambda$일 때의 공진 스터브 헬리컬 안테나의 방사저항을 단형 모노폴과 비교하라.

**7.3-2** ▸ 높이가 2 cm이고 850 MHz에서 동작하는 권선 수가 6인 공진 스터브 헬리컬 안테나의 방사저항을 구하라.

**7.3-3** ▸ 펼쳐지는 헬리컬 안테나가 총길이 78.7 cm, 지름 4.84 cm, 피치각 11.7°로 만들어졌다. 동작 중심주파수는 1.7 GHz이다. 헬리컬 안테나의 권선 수, dB 단위의 이득, 각도 단위의 반전력 빔폭, 그리고 축비를 구하라.

**7.3-4** ▸ 475 MHz에서 반전력 폭이 39°인 우수원형편파를 만들고자 한다. 가장 쉬운 방법 중 하나는 헬리컬 안테나를 사용하는 것이다. 이것은 12.5°의 피치각도로 만들어지고, 한 권선의 원주는 동작 중심주파수에서 한 파장이 된다.

(a) 필요한 권선 수를 구하라.
(b) dB 단위의 지향성은 얼마인가?
(c) 축 상에서의 축비는 얼마인가?
(d) 이 파라미터들이 비교적 일정하게 유지되는 주파수 범위는 얼마인가?
(e) 설계주파수에서와 대역의 가장자리 주파수에서의 입력 임피던스를 구하라.
(f) 대역 가장자리에서 HP를 구하라.

**7.3-5** ▸ 상업적으로 사용할 수 있는 축모드 헬리컬 안테나는 3.8 cm 알루미늄 축에 부착된 섬유유리 절연체로 지지되는 0.95 cm 알루미늄 관으로 만들어져 있으며 권선수가 6이다. 동작대역은 300~520 MHz이다. 기계적 특성들은 다음과 같다: 나선 길이는 118 cm, 나선의 지름은 23.2 cm(중심에서 중심까지), 그리고 접지 스크린 지름은 89 cm이다.

(a) 피치각 $\alpha$를 결정하라.
(b) 동작주파수 대역의 가장자리에서 이득을 dB로 계산하라.

**7.3-6** ▸ 권선 수가 12인 축모드 헬리컬 안테나가 원주는 0.197 m, 피지삭은 8.53°이며, 1525 MHz에서 동작한다. 선형 극좌표 형태로 방사패턴을 계산하고 도시하라.

**7.3-7** ▸ 어떤 헬리컬 안테나가 권선 수는 5이며 피치각은 12°이다. 원주는 한 파장에 해당한다.

(a) 간단한 배열이론 기술들을 이용하여 방사패턴을 구하고 정확하게 도시하라.
(b) (a)의 결과에 근거하지 말고, 반전력 빔폭을 계산하라.

**7.3-8** ▸ 단일 권선의 축모드 헬릭스 안테나는 한 파장 루프 안테나와 유사하게 방사한다. 그 이유를 설명하고, 헬릭스 안테나는 원형 핀파를 그리고 루프 안테나는 직선편파를 방사하는 이유를 설명하라.

**7.4-1** ▸ 원추 반각이 각각 0.1°, 1°, 10°, 20°, 50°인 무한 쌍원추형 안테나들에 대한 입력 임피던스를 계산하라.

**7.4-2** ▸ 무한 쌍원추형 안테나의 방사전력이 다음과 같음을 보여라.

$$P = 4\pi\sqrt{\mu/\varepsilon}H_o^2\ln[\cot(\theta_h/2)]$$

그리고 지향성이 다음과 같음을 보여라.

$$D = \frac{1}{\sin^2\theta \ln[\cot(\theta_h/2)]}$$

**7.5-1** ▸ <u>*제작 프로젝트*</u>. 임피던스를 측정하기 위한 연구실 장비의 주파수를 선택하라(대략 VHF 또는 UHF 영역). 최적 개방 슬리브 다이폴과 그것의 일반 다이폴 형태를 제작하라. (대신 모노폴을 제작해도 된다.) 중심주파수에 대해 2:1 주파수 범위에서 두 안테나의 입력 임피던스를 측정하라. (대신 VSWR을 측정할 수 있다.)

**7.5-2** ▸ 식 (7-50)과 그림 6-5, 그림 6-6을 이용해 연습문제 6.1-4의 비대칭적으로 급전된 다이폴의 입력 임피던스를 구하라.

**7.6-1** ▸ 임피던스가 $73 + j42.5\ \Omega$인 반 파장 길이의 리본 다이폴의 상보 구조인 슬롯의 입력 임피던스를 구하라.

**7.6-2** ▸ 균일 전장을 가지며 $z$축을 따라 길이 $\Delta z \ll \lambda$인 단형 슬롯에 대한 원거리장 성분들은 다음과 같다.

$$E_\phi = -\frac{V_o \Delta z}{2\pi} j\beta \frac{e^{-j\beta r}}{r} \sin\theta$$

$$H_\theta = \frac{V_o \Delta z}{2\pi\eta} j\beta \frac{e^{-j\beta r}}{r} \sin\theta$$

여기에서 $V_o$는 슬롯의 중심을 가로지르는 급전전압이다.

(a) 입력방사저항을 구하라.

(b) 적절한 상보형 안테나를 이용해 식 (7-51)이 충족됨을 증명하라.

**7.6-3** ▸ 주파수 독립 안테나들은 주파수에 대해 일정한 HP를 가진다. 공식 $\text{HP} = K\lambda/L$를 이용해 이것을 설명하라.

**7.7-1** ▸ 표 1-4에 나타낸 등각 스파이럴 안테나에서 방사되는 CP의 방향을 구하라.

**7.7-2** ▸ 450~900 MHz 대역에서 동작하는 등각 스파이럴 안테나를 설계하라.

**7.7-3** ▸ <u>*제작 프로젝트*</u>. 알루미늄 금박을 마분지에 붙이는 방법으로 위 문제 7.7-2의 등각 스파이럴 안테나를 제작하라. 수신기(예로 텔레비전)로 그 성능을 시험하라.

**7.8-1** ▸ 반전력 빔폭이 70°이고 400 MHz에서 2 GHz까지 동작하는 자기상보 대수주기 톱니형 평면 안테나를 설계하라.

**7.8-2** ▸ 대수주기 다이폴 배열이 84~200 MHz 범위의 주파수에 걸쳐서 7.5 dB의 이득을 가지도록 설계하려고 한다. 최적 설계를 위해 필요한 소자 길이와 간격들을 구하라.

**7.8-3** ▸ 예제 7-4의 LPDA에 대한 다이폴 길이와 간격을 구하라.

**7.8-4** ▸ 9 dB의 이득으로 470에서 890 MHz까지 동작하는 LPDA를 설계하라. 식 (7-84)에서 요구되는 것에 추가하여 각 양단에 하나의 소자를 더하라.

**7.8-5** ▸ 예제 7-4에서 LPDA의 물리적 길이는 얼마인가?

# 제8장 배열 안테나

*Array Antennas*

## 8.1 서론

배열 안테나에 관한 주제는 간단한 방사소자의 예로서 몇 가지 2소자 배열에 관한 예제와 더불어 3.5절에서 소개하였다. 동일한 급전 진폭과 등방성 패턴을 갖는 소자들을 이용하여 2소자 배열의 간격과 위상을 변화하여 얻을 수 있는 패턴 조절 범위를 요약하여 그림 3-19에 나타내었다. 전자적으로 급전 신호의 위상을 조절하여 각도 공간에서 패턴을 주사할 수 있다는 점과 더불어, 소자 간의 간격과 급전 신호를 조절함으로써 패턴을 성형할 수 있기 때문에 배열 안테나는 매우 일반적이다. 이러한 배열을 **위상배열**(phased array)이라고 한다. 지향성 빔을 조사하는 전통적인 방법은 반사판 안테나와 같은 개구면 안테나를 기계적으로 움직이는 방식이다. 하나의 커다란 안테나를 기계적으로 돌리는 문제는 배열 안테나를 구성하는 수많은 작은 안테나들을 적절하게 구동하기 위한 급전 회로망의 복잡도로 대체된다. 위상배열 안테나는 하나의 커다란 안테나의 방향 설정을 위한 기계적인 구조가 필요하지 않을 뿐더러 전자적인 속도로 빔을 조사할 수 있고 여러 개의 주빔을 동시에 형성할 수도 있다. 배열 소자들을 급전하기 위해서는 급전회로망이 필요하지만, 근래 들어 계산하고 디지털 신호처리를 행하는 하드웨어 및 소프트웨어 전자장치들이 저렴하게 되어 전자주사가 가능하게 되었다. 다양한 기하학적인 구조로 구성할 수 있다는 장점도 있는데, 예를 들면 비행기의 외피와 같은 물체의 윤곽에 맞춰 평면이 아닌 형태로도 구현이 가능하다. 배열 안테나의 응용 분야는 매우 다양한데, 그중 레이더가 대표적이다.

처음으로 광범위하게 이용된 배열 안테나는 1926년 발명된 야기-우다 배열 안테나이다(6.3절 참조). 야기 안테나에 이어서 기계적으로 조정되는 고정 위상의 배열 안테나가 나오게 되었다. 제2차 세계대전 동안에 기계적인 위상천이기를 사용하는 위상배열 안테나가 등장하였다. 1950년대에 페라이트 위상천이기의 발명과 더불어 완전한 전자주사가 가능하게 되었다. 1960년대에는 배열 소자들의 발전과 고체상태의 위상천이기의 등장으로 더욱 경쟁력 있는 소형의 위상배열 안테나가 이용되기 시작하였다. 근래의 기술혁신으로 각 소자들이 위상조정을 포함한 송수신전자장치를 갖는 능동 위상배열이 등장하였다.

배열 안테나와 개구면 안테나는 모두 고이득이 가능하다. 배열은 위상들의 합을 구하는 간단한 수학으로 해석이 가능하지만, 반사판 안테나의 해석에는 개구면을 통한 적분이 필요한데, 이는 다음 장에서 살펴보게 될 것이다. 이 장에서는 배열 안테나에 관하여 연구하는데, 균일하게 급전되는 등간격의 다수의 등방성 소자들의 선형배열로부터 시작하여, 이어서 개별 소자들의 패턴을 포함한 일반적인 경우를 살펴본다. 선형배열의 지향성을 계산하는 기법을 소개하고 이어서 선형배열의 불균일 급전과 다차원 배열에 관하여 공부한다. 상호결합과 급전 기술 같은 구현에 따른 문제를 다루고, 마지막으로 실제 배열 안테나에 이용되는 다양한 소자들과 광대역 위상배열에 관한 주제들을 다룬다.

## 8.2 선형배열의 배열성분

배열에서 소자들의 기본적인 배치는 그림 8-1과 같은 선형배열이다. 선형배열은 실제로 광범위하게 사용되며 그들의 동작원리는 더 복잡한 배열 구조를 이해하는 데 사용된다. 그림 8-1의 배열은 동일 소자들로 구성되어 있고 수신 안테나로 동작하고 있다. 배열의 패턴 특성은 안테나가 가역성이므로 편의에 따라서 수신 또는 송신 안테나로 간주해 설명할 수 있다. 각 소자 안테나의 출력은 그림 8-1에서처럼 감쇠기와 위상천이기로 진폭과 위상을 조절할 수 있다. 진폭과 위상을 조절함으로써 방사패턴의 주문성형이 가능하고 공간에서 패턴 주사를 할 수 있다.

기본적인 배열 안테나 모델은 두 부분으로 구성된다. 즉 소자들 하나의 패턴인 소자패턴과, 실제 소자들을 등방성 점전원으로 대치해 얻은 배열의 패턴인 배열성분으로 되어 있다. 그러면 배열의 총패턴은 소자패턴과 배열성분의 곱이 된다. 이것은 8.4절에서 자세히 다룬다. 먼저 배열성분에 대해서 살펴보자.

그림 8-1의 선형배열에 대응하는 배열성분은 각 소자를 등방성 점전원으로 대치하되 그림 8-2에서처럼 소자 위치나 급전은 그대로 유지해 얻을 수 있다. 배열은 소자들을 연결하는 선과 $\theta$의 각으로 입사하는 평면파를 수신하고 있으며 또한 동위상 평면, 즉 파면도 함께 보여 주고 있다. 파면에 수직인 광선들은 파의 진행 방향을 표시한다. 기준파면의 위상을 0으로 놓으면 $n$번째 소자는 그 거리에 해당하는 위상지연($\beta$를 곱하여 얻게 되는) $\xi_n$을 갖게 된다. 즉 각 소자는 입사평면파의 공간 위상지연의 영향으로 $\xi_n$의 위상을 갖고 급전된다. 평면파는 균일진폭을 가지므로 급전진폭은 상수 1로 간주한다. 각 소자들에 대한 급전 신호가 결과적으로 $1e^{j\xi_0}$, $1e^{j\xi_1}$, . . . 가 되는 것을 그림 8-2에서 볼 수 있다. 소자들 그 자신은 모든 입사 방향에 대해서 동일하게 반응하는 등방성 방사기이므로 출력에 별도의 가중치가 없다.

그림 8-1의 배열의 배열성분은 실제 소자 안테나 대신에 등방성 방사기로 대치된 그림 8-2의 배열에서 얻을 수 있다. 이러한 수신배열의 배열성분은 각 소자에 연결된 전송로에 따라 결정되는 복소 전류들 $\{I_0, I_1, \ldots\}$로 표현되는 진폭과 위상천이로 가중된 등방성 방사기 수신 안테나 응답들 $\{e^{j\xi_0}, e^{j\xi_1}, \ldots\}$의 합이다. 따라서 그림 8-2의 배열의 배열성분은

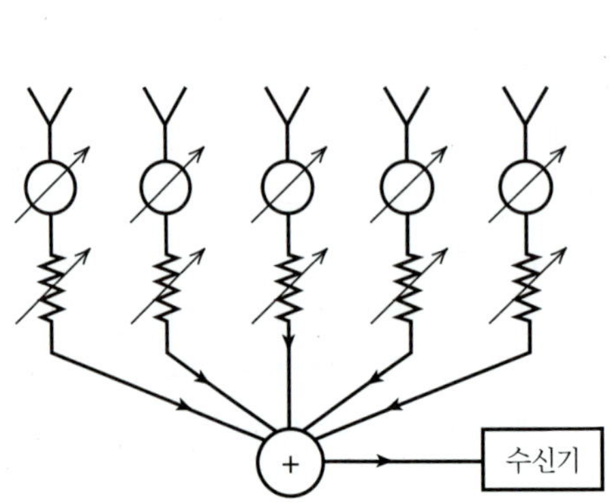


그림 8-1 **전형적인 선형배열.** 기호 ⌀와 (감쇠기 기호)는 가변 위상천이기와 감쇠기를 나타낸다. 출력전류는 수신기에 들어가기 전에 더해진다.

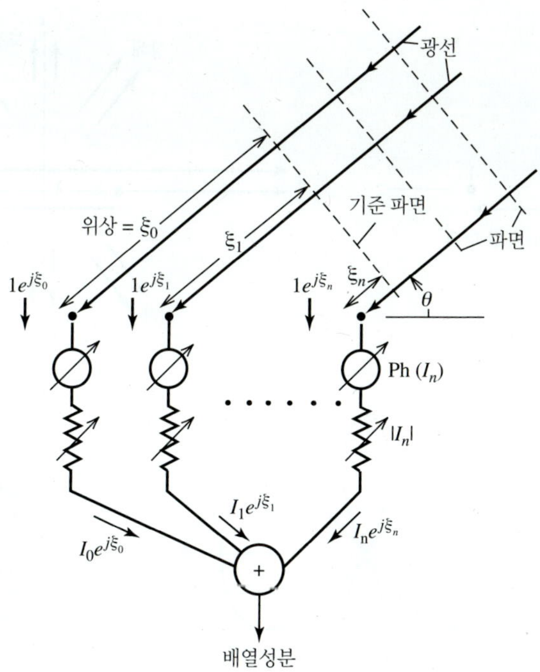


그림 8-2 **배열성분을 결정하기 위한 그림 8-1의 배열과 등가인 모델.** 배열소자들은 등방성 점전원으로 대치됐다.

$$\mathrm{AF} = I_0e^{j\xi_0} + I_1e^{j\xi_1} + I_2e^{j\xi_2} + \cdots \tag{8-1}$$

이다. 여기에서 $\xi_0, \xi_1, \ldots$는 0, 1, . . . 로 표시된 각 소자 위치에서 입사평면파의 위상들이다. 편의상 이러한 위상들은 보통 좌표원점을 기준으로 한 상대적인 값들이다. 즉 $n$번째 소자에 도달한 파의 위상은 원점에 도달한 파의 위상보다 $\xi_n$만큼 앞선다.

등방성 소자들로 구성된 2소자 배열에 대하여 식 (8-1)의 페이저들의 합을 구하는 방법에 관한 예제들을 3.5절에서 살펴보았다. 이러한 간단한 경우에서는, 주요 방향으로의 원거리장에서의 개별 소자에 관한 페이저들을 추적하여 합을 구하는 검사 방법으로 방사패턴의 주요한 특징을 알 수 있다. 다음 예제로 검사 방법에 대하여 더 알아본다.

## 예제 8-1 한 파장 떨어진 두 개의 동일한 등방성 점전원(그림 8-3)

그림 8-3$a$는 한 파장 간격의 두 등방성 전원이 동일한 진폭과 위상으로 신호를 보내고 있는 것을 보여 주고 있다. 그림 8-3$b$에서 전파되는 원거리장 광선 몇 개를 볼 수 있다. 동위상 조건이므로 원거리장에 도달하는 장들은 $\pm x$ 방향(브로드사이드 방향)에서 완벽하게 합해지는데(즉 두 배가 된다), 이는 원거리장까지의 경로길이가 동일하기 때문이다. 다르게 표현하면, 광선들은 동위상으로 전원들로부터 출발하여 동일한 전파 위상천이가 발생하기 때문에 동위상으로 원거리장에 도달하게 된다. 엔드파이어 방향인 배열의 끝 쪽 방향으로는, 동일한 원거리장 거리까지, 더 먼 거리에 있는 소자로부터 출발한 파의 위상이 가까운 소자로부터의 것보다 한 파장을 더 진행해야 하기 때문에 360° 뒤진다. 따라서 원거리장 페이저들은 $\pm z$ 방향에서 완전하게 합해진다. 두 원거리 광선들의

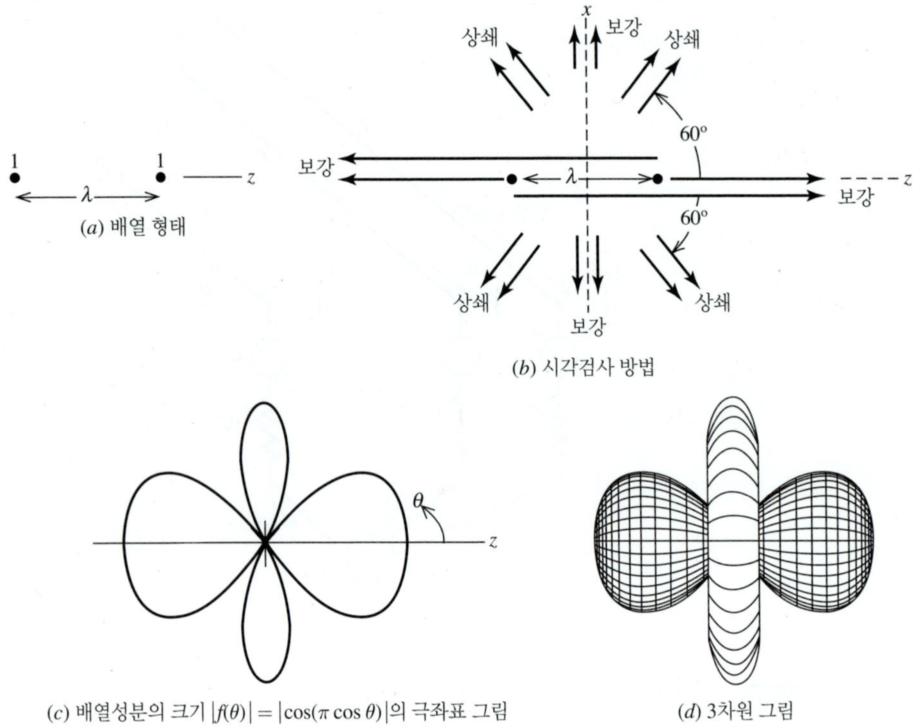


**그림 8-3** 진폭과 위상이 동일한 전류들로 급전되는 한 파장 간격의 두 등방성 점원(예제 8-1).

위상차는 브로드사이드($\theta = 90°$)에서의 0°에서부터 엔드파이어($\theta = 0°$, 180°)에서의 360°까지 변한다. 그러므로 위상차가 180°가 되는 방향이 존재하게 되고 이는 반 파장의 경로차이에 해당되며 페이저들이 서로 상쇄된다. 경로차이를 2소자 배열에 대한 관찰각의 함수로 나타내면 $d \cos \theta$(그림 3-16$d$ 참조)이다. 이 예제에서는 $d = \lambda$이므로 경로차 $\lambda/2$에 대한 각은 $\lambda \cos \theta = \pm\lambda/2$로부터 구할 수 있는데, $\cos \theta = \pm 1/2$이므로, 영점의 위치는 $\cos \theta = 60°$와 120°이다. 이 영점의 위치들과 더불어 최대인 위치들이 90°의 배수로 나타나는 점을 고려하면 그림 8-3$c$와 같이 방사패턴을 그려볼 수 있다. 이것은 패턴의 크기를 그린 것으로, 0°와 180°에서의 엔드파이어 빔들은 음의 값을 갖게 되는데, 영점을 지나면서 180°의 위상 급등이 발생하기 때문이다. 2소자 배열 요소에 관한 식 (3-67)에 $d = \lambda$로 놓으면 완전한 패턴 표현식을 구할 수 있는데, 정규화하면

$$f(\theta) = \cos(\pi \cos \theta) \tag{8-2}$$

이다. 이 식의 3차원 그림은 그림 8-3$d$와 같다. 그림 3-19에서 이미 보았듯이, 소자 간의 간격이 한 파장(혹은 그 이상)인 경우의 패턴에는 일반적으로 다수의 주엽들이 나타난다는 것을 이 예제를 통하여 확인할 수 있다.

---

이제는 더 일반적인 배열성분 표현식을 살펴보자. 식 (8-1)은 일반적인 표현식이며 어떤 배열 구성에서나 적용할 수 있다. 먼저 그림 8-4와 같이 소자들이 $z$축을 따라 등간격으로 구성된 선형배열을 생각해 보자. 각각의 등방성 소자들은 입사평면파에 대하여 모든 방향으로 동일하게 응답한

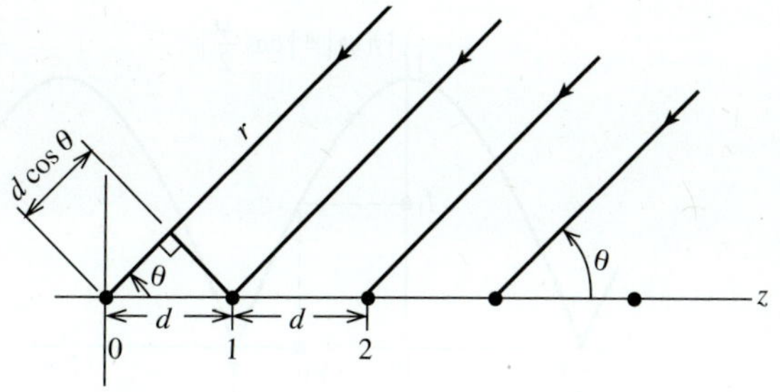


그림 8-4 등방성 점원의 등간격 선형배열.

다. 그러나 수신기에서 각 소자들의 출력을 합하게 되면(복소 전류들 $I_n$으로 가중치를 주어) 총배열 응답은 $\theta$의 함수가 된다. 이때 $\theta$는 소자들의 배열선($z$축)과 이루는 각이다. 원점에 도달하는 파의 위상을 편의상 0으로 놓으면 $\xi_o = 0$이다. 소자 1에 도달하는 입사파는 원점에 도달하는 파보다 $d\cos\theta$ 만큼 짧은 거리를 이동한다. 원점을 기준으로 소자 1에 도달하는 입사파의 상대적인 위상은 $\xi_1 = \beta d\cos\theta$, 즉 공간 위상지연이다. 배열 전체에 걸쳐서, 각 소자에서의 위상은 바로 인접한 좌측 소자의 위상보다 동일한 값 $\beta d\cos\theta$만큼 앞서게 된다. 식 (8-1)에 이 결과를 이용하면

$$\mathrm{AF} = I_0 + I_1 e^{j\beta d\cos\theta} + I_2 e^{j\beta 2d\cos\theta} + \cdots = \sum_{n=0}^{N-1} I_n e^{j\beta nd\cos\theta} \tag{8-3}$$

이 된다.

이제 배열이 송신 중이라 생각하자. 만일 전류가 선형의 점진적 위상(즉 인접소자 사이의 상대적 위상차가 동일하다)을 갖는다고 하면, 위상 항을 확실하게 분리해 아래와 같이 표시할 수 있다.

$$I_n = A_n e^{jn\alpha} \tag{8-4}$$

여기에서 $n+1$번째 소자는 $n$번째 소자보다 $\alpha$만큼 위상이 앞선다. 그러면 식 (8-3)은 아래와 같다.

$$\mathrm{AF} = \sum_{n=0}^{N-1} A_n e^{jn(\beta d\cos\theta + \alpha)} \tag{8-5}$$

여기에서

$$\psi = \beta d\cos\theta + \alpha \tag{8-6}$$

로 정의하면

$$\mathrm{AF} = \sum_{n=0}^{N-1} A_n e^{jn\psi} \tag{8-7}$$

이 된다. 이 배열성분은 $\psi$의 함수이고 푸리에 급수 형태이다. 이러한 형태는 계산하기에 편리하지만, 각 $\theta$로 표현되는 극좌표 그림이 주로 활용된다.

식 (8-6)으로 주어진 $\psi$에서 $\theta$로의 비선형 변환은 도식적으로 해결할 수 있다. 이러한 도식적인 과정을 공부하면 몇 가지 배열 파라미터들의 상호작용을 이해하는 데 도움이 된다.

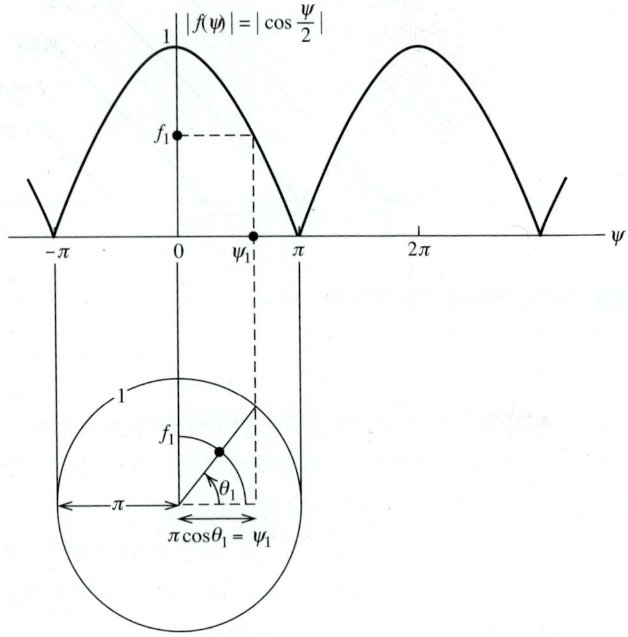


그림 8-5 동일 전류를 갖고 반 파장만큼 떨어진 두 소자의 배열성분의 극좌표 그림을 얻기 위한 절차.

예를 들어 예제 3-2에서처럼 반 파장 간격인 동일 전류의 두 소자 배열을 생각하자. 식 (3-69)에서 정규화된 배열성분은 $f(\theta) = \cos\left[(\pi/2)\cos\theta\right]$이다. 이 경우 식 (8-6)에서 $d = \lambda/2$ 그리고 $\alpha = 0$이므로 $\psi$는

$$\psi = \beta d \cos\theta + \alpha = \pi \cos\theta \tag{8-8}$$

이다. $f$를 $\psi$로 나타내면 다음과 같다.

$$f(\psi) = \cos\frac{\psi}{2} \tag{8-9}$$

이 함수는 아주 간단하게 그릴 수 있다. $|f|$를 $\theta$의 함수로 그리려면 먼저 식 (8-9)의 $|f(\psi)|$를 그림 8-5와 같이 그린다. 그런 다음, 그 밑에다 반지름이 $\psi = \pi$인 원을 그린다. 이것은 식 (8-8)이 원의 극좌표 방정식이기 때문이다. $\psi$의 임의의 값, 예를 들어 $\psi_1$에 대해서 원과 만날 때까지 아래로 수선을 그린다. $\psi = \psi_1$에 대응하는 $\theta = \theta_1$과 $|f| = f_1$ 값들이 그림에 표시되어 있다. 이러한 방법으로 몇 개의 점에 대해서 계속하면 바로 원하는 그림이 된다. 이 경우에는 $\theta$가 0에서 $\pi$까지 변하는 동안 $\psi$는 $\pi$에서 $-\pi$까지 변한다. 결과적인 극좌표 그림이 그림 8-7$b$에 있다. 이러한 결과는 그림 3-16에서 얻은 결과와 동일하다.

더 특수한 예제를 다루기 전에 일반적인 배열성분과 그리고 어떻게 그로부터 극좌표 그림을 얻을 수 있는지 생각해 보자. 전형적인 배열성분의 크기가 그림 8-6에 $\psi$의 함수로 그려져 있다. 그 밑에 중심을 $\psi = \alpha$에 두고 반지름이 $\beta d$인 원이 그려져 있다. 또한 각 $\theta$도 보여 주고 있다. 이러한 그림을 이용하는 것은 매우 간단하다. 어떤 주어진 $\theta$ 값에 대해서 원의 중심으로부터 방사선(radial line)과 원주와의 교차점, 즉 점 $a$를 표시하라. 대응하는 $\psi$의 값, 즉 점 $b$는 $a$에서 나온 수직선 위에 있다. 이러한 $\psi$와 $\theta$ 값에 대응하는 배열성분 값은 점 $c$이고, 이 역시 $a$에서 나온 수직선 위에 있다. 여기에서

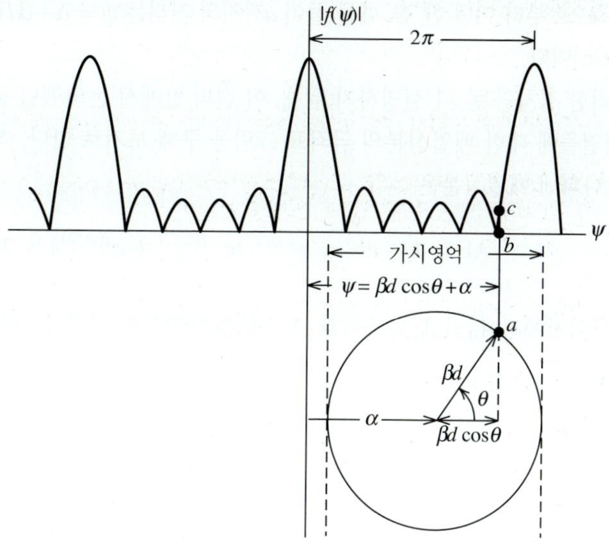


**그림 8-6** **각 $\theta$의 함수로 표현되는 배열성분을 구하기 위한 방법.**

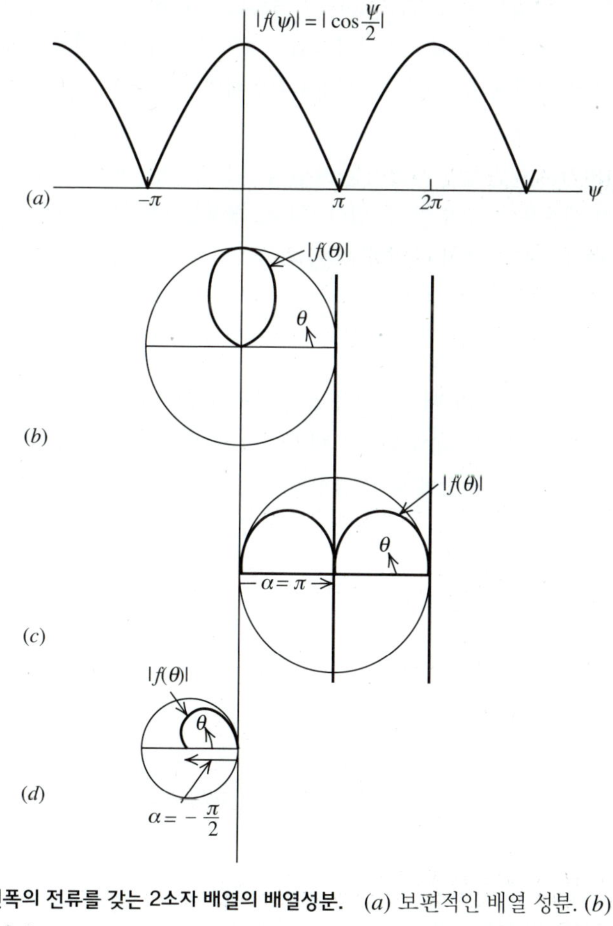


**그림 8-7** **동일한 진폭의 전류를 갖는 2소자 배열의 배열성분.** ($a$) 보편적인 배열 성분. ($b$) $d = \lambda/2$, $\beta d = \pi$, $\alpha = 0$의 극좌표 그림(예제 3-2). ($c$) $d = \lambda/2$, $\beta d = \pi$, $\alpha = \pi$의 극좌표 그림(예제 3-3). ($d$) $d = \lambda/4$, $\beta d = \pi/2$, $\alpha = -\pi/2$의 극좌표 그림(예제 3-4).

$\psi = 0$ 축으로부터 어떤 한 점, 예를 들어 $a$까지의 거리는 $\psi = \alpha + \beta d \cos\theta$로 쓸 수 있는데, 이것이 바로 식 (8-6)이다.

이러한 절차를 좀 더 설명하기 위해, 이 절의 앞에서 논의했던 균일 전류진폭을 갖는 몇 개의 2소자 배열들에 대한 배열성분의 극좌표 그림을 구해 보기로 한다. 식 (8-7)로부터 $N = 2$일 때 $\psi$의 함수로 나타낸 배열성분은

$$\mathrm{AF} = 1 + e^{j\psi} = e^{j(\psi/2)}(e^{-j(\psi/2)} + e^{j(\psi/2)}) = 2e^{j(\psi/2)} \cos\frac{\psi}{2} \quad \textbf{(8-10)}$$

이 된다. 여기에서 $A_0 = A_1 = 1$이다. 지수항을 제거하여 크기를 취하고, 또 정규화하면 인수 2도 제거되므로

$$|f(\psi)| = \left|\cos\frac{\psi}{2}\right| \quad \textbf{(8-11)}$$

가 된다. 이것은 식 (8-9)로부터도 유도할 수 있다. 배열성분 $|f(\psi)|$는 동일 전류진폭을 갖는 모든 2소자 배열에 대해서 동일하며 그림 8-7$a$에 나타낸 것과 같다. 물론 $\psi$는 소자 간 간격과 위상에 따라서 변한다. 예를 들어 만일 간격이 반 파장이고 각 소자의 위상이 0 ($\alpha = 0$)이면, 그 패턴은 그림 8-5에서 보여 준 방법으로 얻을 수 있고 그 결과는 그림 8-7$b$의 패턴이다. 이것은 이미 예제 3-2에서 다루었다. 예제 3-3에서는 $d = \lambda/2$이고 $\alpha = \pi$이다. 그림 8-6의 절차를 이용하여 구한 배열성분의 극좌표 그림은 그림 8-7$c$와 같다. 예제 3-4의 배열성분은 $d = \lambda/4$이고 $\alpha = -\pi/2$이므로 그 결과는 그림 8-7$d$와 같다.

식 (8-7)의 일반적인 배열성분 표현식을 살펴보면, 패턴 그림을 그리는 데 도움이 되는 몇 개의 일반적인 성질을 더 유도할 수 있다. 첫째, 배열성분은 변수 $\psi$에 대한 주기가 $2\pi$인 주기함수이다. 이것은 쉽게 아래와 같이 증명할 수 있다.

$$\mathrm{AF}(\psi + 2\pi) = \sum A_n e^{jn(\psi+2\pi)} = \sum A_n e^{jn\psi} e^{jn2\pi} = \sum A_n e^{jn\psi} = \mathrm{AF}(\psi) \quad \textbf{(8-12)}$$

$z$축에 놓인 선형배열의 배열성분은 $\phi$의 함수가 아니고(소자패턴은 $\phi$의 함수일 수 있으나) $\theta$의 함수이다. 바꾸어 말하면 배열성분은 배열축에 대해서 회전대칭인 패턴이다. 그러므로 완전한 그림은 아래 범위에서 그들의 값에 따라 결정된다.

$$0 < \theta < \pi \quad \textbf{(8-13)}$$

이것을 가시영역(visible region)이라 하는데, $-1 < \cos\theta < 1$ 또는 $-\beta d < \beta d \cos\theta < \beta d$ 또는

$$\alpha - \beta d < \psi < \alpha + \beta d \quad \textbf{(8-14)}$$

이에 상응한다. 이와 같이 $\theta$와 $\psi$로 표현되는 가시영역은 각각 식 (8-13)과 식 (8-14)로 주어진다. 파장으로 표현되는 배열의 소자간격 $d/\lambda$에 의해 그림 8-6의 원의 크기가 결정되고, 따라서 배열성분의 얼마나 많은 부분이 가시영역에 나타나는지가 결정된다. 변수 $\psi$의 가시영역의 범위는 식 (8-14)에서 $2\beta d$가 된다. 이것은 그림 8-6의 원의 지름이다. 완전히 한 주기가 가시영역에 나타난다고 생각하자. 주기는 $2\pi$이므로 $2\pi = 2\beta d = 2(2\pi/\lambda)$ 또는 $d/\lambda = \frac{1}{2}$이 된다. 이와 같이 소자간격이 반 파장일 때는 배열 성분의 정확히 한 주기가 가시영역에 나타난다. 만일 $2\beta d < 2\pi$이면 이것은 $d/\lambda < \frac{1}{2}$에 해당하는데, 즉 간격이 반 파장보다 작으면 한 주기보다 적은 부분이 가시영역에 나타난다. 반 파장보다 클

경우는 한 주기 이상을 가시영역에서 볼 수 있다. 한 파장 간격이면 두 주기가 가시영역에 나타난다. 반 파장보다 큰 간격에서는 소자들의 위상에 따라서 한 개 이상의 주엽이 가시영역에 존재할 수 있다. 주엽과 동일한 세기를 방사하는 이러한 부가적 주엽을 그레이팅 로브(grating lobe)라 한다. 그림 8-3c의 한 파장 간격인 2소자 배열의 배열성분에서 $\theta = 90°$의 원하는 주엽에 추가적으로 $\theta = 0°$와 180°에서 그레이팅 로브가 발생한다. 대부분의 경우 그레이팅 로브가 발생하는 것은 바람직하지 못하다. 따라서 대부분의 배열은 소자간격이 한 파장 이하가 되도록 설계한다.

## 8.3 균일급전, 등간격 선형배열

배열은 보통 규칙적으로 배열된 동일 소자들로 이루어진다. 사실 이것은 IEEE에서 채택한 정의이다. 그러나 실제에서는 소자 간의 간격이 동일하지 않은 배열들도 있다. 배열 구조에 대하여 명확하게 하기 위하여 수식어(예를 들어 등간격 또는 비등간격이라는)가 포함된다. 이 장에서 제시되는 예제들은 등간격 배열에 대한 것이고, 비등간격 배열은 8.8절에서 다룬다.

### 8.3.1 배열성분 표현식

등간격 선형배열에서 아주 특별하게 중요한 경우가 균일하게 급전되는 등간격 선형배열이다. 이것은 모든 소자전류의 진폭들이 동일한 배열이다. 따라서

$$A_0 = A_1 = A_2 = \cdots \tag{8-15}$$

이다. 이 절에서는 소자 간의 위상차가 $\alpha$인 선형 형태의 소자 위상분포의 경우만 고려한다. 그러면 식 (8-7)에서 배열성분은 아래와 같이 된다.

$$\text{AF} = A_0 \sum_{n=0}^{N-1} e^{jn\psi} = A_0(1 + e^{j\psi} + \cdots + e^{j(N-1)\psi}) \tag{8-16}$$

단지 간단한 몇 과정만 거치면 이러한 기하급수의 합을 구할 수 있다. 먼저 식 (8-16)에 $e^{j\psi}$를 곱하면

$$\text{AF}\ \ e^{j\psi} = A_0(e^{j\psi} + e^{j2\psi} + \cdots + e^{jN\psi}) \tag{8-17}$$

이 되고, 식 (8-16)에서 이것을 빼면

$$\text{AF}(1 - e^{j\psi}) = A_0(1 - e^{jN\psi})$$

혹은

$$\text{AF} = \frac{1 - e^{jN\psi}}{1 - e^{j\psi}} A_0 \tag{8-18}$$

이 된다. 이것을 좀 더 편리한 형태로 다시 쓰면 아래와 같다.

$$\begin{aligned} \text{AF} &= A_0 \frac{e^{jN\psi} - 1}{e^{j\psi} - 1} = A_0 \ \frac{e^{jN\psi/2}}{e^{j\psi/2}} \frac{e^{jN\psi/2} - e^{-jN\psi/2}}{e^{j\psi/2} - e^{-j\psi/2}} \\ &= A_0 e^{j(N-1)\psi/2} \ \frac{\sin(N\psi/2)}{\sin(\psi/2)} \end{aligned} \tag{8-19}$$

위상인수 $e^{j(N-1)\psi/2}$는 배열출력 신호가 또 다른 안테나의 출력과 더해지지 않는 한 중요하지 않다.

위상인수는 원점에 대한 배열 중심의 위상천이를 나타내기 때문에, 배열의 중심을 원점에 두었다면 나타나지 않았을 것이다. 식 (8-19)에서 위상인수를 무시하면 아래와 같이 된다.

$$\mathrm{AF} = A_0 \frac{\sin(N\psi/2)}{\sin(\psi/2)} \tag{8-20}$$

이 식은 $\psi = 0$에서 최대가 되며 식 (8-16)으로부터 최댓값은

$$\mathrm{AF}(\psi = 0) = A_0(1 + 1 + \cdots + 1) = A_0 N \tag{8-21}$$

이다. 이것으로 식 (8-20)을 나누면 정규화된 배열성분은

$$\boxed{f(\psi) = \frac{\sin(N\psi/2)}{N\sin(\psi/2)}} \qquad \textit{UE, ESLA} \tag{8-22}$$

이다. 이것은 좌표원점에 중심을 둔 $N$ 소자 균일급전, 등간격 선형배열[UE (uniformly excited), ESLA (equally spaced linear array)]의 정규화된 배열성분이다. 이 함수는 $(\sin u)/u$의 함수와 비슷한데 중요한 차이는 인수가 무한정 증가하더라도 부엽들이 사라지지 않는 것이다. 사실 식 (8-22)는 주기가 $2\pi$인 주기함수이다. 이것은 식 (8-12)에서 알 수 있듯이 일반적으로 사실이다.

그림 8-8에서처럼 여러 값의 $N$에 대한 배열성분 그림을 살펴봄으로써 몇 가지 경향들을 알 수 있다.

1. $N$이 증가하면 주엽은 좁아진다.
2. $N$이 증가하면 $f(\psi)$의 한 주기 안에 더 많은 부엽들이 존재한다. 사실 $f(\psi)$의 한 주기 안에서 전체 로브(하나의 주엽과 많은 부엽들)의 수는 $N - 1$이다. 따라서 각 주기마다 $N - 2$개의 부엽과 하나의 주엽이 존재할 것이다.
3. 부엽들은 변수 $\psi$로 표시할 때 $2\pi/N$의 폭을 갖고 있으며, 주엽들(주엽과 그레이팅 로브)은 이 폭의 2배가 된다.
4. 부엽의 첨두치는 $N$이 증가하면 감소한다. 부엽 첨두치의 한 척도는 아래와 같이 정의한 부엽 레벨(SLL: side lobe level)이다.

$$\mathrm{SLL} = \frac{|\text{maximum value of largest side lobe}|}{|\text{maximum value of main lobe}|} \tag{8-23}$$

   이것은 종종 dB로 표시된다. $N = 5$인 배열성분의 부엽레벨은 $-12$ dB이고 $N = 20$에 대해서는 $-13$ dB이다. $N$이 증가함에 따라 SLL은 균일선전원의 값 $-13.3$ dB에 접근한다.
5. $|f(\psi)|$는 $\pi$에 대해서 대칭이다(증명은 독자 여러분이 해 보라).

변수 $\theta$로 나타내는 방사장의 극좌표 그림은 8.2절에서 논의한 것처럼 $f(\psi)$로부터 얻을 수 있다. 예를 들어 2소자 경우에 식 (8-22)는 아래와 같이 된다.

$$f(\psi) = \frac{\sin\psi}{2\sin(\psi/2)} \tag{8-24}$$

이 식은 모든 동일진폭 2소자 배열에 대한 보편적인 패턴함수이며, 그림 8-7$a$와 같다. 8.2절에서 사

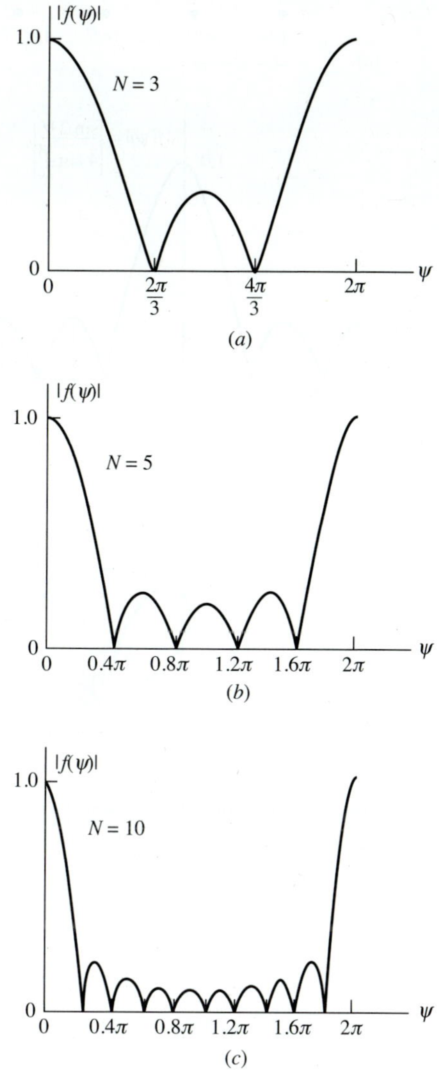


**그림 8-8** **몇 가지 배열소자 수에 따른 등간격, 균일급전 선형배열의 배열성분.** (*a*) 3소자. (*b*) 5소자. (*c*) 10소자.

용한 기법에 따라 2소자 배열에 대한 배열성분은 $\cos(\psi/2)$이었음을 주목하자[식 (8-9) 참조]. 이것은 식 (8-24)와 동일함을 보일 수 있다.

## 예제 8-2 4소자 선형배열(그림 8-9)

4소자 균일급선, 등산석 배열에 대한 보편적인 배열성분이 그림 8-9*b*에 있다. 소자간격이 반 파장이고 소자간 위상차가 90°(즉 $\alpha = \pi/2$)인 특수한 경우에 대한 배열성분을 구한다. 배열급전은 그림 8-9*a*와 같다. 패턴 그림은 최댓값과 0 같은 특징점들을 표시해 빠르게 스케치할 수 있다. 그 다음으로 이러한 점들로부터 아래쪽의 원으로 수선들을 내린 다음, 원들과의 교차점에서 원의 중심까지 직선을 그린다. 원주는 1의 패턴 값을 나타내고 중심은 0 값을 갖는다. 이와 같은 선형 극좌표 그림

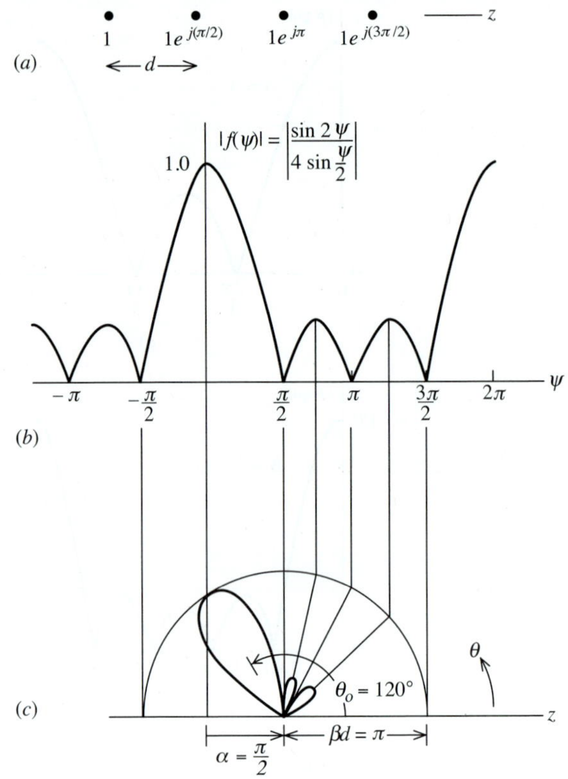


**그림 8-9** **균일급전, 등간격의 4소자 위상배열에 대한 배열성분(예제 8-2).** (*a*) 배열 급전. (*b*) $N = 4$에 대한 보편적인 패턴. (*c*) $d = \lambda/2$와 $\alpha = \pi/2$일 때의 극좌표 그림.

에서 패턴성분의 크기는 원점으로부터의 거리에 선형적으로 비례한다. 예를 들어 만일 원의 반지름이 4 cm이고 그려야 할 패턴 값이 0.25이면, 패턴 점은 해당하는 각 $\theta$의 방사선상에 원점에서 1 cm 거리에 있다. 상대적으로 최댓값인 위치와 0인 위치를 표시한 다음 이러한 점들을 연결하는 완만한 곡선을 그린다. 그림 8-9*c*는 식 (8-22)를 이용하여 계산한 극좌표 그림이다. 이러한 극좌표 그림은 그 원을 확대하거나 축소해서 더 크게 혹은 작게 그릴 수 있다.

## 8.3.2 주빔 주사와 빔폭

배열성분의 최대는 $\psi = 0$일 때 발생한다. $\theta_0$를 이에 대응하는 $\theta$ 값이라 하면 식 (8-6)으로부터 $0 = \beta d \cos\theta_o + \alpha$ 또는

$$\alpha = -\beta d \cos\theta_o \tag{8-25}$$

이다. 이것은 소자와 소자 사이의 급전 전류들의 위상천이로서, 배열소자들이 배열된 직선에 대해서 $\theta_o$ 방향으로 배열성분 주빔의 최댓값이 발생하도록 하기 위해 필요한 값이다. 균일급전, 등간격 선형배열의 경우, 배열성분의 최댓값이 $\theta = \theta_o$ 방향이 되도록 하기 위해 필요한 소자전류들은 식 (8-4)와 식 (8-25)로부터

$$I_n = e^{jn\alpha} = e^{-jn\beta d \cos\theta_o} \tag{8-26}$$

이 된다. 브로드사이드의 경우($\theta_o = 90°$)는 $\alpha = 0$이고 엔드파이어의 경우($\theta_o = 0°$ 혹은 180°)는 $\alpha = -\beta d$ 또는 $\beta d$이다. 그림 8-9의 예제에서는 $\alpha = \pi/2$와 $d = \lambda/2$이므로 $\theta_0 = \cos^{-1}(-\alpha/\beta d) = \cos^{-1}(-\frac{1}{2}) = 120°$이다.

빔이 지향하는 방향이 위상이 뒤진 소자 쪽이라는 점을 기억하면 위상의 영향을 쉽게 알 수 있다. 예제에서 각 소자는 자기 오른쪽 소자에 비해 지연되며, 따라서 빔은 그림 8-9$c$에 나타낸 바와 같이 배열의 브로드사이드 방향의 왼쪽으로 향하게 된다. 식 (8-25)를 식 (8-6)에 대입하여, 위상을 조절해 주빔을 주사하는 기능을 $\psi$에 반영하여 다음과 같이 표현할 수 있다.

$$\psi = \beta d(\cos\theta - \cos\theta_o) \tag{8-27}$$

주사에 대해서는 8.9절에서 더 자세히 취급한다.

균일급전, 등간격 선형배열에서 주빔 폭에 대한 하나의 척도로는 **첫 번째 영점 사이의 빔폭**(beam-width between first nulls), 즉 BWFN이 있다. 그림 2-10$a$에 일반적인 패턴에 대해서 이것을 보여주고 있다. 주빔의 영점은 선형배열을 포함하는 평면에서 배열성분 식 (8-22)가 맨 먼저 0이 되는 곳이다. 식 (8-22)의 분자의 0은 $N\psi_{FN}/2 = \pm n\pi$일 때 발생한다. $\frac{1}{2}\psi_{FN}/2 = \pm n\pi$에서는 분모 또한 0이 되어 패턴성분이 1이 되는데 이 경우는 주빔($n = 0$)과 그레이팅 로브에 해당한다. 주빔과 연관된 첫 번째 영점은 $N\psi_{FN}/2 = \pm\pi$일 때 발생한다. 브로드사이드 배열에 대해서는 $\alpha = 0°$이고 $\psi = \beta d\cos\theta$이므로, 첫 번째 영점에 대한 $\theta$는

$$\pm\pi = \frac{N}{2}\frac{2\pi}{\lambda}d\cos\theta_{FN} \tag{8-28}$$

또는

$$\theta_{FN} = \cos^{-1}\left(\pm\frac{\lambda}{Nd}\right) \tag{8-29}$$

와 같이 구할 수 있다. 그러면 BWFN은 아래와 같이 된다.

$$\text{BWFN} = |\theta_{FN\ \text{left}} - \theta_{FN\ \text{right}}| \tag{8-30}$$

$$= \left|\cos^{-1}\left(-\frac{\lambda}{Nd}\right) - \cos^{-1}\left(+\frac{\lambda}{Nd}\right)\right| \tag{8-31}$$

긴 배열(길이 $L = Nd \gg \lambda$)에 대해서는 식 (8-31)을 아래와 같이 근사식으로 만들 수 있다.

$$\text{BWFN} \approx \left|\frac{\pi}{2} + \frac{\lambda}{Nd} - \left(\frac{\pi}{2} - \frac{\lambda}{Nd}\right)\right| = \frac{2\lambda}{Nd} \quad \textit{브로드사이드 부근} \tag{8-32}$$

엔드파이어 배열(그림 2-11$c$ 참조)에 대해서는, 첫 번째 영점 사이의 빔폭은 주빔의 최대점과 첫 번째 영점 간의 빔폭의 두 배가 된다. 긴 배열에 대해서는 근사적으로 아래와 같다.

$$\text{BWFN} \approx 2\sqrt{\frac{2\lambda}{Nd}} \quad \textit{엔드파이어} \tag{8-33}$$

반전력 빔폭(HP: half-power beamwidth)은 BWFN보다 일반적으로 더 많이 사용되는 주빔의 크기에 대한 척도이다. 두 가지 모두 배열길이 $Nd$와 주빔각 $\theta_0$에 따라 결정된다. 긴($Nd \gg \lambda$) 균일급전 선형배열에서 HP는 근사적으로[1]

$$\text{HP} \approx 0.886 \frac{\lambda}{Nd} \csc \theta_o \quad \textit{브로드사이드 부근} \tag{8-34}$$

그리고

$$\text{HP} \approx 2\sqrt{0.886 \frac{\lambda}{Nd}} \quad \textit{엔드파이어} \tag{8-35}$$

이 된다. HP와 BWFN에 대한 공식을 비교해 보면 긴 균일급전 선형배열에서는 HP가 BWFN의 대략 반이 됨을 알 수 있다.

## ▶ 8.3.3 일반 엔드파이어 배열

단 하나의 연필형 빔을 형성하는 안테나를 필요로 하는 경우가 많다. 물론 배열소자를 적절히 선택하면 총패턴이 단 하나의 연필형 빔을 갖도록 만들 수도 있지만, 브로드사이드 배열의 배열성분은 부채형 빔을 발생시킨다(그림 8-3에서와 같이). 단 하나의 연필형 빔을 만드는 또 다른 방법은 엔드파이어 배열을 적절히 설계하는 것이다. 엔드파이어 조건은 $\theta_o = 0°$ 또는 180°에서 나타나고 이것은 $\alpha = -\beta d$ 또는 $+\beta d$에 대응한다는 것을 알고 있다. $\alpha = \pm\beta d$인 배열을 **일반 엔드파이어**(ordinary endfire) 배열이라 한다. 만일 간격 $d$가 반 파장이면 두 개의 동일한 엔드파이어 로브가 나타난다(그림 3-17 참조). 두 로브들 중 하나를 없애서 단 하나의 연필형 빔을 만드는 몇 가지 방법이 있다. 예제 3-5에서 이미 언급한 듯이 접지평면으로 뒤판을 구성하는 것도 하나의 방법이다. 배열에 대해서는 소자간격을 반 파장 이하로 줄임으로써 후엽을 감쇠시킬 수 있다. 변수 $\psi$로 나타내면 가시영역은 $2\beta d$의 폭이 되고, 원하지 않는 주엽(그레이팅 로브)을 제거하려면 가시영역(따라서 간격 $d$)을 반 파장 간격에 해당하는 값인 $2\pi$ 이하로 줄여야 한다. 그레이팅 로브 폭의 절반(최댓값에서 영점까지)은 $2\pi/N$이므로, $2\beta d \le 2\pi - \pi/N$이다. 이 식을 $2\beta$로 나누면 일반 엔드파이어 동작을 위한 간격에 대한 조건을 얻을 수 있다.

$$d < \frac{\lambda}{2}\left(1 - \frac{1}{2N}\right) \tag{8-36a}$$

$$\alpha = \pm\beta d \tag{8-36b}$$

*일반 엔드파이어 조건*

이 조건들을 만족시키는 배열은 그레이팅 로브가 없는 하나의 엔드파이어 빔을 형성하게 되는데, 식 (8-25)로부터 $\alpha = -\beta d$일 때는 $\theta = 0°$에서, 또 $\alpha = \beta d$일 때는 $\theta = 180°$에서 최댓값을 갖는다. 이 장의 뒤따르는 많은 예제들에서와 같이 아래 예제에서는 5소자를 사용하는데, 그 이유는 일반적인 패턴의 경향을 완전하게 설명하기에 충분한 부엽들을 형성하기 때문이다.

### 예제 8-3 5소자 일반 엔드파이어 선형배열(그림 8-10)

식 (8-36$a$)로부터 5소자의 엔드파이어 배열의 경우, $d \le (\lambda/2)(1 - 1/10) = 0.45\lambda$이어야 한다. 만일 $d = 0.45\lambda$이고 주빔 방향을 $\theta_o = 180°$로 하면 요구되는 소자와 소자 사이의 위상천이는 $\alpha = \beta d = (2\pi/\lambda)(0.45\lambda) = 0.9\pi$이다. 패턴을 구성하는 절차가 그림 8-10$a$와 8-10$b$에, 그리고 3차원 패턴 그림은 그림 8-10$e$에 있다. 단 하나의 엔드파이어 주엽만이 나타난다. 비교를 위하여 반 파장의 간격으로 하면 그림 8-10$c$와 8-10$d$에 나와 있는 바와 같이 두 개 주엽이 나타날 것이다.

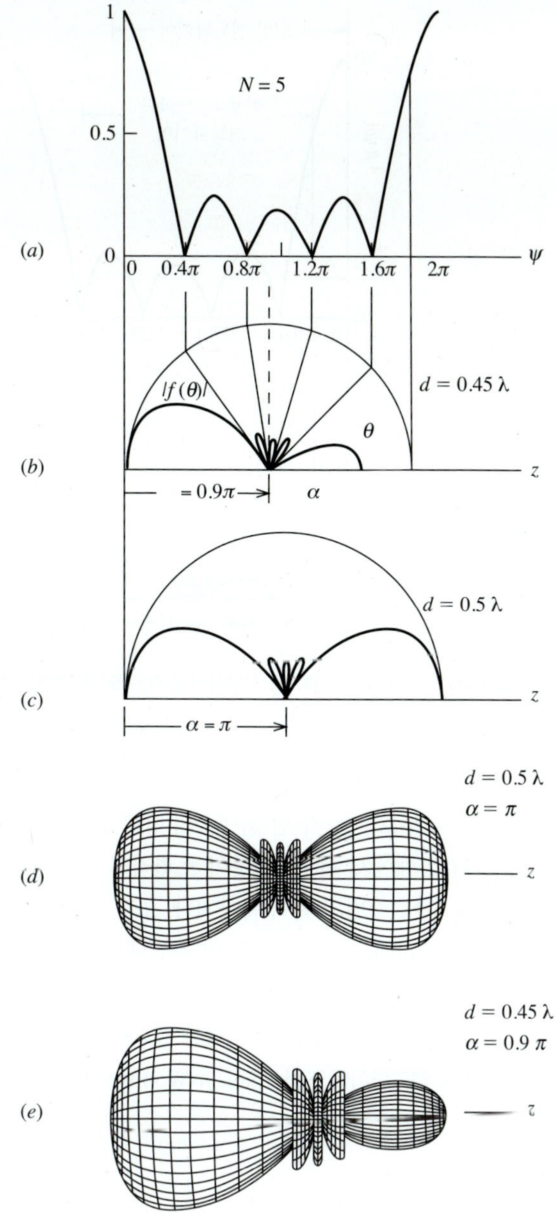


**그림 8-10** **5소자 균일급전, 등간격 선형배열(예제 8-3).** $(a)$ 보편적인 패턴그림. $(b)$ $d = 0.45\lambda$ 그리고 $\alpha = 0.9\pi$인 일반 엔드파이어 배열의 극좌표 그림. $(c)$와 $(d)$ $d = 0.5\lambda$인 엔드파이어의 그림. $(e)$ $(b)$의 경우에 대한 3차원 그림.

### 8.3.4 한센-우드야드 엔드파이어 배열

일반 엔드파이어에서 소자 사이의 급전 위상차 $\alpha = \pm\beta d$는 엔드파이어 방향으로 파의 공간 위상 지연과 정확히 일치한다. 위상차가 일반 엔드파이어의 값보다 초과 위상지연(excess phase delay) $\delta$만큼 증가하게 되면 소자 간 위상천이는

$$\alpha = \pm(\beta d + \delta) \tag{8-37}$$

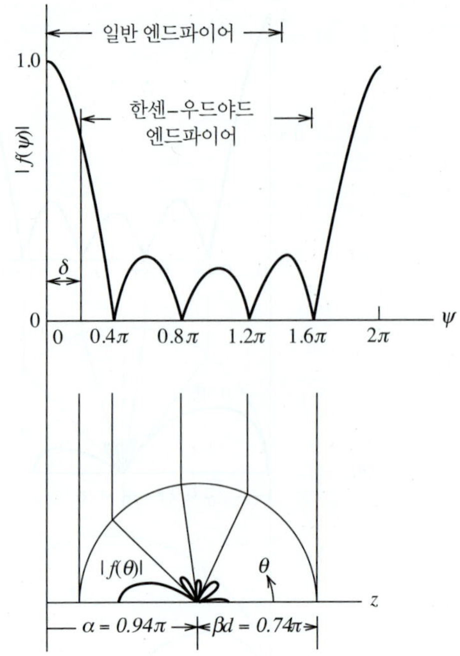


그림 8-11 $\alpha = 0.94\pi$ 그리고 $d = 0.37\lambda$의 지향성이 증가된 5소자 한센–우드 야드 배열의 단일 엔드파이어 빔(예제 8-4).

인데, 여기에서 +와 – 부호는 각각 빔 최댓값의 방향 $\theta_0 = 180°$와 $\theta_0 = 0°$에 대한 것이다. 이렇게 급전하면, 그림 8-11의 예에서 볼 수 있듯이 보편적인 배열성분의 최대치는 가시영역($0° \leq \theta_o \leq 180°$)에서 벗어나게 되어, 주빔의 폭이 좁아진다. 초과 위상지연은 보통 $\delta = \pi/N$로 취한다. 위상지연이 증가하면 작도원(construction circle)이 원점에서 멀어지게 되고 따라서 그레이팅 로브가 발생하거나, 부엽들이 커지게 된다.이 점을 피하기 위하여, 소자간격은 일반 엔드파이어의 소자간격인 반 파장보다 두 배 정도 더 작게 한다. 이러한 간격과 위상에 대한 조건들을 엔드파이어로 동작하기 위한 한센–우드야드 엔드파이어 조건(Hansen-Woodyard endfire condition)이라고 하며 다음과 같다.

$$d < \frac{\lambda}{2}\left(1 - \frac{1}{N}\right) \qquad \text{(8-38a)}$$

*한센–우드야드 엔드파이어 조건*

$$\alpha = \pm\left(\beta d + \frac{\pi}{N}\right) \qquad \text{(8-38b)}$$

여기에서 +와 – 부호는 각각 빔 최댓값의 방향 $\theta_0 = 180°$와 $\theta_0 = 0°$에 대한 것이다. 원래 한센과 우드야드는 연속적인 전류분포의 가정하에 이 식들을 유도하였지만 그 결과는 다수의 근접 소자들로 이루어진 배열에 대해서도 성립한다[2]. $\delta_{\max} = 2.92/N$일 때 최대지향성을 갖는데, 이 값은 식 (8-38b)에 사용된 한센–우드야드 값 $\pi/N$에 가까운 값이다. 배열의 지향성은 8.5절에서 논의하기로 한다.

$\delta$가 0이 아닌 값을 갖는 엔드파이어 배열의 패턴은 식 (8-22)와 같은 모양의 패턴이지만, 보

편적인 패턴의 최대치가 가시영역에 포함되지 않기 때문에, 최댓값이 1이 되도록 정규화하지 않는다. 식 (8-6)에 식 (8-37)을 이용하면 $\psi$에 대한 수정된 식 $\beta d(\cos\theta - 1) - \delta$를 얻게 된다. $\theta_0 = 0°$ 혹은 $\theta_o = 180°$에서 패턴 최댓값이 되도록 이 식을 풀면 $\psi_o = -\delta$ 혹은 $\delta$이고, 식 (8-22)로부터 패턴은 $\sin(N\delta/2)/N\sin(\delta/2)$가 된다. 0이 아닌 $\delta$를 포함하도록 이 값을 이용하여 일반적인 배열성분을 다시 정규화하면 다음 식을 얻게 된다.

$$f(\psi) = \frac{N\sin\left(\frac{\delta}{2}\right)\sin\left(\frac{N\psi}{2}\right)}{\sin\left(\frac{N\delta}{2}\right)N\sin\left(\frac{\psi}{2}\right)} \quad \textbf{(8-39)}$$

다음 예제에서 살펴볼 수 있듯이, 한센-우드야드 배열의 지향성이 증가하는 결과로 부엽들이 더욱 커지게 된다.

**예제 8-4** **5소자 한센–우드야드 엔드파이어 선형배열(그림 8-11)**

식 (8-38$a$)에 따라, 5소자 한센–우드야드 엔드파이어 배열에 대해서는 $d \le (\lambda/2)(1 - 1/5) = 0.4\lambda$이어야 한다. $d = 0.37\lambda$ 그리고 $\theta_o = 180°$로 하면, 식 (8-38$b$)로부터 요구되는 소자와 소자 사이의 위상천이는 $\alpha = \beta d + \pi/N = 0.74\pi + 0.2\pi = 0.94\pi$가 된다. 그림 8-11에 나타낸 패턴은 예제 8-3의 일반 엔드파이어의 경우(역시 5소자를 이용한)보다 더 좁은 하나의 주빔을 갖지만, 부엽들은 더 커졌다. 그럼에도 불구하고 배열의 지향성은 증가하는데, 이 점은 8.5절에서 더 자세하게 다루게 된다.

엔드파이어 배열의 설계과정을 정리하면 다음과 같다. 먼저 요구되는 지향성을 얻기에 충분한 소자들의 개수를 결정한다. 다음으로 반 파장보다 작게 되도록 소자간의 간격을 결정한다. 예를 들어 일반 엔드파이어의 경우에는 식 (8-36$a$), 그리고 한센–우드야드 엔드파이어의 경우에는 식 (8-38$a$)를 만족시키도록 구한다. 마지막으로 일반 엔드파이어의 경우에는 식 (8-36$b$), 그리고 한센–우드야드 엔드파이어의 경우에는 식 (8-38$b$)를 이용하여 소자 간 위상천이 $\alpha$를 계산한다.

## 8.4 완전한 배열패턴과 패턴곱

지금까지는 배열의 소자들을 모두 등방성 점전원으로 가정하였다. 물론 실제 배열에서는 등방성이 아닌 실제 소자들이 사용된다. 이 장의 이후 부분에서는 소자의 영향을 살펴보는데, 먼저 이 절에서 소자패턴과 배열성분의 곱으로 완전한 배열패턴을 얻게 되는 패턴곱의 원리로부터 시작한다.

배열 소자들이 한 직선을 따라서 배열되고 각 소자의 전류가 그 직선과 같은 방향으로 흐르면 그 배열을 동일선상(collinear) 배열이라고 한다. 동일선상 배열의 간단한 예로, 그림 8-12에서처럼 $N$개의 단형 다이폴을 생각하자. 그 소자들은 등간격으로 거리 $d$만큼씩 떨어져 있고 전류 $I_0$, $I_1$, $I_2$, ..., $I_{N-1}$이 각각에 흐른다. 총전류는 $z$ 방향의 단형 다이폴 전류의 합이고 따라서 $z$ 방향이며, 그러므로 벡터전위도 같은 방향이다. 식 (2-103)의 벡터전위 적분은 소자 전류들(이상적인 다이폴로

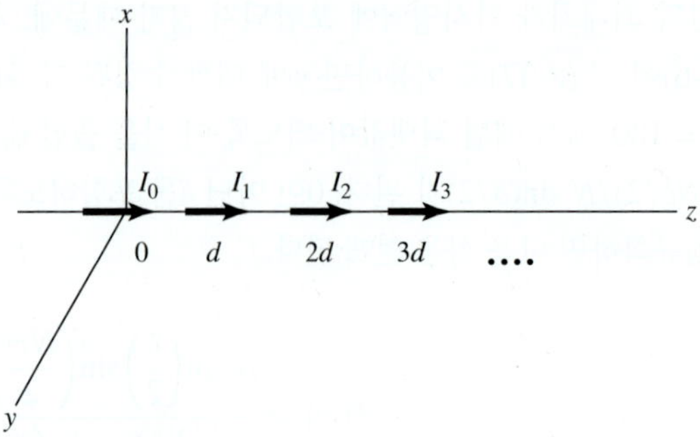


그림 8-12 단형 다이폴의 동일선상 배열.

모델링된)의 합으로 원거리장에서 아래와 같이 표현된다.[1]

$$
\begin{aligned}
A_z &= \mu \frac{e^{-j\beta r}}{4\pi r} \Delta z \left[ I_0 + I_1 e^{j\beta d \cos\theta} + I_2 e^{j\beta 2d \cos\theta} + \cdots + I_{N-1} e^{j\beta(N-1)d \cos\theta} \right] \\
&= \mu \frac{e^{-j\beta r}}{4\pi r} \Delta z \sum_{n=0}^{N-1} I_n e^{j\beta nd \cos\theta}
\end{aligned} \tag{8-40}
$$

그러면 식 (2-106)으로부터

$$
E_\theta = j\omega\mu \frac{e^{-j\beta r}}{4\pi r} \Delta z \sin\theta \sum_{n=0}^{N-1} I_n e^{j\beta nd \cos\theta} \tag{8-41}
$$

이 된다. 이 표현식에서 $\sin\theta$를 단일 소자 자신의 패턴으로 생각할 수 있으며, 이를 소자패턴(element pattern)이라 부른다. 나머지 인수

$$
\mathrm{AF} = \sum_{n=0}^{N-1} I_n e^{j\beta nd \cos\theta} \tag{8-42}
$$

는 식 (8-3)의 배열성분이다. 배열성분은 각 배열소자의 중심에 위치한 등방성 점전원들에 의한 장들의 합인데, 소자전류(진폭과 위상)와 그들의 위치로 결정된다. 반면에 소자패턴은 공간에서 각 소자의 전류분포와 방향에 따른 소자의 개별적인 특성에 따라 결정되는 방사패턴 성분이다. 소자들이 동일한 패턴과 비슷한 방향을 갖는 경우, 이러한 패턴의 성분 분해과정이 일반적으로 타당하다는 것을 알게 될 것이다.

이제 좀 더 복잡한 경우를 논해 보자. 편의상 $N$개의 동일한 일반적인 선전원 소자들로 $z$축을 따라서 동일선상 배열을 형성하는 경우를 생각하자. $n$번째 소자는 $z = z_n$에 중심을 두고 $i_n(z')$의 전류분포를 갖고 있다고 하자. 이제 등간격이라는 제한에서 벗어났다. $z$축 위의 총전류는 아래와 같다.

---

[1] $z$ 방향 전류밀도를

$$
J_z = \delta(x')\ \delta(y')[I_0\ \delta(z') + I_1\ \delta(z'-d) + I_2\ \delta(z'-2d) + \cdots I_{N-1}\ \delta(z'-(N-1)\ d)]\ \Delta z
$$

와 같이 놓음으로써 이 결과를 얻을 수도 있으며, 이것을 식 (2-102)에 대입하면

$$
A_z = \mu \frac{e^{-j\beta r}}{4\pi r} \Delta z \int_{-\infty}^{\infty} [I_0\ \delta(z') + I_1\ \delta(z'-d) + \cdots] e^{j\beta z' \cos\theta} dz'
$$

이 되고, 여기에서 식 (8-40)이 유도된다.

$$I(z') = \sum_{n=0}^{N-1} i_n(z') \tag{8-43}$$

그러면 벡터전위는

$$A_z = \mu \frac{e^{-j\beta r}}{4\pi r} \int_{-\infty}^{\infty} \sum_{n=0}^{N-1} i_n(z') e^{j\beta z' \cos\theta} dz' \tag{8-44}$$

이다. 이것과 식 (2-106)에서 원거리에서의 전장은

$$E_\theta = j\omega\mu \frac{e^{-j\beta r}}{4\pi r} \sum_{n=0}^{N-1} E_n(\theta) \tag{8-45}$$

이다. 여기에서

$$E_n(\theta) = \sin\theta \int_{-\infty}^{\infty} i_n(z') e^{j\beta z' \cos\theta} dz' \tag{8-46}$$

은 $n$번째 소자의 패턴이다.

만일 배열이 어떤 대칭성을 갖고 있지 않으면 식 (8-45)를 더 이상 간단히 할 수 없다. 그러나 만일 배열소자들이 유사하면 이 식은 아주 간단해진다. 여기에서 유사(similar)라는 말은 각 안테나 소자의 전류가 동일 방향이고 동일 길이이며, 동일 분포(비록 각 소자들이 서루 다른 전류 진폭과 위상을 가질 수 있지만)라는 것을 의미한다. 그러면 식 (8-46)의 패턴들은 유사하게 된다. 즉 다른 진폭과 위상을 가질 수 있지만 공간상의 변화는 동일하다. 지금의 예에서는 전류들이 모두 $z$ 방향이다. 이제 각 소자의 길이는 $\ell$이고, 이 길이에 걸쳐서 정규화된 전류분포는 $i(z')$이며 입력전류는 $I_n$이라고 가정하자. 그러면

$$i_n(z') = I_n i(z' - z_n) \tag{8-47}$$

이다. $z_n$은 $z$축 위의 $n$번째 소자의 중심 위치이다. 이것을 식 (8-46)에 대입하고 $z'$을 $\xi$로 치환하면

$$E_n(\theta) = \sin\theta \; I_n \int_{z_n-\ell/2}^{z_n+\ell/2} i(\xi - z_n) e^{j\beta\xi \cos\theta} d\xi \tag{8-48}$$

이 된다. $\tau = \xi - z_n$이라고 놓으면 식 (8-48)은 아래와 같이 된다.

$$\begin{aligned} E_n(\theta) &= \sin\theta \; I_n \int_{-\ell/2}^{\ell/2} i(\tau) e^{j\beta(\tau+z_n)\cos\theta} d\tau \\ &= \sin\theta \left[ \int_{-\ell/2}^{\ell/2} i(\tau) e^{j\beta\tau \cos\theta} d\tau \right] I_n e^{j\beta z_n \cos\theta} \end{aligned} \tag{8-49}$$

표기를 통일하기 위해 $\tau$를 $z'$으로 대치하면

$$E_n(\theta) = \sin\theta \left[ \int_{-\ell/2}^{\ell/2} i(z') e^{j\beta z' \cos\theta} dz' \right] I_n e^{j\beta z_n \cos\theta} \tag{8-50}$$

이 된다. 식 (8-50)으로 주어진 유사 소자들로 이루어진 배열의 각 소자들에 대한 패턴은 전류분포 패턴과 급전전류(진폭 및 위상) $I_n$의 곱이며, 마지막 인자는 원점으로부터의 변위에 따른 공간위상을 나타낸다. 식 (8-50)을 식 (8-45)에 대입하면

$$E_\theta = j\omega\mu \frac{e^{-j\beta r}}{4\pi r}\left[\sin\theta \int_{-\ell/2}^{\ell/2} i(z')e^{j\beta z'\cos\theta}\,dz'\right]\sum_{n=0}^{N-1} I_n e^{j\beta z_n \cos\theta} \quad \textbf{(8-51)}$$

이 되고, 여기에서 인자

$$\sin\theta \int_{-\ell/2}^{\ell/2} i(z')e^{j\beta z'\cos\theta}\,dz' \quad \textbf{(8-52)}$$

를 정규화하면 유사 소자들로 구성된 배열 내 어떤 임의의 소자의 소자패턴 $g_a(\theta)$가 된다. 아래의 식은 정규화되지 않은 배열성분이다.

$$\mathrm{AF} = \sum_{n=0}^{N-1} I_n e^{j\beta z_n \cos\theta} \quad \textbf{(8-53)}$$

식 (8-45)에서 식 (8-51)까지 유도하기 위해서는 배열소자들이 유사하다는 가정이 필요했다. 이것이 사실일 때 전장은 식 (8-52)와 같은 소자패턴과 식 (8-53)과 같은 배열성분의 곱으로 쓸 수 있다. 식 (8-53)의 배열성분은 $z$축 상의 $z_n$에 위치한 $N$개의 점전원들로 구성된 선형배열의 패턴이다. 만일 소자들이 등간격을 이루면 $z_n = nd$이고 식 (8-53)은 식 (8-42)가 된다. 더욱이 소자들이 균일하게 급전되면 배열성분은 식 (8-20)이 된다. 이러한 결과는 동일선상 소자들에만 국한되지 않고 유사 소자들로 구성된 임의의 배열에도 적용된다. 이것에 대해서는 다음에 논의한다.

배열패턴을 소자패턴과 배열성분으로 나누는 과정을 **패턴곱의 원리**(principle of pattern multiplication)라 한다. 이것은 다음과 같이 정리할 수 있다. 즉 유사 소자들로 이루어진 배열의 전장패턴은 소자들 중 하나의 패턴(소자패턴)과 원래 배열과 동일한 위치, 상대적인 진폭과 위상을 갖는 등방성 점전원으로 이루어진 배열의 패턴(배열성분)과의 곱이 된다.

2.4절에서 단일 안테나의 정규화된 전장패턴을 정규화된 소자성분 $g$와 정규화된 패턴성분 $f$의 곱으로 표시했다. 배열 안테나에 대해서, 이러한 개념을 확장하여 배열내의 한 소자 안테나의 패턴을 소자패턴 $g_a$라 부르며, 식 (8-52)에서와 같이, 이것은 다시 배열소자 전류의 미소 부분의 패턴(즉 이상적 다이폴의)인 소자성분과 전류분포로 생긴 패턴성분으로 이루어진다. 어떤 배열 안테나의 완전한(정규화된) 패턴은

$$F(\theta,\phi) = g_a(\theta,\phi)f(\theta,\phi) \quad \textbf{(8-54)}$$

이다. 여기에서 $g_a(\theta, \phi)$는 배열 내의 단일 소자 안테나의 정규화된 패턴(**배열 소자패턴 혹은 소자패턴**)이고, $f(\theta, \phi)$는 잘 알고 있는 정규화된 배열성분이다.

### 예제 8-5 두 개의 동일선상, 반 파장 간격의 단형 다이폴(그림 8-13)

반 파장 간격인 두 개의 동일선상 단형 다이폴들이 동일하게 급전되는 경우를 가지고 패턴곱의 원리를 살펴보자. $z$축 위에 놓인 소자에 대해서 소자패턴은 $\sin\theta$이며 배열성분은 식 (3-69)에 있는 $\cos\left[(\pi/2)\cos\theta\right]$이다. 이 전체 패턴은 $\sin\theta\cos\left[(\pi/2)\cos\theta\right]$이고 그림 8-13과 같다. 3차원 패턴은 내부를 보기 위해 조금 회전시켰는데. 전방향성의 모양을 하고 있다. 배열성분의 반전력 빔폭은 60°이고, 완전한 패턴의 값은 51°이다. 따라서 완전한 패턴은 근본적으로 배열성분보다 빔폭이 약간 더 좁다.

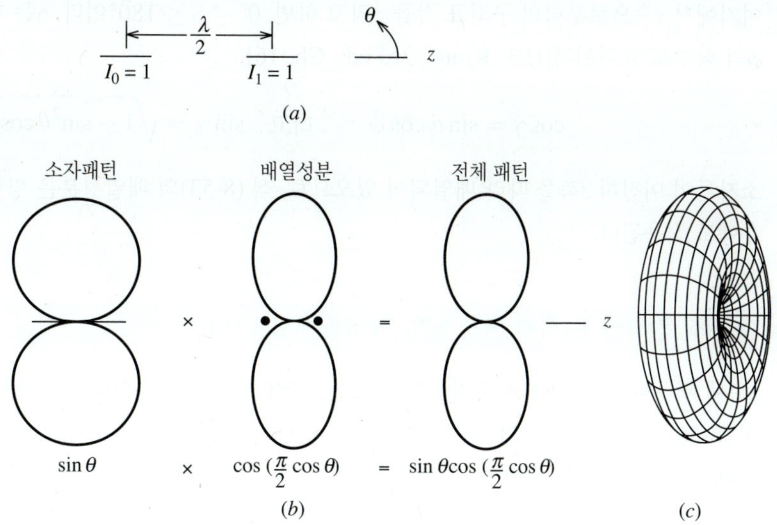


**그림 8-13** **반 파장 간격의 동일위상 동일진폭인 두 개의 동일선상 단형 다이폴의 배열(예제 8-5).** (*a*) 배열. (*b*) 패턴. (*c*) 3차원 패턴(회전됨).

동일선상 배열은 지상이동통신의 기지국에 광범위하게 이용된다. 반 파장 이상의 간격으로 배열되는 반 파장 다이폴이 소자로 주로 활용된다. 배열축은 수직 방향인데, 1 대 다수(point to multi-point) 통신에 요구되는 수평 방향으로의 전방향성 패턴을 형성하게 된다. 소자의 개수를 늘려서 배열을 더 길게 하면 고도각 평면에서의 빔폭은 더욱 좁아지게 되고 지향성은 증가해 차량 단말기의 통화 영역을 넓히는 효과를 가져온다. 기지국 안테나에 대해서는 12.2절에서 다루게 된다.

---

그림 8-14의 평행 소자들로 이루어진 배열은 패턴 표현식이 한층 더 복잡하게 된다. 이것은 배열의 대칭축($z$축)이 소자들의 대칭축($x$축)과 일치하지 않기 때문인데, 동일선상 배열에서는 일치한다. 따라서 패턴은 $\theta$만의 함수가 아니라 $\theta$와 $\phi$의 함수로 표현된다. $x$축에 평행한 선전원 소자들에 대한 소자패턴은 식 (8-52)와 유사한 표현식으로 다음과 같이 얻어진다.

$$\sin\gamma\int_{-\ell/2}^{\ell/2} i(x')e^{j\beta x'\cos\ \gamma}dx' \tag{8-55}$$

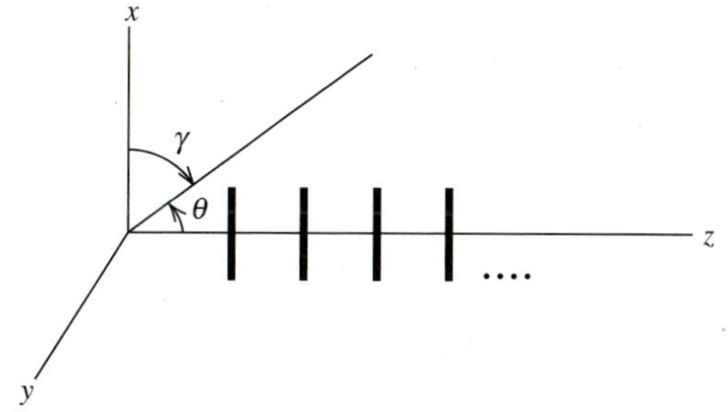


**그림 8-14** **평행 선원들의 선형배열.**

여기에서 $x$축으로부터의 구좌표 각을 $\gamma$라고 하면, $0° \le \gamma \le 180°$이다. $\gamma$는 다음의 관계식으로 $\theta$와 $\phi$의 함수로 표현된다[H.3: Kraus, 3rd ed., Ch. 16].

$$\cos\gamma = \sin\theta\cos\phi \quad \text{그리고} \quad \sin\gamma = \sqrt{1-\sin^2\theta\cos^2\phi} \tag{8-56}$$

소자들이 여전히 $z$축을 따라 배열되어 있으므로, 식 (8-53)의 배열성분은 평행 소자들에 대한 이 경우에도 적용된다.

## 예제 8-6 반 파장 간격인 두 개의 평행 단형 다이폴(그림 8-15)

$x$축에 평행한 단형 다이폴 소자들의 패턴은 $z$축에 평행한 경우의 $\sin\theta$ 패턴과 유사하게 $\sin\gamma$이다. 식 (8-56)을 이용하여 소자패턴을 $\theta$와 $\phi$로 나타내면 $\sin\gamma = \sqrt{1-\sin^2\theta\cos^2\phi}$가 된다. 이전의 예제와 소자들의 위치가 동일하기 때문에 배열성분은 동일하다. 그림 8-15$b$와 $c$에 나타낸 소자패턴과 배열성분의 곱으로 완전한 패턴을 얻게 된다. 소자와 배열의 대칭축들이 직교하기 때문에 다른 주평면 패턴들이 형성되고 그림 8-15$d$와 같이 복잡한 3차원 패턴이 형성된다. 그림 8-15$d$는 $z$축 방향으로의 넓은 영점과 $x$축 방향으로의 좁은 영점을 보여 주기 위해 축을 기울여 그린 것이다. 이러한 패턴은 거의 이용되지 않지만, 소자패턴이 어떻게 배열의 패턴에 주요한 영향을 미치는지를 설명하고 배열패턴을 시각화하는 연습을 하기 위해 살펴보았다.

## 예제 8-7 평행 반 파장 다이폴의 5소자 엔드파이어 배열

평행소자 배열을 좀 더 설명하고자 그림 8-14의 소자 안테나들이 반 파장 다이폴이라고 하자. 또한 소자는 5개이며 예제 8-3과 같이 일반 엔드파이어로 급전된다고 생각하자. 완전한 패턴은 단일 반 파장 다이폴 소자패턴과 5개의 등방성 점전원에서 구한 배열성분의 곱으로 주어진다. $x$축을 따라 놓인 반 파장 다이폴 소자의 소자패턴은

$$g_a(\gamma) = \frac{\cos[(\pi/2)\cos\gamma]}{\sin\gamma} \tag{8-57}$$

이다. 이것은 식 (3-4)에서 $\theta$를 $\gamma$로 대치한 것이다. 식 (8-56)을 이용하면 이 식은 다음과 같다.

$$g_a(\theta,\phi) = \frac{\cos[(\pi/2)\sin\theta\cos\phi]}{\sqrt{1-\sin^2\theta\cos^2\phi}} \tag{8-58}$$

배열 성분은 식 (8-22)에 $N=5$를 대입하면 된다. 즉

$$f(\psi) = \frac{\sin\left(\frac{5}{2}\psi\right)}{5\sin\left(\frac{1}{2}\psi\right)} \tag{8-59}$$

이다. 이 예제에서는 $\alpha = 0.9\pi$ 그리고 $d = 0.45\lambda$이다. 따라서 $\psi = \beta d\cos\theta + \alpha = 0.9\pi\cos\theta + 0.9\pi$이므로 식 (8-59)는

$$f(\theta) = \frac{\sin(2.25\pi\cos\theta + 2.25\pi)}{5\sin(0.45\pi\cos\theta + 0.45\pi)} \tag{8-60}$$

이다. $\theta$와 $\phi$로 나타낸 배열의 총패턴은 식 (8-58)과 (8-60)의 곱으로 다음과 같다.

$$F(\theta,\phi)=\frac{\cos[(\pi/2)\sin\theta\cos\phi]}{\sqrt{1-\sin^2\theta\cos^2\phi}}\;\frac{\sin(2.25\pi\cos\theta+2.25\pi)}{5\sin(0.45\pi\cos\theta+0.45\pi)} \tag{8-61}$$

이러한 패턴의 극좌표 그림은 그림 3-5*b*의 그림(단, 여기에서는 *z*축 대신 *x*축이 대칭축이다)과 그림 8-10*b*의 그림을 곱하면 쉽게 얻을 수 있다. 이것은 배열성분 그림과 유사한 그림이다. 차이점은 소자패턴에 의해서 엔드파이어 빔이 약간 좁아졌으며 $\gamma=0°$ 방향에 패턴 영점이 있다는 것이다.

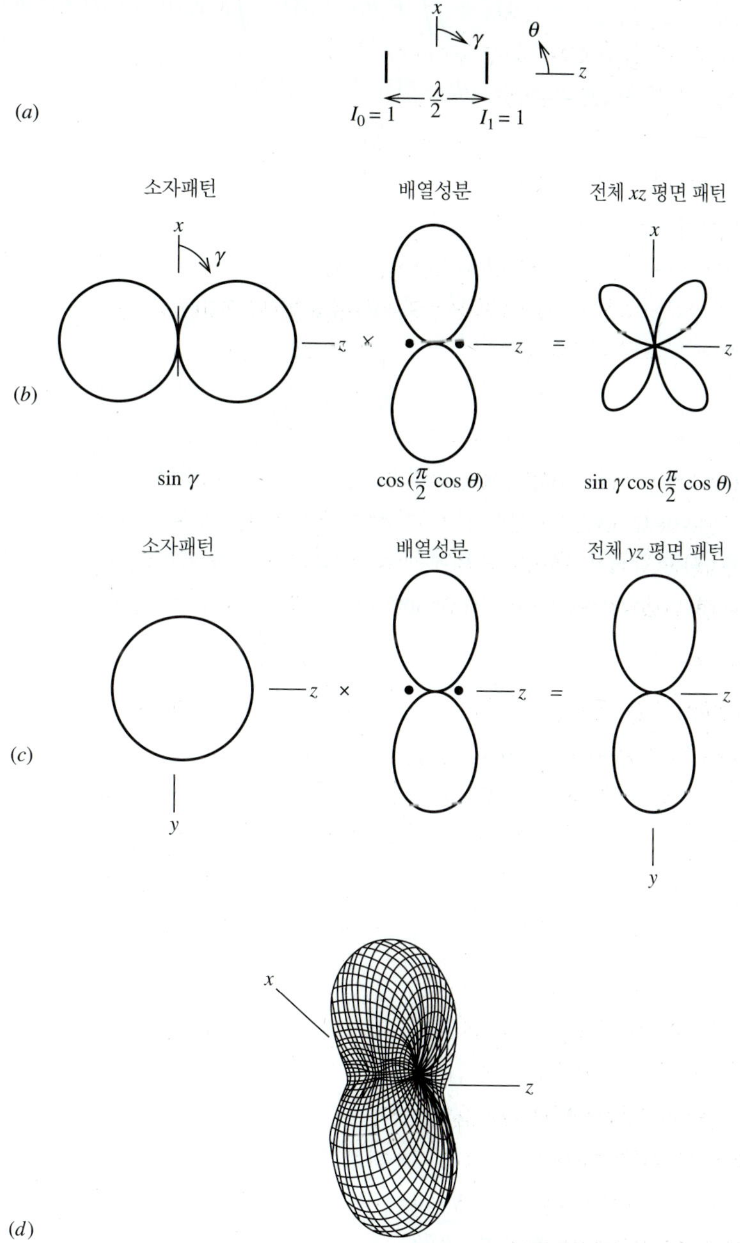


**그림 8-15** **반 파장 떨어진 두 개의 동일 진폭과 동위상의 평행 단형 다이폴 배열(예제 8-6).** (*a*) 배열. (*b*) *xz* 평면 패턴. (*c*) *yz* 평면 패턴. (*d*) 3차원 패턴.

## 8.5 균일급전, 등간격 선형배열의 지향성

안테나의 지향성은 안테나를 둘러싼 모든 공간에서의 방사패턴에 의해 전적으로 결정된다. 앞 절에서 설명한 배열 안테나의 전체 패턴 표현식을 얻는 방법을 바탕으로 이 절에서는 균일급전, 등간격의 선형배열들(UE, ESLA)의 지향성에 대한 정확한 혹은 근사적인 공식을 유도한다. 배열이득은 배열 지향성에다 배열의 방사효율을 곱해서 얻는다. 지향성의 식을 유도하기 위하여 $D = 4\pi/\Omega_A$를 이용한다. 먼저 빔입체각을 구하면

$$\Omega_A = \iint |F(\theta,\phi)|^2 d\Omega = \iint |g_a(\theta,\phi)|^2 |f(\theta)|^2\, d\Omega \tag{8-62}$$

이다. 여기에서 $g_a(\theta, \phi)$와 $f(\theta)$는 정규화된 소자패턴과 선형배열성분이고 $d\Omega = \sin\theta\, d\theta\, d\phi$이다.

먼저 소자는 등간격이고, 균일하게 급전되며 등방성이라고 하자. 이러한 가정은 소자패턴이 배열성분보다 훨씬 넓으며 두 주빔들이 같은 방향으로 정렬되어 있는 경우에는 근사적인 결과를 얻을 수 있다. 식 (8-22)에서 배열성분은

$$|f|^2 = \left|\frac{\sin(N\psi/2)}{N\sin(\psi/2)}\right|^2 \tag{8-63}$$

$$= \frac{1}{N} + \frac{2}{N^2}\sum_{m=1}^{N-1}(N-m)\ \cos m\psi \tag{8-64}$$

이다. 여기에서 식 (8-64)는 식 (8-63)의 또 다른 형태이다. $N = 2$의 경우 식 (8-64)에 $|f(\psi)|^2 = \frac{1}{2} + \frac{1}{2}\cos\psi = \cos^2(\psi/2)$이고, 이것은 식 (8-9)와 같으므로 이 동등성이 입증된다. 표현이 간단한 식 (8-64)를 가지고, 변수 $\psi$에 대해서 식 (8-62)의 적분을 행하는 것이 더 쉽다. 식 (8-62)에서 $g_a(\theta, \phi) = 1$, $\psi = \beta d\cos\theta + \alpha$, 그리고 $\sin\theta\, d\theta = -(1/\beta d)d\psi$를 이용하면

$$\Omega_A = \int_0^{2\pi} d\phi \int_0^{\pi} |f(\theta)|^2 \sin\theta\ d\theta = 2\pi\int_{\beta d+\alpha}^{-\beta d+\alpha} |f(\psi)|^2\left(-\frac{1}{\beta d}\right) d\psi$$

$$= \frac{2\pi}{\beta d}\int_{-\beta d+\alpha}^{\beta d+\alpha} |f(\psi)|^2\, d\psi \tag{8-65}$$

가 된다. 여기에 식 (8-64)를 대입하면

$$\Omega_A = \frac{2\pi}{\beta d}\left[\frac{1}{N}\int_{-\beta d+\alpha}^{\beta d+\alpha} d\psi + \frac{2}{N^2}\sum_{m=1}^{N-1}(N-m)\int_{-\beta d+\alpha}^{\beta d+a}\cos m\psi\ d\psi\right]$$

$$= \frac{2\pi}{\beta d}\left[\frac{1}{N}\psi\Big|_{-\beta d+\alpha}^{\beta d+\alpha} + \frac{2}{N^2}\sum_{m=1}^{N-1}(N-m)\frac{\sin m\psi}{m}\Big|_{-\beta d+\alpha}^{\beta d+\alpha}\right]$$

$$= \frac{2\pi}{\beta d}\left[\frac{1}{N}(2\beta d) + \frac{2}{N^2}\sum_{m=1}^{N-1}\frac{N-m}{m}[\sin m(\beta d+\alpha) - \sin m(-\beta d+\alpha)]\right]$$

$$= \frac{4\pi}{N} + \frac{4\pi}{N^2}\sum_{m=1}^{N-1}\frac{N-m}{m\beta d}2\cos m\alpha \sin m\beta d \tag{8-66}$$

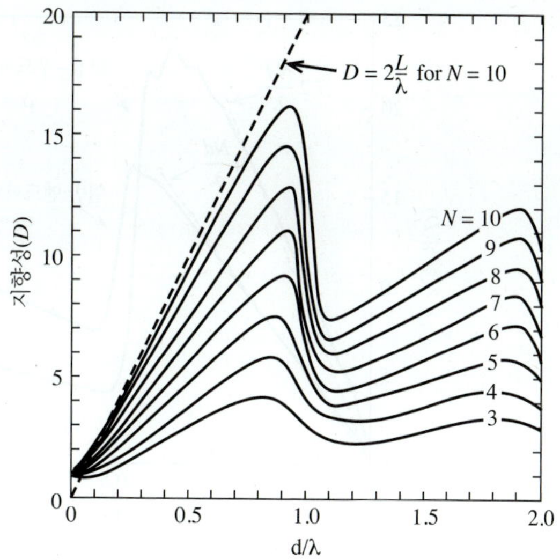


그림 8-16 **등방성 소자들로 구성된 브로드사이드 배열의 소자간격의 함수로 나타낸 지향성.** 몇 가지 소자 개수의 경우들에 대하여 식 (8-67)을 이용하여 계산함.

가 된다. 맨 마지막 과정에 식 (D-6)을 이용하였다.

이제 식 (8-66)과 지향성에 대한 기본적인 정의, $D = 4\pi/\Omega_A$로부터 다음과 같이 지향성을 구할 수 있다[H.8.2: Ma. p. 23].

$$D = \frac{\left|\dfrac{\sin(N\delta/2)}{N\sin(\delta/2)}\right|^2}{\dfrac{1}{N} + \dfrac{2}{N^2}\displaystyle\sum_{m=1}^{N-1}\dfrac{N-m}{m\beta d}\sin m\beta d \cos m\alpha} \quad \text{등방성 소자들의 UE, ESLA} \qquad (8\text{-}67)$$

이 표현식의 분자는 식 (8-39)로부터 패턴 정규화 인자인데, 일반 엔드파이어 경우 이상의 부가적인 위상 $\delta$가 이용되는 경우에 가시영역의 최대치를 1로 정규화하기 위해 필요하다. 식 (8-37)을 참조하라. 이 공식은 소자의 개수 $N$, 간격 $d$, 그리고 소자 간 위상차 $\alpha$에 상관없이 적용되지만, 등방성 소자의 경우에 한정된다. 그림 8-16은 $\alpha$와 $\delta$가 0인 브로드사이드 경우에 대하여, 소자 개수를 다양하게 변화시키면서 식 (8-67)을 소자 간의 간격의 함수로 그린 것이다. 타이(Tai)[1]에서 이와 같은 그림들을 볼 수 있다. 간격이 한 파장에 가까워지면 모든 지향성 곡선들이 급속하게 떨어진다. 이것은 가시영역에 그레이팅 로브가 나타나게 되기 때문이다. 한 예로 그림 8-3을 보면, 한 파장 간격의 경우에 완전한 그레이팅 로브들이 나타남을 확인할 수 있다. 반 파장의 배수 간격으로 배열된 소자들의 경우에는 식 (8-67)이 다음과 같이 간단하게 정리된다.

$$D = N \quad \text{등방성 소자이고} \quad d = n\frac{\lambda}{2}\text{일 때} \qquad (8\text{-}68)$$

브로드사이드의 경우에 대한 그림 8-16의 그림에 이 값들을 나타낼 수 있는데, 식 (8-68)은 어떤 주사각의 경우에도 적용된다.

브로드사이드 UE, ESLA로 얻을 수 있는 최대 지향성은 한 파장보다 조금 작은 간격의 경우임

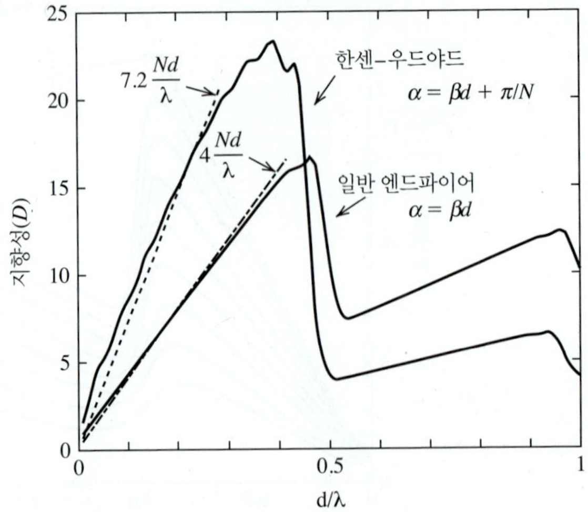


**그림 8-17 두 개의 10소자 등간격, 균일급전 엔드파이어 배열의 지향성 비교.** 일반 엔드파이어 그리고 한센–우드야드에 대하여 식 (8-67)을 이용하여 계산함(실선). 식 (8-70)과 식 (8-71)의 직선 근사(점선)도 보여 주고 있다.

을 알 수 있는데, 소자의 개수가 많아질수록 최대 지향성을 보이는 간격은 한 파장에 가까워진다. 안테나와 그에 연관된 급전회로망의 비용과 복잡성을 줄이기 위해 가능한 한 소자 개수를 줄이고 따라서 소자 간격이 한 파장에 가깝도록 배열을 설계하는 것이 보통이다. 균일급전의 등방성 소자들로 구성된 브로드사이드 배열의 지향성은 식 (5-19)의 균일선전원에 대한 식으로부터 다음과 같이 간단하게 구해진다.

$$D \approx 2\frac{L}{\lambda} = 2\frac{Nd}{\lambda} \quad \text{브로드사이드, UELA} \tag{8-69}$$

여기에서 $L = Nd$는 배열 길이이다. 10소자의 경우에 대하여 그림 8-16에 나타낸 직선근사는 거의 한 파장 간격에 이르기까지 정확한 값과 아주 잘 일치한다. 식 (8-69)는 $d = \lambda/2$일 때 정확하다. 왜냐하면 이 경우에는 식 (8-68)에서처럼 $N$이 되기 때문이다.

그림 8-17은 10개의 등방성 소자로 구성된 엔드파이어 배열의 경우에 대하여 소자간격에 따른 지향성을 보여 주고 있는데, 그림에서 볼 수 있듯이 엔드파이어 배열의 지향성은 브로드사이드 배열과 유사한 경향을 갖는다. 식 (8-36$b$)와 (8-38$b$)의 위상조건을 각각 갖는 일반 및 한센–우드야드 엔드파이어 배열에 대하여 그려져 있다. 식 (8-67)을 이용하여 계산된 결과로부터 $d = \lambda/2$에 이르기까지는 소자간격이 증가할수록 지향성이 증가한다. $d = \lambda/2$에서는 주빔의 반대쪽에 그레이팅 로브가 나타나기 시작한다. 식 (5-20)의 선전원이론으로부터 다음의 근사식을 얻게 된다.

$$D \approx 4\frac{L}{\lambda} = 4\frac{Nd}{\lambda} \quad \text{일반 엔드파이어, UELA} \tag{8-70}$$

10소자의 경우에 대하여 그림 8-17에 나타낸 직선 근사가 매우 잘 일치함을 알 수 있다.

한센–우드야드 엔드파이어의 경우에도 아래와 같은 직선 근사 공식이 있다.

$$D \approx 7.2\frac{L}{\lambda} = 7.2\frac{Nd}{\lambda} \quad \text{한센–우드야드 엔드파이어, UELA} \tag{8-71}$$

7.2가 아닌 다른 상수를 사용하는 문헌도 있다. 한센–우드야드 지향성 곡선은 일반 엔드파이어 지향성 곡선이 그런 것만큼 직선에 가깝지 않다. 그렇기 때문에, 식 (8-70)의 일반 엔드파이어 직선 근사가 정확한 값과의 오차가 수 % 정도로 잘 일치하는 것에 비하여, 한센–우드야드 지향성 곡선에 대해서는 어떤 선형 적합도 그만큼 정확하지 않다. 그림 8-17로부터 한센–우드야드 배열이 같은 개수 소자들로 구성된 일반 엔드파이어 배열에 비해 더 큰 지향성을 얻을 수 있음을 알 수 있다. 실제로 식 (8-71)에 대한 식 (8-70)의 비에 따른 증가는 $7.2/4 = 1.82 = 2.6$ dB이다. 예를 들어 예제 8-3과 8-4에서와 같은 5소자 엔드파이어 배열을 생각해 보자. 일반 및 한센–우드야드 경우의 정확한 지향성 값은 식 (8-67)로부터 각각 5.88과 9.41인데, 근사식 (8-70)과 식 (8-71)로부터는 6.0과 10.8이 된다.

한센–우드야드 배열의 지향성이 더 큰 것은 증가된 점진적 위상(즉 $\delta > 0$)에 기인한 것으로, 이에 따라 주빔의 최대점이 가시영역 밖으로 이동하게 되고 가시적인 주빔이 좁아지게 되므로 빔 입체각이 감소하고 지향성이 증가하기 때문이다. 대부분의 경우에서 한센–우드야드 배열이 가장 큰 지향성을 갖지만 모두 그런 것은 아니다. 등방성 소자들의 간격이 반 파장에 비해 훨씬 작은 경우, 소자 간의 위상천이를 한센–우드야드의 경우에 요구되는 값보다 더 크게 함으로써 지향성을 어느 정도 증가시킬 수 있다[2]. 균일급전이라는 제한조건을 완화할 경우, 간격을 반 파장보다 작게 할 수 없다면 지향성은 약간만 증가할 따름이다[1]. 불균일급전 배열은 다음 절에서 더 자세하게 살펴보게 된다.

브로드사이드와 엔드파이어는 극단적인 빔주사 방향을 나타내고 있다. 그림 8-18은 등방성 5소자가 다양한 간격으로 배열된 균일 진폭의 선형배열의 지향성 값들을 모든 주사각들에 대하여 보여 주고 있다. $d = 0.5\lambda$ 곡선은 식 (8-68)에서와 같이 값이 5인 직선으로, $d = n\lambda/2$의 경우에는 지향성이 주사각과 무관하다는 것을 보여준다. 식 (8-34)와 (8-35)를 이용하여 계산한 브로드사이드와 엔드파이어의 빔폭은 각각 20.3°와 68.2°이다. 브로드사이드의 경우 빔폭은 훨씬 좁지만, 패턴은 3차원 공간에서 전방향성의 도넛형이다(그림 3-16에서 유사한 패턴을 볼 수 있다). 그림 8-10*d*에 나타낸 바와 같이, 엔드파이어에서는 서로 반대 방향으로 두 개의 넓은 단방향 빔들이 형성된다. 엄청

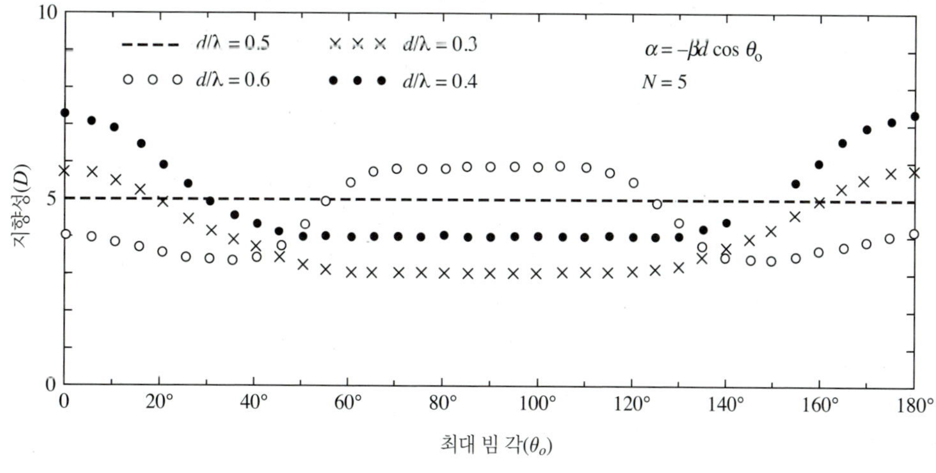


**그림 8-18 여러 가지 소자간격을 가진 5소자 균일급전 배열에서 주사각에 따른 지향성의 변화.** 소자는 등방성이다. 식 (8-67)을 이용하여 계산한 값들이다.

나게 차이가 나는 두 패턴들이 빔 입체각 $\Omega_A$가 일치하고 지향성이 동일하다는 것을 알 수 있다. 그림 8-18에 나타낸 네 가지 경우에서, 간격이 가장 큰 $d = 0.6\lambda$일 때 $\theta_o = 90°$인 브로드사이드 방향으로 지향성이 가장 크다. 그림 8-16에서 볼 수 있듯이, $N = 5$의 경우 간격이 거의 $d = 0.9\lambda$에 이를 때까지 지향성이 계속 증가한다. 브로드사이드 부근의 넓은 주사각 범위에서 지향성이 거의 일정하다는 것은 그림 8-18에서 볼 수 있는데, 이 점은 8.9절에서 설명한다. 엔드파이어 주사($\theta_o = 0°$ 혹은 $\theta_o = 180°$)의 경우, 식 (8-36$a$)의 단일 주빔 조건을 만족시키는 최대 간격일 때 최대 지향성을 얻을 수 있는데, 예제 8-3에서 지적한 바와 같이 $d \leq 0.45\lambda$이다. 살펴본 네 가지 경우에서 단일 엔드파이어 빔 조건을 만족시키는 가장 큰 간격은 $0.4\lambda$이며, 따라서 그림 8-18에서 볼 수 있는 바와 같이 그때 엔드파이어에서 최대 지향성을 갖는다.

실제 소자들(즉 비등방성인)로 구성된 배열의 지향성에 대해서는 식 (8-67)과 유사한 공식이 많지 않아서, 보통은 식 (2-142)를 이용한 적분을 행한 다음 식 (2-144)를 이용하여 지향성을 구한다. 균일급전되는 선형배열의 소자가 등방성이거나 동일선상 단형 다이폴이거나 또는 평행 단형 다이폴이더라도 적용이 가능한 자주 이용되는 공식은 다음 식과 같다.

$$D = \frac{\left|\dfrac{\sin(N\delta/2)}{N\sin(\delta/2)}\right|^2}{\dfrac{a_0}{N} + \dfrac{2}{N^2}\displaystyle\sum_{m=1}^{N-1}\dfrac{N-m}{m\beta d}(a_1 \sin m\beta d + a_2 \cos m\beta d)\cos m\alpha} \tag{8-72}$$

여기에서 몇 개의 소자 유형에 따른 $a_0$, $a_1$, 그리고 $a_2$가 표 8-1에 주어졌다[3, 4]. 등방성 소자의 경우 이 공식은 식 (8-67)과 같다. 이 공식에 따른 지향성 대 간격의 그림은 그림 8-16과 유사하지만, 물론 지향성 값은 어느 정도 더 크다. 이 그림은 참고문헌 [1]에서 볼 수 있다. 한 예로, 10개의 동일선상 단형 다이폴들이 $0.6\lambda$ 간격으로 구성된 배열의 경우 식 (8-72)에 의하면 $D = 12.2$이지만, 등방성 소자로 구성된 동일한 배열은 식 (8-67) 혹은 그림 8-16에 따르면 $D = 11.9$이다. 소자패턴이 지향성이 작고 주엽의 방향이 배열성분과 일치하는 경우에는 일반적으로 긴 배열($L \gg \lambda$)의 지향성은 주로 배열성분에 의해 조절된다. 이러한 경우에는 식 (8-69)에서 (8-71)까지의 등방성 소자인 경우에 대한 공식을 이용할 수 있다. 다시 $0.6\lambda$ 간격의 동일선상 단형 다이폴의 10소자 배열에 대해 살펴보면, 식 (8-69)에 따르면 $D = 12$인데, 이 값은 정확한 값 $D = 12.2$와 근사하다.

대부분의 경우에서, 균일한 진폭과 선형 위상천이를 갖는 배열이 최적(즉 최대지향성을 갖는)의 배열이다. 간격이 $\lambda/2$보다 작은 경우에는 한센-우드야드 배열이 최적에 가깝다. 간격이 $\lambda/2$보다 크면, 균일진폭이며 동위상인 급전이 최적에 가까운데, 최대 지향성은 한 파장에 조금 못 미치는

**표 8-1 균일전류진폭, 등간격 선형배열의 지향성 계산을 위해 사용하는 파라미터.** 식 (8-67)을 참조하라.

| 소자 유형 | $\|g_a(\theta,\phi)\|^2$ | $a_0$ | $a_1$ | $a_2$ |
|---|---|---|---|---|
| 등방성 | 1 | 1 | 1 | 0 |
| 동일선상 단형 다이폴(그림 8-12) | $\sin^2\theta$ | $\frac{2}{3}$ | $\frac{2}{(m\beta d)^2}$ | $\frac{-2}{m\beta d}$ |
| 평행 단형 다이폴(그림 8-14) | $1-\sin^2\theta\cos^2\phi = \sin^2\gamma$ | $\frac{2}{3}$ | $1-\frac{1}{(m\beta d)^2}$ | $\frac{1}{m\beta d}$ |

간격일 때이며, 소자의 개수가 증가할수록 한 파장에 가까워진다. 이 주제에 대해서는 다음 절에서 더 다루기로 한다.

지향성을 빠르게 계산하기 위한 몇 가지 방법이 있다. 식 (5-12)에 (5-19)를 대입하여 UE, ESLA에 대한 반전력 빔폭에 기초한 근사적인 지향성 공식을 구하면 아래 식과 같다.

$$D \approx \frac{1.77}{\text{HP}}\,\text{rad} = \frac{101.5°}{\text{HP}_{\text{deg}}} \tag{8-73}$$

예를 들어 반 파장 간격인 10개의 등방성 소자로 구성된 ES, UELA는 $\text{HP}_{\text{deg}} = 20.3°$이므로, 식 (8-73)에 의하면 $D = 5$인데, 이 값은 식 (8-68)로부터 구한 정확한 값과 같다. 10개의 동일선상 단형 다이폴들이 0.62 간격으로 구성된 배열의 예에서, 빔폭은 8.44°이므로 식 (8-73)에 따르면 지향성이 12.0인데, 이 값은 정확한 값 12.2와 근사하다. 이 공식은 어떤 전방향성 안테나의 경우에도 이용할 수 있지만, 다음 공식이 더 적절하다[5].

$$D \approx \frac{101.5°}{\text{HP}_{\text{deg}} - 0.0027\,\text{HP}_{\text{deg}}^2} \tag{8-74}$$

예를 들어 반 파장 다이폴은 빔폭이 78°이므로, 식 (8-74)에 따르면 1.65가 되는데 이 값은 정확한 값 1.64와 근사하다. 10개의 동일선상 단형 다이폴들이 $0.6\lambda$ 간격으로 구성된 배열의 예에서 빔폭이 8.44°이므로 식 (8-74)에 따르면 $D = 12.3$인데 정확한 값은 12.2이다.

문헌에서 다음과 같은 간단한 공식을 찾아볼 수 있다.

$$D \approx D_e D_i \tag{8-75}$$

여기에서 $D$는 배열의 지향성이고, $D_e$는 배열을 구성하는 한 소자의 지향성, 그리고 $D_i$는 등방성 소자들로 구성된 배열의 지향성(즉 배열성분의 지향성)이다. 이 근사식은 브로드사이드의 단일 주빔 패턴의 안테나(즉 그레이팅 로브를 고려하지 않는)의 경우에 주로 적용된다. 이 공식은 때때로 아무 제한 없이 사용되는데, 특히 선형 안테나의 경우에는 주의를 기울여야 한다[6]. 문헌에서 찾아볼 수 있는 이 공식의 또 다른 형태는 $D \approx D_e N$이다. 이 공식은 등방성 소자들의 배열의 지향성은 소자의 개수와 같다, 즉 $D_i = N$이라는 점을 가정한 것으로, 소자간격이 반 파장의 배수와 같을 때(또 균일 전류 진폭의 경우일 때)만 사실이므로 패턴 및 지향성에 미치는 소자간격의 영향을 무시한 것이다. 한 예로, 식 (8-75)를 10개의 동일선상 단형 다이폴들이 반 파장 간격으로 배열된 경우에 적용하면 $D = D_e N = 1.5 \cdot 10 = 15$가 되는데, 정확한 답 10.3에 비해 훨씬 크다. 10개의 동일선상 반 파장 다이폴들이 0.75 간격으로 배열된 경우에 식 (8-75)에 따르면 $D = D_e D_i = 1.64 \cdot 14.5 = 23.8$인데, 이 값은 적분에 의해 구한 정확한 결과 $D = 15.2$보다 역시 훨씬 크다[7]. 한편 이 배열에 식 (8-73)과 (8-74)를 적용하면 $HP = 6.8°$이므로, 지향성 값은 각각 $D = 14.9$와 15.2로 잘 일치하는 결과를 얻게 된다.

배열의 지향성은 최대방사가 이루어지는 방향으로의 방사세기가 단일 소자의 방사세기에 비하여 증가함을 의미한다. 그림 8-19와 같이 단일 등방성 소자와 $N$개의 균일급전되는 등방성 소자들로 구성된 배열을 생각해 보자. 배열의 입력전력은 배열 소자들에 균등하게 나뉘어 급전되므로, 소자전력은 입력전력의 $1/N$이고 소자 전류는 입력전류의 $1/\sqrt{N}$이다. 등방성 소자의 방사세기 $U_o$는 입

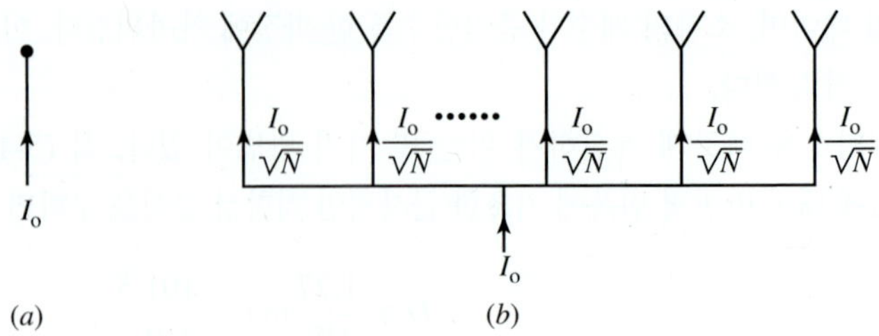


**그림 8-19** **배열의 지향성은 배열의 최대 방사세기 대 입력전력이 동일한 등방성 소자의 방사세기의 비로 간주할 수 있다.** (a) 기준이 되는 등방성 안테나. (b) 동일한 총입력전력이 소자들에 균일하게 분배되는 배열.

력전력에 비례하므로, 결국 입력전류의 제곱인 $I_o^2$에 비례한다. 그림 8-19*b*의 배열의 최대 방사세기 $U_{max}$는 같은 입력전력의 단일 등방성 소자의 경우보다 인수 $D$만큼 크다.

## 8.6 불균일급전, 등간격 선형배열

일반 엔드파이어 경우에 요구되는 값으로부터 위상을 변화시킴으로써 엔드파이어 배열의 주빔을 좁게 만들 수 있음을 보았다. 또한 배열에 공급되는 전류의 진폭을 조절해 빔을 성형하고 부엽레벨을 조절할 수 있다. 특수한 패턴을 만들기 위한 일반적인 합성 절차는 제10장에서 다룬다. 이 절에서는 부엽레벨과 빔폭을 조절하는 몇 개의 간단한 기법을 소개한다. 또한 배열 전류분포와 방사패턴 사이의 관계를 나타내는 몇 개의 예제와 불균일급전 배열의 지향성에 대해서도 살펴본다.

식 (8-7)의 배열성분은 아래와 같이 $Z = e^{j\psi}$의 다항식으로 쓸 수 있다.

$$\text{AF} = \sum_{n=0}^{N-1} A_n e^{jn\psi} = \sum_{n=0}^{N-1} A_n Z^n \tag{8-76}$$

여기에서 전류진폭 $A_n$은 실수이고 각 $n$에 대해서 서로 다를 수 있다. 배열성분을 합산하기 위해 컴퓨터를 사용해서 간단히 소자 전류분포를 살펴볼 수 있다. 이러한 몇 가지 계산들의 결과를 제시한다. 이 절 전체에서 일관되게 반 파장 소자간격의 5소자 브로드사이드 선형배열을 사용하기 때문에, 소자 전류분포의 영향을 명확하게 알 수 있을 것이다.

모든 전류의 진폭이 동일한 균일배열의 패턴을 그림 8-20*a*에 선형의 극좌표 그림으로 나타내었다. 그림 8-21*a*는 소자 전류들을 나타낸 것이다. 만일 소자 전류진폭이 그림 8-21*b*처럼 삼각형 형태이면, 방사패턴은 그림 8-20*b*와 같다. 여기에서 부엽들은 균일급전 배열 때보다 현저하게 작아졌으나 대신 빔폭이 증가했음을 주목하라. 이와 같은 빔폭의 증가(20.8°에서 26.0°로)는 지향성의 감소(5에서 4.26으로)를 초래한다.

삼각 테이퍼형 진폭분포에 의해 부엽이 감소한다는 사실로부터, 모든 부엽들이 완전히 제거되는 진폭분포가 존재할 수 있다는 것을 생각할 수 있다. 사실 이것은 전류의 비가 이항급수의 계수와 같으면 가능하다. 이것이 어떻게 가능한지를 살펴보기 위해, 먼저 동일한 진폭의 간격 $d$인 2소자 배열을 생각하자. 식 (8-76)에서 배열성분은 $\text{AF} = 1 + e^{j\psi}$인데, $Z = e^{j\psi}$로 놓으면 아래와 같이 쓸 수 있다.

$$\text{AF} = 1 + Z \tag{8-77}$$

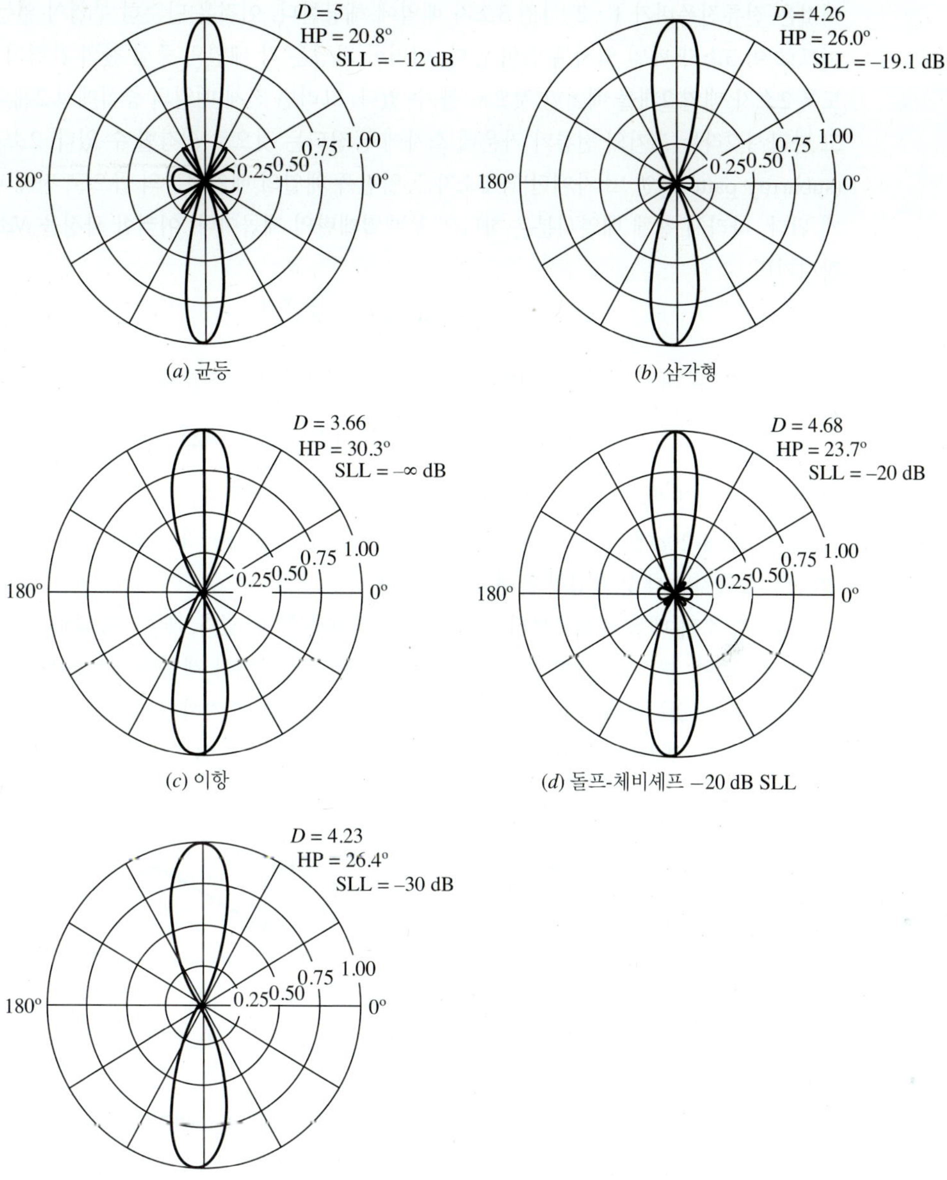


(*a*) 균등 (*b*) 삼각형

(*c*) 이항 (*d*) 돌프-체비셰프 –20 dB SLL

(*e*) 돌프–체비셰프 –30 dB SLL

**그림 8-20 여러 가지 진폭분포를 가진 몇 개의 균일위상($\theta_0 = 90°$), 등간격($d = \lambda/2$) 5소자 선형배열의 패턴.** 전류는 그림 8-21에 그려져 있다. (*a*) 균등전류 1:1:1:1:1. (*b*) 삼각전류 진폭분포 1:2:3:2:1. (*c*) 이항 전류진폭분포 1:4:6:4:1. (*d*) –20 dB의 부엽레벨을 위한 돌프–체비셰프 전류진폭분포 1:1.61:1.94:1.61:1(예제 8-5 참조). (*e*) –30 dB의 부엽레벨을 위한 돌프–체비셰프 전류진폭분포 1:2.41:3.14:2.41:1.

만일 이 브로드사이드 배열의 간격이 반 파장보다 작거나 혹은 기껏해야 같다면, 배열성분은 부엽을 갖지 않게 된다(그림 3-16 참조). 다음으로 이러한 형태의 배열성분 두 개의 곱으로 이루어지는 배열을 생각해 보자.

$$\mathrm{AF} = (1 + Z)(1 + Z) = 1 + 2Z + Z^2 \tag{8-78}$$

이것은 전류진폭비가 1 : 2 : 1인 3소자 배열에 해당한다. 이것은 단순히 부엽이 없는 배열의 제곱이므로 이 3소자 배열 역시 부엽이 없다. 이러한 과정은 각 배열의 중심 간의 간격이 $d$만큼 떨어지도록 2소자 배열 2개를 배열한 것으로 볼 수 있다. 그러면 전체 배열의 중심에서 2개의 소자가 겹치고 따라서 2라는 크기의 전류가 가운데 소자에 급전되는 것으로 생각할 수 있다. 2소자 부배열패턴(subarray pattern)인 '소자패턴'과 2소자 동일진폭 배열의 배열성분의 곱으로 전체 배열성분을 얻게 된다. 따라서 전체 배열성분은 하나의 부배열패턴의 제곱이다. 이러한 과정을 $N$소자 배열로 확장시키면

$$\mathrm{AF} = (1 + Z)^{N-1} \tag{8-79}$$

이 된다. 이것은 바로 이항급수이다. 식 (F-4)를 참조하라. $N = 5$일 때는

$$\mathrm{AF} = (1 + Z)^4 = 1 + 4Z + 6Z^2 + 4Z^3 + Z^4 \tag{8-80}$$

가 되므로 전류진폭의 비는 1 : 4 : 6 : 4 : 1이다. 이러한 전류분포는 그림 8-21$c$에, 그리고 결과적인 패턴은 그림 8-20$c$에 있다. 이 패턴은 균일급전이나 삼각형 급전의 경우에 비해 폭이 더 넓으며, 지향성은 더 작지만 대신 부엽이 존재하지 않는다.

이러한 소자 배열 예제로부터 다음과 같은 경향을 알 수 있다. **배열의 중심에서 끝으로 갈수록 전류진폭이 감소하면, 부엽이 감소하고 주빔의 빔폭은 증가한다.** 간섭이나 재밍이 중요하게 고려되는 많은 분야에 응용하기 위해서는 낮은 부엽들이 요구되지만, 빔폭이 증가하기 때문에 지향성이 작아지는 희생이 뒤따른다. 빔폭과 부엽레벨의 교환관계는, 배열과 연속적인 분포 모두에 그리고 이차원 개구

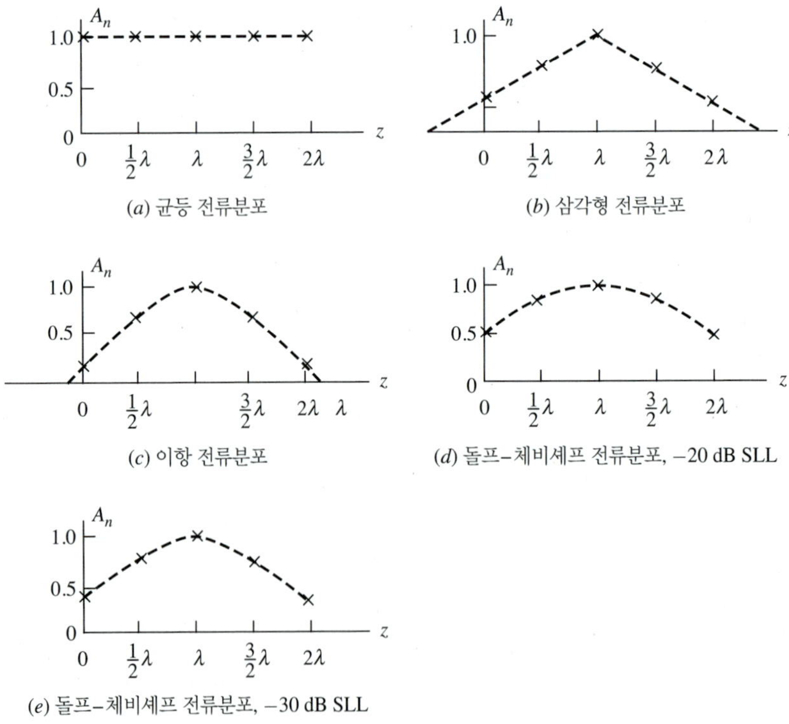


**그림 8-21 그림 8-20의 패턴에 대응하는 전류분포.** 전류의 위상은 0 ($\alpha = 0$)이다. 전류는 배열 중심에서 1이 되도록 정규화되어 있다.

면에의 법선을 포함하는 부분들에도 적용되는 설계에 자주 등장한다. 한 예로, 그림 5-5*a*와 5-8*a*에서 각각 균일급전과 코사인 테이퍼형 급전의 선형전원을 볼 수 있다. 표 5-2의 데이터에 따르면, 테이퍼형 분포의 최대 부엽레벨은 균일급전에 비해 9.7 dB (23 − 13.3) 낮지만, 1.34배(1.19/0.886) 더 넓은 빔폭을 갖는다.

빔폭/부엽레벨의 교환관계는 최적화할 수 있다. 바꾸어 말하면 어떤 규정된 부엽레벨에 대하여 빔폭이 최소가 되도록 소자 전류진폭을 결정할 수 있다. 또는 역으로 빔폭을 규정하고 부엽레벨이 최소가 되도록 할 수 있다. 이러한 배열을 돌프–체비셰프(Dolph-Chebyshev) 배열이라 한다. 그리고 이것은 모든 부엽들이 동일한 레벨이 되도록 패턴을 만들 수 있다. 돌프–체비셰프 배열 합성 방법은 10.4.1절에서 자세히 설명한다. 규정된 부엽레벨이 −20 dB이고 소자간격이 반 파장인 5소자 배열에 대한 돌프–체비셰프 전류분포는 그림 8-21*d*에 그리고 대응되는 패턴은 그림 8-20*d*에 있다. 만일 돌프–체비셰프 배열의 부엽레벨이 −30 dB로 정해지면 그 전류분포는 그림 8-21*e* 그리고 그 대응패턴은 그림 8-20*e*와 같다. 부엽레벨이 10 dB 높은 앞의 경우보다 주빔이 약간 넓어졌다.

지금까지는 선형배열 종단으로 갈수록 진폭이 감소하는 불균일급전 배열에 대한 설명이었다. 만일 진폭분포가 배열종단으로 갈수록 커진다면('역테이퍼'라 한다) 반대 효과가 일어난다. 즉 부엽레벨은 증가하고 빔폭은 감소한다. 예를 들어 진폭이 3 : 2 : 1 : 2 : 3이 되도록 삼각형 분포를 역으로 바꾸는 경우를 가정해 보자. 그림 8-22에서처럼 결과패턴은 예측한 대로 빔폭이 감소하고, 부엽레벨은 증가한다. 역삼각 테이퍼형 전류분포 경우의 지향성은 그림 8-20*b*의 삼각 테이퍼형의 경우보다 크지만, 균일분포에 의한 지향성만큼 크지는 않다.

이 절의 예제 각각에 대하여 지향성 값들을 나타내었다. 이제 지향성의 표현식을 유도하면서 이 절을 마무리한다. 불균일급전과 더불어 불균등소자 간격의 경우까지 포함할 수 있도록 논의를 확장하는 것은 그다지 어렵지 않다. $z$축 상의 소자 위치는 $z_n$이고 소자 전류진폭은 $A_n$이다. 만일 소자 위상이 거리에 대해서 선형이면 $\alpha_n = -\beta z_n \cos\theta_o$이다. 여기에서 $\theta_o$는 패턴 최대의 각이다. 이런 형태의 위상 조정에 대한 응용 예는 8.9.1절에서 논의한다. 그러면 식 (8-53)의 배열성분 표현식이 적절한데, 이를 정규화하면

$$f(\theta) = \frac{\sum_{n=0}^{N-1} A_n e^{j\alpha_n} e^{j\beta z_n \cos\theta}}{\sum_{n=0}^{N-1} A_n} \tag{8-81}$$

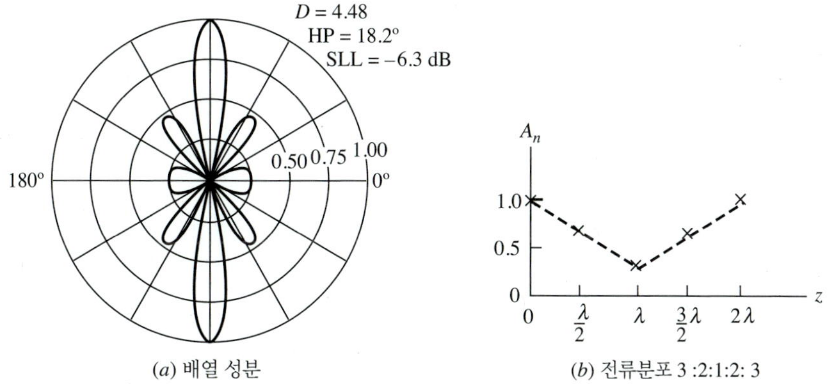


(*a*) 배열 성분 (*b*) 전류분포 3 :2:1:2: 3

**그림 8-22** $d = \lambda/2$이고 $\theta_o = 90°$인 역삼각 테이퍼링된 5소자 선형배열.

이다. 적절한 빔입체각 표현식은

$$\Omega_A = 2\pi \int_0^{\pi} |f(\theta)|^2 \sin\theta \ d\theta$$

$$= \frac{2\pi}{\left(\sum_{k=0}^{N-1} A_k\right)^2} \sum_{m=0}^{N-1} \sum_{p=0}^{N-1} A_m A_p e^{j(\alpha_m - \alpha_p)} \int_0^{\pi} e^{j\beta(z_m - z_p)\cos\theta} \sin\theta \ d\theta \qquad \textbf{(8-82)}$$

이다. 위 식의 적분을 계산하고 그 결과를 $D = 4\pi/\Omega_A$에 적용하면

$$D = \frac{\left(\sum_{k=0}^{N-1} A_k\right)^2}{\sum_{m=0}^{N-1} \sum_{p=0}^{N-1} A_m A_p e^{j(\alpha_m - \alpha_p)} \dfrac{\sin[\beta(z_m - z_p)]}{\beta(z_m - z_p)}} \qquad \textbf{(8-83)}$$

이다. 여기에서 $\alpha_n = -\beta z_n \cos\theta_o$이고, 소자들은 임의의 위치 $z_n$과 전류진폭 $A_n$을 취할 수 있다. 이러한 일반적 결과는 브로드사이드, 등간격 배열의 경우 아래와 같이 간단해진다.

$$D = \frac{\left(\sum_{k=0}^{N-1} A_k\right)^2}{\sum_{m=0}^{N-1} \sum_{p=0}^{N-1} A_m A_p \dfrac{\sin[(m-p)\beta d]}{(m-p)\beta d}} \qquad \alpha_n = 0, \quad z_n = nd \qquad \textbf{(8-84)}$$

또 다른 특별한 경우로서 간격이 반 파장의 배수일 때 식 (8-83)은 아래와 같이 된다.

$$D = \frac{\left(\sum_{n=0}^{N-1} A_n\right)^2}{\sum_{n=0}^{N-1} (A_n)^2} \qquad d = \frac{\lambda}{2}, \lambda, \ldots \qquad \textbf{(8-85)}$$

이것은 그림 8-18에서 $d = \lambda/2$인 경우에 보여 준 것처럼 주사각 $\theta_o$에 무관하다. 또한 진폭이 균일하면 식 (8-85)는 식 (8-68)처럼 $D = N$이 된다. 다음으로 그림 8-20$b$의 패턴을 갖는 삼각형 급전을 생각해 보자. 식 (8-85)로부터 지향성 값은 $[2(1) + 2(2) + 3]^2/[2(1)^2 + 2(2)^2 + (3)^2] = 4.26$이다. 식 (8-85)는 지향성이 선형배열로부터의 코히런트 방사의 한 척도임을 보여 주는 매우 중요한 공식이다. 분자는 총 코히런트장의 제곱에 비례하고, 반면에 분모는 각 소자로부터의 장을 제곱해서 더한 것에 비례한다.

간단한 소자로 이루어진 균일급전 선형배열을 위한 식 (8-72)에 대응되는 가중된 급전을 가진 배열의 소자패턴 효과를 고려한 지향성에 대한 간결한 표현식은 없다. 대신 그 패턴을 적분하여 $\Omega_A$를 구하고, 이를 식 $D = 4\pi/\Omega_A$에 대입해 얻을 수 있는데, 응용 수학 컴퓨터 패키지를 이용하면 비교적 간단하다.

배열에 걸쳐서 소자들 사이를 가깝게 하고 진폭과 위상을 과도하게 변화시킴으로써 지향성을 한없이 증가시킬 수 있다. 5.5절에서 언급하였듯이, 초지향성 안테나를 이용하는 데는 불이익이 따르므로, 균일급전의 경우에 얻을 수 있는 값에 비하여 너무 크지 않은 경우를 제외하고는 비현실적이다. 불균일급전이 가능한 반 파장 다이폴들로 구성된 균등간격인 동일선상 배열의 경우에, 최대 지향성은 간격이 $0.7\lambda$에 이를 때까지 균일급전의 경우보다 조금 더 클 뿐이고, 간격이 더 커지

면 거의 같아진다. 한센은 초지향성 배열과 일반적인 초지향성에 대하여 자세하게 기술하고 있다 [H.8.11: Hansen].

## 8.7 배열에서의 상호결합

지금까지 소자들 간의 상호작용이 없고, 임피던스 측면에서 급전회로망과 완전하게 정합되어 있는 배열 안테나를 다루었다. 이 경우 다음과 같이 가정할 수 있다: (i) 소자의 단자전류들은 그들의 입사 신호에 비례하고, (ii) 각 소자들에서 상대적인 전류분포가 동일하고(비록 급전에 비례하는 다른 레벨일 수는 있지만), (iii) 패턴곱이 유효하다. 예측할 수 있듯이, 실제 배열에서는 소자 상호 간에 영향을 주어 전류(따라서 임피던스)를 변화시킨다. **상호결합**(mutual coupling)이라고 부르는 이러한 상호작용으로 인하여 각 소자의 전류의 크기, 위상, 그리고 각 소자들에서의 분포가 자유공간에서의 값들로부터 달라지게 된다. 결과적으로 총배열패턴은 결합이 없을 때와 다르게 된다. 이 절에서는 상호결합이 임피던스와 패턴에 미치는 영향을 논의하고, 상호결합이 존재할 때 배열 소자의 임피던스와 배열패턴을 결정하는 방법에 대하여 설명한다.

먼저 배열 안테나 분야에서 사용되는 용어들과 그 정의들을 주로 하난(Hannan)[8]의 고전적 연구에 따라서 설명한다. 물론 같은 양에 대하여 다른 이름으로 설명하는 문헌도 있다. **수동배열**(passive array)은 전력분배기와 위상조절장치가 갖춰진 하나의 전원[2]을 사용한다. **능동배열**(active array)은 각 소자마다 개별적인 전원을 갖는데, 이것이 가장 흔한 배열 모델이다. 배열로부터 따로 떼어져서 모든 물체로부터 격리된 소자의 임피던스를 **고립 소자 임피던스**(isolated element impedance) 혹은 단순하게 **안테나 임피던스**(antenna impedance)라고 한다. 물론 실제 경우에 완전한 능동배열은 원하는 빔형성과 주사각 등을 형성하도록 모든 소자들을 급전하는 것이다. 모든 소자들이 능동적인 배열 환경에 있는 경우의 소자 임피던스를 **능동 임피던스**(active impedance), **구동 임피던스**(driving impedance), 혹은 단순하게 **입력 임피던스**(input impedance)라고 한다.[3] 소자들의 능동 임피던스는 주사를 위한 위상조정을 비롯하여 배열에서의 위치와 급전에 따라 달라진다. 이러한 조건들에 대하여 시뮬레이션을 사용할 수 있기는 하지만, 능동 임피던스의 측정은 배열이 완전하게 능동적이어야 하기 때문에 매우 어렵다. 실제로 소자 임피던스의 거동은 한 소자를 급전하고 나머지 모든 소자들은 수동적으로 종단하여 구할 수 있는데, 종단은 보통 전원 임피던스 혹은 50 Ω과 같은 기준 부하로 이루어진다. 이것을 **수동 임피던스**(passive impedance)라 부른다. 대부분의 경우에는 결합 환경이 동일하고 임피던스 종단 조건이 거의 동일하기 때문에, 수동 임피던스는 능동 임피던스와 거의 근사하다. 따라서 능동 임피던스라는 용어가 수동 임피던스 대신에 더 자주 이용되는데, 여기에서도 그에 따른다. 완전한 능동배열의 경우를 구분하기 위해서는 '완전 능동배열에서의 능동 임피던스'라는 용어를 사용한다.

### 8.7.1 상호결합의 임피던스 영향

상호결합을 일으키는 세 가지 경우를 그림 8-23*a*에서 설명하고 있다. 첫째는 배열소자 사이의 공간을 통한 직접적인 결합이고, 둘째는 지지탑과 같은 부근의 물체로부터 발생하는 산란에 의한 간접

[2] 송신의 경우에 대하여 배열을 기술하고 있지만 그 결과는 수신용 배열에도 적용된다.

[3] 능동 임피던스 대신에 주사 임피던스(scan impedance)라는 용어를 사용하는 저자들도 있다.

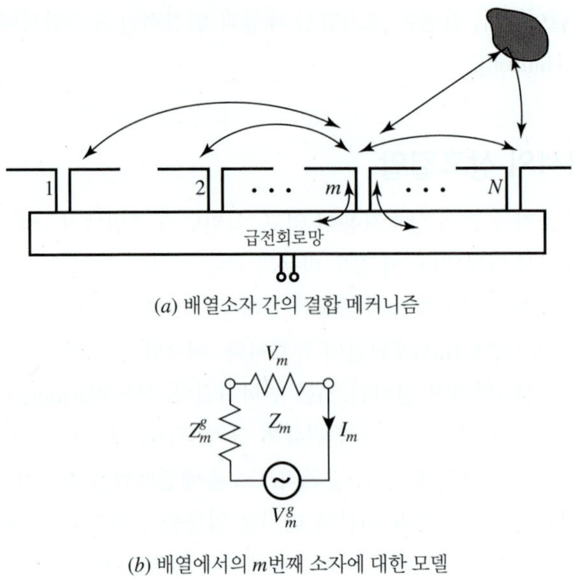


**그림 8-23 완전 급전된 배열 안테나의 상호결합.**

결합이며, 셋째는 배열 내에서 소자들을 서로 연결하는 급전회로망에 의한 결합 경로에 의한 것이다. 실제 배열에서 각 소자들을 적절하게 임피던스 정합함으로써 급전회로망 결합을 최소화할 수 있다. 이로써 각 배열소자를 그림 8-23*b*처럼 독립된 전원으로 모델링할 수 있는데, 여기에서 *m*번째 소자는 각각 $V_m^g$와 $Z_m^g$로 주어지는 공급 전원 전압과 단자 임피던스를 갖는다. 소자단자에서의 전압과 전류 $V_m$, $I_m$은 모든 결합 효과를 포함한다. 그러면 *N*개의 소자로 이루어진 배열을 아래와 같이 일반회로망 해석을 이용하는 *N*포트 회로망으로 취급할 수 있다.

$$\begin{aligned} V_1 &= Z_{11}I_1 + Z_{12}I_2 + \cdots + Z_{1N}I_N \\ V_2 &= Z_{12}I_1 + Z_{22}I_2 + \cdots + Z_{2N}I_N \\ &\vdots \\ V_N &= Z_{1N}I_1 + Z_{2N}I_2 + \cdots + Z_{NN}I_N \end{aligned} \tag{8-86}$$

여기에서 $V_n$과 $I_n$은 *n*번째 소자의 각인(impressed)전압과 전류이며 $Z_{nn}$은 다른 모든 소자가 개방되었을 때 *n*번째 소자의 자기 임피던스(self-impedance)이다. 소자 *m*과 *n*의 두 단자쌍들 사이의 상호 임피던스(mutual impedance) $Z_{mn}$(가역성에 의해서 $Z_{nm}$과 같음)은 다른 모든 단자가 개방되었을 때, 첫 번째 단자쌍에서 발생한 개방회로 전압을 두 번째 단자쌍에 공급되는 전류로 나눈 것이다. 즉

$$Z_{mn} = \frac{V_m}{I_n}\bigg|_{I_i=0} \quad i = n\text{을 제외한 모든 } i\text{에 대해} \tag{8-87}$$

이다. 예를 들어 포트 2가 개방된 회로에서 $Z_{12} = Z_{21} = V_2/I_1$이다.

일반적으로 상호 임피던스를 계산하거나 측정하는 것은 어렵다. 그러나 제14장에서 논의하게 될 모멘트법(method of moment)과 같은 상용 시뮬레이션 코드들을 이용하여 도선 안테나들의 상호 임피던스들을 비교적 쉽게 계산할 수 있다. 시뮬레이션의 결과를 살펴보기 전에, 두 안테나 간의

상호 임피던스를 어떻게 측정하고, 임의의 배열의 어느 두 소자 사이의 상호 임피던스 $Z_{mn}$을 결정하기 위해 그 결과를 어떻게 쉽게 일반화할 수 있는지에 대해 알아보자. 자유공간에 고립된 안테나가 전압 $V_1$과 전류 $I_1$을 갖는다고 가정하자. 그러면 입력 임피던스는

$$Z_{11} = \frac{V_1}{I_1} \quad \textit{단일 고립소자} \tag{8-88}$$

이다. 만일 두 번째 안테나를 첫 번째 안테나 가까이 가져오면, 첫 번째 안테나에서의 방사는 두 번째 안테나에 전류를 유기시키고, 이것이 다시 방사를 하여 첫 번째 안테나의 전류에 영향을 준다. 두 번째 안테나는 급전할 수도 있고 급전하지 않을(기생소자) 수도 있다. 그러나 어떤 경우라도 $I_2$의 단자전류를 갖는다. 그러면 첫 번째 안테나에서의 총전압은

$$V_1 = Z_{11}I_1 + Z_{12}I_2 \tag{8-89}$$

이다. 같은 방법으로 두 번째 안테나의 단자전압은 다음 식으로 표시된다.

$$V_2 = Z_{21}I_1 + Z_{22}I_2 \tag{8-90}$$

식 (8-86)은 식 (8-89)와 식 (8-90)을 일반화한 것이다.

이제 두 번째 안테나의 단자 양단을 부하 임피던스 $Z_2^g$로 종단하면($V_2^g = 0$), $V_2 = -Z_2^g I_2$가 된다. 그러면 식 (8-90)은 아래와 같이 쓸 수 있다.

$$-Z_2^g I_2 = Z_{21}I_1 + Z_{22}I_2 \tag{8-91}$$

$I_2$에 대해 풀고, $Z_{21} = Z_{12}$라는 사실을 이용하면, 다음과 같다.

$$I_2 = \frac{-Z_{21}I_1}{Z_{22} + Z_2^g} = \frac{-Z_{12}I_1}{Z_{22} + Z_2^g} \tag{8-92}$$

이것을 식 (8-89)에 대입하고 $I_1$으로 나누면 아래의 결과를 얻는다.

$$\frac{V_1}{I_1} = Z_1 = Z_{11} - \frac{(Z_{12})^2}{Z_{22} + Z_2^g} \tag{8-93}$$

이것은 입력 임피던스를 두 개의 자기 임피던스($Z_{11}$과 $Z_{22}$), 상호 임피던스 $Z_{12}$와 안테나 2의 비급전 단자에서의 부하 임피던스 $Z_2^g$로 나타내고 있다.

이러한 결과로써 두 공진형 안테나 사이의 결합을 그림 8-24와 같은 등가회로로 표현할 수 있다. 고립된 단일 안테나에 대해서는(즉 안테나 2는 매우 먼 곳에 있음) $Z_{12} = 0$이고, 식 (8-93)으로부터 입력 임피던스는 자기 임피던스와 같게 된다. 즉 $Z_1 = Z_{11}$이다. 만일 안테나 2가 개방회로가

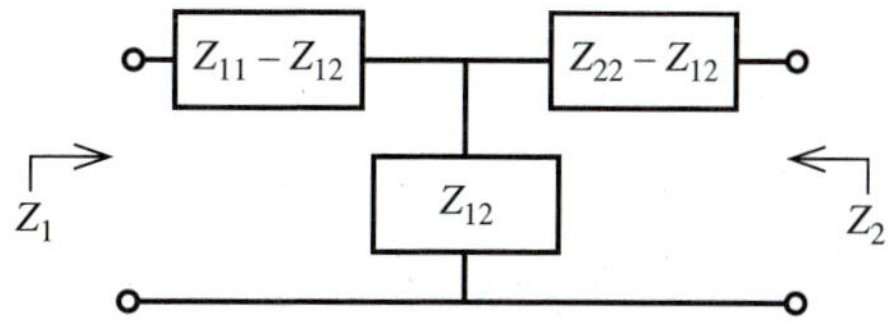


그림 8-24 두 안테나 간의 결합을 나타내는 회로망.

되면 $Z_2^g = \infty$이고, 식 (8-93)으로부터 $Z_1 = Z_{oc} = Z_{11}$이 된다. 개방회로라 함은 안테나 2의 모든 점에서 전류가 0으로 됨을 의미한다. 이것은 회로가 개방됨으로써 공진현상이 사라지는 반 파장 다이폴과 같은 안테나에서 발생한다. 다른 안테나(한 파장 다이폴과 같은)에서는 개방회로라 할지라도 안테나에 유기되는 전류가 존재한다. 이 경우에 두 번째 안테나는 제거되어야 한다.

개방회로와 단락회로 측정으로부터 상호 임피던스를 결정하는 일반적인 절차는 아래와 같다 [H.6: Hansen, Vol. II, pp.157-160].

1. 안테나 2를 개방하라(또는 제거하라). 안테나 1단자에서 $Z_{oc} = Z_{11}$을 측정하라. 동일 안테나에 대해서는 $Z_{22} = Z_{11}$이다.
2. 안테나 2를 단락하라. 안테나 1 단자에서 $Z_{sc}$를 측정하라.
3. 아래의 식을 이용하여 $Z_{12}$를 계산하라.

$$Z_{12} = \sqrt{Z_{oc}(Z_{oc} - Z_{sc})} \tag{8-94}$$

이 식은 $Z_2^g = 0$을 식 (8-93)에 대입해서 얻은 것이다.

식 (8-94)에서 적절한 부호가 선택되어야 한다. 이것은 극한적으로 아주 작은 간격까지 간격을 변화시켜 보고 영점 교차 시 연속성이 유지되도록 함으로써 결정할 수 있다[9]. 이 방법에 따른 실험 결과가 시뮬레이션과 잘 일치한다는 것이 참고문헌 [9]에 보고되어 있다.

한 안테나의 입력단에 전원을 연결하고 두 번째 안테나의 입력단에 나타나는 전압을 구하여, 그 전압과 전류의 비를 취함으로써 상호 임피던스를 계산할 수 있다. 그림 8-25는 제14장의 모멘트법을 사용해 계산한, 두 개의 서로 평행한 자유공간의 공진 반 파장 다이폴들의 상호 임피던스를 두 다이폴 사이의 간격에 대한 함수로 그린 것이다. 그림 8-26은 두 개의 동일선상 반 파장 다이폴에 대한 결과를 나타낸 것이다. 다이폴들의 지향이 서로 다른 두 경우 모두에서 간격이 증가함에 따라 상호 임피던스의 값이 감소한다. 배열 내에서 상호 임피던스의 일반적인 경향은 다음과 같다[H.6: Rudge et al., Vol. II, Sec. 10.3].

a. 상호 임피던스의 크기는 간격 $d$의 증가에 따라 감소하는데, 대부분의 경우 $1/d^2$으로 감소한다[H.8.2: Hansen, "Phased Array Antennas", 2nd ed., p. 225].
b. 결합 작용은 원거리장이 아니라 근거리장의 영향이지만, 원거리장 패턴으로부터 소자 간 결합 정도를 예측할 수 있다. 결합은 배열면(혹은 표면)에서의 소자패턴 레벨에 비례한다. 또한 좁은 패턴을 갖는 소자들은 넓은 빔을 갖는 소자들에 비하여 결합도가 낮다.
c. 평행하게 결합되는 편파(전장의 지향)를 갖는 소자들은 동일선상 때보다 결합이 커진다.
d. 소자들이 커질수록 결합은 약해진다.

이러한 경향들을 그림 8-25와 8-26에서 확인할 수 있다. (a)의 경향은 명확하고, (b)와 (c)는 평행 다이폴과 동일선상 다이폴들의 결과를 비교하면 알 수 있다.

상호 임피던스 접근법과 더불어 결합된 배열을 정량화하는 두 번째 방법은 RF 회로 해석에 주로 사용되는 산란파라미터법을 이용하는 것이다. $N$ 소자 배열의 경우, 산란법은 $N \times 1$ 열행렬 $[a]$로 주어지는 입사 전압파와 $N \times 1$ 열행렬 $[b]$로 주어지는 반사 전압파로 구성되는데, 이 두 행렬은 $N \times N$인 정사각 산란행렬(scattering matrix) $[S]$로써, $[b] = [S][a]$라는 관계를 갖는다. 전압파 행렬의 요소들과 산란행렬의 요소[산란파라미터(scattering parameter) 혹은 산란계수(scattering

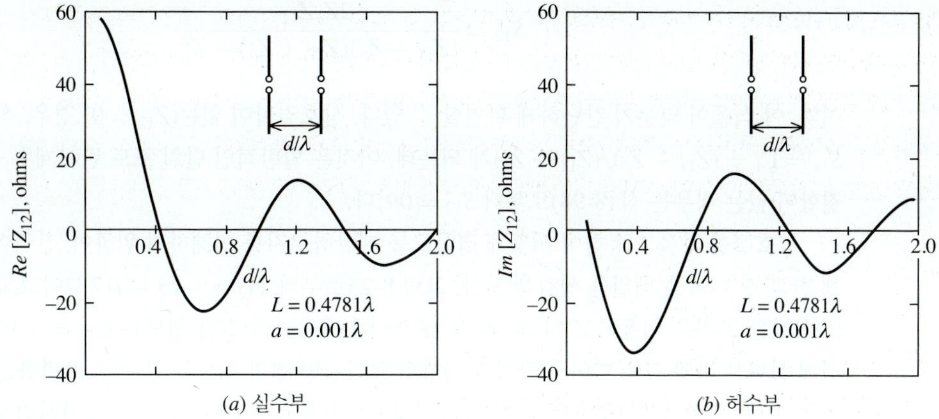


그림 8-25 파장으로 표시한 간격의 함수로서 두 평행 공진 다이폴 사이의 상호 임피던스.

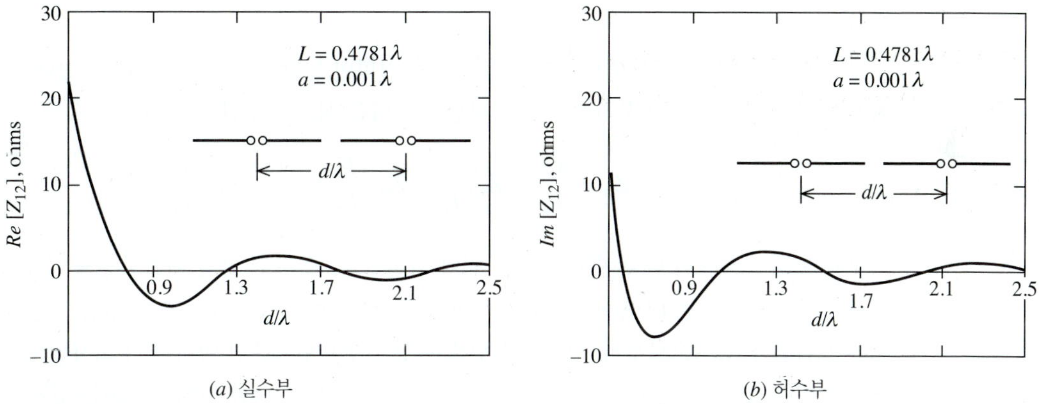


그림 8-26 파장으로 표시한 간격의 함수로서 두 동일선상 공진 다이폴 사이의 상호 임피던스.

coefficient)라고 부른다]들은 복소 값으로 크기와 위상의 정보를 포함한다. 산란파라미터 $S_{mn}$은, 다른 모든 포트들은 급전하지 않은 채로 포트 $n$에서의 입력전압파 $a_n$에 기인하는 포트 $m$에서의 출력전압파 $b_m$과 $a_n$의 비이다. 회로망분석기로 산란파라미터들을 쉽게 측정하여 바로 값을 얻을 수 있기 때문에 보편적으로 사용된다. 산란행렬의 대각 요소들은 각 포트에서의 반사계수이므로

$$S_{nm} = \Gamma_m \tag{8-95}$$

이다. 임피던스 행렬에서와 같이, 가역 소자의 산란행렬도 대칭행렬이고, $S_{mn} = S_{nm}$이다. 비대각 요소들은 포트 간의 결합을 나타낸다. 따라서 포트 $m$과 $n$ 간의 결합 $C_{mn}$을 dB로 나타내면

$$C_{mn} = 20 \log |S_{mn}| \qquad [\text{dB}] \tag{8-96}$$

이다. 임피던스 행렬의 요소 $Z_{mn}$으로부터 산란행렬 요소들을 구할 수 있다. 모든 소자들이 특성 임피던스 $Z_o$인 전송선로로 연결된 2소자 배열의 소자 1에 대해서

$$S_{11} = \frac{(Z_{11} - Z_o)(Z_{22} + Z_o) - Z_{12}^2}{(Z_{11} + Z_o)(Z_{22} + Z_o) - Z_{12}^2} \tag{8-97}$$

$$S_{12} = \frac{2Z_o Z_{12}}{(Z_{11}+Z_o)(Z_{22}+Z_o) - Z_{12}^2} \quad \textbf{(8-98)}$$

이다. 이 식들이 맞는지 간단하게 확인할 수 있다. 상호결합이 없는($Z_{12} = 0$) 경우, 식 (8-97)로부터 $S_{11} = \Gamma_1 = (Z_{11} - Z_o)/(Z_{11} + Z_o)$가 되는데, 이것은 일반적인 단일 포트 반사계수 공식이다. 또한 결합이 없는 경우는 식 (8-98)로부터 $S_{12} = 0$이다.

상호결합 값을 이용하여 어떻게 결합도를 계산하는지를 이해하기 위하여, 간격이 $0.6\lambda$인 두 평행 반 파장 다이폴 배열을 생각해 보자. 그림 8-25로부터 $Z_{12} = -23 - j17\ \Omega$이고, $Z_{11} = Z_o = 70\ \Omega$의 정합 조건을 이용하고 식 (8-98)을 (8-96)에 대입하면 결합 정도는 $C_{11} = -13.7$ dB가 된다. 전에 살펴본 바와 같이 다이폴 간격과 지향이 달라지면 결합 정도는 큰 폭으로 변화된다. 흔히 볼 수 있는 기판 상의 마이크로스트립 소자들은, 소자간격을 0.5에서 $1.5\lambda$까지 증가시킴에 따라 결합 정도는 $H$ 평면에서는 $-15$에서 $-40$ dB까지 그리고 $E$ 평면에서는 $-20$에서 $-30$ dB까지 단조 감소한다[H.8.4: Bancroft, p. 175]. 연습문제 8.7-4는 시뮬레이션을 이용하여 상호 임피던스를 계산하는 문제이다.

이제 배열에서 소자의 입력 임피던스를 상호 임피던스 값으로부터 계산할 수 있다. $m$번째 소자에 대하여, 식 (8-86)을 이용하여 입력 임피던스를 다음 식으로 구할 수 있다.

$$Z_m = \frac{V_m}{I_m} = Z_{m1}\frac{I_1}{I_m} + Z_{m2}\frac{I_2}{I_m} + \cdots + Z_{mN}\frac{I_N}{I_m} \quad \textbf{(8-99)}$$

이것은 모든 소자들이 다 존재할 경우의 입력 임피던스, 즉 완전 급전 배열의 **능동 임피던스**이다. 수치시뮬레이션 혹은 식 (8-94)를 이용한 측정으로부터 구한 상호 임피던스에 결합에 의한 효과들이 모두 포함된다. 공식으로부터, 입력 임피던스는 상호 임피던스뿐만 아니라 각 소자의 단자전류에도 영향을 받는 것을 알 수 있다. 입력 임피던스가 패턴의 위상주사를 위해 조절되는 단자전류들의 위상에 의해 영향을 받는다는 점도 중요하다. 따라서 배열 내 모든 소자들의 입력 임피던스는 주사각에 따라 변화한다.

## 8.7.2 상호결합을 포함하는 배열패턴 계산

소자 임피던스 외에도, 상호결합이 배열의 방사 특성에 영향을 준다. 배열의 특성을 완전하게 이해하기 위해서는 시뮬레이션을 이용하거나 포함된 소자 안테나 각각의 파라미터를 측정하여 완전한 해석을 해야 하지만, 이것은 상당히 어려운 일이어서 실제로는 거의 그렇게 하지 않는다. 그 대신 상호결합 효과를 포함하는 근사 기법이 활용되는데 이 절에서 설명한다. 배열은 모든 상호 임피던스들을 명시적으로 이용하여 모델링하거나, 결합효과를 전류(고립소자패턴 접근법)에 혹은 소자패턴(능동소자* 패턴 접근법)에 흡수시켜 모델링할 수 있다. 여기에서는 능동소자패턴 접근법을 취하기로 한다[H.6: Hansen, Vol. II, Chap. 3; H.8.2: Mailloux, 2nd ed., Sec. 2.1].

고립소자패턴 접근법에서는 총배열패턴의 모든 결합효과는 급전에 기인한 것으로 본다.

$$F_{\mathrm{un}}(\theta,\phi) = g_i(\theta,\phi)\sum_{m=1}^{N} I_m e^{j\xi_m} \quad \textbf{(8-100)}$$

* 이 책에서의 능동소자(active element)는 배열을 구성하는 방사소자로서 소자에 전원이 연결되어 급전되는 경우를 말한다. 전자회로에서의 능동소자(active device)와 구별되어야 한다.

여기에서 $\xi_m$은 공간 위상지연에 기인한 총위상기여분(보통 배열 중심을 기준으로 한)이다. 이것은 **고립소자패턴**(isolated-clement pattern) $g_i(\theta, \phi)$와 배열성분의 곱으로 이루어지는 8.4절의 고전적 배열패턴 해법이다. 결합영향이 없으면, 전류 $\{I_m\}$은 급전전압에 비례해서 변한다. 여기에 그림 8-23*b*의 *m*번째 소자의 간단한 회로 모델을 사용하여 결합 영향을 전류에 포함시켜 다음과 같이 나타낼 수 있다.

$$I_m = \frac{V_m^g}{Z_m^g + Z_m} \tag{8-101}$$

이것을 '자유급전'이라고 부르는데, 소자 단자전압이 주사각에 따라 변하기 때문이다. 이것은 전압이 일정한 급전이 아니고, 그림 8-19에서와 같은 입사(가용) 전력이 일정한 급전이다. 모든 소자들이 동일한 결합을 하는 균일 격자 내에 존재하는 동일 소자들로 구성된 무한 배열의 경우에는 각 소자들은 동일한 환경 내에 있고 능동 임피던스들이 동일하다. 따라서 모든 $\{Z_m\}$은 $Z_A$와 같다. 전류는 소자 단자 양단의 전압에 비례하므로

$$I_m = \frac{V_m^g}{Z^g + Z_A} \propto V_m \tag{8-102}$$

이다. 이 경우를 균등간격의 큰 배열에 적용한다. 유한한 배열에 대하여 식 (8-100)을 계산하는 경우는 보통 식 (8-102)의 근사를 이용하는데, 그렇게 함으로써 상호결합에 기인하는 단자전류의 변화를 무시하고 전원전압의 변화만을 고려한다. 식 (8-100)을 계산할 수 있는 정확한 전류 정보를 얻기 어려워서 보통 능동소자패턴법을 이용한다. 아래에 이 방법에 대해서 논의한다.

능동소자패턴 해법에서는 능동소자를 통해서 모든 결합효과를 설명할 수 있다. **능동소자패턴**(active-element pattern) $g_{ae}^n(\theta, \phi)$는 *n*번째 소자만을 급전하고 나머지 소자들은 전원 임피던스 $Z^g$로 종단하여 구할 수 있다. 능동소자패턴은 *n*번째 소자로부터의 직접 방사와 다른 소자들로부터의 재방사장들의 결합으로 발생한다. 다른 소자들은 결국 *n*번째 소자와의 공간 결합을 통하여 전력을 수신하게 된다. 이러한 설명에 따른 배열패턴은 다음과 같다.

$$F_{\text{un}}(\theta, \phi) = \sum_{n=1}^{N} g_{\text{ae}}^n(\theta, \phi) I_n e^{j\xi_n} \tag{8-103}$$

여기에서 전류 $\{I_n\}$은 식 (8-102)에서처럼 급전전압 $\{V_n\}$에 비례한다. 상호결합의 모든 영향은 능동소자패턴 $g_{ae}^n(\theta, \phi)$로 통합되며, 이것은 소자 특성과 배열의 기하구조에 영향을 받는다. 이득 변화의 가능성을 나타내기 위해서는 능동소자패턴 레벨이 배열 중심 근처의 기준 소자와 상관관계가 있어야 한다.

배열 내의 각 소자에 대한 능동소자패턴을 측정하는 것은 상당히 힘든 일이지만, 대부분의 경우 할 필요가 없다. 등간격이고 동일소자로 이루어진 대형 배열에서는 맨끝 단의 소자들을 제외하고는 각 소자는 가장 인접한 소자들과 동일한 환경에 놓인다. **평균 능동소자패턴**(average active-element pattern) $g_{ae}(\theta, \phi)$를 이용하여 식 (8-103)을 분해하면 다음 식과 같은 적절한 근사를 얻게 되는데, 여기에서 평균 능동소자패턴은 곧 배열 내의 일반적인 중심소자에 대한 정규화된 패턴이다.

$$F_{\text{un}}(\theta, \phi) = g_{\text{ae}}(\theta, \phi) \sum_{n=1}^{N} I_n e^{j\xi_n} \tag{8-104}$$

이러한 해법의 이점은 상기 방정식의 합산이 상호결합을 배제한 간단한 이론에 근거한 배열성분이라는 것이다. 모든 결합효과는 평균 능동소자패턴에 내포되어 있으며, 이것은 대형 배열 내의 한 중심소자의 단일패턴을 측정해 얻는다.

식 (8-104)를 정규화하면 다음과 같은 중요한 근사적인 결과를 얻게 된다.

$$\boxed{F(\theta,\phi) = g_{ae}(\theta,\phi) f(\theta,\phi)} \tag{8-105}$$

여기에서

$g_{ac}(\theta, \phi)$ = 평균 능동소자패턴
$f(\theta, \phi)$ = 배열성분
$F(\theta, \phi)$ = 배열패턴

이다. 이것은 식 (8-54)의 패턴곱 공식과 동일한 형태이지만, 상호결합 효과를 포함한 식으로 이러한 근사식은 실제로 광범위하게 이용된다. 평균 능동소자패턴은 배열 안테나를 구축하는 데 중요한 역할을 한다. 완전하게 능동적인 대형 배열을 만들어 시험하기 전에, 수동적으로 종단된 몇 개의 소자들로 둘러싸인 단일 능동소자의 패턴을 측정하고 평가한다. 만일 능동소자패턴이 잘 구성되지 않는 경우는 완전한 배열도 역시 그럴 것이다. 능동소자패턴 데이터로부터 능동 입력 임피던스를 구할 수 있음을 참고문헌에서 찾아볼 수 있다[10].

고립소자패턴은 배열 내 소자의 능동소자패턴과 다르다. 그러나 충분히 큰 배열의 경우, 평균 소자패턴은 배열 내의 능동소자패턴들 대부분에 대한 대표값이다. 식 (8-105)를 적용하려면 배열이 어느 정도 커야 하는지는 지침이나 예제를 통하여 다루어지는 중요한 문제이다. 배열의 크기가 증가하면(이상적으로는 소자 개수가 무한대로), 개별 소자들의 능동소자패턴은 동일한 패턴인 평균 능동소자패턴으로 수렴하게 된다. 유한 배열의 끝 쪽에 가까운 소자들은 중앙 소자들의 패턴에서 벗어난 패턴을 갖게 되는데, 중앙부분 소자들의 패턴은 평균 소자패턴에 가깝다. 이 사실은 0.57$\lambda$ 간격인, 8개의 마이크로스트립 패치 안테나로 구성된 배열 내 각 소자들의 능동소자패턴을 나타낸 그림 8-27에서 확인할 수 있다. 몇 소자를 선택하여 그 소자를 구동하고 나머지 소자들을 부하로 정합시킨 다음 극좌표-dB 패턴을 측정하여 나타낸 것이다. 소자 2에서 7까지의 패턴(소자 5의 패턴만 보이지만)들은 거의 동일하고 대칭적이다. 가장자리 소자패턴(소자 1과 8)들은 비대칭적인 배열 환경과 유한한 접지평면의 가장자리 효과에 의해 왜곡된다. 대부분의 패턴 왜곡은 배열의 측면에서 이루어진다. 접지평면 상의 다이폴들에 대해서도 유사한 결과가 보고된 바 있다[H.3: Milligan, Sec. 12.5; H.8.2: Haupt, Sec. 6.4]. 유한 배열에서의 대표적인 소자패턴에 대한 주제는 8.9.1절에 재고할 것이다.

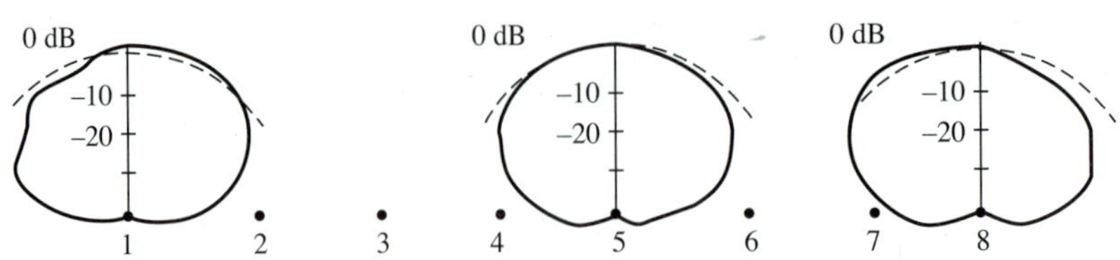


그림 8-27 소자간격이 0.57$\lambda$인 8개의 마이크로스트립 패치 소자 선형배열 내의 3개의 소자, 즉 하나의 내부 소자(5)와 2개의 양단 소자(1과 8)에 대한 측정된 능동소자패턴.

물론 완전한 배열의 패턴은 배열 내에서의 상호결합의 영향을 받는다. 요구되는 단자전류들을 갖도록 하는 전압전원 급전으로 배열을 모델링할 수 있다. 상호결합이 없다면, 단자전류는 급전전압에 비례하고, 식 (8-102)를 이용하여 원하는 패턴을 구현할 수 있다. 결합이 나타나면 패턴이 왜곡된다. 그렇지만 대개 단자전류는 요구되는 급전에서 크게 벗어날 수도 있지만 패턴은 크게 영향을 받지 않는다. 반 파장 간격인 평행한 12개의 반 파장 다이폴들로 구성된 선형배열이 브로드사이드로부터 45°로 빔을 주사하도록 급전전압을 설계하면 그림 14-25(점선)의 패턴을 갖는데, 이 패턴은 결합이 없는 이상적인 급전의 경우(실선)와 크게 다르지 않다. 빔 또한 정확한 방향으로 향하고 있다. 급전전류와 임피던스들이 요구되는 값들과 가깝지는 않지만(표 14-2 참조), 패턴에의 통합적인 영향은 그 차이를 완화시키는 경향이 있다. 참고문헌[11]도 참조하라. 패턴과 더불어 총배열패턴의 이득과 편파 또한 상호결합의 영향을 받는다. 8.7.1절에서 임피던스의 경우에 사용했던 것과 유사한 지침을 배열로부터의 방사에도 적용할 수 있다.

상호결합의 영향을 보상하는 기법을 이용할 수 있다. 상호결합으로 배열 내에서 소자 상의 전류분포가 변하는 것이 아니고 복소 단자전압이 변한다. 보상 기법은 기본적으로 상호결합에 의해 단자전류가 어떻게 변화하는가를 예측하여 요구되는 전류들이 형성되도록 급전전압을 변화시키는 것이다[H.3: Milligan, Sec. 3.11; 12]. 직접적으로 상호결합을 줄이기 위해 소자들 사이에 도체 칸막이(즉 울타리) 같은 것을 삽입하는 물리적인 방법도 사용할 수 있다[H.8.3: Haupt, Sec. 6.8].

## 8.8 다차원 배열

선형배열에는 일련의 제한 요소가 있다. 예를 들면 그들은 소자의 중심을 잇는 직선을 포함하는 평면에서만 위상주사를 할 수 있다. 소자 중심을 잇는 선과 수직인 평면에서의 빔폭은 그 평면에서의 소자의 빔폭으로 결정된다. 이것 때문에 실현 가능한 이득이 제한된다. 그래서 연필형 빔이나 높은 이득이 필요한 경우 또는 임의의 방향으로의 주빔 주사를 위해 다차원 배열이 이용된다. 제조공정, 집적급전회로 기술의 발달로 대형 다차원 배열의 가격이 구매하기 쉬운 가격으로 낮아졌다. 다차원 배열은 소자의 중심들이 위치하는 표면의 기하학적 형태, 배열의 둘레길이, 그리고 소자 중심의 격자구조 등의 세 가지 특성에 따라 분류된다. 소자들이 위치하는 표면은 선형, 원형, 혹은 평면 등 일 수 있다. 평면배열의 둘레는 그 모양이 보통 원형, 직사각형, 또는 정사각형이다. 그림 8-28은 둘레가 사각형인 평면배열이다. 배열 격자는 행과 열방향으로 등간격이거나 비등간격일 수 있다. 그림

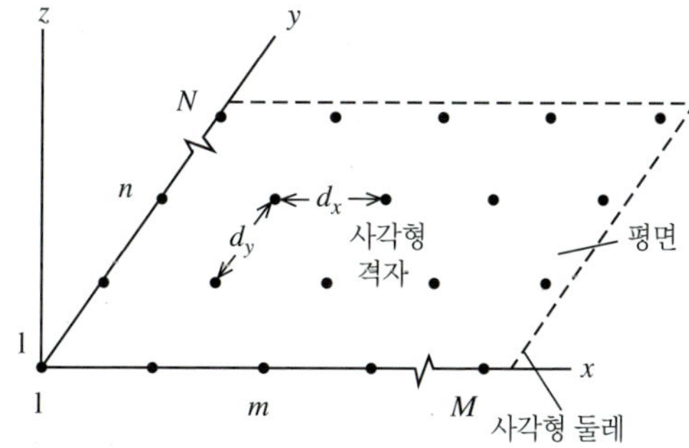


그림 8-28 평면배열의 기하구조.

8-28과 같이 주평면에서 $d_x$와 $d_y$의 소자간격이 균일한 평면배열은 직사각형 격자를 갖는다고 한다. 만일 $d_x = d_y$이면 그것은 정사각형 격자라고 한다. 삼각형 격자 또한 널리 사용된다. 비행기 동체와 같이 복잡한 표면에 배열이 부착되면 그러한 배열은 등각(conformal)이라고 한다. 이 절에서는 임의의 기하학적 형태와 몇 가지 특수 경우에 대한 배열 해석법을 제시한다.

선형배열에 대해 8.4절에서 소개된 패턴곱 원리는 소자들이 유사하다면 임의 형태의 배열에도 적용할 수 있다. 즉 소자들이 동일하고 같은 방향으로 배열되어 있으면 전체 배열패턴은 상호결합을 고려한 식 (8-105)에서처럼 분해할 수 있다. 이러한 경우가 대부분이므로 다차원 배열을 공부할 때 배열성분 $f(\theta, \phi)$에만 관심을 두면 된다. 이 절에서는 임의의 형태에 대한 배열성분을 유도한다.

임의의 3차원 배열에 대한 소자들의 위치를 원점에서 $mn$번째 소자까지의 위치벡터로 표현할 수 있다.

$$r'_{\mathrm{mn}} = x'_{\mathrm{mn}}\hat{\mathbf{x}} + y'_{\mathrm{mn}}\hat{\mathbf{y}} + z'_{\mathrm{mn}}\hat{\mathbf{z}} \tag{8-106}$$

그러면 배열성분은

$$\mathrm{AF}(\theta, \phi) = \sum_{n=1}^{N}\sum_{m=1}^{M} I_{\mathrm{mn}} e^{j(\beta\hat{\mathbf{r}}\cdot\mathbf{r}'_{\mathrm{mn}} + \alpha_{\mathrm{mn}})} \tag{8-107}$$

이다. 이것을 정규화하면 $f(\theta, \phi)$가 된다. 이 식은 일반적이기는 하지만 어떤 표면에 놓인 배열의 통상적인 경우에 직접 적용할 수 있다. 이중합산기호는 '행'과 '열'을 사용하는 구조에 유용하다. 위상항 $\alpha_{\mathrm{mn}}$은 주사를 위해 사용되는 급전전류 위상의 일부분으로, 따로 떼어 분명하게 보여 주고 있다. 위상배열의 일반적인 구조는 평면이다. 그림 8-28과 같은 $xy$ 평면 상의 평면형 배열의 배열성분은 식 (8-107)로부터 다음과 같다.

$$\mathrm{AF}(\theta, \phi) = \sum_{n=1}^{N}\sum_{m=1}^{M} I_{\mathrm{mn}} e^{j\alpha_{\mathrm{mn}}} e^{j\xi_{\mathrm{mn}}} \tag{8-108}$$

여기에서

$$\begin{aligned}
\xi_{\mathrm{mn}} &= \beta\hat{\mathbf{r}} \cdot \hat{\mathbf{r}}'_{\mathrm{mn}} = \beta\left[x'_{\mathrm{mn}}\sin\theta\cos\phi + y'_{\mathrm{mn}}\sin\theta\sin\phi\right] \\
\alpha_{\mathrm{mn}} &= -\beta\left[x'_{\mathrm{mn}}\sin\theta_o\cos\phi_o + y'_{\mathrm{mn}}\sin\theta_o\sin\phi_o\right] \\
\theta_o, \phi_o &= \text{주빔 지시 방향}
\end{aligned}$$

이다. 이 식은 선형배열에 대한 식을 일반화한 것이다. 여기에서 $z$축은 배열평면에 수직이지만, 선형배열을 다룰 때에는 $z$축이 배열 축과 평행하였음에 주의하자. 만일 $x$축에 평행한 모든 행이 동일한 전류분포를 갖고 있고, 또 모든 열도 동일한 전류분포를 갖게 되면 전류는 분리 가능(즉 $I_{\mathrm{mn}} = I_{\mathrm{xm}}I_{\mathrm{yn}}$)하므로 식 (8-108)은 아래와 같이 된다.

$$\mathrm{AF}(\theta, \phi) = \sum_{m=1}^{M} I_{\mathrm{xm}} e^{j\xi_{\mathrm{xm}}} \cdot \sum_{n=1}^{N} I_{\mathrm{yn}} e^{j\xi_{\mathrm{yn}}} \tag{8-109}$$

여기에서 빔 조절을 위한 전류위상은 드러나게 표시되어 있지 않으며

$$\xi_{\mathrm{xm}} = \beta x'_m \sin\theta\cos\phi \quad \text{과} \qquad \xi_{\mathrm{yn}} = \beta y'_n \sin\theta\sin\phi$$

이다. 이것은 행과 열의 전류분포와 연관된 두 개의 선형배열성분의 곱이다. 주평면($\phi = 0°$, $90°$ 그

리고 기본면이라고 불리는)에서의 패턴은 그에 대응하는 선형배열들(행, 열)의 패턴이다. 평면배열은 보통 분리 가능한 전류분포를 갖는다. 따라서 선형배열 해석을 직접 적용하여 주평면 패턴을 구할 수 있다.

주평면에서 벗어난 평면, 즉 주평면들 사이의 평면에서의 패턴은 만일 전류분포가 분리 가능하다면 행과 열 선형배열패턴들의 곱이다. 45° 평면에서는 주빔에서 멀리 떨어진 부엽들은 주평면에서의 부엽레벨들의 곱이므로 매우 작다. 그림 9-7에서 연속적인 평면형 개구면 분포를 이용하여 이 점을 설명하고 있다. 평면배열의 임의단면에서의 패턴을 구하는 방법으로 배열성분을 구하기 위한 **투영법**(projection method) 혹은 응축 분포법(method of collapsed distributions)이 있다. 투영선을 따라 소자들에 대한 전류 가중치와 함께 소자위치를 단면 상으로 투영한다. 등가적인 배열의 소자들은 이러한 투영선 상에 있게 된다. 일치하는 투영들의 가중치는 함께 더한다. 원 배열의 전류분포는 분리 가능할 필요가 없고, 격자도 규칙적일 필요가 없다. 투영법의 일례로, 소자들의 간격이 $0.5\lambda$이고 균일하게 급전되는 4 × 4 평면배열은 45° 평면에서 7개 소자들의 간격이 $0.354\lambda$이고 가중치가 1 : 2 : 3 : 4 : 3 : 2 : 1인 등가 배열을 갖는다. 연습문제 8.8-5는 투영된 선형배열의 패턴이 평면배열패턴과 동일함을 보여 주고 있다. 더 많은 예제들을 문헌에서 찾아볼 수 있다[H.3: Elliott, Sec. 6.10]. 원형배열에 대해 등가적인 선형배열을 구하는 것과 같은 다양한 기하구조의 경우에 이 방법을 이용할 수 있다.

높은 지향성의 빔을 구현하기 위해 흔히 다음 절에서 논의하게 될 주사기능을 갖춘 평면배열이 사용된다. 여기에서는 지향성을 계산하는 기법을 설명한다. 먼저 어떤 배열의 한 셀을 생각해 보자. 여기에서 셀이란 한 소자를 둘러싸고 있는 영역을 의미한다. 식 (4-23)에 따른 한 셀의 가능한 최대 지향성은, 셀의 물리적인 면적 $A_{\text{Cell}}$을 최대 유효 개구면적 $\text{A}_{\text{em}}$으로 놓으면

$$D_{\text{MaxCell}} = \frac{4\pi}{\lambda^2} A_{\text{Cell}} \tag{8-110}$$

이다. 이 공식은 배열면의 한쪽인 반 공간으로 방사되는 것을 가정한 것이다. 이 식으로부터 배열에 포함된 한 소자의 지향성에 대한 상한을 알 수 있다. 반 파장 간격인 정사각 격자의 평면형 배열의 경우, 셀 면적은 $\text{A}_{\text{Cell}} = d_x d_y = (\lambda/2)(\lambda/2) = \lambda^2/4$이고 식 (8-110)으로부터 $D_{\text{MaxCell}} = \pi$가 된다. $\lambda/2 \times \lambda/2$ 정사각형 격자로 구성된 다이폴들의 유한 배열은, 접지 평면으로 뒤쪽을 막으면 식 (8-110)에 따른 최대 셀 면적 지향성인 3.14보다 조금 크거나 작은 최대 소자 이득을 갖는데, 소자의 개수와 접지면과의 거리에 따라 달라진다(8.9.1절 참조)[13]. 같은 공식에 전체 배열의 물리적인 면적 $A_p$를 이용하여 전체 배열의 지향성을 다음과 같이 구할 수 있다.

$$D_{\text{MaxArray}} = \frac{4\pi}{\lambda^2} A_p = \pi D_x D_y \tag{8-111}$$

이 식은 개구면 안테나에 대하여 식 (9-67)에서도 볼 수 있다. 이 공식의 두 번째 부분은 $A_p = L_x L_y$라는 점과 식 (5-19)로 주어지는 $xy$ 평면 상 평면형 배열의 $x$ 및 $y$ 방향의 균일선전원들의 지향성을 이용하여 얻게 된다. 여기에서 $D_x = 2L_x/\lambda$이고, $D_y = 2L_y/\lambda$이다.

이 공식은 배열 소자들의 총 수를 $N$이라고 하면 식 (8-75)로부터도 $D_{\text{MaxArray}} = \text{Max}\{D_e D_i\} = D_{\text{MaxCell}} N = (4\pi/\lambda^2) A_{\text{Cell}} N = (4\pi/\lambda^2) A_p$와 같이 구할 수 있다. 포먼(Forman)[14]은 몇 가지 소자 유형에 대하여 식 (8-111)이 정확한 값을 갖게 되는 간격 값들의 범위를 구했는데, 그 범위가 좁기

때문에 식 (8-111)은 단지 지침으로만 이용되어야 한다. 일반적으로 평면형 배열의 지향성은 선형 배열의 경우와 유사하게 그레이팅 로브가 나타나서 지향성이 감소하게 되기 전까지는 소자간격에 따라 증가한다. 킹(King)과 왕(Wong)[15]이 이 효과에 대하여 언급하였는데, 소자패턴에 따라 간격이 1 $\lambda$ 부근의 값일 때 지향성은 근사적으로 $ND_e$에 가까워진다. 여기에서 $D_e$는 능동소자의 지향성이다. 복잡하거나 적용하기에 제한이 있을 수도 있겠지만, 참고문헌 [14]에서 단순한 소자들로 구성되는 평면형 배열의 지향성을 계산하는 공식들을 찾아볼 수 있다. 지향성을 계산하기 위해 패턴 적분을 행하는 컴퓨터 프로그램을 검증하는 데 이 공식들이 유용하다. 포먼은 식 (8-111)이, 소자패턴이 $\cos^{0.5}\theta$인 경우의 능동 배열의 지향성과 거의 같다는 점을 발견하였다. 다음 예제에서 이 점을 살펴볼 수 있다.

### 예제 8-8 평면형 배열의 지향성

이 예제에서는 $xy$ 평면 상에 (5 × 5) 정사각 격자의 평면형 배열의 지향성을 계산하기 위한 정확한 방법과 근사적인 방법들을 살펴본다. 25개의 소자들은 $g_a = \cos^{0.5}\theta$ ($\theta < 90°$일 때 그리고 그 외는 0)인 패턴을 갖는다. 두 개의 근사적인 지향성 공식을 생각해 보자. 첫 번째 공식은, 선형배열의 경우에 식 (8-75)와 연관하여 언급하였던 간격에는 무관하고 소자의 유형에 따라서만 결정되는

$$D_{\text{AproxArray}} = ND_e = 25 \cdot 4 = 100 = 20\,\text{dB} \tag{8-112}$$

인데, 여기에서 소자의 지향성은 패턴 적분에 의해 구할 수 있다. 두 번째 근사는 식 (8-111)의 식으로 다음과 같다.

$$D_{\text{MaxArray}} = \frac{4\pi}{\lambda^2}A_p = \frac{4\pi}{\lambda^2}(N_x d_x)(N_y d_y) = 4\pi N \frac{d_x}{\lambda}\frac{d_y}{\lambda} \tag{8-113}$$

먼저 간격이 $d = d_x = d_y = 0.5\lambda$인 경우를 고려해 보자. 식 (8-113)의 최대 지향성은 19 dB이다. 패턴 적분에 의해 지향성을 계산해 보면 등방성 소자의 경우는 18.3 dB이고 코사인 제곱근의 소자패턴의 경우는 18.98 dB이다. 간격을 $d = 0.8\lambda$까지 증가시키면 식 (8-113)의 지향성은 23 dB이고 수치적분에 의한 지향성은 등방성 소자와 코사인 제곱근의 소자의 경우 각각 21.6 dB와 22.4 dB이다. 이 계산들로부터 식 (8-112)는 신뢰하기 어렵고, 식 (8-113)과 그 식의 일반형인 식 (8-111)로부터 코사인 제곱근 소자패턴 배열의 지향성의 상한 값을 예측할 수 있다.

한쪽 반구 방향으로만 방사가 이루어지게 하기 위해, 소자들의 뒤쪽을 도체 접지면으로 막은 형태의 배열을 사용한다. 그림 3-20에 나타낸 단일 소자의 경우와 동일한 원리를 적용한다. 예를 들면 접지면으로 후면을 막은 선형배열은 접지면을 제거하고 소자들의 영상들을 배치하여 평면배열을 구성함으로써 해석할 수 있다. 연습문제 8.8-2와 8.8-3은 이러한 유형의 배열에 관한 것이다. 충분히 대칭성이 주어지는 평면배열의 패턴은 순차적인 선형배열 해석에 의해 구할 수 있다. 한 행을 하나의 '소자'로 보고, 열을 하나의 선형배열로 간주하여, 이 배열의 패턴을 열의 패턴과 곱한다. 연습문제 8.8-4가 한 예이다. 격자가 사각형이 아닌 경우도 있는데, 삼각형 격자의 경우 더 적은 수의 소자들로 비슷한 패턴 성능을 얻을 수 있다. 연습문제 8.8-6에서 동일한 배열면적을 갖는 정사각형 격자와 삼각형 격자의 경우를 비교해 볼 수 있다.

비행체 표면에서부터 배의 상부구조 또는 미사일의 외피에 이르기까지 그 표면에 일치되는 배열면을 갖는 **등각배열**(conformal array)과 같은 비평면형 배열도 많이 사용된다. 이 절에서 사용한 기법들을 활용하여 등각배열의 방사패턴을 구할 수 있다.

보통 수치적분을 이용하여 지향성을 구하는데, [H.8.2: Haupt, Chap. 5]와 [H.8.2: Visser, Chap. 10]에서 해석 기법에 대한 더 많은 예제와 자세한 내용을 찾아볼 수 있다. 흥미로운 배열 구조로 원형편파의 방사를 구현하기 위해 선형편파의 소자들을 이용하는 배열이 있다. 지향각이 각각 0°, 90°, 180°, 그리고 270°인 네 개의 선형 편파 소자들로 구성된 부배열들로 2 × 2의 평면형 배열을 구성하여 같은 방법으로 위상을 결정한다. 원형편파의 소자들을 이용하는 배열보다 이 배열을 더 선호한다. 그 이유는 원형편파를 갖는 소자의 경우가 더 복잡한 급전회로가 필요하고 따라서 손실이 더 많고 무거우며 비용이 많이 들기 때문이다.

실제에 있어 가장 큰 안테나들은 고지향성이나 좁은 빔폭을 얻기 위해 사용되는 배열 안테나들이다. 단일의 대형 개구면 안테나보다 배열 안테나를 더 선호하는데, 그 이유는 대형의 물리적인 크기와 그에 따른 무게, 복잡도 그리고 비용 때문이다. 소자의 개수가 수천 개이고 또 어떤 것은 소자 간격이 수 킬로미터에 달하는 매우 거대한 배열 안테나들이 전파 천문학에 사용 중이거나 계획 단계에 있다. 레이더에도 배열이 응용되는데, 이 점은 다음 절에서 다룬다.

## 8.9 위상배열과 배열급전 기술

안테나 주빔의 지시방향이 시간에 따라 변하는 기능이 흔히 필요하게 되는데, 이것을 주사한다고 한다. 주사는 기계적으로 또는 전자적으로 이루어질 수 있다. 전체 안테나를 돌려서 기계적인 주사를 행할 수 있는데, 이것은 어떤 유형의 안테나에도 적용할 수 있지만, 대개 반사판 안테나 혹은 고정위상배열에 주로 사용된다. 그러나 기계적 주사는 크고 고가인 위치결정 시스템이 필요하고, 보통은 속도가 너무 느리다. 그 대안으로 **위상배열**(phased array)이 사용되는데, 각 공간에서 패턴을 회전할 수 있도록 배열의 각 소자의 위상(혹은 시간지연)을 조절하는 배열이다. 위상배열은 동시에 다수의 목표물(사용자들)을 추적할 수 있는 기능을 갖추고 전자 속도로 관성이 없는 주사가 가능하다. 일반적으로 소자들의 진폭과 위상을 조절하여 낮은 부엽을 갖게 하거나 주빔을 성형할 수 있다. 위상배열은 레이더, 탐지, 또는 통신에 활용된다. 레이더에서는 삼시 목적으로 각좌표를 얻기 위하여 목표물을 추적할 수 있다. 통신에서는 단말기 사용자들의 위치 변화와 같은 통화 조건의 변화를 고려하여 배열의 방사패턴을 조절할 수 있다. 이 절에서는 전자주사의 원리를 실질적인 제한요소와 함께 살펴본다. 이어서 급전회로망과 관련 기술들 그리고 운용 중인 위상배열에 관한 과거, 현재, 그리고 미래에 대하여 살펴본다.

### 8.9.1 주사원리

원하는 방향으로 패턴의 주빔을 회전시키는 데 필요한 선형 위상 테이퍼를 계산하기 위해 8.3.2절에서 유도한 간단한 공식은 모든 선형배열에 대해서 유효하며 다른 배열 구조에 대해서도 쉽게 확장할 수 있다. 소자의 위상은 위상면이 평면이 되도록, 그리고 형성된 파면에 수직인 방향으로 주빔이 회전되도록 조절된다.

선형 부분 $\{\alpha_n\}$과 비선형 부분 $\{\delta_n\}$으로 구분하여 표현되는 소자 위상을 포함하고, 임의적으로 위치하는 소자들도 포함하도록 선형배열의 배열 요소에 관한 식 (8-53)을 일반화하면 다음 식과 같다.

$$\mathrm{AF}(\theta)=\sum_{n=0}^{N-1} I_n e^{j\xi_n}=\sum_{n=0}^{N-1} A_n e^{j(\alpha_n+\delta_n)} e^{j\xi_n} \tag{8-114}$$

$z$축 상의 $z_n$에 위치하는 $n$번째 소자의 공간 위상은

$$\xi_n=\beta z_n \cos\theta \tag{8-115}$$

이다. $n$번째 소자의 전류는 진폭이 $A_n$이고 위상은 $\alpha_n+\delta_n$이다. 위상 $\{\alpha_n\}$은 선형 위상(liner phase) 혹은 균일 점진적 위상(uniform progressive phase)이라고 하는데, 배열 내의 위치에 따라 선형적으로 변화하고 다음 식으로부터 주빔 최대치의 방향이 결정된다.

$$\alpha_n=-\beta z_n \cos\theta_o \tag{8-116}$$

등간격 배열의 경우에는 $z_n=nd$이고 $\alpha_n=n\alpha$인데, 여기에서 식 (8-25)에서와 같이 $\alpha=-\beta d\cos\theta_o$이다. 비선형 위상 $\{\delta_n\}$은 패턴 성형을 위해 사용할 수 있다(제10장 참조).

배열패턴이 브로드사이드로부터 벗어나 주사를 하게 되면 주빔의 폭은 넓어진다. 이러한 효과를 빔 확장(beam broadening)이라 한다. 이 효과를 $0.4\lambda$ 간격의 5개 등방성 소자의 선형배열에 대하여 살펴본다. 그림 8-29에서 비브로드사이드의 주사각이 증가함에 따른 일련의 패턴들을 볼 수 있다. 주사의 방향이 브로드사이드에서 벗어남에 따라 주빔의 빔폭이 증가한다. $z$축을 중심으로 이 패턴을 회전시키면 배열의 전체 패턴을 얻게 된다. 두 개의 3차원 패턴 예가 그림 8-29*b*와 8-29*f*에 있다. 주빔의 주사가 브로드사이드로부터 멀어지면서 발생하는 주빔의 빔입체각의 증가는, 전체 패턴(배열축을 중심으로 그 패턴을 회전해서 얻게 되는)의 입체각의 감소로 상쇄된다. 이와 같이 간격이 반 파장보다 작고 엔드파이어에 너무 접근하지 않는 주사각에 대해서는 배열성분의 지향성은 상대적으로 일정하게 유지된다. 그림 8-18을 참조하라. 반 파장보다 약간 큰 간격에 대해서는 엔드파이어 근처의 주사각에서 그레이팅 로브가 발생하기 시작하며 지향성은 감소한다. 다시 그림 8-18을 참조하라. 등방성 소자로 가정하였기 때문에서 이러한 점들은 배열성분에 적용된다. 지향성이 있는 브로드사이드소자패턴의 경우에, 소자패턴의 영향을 고려하면 지향성은 주사각에 따라 감소한다.

8.2절에서 지적한 바와 같이, 반 파장 간격의 경우에는 가시영역에 배열성분의 완전한 한 주기가 나타나며, 또 두 개의 엔드파이어 빔을 발생시키는 엔드파이어 동작의 경우를 제외하고는 가시영역에 그레이팅 로브가 나타나지 않는다. 간격이 반 파장보다 큰 경우에는 주사각에 따라서 그레이팅 로브의 전체 또는 일부가 가시영역에 나타난다. 한 파장 또는 그보다 큰 간격에 대해서는 그레이팅 로브가 존재한다. 또 간격이 파장의 수 배에 이르면 많은 그레이팅 로브가 존재하며(그림 8-3에서 간단한 예를 볼 수 있다) 이러한 배열을 **간섭계**(interferometer)라고 한다. 각 주엽은 빔폭이 좁지만 대신 그 수가 많다. 그러나 소자간격을 크게 하면, 그레이팅 로브의 크기를 감소시키는 작용을 하는 상대적으로 좁은 빔폭 패턴을 갖는 전기적으로 큰 소자를 사용할 수 있게 된다. 일반적인 경우에 그레이팅 로브는 위상배열의 성능을 제한하기 때문에 피한다. 그레이팅 로브의 첨두치가 가시영역에 나타나지 않게 하기 위해서는 소자간격을 다음 식으로 제한하여야 한다.

$$d<\frac{\lambda}{1+|\cos\theta_o|} \quad \textit{그레이팅 로브가 나타나지 않는 조건} \tag{8-117}$$

여기에서 $\theta_o$는 배열축에 대한 주빔의 지향각으로 비브로드사이드 최대 주사각에 해당하는 값이다.

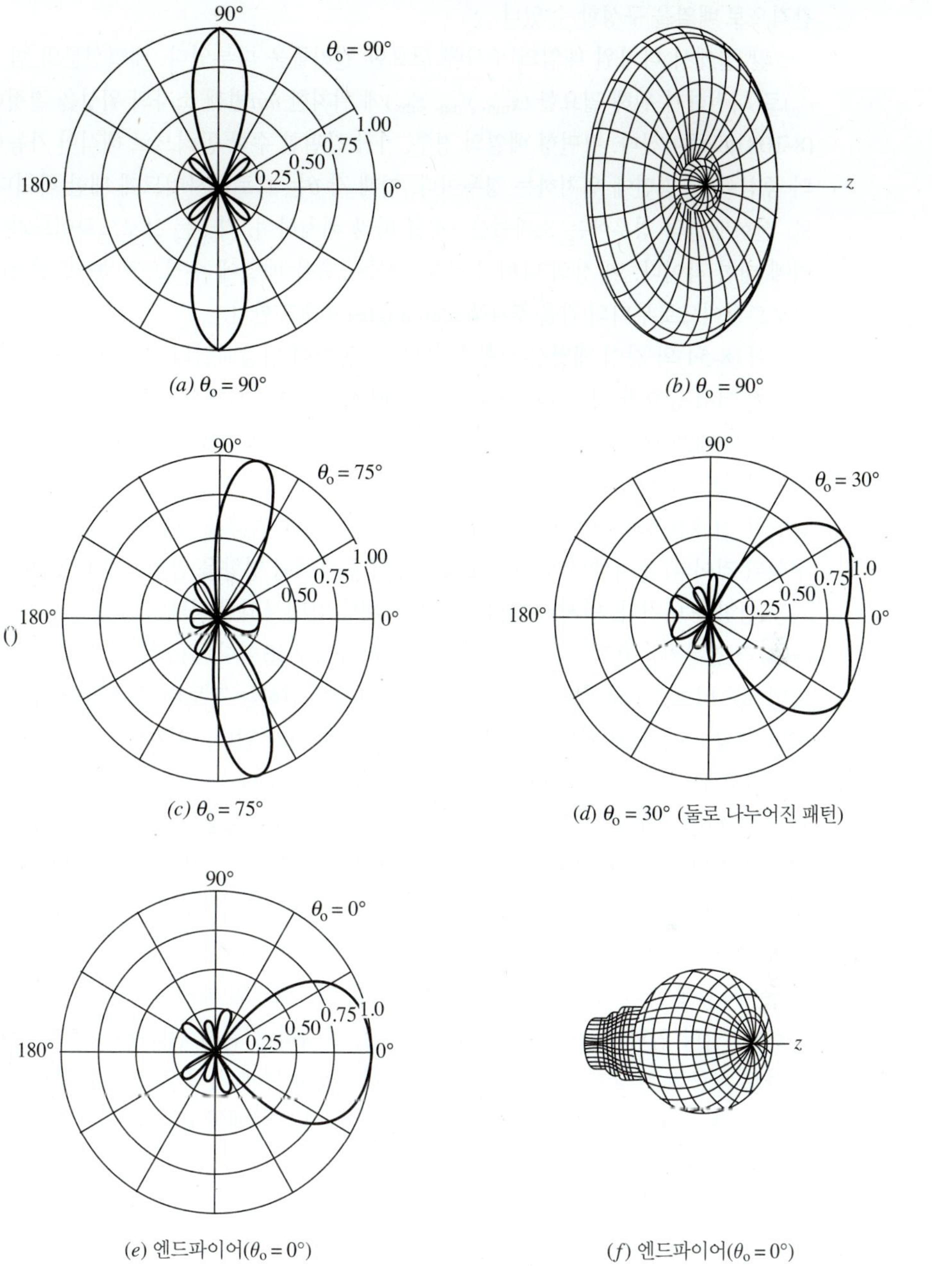


**그림 8-29** $d = 0.4\lambda$**의 등간격이고 균일전류 진폭을 갖는 5개 등방성 소자의** $z$**축상 선형 배열에 대한 여러 가지 주빔 지시각** $\theta_o$**에 따른 위상주사 패턴의 예.**

이러한 관계는 $\theta_o = 0°$인 $\psi = 2\pi$에서 첫 번째 그레이팅 로브가 나타나도록 식 (8-27)을 풀어서 유도되었다. 브로드사이드 동작을 위해서는 $\theta_o = 90°$이고 식 (8-117)은 $d < \lambda$가 된다. 만일 엔드파이어($\theta_o = 0, 180°$) 주사가 요구되는 경우에는 $d < \lambda/2$이다. 이러한 결과는 주사평면에서 전방향성인 소자패턴에 근거하고 있다. 그레이팅 로브의 효과를 감소시키는 지향성 소자패턴을 사용하면 더 큰

간격으로 배열을 구성할 수 있다.

앞 절에서 다차원 배열의 주사에 필요한 원리들을 다루었다. 배열성분의 빔 첨두치를 각 ($\theta_o$, $\phi_o$)로 회전하기 위해 필요한 ($x'_{mn}$, $y'_{mn}$, $z'_{mn}$)에 위치한 $mn$번째 소자의 위상을 결정하는 표현식은 식 (8-108)로 주어진다. 평면형 배열의 경우, 가장 간편한 수학 공식으로 해석이 가능한 배열은 소자들의 중심이 $xy$ 평면에 위치하는 경우이다. 이때 각 $\theta$는 브로드사이드에 대한 각이다. 이와 대조적으로, 선형배열의 경우에는 소자들을 $z$축을 따라 배치하며, 각 $\theta$는 브로드사이드가 아니라 엔드파이어에 대한 각이다. 이 장의 나머지 부분에서는 $z$축을 배열에 수직으로 놓고, 빔 첨두치가 주사되는 브로드사이드로부터의 각을 **주사각**(scan angle)이라고 한다.

식 (8-54)와 같이 배열성분에 소자패턴을 곱하여 위상배열의 완전한 패턴을 구할 수 있다. 패턴곱에 있어서 중요한 점은 위상변화에 따라 배열성분이 주사되는 동안 소자패턴은 변화가 없다는 것이다. **위상배열이 동작하면, 총배열패턴의 첨두치는 소자패턴의 형상을 따른다.** 그림 8-30은 선형배열이 브로드사이드 빔으로, 그리고 브로드사이드로부터 30°로 주사되는 경우를 나타낸 것이다. 이 배열은 균일한 전류진폭과 배열성분을 회전시키기에 필요한 위상을 갖는 4개의 소자들이 0.7$\lambda$ 간격으로 구성된 것이다. 소자패턴(점선)은 $\cos^2\theta$로서 주사각에 영향을 받지 않는데, 총배열패턴(실선)에 몇 가지 영향을 미친다. 먼저 주빔의 첨두치는 해당 각에서의 소자패턴의 값으로 감소된다. 이 경우 주사 빔의 첨두치는 0.77로 감소하여 주사 손실이 2.3 dB이다. 다음으로 주빔 첨두의 방향이 원하는 각인 30° 비브로드사이드가 아니고, 실제 주사각은 원하는 각보다 조금 작다. 주사패턴에 미치는 마지막 영향으로, 전체 패턴이 배열성분 형상과 달라지게 된다. 그렇지만 이러한 왜곡은 실제로는 개선이라고 할 수도 있다. 그림 8-30$b$의 예에서 $\theta = -50°$에서의 부엽은, 배열성분이 $-68°$에서 나타나는 완전한 그레이팅 로브의 일부이다. 따라서 소자패턴으로 인해 주사패턴의 그레이팅 로브가 상당히 감소된다. 식 (8-105)를 이용하여 상호결합의 영향을 주사패턴에 포함시킬 수 있는데, 상호결합의 영향은 평균 능동소자패턴에 포함된다. 평면형 배열의 배열 격자로 그레이팅 로브를 조절할 수 있다. 직사각형 격자 배열의 주사성능은 주사평면에 투영된 선형배열과 유사하다.

주사각에 따라 상호결합이 변하기 때문에, 위상배열의 패턴과 소자 임피던스는 주사각에 따라 변한다. 입력 임피던스의 식 (8-99)에서, 빔을 주사하기 위해 전류 $\{I_n\}$의 위상이 변함에 따라 전류들로 가중되는 상호 임피던스의 총합이 변하기 때문에 입력 임피던스에의 영향은 명확하다. 가장 심각한 효과는 **주사불능**(scan blindness)인데, 이것은 배열이 불능각으로 주사할 때 높은 반사로 인하여 방사전력이 급격하게 감소하면서 나타나는 현상이다. 송신의 경우, 불능 주사각으로 빔이 향하도록 급전회로망이 구성되면, 전력이 반사되어 송신기 쪽으로 되돌아오므로 송신기에 손상을 가져올 수 있다. 완전급전 위상배열의 $m$번째 소자의 **능동반사계수**(active reflection coefficient)를 $\Gamma_m(\theta_o, \phi_o)$라 하고, 식 (4-41)을 이용하면 소자에 공급되는 전력은

$$P_m(\theta_o, \phi_o) = P_{inc}\left[1 - |\Gamma_m(\theta_o, \phi_o)|^2\right] \tag{8-118}$$

이며 여기에서 $P_{inc}$는 입사전력이다. 이 식으로부터 다른 소자들이 있는 상태에서 동작하는 $m$번째 소자의 이득을 다음 식으로 구할 수 있는데[16], 이를 **소자이득패턴**(element-gain pattern)이라고도 부른다.

$$G^m_{EG}(\theta_o, \phi_o) = G_i(\theta_o, \phi_o)\left[1 - |\Gamma_m(\theta_o, \phi_o)|^2\right] \tag{8-119}$$

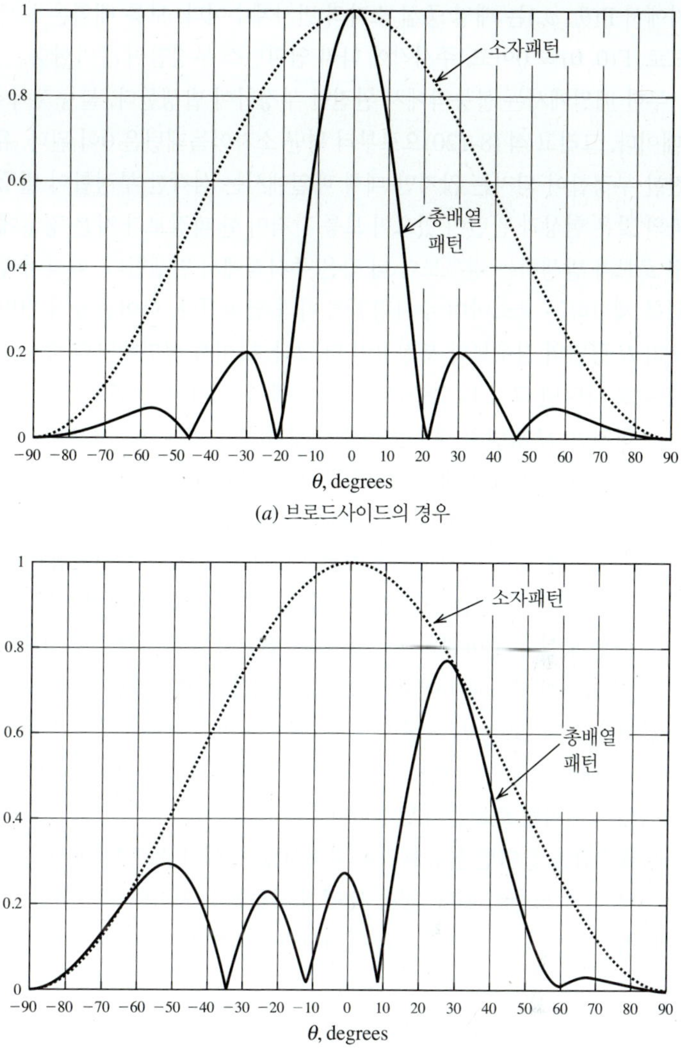


(a) 브로드사이드의 경우

(b) 30° 주사를 위한 위상급전

**그림 8-30** **0.7λ 간격의 4소자 배열 안테나의 총배열패턴(실선).** (*a*) 균일급전진폭과 브로드사이드 동작을 위한 급전 위상을 가질 때. (*b*) 균일급전진폭과 30° 비브로드사이드로 주사되는 급전 위상을 가질 때, 소자패턴(점선)은 $\cos^2\theta$이다. 소자패턴은 주사에 따라 변하지 않는다.

여기에서 $G_i(\theta_o, \phi_o)$는 고립소자의 이득패턴, 즉 $G_i = |F(\theta, \phi)|^2$이다. 급전회로망의 임피던스 정합은 포함하지 않지만, 상호결합에 기인하는 임피던스 부정합 효과를 포함하기 때문에 이것을 실현이득이라고 한다. 이것은 능동소자패턴에 비례하고, 따라서 식 (8-119)는 능동소자이득패턴이다. 무한 배열에서는 모든 소자패턴들이 동일하다. 가장자리 효과가 크지 않은 대형 배열에서는, 가장자리 부근의 소자들을 제외하고는 모든 소자들의 소자이득패턴이 거의 동일하므로, 식 (8-119)에 **평균 소자이득패턴**[식 (8-105)의 패턴 식과 유사하게 유도한]을 이용하여 다음 식을 얻을 수 있다.

$$G_{EG}(\theta_o, \phi_o) = G_i(\theta_o, \phi_o)\left[1 - |\Gamma(\theta_o, \phi_o)|^2\right] \quad \textbf{(8-120)}$$

여기에서 $\Gamma(\theta_o, \phi_o)$는 배열 중심 소자의 반사계수이다. 보통 배열은 브로드사이드에서 거의 정합이 되므로, $\Gamma(0, 0) = 0$이고, 주사각에 따라 임피던스 부정합이 증가한다.

무한 배열에서는 불능각에서 완전한 부정합이 발생한다. 불능각이 존재한다면 $|\Gamma(\theta_o, \phi_o)| = 1$일 때이다. 그리고 식 (8-120)으로부터 평균 소자이득패턴은 0이 된다. 유한 배열에서는 불능효과로 완전한 부정합이 되지는 않지만 대형 배열에서는 심각한 부정합이 발생할 수 있다. 주사불능은 표면파와 같은 현상과 관련이 있으며 보통 간격이 한 파장보다 작은 경우에, 그리고 식 (8-117)의 그레이팅 로브가 발생하는 경우보다 더 작은 주사각에서 발생한다. 따라서 주사불능은 위상배열의 주사 범위를 제한하는 요소이며 주사평면에 따라 달라진다. 다이폴들의 평면배열에서는 $E$ 평면 주사의 경우가 $H$ 평면의 경우보다 부정합이 더 크다. 다이폴 평면배열의 중심 소자입력 임피던스를 주사각의 함수로 나타낸 그림 14-28에서 이 점을 볼 수 있다. $E$ 평면에서는 입력 임피던스의 실수부가 0으로 접근하지만, $H$ 평면의 경우는 그렇지 않다. $E$ 평면에서는 표면파를 발생시키는 접지면에 수직인 전장 성분이 다이폴에 의해 형성되지만, $H$ 평면에서는 배열면을 따라 진행하는 다이폴로부터의 전장은 접지면에 평행이고 따라서 단락되어 사라진다. 유전체 기판 상에 인쇄된 배열의 경우, 유전체의 두께가 증가할수록 주사불능은 브로드사이드 쪽으로 이동한다[13]. 급전회로망이 동일 기판 상에 구성되는 경우 '급전불능(feed blindness)'이라고 하는 부가적인 불능효과가 발생할 수 있는데, 이것은 표면파 불능과 반대의 작용을 한다. 급전불능 주사각은 유전체 두께가 증가할수록 브로드사이드 쪽이 아니라 엔드파이어 쪽으로 이동한다[17]. 주사불능 효과를 피하기 위한 가장 좋은 방법은 소자간격을 작게, 보통 반 파장 이하로 하는 것이다. 불능효과는 부배열을 이용하여 감소시킬 수도 있는데, 부배열은 동일 전원으로 급전되는 주변 소자들의 군집이다[18]. 그러나 부배열을 사용하면 부가적인 그레이팅 로브들이 발생한다.

상호결합을 줄이면 불능효과를 감소시킬 수 있다. 8.7.2절에서 언급하였듯이 소자 사이에 도체막을 사용하면 도움이 된다. 공동 내에 소자들을 배치하여 표면파를 줄이고 주사불능을 개선할 수 있다[19]. 주사불능과 주사불능을 완화시키는 방법에 관한 더 자세한 내용은 [H.6: Hansen. Vol. II]를 참조하라. 포자(Pozar)[13]는 최대 주사각을 불능 주사각보다 적어도 10° 정도 작게 제한할 것을 추천하고 있다.

무한 주기의 이점을 활용하는 기법을 이용하여 무한 배열을 해석할 수 있다[H.6:Hansen, Vol. II, Chap. 3; Haupt: H.8.2, Sec. 6.5]. 규칙적인 격자의 무한 배열에서는 각 소자들의 동작 환경이 모두 동일하다. 따라서 각 소자의 능동소자패턴, 반사계수, 그리고 입력 임피던스가 모두 동일하다. 따라서 완전 무한배열의 패턴은 이론적으로 임펄스 함수(무한대의 지향성을 갖는)인데, 주사각의 변화에 따라 소자패턴을 그대로 따라가게 된다. 무한 배열의 해석은 같은 유형의 유한 배열의 중심 소자의 소자 성능을 결정하는 데 유용하다. 8.7.2절에서 논의하였던 선형배열에서와 같이 배열 가장자리 부근 소자들의 패턴은 중앙부에 위치한 소자의 패턴과 다르다. 배열의 크기가 증가함에 따라, 평균 능등소자패턴과 배열성분을 이용하여 나타낸 식 (8-105)의 패턴곱 공식으로 배열패턴을 더욱 정확하게 예측할 수 있다. 이 공식을 사용할 수 있는 배열의 크기는 소자의 유형, 배열의 기하학적 구조 그리고 또 다른 요소들에 의해 결정된다. 마이크로스트립 소자들로 이루어진 실험적인 연구에 의하면 $7 \times 7$ 배열이면 충분히 크다[20]. 반 파장 간격의 인쇄 다이폴들로 구성된 평면형 배열의 경우, $19 \times 19$의 배열 크기이면 능동반사계수가 무한 배열에서와 유사한 동작을 할 정도로 충분히 크다는 것이 밝혀졌다[13]. 이것은 한쪽으로 $10\lambda$라고 하는 일반적인 지침과 일치한다[H.8.2: Mailloux, 2nd ed., p. 71].

배열의 크기는 해상도(주빔의 폭) 혹은 이득(효율에 의해 감소되는 지향성)의 요구조건에 의해 결정되는데, 소자간격에 의해서도 영향을 받는다. 넓은 소자간격(한 파장에 가까운)이 바람직한데, 소자의 개수와 소자에 연관된 비용 그리고 급전회로망을 줄일 수 있기 때문이다. 그러나 식 (8-117)로 주어지는 그레이팅 로브를 피하고 또 주사불능을 피하기 위해서 소자간격을 얼마나 크게 할 수 있는지는 최대 주사각에 의해 제한된다.

## 8.9.2 급전회로망과 배열 기술

8.1절에서 언급하였듯이. 위상배열은 기계적인 구동 없이 전자속도로 빔주사가 가능하다는 특별한 장점을 지니고 있다. 부가적인 특징으로는 각기 다른 방향의 다중 표적들(혹은 사용자들)을 추적할 수 있다는 점, 능동적으로 패턴을 조절할 수 있다는 점, 그리고 소자들이 잘못 되더라도 급격하게 나빠지지 않는다는 점 등이 있다. 또한 전파방해 신호(혹은 간섭)를 피하기 위해 빔 영점들을 형성할 수 있다. 적들의 전파방해 신호를 위협자 쪽으로 되돌아가는 방향에서 벗어나도록 다른 방향으로 돌림으로써 낮은 레이더 단면적을 갖도록 설계할 수 있다. 배열의 많은 매력적인 특징들에 반하여 배열의 각 소자는 반드시 수신기(또는 송신기)로의 전송로를 가져야 하는 단점도 있다. 또한 위상배열에는 소자들의 위상을 조절하기 위한 하드웨어와 소프트웨어가 필요하다. 고이득 안테나로 결정하려면, 급전 체계는 간단하나 커다란 회전 기계장치가 필요한 반사판 안테나와, 전자주사 체계는 가벼우나 대형의 급전회로망이 필요한 위상배열 안테나 사이에서 선택하여야 한다.

그림 8-31은 가능한 급진회로망 구조들을 나타낸 것이다. 병렬과 직렬 급전들은 회로 개념들로부터 직접적으로 유래한다. 그림 8-31$a$에 나타낸 **병렬급전**(parallel feed)은 이제까지 가정하였던 그리고 가장 흔하게 이용되는 회로망이다. 법인체의 조직도와 닮아 보이는 까닭에 공동급전

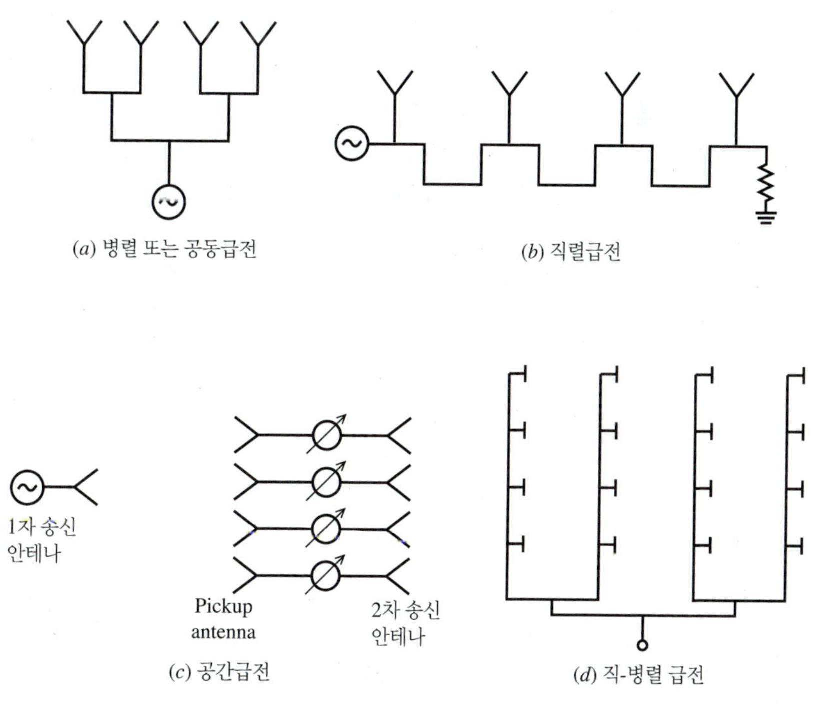


($a$) 병렬 또는 공동급전 ($b$) 직렬급전

($c$) 공간급전 ($d$) 직-병렬 급전

**그림 8-31** 배열급전회로망의 종류.

(corporate feed)이라고 부르기도 한다. 상호결합 효과를 상쇄시키도록 회로망을 대칭적이 되게 하면서, 각 소자까지의 선로 길이가 동일하게 되는 바람직한 특징을 지니고 있다. 각 소자로 공급되는 신호의 위상과 진폭이 자연히 동일하게 되는데, 실제로 흔하게 이용된다. 선로의 길이가 동일하기 때문에 회로망은 주파수에 무관하게 되고 따라서 광대역이다. 그림 8-31*b*의 **직렬급전**(series feed)은 소형의 구조로 쉽게 구현할 수 있다는 장점이 있다. 도파관 슬롯 배열이 일반적인 직렬급전으로 그림 8-35*b*에서 슬롯의 예를 볼 수 있다. 직렬급전의 단점은 선로를 따라 소자들에 순차적으로 신호를 공급하면서 감쇠가 일어나는 것인데, 이로 인해 손실의 원인이 되고 또한 설계가 복잡해진다. 직렬급전은 주파수를 달리함으로써 소자들 간의 전기적 길이, 즉 위상이 변하게 되어 **주파수 주사**(frequency scanning)가 가능하다. 직렬급전을 구현한 한 예로 '구불구불'한 도파관 급전이 있다. 도파관을 그림 8-31*b*와 같은 형태로 구불구불하게 구부리고 도파관 내로 탐침을 이용하여 급전하는데, 방사소자로는 보통 다이폴이 이용된다. 직렬급전 연결선로 또는 개별 소자 급전선로에 위상천이기를 삽입할 수도 있다. 직렬급전은 짧은 펄스를 왜곡시키는 분산이 일어나고 대역폭이 제한된다.

앞의 급전들은 급전에서 소자까지 연속적으로 접속하는 데 물리적인 제약이 있기 때문에 '제한적'인 급전이라고 부른다. 이와 대조적으로, **공간급전**(space feed)은 2차 방사 배열면에 연결된 픽업 소자들로 구성된 독자적인 장치(때로는 '능동 렌즈'라고도 부른다)를 조사하기 위해 1차적인 안테나를 사용한다. 그림 8-31*c*는 송신 경우의 예를 나타낸 것이다. 공간급전 배열은 보통 대형의 위상배열에만 사용되는데, 1차 급전과 픽업배열 간의 자유공간을 이용하므로 완전히 연결되는 급전회로망에 비하여 크기, 무게, 그리고 비용이 감소된다. 1차 급전 패턴과 픽업 배열소자 배치에 의해 배열의 진폭분포가 결정된다. 1차 급전과 각 픽업 소자까지의 거리 차이로 발생하는 위상은 각 방사소자의 위상천이기에 의해 보상된다. 이 위상천이기는 주사에도 이용된다. 반사판 안테나에서와 똑같이, 픽업배열에 흡수되지 않고 지나가는 1차 급전 전력과 연관된 넘침손실(spillover loss)이 발생한다. 부엽을 감소시키기 위해서, 2차 방사배열의 일부 소자들을 연결하지 않는 방법으로 배열을 '엷게(thinning)' 함으로써, 2차 방사배열 전체에 걸쳐 진폭 분포의 테이퍼링을 하는 것이 보통이다. 소자들을 제거하는 대신에, 능동소자들이 일정한 임피던스를 갖게 하기 위해 의사부하로 종단한다. 이것을 **밀도 테이퍼링**(density tapering)이라고 한다. 1차 급전은 흔히 수직과 수평 면에서 방향탐지를 위하여 축 상에 영점을 갖는 차패턴(difference pattern)을 형성하도록 각 평면에 한 쌍씩 두 쌍의 혼(horn)들로 둘러싸인 중앙급전 안테나(보통 혼을 사용한다)로 구성된다. 관련된 급전방법으로 **반사배열**(reflectarray)이 있는데, 이 경우 1차 급전은 신호를 수신하고 처리하여 형성된 빔을 급전 방향으로 다시 전송하는 신호를 반사하는 것처럼 보이는 배열을 조사한다[H.6: *Ant. Eng. Hdbk.*, 4th ed., Chap. 35]. 배열에 위상천이 기능을 부가하면 주사가 가능하다.

세 급전 구조를 선형배열에 대해 설명하였지만, 다차원 배열로 그 개념을 쉽게 확장할 수 있다. 소자 개수가 많은 배열의 경우 공동급전 회로망은 매우 커진다. 공간급전이 그 대안이 될 수 있으나, 그림 8-31*d*와 같은 **혼합급전**(hybrid feed)이 더 흔하게 사용된다. 그림 8-31*d*는 행으로는 병렬급전이고 열은 직렬급전인 직-병렬 혼합과 같이 볼 수 있다. 병렬급전 선로 다리에 위상천이기를 삽입하여 방위면(좌우로)에서 패턴을 조절할 수 있다. 모두 동일한 진폭 그리고/또는 위상을 갖는 소자들로 구성된 부배열들을 이용하는 병렬-병렬 혼합급전도 가능하다.

급전회로망의 물리적인 구조와 그에 연관된 배열면 안쪽의 부품들은 벽돌형이거나 타일형 둘

중 하나이다[H.8.2: Mailloux, 2nd ed., p. 46]. **벽돌형** 구조에서는 하나의 소자(혹은 몇 개의 소자들)에 대한 완전한 급전 하드웨어 모듈이 보통 소자 자신을 포함하여 전체가 단일 혹은 혼합 집적회로의 형태로 배열면에 수직으로 배치된다. 벽돌형은 단일 소자에 연결되는 단일 모듈만큼으로 작게 할 수 있다. **타일형** 구조는 몇 개의 병렬 층들로 구성되는데, 각 층들은 동일한 기능을 하는 동일한 부품들을 포함한다. 예를 들어 소자, 위상천이기, 그리고 증폭기들이 별개의 층이 될 수 있다. 타일형이 벽돌형보다 더 소형이지만 열관리 문제가 발생할 수 있다.

빔주사는 다음 방법들 중 하나를 이용하여 구현할 수 있다. '위상천이기'라는 용어는 보통 위상을 변화시키기 위한 모든 방법들을 포함한다. 더 자세한 내용은 [H.8.2: Mailloux, 2nd ed., Sec. 1.3], [H.6: Balanis, Ed., Chap. 25]을 참조하라.

*위상천이* — 빔주사를 위해 소자의 위상을 조절하는 위상천이기를 이용하는 것이 보편적인 방법이다. 페라이트 위상천이기를 이용하여 투자율을 변화시키거나 강유전체 위상천이기와 같이 유전율(유전상수)을 달리함으로써 위상을 변하게 할 수 있다. 위상천이기는 협대역이다.

*시간지연* — 시간지연 장치에서의 위상천이는 선로의 길이를 조절하여, 보통은 전송선로의 여러 부분에서 스위치를 이용하여 이루어진다.

*혼합형*(보통 위상–시간지연) — 시간지연 선로는 보통의 위상천이기에 비하여 일반적으로 크다. 그래서 시간지연이 필요한 경우에 시간지연과 위상천이를 결합하여 이용한다. 이렇게 하면 위상만의 급전에 비교하여, 빔이 주사되는 동안 펄스의 확산을 감소시킬 수 있다[21].

*주파수 주사* — 주파수를 다르게 하면 위상이 변화되는데, 이에 따라 상호 접속선로의 전기적인 길이가 변화하며 직렬급전에 이용된다. 주파수 주사의 실제 응용 사례는 주파수가 고정되어야 하는 통신시스템보다는 대부분 레이더에서 찾아볼 수 있다. 직렬급전 배열의 한 예로 방사소자로 작용하는 슬롯들이 한 면에 가공된 도파관을 들 수 있다.

*빔 스위칭* — 서로 다른 방향을 지향하는 독립된 안테나들을 스위칭함으로써 빔을 주사할 수 있지만 시스템이 크고 복잡해진다. 그 대신, **빔형성 회로망**(BFN: beamforming network)을 이용하여 다중 빔을 구성할 수 있다. $N$개의 빔을 만드는 BFN은 각 빔마다 한 개씩, $N$개의 입력 포트를 갖는다. 입력단에 $1 \times N$의 스위치를 부가한 다음, 스위치를 조절하여 빔을 선택할 수 있다.

*디지털 빔형성* — RF 신호를 표본화하여 복소 가중치(즉 진폭과 위상)를 주기 위해 디지털 처리 장치를 통과시킨 다음, 빔을 형성하기 위해 이들을 더함으로써 디지털 영역에서 빔형성을 행할 수 있다. 동시적인 다중의 빔과 간섭신호제거와 같은 적응적인 기능도 역시 가능하다.

대부분의 위상천이 기술은 아날로그(어떤 위상 값으로도 조절할 수 있는) 형태뿐만 아니라 디지털 형태로도 구현이 가능하다. $M$비트의 디지털 위상천이기는 각 $360°/2^M$의 배수로 위상 증가가 가능하다. 예를 들면 3비트 위상천이기는 0°, 45°, 90°, 135°, 180°, 225°, 270°, 315°의 8개 위상 상태를 갖는다. 이러한 설정은 세 비트가 모든 가능한 온/오프 상태로 순차적으로 나타나는 누적 위상인데, 여기에서 '오프' 상태는 0°이고, '온' 상태는 45°, 90°, 그리고 180°이다. 실제 배열에서는 일반적으로 3~7비트 위상천이를 이용한다. 양자화 효과로 인하여 정확한 위상보다는 가장 가까운 디지털 위상을 이용하기 때문에 부엽레벨이 증가하게 되는 문제가 발생한다[H.6: Rudge, Vol. 2, Sec. 9.2.4]. 부배열 내의 모든 소자를 동일한 위상으로 급전하는 부배열들을 이용하는 경우에도 이와 유사하게 부엽레벨이 증가하는 문제가 발생한다[H.8.2: Mailloux, 2nd ed., Sec. 7.3]. 아날로그 위상 조정의 경우에는 사용자에게로 직접 빔을 향하게 할 수 있지만, 디지털 위상천이기는 이산적인 위치로 빔을 향하게 한다. 디지털과 아날로그 위상천이기 둘 다를 혼합 사용하여 최적의 급전회로망을 구성할 수 있다[H.6: Balanis, Ed., Sec. 25.5.3].

전송선로의 길이를 변화시키는 '선로 신장기(line stretcher)'를 전기기계적으로 조정하여 지연선로를 이용한 위상천이를 구현할 수 있다. 그러나 대부분의 시간지연 위상천이는 선로의 고정 길이 부분을 연결하여(혹은 우회시켜) 이루어진다. 시간지연 장치에서의 위상천이는 전송선로에서와 같이 주파수에 비례하기 때문에 광대역이다. 식 (8-116)으로부터 $z$축 상 선형배열의 $n$번째 소자의 위상천이는 $\alpha_n = -(2\pi/c)fnd\cos\theta_o$으로 주파수에 비례하게 된다. 이 위상을 갖는 지연선로를 이용하면 빔최대치는 모든 주파수에서 $\theta_o$ 방향이다. 펄스 레이더의 경우 시간지연이 더 많이 활용되는데, 주사각이 변하더라도 펄스의 형태가 유지되도록 하기 위해서이다.

지금까지는 불특정 위상천이기를 이용하여 배열을 살펴보았는데, 이제는 구현 방법에 대하여 논의한다[H.8.2: Mailloux, 2nd ed., Sec. 1.3]. 본질적으로는 아날로그이지만 페라이트 위상천이기를 디지털 위상천이기로 만들 수 있다. 페라이트 위상천이기는 파가 진행해 가는 페라이트 물질의 투자율을 변화시키는 방법으로 동작한다. 보통 도파관 내에 설치되므로 위상배열 레이더에 필요한 고전력을 다룰 수 있다. 크기와 무게 때문에 우주용이나 대형 비행체 시스템에는 잘 이용되지 않는다. 다이오드 위상천이기도 아날로그 혹은 디지털 형태로 이용될 수 있다. 아날로그 다이오드 위상천이기는 쇼트키 장비 다이오드나 버랙터 다이오드를 이용하여 구현할 수 있다. 디지털 다이오드 위상천이기는 지연선로를 스위칭하기 위해 다이오드(PIN, 갈륨비소 기반의 소자, 또는 그 외)를 이용한다. 적절한 비트 수의 위상을 확보하기 위해 정해진 길이의 선로를 스위칭하는 데 미세전자기계시스템(MEMS: micro-electromechanical system) 스위치들이 이용되기도 한다. 앞서 언급한 선로 상의 장치들에 더하여, 단락부하로부터 반사되도록 구성된 장치로부터도 위상천이를 구현할 수 있다. 강유전체 위상천이기는 가해진 DC 전압에 따라 물질의 유전율이 달라지게 함으로써 동작한다. 무게가 가볍고 MEMS 기반의 장치들과는 달리 전압으로 구동되므로 소요전력이 작다는 바람직한 특징 때문에 완전히 개발되면 광범위하게 응용될 것이다. 포토닉 기술 역시 배열급전 회로망에 활용되고 있다[H.8.2: Hansen, 2nd ed., Sec. 6.4]. 개방된 광빔이나 신호를 분배하기 위한 광섬유 케이블을 이용하면 종래의 금속성 급전에 비하여 크기와 무게를 줄일 수 있다. RF 간섭이 없다는 점 또한 장점이다. 그렇지만 광과 RF 주파수 간의 변환기가 필요하기 때문에 손실이 발생하고 비가역적이다.

빔형성 회로망은 기존의 회로망 기술을 이용하거나 준광학 렌즈를 이용하여 구성할 수 있다[H.8.2: Hausen, 2nd ed., Chap. 10]. 종래의 제한적인 회로망은 주사가 필요하다면 위상천이기를 포함하는 일련의 전력분배기들로 구성되는 것과 같이 간단한 형태로 만들 수도 있다. 예를 들면 그림 8-31$a$와 같이 T-정션마다 2-방향 전력분배기를 설치하거나, 하나의 4-방향 전력분배기를 이용할 수도 있다. 그러나 배열의 소자가 적정 개수 이상인 경우 전력분배기에 기반한 회로망은 크기가 지나치게 커진다. 가장 보편적인 재래식 회로망 BFN 중의 하나는 버틀러 망(Butler matrix)으로 1961년에 소개되었다[22]. 소형의 버틀러 망 장치는 시판되고 있으며, 12.4절에서 살펴보게 될 스마트

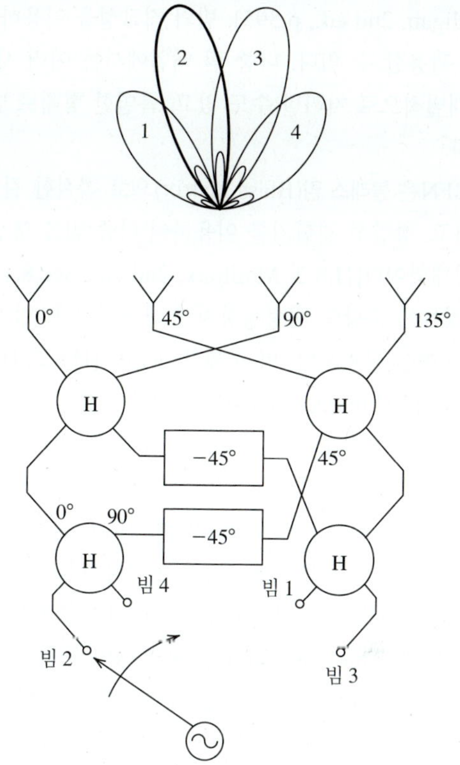


**그림 8-32** **4 빔 버틀러 망 빔형성기의 기능도.** 'H'는 직교 하이브리드 전력분배기를 나타낸다. 입력포트는 아래쪽에, 그리고 위쪽 두 개의 출력 포트는 같은 편(반대편)의 입력 포트와 동위상(90° 위상차)인 동일한 출력 전력을 갖는다. 나타낸 패턴은 sin $\theta$ 패턴을 갖는 반 파장 간격의 소자들에 대한 것이다. 빔 2가 동작 중이며 그 패턴을 굵은 선으로 나타내었다.

안테나에 적용될 수 있다. 버틀러 망은 근본적으로 고속 푸리에 변환을 행하여 일련의 빔들을 방사하는데, 빔들은 서로 직교하여 어떤 포트의 입력 신호는 그 포트와 연관된 빔에만 나타나게 된다. 버틀러 망은 $2^n$개 소자의 배열을 빔들로의 입력이 되는 $n$개의 입력 포트와 연결한다. 그림 8-32는 4-빔 버틀러 망의 기능도를 나타낸 것이다. 그림 8-32의 굵은 선 부분은 빔 2의 동작을 설명하는 것이다. 신호는 'H'라고 표시된 두 개의 직교 하이브리드 전력분배기를 통과하게 되는데, 각 분배기는 아래쪽에 두 개의 입력 포트와 위쪽에 두 개의 출력 포트를 가지고 있으며, 두 출력 포트로의 출력 전력은 동일하며, 입력 포트와 같은 방향(반대 방향)의 출력은 동위상(90° 위상차)이다. −45°의 고정 위상천이기도 사용된다. 소자간격이 반 파장이고 소자패턴이 sin $\theta$인 경우($z$축 상의 배열)의 패턴을 그림에서 볼 수 있다. 등방성 소자의 경우에는 직교 성질에 따라서 어떤 빔의 첨두의 방향은 다른 빔들의 널 방향이다. 이 사실은 그림 8-32의 배열의 경우에는 근사적으로 맞다. 빔 첨두치 방향은 등방성 소자의 경우에 브로드사이드로부터 14.5°와 48.6°이고, 소자패턴이 sin $\theta$인 경우는 13.5°와 41°이다. 브로드사이드로부터 0°와 30°에서의 빔 교차점은 빔 첨두치보다 3.7 dB 낮은데, 이는 브로드사이드로부터 30°에서의 교차레벨이 더 낮다는 점을 제외하면 소자패턴이 sin $\theta$인 경우와 동일하다. 더 고차의 버틀러 망의 동작도 유사하다: 8개 빔의 8 × 8 행렬의 교차레벨은 −3.9 dB이다[H.8.3: Milligan, 2nd ed., p.595]. 빔의 직교성을 이용하여, BFN을 **다중 빔 배열**(multiple beam array) 구성에 활용할 수 있다. 다중 빔 배열에서는 여러 사용자(목표물)를 추적하기 위해 동시에 여러 빔들을 개별적으로 처리할 수도 있고, 특별한 형태로 빔을 성형하기 위해 빔들을 합하거나 가중할 수도 있다.

두 번째 BFN은 **블래스 망**(Blass matrix)으로 적절한 길이의 전송선로를 이용하여 시간지연 위상조정을 행하고, 방향성 결합기를 이용하여 다중 빔을 형성한다. 버틀러 망만큼 소형은 아니지만 본질적으로 광대역이다[H.8.2: Mailloux, 2nd ed., Sec.8.1.3]. 버틀러 망이 미치지 못하는 광대역이 요구되는 경우에 준광학 빔형성장치가 사용되지만, 일반적으로 부피가 크고 무겁다. 여기에서 중요한 두 가지 예를 살펴본다. 더 자세한 내용은 [H.8.2: Hansen, 2nd ed., Sec. 10.2.2]에서 볼 수 있다. **루네베르크 렌즈**(Luneberg lens)는 유전율이 중심부의 2로부터 표면에서는 1로 감소하는 특별한 유전체이다. 표면으로의 입사 신호(소형의 혼 안테나로 구현되는)가 곧바로 반대쪽으로 출력 빔을 형성하는 독특한 성질을 가지고 있다. 다중 급전으로 다중의 방사 빔이 만들어진다. 루네베르크 렌즈와 유사한 기능을 하는 것으로 **로트만 렌즈**(Rotman lens)가 있는데, 평행 평판 도파관이나 스트립라인 또는 마이크로스트립 매체로 만들어진다. 마지막으로 **기생 빔형성**(parasitic beamforming)이 있는데, 배열의 일부 소자들만 구동되고 나머지 소자들은 수동적이다. 수동소자들의 부하를 조절할 수 있다[H.9.1: Thiel and Smith]. 예를 들어 능동 모노폴의 양쪽에 기생 모노폴을 배치한 다음, 왼쪽 기생소자를 단락하고 오른쪽을 개방시키는 첫 번째 상태와 이 부하 조건을 반대로 하는 두 번째 상태를 교대로 함으로써 빔을 180° 조절할 수 있다.

가장 융통성 있는 배열로는 **완전 분산 배열**[fully distributed array, **능동 개구면**(active aperture)이라고도 부른다]이 있는데, 각 소자마다 모든 RF 기능들(위상천이, 상승변환, 송신부에서의 증폭, 수신부에서의 저잡음 증폭기와 하강변환)을 갖추고 있다. 이러한 구조는 **디지털 빔형성**(digital beamforming)에 이용되는데, 배열 안테나 기술에 디지털 기술을 활용하는 것이다.[4] 디지털 빔형성 배열은 신호를 하강변환하고 양자화하여 디지털 신호처리장치로 내보내는 트랜시버가 연결된 배열 소자들로 구성된다. 이 장치는 각 소자들의 급전 진폭과 위상의 가중치를 부여하여 빔 성형, 빔회전, 다중 빔형성, 그리고 적응적 빔형성(이것은 스마트 안테나에 이용되는데, 12.4절에서 논의한다)이 이루어지게 된다. 이것이 가능한 이유는 종래의 아날로그 빔형성장치가 소자신호들의 가중 합을 출력으로 내보는 데 반하여, 소자 출력의 가능한 모든 정보를 디지털 신호처리장치가 가지고 있기 때문이다.

급전회로망을 구축하는 데는 보통 소자들을 급전할 때와 유사한 기술이 사용된다. 예를 들면 마이크로스트립 소자는 마이크로스트립 급전선로로 급전하고, 혼 또는 열린 도파관 소자는 도파관 위상천이기에 연결된다. 소형 배열의 경우 급전선으로 동축 케이블이면 충분하다. 근래의 위상배열은 완전한 양방향기능(송신과 수신 기능을 동시에)을 보장하기 위해 송-수신(T/R) 모듈을 이용한다. T/R 모듈에서 대단히 중요한 부품은 수신경로에서의 저잡음 증폭기와 송신경로 상의 전력 증폭기이다. 이 둘 다 보통 MMIC (monolithic microwave integrated circuit)로 만들어진다[H.8.2: Fourikis, Sec. 4.6]. 디지털 빔형성기에는 아날로그-디지털 변환기도 포함된다.

[4] 디지털 위상천이기를 이용하는 급전회로망을 디지털 빔형성기라고 부르기도 한다.

### 8.9.3 운용 중인 배열의 예와 미래의 배열 안테나

레이더에는 일찍부터 배열이 활용되었다. SCR-270 레이더는 8 × 4 소자 구조(수평 × 수직)인 고정위상배열인데, 방위각 방향으로 기계적으로 회전하며 110 MHz로 동작한다. 1941년 12월 SCR-270 레이더들 중의 하나가 하와이로 접근하는 비행기들을 탐지하였으나, 아무런 군사적 대응을 하지 않아 진주만 공습을 당하였다. 이로써 군비에 대한 관심이 촉발되어, 1930년대에 위상배열의 개발 프로그램이 시작되고 그 결과로 1937년 첫 번째 위상배열 안테나가 출현하였다. 그때부터 기능을 확장하고 성능을 개선, 비용을 절감하는 많은 기술이 개발되었는데, 여기에는 RF 전자장치들(송/수신 능동소자 부품들), 급전회로망 부품들(전력분배기, 위상천이기 등), 신호처리장치, 그리고 안테나 소자들(다음 절에서 논의한다)이 포함된다. 위상배열의 역사에 대한 더 많은 내용은 [H.8.2: Visser, Chap. 2]에서 볼 수 있다.

운용 중인 배열의 몇 가지 예를 살펴본다. 더 많은 예들은 [H.8.2: Fourikis, Chap. 1]에서 찾아볼 수 있다. 배열에는 육상용, 해상용, 공중용, 그리고 우주용이 있다. 여기에서는 두 가지 배열에 대하여 자세하게 살펴본다. 첫 번째는 소형의 평판배열인 AN PPS-18 레이더이고, 두 번째는 공중 AWACS 위상배열이다. PPS-18은 배열면이 수직으로 설치되어 있으며, 기계적으로 회전하면서 도플러 레이더 기술로 움직이는 개체를 추적한다. 기계적인 포지셔너에서 방위각을 읽어 내고, 레이더 복귀지연시간으로부터 3 km에 이르기까지 25 m 간격으로 거리를 결정하게 된다. 안테나는 병렬급전되는 2 × 2 배열들로 구축되는 256개의 보우타이 소자들로 구성된다. 그림 8-33은 기판의 위쪽을 나타낸 것으로 두 소자의 나머지 반쪽들은 기판의 아래쪽에 있다. 동작 대역은 9~9.5 GHz ($f_c = 9.25$ GHz 그리고 $\lambda_c = 3.24$ cm)이므로 양 방향으로 모두 2 cm인 소자간격은 $d = 0.61\lambda_c$이

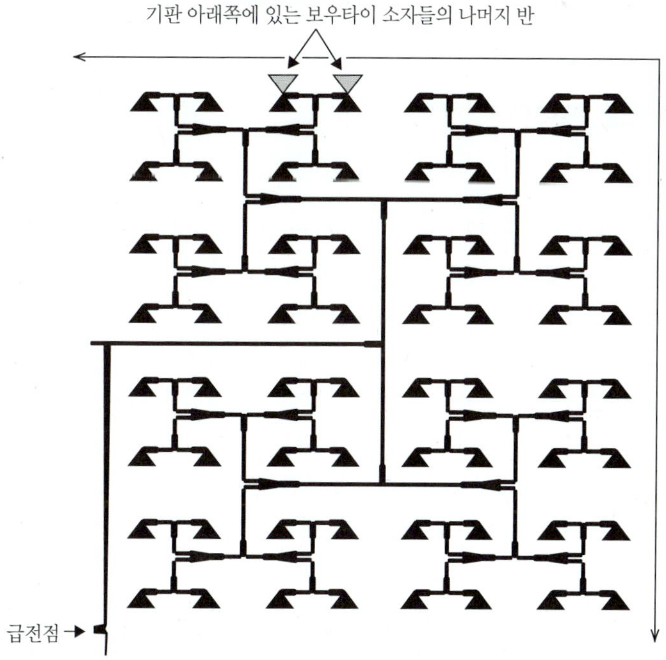


**그림 8-33 AN/PPS-18 도플러 레이더 평판배열의 상부 우측 4분면.** 전체 배열은 256개의 보우타이 소자로 되어 있다. 보우타이 소자들의 나머지 반(두 개를 점선으로 나타냄)은 기판의 아래쪽에 있다.

(a) 안테나를 포함하는 레이돔을 보여 주는 보잉 707
(Boeing Company의 허가하에 사용)

(b) 도파관 슬롯 위상배열 안테나
(Northrop Grummann Corporation의 허가하에 사용)

**그림 8-34** AWACS 감시 체계.

다. 배열 면적은 $A_p = 32 \cdot 32 = 1{,}024\ \text{cm}^2$이다. 식 (4-57)에 양 주평면에서의 공인된 빔폭 6°를 이용하면 $G_{\text{app}} = 26{,}000/36 = 28.6$ dB인데, 명시된 이득은 27 dB이다. 식 (9-78)의 $G = \varepsilon_{\text{ap}}(4\pi/\lambda^2)$ $A_p$로부터 개구면 효율이 $\varepsilon_{\text{ap}} = 41\%$임을 알 수 있다.

1977년부터 운용되고 있는 공중경계관제체계(AWACS: Airborne Warning and Control System)는 아주 인상적인 공중 위상배열의 예이다. 그림 8-34*a*에 나타낸 것과 같이, 안테나는 미 공군의 E-3(보잉 707) 비행기의 상부에 탑재된 회전하는 레이돔 내부에 있다. 배열은 그림 8-34*b*와 같이 4,000개가 넘는 슬롯들로 구성된 도파관슬롯 배열이다. 슬롯 배열은 다음 절에서 논의한다. 이것은 그림 8-31*d*에 나타낸 유형인 병렬-직렬 혼합형 배열이다. 직렬급전되는 슬롯들이 배열된 도파관들이 중앙급전으로부터 모두 수평 방향으로 뻗어 나오고 있다. 수직 방향으로는 28개의 도파관들이 병렬급전되는데, 각 도파관은 앙각 방향으로의 주사를 위한 위상천이기를 가지고 있다. 방위각 주사를 위해 전체 배열이 분당 10회 회전한다. 400 km 이상의 거리에서도 클러터로부터 저고도로 비행하는 목표물을 구분해 낼 수 있게 하기 위해서는 부엽레벨이 −40 dB 이하가 되어야 한다.

안테나 분야에서 배열의 미래는 매우 밝다. 안테나 기술은 송/수신 모듈의 집적화와 관련 조절 장치 쪽으로 발전하고 있는데, 가격이 적당해진다면 다양하게 응용될 것이다. 통상적으로 안테나를 자립형 부품으로 취급하지만, 안테나는 하부체계로 발전하고 있다. 디지털 배열의 경우 특히 그러한데, 이 경우에는 그 기능들의 많은 부분이 소프트웨어와 디지털 처리기법에 포함되어 있기 때문에 실제로 안테나가 어디에 있는지조차 알기 어렵다. 배열을 함으로써 단일 안테나의 몇 가지 독자적인 기능들을 결합하여 하나의 **다기능 안테나**(multifunctional antenna)로 사용할 수 있다. 예를 들어 차량에 돌출된 많은 안테나들을 차량 표면 형상에 일치하는 단 하나의 다기능 안테나로 대치할 수 있다. 완전한 다기능 안테나는 레이더, 탐지, 그리고 역탐지 임무뿐만 아니라 몇 개의 대역 및 파형에 걸쳐 통신 임무도 수행한다. 미래의 안테나는 대역폭이 10:1 이상인 광대역이고 다중편파를 지원하는 완전 분산 디지털 빔형성 배열이 될 것이다. 이것이 가능하게 하기 위해서는 부품들의 크기와 비용이 낮아질 수 있도록 꾸준하게 관련 기술들이 개발되어야 한다. 여기에는 적절한 가격으로 몇 개의 방사 소자를 포함하는 급전 하드웨어를 단일 송수신 안테나 소자 장치로 구현할 필요가 있다. 강유전체 위상천이기와 재구성 배열을 위한 MEMS 스위치들의 상용 제품에 대한 요구도 있다. 포토닉 급전회로망도 역시 광범위하게 이용될 것이다. 이런 식으로 배열이 개발되면, 반사판 안테나나 복잡한 아날로그 배열들은 디지털 빔형성 배열에 그 자리를 내주게 될 것이다.

## 8.10 배열 소자

배열 소자는 배열이 응용되는 분야에 따라 결정된다. 배열은 **평판배열**(flat-plate array)이라고도 부르는 **고정위상배열**(fixed-phase array)이거나 위상배열일 수 있다. 고정위상배열은 소자의 위상을 조절하는 기능이 없어서 공간상에서 고정된 패턴을 갖는다. 반사판 안테나 대신 흔히 사용되며 모양이 더 얇고 보기 좋다는 장점이 있다. 평판배열은 위성 혹은 지상 신호를 통하여 텔레비전 프로그램을 수신하기 위해 세계적으로 많이 활용된다. 그림 8-33과 같은 방위면(즉 지표에 평행한)에서 기계적으로 회전되는 평판배열을 사용하는 군사용 레이더도 있다. 고정위상배열에는 헬릭스, 야기–우다, 그리고 혼과 같은 적절한 이득을 갖는 좁은 빔의 소자들을 이용할 수 있다. 이 소자들은 길이가 길어서 배열을 심층구조가 되게 하기 때문에 평판배열에는 적절하지 않다. 브로드사이드로만 운용되고 소자패턴이 좁으면 그레이팅 로브 효과를 최소화할 수 있으므로 소자간격을 넓게 할 수 있다. 소자간격이 넓은 배열은 더 작은 개수의 소자를 이용해도 되므로 무게와 비용이 줄어든다. 기계적으로 위성을 추적하는 지구국 단말에 이 소자들이 흔히 사용된다. 재료 비용이 감소하게 되면, 평판배열이 더 많이 상용될 것이다.

위상배열 소자들은 요구되는 전자주사의 각 범위를 만족시켜야 한다. 가장 중요한 것은 주사각에 따른 심각한 이득 손실을 피하기 위해서는 충분히 넓은 패턴을 가져야 한다는 점이다. 주사 손실 효과는 그림 8-30의 예로 살펴보았다. 두 번째로는 식 (8-117)로 유도된 바와 같이 그레이팅 로브를 피하기 위해서는 소자간격이 충분히 작아야 한다. 세 번째로는 임피던스 정합이 주사각에 따라 변하므로, 주사불능을 피할 수 있도록 배열 소자와 배열의 기하학적 구조를 선택하여야 한다. 이 점은 8.9.1절에서 논의하였다. 이 점들을 고려하면 주사각을 늘리기 위해서는 소자간격을 작게 해야 한다는 지침이 얻어진다. 그래서 결국 격자의 셀 면적이 작아지므로 이에 맞추기 위해서는 소자의 크기가 더 작아질 필요가 있다. 광대역에 이용하는 경우는 다음 절에서 논의하게 되는데, 대역폭이 증가됨에 따라서 소자간격, 따라서 소자의 크기를 작게 하여야 한다. 최소한 배열 격자의 차원(그림 8-28의 위상배열의 경우에는 $x$와 $y$방향)에서만큼은 소형인 소자를 사용하는 것이 상당히 중요하다. 나머지 차원(지금의 평면배열 예제에서는 $z$ 방향)에서는 여건이 허락되는 한 크게 할 수도 있다. 육상과 해상 플랫폼 상의 고정 안테나의 경우 소자의 두께는 그다지 중요하지 않은데, 이 경우에는 공중 또는 위성체의 경우에 비해 크기와 무게의 중요성이 덜하다. 얇은 형태가 요구되는 경우에는 소자 유형의 선택에 더 많은 제약이 가해진다. 특정 유형의 소자들에 대해 논의하기 전에, 일반적으로 목표하는 소자의 성능에 관하여 살펴본다. 위상배열의 사양과 평가에 대한 더 자세한 내용은 [H.6: Lo and Lee, Eds., Chap. 18]에서 찾아볼 수 있다.

어떤 평면에서나 주사할 수 있기 위해서는 회전 대칭(즉 평형)인 소자패턴이 요구된다. 이상적 소자패턴의 개념이 여기에서 나온 것이다. 식 (8-110)의 지향성 표현식으로부터 $xy$ 평면 상 평면형 배열의 한 셀의 지향성은 그 면적 $A_{\text{Cell}}$에 비례한다는 것을 알 수 있다. 각의 함수로 표현된 지향성은, 하난(Hannan)이 추론한 바[8]와 같이, 브로드사이드로부터의 각 $\theta$로 바라보는 셀 면적의 투영 $\cos\theta$에 따라 변한다. 이것은 $z$축을 따라 흐르는 선형 전류 선분에 대한 소자패턴과 유사한데. 이는 식 (2-116)으로부터 $\sin\theta$이며, 각 $\theta$로 바라보는 전류 조각의 길이에 대한 투영 성분이다. 셀 면적에 대하여 상응하는 장 패턴은 $\cos^{1/2}\theta$인데, 휠러(Wheeler)가 제안한 바와 같이 이것을 **이상적 소자패턴**(ideal element pattern)이라고 부른다[23]. 상호결합에 기인하는 임피던스 부정합을 포함하는 평균 능동소자 이득패턴은 식 (8-120)으로부터 $G_i(\theta, \phi)\left[1 - |\Gamma(\theta, \phi)|^2\right]$로 주어지는데, 이것은 다른 모든 소자들이 정합 부하로 종단된 상태에서 각에 따른 한 소자의 이득의 변화를 나타내는 식이다. 고립소자의 이득패턴(정규화 패턴)의 각 변화는 $\cos\theta$로 근사화할 수 있는데, 전력패턴으로 만들기 위해 이상적 소자패턴을 제곱한 것이다. 방금 언급한 각 변화와 임피던스 부정합을 포함하여, 식 (8-110)의 배열 내 한 소자의 최대 지향성을 각의 함수인 이득으로 확장하여 다음의 **이상적 소자이득패턴**(ideal element-gain pattern)을 얻을 수 있다.

$$G_{\text{EG, ideal}}(\theta, \phi) = \frac{4\pi}{\lambda^2} A_{\text{Cell}}\left[1 - |\Gamma(\theta, \phi)|^2\right]\cos\theta \qquad \textbf{(8-121)}$$

배열이 무한히 길다면 소자패턴들은 동일하게 되고 보통 식 (8-121)을 근사식으로 이용할 수 있다. 유한 배열에서는 배열 내에서의 위치에 따라 소자패턴이 변한다. 하지만 충분히 큰 유한 배열의 경우 완전한 배열 이득은, 8.8절에서 논의하였듯이 보통 소자들의 개수를 곱하여 근사치를 구한다. $(\theta, \phi)$ 방향으로 동조하여 모든 소자를 급전하는 경우 주사각의 함수로서의 완전 배열의 이득 근사치는 $N$개의 소자 모두에 동일한 전력이 공급된다는 가정하에 더하면 $G_{\text{Array}}(\theta, \phi) = N\, G_{\text{EG,ideal}}(\theta, \phi)$와 같다. 여기에는 주사각에 따라 이득이 변하는 배열패턴 효과는 포함되지 않는다. 이것은 8.8절의 지향성 근사에 대한 논의에 따른 것으로 더 자세한 내용은 [H.6: Hansen, Vol. II,p. 303]에서 볼 수 있다.

완벽한 소자는 모든 주사각에서 임피던스 정합이 될 것이다$(1 - |\Gamma(\theta, \phi)|^2 = 1)$. 식 (8-121)에서 반 파장 간격인 소자들$(d = d_x = d_y = \lambda/2)$로 구성된 평면형 배열의 $\theta = 0$에서의 최고 이득은 $G_{\text{MaxEle}} = 4\pi(\lambda/2)^2/\lambda^2 = \pi = 5$ dB이다. 따라서 완벽한 소자의 패턴은 단방향의 $\cos^{1/2}\theta$이고 이득은 5 dB이다.[5] 8.9.1절에서 설명하였듯이, $\cos^{1/2}\theta$와 같은 넓은 빔 패턴은 넓은 각을 주사

[5] 식 (8-121)은 근사적인 것으로 적분으로 구한 $\cos^{1/2}\theta$ 패턴의 지향성은 6 dB이다.

**표 8-2** 배열 안테나를 위한 소자.

| 소자 | 예 | 장점; 단점 |
|---|---|---|
| *접지면으로 뒤를 댄 다이폴 기반 소자* | | |
| 다이폴 | 그림 3-20<br>그림 8-35*a* | • 넓은 빔, 간단한 구조;<br>협대역 |
| 보우타이 | 그림 7-34 | • 넓은 빔, 간단한 구조, 광대역 |
| *마이크로스트립 소자* | 11.2절 | • 넓은 빔, 얇은 구조;<br>기본 형태로는 협대역 |
| *슬롯 소자* | 그림 8-35*b*<br>그림 8-34*b* | • 고전력에 응용;<br>대부분 협대역 |
| *개구면 소자* | | |
| 끝이 개방된 도파관 | 그림 9-9 | • 소형, 적절한 대역폭; 부피가 큰 구조 |
| 혼 안테나 | 그림 9-11 | • 적절한 대역폭, 더 적은 수의 소자;<br>넓은 간격으로 인한 주사각 제한 |
| *테이퍼형 슬롯 소자* | 그림 8-35*c*와 *d* | • 넓은 빔, 광대역; 두꺼운 구조 |
| *얇고 광대역인 소자* | 그림 8-38<br>8.11절 | • 광대역, 얇은 구조 |

하는 위상배열에 적절하다. 이와 같은 패턴으로 브로드사이드로부터 45°로 주사하면 이득 손실은 $\cos^{1/2} 45° - 0.841$로서 1.5 dB에 불과하다. 비브로드사이드 광각 주사가 가능한 대형 배열을 설계할 때는, 넓은 빔을 갖는 소자를 선택한 다음 완전한 규모의 하드웨어를 구축하기 전에 먼저 소형 배열로 성능 시험을 해 보아야 한다[H.8.2: Milligan, 2nd ed., p. 128]. 일반적으로 요구되는 소자의 패턴은 배열이 응용되는 분야에 따라 결정된다. 고정 빔 배열의 경우에는 더 넓은 소자간격과 아울러 좁은 빔 소자패턴을 사용함으로써 배열의 소자 개수를 줄이고 비용도 감소시킬 수 있다.

표 8-2는 흔히 이용되는 배열소자들을 소자를 이용하여 구현한 예가 있는 이 책의 관련 부분과 함께 제시한 것이다. 주요 범주의 소자들 모두 살펴보았거나 앞으로 다루게 될 것이다. 부범주들에 대해서도 몇 개를 제외하고는 그렇다. 표에는 각 소자에 대한 상점 또는 제힌이 되는 특징들 또한 적어 놓았다. 표에 적힌 바와 같이 고정위상배열에는 모든 소자들이 적합하지만, 몇 소자들은 위상배열에 사용하기에 제약이 따른다. 이 절의 나머지 부분에서는 열거된 소자들에 대하여 논한다. 양방향 빔이 아니라 단방향 빔 배열을 위한 소자로 가정한다.

다이폴과 대역폭을 개선하기 위해 다이폴을 변형시킨 소자들이 배열 소자로 매우 흔하게 이용된다. 그 이유는 그 구조가 단순할 뿐만 아니라, 빔폭이 넓고 입력 임피던스의 정합이 쉽기 때문이다. 브로드사이드 빔으로 동작하는 고정 위상의 경우나 브로드사이드로부터의 광각 주사가 가능한 위상배열의 경우 모두에 이들이 사용된다. 다이폴들은, 늘어진 다이폴(drooping dipole)을 포함하여, 단방향의 빔을 형성하기 위하여 보통 접지면으로 뒤를 막는다. 자유공간에서의 다이폴의 특성을 표 3-2와 6.1절에서 볼 수 있는데, 도선 다이폴을 가지고 약 16%의 대역폭을 얻을 수 있다. 1/4 파장 거리에 접지면으로 뒤를 댄 반 파장 다이폴은 그림 3-20에 나타낸 것과 같은 단방향의 빔을 형성한다. 그림 6-40*b*에 접지면에 부착된 일체화된 밸런과 기계식 지지대를 보여준다. 밸런을 갖는 다이폴의 인쇄 형태는 그림 8-35*a*에서 볼 수 있다. 다이폴은 용량성 결합 루프와 마이크로스트립 급전선로와 함께 인쇄회로 기판상에 식각하여 만들어지는데, 40%의 대역폭이 가능하다[H.8.2: Mailloux, 2nd

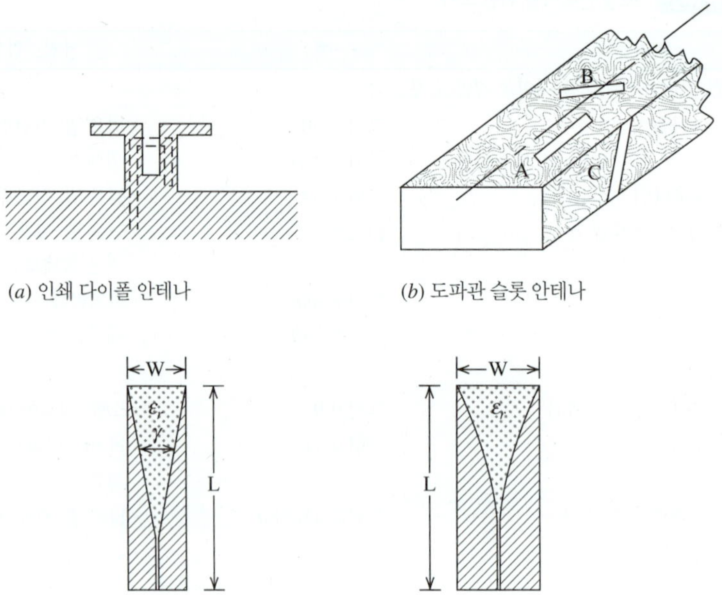


(a) 인쇄 다이폴 안테나 (b) 도파관 슬롯 안테나

(c) 선형적으로 가늘어지는 슬롯 안테나 (d) 지수적으로 가늘어지는 슬롯 안테나

**그림 8-35 배열 안테나에 이용되는 소자들.**

ed., p.236]. 인쇄 다이폴은 송수신 모듈의 필수적인 부분이다. 다이폴의 끝부분을 접지면 쪽으로 끌어내려 늘어진 다이폴을 구성할 수 있는데, 이 경우 48%의 대역폭을 얻을 수 있다[H.8.2: Haupt, p. 271]. 인쇄 다이폴을 그림 7-34와 같이 보우타이 안테나로 확장시키면 대역폭을 68%까지 높게 증가시킬 수 있다. 급전회로망을 갖춘 완전한 보우타이 안테나 배열은 그림 8-33에 나타낸 바와 같이 단일 기판 상에 제작이 가능하다. 다이폴 한쪽에 기반하는 모노폴 소자들은 고정위상 엔드파이어 배열과 엔드파이어로부터 주사하는 위상배열에 이용된다.

얇은 소자를 원한다면 마이크로스트립 안테나가 최선의 선택일 것이다. 11.2절을 참조하라. 이것은 인쇄회로 구조에 이상적으로 적합하며, 두께는 파장의 몇 분의 일에 지나지 않는다. 가장 큰 단점은 기본적인 형태로는 대역폭이 수 %밖에 되지 않는다는 점이다. 마이크로스트립 배열은 11.3절에서 논의한다.

또 다른 얇은 소자로는 슬롯 안테나가 있는데, 이것은 그림 16-23에 나타낸 것과 같이 접지면에 있는 좁은 슬롯이다. 슬롯은 그림 6-8의 스트립 다이폴의 상보구조인데, 빈 공간을 금속으로 금속은 빈 공간으로 대체하여 슬롯 안테나를 구성할 수 있다. 상보의 특징으로부터 스트립 다이폴과 슬롯 안테나는 전자기적으로 쌍대구조이므로(3.4.1절 참조), 각각의 방사 전장과 자기장은 그 역할을 바꾸어 동일한 동작을 한다. 즉 긴 축을 포함하는 임의 평면은 스트립 다이폴의 경우는 $E$ 평면이지만 슬롯 안테나의 경우에는 $H$ 평면이 된다. 그림 16-23에서 $xz$ 평면은 $E$ 평면인데, 슬롯을 금속으로 대체하여 스트립 다이폴로 만들면 $yz$ 평면이 $E$ 평면이 될 것이다. 그림 16-26은 유한 접지면 상의 공진형 반 파장 슬롯의 패턴을 나타낸 것이다. 실제로 사용되는 단일 슬롯 안테나는 뒤를 공동으로 막아 단방향의 패턴을 형성하게 한다. 슬롯 배열은 직사각형 도파관에, 그림 8-35*b*에 나타낸 것과 같이 도파관 슬롯 배열 안테나(waveguide slot array antenna)의 형태로 구성하는데, 보통은 도파관에 슬롯을 파서 만든다. 슬롯 배열의 급전은 소형의 급전회로망으로 가능한 직렬급전에 의해 이루어진다. 슬롯은 항상 공진형 슬롯으로 설계하지만, 배열 자체는 종단 부하가 더미 부하인지 혹은 단락 부하인지에 따라 각각 진행파형(혹은 비공진형)이거나 정재파형(혹은 공진형) 배열이 된다. 진행파형 배열은 주파수 주사가 가능한 반면, 정재파형 배열은 브로드사이드 빔용으로 이용된다. 벽을 따라 흐르는 전류를 차단하여 슬롯의 좁은 폭 양단에 전위가 형성되어 방사가 일어날 수 있도록 도파관의 벽면에 슬롯을 배치한다. 따라서 슬롯의 좁은 면이 편파를 결정한다. 앞에서는 이것을 $E$ 평면이라고 하였다. 슬롯의 위치, 방향, 그리고 길이 모두 슬롯 배열의 설계에 포함되기 때문에 설계가 복잡하게 된다. 설계과정을 [H.6: *Ant. Eng. Hdbk.*, 4th ed., Chap. 9]에서 볼 수 있다. 슬롯은 도파관의 넓은 면 상에 있는 길이방향(즉 그림 8-35*b*의 A와 같이 도파관 축에 평행한)의 슬롯이거나, 넓은 면에 있는 기울어진(회전된) 슬롯(그림 8-35*b*의 B), 또는 좁은 면에 있는 기울어진 슬롯(그림 8-35*b*의 C)—모서리 슬롯이라고도 부른다—일 수도 있다. 배열 내 각 슬롯의 급전 진폭은 길이방향 슬롯의 경우는 중심축으로부터의 이격에 의해서, 그리고 기울어진 슬롯의 경우는 회전각의 양에 의해 결정된다. 급전위상은 슬롯의 길이와 함께, 길이방향 슬롯이 중심축의 어느 쪽에 있는지, 그리고 기울어진 슬롯의 경우는 회전 방향에 의해 결정된다. 도파관 슬롯 배열은 효율이 좋고 고전력이 요구되는 경우에는 탁월한 선택이지만 보통 협대역이다(5% 미만). 그림 8-34*b*의 AWACS 배열이 한 예인데, 이것은 가장 긴 줄에 160개의 좁은 면 슬롯을 갖는 진행파형 배열이다.

혼 안테나(9.4절 참조)와 같은 개구면 소자는 혼의 대형 개구면에 적합하도록 소자간격이 넓게 구성된 주사각이 제한된 배열에만 이용된다. 끝이 개방된 도파관(9.2.2절 참조) 배열은 개구면의 크기가 파장의 몇 분의 일에 해당하는 규모이기 때문에 예외이다. 예제 9-3의 끝이 개방된 도파관 방사소자의 개구면 면적은 $0.7\lambda \times 0.3\lambda$이다. 도파관에 기반을 둔 소자들은 중간 정도의 대역폭(40% 혹은 그 이상)을 갖는데, 물리적인 구조는 크고 무겁다. 야기–우다, 헬릭스 등 다양한 형태의 지향성 소자들을 주사각이 제한된 배열에 이용할 수 있다.

노치 안테나[notch antenna; 혹은 나팔 모양 노치 안테나(flared notch antenna)]라고 부르기도 하는 테이퍼형 슬롯 안테나(TSA: tapered slot antenna)[6]는 10:1 이상의 대역폭을 갖는 유용한 엔드파이어 패턴을 형성한다. 중간 정도의 이득(7~10 dB)과 대칭인 $E$ 및 $H$ 평면 빔폭을 갖는 훌륭한 배열 소자이다[H.8.4: Lee and Chen, Chap.9]. 몇 가지 형태로 TSA를 만들 수 있는데, 그중 그림 8-35*c*의 선형적 테이퍼형 슬롯안테나(LTSA: linearly tapered slot antenna)와 그림 8-35*d*의 지수적 테이퍼형 슬롯안테나(ETSA: exponentially tapered slot antenna)가 보편적인 형태이다. 이들은 금속 필름에 슬롯을 식각하여 만들어지는데, 보통 금속 필름은 비유전율($\varepsilon_r$)이 낮은 기판 위에 놓인다. 근래의 안테나 기술 혁신에 따라, 그 동작을 완전하게 이해하지는 못하지만 기본 원리는 아래와 같이 명확하게 설명할 수 있다. 길이 $L$은 동작대역에 걸쳐서 한 파장 이상 정도인 값에서부터 여러 파장에 이르기까지 변한다. 하한 주파수는 슬롯 폭 $W$에 의해 결정되는데, W는 $\lambda_L/2$보다 커야 한다. 상한 주파수는 급전부에 의해 결정된다. TSA는 진행파의 동작을 하므로 광대역이다. 대역의 중간 부근 주파수에서의 동작을 살펴보면, 급전 부근의 간격이 좁은 슬롯 영역에서는 파가 전송 모드로 진행하고, 슬롯의 폭이 반 파장 정도로 넓어지는 부근에 도달하면 파는 방사 모드로 변환된다. TSA는 보통 마이

[6] 여기서의 슬롯이라는 용어는, 그림 16-23에서와 같이 슬롯을 통해서 방사가 일어나는 것을 의미하는 것이 아니다.

크로스트립–슬롯 변환을 이용하여 슬롯 입력으로 급전된다. LTSA는 구조상 그림 9-11*b*에 나타낸 도파관 혼의 평면형 판인 2차원 TEM (transverse electromagnetic) 혼과 유사하다[H.8.2: Hansen, 2nd ed.. p. 149]. 그러나 TSA의 성질은 개구면 안테나보다는 주파수 독립 안테나에 더 가깝다.

LTSA는 양쪽을 선형적으로 펼친 것이다. 펼침각을 15~20° 범위로 하면, *E* 평면에서 안테나가 더 크지만 *E* 및 *H* 평면 빔폭은 거의 동일하게 30° 정도 된다(그림 8-35*c*와 *d*에서 종이면이 *E* 평면이다)[25]. ETSA의 면들은 지수적으로 펼쳐지는 곡선과 일치하며, 비발디 안테나(Vivaldi antenna)라고도 부르는데, 이 이름은 1979년에 지어진 것이다[26].

TSA를 배열의 소자로 이용하면 상호결합과 연관된 예기치 않은 이득을 볼 수 있는데, 이는 다음 절에서 더 알아보기로 한다. 단일 안테나로 이용할 때보다 더 작은 크기로 최상의 성능을 보이게 된다[27]. 길이를 한 파장 이하로 폭은 반 파장 이하로 줄일 수 있다. 이로써 소자간격을 가깝게 할 수 있고 따라서 광대역이 가능해진다. 9 × 8 격자 내의 이중 선형편파 배열(직교하는 TSA 소자 쌍으로 구성된)에 대한 실험적 연구에 의하면 대역폭이 5.9:1 이상인 것으로 밝혀졌다. 소자간격(평면형 배열의 양 평면 모두에서)은 그 대역에 걸쳐서 $0.1\lambda_L$에서 $0.6\lambda_U$까지 변한다[28]. 배열에 대한 시뮬레이션의 결과로 모든 주사 평면에서 45°까지에 이르는 주사가 가능함을 알 수 있다[29]. TSA의 고주파 성능은 상호결합에 기인하는 협대역의 공진에 의해 제한되지만, 관통전극 핀을 부가하여 협대역의 공진을 줄일 수 있다[28].

광대역 배열에 적합하면서 얇은 소자들을 다음 절에서 추가한다.

## 8.11 광대역 위상배열

7.1절에서 광대역 안테나를 대역폭이 2:1 또는 그 이상인 안테나로 정의하였다. 배열에서 광대역 동작을 얻는 것은 단일 소자의 경우에 비하여 어렵다. 이 절에서는 보통 2:1 혹은 그 이상의 유효 대역폭에 걸쳐서 동작하는 배열에 대하여 다루는데, 이러한 배열을 **광대역 배열**(wideband array)*이라고 한다. 먼저 광대역 배열의 기본적인 원리에 대하여, 이어서 얇은 기하학적 구조를 갖는 현재 형태의 광대역 배열에 대하여 논의한다. 이 절에서는 넓은 주파수 범위를 포괄하는 다중의 좁은 동작 대역들을 갖는 다중대역 안테나는 제외하고, 대신에 연속적으로 넓은 대역폭에서 동작하는 배열들을 다룬다. 7.10절에서 논의했던 UWB에 응용되는 경우와 같이, 대역에 걸쳐서 순시 대역폭(7.1절 참조)이 가능한 배열이 필요한 경우도 있다.

주기 격자 구조를 갖는 재래의 광대역 배열에는 동일한 넓은 대역을 포괄하는 소자들이 필요하다. 8.9.1절에서 논의하였듯이, 소자간격 *d*를 제한하는 요소들은 그레이팅 로브의 출현과 식 (8-117)을 지침으로 할 수 있는 불능점과 같은 효과들이 있다. 간격 제한 조건은 동작 대역에 걸쳐서 충족되어야 하는데, 가장 낮은 동작 주파수 $f_L$에서 물리적인 간격이 가장 크다. 배열의 행 또는 열에서의 소자의 최대 물리적인 크기 *D*는 간격보다 작아야 한다($D < d$). 예를 들어 주사각이 브로드사이드로부터 50°인 경우($\Delta\theta = 50°$, $\theta_o = 40°$), 식 (8-117)로부터 $d < 0.57\lambda$이므로 소자의 최대 크기는 $D = 0.57\lambda$이다. 보통은 충분한 대역폭을 갖는 소자를 찾는 것보다 물리적인 크기에 대한 제한을

* 'broadhand'는 7.1절에서 정의한 바와 같이 '광대역'이라고 하였다. 'wideband'는 특별한 정의 없이 대역이 넓은(wideband) 경우를 통칭하여 사용한다. 근래에는 안테나 설계 기술의 발달로 넓은 대역(특히 ultra-wideband 같은) 안테나들이 개발되면서, 두 용어의 쓰임에 구별을 둘 필요가 없으므로 'wideband' 역시 '광대역'으로 부르기로 한다.

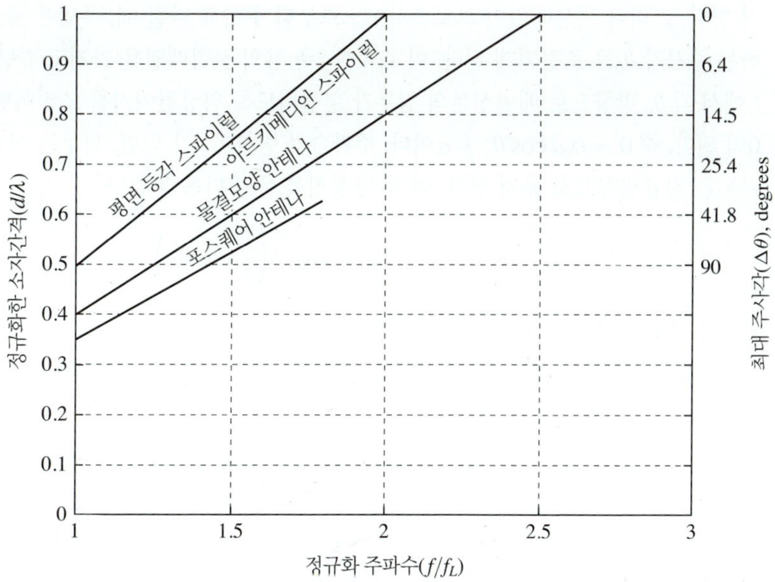


**그림 8-36** **소자의 물리적인 크기에 따른 다양한 광대역 소자들에 대한 파장으로 정규화한 최소 소자간격 대 정규화 주파수.** 우측 세로좌표는 최대 주사각을 나타낸다. ([3] © 2000. *Microwave Journal*의 허가하에 사용.)

만족시키는 소자를 찾는 것이 더 어렵다. 위상배열의 소자로 흔히 사용되는 광대역 안테나들을 비교하여 나타낸 그림 8-36의 도표를 이용하여 배열의 대역폭에 대한 제한을 정량화할 수 있나[30]. 7.7절의 법칙에 따르면 아르키메데스 스파이럴과 등각 스파이럴의 최대 측면 크기(지름)는 $0.5\lambda_L$ 정도이고, 물결모양 안테나의 경우는 약 $0.4\lambda_L$이다. 다음에 논의하게 될 그림 8-38의 포스퀘어 안테나(foursquare antenna)는 최대 측면 크기가 $0.35\lambda_L$이다. 소자간격을 최대 측면 크기와 같게 놓으면 ($d = D$), 최소 소자간격을 구할 수 있는데, 이것은 소자의 가장자리들 간의 간격이 0인 경우에 해당한다. $\lambda - \lambda_L$인 동작 대역의 하한 주파수로부터 주파수가 증가함에 따라 파장으로 정규화한 간격이 $d/\lambda = (d/\lambda_L)(f/f_L)$와 같이 증가하는데, 그림 8-36의 직선들은 이것을 이용하여 그린 것이다. 예를 들어 스파이럴 안테나는 $f/f_L = 2$일 때 최소 간격이 $d/\lambda = (d/\lambda_L)(f/f_L) = 0.5 \cdot 2 = 1$이다. 그레이팅 로브의 생성 한계에 관한 식 (8-117)로부터 구해지는 브로드사이드로부터의 최대 주사각 $\Delta\theta$를 그림 8-36의 우측 세로좌표에서 볼 수 있다. 앞의 주사 제한에 관한 예에서 우측 세로좌표 상의 $\Delta\theta = 50°$는 좌측 세로좌표 상의 $d/\lambda = 0.57$에 해당한다는 것을 알 수 있다. 이 도표를 활용하여 요구되는 대역폭을 갖는 후보 소자들을 찾을 수 있다. 상하한 주파수 비대역폭이 $B_r = f_U/f_L = 1.67$인, 50% 대역폭을 갖는 배열에 대하여 살펴본다. 가로축 상의 1.67로부터 수직선을 그리면, 소자 유형에 따라서 세 곡선들과 0.58, 0.67, 그리고 0.84에서 각각 교차한다. 이에 해당하는 최대 주사각을 우측 세로좌표에서 읽으면 46°, 30°, 그리고 11°이다. 즉 상한 주파수에서 그레이팅 로브 없이 주사가 가능한 범위는 포스퀘어 배열은 46°인 데 반하여 스파이럴 배열은 11°이다. 따라서 요구되는 배열의 대역폭이 증가함에 따라 배열의 소자는 배열의 대역폭을 보장하면서 더 소형이어야 한다. 대개의 경우 소형의 소자를 선택하는 것이 가장 중요한 요소이다.

브로드사이드로 동작하는 경우는 배열의 크기나 급전구조에 의해 대역폭이 제한받지 않는다. 물론 모든 광대역 배열에서 소자와 급전회로망 부품들(위상천이기, 전력분배기 등)도 광대역이어야 한다. 그러나 위상배열이 브로드사이드로부터 주사해 나갈 때, 주빔은 중심주파수 $f_c$에서만 의도하는 주사각 $\theta_o$로 조정되게 된다. 이 효과를 $z$축 상의 선형배열을 가지고 간단하게 살펴보기로 한다. $f_c$에서 각 $\theta_o$ 방향으로 배열성분의 첨두가 형성되도록 위상천이기를 조정하면, 식 (8-5)의 위상 항은 0이 된다. 즉 $0 = \beta_c d \cos\theta_o + \alpha$이다. 주파수가 변하여 $f$가 되면, 첨두는 식 $0 = \beta d \cos\theta + \alpha$이 충족되는 각 $\theta$ 방향으로 옮겨 간다. 이 두 방정식을 풀면 다음과 같다.

$$\theta = \cos^{-1}\left(\frac{f_c}{f}\cos\theta_o\right) \tag{8-122}$$

$f_c$에서 각 $\theta_o$ 방향으로 배열성분의 첨두가 형성되도록 위상천이기를 조정하였을때, 주파수 $f$에서 $z$축 상 선형배열의 빔 첨두에 대한 각을 이 식으로부터 구할 수 있다. 예상하는 바와 같이 $f = f_c$일 때, 식 (8-122)에서 $\theta = \theta_o$가 된다. 주파수가 중심주파수로부터 더 많이 벗어날수록 이에 상응하여 빔 첨두의 방향도 원하는 지시 방향 $\theta_o$로부터 더 많이 벗어나게 된다. 중심주파수보다 높은 주파수에서는 빔 첨두 각이 중심주파수에서의 방향에 비하여 브로드사이드에 더 가까워지고, 낮은 주파수의 경우에는 중심주파수에서의 방향에 비하여 브로드사이드로부터 더 멀어지게 된다. 8.9.2절에서 언급하였듯이, 시간지연을 이용하면 주사의 주파수 의존성을 피할 수 있다. 위상배열에 미치는 대역폭의 영향에 대한 더 자세한 내용은 [H.8.2: Mailloux, 2nd ed., p. 31]을 참조하라.

근래의 배열 기술의 혁신으로, 종래의 균일 격자 배열에 가해지는 소형의 소자를 사용해야 하는 소자 크기에 대한 제약에서 벗어날 수 있게 되었다. 이러한 배열 구조에는 재구성 배열, 비주기 격자 배열, 가변 소자 배열, 그리고 밀결합 배열(tightly coupled array)이 있다. **재구성 배열**(reconfigurable array)은 그 주파수 대역을 동적으로 변화시키는 것이므로 이 절의 주제와 맞지 않다. 재구성 배열은 12.5절에서 살펴보게 되는데, 주파수 영역을 변화시키기 위해 소자 내에 구동 스위치를, 주로 MEMS 스위치를 설치한다. **비주기 격자 배열**(aperiodic-grid array, 즉 불균등 간격 배열)은 종래의 격자 주기 배열의 완전한 그레이팅 로브를 피할 수 있는데, 그 이유는 그레이팅 로브가 발생하기 위해서는 주기 구조가 필요하기 때문이다. 비주기 격자 배열에서는 상호결합 환경이 배열에 걸쳐서 반복적이지 않기 때문에 소자의 임피던스와 패턴이 변하게 되므로, 설계하기가 더욱 어려워진다.

서로 다른 크기의 소자들을 이용하는 비주기 격자 배열의 특별한 형태로 **인터레이스트 소자 배열**(interlaced element array)이 있는데, **가변 소자의 광대역 배열**(wideband array with variable element size, WAVES 배열)의 한 예이다[31]. 그림 8-37*a*는 대형 WAVES 배열을 만들기 위한 기본 단위의 한 예로서, 두 가지 크기의 스파이럴 안테나 8소자로 대역폭이 두 옥타브(4:1)에 달하도록 구성된 것이다. 작은 스파이럴의 지름은 $D_S$이고, 큰 스파이럴의 지름은 $D_L$로 작은 스파이럴 크기의 두 배이다($D_L = 2D_S$). 큰 스파이럴은 $f_1$에서 $f_2(= 2f_1)$ 그리고 $f_2$에서 $f_4(= 2f_2)$에 이르는 두 옥타브의 전체 대역에서 동작한다. 작은 스파이럴은 $f_2$에서 $f_4$에 이르는 높은 쪽 한 옥타브에서만 동작한다. 큰 스파이럴의 패턴은 그림 7-29에서 볼 수 있다. 가장 낮은 동작 주파수 $f_1$에서 주평면 방향으로의 소자간격은 반 파장, 즉 $S = S_x = S_y = \lambda_1/2$이다. 첫 옥타브의 상단인 $f_2 = 2f_1$에서 전기적 간격은 $S = \lambda_2$가 되고, 그레이팅 로브가 나타나게 된다. 이때 $f_2$에서 작은 소자가 동작하게 되면서 구동 소자 간격이 $\lambda_2/2$로 줄어들게 된다. 주파수가 $f_4 = 2f_2$로 더 커지게 되면, 간격은 한번 더 한 파장, $\lambda_4$가 된다. 2.5~8 GHz에서 동작하는 실험적모델에 대하여 간단한 배열이론을 이용하여 패턴을 계산하고 측정하였다[31]. 4개의 큰 소자들이 반 파장의 간격으로 동작하는 대역의 하단 주파수 2.5 GHz에

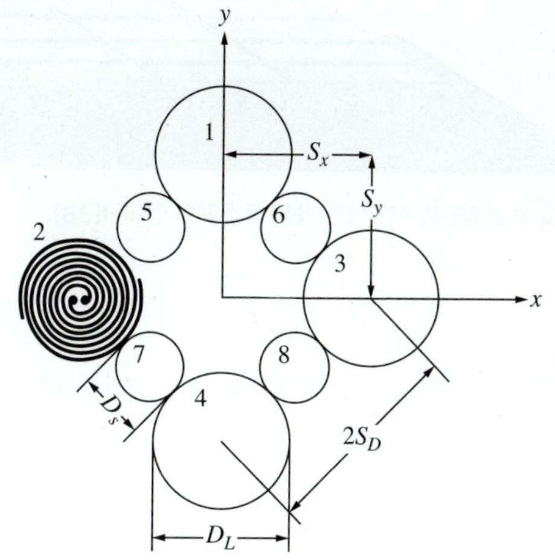


(*a*) 8소자 배열의 기하학적 구조, 2옥타브 개념 실증 배열

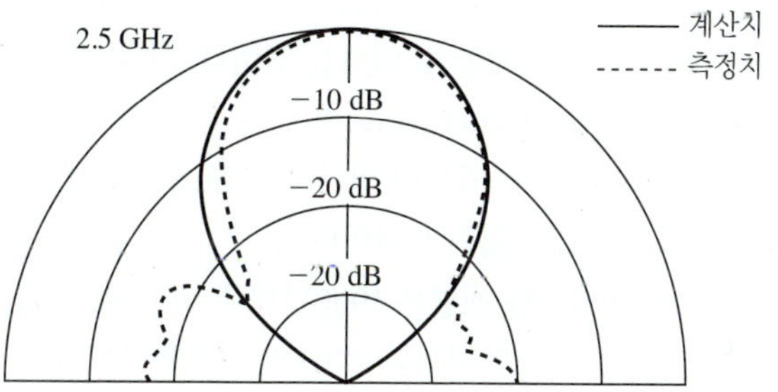


(*b*) 4개의 큰 소자들이 동작하는 2.5 GHz에서의 패턴

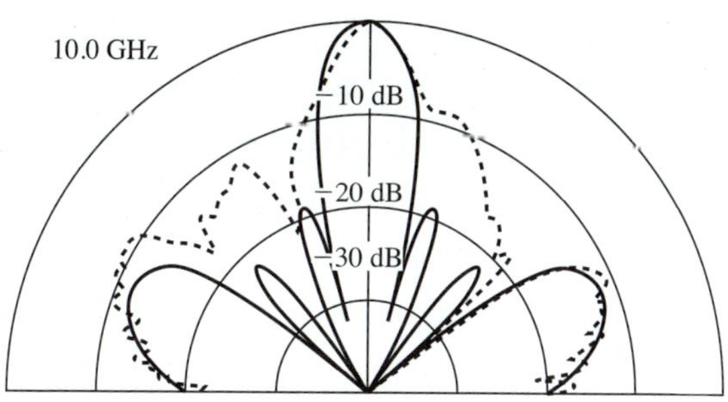


(*c*) 8개 소자 모두가 동작하는 10 GHz에서의 패턴

**그림 8-37** **가변 소자 크기의 8소자 광대역 배열의 예(WAVES 배열).** ([31] © 1990. IET의 허가하에 사용.)

서의 패턴과, 8개의 소자들이 한 파장의 간격으로 동작하는 상단 주파수 10 GHz에서의 패턴을 대표적으로 그림 8.37*b*와 *c*에 나타내었다. 스파이럴(그림 7-29 참조)의 소자패턴에 의해 그레이팅 로브의 영향이 감쇠되기 때문에, 한 파장 간격인 경우의 패턴도 허용할 수 있는 정도이지만, 부엽이 낮은 혹은 광각의 주사가 가능한 배열을 위해서는 소자간격을 더 줄여야 할 필요가 있다. WAVES 개념을 최소한 세 옥타브(8:1)의 대역폭을 갖도록 확장할 수 있다. 그 방법으로는 큰 소자를 변형시켜

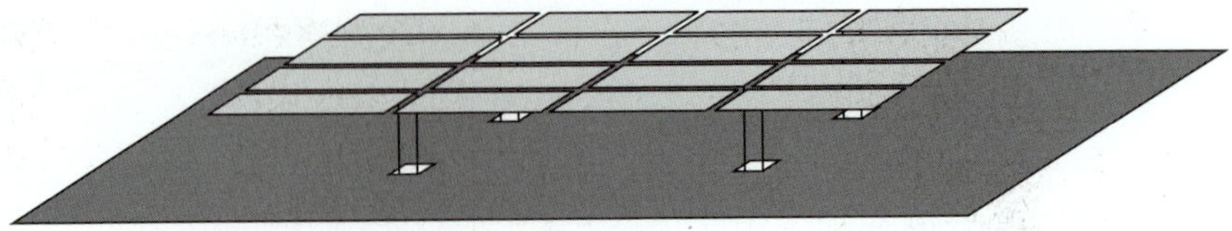

그림 8-38 2 × 2 밀결합 배열에 사용된 포스퀘어 안테나[38].

작은 소자들을 위한 공간을 만들거나[32], 각 층마다 한 옥타브를 포괄하도록 방사 소자들을 다층으로 배열하는 방법이 있다[33].

광대역 위상배열에는 최근에 개발된 **밀결합 배열**(tightly coupled array)이 있다. 이전에는 배열을 설계할 때 상호결합을 줄이는 방법을 연구하였지만, 소자들을 빽빽하게 배치하여 강한 결합을 유도하는 것이 장점이 있다는 것이 밝혀졌다. 이런 예상치 못한 이점은 내장된 소자 안테나의 대역폭이 고립된 경우에 비해 더 크다는 점이다. 어떤 배열에서나 대역폭을 제한하는 요소는 접지면이다. 그렇지만 밀결합 배열의 놀라운 이점 중 두 번째는 소자들을 접지면에 가깝게 보통은 하단 동작 주파수에서 $\lambda/10$ 이하로 배치할 수 있다는 점이다. 이와 연관된 개념으로, 소자들이 전기적으로 연결되어 있는 **접속 배열**(connected array)이 있다. 그 예로는 종단들이 연결된 접속 다이폴[34]과 면들이 연결된 테이퍼형 슬롯 소자들이 있다[35]. 포스퀘어 배열, 판전류 배열, 세분화된 배열, 그리고 긴 슬롯 배열 등이 밀결합 배열의 유형이다.

최초의 성공적인 밀결합 배열은 1990년대에 Virginia Tech에서 개발한 배열일 것이다[36]. 이와 연관된 고립소자들은 이중 편파와 2.7:1의 대역폭에서 대칭의 패턴이 가능하여 하나의 소형 안테나로 통상의 무선 대역들을 포괄할 수 있는 그림 12-7$a$의 포포인트 안테나(Fourpoint antenna)와 같은 형태로 진화되어 왔으며, 기지국용으로 훌륭한 소자이다[37]. 포스퀘어 소자는 네 개의 정사각형들로 구성되는데, 정사각형들의 각 반대하는 쌍들에 대칭으로 급전되어, 동시에 이중 선형편파가 가능하다. 그림 8-38은 2 × 2 배열의 실례를 나타낸 것이다[38]. 구동되지 않는 사각형은 구동되는 사각형에 대한 슬리브로 생각할 수 있으므로, 7.5절에서 설명한 바와 같이 소자의 대역폭이 넓어진다. 배열에서는 소자로부터의 방사를 일으키는 전류가 소자 사이의 좁은 간격으로의 결합을 통하여 인접하는 소자들에 흐른다[38]. 원래의 포스퀘어 배열의 대역폭은 2:1 정도이다. 소자의 각 변의 길이는 1/4파장 정도이고 접지면으로부터의 높이는 대역의 하단에서 1/10 파장이다. 계속되는 연구의 결과 3.5:1의 대역폭이 가능해졌다[39].

**판전류 배열**(CSA: current sheet array)이란 이름은 Wheeler의 판전류로부터 유래되었는데[23], 각 주평면 상의 동일선상 단형 다이폴들의 배열이고, 배열의 뒤쪽으로 대역의 하단에서의 1/10 파장보다 짧은 거리에 접지 평면을 댄 것이다. 가장 큰 소자간격은 포스퀘어 배열에서와 똑같이 대역의 상단에서의 반 파장이다. 소자의 종단들에는 결합을 증가시키기 위해 커패시터를 연결한다. Harris Corp.에서 행한 실험에서는 9:1의 대역폭을 보였다[40]. 더 자세한 내용들은 [H.8.2: Munk, Chap. 6]와 [H.6: Balanis, Ed., Sec. 12.2]에서 찾아볼 수 있다.

**세분화된 배열**(fragmented array)은 유전 알고리즘의 수순에 의해 픽셀화된 모양으로 설계할 수 있다. 간단한 접지평면을 함께 설치하여 10:1에 가까운 대역폭을 얻을 수 있다[H.6: Balanis, Ed., Sec. 12.4]. **긴 슬롯 배열**(long slot array)은 두께가 $\lambda_L/8$ 정도인 얇은 배열이고 접지면을 함께 사용하면 4:1의 대역폭을 얻을 수 있다[41]. 접지면을 사용하면 보통은 대역폭이 감소한다. 접지면으로는 양도체(즉 금속), 흡수 물질, 인공물질, 혹은 이들의 혼합 재료들 중에서 선택할 수 있다. 도전성 접지면의 경우, 방사 소자로부터의 1/4파장 이격 조건으로 재래의 배열에서는 25% 정도까지 대역폭이 제한된다. 도전성 접지면을 갖는 밀결합 배열은 훨씬 넓은 10:1 혹은 그 이상의 대역폭이 가능하다는 것을 알고 있다. 저항성 판이나 페라이트 물질과 같은 흡수체를 사용함으로써 대역폭을 더 넓힐 수 있으나, 이에 따른 손실로 이득이 감소한다. **인공물질**(artificial material)은 자연적으로 생성되지 않는다는 의미에서 인공이지만, 흔히 보는 물질들을 짜 맞추어서 특별한 전자기적 특성을 갖도록 만든 것이다. 이와 같은 물질들의 기원은, 반사판 안테나와 레이돔에 응용하기 위해 특정 주파수 대역들은 통과시키고 나머지는 반사하도록 만들어진 **주파수 선택 면**(frequency selective surface)에서 찾을 수 있다. **인공 자기 도체**(AMC: artificial magnetic conductor)가 그 한 예인데, 이것은 PEC와 쌍대이다. 전계 안테나(다이폴과 같은)는 AMC에 임의로 가깝게 가져다 놓을 수 있다. 이와 유사하게, 자계 안테나(루프와 같은)는 PEC에 임의로 가깝게 가져다 놓을 수 있다. 접지면을 가깝게 하면, 종래의 접지면 간격이 1/4 파장인 안테나에 비하여 VHF 주파수(혹은 그 이하 대역)에서 안테나를 물리적으로 훨씬 얇게 설계할 수 있다. 더 자세한 내용은 [H.6: *Ant. Eng.Hdbk.*, 4th ed., Chap. 34]와 [H.6: Balanis, Ed., Chap.15]를 참조하라.

마지막으로 각 대역마다 다른 유형의 소자들을 이용하여 다중의 주파수 대역을 아우르는 광대역 배열에 대하여 살펴본다. **공유 개구면 배열**(shared-aperture array)에서는 한 주파수 대역의 소자들은 다른 주파수 대역의 소자들과 교차되게 배치된다. 다중의 기능(통신, 레이더, 탐지, 측위 등)이 요구되는 경우에 흔히 사용되며, **다기능 광대역 배열**(multifunctional wideband array)이라고 부른다.

## 참고문헌 References


1. C. T. Tai, "The Optimum Directivity of Uniformly Spaced Broadside Arrays of Dipoles," *IEEE Trans. on Ant. & Prop.*, Vol. AP-12, pp. 447-454, July 1964.
2. R. C. "Hansen, Hansen-Woodyard Arrays with Few Elements." *Microwave and Optical Technology Letters,* Vol. 5, pp. 44-46, Jan. 1992.
3. H. Bach, "Directivity Diagrams for Uniform Linear Arrays," *Microwave J.*, Vol, 15, pp. 41-44, Dec, 1972.
4. H. Bach, "Directivity of Basic Linear Arrays," *IEEE Trans. on Ant. & Prop.*, Vol. AP-18, pp. 107-110, Jan. 1970.
5. N. A. McDonald, "Approximate Relationship between Directivity and Beamwidth for Broadside Collinear Arrays," *IEEE Trans, on Am. & Prop.*, Vol. AP-26, pp. 340-341, Mar. 1978.
6. W. L. Stutzman, "Estimating Directivity and Gain of Antennas," *IEEE Trans. on Ant. & Prop. Mag.*, Vol. 40, pp. 7-11, Aug. 1998.
7. J. Rashed-Mohassel, "Optimum Directivity of a Uniformly Spaced Broadside Array of Collinear Half-Wave Dipoles," *Microwave and Optical Technology Let.*. Vol. 7, pp. 193196, Mar. 1994.
8. Peter Hannan, "The Element-Gain Paradox for a Phased-Array Antenna," *IEEE Trans. on Ant. & Prop.*. Vol. AP-12. pp. 423-433, July 1964.
9. A. Parfitt, D. Griffin, and P. Cole, "Mutual Coupling between Metal Strip Antennas on Finite

Size, Electrically Thick Dielectric Substrates," *IEEE Trans. on Ant. & Prop.*, Vol. 41, pp. 108-115, Jan. 1993.

10. D. Pozar, "A Relation between the Active Input Impedance and the Active Element Pattern of a Phased Array, *IEEE Trans. on Ant. & Prop.*, Vol. 51, pp. 2486-2489, Sept. 2003.
11. D. Kelley and W. Stutzman, "Array Antenna Pattern Modeling Methods That Include Mutual Coupling Effects," *IEEE Trans. on Ant. & Prop.*, Vol. 41, pp. 1625-1632, Dec. 1993.
12. K. Takamizawa and W. Stutzman, "Analysis and Synthesis of Microstrip Antennas Including Mutual Coupling," Virginia Tech Antenna Group Report 88-2, Aug. 1988.
13. D. Pozar, "Analysis of Finite Phased Arrays of Printed Dipoles," *IEEE Trans. on Ant. & Prop.*, Vol. AP-33, pp. 1045-1053, Oct. 1985.
14. B. J. Forman, "Directivity Characteristics of Scannable Planar Arrays," *IEEE Trans. on Ant. & Prop.*, Vol. AP-20, pp. 245-252, May 1972.
15. H. King and J. L. Wong, "Directivity of a Uniformly Excited N × N Array of Directive Elements," *IEEE Trans. on Ant. & Prop.*, Vol. AP-23, pp. 401-404, May 1975.
16. D. Pozar, "The Active Element Pattern," *IEEE Trans. on Ant. & Prop.*, Vol. 42, pp. 1176-1178, Aug. 1994.
17. J-P. Bayard, D. Schaubert, and M. Cooley, "E-Plane Scan Performance of Infinite Arrays of Dipoles Printed on Protruding Dielectric Substrates: Coplanar Feed Line and E-Plane Metallic Wall Effects," *IEEE Trans. on Ant. & Prop.*, Vol. 41, pp. 837-841, June 1993.
18. D. Pozar, "Scanning Characteristics of Infinite Arrays of Printed Antenna Subarrays," *IEEE Trans. on Ant. & Prop.*, Vol. 40, pp. 666-674, June 1992.
19. F. Zavosh and J. Aberle, "Infinite Phased Array of Cavity-Backed Patches," *IEEE Trans. on Ant. & Prop.*, Vol. 42, pp. 390-398, Mar. 1994.
20. M. Deshpande and M. C. Bailey, "Analysis of Finite Phased Arrays of Circular Microstrip Patches," *IEEE Trans. on Ant. & Prop.*, Vol. 37, pp. 1355-1360, Nov. 1989.
21. E. Brookner, "Phased-array Radars," *Scientific American*, pp. 94-102, Feb. 1985.
22. J. Butler and R. Lowe, "Beam-Forming Matrix Simplifies Design of Electronically Scanned Antennas," *Elec. Design*, Vol. 9, pp. 170-173, Apr. 12. 1961.
23. H. A. Wheeler, "Simple Relations Derived from a Phased-Array Antenna Made of an Infinite Current Sheet," *IEEE Trans, on Ant. & Prop.*, Vol. 40, pp. 506-514, July 1965.
24. G. Zheng et al., "A Broadband Printed Bow-Tie Antenna with a Simplified Balanced Feed," *Microwave and Optical Tech. Let.*, Vol. 47, pp. 534-536, Dec. 20, 2005.
25. P. Kool, T. Yeo, and M. Leong, "Parametric Studies of the Linearly Tapered Slot Antenna (LTSA)," *Microwave and Optical Tech. Let.*, Vol. 4, pp. 200-207, Apr., 1991.
26. P. Gibson, "The Vivaldi Aerial," *Proc. 9th European Microwave Conf.*, pp. 101-105, 1979.
27. J. Shin and D. Schaubert, "A Parameter Study of Stripline-Fed Vivaldi Notch-Antenna Arrays," *IEEE Trans. on Ant. & Prop.*. Vol. 47, pp. 879-886. May 1999.
28. H. Holter, T-H Chio, and D. Schaubert, "Experimental Results of 144-Element DualPolarized Endfire Tapered-Slot Phased Array," *IEEE Trans. on Ant. & Prop.*, Vol. 48. pp. 1707-1718, Nov. 2000.
29. T-H Chio and D. Schaubert, "Parameter Study and Design of Wide-Band Widescan DualPolarized Tapered-Slot Antenna Arrays," *IEEE Trans. on Ant. & Prop.*, Vol. 48, pp. 879-886, June 2000.
30. W. Stutzman and C. Buxton, "Radiating Elements for Wideband Phased Arrays," *Microwave*

*J.*, Vol. 43, pp. 130-141, Feb. 2000.

31. S. Shively and W. Stutzman, "Wideband Arrays With Variable Element Sizes," *IEE Proc., Pt. H.*, Vol. 137, pp. 238-240, Aug. 1990.
32. E. Caswell, "Design and Analysis of Star Spiral with Applications to Wideband Arrays with Variable Element Sizes," Ph.D. Dissertation, Virginia Tech, 2001.
33. W. Stutzman, "Wide Bandwidth Antenna Array Design," *IEEE Southeastcon Proceedings* (Ralcigh, NC), pp. 92-96, April 1985.
34. R. C. Hansen, "Linear Connected Arrays," *IEEE Ant. and Wireless Prop. Letters*, Vol. 3, pp. 154-156, 2004.
35. J. Lee, S. Livingston, and R. Koenig, "A Low-Profile Wide-Band (5:1) Dual-Pol Array," *IEEE Ant. and Wireless Prop. Let.*, Vol. 2, pp. 46-49, 2003.
36. J. R. Nealy, "Foursquare Antenna Radiating Element," U. S. Patent 5,926,137, July 20, 1999.
37. S-Y. Suh, W. Stutzman, W. Davis, A. Waltho, K. Skeba, and J. Schiffer, "A Novel Lowprofile, Dual-polarization, Multi-band Base-station Antenna Element—The Fourpoint Antenna," *IEEE Vehicular Technology Conference Proc.* (Los Angeles, CA), Vol. 1, pp. 225-229, Sept. 2004.
38. C. Buxton, W. Stutzman, and J. Nealy, "Implementation of the Foursquare Antenna in Broadband Arrays," URSI National Radio Science Meeting (Orlando), July 1999.
39. Terry Vogler, "Analysis of the Radiation Mechanisms in and Design of Tightly-Coupled Antenna Arrays," Ph.D. Dissertation, Virginia Tech, 2010.
40. M. Jones and J. Rawnick, "A New Approach to Broadband Array Design Using Tightly Coupled Elements," *IEEE Military Comm.* Conf., Oct. 2007.
41. J. J. Lee, S. Livingstone, R. Koenig, D. Nagata, and L. Lai, "Compact Light Weight UHF Arrays Using Long Slot Apertures," *IEEE Trans. on Ant. & Prop.*, Vol. 54, pp. 2009-2015, July 2006.

## 연습문제 Problems

**8.2-1** ▸ 한 파장 간격의 2소자 배열이 있다. 소자 전류는 진폭은 동일하고 위상차는 180°이다.

(a) 시각검사 방법을 사용해 배열성분의 극좌표 그림을 대략적으로 스케치하라.

(b) 소자들이 $z$축 상에 놓여 있는 경우의 정확한 배열성분을 $\theta$의 함수로 유도하라.

(c) 이 배열성분은 $\theta$ 값이 얼마일 때 최대가 되는가?

(d) 정규화된 배열성분 $|f(\theta)|$에 대한 표현식은 무엇인가?

(e) 식 (8-9)가 (d)의 답변이 된다는 것을 보여라.

**8.2-2** ▸ 그림 8-6의 기법을 사용해 연습문제 8.2-1에 주어진 배열의 배열성분을 극좌표로 그려라.

**8.2-3** ▸ 그림 8-6의 기법을 사용해, 동일 진폭과 동일 위상의 전류로 구동되는 한 파장 떨어진 2소자 배열(예제 8-1)의 배열성분을 극좌표로 그려라.

**8.2-4** ▸ 배열 소자들 사이의 간격은 보통 약 반 파장이다. 간격을 이보다 훨씬 크게 하면 원하지 않는 방향으로 주엽이 나타난다. 그림 8-6의 기법을 사용하여, 다음 간격들에 대한 동일 진폭과 동일 위상 소자를 가진 2소자 배열의 배열성분을 극좌표 형태로 스케치하여 이 점을 설명하라: (a) $d = 3\lambda/4$, (b) $d = 2\lambda$. 예제 3-2와 8-1, 그리고 이 문제로부터 소자간격이 고정 급전 배열에 미치는 영향을 알 수 있다.

**8.2-5** ▸ (a) 동일한 전류진폭의 점전원 소자들로 구성된 2소자 브로드사이드 배열($\alpha = 0$)의 배열성분을 이용해 지향성이

$$D = \frac{2}{1 + (\sin \beta d)/\beta d}$$

로 표현되는 것을 보여라. 힌트: 변수 $\theta$를 $\psi = \beta d \cos \theta$로 변환하라.

(b) 이 표현식을 0에서 2파장까지 $d$의 함수로 그려라.

**8.3-1** ▸ 균일급전 등간격 선형배열에 대한 배열성분 크기 $|f(\psi)|$가 $\psi = \pi$에 대해 대칭임을 보여라.

**8.3-2** ▸ 2소자 균일급전 배열의 경우 배열성분 표현식 (8-9)와 (8-24)가 동일함을 보여라.

**8.3-3** ▸ 식 (8-33)을 유도하라.

**8.3-4** ▸ $Nd \gg \lambda$일 때, 균일급전이고 등간격인 브로드사이드 선형배열에 대한 배열성분의 반전력 빔폭 표현식을

$$\text{HP} \approx k \frac{\lambda}{Nd}$$

와 같이 근사식으로 나타낼 수 있다. $N = 10$과 20에 대해서 $k$를 결정하고 식 (8-34)와 비교하라.

**8.3-5** ▸ 이 문제에서는 간단한 배열에 미치는 위상과 간격의 영향을 설명하고자 한다. 균일 전류진폭이고 등간격인 5소자 배열을 생각하자. 다음의 경우에 대해 배열성분을 스케치하라.

(a) $d = \lambda/2$, 브로드사이드 경우($\theta_o = 90°$)

(b) $d = \lambda$, 브로드사이드 경우

(c) $d = 2\lambda$, 브로드사이드 경우

(d) $d = \lambda/2$, $\theta_o = 45°$

(e) $d = \lambda/2$, $\theta_o = 0°$, 엔드파이어 경우

이러한 5개의 그림은 8.3절에서 논의한 바와 같이 하나의 공통 패턴 그림으로부터 얻을 수 있다. 마지막 두 경우에 대하여, 지정한 대로 주빔을 조정하기 위해 필요한 소자 간 위상차 $\alpha$를 결정하라.

**8.3-6** ▸ 컴퓨터 코드를 사용해 연습문제 8.3-5를 반복하라.

**8.3-7** ▸ 다음에 대해 균일급전이고 등간격인 5소자 선형배열을 설계하라.

(a) 브로드사이드에서 주빔 최대

(b) 브로드사이드로부터 45° ($\theta_o = 45°$)에서 주빔 최대

각 경우에 가능한 한 빔폭이 작으면서 또한 그레이팅 로브가 가시영역에 전혀 나타나지 않도록 소자간격과 선형 위상조정을 결정하라. 패턴의 극좌표 그림을 스케치하라.

**8.3-8** ▸ 간격이 $d = 0.35\lambda$인 5소자 균일급전 일반 엔드파이어 선형배열의 배열성분을 설계하고 그려라. $\theta_o = 180°$ 임을 이용하여 $\alpha$를 구하라.

**8.3-9** ▸ 하나의 일반 엔드파이어 빔을 형성하는 4개의 등방성 소자 선형배열을 최대간격으로 설계하라. 극좌표 패턴을 그려라.

**8.3-10** ▸ $d = 0.35\lambda$로 놓고, 한센–우드야드의 증가된 지향성을 갖는 5개의 등방성 소자로 된 선형배열을 설계하라. 극좌표 패턴을 그려라(예제 8-4의 결과와의 차이에 주목하라).

**8.3-11** ▸ $d = 0.4\lambda$로 놓고, 한센–우드야드의 증가된 지향성을 갖는 10개의 등방성 소자로 된 선형배열을 설계하라. 극좌표 패턴을 그려라.

**8.3-12** ▸ 배열소자 간격을 한없이 작게 하면, 균일급전 등간격 선형배열에 대한 배열성분이 균일 선전원의 패턴성분(즉 소자성분을 무시하라)에 접근함을 보여라.

**8.3-13** ▸ 식 (8-39)에 이용된 배열 정규화 인수를 유도하라. 두 엔드파이어 방향 모두(즉 $\theta_o = 0°$와 180°) 고려한다.

**8.4-1** ▸ 두 개의 동일선상 반 파장 다이폴들이 반 파장만큼 떨어져 있고(직접 닿아 있지는 않다), 동일진폭과 동일위상의 단자전류를 갖는다. 소자패턴, 배열성분, 그리고 배열패턴을 계산하고 그려라.

**8.4-2** ▸ 한 파장 간격에 대해서 연습문제 8.4-1을 반복하라.

**8.4-3** ▸ 두 개의 평행 반 파장 다이폴들이 한 파장만큼 떨어져 있고, 동일진폭과 동일위상의 단자전류를 갖는다. 두 주평면에서의 완전한 배열패턴을 계산하고 그려라.

**8.4-4** ▸ 세 개의 $\lambda/4$ 길이의 수직 모노폴들로 구성된 배열이 무한히 넓은 완전도체 접지면 위에서 동작하고 있다. 소자의 급전점이 $z$축을 따라서 있고 접지면은 $yz$ 평면에 그리고 모노폴들은 $x$ 방향으로 있다고 하자.

(a) 한센–우드야드의 증가된 지향성을 갖는 엔드파이어 배열을 설계하라. 즉 소자간격과 위상을 결정하라($d = 0.3\lambda$로 놓아라).

(b) 세 개의 균일급전 소자에 대한 보편적인 배열성분 그림을 이용해 이 문제의 경우에 대한 배열성분의 극좌표 그림을 구하라.

(c) 완전 패턴을 위한 표현식을 써라.

(d) $xz$ 평면 및 $yz$ 평면에서의 완전한 원거리장 패턴을 그려라.

**8.4-5** ▸ 세 개의 동일선상 반 파장 다이폴이 $d = 0.9\lambda$만큼 떨어져 있고, 동일한 진폭과 동일한 위상의 단자전류를 갖는다. (a) 8.2절의 도식적인 방법을 이용하여 배열성분을 스케치하라. 그리고 소자 및 배열패턴을 스케치하라. (b) 컴퓨터를 이용하여 배열패턴을 계산하고 그려라.

**8.4-6** ▸ $yz$ 평면에 놓인 네 개의 루프들이 $0.4\lambda$만큼의 간격으로 $z$축 방향으로 배열을 구성하고 있다. 동일 진폭과 일반 엔드파이어에 대한 위상으로 급전되고 있다. 두 주평면에서의 완전한 배열패턴을 그려라.

**8.4-7** ▸ 어떤 트럭이 27 MHz에서 교신하기 위해 생활 무선주파수 대역(Citizens Band radio)을 사용하고 있다. 안테나 시스템은 $x$축에 평행하게 놓인(완전 접지면 위에서 동작하는 것으로 가정한다) 2개의 $\lambda/4$ 모노폴이다. 이들은 $z$축을 따라서 2.78 m 떨어진 거울들 위에 장착되어 있으며, 동일 진폭과 위상으로 급전되고 있다. 간단한 배열이론을 이용하여 세 개의 주평면에서의 배열패턴들을 스케치하라.

**8.4-8** ▸ *설계 문제.* 주빔 밖에서는 주빔 첨두치를 기준으로 −8 dB 이상의 방사가 없고 가능한 한 좁은 빔폭을 갖는 4개의 평행 반 파장 다이폴의 브로드사이드 선형배열을 설계하라. 급전은 균일하다. (a) 요구되는 소자간격 $d$를 구하라. (b) $H$ 평면의 극좌표패턴을 스케치하라.

**8.4-9** ▸ 평행 반 파장 다이폴 소자들로 이루어진 문제 8.3-8의 엔드파이어 배열에 대한 주평면 완전 배열패턴을 그려라. 반전력 빔폭을 구하라.

**8.5-1** ▸ 점전원으로 이루어진 아래의 브로드사이드 배열의 지향성을 dB로 계산하라.

(a) $N = 2, d = \lambda/2$

(b) $N = 10, d = \lambda/2$

(c) $N = 15, d = \lambda$

**8.5-2** ▸ $d = 3\lambda/8, N = 10$일 때 다음의 경우에 대하여 식 (8-67)을 계산하라.

(a) 브로드사이드인 경우. 그리고 식 (8-69)의 결과와 비교하라.

(b) 일반 엔드파이어인 경우. 그리고 식 (8-70)의 결과와 비교하라.

**8.5-3** ▸ $N = 10$이고 일반 엔드파이어로 동작하는 경우에 대하여 식 (8-67)을 계산하고, $D$를 $d/\lambda$의 함수로 그려라. 그 결과는 그림 8-17의 곡선과 같은 유형이어야 한다.

**8.5-4** ▸ 등방성 소자로 이루어진 긴 브로드사이드 선형배열에 대한 식 (8-69)의 근사지향성 공식은 아래의 두 가지 방법으로 검사할 수 있다. 식 (8-34)에서 $\text{HP} \approx 0.886\lambda/L$을 이용하라.

(a) $D = 4\pi/\Omega_A$를 이용하여, $\Omega_A$를 근사적으로 $2\pi\text{HP}$로 놓음으로써 $D = cL/\lambda$ 형태의 식을 유도하라. $c$를 구하라.

(b) 식 (8-74)에서 시작하여 $D = cL/\lambda$ 형태의 식을 유도하라. $c$를 구하라.

**8.5-5** ▸ 식 (8-67)을 이용하여 지향성을 계산할 수 있는 컴퓨터 코드를 작성하라.

(a) 8개의 등방성 소자들로 이루어진 브로드사이드 배열에 대하여 $D$ 대 $d/\lambda$ 곡선을 그려라. 그림 8-16의 곡선과 비교하라.

(b) 8개의 동일선상 단형 다이폴의 브로드사이드 배열에 대해 $D$ 대 $d/\lambda$ 곡선을 그려라.

**8.5-6** ▸ $d = \lambda/4$인 균일급전 등방성 소자로 된 일반 엔드파이어 선형배열의 경우 $D = N$임을 보여라.

**8.5-7** ▸ 소자간격이 $0.7\lambda$인 12개의 동일선상 단형 다이폴 소자들의 브로드사이드 배열의 지향성을 다음 두 가지 방법으로 계산하라.

(a) 식 (8-67)을 이용하라.

(b) 식 (8-69)를 이용하라.

HP 값을 결정하고 다음의 방법들로 지향성을 계산하라.

(c) 식 (8-73)을 이용하라.

(d) 식 (8-74)를 이용하라.

**8.5-8** ▸ 예제 8-5의 배열에 대한 지향성을 계산하라. 단일 단형 다이폴의 지향성에 비하여 몇 dB 더 큰가?

**8.5-9** ▸ 10개의 동일선상 단형 다이폴로 이루어진 배열의 간격 $0.1\lambda$에서 $1.0\lambda$까지에 대한 지향성을 계산하고 그려라. 또 근사 공식 (8-69)와 (8-75)에 대한 곡선도 그려라.

**8.5-10** ▸ $0.3\lambda$ 간격의 5개 평행 단형 다이폴로 구성된 5소자 배열이 한센–우드야드 엔드파이어로 동작하도록 설계되었다. 지향성을 계산하여 등방성 소자들로 구성된 동일한 배열 및 등방성 소자들로 구성된 유사한 일반 엔드파이어 배열의 지향성들과 비교하라.

**8.5-11** ▸ *설계 문제*. 기지국 통신 안테나는 수평면에서 전방향 패턴을 만들기 위해 보통 수직으로 놓인 반 파장 다이폴들의 동일선상 배열을 이용하여 만든다. 이 문제의 목적은 소자간격을 적절

하게 선택하여 이득을 최대화하는 것이다. 균일한 진폭과 위상의 급전을 가정하여 휴대전화 대역 (824부터 894 MHz까지)의 중심에서 최대 지향성을 갖는 4소자 배열을 설계하라. 해를 구체적으로 보여라. 파장으로 표시된 간격 $d$와 대역의 중앙과 끝단에서의 지향성 $D$를 dB로 나타내라. 수직면 패턴을 극좌표–선형 형태로 그려라. 배열을 스케치하여, 급전회로망과 함께 그 물리적 길이를 보여라.

**8.5-12** ▶ 식 (8-75)의 배열 지향성에 대한 근사 공식 $D \approx D_e D_i$는 간단하여 매력적이지만, 이 문제에서 보게 되는 것처럼 부정확한 결과를 가져오는 경우가 많다. 식 (8-72)의 정확한 공식을 이용하여 단형 다이폴들로 구성된 다음의 배열들의 지향성을 계산하라.

(a) $N = 4$, 브로드사이드, 동일선상 단형 다이폴, $d = \lambda/2$
(b) $N = 4$, 엔드파이어, 평행 단형 다이폴, $d = \lambda/2$
(c) $N = 3$, 브로드사이드, 동일선상 단형 다이폴, $d = \lambda/2$
(d) $N = 3$, 엔드파이어, 평행 단형 다이폴, $d = \lambda/2$

다음으로, 식 (8-75)를 적용할 수 있는 경우에 대하여 이 결과들을 식 (8-75)와 비교하라.

**8.5-13** ▶ *배열 지향성의 계산*.

(a) 직접 적분하여 배열 지향성을 계산할 수 있는 컴퓨터 프로그램을 작성하라. 반 파장 간격인 네 개의 동일선상 다이폴들로 구성되는 배열의 지향성에 대하여 식 (8-72)를 이용하여 구한 값과 비교하여 프로그램의 타당성을 입증하라.
(b) 직접 적분하여 지향성을 구하는 프로그램 코드를 이용하여, 반 파장 간격이고 균일하게 급전되는 2. 3. 그리고 4소자의 동일선상 반 파장 다이폴들로 구성되는 배열들의 지향성을 계산하라. 등방성 소자들로 구성되는 동일한 배열들의 지향성과 비교하라.

**8.6-1** ▶ 그림 8-21$b$와 같은 삼각형 분포를 갖는 소자 배열에 대한 극좌표 패턴을 계산하여 그려라. 반전력 빔폭을 각도로 그리고 부엽레벨을 dB로 구하라.

**8.6-2** ▶ 그림 8-21$b$와 비슷한 삼각형 분포를 갖는 동일선상 반 파장 다이폴 소자들로 구성된 5소자 배열에 대한 극좌표 패턴을 계산하여 그려라. 각도로 구한 반전력 빔폭, dB로 구한 부엽레벨, 그리고 지향성을 등방성 소자의 경우와 비교하라.

**8.6-3** ▶ 식 (8-82)로부터 식 (8-83)이 나온다는 것을 보여라.

**8.6-4** ▶ 식 (8-83)으로부터 식 (8-85)가 나온다는 것을 보여라.

**8.6-5** ▶ 그림 8-20$c$부터 8-20$e$까지, 그리고 그림 8-22에 주어진 지향성 값들을 입증하라.

**8.6-6** ▶ *이항배열*. 소자간격이 반 파장고 이항 전류 가중값을 갖는 $N$개의 등방성 소자로 구성된 선형배열에 대하여

(a) $\theta$로 표시된 정규화된 배열성분 표현식을 유도하라.
(b) 지향성 표현식을 유도하라. 그 결과는 오로지 $N$만의 함수일 것이다.
(c) 소자 개수가 5인 경우에 대하여 (b)에서 유도한 지향성 식을 계산하라.

**8.7-1** ▶ 두 개 안테나의 자기 그리고 상호 임피던스는 아래와 같다.

$$Z_{11} = 70\angle 0°, \qquad Z_{22} = 100\angle 45°, \qquad Z_{12} = 60\angle -10°$$

(a) 안테나 2를 단락하였을 때 안테나 1의 입력 임피던스를 구하라.

(b) 안테나 1에 공급되는 전압이 $1\angle 0°$ V일 때 안테나 2의 개방회로 단자에 유기되는 전압을 구하라.

**8.7-2** ▸ 그림 8-24를 이용하여 식 (8-94)를 유도하라.

**8.7-3** ▸ 그림 8-25의 평행 다이폴들에 대해서 $d = 0.6\lambda$일 때 다이폴들 간의 결합 정도를 dB로 계산하라.

**8.7-4** ▸ <u>*상호 임피던스 계산*</u>. (a) $Z_{12} = V_2/I_1$를 구하기 위하여 안테나 1을 급전하고 안테나 2는 개방한 경우에 대한 시뮬레이션 데이터를 식 (8-87)에 이용하여 상호 임피던스를 계산한다. 그림 8-25의 평행 반 파장 다이폴들에 대하여 간격이 $0.2\lambda$일 때 $Z_{12}$를 계산하라. (b) 상호 임피던스는 다음 공식으로도 계산할 수 있다.

$$Z_{12} = \frac{Z_{1,\text{in}} - Z_{1,\text{out}}}{2}$$

여기에서 $Z_{1,\text{in}}$과 $Z_{1,\text{out}}$은 두 다이폴에 가해지는 두 전원들이 동위상일 때와 180° 위상차가 나는 두 경우에 대한 안테나 1의 입력 임피던스이다. 이 공식을 유도하라. (c) (b)의 공식과 적절한 시뮬레이션을 이용하여 (a)에서의 임피던스 계산을 반복하라.

**8.8-1** ▸ 4개의 등방성 소자로 이루어진 평면배열이 다음과 같은 위치와 전류로서 $xy$ 평면에 놓여 있다: $(\lambda/4, \lambda/4)$, $+1$; $(-\lambda/4, \lambda/4)$, $+1$; $(-\lambda/4, -\lambda/4)$, $-1$; $(\lambda/4, -\lambda/4)$, $-1$. 간단한 배열 모델링 기법을 사용하여 $xz$와 $yz$ 평면 패턴을 스케치하라.

**8.8-2** ▸ 평행하고 동위상인 반 파장 다이폴들로 구성된 4소자 선형배열이 $xy$ 평면 상의 대형 평면 반사판 전면 $\lambda/4$ 위치에 놓여 있다. 반사판을 완전 접지면이라고 가정한다. 다이폴들이 $x$축에 평행하고 간격이 $\lambda/2$라고 할 때, $xy$와 $yz$ 평면에서의 완전한 패턴을 그려라.

**8.8-3** ▸ 수직 단형 다이폴 2소자 배열이 그림과 같이 완전 접지면으로부터 1/4 파장 높이에서 동작하고 있다. 소자들은 반 파장 간격이고 동일 진폭과 반대의 위상으로 급전된다. 이 방사 시스템의 $xz$와 $yz$ 평면에서의 방사패턴을 극좌표로 그려라.

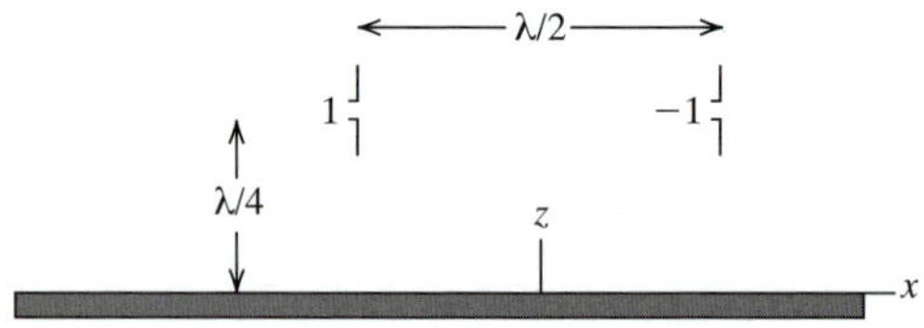


**8.8-4** ▸ 아래 그림과 같은 등방성 소자들로 구성된 균일급전 2차원 배열을 해석하고자 한다. 수직으로 향한 한 쌍의 소자들을 '배열'로, 그리고 한 행 내의 네 개의 소자들을 '소자'로 간주한 다음 패턴곱의 원리를 이용하라. $xz$, $yz$, 그리고 $xy$ 평면에서의 패턴들을 그려라.

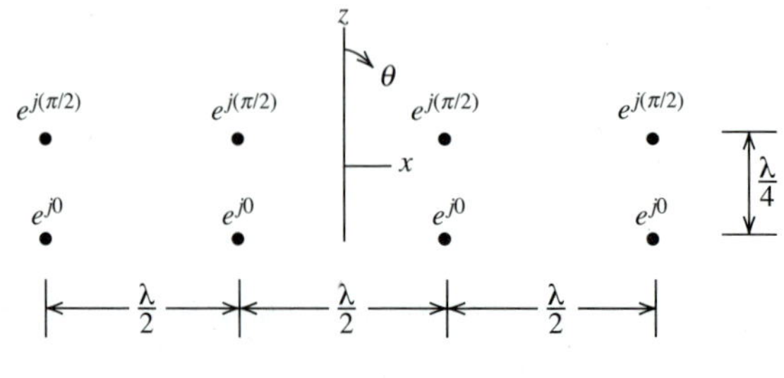

**8.8-5** ▸ $xy$ 평면 상의 어떤 평면배열이 $x$와 $y$ 방향으로 $0.5\lambda$의 간격인 네 개의 등방성 소자들로 구성되어 있다. 45° 평면에서의 방사패턴(선형 패턴과 극좌표 패턴)을 그려라. 그런 다음 투영법을 이용하여 등가 선형배열을 구하여 45° 평면 패턴을 구하라. 이 패턴들을 비교하라.

**8.8-6** ▸ *정사각형 및 삼각형 격자 평면배열*. 이 연습문제는 $xy$ 평면에서 같은 면적을 갖는 정사각형 격자 및 삼각형 격자 평면배열들을 비교하는 것이다. 정사각 격자 배열은 각 $0.5\lambda$의 간격으로 각 5소자씩 5행을 구성하는 25개의 등방성 소자들로 되어 있다. 삼각형 격자는 인접 격자 간의 간격이 $0.625\lambda$로서 각 4소자씩 4열을 구성하는 16개의 등방성 소자들로 되어 있다. 배열들의 기하학적 구조를 스케치하라. 각 배열의 45° 평면에서의 방사패턴(선형 그리고 극좌표 그림)을 그리고 그 결과를 설명하라.

**8.8-7** ▸ 수치 패턴 적분법을 이용하여 $d = 0.5\lambda$인 경우 예제 8-8의 지향성 값을 확인하라.

**8.8-8** ▸ *프로젝트*. 다음의 기술적 프로그램들 중 하나에 대하여 안테나의 관점에서 주제를 연구하고 보고서를 작성하라. (a) 제곱 킬로미터 배열(The Square Kilometer Array: www.skatelescope.org), (b) 긴 파장 배열(The Long Wavelength Array: 1wa.nrl.navy.mil), (c) 고주파 능동 오로라 연구 프로그램(The High Frequency Active Auroral Research Program: www.haarp.alaska.edu), (d) 낮은 대역 안테나(Low Band Antenna: www.lofar.org), (e) 광범위 배열(The Widefield Array: www.mwatelescope.org), (f) 불렌베버 배열(A Wullenweber Array).

**8.9-1** ▸ 그림 8-30의 배열에 대하여 브로드사이드로부터 0°와 30°의 주사각에 대한 완전한 배열패턴을 그려라. 또한 30° 범위의 주사에 대한 배열성분을 그려서, 소자패턴이 그레이딩 로브의 감소에 미치는 영향을 확인하라.

**8.9-2** ▸ 그림 8-32의 4-포트 버틀러 망을 이용하여 4개의 등방성 소자를 구동한다. (a) 4개의 빔 모두에 대한 소자 간의 급전위상을 기록하라. (b) 4개의 빔 모두를 하나의 극좌표 패턴 그림 상에 그려라. (c) 빔 최대의 위치들과 교차 레벨들을 제시하라. (d) 빔주사 원리를 이용하여 빔 1과 2의 빔 최대 방향을 계산하라.

**8.9-3** ▸ 그림 8-33의 AN/PPS-18에 대하여 규정 이득 27 dB에 근거하여 개구면 효율을 구하라.

**8.9-4** ▸ 선형배열의 빔을 각 $\theta_0$로 회전시키기 위한 지연 선로 위상천이기의 선로 길이에 대한 표현식을 유도하라. $n$번째 소자에 대하여 요구되는 위상을 $\alpha_n = -(2\pi/c)fnd\cos\theta_o$으로 놓고 시작하라.

**8.9-5** ▸ *프로젝트*. 디지털 위상천이 방식에 기인하는 양자화 로브(quantization lobe)에 대하여 조사하라.

**8.9-6** ▸ *프로젝트*. 버틀러 및 블래스 빔형성 회로망의 동작에 관하여 조사하여 보고하라.

**8.9-7** ▸ 버틀러 망 BFN에 대한 그림 8-32의 빔 1 및 2의 패턴을 계산하고 빔이 교차되는 지점의 값과 각도를 결정하라.

**8.10-1** ▸ $d = d_x = d_y$인 평면배열에 대하여 6 dB의 최대 소자 이득 값을 갖게 되는 소자간격을 파장의 비로, 즉 $d/\lambda$를 구하라.

**8.11-1** ▸ 이 문제는 선형 위상배열에서 주파수가 빔 조정에 미치는 영향을 알아보는 것이다. (a) 식 (8-122)를 유도하라. 2 GHz에서 브로드사이드로부터 30° 방향으로 빔을 조정할 수 있도록 설정된 위상천이기를 갖는 배열이 있다. 각각 (b) 1.6 GHz와 (c) 2.4 GHz에서 빔 최대가 되는 브로드사

이드로부터의 각을 구하라.

**8.11-2** ▸ 대역폭이 40%이고 브로드사이드로부터 45°에 이르는 주사가 가능한 위상배열이 필요하다. 그림 8-36에 주어진 안테나 유형들 중에 어느 것이 이 배열의 소자로 가능하겠는지 결정하라.

# 제 9 장 개구면 안테나

## Aperture Antennas

표 1-4에 요약한 바와 같이, 안테나에는 전기적으로 소형인 안테나, 공진형 안테나, 광대역 안테나, 그리고 개구면 안테나의 네 가지 유형이 있다 기초적인 전기적 소형 안테나는 3.1절과 3.4절에서, 공진형 안테나는 3.2절, 3.3절, 그리고 제5장에서 다루었다. 광대역에 대한 설명은 제7장에 있다. 이 장에서는 네 번째이면서 마지막 안테나 유형인 **개구면 안테나**(aperture antenna)를 다루기로 한다. 개구면 안테나 구조의 일부분으로 개구면 혹은 열린 틈이 있는데, 이곳으로 전자파가 흘러 나간다. 수신기로 사용되는 개구면 안테나는 이 개구면을 통하여 전자파를 '모은다.' 음향학에서는 이와 유사한 것으로 확성기와 포물면 마이크로폰이 있는데, 이들은 초점에 있는 마이크로폰에 음파를 모으기 위해 포물면 반사판을 사용한다. 사람 눈의 수정체 또한 가시주파수의 전자파에 대한 개구면이다. 무선주파수에서의 개구면 안테나의 예로는 표 1-4에 나타낸 것과 같은 혼과 반사판을 들 수 있다. UHF와 그 이상의 주파수에서는 개구면 안테나가 흔히 사용된다. 개구면 안테나는 매우 높은 이득을 요구하는 응용분야에 유용하다. 큰 개구면 안테나의 두드러진 특징은 주파수에 따라 이득이 증가한다는 점이다. 주파수에 따라 개구면 효율이 변하지 않는다면, 식 (4-27)에서와 같이, 개구면 안테나의 이득은 주파수의 제곱에 비례해 증가한다. 또 하나의 특징은 입력 임피던스가 거의 실수값이라는 점이다.

모든 수신 안테나는 전자파를 모으는 작용을 하므로, 4.4.1절에서와 같이 모든 안테나에 대해 유효 개구면을 정의할 수 있다. 그러나 이 장에서는 물리적으로 명백하게 개구면이 있는 안테나만을 다루기로 한다. 첫 절에서는 임의 개구면 안테나로부터의 방사패턴을 계산하기 위한 일반적인 원리들을 전개하고, 이어서 직사각형과 원형 개구면에 대해 집중적으로 다룬다. 이어서 혼과 원형 포물면 반사판과 같은 특수한 안테나의 특성들에 대해 논의한다. 이전의 장들에서와 같이 이론적인 유도를 통하여 안테나 파라미터들에 대한 정확한 이해와 더불어 설계 기술도 끌어낼 수 있다. 이 절에서는 이득을 계산하는 정확한 방법과 근사적인 방법을 모두 제시한다.

## 9.1 개구면 방사와 호이겐스 원리

제2차 세계대전까지 개구면 안테나가 널리 이용되지는 않았지만, 그 기본 개념은 1690년 호이겐스(Huygens)가 물체 주위에서 빛이 구부러진다(회절한다)고 간단하게 설명한 데서 찾아볼 수 있다. 파면의 각 점을 구면파의 이차 전원으로 생각하면 이 사실을 쉽게 이해할 수 있다. 이러한 순방향으로의 이차 전파들의 포락선이 그 다음의 파면이 된다. 호이겐스 원리가 나온 지 약 150년이 지난 후에, 프레넬(Fresnel)에 의해 파면 간의 위상천이가 파면 간의 거리 $\Delta L$로부터 잘 알려진 관계인 $\beta\Delta L$로 계산된다는 것이 밝혀졌다. 이차 전파들로부터 어떻게 평면파와 구면파가 구성되는지 그

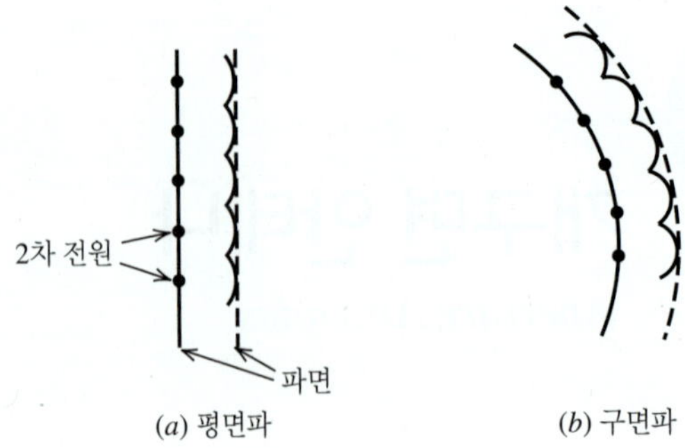


그림 9-1 연속되는 파면의 구성에 이용되는 이차 전파.

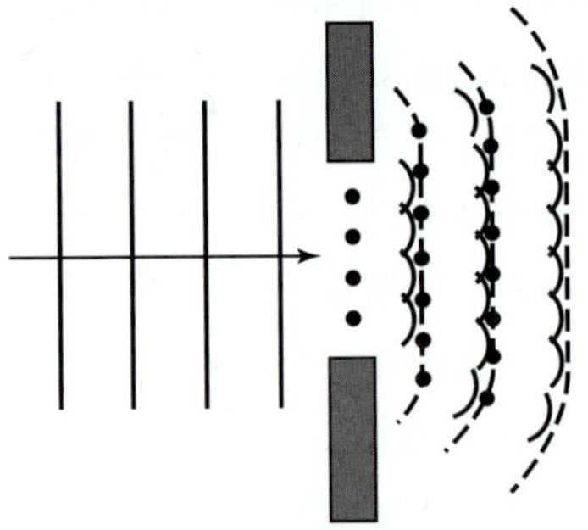

그림 9-2 스크린 면의 틈새로 입사되는 평면파. 모서리에서 일어나는 회절에 의해 틈새에서 방사가 퍼지게 된다.

림 9-1에서 볼 수있다. 그림 16-1과 16-2에서도 볼 수 있다. 이차 전파들의 포락선이 새로운 파면을 형성한다. 기하광학(광선추적)에 따르면, 스크린 면의 좁은 틈으로 빛을 비추면 밝은 영역과 완전히 어두운 그림자 영역이 확실한 경계를 이루며 나타난다. 기하광학은 파장에 비해 매우 큰 개구면에 대해서만 적용이 잘 된다. 이차 전원 개념을 통해, 이차 전파는 개구면을 통해 퍼져 나가게 되고 밝은 영역과 그림자 영역이 완만히 섞이는 것을 알 수 있다. 평면파가 입사되는 불투명한 스크린 면의 틈새에 대한 이러한 회절효과를 그림 9-2에서 볼 수 있다. 무한 개의 2차 전원들에 의한 작은 파동들의 중첩(혹은 합)은 이미 잘 알고 있는 연속적인 전원에 대한 방사 적분이 된다.

호이겐스 원리는 **등가원리**(equivalence principle) 혹은 **장 등가원리**(field equivalence principle)라고 부르는 수학적인 형태로 발전되었다. 장 등가원리에 의해 개구면 안테나를, 안테나에 의한 것과 등가인 방사장을 생성하는 등가전류로 대치할 수 있다. 맥스웰 방정식과 경계조건—이것은 모든 전자기장 문제들이 반드시 만족시켜야 한다—에 대한 어떤 해가 바로 문제의 해라는 점을 살핌으로써 등가원리를 유도할 수 있다. 이것은 미분방정식(예를 들어 맥스웰 방정식)과 경계조건을 만족시키는 해는 유일하다는, 수학에서의 **유일성 정리**(uniqueness theorem)에 따른 것이다. 이 개념을 이용해 개구면 안테나를 해석하는 데 사용하기 위한 등가전류 관계를 정립해 보자.

그림 9-3*a*의 원래 문제에서, 체적 $V$의 외부영역에서 맥스웰 방정식을 만족시키고 $S$ 상의 경계조건을 만족시키는 장은 유일하다.[1] 체적 $V$ 외부에 있는 전원과 $S$ 상의 경제조건이 변하지 않는 한

[1] 이 장에서 대문자 기호 $V$와 $S$는 각각 체적과 표면을 나타내는 데 사용한다.

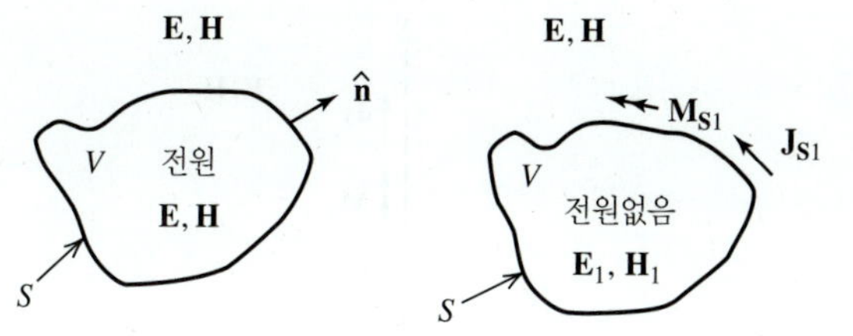


(*a*) 원래 문제 (*b*) 일반적인 등가 문제 (*c*) 내부계가 0인 등가 문제

**그림 9-3** 등가원리.

해(**E**, **H**)는 달라지지 않을 것이다. 등가 문제에서는, *V* 외부에 원래 전원이 없었으므로 외부의 전원은 변화가 없다. 또한 다음에 설명하는 바와 같이 경계조건도 변화가 없다. 원래 문제에서, 경계면 상의 장은 **E**(*S*)와 **H**(*S*)이다. 그림 9-3*b*의 등가 문제에서는, 원래의 전원(예를 들이 안테나 구조)을 제거하고, *S* 내부의 장을 변경하여 $\mathbf{E}_1$, $\mathrm{H}_1$으로 나타내었다. S 외부 장을 동일하게 유지하려면, *S* 상에서 장의 불연속을 만족시킬 수 있도록 등가선류를 부가해야 한다. 이러한 등가전류는 식 (2-22)와 (2-23)의 경계조건으로부터 다음과 같이 구할 수 있다.

$$\mathbf{J_{s1}} = \hat{\mathbf{n}} \times [\mathbf{H} - \mathbf{H}_1] \qquad S \text{ 상에서} \tag{9-1a}$$

$$\mathbf{M_{s1}} = [\mathbf{E} - \mathbf{E}_1] \times \hat{\mathbf{n}} \qquad S \text{ 상에서} \tag{9-1b}$$

여기에서 ($\mathbf{E}_1$, $\mathbf{H}_1$)과 (**E**, **H**)는 그림 9-3*b*에서 볼 수 있듯이 각각 *S*의 내부와 외부의 상이나. *S* 싱에서 장의 접선 성분만 알면 바로 구할 수 있는 이들 등가전류를 이용해 *S* 외부의 장을 구할 수 있다. 그러나 등가전류를 구하는 데 필요한 *S* 상의 장을 알 수 없으며, 등가전류로부터 외부 장을 어떻게 구할 수 있는지도 모르고 있다. 두 번째 문제부터 살펴보자.

내부의 장($\mathbf{E}_1$, $\mathbf{H}_1$)은 임의로 할 수 있으므로, 그림 9-3*c*와 같이 편의상 0으로 선택한다. 그러면 식 (9-1)은

$$\mathbf{J_s} = \hat{\mathbf{n}} \times \mathbf{H}(S) \tag{9-2a}$$

$$\mathbf{M_s} = \mathbf{E}(S) \times \hat{\mathbf{n}} \tag{9-2b}$$

가 되는데, 여기에서 **E**(*S*)와 **H**(*S*)는 표면 *S* 상의 장이다. 이와 같이 내부 장을 0으로 하는 공식을 러브의 등가원리(Love's equivalence principle)라고 한다.

그림 9-3*c*의 등가문제에서 *S* 내부의 장이 0이므로, *S* 내부 매질을 자유롭게 선택할 수 있다. *S*를 따라 완전 전기도체가 놓인다면, $\mathbf{J_s}$는 사라지게 된다. 전기 전류는 도체에 의해 단락되어 사라진다(shorted out)고 설명할 수도 있다. 이로써 전기도체가 있을 때에는 방사해 외부 장을 형성하는 자기전류밀도 $\mathbf{M_s}$만 남게 된다. 이와 유사하게 *S*를 따라 완전 자기도체를 둠으로써 $\mathbf{M_s}$를 제거하고, $\mathbf{J_s}$만 남게 할 수 있다. 따라서 등가 표현식을 두 개 더 얻게 되는데, 그것은 *S* 위에 완전 전기도체가 있을 때의 $\mathbf{M_s}$와 완전 자기도체가 있을 때의 $\mathbf{J_s}$이다. 둘 다 *S* 외부영역에 대한 정확한 장을 얻을 수 있다. 그러나 *S*가 일반적인 표면인 경우에는 이러한 문제들의 해를 얻기 어렵다. 실제 안테나가 도체 부분을 포함하고 있다면, $\mathbf{J_s}$는 그 부분에서의 실제 전류밀도이고, 개구면 부분에는 $\mathbf{J_s}$와 $\mathbf{M_s}$ 둘 다 포함하게 된다(어떤 가상의 도체도 끼워 넣기 전에는)는 것에 주의할 필요가 있다.

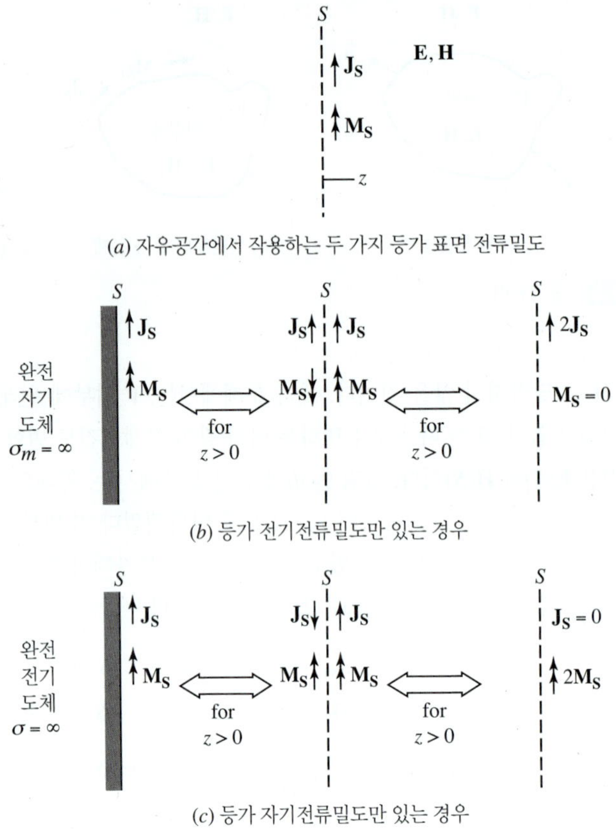


**그림 9-4 평면의 개구면에 대한 등가전류의 구성.** $z < 0$에 위치한 안테나를 제거하고, 서로 다른 세 가지 등가전류의 구성을 나타낸 것이다.

표면 $S$가 파장에 비해 크고 곡률이 작은 경우에는 표면에서 국부적으로 영상이론을 적용해 도체를 삽입했을 때 작용하는 전류를 구할 수 있다. 이 방법은 제16장에서 이용된다. 그러나 $S$의 선택은 편리하게 할 수 있고 또 방사 문제에 관심이 있으므로, $S$를 무한하게 확장할 수 있다. $S$는 폐곡면이어야 하므로, $S$는 $z = 0$을 따라 무한평면을 포함하고 그림 9-4의 $z < 0$ 영역의 전원들을 포함하도록 무한대에서 닫히게 된다. 이 경우에는 아무런 근사 없이 영상이론을 적용할 수 있어서 평면 개구면을 갖는 많은 실제적인 문제들을 쉽게 풀 수 있다.

평면인 표면 $S$에 영상이론을 적용해 풀이과정을 간단하게 할 수 있다. 이렇게 하여, 그림 9-4$a$에 나타낸 것과 같이 $z = 0$ 평면 상의 전류 $\mathbf{J}_s$와 $\mathbf{M}_s$에 의한 장을 구할 수 있다. 이어서 영상이론을 적용해 풀이과정을 절반으로 줄일 수 있다. 모든 안테나가 $xy$ 평면 상에 놓인 평면 개구면을 갖는 것은 아니지만, 등가의 개구평면 $S$를 구성할 수 있다. 이 점은 $S$ 상에서 장의 접선 성분을 구할 수 있는 경우에 유익하다. 여기에 대해서는 다음에 더 논의한다. 먼저 그림 9-4$a$의 등가전류에 의한 $z > 0$에서의 장을 구해야 한다. $z > 0$ 영역의 장($\mathbf{E}$, $\mathbf{H}$)는 식 (2-61)을 이용해 $\mathbf{A}$를 먼저 계산한 다음 식 (2-46)과 (2-36)으로부터 $\mathbf{E}$와 $\mathbf{H}$를 계산하는 방식으로 구할 수 있다. 이 경우 등가전류 $\mathbf{J}_s$와 $\mathbf{M}_s$에 의해 $z > 0$ 영역의 어디에서나 정확한 장을 얻을 수는 있다. 그러나 안테나 문제에 대해 적절한 원거리장의 해를 구하는 것으로 한정한다. 그러면 방사 문제를 풀기 위해 자주 사용했던 2.4.4절의 훨씬 더 간단한 과정을 이용할 수 있다. 여기에서 xy 평면 상의 평면형 면전류밀도 경우에 대한 공식을 다시 정리해 보기로 한다. 먼저 그림 9-4*a*의 기하구조에 적절한 식 (2-101)의 형태로 자기벡터전위를 구할 수 있다.

$$\mathbf{A} = \mu \frac{e^{-j\beta r}}{4\pi r} \iint_S \mathbf{J_S}(\mathbf{r}') e^{j\beta \hat{\mathbf{r}} \cdot \mathbf{r}'} dS' \tag{9-3}$$

원거리 전장은 식 (2-105)에서

$$\mathbf{E_A} = -j\omega(A_\theta \hat{\boldsymbol{\theta}} + A_\phi \hat{\boldsymbol{\phi}}) \tag{9-4}$$

인데, 아래첨자 *A*는 이 장이 자기벡터전위 **A**에서 발생한 것이라는 것을 나타낸다.

자기전류밀도와 연관된 전기벡터전위 **F**는 3.4.1절에서 소개한 쌍대성 원리로 구할 수 있다.[2]

$$\mathbf{F} = \varepsilon \frac{e^{-j\beta r}}{4\pi r} \iint_S \mathbf{M_s}(\mathbf{r}') e^{j\beta \hat{\mathbf{r}} \cdot \mathbf{r}'} dS' \tag{9-5}$$

**F**에서 발생하는 원거리 자장은 식 (9-4)와 쌍대이다.

$$\mathbf{H_F} = -j\omega(F_\theta \hat{\boldsymbol{\theta}} + F_\phi \hat{\boldsymbol{\phi}}) \tag{9-6}$$

이 해는 원거리장에 관한 것이므로, $\mathbf{H_F}$에 관련된 전장은 식 (2-107)의 TEM 관계에서 다음과 같이 구할 수 있다.

$$\mathbf{E_F} = \eta \mathbf{H_F} \times \hat{\mathbf{r}} = -j\omega\eta(F_\phi \hat{\boldsymbol{\theta}} - F_\theta \hat{\boldsymbol{\phi}}) \tag{9-7}$$

총전장은 각 전류에서 발생하는 성분들의 합으로 얻을 수 있다.

$$\mathbf{E} = \mathbf{E_A} + \mathbf{E_F} = -j\omega[(A_\theta + \eta F_\phi)\hat{\boldsymbol{\theta}} + (A_\phi - \eta F_\theta)\hat{\boldsymbol{\phi}}] \tag{9-8}$$

그림 9-4*a*의 등가 시스템은 전기와 자기전류밀도를 모두 포함하고 있다. 두 전류 중 하나만 다루어도 될 수 있도록 영상이론을 이용한다면 계산량은 상당히 감소한다. 먼저 표면 *S*를 따라서 완전 자기평면도체를 삽입한다. 그림 9-4*b*에 나타낸 영상전류는 완전 자기접지평면에서의 영상의 쌍대성으로 얻을 수 있다. 즉 평면에 평행한 자기전류의 영상은 반대 방향이고, 전기 전류의 영상은 같은 방향이다. 그림 9-4*b*와 같이 도체 평면을 제거하고 영상전류를 두면 $z > 0$에서의 장은 변하지 않는다. 전류들과 그들의 영상은 평면 *S*에 인접해 있으므로 이들의 벡터합을 구해 최종 등가 시스템을 얻을 수 있다. 이때 전기 표면전류밀도는 두 배가 되고 자기 표면전류밀도는 사라지게 되어 $z > 0$에서의 방사 전장은 $2\mathbf{E_A}$가 된다. 같은 방식으로 그림 9-4*c*의 맨 왼쪽에 나타낸 것과 같이 *S*를 따라 완전 전기접지평면을 삽입할 수 있다. 영상이론에 의해 그림과 같은 영상들이 얻어진다. 그림 3-8을 참조하라. 이 영상들이 함께 작용해 총 전기 표면전류밀도는 0이 되고, 총 자기 표면전류밀도는 $2\mathbf{M_S}$가 되므로 $z > 0$에 대한 방사 전장은 $2\mathbf{E_F}$가 된다.

이제 방사패턴을 계산하기에 가장 적합한 형태로 등가이론을 요약할 수 있다. 먼저 안테나에

[2] 전기벡터 전위의 기호 **F**를 정규화 방사패턴 $F(\theta, \phi)$와 혼동해서는 안 된다.

대한 개구면을 선택하는데, 이것은 보통 안테나의 물리적인 개구면이지만 꼭 그럴 필요는 없다. 개구면 평면이 $xy$ 평면이고 $+z$축이 순방향 방사 방향이 되도록 좌표계를 설정한다. 그러면 $z > 0$에 대한 방사장은 그림 9-4의 세 가지 등가 시스템 중의 하나에 의해 다음과 같이 구할 수 있다.

**a.** $S$ ($xy$ 평면) 상의 $\mathbf{J_S}$와 $\mathbf{M_S}$

$$\mathbf{E} = \mathbf{E_A} + \mathbf{E_F} \tag{9-9$a$}$$

식 (9-3)을 식 (9-4)에 대입하고, 식 (9-5)를 식 (9-6)과 (9-7)에 대입한다.

**b.** $S$ 상의 $2\mathbf{J_S}$

$$\mathbf{E} = 2\mathbf{E_A} \tag{9-9$b$}$$

**c.** $S$ 상의 $2\mathbf{M_S}$

$$\mathbf{E} = 2\mathbf{E_F} \tag{9-9$c$}$$

등가 개구면 전류들에 의한 방사를 구하는 과정이 명백해졌으므로, 이제 식 (9-2)로 설정되는 이들 전류를 결정하는 방법에 대해 알아보자.

이제까지 통상적인 원거리장 근사를 제외하고는 아무런 근사도 하지 않았다. 실제로 위의 세 과정 중 어느 것에나, 정확한 $\mathbf{E}(S)$와 $\mathbf{H}(S)$들 중 하나 이상을 사용한다면 $z > 0$인 반평면에서의 정확한 원거리장을 얻을 수 있다. 그러나 평면 $S$ 전체에 걸쳐서 장을 정확하게 안다는 것은 거의 불가능하다. 보통 기껏해야 무한 개구평면의 유한한 부분에 있어서 근사적인 장을 알 수 있을 뿐이다. 이러한 접근방법 중의 하나가 널리 사용되는 물리광학 근사(physical optics approximation)인데, 이 방법에서는 개구면에서의 장 $\mathbf{E}_a$와 $\mathbf{H}_a$를 입사파의 물리광학 근사로 가정한다. 보통 이 장들은 무한평면 $S$의 어떤 유한 부분 $S_a$ 위에서만 존재하고, $S$의 나머지 부분에서는 0이라고 가정한다. 대부분의 경우에 개구표면 $S_a$는 안테나의 물리적인 개구면과 일치한다. 이러한 근사는 개구면의 크기가 파장에 비해 커질수록 더 잘 맞는다.

세 가지 과정들을 간단히 해 보자. 무한평면 $S$의 어떤 부분 $S_a$ 위에 존재하면서 또 접선 방향인 개구면장 $\mathbf{E}_a$와 $\mathbf{H}_a$를 알고 있다고 가정하자(물리광학 근사의 방법을 적용할 수도 있다). 등가 표면 전류밀도는 식 (9-2)로부터 $S_a$ 상에서는

$$\mathbf{J_S} = \hat{\mathbf{n}} \times \mathbf{H}_a \tag{9-10}$$

$$\mathbf{M_S} = \mathbf{E}_a \times \hat{\mathbf{n}} \tag{9-11}$$

그리고 나머지 부분에서는 0이다. 이들을 식 (9-3)과 (9-5)에 이용하면 다음 식들을 얻게 된다.

$$\mathbf{A} = \mu \frac{e^{-j\beta r}}{4\pi r} \hat{\mathbf{n}} \times \iint_{S_a} \mathbf{H}_a e^{j\beta \hat{\mathbf{r}} \cdot \mathbf{r}'} dS' \tag{9-12}$$

$$\mathbf{F} = -\varepsilon \frac{e^{-j\beta r}}{4\pi r} \hat{\mathbf{n}} \times \iint_{S_a} \mathbf{E}_a e^{j\beta \hat{\mathbf{r}} \cdot \mathbf{r}'} dS' \tag{9-13}$$

위의 두 적분식은 이차원 푸리에변환이다. 선전원에서 전류분포의 푸리에변환(제5장 참조)과 같은 방식으로, 개구면장의 이차원 푸리에변환은 개구면 안테나의 방사 계산에 중요한 역할을 한다. 따라서 적분들에 대해서 다음과 같이 정의한다.

$$\mathbf{P} = \iint_{S_a} \mathbf{E}_a e^{j\beta\hat{\mathbf{r}}\cdot\mathbf{r}'} dS' \tag{9-14}$$

$$\mathbf{Q} = \iint_{S_a} \mathbf{H}_a e^{j\beta\hat{\mathbf{r}}\cdot\mathbf{r}'} dS' \tag{9-15}$$

두 개구면장에 근거한 원거리 전장은 문헌에서 자주 볼 수 있는 단일 표현식으로 쓸 수 있다. 총 전장을 전위들로 표현하면, 식 (9-4)와 (9-7)로부터

$$\mathbf{E} = -j\omega\mathbf{A} - j\omega\eta\mathbf{F} \times \hat{\mathbf{r}} \tag{9-16}$$

이 되는데, 여기에서 첫 항의 $r$ 성분은 무시한다. 식 (9-12)와 (9-13)에 대입하고 더 정리하면 다음과 같은 식이 얻어진다.

$$\mathbf{E} = -j\beta\frac{e^{-j\beta r}}{4\pi r}\hat{\mathbf{r}} \times \iint_{S_a} [\hat{\mathbf{n}} \times \mathbf{E}_a - \eta\,\hat{\mathbf{r}} \times (\hat{\mathbf{n}} \times \mathbf{H}_a)]e^{j\beta\hat{\mathbf{r}}\cdot\mathbf{r}'} dS' \tag{9-17}$$

이 식은 개구면장들로부터 방사된 전장의 완전한 벡터 형식이며, **회절적분**(diffraction integral)이라고 부르기도 한다. '회절'이라는 용어를 사용하는 이유는 식 (9-17)을 이용해 얻어진 장이 전원 분포의 모든 소자들에 대한 중첩을 나타내기 때문이다. 이것이 안테나의 점들에서 관측점까지 광선들을 추적하는 기하광학과 대비되는 점이다(16.1절 참조). 이어지는 전개과정들은 푸리에변환 **P**와 **Q**로 계산한다. 이것이 더 유익할 뿐만 아니라 순차적인 접근이다.

개구표면 $S_a$가 $xy$ 평면 위에 있으므로, $\mathbf{r}' = x'\hat{\mathbf{x}} + y'\hat{\mathbf{y}}$이다. 이것과 식 (C-4)의 구좌표계로 표현된 $\hat{\mathbf{r}}$을 식 (9-14)와 식 (9-15)에 대입하면 다음 식을 얻게 된다.

$$P_x = \iint_{S_a} E_{ax}(x', y')e^{j\beta(x'\sin\theta\,\cos\phi + y'\sin\theta\,\sin\phi)} dx'dy' \tag{9-18$a$}$$

$$P_y - \iint_{S_a} E_{ay}(x', y')e^{j\beta(x'\sin\theta\,\cos\phi + y'\sin\theta\,\sin\phi)} dx'dy' \tag{9-18$b$}$$

$$Q_x = \iint_{S_a} H_{ax}(x', y')e^{j\beta(x'\sin\theta\,\cos\phi + y'\sin\theta\,\sin\phi)} dx'dy' \tag{9-19$a$}$$

$$Q_y = \iint_{S_a} H_{ay}(x', y')e^{j\beta(x'\sin\theta\,\cos\phi + y'\sin\theta\,\sin\phi)} dx'dy' \tag{9-19$b$}$$

이제 $\hat{\mathbf{n}} = \hat{\mathbf{z}}$으로 놓으면 식 (9-12)와 식 (9-13)은 다음 식들로 간단하게 된다.

$$\mathbf{A} = \mu\frac{e^{-j\beta r}}{4\pi r}(-Q_y\hat{\mathbf{x}} + Q_x\hat{\mathbf{y}}) \tag{9-20}$$

$$\mathbf{F} = -\varepsilon\frac{e^{-j\beta r}}{4\pi r}(-P_y\hat{\mathbf{x}} + P_x\hat{\mathbf{y}}) \tag{9-21}$$

식 (C-1)과 식 (C-2)에서와 같이 $\hat{\mathbf{x}}$와 $\hat{\mathbf{y}}$를 구좌표계로 표현한 다음, $\theta$와 $\phi$ 성분만 남기면 다음과 같이 정리된다.

$$\mathbf{A} = \mu \frac{e^{-j\beta r}}{4\pi r} \left[ \hat{\boldsymbol{\theta}} \cos\theta (Q_x \sin\phi - Q_y \cos\phi) + \hat{\boldsymbol{\phi}} (Q_x \cos\phi + Q_y \sin\phi) \right] \tag{9-22}$$

$$\mathbf{F} = -\varepsilon \frac{e^{-j\beta r}}{4\pi r} \left[ \hat{\boldsymbol{\theta}} \cos\theta (P_x \sin\phi - P_y \cos\phi) + \hat{\boldsymbol{\phi}} (P_x \cos\phi + P_y \sin\phi) \right] \tag{9-23}$$

식 (9-8)에 이들을 이용하면 최종적인 방사장 성분들이 얻어진다.

$$\text{(a)} \quad E_\theta = j\beta \frac{e^{-j\beta r}}{4\pi r} \left[ P_x \cos\phi + P_y \sin\phi + \eta \cos\theta (Q_y \cos\phi - Q_x \sin\phi) \right] \tag{9-24a}$$

$$E_\phi = j\beta \frac{e^{-j\beta r}}{4\pi r} \left[ \cos\theta (P_y \cos\phi - P_x \sin\phi) - \eta (Q_y \sin\phi + Q_x \cos\phi) \right] \tag{9-24b}$$

같은 방식으로, 다른 두 등가 시스템도 다음 식들과 같이 정리된다.

$$\text{(b)} \quad E_\theta = j\beta\eta \frac{e^{-j\beta r}}{2\pi r} \cos\theta (Q_y \cos\phi - Q_x \sin\phi) \tag{9-25a}$$

$$E_\phi = -j\beta\eta \frac{e^{-j\beta r}}{2\pi r} (Q_y \sin\phi + Q_x \cos\phi) \tag{9-25b}$$

$$\text{(c)} \quad E_\theta = j\beta \frac{e^{-j\beta r}}{2\pi r} (P_x \cos\phi + P_y \sin\phi) \tag{9-26a}$$

$$E_\phi = j\beta \frac{e^{-j\beta r}}{2\pi r} \cos\theta (P_y \cos\phi - P_x \sin\phi) \tag{9-26b}$$

전체 개구면에 걸쳐서 정확한 개구면장을 이용한다면, 식 (9-24)에서 식 (9-26)까지 세 공식들은 똑같은 결과를 가져올 것이다. 정확한 개구면장을 이용하면. 전기전류와 자기전류에 의한 기여가 동일하게 된다[H.3: Collin and Zucker, Part 1, p. 73]. 따라서 두 형태의 전류를 모두 사용하는 등가 시스템에서는 식 (9-24)에서와 같이, $\pi/2 \leq \theta \leq \pi$일 때 $\cos\theta$가 0보다 작으므로 $z < 0$에서 전체 장은 0이 되어, 등가이론에 의해 정의된 것처럼 기여분들은 상쇄된다. 그러나 식 (9-25)와 식 (9-26)의 단일전류 시스템들은 $z < 0$에서 장들이 0이 되지 않는다. 이것은 이들을 전개하는 데 영상이론을 사용했으므로 예측할 수 있는 결과이며, $z > 0$인 영역에서만 동일한 장이 얻어지게 된다.

식 (9-24)에서 식 (9-26)까지의 식들에 나타나는 삼각함수들은 개구면 등가 면전류 밀도의, 원거리장 성분들을 포함하는 평면(즉 $\hat{\mathbf{r}}$에 수직인)으로의 정사영을 나타낸다. 개구면장의 표현식에서, 방사적분에 곱해지는 삼각함수를 경사인자(obliquity factor)라고 부르기도 한다. $z$축을 따라 분포하는 선전원에 대한 소자성분 $\sin\theta$가 경사인자이다. 크기가 수 파장인 개구면들에서는, 주빔과 처음 몇 개의 부엽들은 경사인자에 의해서 크게 감소되지는 않는다. 그러면 푸리에변환으로 패턴을 충분히 기술할 수 있으며, 개구면 안테나 문제는 개구면 전장 크기에 대한 푸리에변환으로부터 (스칼라) 원거리장의 패턴을 먼저 구하는 것으로 간략하게 된다. 편파는 $\mathbf{E_A}$를 원거리장 구면에 투사해 원거리장 구면의 접선 방향인 개구면 전장 성분으로부터 결정된다.

실제로는 물리광학 근사로 얻어지는 것과 같은, 개구면장에 대한 근사적인 정보만 얻을 수 있으므로 세 공식들은 서로 다른 결과를 가져오게 된다. 세 결과의 정확도는 개구면장의 정확도에 따라 결정되지만, 그 차이는 대개의 경우 중요하지 않다. 도전성 접지평면 상의 개구면의 경우, 개구평면(개구면 그 자체를 제외한)을 무한한 완전도체 평면으로 적절하게 모델링할 수 있다. 그러면 도체 위의 접선 방향 전장은 0이라는 경계조건에 의해 개구면 전장, 따라서 자기전류가 개구면 밖에서는

0이 되므로, 식 (9-26)의 자기 전류(개구면 전장) 공식이 더 유리하다. 자유공간의 개구면 경우에는 식 (9-24)의 쌍전류 공식이 사용된다. 이것은 보통 개구면장들이 TEM 파와 같은 관계를 갖는다는 가정을 수반하게 된다.

$$\mathbf{H}_a = \frac{1}{\eta}\hat{\mathbf{z}} \times \mathbf{E}_a \tag{9-27}$$

이것은 다음을 의미한다.

$$\mathbf{Q} = \frac{1}{\eta}\hat{\mathbf{z}} \times \mathbf{P} \qquad \text{or} \qquad Q_x = -\frac{P_y}{\eta}, \quad Q_y = \frac{P_x}{\eta} \tag{9-28}$$

이 가정은 중간이득에서 고이득까지의 안테나에 대해 유효하며 규모가 수 파장 정도에 그치는 개구면에 대해서도 종종 성공적으로 적용되기도 한다. 식 (9-24)에 식 (9-28)을 이용하면

$$E_\theta = j\beta\frac{e^{-j\beta r}}{2\pi r}\frac{1+\cos\theta}{2}\left[P_x\cos\phi + P_y\ \sin\phi\right] \tag{9-29$a$}$$

$$E_\phi = j\beta\frac{e^{-j\beta r}}{2\pi r}\frac{1+\cos\theta}{2}\left[P_y\cos\phi - P_x\sin\phi\right] \tag{9-29$b$}$$

을 얻을 수 있는데, 이것은 식 (9-24)보다 간단한 형태이다. 대괄호 안의 인수들은 식 (9-26)의 것들과 동일하다. 고이득 안테나의 경우 방사가 주로 일어나는 작은 값의 $\theta$에 대해서 경사인자 $(1+\cos\theta)/2$는 식 (9-26)의 경사인자 $\cos\theta$와 거의 차이가 나지 않는다. 영상이론을 사용하지 않았으며, 또 유한한 개구면 위를 제외하고는 등가전류들이 0이기 때문에 안테나를 둘러싸도록 표면 $S$를 취할 수 있으므로, 식 (9-26)과는 달리, 식 (9-29)는 전 공간(즉 $0 < \theta < 180°$)에서 유효하다. 그러나 주빔에서 멀리 벗어나는 방향에 대해서는 정확도가 떨어질 수도 있다. 요약하면 식 (9-26)은 접지평면 위의 개구면에 대해 사용하고, 식 (9-29)는 자유공간의 개구면 안테나에 사용해야 한다.

### 예제 9-1 무한 도체 평면 상의 틈

개구면 안테나 계산과정과 기하광학 근사는 그림 9-5에 나타낸 것과 같은 안전도체 무한평면 상의 틈에 수직으로 입사하는 평면파의 경우에 더 쉽게 설명될 수 있다. 이것은 좌표계의 차이를 제외하고는 그림 5-7$a$와 동일한 문제이다. 기하광학 근사로부터, $+z$ 방향으로 진행하는 평면파에 관련된 입사장 $\mathbf{E}^i = \hat{\mathbf{y}}E_o e^{-j\beta r}$이 물리적인 개구면 상의 장을 형성한다고 가정하면

$$\mathbf{E}_a = \begin{cases} \hat{\mathbf{y}}E_o & |y| \le \dfrac{L}{2}, \qquad z=0 \\ 0 & \text{그 외} \end{cases} \tag{9-30}$$

이 된다. 개구평면의 완전도체 부분에서는 개구면 전상이 0이 되므로 이 경우에는 자기전류 공식이 적절하다. 개구면장이 $x$ 방향으로 균일하므로 근본적으로 일차원적인 문제가 된다. 방사장은 $x$축을 따라서는 위치에 따른 변화가 없다. 따라서 $yz$ 평면에 대해서만 고려하면 되고, 개구면장이 $y$방향뿐이므로, 식 (9-18)은 다음 식으로 간단히 된다.

$$\mathbf{P} = \hat{\mathbf{y}}P_y = \hat{\mathbf{y}}\int_{-L/2}^{L/2} E_o e^{j\beta y'\sin\theta}dy' = \hat{\mathbf{y}}E_o L\,\frac{\sin[(\beta L/2)\sin\theta]}{(\beta L/2)\sin\theta} \tag{9-31}$$

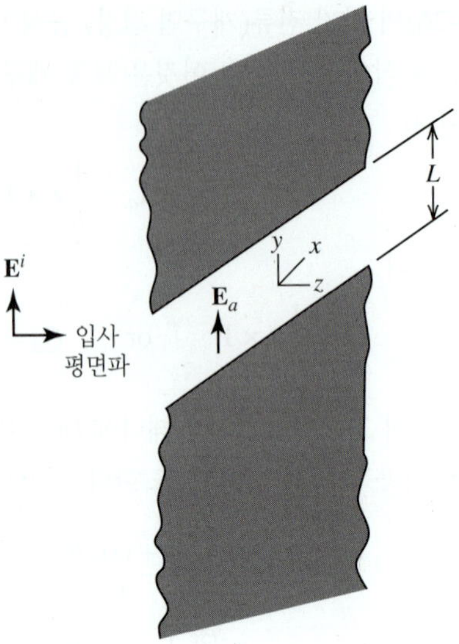


그림 9-5 **무한 도체평면 위의 틈에 입사되는 평면파.** 틈은 $x$ 방향으로 무한하고, $y$ 방향의 폭은 $L$이다.

여기에서는 $z$축이 전류에 수직이 되는 기하학적 차이만을 제외하면 이 결과는 식 (5-2)의 선전원 패턴과 동일하다.

정규화하면, 이 표현식의 크기로부터 다음 방사패턴이 얻어진다.

$$F(\theta) = \frac{\sin[(\beta L/2)\sin\theta]}{(\beta L/2)\sin\theta} \tag{9-32}$$

원거리장(전장)의 편파는 개구면 전장 방향 $\hat{\mathbf{y}}$의 원거리장 구면에의 접선성분인데($\phi = 90°$ 관측평면에서), 이것은 $\theta$ 성분이므로 $\phi$ 성분은 존재하지 않는다. $\theta = 90°$에서 식 (9-32)가 0이 되지 않는다는 사실에 주의해야 한다. $E_\theta$는 도체평면에 수직으로 존재할 수 있기 때문이다. 일차원적으로 무한한 개구면을 갖는 본 예제의 경우에, 이러한 주의는 적절하다. 실제로는 삼차원 문제라기보다는 이차원적인 것이다(같은 의미로, 개구면은 이차원이라기보다는 일차원이다). 따라서 식 (9-26)에서 완전한 전장을 얻을 수 없다. 구면파인 $e^{-j\beta r}/r$(즉 자유공간 그린 함수)는 원통면 파의 형태인 $e^{-j\beta r}/\sqrt{r}$로 대치된다. 그러나 여기에서 언급된 일차원 푸리에변환으로 정확한 각에 따른 변화(패턴)를 얻을 수 있다. 이러한 간단한 접근법으로 얻은 패턴은 더 정확한 기법들로 구한 것과 잘 일치하는데, 전기적으로 크지 않은 $L = 0.45\lambda$인 틈에 대해서도 그렇다[1].

## 9.2 직사각형 개구면

물리적인 개구면의 모양이 직사각형인 몇 가지 유형의 안테나가 있는데, 예를 들면 많은 혼 안테나들이 직사각형 개구면으로 되어 있다. 또 다른 예로는 도파관과 같은 금속의 전원구조에 있는 직사각형의 틈을 들 수 있다. 이 절에서는 균일하게 급전되는, 그리고 테이퍼형으로 급전되는 직사각형 개구면들에 대한 기본적인 원리에 대해 살펴본다. 9.4절에서 직사각형 개구면 혼 안테나에 이 원리들이 적용된다.

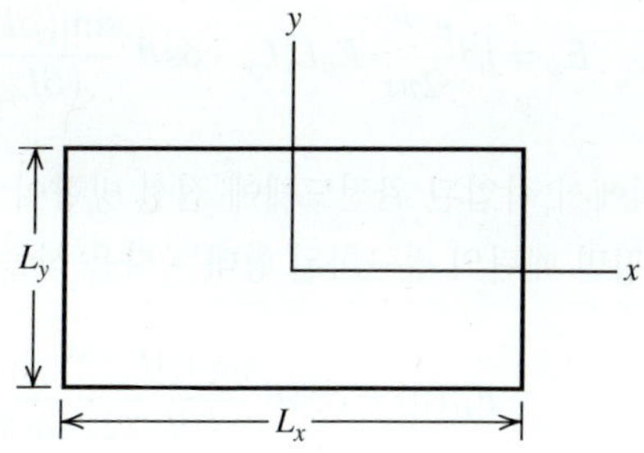


그림 9-6 직사각형 개구면.

## 9.2.1 균일 직사각형 개구면

그림 9-6은 일반적인 직사각형 개구면으로 개구면장이 $L_x \times L_y$ 영역으로 제한되는 이상적인 방식으로 급전된다. 개구면장이 물리적인 개구면에 걸쳐서 위상과 진폭이 균일한 경우를 균일 직사각형 개구면(uniform rectangular aperture)이라고 한다. 개구면 전장이 $y$ 방향으로 편파되어 있다고 가정하면 균일 직사각형 개구면 전장은 다음 식으로 주어진다.

$$\mathbf{E}_a = E_o \hat{\mathbf{y}}, \quad |x| \leq \frac{L_x}{2}, \quad |y| \leq \frac{L_y}{2} \tag{9-33}$$

그러면 식 (9-18$b$)에서

$$P_y = E_o \int_{-L_x/2}^{L_x/2} e^{j\beta x' \sin\theta \cos\phi} dx' \int_{-L_y/2}^{L_y/2} e^{j\beta y' \sin\theta \sin\phi} dy'$$

$$= E_o L_x L_y \frac{\sin[(\beta L_x/2)u]}{(\beta L_x/2)u} \frac{\sin[(\beta L_y/2)v]}{(\beta L_y/2)v} \tag{9-34}$$

이 되는데, 여기에서 다음과 같은 패턴 변수들을 도입했다.

$$u = \sin\theta \cos\phi, \qquad v = \sin\theta \sin\phi \tag{9-35}$$

완전한 방사장은 식 (9-26)에서 다음과 같이 구할 수 있다.

$$E_\theta = j\beta \frac{e^{-j\beta r}}{2\pi r} E_o L_x L_y \sin\phi \frac{\sin[(\beta L_x/2)u]}{(\beta L_x/2)u} \frac{\sin[(\beta L_y/2)v]}{(\beta L_y/2)v} \tag{9-36a}$$

$$E_\phi = j\beta \frac{e^{-j\beta r}}{2\pi r} E_o L_x L_y \cos\theta \cos\phi \frac{\sin[(\beta L_x/2)u]}{(\beta L_x/2)u} \frac{\sin[(\beta L_y/2)v]}{(\beta L_y/2)v} \tag{9-36b}$$

이 장들은 꽤 복잡한 $\theta$와 $\phi$의 함수들이지만, 주평면들에 대해서는 간단하게 표현할 수 있다. $E$ 평면($yz$ 평면)에서는, $\phi = 90°$(그리고 270°)이므로, 식 (9-36$a$)는 다음 식으로 간단하게 정리된다.

$$E_\theta = j\beta \frac{e^{-j\beta r}}{2\pi r} E_o L_x L_y \frac{\sin[(\beta L_y/2)\sin\theta]}{(\beta L_y/2)\sin\theta} \quad E \text{ 평면} \tag{9-37}$$

$H$ 평면($xz$ 평면)에서는 $\phi = 0°$(그리고 180°)이므로 식 (9-36$b$)는 다음과 같다.

$$E_\phi = j\beta \frac{e^{-j\beta r}}{2\pi r} E_o L_x L_y \cos\theta \frac{\sin[(\beta L_x/2)\sin\theta]}{(\beta L_x/2)\sin\theta} \quad H \text{ 평면} \tag{9-38}$$

등가자기전류 공식에서 삽입된 완전도체에 접선 방향이 되는 $\theta = 90°$에서 $E_\phi$는 0이 된다는 점을 주목하라. 이들 주평면 패턴의 정규화된 형태는 다음 식들과 같다.

$$F_H(\theta) = \cos\theta \frac{\sin[(\beta L_x/2)\sin\theta]}{(\beta L_x/2)\sin\theta}, \qquad \phi = 0° \tag{9-39}$$

$$F_E(\theta) = \frac{\sin[(\beta L_y/2)\sin\theta]}{(\beta L_y/2)\sin\theta}, \qquad \phi = 90° \tag{9-40}$$

큰 개구면($L_x$, $L_y \gg \lambda$)의 경우에는 주빔이 좁아서 $\cos\theta$ 인자를 무시할 수 있으므로, 주빔 패턴들은 둘 다 균일선전원의 경우 등에서 몇 번 사용했던 $\sin(x)/x$의 형태이다. 식 (9-36)의 경사인자를 무시하면, 균일 직사각형 개구면의 정규화 패턴 성분은

$$f(u, v) = \frac{\sin[(\beta L_x/2)u]}{(\beta L_x/2)u} \frac{\sin[(\beta L_y/2)v]}{(\beta L_y/2)v} \tag{9-41}$$

으로 되는데, 이것은 식 (9-34)의 $P_y$의 정규화된 표현이다. 주평면들에서의 반전력 빔폭은 식 (5-12)의 선전원의 결과를 따르게 되는데, $xz$와 $yz$ 평면들에서의 빔폭의 표현식은 다음과 같다.

$$\text{HP}_x = 0.886 \frac{\lambda}{L_x} \text{ rad} = 50.8 \frac{\lambda}{L_x} \text{ deg} \tag{9-42a}$$

$$\text{HP}_y = 0.886 \frac{\lambda}{L_y} \text{ rad} = 50.8 \frac{\lambda}{L_y} \text{ deg} \tag{9-42b}$$

끝으로 균일 직사각형 개구면에 대한 지향성의 표현식을 유도해 보자. 변수 $u$와 $v$를 사용해 이러한 계산을 상당히 간단히 할 수 있다. $\theta$와 $\phi$로부터 식 (9-35)로 주어지는 $u$와 $v$로의 변환은 근본적으로 단위 반지름의 구면을 그 구면의 적도를 지나는 평면상에 투영하여, 단위 반지름의 원판이 만들어지는 것과 같다. $u$, $v$ 원판은 지도 제작법에서 평면 지도에, 예를 들어 북반구를 나타내려고 사용하는 방위도 투영법과 유사하다. 지구는 북극을 원점으로 해 투영되고 방위선들은 실제 나침반의 방향을 나타낸다. $\theta \le \pi/2$에 대응하는 $u$와 $v$에서의 가시영역은 식 (9-35)에서 다음과 같이 표현된다.

$$u^2 + v^2 = \sin^2 \theta \le 1 \tag{9-43}$$

$\theta \le \pi/2$로의 방사만을 고려하면 다음 식으로 입체각을 구할 수 있다.

$$\Omega_A = \int_0^{2\pi} \int_0^{\pi/2} |F(\theta, \phi)|^2 d\Omega \tag{9-44}$$

$u$와 $v$로 표현되는 전 가시영역에 걸쳐 적분해 빔입체각을 구할 수 있다. $d\Omega$를 $u$, $v$ 평면으로 투영하면 $du\,dv = \cos\theta\, d\Omega$가 얻어진다. 식 (9-43)에서 $\cos\theta = \sqrt{1 - u^2 - v^2}$이므로, $d\Omega = du\,dv/\sqrt{1 - u^2 - v^2}$이고, 식 (9-44)는 다음과 같은 일반적인 표현식이 된다.

$$\Omega_A = \iint_{u^2+v^2\le 1} |F(u,\ v)|^2 \frac{du\ dv}{\sqrt{1-u^2-v^2}} \tag{9-45}$$

커다란 균일 위상 개구면($L_x$와 $L_y \gg \lambda$)의 경우, $u = v = 0(\theta = 0)$ 부근의 좁은 영역으로 방사가 집중되므로 식 (9-45)의 분모에 나타나는 제곱근은 근사적으로 1이 된다. 또한 부엽들이 매우 낮아서 적분구간을 무한대로 확장하더라도 적분값에 크게 영향을 주지 않는다.

균일 직사각형 개구면에 대한 식 (9-41)을 식 (9-45)에 대입하고 이 결과들을 이용해 다음 식을 얻을 수 있다.

$$\Omega_A = \int_{-\infty}^{\infty} \frac{\sin^2[(\beta L_x/2)u]}{[(\beta L_x/2)u]^2} du \int_{-\infty}^{\infty} \frac{\sin^2[(\beta L_y/2)v]}{[(\beta L_y/2)v]^2} dv \tag{9-46}$$

변수치환을

$$u' = \frac{\beta L_x}{2} u = \frac{\beta L_x}{2} \sin\theta\ \cos\phi \tag{9-47a}$$

$$v' = \frac{\beta L_y}{2} v = \frac{\beta L_y}{2} \sin\theta\ \sin\phi \tag{9-47b}$$

와 같이 행하면 다음 식을 얻을 수 있다.

$$\Omega_A = \frac{2}{\beta L_x} \frac{2}{\beta L_y} \int_{-\infty}^{\infty} \frac{\sin^2 u'}{(u')^2} du' \int_{-\infty}^{\infty} \frac{\sin^2 v'}{(v')^2} dv' \tag{9-48}$$

식 (F-12)로부터 위의 각 적분은 $\pi$가 되므로, 따라서

$$\Omega_A = \frac{4}{(2\pi/\lambda)^2 L_x L_y} \pi^2 = \frac{\lambda^2}{L_x L_y} \tag{9-49}$$

가 된다. 결국 균일한 진폭과 위상을 갖는 직사각형 개구면의 지향성은

$$D_u = \frac{4\pi}{\Omega_A} = \frac{4\pi}{\lambda^2} L_x L_y \tag{9-50}$$

이 되는데, 이 표현식에서 $A_p = L_x L_y$는 개구면의 물리적인 면적임을 알 수 있다. 이것을 식 (4-23)의 $D = 4\pi A_{em}/\lambda^2$와 비교해 보면, 균일 직사각형 개구면의 경우 최대 유효 개구면적 $A_{em}$이 물리적인 개구면적 $A_p$와 같음을 알 수 있다. 이 점은 균일하게 급전되는 어떤 모양의 개구면에 대해서도 적용된다. 또한 이상적인 개구면에서는 도체 손실이 없고(방사효율 $e_r = 1$), 따라서 이득은 지향성과 같고 $A_e = A_{em}$인 짐을 알아야 한다.

### 예제 9-2 $20\lambda \times 10\lambda$ 균일 직사각형 개구면

$L_x = 20\lambda$이고 $L_y = 10\lambda$인 균일 직사각형 개구면의 완전한 패턴은 식 (9-41)에서

$$f(u, v) = \frac{\sin(20\pi u)}{20\pi u} \frac{\sin(10\pi v)}{10\pi v} \tag{9-51}$$

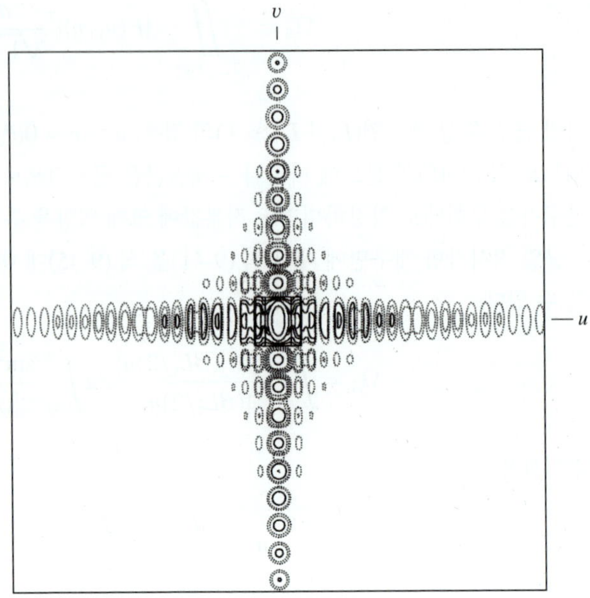


**그림 9-7** **균일진폭, 균일위상의 직사각형 개구면($L_x = 20\lambda$이고 $L_y = 10\lambda$)에 의한 패턴의 등고선도.** 실선의 등고 레벨 0, −5, −10, −15, −20, −25, −30 dB이다. 점선의 등고 레벨은 −35와 −40 dB이다. 주평면의 패턴이 그림 9-8에 제시되어 있다.

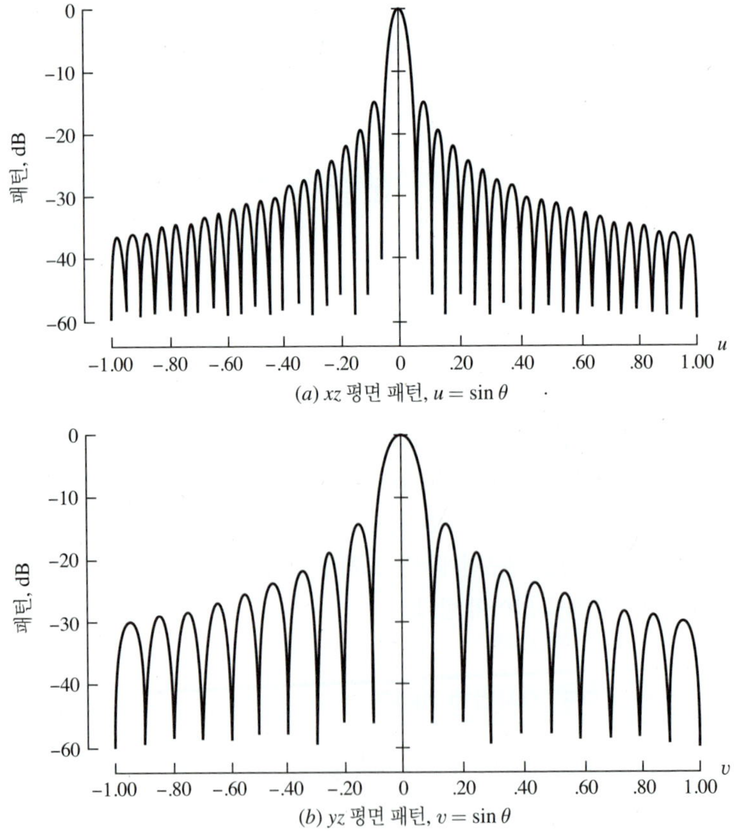


**그림 9-8** **균일진폭, 균일위상의 직사각형 개구면($L_x = 20\lambda$이고 $L_y = 10\lambda$)의 주평면 패턴.** 완전한 패턴은 그림 9-7에 있다.

와 같다. 그림 9-7은 이 패턴의 등고선 그림을 나타낸 것이다. $u$축과 $v$축을 따라서 윤곽이 나타나 있는 주평면 패턴들을 그림 9-8에서 볼 수 있다. 그림 9-6의 개구면은 $L_x/L_y$ 비가 이 예제와 같이 2이다. 개구면의 넓은 쪽 치수 $L_x$의 방향으로($u$축을 따라서) 좁은 빔폭을 갖는다. 식 (9-42)로부터 반전력 빔폭은 $xz$ 평면에서는 $\text{HP}_x = 0.0443 \text{ rad} = 2.54°$이고, $yz$ 평면에서는 $\text{HP}_y = 0.0886 \text{ rad} = 5.08°$이다. 방향성은 식 (9-50)에서 $D = 4\pi(20\lambda)(10\lambda)/\lambda^2 = 2513 = 34 \text{ dB}$이다.

### 9.2.2 테이퍼형 직사각형 개구면

앞 절에서 균일 직사각형 개구면은 물리적인 개구면과 같은 유효 개구면을 갖는다는 것을 알았다. 바꿔 말하자면 균일하게 조사하는 것이 개구면적을 가장 효과적으로 이용하는 것이다. 주어진 개구면에 일정한 위상으로 급전되는 모든 경우에 대해서, 균일진폭으로 급전되는 경우에 지향성이 가장 높다는 것을 9.3절에서 보게 될 것이다. 안테나 설계에서 고려해야 할 파라미터가 고지향성만 있는 것은 아니다. 흔히 낮은 부엽을 갖도록 설계하는 일이 중요할 때도 있다. 제5장에서 살펴본 바와 같이, 선전원의 가장자리로 갈수록 급선 진폭을 작게 함으로써 부엽을 억제할 수 있는데, 이것은 이차원 개구면에서도 그렇다. 사실 선전원에서 얻은 많은 결과들을 개구면 문제에 그대로 적용할 수 있다.

직사각형 개구면 분포에 대한 논의를 간단하게 하기 위해, 개구면 전장의 편파를 생략하면 개구면장의 $x$ 혹은 $y$ 성분을 $E_a$로 표현할 수 있다. 그렇게 하면, 식 (9-18)은

$$P = \iint_{S_a} E_a(x', y')\, e^{j\beta ux'} e^{j\beta vy'}\, dx'\, dy' \tag{9-52}$$

이 된다. 실제 개구면 분포들은 대부분 변수를 분리할 수 있으므로 개구면의 각 변수만의 함수들의 곱으로 표현할 수 있다.

$$E_a(x', y') = E_{a1}(x')E_{a2}(y') \tag{9-53}$$

그러면 식 (9-52)는 다음과 같이 정리된다.

$$P = \int_{-L_x/2}^{L_x/2} E_{a1}(x') e^{j\beta ux'} dx' \int_{-L_y/2}^{L_y/2} E_{a2}(y') e^{j\beta vy'} dy' \tag{9-54}$$

이 적분들이 각각의 개구면 방향으로의 선전원의 패턴성분임을 알 수 있다. 직사각형 개구면의 정규화 패턴성분은

$$f(u', v') = f_1(u')f_2(v') \tag{9-55}$$

으로 표현되는데, 여기에서 $f_1(u')$과 $f_2(v')$은 식 (9-54)의 첫 번째와 두 번째 적분에서 나오는 것인데, 근본적으로 $x$와 $y$ 방향으로 분포된 선전원들의 패턴성분이다. 여기에서도 경사인자를 무시하고 있다. 식 (9-55)에 대응하는 균일 직사각형 개구면에 대한 결과는 식 (9-41)이다. $f_1(u')$에 대해서는 $u$ 대신 식 (9-47$a$)의 $u'$을, $f_2(v')$에 대해서는 $v$ 대신 식 (9-47$b$)의 $v'$을 이용해, 식 (5-7)의 $\sin(u)/u$에서 이 결과를 곧바로 얻을 수 있다. 제5장과 이 장에서 $u$의 정의가 다른 점에 유의해야 한다.

따라서 식 (9-53)과 같이 변수를 분리할 수 있는 직사각형 개구면 분포에 대한 패턴 표현식은, 분포 $E_{a1}$과 $E_{a2}$에 각각 대응하는 패턴 $f_1$과 $f_2$를 구한 다음 식 (9-55)를 적용해 얻을 수 있다.

## 예제 9-3 끝이 개방된 직사각형 도파관

그림 9-9에 나타낸 끝이 개방된 도파관은 가장 작은 개구면 안테나들 중의 하나이다. 이 안테나는 도파관의 끝을 개방한 것으로 별도의 구성이 필요 없다. 크기가 작아서 근거리 측정장과 같은(13.2절 참조) 경우의 프로브로 종종 사용된다. $TE_{10}$ 모드로 구동되는 경우, 개구면 전장은 길이 $L_x = a$인 $x$ 방향으로는 식 (5-21)과 유사한 코사인 테이퍼형 분포이고, 길이 $L_y = b$인 $y$ 방향으로는 균일하다. 방사패턴은 대응하는 선전원의 결과에서 $f(u', v') = f_1(u')f_2(v')$를 이용해 구할 수 있는데, $f_1(u')$은 식 (5-25)에서, $f_2(v')$은 식 (5-7)에서 얻을 수 있다.

$$f(u', v') = \frac{\cos u'}{1-[(2/\pi)u']^2}\frac{\sin v'}{v'} = \frac{\cos[(\beta L_x/2)u]}{1-[(2/\pi)(\beta L_x/2)u]^2}\frac{\sin[(\beta L_y/2)v]}{(\beta L_y/2)v} \qquad \textbf{(9-56)}$$

원거리장에서의 전장성분을 보여 주는 그림 9-9로부터 이 안테나가 수직 선형편파임을 알 수 있다. 완전한 원거리장 성분 표현식들은 식 (9-24) 혹은 식 (9-26)의 등가전류 공식들을 이용해 식 (9-56)으로부터 쉽게 구할 수 있다. 끝이 개방된 도파관이 커다란 접지판에 의해 둘러싸여 있다면, 식 (9-39)와 식 (9-40)을 유도할 때와 동일한 과정으로 식 (9-56)을 식 (9-26)에 대입해 다음과 같은 주평면 패턴들을 구할 수 있다.

$$F_H(\theta) = \cos\theta \frac{\cos\left[\frac{\beta a}{2}\sin\theta\right]}{1-\left[\frac{2}{\pi}\frac{\beta a}{2}\sin\theta\right]^2} \qquad \phi = 0° \qquad \textbf{(9-57a)}$$

*접지면 위의 끝이 개방된 도파관*, $0 < \theta < 90°$

$$F_E(\theta) = \frac{\sin\left[\frac{\beta b}{2}\sin\theta\right]}{\frac{\beta b}{2}\sin\theta} \qquad \phi = 90° \qquad \textbf{(9-57b)}$$

접지평면은 그림 9-4c의 영상이론 모델에 사용된 완전도체로 적절하게 표현될 수 있으므로 자기전류 공식을 사용했다. 도파관이 자유공간으로 방사하는 경우에는 식 (9-24)의 표현식이 더 적절하며, 다음과 같은 결과를 얻게 된다.

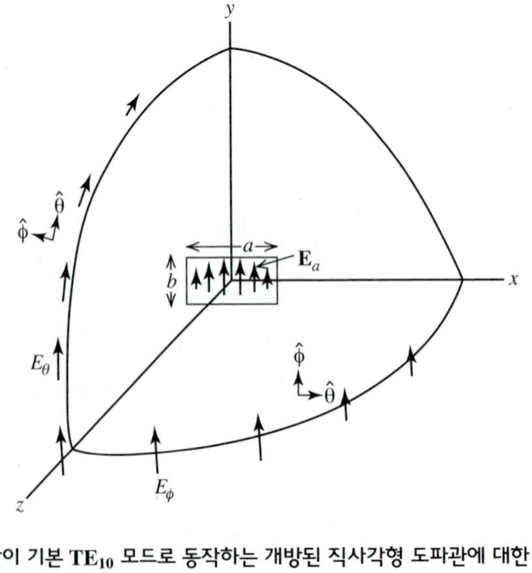


**그림 9-9 예제 9-3과 같이 기본 $TE_{10}$ 모드로 동작하는 개방된 직사각형 도파관에 대한 기하학적 그림.** 개구 전장 $E_a$와 방사되는 전장성분 $E_\theta$와 $E_\phi$가 나타나 있다.

$$F_H(\theta) = \frac{1+\cos\theta}{2} \frac{\cos\left[\frac{\beta a}{2}\sin\theta\right]}{1-\left[\frac{2}{\pi}\frac{\beta a}{2}\sin\theta\right]^2} \qquad \phi = 0^\circ \tag{9-58a}$$

자유공간 내의 끝이 개방된 도파관, $0 < \theta < 180^\circ$

$$F_E(\theta) = \frac{1+\cos\theta}{2} \frac{\sin\left[\frac{\beta b}{2}\sin\theta\right]}{\frac{\beta b}{2}\sin\theta} \qquad \phi = 90^\circ \tag{9-58b}$$

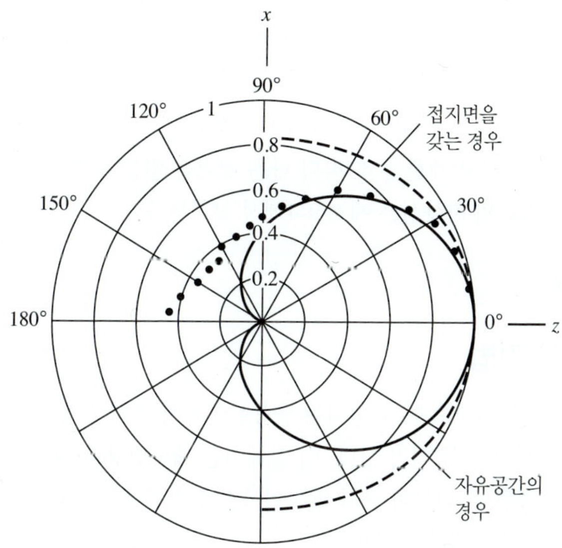


(a) E 평면 패턴

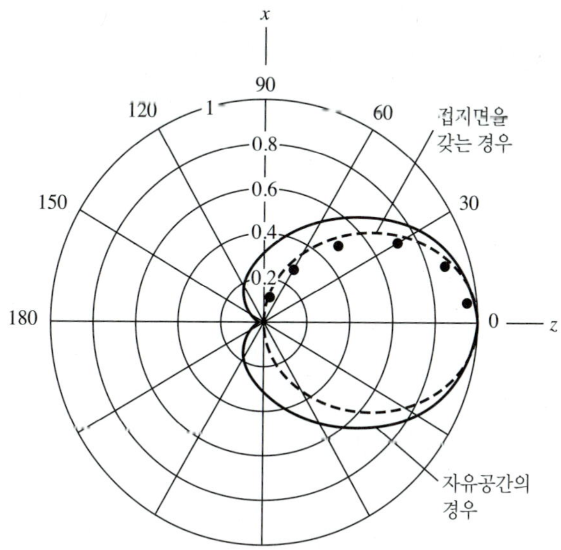


(b) H 평면 패턴

**그림 9-10** **그림 9-9의 기하학적 형태의 9.32 GHz에서 동작하는 끝이 개방된 WR-90 도파관의 방사패턴들.** 자유공간의 경우(실선)와 *xy* 평면에 접지면을 갖는 경우(점선)의 계산된 패턴들이다. 또한 측정된 패턴(굵은 점)도 보여 준다.

식 (9-57)과 식 (9-58)은 경사인자의 차이가 있다. 식 (9-57)에서는 식 (9-38)과 연관되어 설명한 것처럼 $\theta = 90°$에서 접지평면 상의 경계조건들이 충족된다. 자유공간에서 동작되는 경우, 식 (9-58)은 경사인자 $(1+\cos\theta)/2$ 때문에 패턴이 0이 되는 $\theta = 180°$에 이르는 모든 방향에서 유효하다. 그림 9-10에서 식 (9-57)과 식 (9-58)로 계산한 $E$ 및 $H$ 평면의 패턴을 볼 수 있다. 또한 자유공간에서 9.32 GHz로 동작하는 WR90 도파관에 대한 측정된 패턴 데이터도 함께 볼 수 있다[H.3: Silver, p. 345; 2]. 예측할 수 있는 바와 같이, 식 (9-58$b$)의 자유공간에서의 $E$ 평면의 경우가 측정 데이터와 잘 일치한다. 그러나 $H$ 평면에서는 식 (9-57$a$)의 접지면 경우가 더 잘 일치한다. 이것은 패턴 계산에 사용된 개구면 이론에서는 전기적으로 커다란 개구면을 가정하였지만, 개구면의 치수들이 전기적으로 크지 않기 때문이다. 즉 $a = 2.286$ cm $= 0.71\lambda$이고 $b = 1.016$ cm $= 0.31\lambda$이다. 게다가 도파관 밖의 누설 전류를 무시하였는데, 이 전류는 $E$ 평면보다는 $H$ 평면에 더 많은 영향을 미친다. 도파관 벽에 흐르는 누설 전류, 도파관의 위상정수 $\beta_g$, 그리고 갑작스런 종단의 불연속으로 야기되는 반사계수를 포함하여 계산을 하면 더 나은 결과를 얻을 수 있다[2]. 연습문제 9.2-4를 참조하라. 끝이 개방된 도파관의 지향성은 예제 9-4에서 살펴본다.

## 9.3 이득 계산 기법

개구면 안테나는 고이득이 요구되는 응용분야에서 흔히 사용한다. 따라서 될 수 있는 대로 정확하게 이득을 계산할 수 있어야 한다. 이 절에서는 개구면장과 패턴 정보들을 기반으로 이득을 계산하는 기법을 소개한다. 더불어 근사적인 이득값을 알 수 있는 간단한 공식들을 소개한다. 이들 기법은 광범위한 종류의 안테나에 적용된다.

### 9.3.1 지향성

식 (2-144)와 식 (2-140)에서 지향성을 구하기 위한

$$D = \frac{4\pi}{\Omega_A} \tag{9-59}$$

$$D = \frac{4\pi U_m}{P} \tag{9-60}$$

와 같은 두 가지 유용한 공식이 있다. 여기에서 $U_m$은

$$U(\theta, \phi) = \frac{1}{2\eta}\left[|E_\theta|^2 + |E_\phi|^2\right] r^2 = U_m |F(\theta, \phi)|^2 \tag{9-61}$$

로 정의되는 방사세기의 최댓값이고, $\Omega_A$는 아래와 같은 빔입체각이다.

$$\Omega_A = \int_0^{2\pi}\int_0^{\pi} |F(\theta, \phi)|^2 \sin\theta \, d\theta \, d\phi \tag{9-62}$$

총방사전력 $P$는 모든 방사공간에 대해 식 (9-61)을 적분해 계산하거나, $P = U_m\Omega_A$로 구할 수 있다. 식 (9-59)와 식 (9-62)를 이용해 지향성을 정확히 계산하려면 모든 $\theta$와 $\phi$에 대한 패턴을 알아야 하

고 패턴의 적분도 필요하다. 패턴함수가 주어지면, 식 (9-62)의 적분은 때로는 해석적으로 계산될 수도 있으나, 보통 수치적분으로 구하게 된다.

개구면 안테나의 지향성을 계산할 때 패턴적분을 피할 수도 있는데, 이 방법은 적분이 더 용이한 개구면에서 방사전력을 결정하는 것이다. 물론 개구면장을 알고 있어야 한다. 전장과 자장의 접선 성분들이 TEM파에서와 같은 관계를 갖는다고 가정해 공식을 간단하게 할 수 있다[식 (9-27) 참조]. 대부분의 개구면 안테나가 그렇듯이 자유공간과 양호한 정합이 이루어지게(즉 전압 정재파비를 낮게) 하면, TEM파에서와 같이 실효전력이 흐르는 것을 의미하므로 이 가정은 타당하다. 식 (9-61)과 함께 일반적인 방사장 표현식인 식 (9-24)에 식 (9-27)을 이용하면 다음 식을 얻을 수 있다.

$$U(\theta, \phi) = \frac{\beta^2}{32\pi^2\eta}(1+\cos\theta)^2\left[|P_x|^2 + |P_y|^2\right] \tag{9-63}$$

이 함수의 최댓값은 주빔의 첨두치에 대응하는 것으로, 식 (9-14)에서

$$U_m = \frac{\beta^2}{8\pi^2\eta}\left|\iint_{S_a} \mathbf{E}_a \, dS'\right|^2 \tag{9-64}$$

이 되는데, 이것은 브로드사이드의 경우($\theta = 0$)에는 $\hat{\mathbf{r}} = \hat{\mathbf{z}}$이고 $\mathbf{r}'$는 $xy$ 평면 상에 있으므로 $\hat{\mathbf{r}} \cdot \mathbf{r}' = 0$이 되기 때문이다.

일반적으로 $P$를 구하기 위한 식 (9-63)의 적분은 다소 어려운 편이나, 원거리장에 도달하는 총 전력은 반드시 개구면을 통과해야 한다는 점을 살펴봄으로써 이 적분을 피할 수 있다. 식 (9-27)이 타당하다면, 개구면에서의 전력밀도는 $|\mathbf{E}_a|^2/2\eta$이므로 다음 식으로 방사전력을 결정할 수 있다.

$$P = \frac{1}{2\eta}\iint_{S_a} |\mathbf{E}_a|^2 dS' \tag{9-65}$$

식 (9-64)와 식 (9-65)를 식 (9-60)에 대입하면 간단하고도 유용한 지향성 관계식을 얻을 수 있다.

$$\boxed{D = \frac{4\pi}{\lambda^2}\frac{\left|\iint_{S_a} \mathbf{E}_a \, dS'\right|^2}{\iint_{S_a} |\mathbf{E}_a|^2 dS'}} \tag{9-66}$$

이 공식은 패턴의 첨두는 개구면에 대해 브로드사이드로 향하고, 개구면은 파장에 비해 크며, 개구면장은 거의 평면파의 형태라는 점들을 가정한 것이다. 양호한 결과를 얻기 위해서 뒤의 두 조건들을 엄밀하게 만족시켜야 하는 것은 아니다. 식 (9-66)이 반 파장 간격의 선형배열에 대한 식 (8-85)와 유사하다는 점을 주목하라.

개구면 분포의 진폭이 균일($E_a = E_o$)하다면, 식 (9-66)은

$$D_u = \frac{4\pi}{\lambda^2}A_p \tag{9-67}$$

로 간단해지는데, 여기에서 $A_p$는 물리적인 개구면적이다. 이것은 이미 직사각형 개구면에 대한 직접 계산으로 확인했다. 식 (9-50)을 참조하라. 나아가서, 식 (9-67)은 일반적인 결과이며, **균일진폭의 개구면의 지향성이 균일위상의 개구면에서 얻을 수 있는 최대의 것이라는 점**을 의미한다. 균일하게 조사되는 경우에 식 (9-66)이 최댓값을 가지게 되고, 이때 식 (9-67)을 얻게 되므로 사실임을 알 수 있다. 연습문제 9.3-2를 참조하라.

### 예제 9-4 끝이 개방된 직사각형 도파관의 지향성

지향성 계산을 위한 개구면장 적분방법을 설명하기 위해, 예제 9-3과 그림 9-9에 나타낸 것과 같은 $TE_{10}$ 모드로 동작하는 끝이 개방된 도파관을 살펴보자. 개구면장의 분포는

$$\mathbf{E}_a = \hat{\mathbf{y}} E_o \cos\frac{\pi x'}{a}, \qquad -\frac{a}{2} \le x' \le \frac{a}{2}, \qquad -\frac{b}{2} \le y' \le \frac{b}{2} \tag{9-68}$$

인데, 여기에서 도파관(따라서 개구면)의 치수는 넓은 쪽이 $a$, 좁은 쪽이 $b$이다. 그러면

$$\left| \iint_{S_a} \mathbf{E}_a \, ds' \right|^2 = \left( E_o \int_{-a/2}^{a/2} \cos\frac{\pi x'}{a} dx' \int_{-b/2}^{b/2} dy' \right)^2 = E_o^2 \left(\frac{2a}{\pi}\right)^2 b^2 \tag{9-69}$$

이고

$$\iint_{S_a} |\mathbf{E}_a|^2 \, dS' = E_o^2 \int_{-a/2}^{a/2} \cos^2\frac{\pi x'}{a} dx' \int_{-b/2}^{b/2} dy' = E_o^2 \frac{a}{2} b \tag{9-70}$$

이다. 이 식들을 식 (9-66)에 대입해 다음 식을 얻게 된다.

$$D = \frac{4\pi}{\lambda^2}\left(\frac{8}{\pi^2}ab\right) = \frac{4\pi}{\lambda^2}(0.81)ab \tag{9-71}$$

이 지향성은 식 (9-67)과 같은 균일하게 조사될 때의 동일한 개구면의 지향성에서 인수 0.81(개구면 테이퍼 효율, $\varepsilon_t$)만큼 감소한 것이다. 이 공식으로 양호한 근사치를 얻기 위해서는 개구면의 치수가 수 파장 정도로 커야 한다. 더 범용인 식 (9-59)는 작은 개구면의 경우 이용해야 한다. 이것은 주평면 패턴들을 보간하여 아래와 같이 총 정규화 벡터 패턴을 구하는 것으로 시작된다.

$$\mathbf{F}(\theta, \phi) = \sin\phi\, F_E(\theta, \phi)\hat{\boldsymbol{\theta}} + \cos\phi\, F_H(\theta, \phi)\hat{\boldsymbol{\phi}} \tag{9-72$a$}$$

그러면 총 패턴 크기의 제곱은 아래와 같다.

$$|F(\theta, \phi)|^2 = \mathbf{F}(\theta, \phi) \cdot \mathbf{F}(\theta, \phi) = \sin^2\phi\, {F_E}^2(\theta, \phi) + \cos^2\phi\, {F_H}^2(\theta, \phi) \tag{9-72$b$}$$

식 (9-72$b$)를 가지고 식 (9-59)와 식 (9-62)로부터 지향성을 구한다. 측정된 데이터와 더 잘 일치하도록 $F_E$는 식 (9-58$b$)를 그리고 $F_H$는 식 (9-57$a$)를 이용한다. 이 과정으로 얻어진 지향성은 6 dB인데, 9.32 GHz에서 측정된 결과 값인 6.2 dB와 가까운 값이다[2]. 식 (9-71)로부터 계산된 지향성은 3.6 dB인데, 개구면의 크기가 작아서 정확하지 않다.

---

대부분의 직사각형 개구면 분포들은 분리할 수 있다.

$$E_a(x, y) = E_{a1}(x)E_{a2}(y) \tag{9-73}$$

지향성 또한 다음 식과 같이 분리할 수 있다(연습문제 9.3-15 참조)

$$D = \pi D_x D_y \cos\theta_o \tag{9-74}$$

여기에서

$D_x, D_y = E_{a1}(x), E_{a2}(y)$와 관계되는 전류분포를 갖는 선전원의 지향성

$\theta_o =$ 브로드사이드를 기준으로 한 주빔의 방향

이다. $\cos\theta_o$ 인자는 개구면의 물리적인 면적의 주빔 최대 방향 $\theta_o$에 수직인 평면으로의 투영을 나타낸다. 빔이 엔드파이어 빔폭의 수 배 이내로 주사되지 않는다면 이 근사는 유효하다. 브로드사이드($\theta_o = 0$)에 대한 균일 직사각형 개구면의 지향성은 식 (5-19)를 이용해 다음 식과 같이 표현할 수 있는데

$$D_u = \pi \frac{2L_x}{\lambda} \frac{2L}{\lambda} = \frac{4\pi}{\lambda^2} L_x L_y \tag{9-75}$$

바로 식 (9-50)이다.

## 9.3.2 이득과 효율

이득은 안테나 구조에서 손실된 진력량만큼 감소된 지향성과 같다. 이득에 관해서 논의했던 2.5절과 4.4.1절을 참조하라. 식 (2-155)의 방사효율을 이용해 다음과 같이 이득을 표현할 수 있다.

$$G = e_r D \tag{9-76}$$

$P = e_r P_{\text{in}}$이므로 방사전력 대신 입사전력을 사용해 식 (9-60)에서 다음과 같이 또 다른 형태로 표현할 수도 있다. 식 (2-152)를 참조하라.

$$G = \frac{4\pi U_m}{P_{\text{in}}} \tag{9-77}$$

수치 계산으로 개구면 안테나를 해석할 때 이 형태가 흔히 사용된다.

개구면 안테나의 지향성은 물리적인 개구면적 $A_p$에 직접 비례하므로, 이득 또한 그렇다. 즉 식 (4-27), 식 (4-29), 그리고 식 (9-67)을 이용하면

$$\boxed{G = \frac{4\pi}{\lambda^2} A_e = \frac{4\pi}{\lambda^2} \varepsilon_{\text{ap}} A_p = \varepsilon_{\text{ap}} D_u} \tag{9-78}$$

이다. $A_e$는 유효 개구면으로, 배열을 포함한 임의의 안테나에 대해 이 식을 이용해 계산할 수 있다. 이 식에서

$$\boxed{A_e = \varepsilon_{\text{ap}} A_p} \qquad 0 \le \varepsilon_{\text{ap}} \le 1 \tag{9-79}$$

임을 알 수 있다. **개구면 효율**(aperture efficiency) $\varepsilon_{\text{ap}}$는 안테나의 실제 면적이 얼마나 효율적으로 사용되고 있는지에 대한 척도이다. $\varepsilon_{\text{ap}}$를 알고 있다면, 개구면적 $A_p$인 개구면 안테나의 이득은 식 (9-78)을 이용해 쉽게 구할 수 있다.

총 개구 효율을 결정하는 몇 가지 인자들이 있는데, 일반적으로 이용하기 쉽도록 개구면 효율을 이 인자들로 나타내면 다음 식과 같다.

$$\boxed{\varepsilon_{\text{ap}} = e_r \varepsilon_t \varepsilon_s \varepsilon_a} \quad \textbf{(9-80)}$$

이 모든 인자들은 0과 1 사이 값을 갖는다. 2.5절에서 논의한 바와 같이, 방사효율 $e_r$은 저항성 손실과 같은 안테나 구조에서 발생하는 모든 유형의 손실을 나타낸다. 대부분의 개구면 안테나에서는 이 손실들이 매우 작아서, $e_r \approx 1$이므로

$$G \approx D \quad \textit{대부분의 개구면 안테나들} \quad \textbf{(9-81)}$$

이다. 이것은 다음 중 하나의 경우에 해당하면 성립되지 않을 수도 있다. 즉 안테나의 크기가 파장보다 작거나, 손실이 있는 전송선로나 소자를 안테나 일부분으로 고려하는 경우, 혹은 안테나의 주요 부분이 유전체 렌즈와 같이 손실이 있는 매질인 경우이다.

**개구면 테이퍼 효율**(aperture taper efficiency) $\varepsilon_t$는 엄밀하게 개구면 진폭의 분포에 따른 이득의 손실을 나타내는데, 효용인자(utilization factor)라고도 한다. 흔히 부엽을 억제하기 위해 의도적으로 개구면의 중심에서 가장자리로 갈수록 진폭을 점점 감소시킨다. $\varepsilon_t$는 오로지 진폭 테이퍼만 있을 때 계산된 지향성 $D_t$의, 균일한 진폭으로 조사되는 동일한 개구면의 지향성 $D_u$에 대한 비이다.

$$\varepsilon_t = \frac{D_t}{D_u} \quad \text{또는} \quad D_t = \varepsilon_t D_u \quad \textbf{(9-82)}$$

선전원에 대한 예는 표 5-2에 있으며, 예제 9-4에서 끝이 개방된 도파관의 경우 $\varepsilon_t = 0.81$임을 알 수 있다.

포물면 반사판과 같이 일차(급전) 안테나에 의해 조사되는 이차 방사 개구면을 갖는 안테나들은, 방사 개구면에 도달하지 못하는 급전으로부터의 전력에 기인하는 넘침 손실이 발생하게 된다. 이 **넘침효율**(spillover efficiency) $\varepsilon_s$와 개구면 테이퍼 효율이 대부분의 개구면 안테나의 이득을 감소시키는 주요인이다. 곱 $\varepsilon_t\varepsilon_s$를 **조사효율**(illumination efficiency) $\varepsilon_i$라고 한다.

식 (9-80)에서 남은 인자 $\varepsilon_a$는 **도달효율**(achievement efficiency)로, 많은 부수적인 효율들을 포함한다. 9.5절에서 더 많은 부수적인 효율들을 다루겠지만, 보통 다음 두 가지가 지배적이다.

$$\varepsilon_a \approx \varepsilon_{\text{cr}} \varepsilon_{\text{ph}} \quad \textbf{(9-83)}$$

**교차편파 효율**(cross-polarization efficiency) $\varepsilon_{\text{cr}}$은 의도한 편파에 수직인 편파 상태로 방사되는 전력에 따른 손실을, **위상효율**(phase efficiency) $\varepsilon_{\text{ph}}$는 개구면에서의 불균일위상으로 생기는 손실을 나타낸다.

효율인자는 어느 것이나 이득인자와 같이 dB로 아래와 같이 나타낼 수 있다.

$$\varepsilon_n(\text{dB}) = 10 \log \varepsilon_n \quad \textbf{(9-84)}$$

이득 '손실'은 이것의 부의 값이다. 예를 들어 예제 9-4에서 개구면 테이퍼 효율은 $\varepsilon_t = 0.81$이므로, $\varepsilon_t(\text{dB}) = -0.91$ dB이고 이득손실은 +0.91 dB이다. 이 경우에는 이것이 유일한 손실원이다. 일반적으로 식 (9-78)과 식 (9-80)은 dB 형식으로 아래와 같이 나타낼 수 있다.

$$G(\text{dB}) = 10\log\left(\frac{4\pi}{\lambda^2}A_p\right) + e_r(\text{dB}) + \varepsilon_t(\text{dB}) + \varepsilon_s(\text{dB}) + \varepsilon_a(\text{dB}) \tag{9-85}$$

편파 부정합 인자 $p$와 임피던스 부정합 인자 $q$가 개구면 효율이나 이득에 포함되지는 않았지만, 효율인자들과 비슷한 역할을 한다(4.4절에서 논의한 바와 같이).

### 9.3.3 간단한 지향성 공식들

시스템을 평가하기 위해서는 흔히 안테나의 이득을 추산할 필요가 있다. 이득을 측정할 수 없을 때는 간단한 이득 식을 이용할 수 있는데, 식 (9-78)을 이용하는 방법이 가장 직접적이면서도 간단하다. 동작 파장과 물리적인 개구면은 쉽게 알 수 있으므로 이론적인 모델을 이용해 개구면 효율을 결정할 수도 있는데, 이 장의 뒷부분에서 혼과 반사판 안테나들에 대해서 살펴보게 된다. 많은 경우에 추정이 가능하다. 일반적으로 $\varepsilon_{\text{ap}}$는 30에서 80%에 이르는데, 50%이면 전체적으로 양호한 값이다. 최적이득의 피라미드형 혼의 개구면 효율은 거의 50%이고, 포물면 반사판 안테나는 55% 혹은 그 이상의 개구면 효율을 갖는다. 이득은 개구면 효율을 추정하여 계산할 수 있다. 예를 들어 실제 효율이 55%인 30 dB 이득의 안테나를 효율이 60%라고 추정했을 경우의 이득오차는 0.38 dB이다.

지향성은 빔입체각에 반비례하고($D = 4\pi/\Omega_A$), 빔입체각은 주빔에 의해 일차적으로 결정되므로, 주평면 반전력 빔폭들만으로 결정되는 근사적인 지향성 표현식을 이용해 양호한 결과를 얻을 수 있다. 따라서 빔입체각을 주평면 반전력 빔폭들의 곱으로 근사화해, $D \propto (\text{HP}_E\text{HP}_H)^{-1}$라는 것을 예측할 수 있다. 여기에서 이 관계들을 유도한다.

지향성과 이득 추정에 관한 주제는 4.5.3절에 소개되어 있으며, 참고문헌 [3]에서 참고문헌들과 함께 완전한 유도과정을 찾아볼 수 있다. 브로드사이드($\theta_o = 0$)로 동작하는, 식 (9-73)으로 주어지는 분리 가능한 분포를 갖는 직사각형 개구면의 지향성은

$$D = \pi D_x D_y \tag{9-86}$$

인데, 여기에서 $D_x$와 $D_y$는 각각 $x$와 $y$ 방향 개구면 분포에 관련한 선전원(혹은 선형배열)의 지향성들이다. 몇 가지 선형전류 분포에 관해 살펴본 바로, 이들 지향성은 개구면의 크기와

$$D_x = c_x\frac{2L_x}{\lambda}, \qquad D_y = c_y\frac{2L_y}{\lambda} \tag{9-87}$$

와 같은 관계가 있는데, 여기에서 지향성 인자 $c_x$와 $c_y$는 상수로서 각각 분포 $E_{a1}(x)$와 $E_{a2}(y)$에 따라 조금 달라진다. 균일선전원의 경우 $c_x = c_y = 1$이다[식 (5-19) 참조]. 식 (9-86)에 (9-87)을 이용해 정리하면 다음 식이 얻어진다.

$$D = \pi c_x\frac{2L_x}{\lambda}c_y\frac{2L_y}{\lambda} = \frac{4\pi c_x c_y k_x k_y}{\left(k_x\frac{\lambda}{L_x}\right)\left(k_y\frac{\lambda}{L_y}\right)} = \frac{4\pi c_x c_y k_x k_y}{\text{HP}_x\text{HP}_y} \tag{9-88}$$

빔폭 인자 $k_x$와 $k_y$는 자주 이용되었던 다음 빔폭 공식과 관련된 상수이다(표 5-2 참조).

$$\text{HP}_x = k_x\frac{\lambda}{L_x}, \qquad \text{HP}_y = k_y\frac{\lambda}{L_y} \tag{9-89}$$

균일선전원의 경우 $k_x = k_y = 0.886$이다. 식 (9-88)의 분자는 지향성–빔폭 곱(directivity beamwidth product)이다.

$$\mathrm{DB} = 4\pi c_x c_y k_x k_y \cdot \left(\frac{180}{\pi}\right)^2 \quad [\mathrm{deg}^2] \tag{9-90}$$

각도로 나타낸 반전력 빔폭들만으로 얻어지는 지향성 추정 공식의 일반형은

$$D = \frac{\mathrm{DB}}{\mathrm{HP_{E^o}HP_{H^o}}} \tag{9-91}$$

인데, 이것은 회로소자의 특성을 표현하는 데 흔히 사용하는 이득대역폭 곱과 유사하다. 진폭이 가장자리로 갈수록 점점 작아지면, 개구면 테이퍼 효율의 감소로 상수 $c_x$, $c_y$는 감소하지만, 빔이 확장되므로 상수 $k_x$, $k_y$가 증가해 $c_x$, $c_y$의 감소를 거의 상쇄하기 때문에 다양한 동작 환경에서 이 값은 비교적 일정한 값을 유지한다.

DB 값을 결정할 수 있다면, 식 (9-91)로 간단하게 지향성을 계산할 수 있다. $x$와 $y$에서 균일한 분포에 대해서는

$$\mathrm{DB}_u = 4\pi(1)(1)(0.886)(0.886) = 9.86\ \mathrm{rad}^2 = 32{,}383\ \mathrm{deg}^2 \tag{9-92}$$

이므로, 식 (9-91)은

$$D_{u_\mathrm{rect}} = \frac{32{,}383}{\mathrm{HP}_{E^o}\mathrm{HP}_{H^o}} \quad \textit{균일 직사각형 개구면의 지향성 근사} \tag{9-93}$$

이 되는데, 여기에서 $\mathrm{HP}_{E^o}$와 $\mathrm{HP}_{H^o}$는 각도로 표현한 주평면 빔폭이다. 이 식은 균일 직사각형 개구면을 근거로 얻은 식이지만, 적당히 좁은 주엽과 부엽들을 갖는 임의의 패턴에 대해서도 정확한 결과를 얻을 수 있다. 빔폭들을 주사 빔의 것들이라고 놓으면, 주사 빔에 대해서도 이 관계를 이용할 수 있다. 균일 원형 개구면에 대해서는 식 (9-171)과 식 (9-172)를 이용하면

$$\begin{aligned} \mathrm{DB}_{u_\mathrm{cir}} &= D \cdot \mathrm{HP}^2 = \frac{4\pi}{\lambda^2}\pi a^2\left(1.02\frac{\lambda}{2a}\right)^2\left(\frac{180}{\pi}\right)^2 \\ &= 33{,}709\ \mathrm{deg}^2 \quad \textit{균일 원형 개구면의 지향성 근사} \end{aligned} \tag{9-94}$$

인데, 균일 직사각형 개구면의 지향성–빔폭 곱 32,383에 매우 가까운 값이다. 원형 개구면의 중심에서 둘레 쪽으로의 진폭 테이퍼가 변화되면, DB는 33,709에서 약 39,000 $\mathrm{deg}^2$까지 변한다[4]. 예제 9-4의 끝이 개방된 도파관에서와 같이, 균일위상이고 $H$ 평면으로 코사인 진폭 테이퍼를 갖는 직사각형 개구면의 경우, DB는 35,231 $\mathrm{deg}^2$이다. 앞서 언급한 분포들의 몇 가지 경우에 대한 DB 값들을 표 9-1에 나타냈다.

부엽을 갖지 않는 몇 가지 간단한 안테나와 이론적인 패턴들이 있는데, 그 예로는 가우시안 빔과 $\cos^q\theta$ 빔이 있다(연습문제 9.3-18과 9.3-19 참조). DB = 41,253인 부엽이 없을 때에 대한 표 9-1 의 제 1 경우의 공식은 전방향과 단방향 패턴 모두에 적용할 수 있다. 4.5.3절에서 언급하였듯이, DB = 41,253인 공식으로부터 반파장 다이폴의 지향성은 1.47 dB인데, 이 값은 정확한 값 1.63 dB에 가깝다. 단방향성의 $\cos^q\theta$ 패턴($\theta > 90°$일 때 0)의 경우에는 지향성은 정확하게 $D = 2(2q + 1)$

표 9-1 지향성 예측에 사용하기 위한 지향성-빔폭 곱: $D \approx \frac{\mathrm{DB}}{\mathrm{HP_{E°}\,HP_{H°}}}$

| 경우 | 패턴 혹은 개구면 분포의 유형 | DB [deg²] |
|---|---|---|
| 1 | 부엽이 없는 패턴, 사각형 빔, 식 (4-56) 참조 | 41,253 |
| 2 | 균일 직사각형 개구면, 식 (9-92) 참조 | 32,383 |
| 3 | 끝이 개방된 도파관과 같은 코사인-균일 직사각형 개구면, 예제 9-3 | 35,231 |
| 4 | 가우시안 패턴, 연습문제 9.3-18 참조 | 36,407 |
| 5 | 균일 원형 개구면, 9.5.1절 참조 | 33,709 |
| 6 | 12 dB 받침 위의 포물면 분포를 갖는 원형 개구면, 표 9-2 참조 | 38,933 |
| 7 | 부엽과 영점들이 있는 실제 패턴에 일반적으로 사용, 4.5.3절 및 식 (9-95) 참조 | 26,000 |

인데, $q = 5$일 때 이 값은 13.4 dB이다. 이 패턴은 양 주평면에서 반전력 빔폭이 42.2°이므로 지향성은 $41{,}253/(42.2)° = 13.6$ dB가 되는데 정확한 값과 잘 일치한다.

실제로는 안테나의 부엽을 통해서 상당한 전력이 방사되는데, 주빔에서 멀어짐에 따라 점진적으로 감소되지도 않는다. 게다가 주빔 또한 균일선전원의 sin $u/u$ 패턴과 같은 이상적인 패턴에 비해 훨씬 천천히 떨어진다. 따라서 주빔의 입체각은 주평면 빔폭들의 곱으로 예측되는 것보다 더 크다. 이것이 부엽들로 인해 입체각이 커지는 것과 더불어, 이상적인 패턴에 근거한 모델들과 비교해 지향성이 감소하는 요인이 된다. 실제로 사용되는 안테나에 대하여 정확한 이득을 얻을 수 있도록 식 (9-91)을 변형하면

$$G = \frac{26{,}000}{\mathrm{HP_{E°}\,HP_{H°}}} \tag{9-95}$$

이 되는데, 이것은 또한 식 (4-57)이다. 상용 안테나에 이득이 적용되기 때문에 여기에서는 지향성 대신 이득을 사용했다. 제작자들은 보통 측정된 이득을 성능 데이터로 제시한다. 저항성 손실이 매우 작으므로 $G \approx D$라고 가정한다.

지향성이나 이득을 구하는 간단한 공식들은 반전력 빔폭들에 근거하여 계산하므로 정확한 결과를 기대할 수 없다. 그 이유는 반전력 빔폭 값에는 충분한 정보가 포함되어 있지 않기 때문이다. 빔폭에 근거한 지향성 공식을 사용하기 위해서는 적절한 공식을 선택하는 것이 가장 중요하다. 각 DB 값들이 적용되는 경우들이 표 9-1에 실려 있다. 다음 예제들에서 일반적인 공식인 식 (9-95)가 이용되는 예를 볼 수 있다.

### 예제 9-5 피라미드형 혼 안테나

최적 이득을 갖도록 설계된, 폭이 $A$이고 높이가 $B$인 직사각형 개구면을 갖는 피라미드형 혼 안테나(그림 9-18$a$)의 개구면 효율은 51%이므로, 식 (9-78)에 따라

$$G = 0.51\frac{4\pi}{\lambda^2}AB \tag{9-96}$$

이다. 특정한 한 예를 들면 33 GHz에서 50 GHz까지의 대역에서 동작하는 '표준이득혼'은 40 GHz ($\lambda = 0.75$ cm)에서 24.7 dB ($G = 295.1$)의 이득을 갖는다. 이 혼의 개구면치수는 $A = 5.54$ cm이고 $B = 4.55$ cm이다. 식 (9-96)에 이 $\lambda$, $A$, $B$의 값들을 이용하면 $G = 287.2 = 24.6$ dB가 얻어진다. 주평면 반전력 빔폭으로도 이득을 추정할 수 있는데, 40 GHz에서 측정된 결과가 $\text{HP}_{E^o} = 9°$이고 $\text{HP}_{H^o} = 10°$이므로, 식 (9-95)로부터 $G = 288.9 = 24.6$ dB를 얻을 수 있다. 이 방법들로 얻은 이득값은 측정이득 24.7 dB와 잘 일치한다.

### 예제 9-6 원형 포물면 반사판 안테나

지름이 $D$인 전형적인 원형 포물면 반사판 안테나의 개구면 효율은 55%이므로, 식 (9-78)에서

$$G = \varepsilon_{\text{ap}} \frac{4\pi}{\lambda^2} A_p = 0.55 \frac{4\pi}{\lambda^2} \left( \pi \frac{D^2}{4} \right) = 5.43 \frac{D^2}{\lambda^2} \tag{9-97}$$

이다. 한 예로, 11.7 GHz ($\lambda = 2.564$ cm)에서 동작하는 3.66 m (12 ft)의 원형 반사판 안테나에 대한 측정치는 $G = 50.4$ dB와 $\text{HP}_{E^o} = \text{HP}_{H^o} = 0.5°$이다. 다시 추정 공식들을 점검해 보자. 먼저 식 (9-97)로부터 $G = 5.43(366/2.564)^2 = 110{,}644 = 50.4$ dB이다. 다음으로, 식 (9-95)에서 $G = 26{,}000/(0.5)^2 = 104{,}000 = 50.2$ dB가 나온다. 이 두 추정치 모두 측정이득과 잘 일치한다.

## 9.4 직사각형 혼 안테나

혼 안테나는 1GHz 이상의 마이크로파 대역에서 매우 보편적으로 사용된다. 혼은 이득이 높고 VSWR이 낮으며, 대역폭이 상대적으로 넓으면서 가볍고 비교적 제작이 용이하다. 이와 더불어 혼 안테나에 대한 이론적인 계산 값들을 실제와 매우 가깝게 얻을 수 있다는 이점도 있다.

그림 9-11은 직사각형 구조를 이용한 세 가지 유형의 혼 안테나들을 나타낸 것이다. 이 혼들은 넓은 면이 수평방향이 되게 놓인 직사각형 도파관에 의해 급전된다. 도파관 기본 모드로 급전되는 경우 $E$ 평면은 수직, $H$ 평면은 수평이 된다. 도파관의 좁은 쪽 벽면은 그대로 둔 채 넓은 벽면을 벌려 놓으면, ***H* 평면 섹터형 혼 안테나**($H$-plane sectoral horn antenna)라고 부르는 그림 9-11$a$와 같은 형태가 된다. 한편 $E$ 평면의 크기만을 벌려 놓으면 ***E* 평면 섹터형 혼 안테나**($E$-plane sectoral horn antenna)라고 부르는 그림 9-11$b$와 같은 형태가 된다. 도파관 양쪽의 크기를 다 늘리는 경우를 **피라미드형 혼 안테나**(pyramidal horn antenna)라고 부르는데, 그림 9-11$c$에서 볼 수 있다.

혼 안테나의 동작을 확성기와 비슷하게 볼 수 있는데, 확성기는 음파의 지향성을 확보하기 위한 음파의 혼 방사기이다. 전자파 혼은 도파관 모드에서 자유공간 모드로의 변한 과정으로 작용한다. 이 변환으로 반사파가 감소하고, 진행파가 두드러지게 된다. 다른 안테나들에서 살펴본 바와 같이 이러한 진행파의 특성으로 낮은 VSWR과 넓은 대역폭을 얻을 수 있다.

개구면 안테나는 아주 오래된 안테나들에 속한다. 헤르츠(Heinrich Hertz)는 1888년 마이크로파 포물면 원통형 안테나로 실험했다. 1897년에 인도의 물리학자 보스(J.Chunder Bose)는 피라미드형 혼을 60 GHz에서 동작시켰는데, 그는 이것을 '집속 깔때기'라고 불렀다. 1940년대 이후로 혼 안테나는 광범위하게 쓰여 왔다. 부록 H.8.6의 서적들을 참조하라.

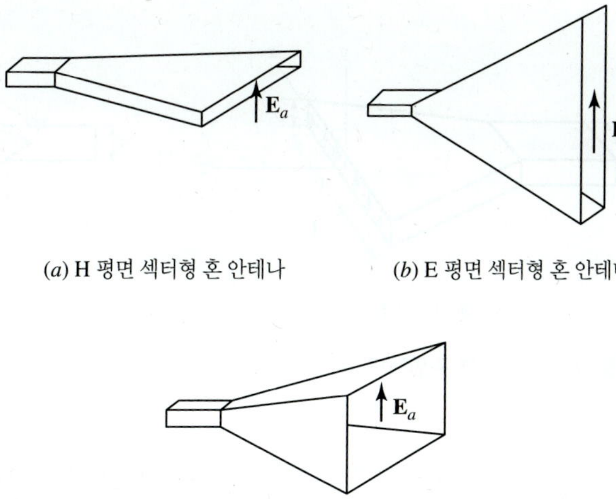


(*a*) H 평면 섹터형 혼 안테나 (*b*) E 평면 섹터형 혼 안테나

(*c*) 피라미드형 혼 안테나

그림 9-11 직사각형 혼 안테나.

지금까지 접하지 않았던 혼 안테나의 특성으로는 연결 도파관으로부터 혼 개구면의 가장자리까지의 경로길이가, 넓혀진 평면 상의 개구면 중심까지에 비해 길어질수록 위상지연이 개구면에 걸쳐서 발생한다는 것이다. 이 개구면 '위상오차'는 끝이 개방된 도파관과 같은 안테나에서는 나타나지 않는데, 이 때문에 해석이 복잡해진다. 위상오차는 몇 가지 안테나 분야에서 발생하는데, 이 절에서는 직사각형 혼 안테나의 위상오차에 대해 다룬다. 직사각형 혼과 더불어 원추형 혼 안테나도 흔히 사용된다. 특별한 목적으로 사용되는 혼들도 있는데, 위상오차를 교정하고자 개구면에 유전체 혹은 금속판의 렌즈를 부착한 혼과, 대역폭을 넓히고자 혼 내부에 금속판 돌기들을 갖는 혼들이 여기에 포함된다[H.8.5]. 혼 안테나의 가장 중요한 응용분야들 중 하나가 반사판 안테나의 급전으로 사용되는 것이다. 흔히 사용되는 급전 혼들은 내부 벽에 주름이 있는데, 이것들에 대해서는 9.7절에서 논의한다.

### 9.4.1 *H* 평면 섹터형 혼 안테나

그림 9-12*a*의 *H* 평면 섹터형 혼 안테나는 내부 치수가 *a*와 *b*인 직사각형 도파관으로 급전되는데, 여기에서 넓은 벽면의 치수가 *a*이다. 개구면은 *H* 평면에서 폭이 *A*이고 *E* 평면에서 높이가 *b*이다. 그림 9-12*b*의 *H* 평면 단면도에 기하학적인 파라미터들이 나타나 있다. 이어지는 해석과정에는 다음과 같은 구조에 대한 관계식들이 이용된다.

$$\ell_H^2 = R_1^2 + \left(\frac{A}{2}\right)^2 \tag{9-98}$$

$$\alpha_H = \tan^{-1}\left(\frac{A}{2R_1}\right) \tag{9-99}$$

$$R_H = (A-a)\sqrt{\left(\frac{\ell_H}{A}\right)^2 - \frac{1}{4}} \tag{9-100}$$

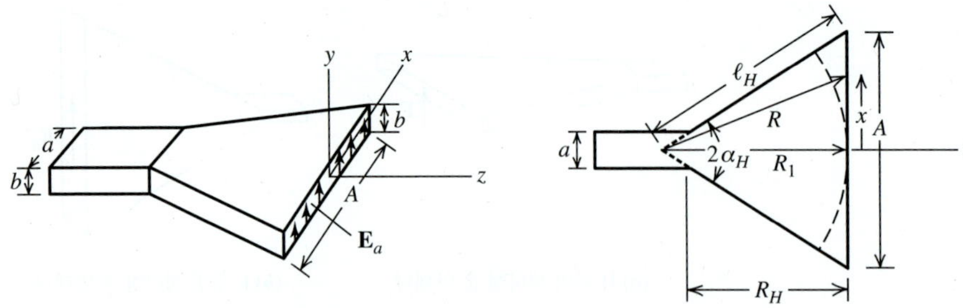


(*a*) 전체 기하구조 (*b*) *xz* 평면(*H* 평면)의 단면도

**그림 9-12** *H* 평면 섹터형 혼 안테나.

위의 관계들은 그림 9-12*b*에서 바로 얻어지는 것인데, 식 (9-100)을 증명해 보라. 치수 *A*와 $R_H$(혹은 $\ell_H$ 혹은 $R_1$)는 혼이 구성될 수 있도록 결정되어야 한다. 먼저 동작원리를 살펴본 다음, 혼의 규격을 결정하는 설계 과정을 제시하기로 한다.

개구면 상의 접선 장을 구하는 것이 개구면 안테나의 문제를 푸는 열쇠이다. 그림 9-12*a*에 나타낸 *H* 평면 섹터형 혼 안테나의 개구평면은 *xy* 평면 위에 있다. 개구면장은 연결되어 있는 도파관에서 형성된다. 실제 경우에 흔히 그렇듯이, 도파관 내부를 기본 모드인 $TE_{10}$ 직사각형 도파관 모드가 진행한다고 가정하면, 도파관 내의 횡단면 장들은

$$E_y = E_{\text{og}} \cos \frac{\pi x}{a} e^{-j\beta_g z} \tag{9-101a}$$

$$H_x = -\frac{E_y}{Z_g} \tag{9-101b}$$

로 주어지는데, 여기에서 $Z_g = \eta[(1 - \lambda/2a)^2]^{-1/2}$는 도파관 특성 임피던스이다. 개구면에 도달하는 장들은 근본적으로 이 도파관 장들이 확장된 것이지만, 서로 다른 경로 길이 때문에 개구면의 서로 다른 점에 도달하는 전파들은 동위상이 아니다. 이제 이러한 위상분포를 결정한다.

도파관 내의 혼(가상의) 정점에서 혼 개구면에 이르는 경로 길이는 혼 입구의 가장자리로 갈수록 증가한다. 따라서 개구면 중심에서 벗어난 개구면 위의 점들에 도달하는 전파는 개구면 중심에 도달하는 전파들에 비해 위상이 늦어진다. 전파상수는 전파가 혼을 따라 진행해 가면서 도파관 내에서의 $\beta_g$에서 자유공간 상수 $\beta$로 변한다. 상대적으로 큰 혼들의 경우에는 개구면 부근에서 전파의 위상상수가 자유공간의 위상상수와 거의 같다. *x* 방향으로의 개구면 위상 변화는

$$e^{-j\beta(R-R_1)} \tag{9-102}$$

이고, *y* 방향으로의 개구면 위상은 균일하다. 그림 9-12*b*를 이용하면 $A/2 \ll R_1$일 때 $x \ll R_1$이고, 이 경우의 *R*에 대한 근사식은

$$R = \sqrt{R_1^2 + x^2} = R_1 \left[1 + \left(\frac{x}{R_1}\right)^2\right]^{1/2} \tag{9-103a}$$

$$\approx R_1 \left[1 + \frac{1}{2}\left(\frac{x}{R_1}\right)^2\right] \tag{9-103b}$$

로 주어지므로

$$R - R_1 \approx \frac{1}{2}\frac{x^2}{R_1} \tag{9-104}$$

이다. 진폭분포는 도파관 내의 진폭분포가 확장된 형태이므로, $x$ 방향으로의 코사인 테이퍼형이다. 식 (9-104)를 식 (9-102)에 대입하고 위 사실을 이용하면 개구면 전장분포는 개구면 내에서는

$$E_{ay} = E_o \cos\frac{\pi x}{A} e^{-j(\beta/2R_1)x^2} \tag{9-105}$$

이고, 그 외에서는 0이다. $E_{ay}(x = \pm A/2) = 0$으로 경계조건이 충족됨을 주목하라. 이 위상분포를 이차 위상오차라고 하는데, 그 이유는 균일위상이라는 조건으로부터의 편차가 개구면 중심으로부터의 거리($x$)의 제곱에 따라 변하기 때문이다. 혼을 방사상의 도파관으로 표현함으로써 이 결과를 더 엄밀하게 유도할 수 있다[H.3: Collin and Zuker, Part I,p. 636].

이차 위상오차 때문에 방사적분이 복잡해지기는 하지만 그 결과로 보면 그만한 가치가 있다. 식 (9-105)를 식 (9-18$b$)에 대입하면

$$P_y = E_o \int_{-A/2}^{A/2} \cos\frac{\pi x'}{A} e^{-j(\beta/2R_1)x'^2} e^{j\beta u x'} dx' \int_{-b/2}^{b/2} e^{j\beta v y'} dy' \tag{9-106}$$

이 얻어지고, 상당한 작업을 거친 다음

$$P_y = E_o \left[\frac{1}{2}\sqrt{\frac{\pi R_1}{\beta}}\, I(\theta, \phi)\right]\left\{b\frac{\sin[(\beta b/2)\sin\theta\sin\phi]}{(\beta b/2)\sin\theta\sin\phi}\right\} \tag{9-107}$$

와 같이 정리할 수 있는데, 여기에서 괄호 안의 인수들은 식 (9-106)의 각 적분항에 대응한다. 두 번째 인수는 균일선전원의 것이다. 첫 번째 인수는 함수

$$\begin{aligned} I(\theta, \phi) = {} & e^{j(R_1/2\beta)(\beta\sin\theta\cos\phi + \pi/A)^2}[C(s_2') - jS(s_2') - C(s_1') + jS(s_1')] \\ & + e^{j(R_1/2\beta)(\beta\sin\theta\cos\phi - \pi/A)^2}[C(t_2') - jS(t_2') - C(t_1') + jS(t_1')] \end{aligned} \tag{9-108}$$

를 포함하는데, 여기에서

$$\begin{aligned} s_1' &= \sqrt{\frac{1}{\pi\beta R_1}}\left(-\frac{\beta A}{2} - R_1\beta u - \frac{\pi R_1}{A}\right) \\ s_2' &= \sqrt{\frac{1}{\pi\beta R_1}}\left(\frac{\beta A}{2} - R_1\beta u - \frac{\pi R_1}{A}\right) \\ t_1' &= \sqrt{\frac{1}{\pi\beta R_1}}\left(-\frac{\beta A}{2} - R_1\beta u + \frac{\pi R_1}{A}\right) \\ t_2' &= \sqrt{\frac{1}{\pi\beta R_1}}\left(\frac{\beta A}{2} - R_1\beta u + \frac{\pi R_1}{A}\right) \end{aligned} \tag{9-109}$$

이고, 함수 $C(x)$와 $S(x)$는 식 (F-17)에 정의되어 있는 프레넬적분(Fresnel integral)으로, 참고문헌 [5]에 표로 나와 있다.

이제 전체 방사장을 얻을 수 있다. 식 (9-29)를 이용해 원거리 전장 성분을 다음과 같이 구할 수 있다.

$$E_\theta = j\beta \frac{e^{-j\beta r}}{4\pi r}(1+\cos\theta)\sin\phi\, P_y \tag{9-110a}$$

$$E_\phi = j\beta \frac{e^{-j\beta r}}{4\pi r}(1+\cos\theta)\cos\phi\, P_y \tag{9-110b}$$

이 식들과 식 (9-107)에서 전체 방사 전장은

$$\begin{aligned}\mathbf{E} &= j\beta E_o b\sqrt{\frac{\pi R_1}{\beta}}\frac{e^{-j\beta r}}{4\pi r}\left(\frac{1+\cos\theta}{2}\right)(\hat{\boldsymbol{\theta}}\sin\phi+\hat{\boldsymbol{\phi}}\cos\phi)\\ &\cdot\frac{\sin[(\beta b/2)\sin\theta\sin\phi]}{(\beta b/2)\sin\theta\sin\phi}\, I(\theta,\phi)\end{aligned} \tag{9-111}$$

이 되는데, 여기에서 $I(\theta, \phi)$는 식 (9-108)로 주어져 있다.

완전한 방사 표현식은 다소 복잡하므로 주평면 패턴에 대해서 살펴보자. $E$ 평면에서는 $\phi = 90°$이므로 식 (9-111)을 정규화하면

$$F_E(\theta) = \frac{1+\cos\theta}{2}\frac{\sin[(\beta b/2)\sin\theta]}{(\beta b/2)\sin\theta} \tag{9-112}$$

이다. 두 번째 인수는, 개구면 분포로 예측할 수 있는 바와 같이, $y$축 방향으로 길이 $b$인 균일선전원의 패턴이다.

$H$ 평면에서는 $\phi = 0°$이므로 정규화 $H$ 평면 패턴은

$$F_H(\theta) = \frac{1+\cos\theta}{2} f_H(\theta) = \frac{1+\cos\theta}{2}\frac{I(\theta, \phi=0°)}{I(\theta=0°, \phi=0°)} \tag{9-113}$$

이다. 개구면 위의 최대 위상오차에 근거한 일반적인 방사패턴도를 이용하면 다소 간단하게 $H$ 평면 패턴을 보여 줄 수 있다. 식 (9-105)로부터 개구면 분포의 위상오차는 위치 $x$의 함수로

$$\delta = \frac{\beta}{2R_1}x^2 \tag{9-114}$$

이고, $x$의 최댓값은 $A/2$이므로 최대 위상오차는

$$\delta_{\max} = \frac{\beta}{2R_1}\left(\frac{A}{2}\right)^2 = 2\pi\frac{A^2}{8\lambda R_1} = 2\pi t \tag{9-115}$$

인데, 여기에서 $t$는 다음과 같이 정의된다.

$$t = \frac{A^2}{8\lambda R_1} = \frac{1}{8}\left(\frac{A}{\lambda}\right)^2\frac{1}{R_1/\lambda} \tag{9-116}$$

식 (9-108)의 함수 $I(\theta, \phi = 0°)$을 $t$로 표현하면

$$I(\theta, \phi = 0°) = e^{j(\pi/8t)[(A/\lambda)\sin\theta + 1/2]^2}[C(s_2) - jS(s_2) - C(s_1) + jS(s_1)] + e^{j(\pi/8t)[(A/\lambda)\sin\theta - 1/2]^2}[C(t_2) - jS(t_2) - C(t_1) + jS(t_1)] \tag{9-117}$$

인데, 여기에서

$$\begin{aligned} s_1 &= 2\sqrt{t}\left[-1 - \frac{1}{4t}\left(\frac{A}{\lambda}\sin\theta\right) - \frac{1}{8t}\right] \\ s_2 &= 2\sqrt{t}\left[1 - \frac{1}{4t}\left(\frac{A}{\lambda}\sin\theta\right) - \frac{1}{8t}\right] \\ t_1 &= 2\sqrt{t}\left[-1 - \frac{1}{4t}\left(\frac{A}{\lambda}\sin\theta\right) + \frac{1}{8t}\right] \\ t_2 &= 2\sqrt{t}\left[1 - \frac{1}{4t}\left(\frac{A}{\lambda}\sin\theta\right) + \frac{1}{8t}\right] \end{aligned} \tag{9-118}$$

이다. 그림 9-13은 이 함수를 여러 $t$ 값에 대해 그린 것이다. 이 그림은 위상오차가 없는 경우의 주빔 첨두치로 정규화한 것으로, 최대 위상오차 $2\pi t$가 증가함에 따른 지향성 손실(주빔 첨두치의 감소)을 보여 주고 있다.

그림 9-13의 곡선들은 그것들로부터 $A$, $b$, 그리고 $\lambda$의 특정 값에 따른 안테나 패턴을 구할 수 있는 일반적인 패턴 그림들이다. $H$ 평면 패턴도(실선)들은 $(A/\lambda)\sin\theta$의 함수이다. $E$ 평면 패턴도(점선)들은 식 (9-112)의 두 번째 인수며, 그에 대한 횡축은 $(b/\lambda)\sin\theta$이다. 그림 9-13에는 식 (9-112)와 식 (9-113)의 두 패턴 함수 모두에 나타나는 $(1 + \cos\theta)/2$인자가 포함되지 않았는데, 대부분의 경우 전체 패턴에 미치는 영향이 작으므로 무시되기도 한다. 그러나 일반적인 패턴에서 해당하는 패턴 값에 $20\log[(1 + \cos\theta)/2]$를 더해줌으로써 이 영향을 쉽게 포함시킬 수 있다. 그림 9-13의 $E$ 평면 패턴 그림은 균일선전원 패턴의 부엽치 $-13.3$ dB를 갖고, $H$ 평면 균일위상($t = 0$) 패턴은 코사인 테이퍼형선전원 패턴의 부엽치 $-23$ dB를 갖는다. 위상오차가 증가함에 따라, $H$ 평면 패턴의 빔폭과 부엽이 증가하게 된다.

수치 적분을 행하는 수학 응용 컴퓨터 패키지들을 이용해, 식 (9-113)의 패턴 $f_H(\theta)$를 매우 정확하게 계산할 수 있다.

$$f_H(\theta) \propto \int_{-A/2}^{A/2} \cos\frac{\pi x'}{A}\, e^{-j\beta\sqrt{R_1^2 + x'^2}}\, e^{j\beta\sin\theta\, x'}\, dx' \tag{9-119}$$

여기에서는 식 (9-106)에 식 (9-103$b$)의 이차 근사식보다는 식 (9-103$a$)의 정확한 위상오차 표현식을 사용했다. 이렇게 해서 전술한 복잡한 표현식을 피할 수 있고, 정확한 위상을 포함시킬 수 있다.

식 (9-66)의 개구면 적분법으로 $H$ 평면 섹터형 혼의 지향성을

$$D_H = \frac{b}{\lambda}\frac{32}{\pi}\left(\frac{A}{\lambda}\right)\varepsilon_{ph}^H = \frac{4\pi}{\lambda^2}\varepsilon_t\,\varepsilon_{ph}^H\,Ab \tag{9-120a}$$

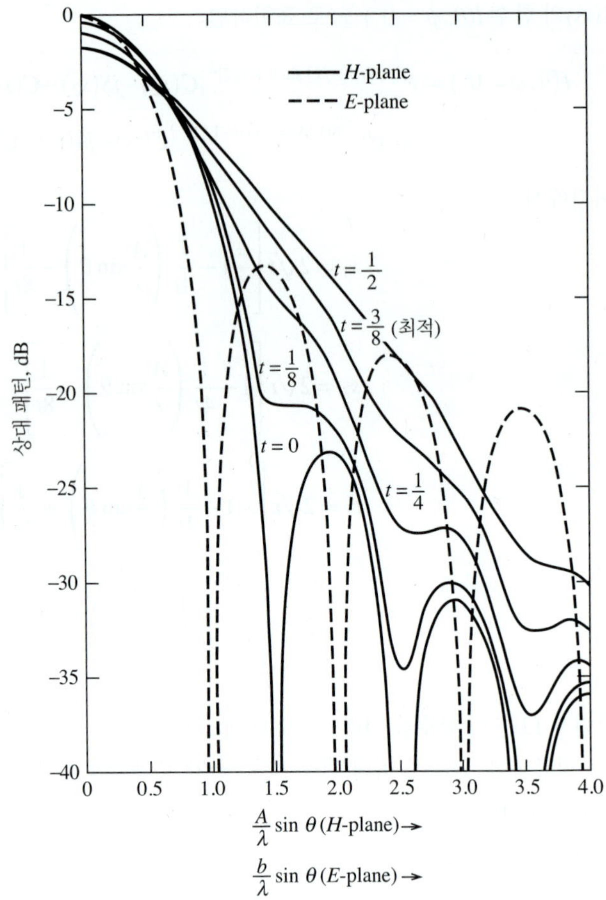


**그림 9-13** **그림 9-12에 나타낸 $H$ 평면 섹터형 혼의 주평면에 대한 일반적인 패턴들.** $(1+\cos\theta)/2$ 인자는 포함되지 않았다.

와 같이 구할 수 있는데, 여기에서

$$\varepsilon_t = \frac{8}{\pi^2} \tag{9-120b}$$

$$\varepsilon_{\text{ph}}^H = \frac{\pi^2}{64t}\left\{[C(p_1)-C(p_2)]^2 + [S(p_1)-S(p_2)]^2\right\} \tag{9-120c}$$

$$p_1 = 2\sqrt{t}\left[1+\frac{1}{8t}\right], \qquad p_2 = 2\sqrt{t}\left[-1+\frac{1}{8t}\right] \tag{9-120d}$$

이다. $u=0$일 때, 식 (9-108)에서 $p_1=-s_1'=t_2'$이고 $p_2=s_2'=-t_1'$임을 주목하라. 이 표현식에서 개구면 테이퍼와 위상에 관련한 두 효율인자 $\varepsilon_t$와 $\varepsilon_{\text{ph}}^H$를 볼 수 있다.

그림 9-14는 일반적인 지향성 곡선군들을 나타낸 것으로, $R_1/\lambda$의 여러 값들에 대해 $A/\lambda$에 따른 $\lambda D_H/b$를 그린 것이다. 주어진 축방향의 길이 $R_1$에 대해, 근사적인 곡선의 첨두치에 부합하는 최적의 개구면적 $A$가 존재한다는 점에 주목하라. 최적인 동작에 해당하는 $\lambda/A$ 값들을 $R_1/\lambda$에 따라 그리

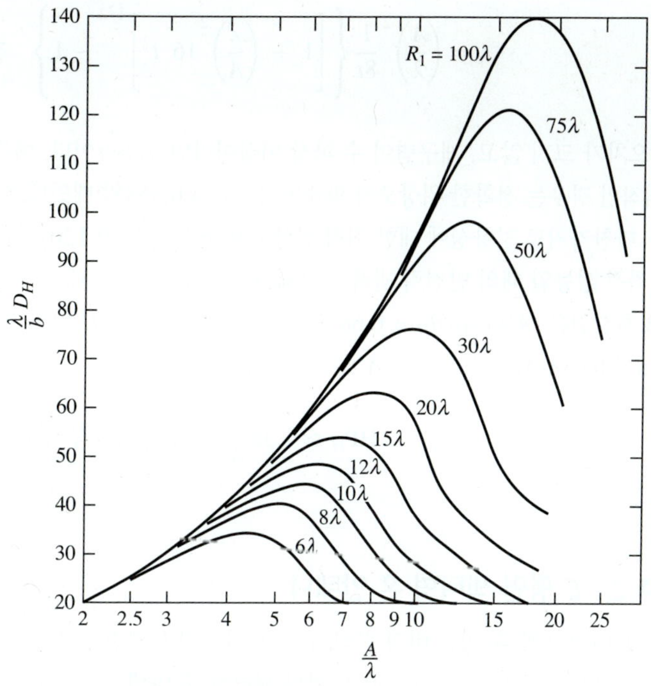


그림 9-14 *H* 평면 섹터형 혼의 일반적인 지향성 곡선.

면 식 $A/\lambda = \sqrt{3R_1/\lambda}$의 부드러운 곡선이 만들어지고, 결국

$$A = \sqrt{3\lambda R_1} \quad \text{최적 개구면적} \tag{9-121}$$

이 얻어진다. 예를 들어 그림 9-14의 $R_1/\lambda = 30$인 곡선의 첨두치에 대한 $A/\lambda$의 값은 9.5이고, 식 (9-121)에서 $A/\lambda = \sqrt{3R_1/\lambda} = \sqrt{3(30)} = 9.49$이다.

식 (9-121)과 함께 식 (9-116)에서 최적의 지향성을 가져오는 최적 위상오차 파라미터 값을 다음과 같이 구할 수 있다.

$$t_{op} = \frac{A^2}{8\lambda R_1} = \frac{3}{8} \quad \text{최적인 값} \tag{9-122}$$

지향성 곡선의 최적 거동을 다음과 같이 좀 더 쉽게 설명할 수 있다. 축방향으로의 길이가 고정된 경우, 개구면적 $A$를 작은 값에서 점점 증가시키면, 개구면적의 증가로 인해 지향성도 증가하게 된다. $t = t_{op} = 3/8$일 때 최적인 성능에 도달하는데, 이것은 $\delta_{max} = 2\pi t_{op} = 3\pi/4 = 135°$인 개구면 가장자리($x = \pm A/2$)에서의 위상지연에 해당한다. 이 최적값 이상으로 A를 증가시키면, 개구면 상에 걸쳐서 발생하는 위상오차 때문에 원거리장들의 상쇄가 일어나고, 그림 9-13의 패턴도에서 볼 수 있는 바와 같이 지향성은 감소한다.

식 (9-119)의 방사적분에서 그랬듯이, 식 (9-103*a*)의 정확한 위상오차와 함께 수치 계산 기법을 이용해 전술한 해석을 근사화하지 않고 행할 수 있다. 그러나 정확한 위상오차의 효과를 포함하는 보정된 위상오차를 사용하는 것이 더 쉽다. 식 (9-118)의 $t$ 값을 다음 식으로 대체해 정확한 패턴을 얻을 수 있다[6].

$$t_e = \left(\frac{A}{\lambda}\right)^2 \frac{1}{8t}\left\{\left[1+\left(\frac{\lambda}{A}\right)^2 16\ t^2\right]^{1/2} - 1\right\} \quad \textit{정확한 값} \qquad \textbf{(9-123)}$$

위상오차가 크지 않고, 개구면이 수 파장 이상이라면, $t_e \approx t$이다. 예를 들어 $3\lambda$인 개구면($A/\lambda = 3$)의 최적인 경우는 정확한 위상오차 파라미터가 $t_e = 0.354$일 때인데, 이것은 근사적인 값 0.375에 가깝다. 마찬가지로 지향성에 대한 최적 위상오차 조건도 식 (9-120)의 $t$를 $t_e$로 대체해 구할 수 있다.

최적 성능일 때의 반전력 빔폭은 그림 9-13의 $t = 3/8$일 때의 패턴도로 결정할 수 있다. 주빔의 3 dB 하강점은 $(A/\lambda)\sin\theta_H = 0.68$일 때 나타나므로, 최적 $H$ 평면 섹터형 혼의 $H$ 평면 빔폭은 $2\theta_H = \sin^{-1}(0.68\lambda/A)$이다. 그리고 $A \gg \lambda$인 경우에는

$$\mathrm{HP}_H \approx 1.36\frac{\lambda}{A} = 78°\frac{\lambda}{A} \quad \textit{최적 성능} \qquad \textbf{(9-124)}$$

이다.

## 9.4.2 *E* 평면 섹터형 혼 안테나

그림 9-15에서 볼 수 있는 바와 같이, 급전 도파관의 $E$ 평면을 벌려 놓음으로써 역시 직사각형 혼 안테나를 구성할 수 있는데, 이것을 ***E* 평면 섹터형 혼 안테나**($E$-plane sectoral horn antenna)라고 한다. 이 혼의 구조에 관계되는 식들은 다음과 같다.

$$\ell_E^2 = R_2^2 + \left(\frac{B}{2}\right)^2 \qquad \textbf{(9-125)}$$

$$\alpha_E = \tan^{-1}\left(\frac{B}{2R_2}\right) \qquad \textbf{(9-126)}$$

$$R_E = (B-b)\sqrt{\left(\frac{\ell_E}{B}\right)^2 - \frac{1}{4}} \qquad \textbf{(9-127)}$$

$H$ 평면 혼에 적용했던 것과 같은 논거로 $E$ 평면 혼의 개구면 전장 분포는 다음과 같다.

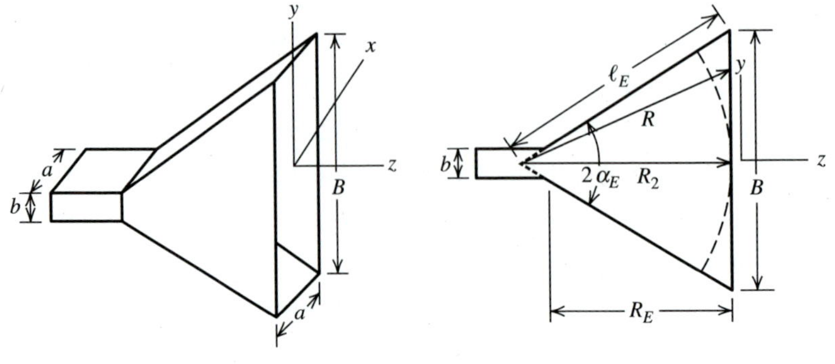


(*a*) 전체 기하구조 (*b*) *yz* 평면(*E* 평면)의 단면도

그림 9-15 *E* 평면 섹터형 혼 안테나.

$$E_{ay}=E_o \quad \cos\frac{\pi x}{a}e^{-j(\beta/2R_2)y^2} \tag{9-128}$$

$H$ 평면 섹터형 혼에서와 같은 단계를 거쳐 방사장을 얻을 수 있다.

$$\begin{aligned}\mathbf{E}=&j\beta E_o\sqrt{\frac{\pi R_2}{\beta}}\frac{4a}{\pi}\frac{e^{-j\beta r}}{4\pi r}e^{j(\beta R_2/2)v^2}(\hat{\boldsymbol{\theta}}\sin\phi+\hat{\boldsymbol{\phi}}\cos\phi)\\ &\cdot\frac{1+\cos\theta}{2}\frac{\cos[(\beta a/2)u]}{1-[(\beta a/\pi)u]^2}[C(r_2)-jS(r_2)-C(r_1)+jS(r_1)]\end{aligned} \tag{9-129a}$$

여기에서

$$r_1=\sqrt{\frac{\beta}{\pi R_2}}\left(-\frac{B}{2}-R_2v\right),\qquad r_2=\sqrt{\frac{\beta}{\pi R_2}}\left(\frac{B}{2}-R_2v\right) \tag{9-129b}$$

이다. 이 식에서 $\phi=0°$로 두면 정규화 $H$ 평면 패턴은

$$F_H(\theta)=\frac{1+\cos\theta}{2}\;\frac{\cos[(\beta a/2)\sin\theta]}{1-[(\beta a/\pi)\sin\theta]^2} \tag{9-130}$$

이 되는데, 이 표현식의 두 번째 인수는 길이 $a$인 코사인 진폭 테이퍼형 균일위상 선전원의 패턴이다.

$E$ 평면에서의 개구면 위상오차는 식 (9-128)의 이차 위상오차로 $\delta=(\beta/2R_2)y^2$와 같이 근사화된다. 최대 위상오차는 $y=\pm B/2$에서 발생하며, $\delta_{max}=(\beta/2R_2)(B/2)^2=2\pi(B^2/8\lambda R_2)=2\pi\ s$로 주어지는데, 여기에서 위상오차 파라미터 $s$를 다음과 같이 정의한다.

$$s=\frac{B^2}{8\lambda R_2}=\frac{1}{8}\left(\frac{B}{\lambda}\right)^2\frac{1}{R_2/\lambda} \tag{9-131}$$

$\phi=90°$로 놓고 식 (9-129)의 $E$ 평면 패턴의 크기를 s로 표현하면

$$\begin{aligned}|F_E(\theta)|&=\frac{1+\cos\theta}{2}|f_E(\theta)|\\ &=\frac{1+\cos\theta}{2}\left\{\frac{[C(r_4)-C(r_3)]^2+[S(r_4)-S(r_3)]^2}{4[C^2(2\sqrt{s})+S^2(2\sqrt{s})]}\right\}^{1/2}\end{aligned} \tag{9-132a}$$

와 같이 되는데, 여기에서

$$r_3=2\sqrt{s}\left[-1-\frac{1}{4s}\left(\frac{B}{\lambda}\sin\theta\right)\right],\qquad r_4=2\sqrt{s}\left[1-\frac{1}{4s}\left(\frac{B}{\lambda}\sin\theta\right)\right] \tag{9-132b}$$

이다. $H$ 평면 섹터형 혼에 대한 식 (9-119)와 유사하게, $E$ 평면 섹터형 혼의 패턴도 직접적인 수치적분으로 계산할 수 있다. 식 (9-132$a$)의 $f_E(\theta)$는 다음 식으로 구해진다.

$$f_E(\theta)\propto\int_{-B/2}^{B/2}e^{-j\beta\sqrt{R_2^2+y'^2}}e^{j\beta\sin\theta y'}dy' \tag{9-133}$$

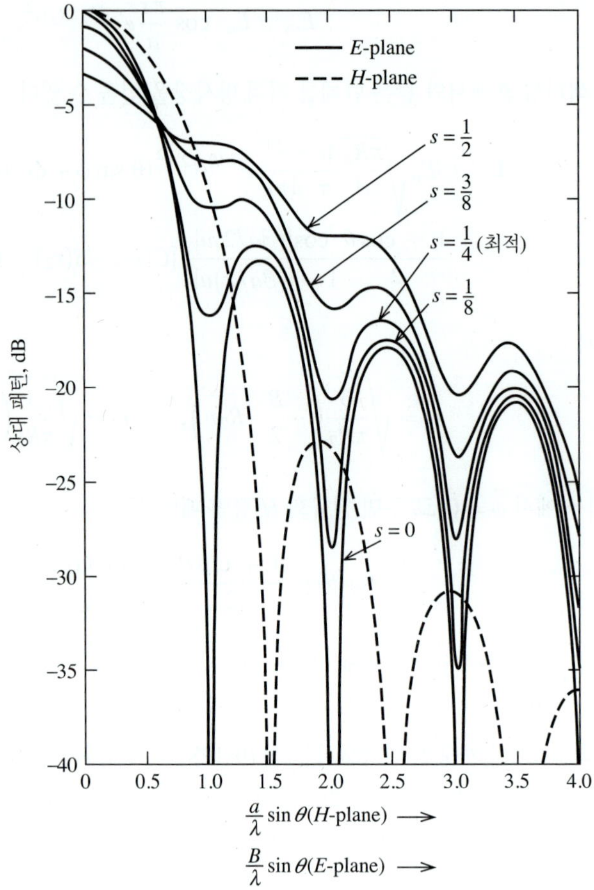


**그림 9-16 그림 9-15에 나타낸 E 평면 섹터형 혼 안테나의 주평면에 대한 일반적인 패턴들.** $(1+\cos\theta)/2$ 인자는 포함시키지 않았다.

$E$ 평면 섹터형 혼의 일반적인 패턴들을 그림 9-16에 나타냈다. 여러 $s$ 값들에 대한 $E$ 평면 패턴(실선)들은 최대점이 0 dB가 되도록 정규화하는 대신에, 균일선전원에 해당하는 $s = 0$인 위상오차가 없을 때와 비교해 나타낸 것이다. $H$ 평면 패턴(점선)은 식 (9-130)의 두 번째 인수인 코사인 테이퍼형 선전원의 패턴이다. 이 패턴 그림들에 $(1+\cos\theta)/2$ 인자는 포함시키지 않았다.

식 (9-66)으로 얻어지는 $E$ 평면 섹터형 혼의 지향성은

$$D_E = \frac{a}{\lambda}\frac{32}{\pi}\frac{B}{\lambda}\varepsilon_{\text{ph}}^{E} = \frac{4\pi}{\lambda^2}\varepsilon_t\,\varepsilon_{\text{ph}}^{E}\,aB \qquad \textbf{(9-134}a\textbf{)}$$

인데, 여기에서

$$\varepsilon_t = \frac{8}{\pi^2} \qquad \textbf{(9-134}b\textbf{)}$$

$$\varepsilon_{\text{ph}}^{E} = \frac{C^2(q)+S^2(q)}{q^2} \qquad \textbf{(9-134}c\textbf{)}$$

$$q = \frac{B}{\sqrt{2\lambda R_2}} = 2\sqrt{s} \qquad \textbf{(9-134}d\textbf{)}$$

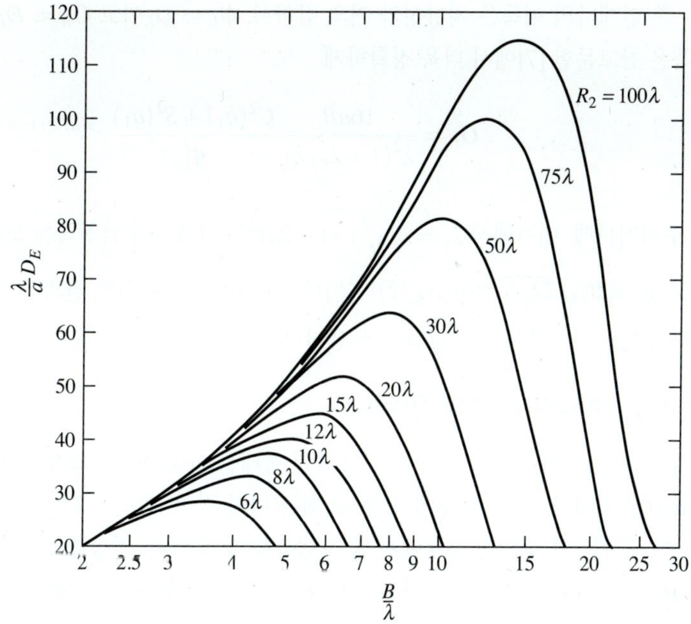


**그림 9-17** ***E*** **평면 섹터형 혼의 일반적인 지향성 곡선.**

이다. 여러 $R_2/\lambda$ 값들에 대해 일반적인 지향성 $\lambda D_E/a$ 곡선군을 $B/\lambda$의 함수로 그린 것이 그림 9-17이다. 각 곡선의 첨두는 $R_2$ 값에 따른 최적 지향성에 해당한다. 최적조건에 대한 $B/\lambda$와 $R_2/\lambda$ 값들 쌍의 곡선을 따르면

$$B = \sqrt{2\lambda R_2} \quad \textit{최적조건} \tag{9-135}$$

을 얻게 되고, 이에 대한 $s$의 값은 다음과 같다.

$$s_{op} = \frac{B^2}{8\lambda R_2} = \frac{1}{4} \quad \textit{최적인 값} \tag{9-136}$$

$s$를 $s_e$로 대치함으로써 개구면 상의 구형 파면에 상응하는 정확한 위상오차 조건을 쉽게 포함시킬 수 있다[6].

$$s_e = \left(\frac{B}{\lambda}\right)^2 \frac{1}{8s}\left\{\left[1 + \left(\frac{\lambda}{B}\right)^2 16s^2\right]^{1/2} - 1\right\} \quad \textit{정확한 값} \tag{9-137}$$

즉 식 (9-137)을 이용해 식 (9-132)와 식 (9-134)의 지향성 표현식을 정확하게 만들 수 있다. 그러나 개구면이 작으면, 개구면장을 자유공간 조건에 의해 적절하게 근사화하기 어려워 정확도를 기대하기는 어렵다.

최적 혼에 대한 반전력 빔폭 관계는 그림 9-16의 $s = 1/4$일 때의 곡선에서 다음과 같이 얻어진다.

$$\mathrm{HP}_E = 2\sin^{-1}\frac{0.47}{B/\lambda} \approx 0.94\frac{\lambda}{B} = 54^\circ\frac{\lambda}{B} \quad \textit{최적 혼} \tag{9-138}$$

혼 안테나의 이득은 지향성과 거의 같아서, $G_E \approx D_E$이고 $G_H \approx D_H$이다. $E$ 평면 섹터형 혼의 이득은 참고문헌 [7]에서 더욱 정확하게

$$G_E = \frac{16aB}{\lambda^2(1+\lambda_g/\lambda)} \frac{C^2(q_1)+S^2(q_1)}{q_1^2} e^{\pi(a/\lambda)(1-\lambda/\lambda_g)} \qquad \textbf{(9-139)}$$

로 주어지는데, 여기에서 $\lambda_g = \lambda/\sqrt{1-(\lambda/2a)^2}$는 안테나를 급전하는 도파관 내에서 주모드의 파장이고, $q_1 = B[\sqrt{2\lambda_g \ell_E}\ \cos(\alpha_E/2)]^{-1}$이다. 이 표현식으로 실험 결과와 잘 일치하는 값들을 얻을 수 있다. 식 (9-134)에서 얻은 값들은 식 (9-139)의 값들보다 20% 혹은 그 이상 작다.

### 9.4.3 피라미드형 혼 안테나

가장 흔히 사용되는 직사각형 혼 안테나의 형태는 아마 **피라미드형 혼 안테나**(pyramidal horn antenna)일 것이다. 그림 9-18에서 볼 수 있는 바와 같이, 이것은 $E$와 $H$ 평면을 모두 벌려 놓은 것이다. 이 구조는 양 주평면 모두에서 좁은 빔폭을 갖게 되어, 연필형 빔을 형성한다. 개구면 전장은 식 (9-105)와 식 (9-128)에서 얻어지는 $H$와 $E$ 평면 섹터형 혼들에 대한 결과들을 조합해 다음과 같이 구할 수 있다.

$$E_{ay} = E_o \cos\left(\frac{\pi x}{A}\right) e^{-j(\beta/2)(x^2/R_1+y^2/R_2)} \qquad \textbf{(9-140)}$$

섹터형 혼들에 사용했던 것과 유사한 과정을 거쳐 일반적인 방사장의 표현식을 얻을 수 있다. 개구면 분포가 식 (9-72)와 같이 분리 가능하므로, 주평면 패턴들은 섹터형 혼 계산에서 얻은 패턴들과 동일하다. 명확하게 표현하자면, 피라미드형 혼의 $E$와 $H$ 평면 패턴들은 $E$ 평면 섹터형 혼의 $E$ 평면

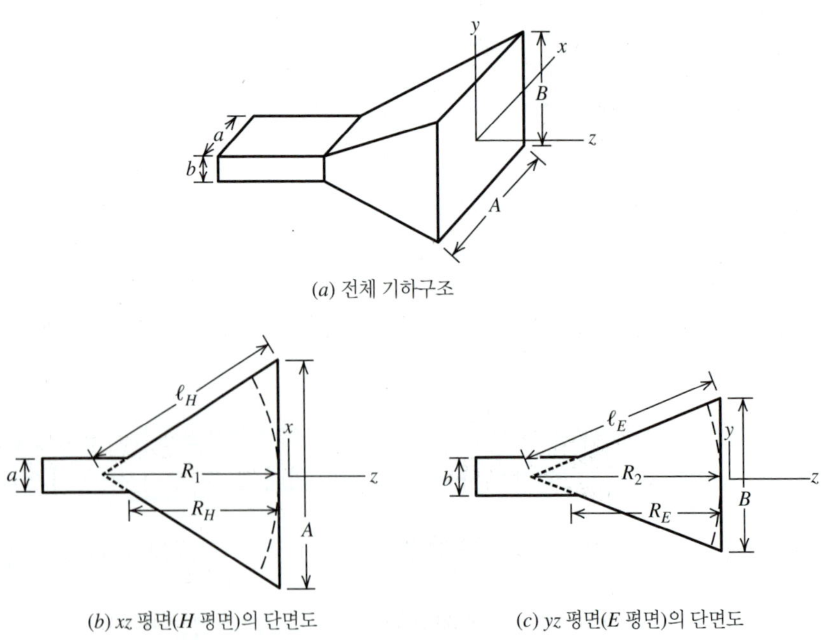


(a) 전체 기하구조

(b) xz 평면(H 평면)의 단면도

(c) yz 평면(E 평면)의 단면도

그림 9-18 피라미드형 혼 안테나.

패턴과 $H$ 평면 섹터형 혼의 $H$ 평면 패턴과 같다. 따라서 피라미드형 혼의 $E$ 평면 패턴은 그림 9-16의 일반적인 패턴도(실선)로부터, 그리고 $H$ 평면 패턴은 그림 9-13 의 실선으로 구할 수 있다.

피라미드형 혼은 마이크로파 주파수에서 이득 표준으로 사용되므로, 정확한 이득의 계산이 중요하다. 피라미드형 혼의 지향성은

$$D_p = \frac{\pi}{32}\left(\frac{\lambda}{a}D_E\right)\left(\frac{\lambda}{b}D_H\right) \tag{9-141}$$

와 같이 비교적 간단하게 구할 수 있다. 연습문제 9.4-15를 참조하라. 괄호 안의 항들은 각각 그림 9-14와 그림 9-17의 섹터형 혼에 대한 지향성 곡선에서 곧바로 얻을 수 있다. 식 (9-141)로 계산된 이득값은 충분히 큰 혼에 대한 측정값과 매우 잘 일치한다. 이것은 기하광학적인 장과 혼의 가장자리에서 단일 회절된 장들을 포함한다. 다중회절과 혼 내부에서의 반사로 발생하는 가장자리의 회절을 포함시키면, 이득은 식 (9-141)에서 예측된 이득에 주파수의 함수인 작은 진동이 생기는데, 이것은 실험 결과와 일치한다[8].

혼의 개구면 효율에 기여하는 것들을 살펴보는 일도 유익하다. 방사효율 $e_r$이 1에 가까운 값이어서, 이득을 지향성과 같다고 볼 수 있다. 식 (9-81)을 참조하라. 꼭 고려해야 할 두 가지 효율은 개구면 테이퍼 효율 $\varepsilon_t$와 위상효율 $\varepsilon_{\text{ph}}$이다.

$$\varepsilon_{\text{ap}} = \varepsilon_t\varepsilon_{\text{ph}} = \varepsilon_t\varepsilon_{\text{ph}}^E\varepsilon_{\text{ph}}^H \tag{9-142}$$

여기에서 총 위상효율을 $E$와 $H$ 평면에서의 위상오차에 의한 인수들로 분리해 나타냈다. 이득은 식 (9-78)에서

$$G = \frac{4\pi}{\lambda^2}\varepsilon_{\text{ap}}AB = \frac{4\pi}{\lambda^2}\varepsilon_t AB\varepsilon_{\text{ph}}^E\varepsilon_{\text{ph}}^H = G_o\varepsilon_{\text{ph}}^E\varepsilon_{\text{ph}}^H \tag{9-143}$$

와 같이 표현되는데, 여기에서 $G_o$는 위상오차의 영향이 없을 때의 이득으로, 예제 9-4에서 $\varepsilon_t = 0.81$로 구해진 개구면 테이퍼 효율을 포함한 것이다. 위상오차 효율들은 섹터형 혼들의 지향성들을 계산한 다음, 알고 있는 테이퍼 효율을 제거해서 구할 수 있다. 이 과정의 결과를 위상오차 파라미터들 $s$와 $t$의 함수로 그림 9-19에 도시했다. $s = 0.25$이고 $t = 0.375$인 최적 섹터형 혼의 개구면 효율은

$$\varepsilon_{\text{ap}}^E = 0.649, \quad \varepsilon_{\text{ap}}^H = 0.643 \quad \textit{최적 섹터형 혼} \tag{9-144}$$

이다. $\varepsilon_t = 0.81$을 포함하고 있으므로

$$\varepsilon_{\text{ph}}^E = \frac{\varepsilon_{\text{ap}}^E}{\varepsilon_t} = 0.80, \quad \varepsilon_{\text{ph}}^H = \frac{\varepsilon_{\text{ap}}^H}{\varepsilon_t} = 0.79 \tag{9-145}$$

이다. 식 (9-142)에서 최적 피라미드형 혼의 개구면 효율은

$$\varepsilon_{\text{ap}}^P = \varepsilon_t\varepsilon_{\text{ph}}^E\varepsilon_{\text{ph}}^H = 0.81(0.80)(0.79) = 0.51 \tag{9-146}$$

인데, 최적 피라미드형 혼의 경우 보통 개구면 효율을 50%로 한다.

식 (9-146)을 (9-143)에 대입하면 최적 피라미드형 혼의 이득은

$$\boxed{G = 0.51\frac{4\pi}{\lambda^2}AB} \quad \textit{최적 피라미드형 혼} \tag{9-147}$$

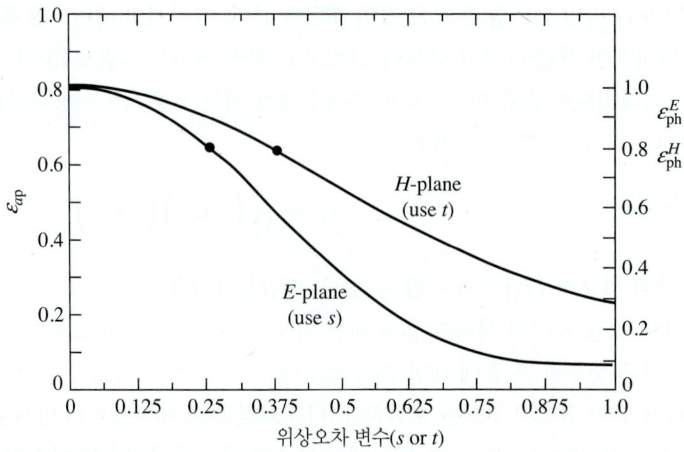


그림 9-19 $E$와 $H$ 평면 섹터형 혼의 개구면 효율(좌측 세로 좌표)과 $E$와 $H$ 평면 벌어짐에 따른 위상효율(우측 세로 좌표).

이다. 혼 안테나의 이득은 식 (9-143)에 10 log를 취해 dB 형식으로 표현하는 것이 보통이다.

$$G_{\mathrm{dB}} = G_{o,\mathrm{dB}} + \varepsilon_{\mathrm{ph,dB}}^{E}(s) + \varepsilon_{\mathrm{ph,dB}}^{H}(t) \tag{9-148}$$

마지막 두 항들은 식 (9-120$c$)와 식 (9-134$c$)의 위상오차와 연관된 이득 감소 인자들이다. 10 log를 취하기 전에, 이러한 위상효율들을 아래와 같은 간단한 공식으로 근사화할 수 있다[9].

$$\varepsilon_{\mathrm{ph}}^{E}(s) = \frac{1}{4s}\left[C^2(2\sqrt{s}) + S^2(2\sqrt{s})\right] \approx 1.00329 - 0.11911s - 2.75224s^2 \tag{9-149}$$

$$\begin{aligned}\varepsilon_{\mathrm{ph}}^{H}(t) &= \frac{\pi^2}{64t}\left\{[C(p_1) - C(p_2)]^2 + [S(p_1) - S(p_2)]^2\right\} \\ &\approx 1.00323 - 0.08784t - 1.27048t^2\end{aligned} \tag{9-150}$$

이 근사 공식들은 0에서부터 최소한 $s = 0.262$와 $t = 0.397$까지는 유효하다. 예를 들어 근사 공식에 $s = 0.25$와 $t = 0.375$를 넣으면 식 (9-144)의 값들이 얻어지는데, 그림 9-19에서 볼 수 있는 점들이다. 식 (9-123)과 식 (9-137)에 주어진 정확한 위상오차 파라미터들을 사용해 정확도를 증가시킬 수 있다.

혼을 이용하는 많은 경우에 주어진 동작 주파수에서의 특정 이득이 요구된다. 특정 이득에 대해서 가장 짧은 축방향 길이를 제공하므로 보통 최적 이득 설계법이 사용된다. 이제 특정 이득을 얻는 데 최적인 혼 구조를 결정할 수 있는 설계식을 유도하기로 한다. 이 과정에는 혼의 크기뿐만 아니라 접속하는 도파관의 내부 치수 $a$와 $b$도 포함된다. 여기에는 만족시켜야 하는 조건 세 가지가 있는데, 먼저 두 가지는 $E$ 및 $H$ 평면의 위상오차들이 최적 성능에 관련된 것이어야 한다는 것이다. 세 번째는 피라미드형 혼의 구조를 물리적으로 구현할 수 있으며 접속 도파관과 적절하게 결합되어야 한다는 것이다. 그림 9-18에서

$$R_E = R_H = R_P \tag{9-151}$$

임을 알 수 있다. 그림 9-18의 닮음 삼각형들로부터

$$\frac{R_1}{R_H} = \frac{A/2}{A/2 - a/2} = \frac{A}{A - a} \tag{9-152}$$

$$\frac{R_2}{R_E} = \frac{B/2}{B/2 - b/2} = \frac{B}{B - b} \tag{9-153}$$

이다. 식 (9-135)를 통해 $E$ 평면 최적 성능의 조건을 부과해, 식 (9-153)을 대입하면

$$B = \sqrt{\frac{2\lambda R_E B}{B - b}} \quad \text{or} \quad B^2 - bB - 2\lambda R_E = 0 \tag{9-154}$$

을 얻게 되는데, 이것은 2차방정식으로 다음과 같은 해를 갖는다.

$$B = \frac{1}{2}\left(b + \sqrt{b^2 + 8\lambda R_E}\right) \tag{9-155}$$

두 번째 해는 $B$가 음이 되어 구현할 수 없으므로 무시한다. 같은 방법으로, 식 (9-152)와 함께 식 (9-122)의 $H$ 평면 최적 성능 조건으로

$$R_H = \frac{A - a}{A} R_1 = \frac{A - a}{A}\left(\frac{A^2}{3\lambda}\right) = \frac{A - a}{3\lambda} A \tag{9-156}$$

을 얻게 된다. 식 (9-151)의 물리적 구현 가능 조건을 부과해서 식 (9-155)에 식 (9-156)을 대입하면 다음 식이 얻어진다.

$$B = \frac{1}{2}\left(b + \sqrt{b^2 + \frac{8A(A - a)}{3}}\right) \tag{9-157}$$

이것을 규정 이득 $G$와 연계하면

$$G = \frac{4\pi}{\lambda^2}\varepsilon_{\text{ap}} AB = \frac{4\pi}{\lambda^2}\varepsilon_{\text{ap}} A \frac{1}{2}\left(b + \sqrt{b^2 + \frac{8A(A - a)}{3}}\right) \tag{9-158}$$

을 얻게 된다. 이것을 $A$에 대한 4차방정식으로 전개하면 원하는 설계식을 얻게 된다[10].

$$\boxed{A^4 - aA^3 + \frac{3bG\lambda^2}{8\pi\varepsilon_{\text{ap}}}A = \frac{3G^2\lambda^4}{32\pi^2\varepsilon_{\text{ap}}^2}} \quad \textit{피라미드형 혼 설계식} \tag{9-159}$$

이 4차방정식을 풀어서 근을 구할 수는 있지만 다소 복잡한데 수치적인 방정식 풀이과정을 이용해 해를 쉽게 구할 수 있다. 첫 번째 근사적인 추정으로

$$A_1 = 0.45\lambda\sqrt{G} \tag{9-160}$$

을 사용해 시행착오를 거치면서 해를 구할 수 있다. 최적 혼을 설계하는 과정의 단계들을 요약해 보자.

**1단계:** 동작파장 $\lambda$에서 요구되는 이득 $G$와 접속 도파관의 치수 $a$와 $b$를 규정한다.

**2단계:** $\varepsilon_{\text{ap}} = 0.51$을 이용해 식 (9-159)를 풀어서 $A$를 구한다.

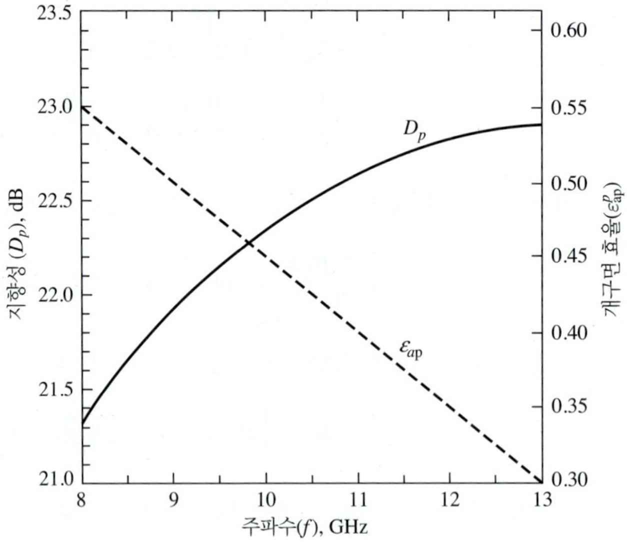


**그림 9-20** **예제 9-7의 표준이득 직사각형 혼의 지향성과 개구면 효율.**

**3단계:** 남아 있는 혼의 치수들을 다음과 같이 구한다: 식 (9-157)에서 $B$를, 식 (9-121)에서 $R_1$을, 식 (9-152)에서 $R_H$를, 식 (9-98)에서 $l_H$를, 식 (9-135)에서 $R_2$, 식 (9-153)에서 $R_E$를, 식 (9-125)에서 $l_E$를 구한다.

**4단계:** $R_E$가 $R_H$와 같은지 점검하고, 식 (9-131)과 식 (9-116)을 계산해 $s = 0.25$이고 $t = 0.375$인지 살펴봄으로써 올바른 해인지 검증할 수 있다.

혼 안테나는 50% 정도 대역폭에 걸쳐서 양호하게 동작하지만, 단지 설계주파수에서만 최적 성능을 갖는다. 예제 9-7에서 살펴볼 8.2~12.4 GHz 대역 표준이득 혼의 이득 곡선을 그림 9-20에서 볼 수 있다. 주파수에 따라 이득이 증가하는데, 이것은 개구면 안테나의 특성이다. 곡선은 식 (9-78)의 주파수 제곱에의 의존성으로부터 예측할 수 있는 직선이 아니다. 이것은 그림 9-20에서 볼 수 있는 바와 같이, 위상오차의 증가로 주파수에 따라 개구면 효율이 감소하기 때문이다. 따라서 최적 이득 혼은 단지 설계주파수에서만 '최적'이다.

최적 혼 설계에 관한 예제로 이 절을 마치기 전에, 위상오차가 개구면에서 동위상면이 구형이기 때문에 발생하며, 그곳에서의 파장을 자유공간에서와 같다고 하는 가정에 대해 살펴보자. 각 점을 같은 폭을 갖는 무한히 긴 도파관의 한 부분으로 취급해, 도파관에서 개구면에 이르기까지 위상속도가 점진적으로 변한다는 가정을 이용하여 직사각형 혼을 해석할 수도 있다[11]. 그러나 작은 개구면을 갖는 짧은 혼을 제외한 모든 경우에, 이득은 전술한 설계기법으로 구한 것과 두드러지게 차이 나지는 않는다.

## 예제 9-7 최적 이득 피라미드형 혼 안테나의 설계

8.2 GHz에서 12.4 GHz까지의 주파수 대역($X$대역)에서 사용되는 상용 '표준이득' 피라미드형 혼 안테나들이 있는데, $a = 0.9$ in. $= 2.286$ cm이고 $b = 0.4$ in. $= 1.016$ cm인 WR90 도파관으로 급전된다. 그림 9-20의 이득곡선에 따르면, 개구면 효율은 주파수 증가에 따라 급격히 감소한다. 따라

서 전대역에 걸쳐 더욱 균일한 이득을 얻으려면 최적 설계점을 대역 저단부 가까이에 취해야 한다. 대역 고단부에서는 위상오차의 증가로 인한 효율의 감소가 상당하지만, 개구면이 전기적으로 훨씬 더 커지므로 실제로는 이득이 증가하게 된다.

이 설계 예제에서는 최적 설계점을 8.75 GHz로 취하고, 개구면 효율은 51%로 한다. 설계 이득은 8.75 GHz ($\lambda = 3.43$ cm)에서 $G = 21.75$ dB 혹은 $10^{2.175} = 149.6$이다. 식 (9-160)을 이용해 $A_1 = 18.9$ cm로 시작해 시행착오법으로 설계식 (9-159)를 풀고, 설계 과정 3단계의 남아 있는 모든 안테나의 치수를 구하면 아래와 같다.

$$\begin{aligned} A &= 18.61 \text{ cm}, & B &= 14.75 \text{ cm} \\ R_1 &= 33.67 \text{ cm}, & R_2 &= 31.72 \text{ cm} \\ l_H &= 34.93 \text{ cm}, & l_E &= 32.56 \text{ cm} \\ R_H &= 29.53 \text{ cm}, & R_E &= 29.53 \text{ cm} \end{aligned}$$

$R_P = R_E = R_H$임을 살펴보고 식 (9-131)과 식 (9-116)을 계산해 최적값 $s = 0.25$와 $t = 0.375$를 얻는다. 일반적인 지향성 곡선을 이용하여 이득을 확인할 수 있는데, 그림 9-17의 $R_2/\lambda = 9.3$과 $B/\lambda = 4.3$일 때 $\lambda D_E/a = 36$이며, 그림 9-14의 $R_1/\lambda = 10.1$과 $A/\lambda = 5.4$일 때 $\lambda D_H/a = 43$이다. 그러면 식 (9-141)에서

$$D_p = \frac{\pi}{32}\left(\frac{\lambda}{a}D_E\right)\left(\frac{\lambda}{b}D_H\right) = \frac{\pi}{32}(36)(43) = 152 = 21.8 \text{ dB}$$

로 설계 목표인 21.75 dB와 매우 가깝다. $s_{\text{op}} = 0.25$ 그리고 $t_{\text{op}} = 0.375$로 두고, 식 (9-120*c*)와 식 (9-134*c*)를 식 (9-148)에 대입해 지향성을 정확히 계산하면 21.79 dB를 얻을 수 있다. 이 구조의 정확한 위상오차는 식 (9-137)과 식 (9-123)에서 $s_e = 0.247$과 $t_e = 0.368$이다. 이 값들로 계산한 지향성은 21.85 dB이다. 그림 9-20은 지향성을 주파수의 함수로 보여 준 것이다. 연습문제 9.4-17을 참조하라.

8.75 GHz에서의 $(1+\cos\theta)/2$ 인자를 포함한 완전한 방사패턴을 그림 9-21에 나타내었다. 반전력 빔폭은

$$\text{HP}_E = 12.4°, \text{HP}_H = 14.2°$$

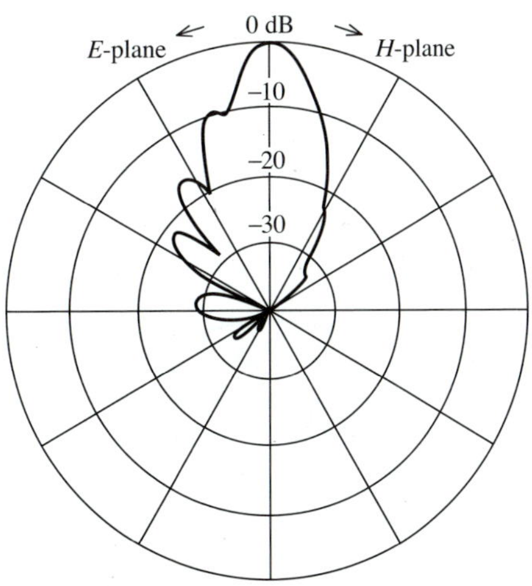


**그림 9-21 8.75 GHz에서의 최적 피라미드형 혼안테나의 주평면 패턴들.** 패턴들에는 $(1+\cos\theta)/2$ 인자가 포함되어 있다. $\text{HP}_E = 12.4°$이고 $\text{HP}_H = 14.2°$이다.

로 식 (9-138)과 식 (9-124)에 근거해 예측한 값과 정확하게 일치한다. 그래서 최적 혼의 경우에는 식 (9-138)과 식 (9-124)의 간단한 반전력 빔폭의 공식으로 양호한 결과를 얻을 수 있다. 그림 9-21에서 $E$ 평면과 $H$ 평면의 첫 번째 부엽은 16°와 44°에 위치하고 있으며, 그 값은 각각 −9.4와 −32.5 dB이다. $(1+\cos\theta)/2$ 인자를 포함하지 않는 $E$ 평면과 $H$ 평면의 첫 번째 부엽은 각각 −9.2와 −31.2 dB로, 그림 9-16과 그림 9-13에서 살펴볼 수 있다. 식 (9-95)를 이용해 빔폭에서 바로 이득(지향성)을 추산해 보면

$$G = \frac{26{,}000}{\text{HP}_{E^o}\text{HP}_{H^o}} = \frac{26{,}000}{(12.4^\circ)(14.2^\circ)} = 21.7 \text{ dB}$$

로 설계값 21.75 dB에 가깝다.

## 9.5 원형 개구면

원 모양의 물리적인 개구면을 갖는 안테나를 **원형 개구면**(circular aperture) 안테나라고 한다. 여러 가지 형태의 원형 개구면 안테나들이 실제로 응용되고 있다. 이 절에서는 균일한 진폭의 그리고 테이퍼형 진폭의 이상적인 원형 개구면 분포들을 논의한다. 이어 다음 절에서 가장 보편적인 원형 개구면 안테나인 포물면 반사판 안테나에 관해 논의한다.

### 9.5.1 균일 원형 개구면

그림 9-22는 일반적인 원형 개구면을 나타낸 것이다. 개구면 위에 분포되는 진폭이 일정한 경우를 **균일 원형 개구면**(uniform circular aperture)이라고 한다. 이것은 뒤쪽으로부터 균일 평면파가 입사되어 오는 도체판 위의 원형 구멍으로 근사화될 수 있다. 개구면 전장이 $x$ 방향, 혹은

$$\mathbf{E}_a = \hat{\mathbf{x}}E_o \quad \rho' \le a \tag{9-161}$$

이라면, 식 (9-14)에서 다음 식을 얻게 된다.

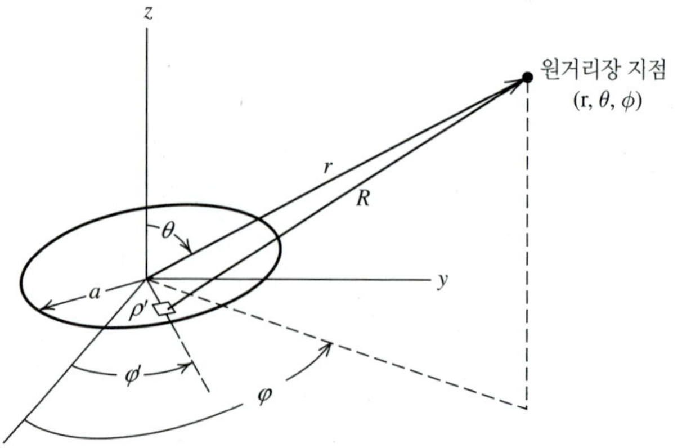


그림 9-22 원형 개구면.

$$\mathbf{P} = \hat{\mathbf{x}} E_o \iint_{S_a} e^{j\beta \hat{\mathbf{r}} \cdot \mathbf{r}'} dS' \tag{9-162}$$

이 방사적분을 위한 일반적인 기하구조를 그림 2-7에서 볼 수 있다. 이것을 원통좌표계를 이용하여 그림 9-22의 원형 개구면 구조에 적용하여 $xy$ 평면 상의 전원 점을 표현할 수 있다. 원통좌표계에 관해서는 부록 C.1을 참조하라. 그러면 원점에서 개구면 상의 임의의 점까지의 벡터는

$$\mathbf{r}' = \boldsymbol{\rho}' = \rho' \cos\phi\, \hat{\mathbf{x}} + \rho' \sin\phi\, \hat{\mathbf{y}} \tag{9-163}$$

이므로, 이 식과 식 (C-4)에서 다음 식이 얻어진다.

$$\begin{aligned} \hat{\mathbf{r}} \cdot \mathbf{r}' &= \rho' \sin\theta\, (\cos\phi \cos\phi' + \sin\phi \sin\phi') \\ &= \rho' \sin\theta \cos(\phi - \phi') \end{aligned} \tag{9-164}$$

따라서 식 (9-162)는

$$\begin{aligned} \mathbf{P} &= \hat{\mathbf{x}} E_o \int_0^a \left[ \int_0^{2\pi} e^{j\beta\rho' \sin\theta \cos(\phi - \phi')}\, d\phi' \right] \rho' d\rho' \\ &= \hat{\mathbf{x}} E_0 2\pi \int_0^a \rho' J_0(\beta\rho' \sin\theta) d\rho' \end{aligned} \tag{9-165}$$

으로 되는데, 여기에서 $\phi'$에 대한 적분에는 식 (F-6)을 사용했다. $J_0(x)$는 제1종 0차 베셀함수로, $x = 0$에서 1이고 $x$가 증가함에 따라 감쇠 진동하는 함수이다. $\rho'$에 대한 적분은 식 (F-9)에 따르는

$$\int x J_0(x)\, dx = x J_1(x) \tag{9-166}$$

을 이용해 할 수 있는데, $J_1(x)$는 제1종 1차 베셀함수로 $x = 0$에서 0이며 $x$가 증가함에 따라 감쇠 진동하는 함수이다. $x = \beta\rho' \sin\theta$로 변수를 치환하고 식 (9-165)에 식 (9-166)을 이용하면

$$\mathbf{P} = \hat{\mathbf{x}} E_o\, 2\pi \frac{a}{\beta \sin\theta} J_1(\beta a \sin\theta) = \hat{\mathbf{x}} P_x \tag{9-167}$$

을 얻을 수 있다. 식 (9-26)의 등가자기전류 공식으로

$$\mathbf{E} = (\hat{\boldsymbol{\theta}} \cos\phi - \hat{\boldsymbol{\phi}} \sin\phi \cos\theta) j\beta \frac{e^{-j\beta r}}{2\pi r} P_x = \hat{\mathbf{p}} E_0 \pi a^2 j\beta \frac{e^{-j\beta r}}{2\pi r} f(\theta) \tag{9-168}$$

이 얻어지는데, 여기에서 분극 단위 벡터는

$$\hat{\mathbf{p}} = \hat{\boldsymbol{\theta}} \cos\phi - \hat{\boldsymbol{\phi}} \sin\phi \cos\theta \tag{9-169}$$

이고, $\theta = 0°$에서 최대치 1이 되도록 정규화된 방사적분 $P_x$의 상대적인 변화는

$$f(\theta) = \frac{2J_1(\beta a \sin\theta)}{\beta a \sin\theta} \tag{9-170}$$

이다. 개구면 분포가 원 대칭이므로 $f(\theta)$는 $\phi$에 독립이다. $E$ 평면에서는 $\phi = 0°$이므로, 식 (9-169)는 $\hat{\mathbf{p}} = \hat{\boldsymbol{\theta}}$이 되고, $f(\theta)$는 $E_\theta$ 성분을 나타낸다. $H$ 평면에서는 $\phi = 90°$이므로, 식 (9-169)는

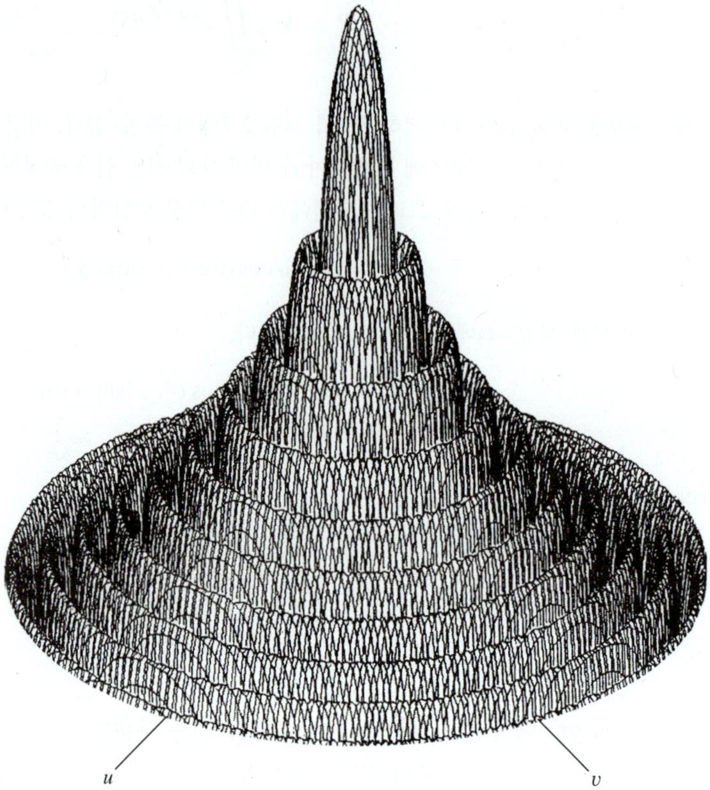


그림 9-23 균일진폭, 균일위상이고, 지름이 10파장인 원형 개구면의 방사패턴.

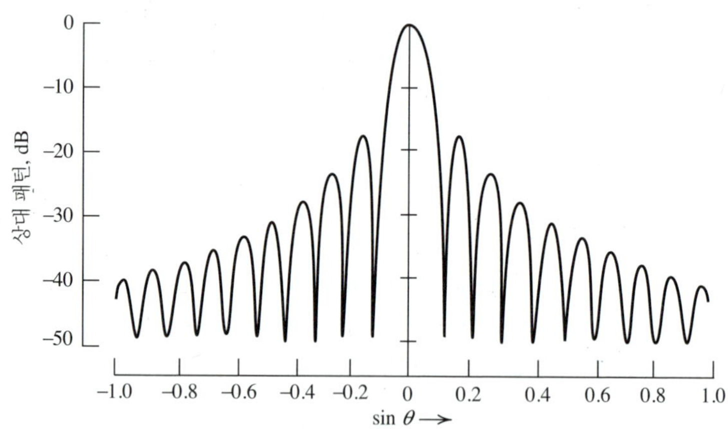


그림 9-24 지름이 10λ인 균일 원형 개구면의 패턴. 그림 9-23의 원점을 지나는 임의 평면 상의 패턴이다.

$\hat{\mathbf{p}} = -\hat{\boldsymbol{\phi}}\cos\theta$이 되고, $f(\theta)$와 $\cos\theta$의 곱이 $E_\phi$ 성분을 나타낸다. 이 $\cos\theta$ 인자 때문에, 접지평면 위의 접선 전장에 대한 경계조건에 의해 요구되는 바와 같이, $\theta = 90°$에서 전장이 0이 된다.

큰 개구면의 경우에는 여기에서 고려하고 있는 균일위상 개구면에 대해 $f(\theta)$는 $\theta = 0°$ 방향으로 좁은 주빔을 형성한다. 따라서 주빔 부근에서는 $\theta$가 작아서 $\cos\theta = 1$이므로 식 (9-169)에서

$\hat{\mathbf{p}} = \hat{\boldsymbol{\theta}}\cos\phi - \hat{\boldsymbol{\phi}}\sin\phi$가 되는데, 이것은 개구면장 벡터 $\hat{\mathbf{x}}$를 원거리장 구면에 접선으로 투영한 것이다. 식 (C-1)을 참조하라. 이 경우 모든 $\theta$ 의존성은 $f(\theta)$에 포함된다. $f(\theta)$의 한 예가 그림 9-23에 나타나 있는데, $a = 5\lambda$일 때 가시영역의 한계($\theta = 90°$)까지를 $uv$ 평면에 그린 것이다. 그림 9-23의 중심을 지나는 임의 평면의 방사패턴을 그림 9-24에 나타냈다. 이 패턴, 즉 $2J_1(x)/x$는 균일선전원의 패턴 $\sin x/x$와 유사하다.

식 (9-170)의 반전력 점이 $\beta a\sin\theta = 1.6$에서 나타나므로, $a \gg \lambda$인 경우 반전력 빔폭은

$$\text{HP} = 2\theta_{\text{HP}} = 2\sin^{-1}\frac{1.6}{\beta a} \approx 2\frac{1.6}{\pi}\frac{\lambda}{2a}$$

또는

$$\text{HP} = 1.02\frac{\lambda}{2a}\text{rad} = 58.4\frac{\lambda}{2a}\text{deg} \tag{9-171}$$

이다. 예를 들어 지름이 $10\lambda$이면, HP = 0.102 rad = 5.84°이다. 균일 원형 개구면 패턴의 부엽레벨은 −17.6 dB인데, 이것을 그림 9-24에서 살펴볼 수 있다. 균일 원형 개구면은 균일진폭으로 급전되므로, 개구면 테이퍼 효율은 1이고, 지향성은 식 (9-66)에서 다음과 같다.

$$D_u = \frac{4\pi}{\lambda^2}A_p = \frac{4\pi}{\lambda_2}\pi a^2 \tag{9-172}$$

## 9.5.2 테이퍼형 원형 개구면

많은 원형 개구면 안테나들을, 개구면의 중심에서 가장자리로 가면서 개구면장의 진폭이 점점 작아지는 분포를 갖는, 방사상으로 대칭인 원형 개구면으로 근사화할 수 있다.실제로 많은 원형 개구면의 분포들이 방사상으로 대칭이고, $\phi'$에 따라 변하지 않는다(그림 9-22 참조). 이 경우를 가정하고, 파장에 비해 큰 브로드사이드 원형 개구면에 국한해 살펴본다. 그러면 패턴은 정규화하지 않은 방사적분으로써 다음과 같이 양호하게 근사화될 수 있다.

$$f_{\text{un}}(\theta) = \int_0^{2\pi}\int_0^a E_a(\rho')e^{j\beta\rho'\sin\theta\cos(\phi-\phi')}\rho'\,d\rho'\,d\phi' \tag{9-173}$$

식 (F-6)을 이용해 $\phi'$에 대한 적분을 행하면

$$f_{\text{un}}(\theta) = 2\pi\int_0^a E_a(\rho')\rho' J_0(\beta\rho'\sin\theta)\,d\rho' \tag{9-174}$$

을 얻을 수 있는데, 다양한 개구면 테이퍼들에 대해 이 적분을 행할 수 있으며 정규화하여 $f(\theta)$를 얻을 수 있다.

몇 가지 흔히 사용되는 원형 개구면 테이퍼의 성질을 표 9-2에 제시했다. 타원형 개구면[13]을 포함한 비슷한 데이터들을 참고문헌 [4, 12]에서 찾아볼 수 있다. 표 9-2는 선전원 분포에 대한 표 5-2와 비슷하다. 표 9-2$a$의 포물선 분포($n = 1$)로 개구면 중심에서 개구면장이 0이 되는 가장자리까지의 부드러운 테이퍼 형태를 얻을 수 있다. $n = 0$일 때 분포는 균일한 경우가 되며, 물론 이때 개구면 효율이 1이 된다. 포물선형의 테이퍼($n = 1$)를 사용하면 빔폭이 넓어지는 대가로 부엽이 낮아지며 균일 분포에 비해 지향성이 감소한다. 이 효과는 포물선형의 제곱 분포($n = 2$)의 경우 더 두드

**표 9-2** 테이퍼형 원형 개구면 분포의 특성.

**a. 포물선형 테이퍼**

$$E_a(\rho') = \left[1 - \left(\frac{\rho'}{a}\right)^2\right]^n$$

$$f(\theta, n) = \frac{2^{n+1}(n+1)!J_{n+1}(\beta a \sin\theta)}{(\beta a \sin\theta)^{n+1}}$$

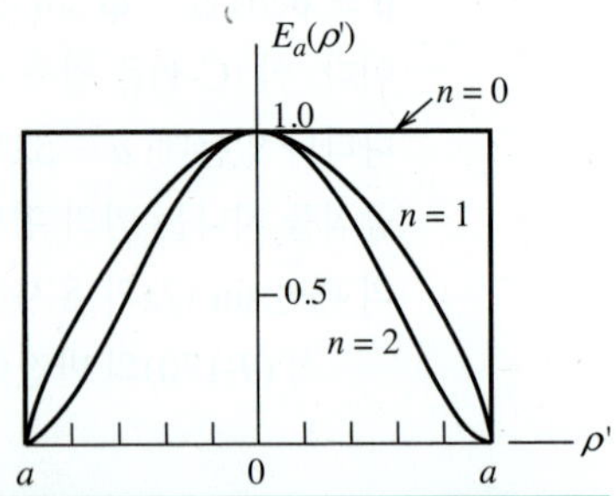


| $n$ | HP (rad) | 부엽레벨(dB) | $\varepsilon_t$ | 정규화 패턴 $f(\theta, n)$ | 분포 |
|---|---|---|---|---|---|
| 0 | $1.02\frac{\lambda}{2a}$ | −17.6 | 1.00 | $\frac{2J_1(\beta a \sin\theta)}{\beta a \sin\theta}$ | 균일 |
| 1 | $1.27\frac{\lambda}{2a}$ | −24.6 | 0.75 | $\frac{8J_2(\beta a \sin\theta)}{(\beta a \sin\theta)^2}$ | 포물선형 |
| 2 | $1.47\frac{\lambda}{2a}$ | −30.6 | 0.55 | $\frac{48J_3(\beta a \sin\theta)}{(\beta a \sin\theta)^2}$ | 포물선 제곱형 |

**b. 기반 위의 포물선형 테이퍼**

$$E_a(\rho') = C + (1 - C)\left[1 - \left(\frac{\rho'}{a}\right)^2\right]^n$$

$$f(\theta, n, C) = \frac{Cf(\theta, n = 0) + \frac{1 - C}{n + 1}f(\theta, n)}{C + \frac{1 - C}{n + 1}}$$

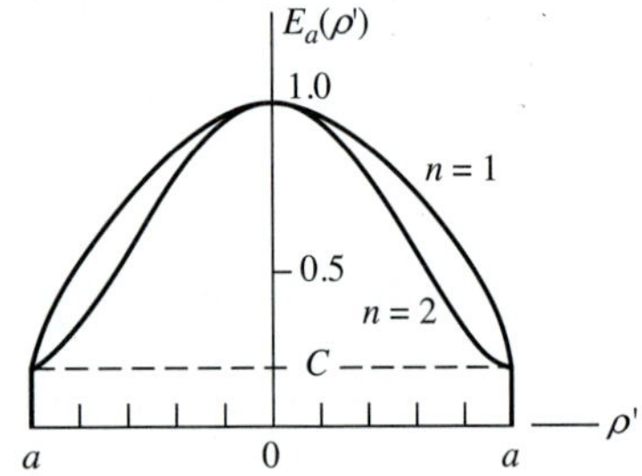


| 가장자리 값 | | $n = 1$ | | | $n = 2$ | | |
|---|---|---|---|---|---|---|---|
| $C_{dB}$ | $C$ | HP (rad) | 부엽레벨(dB) | $\varepsilon_t$ | HP (rad) | 부엽레벨(dB) | $\varepsilon_t$ |
| −8 | 0.398 | $1.12\frac{\lambda}{2a}$ | −21.5 | 0.942 | $1.14\frac{\lambda}{2a}$ | −24.7 | 0.918 |
| −10 | 0.316 | $1.14\frac{\lambda}{2a}$ | −22.3 | 0.917 | $1.17\frac{\lambda}{2a}$ | −27.0 | 0.877 |
| −12 | 0.251 | $1.16\frac{\lambda}{2a}$ | −22.9 | 0.893 | $1.20\frac{\lambda}{2a}$ | −29.5 | 0.834 |
| −14 | 0.200 | $1.17\frac{\lambda}{2a}$ | −23.4 | 0.871 | $1.23\frac{\lambda}{2a}$ | −31.7 | 0.792 |
| −16 | 0.158 | $1.19\frac{\lambda}{2a}$ | −23.8 | 0.850 | $1.26\frac{\lambda}{2a}$ | −33.5 | 0.754 |
| −18 | 0.126 | $1.20\frac{\lambda}{2a}$ | −24.1 | 0.833 | $1.29\frac{\lambda}{2a}$ | −34.5 | 0.719 |
| −20 | 0.100 | $1.21\frac{\lambda}{2a}$ | −24.3 | 0.817 | $1.32\frac{\lambda}{2a}$ | −34.7 | 0.690 |

$C_{dB}$가 −8과 −20 dB 사이일 때 HP와 $\varepsilon_t$를 구하기 위한 보간 식

| 양 | $n = 1$ | $n = 2$ |
|---|---|---|
| $\text{HP} = k\frac{\lambda}{2a}$ | $k = -0.008C_{dB} + 1.06$ | $k = -0.015C_{dB} + 1.02$ |
| $\varepsilon_t$ | $\varepsilon_t = 0.01C_{dB} + 1.02$ | $\varepsilon_t = 0.019C_{dB} + 1.06$ |

러지게 나타난다. 표 9-2$b$의 기반 위의 포물선형의 개구면 분포를 이용해 주엽레벨과 빔폭을 상호 조절할 수 있다. 기반 높이 $C$는 중심에서의 조사에 대비한 가장자리 조사이다. 이 테이퍼는 원형 반사판 안테나의 경우에 흔히 사용하는 조사 성형을 위해 이용되는데, 이때 기반은 반사판에 의해 급전 안테나의 패턴이 반사판의 테두리까지만으로 차단되는 것을 나타낸다. 다시 테이퍼가 더 심해짐에 따라($n$이 증가하거나 C가 감소), 빔폭은 증가하고 지향성이 감소하는 반면 부엽레벨이 감소하는 것을 살펴볼 수 있다. 표 9-2의 데이터에서 다음 절에서 논의할 포물면 반사판 안테나의 모델링에 사용할 규범적인 형식들을 얻을 수 있다.

$c_x c_y \to c^2 = \pi\varepsilon_t$와 $k_x k_y \to k^2$를 이용해, 테이퍼형 원형 개구면에 적절한 형태인 식 (9-90)으로부터 지향성–빔폭 곱 $\text{DB}_{\text{cir}}$을 구할 수 있다.

$$\text{DB}_{\text{cir}} = \pi^2 \varepsilon_t k^2 \left(\frac{180}{\pi}\right)^2 = 32{,}400\ \varepsilon_t k^2 \ \ \text{deg}^2 \tag{9-175}$$

표 9-2$b$에 주어진 값들의 범위에서 이 곱은 거의 일정하므로

$$D \approx \frac{\text{DB}_{\text{cir}}}{\text{HP}^2} = \frac{39{,}000}{\text{HP}^2} \quad \textit{테이퍼형 원형 개구면} \tag{9-176}$$

가 되는데, 여기에서 HP는 각도로 표현된 모든 평면들에서의 반전력 빔폭이다.

기본적인 관계들을 유도하는 것으로 이 절을 마치고자 한다. 식 (9-174)에 이용된 포물선형 분포로

$$f_{\text{un}}(\theta) = 2\pi \int_0^a \left[1 - \left(\frac{\rho'}{a}\right)^2\right]^n \rho' J_0(\beta\rho' \sin\theta)\, d\rho' \tag{9-177}$$

을 얻게 된다. 이 적분은 $x = \rho'/a$, $b = \beta a \sin\theta$로 놓고

$$\int_0^1 (1 - x^2)^n x J_0(bx)\, dx = \frac{2^n n!}{b^{n+1}} J_{n+1}(b) \tag{9-178}$$

을 이용해 행할 수 있다. 그러면 식 (9-177)은

$$f_{\text{un}}(\theta) = \frac{\pi a^2}{n+1} f(\theta, n) \tag{9-179}$$

로 되는데, 여기에서

$$f(\theta, n) = \frac{2^{n+1}(n+1)!\, J_{n+1}(\beta a \sin\theta)}{(\beta a \sin\theta)^{n+1}} \tag{9-180}$$

은 정규화 패턴 함수이다. 식 (9-180)에서 표 9-2$a$에 주어진 패턴들을 구할 수 있다. 개구면 테이퍼 효율은 다음과 같다(연습문제 9.5-4 참조).

$$\varepsilon_t = \frac{\left[C + \dfrac{1-C}{n+1}\right]^2}{C^2 + \dfrac{2C(1-C)}{n+1} + \dfrac{(1-C)^2}{2n+1}} \tag{9-181}$$

# 9.6 반사판 안테나

장거리 전파 통신과 고분해능 레이더 응용에는 고이득 안테나가 요구된다. 반사판 시스템은 가장 널리 사용되는 고이득 안테나이며, 마이크로파 영역에서 30 dB를 훨씬 넘는 이득을 쉽게 얻을 수 있다. 지금까지 논의한 다른 어떤 단일 안테나로도 이러한 이득을 얻기 어렵다. 철탑 위, 가게의 지붕, 주택의 지붕, 그리고 잔디밭 등 많은 곳에서 반사판 혹은 '접시' 안테나들을 볼 수 있다. 이 절에서는 더 중요한 반사판 안테나 구조들에 대해, 특히 원형 개구면을 갖는 것에 중점을 두어 살펴본다. 반사판 안테나 설계원리를 끌어내기 위한 기본적인 물리학과 수학을 논의하기 전에 먼저 반사판의 역사를 간단하게 살펴본다.

광학 망원경에서 반사판 안테나의 기원을 찾아볼 수 있다. 굴절 광학 망원경은 17세기에 잘 알려졌으나 수차의 문제가 있었다. 1663년 스코틀랜드의 수학자 제임스 그레고리(James Gregory, 1638~1675)가 반사 광학 망원경의 개념을 제시하였으나 제작에는 실패하였다. 1672년 처음으로 이와 같은 장치를 제작한 사람은 아이작 뉴턴(Isaac Newton, 1642~1727)이었다. 역시 1672년에 카세그레인(Cassegrain)[3]은 그레고리의 것처럼 두 개의 반사판을 채용한 망원경 설계를 발표하였다. 그레고리의 것과 다른 점은 부반사판을 초점 너머에 두지 않고 반사판과 초점 사이에 배치한 것이다. 카세그레인과 그레고리안 반사판에 대응되는 안테나들은 뒤에 나오는 그림 9-32에서 볼 수 있다. 반사판이 안테나로 사용된 첫 번째의 것은 그림 1-2에 나타낸 1888년에 나온 헤르츠의 원통형 포물면 반사판이다. 최초의 대형 반사판 안테나는 1937년 그로트 레버(Grote Reber, 1911~2002)가 일리노이주 휘턴의 자기 집 뒤뜰에 세운 9.6 m 주초점 반사판(즉 부반사판이 없는) 안테나이다. 그는 이것을 전파천문학에 이용하였으며, 아마 최초로 도파관 공동을 급전에 사용한 사람일 것이다. 흔히 그를 대형 접시안테나의 아버지라고 부른다. 레버는 4.3절에서 언급한 잰스키의 외계 잡음의 초기 발견을 입증하기 위해 이 장치를 사용하였다. 레버의 실제 안테나가 웨스트버지니아의 그린뱅크에 있는 국립 전파천문관측소에 전시되고 있다. [www.nrao.edu]를 참조하라. 반사판에 관한 더 많은 역사는 [H.6: Hansen, Vol. I, Chap. 2]를 참조하라.

## 9.6.1 포물면 반사판 안테나의 원리

가장 간단한 반사판 안테나는 파장에 비해 큰 반사 표면과 그보다 훨씬 작은 급전 안테나의 두 부분으로 구성된다. 가장 흔히 사용되는 형태는 그림 9-25*a*에 나타낸 **포물면 반사판 안테나**(parabolic reflector antenna)이다. 반사판(혹은 '접시')은 포물선을 회전시킨 것이다. 반사판과 반사판의 축을 포함하는 임의 평면과의 교차선은 그림 9-25*b*에 나타낸 것과 같은 포물선 형태의 곡선이 된다. 포물면 반사판 표면의 형상을 기술하는 방정식을 $(\rho', z_f)$를 이용한 직각좌표 형식으로 나타내면

$$(\rho')^2 = 4F(F - z_f), \quad \rho' \le a \tag{9-182}$$

이다. 접시의 정점은 $\rho' = 0$과 $z_f = F$에, 접시의 가장자리는 $\rho' = a$와 $z_f = F - a^2/4F$에 대응된다. 주어진 반사판 축으로부터의 변위 $\rho'$에 대해서, 반사판 표면 위의 점 $R$은 초점 O (focal point O)에서 거리 $r_f$만큼 떨어져 있다. 포물면 곡선은 극좌표계$(r_f, \theta_f)$로 다음과 같이 표현할 수 있다.

$$r_f = \frac{2F}{1 + \cos\theta_f} = F \sec^2 \frac{\theta_f}{2} \tag{9-183}$$

[3] 카세그레인에 관한 정확한 역사적 정보가 없다. 그의 이름이 논쟁거리가 되기도 한다.

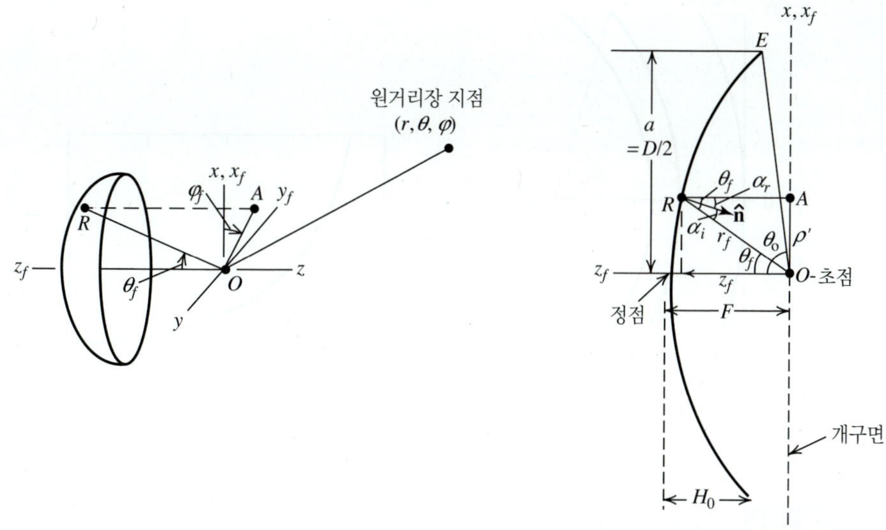


(*a*) 포물면 반사판과 좌표계 (*b*) *xz* 평면에서의 반사판의 단면

**그림 9-25 축대칭 포물면 반사판 안테나.**

그러면 이 거리 $r_f$의 개구면상으로의 투영은

$$\rho' = r_f \sin\theta_f = \frac{2F\sin\theta_f}{1+\cos\theta_f} = 2F\tan\frac{\theta_f}{2} \tag{9-184}$$

이다. 정점($\theta_f = 0°$)에서는 $r_f = F$이고 $\rho' = 0$이다. 반사판 가장자리($\theta_f = \theta_0$)에서는 $r_f = 2F/(1 + \cos\theta_0)$이고 $\rho' = a$이다.

축대칭 포물면 반사판은 두 파라미터, 즉 지름 $D$와 초점거리 $F$로 완전하게 규정된다. 등가적으로 각각 크기와 모양을 나타내는 $D$와 $F/D$로 반사판을 기술하기도 하는데, 각각 크기와 형상(곡률)을 나타낸다. '초점거리 대 지름'의 비 $F/D$는 접시의 곡률을 나타낸다. $F/D$가 무한대로 접근하는 극한에서는 반사판이 평면이 된다. 평탄한 반사판은 초점이 무한대에 있으므로, 수직으로 입사되는 평면파는 평면파로 반사된다(즉 무한대에서 집속된다). 그림 9-26은 흔히 사용되는 반사판에 연관되는 형상들을 나타낸 것이다. $F/D$가 0.25일 때, 초점은 테두리를 통과하는 평면에 있다. 그림 9-25*b*에 표현된 바와 같이, 급전축($z_f$축)에서 반사판 테두리까지의 각도는 점 $E(\rho' = a, \theta_f = \theta_o)$에서 식 (9-184)를 이용하면 $F/D$와 다음의 관계가 있다.

$$\frac{F}{D} = \frac{1}{4\tan\dfrac{\theta_o}{2}} \tag{9-185a}$$

$$\theta_o = 2\tan^{-1}\left(\frac{1}{4\left(\dfrac{F}{D}\right)}\right) \tag{9-185b}$$

반사판 설계 시 문제는 주로 급전 안테나의 패턴을 반사판에 정합시키는 것이다. 가장자리의 방향으로 10 dB 정도 낮은 급전 패턴을 갖도록, 예를 들어 $F_f(\theta_f = \theta_o) = -10$ dB가 되도록 하는 것을 일

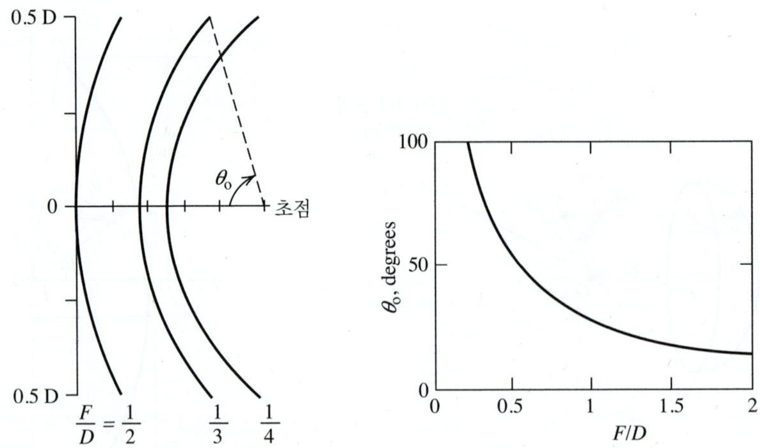


| $\frac{F}{D}$ | $\theta_o$ |
|---|---|
| 0.25 | 90° |
| 0.30 | 79.6° |
| 0.33 | 73.7° |
| 0.4 | 64.0° |
| 0.5 | 53.1° |
| 1.0 | 28.1° |

(*a*) 일반적인 *F*/*D* 값에 대한 모양 (*b*) 반사판 축에서 테두리에 이르는 각도 $\theta_o$ 대 *F*/*D*

**그림 9-26 포물면 반사판들의 곡률.**

반적인 목표로 한다. 0.3에서 1.0에 이르는 흔히 사용되는 *F*/*D*값에 대해 이 특성을 갖는 급전 안테나를 구성할 수 있는데, 이것은 9.7절에서 논의한다. 앞으로 살펴보겠지만, *F*/*D*를 어떻게 선택하느냐에 따라 교차편파 성능에도 영향을 미치게 된다.

반사판의 초점거리는 지름 $D$와 높이 $H_0$를 이용해 쉽게 계산할 수 있다. $\rho' = D/2$이고 $z_f = F - H_o$인 가장자리에서 식 (9-182)를 풀면 실제 관계를 아래와 같이 구할 수 있다.

$$F = \frac{D^2}{16H_0} \tag{9-186}$$

예를 들어 $F/D = 1/4$이면 이 식에서 $H_0 = D/4$이므로, 따라서 $H_0 = F$인데, 이것은 그림 9-26에서 확인할 수 있다.

다음 두 가지 중요한 성질 때문에 포물면 반사판이 안테나로 유용하게 사용된다.

1. 초점 $O$를 떠난 모든 광선들은 반사판에서 반사된 후 나란히 진행하고, 반사된 광선들은 반사판 축($z$축)에 평행이다.
2. 초점에서 반사판, 그리고 개구면까지 이르는 모든 경로길이는 동일하며 $2F$이다.

여기에서 사용된 용어들은 파동의 전파를 동위상면에 수직인 광선으로 취급하는 기하광학(GO: geometrical optics)에서 사용하는 것들이다. 초점에 있는 점원의 경우, 파면은 구면이고 모든 광선은 그림 9-25에 나타낸 $r_f$를 따른다. GO의 원리를 이용하여 위의 두 성질을 입증하고자 한다.

반사판 면에서 반사법칙을 적용하면 곧바로 첫 번째 성질이 얻어진다. 즉 그림 9-25*b*에서 $\alpha_r = \alpha_i$이다. 이것을 보이기 위해, 먼저 급전 좌표계에서 식 (9-183)에 근거한 포물선 방정식 $C_p = F - r_f\cos^2(\theta_f/2) = 0$의 경도를 계산해 표면에의 법선 $\hat{\mathbf{n}}$을 결정한다.

$$\mathbf{N} = \nabla C_p = \nabla\left(F - r_f\cos^2\frac{\theta_f}{2}\right)$$

$$= \left[\hat{\mathbf{r}}_f\frac{\partial}{\partial r_f} + \hat{\boldsymbol{\theta}}_f\frac{1}{r_f}\frac{\partial}{\partial\theta_f} + \hat{\boldsymbol{\phi}}_f\frac{1}{r_f\sin\theta_f}\frac{\partial}{\partial\phi_f}\right]C_p$$

$$= -\hat{\mathbf{r}}_f \cos^2\frac{\theta_f}{2} + \hat{\boldsymbol{\theta}}_f \cos\frac{\theta_f}{2}\sin\frac{\theta_f}{2} \tag{9-187}$$

$N^2 = \mathbf{N}\cdot\mathbf{N} = \cos^2\dfrac{\theta_f}{2}$를 이용하여 정규화하면

$$\hat{\mathbf{n}} = \frac{\mathbf{N}}{N} = -\hat{\mathbf{r}}_f \cos\frac{\theta_f}{2} + \hat{\boldsymbol{\theta}}_f \sin\frac{\theta_f}{2} \tag{9-188}$$

을 얻게 된다. 그러면 표면 법선과 입사 그리고 반사 광선들 간의 각도는

$$\cos\alpha_i = -\hat{\mathbf{r}}_f\cdot\hat{\mathbf{n}} = \cos\frac{\theta_f}{2} \tag{9-189a}$$

$$\begin{aligned}\cos\alpha_r &= \hat{\mathbf{z}}\cdot\hat{\mathbf{n}} = (-\hat{\mathbf{r}}_f\cos\theta_f + \hat{\boldsymbol{\theta}}_f\sin\theta_f)\cdot\hat{\mathbf{n}}\\ &= \cos\theta_f\cos\frac{\theta_f}{2} + \sin\theta_f\sin\frac{\theta_f}{2} = \cos\frac{\theta_f}{2}\end{aligned} \tag{9-189b}$$

에서 쉽게 구할 수 있다. 이 두 식을 비교해 보면

$$\alpha_i = \alpha_r = \frac{\theta_f}{2} \tag{9-190}$$

와 같이 반사법칙이 충족됨을 알 수 있다. 그림 9-25$b$에서 $\alpha_i + \alpha_r = \theta_f$인데, 이것은 식 (9-190)과 일치한다.

동일 경로길이 특성은 식 (9-183)에서 다음과 같이 얻어진다.

$$\begin{aligned}\overline{OR} + \overline{RA} &= \text{초점에서 개구면까지의 총 경로길이}\\ &= r_f + r_f\cos\theta_f = r_f(1+\cos\theta_f) = 2F\end{aligned} \tag{9-191}$$

총 경로길이가 일정(2$F$)하므로, 초점에 있는 점원에서 개구평면에 도달하는 전파들의 위상도 역시 일정하게 된다. 따라서 점 위상의 중심이 초점에 있는 급전을 갖는 포물면 반사판은 개구평면에 걸쳐 균일위상을 형성하게 된다. 그러나 개구면 진폭의 분포는 일정하지 않다.

개구면까지 광선들을 추적하고, 적분하여 원거리장 패턴을 구할 수 있는 개구면 분포를 설정해 반사판 안테나를 해석할 수 있다. 달리하자면, 반사판에 걸쳐서 등가표면전류를 적분할 수도 있다. 어느 경우나, 전류분포를 결정하는 데 GO 원리들이 이용된다. GO를 적용하기 위해서는 다음 사실들이 충족되어야 한다.

**a.** 주반사판의 곡률 반지름이 파장에 비해 커서, 각 반사점 부근의 국부적인 영역들을 평면으로 취급할 수 있다.

**b.** 급전으로부터의 입사파의 곡률 반지름이 커서, 반사점에서는 국부적으로 평면파로 취급할 수 있다.

덧붙여서 금속체에 대해 다음 가정을 한다.

**c.** 반사판이 완전도체로 작용해, 입사파와 반사파의 진폭이 같다. 실제로는 $\Gamma = -1$이다.

이 가정에 따라 반사판에 반사법칙을 적용했다(그 예로, 포물면 반사판의 성질 1을 참조).

포물면 반사판은 원래 매우 광대역인 안테나이다. 반사판의 대역폭은 반사판의 크기에 의해 저주파수 쪽의 한계가 결정된다. 그 크기는 GO 원리가 적용될 수 있도록 최소한 수 파장은 되어야 한다. 고주파수 쪽의 한계는 반사판 표면의 매끄러운 정도에 따라 성능이 제한된다. 개구면에서의 위상차를 피하려면 표면왜곡이 파장보다 훨씬 작아야 한다. 식 (9-235)를 참조하라. 실제로 반사판 안테나 시스템의 대역폭은 반사판보다는 급전 안테나의 대역폭에 의해 제한되는 것이 보통이다.

이제 반사판 안테나를 해석하는 기법에 대해 논의한다. 이들 기법이 포물면 형태의 반사판에만 국한되는 것은 아니지만, 포물면 반사판의 경우만 고려한다.

***GO/개구면 분포법.*** 반사판 안테나를 해석하는 가장 기본적인 방법은 GO를 사용해 개구면장 분포를 결정하고 9.5절에서 전개했던 개구면 이론을 이용해 원거리 방사 패턴을 구하는 것이다. 급전 안테나에서 개구면까지 광선을 추적해 이 과정을 행할 수 있는데, 먼저 급전을 등방성 방사기로 가정한다. 실제 급전 안테나의 방사패턴이 끼치는 영향은 다음에 포함시킨다. 급전에서 오는 모든 광선은 개구면까지 동일한 물리적인 거리를 진행하므로, 포물면 반사판의 개구면 분포는 균일위상이다(이것은 모든 주파수에서 그렇다). 그러나 진폭분포는 불균일하게 되는데, 그것은 파가 구면파이므로 등방성 급전으로부터 출발한 광선의 전력밀도가 $1/r_f^2$으로 감소하기 때문이다. 반사가 일어난 다음에는 광선들이 평행(즉 무한대에서 모이게 되는)해 평면파를 형성하므로 확산 손실은 더 이상 일어나지 않는다. 그래서 개구면장의 세기는 $1/r_f$로 변하는데, 이것을 아래에서 더 정확한 식으로 증명한다.

기하광학에서 자유공간의 전력밀도는 일직선의 경로를 따른다고 가정한다(16.1절 참조). 이 경우에 적용하면, 그림 9-27에 나타낸 것과 같은 단면적의 각도 $d\theta_f$를 갖는 입체각 $d\Omega$인 원추형 쐐기 내의 전력은, 급전으로부터 진행해 나아가더라도 그 원추형 쐐기 내에 제한된다. 반사가 일어난 다음에는, 증분 $d\theta_f$에 관련된 전력은 두께 $d\rho'$ 그리고 면적 $dA$인 개구평면 위의 얇은 링에 도달하게 된다. 급전이 등방성이라고 가정하면, 급전을 떠난 전력과 개구면에 도달하는 전력은 $P_t\, d\Omega$에 비례하

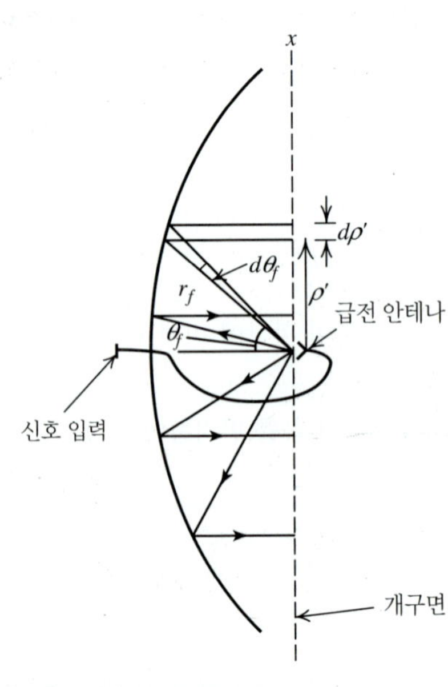


그림 9-27 **초점에서 급전되는 축대칭 포물형 반사판 안테나의 단면.**

는데, 여기에서 $P_t$는 송신전력이다. 이 전력이 개구평면의 면적 $dA$에 걸쳐 분포하게 된다. 따라서 개구평면에서의 전력밀도는 $P_t$가 상수이므로

$$S_a(\rho') \propto \frac{P_t\, d\Omega}{dA} \propto \frac{d\Omega}{dA} \tag{9-192}$$

와 같이 변한다. $\phi_f$에 대해 적분하면, $d\Omega = 2\pi \sin\theta_f\, d\theta_f$이고 $dA = 2\pi\rho' d\rho'$이므로

$$S_a(\rho') \propto \frac{2\pi \sin\theta_f\, d\theta_f}{2\pi\rho'\, d\rho'} = \frac{\sin\theta_f}{\rho'} \frac{d\theta_f}{d\rho'} \tag{9-193}$$

이다. 식 (9-184)로부터

$$\frac{d\rho'}{d\theta_f} = \frac{d}{d\theta_f}\left(2F \tan\frac{\theta_f}{2}\right) = F \sec^2\frac{\theta_f}{2} = r_f \tag{9-194}$$

인데, 마지막 등식에 식 (9-183)이 이용되었다. 그러면

$$\frac{d\theta_f}{d\rho'} = \frac{1}{r_f} \tag{9-195}$$

이고, 따라서 식 (9-184)와 식 (9-195)를 이용하면 식 (9-192)는

$$S_a \propto \frac{\sin\theta_f}{r_f \sin\theta_f} \frac{1}{r_f} = \frac{1}{r_f^2} \tag{9-196}$$

이 된다. 이것으로 급전방사의 구면파 성질을 증명할 수 있으며, 이것을 **구면 확산손실**(spherical spreading loss)이라고 부른다. 그리고 $E_a \propto \sqrt{S_a}$이므로

$$E_a(\theta_f) \propto \frac{1}{r_f} \tag{9-197}$$

이고, 따라서 반사파의 곡률에 의해 개구면에는 자연히 진폭 테이퍼가 형성된다.

일차적인(또는 급전) 안테나가 등방성이 아니라면, 그림 9-25의 좌표계를 이용해 그것의 정규화된 방사패턴 $F_f(\theta_f, \phi')$의 영향을

$$\mathbf{E}_a(\theta_f, \phi') = V_o e^{-j\beta 2F} \frac{F_f(\theta_f, \phi')}{r_f} \hat{\mathbf{u}}_r \tag{9-198}$$

와 같이 포함시킬 수 있는데, 여기에서 $\hat{\mathbf{u}}_r$은 개구면 전장의 단위벡터이다. 초점에서 개구면까지의 경로길이에 따른 위상천이도 포함시킬 수 있다. 개구면 전장을 기술하는 데는 $\rho'$과 $\phi'$ 좌표들이 적절하다. 급전 좌표 $r_f$와 $\theta_f$들을 개구면 좌표 $\rho'$으로 표현하면

$$r_f = \frac{4F^2 + \rho'^2}{4F} \tag{9-199a}$$

$$\theta_f = 2\tan^{-1}\frac{\rho'}{2F} \tag{9-199b}$$

로 되는데, 이것들은 식 (9-183)과 식 (9-184)에 따른 것이다. 이 변환들을 이용해 급전 안테나의 방

사패턴 $F_f$로부터 점 $(\rho', \phi')$의 개구면 분포를 구할 수 있다. 식 (9-198)의 $\hat{\mathbf{u}}_r$을 결정해 개구면 전장 벡터의 편파를 구하는 과정만 남는다. 이것은 반사가 일어나는 점에서 반사판이 평탄[가정 (a)]하고 전도체[가정 (c)]라는 가정을 이용해 구할 수 있다. 그러면 입사와 반사 전장의 합 $\mathbf{E_i} + \mathbf{E_r}$로 형성되는 총전장의 접선 성분은 반사판에서 0이 된다. 반사법칙에서 $\hat{\mathbf{n}}$은 입사와 반사광선을 등분해야 한다. 그러면 $\mathbf{E_i} + \mathbf{E_r} = 2(\hat{\mathbf{n}} \cdot \mathbf{E_i})\hat{\mathbf{n}}$ 혹은

$$\mathbf{E_r} = 2(\hat{\mathbf{n}} \cdot \mathbf{E_i})\hat{\mathbf{n}} - \mathbf{E_i} \tag{9-200}$$

이다. 반사판이 완전도체[위에서 가정 (c)]라고 가정했으므로, $|\mathbf{E_r}| = |\mathbf{E_i}|$이다. 이것을 이용해 위 식을 정규화하면

$$\hat{\mathbf{u}}_r = 2(\hat{\mathbf{n}} \cdot \hat{\mathbf{u}}_i)\hat{\mathbf{n}} - \hat{\mathbf{u}}_i \tag{9-201}$$

이 얻어지는데, 여기에서 $\hat{\mathbf{u}}_r = \mathbf{E_r}/|\mathbf{E_r}|$이고 $\hat{\mathbf{u}}_i = \mathbf{E_i}/|\mathbf{E_i}|$이다.

이제 전체 반사판 시스템의 방사패턴 함수를 표현할 수 있다. 식 (9-164)와 식 (9-198)을 식 (9-14)에 대입하면 개구면 분포의 푸리에변환을 얻을 수 있다. 반지름 $a = D/2$인 원으로 투영되는 개구면에 대해서

$$\mathbf{P} = V_o \int_0^{2\pi} \int_0^{a} \frac{F_f(\theta_f, \phi')}{r_f} \hat{\mathbf{u}}_r \, e^{j\beta\rho' \sin\theta \cos(\phi - \phi')} \rho' \, d\rho' \, d\phi' \tag{9-202}$$

이다. 그러면 완전한 방사패턴을 식 (9-29)로 얻을 수 있다. 초점에 있는 급전 안테나에 의해 급전되는 단일 반사판 안테나를 **초점급전**(focus-fed) 또는 **주초점**(prime-focus) 반사판 안테나라고 부르기도 한다. 급전이 **일차 안테나**(primary antenna)이고, 반사판이 **이차 안테나**(secondary antenna)를 구성한다. 급전패턴이 **일차패턴**(primary pattern)이고, 전체적인 안테나 시스템의 패턴을 **이차패턴**(secondary pattern)이라고 한다.

GO 공식과 연관된 균일 개구면 위상과 실수값의 급전패턴 함수 $F_f(\theta_f, \phi')$을 사용함에 따라 대칭의 패턴함수가 얻어지는데, 그 이유는 실함수의 푸리에변환이 대칭이기 때문이다. 그래서 GO 공식으로는 항상 대칭의 원거리장 패턴이 얻어진다. 그러나 9.6.3절에서 논의하게 될 오프셋 반사판과 같은 일반적인 상황에서는 반사판 안테나들이 비대칭 패턴을 갖는다. 이제 이 목적을 위한 더욱 정확한 해석기법을 소개한다.

***PO/ 표면전류법.*** 2.4절에서 전개한 이론에 따르면 전류분포에 대한 적분을 행해 원거리장을 구할 수 있다. 반사판 안테나의 경우에는 급전 안테나로부터의 입사장에 의해 형성되는 금속 반사판 위의 전류를 이용한다. 일반적인 원거리장 표현식 (2-105)의 표면전류에 적절한, 식 (2-101)의 자기 벡터전위에 대한 일반적인 표현식을 이용하면

$$\mathbf{E} = -j\omega\mu \frac{e^{-j\beta r}}{4\pi r} \iint_{S_r} [\mathbf{J_s} - (\mathbf{J_s} \cdot \hat{\mathbf{r}})\hat{\mathbf{r}}] e^{j\beta \hat{\mathbf{r}} \cdot \hat{\mathbf{r}}} \, dS' \tag{9-203}$$

을 얻을 수 있는데, 여기에서 $S_r$은 반사판의 표면이다. 물론 이러한 접근은 표면전류 $\mathbf{J_s}$를 알고 있을 때만 사용할 수 있다. 전류는 **물리광학적**(PO: physical-optics) 근사법을 이용해 구한다. 이 PO 근사법은 표면전류를 급전으로부터의 입사장과 연관짓기 위해 GO 해석에서 사용했던 (a)에서 (c)까지의 가정들을 이용한다. 즉 급전에서 도달하는 장은 국부적으로는 평면파와 같은 거동을 하고, 완전

도체와 같은 특성을 갖는 국부적으로 평면인 반사판에서 반사된다. 그러면 급전으로부터의 입사 자장 $\mathbf{H_i}$와 반사파에 따른 자장 $\mathbf{H_r}$은 식 (2-26)에서 표면전류 $J_s = H_{\tan}$와 같은 관계가 있는데, 여기에서 $H_{\tan}$은 $\hat{\mathbf{n}} \times (\mathbf{H_i} + \mathbf{H_r})$로 주어지는 총 자장의 접선성분이다. 완전도체의 경우에는 반사 자장이 입사 자장과 같으므로

$$\mathbf{J_s} = \begin{cases} 2\hat{\mathbf{n}} \times \mathbf{H_i} & \text{반사판 전면에 걸쳐서} \\ 0 & \text{반사판의 그림자 영역} \end{cases} \tag{9-204}$$

이 된다. 따라서 PO 근사법은 광선 추적을 이용해 반사판 표면 $S_r$을 급전으로부터 조사되는 부분에만 0이 아닌 전류가 흐르는 것으로 간주한다. 조사 영역과 그림자 영역을 구분하는 반사판의 가장자리에서 나타나는 불연속도 무시한다. 직접방사와 급전기 조립체에 의한 차폐/산란 효과뿐만 아니라 이 효과도 개별적으로 다룰 수 있다.

임의의 대칭 반사판에 대해서 식 (9-203)의 적분은 해석적으로 계산할 수 있다. 러시법(Rusch's method)으로 알려진 이 방법은 현대 반사판 안테나 해석의 기원을 열었으며, 아직까지 반사판 해석에 가장 보편적인 방법으로 남아 있다[H.8.5: Scott]. 그렇지만 적분은 보통 수치적으로 이루어진다[14]. 그 외에 반사판 곡면 위에서의 직접적인 적분을 피하고 개구평면 좌표들을 이용해 적분을 계산하는 데 야코비안(Jacobian)변환이 이용된다[H.6; Lo & Lee, Eds., Chap. 15]. 효율적인 적분 계산을 위해 급수 전개도 이용된다[15]. 강력한 코드인 GRASP[부록 G.2]는 PO 계산을 포함한다. PRAC(포물면 반사판 안테나 코드)는 개인용 컴퓨터를 위해 만들어진 사용자 편의의 웹 기반 프로그램으로 부록 G에 기술되어 있다.

축대칭 반사판에 대해서는, GO/개구면 적분법(GO/AI)과 PO/표면전류 적분법(PO/SI)은 같은 결과를 가져온다[16]. 그러나 이 두 방법을 관례적으로 오프셋 반사판에 적용하면 서로 다른 결과를 얻게 되는데, GO/AI가 조금 더 좋지 않다. 게다가 수엽과 처음 몇 개 부엽들 너머의 바깥 영역에서는 두 공식 모두 패턴의 정확도가 떨어진다. 이 영역에서의 패턴 효과는 반사판 테두리의 회절에 의한 효과가 지배적이다.

***회절효과.*** 바로 앞에서 논의했던 GO/AI와 PO/SI 기법들을 이용하면 주엽과 처음 몇 개 부엽들에 대해서는 정확한 결과를 얻을 수 있다. 부업 영역의 외곽부분의 패턴은 반사판(그리고 이중 시스템의 부반사판)의 테두리와 다른 날카로운 모서리들에서 생기는 회절(즉 산란)을 포함시킴으로써 구할 수 있다. 이 과정은 기하 회절론(GTD: geometrical theory of diffraction)을 통해 회절효과가 포함되도록 GO를 확장하거나, 물리 회절론(PTD: physical theory of diffraction)을 이용하여 테두리의 누설전류를 포함하도록 PO를 확장해 해결할 수 있다. GTD와 PTD는 제16장에서 논의하며, 반사판으로부터의 회절에 대한 예제를 16.18절에서 다룬다.

후방 방사의 수준은 주빔 첨두값과 180° 방향의 패턴값의 비로 정의되는 전후방비(front-to-back ratio, $F/B$)로 정량화할 수 있다. 양호한 반사판의 경우 전후방비가 40 dB 이상이다.

## 9.6.2 축대칭 포물면 반사판 안테나

이 절과 남은 절들에서는 흔히 사용되는 반사판 구조와 그 특성에 관해 논의한다. 가장 보편적인 반사판 안테나는 그림 9-27에 나타낸 초점급전의 축대칭 포물면 반사판 안테나이다. 급전은 초점에 위치하며, 그 주빔의 첨두가 반사판의 중심을 향하고 있다. 급전 안테나는 9.7절에서 논의하는 바와

같이 보통 혼 안테나 유형이다. UHF와 더 낮은 주파수들에서는 간단한 다이폴 급전이 이용될 수도 있다.

$x$축($x_f$축과 일치하는)을 따라 선형편파이면서 반사판의 정점을 향하는 급전 안테나를 생각해 보자. $E$ 평면과 $H$ 평면의 패턴은 각각 $C_E(\theta_f)$와 $C_H(\theta_f)$이다. 식 (9-239$a$)로 표현되는 급전에 의해 생성되는 개구면장은 식 (9-188)과 함께 식 (9-198)과 식 (9-201)에서 다음과 같이 구할 수 있다.

$$\begin{aligned}\mathbf{E}_a = V_o \frac{e^{-j\beta 2F}}{r_f} \{ -\hat{\mathbf{x}}[C_E(\theta_f)\cos^2\phi_f + C_H(\theta_f)\sin^2\phi_f] \\ + \hat{\mathbf{y}}[C_E(\theta_f) - C_H(\theta_f)]\sin\phi_f \cos\phi_f \}\end{aligned} \tag{9-205}$$

급전 안테나가 균형을 이루고 있다면[즉 패턴이 회전대칭의 정규화 패턴 $F_f(\theta_f)$이면], 식 (9-205)는 $\mathbf{E}_a \sim -\hat{\mathbf{x}}F_f(\theta_f)$로 간단하게 된다. 따라서 $E$와 $H$ 평면의 동일편파 패턴, $C_E$와 $C_H$ 간의 불균형 때문에 교차편파(즉 $y$ 편파 장 성분)가 발생한다. 식 (9-205)에서, $\phi_f = 45°$, $135°$ 평면에서 개구면 내의 교차편파가 최대가 되는 점도 알 수 있다. 이 개구면 교차편파에 의해 원거리장 교차편파가 일어난다. 식 (9-205)의 개구면 분포를 적분해 방사를 구할 수 있다. $C_E = \cos\theta_f$이고 $C_H = 1$인 $x_f$ 편파의 단형 다이폴에 대해 식 (9-205)를 살펴보면 다음과 같다.

$$\begin{aligned}\mathbf{E}_a = V_o \frac{e^{-j\beta 2F}}{r_f} \{ -\hat{\mathbf{x}}(\cos\,\theta_f \cos^2\phi_f + \sin^2\phi_f) \\ - \hat{\mathbf{y}}(1 - \cos\theta_f)\sin\phi_f \cos\phi_f \}\end{aligned} \tag{9-206}$$

그림 9-28에 장 성분들을 나타냈다. 괄호 안의 식은, $E$ 평면($\phi_f = 0°$)에서는 $-\hat{\mathbf{x}}\cos\theta_f$가 되고, $H$ 평면($\phi_f = 90°$)에서는 $-\hat{\mathbf{x}}$가 된다. 따라서 주평면에서는 개구면장의 편파가 단형 다이폴 급전에 평행하게 된다. 반사과정 때문에 개구면장은 입사장에 비해 부호가 바뀐다는 것을 유의하라. 주평면이 아닌 경우에는 급전장에 수직인 장 성분들(예를 들어 $y$ 성분)이 나타나서, 교차편파를 가져오게 된다. 이 교차편파 성질은 반사판 방사에서도 역시 그렇다. 개구면 위의 교차편파는 주평면에서는 상쇄되는데, 이것은 개구면의 서로 반대편 반쪽의 교차편파 성분들은 서로 반대의 위상을 갖기 때문

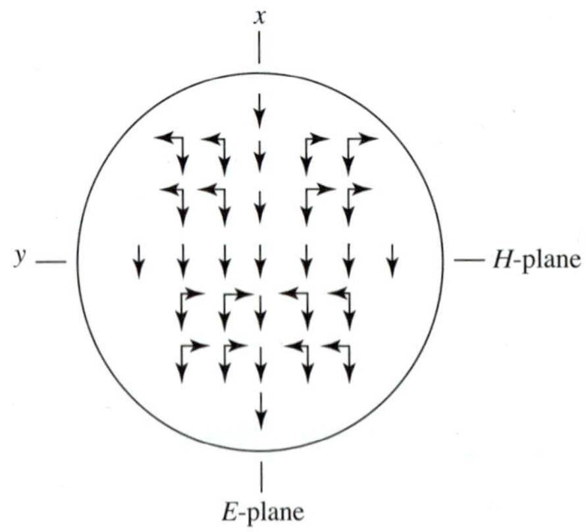


**그림 9-28** ***x* 편파 단형 다이폴 급전 안테나에 대한 포물면 반사판의 개구면에서의 전장분포.** 전장을 $x$와 $y$ 성분으로 분해하여 나타내었다. 식 (9-206)을 참조하라.

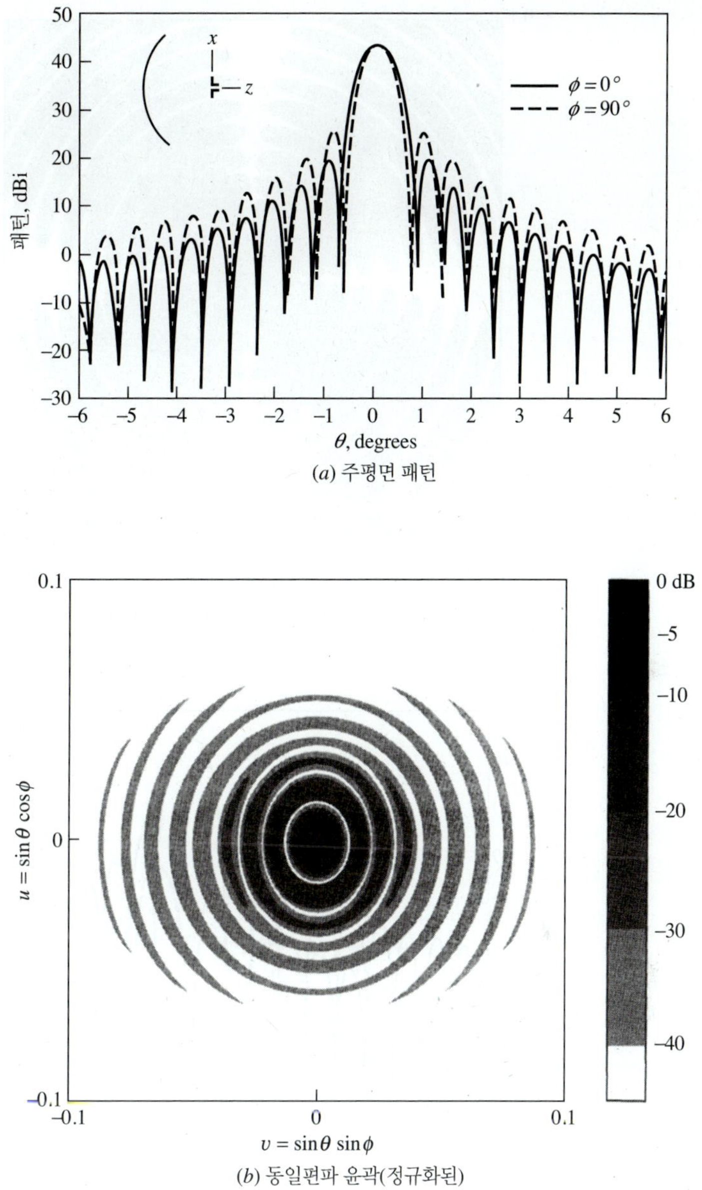


**그림 9-29** **지름 $D = 100\lambda$이고 $F/D = 0.5$, 초점에 위치한 반파장 다이폴로 급전되는 축대칭 포물면 반사판.** 모든 데이터는 GRASP를 이용해 계산했다.([H.11.1: Stutzman] © 1993. Artech House Inc., Norwood, MA의 허가하에 사용.)

이다. 그러나 비주평면들에서는 원거리장에서의 완전한 상쇄가 일어나지 않는다. 반사판에서 일어나는 최대 교차편파는 45° 평면에서 발생한다. *F/D*가 증가함에 따라 교차편파가 감소한다는 매우 중요한 결론을 내릴 수 있다. 이것은 먼저 식 (9-185*b*)를 살펴보면 알 수 있는데, *F/D*가 증가함에 따라 최대급전 각 $\theta_f = \theta_o$가 감소하고, 따라서 식 (9-206)의 두 번째 항이 감소하게 되어 교차편파가 줄어든다. *F/D*가 극단적으로 클 경우에는 반사판이 평탄해져 교차편파는 발생하지 않는다.

그림 9-29는 물리광학, 표면전류적분을 이용하는 상용의 반사판 안테나 코드 GRASP로 계산

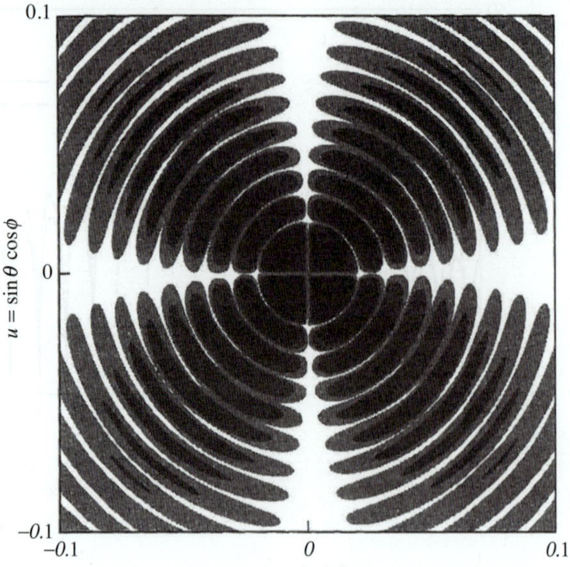

(c) 교차편파 윤곽(정규화된)

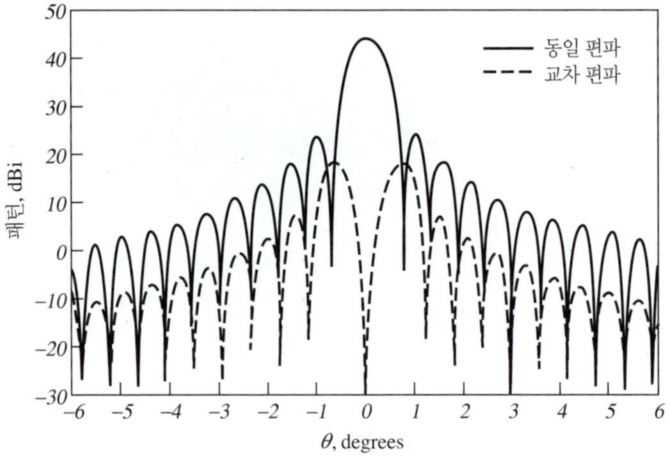

(d) $\phi = 45°$, 135° 평면에서의 동일 및 교차 편파패턴들.
교차편파의 첨두치는 동일편파 첨두치보다 26.3 dB 아래이다.

**그림 9-29** (계속)

된 패턴 데이터를 나타낸 것이다. 실제 응용에 흔히 사용되는 반파장 다이폴을 급전으로 사용했는데, 이는 위에서 언급한 단형 다이폴과 비슷하게 동작한다. 반사판들에 대한 교차편파는 동일편파 패턴 첨두치에 대한 교차편파의 비로 정의한다. 교차편파 첨두치를 XPOL로 표시한다. 그림 9-29에서 주평면에는 교차편파가 없고, $\phi = 45°$ 평면에서 교차편파의 첨두치는 XPOL = −26.3 dB임을 주목하라. 편파 벡터를 무시하고 식 (9-199)를 식 (9-198)에 대입하면 정규화된 개구면 조사(aperture illumination)에 대한 표현식을 개구면 좌표들로 아래와 같이 나타낼 수 있다.

$$E_{an}(\rho') = F_f\left(\theta_f = 2\tan^{-1}\frac{\rho'}{2F}\right)\frac{1}{1+\left(\frac{\rho'}{2F}\right)^2} \tag{9-207a}$$

$$= 20\ \log|F_f| - 20\ \log\left[1+\left(\frac{\rho'}{2F}\right)^2\right]\ \ [\text{dB}] \tag{9-207b}$$

이것으로 개구면장의 변화를 개구면 반지름 $\rho'$의 함수로 직접 계산할 수 있다. 식 (9-207$a$)의 두 번째 인자를 구면 확산인자라고 부르는데 초점에서 반사판까지의 거리 $r_f$가 $\rho'$에 따라서 증가한다는 것을 나타낸다. 앞에서 언급한 것처럼, 초점에 있는 급전기를 떠난 광선은 모든 방향으로 확산되어, 장의 변화는 $r_f^{-1}$에 따르게 된다. 주반사판에서 반사된 다음, 광선들은 나란하게 되고 더 이상의 진폭 감쇠는 일어나지 않는다. 개구면 분포의 정확한 형태가 반사판의 패턴과 지향성에 미치는 영향은 가장자리 조사(EI: edge illumination)에 비하여 더 적다. 가장자리 조사는 가장자리 테이퍼(ET: edge taper)라고도 하는데, $\rho' = \text{a}$인 경우 식 (9-207$b$)로부터

$$\text{EI} = 20\ \log[E_{an}(\rho' = a)] = -\text{FT} - L_{\text{sph}} = -\text{ET}\quad [\text{dB}] \tag{9-208}$$

와 같이 구할 수 있는데, 여기에서

$\text{EI}$ = 가장자리 조사(dB) $= 20\log C$

$\text{ET}$ = 가장자리 테이퍼(dB) $= -\text{EI}$

$\text{FT}$ = 급전 테이퍼(개구면 가장자리에서) (dB) $= -20\log|F_f(\theta_o)|$

$L_{\text{sph}}$ = 개구면 가장자리에서의 구면 확산손실(dB)

$$= 20\log\left[1+\frac{1}{16\left(\frac{F}{D}\right)^2}\right] = -20\ \log\left[\frac{1+\cos\theta_o}{2}\right]$$

이다. 위의 $L_{\text{sph}}$에 대한 표현식에서 $F/D$가 구면 확산손실량에 영향을 미친다는 것을 알 수 있다. $F/D$가 1.0에서 0.25까지 감소함에 따라 그 값은 0.5에서 6.0 dB까지 변한다. 그림 9-26을 참조하라.

간단한 과정으로 반사판 안테나의 성능을 평가할 수 있다. 먼저 식 (9-207)을 이용해 개구면 분포를 얻는다. 다음으로 개구면 분포를 근사화할 수 있도록 표 9-2에 나타낸 것과 같은 규범적인 분포를 선택해 HP, SLL, $\varepsilon_t$ 등과 같은 표 9-2의 성능 파라미터들을 계산한다. 사이의 값들에 대해서는 보간법을 이용할 수 있다. 예제 9-8에 이 규범적인 분포법이 설명된다. 참고문헌 [4]에 이 방법이 자세히 기술되어 있고, 규범적인 분포들에 대한 유용한 데이터들도 포함되어 있지만 구면 확산손실은 포함되지 않았다.

### 예제 9-8 28 GHz 포물면 반사판 안테나

정지궤도 위성으로부터 28.56 GHz ($\lambda$ = 1.05 cm)의 신호를 수신하기 위해 지름 1.22 m (4 ft)인 축대칭 포물면 반사판 안테나가 버지니아 테크(Virginia Tech) 대학에서 사용되었다. $F/D = 0.5$이다. 반사 금속층을 갖는 에폭시 파이버글래스(epoxy fiberglass)로 만들어졌으며, 실효 표면 정확도

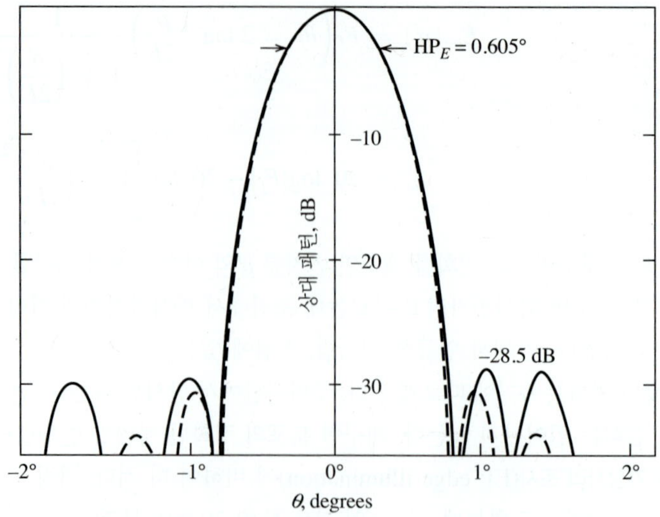


그림 9-30 **예제 9-8의 지름 1.22 m인 축대칭 포물면 반사판의 28.56 GHz에서 측정된(실선) *E* 평면패턴.** 계산된(점선) 패턴은 −12.9 dB 기반 위의 포물선 제곱의 원형 개구면 분포에 대한 것이다.

는 0.2 mm이다. 급전 안테나는 초점에 위치한 원형 코러게이트 혼(circular corrugated horn)으로 4개의 가느다란 기둥으로 지지되어 있다. 급전패턴은 약간 비대칭이지만, 규범적인 분포를 이용한 해석으로 양호한 결과를 얻을 수 있다. 급전이 회전대칭이고, 다음의 빔폭을 갖는 측정된 *E* 평면 급전패턴과 같다고 가정한다.

$$\text{HP} = 56°, \qquad \text{BW}_{-10\text{dB}} = 104° \tag{9-209}$$

반사판의 중심에서 가장자리까지의 각은 식 (9-185*b*)에서 $\theta_o = 53.1°$이다. $\text{BW}_{-10\text{ dB}}/2 = 52°$이므로 10 dB 떨어지는 점이 반사판 내에 오게 된다. 급전패턴이 테두리에서 11 dB 아래로 떨어진다고, 즉 FT = 11 dB라고 가정한다. 식 (9-208)로부터 구면 확산손실은 $L_{\text{sph}} = 1.9$ dB이고, 가장자리 테이퍼는 ET = 11 + 1.9 = 12.9 dB이다. 이에 따른 가장자리 조사 EI = −12.9 dB ($C = 0.2265$)는 표 9-2의 값들 사이에 있다. 포물선 제곱 테이퍼에 대한 선형 보간으로 다음 결과를 얻을 수 있다.

$$\text{HP} = 1.214\frac{\lambda}{D} = 0.599° \quad (\text{측정값은 } 0.605°) \tag{9-210a}$$

$$\text{SLL} = -30.5\text{ dB} \quad (\text{측정값은 } -28.5\text{ dB}) \tag{9-210b}$$

측정치와 아주 잘 일치함을 볼 수 있다. 표 9-2*b*의 $f(\theta, n, C)$를 이용한 완전한 패턴을 그림 9-30에 도시했다. 비교를 위해 측정치도 함께 나타냈다. 이는 주빔 전체에서 계산된 패턴과 동일하다. 이득은 연습문제 9.6-6에서 계산된다.

### 9.6.3 오프셋 포물면 반사판

그림 9-31과 같은 오프셋 반사판을 이용해 급전부 조립체와 그에 딸린 지지 구조들에 의한 주반사판 개구면의 차폐를 줄이거나 없앨 수 있다. 오프셋 반사판의 특성은 모반사판(parent reflector)의 지

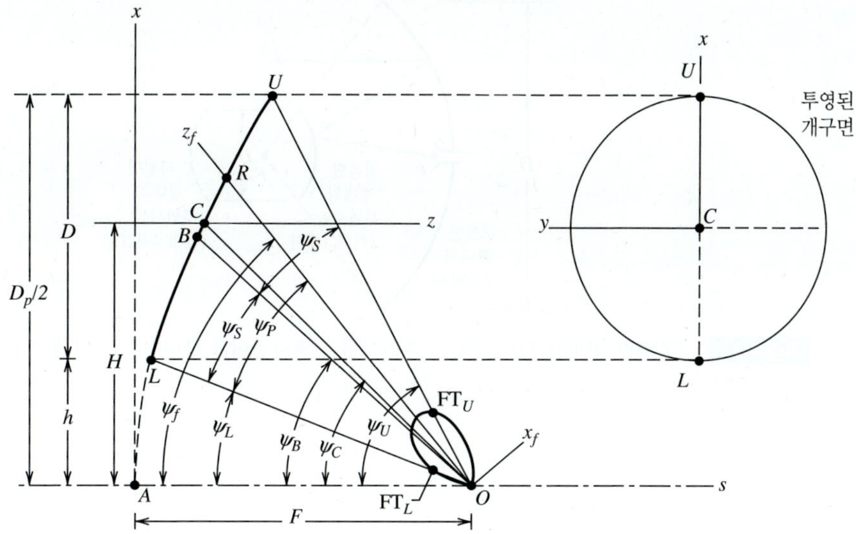


그림 9-31 **지름 $D$이고 초점거리 $F$인 오프셋 포물면 반사판의 기하구조.** 대칭축 $s$는 지름 $D_p$인 원 포물곡선을 반분한다. 축대칭의 경우는 $H = 0$일 때이다.

름 $D_p$를 이용해 구성되는 축대칭의 반사판과 비슷하다. 즉 전기적 성능에 적절한 초점거리 대 지름의 비율은 $F/D_p$이다. 오프셋 반사판의 경우에는 $F/D_p < F/D$이므로 교차편파 특성이 나빠진다. 정점을 향하는, 즉 $\theta_f = 0°$인 불균형급전의 경우에는 $F/D_p$가 작아짐에 따라 교차편파 레벨이 증가한다. 교차편파에 대해서는 9.6.5절에서 더 자세히 설명한다.

앞 절에서 설명한 축대칭 기하구조에 대한 해석기법은 일반적인 것이므로 오프셋 반사판에도 이용할 수 있다. 반사판을 덮어씌우도록 적분면을 선택하면 GO/AI와 PO/SI 둘 다 동일한 결과를 가져온다[16]. 이것은 축대칭 반사판에 대해서는 자연스러운 선택인데, 이 경우에는 반사판의 테두리를 포함하는, 따라서 반사판을 덮어씌우는 물리적인 개구면과 일치하도록 적분면으로 취한다. 그러나 오프셋 반사판의 투영된 개구면(그림 9-31에 나타낸 것과 같은)을 적분면으로 사용한다면, GO/AI와 PO/SI는 서로 다른 결과를 가져오게 된다[17]. 특히 교차편파에 대해서는 PO/SI로써 더욱 정확한 패턴을 얻을 수 있다고 생각된다. 게다가 주엽과 처음 몇 개 부엽들의 바깥에서는 두 공식 모두 패턴의 정확도가 떨어진다. 이 영역에서의 패턴 영향은 주로 반사판 테두리로부터의 회절에 의한 것이다(16.18절 참조).

통신 응용분야에서는 고이득을 위해, 원격 탐사분야에서는 해상도를 위해서 연필형 빔이 요구된다. 오프셋 반사판은 연필형 빔 패턴의 형성뿐만 아니라 윤곽선 빔(contoured beam)을 위해서도 사용된다. 오프셋 반사판은 급전 혼들의 배열을 이용하거나 주반사판을 성형(예를 들어 비포물면의 모양을 이용)함으로써 윤곽선 빔을 만들수 있다. 오프셋 반사판들에서는 급전 혼들의 군집으로 생기는 급전영역의 구조체에 의해 발생하는 차폐효과를 피할 수 있다. 어떤 나라 혹은 대륙과 같은 지구의 원하는 부분에 일치하는 족적(footprint)을 만드는 안테나를 갖는 정지궤도 위성들에 윤곽선 빔이 흔히 응용된다. 각 급전 안테나들이 초점으로부터의 변위에 따르는 주사빔을 형성하는 초점영역의 다중급전 안테나들을 진폭과 위상에 가중을 두어 조합함으로써 요구에 따른 형태의 주빔을 형성하게 할 수 있다.

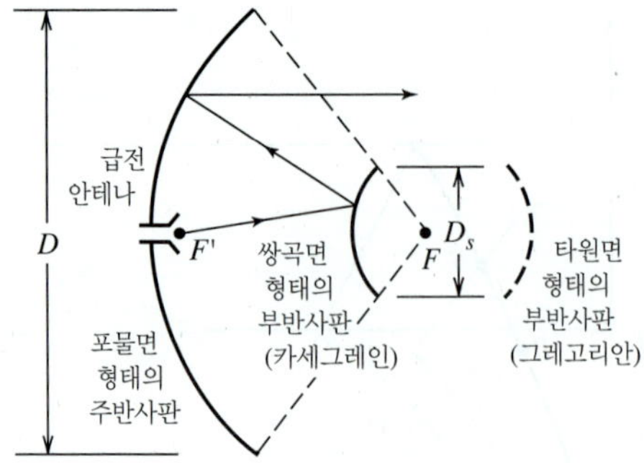


**그림 9-32** **고전적인 축대칭 이중 반사판.** 주반사판은 포물면이고 부반사판은 카세그레인(그레고리안) 반사판 시스템의 경우 쌍곡면(타원면)이다.

## 9.6.4 이중 반사판 안테나

단일 반사판 안테나의 급전과 주반사판 사이에 부반사판을 삽입해 이중 반사판(dual reflector)을 구성할 수 있다. 가장 흔한 이중 반사판은 그림 9-32에 나타낸 카세그레인 반사판(Cassegrain reflector) 안테나이다. 주반사판은 포물면이고 부반사판은 쌍곡면이다. 이 기하구조도 역시 초점이 맞춰진 시스템을 구성한다. 즉 대칭축에 평행하게 입사되는 평면파에 연관된 광선들은 두 반사판에서 반사되어 한 점, 즉 초점 $F'$에서 교차한다. 그림 9-32의 가상초점(virtual focal point) $F$는, 부반사판에서 반사된 다음 구면인 파면의 형태로 전달되는 광선들이 마치 그곳에서 방출되는 것으로 보이는 점이다. 즉 급전은 부반사판에 비쳐진 영상이다.

완벽한 집속을 이루는 이중 반사판 안테나의 두 번째 형태는 그레고리안 반사판(Gregorian reflector)이다. 이것은 볼록이 아닌 오목한 부반사판을 가지고 있는데, 이 부반사판은 그림 9-32의 가상초점 밖에 위치하며, 그 단면은 타원이다. 카세그레인과 그레고리안 두 시스템 모두 광학망원경에서 그 유래를 찾아볼 수 있으며, 발명자의 이름을 딴 것이다. 그레고리안 시스템의 부반사판이 주반사판에서 더 멀리 떨어져 있으므로 더 많은 지지 구조가 필요하다. 이중 반사판의 두 가지 형태 모두 급전을 주반사판의 정점 부근에 둘 수 있다는 중요한 이점이 있다. 이로써 급전부에 쉽게 접근할 수 있고, 급전 구조체를 지탱하는 문제가 줄어들며, 주초점 반사판의 초점 영역에 도달하기 위한 전송선로의 길이가 짧아져서 그에 따른 손실들이 감소한다. 단일 반사판들에 대한 이중 반사판의 또 다른 이점은 저잡음 지구국에 응용하는 데 있다. 이중 반사판의 부반사판에 의해 포획되지 않는 급전방사(예를 들어 넘침)는 저잡음의 하늘 쪽으로 향한다. 단일반사판의 넘침은 잡음이 더 많은 지표 쪽으로 향하게 된다.

고전적인 이중 반사판 구조에 사용되는 부반사판의 형태는 원뿔 모양의 부분들로 기술될 수 있다. 그림 9-33은 부반사판의 기하구조를 부반사판 좌표들인 $x_s$와 $z_s$로 나타낸 것이다. 이 곡선을 $z_s$축으로 회전시키면 완전한 부반사판 표면을 얻게 된다. 부반사판은 지름 $D_s$와 이심률(eccentricity) $e$로 결정된다. 이심률에 의해 모양이 결정되는데, 이심률은

$$e = \frac{c}{a}\begin{cases} > 1 & \text{쌍곡선(카세그레인)} \\ < 1 & \text{타원(그레고리안)} \end{cases} \tag{9-211}$$

와 같이 정의된다. 예를 들어 $e = \infty$이면 평면, $e = 0$이면 원, 그리고 $e = 1$이면 포물선이다. 부반사

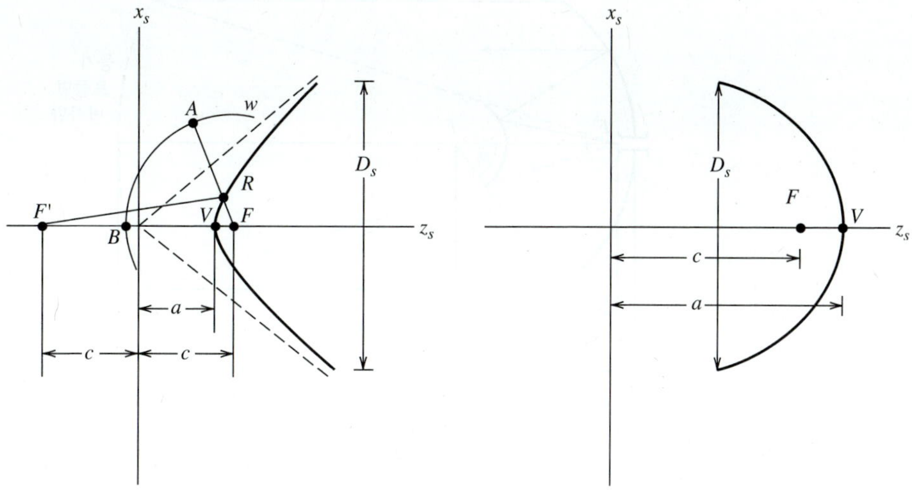


(a) 쌍곡면 부반사판 (b) 타원면 부반사판

그림 9-33 고전적인 부반사판들의 기하구조.

판 표면의 방정식은

$$\frac{z_s^2}{a^2} - \frac{x_s^2}{b^2} = 1 \qquad b^2 = c^2 - a^2 \quad \text{쌍곡선}$$
$$\frac{z_s^2}{a^2} + \frac{x_s^2}{b^2} = 1 \qquad b^2 = a^2 - c^2 \quad \text{타원} \tag{9-212}$$

로 주어지는데, 거리 $c$와 $a$는 그림 9-33에서 볼 수 있다. 카세그레인 이중 반사판에 필요한 쌍곡면 형태를 증명해 보자. 이 유도과정에서 부반사판이 어떻게 동작하는지도 알 수 있다.

쌍곡면 부반사판의 기능은 초점 $F'$에 있는 급전 안테나로부터 입사되는 전파를 가상초점 $F$에서 기원하는 것처럼 보이는 구면 파면 $w$로 변환하는 것이다. 이렇게 되려면, $F'$에서 파면 $w$까지 광학적인 경로(총거리)가 상수여야 한다. 이 조건이 충족되도록 부반사판의 형태를 결정할 수 있다. 그림 9-33$a$에서 볼 수 있듯이, 부반사판에서의 반사를 포함해 $F'$에서 $A$까지의 총거리는

$$\overline{F'R} + \overline{RA} = \overline{F'V} + \overline{VB} = c + a + \overline{VB} \tag{9-213}$$

이다. 그러나

$$\overline{RA} = \overline{FA} - \overline{FR} = \overline{FB} - \overline{FR} \tag{9-214}$$

인데, 여기에서 $\overline{FB} = \overline{FA}$는 전파가 구면파라는 점에 근거한 것이다. 이것을 식 (9-213)에 넣으면

$$\overline{F'R} - \overline{FR} = c + a - (\overline{FB} - \overline{VB}) = c + a - (c - a) = 2a \tag{9-215}$$

을 얻게 된다. 이 결과는 다음과 같은 쌍곡선의 정의와 일치한다. 즉 쌍곡선은 두 고정점 $F'$과 $F$로부터의 거리의 차 $\overline{F'R} - \overline{FR}$이 상수 $2a$가 되는 점들의 궤적이다.

축대칭 카세그레인 반사판에 대해서, 그림 9-34에 나타낸 것처럼 이중 반사판을 단일 등가 포물면 반사판(equivalent parabolic reflector)으로 모델링할 수 있다. 등가 포물면은 주반사판과 지름

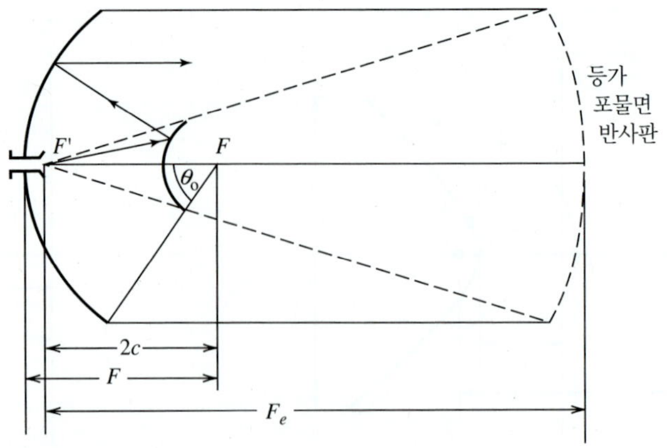


그림 9-34 카세그레인 이중 반사판에 대한 등가 단일 포물면 반사판.

($D_e = D$)이 동일하나, 초점거리($F_e$)가 주반사판의 초점거리($F$)보다 더 길다. 즉

$$F_e = \frac{e+1}{e-1}F = MF \tag{9-216}$$

인데, 여기에서 $M$을 배율(magnification)이라고 한다. 식 (9-211)에서 카세그레인 반사판의 쌍곡면 부반사판에 대해서는 $e > 1$이므로, $M > 1$이고 $F_e > F$이다. 이러한 유효초점거리의 증가로 생기는 몇 가지 이점들이 있는데, 반지름 $D$이고 초점거리 $F_e$인, 따라서 실제 이중 반사판보다 더 큰 초점거리 대 지름의 비를 갖는 등가(단일) 포물면 반사판을 살펴봄으로써 알 수 있다. 먼저 9.6.2절에서 지적한 대로 초점거리 대 지름의 비가 더 클수록 원거리 장에서의 교차편파가 개선된다. 두 번째로는, 반사판의 테두리에서의 구면 확산손실이 감소한다[식 (9-207) 참조]. 마지막으로, 주빔의 주사 성능이 개선되는데, 이것은 초점거리 대 지름의 비가 더 클수록 급전 안테나의 측면 변위($x_s y_s$ 평면에서)에 따른 방사패턴의 악화 정도가 더 작아지기 때문이다. 이 사실은 초점거리대 지름의 비가 무한대인 극한의 경우(예를 들어 평탄한 주반사판)를 살펴보면 알 수 있는데, 이 경우에는 비수직 입사에 대한 반사에 따른 악화가 전혀 발생하지 않는다. 등가 포물면 개념은 이중 오프셋 반사판에도 역시 적용할 수 있다[18].

단일 반사판 안테나 시스템에서는 급전 안테나로부터의 동위상면이 원하는 빠져나가는 형태의 동위상면으로 변환된다. 이것은 포물면 반사판에 의해 이루어지는 것처럼 보통 구면에서 평면으로의 변환이다. 급전 테이퍼와 $F/D$를 통해서 개구면 진폭의 조절이 제한적으로 이루어진다. 식 (9-208)을 참조하라. 이것은 포물면 주반사판을 갖는 전통적인 단일 및 이중 반사판들에 대해서는 그렇지만, 이중 반사판에서 두 반사판의 모양을 성형하는 경우에는 진폭과 위상 둘 다 조절할 수 있다. 통상적인 합성의 경우에는 넘침을 줄이기 위해 부반사판에 강하게 테이퍼링된 조사를 하게 되고, 반사된 광선을 확산시켜 균일진폭을 얻을 수 있도록 부반사판을 성형한다. 이렇게 하려면 반사판을 성형해야 한다. 이중 반사판 합성에 대한 논제들은 꽤 진보되어 있지만, 다음과 같은 간단한 설명으로 이해될 수 있다[19~22]. 원리상으로, 축대칭 시스템[21]과 오프셋 이중 반사판들[22]에 대한 주반사판과 부반사판 모두의 모양을 정확하게 결정할 수 있다. 앞에서 언급한 경우와 같이, 균일진폭과 위상을 갖도록, 그래서 최대 개구면 활용도를 얻을 수 있는 이중 반사판의 형상을 결정할 수

있다. 넘침을 허용할 수 있을 만큼으로 유지하면서, 다소 넓게 퍼진 급전 안테나의 방사패턴을 거의 균일한 진폭과 위상의 개구면 분포로 변환하는 것이 설계의 과제이다. 이 개념은 넘침을 줄이기 위해서 부반사판을 약하게 조사하고, 고전적인 모양에 비해 곡률을 증가시켜 반사된 광선이 주반사판의 가장자리를 향하도록 하는 것이다. 기하광학 이론의 범위 내에서는 반사판의 크기를 적절하게 함으로써 주반사판 넘침을 피할 수 있다. 부반사판의 성형으로 급전에서 개구면까지의 총 경로길이가 변하게 되지만, 부반사판 성형으로 생기는 위상오차를 보정하기 위해 주반사판을 성형함으로써 이 변화는 거의 보상된다. 주반사판의 형태 변화는 둘 다 비슷한 위상오차를 유발하므로 부반사판의 형태 변화와 같은 정도이다. 부반사판 성형으로 개구면 진폭 분포를 거의 완전하게 조절할 수 있다. 이러한 잇따른 성형으로 정확한 해를 얻을 수는 없지만, 정확한 접근법에 관련된 어려운 수학—반사판 형태에 대한 연립 해를 필요로 하는—을 회피할 수 있다.

이중 성형 반사판들은 지름이 수 m 이상인 주반사판을 갖는 위성통신 지구국과 같은 고이득 축대칭 시스템에 널리 이용된다. 더 작은 시스템들에는 성형 오프셋 이중 반사판들도 이용된다. 보고된 최고 개구면 효율(85%)들 중의 하나는 31 GHz로 동작하는1.5 m 주반사판을 갖는 성형 오프셋 이중 반사판 구조로 얻어진 것이다[23]. 더 큰 주반사판의 경우에 대한 이론적인 예측으로는 90% 이상의 효율도 가능하다[23]. 이중 반사판은 낮은 부엽을 얻기 위한 목적으로도 설계할 수 있다[24].

이중 성형 반사판의 합성에는 설계과정에 기하광학(GO: geometrical optics)을 이용하는 것이 보통이다. 전술한 고효율을 위한 성형 반사판에 대한 내용이 그 좋은 예이다. GO를 기반으로 한 합성으로 반사판의 형태가 결정되면, 컴퓨터 코드를 이용하여 이득, 부엽치, 그리고 교차편파와 같은 성능 파라미터들을 정확하게 결정할 수 있다. 이중 반사판의 컴퓨터 해석에 흔히 사용되는 두 가지 기법이 있다. 즉 부반사판에는 기하회절 이론(GTD: geometrical theory of diffraction, GTD는 제16장에서 다룬다)을, 그리고 주반사판에는 PO를 이용하는 GTD/PO와, 부반사판과 주반사판 모두에 PO를이용하는 PO/PO가 있다. 10$\lambda$ 정도보다 작은 부반사판들에 대해서는 PO/PO가 더 정확한 결과를 가져온다고 생각된다. 전기적으로 큰 반사판 시스템들에 대해서는 PO/PO계산에 시간이 매우 많이 걸리므로 보통 GTD/PO가 이용된다.

### 9.6.5 반사판 안테나의 교차편파와 주사 특성

많은 경우에 반사판들이 사용되는데, 여기에는 동일 주파수로 두 통신 채널을 수용할 수 있도록 하는 이중편파로 운용하는 경우가 포함된다. 이를 위해서는 두 편파가 거의 수직이어야 한다. 반사판이 흔히 이용되는 두 번째 예는 단일 주빔을 주사하거나, 급전(들)을 초점으로부터 변위시킴으로써 동일한 큰 주반사판으로 다중의 좁은 빔들을 형성하는 것이다. 교차편파와 빔 주사 둘 다 이 절에서 다룬다.

9.6.2절의 축대칭 포물면 반사판의 해석으로부터, 다이폴과 같이 온전하게 편파되어 있으나 불균형인 급전의 경우, 반사판에 의해 유도되는 교차편파는 주평면에서는 0이고 45° 평면에서 최대가 된다는 것을 알 수 있다(그림 9-29 참조). 초점에 완전한 위상 중심을 갖는 회전대칭 패턴(9.6.2절 참조)을 갖는 균형급전은 GO 해석에 근거한 원거리장 직교패턴을 발생시키지 않는다. 그러나 균형급전의 축대칭 반사판에 대한 PO 해석으로는 약간의 교차편파 패턴이 얻어진다. 실제로 급전이 축대칭 반사판에서 교차편파가 발생하는 주요인이다.

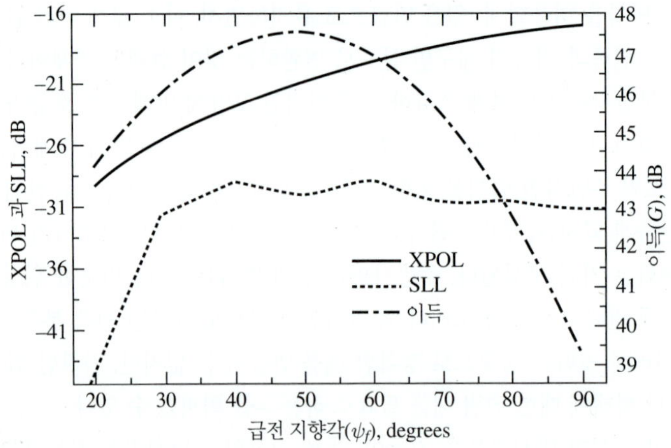


**그림 9-35** $D = 85.5\lambda$, $F/D = 0.3$, $h = D/8$**인 오프셋 반사판(그림 9-31 참조)에 대한 급전 지향각($\psi_f$) 함수로 나타낸 첨두 교차편파 레벨(XPOL), 부엽레벨(SLL), 그리고 이득($G$).** 이등분각은 $\psi_B = 45.1°$이다. 중심광선각은 $\psi_C = 49.7°$이다. 급전은 균형 잡힌 선형편파이다.([25] © 1993. IEEE의 허가하에 사용.)

9.6.2절에서 지적했듯이, 축대칭 반사판의 교차편파는 $F/D$가 증가함에 따라 감소한다. 즉 접시의 곡률이 감소함에 따라 교차편파가 더 적게 발생한다. 이 사실은 $F/D$가 커짐에 따라, 반사판은 더 평탄해지고 평탄한 반사판은 교차편파를 만들지 않기 때문이다. 급전 안테나 패턴이 회전대칭(예를 들어 균형 잡힌)이고 온전하게 편파된 것이라면, 교차편파가 상당히 줄어들긴 하지만, 반사판 위의 축방향($z$ 방향)의 전류 때문에 잔여 레벨이 남게 된다.

그림 9-31에 나타낸 일반적인 기하구조를 갖는 오프셋 반사판의 교차편파 거동은 더 복잡하다. 9.6.3절에서 설명했듯이, 전기적 성능을 위해서는 모반사판의 직경이 사용되어야 한다. 실제 오프셋 반사판의 $F/D$는 모반사판의 $F/D_p$보다 작으므로, 오프셋 반사판에서 교차편파는 더 나빠진다. 이것은 급전이 정점을 향하고 있다고, 즉 $\psi_f = 0°$ 라고 가정한 것인데 이 때문에 상당한 넘침이 발생한다. 그렇게 하는 대신에 보통, 급전을 그 축이 반사판에 대하는 각을 이등분하도록($\psi_f = \psi_B$) 혹은 급전축을 따르는 광선이 투영된 개구면의 중심에 오도록($\psi_f = \psi_C$) 향하게 한다. 그림 9-35에 지름 $85.5\lambda$, 오프셋 높이 $h = D/8$, 그리고 $F/D = 0.3$인 오프셋 반사판에 대해 급전 지향각의 영향을 나타냈다. 급전은 회전대칭 패턴(예를 들어 균형 급전)으로 선형편파이고 10 dB 빔폭이 70°이다. 이 기하구조로부터 실제로 사용되는 오프셋 반사판들을 대표할 수 있는 결과를 얻을 수 있다. 이 예에서는 이등분각이 $\psi_B = 45.1°$이고 중심광선각이 $\psi_C = 49.7°$이다. 그림 9-35에서 급전방향 각이 증가할수록 교차편파 성능이 악화됨을 주목하라. 그러나 이득은 $\psi_f = 47°$를 중심으로 넓은 첨두를 보이는데, 이 각은 $\psi_B$와 $\psi_C$ 사이에 있다. 지향각이 $\psi_f > 30°$이면 부엽레벨은 지향각에 대해 거의 일정하다. 급전 지향각이 동등한 가장자리 조사($\mathrm{EI_L} = \mathrm{EI_U}$)가 일어나는 $\psi_f = \psi_E$이면, 이득과 교차편파에서의 작은 손실만을 가져오면서 매우 낮은 부엽을 얻을 수 있다는 것이 밝혀졌다[25]. 이 예에서는 $\psi_E = 49.6°$이고, 이때 SLL = −30.1 dB이다. 그림 9-35에서 오프셋 반사판에 대한 중요하고도 기본적인 한계를 알 수 있다. 최대이득(즉 개구면 효율)일 때 교차편파는 −23 dB 정도이나, 이것은 대부분의 경우에 얻을 수 없을 만큼 높은 값이다.

단일 오프셋 반사판의 교차편파 성능이 그림 9-36에 요약되어 있다. 선형편파의 균형급전에 대

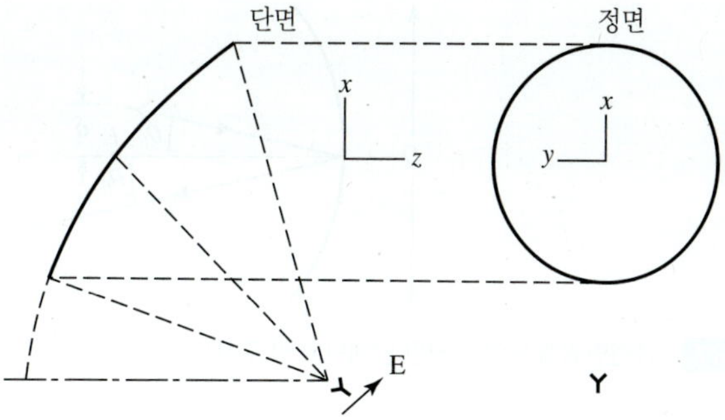


| 급전 | 교차편파 특성 | |
|---|---|---|
| | *xz* 평면 (대칭면, 오프셋면) | *yz* 평면 (비대칭면) |
| 이상적인 *LP* | 교차편파 없음 | 교차편파 |
| 이상적인 *CP* | 교차편파 없음 | 교차편파 없음<br>빔 스퀸트 |

**그림 9-36** **균형급전을 갖는 오프셋 포물면 반사판의 교차편파 성능의 요약.** ([H.11.1: Stutzman] © 1993 ArtechHouse, Inc., Norwood, MA의 허가하에 사용.)

한 교차편파는 비대칭면($yz$ 평면)에서 최대이고, 대칭면($xz$ 평면)에서 0이다[H.11.1: Stutzman, p. 102; 26; 27]. 반사판 안테나의 (이차) 패턴에서의 편파는 반사판에 의한 교차편파 $XPOL_R$뿐만 아니라 (일차) 급전패턴에 의한 $XPOL_F$에 의해서도 영향을 받는다. 지금까지는 $XPOL_F = 0$, 즉 어떤 급전 교차편파도 무시했다. 교차편파를 정확하게 해석하기 위해서는 물리광학 코드와 같은 코드가 필요하므로, 근사적인 기법이 매우 유용하다. 편파 요인들을 더함으로써 반사판 시스템의 최악의 경우에 대한 교차편파를 다음과 같이 추정할 수 있다[28].

$$XPOL_S = XPOL_F + XPOL_R \tag{9-217}$$

예를 들어 −23 dB 교차편파($XPOL_R = 0.0708$)를 갖는 반사판에 −30 dB 교차편파($XPOL_F = 0.0316$)를 갖는 급전을 사용한 경우에는 $XPOL_s = 0.1024 = -19.8$ dB이다.

그림 9-36에 나타낸 원형편파(CP)의 균형급전인 경우에는 상황이 훨씬 어렵다. 여기에는 교차편파는 없으나 주빔이 $yz$평면에서 축 바깥쪽으로 '벗어난다'[26, 27, 29]. 서로 반대의 CP에 대해서 주빔은 반사판 축의 서로 반대편으로 회전한다(혹은 벗어난다). CP 급전에서는 반사되는 과정에서 편파가 뒤바뀌므로 반사판에서 방사되는 CP는 급전의 CP와 반대이다.

9.6.3절의 오프셋 반사판과 9.6.4절의 이중 반사판의 이점들을 조합해 이중 오프셋 반사판(dual offset reflector)의 형태로 구성할 수 있다. 개구면이 차폐되지 않고, 부반사판으로 두 번째 설계 변수를 얻을 수 있는데, 이로써 교차편파를 단일 오프셋 반사판에 비해 훨씬 낮게 감소시킬 수 있다. 지름은 주반사판과 동일하고 식 (9-216)으로부터 $F_e = MF$로 주어지는 초점거리를 갖는 등가 단일 포물면을 이용해 축대칭 반사판에서와 같은 방법으로, 이중 오프셋 반사판의 성능을 평가할 수 있다. 원 시스템의 급전축이 등가 포물면의 축과 일치하도록 이중 반사판의 기하구조를 선택하면, 교차편파는 최소가 된다.

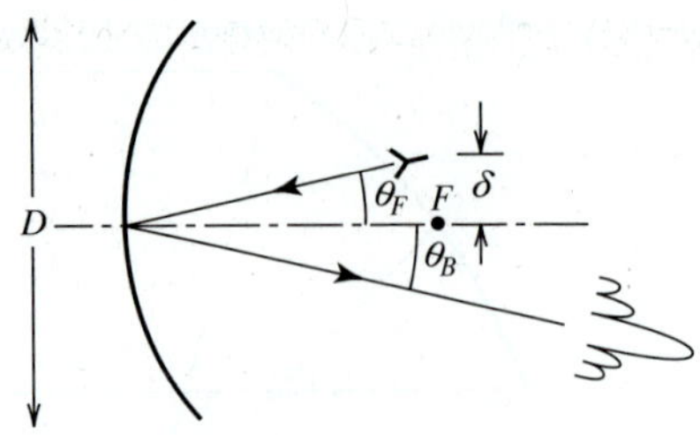


그림 9-37 급전변위에 의한 반사판 안테나의 빔 주사.

고이득을 얻기 위해 설계된 반사판 안테나들은 집속 시스템들이다. 즉 주반사판 축에 평행하게 입사되는 전파는 초점 부근의 작은 영역에 모이게 된다. 이로써 안테나 시스템은 간단하지만, 전체 반사판 시스템이 회전하지 않으면 빔 주사 기능에 제한을 받게 된다. 급전을 초점에서 벗어나게 둠으로써 얼마간 빔 주사를 할 수 있다. 반사판에 수직인 축으로부터 벗어나 있는(그리고 반사판을 향하게 기울어져 있는) 작은 급전 안테나를 갖는 평면형 반사판을 생각해 보면 이 점을 이해할 수 있다. 반사파 혹은 반사판으로부터의 주빔은 변위각과 동일한 각으로 나가게 된다. 그림 9-37에 나타낸 포물면 반사판에도 비슷한 효과가 적용되는데, 여기에서 급전 안테나는 초점평면에서 거리 $\delta$만큼 옆으로 비켜나 있다. 반사판이 평탄하다면($F/D = \infty$), 빔주사각 $\theta_B$는 급전 경사각 $\theta_F$와 같다. 곡면의 반사판($F < \infty$)인 경우에는 빔주사각이 급전 경사각보다 작아진다. 빔 편차인자(BDF: beam deviation factor)로써 주사를 정량적으로 다음과 같이 나타낼 수 있다.

$$\text{BDF} = \frac{\theta_B}{\theta_F} \tag{9-218}$$

BDF는 평탄한 반사판에서 1로 최대이고, 축대칭과 오프셋 반사판에 대하여 각각 $F/D$ 혹은 $F/D_p$가 감소함에 따라 감소한다. 변위 $\delta$가 작은 경우에는 다음 근사 표현식을 사용할 수 있다[30].

$$\text{BDF} = \frac{1 + 0.36\left[4\dfrac{F}{D}\right]^{-2}}{1 + \left[4\dfrac{F}{D}\right]^{-2}} \tag{9-219}$$

측면 급전변위로 개구면에 대해 경사진 평면의 동위상면이 생기게 되는데, 이로써 그림 9-37에 나타낸 것과 같이 변위의 반대 방향으로 빔을 주사시킬 수 있게 된다. 그러나 개구면 상에서 위치의 함수인 비선형 위상이 형성되어, 빔 확장을 포함한 패턴의 왜곡과 이득의 손실이 발생한다[31]. 이러한 영향은 변위가 증가할수록 그리고 $F/D$ 값이 낮을수록 심하게 된다. 특징적인 패턴 왜곡 중의 하나는 코마 로브(coma lobe)라고 불리는 높은 첫 번째 부엽으로, 주빔의 반사판 축 쪽으로 형성된다.

다중 반사판들도 급전을 초점으로부터 변위시킴으로써 주사시킬 수 있다. 이중 반사판들은 등가 포물면 반사판을 통해서 유효 초점거리가 길어지는 이점이 있는데, 이로써 더 나은 주사 성능을 얻을 수 있다. 식 (9-216)을 참조하라. 등가 단일 포물면을 응용해, 이중 반사판으로 작은 범위의 주사를 하는 경우에 대한 근사적인 결과를 얻을 수 있다[32]. 주사하는 동안의 움직임을 최소로 하기 위해 삼중 반사판을 사용하는 진보된 기법도 있다[33, 34].

### 9.6.6 반사판 안테나의 이득 계산

반사판 안테나는 보통 에너지가 그곳을 통과해 원거리장까지 나아가는 뚜렷한 물리적인 개구면적 $A_p$를 가지고 있다. 식 (9-67)에서 개구면 안테나의 최대 도달 이득은

$$G_{\max} = D_u = \frac{4\pi}{\lambda^2} A_p \tag{9-220}$$

인데, 이 이득은 넘침이나 저항성 손실 등이 전혀 없는 균일진폭, 균일위상의 안테나라는 이상적인 환경에서만 얻을 수 있다. 실제로는 이 조건들이 충족될 수 없으므로 이득은 이상적인 경우보다 감소하게 되고, 다음과 같이 표현된다.

$$G = \varepsilon_{\text{ap}} D_u = \varepsilon_{\text{ap}} \frac{4\pi}{\lambda^2} A_p \tag{9-221}$$

여기에서 $\varepsilon_{\text{ap}}$는 개구면 효율이며 $0 \le \varepsilon_{\text{ap}} \le 1$이다. 식 (9-77)과 (9-78)을 참조하라. 파장과 물리적인 개구면은 쉽게 구할 수 있으므로, 이득을 구하는 것은 바로 개구면 효율을 구하는 것이고, 이것은 부효율들의 곱으로 다음과 같이 표현할 수 있다.

$$\varepsilon_{\text{ap}} = e_r \varepsilon_t \varepsilon_s \varepsilon_a \tag{9-222}$$

여기에서

$e_r$ = 방사효율

$\varepsilon_t$ = 개구면 테이퍼 효율

$\varepsilon_s$ = 넘침효율

$\varepsilon_a$ = 도달효율

이다. 이제 각각의 효율들에 대해 살펴본다.

개구면 테이퍼 효율은 개구면에 도달하는 전력분으로 구할 수 있다. 즉 도달효율과 넘침효율을 무시한다면, 반지름이 $a$인 원형 반사판 개구면에 대한 식 (9-66)에서 다음 식을 얻을 수 있다.

$$\varepsilon_t = \frac{1}{\pi a^2} \frac{\left| \int_0^{2\pi} \int_0^a E_a(\rho', \phi') \rho' \, d\rho' \, d\phi' \right|^2}{\int_0^{2\pi} \int_0^a |E_a(\rho', \phi')|^2 \rho' \, d\rho' \, d\phi'} \tag{9-223}$$

급전각들로 변환해, 알고 있는 급전 안테나 패턴으로 이 식을 아래 식과 같이 쓸 수 있다.

$$\varepsilon_t = \frac{4F^2}{\pi a^2} \frac{\left| \int_0^{2\pi} \int_0^{\theta_o} F_f(\theta_f, \phi') \tan \frac{\theta_f}{2} \, d\theta_f \, d\phi' \right|^2}{\int_0^{2\pi} \int_0^{\theta_o} |F_f(\theta_f, \phi')|^2 \sin \theta_f \, d\theta_f \, d\phi'} \tag{9-224}$$

이 식을 이용해 급전패턴에서 개구면 테이퍼 효율을 얻을 수 있다.

9.6.2절에서 논의한 바와 같이, 급전 안테나의 방사패턴은 개구면 분포와 개구면 테이퍼 효율을 조절하므로, 반사판 안테나의 이득에 가장 큰 영향을 미친다. 급전패턴이 반사판 테두리 너머에까지

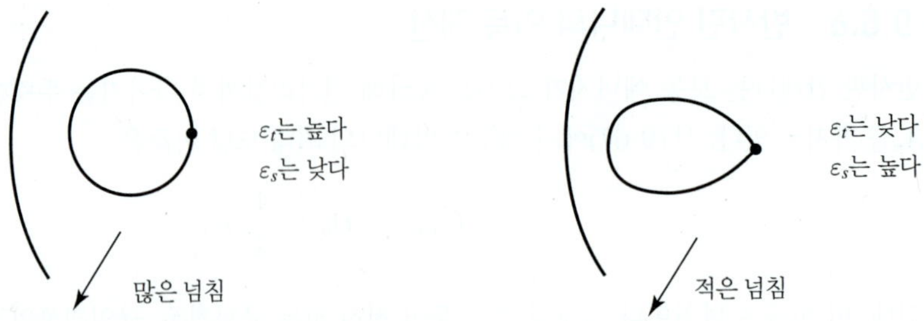


(*a*) **넓은 급전 패턴**: 개구면 테이퍼 효율은 높지만 넘침효율이 낮다.

(*b*) **좁은 급전 패턴**: 넘침효율은 높지만 개구면 테이퍼 효율이 낮다.

**그림 9-38** **급전 안테나 패턴이 반사판 개구면 테이퍼와 넘침에 미치는 영향.**

형성되므로, 그에 상당하는 전력은 반사판을 통해 주빔내로 들어가게 할 수 없게 되고 따라서 이득이 감소된다. 이것을 **넘침**(spillover)이라고 하며, 이에 따른 효율인자를 **넘침효율**(spillover efficiency)이라고 하는데, 급전에서 방사되는 전력 중에서, 단일 반사판의 경우에는 주반사판 혹은 이중 반사판의 경우에는 부반사판에 의해 포획되는 비율로서 정의된다.

넘침효율은 총급전전력에 비해 반사판에 포획되는(그리고 개구면을 통해 주빔 내로 들어가는) 급전패턴 부분의 척도이다.

$$\varepsilon_s = \frac{\displaystyle\int_0^{2\pi}\int_0^{\theta_o} |F_f(\theta_f,\,\phi')|^2\,\sin\theta_f\,d\theta_f\,d\phi'}{\displaystyle\int_0^{2\pi}\int_0^{\pi} |F_f(\theta_f,\,\phi')|^2\,\sin\theta_f\,d\theta_f\,d\phi'} \tag{9-225}$$

분자는 반사판에 이르는 각까지만의 급전패턴을 적분하고, 반면에 분모의 적분은 급전 패턴 전체에 걸쳐서 행하게 된다.

반사판 설계는 결국 급전 안테나의 선택을 통한 개구면 테이퍼와 넘침 간의 상호 맞교환의 문제가 된다. 넓은 급전패턴으로는 진폭 테이퍼가 작아지지만, 그림 9-38*a*에 나타낸 바와 같이 상당한 넘침이 발생하게 된다. 넘침의 문제는 그림 9-38*b*에 도시한 것처럼 좁은 패턴의 급전을 이용해 해결할 수 있지만, 그렇게 하면 급전패턴의 테이퍼가 커지게 되어, 결국 개구면 테이퍼 효율이 낮아진다.

테이퍼와 넘침효율을 묶어서 급전패턴과 주반사판의 효과들을 완전하게 설명할 수 있는 **조사효율**(illumination efficiency) $\varepsilon_i$의 형태로 나타낼 수 있다. 즉 $\varepsilon_i$로써 저항성 손실이 없고($e_r = 1$) 도달손실도 전혀 없는($\varepsilon_a = 1$) 이상적인 환경에서의 총 개구면 효율을 얻게 된다. 식 (9-224)와 식 (9-225)를 곱하고 식 (9-185*a*)의 $a = 2F\tan(\theta_o/2)$를 이용해

$$\varepsilon_i = \varepsilon_t\varepsilon_s = \frac{G_f}{4\pi^2}\cot^2\frac{\theta_o}{2}\left|\int_0^{2\pi}\int_0^{\theta_o} F_f(\theta_f,\,\phi')\tan\frac{\theta_f}{2}\,d\theta_f\,d\phi'\right|^2 \tag{9-226}$$

을 얻을 수 있는데, 급전의 이득에는 다음 식을 이용했다.

$$G_f = \frac{4\pi}{\displaystyle\int_0^{2\pi}\int_0^{\pi} |F_f(\theta_f,\,\phi')|^2\,\sin\theta_f\,d\theta_f\,d\phi'} \tag{9-227}$$

이것은 실제로는 급전 지향성으로, 급전의 저항성 손실은 전체 반사판 시스템에 대한 $e_r$에 포함되어 있다.

패턴 값이 축으로부터의 각에 따라 증가하다가, 넘침이 발생하지 않도록 테두리의 방향으로는 갑자기 0으로 떨어지는, 이상적이나 구현이 불가능한 급전 안테나의 패턴으로 구면 확산 손실을 보상할 수 있을 것이다. 식 (9-196)과 식 (9-194)로부터 이 패턴은

$$F_f(\theta_f, \phi_f) = \begin{cases} \cos^2 \dfrac{\theta_o}{2} \sec^2 \dfrac{\theta_f}{2} & \theta_f \le \theta_o \\ 0 & \theta_f > \theta_o \end{cases} \quad \textit{이상적인 급전} \tag{9-228}$$

와 같은데, 이것은 $\theta_f = \theta_o$에서의 첨두치를 1로 정규화한 것이다. 이것을 식 (9-226)에 이용하면 효율은 $\varepsilon_i = 1$이 된다. 연습문제 9.6-12를 참조하라. 따라서 저항성 손실이나 도달손실이 전혀 없다면 식 (9-228)의 이상적인 급전패턴으로 100%의 개구면 효율을 얻을 수 있다. 그러나 불연속 패턴을 형성하려면 무한히 큰 이상적인 급전이 필요하다.

보통 식 (9-226)은 해석적으로 계산할 수 없고 규범적인 분포들을 근거로 해 추산하거나 수치 직으로 계산해야 한다. 그러나 원추형 코러게이트 혼과 같은 실제 급전의 패턴을 모델링하는 데 사용되며 해석적으로 다룰 수 있는 급전패턴 함수가 있다. 9.7.4절에서 논의될 이 패턴은 다음과 같은 회전대칭 패턴이다.

$$F_f(\theta_f) = \begin{cases} \cos^2 \theta_f & \theta_f \le \dfrac{\pi}{2} \\ 0 & \theta_f > \dfrac{\pi}{2} \end{cases} \tag{9-229}$$

이 급전 모델을 이용해 식 (9-225)와 식 (9-227)을 계산하면

$$\varepsilon_s = 1 - \cos^{2q+1} \theta_o \tag{9-230}$$

$$G_f = 2(2q + 1) \tag{9-231}$$

을 얻을 수 있다. 식 (9-226)의 $\varepsilon_i$ 계산은 더욱 힘들다. 몇 개의 $q$ 값에 대한 $\varepsilon_i$ 표현식은 다음과 같다 [H.3: Silver, p. 425].

$$\varepsilon_i = \cot^2 \frac{\theta_o}{2} \begin{cases} 24 \left[ \sin^2 \dfrac{\theta_o}{2} + \ln \left( \cos \dfrac{\theta_o}{2} \right) \right]^2 & q = 1 \\ 40 \left[ \sin^4 \dfrac{\theta_o}{2} + \ln \left( \cos \dfrac{\theta_o}{2} \right) \right]^2 & q = 2 \\ 14 \left[ \dfrac{1}{2} \sin^2 \theta_o + \dfrac{1}{3} (1 - \cos \theta_o)^3 + 2 \ln \left( \cos \dfrac{\theta_o}{2} \right) \right]^2 & q = 3 \end{cases} \tag{9-232}$$

이 분포에 대한 가장자리 조사 EI는 식 (9-208$a$)에서 다음과 같다.

$$\mathrm{EI} = \frac{1 + \cos \theta_o}{2} \cos^q \theta_o \tag{9-233}$$

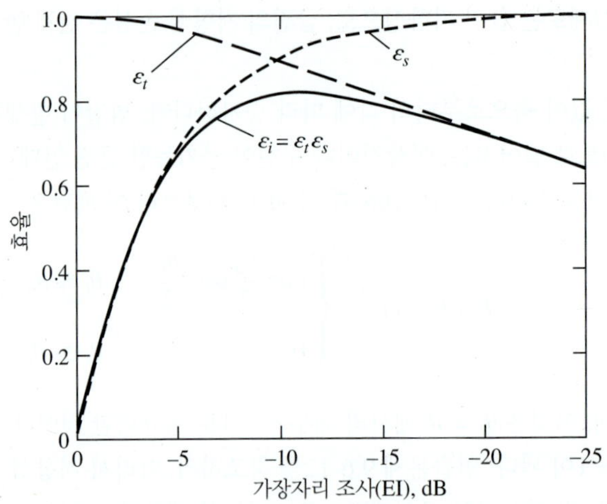


**그림 9-39** **가장자리 조사 EI의 함수로 표현한 $\cos^2 \theta_f$ 급전 패턴($q = 2$)에 대한 개구면 테이퍼 효율 $\varepsilon_t$, 넘침효율 $\varepsilon_s$, 그리고 조사효율 $\varepsilon_i$.**

실제의 경우 $q$의 대표적인 값은 2이다. 테이퍼 효율과 넘침효율 그리고 식 (9-230)과 식 (9-232)에서 볼 수 있는 그들의 곱을 그림 9-39에 나타냈다. 테이퍼와 넘침 간의 맞교환이 명백함을 알 수 있다. 첨두치는 약 $\varepsilon_i = 82\%$로서 가장자리 조사 약 $\text{EI}_{\text{dB}} = -11$ dB일 때 발생한다. 따라서 포물면 반사판의 최대 개구면 효율은 가장자리 조사가 약 −11 dB일 때 혹은 $E_{an}(\rho' = a) = 0.28$일 때 발생한다는 일반적인 규칙에 도달하게 된다. $q$ 값이 1과 4 사이일 때의 최대 조사효율은 거의 82%이다. 연습문제 9.6-16을 참조하라. 실제로 거의 회전대칭인 급전패턴을 이용하는 단일 반사판에서 얻을 수 있는 최고개구면 효율은 약 75%이다. 끝이 개방된 도파관과 같은 간단한 급전을 사용한다면, 개구면 효율은 60% 정도이다. 이제 이득을 감소시키는 다른 효율들에 대해 살펴보자.

실제 제작상의 이유로 이득을 감소시키는 몇 가지 요인들을 도달효율로 한데 묶어서, 부효율들을 이용해 다음 식과 같이

$$\varepsilon_a = \varepsilon_{\text{rs}} \varepsilon_{\text{cr}} \varepsilon_{\text{blk}} \varepsilon_{\phi\text{r}} \varepsilon_{\phi\text{f}} \tag{9-234}$$

로 표현할 수 있는데, 여기에서

$\varepsilon_{\text{rs}}$ = 불규칙 표면오차 효율

$\varepsilon_{\text{cr}}$ = 교차편파 효율

$\varepsilon_{\text{blk}}$ = 개구면 차폐 효율

$\varepsilon_{\phi\text{r}}$ = 반사판 위상오차 효율

$\varepsilon_{\phi\text{f}}$ = 급전 위상오차 효율

이다. 이 모든 효율들은 0과 1 사이 값이며, 잘 설계된 시스템의 경우에는 거의 1이다. 이제 이들에 대해서 살펴본다.

반사판의 이상적인 형태에서 벗어난 불규칙한 표면편차에 의해서 이득이 감소하고 부엽이 증가하게 되는데, 이것은 초점 반사판 시스템의 광선 경로길이들이 서로 달라져 개구면 위상에 왜곡이 생기기 때문이다. 불규칙 표면오차 효율(random surface errorefficiency) $\varepsilon_{\text{rs}}$는 불규칙한 반사판 표

면오차로 발생하는 이득손실에 해당하는 효율인자이다. 실효 표면 편차 $\delta$로써 이 효율을 표현할 수 있는데, 이것은 근사적으로 첨두치 간 오차의 1/3 정도이다. 반사판 크기에 비해 작은 상관 길이를 갖는 크지 않은 표면오차에 대해서는

$$\varepsilon_{\text{rs}} = e^{-(4\pi\delta/\lambda)^2} = 685.8(\delta/\lambda)^2 \text{ dB} \tag{9-235}$$

인데, $2\pi/\lambda$로써 표면오차가 위상으로 변환되며 부가적인 인수 2는 반사된 광선의 왕복 경로를 고려한 것이다. 이 결과는 가우시안 분포의 오차를 갖는 평면 반사판에 대해 유도한 것이지만, 실제 경우에 잘 들어맞는다[35]. 식 (9-235)로부터 $\delta \ll \lambda$인 경우 효율은 거의 100%임을 알 수 있다. 어떤 주어진 불규칙 오차 $\delta$에 대해, 주파수가 증가함에 따라 $\delta$가 $0.01\lambda$에서 $0.1\lambda$까지 변하면, 효율은 0.98에서 0.21까지 감소한다. 그에 따른 이득손실은 식 (9-235)에서 0.07~6.9 dB이다. 불규칙 오차 효율은 $\delta$가 $0.01\lambda$ 부근일 때가 과도기적인 값으로, 오차들이 더 작아지면 무시할 수 있는 반면에, 더 큰 오차는 상당한 문제가 될 수 있다. 반사판 표면의 정확도는 제작 기술이 결정한다. 기계로 제작되는 금속 반사판이 가장 정확해 $\delta$가 거의 0.04 mm (0.001 in.)이다. 압착기와 주조를 이용해 대량생산으로 제작되는 지름이 수 m 혹은 그 이하 정도의 반사판들은 오차가 조금 더 크게 되고, 반사판이 더 커지면 이 정확도가 악화된다.

**교차편파 효율**(cross-polarization efficiency) $\varepsilon_{\text{cr}}$은 반사판과 급전 안테나에서 생긴다. 보통 전자는 작아서(오프셋 반사판을 제외하고) 무시된다. 급전 안테나는 요구되는 편파에 수직인 성분을 갖게 되고, 그에 해당하는 전력이 원거리장에서 낭비되므로 이득손실이 된다. 전형적인 급전들은 $\varepsilon_{\text{cr}}$이 96%에서 99%까지 이르는데[36], 이에 따른 이득손실은 0.2~0.04 dB이다.

급전, 부반사판, 그리고 지지 구조물과 같은 반사판 전면에 설치된 구조들에 의해 개구면에서 빠져나가는 광선들이 차폐되어 전력이 부엽 영역으로 산란되게 된다. **개구면 차폐 효율**(aperture blockage efficiency)에 대해 다음의 간단한 근사 공식을 사용할 수 있다[36].

$$\varepsilon_{\text{blk}} = \left[1 - \frac{1}{\varepsilon_t}\frac{A_b}{A_p}\right]^2 \tag{9-236}$$

여기에서 $A_b$는 물리적인 개구면 면적 $A_p$ 상으로 투영된 차폐 면적이다. 차폐에 의해 축방향 전력이 감소하고, 그만큼의 전력이 부엽 쪽으로 진행함에 따라 축에서 벗어난 방향으로의 전력이 증가하기 때문에 제곱이라는 표현이 사용되었다. 차폐가 흔히 발생하는 중심영역에 가중치를 주기 위해 개구면 테이퍼 효율 $\varepsilon_t$가 포함되었다. 최적의 운용을 위한 $\varepsilon_t$는 약 0.89이다. 연습문제 9.6-16을 참조하라. 그러면 $A_b/A_p = 1, 5$, 그리고 10%인 차폐에 대해 각각 $\varepsilon_{\text{blk}} = 0.98, 0.89$, 그리고 0.79이다.

이상적인 상황에서 반사판 안테나는 균일 개구면 위상을 갖는다. 위상오차는 혼 안테나에서처럼 개구평면에서의 이득감소와 패턴악화를 가져온다[36]. 위상오차는 다음 원인들 때문에 발생한다.

**a. 초점에서 벗어난 급전 안테나의 위상 중심의 변위.** 이 경우 반사판의 초점이 맞춰지지 않았다고 말한다. 9.6.5절에서 논의한 바와 같이 측면 변위 때문에 빔 주사가 발생한다. 흔히 이 오차들은 급전 안테나의 위상 중심을 초점으로 다시 위치시킴으로써 보정될 수 있다.

**b. 반사판의 설계 형태로부터의 확정적 편이.** 예를 들면 반사판 전체에 걸쳐 포물면의 형태에서 '감자칩' 모양으로 변형된 단일 반사판은 개구면에 걸쳐서 완만한 위상오차를 가져오게

된다. 제작에서 생기는 결함에 덧붙여서 바람과 같은 힘과 온도 변화, 그리고 미세한 중력의 효과 등으로 확정적 오차가 발생하는데, 그 효율을 $\varepsilon_{\phi r}$로 표현한다. 배열급전과 같은 정교한 기술로만 확정적 오차를 보정할 수 있다[37].

**c. 불완전한 급전 안테나의 위상 중심.** 손실은 $\varepsilon_{\phi f}$로 나타내며, 급전의 위치를 변경해 부분적으로 보상할 수 있다[36].

**d. 불규칙 표면오차 효과.** 이 효과들은 보정할 수 없다. 이에 따른 효율인자 $\varepsilon_{rs}$가 식 (9-235)에 나타나 있다.

처음 세 효과들을 묶어서 위상오차 효율(phase-error efficiency) $\varepsilon_{ph}$로 표현할 수 있다. 보통 불규칙 위상오차가 주된 효과이므로, 식 (9-234)에서는 $\varepsilon_{rs}$를 명확하게 나타냈다.

9.6.1절에서 언급한 회절효과에 의해서도 이득손실이 발생하지만, 보통은 넘침에 비해 작다[36]. 이것과 특별히 언급하지 않은 이득손실의 다른 요인들은 $\varepsilon_a$에 포함된다.

반사판 안테나들은 흔히 서로 직교하는 편파들을 분리하기 위한 직교모드 변환기(OMT)와 같은 몇 가지의 처리 부품들이 급전부에 포함된다. 이 부품들은 손실이 있고, 따라서 이득을 감소시킨다. 이 손실들은 불규칙 손실과 같은 기타 손실들과 함께 $e_r$에 포함된다. 오프셋 반사판을 이용하는 시스템들은 개구면 차폐가 문제가 되지 않으므로, 상향변환기, 하향변환기와 같은 부품들을 급전 혼의 바로 뒤에 설치한다. 이로 써 급전에서부터 반사판 뒤쪽까지 이어지는 전송선로를 갖는 축대칭 반사판에 비해 전송선로 손실을 상당히 감소시킬 수 있다.

상당한 근사에도 불구하고, 반사판 안테나에 대한 '전형적인' 개구면 효율을 이용하는 것이 도움이 된다. 대부분의 효율 손실은 보통 불균형급전을 사용하는 데서 비롯된다. 예를 들어 다이폴 급전이 UHF 대역에서 흔히 사용되는데, 개구면 효율이 50% 정도에 그친다. 전술한 바와 같이, 균형급전(9.7.1절에서 자세하게 논의하게 될)을 갖는 잘 설계된 주초점 반사판 안테나의 효율은 75% 이상이다. 많은 응용분야에서 전형적인 값의 범위는 다음과 같다.

$$\varepsilon_{ap} \approx 0.55 \text{ to } 0.65 \tag{9-237}$$

## 9.6.7 기타 반사판 안테나들

이 장에서 기술한 바와 같이 단일 그리고 이중 포물면 반사판들은 대략 제2차 세계대전부터 1960년에 걸쳐서 개발되었다. 그 이후로는 개구면 효율을 증가시키기 위해 또는 연필형 빔이나 부채형 빔, 성형된 주빔, 낮은 부엽, 혹은 다중의 주빔을 형성하도록 하는 특별한 안테나의 패턴 성형에 응용하기 위해 기본적인 반사판의 형태를 변형한 것들이 소개되어 오고 있다. 이 절에서는 흔히 사용되는 여러 가지 형태의 반사판 안테나들 중에서 몇 가지를 소개한다.

그림 9-27에서와 같이 초점에 간단한 급전을 갖는 둘레가 원형인 포물면 반사판은 회전대칭인 연필형 빔을 형성하는 데 이용된다. 살펴본 바와 같이, 구조는 축대칭 혹은 오프셋 형태로 할 수 있고, 부반사판을 이용해 다중 반사판을 구성할 수 있다. 주평면들에서 서로 다른 빔폭들을 갖는 고이득 반사판 안테나들이 많이 응용되고 있다. 그림 9-40*a*에 나타낸 것이 그 예로, 수직 쪽보다는 수평 쪽으로 폭이 더 넓은 단일 포물면 반사판이다. 이것은 VSAT (Very Small Aperture Terminal) 위성통신에서 요구되는 것과 같은 수평면에서의 좁은 빔을 형성한다. 정지궤도 위성에서는 인접 위성 간의 간섭을 피하기 위해 좁은 빔을 필요로 한다. 적절한 접시 조사를 위해서 급전 안테나는 수평

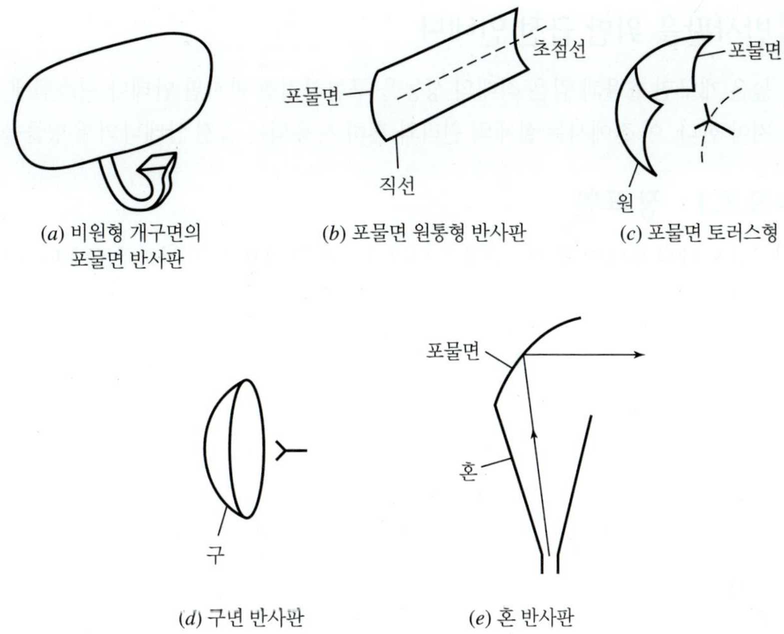


그림 9-40 **기타 반사판 안테나들.**

면에서 더 넓은 패턴을 가져야 한다. 그림 9-40*b*와 같은 **포물면 원통**(parabolic cylinder)으로도 서로 다른 주평면 빔폭들을 갖는 패턴을 형성할 수 있는데, 이것은 한 평면에서는 포물선의 단면을, 그리고 반사판 축에 평행한 선의 단면을 갖는다. 반사판 축을 포함하는 평면에서 좁은 빔폭이 형성되는데, 그러기 위해서는 초점선을 따라 펼쳐지는 급전이 있어야 한다. 6.6.2절에서 논의했던 코너 반사판 안테나가 평탄한 금속판을 사용하는 포물면 원통의 간단한 형태이다. 그림 9-40*c*의 **포물면 토러스**(parabolic torus) 안테나는 어떤 의미로는 포물면 원통을 구부린 형태로서, 주평면들에서 포물선과 원형의 단면들을 갖는다. 흔히 사용되는 포물면 토러스 안테나는, 단일 지구국 안테나를 이용해 서로 다른 위성들로부터 오는 신호들을 수신할 목적으로 개별적인 빔들을 형성하도록 초점 호를 따라 배치된 다중의 급전을 채택한다. 개구면 효율은 떨어지나, 여러 개의 안테나를 사용하는 것에 비해 비용이 절감된다. 그림 9-40*d*의 **구면 반사판**(spherical reflector)은 반사판 축을 포함하는 모든 평면에서 원형의 단면을 가지며, 연필형 빔을 형성하나 불균일 개구면 위상 분포 때문에 포물면의 형태에 비해 개구면 효율이 떨어진다. 등가적으로, 초점이라기보다는 초점영역이 존재한다. 그러나 초점영역에서 급전을 이동함으로써, 포물면 반사판에서 급전이 초점에서 벗어날 때 발생하는 손실보다는 작은 이득손실로 빔을 주사할 수 있다. 그림 9-40*e*의 **혼 반사판**(horn reflector) 안테나는 오프셋 포물면 반사판에 혼을 조합해 구성한다. 부엽과 후엽이 낮아서 지상의 초고주파 통신 링크에 매우 흔하게 사용된다.

마지막으로 원하는 방향으로의 최적 전력분포가 형성되도록 하거나 혹은 간섭이 일어나는 방향으로의 전력을 감소시키기 위해 **성형 빔**(shaped beam)이 필요한 경우에는 **성형 반사판**(shaped reflector)이 사용된다. 성형 빔의 합성에는 보통 기하광학에 기초한 기법들이 이용된다[H.8.5: Wescott].

## 9.7 반사판을 위한 급전 안테나

높은 개구면 효율과 같은 최대의 성능을 구현하려면 반사판 안테나 시스템에 적절한 급전이 이루어져야 한다. 이 절에서는 설계의 원리와 흔히 사용되는 급전 안테나의 유형들을 살펴본다.

### 9.7.1 장 표현

급전 안테나에서 발생하는 전장은 일반적으로 그림 9-25의 기하구조에 따라 다음과 같이 표현할 수 있다.

$$\mathbf{E}_f = V_o \frac{e^{-j\beta r_f}}{r_f}\left[U_f(\theta_f, \phi_f)\hat{\boldsymbol{\theta}}_f + V_f(\theta_f, \phi_f)\hat{\boldsymbol{\phi}}_f\right] \quad \textbf{(9-238)}$$

모든 각에 대해서 $U_f$와 $V_f$를 알 수 있는 경우는 드물고, 주평면 패턴만 알 수 있는 것이 보통이다. 즉 $E$ 평면에서 $U_f(\theta_f, \phi_f = 0) = C_E(\theta_f)$이고 $H$ 평면에서 $V_f(\theta_f, \phi_f = 90°) = C_H(\theta_f)$이다. 급전으로부터의 장은 보간법에 의해 모든 각에서 근사적으로 구할 수 있다. 급전이 완전한 선형 편파라면, 주평면 패턴들로

$$\mathbf{E}_f = V_o \frac{e^{-j\beta r_f}}{r_f}\left[C_E(\theta_f)\cos\phi_f\,\hat{\boldsymbol{\theta}}_f - C_H(\theta_f)\sin\phi_f\,\hat{\boldsymbol{\phi}}_f\right] \quad x_f\text{-편파} \quad \textbf{(9-239}a\textbf{)}$$

혹은

$$\mathbf{E}_f = V_o \frac{e^{-j\beta r_f}}{r_f}\left[C_E(\theta_f)\sin\phi_f\,\hat{\boldsymbol{\theta}}_f + C_H(\theta_f)\cos\phi_f\,\hat{\boldsymbol{\phi}}_f\right] \quad y_f\text{-편파} \quad \textbf{(9-239}b\textbf{)}$$

와 같이 나타낼 수 있다. 한 예로, $x_f$ 편파인 단형 다이폴의 $E$ 평면과 $H$ 평면 패턴은

$$C_E(\theta_f) = \cos\theta_f, \qquad C_H(\theta_f) = 1 \quad x_f\text{-편파 단형 다이폴} \quad \textbf{(9-240)}$$

이다. 그림 9-28과 식 (9-206)에서 다이폴 안테나로 급전되는 축대칭 반사판의 개구면에 교차편파가 나타나고 그 결과로 주평면 이외에서의 원거리장 패턴에는 교차편파가 포함된다.

급전이 회전 대칭 급전패턴을 갖는다면, 축대칭 반사판은 회전대칭의 이차패턴을 갖게 되고 교차편파는 매우 낮게 된다.

$$C_E(\theta_f) = C_H(\theta_f) \quad \text{평형급전} \quad \textbf{(9-241)}$$

이러한 패턴을 형성하는 급전을 **평형급전**(balanced feed)이라고 한다. 평형급전에 대한 식 (9-239)의 장 표현식은 다음과 같이 간단히 정리된다.

$$\begin{aligned}\mathbf{E}_f^{\mathbf{v}} &= V_o \frac{e^{-j\beta r_f}}{r_f}F_f(\theta_f)\left[\cos\phi_f\,\hat{\boldsymbol{\theta}}_f - \sin\phi_f\,\hat{\boldsymbol{\phi}}_f\right] = V_o \frac{e^{-j\beta r_f}}{r_f}F_f(\theta_f)\hat{\mathbf{v}} \\ &= E_v\hat{\mathbf{v}} \qquad x_f\text{-편파}\end{aligned} \quad \textbf{(9-242}a\textbf{)}$$

$$\begin{aligned}\mathbf{E}_f^{\mathbf{h}} &= V_o \frac{e^{-j\beta r_f}}{r_f}F_f(\theta_f)\left[\sin\phi_f\,\hat{\boldsymbol{\theta}}_f + \cos\phi_f\,\hat{\boldsymbol{\phi}}_f\right] = V_o \frac{e^{-j\beta r_f}}{r_f}F_f(\theta_f)\hat{\mathbf{h}} \\ &= E_h\hat{\mathbf{h}} \qquad y_f\text{-편파}\end{aligned} \quad \textbf{(9-242}b\textbf{)}$$

이 식들은 각각 $x_f z_f$와 $y_f z_f$ 평면에서 완전한 선형편파를 갖는 수직($v$)과 수평($h$) 급전편파에 해당한다. 이들이 회전대칭 패턴 $F_f(\theta_f)$를 갖는다는 점을 유의하라. 예를 들어 수직으로 편파된 급전이면 $\mathbf{E}_f^v \cdot \hat{\mathbf{h}} = E_v \hat{\mathbf{v}} \cdot \hat{\mathbf{h}} = 0$이므로, 교차편파는 없다.

평형 $x_f$ 편파 급전에 대한 개구면 전장은 식 (9-205)에서

$$\mathbf{E}_a = -\hat{\mathbf{x}} V_o \frac{e^{-j\beta 2F}}{r_f} F_f(\theta_f) \tag{9-243}$$

인데, 이것은 식 (9-198)의 GO 모델에 해당하며 교차편파는 없다. 그러나 이차패턴에는 여기에서 고려하지 않은, 반사판 표면의 축방향 전류($z$ 방향의)에서 발생하는 축에서 벗어난 소량의 교차편파가 있게 된다.

### 9.7.2 급전과 반사판의 정합

높은 개구면 효율을 위해 반사판에 적절한 조사가 이루어지도록 급전을 선택하는 데는 두 가지 대등한 관점들이 이용된다. 급전패턴을 반사판에 정합시키는 것과 급전 안테나 개구면 분포를 초점장 분포에 정합시키는 것이다. 이 절에서는 이 접근법들에 관해 논의한다.

앞에서 지적했듯이, 급전패턴은 약 −11 dB의 가장자리 조사가 이루어질 때 반사판에 정합된다. 흔히 사용되는 $\cos^q \theta_f$ 패턴 모델을 이용해 축대칭 반사판에 대한 지배방정식인 식 (9-208)을 해석해, 요구되는 반전력 빔폭과 −10 dB 빔폭을 구할 수 있다. 그 결과를 그림 9-41에 나타냈다. 이 곡선들은 반사판 설계에 매우 유용하다. 그림 9-41에서는 그림 9-26$b$의 반사판 가장자리 각 $\theta_o$도 역시 볼 수 있다.

초점 장 정합 기법은 반사판으로 입사되는 평면파를 고려해야 한다. 무한히 높은 주파수에서는 광선들이 초점으로 수렴하나, 실제로는 수신된 장들이 초점 부근의 한정된 영역에 걸쳐 나타나며, **초점 면 분포**(FPD: focal plane distribution)를 형성하게 된다. FPD는 근사적으로 개구면 분포(APD)의 푸리에변환인데, $F/D$가 더 클수록 정확도가 높아진다[38]. 따라서 입사평면파에서 형성되는 균일 APD로부터 $\sin(u)/u$형의 FPD를 얻게 되고 개구면 효율은 100%가 된다. 급전의 목적은 FPD를

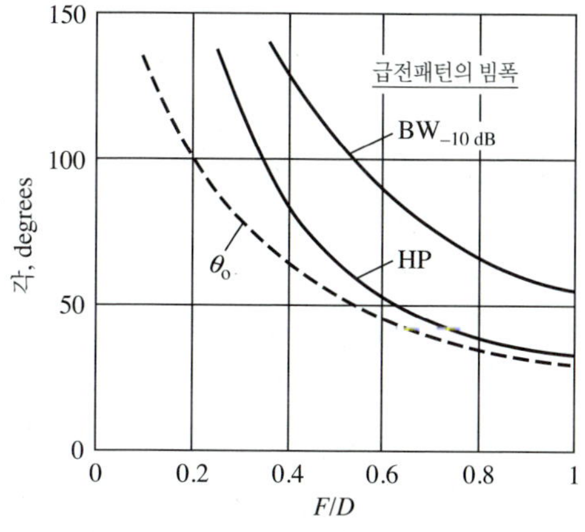


**그림 9-41** $F/D$의 함수로 나타낸 축대칭포물면 반사판의 축으로부터 테두리까지의 각 $\theta_o$(점선)와 −11 dB 가장자리 조사를 형성하기 위해 요구되는 급전패턴의 빔폭들(실선).

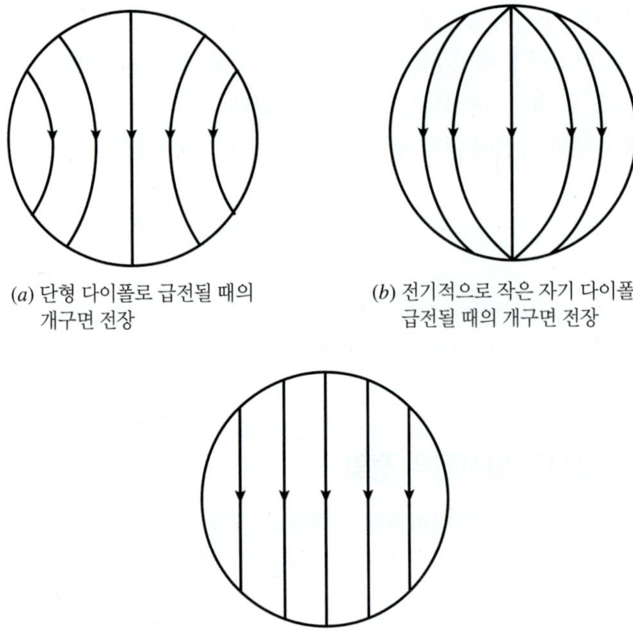

(a) 단형 다이폴로 급전될 때의 개구면 전장

(b) 전기적으로 작은 자기 다이폴로 급전될 때의 개구면 전장

(c) 서로 직교하는 전기와 자기 다이폴로 급전될 때의 개구면 전장

**그림 9-42** **다양한 급전을 갖는 축대칭 포물면 반사판의 개구면 전장.**

얻는 데 있다. 사실 초점 면에 위치한 급전 안테나의 개구면 분포가 FPD와 정합되면, 개구면 효율은 100%가 된다. 그러나 모든 장을 다 모으기 위해서는 무한히 큰 급전이 필요해진다. 축대칭포물면 반사판에 대한 이러한 '이상적인 급전'은 위상 중심이 한 점이며 회전대칭인 패턴을 갖는데, 반사판 테두리까지만 원뿔형으로 펼쳐지면서 구면 확산손실을 보상한다. 이것은 식 (9-228)에 정규화된 함수 형태로 표현되어 있다. 요구되는 균일한 APD와, 그 외에서는 0이 되는 패턴은 반사판 테두리($\theta_f = \theta_o$)에서의 패턴의 불연속에 의해 형성된다. 이러한 패턴은 구현이 불가능하다. 푸리에변환을 하면, 구현하기 위해서는 무한 크기의 급전이 필요한, 무한히 넓게 형성되는 FPD를 얻게 된다.

이차패턴에서 낮은 교차편파를 형성하는, 식 (9-243)과 같은 완전한 선형편파의 개구면 분포를 형성하기 위한 고전적인 급전이 호이겐스 전원(Huygens' source)이다. 회전대칭 패턴이므로 축대칭 포물면 반사판을 급전할 때 높은 효율을 얻을 수 있다. 포물면 반사판을 급전하는 단형 다이폴에 의해 형성되는 개구면장을 다시 살펴보면서 호이겐스 전원을 전개한다. 식 (9-206)의 $x_f$ 편파된 단형 다이폴의 전장은 그림 9-28에 나타낸 것과 같이 교차편파를 갖는다. 이것은 총 개구면 전장이 그림 9-42$a$에서 볼 수 있는 바와 같이 외향 곡률을 갖는다는 것을 의미한다 그림 9-42$b$에서와 같은 반대 곡률의 장은 $y_f$ 방향의 자기 다이폴(3.4.2절 참조)에 의해 형성된다. 전기적으로 작은 전기와 자기 다이폴을 직각으로 조합해 그림 9-42$c$와 같은 완전한 선형편파 장을 만들 수 있다. 단형 다이폴에 대한 식 (9-243)과 자기 다이폴 급전에 대한 쌍대 식을 이용해 호이겐스 전원 개구면장을 유도할 수 있다. 연습문제 9.7-4를 참조하라. 자기 다이폴로부터 전기 다이폴에 의해 발생되는 전장과 동일한 전장을 형성하는 데 필요한 자기전류는 식 (2-74$a$)와 식 (3-40)의 성분들을 같다고 놓아 구할 수 있는데, 바로 $I^m = \eta I$이다. 실제적인 호이겐스 전원들은 9.7.4절에서 논의한다.

### 9.7.3 일반적인 급전 모델

급전패턴 표현으로 흔히 사용되는 것은 $\cos^q \theta_f$ 패턴으로

$$C_E(\theta_f) = \cos^{q_E} \theta_f, \qquad C_H(\theta_f) = \cos^{q_H} \theta_f, \qquad \theta_f < \pi/2 \tag{9-244}$$

로 주어지는데, 평형급전의 경우에는 다음 식으로 간단하게 정리된다.

$$C_E(\theta_f) = C_H(\theta_f) = F_f(\theta_f) = \cos^q \theta_f, \qquad \theta_f < \pi/2 \tag{9-245}$$

빔 첨두치를 1로 하여, 한 점에서 실제 급전 안테나의 패턴과 일치되도록 $q$(혹은 $q_E$와 $q_H$)를 선택한다.

$$q = \frac{\log[F_f(\theta'_f)]}{\log(\cos\theta'_f)} \tag{9-246}$$

여기에서 $\theta'_f$은 합치점으로, $-3$ 혹은 $-10$ dB 패턴점 또는 $\theta_o$ 등과 같은 점이다. 식 (9-245)와 같은 간단한 패턴 형식을 사용하면 급전 안테나의 지향성과 같은 중요한 파라미터들을 계산할 수 있다는 장점이 있다. 즉

$$G_f = \frac{2(2q_E + 1)(2q_H + 1)}{q_E + q_H + 1} \tag{9-247}$$

인데, 평형급전의 경우에는 식 (9-231)에서와 같이 $2(2q + 1)$이 된다.

이제 축대칭 반사판을 설계하는 간단한 과정을 다음 단계들로 공식화할 수 있다.

1. **반사판의 지름을 결정한다.** 개구면 효율 값을 가정할 수 있다면, 요구하는 이득을 얻기 위한 지름을 식 (9-78)에서 구할 수 있다. 빔폭이 규정되면, 다음 식을 $D$에 관해 풀어서 지름을 구할 수 있다.

$$\text{HP} = 1.18\frac{\lambda}{D} \quad rad \tag{9-248}$$

이것은 $-11$ dB 가장자리 조사를 갖는 반사판에 대해 양호한 근사이다.

2. ***F/D*를 선택한다.** $F/D$ 값의 정상적인 범위는 0.3과 1.0 사이이다. 값이 클수록 교차편파 성능은 더 좋아지지만, 더 좁은 급전패턴이 요구되고, 따라서 물리적으로 더 큰 급전 안테나가 있어야 한다.

3. **요구되는 급전패턴을 결정한다.** 요구되는 성능에 대한 가장자리 조사를 규정하고 식 (9-233)을 $q$에 대해 풀어서 $\cos^q \theta_f$ 패턴의 $q$ 값을 아래 식으로 구한다.

$$q = \frac{\log\left[\text{EI}\left(1 + \dfrac{1}{16(F/D)^2}\right)\right]}{\log\left[\cos\left(2\tan^{-1}\dfrac{1}{4(F/D)}\right)\right]} \tag{9-249}$$

최적 이득에는 $\text{EI} = 0.28(-11\text{ dB})$을 이용한다.

완결된 설계과정의 마지막 단계는 식 (9-249)에서 구한 $q$ 값을 갖는 $\cos^q \theta_f$ 패턴에 근사화되는 급전 안테나를 선택하는 것이다. 이어지는 두 절은 급전설계에 대한 것이다. 다음의 예제로 종합적으로 살펴본다.

## 예제 9-9 축대칭 반사판 안테나의 설계

10 GHz에서 동작하는 고이득의 좁은 빔을 갖는 안테나로는 축대칭 포물면 반사판 안테나가 적절하다. 식 (9-248)에서 1°의 반전력 빔폭을 얻기 위한 지름은 다음과 같다.

$$D = \frac{1.18\lambda}{\mathrm{HP}\dfrac{\pi}{180°}} = \frac{1.18(0.03\ \mathrm{m})}{1 \cdot \dfrac{\pi}{180°}} = 2.0\ \mathrm{m}$$

낮은 교차편파를 얻기 위해서 $F/D$는 0.5로 한다. EI = 0.28인 최적의 경우에 대해 식 (9-249)를 풀면 2에 가까운 $q$ 값을 얻게 된다. 가장자리 조사 값은 $\theta_o = 53.1°$로 놓고 식 (9-208)을 이용해 검증할 수 있다.

$$\begin{aligned}\mathrm{EI} &= -\mathrm{FT} - L_{\mathrm{sph}} = 20\log(\cos^q\theta_o) + 20\log[(1+\cos\theta_o)/2] = -8.86 - 1.93 \\ &= -10.79\ \mathrm{dB} \approx -11\ \mathrm{dB}\end{aligned}$$

식 (9-208)에 기초한 개구면 분포를 $C = 0.28$인 기반 위의 포물선 제곱 테이퍼와 함께 그림 9-43에 나타냈다. 이것으로 포물면 제곱 테이퍼 원형 개구면 모델이 반사판에 양호하게 적용된다는 것을

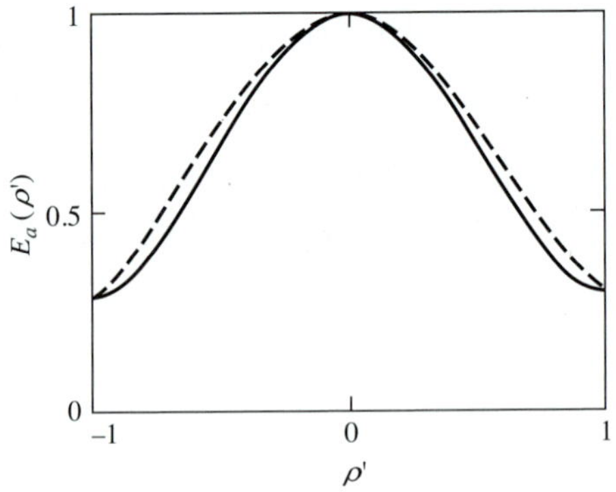


그림 9-43 $C = 0.28$인 기반 위의 포물선 제곱 분포(실선)와 함께 그린 예제 9-9의 축대칭 포물면 반사판에 대한 개구면 장분포(점선).

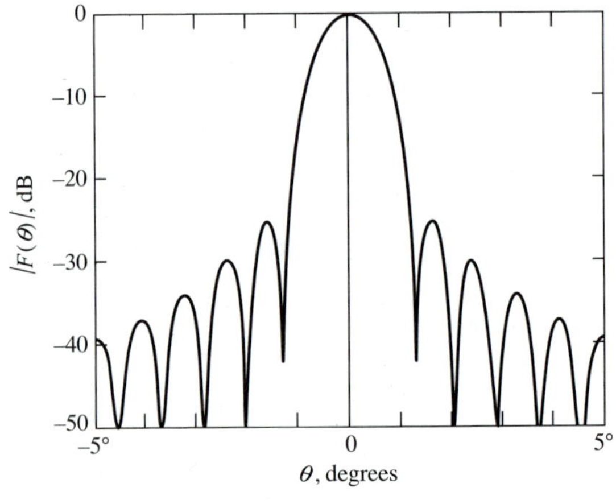


그림 9-44 PRAC 코드를 이용해 계산한 예제 9-9의 지름 2 m인 축대칭 포물면 반사판 안테나의 패턴.

알 수 있다. 식 (9-232)에서 $q = 2$로 하면 조사효율은 $\varepsilon_i = 0.82$가 된다. 식 (9-230)에서 넘침효율은

$$\varepsilon_s = 1 - \cos^{2q+1}\theta_o = 1 - \cos^5 53.1° = 0.92$$

가 되고, 따라서

$$\varepsilon_t = \varepsilon_\mathrm{i}/\varepsilon_\mathrm{s} = 0.82/0.92 = 0.89$$

인데, 이것은 표 9-2$b$의 $-11$ dB 기반 위의 포물선 제곱 분포에 대한 내용과 일치한다. PRAC(부록 G 참조)를 이용하여 계산한 45° 평면에서의 방사패턴을 그림 9-44에 나타냈다. 이득 계산은 연습문제 9.7-3을 참조하라.

### 9.7.4 실제로 이용되는 급전 안테나들

식 (9-228)의 이상적인 급전은 구면 확산손실을 보상하고 넘침이 없는 균일한 진폭과 위상의 분포를 형성하나, 실제로 구현할 수 없다. 실제의 급전은 파장의 수 배보다 작고 따라서 넓은 패턴을 갖는다. 급전 패턴은 보통 식 (9-245)의 $\cos^q \theta_f$ 패턴으로 모델링할 수 있다. 이 절에서는 흔히 사용되는 급전의 예제들과 더불어 실제 급전 안테나의 설계를 위한 지침을 제시한다. 더 자세한 내용은 [H.6: Balanis, Ed., Chap. 18]과 [H.8.6]의 서적들을 참고하라.

높은 개구면 효율이 요구되는 경우에는 다음 특성들을 갖는 급전을 선택해야 한다.

**1.** 급전패턴은 식 (9-245)에서와 같이 회전대칭 혹은 평형이어야 한다.
**2.** 급전패턴은 9.7.2절에서 논의한 바와 같이 반사판 가장자리 조사가 약 $-11$ dB 정도여야 한다.
**3.** 급전의 위상 중심은 한 점이어야 하며 반사판의 초점에 위치해야 한다.
**4.** 차폐를 줄이려면 급전이 작아야 한다. 지름은 보통 한 파장 정도이다.
**5.** 급전은 낮은 교차편파를 가져야 하는데, 보통 $-30$ dB 이하이다.
**6.** 필요한 동작 주파수 대역에 걸쳐 위 특성들을 만족시켜야 한다.

반사판 안테나 시스템의 성능은 보통 급전에 의해 제한된다.

가장 간단한 급전 안테나는 다이폴인데, 반사판의 주빔 방향으로의 급전에 의한 직접적인 방사를 줄이기 위해 흔히 후방을 금속판으로 막기도 한다. 이것은 개구면 효율을 떨어뜨릴 뿐만 아니라, 식 (9-205)에서 보았듯이, 교차편파에 매우 큰 영향을 미치는 것이 바로 주평면 패턴에서의 불평형이므로 상당한 교차편파를 발생시킨다. 다이폴은 UHF 대역에서 동작하는 반사판들에 광범위하게 이용되지만, 개구면 효율은 낮다. 예를 들어 그림 9-29의 다이폴 급전 반사판의 조사효율은 24%밖에 되지 않는다. 수 GHz 이상의 주파수에서는 도파관과 작은 혼 안테나들이 이용된다.

9.2절과 9.4절에서 각각 논의했던 $\mathrm{TE}_{10}$의 기본모드로 동작하는 끝이 개방된 직사각형 도파관과 직사각형 혼 안테나들이 급전으로 이용된다. $\mathrm{TE}_{11}$의 기본모드로 동작하는 원형 도파관과 원추형 혼도 역시 급전으로 이용되는데 더 대칭적인 주평면 패턴을 형성한다. 이들 두 급전 안테나에 대해 먼저 살펴보고 이어서 다중모드 급전에 대해 설명한다.

끝이 개방된 원형 도파관(open-ended circular waveguide)은 $-30$ dB 이하의 교차편파를 갖는다. 크기가 작아서, 지름이 0.8~1.15$\lambda$일 때 $-10$ dB 빔폭이 약 140~104°이다. $E$ 평면과 $H$ 평면의 빔폭

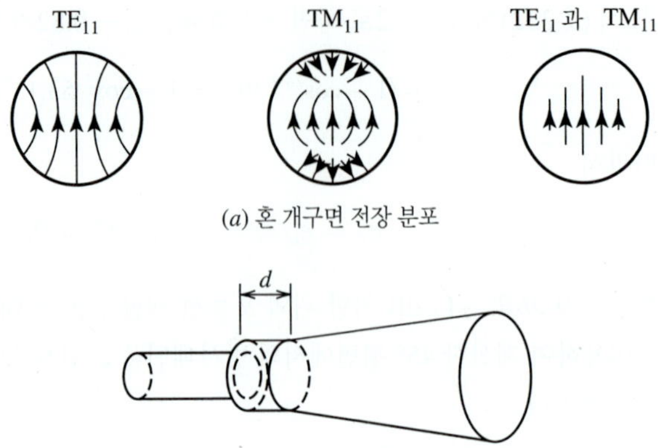


(a) 혼 개구면 전장 분포

(b) TM11을 발생시키기 위해 계단을 이용한 이중모드 혼

**그림 9-45** **이중모드 급전 혼 안테나.**

들은 크게 다르지 않다. 지름이 $0.96\lambda$일 때 주평면 빔폭들이 동일해지는데, 이때 $\mathrm{BW}_{-10\,\mathrm{dB}} = 118°$이다. 이 경우 $\theta_o \approx 59°$ 혹은 $F/D \approx 0.44$인 반사판과 정합이 잘 이루어진다. 이 급전을 갖는 축대칭 포물면 반사판은 $\varepsilon_i = 0.74$이다[H.4: Collin, p. 231].

**원추형 혼 안테나**(conical horn antenna)는 피라미드형 혼과 비슷하게 동작하고 개구면 효율이 48~56%일 때 최적 이득을 보인다[H.6: *Ant. Eng. Hdbk.*, 4th ed., p.14-32]. 최적이득 조건하에서 반전력 빔폭은 $\mathrm{HP}_E = 1.05\lambda/d_f$와 $\mathrm{HP}_H = 1.22\lambda/d_f$인데[39], $\cos^q\theta_f$ 급전 모델로 반사판을 설계하는 데 이용할 수 있다.

위에서 논의한 간단한 급전들은 그들의 기본모드(직사각형은 $\mathrm{TE}_{10}$, 원형은 $\mathrm{TE}_{11}$)로 동작하고 불평형의 주평면 패턴을 갖는다. 이것은 $E$ 평면 진폭분포는 균일하지만 $H$ 평면에서는 0으로 테이퍼가 되는 서로 크게 다른 진폭분포에 기인하는 것이다. 동위상 면이 구면이기 때문에 발생하는 개구면 위상오차는 주파수에 따라 크게 변하므로, 동일한 주평면 패턴들은 좁은 주파수 대역에서만 얻을 수 있다. 낮은 교차편파를 갖는 더 넓은 대역폭의 평형급전은 고차모드들로부터 얻을 수 있는데, 급전에 **다중모드 혼 급전**(multimode horn feed)이 사용된다.

다중모드 급전 혼에는 몇 가지 형태가 있다. 여기에서는 가장 보편적인 형태인 **이중모드(원추형) 혼**[dual mode (conical) horn] 혹은 **포터 혼**(Potter horn)을 살펴본다[40]. 이중모드 혼의 동작 원리는 그림 9-42의 호이겐스 전원과 유사하다. 원추형 혼의 기본모드인 $\mathrm{TE}_{11}$에 더해, 혼 내부에서 $\mathrm{TM}_{11}$ 모드가 발생되는데, 이것은 $H$ 평면 패턴에는 거의 영향을 주지 않지만, $E$ 평면의 $\mathrm{TE}_{11}$ 모드 분포를 적절한 진폭과 위상으로 변화시켜 $H$ 평면의 것과 거의 비슷하게 되도록 한다. 개별 모드들의 전장과 아울러 그 조합을 그림 9-45*a*에 나타냈다. 모드들은 급전 개구면의 중심에서 더해지고 개구면 가장자리 주변에서는 상쇄되어 요구되는 원 대칭과 완전한 선형편파를 형성한다. $\mathrm{TE}_{11}$ 모드에서 $\mathrm{TM}_{11}$ 모드로의 변환은 아이리스, 유전체 링, 플레어, 혹은 그림 9-45*b*에 나타낸 바와 같이 크기에 변화를 줌으로써 이루어질 수 있고 위상은 거리 $d$로 조절된다. 혼의 지름은 $1.3\lambda$보다 커야 하며 $\mathrm{HP} \approx 1.26\lambda/d_f$이다. 따라서 $\mathrm{HP} < 55°$이고 보통 $F/D$가 큰 반사판과 함께 사용된다[H.6: *Ant. Eng. Hdbk.*, 3rd ed., p. 15-21]. 10%의 대역폭이 가능하다.

**혼합모드 급전**(hybrid mode feed)을 이용함으로써, 축대칭의 빔과 낮은 부엽, 그리고 낮은 교차

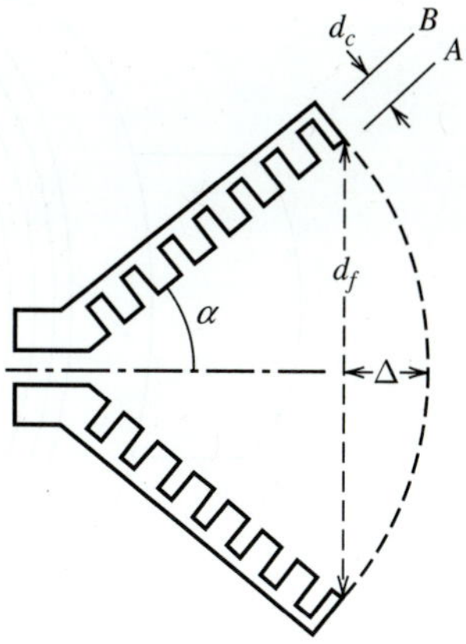


그림 9-46 코러게이트 급전 혼 안테나.

편파 특성을 유지하면서 이중모드 혼에서의 대역폭의 제한을 극복할 수 있다. 여기에서는 $TE_{11}$ 모드와 $TM_{11}$ 모드의 혼합이 자연적으로 이루어지고 동일한 위상속도로 전파되어 혼합 $HE_{11}$ 모드라고 알려진 모드를 구성하게 된다. 이로써 대역폭은 1.6:1 혹은 그 이상이 된다. 가장 흔히 사용되는 혼합모드 혼은 **코러게이트(원추형) 혼**[corrugated (conical) horm]이다. 오늘날 대부분의 마이크로파 안테나들에서는 급전으로 코러게이트 혼의 몇 가지 변형이 사용된다. 코러게이트 혼에 대한 정확한 공식은 없지만, 상당한 양의 실제 데이터들을 이용할 수 있다:[41], [H.8.6: Clarricoats], 그리고 [H.3: Milligan, 2nd ed., Sec. 7.3]. 그 기본 원리는 혼 내부 둘레로 동일한 경계조건을 가하는 것으로, 그림 9-46에 나타낸 것과 같이 주름(혹은 홈이나 톱니)들을 이용해 이룰 수 있다. 주름의 깊이 $d_c$가 1/4파장이면, 바닥(B)에서의 단락은 표면(A)에서 개방으로 변환되어 전류의 흐름이 저지된다. 그러면 $TE_{11}$ 모드와 $TM_{11}$ 모드의 크기가 같아져서 균형 잡힌 혼합 $HE_{11}$ 모드가 형성된다. 파장당 여러 개의 주름이 있는 경우에는 표면이 균일한 것처럼 보이게 된다. 축방향 전류 조건은 방위각 방향 자장이 없다는 것과 등가이다. 마찬가지로 톱니 가장자리의 단락 효과 때문에 방위각 방향 전장도 존재할 수 없다. 따라서 벽에서 모든 장이 0으로 되어, 대칭의 혼 개구면장이 얻어지고, 결과적으로 혼으로부터 얻어지는 원거리장은 −25 dB만큼 낮은 정도까지 대칭으로 형성된다. 혼을 급전으로 사용할 경우에, 낮은 부엽과 더불어 이 대칭성 때문에 반사판으로부터의 넘침이 작아진다.

급전의 위상 중심이 반사판의 초점에 위치하므로, 그 위치를 알아야 한다. 위상 중심은 긴 혼(즉 $\Delta$가 작은)의 경우에는 개구면 부근에 있고, $\Delta$가 증가함에 따라 축을 따라 정점으로 이동하여 $\Delta > 0.7\lambda$일 때 정점에 도달한다. 즉 확장각이 큰 혼(즉 $\alpha$가 큰)의 경우에는 위상 중심이 정점 부근에 있다. 코러게이트 혼을 이용하면 급전 안테나에 요구되는 특징인 주파수에 대해 안정적인 위상중심을 얻을 수 있다.

그림 9-46의 코러게이트 혼은 그 장 방향의 독립성 때문에 **스칼라 혼**(scalar hom)이라고 부르기도 한다. 확장각 $\alpha$가 0°에서 90°까지인 혼이 실제로 사용되나, 스칼라 혼이라는 용어는 주로 확장각이 큰 경우에 사용되며, 이에 관해 살펴보기로 한다. 코러게이트 혼에 이용할 수 있는 간단한 모델은 없지만, 스칼라 혼과 반사판을 정합하는 데 아래와 같은 경험규칙을 이용할 수 있다[H.3: Milligan, 2nd ed., p. 357].

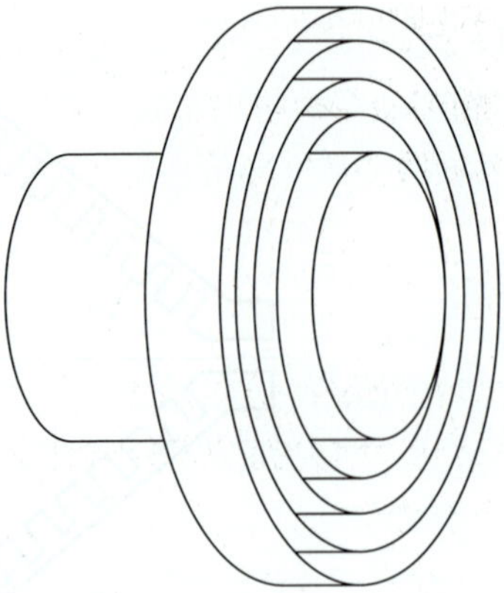

그림 9-47 초크 혼.

$$\mathrm{BW}_{-3\,\mathrm{dB}} = 0.74\ \alpha \quad \text{그리고} \quad \mathrm{BW}_{-10\ \mathrm{dB}} = 1.51\,\alpha \tag{9-250}$$

다중모드 혼 안테나의 설계를 위한 컴퓨터 이용 설계 툴(CAD)을 이용할 수 있다.

흔히 사용되는 급전혼은 그림 9-47과 같은 $\alpha = 90°$인 코러게이트 혼인데, 도파관 밖으로 흘러나가는 전류를 봉쇄하여 균일한 경계조건이 성립하도록 하기 위해 원형 도파관 둘레로 하나 또는 그 이상의 초크 링을 구성하고 있기 때문에 **초크 혼**(choke horn)이라고 부른다.

## 9.8 렌즈 안테나

렌즈 안테나에는 유전체와 콘스트레인드(constrained) 렌즈의 크게 두 유형이 있다. 대부분 비금속렌즈 혹은 금속 렌즈로 각각 부르기도 한다. 이 절에서 두 유형 모두 살펴본다. 더 자세한 내용은 [H.8.5: Sletten, Ed.], [H.3: Kraus, 3rd ed., Chap. 17], 그리고 [H.3:Milligan, 2nd ed., Chap. 9]에서 찾아볼 수 있다.

### 9.8.1 유전체 렌즈 안테나

반사판 안테나에 비해 혼 안테나의 장점은 교차편파가 낮고 후엽이 작거나 혹은 아주 없다는 점이다. 그러나 기존의 혼 안테나는 개구면에서의 이차 위상오차로 인해 이득이 감소하고 부엽이 높아진다. 개구면에 **유전체 렌즈**(dielectric lens)를 이용하여 중앙부의 전파 속도를 늦춰서 가장자리 전파들이 따라잡을 수 있도록 함으로써 고이득을 위한 거의 균일한 위상 조건을 만족시키도록 하여 이 문제들을 해결할 수 있다. 이것은 안구의 수정체 및 안경 렌즈와 유사하다. 렌즈는 또한 주평면에서의 위상 중심이 합치되지 않는 상태인 **비점수차**(astigmatism)를 교정하는 데 사용할 수 있다. $E$ 평면과 $H$ 평면에 대한 혼의 위상차 변수는 각각 식 (9-131)의 $s$와 식 (9-116)의 $t$인데, 이들로부터 위상오차가 혼의 길이에 반비례하여 감소한다는 것을 알 수 있다. 즉 축 길이가 긴 혼은 위상오차가 작다. 개구면에 위상오차를 보정하는 렌즈를 이용하면 훨씬 짧은 혼을 사용할 수 있다.렌즈 두께를 얇게 하기 위해, 렌즈로부터 한 파장 이상 매질을 제거하여 계단식 구조를 형성하는 **구획된 렌즈**(zoned lens)를 이용할 수도 있다.

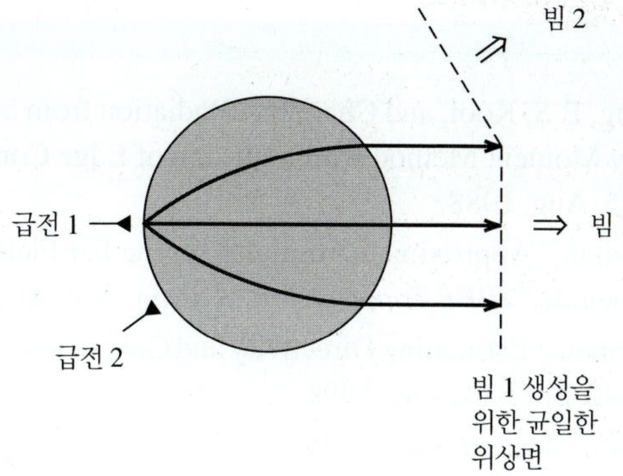


그림 9-48 **루네베르크 렌즈 안테나.** 구는 중심에서 구의 표면으로 갈수록 유전상수가 감소하는 유전체이다.

유전체 렌즈의 한 특별한 설계 예가 그림 9-48에 나타낸 **루네베르크 렌즈 안테나**(Luneberg lens antenna)이다. 유전율이 중심에서의 2로부터 표면에서의 1로 완만하게 변화하는 유전체 구로 구성된다. 유전율의 변화는 $\varepsilon_r = 2 - (r/R)^2$의 관계식으로 주어진다. 실제로 구는 균일한 유전율을 갖는 반구각들을 포개어 만들어지는데 기울기에 이산적으로 근사하게 된다. 고전적이면서도 가장 간단한 루네베르크 렌즈는 두 개의 초점을 갖는데, 하나는 구의 표면에 그리고 다른 하나는 무한대에 있다. 그림 9-48에 급전 1로부터 빔 1로의 광선 경로를 나타내었다. 각 급전 안테나는 구를 가로질러서 직접 빔을 형성한다. 급전들 간에 스위칭을 통하여 전사적으로 빔을 주사할 수 있고, 하나의 급전이 구 주위를 회전하면서 기계적으로 주사하도록 할 수도 있다.

## 9.8.2 컨스트레인드 렌즈 안테나

직접 방사하고 전자적으로 주사되는 안테나는 반사판 안테나에 비하여 크기가 작아 많은 응용분야에서 선호하게 된다. 위상배열은 많은 경우에 협대역이고 손실이 많으며 비싸다. **컨스트레인드 렌즈 안테나**(constrained lens antenna)는 한 방향으로부터 오는 신호를 수집하여 다른 방향으로 재방사하기 위해, 작은 소자들의 배열을 이용하여 방사된 파를 집속하는 직접 방사 안테나이다. 그림 8-31의 공간 급전이 컨스트레인드 렌즈 안테나인데, 위상천이기는 일차 혼으로부터의 구면파의 위상오차를 보정하는 역할을 한다. 렌즈는 전자적으로 빔을 주사할 수 있으며, 낮은 부엽과 빔 성형을 위해 진폭 조절이 가능하다. 렌즈 내에 케이블을 이용하여 균일한 출력 동위상면을 구현할 수 있는데, 실시간 지연이므로 대역폭은 제한이 없다. 초점 호를 따라 다중 급전을 배치하면, **부틀레이스 렌즈 안테나**(bootlace lens antenna)라고 부르는 안테나가 된다. 루네베르크 안테나에서와 같이 각 급전이 하나의 빔을 형성한다.

부틀레이스 렌즈의 특별한 경우로 자주 사용되는 구조에 **로트만 렌즈 안테나**(Rotman lens antenna)가 있다. 로트만[43]은 원거리장에 이르는 경로 길이가 같은 세 개의 초점을 형성하는 렌즈 변수들을 발견하였다. 초점들 사이의 점에 있는 급전에 대해서 위상 오차가 작다. 로트만 렌즈는 보통 평행평판과 인쇄회로 형태로 구현된다. 2:1 혹은 그 이상의 대역폭을 얻을 수 있다.

## 참고문헌 References


1. M. S. Leong, P. S. Kooi, and Chandra, "Radiation from a Flanged Parallel-Plate Waveguide: Solution by Moment Method with Inclusion of Edge Condition," *IEE Proc.*, Pt. H, Vol. 135, pp. 249-255, Aug. 1988.
2. A. D. Yaghjian, "Approximate Formulas for the Far Field and Gain of Open-Ended Rectangular Waveguide," *IEEE Trans. on Ant. & Prop.*, Vol. AP-32, pp. 378-384, April 1984.
3. W. L. Stutzman, "Estimating Directivity and Gain of Antennas," *IEEE Trans. on Ant, & Prop.* Mag., Vol. 40, pp. 7-11, Aug. 1998.
4. A. F. Sciambi, "Instant Antenna Patterns," *Microwaves*, Vol. 5, pp. 48-60, June 1966.
5. M. Abramowitz and 1. Stegun, Eds., *Handbook of Mathematical Functions*, NBS Applied Mathematics Series 55, U.S. Printing Office, 1964, Chap. 7.
6. M. J. Maybell and P. S. Simon, "Pyramidal Horn Gain Calculation with Improved Accuracy," *IEEE Trans. on Ant. & Prop.*, Vol. 41, pp. 884-889, July 1993.
7. E. V. Jull and L. E. Allan, "Gain of an E-Plane Sectoral Horn-A Failure of the Kirchhoff Theory and a New Proposal," *IEEE Trans. on Ant. & Prop.*, Vol. AP-22, pp. 221-226, March 1974.
8. E. V. Jull, "Errors in the Predict Gain of Pyramidal Horns," *IEEE Trans. on Ant. & Prop.*, Vol. AP-21, pp. 25-31, Jan. 1973.
9. J. Aurand, "Pyramidal horns, Part 1: Analysis of Directivity as a Function of Aperture Phase Errors," *IEEE Trans. on Ant. & Prop. Society Newsletter*, pp. 33-34, June 1989.
10. J. Aurand, "Pyramidal horns, Part 2: Design of Horns for any Desired Gain and Aperture Phase Error," *IEEE Trans. on Ant. & Prop. Society Newsletter*, pp. 25-27, Aug. 1989.
11. D. Hawkins and F. Thompson, "Modifications to the Theory of Waveguide Horns," *IEE Proc. -H*, Vol. 140, pp. 381-386, Oct. 1993.
12. J. F. Ramsey, "Lambda Functions Describe Antenna/Diffraction Patterns," *Microwaves*, Vol. 6, pp. 69-104, June 1967.
13. D-W Duan and Y. Rahmat-Samii, "A Generalized Three-Parameter (3-P) Aperture Distribution for Antenna Applications," *IEEE Trans. on Ant. & Prop.*, Vol. 40, pp. 697-713, June 1992.
14. W. L. Stutzman, S. W. Gilmore, and S. H. Stewart, "Numerical Evaluation of Radiation Integrals for Reflector Antenna Analysis Including a New Measure of Accuracy," *IEEE Trans. on Ant. & Prop.*, Vol. 36, pp. 1018-1023, July 1988.
15. Y. Rahmat-Samii and V. Galindo-Israel, "Shaped Reflector Antenna Analysis Using the Jacobi-Bessel Series," *IEEE Trans. on Ant. & Prop.*, Vol. AP-28, pp. 425-435, July 1980.
16. A. D. Yaghijan, "Equivalence of Surface Current and Aperture Field Integration for Reflector Antennas," *IEEE Trans. on Ant. & Prop.*, Vol. AP-32, pp. 1355-1358, Dec. 1984.
17. Y. Rahmat-Samii, "A Comparison between GO/Aperture-Field Integration and PhysicalOptics Methods for Offset Reflectors," *IEEE Trans. on Ant. & Prop.*, Vol. AP-32, pp. 301-306, March 1984.
18. W. V. T. Rusch, A. Prata, Y. Rahmat-Samii, and R. A. Shore, "Derivation and Application of the Equivalent Paraboloid for Classical Offset Cassegrain and Gregorian Antennas," *IEEE Trans. on Ant. & Prop.*, Vol. 38, pp. 1141-1149, Aug. 1990.
19. V. Galindo, "Design of Dual-Reflector Antennas with Arbitrary Phase and Amplitude Distributions," *IEEE Trans. on Ant. & Prop.*, Vol. AP-12, pp. 403-408, July 1964.

20. W. F. Williams, "High Efficiency Antenna Reflector," *Microwave J.*, Vol. 8, pp. 79-82, July 1965.

21. R. Mittra and V. Galindo-Israel, "Shaped Dual Reflector Synthesis," *IEEE Trans. on Ant. & Prop. Soc. Newsletter*, pp. 5-9, Aug. 1980.

22. P-S Kildal, "Synthesis of Multireflector Antennas by Kinematic and Dynamic Ray Tracing," *IEEE Trans. on Ant. & Prop.*, Vol. 38, pp. 1587-1599, Oct. 1990.

23. A. Cha, "An Offset Dual Shaped Reflector with 84.5 Percent Efficiency," *IEEE Trans. on Ant. & Prop.*, Vol. AP-31, pp. 896-903, Nov. 1983.

24. S. V. Parekh and J. H. Cook, "Reshaped Subreflectors Reduce Antenna Sidelobes," *Microwaves*, Vol. 16, pp. 170-173, May 1977.

25. M. A. Terada and W. L. Stutzman, "Design of Offset Parabolic Reflector Antennas for Low Cross Polarization and Low Side Lobes," *IEEE Ant. & Prop. Mag.*, Vol. 35, pp. 46-49. Dec. 1993.

26. M. A. Terada and W. L. Stutzman, "Cross Polarization and Beam Squint in Single and Dual Offset Reflector Antennas," *Electromagnetics*, Vol. 16, pp. 633-650, Nov./Dec. 1996.

27. T-S Chu and R. H. Turin, "Depolarization Properties of Offset Reflector Antennas," *IEEE Trans. on Ant. & Prop.*, Vol. AP-21, pp. 339-345, May 1973.

28. M. A. Terada and W. L. Stutzman, "Computer-Aided Design of Reflector Antennas," *Microwave J.*, Vol. 38, pp. 64-73, Aug. 1995.

29. D. W. Duan and Y. Rahmat-Samii, "Beam Squint Determination in Conic-Section Reflector Antennas with Circularly Polarized Feeds," *IEEE Trans. on Ant. & Prop.*, Vol. 39, pp. 612-619, May 1991.

30. Y. T. Lo, "On the Beam Deviation Factor of a Parabolic Reflector," *IEEE Trans. on Ant. & Prop.*, Vol. AP-8, pp. 347-349, May 1960.

31. J. Ruze, "Lateral-Feed Displacement in a Paraboloid," *IEEE Trans. on Ant. & Prop.*, Vol. AP-13, pp. 660-665, Sept. 1965.

32. Y. Rahmat-Samii and V. Galindo-Israel, "Scan Performance of Dual Offset Reflector Antennas for Satellite Communications," *Radio Science*, Vol. 16, pp. 1093-1099, Nov./Dec. 1981.

33. P. C. Werntz, W. L. Stutzman, and K. Takamizawa, "A High-Gain Trireflector Antenna Configuration for Beam Scanning," *IEEE Trans. on Ant. & Prop.*, Vol. 42, pp. 1205-1214, Sept. 1994.

34. B. Shen and W. L. Stutzman, "A Scanning Spherical Tri-Reflector Antenna with a Moving Flat Mirror," *IEEE Trans. Ant. & Prop.*, Vol. 43, pp. 270-276, March 1995.

35. J. Ruze, "Antenna Tolerance Theory-A Review," *Proc. IEEE*, Vol. 54, pp. 633-640, April 1966.

36. A. W. Rudge et al., Eds., *The Handbook of Antenna Design*, Vol. I, Van Norstrand Reinhold, New York, 1988, Chap. 3.

37. W. T. Smith and W. L. Stutzman, "A Pattern Synthesis Technique for Array Feeds to Improve Radiation Performance of Large Distorted Reflector Antennas," *IEEE Trans. on Ant. & Prop.*, Vol. 40, pp. 57-62, Jan. 1992.

38. A. W. Rudge and M. J. Withers, "New Techniques for Beam Steering with Fixed Parabolic Reflectors," *Proc. IEE*, Vol. 118, pp. 857-863, July 1971.

39. A. P. King, "The Radiation Characteristics of Conical Horn Antennas," *Proc. of IRE*, Vol. 38 pp. 249-251, March 1950.

**40.** P. D. Potter, "A New Horn Antenna with Suppressed Side Lobes and Equal Beamwidths," *Microwave J.*, Vol. 6, pp. 71-78, June 1963.

**41.** B. M. Thomas, "Design of Corrugated Conical Horns," *IEEE Trans. on Ant. & Prop.*, Vol. AP-26, pp. 367-372, Mar. 1978.

**42.** Mician GMBH, "Horn Antenna Synthesis CAD Tool," *Microwave J.*, Vol. 51, pp. 150-158. Mar. 2008.

**43.** W. Rotman and R. F. Turner, "Wide-Angle Microwave Lens for Line Source Applications," *IEEE Trans. on Ant. & Prop.*, Vol. AP-11, pp. 623-632, Nov. 1963.

## 연습문제 Problems

**9.1-1** ▸ $z$축을 따라 미소전류가 흐르는 이상적인 다이폴은 **E**의 $\theta$ 성분만을 갖는다. 이제 이 균일 전류소를 $x$축을 따라 위치하게 회전시키면, $\theta$와 $\phi$ 성분을 다 갖게 된다. $z$ 방향 전류에 대한 원거리 영역 **E**의 표현식에 필요한 변환을 행하여 $x$ 방향 전류 경우에 대한 원거리 영역 **E**의 표현식을 구하라. $x$ 방향의 미소 다이폴에 대한 xz 및 $yz$ 평면에서의 **E**와 **H**장의 방향(패턴이 아님)을 그려라.

**9.1-2** ▸ 쌍대성의 원리를 이용해 식 (9-3)과 식 (9-4)로부터 각각 식 (9-5)와 식 (9-6)을 유도하라.

**9.1-3** ▸ 식 (9-22)와 식 (9-23)에서 어떻게 식 (9-24)가 얻어지는지 보여라.

**9.1-4** ▸ 식 (9-6)에서 어떻게 식 (9-26)이 얻어지는지 보여라.

**9.1-5** ▸ 식 (9-17)에서 어떻게 식 (9-24)가 얻어지는지 보여라.

**9.1-6** ▸ 예제 9-1의 입사장이 $x$ 편파인 경우, 방사장 $E_\phi$와 패턴 $F(\theta)$를 나타내라. 그 결과는 식 (5-15)를 좌표 변환한 것이 될 것이다. 도체 평면 위에서 $E_\phi$에 대한 경계조건이 적절하게 충족되고 있는가?

**9.2-1** ▸ 식 (9-34)를 유도하라.

**9.2-2** ▸ 기하학적 독립변수를 이용하여 $du\,dv = \cos\theta\, d\Omega$임을 증명하라. 여기에서 $d\Omega = \sin\theta d\theta\, d\phi$이다. 즉 반구를 그리고 미소 $d\Omega$의 반구와의 교차선을 $uv$ 평면 위로 투영하라.

**9.2-3** ▸ 예제 9-3의 끝이 개방된 도파관에 대해

(a) $E$ 평면 패턴 식을 수치적으로 계산해 그림 9-10$a$의 결과들을 검증하라. 계산된 두 패턴을 그려라.

(b) 그림 9-10$b$의 $H$ 평면 패턴에 대하여 ($a$)를 반복하라.

**9.2-4** ▸ 그림 9-9의 끝이 개방된 도파관은 개구면에서의 반사계수 $\Gamma$와 도파관 위상상수 $\beta_g = 2\pi/\lambda_g$를 포함해 더욱 정확하게 모델링할 수 있다. 여기에서 $\lambda_g = \lambda/\sqrt{1 - (\lambda/2a)^2}$이다. 개구면 장은

$$E_y = E_o\,(1+\Gamma)\cos\frac{\pi x}{a}\,e^{-j\beta_g z} \quad \text{그리고} \quad H_x = -\frac{E_o}{Z_o}\,(1-\Gamma)\cos\frac{\pi x}{a}\,e^{-j\beta_g z}$$

로 주어지는데[2], 여기에서 $Z_o = \omega\mu/\beta_g$이다.

(a) 원거리 전장 성분들에 대한 완전한 표현식을 유도하라. 자기와 전기 등가 전류공식을 이용하라.

(b) 정규화 $E$와 $H$ 평면 패턴 표현식을 나타내라.

(c) 도파관이 정합되고($\Gamma = 0$) 관 내 위상 속도가 공기 중에서와 같은 경우에 대해, 주평면에서의 정규화 경사인자를 표현하라.

**9.2-5** ▸ 그림 1-2의 헤르츠 원통형 포물면 반사판의 수평 및 수직 빔폭을 추정하라. 수평방향으로는 균일 개구면 분포를, 그리고 수직 방향으로는 수직 방향인 다이폴 급전에 근접하는 코사인 분포로 가정하라. 이상적인 급전을 가정했기 때문에 헤르츠가 구한 값보다 빔은 더 좁을 것이다.

**9.3-1** ▸ 식 (9-63)을 증명하라.

**9.3-2** ▸ 균일진폭으로 개구면을 급전함으로써 균일위상으로 급전하는 어떤 경우보다 가장 높은 지향성을 얻을 수 있음을 증명하라. 힌트: 식 (9-66)과 임의의 함수 $f$와 $g$에 대한 슈바르츠 부등식(Schwarz inequality)

$$\left|\iint_S fg\, dS'\right|^2 \leq \iint_S f^2\, dS' \iint_S g^2\, dS'$$

을 이용하라. $g = 1$ 그리고 $f$를 개구면장으로 놓아라.

**9.3-3** ▸ 한 방향으로는 균일한 진폭분포를, 다른 방향으로는 코사인 세곱분포를 갖는 직사각형 개구면에 대한 개구면 테이퍼 효율이 $\frac{2}{3}$임을 보여라.

**9.3-4** ▸ 직사각형 개구면($L_x \times L_y$)은 $x$와 $y$의 양방향으로 코사인 테이퍼형의 장 분포를 갖는다. 지향성 식을 유도하라. 개구면 테이퍼 효율은 얼마인가?

**9.3-5** ▸ $L_x = 10\lambda$이고 $L_y = 20\lambda$인 직사각형 개구면에 대해 (a) 완전히 균일한 개구면 조사의 경우와 (b) 한 방향으로는 코사인 진폭 테이퍼 그리고 다른 개구면 방향으로는 균일테이퍼인 경우의 지향성을 dB로 계산하라.

**9.3-6** ▸ 아래 식과 같은 삼각 테이퍼형의 직사각형 개구면 분포에 대한 개구면 테이퍼 효율을 계산하라.

$$\mathbf{E}_a(x', y') = \left[1 - \frac{2|x'|}{L_x}\right]\hat{\mathbf{x}}, \qquad |x'| \leq \frac{L_x}{2}, \qquad |y'| \leq \frac{L_y}{2}$$

**9.3-7** ▸ 엄밀히 말해서 균일 개구면 분포는 물리적으로 구현할 수 있는가? 이유는?

**9.3-8** ▸ 물리적인 개구면적이 100 ㎡이고, 이득이 23 dB, 그리고 지향성이 23.5 dB인 150 MHz에서 동작하는 어떤 안테나가 있다. (a) 유효 개구면적 $A_e$와 (b) 최대 개구면적 $A_{em}$, (c) 개구면 효율 $\varepsilon_{ap}$, (d) 방사효율 $e_r$, 그리고 (e) 개구면 테이퍼 효율 $\varepsilon_t$를 계산하라.

**9.3-9** ▸ 식 (4-56)을 입증하라.

**9.3-10** ▸ 식 (9-78)의 일반적인 안테나 이득에 관한 식은 주파수 제곱 의존성을 포함하고 있다. 그러나 주파수에 독립인 안테나들은 큰 주파수 변화에 걸쳐 거의 일정한 이득을 보인다. 이 분명한 모순을 설명하라.

**9.3-11** ▸ 185.5 cm × 137.4 cm인 직사각형 개구면을 갖는 혼 안테나의 0.44 GHz에서의 측정치가 $HP_{E°} = 30°$, $HP_{H°} = 27°$, 그리고 $G = 15.5$ dB이다.

(a) 개구면 효율을 계산하라.

(b) 측정된 반전력 빔폭에서 이득을 추정하라.

**9.3-12** ▸ 28.85 cm × 21.39 cm인 개구면을 갖는 혼에 대해 연습문제 9.3-11을 반복하라. 6.3 GHz에서 $HP_{E°} = 12°$, $HP_{H°} = 13°$, 그리고 $G = 22.1$ dB이다.

**9.3-13** ▸ 지름 3.66 m (12 ft)인 원형 포물면 반사판이 460 MHz에서 동작한다. 이 안테나의 측정 파라미터들은 G = 22.2 dB, $HP_{E°} = HP_{H°} = 12.5°$이다. 식 (9-97)과 식 (9-95)를 다 이용해 이득을 추정하라.

**9.3-14** ▸ 28.56 GHz에서 동작하는 원형 포물면 반사판의 이득을 두 방법으로 추정하라.

(a) 크기만을 이용한다. 지름이 1.22 m (4 ft)이다.

(b) 측정된 반전력 빔폭만을 이용한다. $HP_{E°} = 0.605°$이고 $HP_{H°} = 0.556°$이다.

**9.3-15** ▸ (a) 분리 가능한 분포에 대한 식 (9-86)을 식 (9-73)과 연습문제 5.2-11을 이용해 증명하라.

(b) $\varepsilon_{ap} = \varepsilon_{apx}\varepsilon_{apy}$를 이용하고 $e_r = 1$로 가정해, $\varepsilon_{apx}$와 $\varepsilon_{apy}$에 대한 식을 구하라. (a)의 결과를 이용하라.

(c) 일반적인 개구면 분포에 대해 다음을 보여라.

$$\varepsilon_t = \frac{1}{A_p} \frac{\left[\iint E_a \, dS\right]^2}{\iint |E_a|^2 dS}$$

**9.3-16** ▸ $H$ 평면에서는 코사인 진폭 테이퍼이고 $E$ 평면에서는 균일진폭인 균일위상 직사각형 개구면에 대한 지향성-빔폭 곱이 35,230 $\text{deg}^2$임을 보여라.

**9.3-17** ▸ 정지 궤도 위성이 지구 중심에서 42,000 km 떨어져 있다. −3 dB 패턴 지점이 지구 가장자리에 온다고 할 때, 우주선 안테나 이득의 근삿값을 구하라. 그 결과가 주파수와 무관함을 유의하라.

**9.3-18** ▸ 각도로 나타낸 반전력 빔폭이 HP인 가우시안 전력패턴은

$$P_n(\theta) = e^{-(4 \ln 2)(\theta/\text{HP})^2}$$

이다. 좁은 빔의 가우시안 패턴에 대해서 다음의 근사적인 지향성 식을 유도하라.

$$D \approx \frac{36{,}407}{\text{HP}^2}$$

**9.3-19** ▸ 반사판 안테나의 급전으로 사용되는 혼 안테나는 다음 식으로 잘 근사화되는 패턴을 갖는다.

$$F(\theta) = \cos^q(\theta), \qquad 0 \le \theta \le \pi/2$$

(a) 지향성 식 $D = 2(2q + 1)$을 유도하라.

(b) $q = 0, 1, 5, 10$, 그리고 50에 대해 (a)에 근거하여 얻은 값과, 식 (9-94)와 식(4-56)을 이용해 계산한 지향성 값들을 비교하라. 그 결과들을 표로 만들어라.

**9.4-1** ▸ 식 (9-100)의 $R_H$에 대한 식을 유도하라.

**9.4-2** ▸ 식 (9-106)의 코사인 함수를 복소 지수함수로 바꾼 다음 피적분 함수의 지수를 완전 제곱

꼴로 정리하여 식 (9-107)과 식 (9-108)의 $H$ 평면 섹터형 혼 방사장 표현식을 유도하라.

**9.4-3** ▸ 식 (9-117)과 식 (9-118) 의 $H$ 평면 섹터형 혼에 대한 $H$ 평면 패턴 표현식에서

(a) 식 (9-109)의 $s_1'$에서 $s_1$이 얻어짐을 보여라.

(b) 위상 항 $(\pi/8t)[(A/\lambda)\sin\theta + 1/2]^2$은 식 (9-108)의 상응하는 항에서 나온다는 것을 보여라.

**9.4-4** ▸ 식 (9-66)에서 $H$ 평면 섹터형 혼에 대한 지향성 공식 (9-120)을 유도하라. 식 (9-66)의 분자는 식 (9-106)에서 식 (9-108)까지 이용해 계산할 수 있다.

**9.4-5** ▸ 컴퓨터 프로그램을 이용하여 프레넬 적분을 계산하라. $x = 0, 1, 2, 3, 4$, 그리고 5에 대해 $C(x)$와 $S(x)$를 계산하라. 이 값들을 수표로부터 얻은 값들과 함께 표로 만들어서, 알려진 값으로부터의 편이를 보여라.

**9.4-6** ▸ $H$ 평면 섹터형 혼의 $H$ 평면 패턴은 식 (9-106)의 첫 번째 적분에서 나타난다.

(a) 먼저 위상오차가 없다는 조건에서 이 적분을 계산하라.

(b) 위상오차가 0인 경우의 축 위의 값에 대한 $H$ 평면 패턴의 축 위의 값은 다음과 같이 주어진다는 것을 보여라.

$$\frac{\pi}{16\sqrt{t}}\, I(\theta = 0^\circ,\ \phi = 0^\circ)$$

(c) $t = \frac{1}{8}, \frac{1}{4}, \frac{3}{8}$, 그리고 $\frac{1}{2}$에 대해 이것을 계산해 그림 9-13 에서 얻은 값들과 비교하라.

**9.4-7** ▸ 축의 길이가 $5\lambda$이고 확장 반각 $\alpha_H$가 12.6°인 $H$ 평면 섹터형 혼 안테나가 있다.

(a) $H$ 평면 방사패턴의 극좌표 그림을 dB로 그려라.

(b) 식 (9-120)을 이용해 지향성 함수 $\lambda D_H/b$를 계산하고 그림 9-14에서 얻은 값과 비교하라.

(c) 개구면이 파장에 비해 크지 않으므로, 위상오차가 0인 경우의 지향성 공식인 식 (9-71)을 이용해 $\lambda D_H/b$를 계산하라.

**9.4-8** ▸ 10 GHz에서 12.15 dB의 이득을 갖는 최적 $H$ 평면 섹터형 혼 안테나를 설계하라. WR90 도파관으로 급전된다.

(a) 그림 9-14를 적용해 혼의 규격을 구하라.

(b) 일정 비율로 축소해 $H$ 평면 혼의 기하구조를 그려라.

(c) 식 (9-120)을 이용해 지향성을 계산해 검증하라.

**9.4-9** ▸ 그림 9-14 대신 식 (9-120)과 식 (9-121)을 이용해, 문제 9.4-8(a)를 반복하라.

**9.4-10** ▸ $E$ 평면 섹터형 혼의 원거리 전장 표현식인 식 (9-129)를 유도하라.

**9.4-11** ▸ 식 (9-129)에서 $E$ 평면 섹터형 혼의 $E$ 평면 패턴 크기 표현식인 식 (9-132)가 어떻게 나오는지 보여라.

**9.4-12** ▸ 최적 $E$ 평면과 $H$ 평면 섹터형 혼의 위상오차 파라미터가 왜 다른지 물리적인 의미를 이용해 설명하라.

**9.4-13** ▸ $E$ 평면 섹터형 혼 안테나가 WR90 도파관에 부착되어 있다. 10 GHz에서 $E$ 평면 반전력 빔폭이 11°이고 14.9 dB 의 최적 이득을 갖도록 혼의 규격을 결정하라.

**9.4-14** ▸ $E$ 평면 개구면 높이가 24.0 cm이고 확장 반각이 16.5°인 어떤 $E$ 평면 섹터형혼이

WR284 도파관에 부착되어 있다. 3.75 GHz에서의 이득을 (a) 식 (9-134*a*)와 (b)식 (9-139)를 이용해 각각 계산하라.

**9.4-15** ▸ 식 (9-78)에서 시작해 식 (9-141)을 유도하라. $\varepsilon_{\text{ap}} = \varepsilon_t \varepsilon_{\text{ap}}^E \varepsilon_{\text{ap}}^H$를 이용하라.

**9.4-16** ▸ $A = 18.61$ cm 로 시작해 예제 9-7에 주어진 모든 혼의 규격들을 입증하라.

**9.4-17** ▸ 예제 9-7의 피라미드형 혼에 대한 그림 9-20의 개구면 효율은 개구면 이차 위상오차 근사에 근거한 것이다.

(a) 8~13 GHz까지 식 (9-120*c*)와 식 (9-134*c*)를 직접 계산하여 개구면 효율을 구해서 그림 9-20을 입증하라. 식 (9-123)과 식 (9-137)의 정확한 위상오차를 이용해 위 계산을 반복해 그 결과들을 비교하라.

(b) 식 (9-149)와 식 (9-150)의 근사 공식을 이용해 8, 10, 13 GHz에서의 개구면 효율을 계산하라. (a)의 결과와 비교하고 값들을 표로 만들어라.

**9.4-18** ▸ 예제 9-7에서와 같이 동작대역의 하단 부근의 주파수에서 약 50% 정도의 개구면 효율을 갖도록 최적 혼을 설계하는 이유를 설명하라.

**9.4-19** ▸ 10 GHz에서 20 dB의 이득을 갖는 WR90 도파관에 연결된 최적 이득 피라미드형 혼 안테나를 설계하라. (a) 혼의 모든 규격들을 구하고, (b) 정확한 위상오차를 이용해 10 GHz에서의 지향성을 계산하라.

**9.4-20** ▸ 18~26.5 GHz에서 동작하고 입력단이 WR42 도파관인 상용 표준이득 혼 안테나가 있다. 이득은 24 GHz에서 24.7 dB이다.

(a) 최적 이득 설계 원리를 이용해 혼의 기하구조 값들을 센티미터로 결정하라.

(b) $(1 + \cos\theta)/2$ 요소를 포함하는 $E$와 $H$ 평면 극좌표 패턴을 dB로 그려라.

(c) 패턴을 계산하여 반전력 빔폭들을 결정하고, 간단한 공식으로 구한 값들과 비교하라.

(d) 정확한 위상오차를 이용해 설계 주파수에서의 이득을 계산하라. 개구면 효율값을 구하라.

(e) 이 이득을, (c)에서 구한 반전력 빔폭들로 식 (9-95)의 근사식을 이용해 계산한 값과 비교하라.

**9.4-21** ▸ 1 GHz에서 15.45 dB의 이득으로 최적 동작을 하도록 설계된 피라미드형 혼에 대해 연습문제 9.4-20을 반복하라. $a = 9.75$ in. $= 24.765$ cm이고 $b = 4.875$ in. $= 12.3825$ cm인 WR975 도파관에 연결되어 있다.

**9.4-22** ▸ 예제 9-7에 대해, 제5장의 선형 전원 모델을 이용해 혼 개구면에서와 동일한 진폭 테이퍼에 대한 반전력 빔폭을 계산하라. 예제 9-7에서의 값과 차이가 나는 이유를 설명하라.

**9.4-23** ▸ 피라미드형 혼 안테나가 물리적으로 구현되기 위해서 만족시켜야 하는 다음 관계식을 유도하라.

$$\frac{R_1}{\lambda} = \frac{1 - \dfrac{b/\lambda}{B/\lambda}}{1 - \dfrac{a/\lambda}{A/\lambda}} \frac{R_2}{\lambda}$$

**9.4-24** ▸ *정사각형 주빔 혼 안테나*. 동일한 주평면 반전력 빔폭들을 갖는 패턴이 요구되는 경우가 흔히 있다. 이 문제에서 소위 정사각형 주빔 피라미드형 혼이라고 부르는 안테나의 설계기법을

살펴본다. 정사각형 주빔의 조건하에서 최적 설계기법을 이용하면, 그 결과로 얻어지는 혼의 규격으로는 혼을 만들 수 없게 된다. 이 문제를 피해서, 거의 최적 조건을 목표로 정사각형 주빔을 설계할 수 있다. 이렇게 하기 위해서 먼저 요구되는 빔폭과 최적 동작을 위한 개구면의 규격을 결정한다. 그런 다음 물리적으로 구현 가능한 구조가 되도록 축 길이들을 조절한다. 이렇게 함으로써 동작점이 최적에서 그리 멀리 벗어나지 않을 것이다. 이 과정을 따라서 8 GHz에서 12°의 빔폭을 갖는 그리고 WR90 도파관으로 급전되는 정사각형 주빔 혼을 설계하라.

(a) $A/\lambda$와 $B/\lambda$를 결정하라.

(b) 연습문제 9.4-23의 결과를 이용해 축 길이들을 조절하라. 둘 다의 파장에 대한 증가 혹은 감소가 동일하게 되도록 조절하라. 즉

$$\frac{R_1}{\lambda} = \frac{R_{1op}}{\lambda}F \quad \text{그리고} \quad \frac{R_2}{\lambda} = \frac{R_{2op}}{\lambda}\frac{1}{F}$$

을 이용해 상수 $F$에 대해 풀어라.

(c) 최종 위상오차 파라미터 $t$와 $s$를 계산하라.

(d) 혼 규격들을 센티미터로 구하라.

(e) 이득을 계산하라.

(f) 개구면 효율을 계산하라.

**9.5-1** ▸ 전기와 자기 표면전류밀도를 모두 포함하는 등가전류 공식을 이용해 식 (9-168)과 유사한 방사된 전장의 표현식을 나타내라.

**9.5-2** ▸ 식 (9-170)의 균일 원형 개구면 패턴은 $\theta = 0$일 때 1임을 입증하라.

**9.5-3** ▸ 기반 위의 포물선 테이퍼에 대한 표 9-2*b*의 패턴 표현식 $f(\theta, n, C)$를 유도하라.

**9.5-4** ▸ 기반 위의 포물선 원형 개구면 분포에 대해, (a) 식 (9-66)을 이용해 식 (9-181)을 유도하고, (b) $-10$ dB 가장자리 테이퍼에 대해 $n = 1$과 2일 때 $\varepsilon_t$를 구하라.

**9.5-5** ▸ 테이퍼형 원형 개구면에 대해, (a) $c = c_x c_y = \sqrt{\pi\varepsilon_t}/2$임을 증명하고, (b) 표 9-2*b*의 값들을 살펴봄으로써 $DB_{cir} \approx 39{,}000\ \text{deg}^2$임을 보여라.

**9.5-6** ▸ $-12$ dB 기반 위의 포물선 분포를 갖는 원형 개구면에 대한 지향성-빔폭 곱 $DB_{cir}$을 유도하라(표 9-1 의 경우 6).

**9.6-1** ▸ 식 (9-199*a*)를 유도하라.

**9.6-2** ▸ 벡터 다이어그램을 그려서, 입사와 반사 전장의 포물면 반사판에 접선 성분들이 상쇄되고 식 (9-200)이 성립됨을 보여라.

**9.6-3** ▸ 구면 확산손실만에 기인하는(즉 급전은 등방성이다) 원형 포물면 반사판의 가장자리 조사를 0에서 1까지의 $F/D$의 함수로 dB로 도시하라.

**9.6-4** ▸ 2.1 GHz에서 동작하는 어떤 상용 포물면 안테나의 개구면 지름이 1.83m (6 ft)라고 한다. 이득을 dB로 계산하라.

**9.6-5** ▸ 11.2 GHz 에서 동작하는 어떤 상용 포물면 안테나의 개구면 지름이 3.66 m (12 ft)라고 한다. 이득을 dB로 계산하라.

**9.6-6** ▸ 예제 9-8의 반사판을 반사판 컴퓨터 코드를 이용해 해석하라(부록 G 참조). 10 dB 빔폭이 104°인 $\cos^q \theta_f$ 패턴으로 급전을 모델링하라. HP, SLL, $G$, $\varepsilon_{\text{ap}}$의 값들을 표로 만들어라. 규범적인 분포로부터의 값들을 표에 포함시켜라. 패턴을 dB로 도시하라.

**9.6-7** ▸ Ku 대역 위성 수신(중간대역이 11.95 GHz)용으로 이용되는 어떤 상용 축대칭 반사판 안테나가 지름이 2.4 m이고 $F/D = 0.37$이라고 한다. $\cos^q \theta_f$의 급전패턴을 가정하고, (a) 규범적인 개구면 분포를 이용해 반사판 성능을 결정하고, (b) 반사판 코드(부록 G 참조)를 이용해 성능을 계산하라. $G$, HP, SLL을 포함해 (a)와 (b)의 결과들을 표로 만들어라.

**9.6-8** ▸ 반사판 코드(부록 G 참조)를 이용해 $D = 100\lambda$, $H = 70\lambda$, $F/D_p = 0.466$, $\psi_f = 34.72°$이고 $q = 13.0897$인 $\cos^q \theta_f$ 패턴을 갖는 오프셋 포물면 반사판에 대해 다음의 성능 파라미터들을 결정하라: (a) 이득, (b) SLL, (c) XPOL의 첨두 위치, (d) 주빔의 첨두치에 대한 XPOL의 첨두치(dB로). (e) 오프셋 평면에 수직인 평면(즉 $\phi = 90°$)에서의 패턴을 3°까지 dB로 그려라.

**9.6-9** ▸ 텔레비전 방송(중심대역 12.45 GHz)을 직접 수신하기 위해 흔히 사용되는 어떤 상용 오프셋 포물면 반사판 안테나가 다음과 같은 기하구조를 가지고 있다: $D = 45.70$ cm (18 in.), $F = 26.23$ cm, $D_p = 94.00$ cm, $H = 24.15$ cm. 급전패턴의 $-10$ dB 점 간의 빔폭이 80.8°이고 급전패턴의 첨두는 반사판 축으로부터 49.5°를 향하고 있다. 컴퓨터 프로그램을 이용해 주평면 방사패턴을 구하라. $G$, HP들, SLL들, 그리고 XPOL들의 값을 요약해 표를 만들어라.

**9.6-10** ▸ 식 (9-224)와 식 (9-226)을 유도하라.

**9.6-11** ▸ 식 (9-230)과 식 (9-231)을 유도하라.

**9.6-12** ▸ 식 (9-228)의 이상적인 급전은 100%의 개구면 효율을 가져온다는 것을 증명하라.

**9.6-13** ▸ (a) 등방성 급전 안테나로 급전되는 축대칭 반사판의 개구면 효율에 대한 표현식을 유도하고, (b) $F/D = 0.25, 0.5, 1$일 때에 대해 계산하라.

**9.6-14** ▸ $\cos^q \theta_f$ 급전패턴에 대한 조사효율 표현식인 식 (9-232)를 $q = 2$인 경우에 대하여 유도하라.

**9.6-15** ▸ 어떤 정지궤도 위성이 포물면 반사판을 이용해 4 GHz로 송신하고 있다. 빔의 첨두는 지구 원판의 중심을 향하고, $-3$ dB 패턴 점은 지구의 가장자리에 이른다. 이득을 dB로 구하라. (지구 반지름 = 6,400 km, 지구 중심에서 궤도까지의 거리 = 42,000 km.)

**9.6-16** ▸ 이 문제는 다양한 축대칭 반사판 시스템의 경우들에서 $-11$ dB 가장자리 조사로, $\varepsilon_i = 0.82$을 얻게 된다는 주장을 입증하는 것이다. 식 (9-229)에서와 같은 $\cos^q \theta_f$ 급전 패턴과 $q = 1, 2$, 그리고 3인 경우에, 최적 이득 축대칭 반사판의 $F/D$ 값을 구하라. 각 $q$ 값에 대해 다음 값들을 표로 만들어라. $F/D$, $2\theta_o$ 급전의 $\text{BW}_{-10\,\text{dB}}$, $\varepsilon_s$, 식 (9-232)를 이용해 구한 $\varepsilon_i$. 그리고 $\varepsilon_t$.

**9.6-17** ▸ $A_b/A_p = 0.1, 1, 2, 5$, 그리고 10%일 때 최적 이득의 반사판에 대한 차폐효율을 계산하라.

**9.6-18** ▸ 카세그레인 이중 반사판의 부반사판은 지름이 주반사판 지름의 10%이다. 최적 동작으로 가정하고 개구면 차폐효율을 구하라.

**9.7-1** ▸ $F/D = 0.4$인 축대칭 반사판에서 $-11$ dB 가장자리 조사를 얻기 위해 필요한 $\cos^q \theta_f$ 급전패턴의 반전력 빔폭과 $-10$ dB 빔폭을 구하라.

**9.7-2** ▸ $F/D = 0.3$이고 $\cos^q \theta_f$ 급전패턴을 갖는 축대칭 반사판에 대한 개구면 전장 진폭 분포를 도시하라. 또 같은 가장자리 조사를 갖는 포물선 제곱 개구면 분포도 같은 그림에 도시하라.

**9.7-3** ▸ 예제 9-9의 반사판에 대해, (a) 개구면 효율을 이용해 이득을 dB로 계산하고, (b) 반사판 코드를 이용해 이득을 구한 다음 (a)의 값과 비교하라.

**9.7-4** ▸ 그림 9-42의 호이겐스 전원에 대한 개구면 전장 표현식을 유도하라.

**9.7-5** ▸ Ku 대역 위성 통신에 이용되는 지름이 1.8 m인 상용 오프셋 포물면 반사판 안테나가 있다. 완전히 오프셋되어 있고(즉, $h = 0$) $F/D_p = 0.305$이다. 급전의 $-10$ dB 빔폭은 76.8°이다. 송신 대역의 중간인 14.25 GHz에서, (a) 반사판의 위와 아래 가장자리에서 거의 같은 가장자리 조사를 형성하는 급전 지향각을 결정하라. (b) 반사판 코드를 이용해 반사판 성능을 평가하라. (c) 개구면 분포를 근사화할 수 있는 규범적인 분포를 구하라. $G$, HP, SLL, XPOL, 그리고 $\varepsilon_{ap}$ 중에서 가능한 한 많은 것들에 대해 (b)와 (c)에서 구한 결과들을 표로 만들어라.

**9.7-6** ▸ 어떤 최적 이득 원추형 혼이 $F/D = 0.44$인 축대칭 포물면 반사판의 급전으로 사용되고 있다. 평균 빔폭 식으로 HP $\approx 1.14\, d_f/\lambda$를 이용해 최대 조사효율을 얻기 위한 $d_f/\lambda$를 구하라.

**9.7-7** ▸ 식 (9-247)을 유도하라.

# 제 10 장 안테나 합성
*Antenna Synthesis*

## 10.1 안테나 합성 문제

이 책에서 지금까지 안테나에 대해 살펴본 것은 해석에 관한 것으로, 안테나의 형태와 물리적인 파라미터 값들이 주어지면 안테나의 성능을 결정하는 것이었다. 대부분의 공학분야에서와 같이 안테나 공학에는 해석 문제와 합성 문제가 있다. 안테나 해석(antenna analysis)은 해석적인 공식, 시뮬레이션, 그리고/또는 측정을 이용하여 안테나의 동작을 이해하고 그 성능 특성을 결정하는 것이다. 안테나 합성(antenna synthesis)은 해석과 반대로 주어진 일련의 성능 규격들 대개는 방사패턴에 적합한 안테나 구조를 이끌어 내는 것이다. 안테나 설계(antenna design)는 해석 또는 합성이 포함될 수 있지만, 보통은 공학적인 판단을 적용하여 전기적 및 기계적인 규격들을 수립하고, 안테나 유형을 선택하여, 규격을 만족시키는 안테나에 도달하기 위한 반복적인 해석을 수행하는 것이다.

안테나 합성에는 일반적으로 안테나 유형을 사전에 선택할 필요가 없다. 하나의 비유를 들자면, 회로이론에서 특정한 주파수 응답 특성을 얻기 위해 필요한 회로 부품들과 그 값을 결정할 수 있다. 주어진 규격에 대한 최적의 안테나를 얻을 수 있는 안테나 합성법은 한 가지만이 아니다. 하나의 사용자 인터페이스를 이용하여 시뮬레이션할 수 있는 안테나 형태의 일체를 포함하는 컴퓨팅 패키지들이 출현하여 설계 과정을 매우 빠르게 수행할 수 있다. 이 장에서는 표 10-1의 좌측 열에 나와 있는 가장 흔한 안테나 유형 변수들에 대한 합성 방법들을 알아본다. 주파수 영역과 마찬가지로 시간영역도 안테나 변수로 나타낸다. 여기에서는 주파수 영역에서 계속 살펴본다. 특이점 전개법(singular expansion method)을 이용한 시간영역 합성은 [H.6:Balanis, Sec. 13.5]에서 다루고 있다.

### 10.1.1 합성 문제의 공식화

요구되는 패턴에 적절하게 근사화되는 방사패턴을 형성하도록 주어진 안테나의 여기를 결정하는 것으로 안테나 합성 문제를 다뤄 본다. 필요한 패턴은 응용분야에 따라 다양하게 달라지며, 표 10-1의 오른쪽 열에 패턴 변수들이 나열되어 있다. 예를 들어 미국 서부와 알래스카를 향해 개별적인 안테나 빔을 발생시켜야 하는 동기 궤도상의 통신위성을 생각해 보자. 각 영역을 거의 균일하게 조사하도록 성형된 두 개의 주빔이 필요하다. 지구의 다른 영역에의 간섭을 최소화하려면 낮은 부엽도 규정되어야 하나, 지구 쪽이 아닌 방향으로는 더 높은 부엽도 허용될 수 있다. 이러한 유형의 패턴은 다중의 성형 주빔과 하나의 성형 부엽 포락선을 갖는다.

안테나 자체는 표 10-1에 나열한 것처럼 여러 가지 형태를 취할 수 있다. 안테나의 형태는 안테나의 기하구조를 말하는 것으로 연속성, 모양, 그리고 크기로 구성된다. 안테나 성능은 표 1-4의 안테나 유형을 정의하는 데 사용되는데, 표 1-3에 나열된 성능 파라미터들이 포함된다. 패턴 모양 이

**표 10-1** 안테나 합성 변수들.

| 안테나 유형 변수 | 방사패턴 변수 |
|---|---|
| • 안테나 연속성 | • 주빔 |
| 연속 | 좁은 주빔 |
| 이산배열 | 단일빔 |
| • 안테나 모양 | 다중빔 |
| 선형 | 성형주빔 |
| 평면 | • 규정된 각에서의 패턴널 |
| 등각 | • 부엽 |
| 3차원 | 아주 낮은 부엽 |
| • 안테나 크기 | 낮은 부엽 |
| • 영역 | 성형된 부엽 |
| 주파수 | |
| 시간 | |

외의 성능 파라미터들도 합성 문제의 내역에 포함시킬 수 있다. 이 장에서는 패턴 합성의 문제를 살펴보고, 남은 성능 파라미터들은 책의 다른 부분에서 다루기로 한다. 일반적인 합성 과정이 있다면 안테나의 형태와 요구되는 패턴 모양을 포함하여 규정된 성능 값들에 대한 최적의 근사를 제공하는 여기를 얻을 수 있겠지만, 이러한 일반적인 합성 방법은 없다. 그 대신, 각 안테나 형태에 따른 합성 방법들이 개발되어 왔다. 이 장에서는 합성을 연속적인 경우와 이산적인(배열) 안테나 형태로 구분해 논의한다. 이들 방법에 대해 언급하기 전에, 더 일반적인 내용을 기술한다.

합성 문제에서 방사 전장 성분 $E_\theta$와 $E_\phi$가 규정되면, 안테나 개구면 장의 변환 성분들로써 이차적인 합성 문제를 구성할 수 있다. 예를 들어 개구면 등가 표면 자기전류 해인 식 (9-26)을 풀어 다음을 얻게 된다.

$$\begin{bmatrix} P_x \\ P_y \end{bmatrix} = \left(j\beta\frac{e^{-j\beta r}}{2\pi r}\right)^{-1}\begin{bmatrix} \cos\phi & \sin\phi \\ -\cos\theta\sin\phi & \cos\theta\cos\phi \end{bmatrix}^{-1}\begin{bmatrix} E_\theta \\ E_\phi \end{bmatrix} \tag{10-1}$$

이 식을 이용해 규정된 함수 $E_\theta$와 $E_\phi$로부터 $P_x$와 $P_y$를 얻을 수 있다. 이제 문제는 필요한 함수 $P_x$와 $P_y$를 합성하는 것인데, 이들은 개구면 전장 성분들의 푸리에변환이다. 식 (9-18)을 참조하라. 이 과정은 각 $P_x$와 $P_y$에 대해 비슷하다. 그러므로 $f(\theta, \phi)$를 둘 중 어느 것에 대한 정규화 패턴성분이라고 놓고 $f(\theta, \phi)$를 이용하여 문제를 구성한다. 또 다른 예로, $z$축 위의 선전원에 대하여 $F_d(\theta)$를 요구되는 정규화된 방사패턴이라 놓으면, 요구되는 패턴성분은 다음과 같다.

$$f_d(\theta) = \frac{F_d(\theta)}{\sin\theta} \tag{10-2}$$

이 장은 원하는 패턴 $f_d(\theta, \phi)$에 근사화되는 패턴함수 $f(\theta, \phi)$의 합성에 관한 것이다. $f(\theta)$를 형성하는 기하구조를 갖는 일차원적인 구현을 위하여 패턴 합성 기법이 제시될 것이다. 즉 연속적인 형태(선전원)와 이산적인 형태(선형배열)가 다루어진다. 그렇지만 이 결과들을 평면형 개구면이나 평면형 배열과 같은 이차원 안테나에도 적용할 수 있다. 이차원 개구면 분포가 분리 가능한 것(9.2.2절 참조)이라면 이 방법들을 곧바로 응용할 수 있다. 다음으로, 합성된 패턴함수 $f$를 이용하여 각 주평면 패턴을 나타낼 수 있다. 안테나 혹은 패턴 유형에 의해 합성 방법을 구분할 수 있다. 다양한 안테나 혹은 패턴 유형에 적용할 수 있는 방법은 단지 몇 가지에 불과한데, 10.5절에 이들 중 한 방법을 소개한다.

보통 성형 빔 패턴을 위한 합성 방법은 낮은 부엽의 좁은 빔 패턴을 위한 합성방법과 완전히 다르므로, 패턴 유형에 따라 방법들을 구분한다. 성형 빔 패턴에 응용되는 선전원과 선형배열 합성 원리는 10.2절과 10.3절에 자세히 기술되어 있다. 낮은부엽의 좁은 빔 패턴을 위한 방법은 10.4절에서 언급한다.

## 10.1.2 합성 원리

$z$축을 따라 (실제 혹은 등가의) 전류가 흐르는 길이가 $L$인 선전원의 방사패턴은 그림 2-9$a$의 기하구조에 대한 식 (5-28)로 주어진다. 합성문제에 대해서는 오로지 상대적인 패턴의 변화만이 관심의 대상이다. 더 나아가 소자성분 $g(\theta) = \sin\theta$는 별도로 고려하는데, 좁은 빔의 브로드사이드 선전원의 경우에는 무시한다. 선전원의 정규화 패턴성분은 식 (5-29)로부터

$$f(\theta) = \frac{1}{\lambda}\int_{-L/2}^{L/2} i(z)e^{i\beta z\cos\theta}dz \tag{10-3}$$

와 같은데,[1] 여기에서 $i(z)$는 전류함수 $I(z)$를 정규화한 표현으로, 보통 식 (10-3)으로 얻어지는 패턴 $f(\theta)$의 최대치가 1이 되도록 정규화한다. 주빔을 주사시키는 선형 위상천이는 $i(z)$에 포함되어 있다 [식 (5-1) 참조]. 편의상

$$w = \cos\theta \quad \text{and} \quad s = \frac{z}{\lambda} \tag{10-4}$$

로 정의하면, $w$는 제5장에서의 $u$와 $u = (\beta L/2)w$의 관계가 있다. 그러면 식 (10-3)은

$$f(w) = \int_{-L/2\lambda}^{L/2\lambda} i(s)e^{j2\pi ws}\,ds \tag{10-5}$$

가 되는데, 이 식으로 상대적인 전류분포 $i(s)$와 정규화 패턴성분 $f(w)$ 사이의 관계가 설정된다.

전류분포 $i(z)$는 길이 $L$ 위에만 존재하므로[즉 $|s| > L/2\lambda$일 때 $i(s)$는 0이다], 식 (10-5)의 적분의 극한을 무한대로까지 확장할 수 있어, 다음 식을 얻게 된다.

$$f(w) = \int_{-\infty}^{\infty} i(s)e^{j2\pi ws}\,ds \tag{10-6}$$

이것이 푸리에변환이다. 이에 대한 역푸리에변환은

$$i(s) = \int_{-\infty}^{\infty} f(w)e^{-j2\pi sw}\,dw \tag{10-7}$$

이다(연습문제 10.1-1 참조). 몇 가지 흔히 보는 선전원 전류와 그에 따른 패턴인 푸리에변환 쌍을 표 5-3에서 볼 수 있다.

패턴성형을 이루기 위한 전류분포의 요건을 이해하는 것이 중요하다. 이것은 합성과정에, 그리

[1] 흔히 $z$축을 선전원에 수직으로 취하기도 하는데, 이 경우 식 (10-3)의 $\cos\theta$는 $\sin\theta$가 된다.

표 10-2 전류분포와 패턴의 대칭성.

| 정의 | |
|---|---|
| $i(s) = i_r(s) + ji_i(s)$ | 실수와 허수 |
| $i(s) = \lvert i(s)\rvert e^{j\phi(s)} = A(s)e^{j\phi(s)}$ | 진폭과 위상 |
| $i(s) = i_e(s) + i_o(s)$ | 우수와 기수 |
| $i_e(-s) = i_e(s), \quad i_o(-s) = -i_o(s)$ | |
| $\lvert i(-s)\rvert = \lvert i(s)\rvert$ | 대칭성 |
| **특성** | |
| **패턴** | **요구되는 전류분포** |
| **1.** 실함수 패턴 | $i(-s) = i^*(s)$: |
| $f(w) = f_r(w) + j0$ | $A(-s) = A(s)$ 대칭 진폭 |
| | $\phi(-s) = -\phi(s)$ 기함수 위상 |
| **2.** 대칭 패턴 | $A(s)$ 대칭 그리고 $\phi(s)$ 우함수, 즉 $i(s)$ 우함수 |
| $\lvert f(-w)\rvert = \lvert f(w)\rvert$ | 또는 |
| | $A(s)$ 비대칭 그리고 $\phi(s)$ 상수 |
| **3.** 비대칭 패턴 | $A(s)$ 대칭 그리고 $\phi(s)$ 기함수, 0이 아님 |
| $\lvert f(-w)\rvert \neq \lvert f(w)\rvert$ | 또는 |
| | $A(s)$ 비대칭 그리고 $\phi(s)$ 상수 아님 |

고 패턴이 비정상적인 원인을 규명하는 데 유용하다. 5.3절에서 전개한 전류와 패턴 간의 푸리에변환 관계(선형적인)를 이용해 표 10-2에 나타낸 일반적인 성질들을 추론할 수 있다. 이 원리들은 배열에도 적용된다.

표 10-2의 정의 부분에 나타낸 바와 같이, 전류분포와 패턴함수들을 수학적으로는 실수부와 허수부로, 또는 진폭과 위상으로, 또는 우수부와 기수부로 기술할 수 있다. 그 진폭이 원점에 대한 거울 영상일 때, 전류 또는 패턴함수를 대칭적이라고 한다.

표 10-2에 나열된 패턴 특성과 그에 따라 요구되는 전류분포를 설명하면 다음과 같다.

1. 합성 특성 1: 전류의 진폭은 대칭이고 위상은 기함수인 필요충분조건일때 실수값의 패턴이 얻어진다.

   수학적으로 간단하기 때문에 실함수 패턴이 합성에 흔히 이용되지만, 일반적으로 패턴은 복소의 값일 수가 있다. 패턴 위상을 변화시키기 위해 또 다른 합성변수를 추가하더라도, 합성 역량이 거의 증가되지 않는다. 따라서 여기서는 실수 값의 패턴만을 다루기로 한다.

2. 합성 특성 2: 실수 값의 전류분포로부터 대칭 패턴이 얻어진다.

   표 10-2에 나타낸 성질 2의 두 가지 중 하나의 조건이 충족되면 대칭 패턴이 얻어진다. 첫 번째 조건은 전류의 진폭은 대칭적인 분포이고 위상은 우함수의 분포일 때 대칭 패턴이 나온다는 것을 말한다. 두 번째 조건은 전류의 진폭은 비대칭적인 분포이고 위상은 상수 분포일 때 대칭 패턴이 얻어진다는 것이다. 이 두 조건 모두 전류의 위상이 0일 때 대칭 패턴이 나온다는 것을 보여 준다. 전류 위상 분포가 0이라는 것은 물론 실수 값의 전류를 의미한다.

3. 합성 특성 3: 전류 위상 조정을 통해서만이 비대칭 패턴을 구현할 수 있다.

   비대칭 패턴을 얻기 위한 표 10-2의 두 조건들에는 모두 전류 위상의 조정이 요구된다.

예를 들어 기함수의 형태로 선형 위상 테이퍼링함으로써 축으로부터 빔을 회전시킬 수 있고 ($w \neq 0$), 빔 최대점에서는 대칭이지만 $w = 0$에서 대칭이 아닌 패턴을 형성하게 된다.

이러한 성질들을 이용하여 규정된 패턴 성형을 얻기 위해 요구되는 전류분포가 어떤 것인지를 결정할 수 있다. 복잡한 전류분포는 연속적인 개구면 안테나로 구현하기 어려울 수도 있다. 이러한 경우에는 흔히 배열을 고려하기도 한다.

## 10.2 선전원 성형 빔 합성법

안테나 패턴의 주빔이 규정된 형태에 일치하도록 요구되는 경우에 성형 빔 합성법이 이용된다. 이 절에서는 연속적인 일차원 전류분포(즉 선전원)에 초점을 맞춰서 살펴보지만, 그 결과는 분리 가능한(즉 각각이 대응하는 평면상의 연관된 전원 좌표에만 의존하는 두 함수의 곱으로 인수분해가 가능한) 이차원 전류분포에도 적용이 가능하다.

### 10.2.1 푸리에변환법

식 (10-6)과 식 (10-7)의 패턴과 전류에 대한 푸리에변환 쌍의 관계로 합성 방법을 끌어낼 수 있다. $f_d(w)$를 원하는 패턴(desired pattern)이라고 하면, 그에 따른 전류분포 $i_d(s)$는 식 (10-7)로부터 비교적 쉽게 다음과 같이 구할 수 있다.

$$i_d(s) = \int_{-\infty}^{\infty} f_d(w) e^{-j2\pi sw}\, dw \tag{10-8}$$

이것은 매우 직접적이긴 하지만, 일반적으로 그 결과인 $i_d(s)$는 요구 조건과는 달리 $|s| \le L/2\lambda$에 제한되지 않는다. 사실 존재 범위가 무한대인 것이 보통이다. $i_d(s)$의 존재 범위를 제한하여 다음 식과 같은 합성 전류분포로써 근사해를 얻을 수 있다.

$$i(s) = \begin{cases} i_d(s) & |s| \le \dfrac{L}{2\lambda} \\ 0 & |s| > \dfrac{L}{2\lambda} \end{cases} \tag{10-9}$$

전류 $i_d(s)$는 식 (10-6)으로 근사적인 패턴 $f(w)$를 형성한다. 모든 $s$에 걸쳐 존재하는 $i_d(s)$는 정확히 $f_d(w)$를 형성한다.

푸리에변환으로 합성된 패턴은, $w$축 전체에 걸쳐서 최소 제곱평균오차(MSE: mean-square error), 혹은 최소 제곱평균편차를 가져온다. 식 (10-9)의 $i(s)$에 따른 $f(w)$에 대한 제곱평균오차

$$\text{MSE} = \int_{-\infty}^{\infty} |f(w) - f_d(w)|^2\, dw \tag{10-10}$$

은 길이 $L$인 선전원으로부터 발생하는 어떤 패턴에 대한 것보다 작다. 그러나 푸리에변환 합성 패턴이 가시영역에서 최소 제곱평균편차를 가져오는 것은 아니다.

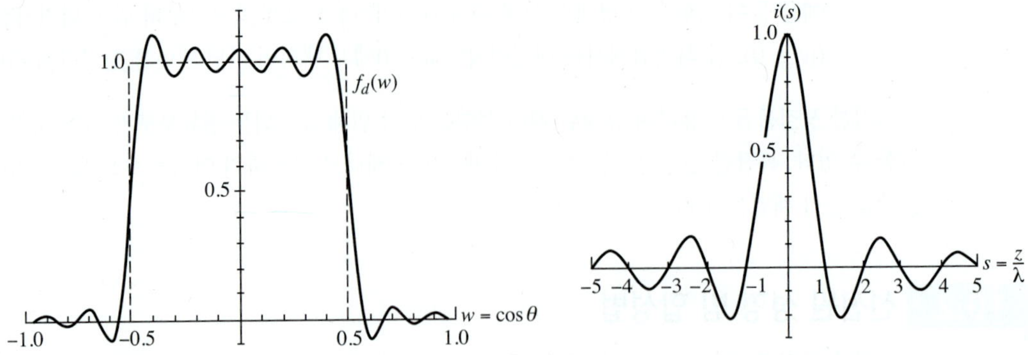

(a) 합성 패턴(실선)과 요구되는 섹터형 패턴(점선)

(b) 전류분포

**그림 10-1** 10$\lambda$의 선전원을 이용한 섹터형 패턴의 푸리에변환 합성(예제 10-1).

## 예제 10-1 섹터형 패턴의 푸리에 변환 합성

섹터형 패턴(sector pattern)은 이론상으로 주빔(공간의 어떤 섹터)에는 균일하게 방사하며 부엽이 없는 성형 빔 패턴이다. 안테나 패턴의 주빔이 점유하는 공간 섹터 내에서 교신하거나 레이더 에코를 이용해 차량의 위치를 탐색하는 데 이러한 패턴이 자주 응용된다. 특별한 예로, 원하는 패턴이

$$f_d(\theta) = \begin{cases} 1 & \cos^{-1}c \le \theta \le \cos^{-1}(-c) \\ 0 & \text{그 외} \end{cases} \tag{10-11a}$$

또는 등가적으로

$$f_d(w) = \begin{cases} 1 & |w| \le c \\ 0 & \text{그 외} \end{cases} \tag{10-11b}$$

라면, $f_d(w)$는 그림 10-1$a$에 점선으로 나타낸 곡선이다. 식 (10-11$b$)를 식 (10-8)과 식 (10-9)에 이용하면

$$i(s) = 2c\frac{\sin(2\pi cs)}{2\pi cs}, \quad |s| \le \frac{L}{2\lambda} \tag{10-12}$$

와 같이 얻을 수 있다. 이 $\sin(x)/x$ 함수의 정의역을 제한하지 않으면, 그 푸리에변환(패턴)은 정확히 식 (10-11)의 섹터형 패턴이 될 것이다. 식 (10-12)를 이용하면 식 (10-6)으로부터 실제 패턴은

$$f(w) = \frac{1}{\pi}\left\{\text{Si}\left[\frac{L}{\lambda}\pi(w+c)\right] - \text{Si}\left[\frac{L}{\lambda}\pi(w-c)\right]\right\} \tag{10-13}$$

이 되는데, 여기에서 Si는 식 (F-13)의 사인 적분(sine integral)이다. 직접적인 수치적분이나 수치적인 푸리에변환 등으로도 $f(w)$를 계산할 수 있다. $c = 0.5$ 그리고 $L = 10\lambda$에 대해 합성된 섹터형 패턴을 그림 10-1$a$에 나타내었다. 패턴은 주빔의 미세한 부분들을 강조하기 위해 dB로 표현하지 않고 선형으로 그렸다. 맥동이라고 부르는, 요구 패턴의 주빔에서 진동이 나타나는 점과 부엽이 0이 아닌 점을 주목하라. 주빔의 맥동과 오버슈트는 원하는 패턴의 불연속성 때문에 발생한다. 기브스 현상(Gibbs phenomenon)은 푸리에 이론과 신호 이론에서는 친근한 결과이다. 그림 10-1$b$는 식 (10-12)의 전류분포를 그린 것으로, 예측할 수 있는 바와 같이 표 5-3$b$의 전류와 매우 비슷하다.

### 10.2.2 우드워드-로손 표본화법

여러 점들에서의 패턴의 값들을 규정하면, 즉 패턴을 표본화하면 매우 편리하게 방사패턴을 합성할 수 있다. 우드워드-로손(Woodward-Lawson)법은 가장 보편적인 표본화법이다[1, 2]. 이것은 전원 전류분포를 균일진폭의 선형위상전원들의 합으로 성분분해하는 것에 기초를 두고 있다.

$$i_n(s) = \frac{a_n}{L/\lambda} e^{-j2\pi w_n s}, \qquad |s| \le \frac{L}{2\lambda} \tag{10-14}$$

이 성분 전류들에 따른 패턴은 식 (10-6)으로부터

$$f_n(w) = a_n \ \mathrm{Sa}\left[\pi \frac{L}{\lambda}(w - w_n)\right] \tag{10-15}$$

인데, 여기에서 표본화 함수 Sa($x$)는 $\mathrm{Sa}(x) = \sin(x)/x$로 정의된다. 이 성분패턴은 $w = w_n$에 중심을 두고 최대치는 $a_n$이다. 성분패턴의 최대 위치는 식 (10-14)의 전류성분의 위상계수 $w_n$에 의해서, 성분패턴의 진폭은 전류성분의 진폭계수 $a_n$에 의해 조절된다.

우드워드-로손법에서는 총여기전류를 $2M + 1$개의 성분 전류의 합으로 나음과 같이 합성하는데

$$i(s) = \sum_{n=-M}^{M} i_n(x) = \frac{1}{L/\lambda} \sum_{n=-M}^{M} a_n e^{-j2\pi w_n s} \tag{10-16$a$}$$

여기에서

$$w_n = \frac{n}{L/\lambda}, \quad |n| \le M, \quad |w_n| \le 1.0 \tag{10-16$b$}$$

이다. 이 전류에 따른 패턴은 다음과 같다.

$$\begin{aligned} f(w) &= \sum_{n=-M}^{M} f_n(w) = \sum_{n=-M}^{M} a_n \ \mathrm{Sa}\left[\pi \frac{L}{\lambda}(w - w_n)\right] \\ &= \sum_{n=-M}^{M} a_n \ \mathrm{Sa}\left[\pi \left(\frac{L}{\lambda} w - n\right)\right] \end{aligned} \tag{10-17}$$

패턴 점들 $w = w_n = n\lambda/L$에서는, $f(w = w_n) = a_n$이 된다. 따라서 패턴은 **표본점**(sample point)이라고 부르는 식 (10-16$b$)의 패턴 위치들 $w_n$에서, 패턴 **표본값**(sample value)이라고 부르는 규정된 값 $a_n$을 갖는다. 표본점에서 요구 패턴과 같은 값을 갖도록 패턴 표본값들을 선택한다.

$$a_n = f_d(w = w_n) \tag{10-18}$$

위치 $w_n$에서 값 $a_n$을 갖는 패턴을 형성하는 데 필요한 전류분포는 식 (10-16)의 분포이다.

인접 표본들이 표본간격 $\Delta w = \lambda/L$만큼씩 떨어져 있는 한, 표본점들에서의 패턴값들이 여전히 서로 연관성이 없다는, 즉 식 (10-18)이 성립한다는 점을 주목하면 우드워드-로손법을 더욱 유연하게 만들 수 있다. 가시영역만을 정확히 포함하도록 총표본 개수를 선택한다. 가시영역 밖에 위치한 표본들은 초지향성이라는 결과를 가져올 수 있다. 가시영역의 범위는 2이고 $\Delta w = \lambda/L$이므로, 표본 개수 $2M + 1$은 $2/(\lambda/L)$과 비슷하고, $M$은 $L/\lambda$와 같은 정도이다. 우드워드-로손 합성 과정은 쉽게 가시화할 수 있는데, 다음 예제로 살펴본다.

**표 10-3** 10λ 우드워드-로손 섹터형 패턴에 대한 표본화 위치와 표본값(예제 10-2).

| $n$ | 표본 위치 $w_n$ | 패턴 표본값 $a_n$ |
|---|---|---|
| 0 | 0 | 1 |
| ±1 | ±0.1 | 1 |
| ±2 | ±0.2 | 1 |
| ±3 | ±0.3 | 1 |
| ±4 | ±0.4 | 1 |
| ±5 | ±0.5 | 0.5 |
| ±6 | ±0.6 | 0 |
| ±7 | ±0.7 | 0 |
| ±8 | ±0.8 | 0 |
| ±9 | ±0.9 | 0 |
| ±10 | ±1.0 | 0 |

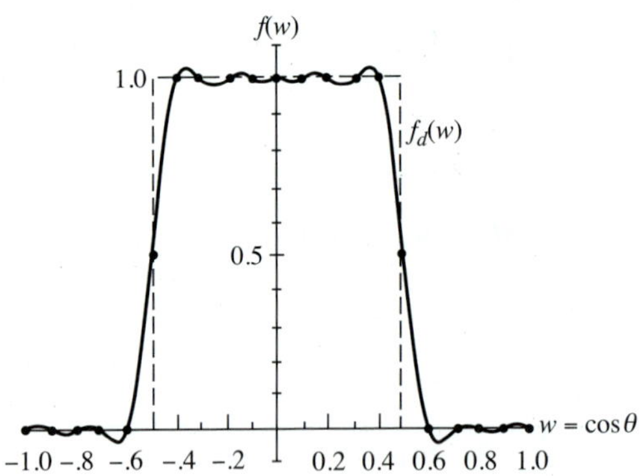


(*a*) 합성패턴(실선)과 요구되는 패턴(점선). 굵은 점들은 표본값과 위치를 나타낸다.

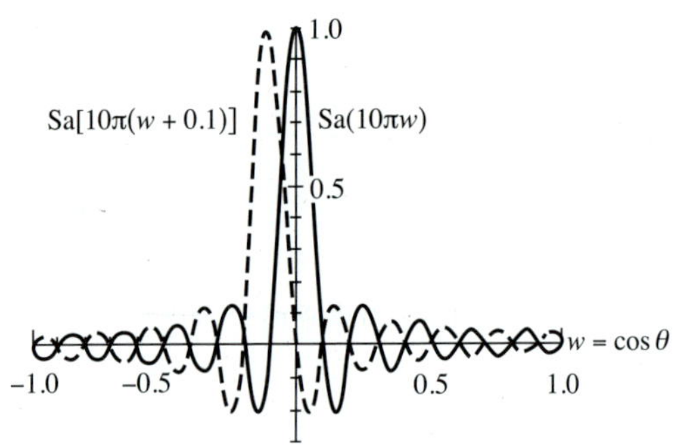


(*b*) 표본 위치 $w_{-1} = -0.1$과 $w_0 = 0$에서의 두 개의 성분 패턴들

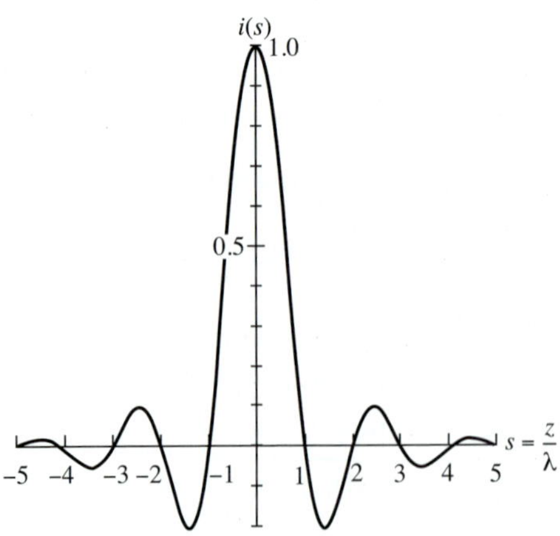


(*c*) 합성 패턴에 따른 전류분포

**그림 10-2** 10λ 선전원을 이용한 섹터형 패턴의 우드워드-로손 합성(예제 10-2).

**예제 10-2 섹터형 패턴의 우드워드-로손 선전원 합성**

우드워드-로손법을 이용해 10 파장 길이의 선전원으로 예제 10-1의 섹터형 패턴을 합성한다. 표본 위치를 $w_n = n\lambda/L = 0.1n$으로 하여 $a_n = f_d(w = w_n)$에 따라 이 패턴을 표본화하면 표 10-3의 값들이 얻어진다. 불연속($w = 0.5$)에서의 표본값은 특별한 용도에 따라 1, 0.5, 또는 0으로 선택할 수 있다. $a_{\pm5} = 1$로 하면 가장 넓은 주빔을, 반면에 $a_{\pm5} = 0$으로 하면 가장 좁은 주빔을 얻게 된다. 여기에서는 그 절충으로 $a_{\pm5} = 0.5$로 한다. 표 10-3의 표본값과 위치들을 식 (10-17)에 대입해 합성 패턴을 계산한 다음 그림 10-2$a$에 도시했다. 표본점들은 굵은 점으로 나타냈다.

우드워드-로손법의 표본화 성질을 설명하고자, 식 (10-17)의 합에 포함된 표본화 함수 두 개를 표본화 위치 $w_{-1} = -0.1$과 $w_0 = 0$에 대해 그림 10-2$b$에 나타냈다. 한 표본화 함수가 최대일 때 다른 것은 0이 되고, 따라서 표본들이 독립이 된다는 점을 주목하라. 나아가 각 표본화 함수들은 최대가 되는 위치를 제외하고는 모든 표본화 위치 $w_n = n\lambda/L$에서 0이 된다. 모든 표본들을 포함하면, 위치 $w_n$에서의 총합성 패턴값은 그 위치에 중심을 둔 Sa 함수만으로 완전하게 결정된다. 이것이 우드워드-로손 표본화법의 장점이다.

둘 다 10파장 선전원에서 나온 것이지만, 그림 10-2$a$의 우드워드-로손 패턴이 그림 10-1$a$의 푸리에변환법에 의한 것보다 요구패턴(가시영역에서)에 더 잘 근사화됨을 주목하라. 섹터형 패턴 예들에 대한 자세한 비교는 10.3.3절에서 설명한다.

이 예제의 섹터형 패턴에 따른 전류분포를 식 (10-16)으로부터 구해 그림 10-2$c$에 나타냈다. 푸리에변환법에 대한 그림 10-1$b$의 전류분포와 비슷함을 주목하라. 이것은 어떤 패턴의 푸리에변환도 안테나의 전류분포가 되기 때문이다. 예제 10-1과 10-2의 패턴들은 둘 다 섹터형 패턴에 가까우므로, 그들의 푸리에변환(전류)들은 이상적인 섹터형 패턴의 것과 비슷해야 한다. 이 예제들에서는 $\sin(\pi s)/(\pi s)$이다.

## 10.3 선형배열 성형 빔 합성법

이 절에서는 선형배열 합성법을 살펴본다. 선전원의 경우에서처럼, 선형배열의 합성법을 분리 가능한 분포를 갖는 2차원 배열에 적용할 수 있다. 식 (8-109)가 평면배열의 경우에 이 결과를 나타내는 적용 가능한 식으로, 두 개의 1차원 배열 패턴들의 곱으로 2차원 배열의 패턴을 얻을 수 있다. 이 절에서 푸리에급수와 우드워드-로손법에 대해 설명한다. 이들은 앞 절의 푸리에변환과 우드워드-로손법들에 대응되는 배열 합성법들이다. 이 방법들을 설명하기 전에 먼저 어떤 선형배열 합성법에나 사용할 수 있는 배열의 일반적인 구조의 모형을 만든다.

$z$축을 따라 소자 간 간격이 $d$인 등간격 선형배열을 생각해 보자. 간단하게 하고자, 배열의 물리적인 중심을 원점에 놓는다. 배열 내의 총 소자 개수 $P$는 짝수($P = 2N$으로 한다)이거나 홀수($P = 2N + 1$로 한다)일 수 있다. 소자들의 개수가 홀수인 경우, 소자의 위치는

$$z_m = md, \qquad |m| \le N \tag{10-19}$$

로 주어지고, $P = 2N + 1$이다. 이에 따른 배열성분은

$$f(w) = \sum_{m=-N}^{N} i_m e^{j2\pi m(d/\lambda)w} \tag{10-20}$$

인데, 여기에서 $i_m$은 소자전류이고 $w = \cos\theta$이다. 이 표현식은 식 (8-42)와 유사하다. 소자 개수가 짝수인 경우, 소자의 위치는

$$\begin{aligned} z_m &= \frac{2m-1}{2}d, \qquad 1 \le m \le N \\ z_{-m} &= -\frac{2m-1}{2}d, \quad -N \le -m \le -1 \end{aligned} \tag{10-21}$$

이고, $P = 2N$이다. 이에 따른 배열성분은 짝수 $P$에 대해 아래와 같다.

$$f(w) = \sum_{m=1}^{N} \left(i_{-m} e^{-j\pi(2m-1)(d/\lambda)w} + i_m e^{j\pi(2m-1)(d/\lambda)w}\right) \tag{10-22}$$

선전원과 비교하기 위해 배열의 총길이를

$$L = Pd \tag{10-23}$$

와 같이 정의한다. 이 정의는 소자의 개수가 짝수인 경우와 홀수인 경우 모두에 적용되며, 여기에는 양 끝 소자들 너머의 거리 $d/2$가 포함된다. 식 (10-2)의 연속적인 전원의 경우와 유사하게, 원하는 완전한 패턴 $F_d(w)$를 소자패턴 $g_a(w)$로 나누어 원하는 배열성분을 식 (8-54)에서 구할 수 있다: $f_d(w) = F_d(w)/g_a(w)$.

### 10.3.1 푸리에급수법

동일한 이산적인 방사기(소자)들의 배열에 의한 배열성분은 당연히 각 소자에서 원거리 점까지의 공간적인 위상지연으로 가중되는 각 소자전류들의 합이다. 연속적인 전원에 대한 방사적분이 푸리에변환과 비슷한 것(10.2.1절 참조)과 똑같이, 이 배열성분 합산은 푸리에급수와 매우 유사한 형식으로 만들 수 있다. 어떻게 이러한 대응이 성립되는지를 알아보기 위해서 먼저 구간 $-\lambda/2d < w < \lambda/2d$에서 요구되는 패턴 함수, 즉 함수 $f_d(w)$를 다음과 같이 푸리에급수로 전개할 수 있다는 점을 살펴보자.

$$f_d(w) = \sum_{m=-\infty}^{\infty} b_m e^{j2\pi m(d/\lambda)w} \tag{10-24}$$

여기에서

$$b_m = \frac{d}{\lambda}\int_{-\lambda/2d}^{\lambda/2d} f_d(w) e^{-j2\pi m(d/\lambda)w}\, dw \tag{10-25}$$

이다. $d$를 등간격 선형배열의 소자들 사이의 간격이라 하고, 배열선으로부터의 각 $\theta$에 대해 $w = \cos\theta$라 하면, 식 (10-24)의 합을 전류들이 $b_m$인 무한대 개수의 소자들로 이루어진 배열의 배열성분으로 볼 수 있다.

물론 실제로 무한배열은 있을 수 없으므로, 식 (10-24)의 급수를 유한한 개수의 항까지로 절단해 $f_d(w)$의 근사를 다음과 같이 얻을 수 있다.

$$f(w) = \sum_{m=-N}^{N} b_m e^{j2\pi m(d/\lambda)w} \tag{10-26}$$

배열 내 각 소자전류들을 푸리에급수 계수들과 같게 놓으면,

$$i_m = b_m, \quad |m| \leq N \tag{10-27}$$

식 (10-26)은 홀수 개수의 소자들로 이루어진 배열에 대한 배열성분인 식 (10-20)과 일치한다.

푸리에급수 합성 과정은 식 (10-25)에서와 같이 요구패턴 $f_d(w)$로부터 계산된 푸리에급수 계수 $b_m$과 같은 소자전류 $i_m$ 을 이용하는 것이다. 이 소자전류로부터 얻어지는 배열성분 $f$는 요구패턴에의 근사이다. 이 푸리에급수 합성 패턴은 $-\lambda/2d < w < \lambda/2d$ 구간에 걸쳐 최소 제곱평균오차[식 (10-10) 참조]를 가져온다. 소자들이 반 파장 간격($d = \lambda/2$)이라면, 이 구간은 정확히 가시영역($-1 < w < 1$ 또는 $0 < \theta < \pi$)이다.

비슷한 논거로 짝수 개수의 소자들에 대한 결과를 얻을 수 있다. 이 경우, 푸리에급수 계수 전류들은 $P$가 짝수일 때 다음과 같다.

$$\begin{aligned} i_m = b_m &= \frac{d}{\lambda}\int_{-\lambda/2d}^{\lambda/2d} f_d(w) e^{-j\pi(2m-1)(d/\lambda)w} dw, \qquad m \geq 1 \\ i_{-m} = b_{-m} &= \frac{d}{\lambda}\int_{-\lambda/2d}^{\lambda/2d} f_d(w) e^{j\pi(2m-1)(d/\lambda)w} dw, \qquad -m \leq -1 \end{aligned} \tag{10-28}$$

합성 패턴은 식 (10-22)로 주어진다. $N$이 무한대가 되면, 식 (10-22)는 식 (10-28)과 함께 $f_d$의 푸리에급수 전개가 된다. 즉 $f(w) = f_d(w)$이다. 일반적으로 소자간격은 반 파장과 같거나 더 크다. 따라서 $\lambda/2d < 1$이다.

## 예제 10-3 섹터형 패턴의 푸리에급수 합성

짝수 개의 소자들로 구성된 등간격 선형배열에 대해 식 (10-11)의 섹터형 패턴을 식 (10-28)에 대입하면 다음과 같은 급전전류들이 얻어진다.

$$i_m = i_{-m} = 2\frac{d}{\lambda}c \ \text{Sa}\left[\pi(2m-1)\frac{d}{\lambda}c\right], \qquad 1 \leq m \leq N \tag{10-29}$$

가시영역에 두 번째의 주빔이 겹쳐 나오는 것을 피하기 위해서는 간격이 $d < \lambda/(1+c)$를 만족하여야 한다. 이 전류들이 대칭이므로, 식 (10-22)의 배열성분은

$$f(w) = 2\sum_{m=1}^{N} i_m \cos\left[\pi(2m-1)\frac{d}{\lambda}w\right] \tag{10-30}$$

와 같이 실함수로 간단하게 표현된다. 이것은 표 10-2의 대칭성 1의 특별한 경우이다.

$c = 0.5$, $d/\lambda = 0.5$, 그리고 20개의 소자($N = 10$) 인 특정한 경우에는 배열길이가 $L = Pd =$

**표 10-4** **섹터형 패턴을 얻기 위해 반 파장 간격으로 위치시킨 20개 소자 푸리에급수 합성 선형배열에서의 배열소자들의 위치와 전류(예제 10-3).**

| 소자 번호<br>$m$ | 소자 위치<br>$z_m$ | 급전전류<br>$i_m$ |
|---|---|---|
| ±1 | ±0.25λ | 0.4502 |
| ±2 | ±0.75λ | 0.1501 |
| ±3 | ±1.25λ | −0.0900 |
| ±4 | ±1.75λ | −0.0643 |
| ±5 | ±2.25λ | 0.0500 |
| ±6 | ±2.75λ | 0.0409 |
| ±7 | ±3.25λ | −0.0346 |
| ±8 | ±3.75λ | −0.0300 |
| ±9 | ±4.25λ | 0.0265 |
| ±10 | ±4.75λ | 0.0237 |

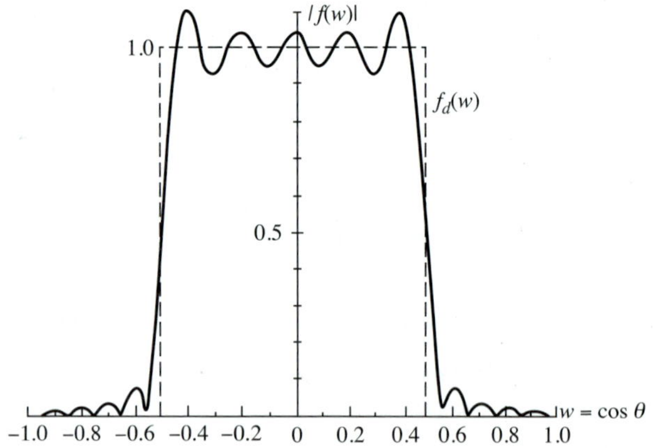


**그림 10-3** **20개 소자의 λ/2 간격 선형배열에 대한 푸리에급수 합성배열 성분(예제 10-3).** 요구패턴(점선)은 섹터형 패턴이다.

10λ이고 급전전류는 식 (10-29)에서 다음과 같이 주어진다.

$$i_m = i_{-m} = \frac{1}{2}\,\text{Sa}\left[\frac{\pi}{4}(2m-1)\right], \quad 1 \le m \le 10 \tag{10-31}$$

이 급전값들을 식 (10-21)의 소자 위치와 함께 표 10-4에 나타냈다. 패턴 표현식인 식 (10-30)에 이 값들을 이용하면 그림 10-3에 나타낸 패턴을 얻게 된다.

## 10.3.2 우드워드–로손 표본화법

선형배열에 대한 우드워드–로손 표본화법은 선전원에 대한 우드워드–로손 표본화법과 유사하다(10.2.2절 참조). 배열의 경우에는 합성된 배열성분은 균일진폭의 선형위상 배열들로부터의 배열성분들의 중첩이다.

$$f(w) = \sum_{n=-M}^{M} a_n \frac{\sin[(P/2)(w - w_n)(2\pi/\lambda)\, d]}{P\ \sin\left[\frac{1}{2}(w - w_n)(2\pi/\lambda)\, d\right]} \tag{10-32}$$

여기에서 표본값들은

$$a_n = f_d(w = w_n) \tag{10-33}$$

이고, 표본점들은

$$w_n = n\frac{\lambda}{Pd} = \frac{n}{L/\lambda}, \quad |n| \le M, \quad |w_n| \le 1.0 \tag{10-34}$$

이다. 이 패턴을 형성하기 위해 필요한 소자전류들은

$$i_m = \frac{1}{P} \sum_{n=-M}^{M} a_n e^{-j2\pi(z_m/\lambda)w_n} \tag{10-35}$$

로부터 구할 수 있다. 이 결과들은 짝수 또는 홀수 개의 소자들로 구성되는 모든 배열들에 적용된다.

### 예제 10-4 섹터형 패턴의 우드워드–로손 배열 합성

식 (10-11)의 섹터형 패턴을 $c = 0.5$로 놓고 다시 합성하는데, 이번에는 우드워드–로손법을 이용해 반 파장 간격의 20개 소자 선형배열을 합성한다. 식 (10-34)로부터 표본 위치들은 $w_n = 0.1n$이다. 따라서 표본의 위치와 값들은 예제 10-2에서와 동일하며 표 10-3에 주어져 있다. 이들과 식 (10-21)의 소자의 위치 $z_m$을 식 (10-35)에 대입하면 표 10-5의 배열전류들을 얻을 수 있다. 패턴은 식 (10-32)의 우드워드–로손 패턴 표현식이나, 식 (10-22)의 대칭인 경우에 대한 표현식인 식 (10-30)과 표 10-5의 배열 파라미터들을 이용하여 직접 계산해 얻을 수 있다. 패턴은 그림 10-4에 도시했다.

**표 10-5** 섹터형 패턴에 대해 우드워드–로손법으로 합성한 배열의 소자들의 전류와 위치(예제 10-4).

| 소자 번호 $m$ | 소자 위치 $z_m$ | 급전전류 $i_m$ |
|---|---|---|
| ±1 | ±0.25λ | 0.44923 |
| ±2 | ±0.75λ | 0.14727 |
| ±3 | ±1.25λ | −0.08536 |
| ±4 | ±1.75λ | −0.05770 |
| ±5 | ±2.25λ | 0.04140 |
| ±6 | ±2.75λ | 0.03020 |
| ±7 | ±3.25λ | −0.02167 |
| ±8 | ±3.75λ | −0.01464 |
| ±9 | ±4.25λ | 0.00849 |
| ±10 | ±4.75λ | 0.00278 |

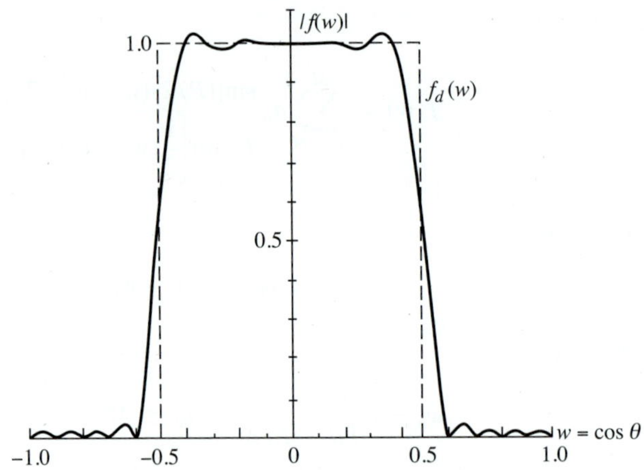


**그림 10-4** **20개 소자의 $\lambda/2$ 간격 선형배열에 대한 우드워드-로손 합성배열 성분(예제 10-4).** 요구패턴(점선)은 섹터형 패턴이다.

독립적인 빔을 형성하는 버틀러 망 빔형성회로망을 이용하여 우드워드-로손 배열을 실제로 구현할 수 있다. 8.9.2절에서 언급하였듯이, 구성 빔 교차레벨은 첨두치보다 약 4 dB 낮다.

배열합성에 관련된 주제로 **합성개구면 레이더**가 있는데, 이는 실제 개구면보다 훨씬 큰 유효 개구면을 얻기 위하여 플랫폼의 이동을 이용한다. 전송된 레이더 펄스로부터 복귀하는 신호 데이터를 수집하기 위해 직선 경로를 따라 일정한 속도로 이동하는 비행기 또는 우주선에 설치되어 아래쪽으로 향하는 안테나가 한 예이다. 이동 경로를 따라 합성개구면의 한 소자인 실제 개구면을 이용하여 데이터를 통합함으로써 지구 표면의 영상이 형성된다. 전파천문학에서도 그 응용을 찾아볼 수 있다.

### 10.3.3 성형 빔 합성법들의 비교

대부분의 성형 빔 안테나 패턴들에는 부엽, 주빔, 그리고 변이 영역이라는 세 개의 특징적 유형의 패턴영역들이 있다. 부엽 영역은 쉽게 알아볼 수 있는데, 부엽 영역에 걸쳐서 **부엽레벨**(side-lobe level) SLL은 다음 식으로 정의된다.

$$\text{SLL} = 20\log\left|\frac{\text{가장 큰 부엽 첨두치의 값}}{\text{요구 패턴의 최댓값}}\right| \qquad \textbf{(10-36)}$$

합성 패턴 $f(w)$로써 요구패턴 $f_d(w)$에의 적합 정도를 주빔영역에서 다음과 같이 정의되는 **맥동**(ripple) $R$로 평가한다.

$$R = 20\left\{\text{최댓값}\left|\log\left|\frac{f(w)}{f_d(w)}\right|\right|\right\} \qquad [\text{dB}] \qquad \textbf{(10-37)}$$

변이 영역이라고 부르는 주빔과 부엽 영역 사이의 영역 또한 관심거리이다. 방향탐지와 같은 많은 응용분야에서 매우 예리하게 감소해 부엽으로 들어가는 주빔이 요구된다. 이것을 정량화하고자 **변이폭**(transition width) $T$를 도입해

$$T = \left|w_{f=0.9} - w_{f=0.1}\right| \qquad \textbf{(10-38)}$$

표 10-6 **합성된 섹터형 패턴 비교.** ($c = 0.5$, $L = 10\lambda$)

| 방법 | 형태 | 예제 번호 | 그림 번호 | 부엽레벨 SLL(dB) | 맥동 R(dB) | 변이폭 T |
|---|---|---|---|---|---|---|
| 푸리에변환 | $10\lambda$ 선전원 | 10-1 | 10-1$a$ | −21.9 | 0.83 | 0.0893 |
| 우드워드-로손 | $10\lambda$ 선전원 | 10-2 | 10-2$a$ | −29.8 | 0.27 | 0.1303 |
| 푸리에급수 | 20 소자 $\lambda/2$ 간격 배열 | 10-3 | 10-3 | −22.6 | 0.87 | 0.0891 |
| 우드워드-로손 | 20 소자 $\lambda/2$ 간격 배열 | 10-4 | 10-4 | −29.6 | 0.27 | 0.1343 |

로 정의하는데, 여기에서 $w_{f=0.9}$와 $w_{f=0.1}$은 합성 패턴 $f$가 요구패턴에서 국부적인 불연속 지점 값의 90%, 10%와 같아지는 $w$의 값이다. 비대칭의 단일빔 패턴의 경우에는 변이폭이 서로 다른 두 변이 영역이 존재한다. 변이폭은 시간 영역 신호 해석에서의 상승시간과 유사하다.

SLL, $R$, 그리고 $T$를 이용해 이 절과 앞 절에서 논의한 성형 빔 합성법들을 조금은 쉽게 비교할 수 있다. 예제 10-1에서 10-4까지의 섹터형 패턴 결과들을 표 10-6에 나열했다. 이 표에서 몇 가지 일반적인 경향을 추출할 수 있다. 우드워드–로손법(선전원과 배열 두 경우 모두에 대한)은 변이폭을 얼마간 희생해 낮은 부엽과 낮은 주빔 맥동을 형성하는 경향이 있다. 반면에 푸리에변환법은 부엽과 맥동은 다소 좋지 않지만, 주빔에서 부엽 영역으로 매우 예민하게 떨어진다. 즉 변이폭이 작다.

## 10.4 낮은 부엽, 좁은 주빔 합성법

많은 응용분야에서 주빔 바깥쪽으로부터의 원하지 않는 신호를 차단하기 위해 하나의 좁은 빔과 낮은 부엽을 갖는 패턴을 필요로 한다. 좁은 빔과 낮은 부엽의 패턴을 필요로 하는 예로는 점대점 통신과 영상진단이 있다. 부엽을 극단적으로 낮추어 고전력의 전파방해 송신기에 대처하는 데 이용할 수 있다. 전파의 도달 방향을 변화시키는 간섭이나 전파방해 신호들에 대응하기 위해서는 동적(적응적)인 패턴 조절이 요구된다. 이 절에서는 좁은 빔과 낮은 부엽의 패턴을 합성하는 데 가장 많이 활용되는 두 가지 방법, 즉 돌프–체비셰프(Dolph-Chebyshev)법과 테일러(Taylor) 선전원법에 관해 설명한다. 이들 두 방법은 서로 밀접한 관계가 있으므로, 수학적인 전개를 간단히 하기 위해 돌프–체비셰프법부터 먼저 설명한다.

### 10.4.1 돌프–체비셰프 선형배열법

균일 선전원의 첫 번째 부엽레벨은 −13.3 dB이고, 균일 선형배열의 부엽레벨은 소자의 개수에 따라 다르지만 그보다 약간 더 높다. 선전원에 대해서는 5.2절에서 그리고 선형배열에 대해서는 8.6절에서 살펴본 바와 같이, 낮은 부엽을 얻기 위해서는 전원의 중앙에서 가장자리로 가면서 전류의 진폭을 감소시켜야 한다. 그림 8-20과 8-21에서 볼 수 있는 바와 같이, 배열의 중심으로부터 가장자리로 가면서 소자전류의 진폭 감쇠정도를 증가시키면 부엽이 더 낮아진다. 낮은 부엽을 얻는 대가로 주빔의 폭이 넓어지고 지향성이 감소한다. 최적의 타협(주어진 부엽레벨에서 최대의 지향성)은 모든 부엽들이 동일한 레벨일 때 이루어진다. 이 최적의 경우에는 규정된 부엽레벨 조건 아래서 가능한 가장 좁은 빔폭 혹은 그 반대가 얻어진다. 이 절에서는 반 파장 혹은 그 이상의 소자간격을 갖는 최적의 브로드사이드 선형배열을 설계하는 방법을 살펴본다.

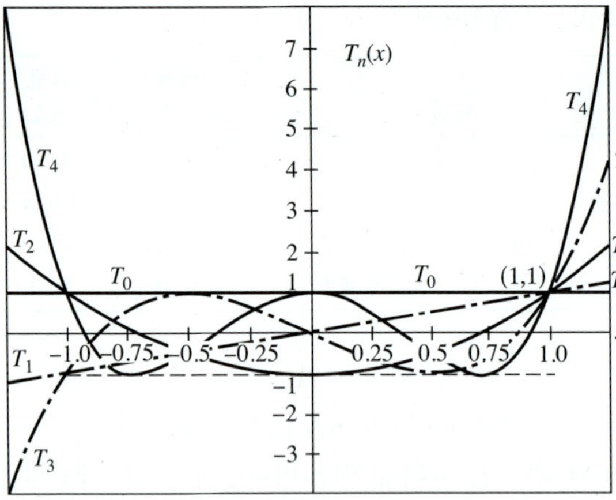


그림 10-5 **체비셰프 다항식들.** $T_0(x)$, $T_1(x)$, $T_2(x)$, $T_3(x)$, 그리고 $T_4(x)$.

체비셰프 다항식[2]들은 균일 맥동이라는 요구되는 성질을 가지고 있다. 이 다항식은 균일 맥동의 필터를 설계하는 데 자주 이용된다. 가시영역 내에 가능한 한 많은 부엽들이 있고 또 그것들이 동일한 레벨일 때 최적의 부엽레벨 성능을 얻을 수 있다. 돌프[3]는 **돌프−체비셰프법**(Dolph-Chebyshev method)이라고 부르는 방법을 이용하여 배열을 설계하기 위해 이런 방식으로 체비셰프 다항식들을 적용하였다. 다음과 같이 정의되는 체비셰프 다항식의 성질들을 먼저 살펴보기로 한다.

$$T_n(x) = \begin{cases} (-1)^n \cosh(n \cosh^{-1}|x|), & x < -1 \\ \cos(n \cos^{-1} x), & -1 < x < 1 \\ \cosh(n \cosh^{-1} x), & x > 1 \end{cases} \tag{10-39}$$

낮은 차수 다항식들을 몇 개 나열하면 다음과 같다.

$$\begin{aligned} T_0(x) &= 1 \\ T_1(x) &= x \\ T_2(x) &= 2x^2 - 1 \\ T_3(x) &= 4x^3 - 3x \\ T_4(x) &= 8x^4 - 8x^2 + 1 \end{aligned} \tag{10-40}$$

고차 다항식들은 순환 공식

$$T_{n+1}(x) = 2xT_n(x) - T_{n-1}(x) \tag{10-41}$$

로부터, 또는 $\delta = \cos^{-1} x$로 놓고 $\cos m\delta$를 $\cos \delta$의 멱급수로 전개해 만들 수 있다. 예를 들어 식 (D-13)에서 $T_3(x) = \cos(3 \cos^{-1} x) = \cos 3\delta = 4\cos^3 \delta - 3\cos \delta$이다. 따라서 $T_3(x) = 4x^3 - 3x$이다. 몇 개의 다항식들을 그림 10-5에 나타냈다.

식 (10-39) 또는 그림 10-5에서 체비셰프 다항식들의 몇 가지 중요한 일반적인 성질들을 찾아볼 수 있다. 짝수 차수 다항식은 우함수, 즉 $n$이 짝수이면 $T_n(-x) = T_n(x)$이고 홀수 차수 다항식은

[2] 이 다항식들은 러시아의 수학자 체비셰프(Pafnuty Chebyshev. 1821~1894)에 의해 소개되었다. 종종 Tchebyscheff로 쓰기도 한다.

기함수, 즉 $n$이 홀수이면 $T_n(-x) = -T_n(x)$이다. 모든 다항식들은 점 (1, 1)을 지난다. 구간 $-1 \le x \le 1$에서 함수값은 $-1$과 1 사이에 있고, 그 구간에서의 최대 크기는 항상 1이다. 다항식의 모든 0들(근들)도 역시 구간 $-1 \le x \le 1$에 있다.

$|x| \le 1$에서 동일한 진폭으로 진동하는 성질을 이용하여 동일 레벨의 부엽들을 얻을 수 있다. 또한 배열성분도 다항식으로 표현할 수 있으므로, 이 함수의 다항식 성질 때문에 배열성분을 표현하는 데 적절하다. 대칭적으로 급전되는 브로드사이드 배열을 살펴보면 배열과 체비셰프 다항식 사이의 관계를 설정할 수 있다. 이 경우에(표 10-2 참조)

$$i_{-m} = i_m \tag{10-42}$$

이며, $m$번째 소자의 위치는 $z_m = md$이고 소자의 개수가 홀수이면 전류 $i_0$가 원점($z = 0$)에 있다. 대칭적으로 급전되므로, 실수값의 배열성분은 식 (10-20)과 식 (10-22)에서

$$f(\psi) = \begin{cases} i_0 + 2\displaystyle\sum_{m=1}^{N} i_m \cos m\psi & P \text{ 홀수} \\ 2\displaystyle\sum_{m=1}^{N} i_m \cos\left[(2m-1)\frac{\psi}{2}\right] & P \text{ 짝수} \end{cases} \tag{10-43}$$

로 주어지는데, 여기에서 $\psi = 2\pi(d/\lambda)w$이다. 이 배열성분(홀수 또는 짝수인 $P$에 대해)은 $m$에 대해 $P-1$까지 $\cos(m\psi/2)$ 항들을 합한 것이다. 그런데 삼각함수 공식을 이용해, $\cos(m\psi/2)$를 포함하는 각 항들은 $\cos(\psi/2)$의 $m$차까지의 누승들의 합으로 나타낼 수 있다. 따라서 배열성분은 $\cos(\psi/2)$의 $P-1$까지의 누승항들의 합으로 표현할 수 있다.

$x$와 $\psi$ 간의 적절한 변환을 행해, 배열성분과 체비셰프 다항식을 동일하게 할 수 있다. 변환

$$x = x_o \cos\frac{\psi}{2} \tag{10-44}$$

와 그에 따른

$$f(\psi) = T_{P-1}\left(x_o \cos\frac{\psi}{2}\right) \tag{10-45}$$

로써 배열성분 다항식에 합치되는 $\cos(\psi/2)$의 누승항들로 주어지는 다항식을 얻을 수 있다. 브로드사이드 배열의 경우 주빔의 최댓값 $R$은 $\theta = 90°$ 혹은 $\psi = 0°$일 때 나타난다.[3] 그러면 식 (10-44)에서 주빔의 최대는 $x = x_o$에서 나타남을 알 수 있다. 가시영역은 $\theta = 0°$에서 180°까지 또는 $\psi = 2\pi(d/\lambda)$에서 $-2\pi(d/\lambda)$까지의 범위이다. 이 한계들은 $x = x_o\cos(\pi d/\lambda)$에 따른 것이다. 반 파장 간격인 경우, 한계는 $x = 0$이다. 따라서 $d = \lambda/2$이면, 가시영역은 $x = 0$ 또는 $\theta = 0°$에서 시작해, $\theta$에 따라 $x_o$(주빔 최대의 위치)에 도달할 때까지 $x$가 증가하고 다시 $x = 0$ 또는 $\theta = 180°$로 되돌아간다(그림 10-6 참조).

부엽레벨의 값이 1이므로(그림 10-6 참조), 주빔 대 부엽의 비 $R$은 주빔이 최대가 되는 위치에

[3] 기호 $f$는 보통 최댓값을 1로 정규화한 패턴을 위해 사용하지만, 돌프-체비셰프 배열에서는 최댓값이 $R$이 되도록 배열 $f$를 정규화하는 것이 더 편리하다.

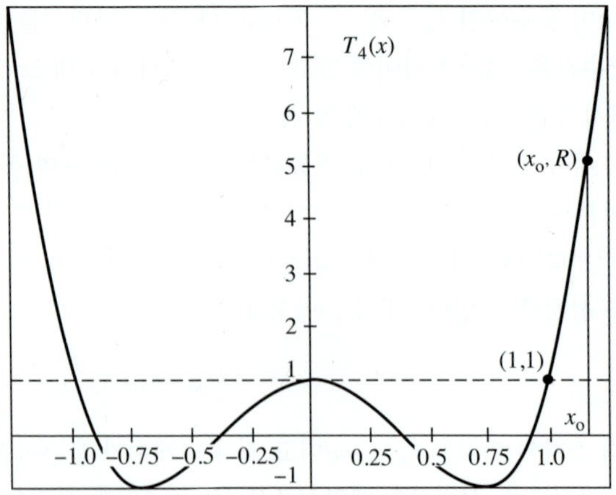


그림 10-6 체비셰프 다항식. $T_4(x)$.

서의 배열성분의 값이다. 따라서 부엽레벨은 $1/R$ 또는

$$\text{SLL} = -20 \log R \quad [\text{dB}] \tag{10-46}$$

이다. 주빔 최대의 위치에서 식 (10-45)를 계산하면 식 (10-39)에서

$$f(\psi = 0) = R = T_{p-1}(x_o) = \cosh[(P-1)\cosh^{-1} x_o] \tag{10-47}$$

이 얻어진다. 또는 $x_o$에 대해 풀어서 다음 식을 얻게 된다.

$$x_o = \cosh\left(\frac{\cosh^{-1} R}{P-1}\right) \tag{10-48}$$

설계과정을 다음과 같이 요약할 수 있다. 주어진 부엽비에 대해, 식 (10-46)으로부터 $R$을 결정할 수 있고, 이어서 식 (10-48)에서 $x_o$가 얻어진다. 그러면 배열성분은 식 (10-45)로 주어지거나, 전류값들로부터 직접 식 (10-43)으로 계산할 수 있다. 급전전류들은 식 (10-43)의 배열성분과 식 (10-45)의 체비셰프 다항식을 비교해 구할 수 있다. 예제 10-5에 이 합성과정이 설명되어 있다. 여러 개의 소자로 구성된 배열의 경우에는 이 방법으로 전류를 구하는 것이 어렵지만, 직접적인 수치해법을 이용하여 [4] 전류를 구할 수 있으며, 3~10개의 소자들로 구성되는 돌프–체비셰프 배열에 대하여 몇 가지 자주 사용되는 부엽레벨들에 대한 전류 크기의 값을 구하여 표 10-7에 정리하였다. 예를 들어 표 10-7에서 −30 dB의 부엽들을 갖는 배열에 대한 전류들은 1:2.41:3.14:2.41:1임을 알 수 있는데, 그림 8-20의 그림 설명에 주어진 값들과 일치한다.

돌프–체비셰프 배열 설계과정으로 어떤 특정한 빔폭에 대해 최소 부엽의 패턴을 얻을 수 있다. 이들 해는 소자들 간의 간격(따라서 총배열길이)에는 무관하고 소자들의 개수에 따라 달라진다. 실제적인 설계과정은 돌프–체비셰프 부류들 안에서 가장 좁은 빔폭을 갖는 해를 찾는 것이다. 그레이팅 로브가 설계 부엽레벨을 초과하지 못하도록 하면서, 가시영역 내에 가능한 한 많은 부엽들이 포함되도록 함으로써 이 결과를 얻을 수 있다. 특정 부엽레벨과 주어진 소자 개수에 대해 가능한 최소 빔폭을 갖는, 등방성 소자들로 구성된 돌프–체비셰프 배열의 최적 간격에 대한 일반적인 표현식은

**표 10-7** **등간격 돌프–체비세프 선형배열의 전류 크기.** (중앙 소자부터 나열하였고 끝 소자들의 크기는 1이다.)

| P | SLL (dB) | | | | |
|---|---|---|---|---|---|
| | −20 | −25 | −30 | −35 | −40 |
| 3 | 1.6364 | 1.7870 | 1.8774 | 1.9301 | 1.9604 |
| 4 | 1.7357 | 2.0699 | 2.3309 | 2.5265 | 2.6688 |
| 5 | 1.9319 | 2.5478 | 3.1397 | 3.6785 | 4.1480 |
| | 1.6085 | 2.0318 | 2.4123 | 2.7401 | 3.0131 |
| 6 | 1.8499 | 2.5876 | 3.3828 | 4.1955 | 4.9891 |
| | 1.4369 | 1.8804 | 2.3129 | 2.7180 | 3.0853 |
| 7 | 1.8387 | 2.7267 | 3.7846 | 4.9811 | 6.2731 |
| | 1.6837 | 2.4374 | 3.3071 | 4.2625 | 5.2678 |
| | 1.2764 | 1.7081 | 2.1507 | 2.5880 | 3.0071 |
| 8 | 1.7244 | 2.6467 | 3.8136 | 5.2208 | 6.8448 |
| | 1.5091 | 2.2296 | 3.0965 | 4.0944 | 5.1982 |
| | 1.1386 | 1.5464 | 1.9783 | 2.4205 | 2.8605 |
| 9 | 1.6627 | 2.6434 | 3.9565 | 5.6368 | 7.6989 |
| | 1.5800 | 2.4751 | 3.6516 | 5.1308 | 6.9168 |
| | 1.3503 | 2.0193 | 2.8462 | 3.8279 | 4.9516 |
| | 1.0231 | 1.4036 | 1.8158 | 2.2483 | 2.6901 |
| 10 | 1.5585 | 2.5318 | 3.8830 | 5.6816 | 7.9837 |
| | 1.4360 | 2.2770 | 3.4095 | 4.8740 | 6.6982 |
| | 1.2125 | 1.8265 | 2.5986 | 3.5346 | 4.6319 |
| | 0.9264 | 1.2802 | 1.6695 | 2.0852 | 2.5182 |

$$d_{\text{opt}} = \lambda \left[ 1 - \frac{\cos^{-1} \frac{1}{\gamma}}{\pi} \right] \quad \text{브로드사이드} \tag{10-49a}$$

$$d_{\text{opt}} = \frac{\lambda}{2} \left[ 1 - \frac{\cos^{-1} \frac{1}{\gamma}}{\pi} \right] \quad \text{엔드파이어} \tag{10-49b}$$

인데[4], 여기에서

$$\gamma = \cosh\left[\frac{1}{P-1}\ln\left(R + \sqrt{R^2 - 1}\right)\right] \tag{10-49c}$$

이다. 반 파장 간격과 최적 간격의 두 경우 모두, 브로드사이드와 엔드파이어 동작에 대해 지향성이 동일하다는 것은 흥미로운 결과이다[5]. 빔폭은 엔드파이어가 브로드사이드 경우보다 더 넓지만, 브로드사이드에서는 주빔이 부채형 빔이 되므로, 결국 연필형 엔드파이어 빔의 경우에서와 동일한 입체각(따라서 동일한 지향성)이 된다.

일반적으로 돌프-체비셰프 배열의 반전력 빔폭은

$$\mathrm{HP} = \pi - 2\cos^{-1}\frac{\psi_h}{\beta d} \quad \text{브로드사이드} \tag{10-50a}$$

$$\mathrm{HP} = 2\cos^{-1}\left(1 - \frac{\psi_h}{\beta d}\right) \quad \text{엔드파이어} \tag{10-50b}$$

로 주어지는데, 여기에서

$$\psi_h = 2\cos^{-1}\left\{\frac{\cosh\left[\frac{1}{P-1}\cosh^{-1}\frac{R}{\sqrt{2}}\right]}{\cosh\left[\frac{1}{P-1}\cosh^{-1}R\right]}\right\} \tag{10-50c}$$

이다. 돌프-체비셰프 배열의 빔폭은 같은 길이 $L = Pd$인 균일 선전원에 비하여 더 넓다. 균일 선전원의 경우는 $\mathrm{HP} \approx 0.886\,\lambda/L$이다.

식 (8-83)에서 (8-85)까지의 적절한 공식들 또는 참고문헌 [5]의 방법을 이용하여 돌프-체비셰프 배열의 지향성을 계산할 수 있다. 간격들이 반 파장의 배수가 되면 브로드사이드와 엔드파이어 경우의 지향성 값이 동일하다[5]. 브로드사이드에서는 빔폭은 좁지만 삼차원 패턴이 부채꼴이다. 엔드파이어에서는 주빔은 더 넓지만 연필형이다. 엔드파이어 돌프-체비셰프 배열의 지향성은 같은 개수의 소자 그리고 같은 부엽레벨을 갖는 그러나 간격이 두 배인 브로드사이드 배열의 지향성과 같다[5]. 즉 $D_{\text{endfire}}(d) = D_{\text{broadside}}(2d)$이다. 다음 공식을 이용하여 간격이 그레이팅 로브가 나타나지 않을 정도이면서 반 파장 이상인 경우의 지향성에 대한 대략적인 값을 얻을 수 있다[6].

$$D \approx \frac{2R^2}{1 + R^2\,\mathrm{HP}} \quad \text{브로드사이드} \tag{10-51}$$

여기에서 HP는 라디안으로 표현된 반전력 빔폭이다. 앞의 결과들은 등방성 소자들에 대한 것이다. 대부분의 경우에 소자 패턴으로 인하여 빔폭은 감소하고 지향성은 증가한다.

두 예제를 다루기 전에, 고정 길이의 배열로부터 얼마든지 높은 지향성과 좁은 빔폭을 얻을 수 있다는 점을 살펴본다. 이것을 균일 급전되는 배열의 경우보다 더 높은 지향성을 갖는 배열로 정의되는 **초지향성 배열**(superdirective array)이라고 한다. 초지향성에 대한 개념과 정량적인 정의는 5.5절에서 선전원에 대한 것으로 소개되었고, 8.6절에서 초지향성 배열들에 대해 언급하고 있다. 초지향성 배열은 일반적으로 반 파장보다 더 짧은 소자간격을 필요로 한다. 8.3.4절의 한센-우드야드 엔드파이어 배열로 적당한 초지향성을 얻을 수 있다. 소자들의 진폭과 위상의 값들이 넓은 범위에서 변화하게 함으로써 극단적으로 높은 지향성을 얻을 수 있다[7]. 그러나 균일의 경우에 비하여 지향성이 더 높아질수록, 대역폭이 좁아지고 급전전류의 정확도에 따른 민감도가 높아지는 급전에 따른 단점이 발생하고 따라서 대부분의 경우에 비현실적인 배열이 된다.

## 예제 10-5 5소자, 브로드사이드, −20 dB 부엽, 반 파장 간격의 돌프-체비셰프 배열

5소자 배열($P = 5, N = 2$)에 대해서, 식 (10-43)의 배열성분은

$$f(\psi) = i_o + 2i_1\cos\psi + 2i_2\cos 2\psi \tag{10-52}$$

인데, 여기에서 $d = \lambda/2$일 때 $\psi = 2\pi(d/\lambda)\cos\theta = \pi\cos\theta$이다. 식 (D-12)의 $\cos(2\psi/2) = 2\cos^2(\psi/2) - 1$과 식 (D-14)의 $\cos(4\psi/2) = 8\cos^4(\psi/2) - 8\cos^2(\psi/2) + 1$을 이용해, 배열 성분을 다음과 같이 나타낼 수 있다.

$$f(\psi) = (i_0 - 2i_1 + 2i_2) + (4i_1 - 16i_2)\cos^2\frac{\psi}{2} + 16i_2\cos^4\frac{\psi}{2} \tag{10-53}$$

그리고 식 (10-40)에서

$$T_4(x) = 1 - 8x^2 + 8x^4 = 1 - 8x_o^2\cos^2\frac{\psi}{2} + 8x_o^4\cos^4\frac{\psi}{2} \tag{10-54}$$

인데, 두 번째 단계에서 식 (10-44)가 이용되었다. 이제 식 (10-53)과 식 (10-54)의 동일차수 항들의 계수를 순차적으로 같다고 놓아 전류들을 구할 수 있다. $\cos^4(\psi/2)$ 항으로부터

$$i_2 = \frac{1}{2}x_o^4 \tag{10-55}$$

가 되고 $\cos^2(\psi/2)$ 항에서 식 (10-55)를 이용하면

$$i_1 = 4i_2 - 2x_o^2 = 2x_o^4 - 2x_o^2 \tag{10-56}$$

이 얻어진다. 마지막 항에서 식 (10-55)와 식 (10-56)을 이용해

$$i_0 = -2i_2 + 2i_1 + 1 = 3x_o^4 - 4x_o^2 + 1 \tag{10-57}$$

을 얻게 된다. $x_o$가 계산되면 전류값들은 완전하게 결정된다. 이를 위해서 먼저 규정된 −20 dB 부엽레벨을 이용해 식 (10-46)에서 주빔 대 부엽비를 구한다.

$$R = 10^{-\mathrm{SLL}/20} = 10 \tag{10-58}$$

다음으로 식 (10-48)에서 $P - 5$, $R = 10$으로 하면

$$x_o = 1.293 \tag{10-59}$$

이고, 식 (10-59)에 대해 식 (10-55)에서 식 (10-57)까지의 소자전류들은 다음과 같다.

$$i_2 = i_{-2} = 1.3975, \quad i_1 = i_{-1} = 2.2465, \quad i_0 = 2.6978 \tag{10-60}$$

이 전류들로 $R = 10$의 주빔 최대치와 1인 부엽을 얻게 된다. 이들을 가장자리 전류가 1이 되도록 정규화하면 1:1.61:1.93:1.61:1의 전류분포가 된다. 이 값들은 표 10-7에 있는 값들과 일치한다. 식 (10-60)의 전류들을 식 (10-52)에 대입하면 그림 10-7의 패턴이 되는데, 이것은 주빔의 최대를 0 dB로 정규화한 것이다. 식 (10-50$a$)의 반전력 빔폭은 23.7°인데, 이것은 그림 8-20$d$의 극좌표 패턴을 직접 계산하여 구할 수도 있다. 동일위상인 반 파장 간격 배열의 지향성은 식 (8-85)로부터 구할 수 있다. 이 예제의 경우, 지향성은

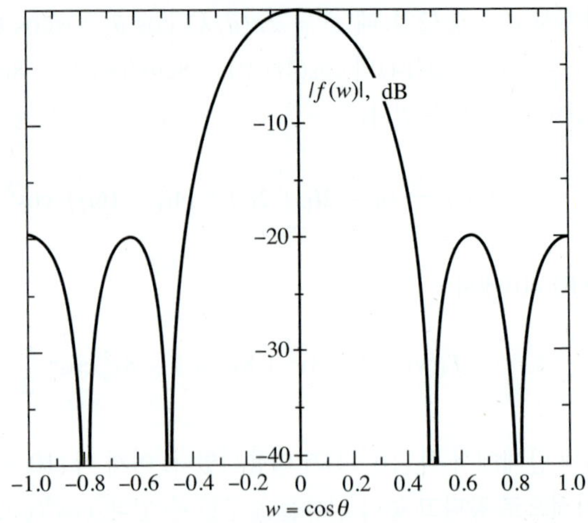


그림 10-7 5 소자, $\lambda/2$ 간격인 −20 dB 부엽의 브로드사이드 배열에 대한 돌프–체비셰프합성 배열성분(예제 10-5).

$$D = \frac{\left|\sum_{m=-2}^{2} i_m\right|^2}{\sum_{m=-2}^{2} i_m^2} = 4.69 \tag{10-61}$$

이다. 식 (10-51)에서 구한 지향성은 4.72이다.

### 예제 10-6 최적 10소자, −30 dB 부엽의 돌프–체비셰프 엔드파이어 배열

식 (10-49$b$)에 $P = 10$과 $R = 10^{-(-30)/20} = 31.62$를 이용하면

$$d_{\text{opt}} = 0.429\lambda \tag{10-62}$$

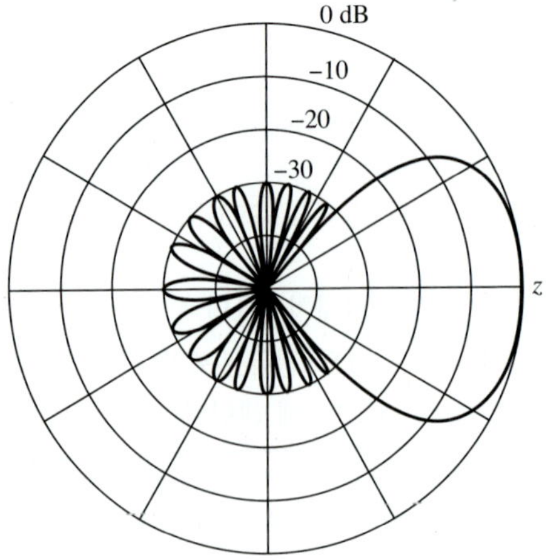


그림 10-8 예제 10-6의 10 소자, −30 dB 부엽을 갖는 최적 엔드파이어 돌프–체비셰프 배열에 대한 극좌표 패턴.

가 얻어지고, 소자전류들의 진폭은

$$1 : 1.67 : 2.60 : 3.41 : 3.88 : 3.88 : 3.41 : 2.60 : 1.67 : 1 \qquad \textbf{(10-63)}$$

이다[4]. 소자 간 위상천이를 $\alpha = -\beta d \cos(0°) = -154.5°$로 놓으면 그림 10-8의 패턴이 얻어진다. 식 (10-50)의 반전력 빔폭은 59.6°이다. 식 (8-83)으로부터 지향성은 14.5이다.

---

### 10.4.2 테일러 선전원법

돌프–체비셰프 배열을 이용하여 가장 높은 지향성과 가장 좁은 빔폭을 얻을 수는 있지만, 부엽레벨들이 일정한 값들을 갖기 때문에, 특히 큰 배열에서는 리액티브 에너지가 높아지게 된다. 이것은 $Q$가 높은(대역폭이 좁은) 것을 의미한다. 거의 일정한 부엽을 지닌 선전원을 먼저 설계한 다음, 매우 유사한 패턴을 생성하는 배열구조의 소자 위치들에서의 전류값들을 이용해 이 문제를 해결할 수 있다(연습문제 10.4-11참조).

배열의 경우에서와 똑같이, 선전원 안테나에서 얻어지는 최적의 좁은 빔 패턴은 모든 부엽들이 같은 정도일 때 발생한다. 앞 절에서 살펴 보았듯이 필요한 함수의 형태는 체비셰프 다항식이다. 체비셰프 다항식 $T(x)$는 구간 $-1 < x < 1$에서 $N-1$개의 같은 크기의 '부엽'을 갖고, $|x| > 1$에서는 그 크기가 단조 증가한다. 변수치환을 통해 체비셰프 다항식을 원하는 패턴의 형태로, 즉 평탄한 주빔의 최대점이 $x = 0$이고 같은 크기의 부엽들을 갖는 패턴으로 변환할 수 있다. 변수치환으로 얻어지는 새로운 함수는

$$P_{2N}(x) = T_N(x_o - a^2x^2) \qquad \textbf{(10-64)}$$

인데, 여기에서 $a$는 상수이고

$$x = \frac{L}{\lambda}\cos\theta = \frac{L}{\lambda}w \qquad \textbf{(10-65)}$$

이다. 패턴 최대의 점에서

$$P_{2N}(w = 0) = T_N(x_o) = R \qquad \textbf{(10-66)}$$

인데, 이것은 주빔 대 부엽의 비이다. 그림 10-9는 $N = 4$일 때에 대한 식 (10-64)를 그린 것인데, 이것은 그림 10-6의 변환된 형태이다.

식 (10-39)에서 부엽 구간에서는 다음 식이 얻어진다.

$$P_{2N}(x) = \cos[N\ \cos^{-1}(x_o - a^2x^2)], \quad |x_o - a^2x^2| < 1 \qquad \textbf{(10-67)}$$

이 함수의 영점들은 코사인의 인수가 $(2n-1)\pi/2$일 때 또는 $x$ 값이 다음과 같을 때 발생한다.

$$x_n = \pm\frac{1}{a}\sqrt{x_o - \cos\frac{(2n-1)\pi}{2N}}, \quad |n| \geq 1 \qquad \textbf{(10-68)}$$

여기에서 양의 부호는 양의 $x$축 상의 영의 위치에 사용하고, $x_{-n} = -x_n$이다. 주빔 구간에서는, 식 (10-39)에서

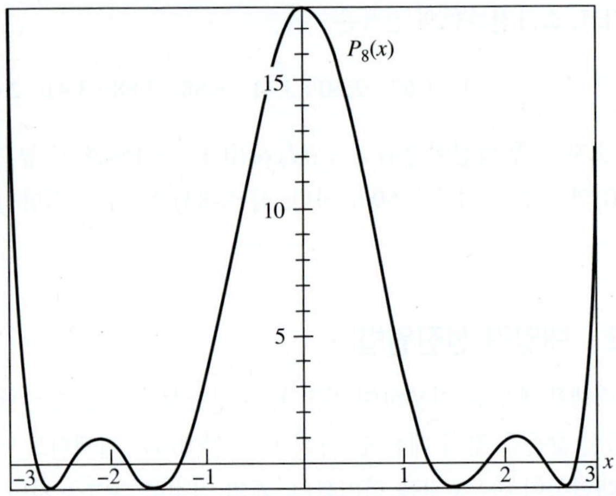


**그림 10-9** **변환된 체비셰프 다항식. $P_8(x) = T_4(x_o - a^2x^2)$.** 예제 10-6에 해당하는 $a = 0.55536$과 $x_o = 1.42553$ 값들을 사용했다.

$$P_{2N}(x) = \cosh[N \cosh^{-1}(x_o - a^2x^2)], \quad |x_o - a^2x^2| > 1 \tag{10-69}$$

을 얻는다. $P_{2N}$의 주빔 최댓값은 $R$이며 $x = 0$일 때 나타난다[식 (10-65)와 식 (10-66) 참조]. 식 (10-69)를 주빔 최대의 위치인 $x_o$에 대해 풀면

$$x_o = \cosh\left(\frac{1}{N} \cosh^{-1} R\right) \tag{10-70}$$

을 얻게 된다. 편의상 $A$를

$$A = \frac{1}{\pi} \cosh^{-1} R \tag{10-71}$$

와 같이 도입하면

$$x_o = \cosh \frac{\pi A}{N} \tag{10-72}$$

가 된다. 모든 부엽레벨을 동일하게 하기 위해서, $N$을 무한대로 접근시키면, 첫 번째 영점이 이동하지 않도록, 따라서 빔폭이 변하지 않도록 $P_{2N}$의 인수가 달라진다. $N$이 큰 값인 경우, $x_o = \cosh(\pi A/N) \approx 1 + \frac{1}{2}(\pi A/N)^2$이고 $\cos \frac{(2n-1)\pi}{2N} \approx 1 - \frac{1}{2}\left[\frac{(2n-1)\pi}{2N}\right]^2$이다. 이들을 식 (10-68)에 대입해 다음 식을 얻을 수 있다.

$$x_n = \pm \frac{1}{a} \frac{\pi}{\sqrt{2}N} \sqrt{A^2 + \left(n - \frac{1}{2}\right)^2} \qquad N \to \infty \tag{10-73}$$

$a$를

$$a = \frac{\pi}{\sqrt{2}N} \tag{10-74}$$

와 같이 놓으면, $N$이 증가하더라도 첫 번째 영의 위치는 변하지 않는다. 그러면 다음과 같다.

$$x_n = \pm\sqrt{A^2 + \left(n - \frac{1}{2}\right)^2} \tag{10-75}$$

패턴성분은 무한대 개수의 근 $x_n$을 갖는 $x$의 다항식이므로, $-\infty$에서 $+\infty$까지의 $n$에 대한 인수 $(x - x_n)$들의 곱으로 표현할 수 있다. 그리고 $x_{-n} = -x_n$ 이므로, 패턴은 다음과 같다.

$$\prod_{n=1}^{\infty} (x^2 - x_n^2) = \prod_{n=1}^{\infty} \left[ x^2 - A^2 - \left(n - \frac{1}{2}\right)^2 \right] \tag{10-76}$$

이것을 $x = 0$에서 1이 되도록 정규화하면

$$f(x) = \frac{\prod_{n=1}^{\infty} \left[ 1 - \dfrac{x^2 - A^2}{(n - \frac{1}{2})^2} \right]}{\prod_{n=1}^{\infty} \left[ 1 + \dfrac{A^2}{(n - \frac{1}{2})^2} \right]} = \frac{\cos\left(\pi\sqrt{x^2 - A^2}\right)}{\cosh \pi A} \tag{10-77}$$

이 얻어진다. 위의 마지막 단계에는 무한 곱에 대한 함축 표현식을 이용했다. 식 (10-77)에 식 (10-65)와 식 (10-71)을 대입해 패턴을 다음과 같이 w의 함수로 표현할 수 있다.

$$f(w) = \frac{\cos\left\{ \pi\sqrt{[(L/\lambda)w]^2 - A^2} \right\}}{R} \tag{10-78}$$

이것은 최대 위치($w = 0$)에서 1이 되도록 정규화한 것으로 부엽 영역에서는 $-1/R$과 $1/R$ 사이를 진동한다는 점에 주목하라. $w$가 클 경우, 식 (10-78) 의 코사인 함수의 인수는 근사적으로 $\pi wL/\lambda$가 되므로, 패턴의 0의 위치는 $w_n \approx \pm\lambda(n - \frac{1}{2})/L$ 또는 $x_n \approx \pm(n - \frac{1}{2})$로 규칙적인 간격으로 나타난다. $w < \lambda A/L$인 경우에는, 식 (10-78)의 코사인의 인수가 허수가 되고 $\cos(j\theta) = \cosh\theta$이므로, 식 (10-78)은 다음과 같이 더욱 편리한 식으로 표현된다.

$$f(w) = \frac{\cosh\left\{ \pi\sqrt{A^2 - [(L/\lambda)w]^2} \right\}}{\cos \pi A} \tag{10-79}$$

이 패턴이 바로 이상적인 테일러 선전원(ideal Taylor line source)의 패턴이다[8]. 이것은 부엽레벨로부터 구해진 $A$의 함수이다. 식 (10-46)과 (10-71)을 참조하라. 선전원은 동일한 크기의 부엽들이 패턴 공간에서 무한히 뻗어 있어 결국은 전력이 무한대라는 의미에서 '이상적'이다. 따라서 무한대의 전력을 갖는 급전 전원이 필요하게 되는데, 실제로는 이러한 선전원의 양 끝단에서 특이점이 발생한다.

테일러 선전원(Taylor line source)이라고 일컫는 이상적인 테일러 선전원은 처음 몇 개의 부엽들은 거의 같게 하고 멀리 떨어진 부엽들은 점점 작아지게 하여 근사적으로 구현할 수 있다[8]. 부엽들을 점점 작아지게 해서 이상적인 선전원에서 나타나는 무한전력의 문제를 해결할 수 있다. 테일러 선전원 역시 $x$의 다항식이고, 0점들의 위치는 다음과 같이 주어진다.

$$x_n = \begin{cases} \pm\sigma\sqrt{A^2 + \left(n - \dfrac{1}{2}\right)^2} & 1 \le n < \bar{n} \\ \pm n & \bar{n} \le n < \infty \end{cases} \tag{10-80}$$

$n < \bar{n}$일 때의 영점들은 식 (10-75)의 이상적인 선전원의 영점들을 인수 $\sigma$로 조정한 것이다. $n \geq \bar{n}$의 경우에 멀리 떨어진 부엽들은 정수인 $x$ 지점에 위치한다. $\sin(\pi x)/\pi x$ 패턴의 영점들의 배치는 $n \geq 1$일 때 $x = \pm n$이므로, 테일러 패턴의 멀리 떨어진 부엽들은 $\sin(\pi x)/\pi x$ 패턴의 부엽들이다. $n = \bar{n}$일 때 식 (10-80)의 영점 위치의 표현들을 같게 놓음으로써 조정 파라미터 $\sigma$를 결정할 수 있는데, 그 결과는 다음 식과 같다.

$$\sigma = \frac{\bar{n}}{\sqrt{A^2 + (\bar{n} - \frac{1}{2})^2}} \tag{10-81}$$

식 (10-80)의 영점의 위치들로부터, 근사적인 테일러 선전원의 패턴을

$$f(x, A, \bar{n}) = \frac{\sin \pi x}{\pi x} \prod_{n=1}^{\bar{n}-1} \frac{1 - (x/x_n)^2}{1 - (x/n)^2} \tag{10-82}$$

와 같이 쓸 수 있다. 부엽들은 $x = \bar{n}$에 이르기까지는 $1/R$로 거의 일정하고 $x = \bar{n}$을 지나면 $1/x$로 감소한다. $w = \cos\theta$로 패턴을 나타내면

$$f(w, A, \bar{n}) = \frac{\sin(\pi Lw/\lambda)}{\pi Lw/\lambda} \prod_{n=1}^{\bar{n}-1} \frac{1 - (w/w_n)^2}{1 - (Lw/\lambda n)^2} \tag{10-83}$$

이 되는데, $w$축 위의 패턴 0 의 위치들은 다음과 같다.

$$w_n = \begin{cases} \pm \dfrac{\lambda}{L}\sigma\sqrt{A^2 + \left(n - \dfrac{1}{2}\right)^2} & 1 \leq n < \bar{n} \\ \pm \dfrac{\lambda}{L} n & \bar{n} \leq n < \infty \end{cases} \tag{10-84}$$

$\sigma$는 식 (10-81)에 주어졌다.

테일러 선전원은 실제로 우드워드-로손 부류의 패턴인데, 그 이유를 살펴보고 표본값과 위치를 결정하기로 한다. 먼저 요구되는 급전 전원을 푸리에급수로 다음과 같이 전개할 수 있다고 가정하자.

$$i(s) = \frac{\lambda}{L} \sum_{n=-\infty}^{\infty} a_n e^{-j2\pi(\lambda/L)ns} \qquad |s| \leq \frac{L}{2\lambda} \tag{10-85}$$

이에 따른 패턴은 식 (10-17)에서

$$f(w) = \sum_{n=-\infty}^{\infty} a_n \ \mathrm{Sa}\left[\left(w - \frac{\lambda}{L}n\right)\frac{L}{\lambda}\pi\right] \tag{10-86}$$

인데, 표본 위치들을 구하면 다음과 같다.

$$w_n^s = \frac{\lambda}{L} n \tag{10-87}$$

표본값들이

$$a_n = f(w = w_n^s) = f(n, A, \bar{n}) \tag{10-88}$$

이라면(연습문제 10.4-7 참조), 식 (10-86)의 무한급수 전개로 정확한 패턴을 얻을 수 있다. 그러나 식 (10-80)에서 $|n| \geq \bar{n}$에 대해 $x_n = n$ 또는 $w_n = (\lambda/L)n$이므로, 패턴 영점들은 식 (10-87)의 $|n| \geq \bar{n}$일 때의 표본 위치에 해당한다. 즉

$$a_n = 0 \quad \text{for} \quad |n| \geq \bar{n} \tag{10-89}$$

식 (10-86)에 식 (10-88)과 식 (10-89)를 대입하면 다음 패턴 표현식을 얻을 수 있다.

$$f(w) = \sum_{n=-\bar{n}+1}^{\bar{n}-1} f(n, A, \bar{n}) \ \mathrm{Sa}\left[(w - w_n^s)\frac{L}{\lambda}\pi\right] \tag{10-90}$$

이다. 식 (10-85)에서 필요한 선전원 분포는

$$i(s) = \frac{\lambda}{L}\left[1 + 2\sum_{n=1}^{\bar{n}-1} f(n, A, \bar{n}) \cos\left(2\pi\frac{\lambda}{L}ns\right)\right] \tag{10-91}$$

이다. 계수 $f(n, A, \bar{n})$은 테일러 선전원 패턴이 $x = n$에서의 표본으로 $n < \bar{n}$이다. 이 계수들은

$$f(n, A, \bar{n}) = \begin{cases} \dfrac{[(\bar{n}-1)!]^2}{(\bar{n}-1+n)!(\bar{n}-1-n)!} \displaystyle\prod_{m=1}^{\bar{n}-1}\left(1 - \frac{n^2}{x_m^2}\right) & |n| < \bar{n} \\ 0 & |n| \geq \bar{n} \end{cases} \tag{10-92}$$

으로 구해지는데, $f(-n, \mathrm{A}, \bar{n}) = f(n, A, \bar{n})$이다. 물론 $f(0, A, \bar{n}) = 1$이다. 계수값들의 표를 사용할 수도 있다[H.6: Hansen, Vol. I, Appendix I]. 식 (10-90) 및 식 (10-91)과 더불어 이 계수들로 테일러 선전원의 패턴과 전류분포를 결정할 수 있다.

이상적인 패턴의 경우 반전력 빔폭을 비교적 쉽게 구할 수 있다. 반전력점에서 식 (10-79)를 계산하면

$$\frac{1}{\sqrt{2}} = \frac{1}{R}\cosh\left[\pi\sqrt{A^2 - \left(\frac{L}{\lambda}w_{\mathrm{HP}}\right)^2}\ \right] \tag{10-93}$$

이 나오고, 이 식을 풀면 두 가지의 해가 얻어진다.

$$w_{\mathrm{HP}} = \pm\frac{\lambda}{L\pi}\left[(\cosh^{-1}R)^2 - \left(\cosh^{-1}\frac{R}{\sqrt{2}}\right)^2\right]^{1/2} \tag{10-94}$$

그러면 $w$에서의 반전력 빔폭은

$$\mathrm{HP}_{wi} = 2|w_{\mathrm{HP}}| = \frac{2\lambda}{L\pi}\left[(\cosh^{-1}R)^2 - \left(\cosh^{-1}\frac{R}{\sqrt{2}}\right)^2\right]^{1/2} \tag{10-95}$$

이 된다. 브로드사이드로부터의 각이 $\gamma = \theta - 90°$이므로, $w = \cos\theta = \cos(\gamma + 90°) = -\sin\gamma$이고 $y = -\sin^{-1}w$이다. 이상적인 테일러 선전원에 근거한 반전력 빔폭은

$$\mathrm{HP_i} = |\theta_{\mathrm{HP}_i\,\mathrm{left}} - \theta_{\mathrm{HP}_i\,\mathrm{right}}| = |\gamma_{\mathrm{HP}_i\,\mathrm{left}} - \gamma_{\mathrm{HP}_i\,\mathrm{right}}|$$
$$= |\sin^{-1} w_{\mathrm{HP}+} - \sin^{-1} w_{\mathrm{HP}-}| = 2|\sin^{-1} w_{\mathrm{HP}}|$$
$$= 2\sin^{-1}\left\{\frac{\lambda}{L\pi}\left[(\cosh^{-1}R)^2 - \left(\cosh^{-1}\frac{R}{\sqrt{2}}\right)^2\right]^{1/2}\right\} \tag{10-96}$$

인데, 여기에서 $w_{\mathrm{HP}+}$와 $w_{\mathrm{HP}-}$는 식 (10-94)의 두 해이다. 근사적인 테일러 선전원의 빔폭은 대략

$$\mathrm{HP}_w \approx \sigma \mathrm{HP}_{w_i} \tag{10-97}$$

로 주어지는데, $\theta$로는 다음과 같다.

$$\mathrm{HP} \approx 2\sin^{-1}\left\{\frac{\lambda\sigma}{L\pi}\left[(\cosh^{-1}R)^2 - \left(\cosh^{-1}\frac{R}{\sqrt{2}}\right)^2\right]^{1/2}\right\} \tag{10-98}$$

### 예제 10-7 −25 dB 부엽들을 갖는 $\bar{n} = 5$인 10 파장의 테일러 선전원

부엽비가

$$R = 10^{-\mathrm{SLL}/20} = 10^{1.25} = 17.7828 \tag{10-99}$$

이므로, 식 (10-71)로부터

$$A = \frac{1}{\pi}\cosh^{-1} R = 1.13655 \tag{10-100}$$

이고, 식 (10-81)로부터

$$\sigma = \frac{\bar{n}}{\sqrt{A^2 + (\bar{n} - \frac{1}{2})^2}} = 1.07728 \tag{10-101}$$

이다. $A$와 $\sigma$ 값을 이용하면, 식 (10-80)에서 영점의 위치 $x_n$을 구할 수 있고, 식 (10-92)에서 표 10-8과 같은 표본화 계수가 얻어진다. 식 (10-87)의 표본 위치도 표에 실었다. 표 10-8의 표본값과 위치들로 식 (10-90)과 식 (10-91)에서 패턴과 전류분포를 계산할 수 있다. 그림 10-10은 그 결과 패턴과 전류분포를 그린 것이다. 멀리 떨어진 부엽들에 대한 부엽 감쇠 포락선을 그림 10-10*a*에서 볼 수 있다. 식 (10-95)~(10-98)로부터 반전력 빔폭들은

**표 10-8** 예제 10-7의 테일러 선전원에 대한 표본값과 위치. ($L = 10\lambda, \bar{n} = 5$)

| $n$ | $a_n = f(n, A, \bar{n}) = f(n, 1.13655, 5)$ | $w_n^s$ |
|---|---|---|
| 0 | 1.000000 | 0 |
| ±1 | 0.221477 | ±0.1 |
| ±2 | −0.005370 | ±0.2 |
| ±3 | −0.006621 | ±0.3 |
| ±4 | 0.004917 | ±0.4 |

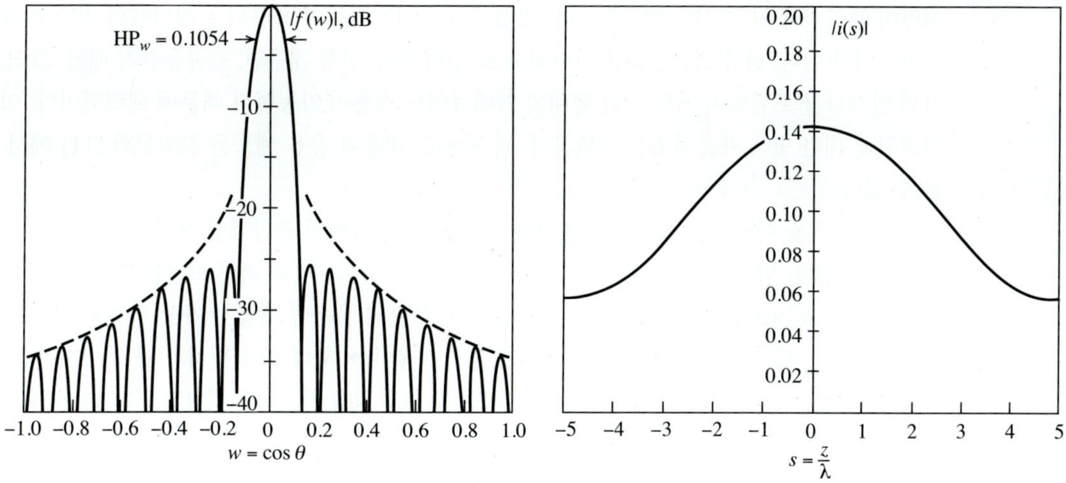


(*a*) 합성 패턴 (*b*) 전류분포

**그림 10-10** **−25 dB 부엽을 갖고 $\bar{n} = 5$인 $10\lambda$의 테일러 선전원(예제 10-7).**

$$\mathrm{HP}_{wi} = 0.0978, \qquad \mathrm{HP}_i = 5.606° \tag{10-102}$$

그리고

$$\mathrm{HP}_w \approx 0.1054, \quad \mathrm{HP} \approx 6.039° \tag{10-103}$$

이 된다. 이 경우에 이상적인 테일러 선전원의 빔폭은 근사적인 테일러 선전원의 빔폭과 매우 가깝다. 그림 10-10*a*에 반전력 빔폭 $\mathrm{HP}_w$가 표시되어 있다.

## 10.5 반복 표본화법

몇 가지 다른 합성법을 많은 참고문헌들과 [H.6: Balanis, Ed., Sec. 13.5]에서 찾아볼 수 있다. 소개할 만한 방법은 식 (8-76)의 배열 다항식을 조작하는 기법이다[9]. 복소 $Z$ 평면에서 $P-1$개의 0들(근들)의 위치를 변화시킴으로써 합성이 가능한 패턴들의 범위를 포괄하도록 하는 것이다. 참고문헌 [10]에 패턴 조절을 위해 근들을 이용하는 일련의 규칙들이 실려 있다. 이 절에서는 연속적인 안테나와 일차원 혹은 다차원의 배열 안테나 모두에 이용할 수 있는 **반복 표본화법**(iterative sampling method)이라 부르는 방법을 살펴본다.

우드워드-로손 혹은 푸리에법과 같은 고전적인 합성법들은 패턴의 최소한 몇 부분에 걸쳐서 원하는 패턴에 충분히 근사하지 못하는 패턴이 형성되기도 한다. 게다가 고전적인 방법으로 일단 패턴이 합성되면, 합성된 패턴을 변화시키기가 어렵다. 본질적으로 고전적인 방법들은 합성된 패턴이 요구 패턴에 충분히 적합하지 않으면 다른 방법을 시도해야 한다는 의미에서 '일회성' 방법이다. 반면에 반복 표본화법은 요구되는 패턴에 대략적으로 근사하는 패턴으로 먼저 시작하여 요구되는 패턴에의 적합도를 개선하기 위하여 패턴(그리고 연관된 전류분포)을 조정한다. 원하는 패턴에 수렴한다는 보장은 없지만, 실제로 좋은 결과를 얻을 수 있다. 주어진 사양을 구현할 수 없을 정도로 패턴이 과도하게 규정되어 있다면, 어떤 방법에서도 그러하듯이 요구되는 패턴에의 적합 정확도를 완화하여야 한다. 반복 표본화법은 간단하고 또 선형배열, 선형 개구면, 불균등간격 배열, 그리고 다차원 안테나를 포함하여 거의 어떤 형태의 안테나에도 적용이 가능하기 때문에 매력적이다. 이어서 선전원에 대한 반복 표본화법을 살펴본다. 더 자세한 내용과 응용 예들은 참고문헌 [11] 에서 찾아 볼 수 있다.

푸리에법을 이용하면 요구되는 패턴과 합성된 패턴 사이의 통합적인 오차인 최소 제곱평균오차를 갖게 된다. 반면에 반복 표본화법은 요구되는 패턴으로부터의 최대 편차를 최소화할 수 있다. 이것을 미니맥스(minimax) 오차라고 부르는데, 대부분의 응용에 대해서 가장 적절한 적합도의 척도이다. 패턴 적합이 중요하게 되는 원거리장 영역에 걸쳐서 최대 허용 편차가 규정된다. 반복 표본화법은 식 (10-16)에서 (10-18)까지의 우드워드-로손 공식을 기초로 한다[12]. 그러나 개별적인 패턴 표본들이 서로 상관이 없어야 할 필요는 없고 대신 약한 상관관계를 가질 수 있다. 이 점으로 인하여 유연한 방법이 되며, 요구되는 패턴에의 주문 맞춤에 대해 반복적으로 응용할 수 있다.

반복 표본화법은 임의의 초기 패턴 $f^{(0)}(w)$로부터 시작한다. 초기 패턴은 보통 우드워드-로손법과 같은 고전적인 설계법으로 구하지만 측정된 패턴과 같은 어떤 패턴도 가능하다. 이어서 초기 패턴을 요구되는 패턴에 가깝게 조절하기 위해 초기 패턴 $f^{(0)}(w)$에 보정 패턴 $\Delta f^{(i)}(w)$를 더한다. $K$ 번째 반복 후의 합성된 패턴에 대한 일반적인 표현식은 다음과 같다.

$$f^{(K)}(w) = f^{(0)}(w) + \sum_{i=1}^{K} \Delta f^{(i)}(w) = f^{(0)}(w) + \sum_{i=1}^{K} \sum_{n=-M}^{M} a_n^{(i)}\, G_n^{(i)}(w) \tag{10-104}$$

각 반복 단계에는 $2M+1$개의 성분 보정 패턴이 있는데, 보통은 보다 적은 수가 사용된다. 성분 보정 패턴은 어떤 함수라도 좋지만 보통은 우드워드-로손법에서 이용된 균일 선전원 표본화 패턴인 $Sa$가 적절하다. 가중 계수 $a_n^{(i)}$는 보통 표본점에서의 이전 반복 단계에서의 패턴값과 요구되는 패턴값의 차이로 한다.

$$a_n^{(i)} = f_d(w_n^{(i)}) - f^{(i-1)}(w_n^{(i)}) \tag{10-105}$$

보정 패턴의 위치 $w_n^{(i)}$는 어디라도 상관이 없지만, 이전 표본들의 평균 위치에서 새로운 표본을 취할 때 알고리즘이 제일 잘 수행된다.

$$w_n^{(i)} = \frac{w_n^{(i-1)} + w_{n-1}^{(i-1)}}{2} \tag{10-106}$$

패턴의 대칭성을 유지하고 또 패턴과 전류가 실수값으로 유지되게 하기 위해 보정은 대칭적으로 이루어진다. 합성된 패턴에 상응하는 전원분포는 식 (10-104)의 푸리에 변환으로

$$i^{(K)}(s) = i^{(0)}(s) + \sum_{i=1}^{K} \sum_{n=-M}^{M} a_n^{(i)}\, g_n^{(i)}(s) \tag{10-107}$$

와 같이 구할 수 있는데, 여기에서 $i^{(K)}(s)$는 패턴 $f^{(K)}(w)$를 형성하는 전류이고, $g_n^{(i)}(s)$는 패턴 $G^{(i)}(w)$를 형성하는 전류이다.

선전원, 2차원 연속적인 전원, 선형(등간격 혹은 비등간격인)배열, 그리고 성형 빔이나 낮은 부엽 혹은 둘 다를 위한 평면형 배열을 포함하여, 반복 표본화법을 이용하여 합성된 패턴들의 많은 예를 참고문헌 [11~13]에서 찾아볼 수 있다. 모든 안테나 유형과 요구 패턴들에 대하여 하나의 간단한 틀 안에서 반복 표본화법을 사용할 수 있다. 반사판 안테나에서도 표면 왜곡을 보상하기 위해 이 방법을 사용할 수 있다[14]. 예를 들어 왜곡이 있는 공간에 전개된 망형 반사판을 급전하기 위해 배열을 사용할 때, 높은 부엽과 같은 패턴에의 나쁜 영향을 감소시키기 위해 급전 소자의 여기를 조절하는 데 반복 표본화법을 이용할 수 있다.

## 참고문헌 References


1. P. M. Woodward, "A Method for Calculating the Field over a Plane Aperture Required to Produce a Given Polar Diagram," *J. IEE*, Vol. 93, Part IIIA, pp. 1554-1558, 1946.
2. P. M. Woodward and J. D. Lawson, "The Theoretical Precision with Which an Arbitrary Radiation Pattern May Be Obtained from a Source of Finite Extent," *J. IEE*, Vol. 95, Part III, pp. 363-370, Sept. 1948.
3. C. L. Dolph, "A Current Distribution for Broadside Arrays Which Optimizes the Relationship between Beam Width and Side-lobe Level," *Proc. IRE*, Vol. 34, pp. 335-348, June 1946.
4. A Safaai-Jazi, "A New Formulation of the Design of Chebyshev Arrays," *IEEE Trans. on Ant. & Prop.*, Vol. 42, pp. 439-443, March 1994.
5. A Safaai-Jazi, "Directivity of Chebyshev Arrays with Arbitrary Element Spacing," *Electronics Lett.*, Vol. 31, pp. 772-774, 11 May 1995.
6. R. S. Elliott, "Beamwidth and Directivity of Large Scanning Arrays," *Microwave J.*, Part 1, Vol. 6, pp. 53-60, Dec. 1963.
7. N. Yaru, "A Note on Super-Gain Antenna Arrays," *Proc. IRE*, Vol. 39, pp. 1081-1085, Sept. 1951.
8. T. T. Taylor, "Design of Line-Source Antennas for Narrow Beamwidth and Low Sidelobes," *IRE Trans. Ant.* & Prop., Vol. AP-3, pp. 16-28, Jan. 1955.
9. S. A. Schelkunoff, "A Mathematical Theory of Linear Arrays," *Bell System Tech. J.*, Vol. 22, pp. 80-107, Jan. 1943.
10. T. T. Taylor and J. R. Whinnery, "Application of Potential Theory to the Design of Linear Arrays," *J. Appl. Phy.*, Vol. 22, pp. 19-29, Jan. 1951.
11. W. L. Stutzman and E. L. Coffey, "Radiation Pattern Synthesis of Planar Antennas Using the Iterative Sampling Method," *IEEE Trans. Ant. & Prop.*, Vol. AP-23, pp. 764-769, Nov. 1975.
12. W. L. Stutzman, "Synthesis of Shaped-Beam Radiation Patterns Using the Iterative Sampling Method," *IEEE Trans. on Ant. and Prop.*, Vol. AP-19, pp. 36-41, Jan. 1971.
13. W. L. Stutzman, "Sidelobe Control of Antenna Patterns," *IEEE Trans. on Ant. and Prop.*, Vol. AP-20, pp. 102-104, Jan, 1972.
14. W. T. Smith and W. L. Stutzman, "A Pattern Synthesis Technique for Array Feeds to Improve Radiation Performance of Large Distorted Reflector Antennas," *IEEE Trans. on Ant. and Prop.*, Vol. 40, pp. 57-62, Jan. 1992.

## 연습문제 Problems

**10.1-1** ▸ $g(t)$와 $G(\omega)$가 푸리에변환 쌍이라고 하면

$$G(\omega) = \int_{-\infty}^{\infty} g(t)e^{-j\omega t}dt \quad \text{그리고} \quad g(t) = \frac{1}{2\pi}\int_{-\infty}^{\infty} G(\omega)e^{j\omega t}\,d\omega$$

이다. $g$, $t$, $G$, 그리고 $\omega$를 각각 $f$, $w$, $i$와 $2\pi s$로 치환하면, 위 식들에서 식 (10-6)과 식 (10-7)이 얻어지는 것을 보여라.

**10.1-2** ▸ 선형 전류분포 $i(s)$를 실수부와 허수부 그리고 우수부와 기수부로 분리해 푸리에 변환을 적용하면 다음 패턴 표현식이 얻어진다.

$$f(w) = 2\int_{0}^{\infty} [i_{re}(s)\ \cos 2\pi ws\ - i_{io}(s)\sin 2\pi ws]\ ds$$
$$+ j2\int_{0}^{\infty} [i_{ie}(s)\ \cos 2\pi ws + i_{ro}(s)\sin 2\pi ws]\ ds$$

이 식을 이용해, 먼저 $f(w)$의 크기를 구한 다음, (a) 표 10-2의 성질 1과 (b) 표 10-2의 성질 2를 증명하라.

**10.2-1** ▸ 델타함수로 표현되는 좁은 연필형 빔 패턴이 $\theta = 53.1°$의 방향으로 주사되고 있다. 푸리에 선전원 합성법을 이용해 필요한 전류분포를 구하라.

**10.2-2** ▸ 식 (10-6)을 이용해, 진폭이 균일하며 위상이 0인 $z$축에 중심을 둔 길이 $L$인 선전원의 패턴을 구하라.

**10.2-3** ▸ 식 (10-11$b$)의 섹터형 패턴을 정확히 형성하기 위해 필요한 식 (10-12)의 전류분포 $i_d(s)$를 유도하라.

**10.2-4** ▸ (a) 섹터형 패턴을 위한 푸리에 변환 합성 패턴인 식 (10-13)을 유도하라.
(b) 이 패턴을 그려서 그림 10-1$a$를 입증하라. 식 (10-13)을 이용하는 것보다 컴퓨터를 통한 푸리에변환의 수치적분이 더 쉬울 것이다.

**10.2-5** ▸ 식 (10-15)를 유도하라.

**10.2-6** ▸ 예제 10-2의 섹터형 패턴의 우드워드-로손 합성을 5파장 선전원에 대해 반복하라.

(a) 패턴을 $w$의 함수로 선형 직각좌표 형식으로 그려라.

(b) 전류분포를 그려라.

**10.2-7** ▸ 코시컨트 패턴(cosecant pattern)(이에 대한 논의는 연습문제 2.5-7 참조)은 다음과 같이 주어진다.

$$f_d(w) = \begin{cases} 1 & 0 \le w \le 0.1 \\ \dfrac{0.1}{w} & 0.1 \le w \le 0.5 \\ 0 & \text{그 외} \end{cases}$$

10$\lambda$의 선전원에 대해 우드워드-로손법을 이용해 이 패턴에 근사하는 패턴을 합성하라.

(a) 요구패턴과 함께 패턴을 $w$의 함수로 선형 직각좌표 형식으로 그려라.

(b) 필요한 전류 진폭과 위상을 그려라.

**10.3-1** ▸ 식 (10-24)의 푸리에급수로 표현될 수 있는 $f_d(w)$의 조건에 대해 논하라.

**10.3-2** ▸ 식 (10-25)의 푸리에급수 계수의 표현식을 유도하라.

**10.3-3** ▸ 섹터형 패턴의 푸리에급수 합성에 대한 소자전류 표현식인 식 (10-29)를 유도하라.

**10.3-4** ▸ 0.6$\lambda$ 간격의 20 소자 배열에 대해, 예제 10-3에서와 같은 푸리에급수법을 이용해 $c = 0.5$로 놓고 섹터형 패턴을 합성하라.

(a) 소자들의 위치와 전류값들을 결정하라.

(b) 방사패턴을 $w$의 함수로 선형 직각좌표 형식으로 그려라.

**10.3-5** ▸ 반 파장 간격인 10소자 배열에 대해 연습문제 10.3-4를 반복하라.

**10.3-6** ▸ 21개의 반 파장 간격인 소자들의 배열에 대해 $c = 0.5$인 섹터형 패턴을 푸리에급수 합성법을 이용해 합성하라. 일반적인 소자전류 표현식을 유도하고 각 소자들에 대해 계산하라. 패턴 파라미터들을 예제 10-3의 20소자 배열의 결과와 비교하라.

**10.3-7** ▸ 20소자, 반 파장 간격의 배열에 대해 푸리에급수 합성법을 이용해 연습문제 10.2-7$a$에서와 같은 코시컨트 패턴 합성을 반복하라. 소자전류의 값들을 표로 나타내라.

**10.3-8** ▸ 식 (10-32)의 우드워드-로손 표본화법 패턴이 식 (10-35)의 전류들을 갖는 배열성분으로부터 형성된다는 것을 다음 경우에 대해 보여라.

(a) 홀수 개의 소자들. *힌트*: 식 (10-19)와 (10-20)을 이용하라.

(b) 짝수 개의 소자들. *힌트*: 식 (10-21)과 (10-22)를 이용하라.

**10.3-9** ▸ 예제 10-4의 우드워드-로손법으로 합성된 섹터형 패턴에 대한 표 10-5의 배열 소자들의 위치와 전류들을 입증하라.

**10.3-10** ▸ 반 파장 간격의 10소자 배열에 대해 예제 10-4에서와 같은 우드워드-로손 합성을 반복하라.

**10.3-11** ▸ 허용할 만한 패턴을 갖는 선전원의 전류분포의 표본을 취하여 선형배열을 합성할 수 있다. 예제 10-2의 전류분포의 표본을 취하여 반 파장 간격인 20개의 소자로 구성되는 배열을 만들어라. 배열성분을 그리고, 그림 10-2$a$의 패턴과 어떻게 비교되는지 설명하라.

**10.3-12** ▸ 18개의 반 파장 다이폴 안테나들의 동일선상 배열을 이용해 주빔 섹터 구간이 $70° \leq \theta \leq 110°$에 이르는, 즉 이 구간에서 $F_d(\theta) = 1$이고 그 외에서는 0인 섹터형 패턴을 합성한다.

(a) 0.65$\lambda$ 간격일 때, 우드워드-로손법으로 완전한 패턴을 합성하는 데 필요한 입력 전류들을 결정하라. 소자패턴에 대해 설명하라.

(b) 총배열패턴을 $\theta$의 함수로 선형 극좌표 형식으로 그려라.

**10.3-13** ▸ 요구패턴을 코시컨트 패턴으로 해 연습문제 10.3-12를 반복하라. 단, $F(\theta)$는 $80° \leq \theta \leq 90°$에서는 1이고, $0° \leq \theta \leq 80°$에서는 $\cos 80°/\cos\theta$, 그리고 그 외에서는 0이다. 18개 패턴표본들을 이용하라.

**10.4-1 ▸** 예제 10-5의 5 소자로 구성된 −20 dB 부엽을 갖는 반 파장 간격의 브로드사이드 돌프−체비셰프 배열에 대해

(a) 패턴을 계산하여 $w$의 함수로 직각좌표 대수의 형식으로 그려라.

(b) 반전력 빔폭을 두 가지 방법으로 구하라, 즉 패턴을 계산하여 그리고 식 (10-50$a$)를 이용하여 구하라.

(c) 배열과 같은 길이를 갖는 균일 선전원과 빔폭을 비교하라.

**10.4-2 ▸** 5개의 반 파장 간격 소자들로 구성되는 돌프−체비셰프 브로드사이드 배열을 −30 dB의 부엽을 갖도록 설계하라.

(a) 소자전류들을 계산하여 표 10-7의 값들을 입증하라.

(b) 식 (10-84)를 이용하여 지향성을 계산하라. 그리고 식 (10-50$a$)의 반전력 빔폭으로 식 (10-51)의 근사적 지향성 공식을 이용하여 지향성을 계산하라.

**10.4-3 ▸** 다음의 경우들에 대하여, 10개의 등방성 소자로 구성되는 돌프−체비셰프 배열을 −20 dB의 부엽을 갖도록 설계하라.

(a) 브로드사이드이고 최적의 간격인 경우에 대하여 간격의 값들을 구하라. 패턴을 $w$의 함수로 직각좌표 대수의 형식으로 그려라. 빔폭과 지향성을 계산하라.

(b) 엔드파이어 경우에 대하여 (a)를 반복하라.

**10.4-4 ▸** 반 파장 다이폴들로 구성되는 낮은 부엽의 브로드사이드 동일선상 배열을 설계하라. 8개의 등방성 소자들을 이용해 가장 좁은 빔폭과 −20 dB 부엽을 갖도록 돌프−체비셰프 배열을 설계하라. 소자패턴을 포함할 때와 하지 않을 때에 대해 패턴을 계산하고 극좌표 dB 형식으로 그려라.

**10.4-5 ▸** 식 (10-76)과 (10-77)의 이상적인 테일러 선전원 패턴 결과식을 유도하라.

**10.4-6 ▸** 영점의 위치들로부터 식 (10-82)의 근사적인 테일러 선전원 패턴이 유도됨을 보여라.

**10.4-7 ▸** 시간신호 해석의 표본화 이론에 따르면 신호 $g(t)$는 표본들 $g(m/2B)$로부터 다음과 같이 정확하게 재구성된다.

$$g(t) = \sum_{m=-\infty}^{\infty} g\left(\frac{m}{2B}\right) \mathrm{Sa}\left[2\pi \mathrm{B}\left(t - \frac{m}{2B}\right)\right]$$

여기에서 $B$는 신호의 최고 주파수 성분이다. 식 (10-86)의 표본 데이터 패턴 표현식을 얻기 위한 안테나 이론에서의 적절한 유사성들을 말하라.

**10.4-8 ▸** 식 (10-94)를 입증하라.

**10.4-9 ▸** 예제 10-7의 테일러 선전원에 대한 표 10-8의 표본값들 $a_n$을 계산하라.

**10.4-10 ▸** 예제 10-7의 테일러 선전원에 대한 반전력 빔폭 값들을 계산하라. 그 답을 식 (10-102)와 (10-103)의 값들과 비교하라.

**10.4-11 ▸** 필요한 패턴을 갖도록 합성된 선전원에서 연속적인 전류의 해당하는 점들에서 전류의 여기를 선택해 배열 안테나를 설계할 수 있다. 좁은 주빔과 낮은 부엽의 패턴을 가지고 이 문제에 대해 살펴보자. 예제 10-7의 테일러 선전원으로부터 20소자 배열에 적절한 전류값들을 아래 표와 같이 선택할 수 있다.

연습문제 10.4-11에 대한 배열여기 전류값.

| 소자 번호 $m$ | 소자 위치 $z_m/\lambda$ | 급전전류 $i_m$ |
|---|---|---|
| ±1 | ±0.25λ | 0.14234 |
| ±2 | ±0.75λ | 0.13833 |
| ±3 | ±1.25λ | 0.13127 |
| ±4 | ±1.75λ | 0.12175 |
| ±5 | ±2.25λ | 0.10935 |
| ±6 | ±2.75λ | 0.09429 |
| ±7 | ±3.25λ | 0.07891 |
| ±8 | ±3.75λ | 0.06676 |
| ±9 | ±4.25λ | 0.05980 |
| ±10 | ±4.75λ | 0.05720 |

(a) 이 전류값들을 이용해 이에 해당하는 선형배열의 배열성분을 구하라.

(b) 배열패턴과 선전원 패턴의 반전력 빔폭과 부엽레벨을 비교 설명하라.

**10.4-12** ▸ 부엽이 −30 dB 인 8 파장 길이의 테일러 선전원($\bar{n} = 7$)을 설계하라.

(a) 표본값과 위치들을 구해 표로 만들어라.

(b) 패턴을 $w$의 함수로 직각좌표의 대수 형식으로 그려라.

(c) 전류분포를 그려라.

**10.4-13** ▸ 부엽이 −25 dB 인 경우에 대해서 $\bar{n}$의 몇 가지 값에 대해 $\sigma$를 계산하라. $\text{HP}_w \approx \sigma \text{HP}_{wi}$를 이용하여 $\bar{n}$에 따른 반전력 빔폭의 변화를 설명하라.

**10.4-14** ▸ 10소자를 갖고 부엽이 −20 dB인 최적 브로드사이드 돌프−체비셰프 배열을 설계하라. 같은 길이의 −20 dB 테일러 선전원($\bar{n} = 8$)의 전류분포를 표본화해 동일한 배열구조로 배열전류들을 구하라. 다음 두 배열들에 대한 극좌표 dB 패턴을 그리고 비교하라: (a) 등방성 소자와 (b) 배열선을 따라 동일선상으로 배열된 반 파장 다이폴.

**10.4-15** ▸ *배열합성에 미치는 상호결합의 영향.* 모멘트법 코드를 이용해 예제 10-5의 배열을 평가하라(제14장과 부록 G 참조). 필요한 전류들에 비례하는 전압전원을 갖는, $z$축에 중심을 두고 $x$축에 평행한 공진 반 파장 다이폴을 이용하라. $yz$ 평면의 극좌표 패턴을 계산하고 예제의 것과 비교하라. 두 방법들에 대해 부엽레벨과 전류들을 제시하라.

# 제 11 장 박형 안테나와 무선개인통신 안테나

*Low-Profile Antennas and Personal Communication Antennas*

## 11.1 서론

시스템적 관점의 무선통신은 4.5절에서 논의되었다. 이 장에서는 한 개인이 이동하며 통신할 수 있도록 해 주는 무선개인통신(WPC: wireless personal communication)용 안테나에 초점을 맞추도록 하겠다. 필연적으로 이러한 안테나들은 물리적 두께가 얇은 박형 형태를 띤다. 무선 단말기 내부 또는 외부로 돌출되어 있는 안테나들은 몇몇 무선개인통신에 동시에 사용된다. 몇 가지 대표적인 응용분야로는 셀룰러 진화통신, 와이파이(Wi-Fi), 블루투스(Bluetooth), 초광대역(UWB) 통신; 무선 주파수 인식(RFID); 위치 확인[예를 들면 위성 항법 장치(GPS)]과 자산 추적, 인체 영역 통신망(BAN: body area network) 등이 있다. 몇몇 응용분야에서는 넓은 주파수 영역에 대해 협대역으로 조정 가능한 가변 안테나를 사용하기도 한다. 한 번에 단일 채널만 수신 가능한 TV나 라디오 수신이 그 예라 하겠다. 군인, 긴급 구조 요원, 그리고 법집행관들이 사용하는 소형 무선 단말기들에 대한 수요는 증가하고 있다. 모든 응용분야들이 기존의 양방향 통신 용도는 아니지만 박형 및 작은 부피를 갖는 유사한 안테나에 대한 요구로 인해 그 응용분야들을 함께 다루도록 하겠다. 물리적으로 작은 단말기는 더욱 작아진 소형 안테나를 요구한다. 휴대전화 안테나에 대한 도전과제는 단말기의 줄어든 할당 공간 내에서 증가하는 무선 서비스와 주파수 대역을 수용하는 것이 핵심이다.

셀룰러 전화, 개인 휴대 정보 단말기와 같은 휴대용 통신 장치는 무선개인통신에서 큰 비중을 차지하고 있으며, 이 부분에 대해 집중적으로 살펴보도록 하겠다. 휴대전화 내에는 안테나를 설치할 수 없게 금지구역으로 지정된 내부 공간이 존재하며 이로 인하여 안테나 공간이 제한된다. 일반적인 최대 공간은 5 cm$^3$이며 보통 35 × 35 × 4 mm의 공간을 차지한다. 바(bar) 형태 휴대전화의 PCB (printed circuit board)크기는 100 × 40 mm (3.9 × 1.6 in.)이지만 스마트 폰의 경우는 크기가 더 커질 수 있다. 안테나는 이 작은 공간 안에 와이파이, TV, FM 라디오 수신, MIMO 모드 등을 포함하여 몇몇 셀룰러 통신 대역을 지원해야 한다. 크기 제한을 완화시킬 수 있는 한 가지 기술은 PCB와 같은 안테나 접지면에 대해 휴대전화의 다른 부분들을 같이 사용할 수 있게 하는 것이다. 하지만 휴대전화 안테나 성능은 떨어지게 된다. 일반적인 휴대전화 안테나의 성능 지표는 다음과 같다.

| | |
|---|---|
| *임피던스 정합*: | VSWR < 3(반사손실 > 6 dB) |
| *안테나 이득*: | 0 dBi |
| *방사효율*: | 50% |
| *대역폭*: | 8~12%(대역에 따라 다름) |

낮은 이득 사양은 휴대전화 위치의 변화에 대해 신호 변동을 최소화하기 위한 매우 낮은 지향성 패턴이 요구되기 때문이다. 휴대전화 안테나는 외부형, 내부형, 또는 두 가지 형의 혼합형이 될 수 있으나 내부형 다중 안테나가 가장 일반적이다. 다수의 안테나와 많은 안테나 기능들이 휴대전화에 추가됨에 따라 안테나 격리는 더욱 어려워진다[1]. 또한 능동소자에 근접할수록 잡음과 자기간섭은 더욱 증가하게 된다. 대부분의 휴대전화 안테나가 불평형임에도 불구하고(예를 들어 모노폴 형태), 휴대전화 구조와 인체로부터의 영향을 줄이기 위해 평형 안테나(예를 들어 다이폴 안테나 형태)가 요구된다. 비록 평형 안테나가 불평형 안테나에 비해 물리적으로 크지만 효율 면에서 더 우수하고, 잡음에 대해서도 덜 민감하며, 증가된 격리도를 가진다. 또한 편파 다이버시티 또는 공간 다이버시티와 같은 다이버시티 측면도 장점에 포함된다. 후자의 경우, 휴대전화의 두 번째 안테나는 더 나은 수신 성능을 제공할 수 있는 다른 전파 경로를 통한 신호를 제공해 준다(다이버시티에 대한 더 많은 부분은 12.4절 참조). 휴대전화는 일반적으로 폴더형(가운데가 접히는) 또는 바(하나의 블록) 모양의 두 가지 형태 중 하나이다. 안테나 설계는 이 두 가지 형태에 따라 결정된다. 비록 불가능하겠지만 완벽한 휴대전화 안테나는 어떤 할당된 공간 내에서도 꼭 맞을 만큼 작고, 어떠한 생물학적 위험도 없으며, 주파수 이동, 패턴의 왜곡, 이득 감소, 또는 인체영향으로 인한 임피던스 부정합도 없는 특성을 가지는 안테나일 것이다. 하지만 안테나 크기 제한은 물리적 기반에 있지 기술적 기반에 있지는 않으며, 이 부분은 안테나 크기의 가장 기본적인 한계를 다루는 11.5절에서 다루도록 하겠다.

이 장에서 우리는 무선개인통신 기기에 사용될 수 있는 몇 가지 안테나들을 살펴보겠다. 이전 장들에서 다루어 온 많은 안테나 형태들이 다시 논의될 것이며, 일반 응용분야에 어떻게 적용되는지에 대한 강조도 함께 이루어질 것이다. 근거리, 인체영향, 방사 장해와 같은 무선개인통신에 관련된 다른 주제들뿐만 아니라 마이크로스트립 안테나와 배열 그리고 누설파 안테나도 소개된다. 다음 장에서는 기지국, 위성, 차량 등과 같은 큰 단말기용 안테나를 살펴볼 것이다.

## 11.2 마이크로스트립 안테나 소자

마이크로스트립 안테나는 **인쇄형 안테나**(printed antenna)의 특수한 형태이며, 이는 인쇄회로에 사용되는 것과 유사한 방식을 이용해 만들어진다. 인쇄형 안테나의 예로는 그림 8-35의 인쇄형 다이폴, 그림 8-35*c*와 d의 테이퍼형 슬롯 안테나, 그림 8-33의 인쇄형 보우타이 안테나 배열 등이 있다. **마이크로스트립 안테나**(microstrip antenna)는 그림 11-1에 묘사된 것처럼 유전체의 아랫면에 접지면을 가지고 유전체 윗면에 금속성의 인쇄된 패치(patch)로 구성된다. 마이크로스트립 안테나는 두께가 $0.05\lambda$보다 작으며, 여기서 $\lambda$는 자유공간 파장을 의미한다. 패치에 대한 기본적인 급전방식은 접지면 아래의 동축선을 이용한 프로브 급전(probe feed) 또는 패치의 가장자리에 연결된 같은 면의 마이크로스트립 전송선을 이용한 가장자리 급전(edge feed)이다. 가장자리 급전 패치는 마이크로파 집적 회로 기술과 배열 급전 네트워크를 이용하는 다른 소자들을 포함할 수 있는 초박형 안테나이다. 이 기술은 저가 및 치수 제어의 장점을 제공한다. 유연성 있는 기판 위의 인쇄를 통해 예를 들어 자동차 위에 등각 마이크로스트립 안테나 구성이 가능하다. 방사패턴은 후방사(무한히 큰 접지면에 대해서는 없는)를 크게 줄이는 접지면으로 인해 패치의 브로드사이드 방향으로 하나의 넓은 단방향 지향성을 가진다. 마이크로스트립 안테나는 공진형 안테나(표 1-4 참조)이기 때문에 협대역을 가지며 적절한 대역폭을 얻는 것이 설계에 있어서 가장 큰 어려움이다. 다른 단점으로는 급전으로부터의 불요 방사, 낮은 교차편파 순도, 제한된 전력 조절, 그리고 제작 이후 수정의 어려움 등이 있다.

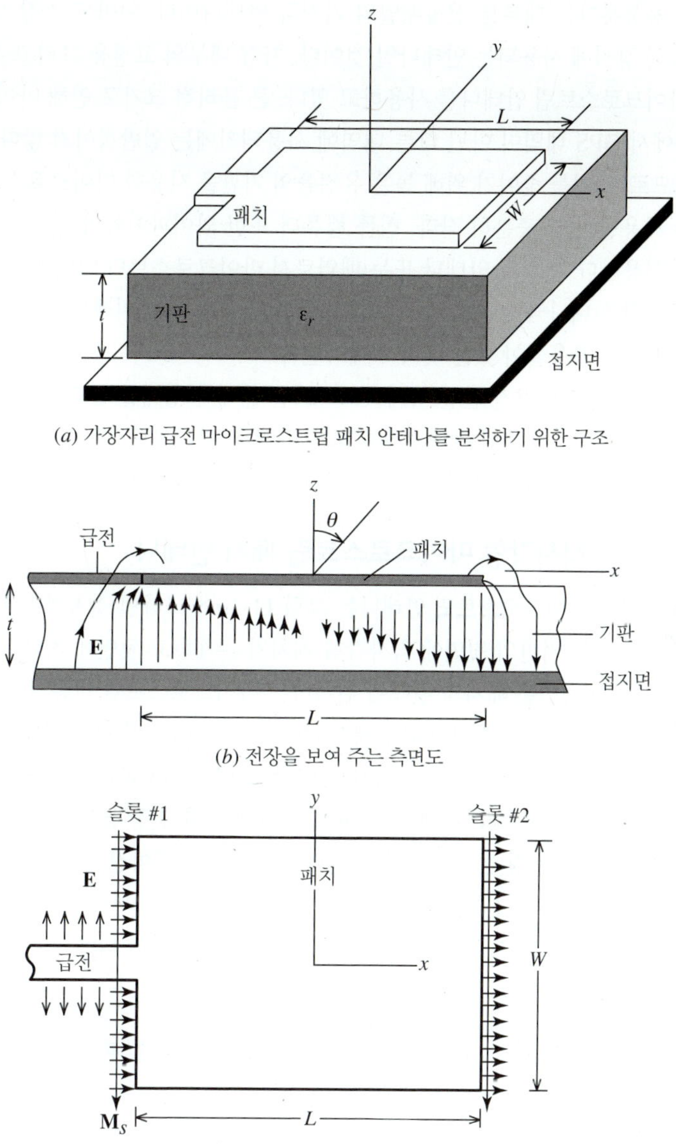


(a) 가장자리 급전 마이크로스트립 패치 안테나를 분석하기 위한 구조

(b) 전장을 보여 주는 측면도

(c) 프린징 전장을 보여 주는 평면도, 등가 자기 표면 전류도 보인다.

**그림 11-1** **반 파장 직사각형 패치 마이크로 스트립 안테나:** $L \approx 0.49\,\lambda_d$.

마이크로스트립 안테나는 안테나 분야에서 최신의 혁신기술이다. 이는 1950년대에 처음 소개되었고, 1970년대에 집중적으로 연구되었으며, 1981년에 마이크로스트립 안테나에 대한 첫 번째의 종합적인 발표가 이루어졌다[2]. 기본적인 마이크로스트립 안테나의 방사패턴은 주파수에 대해서는 변화가 적지만 임피던스에 대해서는 그렇지 못하다. 따라서 단지 수 퍼센트의 임피던스 대역폭이 기본적인 마이크로스트립 안테나의 제한 요소가 되었으나, 1980년대에 새로운 급전 방법을 통해 대역폭이 개선되었다. 1990년대에는 마이크로스트립 안테나를 이용한 상용 시스템이 많이 생겨났다. 현재 마이크로스트립 안테나는 독립된 안테나 및 배열 소자로서 널리 사용되고 있다. 대중적인 응용분야는 대부분 선형배열의 기지국 안테나이다. 아마도 가장 널리 쓰이는 응용분야는 위치 확인 장치에 사용되는 안테나일 것이다. 차량 내부의 고정용 그리고 휴대용 GPS 장비들도 대부분 마이크로스트립 안테나를 사용하고 있다. 큰 물리적 크기로 인해 마이크로스트립 안테나는 휴대전화에서 GPS 대역이 아닌 다른 대역에 사용되기에는 일반적이지 않다. 하지만 GPS 신호는 협대역이므로, 크기를 줄이기 위해 높은 유전율의 기판을 사용한 마이크로스트립 안테나는 GPS 수신에 널리 사용될 만큼 충분히 작다. 랩톱 컴퓨터 또한 와이파이와의 링크를 위해 마이크로스트립 안테나를 사용한다. 독립된 안테나 또는 배열로서 마이크로스트립 안테나는 새로운 안테나 설계 프로젝트를 위한 안테나 후보군에 종종 나타나곤 한다. 다가오는 미래에는 마이크로스트립 안테나를 위한 많은 새로운 응용들이 있을 것이라 예측된다.

이 절에서 몇 가지 단일 마이크로스트립 안테나 형태를 살펴볼 것이며, 다음 절에서는 마이크로스트립 소자의 배열에 관해 논의하도록 하겠다. 마이크로스트립 안테나에 대한 40년 이상의 연구와 개발은 관련된 주제의 많은 책들로 발표되었으며, 부록 H.8.4에 그 목록이 나와 있다.

### 11.2.1 직사각형 마이크로스트립 패치 안테나

가장 간단한 마이크로스트립 안테나는 그림 11-1*a*에 나타낸 것처럼 두께 $t$가 $\lambda$보다 매우 작고, 비유전율 $\varepsilon_r$을 갖는 기판의 윗면에 직사각형 패치가 존재하고 뒷면에 커다란 접지면이 위치하는 구조이다. 가장자리 급전은 패치의 왼쪽에 위치하는 마이크로스트립 전송선이다. 패치는 길이 $L$(급전선의 면)과 폭 $W$를 가진다. 길이가 유전체를 고려한 파장 $\lambda_d$의 약 반 파장 정도일 때 패치는 공진(입력 리액턴스는 0)하는데 이를 반 파장 직사각형 패치 안테나(half-wave rectangular patch antenna, 반 파장 패치)로 부른다. 그림 11-1*b*에서 반 파장 패치에 대한 전장 분포는 패치보다 연장된 프린징 전장을 보여 준다. 이 프린징 전장은 패치가 물리적 길이보다 길어진 효과를 가지게 하여 공진길이를 반 파장보다 작게 한다. 공진을 얻기 위한 길이 축소도 $\varepsilon_r$뿐만 아니라 $t$와 $W$ 그리고 이들이 포함된 수식에 의해 영향을 받으며 이 장 후반에 보이도록 하겠다. 하지만 다음의 간단한 수식이 다목적으로 사용되기에 적합하다.

$$L \approx 0.49\lambda_d = 0.49\frac{\lambda}{\sqrt{\varepsilon_r}} \quad \text{반 파장 패치} \qquad \textbf{(11-1)}$$

여기서 $\lambda$는 공진 시 자유공간 파장이며, $\lambda_d$는 $\varepsilon_r$을 가지는 무한히 큰 유전체 블록에서의 파장이다. 실제적으로 이 수식은 실험적 하드웨어 모델 또는 시뮬레이션을 위한 출발점으로 사용된다. 다음으로 입력 임피던스는 설계 주파수를 포함하는 주파수 함수로서 측정되거나 계산되며, 공진 주파수도 언급될 수 있다. 다음으로 이 모델은 원하는 주파수에서의 공진을 위한 크기변경이 가능하며, 증명을 위한 두 번째 측정 또는 시뮬레이션이 뒤따른다. 실험실용으로는, 패치를 칼로 다듬어 작게 만들거나 전도성 테이프를 덧대어 크기를 늘릴 수 있다. 폭 $W$는 다음에 볼 수 있듯이 입력 저항을 조정하기 위해 사용된다.

마이크로스트립 기판을 위한 대중적인 재료는 2.5의 비유전율 $\varepsilon_r$을 가지는 유리적층판으로 짜여진 PTFE (polytetrafluorethylene)이며 대표적으로 Teflon®이 그 예이다. Duroid®와 같은 마이크로파 PTFE 기반의 재료들은 상용적으로 다양한 두께와 유전율(예를 들어 $\varepsilon_r = 2.22, 2.33, 6.15, 10.2$)들로 이용 가능하다. 4.6의 비유전율을 가진 FR-4는 저가의 에폭시 수지 바인더를 가지는 유리섬유 재료로서 손실이 높아 수 GHz 이상의 주파수에는 자주 사용되지 않는다. 티탄산 바륨 같은 세라믹은 GPS 패치와 같은 높은 비유전율의 마이크로스트립 안테나에 사용된다. 협대역 패치의 공진 주파수는 재료의 두께와 유전율의 변화에 매우 민감하다. 따라서 재료의 균일성(특히 $\varepsilon_r$)을 위해 적절한 품질 관리를 통해 생산되고, 낮은 손실을 가지며, 두께와 크기가 잘 선택된 재료를 확보하는 것이 중요하다. 주파수가 증가할수록 이러한 요인들은 더욱 중요한 고려대상이 된다.

근사 분석 모델들은 입력 임피던스, 패턴, 그리고 대역폭과 같은 파라미터들을 고려하기 위해 마이크로스트립 안테나의 개발 초기에 발전하게 되었으며 그 이유는 시뮬레이션 코드를 이용한 방법으로는 충분치 못하다는 면과 함께 속도가 느렸기 때문이었다. 오늘날의 효율적인 컴퓨터 알고리즘과 빠른 계산 하드웨어/소프트웨어는 마이크로스트립 안테나의 정확한 시뮬레이션 수행을 제공함과 동시에 몇몇 상용 프로그램도 가능하게 하였다. 분석 모델은 시뮬레이션에서 첫 번째 단계로 사용되는, 종종 실험적 기반의 파라미터도 포함하는 수식을 제공한다. 카버(Carver)와 밍크(Mink)에 의해 제시된 이 모델[2]은 여전히 훌륭한 시작점으로 남아 있다. [H.6: *Ant. Eng. Hdbk.*, 4th ed., Chap. 7; H.6: Balanis, Ed., Chap. 4; H.8.4: Lee and Chen, Chap. 5]에서 밝힌 최근의 발전은 독창적인 결과물과 정확한 수식의 증가를 보여 주었다. 두 가지 대표적인 분석 모델은 전송선 모델과 공동 모델이다. **전송선 모델**(transmission line model)은 패치에서 $y$ 방향으로 균일한 장을 가지는 일차원 모델이며, 패치를 각각의 능가 병렬 슬롯 어드미턴스를 가지는 두 개의 병렬 방사 슬롯으로 가정한다. **공동 모델**(cavity model)은 직사각형 패치에 국한되지 않고 일차원적 변화에 제한이 없으므로 전송선 모델보다 좀 더 일반적으로 사용될 수 있다. 공동 모델은 모드별 장의 합을 통해 모든 패치 내부의 장 변화를 고려한다. $TM_{10}$ 모드는 직사각형 패치의 몇몇 파라미터를 포함하는 전송선 모드와 동일하며, 뒤에 보인 수식을 발전시키기 위해 사용되었다. 대략 $0.02\lambda$보다 커지는 $t$와 높은 유전율에 대해서 정확성은 떨어진다. 설계 수식은 공진 패치 길이를 고려했을 때 좀 더 정확해진다.

$$L = 0.5\frac{\lambda}{\sqrt{\varepsilon_r}} - 2\Delta L \tag{11-2}$$

여기서 $\Delta L$은 **프린징 길이**(fringing length)이며 다음과 같이 주어진다.

$$\Delta L = 0.412\,\frac{(\varepsilon_{re}+0.3)\left(\dfrac{W}{t}+0.264\right)}{(\varepsilon_{re}-0.258)\left(\dfrac{W}{t}+0.8\right)}\,t \tag{11-3}$$

여기서 $\varepsilon_{re}$는 **유효 유전율**(effective dielectric constant)이며 다음과 같이 주어진다.

$$\varepsilon_{re} = \frac{\varepsilon_r+1}{2} + \frac{\varepsilon_r-1}{2}\left(1+\frac{10\,t}{W}\right)^{-0.5} \tag{11-4}$$

양쪽 가장자리에서의 프린징 전장으로 인한 전체 프린징 길이 $2\Delta L$은 공진을 위해 반 파장에서 줄어드는 패치 길이의 양이다. 달리 얘기해 본다면, $\Delta L$은 유효 패치 길이를 형성하는 각각의 가장자리에 추가되는 양이다. $\Delta L$은 대략 선형적으로 기판의 두께에 비례하며, 이는 식 (11-3)에서 확인할 수 있다. 이것은 두께가 증가하면서 전장도 더욱 연장되기 때문이다. 예로서, 주파수 10 GHz에서 2.2의 $\varepsilon_r$을 가지는 $0.01\lambda$ 두께의 기판에 대하여 앞서 보인 세 개의 수식으로부터 $L = 0.98$ cm라는 결과를 얻을 수 있다. 이는 0.99 cm로 주어지는 근사 수식 (11-1)과 거의 일치됨을 보여 주는 것이다.

마이크로스트립 안테나의 방사패턴은 패치로부터 브로드사이드 방향의 단방향 지향성을 가지기 때문에, 그림 11-1의 직사각형 패치는 $z$ 방향으로 최대 빔을 가질 것이다. 우리는 여기서 직사각형 패치를 위한 근사 패턴 수식을 유도하기 위한 안테나 이론을 적용해 본다. 먼저 우리는 마이크로스트립 급전선은 방사하지 않을 것으로 가정하는데, 그 이유는 패치는 파장에 비해 큰 반면 마이크로스트립 전송선의 윗면 도체의 폭은 파장에 비해 작기 때문이다. 따라서 마이크로스트립 전송선의 윗면도체의 두 면에서의 전장은 그림 11-1$c$에서 보였듯이 $y$ 방향을 기준으로 서로 반대 방향이다. 이러한 프린징 전장으로부터의 방사는 원거리에서 서로 상쇄되는데, 그 이유는 서로 반대 방향의 장으로부터 원거리에 이르는 거리가 거의 같고 반대 방향으로 인한 180°의 위상차이를 가지기 때문이다. 하지만 이러한 조건은 패치에서는 다르다. 두 방사 슬롯의 전송선 모델 관점은 가장자리에서 개방회로인 반 파장 전송선으로 동작하는 패치와 접지면 사이의 공간을 포함하는 직사각형 패치의 방사패턴을 알아내는 데 유용하다. 그림 11-1$b$는 패치 내부의 정재파와 관련된 전장 선을 보여주고 있다. 전장 선은 경계조건에 의해 도체에 수직이며, 병렬 평판 커패시터에서의 전장 선과 매우 유사하다. 양 끝단의 프린징 전장은 $z > 0$인 위의 반공간으로 방출된다. 다른 안테나와는 달리 이 프린징 전장만 방사에 영향을 미친다. 양 끝단의 반 파장(유전체에서) 차이는 그림 11-1$b$에서 보였듯이 패치의 왼쪽과 오른쪽 절반에서 반대 방향의 전장을 생성시킨다. 따라서 양 끝단에서의 프린징 전장은 180°의 위상차와 동일한 진폭을 가진다. 하지만 그림 11-1$c$에서처럼 위에서 보면, 반 파장의 차이는 다시 동위상의 프린징 전장을 제공함으로써, 결과적으로 패치의 브로드사이드 방향으로 방사를 보강시킨다. 방사는 가장자리에서 연장되는 전장을 갖는 방사 슬롯 개구면으로서 역할을 하는 두 개의 가장자리로 가정하거나 등가 자기 전류를 이용함으로써 계산될 수 있다. 우리는 후자의 것을 이용하도록 한다.

등가 자기 표면 전류는 프린징 전장 $\mathbf{E}_a$와 $\mathbf{M_S} = 2\mathbf{E}_a \times \hat{\mathbf{n}}$을 이용하여 식 (2-23)으로부터 구해진다. 상수 2는 작은 $t$에 대한 도체 접지면(그림 9-4$c$ 참조)에서의 자기 전류의 영상으로부터 추출된다. 패치에 수직인 방향이 $z$ 방향일 때 원거리 성분(연습문제 11.2-12 참조)은 다음과 같다.

$$E_\theta = E_o \cos\phi f(\theta,\phi) \tag{11-5a}$$

$$E_\phi = -E_o \cos\theta \sin\phi f(\theta,\phi) \tag{11-5b}$$

여기서

$$f(\theta,\phi) = \frac{\sin\left[\dfrac{\beta W}{2}\sin\theta\sin\phi\right]}{\dfrac{\beta W}{2}\sin\theta\sin\phi}\cos\left(\frac{\beta L}{2}\sin\theta\cos\phi\right) \tag{11-5c}$$

이고, $\beta$는 자유공간 위상 상수이다. 식 (11-5$c$)에서의 첫 번째 성분은 $y$ 방향으로 폭 $W$인 균일 선전원의 패턴 성분이다. 두 번째 성분은 식 (3-71)에서 볼 수 있듯이 가장자리 슬롯을 나타내는 $x$축을 따라 존재하는 소자 배열에 대한 배열 성분이다. 방사된 전장은 급전을 포함하는 면의 선형적 편파를 가지는데 그 이유는 그림 11-1에 나타낸 전원 전장이 $xz$ 면에 편파를 가지고 $E$ 평면을 생성하기 때문이다. 식 (11-5)로부터 주평면 패턴은 다음과 같이 정리된다.

$$F_E(\theta) = \cos\left(\frac{\beta L}{2}\sin\theta\right) \qquad E\text{ 평면}, \phi = 0° \tag{11-6a}$$

$$F_H(\theta) = \cos\theta \frac{\sin\left[\frac{\beta W}{2}\sin\theta\right]}{\frac{\beta W}{2}\sin\theta} \qquad \textit{직사각형 패치 안테나 주평면 패턴} \quad H \text{ 평면}, \phi = 90° \tag{11-6b}$$

이 간단한 $H$ 평면 패턴 수식은 방사 가장자리를 따라 존재하는 균일 전장을 가지는 대칭의 정재파에 근거를 두고 있다. 결과적으로 교차편파 장은 없는 것으로 보이지만 실제적으로는 교차편파가 마이크로스트립 안테나에서 또한 중요한 요소이다.

공진형 직사각형 패치의 가장자리에서 입력 임피던스는 100~400 Ω 범위를 가진다. 공진형 가장자리 급전 패치의 입력 저항(공진 시 리액턴스는 0)에 대한 근사식은 다음과 같다[3].

$$Z_A = 90\frac{\varepsilon_r^2}{\varepsilon_r - 1}\left(\frac{L}{W}\right)^2 \Omega \quad \textit{반 파장 직사각형 패치 안테나} \tag{11-7}$$

이 수식은 패치의 폭이 증가하면 입력 저항은 줄어듦을 보여 주고 있다. 예를 들면 2.2의 $\varepsilon_r$을 가진 유전체에 대해, 패치 폭 대 길이비 $W/L$이 1일 때 입력 저항은 363 Ω이 된다. 50 Ω의 입력 저항을 얻기 위해서는 매우 넓은 2.7의 $W/L$을 적용하는 것이 필요하다.

마이크로스트립 안테나와 같은 협대역 안테나는 연결되어 있는 전송선과 임피던스 정합을 이루는 데 있어 제한을 받는다. 동작 주파수가 공진을 벗어날수록 패치의 입력 임피던스는 빠르게 증가하며 큰 부정합을 야기한다. 마이크로스트립 안테나의 효율은 임피던스 부정합이 줄어듦에 따라 증가하며, 이는 대역폭의 광대역화를 통해 얻어진다. 대역폭에 대한 실험적 수식은 다음과 같다[3].

$$B = 3.77\frac{\varepsilon_r - 1}{\varepsilon_r{}^2}\frac{W}{L}\frac{t}{\lambda} \qquad t \ll \lambda \quad \textit{직사각형 패치 대역폭} \tag{11-8}$$

여기서 $B$는 VSWR ≤ 2 조건을 만족시키는 공진 주파수에 대한 중심주파수 비대역폭이다(식 (7-1) 참조). 예를 들어 2.2의 $\varepsilon_r$을 가지는 0.02$\lambda$ 두께의 유전체 기판에 대한 $W/L = 1$인 정사각형 패치의 대역폭은 0.019 또는 1.9%이다. $t = 0.15\lambda$보다 큰 두께에 대해서는 식 (11-8)의 정확도가 떨어지며, 참고문헌 [3]에서 보였듯이 좀 더 정확한 모델이 사용되어야 한다. 식 (11-8)로부터 대역폭은 유전체 두께나 패치의 폭을 증가시킴으로써 확장될 수 있음을 알 수 있다.

마지막으로 중요한 파라미터는 유전체와 도체 손실, 표면파, 그리고 교차편파 등으로부터 발생되는 손실을 의미하는 방사효율 $e_r$(종종 효율로 언급되는)이다. 방사효율에는 임피던스 부정합에 의한 손실은 포함되지 않으며, 공진에서 이 손실을 없애기 위해 아래에 논의된 임피던스 정합 기법 중 하나가 주로 사용된다. 방사효율은 두께가 얇고 낮은 유전율을 가진 기판에 대해 95% 정도가 되며, 유전체 두께의 증가로 그 값이 감소한다, 수식 관련은 참고문헌 [3]과 [4], 그리고 기판 특성의 함수로서의 효율 값에 대해서는 [H.6: *Ant. Eng. Hdbk.*, 4th ed., Fig. 7-8]을 참조하라.

마이크로스트립 안테나의 설계 과정은 어떤 값(종종 50 Ω)의 입력 임피던스를 가지거나, 지정된 대역폭을 확보하거나, 높은 효율을 가지는 것과 같은 성능 최적화에 초점을 맞춘다. 첫 번째 단계는 식 (11-1)을 이용한 동작 대역의 중심 주파수에서의 공진을 위한 패치의 길이 $L$을 찾는 것이다. 다음은 원하는 입력 임피던스를 얻기 위해 식 (11-7)을 풀거나 원하는 대역폭을 얻기 위해 식 (11-8)을 풀어 패치의 폭을 알아내는 것이다. 만약 고효율의 마이크로스트립 안테나를 설계하고자 한다면,

다음과 같은 폭을 선택하면 된다[H.8.4: Bahl & Bhartia, p. 57].

$$W = \frac{\lambda}{2}\left[\frac{\varepsilon_r + 1}{2}\right]^{-1/2} \quad \textit{고효율을 위한 패치 폭} \tag{11-9}$$

이 수식은 공진 조건에서 계산된다. 길이는 식 (11-2)에서 (11-4)까지의 더 정확한 수식이나 시뮬레이션 코드를 이용해 다시 계산된다. 마이크로스트립 안테나의 컴퓨터 시뮬레이션 알고리즘은 전체 전파 해법(full-wave solution)으로 자주 불리는 해법을 이용하며, 이는 맥스웰 방정식에 포함된 모든 파의 작용을 고려하기 때문이다. 모멘트법(제14장 참조)이 마이크로스트립 안테나 시뮬레이션에 자주 사용되는 해법이며, 유한요소법과 시간영역 유한차분법(제15장 참조) 또한 사용된다. 사용 가능한 상용 마이크로스트립 안테나 코드를 원한다면 [H.6: Balanis, Ed., p. 175]를 참조하라. 전체 전파 해법은 다른 모델들보다 더욱 강력한 성능을 가지며, 특이한 구조, 급전부 세부사항, 물질 특성 등도 처리할 수 있다. 결과는 입력 임피던스와 패턴(동일 그리고 교차편파) 등을 포함한다. 하지만 가장 최신의 계산 기기조차도 시뮬레이션에 어느 정도의 시간을 필요로 하며, 특히 배열에서는 더욱 그렇다. 이러한 이유로 근사 모델은 첫 번째 시도로서 그리고 시뮬레이션 결과를 검증하는 데 있어 여전히 중요하다. 설계 단계는 원하는 동작 대역, 임피던스, 이득 등을 맞추기 위해 $\varepsilon_r$, $t$, $W$, 그리고 $L$의 파라미터 값에 대한 계산을 반복적으로 수행한다. 시뮬레이션과 프로토타입 하드웨어에 대한 측정은 주로 마지막 설계의 검증 단계이다.

### 예제 11-1 반 파장, 정사각형 마이크로스트립 패치 안테나[1]

정사각형 반 파장 패치가 $\varepsilon_r = 2.35$, $t = 0.114$ cm 두께의 기판에서 주파수 3.03 GHz ($\lambda = 9.9$ cm)에서 공진이 일어날 수 있도록 설계되었다. 패치 크기는 식 (11-1)로부터 아래와 같이 구해질 수 있다.

$$L = W = 0.49\frac{\lambda}{\sqrt{\varepsilon_r}} = 0.49\frac{9.9}{\sqrt{2.35}} = 3.165 \text{ cm} \tag{11-10}$$

이 값은 식 (11-2)에서 (11-4)까지의 더 정확한 수식으로부터 나온 $L = 3.11$ cm 값에 매우 근접한다. 그림 11-2는 주파수 함수에 대한 측정된 입력 임피던스를 보여 주고 있다. 공진 주파수(여기서 리액턴스는 그림 11-2*a*에서 보였듯이 0이다)는 3.01 GHz이며 이는 설계 주파수 3.03 GHz에 잘 맞는 것을 알 수 있다. 그림 11-2*b*로부터, 3.01 GHz의 공진 주파수에서의 측정된 입력 저항은 316 Ω이며, 이는 식 (11-7)로부터 계산된 369 Ω과 비교될 수 있다. 또한 그림 11-2에 나타낸 값들은 카버와 밍크[2]의 공동 모델과 모멘트법 시뮬레이션을 이용해 계산되었다. 시뮬레이션과 측정 사이의 완벽한 일치에 주목하라. 식 (11-8)로부터 대역폭은 1.1 %이다. 식 (11-6)으로부터 계산된 방사패턴이 그림 11-3에 측정값과 함께 표시되었고, 간단한 이론을 통해 얻어진 결과와 측정을 통한 데이터가 잘 일치됨을 확인할 수 있다. $E$와 $H$ 평면의 빔폭은 각각 103°와 81°이며, 식 (4-56)을 이용해 6.9 dB의 지향성을 가짐을 확인할 수 있다.

---

[1] 측정과 시뮬레이션은 버지니아 공과대학교 안테나 그룹에 의해 수행되었다.

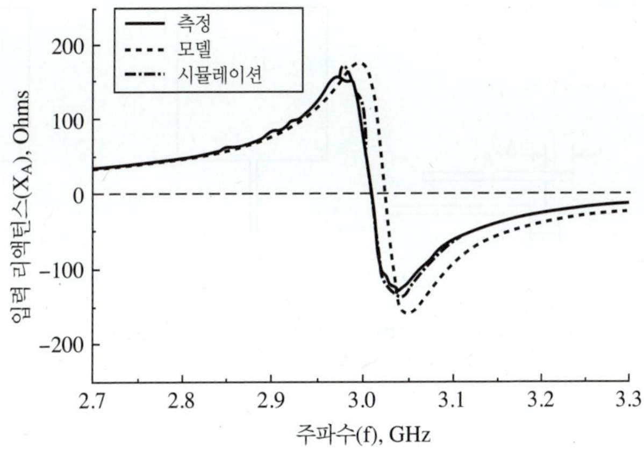


(*a*) 입력 리액턴스

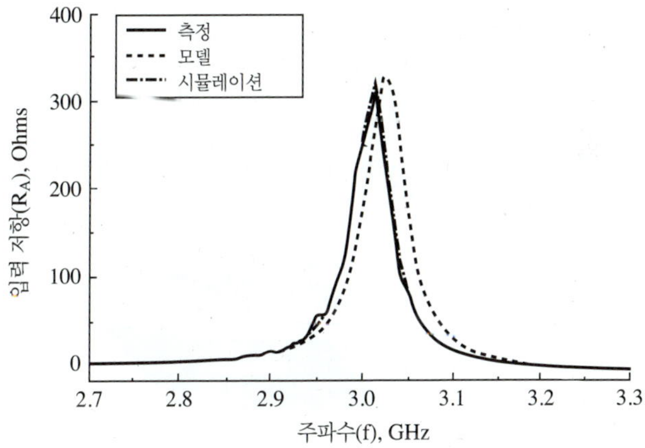


(*b*) 입력 저항

**그림 11-2** **주파수 함수에 대한 예제 11-1의 정사각형 마이크로스트립 안테나의 측정된 입력 임피던스.** 카버와 밍크의 공동 모델[2]과 모멘트법(MoM) 시뮬레이션으로부터 얻어진 계산값들도 함께 나타냈다.

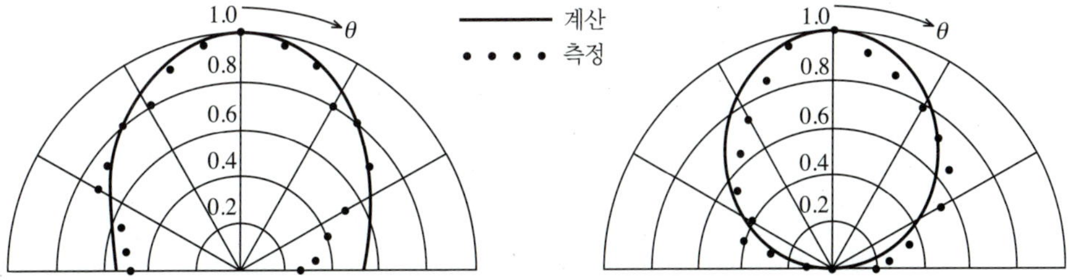


(*a*) *E* 평면 (*b*) *H* 평면

**그림 11-3** **예제 11-1의 정사각형 마이크로스트립 패치의 방사패턴:** 실선은 식 (11-6)을 이용해 계산된 것이고 점은 측정된 것이다.

그림 11-1의 직접적인 가장자리 급전과 더불어 패치를 급전하기 위한 주요 기술들이 그림 11-4에 나와 있으며 크게 세 그룹으로 분류될 수 있다: 직접 결합(*a*, *b*, *c*), 전자기적 결합(*d*, *e*, *f*), 또는

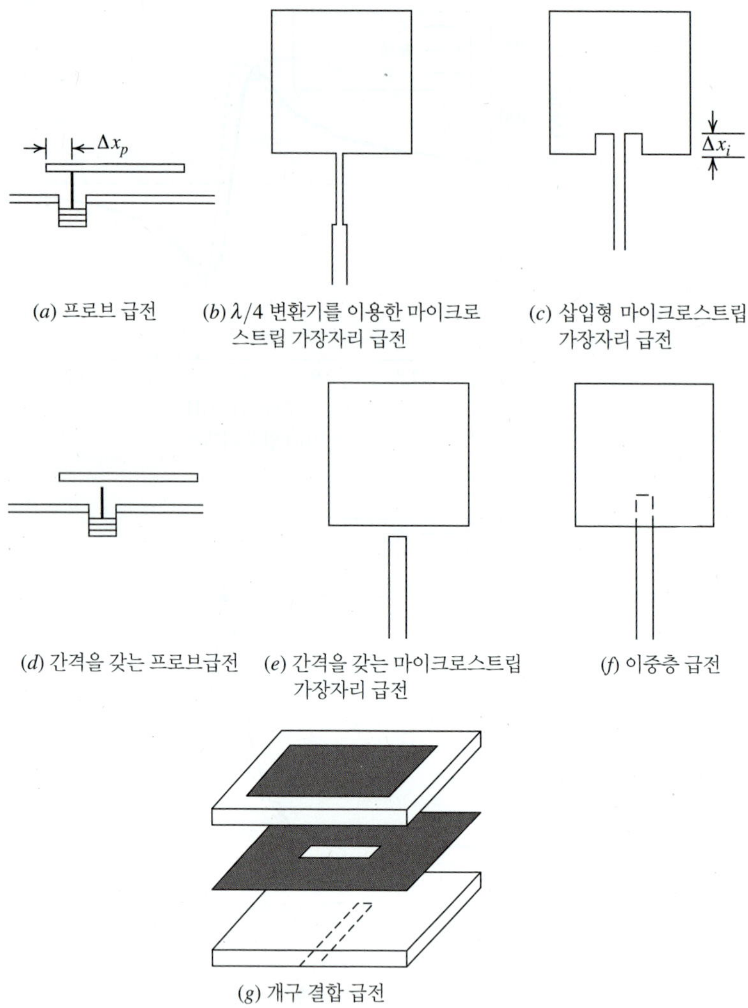


**그림 11-4** **마이크로스트립 패치 안테나 급전 방법.** 그림 11-1에 따라 (*a*), (*b*), (*c*)는 직접 급전이고 (*d*), (*e*), (*f*)는 전자기적 결합 급전이며 (*g*)는 개구 결합 급전이다.

개구 결합(*g*). 직접 결합법은 입력 임피던스의 조절에 제약이 따르지만 구성이 간단하다. 그림 11-1, 11-4*b*, 11-4*c*의 가장자리 급전법은 평판 박형 안테나 구현에 사용된다. 이러한 방법은 패치, 급전, 그리고 다른 급전 회로망 소자들을 단일 층에 모두 제작할 수 있어서 마이크로스트립 안테나의 배열에 매우 적합하다. 그림 11-4*a*의 프로브 급전은 패치 아래에서부터 연결된다. 직사각형 패치는 주로 그림 11-1에 나타낸 것처럼 *E* 평면의 패치 중심선을 따라 수직으로 급전된다. 이는 원하는 모드에 직교하는 2차 공진 모드의 여기를 방지하지만 과도한 교차 편파 레벨을 야기한다.

그림 11-1의 가장자리 급전을 이용한 패치의 입력 임피던스를 조절하는 유일한 방법은 패치 모양(*L*/*W*)을 바꾸는 것이다. 그림 11-4의 급전은 임피던스를 조절하는 데 있어 추가적 용이함을 제공한다. 그림 11-4*b*의 가장자리 급전 패치는 $\lambda/4$ **변환기**(quarter-wave transformer)를 포함하며, 이는 마이크로파 시스템에서 광범위하게 사용된다. 안테나 입력 임피던스 $Z_A$는 전송선로에서의 파장에

대한 $\lambda/4$ 전송선로부를 이용해 특성 임피던스 $Z_o$인 전송선로와 정합되며, 이때의 특성 임피던스는 다음과 같이 주어진다.

$$Z'_o = \sqrt{Z_A Z_o} \quad \lambda/4 \text{ 변환기} \tag{11-11}$$

여기서 임피던스는 실수값이다. 마이크로스트립 전송선로의 특성 임피던스는 스트립의 폭에 의해 좌우되며, 도선의 손실 저항은 식 (2-170)에서의 도선의 지름에 반비례한다. 즉 스트립이 넓어질수록 특성 임피던스는 작아진다.

그림 11-4*a*의 동축 프로브 직접 급전은 접지면에 연결된 커넥터의 중심 도선을 패치 위쪽 방향으로 더 길게 연장함으로써 간단히 구성된다. 임피던스는 프로브 연결 지점의 위치에 의해 조절될 수 있다. 그림 11-4*a*에 나타낸 바와 같이 패치 가장자리로부터 프로브까지의 거리 $\Delta x_p$가 증가할수록 입력 저항은 줄어들며, 다음과 같이 표현될 수 있다[3].

$$Z_A(\Delta x_p) = Z_A(\Delta x_p = 0)\cos^2 \frac{\pi \Delta x_p}{L} \quad \text{프로브 급전 패치} \tag{11-12}$$

여기서 $Z_A(\Delta x_p = 0)$는 식 (11-7)로 주어진다. 프로브 급전은 $t$가 $0.1\lambda$이거나 더 증가할 때 공진을 막는 인덕턴스가 생겨나는 단점이 있다. 또한 프로브 자체에서 방사가 일어나며, 더욱이 교차편파도 증가시킬 수 있다. 그림 11-4*c*의 삽입형 급전은 삽입 거리 $\Delta x_i$를 변화시킴으로써 입력 임피던스를 제어할 수 있다. 이에 대한 관련 수식은 코사인 함수의 제곱이 아닌 네제곱으로 그리고 $\Delta x_i$가 $\Delta x_p$에 위치하는 것을 제외하고는 식 (11-12)와 동일하다[5]. 변수와 실험에 의한 상수들을 갖는 코사인 제곱 함수를 이용한 좀 더 정확한 수식은 참고문헌 [6]에서 찾아볼 수 있다. 높은 유전율을 갖는 기판에서 요구되는 큰 입력 임피던스 변화는 깊은 삽입 깊이를 필요로 하며, 이것은 교차편파와 방사패턴의 모양에 영향을 미친다.

직접 급전은 협대역의 특성을 가지며, 이는 기판의 두께를 증가시킴으로써 확장된 대역폭을 가질 수 있다. 하지만 이는 또한 표면을 따라 가두어지는 표면파 전력을 증가시키는 단점을 가지기도 한다. **전자기 결합 급전**(electromagnetically coupled feed)(또는 근접, 비접촉, 간격 급전)은 패치에 접촉하지 않는 방식으로, 최소한 두 가지 설계 파라미터를 갖는다. 이 방식은 또한 식각(etching)에 의한 오차에 덜 민감하다는 장점이 있다. 그림 11-4*a*, *b*, *c*에 나타낸 각각의 직접 급전 방식에 대응되는 간격을 갖는 급전 방식이 각각 그림 11-4*d*, *e*, *f*에 나타나 있다. 그림 11-4*d*의 간격을 갖는 프로브 급전은 동축 케이블의 중심 도선을 연장시킨 프로브에서 급전된다. 프로브의 끝 부분과 패치 사이의 간격은 부분적으로 인덕턴스를 상쇄시키는 커패시턴스를 생성하여 더 두꺼운 기판을 사용할 수 있게 한다. 그림 11-4*e*의 간격을 갖는 마이크로스트립 급전은 평면형이고 식각하기 쉽다. 그러나 높은 유전율 설계에서 간격 거리가 매우 작아질 수 있다. 그림 11-4*f*의 이중층 급전은 첫 번째 층에 패치, 두 번째 층에 마이크로스트립 급전 회로망을 갖는 마이크로스트립 배열에 매우 유용하다.

안테나와 그것에 연결되어 있는 전송선은 서로 상충되는 목표가 있다. 안테나의 목표는 방사를 증대시키는 것이고 전송선의 목표는 전자기파를 선로에 결속시키는 것이다. 그림 11-4*g*에 나타낸 **개구 결합 급전**(aperture coupled feed)은 개선된 방사를 위해 낮은 유전율을 갖는 위 기판과 급전선에 전자기파를 결속하기 위해 높은 유전율을 갖는 아래 기판을 사용함으로써 이러한 상충을 잘 처리하고 있다. 이 기법은 또한 광대역 특성을 제공한다. 또 다른 장점으로 가운데 접지면이 패치와 급전 시스템을 분리시키는 역할도 한다.

### 11.2.2 다른 마이크로스트립 패치 안테나와 응용분야

다양한 패치 모양과 구조들에 대한 연구가 이뤄졌다. 직사각형 패치 다음으로 가장 일반적인 형태는 원형 패치일 것이다. 이 구조는 직사각형 패치보다 약간 작게 만들어질 수 있지만, 이득과 대역폭에 약간의 손실을 가진다[H.8.4: Waterhouse, p. 27]. 원형 패치에 대한 세부 분석에 관해서는 [H.8.4: Garg et al., Chap. 5]를 참조하라.

반 파장 직사각형 패치 마이크로스트립 안테나는 많은 응용분야, 특히 배열에 쓰이기에는 너무 크다. 대안으로 공진할 때 $L \approx \lambda_d/4$의 패치 길이를 갖는 $\lambda/4$ 패치 안테나(quarter-wave patch antenna)가 있으며 이 길이는 반 파장 패치의 절반이다. 동작 원리는 그림 11-1*b*에서 보여 준 것처럼 반 파장 패치의 중심에서 전장이 0인 점을 이용하는 것이다. 따라서 $x = 0$의 위치에 도체벽을 만들면 $x < 0$ 부분의 장은 거의 그대로 유지된다. 이후 단락 벽 오른쪽의 패치 절반($x > 0$에 대한)이 없어지므로 $\lambda/4$ 패치는 형성될 수 있다. 실제적으로 도체벽은 주로 단락 핀 또는 접지면과 패치 사이의 비아로 형성된다. 하나의 개방된 가장자리 방사로 인해 *E* 평면 패턴은 한 개의 슬롯 패턴과 같고, 반 파장 패치의 두 개의 슬롯 배열 효과는 없어져서 넓은 패턴을 갖게 된다. 이러한 넓은 패턴은 넓은 주사각을 갖는 위상배열에 쓰이는 단일 소자로서 안테나를 유용하게 한다. *H* 평면은 반 파장 패치의 패턴과 유사하다. 공진할 때 입력 방사 저항은 반 파장 패치 저항의 거의 두 배이다. 대역폭은 반 파장 패치보다 작아지고, 교차편파는 증가한다.

방사 가장자리의 중심에 단일 급전점을 갖는 마이크로스트립 안테나는 선형편파를 만든다. 원형편파 방사는 직교하는 가장자리에 두 개의 급전점과 그 급전점에 동일한 진폭과 90°의 위상차(앞서거나 뒤따르는 위상이 좌수 또는 우수 원형편파의 특성을 결정한다)를 인가하는 외부 도구를 갖는 정사각형 패치를 이용하여 만들 수 있다. 안테나의 편파에 대한 기본적인 내용은 2.8절을 참조하라. 이는 가장자리 또는 프로브 급전 둘 중의 하나로 얻어진다. 두 개의 급전점 방식은 또한 단일 패치로 이중 직교 선형편파를 만들어 내기 위해 사용될 수도 있다. 단일 급전점을 갖는 원형편파 패치 구성은 그림 11-5에서 확인할 수 있다. 이 원형편파 패치들은 대칭 구조에서 약간의 섭동에 의한 동일한 진폭과 90°의 위상차를 갖는 직교 모드의 내부적 생성으로 인해 동작한다. 많은 다양한 모양의 패치가 원형편파로 동작할 수 있지만, 변형된 정사각형 또는 원형 패치가 실제적으로 주로 사용된다. 이는 간단한 구조를 제공하지만 패치 임피던스 대역폭보다도 더욱 줄어든 협대역의 원형편파 대역폭(주로 3 dB 이하의 축비 대역폭)을 갖게 한다. 단일 원형편파 패치 안테나의 동작 원리는 그림 11-5*a*의 정사각형에 가까운 패치[$(L + \delta L) \times L$]를 반 파장보다 약간 길고 또 하나는 약간 짧

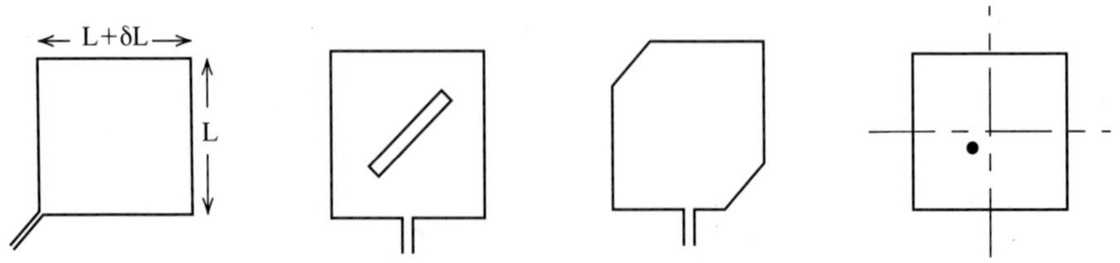


(*a*) 정사각형에 가까운 모서리 급전 패치 (*b*) 내부 슬롯을 갖는 정사각형 패치 (*c*) 모서리가 잘린 정사각형 패치 (*d*) 오프셋 프로브 급전 정사각형 패치

**그림 11-5** 원형편파 생성을 위한 마이크로스트립 안테나.

은 두 개의 직교하는 다이폴로 모델링하여 설명할 수 있다. 입력 리액턴스는 그림 6-6에서 언급된 것처럼 공진 시 각각의 면에서 다른 위상을 가진다. 이처럼 직교 패치 모드 임피던스는 위상차를 보일 것이며, 적절한 크기에서 방사장은 90°의 위상차를 가지게 될 것이다. 그림 11-5*b*에 나타낸 내부 슬롯을 갖는 패치 또는 그림 11-5*c*의 모서리가 잘린 정사각형 패치도 원형편파를 만들어 낸다. 그림 11-5의 첫 3종류의 안테나는 가장자리 급전 형태이고, 그림 11-5*d*에 나타낸 마지막 구조는 중심에서 벗어난 프로브 급전 패치이다. 이는 패치 아래로부터의 간결한 급전으로 인해 매우 대중적으로 사용된다. 원형편파 패치에 대한 자세한 동작과 설계 데이터는 [H.9.1: Hirasawa and Haneishi, Sec. 4.5]를 참조하라.

마이크로스트립 안테나는 우수 원형편파를 사용하는 위성 측위 시스템(GNSS: global navigation satellite system) 신호를 수신하는 데 사용되는 주 안테나이며, 작은 크기와 저가의 특성으로 인해 사용에 적합하다. 협대역의 신호를 사용하므로 안테나의 협대역 특성은 크게 제한받지 않는다. 예를 들면 GPS L1 주파수는 1565~1585 MHz의 대역을 사용하며, 20 MHz 또는 1.3%의 대역폭을 차지한다. 소형화를 위해서 기판은 20 또는 36의 유전율을 갖는 세라믹으로 만든다. 정사각형에 가까운 패치에 프로브 급전을 사용하는 형태가 일반적이다. 식 (11-1)에서 $\varepsilon_r = 36$을 대입하면, 대략 15 mm의 패치 길이를 가질 수 있다. $\varepsilon_r = 2.2$를 대입하면, 63 mm의 패치 길이를 얻는다. 이는 4.2배 긴 길이를 가지는 것이며, 대부분의 응용분야에 사용되기에는 너무나 큰 수치이다. 이 경우에 높은 유전율을 가지는 패치는 일반적인 패치 안테나 면적의 6%도 채 되지 않는 면적을 가진다. GPS 패치 안테나의 이득은 두 가지 이유로 일반적인 패치안테나의 이득보다 낮다. 첫 번째로 작은 안테나 크기는 주평면에서의 빔폭을 증가시켜서 넓은 범위에 대하여 위성으로부터 수신이 가능해지는 장점과 동시에 낮은 지향성을 갖게 한다. 두 번째로 세라믹은 손실을 가지고 있으므로 70%대의 방사효율을 초래한다. 세라믹 패치 GPS 안테나의 일반적인 이득은 5 dB 정도이다. 휴대전화에서 사용되는 GPS 안테나는 크기 제약을 받는다. PCB에 모노폴을 실장하는 것이 한 가지 방법은 될 수 있겠으나, 이득이 매우 낮고 선형편파와 원형편파 사이의 부정합으로 인한 3 dB의 추가적 손실이 발생할 수 있다. 마이크로스트립 안테나는 휴대전화에 사용되지만 작은 접지면으로 인한 수 dB의 이득 손실을 갖는다. GNSS 시스템은 다중대역을 통해 송신하기 때문에 다중대역 수신 안테나가 종종 요구된다. 이를 위한 일반적인 접근법은 낮은 내역에서 공진하는 패치의 윗면에 높은 대역의 작은 패치를 겹쳐 쌓는 것이다. 이에 대한 설계법은 [H.9.1: Kumar, Sec. 5.5]를 참조하라.

마이크로스트립 안테나는 접지면에 의해 많은 성능 변화를 가지며, 우리는 지금까지 접지면이 무한히 크고 이상적인 도체라고 가정해 왔다. 많은 응용분야에서 사용가능한 접지면 크기는 제한적이고 성능은 그것을 따른다. 일반적으로 접지면이 수 파장의 크기를 가질 때 패턴은 영향을 받지 않는다. 접지면이 패치 크기보다 두 배 더 커질 때, 임피던스는 영향을 받지 않는다. 만약 접지면이 패치 크기보다 각 방향으로 모두 $\lambda/20$ 이상 더 크다면, 공진 주파수는 증가되지 않을 것이다[H.8.4: Garg et al., p.295]. 유한한 접지면에 대해서 패턴은 접지면 가장자리로부터의 간섭 회절로 인해 리플을 가질 것이다. 무한한 접지면의 패턴과 비교할 때 엔드파이어 방향에 대해서 가장 심하게 발생하며, 이는 접지면 뒤로 심한 방사를 초래할 것이다. 교차편파 레벨도 또한 증가된다.

마이크로스트립 안테나, 소자, 배열은 비평판형 응용분야에서도 일반적으로 쓰인다. 널리 쓰이는 대표적 예로는 자동차의 겉 표면과 같은 굽은 표면에 사용되는 유연한 재료에 인쇄된 마이크로스트립 안테나로서 두루마리 안테나(wrap-around antenna)로 종종 불리기도 한다[7]. 두루마리 형태의 마이크로스트립 안테나는 등각 안테나가 필수적으로 사용되어야 하는 항공기, 미사일, 로켓 등에 매우 적합하다. 비평면 마이크로스트립 안테나에 대한 몇몇 주제에 대해서는 [H.8.4: Wong, *Design of Nonplanar Microstrip Antennas and Tr. Lines*]를 참조하라. 마지막으로 마이크로스트립 안테나는 밀리미터파 응용분야(30 GHz 이상)에도 사용되고 있다. [H.8.4: Bhartia et al.]을 참조하라.

### 11.2.3 광대역 마이크로스트립 패치 안테나

마이크로스트립 안테나의 가장 큰 한계인 협대역을 극복하기 위한 집중적인 연구와 개발을 통해 몇 가지 광대역 설계법이 제시되었다. 마이크로스트립 안테나는 본질적으로 협대역이므로, 대략 10% 또는 그 이상의 대역폭을 가질 때 광대역 패치 안테나로 정의한다. 여기서 우리는 광대역 마이크로스트립 안테나의 기법을 살펴보기로 한다. 다음의 참고문헌에서 이를 종합적으로 다루었다: [H.8.4: Bancroft; Kumar and Ray; Wong, *Compact and Broadband Micro. Ant.*; Garg et al., Chap. 9; Waterhouse, Chap. 3; Pozar and Schaubert, Chap. 4], [H.8.3: Chia and Chen], [H.6: Godara, Sec.6.4]. 식 (11-8)을 통해, 직사각형 패치 소자의 대역폭은 유전체 두께의 증가를 통해 확장될 수 있음을 알 수 있다. 이 간단한 방법을 통해 $0.15\lambda_d$의 두께를 갖는 기판에 대하여 20% 정도의 대역폭은 충분히 얻어질 수 있다[8]. 하지만 두꺼운 마이크로스트립 안테나는 급전부의 큰 방사(프로브 또는 가장자리 급전)를 가져와 과도한 교차편파 특성과 높은 급전 인덕턴스(프로브 급전) 성분을 초래한다. 특히 배열 구조에서, 표면파 생성은 부엽과 교차편파 증가의 원인이 된다.

두꺼운 기판으로 인한 인덕턴스 성분은 커패시턴스를 추가하여 상쇄시킬 수 있다. 그림 11-4*d*에 나타낸 간격을 갖는 급전에 의한 패치와 그림 11-5*b*에 나타낸 내부 슬롯을 갖는 패치는 이러한 조정 효과를 보여 준다. 내부 슬롯을 가지는 직사각형 패치는 7% 대역폭을 제공할 수 있다[H.8.4: Bancroft, Sec. 4.2]. 패치 모양의 최적화를 통해 8%의 대역폭을 갖기도 한다[H.8.4: Bancroft, Sec. 4.3]. 일반적인 패치에서 패치 가장자리와 접지면 사이에 단락 핀 또는 낮은 저항값을 갖는 칩 저항을 추가함으로써 대역폭은 10% 정도로 증가한다[H.8.4: Wong, *Compact and Broadband Microstrip Ant.*, Sec. 1.3]. 단락 핀은 또한 마이크로스트립 안테나의 크기를 줄이기 위해 사용될 수 있다[H.8.4: Waterhouse, Chap. 5]. 패치를 구불구불하게 미앤더링(meandering)함으로써 전류의 경로는 확실히 길어지고 이로 인해 패치의 크기는 또한 줄어들 수 있다[H.8.4: Wong, *Compact and Broadband Microstrip Ant.*, Sec. 2.3].

아주 넓은 광대역은 주로 같은 평면 또는 겹쳐 쌓여진 패치 같은 기생 소자를 이용해 이중 조정 효과를 가짐으로써 구현된다. 방사 패치의 같은 평면에 위치하는 기생 패치[H.8.4: Waterhouse, Sec. 3.3]를 통해 20%의 광대역 특성이 얻어질 수 있지만, 공간이 허락치 않는다면 이 설계법은 구현할 수 없다. 하지만 몇몇 겹쳐 쌓여진 패치 설계 법은 광범위하게 사용된다. 그림 11-6의 두 가지 일반적인 겹쳐 쌓여진 패치 안테나는 전자기적 결합과 개구 결합을 이용한 겹쳐 쌓여진 형태이다. 두 구조는 아래 기판과 위 기판으로 구성되어 있으며, 주로 높은 유전율을 갖는 아래 기판의 아랫면에는 급전부가, 윗면에는 패치가 존재하고, 위 기판의 윗부분에 또 다른 패치가 위치하는 형태를 가지고 있다. 겹쳐 쌓여진 마이크로스트립 안테나는 전체 두께의 증가, 유효 유전율의 감소, 그리고 다중 공진 특성으로 인해 단일 패치보다 증가된 대역폭을 가진다. 그림 11-6*a*의 전자기적 결합을 통한 겹쳐 쌓여진 패치 안테나는 두개의 기판층($\varepsilon_{r1}$과 $t_1$을 갖는 아래 기판과 $\varepsilon_{r2}$와 $t_2$를 가지는 위 기판)과 그 사이에 공기 또는 폼(form)으로 채워진 두께 $g$의 간격으로 구성되어 있다. 아래 패치는 직접 급

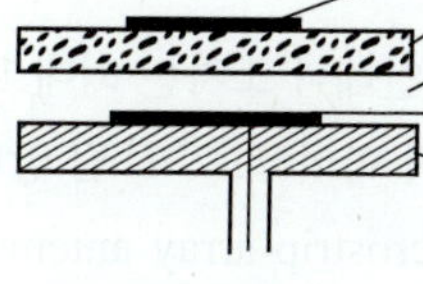


(*a*) 전자기적 결합을 통한 겹쳐 쌓여진 패치

(*b*) 개구 결합을 이용한 겹쳐 쌓여진 패치
(각각의 층은 분리되어 보인다.)

**그림 11-6** **광대역 동작을 위한 겹쳐 쌓여진 마이크로스트립 패치 안테나.**

전 형태이고, 위 패치는 아래 패치로부터의 기생적 급전 형태이다. 위 패치는 아래 패치보다 약간 작으며, 두 개의 연관된 공진 주파수는 서로 가까워서 결과적으로 광대역 효과를 갖도록 한다. 간격이 없을 때($g = 0$), 8%의 대역폭이 확보된다. 즉 간격이 두께를 증가시켜 결과적으로 대역폭을 확장시킨다. 20%의 대역폭을 가지는 설계에 대하여 간격이 있을 때와 없을 때의 이득은 각각 6.8 dB와 8.3 dB 를 가지는 것으로 보고되었다[H.8.4: Kumar and Ray]. 이 정사각형 모양의 겹쳐 쌓은 패치는 $-25$ dB 이하의 교차편파를 가진다.

그림 11-4*g*의 개구 결합 패치 안테나는 방사 패치를 급전하기 위해 개구를 갖는 금속성의 층을 이용한다. 그림 11-6*b*의 **개구 결합을 이용한 겹쳐 쌓여진 패치**(종종 개구를 이용한 겹쳐 쌓여진 패치로 불리는)는 더욱 넓어신 대역폭을 확보하기 위해 두 개의 패치와 함께 또 다른 공진기로 동작하는 개구층을 사용한다. 제대로 설계한다면, 거의 70%에 육박하는 대역폭을 얻을 수 있다[9]. 파라미터 절충에 관한 면밀한 분석은 [H.8.4: Kumar and Ray]에 잘 나타나 있다. 종합해 볼 때, 겹쳐 쌓여진 패치안테나는 전체적으로 증가된 두께를 가짐으로 인해 단일 패치 안테나보다 넓은 대역폭과 높은 이득을 제공한다.

많은 응용분야들은 광대역 특성을 필요로 하지 않으며, 다중 협대역을 필요로 한다. 예를 들어 GNSS 위성 항법 수신 장치는 두 개 또는 그 이상의 협대역을 사용한다. 지상용 무선(셀룰러 전화기) 단말 장치는 다중대역을 갖는 소형 안테나를 필요로 한다. 또한 WLAN 단말 장치도 마찬가지이다. 다중 공진을 갖는 마이크로스트립 안테나는 작고, 저렴한 해결책을 제시한다. 이중대역 마이크로스트립 안테나를 얻기 위한 가장 간단한 방법은 패치 길이의 비에 거의 일치하는 공진 주파수 특성을 갖는 직사각형 패치 같은 단일 패치에 직교하는 모드를 두 개의 급전을 통해 여기시키는 것이다. 하지만 낮은 교차편파를 얻기는 어려울 것이다. 다중대역 패치를 얻기 위한 다른 방법은 다중 패치나 리액티브 부하를 사용하는 것이다. 세부 설계는 다음을 참조하라: [H.8.4: Bancroft, Chap. 5; Kumar and Ray, Chap. 7], [10].

## 11.3 마이크로스트립 배열

마이크로스트립 안테나와 같은 박형 안테나 소자는 최대 10 dB의 이득을 가진다. 많은 응용분야들은 고이득 박형 안테나를 필요로 하며 마이크로스트립 안테나의 배열이 유용한 해결책이 될 수 있다. **마이크로스트립 배열 안테나**(microstrip array antenna)는 동일한 단일 인쇄회로 기판에 방사체와 급전 회로망을 동시에 인쇄할 수 있다. 안테나 기술도 저주파 전자기기의 기술과 유사하게 완전 집적 방향으로 발전하고 있다. 고도화된 군용 레이더 개발을 위한 노력의 결과로 위상 주사 마이크로스트립 배열은 같은 기판에 증폭기, 위상천이기, 그리고 다른 소자들을 제작할 수 있는 MMIC (monolithic microwave integrated circuit) 기술로 생산될 수 있다. 특히 큰 배열을 위해 분산형 소자를 이용하는 기존의 배열 기술을 집적된 부분조립으로 대체함으로써 하드웨어적 공간과 개발 비용을 줄일 수 있다.

마이크로스트립 배열 안테나는 많은 형태로 배열이 가능하다. 마이크로스트립 배열은 방사소자와 급전 회로망이 저가의 인쇄기술을 이용한 단일 인쇄회로 기판에 제작될 수 있어 고정 위상배열에 많이 사용된다. 고정 빔 응용에서 소자 간 거리는 그레이팅 로브(grating lobe)를 피하기 위해 자유공간 파장($\lambda$)보다는 작게, 상호결합을 줄이고 주어진 소자 개수에서 최대 이득을 얻으며 급전선 간에 충분한 공간을 확보하고자 $\lambda/2$ 이상이 되도록 선택한다. 상호결합 효과는 배열 구조, 간격, 주사 범위에 따라 결정된다. 그림 8-27을 보면 마이크로스트립 소자의 능동 소자 패턴이 매우 유사한데 이는 $0.57\lambda$ 떨어진 마이크로스트립 패치에서 상호결합은 문제가 되지 않는다는 사실을 보여준다. 최대 주사각을 증가시키기 위해서는 주사 배열에서의 배열 소자 간의 간격은 고정 빔 배열의 간격보다 더 줄여야 한다. 8.9.1절을 참조하라.

다른 배열과 마찬가지로 마이크로스트립 배열 형태는 선형이나 평면, 등각이 될 수 있고, 급전 시스템도 병렬, 직렬, 또는 혼합형이 될 수 있다. 그림 8-31을 참조하라. 직렬 급전은 공진형 또는 진행파형이다. 공진형 직렬 급전 마이크로스트립 배열에서 방사체 사이의 간격은 급전선을 따라 한 관내 파장의 배수 형태를 취하며, 이는 입력 및 반사파를 동위상으로 만들어 브로드사이드 빔을 갖게 한다. 공진형 배열 안테나의 대역폭은 주로 1% 이하의 협대역 특성을 가진다[H.6: Balanis, Ed., p. 170]. 진행파형 마이크로스트립 배열 안테나는 배열의 끝에서 마지막 종단 소자나 부하를 통해 전력을 흡수하여 반사파를 제거한다. 결과적으로 방사체 사이의 어떠한 간격도 가능하게 하며 공진형 배열보다 넓은 대역폭을 가진다. 직렬 급전 배열을 위한 급전 회로망은 같은 수의 소자를 갖는 병렬 급전 배열보다 더욱 간단해질 뿐만 아니라 급전 회로망에서 줄어든 전체 도선의 길이로 인해 낮은 손실을 가진다.

각 소자가 모두 같은 길이를 가지는 병렬 급전 배열은 직렬 급전 배열보다 광대역 특성을 가진다. 병렬 급전 회로망에서 사용되는 연속적인 분기는 (특별한 전력분배기를 사용하지 않는 경우) 입력 임피던스를 낮춘다. 하지만 급전 회로망에서 마이크로스트립 전송선을 사용하면 적절한 임피던스를 유지시킬 수 있다. 실제로 마이크로스트립 급전 회로망은 배열 구현에 큰 장점을 가지는 평판형 급전 회로망에서의 임피던스 정합, 위상 조절, 그리고 진폭 감소 역할을 수행할 수 있다. 여기서 간단한 병렬 급전 회로망과 그림 11-7*b*에서 예시한 16개의 방사 소자로 구성된 평판형 배열을 4등분한 부배열 단위인 그림 11-7*a*의 $2 \times 2$ 배열을 이용한 임피던스 정합을 설명할 것이다. 부배열 4개 패치는 동일한 위상으로 여기되기 위해 부배열의 중심($C$ 지점)으로부터 동일한 길이를 가지는 마이크로스트립 전송선을 통해 가장자리에 급전된다. 입력 패치 임피던스는 $Z_A = 200\ \Omega$으로 선택

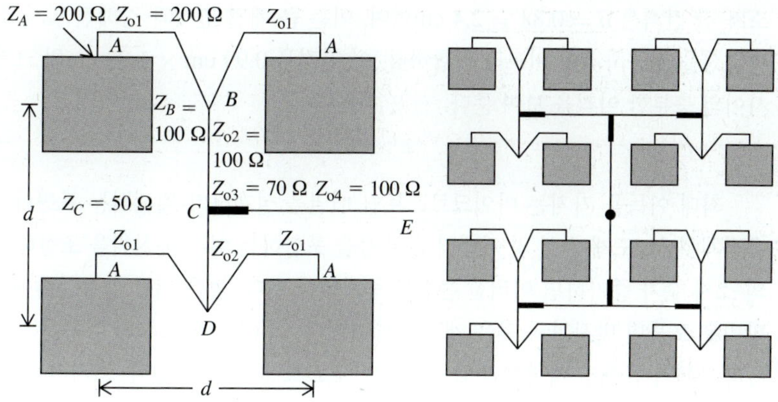


(*a*) 4소자 부배열 (*b*) 부배열을 이용한 16 소자 배열

**그림 11-7** **균일 진폭과 위상을 여기하는 급전 회로망을 갖는 평면 마이크로스트립 배열.**

한다. 패치에 붙여진(*A* 지섬) 마이크로스트립 급전선은 $Z_{o1} = 200\ \Omega$의 특성 임피던스를 가지고 있다. 이 선로는 패치 부하와 임피던스 정합되고 따라서 *B*와 *D* 지점에서 각각의 분기는 200 Ω을 유지한다.이 병렬 분기의 조합은 *B*와 *D* 지점으로 바라보는 100 Ω의 임피던스를 제공한다. 다시 정합을 위한 마이크로스트립 전송선이 사용되며 이때 $Z_{o2} = 100\ \Omega$이다. C 지점의 병렬 연결 부분은 50 Ω 특성을 제공한다. 4소자 배열만을 원한다면, 50 Ω 동축선을 이용한 프로브 급전은 *C* 지점에서 접지면을 통과해 전송선과 연결될 수 있다. 더 큰 배열을 위해서는 *C* 지점에서의 50 Ω 임피던스를 $\lambda/4$ 변환기를 이용해 *E* 지점에서의 100 Ω으로 변환한다. 필요한 특성 임피던스는 $Z_{o3} = \sqrt{Z_C Z_{o4}} = \sqrt{50 \cdot 100} = 70\ \Omega$이며, 이는 식 (11-11)에서 찾을 수 있다. 즉 $\lambda/4$ 길이를 가지는 $Z_{o3} = 70\ \Omega$ 선로 뒤에 임의의 길이를 가지는 $Z_{o4} = 100\ \Omega$ 선로가 뒤따른다. 그림 11-7*b*에 보이는 것처럼 더 큰 배열을 만들기 위해 부배열이 추가됨에 따라 이 임피던스 정합 패턴은 계속 반복된다. 이 설계를 통해 방사 소자에 동일 진폭이 여기될 수 있다. 만약 낮은 부엽을 가지기 위해 진폭 조절이 필요하다면, 양방향 분기점 다음에 방사 소자 쌍을 급전하기 위한 다른 특성 임피던스를 가지는 전송선이 뒤따른다[H.8.4: Bancroft, p. 156].

## 예제 11-2 16소자 마이크로스트립 패치 배열

이 배열 설계의 목표는 높은 이득을 얻는 데 있다. 이를 위해 각각의 방사체에 동일진폭과 위상을 여기하는 것이 필요하며, 저손실을 갖는 간단한 급전 회로망이 필요하다. 그림 11-7*b*의 구조가 박형 구조를 제공하는 이상적인 해결법이다. 동작 주파수는 10 GHz ($\lambda = 3$ cm)이고, 기판은 $\varepsilon_r = 2.2$를 갖는 유전체이다. 식 (11-1)로부터 패치길이는 $L = 0.49\lambda/\sqrt{\varepsilon_r} = 0.49 \cdot 3/\sqrt{2.2} = 0.99$ cm이다. 필요한 입력 임피던스는 200 Ω이므로 식 (11-7)이 패치의 폭을 결정하는 데 사용된다.

$$W = \sqrt{\frac{90\dfrac{\varepsilon_r^2}{\varepsilon_r - 1}}{Z_A}L} = \sqrt{\frac{363}{200}} \cdot 0.99 = 1.335\ \text{cm} \qquad \textbf{(11-13)}$$

소자 간 간격은 $d = 0.8\lambda = 2.4$ cm이며, 이는 큰 배열 면적과 정해진 방사 소자 수에 대하여 높은 지향성을 제공하기에 비교적 적합하다. 이 간격은 0.99 cm × 1.33 cm의 크기를 갖는 방사 소자들 사이의 충분한 이격을 보여 준다.

---

최대 이득을 가지는 마이크로스트립 배열을 설계하기 위해서는 표면파 손실, 불요 방사 손실, 유전체 손실, 도체 손실 및 커넥터 손실 등을 포함하는 여러 손실원을 조절하는 것이 필요하다. 배열의 소자 수가 증가하면 이러한 손실도 증가하게 된다. 높은 이득 응용분야에 적합한 일반적인 배열 방법은 포물면 반사판과 같은 개구 안테나이다. 식 (2-155)로부터 이득은 이러한 손실들, 방사효율 $e_r$의 효과가 곱해진 지향성과 같으며, $G = e_r D$로 표현될 수 있다. 여기서는 개구효율($\varepsilon_{ap}$)과 방사효율이 동일하도록 배열이 균일하게 방사된다는 것을 전제로 한다. 식 (9-79)를 참조하라. 반사판 안테나의 경우 불가피한 개구면 테이퍼와 넘침 손실은 있으나 방사효율은 거의 100%에 달한다. 단일 초점 급전 포물면의 개구효율은 개구 크기와는 상관이 없다. 방사 개구의 크기가 클수록 유전체 및 도체 손실이 증가하여 배열의 효율이 감소하게 되며 결국 동일 크기의 반사판 안테나의 효율보다도 낮아지게 된다. 배열과 반사판의 효율이 동일한 배열의 크기는 약 256 소자(16 × 16)이다. 이는 여러 측정치를 근거로 하는 이론적인 연구를 통해 도출되었다[11]. 그림 11-7과 유사한 배열을 구축하여 $N = 16, 64, 256, 1024$ 소자를 측정한 결과 각각 72%, 63%, 50%, 34%의 효율을 기록했다. 동일 개구 면적과 50% 개구효율을 갖는 반사판 안테나와 비교해서 고정위상 균일 방사 배열은 최대 256소자까지 같은 크기의 개구에서 더 큰 이득을 제공한다. 더 큰 개구면에 대해서는 반사판 안테나가 더 유용하다. 배열의 이득은 식 (8-113)의 최대 지향성을 사용하여 계산될 수 있다.

$$G_{\text{Array}} = e_r D_{\text{Max Array}} = e_r 4\pi N \frac{d_x}{\lambda}\frac{d_y}{\lambda} \tag{11-14}$$

예제 11-2의 $d_x = d_y = d = 0.8\lambda$와 같이 배열이 균일하게 방사되는 경우, $G_{\text{Array}} = 8.04\, e_r N$이 도출된다. 위의 효율값을 적용하면, $N = 16, 64, 256, 1024$ 소자는 각각 $G_{\text{Array}} = 19.7, 25.1, 30.0, 34.5$ dB의 이득을 가진다. 이들 배열의 면적은 크기가 증가할 때마다 4의 배수로 확장되며 이는 6 dB의 지향성 증가를 의미한다. 하지만 256개에서 1024개로의 소자 수의 증가로 인한 이득 개선은 손실로 인해 단지 4.5 dB에 지나지 않는다.

마이크로스트립 소자의 배열은 대역폭 관련 도전과제를 낳는다. 대역폭 확장을 위해 기판의 두께를 증가시키는 경우 표면파가 기판을 따라 발생하여 활용 가능한 주사각은 줄어든다[12]. 고정 위상 마이크로스트립 안테나 배열은 위상배열만큼 영향을 받지는 않는다. 위상배열에서 표면파의 유해 효과로는 주사각에 따른 능동 임피던스의 급격한 변화, 부엽의 증가, 브로드사이드 방향으로 주사 불능 현상을 들 수 있다. 따라서 마이크로스트립 배열의 주사각 범위와 대역폭 사이에 절충이 필요하다. 넓게 분리되어 있는 동작 대역이 필요한 경우 광대역(broadband) 배열보다 이중대역 배열 안테나가 적합하다. 이러한 접근은 또한 두 대역 사이 주파수에서의 불필요한 신호에 대한 간섭 제거를 용이하게 한다. 이중대역 배열은 각 층의 원하는 주파수 대역에서 공진하는 이중층의 패치를 이용해 구성될 수 있다. 아래 및 위층은 각각 저주파 및 고주파 패치를 포함하며, 각각의 독립된 급전 회로망을 가진다. 낮은 대역에서는 4 × 4, 높은 대역에서는 8 × 8 배열을 사용하는 2.44 및 5.78 GHz에서 동작하는 고정 위상배열에 대해서는 참고문헌 [13]을 참조하라.

마이크로스트립 배열에서는 종종 원형편파 특성이 요구된다. 한 가지 대중적인 응용분야는 선형편파가 야기하는 패러데이 회전으로 인한 원형편파를 사용하는 지구 대 우주 전파이다. 그림 11-5에 나타낸 바와 같이 원형편파 소자는 배열 응용분야에 사용될 수 있다. 8.8절에서 언급된 마이크로스트립 배열에서 원형편파를 얻을 수 있는 가장 효과적인 방법은 부배열을 중심으로 시계방향으로 0°, 90°, 180°, 270°의 순차적인 위상으로 급전된 선형 편파 방사체의 2 × 2 배열을 사용하는 것이다[H.6:Balanis, Ed., Sec. 4.5]. 이 구조는 이중 급전에 비해 급전 회로망을 간단하게 만들 뿐만 아니라, 광대역 특성도 제공한다. 마이크로스트립 배열은 또한 이중편파 특성이 요구될 때도 사용된다. 이중편파 마이크로스트립 배열은 패치에서 직교 급전을 이용하여 동일한 개구에서 직교되는 편파 배열을 형성함으로써 실현된다.

또한 마이크로스트립 안테나는 일례로 차량 주변에 선형배열을 형성함으로써 생성되는 전방향성 배열에도 매우 적합하다[H.6: *Ant. Eng. Hdbk.*, 3rd ed., Sec. 7.3].

## 11.4 마이크로스트립 누설파 안테나

그림 11-8*a*와 11-8*b*에 나타낸 마이크로스드립 누설파 안테나는 저가의 박형 안테나이다. 이것은 일차 고조파 모드에서 동작하는 마이크로스트립 전송선으로 구성되어있다. 이 절은 누설파(leaky wave) 안테나의 일반적인 특성을 설명하고 마이크로스트립 누설파 안테나의 세부적 특성을 고찰하는 데 목적이 있다.

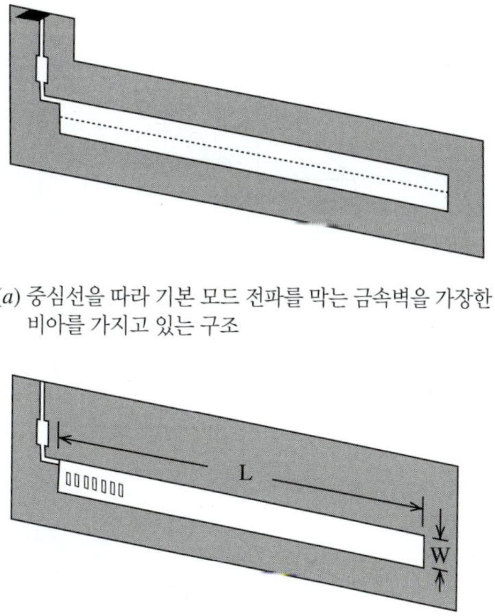


(*a*) 중심선을 따라 기본 모드 전파를 막는 금속벽을 가장한 비아를 가지고 있는 구조

(*b*) 기본 모드 전파를 막는 직사각형 슬롯을 가지고 있는 구조

**그림 11-8** 균일 마이크로스트립 누설파 안테나.

### 11.4.1 누설파 안테나의 특성

누설파 안테나는 안테나 전체 길이를 통해 에너지를 누설하는 전송선 구조로 이루어진 진행파형 안테나이다. 전송선은 어떠한 방식으로든 섭동되거나 불평형적이지 않다면 일반적으로 방사하지 않는다. 전송선이 누설파를 방사하기 위해 섭동되었다면, 파는 $k_g = \beta_g - j\alpha_g$로 이루어진 복소 관내 파수 $k_g$를 가지며, 여기서 $\alpha_g$는 누설에 의한 감쇠 상수이다. 누설파 안테나는 진행파가 안테나의 끝단에 도달하기 전에 적어도 90% 전력을 누설하도록 설계된다. 남아 있는 전력은 후방에서 생성되는 강한 부엽을 방지하기 위한 정합된 부하에 의해 흡수될 수 있다. $\alpha_g$를 알고 있다면, 입력으로부터 가장 먼 안테나 끝단의 10% 전력 $P(L)$은 다음과 같이 계산될 수 있다.

$$\frac{P(L)}{P(0)} = (e^{-\alpha_g L})^2 = (e^{-2\alpha_g L}) = 0.1 \tag{11-15}$$

여기서 $P(0)$는 안테나 입력단의 전력이다.

누설파 구조에는 두 가지 형태가 있다. 그림 11-8에 나타낸 길이에 따라 균일한 구조 그리고 길이에 따라 주기적인 구조이다. 대표적 주기구조가 그림 11-9에 나와 있다. 두 형태 모두 고속파 구조이다. 그림 11-9의 주기적 마이크로스트립 안테나는 전방뿐만 아니라 후방으로도 방사할 수 있다[14].

누설파 안테나의 방사패턴은 안테나 길이(대체적으로 5~20λ)와 위상 상수 $\beta_g$에 의해 결정된다. 안테나의 길이는 길고 $\beta_g$는 주파수에 대해 변하므로, 주빔 주파수에 따라 엔드파이어 방향으로부터

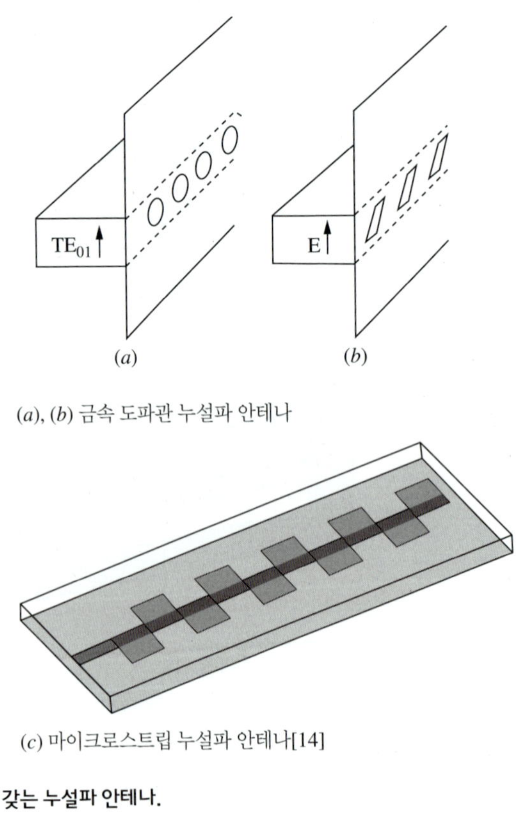


(a), (b) 금속 도파관 누설파 안테나

(c) 마이크로스트립 누설파 안테나[14]

그림 11-9 주기 구조를 갖는 누설파 안테나.

10°~80°의 전방 범위로 주사한다. 빔폭(그리고 이득)은 주사각에 대해 비교적 일정하다. 전형적인 누설파 안테나의 패턴 인자는 다음의 전류 수식을 포함하는 선전원(제5장 참조)의 패턴 인자와 같다.

$$I = I_o e^{-\alpha_g z} e^{-j\beta_g z} \tag{11-16}$$

$\alpha_g$가 무시된다면, $\theta_o$에서의 주엽은 식 (5-35)에 표현된 것처럼 다음과 같이 정리될 수 있다.

$$\theta_o \approx -\cos^{-1}\frac{\beta_g}{\beta} = -\cos^{-1}\frac{c}{v} \tag{11-17}$$

$\alpha_g$가 고려된다면, $\alpha_g$에 의해 $\theta_o$에 약간의 영향을 미치지만 식 (11-17)은 대체적으로 만족스런 정확성을 유지할 것이다[H.8.8: Walter, p. 69].

누설파 안테나의 부엽레벨은 높은 편이며, 균일 개구의 −13.3 dB보다 더 높을 수도 있다. 대부분의 누설파 안테나는 쉽게 임피던스 정합을 이룰 수 있다. 대역폭은 15~30% 정도이며 확장도 가능하다[15]. 예를 들어 그림 11-8의 안테나는 대략 28%의 패턴 대역폭을 가지지만, 참고문헌 [15]에서 보여 주는 패턴 대역폭은 2:1 이상이다. 누설파 안테나는 다른 안테나에 비해 방사로 인해 높은 여기 효율과 낮은 손실을 가진다. 높은 전력이 요구되지 않는다면, 11.4.3절에서 보여 주는 마이크로스트립 누설파 안테나처럼 인쇄형 회로 기술로 제작할 수 있다.

### 11.4.2 마이크로스트립 모드

마이크로스트립 전송선은 일반적으로 방사하지 않는다. 기본 $EH_0$ 모드에 의해 발생된 장은 분리되지 않는다. 마이크로스트립 전송선이 고차 모드(특히 기수 모드)에서 동작할 수 있는 경우는 오직 기본 모드가 안테나 내에서 차단되거나 제한되었을 때이다. 장이 표면으로부터 분리되어 방사할 수 있는 것은 기수 고차 모드에서 가능하다. 이러한 현상이 발생될 때, 안테나는 누설파 안테나로 동작한다고 말할 수 있다.

그림 11-10*a*와 11-10*b*는 각각 기본 모드와 다음 고차 모드를 보여 주고 있다. 마이크로스트립의 기본 모드는 저속파 유사 TEM 모드인 $EH_0$이고, 이는 전장과 자장 모두 전파 방향의 성분을 가지는 것이다. 그림 11-10*a*에서 보여 주는 전장 선은 원거리장에서 실질적인 방사가 없음을 의미하는 것이다. 마찬가지로 마이크로스트립의 고차 모드는 순수하게 TE 또는 TM 모드가 아니라 두 모드의 복합적 조합이다. 일차 고차 모드는 그림 11-10*b*에서 보여 주는 $EH_1$ 모드이다. 이 모드는 중심선을 따라 위상 반전을 가지며, 장이 분리되어 방사하도록 유도한다. $EH_1$은 고속파이다. 그림 11-10*b*의 전장은 이 일차 고차 모드가 원거리장 방사를 만들어 낼 수 있음을 말해 준다.

그림 11-8*a*에서, 주모드는 오른쪽 절반으로부터 전송선의 왼쪽 절반을 분리하는 비아로 구성된 금속 벽에 의해 생성될 수 없다. 그림 11-8*b*에서, 주모드는 $EH_0$ 모드의 전류를 막는 마이크로스트립 선로의 직사각형 슬롯에 의해 생성될 수 없다[H.6:Lo, p. 32-14].

마이크로스트립 전송선에 대한 $EH_1$ 모드는 누설파 모드가 아니다. 대신 $EH_1$ 모드는 마이크로스트립 구조가 누설파를 제공할 수 있도록 한다. 누설파는 일반적으로 모드가 아니다. 사실 누설파는 비모드 형태이다. 때때로 누설파는 잘못된 또는 비스펙트럼의 파로 불리기도 하는데 그 이유는 전방 누설파는 전송선의 수직인 $y$ 방향으로 증가하여 방사가 무한점에서 없어지는 조건에 위배되는 것처럼 보이기 때문이다. 그림 11-11이 이것을 설명하고 있다. 그림 11-11에서, 누설 장의 세기는 주빔의 각 $\theta_o$에서 선의 두께로 나타내었다. 다음과 같이 주어지는 장 $y_{max}$는 안테나 위로 거리에

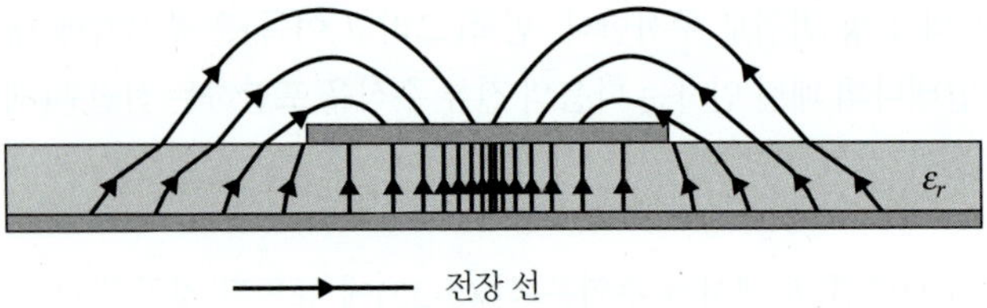


(a) 기본 마이크로스트립 모드 $EH_0$의 장 분포

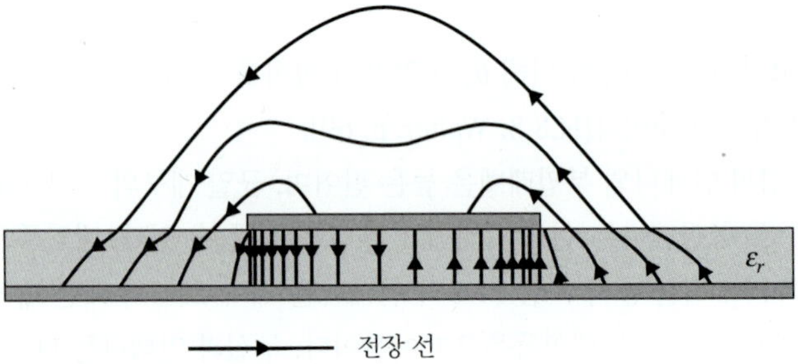


(b) 일차 고차 모드 $EH_1$의 장 분포

**그림 11-10** 두 가지 마이크로스트립 모드.

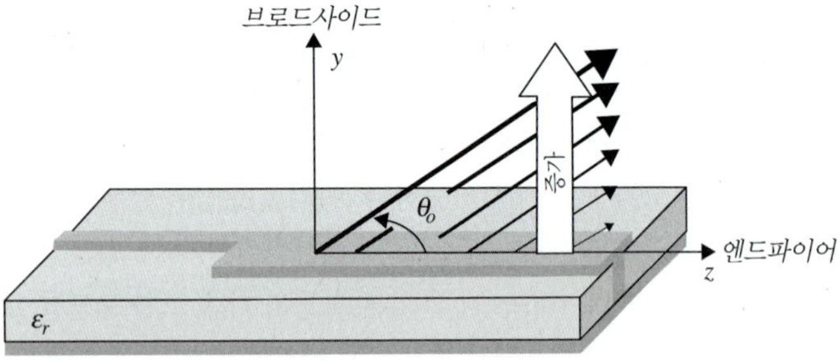


**그림 11-11** 누설파 안테나로부터 방사하는 장의 세기.

대해 기하급수적으로 증가하고, 이후 빠르게 감소하여 무한한 증가를 계속하지 않는다.

$$y_{\max} = y \ \tan \theta_o \tag{11-18}$$

마이크로스트립 누설파 안테나의 동작을 잘 이해하기 위해서 안테나의 전파 특성에 대한 이해가 먼저 선행되어야 한다. 전파 특성을 파악하게 되면, 다른 부분에 대한 이해도 쉬워진다.

### 11.4.3 전파 영역

$EH_1$ 모드는 4개의 뚜렷한 전파 영역을 보여 준다. 그림 11-12에서 보여 주는 것처럼, 차단 주파수 $f_c$ 이하는 리액티브 영역이고, 이상은 누설파, 표면파, 그리고 구속파(bound wave) 영역이다. 이러한 영역은 일반적인 다음의 분산 특성을 통해 이해될 수 있다.

$$k_g^2 = k_{gx}^2 + k_{gy}^2 + k_{gz}^2 \tag{11-19}$$

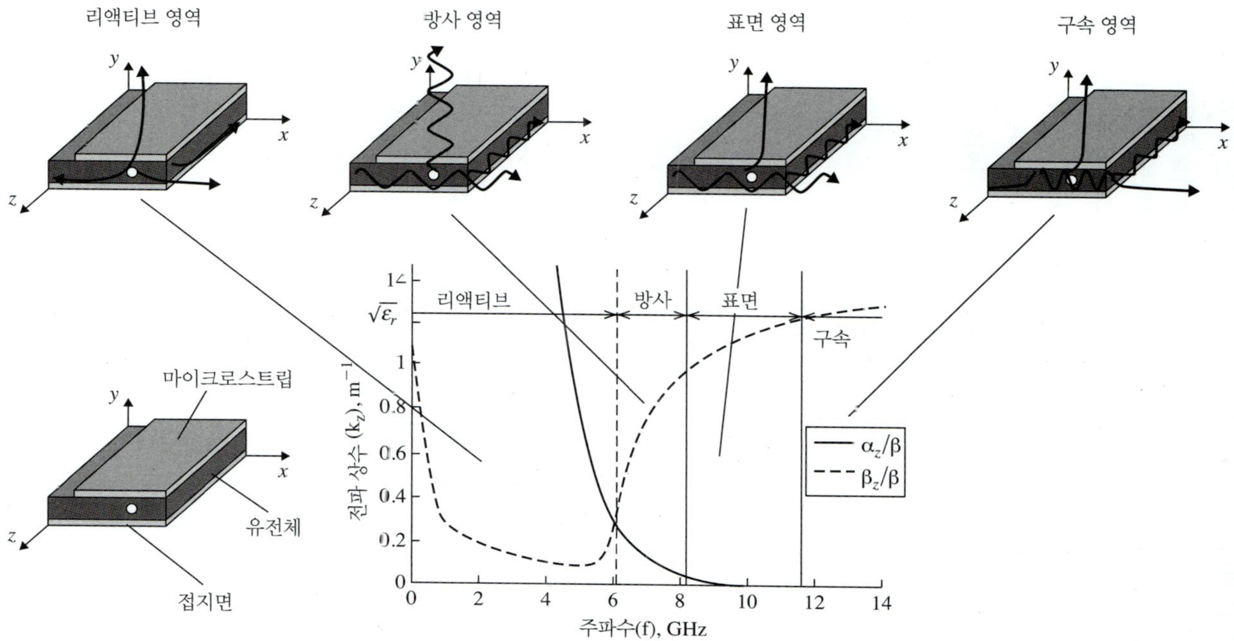


그림 11-12 **일차 고차 모드 $EH_1$에서 전파 방향으로 정규화된 감쇠 상수 $\frac{\alpha_z}{\beta}$와 위상 상수 $\frac{\beta_z}{\beta}$.** 주파수 도표는 그림 15-34의 안테나에 대한 것이다.([18]. Air Force Institute of Technology 제공.)

여기서 각각의 성분은 복소수이다(예를 들어 $k_{gx} = \beta_{gx} - j\alpha_{gx}$, $k_{gy} = \beta_{gy} - j\alpha_{gy}$, $k_{gz} = \beta_{gz} - j\alpha_{gz}$). 표기를 간략화하기 위해 아래첨자 g는 $x$, $y$, $z$ 성분에서 제외될 것이다.

식 (11-19)에서의 다양한 전파 상수를 찾기 위한 많은 방법들이 존재한다. 이와 같은 방법들로는 시간영역 유한차분법(FDTD)(제15장), 모멘트법(제14장), 전체 전파 그린 함수 분석, 최급강하법(steepest descent method), 모드 정합, 그리고 다소 간단한 근사법인 횡방향 공진법 등이 있다. 각각의 방법은 마이크로스트립 누설파 안테나를 분석하는 데 있어 각각 다른 장점과 한계점을 가진다. 이 모든 방법은 전파상수를 얻기 위해 상당한 노력을 필요로 한다. 하지만 전파 상수를 파악하고 나면, 누설파 안테나의 설계는 식 (11-15)를 이용하여 간단해진다. 구조를 변경함으로써 설계 목표를 만족시키도록 $\alpha_z$와 $\beta_z$가 변경되며, 이를 통해 주빔의 형태를 변경할 수 있다[H.6: *Ant. Eng. Hdbk.*, 3rd ed., Chap. 11]. 부엽레벨은 $\alpha_z$에 의해 조절될 수 있다.

일반적으로 횡방향 전파 상수 $k_x$와 $k_y$가 먼저 구해지고 다음으로 종방향 전파 상수 $k_z$가 식 (11-19)로부터 구해진다. 마이크로스트립 전송선과 접지면 사이의 $k_y$는 없으므로, 방사 영역에서는 다음과 같다.

$$k_z^2 = \sqrt{k_g^2 - k_x^2} \tag{11-20}$$

그림 11-13에 제시된 것처럼 시간영역 유한차분법과 같은 방법에서 $k_z$는 장 성분[16,17]으로부터 바로 구해질 수 있다. 다음을 주목하라.

$$E_y \propto e^{-jk_z z} = e^{-(\alpha_z + j\beta_z)z} \tag{11-21}$$

그리고

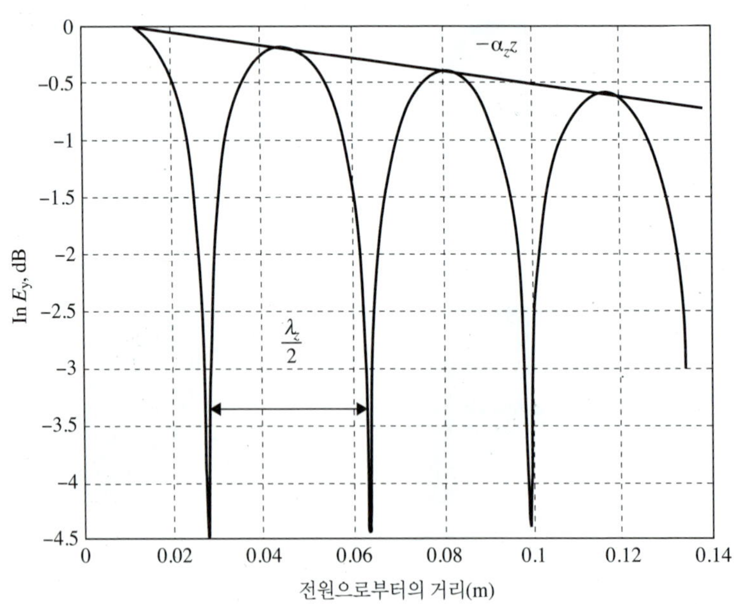


**그림 11-13** 그림 15-34의 안테나에 대한 시간영역 유한차분법의 자연대수화된 $y$ 방향 전장데이터. ([17]. Air Force Institute of Technology 제공.)

$$\ln E_y = \ln e^{-(\alpha_z z + j\beta_z z)} = -\alpha_z z - j\beta_z z \tag{11-22}$$

이다. 따라서 $\alpha_z z$는 그림 11-13에서 최고점들을 연결하는 기울기가 되고 $\beta_z(\beta_z = 2\pi/\lambda_z)$는 영점들의 간격으로부터 구해질 수 있다.

종방향 전파 상수를 파악하고 나면, 원거리 방사패턴은 식 (5-2) 또는 (2-103)과 유사한 방식으로 표현되는 선전원에서의 복소 전파 상수를 이용해 정해질 수 있다.

다음의 결과는 시간영역 유한차분법(15.9절 참조)과 횡방향 공진법[16, 17, 18]에 의해 구해진 것이다. 추가적으로 방사 영역에서의 결과는 근거리장 측정으로부터 확인된 것이다. 안테나의 파라미터는 길이 $L = 220$ mm, 폭 $w = 15$ mm, $\varepsilon_r = 2.33$(그림15-34 참조)이다. 안테나의 구조는 비아를 가진 그림 11-8$a$에 나타낸 구조와 같다. 마이크로스트립의 중간에서 종방향 아래로 대칭의 장점을 가져서 15 mm 폭의 절반만이 여기되고 나머지 절반은 제거될 수 있으므로 이 구조는 절반 폭 안테나로 불리기도 한다. 다음의 결과는 절반 폭 또는 전체 폭을 가진 구조를 이용해 구해질 수 있다.

그림 11-12는 주파수에 대한 정규화된($\beta$에 관해) $\beta_z$와 $\alpha_z$를 보이고 있다. 0에서부터 차단 주파수 $f_c$까지의 부분은 **리액티브 영역**(reactive regime)으로 불린다. 이는 마이크로스트립의 입력 부분이 리액티브 부하로서 보이게 하는 매우 큰 $\alpha_z$ 성분으로 특징지어진다. 차단 주파수에서 위상 및 감쇠 상수는 같다($\beta_z = \alpha_z$). 이는 **방사 영역**(radiation regime)의 시작점이 된다. 이 영역에서 안테나 외부로의 방사가 모든 방향으로 발생한다. 방사 영역은 위상 상수가 자유공간의 전파 상수($\beta$)가 될 때까지 지속된다. 이 지점에서 종방향으로의 감쇠는 없고($\alpha_z = 0$), 방사되는 방향($\alpha_y$)으로는 큰 감쇠가 있다. 이러한 이유로 더 이상의 방사는 없다. 하지만 종 및 횡방향으로 계속 전파하게 되는데 이를 **표면 영역**(surface regime)으로 부른다. 이 영역은 $\beta_z > \beta$의 조건을 만족시킬 때까지 지속된다. 이 지점에서 모든 장은 상부 도체 아래로 구속되고 종방향으로만 전파하는 장을 야기하는 횡방향($\alpha_x$)으로의 큰 감쇠가 발생한다. 이를 **구속 영역**(bound regime)으로 부른다. 다양한 전파 상수의 정확한 계산은 마이크로스트립 누설파 안테나의 동작 영역을 이해하는 데 결정적인 영향을 미친다.

그림 11-14$a$와 11-14$b$는 각각 6.25 GHz와 7.2 GHz에서의 $H$ 평면 패턴을 보여주고 있으며, 이는 원거리장 패턴을 계산하기 위한 선전원 모델의 부분으로서 복소종방향 전파 상수를 유도하는 시간영역 유한차분법과 횡방향 공진법을 이용해 얻어졌다. 먼 끝에 도달하는 전력을 흡수하기 위한 반대 끝부분의 급전에 정합된 부하가 있다고 가정할 때, 전방 진행파만이 패턴 계산을 위해 사용되었다. 누설파 안테나의 동작 대역은 대략 6 GHz에서 8.2 GHz까지이다. 6.25 GHz에서 대략 61°의 주빔 각을 가지며, 6 GHz 쪽으로 주파수가 낮아지면서 더욱 높은 각을 가질 수 있다. 7.2 GHz에서 대략 37°의 주빔 각을 가지며, 8.2 GHz 쪽으로 주파수가 높아지면서 엔드파이어 방향으로 근접한다. 6.25 GHz에서의 깊은 영점이 없는 것은 낮은 주파수에서 증가하는 $\alpha_z$에 기인한다.

결론적으로, $\alpha_z$는 안테나의 길이와 부엽레벨을 결정하고, $\beta_z$는 주빔 방향을 결정하며, $\alpha_z$와 $\beta_z$는 함께 방사 대역폭을 결정한다. 비유전율은 $\alpha_z$와 $\beta_z$에 영향을 미친다. $\varepsilon_r$이 높아질수록, $\alpha_z$는 커지고 대역폭은 감소한다. 마이크로스트립 누설파 안테나 설계의 가장 어려운 부분은 복소 전파 상수를 결정하는 것이다. 하지만 전파 상수를 파악하고 나면, 설계 순서는 간단해진다. 마이크로스트립 누설파 안테나의 시간영역 유한차분법 시뮬레이션은 15.9.3절에서 논의된다.

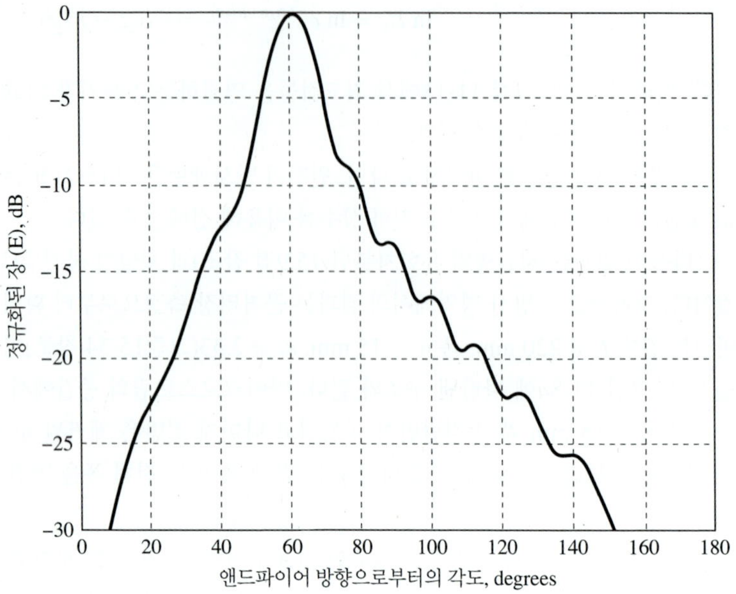


(*a*) 6.25 GHz에서의 정규화된 원거리장 패턴

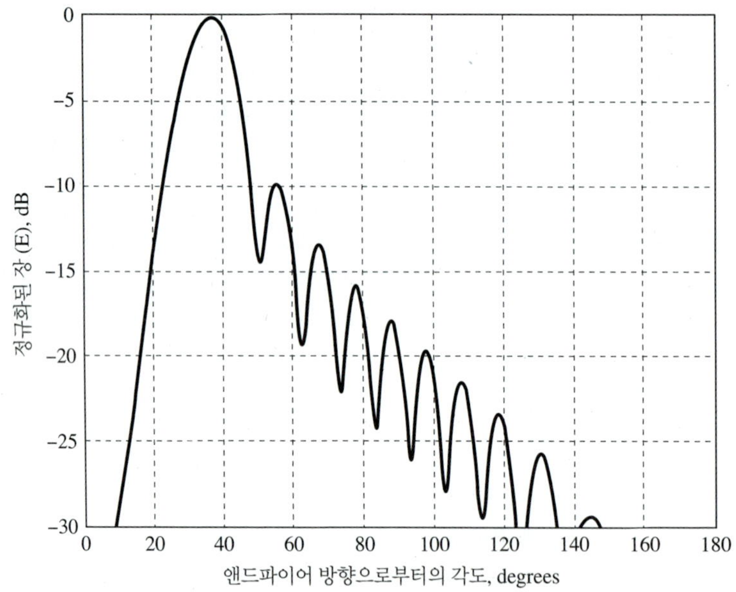


(*b*) 7.2 GHz에서의 정규화된 원거리장 패턴

**그림 11-14** **그림 15-34에 나타낸 안테나의 두 주파수에서의 정규화된 원거리장 패턴.**

## 11.5 안테나 크기에서의 근본적 한계

안테나 부피를 가능한 한 최소화하는 것을 주요 목표로 하는 무선통신 업계에서 가장 큰 화두는 소형 안테나(small antenna)이다. 무선 휴대전화를 설계함에 있어 가장 어려운 도전과제 중 하나는 바로 배터리와 안테나, 이 두 주요 부품의 크기가 단말자체를 소형화하는 데 한계로 작용한다는 것이

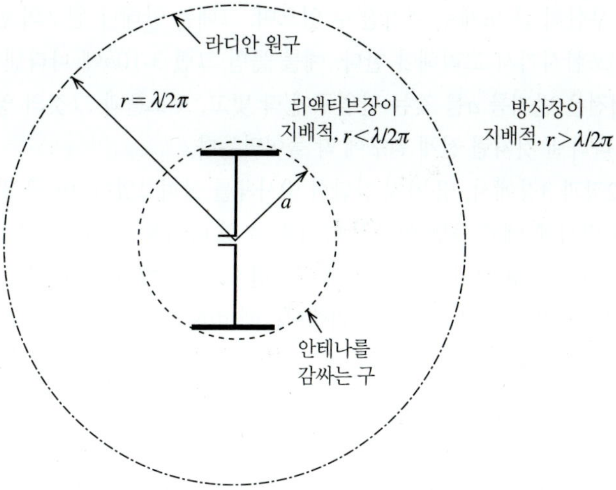


**그림 11-15 라디안 원구와 안테나 원구.** 안테나 원구는 반지름 $a$를 가지며, 커패시터 평판형 다이폴 안테나를 감싸고 있다. 라디안 원구는 반지름 $r$을 가지며 $\beta r = 1$이다. 만약 $\beta a < 1$이면, 안테나는 전기적으로 소형이라 말한다.

다. 수년 동안 휴대전화 내부의 전자소자들의 기능적인 체적밀도는 꾸준히 증가한 반면 안테나의 크기는 획기적으로 줄어들지 않았다. 이는 반도체 집적회로의 성능이 18개월마다 두 배로 증가한다는 무어의 법칙(Moore's law)이 안테나(와 배터리)에는 적용되지 않기 때문이다. 다시 말해 무어의 법칙은 성능이 동일하다는 가정하에 18개월마다 크기가 1/2로 줄어들 수 있다는 것을 의미한다. 그러나 이 법칙은 제조기법/기술에 의해 크기가 좌우되는 집적회로와는 달리 물리학 원칙의 지배를 받는 안테나에는 적용될 수 없다. 이 절에서는 안테나의 크기가 얼마나 작아질 수 있는지에 대한 이론적인 한계를 알아보고 실제로는 어느 정도까지 실현 가능한지 연구해 보고자 한다. 또한 안테나의 크기를 지나치게 줄이는 경우에 어떤 결과가 발생하는지도 다룰 것이다. 전기적 소형 안테나에 중점을 둔 것이 많지만 많은 연구 결과가 공진형 안테나와 광대역 안테나에도 적용된다.

1.4절에서 전기적 소형 안테나는 파장보다 크기가 훨씬 작은 안테나로 정의했다. 전기적으로 작다(또는 전기적으로 소형)는 표현의 정확한 의미는 그림 11-15와 같이 안테나를 둘러싼 반지름 $a$인 가상의 원구를 그려 보는 데서 출발한다. 휠러(Wheeler)[19]는 전기적 소형 안테나를 $\beta r = 1$[2] 조건을 갖는 반지름이 $r$인 가상의 원구인 라디안 원구(radiansphere)보다 작은 안테나라고 정의했으며 이것이 현재 가장 광범위하게 수용되고 있는 정의이다. 따라서 라디안 원구의 반지름 $r$은 $\lambda/2\pi$이고, 지름은 대략 1/3 파장 정도가 된다. 따라서 전기적 소형 안테나(ESA)는 다음을 만족시킨다.

$$\beta a \le 1 \quad \textit{전기적 소형 안테나} \tag{11-23}$$

라디안 원구의 물리적 중요성은 전기적 소형 안테나의 근거리장과 원거리장 사이의 경계를 구분 짓는 데 있다. 연습문제 11.5-2는 이에 대한 증명을 제시한다. 라디안 원구 내부에 축적된 리액티브 에너지는 방사되는 에너지보다 크다. 소형 안테나는 종종 접지면 위에 설치되기도 한다. 접지면이

[2] 휠러[20]는 초기에 몇몇 참고문헌들도 사용한 $\beta r \le 0.5$로 주어지는 반지름 대신 지름을 사용했다. 하지만 식 (11-23)은 크기 한계를 정의하는 가장 일반적인 수식이 되었다.

크다면 무한히 큰 도체로 여겨질 수 있으며, 그때는 안테나 원구의 반지름을 결정하는 데 안테나의 영상을 포함시켜서 고려해야 한다. 예를 들면 그림 3-10*b*에 나타낸 커패시터 평판형 다이폴의 모노폴 버전은 반지름 *a*를 갖는 반원구에 딱 맞고, 모노폴과 그것의 영상은 그림 11-15(그리고 그림 3-3)에 나타낸 것처럼 전체 원구에 딱 들어맞는다.

제2장과 3장에서, 몇 가지 간단한 방사체를 살펴보았다. 이 중 몇몇은 공진 크기보다 작은 전기적 소형 방사체(예를 들면 이상적 다이폴, 소형 다이폴, 그리고 소형 루프)였다. 예제 2-4에서 본 것처럼, 전기적 소형 크기는 높은 입력 리액턴스, 낮은 방사 저항, 낮은 효율, 그리고 협대역의 결과를 야기한다. 전기적 소형 안테나는 리액턴스에 비해 매우 적은 방사 저항과 안테나 크기에 무관한 방사패턴으로 특징 지어질 수 있다. 전기적 소형 안테나의 방사패턴과 지향성이 안테나의 크기나 주파수에 무관함에도 불구하고, 방사 저항과 리액턴스는 그렇지 못하다. 이는 크기가 전기적으로 작은 다이폴의 경우 그림 6-5와 6-6을 통해, 루프의 경우는 그림 6-68을 통해 확연해진다. 이러한 주파수에 대한 입력 임피던스의 민감성은 안테나 엔지니어에게 전원으로부터 안테나까지 또는 안테나로부터 수신기까지의 전력을 전달하는 데 어려움을 겪게 한다. 또한 전기적 소형 안테나는 저항 손실로 인해 낮은 효율을 가진다.

크기, 대역폭, 그리고 효율(이득)에 대해 전기적 소형 안테나를 평가하는 중요 파라미터는 서로 밀접하게 연관되어 있으며, 동시에 최적화될 수 없다. 즉 안테나 크기는 대역폭 또는 효율 또는 대역폭과 효율 둘 모두의 감소에 의해 줄어들 수 있다. 대안은 대역폭의 희생을 통한 최대 가용 이득의 증가이며 [21], 안테나에 대한 이득–대역폭 곱의 상한선은 존재한다. 이러한 한계에도 불구하고, 무선 통신 업계는 큰 폭의 성능 저하 없이 최대한 안테나의 크기를 줄이는 것에 대해 계속 초점을 맞추고 있다. 이 절에서 우리가 언급할 것처럼, 전기적 소형 안테나의 성능 개선을 위한 몇 가지 시스템 설계 방법은 있지만 이 또한 우리의 첫 번째 주제인 안테나 크기에서의 근본적 한계에 대한 이해를 필요로 한다.

### 11.5.1 안테나 크기에서의 근본적 한계

안테나 크기에 대한 한계 이론은 1947년에 Wheeler[20]에 의해 시작되었으며, 아직도 활발한 연구가 진행 중이다. 장 이론 분석, 등가회로 모델, 방사패턴 통합이라는 세 가지 접근 방식이 사용된다. 전기적 소형 안테나 관련 서적은 가장 포괄적인 요약을 제시하는 [H.8.11: Volakis et al.]과 함께 부록 H.8.11에서 찾을 수 있다. 이 절에서 우리는 실질적 결과에 주안점을 둔 전체 개요와 대역폭에 관련된 안테나 크기를 제시하고자 한다.

모든 공진형 전자 소자와 마찬가지로, 전기적 소형 안테나의 기본 성능 파라미터는 안테나의 *Q* (quality factor)인 $Q_A$이다. 안테나는 공진 주파수에서 공진되는 것으로 그리고 무손실인 것으로 가정된다. 손실은 방사효율에 포함시킨다. 이러한 가정하에, 안테나 *Q*는 대략적으로 방사 *Q*와 거의 일치하며, 이는 안테나가 받은 전력 중 방사 부분만을 다룬다. 이 이론에서 추가적인 가정은 안테나는 수동적, 선형적, 그리고 시불변적이라는 것이다. 우리는 *Q*를 통해 논의를 시작하도록 하겠으며 이유는 대역폭과는 달리 아주 철저하게 정의가 잘되어 있기 때문이다. 다음의 *Q*에 대한 논의에서, 대역폭에 대한 대략적 관계를 제시한다. 안테나 *Q*는 방사된 전력에 대한 저장된 전력의 비로서 정의된다.

$$Q_A = \frac{2\,\omega \max\{W_{e_{\mathrm{av}}}, W_{m_{\mathrm{av}}}\}}{P} \tag{11-24}$$

여기서 $W_{e_{av}}$와 $W_{m_{av}}$는 각각 시평균 비방사(저장된) 전기 및 자기 에너지이고, $P$는 시평균 방사 전력이다. 공진 주파수에서, 만약 한 개만 존재한다면, 등가회로에서처럼 전기 및 자기 에너지는 같다. 이는 회로 이론에 나타낸 것처럼 입력 임피던스로부터 실수부 임피던스 $R_A$에 대한 허수부 임피던스 $X_A$의 비인 $Q$로 표현될 수 있다.

$$Q_A = \frac{|X_A|}{R_A} \tag{11-25}$$

이것은 $\beta a < 0.5$ 조건을 만족시키는 소형 다이폴과 $\beta a < 0.3$ 조건을 만족시키는 소형루프에 대해서는 정확도를 가지는 근사식이다[H.8.11: Volakis et al., p. 52]. 반원구로 둘러싸여 있는 모노폴의 Q는 식 (11-24)에 나와 있는 분자의 리액티브 전력과 분모의 방사 전력이 둘 다 반으로 줄어들어 같은 비를 가지므로 상응하는 다이폴의 Q와 같다.

처음 대중화되었을 당시만 하더라도 휴대전화는 단 하나의 주파수 대역에서만 동작되었다. 현재 휴대전화 내의 안테나 시스템은 많은 응용분야를 지원할 수 있도록 다중대역 기능을 보유해야 한다. 보통 휴대전화 내 하나의 안테나는 다중대역을 망라해야 한다. 통신 엔지니어가 안테나에 포함시킨 통신 대역의 수가 곧 4중대역, 5중대역, 6중대역 등으로 휴대전화를 특징지어 부르는 명칭으로 자리 잡았다. 이러한 통신 대역 중 몇몇은 주파수적으로 인접해 있다. 안테나의 동작 관점에서 보면, 인접한 대역은 하나의 대역으로 동작될 수 있으며, 주파수적으로 분리된 대역만이 다중대역 안테나로 간주된다. 여기서는 후자의 정의를 사용하지만, 독자들은 대역의 수를 세는 다른 방법들 또한 알아야 할 것이다. 별도의 언급이 없다면, 여기서의 이론은 다중 공진 또는 광대역 안테나에 적용하지 않는다.

$Q_A$는 근사적으로 식 (7-1)에서 정의된 중심주파수 비대역폭 $B$에 반비례하며, 다음과 같이 표시된다[21].

$$B \approx \frac{1}{Q_A} \tag{11-26}$$

이 수식은 또한 소형 안테나를 분석한 츄(Chu)[21]의 방법처럼 *RLC* 회로에서 나타나는 전형적인 결과이나. 이것은 $Q_A > 10$ 조건을 만족시킬 때 정확도를 가진다. $Q$에 대한 논의를 마친 후, 대역폭의 관계에 대해 더 자세히 알아보겠다.

1948년 츄[21] 논문에서 라디안 원구 외부의 장을 구면파의 합으로 표현했다. 그리고 총에너지에서 비전파 에너지를 분리하기 위한 등가 *RLC* 사다리 회로망을 만들어 최소 방사 $Q$의 근사식[23]을 유도하였다.

$$Q_{\mathrm{Chu}} = \frac{1 + 2(\beta a)^2}{(\beta a)^3\left[1 + (\beta a)^2\right]} \tag{11-27}$$

여기서 $a$는 안테나 중심의 감싸인 원구의 반지름이다. 츄는 $\mathrm{TM}_{10}$ 모드(소형 다이폴과 같은) 또는 $\mathrm{TE}_{10}$ 모드(소형 루프와 같은)만이 여기되는 안테나가 선형편파 안테나의 가장 낮은 $Q$를 가진다는 것을 보였다. $\mathrm{TM}_{10}$ 모드에 대한 전파 분석을 기반으로 하는 콜린(Collin)과 로스차일드(Rothschild)[22] 그리고 맥린(McLean)[23]에 의해 제시된 차기 결과는 최소 방사 $Q$의 정확한 수식을 제공하였다.

$$Q_{\mathrm{McLean}} = \frac{1}{\beta^3 a^3} + \frac{1}{\beta a} \tag{11-28}$$

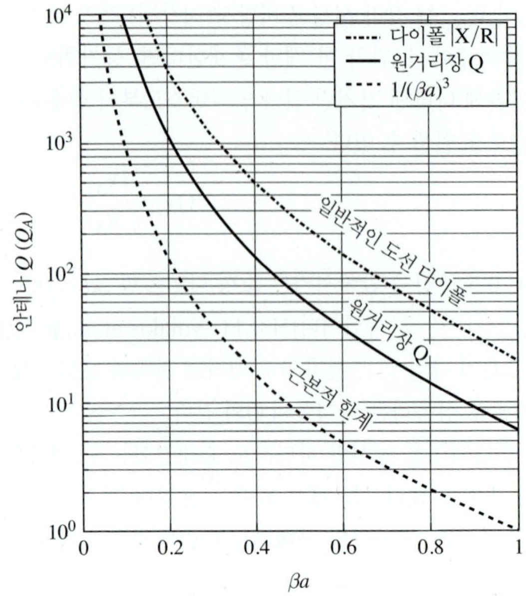


**그림 11-16** ***βa*에 대한 안테나 *Q*, 여기서 *a*는 안테나를 감싸고 있는 원구의 반지름이다.** 아래 곡선은 식 (11-29)로부터 주어진 안테나의 최소 $Q_A$이다. 중간 곡선은 정현 전류분포를 가지는 다이폴에 대한 하한값이다. 위 곡선은 식 (11-25)를 이용한 가는 선으로 구성된 다이폴의 전형적인 결과이며, 입력 리액턴스와 방사 저항을 구하기 위해 모멘트법 시뮬레이션이 사용되었다.

이 결과는 식 (11-23)에 나타난 바와 같이 라디안 원구보다 작은 $a$에 대해 식 (11-27)의 결과와 매우 비슷하다. 방사 원구 내부의 에너지 속도 변화를 기반으로 데이비스(Davis) 등[24]은 방사되는 에너지가 빛의 속도로 반지름 방향 외측으로 전파한다는 이전 연구자들의 잘못된 가정을 바로잡았으며 이는 다음과 같이 표현된다.

$$Q_A = \frac{1}{\beta^3 a^3} \quad \textit{모든 안테나의 최소 } Q \tag{11-29}$$

이 방정식의 값은 $\beta a < 1$ 조건에 대하여 식 (11-27)에 나타낸 츄 수식의 결과와 거의 동일하며, 다른 $\beta a$의 값에 대해서는 조금 낮다. 다음에 다루어지겠지만, 이는 일반적으로 응용되며, 모든 안테나에 가장 낮은 $Q$로서 사용된다. 원구이외의 다른 형태의 경우 부피는 더 작아지고 최저 $Q$는 더 높아진다[25].

안테나 크기 제한은 안테나 크기에 대한 $Q$를 표시해 봄으로써 가장 잘 이해될 수 있다. 그림 11-16에서 제일 아래 곡선은 식 (11-29)에서의 한계를 보여 주고 있다. 가로축 $\beta a$의 증가는 안테나의 전기적 크기 $a/\lambda$의 증가를 의미한다. 세로축 $Q_A$의 증가는 식 (11-26)에서 보여 준 반비례 관계로 인해 대역폭의 감소를 나타낸다. 크기가 $a$이고 동작 주파수의 파장이 $\lambda$이며, 아래 식 (11-38)의 $Q_A$를 갖는 안테나에 대해 점($Q_A$, $\beta a$)를 이 그래프에 표시할 수 있다. 근본적 한계 이론에서 곡선 아래는 존재할 수 없는 값을 의미한다. 또한 곡선을 통해 작은 크기(예를 들어 $\beta a$)는 $Q_A$의 증가(예를 들어 줄어드는 대역폭)에 의해 얻어진다는 것을 알 수 있다. $Q$의 하한값은 실제로 얻어지기 어렵다. 크기를 유지하면서 단지 안테나의 $Q$만을 낮추는 것은 불가능하다. 안테나 엔지니어는 기본적으로 낮은 $Q$의 설계를 위해 노력해야 한다. $Q_A$의 한계에 도달하는 안테나는 효율적으로 원구 부피를 활용한다. 즉 안테나 원구를 가득 채운다. 예를 들어 선형 다이폴은 원구 부피의 아주 적은 부분을 채우며, 근본적 한계 곡선의 아주 위쪽에 위치한다. 하지만 부피를 채운다고 해서 한계점 아래로 도달하는 것은 아니다.

## 11.5.2 안테나 크기 한계의 실질적 측면

안테나가 식 (11-29)의 최소 $Q$ 한계에 얼마나 근접할 수 있는지에 대한 질문을 제기할 수 있다. 이 질문에 대한 보편적인 대답은 없으며, 실제 안테나의 예를 통해 그것을 다루도록 한다. 그림 11-16의 중간 곡선은 단형 다이폴에 대한 것이다. 이는 정현 전류분포를 가지는 단형 다이폴에 대한 $Q_A$를 얻기 위해 식 (5-38)을 이용한 원거리장 패턴에서 유도되었다. 예견된 것처럼, 이 곡선은 최소 $Q_A$를 의미하는 아래 곡선보다 위쪽에 위치한다. 위 곡선은 가는 선으로 구성된 다이폴에 대한 것으로 식 (11-25)의 비 $|X_A|/R_A$에서 비롯되었으며, $0.005\lambda$의 반지름을 가지는 다이폴에 대해 모멘트법을 적용하여 계산되었다. 위 곡선이 중간 곡선과 유사한 전기적 소형 다이폴에 대한 것이지만, 유한한 선 크기를 비롯한 실제 안테나의 다른 모든 요소들이 포함되었다. 그림 11-16을 요약해 볼 때, 아래 곡선은 이론적으로 얻을 수 있는 최소 $Q_A$이다. 중간 곡선은 정현 전류분포를 가지는 전기적 소형 선형 다이폴에 대한 최소 $Q_A$이다. 그리고 위 곡선은 전기적 소형 특성을 갖는 실제 선형 다이폴에 대한 실질적 $Q_A$이다.

균일한 전류를 갖는 이상적 다이폴에 대한 $Q_A$ 곡선이 작은 $a$에 대해 $1/(\beta a)^3$로 변하는 것과 이상적 다이폴의 근거리장(리액티브)이 $1/(\beta r)^3$로 변한다는 것은 흥미로운 사실이다. 이는 안테나가 전기적으로 소형화됨에 따라 안테나에 인접한 축적된 에너지는 급격히 증가한다는 것을 내포한다. 이것은 비가시영역으로의 방사 에너지로 해석될 수 있다. 또한 전기적 크기가 소형화됨에 따라, 지향성은 1.5를 유지한다. 따라서 전기적 소형 안테나는 초지향적이며, 이는 크기 대비 지향성이 높다는 것을 의미한다. 5.5절에서 설명된 것처럼 초지향성과 $Q_A$는 밀접하게 연관되어 있다.

전기적 소형 안테나는 대역폭이 제한되어 있을 뿐만 아니라 방사효율도 낮다. 이는 크기가 줄어들 때 손실 저항보다 방사 저항이 더 빠른 속도로 감소하기 때문이다. 식 (2-172)에서 단형 다이폴의 방사 저항 $R_r$은 $f^2$에 비례하고, 식 (3-54)에서 소형 루프의 방사 저항은 $f^4$에 비례한다. 하지만 식 (2-170)에서 손실 저항 $R_o$는 주파수에 대해 일정하다. 따라서 식 (2-178)에서 주어진 전기적 소형 안테나의 방사효율 $e_r = R_r/(R_r + R_o)$은 주파수가 낮아짐에 따라서 급격히 줄어든다. 예를 들어 가는 선 대신에 평판형 스트립을 이용하여 안테나 손실을 줄임으로써 방사효율은 개선될 수 있다. 방사 저항은 안테나 구조를 포함하는 부피(반지름 $a$)에 더 많이 채워 넣음으로써 증가될 수 있다. 다양한 부하 기법과 구조적 섭동이 적용될 수 있다[26]. 또한 방사저항을 증가시키는 것은 입력 임피던스를 증가시킨다. 예를 들어 단형 전기적 다이폴의 높은 용량성 리액턴스는 유도성 부하에 의해 제거될 수 있다. 이것에 대한 예는 11.6.1절에서 자세히 논의될 수직 모드 헬리컬 안테나이다.

전기적 소형 다이폴 또는 루프 안테나는 $D = 1.5$의 지향성을 가진다. 다른 형태의 전기적 소형 안테나는 이 값과 비슷한 지향성을 가질 것이다. 이득은 $G = e_r D$이며 지향성으로부터 구해지고, 방사효율 $e_r$은 안테나 크기가 작아지면서 매우 작게 줄어들 것이다. 따라서 전기적 소형 안테나의 효율은 매우 주목 받는다. 임피던스 부정합은 안테나가 어떻게 장착되었나에 따라 좌우되며, 실현이득을 얻기 위해 임피던스 부정합 인자 $q$와 이득을 곱함으로써 고려된다. 4.4.4절을 참조하라. 여기

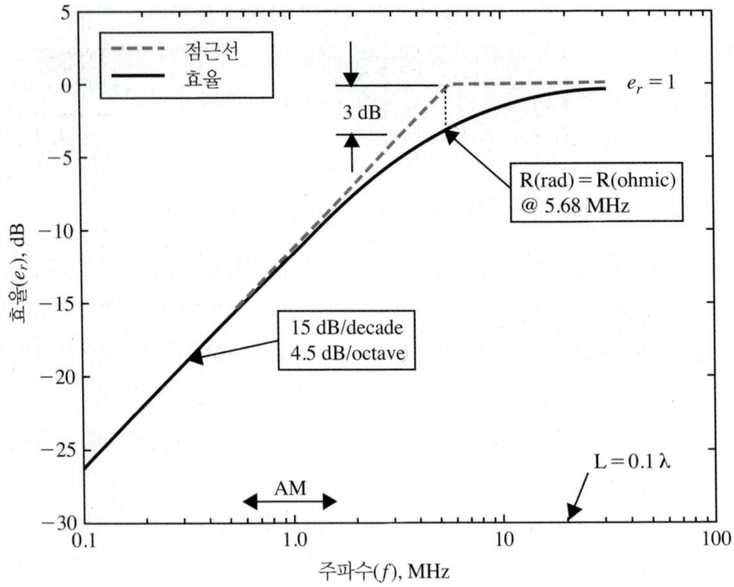


그림 11-17 단형 다이폴 안테나의 주파수 함수에 대한 dB화된 효율.

서 효율은 단지 내부 안테나 손실만을 포함한다.

주파수에 대한 효율을 나타낼 수 있는 좋은 방법은 점근성을 보이는 Bode 도표를 이용하는 것이다. 식 (2-178)에 나타낸 효율을 Bode 도표에 적절한 형태로 표현하는 것이 필요하다.

$$e_r = \frac{1}{1 + \dfrac{R_o}{R_r}} \tag{11-30}$$

단형 다이폴에 관해서, 식 (2-171), (2-172), 그리고 (2-175)는 다음의 수식을 제공한다.

$$\frac{R_r}{R_o} = \left(\frac{\pi^{3/2}}{c^2\sqrt{\varepsilon}}\right)(a\Delta z\sqrt{\sigma})f^{3/2} \tag{11-31}$$

여기서 $c$는 빛의 속도이다. 그림 11-17은 이 두 식과 $e_r(\text{dB}) = 10\log(e_r)$의 dB 형태로 표시된 효율에 의해 구해진 Bode 도표이며, 여기서 $a = 0.159$ cm, $\Delta z = 1.57$ m 조건을 포함하는 예제 2-4에서의 AM 자동차 라디오용 다이폴 안테나가 이용되었다[26]. $R_o = R_r$일 때 방사효율은 50% (−3 dB)가 되고, $R_o \gg R_r$일 때 전기적 소형 안테나의 점근성은 $R_r/R_o$가 된다. 이는 $e_r \ll 0.5$일 때 $f^3/2$의 주파수 상관성으로 인하여 주파수 감소에 따라 15 dB/decade의 기울기로 줄어든다. 그림 11-17의 곡선은 예제 2-4의 자동차 안테나가 1 MHz에서 6.85%( = −11.6 dB)의 효율을 가진다는 것을 보여주고 있다. 그림 11-17에서 낮은 주파수와 높은 주파수의 점근선이 만나는 중단점은 5.68 MHz에서 나타나며, 이 지점에서 $R_o = R_r$이고 효율은 −3 dB이다. 또한 이 도표에 단형 다이폴의 지향성(1.5 = 1.76 dB)을 추가함으로써 효율 대신 이득을 표시할 수도 있다.

소형 루프 안테나도 이와 유사한 방법으로 전개될 수 있다. 반지름 $a$와 도전율 $\sigma$를 가지는 도선으로 이루어지고 평균 반지름이 $b$인 원형 루프에 대해 식 (2-171), (3-53), 그리고 (3-60)을 식 (11-

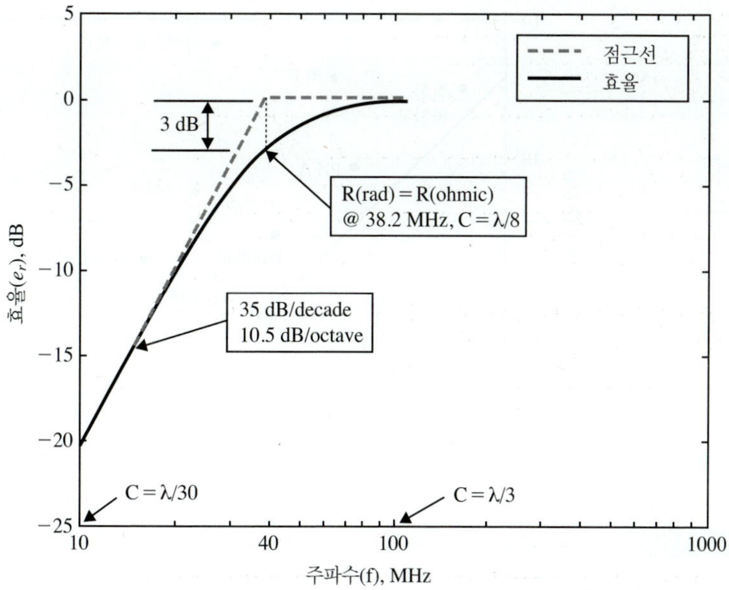


**그림 11-18** 지름이 0.5인치인 알루미늄 도선으로 구성된 1 m 원주를 갖는 한 권선 원형 루프 안테나의 주파수 함수에 대한 dB화된 효율.

30)에 대입하면 다음과 같은 점근적 비를 얻는다.

$$\frac{R_r}{R_o} = 31,200\left(\frac{\pi^{3/2}}{c^4\sqrt{\mu}}\right)\left(\sqrt{\sigma}\right)\left(ab^3\right)f^{7/2} \tag{11-32}$$

이는 평균 반지름 $b$를 가지는 루프와 반지름 $a$를 가지는 도선으로 구성된 전기적 소형 루프 안테나에 대한 낮은 주파수의 점근선이다. 이 수식은 대략 $0.3\lambda$의 루프 둘레까지 유효하다. 지름이 0.5인치인 알루미늄 도선으로 구성된 1 m 원주를 갖는 원형루프를 생각해 보자. 식 (11-30)에 식 (11-32)를 대입하고, Bode 점근선과 소형 루프에 대해 대수 크기로 주파수에 대해 dB화된 효율을 그림 11-18에 나타냈다. 점근선의 중단점은 38.2 MHz에서 일어나고 여기서의 효율은 −3 dB이다. 낮은 주파수에서는 $e_r \ll 0.5$일 때 식 (11-32)의 $f^{7/2}$ 주파수 상관성으로 인하여 35 dB/decade 또는 10 dB/octave의 기울기를 가진다. 다중 권선 수를 갖는 루프 안테나의 측정값을 포함하는 사례가 참고문헌 [27, 28] 에 제시되었다.

Bode 점근 도표는 측정 범위 밖의 주파수에 대한 이득 또는 효율을 얻기 위해 사용될 수 있다. 차단 주파수가 주어졌는가의 여부를 바탕으로 시나리오가 두 개로 나뉜다. 차단 주파수와 두 점근선이 주어진 경우, 높은 주파수의 데이터를 낮은 주파수로 또는 그 반대로 확장이 가능하다. 차단 주파수가 주어지지 않은 경우는 조금 더 까다롭다. 이상적으로는 적어도 하나의 낮은 주파수 데이터가 저주파 점근선의 위치파악을 가능하게 해 주며 이를 바탕으로 고정된 차단 주파수를 얻을 수 있다. 낮은 주파수 데이터가 없는 경우 아래 식의 Bode 도표를 기반으로 높은 주파수 데이터를 낮은 주파수로 확장시킬 수 있다.

$$\frac{1}{1+\alpha x^{-\gamma}} \tag{11-33}$$

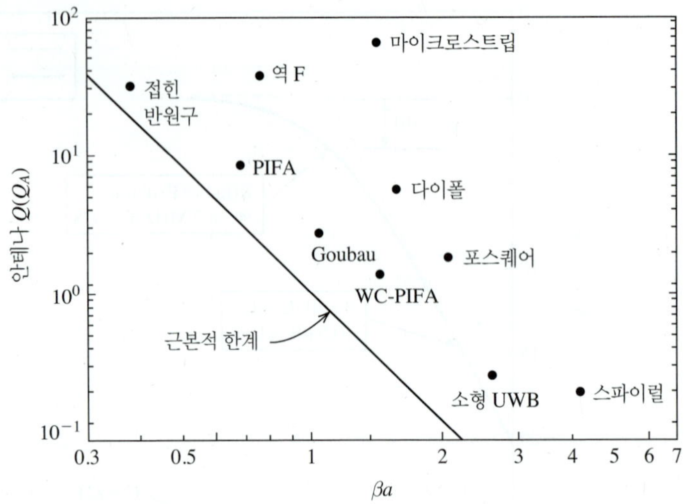


**그림 11-19 몇 가지 실질적 안테나의 예.** 각 점 ($Q_A$, $\beta a$)는 안테나중간 대역에 대한 동작점을 나타낸 것이다. 실선은 식 (11-29)로부터 임의의 안테나를 위한 최소 $Q_A$이다.

여기서 $x$는 상대 주파수이고, $\gamma$는 낮은 주파수에서의 점근선의 기울기, $\alpha$는 낮은 주파수 점근선의 위치를 정해 주는 상수이다. 낮은 주파수의 점근선의 주파수 상관성은 안테나가 가는 선형 다이폴 또는 모노폴의 역할을 할 때 자기적인 경우 $f^{7/2}$, 전기적인 경우 $f^{3/2}$이 된다.

그림 11-19는 몇몇 실질적 안테나의 $Q_A$ 값을 보여 주고 있으며 각 점 ($Q_A$, $\beta a$)는 안테나의 중간 대역에서의 동작점을 나타낸다. 그림 상의 대부분의 안테나는 그 이름을 통해 특성이 파악된다. "패치"는 마이크로스트립 패치 안테나를 지칭한다. 이 안테나는 매우 좁은 대역폭을 가지므로 최소 $Q_A$ 곡선보다 훨씬 높은 곳에 위치한다. "다이폴"은 반 파장 다이폴 안테나를 의미한다. "Goubau" 안테나는 $0.09\lambda$ 높이와 1옥타브 대역폭을 갖는 특이하게 급전된 상단 부하형 모노폴을 지칭한다. 여기서 주의할 점은 이것이 최소 곡선에 가깝게 위치한다는 사실이다[29]. 포스퀘어 안테나(foursquare antenna)는 8.11절에서 논의된 광대역 안테나이다. 접힌 반원구 안테나는 최소 $Q_A$에 매우 근접하는 동시에 라디안 원구를 효율적으로 이용하는 작고 접혀진 구형 헬리컬이다[30]. 그림 7-46$d$의 소형 UWB 안테나는 3.5의 중심주파수 비대역폭을 갖는다. 이는 광대역 안테나에서는 얻어지기 힘든 한계에 근접해 있다. 접힌 반원구 안테나와 소형 UWB 안테나는 그것들을 둘러싸는 주변 반원구를 거의 채우기 때문에 최소 $Q_A$에 매우 근접한다. 다른 안테나는 이후에 논의될 것이다.

### 11.5.3 안테나 부하와 임피던스 정합

전기적 소형 안테나는 낮은 방사 저항과 높은 리액턴스, 전기적 안테나(소형 다이폴과 같은)에 대해서는 용량성 그리고 자기적 안테나(소형 루프와 같은)에 대해서는 유도성을 가진다. 정합 회로망은 리액턴스를 제거하고 50 Ω과 같은 값에 맞게 입력 저항을 증가시킬 수 있다. 그러면 안테나는 정합된 주파수로 조정된다. 하지만 정합 회로망은 단점도 가진다. 첫째, 전체 안테나 시스템에 추가된 리액턴스로 인해 $Q$가 상승하여 대역폭의 축소를 가져온다. 둘째, 정합 회로망에서의 손실이 안테나 효율을 낮출 것이다. 적어도, 전기적 소형 안테나에 대한 임피던스 정합의 일반적인 목적은 내부 부하를 사용하여 추가적 부피와 외부 정합 회로망의 손실을 막기 위한 것이다. 내부 부하가 사용될 때,

안테나는 자기 공진(self resonant)된다 말할 수 있다. 내부 부하 방법에는 두 가지가 있는데, 안테나 내부에 집중형 회로 소자를 사용하는 방법과 안테나 구조를 바꾸는 것이다. 집중형 부하는 6.5절에서 논의되었다. 안테나의 크기 변화 없이 안테나 도체의 길이를 증가시키는 것은 전류의 경로를 더욱 길게 하며, 이는 리액턴스와 방사 저항을 증가시킨다. 그림 3-10*b*의 모노폴과 같은 상단 모자형 부하는 이러한 특성을 가진다. 수직 모드 헬리컬 안테나는 자기 공진형 소형 안테나로 매우 대중적이다. 이것은 같은 높이의 직선에 비해 긴 전류 경로를 제공하는 헬리컬 형태로 감긴 도선으로 구성된 모노폴이다. 그림 11-21의 미앤더 선 모노폴 안테나는 휴대전화에서 사용되는 수직 모드 헬리컬 안테나의 박형 형태이다.

이제 식 (11-26)에 나타낸 $B \approx 1/Q_A$로 근사화되는 대역폭에 대해 살펴보기로 한다. 안테나 동작 대역은 $f_L$에서 $f_U$까지의 한계 주파수를 포괄한다. 안테나 성능은 이 주파수 사이에서 허용되며, 이는 VSWR이 특정한 값 $S$보다 작거나 같은 영역을 의미한다. $Q_A$ 계산에서, 제한되는 주파수는 대역 내에서 $S = 5.83$에 해당되는 최대 전력의 절반(−3 dB)으로 떨어지는 지점이다. 대역폭은 $B = (f_U - f_L)/f_C$로서 식 (7-1)에 정의된 중심주파수 비대역폭이고, 중심주파수는 일반적인 산술평균이 아닌 기하평균 $f_C = \sqrt{f_L f_U}$이 된다. 좁은 대역폭에 대해 기하평균은 산술평균과 거의 일치하고, 대역폭 $B$가 0.7에 도달하게 되면 산술 평균보다 6% 더 넓은 값을 보인다. 광대역 안테나의 $Q$에 대한 정확한 계산에는 기하평균이 필요하다[H.8.3: Schantz. Sec. 5.5]. 대역폭은 종종 5.83의 절반 전력 레벨이 아닌 VSWR을 통해 결정되기도 한다. 전환을 위해서는 다음의 수식이 필요하다[H.6: *Ant. Eng. Hdbk.*, 4th ed., p. 6-13].

$$B_{\mathrm{VSWR}=S} = \frac{S-1}{2\sqrt{S}} B_{-3\,\mathrm{dB}} \qquad \textbf{(11-34)}$$

VSWR = 5.83이라면, $B_{-3\,\mathrm{dB}} = B_{\mathrm{VSWR}\,=\,5.83}$이다. 일반적인 대역폭 한계는 $S = 2$이고, 이때 $B_{-3\,\mathrm{dB}} = 2\sqrt{2}B_{\mathrm{VSWR}\,=\,2}$이다. $Q_A$는 대역폭과 연관되어 있다. 하지만 여기서 $Q_A$는 무부하 $Q$이며, 이는 안테나가 부착된 부하로부터 어떠한 영향도 받지 않는다는 것을 의미한다. 이때 다음과 같다.

$$Q_A = \frac{1}{B_{-3\mathrm{dB,\,unloaded}}} \quad \text{소형 안테나} \qquad \textbf{(11-35)}$$

여기서 무부하 대역폭 $B_{-3\,\mathrm{dB,unloaded}}$가 이용되어야 한다. 하지만 측정 시에는 측정 장비가 부하를 나타낸다. 일반적으로 정합 회로망이 안테나에 공액 정합될 때, $Z_M = Z_A^* = R_A - jX_A$이다. 4.4.4절을 참조하라. 부하가 안테나에 정합되었다면, 대역폭은 두 배가 되고, 따라서 무부하 대역폭은 다음과 같이 표현될 수 있다.

$$B_{\mathrm{unloaded}} = \frac{1}{2} B_{\mathrm{loaded}} \quad \text{정합부하를 갖는 안테나} \qquad \textbf{(11-36)}$$

위 수식을 식 (11-35)와 결합하면 다음과 같이 된다.

$$Q_A = \frac{2}{B_{-3\mathrm{dB,\,loaded}}} \quad \text{정합부하를 갖는 소형 안테나} \qquad \textbf{(11-37)}$$

이 방정식을 $S = 2$와 함께 수식 (11-34)를 이용하여 VSWR = 2 대역에서 표현하면 다음과 같다.

$$Q_A = \frac{1}{\sqrt{2}B_{\mathrm{VSWR=2,\,loaded}}} \quad \text{정합부하를 갖는 소형 안테나} \qquad \textbf{(11-38)}$$

이상의 수식 전개는 조정된 전기적 소형 안테나에 적용될 수 있으며 이 외의 응용에는 부정확할 수 있다. 광대역 안테나의 경우 다음의 수식 (11-39)를 이용하여 대략적인 $Q_A$ 예측치를 얻을 수 있다.

$$Q_A = \frac{1}{B_{\text{VSWR}=2,\ \text{loaded}}} \quad \text{광대역 안테나} \tag{11-39}$$

식 (11-25)를 통해 알 수 있는 사실, 즉 $Q_A$가 손실에 반비례함에 따라 손실이 커질수록 $Q_A$가 감소하는 것을 기반으로 저항성 손실 효과를 $Q$의 계산에 포함시킬 수 있다. 그러면 손실을 포함하여 식 (11-29)의 최소 $Q$는 다음과 같이 수정된다.

$$\mathrm{Q}_A = \frac{e_r}{\beta^3 a^3} \quad \text{손실을 포함하는 최소 } Q \tag{11-40}$$

이는 그림 11-16의 근본적인 한계 곡선을 더 낮추게 된다. 물론 효율성이 하락함에 따라 $Q_A$ 역시 감소하며 따라서 대역폭이 증가한다. 때로는 대역폭을 확장하기 위해 안테나에 의도적으로 손실을 증가시키기도 한다. 이러한 결과를 통해 만약 안테나가 광대역을 갖는다면, 이는 손실 때문일 수 있다는 사실을 알 수 있다. 정합 회로망 손실 역시 이 효율에 포함될 수 있다.

안테나의 소형화를 위해 물질을 갖는 부하 안테나 방법도 사용된다. 물질은 전파속도 $c = 1/\sqrt{\mu\varepsilon} = f\lambda$를 감소시켜 파장을 줄임으로써 안테나가 전기적으로 더 커진 것처럼 보이게 한다. 만일 물질이 $\mu_r = \varepsilon_r$을 만족시키면, 매질의 고유 임피던스는 자유공간의 고유 임피던스 $\eta = \sqrt{\mu_r\mu_o/\varepsilon_r\varepsilon_o} = \sqrt{\mu_o/\varepsilon_o}$와 동일하며 이는 자유공간과 잘 정합되었다는 것을 의미한다. 예상한 바와 같이 이 이론과 현실 사이에는 차이가 있다. 첫째, 위의 방정식은 물질로 가득 차 있는 무한 매질을 기반으로 한다. 유한 부피의 부하 물질은 비록 크기 감소 인자 $F = \sqrt{\mu_r\varepsilon_r}$을 갖는 무한 매질에서만큼은 아닐지라도 전기적 크기를 감소시킨다. 크기 감소분은 부하 물질의 크기, 모양 및 재료의 파라미터에 따라 달라진다. 예를 들어 900 MHz에서 동작하는 (높이 7.6 cm의) 공진형 $\lambda/4$모노폴을 $\varepsilon_r = 90$, 반지름 10 cm, 1.65 cm의 높이를 갖는 유전체 실린더의 중심에 내장(embed)함으로써 해당 모노폴의 높이를 $F = 4.6$의 크기 감소 인자만큼 줄일 수 있다[H.8.11: Fujimoto et al., Chap. 3]. 이는 무한 매질 감소 인자 $F = \sqrt{\varepsilon_r} = \sqrt{90} = 9.5$의 절반에 가까운 수치이다. 이러한 큰 폭의 높이 축소는 대역폭과 임피던스의 희생을 야기한다. 대역폭은 26%에서 16%로 감소했으며 공진에서의 입력 저항은 39 Ω에서 5 Ω으로 줄어든다. 복합 자기유전체(hybrid magneto-dielectric) 부하 물질은 $\mu_r = \varepsilon_r$에서 가장 큰 폭의 크기 감소 효과를 보이지만 동시에 효율성의 하락을 수반한다. 자기유전체 코어로 채워진 원구 헬리컬은 근본적인 크기 한계에 근접될 수 있다는 것을 보였다[31]. 물질 부하 안테나를 구성하는 데 있어 도전 과제는 저손실, 저비용의 물질을 찾는 것이다. 페라이트와 같은 자성체 물질은 유전체보다 손실률이 높으며 무선 주파수에서 큰 손실을 가져올 수 있다.

손실 문제를 예방하고 자연계에 존재하지 않는 특성을 얻기 위한 차원에서 안테나 부하를 위한 **인공물질**(artificial material)이 개발되고 있다. 대표적인 인공물질로는 **메타물질**(metamaterial)(또는 electromagnetic bandgap structure로 불리는)이 있다. 메타물질은 일반 물질의 작은 조각들로 구성되며 공간적으로 정렬된 격자 모양으로 배열되어 있다. 흥미롭게도 $\mu_r$과 $\varepsilon_r$의 음의 수치가 가능하다. **인공 자기 도체**(artificial magnetic conductor)는 전기적 안테나의 뒤에서 밀접하게 배치되는 접지면에 적합하다. 근본적인 크기 한계에 대한 접근으로 전기적 소형 안테나를 감싸고 있는 음의 유전율 물질이 제안된 바 있으나 이 접근법에는 분산 및 손실의 문제점이 존재한다[32]. 음의 $\mu_r$과 $\varepsilon_r$을 동시에 갖는 물질이 연구되었으나 이 물질을 구성할 수 있는지가 의문으로 남겨져 있다.

안테나 크기가 파장 대비 매우 작을 때 발생하는 높은 저항성 손실로 인해, 전기적 소형 안테나는 초전도 물질이 적용되기에 이상적이다. **초전도체(superconductor)**는 DC 저항이 거의 없다. 안테나와 정합 회로망에 적합한 몇 가지 초전도체가 있지만 종종 77°K의 액체 질소 온도까지 냉각이 요구된다. 초전도체에 적용될 경우 정합회로망에서 높은 손실이 획기적으로 줄어든다는 큰 장점을 가지게 된다. 하지만 대역폭은 줄어든다. 초전도체 안테나 시스템은 고가이며 특별한 응용분야에서만 사용된다. 자세한 내용은 [H.8.11: Hansen, Chap. 3]을 참조하라.

지금까지는 매질이 선형적, 시불변적인 특성을 가진다고 가정하였다. 비선형, 시변 특성을 이용하여 근본적 한계 아래로 안테나를 소형화하는 것이 가능하다. 이는 **임피던스 변조(impedance modulation)**를 이용하며 안테나의 조정은 시변 특성을 가진다. 공진 주파수는 주기적으로 변하며, 동시에 사용될 수 있는 두 개 공진 주파수의 효과를 낳는다. 그 기법은 안테나에 버랙터 다이오드를 이용해 증명되었다[33]. 하지만 불요 방사와 위상 비선형의 문제를 가진다.

최근에 식 (11-29)의 근본적 한계가 초광대역 안테나와 같은 광대역 안테나를 포함하는 모든 안테나에 적용된다는 것이 밝혀졌다[34]. 이미 말한 대로, 소형 안테나의 대역폭과 $Q$의 관계는 광대역 안테나에 대해서는 정확하게 맞지 않는다. 대역폭 식의 부정확성은 이중 공진 안테나의 경우에서 드러났다[35]. 광대역 안테나는 전기적 소형 안테나에 사용된, 예를 들면 효율적으로 공간을 채우거나 부하를 사용하는 것과 유사한 방식으로 소형화될 수 있다. 하지만 도전과제는 더욱 많아진다. 효율적으로 공간을 채우는 안테나의 예는 접힌 반원구 안테나[30]와 그림 7-46$d$에 나타낸 소형 UWB 안테나[36]이다. 그림 11-19에 나타낸 것처럼, 소형 UWB 안테나는 근본적 크기 한계에 근접하는 광대역 안테나($B_{\text{VSWR}=2} = 3.5$)이며, 실제적으로 이루기 힘들다. 지속적 부하를 이용하는 스파이럴과 같은 주파수 독립 안테나의 크기 소형화는 다음의 방법으로 실현될 수 있다. 미앤더 모노폴과 유사한 방식으로 팔 감기 또는 지그재그화 (7.7.4 절 참조), 유전체 부하, 그리고 저항성 부하[H.8. 11: Volakis et al., Chap. 5].

## 11.6 소형 기기를 위한 안테나

소형 안테나는 셀룰러 무선전화를 위한 휴대전화에서부터 자산 추적을 위한 모듈, 체내 이식형 의료 기기까지 광범위한 무선 기기에서 필요로 한다. 휴대전화 안테나의 진화는 놀랄 만하다. 처음 일반 셀룰러 무선통신이 시작되었을 때, 안테나는 그림11-20$b$와 유사한 외부 돌출형이었다. 외부형 안테나의 크기는 점점 줄어들었고, 내장형 안테나로 점차 대체되었다. 그렇다면, 휴대전화 안테나는 돌출되었던 긴 안테나에서 보이지 않는 내장형 안테나로 어떻게 소형화될 수 있었을까? 이전 절에서 어떻게 안테나 크기가 근본적 물리 법칙에 의해 제한되는지가 설명되었다. 4.5절과 표4-1에 나와 있는 것처럼 셀의 크기를 줄이고, 기지국의 전방향성 안테나를 지향성섹터 안테나로 대체하고, 다른 시스템을 개선함으로써 소형화된 내장형 안테나의 실현은 가능하다. 이 절에서 우리는 소형 안테나의 몇 가지 종류를 살펴보도록 하겠다. 이러한 안테나의 대부분이 모노폴로서 동작하고 또한 접지면을 필요로 한다.

### 11.6.1 수직 모드 헬리컬 타입 안테나

수직 모드 헬리컬 안테나(NMHA: normal mode helix antenna)에 대한 이론이 7.3.1절에서 제시되었다. 이 절에서 우리는 수직 모드 헬리컬 안테나의 실제적 구현에 대해 살펴보도록 한다. 수직 모드 헬리컬 안테나는 그림 7-10에 나타낸 것처럼 헬리컬 형태로 감긴 모노폴이다. $N$회 권선에 대한 전체 선 길이는 다음과 같다.

$$L_w = NL = N\sqrt{C^2 + S^2}$$

여기서 $C$는 헬리컬의 원주이고 $S$는 권선 사이의 간격이다. 이는 같은 축방향 길이(높이 $h$)의 직선 도선에 비해 선 길이가 더 길며, 이는 방사 저항의 증가를 위해 필요하다. 길이 증가율(length increase ratio)은 다음과 같이 정의된다.

$$R = \frac{L_w}{h} = \frac{N\sqrt{C^2 + S^2}}{h} \quad \text{수직 모드 헬리컬 안테나의 길이 증가율} \tag{11-41}$$

고정된 높이의 헬리컬에 대해서는 권선 사이의 간격을 줄임으로써 권선 수를 증가시켜, 즉 $N = h/S$로 길이 $L_w$를 증가시킬 수 있다. 두꺼운(헬리컬 지름의 증가, $D = C/\pi$) 헬리컬을 사용함으로써 또한 선 길이를 증가시킬 수 있다.

한 예로, VHF 대역 내에서 150 MHz에서 동작하는 소형의 수직 모드 헬리컬 안테나는 10cm의 높이, 2 cm의 헬리컬 지름, 그리고 13.25회의 권선 수를 가진다. 전체 선 길이는 $L_w = \sqrt{C^2 + S^2}$ 83.9 cm = 0.42$\lambda$이다. 모멘트법 시뮬레이션을 이용하여, 동선에 대해 공진 시 $Z_A = 4.9 - j0.7\ \Omega$의 입력 임피던스를 얻었다(연습문제 11.6-1참조). 0.05$\lambda$의 높이가 적용되었을 때 식 (7-21)에서의 방사 저항 값은 1.6 Ω이며, 이는 $Z_A = 2 - j3.5\ \Omega$을 가지는 완전 도체 선의 시뮬레이션 수치 2 Ω에 매우 근접하는 값이다. 길이 증가율은 $R = L_w/h = 83.9/10 = 8.4$이다. 이러한 결과는 베스트(Best)의 시뮬레이션과 상당히 잘 일치한다[H.6: Balanis, Ed., p. 488].

예제 7-1은 $L_w = 8.5$ cm 의 $\lambda/4$ 선 길이를 가지고 883 MHz ($\lambda = 34$ cm)에서 동작하는 수직 모드 헬리컬 안테나를 보여 주었다. $\beta a$ 값은 거의 1이기 때문에 이 안테나는 전기적으로 소형이다. 높이 $h = 5.7$ cm = 0.17$\lambda$이고, 길이 증가율 $R = 1.49$이다. 식 (7-21)로부터 방사 저항 $R_r$은 18 Ω이다. 앞의 예제에서 보았듯이, 길어진 길이 증가율이 짧은 물리적 높이를 유지하기 위해 VHF와 같은 낮은 주파수 대역에 이용되었으나, 안테나의 전기적 높이는 줄어들었고 방사 저항은 낮아졌다. **스터비 안테나**(stubby antenna)로 불리는 휴대전화용 수직 모드 헬리컬 안테나의 상용 버전을 그림11-20$a$에 나타냈다. 일반적으로 전체 선 길이 $L_w$가 $\lambda/4$보다 작다면, 스터비 안테나로 불린다. 선 길이가 거의 $\lambda/4$에 가깝다면, $\lambda/4$ 헬리컬 또는 간단히 $\lambda/4$라고 부른다. 그림 11-20에 나타낸 이 특정한 형태는 두 개의 안테나 모드 중 하나로만, 즉 스터비 안테나만으로 동작하거나 또는 휩(whip) 안테나만으로 동작한다. 그림 11-20$a$의 스터비 안테나 모드에서는 확장 부분이 휴대전화 속에 집어넣어져 있고, 스터비 동작에 영향을 주지 않기 위해 헬리컬의 안쪽에 위치하고 끝이 비금속인 부분을 가진다. 스터비는 헬리컬의 아래 끝에서 휴대전화 내부와 연결된 급전을 갖는다. 스터비 안테나는 또한 휩 안테나 없이 사용되며 휴대전화의 외부 또는 내부에 설치된다. 외부에 설치되었을 때, 이것은 폴리카보네이트 또는 폴리우레탄 내에 형상화된다. 그림 11-20$b$에 나타낸 것처럼 외장 도선을 뽑으면, 스터비는 직접 급전 또는 용량성 결합을 통해 휩 안테나를 급전하는 데 이용되고, 도선은 $\lambda/4$ 직선 안테나로 동작한다. 두 안테나 모두 모노폴이며 휴대전화 내부의 PCB에 접지되었다. 사용자도 역시 접지로 동작할 수 있다. 만일 확장 부분이 가장자리에서 급전된 반 파장 다이폴이라면 접지면은 독립적일 수 있지만, 850 MHz에서 17.5 cm (7in.)보다 약간 긴 길이를 가지게 된다. 휩 안테나 모드는 약 2 dB의 이득을 제공하며 스터비 안테나 이득은 0 dB 이하이다. 확장되는 외장

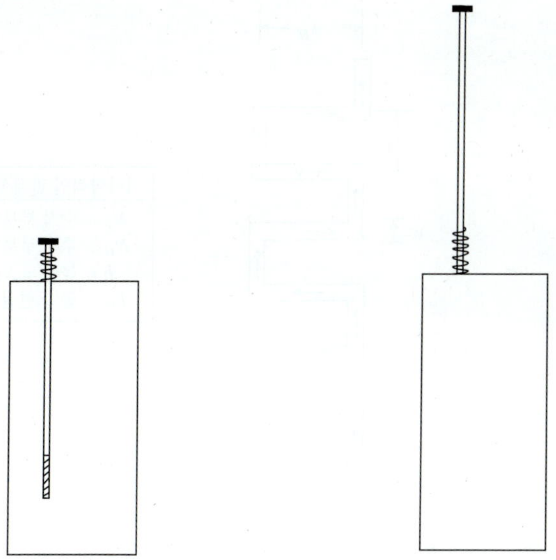

(*a*) 집어넣어진 구조. 스터비 안테나 단독으로 동작한다.

(*b*) 펼쳐진 구조. 스터비 안테나는 휩 안테나를 급전하기 위해 사용된다.

**그림 11-20 무선 휴대전화의 스터비 안테나(수직 모드 헬리컬 안테나).** 수직 모드 헬리컬은 (*a*) 단독으로 또는 (*b*) 확장된 휩 안테나와 함께 사용 된다. 확장되었을 때, 스터비는 휩 안테나를 급전하기 위해 사용된다.

형 안테나는 이제 휴대전화에서 거의 사라졌다. 초기의 무선 전화기는 수직 모드 헬리컬 안테나를 사용했으나 이 역시도 내장형 안테나로 대체되었다. 수직 모드 헬리컬 안테나는 서로 분리된 주파수 대역에서 이중대역으로 동작할 수 있다.

수직 모드 헬리컬 안테나에서 전선 대신 평평한 리본 도체가 사용된 경우, 이러한 평면형 구조는 인쇄 또는 각인 기법을 통해 쉽게 제작될 수 있다. **미앤더 선 안테나**(MLA: meander line antenna)는 수직 모드 헬리컬 안테나의 박형 형태로 다이폴이나 모노폴로 구성될 수 있다. 미앤더 다이폴은 때때로 자동차에 설치되는 글라스안테나로 사용된다. 그림 11-21의 미앤더 모노폴은 7개의 수직 부분과 6개의 수평 부분을 갖는다. 섹션의 길이가 $s_V = 1.43$ cm와 $s_H = 3.33$ cm일 때, 선의 총 길이는 $L_w = 7{\cdot}1.43 + 6{\cdot}3.33 = 10 + 20 = 30$ cm가 된다. 베스트[H.6: Balanis, Ed., Sec. 10.6]는 완전 접지면 위에 있는 모노폴에 대해 시뮬레이션을 수행하여 361 MHz ($\lambda = 83$ cm)의 공진 주파수를 확인하였다. 이때 전기적 높이는 $0.12\lambda$이고 도선의 길이는 $0.36\lambda$로, 식 (11-41)에 의한 길이 증가율이 $R = 0.361/0.12 = 3$으로 매우 높다. 미앤더 모노폴은 소형 구조로 인해 휴대전화에서 사용되고 있다. 하지만 감싸고 있는 원구의 대부분을 채우지 못함으로 인해, 같은 높이의 수직 모드 헬리컬 안테나에 비해 낮은 방사저항, 효율, 그리고 대역폭을 갖는다. 수직 모드 헬리컬 안테나의 경우와 마찬가지로 미앤더 모노폴의 전선을 따라 흐르는 전류는 급전 부분에서 정점에 달했다가 위쪽 끝부분에서는 0으로 감소한다. 전기적으로 소형이기 때문에 위상은 길이를 따라 거의 일정하다. 이로 인해 그림 11-21과 같이 전류가 반대 방향으로 흐르고 있는 인접 수평 부분에서는 방사의 상쇄가 발생한다. 따라서 직선의 도선으로 구성된 모노폴에서처럼 수직 부분이 방사를 가능하게 하며 방사 저항에 영향을 미친다. 인접하는 수평 부분은 인덕턴스와 손실을 추가시킨다. 따라서 미앤더 안테나의 패턴은,

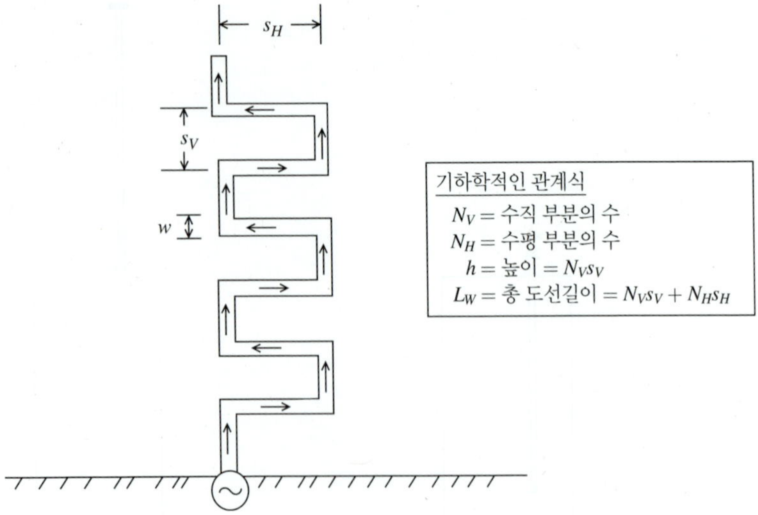


**그림 11-21 미앤더 선 모노폴 안테나.** 화살표는 전류의 방향을 나타낸다.

수직 방향으로 영점을 가지며, 반으로 자른 도넛의 3차원 모형과 같고, 긴 축과 평행하게 선형적으로 편파되어 있는 같은 높이를 가진 직선 모노폴과 유사하다. 수직 모드 헬리컬 안테나도 이와 같은 특성을 보인다. 수직 모드 헬리컬 안테나와 높이가 같고 동일한 공진 주파수를 갖도록 도선의 길이를 조절한 미앤더 모노폴을 비교했을 때, 수직 모드 헬리컬 안테나가 높은 방사 저항, 넓은 대역폭, 높은 효율을 가진다[H.6: Balanis, Ed.,Sec. 10.6]. 이러한 단점에도 불구하고, 미앤더 모노폴은 크기가 작고 가격이 낮은 이유로 더 많이 사용된다. 또한 전선의 지름이 줄어들수록 공진 주파수가 낮아진다는 사실을 알아냈으나 이로 인해 손실이 커지게 된다.

[H.6: Godara, Ed., Sec. 12.2]에 나와 있는 유한 접지면을 갖는 미앤더 모노폴의 계산은 몇 가지 일반적인 경향을 보여 준다. 첫째, 미앤더 모노폴은 다중 공진을 가지므로 이중대역 휴대전화에 유용하다. 둘째, 접지면이 무한에서 파장보다 아주 작은 소형의 유한한 크기로 줄어듦에 따라, 임피던스는 낮아지고 공진 주파수는 높아진다. 일반적인 휴대전화의 접지면은 850 MHz에서 100 mm × 50 mm ($0.28\lambda \times 0.14\lambda$)이며, PCB 자체도 방사에 관여하여 낮은 지향성을 갖게 한다. 2 GHz에서 PCB는 전기적으로 더욱 커지고($0.67\lambda \times 0.3\lambda$), 전류는 안테나에 더욱 국부적이며, 무한 접지면의 경우와 유사한 패턴을 가진다. 결론적으로, 이득은 850 MHz와 비교하여 2 GHz에서 더욱 증가할 것이다.

## 11.6.2 쿼드리필러 안테나

소형 헬리컬 안테나의 또 다른 형태로 그림 11-22에 나타낸 쿼드리필러 안테나(quadrifilar antenna)로 불리는 **쿼드리필러 헬리컬 안테나**(QHA: quadrifilar helix antenna)가 있다. 쿼드리필러 안테나는 접지면의 도움 없이 원형편파 단방향 지향성 빔을 제공한다. 쿼드리필러 헬리컬 안테나는 우주선과 지상 통제센터의 위성통신을 위해 흔히 사용된다. 네 개의 도선 팔은 원형 실린더 표면 주위로 동일한 간격(90° 간격)으로 떨어져 있고, 동일한 진폭과 90° 위상차를 가지며 위에서 급전된다. 위상 회로망을 구성하는 한 가지 방법은 한 개의 180° 복합 분배기와 두 개의 90° 복합 분배기를 사용하는

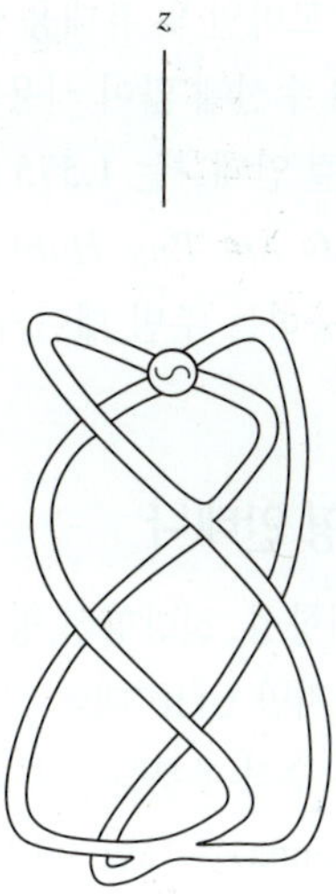


그림 11-22 쿼드리필러 헬리컬 안테나.

것이다. 쿼드리필러 헬리컬 안테나는 두 개의 직교하는 바이파일러 헬리컬 루프로 생각할 수 있다. 권선이 거듭될수록 위상의 진전이 원형편파의 특성에 가까워지면서, 파는 앞쪽으로 방사된다. 그렇지 않다면, 뒤쪽으로 방사하는 모드가 형성될 것이다. 축 모드 헬리컬과는 달리 원형편파는 대략 한 파장 정도 되는 원주의 영향은 받지 않으나 각 팔로 향하는 급전 위상으로 인해 원형편파가 발생되기 때문에 그 크기가 작아질 수 있다는 장점이 있다. 높은 이득과 넓은 성형 빔 패턴이 가능하다. 쿼드리필러 안테나는 여러 권선과 긴 축 길이를 통해 비교적 높은 이득을 가진다. 일반적으로 넓은 빔을 생성하기 위해 넓은 피치각, 적은 권선, 짧은 길이가 사용된다. 균형 급전 배치로 인해 접지면에 독립적인 특성을 갖는 쿼드리필러 안테나는 인간과 같은 주변의 물체로 인한 영향을 크게 받지 않는다.

바이파일러 루프가 부분 권선(1/4~1)인 경우, 쿼드리필러는 **소용돌이 안테나**(volute antenna)로 불리며, 이 안테나는 각 팔이 $\lambda/4$의 정수 배일 때 공진한다. 헬리컬 팔이 $\lambda/4$ 길이의 홀수(짝수) 배일 때, 소용돌이의 끝단은 아래 지점에서 개방(단락)된다. 소용돌이 안테나는 낮은 후엽과 좋은 원형편파 특성을 가지며, 위쪽($+z$축 방향)이 벌어진 심장 모양의 넓은 빔 패턴을 생성하지만 아주 좁은 대역폭을 갖는다[H.6: *Ant. Eng. Hdbk*. 4th ed., Sec. 12.5]. 그림 11-22 에 나타낸 쿼드리필러 헬리컬 안테나는 좌회전으로 감겨진 반 권선의 팔을 가지고 있으나 안테나의 후방 방사 특성으로 인해 우회전 원형편파를 생성한다. 최대 빔은 $z$방향으로 향한다. 연습문제 11.6-4에 나와 있는 쿼드리필러 헬리컬 안테나는 반 권선의 팔, $D = 0.174\lambda$의 지름, 그리고 $h = 0.243\lambda$의 높이를 가지고 있다. 7.3절에서 다룬 헬리컬 구조 관계식을 이용하여, $S = 0.486\lambda$, $\alpha = 41.6°$, 그리고 $L = 0.732\lambda$의 값을 얻었다. 루프 하나의 선 길이는 한 권선의 길이(양쪽으로 반 권선씩)와 약간의 추가적 길이를 포함하여, $L_{loop} = L + 2D = 1.08\lambda$이다. 따라서 각각의 팔은 대략 반 파장의 길이를 가진다. 시뮬레이션에서 엔드파이어 및 단방향 빔 특성, 120°의 반전력 빔폭, 그리고 3.2%의 대역폭을 가지는 것을 보였다[H.3: Milligan, 2nd ed., p. 266]. 쿼드리필러 헬리컬 안테나의 방사 특성과 설계 데이터에 관해서는 [H.9.1 : Kumar, Chap. 5]를 참조하라.

쿼드리필러 헬리컬 안테나는 팔을 미앤더링하거나 접는 방법 또는 높은 유전율의 세라믹 물질을 이용하는 방법 등을 통해 모바일 및 휴대용 단말기에 사용하는 데 적합한 소형 안테나로 만들 수 있다. 이것은 협대역의 GPS 수신에 많이 사용된다. $\varepsilon_r = 40$의 세라믹 유전체 코어에 인쇄된 일반적인 GPS 쿼드리필러 헬리컬 안테나는 1.575 GHz에서 −2 dBic의 이득과 함께 18 mm의 높이와 10 mm의 지름을 가진다[H.6: *Ant. Eng. Habk.*, 4th ed., p. 39-26]. GPS 응용에서, 잘 설계된 쿼드리필러 헬리컬 안테나가 제공하는 주빔 패턴과 대역폭에 대해 일정한 위상 중심을 가지는 것이 중요하다.

### 11.6.3 평판형 역 F형 안테나

$\lambda/4$ 모노폴은 5.16 dB의 지향성, 전방향성 방사 영역, 그리고 $35 + j0\ \Omega$의 입력 임피던스를 갖는 매우 훌륭한 안테나이다. 하지만 UHF 대역 및 그 이하 주파수에서 이 안테나는 종종 매우 큰 높이를 가진다. 간단한 해결책은 수직 부분을 구부려서 뒤집어진 L자 형태로 만드는 것이다. 이 **역 L형 안테나**(ILA: inverted-L antenna)는 그림 3-10*c*에서 전송선로형 모노폴로 소개되었다. 역 L형 안테나는 박형 안테나가 필요하고 협대역 특성을 갖는 많은 응용분야에서 발견된다. 이것은 평판형 역 F형 안테나의 진전을 위한 시작점이 된다.

역 L형 안테나에 대한 접지면(크다면)에서의 영상 전류는 수평 도선의 전류에 반대 방향인 수평 성분과 수직 도선에 흐르는 전류와 같은 방향의 수직 영상 전류 성분으로 이뤄진다. 전류분포는 대략적으로 전체 도선에 대하여 정현적이며, 개방된 끝단에서는 0이다. 그림 11-23에서 접지면 위로 형성된 간격 $h$는 한 파장에 비해 매우 작기 때문에, 도선의 수평 전류와 그것의 영상은 원거리장에서 거의 역위상을 가지게 되어 상쇄의 요인이 된다. 반면 수직 도선은 $2h$ 길이의 균일한 전류를 가지며 효과적인 하나의 수직 방사 성분을 형성한다. 따라서 수직 도선은 방사 저항을 결정하고, 전체 도선 길이 $L_w = h + L_H$는 입력 임피던스에 영향을 미친다. 역 L형 안테나는 $L_w \approx \lambda/4$일 때 공진한다. 패턴은 $\lambda/4$ 모노폴과 유사한 3차원적으로 도넛의 반쪽 같은 모양이며, $z$축을 따라 완전한 영점이 아닌 약간의 패인 모양을 갖는다. 접지면의 영향으로 인해, 방사 저항은 $\lambda/4$ 모노폴보다 낮은 값을 가진다. 직선 $\lambda/4$ 모노폴은 $36\ \Omega$ 정도의 방사 저항을 가지고, $\lambda/4$ 역 L형 안테나의 경우는 도선 조건에 따라 대략 $8\ \Omega$ 정도를 가진다. 역 L형 안테나가 전기적으로 소형화되면, 방사 저항은 더욱 떨어지고 리액턴스는 높은 용량성을 지니게 된다. 소형 역 L형 안테나의 방사 저항은 참고문헌 [37] 에 나와 있는 다음의 식으로 근사화될 수 있다.

$$R_r = 160\pi^2 \left(\frac{h}{\lambda}\right)^2 \left[1 - \frac{h}{2(h + L_H)}\right]^2 \quad ILA, \quad h \ll \lambda \qquad \textbf{(11-42)}$$

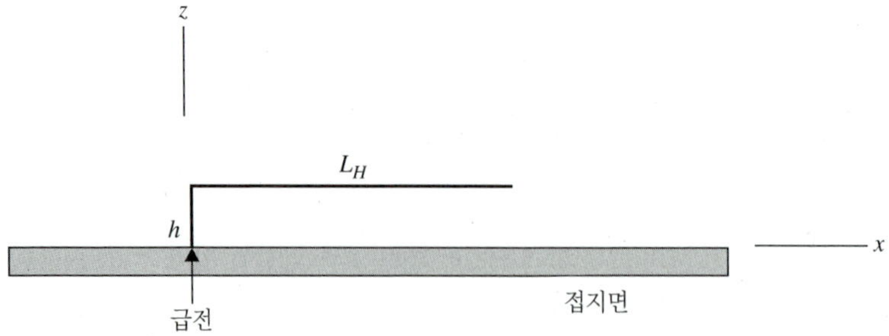


그림 11-23 **역 L형 안테나(ILA).** 화살표는 급전 지점을 가리킨다.

### 예제 11-3 차고 문 개폐 송신기용 역 L형 안테나

많은 차고 문 개폐 원격 장치는 315 MHz ($\lambda = 95.2$ cm)에서 송신한다. 이 응용분야에 주로 사용되는 안테나는 소형 역 L형 안테나이며, $h = 1.2$ cm, $L_H = 6.7$ cm, 따라서 전체 길이는 $L_w = 7.9$ cm $= 0.08\lambda$이다. 1 mm의 완전 도체 도선에 대해 시뮬레이션한 결과로 $Z_A = 0.21 - j364\ \Omega$ 값을 얻었고, 식 (11-42)로부터 방사 저항 값이 매우 낮다는 것을 확인할 수 있다. 같은 조건을 갖는 동선의 경우는 0.25 Ω의 전체 저항을 얻었고, 이는 $e_r = 0.21/0.25 = 84\%$의 효율을 가진다는 것을 의미한다. 비교를 위해, 같은 도선을 직선 모노폴에 사용하여 시뮬레이션해 본 결과, $Z_A = 2.7 - j415\ \Omega$ 값을 얻어 거의 100%에 가까운 효율을 보였다. 공진하는 $\lambda/4$ 모노폴은 $Z_A = 35 + j0\ \Omega$의 좋은 입력임피던스를 가지지만, 전체 높이는 22.7 cm (9 in.)가 되어 이 응용분야에 적합하지 않을 것이다. 차고에 있는 수신 안테나는 $\lambda/4$에 거의 근접하는 길이를 가지고 있다.

그림 11-24에 나타낸 것처럼, 닫혀진 도체 루프를 형성하는 두 개의 도선을 추가함으로써 역 L형 안테나의 입력 임피던스는 간단하게 변화될 수 있다. 같은 높이($h$)의 두 번째 수직 도선은 접지되고, 급전선으로부터 간격 $s$만큼 떨어져 있다. **역 F형 안테나**(IFA: inverted-F antenna)로 불리는 이 안테나는 역 L형 안테나에서 작은 길이를 추가함으로써 더 많은 설계 파라미터와 광대역 특성을 제공한다. 역 F형 안테나는 역 L형 안테나처럼 공진하며, 길이 $h + L_H$는 대략 $\lambda/4$가 되어야 한다. 수직 도선들의 전류들은 동위상이며, 이로 인해 방사를 증대시키고 높은 방사 저항을 가지게 한다. 루프는 수평 도선 부분의 커패시턴스를 부분적으로 상쇄시키는 추가된 인덕턴스로 여겨질 수 있다. 추가된 부분에 대한 또 다른 해석은 그림 6-35$c$의 감마 정합처럼 동작한다는 것이다. 역 F형 안테나의 패턴은 역 L형 안테나와 유사하다. 휴대전화 PCB와 같은 단말 크기의 접지면 끝단에 역 F형 안테나가 위치할 때, 패턴은 접지면의 긴 축방향 근처에 영점을 갖고, 그 긴 축을 둘러싼 전방향성에 가까운 다이폴 패턴과 유사해진다[H.9.1: Sanchez-Hernandez, Ed., p. 29].

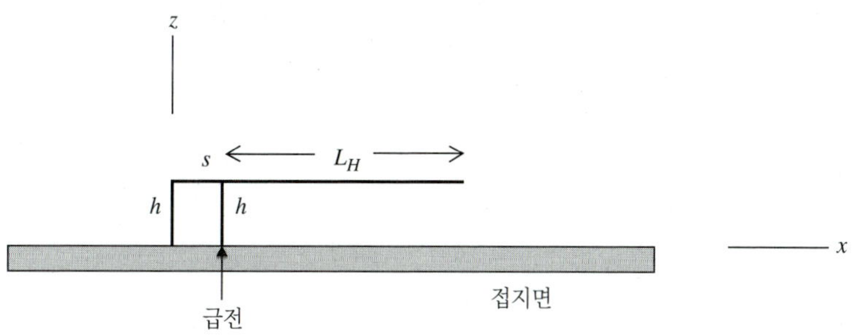


그림 11-24 **역 F형 안테나(IFA).** 화살표는 급전 지점을 가리킨다.

### 예제 11-4 2.45 GHz ISM 대역을 위한 역 F형 안테나

2.45 GHz에서 동작하는 비면허 ISM 대역은 2.4~2.5 GHz 대역으로 4%의 대역폭을 가지며, 역 F형 안테나로 망라될 수 있다. 지름 1mm의 도선을 이용한 시뮬레이션에서 $h = 9.8$ mm, $L_H = 21.8$ mm, 그리고 $s = 4$ mm일 때 이 안테나는 공진한다. 이 크기는 소형이어서 많은 응용분야에 사용 가능하다. 전체 도선의 길이는 $h + s + L_H = 35.6$ mm $= 0.29\lambda$이며, 이는 $\lambda/4$에 근접하는 수치이다.

입력 저항은 28 Ω(실수값)이다. 같은 $h$와 $L_H$값을 갖는 역 L형 안테나의 경우 $Z_A = 12 + j11\ \Omega$의 입력 임피던스를 가진다. 이로부터 역 F형 안테나의 추가된 부분이 방사 저항을 크게 증가시킨다는 것을 알 수 있다.

---

공진하는 역 L형 안테나는 협대역(수 퍼센트) 특성과 낮은 입력 저항을 가진다. 역 F형 안테나의 경우 증가된 입력 저항을 가진다. 대역폭을 더욱 확대하기 위해서는 역 F형 안테나에 평행하게 기생 역 L형 안테나 도선을 하나 더 추가하여 설치하는 방법이 있으며, 이 경우 14%의 대역폭을 갖는 이중 역 F형 안테나(DIFA: dual inverted-F antenna)가 형성된다[38].

대역폭을 확장하기 위해 많이 사용되는 기법으로, 도선을 금속판으로 대체하여 그림 11-25와 같이 **평판형 역 F형 안테나**(PIFA: planar inverted-F antenna)를 형성함으로써 역 F형 안테나의 대역폭을 늘릴 수 있다. 기본 평판형 역 F형 안테나는 접지면과 접지면을 통과하여 상판에 연결된 내부 도체와 접지면과 연결된 외부 도체로 이뤄진 동축선에 의해 급전되는 상판으로 구성되어 있다. 또한 상판을 접지면에 단락시키는 단락 판도 존재한다. 넓은 도체를 사용함으로써 역 F형 안테나로부터 진화된 평판형 역 F형 안테나에 대한 설명과 더불어, 평판형 역 F형 안테나는 11.2.2절에서 논의되었던 $\lambda/4$ 마이크로스트립 패치로 여겨질 수도 있다. $\lambda/4$ 패치의 단락 판의 폭 $w$가 줄어들면, 공진 주파수도 낮아져 안테나를 좀 더 소형으로 만들 수 있게 한다. 이 효과는 줄어든 폭으로부터 증가된 단락 판의 인덕턴스로 인한 감소된 상판의 커패시턴스로 설명될 수있다. 가장자리의 중간에 위치하는 것보다 좀 더 긴 전류 경로를 제공하는 상판의 모서리에 단락 판(또는 핀)을 위치시킴으로써 큰 폭의 주파수 하락이 발생될 수 있다. 평판형 역 F형 안테나는 가장 긴 전류 경로가 대략 $\lambda/4$일 때, 첫 번째 공진을 가지는 $\lambda/4$ 모노폴로 동작한다. 가장 낮은 공진 주파수 구성은 모서리에 단락 핀을 위치시킬 때 발생하며, 측면과 길이를 합한 전류 경로가 $\lambda/4$의 길이를 가진다[H.9.1: Waterhouse, p. 199].

$$\lambda_r = 4(L + W) \quad \text{평판형 역 F형 안테나의 공진 길이} \qquad \textbf{(11-43)}$$

이는 길이가 $\lambda_r = 4L$인 마이크로스트립 패치의 절반 정도인 평판형 역 F형 안테나의 설계를 가능하게 한다. 입력 임피던스는 모서리와 급전 간의 간격 $s$에 의해 조절되며, 공진 주파수가 감소하면 $s$도 또한 50 Ω의 입력 임피던스를 얻기 위해 줄어든다.

일반적인 평판형 역 F형 안테나의 대역폭은 대략 8%이다[39]. 상판의 높이 $h$를 증가시키거나

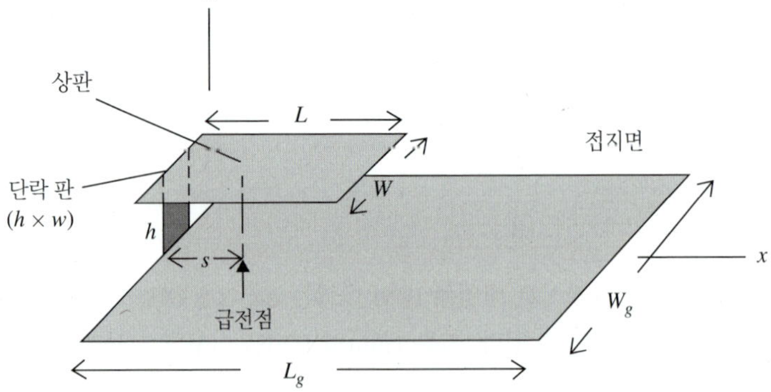


그림 11-25 **평판형 역 F형 안테나(PIFA).** 화살표(↑)는 급전지점을 가리킨다.

상판 구조를 변경함으로써 대역폭은 증가될 수 있다[H.9.1: Waterhouse, Chap. 7]. 직선의 급전 선 대신에 특별하게 생긴 급전 판을 사용함으로써 25%의 대역폭 확보가 가능하다[40]. 평판형 역 F형 안테나 근처에 기생 소자는 대역폭을 증가시키기 위해 사용될 수 있으나 안테나 크기를 증가시킨다. 미앤더링, 노치, 슬롯 등을 이용하여 상판 구조를 변화시켜 전류 경로를 효과적으로 증가시킴으로써 평판형 역 F형 안테나 크기는 줄어들 수 있다. 유전체 부하 또한 이를 위해 사용되지만 대역폭의 감소 특성을 보인다.

앞서 말한 것은 무한 접지면일 때로 가정하였다. 유한 접지면을 가지는 평판형 역 F형 안테나의 임피던스는 무한 접지면을 가질 때와 크게 다르지 않다. 하지만 공진 주파수, 대역폭, 그리고 패턴들에 변화가 있다. 시뮬레이션과 측정을 이용한 평판형 역 F형 안테나의 공진 주파수와 대역폭에 영향을 미치는 접지면 크기에 대한 연구[39]에서, 접지면 크기($L_g = W_g$)가 줄어들 때, 공진 주파수는 접지면 단면의 길이가 0.2$\lambda$보다 크다면 영향을 받지 않지만 대역폭은 0.8$\lambda$ 이하의 접지면 단면 길이에 대해서 8% 이하로 감소한다. 0.5$\lambda$ 이하의 접지면 길이에 대해서는 5% 이하의 대역폭을 가진다. 이득은 크기가 0.8$\lambda$ 이상에서는 무한 접지면에서 가지는 4.5 dB의 값과 거의 동일하지만, 측면이 0.8$\lambda$ 이하에서는 3 dB 정도로 줄어든다.

다양한 접지면 크기를 가지는 평판형 역 F형 안테나의 패턴이 그림 11-26에 나와 있다. 모든 패

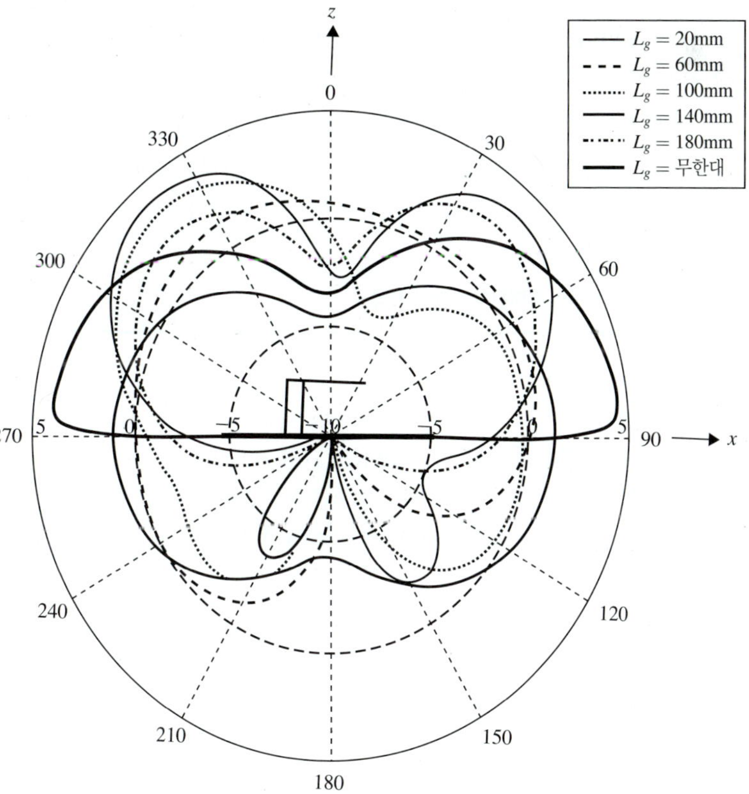


**그림 11-26** **그림 11-25의 유한 접지면에 대한 평판형 역 *F*형 안테나의 방사패턴.** 상판 크기는 $L = W = 0.156\lambda$이고, 접지면 크기($L_g = W_g$)는 무한, 1.188$\lambda$, 0.940$\lambda$, 0.643$\lambda$, 0.391$\lambda$, 그리고 0.156$\lambda$이다.([39] © 2003. IET의 허가하에 사용.)

턴들이 위쪽으로($+z$ 방향) 영점을 가지며, 모노폴 특성을 보여 주고 있다. 사실 무한 접지면의 경우 패턴은 $\theta = 90°$ 방향으로 최대치를 가지는 $\lambda/4$ 모노폴과 매우 유사하다. 접지면의 크기가 줄어들면서, 패턴의 최대치는 수평면 위로 상승하고 아래 반원구 쪽의 방사 또한 증가한다. 접지면 크기가 $0.156\lambda$ 크기의 정사각형 상판에 거의 근접하면, 패턴은 다이폴처럼 변한다. 지금까지 언급한 값은 접지면 중심에 평판형 역 F형 안테나가 위치해 있을 경우이고, 최적의 성능은 접지면의 모서리 근처에 위치시켰을 때 얻어진다[39].

일반적인 휴대전화에 설치된 평판형 역 F형 안테나의 대역폭은 17%에 가깝다[41].

### 11.6.4 다중대역/광대역 휴대전화 안테나를 포함한 다른 소형 안테나

휴대전화는 독특한 동작 환경을 가지고 있다. 즉 거의 어느 방향으로든 사용될 수 있다. 기지국으로부터 최적의 수신을 하려면, 휴대전화는 방위각 면으로 불리는 접지면과 평행인 수평면으로의 신호에 잘 응답해야 한다. 따라서 휴대전화는 방위각 면으로 패턴의 최대치를 가지도록 설계된다. 하지만 휴대전화가 어느 방향에서도 동작하고, 또 다중경로 전파로 인한 임의의 수신신호 방향에 대해서도 동작하기 위해 지향성(즉 이득)은 의도적으로 낮게 한다. 따라서 휴대전화의 이득 사양은 거의 0 dB이다. 마찬가지로 교차편파에 대한 반응도 같은 이유로 인해 대체적으로 높다. 이는 피할 수 없는 낮은 이득과 나쁜 편파 순도로 인해 일반적인 안테나의 요구 상황과는 반대가 된다. 휴대전화용 안테나에서의 일반적인 사양이 표 11-1에 정리되어 있다. 대부분의 안테나가 임피던스 정합(주로 50 Ω)을 VSWR ≤ 2 조건으로 하는 데 비해, 휴대전화 안테나는 종종 VSWR ≤ 3의 저하된 정합을 사용한다.

휴대전화 안테나는 이득, 패턴, 그리고 효율과 같은 일반적인 안테나 파라미터를 통해 평가된다. 이러한 사항들은 휴대전화 플랫폼에 설치된 안테나를 이용해 측정된다. 하지만 특별한 동작 조건과 휴대전화의 안테나 요구사항은 종종 동작 환경과 전파 조건을 포함하는 추가적인 평가 파라

**표 11-1** 일반적인 휴대전화 안테나 사양.

| | |
|---|---|
| 이득 | 0 dBi |
| 대역폭 | 12% @ 800 MHz (824~960 MHz)<br>25% @ 1900 MHz (1710~2170 MHz) |
| 임피던스 정합 | VSWR ≤ 3 (RL ≥ 6 dB) |
| 효율 | $e_r$ > 50% (자유공간에서) |
| 편파 | 일반적으로는 선형편파를 갖지만, 높은 교차편파가 존재해도 무방함 |
| 전력 조절 | 900 MHz bands[3]:<br>24 dBm (UMTS/WCDMA)<br>33 dBm (GSM/CDMA)<br>1900 MHz bands:<br>24 dBm (UMTS/WCDMA)<br>30 dBm (GSM/CDMA) |
| 단말기 크기(바 형태) | 100 × 50 × 15 mm$^3$ |
| 안테나 크기 | 40 × 20 × 10 mm$^3$ |

[3] 주파수 대역에 대한 부록 A를 살펴보라.

미터를 필요로 한다. 여기서 우리는 일반적으로 사용되는 파라미터에 대해 제시하고, 전체 부분은 13.6절에서 보이도록 하겠다. **총 방사 전력**(TRP: total radiated power)은 송신할 때 휴대전화로부터 방사되는 총전력이며, 이는 휴대전화 주변 원구 상의 표본지점에서(두 편파 모두) 수신되는 전력밀도를 합쳐 구할 수 있다. **총 등방성 감도**(TIS: total isotropic sensitivity)는 휴대전화 주변 원구 상에서 표본으로 추출된 비트 에러율과 같은 허용되는 시스템 성능 파라미터를 산출하는 최소 입력 신호 전력이다. 총 방사 전력과 총 등방성 감도는 시스템 엔지니어가 휴대전화가 동작할 수 있는 최대 영역을 유지하면서 휴대전화의 유효성을 결정할 수 있도록 해 준다.

일반적인 셀룰러 무선전화의 800 MHz와 1900 MHz 대역은 대략 1옥타브 정도 떨어진 주파수에서 동작하고, 표 11-1에 제시되었듯이 각각의 대역에서 적어도 15%와 24%의 대역폭을 가지는 안테나를 필요로 한다. 최근의 휴대전화에서 사용되는 안테나는 돌출된 부분이 없으며, 내장된 형태와 단일 급전점을 가지고 있다. 가능한 안테나는 두 대역을 망라하기 위해 피치각 또는 지름을 달리하는 두 개의 부분으로 구성된 수직 모드 헬리컬로 구성된 스터비 안테나이다. 두 부분으로 이루어진 미앤더 선 안테나도 또한 사용된다. 하지만 아마도 가장 일반적인 내장형 휴대전화 안테나는 이중대역 동작을 위한 평판형 역 F형 안테나의 여러 변형된 형태일 것이다. 일반적인 방법은 평판형 역 F형 안테나의 상판이 병렬로 동작하는 두 부분(또는 팔)을 가지는 것이다. 즉 낮은 대역을 위해서는 긴 부분 그리고 높은 대역을 위해서는 짧은 부분이 필요하며, 각 팔은 각각의 동작 대역에서 $\lambda/4$의 길이를 가진다. 종종 하나 또는 두 개의 팔을 플라스틱 형상 주위에 접거나 그 위에 인쇄한다. 때때로 이러한 안테나는 유연성 있는 PCB 재료 위에 인쇄되어 휴대전화의 내부에 위치하게 된다. 슬롯은 종종 대역폭 증가를 위해 상판에 삽입된다. 그림 11-27은 평판형 역 F형 안테나 설계 원칙

**그림 11-27** **850/900 MHz와 1800/1900 MHz 대역을 망라하는 안테나를 보여 주는 상용 휴대전화(Sony Ericsson W810)®.** 이것은 평판형 역 F형 안테나 설계 원칙을 기초로 하고 있다.(Sony Ericsson Mobile Communications의 허가하에 사용. W810®은 셀룰러 또는 휴대전화 등록 상표이며, Sony Ericsson Mobile Communications AB에 소유권이 있다.)

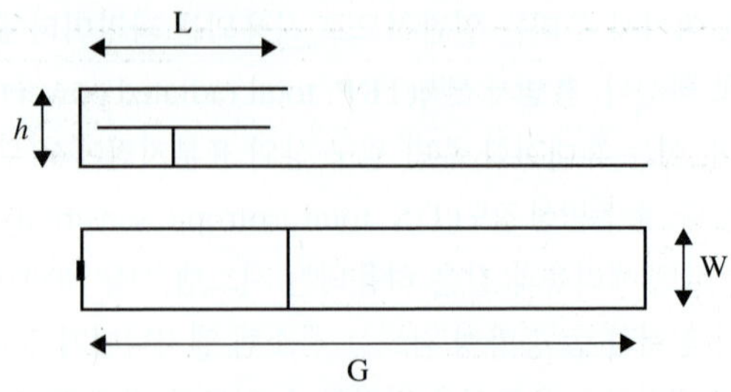


(*a*) 안테나 구조, 치수는 $L = 0.17\lambda_c$, $W = 0.068\lambda_c$, $h = 0.0425\lambda_c$, 그리고 $G = 0.425\lambda_c$이다.

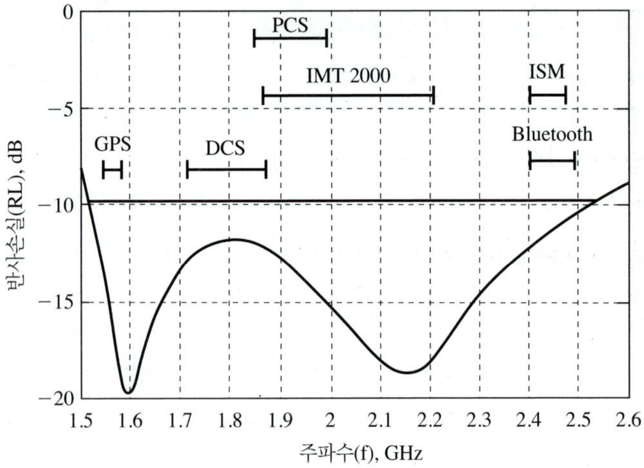


(*b*) 중심주파수 2.02 GHz로 설계된 광대역 소형 평판형 역 F형 안테나(WC-PIFA)의 측정된 반사 손실.

**그림 11-28** **광대역 소형 평판형 역 F형 안테나.**

에 입각한 상용 휴대전화 안테나의 한 예를 보여 주고 있다. [H.9.1: Fujimoto and James, Chap. 5]에서 휴대전화용 평판형 역 F형 안테나의 몇 가지 구조를 찾아볼 수 있다. 평판형 역 F형 안테나는 PCB 접지면 위 또는 끝부분에 위치할 수 있다. 기본 안테나와 비슷하거나 다른 형태의 분리된 추가적인 안테나가 다이버시티를 위해 사용되기도 한다. 또한 Wi-Fi, GPS 등의 다른 응용분야에 쓰기 위한 별도의 안테나들도 휴대전화 속에서 볼 수 있다.

그림 11-28*a*에 나타낸 광대역 소형 평판형 역 F형 안테나(WC-PIFA: wideband compact PIFA)는 대역폭 확장을 위해 용량성 급전을 사용한다[42]. 몇 개의 대표적인 주파수 대역에 대해 VSWR $< 2$ ($R_L > 10$ dB)를 만족시키는 시험 모델에 대한 반사 손실 특성이 그림 11-28*b*에 표시되어 있다[43]. 물리적 치수는 $L = 25$ mm, $W = 10$ mm, $h = 6.3$ mm, 그리고 $G = 63$ mm이다. 6 mm의 높이를 가지는 초박형 구조를 이용해 49%의 대역폭을 얻었다. 휴대전화에 들어 있는 금속을 접지면으로 사용하도록 설치된 안테나의 경우에는 좁고 긴 접지면이 반드시 필요한 것은 아니다. 이러한 안테나는 주변에 비교적 민감하지 않은 또 다른 측면도 가지고 있다.

가장 작은 소형 안테나는 칩 안테나(chip antenna)로 불리는 것이며, 이것은 높은 유전율을 가지는 세라믹에 감싸인 수직 모드 헬리컬 안테나 또는 미앤더 선 안테나와 같은 전기적 소형 안테나이다. 칩 안테나는 주로 방사를 도와주는 접지면으로 PCB를 이용한다. 이는 안테나를 플랫폼 세부사항에 대해 민감하게 하며, 때에 따라서는 조정이 필요할 수도 있다. 800/1900 MHz와 GPS 대역을 망라하는 일반적인 상용 칩 안테나는 –4 dB의 이득과 $20 \times 4 \times 5$ $mm^3$의 크기를 가진다.

앞에서 논한 모든 박형 안테나는 하나의 급전과 넓은 접지면에 접지되어 있는 형태로 불균형적인 특성을 가진다. 접지면의 전류는 안테나 시스템으로 하여금 접지면 상세 구조와 주변 사물, 특히 휴대전화를 작동하는 사람에 민감하게 반응하도록 만든다. 이러한 효과는 저주파수 대역에서 가장 강하게 나타난다. 만약 균형적 안테나를 사용하면 안테나의 성능은 휴대전화 크기와 이를 작동하는 사람에 덜 민감해진다. 또한 휴대전화 내에 안테나를 설치할 때 더 나은 유연성을 제공한다. 균형적 안테나의 예로 다이폴과 쿼드리필러 안테나를 들 수 있다. 균형적 안테나는 무선 주파수 회로의 복잡성을 줄이기 위해 차동증폭기로 급전된다[H.9.1: Chen, p. 48].

휴대전화 안테나 설계와 관련하여 안테나가 저손실 플라스틱 케이스에 설치된 경우, 동작 주파수 대역의 이동은 어느 정도 인정된다. 일반적으로 주파수 대역은 수 퍼센트 정도 아래로 이동한다.

### 11.6.5 무선 주파수 인식(RFID) 안테나

무선 주파수 인식(RFID: radio frequency identification) 시스템은 디지털 무선 기술을 통해 직접적인 접촉 없이도 사물을 인식할 수 있다. 부선 주파수 인식 시스템은 그림 11-29와 같이 근거리에 위치한 리더(또는 질문기)와 태그를 포함하는 기능적인 구성요소를 가진다. 리더가 무선 주파수 신호를 보내면 태그는 이를 처리해서 태그된 사물의 식별, 위치, 상태, 그리고/또는 여타 다른 정보를 담은 신호를 리더에 다시 보낸다. 무선 주파수 인식 시스템의 다양한 응용분야는 빠르게 증가하고 있다. 무선주파수 인식 활용 분야로는 보안 시스템, 차량용 응용분야, 개인 인식(예를 들면 여권), 개인 접근 통제(예를 들면 출입 인증), 그리고 자산 추적(예를 들면 수하물, 화물, 재고관리, 그리고 가축) 등이 있다. 표 11-2는 무선 주파수 인식 응용분야의 주요 범주를 보여 주고 있다.

태그는 리더를 통해 정보를 얻을 때 전력을 어떻게 생성하느냐에 따라 세 가지 타입 중 하나로 구분된다. 수동형, 반능동형, 그리고 능동형. 태그는 주로 저가의 전기적 소형 안테나, IC 칩, 그리고 반능동 또는 능동형 태그의 경우에는 전력을 공급하기 위한 배터리로 구성되는 소형의 단순 기기이다. 수동형 태그는 칩에 전력을 공급하고 응답하기 위해 리더로부터 발생된 전자장에서 전력을 이용한다. 수동형 태그는 가장 저렴하기 때문에 가장 일반적인 태그 종류이다. 수동형 태그는 잠재적으로 무한히 긴 수명을 가진다. 수동형 태그는 리더로부터 제공된 무선 주파수 전력을 태그 회로를

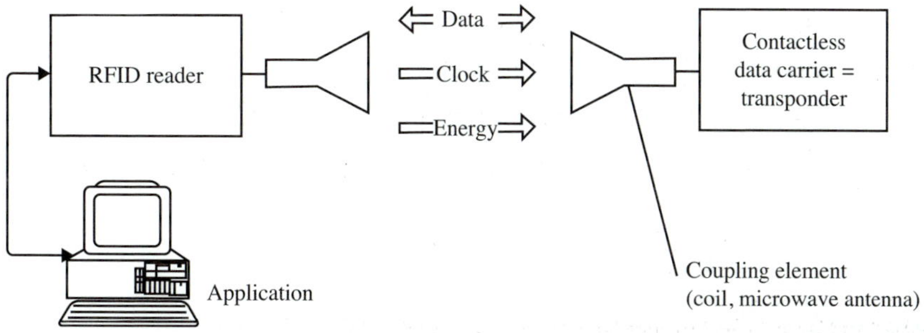


그림 11-29 **무선 주파수 인식 시스템의 기본 요소.** ([45] © 2003. John Wiley & Sons, Inc.의 허가하에 사용.)

**표 11-2** 몇몇 무선 주파수 인식 응용분야.

| **추적 및 인식** |
|---|
| 대형 자산(예를 들어 선적 컨테이너, 군용 차량) |
| 재고관리 |
| 소매 계산대 |
| 태그가 이식된 애완동물 |
| **지불 및 선불 충전계좌 시스템** |
| 지하철 및 버스 승차 |
| 전자 요금징수 시스템 |
| 비접촉식 신용카드 |
| **접근 통제** |
| 차량 점화 시스템 |
| 건물 출입 근접식 카드 |
| 스키 리프트 패스 |

**표 11-3** 무선 주파수 인식을 위해 할당된 주파수 대역.

| 주파수 대역명 | 주파수 | 수동 인식 거리 |
|---|---|---|
| Low frequency (LF) | 120~140 kHz | 10~120 cm |
| High frequency (HF) | 13.56 MHz | 10~20 cm |
| Ultra-high frequency (UHF) | 868~928 MHz | <10 m |
| 마이크로파(MW) | 2.45 & 5.8 GHz | <3 m |
| 초광대역(UWB) | 3.1~10.6 GHz | 10 m |

활성화하기 위한 직류 전력으로 변환시키는 정류회로를 포함한다.

태그는 표 11-3에 나타낸 할당된 주파수 대역 중 하나의 대역에서 동작하며, 이 표에는 각각의 대역에 대해 각 리더로부터 태그가 읽혀질 수 있는 최대 거리를 뜻하는 수동 인식 거리(passive read distance)도 나와 있다. 가장 낮은 두 주파수(LF 그리고 HF) 시스템은 유도성 결합을 통해 동작한다. 태그는 리더의 근거리장 내에 존재하며, 전력 전송은 자장에 의해 이루어진다. 태그가 리더의 신호를 검출할 때, 이것은 부하 저항을 켜고 끄며, 이로 인해 리더 루프의 임피던스가 변하게 된다. 높은 주파수 대역은 후방 산란에 의해 동작한다. 태그 안테나는 리더의 신호를 수신하고 부하 저항을 켜고 끄며, 이는 안테나 반사 특성을 변화시킨다[H.9.1: Fujimoto, 2nd ed., Chap. 13].

주파수가 낮아질수록, 태그는 주변환경으로부터 영향을 덜 받게 되고 이로 인해 시스템은 더욱 더 신뢰성을 가지게 된다. 예를 들어 무선 주파수 인식 기술의 가장 오래된 대역인 LF 대역은 짧은 거리에서 낮은 속도로 소량의 데이터를 읽어 들이는 것을 요구하는 응용분야에 매우 적합하다. 또한 이 주파수 대역은 규제 제한에 대해 비교적 자유롭다. 이 주파수에서의 자장은 물, 종이, 나무, 유리, 그리고 얇은 금속판을 관통한다. 그림 11-30은 18인치의 근거리장 거리와 평면파(원거리장 전원)에 대해 0.02인치 두께의 알루미늄 판의 차폐 효과를 보여 주고 있다. 자장에 대한 차폐 효과는 다음과 같이 정의된다.

$$S(\text{dB}) = 20\log\frac{H^i}{H^t} \tag{11-44}$$

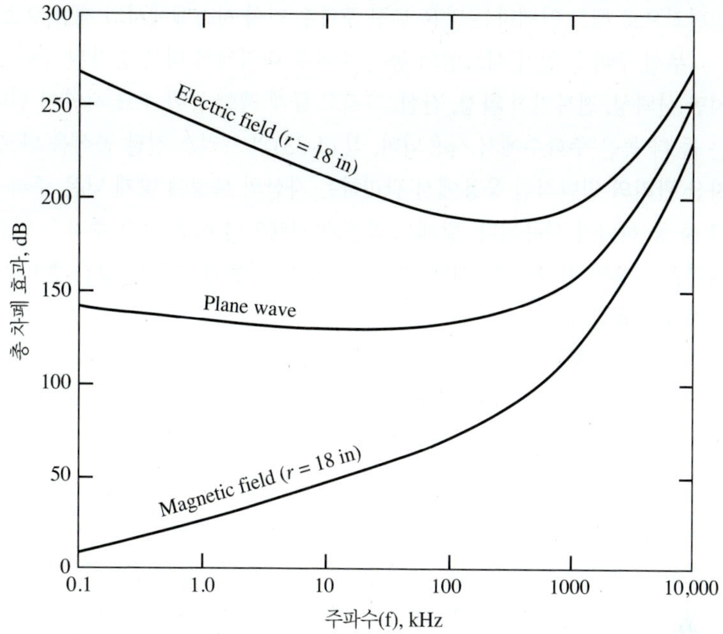


**그림 11-30** **0.02인치 두께의 알루미늄 판의 전장, 평면파, 그리고 자장 차폐 효과.** ([44] © 2009.John Wiley & Sons, Inc.의 허가하에 사용.)

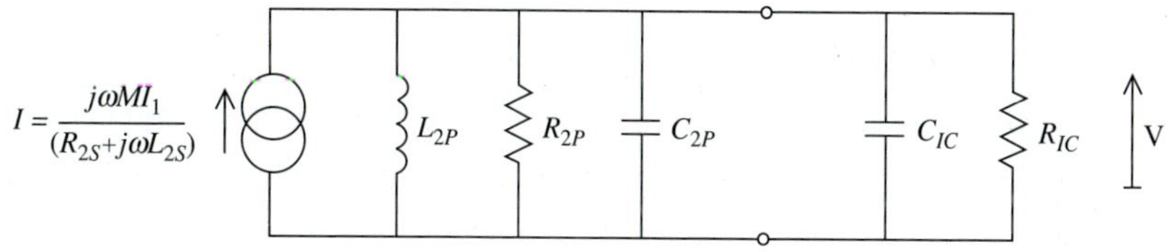


**그림 11-31** **낮은 주파수 태그와 IC의 병렬 등가 회로.** ([H.3: Huang and Boyle] © 2008. John Wiley & Sons, Inc.의 허가하에 사용.)

여기서 $H^i$는 금속판에 입사되는 장이고, $H^t$는 금속판의 반대편으로 전달되는 장이다. 전장에 대한 차폐 효과의 정의도 이와 유사하다. 그림 11-30에서 알루미늄 판의 차폐는 자장보다 전장에 매우 효과적임을 보여 주고 있다. 더욱이 낮은 주파수에서의 자장에 대해서는 반사 손실이 거의 발생하지 않고, 흡수 손실이 주요 차폐 방법이 된다[44]. 알루미늄보다 도전율이 낮은 나무, 플라스틱, 또는 유리와 같은 재료에 대해서, 자장은 상당히 쉽게 관통할 수 있다. 자장의 더 나은 관통 특성은 자기 결합을 이용하여 동작하는 LF 그리고 HF 무선 주파수 인식 시스템의 성능 향상에 도움이 된다. 상호 결합에 기반을 둔 태그에 대한 노턴 등가 회로를 그림 11-31에 나타냈다[H.3:Huang & Boyle, p. 338-348]. 단자의 왼쪽 회로는 태그 안테나(예를 들어 코일)이고, 단자의 오른쪽은 IC 칩이다. IC 저항 $R_{IC}$에 걸리는 최대 전압은 공진 주파수에서 발생하고, 이는 모든 회로 리액턴스에 의해 결정된다[H.3: Huang & Boyle, p. 338-348]. 최대 공진 전압의 레벨은 태그 안테나 또는 코일의 저항 $R_{2P}$에 의해 주로 결정된다. 이는 IC 문턱 전압을 초과하는 인식 거리는 태그 안테나(예를 들어 코일)의 특성에 의해 주로 결정된다는 것을 의미한다. 좀 더 세부적인 사항은 참고문헌 [45]를 참고하라.

일반적으로 태그 안테나는 많은 무선 주파수 인식 시스템에서의 제한 요소이다.

무선 주파수 인식 시스템의 높은 주파수 대역에서 더욱 증가된 수동 인식 거리를 얻을 수 있겠지만 신뢰성, 전자기적 환경, 간섭, 그리고 규제 제한 등이 주요 사안이 된다. 수동형 및 능동형 태그는 둘 다 높은 주파수에서 사용되며, 식 (4-33)의 프리스 전달 공식을 따르는 원거리장 시스템이다. 자산 관리의 일반적인 응용에서 관리하는 자산의 특성에 맞게 낮은 주파수 태그와 높은 주파수 태그 둘 중 하나가 사용된다. 팔레트 레벨과 컨테이너 레벨 무선 주파수 인식 시스템은 UHF와 그 위 대역을 사용한다. 아이템 레벨 태그 시스템은 사용된 태그도 많을 뿐더러 가격도 싸기 때문에 HF 대역을 사용한다.

예상된 것처럼, 각각 다른 무선 주파수 인식용 안테나가 각각의 대역에 사용된다. 태그는 얇고 저가인 안테나를 사용하지만, 리더 안테나에서의 크기와 가격은 크게 제약받지 않는다. LF 및 HF 대역의 무선 주파수 인식 시스템은 상호 인덕턴스의 작용에 의해 동작하기 때문에, 다중 권선 루프(코일)가 리더와 태그 둘 모두에 사용된다. LF 태그는 대략 40 권선의 루프를 사용하며, HF 태그는 대략 7 권선의 루프를 사용한다. 안테나로 불리기는 하지만 루프는 사실 리더와 태그 사이의 상호 결합을 강화하기 위해 설계된 결합 소자이다. 태그는 저가 전도성 잉크를 사용해 인쇄된 평판형 다중 권선 루프를 사용한다. 예로서, 소매 의약 용기 상자에서 사용되는 일반적인 태그 안테나 크기는 13.56 MHz에서 $0.0001\lambda$에 해당하는 대략 2 cm의 정사각형이다.

UHF 및 그보다 높은 대역에서 사용되는 태그 안테나는 주로 광대역 무선 주파수 인식을 위한 충분한 대역폭을 얻기 위해 미앤더 형태나 스파이럴 형태인 소형 반 파장 다이폴이다. 낮은 대역보다 할당된 대역이 더 넓고, 또 전 세계적으로 할당된 대역이 같은 주파수를 사용하지는 않기 때문에 더 넓은 대역폭이 필요하다. 따라서 다중영역에서 사용되는 태그는 이러한 여러 영역에서 동작하기 위해 충분한 광대역폭을 가져야 한다. 또한 태그 근처의 물체는 안테나의 주파수를 변화시킬 수 있기 때문에 충분한 광대역 안테나를 이용해 할당된 대역보다 조금 더 넓게 망라할 필요가 있다. 가장 일반적인 해결책은 광대역 특성을 갖는 미앤더 선 다이폴을 사용하는 것이다. 미앤더 선 안테나의 동작 원리는 11.6.1절에 제시되었다. 그림 11-32에 나타낸 Impinj의 상용 UHF 태그는 900 MHz에서 대략 $0.28\lambda$에 해당하는 9.5 cm의 길이를 가진다. 임피던스 정합 부분은 종종 태그 안테나와 함께 인쇄된다. 가장 일반적인 정합 구조 중 하나는 그림 6-35*b*에 나타낸 티(tee) 정합이다. 그림 11-32의 정합 루프는 이 티 정합과 비슷하다. UHF 리더에서 사용되는 안테나는 다이폴, 평판형 역 F형 안테나, 그리고 특히 원형편파 구현을 위한 마이크로스트립 패치 등이다. UHF 태그의 장점으로는 태그가 많은 양의 데이터를 처리할 수 있는 광대역폭을 가지고 있는 점, 부착되는 품목에 최적화될 수 있다는 점, 그리고 품목 위에 붙여진 태그는 쌓여진 구조에서도 인식될 수 있다는 점 등이 있다. 무선 주파수 인식 안테나에 대한 세부 사항은 [H. 8. 12: Volakis et al., Chap. 9]를 참조하라.

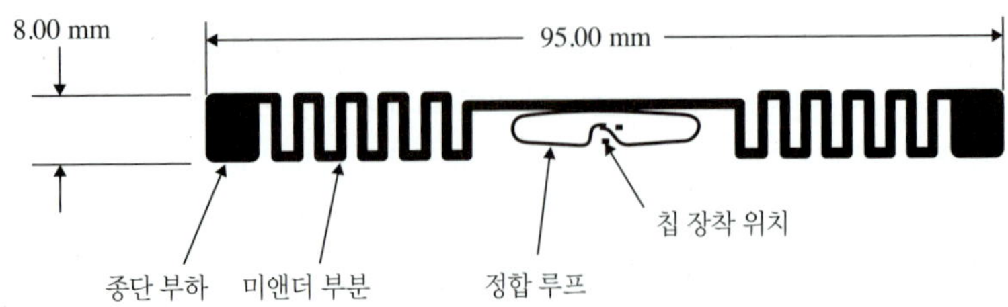


**그림 11-32 UHF 무선 주파수 인식 태그 안테나.** (Impinj, Inc.의 허가하에 사용.)

## 11.7 유전체 공진기 안테나

한 파장 길이보다 매우 작은 높이를 가지는 박형 안테나로 유전체 공진기 안테나(DRA: dielectric resonator antenna)가 있다. 유전체 공진기 안테나의 치수는 대략 $\lambda/\sqrt{\varepsilon_r}$이거나 그 이하다. 유전체 공진기 안테나의 가장 일반적인 유형은 원형 실린더 형대로 그림 11-33에 나타낸 것처럼 금속판에 수직으로 놓인 원형 또는 직사각형 유전체 도파관의 짧은 공진 부분이다. 유전체로 여기된 장은 부피 등가 원리에 의해 방사한다. 부피 등가 원리를 통해 유전체 물체 $(\varepsilon_d, \mu_d)$는 자유공간 $(\varepsilon_o, \mu_o)$의 등가 전류로 대체될 수 있다. 그 후 이 전류 성분은 자유공간으로 방사한다. 전기적 및 자기적 부피 등가 전류 $\mathbf{J}_\mathrm{V}$와 $\mathbf{M}_\mathrm{V}$[46]는 다음과 같고 유전체 $(\varepsilon_d, \mu_d)$ 자체에만 존재한다.

$$\mathbf{J}_\mathrm{V} = j\omega(\varepsilon_d - \varepsilon_o)\mathbf{E} \quad \text{그리고} \quad \mathbf{M}_\mathrm{V} = j\omega(\mu_d - \mu_o)\mathbf{H} \tag{11-45}$$

**E**와 **H**는 각각 유전체 내의 전장 및 자장이다. 부피 등가 원리에 따라 유전체 내의 많은 장이 방사할 수 있는 가능성이 있긴 하지만 공진에 의해 강한 방사를 하는 장이 발생한다. 하지만 전장과 자장은 일반적으로는 미지수이고, 방사를 계산하기 위한 부피 등가 전류를 사용하기 전에(예를 들어 모멘트법, 유한요소법, 시간영역 유한차분법 등을 통해) 알아내야 한다. 표면 등가 전류가 도체에 의한 방사를 계산하는데 유용한 것처럼, 부피 등가 전류는 유전체에 의한 방사를 계산하는 데 유용하다.

대부분의 유전체는 자기적 성질을 가지고 있지 않기 때문에, 전기적 부피 등가전류만이 고려된다. 이는 $(\varepsilon_d - \varepsilon_o) = \varepsilon_o(\varepsilon_r - 1)$이므로 전류 $\mathbf{J}_\mathrm{V}$의 세기가 비유전율에 비례하고, 또한 공진 주파수에

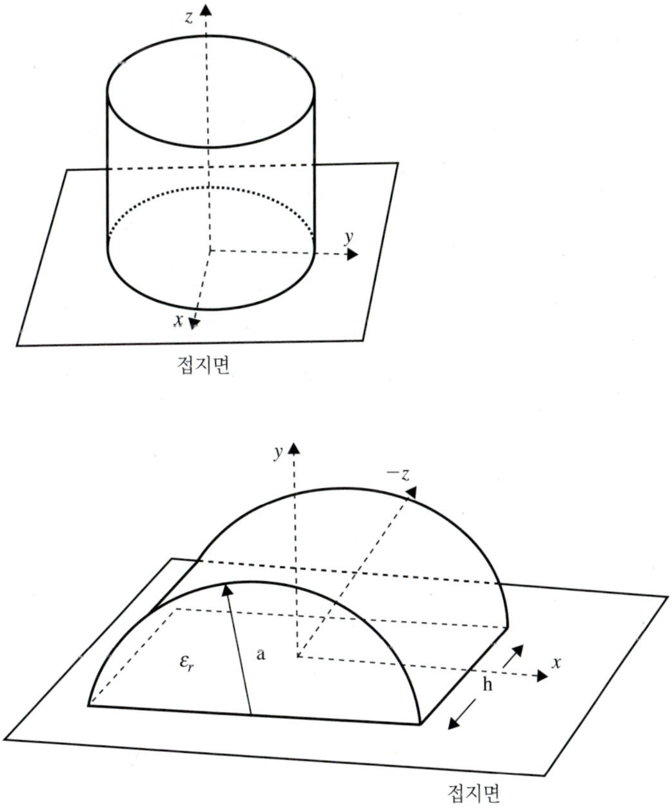


그림 11-33 접지면 위의 원형 실린더 유전체 공진기 안테나.

서 최대인 유전체 내의 전장 **E**에도 비례함을 의미한다. $\varepsilon_r$이 높을 때, 유전체와 공기의 접점에서 평면파 반사 계수는 커지고, 이로 인해 에너지는 유전체 내에 가두어지게 되어 공진을 일으킬 수 있게 된다. 예를 들어 $\varepsilon_r$이 9보다 클 때, 평면파 반사 계수는 $\frac{1}{2}$을 초과하게 된다(연습문제 11.7-1 참조).

유전체 공진기 안테나는 금속 벽에 의해 둘러싸여 있지 않기 때문에 높은 효율을 가질 수 있고, 따라서 접지면과 급전선의 전도 손실로 소비되는 전력, 그리고 일반적으로 상당히 작은 유전체 손실을 제외하면, 유전체 공진기 안테나로 입력된 모든 에너지는 방사될 수 있다. 그러므로 유전체 내로 축적되는 에너지는 상당히 높은 반면 바깥쪽은 매우 낮으며, 이는 유전체 공진기 안테나의 성능을 변화시키거나 외부물체가 유전체 공진기 안테나에 결합되는 것을 어렵게 한다. 이러한 특성으로 인해, 배열에서의 상호 결합은 낮고, 표면파는 존재하지 않으며, 주사 불능 각이 거의 없으므로, 주사 영역은 상당히 넓어질 수 있다.

유전체 공진기 안테나는 잘 정의된 공진 형태를 보인다. 공진을 보여 주는 원형 실린더 구조에서 가장 일반적으로 사용되는 모드는 낮은 TE, TM, 그리고 복합 모드이며, 이를 그림 11-34에 나타

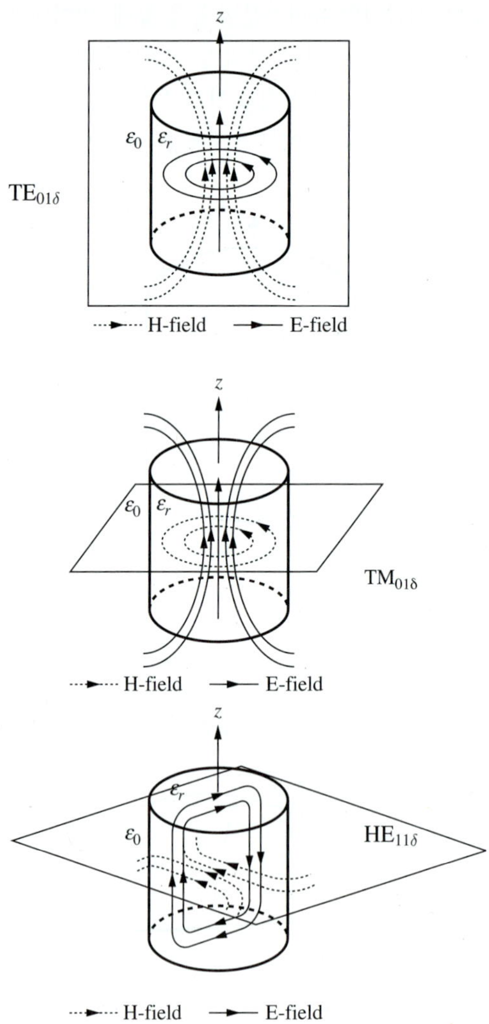


그림 11-34 원형 실린더 유전체 공진기 안테나의 최저차 모드의 패턴.

냈다. $TE_{01\delta}$와 복합 $HE_{11\delta}$ 모드가 접지면의 좁은 슬롯의 패턴과 유사한 패턴을 생성하는 반면, 그림 11-35에서 보듯이 $TM_{01\delta}$ 모드는 모노폴 패턴과 유사한 패턴을 생성한다. 모드의 아래첨자는 유전체 공진기 안테나 내에서 각각 방사방향, 방위방향 및 $z$ 방향의 장 변화를 나타낸다. 이러한 모드의 지향성은 $\varepsilon_r$이 높을 때의 낮은 모드에 대해 전기 또는 자기 다이폴(예를 들어 1.76 dBi + 3 dB 접지면 효과)의 지향성과 유사하다.

다양한 유전체 공진기 안테나 모드의 잘 정의된 공진 특성은 5~10%의 대역폭과 함께 어느 정도 높은 Q 특성을 갖는 소자임을 보여 준다. 대역폭은 20% 또는 그 이상으로 확장될 수 있으며, 이는 패치 안테나에 대비되는 장점이 된다. $\beta a$를 정규화된 위상 상수 또는 파수라 하자(예를 들어 $a$에 대해 정규화된 $\beta$). 원형 실린더 유전체 공진기 안테나의 공진 주파수는 정규화된 공진 위상 상수로부터 구해질 수 있고, 이와 관련된 수식은 다음과 같다.

$$\beta a = \frac{1}{\sqrt{\varepsilon_r + \chi}} \kappa_1 \tag{11-46}$$

여기서 $\chi$와 $\kappa_1$의 값은 실험적으로 구해진다. $\chi$는 대략 $1 \leq \chi \leq 2$ 범위의 값을 가진다. 표 11-4는 세 가지 최저차 모드에 대한 $\chi$와 $\kappa_1$의 값들을 제시한다[47; H.8.7: Petosa, Sec. 2.2]. 대체 실험적

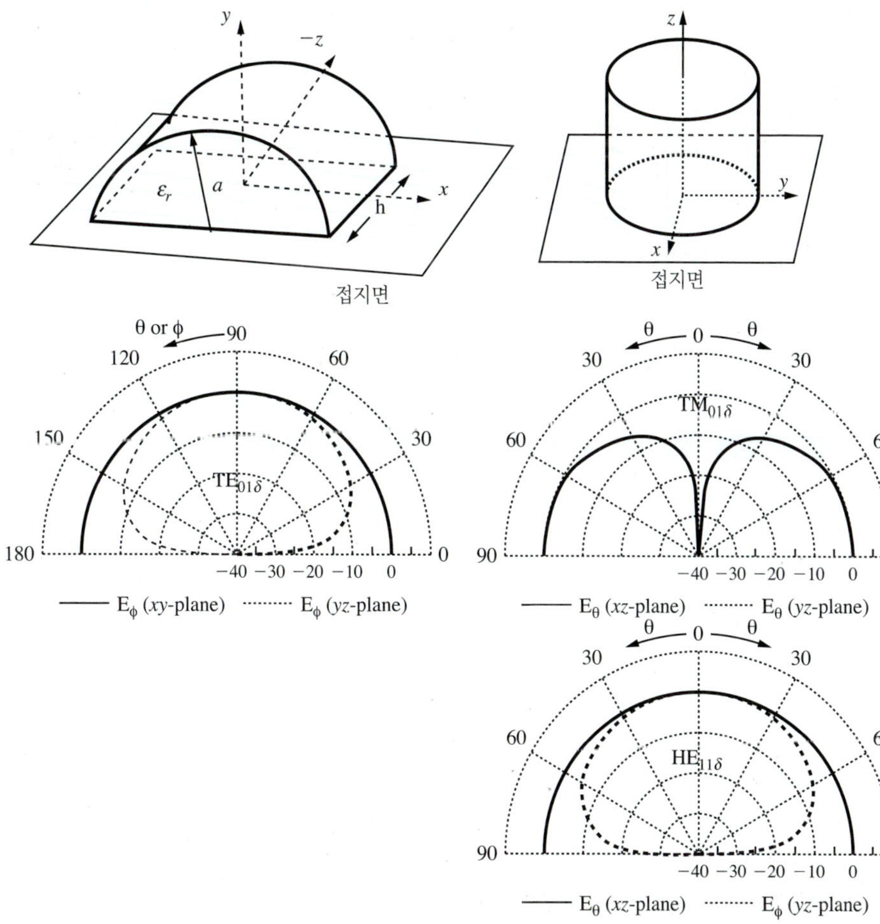


**그림 11-35** 원형 실린더 유전체 공진기 안테나의 최저차 모드의 방사패턴.

표 11-4 실린더 유전체 공진기 안테나의 공진 파라미터.

| 모드 | $\chi$ | $\kappa_1$ | 제한범위 |
|---|---|---|---|
| $TE_{01\delta}$ | 1 | $2.327\left[1.0+0.2123\left(\frac{a}{H}\right)-0.00898\left(\frac{a}{H}\right)^2\right]$ | $0.33 \le \frac{a}{H} \le 5$ |
| $TM_{01\delta}$ | 2 | $\sqrt{3.83^2+\left(\frac{\pi a}{2H}\right)^2}$ | $0.33 \le \frac{a}{H} \le 5$ |
| $HE_{11\delta}$ | 2 | $6.342\left[0.27+0.36\left(\frac{a}{H}\right)+0.02\left(\frac{a}{H}\right)^2\right]$ | $0.4 \le \frac{a}{H} \le 6$ |

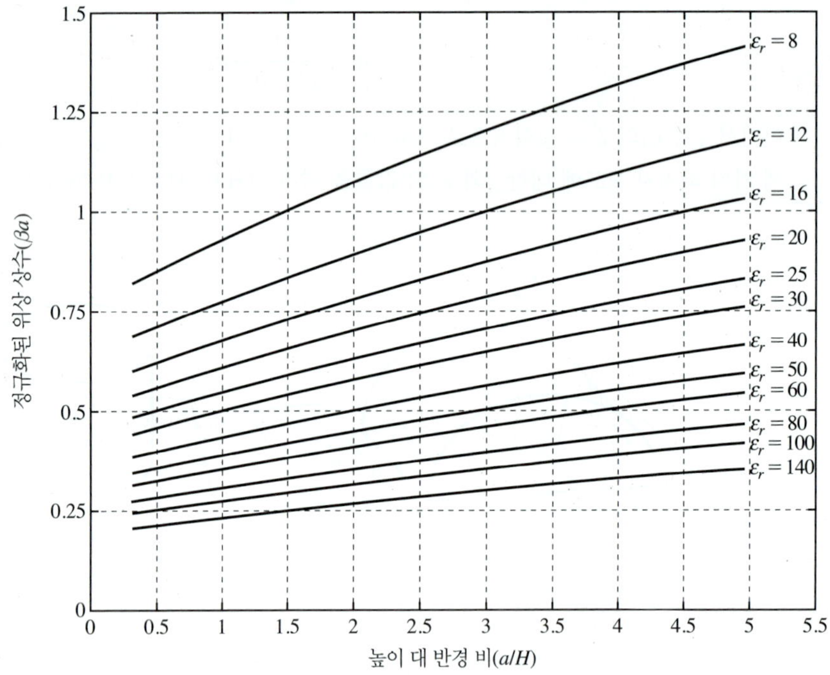


그림 11-36 원형 실린더 유전체 공진기 안테나 $TE_{01\delta}$ 모드의 정규화된 위상 상수.

수식은 [H.6: *Ant. Eng. Habk.*, 4th ed., Sec. 17. 1]에서 발견할 수 있다.

식 (11-46)을 공진 주파수에 대해 풀어 보면 다음과 같다.

$$f_r = \frac{c}{\sqrt{\varepsilon_r + \chi}}\frac{1}{2\pi a}\kappa_1 \tag{11-47}$$

식 (11-47)의 공진 주파수는 대체적으로 $\varepsilon_r$과 $a$에 의해 결정되며, 이 값들에 반비례한다. 표 11-4에 나타낸 $\kappa_1$에 대한 관계에 의해 주어지는 것처럼, $f_r$은 $a/H$ 비에 의해 변화된다. 표 11-4의 $\kappa_1$ 값에 대해, $TE_{01\delta}$ 모드는 2.5에서 4.25까지 단조롭게 변한다. 그림 11-36은 $TE_{01\delta}$ 모드의 $8 \le \varepsilon_r \le 140$에 대한 정규화된 파수를 보여 주고 있다.

최저차 모드 중 두 가지에 대한 방사 $Q$의 실험적 유도 관계식은 [47; H.8.7: Petosa, Sec. 2.2]에,

**표 11-5** 실린더 유전체 공진기 안테나의 $Q_A$ 파라미터.

| 모드 | p | $\kappa_2$ | 제한범위 |
|---|---|---|---|
| $TE_{01\delta}$ | 1.27 | $0.078192\left[1.0+17.31\left(\frac{H}{a}\right)-21.57\left(\frac{H}{a}\right)^2+10.86\left(\frac{H}{a}\right)^3-1.98\left(\frac{H}{a}\right)^4\right]$ | $0.5 \le \frac{a}{H} \le 5$ |
| $TM_{01\delta}$ | 0.468 | $2.933\left\{1-\left[0.075-0.1\left(\frac{a}{H}\right)\right](\varepsilon_r-10)/28\right\}\left\{1.048+0.734\left(\frac{a}{H}\right)-0.142\left(\frac{a}{H}\right)^2\right\}$ | $0.33 \le \frac{a}{H} \le 5$ |
| $HE_{11\delta}$ | 1.30 | $0.01007\left(\frac{a}{H}\right)[1+100e^{-2.05x}],$ $x=\left\{0.5\left(\frac{a}{H}\right)-0.0125\left(\frac{a}{H}\right)^2\right\}$ | $0.4 \le \frac{a}{H} \le 6$ |

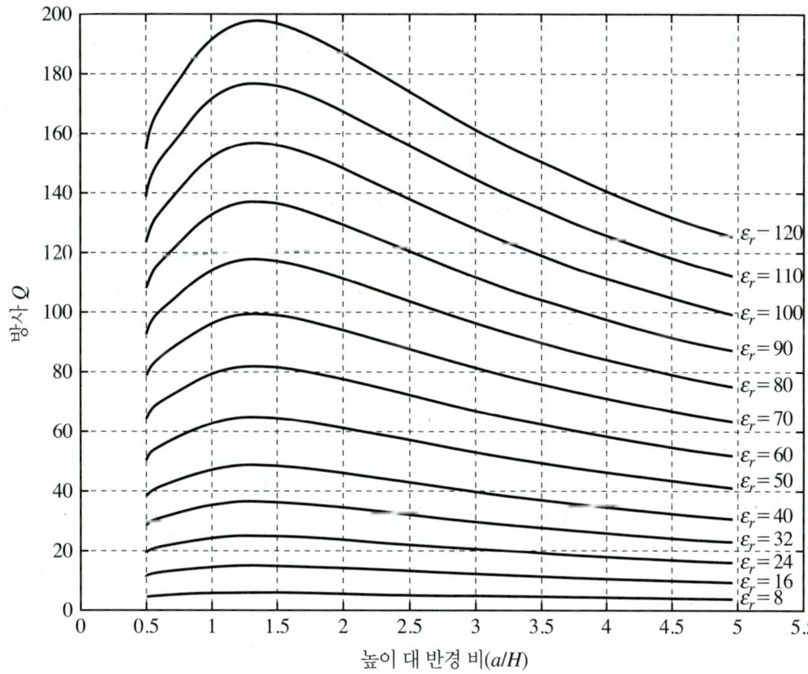


**그림 11-37** 원형 실린더 유전체 공진기 안테나 $TE_{01\delta}$ 모드의 방사 $Q$.

세 번째($TM_{01\delta}$)에 대한 것은 [H.6: Ant. Eng. Hdbk., 4th ed., Sec.17-1]에 제시되어 있다. 이러한 관계식의 일반석인 형태는 다음과 같다.

$$Q_A = (\varepsilon_r)^p \kappa_2 \tag{11-48}$$

$p$와 $\kappa_2$에 대한 값은 표 11-5에 주어져 있다. 그림 11-37은 $8 \le \varepsilon_r \le 120$ 범위에서 $a/H$비에 대한 $TE_{01\delta}$ 모드 방사 $Q$를 표시하고 있다. 여기서 $\kappa_2$는 대략 0.46에서 0.28까지 변한다.

그림 11-36과 11-37의 도표는 설계 목표를 위해 사용될 수 있다. 설계 절차는 다음과 같다. 먼저 $Q$를 구하고, 그 이후 $\varepsilon_r$을 선택하고, 다음으로 $\beta a$를 정하고, 그리고 마지막으로 반지름을 결정하면 된다. 예제 11-5는 이 순서를 보여 주고 있다.

## 예제 11-5 유전체 공진기 안테나 설계

주파수 10 GHz에서 VSWR $< 2$에 대해 적어도 3.5%의 대역폭을 가지며, $TE_{01\delta}$ 모드로 동작하는 실린더 유전체 공진기 안테나를 설계하라.

1. 방사 $Q$를 결정하라. VSWR, $Q$, 그리고 중심주파수 비대역폭 $B_f$ 간의 관계식은 $B_f = \frac{\text{VSWR}-1}{Q\sqrt{\text{VSWR}}}$이다. 주어진 조건하에서 이 수식을 이용해 20의 $Q$ 값을 도출해낼 수 있다.
2. 유전율을 정하기 위해 그림 11-37의 $Q = 20$에서 직선의 수평선을 그려라. 설계는 이 선 아래에서 이루어져야 한다. 만약 $\varepsilon_r = 16$으로 정해졌다면, 폭넓은 $(a/H)$ 비가 주어질 수 있다. 예를 들어 $\varepsilon_r = 24$로 정해졌다면, $(a/H)$ 비는 선택에 많은 제한을 받는다. 여기서는 $\varepsilon_r = 16$으로 정하도록 한다.
3. $\beta a$를 결정하기 위해, $\beta a = 0.20958 \cdot \left(\dfrac{a}{H}\right) \cdot f(\text{GHz}) \cdot H(\text{cm})$를 참조하라. 주어진 조건하에서는 $\beta a = 2.0958 \cdot \left(\dfrac{a}{H}\right) \cdot H(\text{cm})$이다.
4. 반지름을 구하기 위해, 그림 11-36의 $\beta a$에 대한 곡선 위에 중첩하여 그림 11-38에 나타낸 것처럼 표시하라. 이를 통해 다양한 $H$(cm) 값에 대해 연쇄적인 직선들을 그릴 수 있다. $\varepsilon_r =$ 16의 곡선과 교차하는 임의의 $H$(cm) 선이 $\beta a$와 $(a/H)$에 대해 가능성 있는 해법이 된다. 몇

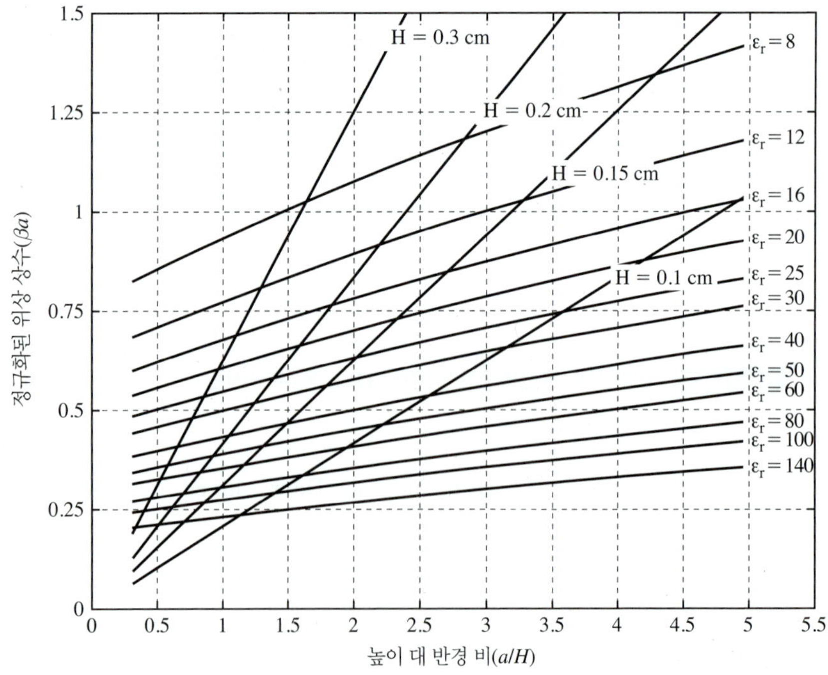


그림 11-38 $\varepsilon_r = 16$이고, 10 GHz의 공진 주파수를 가지는 $TE_{01\delta}$ 유전체 공진기 안테나 설계.

가지 가능성 있는 해법들을 그림 11-38에 나타냈다.

5. 공진 주파수를 결정하기 위한 식 (11-47)을 이용하여, $H = 0.3$ cm로 정하였다. 그림 11-38의 MATLAB 도표에 좌표를 표시하면, $\beta a = 0.6898$과 $(a/H) = 1.097$이 결정되어, $a = 0.3291$ cm가 된다. 이 값과 그림 11-37을 이용하여, $Q = 15.11$을 얻는다. 따라서 $B_f = 4.68\%$이고, 이는 $\varepsilon_r < 20$의 조건에 부합하는 3.5%의 필요 대역폭보다 더 넓다. 계산결과 $\kappa_1 = 2.844$를 얻었다. 이 다양한 값들을 식 (11-47)에 대입하여 $f_r = 10$ GHz를 정확히 확인할 수 있다.

---

반구형 유전체 공진기 안테나를 제외하고는 정확한 분석적 결과는 다루기가 쉽지 않기 때문에, 표 11-4와 11-5는 실험적으로 유도된 수식을 사용한다. 대다수의 모양에 대한 일반적인 근사 분석법은 자장의 $z$축 성분이 $z$축으로 평행인 모든 표면에서 사라진다는 가정을 포함하고 있다[48]. 이것은 자기 벽 또는 완전 개방회로 조건으로 불리며, 높은 $\varepsilon_r$ 값에 대해서 정확하다고 알려져 있고, 낮은 값에서도 상당히 잘 맞는다. 주로 제작의 어려움으로 인해, 반구형 유전체 공진기 안테나는 거의 이용되지 않는다.

원구형, 원형 실린더, 그리고 직사각형 실린더 이외에 다양한 형태의 유전체 공진기 안테나가 연구되었다. 이러한 여러 구조를 다루는 것은 이 책의 범위를 벗어난다. 대역폭 개선에 대한 많은 형태가 연구되었다. 많은 구조들이 대략 20%의 대역폭을, 몇몇은 50%, 그리고 어떤 것들은 더 넓은 대역폭을 제공하기도 한다. 유전체 공진기 안테나에 관한 훌륭한 참고문헌으로 [H.8.7: Petosa]가 있다.

유전체 공진기 안테나는 박형 특성(예를 들어 $H < 0.03\lambda$)을 가지도록 설계될 수 있다. 이것은 대개 높은 유전율(100 정도의 $\varepsilon_r$)을 갖는 물질을 이용해 해결된다. 발표된 대역폭은 높은 $Q$로 인해 1~4% 정도이다. 이는 $\varepsilon_r$과 $Q$(또는 대역폭) 사이의 절충의 한 예이다. 이와는 대조적으로, 마이크로스트립 안테나는 $\varepsilon_r$이 증가함에 따라 표면파의 증가된 여기로 인한 감소된 방사효율을 가진다. 하지만 유전체 공진기 안테나는 이러한 문제점을 가지고 있지 않다.

유전체 공진기 안테나에 대한 많은 여기 방법이 사용된다. 이들 중 몇몇은 동축 급전, 마이크로스트립 급전선을 갖는 개구결합, 직접 마이크로스트립 급전선, 동일 평면 급전, 납땜을 이용한 프로브 급전, 슬롯선, 스트립선, 유전체 이미지 도파관 등이다. 이러한 구조들의 자세한 내용은 [H.8.7: Luk & Leung]에서 찾을 수 있다.

유전체 공진기 안테나는 2~40 GHz에서 주로 사용되지만, 몇몇은 GPS 응용분야를 위한 1.3 GHz와 같은 낮은 주파수에서도 사용된다. 더 낮은 주파수의 사용은 그것의 크기와 무게 제한으로 인해 한계를 보인다. 더 높은 주파수의 사용은 소형화와 관련된 문제, 특히 제작의 어려움으로 인해 한계를 보인다. 또한 소형화는 유전체 공진기 안테나의 급전과 관련된 도전과제를 제시하기도 한다. 또 다른 제작 관련 문제는 유전체 공진기 안테나를 금속 접지면에 접착시키는 것이다. 이 과정은 유전체 공진기 안테나와 접지면 사이에 공기층이 없이 이루어져야 한다.

## 11.8 전기적 대형 안테나들의 근거리장

제2장에서는 근거리장과 원거리장 사이의 경계가 검토되었다. 몇 가지 기준점들이 식 (2-100)에서 제시되었다. 이러한 기준점들은 안테나의 크기와 파장에 따라 좌우된다. 마찬가지로 근거리장 그

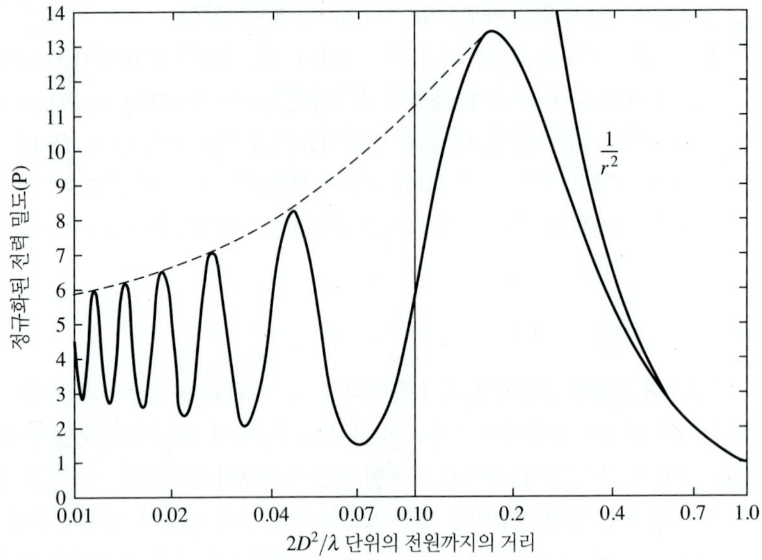


그림 11-39 균일 직사각형 개구면의 근거리장 특성. ([H.6: Hansen] © 1964. R. C. Hansen의 허가하에 사용.)

자체 내의 영역 사이에서도 경계에 대한 기준이 존재한다. 근거리장 영역은 그림 2-8에서 보여 주었듯이 리액티브 근거리장과 방사 근거리장으로 불린다. 리액티브 근거리장과 방사 근거리장 경계 또한 안테나의 크기와 파장에 따라 나눠진다. 제2장에서는 이상적 전기적 소형 다이폴 안테나의 근거리장 영역이 고찰되었다. 이 장에서는 몇몇 전기적 대형 안테나들의 근거리장을 검토할 것이다.

### 11.8.1 균일 직사각형 개구면의 근거리장

그림 11-39는 대형 균일 직사각형 개구면의 중심에 수직인 직선을 따라서 나타나는 전력밀도의 특성을 보여 준다. 그래프는 오른쪽에서 $(2D^2)/\lambda$의 원거리장 경계에서 시작되고 $1/r^2$ 곡선으로부터 분리되기 시작된다. 개구면 쪽으로 이동하면서 전력밀도는 $1/r^2$에 따라 변할 수가 없는데 이는 개구면에서 무한한 전력밀도를 갖는다는 것을 의미하기 때문이다.

만일 개구면이 많은 수의(예를 들면 100개) 작고 동일한 크기의 직사각형들로 구성되어 있다고 본다면, 그림 11-39에서의 발진은 개구면의 중심부에 수직인 직선을 따라 각각의 작은 직사각형으로부터 관찰지점까지의 경로 길이의 차이들로 설명될 수 있을 것이다. 무한대에서, 그러한 경로 길이들은 모두 동일하다. 그러나 개구면 쪽으로 점차 이동하면서 아직 원거리장 영역에 있을 때는 경로 길이가 다 같지는 않지만, 그 차이는 위상에서 단지 몇 도 정도일 뿐이다. 근거리장에서는 경로 길이들의 몇몇은 다른 것들과 거의 180°의 위상차이를 나타낼 정도로 다를 수 있다. 이러한 과정은 보강 및 상쇄 작용에 의해 그림 11-39에서처럼 발진을 발생시킨다. 관찰점이 개구면에 더 가까워질수록 개구면의 중심영역에서 작은 직사각형들로부터 오는 전력 밀도에 대한 전체 기여도가 더 증가한다. 이러한 개념은 16.16절에서의 정지 위상 원리와 유사하다.

### 11.8.2 근거리장의 계산

제2장에서 $(2D^2)/\lambda$의 일반적인 원거리장 기준은 식 (2-86)의 $R$에 대한 확장식에서 세 번째 항을 유

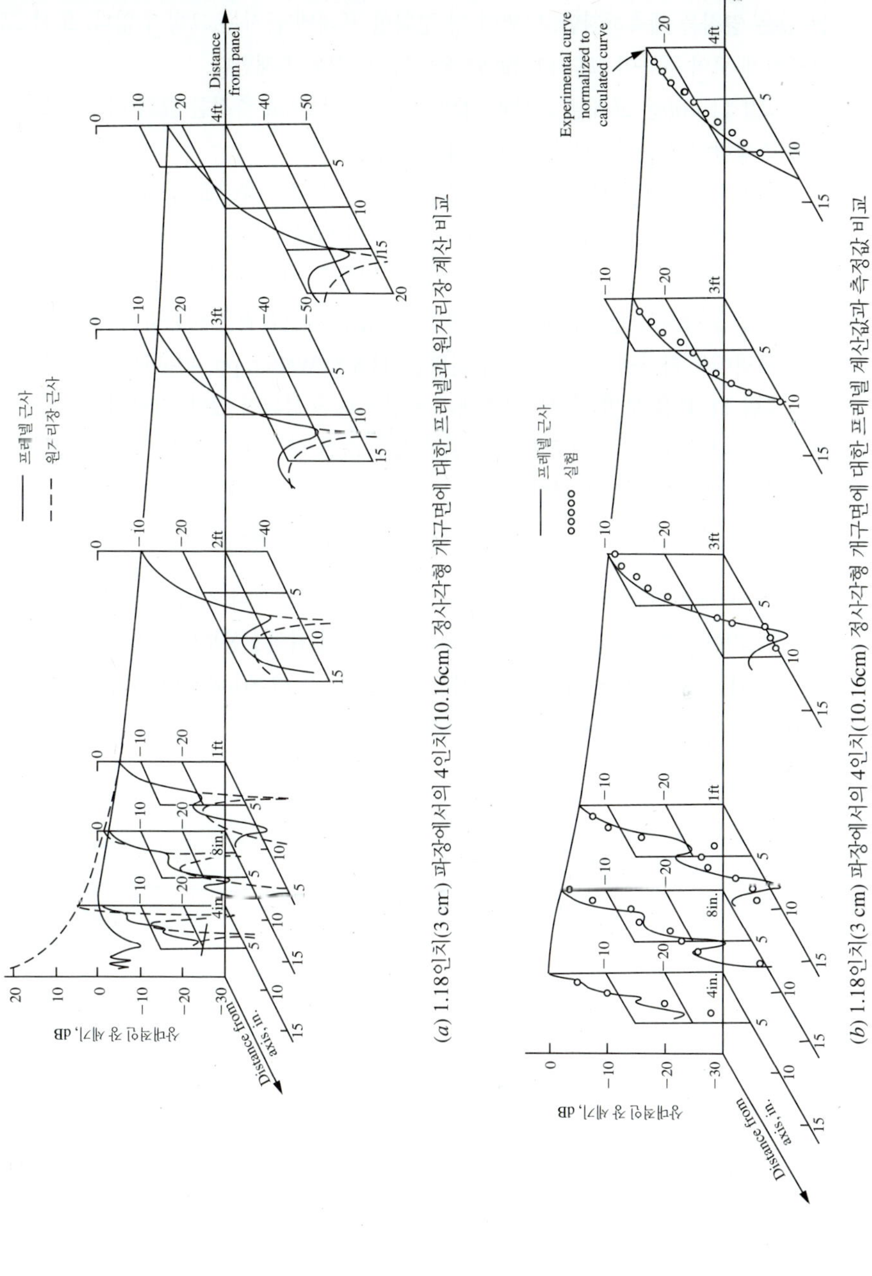


(a) 1.18인치(3 cm) 파장에서의 4인치(10.16cm) 정사각형 개구면에 대한 프레넬과 원거리장 계산 비교

(b) 1.18인치(3 cm) 파장에서의 4인치(10.16cm) 정사각형 개구면에 대한 프레넬 계산값과 측정값 비교

**그림 11-40** **원거리장 근사와 실험과 비교된 프레넬 계산.** ([H.8.8: Walter] © 1965. Peninsula Publishing의 허가하에 사용.)

지함에 의해서 유도되었다. 세 번째 항의 유지는 방사 근거리장이 프레넬 영역으로 언급되기 때문에 때때로 프레넬 근사로 언급된다. 방사 근거리장의 계산에 대한 한 가지 접근법은 그림 11-40에서 보여 주듯이 프레넬 근사를 사용하는 것이다.

그림 11-40*a*는 두 항의 원거리장 근사와 세 항의 프레넬 근사의 비교를 보여 준다. 두 곡선 사이의 차이는 개구면에 대한 거리가 감소함에 따라 증가한다. 개구면에 가까울 때는 원거리장 근사는 깊은 영점을 예측하지만, 반면에 더 정확한 프레넬 근사는 그렇지 않다. 또한 그림 11-40*a*에서 분명하게 보여 주듯이 그림 11-39에서와 같은 발진이 존재한다.

그림 11-40*b*는 프레넬 근사와 장의 세기를 프로브로 측정한 값의 비교를 보여준다. 계산과 실험적 측정값이 일반적으로 상당히 일치한다.

근거리장을 계산하는 또 다른 방법은 전원을 작은 부분으로 양자화해서 얻는 방법인데, 그 방법에서는 관찰점이 전체 전원의 근거리장에 있지만 관찰점은 각각의 전원의 작은 부분에 대해서는 원거리장 영역에 있다. 모든 부분들의 원거리장들은 원래의 전원 분포에 의해 결정된 적절한 크기와 위상들을 가지고 관찰점에서 합쳐진다. 그 방법은 선전원을 사용하여 보여지겠지만 또한 직사각형 개구면에도 확장될 수 있다. 다음 설명은 [H.8.8: Walter, pp. 40-44]로부터 채택되었다.

그림 11-41을 보면 선전원이 $N$개의 부분으로 구성되어 있다. 각각의 부분들이 일정한 크기 $I_n$, 일정한 절대 위상 $\psi_n$, 그리고 일정한 위상 상수 $\beta_n$을 갖는다고 하자. 그 모든 값들은 전원에 의해 결정된다. 이때 다음 식이 성립한다.

$$I_n(z_n') = I_n e^{j\psi_n} e^{j\beta_n z_n'} \tag{11-49}$$

그림 11-41에서의 관찰점은 전체 전원의 근거리장에 있으나 각각의 부분에 대한 원거리장에 존재한다. 이러한 상황에서는 그림에서 $y =$ 상수인 직선 위의 $z$ 성분의 전장을 가지고 다루는 것이 바람직하다. [H.8.8: Walter, pp. 40-44]에서의 유도는 식 (2-80)과 (2-95)의 등가를 사용한다. 그러나 여기에서는 단지 마지막 공식만을 제시한다.

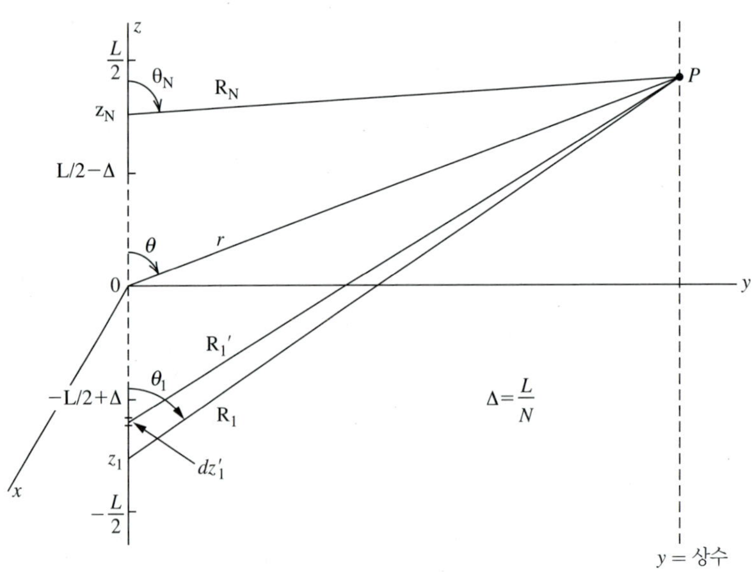


그림 11-41 각각의 부분들에 대한 원거리장에서의 근거리장 관찰점.

$N$개의 부분에 대해, 그 결과가 전원 장에 대해 유효한 최소 거리는 다음과 같다.

$$y = \frac{2L^2}{\lambda N^2} \tag{11-50}$$

전장은 다음과 같이 주어진다.

$$E_z = \frac{-j\omega\mu L}{4N\pi} \sum_{n=1}^{N} \frac{I_n e^{j(\psi_n - \beta R_n)}}{R_n} \sin^2\theta_n \frac{\sin u_n}{u_n} \tag{11-51}$$

여기서 $u_n$은 다음과 같다.

$$u_n = \left[\frac{\beta(z - z_n)}{R_n} + \beta_n\right] \frac{L}{2N} \tag{11-52}$$

관찰점이 전원에 더 가까울수록 전원은 더 작고 균일한 부분들로 나누어질 필요가 있다.

전장의 $y$ 성분을 $z$ 성분과 마찬가지 방법으로 구하면, 전원의 전체 근거리장을 얻을 수 있다. 이러한 방법은 방사 근거리장에서뿐만 아니라 리액티브 근거리장에도 적용될 수 있고 단축 측정장에서의 균일 영역(quiet zone)을 고찰하는 데에도 사용되어 왔다.

그림 11-42는 $250\lambda$ 길이의 균일한 크기와 일정한 위상을 갖는 선전원에 대해 이 절의 방법을 사용한 계산 결과를 보여 준다. 전장의 $z$ 성분은 그림 11-42에 나타낸 $y$ = 상수인 직선을 따라 계산되었다. $z$축의 범위는 $-125\lambda < z < 125\lambda$이다. $y = 300\lambda$와 $600\lambda$의 거리에서는 대략 $-60\lambda < z < 60\lambda$인 $z$에 대해 '균일 영역'이 있는 영역 안에 있다. 거리 $y = 300\lambda$에서는 $y = 600\lambda$에서보다 더 적은 크기와 위상 변화를 나타낸다. 그리고 가장 좋은 균일 영역 지점은 아마도 $y = 300\lambda$ 부근일 것이다. 거리 $y = 125{,}000\lambda$는 근거리장과 원거리장의 경계인 $(2D^2)/\lambda$ 지점이다. 위상을 나타낸 그림이 $(2D^2)/\lambda$

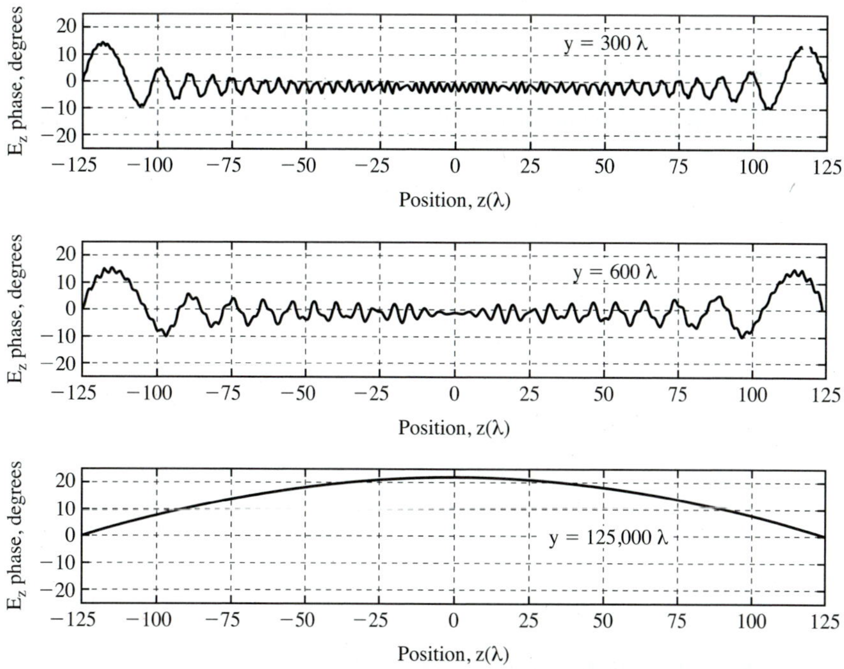


그림 11-42 $z$축을 따라 존재하는 $250\lambda$ 길이의 균일 선전원으로부터 다양한 거리에 있는 근거리장 정규화 위상 변화.

의 유도에 사용된 22.5°의 위상 변화를 보여 준다는 점에 주목하라. 반전력 빔폭이 0.2°이므로, 원점으로부터 바깥쪽으로 0.057° 각에 위치하는 $z = 125\lambda$, $y = 125,000\lambda$ 지점[예를 들어 그림 11-41에서 $(90° - \theta)$]에서의 크기 변화는 1 dB가 된다.

## 11.9 안테나 성능에 미치는 인체의 영향

우리 주변에 있는 전자장에 대해 인체의 영향은 중요하다. 인체와 근접한 전장은 신체 조직의 도전율 때문에 상당히 줄어든다. 반면에 접선 방향 E와 H에서의 경계조건에 따라 자장은 증가한다. 이러한 신체와 전자장 사이의 상호작용은 최근 몇 년 동안에 특히 이동 단말 전화기의 사용이 증가함에 따라 관심이 높아져 왔다. 인체와 전자장 간의 상호작용을 이해해야 하는 두 가지 이유가 있다. 첫 번째 이유는 이동 전화기 성능(주로 방사패턴과 임피던스)에 대한 효과를 이해하기 위해서이다. 이것은 이 절에서 고찰될 것이다. 두 번째 이유는 안전 기준 준수에 대해 상호작용을 이해하려는 것이다. 이것은 방사 장해를 다루는 다음 절에서 고찰될 것이다.

안테나의 성능에 대한 인체의 영향은 실험의 측정을 통해서나 제15장에서 논의될 시간영역 유한차분법을 사용한 컴퓨터 시뮬레이션을 이용하여 행해진다. 예를 들어 인간의 두부(head)의 초기 컴퓨터 모델은 근육으로 둘러싸여 있는 뼈의 층으로 구성되었다. 하지만 두부는 다른 많은 종류의 조직을 포함하고 있어서 이후의 모델은 많은 연구들에 대해 필요한 것 이상으로 아마 더 정확한, 신체의 다양한 조직의 매우 정확한 모델을 제공하기 위해서 자기 공명 영상으로부터 얻은 정보를 사용했다. 실험의 고찰은 '팬텀(phantom)'이라 불리는 모델을 사용하고 팬텀의 내부는 고려하에 있는 주파수에서 요구되는 유전율을 갖는 하나 또는 그 이상의 액체로 채워진다. 인체의 유전율은 조직에 따라 특정 값을 갖고 주파수에 민감하다. 인체의 전기적 특징에 대한 광범위한 정보는 FCC 웹사이트에서 발견될 수 있을 것이다(www.fcc.gov 참조).

단말기로부터의 방사에 대한 인체의 주요 영향은 총 방사 전력은 감소시키고 반대 방향에 비해 두부 방향에서의 방사는 감소시킬 것이다. 그리고 어떤 경우에는 단말의 안테나의 주파수를 변화시킨다. 그림 11-43은 900 MHz에서 두부로부터 1.5 cm 떨어져 있는 단말의 직육면체 모델에 있는

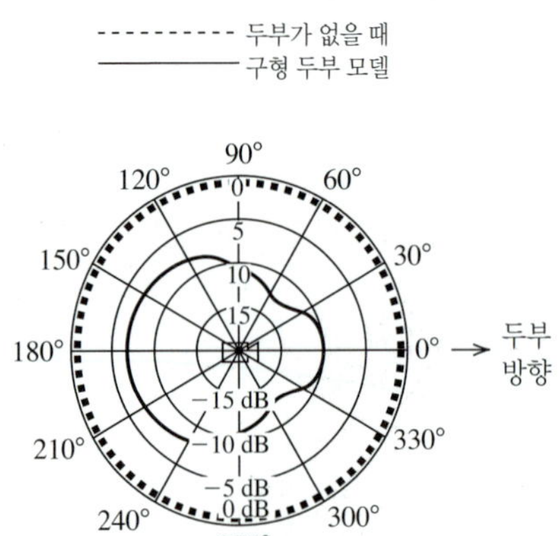


**그림 11-43** **900 MHz에서 수직으로 놓인 모노폴에 대한 방위각 면에서의 계산된 방사패턴.** ([49] © 2004, Horizon House 의 허가하에 사용.)

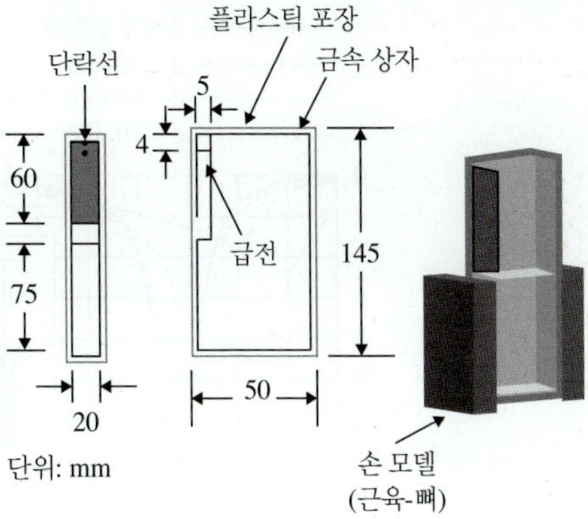


그림 11-44 **반사 손실 계산에서 사용된 PIFA 위치와 손 모형을 보여 주는 핸드셋 모델.** ([49] © 2004. Horizon House의 허가하에 사용.)

모노폴 안테나의 원거리장 시뮬레이션 패턴을 보여 준다[49]. 이 패턴을 두부가 없는 상태에서의 모노폴 안테나의 전방향성 패턴과 비교하였다. 분명히 두부는 모노폴이 단독으로 있을 때의 패턴을 변화시킨다. 두부는 또한 두부에 의한 전력 흡수 때문에 방사 전력 레벨에서의 뚜렷한 감소를 야기한다. 따라서 식 (2-177)의 방사효율은 식 (11-53)과 같이 모노폴 안테나 시스템에 대해 줄어든다.

$$e_r = \frac{P}{P + P_o + P_{\text{loss}}} \tag{11-53}$$

여기서 $P_{\text{loss}}$는 인체에 의해 흡수된 전력이다. 11.8절에서의 논의로부터 예상하듯이, $P_{\text{loss}}$는 만일 휴대전화가 두부로부터 더 멀리 떨어져 위치한다면 줄어들게 된다. 일반적으로 인체의 조직들은 다음 절에서 논의되듯이 RF 주파수에서는 손실이 있는 유전체이다.

인체의 존재는 또한 휴대전화 안테나 임피던스에 영향을 미칠 수 있다. 그림 11-44의 휴대전화에 모노폴을 가진 휴대전화 모델을 고려하라. 그림 11-45는 상자모델에서의 모노폴 안테나에 대한

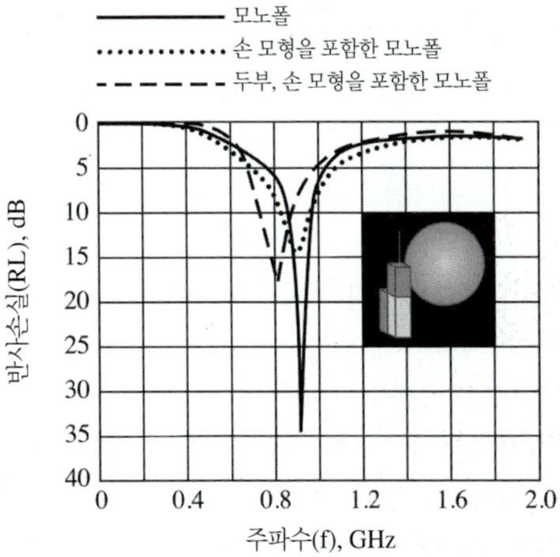


그림 11-45 **휴대전화 위에 있는 모노폴의 세 가지 경우에 대하여 계산된 반사 손실값.** ([49] © 2004. Horizon House의 허가하에 사용.)

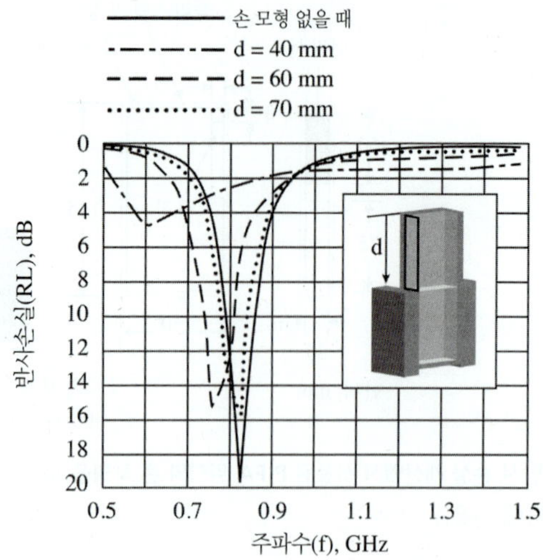


**그림 11-46 PIFA가 옆부분에 부착된 휴대전화의 다른 손 위치에 대하여 계산된 반사손실 값.** ([49] © 2004 Horizon House의 허가하에 사용.)

계산된 반사 손실을 보여 준다. 세 가지 경우가 나와 있다: 오로지 상자 모델위에는 모노폴만 있는 경우, 두부 앞에 있는 모노폴 상자모델에 손이 있는 경우, 그리고 두부 앞에 있지는 않으나 모노폴 상자에 손이 있는 경우. 그 결과들은 세 경우 모두에서 낮은 레벨의 반사 손실에 의해 증명된 것처럼 안테나 입력 임피던스에서는 상대적으로 거의 변화가 없다는 것을 나타낸다. 이것은 모노폴 안테나의 바람직한 특성이다. 그러나 그림 11-45에서 두부가 앞에 존재할 때 주파수가 변함을 알 수 있다.

그림 11-46에서는 몇 가지 손의 위치에 대한 평판형 역 F형 안테나(PIFA)에서의 손이 미치는 영향을 보여 준다. 휴대전화 모델은 그림 11-44에 나와 있다. 손이 PIFA의 상당한 부분을 덮고 있을 때(예를 들면 $d = 40$ mm), 반사 손실 곡선은 PIFA의 입력 임피던스가 상당히 영향을 받는 것을 보여 준다. $d = 40$ mm일 때와 $d = 60$ mm일 때 PIFA의 주파수 변화가 일어난다. $d = 70$ mm일 때 손은 PIFA의 어떤 부분도 덮고 있지 않고, 성능은 손이 없을 때와 거의 동일하다. 그 결과들은 휴대전화에서 안테나의 적절한 위치 선정을 통하여 안테나 차폐를 최소화하는 것의 중요성을 암시한다. PIFA의 바람직한 특성은 PIFA가 존재하는 접지면 방사를 두부로부터 멀리 향하게 하는 능력이다. 이러한 특성은 두부에 의해 흡수되는 전력을 줄이도록 돕는다.

인체에 가깝게 안테나를 사용하는 또 다른 장치는 페이저이다. 실용성을 고려하여 인체에 바로 부착시키는 경우를 제외하고는, 페이저들은 전형적으로 주머니나 벨트에 착용되어 신체에 아주 가깝게 안테나를 위치시키게 된다. 대부분의 페이저 서비스가 존재하는 VHF-UHF 영역의 스펙트럼 상에서는 인체가 그 주파수에 따라 차이는 있으나 거의 반사판처럼 동작한다. 심지어 평면파 입사에 대해서는 파동임피던스는 낮을 것이며, 신체 표면 상의 사용에 대해서는 자기 안테나가 더 나을 것이라는 사실을 제시한다.

선택된 자기 안테나는 물론 소형 루프이다. 소형 루프는 루프의 축이 신체에 접하도록 위치하여 그림 11-47에서 보여 주듯이 신체 표면에 평행한 자기 다이폴처럼 동작한다(3.4절 참조). 그렇게 함으로써 그것을 착용한 신체의 방향이 어디라도 그것은 항상 수신 가능한 최대 자장을 수신할 것이다[H.9.1: Fujimoto, 1st ed., p. 178]. 신체에 근접한 것은 소형 루프에서의 이상적인 전류의 위상

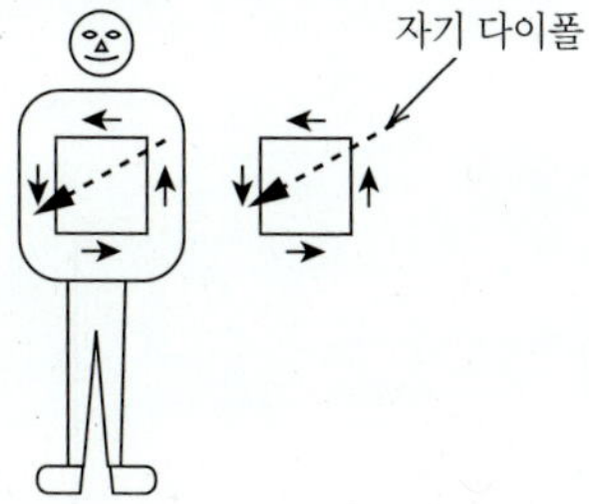


그림 11-47 **사람의 옆면에 부착된 소형 루프 안테나와 신체에서의 영상.** 소형 루프는 신체에 수직이다. 자기 다이폴은 신체에는 평행하고 루프에는 수직이다.

을 왜곡하여 자기 다이폴의 완전 영점을 부분적으로 채우고, 이 경우에는 인체 근접 효과가 이롭게 동작한다.

## 11.10 방사 장해

전자파는 그들의 이온화 능력에 따라서 두 개의 범주로 나누어질 수 있다. 이온화는 높은 에너지의 광자들[4]에 의해 전자들이 원자와 분자들로부터 떨어져 나오는 과정이다. 인체는 대부분이 수분이고 그래서 물 분자는 방출을 하는 데 필요한 최소 양자 에너지를 정의하는 데 사용된다. 인간에 있어서 이온화는 생물학적 조직이나 심지어 DNA를 손상시키는 분자적인 변화를 일으킬 수도 있다. 이온화는 그림 11-48에서 보여 주듯이 대부분의 자외선보다 더 짧은 파장들(예를 들면 X선이나 감마선)에서 발생한다. X선과 관련된 광자 에너지는 1 GHz의 마이크로파 광자의 에너지보다 10억 배 더 활동적이다.

RF 전자장에서의 광자 에너지는 원자와 전자들의 이온화를 야기할 정도로 충분히 크지 않다. 그래서 RF 방사선은 일반적으로 비전리(non-ionizing) 방사선이다. 이것에 대한 예외는 5 kV를 넘는, X선을 방출하는 매우 높은 전원 전압을 사용하는 전파 송신기이다. 전자 방사선의 생물학적인 효과들을 고려할 때는 전리 방사선과 비전리 방사선을 구별하는 것이 중요하다. 불행히도 일반 대중들은 전리 방사선과 비전리 방사선을 구별하지 못한다.

인간에게 있어서 방사 장해는 직접적인 것과 간접적인 것의 두 개의 범주로 나누어진다. 첫째로 직접적인 영향들은 열효과와 비열효과들을 포함한다. 열효과는 신체를 가열하는 것을 수반하고 쇼크와 화상을 포함한다. 비열효과는 심각한 가열이 없는 생물학적 효과이다. 비열효과는 잘 알려져 있지 않으며 계속 진행 중인 연구의 주제이다. 또한 강한 장(field)이 가연성의 수증기와 상호작용하는 상황과 같은 비인적(non-human) 작용이 있다. 이러한 작용은 명백히 위험요소이다. 모든 생물학적 효과들이 위험요소인 것은 아니다.

일반적으로 유전율은 식 (2-15)에서처럼 도전율과 주파수에 의해 결정되는 허수부를 가진 복소수라는 사실을 상기하라. 그림 11-49는 어떤 인간 조직의 비유전율 대 주파수의 관계를 보여 준다. 낮은 주파수에서 주파수가 증가함에 따라 $\varepsilon_r$이 감소하는 것은 세포막에 내재하는 커패시턴스 때문

[4] 전자기 현상은 파장의 관점 또는 입자의 관점에서 표현될 수 있다. 이것은 전자기 에너지의 파동 입자 이중성으로 알려져 있다. 전자기파에서의 입자는 그것의 에너지가 $\hbar f$ 전자볼트인 광자이다. 여기서 $\hbar$는 플랑크 상수이다. 그림 11-48에 전자볼트 단위도 있다.

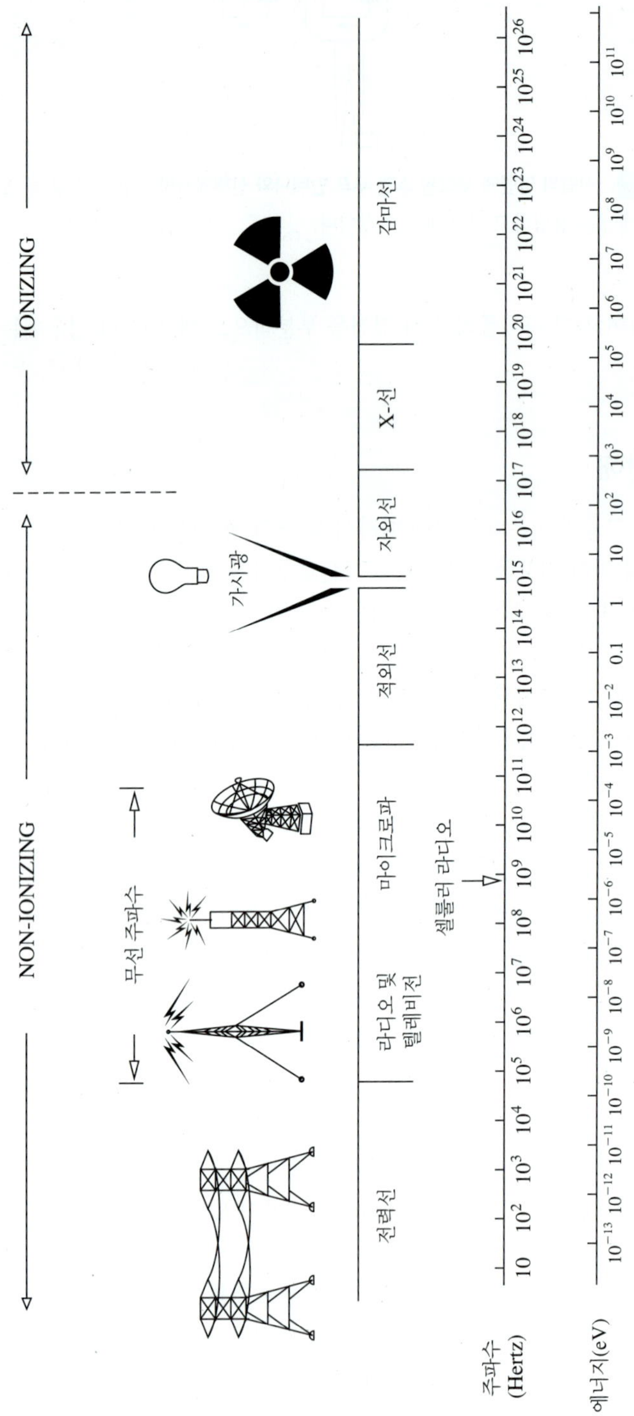


**그림 11-48** 스펙트럼의 영역들.

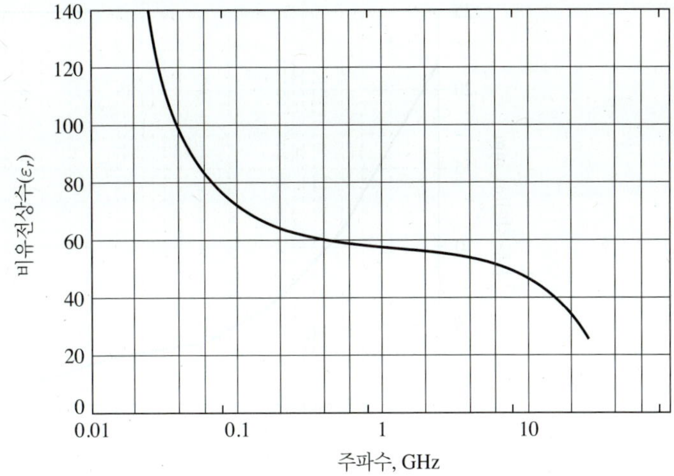


그림 11-49 **대표적인 신체 조직의 비유전상수.** (참고문헌 [51]의 데이터로 작성됨.)

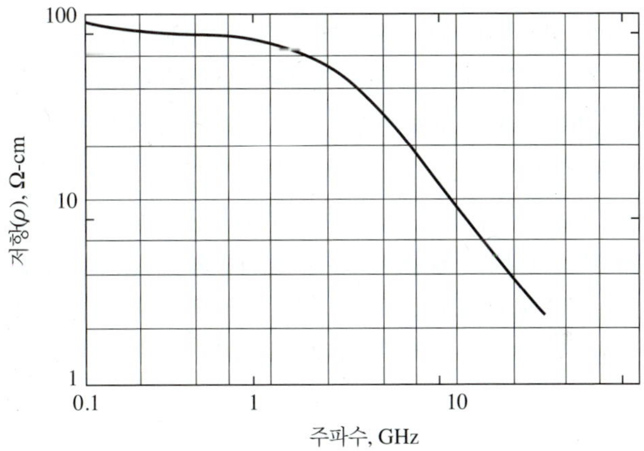


그림 11-50 **대표적인 신체 조직의 고유 저항 $\rho$.** (참고문헌 [51]의 데이터로 작성됨.)

이다. 약 100 MHz에서 10 GHz까지 그러한 막들은 단락되어 있다. 10 GHz 이상에서의 감소는 수분 성분과 그것의 주파수 특성 때문이다.

그림 11-50은 도전율 $\sigma$의 역수인 인간 조직의 고유 저항 $\rho$를 보여 준다. 수분 함량이 높은 인간 조직의 고유 저항은 낮은 주파수에서는 서서히 변하지만 높은 주파수에서는 급격히 바뀌는 수분의 도전율 때문에 빠르게 변한다. 그림 11-51에서 보여주듯이 이러한 더 높은 주파수에서는 인체로의 침투는 거의 없고 더욱 민감한 눈조직을 제외하고는 표면 흡수량이 생물학적 효과나 장해를 결정짓는다. 그림 11-51에서의 곡선에 사용되는 표피 깊이 $\delta$는 다음과 같이 주어진다[H.4: Siwiak].

$$\delta(\omega) = \left\{ \frac{\beta^2}{2} \left[ \sqrt{\varepsilon_r^2(\omega) + \left[\frac{\sigma(\omega)}{\omega\varepsilon_o}\right]^2} - 1 \right] \right\}^{-1/2} \tag{11-54}$$

표피 깊이 또는 침투 깊이는 입사된 전력 밀도가 $e^{-2}$의 인자로 감소되는 깊이로 여겨진다. 다시 말

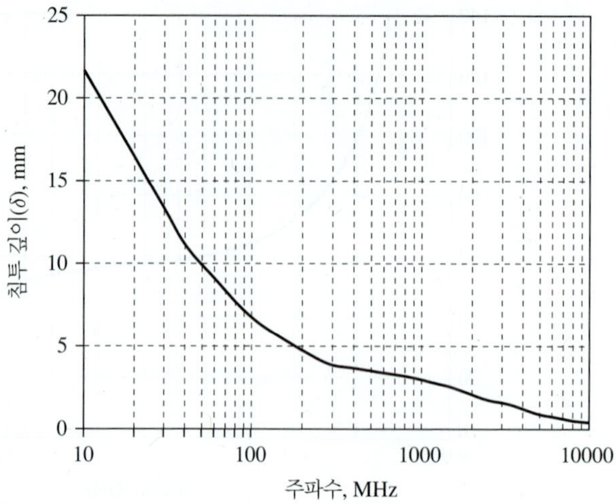


**그림 11-51 높은 수분 함량을 가진 조직에서의 RF 에너지의 침투 깊이.** (참고문헌 [51]의 데이터로 작성됨.)

해 입사 전력 밀도의 약 13.5%로 줄어드는 깊이이다.

RF 노출 기준은 다양한 기관들과 정부 등에 의해 발전되어 왔다. 이러한 기준들은 일반 대중(예를 들면 미통제된 환경)과 통제된 환경에 있는 노동자들을 위한 노출의 안전 레벨을 권고한다. 권고된 안전 레벨들은 최근 수십 년간 여러 번에 걸쳐 낮은 쪽으로 개정되어 왔다. 모든 기관들이 안전 레벨이 어떤 것인지에 관해 정확하게 동의하지는 않는다. 그러나 시행된 다양한 안전 레벨들은 모두 유사하다. 시행된 다양한 기준들은 인류를 보호하는 데 큰일을 해 오고 있다.

표 11-6은 ANSI/IEEE C95.1-1992 안내서에 명시되고 FCC에 의해 채택된 것으로서 미통제된 환경을 위한 전력 밀도의 관점에서 최대 허용 가능 노출량(MPE: maximum permissible exposure)을 보여 준다. 기준치는 전신 흡수량에 기초를 두고 있다. 그림 11-52는 MPE FCC 표준을 그래프로 나타낸 것이다. 노출에 대한 가장 엄격한 한계는 인체가 RF 에너지를 가장 효율적으로 흡수하는 영역이고 부분적으로는 100 MHz 근방의 반 파장 다이폴같은 공진 때문이기도 한 30~300 MHz 주파수 영역대에 있다. 저주파 MPE는 침투깊이가 낮은 주파수에서 더 크기 때문에 고주파 최대 허용 가능 노출량보다 더 높다.

대부분의 RF 안전 한계는 전력 밀도의 관점에서뿐만 아니라 전자장 세기의 관점에서도 정의된다. 저주파에 대해서는, 한계는 일반적으로 장(field)의 값으로 표현되고, 전력 밀도는 원거리장에 상응하는 수치로 표현된다. 사람이 실제로 원거리장에 존재할 확률이 높은 고주파에서는 일반적으로 표 11-6에 나타난 것처럼 전력 밀도만을 고려하는 것이 필요하다.

또한 전자파 흡수율(SAR: specific absorption rate)로 표현된 국부적인 또는 부분적인 신체 흡수에 대한 한계가 있다. 전자파 흡수율 또는 SAR은 단위 질량당 흡수율을 얻기 위해 단위 부피당 흡수된 전력 $P_a$를 물질 밀도 $p$로 나눈 값이다. 따라서 $P_a$가 식 (11-55)로 표현된다면

$$P_a = \frac{1}{2}\sigma|E|^2 \quad [\mathrm{W/m^3}] \tag{11-55}$$

이때 전자파 흡수율은

$$SAR = \frac{\sigma}{2p}|E|^2 \quad [\mathrm{W/kg}] \tag{11-56}$$

**표 11-6** 최대 허용 가능 노출량(MPE)에 대한 FCC 제한.

| a. 직업인/통제적 노출[50] | | | | |
|---|---|---|---|---|
| **주파수 영역 (MHz)** | **전장세기(E) (V/m)** | **자장세기(H) (A/m)** | **전력 밀도(S) ($mW/cm^2$)** | **시평균 $\|E\|^2$, $\|H\|^2$ 또는 S (단위: 분)** |
| 0.3~3.0 | 614 | 1.63 | (100)* | 6 |
| 3.0~30 | 1842/f | 4.89/f | ($900/f^2$)* | 6 |
| 30~300 | 61.4 | 0.163 | 1.0 | 6 |
| 300~1500 | - | - | f/300 | 6 |
| 1500~100,000 | - | - | 5 | 6 |
| **b. 일반인/통제 불가능한 노출[50]** | | | | |
| **주파수 영역 (MHz)** | **전장세기(E) (V/m)** | **자장세기(H) (A/m)** | **전력 밀도(S) ($mW/cm^2$)** | **시평균 $\|E\|^2$, $\|H\|^2$ 또는 S (단위: 분)** |
| 0.3~1.34 | 614 | 1.63 | (100)* | 30 |
| 1.34~30 | 824/f | 2.19/f | ($180/f^2$)* | 30 |
| 30~300 | 27.5 | 0.073 | 0.2 | 30 |
| 300~1500 | - | - | f/1500 | 30 |
| 1500~100,000 | - | - | 1.0 | 30 |

f = 주파수(MHz) *평면파의 등가 전력 밀도

주 1: 직업인/통제적 제한은 전자파 노출 가능성에 대해 충분히 인지하고 있으며 전자파 노출에 대한 통제권을 행사할 수 있다는 전제하에 사람들이 고용의 결과로 전자파에 노출이 되는 상황에 적용된다. 또한 직업인/통제적 제한은 개인이 전자파 노출에 대한 가능성에 대해 인지하고 있는 상황에서 직업인/통제적 제한이 적용되는 장소에 일시적으로 노출되는 경우에도 적용된다.

주 2: 일반인/통제 불가능한 노출이란 전자파 노출 가능성에 대해 충분히 인지하지 못하거나 전자파 노출에 대한 통제권을 행사할 수 없는 상황에서 일반 대중이나 사람들이 고용의 결과로 전자파에 노출될 수 있는 상황에 적용된다.

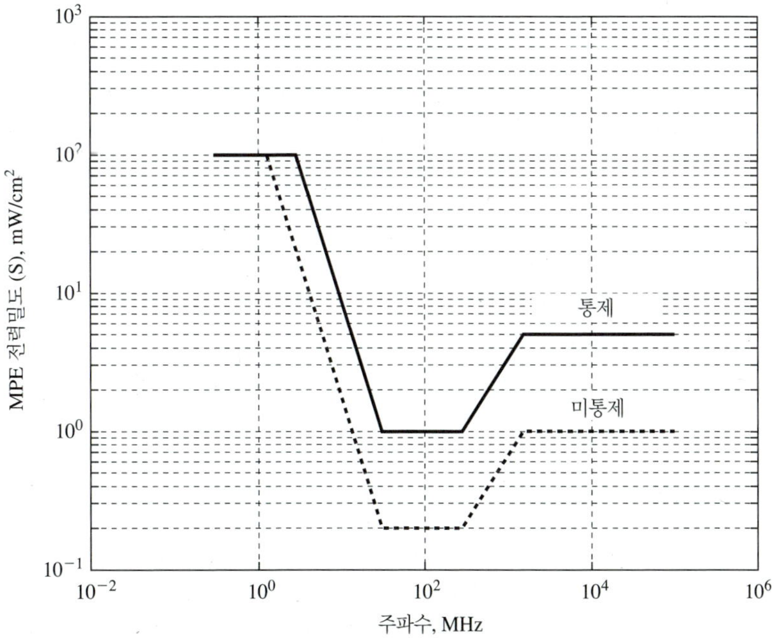


**그림 11-52** 전력 밀도 관점에서의 최대 허용 가능 노출량.

이다. 전자파 흡수율은 특정 지점을 둘러싼 미소 질량에서 흡수된 RF 전력의 미소량의 비를 나타낸다. 전자파 흡수율은 조직의 국부적 가열 비율의 측정치이다. 1 W/kg의 전자파 흡수율은 근육 조직에서 초당 0.0003 C보다 적은 가열 비율에 해당한다. 이것은 약 1시간에 1°C의 온도 상승에 해당된다.

4 W/kg의 전자파 흡수율에서 가역적인 조직 붕괴가 관찰되고 5 W/kg 이상에서는 영구적 역기능이 발견된다. 따라서 대부분의 표준은 생물학적 불확실성을 설명하고 부가적인 안전 요소를 추가할 수 있도록 4 W/kg의 몇 분의 일을 기본으로 한다. 노출량은 6분의 시간을 주기로 하여 평균을 취하고 최고치 노출량은 8 W/kg을 초과할 수 없다. 체중이 75 kg 또는 165파운드인 성인을 고려해 보자. 6분 또는 그 이상 지속되는 연속적인 노출시간 동안 인간에게 흡수되는 RF 최대 전력은 0.4 W/kg × 75kg = 30와트로 제한된다. 30와트의 흡수된 전력은 대략 성인의 정지 신진 대사율의 4분의 1에 해당된다. 이러한 표준은 낮은 레벨의 RF 방사에 대한 장기간의 노출에 대하여 보호되도록 개발된 것이 아니다. 왜냐하면 그러한 위험은 만일 존재한다 해도 제대로 알려지지 않기 때문이다.

인간에 대한 안전 노출 한계를 구체적으로 명시함에 있어, 국부 조직 전자파 흡수율과 신체 전체에 대한 평균 모두 중요하다[50] 인간에 있어서 전자파 흡수율을 측정하는 실제적인 방법은 없다. 전자파 흡수율의 결정은 컴퓨터 모델링 또는 인체조직의 전기적 특성을 모방한 물질로 구성된 인체 모형을 가지고 행해진 실험적 측정치 양쪽 모두를 통하여 이루어진다. 가장 선호되는 컴퓨터 모델링 기법은 제15장에서 논의될 시간영역 유한차분법(FDTD)이다. 그러한 모델링은 인체의 체온 조절 시스템을 고려하지 않았다는 점을 주목해야 한다.

실험적 모델과 소프트웨어 시뮬레이션 모델에 의해 행해진 휴대전화에 대한 전자파 흡수율 분포에 대한 수많은 연구가 있어 왔다. 모든 연구들은 휴대전화에 의해 전송된 전력의 약 50% 정도가 전화기 방향에 있는 인간의 머리 쪽에 대부분 흡수된다는 것을 보여 주고 있다. 이러한 연구들은 일반적으로 1.6 mW/kg의 부분적 신체 한계치가 일반 전화 사용 조건하에서는 초과될 것 같지 않다는 것을 보여 주고 있다. 뇌에서 전기 자극이 발생하는 것을 발견한 반면 또 다른 연구들은 뇌종양과 휴대전화 사용이 아무 관련이 없다는 것을 발견했다. 그럼에도 불구하고 이러한 사항들이 더 명확하게 분석될 때까지는 휴대전화의 사용이 신중하게 절제되어야 한다고 말한다.

전자장은 인체에 긍정적인 효과를 가질 수도 있다. 뼈 골절 부위에 자장을 만들어 내기 위해 사용된 펄스화된 DC는 그것이 사용되지 않았으면 골절 부위의 약한 혈액 공급 때문에 발생하지 않았을 치료의 활성화를 가져온다는 사실이 수십 년간 알려져 왔다. 발에 생기는 존스 골절은 혈액 순환이 약해서 치료가 쉽지 않은 한 가지 예이다. 존스 골절 부위에 적용된 뼈 시뮬레이터의 펄스화된 자장은 신체가 치료할 뼈에 신호를 보내기 위해 자연적으로 생산해 내는 혈액의 순환과 유사하게 뼈에서의 혈액의 순환을 촉진시킨다. 이러한 효과는 RF 효과도 아니고 확실히 위험하지도 않으며, 그것은 인체와 전자장 사이의 유익한 상호작용의 한 예이다.

## 참고문헌 References

1. S-Y. Suh and S. Ooi, "Challenges on Multi-Radio Antenna System for Mobile Devices," *Proc. IEEE Trans. on Ant. & Prop. Inter. Symp.*, June 2007.
2. K. R. Carver and Mink, "Microstrip Antenna Technology," Special Issue on Microstrip Antennas, *IEEE Trans. on Ant. & Prop.*, Vol. AP-29, pp. 2-4, Jan. 1981.

3. D. R. Jackson and N. Alexopoulos, "Simple Approximate Formulas for Input Resistance, Bandwidth, and Efficiency of a Resonant Rectangular Patch," *IEEE Trans. on Ant. & Prop.*, Vol. 39, pp. 407-410, Mar. 1991.
4. M. Kara, "A Novel Technique to Calculate the Bandwidth of Rectangular Microstrip Antenna Elements with Thick Substrates," *Micro. & Optical Tech. Letters*, Vol. 12, pp. 59-64, June 5 1996.
5. L. Basilio, M. Khayat, J. Williams, and S. Long, "The Dependence of the Input Impedance on Feed Probe and Microstrip Line-Fed Patch Antennas," *IEEE Trans. on Ant. & Prop.*. Vol. 49, pp. 45-47, Jan. 2001.
6. Y. Hu et al., "Characterization of the Input Impedance of the Inset-Fed Rectangular Microstrip Antenna," *IEEE Trans. on Ant. & Prop.*, Vol. 56, pp. 3314-3318, Oct. 2008.
7. R. E. Munson, "Conformal Microstrip Antennas and Microstrip Phased Arrays," *IEEE Trans. on Ant. & Prop.*, Vol. AP-22, pp. 74-78, Jan. 1974.
8. E. Chang, S. Long, and W. Richards, "An Experimental Investigation of Electrically Thick Rectangular Microstrip Antennas," *IEEE Trans. on Ant. & Prop.*, Vol. AP-34, pp. 767-772, June 1986.
9. S. Targonski, R. Waterhouse, and D. Pozar, "Design of Wide-Band Aperture-Stacked Patch Microstrip Antennas," *IEEE Trans. on Ant. & Prop.*, Vol. 46, pp. 1245-1251, Sept. 1998.
10. S. Maci and B. Gentilli, "Dual-Frequency Patch Antennas." *IEEE Trans. on Ant. & Prop. Mag.*, Vol. 39, pp. 13-20, Dec. 1997.
11. E. Levine, G. Malamud, S. Shtrikman, and D. Treves, "A Study of Microstrip Array Antennas with the Feed Network," *IEEE Trans. on Ant. & Prop.*, Vol. 37, pp. 426-433, April 1989.
12. J. Aberle and D. Pozar, "Phased Arrays of Probe-Fed Stacked Microstrip Patches." *IEEE Trans. on Ant. & Prop.*, Vol. 42, pp. 920-927, July 1994.
13. C. McCarrick, "Dual-Frequency Antenna Aids WLAN Applications," *Microwaves & RF*, Vol. 32, pp. 174-178, Sept. 1993.
14. Y. X. Li, et al., "The Periodic Half-Width Microstrip Leaky Wave Antenna with a Backward to Forward Scanning Capability," *IEEE Trans. on Ant. & Prop.*, Vol 58, pp. 963-966, March 2010.
15. W. Hong, et al., "Broadband Tapered Microstrip Leaky Wave Antenna," *IEEE Trans. on Ant. & Prop*. Vol. AP-51, pp. 1922-1928, Aug. 2003.
16. G. M. Zelinski, G. A. Thiele, M. L. Hastriter, M. J. Havrilla, and A. J. Terzuoli, "Half Width Leaky Wave Antennas," *IET Micro. Ant. Prop.*, Vol. 1, pp 341-348, Apr. 2007.
17. G. M. Zelinski, "FDTD Analysis of a Leaky Traveling Wave Microstrip Antenna." Thesis, Air Force Institute of Technology, March 2005.
18. J. A. Girard, "Material Perturbations to Enhance Performance of the Half-Width Leaky Mode Antenna," Dissertation, Air Force Institute of Technology, June 2008.
19. H. A. Wheeler, "The Radiansphere around a Small Antenna," *Proc. IRE*, Vol. 47, pp. 1325-1331, Aug. 1959.
20. H. A. Wheeler, "Fundamental Limitations of Small Antennas," *Proc. IRE*, Vol. 35, pp. 1479-1484, Dec. 1947.
21. L. J. Chu, "Physical Limitations on Omni-Directional Antennas," *J. Applied Physics*, Vol. 19, pp. 1163-1175, Dec. 1948.
22. R. Collin and S. Rothschild, "Evaluation of Antenna Q," *IEEE Trans. on Ant. & Prop.*, Vol. AP-12, pp. 23-27, Jan. 1964.

23. J. S. McLean, "A Re-Examination of the Fundamental Limits on the Radiation Q of Electrically Small Antennas," *IEEE Trans. on Ant. & Prop.*, Vol. 44, pp. 672-675, May 1996.

24. W. A. Davis, T. Yang, E. Caswell, and W. Stutzman, "Fundamental Limits of Antenna Size: A New Limit," *IET Micro. Ant. Prop.*, Vol. 5, No. 11, pp. 1297-1302, Aug. 19, 2011.

25. M. Gustafsson, C. Sohl, and G. Kristensson, "Physical Limitations on Antennas of Arbitrary Shape," *Proc. Royal Society*, Vol. 463, pp. 2589-2607, 2007.

26. G. A. Thiele, P. Detweiler, and R. Penno, "On the Lower Bound of the Radiation Q for Electrically Small Antennas," *IEEE Trans. on Ant. & Prop.*, Vol. AP-51, pp. 1263-1268, June 2003.

27. G. A. Thiele, "On the Gain and Efficiency of Electrically Small Antennas," *Proc. Ant. Measurements Tech. Assoc.* (Atlanta, GA), Nov. 2005.

28. G. A. Thiele and C. Donn, "Design of a Small Conformal Array," *IEEE Trans. on Ant. & Prop.*, Vol. 22, pp. 64-70, Jan. 1974.

29. G. Goubau, "Multi-Element Monopole Antennas," *Proc. ECOM-ARO Workshop on Elec. Small Ant.*, pp. 63-67, May 1976.

30. S. Best, "The Radiation Properties of Electrically Small Folded Spherical Helix Antennas," *IEEE Trans. on Ant. & Prop.*, Vol. 52, pp. 953-960, Apr. 2004.

31. O. Kim, O. Breinbjerg, and A. Yaghjian, "Electrically Small Magnetic Dipole Antennas with Quality Factors Approaching the Chu Lower Bound," *IEEE Trans. on Ant. & Prop.*, Vol. 58, pp. 1898-1906, June 2010.

32. R. Ziolkowski and A. Eretok, "Metamaterial-Based Efficient Electrically Small Antennas," *IEEE Trans. on Ant. & Prop.*, Vol. 54, pp. 2113-2129, July 2006.

33. Majid Manteghi, "Non-LTI Systems, a New Frontier in Electromagnetics Theory," *IEEE Inter. Symp. On Ant. & Prop.* Proc. (Toronto), Paper 425, July 2010.

34. T. Yang, W. A. Davis, and W. Stutzman, "Fundamental-Limit Perspectives on Ultrawideband Anennas," *Radio Science*, Vol. 44, 2009.

35. H. Stuart and S. Best, "Limitations on Relating Quality Factor to Bandwidth in a Double Resonance Small Antenna," *IEEE Trans. on Ant. & Wireless Prop. Letters*, Vol. 6, pp. 450-463, 2007.

36. T. Yang, W. A. Davis, W. Stutzman, S. Hasan, R. Nealy, C. Dietrich, and J. Reed, "Antenna Design Strategy and Demonstration for Software-Defined Radio," *Analog Integrated Circuits and Signal Processing - An International Journal*, Vol. 69, pp. 161-171, 2011.

37. A. D. Wunsch, "A Closed-Form Expression for the Driving-Point Impedance of the Small Inverted L Antenna," *IEEE Trans. on Ant. & Prop.*, Vol. 44, pp. 236-242, Feb. 1996.

38. A. Gobien, "Investigations of Low Profile Antenna Designs for Use in Hand-Held Radios," Master's Thesis, Virginia Tech, 1997.

39. M-C Huynh and W. Stutzman, "Ground Plane Effects on Planar Inverted-F Antenna (PIFA) Performance," *IEE Proc.-Microw. Ant. Prop.*, Vol. 150, pp. 209-213, Aug. 2003.

40. R. Feick, H. Carrasco, M. Olmos, and H. Hristov, "PIFA Input Bandwidth Enhancement by Changing Feed Plate Silhouette," *Elec. Letters*, Vol. 40, pp. 921–922, 22 July 2004.

41. H. Morishita, Y. Kim, and K. Fujimoto, "Design Concept of Antennas for Small Mobile Terminals and the Future Perspective," *IEEE Trans. on Ant. & Prop.* Mag., Vol. 44, pp. 30-43, Oct. 2002.

42. M-C Huynh and W. L. Stutzman, "Wideband Compact Planar Inverted-F Antenna," U.S. Patent 6,795,028, Sept. 21, 2004.

43. M-C Huynh and W. L. Stutzman, "A Low-Profile Compact Multi-Resonant Antenna for Wideband and Multi-Band Personal Wireless Applications," *IEEE Trans. on Ant. & Prop. Soc. Inter. Symp. Proc.*, pp. 1879-1882, June 2004.
44. H. W. Ott, *Compatibility Engineering*, Wiley, New York, 2009.
45. K. Finkenzeller, *RFID Handbook*, 2nd ed. Wiley, New York, 2003.
46. C. A. Balanis, *Advanced Engineering Electromagnetics*, Wiley, New York, 1989. pp. 327-328.
47. R. K. Mongia and P. Bhartia, "Dielectric Resonator Antennas-A Review and General Design Relations for Resonant Frequency and Bandwidth," *Inter. J. Microwave and Millimetre-Wave Computer-Aided Eng.*, Vol. 4. pp. 230-247, 1994.
48. S. A. Long, M. W. McAllister, and L. C. Shen, "The Resonant Cylindrical Dielectric Cavity Antenna," *IEEE Trans. on Ant. & Prop.*. Vol. 31, pp. 406-412, March 1983.
49. M. Huynh and W. Stutzman, "A Review of Radiation Effects on Human Operators of Hand-Held Radios," *Microwave J.*, Vol. 47, pp. 23-42, June 2004.
50. FCC OET Bulletin 56, August 1999.
51. C. Johnson and A. Guy, "Non-ionizing Electromagnetic Radiation," *Proc. IEEE*, Vol. 60, pp. 692-718, June 1972.

## 연습문제 Problems

**11.2-1** ▸ 식 (11-6)의 정규화된 주평면 패턴이 식 (11-5)로부터 어떻게 유도되는지 보여라. 각 평면에서의 전장 편파에 대해 논하라.

**11.2-2** ▸ $L = W = 4.02$ cm의 정사각형 마이크로스트립 패치가 $\varepsilon_r = 2.55$인 0.159 cm 두께의 기판 위에 프린트되어 있다. 공진 주파수, 가장자리 급전에 대한 공진점에서의 입력 임피던스와 대역폭을 구하라.

**11.2-3** ▸ 예제 11-1의 직사각형 마이크로스트립 안테나에 대해서 (a) 패치 길이를 확인하라. (b) 입력 임피던스를 계산하라. (c) 대역폭을 계산하라. (d) $E$ 그리고 $H$ 극좌표 패턴을 나타내라. (e) 지향성을 추정하라. (f) 식 (11-2)부터 (11-4)까지를 사용해서 공진 패치 길이를 찾아라. 그리고 (a)에서의 값과 비교하라.

**11.2-4** ▸ 0.001~0.05$\lambda$의 다양한 두께를 가진 유전율 2.2의 기판에 대해 3 GHz의 주파수 공진점에서의 직사각형 패치의 길이를 계산하라. 패치 폭은 반 파장이다. 이것을 식 (11-1)과 (11-2)에서의 두 개의 근사 레벨에 대해 두 번 반복하라. 그래프를 사용하여 비교하라.

**11.2-5** ▸ 가장자리 급전 직사각형($W = 1.5L$) 마이크로스트립 패치 안테나가 0.01$\lambda$ 두께의 기판을 가지고 있다. (a) 가장 큰 대역폭을 갖게 해 주는 값을 찾기 위해 유전율을 변화시키고 $\varepsilon_r$ 값과 $B$를 서술하라. 이 수치들을 이용해서 (b) 3 GHz의 공진 주파수에서의 패치 길이와 폭을 계산하라. 그리고 (c) 입력 임피던스를 계산하라.

**11.2-6** ▸ 정사각형 마이크로스트립 패치 안테나가 2.28 GHz의 측정된 공진 주파수를 가지고 있다. 그리고 2.55의 유전율과 0.159 cm의 두께를 가진 기판을 가지고 있다. (a) 4.02 cm의 패치 길이에 대해 공진 주파수를 계산하고 측정된 값과 비교하라. (b) 측정된 공진 주파수에서의 입력 임피던스를 계산하고 측정된 400 Ω의 값과 비교하라.

**11.2-7** ▸ 4.53의 유전율과 0.3 cm 두께를 가진 프로브 급전 직사각형 패치 안테나의 길이는 1.74 cm이고 폭은 2.31 cm이다. 공진 주파수는 3.72 GHz이다. (a) 가장자리급전에 대해 입력 임피던스를 Ω으로 계산하라. (b) 가장자리로부터 안쪽으로 0.55 cm 떨어진 프로브 급전에 대해 입력 임피던스를 계산하라.

**11.2-8** ▸ 4.53의 유전율과 0.127 cm 두께를 가진 프로브 급전 직사각형 패치 안테나의 길이는 13.97 cm이고 폭은 20.45 cm이다. (a) 간단한 공식을 사용하여 660 MHz에서의 공진 패치 길이를 계산하라. (b) 가장자리 급전에 대해 입력 임피던스를 계산하라. (c) 가장자리로부터 안쪽으로 0.635 cm 떨어진 프로브 급전에 대해 입력 임피던스를 계산하라.

**11.2-9** ▸ $\varepsilon_r = 4.53$이고 두께가 0.3 cm인 기판 위에 있는 프로브 급전 정사각형 마이크로스트립 패치가 3.72 GHz에서 동작하도록 설계되었다. (a) 공진점에서의 패치 길이를 찾아라. (b) 50 Ω의 입력 임피던스에 대한 프로브의 위치를 찾아라.

**11.2-10** ▸ $L = 4.04$ cm, $W = 5.94$ cm, 그리고 $t = 0.127$ cm의 규격을 가진 삽입형 급전 직사각형 마이크로스트립 패치 안테나가 $\varepsilon_r = 2.42$의 기판을 가지고 있다. 50 Ω의 입력 임피던스에 대해 요구되는 삽입 길이를 찾아라.

**11.2-11** ▸ 상업용 마이크로스트립 패치 안테나가 두 주평면 상에서 100°의 반전력 빔폭을 가지고 있고 방사효율이 70%이다. dB로 이득을 계산하라.

**11.2-12** ▸ 그림 9-4*c*와 식 (9-2*b*), (9-26)에서처럼 전기 접지면 위로의 자기 전류에 대한 영상 이론을 가지고 시작하여 식 (11-5)에서 직사각형 마이크로스트립 안테나의 패턴을 유도하라.

**11.3-1** ▸ 예제 11-2의 16소자(4 × 4) 배열에 대해 (a) 소자 패턴에 식 (11-6*a*)를 사용하여 주평면 패턴들 중 하나를 그려라. (b) 소자 패턴이 모든 공간에 적용된다는 가정하에 패턴 적분에 의한 지향성을 계산하고 이득을 나타내라.

**11.3-2** ▸ 4.2 cm 떨어진 4개의 1/4 파장 마이크로스트립 패치의 선형배열이 엔드파이어 빔을 만들어 내도록 여기된다. 동작 주파수는 2.73 GHz이고 기판의 비유전상수는 2.45이다. 이것을 수행하기 위해 요구되는 공동 급전 네트워크를 그려라. 적절한 위상을 주기 위해 요구되는 추가적인 마이크로스트립 전송 선로의 길이를 그 위에 cm로 나타내라.

**11.4-1** ▸ 그림 11-14*a*에서 사용되는 누설파 안테나의 끝부분에 잔류하는 전력을 계산하라. 그림 11-14*b*에 대해 반복하라. 안테나의 길이는 6.25 GHz에서 5$\lambda$라고 가정하라.

**11.5-1** ▸ (a) 전기적 소형 안테나가 60의 $Q_A$를 가지고 있다. 안테나를 둘러쌀 수 있는 가장 작은 구의 반지름은 0.0159$\lambda$이다. dB로 안테나 이득을 나타내라. (b) 안테나의 $Q_A$가 40이고 반지름이 0.0318$\lambda$라고 가정하고 (a)를 반복하라. (c) 이 안테나들의 지향성은 dB로 얼마인가? (d) 음수의 dB 이득이 무엇을 의미하는지 설명하라.

**11.5-2** ▸ 이상적 다이폴의 근거리장에 포함된 전력 밀도의 크기와 이상적 다이폴의 최대 방사 방향인 $\theta_o = 90°$에서의 원거리장에 포함된 전력 밀도의 크기가 같게 되는 지점이 라디안구의 반지름 $\lambda/2\pi$와 일치함을 보여라.

**11.5-3** ▸ (a) 식 (11-31)의 단형 다이폴, (b) 식 (11-32)의 소형 루프에 대해 대해 $R_r/R_o$에 대한 공식을 유도하라.

**11.5-4** ▸ 식 (11-27), (11-28), 그리고 (11-29) 를 사용하여 $1\sim10^4$의 로그 스케일 세로좌표와 0~1의 선형 가로좌표를 가진 단일 그래프 위에 $Q_A$ 대 $\beta a$의 곡선을 그려라.

**11.5-5** ▸ 식 (11-40)을 사용해서 $e_r = 1$, 0.5, 0.2, 그리고 0.1의 방사효율 값에 대해, $1\sim10^4$의 로그 스케일 세로좌표와 0~1의 선형 가로좌표를 가진 단일 그래프 위에 $Q_A$ 대 $\beta a$의 곡선을 그려라.

**11.5-6** ▸ 0.1 mm의 반지름을 가진 그림 6-7 의 다이폴에 대해 반전력(VSWR = 5.83) 대역폭 대 VSWR = 2 대역폭의 비를 계산하고, 식 (11-34)를 사용하여 예측되는 값과 비교하라.

**11.6-1** ▸ *시뮬레이션*. 지름이 0.18 mm인 구리 도선으로 만들어지고 높이 10 cm, 지름 2 cm인, 11.6.1절에서 논의된 13.25 권선 수직 모드 헬리컬 안테나(NMHA)를 시뮬레이션하기 위해 모멘트법 코드를 사용하라. 150 MHz에서의 입력 임피던스와 이득값을 제시하라.

**11.6-2** ▸ *시뮬레이션*. 1 mm의 도선 지름을 사용하고 완전 접지면 위에서 동작하는, 883MHz에서의 예제 7-1 의 수직 모드 헬리컬 안테나(NMHA)를 시뮬레이션하기 위해 모멘트법 코드를 사용하라. 입력 임피던스와 이득값을 제시하라.

**11.6-3** ▸ *시뮬레이션*. 그림 11-21의 미앤더 선 모노폴에 대하여 $s_V = 1.43$ cm, $s_H = 3.33$cm, 그리고 $w = 2$ mm이다. 공진 주파수가 344 MHz인지 확인하기 위한 입력 임피던스를 계산하기 위해 시뮬레이션 코드를 사용하라. 도체 폭의 반과 동일한 지름과 동등한(완전 도체) 도선을 가진 평평한 도체를 모델링하라(6.1.1절 참조).

**11.6-4** ▸ 0.5 권선의 팔, 지름 $D = 0.174\lambda$, 그리고 높이 $h = 0.243\lambda$인, 11.6.2절에서 논의된 예제 QHA를 고려하자. (a) 헬리컬 변수 $S$, $\alpha$, $L$, 그리고 $L_{\text{loop}}$를 계산하라. (b) 2.2GHz에서 동작하기 위한 물리적 규격을 cm 단위로 계산하라.

**11.6-5** ▸ *시뮬레이션*. 차고문 개폐 송신기의 ILA에 대한 예제 11-3에서의 수치들을 확인하기 위해 시뮬레이션 코드를 사용하라. 고도각 패턴을 그리고 구리 도선에 대한 이득을 제시하라.

**11.6-6** ▸ *시뮬레이션*. IFA 안테나에 대한 예제 11-4에서의 수치들을 확인하기 위해 시뮬레이션 코드를 사용하라. 고도각 패턴을 그리고 1 mm 지름의 구리 도선에 대한 이득을 제시하라

**11.6-7** ▸ 참고문헌 [39]의 PIFA는 $L = W = 2$ cm이다. 무한 접지면에 대한 공진 주파수를 계산하고 1.885 GHz에서 측정된 값과 비교하라.

**11.6-8** ▸ 그림 11-32의 안테나를 사용한 RFID 태그는 −17 dBm의 전력에 반응한다. 리더기가 36 dBm의 유효 등방성 방사전력을 가지고 있고 태그 안테나가 0 dB의 이득을 가지고 있을 경우, 수동 인식 거리를 계산하라. 자유공간 전파 조건과 900 MHz의 주파수를 가정하라.

**11.7-1** ▸ $\varepsilon_r = 9$, 16, 25, 36, 49, 64, 81, 그리고 100일 때, 공기-유전체 경계면에 대한 평면파 반사 계수를 계산하라. 그 결과들을 그려라.

**11.7-2** ▸ $H = 0.2$ cm일 때 예제 11-2의 설계에서 $Q$와 반지름을 결정하라.

**11.7-3** ▸ 10 GHz에서 5% 대역폭을 갖는 $HE_{11\delta}$ 모드 원형 실린더 유전체 공진기 안테나를 설계하라.

# 제12장 무선 응용을 위한 단말 및 기지국 안테나

## *Terminal and Base Station Antennas for Wireless Applications*

무선 통신의 개요는 그림 4-7에 있는 무선 시스템들의 집적화에 대한 개념도와 함께 4.5절에서 다루었다. 이 장에서 우리는 실제적으로 사용되는 무선 통신 안테나에 대해 논의하도록 한다. 무선 통신 네트워크들의 유형은 그림 12-1에 나타냈다. 그림 12-1*a*에서 보여 주듯이 단말이 두 개뿐일 때, 그것을 **점대점 링크**(point-to-point link)라 부른다. 하나의 예로서 마이크로파 주파수를 사용한 양방향 고데이터율을 가진 점대점 링크가 있다. 마이크로파 점대점 링크는 셀룰러 기지국들을 함께 연결시키기 위한 백홀 시스템에 사용된다. 단방향 링크의 간단한 예로는 무선 차고 개폐 원격 조정 시스템이 있다. **기지국**(base station)은 다중 단말들에 서비스를 제공한다. 그림 12-1*b*에서 보여 주듯이 단말들이 수신기의 역할만 할 때, 그 시스템은 방송 통신으로 불린다. 이것의 예로는 AM, FM 방송 라디오와 텔레비전이 있다. 그림 12-1*c*와 같이 기지국과 단말이 모두 송수신을 한다면, 그 시스템은 **점대다점**(point-to-multipoint) 통신으로 불린다. 셀룰러폰이 그 예이다. 기지국이 건물과 같은 작은 지역만을 담당한다면, 그것은 **무선 접근점**(WAP: wireless access point)으로 불린다. 그림 12-1*c*는 지향성 링크를 설명하는 데 사용되는 용어를 보여 준다. **상향링크**(uplink)와 **하향링크**(downlink)라는 용어들은 기지국을 기준으로, 신호가 기지국으로 올라가거나 기지국으로부터 내려가는 것을 말한다. **순방향 링크**(forward link)와 **역방향 링크**(reverse link)(또는 귀환 링크로도 불린다)라는 용어는 사용자 단말기를 기준으로, 각각 기지국으로부터 사용자에게 전송되거나, 반대로 사용자들로부터 기지국에 전송되는 신호방향들을 나타낸다. 또 다른 종류의 네트워크는 단지 다중 단말로 구성된 것으로, 각 단말은 범위 안에 있는 다른 어느 단말들과도 통신이 가능한데, 이를 피어 대 피어(peer-to-peer) 네트워크 또는 메시(mesh) 네트워크라고 한다. 워키토키(walkie-talkie) 라디오가 그 예이다.

새로운 무선 통신 시스템을 구성할 때, 설계 과정에서 따라야 하는 단계들이 있다. 시스템과 안테나 규격들이 명확하게 정의된 후, 동작 주파수 범위가 선택된다. 관리 기관들은 주파수에 의한 사용들을 제한하고, 또한 출력과 때때로 안테나 패턴 및 이득[1]도 제한한다. 다음으로 관리 기관으로부터 허가가 필요한 주파수 대역을 사용할지('면허'), 아니면 허가가 필요 없는 주파수 대역을 사용할지('비면허') 결정해야 한다. **허가받은 운용**(licensed operation)은 신청과 승인을 요구하지만, 허가받지 않은 사용자들도 보호한다. **비허가 운용**(unlicensed operation)은 허가를 받기 위한 절차가 필요 없고, 적절한 장비의 사용이 가능하지만, 대역폭에 대한 간섭과 경쟁은 문제가 될 수 있다.

[1] 미국의 할당 주파수 도표는 http://www.nita.doc.gov/osmhome/allochrt.pdf에서 찾을 수 있으며, FCC 규정과 법규는 http://fcc.gov/를 참조하라.

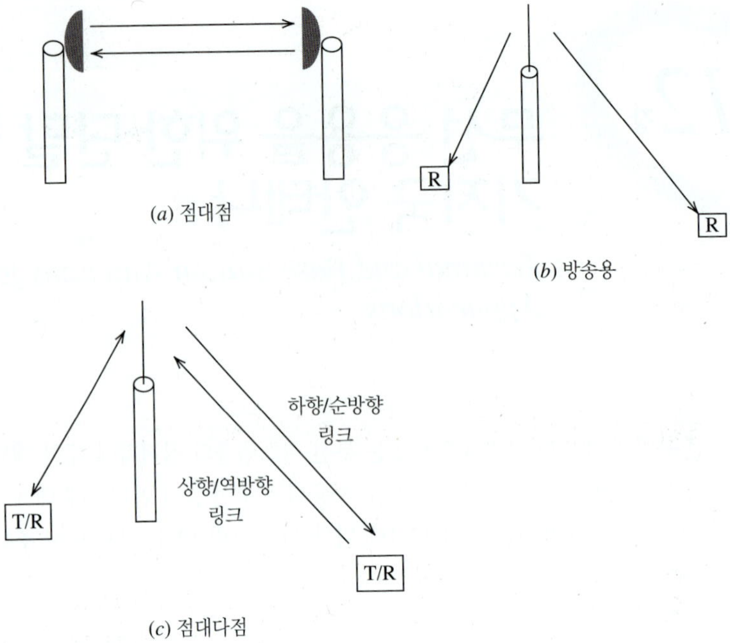


그림 12-1 무선 통신 네트워크 구성.

주파수에 따른 전파 특성도 주파수 선택 결정에 있어서 중요한 요소이다.VHF 및 그 이하 주파수들은 심지어 비가시선(NLOS: non-line-of-sight) 경로에 대해서도 장거리 통신을 제공한다. UHF 및 그 이상 주파수들은 넓은 대역폭을 필요로 하는 응용에 사용된다. 10 GHz 이상에서는 확실한 가시선(LOS: line-of-sight) 경로가 필요하며, 대기는 감쇠와 편파왜곡을 야기할 수 있다. 4.5.2절을 참조하라. 일단 주파수가 정해지면, 안테나 선택 과정이 시작된다. 이 과정은 표 1-3 열거된 관련 시스템 규격들을 확인함으로써 시작된다. 첫 번째 과정은 배열 안테나와 단일 안테나 중에서 선택하는 것이다. 다음으로 표 1-4는 적절한 안테나나 배열 소자를 찾을 때 지침으로 사용된다. 후보 안테나들의 목록이 준비되면, 예비 조사 후 후보들을 선별하는 과정이 뒤따른다. 마지막 후보 안테나들은 시뮬레이션과 실험 모델들을 사용해서 상세히 검토된다. 마지막 선택은 종종 전체 시스템 검사들을 포함하는 평가단계 결과들의 비교에 기초하여 이루어진다.

## 12.1 위성 단말 안테나

비록 세계 인구의 90%가 셀룰러폰을 사용하고 있지만, 세계 표면의 82%는 셀룰러 통신 영역 밖이다. 지상파 기반 통신은 멀리 있는 지역과 대양에서의 통신에는 실용적이지 못한 반면에, 인공위성을 기반으로 한 통신은 실용적이다. 지구와 우주 사이의 먼 거리로 인해, 인공위성 링크는 작동하기 위한 선명한 가시선 경로를 요구한다. 지구국은 고정되거나, 휴대 또는 이동이 가능하다. 광대역 통신을 위해서는 고정된 지상파 단말이 사용되는데, 이들 대부분은 종종 반사판 안테나, 가끔은 기계적으로 조정되는 고정된 위상의 배열이나 전기적 위상배열을 가지고 있다. 만약 인공위성이 지구 정지 궤도 상에 있지 않다면, 단말은 인공위성을 향한 안테나 주빔 방향을 계속해서 유지하려는 제어 장치를 요구하거나, 넓은 빔을 갖는 안테나가 사용된다.

반사판 안테나는 고정된 단말에 널리 쓰일 뿐만 아니라, 운송 수단이 이동하는 동안 인공위성을 추적하는 수단으로 배나 비행기 같은 수송 수단에 쓰이기도 한다. 카세그레인 반사판은 지상국 단말에 흔히 사용되는데, 이것은 주초점 반사판에 비해 넘침으로부터 오는 낮은 지상 수신으로 인한 낮은 잡음 때문이다(4.3절과 9.6절 참조). 또한 일반적으로 2° 떨어져 있는 인접 위성의 간섭을 피하기 위해 안테나는 낮은 부엽을 가져야만 한다. 게이트웨이 단말(그림 4-7 참조)은 수 m의 지름을 갖는 반사판 안테나를 사용하여 넓은 대역폭을 가지면서 여러 채널의 정보를 전달한다. 사용자 단말은 더 소형의 안테나를 허용하기 위해서 더 좁은 대역폭을 가진다.

고정된 양방향 지구국 사용자 단말은 배열 안테나나 큰 반사판을 사용한다. 그러나 직접 방송 위성(DBS: direct broadcast satellite)이나 직접 위성 수신(DTH: direct-to-home) 시스템은 안테나를 작게 만들고 전체 지구국 단말을 낮은 가격으로 만들어야 하는 특성을 가진다. 먼저 지구 정지 궤도 상에 있는 방송 인공위성을 2° 대신에 9° 간격으로 위치시킨다. 이것은 더 넓은 빔 안테나를 허용해서, 지름이 0.5 m만큼이나 작은 안테나를 사용할 수 있게 한다. 낮은 안테나 이득은 높은 인공위성 송신 전력과 비디오 압축 때문에 가능한데, 이것은 더 줄어든 대역폭(그리고 더 많은 채널)을 가능하게 한다. 링크 계산을 위해 예제 4-3과 4-4를 참조하라.

원형편파는 두 가지 이유로 인공위성 통신에 널리 쓰인다. 먼저 UHF 주파수와 그 아래 대역에서, 패러데이 회전 효과는 이온층의 변화 상태에 따라 선형편파의 경사각을 변화시키고, 따라서 입사파의 편파각을 추적할 수 있는 지구국을 필요로 한다. 반면 원형편파는 패러데이 회전에 영향을 받지 않는다. 두 번째로, 균형을 맞추기 위해 회전하고 있는 인공위성에 사용되는 원형편파는 인공위성 본체 회전에 의한 편파 상태 정렬의 문제를 갖지 않는다.

이동 인공위성 단말 설계에는 다음과 같은 도전들이 존재한다. 양방향 이동 단말은 이동체의 움직임을 보상하기 위해 인공위성의 방향을 향한 중간 크기의 안테나를 사용하여 인공위성을 추적해야만 한다. 소형 차량이나 휴대용 기구의 이동 지구국은 반드시 소형 안테나를 가지고 있어야만 한다. 그래서 위를 향한 넓은 빔을 가진 안테나가 사용된다. 오직 수신만 하는 지구국은 작은 안테나를 가지고 있을 수 있다. GPS 같은 위치추적 장치나 디지털 라디오가 그 예이다. 그림 11-22의 쿼드리필러 안테나는 원형편파를 사용하는 인공위성 통신 단말에 널리 쓰인다. GPS와 같은 지구 정지궤도 상에 위치하지 않은 인공위성 배치에 대해서는, 패턴이 바로 위 방향이 아니고 거리가 더 먼 인공위성에 대해 더 좋은 커버리지를 갖도록 종종 하늘 위쪽($+z$ 방향)의 각에 대해 너 많은 이득을 갖도록 형성된다. 이동 인공위성 안테나에 대한 세부내용은 [H.9.1: Fujimoto, 2nd ed., Chap. 11]을 참조하라.

휴대 가능한 인공위성 지구국 단말을 사용하는 상업적인 시스템의 예는 데이터의 양방향 전달을 위한 장거리 화물 운송에 사용되는 Omni-TRACS이다. Ku 대역(14/12 GHz) 안테나는 정지 궤도 위성에 대해 고도각 방향으로는 추적할 필요가 없도록 고도각으로 넓은 빔을 가지고 있는 섹터 혼이다(9.4절 참조). 방위각 방향으로의 추적은 회전 접합부에 부착된 혼의 기계적인 회전에 의해 이루어진다. 안테나와 RF 시스템을 담고 있는 흰색의 버블 레이돔을 트럭 운전실 위에서 볼 수 있다.

인공위성을 위한 안테나의 선택은 인공위성의 유형에 달려 있다. 회전하는 인공위성의 경우 전방향성 패턴이 요구된다. 후보 안테나들은 모노폴 안테나, 쿼드리필러 안테나, 그리고 본체의 둘레 주변에 배치된 소자들이다. 고이득 안테나는 회전하지 않는 플랫폼을 지닌 회전하는 인공위성이나 자세 제어를 하는 우주선에 쓰일 수 있다. 다이폴 안테나와 헬리컬 안테나가 저대역 주파수에서 쓰이는 반면, 반사판, 혼, 슬롯, 마이크로스트립 소자, 배열 안테나는 고대역 주파수에서 사용된다.

## 12.2 기지국 안테나

기지국 안테나(base station antenna)는 다중 신호 채널을 전송하고 기지국[2] 주변의 제한된 지역을 망라할 수 있는 안테나 패턴을 가지고 있다. 사용되는 안테나 형태는 셀의 크기에 따라 다르다. 그림 4-7은 다양한 셀 크기를 보여 준다. 셀룰러 통신에서는 동일 주파수의 채널들이 공간적으로 분리된 셀들 안에서 재사용된다. 그림 12-2는 하나의 셀을 위한 기지국들의 주요 형태의 공간적 커버리지(예를 들면 효율적인 통신을 하기에 방사가 충분히 강한 지역)를 보여 준다. 그림 12-2*a*의 전방향성 패턴은 방위각면(수평면)에서 탑 주변에 균일한 방사를 제공한다. 초기 셀룰러 통신 시스템들은 이것들을 독점적으로 사용했으나, 대부분은 농촌 지역이나 빈 공간을 채우는 용도를 제외하고는 수평면 상에서 특정한 각의 지역을 망라하는 안테나들에 의해 교체되어 왔다. 가장 일반적인 기지국 안테나들은 그림 12-2*b*의 섹터 형태의 패턴을 가지고 있는데, 이것은 더 많은 사용자 단말에 대한 서비스를 가능하게 한다. 가장 유연한 구조는 사용량의 수요에 따라 빔의 방향과 모양을 조절하는 그림 12-2*c*의 스마트기지국 안테나이다. 스마트 안테나들은 12.4절에서 더 논의될 것이다.

셀룰러 전화 기지국들에서 사용되는 전방향성 안테나는 높은 높이를 가진 모노폴의 형태를 띠고 있으나 실제로는 다이폴 소자들의 수직 동일선상 배열이다. 송수신 기능을 분리하고 공간 수신 다이버시티를 제공하기 위해, 동일 마운트 위에 세 개 또는 그 이상의 안테나들이 있기도 하다. 배열 소자들은 고이득을 얻기 위해 균일한 크기를 가지고 평행하게 급전된다. 패턴이 방위각 상에서 균

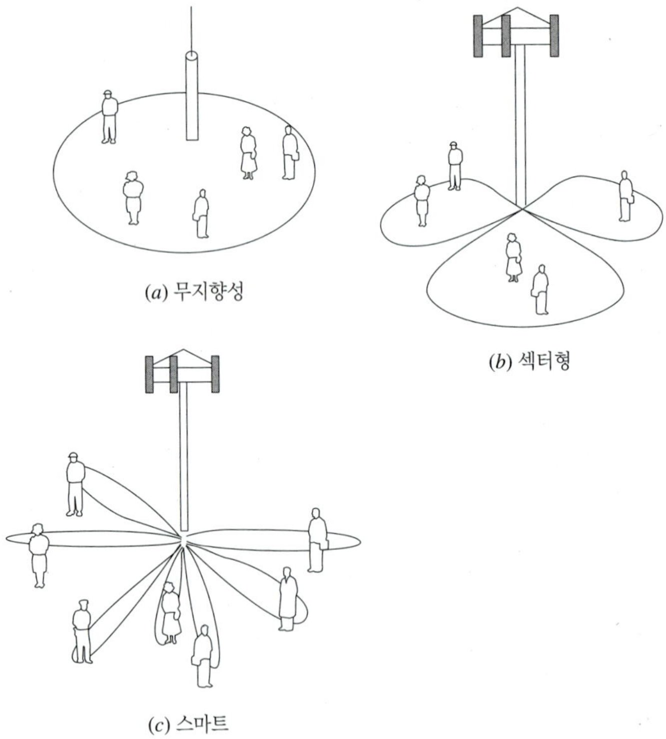

(*a*) 무지향성

(*b*) 섹터형

(*c*) 스마트

그림 12-2 기지국 안테나 종류.

[2] 여기서 기지국은 공중, 공간을 포함하지 않는 지상 기지국을 의미한다.

일함에도 불구하고 그것은 고도각면에서는 지향적이다. 더 긴 배열은 더 좁은 고도각 패턴을 만들어 내고 더 큰 이득과 더 긴 통신 거리를 제공한다. 그러나 극도로 좁은 패턴은 탑 주변 커버리지의 손실을 야기할 것이다. 배열에 있는 선형 위상 감소는 인접 셀과의 간섭을 줄이기 위해 빔을 약간 아래쪽으로 기울여 주는 **전기적 하향틸트**(electrical downtilt)라고 불리는 것을 생성하기 위해 사용된다. 만일 안테나 전체가 기계적으로 기울어진다면[**기계적 하향틸트**(mechanical downtilt)] 도넛 모양의 패턴이 한쪽으로는 아래로 기울고 반대쪽은 위로 기울 것이다. 반면에 전기적 하향틸트는 안테나 주변에 모든 방위각 방향으로 같은 각의 하향틸트된 원뿔 형태를 생성한다. 특별한 제작 기법들이 평행한 급전을 구현하기 위해 사용된다. 급전선들은 케이블이 방사 장들을 교란하는 것을 방지하기 위하여 수직 안테나 지지대의 중심부를 통하여 보내진다. 제8장에서의 배열 분석 기법들은 다음 예제들에서 보여 주듯이 기지국 배열들에 손쉽게 적용된다.

## 예제 12-1 셀룰러 무선 통신을 위한 전방향성 기지국 안테나

800~900 MHz 대역에서 동작하는 상업적 전방향성 기지국 안테나는 28.5 cm(중심대역에서 $d = 0.81\lambda$) 떨어진 10개의 반파장 다이폴의 동일선상 배열을 사용하여 구성된다. 배열 성분은 균일하게 급전되고 균등하게 떨어진 선형배열을 위해 식 (8-22)로부터 구할 수 있다. 식 (8-25)로부터 7°의 하향틸트를 위해 요구되는 소자 간 위상 변화는 $\alpha = -\beta d \cos(\theta_o) = -360 \times 0.81 \cos(97) = 35.5°$이다. 그림 12-3*a*에 나타난 고도각면에서의 전체 배열 패턴을 고려하면, 이 배열을 위한 배열 성분은 식 (3-4)로부터 반파장 다이폴의 소자 패턴에 의해 곱해진다. 그것은 측정된 패턴과 매우 잘 일치한다. 빔 최고값이 의도된 대로 수평면 상에서 7° 아래임을 주목하라. 식 (8-62)를 사용하여 계산된 소자 간격의 함수로서의 배열의 지향성이 그림 12-3*b*에 그려져 있다. 약 한 파장 간격에서 지향성이 최고값임을 주목하라. $0.81\lambda$의 간격은 한 파장 간격이 사용될 때보다 더 낮은 부엽들을 보여 준다. 또한 대역의 위쪽 끝(900 MHz)에서 간격은 한 파장에 더 가깝다($d = 0.87\lambda$). 그림으로부터 중간 대역의 지향성은 16.5 또는 12.2 dB이고 판매자로부터 제공된 이득 값과 동일하다.

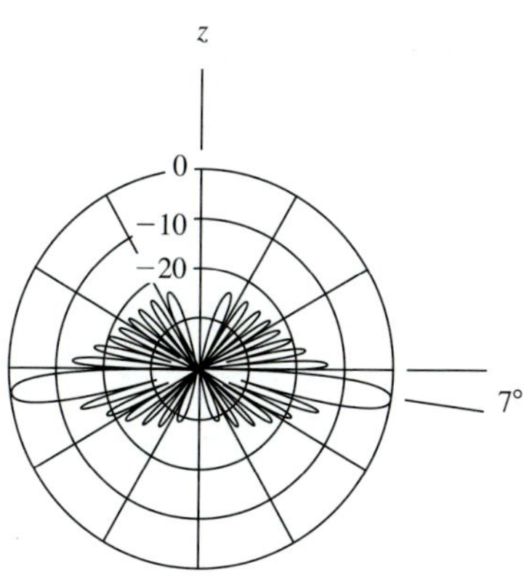


(*a*) 고도각 방사패턴(dB)

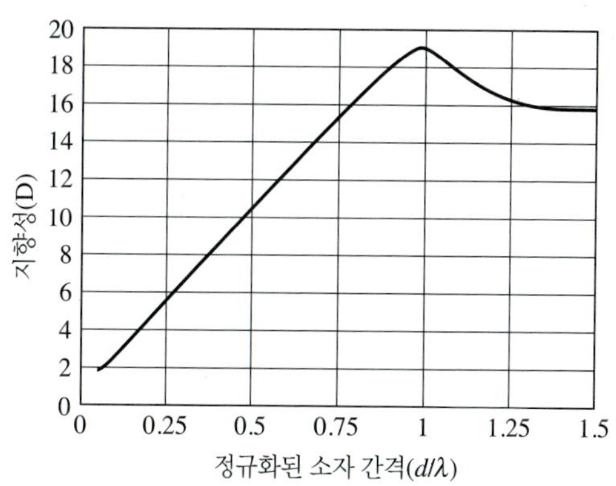


*b*) 지향성 대 소자 간격

**그림 12-3** **800~900 MHz용 7° 빔 하향틸트를 위한 10개의 위상배열 반파장 다이폴로 이루어진 동일선상 배열 전방향성 기지국 안테나.** 예제 12-1을 참조하라.

전방향성 안테나들은 배달 트럭이나 공적인 운송 수단(경찰과 구조대 차량)을 포함하여 사적인 이동 전파 시스템에서 폭넓게 사용된다. 탑이나 건물에 설치된 노출되고 접힌 다이폴의 VHF와 UHF 동일선상 배열들은 쉽게 확인된다. 널리 쓰이는 기지국 안테나 설계의 예는 다음과 같다.

## 예제 12-2 지상파 이동 라디오를 위한 준 전방향성 기지국 안테나

그림 12-4*a*는 4개의 반파장 접힌 다이폴을 가진 기지국 안테나다. 접힌 다이폴을 복습하려면 6.2절을 참조하라. 이 예제는 접힌 다이폴의 길이가 32.6 cm ($L = 0.5\lambda$)이고 간격이 $d = 47$ cm $= 0.72\lambda$인, 460 MHz에서 동작하는 상업용 UHF 대역 안테나를 고려한다. 탑의 한쪽 면에 탑재된 소자들로 탑은 반사판처럼 동작하고, 그림 12-4*b*의 패턴에서 가리키듯이 소자들의 방향으로의 방사를 향상시킨다. 탑으로부터의 거리 $s$를 감소시키면 더 큰 지향성이 얻어진다. 지향성 패턴은 많은 응용들에서 전방향성 패턴에 비해 선호된다. 지향성 패턴이 선호되는 예 중 하나는 탑이 도시의 외곽에 있는 언덕에 위치할 때이다. 안테나는 빔 최대치가 대부분의 사용자가 위치한 도시 쪽으로 향하도록 지향된다. 이 예에서 패턴은 $HP_v = 220°$와 $HP_h = 18°$의 빔폭을 갖는다. 식 (4-56)의 지향성 추정공식을 사용하면 $D \approx 41{,}253/(220° \times 18°) = 10.2$ dB인데 이는 업체가 제시한 수치와 동일하다. 만일 소자들이 반대 방향의 접힌 다이폴의 쌍으로 교체되고 쌍들이 하나 걸러 90°만큼 회전한다면 그 구조는 대칭이 되고 따라서 패턴은 거의 전방향성이 될 것이다. 패턴 통합에 의해 얻어진 4소자 전방향성 배열의 지향성은 $D = 7.8$ dB이다. $HP_v = 18°$의 고도각 패턴 빔폭과 식 (4-56)의 지향성 추정공식을 사용하면 $D \approx 41{,}253/(360° \times 18°) = 8.0$ dB인데 이는 판매자가 제시한 수치와 동일하다.

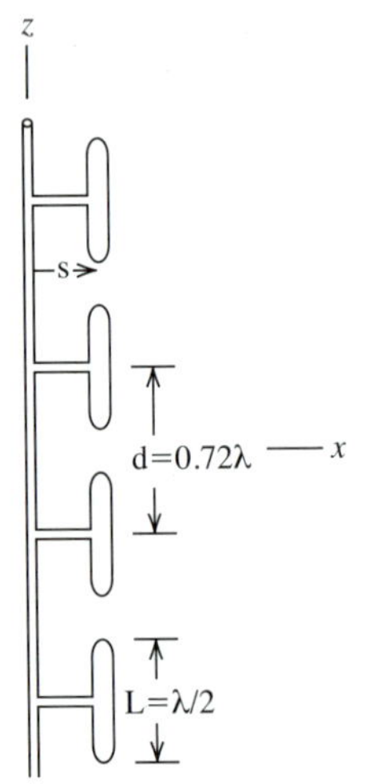


(*a*) 네 개의 동일선상 접힌 다이폴 소자들의 배열

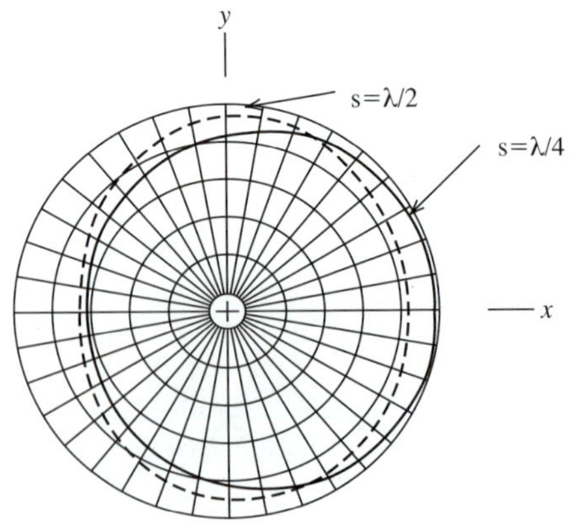


(*b*) $s = \lambda/4$(실선)와 $s = \lambda/2$(점선)의 탑으로부터의 소자 간 스탠드오프 거리에 대한 방위각 패턴

**그림 12-4 UHF 대역에서의 지상파 이동 라디오를 위한 기지국 안테나.** 예제 12-2 참조.

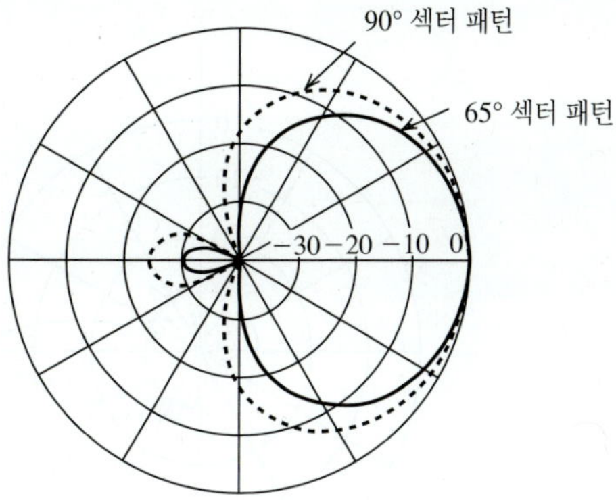


그림 12-5 65°(실선)와 90°(점선) 빔폭을 갖는 120° 섹터 안테나의 대표적 방위각 방사패턴.

가장 일반적인 셀룰러 기지국은 탑 주변의 균일한 커버리지를 갖기보다는 섹터로 구분된 각도 이내의 영역을 망라하는 **섹터형 패턴(sector pattern)**을 사용한다. 삼각형 모양의 탑 구조를 갖는 전형적인 섹터 안테나 배열은 그림 12-2*b*에서처럼 120° 섹터를 망라하는 각각의 면에 **판형 안테나(panel antenna)**를 사용한다. 120° 섹터 안테나의 방위각 면에서의 반전력 빔폭에 대한 일반적인 수치는 65°와 90°이다. 그림 12-5는 65°와 90°의 빔폭을 갖는 전형적인 판형 안테나의 방위각 방사패턴을 보여준다. 두 패턴 모두 120° 섹터의 상당 부분을 망라하고 전후방비(front-to-back ratio)가 30과 25 dB인 것을 주목하라. 사용자들이 기지국 주변에 균일하게 분포되어 있지 않은 경우, 예를 들어 사용자들이 제한된 각도 이내의 영역에 집중되어 있는 주요 도로 근방과 같은 곳에서는 균등하지 않은 섹터들을 사용한다. 전방향성 기지국 안테나와 유사하게 섹터 안테나는 또한 이득을 증가시키기 위해서 좁은 고도각 빔을 만드는 수직 배열 소자들을 사용한다. 실제로 사용되는 가장 작은 수직 빔폭은 약 $HP_v = 4°$이다. 식 (4-57)로부터 65° 판형 안테나에 대하여 상응하는 이득의 실제 상한은 $26,000/HP_hHP_v, = 26,000/(65 \times 4) = 100 = 20$ dB이다. 기계적인 하향틸트는 판형 안테나에 전기적인 하향틸트와 함께 사용된다. 하향틸트 각 조절은 균형을 맞추는 과정이다. 거의 수평면에 빔 최고치를 갖는 작은 하향틸트 각은 장거리 통신을 가능하게 하고, 큰 하향틸트 각은 같은 주파수를 재사용하는 셀들 사이의 간섭을 줄인다. 또한 다른 패턴 고려 사항들이 있다. 수평면 아래 방향으로 감소한 방사는 간섭을 줄이고 지향성을 증가시킨다는 면에서 바람직하다. 균일한 급전은 가장 큰 지향성을 만들지만 통신 두절을 야기할 수 있는 깊은 영점을 갖는 패턴을 가지게 될 수도 있다. 불균일 급전은 빔을 형성하는 데 사용되며, 특히 수평면 방향 아래쪽에서 영점들을 채우도록 사용된다('null-fill'로 불린다). 패턴 성형은 또한 커버리지가 요구되지 않는 수평면 위로의 방사를 줄이는 데 사용된다. 10.3절의 합성 기술들은 하향틸트를 위한 선형 위상천이에 부가하여 소자 전류들의 비선형 위상 성분들을 사용하여 빔 성형에 사용된다. 그림 12-6은 섹터 안테나의 전형적인 성형된 고도각 패턴의 예를 보여 준다. 전형적인 균일 크기와 위상 패턴인 그림 12-3*a*와 비교할 때, 수평면 아래의 깊은 영점들은 채워지고 수평면 위쪽 부엽들은 감소한다.

몇 가지 형태의 안테나들이 판형 안테나에서의 소자들로 사용된다. 판형 안테나에 있어서 전 대역폭에 걸쳐 요구되는 일반적인 규격들은 거의 일정한 방위각 패턴, 우수한 임피던스 정합 (VSWR < 1.4 또는 RL > 16 dB), 그리고 30 dB보다 큰 전후방비(front-to-back ratio, 패턴 최고

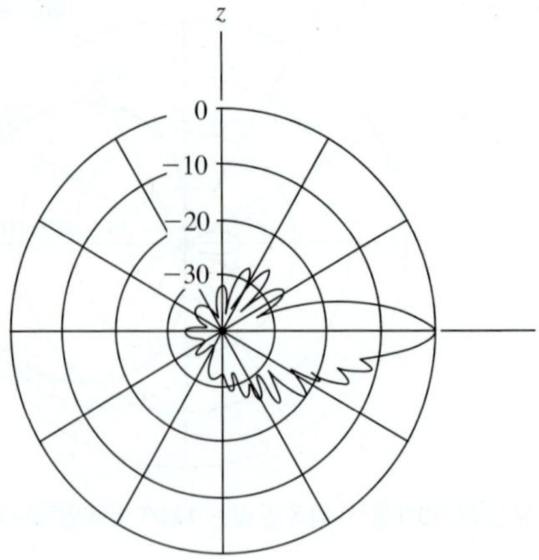


그림 12-6 수평면 아래쪽 영역의 커버리지를 개선하고 위쪽 영역에서 낮은 부엽을 갖도록 빔을 성형하기 위한 불균일 급전을 가진 섹터 안테나의 고도각 패턴.

값/반대 방향에서의 패턴값)이다. 소자로서 일반적으로 사용되는 광대역 다이폴에는 몇 가지 유형이 있는데, 여기에는 드로핑(dropping) 다이폴과 네 개의 넓은 금속 날개와 같은 형태를 가지는 다이폴[쌍둥이 다이폴(twin dipole)이라 불린다]이 포함된다(H.6: Balanis, Ed., p. 1177). 패치 안테나들은 고출력 대응과 저손실을 위하여 유전체 없이 사용된다. 대수 주기 안테나들 또한 평판형 및 사다리꼴의 형태로 소자로서 사용된다(7.8절 참조). 모든 판형 안테나들은 후방으로 향하는 방사를 줄이기위해 접지면을 가진다. 다이폴과 패치들에 대해서, 접지면으로부터 $\lambda/4$ 떨어진 다이폴에 대해 예제 3-5에서 설명되었듯이, 단방향 빔을 생성하기 위해 접지면이 요구된다. 판형 안테나의 경우, 대수 주기 안테나와 같이 일반적으로는 접지면을 필요로 하지 않는 소자에도 매우 낮은 후방 방사(즉 높은 전후방비)를 얻기 위해 접지면을 사용하기도 한다. 방위각 면에서의 접지면의 크기와 형태는 방위각 패턴의 형태를 조절하기 위해 달라진다[H.6: Balanis, Ed., p. 1163].

전기적인 하향틸트는 전송선로에서 유전체의 양을 변화시키거나 급전선의 길이를 변화시킴으로써 수행되는 위상천이기를 사용하여 이루어진다. 가장 일반적인 위상천이기는 동심원의 호들을 사용하며, 각각은 전기적 선로 길이를 변화시킬 수 있는 슬라이딩 접촉을 갖는 평행한 구조에서 배열의 각 면에 있는 한 쌍의 소자에 두개의 출력을 가지고 있다. 각 호를 통한 선로 길이는 두 소자에서 동일하게 변화하지만 한 소자에서 증가하면 다른 소자에서는 감소하며, 미분형 위상천이를 제공한다. 위상 변화는 도전성을 갖는 더 큰 호 길이에 대해 더 크다[H.9.1: Chen and Luk, p.75]. 다른 쪽에서는 선로 길이를 감소시키는 동안, 동시에 위상천이기의 한쪽에서는 선로 길이를 증가시키는 또 다른 대중적인 미분형 위상천이기는 직렬의 기계적인 장치를 사용한다. 또한 전송선로의 컨덕터 사이에 유전체 슬러그를 삽입한 위상천이기도 사용된다. 위상은 안테나에서 수동으로 조절되거나, 대개는 원격조정 장치를 사용하여 조절된다. 고도각 빔 하향틸트 조절과 함께, 위상 조절은 또한 방위각 빔 조정과 성형을 위해 사용된다. 다양한 사용자 사용량 환경(기본적으로 각 섹터에서의 사용자의 수)에 빠르게 반응하기 위해, 안테나 패턴 변화는 즉각적으로 만들어질 수 있는데 이는 스마트 안테나의 영역으로 분류된다(12.4절에서 논의된다).

기지국 안테나들에 대해 특별히 고려해야 할 사항은 동시에 전송이 이루어지는 다중 채널들 간의 자기 간섭이다. 이러한 **수동 상호변조**(PIM: passive intermodulation)는 비선형성으로 인해, $f_1$과 $f_2$ 주파수에서 두 캐리어의 섞임으로 인해 발생한다. 3차 상호변조 결과는 종종 최악의 수동 상호변조를 발생시킨다. 3차 결과의 예는 $2f_2 - f_1$의 주파수에서 발생하는데, $f_1$과 $f_2$캐리어가 주파수면에서 가깝기 때문에 동작 주파수 내에 존재할 수 있다. 수동 상호변조는 단일 안테나 내에서 발생할 뿐만 아니라 가까이에 위치하는 안테나 사이에서도 발생한다. 예를 들면 다른 무선 서비스용 송신 안테나들이 같은 탑(또는 인근 탑)에 탑재되어 있을 때, 그들은 수동 상호변조를 발생시킬 수 있고, 이것은 **동일 지역 간섭**(co-site interference)으로 불리며, 더 일반적으로는 전자장 간섭이라고 불린다(4.7절 참조). 수동 상호변조에는 몇 가지 원인들이 있다. RF 주파수에서 전류는 표피 효과에 의해 도체의 표면에 한정된다. 그래서 산화물층들(알루미늄이 일반적인 주범이다)은 수동 상호변조를 야기하는 정류현상(rectification)을 초래하고 이는 '녹슨 볼트(rusty bolt)' 효과로 불린다. 풍화작용(즉 부식)으로부터 안테나를 보호하는 것은 기지국 설치에 있어서 핵심 고려사항이다. 수동 상호변조의 다른 원인들은 다른 종류의 금속 접촉, 불량한 납 접합, 그리고 강자성 물질(철과 니켈) 등이다. 금속과 금속 간의 접촉은 수동 상호변조를 유발할 수 있고 최소화되어야 하지만 사용될 때는 접촉면에 대한 단단한 압착이 요구된다. 금속간의 비접촉(즉 용량성) 결합과 절연처리가 해결책이다. 기계적인 결합에 대하여 좋은 실행 원리들에 관한 세부사항들은 [H.9.1: Chen and Luk, p. 71]에서 찾을 수 있다. 커넥터들도 보통 수동 상호변조 문제들을 발생시킨다. 일반적인 응용에서, 커넥터의 금 도금 결합 표면은 금의 낮은 산화 특성 때문에 수동 상호변조와 손실을 줄이기 위해 사용된다. 안테나와 급전선 부분을 기계로 찍거나 접는 방법을 사용하는 제조 기술들이 수동 상호변조를 유발하는 금속 접합부를 피하기 위해 사용된다. 송신안테나 근처에 다수의 금속 구조물들이 존재하는 배위에 실치하는 환경들은 어려움이 따른다. 제조회사들은 일반적으로 선적하기 전에 모든 기지국 안테나의 수동 상호변조 규격 준수 여부를 테스트한다. 테스트는 $f_1$과 $f_2$ 주파수에서 두 개의 20 W 캐리어를 주사함에 의해 이루어지고, 네트워크 분석기를 이용하여 모든 불요 신호들이 캐리어 레벨 이하 −153 dB 아래로 떨어지는지를 확인하기 위해 동작 주파수 전 범위에 걸쳐 살펴본다. 따라서 43 dBm (2 × 20W)의 전체 입력 전력이 들어오면 불요 신호 레벨들이 −110 dBm 이하가 되어야 한다.

이중편파 안테나들은 공간 다이버시티를 사용하는 두 개의 분리된 안테나들 대신에 한 개의 이중편파 수신 판형 안테나를 사용하여 다이버시티를 가능하게 한다. 가장 많이 사용되는 형태 중의 하나는 두 개가 45° 각도로 기울어진 직교 선형편파이다. 이중대역 판형 안테나들은 풍압 하중과 시각적 효과와도 관련이 있는 안테나 하드웨어를 절약하는 데도 크게 기여한다. 가장 소형이 되는 배치는 이중편파이면서 이중대역인 판형을 사용하는 것이다. 이중대역 배열은 저대역을 망라하는 한 개의 배열과 고대역을 망라하는 또 다른 배열, 즉 두 개의 삽입 배열을 사용하여 구성될 수 있다. 배열의 총수는 두 대역을 만족시키는 배열에 광대역 소자들을 사용하고, 그 사이에 필요한 고대역을 망라하는 더 작은 소자들을 삽입함으로써 더 줄일 수 있다. 왜냐하면, 약 $0.8\lambda$의 전기적인 공간을 얻기 위하여 더 가까운 물리적 공간이 요구되기 때문이다. 그러한 이중편파, 이중대역 소자의 후보 중 하나는 8.11절에서 논의되었고 그림 12-7*a*에서 보여 주는 포포인트(Fourpoint) 안테나이다. 그림 12-7*a*에서의 방향은 가장 널리 쓰이는 +/−45°의 이중편파 설치를 보여 준다. 안테나는 11.4 cm의 폭을 가지고 있고, 이는 824~960 MHz의 저대역을 망라하는 폭 12″ = 30.5 cm의 기존의 판형 안테나보다도 훨씬 더 작은 것이다. 포포인트 안테나는 6.4 cm 떨어진(각각 824~960 MHz와

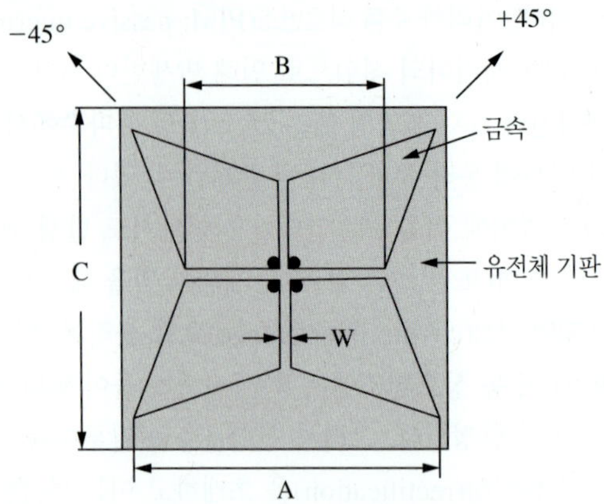


(*a*) 포포인트 안테나의 평면도, 각 평면의 중심부에서 급전 단자쌍에 의해 만들어진 두 개의 기울어진 선형편파가 그림에서처럼 +45°와 −45°를 지향하고 있다.

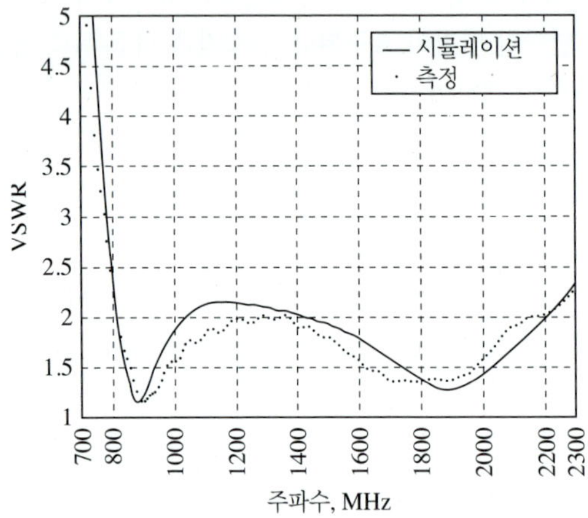


(*b*) 포포인트 소자에 대한 측정 및 시뮬레이션 VSWR

**그림 12-7 포포인트 안테나는 이중편파, 이중대역 기지국 판형 안테나의 유력한 후보 소자이다.** 그 치수들은 $A$ = 11.4 cm, $B$ = 9.5 cm, $C$ = 11.7 cm, $W$ = 2 mm, 그리고 높이는 6.4 cm이다.([2] © 2004. IEEE의 허가하에 사용.)

1710~2170 MHz 대역의 중심에서 약 $0.2\lambda$와 $0.4\lambda$) 접지면에 대하여 반대 방향으로 급전된다. 그림 12-7*b*에 나타낸 시뮬레이션과 측정된 결과들은 VSWR < 2에 대해 2.7:1 대역폭과, 저대역과 고대역의 셀룰러 대역들 중심으로 매우 낮은 VSWR 대역들을 보여 준다[1, 2].

기지국 안테나들은 다양한 방식으로 설치된다. 낮은 시각적 영향으로 인해, 소위 모노폴 탑으로 불리는 것들이 널리 쓰인다. 거의 눈에 보이지 않는 설치는 지역 관리에 적합하다. 이러한 것들은 교회의 첨탑과 같은 목재 건물 구조 내부의 설치, 침엽수형태의 스탠드로 침엽수를 복제한 탑 등을 포함한다. 전력을 전달하거나 가로등 역할을 하는 전신주와의 부합되는 설치 또한 잘 받아들여지는 점이다. 탑 꼭대기에 연결된 케이블을 숨기는 것 또한 중요하다.

## 12.3 이동 단말 안테나

이동 통신은 1900년 즈음에 개발되었고, 그 이후 바로 마르코니가 장거리 무선 통신이 가능함을 보여 주었다. 처음에는 단지 기차와 배들만이 거대한 이동 통신 장비를 적재할 수 있었다. 눈에 띄는 예는 타이타닉 대양 정기 여객선에서 사용된 T 형태의 상단 부하 모노폴이다. 상단 부하 전선은 배의 길이 대부분에 걸쳐 있었고 물 위로 62 m에 위치하였다. 선상 라디오는 1912년 4월 14일 빙산에 부딪친 후 배가 침몰하기 전에 도움을 요청하는 조난 신호를 보낼 수 있었다. 물론 오늘날에는 모든 형태의 이동 차량과 장비들에서 안테나를 발견할 수 있다. 이 절에서는 이동형 플랫폼에서 사용되는 안테나들을 다룬다.

안테나의 크기 제한은 휴대용 장치에 비해 차량에 탑재되는 안테나에 대해 일반적으로 상당히 더 적다. 많은 차량들은 지붕이나 펜더, 또는 다른 금속 평면의 형태로 이용 가능한 자연적인 접지면을 가지고 있다. 이것은 모노폴을 매력적인 해결책으로 만든다. 저주파 대역(VHF와 그 아래)에서, 휴대용 또는 이동 단말들은 종종 스터비와 $\lambda/4$ 헬리컬(11.6.1절 참조) 같은 전기적 소형 안테나(11.5절 참조)들을 사용한다. 이러한 두 정상 모드 헬리컬 안테나(NMHA)들은 낮은 높이가 요구되는 어떤 주파수 대역에서 항상 선택사항이 된다. 이들은 간단한 도선 안테나들을 검사하는 것을 시작할 비교점을 제공한다. 우리는 한 파장보다 훨씬 작은 길이를 갖는 이상적인 다이폴을 고찰함으로써 시작할 것이다. 그것은 식 (2-158)로부터 1.76 dB의 지향성을 가진다. 완전 접지면 위에 놓인 한 파장보다 훨씬 작은 높이를 가진 이상적인 모노폴은 방사가 방사구의 절반으로 한정되므로, 3 dB 더 큰 지향성을 갖는다. 따라서 지향성은 4.76 dB가 된다. 도선의 길이가 $\lambda/4$보다 작은 정상 모드 헬리컬 안테나인 스터비 안테나는 4.5 dB의 지향성을 갖고 있다. $\lambda/4$ 정상 모드 헬리컬 안테나(예제 7-1 참조)는 4.7 dB의 지향성을 갖는다. 이러한 안테나들은 최소의 접지면을 지닌 휴대용 소형장치에 사용되며, 지향성은 이론보다 3 dB 정도 더 작다. 실제로 이득은 0 dB 근처이다. 안테나의 크기를 증가시키면 더 많은 이득[3]이 얻어진다.

표 12-1은 크기 증가 순서로 널리 사용되는 차량용 안테나들을 요약하여 보여준다. $\lambda/4$ 휩은 그것의 단순한 구조와 완벽한 접지면 위에서 공진했을 때 약 $35 + j0\ \Omega$의 좋은 입력 임피던스를 보여 주기 때문에 가장 중요한 후보 중의 하나이다. 그것의 높이는 많은 경우에 수용이 가능하다: 1 GHz에서 7.5 cm 그리고 100 MHz에서 75 cm이다. 그것은 5.15 dB의 이득을 가지는데, 이것은

**표 12-1** 지상 이동 차량용 안테나.

| 안테나 | 그림 번호 | 높이, $h$ | 이득(dBi) 완전 접지면 | 이득(dBi) 전형적인 차량 탑재 |
|---|---|---|---|---|
| $\lambda/4$ 휩 | 6-47$b$ | $\lambda/4$ | 5.15 | 2 |
| 종단 급전 반파장 휩 | | $\lambda/2$ | N/A | 2.4 |
| 중앙 급전 반파장 휩 | 3-5 | $\lambda/2$ | N/A | 2.4 |
| 스터브를 지닌 (3/4)$\lambda$ 모노폴 휩 | 6-45 | $3\lambda/4$ | 8.6 | 5 |
| $\lambda/4$ 위에 놓인 (5/8)$\lambda$ 모노폴 | 12-8 | $7/8\lambda$ | 8.1 | 5 |

[3] 이득은 저항성 손실을 포함한다. 전기적 소형 안테나를 제외하고는 선형 안테나에 대한 이득과 지향성은 같다고 볼 수 있다.

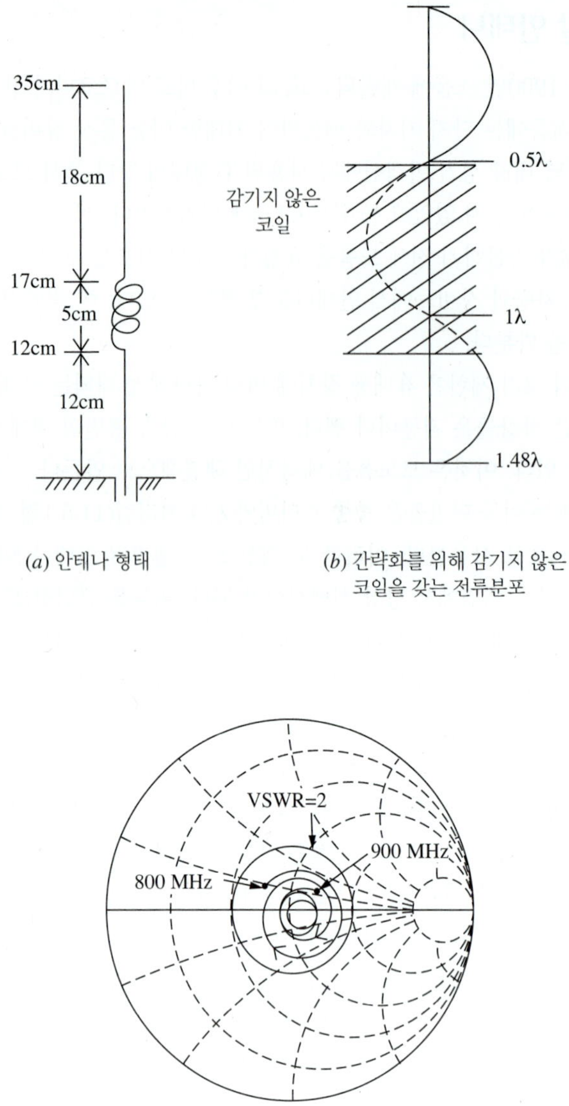


(*a*) 안테나 형태

(*b*) 간략화를 위해 감기지 않은 코일을 갖는 전류분포

(*c*) 스미스 차트에서의 800~900 MHz에서 측정된 입력 임피던스. 차트의 중심은 $50 + j0\ \Omega$이다.

**그림 12-8** **예제 12-3의 $\lambda/4$ 위에 놓인 $(5/8)\lambda$ 도선 안테나.**

단지 절반의 입체각 만을 사용하기 때문에 반파장 다이폴의 2.15 dB에 접지면에서의 영상으로 형성된 3 dB가 더해진 값이다. $\lambda/4$ 휩은 종종 경찰차나 응급차 같은 관용 차량들의 지붕에서 볼 수 있다. 더 높은 주파수 대역(높은 UHF와 그 이상)에서는 반파장 도선 안테나 같은 더 폭넓은 선택을 할 수 있으므로 물리적인 크기 제한은 거의 문제가 되지 않는다. 종단급전 반파장 휩과 중앙 급전 반파장 다이폴은 접지면에 상대적으로 독립적이므로, 휴대용 라디오 같은 소형 접지면을 갖는(또는 접지면이 없는) 경우에 좋은 선택이 될수 있다. 분명한 단점은 그것들이 $\lambda/4$ 휩보다 두 배 더 길다는 것이다. 또한 종단 급전 반파장 휩(end-fed half-wave whip)은 높은 입력 임피던스를 가지고 있어 정합 회로망을 요구한다. 중앙 급전 반파장 다이폴은 정합은 잘 이루어지나 아래쪽 끝부분으로부터 중앙 급전점까지 급전선을 가져야 하거나 또는 슬리브 다이폴로 구현되어야 한다는 것이다(그림 7-23c 참조). 그림 6-45에 나타낸 스터브를 지닌 (3/4)$\lambda$ 모노폴은 하단부에서 부하 코일의 역할과 함께 아래쪽 선 부분의 전류와 위쪽 선 부분의 전류의 위상을 같게 해 주는 내부 역위상 스터브를 가지고 있다. 추가된 도선의 길이는 무한 접지면 위에 있을 때 이득을 8.6 dB로 증가시킨다. 이 안테나의 가장 일반적인 변형된 형태는 그림 12-8에서 보여 주는 $\lambda$/4 위에 놓인 (5/8)$\lambda$ 모노폴이다. 이것은 더 긴 상단부를 가지고 있으며, 코일은 스터브 쪽으로 이동되고 위상을 반전시키는 역할을 한다. 이 안테나는 자동차의 뒷 유리창에 탑재되는 셀룰러폰용 안테나로서 널리 사용된다. 그것은 다음 예제와 함께 차량 지붕 위에 탑재되는 안테나로서도 널리 사용되고 있다.

### 예제 12-3 $\lambda/4$ 위에 놓인 (5/8)$\lambda$ 모노폴 안테나

그림 12-8은 859 MHz에서 중간 대역 파장이 $\lambda_c = 35$ cm인 셀룰러 대역 824~894 MHz에 대한 상용 $\lambda/4$ 위에 놓인 (5/8)$\lambda$ 모노폴 안테나를 보여 준다. 그림 12-8$a$의 상용 모델은 세 부분으로 구성되어 있으며, 전체 높이는 35 cm = 1$\lambda_c$이고, 상단부와 하단부의 전기적 길이가 각각 $h_U = 0.51\lambda_c$ 그리고 $h_L = 0.34\lambda_c$이다. 안테나는 일반적인 설계 높이인 $0.875\lambda_c = 30.6$ cm보다 다소 더 길다. 사인파 형태를 가정한 근사 전류분포는 예시 목적을 위한 감기지 않은 코일과 함께 그림 12-8$b$에 나와 있다. 빗금 친 부분은 코일에서 비방사 전류를 나타낸다. 코일의 반대쪽에서 만들어진 장들은 원거리장에서 상쇄된다. 상단부와 하단부의 직선 도선 부분의 전류들은 동위상임을 주목하라. 이 설계는 그림 12-8$c$에 있는 스미스 차트에 그렸듯이 70 MHz, 또는 8.1%의 동작 대역보다 더 넓은 대역에 대해 훌륭한 임피던스 정합(VSWR $<$ 2)을 만들어 낸다. 이러한 임피던스는 스펙트럼 분석기로 800~900 MHz 범위에서 측정되었고, $50 + j0\ \Omega$의 차트 중심부 주변으로 나선을 그리고 있다. 이득은 5.2 dB이다. 시뮬레이션은 중간 대역에서 $52 + j5\ \Omega$의 임피던스와 8.1 dB의 이득을 보여 준다.

---

차량에 탑재된 안테나들은 차량 그 자체, 차량에서의 탑재 위치, 그리고 주파수에 의해 영향을 받는다. 저주파대에서 안테나는 단순히 방사체로서 차량을 여기하기위해 동작한다. 차량에서 1 MHz의 AM/FM 방송 수신이 좋은 예이다. 31인치 펜더장착 짧은 모노폴은 수십 년간 AM 차량 안테나 표준이었으나 유리 내장형 안테나로 대체되고 있다. 예제 2-4는 펜더 휩 안테나가 AM에서 단지 7%의 효율을 갖는 것을 보여 준다. 하지만 그것은 FM에서는 매우 효율적인 $\lambda/4$ 길이이다. 초기 뒷유리창 장치들은 서리 제거 장치를 안테나로 사용했지만 현재는 AM/FM 안테나를 서리 제거장치와 분리하는 추세이다[H.6: *Ant. Eng. Hdbk.*, 4th ed., Chap. 39]. AM 안테나 성능이 차량 세부 형태에 민감하지 않은 반면에, FM 라디오 방송 수신은 100 MHz 근처에서 공진하는 승객용 칸막이 같은 차량 세부 형태에 따라 좌우된다. 따라서 전체차량 모델에 대해 안테나를 시뮬레이션하고 측정하는 것이 중요하다. 그림 12-9는 FM 뒷유리창 글라스 안테나에 대한 그러한 결과들을 보여 준다[3]. 스포츠 유틸리티 차량의 옆 유리는 유리 내장형 안테나를 위해 사용된다. HF와 VHF 주파수에서, 차량에서의 안테나의 위치는 대부분의 금속의 방향으로 수평면 패턴이 늘어난다는 일반적인 원리를 따른다. 30에서 830 MHz까지의 주파수에서 차량에서 측정된 안테나패턴에 대해서는 참고문헌 [4]를 참조하라. 차량 지붕에 탑재된 안테나의 패턴은 약간 앞뒤 방향으로 길어지고 트렁크 위판에 탑재된 안테나의 패턴은 앞쪽으로 늘어난다. 셀룰러 대역 같은 고주파대(UHF와 그 이상)에서는 단지 안테나 주변의 물질만이 중요하므로 지붕 중심부에 탑재된 안테나는 무한 접지면에서처럼

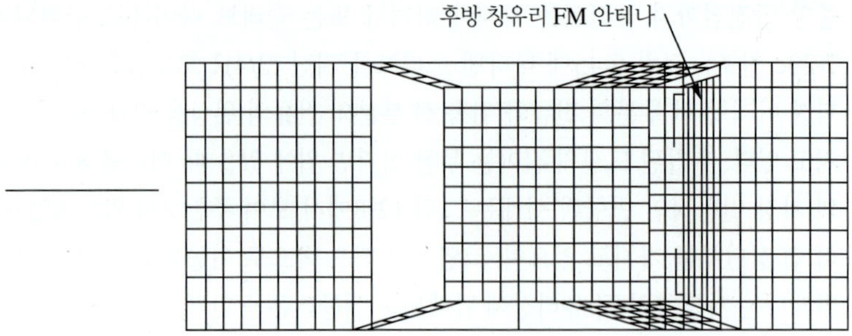


(*a*) NEC-2 모멘트법 시뮬레이션에 사용된 도선망 모델

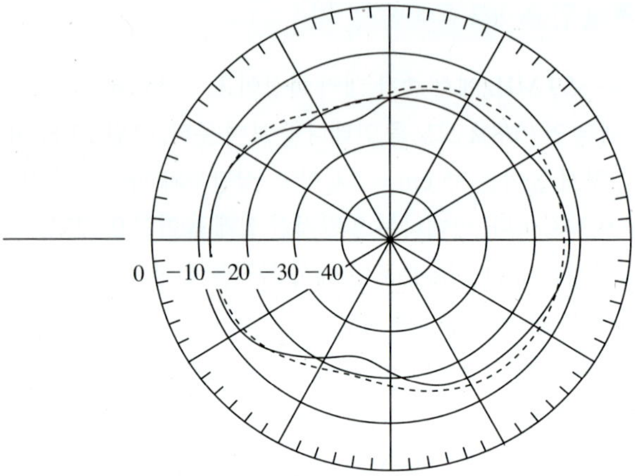


(*b*) 측정(실선) 및 시뮬레이션(점선) 방사패턴

**그림 12-9** **후방 창유리 FM 방송용 자동차 라디오 안테나.** ([3] © 2001. IET의 허가하에 사용.)

동작한다. 차량 탑재 셀룰러폰 안테나들은 잘 동작한다. 그러나 휴대전화는 차량 내부에서 사용될 때 약 10 dB의 손실을 겪는다[5].

지상용 차량들은 라디오 수신이나 셀룰러폰 이외에도 다른 많은 무선 응용들을 가지고 있다. 텔레매틱스(telematics)라는 용어는 그러한 모든 응용을 표현하고 다음을 포함한다.

- 위성 항법 장치(예를 들면 GPS)
- 원격 개폐 장치(RKE: remote keyless entry)
- 타이어 공기압 감시 시스템(TPMS: tire pressure monitoring system)
- 위성 라디오 수신(SDARS)
- 지상파 TV 수신
- 단거리 전용 통신(DSRC)
- 차량 내 단거리 데이터(예를 들면 블루투스)
- 전자식 요금 징수
- 충돌 방지
- 지능형 순항 제어(intelligent cruise control)

위성 항법 장치(예를 들면 우수 원형편파를 사용하는 GPS)에 사용되는 안테나들은 11.2절의 마이크로스트립 패치와 11.6.2절의 쿼드리필러 안테나이다. 실험은 GPS 안테나를 차량 지붕 뒷부분에 장착하는 것이 모든 위성 시야 각에 대해 상당히 좋은 절충안이 된다는 것을 보여 준다[6]. 가장 친숙한 주행 안내 응용 이외에도 위성 항법 장치에 대한 많은 이동용 응용들이 있다. OnStar 같은 운전자 지원 통신 서비스는 탑재된 GPS로부터의 위치 정보를 셀룰러 네트워크를 통해서 중앙 처리 기억장치로 전송하고, 그곳에서 다시 지시와 명령들이 셀룰러폰 링크를 통하여 차량으로 보내진다. 한 가지 흥미로운 위성 항법 장치 응용이 농업에도 쓰이는데, 추수와 파종 장비들에 위치를 감지하고 확인하기 위한 장치가 장착된다. 이것은 밭일을 할 때 간격이 너무 떨어지거나 중복되는 것을 피하도록 돕는다. 또한 예를 들어 옥수수가 가을에 수확될 때 수확하는 장비는 각 위치에서 수확된 옥수수의 양과 함께 GPS로부터 얻은 위치 정보를 기억한다. 그리고 봄 파종 기간 동안 수확 시기에 얻어진 데이터에 기초한 양이 비료와 씨에 적용된다.

원격 개폐 장치(RKE)와 타이어 공기압 감시 시스템(TPMS)은 둘 다 315 MHz에서 동작한다. 자동차 열쇠에 장착된 원격 개폐 장치의 안테나는 보통 PCB 상에 있고 작동하는 사람의 손과 팔에 결합되어 공진점 근처에서 효율적인 방사체로 확장된다. 차량에는 다섯 개의 수신 안테나들이 있을 수도 있다. 타이어 공기압 감시 시스템은 각각의 타이어 밸브 봉에 0.01$\lambda$ 폭의 루프 안테나를 포함하는 소형 송신 장치를 사용한다. 수신 안테나는 대시보드나 트렁크 또는 옆 유리에 위치할 수 있다. 위성 라디오 같은 응용 중 가장 인기 있는 엔터테인먼트 장비[북아메리카에서는 위성 디지털 오디오 라디오 서비스(SDARS: satellite digital audio radio service)로 알려진, 예로서 XM Radio와 같은]는 S 대역 주파수에서 동작하고 GPS 수신을 위한 안테나와 유사한 좌수 원형편파 안테나를 사용한다. 종종 셀룰러, GPS, 그리고 위성 라디오 수신용 안테나들은 차량 지붕의 뒤쪽 중앙부에 함께 위치한다. 보통 유리 내장형 안테나들은 다이버시티 수신을 위해 다중 안테나를 포함하는 지상파 TV의 최근의 응용을 위해서도 필요하다. 최근에 나온 또 다른 응용은 노변 대 차량(roadside-to-vehicle)('말하는 표지판')을 위한 5.9 GHz에서 동작하는 단거리 전용 통신(DSRC: dedicated shortrange communication)과 차량 대 차량(vehicle-to-vehicle) 통신(운전자에게 미리 위험을 경고해 주는)이다. 단거리 전용 통신은 요금 징수소로부터 인식 정보를 되돌려주는 차량 내부의 RFID 트랜스폰더로 신호를 전송하는 전자 요금 징수 시스템에서 사용된다. 차선 변경 지원, 전방 충돌 경고, 그리고 적응형 순항 제어에서의 이동 무선 응용은 24 GHz 또는 76 GHz에서 동작하는 레이더를 사용한다. 차량용 안테나에 관한 더 많은 정보는 [H.6: *Am. Eng. Hdbk.*, 4th ed., Chap. 39]와 [H.9.1; Fujimoto and James, 2nd ed., Chap. 8]에서 찾을 수 있다.

항공용 안테나는 낮은 항력을 가져야 하고 상부 구조에 등각에 가깝도록 설계되어야 한다. 안테나는 반드시 비행기에 통합되어야 하기 때문에 모델링과 측정은 반드시 비행기 기체의 일부분(또는 저주파 대역에서는 전체)을 포함하고 있어야 한다. 비행기에서 사용되는 안테나들은 모노폴, 다이폴, 루프, 슬롯, 그리고 심지어 레이돔 안에 탑재된 반사판 안테나까지 포함한다. 널리 사용되는 비행기용 안테나는 블레이드 안테나(blade antenna)인데, 이는 모노폴을 포함한 많은 안테나 형태를 가지고 있고 종종 다수 옥타브 대역을 갖는다. 비행기용 안테나와 그들의 모델링, 측정 등에 대한 더 세부적인 사항들은 [H.9.1: Macnamara]와 [H.6: *Ant. Eng. Hdbk.*, 4th ed., Chap. 40]을 참조하라.

선박은 부피가 큰 안테나 시스템과 이와 관련된 하드웨어를 모두 실을 수 있지만 종종 안테나 설계와 위치 선정을 복잡하게 만드는 많은 금속 구조물들로 채워진 환경을 갖게 된다. 이와 더불어 선박의 움직임은 좁은 빔폭을 갖는 안테나의 포인팅을 어렵게 만들고 바다 표면에서의 반사는 다중 경로 간섭을 일으킨다. 근대 군함 설계는 각각 이 광대역 위상배열을 포함하고 있는 네 개의 면으로 구성된 유선형의 상부를 갖는 방향으로 바뀌고 있다. 그러한 다기능 위상배열은 광대역 통신, 레이더, 그리고 전자전 업무를 지원할 수 있고, 배열들은 갑판 위에 또 다른 안테나를 추가하는 대신에 새로운 응용을 위해 재구성될 수 있다. 참고문헌 [H.9.1: Law]는 선상 안테나를 주제로 쓰여진 책이다.

이동형의 소형 플랫폼은 소형 안테나를 요구하고 일반적으로 다중 경로 전파 효과를 다루기 위해 다이버시티를 위한 다중 안테나를 갖는다. 노트북 컴퓨터는 일반적으로 무선 서비스(Wi-Fi, 셀룰러 데이터, TV)를 포함하고 있고 이동 중에 사용된다. 노트북에서 사용되는 안테나들은 슬리브 다이폴, 헬리컬 모노폴, 역 F형, 그리고 슬롯 등을 포함한다[H.9.1: Chen, Chap. 4]. 상호결합을 줄이는 낮은 격리도를 갖는 특별한 안테나 설계는 참고문헌 [7]에서 찾을 수 있다.

## 12.4 스마트 안테나

안테나는 역사적으로 시스템과 분리된 소자로 고려되어 왔다. 그러나 무선 시스템에 처리 능력이 더해짐에 따라, 안테나의 역할은 분리된 소자로부터 무선 통신 장치의 여러 부분을 통해 분산된 기능을 가진 하부 시스템으로 확장되어 왔다. 시스템의 디지털 신호 처리(예를 들어 컴퓨팅) 하드웨어와 소프트웨어는 일반적으로 **스마트 안테나**(smart antenna)라고 불리는 똑똑한 안테나가 될 수 있게 안테나 하부 시스템에 지능이 부가되도록 용인해 왔다. 스마트 안테나는 주파수 재사용을 확대시키고, 전파 문제나 간섭을 다루기 위해 사용된다[8]. 전파 문제들은, 송신 신호의 산란과 반사에 의해 야기되는 다른 도착 시간과 다른 방향으로 인해, 수신단에 도착하는 다중 신호에 의한 다중 경로 페이딩과 지연 현상이다. 다중 경로 페이딩의 예로서 멀리 떨어진 무선국으로부터 이동 중인 차량에서 수신된 신호의 변동이 있다.

스마트 안테나는 또한 근처의 다른 송신기에 의한 간섭이 야기될 때 성능을 개선시킬 수 있다. 스마트 안테나는 정교함이 증가함에 따라 그것의 기능을 제어하기 위한 더 많은 지원 소프트웨어를 포함한다. 동작 조건들(플랫폼의 움직임이나 단말 위치의 변화에 따라 변하는 환경 같은)에 따라 즉각적으로 반응하여 적응하는 안테나는 **적응형 안테나**(adaptive antenna)라고 불린다. 적응형 안테나들은 다음 절에서 논의되고, 통신뿐만 아니라 레이더에서도 사용된다. 스마트 안테나도 적응력을 가질 수 있으며, 스마트 안테나라는 용어는 명확하게 정의되지 않는다. 적응형 특성의 예는 간섭원이 움직일 때 간섭원 방향으로 패턴 영점을 조정하는 것이다. 스마트 안테나를 한정하는 경우는 그림 12-2*c*에서 보여 주는 것과 유사하게 단일 빔이 각각의 사용자를 추적하는 경우이다. 스마트 안테나는 무선 통신에서 상향링크가 대체적으로 성능을 제한하기 때문에 기지국에서의 수신을 위해 더 일반적으로 구현됨에도 불구하고, 송신과 수신 양쪽 모두에 사용된다. 스마트 안테나는 다중 안테나 소자를 사용한다. 가장 간단한 형태로 그들은 성능을 개선시키기 위해 다이버시티 기능만을 수행하고 통신 용량을 증가시키지는 않는다. 우리는 안테나 다이버시티의 주제로 시작하고자 한다.

안테나 다이버시티(antenna diversity)(또는 간단히 다이버시티)에 대한 범위는 공간, 각, 그리고 편파를 포함하는 주파수 재사용(4.5.1절 참조)에서 사용되는 소자들과 유사하다. 그러나 다이버시티는 성능을 개선시키기 위해 사용되는 반면, 주파수 재사용은 유효 대역폭을 증가시킴으로써 용량을 증가시키기 위한 것이다. 안테나 다이버시티는 이동 단말처럼, 단말이나 환경이 시간에 따라 변하는 상황에서 효율적이다. 종종 가시 영역이 없으면 직선거리 영역에서 초목이나 건물로 단말이 가려진다거나 차단되었다(각각 부분적으로 혹은 완전히 가려진 경로에 대해)고 말한다. 다이버시티는 신호의 다른 복사본들이 다른 전파 환경을 겪으면서 서로 상관관계가 없거나 혹은 단지 부분적으로만 상관된 다른 형태(다른 안테나 소자들, 각, 혹은 편파 등과 관련된)에 의해 수신된다는 개념에 기초한다. 우리는 송신 이동 단말과 다이버시티를 가진 수신 기지국 안테나의 경우에 대해 이러한 다이버시티 관점들에 대한 논의를 시작한다. 고전적인 다이버시티의 형태는 공간 다이버시티(spatial diversity)로 여기서는 그림 12-2*b*에서 탑 꼭대기의 끝에 있는 두 판형에 의해 나타난 것처럼 두 개 또는 그 이상의 수신 안테나들이 넓게 이격된다. 약 10 또는 그 이상의 파장의 이격거리는 다른 위상과 낮은 상관도를 갖는 각각의 안테나에 도달하는 장에 대해 충분히 다른 도달 각도를 제공한다. 그림 12-10*a*는 보행 속도로 움직이며 842 MHz에서 송신하는 단말의 거리에 대한 함수로서 버지니아 공과대학교[10]에서 측정된 3 m ($8.5\lambda$) 떨어진 두 판형 안테나에 의해 수신된 신호들을 보여 준다. 두 점선 곡선들(S1과 S2)은 기지국에서 수신된 신호들이다. 그것들은 유사하지만 최고치와 영점들이 동시에 발생하지 않기 때문에 상관관계가 없다. 다이버시티 곡선은 각 순간(단말의 위치)에 두 개의 신호 중 더 강한 신호를 선택함으로써 얻어진다. 가장 깊은 영점은 다이버시티에 의해 제거된다는 사실에 주목하라. 시간적 변화는 그림 12-10*b*에서 보여 주는 누적 분포 함수(CDF: cumulative distribution function)를 사용한 통계적 기반을 근거로 하여 정량화된다. 세로축

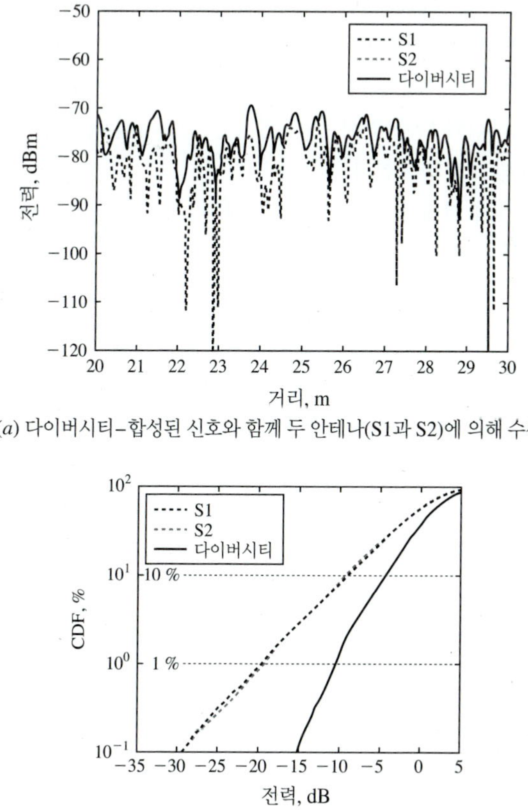


(*a*) 다이버시티–합성된 신호와 함께 두 안테나(S1과 S2)에 의해 수신된 신호



(*b*) 누적 확률 분포.([10] © 2000. IEEE의 허가하에 사용.)

**그림 12-10** **3 m 간격으로 떨어진 두 개의 95° 섹터 판형 수신 안테나에 대해 버지니아 공과대학교에서 측정한 공간 안테나 다이버시티 데이터.** 송신 단말은 842 MHz에서 동작하며, 보행 속도로 이동하였다.

좌표 값은 신호와 동등한 또는 dB로 표시된 가로축의 신호 레벨을 초과하는 확률이다. 두 곡선 S1과 S2는 단일 안테나들에 대한 누적 분포 함수다. 그들이 거의 동일하다는 것에 주목하라. 이는 단일 안테나에 대해 다른 위치를 갖는 것은 아무런 향상도 제공하지 못한다는 것을 의미한다. 오른쪽 곡선은 공간 다이버시티에 대한 누적 분포 함수다. 1% 시간에 대해 단일 안테나 신호들은 −20 dB를 넘거나 동일하며, 반면에 다이버시티 신호는 −10 dB를 넘거나 동일하므로 10 dB의 다이버시티 이득을 나타낸다. 10%의 확률에서 다이버시티 이득(diversity gain)은 5 dB이다. 물론 목적은 순간의 심각한 페이드 때문에 생기는 신호의 손실을 줄이는 것이다. 다이버시티는 해결책을 제시한다. 다이버시티 분기 신호들을 결합하는 몇 가지 알고리즘이 있다. 가장 간단한 방법은 개념적으로, 우리가 여기서 가정하기로는, 각 순간에 가장 강한 신호를 선택하는 선택 결합이다.

각 다이버시티(angle diversity)는 그 섹터에 대해 다른 방향으로 지향된 빔들을 가진 안테나를 사용한다. 각 다이버시티는 그 섹터 내 각각의 빔에서 다른 다중 경로성분 구조를 갖는 것에 의존한다. 빔들은 종종 배열에서 모든 소자들을 연결하고 각각의 빔에 대해 하나의 출력 포트를 제공하는 버틀러 매트릭스 급전(8.9.2절 참조)을 이용하여 형성된다. 공간 상의 각 빔은 다이버시티를 제공하면서 다중 경로 성분들을 다르게 가중치를 둔다.

편파 다이버시티(polarization diversity)는 판형 안테나에서 각 편파에 대해 하나의 출력 포트를 가진 두 개의 직교 편파를 사용한다. 기지국에서의 편파 다이버시티는 특히 다양한 방향으로 손에 파지되어 송신파의 편파를 변화시키는 휴대 단말에 대해 효과적이다. 편파 다이버시티는 다른 다중 경로 성분들이 다른 편파 상태로 수신기에 도달하고 각각의 경로는 다른 편파 열화 효과(depolarization effect)를 갖기 때문에 가능하다. 예를 들면 하나의 경로에 대한 수직의 전신주는 다른 경로에 대한 수평의 다리와 다른 입사 수직 편파를 산란시킨다. 수신 안테나에서 직교 편파들은 이러한 두 신호에 대해 다르게 반응한다.

이러한 세 가지 형태의 다이버시티(공간, 각, 그리고 편파) 모두 비슷한 정도의 효과를 가진다는 사실이 실험적으로 밝혀졌다. 이러한 연구는 버지니아 공과대학교에서 세 다이버시티 각각에 대해 한 번씩, 세 안테나 하부 시스템을 가진 한 기지국안테나를 사용하여 동시에 각각의 다이버시티 하부 시스템에 수신되는 신호를 측정함으로써 수행되었다[9, 10]. 다양한 거리와 전파 시나리오들, 주로 실내와 실외 장소를 포함한 비가시영역에 대해 가능한 모든 주요 방향으로 단말의 시험이 수행되었다. 결과는 공간 다이버시티가 1%의 확률에서 $G_D$ = 8~11 dB의 가장 큰 다이버시티 이득으로 거의 모든 경우에 대해 그림 12-10*b*에서와 유사한 누적 분포 함수를 가진다는 것을 보여 주었다[10]. 약한 음영지역의 경우, 공간 다이버시티는 더 높은 다이버시티 이득을 제공한다. 편파 다이버시티는 1%의 확률에서 $G_D$ = 6~10 dB의 다이버시티 이득을 가졌다. $G_D$ = 5~9 dB의 다이버시티 이득을 갖는 각 다이버시티는 가장 적은 다이버시티 이득을 가지지만, 여전히 단일 안테나 수신보다는 상당한 개선을 보여 준다. 편파 다이버시티는 비용과 시각적 효과를 감소시키며, 섹터당 안테나의 수가 이중편파를 가진 한 개의 판형으로 줄어들 수 있는 중요한 장점을 제공한다. 종종 그러한 판형 안테나는 송신용 단일 수직 편파를 갖는 상단부와 수신용 45° 기울어진 이중편파를 갖는 하단부를 가진다. 더 나아가 각각의 주파수 대역에 대해 안테나에 분리된 구간을 갖는 것 대신에 이중대역 판형을 사용하여 소형화가 이루어진다.

안테나 다이버시티는 또한 단말기의 관점에서도 효과적인 것으로 알려져 왔다. 왜냐하면 예를 들어 건물 내에서 동작하는 단말이 벽과 물체들로부터의 반사에 의해 넓은 각도의 다중 경로를 겪기 때문이다. 사실 0.1$\lambda$만큼이나 작은 간격으로 놓인 안테나 소자도 효율적이다[11]. 이것은 두 개의 반대 방향으로 향하는 같은 크기의 파(하나는 직접파를 나타내고 다른 하나는 반사파를 나타내는)로 구성된 넓은 각도의 다중 경로에 대한 두 개의 광선 모델로부터 이해될 수 있다. 이것은 반 파장 간격의 완벽한 영점과, 영점과 최솟값 사이가 $\lambda/4$인 정재파를 만들어 낸다. 실제 전파 환경에서, 모든 다중 경로 성분들의 총합은 동일한 완벽한 정재파 패턴을 만들어 내지는 않을 것이지만, 파장 대비 매우 짧은 간격으로 생기는 최고값과 영점은 존재할 것이다. 2 GHz에서 동작하는 4개의 안테나를 가진 이동 단말을 사용한 실험은 기지국 다이버시티의 누적 분포 함수와 유사한 누적 분포 함수를 만들어 냈다[1, 11]. 단말 옆에 작동자가 있는 경우의 측정값은 다이버시티 이득이 단지 약 2 dB 감소하는 것을 보여 주었다[11]. 적응형 빔 형성은 평균 신호 대 간섭 및 잡음비의 합이 신호 방향으로부터 2°만큼 적게 떨어져 분리된 간섭원에 대해 0 dB에서 30~40 dB로 개선됨을 보여 주었다 [10].

무선 통신에서 사용되는 스마트 안테나는 간섭이 존재하는 혼잡한 환경에서 관심 신호를 복구하는 데 초점을 맞춘다. 공간 상의 처리를 넘어 스마트 안테나의 일반적인 특성은 다중 경로 신호 성분들을 적절히 결합하기 위해 시간 영역 지연 균등화를 포함하는 것이다. 역량이 증가할수록, 각 소자의 급전(종종 가중치로 불리는)은 특정한 성능 변수들을 최적화하거나 용량을 증가시키기 위해 최적화된 복잡한 알고리즘에 기초하여 조정된다. 스마트 안테나는 8.9.2절에서 논의된 디지털 빔 형성 배열기술들을 사용한다. 무선에서의 스마트 안테나는 공간 분할 다중 접속(SDMA: space division multiple access)을 구현하는데, 이는 대상으로 삼은 사용자들의 방향으로 송신 신호를 공간적으로 집중시키는 기술로서 그림 12-2$c$에서 보여 주었다. 적응형 빔형성 기술들은 사용자(또는 목표물) 방향으로는 주빔을 향하게 하고, 또한 동시에 사용자와 같은 방향에 있지 않은 간섭원 방향으로 영점을 향하게 하는 데 사용될 수 있다. 이중(또는 심지어 다중) 편파 적응형 스마트 배열은 또한 사용자의 편파와 다른 편파의 간섭원을 제거하도록 사용될 수 있다.

스마트 기지국은 송신 다이버시티만을 포함하기 위해 확장되거나 또는 다중 송신 안테나들과 다중 수신 안테나들을 갖는 **다중 입력 다중 출력**(MIMO: multiple-input multiple-output) 시스템의 일부가 될 수도 있다. 공간 다이버시티는 한쪽 끝에는 두 개의 안테나, 다른 쪽 끝에는 한 개의 안테나를 갖는 MIMO의 특별한 경우라고 볼 수 있다. MIMO는 송신 빔이 넓은 각도의 섹터 위로 퍼지며, 수신 안테나가 다수의 각도로부터 도달하는 신호들을 수집하는 사실에 의존한다. 그래서 송신기로부터 수신기로의 다중 경로는 그들의 이동한 다른 경로 길이로 인해 시간축 상에서 넓게 퍼지게 된다. 이것은 송신 안테나로부터 다른 빔에 같은 데이터 열을 보내는 것에 활용된다. 수신 안테나 빔들은 주요 산란체 쪽으로 향하게 되고 그 다음의 결합을 위해 데이터 열을 수집한다. 반직관적임에도 불구하고, 다중 경로가 더 많아질수록 MIMO는 더 효율적으로 된다. MIMO는 성능과 용량을 증가시키기 위해 시공간(space-time)코딩을 사용한다[H.6: Balanis, Ed., Chap. 261. MIMO 시스템에 관한 단말 안테나들에 대한 자료는 [H.9.1: Sanchez-Hernandez, Ed., Chap. 6]을 참조하라. 스마트 안테나들에 관한 더 많은 정보는 다음 문헌들을 참조하라: [H.9.2], [H.6: Godara, Ed., Chap. 22], 그리고 [H.9.1: Fujimoto, 3rd ed., Chap. 15].

## 12.5 적응형 및 공간 필터링 안테나

우리는 안테나 배열이 지정된 방향으로 주빔과 영점들을 조정할 수 있다는 사실을 앞 절들에서 보아 왔다. 이 과정은 때때로 공간 필터링(spatial filtering)으로 불린다. 공간 필터링은 성능이 간섭 제한적인 시스템 상에서 특히 중요하다. 이것들은 예를들면 전파 방해가 있는 환경에서의 레이더 시스템뿐만 아니라 이동 무선 통신 시스템을 포함한다. 공간 필터링은 다음 실행을 이용해 이루어질 수 있다.

1. **위상배열:** 우리는 이미 각 소자의 위상을 조절하여 주빔의 최대점을 원하는 곳으로 향하게 할 수 있다는 것을 보았다.
2. **구역화:** 그림 12-2*b*에서처럼 다중 안테나 소자들은 각각이 한 섹터에 대해 커버리지를 제공하도록 사용된다. 2세대 이동 전화 시스템에서는 각각이 120°를 담당하는 세 개의 기지국 안테나들이 전체 셀을 커버하도록 사용된다.
3. **전환 빔:** 가장 강한 신호가 선택될 수 있도록 안테나 배열의 미리 정의된 다중빔을 선택하기 위한 소프트웨어 알고리즘이 사용된다. 이것은 다음 절에서 논의될 것이다.
4. **적응형 배열:** 현 세대 적응형 배열은 영점들을 간섭원 방향으로 향하게 하면서 한 방향 또는 그 이상의 방향으로 원하는 신호를 극대화할 수 있는 소프트웨어 알고리즘을 사용한다. 그 소프트웨어는 전환 빔 시스템의 소프트웨어보다 훨씬 더 복잡하다. 이것 또한 다음 절에서 논의될 것이다.

## 12.5.1 전환 빔 안테나 시스템

안테나 출력들이 어떻게 선택되는지 또는 결합되는지에 따라 전환 빔 시스템을 구성하는 몇 가지 방법들이 있다[H.4: Saunders, 2nd ed., Chap. 18]. 선택합성(selection combining)에서, 분리된 수신기가 각 안테나 출력부에 사용되고 스위치는 순간적으로 가장 우수한 신호 대 간섭 및 잡음비(SINR: signal-to-interference plus noise ratio)를 갖는 수신 출력을 선택한다. 이것은 스위치가 동시에 모든 수신기 출력을 감시해야 하고 각각의 안테나는 자신의 수신기를 가지고 있기 때문에 복잡하고 값비싼 기술이다. 한 가지 대안은 미리 정의된 경계값 이상의 신호 대 간섭 및 잡음비를 가진 수신기 출력을 선택하는 스위치를 가진 단지 한 개의 수신기만을 사용하는 스위치합성(switched combining)이다. 이 기술의 성능은 한계치를 넘어선 다른 입력으로 인해 선택되지 못하는 더 좋은 신호 대 간섭 및 잡음비를 갖는 다른 수신기 입력들이 존재할 수 있기 때문에 선택합성에 비해 열등하다. 스위치 합성은 미사용 수신기 입력들에 존재하는 신호 전력을 낭비하게 된다. 이는 이용 가능한 수신기 입력들을 추가시키는 등이득합성(equal-gain combining)에 의해 극복될 수 있다. 일관된 합성을 위한 동일 위상을 갖는 신호들을 추가하는 것은 주의해야 한다. 각 수신기 입력에서의 잡음은 불규칙한 위상을 갖고 있고, 일관되지 않게 더해진다. 등이득합성이 사용되면 입력 중의 하나가 다른 입력들보다 훨씬 더 낮은 신호 대 간섭 및 잡음비를 가질 수 있고, 따라서 전체 신호 대 간섭 및 잡음비를 저하시킬 수 있는 가능성이 존재한다. 이러한 부정적인 가능성은 최대비합성(maximum ratio combining)에 의해 극복될 수 있으며, 여기서 다양한 입력들에는 전체 신호 대 간섭 및 잡음비를 극대화하기 위해 개별적 신호 대 간섭 및 잡음비에 따른 가중치가 주어진다.

상대적으로 새로운 형태의 공간 필터링 안테나는 스위치를 열고 닫음에 의해 방사패턴을 바꿀 수 있는 재구성 안테나(reconfigurable antenna)이다. 현재 스위치 기술들은 PIN 다이오드, FET, 그리고 MEMS 소자들을 포함하는데, MEMS 소자들은 아직 상업화 초기 단계에 있다[H.4: Huang, p. 352]. 예를 들어 다수의 패치 안테나 소자들은 마이크로프로세서 컨트롤러에 의해 조절되는

MEMS 장비들에 의해 상호 연결될 수 있다. 안테나 성능은 신호 세기를 측정하는 센서 시스템에 의해 측정된다. 다수의 상호 연결된 소자들을 사용함으로써, 재구성 안테나는 변하는 조건에 적응하면서 실시간으로 그 자신을 다른 많은 전기적 형태들로 변화시킬 수 있다.

### 12.5.2 일반 적응형 안테나

기존 배열의 신호 수신은 원치 않는 자연 잡음의 수신뿐만 아니라 불요 신호 수신으로 인해 신호 대 간섭 및 잡음비를 저하시킨다. 이러한 불요 신호 에너지는 부엽과 주빔의 일부를 통해서 기존의 배열로 들어간다. 이런 열화를 극복하기 위해서 배열은 신호 환경에 적응하도록 설계될 수 있다. 이러한 배열들은 신호 환경에서 원치 않는 에너지의 존재를 감지하고 이를 억제함으로써 신호 대 간섭 및 잡음비를 향상시킬 수 있기 때문에 적응형 배열로 불린다.

적응형 배열로 불리지는 않았지만, 초기 사례는 전파 방해를 방지하기 위해 레이더 시스템에서 이용된 **부엽 제거기**(SLC: side lobe canceller)이다. 이 구조하에서 저이득 소자들의 이차 배열은 주 배열과 연계되어 방해 신호 또는 신호들이 제거되도록 하기 위해 두 배열의 출력을 처리하여 간섭 신호를 제거시키도록 동작한다. 이는 모든 소자가 부엽 제거기의 동작에 동일하게 기여하는 것이 아니기 때문에, 부분적인 적응형 배열이라 할 수 있다.

적응형 배열이라는 용어는 신호가 온 방향으로 자동적으로 그리고 수동적으로 신호를 다시 보내는 자기 위상배열을 표현하기 위해 1950년대 후반 반 아타(Van Atta)에 의해 처음으로 사용되었다[H.9.2: Monzingo, p. 5]. 신호 방향에 대한 사전정보는 필요 없다. 반 아타 배열은 적응형 송신 배열로 분류될 수 있다. 이것은 소자에 있는 신호 레벨과 위상을 조절하기 위한 컴퓨터 알고리즘을 활용하는 적응형 수신 배열과 대비되며, 소자의 출력이 결합되거나 개별적으로 선택될 때, 신호 대 간섭 및 잡음비는 향상된다. 우리는 적응형 배열의 두 가지 종류에 대해서 살펴볼 것이다.

### 12.5.3 반 아타 재방사 배열

반 아타 배열의 간단한 예를 그림 12-11에 나타냈다. 이 배열의 개념은 위상 공액의 원칙을 기반으로 하고 있는데, 이는 "재방사 배열에서 어떤 소자로부터 전송되는 신호의 위상은 일반 기준 신호와 비교할 때 그 소자에서 수신되는 신호의 위상과 공액관계를 가져야만 한다."는 것이다. 그림 12-11 은 배열에서 각 소

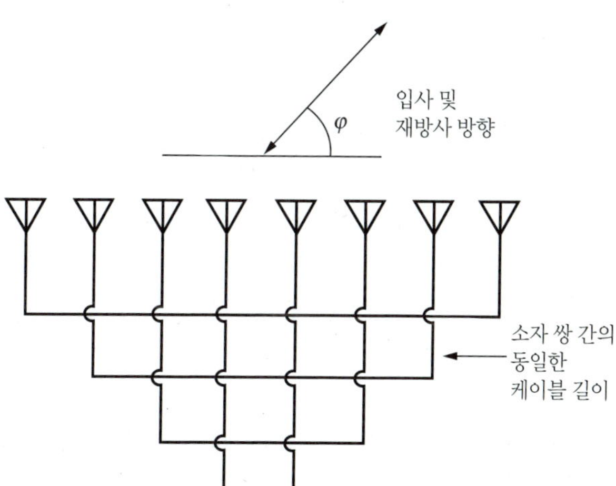


그림 12-11 수동형 반 아타 배열.

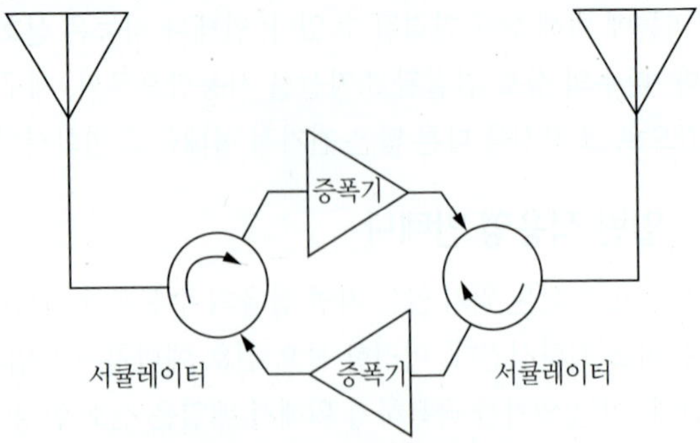


**그림 12-12** **양방향 증폭을 갖는 2소자 반아타 배열.** ([H.6: Hansen, Vol. III, p. 370] © 1966. R. C. Hansen의 허가하에 사용.)

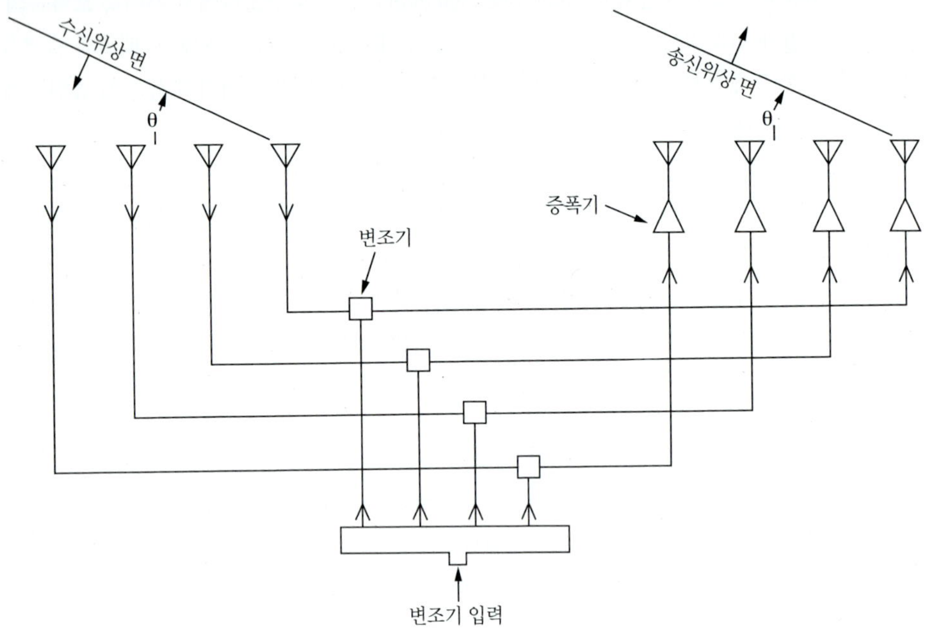


**그림 12-13** **증폭과 변조를 갖는 반 아타 중계기 배열.**

자는 입사파가 진행된 만큼 정확하게 (주어진 기준 소자에 대하여) 지연된 출력파를 가지고 있어야만 한다는 것을 보여 준다. 이러한 요구사항이 충족될 때, 전원에서 배열 소자까지 그리고 다시 전원까지의 전체 경로 길이는 그림 12-11에서처럼 배열에 있는 모든 소자들에 대해 같게 될 것이다.

그림 12-11은 수동 배열을 보여 준다. 그것의 이득은 배열의 규모에 의해 결정된다. 추가 이득이나 수신 신호의 변형은 그림 12-12에서 보여 주듯이 능동 구조에서 이루어질 수 있다. 그림 12-12에서의 증폭은 대체로 상호 결합으로 인해 약 15 dB까지 제한된다. 이 제한은 그림 12-13과 같이 반아타의 중계기 배열을 활용하여 극복될 수 있다. 증폭뿐만 아니라, 그림 12-13은 상호 연결된 선로에서 변조기에 의한 신호 변형을 보여 준다. 케이블 길이뿐만 아니라, 증폭기와 변조기의 위상 정합을 위한 주의가 필요하다.

### 12.5.4 적응형 수신 배열

적응형 수신 배열은 원하는 신호를 일관성 있게 수신하고 불요 신호는 억제하는 것이다. 이론적으로 이것은 원하는 신호원의 방향으로 주빔을 조정하고 동시에 원하지 않는 신호원 방향으로는 영점들을 조정함으로써 실현된다. 배열 소자들의 출력들은 원하는 신호는 일관성 있게, 잡음(열잡음과 간섭 신호 같은)은 일관성 없이 결합하기 때문에, $N$개 소자 적응형 배열의 출력 대 잡음과 간섭비는 개별 소자의 신호 대 간섭 및 잡음비의 $N$배가 될 수 있다. 적응형 배열에서 자유도의 수(주빔 및 영점 방향)는 배열의 소자 수에서 1을 차감한 것과 동일하다.

적응형 배열은 4개의 기본 구성요소를 가진다: RF 배열, 빔 형성 네트워크, 신호 프로세서, 그리고 적응형 알고리즘. 빔 형성은 아날로그나 디지털 모두 가능하다. 아날로그 빔 형성은 주로 그림 8-32와 같이 버틀러 매트릭스로 수행될 수 있다. 고속푸리에 변환은 버틀러 매트릭스와 동일하여 디지털 빔 형성에 이용된다.

두 개의 일반적인 기본 적응형 알고리즘이 있다: 아펠바움(Applebaum) 알고리즘과 위드로(Widrow) 알고리즘(그림 12-14 참조). 아펠바움 알고리즘은 신호의 방향을 알고 있어야 하며, 원하는 신호가 레이더처럼 대부분 시간 동안 존재하지 않는다는 가정하에 배열 시스템의 출력에서 신호

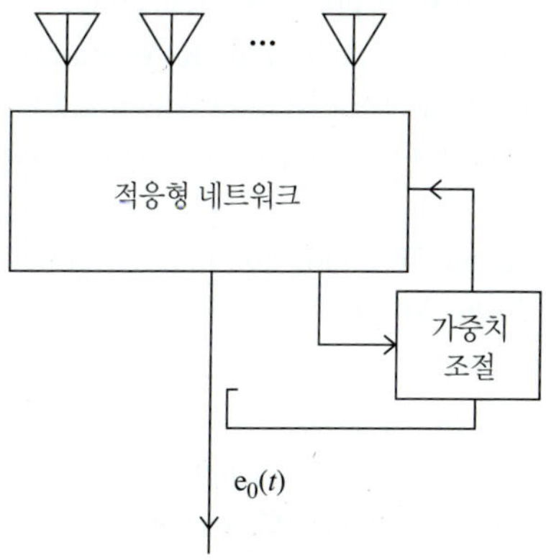


($a$) 아펠바움, 출력에 의해 결정되는 가중치 조절

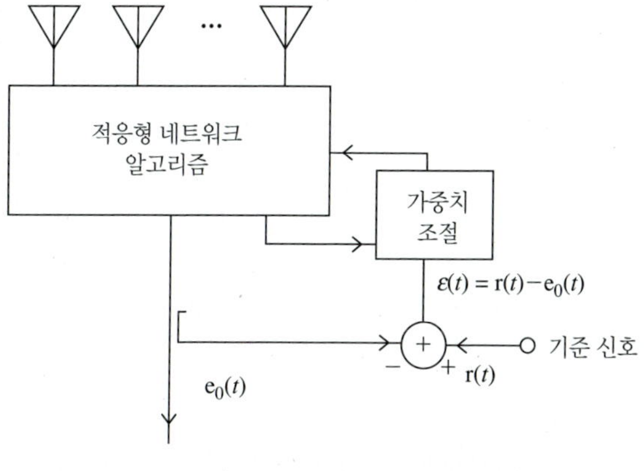


($b$) 위드로, 오류 신호 $\varepsilon(t)$에 의해 결정되는 가중치 조절

**그림 12-14** 적응형 배열의 두 가지 종류.

대 간섭 및 잡음비를 최대화한다. 그것은 실행하기가 간단하기 때문에 레이더 시스템에서 불요 반사와 간섭 제거를 위해 광범위하게 이용된다.

위드로 알고리즘은 배열 시스템 출력과 기준 신호 사이의 차이인 평균 제곱 오차(LMS) 신호를 최소화한다. 통신 시스템에서 원하는 신호는 대체로 존재하게 되며 기준 신호로 활용된다. 다른 종류의 시스템(레이더와 같은)에서, 가상의 원하는 신호를 생산하는 것은 의미 없다. 이 두 알고리즘에서 만일 간섭이 없다면, 최적의 가중치는 원하는 신호의 복소 공액이 된다(즉 위상 공액의 원리).

이동 통신 시스템에서의 적응형 배열의 사용은 단일 안테나 시스템의 문제를 극복할 수 있도록 도와준다. 적응형 안테나 배열의 사용은 스펙트럼의 효율 및 채널의 용량을 증가시키고, 영역을 확장시키고, 많은 이동 단말을 추적하기 위한 다수의 빔을 조절하고, 개구면 왜곡에 대한 전자적인 보상 등을 통해 시스템의 성능을 향상시키는 데 도움을 준다. 적응형 배열의 사용은 또한 다중 경로 페이딩, 동일 채널 간섭, 비트 에러율, 그리고 오류 확률을 줄인다.

## 참고문헌 References


1. C. Dietrich, R. Barts, W. Stutzman, and W. Davis, "Trends in Antennas for Wireless Communications," *Microwave J.*, Vol. 46, pp. 22-44, Jan. 2003.
2. S-Y Suh, W. Stutzman, W. Davis, A. Waltho, K. Skeba, and J. Schiffer, "A Novel Lowprofile, Dual-polarization, Multi-band Base-station Antenna Element—The Four-point Antenna," *IEEE Vehicular Technology Conference Proc*. (Los Angeles), Vol. 1, pp. 225-229, Sept. 2004.
3. J. Batchelor, R. Langley, and H. Endo, "On-Glass Mobile Antenna Performance Modeling," *IEE Proc. Micro. Ant. Prop.*, Vol. 148, pp. 233-238, Aug. 2001.
4. D. Horn, "Selection of Vehicular Antenna Configuration and Location through Use of Radiation Pattern," *IEEE Veh. Tech. Conf. Rec*. (Cleveland), Dec. 1973.
5. D. Horn, "Vehicular Cellular Passive Repeaters," *Mobile Radio Technology*, Vol. 9, July 1991.
6. K. Yegin, "On-Vehicle GPS Antenna Measurements," *IEEE Ant. and Wireless Prog. Let.*, Vol. 6, pp. 488-491,2007.
7. S-Y Suh, V. Nair, D. Souza, and S. Gupta, "High Isolation Antenna for Multi-Radio Antenna System Using a Complementary Antenna Pair," *Proceedings of IEEE Inter. Symp. On Ant. and Prop*., pp. 1229-1232, June 2007.
8. C. Dietrich and W. Stutzman, "Smart Antennas Enhance Cellular/PCS Performance," *Microwaves and RF:* Vol. 36: Part 1, pp. 76-86, April 1997; and Part II, pp. 164-168, May 1997.
9. B-K Kim, W. Stutzman, and D. Sweeney, "Indoor and Outdoor Measurements of Space, Polarization, and Angle Diversity for Cellular Base Stations in Urban Environments," *Proc. Vehicular Tech. Conf*. (Boston), pp. 22-29, Sept. 2000.
10. C. Dietrich, W. Stutzman, B-K Kim, and K. Dietze, "Smart Antennas in Wireless Communications: Base-Station Diversity and Handset Beamforming," *IEEE Trans. on Ant. & Prop. Mag*., Vol. 42, pp. 142-151, Oct. 2000.
11. C. Dietrich, K. Dietze, J. Nealy, and W. Stutzman, "Spatial, Polarization, and Pattern Diversity for Wireless Handheld Terminals," *IEEE Trans. on Ant. & Prop*., Vol. 49, pp. 1271-1281, Sept. 2001.

## 연습문제 Problems

**12.2-1** ▶ 예제 12-1의 7° 하향틸트된 전방향성 셀룰러 기지국 안테나의 패턴을 그리고 1.25° 하향틸트된 동일 배열의 패턴과 비교하여 서술하라.

**12.2-2** ▶ 예제 12-2의 기지국에 대하여: (a) 고도각 평면 패턴을 계산하고 그려라. (b)방위각 평면에서 전방향성 소자 패턴을 가정하여 지향성을 계산하라.

**12.2-3** ▶ 섹터 기지국 안테나의 방위각 패턴은 식 (3-73)의 심장형 패턴(cardioid pattern)을 일반화함으로써 모델링될 수 있다.

$$F(\theta) = \left\{\cos\left[a\ \frac{\pi}{4}(\cos(\theta) - b)\right]\right\}^c$$

(a) 그림 12-5의 65° 패턴을 근사화하는 패턴을 찾기 위해 위 공식에서 계수 $a$, $b$, 그리고 $c$를 조정하라.

(b) 65°의 방위각 패턴을 가진 상업용 기지국 안테나를 찾기 위한 안테나 제품 문헌을 찾아라. (a)에서의 패턴과 제조업자가 제공하는 패턴을 비교하라.

**12.3-1** ▶ 860 MHz에서 동작하는 무한 접지면 위로 그림 6-45의 스터브를 가진 3/4 파장 모노폴을 모델링하기 위한 시뮬레이션 코드를 사용하라. 단, 하단부에 유도성 부하는 없다. 입력 임피던스, 고도각 평면 패턴, 그리고 이득을 포함시켜라.

**12.3-2** ▶ 무한 접지면 위로 그림 12-8의 $\lambda/4$ 위에 놓인 $(5/8)\lambda$ 모노폴을 모델링하기 위해 시뮬레이션 코드를 사용하라. 입력 임피던스, 이득, 그리고 고도각 패턴을 제시하라.

**12.4-1** ▶ *프로젝트*. 휴대전화에서의 안테나 다이버시티에 대한 주제를 고찰하고 사용된 다이버시티의 종류, 사용된 안테나, 다이버시티 이득에 대한 정량적 정보, 그리고 작동자에 대한 영향 들을 포함하는 보고서를 작성하라.

# 제 13 장 안테나 측정

*Antenna Measurements*

정확한 안테나 측정을 위해서는 특별한 공간과 장비가 필요하다. 이러한 특수한 공간은 탑과 위치계(positioner)가 있는 야외 측정장 또는 프로브와 위치계 그리고 흡수체 벽으로 구성되어 있는 실내 측정장으로 나눌 수 있다. 장비는 시험 신호를 발생시키고 위치계를 제어하며, 데이터를 수집하고 처리하여 표시하기 위해 필요하다. 이러한 장비에는 보통 벡터회로망분석기(VNA: vector network analyzer)가 포함된다. 앞서 언급한 장비들은 구입하는 데 비용이 많이 들며, 숙련된 담당자가 장비의 작동 시 전문적인 관리를 해야 한다. 따라서 안테나와 무선에 관련된 대부분의 숙련되지 않은 엔지니어는 안테나 측정을 쉽게 할 수 없을 것이나. 그렇다고 해도 무선 기술을 가진 사람들과 모든 안테나 엔지니어들은 측정된 안테나 데이터를 이해하기 위해 노력할 필요가 있다. 안테나 설계 과정에 있어서 과거에는 우선적으로 하드웨어 모델을 측정하고, 규격에 충족될 때까지 반복적인 모델 설계와 측정을 해 왔다. 하지만 오늘날에는 설계를 하는 동안 안테나의 예비 조사를 위해(제 14~16장 참조) 전자기 수치해석법에 의해 개발된 모의실험 소프트웨어 패키지(부록 G 참조)를 일반적으로 사용한다. 그 후에 규정과 규격에 맞는지를 측정에 의해 확인한다. 안테나 측정 연구는 안테나에 대한 한층 더 깊은 이해를 제공하고, 측정된 데이터를 해석할 수 있도록 해주며, 실제로 안테나 측정에 직접 참여하고자 하는 사람들은 입문의 기회로 삼을 수 있을 것이다. 여기에서 소개되는 원리는 산란측정에도 적용되지만, 안테나 측정에 초점을 맞추도록 하겠다. 측정된 안테나의 주요 특성은 방사패턴, 이득, 편파와 임피던스이다. 이들 중 처음 세 가지, 즉 방사패턴, 이득, 그리고 편파는 이 장에서 설명한다. 임피던스는 종종 RF 회로의 다른 특성들과 연계하여 측정되며 일반적으로 회로망분석기에 의해 측정이 수행된다. 이번 장에서는 패턴 측성에 기초를 둔 원리로부터 시작하겠다. 안테나 측정에서 일반 및 전문적인 주제에 관한 참고문헌들은 부록 H.7에 나타내었다.

## 13.1 가역성과 안테나 측정

일반적으로 안테나 패턴은 송신이든 수신이든 동일하다고 여러 번 언급하였다. 이런 경우에 안테나는 가역적(reciprocal)이라고 한다. 안테나의 가역성은 안테나 매질과 매질 주변이 가역성 조건들을 만족시킬 때 성립된다. 이 절에서는 안테나가 가역적이라는 조건 아래, 가역정리를 유도하기 위해 맥스웰 방정식을 사용한다. 이러한 결과는 안테나 측정에 중요한 암시를 가진다. 특히 안테나가 가역적이면, 파라미터(패턴, 이득 등) 성능을 송신이나 수신으로 동작하는 안테나와 함께 측정할 수 있다. 그리고 측정 결과들은 가역성 덕분에 동일하다. 이것은 시험 안테나(test antenna)의 한 파라미터를 측정하기 위해 한 번은 송신 또 한 번은 수신으로 하여 두 번 측정하는 번거로움을 피할 수 있다. 또한 안테나의 가역성 덕분에 시험 안테나를 송신이나 수신 어느 쪽으로 사용하여도 정확한

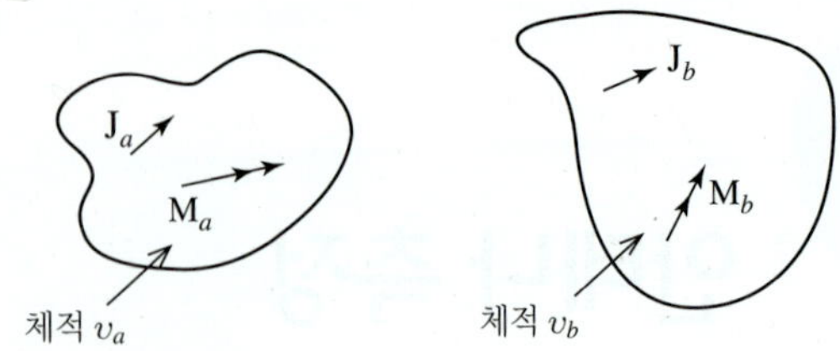


**그림 13-1** **로렌츠 가역정리를 위한 전원 배치.**

특성을 얻을 수 있다. 물론 동작 설정에서 안테나를 사용하기 위해, 송신용 또는 수신용의 안테나 형태를 잘 선택할 필요가 있다. 예를 들면 높은 저항 손실과 높은 입력 리액턴스를 갖는 전기적 소형 안테나는 고전력 송신에는 적합하지 않다. 왜냐하면 손실은 열을 발생시키고, 임피던스 부정합은 주요한 송신 전력을 다시 송신기로 반사시키기 때문이다. 이 두 개의 영향은 송신기에 손상을 주게 된다. 반면에 손실과 임피던스 부정합을 가진 비효율적인 안테나는 차량 AM 라디오 안테나와 같은 수신용으로 종종 사용된다(예제 2-4 참조). 비효율적인 안테나들이 종종 HF 영역에서 사용되기도 하는데, 수신할 때 효율은 역시 저하된다. 왜냐하면 안테나 손실 저항으로부터 만들어진 내부 잡음은 외부 대기잡음에 비해 작기 때문이다.

전자장 문제에 관한 가역정리에는 여러 형태가 있다. 안테나 문제에서 사용되는 두 가지 형태의 가역정리를 다루어 보자. 먼저 로렌츠(Lorentz) 가역정리를 논의하자. 전원 $\mathbf{J}_a$와 $\mathbf{M}_a$는 전자장 $\mathbf{E}_a$와 $\mathbf{H}_a$를 만들고, 전원 $\mathbf{J}_b$와 $\mathbf{M}_b$는 전자장 $\mathbf{E}_b$와 $\mathbf{H}_b$를 만든다고 하자(그림 13-1 참조). 모든 양의 주파수는 동일하다. 맥스웰 방정식에서부터 유도되는 로렌츠 가역정리(연습문제 13.1-1 참조)는 등방성 매질에 대해

$$\iiint_{v_a} (\mathbf{E}_b \cdot \mathbf{J}_a - \mathbf{H}_b \cdot \mathbf{M}_a)\, dv' = \iiint_{v_b} (\mathbf{E}_a \cdot \mathbf{J}_b - \mathbf{H}_a \cdot \mathbf{M}_b)\ dv' \qquad \textbf{(13-1)}$$

을 나타내고 있다. 좌변은 전원 $a$에서 전원 $b$로부터의 전자장의 반작용(결합 정도)이며, 우변은 전원 $b$에서 전원 $a$로부터의 전자장의 반작용이다. 이것은 매우 일반적인 식이지만, 더 유용한 형태로 바꿀 수 있다. 전원 $b$가 점 $(x_p, y_p, z_p)$에 위치한 벡터 길이 $\mathbf{p}$의 이상적인 전기 다이폴만으로 구성되었다고 하자. 이상적인 다이폴은 미소 전원으로서 표현될 수 있고 $\mathbf{M}_b$가 0이므로, 식 (13-1)은

$$\mathbf{E}_a(x_p, y_p, z_p) \cdot \mathbf{p} = \iiint_{v_a} (\mathbf{E}_b \cdot \mathbf{J}_a - \mathbf{H}_b \cdot \mathbf{M}_a)\ dv' \qquad \textbf{(13-2)}$$

이 된다.[1] 이 표현을 통해 이미 알고 있는 전원 $\mathbf{J}_a$와 $\mathbf{M}_a$ 및 전원 $a$ 위치에서 계산되는 식 (2-72)와 식 (2-71)의 이상적인 다이폴의 전자장 $\mathbf{E}_b$와 $\mathbf{H}_b$를 이용해 적분함으로써 전원 $a$로부터의 전장을 계산할 수 있다. 이것은 전장 프로브의 역할을 하는 이상적인 다이폴의 여러 방향의 $\mathbf{p}$에 대해서 수행될 수 있다.

[1] 이상적 다이폴 전류는 $\mathbf{J}_b = \delta(x - x_p)\delta(y - y_p)\delta(z - z_p)\mathbf{p}$로 쓸 수 있다. 이 식과 $\mathbf{M}_b = 0$를 식 (13-1)에 대입하면 식 (13-2)가 나온다.

단자 전압과 전류를 사용하면 이 로렌츠 가역정리를 두 번째 가역정리를 유도하는 데 이용할 수 있다. 전원 $a$와 $b$는 이상적인(무한대 임피던스) 전류 발생기 $I_a$와 $I_b$로 여기되는 안테나라고 가정하자. 자기 전원이 없으므로 식 (13-1)은 다음과 같이 된다.

$$\iiint_{v_a} \mathbf{E}_b \cdot \mathbf{J}_a \, dv' = \iiint_{v_b} \mathbf{E}_a \cdot \mathbf{J}_b \, dv' \qquad \textbf{(13-3)}$$

완전 도체 안테나에 대해 안테나 표면 위의 전장은 0이지만 단자에는 전압이 생성된다. 단자 영역에서 전류를 일정하게 하고, $\int \mathbf{E} \cdot \mathbf{d}\ell = -V$의 개념을 이용하면, 식 (13-3)은

$$V_a^{oc} I_a = V_b^{oc} I_b \qquad \textbf{(13-4)}$$

와 같이 된다. 여기서 $V_a^{oc}$는 안테나 $b$에서 생성되는 전장 $\mathbf{E}_b$에 의한 안테나 $a$ 단자의 개방회로 전압이고, 마찬가지로 $V_b^{oc}$는 안테나 $a$에 의한 안테나 $b$의 개방회로 전압이다. 전원 발생기의 무한대 임피던스 때문에 개방회로 전압이 사용되었다. 식 (13-4)를 다시 배열하면 회로 형태인

$$\frac{V_a^{oc}}{I_b} = \frac{V_b^{oc}}{I_a} \qquad \textbf{(13-5)}$$

으로 가역성을 설명하는 결과를 얻을 수 있다.

전원이 공급되는 한 안테나에 의해 다른 안테나에 나타나는 전압에는 여러 인자들이 영향을 미치며, 이런 인자들로는 사용되는 특정한 안테나, 다른 대상체가 있을 수도 있는 안테나 간의 매질, 그리고 안테나의 상대적인 방향 등이 있다. 어떤 선형수동 회로망에 대해서도 성립하는 다음 식들을 이용해 일반적인 상황을 회로 정수로 완전히 나타낼 수 있다.

$$V_a = Z_{\text{aa}} I_a + Z_{\text{ab}} I_b \qquad \textbf{(13-6}\boldsymbol{a}\textbf{)}$$

$$V_b = Z_{\text{ba}} I_a + Z_{\text{bb}} I_b \qquad \textbf{(13-6}\boldsymbol{b}\textbf{)}$$

여기서 $V_a$, $V_b$, $I_a$, 그리고 $I_b$는 안테나 $a$와 $b$의 단자 전압과 전류이다. 만일 안테나 $a$가 전류 $I_a$의 전원으로 여기되면, 안테나 $b$ 단자에 나타나는 개방회로 전압은 $V_b|_{I_b=0}$이다. 식 (13-6$b$)에서 $I_b$를 0으로 하면, 전달 임피던스 $Z_{\text{ba}}$는

$$Z_{\text{ba}} = \left.\frac{V_b}{I_a}\right|_{I_b=0} \qquad \textbf{(13-7)}$$

이다. 만일 안테나 $b$가 전류 $I_b$의 전원으로 여기 되면, 안테나 $a$ 단자에 나타나는 개방회로 전압은 $V_a|_{I_a=0}$이다. 식 (13-6$a$)에서 $I_a$를 0으로 하면, 전달 임피던스 $Z_{\text{ab}}$는

$$Z_{\text{ab}} = \left.\frac{V_a}{I_b}\right|_{I_a=0} \qquad \textbf{(13-8)}$$

이다. 식 (13-7)과 식 (13-8)을 식 (13-5)와 비교하면

$$Z_{\text{ab}} = Z_{\text{ba}} = Z_m \qquad \textbf{(13-9)}$$

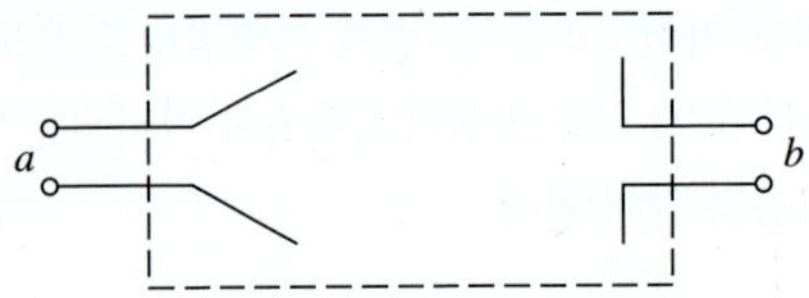


(*a*) 2개 안테나 시스템의 2 단자 표현

(*b*) 전류원 *I*로 여기되는 안테나 *a*

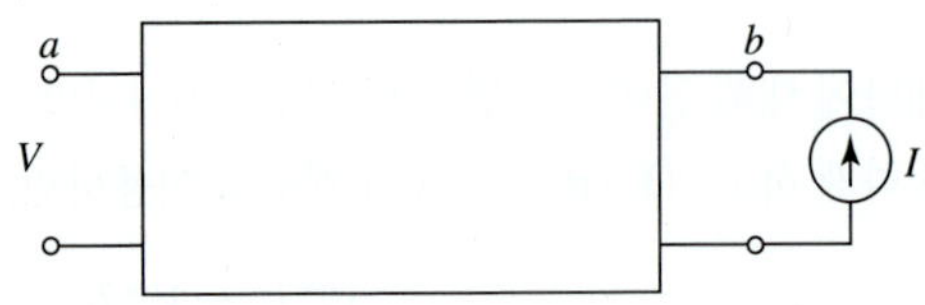


(*c*) 전류원 *I*로 여기되는 안테나 *b*

**그림 13-2 안테나의 가역성.** 동일 입력전류 $I$에 대해 (*b*)와 (*c*)에서 출력전압 $V$는 같다.

임을 알 수 있으며[2], 여기서 $Z_m$은 안테나 간의 전달(또는 상호) 임피던스이다. 이것 역시 각 임피던스가 선형, 수동, 쌍방향성이라면, 식 (13-6)의 회로 공식으로부터 확인할 수 있다(연습문제 13.1-3과 13.1-4 참조). 따라서 이것은 매질과 안테나가 선형, 수동, 등방성이라면 성립한다.

이제 이러한 결과의 중요성을 그림 13-2의 모델을 이용하여 설명한다. 전류 $I$의 이상적인 전류원이 안테나 $a$를 여기시킨다면, 식 (13-7)로부터 $b$ 단자의 개방회로 전압은

$$V_b\big|_{I_b=0} = I\,Z_{\text{ba}} \tag{13-10}$$

이다. 만일 동일 전원이 안테나 $b$의 단자에 인가된다면, 식 (13-8)에서 안테나 $a$ 단자에 나타나는 개방회로 전압은

$$V_a\big|_{I_a=0} = I\,Z_{\text{ab}} \tag{13-11}$$

이다. 그러나 $Z_{\text{ab}} = Z_{\text{ba}}$이므로 위의 두 방정식은

$$V_a\big|_{I_a=0} = V_b\big|_{I_b=0} = V \tag{13-12}$$

이 된다. 그러므로 그림 13-2에서 보는 바와 같이 동일한 여기 전류는 어느 단자가 여기되든지 무관하게 동일한 단자 전압을 만들어 낸다. 달리 말하면, 가역성은 시스템 응답의 변화 없이 전원과 수신 측정기를 서로 바꿀 수 있음을 나타낸다. 이상적인 전압원과 단락회로 단자 전류에 대해서도 마찬가지가 성립한다. 이것은 회로망 이론을 통해 잘 알고 있는 결과이다.

안테나의 자기 임피던스(self-impedance)는 식 (13-6)으로부터

$$Z_{\text{aa}} = \frac{V_a}{I_a}\bigg|_{I_b=0} \tag{13-13}$$

$$Z_{\text{bb}} = \frac{V_b}{I_b}\bigg|_{I_a=0} \tag{13-14}$$

2 식 (13-9)를 약간 수정한 내용은 참고문헌 [1]을 참조하라.

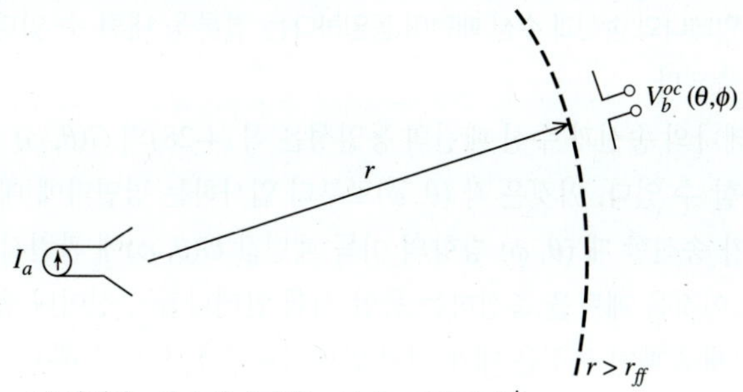


(*a*) 안테나 *a*의 송신 패턴 $Z_{ba}\ (\theta,\phi) = V_b^{oc}\ (\theta,\phi)/I_a$

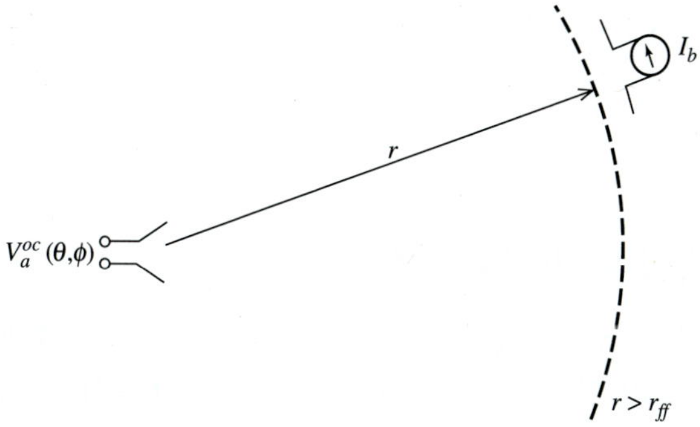


(*b*) 안테나 *a*의 수신 패턴 $Z_{ab}\ (\theta,\phi) = V_a^{oc}\ (\theta,\phi)/I_b$

**그림 13-3** **안테나 패턴의 가역성.** $Z_{ab}(\theta,\ \phi) = Z_{ba}(\theta,\ \phi) = Z_m(\theta,\ \phi)$이므로 안테나의 송신 및 수신 패턴은 동일하다.

이다. 만약 일반적인 동작 상황으로 안테나 *a*와 *b*가 멀리 떨어져 있다면, $Z_{aa}$와 $Z_{bb}$는 $Z_{ab} = Z_{ba} = Z_m$보다 훨씬 더 크다. 그러므로 예를 들어 안테나 *a*에 대한 입력 임피던스는 식 (13-6*a*)로부터

$$Z_a = \frac{V_a}{I_a} = Z_{aa} + Z_{ab}\frac{I_b}{I_a} \approx Z_{aa} \tag{13-15}$$

이다. 그러므로 만일 다른 안테나를 포함해 모든 대상체가 멀리 떨어져 안테나가 고립되어 있고 무손실이라면, 자기 임피던스는 입력 임피던스와 같다.

안테나 *a*가 여기되고(즉 송신기로 동작한다), 안테나 *b*의 단자에서 생성되는 전압을 이상적인 전압계로 측정한다고 생각해 보자. 만일 안테나가 서로의 원거리장에 있도록 분리되어 있다면, 그림 13-3*a*에서 보는 바와 같이 안테나 *b*가 일정한 반지름으로 안테나 *a* 주변을 움직일 때 전달 임피던스 $Z_{ba}$는 실제적으로 안테나 *a*의 원거리 장(또는 방사) 패턴이다. 안테나 *b*가 움직임에 따라, 안테나 *a*에 대해 상대적으로 동일한 방향과 편파가 유지된다. 안테나 *a* 주변의 각의 함수인 *b*의 출력 전압을 통해 안테나 *a*의 방사의 상대적인 각 변화, 즉 방사패턴을 얻을 수 있다. 식 (13-7)을 조사해 보면 이것은 실제로 $Z_{ba}$임을 알 수 있다($I_a$는 일정하다). 그러므로 각의 함수인 $Z_{ba}$는 안테나 *a*의 송신 패턴이다. 지금 만일 안테나 *b*가 여기되고 안테나 *a*가 수신기로 동작한다면, 안테나 *a*의 단자 전압은 안테나 *b*가 다시 안테나 *a*로부터 일정 거리에서 주변을 움직일 때의 안테나 *a*의 수신 패턴이 된다(그림 13-3*b* 참조). 그러므로 각의 함수인 $Z_{ab}$는 안테나 *a*의 수신 패턴이다. 전달 임피던스가 동일

하므로 안테나의 송신과 수신 패턴이 동일하다는 결론을 내릴 수 있다. 여기서 가역성이라는 중요한 결론이 도출된다.

안테나의 송신과 수신 패턴의 동일성은 식 (4-28)의 $G(\theta, \phi) = 4\pi A_e(\theta, \phi)/\lambda^2$인 관계를 통해 미리 예측할 수 있다. 이것은 각 $(\theta, \phi)$로부터 입사하는 평면파에 대한 안테나의 수신 특성 $A_e(\theta, \phi)$를 안테나가 송신할 때 $(\theta, \phi)$ 방향의 이득 패턴값 $G(\theta, \phi)$에 관련시킨다. 이 가역성은 실제로 매우 중요하다. 이것은 패턴을 측정하는 동안 시험 안테나를 수신이나 송신 어느 모드로든 사용할 수 있게 한다. 실제로 패턴 측정은 대개 시험 안테나를 수신 모드로 해 이루어진다.

그림 13-2 또는 식 (13-9)에서 설명한 바와 같이, 가역정리는 일반적인 결과라는 사실에 주목하자. 안테나가 서로 멀리 떨어진 경우에도 $Z_m(\theta, \phi)$는 원거리장 패턴이다. 이런 결과들은 안테나와 전송 매질이 선형, 수동, 그리고 등방성이라는 조건하에서 적용된다. 이 조건들은 대부분의 경우에 충족된다. 페라이트 매질을 사용한 서큘레이터 또는 아이솔레이터와 같은 비가역 소자가 포함된 안테나 시스템은 예외가 된다.

## 13.2 패턴 측정과 안테나 측정장

안테나 패턴은 안테나로부터 고정된 거리에서의 장의 크기를 방향 함수로서 그래프로 표현한 것이다. 구좌표계의 원점에 놓인 안테나에 대해 방사장 **E**와 **H**는 서로 수직이고, 둘 다 전파 방향 $\hat{\mathbf{r}}$에 직교한다. 또한 장의 세기는 $r^{-1}$에 따라 변한다. 안테나 패턴에 대한 논의에는 전장이 사용되지만, 자장의 세기는 전장에 비례하고 그 방향은 **E**와 $\hat{\mathbf{r}}$에 수직이기 때문에 자장의 거동도 직접 사용된다[식 (2-107) 참조].

방사 전장은 벡터이면서 페이저(phasor)이다. 일반적으로 전장은 두 개의 직교 성분인 $E_\theta$와 $E_\phi$를 가진다. 이 성분은 복소값이고, 그 상대적인 크기와 위상은 편파를 결정한다(2.8절 참조). 간단한 안테나에는 단 한 개의 성분만 있다. 예를 들어 $z$축에 이상적인 평행 다이폴은 그림 2-4에서 보는 바와 같이 $E_\theta$ 성분만을 가진다. 이때 방사패턴 측정은 일정한 신호를 송신하는 안테나의 주변을 고정된 거리 $r$에서 수신 프로브 안테나가 움직이는 것으로 개념화할 수 있다. 프로브 안테나의 방향은 그림 13-4에서 보는 바와 같이 $E_\theta$에 평행하도록 유지된다. 프로브의 출력은 $(\theta, \phi)$ 방향에서 도달하는 수신장 성분의 세기에 직접 비례해 변화한다. 이상적인 다이폴의 패턴은 $\sin\theta$이다(그림 2-4 참조). 일반적으로 안테나는 $E_\theta$와 $E_\phi$ 성분 둘 다 있으며, 패턴은 한 번은 프로브 방향이 $E_\theta$에 나란하게,

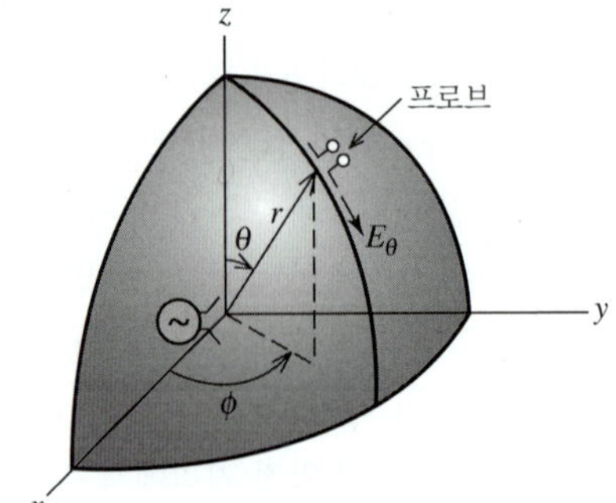


그림 13-4 안테나의 원거리장에서 구 표면 위를 따라 프로브 안테나를 이동시키는 개념에 의한 패턴 측정.

그림 13-5 **방사패턴 측정.** 안테나 $a$의 패턴은 단자 전압 $V_a$에 비례하며, 이것은 안테나 $a$가 회전하는 동안 각 위치의 함수이다.

그리고 또 한 번은 $E_\phi$에 나란하게 되도록 자른 두 단면에서 만들어진다.

반지름이 일정한 구 위에서 수신 안테나를 움직여 방사패턴을 측정한다고 개념화하더라도, 이와 같은 측정은 분명히 비실용적이다. 중요한 점은 안테나 간에 일정하게 먼 거리를 유지하면서 관측각을 변화시키는 것이다. 이를 위해서도 그림 13-5에 나타낸 것처럼 **시험 안테나**(test antenna) 또는 AUT (antenna under test)를 회전시키면 된다. 가역성 때문에 시험 안테나가 수신으로 동작하든 송신으로 동작하든 차이가 없지만, 대개는 시험 안테나를 수신 안테나로 사용하며, 여기서도 이와 같은 방법을 채택하기로 한다. 이동 없는 전원 안테나에서 생기는 장은 출력이 각 위치에 따라 변하는 시험 안테나를 일정하게 조사한다. 여기서 측정하고자 하는 안테나를 회전시켜 패턴을 얻는 법칙이 나온다.

안테나의 방사 특성을 완전히 표현하려면, 물론 될 수 있으면 모든 각 $(\theta, \phi)$에서 방사를 측정해야 한다. 그러나 이렇게 하는 일은 드물고 다행히 그럴 필요도 없다. 대부분의 응용에서 주평면 패턴이면 충분하다. 이상적인 다이폴을 이용해서 주평면 패턴을 설명하는 그림 2-4를 참조하라.

안테나 패턴을 나타내는 방법으로는 여러 가지가 있다. 예를 들어 수평면 패턴을 극좌표 또는 직각좌표 형태에서도 그릴 수 있으며, 그 척도는 선형일 수도 대수(데시벨)일 수도 있다. 그림 형태와 척도의 형태를 조합하면 극좌표–선형, 극좌표–대수, 직각좌표–선형, 직각좌표–대수의 네 경우가 나온다. 그림 13-6은 동일한 방사패턴을 이 네 가지 방법으로 그린 경우를 보이고 있다. 일반적으로 대수 형태는 고이득과 낮은 부엽 패턴에 사용되며, 선형은 주빔에 대한 상세정보가 일차적인 관심일 때 사용된다. 이런 안테나 패턴 표현은 상용 측정이나 기록 장비를 이용해 바로 저장할 수 있다. 더욱 자세한 정보가 필요하면, 여러 평면의 결과를 함께 모아 3차원 그림도 만들 수 있다. 혹 안테나 구조가 대칭으로 보이더라도 측정된 패턴은 대개 완전한 대칭이 아니며, 또한 영점도 부분적으로 채워진다는 사실을 명심하자.

안테나의 방사특성을 측정하는 데 사용되는 시설을 **안테나 측정장**(antenna range)이라고 한다. 때로는 레이더 단면적과 같은 산란 특성을 측정하고자 동일한 측정장을 사용할 수도 있다. 전체 측정 시설은 전원 안테나와 시험 안테나를 위한 공간(실내 또는 실외), 안테나 위치계, 송신기, 수신 시스템, 데이터 표시/기록 장비로 구성된다. 이 절에서는 측정장의 기본적인 사항을 논의한다. 안테나 측정장에 대한 더 자세한 사항은, 안테나 측정 기법의 완벽한 논의를 기술해 놓은 부록 [H.7: Evans], 부록[H.9.4: Macnamara, Chap. 8]과 부록 H.6의 핸드북에 표시된 각 장들을 참고하기 바란다.

표 13-1에서는 안테나 측정장의 형태를 그 특성과 장단점별로 살펴볼 수 있다. 대개의 측정장은 시험 안테나에 대해 간접 조사는 약하고 직접 조사는 강하게 설계된 **자유공간 측정장**(free space range)이다. 먼저 시험 안테나에서 전원 안테나가 멀리 떨어진 **원거리 측정장**(far-field range)을

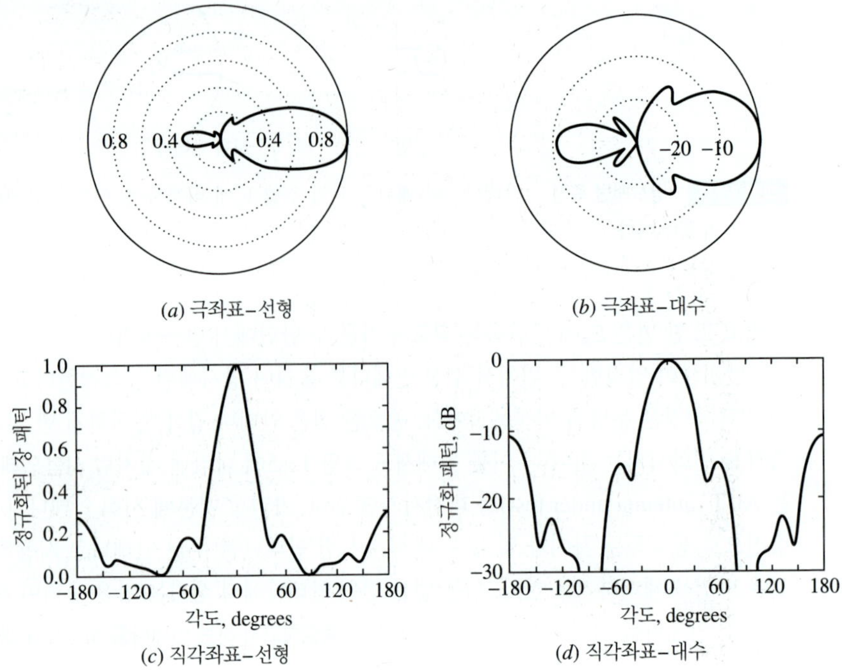


**그림 13-6** 동일한 패턴을 이용한 4개의 안테나 패턴 그림을 설명.

**표 13-1** 안테나 측정장의 특성.

| 측정장 형태 | 특징 | 장점 | 단점 |
|---|---|---|---|
| ▶자유공간 측정장 | 모든 주변 환경 영향이 적절한 수준으로 낮춰져야 함 | | |
| • **원거리 측정장** | | | |
| 고층 측정장 | 전원과 시험 안테나 모두 탑, 건물, 언덕 등에 위치함 | • 비용 낮음 | • 실제 토지가 필요함<br>• 탑이 필요함<br>• 외부 날씨에 영향받음 |
| 경사 측정장 | 전원 또는 시험 안테나 중 하나를 높이 설치함 | • 비용 낮음 | • 실제 토지가 필요함<br>• 탑이 필요함<br>• 외부 날씨에 영향받음 |
| 무반사실 | 반사를 제거하기 위하여 벽을 흡수체로 배열한 방 | • 실내 설치 | • 흡수체와 큰 실험실 설치에 비용이 많이 듦 |
| • **단축 측정장** | 대형 반사판의 평행 근거리장에 의해 시험 안테나를 조사함 | • 작은 공간에 설치 | • 대형 반사판이 필요함 |
| • **근거리 측정장** | 시험 안테나의 근거리장의 크기와 위상을 표본화해 원거리장을 계산함 | • 아주 작은 공간에 설치 | • 정확한 프로브 위치가 필요함<br>• 정확한 크기와 위상이 필요함<br>• 측정에 시간이 걸림<br>• 계산량이 많음 |
| ▶지면반사 측정장 | 전원과 시험 안테나 사이의 지면이 반사하며, 직접 광선과 간섭하는 간접 광선을 증가시켜 시험 안테나에 평탄한 조사를 줌 | • 시험탑이 낮음<br>• 저주파(VHF)에서 잘 동작함 | • 외부 날씨에 영향받음 |

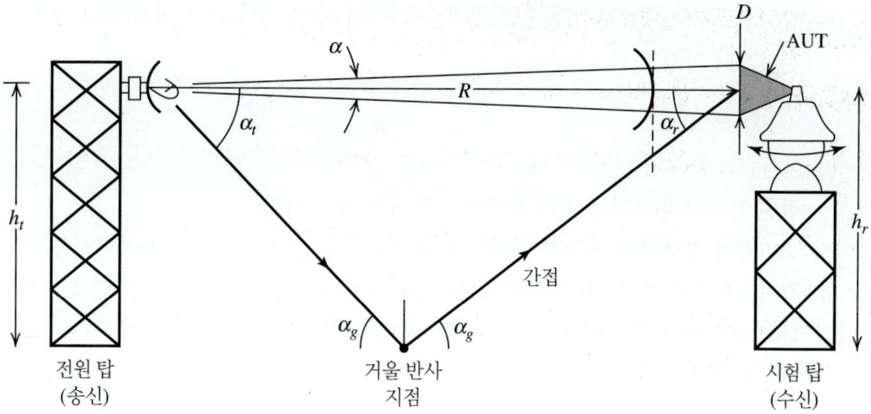


**그림 13-7** 고층 안테나 측정장.

살펴보자. 이것은 전원 안테나와 시험 안테나 둘 다 또는 둘 중 어느 하나를 높이 올려 만들 수 있으며, 고층 측정장(elevated range) 또는 경사 측정장(slant range)이 된다. 모든 안테나 측정장에서 시험 안테나 주변 지대는 패턴 측정의 정확도에 영향을 미친다. 이 문제를 해결하려면 전원과 시험 안테나 간에 차단되지 않고 가능한 한 지상(바닥)에서 높게 가시(직접) 경로를 만들면 된다. 이렇게 하면 그림 13-7에서 보는 바와 같이 각도 $\alpha_t$와 $\alpha_r$의 값이 커지게 된다. 그러면 지향성 안테나에 대해 각도 $\alpha_t$와 $\alpha_r$은 보통 부엽 방향에 해당하므로, 지상에서 반사되어 발생하는 간접 경로의 레벨이 줄어들게 된다. 그림 13-7의 고층 측정장에서 전원과 시험 안테나는 거의 동일 높이인 $h_t \approx h_r$에 있다. 경사 측정장은 시험 안테나를 지상 가까이에 두고 전원만 올린다는 것을 제외하고는 고층 측정장과 비슷하다.

원거리 측정장에서 시험 안테나는 그림 13-7에 나타난 바와 같이 입사파가 거의 평면파가 되도록 전원 안테나의 원거리장에 놓인다. 사실 모든 안테나 측정장의 공통적인 목적은 시험 안테나에 평면파를 조사하는 것이다. 시험 안테나 개구면에 조사되는 균일한 장의 진폭(크기)과 위상의 편차는 시험 안테나 본래의 개구면 테이퍼에 더해져서 패턴 측정의 오차를 발생시킨다. 원거리 측정장에서 조사되는 장의 진폭 변화는 전원 안테나의 방사패턴에 의해 결정된다. 시험 안테나 개구면에 인가되는 진폭 감소 현상이 증가됨으로써 측정 이득을 감소시키고 주빔에 가까운 부엽을 변화시킨다. 모든 경우에서와 같이, 전원 안테나 패턴의 최대가 시험 안테나에 집중되고, 전원 안테나 패턴에 의한 진폭 감소가 시험 안테나 개구면의 가장자리에서 −0.25 dB이라면, 0.1 dB의 지향성이(따라서 이득도) 감소하게 된다[H.7: IEEE Std. 149-1979, p. 19]. 즉 각 $\alpha/2$에서 패턴점은 최대치로부터 0.25 dB 아래이다(그림 13-7 참조). 안테나 측정장의 다양한 측정 환경에 대해 이를 다 만족시키기는 어렵지만, 모든 경우에 전원 안테나는 시험 안테나를 향하게 하고, 주변의 조사를 줄이고 적절한 동작 범위에 대한 수신 신호를 증가시키고자 될 수 있으면 빔폭을 작게 한다. 동시에, 시험 안테나에서 진폭 감소가 인가될 정도의 좁은 빔폭을 가져서는 안 된다.

한정된 크기의 전원 안테나에서 평면의 위상면을 만들려면 전원이 시험 안테나에서 무한대의 거리에 있어야 한다는 사실 때문에 위상오차가 발생한다. 전원 안테나로부터의 구면파는 2.4.3절에서 논의된 원거리장 거리 위상오차로서 작용하는 시험 안테나의 범위 $D$에서의 위상오차를 야기한다. 2.4.3절에서 구면파는 $2D^2/\lambda$의 거리에서 22.5°의 위상오차($\lambda/16$ 거리오차)를 가지면서 평행

광선으로부터 벗어나 있음을 보았다. 이 거리는 보통 전원과 시험 안테나 사이의 최소 분리 간격을 취하거나 아래 식 (13-16)에 따른다.

$$R > r_{\text{ff}} = \frac{2D^2}{\lambda} \tag{13-16}$$

전원 안테나의 크기는 거리 계산에 포함되지 않는다[2].

만약 부엽에서의 높은 정확도가 요구되지 않는다면, 식 (13-16)의 전통적인 최소 원거리장 측정거리는 고이득 안테나에 적합하다. $2D^2/\lambda$보다 훨씬 먼 측정거리는 대체로 평면의 위상면을 생성하기 때문에 작은 위상오차를 가진다. 하지만 매우 먼 거리는 시험 안테나로 낮은 출력이 도달하기 때문에 비현실적이다. 따라서 가능한 한 최소한의 측정거리를 유지하는 것이 바람직하다. 측정거리가 감소하게 되면 부엽 사이의 영점, 부엽의 첨두치 증가(대부분 주빔 근처), 주빔의 퍼짐, 그리고 명백하게 이득 감소를 야기하는 주빔 첨두치의 저하 등의 영향이 생긴다. 똑같은 영향이 개구면에서의 구면파에 기인한 위상오차를 가지는 혼 안테나에서도 나타난다. 그림 9-13에 있는 혼 패턴은 영점과 부엽의 증가 그리고 위상오차에 기인한 이득을 보이고 있다. 참고문헌 [3, 4]에는 영역 거리 위상오차 효과의 영향에 대한 철저한 연구가 발표되어 있다. 예를 들면 위상오차가 없는 주빔의 첨두치와 비교하여 −30 dB인 첫 번째 부엽은 $2D^2/\lambda$의 측정거리에서 −27 dB까지 증가한다. $2D^2/\lambda$의 거리에서 측정된 대표적인 고이득 안테나에 대해 측정된 이득 값은 약 0.1 dB 낮다. 넓은 주빔 안테나에 대해, 주빔에서 어떤 리플도 없는 정확한 측정을 확보하기 위해 측정거리는 최소한 $2D^2/\lambda$가 되어야 한다[5].

실내에서 원거리 측정장 환경을 만들어 측정하고자 할 때, 평평한 벽 표면에서 발생하는 반사파를 줄이기 위해 방의 벽면은 흡수체로 마감되어야 한다. 다음으로 측정장은 무반사실(anechoic chamber)의 성능에 의존한다. 대부분의 흡수체는 탄소 결합 우레탄 발포체이다. 또한 내연성 화학물질이 흡수체에 포함되어 있다. 발포체는 입사파에 대해 낮은 임피던스 부정합과 높은 전송 계수를 제공한다. 전파가 흡수체로 들어간 후, 전파는 탄소에 의해 감쇠된다. 인기 있는 흡수체의 모양은 피라미드 구조이다. 이 모양은 하나의 피라미드 흡수체로부터 다음 피라미드 흡수체로 반사되는 소량의 입사파에 직접 영향을 미친다. 어떤 흡수체 상품들은 구매자의 요구에 맞추어, 대역폭을 포함한 흡수체의 속성을 최적화한 피라미드 흡수체 구조를 제공한다. 두 번째 개선은 매우 작은 반사량을 가지는 반사에 대하여 랜덤 위상을 만드는 비주기 배치를 할 수 있는 서로 다른 크기의 피라미드를 사용하는 것이다. 흡수체는 전기적인 두께가 증가하면 더 좋은 성능을 보인다. 흡수체는 수직 입사에 대한 반사율(입사 전력에 대한 반사 전력의 비율)을 사용하여 그 특성을 나타낸다. 예를 들면 두께가 1파장인 피라미드 흡수체는 −33 dB의 반사율을 가지며, 8파장 두께의 피라미드 흡수체는 −51 dB의 반사율을 가진다[H.7: Hemming, p. 31]. 실내 무반사실을 조사하기 위해 그림 13-7을 사용하면, 지면은 무반사실의 벽에 해당하고 수직 입사에 대해 $\alpha_g = 90°$이다. $\alpha_g$가 감소될 때, 즉 수직에서 벗어날수록 흡수체의 성능은 저하(즉 반사율 증가)된다. 그래서 수직 입사일 때 −33 dB인 반사율이 $\alpha_g = 40°$일 때 −25 dB로 저하된다[H.7: Hemming, Fig. 3-7]. 그러므로 전파 무반사실의 설계는 매우 중요하다. 전파 무반사실의 길이가 $L$이고 단면적이 $W \times W$라고 가정하면, 전원과 시험 안테나는 길이 $L$만큼 떨어진 끝 가까이에 위치하고 $R$만큼 떨어진다. 가능한 한 수직에 가깝게 입사시키기 위해, 무반사실은 가능한 한 넓어야 한다(즉 $W$가 커야 한다). 그와 동시에, $R$(곧 $L$)은 전원 안테나와 시험 안테나 사이의 거리를 원거리장으로 유지하기 위해 커야 한다. 이러한 대립되는 목적의 절충으로 참고문헌 [H.7: IEEE Std.149-1979, p. 30]에 있는 관계로부터 $\alpha_g \geq 20°$를 가지게 하는 것이다.

$$R \leq 2.75\,W \quad \textit{전파 무반사실 크기 설계 공식} \tag{13-17}$$

여기서

$R$ = 전원 안테나와 시험 안테나 사이의 거리

$W$ = $W$ 높이를 가지는 무반사실의 폭

이다. 평면 페라이트 재료는 주로 1 GHz 미만에서 사용된다. 왜냐하면 페라이트 재료는 대부분 피라미드 발포체보다 아주 얇기 때문이다.

대부분의 안테나 측정장에서는 회전 위치계가 필요하다. 때로 간단한 **방위 위치계**(azimuth positioner, 또는 '회전판')로도 충분하다. 그림 13-8*a*에 나타낸 **고도-방위 위치계**(elevation-over-azimuth positioner)는 어떤 높이에 있는 전원 안테나라도 일직선 위에 배열시킨다. 회전 위치계의 축에 대해 시험 안테나의 위치를 지시할 때에는 흔히 **모델 탑**(model tower)이 사용된다(그림 13-8*b* 참조). 모델 탑과 함께 패턴면을 제어하기 위해 시험 안테나를 자체의 축에 대해 회전시키는 **횡전 위치계**(roll positioner)도 사용된다. 때로는 전원 안테나 편파의 적절한 방향을 위해 전원탑에 횡전 위치계를 사용하기도 한다. 회전축은 안테나로부터 방사되는 구면파의 명백한 시작점인 시험 안테나의 위상 중심을 지나가야 한다.

안테나 측정에 사용되는 기기는 상대적인 전력을 나타내는 서브시스템을 함께 가진 간단한 신호 전원으로부터 자동으로 자료를 수집해 표시하는 기능을 가진 완전한 상용 시스템에 이르기까지 다양하다. 신호 전원은 전력 레벨과 주파수에 대해서 안정적이어야 한다. 수신 시스템은 최소 40 dB의 선형 동작 범위를 가져야 한다. 진폭 전용이나 진폭 위상 겸용의 수신 시스템을 설치할 수 있어야 한다. 송신기는 고정된 주파수 신호를 보낸다. 넓은 동작 범위를 가지는 수신기에 대해, 그것의 대역폭은 반드시 좁아야 한다. 수신기는 송신된 신호의 주파수를 반드시 찾아야 하고, 초안정 송신기를 사용할 필요가 있다. 이런 접근은 넓게 분리된 전원과 시험 안테나 위치에 대해 사용된다. 하지만 대부분의 기기 시스템은 벡터회로망분석기(VNA)를 사용한다. VNA는 전원 신호를 제공하고, 동기화된 수신기의 역할을 한다. VNA의 신호원으로부터 전원과 시험 안테나까지 동작시켜야 한다

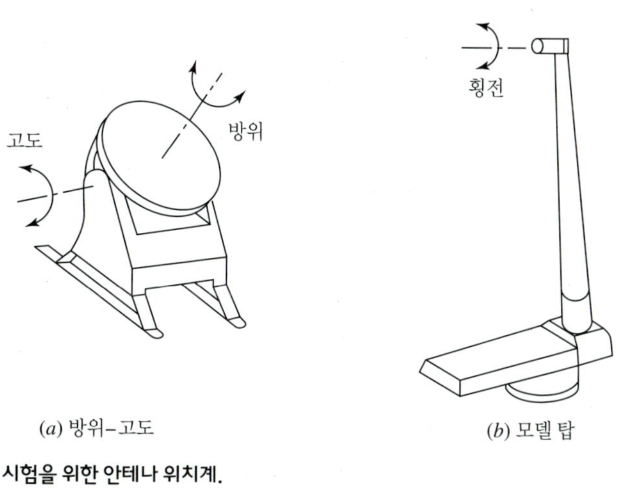


**그림 13-8** **안테나 시험을 위한 안테나 위치계.**

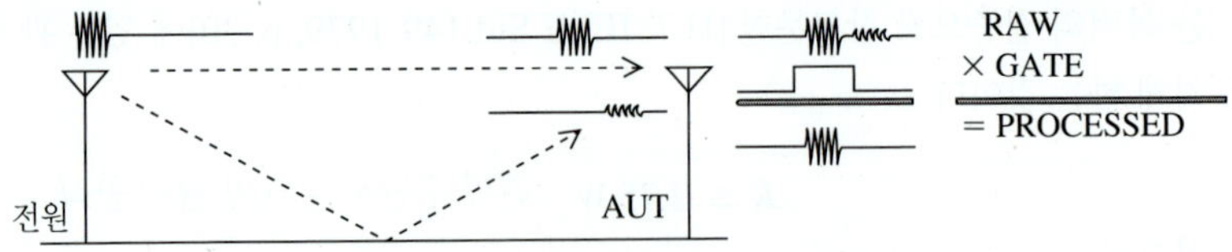


그림 13-9 간접 경로 지연 신호와 직접 경로 펄스 신호를 보여 주는 시간영역 안테나 측정 [6]. (허가하에 사용.)

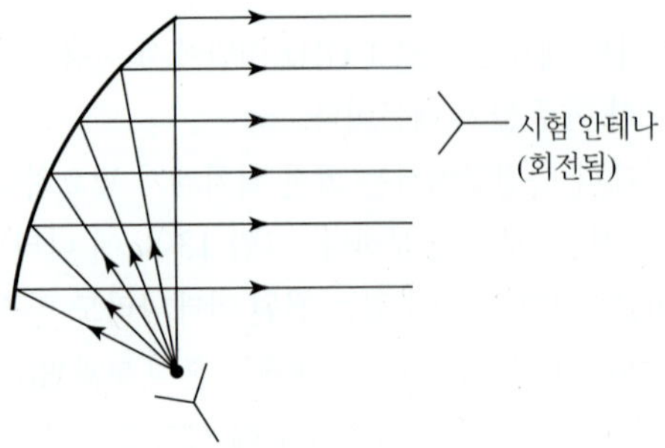


그림 13-10 단축 측정장.

는 제한이 있다. VNA의 장점으로는 사용자의 통제하에 주파수 간격을 설정할 수 있고, 100 dB 정도의 넓은 동작 범위에 걸쳐 선형 응답을 제공해 주는 특징이 있다.

이전에 기술했던 내용은 전통적인 주파수 영역 기법에 대한 것이었지만, 안테나 측정은 시간영역에서도 할 수가 있다. **시간영역 안테나 측정**(time-domain antenna measurement)을 할 때, 전원은 펄스로 전송한다. 그림 13-9에서 보여 주는 것처럼, 간접파는 직접파로부터 시간 지연에 의해 도착한 대상체와 지면(또는 바닥)으로부터 반사에 의해 만들어진 파를 의미한다. 시간 동기(time gating)를 사용하면 간접파의 영향을 크게 줄일 수 있다. 펄스는 VNA를 이용하여 발생되거나 주파수 영역과 시간영역 간의 푸리에변환을 사용하여 인위적으로 발생시킬 수 있다. 그림 13-9에서 보여 주고 있는 합성 시간영역 과정으로 사용된 단계는 다음과 같다. (1) 송신기는 주파수 영역에서 스위프된다. (2) 수신된 신호는 시간영역(RAW 신호)으로 변환된다. 시간 동기가 적용되고(GATE), 역변환은 간접파를 포함하여 주파수 영역으로 신호를 되돌린다(PROCESSED). 이것이 사용된 버지니아 공대의 야외 측정장은 반사를 매개로 18 m의 직접 경로와 19 m의 간접 경로를 가진다. 여기서 1 m의 경로차는 3.3 ns의 지연에 해당한다[6].

원거리 측정장보다 더 작은 무반사실로 만들어져 있어서 **단축 측정장**(compact range)이라고 불리는 이것은 그림 13-10에서 보는 것과 같이 오프셋 반사판(offset reflector)을 사용한다. 오프셋 반사판이 설치되어 있는 무반사실에는 흡수체가 필요하지 않지만, 흡수체를 무반사실에 설치하여 쓴다면 더 좋은 결과를 얻는다. 9.6.1절에 기술하였듯이, 초점에서 급전된 전장은 포물선 모양의 반사판에 반사되고, 개구면을 통하여 평행한 평면 위상 조건을 제공한다(책의 면에 수직). 하지만 개구에 진폭테이퍼가 있다. 초점의 길이 대 지름 비율을 늘리면 테이퍼는 감소한다[식 (9-208) 참조]. 개구 장이 방해를 받지 않도록 하기 위해 오프셋 반사판은 장이 방해를 받지 않는 곳에 급전을 설치하여 사용한다. 시험하려는 안테나는 평행 빔의 중심에 놓이고 패턴 데이터를 얻기 위해 회전된다. 진폭과 위상의 변화가 작은 시험 안테나 주변 영역을 **균일 영역**(quiet zone)이라 한다. 반사판의

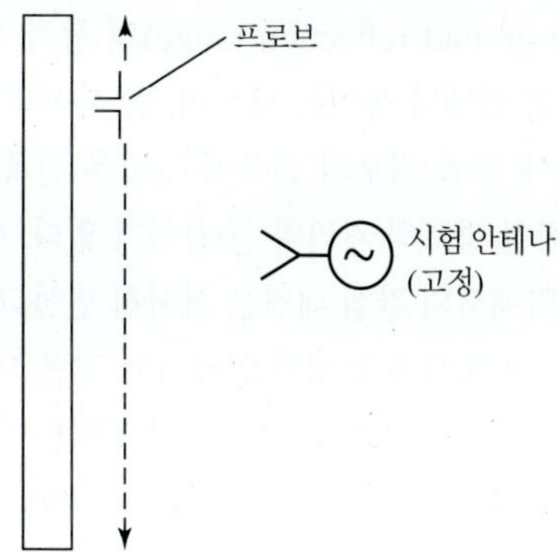


그림 13-11 평면 근거리 측정장.

지름은 균일 영역 지름보다 큰 약 20λ여야 한다(H.9.4: Macnamara, p. 284]. 단축 측정장의 명백한 단점은 주반사판이 크다는 것이다. 측정장의 상위 동작주파수는 반사판의 완만한 평탄도에 의해 결정된다. 원거리 측정장은 위상오차 문제가 있는 반면, 단축 측정장은 진폭 오차의 문제가 있다. 균일 영역에서 진폭 오차를 줄이기 위한 두 가지 기법이 있다. 첫째, 반사판의 가장자리는 균일 영역 내에서 가장자리 회절효과를 줄이기 위해 톱니모양으로 만들어 사용한다. 둘째, 9.6.4절에서 볼 수 있는 것처럼, 주반사판과 부반사판 모두를 가지는 이중반사판을 사용한다. 부반사판은 균일 영역으로 도달하는 전파의 넘침을 피하기 위해서 약하게 조사하고, 광선이 주반사판의 가장자리에 직접 도달하도록 하는 모양을 취하고 있다. 주반사판은 성형된 부반사판에 의해 발생하는 위상오차를 없애도록 성형되어 있다.

근거리 측정장(near-field range)은 가장 작은 측정장의 형태이다. 그림 13-11에서 보는 바와 같이 평면 근거리 측정장에서 시험 안테나는 송신기로 동작하고, 진폭과 위상은 시험 안테나 면의 정면에서 움직이면서 데이터를 수집하는 수신 프로브 안테나에 의해서 얻어진다. 약 반 파장 떨어진 위치에 있는 공간 표본들은 개구 분포로부터 원거리장 패턴을 찾기 위해 방사적분과 닮은 원거리장 패턴을 구할 수 있는 고속 푸리에변환 알고리즘을 사용하였다. 프로브 보정 효과는 위의 과정에 포함된다. 근거리 측정장은 프로브의 정확한 위치, 정확한 진폭과 위상 표본을 필요로 한다. 근거리 측정장의 고유한 특징은 개구 분포 데이터를 이용할 수 있고, 안테나의 설계와 평가에 있어서 유용하다는 것이다. 예를 들면 배열 소자의 여진을 평가하고 조정할 수 있다. 일반적으로 시험실은 흡수체로 배열되어 있거나 적어도 스캐너 뒤에 흡수체 벽들이 있다. 평면 시스템은 시험 안테나를 위해 위치계를 요구하지 않는다. 하지만 정확한 패턴 데이터는 전방 반구체에서만 얻을 수 있다. 전체 패턴 범위에 대해 시험 안테나는 원통 스캐너 또는 구 스캐너를 사용하여 하나의 각도(방위각 방향 또는 고도각 방향 중 하나) 또는 두 가지 각도(방위각 방향과 고도각 방향)로 각각 회전한다. 근거리장 구 스캐너는 휴대전화 안테나 같은 낮은 지향성의 안테나 측정에 적합하다. 완벽한 근거리장 측정 시스템은 상업적으로 사용되고 있다. 근거리 스캐닝의 변화는 정지되어 있거나 방위각으로 회전하는 테이블 위에 놓여 있는 시험 안테나의 주위로 프로브 안테나를 움직이는 것이다. 다양한 크기를 가지는 상업 시스템은 작은 무선 시험 제품과 차량에 장착된 안테나 등의 측정에 사용된다. 이중편파 프로브를 사용하는 스캐닝 시스템을 사용하면 데이터 수집 속도를 증가시킬 수 있다. 근거리 스캐닝에 관한 더욱 자세한 내용은 이 책의 부록 H.7에서 볼 수 있다.

지면반사 측정장(ground reflection range)의 동작 원리는 자유공간 측정장의 원리와 전적으로 다르다. 전원 및 시험 안테나 높이는 낮으며, 탑 사이의 지면은 평탄하고 반사를 일으키게끔 구성되어 있는데, 이 때문에 직접 경로의 진폭에 가까운 진폭을 가지고 도달하는 간접 경로가 생긴다. 간접 경로의 거리는 직접 경로의 거리와 큰 차이가 없다. 이 때문에 시험 영역에서 위상은 느리게 변하며, 따라서 시험 영역에서의 간섭 패턴은 서서히 변하고, 상대적으로 일정한 장이 조사된다. 낮은 시험탑은 실물 크기의 비행기에 탑재된 안테나와 같은 대형 시험 대상체의 경우에 편리하다. 지면반사 측정장은 때때로 장비와 시스템으로부터의 EMI 시험 방사에 사용되며, 야외시험장(OATS: open area test site)이라 부른다[H.9.4: Macnamara, p. 295].

마지막으로 안테나 시험은 종종 이용할 수 있는 측정 시설들을 공급하기 위해 시험 대상의 크기를 척도로 기준 모델(scale model)을 사용하여 수행된다. 한 가지 예로, 설계 안테나는 600 MHz ($\lambda_d = 50$ cm)에서 동작하는 배열 안테나이고, 4 m ($L_d = 5\ \lambda_d$)의 길이를 가진다고 가정한다. 6 GHz ($\lambda_t = 5$ cm)일 때 시험을 하기가 편리하다. 따라서 기준 모델 안테나는 설계 파장에 대한 시험 파장의 비율인 척도 인자($s = \lambda_t/\lambda_d = 5/50 = 0.1$)에 의해 축소될 필요가 있다. 이때 기준 모델 안테나의 크기는 40 cm (4 m × 0.1)이고, 대부분의 측정장에 쉽게 수용된다. 안테나가 차량에 장착되어 있을 때, 차량의 전체 크기를 축소시킬 필요가 있다. 시험 주파수에서 파장의 중요한 부분인 기준 모델의 세부사항은 재생산되어야 할 필요가 있다. 물질(특히 $\varepsilon$과 $\mu$)이 주파수와 일치하지 않는 속성을 가지는 몇 가지의 경우를 제외하고, 모형은 보통 실제 크기 모델로서 같은 물질을 사용하여 만든다.

## 13.3 이득 측정

앞 절에서 논의한 패턴 측정 기법은 시험 안테나 방사를 할 때 각에 변화를 주어 측정하는 것이다. 또한 절대 방사 레벨이 필요하다. 이득 파라미터는 절대 전력 레벨을 수치화하는 데 도움을 준다. 하지만 보통은 패턴 측정보다 더 어려운 측정이다. 이득에 대한 기본적인 개념과 정의는 2.5절에 나타나 있다. 이득은 식 (2-155)의 지향성을 사용하여 구한다. $G = e_r D$이며, $e_r$은 방사효율이다. 이득 측정(gain measurement)은 피할 수 없는 임피던스 부정합 손실을 포함하고 있으며, 그것은 실현이득으로 언급되어 있다(4.4.2절 참조). 실현이득은 $G_r = qG$의 관계가 있다. 이때 $q$는 임피던스 부정합 손실이며, 식 (4-39)에서 찾을 수 있다. 이득은 임피던스 부정합 손실을 추정하여 구할 수 있고, 또한 실현이득 값으로부터 임피던스 부정합 손실을 제거함으로써 얻을 수 있다. 만약 시험 안테나와 전원 안테나가 같은 편파가 아니고 일직선 상에 있지 않다면, 식 (4-45)에서 사용된 측정 이득 값으로부터 제거된 편파 부정합 손실 $p$가 있을 것이다. 달리 언급이 없으면, 이 절에서는 임피던스와 편파 정합으로 한정한다.

### 13.3.1 선형편파 안테나의 이득 측정

이득은 다음 방법으로 지향성을 사용하여 구할 수 있다. 지향성 $D$는 동일한 기준 레벨로 정규화된 다중 방사패턴을 이용하여 계산되며, 식 (2-142)에 있는 근사 빔 입체각 적분으로 유한 합을 구하고, 지향성은 식 (2-144)의 $D = 4\pi/\Omega_A$을 사용하여 계산된다. 이득은 $G = e_r D$를 사용하여 구하고, 많은 안테나에서 동일한 방사효율 $e_r$을 평가할 수 있다. 자동화 안테나 측정 시스템은 이러한 방식의 지향성 평가를 제공한다.

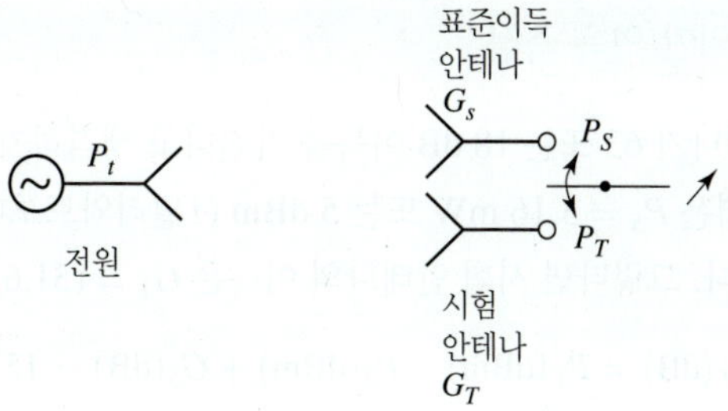


**그림 13-12 알고 있는 표준이득 안테나의 이득 $G_S$와 $G_T = (P_T/P_S)G_S$에 근거해 이득비교법을 이용한 시험 안테나 이득 $G_T$의 측정.** ([H.11.1: Stutzman] © 1993. Artech House, Inc., Norwood, MA의 허가하에 사용.)

가장 인기 있는 이득 측정 방법은 이득비교법(gain comparison method)[이득대체법(gain substitution method) 또는 이득전달법(gain transfer method)]이며, 이 방법은 표준이득 안테나(standard gain antenna)라 불리는 이미 이득을 알고 있는 안테나와 비교하여 측정하는 것이다. 이득비교법 측정은 고정 입력 전력이 $P_t$인 송신기와 함께 그림 13-12에 있는 배치를 사용한다. 이때 고정 입력 전력이 $P_t$인 송신기는 전원 안테나와 잘 연결되어 있다. 또한 전원 안테나의 패턴 첨두치는 시험 안테나의 중심 위치이다. 수신 전력은 그림 13-12에 나타나 있는 것과 같이, 시험 안테나 전력 $P_T$와 표준이득 안테나 전력 $P_S$를 사용하여 측정된다. 전원 안테나와 수신 안테나는 편파에 있어서 선형편파로 정렬되어 있다(예를 들어 두 개 모두 수평편파). 종종 위치계 위의 끝부분에 설치되어 있는 안테나들은 최대 출력을 보이는 각도로 조정될 수 있다. 표준이득 안테나와 시험 안테나의 패턴 첨두치는 반드시 전원 안테나의 방향으로 지향되어야 한다. 시험 안테나의 이득은 표준이득 안테나 이득에 수신 전력의 비를 곱해서 쉽게 알아낼 수 있다.

$$G_T = \frac{P_T}{P_S} G_S \tag{13-18}$$

이것을 dB로 표현하면 다음과 같다.

$$G_T(\text{dB}) = P_T(\text{dBm}) - P_S(\text{dBm}) + G_S(\text{dB}) \tag{13-19}$$

여기서

$G_T$(dB) = 시험 안테나의 이득(dB)—계산된 이득

$G_S$(dB) = 표준이득 안테나의 이득(dB)—알려진 이득

$P_T$(dBm) = 시험 안테나로부터 수신된 전력(dBm)—측정된 전력

$P_S$(dBm) = 표준이득 안테나로부터 수신된 전력(dBm)—측정된 전력

이다. 간단히 말해 시험 안테나의 이득은 표준이득 안테나가 수신한 전력대비 시험 안테나 수신 전력의 증가만큼 표준이득 안테나의 이득보다 더 크다는 것은 직관적으로 알 수 있는 결과이다. 또한 이 결과는 시험 안테나와 표준이득 안테나의 경우에 대하여 식 (4-34)의 프리스 전송 공식을 사용하여 쉽게 유도된다. 거리 $R$, 주파수 $f$와 송신 전력 $P_t$를 포함하는 항은 상수이고, 식 (13-19)에는 빠져 있다. 물론 전력이 동일하다면($P_T = P_S$) 시험 안테나의 이득도 표준이득 안테나의 이득과 동일하다.

**예제 13-1 이득비교에 의한 이득 측정**

표준이득 안테나가 63 또는 18 dB 이득을 가진다고 생각하자. 그림 13-12에 나타난 측정 기법에 따라 측정된 전력은 $P_S = 3.16$ mW 또는 5 dBm (1밀리와트보다 5 dB 위), 그리고 $P_T = 31.6$ mW 또는 15 dBm이다. 그렇다면 시험 안테나의 이득은 $G_T = (31.6/3.16)63 = 630$ 또는 dB로

$$G_T(\text{dB}) = P_T(\text{dBm}) - P_S(\text{dBm}) + G_S(\text{dB}) = 15 - 5 + 18 = 28\text{ dB} \tag{13-20}$$

이다.

정확한 이득 측정을 위해서 정확한 전력 측정이 필요하다는 사실은 식 (13-19)에서 명백히 알 수 있다. 최신 수신기를 사용하면 측정을 정확히 할 수 있다. 수신기 선형성에 의존하지 않는 접근법으로는 정밀 감쇠기를 사용해 전력 레벨의 변화를 안정시키는 RF 대입법이 있다. 즉 두 경우 다 수신기가 동일한 지시치를 나타내도록 감쇠기를 조정한다. 그러면 상응하는 감쇠기 위치의 차이는 $P_T$(dBm) − $P_S$(dBm)과 동일하다. 정확성은 또한 표준이득 안테나의 이득을 아는 것에 달려 있다. 많이 사용되는 표준이득 안테나는 UHF와 그 아래 주파수의 경우에는 반파장 다이폴이며, UHF와 그 이상 주파수에서는 피라미드형 혼 안테나이다. 다이폴의 이득은 2.15 dB이며(표 3-2 참조), 표준이득 혼 안테나의 이득은 제조업자에 의해 그림 9-20에 나와있는 동작주파수 범위에서 제공된다. 혼의 이득이 알려져 있지 않다면 9.4절의 기법을 써서 계산하면 된다.

이득이라는 용어는 절대이득(absolute gain) 또는 최대이득(peak gain)과 동의어임을 주목하자. 이득과 패턴 데이터는 정규화 패턴에 이득을 곱함으로써 이득패턴(gain pattern)으로 합성될 수 있다. 각도에 대한 함수로서 이득을 나타내면

$$G(\theta, \phi) = G\,P(\theta, \phi) = G\left|F(\theta, \phi)\right|^2 \tag{13-21}$$

이다. 이 방정식은 양쪽 항에 10 log를 취함으로써 dB로 표현될 수 있다. 이득의 단위인 dB는 등방성 안테나를 기준으로 하여 나타낸 이득으로 dBi로 쓰는 것이 더 정확하다.

또한 이득은 3개 안테나 방법(three-antenna method)을 사용하여 표준이득 안테나 없이 측정될 수 있다. 수신 전력은 송신 안테나와 수신 안테나의 3가지의 가능한 조합으로 측정되고, 프리스 전송 공식은 모든 3개 안테나의 이득을 풀기 위해 사용된다(연습문제 13.3-1 참조).

## 13.3.2 원형편파 안테나의 이득 측정

만약 알려진 이득을 가지는 양질의 원형편파(CP) 전원을 이용할 수 있다면, 그림 13-12의 이득비교법을 사용할 수 있다. 하지만 표준이득은 낮은 교차편파를 가져야 하고, 낮은 교차편파를 가지는 CP 안테나를 만드는 것은 LP 안테나를 만드는 것보다 더 어렵다. 따라서 CP 안테나와 타원편파 안테나의 이득은 보통 두 개의 직교하는 선형편파(LP) 안테나를 사용하거나, 두 개의 직교 방향으로 사용된 하나의 LP 안테나로 측정된다. 식 (13-19)의 이득비교법을 사용하는 두 번의 측정 절차를 거치는데, 이것은 각각의 직교 LP 전원 안테나 방향에 대해 한 번씩 이루어진다. 수직 LP 전원 안테나 방향과 수평 LP 전원 안테나 방향에 대해 측정된 이득을 각각 $G_{\text{Tv}}$와 $G_{\text{Th}}$라고 하면, 이들의 측정된 부분이득(partial gain)을 합하여 총이득을 계산할 수 있다[H.11.1: Stutzman, p. 94].

$$G_T(\text{dB}) = 10\log(G_{\text{Tv}} + G_{\text{Th}}) \qquad [\text{dBic}] \tag{13-22}$$

이 절차를 부분이득법(partial gain method)이라고 부른다. 타원편파의 전력은 두 직교 성분의 합에 들어 있어서, 어떤 직교 방향이라도 사용할 수 있다. 부연하자면, CP 안테나는 이런 합을 순간적으로 수행함을 볼 수 있다. 그러므로 식 (13-22)의 이득은 이상적인 CP 안테나에 대해 상대적이다. 단위 dBic는 완전한 등방성 CP 안테나에 상대적인 이득을 나타낸다. 이득 측정의 정확도는 전원 안테나의 정확성에 달려 있다. LP 표준이득 안테나는 대개 40 dB 또는 더 좋은 축비를 가지며 이득 오차에 큰 영향을 미치지 않는다.

### 예제 13-2 부분이득법을 이용한 이득 계산

그림 13-13에 LP 전원 안테나와 1054 MHz에서 동작하는 후방공동 헬리컬 안테나인 CP 시험 안테나로 측정된 두 개의 패턴이 제시되어 있다. 또한 제조업체들이 제공하는 이득 곡선에 근거해 1054 MHz에서 이득이 14.15 dB인 표준이득 혼의 패턴도 볼 수 있다. 측정하는 동안 수신기 이득과 전원 전력은 일정했다. 수직, 수평 LP 패턴의 최대이득이 표준이득 혼 패턴의 최대이득보다 각각 16.1 dB와 13.25 dB 아래이여서, 수직과 수평 편파에 대한 최대이득은

$$G_{\text{Tv}}(\text{dB}) = 14.15 - 16.1 = -1.95\ \text{dB}, \quad G_{\text{Th}}(\text{dB}) = 14.15 - 13.25 = 0.9\ \text{dB} \tag{13-23}$$

이다. 따라서

$$G_{\text{Tv}} = 10^{-1.95/10} = 0.64, \quad G_{\text{Th}} = 10^{0.9/10} = 1.23 \tag{13-24}$$

이고, 식 (13-22)에서

$$G_T(\text{dB}) = 10\log(0.64 + 1.23) = 2.71\ \text{dBic} \tag{13-25}$$

을 얻는다.

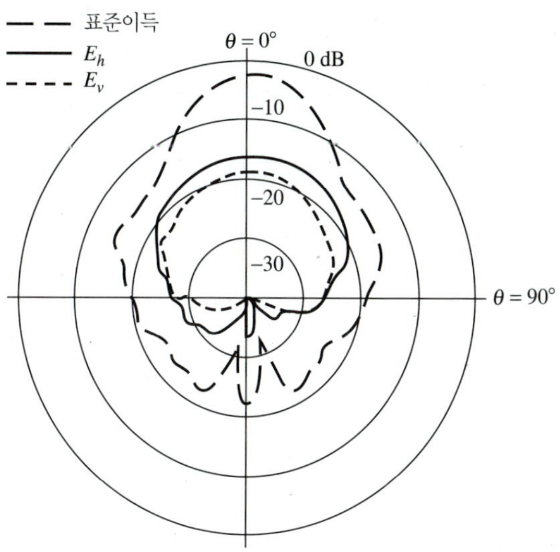


그림 13-13 **부분이득법을 이용한 CP 안테나의 이득 측정을 설명(예제 13-2 참조).** 패턴은 LP 표준이득 혼(긴 점선)과 수직(짧은 점선) 및 수평(실선) 편파 전원으로 측정한 CP 안테나에 대한 것이다.([H.11.1: Stutzman) © 1993. Artech House, Inc., Norwood, MA의 허가하에 사용.)

### 13.3.3 방사효율 측정

지향성이 낮은 안테나는 넓은 패턴을 가진다. 사실 매우 넓은 패턴이 많은 응용분야에서 요구된다. 예를 들면 휴대 단말기 안테나는 단말기의 방향이 바뀔 때 수신 신호에 잘 반응하기 위해 낮은 지향성을 가져야 한다. 또한 어떤 전기적으로 소형인 안테나는 약간 찌그러진 도넛 형태의 패턴을 갖는 낮은 지향성을 가질 것이다. 표 3-2로부터, 도넛 패턴의 지향성은 1.76 dB이고, 반파장 다이폴은 2.15 dB 이상의 지향성을 가지지 않는다. 따라서 실제로 전기적 소형 안테나의 지향성과 반파장 다이폴 형태 안테나의 지향성은 0에서 2 dB까지의 범위를 가진 것이다. 하지만 방사효율(또는 단순히 효율) $e_r$은 $G = e_r D$를 사용한 이득 계산에 의해 결정되어야 한다.

휠러캡 방법(Wheeler cap method)은 효율 측정(efficiency measurement)에 있어서 가장 인기 있는 기법이다. 휠러캡 방법은 접지면 위에 고정된 시험 안테나를 중심에 위치시키고, 그 위에 도체로 된 반구형 캡을 사용한다. 그림 11-15에서 보는 바와 같이 캡의 반지름 $a$는 식 (11-23)으로부터 $\beta a < 1$, $a < 0.159\lambda$의 라디안구 조건을 만족시켜야 한다. 휠러캡의 크기와 모양은 반드시 이러한 조건을 만족시킬 필요는 없다. 휠러캡은 상자 모양일 수 있고, 최대 $0.5\lambda$까지 길이를 가질 수 있다 [H.7: Arai, p. 56]. 이 방법에 대한 두 가지 단계는 캡이 있을 때와 없을 때의 입력 저항을 측정하는 것이다. 식 (2-178)로부터 방사효율은

$$e_r = \frac{R_r}{R_r + R_o} \tag{13-26}$$

이다. $R_r$은 방사 저항이고 $R_o$는 회로 손실 저항이다. 휠러캡이 없을 때, 안테나로부터 나온 방사 저항은 자유공간으로 사라진다. 그리고 그림 2-15$b$에서 보는 바와 같이 입력 저항은 $R_{\text{Afs}} = R_r + R_o$이다. 휠러캡이 있을 때 방사 손실은 방지되고, 오직 회로 손실만이 남는다. 그리고 입력 임피던스는 $R_{\text{Acap}} = R_o$이다. 따라서 효율은 $R_{\text{Afs}}$와 $R_{\text{Acap}}$의 두 번의 측정으로부터 구할 수 있다.

$$e_r = \frac{R_{\text{Afs}} - R_{\text{Acap}}}{R_{\text{Afs}}} = 1 - \frac{R_{\text{Acap}}}{R_{\text{Afs}}} \tag{13-27}$$

이 결과는 반사계수의 항, 즉 $|S_{11}|^2$으로 표현된다(연습문제 13.3-2 참조). 공식은 리액턴스가 존재하지 않는다고 가정한다. 하지만 이 방법은 가정 없이도 사용할 수 있다[8].

### 13.3.4 대형 안테나의 이득 측정

크기에 있어서 많은 파장을 가지는 전기적으로 거대한 안테나는 종종 종래의 시험시설에서 측정 할 수 없다. 예를 들면 2.3 GHz에서 동작하는 캘리포니아주 골드스톤(Goldstone)에 있는 Deep Space Network 70 m 반사판 안테나는 식 (13-16)에 따르면 측정거리가 75 km여야 한다! 이것의 대안으로 비행기에서 전원을 실어 사용할 수 있다. 때때로 무선 표지 신호는 위성을 사용할 수 있지만, 신호가 약할 수 있다. 여기서 방사분석법(radiometric method)에 대하여 논의하고, 잡음 온도를 측정하기 위하여 시험 안테나와 함께 방사분석 수신기를 사용한다.

개별 '전파별'은 소음의 전원으로 사용된다. 잡음은 시험 안테나로 입사된다. 이 시험 안테나는 단위 대역폭당 단위 면적당 전력 $W/m^2/Hz$을 가지는 전력 스펙트럼 전속 밀도 $S$의 수신 모드로 동작한다.[3] 유효 개구면 $A_e$를 가지는 안테나는 헤르츠당 출력 전력으로 표시되는 잡음 전원 $SA_e/2$로

[3] 기호 $S$는 관례상 전력 밀도(2.3절)와 전력 스펙트럼 밀도(이 절) 모두를 가리키는 데 사용된다.

만들어진다. 여기서 1/2은 편파를 가지지 않는 잡음과 편파 안테나 사이의 편파 부정합 손실 때문에 필요하다. 수신 전력은 또한 식 (4-15)로부터 $KT_A$로 표현할 수 있고, 아래 식과 같이 된다.

$$\frac{SA_e}{2} = kT_A \qquad [\mathrm{W/Hz}] \tag{13-28}$$

식 (4-27)의 유효 개구면 $G = 4\pi A_e/\lambda^2$으로부터 이득에 대한 표현을 하면 다음과 같다.

$$G = \frac{8\pi k T_A}{S\lambda^2} \tag{13-29}$$

여기서 $k = 1.38 \times 10^{-23}$ J K$^{-1}$는 볼츠만 상수이고, $T_A$는 측정된 안테나의 잡음 온도이다. 전원의 전력 스펙트럼 전속 밀도 S는 반드시 알고 있는 값이어야 하며, 하늘에 있는 강한 개별 전파 전원의 값은 부록 [H.7: IEEE Standard 149]에서 찾을 수 있다. 방사분석계로 잡음 온도를 측정해야 한다는 것이 이 방법의 명백한 단점이다. 또한 방사분석계는 안테나 효율을 측정하는 데 사용될 수 있다[9].

### 13.3.5 이득 결정 방법의 요약

정확한 이득 결정은 매우 중요하나. 따라서 이득의 측정에서 오차가 발생하지 않도록 하는 이용 가능한 다양한 방법들이 만들어져 쓰이고 있다. 이득의 추정 방법은 매우 중요하다. 패턴 측정을 하는 동안 반전력 빔폭 측정은 식 (4-57)의 $G \approx 26{,}000/\mathrm{HP}_{E^\circ}\,\mathrm{HP}_{H^\circ}$을 사용한다. 이득을 추정하는 두 번째 방법으로 식 (9-78)의 $G = \varepsilon_{\mathrm{ap}}\, 4\pi A_p/\lambda^2$을 사용한다. 이때 개구효율 $\varepsilon_{\mathrm{ap}}$는 안테나 유형에 의해 결정되고, 이 식으로부터 물리적 개구면적 $A_p$는 쉽게 구할 수 있다. 가장 정확한 이득 추정 방법은 지향성을 구하기 위해 몇 개의 잘린 패턴을 통합하고 $G = e_r D$로부터 이득을 계산하여 효율을 추정하는 방법이다. 물론 주된 이득 평가 방법은 이득 비교 또는 3개 안테나 방법을 사용하여 직접 측정을 하는 것이다. 전기적으로 거대한 안테나들은 방사분석법을 사용하여 측정할 수 있다. 전기적으로 작은 안테나의 효율은 휠러캡 방법 또는 방사분석법을 사용하여 측정할 수 있다.

## 13.4 편파 측정

안테나의 편파는 안테나 동작 부분의 구조에서 짐작할 수도 있다. 예를 들어 그림 2-4의 이상적인 다이폴은 방사 요소가 수직 방향으로 있으므로 수직 선형편파이다. 이득과 동일편파 패턴 측정을 위해, 시험 안테나에 예측되는 안테나 편파를 조사해야 한다. 이 경우 수직 선형편파이다. 실제 안테나는 항상 의도한 편파에 대해 직교하는 편파에서 어떤 전력량을 가진다. 이상적인 다이폴을 실제로 구현하면 소량의 수평 선형편파가 있게 된다. 이와 같은 교차편파(cross-polarization)는 안테나 또는 주변 구조에 흐르는 수평 전류로부터 발생한다. 그러므로 완전한 안테나 측정은 시험 안테나 편파 성질의 묘사를 포함한다. 때로는 이를 전원 안테나에 대한 동일편파와 교차편파로서 시험 안테나의 $E$ 평면과 $H$ 평면의 패턴을 만들어 이룰 수 있다. 이것은 LP 시험 안테나와 LP 전원 안테나의 경우에 대해 그림 13-14에 나타나 있다. 물론 교차편파 패턴은 동일편파 패턴보다 훨씬 더 낮은 레벨이고, 완전한 LP 시험 안테나의 경우에는 0이 된다. 반사판 안테나에 대한 동일편파 및 교차편파 패턴은 9.6.5절에서 논의되었다.

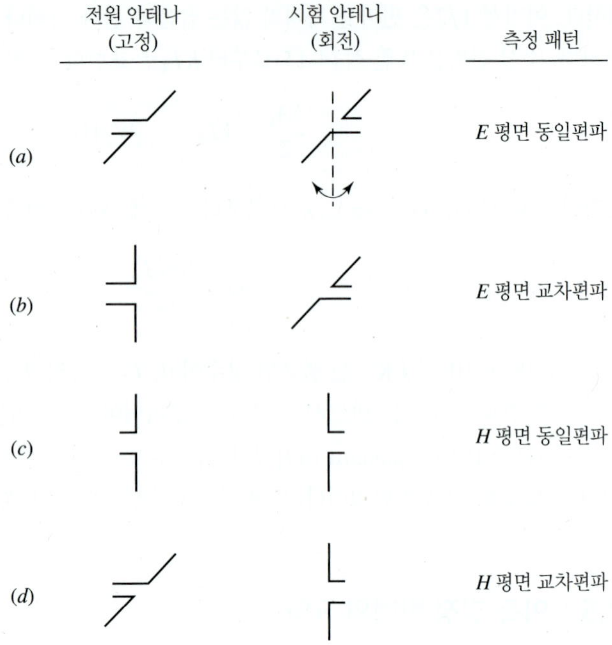


**그림 13-14** **동일편파 및 교차편파 측정에 대한 설명.** 전원 안테나는 LP이고, 수신 모드에서 동작하는 시험 안테나는 LP이며 그 자체의 축에 대해 회전한다.([H.11.1: Stutzman] © 1993. Artech House, Inc., Norwood, MA의 허가하에 사용.)

타원편파이지만 축비가 크지 않은(즉 편파 상태가 순수한 LP에 가깝지 않은) 안테나의 특성을 아는 데에도 세 가지 측정 기술이 사용된다. 이 방법은 이 절의 남은 부분에서 논의한다[H.11.1: Stutzman].

## 13.4.1 편파패턴법

편파패턴(polarization pattern)은 안테나가 횡전축에 대해 회전함에 따른 진폭 응답이다. 어떤 고정된 패턴 회전각에서도 이를 측정할 수 있다. 그림 13-15에 나타난 결과 패턴은 조사되는 LP파의 방향과 안테나의 기준 방향 사이의 상대적인 각 $\alpha$의 함수로서 시험 안테나 응답의 극좌표 도식이다. 시험 안테나가 정지해 있는 동안 LP 전원 안테나가 횡전을 하거나 그 역이 성립된다. 타원편파 송신 안테나로 동작하는 시험 안테나와 선형편파 프로브의 수신 안테나를 가지고 편파패턴법을 더 쉽게 설명할 수 있는데, 이는 가역성 때문에 가능하다. 시험 안테나의 순시 전장 벡터의 끝은 편파타원 위에 있으며, 파의 주파수로 회전한다. 즉 전장 벡터는 타원을 따라 초당 $f$회 회전한다. LP 프로브의 출력 전압은 각 $\alpha$에 있는 LP 방향 선 상에 대한 전장의 최대 투영에 비례한다. 이것은 그림 13-15에서 타원 위의 접점 $T$로부터 투사된 거리 $OP$이다. LP 프로브가 회전함에 따라 점 $P$의 궤적은 타원보다 굵어지는데, 이는 그림 2-20에서도 볼 수 있다. 물론 CP 시험 안테나에 대해서라면 그림 13-15의 곡선은 둘 다 원형이다.

동일 크기의 척도로 측정하면 편파패턴의 최대와 최소는 대응되는 편파타원의 최대, 최소와 같음을 주목하자. 측정된 편파패턴으로 편파타원을 얻을 수는 없더라도, 안테나 편파의 축비 크기는

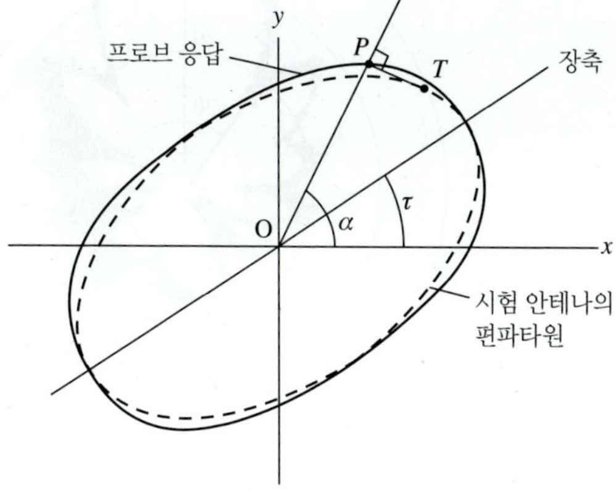


**그림 13-15 타원편파 시험 안테나의 편파패턴(실선).** 이것은 편파타원(점선)을 가진 송신 시험 안테나에 대해 방향각이 $\alpha$인 LP 수신 프로브의 응답이다.([H.11.1: Stutzman] © 1993. Artech House, Inc., Norwood, MA의 허가하에 사용.)

얻을 수 있다. 이 또한 타원의 경사각도 결정해 주는 그림 13-15에서 알 수 있다. 편파패턴으로부터 축비의 크기 |AR|과 편파타원의 경사각 ¿ 를 얻을 수 있지만, 벡터 방향을 얻지는 못한다. 벡터 방향을 알아내려면 부가적인 측정이 필요하다. 예를 들면 시험 안테나가 송신할 때 벡터 방향만 제외하고는 동일한 두 개의 CP 안테나를 수신 안테나로 사용할 수 있다. 그러면 최대 출력을 내는 안테나의 방향이 시험 안테나의 방향이다.

많은 경우에 편파패턴법은 안테나 편파를 측정하는 실용적인 방법이다. 시험 안테나가 거의 원형편파이면 축비는 거의 1이고, 측정 결과는 LP 프로브의 정확성에 민감하지 않다. 시험 안테나가 정확히 원형편파이면 경사각은 무관하다. 거의 선형편파인 시험 안테나의 경우 축비 측정의 정확성은 LP 프로브의 정확성에 의존하며, 여기서 LP 프로브는 시험 안테나의 축비보다 훨씬 더 큰 축비를 가져야 한다.

## 13.4.2 회전전원법

회전전원법(spinning linear method 또는 rotating source method)은 축비의 크기를 패턴각의 함수로서 결정하는 신속한 측정 기법이다. LP 프로브 안테나(대개 송신)가 자전하는 동안 시험 안테나는 기존의 패턴 측정대로 회전한다. LP 안테나의 자전율은 시험 안테나가 천천히 회전하면서 LP 안테나가 반회전하는 동안 시험 안테나 패턴이 두드러지게 변하지 않는 정도여야 한다. 헬리컬 안테나의 패턴 예가 그림 13-16에 제시되어 있다. 프로브 안테나 회전율의 2배를 나타내는 빠른 변동이 안테나 패턴에 중첩되어 있다. 그림 13-16과 같은 대수(dB) 패턴의 경우 축비는 각각의 각에서 인접하는 최대와 최소 간의 차가 된다. 예를 들어 주빔 축으로부터 반시계 방향으로 30°의 패턴각에서 최대와 최소 패턴 포락선은 약 −8 dB와 −10 dB이며, 2 dB의 축비에 해당한다.

회전전원법을 사용해서는 벡터 방향을 얻을 수 없다. 패턴점에서 나타나는 프로브의 방향 정보를 정확히 알고 있다면 이론상 경사각을 얻을 수 있지만, 실제로는 거의 그렇게 되지 않는다.

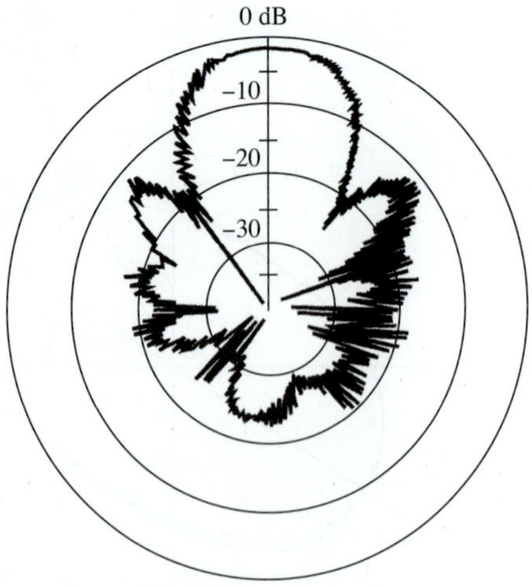


그림 13-16 **회전전원법을 이용한 패턴각의 함수인 축비의 측정.** 축비는 인접하는 최대와 영점 사이의 dB 차이다. 시험 안테나는 X 대역에서 동작하는 헬리컬 안테나이며 전원은 회전하는 LP 안테나이다.([H.11.1: Stutzman] © 1993. Artech House, Inc., Norwood, MA의 허가하에 사용.)

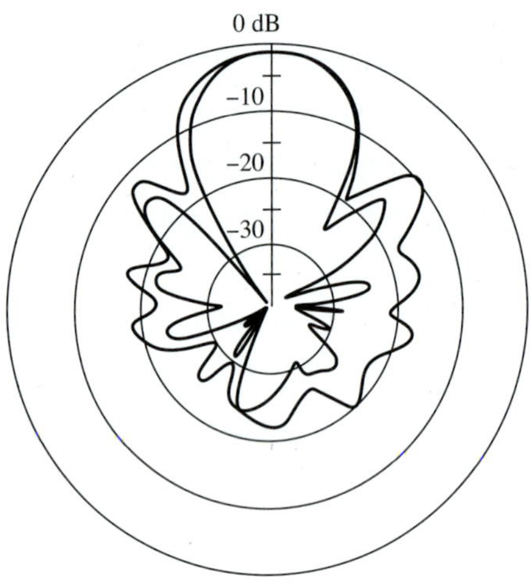


그림 13-17 **이중선형 패턴법을 이용한 패턴의 함수인 축비 측정.** 축비는 시험 안테나 편파타원의 장축 단축을 가지는 평면을 나타내는 두 패턴 사이의 dB 차이이다. 시험 안테나는 그림 13-16과 동일하다.([H.11.1: Stutzman] © 1993. Artech House, Inc., Norwood, MA의 허가하에 사용.)

### 13.4.3 이중선형 패턴법

회전전원법과 관련된 한 가지 방법으로 이중선형 패턴법(dual-linear pattern method)이 있다. 이 방법에서는 LP 프로브 전원 안테나의 직교 방향에 대해 두 개의 패턴을 측정해서, 패턴이 시험 안테나 편파타원의 장축과 단축에 정렬되도록 한다. 회전전원법으로 측정한 그림 13-16과 같은 동일 표본 안테나에 대한 결과 패턴이 그림 13-17에 제시되어 있다. 이 예에서 최대 빔으로부터 반시계 방향으로 30°의 동일한 패턴점에 대해 두 개의 선형 패턴 값은 −8 dB와 −10 dB이며, 여기서도 2 dB의 축비 값을 얻는다. 물론 이득과 다른 장비의 설정은 전체 측정 시간 동안 일정하게 유지해야 한다.

## 13.5 전장 세기 측정

매우 작은 수신 안테나를 전장 프로브(field probe)로 사용할 수 있다. 전자장의 공간적인 진폭 분포를 측정해야 할 때 프로브를 사용한다. 프로브는 근거리 측정장과 같은 안테나 측정 시설에 사용된다. 프로브는 그 자체에 의해 일어나는 방해를 최소화하기 위해 전자장이 측정되는 구조에 비해 상대적으로 매우 작아야 한다. 3.1절에서 논의된 전기적으로 소형인 다이폴은 전장을 검출하는 데 사용된다. 자장 검출에는 소형 루프가 사용된다. 이 절에서는 전장 측정의 다른 방법들과 함께 프로브 측정을 통해 전장 세기를 계산하는 방법을 보여 준다.

원거리장의 고정된 거리에서 송신 시험 안테나 주변을 따라 수신 안테나를 움직여 안테나 패턴을 측정할 수도 있으며, 이를 통해 상대적인 전장 강도의 변화를 알 수 있다. 절대장 레벨은 송신 장치로부터 지정된 거리만큼 떨어진 위치에서 수신 안테나로 측정된 값이다. 지형과 실제 지표면의 영향을 계산하기 어렵기 때문에, 절대장 레벨 측정은 규칙을 준수하며, 저주파수 대역에서 필요하다. 만일 측정 안테나의 이득을 알고(대개의 경우 그렇다) 단자에 나타나는 전압을 측정할 수 있다면, 측정안테나에 입사되는 전장 강도를 계산할 수 있다. 지금 이것을 다루어 보자.

그림 4-1$b$와 같은 동일 모델이 전장 세기를 알아내는 데 사용된다. 종단 부하에 전달되는 전력은

$$P_D = \frac{1}{2}\frac{|V_A|^2}{R_L} = \frac{V_{A,\text{rms}}^2}{R_L} \tag{13-30}$$

이며, 여기서 $V_A$가 최대량이므로 $V_{A,\text{rms}} = |V_A|/\sqrt{2}$이다. 식 (4-35)와 식 (4-26)으로부터 전달 전력을 전장으로 표현하면

$$P_D = pq\,S_{\text{av}}\,A_e = pq\frac{(E_{\text{rms}}^i)^2}{\eta}A_e \tag{13-31}$$

이다. 이 두 관계를 같게 하면

$$(E_{\text{rms}}^i)^2 = \eta\frac{V_{A,\text{rms}}^2}{pqR_L}\frac{1}{A_e} = \eta\frac{V_{A,\text{rms}}^2}{pqR_L}\frac{4\pi}{G\lambda^2} \tag{13-32}$$

이 되고 여기서 $A_e$에 대해 식 (4-27)이 사용되었다. $\lambda = c/f$를 이용해 파장을 주파수로 변환하고 양변에 10 log를 취해 이 관계를 dB로 나타내면

$$\begin{aligned} E_{\text{rms}}^i(\text{dB}\mu\text{V/m}) &= V_{A,\text{rms}}(\text{dB}\mu V) + 20\log f(\text{MHz}) - G(\text{dB}) \\ &\quad - 10\log R_L - 10\log p - 10\log q - 12.8 \end{aligned} \tag{13-33}$$

이 된다. 이 표현으로 이득 $G$인 프로브 안테나의 단자에서 측정된 1 $\mu$V에 대한 상대적인 dB 전압 $V_{A,\text{rms}}$를 이용해 1 $\mu$V/m에 상대적인 dB 전장 세기 $E_{\text{rms}}^i$를 쉽게 계산할 수 있다. 예를 들어 프로브 안테나가 6 dB 이득을 가지고, 수신 안테나의 최대 패턴보다 2 dB 이하인 방향으로 입사파가 도달되도록 향해 있다고 생각하자. 그러면 식 (13-33)에서 첨두이득 6 dB보다는 4 dB 이득이 사용된다.

### 예제 13-3 FM 수신기의 감도

안테나와 전송선의 입력 임피던스가 둘 다 300 Ω이라고 가정하자. 그러면 식 (13-33)은

$$E^i_{\text{rms}}(\text{dB}\mu\text{V/m}) = 20 \log f(\text{MHz}) - G(\text{dB}) + V_{A,\text{rms}}(\text{dB}\mu\text{V}) - 37.57 \quad \textbf{(13-34)}$$

이 된다. 자세히 알아보기 위해 감도 1 $\mu$V인 전형적인 FM 방송 수신기를 고려해 보자. 즉 $V_{A,\text{rms}}$의 값이 1 $\mu$V 또는 0 dB $\mu$V일 때 최소 만족의 성능이 나온다. 가장 많이 사용되는 FM 수신기 안테나는 실제 임피던스가 약 300 Ω이고 이득이 2.15 dB인 반파장 폴디드 다이폴이다(6.2절 참조). 주파수 100 MHz에서 최소 만족 성능에 요구되는 입사 전장 세기는 식 (13-34)에 의해 0.28 dB $\mu$V/m 또는 1.03 $\mu$V/m가 된다.

---

규제 기관들은 멀리 떨어진 고정된 거리에서 장치로부터 방사되는 최대 전장 강도를 종종 지정한다. 예를 들면 FCC (Federal Communications Commission)는 3 m 거리에서 ISM 장치로부터 방사되는 전장강도에 관한 최댓값을 지정하고 있고, 안테나뿐만 아니라 방사 전력으로부터 1 km 떨어진 AM 라디오 방송국으로부터의 전장 강도에 관한 제약 또한 지정하고 있다. 상업적으로 이용할 수 있는 전자기 안테나는 안테나의 동작 범위에 대해 제조사들이 제공하는 안테나 인자(antenna factor) 값을 사용하여 보정된다.

1 GHz 이하의 주파수에서 안테나 측정은 알고 있는 전장 세기를 시험 안테나에 조사시키고 단자 전압을 측정해 이루어진다. 안테나 인자는 이런 측정을 정량화하는데 사용된다. 4.2절에서 소개한 안테나 인자 $K$는 안테나 단자의 수신 전압에 대한 안테나에 조사되는 전장 세기의 비로서 정의된다.

$$K = \frac{E^i}{V_A} \quad [\text{m}^{-1}] \quad \textbf{(13-35)}$$

이것은 전장 안테나 인자로서, 자장 세기를 포함하는 상응하는 인자가 사용되기도 한다. 안테나 인자는 때로 수신 감도를 결정하는 데 사용된다. 그러면 식 (13-33)을 이용해 식 (13-35)를 dB 형태로 표현하면

$$E^i_{\text{rms}}(\text{dB}\mu\text{V/m}) = \text{수신 감도} = V_{A,\text{rms}}(\text{dB}\mu\text{V}) + K(\text{dB/m}) \quad \textbf{(13-36a)}$$

가 되고, 여기서

$$\begin{aligned} K(\text{dB/m}) &= 20 \log [f(MHz)] - G(\text{dB}) - 10 \log R_L \\ &\quad - 10 \log p - 10 \log q - 12.8 \end{aligned} \quad \textbf{(13-36b)}$$

이다. 여기서 $R_L$은 일반적인 수신기 입력 임피던스인 50 Ω으로 정해 두는 것이 일반적이다. 안테나 인자에는 임피던스 부정합 효과와 안테나 이득이 포함된다. 일반적인 측정 상황에서 입사파와 안테나의 편파는 대개 정합(즉 $q = 1$)되었다고 가정한다.

**예제 13-4 안테나 인자를 사용한 FM 수신기의 감도**

안테나 인자를 이용해 예제 13-3을 반복해 보자. $R_A = Z_o = 300\ \Omega$, $G = 1.64$, $\lambda = 3$ m를 식 (13-36*b*)에 대입하면

$$K = 20 \log(100) - 2.15 - 10 \log(300) - 0 - 0 - 12.8 = 0.28 \text{ dB/m} = 1.03 \text{ m}^{-1} \tag{13-37}$$

이 된다. 그러면 1 $\mu$V 감도에 대해 식 (13-36*a*)로부터

$$E^i_{\text{rms}} = 0 \text{ dB } \mu\text{V} + 0.28 \text{ dB/m} = 0.28 \text{ dB } \mu\text{V/m} \tag{13-38}$$

를 얻고, 이것은 예제 13-3 에서 얻은 결과이다.

## 13.6 이동 무선 안테나 측정

물리적으로 소형인 안테나와 이동 통신을 위한 휴대전화 안테나는 정확하게 측정하기 어렵다. AUT에 연결된 케이블로부터 불균형한 전류를 방사할 수 있고 이것 때문에 매우 부정확한 측정값을 얻을 수 있다. 이 문제를 해결하기 위한 표준 방법은 거대 접지면 위에 모노폴 안테나를 설치해 두고, 접지면 아래로 케이블을 위치시켜 케이블의 영향을 줄이는 것이다. 하지만 휴대전화 안테나에는 이 기술을 적용할 수 없다. 케이블 위에 페라이트 비드(ferrite bead)를 두어 케이블의 영향을 줄일 수 있으나, 불요 방사의 문제를 해결할 수 없다. 불요 방사를 해결하기 위한 대안은 휴대전화 내장 배터리를 이용해 전송 모드에서 안테나를 측정하는 것으로, 작은 안테나와 휴대 단말기 또는 일반적인 DUT (device under test) 측정을 위한 기법에 이용된다. 또한 이동 통신 산업에서 사용된 성능지수 양과 관련하여 설명하기도 한다.

이득, 방사패턴, 편파, 그리고 전파 환경에 기인한 다중경로를 포함하는 성능지수 양은 **평균유효이득**(MEG: mean effective gain)이다. 다중경로 효과를 갖는 예정된 코스를 따라 움직이는 휴대 전화기에 의해 MEG가 측정되고, 이것은 기지국으로부터 수신된 평균 신호이다. 측정된 MEG는 안테나와 코스를 따라 진행한 전파와의 상호작용을 나타낸다. 반파장 다이폴과 같은 기준 안테나로 같은 코스로 움직이면서 똑같은 방법으로 측정하여 비교해 보면, 시험 안테나 성능의 상대적인 측정값을 얻을 수 있다. 전파 환경이 변하기 때문에 측정된 MEG는 일반적으로 사용되지는 않는다. 대신에 이론적인 MEG는 수신파에 대하여 가정된 각도 확률밀도분포에 의해 가중치가 주어진 구 주위를 둘러싸고 있는 이득 패턴의 합으로 계산된다. MEG에 관한 더 자세한 내용은 [H.9.1: *Mobile Sys. Hdbk.*]를 참조하기 바란다.

전체 이동 장비(full mobile equipment) 시험은 안테나 효과들을 반드시 포함해야 하며, 동시에 송신 단자에서 수신 단자까지의 시험을 제공한다. 과거에 이 시험은 전원에서부터 수신 단자까지 케이블로 연결해 수행했다. 더 현실적인 조건을 위해 OATS(over-the-air test system)는 끝에서 끝까지 무선 시험을 제공하기 위해 사용된다. 두 가지 기본적인 측정 양이 있다. 총 방사 전력(TRP: total radiated power)은 DUT 송신에 대해, 그리고 총 등방성 감도(TIS: total isotropic sensitivity)는 수신에 대해 사용된다. TRP와 TIS는 11.6.4절에 기술되어 있으므로 이 절에서는 그들의 양적 관계에 대해 기술한다.

출력을 송신에 대해 평가하는 TRP는 일반적으로 휴대전화의 시험인 DUT로 시험한다. OATS의 조건하에 고정된 거리에서 수신 전력은 두 개의 편파로 측정된다. 일반적으로 DUT 주위의 구를 통하여 방위각과 고도각에 대해 15° 간격으로 표본들이 수집된다. 데이터 표본들은 적분으로 근사화된 합이다.

$$\text{TRP} = \frac{1}{4\pi}\iint [P_t\, G_\theta(\theta, \phi) + P_t\, G_\phi(\theta, \phi)]\, d\Omega \tag{13-39}$$

안테나의 이득 $G_t$와 정규화된 전력 패턴 $|\text{F}(\theta, \phi)|^2$에 대해, 이전의 결과는 $P_tG_t\left[\iint|\text{F}(\theta, \phi)|^2\, d\Omega\right]/4\pi$로 감소한다. 식 (2-142)를 사용하면 $P_tG_t\Omega_A/4\pi$와 같다. $P_tG_t = \text{EIRP}$이고 $\Omega_A/4\pi = 1/D$라 두면

$$\text{TRP} = \frac{\text{EIRP}}{D} \tag{13-40}$$

가 된다. 휴대전화를 포함한 DUT의 송신은 24 dBm이고, 전형적인 TRP 값은 27 dBm이다[10].

TIS는 고정 거리만큼 떨어진 곳에 위치한 송신기로부터의 신호를 수신하는 DUT 단자와 함께 측정된다. 일반적으로 DUT 주위의 구를 통하여 방위각과 고도각에 대해 30° 간격으로 표본들이 수집된다. 각 점에서 송신 전력은 DUT 성능이 수용할 수 있을 때까지 조절된다. 이것은 휴대전화에 대한 비트 오차율(bit error rate) 문턱값이다. 각각의 편파에 대해 기록된 전력 레벨($P_{\text{is}\theta}, P_{\text{is}\phi}$)은 적분으로 근사화된 합이다.

$$\text{TIS} = \frac{4\pi}{\displaystyle\iint \left[\frac{1}{P_{\text{is}\theta}(\theta, \phi)} + \frac{1}{P_{\text{is}\phi}(\theta, \phi)}\right] d\Omega} \tag{13-41}$$

전력이 $P_{\text{is}}$와 같은 값으로 측정된다면, $\text{TIS} = 4\pi/\iint(1/P_{\text{is}})d\Omega = \text{P}_{\text{is}}$로 예상된다. 전형적인 휴대전화의 TIS 값은 약 $-105$ dBm이다[10].

TIS와 TRP는 일반적으로 전파 무반사실에서 측정된다. 구동 시험은 측정을 하려는 작업자나 기계적으로 움직일 수 있는 선로에 의해 운반되는 자동차와 같은 움직이는 장치 위에 만들어진 측정 장소를 사용한다. 그러나 평균적인 결과값을 얻기 위해 많은 횟수의 구동 시험이 필요하다. 빠르고 경제적인 접근은 잔향실(reverberation chamber)에서 측정하는 것이다. 잔향실은 전자레인지에 사용되고 있는 것과 유사한 모드 교반장치(mode-stirring device)를 갖는 금속 박스 구조이다. 잔향실은 전자제품의 간섭 시험과 호환성 시험을 위해 사용되어 왔다. 최근에 무선 통신 단말기는 실내 및 도시 전파 조건을 가진 다중경로 환경을 만들 수 있는 잔향실에서 측정되고 있다[11].

## 13.7 실험조사에 대한 규칙

이 장에서 설명하는 실험 절차의 순서는 중요하다. 대부분의 안테나에 대해 적용되는 선호 순서는 다음과 같다.

1. 원하는 동작 대역에 걸쳐 임피던스 정합을 측정한다.
2. 방사패턴을 측정한다.
3. 이득을 측정한다.
4. 편파 상태를 측정한다.

물론 시험하고자 하는 안테나와 사용하고자 하는 측정 시설에 따라 순서는 다양할 수 있다. 하지만 임피던스 측정(impedance measurement)은 첫 번째로 수행해야 한다. 만약 안테나가 요구되는 입력 임피던스를 만족시키지 못한다면, 다음 시험은 무의미할 것이다. 그리고 요구되는 임피던스 값이 충족될 때까지 설계는 반복적으로 수행해야 한다. 주파수(일반적으로 스미스 차트로 표시된다)에 대하여 스위프(sweep)된 전체 임피던스(즉 저항과 리액턴스)를 측정하는 것이 가장 좋다. 또한 전체 임피던스의 측정은 안테나의 동작을 이해하는 데 매우 유용하다. 하지만 안테나의 임피던스에 대한 규격은 종종 임피던스를 이용해 계산된 VSWR이나 반사 손실로 나타낸다. 만약 가능하다면, 임피던스 측정은 주위의 영향을 제거할 수 있는 전파 무반사실에서 하는 것을 시험 조항으로 만들어야 한다. 그러나 종종 임피던스 측정 시험은 흡수체로 배열된 상자 내에 시험 안테나를 위치시켜 수행하거나, 흡수체 벽면으로 된 방의 구석쪽에 시험 안테나를 두고 행한다. 소형 장치들과 소형 안테나를 위해, 어떠한 케이블의 연결 없이 원격 임피던스 측정이 가능하다[12]. 소형 안테나의 측정에 대해 더 많은 정보는 부록 [H.8.11: Hirasawa and Haneishi, Chap. 9]를 참고하기 바란다.

일단 수용할 수 있는 임피던스 정합이 달성되면, 다음으로 방사패턴이 측정될 수 있고, 이 장의 절차 순서에서 언급한 대로 이득과 편파를 측정할 수 있다. 측정 단계를 결합하는 것도 편리할 수 있다. 만약 패턴의 기준 레벨이 이득을 포함한다면, 패턴과 이득은 동시에 측정될 수 있다. 또한 편파 특성 측정은 그림 13-16과 13-17에서 보는 바와 같이 패턴 측정과 결합되어 동시에 수행될 수 있다. 현대의 안테나 측정장비는 측정을 하려는 작업자가 데이터 수집이 완료된 후에 데이터 표시 형식과 표시 유형 범위를 선택할 수 있도록 기능을 제공하고 있다.

임피던스 정합이 좋고 패턴이 정상적으로 얻어지더라도 이득이 매우 낮을 수 있기 때문에 이득 측정은 반드시 해야 한다. 안테나 측정을 할 때 큰 손실이 발생할 수 있다. 의사 부하(dummy load)는 통일된 VSWR을 갖는 것을 기억하라. 다시 강조하지만, VSWR이 낮다는 것이 안테나가 잘 동작한다는 것을 의미하는 것은 아니다.

## 참고문헌 References


1. C. T. Tai, "A Critical Study of the Circuit Relations of Two Distant Antennas," *IEEE Trans. on Ant. & Prop.* Mag., Vol. 44, pp. 32-37, Dec. 2002.
2. T. Milligan, "Exact Derivation of Aperture Errors in Antenna Measurements," *IEEE Trans. on Ant. & Prop.* Mag., Vol. 38, pp. 56-60, Aug. 1996,
3. P. Hacker and H. Schrank, "Range Distance Requirements for Measuring Low and Ultra Low Sidelobe Antenna Patterns," *IEEE Trans. on Ant. & Prop.*, Vol. AP-30, pp. 956-966, Sept. 1982.
4. R. C. Hansen, "Measurement Distance Effects on Low Sidelobe Patterns," *IEEE Trans. on Ant. & Prop.*, Vol. AP-32, pp. 591-594, June 1994.
5. D. Hundt and W. Stutzman, "Pattern Measurement Distance for Broad Beam Antennas," *J. Electromagnetic Waves & App.*, Vol. 8, pp. 221-235, Feb. 1994.
6. A. Predoehl, "Time Domain Antenna Pattern Measurements," M.S. thesis, Virginia Tech, 1996.
7. H. A. Wheeler, "The Radiansphere around a Small Antenna," *Proc. IRE*, Vol. 47, pp. 1325-1331, Aug. 1959.

8. R. Johnston and J. McRory, "An Improved Small Antenna Radiation-Efficiency Measurement Method," *IEEE Trans. on Ant. & Prop*. Mag.. Vol. 40, pp. 40-47, Oct. 1998.

9. D. Pozar and B. Kaufman, "Comparison of Three Methods for the Measurement of Printed Antenna Efficiency," *IEEE Trans. on Ant. and Prop*., Vol. 36, pp. 136-139, Jan. 1988.

10. M. Rumney, "The MIMO Antenna: Unseen, Unloved. Untested," *Microwave J*., Vol. 53, pp. 22-34, Aug. 2010.

11. B. Furht and S. Ahson, Eds., *Long Term Evolution: 3GPP LTE Radio and Cellular Technology*, CRC Press, 2009. Chap. 12.

12. T. Yang and W. A. Davis, "Remote Measurements of Input Impedance and Radiation-Q of Handheld Antennas," URSI Radio Science Meeting (Ottawa, CA), July 2007.

## 연습문제 Problems

**13.1-1** ▸ $\mathbf{J}_a$, $\mathbf{M}_a$, $\mathbf{J}_b$, 그리고 $\mathbf{M}_b$를 모두 선형 매질에서 동일 주파수의 전원이라 하자. 다음 과정은 로렌츠 가역정리를 이끌어 낸다.

(a) 전원 $a$에 대한 맥스웰 방정식은

$$\nabla \times \mathbf{E}_a = -j\omega\mu\, \mathbf{H}_a - \mathbf{M}_a$$

$$\nabla \times \mathbf{H}_a = j\omega\varepsilon\, \mathbf{E}_a + \mathbf{J}_a$$

이다. 전원 b에 대해서도 유사한 방정식이 성립된다. 4개 방정식으로 벡터 항등식 (C-19)를 사용해 다음을 보여라.

$$\nabla \cdot (\mathbf{E}_a \times \mathbf{H}_b - \mathbf{E}_b \times \mathbf{H}_a) = \mathbf{E}_b \cdot \mathbf{J}_a + \mathbf{H}_a \cdot \mathbf{M}_b - \mathbf{H}_b \cdot \mathbf{M}_a - \mathbf{E}_a \cdot \mathbf{J}_b$$

(b) 모든 전원을 감싸는 체적 $v$에 대해 위의 식을 적분하고, 좌변에 발산정리 식 (C-23)을 적용해서, 체적을 무한대로 확장시켜라. 그러면 체적의 표면에 도달하는 장은 구면파처럼 보이게 되고, 좌변이 0이 됨을 보이기 위해 TEM파 관계식을 적용할 수 있으며, 그 결과 식 (13-1)의 증명을 이끌어 낼 수 있다.

**13.1-2** ▸ 식 (13-2)의 가역정리 형태를 사용해, 자유공간의 어떤 유한한 전기 전류 분포에 의한 원거리장도 반지름 방향 성분을 가질 수 없음을 보여라.

**13.1-3** ▸ 어떤 2단자 회로망이라도 등가 T 회로망으로 간략화할 수 있으므로, 그림 13-2$a$의 일반적인 안테나 시스템을 다음 그림과 같이 모델링할 수 있다. 첫째, 전류원 $I_a$로 단자 $a$를 여기시키고 개방회로 출력 전압 $V_b|_{I_b=0}$을 구하라. 그리고 전류원 $I_b$로 단자 $b$를 여기시키고 개방회로 출력 전압 $V_a|_{I_a=0}$을 구하라. 이 관계로부터 $Z_{ba}$와 $Z_{ab}$를 구하라. 물론 이것은 같을 것이다.

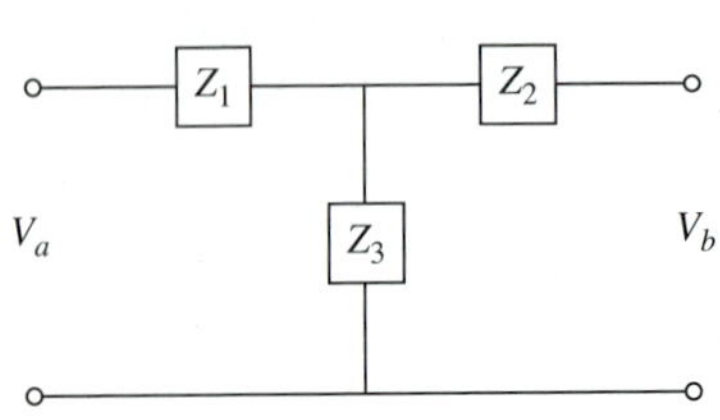

**13.1-4** ▸ 연습문제 13.1-3의 회로망 표현에 대해 전압 방정식을 쓰고, 식 (13-6)과 비교하여 T 회로망 임피던스가 $Z_1 = Z_{aa} - Z_m$, $Z_2 = Z_{bb} - Z_m$, 그리고 $Z_3 = Z_m$임을 보여라.

**13.1-5** ▸ 안테나 $a$와 $b$가 동일하다면 연습문제 13.1-3과 13.1-4의 회로망은 어떻게 단순화되는가?

**13.1-6** ▸ 전압원과 단락회로 전류를 가지고도 가역성을 보일 수 있다.

(a) 전압원 $V_a$로 연습문제 13.1-3의 회로망 단자 $a$를 구동하고 회로 단자 $b$를 단락하라. $Z_1$, $Z_2$, $Z_3$로서 $V_a/I_b|_{V_b=0}$을 표현하라. 전압원 $V_b$로 단자 $b$를 구동시키며 단자 $a$는 단락시킨다. $V_b/I_a|_{V_a=0}$을 구하라. 이것은 $V_a/I_b|_{V_b=0}$과 같아야 한다.

(b) 식 (13-6)으로부터 $Z_{aa}$, $Z_{bb}$, $Z_{ab}$, $Z_{ba}$를 이용해 동일한 전달 임피던스 표현들을 구하라. $Z_{ab} = Z_{ba}$라면 이것이 같음을 보여라.

(c) 연습문제 13.1-4로부터 $Z_1 = Z_{aa} - Z_m$, $Z_2 = Z_{bb} - Z_m$, 그리고 $Z_3 = Z_m$을 이용해, (a)의 전달 임피던스 표현이 (b)의 전달 임피던스 표현과 같음을 보여라.

**13.1-7** ▸ 그림 13-2$a$의 모델에서 안테나 $a$의 원거리장에 있는 안테나 $b$에 대해, 안테나 $a$를 전압 $V_a$로 여기시키고, 부하 $R_L$로 종단된 안테나 $b$의 수신 전력은 $|Z_m|^2$에 비례함을 증명하라.

**13.2-1** ▸ *무반사실 설계*. 전원과 시험 안테나 거리가 7 m인 무반사실이 2 dB 이득 안테나의 패턴을 측정하는 데 사용된다. 측정은 1 GHz에서 12 GHz까지 수행되며 패턴을 위해 45 dB의 수신기 동작 범위가 요구된다. 수신기는 1 GHz에서 −110 dBm, 그리고 12 GHz에서 −95 dBm의 감도를 가진다. 송신 전력은 10 dBm이다. 동작 범위에 대해 수신기 감도 이상으로 수신 신호 전력을 유지시키기 위한 전원 안테나의 이득(대역에 걸쳐 일정한)을 구하라.

**13.3-1** ▸ *이득 측정을 위한 3개 안테나 방법*. (a) 송신과 수신에 사용되는 결합된 3개의 안테나로 측정된 전력에 관하여 미지의 이득 $G_1$, $G_2$, $G_3$를 갖는 1, 2, 3으로 주어진 3개 안테나의 이득에 대한 표현을 유도하라: $P_{12}$, $P_{23}$, $P_{13}$ 및 송신 전력 $P_t$와 자유공간 손실 $L_{fs}$를 유도하라. 단, 각각의 경우에 대하여 프리스 전송 방정식을 이용하여 dB 형태로 나타내라. (b) $G_1 = G_t$, $G_2 = G_T$, $G_3 = G_S$를 갖는 안테나를 사용하여 식 (13-19)의 이득비교법 결과에 대한 방정식을 간단히 나타내라.

**13.3-2** ▸ 자유공간에 대한 $|S_{11fs}|^2$의 측정값과 캡이 있는 $|S_{11cap}|^2$의 측정값을 사용하여 휠러캡 방법에 대한 방사효율 표현을 유도하라. 식 (2-177)에 있는 효율 방정식의 전력 형태로 시작하라.

**13.3-3** ▸ 수신 단말기는 dB로 표현된 시스템 잡음 온도에 의해 나누어진 안테나 이득인 '$G/T$'라고 불리는 성능지수를 가지고 종종 정량화된다.

$$\left.\frac{G}{T}\right|_{\text{dB}} = G(\text{dB}) - 10\log\left[T_{\text{sys}}(K^\circ)\right]$$

예제 4-3과 4-4에서 기술했던 직접 위성 방송 단말기(direct broadcast satelliteterminal)에 대한 $G/T$를 계산하라.

**13.5-1** ▸ 식 (13-32)로부터 식 (13-33)을 유도하라.

**13.5-2** ▸ FM 방송 수신기가 적절한 성능을 지니려면 전압 200 $\mu$V(첨두치)의 입력이 요구된다. 수신기 입력 임피던스는 300 Ω(실수)이다. 안테나는 300 + $j$0 Ω의 입력 임피던스를 가진 선형편파 폴디드 다이폴이며 손실을 무시할 수 있다. 안테나의 이득은 1.64이고 최대 수신 신호 방향으로 향

해 있다. 연결 전송선은 300 Ω의 꼬인 선이다. (a) 방사효율 $e_r$과 임피던스 효율 $q$는 얼마인가? (b) 라디오 방송국 송신 안테나가 원형편파일 경우, 100 MHz에서 적절한 수신에 요구되는 수신기에 입사되는 최소 첨두 전장 세기($\mu$V/m)를 구하라.

**13.5-3** ▸ (a) 식 (13-35)에 식 (13-32)를 이용해 안테나 인자에 대한 표현을 유도하라. (b) 이 관계를 사용해 식 (13-36*b*)를 유도하라. (c) (a)의 식은 정합 50 Ω 시스템에 대해 다음의 일반적인 공식이 될 수 있음을 보여라.

$$K = \frac{9.73}{\lambda\sqrt{G}}\ \text{m}^{-1}$$

**13.5-4** ▸ 이득 3 dB를 갖고 50 Ω 저항으로 종단된 30 MHz에서 동작하는 정합된 안테나에 대해 안테나 인자를 구하라.

**13.5-5** ▸ AM 방송탑이 1000 kHz에서 50 kW를 송신하는 75 m 높이의 모노폴이다. 1 km 떨어진 곳에서의 세기를 계산하기 위해 필요한 적절한 가정을 만들어라. 그리고 FCC의 최솟값인 141 mV/m와 비교하라.

# 제14장 안테나 수치 전자기학: 모멘트법
## *CEM for Antennas: The Method of Moments*

## 14.1 CEM에 대한 일반적인 소개

수치 전자기학(CEM: computational electromagnetics)은 전자장 문제에 대한 수치적인 결과를 위해 그 자체에 전자계산기의 사용을 일상적으로 포함하는 학문으로서 넓게 정의된다[1]. 이것은 전자기학 분야의 공학자들에게 유용한 세 번째 수단이며, 나머지 두 가지는 이 책의 앞 장들에서 설명되었던 수학적인 해석과 제13장의 실험적인 측정이다. 수학적인 해석과 CEM의 결과를 실험결과와 비교해 증명하고 실험결과를 분석하는 데 수학적인 해석 또는 CEM을 흔히 이용한다. CEM이 점점 향상됨에 따라, CEM은 실험을 위한 설계에 더 자주 사용되고 있고, 실험결과를 쉽게 얻을 수 없을 때 전자기 문제를 해결하기 위한 비용면에서 효과적인 대안으로 제공된다.

최근 수십 년 동안 CEM은 전자기 문제의 모의실험을 위해 CEM에 기저를 둔 상업적인 소프트웨어의 다양성과 함께 서로 다른 많은 기법들이 발전되어 왔다. 최고의 정확성과 최고의 계산 효율을 얻기 위한 소프트웨어에 있어서, 특별한 응용을 위한 효율적인 모의실험 모델을 구축하는 방법과 파라미터들을 설정하는 방법을 알기 위해서 근본적인 원리를 이해하는 것은 매우 바람직하다. 이 책의 남은 장들에서, CEM 방법의 대표적인 샘플링을 자세히 조사할 것이다.

CEM에 대한 기법들을 분류하기 위한 다양한 방법들이 있다. 우선 CEM을 두 가지 주요한 범주로 나눌 것이다. 그림 14-1에서 보듯이, '첫 번째 원리'(예전에는 수치적인 방법으로 불렸다)에 기저를 둔 전체전파기법(full-wave method)과 고주파수기법(high-frequency method)이 있다. 전체전파기법은 안테나 또는 산란체 그리고 주변공간을 포함하는 수치영역의 이산화를 나타낸다. 이는 주파수 영역(제14장)에서 행렬 방정식 $[A][x] = [B]$과 방정식의 해법인 $[x] = [A]^{-1}[B]$로부터 계산되거나 또는 시간영역(제15장)에서 공간과 시간 구도로 계산을 진행하는 것을 의미한다. 이 기법들은 3차원에서 한 두 파장 정도의 크기를 가지는 대상체에 가장 쉽게 적용된다. 반면에 전류에 대한 가정 또는 점근 확장에 기초를 둔 고주파수기법은 범위 내에서 대상체의 크기가 파장에 비해 매우 클 때 가장 적합하다(그림 14-2 참조).이러한 방법들은 제16장에서 논의된다.

전체전파기법의 범주 안에서, 맥스웰 방정식이 미분형 또는 적분형으로 각각 표현될 수 있기 때문에 이 기법들은 편미분방정식(PDE) 기반 또는 적분방정식(IE) 기반으로 분류될 수 있다. PDE (partial differential equation) 기법은 안테나 또는 산란체 그리고 주변영역을 근처의 단편이나 패치 또는 셀이 상호작용을 하는 작은 단편이나 패치로 나눈다. 주변의 공간을 무한히 세분할 수 없기 때문에, 방사 문제에 있어서 무한영역까지 계산하기 위해 대상체 주변에 흡수경계조건(ABC: absorbing boundary condition)을 적용해야 한다. 이것과는 반대로, IE (integral equation) 기법은 공간 자체를 세분화하지 않고 문제영역 내의 대상체만을 세분화한다. 각각의 세분화 영역은

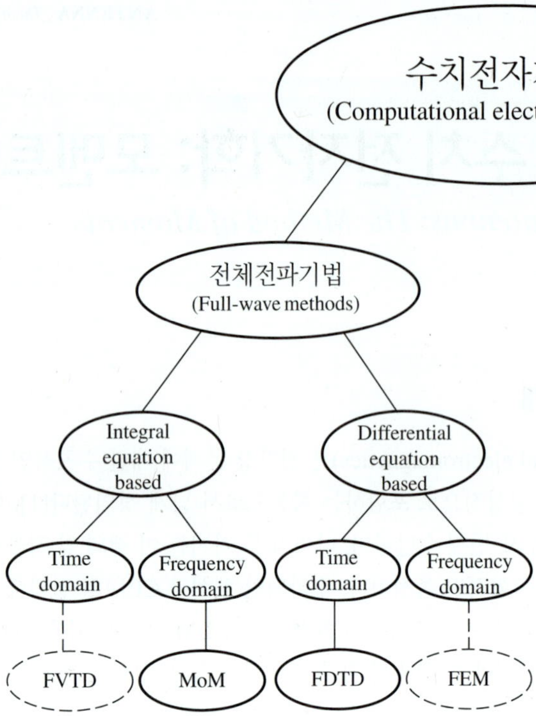


그림 14-1 수치 전자기학의 범주.

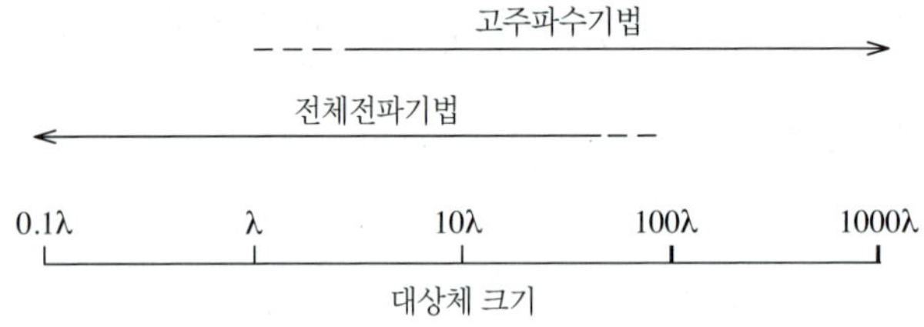


그림 14-2 그림 14-1의 주요 기법 적용 영역.

다른 모든 세분화 영역과 상호작용을 한다. 등가 이론은 무한 자유공간으로 방사하는 등가전류를 만드는 데 사용된다. 전장적분방정식(EFIE: electric field integral equation), 자장적분방정식(MFIE: magnetic field integral equation), 혼합장적분방정식(CFIE: combined field integral equation)의 3가지 형태의 적분방정식이 있다. 마지막의 CFIE는 공진현상의 극복이 요구된다.

IE와 PDE 범주에서, 시간영역 기법과 주파수 영역 기법 사이에는 분명한 차이가 있다. 왜냐하면 주파수 영역 기법은 맥스웰 방정식을 일정 시간에서 하나의 주파수에 대해 풀며, 이것은 시간영역 기법과는 반대로 협대역 문제에 대하여 자연스러운 선택이라 할 수 있다. 시간영역 기법은 종종 다중 주파수에서의 데이터를 가지고 푸리에 변환을 통해서 시스템 임펄스 응답, 이완 등을 계산한다. 따라서 시간영역 기법은 광대역 문제에 관하여 상대적으로 효과적이다.

파장이 긴 문제를 계산할 때, 미지 전류를 계산해야 하거나, 매우 많은 계산시간 간격을 통한 진행장 또는 매우 큰 선형 시스템 방정식의 해결이 요구되기 때문에 전체전파기법은 덜 매력적이다.

이때는 전자기 계산을 위한 방대한 컴퓨터 자원이 요구된다. 이러한 문제들에 대해서 고주파수기법이 적절한 대안이라 할 수 있다(그림 14-2 참조). 고주파수기법은 장 기반 또는 전류 기반으로 할 수 있다(그림 14-1 참조). 장 기반 기법은 전자장의 반사, 굴절, 그리고 회절을 고려한 광선광학을 사용한다. 전류 기반 기법은 전류와 표면장 사이의 관계에 대한 기본적인 가정으로부터 출발한다. 그리고 이 방법으로부터 방사된 장을 얻기 위해 전류나 또는 세분화된 전류를 적분한다. 고주파수기법에서는 전체전파기법에서 요구되는 것과 같은 안테나 또는 산란체 위의 미지 장이나 전류에 대해 풀 필요가 없다. 그러므로 컴퓨터 계산량이 줄어들어 컴퓨터 자원이 적게 사용된다. 반면에 고주파수, 전류 기반 모의실험은 모의실험되는 매우 큰 대상체 문제로 인하여 야기되는 대상체의 전기적인 크기 때문에 방사하는 대상체에 대한 수만 가지 측면이 요구되는 것에 주의해야 한다.

방사 문제를 모델링하기 위한 많은 기법들이 있다. 이 책의 제14장, 15장과 16장에 있는 다음 절들에서 4가지의 대표적인 기법에 대해 자세히 설명한다.

1. 모멘트법(MoM)
2. 시간영역 유한차분(FDTD)
3. 균일 회절론(UTD: uniform theory of diffraction)을 포함한 기하광학(GO)
4. 물리 회절론(PTD)을 포함한 물리광학(PO)

이것은 오늘날에도 사용되고 있는 기법일 뿐만 아니라, 일반적인 유한요소법(FEM)보다 더 많이 사용되고 있는 대표적인 기법들이다. 안테나에 대해 기술한 많은 FEM 책들이 있다[H.10.5: Volakis; H.10.5: Jin]. 또 다른 잘 알려진 CEM 기법들로는 시간영역 유한체적 기법(FVTD), 유한적분 기법(FIT), 전송선로행렬(TLM) 기법들이 있으며 이는 모두 FDTD와 유사하다.

이들 기법에 대한 다른 범주로는 혼합 방법이 있다. 이것은 각각의 약점들은 피하는 반면, 각각의 강점들을 이용하기 위하여 몇 개의 기법들을 혼합한 것이다. 그 예로 MoM-UTD, MoM-PO, FEM-MoM, FEM-PO, FEM-FDTD 등이 있다. MoM-UTD 방법은 제16장에서 논의한다.

안테나 문제의 넓은 영역을 풀기 위해 이용할 수 있는 풍부한 기법들이 잘 갖춰져 있다. 표 14-1에 일반적인 기법의 적용 가능성이 있는 것들을 요약하여 나타냈다. FDTD는 FVTD, FIT, TLM과 유사하다는 것에 주목하자. 모든 문제를 하나의 기법만으로 해결할 수는 없다는 것을 명심할 필요가 있다.

**표 14-1** 몇 가지 수치 전자기 해석 기법의 대표적인 응용

| | 큰 개구면 | 도선 안테나 | 박형 안테나 | 혼합 매질 | 공진 현상 |
|---|---|---|---|---|---|
| MoM | 3[b] | 1 | 2 | 2 | 1[e] |
| FDTD[a,c] | 3 | 2 | 1 | 1 | 1 |
| FEM[a] | 3 | 2 | 1 | 1 | 2 |
| GO/UTD | 1 | 4 | 4 | 3[d] | 4 |
| PO/PTD | 1 | 4 | 4 | 3[d] | 4 |

(a) ABC가 필요. 자유공간을 세분화
(b) 빠른 연산속도가 요구됨
(c) FVTD, FIT, TLM 과 유사
(d) 간접적으로 해석
(e) CFIE 필요

1 – 매우 우수
2 –우수
3 – 경우에 따라 적용가능
4 – 적용불가

다음 절에서는 모멘트법(MoM: method of moments)에 대하여 논의하고자 한다. 도선이나 금속관으로 이루어진 안테나에 초점을 맞춘다. 전자기 문제에 있어서 모멘트법은 주로 도선 구조에 오래전부터 사용되었다. 도선 구조는 1차원 문제이다. 최근에 MoM은 패치 표면에서 임의의 불연속 표면을 가지는 더욱 복잡한 2차원 MoM 문제 해결에 사용되고 있다. 이번 장에서는 표면 패치에 대한 간단한 논의와 함께 결론을 내릴 것이다. 또한 유전체 체적의 이산화에 대한 공식과 3차원 MoM 문제도 다루게 될 것이다.

## 14.2 모멘트법 소개[1]

지금까지 다양한 안테나 형태에 대해 공부했으나, 주로 안테나의 전류분포를 균일(이상적인 다이폴의 경우)하거나 정현적인 형태로 가정했었다. 따라서 이러한 전류분포에 의한 근거리장(near-zone field)이나 원거리장(far-zone field)을 구하는 것은 비교적 수월한 과정이었다.

이 장에서는 전류분포의 형태에 대한 가정의 필요성을 배제한다. 이 때문에 여러 형태의 안테나를 연구할 수 있다. 실제로 거의 임의 형태를 갖는 도선 안테나도 연구할 수 있다. 그러므로 이러한 목적에 사용할 방법은 실험적인 오차한도 내의 정확도를 갖는 해를 줄 수 있는 매우 일반적인 방법이다. 이러한 강력한 방법을 사용하려면 필요한 소프트웨어 작성, 컴퓨터 계산시간과 타당성 검증 등 많은 노력을 기울여야 한다. 다행히 비용면에서 효과적인 전자장 소프트웨어를 쉽게 이용할 수 있으며, 처음부터 소프트웨어를 작성할 필요가 없다. 그러나 소프트웨어의 잘못된 사용이나 결과의 잘못된 해석을 방지하려면 이러한 소프트웨어들이 이용한 전자장 원리를 올바르게 이해해야 한다.

그림 14-3의 $z$축 위에 위치한 도선 안테나를 고려하자. 이러한 안테나를 기술하는 일반적인 적분방정식의 형태는 다음과 같다.

$$-\int I(z')K(z,\ z')\ dz' = E'(z) \tag{14-1}$$

커널(kernel) $K(z, z')$은 사용된 특정 적분방정식에 따라 달라지며, 일반적인 포클링턴(Pocklington) 형태가 다음 절에 나온다.

전자장 방사 문제는 항상 우변에 비제차(inhomogeneous) 전원 항이 있고, 적분 내에 미지 항이 있는 식 (14-1)과 같은 일반적인 형태의 적분방정식으로 표현될 수 있다. 그러나 이러한 방정식 풀이는 현대적인 고속 컴퓨터를 사용할 수 있게 된 1960년대 중반 이후에 가능하게 되었으며, 그때부터 많은 모멘트법 과정과 컴퓨터 프로그램들이 개발되어 왔다[1~3].

MoM은 식 (14-1)과 같은 적분방정식을 미지 전류 $I(z')$항에 대해 연립 선형대수방정식계로 근사화하는 풀이과정이다[H.10.2: Harrington]. 그러므로 앞 장에서 보았듯이 일단 전류가 구해지면 방사패턴이나 임피던스를 결정하는 과정은 매우 쉽다.

이 장에서는 MoM을 통한 적분방정식의 풀이에 포함된 기본 원리들을 설명하고, 몇 가지 예제를 통해 그 과정을 실제로 보여 준다. 이해가 어려운 독자들은 연습문제 14.5-1에 제시된 것과 같이 기본적인 원리를 이용해 간단한 컴퓨터 프로그램을 작성해 보기 바란다.

[1] 전자기학 이외의 다른 학문분야에서 모멘트법은 경계요소법(BEM: boundary element method)의 한 부분으로 알려져 있다.

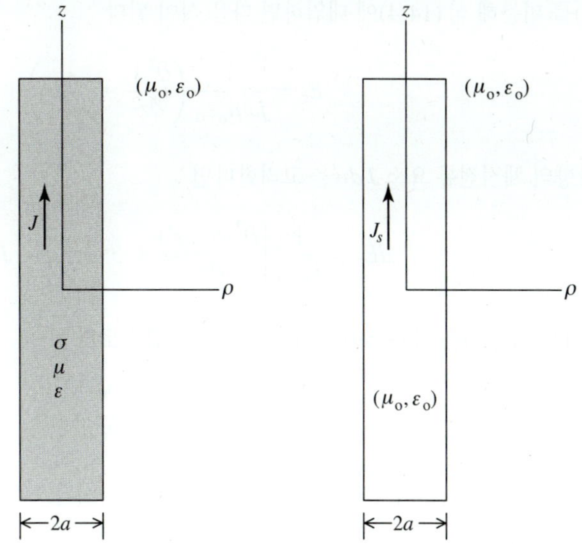


(*a*) 전류밀도 *J*를 갖는 양도선

(*b*) 자유공간에서 등가 표면전류밀도 $J_s$를 갖는 표면등가모델

**그림 14-3** *z* 축 위의 가는 양도선.

## 14.3 포클링턴의 적분방정식

도선 안테나에 대한 대표적인 적분방정식의 하나가 1897년 포클링턴(Pocklington)에 의해 유도되었다. 이 식에서 가는 도선 상의 전류분포는 근사적으로 정현적인 형태이며, 거의 광속으로 방사함을 보였다. 이 방정식을 유도하기 위해, 그림 14-3*a*의 자유공간 ($\mu_0$, $\varepsilon_0$)에 둘러싸인 도전율 $\sigma$인 도선을 고려하자. 대부분의 전류가 도체 표면으로만 제한되도록 도선의 도전율이 매우 높다고(예를 들면 구리) 가정하자. 이러한 도선의 등가 모델은 그림 14-3*b*(연습문제 14.3-1 참조)가 되고, 여기서 도체의 전류는 자유공간 내의 등가 표면전류밀도로 대체되었다(즉 도체가 제거되었다). 이 단계는 자유공간 그린(Green) 함수를 이용하는 벡터전위를 사용하는 데 필요하다.

도선의 반지름이 파장에 비해 매우 작을 경우, *z* 방향의 전류만이 존재한다고 가정할 수 있으므로 식 (2-44)의 로렌츠(Lorentz) 조건에 따라

$$\frac{\partial A_z}{\partial z} = -j\omega\varepsilon_o\mu_o\Phi \tag{14-2}$$

이다. 여기서 Φ는 스칼라 전위, $A_z$는 자기 벡터전위의 *z* 성분이다. 식 (2-39)를 이용하면 전위에 의한 전장벡터는

$$\mathbf{E} = -j\omega\mathbf{A} - \nabla\Phi \tag{14-3}$$

이며, 그림 14-3의 경우에는 스칼라 방정식으로 간단해진다.

$$E_z = -j\omega A_z - \frac{\partial\Phi}{\partial z} \tag{14-4}$$

식 (14-2)를 미분해 식 (14-4)에 대입하면 다음 식이 된다.

$$E_z = \frac{1}{j\omega\mu_o\varepsilon_o}\left(\frac{\partial^2 A_z}{\partial z^2} + \beta^2 A_z\right) \tag{14-5}$$

만일 $z$ 방향의 체적전류 요소 $J\,dv'$을 고려한다면

$$dE_z = \frac{1}{j\omega\varepsilon_o}\left[\frac{\partial^2 \psi(z, z')}{\partial z^2} + \beta^2 \psi(z, z')\right] J\,dv' \tag{14-6}$$

이며, 여기서 $\psi(z, z')$은 식 (2-59)의 자유공간 그린 함수로서

$$\psi(z, z') = \frac{e^{-j\beta R}}{4\pi R} \tag{14-7}$$

이며, $R$은 관측점 $(x, y, z)$와 전원점 $(x', y', z')$ 사이의 거리이다.

$$R = \sqrt{(x - x')^2 + (y - y')^2 + (z - z')^2} \tag{14-8}$$

총전장은 도선 체적에 대한 적분으로 다음과 같다.

$$E_z = \frac{1}{j\omega\varepsilon_o}\iiint\left[\frac{\partial^2 \psi(z, z')}{\partial z^2} + \beta^2 \psi(z, z')\right] J\,dv' \tag{14-9}$$

도선의 도전율이 충분히 크지 않을 경우에는 전류밀도의 체적분포를 고려할 필요가 있으나, 도전율을 무한대로 가정한다면 전류가 도선 표면에만 한정된다. 그러므로 식 (14-9)는 아래와 같이 간단해진다.

$$E_z = \frac{1}{j\omega\varepsilon_o}\oint_c \int_{-L/2}^{L/2}\left[\frac{\partial^2 \psi(z, z')}{\partial z^2} + \beta^2 \psi(z, z')\right] J_s\,dz'\,d\phi' \tag{14-10}$$

여기서 $c$는 그림 14-4$a$와 같이 도선 횡단면에 대한 윤곽선이다. 높은 도전율의 도선일 경우 표면전류의 가정은 거의 타당하며, 복잡성을 피할 수 있다. 그림 14-4$b$와 같이 도선 축 위의 한 점에서 표면전류밀도를 관측한다면 다음과 같다.

$$R = \sqrt{(z - z')^2 + a^2} \tag{14-11}$$

$a \ll \lambda$인 경우, 전류분포는 $\phi'$에 대해 거의 균일하므로, 식 (14-10)은 (총)전류의 선적분으로 간단해진다.

$$E_z = \frac{1}{j\omega\varepsilon_o}\int_{-L/2}^{L/2}\left[\frac{\partial^2 \psi(z, z')}{\partial z^2} + \beta^2 \psi(z, z')\right] I(z')\,dz' \tag{14-12}$$

그림 14-4$c$와 그림 14-4$d$에서 등가 필라멘트 선전원 $I(z')$이 관측점에서 방사상 거리 $a$만큼 떨어져 있으며, 제2장과 제6장에서의 다이폴처럼 무한히 가는 도선으로 가정하지 않았음을 주목하자.

9.1절의 표면등가 원리에 의해 식 (14-12)의 $E_z$를 산란장 $E_z^s$로 볼 수 있다. 다시 말해서 $E_z^s$는 등가 전류 $I(z')$에 의해 자유공간으로 방사되는 장이다. 이외에도 입사 또는 인가장 $E_z^i$가 존재한다. 완

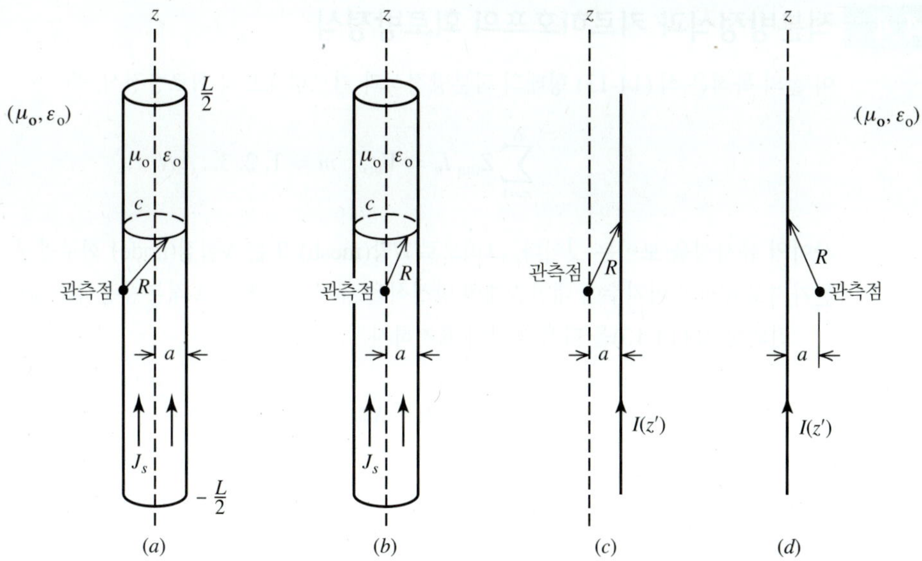


그림 14-4 **가는 도선의 이론적인 모델.** (a) 등가 표면전류밀도 $J_s$의 도선과 표면 위의 관측점. (b) 표면전류밀도 $J_s$의 도선과 도선축 위의 관측점. (c) (b)에 대한 등가 필라멘트 선전원. (d) (c)의 다른 표현.

전도선의 표면뿐만 아니라 내부에서 입사장과 산란장의 접선성분의 합은 0이 되어야 한다. 그러므로 $-E_z^s = +E_z^i$와 식 (14-12)를 이용하면 다음과 같다.

$$\frac{-1}{j\omega\varepsilon_o}\int_{-L/2}^{L/2} I(z')\left[\frac{\partial^2\psi(z,z')}{\partial z^2} + \beta^2\psi(z,z')\right]\, dz' = E_z^i(z) \tag{14-13}$$

이것이 포클링턴에 의해 유도된 적분방정식 형태이며, 식 (14-1)에서 사용된 일반적인 형태이다.

식 (14-13)은 미지의 $I(z')$이 오직 적분 내에만 나타나므로 제1종 적분방정식(integral equation of the first kind)이다. 식 자체에 경계조건이 내포되어 있으므로 적분방정식으로 알려져 있다. 이 식은 전류의 원인(예를 들어 안테나의 인가전원 또는 입사평면파)과는 무관하게 단지 전류에 의해 방사되는 장 이른바 산란장만을 나타내는 식 (14-12)와는 대조를 이룬다.

이 절을 마치기 전에 $a \ll \lambda$의 가정에 의해 근사화한 몇 가지 중요한 사항을 요약한다.

1. 도선의 원주방향 성분의 전류는 무시할 수 있다.
2. 도선 표면(그림 14-4$a$)에 대한 경계조건이 도선축(그림 14-4$b$)에 강제 적용되고, 표면전류는 필라멘트로 압축되었다(그림 14-4$c$). 가역성에 의해, 전류 필라멘트가 도선축 위에 있게 되고, 이 필라멘트에서 거리 $a$만큼 떨어진 곳에 관측점이 있다(그림 14-4$d$).
3. 식 (14-11)에 주어진 거리 $R$은 널리 사용되는 가는 도선 커널(thin wire kernel)이나 축약된 커널(reduced kernel)을 만든다. $R$은 절대 0이 될 수 없으므로 커널은 특이점을 갖지 않는다. 그러나 $R \approx a$일 경우에는 특이점과 가까워지므로 적분할 때 주의해야 한다.

다음 절에서는 식 (14-13)과 같은 적분방정식이 수치적으로 풀이되는 과정을 설명하고, 수년 전 [H.3: Schelkunoff]에서 언급된 키르히호프(Kirchhoff) 회로방정식과의 유사성을 보인다.

## 14.4 적분방정식과 키르히호프의 회로방정식

이 절의 목적은 식 (14-13) 형태의 적분방정식과 키르히호프의 회로방정식, 즉

$$\sum_{n=1}^{N} Z_{mn} I_n = V_m, \quad m = 1, 2, 3, \ldots N \tag{14-14}$$

사이의 유사성을 보이는 것이다. 그러므로 $N$망(mesh) 또는 $N$절점(node) 회로방정식을 풀 때와 마찬가지로 $N$개의 미지수에 대한 $N$개의 방정식을 세워 수치적으로 적분방정식을 풀이할 것이다.

편의상 식 (14-13)을 다음과 같이 표기하자.

$$-\int_{-L/2}^{L/2} I(z')K(z, z')\,dz' = E_z^i(z) \tag{14-15}$$

식 (14-15)를 푸는 첫 단계로서 미지 전류를 알려진 확장함수(expansion function) $F_n$의 급수로 근사화하면 다음과 같다.

$$I(z') = \sum_{n=1}^{N} I_n F_n(z') \tag{14-16}$$

여기서 $I_n$은 미지의 복소 확장계수이다. 가능한 한 간단한 설명을 위해 확장함수를 아래의 직교 펄스함수군으로 가정한다.

$$F_n(z') = \begin{cases} 1 & \Delta z_n' \text{ 내의 } z' \\ 0 & \text{그 외} \end{cases} \tag{14-17}$$

펄스함수(pulse function)에 의한 확장은 도선 위의 전류분포를 계단형으로 근사화한 것이다. 이때 도선은 길이 $\Delta z_n'$을 갖는 $N$개의 작은 선분인 단편으로 나누어진다(그림 14-5 참조).

식 (14-16)을 식 (14-15)에 대입하면 다음 식이 된다.

$$-\int_{-L/2}^{L/2} \sum_{n=1}^{N} I_n F_n(z')K(z_m, z')\ dz' \approx E_z^i(z_m) \tag{14-18}$$

여기서 $z_m$의 첨자 $m$은 적분방정식이 $m$번째 단편에 적용됨을 의미한다. 실제 전류분포가 아닌 근사 전류분포를 사용했으므로 좌변과 우변이 단지 근사적으로만 같다는 것에 유의하자. 식 (14-17)을

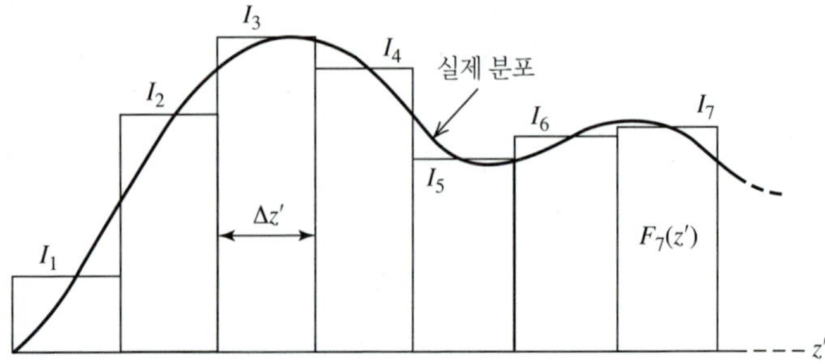


그림 14-5 실제 전류분포에 대한 계단형 근사.

식 (14-18) 에 이용하면 다음과 같이 나타낼 수 있다.

$$-\sum_{n=1}^{N} I_n \int_{\Delta z'_n} K(z_m, z')\ dz' \approx E_z^i(z_m) \tag{14-19}$$

편의상

$$f(z_m, z'_n) = -\int_{\Delta z'_n} K(z_m, z')\ dz' \tag{14-20}$$

이라 하고, 식 (14-16)과 식 (14-17)을 식 (14-15)에 대입하면

$$\begin{aligned}-\int_{-L/2}^{L/2} I(z')K(z_m, z')dz' &\approx I_1 f(z_m, z'_1) + I_2 f(z_m, z'_2) + \cdots + I_n f(z_m, z'_n) \\ &+ \cdots + I_N f(z_m, z'_N) \approx E_z^i(z_m)\end{aligned} \tag{14-21}$$

이 되어 그림 14-5에 나타낸 것과 같다. 이 식의 물리적인 해석은 다음과 같다. 도선이 길이 $\Delta z'_n = \Delta z'$인 $N$개의 단편으로 분할되었으며, 각 단편에는 미지의 상수 전류가 존재한다. $m$번째 단편의 중심에서 $\Delta z'_n$개의 모든 단편들로부터의 산란장들의 합을 점 $z_m$에서의 입사장과 같게 놓는다. 입사장은 도선 위에 위치한 전원(송신인 경우)에 의해 발생되거나 멀리 떨어진 전원(수신 또는 레이더 산란인 경우)에 의해 발생되는 알려진 장이다. 요약하면, 만일 $I(z')$에 대한 좀 더 정확한 표현이 요구된다면, 좀 더 짧은 단편(그리고 더 큰 $N$)이 사용될 수 있다. 이 부분에 대해서는 뒤에서 좀 더 언급될 것이다.

식 (14-21)은 아래와 같이 나타낼 수 있다.

$$\sum_{n=1}^{N} Z_{mn} I_n = V_m \tag{14-22}$$

이 예에서는

$$Z_{mn} = f(z_m, z'_n) \tag{14-23}$$

이고,

$$V_m = E_z^i(z_m) \tag{14-24}$$

이다. 이로써 전자장 문제가 식 (14-14)의 회로방정식과 동일한 식 (14-22)의 형태로 변형되었다는 것에 유의한다. 그러나 회로방정식에서는 초기에 $Z_{mn}$이 주어지는 반면에 전자장 문제에서는 이 예에서 설명한 바와 같이 $Z_{mn}$을 계산해야 한다.

지금까지는 $N$개의 미지수에 대해 오직 하나의 방정식만을 구했다. $N$개의 미지수에 대한 해를 구하려면 $N-1$개의 부가적인 독립방정식이 더 있어야 한다. 이러한 부가적인 방정식을 얻기 위해 각각의 방정식을 위한 또 다른 $z_m$을 선택한다. 즉 도선축 위의 $N$개의 점들 각각에서 적분방정식을 적용한다. 이와 같이 수행하는 과정을 **점정합**(point matching)이라 하며, 이는 좀 더 일반적인 모멘트법 중의 특수한 경우이다.

$N$개 점에서 점정합의 결과는 다음과 같은 방정식의 계가 된다.

$$\begin{aligned} I_1 f(z_1, z_1') + I_2 f(z_1, z_2') + \cdots + I_N f(z_1, z_N') &= E_z^i(z_1) \\ I_1 f(z_2, z_1') + I_2 f(z_2, z_2') + \cdots + I_N f(z_2, z_N') &= E_z^i(z_2) \\ \vdots \qquad\qquad \vdots \qquad\qquad\qquad \vdots \qquad & \quad \vdots \\ I_1 f(z_N, z_1') + I_2 f(z_N, z_2') + \cdots + I_N f(z_N, z_N') &= E_z^i(z_N) \end{aligned} \tag{14-25}$$

다음과 같이 행렬 형태로 표시될 수 있으며

$$\begin{bmatrix} f(z_1, z_1') & f(z_1, z_2') & \dots & f(z_1, z_N') \\ f(z_2, z_1') & f(z_2, z_2') & \dots & f(z_2, z_N') \\ \vdots & \vdots & & \vdots \\ f(z_N, z_1') & f(z_N, z_2') & \dots & f(z_N, z_N') \end{bmatrix} \begin{bmatrix} I_1 \\ I_2 \\ \vdots \\ I_N \end{bmatrix} = \begin{bmatrix} E_z^i(z_1) \\ E_z^i(z_2) \\ \vdots \\ E_z^i(z_N) \end{bmatrix} \tag{14-26}$$

또는 간단히 표시하면 다음과 같다.

$$[Z_{mn}][I_n] = [V_m] \tag{14-27}$$

여기서 $Z_{mn}$과 $V_m$은 각각 식 (14-23)과 식 (14-24)로 주어졌다. 첫 번째 첨자($m$)는 $m$번째 방정식이 적용되는 관측점과 관련이 있으므로 정합점 번호(match point index)라 한다. 두 번째 첨자는 전원점 번호(source point index)를 나타내며 $n$번째 단편 또는 $n$번째 전원으로부터의 장과 관련이 있다. 회로방정식과의 유사성으로부터 $[Z_{mn}]$, $[I_n]$, 그리고 $[V_m]$ 행렬을 각각 일반화된 임피던스, 전류와 전압 행렬이라 한다. 그러나 이것은 단지 유사성만을 나타내므로 $[Z_{mn}]$, $[I_n]$ 및 $[V_m]$의 단위가 각각 옴, 암페어, 볼트일 필요는 없다. 이러한 유사성은 여기서 다루고 있는 예와 같은 동일선상의 단편뿐만 아니라 임의 형태의 도선에도 마찬가지로 적용된다.

식 (14-27)의 해를 다음으로 나타낼 수 있다.

$$[I_n] = [Z_{mn}]^{-1}[V_m] \tag{14-28}$$

실제에서는 역행렬 $[Z_{mn}]^{-1}$을 함수 형태로 직접 구하는 대신에, 여러 가지 매우 정평있는 행렬 알고리즘 중의 한 방법으로 방정식계를 풀이한다. 일단 $[I_n]$이 구해지면, 식 (14-16)의 근사 전류분포가 이산적인 형태로 구해지므로 계속해서 임피던스와 방사패턴 또는 레이더 단면적을 결정할 수 있다.

이 절을 요약하면, 식 (14-25)의 설명처럼 서로 다른 $N$개 점들에 적분방정식을 연속적으로 적용함으로써 식 (14-15) 형태의 적분방정식에 대한 기본적인 수치 해를 구했다. 수학적인 편의성과 간결성을 위해, 각 점들의 위치는 같은 길이로 도선을 분할한 $N$개 단편의 중간으로 택했다. 엄밀히 말해서 식 (14-25)에서 정확히 등식이 성립하기 위해서는 $N$이 무한대가 되어야 하나, 실제적으로는 다음 절에서 보였듯이 $N$을 충분히 크게 설정함으로써 충분히 정확한 해를 구할 수 있다.

## 14.5 전원 모델링

MoM에서는 일반적으로 3가지 전원 모델이 사용된다. 송신 안테나인 경우에는 델타 간격 전원 모델(delta gap source model)과 프릴 전원 모델(frill source model)이 필요한 입사장을 생성하고, 수신 안테나 또는 산란체인 경우에는 일반적으로 평면파가 입사장이다. 이 절에서 세 가지를 모두 살펴본다.

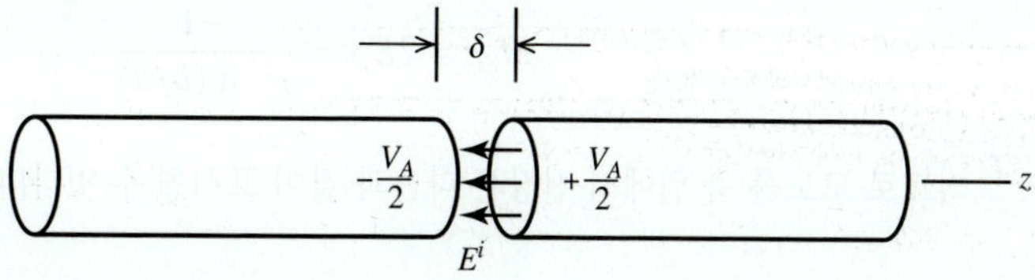


그림 14-6 인가 전장 $E_i = V_A/\delta$의 델타 간격 전원 모델.

도선 안테나 이론에서 가장 많이 쓰이는 발진기 모델은 그림 14-6의 델타 간격 모델(delta gap model)이며, 이는 슬라이스 발진기(slice generator)라고도 한다. 비록 이러한 전원이 실제로 존재하지는 않지만, 이로부터 매우 정확한 결과를 얻을 수 있다. 이 전원은 짧은 간격 양단에 전압이 인가되어 간격 내부에만 존재[즉 프린징(fringing)이 없음]하는 인가 전장 $E^i = V/\delta$를 발생시킨다는 가정에서 나온다. 그림 14-6을 참고하면, 간격 양단 간의 전압은 간격에 대해 전장을 선적분해 구할 수 있으며, 그 결과는 $V_A = E^i\delta$이다. 간격 양단 간의 전압 $V_A$와 일반화 전압행렬 $[V_m]$의 요소 $V_m$을 혼동해서는 안 된다. 점정합법을 사용한 델타 간격 모델에서는 $V_m = E^i = V_A/\delta$이다.

실질적으로 중요한 두 번째 발진기 모델로서 이른바 **프릴 발진기**(frill generator)라는 것이 있다. 동축선으로 급전되는 접지면 위의 모노폴을 나타내는 그림 14-7*a*를 고려하자. 동축 개구면에는 순수한 TEM 모드만이 존재한다는 가정과 영상이론에 의해 접지면과 동축 개구면을 그림 14-7*b*에 표시된 자기전류 프릴(magnetic current frill)로 대체할 수 있다. 개구면 내에서 가정한 전장의 형태가

$$E_{\rho'}(\rho') = \frac{1}{2\rho' \ln(b/a)} \tag{14-29}$$

이므로, 이에 대응하는 자기전류분포는 $\mathbf{M} = 2\hat{\mathbf{n}} \times \mathbf{E}$로부터

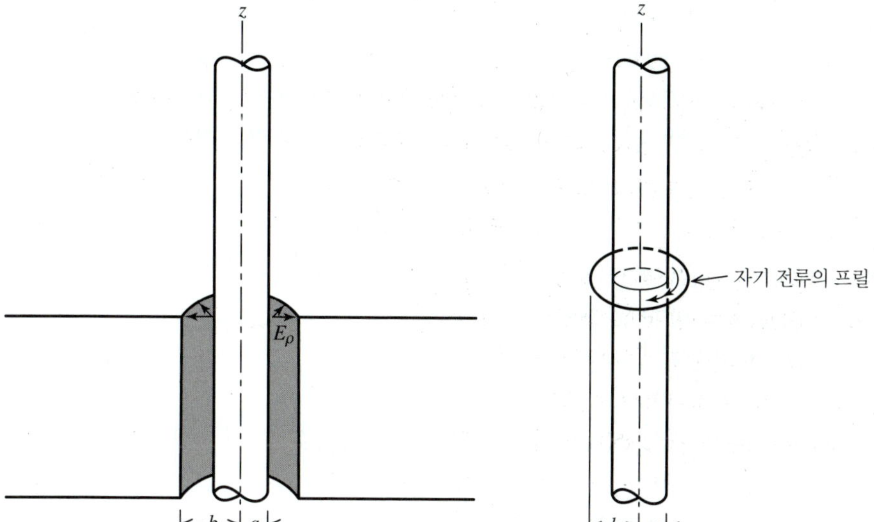


(*a*) 접지면을 통한 동축급전 모노폴

(*b*) 그림 14-7*a*의 수학적 모델

그림 14-7 자기 프릴 전원.

$$M_{\phi'} = 2E_{\rho'} = \frac{-1}{\rho' \ \ln(b/a)} \tag{14-30}$$

이다. 그러므로 모노폴 축 위에서 전장은 다음과 같이 표시될 수 있다[4; H.10.2: Mittra. Ed., Chap. 2].

$$E_z^i(0, z) = \frac{1}{2\ln(b/a)}\left(\frac{e^{-j\beta R_1}}{R_1} - \frac{e^{-j\beta R_2}}{R_2}\right) \tag{14-31}$$

여기서 프릴의 중심과 좌표 중심이 일치하면 다음과 같다.

$$R_1 = \sqrt{z^2 + a^2} \tag{14-32a}$$

$$R_2 = \sqrt{z^2 + b^2} \tag{14-32b}$$

고려해야 할 세 번째 전원은 입사평면파이다. 이 경우에 일반화된 전압행렬의 요소들을 구하기 위해서는 다이폴 도선축을 따라 위치한 정합점들에서 입사장의 접선성분이 필요하다. 그림 14-4의 $z$ 방향 다이폴에서는 다음과 같을 것이다.

$$E_{\tan}^i = \hat{\mathbf{z}} \cdot \mathbf{E} e^{j\beta z \cos\theta} \tag{14-33}$$

예를 들어 $z$ 방향의 다이폴로 균일 진폭의 평면파가 수직으로 입사하는 경우에 일반화된 전압행렬의 모든 요소들은 $(1 + j0)$이다.

## 예제 14-1 단형 다이폴에서의 점정합

이 예제의 목적은 식 (14-26)의 응용을 설명하는 것으로, 목표는 MoM을 사용해 길이 $0.1\lambda$, 반지름 $0.005\lambda$인 단형 다이폴의 입력 임피던스를 구하는 것이다. 설명의 편의를 위해, $N = 5$로 선택하자. 그림 14-8을 참조하면 $[Z_{mn}]$의 성분은 다음과 같이 계산된다.

$$[Z_{mn}] = 10^2 \begin{bmatrix} 679.5 \angle -89.99^\circ & 292.6 \angle 89.97^\circ & 33.03 \angle 89.73^\circ & 9.75 \angle 89.09^\circ & 4.24 \angle 87.92^\circ \\ 292.6 \angle 89.97^\circ & 679.5 \angle -89.99^\circ & 292.6 \angle 89.97^\circ & 33.03 \angle 89.73^\circ & 9.75 \angle 89.09^\circ \\ 33.03 \angle 89.73^\circ & 292.6 \angle 89.97^\circ & 679.5 \angle -89.99^\circ & 292.6 \angle 89.97^\circ & 33.03 \angle 89.73^\circ \\ 9.75 \angle 89.09^\circ & 33.03 \angle 89.73^\circ & 292.6 \angle 89.97^\circ & 679.5 \angle -89.99^\circ & 292.6 \angle 89.97^\circ \\ 4.24 \angle 87.92^\circ & 9.75 \angle 89.09^\circ & 33.03 \angle 89.73^\circ & 292.6 \angle 89.97^\circ & 679.5 \angle -89.99^\circ \end{bmatrix}$$

단형 다이폴의 중심(즉 단편 3)에 1 V를 여기하고, 14.5절에서 논의한 $b/a = 2.3$의 프릴 전원을 사용해 구한 전압행렬 $[V_m]$은 다음과 같다. 또한 식 (14-28)을 풀이함으로써 아래와 같은 전류행렬 $[I_n]$도 구했다.

$$[V_m] = \begin{bmatrix} 0.484 \angle -0.31^\circ \\ 3.128 \angle -0.04^\circ \\ 67.938 \angle -0.002^\circ \\ 3.128 \angle -0.04^\circ \\ 0.484 \angle -0.31^\circ \end{bmatrix}, \quad [I_n] = 10^{-3} \begin{bmatrix} 0.78 \angle 89.54^\circ \\ 1.48 \angle 89.64^\circ \\ 2.35 \angle 89.75^\circ \\ 1.48 \angle 89.64^\circ \\ 0.78 \angle 89.54^\circ \end{bmatrix}$$

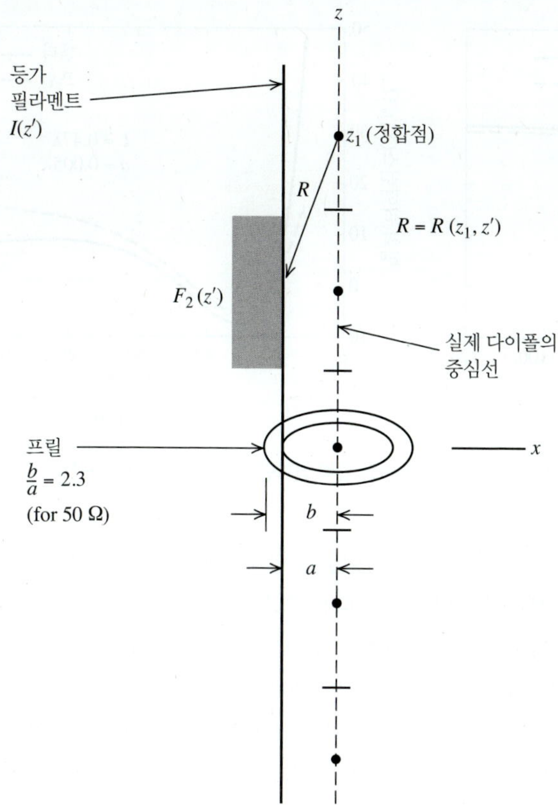


$$Z_{12} = -\int_{\Delta z_2'} F_2(z')\, K(z_1, z')\, dz'$$

$$K(z_m, z') = \frac{1}{4\pi j\omega\varepsilon_0} \frac{e^{-j\beta R}}{R^5} [(1 + j\beta R)(2R^2 - 3a^2) + \beta^2 a^2 R^2]$$

**그림 14-8** 예제 14-1의 단형 다이폴의 $Z_{12}$ 계산.

반면에 1 V의 델타 간격 여기가 사용되면, $V_3 = 1/\Delta z = 1/0.02 = 50\ \angle 0°$이며, 그 결과 전압 및 전류행렬은 다음과 같다.

$$[V_m] = \begin{bmatrix} 0\ \angle 0° \\ 0\ \angle 0° \\ 50.0\ \angle 0° \\ 0\ \angle 0° \\ 0\ \angle 0° \end{bmatrix}, \quad [I_n] = 10^{-3} \begin{bmatrix} 0.52\ \angle 89.54° \\ 0.98\ \angle 89.64° \\ 1.63\ \angle 89.76° \\ 0.98\ \angle 89.64° \\ 0.52\ \angle 89.54° \end{bmatrix}$$

예상대로 전류분포가 중심으로부터 양 끝으로 갈수록 감소하는 것을 주목하자. $Z_A = V_A/I_3 = 1.0/(2.35 \times 10^{-3}\ \angle 89.75°) = 425.53\ \angle -89.75° = 1.857 - j425.53\ \Omega$으로부터 프릴의 입력 임피던스가 구해질 것이다. 굵기가 더욱 가는 다이폴에 대한 그림 6-5와 6-6의 결과와 비교해 볼 때, 길이 $0.1\lambda$ 다이폴의 입력 임피던스도 역시 아주 작은 실수부와 매우 큰 음의 리액티브 성분을 갖는다는 것을 알 수 있다. 더욱이 여기서는 단지 다섯 개의 단편만이 사용되었음에도 실수 부분 1.857 Ω이 근사식 $20\pi^2(L/\lambda)^2 = 1.974\ \Omega$과 매우 비슷함을 알 수 있다.

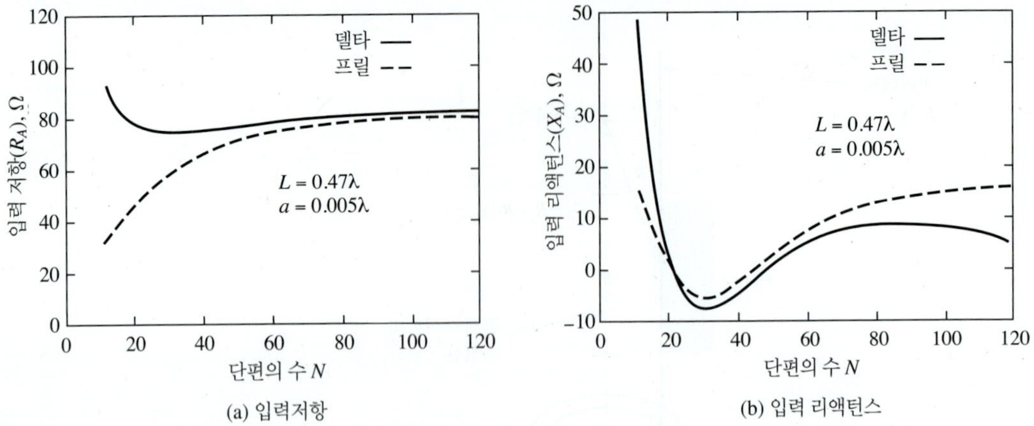


**그림 14-9** **델타 간격 전원과 프릴 전원에서 펄스함수 개수의 증가에 따른 입력 임피던스의 수렴을 보이는 곡선.**

위 예제에서는 수치적인 설명을 위해 단형 다이폴을 단지 5개 단편으로 나타냈다. 그림 14-9에서 공진 다이폴의 포클링턴 방정식에서 단편수에 따른 펄스 점정합법 해의 변화를 살펴보자. 그림 14-9는 다이폴(길이 $L = 0.47\lambda$)의 단편수를 10에서 120까지 변화시키며 계산된 입력 임피던스를 나타낸다. 두 가지 전원 모두에서 $N$이 충분히 클 경우, 해가 최종값에 수렴하거나 어느 정도 안정된 결과에 분명히 도달한다. 그러나 많은 경우 $N$을 임의로 크게 하면 수치적으로 불안정한 결과를 초래하게 된다. 예를 들어 그림 14-9$b$에서 $N$이 커지면서 델타 간격 전원의 리액턴스 성분이 발산한다.

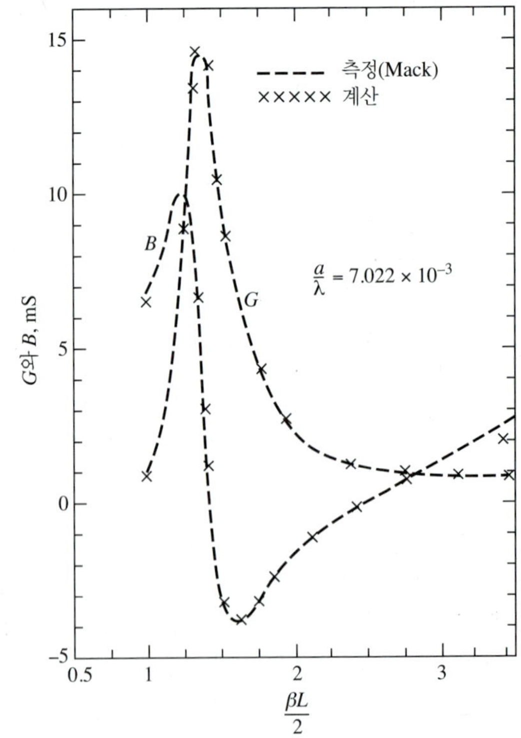


**그림 14-10** **펄스함수(N = 100)와 프릴 전원을 사용한 다이폴 어드미턴스의 계산값과 측정값의 비교.**

그러나 다른 MoM 방식(예를 들면 그림 14-13*b*)을 택하거나, 식 (14-13)에서 미분과 적분의 순서를 바꾸면 이러한 현상이 반드시 일어나는 것은 아니므로, 이것을 델타 간격의 일반적인 특성으로 생각해서는 안 된다.

그림 14-9와 같은 곡선은 해의 수렴 특성을 분명히 보여 주므로, 이러한 곡선을 구하는 노력은 충분한 가치가 있다. 실험 결과와 비교한 것을 그림 14-10에 나타냈다.

이 절을 정리하면, 식 (14-25)와 같이 서로 다른 $N$개 점에 연속적으로 적분방정식을 적용함으로써 식 (14-15) 형태의 적분방정식의 기본적인 수치 해를 구했다. 수학적인 편의성과 단순성을 위해, 단편의 길이를 같게 하고 정합점은 각 단편의 가운데로 정했다. 엄밀하게 말해서, 식 (14-25)의 등식이 정확하게 성립하기 위해서는 $N$이 무한대로 증가해야 한다. 그러나 실질적으로는 $N$을 충분히 크게 함으로써 정확한 해를 얻을 수 있다. 이러한 점을 고려할 때 그림 14-9와 같은 수렴 곡선은 매우 중요하다.

## 14.6 가중잉여법과 모멘트법

이 절의 목적은 앞 절의 점정합법보다는 좀 더 일반적인 모멘트법 절차를 유도하는 것이며, 이 목적은 가중잉여법(method of weighted residuals)[5]으로 알려진 접근법으로 이루어진다.

앞 절의 직도선의 예를 고려하자. 잉여(residual) $R$을 산란장과 입사장의 접선성분의 합으로 정의하자. 즉

$$R = E^s_{\tan} + E^i_{\tan} \tag{14-34}$$

이다. 분명히 잉여가 0이 되어, 그로부터 경계조건이 충족되기를 원한다. 펄스확장함수를 사용한 14.4절 예의 잉여는 식 (14-19)에서 다음과 같음을 알 수 있다.

$$R(z) = -\sum_{n=1}^{N} I_n f(z,\ z'_n) + E^i_z(z) \tag{14-35}$$

전장 경계조건의 관점에서 설명하면, 잉여란 도선 표면에서의 산란장과 입사장의 접선성분의 합이다. $z = z_m$일 때 계산된 식 (14-35)는 $m$번째 정합점에서의 잉여를 나다내며, 이 짐에서의 잉여노 물론 0이 되어야 한다. 왜냐하면 $I_n$ 자체가 $N$개의 정합점들에 대한 전장 경계조건을 전제로 구해졌기 때문이다. 그러나 정합점이 아닌 나머지 점들에서의 총 접선성분의 전장은 그림 14-11과 같이 일반적으로 0이 되지 않을 것이다. 그러므로 $z \neq z_m$일 때 정합점 위치($m = 1, 2, 3, ..., N$)에서의 잉여 역시 0이 되지 않을 것이다. 물리적으로 볼 때, 점정합 과정은 어느 특정 점에서만 경계조건이 충족되도록 경계조건을 완화하는 과정으로 볼 수 있다. 이러한 각 점들 사이에서는 경계조건에 크게 어긋나 쓸모 없는 해가 구해지지 않도록 바랄 뿐 다른 방법이 없다. 그러므로 그림 14-9처럼 $N$이 어느 한도 내에서 증가됨에 따라 해가 정확해지는 것은 당연하다.

가중잉여법에서는 잉여를 가중평균의 의미에서 0이 되도록 해 $I_n$을 구한다. 그러므로 그림 14-3의 도선 문제에서 잉여의 가중적분 값을 0으로 하면 다음과 같다.

$$\int W_m(z) R(z)\ dz = 0, \quad m = 1, 2, 3, \ldots, N \tag{14-36}$$

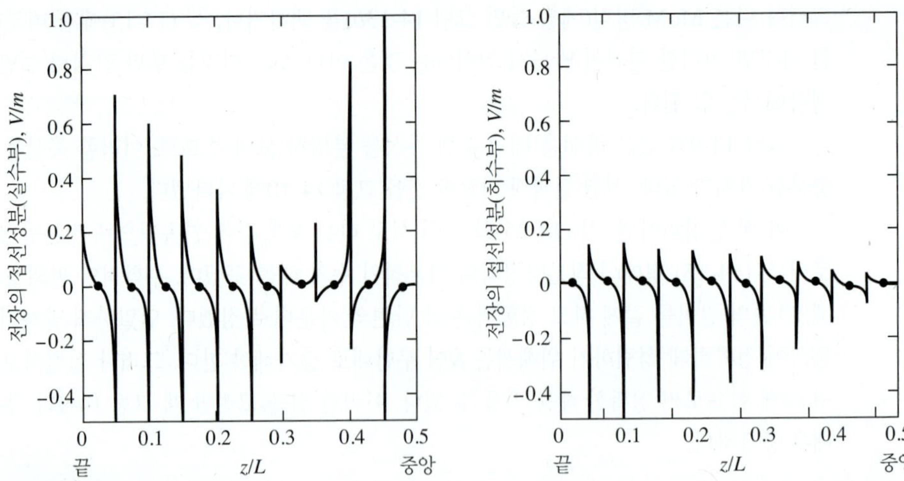


그림 14-11 펄스확장함수와 델타가중함수를 사용한 중앙급전 다이폴 안테나 축 반쪽 위의 정규화된 전장의 접선성분 (E. K. Miller 제공). 그래프의 점은 정합점 위치이다.

여기서 $W_m(z)$는 가중함수(weighting function) 또는 시험함수(testing function)라 한다. 식 (14-35)를 식 (14-36)에 대입하면

$$-\int_{-L/2}^{L/2} W_m(z)\sum_{n=1}^{N} I_n f(z,\ z_n')\ dz + \int_{-L/2}^{L/2} W_m(z)E_z^i(z)\ dz = 0, \quad m = 1, 2, 3, \ldots, N \qquad \textbf{(14-37)}$$

이 된다.

만일 가중함수가 디랙(Dirac) 델타함수

$$W_m(z) = \delta(z - z_m) \qquad \textbf{(14-38a)}$$

이면, 식 (14-37)은 식 (14-21)로 간단히 된다. 만일 가중함수가 펄스함수

$$W_m(z) = \begin{cases} 1 & \Delta z_m \text{ 내의 } z \\ 0 & \text{그 외} \end{cases} \qquad \textbf{(14-38b)}$$

이면, 식 (14-37)은 다음과 같이 된다.

$$-\sum_{n=1}^{N} I_n \int_{\Delta Z_m} f(z,\ z_n')\ dz + \int_{\Delta Z_m} E_z^i(z)\ dz = 0, \quad m = 1, 2, 3, \ldots, N \qquad \textbf{(14-39)}$$

위 식에서

$$Z_{mn} = \int_{\Delta Z_m} f(z,\ z_n')\ dz \qquad \textbf{(14-40a)}$$

그리고

$$V_m = \int_{\Delta Z_m} E_z^i(z)\ dz \qquad \textbf{(14-40b)}$$

이다. 식 (14-40)을 풀어서 구해진 전류는 도선 표면의 모든 점에서 산란장과 입사장의 합, 즉 잉여가 반드시 0이 되는 전류는 아닐 것이다. 그러나 주어진 $N$에서 가중함수가 델타함수인 경우보다는 좀 더 정확한 전류분포를 나타낼 수 있도록 도선 전체에 대한 평균이 0에 가까워질 것은 당연하다고 생각할 수 있다. 그러나 실제로 이러한 것은 전류에 대한 확장함수와 가중(또는 시험)함수의 특정한 선택에 따라 그럴 수도 있고 그렇지 않을 수도 있다.

그렇다면 어떻게 적절한 확장함수와 가중함수를 선택하는가 하는 질문은 타당하나, 이 질문에 대한 답은 간단하지 않다. 그러나 경험에 의하면, 예상되는 도선 위의 전류 형태와 매우 유사한 확장함수를 선택하고 동일한 함수를 가중함수로 사용하는 것이 바람직하다. 14.4절의 펄스 점정합 해를 포함해 이러한 규칙에는 예외가 있다. 확장함수와 가중함수가 동일한 경우의 MoM 과정을 갤러킨법(Galerkin's method)이라 하며, 이는 변분법과 밀접한 관계가 있다.

## 예제 14-2 단형 다이폴의 갤러킨법

이 예제의 목적은 확장함수로서 델타함수 대신 펄스함수를 사용해 예제 14-1을 다시 푸는 데 있다. 그림 14-12를 참고해, 식 (14-40)으로부터 펄스-펄스 갤러킨 해의 임피던스 행렬 $[Z_{mn}]$을 계산하면 다음과 같다.

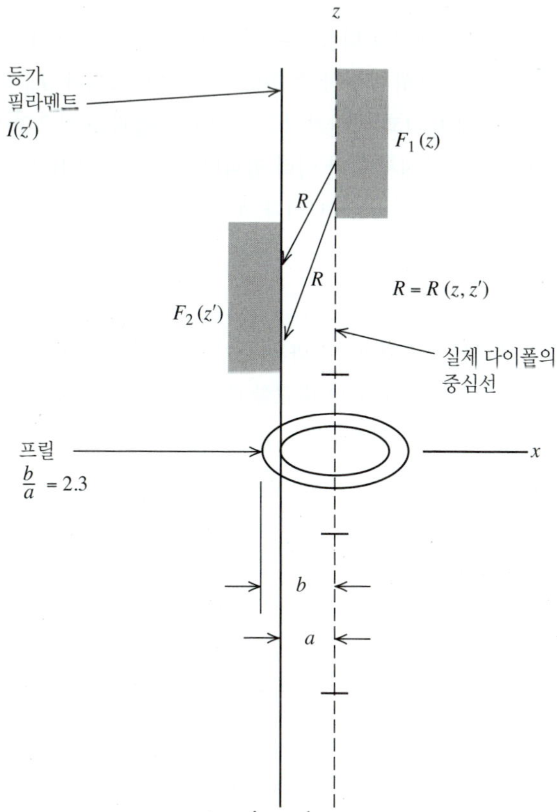


$$Z_{12} = \frac{-1}{4\pi j\omega\varepsilon_o} \int_{\Delta z_1} F_1(z) \int_{\Delta z'_2} F_2(z')\, K(z, z')\, dz'\, dz$$

그림 14-12 예제 14-2의 단형 다이폴의 $Z_{12}$ 계산.

$$[Z_{mn}] = 10^2 \begin{bmatrix} 14.4 \angle -89.99^\circ & 6.14 \angle 89.97^\circ & 0.759 \angle 89.76^\circ & 0.206 \angle 89.14^\circ & 0.087 \angle 87.98^\circ \\ 6.14 \angle 89.97^\circ & 14.4 \angle -89.99^\circ & 6.14 \angle 89.97^\circ & 0.759 \angle 89.76^\circ & 0.206 \angle 89.14^\circ \\ 0.759 \angle 89.76^\circ & 6.14 \angle 89.97^\circ & 14.4 \angle -89.99^\circ & 6.14 \angle 89.97^\circ & 0.759 \angle 89.76^\circ \\ 0.206 \angle 89.14^\circ & 0.759 \angle 89.76^\circ & 6.14 \angle 89.97^\circ & 14.4 \angle -89.99^\circ & 6.14 \angle 89.97^\circ \\ 0.087 \angle 87.98^\circ & 0.206 \angle 89.14^\circ & 0.759 \angle 89.76^\circ & 6.14 \angle 89.97^\circ & 14.4 \angle -89.99^\circ \end{bmatrix}$$

I V 프릴 전원을 사용한 전압행렬 $[V_m]$과 전류해 행렬 $[I_n]$은 각각 다음과 같다.

$$[V_m] = \begin{bmatrix} 0.011 \angle -0.280^\circ \\ 0.089 \angle -0.034^\circ \\ 0.791 \angle -0.003^\circ \\ 0.089 \angle -0.034^\circ \\ 0.011 \angle -0.280^\circ \end{bmatrix}, \quad [I_n] = 10^{-3} \begin{bmatrix} 0.49 \angle 89.57^\circ \\ 0.91 \angle 89.66^\circ \\ 1.38 \angle 89.75^\circ \\ 0.91 \angle 89.66^\circ \\ 0.49 \angle 89.57^\circ \end{bmatrix}$$

반면에 I V 델타 간격 여기가 사용되면 다음과 같다.

$$[V_m] = \begin{bmatrix} 0 \angle 0^\circ \\ 0 \angle 0^\circ \\ 1 \angle 0^\circ \\ 0 \angle 0^\circ \\ 0 \angle 0^\circ \end{bmatrix}, \quad [I_n] = 10^{-3} \begin{bmatrix} 0.49 \angle 89.57^\circ \\ 0.91 \angle 89.67^\circ \\ 1.52 \angle 89.78^\circ \\ 0.91 \angle 89.67^\circ \\ 0.49 \angle 89.57^\circ \end{bmatrix}$$

위의 다섯 개의 행렬 모두가 예제 14-1의 행렬과 다름을 주목하자. 물론 $[Z_{mn}]$과 $[V_m]$을 다른 과정으로 계산했으므로 이들이 달라질 것은 충분히 예상할 수 있었을 것이다. 그러나 $[I_n]$이 달라진 것은 단지 $N$을 5로 선정한 것에 따른다. 예제 14-1과 마찬가지로 수렴하는 결과를 얻으려면 더 큰 $N$ 값이 필요하다. 프릴 전원을 사용한 위의 전류에서 구한 입력 임피던스는 $Z_A = 3.162 - j724\ \Omega$인 반면에 델타 간격 전원을 사용하면 $Z_A = 2.526 - j658\ \Omega$이다. $N = 25$인 경우의 입력 임피던스는 $Z_A = 2.35 - j556\ \Omega$이다.

---

그림 14-13은 포클링턴 방정식에서 펄스확장함수와 펄스가중함수를 사용한 길이 $0.47\lambda$ 다이폴의 입력 임피던스의 수렴을 보여 준다. 그림 14-9와 비교할 때, 델타가중보다 펄스가중에서 좀 더 빠른 수렴을 나타내며, 펄스–델타 방식보다는 펄스–펄스 방식이 전원의 종류(즉 프릴 또는 델타 간격)에 덜 민감함을 보여 준다. 여기서와 마찬가지로 다른 많은 식에서, 비델타(nondelta) 가중에 의한 평균화 과정이 해의 수렴도와 안정도를 개선하는 경향이 있다.

다음으로는 14.4절에서와 같이 가중잉여 적분과 키르히호프 회로방정식을 연관시킨다. 이 과정을 다소 일반화해 그림 14-14와 같은 도선을 고려하자. 이 경우 잉여는 다음과 같이 쓸 수 있을 것이다.

$$\mathbf{R}(\ell) = \mathbf{E}^s_{\tan}(\ell) + \mathbf{E}^i_{\tan}(\ell) = \sum_{n=1}^{N} I_n \mathbf{E}^s_n(\ell) + \mathbf{E}^i_{\tan}(\ell) \tag{14-41}$$

그리고 가중잉여는

$$\int_{\text{along wire}} \mathbf{W}_m(\ell) \cdot \mathbf{R}(\ell)\, d\ell = 0 \tag{14-42}$$

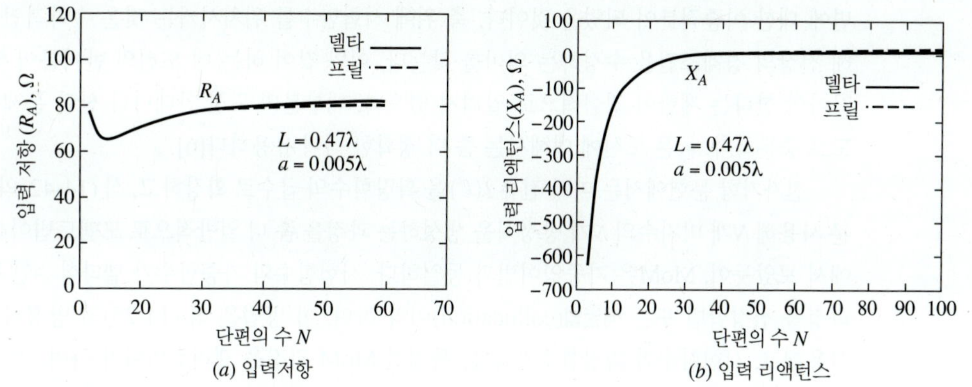


**그림 14-13** **델타 간격과 프릴 전원의 단편수(펄스 갤러킨)의 증가에 따른 입력 임피던스의 수렴곡선.**

이므로 다음과 같이 된다.

$$\sum_{n=1}^{N} I_n \int_{-\Delta\ell_m/2}^{\Delta\ell_m/2} \mathbf{W}_m(\ell) \cdot \mathbf{E}_n^s(\ell)\ d\ell + \int_{-\Delta\ell_m/2}^{\Delta\ell_m/2} \mathbf{W}_m(\ell) \cdot \mathbf{E}^i(\ell)\ d\ell = 0, \quad m = 1, 2, 3, \ldots, N \tag{14-43}$$

이 식은 식 (14-14)의 형태로 볼 수 있고, 전류의 $n$번째 확장함수로부터 산란장을 $\mathbf{E}_n^s(\ell)$로 표시하면 일반화 임피던스 행렬의 $mn$번째 요소는

$$Z_{mn} = -\int_{-\ell_m/2}^{\ell_m/2} \mathbf{W}_m(\ell) \cdot \mathbf{E}_n^s(\ell)\ d\ell \tag{14-44}$$

이다. 그리고 일반화 전압행렬의 $m$번째 요소는

$$V_m = \int_{\ell_m/2}^{\ell_m/2} \mathbf{W}_m(\ell) \cdot \mathbf{E}^i(\ell)\ d\ell \tag{14-45}$$

이다. 여기서 $\mathbf{W}_m(\ell)$은 그림 14-12에서처럼 도선 내부에 위치한 $m$번째 시험함수이다. 엄밀히 말해서 시험함수는 도선 표면에 위치해야 하며(그림 14-4*a* 참조), 이 경우식 (14-44)와 식 (14-45)는 표

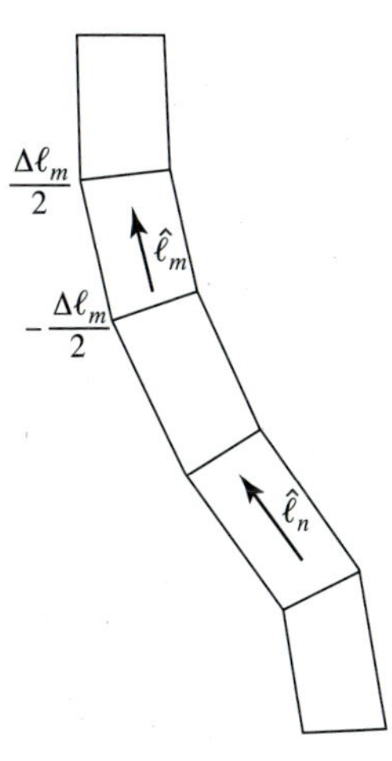


**그림 14-14** **분할된 굽은 도선.**

면에 대한 이중적분이 되었을 것이다. 축 위에 시험함수를 위치시키는 것은 수학적인 간결성을 위해 전장의 경계조건을 수정하는 의미를 갖는다. 이와 같이 하는 데 도선의 반지름이 약 $0.01\lambda$보다 작아야 한다는 제한이 경험적으로 알려져 있으나, 대부분의 도선 안테나나 산란 문제에서는 이 정도로 충분하다. 굵은 도선에 대해서는 좀 더 정확한 식이 유용하다[6].

전자기학 문헌에서는 미지 전류 $I(\ell')$을 확장함수의 급수로 확장하고, 식 (14-42)의 가중잉여 적분 사용해 $N$개 미지수의 $N$개 방정식을 생성하는 과정을 좀 더 일반적으로 모멘트법이라 한다. 이 절에서 보았듯이, MoM은 가중잉여법과 동일하다. 시험함수와 가중함수가 델타함수인 특별한 MoM 과정을 점정합법 또는 **배열법**(collocation)이라 하며, 이 방법은 식 (14-25)의 방정식계를 얻는 데 사용했고, 시험함수와 확장함수가 같은 특별한 MoM 과정을 갤러킨법이라 하며, 펄스–펄스 갤러킨법이 예제 14-2에서 사용되었다. 펄스함수 외에도 밝혀진 유용한 함수들이 있으며, 이들 중의 일부를 14.8절에서 논의한다. 다음 절에서는 MoM의 또 다른 두 가지 접근법, 즉 반응개념(reaction concept)과 선형대수식에 대해 설명한다.

## 14.7 모멘트법의 두 가지 다른 접근법

이 장의 앞 절에서는 학생들에게 친숙한 개념(예를 들면 키르히호프의 회로방정식과 14.4절의 적분에 대한 계단근사의 사용)의 이점을 이용한 접근법을 사용해 MoM을 설명했다. MoM의 또 다른 2가지 접근법을 문헌에서 찾아볼 수 있다. 한 가지는 물리적인 의미(즉 반응)를 가지고 있으며, 다른 한 가지는 완전히 수학적인 것(즉 선형대수 접근)이다. 이 절에서는 이 두 가지 접근법에 대해 고찰한다.

### 14.7.1 반응

1954년 럼지(Rumsey)는 반응(reaction)이라는 물리량(예를 들면 질량, 길이, 전하 등)을 소개해[7] 전자기 이론에서 경계값 문제에 대해 일반적으로 접근할 수 있게 했다. 그의 접근법에서 반응 적분방정식(reaction integral equation)이 나왔다. 식 (14-43)은 도선 형태에 적용된 반응 적분방정식의 특별한 형태이다. 반응 적분방정식의 정확한 유도과정은 오직 전자기 이론의 원리에서만 유도될 수 있다. 유도과정은 이해하기가 어려우므로, 비교적 쉬운 가중잉여 접근법에 의해 식 (14-43)을 유도했던 앞절의 귀납적인 방법을 사용할 것이다.

기본적으로 반응이란 한 전원과 다른 전원과의 결합의 척도이다. 그러므로 시험함수(가중함수)를 **시험전원**(test source)으로 보면, 식 (14-44)에 의해 주어진 임피던스 행렬 요소들은 $m$번째 시험전원과 $n$번째 확장함수 또는 **실제 전원**으로부터 형성되는 산란장 사이의 결합 정도를 계산하는 것으로 생각할 수 있을 것이다. 마찬가지로 식 (14-45)의 $m$번째 전압행렬 요소는 $m$번째 시험전원과 입사장 사이의 결합으로 해석할 수 있다. 예를 들면 식 (14-45)는 $m$번째 시험전원을 입사장과 '반응' 시키고 있다고 말할 수 있으며, 식 (14-44)는 $n$번째의 실제 전원에서 발생하는 전장을 $n$ 번째 시험전원의 전류와 '반응'시키고 있다고 말할 수 있다.

도선에 대해 식 (14-43)을 구했으나, 모멘트법 또는 가중잉여법은 단지 도선 형태가 아닌 그림 14-15$a$와 같은 경우에도 적합하다. 그림 14-15$b$의 등가 상황을 참조하라. $(\mathbf{J}_m, \mathbf{M}_m)$을 시험전원의 표면전류밀도라 하고, $(\mathbf{E}_m, \mathbf{H}_m)$을 시험전원장이라 하자. 도전체의 두 전류는 자유공간에서 $(\mathbf{E}^s, \mathbf{H}^s)$를 방사하는 등가 표면전류 $(\mathbf{J}^s, \mathbf{M}^s)$로 모두 대체된다. 식 (14-43)을 일반화하면

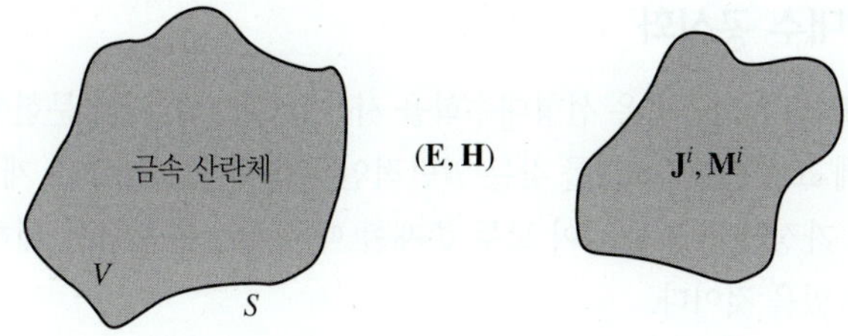


($a$) 표면 $S$로 둘러싸인 금속 산란체가 있을 경우 전원 전류밀도 $\mathbf{J}^i$와 $\mathbf{M}^i$가 $S$ 외부에 ($\mathbf{E}^s$. $\mathbf{H}^s$)를 생성

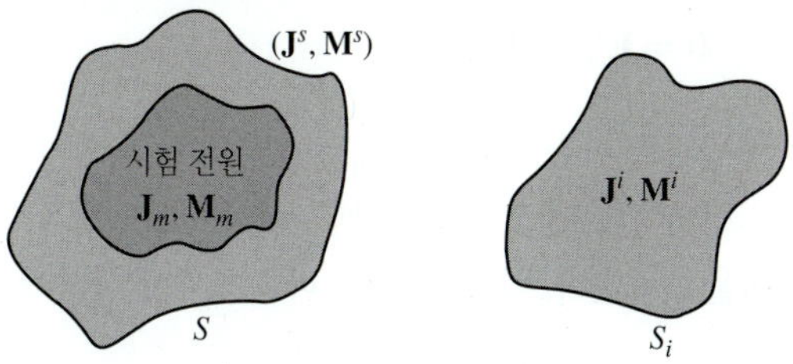


($b$) 자유공간에서의 등가 전류 ($\mathbf{J}^s$. $\mathbf{M}^s$)를 갖는 표면 $S$ 내부의 시험 진원

**그림 14-15** **반응 개념에서의 전원.**

$$\iint_S (\mathbf{J}_m \cdot \mathbf{E}^s - \mathbf{M}_m \cdot \mathbf{H}^s)\ ds + \iint_S (\mathbf{J}_m \cdot \mathbf{E}^i - \mathbf{M}_m \cdot \mathbf{H}^i)\ ds = 0, \quad m = 1, 2, 3, \ldots, N \qquad \textbf{(14-46)}$$

이 된다. $\mathbf{M}_m$의 '−' 부호는 13.1절의 가역장 이론을 참고하면 증명할 수 있다. 식 (14-46)의 물리적인 해석은 시험전원과 입사장과 산란장의 합 사이에 반응이 0(즉 결합이 0)이 되어야 한다는 의미이다. 이는 당연히 식 (14-36)에 의해 명시된 조건과 같다. 그럼에도 식 (14-46)이 제공하는 또 다른 물리적인 해석과 반응개념은 유용한 것으로 참고문헌에서 사용 예를 찾을 수 있을 것이다.

만일 실제 전류의 $n$번째 확장함수에서 산란장을 ($\mathbf{E}_n^s$, $\mathbf{H}_n^s$)로 표기하고, $N$개 산란장들의 합을 ($\mathbf{E}^s$, $\mathbf{H}^s$)로 표기하면, 일반화된 임피던스 행렬의 $mn$번째 요소는 다음과 같이 나타낼 수 있을 것이다.

$$Z_{mn} = -\iint_S (\mathbf{J}_m \cdot \mathbf{E}_n^s - \mathbf{M}_m \cdot \mathbf{H}_n^s)\ ds \qquad \textbf{(14-47)}$$

마찬가지로, 일반화된 전압행렬의 $m$번째 요소는 다음과 같을 것이다.

$$V_m = \iint_S (\mathbf{J}_m \cdot \mathbf{E}^i - \mathbf{M}_m \cdot \mathbf{H}^i)\ ds \qquad \textbf{(14-48)}$$

그림 14-15$a$에서 인가전류 $\mathbf{J}^i$에서 발생한 입사장($\mathbf{E}^i$, $\mathbf{H}^i$)은 안테나 송신 시에는 $S$ 상에 위치한 전원에 의한 장일 것이며, 안테나 수신 시나 레이더 산란일 경우에는 $S$에서 멀리 떨어진 전원에 의한 장일 것이다. 나중에 식 (14-47)과 식 (14-48)의 일반적인 관계식은 도선이거나 도선이 아닌 기하학적 형태 모두에 대해 유용하게 쓰일 것이다.

### 14.7.2 MoM의 선형대수 공식화

MoM의 일반적인 공식화의 또 다른 접근법은 선형대수학을 사용한 것으로, 여러 문헌에서 흔히 볼 수 있는 접근법이다[3]. 표면에 표면전류밀도 **J**를 갖는 일반적인 금속체를 고려하자. 계산을 간단히 하기 위해 자기전류가 없다고 가정한다. **J**와 **M**이 모두 존재할 때의 확장은 반응에 대해 설명한 앞 절의 내용에서 쉽게 추론할 수 있을 것이다.

선형대수학 접근법은 대상체 표면의 모든 곳에서 전장의 총 접선방향 성분이 0이 되어야 한다는 것에서 시작한다. 즉

$$0 = \mathbf{E}^s_{\tan} + \mathbf{E}^i_{\tan} \tag{14-49}$$

이다. 여기서 $\mathbf{E}^s_{\tan}$는 전류밀도 **J**에 의해 방사된 산란장이고, $\mathbf{E}^i_{\tan}$는 대상체 표면 위의 한 점 또는 외부에 위치한 전원에 의한 입사장의 접선성분이다. 전장의 접선방향 성분에 대한 경계조건이 사용되고 있음을 알 수 있을 것이므로 첨자 tan을 생략한다. 식 (14-49)를 다음 형태로 다시 쓰고

$$-\mathbf{E}^s = \mathbf{E}^i \tag{14-50}$$

연산자를 아래와 같이 정의한다.

$$L_{\mathrm{op}}(\mathbf{J}) = -\mathbf{E}^s \tag{14-51}$$

선형벡터공간과 연산자 개념을 사용하여 연산자 방정식을 다음과 같이 쓸 수 있다.

$$L_{\mathrm{op}}(\mathbf{J}) = \mathbf{E}^i \tag{14-52}$$

여기서 $L_{\mathrm{op}}$는 고려하는 문제에 따라 결정되는 연산자이며, $\mathbf{E}^i$는 알고 있는 여기함수 또는 전원이고, **J**는 결정될 미지의 응답함수이다. 이 장에서 고려하는 문제들에서 $L_{\mathrm{op}}$는 전류밀도 **J**에 대해 작용하는 적분연산자이다.

주어진 문제에 대해 연산자의 정의역, 즉 연산이 적용되는 함수의 공간이 결정되어야 하며, 그리고 연산자의 치역 또는 연산의 결과로 나오는 함수들의 공간 역시 결정되어야 한다. 실제로 연산자는 **J**를 포함하는 한 부분집합에서 $E^i$를 포함하는 한 부분집합으로의 사상을 수행한다. 만일 해가 유일하다면, 일대일 사상이 되어야만 한다.

다음에는 표면 $S$ 상에서 응답(해)함수 **J**를 $L_{\mathrm{op}}$의 정의역 내의 기저함수 $F_1, F_2, F_3, \ldots$ 의 급수로 확장한다. 즉

$$\mathbf{J} = \sum_n I_n \mathbf{F}_n \tag{14-53}$$

이고, 여기서 계수 $I_n$들은 일반적으로 복소수로서 결정될 미지 계수이다. 식 (14-53)을 식 (14-52)에 대입하면 다음 식이 된다.

$$L_{\mathrm{op}}\left(\sum_n I_n \mathbf{F}_n\right) = \mathbf{E}^i \tag{14-54}$$

$L_{\mathrm{op}}$의 선형성을 이용하면 다음 식이 된다.

$$\sum_n I_n L_{op}(\mathbf{F}_n) = \mathbf{E}^i \tag{14-55}$$

앞에서 요약한 풀이과정의 다음 단계는 $L_{op}$의 정의역 내에서 가중함수 집합 $\mathbf{W}_1, \mathbf{W}_2, \ldots$ 를 정의하고, 내적을 취하는 것이다.

$$\sum_n I_n \langle \mathbf{W}_m,\ L_{op}(\mathbf{F}_n)\rangle = \langle \mathbf{W}_m,\ \mathbf{E}^i\rangle \tag{14-56}$$

만일 $\mathbf{W}_m$이 델타함수이면 식 (14-56)은 점정합이 되고, $\mathbf{W}_m = \mathbf{F}_m$이면, 식 (14-56)은 갤러킨법(14.6절 참조)임을 주목하자. 갤러킨법을 위해

$$\sum_n I_n \langle \mathbf{F}_m, L_{op}(\mathbf{F}_n)\rangle = \langle \mathbf{F}_m, \mathbf{E}^i\rangle \tag{14-57}$$

으로 나타내자. 그러면 내적은 앞에서 언급한 반응량(reaction quantity)으로 나타난다. 기저함수 $\mathbf{F}_n$과 가중함수 $\mathbf{F}_m$이 전류를 나타내는 것을 주목하라. 내적 $\langle \mathbf{F}, \mathbf{E}\rangle$는 고려하는 표면에 대해 $\mathbf{F}\cdot\mathbf{E}$를 적분해 구해지는 스칼라양이다. 이런 특별한 내적을 반응이라 한다. 내적은 아래 조건이 충족하도록 정의한다.

$$\langle \mathbf{F}, \mathbf{E}\rangle = \langle \mathbf{E}, \mathbf{F}\rangle \tag{14-58a}$$

$$\langle \alpha\mathbf{F} + \beta\mathbf{F}, \mathbf{E}\rangle = \alpha\langle \mathbf{F}, \mathbf{E}\rangle + \beta\langle \mathbf{F}, \mathbf{E}\rangle \tag{14-58b}$$

단

$$\langle \mathbf{F}^*, \mathbf{F}\rangle > 0, \quad \text{then } \ \mathbf{F} \neq 0 \tag{14-58c}$$

이며, 또한

$$\langle \mathbf{F}^*, \mathbf{F}\rangle = 0, \quad \text{then } \ \mathbf{F} = 0 \tag{14-58d}$$

이다. 여기서 $\alpha$, $\beta$는 스칼라이며, *는 복소공액을 표시한다.

세 번째 단계는 식 (14-56)에 주어진 다양한 내적을 계산해 행렬식을 구성하는 것이다.

$$\begin{bmatrix} \langle \mathbf{F}_1, L_{op}(\mathbf{F}_1)\rangle & \langle \mathbf{F}_1\ L_{op}\ (\mathbf{F}_2)\rangle \ldots \\ \langle \mathbf{F}_2, L_{op}(\mathbf{F}_1)\rangle & . \\ . & . \\ . & \quad . \\ . & \qquad . \\ . & \qquad\quad . \\ . & \qquad\qquad . \end{bmatrix} \begin{bmatrix} I_1 \\ I_2 \\ . \\ . \\ . \\ I_N \end{bmatrix} = \begin{bmatrix} \langle \mathbf{F}_1, \mathbf{E}^i\rangle \\ \langle \mathbf{F}_2, \mathbf{E}^i\rangle \\ . \\ . \\ . \\ \langle \mathbf{F}_N, \mathbf{E}^i\rangle \end{bmatrix} \tag{14-59}$$

이를 간단히 표기하면 다음과 같다.

$$[Z_{mn}][I_n] = [V_m] \tag{14-60}$$

선형대수학의 관점에서 MoM 해를 구하는 과정은 다음과 같이 요약할 수 있다.

1. 미지수를 기저함수 $\mathbf{F}_n$의 급수로 확장한다. 즉 $L_{\text{op}}$의 정의역에서 $\mathbf{J}$를 확장한다.
2. 적합한 내적을 결정하고, 가중함수의 집합을 정의한다.
3. 내적을 계산한 후, 그로부터 행렬식을 구성한다.
4. 행렬식을 풀어서 미지수를 구한다.

처음 두 단계는 14.8.1절에서 좀 더 자세히 살펴본다.

### 예제 14-3 14.6절의 선형대수 해석

이 예제의 목적은 이 절에서 설명한 선형대수학의 관점에서 식 (14-40)의 공식화를 해석하는 데 있다. 식 (14-40*a*)로부터

$$Z_{mn} = \int_{\Delta z_m} F_m(z) f(z, z'_n)\, dz$$

이고, 여기서

$$f(z, z'_n) = -\int_{\Delta z'_n} F_n(z') K(z, z')\, dz'$$

이다. 그러므로

$$Z_{mn} = \underbrace{\int_{\Delta z_m} F_m(z) \underbrace{\left[ -\int_{\Delta z'_n} F_n(z') K(z, z') dz' \right]}_{L_{\text{op}}(\mathbf{F}_n)} dz}_{\langle \mathbf{F}_m, L_{\text{op}}(\mathbf{F}_n) \rangle}$$

이고, 여기서 적분연산자는 다음과 같이 주어진다.

$$L_{\text{op}} = -\int_{\Delta z'_n} K(z, z')\, dz'$$

식 (14-40*b*)에서

$$V_m = \underbrace{\int_{\Delta z_m} F_m(z) E_z^i(z)\, dz}_{\langle \mathbf{F}_m, \mathbf{E}_z^i \rangle}$$

이다. 내적은 실제로 식 (14-44)와 식 (14-45)처럼 두 벡터의 스칼라 곱을 포함한다. 그러나 위의 적분 표현식들에서는 스칼라 곱이 이미 수행되었으므로 오직 스칼라만이 포함된 것을 주목하라.

## 14.8 공식화와 계산적인 고찰

전자기 문제에 대한 컴퓨터 모델의 개발과 사용은 다음의 네 단계로 나누어질 수 있다.

1. 문제의 물리적인 성질, $\lambda$로 표시된 대상체의 크기, 수학적인 원리(예를 들어 MoM, FDTD 등)에 근거한 수학적인 공식화(mathematical formulation)의 개발
2. 수학적인 공식화를 컴퓨터 알고리즘으로 부호화(coding)
3. 컴퓨터 코드의 타당성 검증(validation)
4. 해석이나 설계 문제의 풀이를 위한 계산(computation)

이 절의 나머지 부분은 위의 1번 항목에 영향을 끼치는 MoM의 문제점에 대해 설명하고, 마지막에서는 타당성의 중요한 논점에 대해 이야기한다.

### 14.8.1 기타 확장함수와 가중함수

14.5절과 14.6절에서는 확장함수로 펄스함수가 사용되었고, 가중함수로서는 펄스함수 또는 델타함수가 사용되었다. 이러한 함수들의 장점은 수식화 과정이 단순하고, 그래서 부호화 과정도 간단해지는 데 있다. 그렇지만 보통 사용되는 다른 함수들도 있는데 다음과 같다.

삼각형 함수(triangle function)(부분선형):

$$J(z) = \begin{cases} \dfrac{I_n(z_{n+1} - z) + I_{n+1}(z - z_n)}{\Delta z_n} & \Delta z_n \text{ 내의 } z \\ 0 \quad \text{그 외} \end{cases} \tag{14-61}$$

부분정현형(piecewise sinusoidal):

$$J(z) = \begin{cases} \dfrac{I_n \ \sin\beta(z_{n+1} - z) + I_{n+1} \sin\beta(z - z_n)}{\sin\beta\ \Delta z_n} & \Delta z_n \text{ 내의 } z \\ 0 \quad \text{그 외} \end{cases} \tag{14-62}$$

정현보간형(sinusoidal interpolation):

$$J(z) = \begin{cases} A_n + B_n \ \sin\beta(z - z_n) + C_n \ \cos\beta(z - z_n) & \Delta z_n \text{ 내의 } z \\ 0 \quad \text{그 외} \end{cases} \tag{14-63}$$

여기서 $\Delta z_n = z_{n+1} - z_n$이다.

삼각형 함수는 해링턴(Harrington)의 많은 초기 연구에서 소개되었으며 확장함수와 가중함수로 사용되었다(갤러킨 공식화). 또한 삼각형 함수의 갤러킨 공식은 가는 도선에 대한 코드인 MININEC에서도 사용되었다[8].

부분정현형(PWS: piecewise sinusoidal) 함수는 리치먼드(Richmond)가 반응 적분방정식으로 자세히 설명한 갤러킨 공식에 처음으로 사용되었다[9]. 이러한 함수들은 자유공간 내에서 기하학적 구조를 갖는 도선의 수치 계산에 매우 효율적이며, 이는 어느 정도 실제 전류분포가 거의 정현형과 비슷하기 때문이기도 하다. 다이폴 임피던스의 수렴 곡선을 그림 14-16에 나타냈다. 빠른 수렴이 뚜렷이 나타난다. 부분정현형 함수를 그림 14-17$a$에 나타냈다. 이 함수를 정의하려면 두 단편이 필요하다. 그림 14-17$b$의 다이폴처럼 여러 개 함수가 사용될 경우, 각 함수들은 이웃한 함수들

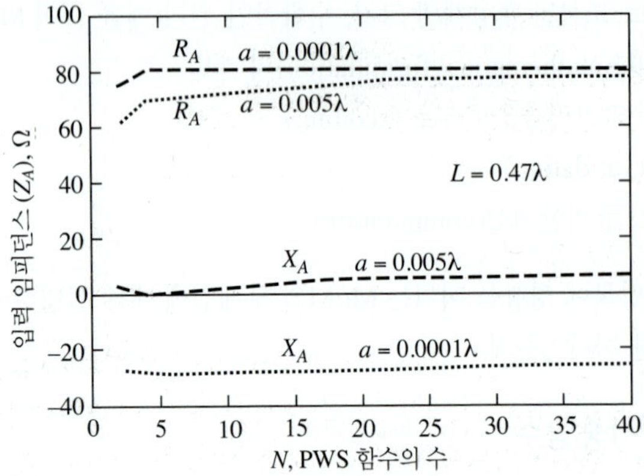


그림 14-16 두 가지 도선 반지름에 대한 부분정현형(PWS) 갤러킨법 [9]의 입력 임피던스 수렴 특성.

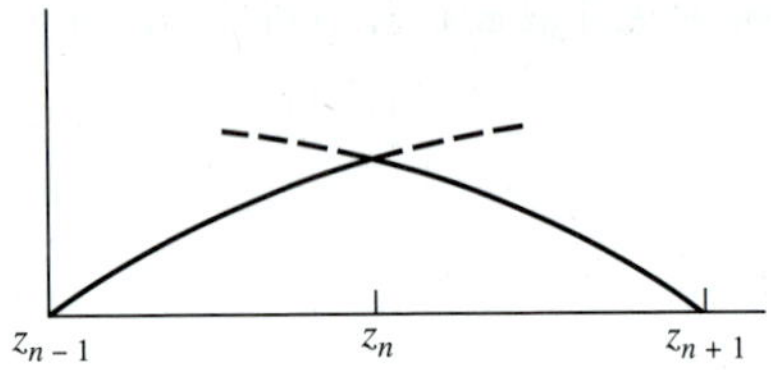


(a) 부분정현형의 확장함수

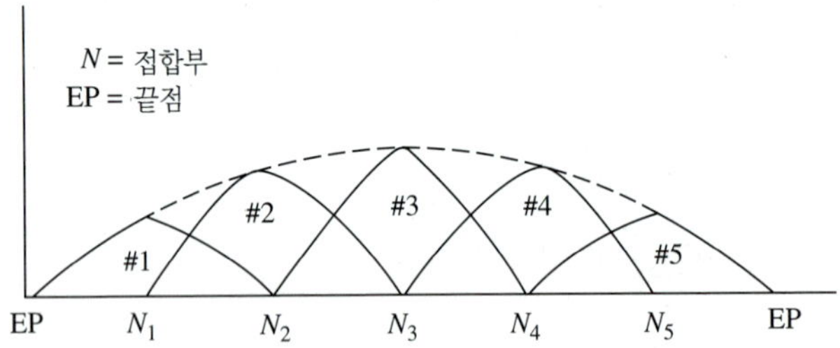


(b) 개방종단 도선 상의 중첩확장 함수군

그림 14-17 부분정현형 곡선을 이용한 중첩확장함수에 대한 실제 예.

과 겹친다. 두 단편(또는 그 이상)이 접하는 부분을 절점이라 한다. 그림 14-17*b*에는 5개의 절점이 있고, 6개 단편에 걸쳐 있는 5개 함수가 있다. 6개 단편을 정의하려면 7개 점(즉 5개의 절점과 양 끝점)이 필요하다. 반면에 만일 루프와 같이 끝점들이 없다면, 절점수, 단편수, 그리고 중첩함수(overlapping function)의 수가 모두 같아진다.

델타가중함수와 함께 정현보간형 함수가 NEC로 널리 알려진 수치 전자기학 코드(Numerical Electromagnetics Code)에서 사용되었다[10].

지난 수년간 함수의 선택에 관한 연구가 이루어져 왔다. 이와 관련한 설명은 참고문헌 [11]과 [H.10.2: Moore]에서 참조할 수 있다. 함수의 선택은 두 개 이상 단편이 접하는 부분에 대한 처리방법에 따라서도 영향을 받는다. 펄스함수(중복되지 않음)의 경우는 특별한 고려를 하지 않아도 된다. 사실 맥스웰 방정식이 충족되면 그 결과로 여러 도선의 접합부에서의 키르히호프 전류법칙은 자동으로 충족될 것이다. $N$개 도선의 접합부에서 중첩함수(예를 들면 삼각형, 부분정현형)가 사용된 경우에는 $N-1$개의 독립전류가 있다($N$번째 전류는 키르히호프 전류법칙에 의해 결정된다). 그러므로 $N$개 도선의 접합부를 다루려면 단지 $N-1$개의 함수만 있어도 된다(연습문제 14.13-3 참조).

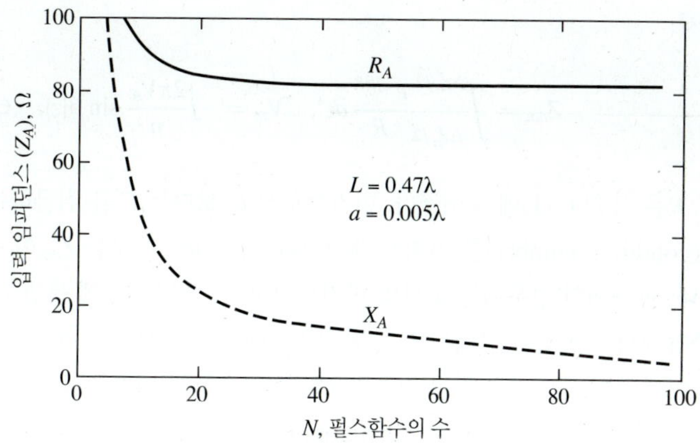


그림 14-18 펄스확장함수와 점정합을 사용한 할렌 방정식의 수렴.

## 14.8.2 도선의 또 다른 전장 적분방정식

**전장 적분방정식**(EFIE: clectric field integral equation)의 한 형태가 14.3절의 포클링턴의 형태이고, 다른 한 형태는 해링턴 [3] 이 그의 초기 연구에 사용한 전위의 형태이다. $z$축 방향의 도선에 대한 전위 형태는 다음과 같다.

$$E^i = \int_{-L/2}^{L/2} \left[ j\omega\mu_o I(z') - \frac{1}{j\omega\varepsilon_o} \frac{\partial I(z')}{\partial z'} \frac{\partial}{\partial z} \right] \frac{e^{-j\beta R}}{4\pi R}\, dz' \qquad \textbf{(14-64)}$$

위 식은 벡터와 스칼라 전위를 모두 사용해 유도된다(연습문제 14.3-3, 14.8-1 참조). 이러한 형태는 포클링턴 형태보다 더욱 빠른 수렴을 제공할 수 있으며, 이는 수렴률이 확장함수와 가중함수의 선택뿐만 아니라 커널의 특성에 따라서도 달라진다는 것을 암시한다.

할렌(Hallen)은 도선 안테나에 대해 매우 다른 식을 유도했다(연습문제 14.8-2 참조). $z$축 방향의 도선 안테나에 대한 **할렌의 적분방정식**(Hallen's integral equation)은 다음과 같으며, 여기서 $V_A$는 단자 전압이다.

$$\int_{-L/2}^{L/2} I(z') \frac{e^{-j\beta R}}{4\pi R} dz' = -\frac{j}{\eta}\left( C_1 \cos\beta z + \frac{V_A}{2} \sin\beta|z| \right) \qquad \textbf{(14-65)}$$

할렌의 식은 간단한 커널을 가지며, 포클링턴이나 전위 형태의 식보다는 일반적으로 부호화가 더 간단하다. $N$개의 미지수를 위해, $C_1$ 또한 미지 상수이므로, 이를 포함해 $N+1$개의 방정식이 있어야만 한다[12]. 예제 14-4는 임피던스 행렬의 예를 보여 주고, 그림 14-18 펄스확장함수와 델타 가중의 수렴률을 나타낸다.

### 예제 14-4 할렌 방정식의 부분영역 해

이 예제의 목적은 $z$ 방향 도선 다이폴에 대한 할렌 방정식의 해를 펄스확장함수를 사용한 점정합법으로 구하는 데 있다. 해는 다음과 같이 표현할 수 있으며

$$\sum_{n=1}^{N} I_n\, Z_{mn} + C_1' \cos\beta z_m = V_m, \quad m = 1, 2, \ldots, N+1$$

여기서

$$Z_{mn} = \int_{-\Delta z_n'/2}^{\Delta z_n'/2} \frac{e^{-j\beta R}}{R} dz', \quad V_m = -j\frac{2\pi V_A}{\eta} \sin\beta|z|, \quad C_1' = j\frac{4\pi}{\eta}C_1$$

이고, $R$은 식 (14-11)에 주어졌다. 미지수로서 $C_1$보다는 $C_1'$을 취급하는 것이 아래 $[Z_{mn}']$ 행렬의 조건수(condition number)를 현저히 개선한다. $m \neq n$인 경우는 $Z_{mn}$이 수치적분으로 쉽게 계산될 수 있으나, $m = n$인 경우에는 도선의 반지름이 매우 작을 경우에 특별히 주의해야 한다. 각 펄스함수의 중앙에서 정합점을 선택했으나, 급전위치에 정합점이 있으려면 홀수 개의 함수가 필요하다. 또한 다이폴의 한 끝에서의 정합점이 필요하다(연습문제 14.8-2 참조). 다이폴의 한 끝으로부터 $\Delta z/2$ 만큼 더 확장된 일명 '유령 펄스(phantom pulse)'를 도입함으로써 개념적으로 다이폴의 한 끝에 정합점이 설정된다.

길이 $0.1\lambda$, 반지름 $0.005\lambda$인 다이폴에서 세 개의 펄스함수를 사용한 경우, $C_1'$ 항으로 인해 변경된 임피던스 행렬은 다음과 같다.

$$\left[\begin{array}{c:c} [Z_{mn}] & Z'_{1,N+1} \\ \hdashline & \vdots \\ Z'_{N+1,1} \cdots\cdots & Z'_{N+1,N+1} \end{array}\right]$$

여기서 블록 $[Z_{mn}]$은 퇴플리츠(toeplitz) 행렬이며, $N+1$열은

$$Z'_{1,N+1} = \cos(\beta z_i)$$

이다. 나머지 요소 $Z'_{N+1,i}$은 이 예제의 적분을 수치계산해 구한다(그림 14-19 참조). 이 예제에서 사용한 단형 다이폴의 변경된 임피던스 행렬은 다음과 같다.

$$[Z'_{mn}] = \begin{bmatrix} 3.83\ \angle -3.13^\circ & 1.08\ \angle -11.1^\circ & 0.51\ \angle -23.6^\circ & 0.98\ \angle 0^\circ \\ 1.08\ \angle -11.1^\circ & 3.83\ \angle -3.13^\circ & 1.08\ \angle -11.1^\circ & 1.00\ \angle 0^\circ \\ 0.51\ \angle -23.6^\circ & 1.08\ \angle -11.1^\circ & 3.83\ \angle -3.13^\circ & 0.98\ \angle 0^\circ \\ 0.40\ \angle -29.7^\circ & 0.69\ \angle -17.4^\circ & 2.59\ \angle -4.62^\circ & 0.95\ \angle 0^\circ \end{bmatrix}$$

전압행렬은

$$[V_m] = 10^{-3}\begin{bmatrix} 3.46\ \angle -90^\circ \\ 0\ \angle -90^\circ \\ 3.46\ \angle -90^\circ \\ 5.15\ \angle -90^\circ \end{bmatrix}$$

이며, 전류행렬을 계산하면 다음으로 된다.

$$[I_n] = 10^{-3}\begin{bmatrix} 0.84\ \angle 89.45^\circ \\ 1.98\ \angle 89.69^\circ \\ 0.84\ \angle 89.45^\circ \\ 9.41\ \angle -95.02^\circ \end{bmatrix}$$

$I_4$는 $C_1'$에 대한 값으로 더 이상 쓸모가 없음을 주목하자. 입력 임피던스는 $1.0/(1.98 \times 10^{-3}$

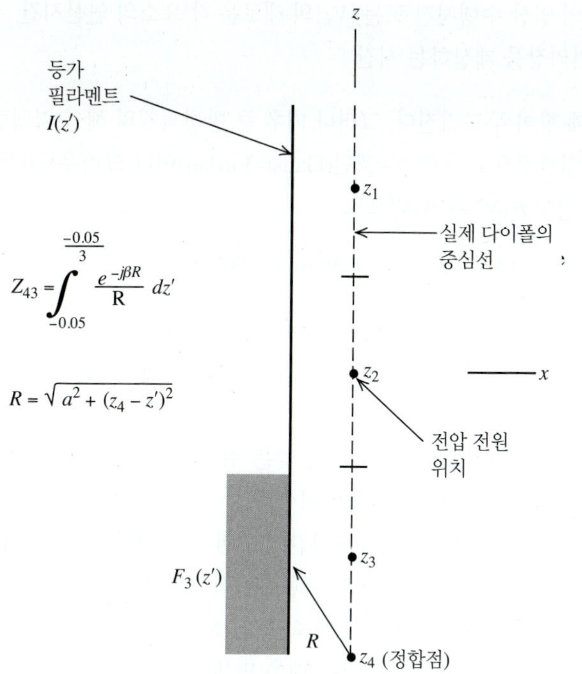


그림 14-19 예제 14-4의 단형 다이폴의 $Z_{43}$ 계산.

$\angle 89.69°) = 2.75 - j504\ \Omega$이다. 단지 3개가 아닌 5개의 펄스가 사용된다면, 입력 임피던스는 $2.1 - j489\ \Omega$이 되어 근사식 $20\pi^2(L/\lambda)^2$에서 구해지는 실수부의 근삿값 1.974 Ω에 가까워질 것이다.

### 14.8.3 컴퓨터 계산시간 고찰

역사적으로 MoM의 사용에는 컴퓨터와 관련된 두 가지 제약이 있어 왔다. $N^2$개의 임피던스 행렬요소를 위한 컴퓨터 기억용량, $N^2$개의 각 요소를 계산하고 결과 방정식계를 풀이하기 위한 종 계산시간이다. 컴퓨터 기술의 발전으로 첫 번째 제약은 많이 완화되었고, 반복법들은 복잡한 연립방정식계의 풀이 속도를 증가시켜 왔으나, 아직까지 $N^2$개 요소의 계산시간에 대한 제약은 남아 있어 MoM을 적용할 수 있는 대상체의 전기적인 크기를 제한하는 주된 요인이 되고 있다(그림 14-2 참조). 그러면 어느 부분에서 컴퓨터 계산시간이 소요되는지 알아보자.

$N^2$개의 요소를 갖는 정방 임피던스 행렬을 $N$차 행렬이라고 한다. 주어진 임피던스 행렬과 관련해 전원의 수 또는 입사장의 수(즉 레이더 단면적은 입사각의 함수이다)를 $N_i$라 하고, 전류로부터 전장이 계산되는 관측점의 수를 $N_a$라 할 때 실행시간 $t$는 근사적으로 다음과 같이 표시된다[6].

$$t \simeq AN^2 + B_3N^3 + CN^2N_i + DNN_iN_a \tag{14-66}$$

여기서 알고리즘과 컴퓨터 의존 인자(computer-dependent factor) $A, B, C, D$는 다음과 같다.

$A$ = 일반적인 임피던스 행렬요소의 계산시간

$B_3N^3$ = $N$차 계에서 역행렬 $[I_n] = [Z_{mn}]^{-1}[V_m]$로 $[I_n]$을 계산하기 위한 행렬 $[Z_{mn}][I_n] = [V_m]$의 풀이시간

$CN^2N_i = [Z_{mn}]^{-1}[V_m]$의 연산 수행시간 또는 $[V_m]$의 새로운 각 요소의 연산시간

$DNN_iN_a = [I_n]$에서 원거리장을 계산하는 시간

식 (14-66)에서의 두 번째 항이 두드러진다. 그러나 매우 큰 방정식계의 해를 역행렬에 의해 구하지는 않을 것이다. 대신에 일반적으로 가우스-조던(Gauss-Jordan)이나 크라우트(Crout)의 알고리즘 등이 사용될 것이며, 이 경우 $B_3N^3 \rightarrow B_2N^2$으로

$$t \simeq AN^2 + B_2N^2 + CN^2N_i + DNN_iN_a \tag{14-67}$$

이 되어, $N$이 큰 경우 풀이시간이 현저히 단축된다. 다음에 소개하는 빠른 다극법(FMM: fast multipole method)과 같은 진화된 풀이 알고리즘이 적용된 반복법을 사용한다면, 계산시간을 더 많이 단축할 수 있다.

직접 행렬 역변환을 사용하는 MoM 행렬의 풀이는 낮은 주파수에서의 응용 기법으로 한정된다. 왜냐하면 문제의 크기($N$)는 일반적으로 표면 패치 이산화를 이용한 주파수 제곱에 비례하기 때문이다[13]. 이것은 주파수에 6승으로 비례하여 계산시간이 변환된다. 예를 들면 1 GHz에서 어떤 문제를 풀었다면, 10 GHz에서 같은 문제를 풀이하기 위해서는 적어도 $10^4$배의 컴퓨터 자원이 필요하고, 풀이를 위해 $10^6$배의 시간이 더 필요하다. 컴퓨터 속도가 18개월마다 2배로 늘어남에도 불구하고, 풀이 시간을 기준으로 보면, 계산 속도의 증가는 매우 미세하게 감소하여, 결국 풀이 시간은 크게 줄지 않는다. 반복되는 풀이의 사용 즉 반복법을 사용하면 $N^2$으로 계산시간이 감소된다. 그렇기는 하지만 결국 계산시간은 주파수에 4승으로 비례한다. MoM을 실질적으로 사용할 때, 병렬계산 기법에다가 진화된 풀이 알고리즘을 결합시키면 계산시간 척도를 $N^2$에서 $N$으로 감소시킬 수 있음은 명백하다. 1990년대 초에 반복법을 이용하여 풀이 시간을 더욱 줄이기 위한 기법을 설명한 몇 가지의 수치 기법들[14~18]이 개발되었다. 각 기법에 대한 자세한 논의는 이 책에 수록하지 않았다. 빠른 다극법은 다른 빠른 풀이(fast solver) 기법에 비해 가장 집중적으로 연구되어 왔으나 여기에는 간결하게 설명할 것이다.

빠른 다극법(FMM)[14~16, 19~20]은 반복 풀이를 하는 동안 행렬 벡터 곱셈속도를 증가시켜 반복법을 이용한 풀이 시간을 더 줄이기 위하여 개발되었다. FMM 절차로서 대상체의 기저함수는 그룹들로 나누어진다. 주변 그룹에 대하여, 임피던스 행렬 요소는 임피던스 행렬의 근접 대각항이 직접 풀이로 계산되는 방법과 유사하게 방사적분인 직접 수치 적분에 의해 계산된다. 두 개의 잘 분리된 그룹인 전원과 시험요소에 대하여, 그린 함수는 추가적인 이론을 사용한 다극 확장으로 대체된다. 이것은 전원점과 시험점을 분리시켜 주는 역할을 한다. 그러면서도 전원점과 시험점은 각각의 그룹 중심을 통해 관련성을 가진다. 전원과 시험요소 사이의 상호작용은 전원 요소로부터 전원 그룹의 중심으로 방사를 '결합(aggregating)'시키고 상호작용을 전원그룹의 중심에서부터 시험그룹의 중심으로 '이동(translating)'시킨 후, 다음으로 시험그룹의 중심에서부터 시험요소까지 '분산(disaggregating)'시킴으로써 계산된다. 반복법에 FMM을 적용하면, 단일레벨 FMM에 대해서는 $O(N^2)$에서 $O(N^{1.5})$까지 풀이 시간을 줄일 수 있고, 다중레벨 FMM에 대해서는 $O(N^2)$에서 $O(N \log N)$까지 풀이 시간을 줄일 수 있다. 참고문헌 [21, 22]에 의하면, 척도 요소가 감소하는 동안, 그것과 관련된 상수는 직접 풀이와 반복 풀이에 의한 것보다 매우 크다.

FMM 구현에 포함되는 단계는 직접 풀이보다 훨씬 더 복잡하다. 그뿐만 아니라 FMM 해법의 정확성은 반복 계산 간격과 다극 확장에 포함된 항들의 수에 대한 수렴 허용 오차의 적절한 설정에

의존한다. 구현 및 응용의 부담을 최소화할 수 있는 적응 교차 근사(ACA)[23]와 같은 빠른 직접 풀이가 활발히 연구되고 있다. 빠른 풀이와 병렬 연산 기법들은 많은 공학 문제에 대하여 MoM 기법을 유용하게 만들었다.

식 (14-66)에서 둘째 항의 차수가 약 $N^2$이거나 그보다 작을 때는 주로 행렬요소의 계산시간과 관련된 식 (14-66)의 첫째 항이 중요한 인자가 된다. 다음 절에서는 식 (14-66)의 연산에 필요한 총 시간을 줄이기 위한 FMM 이외의 방법에 대해 간단히 알아본다.

### 14.8.4 퇴플리츠 행렬

어떤 특정 문제의 임피던스 행렬에서는 행렬요소가 체계적으로 반복되어 나타난다. 때로는 이러한 반복성을 이용해 식 (14-66)의 처음 두 항의 영향을 줄일 수 있다. 그림 14-3의 직도선을 고려하자. 만일 단편의 길이가 같다면, $N^2$개 행렬요소들의 모든 요소값이 $[Z_{mn}]$의 어느 한 행(예를 들어 1행)에 포함되며, 나머지 모든 행들은 단지 처음 행이 재배열된 변형이다. 그러므로 나머지 요소들은 다음의 재배열 알고리즘으로 구할 수 있다.

$$Z_{mn} = Z_{1,|m-n|+1}, \quad m \geq 2, \quad n \geq 1 \tag{14-68}$$

위와 같은 행렬을 **퇴플리츠 행렬**(toeplitz matrix)이라 한다. 퇴플리츠 행렬을 풀이하는 컴퓨터 프로그램들이 있으며, 이는 비퇴플리츠 행렬을 위한 프로그램들보다 훨씬 효율적이다. 퇴플리츠 행렬에서는 식 (14-66)의 처음 두 항이 각각 $AN$과 $BN^{5/3}$가 되어 식 (14-66)의 실행시간이

$$t \simeq AN + B_1 N^{5/3} + CN^2 N_i + DNN_i N_a \tag{14-69}$$

로 감소하며, 둘째 항과 마찬가지로 첫 항도 현저히 작아진다.

퇴플리츠 행렬은 특정 도선 구조에서 나타나며, 이러한 구조에는 직도선(예제14-1과 14-2 참조), 원형 루프, 헬리컬 등이 있으며, 도선 구조가 아닌 경우에도 퇴플리츠 행렬이 나타날 수 있으나 이 장의 범위를 벗어난다.

### 14.8.5 블록 퇴플리츠 행렬

그림 14-20에서 평행 다이폴의 선형배열을 고려하자. 배열요소들의 길이가 같고, 동일 간격으로 배열된 경우에는 배열 특성을 나타내는 임피던스 행렬이 블록 단위로 퇴플리츠를 이루거나, 부분행렬 단위로 퇴플리츠를 이룰 것이다. 그러므로 배열의 임피던스 행렬 $[Z]_{\text{array}}$를 부분행렬 $[S]$로 표시하면 다음과 같다.

$$[Z]_{\text{array}} = \begin{bmatrix} [S]_{11} & [S]_{12} & \cdots & [S]_{1J} \\ [S]_{21} & [S]_{22} & \cdots & [S]_{2J} \\ \vdots & & \ddots & \vdots \\ [S]_{J1} & \cdots & & [S]_{JJ} \end{bmatrix} = \begin{bmatrix} [S]_{11} & [S]_{12} & \cdots & [S]_{1J} \\ [S]_{12} & [S]_{11} & \cdots & [S]_{1(J-1)} \\ \vdots & & \ddots & \vdots \\ [S]_{1J} & [S]_{1(J-1)} & \cdots & [S]_{11} \end{bmatrix} \tag{14-70}$$

단, $[S]_{ij} = [Z_{mn}]$이며 전체 임피던스 행렬은 블록 단위의 퇴플리츠이다. 그러므로 일단 부분행렬의 한 행이 구해지면, 부분행렬의 남은 부분은 다음 알고리즘에 따라 채워질 것이다.

$$[S]_{ij} = [S]_{1,|i-j|+1}, \quad i \geq 2, \quad j \geq 1 \tag{14-71}$$

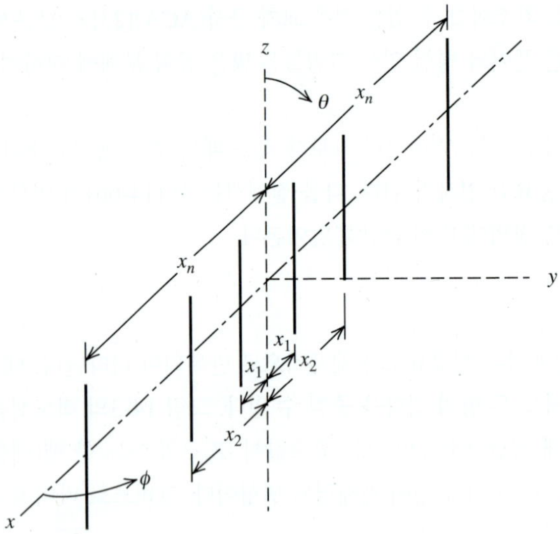


그림 14-20 평행 다이폴의 선형배열.

결과적으로 식 (14-66)의 첫 항은 $N^2/J$ 차수가 되며, 여기서 $J$는 독립적인 부분행렬의 수이다. 식 (14-66)의 둘째 항은 $N^{9/5}$ 차수가 될 것이다.

만일 모든 단편의 길이와 반지름이 동일하다면, 부분행렬 자체가 퇴플리츠가 될 것이며 행렬을 채우는 시간은 더욱더 단축된다. 블록 퇴플리츠 행렬을 풀이하는 컴퓨터 프로그램들도 존재한다. 같은 크기의 비블록 퇴플리츠 문제와 비교할 때 블록 퇴플리츠 문제의 잠재적인 풀이시간은 상당히 단축될 수 있다.

## 14.8.6 축소행렬

어떤 특정 문제에서는 대칭성에 의해 $[I_n]$의 요소값들이 반복될 수 있다. 만일 이것을 사전에 알 수 있다면, 행렬의 차수를 $N$에서 $N/L$로 줄일 수 있으며, 여기서 $L$은 대칭도(degree of symmetry)이다.

간단하지만 매우 일반적인 대칭을 나타내는 그림 14-7$a$를 고려해 보자. 여기서 모노폴과 그 영상 안테나는 급전점에 대해 대칭인 전류를 가질 것이다. 가령 $I_n = I_{n+N/2}$이라면, 다음과 같이 쓸 수 있다.

$$\sum_{n=1}^{N/2} (Z_{mn} + Z_{m,n+N/2})I_n = V_m, \quad m = 1, 2, 3, \ldots, N/2 \tag{14-72}$$

이렇게 $N/2$로 축소된 방정식계의 해는 $N/2$의 독립적인 $I_n$을 제공한다. 식 (14-67)에서 계 풀이시간이 $B_2(N/2)^2$이므로, 이 부분의 계산과정에서 1/4로 시간이 단축된다는 것을 알 수 있다. 대칭 정도가 높을수록 시간단축은 더욱더 커질 것이다. 때로 행렬이 매우 큰 경우에는 또 다른 이유들, 예를 들면 필요한 기억용량 따위로 행렬을 축소해야만 할 때가 있을 수 있다. 임피던스 행렬이 너무 커서 메모리에 쉽게 저장할 수 없을 경우 대칭성을 이용해 적절한 크기로 축소할 수 있다.

위에서 본 바와 같이 컴퓨터 실행시간과 기억용량 때문에, MoM으로 무리 없이 다룰 수 있는 문제에 대한 전기적 크기가 제약을 받는다. 다음 일부 절에서는 이러한 두 제약으로 생기는 영향이 최소가 되는 방법으로 몇 가지 상황을 다룰 것이다.

### 14.8.7 타당성 검증

유용한 컴퓨터 코드는 정확한 결과를 제공해야 한다. 컴퓨터 코드의 오류는 주로 인코딩 과정에서 발생하나, 공식화 과정에서 부주의함으로써 발생할 수도 있으며, 많은 횟수의 수치연산 또는 부적절한 수치 정밀도에 따라 축적되는 수치 오차 때문에 발생한다. 이러한 것들뿐만 아니라, 다른 오류가 발생할 수 있는지 없는지 검사하는 것을 타당성 검증 절차라 한다. 타당성 검증의 두 가지 종류, 즉 외부적인 타당성 검증과 내부적인 타당성 검증에 대해 알아본다.

통상 외부적인 타당성 검증은 컴퓨터 코드의 결과를 실험적인 측정 결과와 비교하거나 또 다른 컴퓨터 코드의 결과와 비교하는 것을 의미한다. 이 경우 두 컴퓨터 코드의 타당성을 검증할 수 있다. 원거리장의 결과값들보다는 안테나 입력 임피던스등과 같은 근거리장의 결과값들이 더욱 정확한 척도가 된다. 결과적으로 보면 이 장의 앞부분에서는 실험 결과와 다른 컴퓨터 코드 결과와 비교할 때 검사 기준으로서 입력 임피던스를 사용했다.

내부적인 타당성 검증은 주로 부가적인 컴퓨터 코드와 부가적인 수치계산의 두 가지 또는 둘 중 하나를 포함하는 것을 의미한다. 내부 검사의 예는 다음과 같다.

1. $N$이 증가함에 따라 점진적으로 극한값에 도달함을 입증하는 수렴 검사
2. 입사장에 의한 전력이 방사전력과 손실전력의 합과 같은지 검사하는 전력균형(power balance) 검사
3. 전원점과 관측점을 서로 바꾸어 실시하는 가역성 검사
4. 해당 경계조건(즉 총 접선성분 전장은 0)을 만족시키느냐에 대한 경계조건 검사

위의 4가지 검사 중 마지막 검사만이 필요충분조건이며, 나머지는 필요조건이지 충분조건은 아니다.

여러 주파수, 다양한 구조 등을 다룰 수 있도록 작성된 컴퓨터 코드는 이러한 상황을 나타내는 다양한 예에 대해 타당성이 검증되어야 한다. 이는 새 항공기가 취항하기 전에 기내 배치, 속도, 기상 상태 등 다양한 조건에서 시험비행을 한 후 안전성을 인정받는 것과 같다.

## 14.9 안테나와 산란체 특성 계산

지금까지는 주로 미지 전류분포를 알아내는 방법과 관련해 모멘트법을 설명했다. 지금부터는 전류분포와 마찬가지로 다른 정보들을 얻는 방법에 대해 고찰해 보자. 그러나 먼저 행렬식의 해에서 구한 전류에 대해 한 번 더 언급하자.

점정합법에서 확장함수로서 펄스함수를 사용했다면, 전류계수 $I_n$을 아는 것은 정합점에서의 전류분포가 정확히 구해졌음을 의미한다. 물론 해가 수렴했음을 가정한다. 정합점들 사이에 생기는 전류형태는 알 수 없으나, 정합점들 사이의 거리가 파장에 비해 매우 짧을 때에는 단순히 정합점들의 값에 곡선을 대응시킴으로써 도선의 전류분포와 매우 근사한 전류분포를 구할 수 있다.

부분정현형 또는 삼각형 함수(triangle function)와 같이 단편들 사이에 함수가 겹쳐지는 중첩함수일 때(앞 절 참조), 계수 $I_n$을 아는 것은 단지 단편들의 접합점에서의 전류를 안다는 것이다. 단편의 전류분포는 중첩함수 자체를 사용해 단편 접합부사이의 근사 전류분포로서 구한다.

일단 전류분포가 결정이 되면, 입력 또는 단자 전류는 안테나 단자 위치의 전류분포에서 구할

수 있으며, 다음에는 단자 전압을 단자전류로 나누어 입력 임피던스를 계산할 수 있을 것이다. 정확한 입력 임피던스의 계산은 급전점에 사용된 모델에 따라 매우 민감하게 변하며, 그러한 두 가지 모델이 14.5절에서 논의되었다.

도선이 완전도체가 아닐 경우 발생하는 분포부하(distributive loading)는 특정 상황에서 전류 분포에 영향을 미칠 수 있다. 단순화를 위해 도선축이 $z$축과 나란한 경우를 고려하자. 도선의 도전율이 유한한 값을 가질 경우, 도선 표면에서 전장의 접선 성분은 표면 임피던스 $Z_s$에 의해 등가 전기 표면전류밀도로 변환될 수 있다. 여기서 $Z_s$는 도체 표면에서 접선방향 전장의 세기와 이 전장에 의해 흐르는 전류밀도의 비로 정의된다. 그러므로

$$\mathbf{E} = Z_s \mathbf{J}_s \tag{14-73}$$

이다. $\mathbf{M}_s = \mathbf{E} \times \hat{\mathbf{n}}$와 $\mathbf{J}_s = \hat{\mathbf{z}} I(z)/2\pi a$의 관계식에 따라

$$\mathbf{M}_s = Z_s \mathbf{J}_s \times \hat{\boldsymbol{\rho}} = \frac{\hat{\boldsymbol{\phi}} Z_s I(z)}{2\pi a} \tag{14-74}$$

이며, 식 (14-46)의 반응 적분방정식과 가역성에 의해

$$-\iint_S (\mathbf{E}_m \cdot \mathbf{J}^s - \mathbf{H}_m \cdot \mathbf{M}^s)\, ds = V_m \tag{14-75}$$

이며, 식 (14-74)를 대입하면 다음 식이 된다.

$$-\int I(z)(\hat{\mathbf{z}} \cdot \mathbf{E}_m - Z_s \hat{\boldsymbol{\phi}} \cdot \mathbf{H}_m)\, dz = V_m \tag{14-76}$$

식 (14-76)에 식 (14-16)을 사용하면, 도전율이 유한한 도선에 대해 수정된 일반화된 임피던스 행렬요소 $Z'_{mn}$을 다음과 같이 쓸 수 있다.

$$Z'_{mn} = \int_{\Delta z_n} F_n(z) \hat{\mathbf{z}} \cdot \mathbf{E}_m\, dz - Z_s \int_{\Delta z_n} F_n(z) \hat{\boldsymbol{\phi}} \cdot \mathbf{H}_m\, dz \tag{14-77}$$

암페어 법칙에서 $\mathbf{H}_m$의 적절한 근사식은 다음과 같다.

$$\hat{\boldsymbol{\phi}} \cdot \mathbf{H}_m = \frac{F_m(z)}{2\pi a} \tag{14-78}$$

그러므로 식 (14-75)는 다음 식으로 나타낼 수 있다.

$$Z'_{mn} = Z_{mn} - \frac{Z_s}{2\pi a} \int_{(m,n)} F_n(z) F_m(z)\, dz \tag{14-79}$$

여기서 영역 $(m, n)$은 $m$번째 시험 또는 가중함수와 $n$번째 확장 또는 기저함수가 공유하는 도선 표면이다. 중첩확장함수를 사용한 경우에, $m$과 $n$이 동일하면 이 영역은 두 개의 단편을 차지하며, $m \neq n$이면 대부분 하나의 단편을 공유하게 된다. 이것은 단지 해당 주대각요소들만 수정함으로써 분포부하의 영향을 고려할 수 있으며, 중첩함수가 사용된 경우에는 수정된 주대각요소와 이웃한 요소들을 수정함으로써 고려할 수 있음을 의미한다. 펄스와 같이 비중첩함수가 사용된 경우에는 단지

주대각요소들만이 수정된다.

집중부하(14.10절 참조) 또는 분포부하의 영향으로 도선 안테나 또는 산란체의 전류분포가 변화된다. 전류분포를 알면 원거리장은 이 책의 전반부(2.4절)의 고전적인 방법으로 구할 수 있다. 펄스확장함수의 전류를 갖는 $z$ 방향 단편을 다시 한 번 고려해 설명해 보자. 식 (8-41)로부터

$$\mathbf{E} = \hat{\boldsymbol{\theta}} j\omega\mu \frac{e^{-j\beta r}}{4\pi r} \Delta z \sin\theta \sum_{n=0}^{N-1} I_n e^{j\beta z'_n \cos\theta} \tag{14-80}$$

이 되며, 여기서 $z'_n$은 각 단편의 중간이다.

일단 원거리장을 구하면, 이득은 다음 일반적인 관계식으로 구할 수 있다.

$$G(\theta, \phi) = \frac{[|E_\theta|^2 + |E_\phi|^2]r^2}{30|I_A|^2 R_A} \tag{14-81}$$

여기서 $R_A$는 안테나 입력 임피던스의 실수부이다. 지향성은 $R_A$ 대신 방사저항 $R_r$을 사용해 계산한다.

레이더 단면적은 식 (4-67)과 유사하게 다음과 같이 구할 수 있을 것이다.

$$\sigma = \lim_{r\to\infty} 4\pi r^2 \frac{|E^s|^2}{|E^i|^2} \tag{14-82}$$

여기서 $E^s$는 예를 들면 식 (14-12)에서 구할 수 있다. 다이폴 산란체에 대한 레이더 단면적을 그림 14-21에 나타냈다.

식 (2-178)을 사용해 계산된 방사효율은 다음과 같다.

$$e_r = \frac{R_r}{R_A} = \frac{R_r}{R_r + R_o} \tag{14-83}$$

$R_o$는 분포되어 있거나 집중된(14.10.1절 참조) 소모성부하에 의한 손실저항이다. 방사전력은 제2장에서와 같이 원거리장의 전력밀도를 적분해 구할 수도 있으나, 식 (14-83)의 방법이 계산에서 더

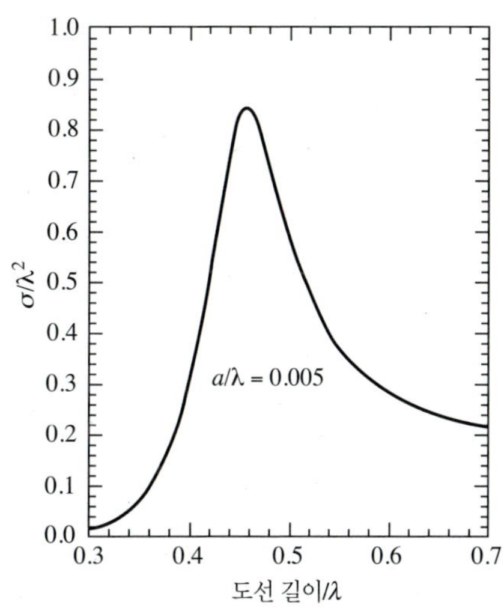


그림 14-21 수직입사 시 도선 길이에 따른 직도선의 단안정 레이더 단면적.

효율적이다.

이 절에서 무엇보다도 특기할 만한 것은 유한도전율(분포부하)이나 집중부하의 영향에 의한 손실 등을 비교적 쉽게 모멘트법의 해에 포함시킨 것이다. 다음 절에서는 집중부하에 대해 좀 더 알아본다.

## 14.10 *N* 포트 회로망으로서의 도선 안테나 또는 산란체

14.4절에서 적분방정식을 근사화한 연립 선형방정식과 키르히호프 회로방정식 사이의 유사성을 보았다. 그러므로 둘 또는 그 이상의 단편이 만나는 접합부를 그림 14-22*a*와 같이 일반적인 회로에서의 포트로 간주할 수 있을 것이다. 각 포트에는 수동이나 능동 소자가 직렬 또는 병렬로 연결될 수 있으며, 직렬연결은 임피던스, 병렬연결은 어드미턴스에 근거해 취급한다. 이 절에서는 두 가지 경우를 모두 고려한다.

### 14.10.1 직렬연결

우리는 이미 두 단편의 접합부에 위치하는 단일 발진기를 고찰했다(14.5절). 이때 발진기는 서로 이웃한 두 단편의 양 끝에 위치하는 묵시적인 포트의 단자와 직렬로 연결되었다. 물론 도선 상에는 단편 접합 수만큼 발진기를 위치시킬 수 있으므로, *N* 단편 다이폴에는 $N-1$개의 포트가 있을 것이다. 포트 양단에 발진기나 수동소자가 없을 경우, 그 포트는 단락된 것으로 생각할 수 있다.

14.9절에서는 모멘트법에서 임피던스 행렬의 특정 요소를 수정함으로써 분포부하의 영향을 고려하는 방법을 배웠다. 여기서는 집중부하를 취급하는 방법에 대해 알아보자. 도선 안테나에서 전

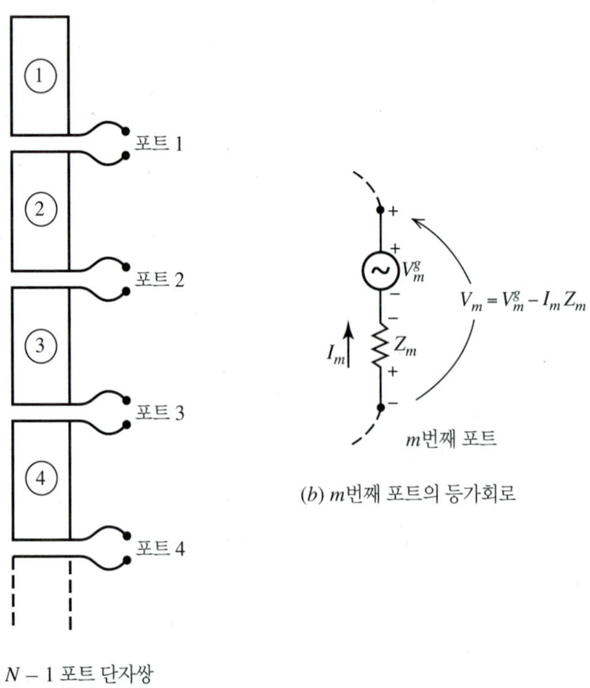


**그림 14-22** 포트를 나타내는 *N* 단편 도선.

류 $I_m$을 갖는 $m$번째 단편 접합부에 부하 $Z_m$이 연결된 경우 이 점에 작용하는 총전압은 다음과 같다.

$$V_m = V_m^g - I_m Z_m \tag{14-84}$$

여기서 $V_m^g$는 그림 14-22*b*와 같이 $Z_m$과 직렬로 $m$ 점에 연결될 전압 발진기를 나타낸다. 대부분의 경우 $V_m^g$는 0이 될 것이다. $N$개 선형방정식 계의 $m$번째 방정식을 고려하면 다음과 같이 쓸 수 있다.

$$\sum_{n=1}^{N} Z_{mn} I_n = V_m^g - I_m Z_m \tag{14-85}$$

또는

$$\sum_{n=1}^{N} Z'_{mn} I_n = V_m^g \tag{14-86}$$

이고, 여기서

$$Z'_{mm} = Z_{mm} + Z_m \tag{14-87}$$

이다. 대각요소를 제외하면 새로운 임피던스 행렬은 원래의 행렬과 동일하므로, $m \neq n$인 경우 $Z'_{mn} = Z_{mn}$이다. 그러므로 집중부하의 영향은 단지 임피던스 행렬에서 해당되는 대각요소에 부하 임피던스 $Z_m$을 더해 줌으로써 고려될 수 있다. 집중부하의 영향은 유용하게 이용될 수도 있다. 예를 들어 저항성 부하에 의해 효율성은 감소하나 대역폭을 넓힐 수 있다. 또는 그림 6-45에서처럼 임피던스 정합을 위해 집중부하가 사용될 수도 있다.

### 14.10.2 병렬연결

앞 절에서는 특정 포트에 직렬연결된 회로소자가 개방회로 모멘트법 임피던스 $[Z_{mn}]$의 특정 요소를 어떻게 변화시키는지 보았다. 그러나 만일 대수주기 안테나처럼 한 포트를 다른 포트와 병렬로 연결한다면, 단락회로 모멘트법 어드미턴스 행렬 $[Y_{mn}]$에 대한 조치가 필요할 것이다.

대수주기 다이폴 안테나(LPDA)를 나타내는 그림 14-23을 고려하자. LPDA는 두 개의 $N$ 포트 회로망이 병렬연결된 것으로 볼 수 있다. 하나의 $N$ 포트는 $N$개 다이폴 안테나 사이의 상호결합을 나타내며, 다른 하나는 다이폴들을 상호연결하는 전송 선로를 나타낸다. 그러므로 각 다이폴당 하나의 회로망 포트가 존재한다.

이러한 접근법을 그림 14-24에 도식적으로 나타냈다. '안테나 소자'로 표시된 $N$ 포트는 자기 임피던스와 공간 내의 임의의 위치에 있는 서로 연결되지 않은 $N$개 다이폴 안테나들 사이의 상호 임피던스를 포함한다. '전송선로'로 표시된 $N$ 포트는 다이폴 안테나들을 연결하는 전송선로를 나타낸다. 이 회로망에는 연속하는 다이폴들 사이에 반전된 극성의 영향이 포함되어 있다. LPDA에 전류원 $I_s$가 있음을 주목하라. 만일 안테나에 $N_e$개의 다이폴 소자가 있다면, 포트 1, 2, 3, . . . , $N_e$에 인가된 전압원이 있으며, 또한 포트 1에 연결된 LPDA의 종단 어드미턴스 $Y_t$가 있다. 공급된 전압전원의 수치적인 값을 알지 못하므로, LPDA의 전류를 풀기 전에 이들을 먼저 구해야 한다.

$[Y_A]$와 $[Z_A]$를 각각 '안테나 소자' 회로망에 대한 단락회로 어드미턴스 행렬과 개방회로 임피던스 행렬이라 하자. 단, $[Y_A] = [Z_A]^{-1}$이다. $[Z_A]$는 모멘트법 임피던스 행렬이 아님을 주목해야 한다. $[Z_A]$의 요소, 즉 $[Z_A]_{ij}$는 다른 모든 다이폴들이 개방된 상태에서 $j$번째 다이폴의 단위전류에

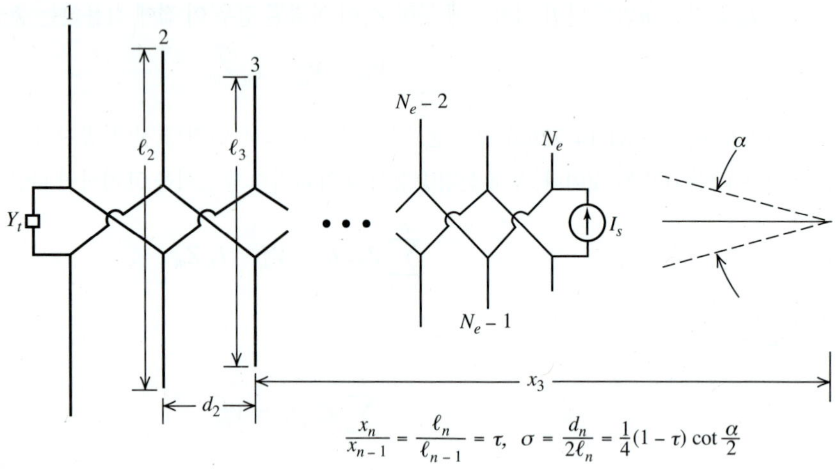


그림 14-23 대수주기 다이폴 안테나.

의해 $i$번째 다이폴에 유기된 전압을 나타낸다. 그러므로 다음과 같다.

$$[Z_A]_{ij} = \frac{V_i}{I_j} \tag{14-88}$$

$[Y_T]$를 '전송선로' 회로망의 단락회로 어드미턴스 행렬이라 하고, $[I_A]$와 $[V_A]$를 '안테나 소자' 회로망의 각 포트에서 전압, 전류를 나타내는 열행렬이라고 하자. 두 회로망이 병렬로 연결되어 있으므로, 총전류는 다음과 같이 나타낼 수 있다.

$$[I_s] = [[Y_A] + [Y_T]][V_A] \tag{14-89}$$

$[I_s]$는 인가된 전류전원들을 나타내며, 전류전원 $I_s$가 연결된 포트를 제외한 $[I_s]$ 행렬의 모든 요소는 0이다. 물론 전류전원은 LPDA 안테나의 여기를 나타낸다. 식 (14-89)에서 $[I_s]$의 요소는 알고 있으나 $[V_A]$의 요소는 모르고 있음을 주목하자. 이것을 알아야만 모멘트법 열행렬 $[V_m]$이 구성될

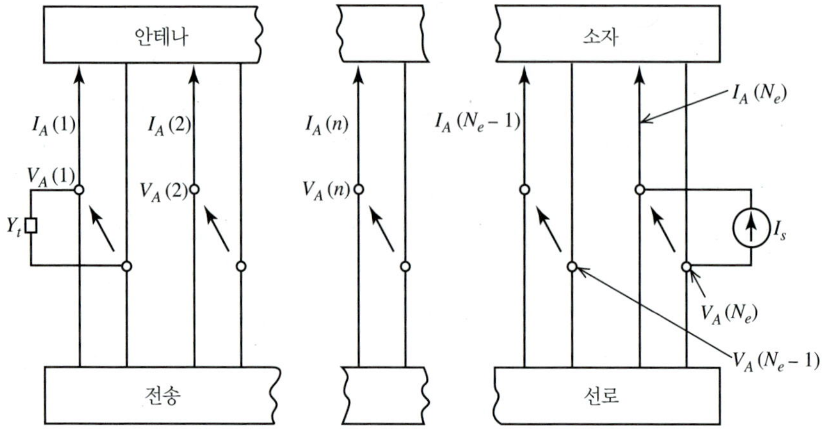


그림 14-24 그림 14-23의 LPDA 회로망의 도식적 표현.

수 있고, 안테나 다이폴 소자의 전류분포를 구하기 위한 방정식 $[I_n] = [Z_{mn}]^{-1}[V_m] = [Y_{mn}][V_m]$이 풀이될 수 있다. 그러나 먼저 $[Y_A]$와 $[Y_T]$를 알아야만, $[V_A]$에 대해 식 (14-89)를 풀고 $[V_m]$을 구성할 수 있다.

$[Y_A]$의 요소를 구하기 위해 다음과 같이 계속한다. $N_e$개의 다이폴로 구성되며 각 다이폴은 $M$개의 확장함수를 갖는 LPDA를 고려하자. 모멘트법 임피던스 행렬의 차수는 $N_e \times M$이 될 것이다. 모멘트법 어드미턴스 행렬 $[Y_{mn}]$을 구하기 위해, $[Y_{mn}] = [Z_{mn}]^{-1}$와

$$[I] = [Z_{mn}]^{-1}[V] = [Y_{mn}][V] \tag{14-90}$$

또는

$$I_m = \sum_{n=1}^{M \times N_e} Y_{mn} V_n, \quad m = 1, 2, \ldots, M \times N_e \tag{14-91}$$

을 유의하자. $[Y_A]$를 구하고자, 대부분의 $V_n$들은 0이 될 것임을 상기하자. 그 이유는 전송선로에 의해 LPDA 내 다이폴들의 오직 가운데 포트에만 전압이 인가되기 때문이다. 가령 식 (14-91)의 방정식계를 재배치해 $[I]$와 마찬가지로 $[V]$의 처음 $N_e$개의 요소들을 LPDA 내의 다이폴들의 가운데 포트와 일치시켰다고 가정하자. 그러면 발진기를 포함하는 포트(즉 안테나 소자 포트)들에서의 전류와 그러한 포트들에서의 전압 사이에는 다음과 같은 관계가 있다.

$$I_j = \sum_{i=1}^{N_e} Y_{ji} V_i, \qquad j = 1, 2, \ldots, N_e \tag{14-92}$$

또는

$$[I_A] = [Y_A][V_A] \tag{14-93}$$

이다. 여기서 행렬 $[V_A]$의 모든 요소 $V_i$들은 0이 되지 않을 것이다(연습문제 14.10-1 참조). 이러한 방법으로 $[Y_A]$를 구하는 데 모멘트법 자체의 고유한 근사화를 제외한 어떠한 근사화도 사용하지 않았다. 실제로 모든 상호결합이 포함되었으며, 캐럴(Carrel)[24]과 카일(Kyle)[25]에 의한 과정처럼 대역폭 2:1 이하의 LPDA에 대한 제한도 없었다.

식 (14-89)에서 전송선로 어드미턴스 행렬 $[Y_T]$를 구하기 위해서는, 먼저 $[Y_T]$가 각 다이폴이 연결되는 위치에 포트를 가진 단순히 종단된 전송선로에 대한 전송선로 어드미턴스 행렬임을 인식해야 한다. $[Y_T]$가 단락회로 어드미턴스이므로, 주어진 요소 $(Y_T)_{ji}$는 다른 모든 포트들이 단락된 상태에서 포트 $i$에 인가된 단위전압에 의해 포트 $j$(단락된 상태)에 유기된 전류를 나타낸다. 그러므로 $(Y_T)_{ji}$는 오직 $i - 1 \le j \le i + 1$일 때만 0이 아니다.

수월한 방식으로 전송선로 어드미턴스 행렬 $[Y_T]$를 나타낼 수 있다[25]. 단일 LPDA에 대한 것은 다음과 같다.

$$[Y_T] = \begin{bmatrix} (Y_t - jY_o \cot \beta d_1) & -jY_o \csc \beta d_1 & 0 & \cdots & 0 \\ -jY_o \csc \beta d_1 & -jY_o(\cot \beta d_1 + \cot \beta d_2) & -jY_o \csc \beta d_2 & \cdots & 0 \\ 0 & -jY_o \csc \beta d_2 & -jY_o(\cot \beta d_2 + \cot \beta d_3) & \cdots & 0 \\ \cdots & \cdots & \cdots & \cdots & \cdots \\ 0 & 0 & 0 & -jY_o \csc \beta d_{N_e-1} & -jY_o \cot \beta d_{N_e-1} \end{bmatrix} \tag{14-94}$$

여기서 $Y_0$는 전송선로의 특성 어드미턴스이며, $\beta$는 전송선로의 전파상수이다(연습문제 14.10-2 참조).

구해진 $[Y_A]$와 $[Y_T]$의 요소와 각 다이폴의 구동포트에서 작용하는 전압 $[V_A]$는 다음과 같다.

$$[V_A] = [[Y_A] + [Y_T]]^{-1}[I_s] \tag{14-95}$$

여기서 $[I_s]$는 하나의 0이 아닌 요소를 갖는다. 각 다이폴에서의 이러한 전압으로 모멘트법 행렬 $[V_m]$을 채울 수 있으며, LPDA 내의 각 다이폴 상의 전류분포는 다음 식에서 얻을 수 있다.

$$[I_n] = [Z_{mn}]^{-1}[V_m] \tag{14-96}$$

여기서 $[V_A]$의 요소들은 $[V_m]$의 0이 아닌 요소들이며, $[I_n]$의 요소들은 다양한 다이폴 소자들의 확장함수들과 관련된 복소계수들이다.

LPDA를 해석했던 위의 과정을 요약할 가치가 있다. 첫째, 통상적인 방법으로 개방회로 임피던스 행렬 $[Z_{mn}]$이 구성되었으며, $[Z_{mn}]$의 역행렬을 구함으로써 단락회로 어드미턴스 행렬이 구해졌다. 다음으로 식 (14-91)과 식 (14-92)에서처럼 $[Y_{mn}]$으로부터 안테나 소자 어드미턴스 행렬 $[Y_A]$가 구성되었으며, 이 $[Y_A]$가 전송선로 어드미턴스 행렬 $[Y_T]$에 더해졌다. 또한 각 다이폴 포트에 작용하는 전압 $[V_A]$를 구하고자 그림 14-23과 그림 14-24의 전류 발진기가 식 (14-95)에 사용되었으며, 모멘트법 전압행렬 $[V_m]$을 구하기 위해 이러한 전압을 사용했다. 마지막으로 식 (14-96)에서 LPDA 내의 각다이폴의 전류 $[I_n]$의 해를 구했다. 이러한 과정으로 얻어진 패턴이 그림 7-43이며,참고문헌 [H.8.3: Rumsey]의 패턴과 일치한다.

## 14.11 안테나 배열

도선 안테나(또는 산란체) 배열의 해석이나 설계에서 모멘트법을 사용하면 배열소자 간의 상호결합이 완전히 고려되므로 고전적인 방법에 비해 현저한 장점이 있다(14.10.2절의 LPDA 설명 참조). 더욱이 도선 위의 전류분포와 관련해 비현실적인 가정을 할 필요가 없으며, 도선 위의 임의의 점들에 하나 또는 그 이상의 전원이나 부하를 연결할 수 있다. 그러므로 좀 더 일반적인 도선 소자 배열(wire element array) 문제들을 고찰할 수 있게 되었다. 이 절에서는 평행 다이폴 배열의 몇 가지 구조를 살펴보고 대표적인 상호결합 효과를 설명한다.

### 14.11.1 선형배열

그림 14-20과 같은 평행 도선 소자의 선형배열을 고찰하자. MoM을 사용하고자 소자들의 길이와 반지름을 같게 하거나 등간격으로 할 필요는 없다. 아주 자유롭게 임의로 구성할 수 있으며, 심지어 평행을 유지할 필요도 없다. 그렇지만 여기서는 모멘트법에 의한 결과(내부 임피던스 72 Ω의 전압 발진기 사용)를 제8장의 방법에 의한 결과(즉 전류 발진기 여기)와 비교함으로써 대표적인 선형 다이폴 배열에서의 상호결합의 영향을 설명하고자 한다. 일반성을 유지하면서 이러한 목적을 이루고자, 브로드사이드로부터 45° 방향에 최대 빔을 갖도록 위상이 가해진 12개의 평행, 중앙급전, 반파장 다이폴이 등간격($d = \lambda/2$)으로 선형배열된 경우를 고려하자. 각 다이폴들은 6개의 단편으로 분할되고, 각 다이폴의 가운데 포트에는 72 Ω 저항과 직렬로 연결된 1 V의 발진기를 위치시켰다. 14.7.1절의 방법과 식 (14-62)를 이용해 구해진 부분정현형 전류의 진폭이 표 14-2에 주어져 있다.

**표 14-2** 12개의 평행, 반파장 다이폴($a = 0.0001\lambda$)이 반 파장 간격으로 선형배열된 경우의 정규화 단자전류.

| 소자번호 | 0 발진기 임피던스 | | 72 Ω 발진기 임피던스 | |
|---|---|---|---|---|
| | $\|I_A\|$ | $\|Z_A\|$ | $\|I_A\|$ | $\|Z_A\|^a$ |
| 1 | 0.689 | 107.1 | 0.746 | 111.9 |
| 2 | 0.698 | 105.9 | 0.760 | 108.6 |
| 3 | 0.728 | 101.5 | 0.799 | 99.6 |
| 4 | 0.753 | 98.2 | 0.829 | 93.5 |
| 5 | 0.768 | 96.3 | 0.847 | 89.9 |
| 6 | 0.777 | 95.2 | 0.856 | 88.2 |
| 7 | 0.781 | 94.7 | 0.854 | 88.6 |
| 8 | 0.775 | 95.4 | 0.837 | 91.8 |
| 9 | 0.753 | 98.2 | 0.806 | 98.1 |
| 10 | 0.713 | 103.7 | 0.777 | 104.4 |
| 11 | 0.689 | 107.3 | 0.802 | 98.8 |
| 12 | 1.000 | 74.0 | 1.000 | 65.1 |

[a]72-Ω 발진기 임피던스는 제외.

각 배열소자의 급전점 전류와 입력 임피던스[식 (8-99) 참조]가 서로 다름을 주목하자. 이는 상호결합 때문이다. 주빔을 $\phi_o = 45°$에 위치시킴으로써, 배열이 브로드사이드 방사가 되도록 위상이 가해졌을 때 존재하는 배열 중심에 대한 전류의 대칭성은 없어졌다.

이에 대한 정규화 패턴을 그림 14-25*a*와 그림 14-25*b*에 나타냈고, 균일전류 여기에 대한 정규화 패턴도 함께 표시했다. 표 14-2에서는 차이가 있음에도 그림 14-25*a*와 그림 14-25*b*에 나타나는 3가지 정규화 패턴들 사이에는 거의 차이가 없다. 물론 두 경우의 지향성에는 약간의 차이가 있다. 최대이득이 얻어지도록 여기전압을 합성할 수 있으며(제10장 참조), 이럴 경우 급전된 포트들에서의 전류는 단위진폭을 갖게 될 것이나, 이러한 단위전류를 공급하는 데 필요한 전압은 일반적으로 단위진폭을 갖지는 못할 것이다.

## 14.11.2 원형배열

그림 14-26의 원형배열을 고려하자. 이는 링 배열이라고도 한다[H.8.2: Ma,. Chap.3]. 이러한 배열은 무선 방향 탐지, 레이더, 초음파 등 여러 응용 시스템에서 사용되고 있다. 보통 원형배열은 그림 14-26처럼 같은 간격으로 배열된 동일한 안테나 소자들로 이루어지며, 각 다이폴들은 그 중심에서 여기된다. 만약 각 다이폴들이 여기된 포트에 각 다이폴들을 점원으로 임시로 대체하면, 배열인자는 다음과 같다(8.1절 참조).

$$\mathrm{AF}(\theta, \phi) = \sum_{n=1}^{N} I_n e^{j\alpha_n} e^{j[\beta\rho_n' \sin\theta \cos(\phi-\phi_n)]} \tag{14-97}$$

여기서 $I_n$은 $\phi = \phi_n$에 위치한 $n$번째 소자의 여기전류이고, $\alpha_n$은 좌표 중심에 있는 배열의 중심을 기준으로 한 여기위상이며, $\rho_n'$은 원점에서 각 소자 중심까지의 방사상 거리이다(원형배열인 경우 이들은 모두 $b$와 같다). 보통의 동일위상 급전인 경우

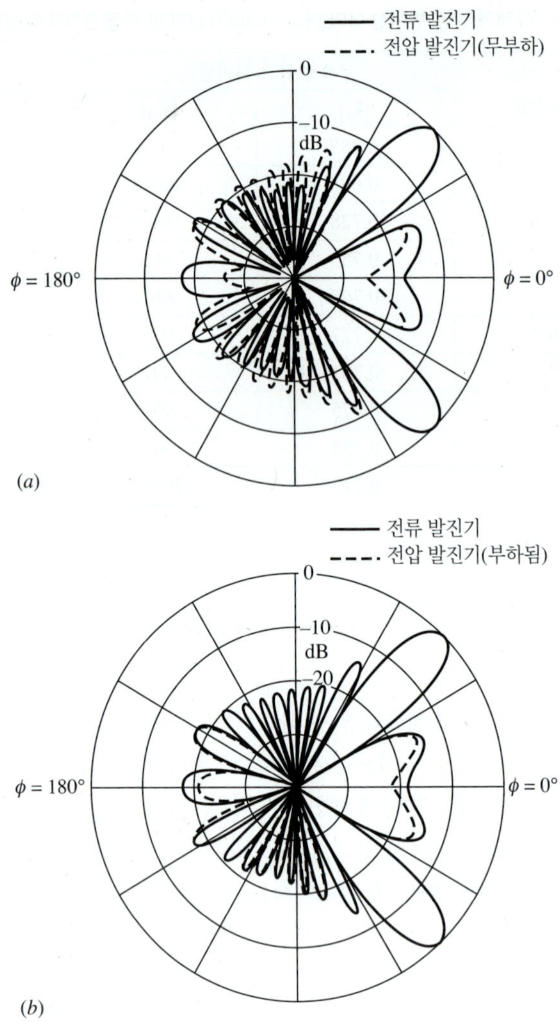


**그림 14-25 주빔을 $\phi_o$ = 45°에 위치시킨 선형배열에서 이상적인 전류 발진기(실선)에 의한 패턴과 전압 발진기(표 14-2 참조)에 의한 패턴.** (*a*) 무부하 전원 발진기 여기의 선형배열 패턴(점선). (*b*) 72 Ω이 부하된 전원 발진기 여기의 선형배열 패턴(점선).

$$\alpha_n = -\beta\rho_n' \sin\theta_o \cos\ (\phi_o - \phi_n) \tag{14-98}$$

이며, 여기서 $(\theta_o, \phi_o)$는 최대 주빔이 요구되는 위치이다.

반파장 다이폴인 경우 각 소자의 패턴은 식 (3-4)에 의해 근사적으로 주어진다. 그러므로 정현형 전류분포를 가정한 반파장 다이폴들의 원형배열에 대한 완전한 패턴은 다음과 같다.

$$F(\theta, \phi) = \frac{\cos\left(\dfrac{\pi}{2}\cos\theta\right)}{\sin\theta} \frac{\sum\limits_{n=1}^{N} I_n e^{j\alpha_n} e^{j[\beta\rho_n' \sin\theta\, \cos\,(\phi-\phi_n)]}}{\sum\limits_{n=1}^{N} I_n} \tag{14-99}$$

여기서 식 (8-100)보다는 식 (8-104)를 전제로 했다.

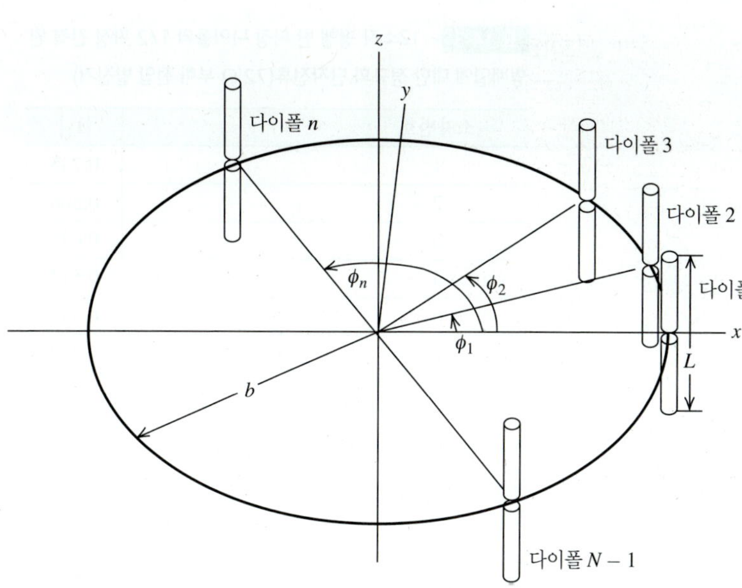


그림 14-26 다이폴의 원형배열.

물론 식 (14-97)에서 식 (14-99)까지의 원형배열에 대한 해석은 알고 있는 배열 소자들의 전류를 근거로 했다. 실제로 각 배열소자들의 포트에는 일반적으로 전류보다는 전압이 가해진다. 전압에 의해 설정되는 전류를 구하는 데 MoM을 사용할 수 있으며, 그렇게 함으로써 모든 배열 상호 간의 영향이 포함된다.

모멘트법의 공식화가 단순해지도록, 동일한 다이폴이 같은 간격으로 구성된 그림 14-26의 원형배열을 고려하자. 모든 다이폴이 중간에서 여기되므로, 전류분포가 $z = 0$ 평면에 대해 면대칭을 유지할 것은 분명하다. 14.8.6절에서 설명한 바와 같이, 이러한 영상대칭은 각 다이폴의 임피던스 행렬 $[Z_{mn}]$의 크기를 축소하는 데 이용될 수 있다(앞 절의 선형배열에 대해서도 적용할 수 있었다). 그뿐만 아니라 원형배열의 임피던스 행렬은 부분행렬의 형태일 것이다.

$$[Z]_{\text{array}} = \begin{bmatrix} [S]_{11} & [S]_{12} & \cdots & [S]_{1N} \\ [S]_{1N} & [S]_{11} & \cdots & [S]_{1(N-1)} \\ \vdots & \vdots & \ddots & \vdots \\ [S]_{12} & [S]_{13} & \cdots & [S]_{11} \end{bmatrix} \tag{14-100}$$

여기서 $[S]_{ij} = [Z_{mn}]$이며, 14.8.6절의 설명처럼 각 $[Z_{mn}]$도 축소될 수 있을 것이다. 식 (14-100)의 행렬은 퇴플리츠뿐만 아니라 '블록순환'이라고도 한다. 블록순환 행렬의 역행렬도 역시 블록순환임을 증명할 수 있다. 그러므로 $[Y]_{\text{array}}$도 블록순환이 될 것이다. 블록순환 행렬에서 각 블록으로 이루어진 연속하는 행들은 이전 행들이 반복되어 나타나며, 이때 앞 행의 마지막 블록이 다음 행의 첫 블록이 된다.

만일 $\lambda/2$ 간격, 12소자 원형배열에서 다이폴 중앙에 72 Ω 임피던스와 직렬로 연결된 1 V 발진기가 사용된다면, 식 (14-98)의 위상을 사용한 전류 결과는 표 14-3과 같다. 전류진폭이 거의 2:1로 변하는 것은 상호결합의 결과이다. 이에 대한 수평면내 패턴을 그림 14-27에 나타냈으며, 비교를 위해 식 (14-97)로 계산된 균일(전류)여기의 패턴도 함께 표시했다. 선형배열에 대한 그림 14-25에

**표 14-3** 12소자 평행 반 파장 다이폴의 1/2 파장 간격 원형배열에 대한 정규화 단자전류(72 Ω 부하 전압 발진기)

| 소자번호 | $|\mathbf{I}_A|$ |
|---|---|
| 1 | 0.735 |
| 2 | 0.566 |
| 3 | 0.628 |
| 4 | 0.517 |
| 5 | 0.547 |
| 6 | 0.791 |
| 7 | 1.000 |
| 8 | 0.791 |
| 9 | 0.547 |
| 10 | 0.517 |
| 11 | 0.628 |
| 12 | 0.566 |

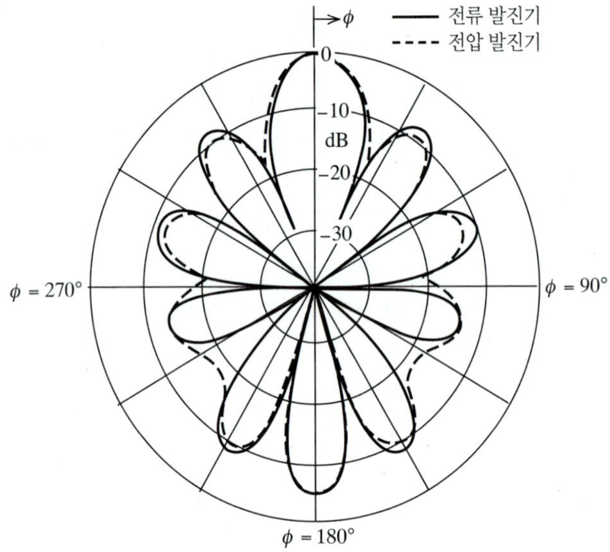


**그림 14-27** 그림 14-26의 12소자 원형배열에서 균일전류 여기패턴(실선)과 표 14-3의 전류를 갖는 72 Ω 부하 전압 발진기 패턴(점선).

비해 두 패턴의 차이가 더욱 뚜렷이 나타나고 있다. 모멘트법의 이점은 임의의 주사각을 갖는 소자들의 임피던스를 계산할 수 있으며, 이 때문에 급전회로 설계를 위한 정보도 제공한다는 것이다(8.9절 참조).

### 14.11.3 다이폴의 2차원 평면배열

그림 14-28과 같이 $xz$ 평면에 위치한 평행 다이폴의 2차원 배열을 고려하자. 여기서의 목적은 배열소자의 입력 임피던스가 주사각에 따라 어떻게 변하는지 보여 주고자 MoM을 사용하는 것이다.

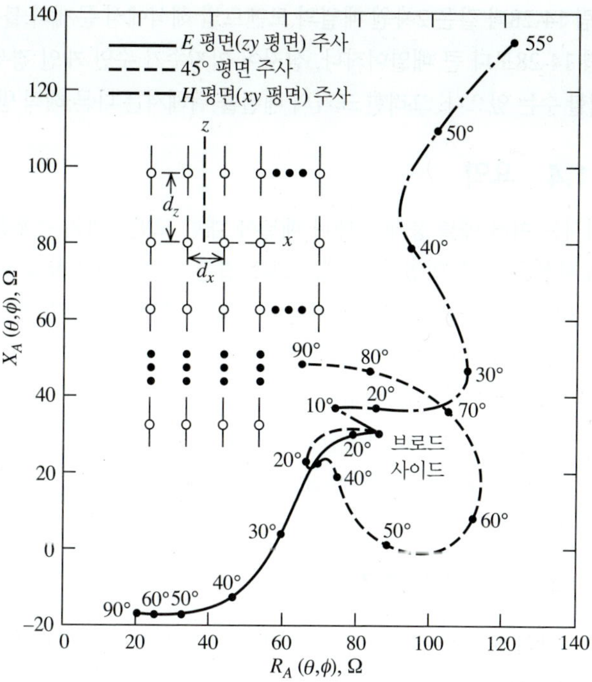


그림 14-28 7 × 9 다이폴 배열의 가운데 소자에서 3가지 주사평면의 주사각에 따른 입력 임피던스 변화($d_x = d_z = 0.5\lambda$).

그림 14-28은 7 × 9 배열($E$ 평면에 7개의 동일선상 소자와 $H$ 평면에 9개의 평행소자) 중에서 가운데에 위치한 소자의 입력 임피던스 변화를 보여 준다. 세 가지 주사조건, 즉 $H$ 평면과 $E$ 평면, 그리고 $E$ 평면과 $H$ 평면 사이의 45° 평면이 도식적으로 설명되었다. 그림 14-28에서 주사각에 따라 입력 임피던스가 배우 심하게 변하며, 주사 평면에 따라서도 변함을 분명히 알 수 있다. 이러한 변화는 배열급전이나 정합회로의 설계를 담당하는 공학자들이 관심을 갖고 도전할 만한 문제들을 만들어 낸다.

배열이 $E$ 평면($zy$ 평면)내에서 90°(즉 엔드파이어)로 주사됨에 따라 입력 임피던스의 실수부가 0에 가까워지는 것, 즉 소자에서 점점 방사가 일어나지 않게 되는 것을 주목하자. 이러한 현상을 **우드의 변칙**(Wood's anomaly) 또는 주사불능(blindspot) 현상이라 하며 안테나 원리에 대한 책들에서 언급하는 것이 타당하다. 우드의 변칙은 배열설계에서 설계 정수를 잘 선택함으로써 피할 수 있으며, 이는 소자설계도 마찬가지이다(8.9절 참조).

우드의 변칙은 표면파(surface wave)에 대해 이해해야만 설명할 수 있다. $E$ 평면에서 배열이 브로드사이드에서 점점 멀리 주사될수록 배열면과 수직인 전장 성분들이 점점 커진다. 다이폴 배열의 금속체 소자들은 $E$ 평면에 의해 설정된 방향으로 흐르는 전류에 대해 가상적인 금속면을 형성한다. 그러므로 배열이 큰 경우 배열의 출력전력을 소모시키는 $E$ 평면 방향에 표면파가 여기된다. 이러한 표면파 현상은 16.11절에서 논의한 포복파(creeping wave)와 비슷하다.

$H$ 평면에서는 이러한 표면파가 없으며, 이것은 큰 주사각에서 전장이 가상 금속면과 접선방향으로 진행하고자 하나 금속면 자체에 의해 단락되기 때문이다.

그림 14-28과 같은 2차원 배열의 모멘트법 해석에서 문제의 블록 퇴플리츠 성질의 도움을 받았다. 그림 14-28보다 큰 배열이거나, 심지어 미지수가 수만 개인 경우에도 MoM을 사용해 해석하거나 설계할 수는 있으나, 그러한 크기의 배열을 위해서는 다른 해석 방법이 유용하다[H.8.2: Amitay].

### 14.11.4 요약

이 절에서는 여러 예를 통해 안테나 배열에 대한 모멘트법의 응용을 설명했으며, 이러한 예들로 여러 가지 사실을 알 수 있었다. 첫째, 모멘트법은 모든 상호결합을 포함하므로, 배열소자들의 전류분포를 가정할 필요가 없으며, 각 소자들이 동일한 패턴을 가질 필요도 없다. 둘째, 모멘트법은 임의의 주사조건하에서도 다양한 소자들의 입력 임피던스와 관련된 정확한 정보를 직접 제공한다. 셋째, 배열을 이루는 굵기가 가는 반파장 다이폴에 대한 정현형 전류분포의 가정이 상당히 타당했으므로 이러한 전류분포의 가정에 근거한 고전적인 배열 해석 방법도 정확한 해를 공급한다. 모멘트법의 부가적인 이점은 다이폴보다는 배열소자들에 대한 적용에서 두드러지게 나타난다.

## 14.12 안테나의 레이더 단면적

안테나 산란의 연구는 전자기학의 두 가지 교과과정, 즉 안테나와 산란이 결합된 것이다. 일반적으로 안테나 해석에서는 안테나를 송신기로서 취급하나, 안테나 산란 분야에서는 안테나를 수신기로 취급한다. 그러나 수신의 경우에도 부하에 전달되는 전력을 고찰할 경우에는 안테나의 송신 특성과 가역성을 이용할 수 있다. 그러나 만일 안테나가 주위 공간으로 에너지를 산란하는 형태에 대해 알고자 한다면, 이는 안테나 구조의 모든 부분에 유기된 전류에 대해 자세히 알아야 하는 어려운 작업이다. 그러나 MoM을 사용하면 다루기 쉬워진다.

논의를 시작하고자, 부하 임피던스의 함수로 나타낸 안테나의 테브닌(Thevenin) 등가회로인 그림 14-29를 고찰하자. 이 등가회로에서 $Z_A = R_A + jX_A$는 안테나 임피던스를, $Z_L = R_L + jX_L$은 부하 임피던스를, $V_A$는 안테나 단자에 유기되는 개방회로 전압을 나타낸다. 이때 $V_A$와 입사전장 $\mathbf{E}^i$의 관계는 다음과 같다[26].

$$V_A = -\mathbf{h}_A^r \cdot \mathbf{E}^i \tag{14-101}$$

여기서 $\mathbf{h}_A^r$은 수신 방향에서 계산된 수신 시 안테나의 실효길이 벡터이다[참고문헌 [26]에 의한 식 (14-101)이 식 (4-2)와 다른 것을 주목하라]. 이러한 안테나의 실효길이 벡터는 가역성에 의해 동일 방향에서 계산된 송신 시의 유효길이 벡터 $\mathbf{h}_A^t$와 동일하며, 균일전류로 여기된 안테나에 의해 방사되는 원거리 전장이 아래와 같도록 정의된다.

$$\mathbf{E}^t = -j\frac{\eta}{2\lambda}\mathbf{h}_A^t\frac{e^{-j\beta r}}{r} \tag{14-102}$$

여기서 $r$은 안테나와 관측점 사이의 방사상 방향의 거리이다.

식 (14-101)과 식 (14-102)의 부호는 수신 시 + 단자가 송신 시 + 방향의 전류가 들어가는 단자가 되도록 했다. 수신전류는 아래와 같이 된다.

$$I_A(Z_L) = -\frac{V_A}{Z_A + Z_L} \tag{14-103}$$

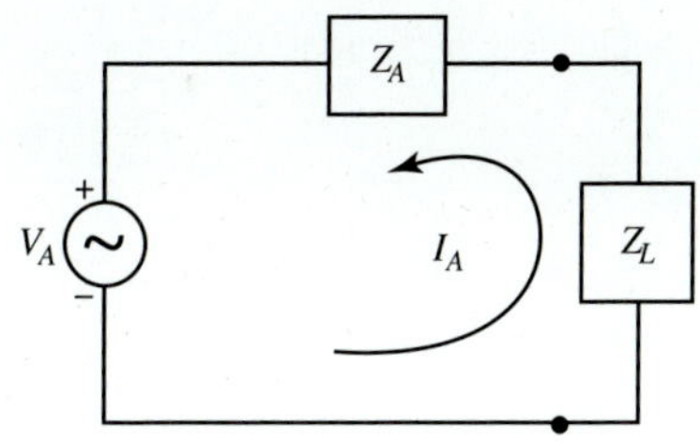


그림 14-29 그린(Green)이 사용한 안테나의 테브닌 등가회로[26].

이와 같이 정의된 용어를 사용해, 안테나에 의해 산란되는 장을 부하 임피던스의 함수로 나타내면 다음과 같다.

$$\mathbf{E}^s(Z_L) = \mathbf{E}^s(0) - \frac{Z_L I(0)}{Z_L + Z_A}\mathbf{E}^t \tag{14-104}$$

여기서 $\mathbf{E}^s(0)$와 $I(0)$는 각각 단락회로, 즉 $Z_L = 0$일 때의 산란장과 단자전류이다. 이때 주파수 및 편파 그리고 송수신 방향 등은 고정된 것으로 가정한다. 킹(King)과 해리슨(Harrison)[27]은 회로해석에서의 보상과 중첩의 이론을 이용해, 스티븐슨(Stevenson)[28]은 장이론을 이용해, 휴(Hu)[29]는 회로이론과 장이론을 결합해 안테나 산란에 대한 기본 방정식을 유도했다. 아로니[H.3: Aharoni]는 교과서적인 설명을 제시했다. 그린(Green)[26]도 역시 장의 관점에서 유도했으며, 콜린[H.3: Collin]과 한센(Hansen)[30]은 산란행렬을 적용해 유도했다.

식 (14-104)는 안테나 산란을 자세히 살펴보기에는 적절한 형태가 아니다. 그린 [26]이 사용한 형태로 바꾸고자 $Z_L = Z_A^*$, 즉 부하 임피던스를 안테나의 복소공액 임피던스로 대체하고 $E^s(0)$를 구하면 다음과 같다.

$$\mathbf{E}^s(0) = \mathbf{E}^s(Z_A^*) + \frac{Z_A^* I(0)}{2R_A}\mathbf{E}^t \tag{14-105}$$

식 (14-103)에서 먼저 $Z_L = 0$로 놓은 후, $Z_L = Z_A^*$로 대체하면

$$I(0) = \frac{2R_A}{Z_A} I(Z_A^*) \tag{14-106}$$

이 되며, 식 (14-105)는 다음과 같이 된다.

$$\mathbf{E}^s(0) = \mathbf{E}^s(Z_A^*) + \frac{Z_A^*}{Z_A} I(Z_A^*)\mathbf{E}^t \tag{14-107}$$

마지막 두 방정식을 식 (14-104)에 대입하면 그린의 기본 방정식이 얻어진다.

$$\mathbf{E}^s(Z_L) = \mathbf{E}^s(Z_A^*) + \frac{1}{Z_A}\left[Z_A^* - \frac{2R_A Z_L}{Z_A + Z_L}\right] I(Z_A^*)\mathbf{E}^t \tag{14-108}$$

또는

$$\mathbf{E}^s(Z_L) = \mathbf{E}^s(Z_A^*) - [I(Z_A^*)\mathbf{E}^t]\Gamma_m \tag{14-109}$$

이며, 여기서

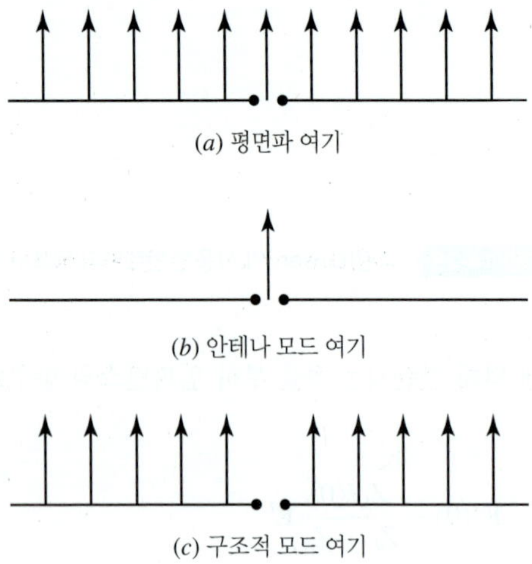


그림 14-30 안테나 모드와 구조적 모드 개념.

$$\Gamma_m \equiv \frac{Z_L - Z_A^*}{Z_L + Z_A} = \frac{\dfrac{Z_L + jX_A}{R_A} - 1}{\dfrac{Z_L + jX_A}{R_A} + 1} \tag{14-110}$$

이다. 위 식은 일반적인 반사계수의 정의와는 다른 수정된 전압반사계수이다.

식 (14-109)에서 $[I(Z_A^*)\mathbf{E}^t]\Gamma_m$ 항은 전적으로 안테나의 방사특성에 의해 결정되므로 산란장의 안테나 모드(antenna mode) 성분이라 하며, 안테나가 공액정합이 되면 0이 된다. 이 항은 부하의 부정합 때문에 안테나에 의해 방사되는 에너지와 마찬가지로 무손실 안테나의 부하에 흡수되는 에너지와 관련이 있다. 안테나 모드로 산란되는 에너지의 패턴은 안테나 방사패턴과 완전히 일치한다. 식 (14-109)의 우변의 또 다른 $E^s(Z_A^*)$ 항은 구조적 산란(structural scattering) 또는 잉여산란(residual scattering) 성분이라 하며, 안테나가 공액정합이 된 경우일지라도, 입사파에 의해 안테나 표면에 유기된 전류에서 발생한다.

한센[30]이 종래의 부하정합(load match)의 관점으로 그린의 식 (14-109)와는 다른 공식화를 제안했으나, 일반적으로 그린의 식보다 뛰어난 점이 없다.

점정합법의 관점으로 안테나 모드와 잉여 모드 산란을 개념화할 수 있다[31]. 그림 14-30은 평면파에 의한 다이폴 안테나의 여기를 보여 준다[31]. 화살표는 정합점에서 평면파의 진폭을 나타낸다. 그림 (b)는 안테나 모드 항을 발생시키는 일반적인 안테나 여기를 나타내며, 그림 (c)는 평면파 여기상태와 안테나 모드 여기의 차이, 즉 잉여 모드(구조) 여기를 나타낸다.

안테나 산란에 관심을 갖는 주된 이유는 안테나의 레이더 단면적(RCS: radar cross section)을 계산하기 위한 것이다. 안테나 모드산란의 경우, 레이더 단면적의 안테나 모드 성분에 대한 간단한 표현식은 아래와 같이 유도될 수 있다.

$$\sigma_{\text{ant}} = \Gamma^2 G^2(\theta, \phi) \frac{\lambda^2}{4\pi} \tag{14-111}$$

그러나 구조적 모드에 의한 레이더 단면적은 위와 같이 간단히 표현되지 않는다.

그림 14-31은 72 Ω 부하로 종단된 0.5 m 다이폴에서 주파수가 100에서 2000 MHz까지 변화할 때 단안정 브로드사이드 RCS의 변화를 나타낸다[31]. 예상한 바와 같이 곡선 위의 돌출 부분이

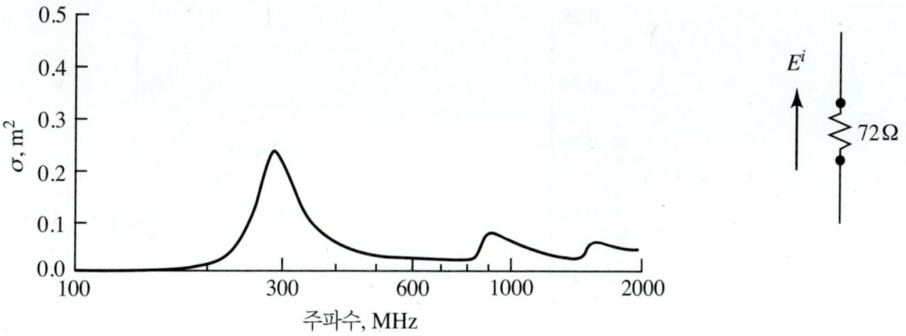


그림 14-31 72 Ω 부하로 종단된 0.5 m 다이폴의 단안정 브로드사이드 레이더 단면적의 주파수 특성.

다이폴의 1~3번째 공진 주파수인 300, 900, 1500 MHz 근처에서 나타나는 것을 볼 수 있다. 다이폴이 첫 번째 공진에 공액정합되어 있으므로 300 MHz 근처에서의 RCS는 나머지 모드에 의한 것이다. 또한 1000 MHz 이상에 대힌 RCS 역시 잉여산란에 의해 두드러지게 나타난다. 그러나 이것은 안테나 모드 방사패턴이 브로드사이드 방향에서는 매우 약하거나 0이기 때문이다.

그림 14-32는 부하 72 Ω의 1.723$\lambda$ 다이폴에 평면파가 입사할 때 다이폴 축과의 입사각 90, 60, 30°에 대한 나머지 모드와 안테나 모드의 쌍안정 산란장을 나타낸다. 그림 14-32*a*와 그림 14-32*b*를 비교하면, 안테나 모드 쌍안정 전장의 모든 곡선은 $\theta_s = 90°$에 대해 대칭이나, 구조적 모드 곡선은 $\theta_i = 60°$와 $\theta_i = 30°$에서 대칭이 아님을 알 수 있다. 90° 입사에 대한 안테나 모드 산란의 매우 약한 반응은 그림 14-32*c*의 $\theta = 90°$에서 보듯이, 안테나 송신 패턴에 있는 작은 로브에 기인한다.

구조적 모드의 구조에 따른 동작을 설명하기 위해 입사각 $\theta_i = 30°$에 대한 $\theta_s = 125°$ 근처에서의 큰 쌍안정 응답을 주목하자. 이것은 다이폴 구조가 어느 정도 길이를 갖는 반사면으로 동작하기 때문이다. 다이폴의 길이를 증가시키면 반사법칙으로부터 알 수 있듯이 최대응답이 150° 쪽으로 증가할 것이다.

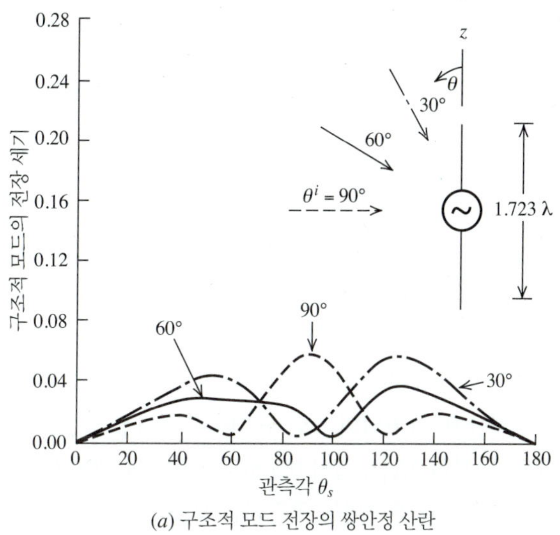


(*a*) 구조적 모드 전장의 쌍안정 산란

그림 14-32 안테나 산란의 구성성분.

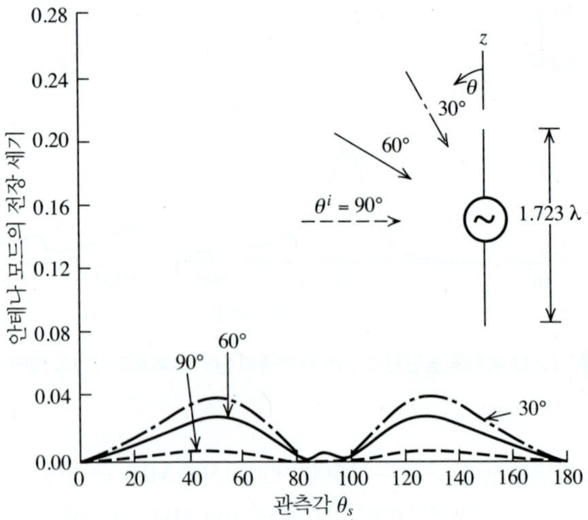


(b) 안테나 모드 전장의 쌍안정 산란

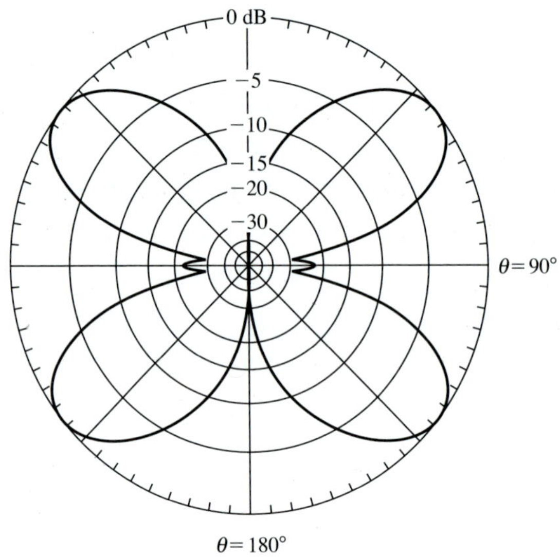


(c) 1.723λ 다이폴의 전송 E 평면 패턴

그림 14-32 (계속)

그림 14-32$a$의 결과를 얻는 데 사용한 MoM 방법에 대해서는 설명할 만한 가치가 있다. 먼저 $E^s(Z_A^*)$를 구하고자 주파수에 따른 다이폴 안테나의 입력 임피던스를계산하고, 세 가지 입사 각도에 대해 식 (14-109)의 좌변을 계산하면, 안테나 모드 산란을 계산할 수 있는 $I(Z_A^*)$가 결정된다. 또한 식 (14-109) 좌변의 전체 산란장에서 안테나 모드 산란 부분을 빼면 구조적 산란을 계산할 수 있다. 이러한 종류의 계산에는 CEM의 기법 중 MoM 이 가장 도움이 된다.

그림 14-33은 부하 72 Ω, 길이 0.5 m의 다이폴에 평면파가 수직으로 입사하는 경우 다이폴에 의해 산란되는 **총**전력과 흡수되는 총전력을 보여 준다. 일반적으로 총산란전력이 총흡수전력보다 많으며, 다이폴이 공액정합되는 첫 번째 공진에서는 두 가지가 같아진다. 첫 공진보다 낮은 쪽에서

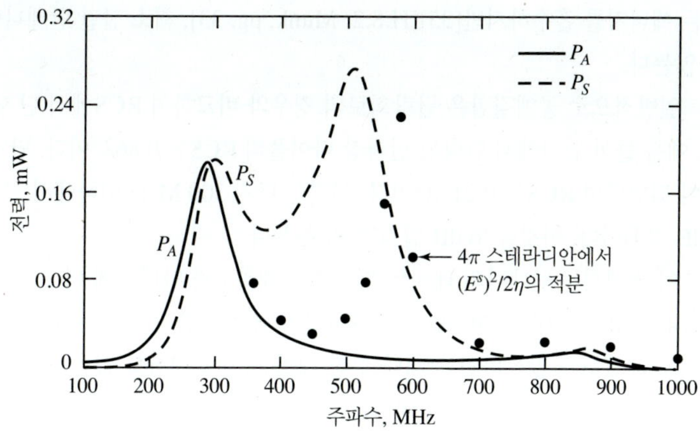


**그림 14-33** 72 Ω의 부하를 가진 0.5 m 길이 다이폴의 전체 흡수전력과 전체 산란전력.

는 다이폴이 공액정합되지 않으며, 총흡수전력이 총산란전력을 초과할 수 있다. 그림 14-29의 등가회로에서 다이폴에 의해 산란되는 총전력은 $Z_A$에서 발생하고, 다이폴에 의해 흡수되는 총전력은 $Z_L$에 의해 발생한다는 가정하에 계산한 결과가 그림 14-33의 곡선이다. 안테나에 의해 산란되는 총전력이 $Z_A$에 기인한다는 가정은 일반적으로 사실이 아니나, 단자가 개방된 안테나에 의해 산란되는 전력이 종단된 안테나에 의한 것보다 매우 작을 경우에는 어느 정도 사실에 가깝다[32](그림 14-31에서 약 400 MHz 아래쪽 참조). 전체 산란전력을 정확하게 계산하기 위해 다이폴을 포함하는 원거리 영역 구상에서의 산란장을 수치적분하면 다이폴의 길이가 0.6$\lambda$ 정도까지는 $P_A$ 곡선과 거의 일치하게 되나, 길이가 그 이상 되는 경우에는 기껏해야 대강의 정성적인 일치를 보여 줄 뿐이다. 종종 정합된 무손실 안테나가 산란하는 전력보다 더 많은 전력을 흡수할 수 없다고 생각할 수 있으나, 이론적으로는 잘못된 것이다[33]. 실질적으로 정합된 무손실 안테나가 산란하는 것보다 많은 전력을 흡수하는 일은 일어나지 않을 것이다. 그림 14-33에서 다이폴이 정합되는 300 MHz 바로 아래에서는 두 전력이 같다. 따라서 다이폴은 '최소 산란 안테나'라고 불리는 특성을 보여 준다. 최소 산란 안테나는 다음과 같다.

1. 산란체는 공액정합에 대해 많은 전력을 흡수한다.
2. 동일한 송신과 수신 패턴을 가진다.
3. 전방과 후방으로 같은 전장을 방사한다.
4. 단자가 개방되었을 때, 너무 작아서 눈에 보이지 않는다.

개방되었을 때, 반파장 다이폴 안테나는 두 개의 동일선상 1/4파장 다이폴로 구성된다. 1/4파장 다이폴은 거의 보이지 않을 만큼 매우 열악한 산란체이다(그림 14-33에 있는 150 MHz 주변 참조). 심지어 조그마한 손실이 있는 다이폴들은 훨씬 더 열악한 산란체이다[34].

최소 산란 안테나라는 이름은 안테나가 가장 낮은 산란이 가능한 안테나의 종류라는 것을 암시한다. 하지만 이것은 필연적인 경우가 아니며, 최소 산란이라는 이유 때문에 그 이름이 널리 사용되는 것은 불행한 일이다[H.8.2: Munk, pg. 35]. 전체 산란은 후방산란(예를 들면 단안정 RCS)과는 다르다는 것에 주목하자. 제로 산란의 포텐셜을 가진 안테나는 배열 크기와 비슷한 크기의 유한 접지면 정면에 있는 공액정합된 1/4파장 다이폴 안테나의 배열이다. 이 배열은 기본적으로 입사하는 모든 에너지를 흡수하지만[35][H.8.2: Munk, pg. 33], 최소 산란 안테나에 대한 필요조건을 충족하지 않는다.

일반적으로 공액정합은 단락회로의 경우와 비교하여 RCS에서 단지 6 dB 감쇠한 결과를 말한다. 예를 들어 단자에서 단락된 반파장 다이폴의 RCS는 $0.86\lambda^2$이다. 만약 반 파장 다이폴이 공액정합이 되었다면 RCS는 $0.215\lambda^2$이다. 이것은 단지 300 MHz 이하에서 그림 14-31 의 결과와 유사한 6 dB 감쇠이다. 이것을 '6 dB 법칙'이라 부른다.

이 절에서는 안테나의 레이더 특성을 이해하고자 안테나에 의한 산란을 살펴보았다(예제 16-5, 16.14절 참조). 그러나 이것만이 안테나 산란에 관심을 기울이는 이유는 되지 않는다. 예를 들어 안테나가 산란하지 않는다면 안테나 수신 배열 시 상호결합도 없을 것이다. 또한 안테나 산란은 많은 RFID 시스템에서 중요한 현상이다.

## 14.13 고체면의 모델링

MoM이 사용될 수 있도록 2차원이나 3차원 같은 대상체(각각 무한길이의 원통 또는 유한길이의 원통)를 모델링하는 두 가지 주된 방법이 있다. 가장 간단하고 오래된 방법은 그림 14-34와 같이 도선들의 망으로 대상체의 고체 표면을 모델링하는 **도선 격자 모델링**(wire-grid modeling)이다. 고체표면을 모델링하는 좀 더 최근의 방법에는 표면을 연속된 금속 표면의 패치나 셀로 분할하는 전장적분방정식(EFIE) 또는 자장적분방정식(MFIE) 등이 있다. 이 장에서는 두 가지 방법에 대해 간단히 살펴본다.

### 14.13.1 도선 격자 모델링

여기서는 단순한 도선 안테나나 산란체뿐만 아니라 안테나 근처의 금속체까지도 모델링하기 위해 대상체를 선분으로 분할하는 과정에 대해 설명한다. 도선 격자나 도선망을 사용함으로써 실질적으로 연속적인 도체 표면을 근사적으로 나타낼 수 있다. 물론 연속적인 금속면을 나타내고자 도선망을 이용하는 발상은 모멘트법이 널리 사용되기 이전부터 있었다. 실질적으로 연속적인 금속면의 효과가 필요한 상황은 많이 있으나, 연속된 표면에 의한 무게와(또는) 바람 저항이 너무 커진다(예를

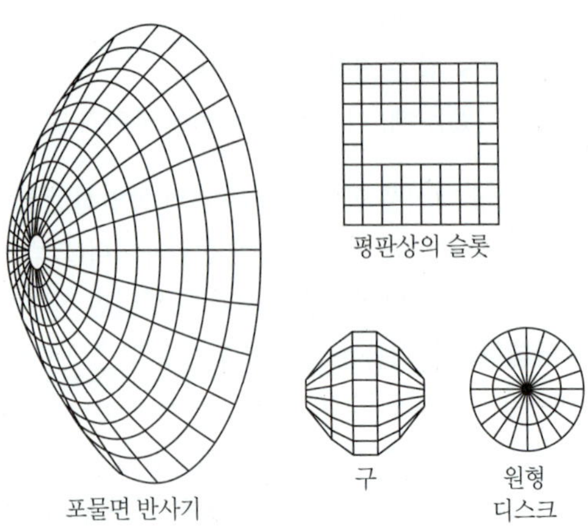


그림 14-34 도선 격자 모델링의 예.

들면 반사판의 표면).

실제에서나 모델에서 연속적인 금속면을 도선 격자로 성공적으로 대체하기 위해서는 격자의 크기가 파장에 비해 작아야 하며, 격자가 실제 전류분포를 근사적으로 나타낼 수 있어야 한다. 비록 실제 전류에 대한 근사 전류라 할지라도, 근거리장은 몰라도 원거리장에 대해서는 바른 예측을 할 수 있도록 근사화해야 한다. 이것은 도선망이 표면 양쪽 방향에 서서히 감소하는 리액티브장을 지원한다는 사실에서 비롯한다[36]. 실제 연속적인 도체면은 그러한 장을 지원하지 못한다.

실제 표면을 가상화하는 도선망 모델의 정확도는 사용되는 컴퓨터 코드(즉 확장과 가중함수), 도선 단편의 반지름과 마찬가지로 망의 크기에 따라서도 달라진다. 예를 들면 펄스 확장의 점정합 경우에는 약 0.1~0.2$\lambda$의 망 간격이 좋은 결과를 낳는다고 알려져 있다[37]. 부분정현형 갤러킨법에서는 망 크기가 $\lambda/4$를 초과하지 않아야 하며, 적절한 도선 반지름은 $a = w/25$로 알려져 있다. 단, 여기서 $w$는 망 개구의 폭과 길이 중 큰 것을 나타낸다[37].

그림 14-35와 같이 원추 기저부의 축 상에 고정된 모노폴을 고려해 보자. 그림 14-36$a$에서와 같이 끝에서 끝까지 연결된 여러 개의 도선으로 구성되는 다수의 모선(generating line)들에 의해 원추 또는 원추대가 표시될 때 도선망 표현이 사용될 수 있다. 여기의 대칭성 때문에 기서부를 제외하고는 축과 수직인 면에는 필요한 도선이 없다.

구조의 대칭성 때문에 모든 모선의 단편수는 같으며, 각 모선의 단편은 다른 모선의 대응하는 단편과 동일 $\phi$ 좌표에 대한 방향은 제외하므로 단순화(14.8.6절 참조)가 쉽게 이루어진다. $I(z)$가 $\phi$와 무관하므로 대응하는 단편의 전류는 진폭과 위상이 같아져야 한다. $\phi = 0$의 모선에서 시작해 다른 모선을 따라 반시계 방향으로 진행하는 연속적인 방법으로 번호를 부여하자. 각 모선의 단편수를 $M$, 모선의 수를 $L$이라 하면, 다음과 같이 쓸 수 있다.

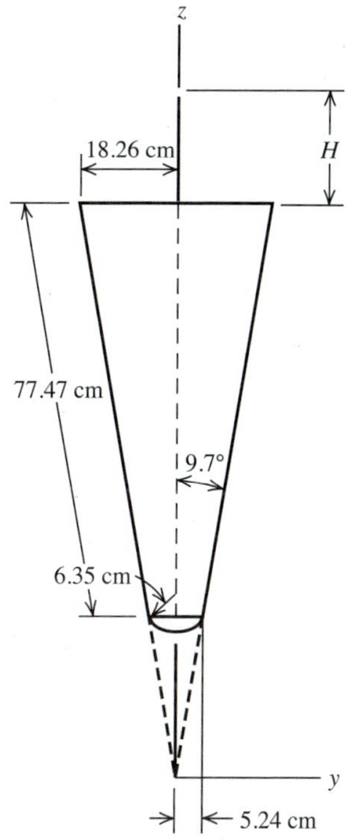


**그림 14-35 실험적인 원추 모델의 치수.** 모노폴은 각 주파수에서 1/4 파장.

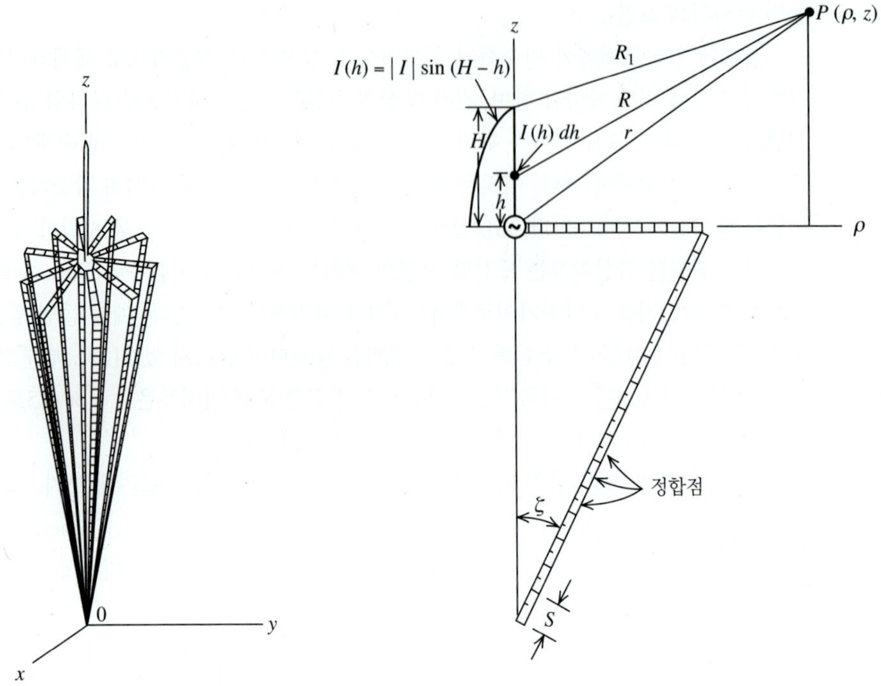


(a) 모노폴과 원추의 모델

(b) 단편의 분포와 정합점 경계를 나타낸 원추 모선

**그림 14-36** 그림 14-35 원추의 도선망 모델.

$$\sum_{j=1}^{L\cdot M} Z_{kj} I_j = E_k^j, \quad k = 1, 2, \ldots, L \cdot M \tag{14-112}$$

대응하는 단편의 전류가 동일하므로

$$I_j = I_{(j+M)} = I_{(j+2M)} = I_{(j+(L-1)M)} \tag{14-113}$$

이며, 식 (14-112)는 다음과 같이 쓸 수 있다(14.8.6절 참조).

$$\sum_{j=1}^{M} I_j \left( \sum_{n=0}^{L-1} Z_{k(j+nM)} \right) = E_k^i, \quad k = 1, 2, \ldots, M \tag{14-114}$$

식 (14-114)의 이점은 미지의 전류의 수를 $M$으로 줄일 수 있는 것으로, 실제 단편의 수는 $L \cdot M$이며 $L$은 임의의 값이다. 결과적으로 모선의 수(그리고 사용된 전체 단편수)에 대한 컴퓨터 실행 시간 이외의 제한은 없다. 여기서 계산된 패턴에서는 $L$은 10, M은 170으로, 그리고 펄스기저함수가 사용되었다.

식 (14-114)의 좌변은 여기서 고려하는 원추 문제의 $-\mathbf{E}^s$를 나타내며, $\mathbf{E}^i$를 결정하는 것이 남아 있다. 모노폴을 위해 그림 14-36$b$에 설명된 기하학적 구조를 고려하자. 만일 벡터전위에서 시작한다면 그림 14-36$b$의 모노폴 구조에 대한 근거리장 표현식은

$$E_z^i = -j29.975 \ |I| \left[ \frac{e^{-j\beta R_1}}{R_1} - \frac{e^{-j\beta r}}{r} \cos \beta H - j\frac{z}{r^2} e^{-j\beta r} \sin \beta H - \frac{z}{\beta r^3} e^{-j\beta r} \sin \beta H \right] \tag{14-115}$$

와

$$E_\rho^i = \frac{j29.975\ |I|}{\rho}\left[(z-H)\frac{e^{-j\beta R_1}}{R_1} - \frac{z}{r}e^{-j\beta r}\cos\beta H - \frac{jz^2}{r^2}e^{-j\beta r}\sin\beta H + \frac{\rho^2}{\beta r^3}e^{-j\beta r}\sin\beta H\right] \tag{14-116}$$

과 같이 유도될 수 있을 것이다. 식 (14-114)의 우변은 일반화된 전압행렬을 구성하며, 원추의 한 모선 위의 각 정합점에서 결정될 입사장의 접선성분이 있어야 한다. 이를 위해 $E_z^i$와 $E_\rho^i$에 대한 위의 두 식이 사용된다.

원추에 흐르는 전류의 풀이는 원추와 모노폴의 장을 중첩함으로써 원추 모노폴 구조의 원거리 방사패턴을 계산할 수 있게 한다. 이 문제에 대한 모멘트법 해에 대해 충분하지는 않지만 필요한 검사의 요구조건은 모노폴과 원추를 나타내는 도선망 사이에서 접합부의 전류가 키르히호프 전류법칙을 만족시키는 것이다. $L = 10$에 대한 식 (14-114)에서 식 (14-116) 까지의 공식화로부터 모노폴 기저부의 전류가 $|I| = 1.0$ A일 때 각 10개의 도선망 라인의 전류는 0.1 A가 됨을 알 수 있다. 이러한 11개의 전류가 공통 접합 부분에서 키르히호프의 전류법칙을 만족시키는 것은 맥스웰 방정식의 직접적인 결과이다. 왜냐하면 키르히호프의 전류법칙이 방정식계에 명시적으로 나타나지 않기 때문이다[예를 들어 식 (14-114)의 어떠한 것도 제약 방정식이 아니다].

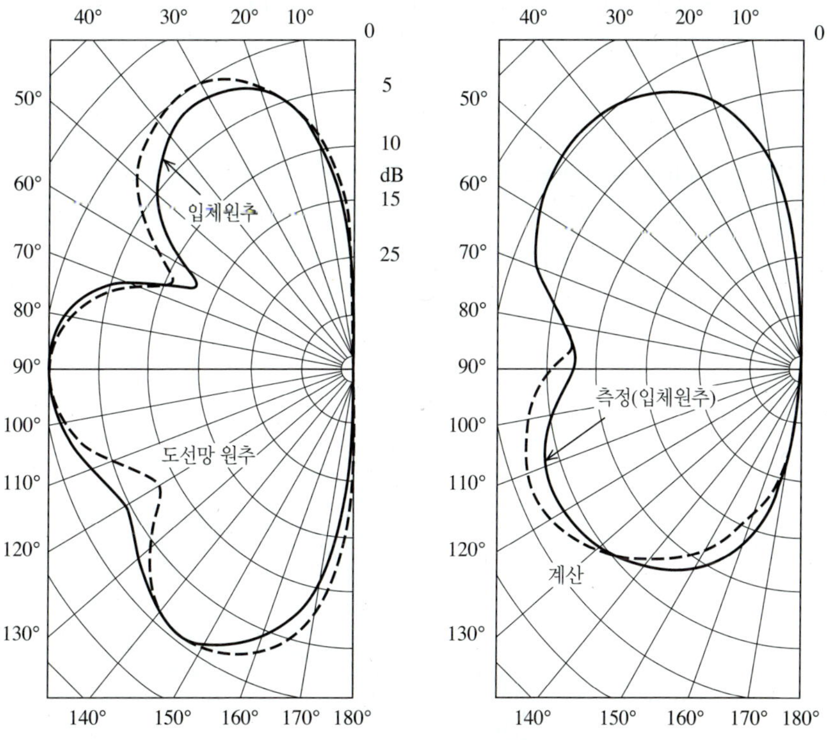


(a) 400 MHz에 대한 $\lambda/4$ 모노폴의 실험적인 비교

(b) 300 MHz에서 $\lambda/4$ 모노폴의 패턴: 도선망 계산값과 입체원추 실험값

**그림 14-37** **그림 14-36의 원추 기저부 위의 모노플에 대한 원거리장 패턴.**

금속체 표면에 대한 도선망 표현이 타당하다는 것을 실험적으로 검사하고자 그림 14-36*a*와 비슷한 스티로폼의 주위에 실제 도선망 원추를 구성했다. 실제 고체 원추와 도선망 모델의 실험적인 비교를 그림 14-37*a*에 나타냈으며, 결과가 일반적으로 양호하다.

물론 여기에서 설명한 공식화와 다르게 변형할 수 있다. 예를 들면 모노폴의 전류를 가정하는 대신에 도체 몸체의 전류처럼 모노폴의 전류도 미지수로 취급할 수 있다. 이것은 여러 방법이 있다. 모노폴 단자의 전류값이 어느 특정값으로 제약될 수도 있으며, 이러한 것에 의해 원추와 모노폴 사이의 상호작용은 고려될 것이나, 임피던스 계산을 위한 것을 제공하지는 않을 것이다. 다른 방법으로 모노폴 기저부에 앞에서 설명한 자장 프릴과 같은 전압 발진기를 사용할 수도 있을 것이다. 원추와 모노폴의 전류 계산은 원추모노폴 상호작용을 고려할 것이고, 또한 모노폴의 임피던스를 직접 제공할 수 있을 것이다. 어떠한 경우에도 앞에서 논의한 대칭적인 여기로 나오는 원추의 대칭성은 여전히 이점으로 사용될 것이다.

도선망의 정확성은 망이 집중정수 부하에 의해 리액티브성 부하로 작용한다면 개선될 수 있다 [36]. 이렇게 하는 이유는 도선망 가까이에 존재하는 서서히 소멸하는 리액티브 장의 효과를 없애기 위한 것이다. 이와 같이 함으로써 모델의 정확도가 증가할 뿐 아니라 크기가 좀 더 큰 망을 사용할 수 있다. 이러한 부하가 없더라도, 도선망 모델은 공학적인 계산에서 여전히 매우 편리하고 손쉬운 도구이다.

### 14.13.2 연속면 모델링

연속면 모델링은 EFIE 공식 또는 MFIE에 기저를 둔 EFIE에서 중첩 기저함수(도선에 관한 중첩 기저함수의 예시에 대한 그림 14-17 참조)를 가지는 패치 표면을 사용한다. EFIE는 열린 표면과 닫힌 표면 모두에 적용 가능한 이점을 가지고 있고, 반면 MFIE는 단지 닫힌 표면에 적용 가능하다. 왜냐하면 MFIE는 무한히 얇은 도형에는 유효하지 않은 경계조건에 기반을 두고 있기 때문이다. 두 방법 중 EFIE는 특이점을 포함하는 적분의 커널 때문에 적용하기가 일반적으로 더 어렵다. 도파관 모드에 상응하는 구조의 내부 체적에 대한 닫힌 입체 문제에 있어서, 잘못된 전류를 얻을 수도 있다. 이러한 어려움은 EFIE와 MFIE를 결합한 CFIE라고 불리는 혼합장적분방정식(combined field integral equation)을 사용함으로써 극복될 수 있다.

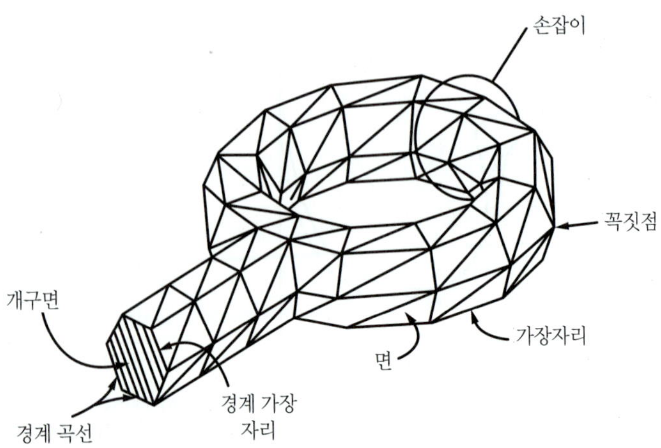


그림 14-38 삼각형 패치를 가지는 임의의 표면 모델.

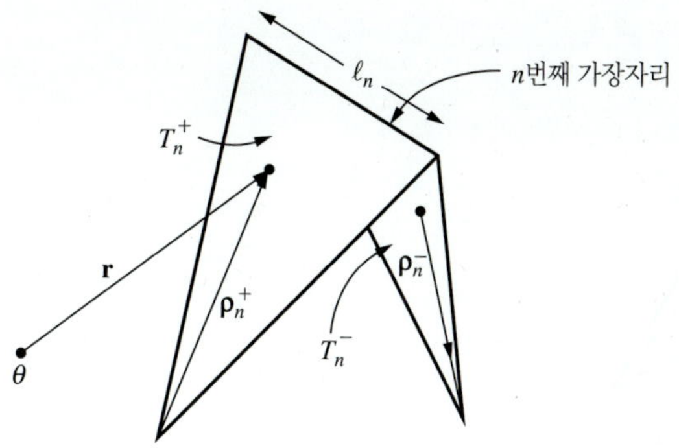


그림 14-39 가장자리와 연관된 국부좌표.

임의의 모양의 표면에 대해 선택된 패치는 그림 14-38에서 사용된 평면 삼각형 패치(triangular patch)이다. 원하는 허용오차 내의 경계 또는 어떠한 기하학적 표면에도 정확하게 잘 일치 할 수 있는 평면 삼각형 패치는 컴퓨터 입력에 대하여 쉽게 분류된다. 그리고 이 패치는 예측되는 전류밀도에서 작은 구조나 급격한 변화에 적합하게 패치밀도를 변화시킬 수 있다.

만일 표면전류를 나타내는 기저함수의 법선 성분이 패치의 가장자리에서 연속이 되도록 기저함수가 생성되지 않는다면, 식 (2-11)의 연속방정식은 그 가장자리에서 점전하 또는 선전하를 요구하게 된다. 만약 이러한 가상 전하가 존재한다면, 어떤 경우에는 잘못된 해법을 야기할 수 있다. 따라서 그와 같은 이유로 위와 같은 경우를 피하고자 하는 것이다. 그러므로 삼각형 패치들에 대해 선택된 기저함수는 패치 가장자리에서의 어려움들을 피하기 위한 RWG 기저함수(RWG basis function) [39, 40]이다.

RWG 기저함수는 닫히지 않은 대상체의 경계(외부) 가장자리로부터 식별되는 것처럼 둘 사이의 공통(내부) 가장자리, 즉 $n$번째 가장자리를 가지는 두 개의 인접한 삼각형 패치에 대해 0이 아닌 것으로 정의된 부분영역 벡터 기저함수이다. 그림 14-39는 삼각형 표면 모델 위의 RWG 기저함수의 $n$번째 가장자리에 해당하는 두 개의 삼각형 $T_n^+$와 $T_n^-$를 보여 주고 있다. $n$번째 가장자리와 관련된 벡터 기저함수는 다음과 같이 정의된다.

$$f_n(r) = \begin{cases} \dfrac{l_n}{2A_n^+}\boldsymbol{\rho}_n^+(\boldsymbol{r}), & \boldsymbol{r}\text{이 } T_n^+\text{에 있는 경우} \\ \dfrac{l_n}{2A_n^-}\boldsymbol{\rho}_n^-(\boldsymbol{r}), & \boldsymbol{r}\text{이 } T_n^-\text{에 있는 경우} \\ 0, & \text{그 외} \end{cases} \tag{14-117}$$

여기서 $l_n$은 가장자리의 길이를 나타내고 $A_n^+$는 삼각형 $T_n^+$의 면적을 나타낸다. 그리고 위치 벡터 $\boldsymbol{\rho}_n^{\pm}$는 $T_n^{\pm}$의 자유 꼭짓점에서 비롯되었다. 아래첨자는 가장 자리를 나타내고 위첨자는 면을 나타낸다. 이들 벡터 기저함수는 대상체의 경계와 $T_n^+$와 $T_n^-$의 다른 모든 측면에서 선전하 또는 점전하에 대해 자유로운 전류 표현을 가진다[39, 40]. 기저함수 $f_n$은 표면전류에 대해 적절한 근사치를 제공한다. $\boldsymbol{\rho}_n^+$와 $\boldsymbol{\rho}_n^-$는 단위벡터가 아님에 주목하자. 그러므로 그림 14-40에서 보듯이 그들의 크기는 기저함수의 '지붕' 특성을 만든다. 중첩 기저함수의 다른 예는 14.8.1절에 나타나 있다. 가장자리 $n$을 따른 $\boldsymbol{\rho}_n^{\pm}$의 법선 성분을 정규화함으로써 그림 14-40에서 볼 수 있는 것처럼, $n$번째 가장자리에 직각인 전류 $f_n$의 성분은 가장자리를 가로질러 연속적으로 성립된다. 이것은 기저로서의 가장자리

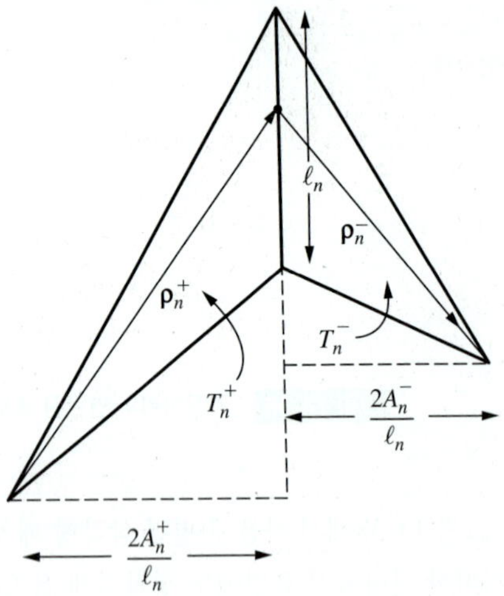


그림 14-40 가장자리에서 기저함수의 법선 성분을 보여 주는 기하학적 구조.

$n$을 가지는 삼각형 $T_n^{\pm}$의 높이와 $(2A_n^{\pm})/l_n$으로 표현된 높이이다. EFIE 공식에서 RWG 기저함수는 1.0$\lambda$ 정사각형 평판[39, 40]에 대하여 그림 14-41에서 볼 수 있듯이 평판 위에서의 가장자리 상태와 같이 빠르게 변화하는 전류밀도를 나타낼 수 있다.

이 책에서는 RWG 벡터 기저함수를 가지는 MoM 모델링에 대한 자세한 논의는 하지 않는다. 하지만 RWG 벡터 기저함수를 사용하는 예로, 그림 14-42에서 볼 수 있는 것처럼 30.48 cm × 30.48 cm의 유한 접지 평면 위의 모노폴 안테나를 써서 모델 크기와 모델의 복잡성에 대해 고찰하였다. 유한 접지면 위의 모노폴은 EMCC (Electromagnetic Code Consortium)에 의해 정해진 12개의 기준 안테나 중 하나이다.

그림 14-42의 접지면은 3.2 mm의 두께를 가진다. 모노폴은 가장 근접해 있는 가장자리로부터

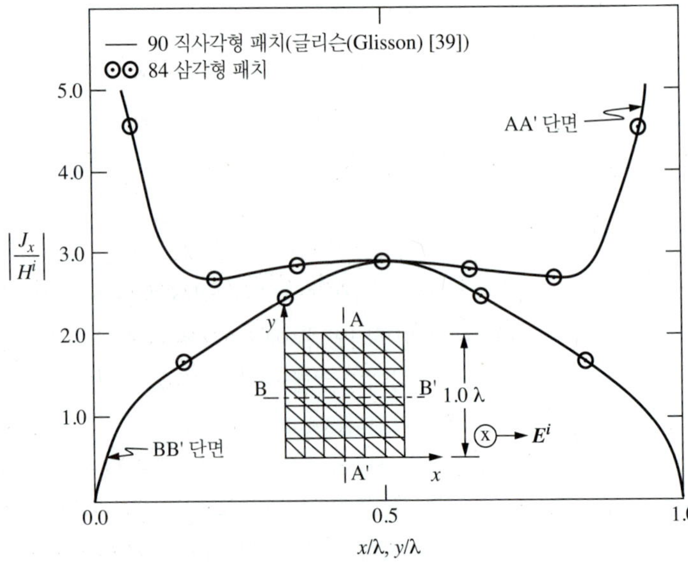


그림 14-41 수직입사에 대한 1.0$\lambda$ 정사각형 평판 위의 전류분포[39].

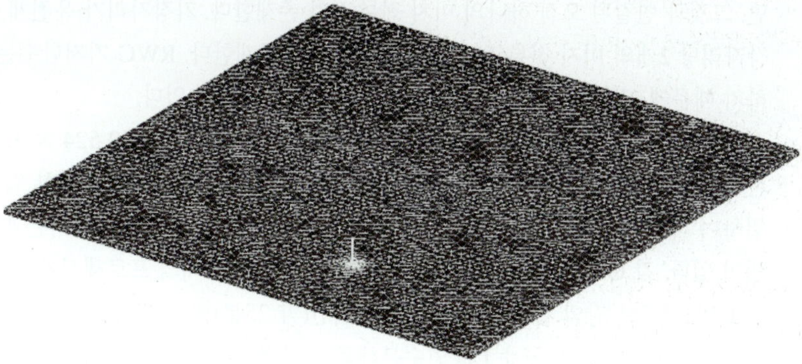

그림 14-42 유한 접지면 위에 비대칭적으로 위치한 모노폴 안테나의 불균일 망. (BerrieHill Research Corporation 제공.)

5.33 cm, 다음으로 가장 근접해 있는 가장자리로부터 11.43 cm에 위치하여 중심으로부터 벗어나 있다. 모노폴의 높이는 1.47 cm이고, 4.5 GHz에서 첫 번째 공진을 가지며, $\lambda/4$의 길이는 1.65 cm이다. RWG(표면) 기저함수는 접지면 위와 모노폴의 곡면에 사용된다(그림 14-43 참조). 모노폴 바닥에 있는 동축선 내부의 $\varepsilon_r = 2.0$, $\tan\delta = 0.0002$인 유전체 역시 RWG 기저함수에 의해 모델링된다. 모노폴 근치에서 빠르게 변하는 표면전류를 정밀하게 계산하기 위해 불균일한 망은 그 근처에 높은 밀도로 생성된다. 수치적으로 수렴하기 위한 개략적인 원칙으로 각 삼각형의 가장자리 길이는 (유효) 관심 파장의 $\lambda/10$보다 작게 한다. 게다가 크기가 한 파장보다 작은 구조는 정확한 기하학적 표현을 위해 많은 양의 작은 망 요소를 필요로 한다. 첫 번째 공진이 4.5 GHz에서 발생하기 때문에, 대부분의 삼각형은 0.5 cm보다 작은 가장자리의 크기를 가진다.

그림 14-42와 그림 14-43의 기하학적 구조는 20,176개의 삼각형과 20,126개의 금속, 50개의 유전체로 구성되어 있다. 단힌 표면에 대하여 가장자리의 수는 삼각형 수의 1.5배이다. 왜냐하면 하나의 삼각형당 3개의 가장자리가 있고 각각의 가장자리는 두 번씩 계산되기 때문이나. 일반적인 표면은 2개 이상의 삼각형에 의해 공유되는 접합 가장자리를 가지거나 무한히 얇은 평판의 경계 가장자리인 하나의 삼각형에 의해 공유되는 외부 가장자리를 가진다. 가장자리가 PEC 삼각형에 속한다

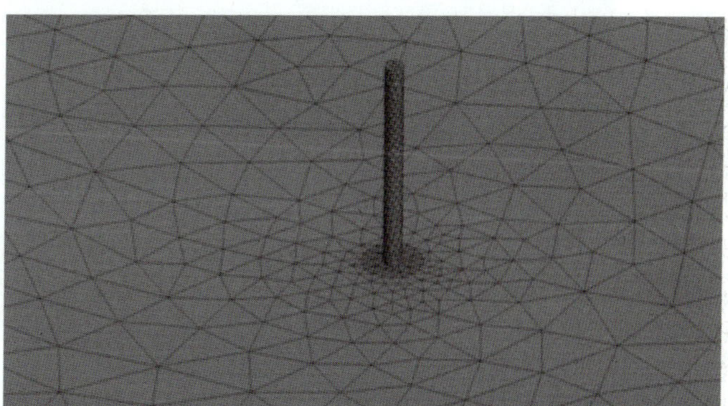

그림 14-43 모노폴 안테나 위와 근처의 망 확대도. (BerrieHill Research Corporation 제공.)

면, 그것과 연결된 오직 하나의 미지 전류(J)가 존재한다. 가장자리가 유전체 삼각형에 속한다면, 가장자리당 2개의 미지 전류(J)와 미지 자류(M)가 존재한다. RWG 기저함수는 가장자리를 기반으로 하기 때문에, 미지 계수의 수는 가장자리의 수와 연관되어 있다.

큰 접지면 위의 모노폴 안테나에 대한 EFIE 행렬의 결과는 32,524 × 32,524이다. 사용된 코드는 FEKO[41]이며, 이는 상업적으로 이용 가능한 코드이다. 매우 정밀한 입력 임피던스 값을 얻기 위하여 사용된 컴퓨터 하드웨어는 2.4 GHz에서 128 GB 램으로 동작하는 4개의 물리 CPU로 구성되어 있다. 각 CPU는 4개의 프로세서를 가지므로 총 16개의 프로세서가 된다. 모든 프로세서에 대한 CPU 동작시간의 합은 주파수당 0.42시간(약 25분)의 실행시간에 해당하는 총 6.725시간이다. 복소수 행렬 방정식은 표준 LU 인수분해로 직접 푼다.

시뮬레이션의 전기적 크기에 관한 관점에서 보면, 모노폴 안테나의 첫 번째 공진에서 파장은 약 6.67 cm이다. 따라서 접지면은 약 $4.57\lambda \times 4.57\lambda$ 또는 약 $20.9\lambda^2$이다. 이것은 금속 모노폴과 모노폴 아래의 동축선 내의 유전체에 연관된 대부분의 미지수에 기인한다.

모노폴 그 자체는 미지수를 줄이기 위하여 1차원 도선 또는 2차원 평면 스트립으로 설계할 수 있다. 하지만 광대역 주파수에 걸쳐 동작되는 안테나의 입력 임피던스에 대한 정확한 계산을 하기 위해서는, 원형 모노폴과 동축선 둘 모두 여기서 사용되는 상세 계산 모델에 포함되어야 한다.

RWG 기저함수 사용에 대한 두 번째 예로서, 그림 14-44에서 보는 바와 같이 2개의 팔을 가지는 후방 공동 아르키메디안 스파이럴 안테나가 있다. 너비가 0.09 cm인 스파이럴의 팔은 끝 부분에서 점점 가늘어지고, 반지름이 7.37 cm, 두께가 0.15 cm이고, $\varepsilon_r = 3.38 - j0.008$인 얇은 유전체 기판 위에 있다. 스파이럴의 내부 반지름 $r_1$은 0.198 cm이고, 외부 반지름 $r_2$는 4.75 cm이다. 스

그림 14-44 내부에 두 층의 손실 발포체를 가진 2개 팔 후방 공동 스파이럴 안테나. (BerrieHill Research Corporation 제공.)

파이럴의 회전수는 12이다. 공동 내에는 두 층의 손실 발포체가 있다. 위층의 발포체는 복소비유전율이 $\varepsilon_r = 1.09 - j0.04$이며 두께가 1.87 cm이다. 그리고 아래층의 발포체는 복소비유전율이 $\varepsilon_r = 1.1 - j0.09$이며 1.47 cm의 두께를 가진다. 후방 공동 스파이럴 안테나의 가장 낮은 동작 주파수는 약 1 GHz이며, 가장 높은 동작 주파수는 약 24 GHz이다.

MoM 시뮬레이션 모델에 16,208개의 삼각형, 6,751개의 금속과 9,457개의 유전체가 사용되었다. 이것은 16,307개의 PEC 가장자리, 16,357개의 유전체 (전기) 가장자리와 12,216개의 유전체 (자기) 가장자리에 해당된다. 결과적으로 44,880개의 미지수를 풀기 위해 44,880 × 44,880 행렬을 만들게 된다. 2개의 편파에 대한 원거리장 패턴과 스파이럴 안테나 위의 전류분포를 계산하기 위하여, 16개의 프로세서를 가진 FEKO 코드를 사용하여 계산하는 데 걸린 실행시간은 주파수당 0.75 시간 또는 45분이다.

가장 낮은 동작 주파수인 1 GHz에서 전기적 관점에서 이 문제를 보면, 파장은 30 cm이다. 따라서 스파이럴 팔의 최대 둘레는 약 30 cm이며, 지름은 약 10 cm이다. 12 턴의 좁은 스파이럴 팔과 그 기판에 대한 모델링은 수많은 삼각형, 가장자리, 그리고 미지수의 계산을 요구한다. 안테나의 중심 근처에 위치한 스파이럴 팔의 높은 곡률은 작은 삼각형으로 정확하게 계산될 수 있다. 따라서 전자기 시뮬레이션에 적합한 이산화는 반드시 수렴 요구조건(예를 들어 $\lambda$를 유효파장이라 하면, 가장자리 길이는 $\lambda/10$보다 작아야 한다)을 만족시켜야 하고, 표면 곡률과 같은 주요한 기하학적 세부사항을 해결한다.

## 14.14 요약

이 장에서는 특정한 안테나(도선 안테나)와 안테나 배열(14.10절에서 14.12절까지 참조)의 해석을 위한 매우 유용하고 강력한 모멘트법을 소개했다. 비록 이러한 방법이 기본적인 $z$ 방향의 도선에 대해 적용되었지만 14.11절의 예제에서 임의 구조의 도선에도 잘 적용됨을 보았고, 그뿐만 아니라 14.13.2질의 고체 표면에도 잘 적용됨을 보았다. 더 나아가서 모멘트법은 제6장과 7장에서 다룬 몇 가지 데이터를 위해서도 사용했다.

모멘트법은 파장에 비해 매우 큰 대상체에 대해서는 잘 적용할 수 없으므로(14.8절 참조) 종종 낮은 주파수 기법으로 생각된다. 이 장과는 대조적으로 제16장에서는 파장에 비해 매우 큰 대상체에 아주 적합한 고주파수기법에 대해 살펴본다(그림 14-1과 그림 14-2 참조).

## 참고문헌 References


1. E. K. Miller, "A Selective Survey of Computational Electromagnetics," *IEEE Trans. on Ant. & Prop.*, Vol. 36, pp. 1281-1305, Sept. 1988.
2. J. H. Richmond, "Digital Computer Solutions of the Rigorous Equations for Scattering Problems," *Proc. IEEE*, Vol. 53, Aug. 1965.
3. R. F. Harrington, "Matrix Methods for Field Problems," *Proc. IEEE*, Vol. 55, Feb. 1967.
4. L. L. Tsai, "A Numerical Solution for the Near and Far Fields of an Annular Ring of Magnetic Current," *IEEE Trans. on Ant. & Prop.*, Vol. AP-20, Sept. 1972.
5. B. A. Finlayson, *The Method of Weighted Residuals and Variational Principles*, Academic Press, New York, 1972.

6. E. K. Miller and F. J. Deadrick, "Some Computational Aspects of Thin Wire Modeling," in *Numerical and Asymptotic Techniques in Electromagnetics*, Springer-Verlag, New York, 1975 Chap. 4.

7. V. H. Rumsey, "The Reaction Concept in Electromagnetic Theory," *Phys. Rev.*, Series 2, Vol. 94, June 1954. .

8. Mininec Professional Software, EM Scientific, Inc., Carson City, NV, 1995.

9. J. H. Richmond, "Computer Program for Thin-Wire Structures in a Homogeneous Conducting Medium," National Technical Information Service, Springfield, VA, NASA Contractor Rep. CR-2399, July 1973.

10. G. J. Burke and A. J. Poggio, "Numerical Electromagnetics Code (NEC)-Method of Moments," Tech. Doc. No. 116, prepared for Naval Oceans Systems Center, San Diego, CA, NOSC/TD 116, revised Jan. 1980.

11. C. A. Klein and R. Mittra, "The Effect of Different Testing Functions in the Moment Method Solution of Thin Wire Antenna Problems," *IEEE Trans. on Ant. & Prop.*, Vol. AP-23, p. 258, March 1975.

12. R. Bancroft, *Understanding Electromagnetic Scattering Using the Moment Method*, Artech House, Boston 1996.

13. S. M. Rao, D. R. Wilton, and A. W. Glisson, "Electromagnetic Scattering by Surfaces of Arbitrary Shapes," *IEEE Trans. on Ant. & Prop.*, Vol. 30, pp. 409-418, May 1982.

14. V. Rokhlin, "Rapid Solution of Integral Equations of Scattering Theory in Two Dimensions," *J. Comput. Phys.*, Vol. 86, No. 2, pp. 414-439, 1990.

15. L. Greengard and V. Rokhlin, "A Fast Algorithm for Particle Simulations," *J. Comput. Phys.*, Vol. 73, pp. 325-348, 1987.

16. R. Coifman, V. Rokhlin, and S. Wandzura, "Fast Multipole Method for the Wave Equation: A Pedestrian Prescription," *IEEE Ant. & Prop. Magazine*, Vol. 35, No. 4, pp. 7-12, 1993.

17. E. Bleszynski, M. Bleszynski and T. Jaroszewicz, "AIM: Adaptive Integral Method for Solving Large-Scale Electromagnetic Scattering and Radiation Problems," *Radio Sci.*, Vol. 31, No. 5, pp. 1225-1251, 1996.

18. F. X. Canning, "Solution of IML Form of Moment Method Problems in Five Iterations," *Radio Sci.*, Vol. 30, No. 5, pp. 1371-1384, Sept./Oct. 1995.

19. M. A. Epton, B. Dembart, "Multipole Translation Theory for the Three-Dimensional Laplace and Helmholtz Equations," *SIAM Journal on Scientific Computing*, Vol. 16, Issue 4, July 1995.

20. B. Dembart and E. Yip, "The Accuracy of Fast Multipole Methods for Maxwell's Equations," *IEEE Computational Science & Engineering,* Vol. 5, Issue 3, July 1998.

21. J. M. Song and W. C. Chew, "Multilevel Fast Multipole Algorithm for Solving Combined Field Integral Equation of Electromagnetic Scattering," *Microwave and Optical Technology Letters*, Vol. 10, 1995.

22. J. M. Song, C. C. Lu, and W. C. Chew, "Multilevel Fast Multipole Algorithm for Electromagnetic Scattering by Large Complex Objects," *IEEE Trans. on Ant. & Prop.*, Vol. 45, No. 10, October 1997.

23. J. Shaeffer, "Direct Solve of Electrically Large Integral Equations for Problem Sizes to 1 M Unknowns," *IEEE Trans. on Ant. & Prop.*, Vol. 56, No. 8, August 2008.

24. R. Carrel, "Analysis and Design of the Log-Periodic Dipole Antenna," Antenna Lab., University of Illinois Tech. Rep. No. 52, April 1961.

25. R. H. Kyle, "Mutual Coupling between Log-Periodic Antennas," *IEEE Trans. on Ant. & Prop.*, Vol. AP-18, pp. 15-22, Jan. 1970.

26. R. B. Green, "The General Theory of Antenna Scattering," Rep. No. 1223-17, ElectroScience Lab., Columbus, OH, Nov. 1963; Ph.D. dissertation, Dept. Elec. Engr., The Ohio State Univ., 1963.

27. R. W. P. King and C. W. Harrison, Jr., "The Receiving Antenna," *Proc. IRE*, Vol. 32, pp. 18-49, Jan. 1944.

28. A. F. Stevenson, "Relations between the Transmitting and Receiving Properties of Antennas," *Quart. Appl. Math.*, pp. 369-384, Jan. 1948.

29. Y. Y. Hu, "Back-scattering Cross-section of a Center-Loaded Antenna," *IRE Trans. on Ant. & Prop.*, Vol. AP-6, No. I, pp. 140-148, Jan. 1958.

30. R. C. Hansen, "Relationships between Antennas as Scatterers and as Radiators," *Proc. IEEE*, Vol. 77, pp. 659-662, May 1989.

31. G. A. Thiele and D. D. Richwine, "Antenna Mode and Residual Mode Scattering by a Dipole Antenna," paper presented at 1989 URSI EM Theory Symposium, Stockholm.

32. R. F. Harrington, "Electromagnetic Scattering by Antennas," *IEEE Trans. on Ant. & Prop.*, Vol. AP-11, No. 5. pp. 595-596, Sept. 1963.

33. M. G. Andresen, "Airborne Jamming Antenna Study-Scattering and Absorption by a Receiving Antenna," Stanford Res, Institute, April 1960, DTIC 236342.

34. R. J. Garbacz and G. A. Thicle, "Scattering and Absorption by Very Thin, Short Metallic Filaments," *Radio Science*, Vol. 3, pp. 1045-1050, Nov. 1968.

35. D. C. Jenn, "Radar and Laser Cross Section Engineering," AIAA Education Series, American Institute of Acronautics and Astronautics, Inc., Wash., D.C., 1995, pp. 251-253.

36. K. S. H. Lec, L. Marin, and J. P. Castillo, "Limitations of Wire-Grid Modeling of a Closed Surface," *IEEE Trans. Electromag. Compatibility*, Vol. EMC-18, Aug. 1976.

37. J. H. Richmond, "A Wire-grid Model for Scattering by Conducting Bodies," *IEEE Trans. on Ant. & Prop.*, Vol. AP-14, Nov. 1966.

38. M. G. Andresen, "Comments on Scattering by Conducting Rectangular Cylinders," *IEEE Trans. on Ant. & Prop.*, Vol. AP-12, pp. 235-236, March 1964.

39. S. M. Rao, D. R. Wilton, and A. W. Glisson, "Electromagnetic scattering by surfaces of arbitrary shape," *IEEE Trans. on Ant. & Prop.*, Vol. 30, pp. 409-418, May 1982.

40. D. R. Wilton, S. S. H. Rao, and A. W. Glisson, "Electromagnetic Scattering by Surfaces of Arbitrary Shape," Report RADC TR-79-325 (AD A084347), March 1980.

41. FEKO code: www.feko.info/product-detail/numerical_methods.

## 연습문제 *Problems*

**14.3-1** ▸ (a) 등가원리를 사용해 그림 14-3*a* 의 높은 도전율의 도선에 흐르는 전류가 그림 14-3*b* 에서와 같이 자유공간에서의 등가 방사전류로 대체될 수 있음을 보여라(즉 도선 대상체가 장이 0이며 원래 도선이 차지하던 체적 내부에 전원이 없는 자유공간에 의해 대체된다). 그리고 그림 14-3*b* 의 등가 전류가 원래 문제의 전류와 동일함을 보여라.

(b) 이것은 왜 중요한가?

**14.3-2** ▸ 식 (14-13)의 좌변이 다음과 같이 표현될 수 있음을 보여라.

$$-E_z^s = \frac{-1}{4\pi j\omega\varepsilon_o}\int_{-L/2}^{L/2} I(z')\frac{e^{-j\beta R}}{R^5}\left[(1+j\beta R)(2R^2-3a^2)+\beta^2a^2R^2\right]dz'$$

**14.3-3** ▶ 부분적분으로 식 (14-13)의 좌변을 다음과 같이 쓸 수 있음을 보여라.

$$E_z^s = +\int_{-L/2}^{L/2}\left[j\omega\mu_o I(z') - \frac{1}{j\omega\varepsilon_o}\frac{\partial I(z')}{\partial(z')}\frac{\partial}{\partial z}\right]\frac{e^{-j\beta R}}{4\pi R}dz'$$

이 식은 벡터와 스칼라 전위를 사용해 유도될 수도 있다[3].

**14.4-1** ▶ (a) 식 (14-26)에서 일반화된 전압, 전류, 임피던스 행렬요소의 단위는 무엇인가?

(b) 만일 식 (14-26)의 양변에 단편 길이 $\Delta z$가 곱해진다면, 식 (14-26)의 행렬요소 단위는 무엇인가?

**14.4-2** ▶ 모멘트법은 선형방정식 계의 풀이를 포함한다. 이러한 문제를 풀기 위해 컴퓨터 기법이 필요하다. 이것은 MathCAD, MalLab, Mathematica와 같은 고급언어나 여러분이 작성하는 서브루틴, 또는 IMSL과 같이 이미 작성된 루틴 등으로 할 수 있다.

(a)

$$V = ZI \quad \text{여기서} \quad Z = \begin{bmatrix} 1 & j \\ j & 1 \end{bmatrix}$$

에서

$$V = \begin{bmatrix} 2 & + & j \\ 1 & + & 2j \end{bmatrix}$$

일 경우 $I = Z^{-1}V$를 사용하여 해를 손으로 계산하라.

(b) 여러분이 선택한 컴퓨터 프로그램을 사용해 (a)의 문제를 풀어라. 프로그램에 대한 세부사항을 포함시키고, 손으로 계산한 해와 비교하라.

**14.4-3** ▶ 모멘트법에서 중요한 요소는 복소함수를 수치적으로 적분할 수 있다는 점이다. 컴퓨터 프로그램을 선택하고 그것에 대해 설명하라.

(a) 다음을 해석적으로 적분하라.

$$\int_0^{\pi} e^{jx}dx$$

(b) 선택한 컴퓨터 프로그램을 사용해 (a)의 적분을 계산하고, (a)에서의 결과와 비교하라.

**14.5-1** ▶ MoM에 대한 감각을 익히기 위해 여러분이 다음 문제를 풀기 위한 컴퓨터 프로그램을 작성하기 바란다. 반지름 $a$, 길이 $L$의 직선형 다이폴(또는 길이 $L/2$의 모노폴)을 고려하자. 다이폴을 같은 길이의 펄스확장함수를 갖는 N개의 단편으로 나누자.

(a) 식 (14-26)의 임피던스 행렬 $[Z_{mn}]$의 첫 행의 요소들을 계산하는 데, 산란장에 대한 연습문제 14.3-2의 방정식과 점정합을 사용하라. 이 행렬이 퇴플리츠이므로(14.8.4절 참조) 독립적인 행렬요소라는 것을 주목한다. $R = a$에서 피적분 함수가 특이점으로 향하는 경향이 있다는 것과, 하지만 적절한 주의를 기울이면 이 영역에서도 수치적분을 할 수 있다는 것

을 유의하자.

(b) 예제 14-1의 행렬을 확인한 후, 그림 14-9의 곡선을 복제하라(이 연습은 연습문제 14.6-1과 14.9-1에서 계속된다).

**14.5-2** ▸ 전기벡터전위와 식 (14-30)을 사용하여 식 (14-31)을 유도하라.

**14.6-1** ▸ (a) 식 (14-40)에서 펄스가중함수를 사용하는 데 연습문제 14.5-1의 컴퓨터 프로그램을 확장하라.

(b) 예제 14-2의 행렬을 확인하고, 그림 14-13의 곡선을 복제하라(이 연습은 연습문제 14.9-1에서 계속된다).

**14.7-1** ▸ 식 (14-44)와 식 (14-45)에서 각각 식 (14-47)과 식 (14-48)이 나옴을 보여라.

**14.7-2** ▸ 식 (14-57)을 식 (14-37)과 비교하라.

**14.7-3** ▸ 델타가중함수가 사용될 때 식 (14-59)에서 식 (14-26)을 유도하라.

**14.8-1** ▸ 벡터와 스칼라 전위를 모두 사용해 식 (14-64)를 유도하라.

**14.8-2** ▸ 도선 안테나의 취급에 대한 또 다른 방정식은 할렌의 적분방정식이다.

$$\int_{-L/2}^{L/2} I(z')\frac{e^{-j\beta R}}{4\pi R}dz' = -\frac{j}{\eta}(C_1 \cos\beta z + C_2 \sin\beta|z|)$$

여기서 $C_1$과 $C_2$는 상수이다. $V_A$가 안테나의 단자 전압일 때 상수 $C_2$는 $V_A/2$일 것이다. 위 식의 우변에 비례하는 $A_z$의 파동방정식의 해를 쓰고, 이 결과가 완전도체의 가는 도선 다이폴에 기인한 $A_z$의 벡터전위의 적분형태와 같다고 나타내어 다이폴에 대한 할렌 방정식을 유도하라.

**14.8-3** ▸ 14.4절과 14.6절의 모멘트법에서 펄스함수를 사용했다. 펄스함수, 부분정현함수 등과 같은 확장함수는 종종 부분영역(subdomain) 확장함수라 한다. 왜냐하면 위의 각 확장함수들이 상대적으로 방사체의 작은 부분에 대해서만 일반적으로 0이 아니기 때문이다(영역의 개념은 14.7.2절과 관련 있다).

전체영역(entire-domain) 확장함수라고 하는 다른 확장함수 형태가 있다. 이런 경우에 함수는 방사체 전체에 대해 일반적으로 0이 아니며, 단편 개념은 사용하지 않는다. 예를 들어 전체영역 확장함수(즉 푸리에급수)로 다이폴을 취급한다면 다음과 같이 전류를 나타낼 수 있을 것이다.

$$I(z') = \sum_{n=1}^{N} I_n F_n(z')$$

여기서

$$F_n(z') = \cos(2n-1)\frac{\pi z'}{L}, \quad -\frac{L}{2} \le z' \le \frac{L}{2}$$

이다. [$F_n(z')$의 각 항이 다이폴의 끝에서 0이 됨을 주목하자.]

(a) $F_n(z')$의 급수에서 처음 두 항을 그려라.

(b) $N$개의 항과 $N$개의 정합점(즉 점정합 해)이 있을 경우, 14.4절과 14.6절의 표기법을 사용해 $Z_{mn}$의 표현식을 써라.

(c) $Z_{25}$에 대한 물리적인 해석을 하라(다음과 같이 설명을 완성하라. $Z_{25}$가 ________에서 ________로부터의 장을 나타낸다).

**14.8-4** ▸ 식 (14-71)의 알고리즘을 사용해 식 (14-70)을 증명하라.

**14.9-1** ▸ (a) 연습문제 14.5-1과 14.6-1을 성공적으로 풀이한 후, 식 (14-80)을 사용해 0.1, 0.5, 1.0, 1.25 1.5$\lambda$의 길이를 가진 다이폴 안테나의 원거리장 방사패턴을 계산하라. 각 경우에 사용한 $N$의 값이 정당함을 보여라.

(b) (a)의 다이폴 길이에 대해서, 다이폴의 전류분포에 대한 크기와 위상을 그려라. 그리고 6.1절에서 가정한 정현분포와 비교하라.

(c) 식 (14-81)을 사용해 (a)의 다이폴 길이에 대한 브로드사이드에서의 이득을 계산하라.

(d) 단자가 단락된 다이폴에 입사하는 평면파를 고려하자. 다음 관계를 사용해

$$E_z^i(z_m) = e^{j\beta z \cos\theta^i}$$

$\theta^i = 90°$일 때(즉 브로드사이드 경우) $[V_m]$을 계산하고, $L = \lambda/2$일 때 식 (14-82)의 레이더 단면적을 계산하라. 그림 14-21과 비교하고 그림 14-21의 몇 가지 값과 대조 확인하라.

**14.9-2** ▸ 길이가 $L/N$인 $N$개의 이상적인 동일선상 다이폴로 이루어진 길이 $L$의 다이폴에 대해 식 (14-80)을 유도하라.

**14.9-3** ▸ 포인팅 이론에서 식 (14-81)을 유도하라.

**14.9-4** ▸ (a) MoM 코드를 사용해 한파장 루프에 대한 전류분포를 계산하고 세 평면에서 극좌표와 선형좌표 형태의 패턴을 그리고 각각의 명칭을 붙여라. 그리고 계산된 이득을 기대한 이득과 비교하라.

(b) 도선 반지름 $a = 0.001$ 파장이며, 원주가 각각 1, 1.5, 2 파장인 루프에 대해 입력 임피던스를 구하라. 그림 6-68과 비교하라.

**14.10-1** ▸ 그림 14-23에서 LPDA가 단지 2개의 다이폴을 갖는다고 간주하라. 각 다이폴들은 3개의 부분정현형 확장함수로 구성되며, 확장함수의 번호는 한 다이폴의 처음 3개 부분에서 시작해 다른 다이폴의 나머지 세 부분에 연속적으로 부여했다. 그러므로 $[Z_{mn}]$은 두 번째와 다섯 번째의 확장함수가 해당하는 각 다이폴의 가운데에 위치하는 6차행렬이 될 것이다. 식 (14-91)과 식 (14-93)에 따라, $[Y_A]$를 형성하는 $[Y_{mn}]$의 요소들이 $Y_{22}$, $Y_{25}$, $Y_{52}$, $Y_{55}$임을 보여라.

**14.10-2** ▸ (a) 그림 14-23에서 다이폴이 연결되지 않은 전송선로의 한 구획에 대한 어드미턴스 행렬이 다음과 같음을 보여라.

$$[Y] = \begin{bmatrix} -jY_o \cot\beta d & +jY_o \csc\beta d \\ +jY_o \csc\beta d & -jY_o \cot\beta d \end{bmatrix}$$

여기서 $d$는 전파상수 $\beta$와 특성 어드미턴스 $Y_o$를 갖는 전송선로의 한 구획 길이이다.

(b) 그림 14-23의 체계로 $N-1$개의 구획들을 연결하면 식 (14-94)가 됨을 보여라.

**14.10-3** ▸ 14.10.2절의 LPDA 해석을 M개 LPDA 안테나의 배열까지 확장하라[25].

**14.10-4** ▸ 14.10.2절에서 LPDA의 해법을 구했다. 이러한 해법에서 중요한 사항은 식 (14-90)에서 식 (14-93)까지의 방식으로 $[Y_A]$를 결정하는 것이다. 그리고 $[Z_A]$를 구하고자 한다면 $[Z_A] =$

$[Y_A]^{-1}$로 얻을 수 있다. 이것을 방법 $A$로 표시하자. 반면에 캐럴[24]과 카일[25]의 방법으로 두 다이폴의 상호 임피던스 $[Z_A]$를 구한다고 가정하자. 예를 들어 $[Z_A]_{mn}$은 $m$과 $n$을 제외한 모든 다이폴을 일시적으로 제거해 구한다. 이것을 방법 B로 표시하자.

(a) 방법 A에 의해 구한 $[Z_A]$는 방법 B에 의해 구한 것과 동일할 것인가? 그 이유는 무엇인가?

(b) 다음 질문은 (a) 부분에 내포된 개념을 참조한다. 모멘트법 임피던스 행렬 $[Z_{mn}]$을 계산할 때, 계산과정이 어떤 식으로 방법 B와 관련되는가?

**14.11-1** ▸ 식 (14-100)이 타당함을 보여라.

**14.12-1** ▸ 그림 14-29의 $Z_A$가 $0 < L < 0.6\lambda$이고 부하가 순 저항인 72 Ω의 다이폴에 의해 산란되는 전력을 설명할 수 있다고 가정하고, 다음 경우에 대해 $R_A$와 $R_L$ 사이의 관계를 찾아라.

(a) 다이폴에 의해 전체적으로 산란되는 전력이 부하에 의해 흡수되는 것보다 더 많다.

(b) 산란된 전력과 흡수된 전력이 동일하다.

(c) 부하에 의해 흡수된 전력이 산란된 것보다 더 크다.

(d) 첫 번째 공진에서 산란과 흡수전력이 동일할 때, 다이폴의 총 RCS에서 안테나 모드가 차지하는 부분은 얼마인가?

**14.12-2** ▸ 다음 중에서 한 가지 방법으로 식 (14-111)을 유도하라.

(a) 평면파 입사 시 안테나 흡수 개구면적을 $G\lambda^2/4\pi$로 정의하라. 흡수와 산란 전력을 구하고, 레이더 단면적의 정의를 적용하라.

(b) 식 (14-109)의 안테나 모드 항으로 시작하고, $Z_A = Z_L$일 때 재방사에 대한 최대 유효 개구면적이 $A_{re} = (h_A')^2\eta/(4R_A)$인 관계를 사용하라. 그리고 레이더 단면적의 정의를 적용하기 전에, 안테나 모드 $E^s_{ant} = E^i A_{re}(-j/\lambda)\ \Gamma\,(\mathrm{e}^{-j\beta r}/r)$에 의해 산란되는 장의 표현식을 구하라.

**14.12-3** ▸ 개방회로 안테나의 산란장이 종단된 안테나의 산란장과 비교해 작은 경우에 유효한, 다이폴과 같이 작은 안테나의 RCS에 대한 표현식이 참고문헌 [32]에 소개되었다.

$$\sigma/\lambda^2 \approx (1/\pi)|GR_A/(Z_A + Z_L)|^2$$

(a) 위 식을 사용해 그림 14-31의 다이폴에 대한 첫 번째 공진에서의 RCS를 계산하라.

(b) 역시 위 식을 사용해 첫 번째 반공진(antiresonance)(즉 약 600 MHz)에서 다이폴의 RCS를 계산하라. 첫 번째 반공진에서 입력 임피던스에 대한 이상적인 가정을 수립하라. 결과를 그림 14-31과 비교하고, 차이점을 설명하라.

**14.12-4** ▸ 아주 얇은 도전성 물질의 판 (두께, $t \lll \lambda$)에 평면파가 수직으로 입사한다. 얇은 물질의 저항 $R$은 $1/\sigma t$이다. 여기서 $\sigma$는 물질의 도전율이며, $R$은 Ω/m$^2$으로 측정된다.

(a) 파로부터 최대전력을 흡수할 때의 얇은 물질의 최적저항을 구하고, 이 때의 전력이 입사전력의 50%가 됨을 보여라.

(b) (a)에서 흡수된 최대전력이 첫 번째 공진에서 정합된 공진형 안테나(예를 들어 $\lambda/2$ 다이폴)에 의해 흡수된 것과 유사함을 설명하라.

(c) (a)와 (b)에 대한 답이 어떠한 안테나도 산란하는 것보다 더 많은 전력을 흡수하지 않음을 의미하는가[26, 33]?

**14.13-1** ▸ 식 (14-112)에서 식 (14-114)를 유도하라.

**14.13-2** ▸ $1\lambda \times 1\lambda$의 정사각판에 대한 도선망 모델을 그려라. 만약 펄스확장함수가 사용된다면, 얼마나 많은 미지수가 모델에 포함되는가?

**14.13-3** ▸ $\lambda/4$ 반지름의 원형 접지판의 중심에 위치하는 $\lambda/4$ 모노폴에 대한 도선망 모델을 그려라. 만약 펄스확장함수가 사용된다면, 얼마나 많은 미지수가 모델에 포함되는가? 그리고 부분정현형 함수가 사용된다면, 얼마나 많은 미지수가 모델에 포함되는가?

**14.13-4** ▸ 자장 적분방정식(MFIE)의 형태는

$$\mathbf{J_s} = 2\,\hat{\mathbf{n}} \times \mathbf{H^i} - 2\,\hat{\mathbf{n}} \times \iint_S \mathbf{J_s} \times \nabla\psi\, \mathbf{dS'}$$

이다. $H$의 접선방향 성분에 대한 경계조건으로부터 MFIE를 유도하라.

# 제15장 안테나 수치 전자기학: 시간영역 유한차분법

## *CEM for Antennas: Finite Difference Time Domain Method*

앞 장의 수치적인 접근법에는 안테나 또는 산란체 표면에 유기된 페이저 전기전류 또는 자기전류에 대한 주파수 영역에서의 적분방정식들을 세우고 해를 구하는 과정이 포함되어 있었다. 연산 측면에서 볼 때, 이러한 모멘트법(MoM)은 대부분의 소자들이 0이 아닌 복소수값을 갖는 선형방정식계를 세우고 해를 구하는 과정을 포함한다. 앞 장의 끝부분에 나타낸 바와 같이 이러한 계들은 심지어 전기적으로 보통 크기의 문제들에서조차 수만 개의 방정식들을 포함할 수 있다.

모멘트 기법이 강력한 만큼, 반면에 몇몇 중요한 공학적인 문제들, 특히 펄스 여기(pulse excitation)와 다양한 과도 현상을 포함하는 문제들에 대해서는 부적절하다. 이러한 종류의 문제들에는 어떤 주파수 영역에 걸쳐 계산된 데이터가 요구된다. 따라서 단일의 시간영역 해로부터 푸리에 변환을 통해 요구되는 주파수 영역의 데이터를 모두 얻을 수 있는 시간영역 해석 기법이 필요하게 된다. 시간영역에서 공간격자(space grid) 상의 점들에 대해 맥스웰의 회전방정식(Maxwell's curl equation)을 직접적으로 풀이하는 접근법이 있으며, 이것이 시간영역 유한차분(FDTD: finite difference time domain)법이다(그림 14-1 참조). 이러한 맥스웰 방정식의 편미분방정식(PDE) 해에 관심을 갖는 데에는 최소한 다음과 같은 4가지 이유가 있다.

1. 편미분방정식(PDE) 해들은 강인하다.
2. 시간영역 PDE 방법들은 일반적으로 행렬을 갖지 않는다(주파수 영역 PDE 방법은 일반적으로 행렬을 가짐).
3. 복소수값을 갖는 재료 특성들이 쉽게 고려된다.
4. PDE 방법의 광범위한 용도에 적합한 컴퓨터 자원이 충분하다.

다음 절에서 논의할 시간영역 유한차분(FDTD)법은 전자장 모델링, 시뮬레이션과 해석도구로서 많은 장점들을 제공한다. 시간영역 유한차분법의 이용과 발달 가능성은 다음과 같다.

- 단일 여기로 광대역 응답 예측
- 임의의 기하학적인 3차원(3D) 모델 구조
- 완전도체로부터 낮거나 0인 전도도까지 임의의 전도도를 갖는 대상체와 이루어지는 상호작용
- 대부분의 재료들을 모델링하기 위한 주파수 의존 구성소자들:

  손실 유전체

  자성체

  비등방성 또는 비선형일 수 있는 임의의 재료

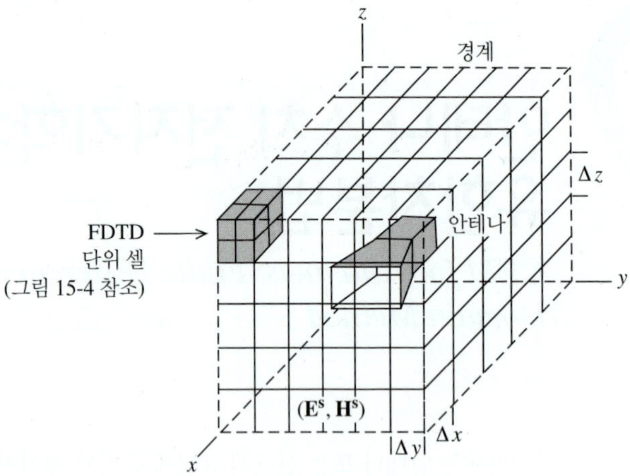


그림 15-1 시간영역 유한차분(FDTD) 공간격자 내의 안테나 구조.

- 다양한 응답 형태:
  - 산란장
  - 안테나 패턴
  - 레이더 단면적(RCS)
  - 표면응답장
  - 전류, 전력밀도, 전하분포
  - 침투/내부결합

FDTD 알고리즘은 시간영역에서 미분 형태인 두 맥스웰 회전방정식을 근거로 한다. 이 방정식들은 중심유한차분(central finite differencing)에 의해 선형방정식 형태로 표현된다. 장들이 보통 그림 15-1과 같은 직사각형의 공간 셀(cell)들을 이산적인 시간간격으로 진행함에 따라, 가장 인접한 셀 사이에서 이루어지는 상호작용들만을 고려해야 한다(2차원과 1차원 취급은 물론, 다른 셀의 형태도 가능하다).

FDTD 알고리즘은 연속파 또는 단일 주파수 여기에 대한 응답을 계산하는 데 적합하며, 특히 과도 응답을 계산하는 데 더 적합하다. 이것은 기하학적으로 복잡한 구조나 안테나가 땅속 또는 유전체로 둘러싸여 있는 것과 같이 어려운 환경을 고려할 때 특히 적합하다. 또한 금속으로 둘러싸인 구조 내부로의 결합에 대해서는 FDTD를 선택할 수 있다.

모델링 영역이 무한대로 확장되어야 하는 문제를 위해 외부 격자절단면(격자경계)에서 흡수경계조건(ABC: absorbing boundary condition)을 도입한다. 이는 이상적으로 외부로 진행하는 모든 수치적인 파가 거의 반사 없이 영역을 빠져나갈 수 있도록 한다. 표면전류의 유도, 산란과 다중 산란, 개구면 침투와 공진기 여기 등과 같은 현상은 회전방정식에 상응하는 수치적인 작용에 의해 시간간격마다 모델링된다. 만약 공간 및 시간적 변화가 공간과 시간 표본화 과정에 의해 잘 해결된다면 모델링된 이 현상들은 일반적으로 자기모순이 없다고 볼 수 있다. 심지어 구조체의 크기가 3차원에서 수십 파장에 걸쳐 있고, 수억 개의 공간 셀이 있다 할지라도, 자기모순이 없는 모델(self-consistent model)은 구조체를 이루는 전기적으로 작은 체적의 모든 셀들과 그 주위 장들 사이의 상호결합을 나타낼 것이다. 이와는 대조적으로 MoM은 연립방정식의 계를 풀이하는 것에 의해, 모든 상호결합을 포함하는 맥스웰 방정식의 자기모순이 없는 해를 제공한다.

이 장의 나머지 부분에서는 안테나와 산란 문제 중 안테나에 중점을 두어 FDTD의 응용을 설명한다. 이론적으로는 등방성 매질 내부 또는 그와 인접해 있는 3차원 대상체에 대해 설명하지만, 예들은 대부분 1차원과 2차원 문제들로 한정했다. 다음에 나오는 내용들은 FDTD에 관하여 소개를 한 것으로 더 상세하고 확장된 정보를 얻으려면 방대한 연구 결과가 언급되어 있는 부록 [H.10.3: Taflove; H.10.3: Kunz]를 참조하기 바란다. 여기서는 주로 참고문헌 [1]과 부록 [H.10.3: Taflove, 1st ed; H.10.3: Kunz]를 참고했으며, 특히 참고문헌 [1]과 부록 [H.10.3: Taflove, 1st ed]의 영향을 많이 받아 기술하였다.

다음 절에서는 15.2절에서 직각좌표계의 맥스웰 방정식에 대한 유한차분 표현식을 유도하기 이전에 1차원, 2차원, 그리고 3차원에서 풀이하고자 하는 맥스웰 방정식의 형태를 살펴본다. 유한차분방정식(finite difference equation)은 FDTD 기법인 Yee 알고리즘(Yee algorithm)에서 사용된 방정식이고, 15.3절에서 논의될 내용들에 의해 세한된다. 유한차분 방정식의 실현은 15.4절에서 논의하고, 흡수경계조건은 15.5절에서 논의한다. FDTD에서 사용되는 몇 가지 전원들이 15.6절에서, 그리고 근거리장에서 원거리장으로의 변환은 15.7절에서 설명하며, 15.8절과 15.9절에서는 각각 2차원과 3차원 예제들을 제공한다.

## 15.1 FDTD법을 위한 맥스웰 방정식

다음 절에서 FDTD법의 기초를 설명하기 전에, 먼저 1차원과 2차원, 그리고 3차원 시간영역에서의 맥스웰 회전방정식을 살펴보고, 이것을 FDTD법에 적합한 형태로 변형한다. 전원은 없으나 전자장 에너지를 열로 변환하는 손실자성체 또는 손실도전체가 있을 수 있는 공간적인 영역을 고려하자. 자기손실 원리(magnetic loss mechanism)를 설명하고자 등가 자기전류밀도 **M**을 다음과 같이 정의한다.

$$\mathbf{M} = \rho'\mathbf{H} \tag{15-1}$$

그리고 전기손실 원리(electric loss mechanism)를 설명하기 위해 등가 전기전류밀도 **J**를 다음과 같이 정의한다.

$$\mathbf{J} = \sigma\mathbf{E} \tag{15-2}$$

여기서 $\rho'[\Omega/\mathrm{m}]$은 등가 자기저항률이고, $\sigma[\mathrm{S/m}]$는 전기도전율이다. 그러므로 다음과 같이 쓸 수 있다.

$$\frac{\partial \mathbf{H}}{\partial t} = -\frac{1}{\mu}\nabla \times \mathbf{E} - \frac{\rho'}{\mu}\mathbf{H} \tag{15-3}$$

$$\frac{\partial \mathbf{E}}{\partial t} = \frac{1}{\varepsilon}\nabla \times \mathbf{H} - \frac{\sigma}{\varepsilon}\mathbf{E} \tag{15-4}$$

### 15.1.1 3차원 공식화

위의 두 회전방정식을 3차원 직각좌표계의 벡터성분별로 표시하면 다음과 같이 6개의 결합된 스칼라 방정식이 된다.[1]

$$\frac{\partial H_x}{\partial t} = \frac{1}{\mu}\left(\frac{\partial E_y}{\partial z} - \frac{\partial E_z}{\partial y} - \rho' H_x\right) \tag{15-5a}$$

$$\frac{\partial H_y}{\partial t} = \frac{1}{\mu}\left(\frac{\partial E_z}{\partial x} - \frac{\partial E_x}{\partial z} - \rho' H_y\right) \tag{15-5b}$$

$$\frac{\partial H_z}{\partial t} = \frac{1}{\mu}\left(\frac{\partial E_x}{\partial y} - \frac{\partial E_y}{\partial x} - \rho' H_z\right) \tag{15-5c}$$

$$\frac{\partial E_x}{\partial t} = \frac{1}{\varepsilon}\left(\frac{\partial H_z}{\partial y} - \frac{\partial H_y}{\partial z} - \sigma E_x\right) \tag{15-6a}$$

$$\frac{\partial E_y}{\partial t} = \frac{1}{\varepsilon}\left(\frac{\partial H_x}{\partial z} - \frac{\partial H_z}{\partial x} - \sigma E_y\right) \tag{15-6b}$$

$$\frac{\partial E_z}{\partial t} = \frac{1}{\varepsilon}\left(\frac{\partial H_y}{\partial x} - \frac{\partial H_x}{\partial y} - \sigma E_z\right) \tag{15-6c}$$

6개의 결합된 편미분방정식계는 다음 절에서 설명할 FDTD 수치 알고리즘의 기본이 된다. 전체 3차원의 FDTD 알고리즘을 다루기 전에 3차원에서 필요한 복잡한 계산을 하지 않고도 공학적인 정보를 줄 수 있는 2차원과 1차원의 경우로 줄이는 과정을 살펴본다.

### 15.1.2 2차원 공식화

2차원 문제에서는 좌표의 한 성분에 대해 기하학적 형태나 여기의 변화가 없다. 여기서는 $z$에 대한 변화가 없다고 가정한다. 이것은 $z$에 대한 모든 장들의 편미분이 0이 되고, 해당 구조가 $z$ 방향으로는 형태 변화 없이 무한대로 확장되어 모델링될 수 있음을 의미한다.

$z$에 대한 모든 편미분이 0인 위의 6개 방정식을 두 집합으로 나누어 보자. 한 집합은 문제의 구조적인 축(즉 $z$축)을 횡단하는 자장성분들만을 포함하고, 다른 한 집합은 축을 횡단하는 전장성분들만을 포함한다. 첫 번째 집합을 2차원 TM 모드라 하며 다음과 같다.

$$\frac{\partial H_x}{\partial t} = \frac{1}{\mu}\left(-\frac{\partial E_z}{\partial y} - \rho' H_x\right) \tag{15-7a}$$

$$\frac{\partial H_y}{\partial t} = \frac{1}{\mu}\left(\frac{\partial E_z}{\partial x} - \rho' H_y\right) \quad \textit{2차원 TM 모드} \tag{15-7b}$$

$$\frac{\partial E_z}{\partial t} = \frac{1}{\varepsilon}\left(\frac{\partial H_y}{\partial x} - \frac{\partial H_x}{\partial y} - \sigma E_z\right) \tag{15-7c}$$

두 번째 집합은 2차원 TE 모드라 하며 다음과 같다.

[1] 명료함과 표기의 편의를 위해서, 이 장에서는 제2장에서와 같은 시변장에 대한 필기체를 사용하지 않는다.

$$\frac{\partial E_x}{\partial t} = \frac{1}{\varepsilon}\left(\frac{\partial H_z}{\partial y} - \sigma E_x\right) \tag{15-8a}$$

$$\frac{\partial E_y}{\partial t} = \frac{1}{\varepsilon}\left(-\frac{\partial H_z}{\partial x} - \sigma E_y\right) \quad \textit{2차원 TE 모드} \tag{15-8b}$$

$$\frac{\partial H_z}{\partial t} = \frac{1}{\mu}\left(\frac{\partial E_x}{\partial y} - \frac{\partial E_y}{\partial x} - \rho' H_z\right) \tag{15-8c}$$

각 모드들이 공통된 장 벡터성분들을 포함하지 않으므로 TM 모드와 TE 모드가 분리되었음을 알 수 있다. 실제 이러한 모드들은 등방성 재료로 이루어진 구조들에서는 서로 완전히 독립적이다. 즉 모드들은 상호작용 없이 동시에 존재할 수 있으며, TM 여기와 TE 여기를 모두 포함하는 문제는 두 분리된 문제의 중첩으로 풀 수 있다.

TM과 TE 경우와 관련된 물리적인 현상은 매우 다를 수 있다. 예를 들면 그림 16-34에서 무한 원통의 TE(수직의 경우)와 TM(수평의 경우) 여기에 대한 반향 폭이 상당한 차이를 나타냄을 보면 이를 알 수 있다.

### 15.1.3 1차원 공식화

이제는 문제의 기하학적 구조나 여기가 두 좌표성분에 대해 변화가 없다고 가정하자. 여기서는 $y$와 $z$에 대한 변화가 없다고 가정함으로써 $y$와 $z$에 대해 편미분된 모든 장들이 0이 된다. 이는 $y$와 $z$ 방향으로는 무한한 공간이며 $x$ 방향으로 전파하는 1차원에 해당하는 문제임을 암시한다. 따라서 $x$ 방향으로 전파하는 동안 파는 $x$ 방향의 두께를 갖는 무한평판 매질과 마주칠 수도 있다.

1차원 문제는 2차원 TM 모드나 2차원 TE 모드를 단순화함으로써 공식화되고, 궁극적으로는 결과가 거의 동일하다. 2차원 TM 모드를 축소하면 다음과 같다.

$$\frac{\partial H_x}{\partial t} = \frac{1}{\mu}(\;\rho' H_x) \tag{15-9a}$$

$$\frac{\partial H_y}{\partial t} = \frac{1}{\mu}\left(\frac{\partial E_z}{\partial x} - \rho' H_y\right) \tag{15-9b}$$

$$\frac{\partial E_z}{\partial t} = \frac{1}{\varepsilon}\left(\frac{\partial H_y}{\partial x} - \sigma E_z\right) \tag{15-9c}$$

위의 첫 번째 식은 예를 들어 전원이 인가되는 $t = 0$ 등과 같이 임의 시간 이전의 장들이 모두 0이라면, $H_x$의 시간미분이 0이 되므로 식 (15-9$a$)는 0이 되어 없어진다. 즉 $H_x$가 0으로 유지됨을 의미한다. 이제 $H_y$와 $E_z$만을 포함하는 단지 두 방정식의 집합만이 남아 있다. 이것을 1차원의 TM 모드 집합이라 하자.

$$\frac{\partial H_y}{\partial t} = \frac{1}{\mu}\left(\frac{\partial E_z}{\partial x} - \rho' H_y\right) \tag{15-10a}$$

*1차원 TM 모드*

$$\frac{\partial E_z}{\partial t} = \frac{1}{\varepsilon}\left(\frac{\partial H_y}{\partial x} - \sigma E_z\right) \tag{15-10b}$$

비슷한 방법으로 2차원 TE 모드를 오직 $E_y$와 $H_z$만을 포함하는 두 방정식의 집합으로 줄일 수 있다. 이것을 1차원의 TE 모드 집합이라 하자.

$$\frac{\partial E_y}{\partial t} = \frac{1}{\varepsilon}\left(-\frac{\partial H_z}{\partial x} - \sigma E_y\right) \quad \text{(15-11}a\text{)}$$

*1차원 TE 모드*

$$\frac{\partial H_z}{\partial t} = \frac{1}{\mu}\left(-\frac{\partial E_y}{\partial x} - \rho' H_z\right) \quad \text{(15-11}b\text{)}$$

1차원 TM과 TE 모드의 단 한 가지 실제적인 차이는 그들이 서로 직교하는 평면파를 나타낸다는 것이다. 그러나 일반적으로 평면파의 편파는 다른 방법에 의해 구별되므로 1차원의 경우에는 TM과 TE 표기를 잘 사용하지 않는다.

어느 1차원의 집합에서도 $E$ 성분과 $H$ 성분에 대한 1차원 스칼라 파동방정식들을 쉽게 유도할 수 있으며, 이들은 $1/\sqrt{\mu\varepsilon}$의 속도로 $\pm x$ 방향으로 진행하는 평면파에 대한 해를 갖는다. 다시 말해, 1차원의 경우에는 매질의 구성 정수에 의해 결정되는 속도로 진행하는 TEM 평면파를 구한 것이다.

다음 절에서는 여기서 전개된 1차원, 2차원, 그리고 3차원 방정식에 대한 수치적인 해를 살펴본다.

## 15.2 유한차분과 Yee 알고리즘

이 절에서는 FDTD법에 사용된 Yee 알고리즘을 전개한다. Yee 알고리즘은 이 절 뒷부분에 보인 바와 같이 맥스웰 회전방정식의 공간미분과 시간미분에 대한 유한차분근사를 기본으로 한다. 먼저 전개를 위해, 식 (15-10$a$)에서 무손실인 경우를 고려하자.

$$\frac{\partial H_y}{\partial t} = \frac{1}{\mu}\frac{\partial E_z}{\partial x} \quad \text{(15-12)}$$

미분의 기본 정의를 사용하면 다음과 같이 쓸 수 있다.

$$\lim_{\Delta t \to 0}\frac{\Delta H_y}{\Delta t} = \frac{1}{\mu}\lim_{\Delta x \to 0}\frac{\Delta E_z}{\Delta x} \quad \text{(15-13)}$$

그림 15-2에서 식 (15-13)을 도식적으로 설명하고 있으며, 극한에서 식 (15-13)에 대한 연속적이고

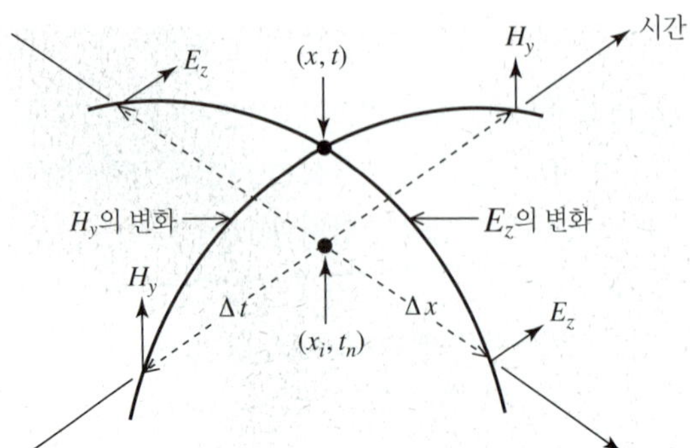


**그림 15-2** **맥스웰 방정식의 1차원 성분의 시공간의 도식적인 해석과 이산화[1].** [에릭 딜레(Eric Thiele)의 동의하에 실음.]

정확한 해는 점 $(x, t)$에서 구해지는 것을 유의해야 한다. 이 점에서 계산되는 것은 공간과 시간 미분값일 뿐 장들의 실제 값이 아니라는 것을 인지하는 것이 매우 중요하다. 바꾸어 말하면 맥스웰 방정식은 전장과 자장 값들을 직접적으로 제공하지 않으며, 다만 전장과 자장 값들 사이의 변화율의 관계만을 제공한다는 것이다.

그러므로 다음의 방법을 생각할 수 있다. 맥스웰 방정식에 어긋나지 않는 방법으로 점 $(x, t)$ 주위에서 공간과 시간을 이산화하자. 즉 이웃하는 이산장들의 미분관계에 중심차분을 적용하자. 그러면 식 (15-13)은 다음과 같이 표현할 수 있다.

$$\left.\frac{H_y\left(t_n + \frac{\Delta t}{2}\right) - H_y\left(t_n - \frac{\Delta t}{2}\right)}{\Delta t}\right|_{x_i} = \frac{1}{\mu}\left.\frac{E_z\left(x_i + \frac{\Delta x}{2}\right) - E_z\left(x_i - \frac{\Delta x}{2}\right)}{\Delta x}\right|_{t_n} \tag{15-14}$$

이것은 점 $(x_i, t_n)$에서 미분들 사이의 관계를 나타내며, $(x, t)$에서의 관계를 거의 근사화한다. 그러나 뒷부분에서 알 수 있듯이 만약 시간상 최대로 진행한 점, 즉 $(t_n + \Delta t/2)$의 장에 대해 식 (15-14)를 풀면, 시간 $(t_n + \Delta t/2)$에서 공간점 $x_i$의 자장의 추정값을 얻을 수 있다.

공간을 점 $x_i$로 고정시키고, 시간점 $t_n$에서 시간점 $t_n + \frac{\Delta t}{2}$로 $H_y(x_i, t_n)$을 테일러 급수로 확장시키는 좀 더 공식적인 절차에 의해 식 (15-12)에서 식 (15-14)를 얻을 수도 있다. 이것에서 $H_y(t_n + \frac{\Delta t}{2})|_{x_i}$의 표현식이 나온다. 비슷한 방법으로 $H_y(t_n - \frac{\Delta t}{2})|_{x_i}$에 대한 확장도 얻을 수 있다. 차이점이 있다면, 식 (15-14)의 좌변에 차수$(\Delta t)^2$의 나머지 항들이 더해진다는 것이다. 마찬가지로 고정된 시간에서 $x_i$의 양방향으로 $E_z$를 급수전개하면 식 (15-14)의 우변에 차수$(\Delta x)^2$의 나머지 항들이 더해진다. 이 방법으로 시간과 공간의 1차 편미분방정식에 대한 2차 정확도를 가진 중심차분 근사식을 얻는다.

식 (15-12)의 FDTD 풀이를 계속하기 위해, $H_y(t_n + \frac{\Delta t}{2})$에 대해 식 (15-14)를 정리하면 다음과 같다[장 성분들에서 첨자 $y$와 $z$를 제거한 후, 식 (15-14)를 등식으로 한다].

$$\left.H\left(t_n + \frac{\Delta t}{2}\right)\right|_{x_i} = \left.H\left(t_n - \frac{\Delta t}{2}\right)\right|_{x_i} + \frac{\Delta t}{\mu\,\Delta x}\left[E\left(x_i + \frac{\Delta x}{2}\right) - E\left(x_i - \frac{\Delta x}{2}\right)\right]_{t_n} \tag{15-15}$$

편의상 공간 위치인 경우에는 아래첨자 $i$로 시간 관측점인 경우에는 위첨자 $n$으로 표기한다. 이러한 표기를 사용한다면, 식 (15-15)는 다음과 같이 간단히 표시할 수 있다.

$$H_i^{n+1/2} = H_i^{n-1/2} + \frac{\Delta t}{\mu \Delta x}\left[E_{i+1/2}^{n} - E_{i-1/2}^{n}\right] \tag{15-16}$$

이 식은 같은 공간점에서 $\Delta t$ 이전의 $H$ 값을 알고, $x_i$로부터 $\pm\Delta x/2$ 떨어진 공간점에서 $\Delta t/2$ 이전의 $E$ 값을 알면 $H_i^{n+1/2}$를 구할 수 있음을 나타낸다. 이것을 그림 15-3에 도식적으로 나타냈으며, 이 도표는 $H_i^{n+1/2}$의 계산과 관련된(다양한 점선들에 의해) 세 가지 양들을 나타낸 시공간도(time-space diagram)이다.

공간점 $x_i \pm \Delta x/2$에서의 E는 어떻게 구할 수 있을까? 물론 그에 대한 해답은 무손실 경우의 식 (15-10*b*)에서, 공간점 $(i + 1/2)$에서 시간점 $(n + 1/2)$에 대한 $E_z$의 중심차분 근사식을 구하는 것이다.

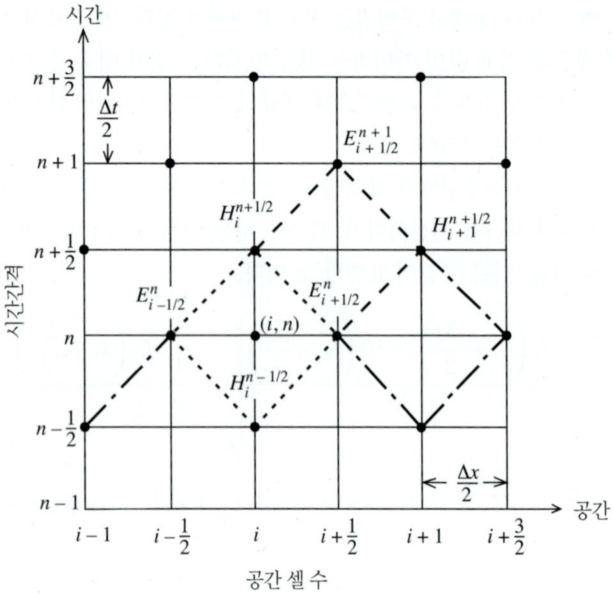


그림 15-3 공간과 시간에서 가장 인접한 것으로부터 $H_i^{n+1/2}$와 $E_{i+1/2}^n$의 계산[1]. (에릭 딜레의 허가하에 사용.)

$$E_{i+1/2}^{n+1} = E_{i+1/2}^{n} + \frac{\Delta t}{\varepsilon\,\Delta x}\left[H_{i+1}^{n+1/2} - H_{i}^{n+1/2}\right] \tag{15-17}$$

이 방정식은 그림 15-3처럼 이웃한 공간점에서 바로 이전 시간에 대한 $H$와 $E$에서 $E_{i+1/2}^{n+1}$을 계산할 수 있음을 나타낸다. 흔히 갱신방정식(update equation)(시간이 경과함에 따라 셀들의 장을 새롭게 변화시키기 때문)이라 알려진 식 (15-16)과 식 (15-17) 같은 차분방정식을 이용해 공간과 시간적으로 장의 작용을 앞으로 진행시키는 방법의 근거를 확실히 마련했다.

1966년에 K. S. Yee[2]가 위에서 기술한 무손실 1차원의 경우와 유사한 무손실 3차원의 시간 함수인 맥스웰의 회전방정식 식 (15-5)와 식 (15-6)에 대한 일련의 유한차분 방정식을 고안했다. 이 절의 뒷부분에 소개된 3차원의 Yee 알고리즘은 그 기본적인 원리가 매우 견고하므로 아주 유용한 것 중의 하나이다. Yee 알고리즘이 강력한 이유는 아래와 같다. 첫째, 우선 Yee 알고리즘은 파동방정식처럼 전장만 단독(또는 자장만 단독)으로 구하는 것이 아니라, 결합된 맥스웰 회전방정식을 이용해 시간과 공간에서 전장과 자장을 모두 구하는 것이다.

둘째, Yee 알고리즘은 3차원 공간에서 전장 또는 자장 벡터성분들을 서로 엇갈리게 놓음으로써 (그림 15-4 참조) 모든 전장 벡터성분들 주위에는 자장성분들이 있고, 모든 자장 벡터성분들 주위에는 전장성분들이 있다. 그림 15-4에서 공간적인 배열은 암페어 법칙과 패러데이 법칙에 모순이 없어야 하므로 임의적이지 않다[1].

셋째, Yee 알고리즘은 일반적으로 개구리뜀(leapfrog)이라 불리는 배치에서 시간적으로 전장과 전장 사이에 자장 벡터성분을, 자장과 자장 사이에 전장 벡터성분들을 중간에 놓는다. 고려하는 3차원 공간에서 특정 시간점에서의 모든 전장은 가장 최근에 계산되어 컴퓨터 메모리에 저장된 자장값을 이용해 계산하며(1차원의 경우에 대한 그림 15-3의 설명처럼), 3차원 공간에서의 모든 자장은 방금 계산돼 메모리에 저장된 전장값을 이용해 계산된다. 그러면 개구리뜀 배치에서 또다시 방

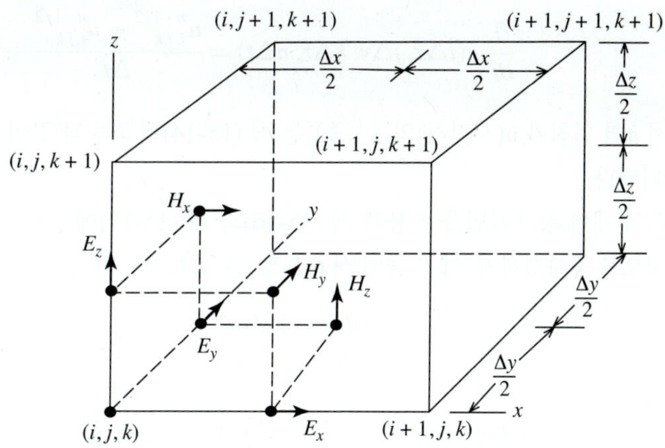


**그림 15-4** **Yee 공간격자의 육면체($\Delta x \times \Delta y \times \Delta z$) 단위 셀에서 전장과 자장 벡터성분들의 위치[1].** (에릭 딜레의 허가하에 사용.)

금 구해진 자장들을 근거로 해 전장을 다시 반복해서 계산한다. 이 과정은 원하는 지연시간 후의 응답이 구해질 때까지 유한 시간간격에 대해 계속된다(예를 들면 정상상태).

넷째, 모멘트법에서 풀어야 했던 큰 연속방정식계와 행렬들을 포함하지 않는다.

위에서 식 (15-17)은 두 개의 변수, 즉 하나의 공간변수와 하나의 시간변수를 포함하고 있다. 가장 일반적인 경우, 우리는 네 가지 자유도(공간에서 3개, 시간에서 1개)를 가지므로, 표기법을 주의 깊게 선택해야 한다. 식 (15-17)의 표기법을 확대해서, 육면체 단위 격자의 공간점을 다음과 같이 표기하자.

$$(i,\ j,\ k) = (i\Delta x,\ j\Delta y,\ k\Delta z) \qquad \textbf{(15-18)}$$

여기시 $\Delta x$, $\Delta y$, $\Delta z$는 각각 $x$, $y$, $z$ 좌표 방향에서 격자의 공간 증분이며, $i$, $j$, $k$는 정수이다. 더 나아가서 공간격자의 이산점과 시간의 이산점에서 구한 임의의 장성분 $u$를 공간과 시간의 함수로 표기하면 다음과 같다.

$$u(i\Delta x,\ j\Delta y,\ k\Delta z,\ n\Delta t) = u^n_{i,j,k} \qquad \textbf{(15-19)}$$

여기서 $\Delta t$는 관측시간 동안 균일하다고 가정된 시간 증가분이고, $n$은 정수이다. 이 표기법을 미분에 도입하면, 예를 들어 고정된 시간 $t_n = n\Delta t$에서 $x$ 방향의 $u$의 1차 공간미분에 대한 Yee의 표현식은 다음과 같이 됨을 알 수 있다.

$$\frac{\partial}{\partial x}\, u(i\Delta x,\ j\Delta y,\ k\Delta z,\ n\Delta t) = \frac{u^n_{i+1/2,j,k} - u^n_{i-1/2,j,k}}{\Delta x} + O\Big[(\Delta x)^2\Big] \qquad \textbf{(15-20}a\textbf{)}$$

$u$의 아래첨자 $i$ ($x$ 좌표)의 $\pm\frac{1}{2}$ 증분은 식 (15-17)처럼 $\pm\Delta x/2$에 대한 공간유한차분을 나타냄을 유의하자. 나머지 항 $O[(\Delta x)]^2$은 미분에 대한 2차 정확도 유한차분 표현식을 도출했던 테일러 급수전개의 결과이다. $\partial u/\partial y$ 또는 $\partial u/\partial z$에 대한 식 (15-20$a$)와 같은 수치적인 근사화는 $\pm\frac{1}{2}\Delta y$와 $\pm\frac{1}{2}\Delta z$에 따라 단순히 $u$의 아래 첨자 $j$ 또는 $k$를 증감시킴으로써 간단하게 쓸 수 있다.

유추에 의하면, 고정된 공간점 $(i, j, k)$에서 계산된 $u$의 1차 시간미분에 대한 Yee의 표현식은 다음과 같다.

$$\frac{\partial}{\partial t}u(i\Delta x, j\Delta y, k\Delta z, n\Delta t) = \frac{u_{i,j,k}^{n+1/2} - u_{i,j,k}^{n-1/2}}{\Delta t} + O\left[(\Delta t)^2\right] \qquad \textbf{(15-20}b\textbf{)}$$

여기서 $u$의 위첨자 $n$(시간값)의 $\pm\frac{1}{2}$ 증분은 식 (15-14)의 좌변과 같이 $\pm\Delta t/2$에 대한 시간유한차분을 나타낸다.

위의 개념과 표기법을 적용해 식 (15-16)과 식 (15-17)에 주어진 3차원 맥스웰 회전방정식을 수치적으로 근사화하자. 예를 들어 식 (15-5$a$)를 고려하여 편의상 다시 쓰면 다음과 같다.

$$\frac{\partial H_x}{\partial t} = \frac{1}{\mu}\left(\frac{\partial E_y}{\partial z} - \frac{\partial E_z}{\partial y} - \rho' H_x\right) \qquad \textbf{(15-21)}$$

공간격자 지점 $(i, j, k)$를 가정하고, 시간간격 $n$에서 시간과 공간 미분들을 대입하면 다음과 같이 된다(이러한 표시는 이 책에서 처음으로 채택함).[2]

$$\frac{H_x\big|_{i,j,k}^{n+1/2} - H_x\big|_{i,j,k}^{n-1/2}}{\Delta t} = \frac{1}{\mu_{i,j,k}}\begin{pmatrix} \dfrac{E_y\big|_{i,j,k+1/2}^{n} - E_y\big|_{i,j,k-1/2}^{n}}{\Delta z} \\ -\dfrac{E_z\big|_{i,j+1/2,k}^{n} - E_z\big|_{i,j-1/2,k}^{n}}{\Delta y} \\ -\rho'_{i,j,k}\cdot H_x\big|_{i,j,k}^{n} \end{pmatrix} \qquad \textbf{(15-22)}$$

우변(축약 형태에서)에 있는 모든 장성분들이 시간간격에서 계산되었고, 자기손실 $\rho'$으로 발생한 자장 $H_x$ 항을 포함하고 있다는 것에 주목하자. 시간간격 $n$의 $H_x$가 컴퓨터 메모리에 저장되어 있다고 가정할 수 없으므로(당연히 시간간격 $n-\frac{1}{2}$ 이전의 $H_x$ 값들만 메모리에 저장되어 있다고 생각된다), 이 항을 추정하기 위한 어떤 방법이 있어야 한다. 가장 좋은 접근법은 우변의 $H_x$ 항에 '반함축적(semi-implicit)' 근사화를 적용하는 것이다.

$$H_x\big|_{i,j,k}^{n} = \frac{H_x\big|_{i,j,k}^{n+1/2} + H_x\big|_{i,j,k}^{n-1/2}}{2} \qquad \textbf{(15-23)}$$

시간간격 $n$에서의 $H_x$를 시간간격 $n-\frac{1}{2}$에서의 저장되어 있는 $H_x$ 값과 앞으로 계산될 시간간격 $n+\frac{1}{2}$에서의 새로운 $H_x$ 값을 단순히 산술평균한 값으로 가정하고, $\Delta t$를 양변에 곱한 후에 식 (15-22)에 대입하면 다음과 같이 된다.

$$H_x\big|_{i,j,k}^{n+1/2} - H_x\big|_{i,j,k}^{n-1/2} = \frac{\Delta t}{\mu_{i,j,k}}\begin{pmatrix} \dfrac{E_y\big|_{i,j,k+1/2}^{n} - E_y\big|_{i,j,k-1/2}^{n}}{\Delta z} \\ -\dfrac{E_z\big|_{i,j+1/2,k}^{n} - E_z\big|_{i,j-1/2,k}^{n}}{\Delta y} \\ -\rho'_{i,j,k}\cdot\left(\dfrac{H_x\big|_{i,j,k}^{n+1/2} + H_x\big|_{i,j,k}^{n-1/2}}{2}\right) \end{pmatrix} \qquad \textbf{(15-24)}$$

[2] 간단한 표시를 위해 일부 식에서 괄호 안의 항들을 수평으로 나타내지 않고 수직으로 나타냈다.

$H_x|_{i,j,k}^{n+1/2}$와 $H_x|_{i,j,k}^{n-1/2}$가 식 (15-24)의 양변에 나타남을 알 수 있다. 이러한 두 형태의 항을 같은 것끼리 묶고, 좌변을 $H_x|_{i,j,k}^{n+1/2}$항으로 정리하면 다음 식이 된다.

$$\left(1+\frac{\Delta t}{\mu_{i,j,k}}\cdot\frac{\rho'_{i,j,k}}{2}\right)\cdot H_x|_{i,j,k}^{n+1/2}=\left(1-\frac{\Delta t}{\mu_{i,j,k}}\cdot\frac{\rho'_{i,j,k}}{2}\right)\cdot H_x|_{i,j,k}^{n-1/2}+\frac{\Delta t}{\mu_{i,j,k}}\left(\frac{E_y|_{i,j,k+1/2}^{n}-E_y|_{i,j,k-1/2}^{n}}{\Delta z}-\frac{E_z|_{i,j+1/2,k}^{n}-E_z|_{i,j-1/2,k}^{n}}{\Delta y}\right) \tag{15-25}$$

마지막으로 양변을 $\left(1+\frac{\Delta t}{\mu_{i,j,k}}\cdot\frac{\rho'_{i,j,k}}{2}\right)$으로 나누면 $H_x|_{i,j,k}^{n+1/2}$에 대한 명백한 표현식이 나온다.

$$H_x|_{i,j,k}^{n+1/2}=\left(\frac{1-\frac{\rho'_{i,j,k}\,\Delta t}{2\mu_{i,j,k}}}{1+\frac{\rho'_{i,j,k}\,\Delta t}{2\mu_{i,j,k}}}\right).H_x|_{i,j,k}^{n-1/2}+\left(\frac{\frac{\Delta t}{\mu_{i,j,k}}}{1+\frac{\rho'_{i,j,k}\,\Delta t}{2\mu_{i,j,k}}}\right)\cdot\left(\frac{E_y|_{i,j,k+1/2}^{n}-E_y|_{i,j,k-1/2}^{n}}{\Delta z}-\frac{E_z|_{i,j+1/2,k}^{n}-E_z|_{i,j-1/2,k}^{n}}{\Delta y}\right) \tag{15-26}$$

유사한 방법으로, 회전방정식의 $H_y$와 $H_z$ 성분에 대해 Yee 알고리즘에 근거한 유한차분 표현식을 유도해 낼 수 있다.

유추에 의하면, Yee 알고리즘에 근거한 식 (15-6)의 $E_x$, $E_y$와 $E_z$ 성분들에 대한 유한차분 표현식을 유도해 낼 수 있다. 여기서 $\sigma E^{n+1/2}$은 각 방정식들의 우변에 있는 손실 항을 나타내며, 식 (15-23)의 방법과 유사한 반함축적 과정에 의해 추정된다. 결과는 $E_x$, $E_y$와 $E_z$에 대한 세 방정식의 집합이 된다. 예를 들어 공간격자 지점 $(i, j, k)$에서 $E_z$에 대한 결과식은 다음과 같다.

$$E_z|_{i,j,k}^{n+1}=\left(\frac{1-\frac{\sigma_{i,j,k}\,\Delta t}{2\varepsilon_{i,j,k}}}{1+\frac{\sigma_{i,j,k}\,\Delta t}{2\varepsilon_{i,j,k}}}\right).E_z|_{i,j,k}^{n}+\left(\frac{\frac{\Delta t}{\varepsilon_{i,j,k}}}{1+\frac{\sigma_{i,j,k}\,\Delta t}{2\sigma_{i,j,k}}}\right)\cdot\left(\frac{H_y|_{i+1/2,j,k}^{n+1/2}-H_y|_{i-1/2,j,k}^{n+1/2}}{\Delta x}-\frac{H_x|_{i,j+1/2,k}^{n+1/2}-H_x|_{i,j-1/2,k}^{n+1/2}}{\Delta y}\right) \tag{15-27}$$

위의 $H^{n+1/2}$와 $E^{n+1}$식에 의하면, 임의의 공간격자 지점에서의 장 벡터성분의 새로운 값은 자기 자신의 이전 값과 주위 이웃한 점들에서의 다른 장 벡터성분의 이전 값들에만 의존한다.

공간적으로 등방성 재료의 특성들이 연속적으로 변화하는 영역에서 식 (15-26)과 식 (15-27) 같은 해를 구현하기 위해서는 시간간격이 시작되기 전에 각 장 벡터성분들에 대해 아래와 같은 정수 계수를 정의해 저장하는 것이 바람직하다. $\Delta x = \Delta y = \Delta z = \Delta s$의 육면체 격자에서 점 $(i, j, k)$의 전장 알고리즘 계수들은 다음과 같다.

$$C_a\big|_{i,j,k} = \frac{1 - \dfrac{\sigma_{i,j,k}\,\Delta t}{2\varepsilon_{i,j,k}}}{1 + \dfrac{\sigma_{i,j,k}\,\Delta t}{2\varepsilon_{i,j,k}}} \tag{15-28a}$$

$$C_b\big|_{i,j,k} = \frac{\dfrac{\Delta t}{\varepsilon_{i,j,k}\,\Delta s}}{1 + \dfrac{\sigma_{i,j,k}\,\Delta t}{2\varepsilon_{i,j,k}}} \tag{15-28b}$$

그리고 점 $(i, j, k)$에서 자장 알고리즘 계수들에 대해서는 다음과 같다.

$$D_a\big|_{i,j,k} = \frac{1 - \dfrac{\rho'_{i,j,k}\,\Delta t}{2\mu_{i,j,k}}}{1 + \dfrac{\rho'_{i,j,k}\,\Delta t}{2\mu_{i,j,k}}} \tag{15-29a}$$

$$D_b\big|_{i,j,k} = \frac{\dfrac{\Delta t}{\mu_{i,j,k}\,\Delta s}}{1 + \dfrac{\rho'_{i,j,k}\,\Delta t}{2\mu_{i,j,k}}} \tag{15-29b}$$

위에서 격자 증분 $\Delta s$가 $C_b$와 $D_b$에 포함되어 있음을 유의하자.

식 (15-26)과 식 (15-27)로 주어진 유한차분 방정식들의 완전한 집합은 공간첨자들을 조정함으로써 그림 15-4의 공간배열과 일치시킬 수 있다. 예를 들어 아래와 같은 $H_x$와 $E_z$에 대한 식을 얻기 위해서는 식 (15-26)의 공간첨자 $j$와 $k$에 각각 $\frac{1}{2}$을 더하고, 식 (15-27)의 $k$에 $\frac{1}{2}$을 더하면 된다. 그러므로 완전한 6개 방정식의 집합은 다음과 같이 쓸 수 있다.

$$\begin{aligned} H_x\big|^{n+1/2}_{i,j+1/2,k+1/2} &= D_{a_{HX}}\big|_{i,j+1/2,k+1/2} \cdot H_x\big|^{n-1/2}_{i,j+1/2,k+1/2} + D_{b_{HX}}\big|_{i,j+1/2,k+1/2} \\ &\quad \cdot \left(E_y\big|^{n}_{i,j+1/2,k+1} - E_y\big|^{n}_{i,j+1/2,k} + E_z\big|^{n}_{i,j,k+1/2} - E_z\big|^{n}_{i,j+1,k+1/2}\right) \end{aligned} \tag{15-30a}$$

$$\begin{aligned} H_y\big|^{n+1/2}_{i+1/2,j,k+1/2} &= D_{a_{HY}}\big|_{i+1/2,j,k+1/2} \cdot H_y\big|^{n-1/2}_{i+1/2,j,k+1/2} + D_{b_{HY}}\big|_{i+1/2,j,k+1/2} \\ &\quad \cdot \left(E_z\big|^{n}_{i+1,j,k+1/2} - E_z\big|^{n}_{i,j,k+1/2} + E_x\big|^{n}_{i+1/2,j,k} - E_x\big|^{n}_{i+1/2,j,k+1}\right) \end{aligned} \tag{15-30b}$$

$$\begin{aligned} H_z\big|^{n+1/2}_{i+1/2,j+1/2,k} &= D_{a_{HZ}}\big|_{i+1/2,j+1/2,k} \cdot H_z\big|^{n-1/2}_{i+1/2,j+1/2,k} + D_{b_{HZ}}\big|_{i+1/2,j+1/2,k} \\ &\quad \cdot \left(E_x\big|^{n}_{i+1/2,j+1,k} - E_x\big|^{n}_{i+1/2,j,k} + E_y\big|^{n}_{i,j+1/2,k} - E_y\big|^{n}_{i+1,j+1/2,k}\right) \end{aligned} \tag{15-30c}$$

$$E_x\Big|_{i+1/2,j,k}^{n+1} = C_{aEX}\Big|_{i+1/2,j,k}\cdot E_z\Big|_{i+1/2,j,k}^{n} + C_{bEX}\Big|_{i+1/2,j,k} \cdot \left(H_z\Big|_{i+1/2,j+1/2,k}^{n+1/2} - H_z\Big|_{i+1/2,j-1/2,k}^{n+1/2} + H_y\Big|_{i+1/2,j,k-1/2}^{n+1/2} - H_y\Big|_{i+1/2,j,k+1/2}^{n+1/2}\right) \quad \text{(15-31}a\text{)}$$

$$E_y\Big|_{i,j+1/2,k}^{n+1} = C_{aEY}\Big|_{i,j+1/2,k}\cdot E_y\Big|_{i,j+1/2,k}^{n} + C_{bEY}\Big|_{i,j+1/2,k} \cdot \left(H_x\Big|_{i,j+1/2,k+1/2}^{n+1/2} - H_x\Big|_{i,j+1/2,k-1/2}^{n+1/2} + H_z\Big|_{i-1/2,j+1/2,k}^{n+1/2} - H_z\Big|_{i+1/2,j+1/2,k}^{n+1/2}\right) \quad \text{(15-31}b\text{)}$$

$$E_z\Big|_{i,j,k+1/2}^{n+1} = C_{aEZ}\Big|_{i,j,k+1/2}\cdot E_z\Big|_{i,j,k+1/2}^{n} + C_{bEZ}\Big|_{i,j,k+1/2} \cdot \left(H_y\Big|_{i+1/2,j,k+1/2}^{n+1/2} - H_y\Big|_{i-1/2,j,k+1/2}^{n+1/2} + H_x\Big|_{i,j-1/2,k+1/2}^{n+1/2} - H_x\Big|_{i,j+1/2,k+1/2}^{n+1/2}\right) \quad \text{(15-31}c\text{)}$$

위의 6개 방정식들은 그림 15-4에 나와 있는 3차원의 경우에 사용될 수 있으며, 2차원과 1차원의 경우 적절히 줄일 수도 있다. 예를 들면 그림 15-4의 공간배열에서 2차원의 TE 경우는 $xy$ 평면의 장 성분들을 포함하고, 2차원의 TM 경우는 $k+\frac{1}{2}$ 평면의 장 성분들을 포함한다. 1차원의 경우는 위의 두 2차원의 경우 중 하나를 적절히 축소함으로써 얻어질 것이다.

다음에는 갱신방정식들에서 사용되는 셀의 크기와 시간간격의 제한에 대해 설명하고, 분산(dispersion)의 영향에 대해 논의한다.

## 15.3 셀 크기, 수치 안정성과 분산

앞 절에서 설명한 차분방정식들을 실행하기 전에, 먼저 셀의 크기와 시간증분이 결정되어야 한다. 실제로는 셀의 크기가 우선 결정되며, 이것은 주로 서로 다른 주파수들이 각각 다른 속도로 전파하는 수치분산(numerical dispersion)에 의해 영향을 받는다. 셀의 크기가 결정된 다음에는 수치 안정성(numerical stability)을 얻을 수 있도록 시간증분이 결정된다.

앞 장의 모멘트법에 대한 설명을 고려하면, 하나의 FDTD 셀 크기 내에서 전자장이 현저하게 변하면 안 된다는 것을 이해할 수 있다. 이는 격자 크기가 여기 주파수 스펙트럼 중 의미 있는 가장 높은 주파수 $f_U$의 파장에 비해 아주 작아야 한다는 중요한 결과를 의미한다. 예를 들면 푸리에 해석에서 폭 $\tau$의 펄스에 대한 주파수 스펙트럼의 대부분이 0과 $f_U = 1/\tau$ 사이에 위치함을 알 수 있다. 나이퀴스트(Nyquist)의 표본화 이론에 의한다면 장들의 공간적인 변화가 적절히 표본화되기 위한 셀의 크기는 $\lambda_U/2$보다 작아야 할 것이다. 그러나 펄스에는 보다 더 높은 주파수 성분들이 있고, 2차원과 3차원의 경우에는 수치적인 분산이 발생하며, 차분방정식은 그 자체가 근사화이므로 더 높은 공간적인 표본화율(즉 최소 셀 크기)이 요구된다. 요구되는 결과들의 정확도에 따라 달라지지만, 수치적인 분산의 영향들을 최소화하기 위한 매질 내에서의 셀의 크기는 근사적으로 $\lambda_U/10$ 이하가 되어야 한다는 것이 알려져 있다(즉 계산 자원이 허용된다면 $\lambda_U/20$). 그림 15-5는 1차원의 경우에 위상 속도에 대한 셀 크기의 영향을 보여 주고, 셀 크기가 최소한 $\lambda_U/20$만큼은 작아야 함을 제시하고 있다. 기하학적인 세부구조들은 더욱더 작은 셀 크기를 강요할 것이다.

이제 셀 크기가 설정되었으므로, 시간간격 $\Delta t$가 결정될 수 있다. 먼저 1차원의 경우를 고찰해 보자. FDTD 알고리즘은 단일 시간간격 동안 파동을 한 셀로부터 그 셀에 가장 가까운 셀까지만 전파할 수 있으므로, 파동 상의 어떤 점도 한 시간간격 동안 한 셀 이상을 전파할 수가 없다. 조금이라

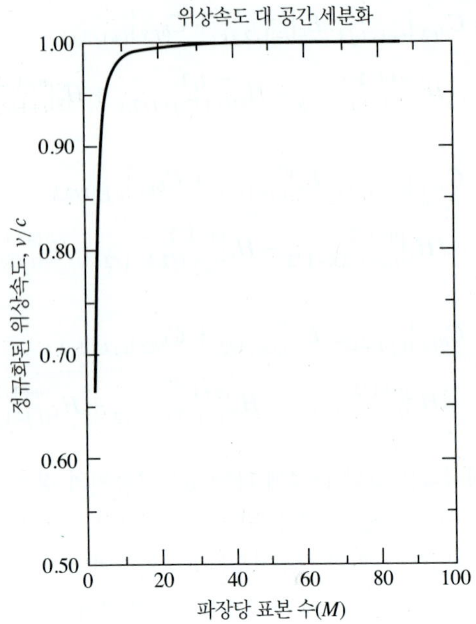


**그림 15-5** **1차원 FDTD 격자에서 파장당 표본(셀) 수에 따른 수치 위상속도의 변화.** ([H.10.3: Taflove, 1st ed.] © 1995. Artech House, Inc., Norwood, MA의 허가하에 사용.)

도 더 큰 시간간격을 사용한다면 곧바로 수치적인 불안정이 나타나게 될 것이다. 한 시간간격에서 한 셀보다 작게는 할 수 있지만, 그것은 최적상태가 아니며 정확도의 증가도 없을 것이다. 따라서 1차원의 경우에 조건은

$$\Delta t \leq \frac{\Delta x}{c} \tag{15-32}$$

가 되며, 만일 등호가 사용된다면 $c\Delta t = \Delta x$가 되며, 이는 태플러브(Taflove)[H.10.3: Taflove, 1st ed]에 의해 마법의 시간간격(magic time step)이라 명명되었다. 마법의 시간간격이 사용되면, 1차원 중심차분 방정식이 정확한 해를 제공한다는 것을 보여 줄 수 있으며, 이는 차분방정식들 자체가 근사식이라는 점에서 흥미 있는 결과이다(그림 15-2 참조). 불행하게도 2차원이나 3차원에서는 이와 같은 조건이 존재하지 않는다.

일반적인 경우에 수치 안정성을 보증하기 위한 조건은 다음과 같다.

$$\Delta t \leq \frac{1}{c\sqrt{\dfrac{1}{(\Delta x)^2}+\dfrac{1}{(\Delta y)^2}+\dfrac{1}{(\Delta z)^2}}} \tag{15-33}$$

위의 조건은 쿠랑(Courant) 등[3]이 처음으로 제안했던 고전적인 근사법을 사용해 얻었다. 이 접근법에서는 시간 고유치 문제를 먼저 풀이하고 난 후 공간 고유치 문제를 풀이하며, 그 다음 공간 고유치들의 안정한 지역을 시간 고유치의 안정한 지역에 강제로 포함시킴으로써, 위의 일반적인 관계식을 도출했다.

2차원의 경우에 $\Delta x = \Delta y = \Delta z = \Delta s$이면, 식 (15-33)은 다음으로 간단히 된다.

$$\Delta t \le \frac{\Delta s}{c\sqrt{2}} \tag{15-34}$$

반면에 3차원의 경우에 식 (15-33)은 다음과 같이 간단히 된다.

$$\Delta t \le \frac{\Delta s}{c\sqrt{3}} \tag{15-35}$$

위의 결과들을 살펴보면, 단위 셀의 가장 긴 거리를 진행하기 위해 필요한 최소 시간간격의 수는 셀의 차원 수와 같다는 것을 알 수 있다. 그러므로 2차원 정사각형 셀의 대각선을 횡단하기 위해서는 최소한 두 개의 시간간격이 요구되고, 3차원 정육면체 셀의 대각선을 횡단하기 위해서는 최소한 세 개의 시간간격이 요구된다.

이 절을 마치기 전에, 분산에 대해 언급할 필요가 있다. 분산은 격자 내에서 서로 다른 속도를 갖는 서로 다른 수치적인 파장들의 전파이다. 예를 들어 분산은 펄스 형태의 왜곡을 초래할 수 있다. 1차원에서는 마법의 시간간격이 사용된다면 분산이 0이다.

2차원의 경우에 만일 식 (15-33)의 등호가 사용된다면 분산은 0이고, 진파는 정사각형 셀의 대각선을 따라 이루어진다. 전파방향과 다른 임의의 방향에서는 분산이 존재할 것이다. 이러한 상황은 3차원의 경우에도 유사하다. 만일 식 (15-33)에서 등호가 사용되고, 전파가 정육면체 셀의 대각선을 따라 이루어진다면, 분산은 0이 되겠지만 그렇지 않다면 분산이 존재할 것이다. 일반적으로 수치분산은 셀 크기를 축소함으로써 감소될 수는 있지만, 제거될 수는 없다.

식 (15-33)에서 부등호가 사용된 2차원 FDTD 격자에서 전파 각도에 따른 정규화된 수치 위상속도의 변화를 그림 15-6에 나타냈다. 시간간격으로 $c\Delta t = \Delta s/2$를 채택했다. 이것은 오차 여유(margin of error)를 갖고 식 (15-33)의 안정성 기준을 만족시키고자 2차원(그리고 3차원) 격자에서 일반적으로 사용되는 시간간격의 예이다. 그림에서는 위상속도가 직교축($\alpha = 0°$와 $\alpha = 90°$)들을 따라 최소가 되고, $\alpha = 45°$(정사각형 셀의 대각선을 따라)에서 최대가 되지만, 심지어 그곳에서도

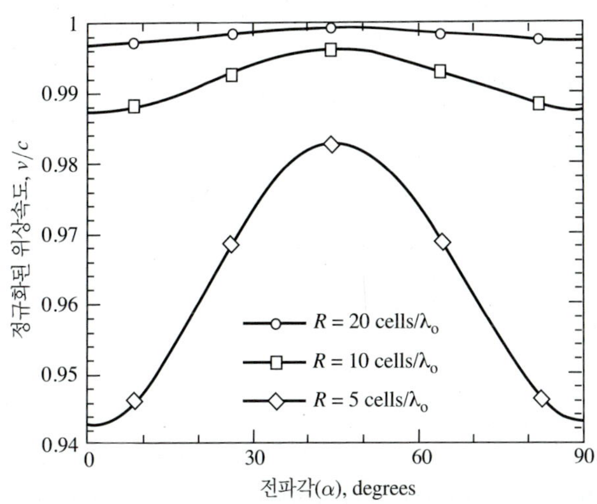


**그림 15-6 세 가지 해상도의 2차원 FDTD 격자에서 전파각에 따른 수치 위상속도의 변화.** 0과 90°에서는 직교격자축을 따라 입사.([H.10.3: Taflove, 1st ed.] © 1995. Artech House, Inc.,Norwood, MA의 허가하에 사용.)

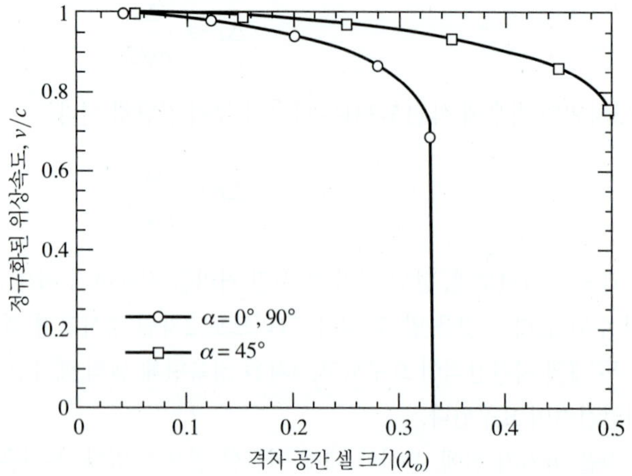


**그림 15-7** **2차원 FDTD 격자에서 직교격자축 0과 90°에 대한 세 가지 전파각도에서 격자 셀 크기에 따른 수치 위상속도의 변화.** ([H.10.3: Taflove, 1st ed.] © 1995. Artech House, Inc., Norwood, MA의 허가하에 사용.)

$c$보다 조금 작아진다는 것을 보인다. 이것은 식 (15-33)에서 등호가 사용되지 않았기 때문이다. 그림 15-6의 일반적인 유형은 Yee 알고리즘의 고유한 이방성을 나타낸다.

그림 15-7은 동일한 입사각과 시간간격에서 셀 크기에 따른 수치 위상속도의 변화를 보여 주며, 이를 통해 작은 셀의 효과를 명백히 알 수 있다. 셀 크기를 너무 크게(즉 나이퀴스트 한계에 너무 가깝게) 사용한다면 파는 실제로 전파를 멈출 것이다.

두 그림은 여기에 포함된 다른 주파수 성분들이 서로 다른 속도로 전파할 것이고, 그 결과 거리가 증가함에 따라 펄스 왜곡이 생길 것을 암시하고 있다. 한편 정현파에서는 부정확한 위상속도의 영향이 전파 거리에 따라 증가하는 위상지연 오차를 초래할 것이다.

이제까지 셀 크기와 시간간격의 한계를 알아보았고, 분산효과를 이해했으므로, 지금부터는 중심차분 갱신방정식들을 구현할 단계이다. 다음 절에서 이를 위한 방법을 설명한다.

## 15.4 컴퓨터 알고리즘과 FDTD 실현

앞 절에서 우리는 Yee 알고리즘을 전개했고, FDTD 접근법의 몇 가지 기본개념을 설명했다. 아직 고려해야 할 다른 기본적인 문제들이 남아 있지만, 지금은 일반적인 컴퓨터 구조와 Yee 알고리즘이 어떻게 구현되는지 살펴보는 것이 유익할 것이다. 다소 특이한 사항은 1차원의 예로 자세히 설명한다.

FDTD 코드의 가장 두드러진 계산적인 특징은 시간간격을 진행하는 과정이다. 이것은 코드의 작은 부분이지만, 가장 많이 사용되는 부분이다. 시간간격을 수행하기에 앞서 셀 크기와 시간간격 그리고 전원 조건 등의 정수와 마찬가지로 FDTD 격자가 정의되어야 한다. 또한 매 시간간격에서 계산되지 않는 식 (15-28)과 식 (15-29)의 $C$, $D$ 계수와 같은 상수인 승수 등도 시간간격 진행과정을 수행하기 이전에 미리 계산되어 저장되어 있어야 한다. 이와 함께 자유공간과는 다른 재료를 포함하는 셀의 위치를 식별할 수 있는 안테나 또는 산란체의 기하학적 정의가 있어야 한다. 이것은 계수 $C_a$, $C_b$, $D_a$, 그리고 $D_b$를 통해 정의된다. 이에 더해 시간간격의 수행이 끝난 후(또는 과도상태에 대한 정보를 원하는 경우에 시간간격 수행 중에) 결과를 이용할 수 있도록 바라는 응답들이 구체적으로 명시되어야 한다.

요구되는 코드는 다음과 같은 주요 단계들로 이루어져 있다.

**전처리 과정**

- FDTD 격자의 정의(해당 차원에서 셀의 수와 크기 결정)
- 앞 절의 쿠랑 안정 조건(Courant stability condition)에 따른 시간간격 계산
- FDTD 격자에서 안테나 또는 산란체의 기하학적 구조를 정의하는 15.2절의 계수 $C$와 $D$를 포함한 상수 승수의 계산

**시간간격 진행**

- 전원 조건의 갱신(15.6절에서 논의함)
- 가장 인접한 위치의 재료에 따라 가장 인접한 위치의 장들 값에서 전장성분의 응답 계산
- 외향방사 경계조건이라고도 불리는 흡수경계조건(ABC)의 갱신. ABC (15.5절에서 논의함)의 목적은 물리적으로 존재하지 않는 FDTD 격자 내의 반사를 제거하기 위해 격자의 끝에서 가능한 한 많은 방사장을 흡수하는 것이다.
- 자장성분의 갱신

**후처리 과정**

- 원하는 시간간격에서 전장과 자장 성분, 전류, 전압 등과 같은 응답을 소프트웨어의 배열에 저장
- 안테나 또는 산란체 주위의 가상 폐곡면 상에서 전장과 자장의 접선성분을 결정하고, 원거리에서의 해당 산란장 또는 방사장 계산(15.7절 참조).

위의 요구사항들을 실현할 코드 구조가 그림 15-8의 간단한 흐름도로 제안되었다.

일부 계산 과정을 설명하기 위해 간단한 1차원 모델을 사용하며, 이 모델은 자유공간에서 $x$축을 따라 존재한다. 1차원 방정식은 식 (15-10$a$)와 식 (15-10$b$)이지만, 식 (15-30$b$)에서 $E_x = 0$, 식 (15-31$c$)에서 $H_x = H_z = 0$인 FDTD 방정식을 사용한다. 마법의 시간간격 조건을 사용하면 $C_a = 1$, $C_b = \frac{\Delta t}{\varepsilon_o \Delta x}$ 그리고 $D_a = 1$, $D_b = \frac{\Delta t}{\mu_o \Delta x}$이 되는 것을 유의하자. 그러므로 다음과 같이 된다.

$$H_y\Big|_{i+1/2}^{n+1/2} = H_y\Big|_{i+1/2}^{n-1/2} + \frac{\Delta t}{\mu_o \Delta x}\left(E_z\Big|_{i+1}^{n} - E_z\Big|_{i}^{n}\right) \tag{15-36}$$

$$E_z\Big|_{i}^{n+1} = E_z\Big|_{i}^{n} + \frac{\Delta t}{\varepsilon_o \Delta x}\left(H_y\Big|_{i+1/2}^{n+1/2} - H_y\Big|_{i-1/2}^{n+1/2}\right) \tag{15-37}$$

$c = (\mu_o\, \varepsilon_o)^{-1/2}$일 때, $\frac{\Delta t}{\varepsilon_o \Delta x} = \frac{1}{\varepsilon_o c} = \eta$이고 $\frac{\Delta t}{\mu_o \Delta x} = \frac{1}{\mu_o c} = \frac{1}{\eta}$이다.

다음에는 그림 15-9처럼 $x$축을 따라 1번 셀에서 시작해 53번째 셀에서 끝나는 FDTD 격자에서 50번째 셀에 전원을 설정한다. 전원은 진폭 $\eta$를 갖는 델타함수이다. 초기조건으로 $n < 1$에서 FDTD 격자의 모든 장을 0으로 했으며, 전원은 $n = 1$에서 인가된다. 그러므로 식 (15-36)과 식 (15-37)의 $E$와 $H$에서 좌표첨자들을 없애면, $i \geq 50$일 때 다음과 같이 나타난다.

$$E_{50}^{1.0} = \eta \tag{15-38$a$}$$

$$H_{50.5}^{1.5} = 0 + \frac{1}{\eta}\left(E_{51}^{1.0} - E_{50}^{1.0}\right) = -1 \tag{15-38$b$}$$

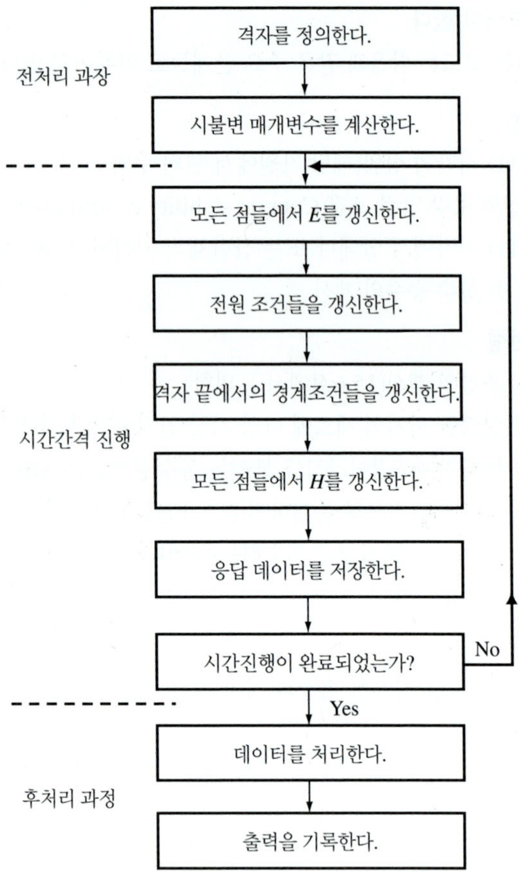


그림 15-8 FDTD 흐름도.

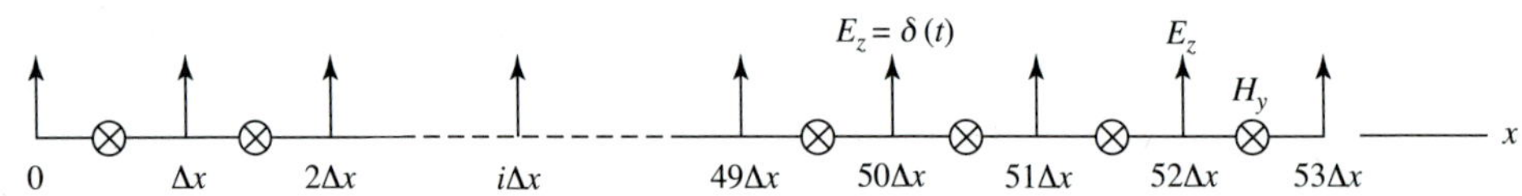


그림 15-9 53셀의 1차원 모델.

$i > 50$인 경우의 다른 모든 $E_i^{1.0}$과 $H_{i+1/2}^{1.5}$는 모두 0이 된다. 이는 FDTD 격자의 그 위치까지는 아직 델타함수가 전파되지 않았기 때문이다. 여기서 표기법에 대해 언급하자. 식 (15-36)의 좌변에 $H_y\big|_{i+1/2}^{n+1/2}$이 나타나는 반면에 식 (15-38$b$)에는 $H_{50.5}^{1.5}$가 나타난다. 이것은 컴퓨터 배열에는 50.5의 위치가 없으며, 단지 $E_{50}$과 $H_{50}$을 위한 데이터 장소만 있기 때문에 컴퓨터에서는 $H_{i+\Delta x/2}$가 $H_i$임을 이해하는 것이 중요하다. 다음 시간간격에서는($i \geq 50$인 경우) 아래와 같이 된다.

$$E_{50}^{2.0} \equiv 0 \tag{15-39a}$$

$$E_{51}^{2.0} = E_{51}^{1.0} + \eta\left(H_{51.5}^{1.5} - H_{50.5}^{1.5}\right) = 0 + \eta(0+1) = \eta \tag{15-39b}$$

$$E_{52}^{2.0} = E_{52}^{1.0} + \eta\left(H_{52.5}^{1.5} - H_{51.5}^{1.5}\right) = 0 + \eta(0-0) = 0 \tag{15-39c}$$

$$E_{53}^{2.0} = 0 \tag{15-39d}$$

$$H_{50.5}^{2.5} = H_{50.5}^{1.5} + \frac{1}{\eta}\left(E_{51}^{2.0} - E_{50}^{2.0}\right) = -1 + \frac{1}{\eta}(\eta - 0) = 0 \tag{15-39e}$$

$$H_{51.5}^{2.5} = H_{51.5}^{1.5} + \frac{1}{\eta}\left(E_{52}^{2.0} - E_{51}^{2.0}\right) = 0 + \frac{1}{\eta}(0 - \eta) = -1 \tag{15-39f}$$

$$H_{52.5}^{2.5} = H_{52.5}^{1.5} + \frac{1}{\eta}\left(E_{53}^{2.0} - E_{52}^{2.0}\right) = 0 + \frac{1}{\eta}(0 - 0) = 0 \tag{15-39g}$$

$$H_{53.5}^{2.5} = 0 \tag{15-39h}$$

$i \geq 50$인 경우, 세 번째 시간간격에서는 다음과 같음을 알 수 있다.

$$E_{50}^{3.0} \equiv 0, \qquad E_{51}^{3.0} = 0 \tag{15-40a}$$

$$E_{52}^{3.0} = E_{52}^{2.0} + \eta\left(H_{52.5}^{2.5} - H_{51.5}^{2.5}\right) = 0 + \eta(0 + 1) = \eta \tag{15-40b}$$

$$E_{53}^{3.0} = 0, \qquad H_{50.5}^{3.5} = 0, \qquad H_{51.5}^{3.5} = 0 \tag{15-40c}$$

$$H_{52.5}^{3.5} = H_{52.5}^{2.5} + \frac{1}{\eta}\left(E_{53}^{3.0} - E_{52}^{3.0}\right) = 0 + \frac{1}{\eta}(0 - \eta) = -1 \tag{15-40d}$$

$$H_{53.5}^{3.5} = 0 \tag{15-40e}$$

그러나 $i \geq 50$의 네 번째 시간간격에서는 다음과 같은 어려움에 빠지게 된다.

$$E_{50}^{4.0} \equiv 0, \quad E_{51}^{4.0} = 0, \quad E_{52}^{4.0} = 0 \tag{15-41a}$$

$$E_{53}^{4.0} = E_{53}^{3.0} + \eta\left(H_{53.5}^{3.5} - H_{52.5}^{3.5}\right) = 0 + \eta(0 + 1) = \eta \tag{15-41b}$$

$$H_{50.5}^{4.5} = 0, \qquad H_{51.5}^{4.5} = 0, \quad H_{52.5}^{4.5} = 0 \tag{15-41c}$$

$$H_{53.5}^{4.5} = H_{53.5}^{3.5} + \frac{1}{\eta}\left(E_{54}^{4.0} - E_{53}^{4.0}\right) \tag{15-41d}$$

여기서 $E_{54}^{4.0}$가 아직 정의되지 않았다는 문제가 생긴다. 만일 컴퓨터 소프트웨어에서 $E_{54}^{4.0}$를 0으로 만들 수 있다면, $E_{53.5}^{4.5}$에 대한 '옳은' 값을 얻을 수 있을 것이다. 그러나 오직 $i = 53$까지의 격자만을 명시했으므로, 이러한 것을 기대할 수는 없을 것이다. 이러한 곤란한 문제는 다음 절의 논의처럼, 흡수경계조건으로 해결될 수 있다.

다음 절로 넘어가기 전에, 이 절에서는 개구리뜀 시간전진 유한차분 알고리즘 방정식의 적용을 살펴보았고, 임펄스 전원에 대해 $+x$ 방향으로 광속의 전파가 예측됨을 알았다. 동일한 방정식들로써 $-x$ 방향으로의 전파를 예측할 수 있고, 전력 흐름에 대한 오른손 법칙이 저절로 충족됨을 증명하는 일은 독자 여러분에게 연습문제로 남겨 놓았다.

## 15.5 흡수경계조건

앞 절의 끝부분에서 FDTD 격자의 끝에서의 장들을 계산하는 데 문제가 있음을 보았다. FDTD 격자의 말단에서 외부로 전파하는 파들을 흡수하는 어떠한 방법이 없다면 격자의 끝에서 발생하는 물리적으로 존재하지 않는 반사들이 내부 격자들의 장들에 악영향을 미칠 것이다. 물론 그러한 반사가 관심 있는 관측 범위에 도달하기 전에 시간간격 과정을 끝내거나, 격자를 아주 크게 만들 수도 있지만 이러한 방법은 실제로 계산할 수 있는 대안들이 아니다. 그러므로 격자의 가장자리에서 장

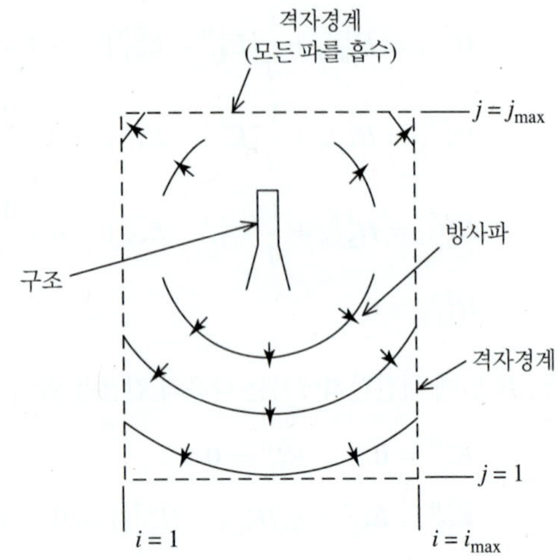


그림 15-10 격자경계에서 (이상적으로) 반사가 없는 FDTD 전자기파 상호작용 영역.

성분들을 갱신하는 문제에 각별히 유의해야 한다.

격자 가장자리에서 장 성분을 갱신하는 가장 실질적인 해결책은 종종 방사경계조건(RBC: radiation boundary condition)이라고도 하는 흡수경계조건(ABC: absorbing boundary condition)을 이용하는 것이다. 1차원의 경우는 평면파가 격자 가장자리에 수직으로 입사하므로, 필요한 조건은 간단하고 정확하다. 그러므로 단순한 전파지연이 사용될 수 있다. 그러나 2차원과 3차원의 경우에는 문제가 훨씬 더 어려워진다. 이는 그림 15-10에서와 같이 파가 격자 가장자리에 수직으로 입사하지 않으며, 파들이 평면파가 아닐 확률이 매우 높기 때문이다.

지난 수십 년 동안 많은 ABC들이 개발되었다. 그러나 이들을 유도하거나 심지어 이들 중 2가지 이상을 소개하는 것도 이 책의 범주를 벗어난다. 그러므로 여기서는 무어(Mur)의 ABC[4]와 베린거(Berenger)의 완전정합층(perfectly matched layer) ABC[5]만 설명한다.

경계에서의 장에 대한 무어의 추정(Mur's estimate)에는 1차와 2차 정확도의 두 가지가 있다. 2차원에서 $x = i\Delta x$, $y = j\Delta y$에 있는 $E_z$ 성분을 고려하자. 이 $E_z$ 성분의 1차 무어 추정은 다음과 같다[H.10.2: Kunz].

$$E_{i,j}^{n+1} = E_{i-1,j}^{n} + \frac{c\Delta t - \Delta x}{c\Delta t + \Delta x}\left(E_{i-1,j}^{n+1} - E_{i,j}^{n}\right) \tag{15-42}$$

1차원의 경우에 $\Delta x = c\Delta t$이면, $E_i^{n+1} = E_{i-1}^{n}$이 된다. 이것은 시간간격 $n + 1$과 위치 $i$에서의 추정은 이전 위치에서 이전 시간간격의 장을 나타냄을 의미하며, 이것은 오직 1차원에서만 정확한 결과이다.

$\Delta x = \Delta y$로 가정한 2차원에 대한 $E_z$의 2차 무어 추정은 다음과 같다[H.10.3: Kunz].

$$\begin{aligned} E_{i,j}^{n+1} = &-E_{i-1,j}^{n-1} + \frac{c\Delta t - \Delta x}{c\Delta t + \Delta x}\left(E_{i-1,j}^{n+1} + E_{i,j}^{n-1}\right) + \frac{2\Delta x}{c\Delta t + \Delta x}\left(E_{i-1,j}^{n} + E_{i,j}^{n}\right) \\ &+ \frac{(c\Delta t)^2}{2(\Delta x)(c\Delta t + \Delta x)}\left(E_{i,j+1}^{n} - 2E_{i,j}^{n} + E_{i,j-1}^{n} + E_{i-1,j+1}^{n} - 2E_{i-1,j}^{n} + E_{i-1,j-1}^{n}\right) \end{aligned} \tag{15-43}$$

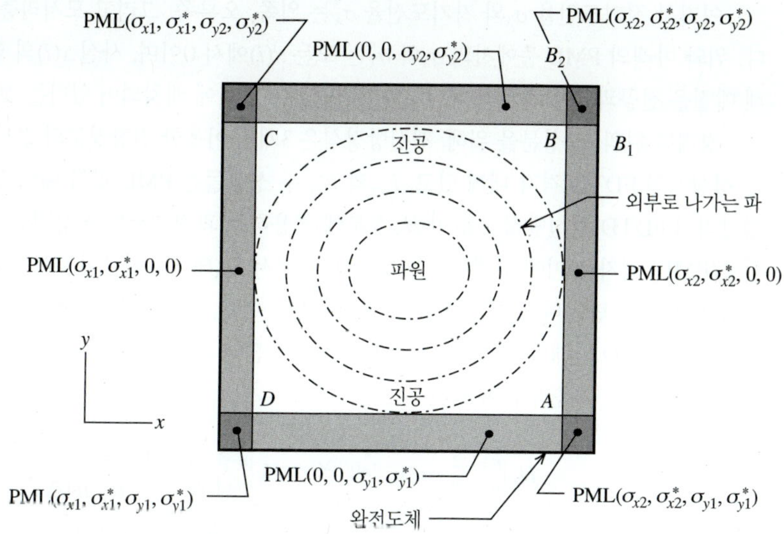


**그림 15-11** **베린거의 PML ABC를 갖는 2차원 FDTD 격자 구조.** ([5] © 1994. *Computational Physics*의 허가하에 사용.)

1차 무어 추정의 경우에 $x = i\Delta x$에서 $E_z$의 현재 값은 동일한 $y$ 지점에서의 두 값, 즉 $x = i\Delta x$에서 이전의 $E_z$ 값과 현재 시간단계에서 $x = (i-1)\Delta x$의 $E_z$ 값들로써 근사화된다는 것을 볼 수 있다. 2차 무어 추정은 두 시간간격 이전의 값들과 이웃한 $x$와 $y$ 위치들의 값들을 사용한다. $y = j\Delta y$ 표면(여기서 인자 $j$를 $\sqrt{-1}$과 혼동해서는 안 된다)에서 필요한 방정식들은 위에서 기술한 식 (15-43)의 위치 좌표들을 적절히 치환하면 된다. 2차 무어 추정은 격자경계에 수직으로 닿는 파들에 대해서는 정확한 해이다. $xz$ 평면과 $yz$ 평면의 교차면에서는 식 (15-42)와 같이 전파지연에 근거를 둔 몇몇 1차 정확도 형태가 도입될 수도 있다.

1994년에 베린거[5]는 다른 접근법에 비해 외부 격자경계로부터의 반사 크기를 몇 차수 낮춘 기법을 발표했다. 그는 2차원의 TE와 TM 경우를 다룬 논문에서 그의 근사를 '전자기파들의 흡수를 위한 완전정합층(PML)'이라고 불렀다. 그는 경계면 위에서 장들을 인위적으로 두 성분으로 분리해 일반적인 3개의 결합된 방정식이 아닌 4개의 결합된 방정식을 만들었다. 이 추가 자유도에 의해 베린거는 비물리적인 이방성 흡수매질을 외부 경계 주위에 도입할 수 있었으며(그림 15-11 참조), 이 매질은 외부로 나가는 파들의 주파수나 입사각과는 무관한 예외적인 파동 임피던스를 갖는다. TM의 경우에 경계면 위의 $H_y$를 제외한 $H_y$와 $E_z$를 위해 적용할 수 있는 FDTD 방정식들은 다음과 같다.

$$H_y\Big|_{i+1/2,j}^{n+1/2} = e^{-\sigma_x^*(i+1/2)\Delta t/\mu_0} H_y\Big|_{i+1/2,j}^{n-1/2} - \frac{1 - e^{\sigma_x^*(i+1/2)\Delta t/\mu_0}}{\sigma_x\left(i+\dfrac{1}{2}\right)\Delta x} \times \left[E_{zx}\Big|_{i+1,j}^{n} + E_{zy}\Big|_{i+1,j}^{n} - E_{zx}\Big|_{i+j}^{n} - E_{zy}\Big|_{i,j}^{n}\right] \tag{15-44}$$

$$E_{zx}\Big|_{i,j}^{n+1} = e^{-\sigma_x(i)\Delta t/\varepsilon_0} E_{zx}\Big|_{i,j}^{n} - \frac{1 - e^{\sigma_x(i)\Delta t/\varepsilon_0}}{\sigma(i)\Delta x} \times \left[H_y\Big|_{i+1/2,j}^{n+1/2} - H_y\Big|_{i-1/2,j}^{n+1/2}\right] \tag{15-45}$$

여기서 전기도전율 $\sigma_x$와 자기도전율 $\sigma_x^*$는 왼쪽, 오른쪽, 그리고 모서리층에서 $x(i)$의 함수들이다. 위와 아래의 PML 층에서의 $\sigma_x$와 $\sigma_x^*$는 모든 $x(i)$에서 0이며, 사실 $x(i)$의 함수인 방정식들에 대해 매질은 진공과 같이 동작한다. $E_{zx}$와 $E_{zy}$가 같은 위치에 배치되어 있다는 것에 유의하자.

경계면 위의 $H_y$ 성분을 위해, 갱신방정식은 3개의 이웃한 전장성분의 값들을 근거로 한다. 하나는 정상적인 FDTD 격자 내에 있고, $E_{zx}$와 $E_{zy}$ 두 성분들은 PML 영역 내에 있다. 맥스웰에 근거한 정상적인 FDTD 갱신방정식을 이 $H_y$ 성분에 적용하는 과정에서는 정상적인 FDTD 격자와 완전정합층(PML) 격자 사이에 경계면을 설정한다. 여기서 $E_{zx}$와 $E_{zy}$ 성분이 더해져 사실상의 정규 FDTD 장 성분인 $E_z$를 만든다는 가정을 했다. 이것은 단순히 $\sigma_x = \sigma_y$로 놓고, 통산 4개인 PML 갱신방정식을 3개의 FDTD 지배방정식으로 축소해서 이루어진다. 그러므로 $x$에 대해 수직인 오른쪽 경계면에서 위의 $H_y$ 식은 다음과 같이 된다.

$$H_y\Big|_{il+1/2,j}^{n+1/2} = e^{-\sigma_x^*(il)\Delta t/\mu_0} H_y\Big|_{il+1/2,j}^{n-1/2} - \frac{1 - e^{\sigma_x^*(il)\Delta t/\mu_0}}{\sigma_x^*(il)\Delta x} \times \left[E_{zx}\Big|_{il+1,j}^{n} + E_{zy}\Big|_{il+1,j}^{n} - E_z\Big|_{il,j}^{n}\right] \tag{15-46}$$

이 특별한 갱신은 $x$에 대해 수직인 오른쪽 경계면에서 적용되며, 여기서 $il$은 PML의 내부 경계면을 나타낸다.

$H_x$와 $E_{zy}$ 성분을 위한 이산방정식들은 독자를 위한 연습문제로 남겨 두었다. 놀랍지는 않지만 2차원 PML 방정식들이 정확하게 1차원 결과로 축소된다. 이것 또한 독자들을 위한 연습문제로 남겨 놓았다. PML 기법의 맥스웰 식의 유도과정을 참고문헌 [6]에서 찾아볼 수 있다.

여기서 소개한 무어와 베린거의 두 가지 ABC 중에서 전자는 구현이 간단한 반면, 후자는 실제 여러 응용에서 필요로 하는 것보다 더 낮은 반사 특성을 제공한다. ABC와 관련된 일반적인 고려사항은 안테나 또는 산란체에서 ABC가 적용되는 외부 경계까지 필요한 거리를 결정하는 것이다. 이 거리를 크게 할수록 더 효과적인 ABC가 이루어진다(이것은 특히 무어 ABC에서는 사실이나, PML에서는 꼭 그런 것은 아니다). 이러한 ABC의 향상된 효과는 거리가 증가함에 따라 외부로 진행하는 파면이 더욱더 평면파와 닮아 가는 성질에서 발생한다. 일반적인 기준은 안테나 또는 산란체와 외부 경계 사이에 최소한 10개의 셀을 두며, 무어의 ABC를 위해서는 15~20개 정도의 셀이 알맞고, PML에서는 그보다 4~5개 정도 적은 셀이 적절하다.

아주 최근에 향상된 PML이 개발되었다. 이들 중 두 가지는 UPML과 CPML이다. UPML은 게드니(Gedney)에 의해 FDTD에 처음으로 적용된 단축(uniaxial) PML이다[6,7]. 단축 PML은 수학적인 모델보다 맥스웰 방정식[H.10.3: Taflove, 3rd ed., p. 274]에 기반을 두고 있다. 결론적으로 UPML의 물리적인 실현이 시도되어 왔다. UPML의 발전으로 CPML이 개발되었고, CPML은 돌림형(convolutional)의 PML이다[8]. CPML은 고전적인 UPML보다 더 정확하고, 더 효율적이고, 일반적인 매질의 영역에 적용될 때 더 적절하다. CPML은 흡수경계로부터의 반사 때문에 UPML에 비해 20 dB 이상 오차를 줄일 수 있다고 보고되고 있다[H.10.3: Taflove, 3rd ed., p. 324].

이 절을 마치기 전에, 식 (15-41$d$)에 1차원의 정확한 결과를 적용해 보자. 이 경우 정확한 결과는 $E_{54}^{4.0} = E_{53}^{3.0} = 0$이다. 그러므로 다음과 같이 나타낼 수 있다.

$$H_{53.5}^{4.5} = 0 + \frac{1}{\eta}(0 - \eta) = -1 \tag{15-47}$$

**표 15-1** 완전흡수의 펄스 전파($|E| = \eta$, $|H| = 1$) 공간 셀 위치($i \geq 50$).

| 시간간격 | 50 | 50.5 | 51 | 51.5 | 52 | 52.5 | 53 | 53.5 | |
|---|---|---|---|---|---|---|---|---|---|
| 1 | $\eta$ | | 0 | | 0 | | 0 | | E |
| 1.5 | | −1 | | 0 | | 0 | | 0 | H |
| 2 | 0 | | $\eta$ | | 0 | | 0 | | E |
| 2.5 | | 0 | | −1 | | 0 | | 0 | H |
| 3 | 0 | | 0 | | $\eta$ | | 0 | | E |
| 3.5 | | 0 | | 0 | | −1 | | 0 | H |
| 4 | 0 | | 0 | | 0 | | $\eta$ | | E |
| 4.5 | | 0 | | 0 | | 0 | | −1 | H |
| 5 | 0 | | 0 | | 0 | | 0 | | E |
| 5.5 | | 0 | | 0 | | 0 | | 0 | H |

다음에는 격자 가장자리에서 발생하는 반사를 계산하면

$$E_{53}^{5.0} = E_{53}^{4.0} + \eta\left(H_{53.5}^{4.5} - H_{52.5}^{4.5}\right) = \eta + \eta(-1 - 0) = 0 \qquad \textbf{(15-48}a\textbf{)}$$

$$H_{52.5}^{5.5} = H_{52.5}^{4.5} + \frac{1}{\eta}\left(E_{53}^{5.0} - E_{52}^{5.0}\right) = 0 + \frac{1}{\eta}(0 - 0) = 0 \qquad \textbf{(15-48}b\textbf{)}$$

이다. 이로부터 완전흡수가 있음을 알 수 있다. 표 15-1은 $1 \leq n < 6$과 $i \geq 50$에 대한 상태를 정리한 것이다. 격자의 모든 점들이 모든 시간간격에서 계산되었다는 점에 유의하자. 표 15-1에 대해 사용된 격자는 자장 계산에서 끝났다. 이 예제는 단지 $H_{52.5}$ 이후에 자장을 정의함으로써 $E_{53}$의 전장 계산에서 끝나도록 전개될 수도 있었다. 이 경우 $H_{53.5}^{3.5}$는 식 (15-41$b$)에서 정의되지 않았을 것이고, 1차원의 정확한 흡수조건이 $E_{53}$에 적용되었을 것이다. 간략화하기 위해 일반적으로 ABC가 전장에만 또는 자장에만 적용된다. 이와 같이 정상적인 FDTD 갱신방정식들은 장의 한 형태(말하자면 자장)에 대한 모든 동작을 지배할 것이고, 격자경계에서의 또 다른 장(말하자면 전장)에 대해 특별한 갱신의 적용을 요구할 것이다. 여기서는 전장에 대한 무어방정식이 주어졌다는 것에 유의한다.

## 15.6 전원 조건

이 절에서는 공학적인 문제들의 모델링에 적합한 몇 가지 전자기파의 여기를 FDTD격자에 적용한다. 관심 있는 여기는 산란해석에 사용하는 자유공간의 선형 편파된 평면파 전파이나, 안테나에서 방사되는 전자파들에도 관심이 있다. 일반적으로 FDTD를 사용한 안테나 연구는 송신모드에서 이루어지는데, 이것은 수신모드에서는 계산 효율이 떨어지기 때문이다.

이 절에서는 안테나와 산란체들에 대한 전원 조건들을 다룬다. 태플러브의 지칭에 따라 전원은 '하드(hard)'와 '소프트(soft)'로 분류될 것이다. 하드 전원(hard source)은 장의 크기를 이웃한 장들과는 독립된 값으로 강요한다. 이것은 갱신방정식들에 의해 전원 위치(예를 들면 산란체 근처의 모노폴)의 장들이 새로운 값으로 갱신되는 것이 허용되지 않는다는 의미이다. 소프트 전원은 전원 위치(예를 들면 격자 내로 주입된 평면파)에서 장들이 갱신되는 것을 허용한다.

### 15.6.1 전원 기능

일반적인 전원은 $n = 0$에서 스위치가 켜져서 주파수 $f_o$의 연속적인 정현파를 발생시키는 것이다.

$$f(t) = E_o \sin(2\pi f_o n \Delta t) \tag{15-49a}$$

두 번째 전원은 유한 직류 성분을 가지는 광대역 가우시안 펄스(wideband Gaussian pulse)를 제공하며, 중심이 $n_o$번째 시간간격에 위치하고, $n_{\text{decay}}$ 번째 시간간격에서 $1/e$ 특성의 감쇠가 발생한다.

$$f(t) = E_o e^{-[(n-n_o)/n_{\text{decay}}]^2} \tag{15-49b}$$

식 (15-49$b$)가 $n = 0$에서 0이 아닌 값을 가지는 것에 유의하자. 그러므로 0에서 가우시안 펄스로 완만한 천이가 요구된다면, $n_o$는 적어도 $3n_{\text{decay}}$는 되어야 한다. 직류 성분을 포함하지 않는 세 번째 전원은 $f_o$에 대해 대칭적인 푸리에 스펙트럼(Fourier spectrum)을 갖는 정현파 변조된(대역통과) 가우시안 펄스이다. 이 펄스도 역시 $n_o$번째 시간간격에 중심이 위치하고, $n_{\text{decay}}$ 번째 시간간격에서 $1/e$ 특성의 감쇠를 갖는다.

$$f(t) = E_o e^{-[(n-n_o)/n_{\text{decay}}]^2} \sin[2\pi f_o (n - n_o)\Delta t] \tag{15-49c}$$

식 (15-49)의 각 전원들은 전원함수 $f(t)$와 일치하는 시간파형을 가지는 수치적인 파를 방사한다. 수치적인 파는 전원점 $i_s$에서 모든 방향으로 대칭적으로 전파한다. 만약 전원점에서 조금 떨어진 거리에 다른 구성체가 있으면, 방사되는 수치적인 파는 결국 이 구조로 전파하고, 부분적인 전송과 부분적인 반사가 일어난다. 원리적으로는 모든 천이가 감쇠될 때까지 시간간격이 계속될 수 있다. 이것은 식 (15-49$a$)의 전원인 경우에는 전송장과 반사장 모두가 정현적인 정상상태에 도달했음을 의미할 것이며, 식 (15-49$b$)와 식 (15-49$c$)의 전원에서는 전송파와 반사파의 완전한 시간이력의 진전을 의미할 것이다. 한 번의 FDTD 실행에서 얻어진 이러한 시간이력의 이산 푸리에 해석으로 직류에서 잠정적으로 넓은 주파수 대역까지 전송계수와 반사계수의 크기와 위상을 얻을 수 있다.

지금까지 FDTD 연구에 사용되는 세 가지 시간함수에 대해 논의했다. 15.4절과 15.5절에서 사용된 델타함수는 이론적인 무한대의 대역폭 때문에 FDTD 계산을 위해서는 일반적으로 유용하지 않다. 15.4절과 15.5절에서 델타함수가 사용된 이유는 갱신방정식들의 동작 방법과 1차원 흡수경계조건이 어떻게 동작하는지 쉽게 설명할 수 있으며, 계산 횟수가 적어 심지어 손으로도 쉽게 계산할 수 있었기 때문이다. 불행하게도 델타함수 하드 전원(delta function hard source)은 1차원에서 정확히 하나의 시간간격당 한 셀을 전파하는 경우(즉 마법의 시간간격)에만 유효하게 작동할 것이다. 그림 15-12는 이 조건을 위배한 결과를 나타낸다. 격자를 0에서 $i\Delta x = 1200\Delta x$까지 확장한 그림 15-9를 생각해 보자. $i_s = 500$에 진폭 $\eta$의 델타함수 전원이 있고 $i = 0$에서 $i = 250$까지는 단지 비유전율 $\varepsilon_r = 1.01$로 채워져 있다. 그림 15-12는 시간간격 50과 400이 경과된 후의 격자 내 전장을 보여 준다. 파가 $n = 250$에서 유전상수의 작은 변화를 겪게 되고, $i < 250$이고 $n > 250$일 때 '한 시간간격에서 한 셀' 조건을 (조금) 위반한 결과로 $i < 400$ 영역에서 수치분산의 확실한 증거가 나타남을 주목하라. 이에 반해 $n = 400$, $i = 900$에서 델타함수는 '한 시간간격에서 한 셀' 조건에 위배되지 않으므로 분산 없이 오른쪽으로 전파한다.

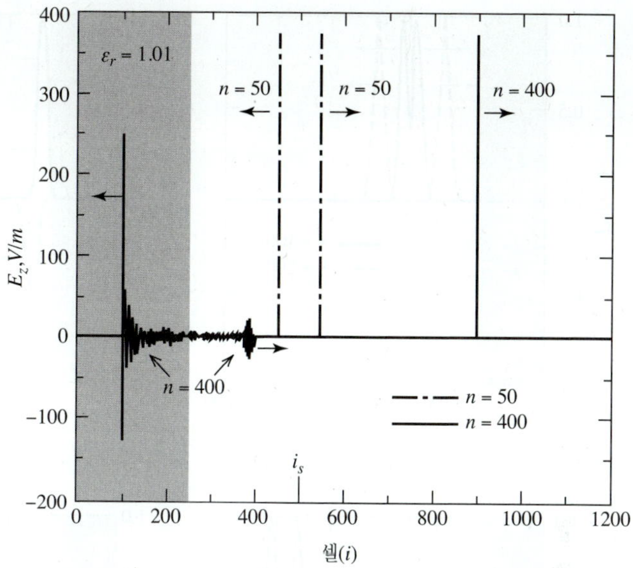


그림 15-12 $0 \le i \le 250$에서는 $\varepsilon_r = 1.01$의 유전체, $i_s = 500$에서 377 V/m인 전원에서 $n$ = 50과 400의 델타파 함수.

### 15.6.2 하드 전원

하드 전원은 15.4절의 예처럼 FDTD 격자에서 특정 전장과 자장 성분에 요구되는 시간 함수를 배정함으로써 간단히 설정된다. 1차원 격자에서 예를 들면 격자 전원점 $i_s$에서 $n = 0$에 스위치가 켜져 연속적인 정현파를 발생시키기 위한 $E_z$의 하드 전원은 다음과 같이 설정할 수 있다.

$$E_z\big|_{i_s}^{n} = f(t) = E_o \sin\left(2\pi f_o n \Delta t\right) \tag{15-50}$$

$i_s$에서의 전장은 전적으로 전원에 의해 결정된 값을 가지도록 강요되며, 갱신방정식과는 무관하다는 것에 유의한다.

하드 전원 시나리오에는 몇 가지 어려움이 있다. 정현적인 정상상태나 오랜 시간경과 후의 펄스응답을 구하고자 시간간격이 계속됨에 따라 결국에는 수치적인 반사파가 전원 격자 위치 $i_s$로 되돌아오는 것을 알 수 있다. 격자 내에서 가능한 어떤 반사파와도 관계없이 총전장이 $i_s$에 명시되므로(그러므로 '하드 전원'), 하드 전원은 $i_s$에서 이러한 파들이 고려하는 매질 구조를 향해 되돌아가는 제반사(retro-reflection)의 원인이 된다. 실제적으로 그것은 반사파의 에너지가 그 지점을 통해서 무한대로 이동하는 것을 방해하며, 이 때문에 실제 물리적인 상황의 적절한 가상 실현에 실패할 수도 있다.

### 15.6.3 소프트 전원

하드 전원의 반사 성질을 완화시키는 간단한 방법은 전원 위치 $i_s$의 새로운 전장값이 갱신된 값과 시간함수 $f(t)$로 표시되는 인가 전장값을 더한 것과 같아지는 것을 허용하는 방법이다. 1차원의 예에서 이것은 다음을 의미한다.

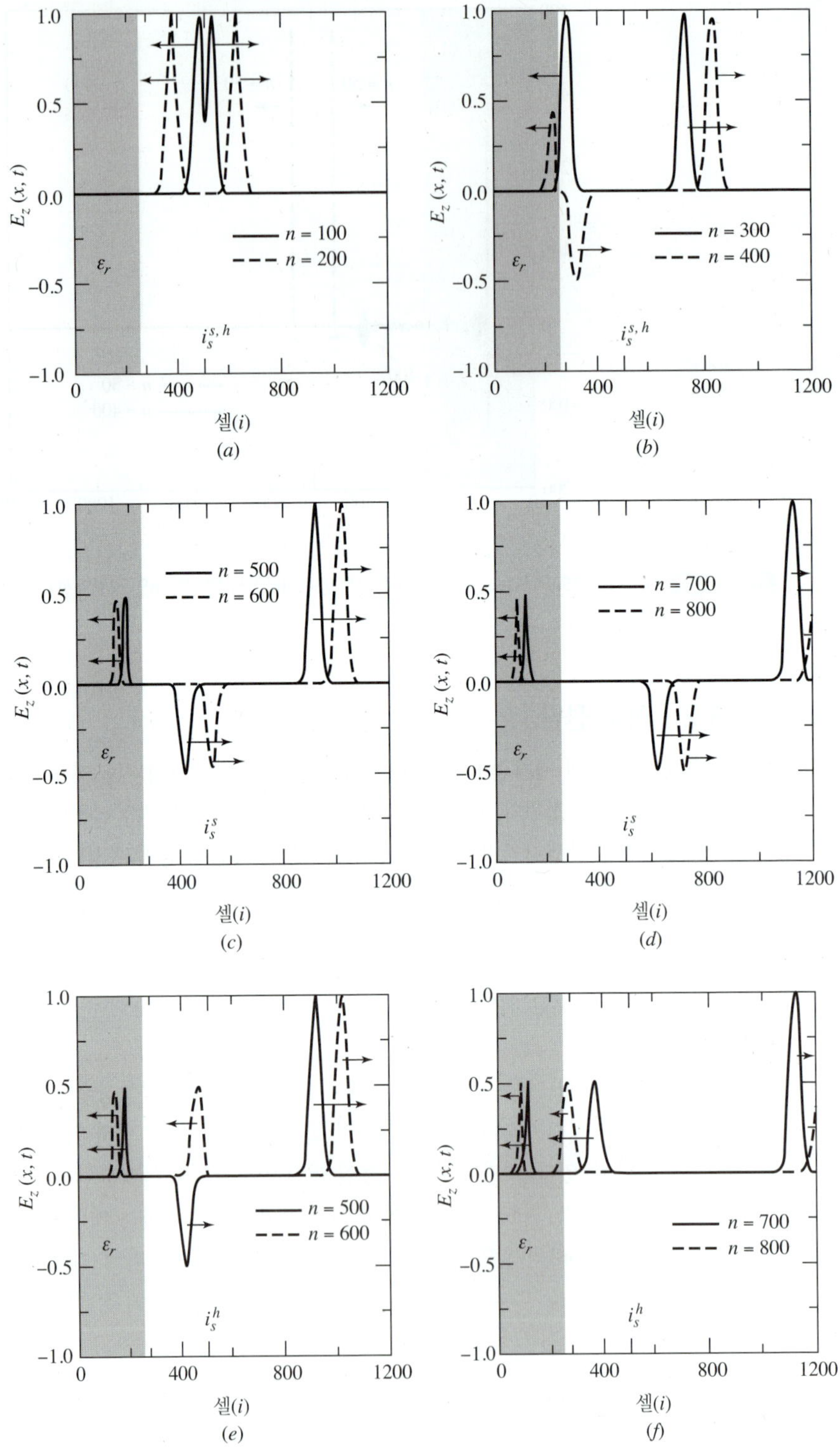


**그림 15-13** ***n* = 100, 200, 300, 400, 500, 600, 700, 그리고 800에서의 가우시안 펄스 전장.** ($a$~$d$) 부분은 $i_s = 500$의 소프트 전원에 대한 것이다. ($a$), ($b$), ($e$)와 ($f$)는 $i_s = 500$의 하드 전원에 대한 것이다. $i = 0$에서 $i = 200$까지의 셀들은 $\varepsilon_r = 9$를 포함한다.

$$E_z\Big|_{i_s}^{n} = E_z\Big|_{i_s}^{n-1} + \frac{\Delta t}{\varepsilon_o \Delta x}\left(H_y\Big|_{i_s+1/2}^{n-1/2} - H_y\Big|_{i_s-1/2}^{n-1/2}\right) + f(t) \qquad \textbf{(15-51)}$$

예를 들어 여기서 $f(t)$는 식 (15-49)에서 얻을 수 있다. 식 (15-51)의 관계식은 개념적으로 [H.10.3: Taflove, 1st ed., Chap. 6, p. 459]에 나와 있는 저항성 전압전원과 유사하다.

그림 15-13은 1차원 하드 전원과 소프트 전원 사이의 차이를 설명한다. FDTD 모델은 $i = 0$에서 $i = 1200$까지 셀을 가지며, $i = 500$에서 전원이 인가되고, $i = 1$에서 200까지는 $\varepsilon_r = 9$의 유전체이다. 시간함수는 식 (15-49*b*)와 같은 가우시안 펄스이다. 그림의 (*a*)와 (*b*) 부분은 하드 전원과 소프트 전원 모두에 적용되며, 그림 (*c*)와 (*d*) 부분은 소프트 전원에만, 그림 (*e*)와 (*f*) 부분은 하드 전원에만 적용된다. $n = 600$, 700, 그리고 800에서 하드와 소프트 전원 간의 차이가 분명하다. $i = 1200$에서 ABC의 영향을 주목하자.

### 15.6.4 전체장/산란장 공식화

전체장/산란장(total-field/scattered-field) FDTD 공식[H.10.3: Taflove, Chap. 6](그림 15-14 참조)은 평면파 방사의 시뮬레이션에 매우 자주 이용된다. 이 접근법은 맥스웰 방정식의 선형성과 보통 총 진장과 자장을 입사장($\mathbf{E}^i$, $\mathbf{H}^i$)과 산란장($\mathbf{E}^s$, $\mathbf{H}^s$)으로 분리하는 것에 근거한다. 입사장 $\mathbf{E}^i$와 $\mathbf{H}^i$는 FDTD 격자의 모든 점과 모든 시간간격에서 알고 있는 입사장 값들이다. 이것은 두 개로 나눠져 있는 격자에 관한 장에 대해 설명하고 있는 그림 15-15처럼 모델링을 할 때 어떤 종류의 재료도 없다는 조건에서 존재하는 장의 값들이고, 하나는 입사장을 위해 다른 하나는 전체장–산란장을 위해 사용한다. 입사장은 오직 전체장 격자 ($0 < i < 1200$) 가운데 전체장의 한 부분($100 < i < 1100$)으로 존재한다.

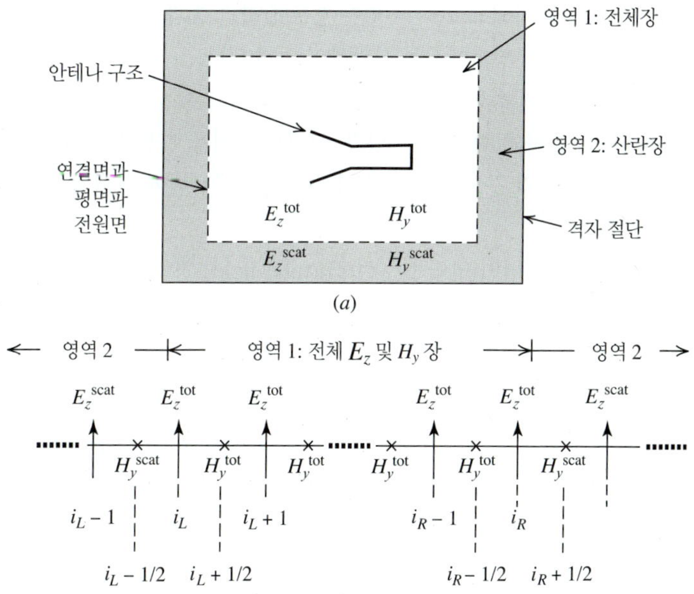


그림 15-14 **FDTD 격자의 구분.** (*a*) 전체장과 산란장 영역, 연결면/평면파 전원과 격자 절단(ABC). (*b*) (*a*) 격자의 1차원 수평절단면에서 장 성분들의 위치 세부 사항.

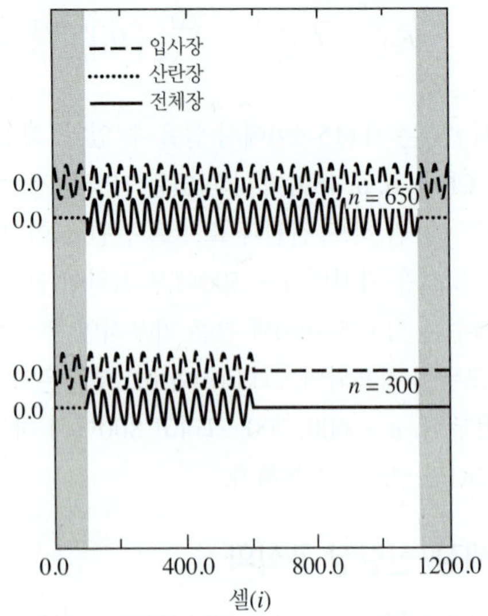


**그림 15-15** ***i* = 0에서 *i* = 1200까지의 1차원 자유공간 격자.** $i = 100$에서 $i = 1100$까지가 전체장 영역. 왼쪽에서 오른쪽으로 전파하는 10 GHz 정현파의 파장당 40개의 셀. $n = 300$과 $n = 650$에서의 전장. 짙은 회색 부분은 산란장 영역.

그림 15-15에서 전체장 격자는 오직 자유공간에서만 존재한다. 시간간격 $n = 350$일 때, 입사장 격자는 정현파로 전파된다. $i > 100$인 경우에 대해, 전체장 격자에서 단지 산란장(입사장과 동일한)만 남겨 두고 (0)전체장으로부터 입사장을 뺀다. 산란장이 없을 것으로 예측한 것처럼, 전체장 격자(그림 15-15의 점선)의 산란장 영역은 정확하게 0이다. 시간간격 $n = 650$일 때 $i < 100$에서는 산란장은 0으로 유지되고, $i > 1100$인 경우에 파가 통과되어 나가며, 산란장이 빠져서 산란장이 없는 이 예에서처럼 이 영역에서는 산란장이 없게 된다.

Yee 알고리즘의 유한차분근사는 입사장 벡터성분, 산란장 벡터성분, 또는 전체 장 벡터성분 중 어느 것에도 동일하게 적용할 수 있다. 이러한 성질을 이용해 FDTD코드들에서는 그림 15-14에서 보여 준 바와 같이 각 구역의 장들의 연결을 위한 가상면에 의해 수치 공간격자를 서로 다른 두 영역으로 구분한다.

격자의 내부 구역인 영역 1은 전체장(total-field) 영역을 나타내며, 이곳에서의 Yee 알고리즘은 전체장 벡터성분에 대해 작용한다. 고려하는 상호작용 구조는 이 영역 내에 포함된다.

격자의 외부 영역인 영역 2는 산란장(scattered-field) 영역으로 표시하며, 여기서 Yee 알고리즘은 산란장 벡터성분에서 대해서만 작용한다. 이것은 그림 15-16에서 $i < 100$과 $n \leq 330$의 경우에 대한 설명처럼 영역 2에는 입사파가 존재하지 않음을 나타낸다. $n = 200$에서는 전체장이 입사장($E$와 $H$는 180°위상차)인 반면에 $n = 330$에서는 완전전기도체(PEC)에서 반사가 일어나게 되고, 전체장의 일부가 단지 입사장이고 일부는 입사와 산란(반사)장($E$와 $H$는 90°위상차)의 정재파이다. 그림 15-16에서 $n = 650$과 $n = 671$일 때 $i < 100$에서 왼쪽으로 전파하는 산란장이 존재하고($E$와 $H$는 동위상), $100 < i < 250$에서는 정재파가 있으며, $i = 250$에서 $E$는 항상 0이며, 그때 $H$가 PEC에서 최댓값 2에 도달한다.

1차원의 경우를 살펴봄으로써 전체장과 산란장 공식화가 어떻게 구현되는지 설명하고자 한다.

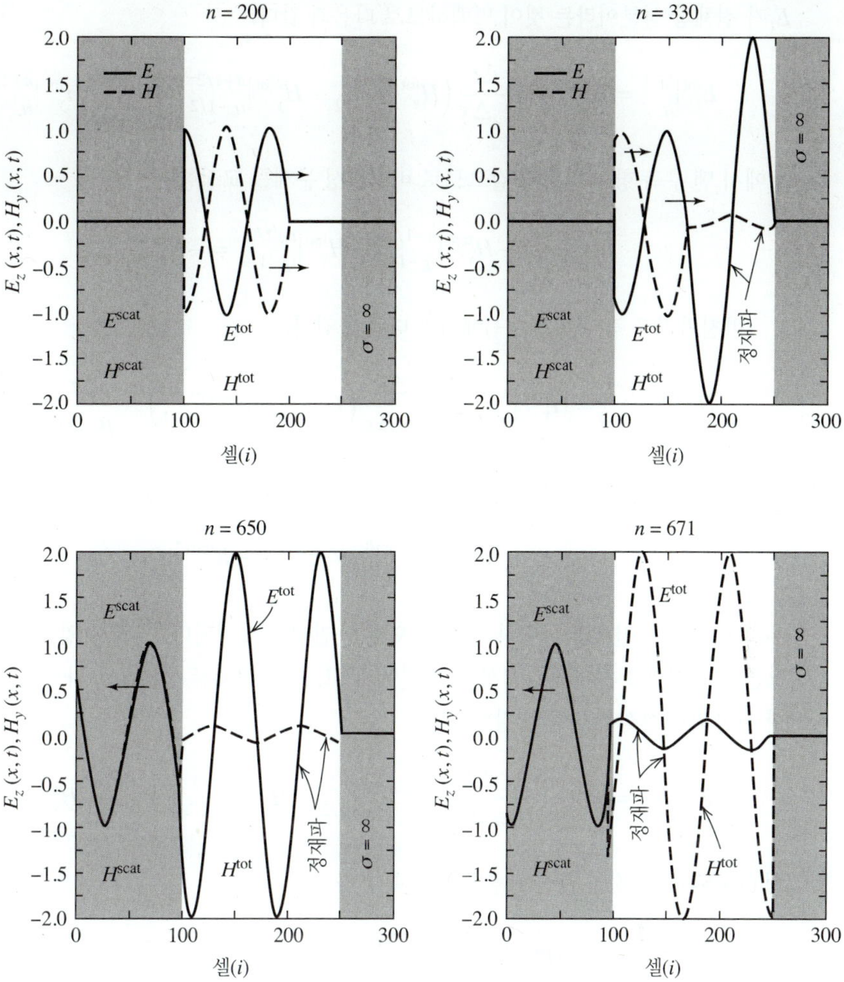


**그림 15-16** ▸ ***i* = 0에서 *i* = 249까지의 1차원 자유공간 격자와 *i* = 250에서 *i* = 300까지의 PEC.** 전체장 영역은 $i = 100$에서 $i = 300$까지이다. 왼쪽에서 입사하는 10 GHz 정현파의 파장당 40개의 셀들. $n = 200, 330, 650$, 그리고 671에서 정규화된 전장과 자장

영역 1과 영역 2의 경계를 이루는 가상면은 갱신방정식에서 다양한 장 성분들의 공간차분으로 표시될 것이 확실한 **E**와 **H**를 포함한다. 경계면을 사이에 두고 공간차분이 취해지면 일관성에 문제가 생긴다. 다시 말해서, 경계의 영역 1 쪽에서 차분식의 장이 전체장으로 간주되는 반면, 경계의 영역 2 쪽에서는 차분식의 장이 산란장으로 간주된다. 산란장과 전체장 값 사이의 산술적인 차분을 수행하는 것은 일관성이 없다.

이 일관성 문제는 입사장 벡터[3] 성분 값 $\mathbf{E}^{inc}$와 $\mathbf{H}^{inc}$를 사용함으로써 해결할 수 있으며, 이 성분들은 미리 알고 있거나 각 공간격자 점에서 계산할 수 있다고 가정한다. 그림 15-14*b*에서와 같이 산란장과 전체장 구역 사이의 왼쪽 경계를 $i_L$에서의 $E_z$와 $i_{L-1/2}$에서의 $H_y$ 사이에 두자. 이 배치로부터

[3] 첨자 *i*와의 혼동을 피하기 위하여 입사장을 표시하는 'inc'가 사용되었으며, 'scat'는 산란장을 그리고 'tot'는 전체장을 표시함.

$E_z$가 전체장 성분이라는 것이 명백하므로 다음과 같다.

$$E_z^{\text{tot}}\Big|_{i_L}^{n+1} = E_z^{\text{tot}}\Big|_{i_L}^{n} + \frac{\Delta t}{\varepsilon_o \Delta x}\left(H_y^{\text{tot}}\Big|_{i_L+1/2}^{n+1/2} - H_y^{\text{scat}}\Big|_{i_L-1/2}^{n+1/2}\right) - \frac{\Delta t}{\varepsilon_o \Delta x} H_y^{\text{inc}}\Big|_{i_L-1/2}^{n+1/2} \tag{15-52}$$

위에서 맨 우측 항이 다음과 같으므로 비일관성 문제를 교정한다.

$$-H_y^{\text{scat}}\Big|_{i_L-1/2}^{n+1/2} - H_y^{\text{inc}}\Big|_{i_L-1/2}^{n+1/2} = -H_y^{\text{tot}}\Big|_{i_L-1/2}^{n+1/2} \tag{15-53}$$

마찬가지로 격자점$(i_L - \frac{1}{2})$에서는 다음과 같다.

$$H_y^{\text{scat}}\Big|_{i_L-1/2}^{n+1/2} = H_y^{\text{scat}}\Big|_{i_L-1/2}^{n-1/2} + \frac{\Delta t}{\mu_o \Delta x}\left(E_z^{\text{tot}}\Big|_{i_L}^{n} - E_z^{\text{scat}}\Big|_{i_L-1}^{n}\right) - \frac{\Delta t}{\mu_o \Delta x} E_z^{\text{inc}}\Big|_{i_L}^{n} \tag{15-54}$$

위에서 맨 우측 항이 다음과 같으므로 비일관성 문제를 교정한다.

$$E_z^{\text{scat}}\Big|_{i_L}^{n} = E_z^{\text{tot}}\Big|_{i_L}^{n} - E_z^{\text{inc}}\Big|_{i_L}^{n} \tag{15-55}$$

유사한 과정이 전체장/산란장 경계의 오른쪽 면에서 실행된다. 산란장 영역과 전체장 구역 사이의 오른쪽 경계면을 격자점 $i_R$에서 $E_z$ 성분에 두고, $E_z$를 전체장 성분으로 가정하면 식 (15-52)와 비슷한 전장의 표현식은 다음과 같다.

$$E_z^{\text{tot}}\Big|_{i_R}^{n+1} = E_z^{\text{tot}}\Big|_{i_R}^{n} + \frac{\Delta t}{\varepsilon_o \Delta x}\left(H_y^{\text{scat}}\Big|_{i_R+1/2}^{n+1/2} - H_y^{\text{tot}}\Big|_{i_R-1/2}^{n+1/2}\right) + \frac{\Delta t}{\varepsilon_o \Delta x} H_y^{\text{inc}}\Big|_{i_R+1/2}^{n+1/2} \tag{15-56}$$

식 (15-54)와 비슷한 자장 표현은 다음과 같다.

$$H_y^{\text{scat}}\Big|_{i_R-1/2}^{n+1/2} = H_y^{\text{scat}}\Big|_{i_R+1/2}^{n-1/2} + \frac{\Delta t}{\mu_o \Delta x}\left(E_z^{\text{scat}}\Big|_{i_R+1}^{n} - E_z^{\text{tot}}\Big|_{i_R}^{n}\right) + \frac{\Delta t}{\mu_o \Delta x} E_z^{\text{inc}}\Big|_{i_R}^{n} \tag{15-57}$$

이 과정의 중요한 효과는 산란장/전체장 경계의 왼쪽 점 $i_L$에서 평면파를 발생시키고, 이 평면파가 전체장 영역을 통과해 전체장/산란장 경계의 오른쪽 점 $i_R$로 전파하여 오른쪽 산란장 영역에서 사라지도록 하는 것이다. 가운데 전체장 구역 내에 산란체가 없을 때에는 그림 15-15와 같이 가운데 구역의 좌측과 우측의 산란장 내에 장이 존재하지 않는다.

### 15.6.5 순 산란장 공식화

순 산란장 공식화(pure scattered-field formulation)는 주파수 영역 적분방정식(예를 들면 MoM) 분야에서 인기 있는 방법을 차용했으며, 개념은 맥스웰 방정식의 선형성과 전체 전장과 자장을 기지의 입사장과 미지의 산란장으로 분리하는 것에서 발전했다. 그렇지만 이 FDTD 방법은 오직 산란 전장과 자장에만 시간간격이 사용되었다. 즉 FDTD 격자는 전체장 영역과 산란장 영역으로 구별되지는 않지만, 대신 모든 곳에서 산란장을 가정한다. 이것은 산란장을 방사장으로서 생각하는 (송신) 안테나 해석의 경우이다. 그러나 원거리장까지 격자를 확장하는 것은 실질적이지 못하므로 산란(방사)장은 근거리장이다. 다음 절에서 논의하겠지만, 원거리장 방사패턴을 얻으려면 근거리장의 데이터가 원거리장의 데이터로 변환되어야 한다.

## 15.7 원거리장과 근거리장

앞에서 보았듯이 대부분의 문제에서 원거리장을 충분히 포함할 수 있도록 격자공간을 크게 만들 수 없으므로 FDTD 격자 내에서 원거리장 FDTD 데이터를 직접 계산하는 것은 사실상 어렵다. 그러므로 근거리장 데이터가 원거리장 데이터로 변환되어야만 한다. 앞 절에서 보았듯이 FDTD 격자에서 잘 정의된 산란장 영역의 존재는 여기서 다루게 될 근거리장–원거리장 변환을 쉽게 한다. 한 번의 FDTD 모델링 실행에서 구해진 근거리장 데이터를 사용한다면, 이 변환으로 완전한 안테나 방사패턴 또는 단일 조사각에서 조사된 구조의 완전한 원거리장 쌍안정 산란 응답을 효과적이면서도 정확하게 계산할 수 있다.

그림 15-17을 참고해 근거리–원거리 변환을 알아보자. 여기서 산란체를 완전히 둘러싸는 사각형의 가상면(영역 B)이 격자경계 주위의 산란장 영역(그림 15-17의 영역 A) 내에 위치한다. 산란장 $\mathbf{E}^s$와 $\mathbf{H}^s$가 FDTD를 사용해 $S_{\text{ab}}$에서 먼저 계산된다. 그리고 그림 15-17에 나타난 것처럼 $S_{\text{ab}}$ 외부의 영역 A에 전적으로 유용한 등가 문제가 설정된다. 새로운 여기 데이터 $\mathbf{J}_s$와 $\mathbf{M}_s$는 각각 $S_{\text{ab}}$ 상의 등가 전기전류와 자기전류로서 다음 관계식에서 구해진다(9.1절 참조).

$$\mathbf{J}_s(\mathbf{r}) = \hat{\mathbf{n}} \times \mathbf{H}^s(\mathbf{r}) \tag{15-58a}$$

$$\mathbf{M}_s(\mathbf{r}) = -\hat{\mathbf{n}} \times \mathbf{E}^s(\mathbf{r}) \tag{15-58b}$$

여기서 $\hat{\mathbf{n}}$은 $S_{\text{ab}}$ 면에서 외향의 단위법선벡터이다.

그러므로 산란되는 원거리장은 식 (15-58*a*)와 식 (15-58*b*)의 등가전류를 적분함으로써 얻어진다. 만일 $(\mu_o, \varepsilon_o)$가 영역 $A$의 매질 특성이라면, 다음과 같은 산란 원거리장의 $\theta$와 $\phi$ 편파에 대한 식이 얻어진다.

$$E_\theta = -j\omega\left[A_\theta + \eta F_\phi\right] \tag{15-59a}$$

$$E_\phi = -j\omega\left[A_\phi - \eta F_\theta\right] \tag{15-59b}$$

여기서

$$A_\theta = A_x \cos\theta \cos\phi + A_y \cos\theta \sin\phi - A_z \sin\theta \tag{15-59c}$$

$$F_\theta = F_x \cos\theta \cos\phi + F_y \cos\theta \sin\phi - F_z \sin\theta \tag{15-59d}$$

$$A_\phi = -A_x \sin\phi + A_y \cos\phi \tag{15-59e}$$

$$F_\phi = -F_x \sin\phi + F_y \cos\phi \tag{15-59f}$$

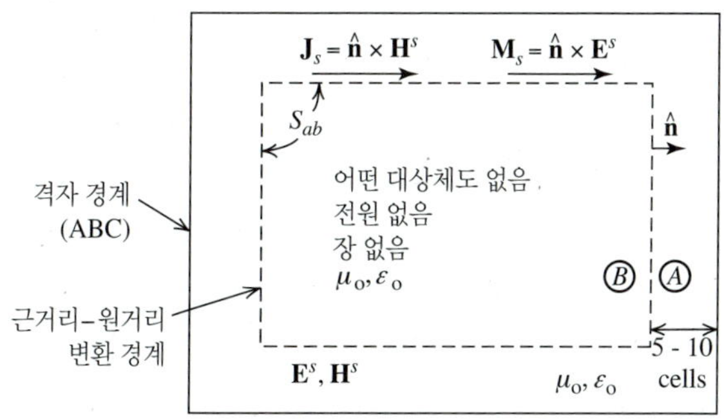


**그림 15-17** 근거리–원거리 변환의 전자기 등가.

그리고 원거리장 영역에서의 전위는 다음과 같이 주어진다.

$$\begin{bmatrix} \mathbf{A} \\ \mathbf{F} \end{bmatrix} = \left(\frac{e^{-j\beta r}}{4\pi r}\right) \iint \begin{bmatrix} \mu_o \mathbf{J}_s \\ \varepsilon_o \mathbf{M}_s \end{bmatrix} e^{j\beta r' \cos\xi} \, dS'_{ab} \tag{15-60a}$$

$$r' \cos\xi = (x' \cos\phi + y' \sin\phi) \sin\theta + z' \cos\theta \tag{15-60b}$$

원거리 산란장을 계산하기 위한 이 접근법은 쉬운데, 이것은 (1) 임의의 형태의 안테나나 산란체의 근거리장 데이터는 그들에 대한 FDTD 계산으로 구할 수 있고, (2) 근거리장 데이터에서 원거리장 데이터로 변환하는 것은 적분면 $S_{ab}$ 내부의 산란체 성질과는 무관하기 때문이다.

원거리 산란장의 초기 FDTD 계산은 정현적인 여기를 사용했다. 이 때문에 FDTD 계산을 한 번 실행하는 데서 오직 한 주파수에 대한 FDTD 원거리 결과가 얻어졌다. 이러한 단일 주파수의 원거리 계산을 위한 과정은 쉽다. 첫째, 정상상태 조건에 이를 때까지 FDTD 계산이 시간간격을 수행한다. 그리고 대상체를 둘러싸는 폐곡면 상에 흐르는 복소 시간 조화 전기전류와 자기전류가 구해진다. 이러한 시간 조화장이나 전류가 저장되었다면, 후처리 과정 동안 원하는 방향에서의 원거리 방사장이나 산란장이 계산될 수 있다. 이 접근법은 단지 단일 주파수에서의 원거리 방사 또는 산란 패턴에 적합하다.

여러 주파수에서의 원거리 영역의 결과를 얻기 위해서, 이 접근법에서는 FDTD 계산에 펄스 여기를 사용한다. 각 관심 주파수들에서, 매 시간간격마다 FDTD 구조를 포함하는 폐곡면 상의 시간 조화 표면전류에 대한 이동 이산 푸리에변환(running DFT) 과정을 실행한다. FDTD 계산에 펄스 여기를 사용하면, 이동 DFT를 행함으로써 몇 개의 주파수에 대해서도 주파수 영역의 복소 전류들을 얻을 수 있다. 이것은 고려하는 각각의 주파수에 대해 시간 조화 여기를 사용하는 것보다 훨씬 효과적이다. 또한 이것은 정현적인 여기가 사용되어, 임의의 원거리 각도에서 주파수 영역 원거리장을 제공할 때보다 각 주파수별로 표면 전류를 위한 컴퓨터 기억장소를 더 요구하지 않는다. 만일 여러 주파수에서 원거리장 결과가 필요하다면, 이동 DFT 접근이 더 좋은 방법이다.

이 절을 마치기 전에, 원거리장 데이터 자체가 관심의 대상이 될 수 있다는 것을 언급한다. 원거리장 데이터는 FDTD 격자에서 직접 해당하는 장 값을 선택해 쉽게 얻을 수 있다. 이러한 데이터는 순시장(instantaneous field)이나 순시장을 푸리에변환해 구한 페이저 장 또는 보간된 스칼라나 벡터가 삽입된 장 지도를 포함할 수 있다. 안테나의 근거리장 방사패턴은 단지 안테나 근처에서 FDTD로 계산된 방사장의 공간적인 분포이다. 근거리장은 반사나 굴절 등과 같은 물리적인 기본 상호작용에 대한 통찰을 제공한다. 예를 들어 근거리장 데이터는 안테나 개구면 전체에서 크기와 위상 데이터의 결정(다음 절과 같이), 안테나의 표면전류밀도, 그리고 안테나 급전 내부 또는 급전을 따라 전류 또는 장 분포를 결정하는 데 사용될 수도 있다.

## 15.8 2차원 예: *E* 평면 섹터형 혼 안테나

앞 절에서 격자 설계에서 원거리장 계산까지 문제 풀이에 필요한 모든 기본사항을 소개했다. 이 절에서는 2차원 TE 예제를 자세히 고찰한다. 문제는 그림 9-15와 같은 $E$ 평면 섹터형 혼의 2차원 모델이다. 혼은 최적조건 $B = \sqrt{2\lambda R_2}$에 따라, $B = 4\lambda$가 되는 $R_2 = 8\lambda$로 채택했다(9.4.2절 참조). 이 혼의 FDTD 모델을 그림 15-18에 나타냈다. 혼의 벽에 층이 나 있음을 주목하라. 이러한 층이 생기는 이유를 알기 위해서는 그림 15-19의 2차원 격자를 살펴보라. 혼과 도파관 벽에서 계수 $C_a$와 $C_b$

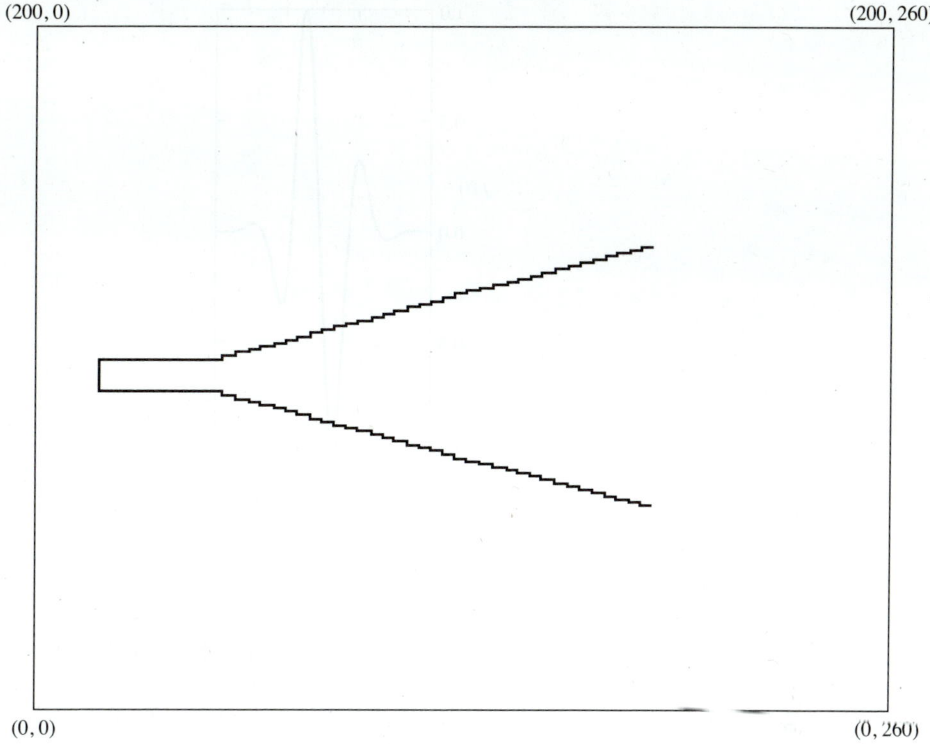


그림 15-18 *E* 평면 섹터형 혼의 TE 모델.

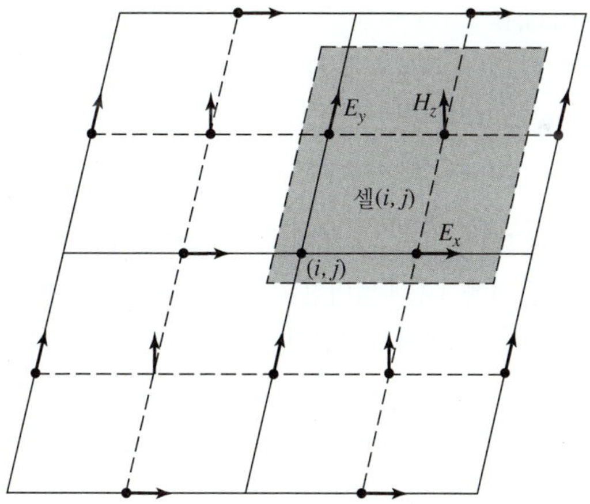


그림 15-19 2차원 TE 격자의 투시도.

는 높은 도전율(예를 들어 5.7 × $10^7$ siemens/m)로 계산되었다. 격자의 모양이 직사각형이므로 층이 있는 윤곽은 당연한 결과이다.

이 예에서 사용된 2차원 격자는 그림 15-18과 같이 260 × 200셀이었다. 이 셀들은 중심 주파수에서 $\lambda/20 \times \lambda/20$이다. 근거리장–원거리장 변환을 위한 경계는 격자 끝에서 12셀 안쪽으로

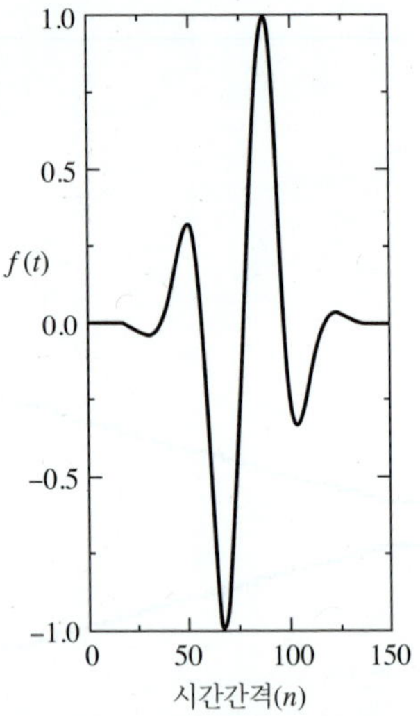


그림 15-20 정현파 변조된 가우시안 파형.

택했다. 사용된 시간함수는 식 (15-49c)의 정현파 변조된 가우시안 펄스로서 다음과 같다.

$$f(t) = 1.148e^{-[(t-3\tau_o)/\tau_o]^2} \sin[2\pi f_c(t-3\tau_o)] \tag{15-61}$$

여기서

$$\tau_0 = 1.0/[\pi(f_h - f_c)]$$
$$f_h = 15 \text{ GHz}$$
$$f_c = 10 \text{ GHz}$$
$$\Delta x = \lambda/20 \text{ (중심 주파수에서)}$$
$$2\Delta t = \Delta x/2.99792458 \times 10^8$$
$$t = n\Delta t,\ \Delta t = 2.5 \times 10^{-12}$$

이다. 이 함수의 그림을 그림 15-20에 나타내었다. 이 시간함수를 갖는 소프트 전원은 중심 주파수에서 도파관 후방 벽에서 $\lambda/4$ 떨어진 지점에 있다.

그림 15-21$a$는 250번째 시간간격에서 혼 내부의 장을 나타낸다. 펄스가 아직 개구면에 도달하지 못했으며, 혼과 도파관 벽이 결합되는 불연속에서 반사가 있다는 것에 역력히 나타난다. 시간간격 $n = 475$의 그림 15-21$b$에서 펄스의 첨두 에너지 성분이 개구면을 막 통과했으며, 개구면에서 반사된 에너지가 도파관 쪽으로 되돌아 진행하는 징후가 나타나고, 혼의 가장자리에서의 회절이 뚜렷이 보인다. 시간간격이 $n = 600$과 800인 경우는 이 책의 이전 판 627쪽에 나타나 있다. 이전 판 책에서는 $n = 600$과 800에서의 이중 회절효과와 $n = 800$에서 내부각이 $\pi$(즉 혼과 도파관이 연결된 곳)보다 큰 쐐기에 의한 회절을 보여 주고 있다.

그림 15-21의 $a$~$b$에서 가장 어두운 부분이 가장 큰 장의 강도를 나타내며, 흰 부분은 장의 강도가 0임을 나타낸다. 펄스 자체에도 0이 되는 몇몇 순간들이 있다(그림 15-20 참조). 장의 세기가 0이 되는 이러한 순간들은 그림 15-21의 주펄스와 그것의 회절 또는 반사들 사이에 나타나는 가는 흰 선이다. 거의 하얀 넓은 영역은 수치적인 잡음이 있다는 증거이다.

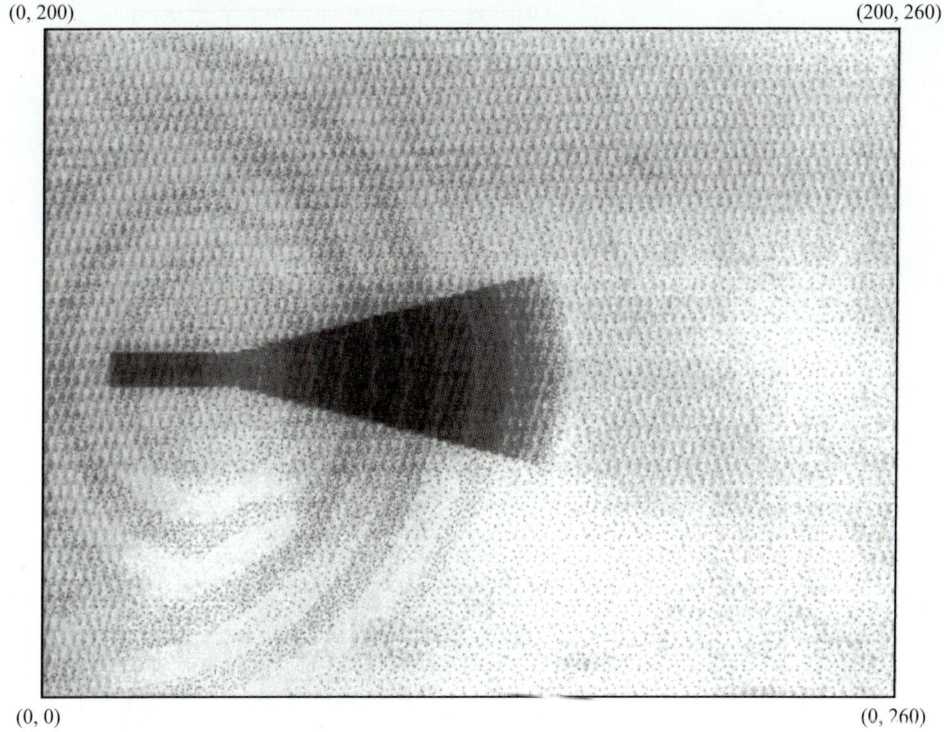


(a) $n = 250$에서

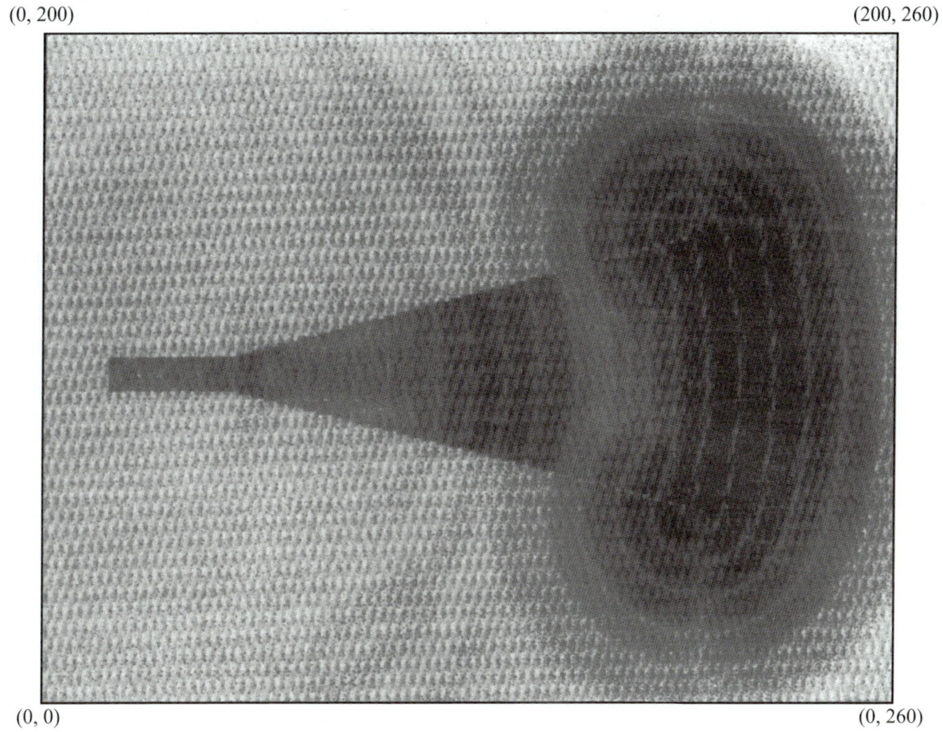


(b) $n = 475$에서

**그림 15-21** $n = 250, 475$에서의 펄스 전파.

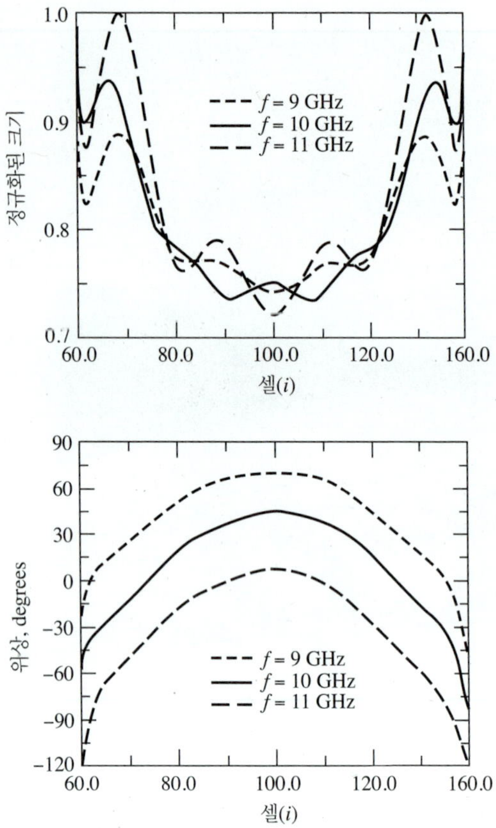


**그림 15-22** **$n = 800$일 때 혼 개구면의 장분포.**

그림 15-22는 주파수 9, 10과 11 GHz에서 개구면의 진폭과 위상 분포를 나타낸다. 이것은 개구면에서의 장을 푸리에변환해 구했다. 혼의 설계 조건 $B = \sqrt{2\lambda R_2}$에서 개구면의 중심에서 가장자리까지 90°의 위상 변화가 예측된다. 제9장의 고전적인 해석에는 포함되지 않았으나 거의 정확한 FDTD 결과에는 포함되어 있는 개구면 가장자리 근처에서의 회절효과를 참작한다면, FDTD 결과는 위의 내용과 거의 일치한다. 그림 15-22의 개구면 가장자리 근처의 진폭 분포와 그곳에서의 더욱 급격한 위상변화로부터 전자파가 혼의 가장자리와 강한 상호작용이 있음을 명백하게 알 수 있다.

그림 15-23은 근거리–원거리 변환에 부분적으로 기여하는 변환경계를 따른 전장의 크기를 나타낸다. 잔여 부분은 자장이 원인이다. 장은 $n = 800$에서 계산되었다. 개구면의 전면 부분에 가장 강한 장이 나타나는 것은 당연하고, 개구면 반대쪽(즉 뒷면)에서는 펄스가 뒷면에 도착할 시간이 아직 경과되지 않았으므로 당연히 0이다. 양측면(그림 15-18에서의 위와 아래 부분)을 따라서는, 특히 혼 개구면의 근처에 약간의 장이 나타난다.

그림 15-24는 그림 15-18의 격자 양 끝에서 12셀 안쪽 경계의 데이터를 사용한 근거리–원거리 변환에서 계산된 10 GHz에서의 원거리장 패턴을 나타낸다. 여기서 $B/\lambda \sin\theta = 4 \sin\theta$이므로 가로축의 $E$ 평면 크기가 $4 \sin\theta$이고, 이 패턴은 $s = 1/4$일 경우 그림 9-16에 나타난 고전적인 패턴과 잘 일치한다.

전방영역(forward-region) 원거리장 패턴은 $n = 800$에서 계산되었다. 그림 15-25의 데이터가

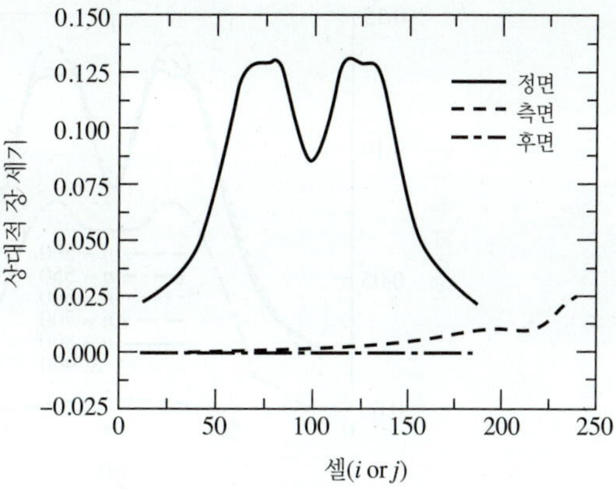


그림 15-23 $n = 800$일 때 근거리–원거리 변환경계에서 10 GHz 전장의 진폭.

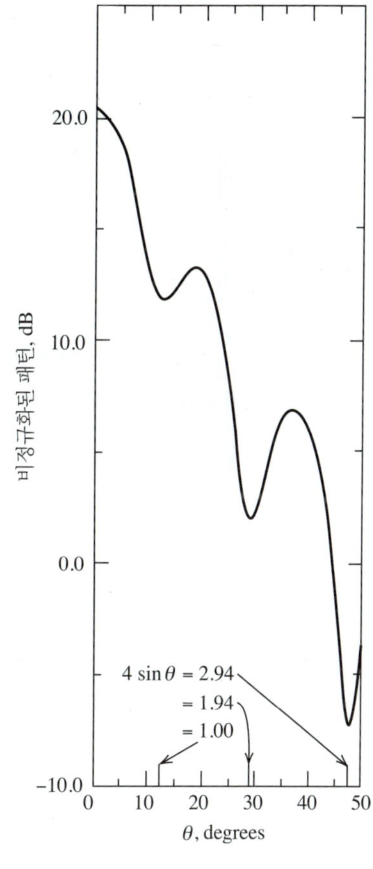


그림 15-24 800 시간간격 후 10 GHz의 원거리장 패턴, $B/\lambda \sin\theta = 4 \sin\theta$.

근거리–원거리 변환경계의 전면(오른쪽)에서 정상상태가 이루어졌음을 나타내기 때문이다. 근거리장의 수렴이 원거리장의 수렴을 보장하지만, 역은 성립되지 않는다. 좀 더 시간간격이 경과한 후에 원거리장 패턴을 계산할 수도 있으나 파의 도파관 외부와의 상호작용과 같은 원하지 않는 효과가 데이터에 나타날 수 있다. 즉 $n = 800$일 때, 펄스 전파는 근거리–원거리 변환경계의 후방면으로

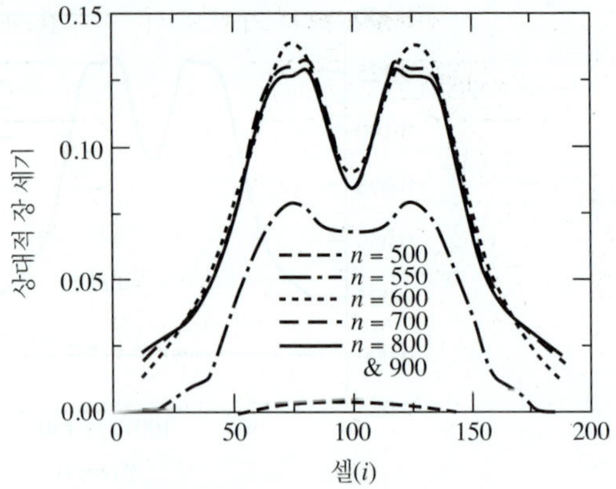


그림 15-25 6개의 서로 다른 시간 진행에 대한 근거리–원거리 경계의 전면부 상의 10 GHz 전장의 진폭.

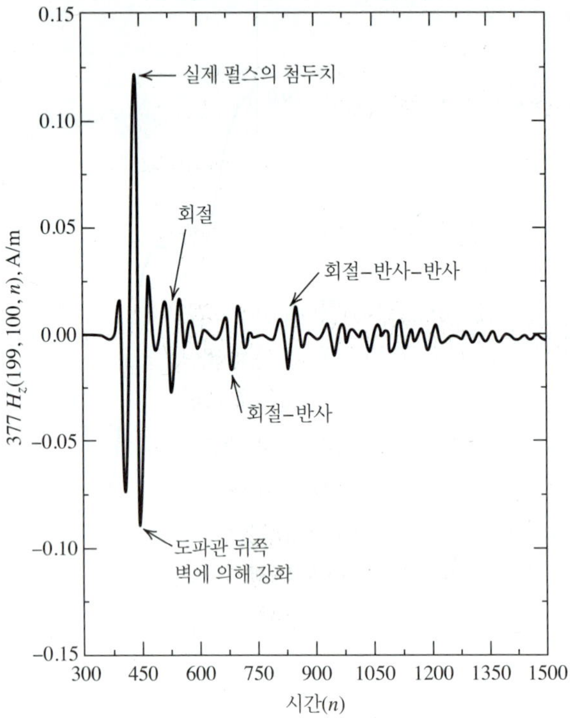


그림 15-26 개구면 중앙에서의 $n$에 대한 $H$ 장. ($i = 199, j = 100$)

방해가 도달하기 전에 발생한다. 다른 말로 표현하면, 정상상태에 이르도록 충분하게 시간적으로 전진해야 하나, 원하는 데이터가 원치 않는 효과에 의해 오염될 수 있을 정도로 그렇게 많이 진전하지 않아야 함은 매우 중요하다.

FDTD도 마찬가지로 다른 데이터를 제공할 잠재성이 있다. 시간간격 $n = 300$에서 $n = 1500$까지 개구면 중앙($i = 199$, $j = 100$)의 자장을 나타내는 그림 15-26을 고려하자. 나타나는 첫 번째 중요한 특징은 $n = 420$ 근처에서의 주펄스이다(즉 한 셀당 두 시간간격으로 약 210셀을 진행).

약 80시간간격 후(즉 가장자리에서 개구면 중앙까지 40셀) 혼 가장자리로부터의 회절이 도달한다. 근사적으로 $n = 700$, 850일 경우 반대편 벽으로부터 반사된 회절이 도달한다. 다른 벽에 다시 반사된 회절도 뒤따라 도달한다. $n = 700$과 $n = 825$ 주위에서 마지막 두 효과는 원거리 패턴의 주엽 영역에는 영향을 끼치지 않는다. 이것은 주엽의 방향과는 다른 방향으로 전파하기 때문이다.

다음 절에서는 $E$ 평면 섹터형 혼의 2차원 모델만큼 자세히는 아니지만 두 가지 3차원 안테나 문제를 고찰한다.

## 15.9 안테나 해석과 응용

안테나에 대한 FDTD의 응용은 차폐나 레이더 단면적 등과 같은 응용에 비해 비교적 최근에 이루어졌다. 그 이유 중의 하나가 MoM이 FDTD보다는 짧은 컴퓨터 시간과 적은 기억장소로 작고 단순한 안테나에 대한 결과를 제공할 수 있기 때문이다. 이것은 MoM 이 도선이나 도전체 표면을 흐르는 전류만을 계산하는 반면, FDTD는 전체 계산 영역 내의 장들을 계산해야만 하기 때문이다. 이러한 영역은 안테나와 흡수경계 사이에서 어느 정도 근거리장의 감쇠가 이루어질 수 있도록 충분한 셀을 포함해야 한다. 만일 안테나가 작고 기하학적으로 단순하다면, 주위의 모든 자유공간 셀에서 장을 계산하는 이 FDTD가 MoM보다 아주 비효율적이다. 중간 크기의 안테나 또는 MoM 공식화에 쉽게 포함되지 않는 안테나의 기하학적 구조 그리고(혹은) 재료[9], 또는 여러 주파수에서의 데이터가 필요한 경우 등에서는 FDTD가 훨씬 우수한 방법이다.

FDTD가 수신 안테나의 계산에 응용될 경우, 다수의 원거리 각도에서의 결과를 요구하는 응용에서 MoM에 비해 FDTD가 갖는 장점이 하나 상실된다. 산란 응용을 예로 들면, MoM은 하나의 임피던스 행렬로부터 각각 다른 방향에서 입사하는 평면파에 대한 결과들을 효율적으로 계산할 수 있으나, FDTD는 각각의 다른 입사각도에 대해 완전히 재계산을 해야 한다. 그러나 안테나 송신 문제에 대해서는 FDTD도 MoM이 하는 것처럼 한 번의 계산으로 어떠한 방향에 대한 원거리장도 효율적으로 제공할 수 있다. FDTD는 펄스 여기로 넓은 주파수 범위의 결과를 제공하므로 안테나 응용에서는 매우 효과적인데, 이는 임피던스, 방사패턴 등을 FDTD 계산으로 얻을 수 있기 때문이다.

### 15.9.1 임피던스, 효율, 그리고 이득

이 책의 다른 부분에서 친숙해진 임피던스, 이득, 원거리장 패턴, 레이더 단면적과 같은 안테나 용어들이 주파수 영역 개념임을 잊지 말아야 한다. FDTD 계산 과정을 통해 이러한 것들을 구하려면 해당하는 전압, 전류, 그리고 장들을 시간영역에서 주파수 영역으로 변환하는 푸리에변환이 필요하다.

FDTD의 장점들(예를 들면 넓은 대역폭의 데이터)을 이용하고자 일반적으로 안테나 여기에 가우시안 전압 펄스를 사용한다. 급전점에서 전압 여기 펄스의 푸리에변환을 $V_A(\omega)$로 표시하고, 급전점에서 전류의 푸리에변환을 $I_A(\omega)$로 표시하자. 그러면 입력 임피던스는 아래 식으로 주어진다.

$$Z_A(\omega) = \frac{V_A(\omega)}{I_A(\omega)} \quad \textbf{(15-62)}$$

$V_A(\omega)$와 $I_A(\omega)$를 유도했던 $v_A(t)$와 $i_A(t)$를 결정하는 데 $\mathbf{E}$와 $\mathbf{H}$의 선적분을 각각 도입한다.

안테나 급전 간격의 셀을 가로질러 해당 전압 $v_i(t)$를 전장 $E_z\big|_{i,j,k}^{n}$로 모델링한 하나의 전압 전원에 의해 안테나가 급전되어 시간영역 전류 $i_i(t)$를 공급하는 상황을 고려하자. 모든 과도현상이 사라

지고 전압, 전류 두 가지의 시간영역 결과가 푸리에변환이 되고 난 후에, 각각의 주파수에서 등가 정상상태 입력전력은 다음 식으로 매우 간단히 주어진다.

$$P_{\text{in}}(\omega) = \frac{1}{2}\text{Re}\left[V_A(\omega)I_A^*(\omega)\right] \tag{15-63}$$

저항성 손실에 의한 소비전력은 다음과 같이 계산된다. FDTD 전장성분 $E_z(t)$가 도전율 $\sigma$의 영역 내에 있다고 가정하자. 단일 FDTD 셀 내에서 전장이 균일하다고 가정하면, 이 영역에서 소비되는 각 주파수에서의 등가 정상상태 전력은 아래와 같이 주어진다.

$$\begin{aligned} P_o &= \frac{1}{2}\iiint \sigma\left|E_z(\omega)\right|^2 dv = \frac{1}{2}\sigma\left|E_z(\omega)\right|^2 \Delta x \;\; \Delta y \;\; \Delta z \\ &= \frac{1}{2}\frac{\sigma \;\; \Delta x \;\; \Delta y}{\Delta z}\left|E_z(\omega)\,\Delta z\right|^2 = \frac{|V(\omega)|^2}{2R} \end{aligned} \tag{15-64}$$

여기서 $E_z(\omega)$는 $E_z(t)$의 푸리에변환이며, $R$은 $z$ 방향의 셀 양단의 집중 정수저항이다. $P_{\text{in}}$과 $P_o$를 알면 식 (2-153)에서 방사효율을 결정할 수 있다.

안테나 이득을 결정하기 위해서는 주어진 주파수에서 원하는 방향에서의 원거리 전장이 결정되어야만 한다. 앞 절의 접근법을 사용한다면 펄스를 사용한 원거리장에 대해 이것을 결정해야 한다. 원거리 전장은 $1/r$ 진폭인자와 전파지연 없이 계산되므로, $(\theta, \phi)$ 방향에서 무손실 등방성 안테나에 대한 안테나 이득은 아래 식으로 주어진다.

$$G(\omega, \theta, \phi) = \frac{1}{2}\frac{\left|E(\omega, \theta, \phi)^2\right|/\eta}{P_{\text{in}}/4\pi} \tag{15-65}$$

여기서 $E(\omega, \theta, \phi)$는 $(\theta, \phi)$ 방향으로 방사되는 펄스 사용 원거리 시간영역 전장의 푸리에변환의 첨두치이다.

## ▸ 15.9.2 완전 전기 도체 접지면 위의 모노폴

맬로니(Maloney) 등[10]은 원통형 모노폴과 원추형 모노폴의 두 가지 단순한 안테나에서 방사를 모델링하는 데 FDTD를 사용했다. 여기서는 PEC 접지면 위의 높이 $h$인 원통형 모노폴만을 고려한다. 그림 15-27은 이 안테나의 모델로 사용된 FDTD 격자를 나타낸다. 격자는 안테나와 동축 급전선의 $z$축에 대한 회전 대칭성을 활용하는 2차원 원통좌표 알고리즘을 사용했다. 원통좌표계에서 TE 모드가 $E_\phi$, $H_\rho$, $H_z$로 이루어지는 반면, TM 모드는 $E_\rho$, $E_z$, $H_\phi$를 갖는다. 동축선이 단지 $E_\rho$, $H_\phi$만으로 이루어진 TEM 모드로 여기되었으므로, 오직 TM 원통모드로만 모델링하였다.

동축선 내의 가우시안 펄스 전압 여기 $v(t) = v_o \exp(-t^2/2\tau_p^2)$가 전원면 $A - A'$에 사용되었고, 이 위치에서 정합된 전원을 실현하고자 크기가 꼭 맞는 ABC가 함께 겹쳐졌다. 모델에 적용된 정규화 정수들은 $b/a = 2.30$ (50 Ω 동축선), $h/a = 65.8$, $\tau_p/\tau_a = 8.04 \times 10^{-2}$이다. 여기서 $\tau_p$는 여기 펄스의 $1/e$ 폭이고 $\tau_a = h/c$는 특성 안테나 높이이다. 다르게 표현해서, $\tau_a$는 전자파가 모노폴의 길이를 진행하는 데 소요된 시간을 나타낸다. 마지막으로 외부경계 $S_e$에서 격자를 종단하는 데 단지 1차 정확도의 ABC가 사용되었다.

원통형 모노폴은 2차원 전자기 문제를 나타낸다. 예를 들어 그림 15-27의 방사체는 회전대칭이며, 다음과 같은 회전대칭 전원에 의해 여기된다.

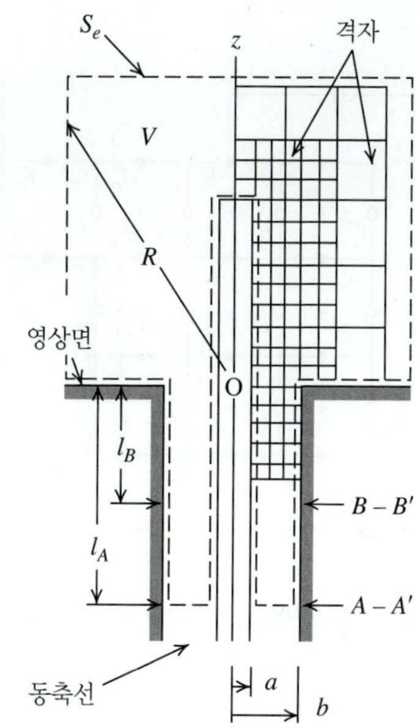


그림 15-27 PEC 접지면 위에서 동축급전 모노폴의 과도여기 모델링에 사용된 2차원 원통좌표 FDTD 격자구조. ([10] © 1990. IEEE의 허가하에 사용.)

$$\mathbf{E}^i(t) = \frac{\upsilon^i(t)}{\text{In}(b/a)\rho}\hat{\boldsymbol{\rho}} \tag{15-66}$$

맥스웰의 회전방정식에서 해당 성분은 아래와 같다.

$$\frac{\partial E_\rho}{\partial z} - \frac{\partial E_z}{\partial \rho} = -\mu_o \frac{\partial H_\phi}{\partial t} \tag{15-67a}$$

$$-\frac{\partial H_\phi}{\partial z} = -\varepsilon_o \frac{\partial E_\rho}{\partial t} \tag{15-67b}$$

$$\frac{1}{\rho}\frac{\partial(\rho H_\phi)}{\partial \rho} = \varepsilon_o \frac{\partial E_z}{\partial t} \tag{15-67c}$$

위에서 수학적인 이산화를 수행하면 다음과 같이 된다.

$$\begin{aligned} H_\phi\Big|_{i,j}^{n+1/2} = H_\phi\Big|_{i,j}^{n-1/2} &+ \frac{\Delta t}{\mu_o \Delta\rho}\left[E_z\Big|_{i+1/2,j}^{n} - E_z\Big|_{i-1/2,j}^{n}\right] \\ &- \frac{\Delta t}{\mu_o \Delta z}\left[E_\rho\Big|_{i,j+1/2}^{n} - E_\rho\Big|_{i,j-1/2}^{n}\right] \end{aligned} \tag{15-68a}$$

$$E_\rho\Big|_{i,j-1/2}^{n+1} = E_\rho\Big|_{i,j-1/2}^{n} - \frac{\Delta t}{\varepsilon_o \Delta z}\left[H_\phi\Big|_{i,j}^{n+1/2} - H_\phi\Big|_{i,j-1}^{n+1/2}\right] \tag{15-68b}$$

$$E_z\Big|_{i+1/2,j}^{n+1} = E_z\Big|_{i+1/2,j}^{n} + \frac{\Delta t}{\varepsilon_o \Delta\rho}\,\frac{1}{\rho_{i+1/2}}\left[\rho_{i+1} H_\phi\Big|_{i+1,j}^{n+1/2} - \rho_i H_\phi\Big|_{i,j}^{n+1/2}\right] \tag{15-68c}$$

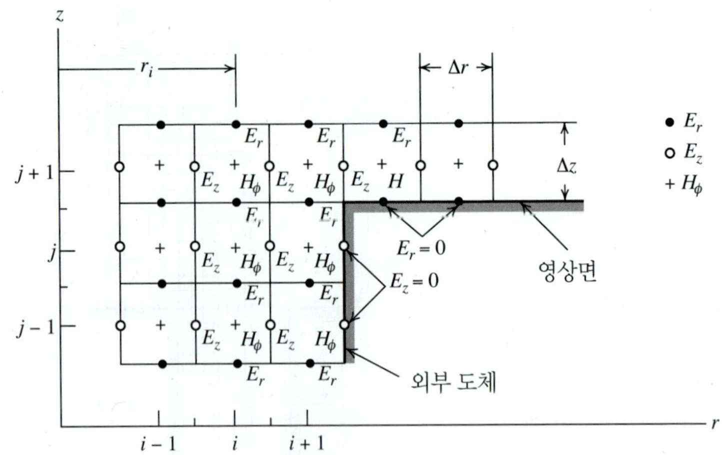


그림 15-28 원통대칭을 가지는 2차원 문제에 대한 공간격자와 장 성분들. ([10] © 1990. IEEE의 허가하에 사용.)

그림 15-28의 격자가 완전도체의 표면과 접하는 전장성분이 표면에서 계산될 수 있게 배치되었음을 주목한다.

흡수경계조건이 $S_e$ 표면에 사용되었으며, 이는 관측시간이 $t = t_o$를 초과하는 것을 허용한다. 만일 반대 방향에서 들여다본다면 동축선 내부의 TEM 장은 앞 절에서 살펴본 1차원의 경우와 비슷하게 동작한다. 그러므로 동축선 내부에 같은 크기의 흡수경계조건이 구성될 수 있다. 입사파가 $z = -\ell$ 면에서 부가적으로 주입되며, $z = -(\ell + \Delta z)$에 위치한 흡수경계조건은 $-z$ 방향으로 전파하는 TEM 모드의 장을 정확하게 흡수한다. 이것은 입사장이 명시되는 단면이 접지면 가까이로 이동될 수 있도록 허용한다. 즉 그림 15-27에서 $A - A'$ $(z = -\ell_A)$ 면 대신에 $B - B'$ $(z = \ell_B)$가 사용되었다. 이것은 관측에 요구되는 시간과 격자 크기를 모두 줄인다.

공간과 시간적인 증분($\Delta\rho$, $\Delta z$, $\Delta t$)은 원통좌표계에서 쿠랑-프리드리히-레비(Courant- Friedrichs-Levy) 조건[3]을 만족시키도록 선택되었다.

$$c\Delta t \le \sqrt{\frac{\Delta\rho^2\,\Delta z^2}{\Delta\rho^2 + \Delta z^2}} \tag{15-69}$$

이 과정에서 두 가지의 공간격자 간격이 사용된다. 즉 동축선 내부와 공간 위치에 따라 장이 급격히 변화하는 안테나와 가까운 부분의 세밀한 격자간격($\Delta\rho_1 \approx \Delta z_1$)과 나머지 공간의 거친 격자간격 [$\Delta\rho_2 = (3-5)\Delta\rho_1$, $\Delta z_2 = (3-5)\Delta z_1$]이다. 이중 격자의 사용은 컴퓨터 기억장소의 사용을 줄인다. 식 (15-69)가 세밀한 격자에 대해 충족되면, 거친 격자에 대해서는 자동으로 충족됨을 주목하자. 예에서는

$$c\Delta t = \frac{\min(\Delta\rho_1, \Delta z_1)}{2} \tag{15-70}$$

이고 증가분 $\Delta\rho_1$, $\Delta z_1$은 장의 공간적인 변화를 분석하기에 충분하도록 작게 선택되었다.

그림 15-29는 FDTD로 계산된 모노폴 안테나와 그 급전 동축선 위의 표면전하 밀도에 대한 시공간도 그림(space-time plot)이다. 그림의 점 $A$에서 입사펄스가 안테나에 도달했으며, 급전선과

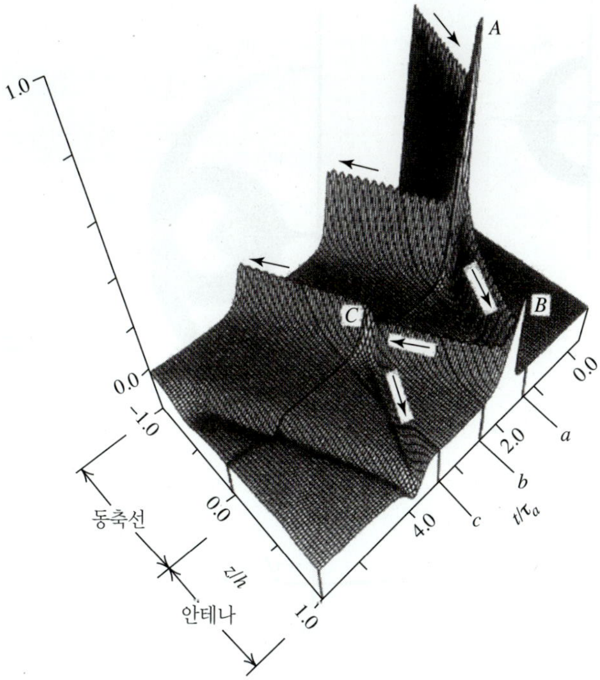


**그림 15-29** **정규화 위치 $z/h$와 정규화 시간 $t/\tau_a$에 따른 원통형 모노폴 안테나의 정규화 표면전하밀도.** ([10] © 1990. IEEE의 허가하에 사용.)

안테나 사이의 임피던스 부정합이 에너지의 일부를 급전선을 따라 뒤로 반사하게 한다. 나머지 에너지는 점 $B$의 안테나 끝에 도달될 때까지 안테나 길이를 따라 전파한다. 이 부분에서 나머지 에너지가 안테나 쪽으로 다시 반사되는 동안에 일부 에너지가 방사한다. 이것은 안테나에서 자유공간으로의 (불완전한) 천이를 나타낸다.

안테나/급전선 접합부는 점 $C$에서 일부 에너지가 동축선을 따라 계속 진행하고, 나머지 에너지가 모노폴 쪽으로 다시 되돌아가는 부분적인 재반사를 일으킨다. 모든 천이들이 소멸될 때까지 이 과정을 계속 반복한다. 일단 동축선에서 안테나 쪽으로 입사펄스가 전파하면, 다시는 이 부분을 통한 에너지 입력이 없다는 것을 유의해야 한다. 이것은 선로 급전점의 ABC가 올바르게 동작하고 있음을 증명한다.

그림 15-30은 FDTD로 계산된 방사장의 세 순간에서의 스냅 사진을 나타내고 있다. 그림 15-30$a$에서 여기 펄스가 급전선과 안테나의 결합 부위를 통과한 후 초기의 외부 진행파면 $W_1$이 생성되었다. 반사된 에너지가 동축 급전선을 따라 뒤로 진행하는 것을 주목하라. 그림 15-30$b$에서 안테나를 따라서 위로 진행하는 에너지가 안테나의 맨 끝에서 반사될 때, 두 번째의 외부 진행파면 $W_2$가 생성되었다. 그림 15-30$c$에서는 $W_1$과 $W_2$의 두 파면이 안테나에서 외부로 전파되었으나, 세 번째 파면 $W_3$는 급전선과 안테나의 결합부에서 에너지가 재반사될 때 생성되었다. 또한 그림 15-30$c$에서 파면 $W_{2R}$은 접지면에서 $W_2$ 파면이 반사해 생긴다. 이 과정은 표면전하밀도가 0으로 감소할 때까지 계속된다.

그림 15-31은 원통형 모노폴 안테나의 원거리 전장 $E_\theta$를 보여 준다. 이러한 계산에 사용된 표면

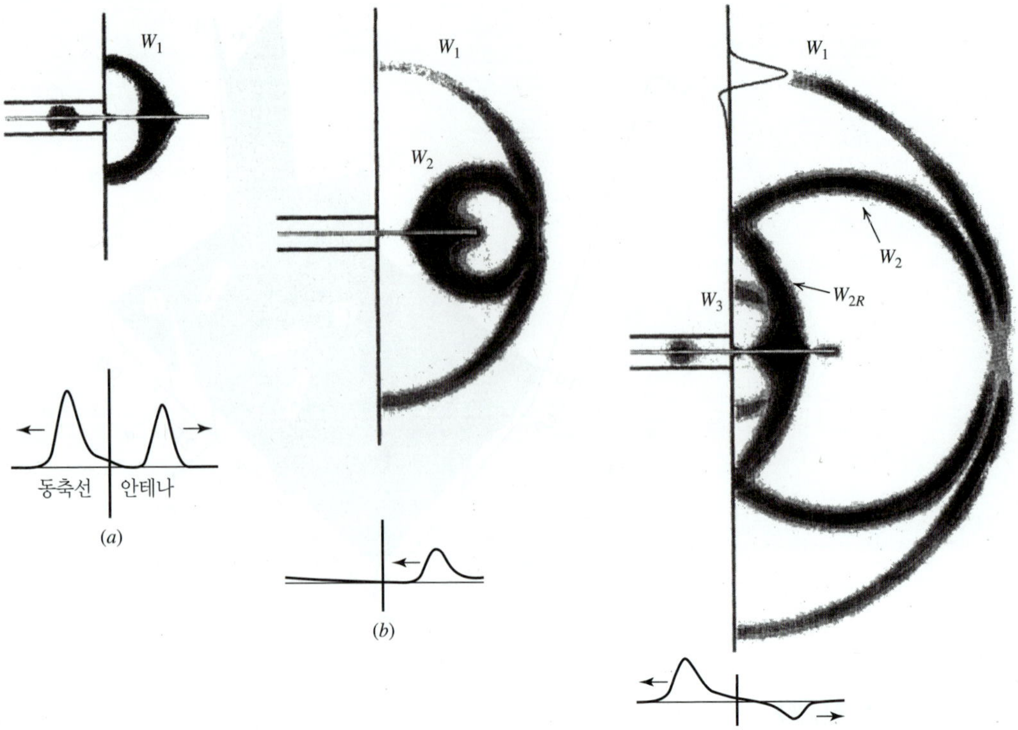


**그림 15-30 원통형 모노폴 안테나에서 FDTD로 계산된 가우시안 펄스의 방사.** 그림의 명암은 전장의 크기를 보여 주는 반면에 선들은 안테나와 급전 동축선의 표면전하밀도를 보여 준다.([10] © 1990, IEEE의 허가하에 사용.)

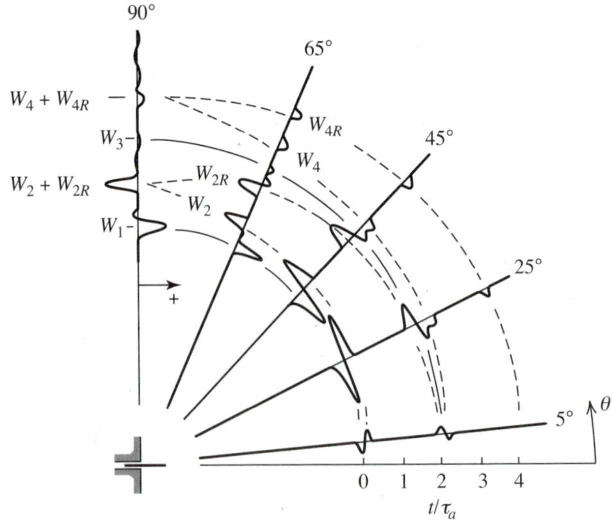


**그림 15-31 원통형 모노폴 안테나에서 가우시안 펄스의 방사.** 각각의 궤적은 고정된 극좌표 각도 $\theta$에서 정규화된 시간 $t/\tau_a$에 따른 원거리 전장 $E_\theta$를 보여 준다. $b/a = 2.30$, $h/a = 65.8$, 그리고 $\tau_p/\tau_a = 8.04 \times 10^{-2}$.([10] © 1990. IEEE의 허가하에 사용.)

은 그림 15-27의 세밀한 격자와 거친 격자를 분리하는 원통형 경계면이다. 이 그림의 각각의 궤적들은 고정된 극좌표 각도 $\theta$에서 정규화 시간 $t/\tau_a$에 따른 전장을 보여 준다. 각각의 궤적이 다른 주파수 성분을 가지고 있으므로 시간영역에서 각 궤적의 형태가 극좌표 각도에 따라 다른 것을 주목하라. 이것은 주파수 영역에서의 방사패턴들이 각각의 주파수에 따라 다르기 때문이다. 또한 안테나의 같은 지점으로부터의 파면들이 항상 안테나의 펄스 왕복 천이시간 $2\tau_a$의 배수 시간간격을 두고 떨어져 있는 것에 주의하자. 예를 들면 구동점에 중심이 있는 파면 $W_1$과 $W_3$는 안테나 끝에 중심이 있는 파면 $W_2$ 및 $W_4$와 마찬가지로 $2\tau_a$ 시간만큼 떨어져 있다.

### 15.9.3 마이크로스트립 누설파 안테나

마이크로스트립 누설파 안테나는 11.4.3절에서 논의되었다. 이 절에서는 한정된 컴퓨터 자원을 가진 PC로 그림 11-8$a$의 형상을 어떻게 시뮬레이션할 것인가에 대해 논의한다. 비아(via)를 가지며 길이가 220 mm인 그림 11-8$a$의 전체 폭 형상에 대한 관심영역은 중앙선 아래로 놓인 도체 벽으로 대체하였다. 마이크로스트립의 폭은 15 mm이다. 8 GHz의 자유공간 파장은 37.5 mm이며, 안테나는 5.86$\lambda$의 길이를 가진다. 유전체 소재는 35 $\mu$m 두께의 피복에 1온스의 구리를 가지는 Rogers사의 5870Duroid이다. 다음 논의는 참고문헌 [11]을 참조하여 기술한다.

FDTD 시뮬레이션 모델을 구축하는 출발점으로서, 전체 안테나는 40셀의 두께를 가지는 안테나 위의 공간(즉 안테나의 상단과 UPML 사이)을 제외하고 자유공간의 20셀 두께 층으로 둘러싸여 있다. 기판은 그림 15-32와 같이 전체 폭을 45 mm로 하여 양쪽 횡방향으로 모두 안테나 폭만큼 확장하였다. 마이크로스트립과 접지면의 구리는 1셀 두께 층을 가지며, $\sigma = 5.8 \times 10^7$ S/m의 도전율을 가진다. 셀의 모양이 거의 정육면체에 가깝다면 기판은 22 셀 두께를 가질 것이다. 따라서 초기 모의실험 모델은 PC로는 계산량을 감당하기 어려운 약 9억 개의 셀이 요구된다. 두께가 영(0)인 완전 전기 도체(PEC)로서의 구리 도체를 근사화하고 계산에 요구되는 셀의 총수를 줄이기 위해 큰 셀을 사용하였다. 예를 들어 기판을 5 셀 두께로 설정함으로써, 시뮬레이션 모델은 9억 개의 셀에서

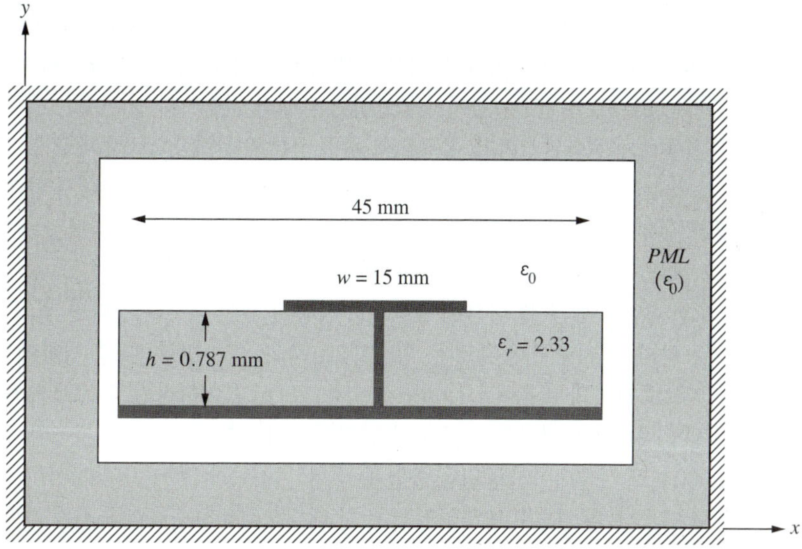


그림 15-32 자유공간으로 둘러싸인 전체 폭 안테나의 $x$-$y$ 측면도(축척 안함).

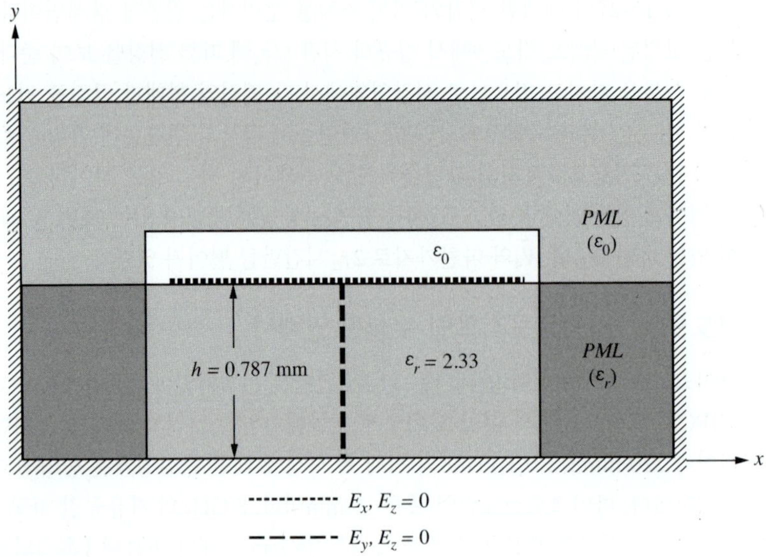


그림 15-33 불필요한 매질이 제거된 PML로 확장된 전체 폭 안테나의 *x-y* 단면도(축척 안함).

5천만 개의 셀로 감소되며 이것은 94%의 감소이다. 하지만 계산을 수행하는 시간의 관점에서 보면, 여전히 PC로는 계산하기 어려운 방대한 크기이다.

이 연구에 사용된 PML은 누설파 안테나를 둘러싼 모든 면에서 자유공간과 잘 정합된 15.5절의 UPML과 같다. 우리의 관심거리는 11.4.3절에서 기술했던 전방 진행파에 대한 전파상수이다. 전방 진행파를 분리하기 위해서 모든 반사파를 시뮬레이션 모델에서 제거할 필요가 있다. 이것은 UPML에 직접 횡방향과 종방향으로 기판을 확장함으로써 수행할 수 있고 기판과 정합하기 위해 영향을 받는 UPML 셀을 수정하여 수행할 수 있다. 이것은 접지판 아래의 UPML 층이 지금의 계산에서는 불필요하기 때문에 제거하도록 허용한다. 이제 UPML은 전방 진행파를 제외한 전파를 흡수한다. 이 시점에서, UPML은 안테나의 정면 방향 또는 $y$ 방향으로 불균일하다. 만약 전속 밀도 $D_y$가 두 매질 사이에서 불연속이라면, 가우스 법칙에 의해 표면전하가 경계에서 발생한다. 이러한 전하의 증가는 FDTD 시뮬레이션에서 불안정한 잠재적 원인이지만, 이것은 매질의 유전율 대신 자유공간 유전율로 정규화된 UPML 유전율의 허수 성분을 선택함으로써 피할 수 있다.

그림 15-33에서 보는 바와 같이, 시뮬레이션 모델의 개발에 있어서 안테나의 상단 부분 영역을 제외한 자유공간은 제거했다. 게다가 안테나 위의 자유공간 층의 두께는 단지 2셀의 두께로 충분하다. 그 결과, 시뮬레이션 공간은 1천만 개의 셀로 감소된다.

또한 정육면체의 셀 대신 종방향으로 사용된 셀이 더 길어진다면 셀의 수를 더 감소시키는 것이 가능하다. 하지만 사용된 셀은 횡방향의 $x$축과 정면 방향의 $y$축 방향에 대해 같은 크기를 가진다. 만약 셀 크기의 비율이 1:1:6(횡:정면:종) 또는 그 이하라면, 7 GHz의 중심 주파수에서 횡방향 공진법에 비해 1% 미만의 $\beta z$ 오차가 발견된다. 1:1:5 비율을 가지는 5셀 두께의 기판을 사용하면 572,000셀로 시뮬레이션 공간을 줄일 수 있다.

MATLAB은 별도로 명시하지 않는 한 배정도(double precision)를 기본으로 한다. 단정도(single precision)로 계산을 수행하면 대략 40% 정도 줄어든 메모리를 사용하게 되고, 결과는 배정도의 결과와 거의 일치했다. 만약 시뮬레이션의 크기가 사용할 수 있는 것보다 더 많은 메모리를 요구

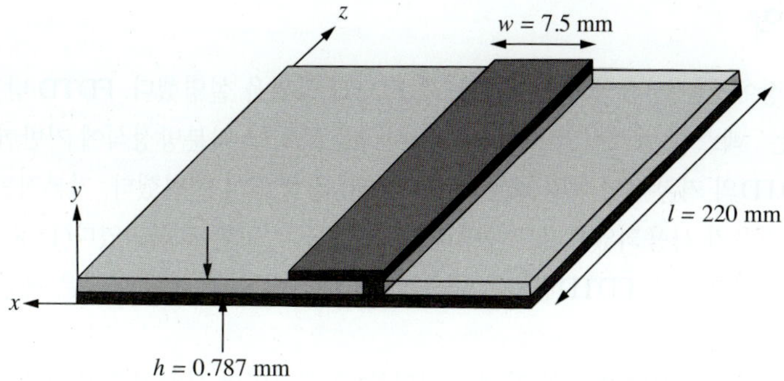


그림 15-34 FDTD 시뮬레이션에 사용되는 마이크로스트립 급전을 하지 않은 절반 폭 안테나.

하지 않는다면, 모든 계산은 배정도로 수행했다.

가장 안 좋은 분해능은 가장 짧은 파장과 가장 큰 셀을 가지는 영역에서 발생할 것이다. 이것은 자유공간의 파장이 $\sqrt{\varepsilon_r}$에 의해 감소되는 마이크로스트립 바깥 영역의 기판에서 발생한다. 기판이 5셀 두께(즉 각 셀은 787/5 $\mu$m 두께)일 때, 크기는 1:1:5 ($x$:$y$:$z$)가 되고, 셀은 157.4 × 157.4 × 787 $\mu$m이다. 크기가 1:1:3이면 셀은 157.4 × 157.4 × 472.2 $\mu$m이다. $z$축 방향 관내 파장이 매우 큰 마이크로스트립과 접지면 사이에서 분해능은 관내 파장당 수백 셀이고, 이 정도의 분해능이면 $\alpha_z$와 $\beta_z$를 정확하게 결정하기에 충분하다.

셀 크기에 대한 일반적인 규칙은 기하학적인 모양을 적절히 나타낼 수 있도록 충분히 작아야 한다는 것과 시뮬레이션 공간에서 가장 짧은 파장의 1/10보다 더 작은 크기의 셀이어야 한다는 것이다. 마이크로스트립 누설파에 사용된 셀의 크기는 이러한 기준을 쉽게 만족시키고 있는 것을 볼 수 있고 또한 중요한 횡방향의 $x$ 방향으로 더 정확하게 장을 샘플링할 필요가 있을 경우에 더욱 세분화하여 사용한다.

마지막으로 그림 11-8$a$에서 안테나의 비여기된 절반이 제거되었고, 그림 15-34에 있는 절반 폭의 구조 공간이 최종 시뮬레이션에 사용되었다. 절반 폭을 가지는 안테나는 전체 폭을 가진 안테나의 시뮬레이션보다 대략 45% 더 적은 메모리가 사용되었다.

전원의 위치와 크기가 일부 실험에서 요구된다. 적어도 하나의 전원 셀은 UPML에서 사용된 두 셀보다 많아야 하고, 그렇지 않으면 충분한 진행파가 발생되기 위해 너무 큰 에너지가 흡수되어야 한다는 것을 알 수 있다. 전원으로 제공되는 절반 폭 안테나에서 가장 큰 진폭을 가지는 진행파를 허락하는 마이크로스트립과 접지판 사이에 있는 기판의 중심에 수직인 단일 전원 셀은 UPML에서는 5개의 셀을 가지며, 안테나의 개방된 측면 가장자리의 내부에 두 셀을 가진다. 전원 셀의 위치는 그림 15-33에 나타나 있다.

FDTD 시뮬레이션 결과는 그림 11-13과 그림 11-14, 참고문헌 [12]에서도 확인할 수 있다.

이 절의 목적은 크기에 있어서 외견상 큰 시뮬레이션 문제들을 어떻게 정확성과 유용성을 손상 시키지 않고 셀의 크기를 줄일 수 있는지에 관하여 설명하는 것이다. 컴퓨터의 성능과 계산 능력이 증가함에 따라, 점점 더 큰 시뮬레이션이 일반화되고 있다. 현재 데스크톱 컴퓨터에 사용되는 컴퓨터 메모리의 증가와 64비트 아키텍처의 최근 발전이 이 연구에서 필연적으로 만나게 되는 컴퓨터 성능 한계의 일부를 극복할 수 있도록 해 주고 있다. 그럼에도 불구하고 FDTD 시뮬레이션 공간의 크기를 줄이는 것은 현명한 것이다.

## 15.10 요약

이 장에서는 시간영역 유한차분, 즉 FDTD 방법을 설명했다. FDTD 방법은 '시간과 공간에서 진행하는' 맥스웰 방정식의 도함수에 근사식을 도입한 미분방정식에 기반한 시간영역에서의 방법이다. FDTD의 기본적인 특징들은 15.2~15.6절을 통해서 설명했다. 기본적인 원리를 설명하는 데 1차원의 경우가 사용되었으며, 2차원과 3차원의 경우 또한 고려되었다(15.8절과 15.9절). 단순한 매질만을 취급했으나, FDTD방법은 비균질이고 비등방성인 매질과 같은 복잡한 매질에 대해서도 적합하다.

모멘트법(MoM)(앞 장에서 설명함)과 시간영역 유한차분(FDTD)법은 파장에 비해 매우 큰 대상체들을 쉽게 다룰 수 없어서 일반적으로 중간 주파수 기법들로 생각된다. 이에 반해, 제16장에서는 파장에 비해 임의로 큰 물질 구조(즉 안테나 또는 산란체들)에 대해 가장 적합한 고주파수기법 또는 점근법을 소개한다.

## 참고문헌 References


1. E. T. Thiele, private communications, 1995.
2. K. S. Yee, "Numerical Solution of Initial Boundary Value Problems Involving Maxwell's Equations in Isotropic Media," *IEEE Trans. Ant. & Prop*., Vol. 14, pp. 302-307, April 1966.
3. E. Isaacson and H. B. Keller, *Analysis of Numerical Methods*, Wiley, New York, 1967.
4. G. Mur, "Absorbing Boundary Conditions for the Finite-Difference Approximation of the Time-Domain Electromagnetic Field Equations," *IEEE Trans. Electromag. Compatibility*, Vol. 23, pp. 377-382, 1981.
5. J. P. Berenger, "A Perfectly Matched Layer for the Absorption of Electromagnetic Waves," *J. Computational Phys*., Vol. 114, pp. 185-200, 1994.
6. S. D. Gedney, "An Anisotropic PML Absorbing Media for FDTD Simulation of Fields in Lossy Dispersive Media," *Electromagnetics*, Vol. 16, pp. 399-414, 1996.
7. S. D. Gedney, "An Anisotropic Perfectly Matched Layer Absorbing Media for the Truncation of FDTD Lattices," *IEEE Trans. Ant. & Prop*., Vol. 44, pp.1630-1639, 1996.
8. J. A. Roden and S. D. Gedney, "Convolutional PML (CPML): An Efficient FDTD Implementation of the CFS-PML for Arbitrary Media" *Microwave Optical Tech*. Lett., Vol. 50, pp. 334-339, 2002.
9. M. A. Jensen and Y. Rahmat-Samii, "EM Interaction of Handset Antennas and a Human in Personal Communications," *Proc. IEEE*, Vol. 83, pp. 7-17, January 1995.
10. J. G. Maloney, G. S. Smith, and W. R Scott, "Accurate Computation of the Radiation from Simple Antennas Using the Finite-Difference Time-Domain Method," *IEEE Trans. on Ant. & Prop*., Vol. 38, pp. 1059-1068, July 1990.
11. G. M. Zelinski, "FDTD Analysis of a Leaky Traveling Wave Microstrip Antenna," Thesis, Air Force Institute of Technology, March 2005.
12. G. M. Zelinski, G. A. Thiele, M. L. Hastriter, M. J. Havrilla, and A. J. Terzuoli, "Half Width Leaky Wave Antennas," *IET Proc.-Microwave Antennas Propagation (London)*, Vol. 1, no. 2, pp 341-348, Apr. 2007.

## 연습문제 Problems

**15.1-1** ▸ 식 (15-5)를 식 (15-7)과 식 (15-8)로 줄여라.

**15.1-2** ▸ 식 (15-7)을 식 (15-10)으로, 식 (15-8)을 식 (15-11)로 줄여라.

**15.2-1** ▸ (a) $H_y$는 시간점 $t_n$에서, $E_z$는 공간점 $x_i$에서 각각 테일러 급수로 전개함으로써 식 (15-12)로부터 식 (15-14)를 구하라.

(b) 중심 차분근사가 2차 정확도임을 보여라. 즉 오차 $= O(\Delta z^2) + O(\Delta t^2)$이다.

(c) 이것은 해에 어느 만큼의 오차가 있음을 의미하는가?

**15.2-2** ▸ 식 (15-10*b*)에서 식 (15-17)을 유도하라.

**15.2-3** ▸ 식 (15-21)에서 식 (15-22)를 유도하라.

**15.2-4** ▸ 식 (15-6*c*)에서 식 (15-27)을 유도하라.

**15.2-5** ▸ 식 (15-5*b*)에서 식 (15-26)과 유사한 $H_y$의 표현식을 유도하라.

**15.2-6** ▸ 식 (15-6*b*)에서 식 (15-27)과 유사한 $E_y$의 표현식을 유도하라.

**15.2-7** ▸ 식 (15-26)에서 식 (15-30*a*)를 유도하라.

**15.3-1** ▸ 식 (15-14)와 식 (15-17)의 1차원 중심 차분방정식에서 $c\Delta t = \Delta x$일 때 정확한 해가 나옴을 보여라.

**15.3-2** ▸ 수치분산이 비분산매질(non-dispersive medium)에서 발생할 수 있는가?

**15.3-3** ▸ 다음과 같은 자유공간에서의 평면파를 고려하자.

$$H_y = H_o e^{j(\omega t - \beta x)}$$

만약 평면파가 시간과 공간에서 수치적으로 이산화된다면

$$H_y(x_i,\ t_n) = H_o e^{j(\omega n \Delta t - \beta_{\text{num}} i \Delta x)}$$

여기서 $t = n\Delta t$, $x = i\Delta t$, $\beta_{\text{num}} = \frac{\omega}{v}$이고, $v$는 수치적 위상상수이다.

(a) 수학적으로 이산화된 파의 실제파에 대한 위상오차의 표현식을 쓰고, 전파거리 증가에 따른 위상오차 양을 설명하라.

(b) 위상에서의 오차를 없앨 수 있는 방법은 무엇인가?

**15.4-1** ▸ 그림 15-9를 참고해, $i < 50$일 경우 4번째 시간간격에서의 $E$와 $H$를 계산하라. 계산 결과로 $-x$ 방향의 전력흐름이 있다는 것을 확인하라.

**15.5-1** ▸ 셀 53에 완전한 전기도체가 있을 경우, 표 15-1을 다시 계산하라.

**15.5-2** ▸ 식 (15-43)의 2차 무어추정이 정확한 1차원 결과로 축소된다는 것을 보여라.

**15.6-1** ▸ 델타함수의 하드 전원에 대해 일차원 컴퓨터 프로그램을 작성하고, 그림 15-12에 나타난 결과를 확인하라.

**15.6-2** ▸ 연습문제 15.6-1의 컴퓨터 프로그램을 소프트 전원을 고려할 수 있게 확장하고, 그림 15-13을 확인하라.

**15.6-3** ▸ 그림 15-13을 참고해, 유전체와 공기의 경계에서 반사와 투과 계수를 고전적 방법으로 계산하고, 그림에서 $n = 400$일 때의 반사장과 투과장의 진폭과 비교하라.

**15.6-4** ▸ 그림 15-13에서 반사된 가우시안 펄스의 첨두값이 어느 시간간격에 전원으로 되돌아오는가? 마법의 시간간격을 가정해 계산을 했다면, 얼마나 많은 시간간격이 필요한가?

**15.6-5** ▸ 그림 15-13의 소프트 전원에서는 유전체에서 반사된 파가 오른쪽으로 통과할 수 있으나, 하드 전원에서는 안 되는 이유를 갱신방정식의 관점에서 설명하라.

**15.6-6** ▸ 식 (15-53)을 사용해 식 (15-52)를 증명하라.

**15.6-7** ▸ 식 (15-55)를 사용해 식 (15-54)를 증명하라.

**15.6-8** ▸ 안테나에서 수신할 때보다 송신할 때에 FDTD를 사용하는 것이 계산할 때 더 효율적인 이유를 설명하라.

**15.6-9** ▸ $i = 50$의 전원이 하드 전원일 경우, 연습문제 15.5-1을 $n = 8$로 확장하라. 소프트 전원에 대해 반복하라.

**15.7-1** ▸ 표면등가이론을 사용해 원거리장의 안테나 패턴이 안테나 주위의 표면에 적용된 식 (15-59)와 식 (15-60)으로 계산될 수 있음을 보여라.

**15.8-1** ▸ 그림 15-22에서 위상에 대한 가장자리 효과를 무시하라. 그리고 개구면의 중심에서 가장자리까지의 위상 변화가 10 GHz에서 혼의 최적 설계조건이 요구하는 90°임을 보여라. (가장자리 근처의 진폭분포를 유의하고, 가장자리가 진폭과 위상 분포 모두에 강한 영향을 미치는 영역을 추정하라.)

**15.8-2** ▸ 그림 15-24와 그림 15-16을 비교하라.

**15.8-3** ▸ 그림 15-18에서 자를 사용해 측정해서, 그림 15-26에 나타난 다양한 물리적 현상들이 발생한 시간을 확인하라.

**15.8-4** ▸ 2차원 컴퓨터 프로그램을 작성해서(또는 상용 프로그램을 사용해서) 그림 15-22를 확인하라.

**15.8-5** ▸ 그림 15-21 *a*~*b*를 복사하고, 그림에서 알 수 있는 다양한 물리적인 현상들을 그 위에 나타내라.

**15.9-1** ▸ 식 (15-64)를 증명하라.

**15.9-2** ▸ 식 (15-65)를 유도하라.

**15.9-3** ▸ 식 (15-67)로부터 식 (15-68)을 유도하라.

# 제16장 안테나 수치 전자기학: 고주파수기법

## CEM for Antennas: High-Frequency Methods

광학은 널리 알려진 물리학의 한 영역으로서 빛의 전파 특성을 다룬다. 1873년 이전에, 빛의 전송을 전자기 현상으로서 볼 수 있다는 것을 알린 사람은 맥스웰(Maxwell)이다. 광파장은 빛이 상호작용하는 대상체와 비교하면 대개 작아서, 광파의 전송을 해석하는 방법은 산란 표면의 크기가 파장과 비슷한 저주파 전송을 해석하는 데 사용되는 것과 많이 다르다.

광선 개념을 사용하면 광학 문제를 매우 유용하고 쉽게 이해할 수 있다. 광선광학과 파동전파 사이의 관계는 1690년 호이겐스(Huygens)와 1818년 프레넬(Fresnel)의 유명한 업적에서도 명백하지만, 1944년 루네베르크(Luneberg)와 1951년 클라인(Kline)의 업적이 나올 때까지는 공식적으로 제시되지 않았다[1]. 그 후로 광학에서 널리 알려진 방법들은 산란체나 안테나의 기하학적 크기보다 작은 상황에 대해 무선 주파수 스펙트럼 영역에서 많은 전자기 문제를 다루는 데 널리 사용되었다. 이런 경우에 모멘트법(제14장)이나 고유함수 확장을 사용하는 것은 실용성이 없으므로 근사적인 고주파수기법을 써야 한다. 이런 방법들은 전기적으로 큰 안테나 또는 산란체를 다룰 때 일반적으로 수렴률이 나쁘기 때문이다.

이 장에서는 먼저 기하광학 원리를 살펴본다. 여러 상황에서 기하광학은 전자장의 거동을 완전히 설명하기 힘든 경우가 자주 있으므로, 회절장이라는 또 다른 장(field)을 사용할 필요가 있음을 알게 된다. 기하광학 장에 회절장을 추가함으로써 다른 어떤 방법으로도 풀 수 없는 많은 실제적인 방사와 산란 문제를 적절히 직접적인 방법으로 풀 수 있다.

기하광학과 회절장을 포함한 그 확장은 장에 근거한 방법으로(그림 14-1 참조), 전류 계산이 필요 없다. 이 장의 후반에서는 관심 있는 장의 양을 결정하고자 최종적으로 전류를 사용하는 방법을 논의한다. 이런 방법들은 물리광학과 회절을 포함한 그 확장에 해당한다. 여러 상황에서 물리광학 전류는 방사 대상체에서 정확한 장을 얻기에는 부적절하므로, 불균일 전류라고 하는 또 다른 전류가 필요하다. 물리광학 전류에 불균일 전류를 추가하면 장을 정확히 표현할 수 있다. 각 절에서 보겠지만 장 또는 전류에 근거하는 방법 중 어떤 것을 사용하는지는 특정 응용에 달려 있다.

## 16.1 기하광학

기하광학(geometrical optics)[때로는 광선광학(ray optics)이라고 한다]은 원래 빛의 파동현상을 고려할 필요가 없을 정도로 주파수가 충분히 높은 빛의 전송을 해석하고자 개발되었다. 전달 메커니즘이 본질적으로 입자인지 또는 파동인지에 대한 기준 없이도 단순히 한 점에서 다른 점으로 에너지가 전송되는 것을 고려함으로써 쉽게 기하광학을 전개할 수 있다.

고전적인 기하광학은 균일 또는 불균일 등방성 무손실 매질에 적용된다. 이 장에서는 굴절률

(index of refraction) $n$ 이 실수라는 가정 아래

$$n = \frac{c}{v} \tag{16-1}$$

과 같이 주어지고, 주어진 매질 내에서 위치함수가 아닌 균일매질(homogeneous medium)만을 다룬다. 여기서 $c$는 대략 $3 \times 10^8$ m/s이며, $v$는 매질 내의 전파속도이다. 균일매질에서 에너지는 직선인 광선경로를 따라 이동한다. 이 광선경로에 법선방향으로 광선계의 아이코날(eikonal)이라 부르는 표면군이 있다. 광선계의 아이코날과 광선경로 간에는 특정 관계가 성립하므로 기하광학을 적용할 때 둘 중 하나만 알면 된다.

균일매질에서 평면파에 대한 아이코날 면은 그림 16-1$a$에서 보는 바와 같이 광선경로에 수직인 평면이다. 구 전원에 대한 아이코날 면은 그림 16-1$b$에서 보는 바와 같이 광선경로에 수직인 구면이다.

광선은 에너지가 흐르는 선이므로 광선다발 내에서 기하광학장의 크기 변화는 에너지 보존 법칙에 따라 결정된다. 그림 16-2에 나타낸 두 개의 면 $\rho_o$와 $\rho_o + \Delta\rho$를 보자. 두 면 사이에서 광선을 이용해 일정한 에너지가 흐르는 다발을 구성할 수 있다. 그러므로 $P_o$에서 단면 $d\sigma_o$를 통한 에너지는 $P$에서 단면 $d\sigma$를 통한 에너지 흐름과 같아야 한다. $S$가 단위면적당 전력이라면 광선다발을 통해 일

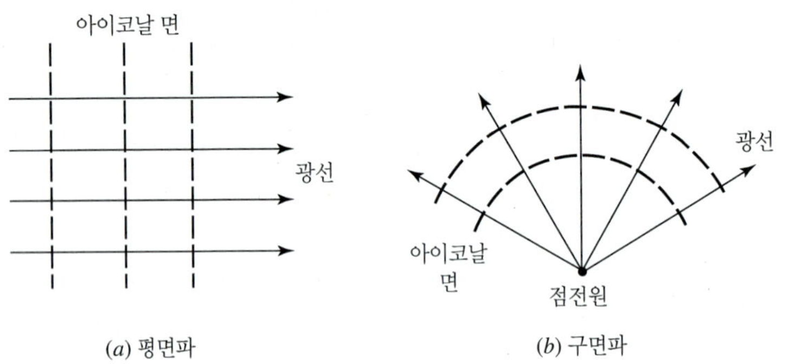


그림 16-1 두 가지 형태의 전원에 대한 광선과 아이코날 관계.

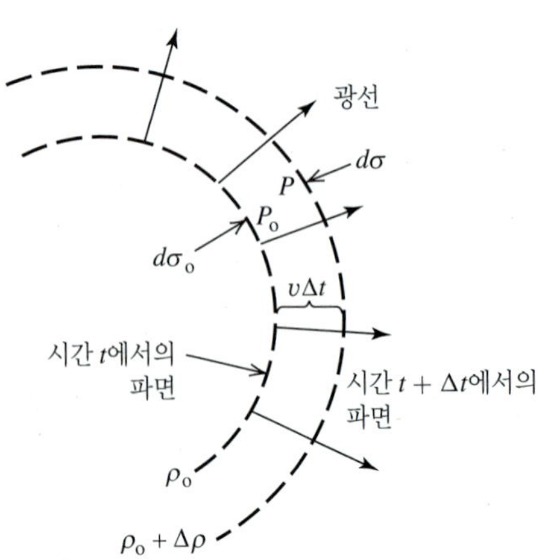


그림 16-2 광선과 파면의 관계.

정 에너지가 흐를 조건은

$$S_o \ d\sigma_o = S \ d\sigma \tag{16-2}$$

이다. 전자파의 경우, $S$의 양은 복소 포인팅 벡터의 실수부이며

$$S = \frac{1}{2}\sqrt{\frac{\varepsilon}{\mu}}|E|^2 \tag{16-3}$$

와 같이 가정할 수 있다. 식 (16-3)을 식 (16-2)에 대입하면

$$|E_o|^2 \ d\sigma_o = |E|^2 \ d\sigma \tag{16-4}$$

가 된다. $|E|$에 대해 풀면

$$|E| = |E_o|\sqrt{\frac{d\sigma_o}{d\sigma}} \tag{16-5}$$

를 얻는다. 그러므로 한 점의 기하광학장의 크기와 다른 점에서의 크기 간의 관계를 얻었다.

식 (16-5)의 관계는 파면 $d\sigma$와 $d\sigma_o$의 곡면 반지름을 사용한다면 더 유용하다. 그림 16-3에 있는 광선다발의 모양을 고려하자. $d\sigma_o$의 곡면 주반지름은 $\rho_1$과 $\rho_2$이고, $d\sigma$의 곡면 주반지름은 $(\rho_1 + \ell)$과 $(\rho_2 + \ell)$이다. 그러면

$$\frac{d\sigma_o}{\rho_1\rho_2} = \frac{d\sigma}{(\rho_1 + \ell)(\rho_2 + \ell)} \tag{16-6}$$

과 같은 비를 적을 수 있고, 따라서

$$\frac{d\sigma_o}{d\sigma} = \frac{\rho_1\rho_2}{(\rho_1 + \ell)(\rho_2 + \ell)} \tag{16-7}$$

이 된다. 식 (16-5)로부터

$$|E| = |E_o|\sqrt{\frac{\rho_1\rho_2}{(\rho_1 + \ell)(\rho_2 + \ell)}} \tag{16-8}$$

을 얻는다.

광선다발의 단면적이 0이 되는 $\rho_1 = 0$ 그리고 $\rho_2 = 0$에 있는 선으로 광선다발이 접속됨을 주목

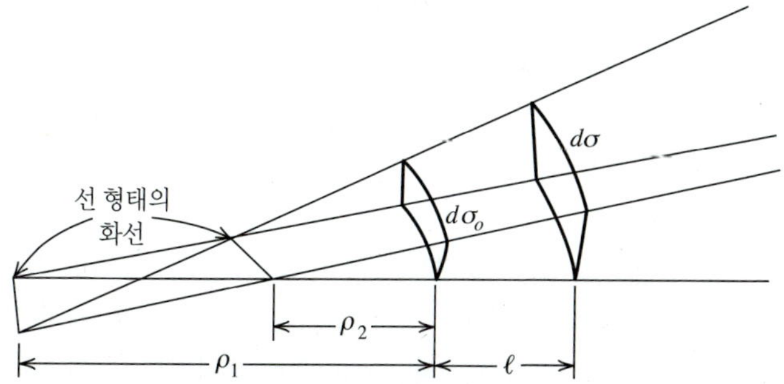


**그림 16-3** 비점 광선다발(astigmatic ray tube).

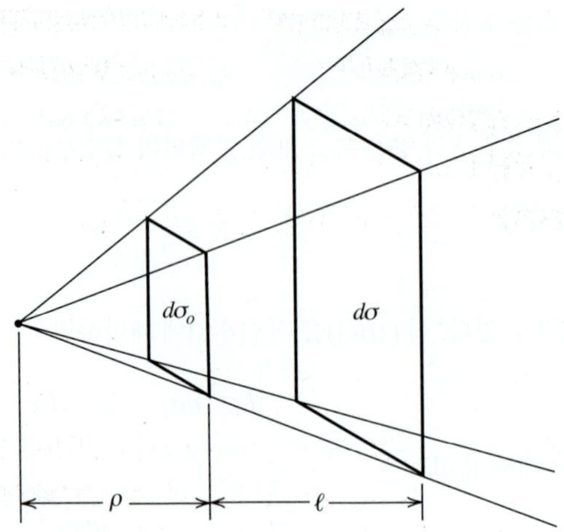


그림 16-4 점 전원에 의한 광선다발.

하자. 그러므로 기하광학장으로 나타낸 진폭은 실제 장이 그렇지 않더라도 무한대이다. 광선다발의 단면이 이와 같은 동작을 보이는 점의 궤적을 화선(caustic)이라고 한다. 화선은 점, 선, 또는 면일 수도 있다. 예를 들어 그림 16-4에 나타낸 점전원을 고려하자. 네 개 광선으로 광선다발을 구성할 수 있으며

$$\frac{d\sigma_o}{\rho^2} = \frac{d\sigma}{(\rho+\ell)^2} \tag{16-9}$$

이 성립된다. 따라서

$$|E| = |E_o|\sqrt{\frac{\rho^2}{(\rho+\ell)^2}} = |E_o|\frac{\rho}{(\rho+\ell)} \tag{16-10}$$

이다. 이 경우 화선은 점전원에 놓이게 된다.

식 (16-8)과 식 (16-10) 둘 다에서 $\ell$이 커짐에 따라, 3차원 전원의 원거리 영역에서 볼 수 있는 거리에 반비례하는 형태의 원거리장을 얻게 됨을 주목하자. 때로 곡면 반지름 중 하나, 즉 $\rho_2$가 무한대가 되는 2차원 문제가 있을 수도 있는데, 이와 같은 문제에서는

$$|E| = |E_o|\sqrt{\frac{\rho_1}{\rho_1+\ell}} \tag{16-11}$$

이다. 여기서 아이코날 면은 원통형이고, $\ell$이 무한대로 접근함에 따라 원거리장의 진폭은 $1/\sqrt{\ell}$의 형태에 의존한다. $\rho_1$과 $\rho_2$가 무한대이면, 분명히 아이코날 면은 평면이고 모든 $\ell$의 값에 대해 $|E|$는 일정하다(예, 평면파).

식 (16-8), 식 (16-10), 식 (16-11)의 결과는 한 점에서 기하광학장의 진폭을 알고 있는 다른 점의 장으로 쉽게 계산할 수 있게 하므로 아주 중요하다. 그렇지만 전자장 문제에서는 위상도 포함시켜야 한다. 식 (16-8)에 인위적으로 위상을 도입할 수 있다. 먼저 위상 기준을 진폭 기준과 일치시키자. 그러면 광선다발의 전기적인 위상은 $e^{-j\beta\ell}$로 주어지고, 그림 16-3의 광선다발에서 장의 진폭과 위상은

$$E = E_o e^{j\phi_o} \sqrt{\frac{\rho_1 \rho_2}{(\rho_1 + \ell)(\rho_2 + \ell)}}\, e^{-j\beta\ell} \tag{16-12}$$

또는

$$E = E_o e^{i\phi_o} A(\rho_{1,} \rho_2, \ell) e^{-j\beta\ell} \tag{16-13}$$

으로 쓸 수 있다. 여기서 $E_o$는 $\ell = 0$에서 기준 진폭이며, $\phi_o$는 $\ell = 0$에서 기준 위상이고, $A(\rho_1, \rho_2, \ell)$은 일반적인 공간감쇠인자, 그리고 $e^{-j\beta\ell}$는 공간적인 위상지연인자이다.

$\ell$이 $-\rho_2$보다 더 작다면 관측자가 화선을 통과할 때, $A(\rho_1, \rho_2, \ell)$에서 근 부호 안의 양은 음수가 되고 위상은 $\pi/2$만큼 바뀌게 된다. 화선에서 기하광학 장의 진폭이나 위상을 예측할 수 없더라도, 화선 양측의 장을 결정할 수 있다.

식 (16-12) 또는 식 (16-13)을 이용하면 한 점(즉 $\ell$)에서의 장을 이미 알고 있는 다른 점(즉 $\ell = 0$)에서의 값을 가지고 근사적으로 나타낼 수 있다. 이론상 이 결과는 단지 근사적인 것이지만, 파장이 0으로 다가감에 따라 더욱 정확해진다. 그렇지만 실제로 위의 기하광학 표현은 기하광학의 가정이 타당한 공학적인 목적에 대해서는 매우 정확하다.

이제 완만한 곡면의 반사 문제를 고려한 사용, 이어서 구의 레이더 단면적 계산을 설명함으로써 기하광학에 대한 초기 논의를 마치고자 한다. 식 (16-12)에서 파면의 곡면 반지름을 곡면의 기하학적 반지름으로 분명히 표현할 필요가 있다. 임의 단면을 가지는 볼록 원통의 축에 평행한 선전원을 나타내는 그림 16-5를 고려해 보자. 그림 16-5$a$에서

$$\gamma_1 = \pi - \alpha - (\pi - \theta_o) = \theta_o - \alpha \tag{16-14}$$

이다. 그림 16-5$b$에서 호의 길이 요소는 $r_1^c\,\Delta\alpha$이고

$$r_1^c \Delta\alpha = \frac{\Delta\gamma_1 \ell_o}{\cos\theta_o} = \frac{(\Delta\theta_o - \Delta\alpha)\ell_o}{\cos\theta_o} \tag{16-15}$$

이다. $\Delta\gamma_2 = \Delta\theta_o + \Delta\alpha$이므로

$$r_1^c \Delta\alpha = \frac{\rho_1\,\Delta\gamma_2}{\cos\theta_o} = \rho_1 \frac{\Delta\theta_o + \Delta\alpha}{\cos\theta_o} \tag{16-16}$$

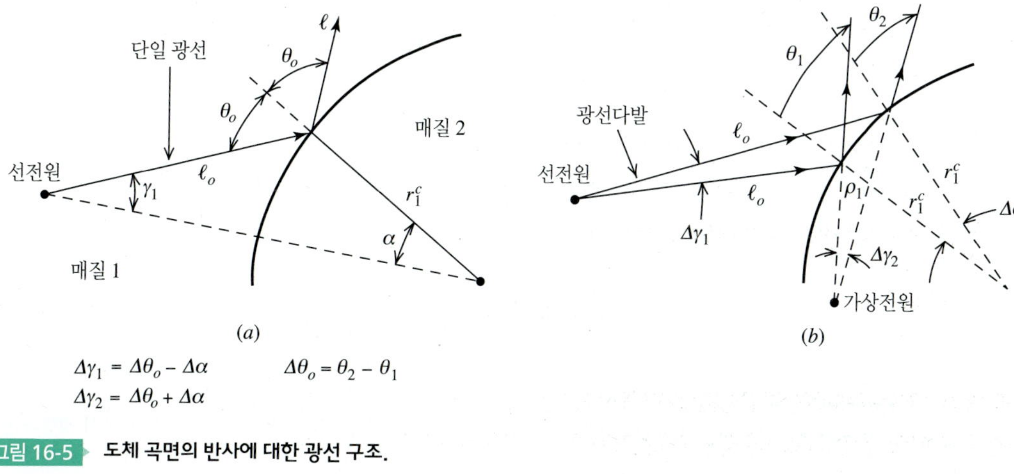


그림 16-5 도체 곡면의 반사에 대한 광선 구조.

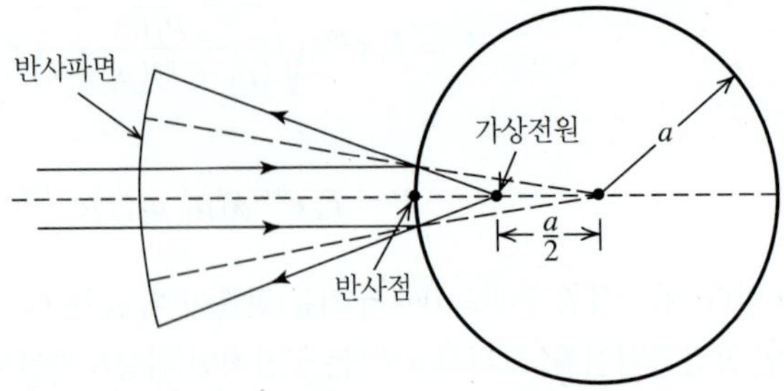


그림 16-6 구에 의한 기하광학 산란.

을 얻는다. 식 (16-15)와 식 (16-16)을 $r_1^c \, \Delta\alpha \cos\theta_o$에 대해 풀면, 각각

$$r_1^c \, \Delta\alpha \cos\theta_o = \ell_o \, \Delta\,\theta_o - \ell_o \, \Delta\,\alpha \tag{16-17}$$

그리고

$$r_1^c \Delta\alpha \cos\theta_o = \rho_1 \, \Delta\theta_o + \rho_1 \, \Delta\,\alpha \tag{16-18}$$

을 얻는다. 이 두 식을 $\Delta\alpha$에 대해 풀고, 두 결과를 등식으로 연결하면

$$\frac{\ell_o \, \Delta\,\theta_o}{r_1^c \cos\theta_o + \ell_o} = \frac{\rho_1 \, \Delta\,\theta_o}{r_1^c \cos\theta_o - \rho_1} \tag{16-19}$$

가 되고, 이것을 약간 변형하면 원하는 결과인

$$\frac{1}{\rho_1} = \frac{1}{\ell_o} + \frac{2}{r_1^c \cos\theta_o} \tag{16-20}$$

을 얻게 된다. 이 식[1]은 반사 파면의 곡면 주반지름을 광선이 표면에 부딪치는 점에서 곡면의 기하학적 반지름과 관련짓는다.

식 (16-20)을 응용하는 간단한 예로, 그림 16-6의 구에 평면파가 입사하는 상황을 고려하자. 송신기를 향해 되돌아오는 산란장을 구하고, 이 후방산란장(back-scattered field)에서 구의 레이더 단면적을 얻고자 한다. 그러므로 고려할 필요가 있는 광선은 단지 반사점(specular point)에서 반사되는 광선이다. 그러면 이 상황에서, 식 (16-20)에서 $\ell_o = \infty$, $\theta_o = 0°$, 그리고 $r_c = a$이며, 다음 결과를 얻는다.

$$\rho_1 = \frac{a}{2} = \rho_2 \tag{16-21}$$

여기서 $\rho_2$는 $\rho_1$에 직교하는 반사파면의 곡면 반지름이다($\rho_2$의 표현은 연습문제 16.1-1 참조).

만일 입사장이 반사점에서 $E_o$의 값을 가진다면, 후방 산란 방향에서

$$E^s = -E_o \frac{\rho_1}{\rho_1 + \ell} e^{-j\beta\ell} \tag{16-22}$$

[1] 이 결과가 이차원 구조에 근거했더라도 입사면이 표면의 평면과 일치하기만 하면, 이는 입사면에서 성립하는 결과보다 어느 정도 더 일반적이다.

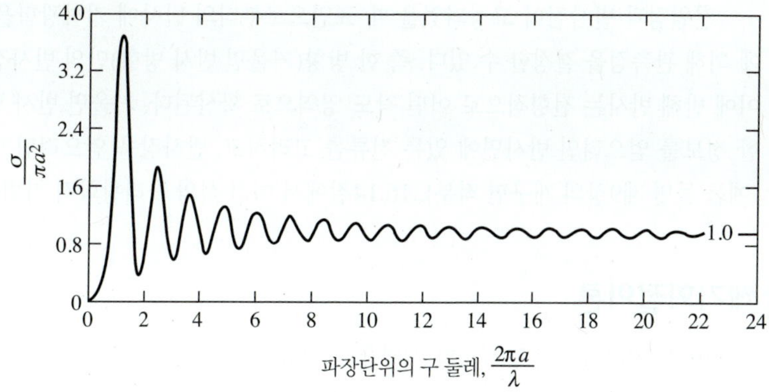


**그림 16-7** 구의 전기적인 크기에 대한 구의 레이더 단면적 $\sigma$.

이고, 이 예에서 $\rho_2$는 $\rho_1$과 동일 값을 가진다. 그러므로 식 (4-67)을 사용한다면, 레이더 단면적(높은 주파수에서)은 다음과 같다.

$$\sigma = \lim_{\ell \to \infty} 4\pi\ell^2 \left[\frac{a/2}{a/2 + \ell}\right]^2 = \pi a^2 \tag{16-23}$$

그림 16-7에서 $\sigma/\pi a^2$에 대한 엄밀한 해를 보이고 있다. 구의 반지름이 클수록 기하광학의 단면적은 정확한(고주파수) 결과에 더 가까이 근접함을 볼 수 있다. 이것은 기하광학이 산란표면의 기하학적 크기와 비교해 파장이 작다는 가정을 하기 때문에 예측된 것이다. 그리고 식 (16-23)의 결과는 주파수와 독립인데, 이것은 기하광학 계산의 전형이다[2~4].

완만한 표면에서 반사되는 평면파에 의한 기하광학 장에 대한 일반적인 표현을 쓰려면 식 (16-22)에서 추정할 수 있다. 입사면이 입사광선과 표면의 법선에서 정의되도록 하자. $E^i_\parallel(Q_r)$과 $E^i_\perp(Q_r)$은 각각 반사점 $Q_r$에서 입사면에 대해 평행하고 직교하는 입사장의 성분이며, $E^r_\parallel(\ell)$과 $E^r_\perp(\ell)$은 각각 입사면에 대해 평행하고 수직인 반사장의 성분이라 하자. 그러면 행렬 형태로

$$\begin{bmatrix} E^r_\parallel(\ell) \\ E^r_\perp(\ell) \end{bmatrix} = \begin{bmatrix} E^i_\parallel(Q_r) \\ E^i_\perp(Q_r) \end{bmatrix} \cdot [R]\sqrt{\frac{\rho_1\rho_2}{(\rho_1+\ell)(\rho_2+\ell)}}\, e^{-j\beta\ell} \tag{16-24}$$

이며, 여기서 $R$은 반사계수 행렬이며, 완전도체 표면에 대해서는

$$R = \begin{bmatrix} R_\parallel & 0 \\ 0 & R_\perp \end{bmatrix} \tag{16-25}$$

와 같다. 여기서 $R_\parallel = +1$이고 $R_\perp = -1$이며, 완전도체 평면에서 평행 및 직교편파의 반사에 대한 프레넬 반사계수로 알려져 있다.[2] 프레넬 반사계수는 입사파가 평면파이고 반사면도 평면임을 의미한다. 기하광학 반사는 국부적인 현상이고, 따라서 입사장은 반사점에서 국부적인 평면만이 필요하며, 표면을 반사점에서 그 면에 접하는 평면으로 적절히 근사화하기만 하면 된다는 사실을 주목함으로써, 높은 주파수(짧은 파장)에서 이런 제한을 피할 수 있다.

[2] $R_\parallel$과 $R_\perp$의 부호는 입사와 반사 전장에 대해 사용되는 기준 방향에 의한다. 여기의 취급은 그림 6-62와 일치하지만, 다른 곳에서도 사용된다.

전원점과 반사점이 고정되었을 때 표면으로부터의 반사에 기하광학을 적용한다면, 반사 법칙에 의해 관측점을 결정할 수 있다. 즉 한 방향(거울면 반사 방향)만의 반사장에 대한 정보를 얻는다. 이에 반해 반사는 전형적으로 어떤 각도 영역으로 확산된다. 거울면 반사 방향이 아닌 반사장에 대한 정보를 얻으려면 반사면에 있는 전류를 고려하고, 반사장을 얻으려면 이 전류를 적분해야 한다(예를 들면 제9장의 개구면 적분). 16.14절에서 이런 식의 물리광학적 기법을 살펴보게 된다.

## 16.2 쐐기회절이론

앞 절에서 기하광학의 광선광학 개념을 소개했다. 이 이론을 구의 후방산란 계산에 적용했으나, 전방산란 방향(특히 그림 16-6 또는 16-8의 음영영역) 전장을 결정하는 데에는 적용해 본 바가 없었다. 간단한 광선 추적으로 기하광학은 음영영역에서 0이 아닌 장을 정확히 예측할 수 없다는 것을 분명히 알 수 있다. 그렇지만 기하광학 영역을 **회절광선**(diffracted ray)이라는 광선의 한 종류를 포함해 확장시킨다면[5, 6], 이것을 이용해 산란체 음영영역에서 장을 계산할 수 있다. 예를 들어 회절광선은 그림 16-8에 나타낸 것처럼 광선이 가장자리, 꼭짓점에 부딪칠 때나 곡면에 접하면서 입사할 때 발생한다. 바로 이 광선이 음영영역의 장이 0이 아님을 설명해 준다. 이외에도 회절광선은 조사 영역의 기하광학장을 수정한다. 이 절의 목적은 회절광선의 한 형태인 그림 16-8*a*의 쐐기회절광선을 자세히 살펴보는 것이다.

그림 16-8*a*에 나타낸 쐐기회절(wedge diffraction) 상황을 고려하자. 기하광학은 그림 16-9에

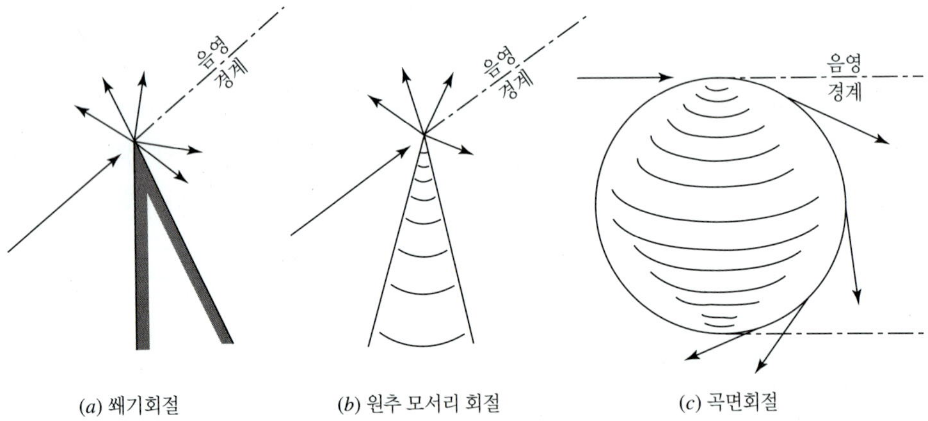


(*a*) 쐐기회절 (*b*) 원추 모서리 회절 (*c*) 곡면회절

**그림 16-8** 회절의 예.

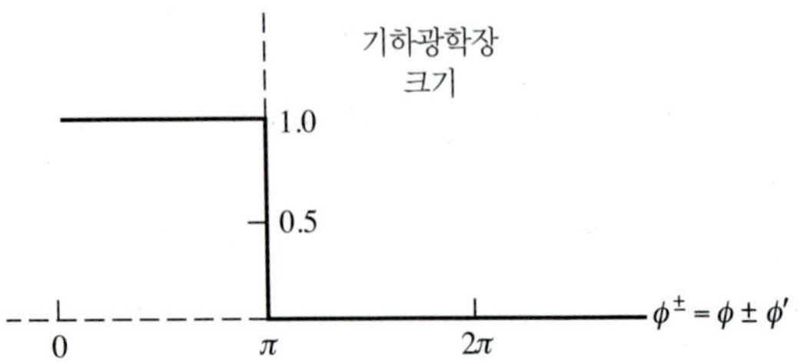


**그림 16-9** 반사장 음영경계($\phi^+ = \phi + \phi' = \pi$) 또는 입사장 음영경계($\phi^- = \phi - \phi' = \pi$) 부근의 기하광학장 크기.

나타낸 바와 같이 음영경계(shadow boundary)에서 장의 급격한 불연속을 예측하게 된다. 자연적인 물리현상은 완전한 불연속이 아니므로, 기하광학만으로 그림 16-8에 있는 현상과 같은 문제를 완전히 해명해 낼 수 없다는 것이 분명하다. 그림 16-8$a$의 음영경계에서 쐐기회절 광선은 전체 전장을 연속적으로 만든다는 것을 보게 될 것이다.

높은 주파수에서 회절은 국부적인 현상이어서, 회절광선의 장의 값은 회절점의 입사광선의 장의 값과 **회절계수**(diffraction coefficient)의 곱에 비례한다. 즉 회절계수는 주로 장의 국부적인 성질과 회절점의 바로 근처에 있는 경계에서 결정된다. 회절점 부근의 국부적인 조건만이 중요하므로, 회절광선의 진폭을 이런 국부적인 성질을 가지는 적절한 경계치 문제의 해로부터 결정할 수도 있다. 이와 같은 문제를 표준문제(canonical problem)라고 하며, 쐐기회절도 표준문제에 해당한다. 쐐기회절은 1953년 요셉 켈러(Joseph Keller)가 독창적으로 제안했는데, 기하광학 영역에서 가장 중요한 표준문제인 듯하다. 켈러의 이론은 **기하회절이론**(geometrical theory of diffraction) 또는 GTD로 알려져 있다[5~6].

기하광학의 이용과 그림 16-8에 있는 문제와 같은 몇 가지 표준문제의 해를 통해, 중첩원리에 따른 더 복잡한 문제의 해를 구성할 수 있다. 이제 쐐기회절의 표준문제를 고려해 보자. 우선 그림 16-10에 나타난 무한의 도체이면서 무한소로 얇은 반평면을 고려하자. 2차원 호이겐스 원리를 사용해서 영역 $z > 0$에서 장을 계산한다(9.1절 참조). 그러므로 $z = 0$을 따라 1차 파면의 각 점을 2차 원통파에 대한 새로운 전원으로 간주할 수 있고, 이런 2차 원통파의 포락선은 2차 파면이 된다. 따라서

$$E(P) = \int_{x=a}^{x=\infty} dE \tag{16-26}$$

이고, 여기서 $dE$는 $z = 0$의 평면에서 $y$축에 평행한 자기 선전원에 의한 $P$의 전장이며, 또는

$$dE = \frac{C_1}{\sqrt{\ell + \delta(x)}} e^{-j\beta[\ell+\delta(x)]}\, dx \tag{16-27}$$

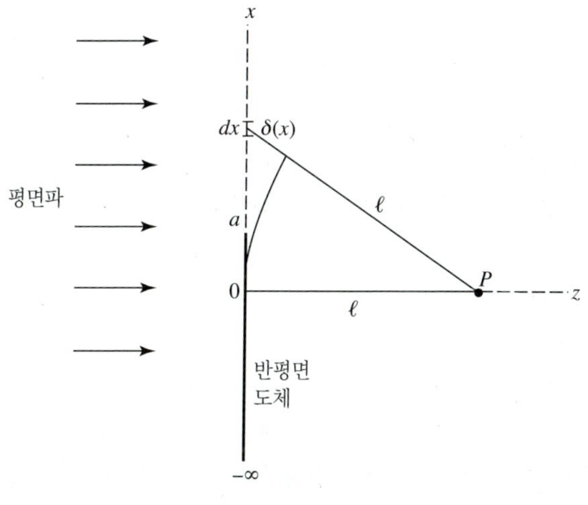


**그림 16-10** 반평면 도체에 의한 평면파 회절.

이고, 여기서 $C_1$은 상수이다. 만일 $(\ell + \delta) \gg \lambda$이고 $\ell \gg \delta$이면, $x = a$와 $x = x_o$ 사이의 2차원 호이겐스 전원이 $E(P)$에 기여하는 것을

$$E(P) = \frac{C_1}{\sqrt{\ell}} e^{-j\beta\ell} \int_a^{x_o} e^{-j\beta\delta(x)}\, dx \tag{16-28}$$

와 같이 적을 수 있다. $x_o$부터 $\infty$까지의 기여는 나중에 고려한다. $\delta \ll \ell$이면, 식 (2-86)에서와 동일한 이유로 $\ell + \delta \approx \ell + x^2/2\ell$임을 보일 수 있다. $\gamma^2 = 2/\lambda\ell$과 $u = \gamma x$를 대입하면

$$E(P) = C_1\sqrt{\lambda/2}\, e^{-j\beta\ell} \int_{\gamma a}^{\gamma x_o} e^{-j(\pi/2)u^2} du \tag{16-29}$$

를 얻는다. 식 (16-29)에서 상한을 무한대로 보내면, 적분은 프레넬 적분의 표준형으로 된다 [H.10.4: James], [H.4: Jordan]. 프레넬 적분(Fresnel integral)은 컴퓨터로 또는 그림 16-11$a$에 나타낸 코르누 나선(Cornu's spiral)으로 알려진 그래프에서 쉽게 계산된다. 원점에서 곡선 위의 어떤 한 점까지 그려진 벡터는 하한 0과 상한 $u_o$를 가진 프레넬 적분의 크기를 나타낸다. $u_o$가 무한대로 접근하게 되면, 벡터의 끝은 점 $\left(\frac{1}{2}, \frac{1}{2}\right)$을 무한히 회전하게 되며, 이것은 $u_o > 1.26$이라면 적분값에 대한 기여가 하한 0과 상한 $u_o$ 사이에서 오는 것을 의미한다. 이와 같은 이유로 식 (16-29)에서 $\gamma x_o \to \infty$로 두면 적분값에 아무런 영향을 주지 않는다는 것을 보일 수 있다. 그러므로

$$E(P) \approx C_1\sqrt{\lambda/2}\, e^{-j\beta\ell} \int_{\gamma a}^{\infty} e^{-j(\pi/2)u^2}\, du \tag{16-30}$$

이다. 식 (16-30)의 적분값을 코르누 나선 상의 어떤 점으로부터 점 $\left(\frac{1}{2}, \frac{1}{2}\right)$까지 그린 벡터로 나타낼 수 있다(연습문제 16.2-2 참조).

식 (16-30)에서 하한을 음의 무한대로 보낸다면, $E(P)$는 반평면이 존재하지 않을 때 장의 세기가 된다[H.4: Jordan]. 그러므로

$$E(P)|_{a=-\infty} = C_1\sqrt{\lambda/2}(1-j)e^{-j\beta\ell} = E_o e^{-j\beta\ell} \tag{16-31}$$

이다. $C_1$을 구해 식 (16-30)에 대입하면 자유공간의 전장 $E_o$로써 $E(P)$의 값을 얻는다.

$$E(P) \approx \frac{E_o e^{+j(\pi/4)}}{\sqrt{2}} e^{-j\beta\ell} \int_{\gamma a}^{\infty} e^{-j(\pi/2)u^2}\, du \tag{16-32}$$

여기서 이 근사 해석이 이루어지려면 $\ell \gg \lambda$이어야 하고 점 $x = a$는 $z$축에서 멀리 떨어져 있지 않도록 하여 $\ell \gg \delta$이 유지되어야 한다. 이 문제를 더 정확히(그리고 복잡하게) 해석할 수 있지만, 쐐기회절에 관한 연구에서 어떻게 프레넬 적분이 자연스럽게 발생하는지 간단히 보고자 하므로 여기서는 이에 대해 언급하지 않는다.

식 (16-32)와 코르누 나선을 이용하면, $x$축을 따라 점 $a$를 이동시키면서 전장의 변화를 가시적으로 볼 수 있고, 이때 $a$의 이동은 조사영역에서 음영영역까지 관측점을 변화시키는 원인이 된다. 음영경계 부근의 상대적인 전장에 상응하는 그림을 그림 16-11$b$에 나타냈다. 음영경계에서 상대적인 전장값은 $\frac{1}{2}$이고, 조사영역에서 전장값은 1에 대해 진동함을 주목하자. 이 진동은 회절장과 직접장 사이의 간섭 때문에 발생한다고 할 수 있다. 음영영역에는 직접장이 없으므로, 이와 같은 진동이

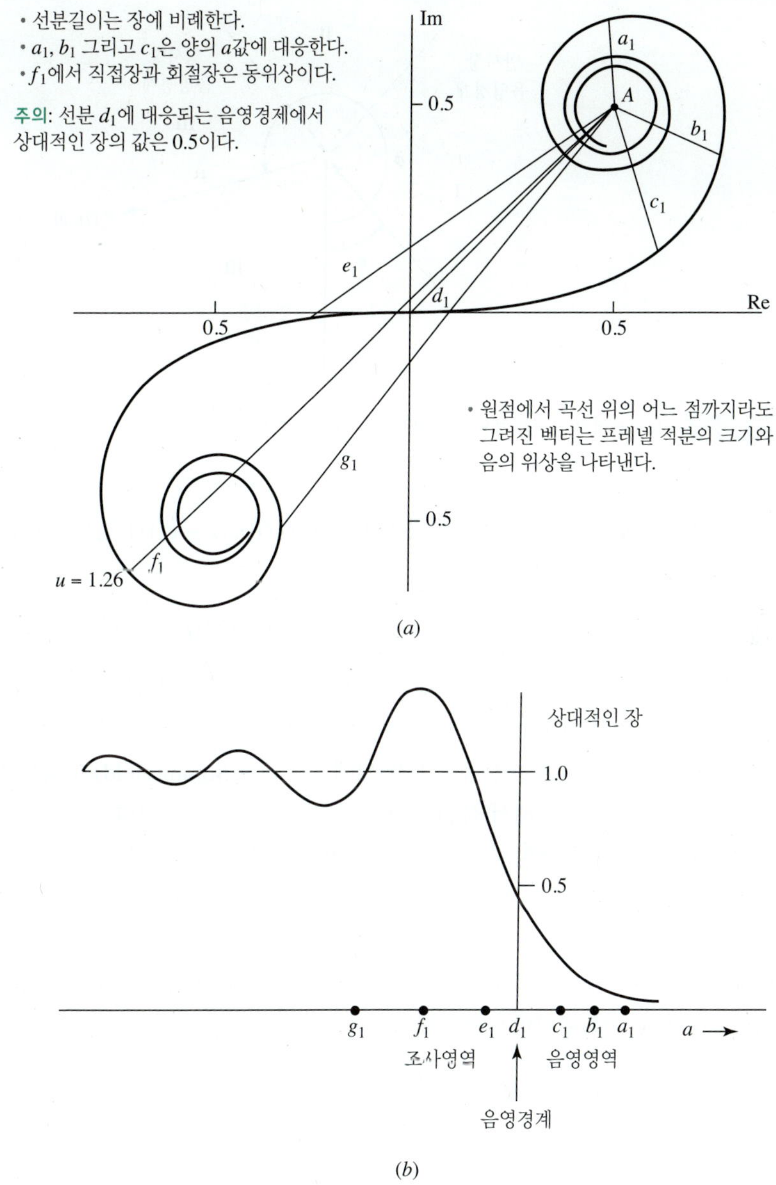


**그림 16-11** (a) 파라미터 $a$의 함수로서의 프레넬 적분을 계산할 때 코르누 나선 사용. (b) 음영경계 부근에서 회절장의 상대적인 크기. $a$ 값에 대해서는 그림 16-10을 참조.

발생하지 않음을 볼 수 있다. 그러나 식 (16-32)에서 직접장과 회절장을 분명히 구분 짓기 어렵다. 회절이론의 많은 응용에서 이미 다룬 반사장뿐만 아니라 직집장과 회절장을 반드시 수학적으로 구분할 수 있어야 한다.

그림 16-12를 보면 두 개의 음영경계를 구분할 수 있다: 입사장 또는 직접장의 음영경계와 반사장 음영경계. 이 두 개의 음영경계는 공간을 반사광선뿐만 아니라 직접 및 회절광선이 있는 영역 I, 직접 그리고 회절광선은 있지만 반사광선이 없는 영역 II, 그리고 회절광선만 있는 영역 III의 세 영역으로 나눈다.

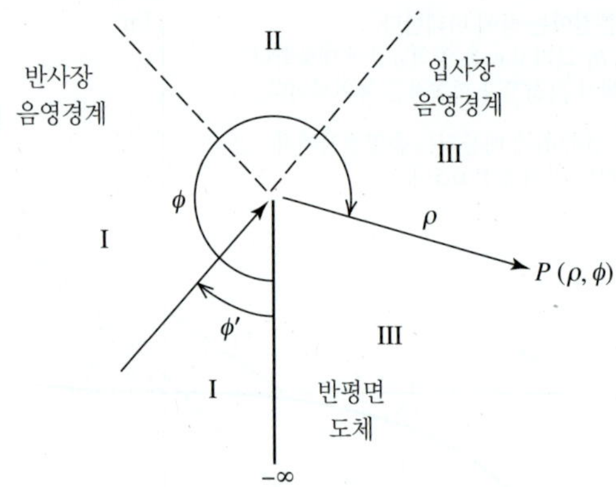


그림 16-12 음영경계의 위치를 보이는 반평면 도체에 의한 회절.

세 영역 중 어느 한 영역의 장에 대해서 반사장 $v^r(\rho, \phi + \phi')$과 입사장 $v^i(\rho, \phi - \phi')$로 구성되는 $E(\rho, \phi)$로 적어 보자. 그러면

$$E(\rho, \phi) = \pm v^r(\rho, \phi + \phi') + v^i(\rho, \phi - \phi') \quad \textbf{(16-33)}$$

이다. 부호의 선택은 입사장의 편파에 의존한다. 전장이 회절 가장자리에 수직(평행)이라면 양(음)의 부호가 사용된다. 점 $P$의 전장 $E$는 적절한 경계조건을 가진 스칼라 파동방정식의 해여야 한다. 그림 16-12에 나타낸 경계치 문제를 1896년에 조머펠트(Sommerfeld)가 처음으로 풀었다. 먼저 이 해를 다루어 보자. 이를 위해서 식 (16-33)을 철저히 살펴보아야 한다.

식 (16-33)의 첫째 항은 반사장을 제시하며 반면에 $v^i(\rho, \phi - \phi')$ 항은 입사장을 나타낸다. 도체면이 무한대로 확장된다면, 반사장의 항은 단순히 기하광학 반사장이 된다. 그렇지만 그림 16-12에서 반평면의 경우, 반사장은 두 부분을 구성한다. 즉 기하광학 반사장과 회절장이다. 반사장의 두 부분 다 반평면 뒤의 영상전원에서 나오게 된다. 이와 유사하게 입사장도 두 부분으로 구성된다고 생각할 수 있다. 즉 기하광학입사장과 회절장이다. 그러므로 반사장에 대해

$$\pm v^r(\rho, \phi + \phi') = \pm[v^r_*(\rho, \phi + \phi') + v^r_B(\rho, \phi + \phi')] \quad \textbf{(16-34)}$$

이며, 입사장에 대해

$$v^i(\rho, \phi - \phi') = v^i_*(\rho, \phi - \phi') + v^i_B(\rho, \phi - \phi') \quad \textbf{(16-35)}$$

이고, 여기서 $v_*$는 기하광학장을, $v_B$는 회절장을 나타낸다. 그래서 식 (16-33)은 네 개의 부분으로 구성되어 있다고 생각할 수 있다. 식 (16-34)와 식 (16-35)에서 우변의 각 항은 반사장과 입사장의 음영경계를 제외하고는 각각 파동방정식을 개별적으로 만족시킨다. 그렇지만 $v^r_*$과 $v^r_B$의 합은 $v^r$을 반사장 음영경계를 통해 연속이 되도록 하고, 따라서 $v^r$은 거기서 파동방정식을 만족시킨다(이와 유사한 설명이 $v^i$에도 적용된다). 그러나 $v^r$이나 $v^i$ 어느 하나만으로는 쐐기에서 경계조건을 만족시키지 않는다. 그렇지만 식 (16-33)에서 $v^r$과 $v^i$의 합은 파동방정식뿐만 아니라 경계조건도 만족시킨다.

단순히 기하학적으로 생각해 보면, 반사된 기하광학 광선에 대해 일정 위상면 위의 모든 점은

$$v^r_*(\rho, \phi + \phi') = e^{j\beta\rho\cos(\phi+\phi')}, \qquad 0 < \phi < \pi - \phi' \quad \text{영역 I에서} \quad \textbf{(16-36)}$$

에 의해 주어진다는 것을 알 수 있다. 여기서 원점이 쐐기의 가장자리에 있는 원통좌표계를 사용하

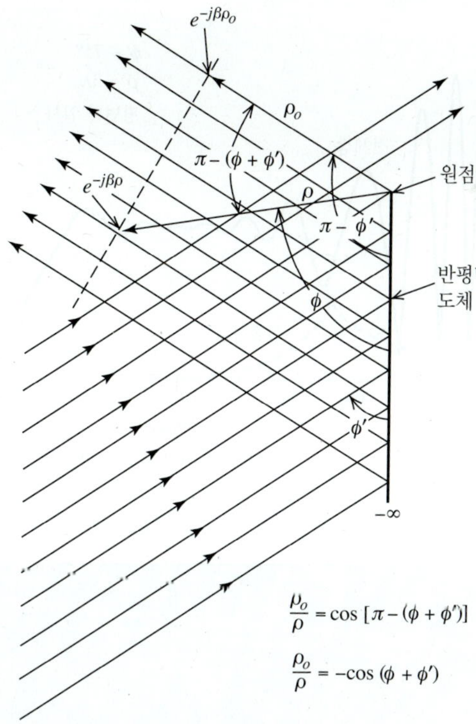


그림 16-13 반평면 도체에서 반사장 파면에 대한 구조.

므로, 그림 16-13에서 반평면의 가장자리를 위상기준으로 택한다. 직접입사광선에 대해서도 유사하게 고려하면, 동위상 파면 위의 점은

$$v_*^i(\rho, \phi-\phi') = e^{j\beta\rho\cos(\phi-\phi')}, \qquad 0<\phi<\pi+\phi' \quad \text{영역 I과 II에서} \tag{16-37}$$

에 의해 주어진다. $\phi$의 다른 값에 대해

$$v_*^i = 0 = v_*^r \tag{16-38}$$

이다. 다르게 말하면 $v_*$는 반사광선에 대해 영역 II와 III에서 0이고, 직접 또는 입사광선에 대해 영역 III에서 0이다. 그림 16-14에서 보는 바와 같이 회절장이 이런 기하광학장의 불연속을 보상한다. 그림 16-14$a$에서 $\phi>255°$에 대해 전체장은 바로 회절장이고, 전체장은 $\phi=255°$인 입사장 음영경계를 통해 연속임을 볼 수 있다. 입사장 음영경계에서 회절장 값은 0.5이다. $105°<\phi<255°$에 대해 전체장은 입사장과 회절장 사이의 간섭으로 진동한다. $\phi=105°$에서 회절장은 다시 0.5로 증가하고, 전체장은 장의 음영경계를 통해 연속이다. $\phi<105°$에 대해 전체장은 거의 0과 2 사이에서 공진하는데, 이것은 입사장과 반사장에 의해 영역 I에서 만들어지는 정재파에 주로 기인하고, 또 관측점이 정재파의 장을 통해 지나가도록 반평면의 가장자리로부터 일정한 거리($\rho=3\lambda$)에서 장을 관측하는 사실 때문이다. $\phi=0$에서 전장은 반평면에 법선방향이며, 0이 아니다. 그림 16-14$b$는 $\phi'=75°$에서 정현평면파가 입사할 때 반평면 가장자리 부근의 전체 전장을 시간영역에서 표현한 것이다. 이 표현은 근본적으로 어떤 시간의 '순간 장면'이어서 거의 흰 영역은 어떤 순간에 장이 0임을 나타낸다( 그림 15-21과 참고문헌 참조). $\phi>255°$일 때는 약한 장이고, $\phi<105°$일 때 간섭패턴이

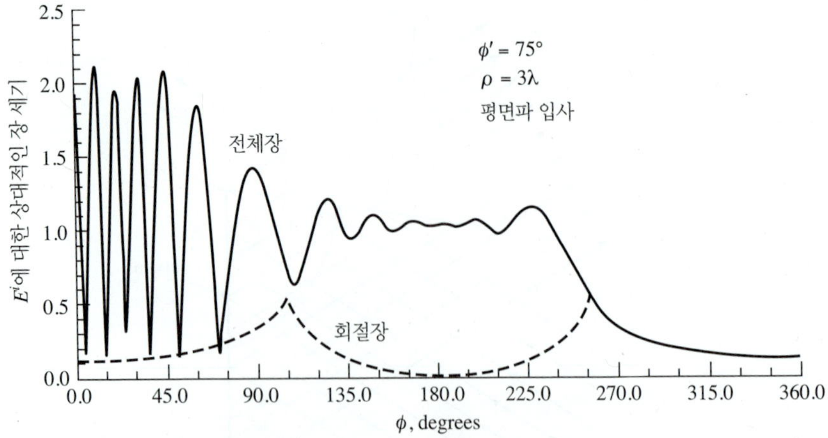


(*a*) 반평면에 의한 회절(주파수 영역)

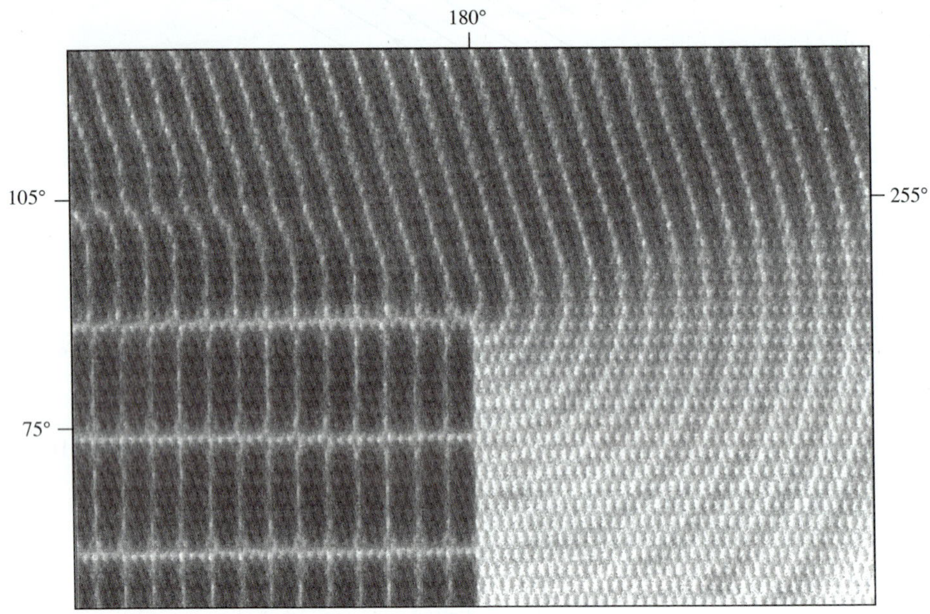


(*b*) 고정된 순시 시간에 대해 FDTD로 계산한 반평면 부근의 장 분포. $\phi' = 75°$에서 정현파 입사

**그림 16-14 반평면에 의한 회절.** 입사장은 반평면의 가장자리에 대해 직교편파이다. (그림 16-12와 16-13 참조)

분명한 반사와 음영 경계를 주목하자. $\phi < 105°$에 대한 간섭패턴에서 $\phi' \neq 90°$이므로 반평면에 접하고 직각인 두 방향으로 정재파가 있다.

회절장 $v_B$에 대한 수학적 표현은 지난 수십 년 동안 초기 조머펠트의 고전적 연구를 개선하고자 연구되어 왔다[7]. 그림 16-12의 반평면 문제에 대해 조머펠트는 입사평면파에 의한 회절장에 대한 표현을 프레넬 적분의 항으로 얻었다. 이 표현은[3]

[3] 식 (16-39)에서 실제로는 2개 방정식을 쓴다. 하나는 $v_B^r(r, \phi^+)$에 대해서, 다른 하나는 $v_B^i(r, \phi^-)$에 대해서이다. $\phi^\pm$의 표기는 편리함을 위해서이고, 어디서 나타나든지 하나는 반사장과 관련되고 또 하나는 입사장과 관련된 것을 의미하는 2개의 분리된 식이 있다는 것을 기억해야 한다.

$$v_B(\rho, \phi^\pm) = -e^{j(\pi/4)}\sqrt{\frac{2}{\pi\alpha}} \cdot e^{j\beta\rho\cos\phi^\pm} \cos\frac{\phi^\pm}{2} \int_{\sqrt{\alpha\beta\rho}}^{\infty} e^{j\tau^2}\, d\tau \quad \textbf{(16-39)}$$

이며, 여기서

$$\phi^\pm = \phi \pm \phi' \quad \textbf{(16-40)}$$

이고

$$\alpha = 1 + \cos\phi^\pm \quad \textbf{(16-41)}$$

이다. 이 해는 어느 정도 식 (16-32)의 해와 유사한 형태임을 주목하자. 위에 언급한 내용의 상세한 수학적 유도는 이 교재의 범주를 벗어난다.

조머펠트의 연구는 단지 반평면에 관한 연구보다 더 일반적이었다. 그는 또한 내각이 $(2 - n)\pi$인 도체 쐐기에 조사되는 평면파의 더욱 일반적인 경우를 고려했다. 여기서 $0 < n \le 2$이다.[4] 이 경우에 그는 회절장에 관한 경로적분 표현의 점근계산을 얻었으며, 이것은

$$v_B(\rho, \phi^\perp) = \frac{e^{-j(\beta\rho + \pi/4)}}{\sqrt{2\pi\beta\rho}} \frac{(1/n)\sin(\pi/n)}{\cos(\pi/n) - \cos(\phi^\pm/n)} \quad \textbf{(16-42)}$$

와 같이 주어진다. 그러나 이 점근 형태는 음영경계 바로 근처에서 무한대의 장을 준다[8]. 음영경계에 가까운 영역을 대개 **천이영역**(transition region)이라고 부른다. 식 (16-42)는 조건

$$\beta\rho\left(\cos\frac{\pi}{n} - \cos\frac{\phi^\pm}{n}\right)^2 \gg 1 \quad \textbf{(16-43)}$$

을 만족시키는 천이영역 바깥에서만 성립한다. 이 조건은 항상 $\beta\rho(1 + \cos\phi^\pm)$의 양이 커야만 충족되는데, 이것은 $P(\rho, \phi, z)$에 있는 관측점이 회절 가장자리에서 전기적으로 큰 거리여야 한다는 점을 의미한다. 그럼에도 관측점이 음영경계 가까이 있지 않고 위의 조건을 만족시킨다면, 식 (16-42)는 유용하다.

1938년에 파울리(Pauli)[9]는 조머펠트의 경로 적분해에 대해 급수형을 얻어서 조머펠트의 연구를 개선했다. 파울리의 결과는

$$v_B(\rho, \phi^\pm) = \frac{2e^{j(\pi/4)}}{n\sqrt{\pi}} \frac{\sin(\pi/n)}{\cos(\pi/n) - \cos(\phi^\pm/n)} \left|\cos\frac{\phi^\pm}{2}\right| \cdot e^{j\beta\rho\cos\phi^\pm} \int_{\sqrt{\alpha\beta\rho}}^{\infty} e^{-j\tau^2}\, d\tau + [\text{고차항}] \quad \textbf{(16-44)}$$

와 같이 주어진다. 이 표현은 특히 음영경계 부근에서 식 (16-42)보다 훨씬 더 정확하며, 다만 계산이 약간 더 복잡할 뿐이다. 이것은 $0 < n \le 2$에 대해 성립한다. 반평면($n = 2$)일 때, 고차항은 0이며, 식 (16-44)의 파울리의 결과는 식 (16-39)의 조머펠트의 결과로 줄어든다. 파울리의 표현은 유한한 관측거리를 포함하는 조머펠트의 원래 해의 첫 번째 실용적인 공식이다.

[4] 그림 16-15 참조. 여기서 사용된 파라미터 $n$은 굴절률에 사용된 $n$과 혼동하지 말 것.

### 예제 16-1 쐐기회절 계산의 예

식 (16-39), 식 (16-42), 식 (16-44)의 사용은 예제를 통해 가장 잘 설명된다. $\phi = 250°$에 대해 그림 16-14에서의 회절장을 계산해 보자. $\lambda = 1$ m로 가정하자. 식 (16-39)를 이용하면

$$\begin{aligned} v_B(3, \phi^-) &= (-9.146 - j9.146)(0.0436)\cdot(0.997 + j0.0717)(0.359 - j0.620) \\ &= -0.397 + j0.0760 \end{aligned}$$

$$\begin{aligned} v_B(3, \phi^+) &= (-0.418 - j0.418)(-0.954)\cdot(-0.964 + j0.264)(-0.0237 + j0.0820) \\ &= 0.0345 - j0.0335 \end{aligned}$$

를 얻는다. 그러므로 정확한 조머펠트 해로부터 회절장의 크기 $|-0.3625 + j0.0425| = 0.365$를 얻고, 이것은 그림 16-14와 일치한다. 식 (16-44)를 이용하면 파울리의 식이 조머펠트의 식으로 줄어들기에 반평면의 경우에 대한 동일한 결과를 얻는다. 그래서

$$\begin{aligned} v_B(3, \phi^-) &= (0.798 + j0.798)(-11.46)(0.0436)\cdot(0.997 + j0.0717)(0.359 - j0.620) \\ &= -0.397 + j0.0760 \end{aligned}$$

$$\begin{aligned} v_B(3, \phi^+) &= (0.798 + j0.798)(0.524)\cdot(0.954)(-0.964 + j0.264)\cdot(-0.0237 + j0.0820) \\ &= 0.0345 - j0.0335 \end{aligned}$$

이고, 회절장의 크기는 다시 0.365가 된다. $\phi = 250°$는 입사장 음영경계에 가까이 있으므로 $v_B(3, \phi^-)$는 회절장에 주요한 기여를 하게 되고, 반사장 음영경계와 관련된 $v_B(3, \phi^+)$는 작은 기여를 한다. 식 (16-39)와 식 (16-44)는 둘 다 정확히 음영경계 $\phi = 255°$(또는 $\phi = 105°$)에서 무한대로 간다. 이와 같은 이유로 이 예제에서 $\phi = 250°$를 선택했다. 마지막으로 식 (16-42)에서 점근형을 사용해 보자. 그러면

$$\begin{aligned} v_B(3, \phi^-) &= (0.065 - j0.065)(-11.46) \\ &= -0.745 + j0.745 \\ v_B(3, \phi^+) &= (0.065 - j0.065)(0.524) \\ &= 0.034 - j0.034 \end{aligned}$$

이며, 회절장만의 크기는 1 또는 입사장의 크기를 초과한다. 식 (16-43)의 조건이 깨지므로 결과에는 오차가 발생한다. $\phi = 255° \pm 12°$이면 $\rho = 10\lambda$에서, $\phi = 255° \pm 5°$이면 $\rho = 20\lambda$에서, $\phi = 255° \pm 4°$이면 $\rho = 30\lambda$에서, $\phi = 255° \pm 3°$이면 $100\lambda$에서 단지 10% 오차가 생긴다. 그렇지만 $\rho$가 얼마나 크든지 점근형은 음영경계에서 특이점을 가진다.

---

1953년에 시작해 GTD로도 부르는 기하회절이론을 체계적으로 개발한 사람은 켈러(Keller)이다[5, 6]. 그의 연구에서 $D(\phi^+)$와 $D(\phi^-)$의 양을 회절계수라 불렀으며, 여기서

$$\left[v_B^i(\rho, \phi^-) \mp v_B^r(\rho, \phi^+)\right] = [D(\phi^-) \mp D(\phi^+)]\frac{e^{-j\beta\rho}}{\sqrt{\rho}} \tag{16-45}$$

이며, 평면파 입사에 의한 회절장을 계산하기 위해 식 (16-42)에서 조머펠트의 점근표현을 사용했다. 켈러 이론의 가설은 다음과 같다.

1. 회절장은 경계표면 위의 점을 포함하는 광선경로를 따라 전파한다. 이런 광선경로는 최단 광학경로의 원리로도 알려진 페르마 원리(Fermat's principle)를 따른다.

2. 반사와 투과처럼 회절은 높은 주파수에서 국부적인 현상이다. 이것은 경계표면의 성질과 회절점 바로 근처의 입사장에만 의존한다.
3. 회절파는
   a. 광선 다발 내에서 전력이 보존되고
   b. 위상지연은 광선경로를 따른 거리의 파수 배와 같도록 그 광선경로를 따라 전파한다.

둘째 가설은 예를 들어 그림 16-13에서 무한쐐기의 가장자리에 기인한 회절장은 쐐기 가장자리에서 발생하는 원통파 장으로 나타난다는 사실을 말해 준다. 이것은 식 (16-45)의 $(\rho)^{-1/2}$ 의존성과 일치한다.

켈러의 기하회절이론의 간단한 광선 공식은 음영경계, 화선, 초점 부근의 천이영역을 배제한 공간영역에서 장의 계산으로 제한되어 있다. 이와 같은 점에서 장을 계산하려면 기하회절이론에 대한 첨가와 수정을 해야만 한다. 더군다나 입사장이 평면파가 아니고 원통파 또는 구면파라면, 이런 입사장도 받아들이도록 GTD를 수정해야 한다. 이와 같은 다양한 수정은 나중에 다룬다.

## 16.3 광선 고정 좌표계

앞 절에서 $z$축을 따라 가장자리를 가진 완전도체의 무한쐐기에 직각으로 입사하는(즉 음의 $\rho$ 방향으로 진행하는) 평면파에 의한 스칼라 회절장을 고려했다. 그런 좌표계를 가장자리 고정 좌표계라고 한다. 반면에 그림 16-15의 점 $Q$와 관련해 경사지게 입사하고 회절되는 광선은 $Q$에 중심을 둔 구좌표계의 요소로 더 편리하게 설명된다. 이와 같은 좌표계를 광선 고정 좌표계라고 한다[1]. 그림

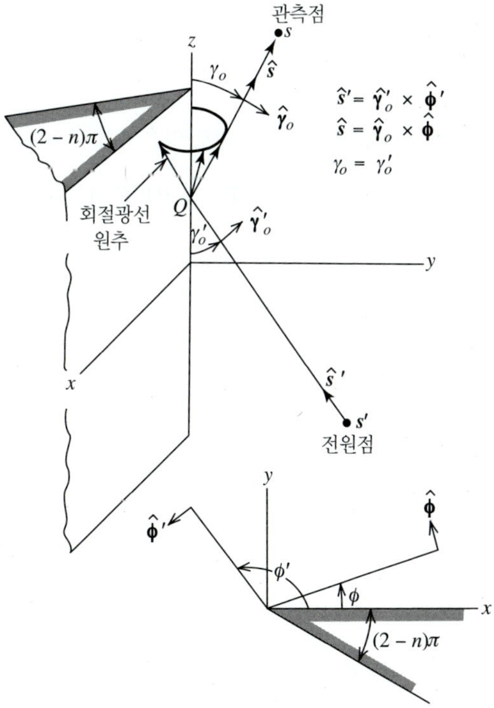


그림 16-15 3차원 쐐기회절 문제를 위한 구조.

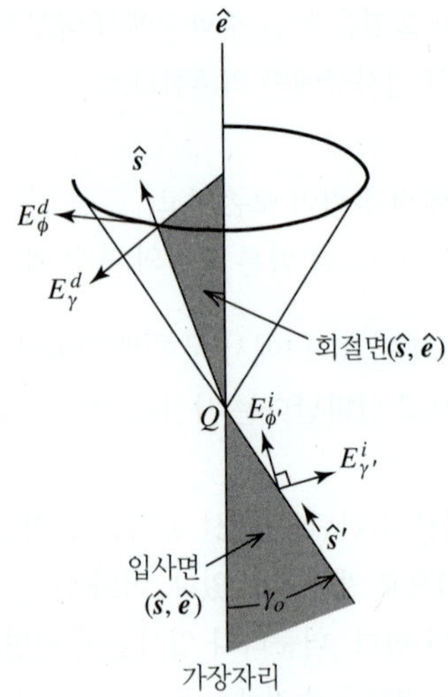


그림 16-16 광선 고정 좌표계.

16-15에 나타낸 것과 같이 입사광선의 전원 위치를 구좌표 $(s', \gamma_o', \phi')$로, 관측점을 구좌표 $(s, \gamma_o, \phi)$로 정의하자. 점 $Q$는 주어진 전원 위치와 관측점에 대해 가장자리의 유일한 점이다.

입사광선과 쐐기의 가장자리가 놓인 면을 입사면이라 부르고, 회절광선과 쐐기의 가장자리를 가지는 면을 회절면이라 부르자. 단위벡터 $\hat{\mathbf{s}}'$은 입사방향이고, 단위벡터 $\hat{\mathbf{s}}$는 회절방향이다. 그렇다면 그림 16-16에서 보는 바와 같이, 단위벡터 $\hat{\boldsymbol{\gamma}}_o'$과 $\hat{\boldsymbol{\phi}}'$은 각각 입사면에 평행하고 수직이며, 단위벡터 $\hat{\boldsymbol{\gamma}}_o$와 $\hat{\boldsymbol{\phi}}$는 각각 회절면에 평행하고 수직임이 분명하다. $\gamma_o'$과 $\gamma_o$는 각각 가장자리에서 입사와 회절광선까지 측정되는 $\pi/2$보다 작은 각이며, $\hat{\boldsymbol{\gamma}}_o'$과 $\hat{\boldsymbol{\gamma}}_o$는 단위벡터이다. 또한 $\phi'$과 $\phi$는 쐐기의 한 면에서 입사면과 회절면까지 잰 각이며, $\hat{\boldsymbol{\phi}}'$과 $\hat{\boldsymbol{\phi}}$는 그 단위벡터를 의미한다. $\phi'$과 $\phi$는 쐐기의 동일한 면에서 측정됐다는 것을 주목하자.

회절장에 대한 기호표현을 행렬형태로 다음과 같이 적어 보자.

$$[\mathbf{E}^d] = [D][\mathbf{E}^i]A(\rho)e^{-j\beta\rho} \tag{16-46}$$

여기서 $[\mathbf{E}^d]$와 $[\mathbf{E}^i]$는 각각 회절장과 입사장의 스칼라 성분을 구성하는 열행렬이며, $[D]$는 적절한 스칼라 회절계수의 정방행렬이고, $\rho$는 쐐기의 가장자리에서 관측점까지의 거리이며, $A(\rho)$는 확산인자이다. 지금 만일 가장자리 고정 좌표계가 사용된다면, $[\mathbf{E}^d]$는 일반적으로 세 가지 스칼라 성분 $E_\rho^d$, $E_\phi^d$, 그리고 $E_z^d$를 가지게 되며, $[D]$는 $3 \times 3$ 행렬이 된다. 이와 같은 상황에서 $[D]$의 아홉 항 중의 일곱 항은 사라지지 않는다는 것을 보일 수 있다. 그렇지만 광선 고정 좌표계가 사용된다면, 입사장이 입사광선 다발의 방향으로 성분을 가질 수 없으므로, 회절광선 다발의 방향으로 회절장의 (방사방향) 성분은 없다. 이것은 회절장의 가능한 두 성분 $E_\gamma^d$와 $E_\phi^d$ 그리고 입사장의 가능한 두 성분 $E_{\gamma'}^i$와 $E_{\phi'}^i$만 있는 결과가 된다. 그러면 분명히 $[D]$는 $2 \times 2$ 행렬이다. 이 경우에 $[D]$는 주대각선 항이 사라지지 않는다. 그러므로 광선 고정 좌표계에서 평면파 입사에 대해, 식 (16-46)을 다음과 같이 쓸 수 있다.

$$\begin{bmatrix} E_\gamma^d(s) \\ E_\phi^d(s) \end{bmatrix} = \begin{bmatrix} -D_\parallel & 0 \\ 0 & -D_\perp \end{bmatrix} \begin{bmatrix} E_{\gamma'}^i(Q) \\ E_{\phi'}^i(Q) \end{bmatrix} A(s)e^{-j\beta s} \tag{16-47}$$

여기서 스칼라 회절계수 $D_\parallel$와 $D_\perp$는 지금은 정의되지 않았으며 다음 절에서 주어진다.

가장자리 고정 좌표계 대신 광선 고정 좌표계의 사용으로 회절행렬은 일곱 개의 소멸되지 않는 항을 가진 3 × 3 행렬에서 2개의 소멸되지 않는 항을 가지는 2 × 2 행렬로 됨이 분명하다. 그러므로 광선 고정 좌표계는 쐐기회절에 대해 사용되는 자연스러운 좌표계이며, 그 사용이 중요함을 거듭 강조한다.

$E^i_{\gamma'}(Q)$와 관련해 $D_\parallel$, $E^i_{\phi'}(Q)$와 관련해 $D_\perp$으로 표기했다. 그 이유는 $E^i_{\gamma'}$와 $E^i_{\phi'}$가 각각 회절 가장자리에 평행하고 수직이어서가 아니라(이것은 $\gamma'_o = 90°$일 때 직각입사이다), 그림 16-16에서 보는 바와 같이 $E^i_{\gamma'}$와 $E^i_{\phi'}$는 입사면에 각각 평행하고 수직이기 때문이다.

$E^i_{\gamma'}$와 $E^i_{\phi'}$는 입사면에 각각 평행하고 수직이므로, $E^i_{\gamma'}$를 $E^i_\parallel$로, $E^i_{\phi'}$를 $E^i_\perp$로 쓰자. 이와 유사하게, $E^d_\gamma(s)$와 $E^d_\phi(s)$는 그림 16-16에서 보는 바와 같이 회절면에 각각 평행하고 수직이다. 그러므로 $E^d_\gamma$를 $E^d_\parallel$로 쓰고, $E^d_\phi$를 $E^d_\perp$로 쓰자. 이런 표기 변화로 식 (16-47)을 다음과 같이 다시 쓸 수 있다.

$$\begin{bmatrix} E^d_\parallel(s) \\ E^d_\perp(s) \end{bmatrix} = \begin{bmatrix} -D_\parallel & 0 \\ 0 & -D_\perp \end{bmatrix} \begin{bmatrix} E^i_\parallel(Q) \\ E^i_\perp(Q) \end{bmatrix} A(s) e^{-j\beta s} \tag{16-48}$$

기호 $\parallel$와 $\perp$가 $E^i$와 관련될 때, 입사면에 대한 기준이 암시된다는 것을 명심하면서, 이 장의 나머지 부분에서 이와 같은 표기를 사용하게 된다. 기호 $\parallel$와 $\perp$가 $E^d$와 관련될 때 회절면에 대한 기준이 암시된다.

## 16.4 쐐기회절의 균일이론

GTD의 현대 이론은 쐐기회절과 곡면회절이라는 기본적인 두 표준문제와 꼭짓점 회절, 원추 모서리 회절, 그리고 다른 고차 현상의 드물지만 더 복잡한 문제로 나눌 수 있다. 안테나 문제에 대한 쐐기회절의 응용에서 안테나의 중요한 특징을 완전도체쐐기로 모델링할 수 있다. 예를 들어 $E$ 평면 패턴을 해석할 목적으로 그림 16-18에서 보는 바와 같이 2개의 반평면으로 섹터형 혼 안테나를 모델링할 수 있다[8]. 그렇지만 이와 같은 문제에서 16.2절에서와 같이 평면파 회절계수 대신 원통파 회절계수를 사용해야 한다. 16.5절과 같은 안테나 문제를 취급하는 데서 원통파 회절은 러덕(Rudduck)[8]이 처음 사용했는데, 그는 필요한 원통파 회절을 계산하고자 가역정리와 파울리(Pauli) 공식을 함께 사용했다. 구면파 회절을 포함한 문제 역시 마찬가지이다.

도체쐐기에 의한 회절연구에 관한 초기 개발 내용을 16.2절에서 약간 설명했다. 설명한 공식의 일부가 확실히 어떤 공학적 계산에 유용하더라도, 천이(음영경계)영역에서나[예를 들면 식 (16-42)], 관측점이 회절 가장자리 가까이($r < \lambda$)에 있을 때[예를 들면 식 (16-44)] 그 정확성은 한정적이다. 입사장의 각 형태를 분리해 고려할 필요 없이 천이영역 또는 회절 가장자리 부근과 같은 영역에서 회절장을 정확히 예측할 수 있는 성질이 있는 쐐기회절 이론을 얻을 수 있다면, 분명히 유용하고 간편할 것이다. 이와 같은 이론은 있을 수 있으며, 16.2절에 주어진 기하회절이론의 가설과 일치하는 모든 상황에 적용되기에 **쐐기회절의 균일이론**(uniform theory of wedge diffraction)으로 알려져 있다. UTD (uniform theory of diffraction)라고 알려진 이 이론의 중요한 결과를 소개하는 것이 이 절의 목적인데, 이 이론은 코윰지언(Kouyoumjian)과 패덕(Pathak)의 많은 업적에 근거한다 [10~12].

1967년에 코윰지언과 동료 연구자들은 $v_B(L, \phi^{\pm})$로 나타낸 결과적인 회절함수 $v_B$로써 파울리의 결과의 일반화된 이론을 얻었다. 여기서 $L$은 16.2절에서 사용된 거리 $\rho$보다 더 일반적인 거리 파라미터이며, 반면에 $\phi^{\pm}$는 앞서 사용된 의미를 그대로 포함한다. 그들의 연구에서 거리 파라미터는 다음과 같이 주어진다.

$$L = \begin{cases} s \sin^2 \gamma_o' & \text{평면파} \\ \dfrac{\rho' \rho}{\rho + \rho'} & \text{원통면파} \\ \dfrac{s' s \sin^2 \gamma_o'}{s + s'} & \text{원추면파와 구면파} \end{cases} \tag{16-49}$$

지금 당장 $L$이 거리뿐만 아니라 입사파의 형태와 입사각 $\gamma_o'$(이것은 반사각 $\gamma_o$와 같다)에 의존함을 주목하자. 식 (16-49)의 거리 파라미터 $L$은 기하광학장과 회절장의 합인 전체장이 음영 또는 반사 경계에서 연속이라는 조건을 부가해 얻을 수 있다.

코윰지언과 그 동료들의 연구를 스칼라 회절계수 $D_{\parallel}$와 $D_{\perp}$의 항으로 표현하면, 여기서

$$D_{\parallel}(L, \phi, \phi') = [v_B(L, \phi^-) - v_B(L, \phi^+)] \frac{\sqrt{L} e^{j\beta L}}{\sin \gamma_o} \tag{16-50}$$

$$D_{\perp}(L, \phi, \phi') = [v_B(L, \phi^-) + v_B(L, \phi^+)] \frac{\sqrt{L} e^{j\beta L}}{\sin \gamma_o} \tag{16-51}$$

이며, (증명 없이) 다음을 얻는다[10, 12].

$$\begin{aligned} D_{\substack{\parallel \\ \perp}}(L, \phi, \phi') = {} & \frac{-e^{-j(\pi/4)}}{2n\sqrt{2\pi\beta}\ \sin \gamma_o'} \\ & \times \left[ \cot\left( \frac{\pi + (\phi - \phi')}{2n} \right) F[\beta L a^+(\phi - \phi')] \right. \\ & + \cot\left( \frac{\pi - (\phi - \phi')}{2n} \right) F[\beta L a^-(\phi - \phi')] \\ & \mp \left\{ \cot\left( \frac{\pi + (\phi + \phi')}{2n} \right) F[\beta L a^+(\phi + \phi')] \right. \\ & \left. \left. + \cot\left( \frac{\pi - (\phi + \phi')}{2n} \right) F[\beta L a^-(\phi + \phi')] \right\} \right] \end{aligned} \tag{16-52}$$

여기서 $F$의 변수를 $X$로 표현한다면

$$F(X) = 2j\left|\sqrt{X}\right| e^{jX} \int_{|\sqrt{X}|}^{\infty} e^{-j\tau^2}\ d\tau \tag{16-53}$$

이다. 다시 회절계수에 대한 표현에서 프레넬 적분이 나타남을 주목하자. 인자 $F(X)$는 음영과 반사 경계의 천이영역에 사용되는 보정인자라고 간주될 수 있다. $F$의 변수가 약 3을 넘는 천이영역 바깥

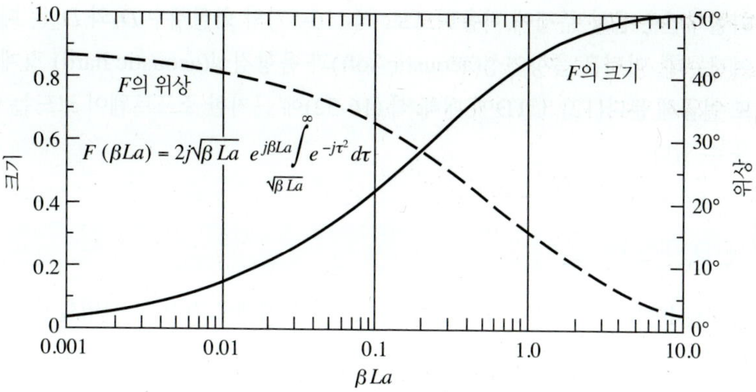


그림 16-17 천이함수 $F(\beta La)$의 크기와 위상, 여기서 $a = a^+$ 또는 $a^-$이다.

에서, $F$의 크기는 그림 16-17에서 보는 바와 같이 거의 1과 같다. 주어진 천이영역 안이라도 보통 식 (16-52)에서 4개 항 중 1개 항만이 그 크기가 1에서 많이 벗어난다. 1에서 크게 벗어난 천이함수는 곱해지는 코탄젠트 함수가 무한대로 갈 때와 동일한 비율로 0으로 간다. 그러므로 천이함수는 식 (16-52)에서 발생하는 식 (16-42)의 특이성을 방지한다(연습문제 16.4-7 참조).

천이함수의 변수는 $X = \beta La^{\pm}(\phi \pm \phi')$인데, $(\phi \pm \phi')$의 함수로서 $a^{\pm}$를 안다면 알고 있는 $\beta L$의 값에 대해 계산할 수 있다. $a^+(\phi \pm \phi')$과 $a^-(\phi \pm \phi')$을 결정하고자 다음을 사용한다.

$$a^{\pm}(\phi \pm \phi') = 2\ \cos^2\left[\frac{2n\pi N^{\pm} - (\phi \pm \phi')}{2}\right] \tag{16-54}$$

여기서 $N^{\pm}$는 다음 4개의 방정식을 가장 가깝게 만족시키는 정수이다.

$$2\pi nN^+ - (\phi \pm \phi') = \pi \tag{16-55}$$

$$2\pi nN^- - (\phi \pm \phi') = -\pi \tag{16-56}$$

$N^+$와 $N^-$는 주어진 문제에서 각각 2개의 분리된 값을 가질 수도 있음을 주목하자. $1 < n \leq 2$인 외부 쐐기회절에 대해 $N^+ = 0$ 또는 1이지만, $N^- = -1, 0,$ 또는 1이다. 인자 $a^{\pm}(\phi \pm \phi')$를 장 점과 음영 또는 반사 경계 사이에 분리된 각으로서 물리적으로 설명할 수도 있다.

이제 $D_{\parallel}$와 $D_{\perp}$를 계산하는 데 필요한 관계식이 모두 있으므로, 다음과 같은 UTD 공식 형태로 식 (16-47)을 반복한다.

$$\begin{bmatrix} E^d_{\parallel}(s) \\ E^d_{\perp}(s) \end{bmatrix} = \begin{bmatrix} -D_{\parallel} & 0 \\ 0 & -D_{\perp} \end{bmatrix} \begin{bmatrix} E^i_{\parallel}(Q) \\ E^i_{\perp}(Q) \end{bmatrix} A(s) e^{-j\beta s} \tag{16-57}$$

여기서 공간감쇠인자 $A(s)$는 다음과 같이 정의된다.

$$A(s) = \begin{cases} \dfrac{1}{\sqrt{s}} & \text{평면파, 원통면파, 원추면파 입사} \\ \left[\dfrac{s'}{s(s'+s)}\right]^{1/2} & \text{구면파 입사} \end{cases} \tag{16-58}$$

회절개념은 음향 문제에 적용되므로, 식 (16-57)의 회절계수 $D_{\parallel}$와 $D_{\perp}$는 때로는 각각 $D_s$와 $D_h$로 쓰여지는데, 이것은 음향연성(acoustic soft)과 음향경성(acoustic hard) 경계조건과 일치한다는 사실도 언급해 둔다[12]. UTD에 대해 식 (16-52)에 근거한 소프트웨어 코드는 이 교재의 초판본에서 얻을 수 있다.

## 예제 16-2 UTD 계산 예

식 (16-49)부터 식 (16-58)까지 사용하는 것은 예제로 가장 잘 설명할 수 있다. 그림 16-14에서 $\phi = 250°$일 때 회절장을 계산하려 한다고 가정해 보자. 이 경우에 $\phi + \phi' = 325°$, $\phi - \phi' = 175°$, $L = 3\lambda$, $\beta L = 6\pi$, $n = 2$, $\lambda = 1$ m이다. 그러므로 식 (16-54)에서 식 (16-56)까지

$$\begin{aligned} a^+(\phi+\phi') &= 2\ \cos^2(197.5°), &\quad \text{where } N^+ = 1 \\ a^+(\phi-\phi') &= 2\ \cos^2(87.5°), &\quad \text{where } N^+ = 0 \\ a^-(\phi+\phi') &= 2\ \cos^2(162.5°), &\quad \text{where } N^- = 0 \\ a^-(\phi-\phi') &= 2\ \cos^2(87.5°), &\quad \text{where } N^- = 0 \end{aligned}$$

이다. 그림 16-17에서 위의 $a^+$와 $a^-$의 값을 각각 사용하면 다음을 얻는다.

$$\begin{aligned} F(6\pi\cdot 1.819) &= 0.999 + j0.0146 \\ F(6\pi\cdot 0.0038) &= 0.318 + j0.216 \\ F(6\pi\cdot 1.819) &= 0.999 + j0.0146 \\ F(6\pi\cdot 0.0038) &= 0.318 + j0.216 \end{aligned}$$

식 (16-52)와 식 (16-58)을 사용하면

$$\begin{aligned} D_{\perp}(L, \phi, \phi') &= -0.628 + j\,0.0735 \\ A(s)e^{-j\beta s} &= 0.577 \end{aligned}$$

를 얻는다. 식 (16-57)에서

$$E_{\perp}^{d}(s) = -0.363 + j0.0424$$

또는

$$\left|E_{\perp}^{d}(s)\right| = 0.365$$

이며, 이것은 그림 16-14와 일치한다. 위의 4개 보정인자 $F$를 관련된 코탄젠트 인자와 곱하면 위의 넷째 항은 다른 항보다 훨씬 크다는 점은 주목할 만하다. 앞서 언급한 바와 같이 음영경계에 가깝더라도 식 (16-52)의 항들 중 하나만이 대개 크게 나타난다. 식 (16-52)는 16.2절의 식 (16-39)와 식 (16-42)의 경우와 같이 음영경계에서 특이 거동을 보이지는 않는다.

---

장 점이 음영 또는 반사 경계에 가깝지 않고 $\phi' \neq 0$ 또는 $n\pi$(접선입사)라면, 스칼라 회절계수 $D_{\parallel}$와 $D_{\perp}$는 켈러의 회절계수가 되며[식 (16-42)와 식 (16-45) 참조], 이것을 다음과 같이 쓸 수도 있다.

$$D_{\substack{\parallel \\ \perp}}(\phi, \phi'; \gamma_o') = \frac{e^{-j(\pi/4)}\sin(\pi/n)}{n\sqrt{2\pi\beta}\ \sin\gamma_o'} \cdot \left[\frac{1}{\cos\dfrac{\pi}{n} - \cos\dfrac{\phi-\phi'}{n}} \mp \frac{1}{\cos\dfrac{\pi}{n} - \cos\dfrac{\phi+\phi'}{n}}\right] \tag{16-59}$$

이 표현은 식 (16-49)에 주어진 4가지 형태의 모든 입사파에 대해 타당하다. 이것은 음영과 반사 경계에서 먼 가장자리 조사에 독립이어야 하므로 중요하다. 그렇지만 16.2절에서 음영 또는 반사 경계에 접근할수록 식 (16-59)는 특이성을 갖게 되리라는 것을 알 수 있다.

$\phi' = 0$ 또는 $n\pi$인 접선입사는 따로 고려해야 하는 특별한 경우이다. 이 경우에 $D_{\parallel} \approx 0$이고 $E_{\perp}^{d}$에 대한 표현에 $\frac{1}{2}$의 인자를 곱해야만 한다. 접선입사를 경사입사의 극한으로 고려한다면, 접선입사에서 입사장과 반사장이 합해지므로 $\frac{1}{2}$의 인자가 어떻게 필요한지 볼 수 있다. 이런 장들이 합해지면, 쐐기 면을 따라 가장자리를 향해 전파되는 전체장의 절반은 입사장이며, 다른 절반은 반사장이다. 그러면 합성된 장은 '입사장'으로 간주되지만 인자 2에 의해 너무 크므로, $\frac{1}{2}$의 인자가 있어야 한다. 즉 식 (16-57)은 합성장이 아니라 자유공간 입사장을 사용해야 한다.

이 절에서 설명한 쐐기회절의 균일이론으로부터 전원과 관측점 둘 다 회절 가장자리 바로 근처(즉 한파장 또는 그 이하)에 있는 회절 문제를 고려할 수 있다. 또한 어떤 형태의 TEM 입사장도 고려할 수 있다. 쐐기의 직선 가장자리에 입사되는 임의의 파면에도 타당한 $L$에 대한 더 일반적인 표현은 참고문헌 [11, 12]에 주어져 있다.

16.2절에 주어진 가장자리 회절 공식과 달리, 식 (16-52)는 입사장 음영경계와 반사장 음영경계의 천이영역에서 타당하다. 회절광선의 화선에서 장을 계산하는 데 식 (16-52)를 사용할 수 없다. 이것은 기하광학 자체가 화선의 장을 결정할 수 없으므로, 쐐기회절의 균일이론의 개념과 어긋나지 않는다. 그렇지만 화선의 장을 장의 적분 표현형에서 보충해를 사용함으로써 구할 수 있다. 적분표현의 등가전원은 기하광학이나 기하회절이론과 같은 적합한 고주파 근사에서 결정된다. 이와 같은 방법에 의해 화선에서 장을 계산하는 과정은 16.9절에서 다룬다.

## 16.5 혼 안테나의 *E* 평면 해석

앞 절에서 소개한 회절 균일이론의 응용을 설명하기 위해 그림 16-18*a*에 나타낸 *E* 평면 혼 안테나를 고려하기로 한다. 이 절에서 혼 안테나의 완전한 *E* 평면 패턴을 계산하는 데 그림 16-18*b*의 모델을 사용한다. 이 모델은 간단해서 UTD 응용의 첫 예로 사용하는 데 아주 적합하다. 이 모델은 단지 3개의 방사전원을 가지며 본질적으로 2차원인데(즉 $\pm x$ 방향으로 무한대), 이것은 *E* 평면에서 3차원 혼 안테나를 잘 표현한다.

해석에 적용되는 식은 다음과 같다. 각 $\zeta$ $(0 \le \zeta \le 2\pi)$는 $yz$ 평면에서 위치가 확실히 정의되도록 $\theta$ $(0 \le \theta \le \pi)$ 대신에 사용한다는 것을 주의하자. 원거리장에서($yz$ 평면에서)

$$r_1 = r - a \sin\zeta \tag{16-60}$$

$$r_2 = r + a \sin\zeta \tag{16-61}$$

$$r_3 = r + \rho_E \cos\zeta \cos\zeta_E \tag{16-62}$$

이고, 여기서 그림 16-18*b*에서 보는 바와 같이 $r_1$과 $r_2$는 각각 회절 가장자리 1과 2에서 원거리장 관측점 $P(r, \zeta)$까지의 거리이고, $r_3$는 선전원에서 원거리장 관측점까지의 거리이다. 그러므로 직접광선을 따른 입사장은 다음과 같이 표현될 수 있다.

$$E^i(P) = \frac{e^{-j\beta r_3}}{\sqrt{r_3}} \approx \frac{e^{-j\beta r}}{\sqrt{r}} e^{j\beta\rho_E \cos\zeta \cos\zeta_E}, \qquad -\zeta_E \le \zeta \le \zeta_E \tag{16-63}$$

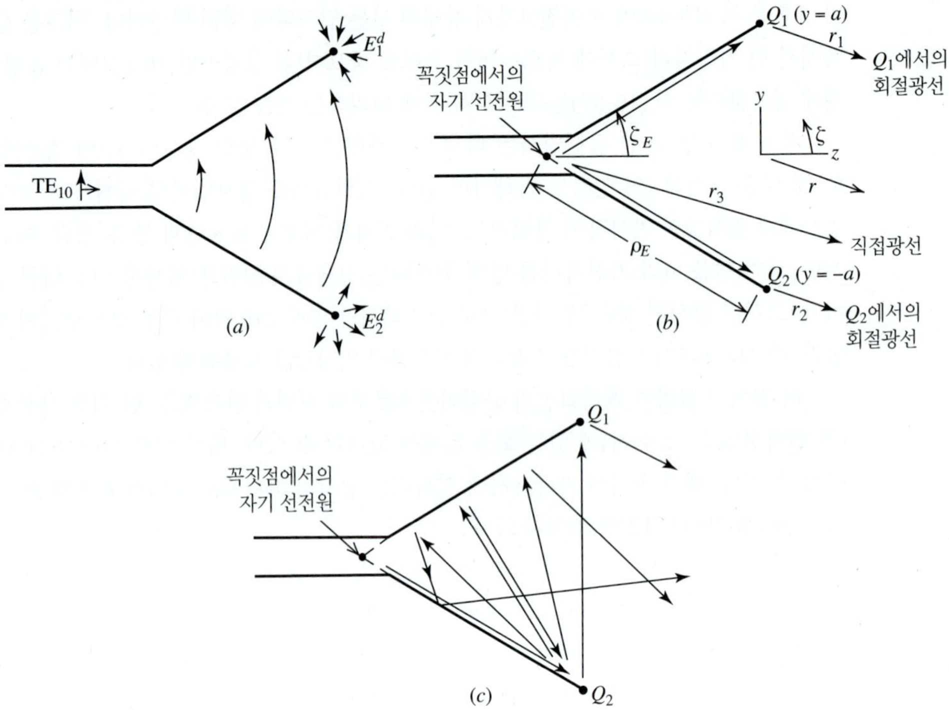


그림 16-18 **혼 안테나의 회절.** (a) E 평면 섹터형 혼. (b) E 평면 섹터형 혼 모델. (c) 무시될 수 있는 광선.

그리고

$$E^i(P)=0, \qquad \zeta_E<\zeta<2\pi-\zeta_E \tag{16-64}$$

이다. UTD를 적용할 때 이 교재 앞부분에 있는 장에서처럼 도체 표면을 자유공간에서 방사하는 등가전원으로 대치하지 않는다는 것을 주목하라. 대신 도체 표면이 그대로 유지되며, 그 결과로 예를 들면 $\zeta>\zeta_E$일 때, $E^i(P)=0$이다.

상단 가장자리의 회절점 $Q_1$에서 $P(r,\zeta)$의 가장자리 회절장을 다음과 같이 쓸 수도 있다.

$$E_1^d(P)=\frac{1}{2}E_\perp^i(Q_1)D_\perp(L,\phi,\phi')\frac{e^{-j\beta r_1}}{\sqrt{r_1}}=\frac{1}{2}E_\perp^i D_\perp(L,\phi,\phi')\frac{e^{-j\beta r}}{\sqrt{r}}e^{j\beta a\sin\zeta},$$
$$-\frac{\pi}{2}\le\zeta\le\pi+\zeta_E \tag{16-65}$$

그리고

$$E_1^d(P)=0, \qquad \pi+\zeta_E<\zeta<\frac{3\pi}{2} \tag{16-66}$$

이와 유사하게 '하단' 모서리의 회절점 $Q_2$로부터 $P(r,\zeta)$의 회절장을

$$E_2^d(P)=\frac{1}{2}E_\perp^i(Q_2)D_\perp(L,\phi,\phi')\frac{e^{-j\beta r_2}}{\sqrt{r_2}}=\frac{1}{2}E_\perp^i D_\perp(L,\phi,\phi')\frac{e^{-j\beta r}}{\sqrt{r}}e^{-j\beta a\sin\zeta},$$
$$-\pi-\zeta_E\le\zeta\le\frac{\pi}{2} \tag{16-67}$$

그리고

$$E_2^d(P) = 0, \qquad \frac{\pi}{2} < \zeta < \pi - \zeta_E \tag{16-68}$$

과 같이 쓸 수도 있으며, 여기서

$$E_\perp^i(Q_1) = E_\perp^i(Q_2) = \frac{e^{-j\beta\rho_E}}{\sqrt{\rho_E}} \tag{16-69}$$

이다. 그러므로 관측점 $P(r, \zeta)$의 전체장을 스칼라 합으로 쓸 수도 있다.

$$E(P) = E^i(P) + E_1^d(P) + E_2^d(P) \tag{16-70}$$

위 식에서 스칼라 $D_\perp$는 입사전장이 가장자리에 수직인 경우에 대해 회절점 $Q_m$에서 회절계수를 나타낸다. $Q_m$에서 회절계수는 $Q_m$의 입사광선과 회절광선의 구조에 의존하며, 식 (16-49)와 식 (16-52)에 의해 거의 정확히 주어진다. 물론 여기서 입사장을 원통면파로 고려하고, 거리 파라미터 $L$에 대해 원통면파의 공식을 사용한다. $E^i(Q_m)$은 가장자리와 입사광선 둘 다에 수직인 입사장이다.

얼핏 식 (16-65)와 식 (16-67)의 인자 $\frac{1}{2}$은 옳지 않게 보일 수도 있다. 그렇지만 이 문제에서 선전원으로부터 니오는 광신은 혼 벽면에 접하는 각으로 입사하므로 특별히 고려해야 한다. $\phi' = 0$ 또는 $n\pi$로서 접하면서 입사할 때, 앞 절에서 식 (16-59)의 아래서 논의한 바와 같이 식 (16-57)의 $D_\perp$에 인자 $\frac{1}{2}$을 곱해야 한다.

그림 16-18$b$에 나타낸 모델로 계산한 결과와 실험 데이터를 그림 16-19에서 볼 수 있다. 이중회절을 사용하지 않고 계산한 결과(점선)와 실험 결과가 매우 잘 일치하고 있음을 볼 수 있다. $\zeta =$ 90°(또는 270)일 때 계산 결과에서 불연속이 있다는 것을 주목하자. 이 불연속은 $Q_2$(또는 $Q_1$)에서 회절하고 $Q_1$(또는 $Q_2$)으로 혼 개구를 통해 진행해 그림 16-18$c$에 나타난 바와 같이 두 번 회절되는 광선을 포함하면 간단히 제거될 수도 있다.

계산 결과에 포함되지 않은 다른 여러 광선들도 그림 16-18$c$에서 볼 수 있는데, 이들을 포함시키지 않은 이유는 이 문제에서 이런 광선들은 수치 기여가 상대적으로 약하기 때문이다. 엄격히 말해 이중회절을 포함하지 않은 그림 16-18$c$의 광선들은 해석에 포함시켜야 한다. 이것들은 $Q_2$(또는

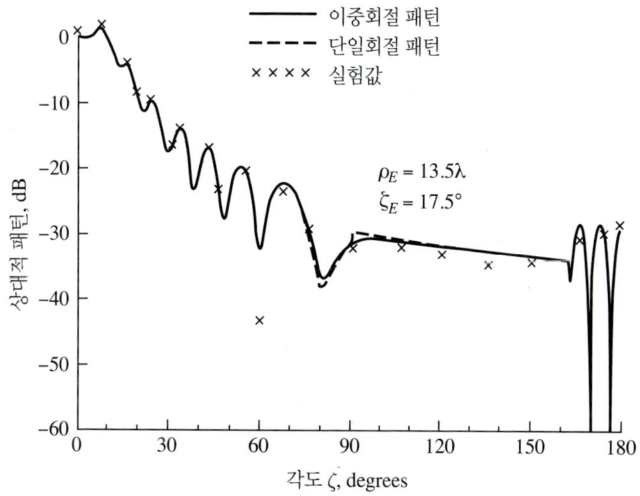


그림 16-19 $E$ 평면 섹터형 혼에 대한 $E$ 평면 패턴의 계산과 실험.

보이지 않지만 $Q_1$)에서 회절된 다음 반사를 겪는 2개의 광선이다. 보이는 두 개의 이중회절광선 중 여기서는 $Q_2$에서 $Q_1$까지 단 1개의 광선이 중요하며, 그 이유는 이것이 $\zeta > 90°$일 때 $Q_2$의 음영에 대해 보상하기 때문이다. $Q_2$에서 '상단' 벽으로 가서 $Q_2$에서 되돌아오는 다른 이중회절광선의 경우에 필요한 유사한 보상은 없다.

결론적으로 혼 안테나의 $E$ 평면 패턴의 계산 결과를 양호하게 얻고자 단순모델(즉 그림 16-18*b*)을 사용했다. 엄격히 말하자면 그림 16-18*c*에 있는 어느 정도의 광선들을 포함시켜야만 했으나 정확성을 잃지 않으면서도 단순화를 위해 그렇게 하지는 않았다. UTD(또는 GTD)를 적용하는 문제에서 발생하는 모든 광선을 주의 깊게 구분해 포함시켜야 한다는 것은 기본적인 사실이다. 이 혼 문제에서, 광선이 천이영역에 있지 않거나 근접하지 않아서, 그리고 그림 16-18*b*의 광선이 그림 16-18*c*의 광선보다 더 강하므로 광선을 어느 정도 생략할 수 있었다.

## 16.6 원통형 포물면 반사판 안테나

UTD 응용에 대한 두 번째 예로서 그림 16-20에 나타낸 원통형 포물면 안테나를 고려하자. 주빔 또는 이에 근접하는 영역에서 패턴을 얻는 데 제9장에 주어진 개구면 적분과정을 사용하며, 그 외 영역에서 패턴을 계산하는 데 UTD를 사용한다. 앞 절의 혼 안테나 연구처럼 여기 모델도 2차원이다. 포물면의 가장자리에서 발생하는 회절만을 다루고, 곡면과 관련된 어떤 고차광선이라도 무시한다(예를 들어 16.11절 참조). 간단한 모델은 예제 5-3에 나타내었다.

먼저 주빔과 처음 몇 개의 부엽을 얻기 위한 식을 고려하자. 9.1절에서 개구면 적분에 의해 얻는 원거리장 $E^A$에 대해 다음과 같이 쓸 수도 있다.

$$E^A(P) = \sqrt{\frac{j\beta}{2\pi r}} e^{-j\beta r} \cos\zeta \int_{-a}^{a} \frac{F_f(\theta_s)}{\sqrt{\rho}} e^{j\beta y' \sin\zeta}\, dy' \qquad (16\text{-}71)$$

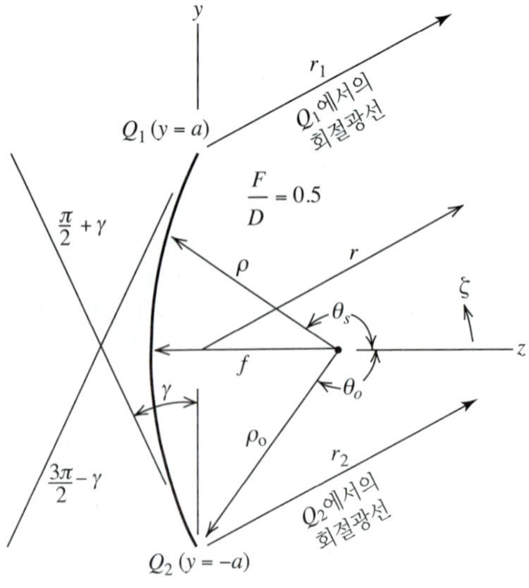


그림 16-20 원통형 포물면 안테나 구조.

여기서 $F_f(\theta_s)$는 원통형 포물면 반사판 안테나에 전원으로 공급되는 전기 선전원 전류 $I^e$의 패턴이다. (선전원 패턴이 등방성이라면, $F_f(\theta_s) = 1$이다.) 식 (16-71)은 9.1절의 식을 2차원으로 특별하게 한 것이다.

물론 식 (16-71)은 $90° \geq \zeta \geq -90°$에 대한 패턴을 준다. 그렇지만 $\zeta$의 각 값에 대해 새로 개구면 적분을 수행해야 하므로, $\zeta_o \geq \zeta \geq -\zeta_o$에 대해 식 (16-71)을 사용하는 것과(여기서 $\zeta_o$는 주빔과 첫째 또는 둘째 부엽의 퍼짐각이다) 나머지 패턴에 대해 UTD를 사용하는 것이 계산하는 데 더 효율적이다. 분명히 동일한 각 범위에서 개구면 적분과 UTD를 동시에 사용하지는 않는다.

안테나의 UTD 모델에 대해 다음 방정식이 적용된다. $Q_1$에서 단일 회절장에 대해 원거리 관측점 $P(r, \zeta)$에서

$$E_1^d(P) = 0, \quad \frac{3\pi}{2} - \gamma \leq \zeta \leq \frac{3\pi}{2} \tag{16-72}$$

을 얻으며, 다른 곳에서는

$$\begin{aligned} E_1^d(P) &= E_{\parallel}^i(Q_1)D_{\parallel}(L, \phi, \phi')\frac{e^{-j\beta r_1}}{\sqrt{r_1}} \\ &\approx E_{\parallel}^i(Q_1)D_{\parallel}(L, \phi, \phi')\frac{e^{-j\beta r}}{\sqrt{r}}e^{j\beta a \sin\zeta} \end{aligned} \tag{16-73}$$

을 얻는다. 여기서 식 (16-73)에 식 (16-60)이 사용되었다. 마찬가지로 $Q_2$에서 $P(r, \zeta)$의 회절장은

$$E_2^d(P) = 0, \qquad \frac{\pi}{2} \leq \zeta \leq \frac{\pi}{2} + \gamma \tag{16-74}$$

와 같이 쓸 수도 있으며, 다른 곳에서는

$$\begin{aligned} E_2^d(P) &= E_{\parallel}^i(Q_2)D_{\parallel}(L, \phi, \phi')\frac{e^{-j\beta r_2}}{\sqrt{r_2}} \\ &\approx E_{\parallel}^i(Q_2)D_{\parallel}(L, \phi, \phi')\frac{e^{-j\beta r}}{\sqrt{r}}e^{-j\beta a \sin\zeta} \end{aligned} \tag{16-75}$$

이며, 여기서 식 (16-75)에 식 (16-61)이 사용되었다. 식 (16-73)과 식 (16-75) 둘 다에서

$$E_{\parallel}^i(Q_1) = E_{\parallel}^i(Q_2) = \frac{e^{-j\beta\rho_o}}{\sqrt{\rho_o}}F_f(\theta_o) \tag{16-76}$$

이다. 관측점 $P(r, \zeta)$의 전체장을

$$E(P) = E^i(P) + E^A(P) \tag{16-77}$$

또는

$$E(P) = E^i(P) + E_1^d(P) + E_2^d(P) \tag{16-78}$$

과 같이 쓸 수도 있으며, 앞서 언급된 각 $\zeta$에 의존한다.

그림 16-21에서 $10\lambda$ 개구면(즉 $2a = 10\lambda$)과 초점거리 대 지름비가 0.5인 원통형 포물면 반사판에 대해 계산된 패턴을 볼 수 있다. 전원을 모델링하는 전기 선전원은 $\theta_s \geq 90°$에 대해 $F_f(\theta_s) = \cos^2\theta_s$이며, $\theta_s < 90°$인 전방 반공간에서 $F_f(\theta_s) = 0$의 패턴을 가진다. 패턴은 $\zeta = 90°$(그리고

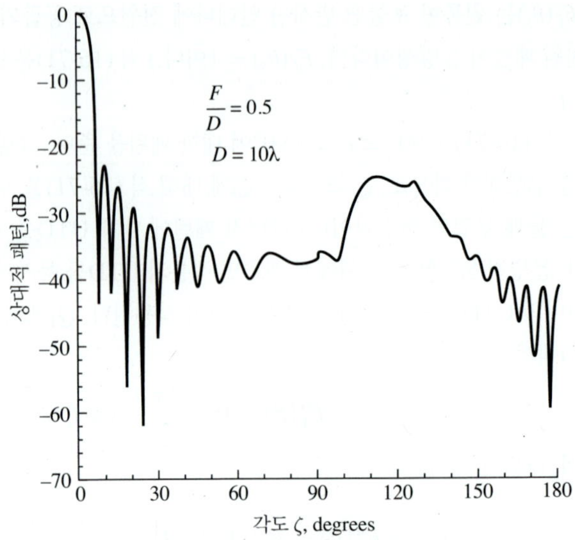


그림 16-21 초점거리 대 지름비가 0.5이고 $D = 10\lambda$인 원통형 포물면 반사판의 계산된 $H$ 평면 패턴.

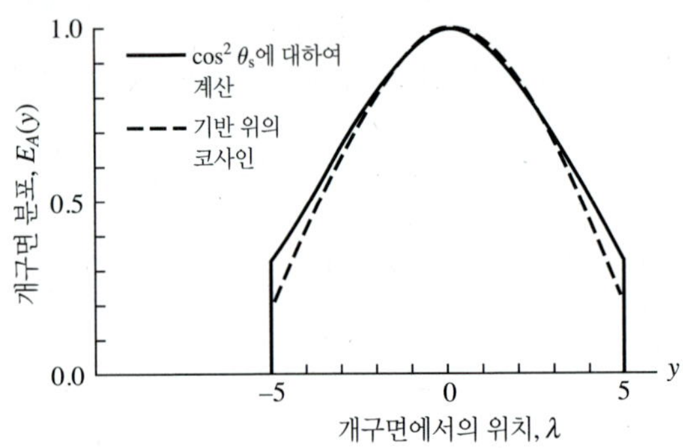


그림 16-22 그림 16-21의 포물면에 대해 $\cos^2 \theta_s$의 전원패턴을 가진 개구면 분포.

270°)에서 작은 불연속이며, 이 불연속은 앞 절에서 혼에 대해 한 것과 같이 $Q_1$과 $Q_2$ 간의 이중회절 광선을 포함시켜 제거할 수 있음을 주목하자. $Q_2$(또는 $\zeta = 233°$일 때 $Q_1$)의 음영의 결과로 약 $\zeta = 127°$(그리고 233°)에서 작은 불연속이 있음도 주목하자. $\zeta = 120°$ 부근에서 상대적으로 높은 패턴 레벨은 전원패턴에 기인하는 넘침현상 때문이다.

선택된 전원패턴 $\cos^2 \theta_s$에 대해 개구면의 전장분포는 그림 16-22에서 보는 바와 같이 가장자리 조사(edge illumination)가 −15 dB이며 개구면에서 거의 기반 위의 코사인 형태가 된다. 표 5-2를 참고하면, 이와 같은 분포는 −22 dB의 부엽레벨을 가진 패턴을 만든다. 그림 16-21의 패턴을 조사해 보면 부엽레벨이 정말 −22 dB임을 알 수 있다. 그러므로 전방 반공간에서 패턴은 제5장에서 논의한 바와 같이 개구면의 장 분포를 알기만 하면 선전원으로 잘 표현할 수 있다.

이 절에서 원통형 포물면 안테나의 $H$ 평면 패턴을 조사했다(즉 전원 모델로 전기 선전원을 사용했다). 전원 모델로 자기 선전원이 사용되면 $E$ 평면 패턴도 해석할 수 있다. 이것은 학생들에게 연습문제로 남겨 둔다.

## 16.7 유한 접지평면 위의 슬롯에 의한 방사

회절균일이론을 더 깊이 적용하는 문제를 설명하기 위해 사각판의 $x$축을 따라 방사슬롯이 비대칭적으로 놓인 그림 16-23의 상황을 고려하자. 가장자리 회절에 기인한 패턴의 리플 양을 결정하려면 주평면 둘 다에 대한 패턴 정보가 필요하다. 일반적으로 $Q_1$과 $Q_2$로 표시되는 가장자리는 $d_1 = d_2$가 아니라면 균등하게 조사되지 않으며, 따라서 $xz$ 평면의 패턴은 $z$축에 대해 대칭이 아닐 것이다.

그림 16-23에 나타난 대로 고찰하는 문제의 구조는 크기가 $A$와 $B$인 유한 접지평면 위에 길이가 $T$인 좁은 개구면(슬롯)이다. 좁은 슬롯은 $x$ 방향으로 편파된 전장을 가지고, $y$ 방향으로 코사인 분포를 가진다. 슬롯의 길이는 동작주파수의 반 파장으로 되어 있다.

접지면 위에서 $xz$ 평면의 방사에 대해, 문제를 일차 근사로 무한 길이의 슬롯으로 나타낸다. UTD에 의하면 유한한 접지면 때문에 가장자리 점 $Q_1$과 $Q_2$에서 발생하는 2개의 가장자리 회절광선이 존재한다. 그러므로 관심 영역에 있는 원거리장 관측점 $P(r, \theta, \phi = 0)$에 대해 전체장은 그림 16-24에서 보는 바와 같이 직접 광선과 2개의 가장자리 회절광선에 의한 기여의 합이다. 이중회절광선은 존재하지만, 그림 16-24에 나타낸 단일회절광선에 비해 작으며, 지금의 해석에는 포함되지 않는다.

접지면 위의 $yz$ 평면 방사에 대해 코사인 분포를 $N + 1$개의 이상적인 전원으로 표본화한다. 그림 16-25에서 다섯 개의 표본 구조를 볼 수 있다. 슬롯 끝에서 접선성분 $E$는 0이므로 끝 전원의 크기는 0이다.

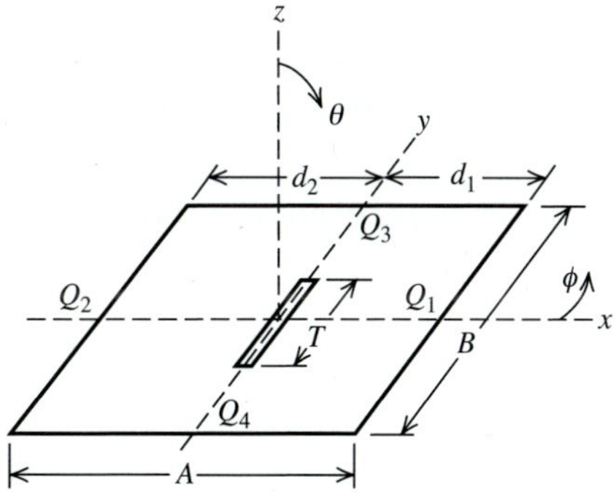


그림 16-23 사각 도체판 위의 슬롯 구조.

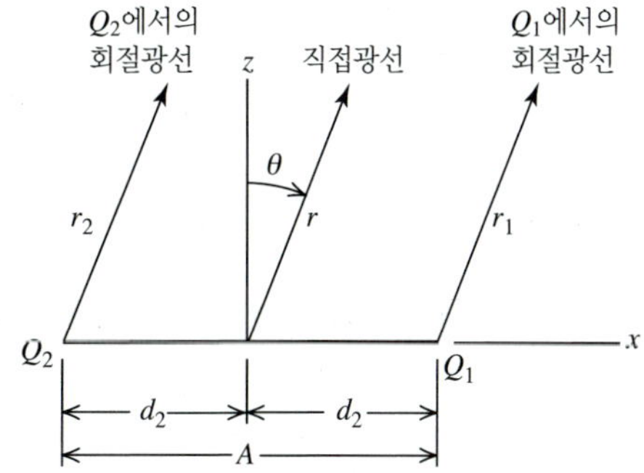


그림 16-24 $xz$ 평면 패턴에 기여하는 직접광선과 회절광선.

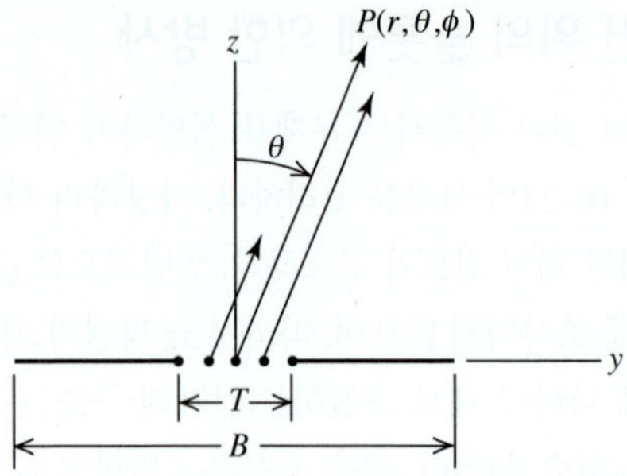


그림 16-25 *yz* 평면 패턴에 슬롯의 기여를 나타내는 가중전원에서 생기는 직접광선. (그림 16-23 참조)

먼저 *xz* 평면의 방사패턴을 다루어 보자. 관측점 $P(r, \theta, \phi = 0)$에서 좁은 슬롯에서의 직접광선은 다음과 같다.

$$\mathbf{E}^i(P) = \hat{\boldsymbol{\theta}} E_o \frac{e^{-j\beta r}}{\sqrt{r}} \tag{16-79}$$

$Q_1$에서 가장자리 회절광선은 $P(r, \theta, \phi = 0)$에서

$$\mathbf{E}_1^d(P) = \hat{\boldsymbol{\theta}} \frac{1}{2} E_\perp^i\,(Q_1) D_\perp(L, \phi, \phi') \frac{e^{-j\beta r_1}}{\sqrt{r_1}} \tag{16-80}$$

이 되고

$$\mathbf{E}_\perp^i(Q_1) = \hat{\mathbf{z}} E_o \frac{e^{-j\beta d_1}}{\sqrt{d_1}} = \hat{\mathbf{z}} E_\perp^i(Q_1) \tag{16-81}$$

이다. $Q_2$에서 가장자리 회절광선은 $P(r, \theta, \phi = 0)$에서

$$\mathbf{E}_2^d(P) = \hat{\boldsymbol{\theta}} \frac{1}{2} E_\perp^i\,(Q_2) D_\perp(L, \phi, \phi') \frac{e^{-j\beta r_2}}{\sqrt{r_2}} \tag{16-82}$$

가 되고

$$\mathbf{E}_\perp^i(Q_2) = \hat{\mathbf{z}} E_o \frac{e^{-j\beta d_2}}{\sqrt{d_2}} = \hat{\mathbf{z}} E_\perp^i(Q_2) \tag{16-83}$$

이다. 그러면 관측점 $P(r, 0, \phi = 0)$에서 전체장은(대칭인 경우에)

$$\mathbf{E}(P) = \mathbf{E}^i(P) + \mathbf{E}_1^d(P) + \mathbf{E}_2^d(P) \tag{16-84}$$

가 된다. 파라미터 $r$, $r_1$, $d_1$, $r_2$, 그리고 $d_2$를 그림 16-24에서 볼 수 있다. 파라미터 $E_o$는 *xz* 평면에 있는 좁은 슬롯에서 전장 크기를 나타낸다. $E_\perp^i(Q_m)$은 가장자리와 입사광선 둘 다에 수직인 입사장의 성분이다. 현재 $D_\parallel$는 0이지만, 작은 양의 회절이 발생하고 있으며, 이것을 경사회절(slope diffraction)이라고 한다(연습문제 16.7-1 참조). 회절장에 경사회절을 더하면 음영경계에서 전체장이 연속일 뿐만 아니라 전체장의 도함수도 연속이 되게 한다.

그림 16-23의 슬롯 문제에 대해 배열에서 코사인 분포(cosine distribution) 크기를 가지는 다이

폴 전원의 배열에 의해 1차 근사로 접지면 위의 영역에서 $yz$ 평면 방사를 해석할 수 있다. 배열의 다이폴 전체 개수를 $N + 1$이라고 하자. 그러면 다이플 간의 이격거리는

$$s = \frac{T}{N} \tag{16-85}$$

이 된다. 그러면 관측점 $P(r, \theta, \phi = \pi/2)$에서 전체장은

$$\mathbf{E}(P) = \hat{\boldsymbol{\theta}} E_o \sin(90^\circ - \theta) \sum_{n=-N/2}^{N/2} \cos\left(\frac{ns\pi}{T}\right) e^{jn\beta s \sin\theta} \tag{16-86}$$

이 된다. 그림 16-25에서 다섯 개의 다이플 배열을 가진($N = 4$) $yz$ 평면의 구조를 볼 수 있다.

그림 16-26에 1 GHz와 3 GHz에서 $xz$ 평면과 $yz$ 평면의 원거리장 패턴 결과를 보여 준다. 접지평면은 61 × 61 cm이지만 슬롯은 각 주파수의 파장의 절반이고 $yz$ 평면의 회절은 무시될 정도로 가정했으며, 이런 가정 아래 $yz$ 평면 패턴은 그림 16-26에서 보는 바와 같이 각 주파수에서 동일하다. 그렇지만 회절에 의해 $xz$ 평면의 두 패턴은 다르며, 패턴의 리플은 회절 에너지의 결과이다. 접지면에 슬롯이 대칭적으로있으므로, 패턴은 $z$축에 관해 대칭임을 볼 수 있다.

완전히 하고자 1 GHz와 3 GHz에서의 $yz$ 평면 패턴에 경사회절 기여도를 나타냈다. 경사회절은 입사광선과 $Q$에 있는 가장자리 둘 다에 직각인 방향에 대한 입사장의 공간적인 도함수에 비례한다(연습문제 16.7-1 참조). 대조적으로 지금까지 다룬 가장자리 회절은 $Q$의 입사장에 비례한다. 이 절에서 다룬 문제에서 그림 16-23의 $Q_3$와 $Q_4$의 입사장은 0이다. 그렇지만 법선방향(이 경우 $z$)에 대한 입사장의 도함수는 $Q_3$ 또는 $Q_4$에서 0이 아니다. 여기서 꼭짓점 회절에 대하여 실험을 통한 비교를 하지는 않았지만 이것은 우수한 결과를 보여 주고[12]. 꼭짓점 회절은 일반적으로 쐐기회절보다 훨씬 더 약하다는 것을 실험적인 측정으로 알 수 있다. 그러므로 전체 원거리장을 식 (16-84)에 의해 양호한 근사로 얻을 수 있다. 여기서 다룬 문제에서 꼭짓점 회절은 $xz$ 평면과 $yz$ 평면에서 약하며, $\phi = 45°$와 $\phi = 135°$ 면에서 어느 정도 더 강하다. UTD 꼭짓점 회절계수는 참고문헌 [13]을 이용할 수 있다.

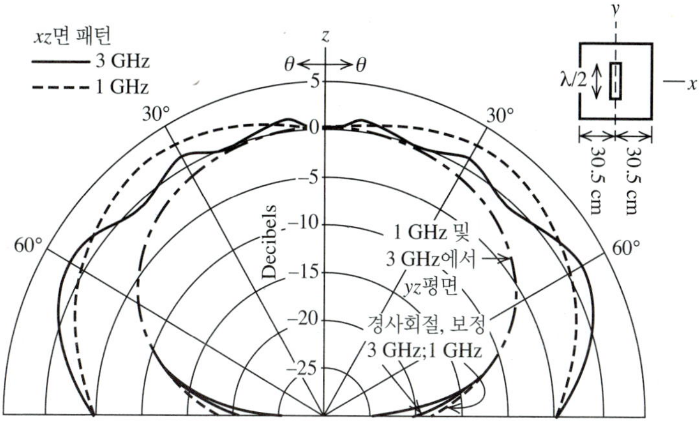


그림 16-26 1 GHz와 3 GHz에서 2개 주평면의 원거리장 패턴.

## 16.8 유한 접지평면 위의 모노폴에 의한 방사

회절균일이론의 다른 응용과 화선을 가진 문제의 예로, 그림 16-27에 나타낸 두 가지 상황을 고려하자. 먼저 정사각형 판 위에 $\lambda/4$ 모노폴이 있는 그림 16-27$a$의 상황을 고려하고 $xz$ 평면의 패턴을 원한다고 가정하자. 원거리장 계산과 개념적인 단순화를 위해 $\lambda/4$ 모노폴에 대한 적절한 근사는 제2장에 있는 이상적인 다이폴이다. 접지평면의 표면에 끼운 이상적인 다이폴을 고려해 보자. 슬롯에 관한 앞 절의 전개를 따르면, 이상적인 다이폴로부터의 직접광선에 대해 $P(r, \theta, \phi = 0)$에서

$$\mathbf{E}^i(P) = \hat{\boldsymbol{\theta}}\, E_o \frac{e^{-j\beta r}}{r} \sin\theta \tag{16-87}$$

을 얻고, 이것은 지금 분명히 구면파로 고려되어야 한다. $P(r, \theta, \phi = 0)$에서 $Q_1$으로부터 일어나는 가장자리 회절광선은 한 개의 점에서 방사되며, 그러므로

$$\mathbf{E}_1^d(P) = \hat{\boldsymbol{\theta}} \frac{1}{2} E_\perp^i(Q_1) D_\perp(L, \phi, \phi') \sqrt{d_1}\, \frac{e^{-j\beta r_1}}{r_1} \tag{16-88}$$

이며

$$\mathbf{E}_\perp^i(Q_1) = \hat{\mathbf{z}} E_o \frac{e^{-j\beta d_1}}{d_1} = \hat{\mathbf{z}} E_\perp^i(Q_1) \tag{16-89}$$

이다. 이와 유사하게 $Q_2$의 가장자리 회절광선은 $P(r, \theta, \phi = 0)$에서

$$\mathbf{E}_2^d(P) = \hat{\boldsymbol{\theta}} \frac{1}{2} E_\perp^i(Q_2) D_\perp(L, \phi, \phi') \sqrt{d_2}\, \frac{e^{-j\beta r_2}}{r_2} \tag{16-90}$$

이며, 전원이 접지평면 중앙에 있으므로 $E_\perp^i(Q_2)$는 식 (16-89)로 주어진다. 모노폴이 접지평면 중앙에 있고 $Q_3$와 $Q_4$가 있는 두 개의 옆 가장자리에서 회절장은 서로 상쇄되므로, 옆 가장자리의 회절은 $xz$ 평면의 원거리장에 기여하지 않는다. 앞 절에서 슬롯의 경우와 같이, 접지평면 4개의 모서리 또는 꼭짓점에 의한 회절은 무시한다. $6\lambda$ 정사각형 접지평면에 대한 패턴이 그림 16-28에 주어져 있다(점선).

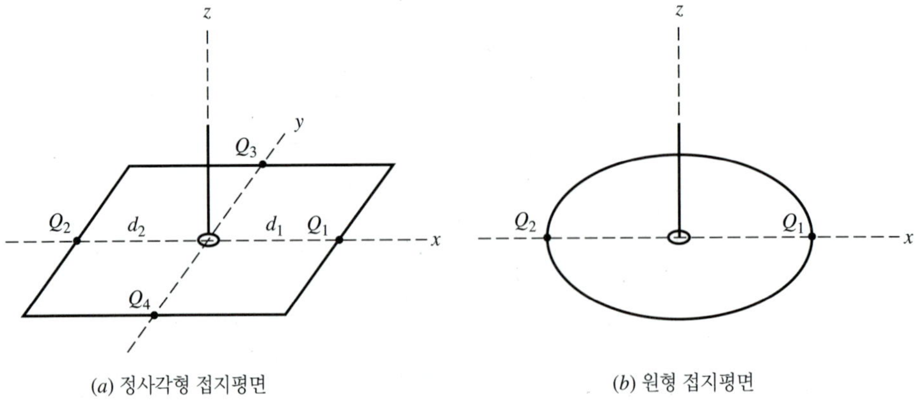


(a) 정사각형 접지평면　　(b) 원형 접지평면

**그림 16-27** 유한 접지평면 위의 모노폴.

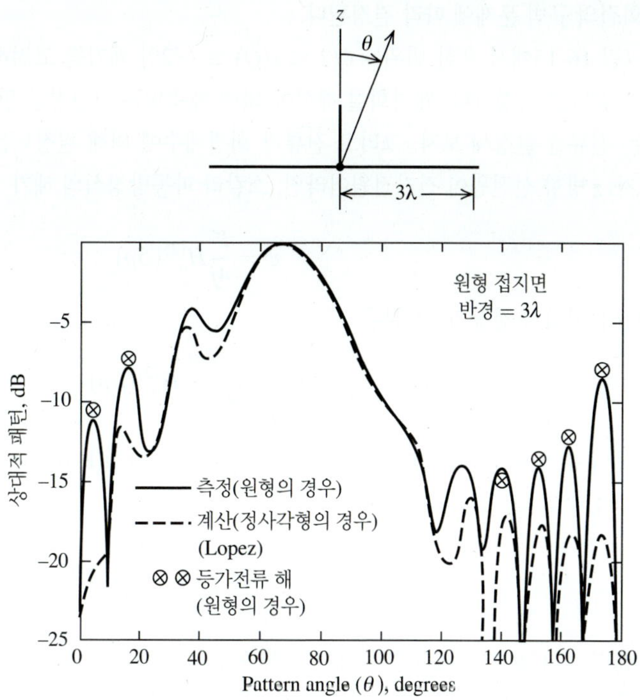


**그림 16-28** **지름이 6λ인 원형 접지평면 위의 이상적인 모노폴의 방사패턴.** 로페즈(Lopez)에 의해 계산된 곡선은 $6\lambda \times 6\lambda$인 정사각형 접지평면에 대한 것이다[14].

이제 그림 16-27*b*의 구조를 고려한다면, *xz* 평면에서 정지점(stationary points)이라 부르는 두 점에서 (페르마 원리에 의해) 회절방사도 나오는 것을 주목하자. 또한 접지평면의 원형 가장자리에서 나오는 모든 광선은 *z*축을 따라 교차하므로, *z*축은 이 문제에서 화선임을 주목하자. 그러므로 화선 부근이 아닌 영역의 패턴에 대한 회절장 기여를 계산하는 데 2개의 정지점을 사용하는 것을 기대할 수 있더라도[14], 관측점 *P*가 화선 더 가까이로 이동함에 따라 마찬가지로 '2점 근사'는 오차를 증가시킨다는 것을 예측할 수 있다. 그림 16-28은 측정과 2점 계산패턴이, $\theta \to 0$, $\theta \to \pi$가 되어 화선이 되면서, 빗나가므로 이것이 그런 경우라는 것을 보여 준다. 화선 부근의 어려운 점은 그림 16-28에 나타낸 대로 가상의 등가 가장자리 전류를 사용해 극복할 수 있다. 다음 절에서 보게 되겠지만, 이른바 등가전류는 결코 물리적인 전원이 아니며 화선에서 또는 그 가까이에서 옳은 회절장을 예측하기 위한 수학적인 기법이다.

## 16.9 등가전류 개념

앞 절에서 원형 접지평면을 다룰 때 관측점이 화선 가까이에 있지 않다면, 일반적인 쐐기 회절이론을 이용해 회절장을 얻을 수 있음을 보았다. 본질적으로 무한의 2차원 쐐기로부터 회절되는 2차원 문제로서 그 문제를 취급했는데, 실제로는 곧지 않고 굽은 유한 가장자리를 가졌다.

굽은 가장자리 또는 유한쐐기(즉 유한 길이의 가장자리)에 의한 회절을 적절히 다루는 데는 등가전류 개념을 고려해야 한다[15]. 앞으로 보게 되겠지만, 이런 등가전류의 세기(크기와 위상)는 쐐기회절의 규범 문제에 따라 결정된다.

그림 16-15에서 유한 범위 $-\ell/2 \le z(Q) \le \ell/2$인 쐐기를 고려하자. 먼저 전류가 무한쐐기의 전류와 같다고 가정한다. 쐐기회절 해석에 의해 예측되는 산란장을 만드는 무한쐐기의 가장자리에 흐르는 전류를 결정해 보자. 그리고 전류가 회절계수에 의해 결정되는 무한 선전원을 자세히 나타내 보자. $z$ 방향 선전원이 전기전원이라면, 스칼라 파동방정식의 해가

$$\psi = \frac{I^e}{4j} H_o^{(2)}(\beta\rho) \tag{16-91}$$

이고[16], 따라서 전장의 $z$ 성분은

$$E_z = \frac{-\beta^2 I^e}{4\omega\varepsilon} H_o^{(2)}(\beta\rho) \tag{16-92}$$

임을 보일 수 있다. 여기서 $I^e$는 전기전류를 나타낸다. 한켈(Hankel) 함수 $H_o^{(2)}(\beta\rho)$의 인수가 크다면 한켈 함수의 점근표현을 사용해

$$E_z = \eta\beta I^e \frac{e^{j(\pi/4)}}{2\sqrt{2\pi\beta\rho}} e^{-j\beta\rho} \tag{16-93}$$

을 얻는다. 식 (16-93)은 2차원 문제에 대해 원통형 좌표계에서 적절한 $\rho^{-1/2}$ 의존성을 가진 바깥으로 진행하는 파를 나타내는 것에 주목하자. 대신에 선전원이 자기전류 $I^m$이면

$$H_z = -\frac{\beta}{\eta} I^m \frac{e^{j(\pi/4)}}{2\sqrt{2\pi\beta\rho}} e^{-j\beta\rho} \tag{16-94}$$

를 얻는다.

지금 2차원 문제를 다루고 있으므로, 두 개의 직교편파에 대해 가장자리에서 회절된 장을 얻고자 쐐기회절 이론을 적용할 수도 있다. 그러므로

$$E_z = D_{\parallel}(L, \phi, \phi')E_z^i \frac{e^{-j\beta\rho}}{\sqrt{\rho}} \tag{16-95}$$

이며

$$H_z = D_{\perp}(L, \phi, \phi')H_z^i \frac{e^{-j\beta\rho}}{\sqrt{\rho}} \tag{16-96}$$

이다. 여기서 $D_{\parallel}$와 $D_{\perp}$는 16.4절에 주어져 있다. 그렇지만 대개 등가전류의 사용은 입사장 또는 반사장 음영경계로부터 먼 영역 또는 이와 관련된 천이영역의 회절장 계산을 포함하고 있음을 안다. 그러므로 임의 입사각 $\gamma_o$에 대해 식 (16-59)의 점근형은 보통 충분하다.

식 (16-95)와 식 (16-93), 또한 식 (16-96)과 식 (16-94)에서 회절계수를 사용해 예측되는 동일한 원거리장을 만드는 무한 선전원의 전기와 자기 전류에 대해 풀 수 있다. 그러므로[5]

$$I^e = \frac{-2j}{\eta\beta} E_z^i D_{\parallel}\left(\phi, \phi'; \frac{\pi}{2}\right)\sqrt{2\pi\beta}\; e^{j(\pi/4)} \tag{16-97}$$

[5] 회절계수 식 (16-52)의 균일이론의 프레넬 적분을 의미하도록 $L, \phi, \phi'$의 함수로 나타내고 식 (16-59)의 점근형을 의도할 때는 $\phi, \phi', \gamma_o$를 사용함을 주의하자.

이며

$$I^m = \frac{2j\eta}{\beta} H_z^i D_\perp\left(\phi, \phi'; \frac{\pi}{2}\right)\sqrt{2\pi\beta}\ e^{j(\pi/4)} \tag{16-98}$$

이다. 식 (16-97)과 식 (16-98)은 등가전류 $I^e$와 $I^m$을 주지만, $\phi$와 $\phi'$의 각 값에 대해 수치적으로는 다르다는 점을 주의하자. 이런 전류가 다른 관측점(즉 $\phi$의 값)에 대해 다르다는 사실은 이런 등가전류는 실제 전류가 아니라 회절장을 계산하는 데 단순한 도움이 되는 가상 전류라는 사실을 강조하고 있다.

가장자리에 수직으로($\gamma_o = \pi/2$) 입사하는 광선이 있는 그림 16-15를 고려하면, 원거리 회절장은 각각

$$E_\theta^e = \frac{j\omega\mu \sin\theta}{4\pi r} e^{-j\beta r}\int_{-\ell/2}^{\ell/2} I_z^e(z')e^{j\beta z' \cos\theta}dz' \tag{16-99}$$

그리고

$$H_\theta^m = \frac{j\omega\mu\ \sin\theta}{4\pi r} e^{-j\beta r}\int_{-\ell/2}^{\ell/2} I_z^m(z')e^{j\beta z' \cos\theta}dz' \tag{16-100}$$

임을 얻는다. 제5장에서와 같이 $z'$에 대해 전류는 일정하므로, 식 (16-99)와 식 (16-100)은 $\theta$좌표에 대해 $\sin(x)/x$의 일반적 형태로 된다.

수직입사가 아닌 경우에(즉 $\gamma_o \neq \pi/2$), 같은 방법으로 전개할 수 있으며

$$I^e = \frac{-2j}{\eta\beta} E_z^i D_\parallel(\phi, \phi'; \gamma_o)\sqrt{2\pi\beta}\ e^{j(\pi/4)}e^{j\beta\ell\cos\gamma_o} \tag{16-101}$$

그리고

$$I^m = \frac{2j\eta}{\beta} H_z^i D_\perp(\phi, \phi'; \gamma_o)\sqrt{2\pi\beta}\ e^{j(\pi/4)}e^{j\beta\ell\cos\gamma_o} \tag{16-102}$$

임을 볼 수 있다. 이것은 경사 입사각에 의한 진행파형 전류를 설명하는 위상항을 포함한다. 식 (16-101)과 식 (16-102)를 얻을 때, $z = \pm\ell/2$에 있는 종단효과를 무시했다. 종단효과가 상세히 반영된다면, 이미 주어진 전류에 종단에 의한 반사전류를 합해 또 다른 등가전류를 구성할 수 있다. 이런 반사효과는 쌍안정 산란장 방향에서보다는 후방산란 방향으로 대부분 관여할 것으로 기대된다. 그렇더라도 가장자리가 파장의 항으로 길어지면 종단효과가 사라진다. 이뿐만 아니라 대개 이들 전류는, 가능한 어떤 종단효과를 줄이면서도 가장자리에 수직인 면에 가까운 각도 범위에서 응용될 수 있다.

등가전류를 얻을 때, 회절이 국부적인 현상이라는 회절이론의 가설을 생각하자. 오히려 곧은 가장자리보다 굽은 가장자리에 대해 이 가설을 확장할 수 있다. 즉 굽은 가장자리의 각 점은 무한 직선 가장자리의 미소 부분의 역할을 하고, 이것에 의해서 등가전류를 결정한다고 가정하자. 그러므로 예를 들면 그림 16-27$b$에 있는 문제의 화선에서 회절장을 계산할 수 있도록 하는 등가전류는

$$I^m = -(\hat{\boldsymbol{\phi}} \times \hat{\mathbf{s}}') \cdot \mathbf{E}^i D_\perp\left(\phi, \phi'; \frac{\pi}{2}\right)\sqrt{\frac{8\pi}{\beta}}\ e^{-j(\pi/4)} \tag{16-103}$$

이 되며[12], 여기서 식 (16-98)의 결과와 $(\hat{\boldsymbol{\phi}} \times \hat{\mathbf{s}}')$이 전원에서 가장자리까지의 광선에 수직인 단

위벡터를 나타내는 사실을 이용했다. 식 (16-103)의 사용으로 그림 16-28의 결과를 계산할 수 있으며, 이것은 화선영역의 실험적 측정과 일치한다.

반면에 그림 16-27*b*의 전원이 자기 다이폴이라면, 요구되는 등가전류는

$$I^e = -\frac{\hat{\boldsymbol{\phi}} \cdot \mathbf{E}^i}{\eta} D_{\parallel}\left(\phi, \phi'; \frac{\pi}{2}\right)\sqrt{\frac{8\pi}{\beta}}\, e^{-j(\pi/4)} \tag{16-104}$$

가 된다[12].

임의 편파의 입사파에 대한 전체 회절장을 얻으려면 전기전류와 자기전류 둘 다 있어야 한다. 이와 같은 상황은, 예를 들면 원형 포물면 반사판 안테나의 후면 축 또는 그 부근에서(화선영역) 장을 계산할 때 발생한다. 포물면 접시의 테두리에서 전원으로부터 입사하는 장의 편파는 일반적으로 가장자리에 수직도 평행도 아니다. 그러므로 테두리의 전기와 자기 등가전류 둘 다 후면 축 영역에서 전체 회절장을 얻는 데 필요하다.

## 16.10 다중회절 공식

앞의 두 절에서 무한히 얇은 접지면(즉 $n = 2$) 위의 방사소자를 다루었다. 그런데 그림 16-29에서 보는 바와 같이 두 개의 90° 쐐기로 한 측면을 나타낼 수 있는 것처럼 접지면이 '두껍다면', 공간적으로 가까운 두 가장자리 사이에서 발생하는 다중회절(multiple diffraction)을 고려해야 한다. 이와 같은 상황에서 한 가장자리에 의해 회절된 에너지의 일부는 차례로 다른 모서리에 의해 회절되어, 2차 회절 또는 이중회절 광선을 일으키게 된다. 분명히 이런 이중회절 광선의 일부는 여전히 고차 다중회절을 일으킨다.

만일 전체 회절 에너지를 적절히 근사화하고자 이중회절 광선을 포함시켜야 한다면, 보통 앞의 두 절에서 1차 회절을 설명하면서 사용한 것과 동일한 방법으로 이것을 포함시키면 가장 간단하다. 반면에 2차 이상의 고차 회절을 고려해야 한다면, 자기일치 방법(method of self-consistency)으로 알려진 과정을 사용하는 것이 유리하다[17].

간단하게 말해서 자기일치 방법은 각 회절 가장자리로부터의 전체 회절장에 모든 회절광선(즉 고차 다중회절과 단일회절)을 혼합한다. 그러면 이런 전체 가장자리회절장의 각각은 표면광선에 의

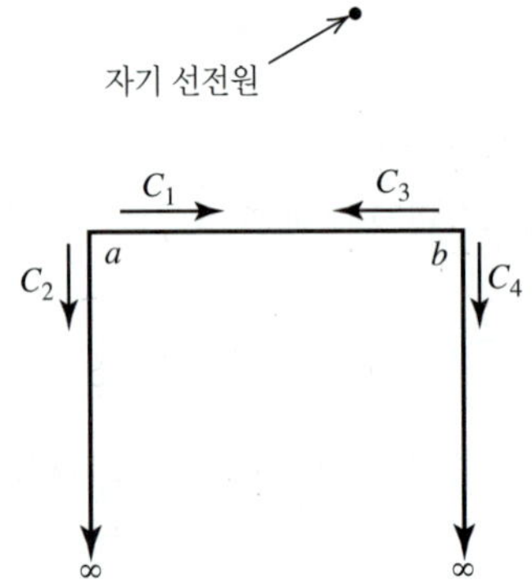


그림 16-29 유한 두께의 반평면 위에 표면광선을 여기시키는 자기 선전원.

해 여기된다. 그러므로 두 회절 가장자리 사이에는 반대 방향으로 진행하는 두 개의 표면광선이 있다. 이런 두 표면광선의 크기와 위상은 미지수이다. 두 개의 미지수를 풀려고 두 회절 가장자리 각각에 단일회절 조건을 적용하면 2개의 식이 얻어진다.

이를 설명하기 위해 그림 16-29를 고려하자. 계수 $C_1$과 $C_3$는 표면 $ab$ 위에 있는 두 표면광선의 미지 진폭(즉 크기와 위상)이다. $C_1$과 $C_3$를 알기만 하면 계수 $C_2$와 $C_4$를 알 수 있다. 그러므로 다음 식을 쓸 수 있다. 가장자리 $a$에서

$$C_1 = C_3 R_{\text{ba}} + V_1 \tag{16-105}$$

이고, 가장자리 $b$에서

$$C_3 = C_1 R_{\text{ab}} + V_3 \tag{16-106}$$

이고, $C_1$과 $C_3$를 알면

$$C_2 = T_{\text{ba}} C_3 + V_2 \tag{16-107}$$

$$C_4 = T_{\text{ab}} C_1 + V_4 \tag{16-108}$$

을 얻는다. 여기서 $R$과 $T$는 각각 반사계수와 투과계수이며, $V$는 표면광선에 상응하는 직접적인 전원의 기여이다.

식 (16-105)와 식 (16-106)을 행렬형으로

$$\begin{bmatrix} 1 & -R_{\text{ba}} \\ -R_{\text{ab}} & 1 \end{bmatrix} \begin{bmatrix} C_1 \\ C_3 \end{bmatrix} = \begin{bmatrix} V_1 \\ V_3 \end{bmatrix} \tag{16-109}$$

와 같이 쓰거나, 또는 간략히

$$[Z][C] = [V] \tag{16-110}$$

로 쓸 수 있다. 여기서 $[Z]$는 결합행렬이며, $[V]$는 여기행렬이다. 결합행렬의 요소는 두 표면광선 사이의 상호작용을 자세히 나타낸다. 일반적으로 두 표면광선은 그림 16-30에 나타낸 바와 같이 단지 다각형의 동일 또는 인접면에서 진행한다면 결합될 수 있다. 이것은 일반적으로 $[Z]$를 희귀 행렬로 만들어 낸다.

그림 16-29의 상황에 대해 반사계수와 투과계수는

$$R_{ab} = \frac{e^{-j\beta\rho_{\text{ab}}}}{\sqrt{\rho_{\text{ab}}}} \frac{1}{2} D_{\perp}(L, \phi, \phi') \tag{16-111}$$

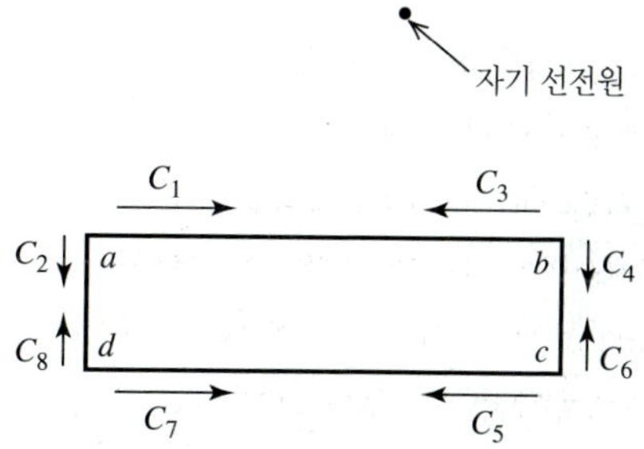


그림 16-30 무한한 4변의 다각형 원통 위에 표면광선을 여기시키는 자기 선전원.

그림 16-31 곡면 원통의 다각형 근사.

이고, 여기서 $\phi^+ = \phi^- = 0$ 그리고 $\gamma_o = 90°$이며,

$$T_{ab} = \frac{e^{-j\beta\rho_{\text{ab}}}}{\sqrt{\rho_{\text{ab}}}} \frac{1}{2} D_\perp(L, \phi, \phi') \tag{16-112}$$

이다. 여기서 $\phi^+ = 2\pi - \pi/2$, $\phi^- = 0$, 그리고 $\gamma_o = 90°$이다. $T_{\text{ab}}$에 대해 $\phi^+$는 $2\pi$에서 쐐기 내각 $\pi/2$만큼 더 작다. 두 경우 모두에 사용된 거리 파라미터 $L$은 원통파에 대한 것이다. 그림 16-29에 나타낸 특별한 상황에 대해, $R_{\text{ab}} = R_{\text{ba}}$이며 $T_{\text{ab}} = T_{\text{ba}}$이다. 이것은 일반적으로 참이 아니다. 예를 들면 이것은 그림 16-31에 나타난 상황에 대해서는 참이 아니다.

두 개의 여기행렬 요소에 대해

$$V_1 = \frac{e^{-j\beta\rho_{\text{sa}}}}{\sqrt{\rho_{\text{sa}}}} D_\perp(L, \phi, \phi') \tag{16-113}$$

$$V_3 = \frac{e^{-j\beta\rho_{\text{sb}}}}{\sqrt{\rho_{\text{sb}}}} D_\perp(L, \phi, \phi') \tag{16-114}$$

를 얻으며, $\rho_{\text{sa}}$는 선전원에서 가장자리 $a$까지의 거리이며, $\rho_{\text{sb}}$는 선전원에서 가장자리 $b$까지의 거리이다. 선전원이 예를 들어 가장자리 $b$에 직접적으로 조사되지 않는다면, $V_3$는 0이 된다. 여기서는 TE의 경우만 다루었다. TM의 경우를 고려하려면 경사회절을 알아야 한다(16.7절 참조).

앞서 언급한 바와 같이, 많은 문제에서 2차 회절만을 고려하는 것으로도 충분하며, 그래서 모든 고차 다중회절 광선을 무시한다. 자기일치 방법이 해를 얻는 데 일의 양을 크게 단순화하는 상황에 대한 예는 그림 16-31에 나타나 있다. 그림 16-31$a$의 곡면을 그림 16-31$b$와 같은 다각형으로 근사화하는 것이 가능하며 실용적이다. 곡면에 대한 정확한 근사를 위해, 그림 16-31$b$의 가장자리는 고차 다중회절을 고려할 수 있도록 충분히 서로 가까워야 한다. 이렇게 하는 가장 쉬운 방법은 자기일치 방법을 통한 것이다. 그렇지만 자기일치장 방법은 가장자리가 다른 가장자리에서 회절의 천이영역에 있지 않다면 잘 적용된다. 이것은 다각형의 인접 가장자리가 가깝게 나열되어 있다면 가능하고, 이것은 곡면이 근사화되는 정도를 제한한다.

## 16.11 곡면에 의한 회절

앞 절에서 우리는 완전도체 쐐기가 음영영역으로 어떻게 에너지를 회절시키는지 보았다. 곡면(curved surface) 또한 에너지를 회절시킬 수 있다. 즉 그림 16-32에 나타낸 것과 같이 완만하고 볼록하게 굽은 완전도체 표면을 입사광선이 비스듬하게 부딪치면 음영영역으로 에너지 일부가 회절된다.

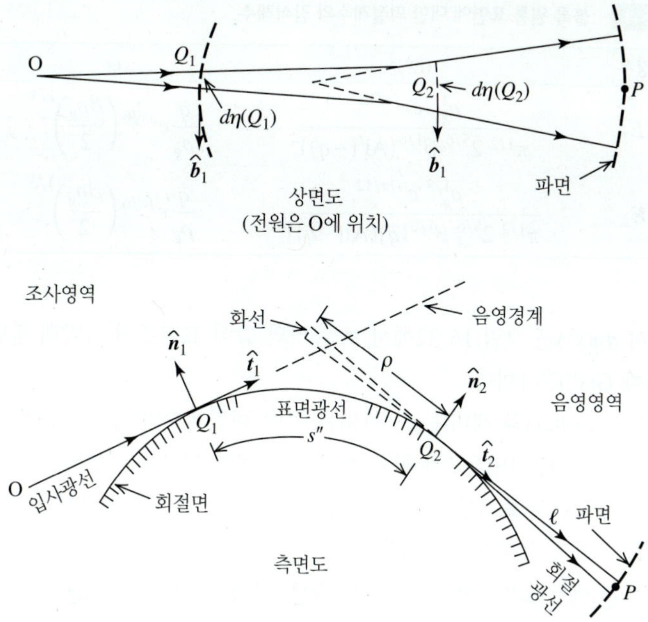


그림 16-32 완만한 볼록곡면에 의한 회절.

그림 16-32에서 입사 평면파는 입사광선에 대해 접점 $Q_1$에 있는 음영경계에서 회절을 겪는다. 이 점에서 일부 에너지는 달라붙어, 그 결과 산란체 표면을 전파하는 파가 되며, 곡면 주위를 전파하게 됨에 따라 표면에 접하는(예를 들면 점 $Q_2$) 방향으로 에너지를 방사한다.

음영영역에서 표면을 따라 전파하는 이 파는 포복파(creeping wave)로 알려져 있다. 포복파는 포획점의 부착(회절)계수, 방사점의 발산(회절)계수, 방사율을 설명하는 감쇠인자, 그리고 위상지연과 전체 감쇠를 설명하려는 포복파에 의해 교차되는 산란체 상의 경로 설명으로 기술된다. 그러므로 2차원 문제의 경우에 경로 $s''$을 따른 포복파의 장 $E^{cw}(s'')$을 아래와 같이 쓸 수 있으며

$$E^{cw}(s'') = E^i(Q_1)D^s(Q_1)G(s'')e^{-\int \gamma(s'')ds''} \tag{16-115}$$

여기서

$E^{cw}(s'') = s''$을 따른 포복파의 장

$D^s(Q_1) =$ 점 $A$의 표면 회절계수(부착계수)

$\gamma(s'') = \alpha(s'') + j\beta(s'') =$ 포복파의 전파인자

$s'' =$ 포복파 경로를 따른 호의 길이

$G(s'') =$ 광선의 구조로 결정되는 광선 발산인자

이다. 앞서 언급한 바와 같이 표면광선은 곡면의 측지선을 따라 전파하면서 접선방향으로 에너지를 방사하고, 그 결과 에너지를 연속적으로 잃으면서 감쇠된다. 기하광학에서와 같이 인접광선 사이 다발의 에너지는 보존된다고 가정하는데, 이것은 2차원 기하광학 확산인자를 다음과 같이 준다.

$$G(s'') = \sqrt{\frac{d\eta(Q_1)}{d\eta(s'')}} \tag{16-116}$$

**표 16-1** 볼록 원통 표면에 대한 회절계수와 감쇠계수.

| 경우 | $(D^s)^2$ | $\alpha$ | 에어리 함수 및 영점 |
|---|---|---|---|
| $E_\parallel$ | $\dfrac{\rho_g^{1/3} e^{-j\pi/12}}{\pi^{1/2}\, 2^{5/6}\, \beta^{1/6} (\mathrm{Ai}'(-q))^2}$ | $\dfrac{q}{\rho_g} e^{j\pi/6} \left(\dfrac{\beta\rho_g}{2}\right)^{1/3}$ | $q = 2.33811$<br>$\mathrm{Ai}'(-q) = 0.7012$ |
| $E_\perp$ | $\dfrac{\rho_g^{1/3}\, e^{-j\pi/12}}{\pi^{1/2}\, 2^{5/6}\, \beta^{1/6} (\bar{q}) (\mathrm{Ai}(-\bar{q}))^2}$ | $\dfrac{\bar{q}}{\rho_g} e^{j\pi/6} \left(\dfrac{\beta\rho_g}{2}\right)^{1/3}$ | $\bar{q} = 1.01879$<br>$\mathrm{Ai}(-\bar{q}) = 0.5356$ |

여기서 $d\eta(s'')$은 그림 16-32에서 보는 바와 같이 표면광선 다발의 횡단면이다. 평면파의 법선입사에 대해 $G(s'')$은 1이다.

켈러(Keller)와 레비(Levy)[18]는 곡면 회절계수와 감쇠상수에 대한 표현에서 1차 항을 주었다. 코윱지언[12, 19]은 2차 항을 주며, $E$가 표면에 접하는 경우에 연성표면, $E$가 표면에 법선인 경우에 경성표면의 표기를 사용한다. 앞에서 사용한 표기의 일관성을 유지하고자 이 장의 앞부분에서 사용된 수직과 평행 표기를 사용한다.

점 $Q_2$에는 2차 표면 회절계수 $D^s(Q_2)$가 있는데, 이것은 $Q_2$에서 거리 $\ell$에 있는 관측점을 향해 표면에 접하면서 이탈(발산)되는 광선을 설명한다. 그러므로 $Q_2$에서 방사되고 관측점 $P$에서 보이는 포복파의 장을

$$E^{cw}(P) = E^i(Q_1) D^s(Q_1) D^s(Q_2) \sqrt{\frac{d\eta(Q_1)}{d\eta(Q_2)}}\, e^{-\int_{Q_1}^{Q_2} \alpha(s'') ds''}\, e^{-j\beta(Q_2 - Q_1)} \frac{e^{-j\beta\ell}}{\sqrt{\ell}} \tag{16-117}$$

과 같이 쓸 수 있다.

원형 원통에 대해, 엄밀한 해에 대한 점근 근사를 위해 회절계수와 감쇠상수는 표 16-1에 있는 양과 같이 주어지며, 여기서 $\rho_g$는 측지선을 따른 곡면의 반지름이다. 원형 원통에 법선방향으로 입사하는 평면파에 대해 $\rho_g = a \cdot \mathrm{Ai}(-x)$는 에어리 함수(Airy function)이다[12, 20]. 포복파의 표면장은 모드의 급수로 더 정확히 표현되지만, 여기서 다루는 원형 원통에 대한 고차모드는 수치적으로 중요하지 않으므로 표 16-1에는 첫 모드만 주어져 있다.

## 예제 16-3 원형 원통의 포복파

원통 축에 법선방향으로 원형 원통의 레이더 반향폭(echo width)을 계산하는 2차원 문제를 고려하자. 반향폭 $\sigma_w$는 3차원 반향 면적 또는 레이더 단면적에 대응하는 2차원의 양이다. $\sigma_w$는 다음과 같이 정의된다.

$$\sigma_w = \lim_{\ell \to \infty} 2\pi\ell \frac{|E^s|^2}{|E^i|^2} \tag{16-118}$$

여기서 $\ell$은 목표물까지의 거리이다.

원통이 그 반지름이 $a$이고 그림 16-33과 같이 $z$축에 대해 중심에 있다고 하자. 입사파는 다음과 같이 주어진다고 가정하자.

$$\begin{pmatrix} E^i_\parallel \\ E^i_\perp \end{pmatrix} = e^{+j\beta\ell} \tag{16-119}$$

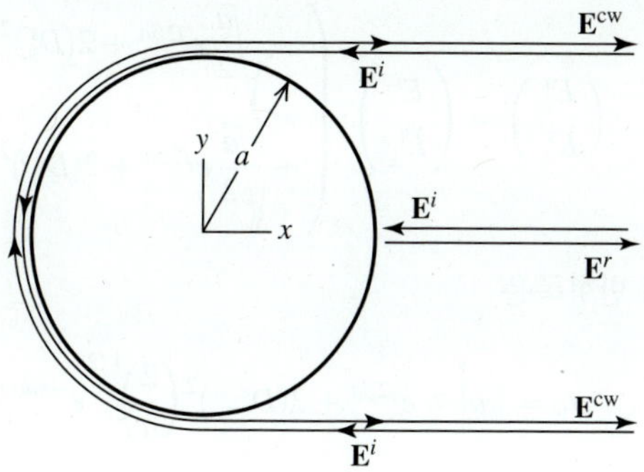


그림 16-33 원형 원통에 의한 후방산란.

후방산란(backscatter) 방향으로 반사된 2차원 기하광학장은 식 (16-21)과 식 (16-24)로 구하면

$$\begin{pmatrix} E_{\parallel}^{r} \\ E_{\perp}^{r} \end{pmatrix} = \begin{pmatrix} E_{\parallel}^{i} \\ E_{\perp}^{i} \end{pmatrix} [R] \sqrt{\frac{a}{2\ell}} \tag{16-120}$$

이고, 여기서 $\ell \gg a$이고 $R$은 식 (16-25)로 주어진다. 위의 반향폭 정의를 적용하면

$$\sigma_w = \lim_{\ell \to \infty} 2\pi\ell \frac{|\overline{E}^s|^2}{|\overline{E}^i|^2} = \lim_{\ell \to \infty} 2\pi\ell \left(\frac{a}{2\ell}\right) = \pi a \tag{16-121}$$

을 얻는다.

이제 원통 주변의 포복파의 효과를 포함시키자. 부착점에서

$$E^{cw}(Q_1) = E^i(Q_1) D^s(Q_1) \tag{16-122}$$

이라 쓰고, 이탈점에서

$$E^{cw}(Q_2) = E^i(Q_1) D^s(Q_1) e^{-j\beta\pi a} e^{-\int_0^{\pi a} \alpha \, ds''} = E^i(Q_1) D^s(Q_1) e^{-j\beta\pi a} e^{-\alpha \pi a} \tag{16-123}$$

이라 쓰자. 원통 표면에서 광선의 횡방향 확산은 없으므로 $G(s'')$은 1이다.

$E^{cw}(Q_2)$에 이탈계수 $D(Q_2)$를 곱하면, 방사되는 포복파의 상을 얻는다. 원형 원통에 대해 발산과 부착계수는 가역정리에 의해 동일함을 볼 수 있다. 그러므로 후방산란 방향으로 방사장에 대한 다음의 표현에서 표면회절계수는 제곱이 된다.

$$\begin{pmatrix} E_{\parallel}^{cw} \\ E_{\perp}^{cw} \end{pmatrix} = \begin{pmatrix} E_{\parallel}^{i} \\ E_{\perp}^{i} \end{pmatrix} \cdot \begin{pmatrix} D_{\parallel}^{s} \\ D_{\perp}^{s} \end{pmatrix}^2 e^{-j\beta\pi a} e^{-\pi a \alpha_{\parallel,\perp}} \sqrt{\frac{a}{2\ell}} \tag{16-124}$$

포복파 장의 세기를 두 배로 해야 하는 원통의 위와 아래 둘 다에 부착점이 있다는 사실을 고려해야 한다. 그러므로 전체 후방산란 장은

$$\begin{pmatrix} E_{\parallel}^{s} \\ E_{\perp}^{s} \end{pmatrix} = \begin{pmatrix} E_{\parallel}^{r} \\ E_{\perp}^{r} \end{pmatrix} + 2 \begin{pmatrix} E_{\parallel}^{cw} \\ E_{\perp}^{cw} \end{pmatrix} \tag{16-125}$$

이며, 이것은 원통에 대해

$$\begin{pmatrix} E_{\parallel}^{s} \\ E_{\perp}^{s} \end{pmatrix} = \begin{pmatrix} E_{\parallel}^{i} \\ E_{\perp}^{i} \end{pmatrix} \cdot \begin{pmatrix} -\sqrt{\frac{a}{2}}\, e^{j2\beta a} + 2(D_{\parallel}^{s})^{2} e^{-\pi a \alpha_{\parallel}}\, e^{-j\beta\pi a} \\ +\sqrt{\frac{a}{2}}\, e^{j2\beta a} + 2(D_{\perp}^{s})^{2} e^{-\pi a \alpha_{\perp}}\, e^{-j\beta\pi a} \end{pmatrix} \frac{e^{-j\beta\ell}}{\sqrt{\ell}} \qquad \textbf{(16-126)}$$

이다. 그러므로 반향폭은

$$\sigma_{w} = \pi a \left| \mp e^{j2\beta a} + 2(D_{\parallel,\perp}^{s})^{2} \left(\frac{2}{a}\right)^{1/2} e^{-\pi a \alpha_{\parallel,\perp}}\, e^{-j\beta\pi a} \right|^{2} \xrightarrow[\beta a \to \infty]{} \pi a^{2} \qquad \textbf{(16-127)}$$

이 된다. $D$와 $\alpha$에 대한 표현은 $\rho_g = a$로 표 16-1에서 얻을 수 있다.

---

위의 예제에서 고려한 문제에 대해, 두 개의 주편파에 대한 반향폭의 정확한 결과는 그림 16-34$a$에 나타나 있다. 구의 반향 면적을 반사 기여분으로 정규화한 것과 같이 반향폭은 $\pi a$로 정규화되어 있다. 원통에 대해 반향폭에 대한 포복파의 기여분은 직교편파에 대해서는 조금 보이며, 평행편파에 대해서는 보이지 않는 점을 주목하라. 이것은 평행의 경우 포복파 기여를 작게 하지만 직교의 경우 그렇지 않은 경향이 있는 접선 전장의 경계조건 때문이다.

원형 원통의 반향폭에 대한 위 식 (16-127)에서 기하회절이론(GTD)에 근거한 표현은 지름이 파장의 크기 또는 그 이하일 때 정확한 고유함수의 해에 근거한 그림 16-34$a$의 곡선을 다시 만든다고 기대할 수 없다. 물론 이것은 기하회절이론(GTD)이 대개 파장이 산란체에 비해 작을 때 타당한 점근이론이기 때문이다. 그림 16-34$a$에서 파장은 산란체에 비해 작지 않다. 식 (16-127)을 사용한 결과는 그림 16-34$b$에 있다. 식 (16-127)에 의한 결과와 엄밀한 해에 대한 차이는 분명하다. 사실 이것들이 일치하리라 기대할 이론적인 이유는 없다. 식 (16-127)을 가지고 그림 16-34$a$를 재구성할 때 대부분의 오차는 기하광학 항에서 발생하며 포복파 항 때문은 아니다.

기하광학 기여분의 정확성을 개선하려면, 보정항을 포함시켜야 한다[20] (연습문제 16.11-1 참조). 기하광학 기여에 대한 보정항의 적용을 그림 16-34$c$에서 볼 수 있으며, 그림 16-34$b$에 대해 실질적으로 개선했다. 사실 $\beta a > 2$(즉 $a > \lambda/3$)일 때 그림 16-34$a$와 그림 16-34$c$는 중간 주파수 영역의 아랫부분에서의 고주파수기법에 대해 놀랍도록 잘 일치되었다. 이 영역에서 그림 16-34$a$의 결과와 같은 결과를 얻기 위해 보통은 모멘트법을 사용한다.

포복파의 개념은 곡면에 의한 회절에서 포함된 물리적 과정을 볼 수 있도록 하는 데 가치가 있다. 예를 들면 구의 RCS가 구 반지름의 함수로서 그림 16-7에 나타나 있다. 진동 현상은 구 주위를 따라 반대 방향으로 진행하는 두 개의 포복파에 기인한다고 설명할 수 있다. 비슷한 설명이 그림 16-34의 원통에도 적용된다. 구나 원통의 전기적 크기에 의존해, 이 두 포복파는 서로 합성하거나 상쇄시키면서 간섭하는 경향이 있으며, 반사산란에 의한 값에 대해 RCS를 진동시키는 원인이 된다. 구 또는 원통이 클수록 진동량은 감소하고, 이것은 전체 경로길이 $s''$에 $\alpha$를 곱하므로 두포복파의 크기가 감소하는 탓이기도 하다. 후방산란의 경우 반지름이 늘어남에 따라 $\alpha$는 작아지지만 $\alpha s''$의 곱은 커지고, 그림 16-7과 그림 16-34에서 확실히 볼 수 있는 바와 같이 반사 기여분에 비해 포복파가 작아지는 원인이 된다.

원통 또는 구에 대한 후방산란의 경우, 포복파는 180° 측지선 경로를 진행한다. 관심을 가질 만한 경로가 180° 경로만은 아니다. 원형 원통의 반대편에 2개의 반 파장 다이폴 간의 상호결합을 보

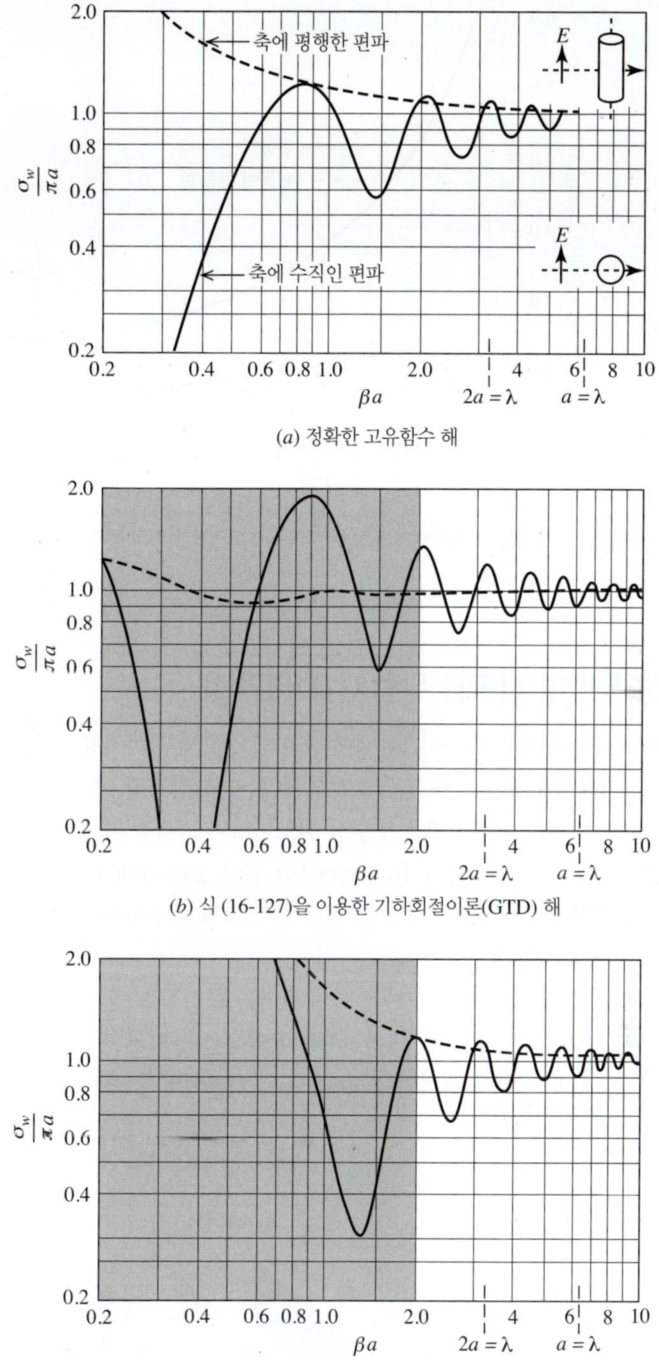


(a) 정확한 고유함수 해

(b) 식 (16-127)을 이용한 기하회절이론(GTD) 해

(c) GO로 보정한 기하회절이론(GTD) 해

**그림 16-34** **곡선의 세 가지 방법으로 계산한 무한장 원형 원통의 반향폭.**

이는 그림 16-35를 생각해 보자[21]. 원통이 존재할 때 그 결합을 이 절의 포복파 공식으로 계산할 수 있다.

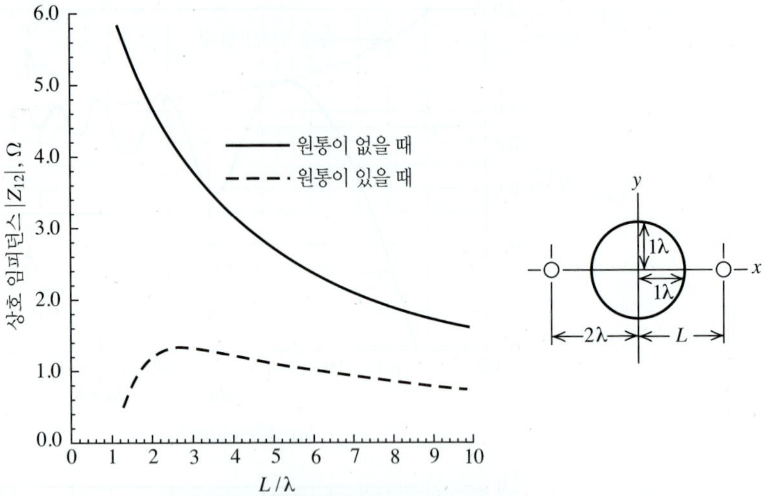


**그림 16-35** **서로 깊은 음영영역에 놓인 두 개의 $\lambda/2$ 다이폴 사이의 상호 임피던스 $Z_{12}$.** 원통이 없을 때의 $Z_{12}$와 비교된다.

## 16.12 무선 모바일 전파를 위한 UTD의 적용

이 장에 나타나 있는 회절이론은 무선 모바일 신호의 전파적용에 관한 것이다. 이 절에서는 주로 도시의 매크로셀(macrocell)(그림 4-7 참조) 환경의 전파에 대해 논의할 것이다. 매크로셀은 일반적으로 4.5.1절에서 논의하였듯이 수십 킬로미터의 크기를 가진다. 매크로셀은 건물과 큰 초목에 의해 만들어지는 주변의 클러터(clutter)보다 훨씬 높은 안테나의 높이를 가지는 기지국에 의해 형성된다. 반면에 그림 16-36에서 보는 것과 같이 모바일 수신기는 주변 환경, 특히 빌딩과 같은 장애물에 의해 가려지게 된다.

매크로셀 전파 모델은 크게 실험적 모델과 물리적 모델의 두 가지로 분류할 수가 있다. 초기 전파 모델은 많은 양의 측정된 데이터로부터 얻은 실험적인 관계에 기반을 두었다. 하지만 이런 관계는 다양한 신호 레벨이 생성되는 모바일 수신기에서의 물리적 진행과정에 대한 아주 적은 이해만을

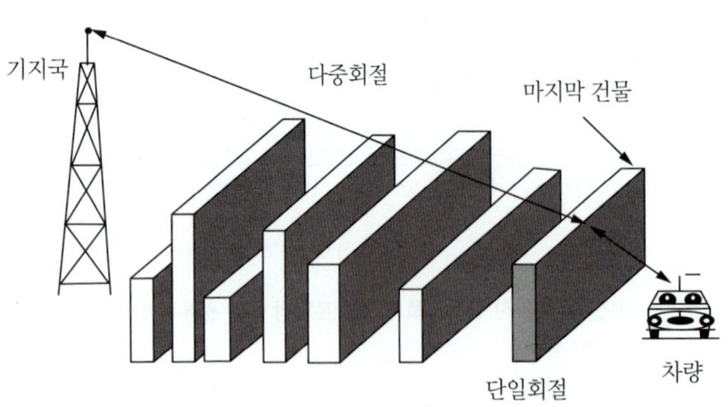


**그림 16-36** **평평한 건물 지붕 위의 다중회절.** ([H.9.1: Fujimoto] © 2008. Artech House, Inc.,Norwood, MA의 허가하에 사용.)

제공한다. 그 뒤, 기지국에서 송신된 신호를 포함한 신호 환경의 상호작용 이해에 기초를 둔 물리적인 전파 모델을 구축하려는 노력이 계속되었다. 이러한 물리적인 모델은 기지국 주변 환경이 아주 균일하다는 가정하에 주어진 매크로셀에서 거리에 따른 경로손실을 나타낸다. 신호 환경에서 장애물의 영향은 보통 장애물이 없는 자유공간에서보다 더 과도한 경로손실로 나타난다. 회절(UTD)은 도시의 매크로셀에서 과도한 경로손실을 결정하는 중요한 역할을 한다.

적당한 평면 지형의 도시환경에서 동작되는 매크로셀 모바일 시스템으로부터의 무선 신호는 여러 건물들을 타고 넘거나 돌아서 전파될 것이다. 여러 건물들을 타고 넘으면서 발생하는 회절이 건물을 돌아나오는 회절보다 더 강하며, 회절이론을 사용한 모델들이 가장 주된 관심사이다. 다수의 지붕들을 넘어서 전파되는 무선 신호의 시나리오에 있어서 일반적으로 회절은 지붕의 모양에 의해 영향을 거의 받지 않지만, 그림 16-36에서 제시하는 것처럼 가장 끝 건물의 지붕으로부터는 영향을 받는다. 결론적으로 날카로운 가장자리(그림 16-10에서 보여 준 얇은 반평면)에 대한 회절은 가장 끝부분의 지붕을 제외한 모든 건물 지붕들에 대한 초기 모델로 많이 사용되었지만, 그 후 전파 모델은 모든 지붕 모양에 대해 UTD 쐐기회절을 사용하였다. UTD의 활용에 대한 초기 예는 루버스(Luebbers)[22]의 반사경계와 관련된 UTD 회절계수 부분이 유한한 도전율을 고려하기 위해 수정된 단일 쐐기 모델이었다. 이것은 식 (16-52)의 다중 회절 전송 함수인 $F[\beta La^{+}(\varphi + \varphi')]$과 $F[\beta La^{-}(\varphi + \varphi')]$에 식 (6-62)와 식 (6-63)의 적절한 반사계수를 곱함으로써 얻어졌다. 단일 쐐기 모델은 나중에 다중 쐐기 모델을 다룬 참고문헌 [23, 24]에 사용되었다.

다중 가장자리(그림 16-36 에 있는 다중 지붕 참소)에 내해 1차 회절(16.4절 참조)을 연속적으로 적용하는 것에 관한 문제는 첫 번째 지붕을 제외한 다른 모든 지붕들은 앞에 있는 지붕에 의해 입사장이 광선광학을 적용할 수 없는(즉 마치 다중전원으로부터의 입사장 같이 보이는) 천이영역에 놓이게 된다는 것이다. 이는 전파모델에 오류를 발생시킨다[23, 25]. 장의 광선광학 성질은 다중 회절(16.10절 참조)과 참고문헌[25,26]의 고차회절 항을 포함하거나 또는 경사회절을 포함함으로써 복원될 수 있다. 다중 회절을 사용한 결과들을 그림 16-37과 그림 16-38에서 볼 수 있다. 여기서 계산된 결과들은 측정값과 비교되었다. 장은 자유공간 값에 대해 정규화되었다. 따라서 장은 지붕에 기인한 과도한 경로손실로 나타나게 된다. 65파장 정도의 수신기 높이에서 0 dB보다 큰 값을 가지게 되는 이유는 직접파와 회절파 사이의 보강 간섭 때문이다. 계산 결과와 측정 결과 모두는 통제된 환경하에 25 GHz로 스케일링된 모델에 대해 행해졌다. 스케일링된 모델의 이론값과 측정값의 결과는 아주 잘 일치하였으며, 특히 수평편파의 경우 더욱 일치하였다. 직선 가장자리의 회절은 주파수에 의존하지 않는다(16.16절 참조).

경사회절은 그림 16-27과 완전도체 쐐기에 관한 연습문제 16.7-1에 사용되었다. 여기서는 흡수(예를 들면 불완전한 도체) 쐐기 또는 스크린에 관심이 있다. 식 (16-57)에 경사회절을 추가할 수 있고 다음과 같이 간단한 행렬 방정식을 쓸 수 있다[H.10.4: McNamara].

$$E^{d}_{\parallel,\perp}(s) = -\left[D_{\parallel,\perp}E^{i}_{\parallel,\perp}(Q) + \frac{1}{j\beta}\frac{\partial D_{\parallel,\perp}}{\partial\phi'}\frac{\partial E^{i}_{\parallel,\perp}(Q)}{\partial n}\right]A(s)e^{-j\beta s} \qquad \textbf{(16-128)}$$

위 식은 적절한 반사 표현이 회절계수에 사용될 때, 완전도체 쐐기와 불완전한 도체쐐기 모두에 적용된다.

이전에 표현했던 파라미터 $L$은 음영경계에 걸쳐서 회절장 진폭의 연속성을 보증하는 참고문헌

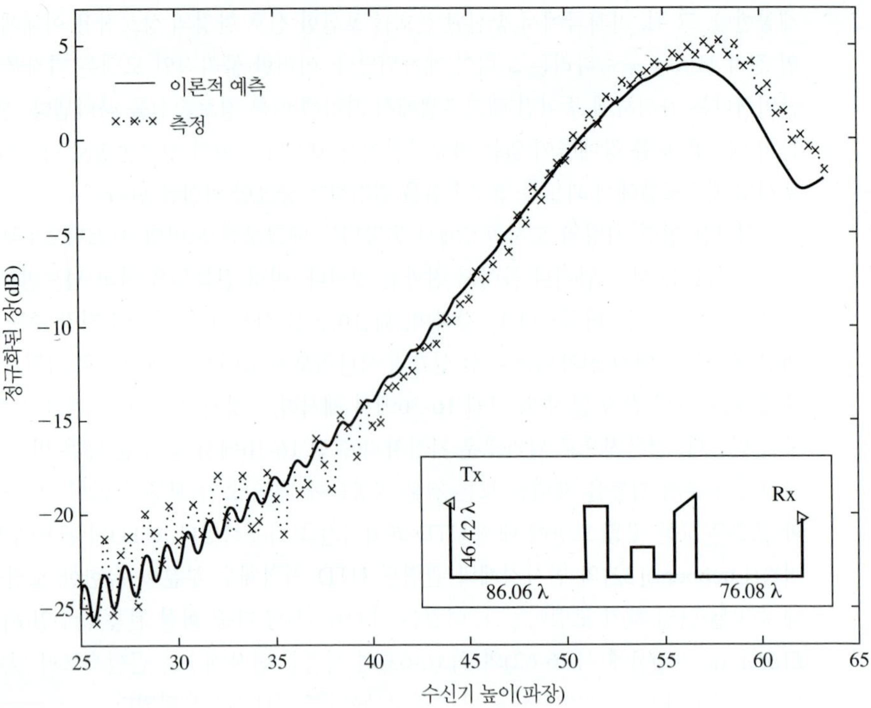


그림 16-37 **지붕 위의 Tx 전파.** 수평편파의 경우: 평균오차 1.06 dB, 표준편차 0.85 dB. ([25] © 2001. IEEE의 허가하에 사용.)

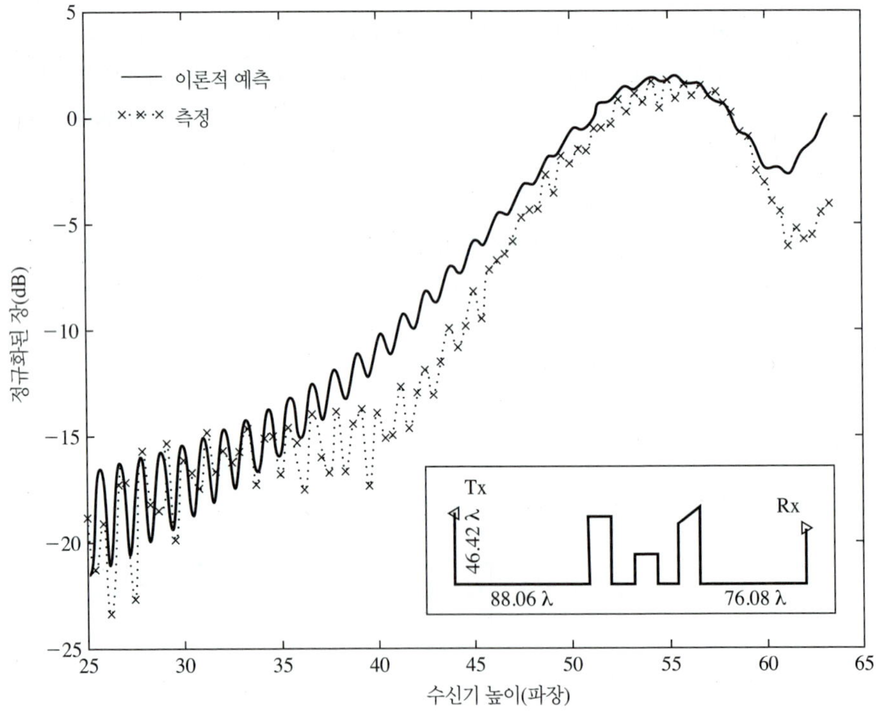


그림 16-38 **지붕 위의 Tx 전파.** 수직 편파 경우: 평균 오차 1.78 dB, 표준편차 1.35 dB. ([25] © 2001. IEEE의 제공으로 허가하에 사용.)

[23]에 있는 연속방정식에 의해 결정된다. 이 개념은 $n$개의 광선 전파에 있어 각각의 광선에 대하여 독립 연속성 관계를 허용하는 참고문헌 [24]에서 개선되었다. 무선 전파에 대한 학습자료는 참고문헌 [27] 에서 찾아볼 수 있고, 부록[H.4: Saunders]에 더 상세히 기술되어 있다.

## 16.13 UTD를 이용한 모멘트법의 확장

제14장에서 우리는 안테나 또는 산란체가 파장 측면에서 과도하게 크지 않은 많은 안테나와 산란체 문제에 모멘트법을 어떻게 적용할 수 있는지 보았다. 이 장에서는 파장 측면에서 큰 문제에 대해 기하광학과 GTD를 어떻게 적용하는지 보았다. 이 절의 목적은 GTD를 모멘트법 해에 결합시켜 모멘트법으로 풀 수 있는 문제의 종류가 어떻게 확장되는지 보이는 데 있다[26]. 이 절의 연구에서 학생들은 제14장과 이 장의 앞 절에서 전개된 기본개념을 각자 시험할 수 있을 것이다.

일반화된 임피던스 행렬의 요소는 제14장에서 다음과 같은 내적의 표기로 주어졌음을 상기하자.

$$Z_{mn} = \langle \mathbf{J}_m, \mathbf{E}_n \rangle \tag{16-129}$$

이것은 임피던스 행렬의 $Z_{mn}$ 요소를 $n$번째 기저함수로부터의 전장에 $m$번째 시험함수(가중함수)를 작용시켜 찾는 것을 의미한다. 마찬가지로 일반화된 전압행렬의 $m$번째 요소는 입사전장에 $m$번째 시험함수를 작용시켜 얻는다.

주어진 문제의 엄밀한 모멘트법 공식화에서, 모든 대상체는 제거되고 자유공간에서 방사하는 등가전류로 대치된다. 그러므로 $n$번째 기저함수로부터의 장에 $m$번째 시험함수를 작용시킬 때, 최단거리 자유공간 경로를 통해 $m$번째 시험함수에 직접 도달하는 장만을 고려할 필요가 있다. 그것이 유일하게 가능한 장이기 때문이다. 그렇지만 주어진 상황에서 등가전류로 표현할 수 없는 구조의 한 부분이 있다고 가정해보자(즉 대상체가 그림 16-39에서와 같이 그대로 있다). 이 경우에 임피던스 행렬 요소의 계산은 더 복잡하지만 그렇게 심하지 않다. 이 새로운 임피던스 행렬 요소를 $Z'_{mn}$이라고 나타내자. 식 (16-129)의 항에서 $\mathbf{E}_n$에 대한 $\mathbf{J}_m$의 작용은 시험전원에 직접 도달하는 실제 전원으로부터의 장에 대한 시험전원의 작용뿐만 아니라, 그림 16-39에 나타낸 대로 다른 방법으로 도달하는 실제 전원으로부터의 장에 대한 시험전원의 작용을 의미하는 것으로 설명할 수 있다. 그러므로 다음과 같이 쓸 수 있다.

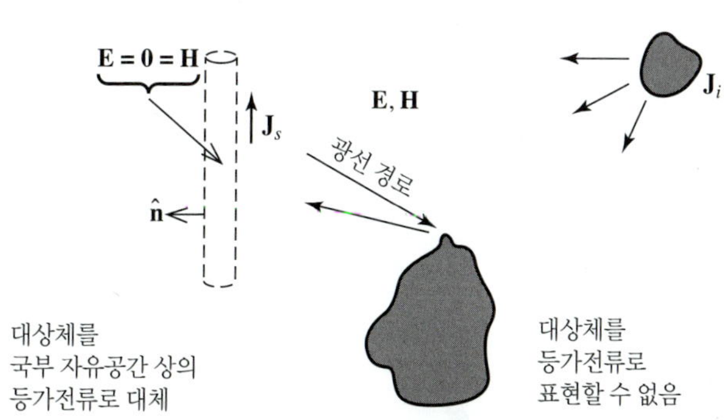


그림 16-39 한 산란체가 등가전류로 대치되고 다른 산란체는 그대로 남아 있는 자유공간의 방사전원.

$$Z'_{mn} = \langle \mathbf{J}_m, a\mathbf{E}_n + b\mathbf{E}_n \rangle \tag{16-130}$$

여기서 $a$를 1로 둘 수도 있고, $b = b(m, n)$은 각각의 $m$과 $n$에 대해 다르다. 또한 $b\mathbf{E}_n$의 양은 $\mathbf{J}_m$에 의한 장을 나타내지만, 기하광학이나 회절 메커니즘과 같은 물리적 과정에 의해 $m$번째 관측점 또는 영역에 도달하는 장을 나타내지는 않는다. 이것은 모멘트법에 의해 공식화된 문제의 부분에서 설명되지 않는다. 그러므로

$$Z'_{mn} = \langle \mathbf{J}_m, \mathbf{E}_n \rangle + \langle \mathbf{J}_m, b\mathbf{E}_n \rangle \tag{16-131}$$

또는

$$Z'_{mn} = Z_{mn} + Z^g_{mn} \tag{16-132}$$

이며, 여기서 위첨자 $g$는 일반적으로 $n$번째 기저전류 함수로부터 $m$번째 시험전원의 위치로 에너지를 되돌리는 물리적 과정 $g$에 의해 $Z^g_{mn}$가 각 임피던스 행렬 요소에 합해지는 부가적인 항임을 의미한다.

그림 16-39에서 의미하는 바와 같이, 보통의 일반적인 전압행렬 항의 수정도 있다. 즉

$$V'_m = \langle \mathbf{J}_m, \mathbf{E}^i + c\mathbf{E}^i \rangle \tag{16-133}$$

이며, 여기서 $\mathbf{E}^i$는 영역 $m$에 직접 도달하는 입사장이고, $c\mathbf{E}^i$는 물리적 과정 $g$에 의해 영역 $m$으로 되돌아오는 전원으로부터의 장이다. $c = c(m)$은 각 $m$에 대해 다르다는 사실을 주목하자.

$$V'_m = \langle \mathrm{J}_m, \mathbf{E}^i \rangle + \langle \mathbf{J}_m, c\mathbf{E}^i \rangle \tag{16-134}$$

또는

$$V'_m = V_m + V^g_m \tag{16-135}$$

이다. 앞선 논의의 직접적인 결과로서

$$[Z'][I'] = [V'] \tag{16-136}$$

를 얻고, 그 해를

$$[I'] = [Z']^{-1}[V'] \tag{16-137}$$

으로 얻는다. 여기서 $[I']$은, 예를 들어 기하광학 기법 또는 GTD에 의해 설명될 수도 있는 산란 메커니즘이 있는 가운데 동작하는 안테나의 전류이다.

먼저 모멘트법과 GTD를 혼합기법[28]으로 결합하고자, 그림 16-40에 나타낸 완전도체 쐐기

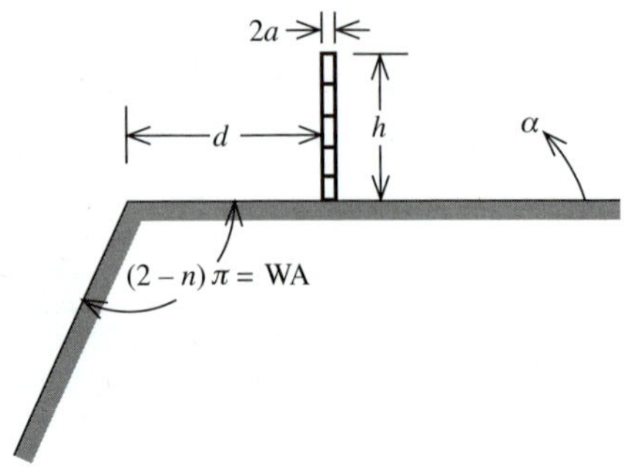


그림 16-40 도체쐐기 위의 모노폴.

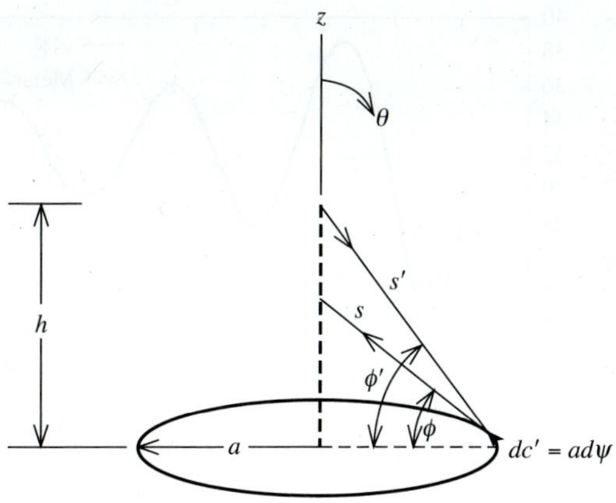


그림 16-41 원형 접지평면 위에 있는 모노폴을 해석하기 위해 자기환형전류로 둘러싼 조각난 모노폴.

부근에 있는 모노폴의 문제를 고려하자. 무한 접지평면 위의 모노폴을 식 (14-43)에 주어진 모멘트법 행렬 표현으로 엄밀하게 설명한다면, 도체쐐기 부근의 모노폴에 대해 식 (16-136)을 사용하는데, 식 (16-132)에서 $Z^g_{mn}$ 항은 $m$번째 관측점 또는 영역으로 쐐기에 의해 회절되는 모노폴의 $n$번째 기저함수에 의해 방사되는 에너지를 고려함으로써 얻어진다.

그림 16-41과 같은 원형 접지면 위의 모노폴을 살펴보려면, 16.9절에 설명된 등가 가장자리 전류를 사용해야 한다. 그러므로 원형판의 가장자리를

$$M = -2E_\theta e^{-j(\pi/4)} D_\perp(L, \phi, \phi')\sqrt{\lambda} \tag{16-138}$$

로 주어지는 등가 자기전류 $M$으로 대치한다. 이 등가 자기전류는 그림 16-41에 나와있는 대로 s에 있는 조각에서 $s'$에 있는 전류에 의한 장을 계산하는 데 사용된다. 등가 자기환형전류는 $s$와 $s'$의 각 신딕에 대해 계산되어야 한다는 것에 유의하자.

관측점이 전체 환형전류의 근거리장에 있더라도 각 요소의 원거리장에 있도록, 그림 16-41의 등가 자기환형전류를 미소 요소 $dc'$으로 분해하는 것이 유용하다.

요소 $dc'$에 직각인 면에서 전장은

$$dE_z = \frac{M\,dc'}{4\pi}\left(\frac{j\omega}{cr} + \frac{1}{r^2}\right)e^{-j\beta r} \tag{16-139}$$

과 같이 주어진다. 여기서 $r = (a^2 + z^2)^{1/2}$이다. $dc' = a\,d\psi$로 두고(여기서 $\psi$는 방위각이다) 모노폴의 $z$ 성분만 취해서 $\psi = 0$에서 $\psi = 2\pi$까지의 범위에 대해 적분하면

$$E_z = \frac{Ma^2}{2r}\left(\frac{j\beta}{r} + \frac{1}{r^2}\right)e^{-j\beta r} \tag{16-140}$$

를 얻는다. $E_z$에 대한 값은 무한 접지평면 위의 모노폴에 대해 얻어진 임피던스 요소에 더해지는 $Z^g_{mn}$항이다. 이 과정으로 유한 원형 접지평면상 모노폴의 수정된 전류(그리고 입력 임피던스)를 계산하는 데 필요한 수정된 임피던스 요소 $Z'_{mn}$을 얻는다.

그림 16-42$a$와 16-42$b$는 길이가 $0.224\lambda$이고 반지름이 $0.003\lambda$인 원형 접지면 위의 모노폴에

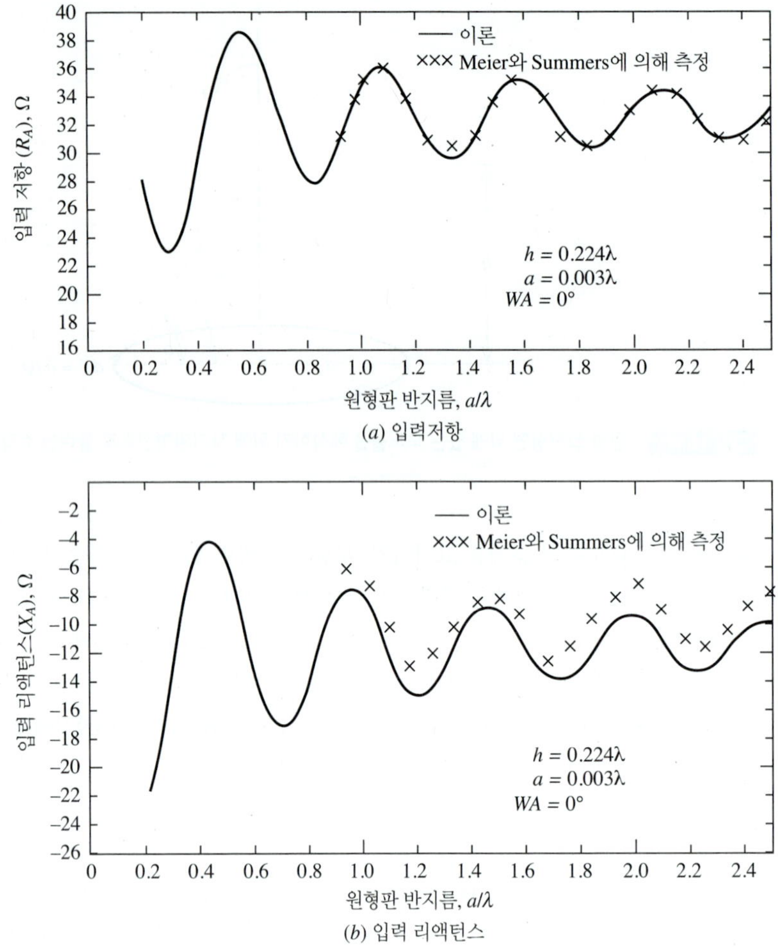


**그림 16-42** 그림 16-41에 나타낸 원형판의 중심에 있는 반지름 0.003λ인 모노폴의 이론과 실험 입력 임피던스.

대해 등가 자기환형전류에 의한 계산과 측정 간의 비교를 반지름의 변화에 따라 보여 준다. 입력 임피던스의 실수부와 허수부 둘 다에 대해 타당한 변화를 정확히 예측한 사실이 명백하다. 입력저항에 대해 측정과 이론 간의 일치는 매우 좋다. 입력 리액턴스에 대해 그 일치는 매우 좋으나 측정과 비교할 때 계산된 곡선에서 약간 이동이 있다. 이 이동량은 충분히 작고 이것은 구동점 부근 영역의 모델링과 관련된 평범한 문제에 기인한다.

다음으로 높이 $h$의 모노폴이 수직도체 계단에서 거리 $d_1$에 있는 그림 16-43의 상황을 고려하자. 식 (16-132)의 $Z^g_{mn}$ 항을 적절히 결정하기 위해, 계단의 상부 가장자리로부터의 회절뿐만 아니라 모노폴에서 나오고 반사되어 되돌아가는 광선에 대해 발생하는 반사의 모든 다양한 조합을 결정해야 한다. 수직벽이 아래의 수평면과 직각을 이루므로, 내부쐐기로부터 회절은 없으며, 수평 접지면에 대한 모노폴의 영상과 그 결과인 수직벽면에 대한 다이폴의 영상으로 모든 반사를 간편하게 설명할 수 있다.

그림 16-43에서 영상 이용을 나타내는 두 가지 상황을 볼 수 있다. 모노폴의 최상단 조각을 전원 조각으로 고려한다면, 광선의 한 집합은 모노폴의 조각에 도달하는 반사-회절 에너지를 계산하

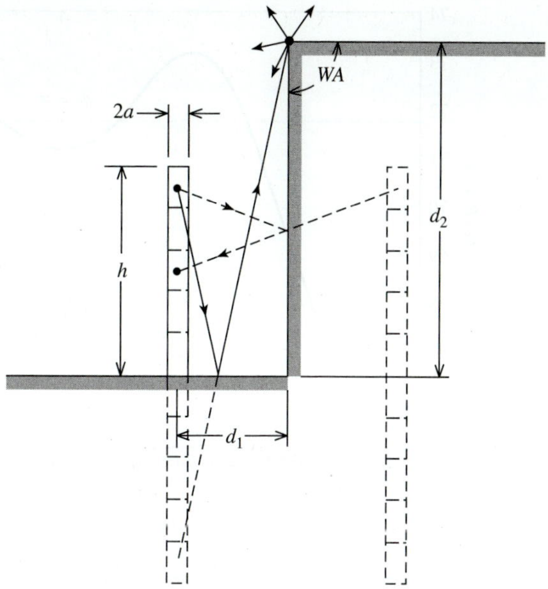


그림 16-43 영상의 부분적 사용을 보이는 수직도체 계단 부근의 모노폴.

기 위한 수평면의 영상 사용을 보이고 있다. 광선의 다른 집합은 단일 반사 에너지를 계산하기 위한 수직벽의 영상 사용을 보인다. 이것에 의한 계산 결과에는 단일반사, 이중반사, 회절, 회절–반사, 반사–회절, 그리고 반사–회절–반사 광선의 모든 조합이 고려된다. 이중(또는 고차)회절의 조합을 포함한 모든 광선은 무시된다.

그림 16-44는 높이가 $d_2 > 0.25\lambda$인 수직벽으로부터 1/4파장 떨어진 1/4파장 모노폴에 대해 계산된 입력 임피던스를 보여 준다. $d_2$가 증가함에 따라 임피던스는 높이 $d_2 = \infty$인 경우 값 근처에서 진동한다. 그림 16-44*a*와 16-44*b*의 결과는 모노폴의 근방에서 회절 가장자리가 멀어짐에 따라 입력 임피던스에 미치는 그 영향이 급격히 감소함을 보여 준다. 계단 높이가 모노폴의 높이보다 낮은 경우에 대한 결과를 보이지는 않았지만, 이와 같은 상황을 고찰하는 데 동일한 방법을 사용할 수 있다.

GTD에 모멘트법을 결합할 때, GTD를 통해 모멘트법의 확장을 물리적 관점으로부터 진행했다. 그렇게 해서 회절효과(또는 기하광학 효과)를 설명하기 위한 임피던스 행렬을 수정함으로써 모멘트법만으로 처리되는 문제보다 더 큰 종류의 문제를 정확히 취급할 수 있음을 보았다. 혼합방법의 또 다른 표현도 할 수 있다. 즉 이용된 과정을 정확한 그린 함수에 대한 근사를 얻기 위해 UTD를 사용한 것처럼 고찰할 수 있다. 다른 혼합방법은 참고문헌 [29]에서 설명하고 있다.

이런 혼합방법이 모멘트법과 UTD 둘 다에 원래 있는 많은 이점을 가지더라도, 각각에 대해 고유한 어떤 한계도 있다. 예를 들면 보통의 모멘트법에서와 같이 집중부하와 유한 전도도 등을 고려해 임의 형태의 선 안테나(또는 슬롯 안테나)를 취급할 수 있으며, 정확한 임피던스 데이터와 전류 분포를 얻는다. 본질적으로 수렴을 보장하기 위해 충분한 수의 기저함수를 사용할 때는 늘 주의를 해야 한다. 다른 한편으로는 보통의 UTD 문제에서처럼 안테나가 회절원에 너무 가깝지 않게(예를 들면 $d > 0.2\lambda$) 주의를 기울여야 한다.

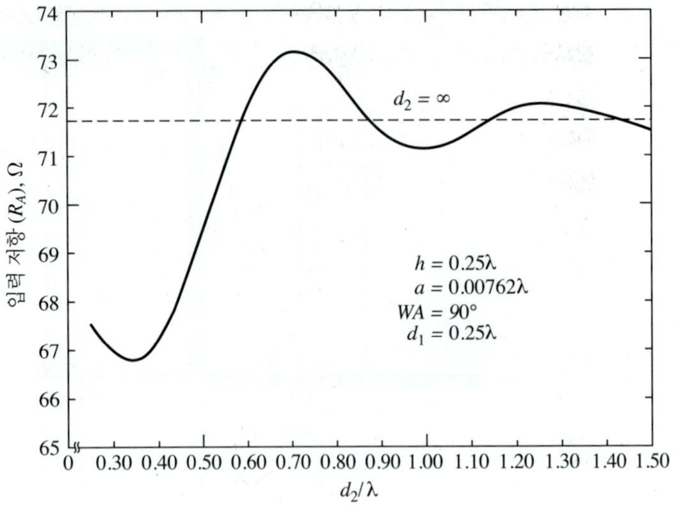


(*a*) 입력저항

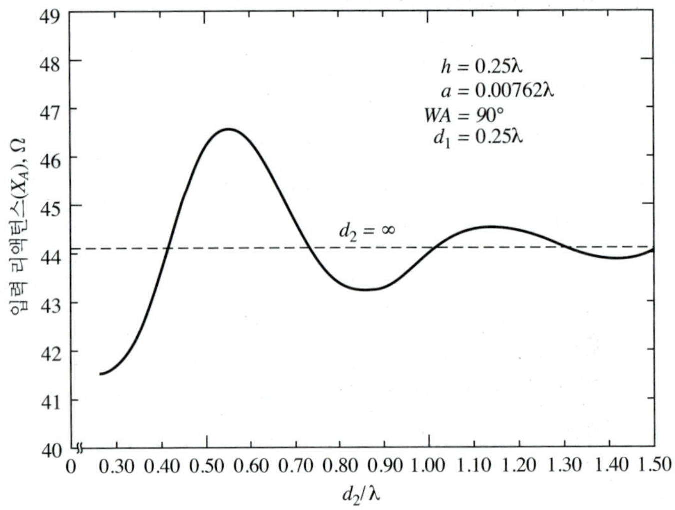


(*b*) 입력 리액턴스

**그림 16-44** **그림 16-43의 구조에 대해 계단 높이의 함수로서 나타낸 $\lambda/4$ 모노폴의 입력 임피던스.**

## 16.14 물리광학

16.1절에서 기하광학에 의해 구의 산란장을 계산했다. 때로는 물리광학에 의해 이와 동일한 산란장을 계산할 수 있다. 도체로부터의 산란장에 대해 물리광학에서 얻은 방정식은 때로는 고주파 극한에서 기하광학 방정식으로 되므로, 물리광학(physical optics) 개념은 기하광학보다 어느 정도 더 일반적이라고 할 수 있다. 사실 물리광학에서는 산란체 표면의 장을 기하광학 표면장으로 가정한다. 이것은 산란체의 조사된 면의 각 점에서, 그 점에 접하는 무한평면이 있는 것처럼 산란이 일어나며, 반면에 산란체의 음영영역에서는 표면장이 0임을 의미한다[2].

완전도체에 대해 가정된 물리광학 표면전류는

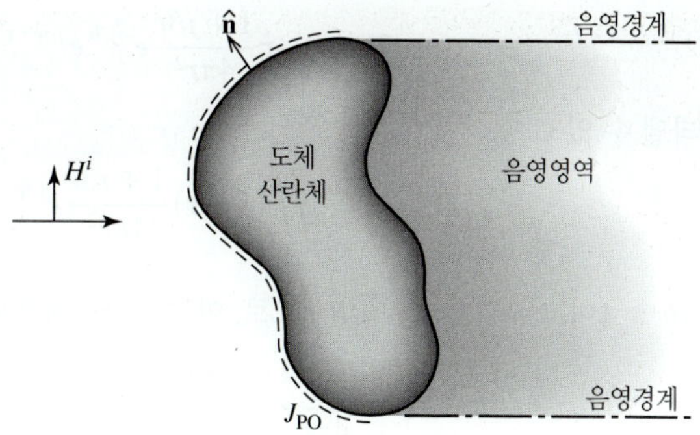


그림 16-45 산란도체 위의 물리광학 전류.

$$\mathbf{J}_{PO} = \begin{cases} \hat{\mathbf{n}} \times \mathbf{H}_{total} & \text{조사영역} \\ 0 & \text{음영영역} \end{cases} \tag{16-141}$$

이고, 여기서 $\hat{\mathbf{n}}$은 그림 16-45에서 보는 바와 같이 관심 표면에서 나오는 단위법선벡터이다.

영상이론으로부터 산란도체가 자유공간의 등가전류로 대치되면, 완전도체에서 $\mathbf{H}$의 접선성분은 동일 전원에 의한 성분의 두 배이다. 그러므로 물리광학 전류는

$$\mathbf{J}_{PO} = 2(\hat{\mathbf{n}} \times \mathbf{H}^i) \tag{16-142}$$

과 같이 주어진다. 제2장에서 배운 내용을 상기해 보면 원거리장에서

$$\mathbf{E}^s = -j\omega\mathbf{A} \tag{16-143}$$

이고, 어떤 방사방향 항도 무시했다. 단순화하기 위해 식 (2-59)에서와 같이 자유공간 그린 함수를 $\psi$로 표현하자. 그러면

$$\mathbf{E}^s = -j\omega\mu \iint \mathbf{J}\psi \ ds' \tag{16-144}$$

이다. 회전 $E$ 방정식을 사용하면 $\mathbf{H}^s$를 다음과 같이 적을 수 있다.

$$\mathbf{H}^s = \nabla \times \iint \mathbf{J}\psi \ ds' \tag{16-145}$$

델 연산자는 ′ 표시가 없는 장점 좌표계에 있고 적분은 ′ 표시가 있는 전원 좌표계에서 이루어지므로

$$\mathbf{H}^s = \iint (\nabla \times \mathbf{J}\psi) \ ds' \tag{16-146}$$

와 같이 쓸 수 있다. 식 (C-16)을 사용하면 $\nabla \times \mathbf{J}\psi = \nabla\psi \times \mathbf{J} + \psi\nabla \times \mathbf{J}$이므로, 우변의 마지막 항은 0이고

$$\mathbf{H}^s = \iint (\nabla\psi \times \mathbf{J}) \ ds' \tag{16-147}$$

이다. 식 (2-98)에서처럼 $R = r - \hat{\mathbf{r}} \cdot \mathbf{r}'$이므로, 원거리장에서 $\nabla\psi$를

$$\nabla\psi = -\hat{\mathbf{r}}\frac{1+j\beta r}{4\pi r^2}e^{-j\beta r}e^{j\beta\hat{\mathbf{r}}\cdot\mathbf{r}'} \tag{16-148}$$

과 같이 나타낼 수 있고

$$\mathbf{H}^s = e^{-j\beta r}\iint(\mathbf{J}\times\hat{\mathbf{r}})\frac{1+j\beta r}{4\pi r^2}e^{j\beta\hat{\mathbf{r}}\cdot\mathbf{r}'}\,ds' \tag{16-149}$$

을 얻는다. $\beta r \gg 1$이고 분모에서 $r \approx R$이므로, 이것은 근사적으로

$$\mathbf{H}^s \approx \frac{j\beta}{4\pi r}e^{-j\beta r}\iint(\mathbf{J}\times\hat{\mathbf{r}})e^{j\beta\hat{\mathbf{r}}\cdot\mathbf{r}'}\,ds' \tag{16-150}$$

와 같다. 산란장에 대한 이 표현은 주파수에 독립인 기하광학 표현과 달리 주파수에 의존한다는 점에 유의해야 한다. 그러므로 물리광학은 산란장에 대해 더 정확한 근사를 준다는 사실이 직관적으로 추론된다. 이것이 어떤 경우에 그렇더라도, 물리광학의 타당한 적용에 대한 필요충분조건이 알려져 있지 않으므로, 일반적인 결론에 도달할 수 없다[2]. 어떤 문제에서 물리광학의 적용 여부를 미리 판단하기 어렵더라도, 많은 실용 문제에서 물리광학이 사용된다는 사실은 공학자들에게 다행이다.

다음으로 $\mathbf{H}^s$에 대한 식 (16-150)의 표현을 이용해, 레이더 단면적에 대한 일반적 표현을 만들어 보자. 레이더 단면적의 정의를

$$\sigma = \lim_{r\to\infty} 4\pi r^2\frac{|\mathbf{H}^s|^2}{|\mathbf{H}^i|^2} \tag{16-151}$$

과 같이 쓰고, 물리광학 전류 $\mathbf{J} = 2\hat{\mathbf{n}}\times\mathbf{H}^i$를 대입하면

$$\sigma = \lim_{r\to\infty} 4\pi r^2\left(\frac{\beta}{4\pi}\right)^2\left|\frac{1}{\mathbf{H}^i}\right|^2\left|\iint((2\hat{\mathbf{n}}\times\mathbf{H}^i)\times\hat{\mathbf{r}})\frac{e^{j\beta\hat{\mathbf{r}}\cdot\mathbf{r}'}}{r}\,ds'\right|^2 \tag{16-152}$$

을 얻는다. 이것은

$$\sigma = \frac{\pi}{\lambda^2}\left|\frac{1}{\mathbf{H}^i}\right|^2\left|\iint((2\hat{\mathbf{n}}\times\mathbf{H}^i)\times\hat{\mathbf{r}})e^{j\beta\hat{\mathbf{r}}\cdot\mathbf{r}'}\,ds'\right|^2 \tag{16-153}$$

가 된다. 벡터 항등식 (C-8)을 이용하면

$$(\hat{\mathbf{n}}\times\mathbf{H}^i)\times\hat{\mathbf{r}} = (\hat{\mathbf{r}}\cdot\hat{\mathbf{n}})\mathbf{H}^i - (\hat{\mathbf{r}}\cdot\mathbf{H}^i)\hat{\mathbf{n}} \tag{16-154}$$

과 같이 쓸 수 있다. 이 시점에서, 조사되는 표면 위에서 식 (16-154)는 $(\hat{\mathbf{r}}\cdot\hat{\mathbf{n}})\mathbf{H}^i$가 되고 $\mathbf{H}^i$의 위상이 $e^{j\beta\hat{\mathbf{r}}\cdot\mathbf{r}'}$인 후방산란 또는 단안정 레이더 단면적을 고려하자. 그러므로

$$\sigma = \frac{4\pi}{\lambda^2}\left|\iint(\hat{\mathbf{r}}\cdot\hat{\mathbf{n}})e^{j2\beta\hat{\mathbf{r}}\cdot\mathbf{r}'}\,ds'\right|^2 \tag{16-155}$$

이다. 이제 단안정을 설명할 목적으로 $\hat{\mathbf{r}} = \hat{\mathbf{z}}$으로 하면(즉 레이더는 $+z$축 위에 있다), 최종 결과인

$$\sigma = \frac{4\pi}{\lambda^2}\left|\iint(\hat{\mathbf{z}}\cdot\hat{\mathbf{n}})e^{j2\beta\hat{\mathbf{z}}\cdot\mathbf{r}'}\,ds'\right|^2 \tag{16-156}$$

를 얻고, 여기서 지수의 인자 2는 왕복경로에 의해서 원점에 상대적인 후방산란 장의 앞선 위상을 나타낸다.

### 예제 16-4 물리광학에 의한 구의 RCS

여기서 구의 단안정 RCS에 대한 물리광학 표현을 얻고자 식 (16-156)의 결과를 적용하고, 이것을 기하광학으로 얻은 결과와 비교하자. 먼저 그림 16-46에서

$$\hat{\mathbf{z}} \cdot \hat{\mathbf{n}} = \cos\theta' = \frac{a-\ell'}{a} \tag{16-157}$$

이며, 여기서 $\ell'$은 기준면에서 구면까지의 거리이고, 표면적의 요소는 구면에서 $a^2 \sin\theta'\, d\theta'\, d\phi'$임을 유의하자. $a - \ell' = a\cos\theta'$이고 $d\ell' = a\sin\theta'\, d\theta'$이므로, 기준면으로 구를 투영한 면적에서 $ds' = a^2 \sin\theta'\, d\theta'\, d\phi' = a\, d\phi'\, d\ell'$임을 얻는다. $\hat{\mathbf{z}} \cdot \mathbf{r}' = (a - \ell')$임을 유의하면서, 단안정 RCS에 대한 일반적 표현에 대입하고 $\phi'$에 대한 적분을 수행하면

$$\sigma_{sp} = \frac{4\pi}{\lambda^2}\left|2\pi\ e^{j2\beta a}\int_0^a e^{-j2\beta\ell'}(a-\ell')\ d\ell'\right|^2 \tag{16-158}$$

을 얻는다. 나머지 적분을 수행하면

$$\sigma_{sp} = \frac{4\pi}{\lambda^2}\left|2\pi\ \frac{e^{j2\beta a}}{j2\beta}\left[a - \frac{1-e^{-j2\beta a}}{j2\beta}\right]\right|^2 \tag{16-159}$$

이 되고, 이것을 다음과 같은 형태로 둘 수 있다.

$$\sigma_{sp} = \frac{4\pi}{\lambda^2}\left|\frac{a\lambda}{j2}\left[\left(1+\frac{j}{2\beta a}\right)e^{j2\beta a} - \frac{j}{2\beta a}\right]\right|^2 \tag{16-160}$$

지수항 $e^{j2\beta a}$와 관련된 항은 선년반사(즉 거울반사)에 기인하는데, 반면에 가장 우측의 항$(j/2\beta a)$은 구의 $\theta = \pi/2$ 위치(즉 음영경계)에서 전류에 의도적으로 부가한 불연속에서 비롯한 기여분에 의한 것이다. 이 불연속은 비물리적이므로, 최우측항$(j/2\beta a)$도 그러한데, 이것을 무시해야만 한다. 그러므로

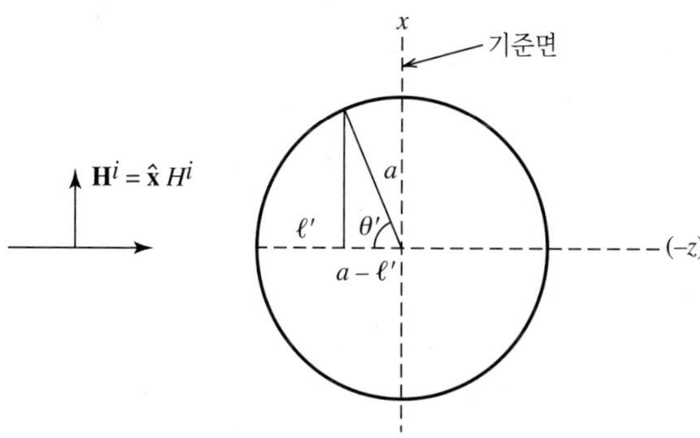


그림 16-46 구에 의한 물리광학 산란.

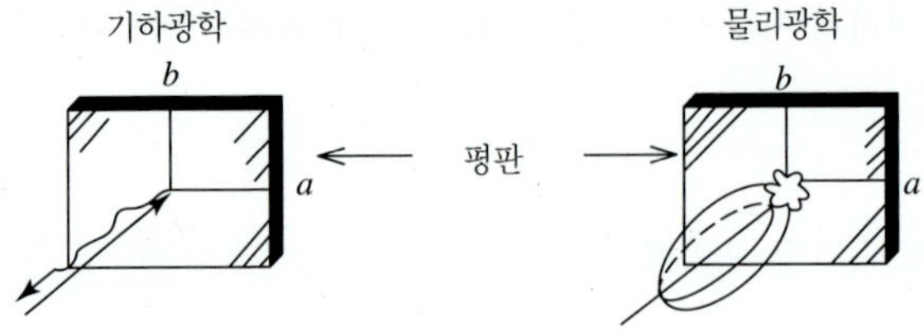


그림 16-47 기하광학과 물리광학의 비교.

$$\sigma = \pi a^2 \left| \frac{1}{j} \left( 1 + \frac{j}{2\beta a} \right) e^{j2\beta a} \right|^2 \xrightarrow[\beta a \to \infty]{} \pi a^2 \tag{16-161}$$

이다. 그러면 물리광학을 통해 얻은 구의 레이더 단면적은 고주파 극한에서 식 (16-23)의 기하광학 결과로 된다는 것을 알 수 있다.

식 (16-160)에서 최우측항($j/2\beta a$)을 제거해야 한다는 사실은 구의 특징만은 아니며, 물리광학을 이용하는 어느 문제에도 공통이다. 이런 문제에서 전류의 비물리적인 불연속은 기하광학 기여분과 비교할 때 산란장에 대해 큰 오차를 만들어 낸다.

식 (16-161)의 둘째 항을 산란장의 고주파 점근 확장에서 둘째 항으로 취할 수도 있다. 이와 같은 확장은 주파수 제곱의 역수이고 루네베르크–클라인(Luneberg-Kline) 확장으로 알려져 있다 [1]. 루네베르크-클라인 확장은 파동방정식을 만족시키고 고주파 극한에서 광학과 전기자기학 간의 일치를 보이는 공식적인 방법이다. 사실 루네베르크–클라인 확장에서 주도적인 항은 식 (16-161)의 제1항이기도 한 기하광학 항이다.

물리광학은 단지 레이더 단면적을 얻는 것보다 더 유용하다. 예를 들면 포물면 반사판 안테나의 원거리장 패턴을 구하고자 한다면, 물리광학이 한 방법이다. 사실 이것이 반사판 안테나의 전방 축 위에서 방사장을 구하는 가장 쉬운 방법일 것이다. 반사판 안테나의 전방 축 외의 다른 방향에서 물리광학은 방사패턴의 0이 아닌 값을 준다. 이것은 반사방향으로만 정보를 줄 수 있는 기하광학과는 대조적이지만(그림 16-47 참조), 간단한 방법으로 그렇게 한다. 그림 16-47은 평판에 직각으로 입사하는 광선과 한 방향으로만 되돌아오는 반사 또는 산란장을 보여 주는데, 반면에 이 그림은 물리광학 전류는 동일 입사장에 대해 모든 방향으로 산란장을 생성시킨다는 사실을 나타낸다.

## 예제 16-5 3D 포물면 반사판의 레이더 단면적

그림 16-48에서 보는 것과 같이, 안테나 산란에 대한 식 (16-156)의 응용의 예로서, 주초점 급전이 일시적으로 제거된 원형 대칭 포물면 반사판 안테나(그림 9-25 참조)를 고려해 보자. $z$축으로의 단안정 RCS를 계산해 보자. 이 계산을 하기 위해, 식 (16-156)에서 $\hat{\mathbf{n}}$, $r'$, $z'$과 $ds'$을 정할 필요가 있다.

원점의 위치는 포물면의 중앙이고, $F$가 초점 길이일 때 포물면 방정식은 $(\rho')^2 = 4Fz'$이다. $r'$의 표현을 $z'$을 사용하여 나타내면

$$\mathbf{r}' = \rho'\hat{\boldsymbol{\rho}} + z'\hat{\mathbf{z}} = \rho'\hat{\boldsymbol{\rho}} + \frac{(\rho')^2}{4F}\hat{\mathbf{z}} \tag{16-162}$$

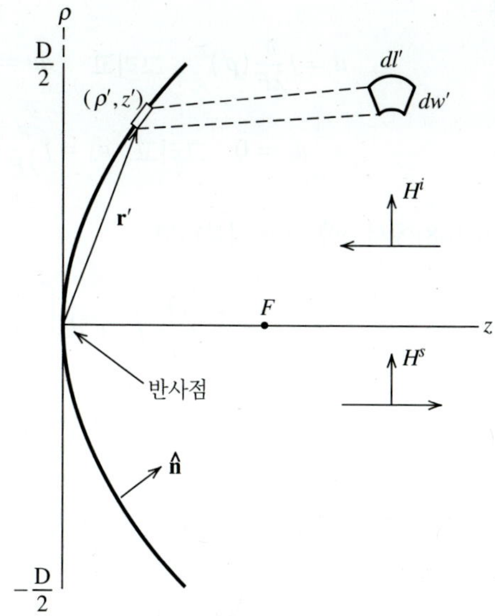


**그림 16-48 원형 대칭 포물면 반사판.** 축 입사를 하는 단안정의 경우.

을 얻을 수 있다. 법선은 $4Fz' - (\rho')^2$의 경도를 0으로 하여 얻을 수 있고, 단위법선벡터는

$$\hat{\mathbf{n}} = \frac{-\rho'\hat{\boldsymbol{\rho}} + 2F\hat{\mathbf{z}}}{\sqrt{4F^2 + (\rho')^2}} \tag{16-163}$$

으로 나타낸다. 그림 16-48에 있는 포물면 곡면에 대한 미소 표면 소자는 원호가 $dl' = \rho' d\phi'$인 위치에서 $dl' \times dw'$이며, 포물면의 호는

$$dw' = \sqrt{1 + \left(\frac{dz'}{d\rho'}\right)^2}\, d\rho' = \sqrt{1 + \left(\frac{\rho'}{2F}\right)^2}\, d\rho' = \frac{\sqrt{4F^2 + (\rho')^2}}{2F}\, d\rho' \tag{16-164}$$

이 된다. 그러므로 곡면 표면의 미소소자는

$$ds' = \frac{\sqrt{4F^2 + (\rho')^2}}{2F}\, \rho' d\rho' d\phi' \tag{16-165}$$

이 된다. 다음으로 식 (16-156)에서 $(\hat{\mathbf{z}} \cdot \hat{\mathbf{n}})ds'$은

$$(\hat{\mathbf{z}} \cdot \hat{\mathbf{n}})ds' = \rho' d\rho' d\phi' \tag{16-166}$$

또한 지수항에 대해

$$2\beta\hat{\mathbf{z}} \cdot \mathbf{r}' = 2\beta\frac{(\rho')^2}{4F} = \frac{\pi}{\lambda F}(\rho')^2 \tag{16-167}$$

이 된다. 따라서 식 (16-156)은

$$\sigma = \frac{4\pi}{\lambda^2}\left|\iint e^{j\frac{\pi}{\lambda F}(\rho')^2} \rho' d\rho' d\phi'\right|^2 \tag{16-168}$$

같이 된다. 또한

$$u = j\frac{\pi}{\lambda F}(\rho')^2 \quad \text{그리고} \quad du = j\frac{2\pi}{\lambda F}\rho' d\rho' \tag{16-169}$$

$$u_1 = 0 \quad \text{그리고} \quad u_2 = j\frac{\pi}{\lambda F}\left(\frac{D}{2}\right)^2 \tag{16-170}$$

로 표현하고, (16-168)에서 $\phi$에 대해 적분하면

$$\sigma = \frac{4\pi}{\lambda^2}\left|\frac{\lambda F}{j}\int_{u_1}^{u_2} e^u du\right|^2 \rightarrow 4\pi F^2 \tag{16-171}$$

이 된다. 이전의 구에 대한 예제와 유사하게, $e^{u_2}$항은 포물면의 가장자리(rim)에서 물리광학 전류의 비물리적인 갑작스러운 중단효과와 관련된 적분의 결과로 볼 수가 있고, 그 항은 버려진다. 식 (16-171)의 간단한 결과는 기하광학[30, p. 618]을 통해 같은 결과를 얻는 연습문제 16.1-4에서 확인할 수 있다. 식 (16-171)의 결과는 볼록한 모양의 경우와 같은 결과를 가진다. 왜냐하면 식 (16-156)의 커널에 있는 내적 $\hat{\mathbf{z}} \cdot \hat{\mathbf{n}}$은 두 경우에 부호를 무시하면 같기 때문이다. 그리고 부호를 무시하면 식 (16-156)에 있는 지수항 또한 두 경우에 같다. 그러므로 볼록한 경우에 대한 결과는 참고문헌[30, p. 593]에 있는 정확한 해석과 일치한다. 오목한 경우에 대한 결과는 단안정 RCS에 기여하는 다중반사가 없는 경우로 한정된다. 단안정 축입사의 특별한 경우에 대해 여기서 사용된 계산과정은 경사입사에 대해서도 적용된다. 상세한 내용은 관심있는 독자를 위해 연습 문제로 남겨 둔다.

---

예제 16-5에 있는 결과는 안테나면에 직교하는 정면 방향(즉 $\theta = 0°$)에서 전방 급전 원형 포물면 반사판 안테나에 의한 안테나 산란의 구조적 성분인 $\sigma_s$(또는 잉여 성분)의 주요한 부분으로 주어진다. 여기서 안테나 모드 [$\sigma_{\text{ant}}$에 대해 식 (14-111) 참조]에 의한 총 산란 $\sigma_T$의 기여에 대해 언급했던 14.12절을 상기해 보자. 전체 단면적은 다음과 같이 쓸 수 있다[31].

$$\sigma_T = \sigma_s + \sigma_{\text{ant}} + 2\sqrt{\sigma_s \sigma_{\text{ant}}}\ \cos\phi \tag{16-172}$$

여기서 $\phi$는 구조적 산란과 안테나 산란 사이의 상대적 위상이다.

그림 16-49[H.8.2: Munk, p. 229]는 안테나면에 직교하는 정면 방향 입사($\theta = 0°$)에 대한 적당한 크기의 원통형 포물면 반사판으로부터 방사되는 쌍안정 산란장을 보여 준다. 그림 16-49는 무급전인 경우와 낮은 RCS 의 급전인 경우에 대한 쌍안정 RCS 결과를 나타낸다. 낮은 RCS 급전은 급전을 제거한 RCS보다 $\theta = 0°$인 정면 방향에 대하여 넓은 각 영역에서 낮은 레벨의 쌍안정 산란장을 만든다. 이것은 레이더로 되돌아오는 전력보다 입사하는 전력을 흡수하는 급전에 기인한다.

쌍안정 산란은 입사각과 반사각으로 양분하는 포물면 표면으로 한정된 상태로 있는 동안에는 그림 16-49에서 보여 주는 것처럼 강하게 남는다. 그림 16-49에서 이것은 포물면 원통의 모서리에서 대략적인 각도 $\theta = 22.5°$를 만드는 상태에 기인하여 $-45° < \theta < 45°$ 각도에 대한 쌍안정 산란에 대하여 설명하고 있다(즉 0°에서 입사된 광선에 의해 형성된 각과 45°에서 반사된 광선의 각으로 양분된다).

만약 급전이 대역 외 주파수에서 저 RCS 급전이 아니거나 심각하게 부정합된 급전이라면, 안테나 모드에 기인한 $\theta = 0°$[H.8.2: Munk, p. 227]에서 강한 단안정 반사가 발생할 수 있다. $\theta =$

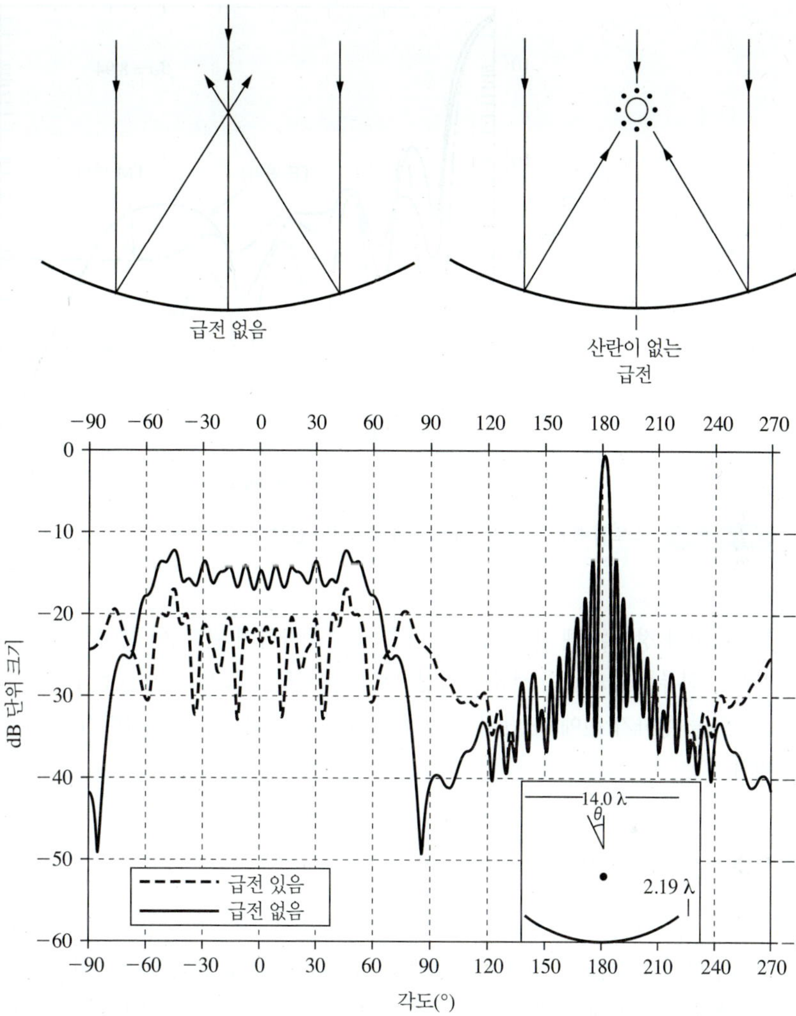


그림 16-49 안테나면에 직교하는 정면 방향인 $\theta = 0°$로 입사하는 파에 대한 원통형 포물면로부터의 쌍안정 산란장. 낮은 RCS 급전의 유무, 주파수는 9.0 GHz ([H.8.2: Munk] © 2003. John Wiley & Sons의 허가하에 사용.)

180°에서 강한 RCS는 전방산란의 흥미 있는 현상이다. 그림 16-49에 나타나 있는 2차원 $H$ 평면 결과는 예제 16-5에서 보여 준 3차원 포물면 반사판의 $H$ 평면 결과를 대표적으로 나타내는 것이다.

요약하면 물리광학은 가정한 물리광학 전류가 실제 전류분포에 타당하게 근접하는 표면으로부터 일어나는 산란장의 정확한 표현을 주는 것을 기대할 수 있는 상당히 유용한 근사적인 고주파수 기법이다. 산란체 표면의 장이 기하광학 표면장에 의해 옳게 주어진다면, 물리광학은 실제 전류의 적절한 표현이 될 것이라는 이 절 초기의 논의를 다시 생각하자.

기하광학 표면장이 실제 전류를 주지 않는 상황의 예는 가장자리 부근이다(여기서 표면에 접하는 면은 정의되지 않았다). 엄밀한 해와 비교하는 데 물리광학이 사용될 때, 무한 스트립에 대해 $\beta\sigma_w$를 보이는 그림 16-50을 고려하자[2]. TE ($E$가 가장자리에 수직)와 TM ($E$가 가장자리에 평행) 둘 다 볼 수 있다. 후방 산란각 $\theta$가 스트립의 법선방향($\theta = 0°$)에서 멀어짐에 따라 두 편파에 대한

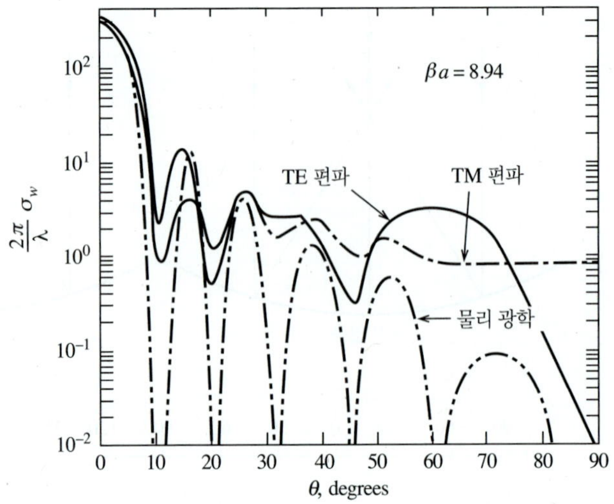


그림 16-50 스트립 폭 $a$를 가지는 TE와 TM 물리광학 산란.

물리광학과 정확한 해 간의 차이는 더욱 크게 증가하게 된다. 이 차이는 각 가장자리를 설명하는 부가적인 전류를 물리광학 전류에 합함으로써 제거될 수도 있다. 이것은 16.17절의 주제이다.

이를 행하기 전에, 산란의 공통 전원의 주파수 의존성을 조사하기 위해 물리광학을 이용할 것이다.

## 16.15 일차 산란 전원의 주파수 의존성

안테나 산란이란 안테나 자체와 안테나와 직접적으로 관련이 있는 플랫폼(platform)을 포함하는 구조로부터의 산란을 의미한다. 그러므로 안테나 자체 및 안테나가 놓여있는 플랫폼과 같은 중요한 기하학적인 모양새에 대한 주파수 의존성을 조사하기 위한 통찰력이 필요하다. 이 조사를 행하기 위해, 공통의 기하학적 모양새를 가지는 대부분의 기본적인 형태에 대한 단안정 RCS를 조사할 것이다. 기본적인 모양에 있어서 주요한 산란 기여체들은 참고문헌 [32]에 제시된 바와 같이 대상체의 형상(특성 차원 $d$의 함수와 파장의 곱으로 표현되는)에 따라 주파수(또는 파장)와 함께 변하는 산란 단면적을 가질 것이다.

$$\sigma = \lambda^n f(d/\lambda) \tag{16-173}$$

여기서 우리가 고려하는 구조에 따라 $n = -2, -1, 0, 1, 2$이 된다. 식 (16-173)에 있는 함수 $f(d/\lambda)$는 각각의 모양에 대해 다르며, 이 함수에 대해서는 이 절에서 다루지 않는다.

기본 산란 기여체(elementary scattering contributor)들은 표면에서의 법선이 입사방향을 따라 평행한 점의 위치에서 주 곡률반경의 항으로 분류될 수 있다. 표 16-2는 몇 가지 예를 보여 준다.

그림 16-51은 다섯 가지의 간단한 산란 모양체에 대한 후방산란 레이더 단면적 의존 정도를 보여 준다. 이는 원형 평판(FP: circular flat plate), 원형 통(CYL: right circular cylinder), 구(SPH: sphere), 굽은 가장자리(CE: curved edge), 원추형 구(CS:cone-sphere) 등이다. RCS는 주파수에 대한 dBsm(평방미터에 대한 dB)이다. RCS는 가장자리를 포함하는 평면에서 굽은 가장자리와 직

표 16-2 기본적인 산란체의 분류.

| $n$ | 곡률반경 | 구조 |
|---|---|---|
| −2 | 두 개의 무한한 반경 | 평면 |
| −1 | 하나는 무한한, 하나는 0이 아니면서 유한한 반경 | 휘어진 원통 |
| 0 | 두 개의 0이 아닌 유한한 반경 | 회전 타원체 |
| 0 | 하나는 무한한, 하나는 0인 반경 | 직선 가장자리 |
| 1 | 하나는 0이 아니고 유한한, 하나는 무한한 반경 | 비평면 가장자리 |
| 2 | 두 개의 0인 반경 | 끝단이나 점 |

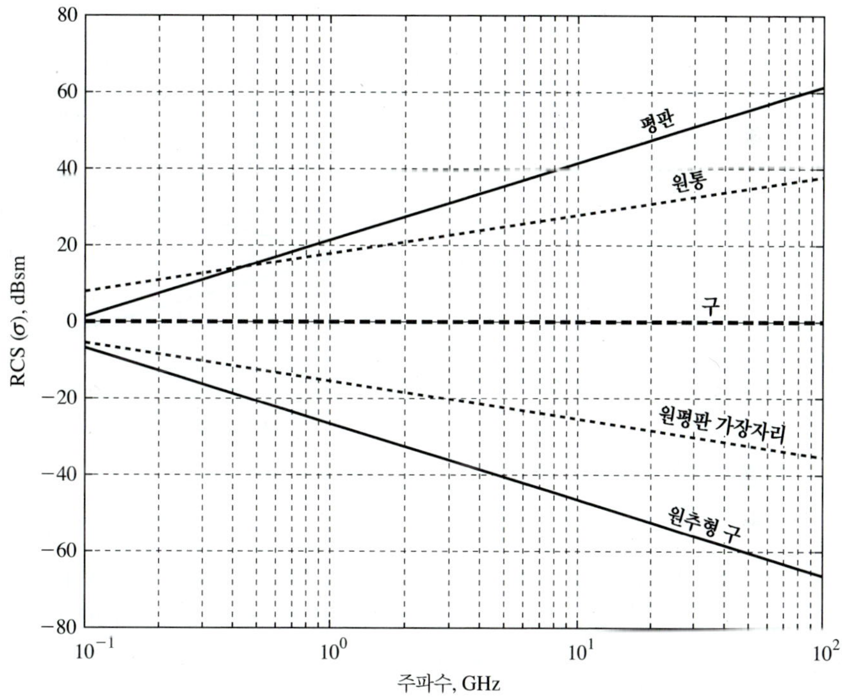


그림 16-51 다섯 가지의 간단한 산란 모양체의 주파수 의존성.

각을 이루는 디스크(disk)를 제외한 각 대상체의 축(그림 16-52 참조) 위에서 보이는 단안정 RCS이다. 산란 모양체들 가운데 공통의 기하학적 모양새는 반지름이 모두 0.5642 m이다. 이 반지름을 갖는 구에서 단면적은 1평방미터 또는 0 dBsm이다. 게다가 FP, CYL, SPH, CS의 4가지 산란체는 단안정 레이더 방향으로 1평방미터(1 $m^2$)의 물리적 면적을 가진다. 포복파와 다중회절 등과 같은 고차 효과를 포함하지 않는다고 가정한다면, 다섯 가지 산란체 모두의 1차 레이더 단면적은 물리광학에 의해 예상될 수 있다. 여기에서의 목적은 고차 효과를 제외한 공통의 기하학적 모양새의 주된 주파수 의존성을 설명하기 위한 것이다.

그림 16-51에 있는 가장 위의 곡선은 원형 평판에 대한 것이다. 파장 의존성은 연습문제 16.14-1에 있는 직사각형 평판과 비교하여 $\lambda^{-2}$이다. 평판은 두 개의 무한한 곡률반경을 가지며 $n = -2$에 해당된다.

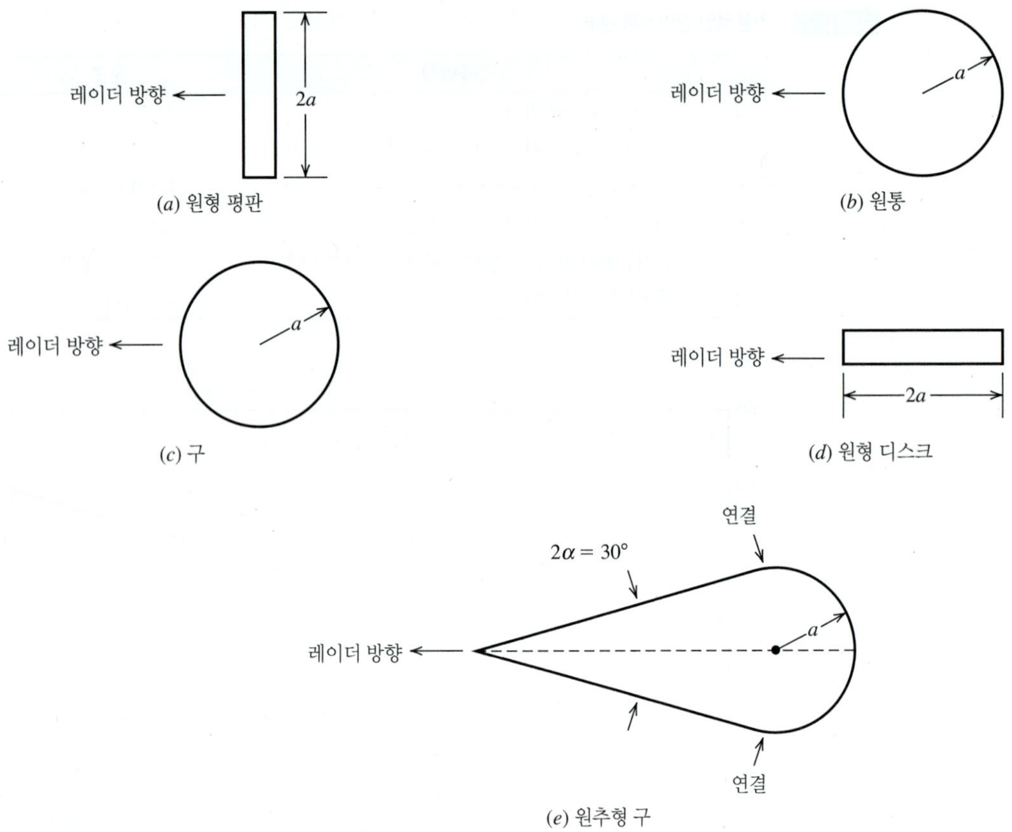


**그림 16-52** 다섯 가지의 간단한 산란 모양체의 측면도.

다음 곡선은 그림 16-52*b*의 무한한 길이를 가지는 원통의 축에 대해 직각으로 보이는 원형 원통의 유한한 길이 $L$에 대한 것이다. 곡면에 대해 직각으로 보이는 유한 길이를 가지는 원통의 투영 면적은 $2aL = (2)(0.5642)(0.8862) = 1\ \text{m}^2$이고, RCS는 파장에 반비례한다. 곡선의 레벨은 원통의 반지름, 즉 원통의 지름에 대한 길이 비율에 의해 영향을 받는다. 원형 원통의 곡면은 하나의 무한 곡면 반지름과 0이 아닌 하나의 유한 곡면 반지름을 가지므로 $n = -1$이 된다.

세 번째 곡선은 구에 대한 RCS와 유한한 길이를 가지는 직선 가장자리에 대한 RCS에 적용한다. 구에 의한 산란은 그림 16-6에 나타낸 것처럼 주로 반사점(specular point)에서 시작된다. 구는 무한 곡면 반지름을 가지지 않으므로 $n = 0$이다. 직선 유한 가장자리의 영 파장 의존성은 RCS 정의에 식 (5-6)을 이용해 알 수 있다. 또한 직선 유한 가장자리도 $n = 0$인 경우이다.

네 번째 곡선은 그림 16-52*d*에서 보는 것과 같다[33]. 가장자리에서 보이는 원형 평판 RCS이다. 이것은 하나의 0이 아닌 유한 곡면 반지름을 가지는 비평면 가장자리의 경우이며, RCS는 파장에 비례하고 $n = 1$이 된다.

다섯 번째 곡선은 원추형 구의 RCS이다. 그림 16-52*e*에 나타낸 것과 같이, 원추형 구는 원추와 구 사이를 가능한 한 가장 부드럽게 연결한 모양을 가진다. 3개의 후방산란 기여체들이 있다. 처음에 입사파는 원추의 끝부분에서 마주친다. 다음으로 입사파는 원추와 구 사이의 연결지점에서 만난다. 세 번째로, 입사파는 구면 위에서 포복파를 여기한다. 이 포복파는 원추형 구의 후면부 주위와 후방산란 방향으로 에너지가 흩어질 수 있다. 그림 16-7의 구에 대한 것처럼 저주파수에서 그림 16-51에 있는 원추형 구의 곡선에 진동을 만들어 낼 수 있다. 후방산란 RCS에서의 주된 기여체로서 원추와 구 사이의 연결지점을 제외한 끝부분 산란은 매우 약하며, 이는 $n = 2$ 경우가 된다. 직관적으로 보면, 가능한 한 부드럽게 연결된 원추와 구의 사이의 연결지점은 중요한 산란 전원이 아닌 것처럼 보인다. 하지만 그림 16-52$e$에 있는 원추형구의 외형을 보면, 원추와 구의 연결지점에서 기울기의 변화에 불연속이 존재한다. 그리고 이것이 산란의 원인이 된다[2]. $\alpha$가 원추의 절반 각도일 때 연결 부분 산란에 대한 근사 물리광학 공식은

$$\sigma = \frac{\lambda^2}{16\pi} \sec^4 \alpha \tag{16-174}$$

이다. 끝부분 산란에 대한 근사 물리광학 공식(연습문제 16.14-3 참조)은 식 (16-175)가 되며, 연결지점의 산란이 끝 부분 산란보다 더 크다는 것은 명백하다.

$$\sigma = \frac{\lambda^2}{16\pi} \tan^4 \alpha \tag{16-175}$$

만약 끝부분이 날카롭지 않고 둥글다면 끝 부분에서의 산란은 현저하게 증가할 것이다. 원추형 구 곡선은 포복파 효과를 포함하지 않는다.

다섯 가지의 기초적인 모양에 대한 산란 기여체들은 일반적으로 산란의 전원일 뿐 아니라, 주요한 일차 전원의 표본이다. 이 장에서 모든 것에 대해 해석으로 다루지는 않았다. 이 절에서는 단지 일차 산란에 대해서만 고려하였다. 다중회절과 포복파와 같은 고차 효과에 의한 기여는 포함되지 않았다. 산란 전원에 대한 추가적인 논의는 참고문헌 [4, 34]에서 언급하고 있다.

이 책의 마지막 절은 가장자리 주변의 전류와 물리광학의 조합인 회절 물리이론(PTD: physical theory of diffraction)에 대해 설명하고 있다. PTD에 대해 조사하기 위해서, 다음 절의 주제인 정지위상법(method of stationary phase)을 다룰 필요가 있다.

## 16.16 정지위상법

이 교재의 앞부분에서 여러 번 보았듯이, 방사를 기술하는 적분은 진폭함수 및 위상함수의 곱으로 구성된 적분인자를 가진다. 많은 경우에 진폭함수가 느리게 변화하고 지수함수가 급격히 변한다면 점근계산을 할 수 있다.

다음 적분을 다루어 보자.

$$I = \int_a^b f(x) e^{j\beta\gamma(x)} \, dx \tag{16-176}$$

여기서 $f(x)$와 $\gamma(x)$는 실수 함수이다. $f(x)$가 느리게 변하고 $\beta\gamma(x)$는 $\beta$가 커서 적분 구간에서 급격히 변한다면, 적분의 주요 기여는 정지위상의 점(들)에서 나온다. 정지위상점은 위상함수 $\gamma$의 1차 도함수가 0이 되는 점으로 정의된다.

$$\frac{d\gamma}{dx} = 0, \quad x = x_o\text{에서} \tag{16-177}$$

위상함수를 정지위상점에 관해 테일러 급수로 전개하고자

$$\gamma(x) \simeq \gamma_o + (x - x_o)\gamma'_o + (x - x_o)^2\gamma''_o/2 + \cdots \tag{16-178}$$

과 같이 쓰자. 여기서 $\gamma'_o$과 $\gamma''_o$은 $x$에 대한 $\gamma$의 미분을 나타내고 $x_o$에서 계산된다. 정의에 의해[식 (16-177) 참조] $\gamma'_o$은 0이며, 정지위상점 부근에서 $(x - x_o)$의 양은 작아서, 식 (16-178)에 나타낸 고차항(즉 3차와 그 이상)을 무시할 수도 있다. $a$와 $b$ 사이 구간에서 단 하나의 정지점 $x_o$가 있고 $x_o$가 $a$나 $b$에 가깝지 않다면, 식 (16-176)은

$$I = \int_{x_o-\delta}^{x_o+\delta} f(x)e^{j\beta\gamma_o}e^{j\beta(x-x_o)^2\gamma''_o/2}\ dx \quad (\gamma''_o \neq 0\text{일 때}) \tag{16-179}$$

가 되며, 여기서 $\delta$는 작은 수이다. 그러므로 적분의 범위는 정지위상점의 작은 부근으로 줄어든다. 만일 $f(x)$가 느리게 변하면, 이 작은 구간에서 $f(x_o)$로 근사화될 수도 있다. 그러므로 식 (16-179)는

$$I_o = f(x_o)e^{j\beta\gamma_o}\int_{-\infty}^{\infty} e^{j\beta(x-x_o)^2\gamma''_o/2}\ dx = f(x_o)e^{j\beta\gamma_o}\int_{-\infty}^{\infty} e^{j\beta z^2\gamma''_o/2}\ dz \tag{16-180}$$

가 된다. 여기서 $(x - x_o) = z$이다. 간편함을 위해 적분한계를 이번에는 무한대로 바꾸었다. 적분으로의 주요 기여분이 정지위상점 부근에서 나온다면 이것은 오차를 거의 주지 않는다. 그 밖의 다른 영역에서는 진폭 $f(x)$가 일정하거나 느리게 변한다면, 빠른 위상변화 때문에 반주기 동안의 기여분은 그 다음 반주기 동안에 일어나는 기여분을 상쇄시킨다.

이제는 다음 적분을 고려하자.

$$\int_{-\infty}^{\infty} e^{jaz^2}\ dz = \int_{-\infty}^{\infty}(\cos az^2 + j\ \sin az^2)\ dz = \sqrt{\frac{\pi}{|a|}}\ e^{j(\pi/4)\ \mathrm{sgn}(a)} \tag{16-181}$$

여기서

$$\mathrm{sgn}(a) = \begin{cases} 1 & a > 0\text{일 때} \\ -1 & a < 0\text{일 때} \end{cases}$$

이다. 식 (16-180)을 계산하고자 식 (16-181)을 사용한다면 정지위상 근사는

$$\int_{x_o-\delta}^{x_o+\delta} f(x)\,e^{j\beta\gamma(x)}\ dx \approx f(x_o)\ \ e^{j\beta\gamma(x_o)}\sqrt{\frac{2\pi}{\beta|\gamma''_o|}}\,e^{j(\pi/4)\ \mathrm{sgn}(\gamma''_o)} \tag{16-182}$$

이다.

둘 또는 그 이상의 정지위상점이 적분구간($a$에서 $b$까지)에 있고, 이 사이에 결합이 없다면 적분의 전체 값은 식 (16-182)에 주어진 대로 각 점에서 발생한 기여를 합해 얻는다.

위상함수의 2차 미분이 정지위상점에서 0이 된다면, 식 (16-178)은 타당하지 않다. 이 경우에는 $\gamma''_o = 0$이며 식 (16-182)의 테일러 급수에서 3차 항을 유지해야 한다.

적분의 한계 중 하나인 $a$ 또는 $b$가 정지위상점 $x_o$에 가깝다면, 식 (16-182) 또한 타당하지 않다. 그렇지만 이 경우에는 나중에 토론하겠지만 프레넬 적분의 형태로 적분을 나타낼 수 있다. 적분구간에서 서로 가까운 둘 또는 그 이상의 정지위상점들이 있어도 문제가 발생한다.

끝점의 기여를 얻고자, 식 (16-176)을 다음과 같이 쓰는 것이 가장 좋다.

$$I = \int_{-\infty}^{\infty} f(x)e^{j\beta\gamma(x)}\ dx - \int_{b}^{\infty} f(x)e^{j\beta\gamma(x)}\ dx - \int_{-a}^{\infty} f(-x)e^{j\beta\gamma(-x)}\ dx \tag{16-183}$$

또는

$$I = I_o - I_b - I_{-a} \tag{16-184}$$

이다. $I_o$의 계산은 식 (16-182)에서 했다. 예를 들어 무한대의 상한에 의한 적분기여가 0이 되도록 파수를 복소수로 두고 작은 양의 손실이 있게 하고(즉 작은 $\alpha$), 파수를 $\beta$로 근사화하면, 부분적분으로 $I_b$를 계산할 수 있다(연습문제 16.16-1 참조). 그러므로

$$I_b \cong -\frac{1}{j\beta}\frac{f(b)}{\gamma'(b)} \; e^{j\beta\gamma(b)} \tag{16-185}$$

이 된다. $I_{-a}$에 대해서도 유사한 표현을 얻을 수 있다. 식 (16-185)는 $b$가 $x_o$에 가까이 있지(또는 결합되지) 않을 때 타당하다. 정지위상점이 끝점에 결합되어 있을 때

$$I_b \cong U(-\varepsilon_1)I_o + \varepsilon_1 f(b)e^{j\beta\gamma(b)\mp jv^2}\sqrt{\frac{2}{\beta|\gamma''(b)|}}F_{\pm}(v) \tag{16-186}$$

을 얻는다[H.10.4: James]. 여기서 $\gamma''(b) \neq 0$, $\varepsilon_1 = \text{sgn}(b - x_o)$, $v = \sqrt{\frac{\beta}{2|\gamma''(b)|}}|\gamma'(b)|$, $U =$ 단위계단함수, 그리고 $F_{\pm}(v)$는 프레넬 적분이다.

이중적분의 정지위상 계산에 대한 공식도 있다[2]. 그렇지만 식 (16-182)와 식 (16-185)로도 다음 절에서 충분히 회절 물리이론을 전개할 수 있다.

## 예제 16-6 원형 원통의 반향폭

$z$축에 대해 무한한 원형 원통의 레이더 반향폭을 고려하자(그림 16-53 참조). 이를 위해 식 (16-182)를 사용한다. 식 (16-185)는 다음 절에서 사용한다. 식 (16-182)에 대응되는 2차원 식으로 시작하면, 원통형 좌표계에서 $\psi$를 다음과 같이 쓴다.

$$\psi = \frac{1}{4j}H_0^{(2)}(\beta\rho) \cong \frac{1}{4j}\sqrt{\frac{2j}{\pi\beta|\boldsymbol{\rho} - \boldsymbol{\rho}'|}}e^{-j\beta|\rho-\rho'|} \tag{16-187}$$

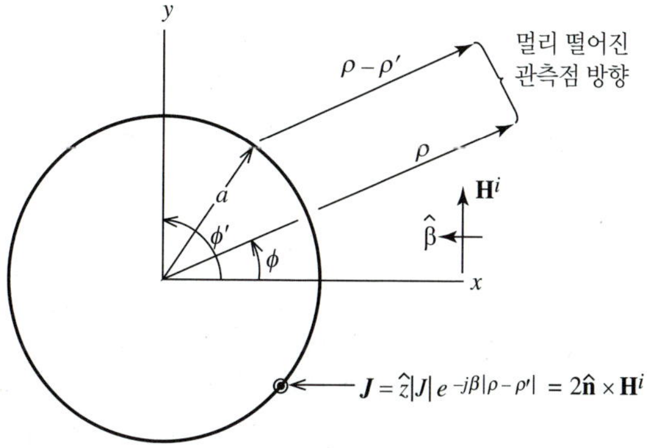


그림 16-53 원형 원통에 의한 방사구조.

여기서 $|\boldsymbol{\rho} - \boldsymbol{\rho}'| = \rho - \rho' \cos(\phi - \phi')$이며, 제2종 0차 한켈 함수 $H_0^{(2)}(\beta\rho)$에 대해 점근 또는 큰 인수 근사가 사용되었다. 원거리장의 진폭에 대한 목적으로 $|\boldsymbol{\rho} - \boldsymbol{\rho}'| \approx \rho$이다. 그러므로 식 (16-183)과 유사하게

$$\nabla\psi = \hat{\boldsymbol{\rho}}\frac{1}{4j}\sqrt{\frac{2j}{\pi\beta}}\left[-\frac{1/2 + j\beta\rho}{\rho^{3/2}}\right]e^{-j\beta|\boldsymbol{\rho}-\boldsymbol{\rho}'|} \tag{16-188}$$

을 얻는다. 원거리장에서 $\frac{1}{2}$은 $\beta\rho$보다 중요하지 않다. 그래서

$$\mathbf{H}^s \approx \sqrt{\frac{j}{8\pi\beta}}\int(\mathbf{J}\times\hat{\boldsymbol{\rho}})\left[j\frac{\beta}{\rho^{1/2}}\right]e^{-j\beta|\boldsymbol{\rho}-\boldsymbol{\rho}'|}\ dc' \tag{16-189}$$

가 되고, 여기서 $dc'$은 원통 원주 상의 증분 요소이고, $dc' = ad\phi'$이다. 반향폭의 정의(16.11절 참조)를 적용하고 $\mathbf{J} = 2\hat{\mathbf{n}} \times \mathbf{H}^i$를 취하면

$$\sigma_w = \frac{\beta}{4}\frac{1}{|\mathbf{H}^i|^2}\left|\int((2\hat{\mathbf{n}}\times\mathbf{H}^i)\times\hat{\boldsymbol{\rho}})e^{-j\beta|\boldsymbol{\rho}-\boldsymbol{\rho}'|}\ dc'\right|^2 \tag{16-190}$$

를 얻는다. 원통의 전류위상은 $e^{+j\beta a\cos(\phi-\phi')}$이다(즉, 그림 16-46에 나타낸 바와 같이 원점에 상대적으로 앞선다). 그러므로

$$\sigma_w = \beta\left|\int e^{j\beta a\cos(\phi-\phi')}(\hat{\boldsymbol{\rho}}\cdot\hat{\mathbf{n}})e^{-j\beta|\boldsymbol{\rho}-\boldsymbol{\rho}'|}\ dc'\right|^2 \tag{16-191}$$

이 된다. $\rho' = a$이고 $\phi = 0$일 때, $(\hat{\boldsymbol{\rho}}\cdot\hat{\mathbf{n}}) = \cos\phi'$과 $|\boldsymbol{\rho} - \boldsymbol{\rho}'| = \rho - a\cos\phi'$임을 주목하면

$$\sigma_w = \beta\left|e^{-j\beta\rho}\int_{-\pi/2}^{\pi/2}\cos\phi'\ e^{+j2\beta a\cos\phi'}\ ad\phi'\right|^2 \tag{16-192}$$

을 얻는다. 적분은 정지위상법에 의한 간단한 방법으로 계산될 수 있다. 식 (16-182)를 사용해 $f'(\phi') = a\cos\phi'$과 $\gamma(\phi') = -2a\cos\phi'$임을 확인하자. 정지점(들) $\phi_o$를 알기 위해 $f'(\phi') = 0 = -a\sin\phi'$을 사용하고 $\phi'_o = 0, \pi$임을 결정하자. $\phi'_o = \pi$에서 전류가 없는 물리광학 근사에 의해 $\pi$의 값은 무시된다. 그러므로 $f(\phi'_o) = a\cos(0°) = a$이다. $\gamma''(\phi') = 2a\cos\phi'$이므로 $\gamma''(\phi'_o) = 2a$이다. 그러므로

$$\sigma_w = \beta\left|ae^{-j\beta\rho}e^{j\beta a}\sqrt{\frac{2\pi}{\beta 2a}}e^{j\pi/4\ \mathrm{sgn}\,(\gamma''_o)}\right|^2 = \pi a \tag{16-193}$$

이 된다. 따라서 정지위상 계산은 16.11절에서 기하광학을 이용해 얻은 반향폭과 동일한 결과를 만들어 낸다.

---

여기서 원통에 대한 취급을 앞 절의 구에 대한 취급과 비교하는 일은 흥미롭다. 구의 경우, 평면으로 투영된 전류가 적분되었다. 이것은 닫혀진 형태로 계산될 수 있는 적분을 만들었다. 여기서 실제 표면의 적분에 의해 원통에 대해 사용된 것과 유사한 방법으로 구 문제를 공식화한다면, 이중적분을 위해 정지위상을 사용해야 한다. 그렇지만 다음 절에서 PTD 전개에 대한 단일적분으로 다루는 것으로도 충분하다.

## 16.17 회절 물리이론

GTD 또는 UTD가 기하광학 표면장 근사를 개선한 것과 같이, 회절 물리이론(PTD: physical theory of diffraction)은 물리광학(PO) 표면장 근사를 개선하는 물리광학(PO)의 확장이다. 원래의 PTD 공식은 완전도체 가장자리를 가지는 표면에 대해 유핌체프(Ufimtsev)[35]에 의해 개발되었다. 유핌체프의 원래 연구는 켈러의 광선광학 연구와 거의 동시에, 그리고 켈러와는 독립적으로 이루어졌다. 그렇지만 유핌체프는 조머펠트[7] 파울리 [9] 의 연구를 알고 있었으며, 켈러가 한 대로 식 (16-42)의 점근형을 사용했다.

유핌체프는 자기 연구에서 균일전류라 하는 물리광학 전류로 설명할 수 없는 효과를 포함하는 전류의 불균일 요소가 있을 것이라 추측했다(그림 16-54 참조). 유핌체프는 쐐기에 대해 실제로 불균일전류를 찾지는 못했지만, 대신에 간접적인 방법으로 전류의 불균일 요소에 의한 장을 찾았다. (더욱 최근에는 이런 불균일전류에 대한 표현이 발견되었다[36, 37].) 그는 쐐기에 대해 이미 알고 있는 전체장으로부터 PO장을 빼서 장으로의 불균일전류 기여분을 찾았다. 그 결과는 불균일전류에 의해 남은 상이다. 이것을 알아보기 위해

$$\mathbf{E}^s_{\text{total}} = \mathbf{E}^r_{\text{GO}} + \mathbf{E}^d_K \tag{16-194}$$

여기서

$\mathbf{E}^s_{\text{total}}$ = 전체 산란장
$\mathbf{E}^r_{\text{GO}}$ = 기하광학으로 얻는 반사장
$\mathbf{E}^d_K$ = 식 (16-59) 켈러 회절계수를 사용해 얻는 회절장라고 쓰자.

그러면 물리광학 전류에 의한 장에 대해 $\mathbf{E}_{\text{PO}}$는 다음과 같다

$$\mathbf{E}_{\text{PO}} \simeq \mathbf{E}^r_{\text{PO}} + \mathbf{E}^d_{\text{PO}} \tag{16-195}$$

여기서 $\mathbf{E}^d_{\text{PO}}$는 물리광학 회절장이라 불리며(이것은 전체 회절장이 아니다), 예를 들면 그림 16-54의 반평면 가장자리에서와 같이 물리광학 전류의 갑작스런 종단에 기인한다. $\mathbf{E}^r_{\text{PO}}$은 전류를 적분해 얻은 반사장이며 이론적으로 $\mathbf{E}^r_{\text{GO}}$과 같다. 이 둘은 다른 방법에 의한 것이지만, 둘 다 반사장이기 때문이다.

식 (16-195)에서 식 (16-194)를 빼면, 즉 $(\mathbf{E}^s_{\text{total}} - \mathbf{E}_{\text{PO}})$는 다음과 같이 불균일전류에 의한 장 $\mathbf{E}^{\text{nu}}$가 된다.

$$\mathbf{E}^{\text{nu}} = \mathbf{E}^d_K - \mathbf{E}^d_{\text{PO}} \tag{16-196}$$

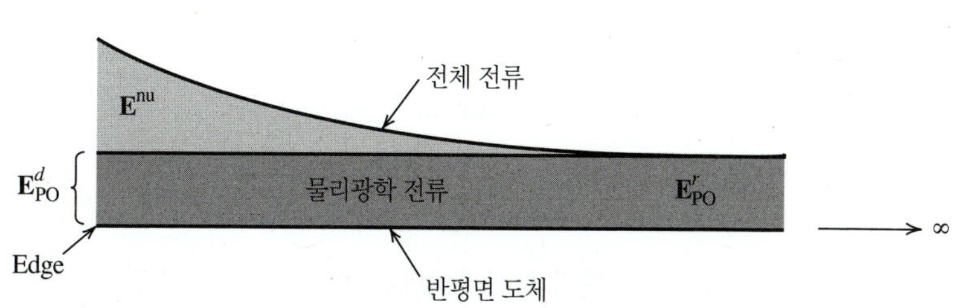


그림 16-54 **PTD 전류의 개념화.** 이러한 전류로 만들어진 장도 나타나 있다.

불균일전류에 의한 장을 균일전류에 의한 장(예를 들면 반사 기여분)에 합하면 전체 산란장을 얻는다.

$$\mathbf{E}^s_{\text{total}} = \mathbf{E}^{\text{unif}} + \mathbf{E}^{\text{nu}} \tag{16-197}$$

만일 $\mathbf{E}^r_{\text{GO}} = \mathbf{E}^r_{\text{PO}}$로 두면, 식 (16-195)에서

$$\mathbf{E}^r_{\text{GO}} = \mathbf{E}_{\text{PO}} - \mathbf{E}^d_{\text{PO}} \tag{16-198}$$

이 된다. 식 (16-198)을 식 (16-194)에 대입하면

$$\mathbf{E}^s_{\text{total}} = \mathbf{E}_{\text{PO}} + (\mathbf{E}^d_{\text{K}} - \mathbf{E}^d_{\text{PO}}) = \mathbf{E}^{\text{unif}} + (\mathbf{E}^{\text{nu}}) \tag{16-199}$$

를 얻는다.

다음으로 불균일전류에 의한 장의 표현을 설명한다. GTD 에서와 같이 각 편파를 분리해 다룬다. 따라서 2차원의 경우에 불균일 기여분에 대해서, 평행과 직교 편파(여기서 ∥와 ⊥는 전장의 방향을 나타낸다)는

$$E^{\text{nu}}_{\parallel} = E^i f' \frac{e^{j(\beta\rho+\pi/4)}}{\sqrt{2\pi\beta\rho}} \tag{16-200}$$

$$H^{\text{nu}}_{\perp} = H^i g' \frac{e^{j(\beta\rho+\pi/4)}}{\sqrt{2\pi\beta\rho}} \tag{16-201}$$

이다. 그러므로 $E^{\text{nu}}_{\parallel}$와 $H^{\text{nu}}_{\perp}$는 두 개의 간단한 함수 $f'$과 $g'$의 항으로 알 수 있고, 여기서 $f' = f - f_o$, $g' = g - g_o$이며

$$\begin{Bmatrix} f \\ g \end{Bmatrix} = \frac{1}{n}\sin\frac{\pi}{n}\left[\frac{1}{\cos\dfrac{\pi}{n} - \cos\dfrac{\phi-\phi'}{n}}\right] \mp \left[\frac{1}{\cos\dfrac{\pi}{n} - \cos\dfrac{\phi+\phi'}{n}}\right] \tag{16-202}$$

$$f_o = \begin{cases} f_a & 0 < \phi' \le \pi - \phi_{\text{int}} \\ f_a + f_b & \pi - \phi_{\text{int}} \le \phi' \le \pi \\ f_b & \pi < \phi' < 2\pi - \phi_{\text{int}} \end{cases} \tag{16-203}$$

$$g_o = \begin{cases} g_a & 0 < \phi' \le \pi - \phi_{\text{int}} \\ g_a + g_b & \pi - \phi_{\text{int}} \le \phi' \le \pi \\ g_b & \pi < \phi' < 2\pi - \phi_{\text{int}} \end{cases} \tag{16-204}$$

$$\begin{Bmatrix} f_a \\ g_a \end{Bmatrix} = \begin{Bmatrix} \sin\phi' \\ -\sin\phi \end{Bmatrix} \frac{1}{\cos\phi + \cos\phi'} \tag{16-205}$$

$$\begin{Bmatrix} f_b \\ g_b \end{Bmatrix} = \begin{Bmatrix} \sin(2\pi - \phi_{\text{int}} - \phi') \\ -\sin(2\pi - \phi_{\text{int}} - \phi \end{Bmatrix} \times \frac{1}{\cos(2\pi - \phi_{\text{int}} - \phi) + \cos(2\pi - \phi_{\text{int}} - \phi')} \tag{16-206}$$

이며, $\phi_{\text{int}} = (2-n)\pi$로서 쐐기의 내각이다. 그림 16-55에서와 같이 첨자 $a$는 $A$면이 조사되고, $b$는 $B$면이 조사됨을 의미한다.

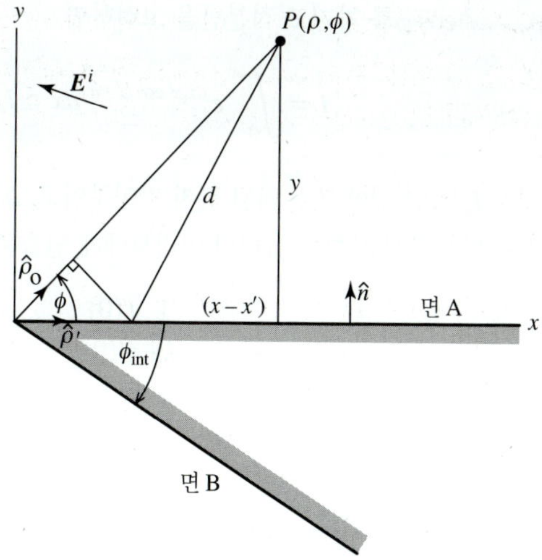


그림 16-55 쐐기의 A면에 입사하는 TE 평면파.

분명히 $f$와 g는 켈러의 GTD 회절계수에 상응한다. $f$와 $g$가 반사경계와 음영경계에서 무한대로 가는 경향이 있지만, $f$와 $g$의 특이점이 $f_o$와 $g_o$의 동일 특이점에 의해 상쇄되므로 $f'$과 $g'$은 그렇지 않다. $f_o$와 $g_o$의 양은 PO 회절계수이다.

$f_o$와 $g_o$에 관한 표현은 식 (16-185)의 정지위상 끝점 기여분에서 얻어진다. 이를 설명하고자 [38], $A$면만 조사되는 수직(TE)의 경우에 대한 그림 16-55의 쐐기를 고려하자. 입사자장에 대해

$$\mathbf{H}^i = \hat{\mathbf{z}}\ H_o e^{j\beta\rho\cos(\phi-\phi')} \tag{16-207}$$

와 같이 쓰자[식 (16-37) 참조]. 그림 16-55의 조사되는 쐐기면 $A$의 물리광학 전류는

$$\begin{aligned}\mathbf{J}_{\text{PO}} &= 2\hat{\mathbf{n}}\times\mathbf{H}^i\big|_{\rho=x',\phi=0}\\ &= 2(\hat{\mathbf{y}}\times\hat{\mathbf{z}})H^i e^{j\beta x'\cos\phi'} = 2\hat{\mathbf{x}}\ H_o e^{j\beta x'\cos\phi'}\end{aligned} \tag{16-208}$$

과 같이 주어진다. 2차원 쐐기에 대한 벡터전위는

$$\mathbf{A} = \mu\int_0^\infty \mathbf{J}_{\text{PO}}\frac{1}{4j}H_0^{(2)}(\beta|\boldsymbol{\rho}_o - \boldsymbol{\rho}'|)\ dx' \tag{16-209}$$

이다. 한켈 함수의 점근표현을 사용하면

$$\mathbf{A} \simeq \mu\frac{2H^i}{4j}\hat{\mathbf{x}}\int_0^\infty e^{j\beta x'\cos\phi'}\sqrt{\frac{2j}{\pi\beta|\boldsymbol{\rho}_o - \boldsymbol{\rho}'|}}e^{-j\beta|\boldsymbol{\rho}_o-\boldsymbol{\rho}'|}\ dx' \tag{16-210}$$

를 얻는다. 그림 16-55에서 $|\boldsymbol{\rho}_o - \boldsymbol{\rho}'| \cong \rho_o - \hat{\boldsymbol{\rho}}\cdot\boldsymbol{\rho}' = \rho' - x'\cos\phi$임을 유의하자. 그러므로 $\mathbf{A}$는 보통의 원거리장 근사로서

$$\mathbf{A} \cong \mu\frac{H^i}{2j}\hat{\mathbf{x}}\sqrt{\frac{2j}{\pi\beta\boldsymbol{\rho}_o}}\int_0^\infty e^{-j\beta\rho_o}e^{j\beta x'(\cos\phi'+\cos\phi)}\ dx' \tag{16-211}$$

이 된다. $d \approx \rho_o - x' \cos\phi$를 가지고 적분만을 고려하면

$$I = \int_0^{\infty} e^{j\beta(x'\cos\phi' - d)} dx' \cong I_o + I_b \tag{16-212}$$

을 얻는다. 여기서 $I_o$는 앞 절에서 논의된 정지 기여분이고, $I_b$는 식 (16-185)의 끝점 기여분이다. $I_o$의 계산은 지금 당장의 관심 사항은 아니니 여러분에게 연습문제로 남겨 둔다. $I_b$에 주목을 하면

$$I_b = -\frac{1}{j\beta}\frac{f(0)}{\gamma'(0)} e^{j\beta\gamma(0)} \tag{16-213}$$

이다. 여기서

$$f(0) = 1 \tag{16-214a}$$

$$\gamma(x') = x'\cos\phi' - d \tag{16-214b}$$

$$d = \{(x - x')^2 + (y)^2\}^{1/2} \tag{16-214c}$$

$$\frac{d}{dx'}(d) = -\frac{(x - x)'}{d} \tag{16-214d}$$

$$\gamma'(x') = \cos\phi' - \frac{d}{dx'}(d) = \cos\phi' + \frac{x - x'}{d} \tag{16-214e}$$

$$\gamma'(0) = \cos\phi' + \frac{x}{\rho_o} = \cos\phi' + \cos\phi \tag{16-214f}$$

$$\gamma(0) = -d(0) = -\rho_o \tag{16-214g}$$

이다. 그러므로 적분에 대한 끝점 기여는

$$I_b = -\frac{1}{j\beta}\frac{1}{\cos\phi' + \cos\phi} e^{-j\beta\rho_o} \tag{16-215}$$

이고, 이것은 끝점 기여 $\mathbf{A}_\perp^{\text{ep}}$가

$$\mathbf{A}_\perp^{\text{ep}} = -\mu \frac{H^i \hat{\mathbf{x}}}{\sqrt{2\pi j\beta\rho_o}} e^{j\beta\rho_o} \frac{-1}{j\beta} \frac{1}{\cos\phi' + \cos\phi} \tag{16-216}$$

임을 의미한다. $\mathbf{E}_\perp^{\text{ep}} = -j\omega\mathbf{A}_\perp^{\text{ep}}$이고 $\eta H^i = E^i$이므로

$$\mathbf{E}_\perp^{\text{ep}} = E^i \frac{1}{\sqrt{2\pi j\beta\rho_o}} \frac{1}{\cos\phi + \cos\phi'} e^{-j\beta\rho_o}\hat{\mathbf{x}} \tag{16-217}$$

이다. 그리고 마지막으로 자장에 대해

$$\begin{aligned}\mathbf{H}_\perp^{\text{ep}} &= (\hat{\boldsymbol{\rho}}_o \times \hat{\mathbf{x}})H^i \frac{1}{\sqrt{2\pi j\beta\rho_o}} \frac{1}{\cos\phi + \cos\phi'} e^{-j\beta\rho_o} \\ &= -H^i \frac{1}{\sqrt{2\pi j\beta\rho_o}} \frac{\sin\phi}{\cos\phi + \cos\phi'} e^{-j\beta\rho_o}\hat{\mathbf{z}} = H_{\text{PO}}^d\ \hat{\mathbf{z}}\end{aligned} \tag{16-218}$$

을 얻는다. 이것은 식 (16-200)부터 식 (16-206)에서 주어진 추측된 결과이다.

PTD를 그림 16-14$a$의 결과를 계산하는 데 사용한다고 가정하자. 먼저 물리광학처럼 PTD는 등가원리를 사용한다는 것을 명심해야 한다. 여기서 모든 전도매질이 자유공간에서 방사되는 등가전류로 대치된다. 이것은 모든 매질이 그대로 유지되는 GTD와는 대조적이다. 영역 I(그림 16-12)에서 시작하면

$$\mathbf{E}_{\text{total}} \cong \mathbf{E}^i + \mathbf{E}^{\text{unif}} + \mathbf{E}^{\text{nu}} \tag{16-219}$$

또는

$$\begin{aligned}\mathbf{E}_{\text{total}} &= \mathbf{E}^i + (\mathbf{E}_{\text{PO}}) + (\mathbf{E}_K^d - \mathbf{E}_{\text{PO}}^d) \\ &= \mathbf{E}^i + (\mathbf{E}_{\text{PO}}^r + \mathbf{E}_{\text{PO}}^d) + (\mathbf{E}_K^d - \mathbf{E}_{\text{PO}}^d)\end{aligned} \tag{16-220}$$

를 쓸 수 있고, 이것은 GTD의 항으로

$$\mathbf{E}_{\text{total}} = \mathbf{E}^i + \mathbf{E}_{\text{GO}}^r + \mathbf{E}_K^d \quad \text{영역 } I \tag{16-221}$$

이다. PTD를 적용하고자 식 (16-219)가 사용되는데, 반면에 식 (16-221)을 사용하는 것은 GTD의 응용이다. 전자에서는 전류에 의한 상이 사용되는 반면에 후자에서는 광선광학 장이 사용된다. 더욱 특별히 그림 16-14의 반평면 문제에 식 (16-219)에 주어진 PTD를 적용하고자, $\mathbf{E}^i$는 식 (16-37)에 의해, $\mathbf{E}_{\text{PO}}^r$은 식 (16-182)에 의해, $\mathbf{E}_{\text{PO}}^d$는 식 (16-185)에 의해, 그리고 $(\mathbf{E}_k^d - \mathbf{E}_{\text{PO}}^d)$는 식 (16-201)에 의해 표현된다. 그림 16-56은 영역 I에서 PTD 계산을 이해하는 데 도움이 된다. 그림 16-56에서 반사경계가 접근함에 따라, 정지점과 끝점은 결합되므로 식 (16-186)을 사용해야 한다.

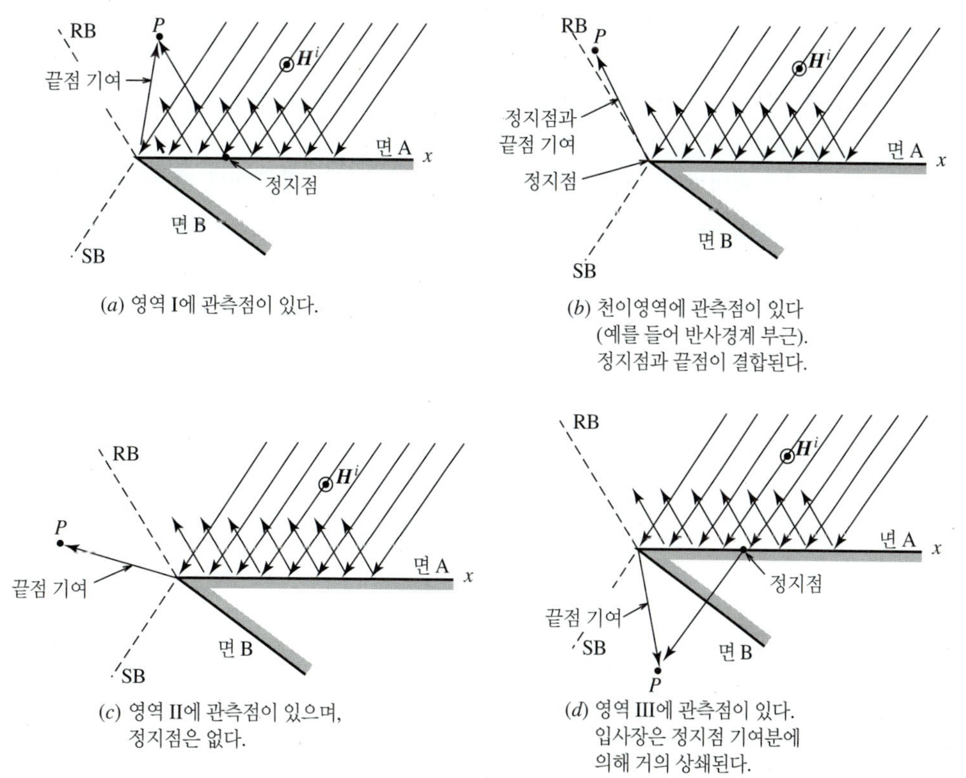


**그림 16-56** 도체쐐기에 대한 정지위상과 기하광학의 관계.

그림 16-56에서와 같이 영역 II에 대해 2개의 천이영역 바깥에는 존재하지 않는 $\mathbf{E}^r_{PO}$을 제외하고는 식 (16-220)의 모든 양이 역시 존재한다. PTD와 더불어 여기서 $\mathbf{E}^{unif}$는 반사장 음영경계에서 연속이다. $E^{un}$도 역시 연속이다. 그러므로 $E_{total}$은 반사장 음영경계에서 연속이다(연습문제 16.17-2 참조).

그림 16-56을 고려하면 영역 III에서 식 (16-219)의 모든 PTD 양은 영역 II에서와 같이 존재한다. 입사장 음영경계를 넘어서면 물론 $\mathbf{E}^{un}$는 연속이 될 것이다. $\mathbf{E}^i$와 $\mathbf{E}^{unif}$는 둘 다 역시 연속이며, 그러므로 $\mathbf{E}_{total}$은 연속이다. 음영영역으로 더 깊이 움직이면, $\mathbf{E}^i$는 (이론적으로) $\mathbf{E}^r_{PO}$에 의해 상쇄되고 $\mathbf{E}^d_K$를 남긴다. 이것은 $\mathbf{E}^d_K$가 깊은 음영영역에서 올바른 장을 준다는 사실을 16.2절에서 알았으므로 놀라운 것은 아니다. 영역 III에서 PTD에 의한 장을 계산하려고, 그림 16-56에서 $\mathbf{E}^r_{PO}$은 음영영역에서 나타나고 식 (16-185)는 영역 I에서 사용된 것과 같이 음영경계로부터 멀리서 그 계산에 사용된다는 사실을 유의하자.

바로 GTD처럼 PTD는 그림 16-15에 나타낸 회절광선의 원추에 놓인 산란 방향에만 적용된다. PTD에 대한 이런 제한은 미츠너(Mitzner)에 의해 고안된 증분길이 회절계수(ILDC: incremental length diffraction coefficient)를 사용해 극복할 수도 있다[39]. ILDC는 PTD에 대해 16.9절에서 등가전류가 GTD에 대해 하는 역할을 수행한다[40].

## 16.18 원통형 포물면 반사판 안테나—PTD

PTD를 응용하는 두 번째 예로서, 그림 16-20에 나타낸 원통형 포물면 반사판 안테나를 다시 살펴보자. z가 양인 반공간(그림 16-57의 영역 A)에서 $0 < \zeta < \pi/2$에 대해 개구면 적분을 사용한다. 이것은 $\mathbf{E}^{unif}$에서 기여분을 준다. $\mathbf{E}^{unif}$로부터의 기여는 $\zeta$가 30°부터 90°까지 움직임에 따라 그림 16-58에서의 UTD 결과와 점점 불일치해진다. 이 불일치는 PTD의 경우에 대해 그림 16-58에 보이듯이 계산에 $\mathbf{E}^{nu}$를 포함시키면 제거될 수도 있다.

깊은 음영영역(그림 16-57의 영역 *C*의 칠한 부분)의 장이나 패턴을 얻고자, 개구적분에 의한 장을 이용할 수는 없다. 등가원리로 조사해 보면 그 이유를 알 수 있다. 예를 들어 앞 절의 반평면 예제를 조사해 보면, $E^i$가 $\mathbf{E}^r_{PO}$에 의해 상쇄된다면 깊은 음영영역의 장은 $\mathbf{E}^d_k$에서 바로 얻을 수 있다는 사실을 알 수 있다. 그렇지만 $\mathbf{E}^r_{PO}$이 개구면의 등가전류에서 얻어진다면, $\mathbf{E}^r_{PO}$은 음의 방향으로 급전

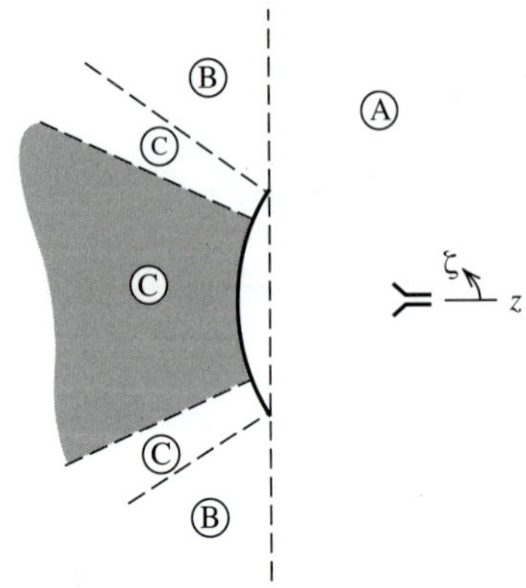


그림 16-57 원통형 포물면 반사판 안테나의 영역(그림 16-20 참조).

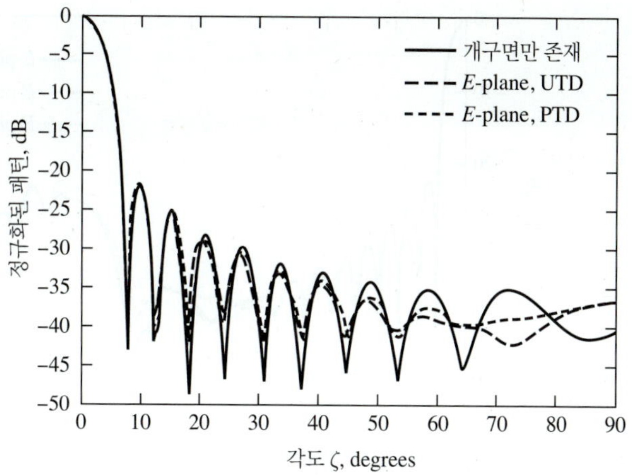


그림 16-58 그림 16-20의 구조에 대해 부엽영역에서 UTD와 PTD, 물리광학 개구면 적분의 $E$ 평면 비교.

에 의한 장과는 분명히 상쇄될 수 없는 평행빔을 준다. 그렇지만 $\mathbf{E}^r_{\text{PO}}$이 포물면 위의 전류에서 얻어진다면, 음영영역에서 $\mathbf{E}^i$를 상쇄시킬 것이다.

영역 $B$와 $C$의 칠하지 않은 부분에서 장을 얻으려면, $\mathbf{E}^{\text{unif}}$와 $\mathbf{E}^{\text{nu}}$를 사용해야 하며, 이것은 포물면 그 자체에 대한 적분을 수행해야 한다는 것을 의미한다. 일반적으로 포물면보다 개구면에 대해 적분하는 것이 더 쉽지만, 여기서는 타당한 선택이 아니다. $B$와 $C$ 영역에서 장을 얻을 때는, UTD를 사용해 입사장 음영경계에서 정확한 장을 얻을 수 있음을 생각하면, PTD 모델에서 켈러 계수를 사용하는 대신 GTD 모델에서 UTD 회절계수를 간단히 사용함으로써 개구면에 대한 적분의 필요성을 피할 수 있다. 즉 이 문제에서 영역 $C$, $B$, 그리고 $A$의 일부에 대해 더 간단한 모델은 UTD 계수를 가진 GTD 모델이다.

그림 16-58은 그림 16-20의 원통형 포물면 반사판 안테나에 대한 $E$ 평면 방사패턴을 보여 준다. 그림 16-58은 TE(또는 직교)의 경우에 대해 개구면적분, PTD, 그리고 UTD를 비교하고 있다. 고전적인 개구면 적분과 2개의 점근이론 간의 일치는 주빔 영역과 처음 몇 개의 부엽에서 우수하다. 그 뒤로는 불일치가 증가하는데, 개구면적분이 중요성이 커지는 더 큰 각에서 가장자리 회절효과를 충분히 설명하지 못하기 때문이다.

그림 16-59$a$는 전체 $E$ 평면 패턴에 대해 UTD 단일회절, UTD의 이중회절, 그리고 PTD 간의 비교를 보여 준다. UTD 계산에서 주빔과 첫째 부엽에 대해 개구면 적분을 사용했다. 그 뒤로 두 번째 영점부터 시작해서는 UTD만이 사용되었다. 2개의 예외를 가지고 UTD와 PTD 간의 일치는 아주 양호하다. 첫째, 이 편파에 대해 가장자리 회절효과는 특히 강하고, 한 가장자리는 다른 가장자리의 천이영역에 있으므로, 90° 부근에서 약간의 불일치가 있다. 그렇지만 패턴은 거의 −40 dB 레벨임을 유의하라. 두 번째는 후엽영역과 그 근처에서의 불일치이다. 이 불일치는 회절계산의 결점에 의한 것이 아니고, PTD 계산에서 급전에 의한 $\mathbf{E}^i$를 포물면 전류의 적분에 의한 $\mathbf{E}^{\text{unif}}$가 정확히 상쇄시키지 못하기 때문이다. 급전이 덜 테이퍼되어 있다면(예를 들면 $\cos^2\theta_s$ 대신 $\cos\theta_s$), 회절장은 더 강하게 되고, $\mathbf{E}^i$에 의한 $\mathbf{E}^{\text{unif}}$의 불완전한 상쇄는 더 높은 후엽 레벨에서 덜 분명할 것이다. 이 구조에 대해, 후엽 영역의 불일치는 $E$ 평면에서보다 $H$ 평면에서 더 크다. 그 이유는 후자에서 회절장은 전자의 것보다 더 약하기 때문이며, 그 결과로서 불완전 상쇄효과가 더욱 뚜렷해진다.

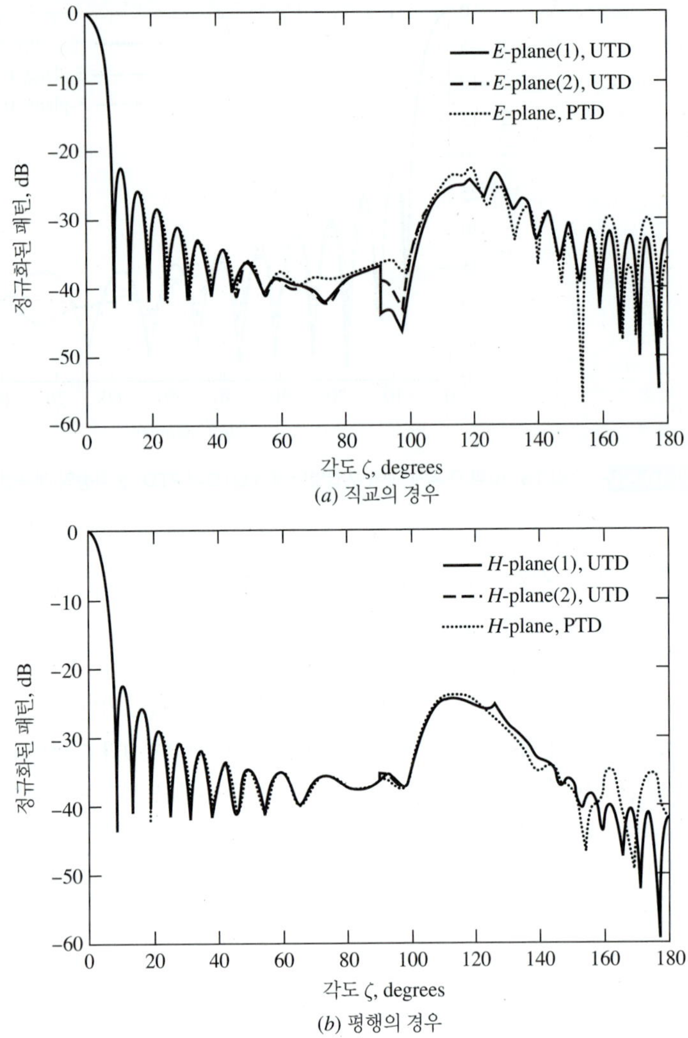


**그림 16-59** 그림 16-20의 구조에 대해 PTD, 단일회절(1)과 이중회절(2) UTD 계산의 비교.

## 16.19 요약

고주파수기법에 관한 이 장에서, 파장에 비해 차원이 큰 완전도체로부터 근거리장과 원거리장 둘 다를 예측하는 다양한 기법들을 설명했다. GTD/UTD 접근은 광선에 근거하고 광선 수가 많지 않을 때 상대적으로 간단하다. PTD 접근은 전류에 근거하고 전류적분을 해야 한다. 적분은 완만하게 하는 과정이므로 PTD에서 구조표면 묘사는 UTD에서만큼 정확할 수 없다. UTD와 PTD는 둘 다 보통 가장 기본적인 부분이 계산하기에 가장 어렵다(UTD의 경우 GO, PTD의 경우 PO). 이것의 예는 16.11절의 무한 원통에 의한 산란의 계산인데, 여기서 작은 반지름에 대해 포복파 기여는 GO의 것보다 더 정확하다.

안테나와 산란 문제에서 UTD 방법의 중요성은 그 사용으로 얻어지는 중요한 이점에서 비롯된다. 즉 (1) 사용하기 간단하고 정확한 결과를 주며, (2) 포함된 방사와 산란 메커니즘에 약간의 물리적 고찰을 제공하고, (3) 해석적 해를 얻을 수 없는 문제를 취급하는 데 사용할 수 있다. UTD는 SONAR와 같은 음향 문제와 불균일 또는 비등방성 매질을 포함하는 문제에 사용될 수도 있다[H.6: Felsen].

PTD 방법의 중요성은 대개 산란 문제에 있다. PO의 이점은 반사방향 또는 회절광선의 원추 상에 있을 필요가 없는 방향에 산란정보를 제공한다는 사실이다. PTD는 B2 스텔스 폭격기의 개발에 주요 역할을 했다고 생각된다.

이 장의 방법은 제14장에서 설명한 중간주파수 모멘트법과 제15장에서 설명한 FDTD 기법을 보충한 점도 있다. 그리고 16.13절에서 보았듯이 모멘트법이 적용될 수 있는 문제까지 범위를 확장시키는 혼합기법으로 모멘트법과 UTD는 공식적으로 결합될 수 있다. 이것은 MoM과 UTD가 모두 매우 실용적인 기법일 뿐만 아니라, 해석과 설계 문제에 대한 응용에서 고유의 유용성이 있기 때문이다. 이 책에서 다루지 못한 부분은 가장 최근에 개발된 혼합기법들이다. 이들은 FEM/BEM, MoM/PO, FEM/PO 등을 포함하고 있다.

## 참고문헌 References


1. M. Born and E. Wolf, *Principles of Optics*, Pergamon, New York, 1959.
2. G. T. Ruck, Ed., *Radar Cross Section Handbook*, Plenum, New York and London, 1970.
3. J. J. Bowman, T. B. A. Senior, and P. L. E. Uslenghi, Eds., *Electromagnetic and Acoustic Scattering by Simple Shapes*, North-Holland, Amsterdam, 1969.
4. J. W. Crispin and K. M. Siegel, Eds., *Methods of Radar Cross-Section Analysis*, Academic Press, New York and London, 1968.
5. J. B. Keller, "Geometrical Theory of Diffraction," *J. Opt. Soc. Amer.*, Vol. 52, pp. 116-130, 1962.
6. L. M. Graves, Ed., "A Geometrical Theory of Diffraction," in *Calculus of Variations and Its Applications*, McGraw Hill, New York, pp. 27-52, 1958.
7. A. Sommerfeld, *Optics*, Academic Press, New York, 1954.
8. P. M. Russo, R. C. Rudduck, and L. Peters, Jr., "A Method for Computing E-plane Patterns of Horn Antennas," *IEEE Trans. on Ant. & Prop.*, Vol. AP-13, pp. 219-224, March 1965.
9. W. Pauli, "On Asymptotic Series for Functions in the Theory of Diffraction of Light," *Phys. Rev.*, Vol. 54, pp. 924-931, 1938.
10. R. G. Kouyoumjian and P. H. Pathak, "A Uniform Geometrical Theory of Diffraction for an Edge in a Perfectly Conducting Surface," *Proc. IEEE*, Vol. 62, pp. 1448-1461, 1974.
11. R. G. Kouyoumjian, "Asymptotic High Frequency Methods," *Proc. IEEE*, Vol. 53, pp. 864-876, 1965.
12. R. G. Kouyoumjian, "The Geometrical Theory of Diffraction and Its Application," in *Numerical and Asymptotic Techniques in Electromagnetics*, Springer-Verlag, New York, 1975.
13. M. Albani, et al., "UTD Vertex Diffraction Coefficient for the Scattering by Perfectly Conducting Faceted Structures," *IEEE Trans. on Ant. & Prop.*, Vol. 57, No. 12, pp. 3911-3925, Dec. 2009.
14. A. R. Lopez, "The Geometrical Theory of Diffraction Applied to Antenna and Impedance Calculations," *IEEE Trans. on Ant. & Prop.*, Vol. 14, pp. 40-45, Jan. 1966.
15. C. E. Ryan, Jr. and L. Peters, Jr., "Evaluation of Edge Diffracted Fields Including Equivalent Currents for the Caustic Regions," *IEEE Trans. Ant. & Prop.*, Vol. AP-17, pp. 292-299, March 1969. (See also correction in Vol. AP-18, p. 275, 1970.)

16. R. F. Harrington, *Time-Harmonic Electromagnetic Fields*, McGraw-Hill, New York, 1961.
17. N. Wang, "Self-consistent GTD Formulation for Conducting Cylinders with Arbitrary Convex Cross Section," *IEEE Trans. on Ant. & Prop.*, Vol. AP-24, pp. 463-468, July 1976.
18. M. Levy and J. B. Keller, "Diffraction by a Smooth Object," *Comm. Pure Appl. Math.*, Vol. 12, pp. 159-209, 1959.
19. P. H. Pathak and R. G. Kouyoumjian, "An Analysis of the Radiation from Apertures in Curved Surfaces by the Geometrical Theory of Diffraction," *Proc. IEEE*, Vol. 62, pp. 1438-1447, 1974.
20. D. R. Voltmer, "Diffraction of Doubly Curved Convex Surfaces," Ph.D. diss., Ohio State University, 1970.
21. L. W. Henderson and G. A. Thiele, "A Hybrid MM-GTD Technique for the Treatment of Wire Antennas Near a Curved Surface," *Radio Sci.*, Vol. 16, pp. 1125-1130, Nov.-Dec. 1981.
22. R. Luebbers, "Finite Conductivity Uniform GTD versus Knife Edge Diffraction in Prediction of Propagation Path Loss," *IEEE Trans. Ant. & Prop.*, Vol. 32, No. 1, pp. 70-76, Jan. 1984.
23. J. B. Andersen, "UTD Multiple-Edge Transition Zone Diffraction," *IEEE Trans. on Ant. & Prop.*, Vol. 45, No. 7, pp. 1093-1097, July 1997.
24. C. Tzaras and S. Saunders, "An Improved Heuristic UTD Solution for Multiple-Edge Transition Zone Diffraction," *IEEE Trans. on Ant. & Prop.*, Vol. 49, No. 12, pp. 1678-1682, Dec. 2001.
25. D. Erricolo and P. L. E. Uslenghi, "Two-Dimensional Simulator for Propagation in Urban Environments," *IEEE Trans. Veh. Tech.*, Vol. 50, No. 4, pp. 1158-1168, July 2001.
26. D. Erricolo, G. D'Elia, and P. L. E. Uslenghi, "Measurements on Scaled Models of Urban Environments and Comparisons with Ray-Tracing Propagation Simulation," *IEEE Trans. on Ant. & Prop.* Vol. 50, No. 5, pp. 727-735, May 2002.
27. T. Sarkar et al., "A Survey of Various Propagation Models for Mobile Communication," *IEEE Trans. on Ant. & Prop. Mag*, Vol. 45, No. 3, pp. 51-82, June 2003.
28. G. A. Thiele and T. H. Newhouse, "A Hybrid Technique for Combining Moment Methods with the Geometrical Theory of Diffraction," *IEEE Trans. on Ant. & Prop.*, Vol. AP-23, pp. 62-69, Jan. 1975.
29. G. A. Thiele, "Hybrid Methods in Antenna Analysis," *IEEE Proc.*, Vol. 80, No. 1, pp. 66-78, Jan. 1992.
30. J. J. Bowman, T. B. A. Senior, and P. L. E. Uslenghi, *Electromagnetic and Acoustic Scattering by Simple Shapes*, Hemisphere Publishing Corp, New York, 1987, pp. 593, 618.
31. G. A. Thiele, "Fundamentals of Radar Cross Section," short course notes, Southeastern Center for Electrical Engineering Education (SCEEE), St. Cloud, FL, 1981-1992.
32. J. W. Crispin, Jr. and A. L. Maffett, "Radar Cross Section Estimation for Simple Shapes," *Proc. IEEE*, Vol. 53, No. 8, pp. 833-848, August 1965.
33. T. B. A. Senior, "Disk Scattering at Edge-On Incidence," *IEEE Trans. on Ant. & Prop.*, Vol. AP-17, No. 6, Nov. 1969.
34. A. K. Bhattacharyya and D. L. Sengupta, *Radar Cross Section Analysis & Control*, Artech House, Boston, 1991.
35. P. Ia Ufimtsev, "Approximate Computation of the Diffraction of Plane Electromagnetic Waves at Certain Metal Bodies. Part I. Diffraction Patterns at a Wedge and a Ribbon," *Zh. Tekhn. Fiz.* (USSR), Vol. 27, No. 8, pp. 1708-1718, 1957.
36. P. K. Murthy and G. A. Thiele, "Non-Uniform Currents on a Wedge Illuminated by a TE

Plane Wave," *IEEE Trans. on Ant. & Prop.*, Vol. AP-34, pp. 1038-1045, Aug. 1986.

37. K. M. Pasala, "Closed-form Expressions for Nonuniform Currents on a Wedge Illuminated by TM Plane Wave," *IEEE Trans. on Ant. & Prop.*, Vol. 36, pp. 1753-1759, Dec. 1988.
38. K. M. Pasala, unpublished notes.
39. K. M. Mitzer, "Incremental Length Diffraction Coefficients," Tech. Rep. No. AFAL-TR-73-296, Northrop Corporation.
40. E. F. Knott, J. F. Shaeffer, and M. T. Tuley, *Radar Cross Section*, Artech House, Boston, 1985.

## 연습문제 Problems

**16.1-1** ▸ 기하광학 반사파면의 곡면 주반지름은 다음과 같음을 볼 수 있다[10].

$$\frac{1}{\rho_1}=\frac{1}{2}\left(\frac{1}{\rho_1^i}+\frac{1}{\rho_2^i}\right)+\frac{1}{f_1} \quad \text{그리고} \quad \frac{1}{\rho_2}=\frac{1}{2}\left(\frac{1}{\rho_1^i}+\frac{1}{\rho_2^i}\right)+\frac{1}{f_2}$$

여기서 $\rho_1^i$와 $\rho_2^i$는 입사파면의 곡면 주반지름이고 $\rho_1$과 $\rho_2$는 반사파면의 곡면 주반지름이다. $f_1$과 $f_2$에 대한 일반적인 표현은 참고문헌 [10]에서 주어져 있다. 그렇지만 입사 구면파에 대해

$$\frac{1}{f_{1,2}}=\frac{1}{\cos\theta_i}\left(\frac{\sin^2\theta_2}{r_1^c}+\frac{\sin^2\theta_1}{r_2^c}\right) \pm\sqrt{\frac{1}{\cos^2\ \theta_i}\left(\frac{\sin^2\theta_2}{r_1^c}+\frac{\sin^2\theta_1}{r_2^c}\right)^2-\frac{4}{r_1^c r_2^c}}$$

이며, 여기서 $\theta_1$과 $\theta_2$는 입사 광선과 각각 표면 $r_1^c$와 $r_2^c$의 곡면 주반지름에 관련된 주방향(즉 접선 단위벡터) 사이의 각이다.

(a) $\theta_1=\theta_o$와 $\theta_2=90°$에 대해 첫 번째 식은 (16-20)으로 되고, 두 번째 식은

$$\frac{1}{\rho_2}=\frac{1}{\ell_o}+\frac{2\ \cos\theta_o}{r_2^c}$$

가 됨을 보여라.

(b) 식 (16-20) 또는 바로 위의 $\rho_2$에 대한 표현을 사용하지 않고, 평면파 조사의 경우

$$\sqrt{\rho_1\rho_2}=\tfrac{1}{2}\sqrt{r_1^c r_2^c}$$

임을 보여라.

**16.1-2** ▸ 무한 타원 포물면은 다음 식으로 표현된다.

$$\frac{x^2}{2r_1^c}+\frac{y^2}{2r_2^c}=-z$$

여기서 $r_1$와 $r_2$는 반사점에서 곡면의 주반지름이다. 기하광학을 사용해 축방향 입사에 대한 레이더

단면적은

$$\sigma = \pi r_1^c r_2^c$$

임을 보여라. 실제로 이 결과는 제2차 다항식으로 나타낼 수 있는 어떤 표면에도 적용되며, 여기서 $r_1^c$와 $r_2^c$는 반사점에서 곡면의 주반지름이다[2, 3]. 위의 결과는 원통 표면 또는 평판에 대해서도 타당한가? 아니라면 그 이유는 무엇인가?

**16.1-3** ▸ 평면파가 완만한 3차원 볼록도체에 입사된다. 반사점에서 도체곡면의 두 개의 주반지름은 $r_1^c = 5\lambda$와 $r_2^c = 10\lambda$이다. 입사평면파의 장이

$$\mathbf{E}^i = \hat{\mathbf{y}}e^{-j\beta x} \text{와} \qquad \mathbf{H}^i = \hat{\mathbf{z}}\,\frac{e^{-j\beta x}}{\eta}$$

일 때 후방산란 전장과 자장에 대한 표현을 써라.

**16.1-4** ▸ (a) 반사점에서 곡면 반지름이 $r^c = 2F$로 주어질 때, 입사축에 대하여 회전하는 무한한 볼록한 포물면에 대한 단안정 RCS를 결정하라. 이때 $F$는 포물면의 초점거리이다[H.3: Milligan, 2nd ed., p. 382].

(b) 원형 대칭 포물면 반사판의 오목한 표면에 축방향으로 입사하는 경우의 단안정 RCS에 대하여 (a)의 결과는 어떠한 조건하에 성립하는가?

**16.2-1** ▸ 원통파가 그림에 나타낸 대로 원통형 포물면 반사판에 입사한다. 공간의 임의의 점에서 상단 가장자리로부터 회절된 장을 얻고자, 반평면이 포물면의 최상단 부분에 접한 것처럼 가장자리를 해석할 수도 있다. 상단 가장자리 주변 공간을 세 영역으로 나누고, 공간의 각 세 영역에서 상단 모서리로부터 발생하는 전체 전장에 대한 일반적인 표현($\phi'$에 대한 수치로)을 적어라. 세 영역의 어디에서 전체 기하광학장이 0인가?

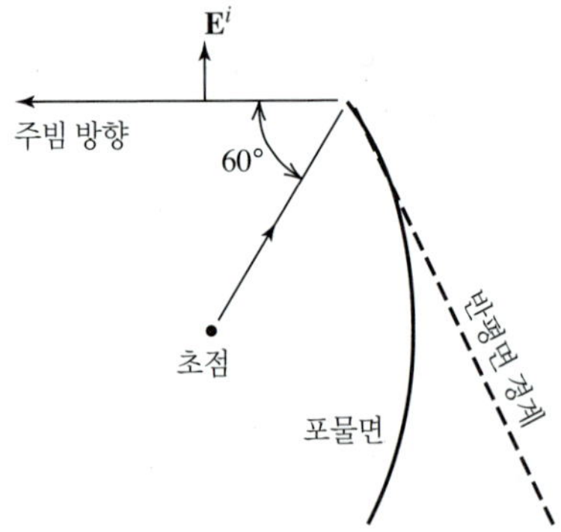


**16.2-2** ▸ 다음의 프레넬 적분을 계산하라.

(a) $\displaystyle\int_0^\infty e^{-j\tau^2}\,d\tau$

(b) $\displaystyle\int_0^5 e^{-j\tau^2}\,d\tau$

(c) $\displaystyle\int_5^\infty e^{-j\tau^2}\,d\tau$

**16.2-3** ▸ 식 (16-42)와 식 (16-44)를 이용해, 내각이 90°인 쐐기에 대해 다음 경우에 $v_B(\rho, \phi^{\pm})$를 구하라.

(a) $\phi' = 45°, \rho = 10\lambda, \phi = 220°$

(b) $\phi' = 45°, \rho = 10\lambda, \phi = 230°$

지금 구한 (a)와 (b)의 결과를 비교하고 어떤 차이가 있는지 설명하라. (a)와 (b)에서 $v_*$는 무엇인가?

**16.2-4** ▸ 내각이 90°인 쐐기에 대해(편파 둘 다) 다음 경우에 $v_B(\rho, \phi^{\pm})$를 구하라.

(a) $\phi' = 45°, \rho = 10\lambda, \phi = 90°$

(b) $\phi' = 45°, \rho = 10\lambda, \phi = 138°$

(c) $\phi' = 45°, \rho = 10\lambda, \phi = 180°$

얻은 결과에 대해 의견을 나타내고, 각 경우의 회절장을 계산하는 데 사용한 공식의 근거를 제시하라.

**16.2-5** ▸ 식 (16-33)에 식 (16-34)와 식 (16-35)를 대입하고 얻어진 4개 항 각각에 대해 물리적 중요성을 설명하라.

**12.2-6** ▸ 켈러 이론의 첫 번째 가설을 설명하는 그림을 그려라. 그림에 직접광선과 회절광선을 포함시켜라.

**16.3-1** ▸ 그림에 나타낸 대로 반평면의 가장자리에 평행한 자기 선전원을 고려하자. 이 상황에서 회절장은 자기 선전원에서 나와 가장자리로 향하게 된다. 그림 16-3의 다발 개념을 이용해 회절장을 다음과 같이 쓸 수 있음을 보여라.

$$E_{\perp}^{d}(\rho) = -D_{\perp} E_{\perp}^{i}(Q)\, \frac{e^{-j\beta\rho}}{\sqrt{\rho}}$$

여기서 $E_{\perp}^{i}(Q)$는 가장자리에서 입사장의 값이다.

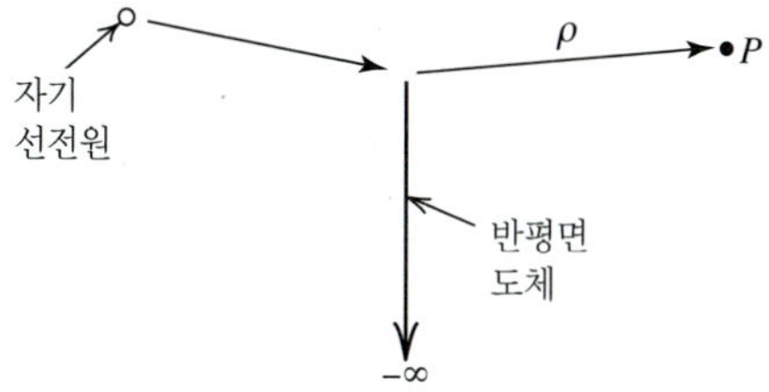


**16.3-2** ▸ 자기 선전원이 전기 선전원으로 대치되었을 때, 문제 16.3-1을 반복하고 다음을 보여라.

$$E_{||}^{d}(\rho) = -D_{||} E_{||}^{i}(Q)\, \frac{e^{-j\beta\rho}}{\sqrt{\rho}}$$

**16.3-3** ▸ 점전원이 반평면의 가장자리를 법선 입사로 조사하는 상황을 고려하라. 앞의 두 문제와 달리, 이 경우에 주평면 둘 다에 확산이 있게 된다. 그림 16-3의 다발 개념을 이용해, 회절장을 다음 어느 것으로도 쓸 수 있음을 보여라.

$$E_{||}^{d}(s) = -D_{||} E_{||}^{i}(Q) \sqrt{\frac{s'}{s' + s}}\, \frac{e^{-j\beta s}}{\sqrt{s}}$$

또는

$$E_{\perp}^{d}(s) = -D_{\perp} E_{\perp}^{i}(Q) \sqrt{\frac{s'}{s' + s}}\, \frac{e^{-j\beta s}}{\sqrt{s}}$$

**16.3-4** ▸ 광선고정 좌표계보다 가장자리고정 좌표계가 사용된다면, 식 (16-46)의 회절계수행렬 $[D]$는 일반적으로 일곱 개의 사라지지 않는 계수를 가지게 됨을 보여라.

**16.4-1** ▸ 식 (16-52)에서 식 (16-59)를 유도하고, 식 (16-59)는 식 (16-42)와 같음을 보여라.

**16.4-2** ▸ 반평면이 평면파에 의해 조사되고 관측점이 쐐기의 가장자리에 가까운 경우를 고려하라.

(a) UTD는 식 (16-44)의 조머펠트–파울리의 결과가 되고, UTD는 정확하다는 것을 보여라.

(b) 전원이 쐐기 가장자리에 가깝고 관측점이 매우 먼 거리에 있다면, UTD는 정확한 해인가? 이유는 무엇인가?

(c) 전원과 관측점 둘 다 쐐기 가장자리 가까이 있다면, UTD 해는 정확하지 않게 되는가? 이유는 무엇인가? [해가 정확하지 않더라도, 결과는 여전히 유용하다(16.12절 참조).]

**16.4-3** ▸ 식 (16-55)의 대안은 $[(\phi \pm \phi') + \pi]/2\pi n$의 가장 가까운 정수가 되는 값으로 $N^{+}$를 정의하는 것임을 보여라.

**16.4-4** ▸ 가장자리에 평행하고 어떤 거리($\rho' \gg \lambda$)에 있는 전기 또는 자기 선전원에 의해 조사되는 쐐기를 고려하자.

(a) 반사경계(또는 입사경계)에서 회절계수는 크기가 $\sqrt{\rho'\rho/(\rho + \rho')}$인 불연속을 가져야 함을 보여라.

(b) 반사경계(또는 입사경계)에서 UTD 회절계수는 $\pm\sqrt{L}$의 양만큼 불연속임을 보여라. 무엇이 불연속의 부호를 결정하는가? $X$가 작을 때 유용한 다음의 근사를 활용하라.

$$F(X) = \left[\sqrt{\pi X} - 2Xe^{j(\pi/4)} - \frac{2}{3}X^2 e^{-j(\pi/4)}\right] e^{j(\pi/4+X)}$$

(c) (a)와 (b)의 결과에서 전체장은 반사(또는 입사) 음영경계에서 연속임을 보여라.

**16.4-5** ▸ 90° ($n = 3/2$) 도체쐐기에 $\gamma_o' = 45°$, $\phi' = 30°$의 각으로 평면파가 입사한다.

(a) $E_{\perp}^{i} = 1$ V/m일 때, 그리고 $\phi = 120°$, 132°, 138°, 180°, 222°, 228°, 그리고 260°일 때 $s = 2\lambda$ 거리에서 식 (16-52)와 그림 16-17을 사용해 $E_{\perp}^{d}$를 계산하라.

(b) $E_{\parallel}^{i} = 1$ V/m일 때 $E_{\parallel}^{d}$에 대해 (a)를 반복하라.

**16.4-6** ▸ (a) 식 (16-36), 식 (16-37), 그리고 식 (16-42)를 사용해 그림 16-14$a$의 전체 장을 계산하라. 얻어진 결과는 반사와 음영 경계에서 그림 16-14$a$의 결과와 다를 것이다. 그 이유는 무엇인가?

(b) 식 (16-42) 대신에 식 (16-52)를 사용해 (a)를 다시 계산하라.

(c) (a)와 (b)의 결과 사이의 차이를 밝혀라.

**16.4-7** ▸ (a) 삼각함수 항등식을 사용해 천이함수 F 없이 식 (16-42)를 식 (16-52)와 유사한 형태로 만들어라.

(b) 천이함수의 목적을 언급하라.

**16.5-1** ▸ 그림 16-18$b$의 $E$ 평면 모델과 쐐기회절에 대한 컴퓨터 프로그램을 사용해 개구면 적분으로 얻은 그림 9-16의 곡선을 검증하라.

**16.5-2** ▸ 그림 16-18$c$의 광선이 왜 $\zeta \approx 90°$일 때를 제외하고 방사패턴에 대해 무시할 수 있는 기여를 만드는지 설명하라.

**16.5-3** ▸ 그림 16-18$c$에서 $Q_1$에서 이중회절장을 다음과 같이 쓸 수 있음을 보여라.

$$E_{1,2}^{d}(P)=\frac{1}{2}\frac{e^{-j\beta\rho_E}}{\sqrt{\rho_E}}D_{\perp}(Q_2)D_{\perp}(Q_1)\frac{e^{-j\beta 2a}}{\sqrt{2a}}\frac{e^{-j\beta r}}{\sqrt{r}}e^{j\beta a\sin\zeta}.$$

**16.5-4** ▸ 연습문제 15.8-5를 다시 풀어라.

**16.5-5** ▸ 혼 벽을 도파관으로 결합한 그림 15-18의 혼 안테나 바깥에 있는 내각이 194°인 쐐기 가장자리에서 회절장을 계산하라. $\rho=\lambda$를 사용하라. 접합부에 입사하는 전장은 1V/m임을 가정하라. 얻어진 결과를 [H.3: Stutzman, 2nd ed., Chap. 11]의 그림 11-21*d*에서 보는 것과 비교하라.

**16.6-1** ▸ 쐐기회절의 컴퓨터 프로그램을 사용해 그림 16-20의 안테나에 대해 $0 \leq \zeta \leq 2\pi$에서 전체 회절장을 계산하라. 얻어진 결과를 그림 16-21과 비교하라. 차이가 있는 이유는 무엇인가?

**16.6-2** ▸ 그림 16-20의 포물면 반사판의 후면에 '포복파' 광선(16.11절 참조)을 그려라. 이번에는 $Q_1$ 또는 $Q_2$에서 발생해 포물면 반사판 **안쪽** 면을 따라 여러 번 반사하는 광선을 그려라. 이 광선들은 속삭이는 갤러리 광선(whispering gallery rays)이라 불린다.

**16.6-3** ▸ 그림 16-20에서 $Q_1$에서 이중회절된 광선은 다음과 같이 쓸 수 있음을 보여라.

$$E_{1,2}^{d}(P)=\frac{e^{-j\beta\rho_E}}{\sqrt{\rho_E}}F(\theta_o)D_{||}(Q_2)D_{||}(Q_1)\cdot\frac{e^{-j\beta 2a}}{\sqrt{2a}}\frac{e^{-j\beta r}}{\sqrt{r}}e^{j\beta a\sin\zeta}$$

**16.6-4** ▸ 식 (16-71)을 유도하라.

**16.6-5** ▸ 그림 16-20에서 선전원이 자기 선전원일 경우 원거리장 패턴을 계산하라. $\zeta=90°$에서의 불연속은 더 크고 후엽은 8 dB 더 높은 것을 제외하고, 얻은 결과는 그림 16-21의 것과 유사하다. 그 이유는 무엇인가?

**16.6-6** ▸ UTD를 사용해 다이폴 전원을 가진 90° 코너 반사판 안테나의 *H* 평면 패턴을 계산하라. 다이폴 전원은 반사판의 코너에서 $0.5\lambda$ 떨어져 있으며, 반사판 면의 길이는 $1.0\lambda$이고, 코너 반사판의 개구는 가로가 $1.414\lambda$이다.

**16.7-1** ▸ 식 (16-86)에서 무시된 회절장은 일반적으로 다음과 같이 쓸 수 있다[12].

$$E_{SD}^{d}(P)=\frac{1}{2j\beta}\frac{\partial E^{i}(Q)}{\partial n}\frac{\partial}{\partial\phi'}D_{||}\bigg|_{\phi'=0}\sqrt{\frac{\rho}{s(\rho+s)}}e^{-j\beta s}$$

이 경사 회절장의 값이 $\theta=90°$일 때 식 (16-86)의 직접장과 비교하라.

**16.7-2** ▸ (a) 식 (16-33)에서 식 (16-36)과 식 (16-37) 을 사용해, 무한 접지평판의 경우($v_B=0$) 평면파가 접지평면에 접해($\phi'=0$) 입사할 때, 직교편파에 대해 $E(\rho,\phi)$에서 인자 2가 어떻게 발생하는지 보여라.

(b) 일반적으로 접해 입사할 때 식 (16-80)과 식 (16-82)에서와 같이 정확한 회절장을 얻고자 회절장에 $\frac{1}{2}$을 곱해야 하는 것을 증명하라. 이를 위해 식 (16-42) 또는 식 (16-59)의 점근형을 사용해 $D_{||}\rightarrow 0$이고 $D_{\perp}$에서 인자 2가 당연히 발생함을 보여라.

**16.8-1** ▸ 짧은 모노폴(스터브 안테나)이 그림 16-27*a*에서 보는 바와 같이 한 변이 $6\lambda$인 정사각형 접지평면 가운데 설치되어 있다.

(a) 2점 근사를 이용해 $200° < \phi_1 < 340°$ 영역에서 상대적인 회절장을 다음과 같이 쓸 수 있음을 보여라.

$$E^d = \frac{e^{-j(\beta r+\pi/4)}}{\sqrt{2\pi\beta r}}\left[\frac{1}{\cos\dfrac{\phi_1}{2}} - \frac{e^{-j12\pi\cos\phi_2}}{\cos\dfrac{\phi_2}{2}}\right]$$

여기서 $\phi_2 = 2\pi - (\phi_1 - \pi)$이다.

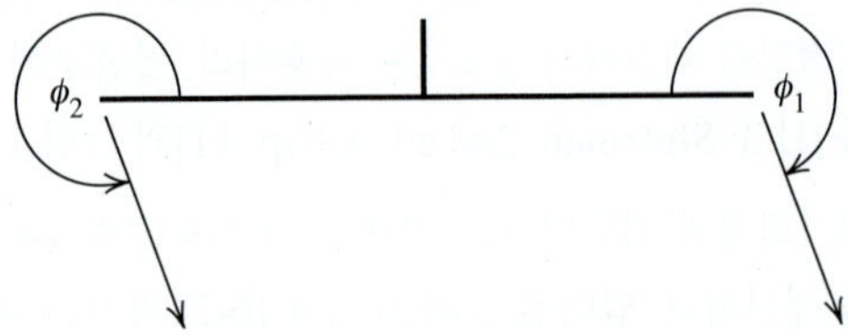


(b) 이 문제에서 $\phi_1 = 270°$일 때 회절장은 왜 0이어야 하는가? 그림을 그리고 물리적인 이유를 설명하라.

(c) $200° < \phi_1 < 340°$에 대하여 회절장의 그래프를 그리고 계산하라. 그림 16-28의 결과와 계산한 결과를 비교해 보라.

**16.9-1** ▸ 식 (16-97)과 식 (16-98)을 유도하라.

**16.9-2** ▸ 식 (16-101)과 식 (16-102)를 유도하라.

**16.9-3** ▸ 짧은 모노폴(스터브 안테나)이 그림 16-27*b*와 같이 지름이 $6\lambda$인 원형 접지평판의 중앙에 설치되어 있다.

(a) 등가 개념을 사용해, $90° \leq \theta \leq 180°$ 영역에서 상대적인 회절장을 다음과 같이 나타낼 수 있음을 보여라.

$$E^d = -\frac{e^{-j(\beta r+\pi/4)}}{\sqrt{2\pi\beta r}}\frac{1}{\cos(\phi/2)}2\pi j J_1(6\pi\ \sin\theta)$$

여기서 $J_1$은 제1차 베셀 함수이다. 그리고

$$\int_0^{2\pi}\cos(\xi - \xi')e^{jx\ \cos(\xi-\xi')}\ d\xi' = 2\pi j J_1(x)$$

임을 유의하라.

(b) 회절장을 계산하고 연습문제 16.8-1에서 계산된 결과와 비교하라.

**16.10-1** ▸ 삼각형 실린더가 그림에서 보는 바와 같이 선전원에 의해 조사되고 있다. 식 (16-109)와 유사한 형태로 식 (16-110)을 두고 이 문제에 자기일치 방법을 적용하라. 어떤 행렬 요소는 0이 될 수 있음을 주의하라. 얻어진 해를 참고문헌 [17]의 해와 비교하라.

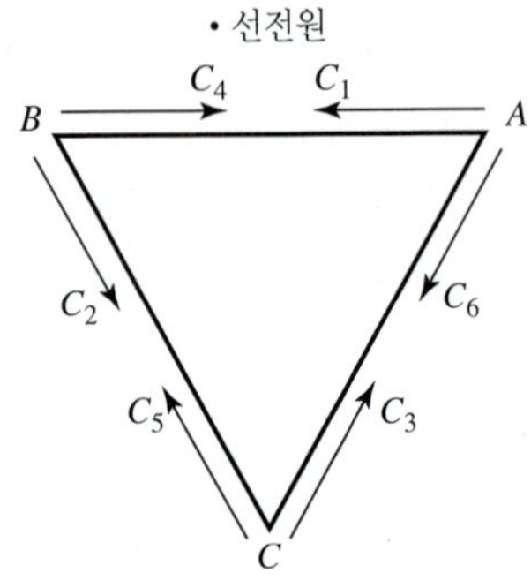

**16.11-1** ▸ (a) 표 16-1의 정보를 이용해 식 (16-127)의 $\sigma_w$를 계산하라. $\beta a$ 대 $\sigma_w$를 $0.1 \le \beta a \le 10$에서 동일한 그래프에 두 개의 편파에 대해 그려라.

(b) 평행인 경우 $\left[1 - j\frac{5}{16(\beta a)} + \frac{127}{512(\beta a)^2}\right]$를, 직교인 경우 $\left[1 + j\frac{11}{16(\beta a)} - \frac{353}{512(\beta a)^2}\right]$를 기하광학기여분에 곱할 때 (a)를 반복하라[H.10.4: James]. 두 결과를 동일 그래프에 그려라. 그림 16-34와 비교하라.

(c) 한 그래프에 (a)와 (b)에서 보이는 평행편파 결과를, 다른 그래프에는 직교편파 결과를 그려라. 그리고 결과에 대해 설명하라.

**16.11-2** ▸ 포복파에 적용되는 것은 다음 중 어느 것인가? (a) 평편한 표면 위에 감쇠가 없는 경우, (b) 대상 목표물의 음영영역에서의 전파, (c) 큰 곡면 반지름보다 작은 곡면 반지름에 대하여 단위 길이당 더 큰 감쇠를 가지는 경우.

**16.12-1** ▸ (a) 직선 가장자리에 의한 회절이 주파수(파장)에 독립임을 보여라.

(b) 그림 16-37과 그림 16-38에 있는 결과들은 그림에서 사용된 것과 다른 주파수의 경우로 축적시킬 수 있는가? 그럴 수 있다면 그 이유는 무엇인가?

**16.12-2** ▸ (a) 수직편파인 이동통신 안테나가 860 MHz에서 20 W를 송신한다. 수신안테나는 그림에서 보는 대로 두 안테나 간의 선 상에 직각으로 높이가 0.3 km인 능선으로 가려져 있다. 수신안테나의 이득이 능선 방향으로 4 dB이고 송신 안테나의 이득은 능선을 향해 15 dB이라면, 수신 안테나 단자에서 얻는 전력은 얼마인가? 대략적인 근사화로, 능선은 완전도체로 가정한다.

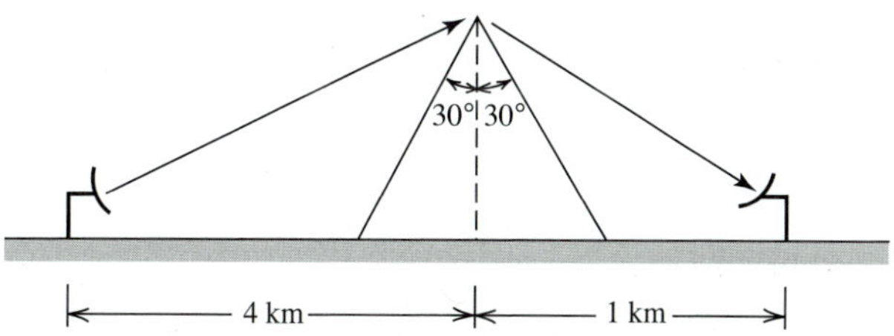


(b) 만약 능선이 존재하지 않을 경우, 가능한 전력에 대한 결과와 비교하라.

(c) 능선의 존재로 인한 초과 경로 손실은 얼마인가?

**16.13-1** ▸ 한 변의 길이가 $\lambda/2$인 정사각형 접지평면의 중앙에 있는 모노폴을 고려하라. 모노폴은 펄스 기저함수와 델타 가중함수로 표현된다. 접지평면의 4개의 변은 쐐기회절을 만든다. 4개의 모서리에 의한 회절은 무시된다. 식 (16-132)의 $Z^g_{mn}$를 계산할 수 있도록 필요한 방정식을 유도하라.

**16.13-2** ▸ 식 (16-138)을 유도하라.

**16.13-3** ▸ 그림 16-43의 문제에 대해, 이중(또는 고치)회절을 포함하지 않는 모든 가능한 광선경로를 보여라.

**16.13-4** ▸ 길이 $\ell$의 다이폴이 반지름 $a$의 무한장 원형 원통의 표면에서 거리 $d$에 있다. 다이폴은 원통 축과 나란하다. 다이폴만을 모멘트법으로 나타낼 수 있다면, 원통의 존재를 어떻게 고려할 수 있는지 보여라.

**16.14-1** ▸ 물리광학을 사용해, 법선입사 시 사각평판의 레이더 단면적이 $\sigma = 4\pi(A^2/\lambda^2)$임을 보여라. 여기서 $A$는 평판의 면적이다.

**16.14-2** ▸ $(\hat{\mathbf{z}} \cdot \hat{\mathbf{n}})\ ds$는 표면면적 요소 $ds$의 $xy$ 평면에 대한 투영임을 유의하면, 식 (16-156)을 때로 유용한 다른 형태로 변환할 수 있다. 그러므로 $(\hat{\mathbf{z}} \cdot \hat{\mathbf{n}})\ ds = ds_z = (ds_z/d\ell)\ d\ell$이고, 여기서 $ds_z$는 $ds$의 $xy$ 평면에 대한 투영이다. 그러면 식 (16-156)은

$$\sigma = \frac{4\pi}{\lambda^2}\left(\int_0^L e^{-j2\beta\ell}\frac{ds_z}{d\ell}d\ell\right)$$

이 되며, 여기서 $\ell$은 기준면에서 표면까지의 거리이다. 레이더 단면적에 대한 위의 표현을 사용해 구의 RCS에 대한 물리광학 표현을 유도하라.

**16.14-3** ▸ (그림에 나타낸) 무한원추의 RCS는 $\sigma = (\lambda^2 \tan^4 \alpha)/16\pi$임을 보여라.

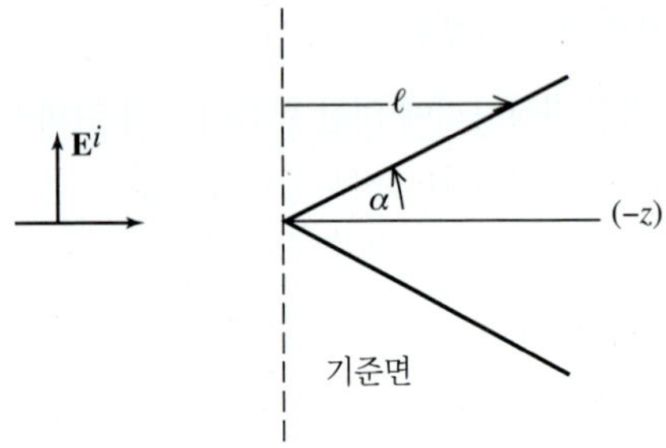


**16.14-4** ▸ 가장자리가 $x$와 $y$축에 나란하고 $xz$ 평면에 입사방향이 있는 정사각형 평판의 RCS는

$$\sigma = \frac{4\pi a^4}{\lambda^2}\left[\frac{\sin(\beta a\ \sin\theta)}{\beta a\ \sin\theta}\right]^2 \cos^2\theta$$

임을 보여라. 여기서 $a$는 한 변의 길이이다. 이 결과의 각도 변화를 제5장에서 다룬 균일선전원 조사의 결과와 비교하라.

**16.14-5** ▸ $xy$ 평면에 있는 원형 평판 또는 디스크의 RCS는

$$\sigma = \frac{\pi a^2}{\tan^2\theta}\left[J_1\left(\frac{4\pi a \sin\theta}{\lambda}\right)\right]^2$$

임을 보여라. 여기서 $a$는 디스크의 반지름이고 $J_1(x)$는 1차 베셀 함수이다. 또한 $\theta = 0°$에서 위 표현은 $\sigma = (4\pi/\lambda^2)A^2$가 됨을 보여라. 여기서 $A$는 디스크의 면적이다[4].

**16.14-6** ▸ 내적 $(\hat{\mathbf{z}} \cdot \hat{\mathbf{n}})$이 볼록한 경우와 오목한 경우 모두에서 같다는 것을 예제 16-5에서 보여라.

**16.14-7** ▸ 대상 목표물의 레이더 단면적(RCS)은 다음의 어느 것에 의존하는가? (a) 레이더의 파형, (b) 대상 목표물의 영역, (c) 대상 목표물에서의 입사장 값.

**16.14-8** ▸ 물리광학방법에 의해 결정된 RCS는 편파 정보를 포함하지 않는다는 것을 보여라.

**16.14-9** ▸ 다음 중 어느 것이 진실인가? 완전한 도체 대상체의 표면에서 $2\hat{\mathbf{n}} \times \mathbf{H}^i$의 장은 (a) 모든 경우에 정확하다, (b) 편파 정보가 없을 때이다, (c) 기하광학 표면장이다

**16.16-1** ▸ 다음 식으로부터 부분적분에 의해 식 (16-185)를 얻어라.

$$I_b = \int_b^\infty f(x)e^{j\beta\gamma(x)}dx = \frac{1}{j\beta}\int_b^\infty \frac{f(x)}{\gamma'(x)} j\beta\gamma'(x)e^{j\beta\gamma(x)}\ dx$$

**16.16-2** ▸ $I_{-a} \cong \dfrac{1}{j\beta}\dfrac{f(-a)}{\gamma'(-a)}\ e^{j\beta\gamma(-a)}$임을 보여라.

**16.16-3** ▸ 식 (16-182)는 식 (16-180)와 식 (16-181)의 결과임을 보여라.

**16.16-4** ▸ 정지위상의 개념으로 식 (16-29)와 식 (16-30) 사이의 논의를 설명하라.

**16.16-5** ▸ 정지위상 개념에 기초를 둔 물리적 추론을 이용하여, 포물면 표면에 의해 산란되는 단안정 축 입사는 볼록한 경우와 오목한 경우에 대하여 모두 왜 같은지를 설명하라(연습문제 16.1-4 참조).

**16.17-1** ▸ 식 (16-202)의 $\begin{Bmatrix} f \\ g \end{Bmatrix}$는 다음과 같이 나타낼 수 있음을 보여라.

$$\begin{Bmatrix} f \\ g \end{Bmatrix} = \frac{-1}{2n}\left[\cot\left(\frac{\pi+\phi^-}{2n}\right) + \cot\left(\frac{\pi-\phi^-}{2n}\right)\right] \pm \frac{1}{2n}\left[\cot\left(\frac{\pi+\phi^+}{2n}\right) + \cot\left(\frac{\pi-\phi^+}{2n}\right)\right]$$

**16.17-2** ▸ 그림 16-14 반평면의 경우에 대해, 반사경계와 음영경계에서 $f$의 특이점은 식 (16-200)의 $f'$을 연속으로 만드는 $f_o$의 특이점에 의해 상쇄되는 사실을 해석적으로 보여라.

힌트: 문제 16.17-1에서 어느 코탄젠트 항이 반사경계에서 특이점이 되는지, 그리고 음영경계에서 어느 항이 특이점이 되는지 구분하라. GO 반사경계에서 $\phi^+ = \pi \pm \delta$로 두고, GO 음영경계에서 $\phi^- = \pi \pm \delta$로 두어 $f_o$의 특이점을 가지는 항을 상쇄하라.

**16.17-3** ▸ 그림 16-14$a$ 반평면의 경우에 대해, 수치 계산에 의해 식 (16-202)의 $f'$은 반사경계와 음영경계에서 연속임을 보여라. 또한 이 경계에서 $f$와 $f_o$를 분리해 계산하라. 그림 16-14의 구조를 사용하라.

**16.17-4** ▸ 식 (16-212)에서 $I_o$를 계산하라.

**16.17-5** ▸ 식 (16-197)에 대입된 식 (16-196)은 식 (16-194)를 만들어 냄을 보여라.

# 부록 A 주파수 대역

*Frequency Bands*

## A.1 주파수 대역

주파수 ⟶

| 3 kHz | | 30 kHz | | 300 kHz | | 3 MHz | | 30 MHz | | 300 MHz | | 3 GHz | | 30 GHz | | 300 GHz |
|---|---|---|---|---|---|---|---|---|---|---|---|---|---|---|---|---|
| \| | VLF | \| | LF | \| | MF | \| | HF | \| | VHF | \| | UHF | \| | SHF | \| | EHF | \| |
| 100 km | | 10 km | | 1 km | | 100 m | | 10 m | | 1 m | | 10 cm | | 1 cm | | 1 mm |

⟵ 파장(Wavelength)

## A.2 텔레비전 채널 주파수(북아메리카)

| VHF | | | |
|---|---|---|---|
| Channel No. | Frequency Range (MHz) | Channel No. | Frequency Range (MHz) |
| 2 | 54~60 | 8 | 180~186 |
| 3 | 60~66 | 9 | 186~192 |
| 4 | 66~72 | 10 | 192~198 |
| 5 | 76~82 | 11 | 198~204 |
| 6 | 82~88 | 12 | 204~210 |
| 7 | 174~180 | 13 | 210~216 |

| UHF | | | | | |
|---|---|---|---|---|---|
| Channel No. | Frequency Range (MHz) | Channel No. | Frequency Range (MHz) | Channel No. | Frequency Range (MHz) |
| 14 | 470~476 | 23 | 524~530 | 32 | 578~584 |
| 15 | 476~482 | 24 | 530~536 | 33 | 584~590 |
| 16 | 482~488 | 25 | 536~542 | 34 | 590~596 |
| 17 | 488~494 | 26 | 542~548 | 35 | 596~602 |
| 18 | 494~500 | 27 | 548~554 | 36 | 602~608 |
| 19 | 500~506 | 28 | 554~560 | 37 | 608~614 |
| 20 | 506~512 | 29 | 560~566 | 38 | 614~620 |
| 21 | 512~518 | 30 | 566~572 | 39 | 620~626 |
| 22 | 518~524 | 31 | 572~578 | 40 | 626~632 |

(계속)

| UHF | | | |
|---|---|---|---|
| Channel No. | Frequency Range (MHz) | Channel No. | Frequency Range (MHz) |
| 41 | 632~638 | 47 | 668~674 |
| 42 | 638~644 | 48 | 674~680 |
| 43 | 644~650 | 49 | 680~686 |
| 44 | 650~656 | 50 | 686~692 |
| 45 | 656~662 | 51 | 692~698 |
| 46 | 662~668 | | |

주의: 비디오 부분의 반송 주파수는 낮은 쪽 주파수에 1.25 MHz를 더해 사용한다. 오디오의 반송 주파수는 높은 쪽 주파수에서 0.25 MHz를 빼서 사용한다. 모든 채널은 6 MHz의 대역폭을 갖는다. 예를 들어 채널 2의 비디오 반송 주파수는 55.25 MHz이고 오디오 반송 주파수는 59.75 MHz이다.

## A.3 이동전화 대역

| Band Name (s) | Transmit/Receive (MHz) | Region: Technology |
|---|---|---|
| Cellular (GSM 850) | 824~849/869~894 | U.S.: 2G, 3G, LTE |
| GSM 900 (WCDMA) | 880~915/925~960 | non-U.S.: 2G, 3G |
| DCS (GSM 1800) | 1710~1785/1805~1880 | non-U.S.: 2G |
| DCS 1900 | 1710~1755/2110~2155 | U.S.: 3G, LTE |
| PCS 1900 (GSM 1900) | 1850~1910/1930~1990 | Americas: 2G; U.S.: 2G, 3G, LTE |
| UMTS (WCDMA) | 1910~1980/2110~2170 | Europe, Asia: 3G, LTE |

## A.4 레이더 대역

| IEEE Band Designations | |
|---|---|
| HF | 3~30 MHz |
| VHF | 30~300 MHz |
| UHF | 300~1000 MHz |
| *L*-band | 1~2 GHz |
| *S*-band | 2~4 GHz |
| *C*-band | 4~8 GHz |
| *X*-band | 8~12 GHz |
| *Ku*-band | 12~18 GHz |
| *K*-band | 18~27 GHz |
| *Ka*-band | 27~40 GHz |
| *V*-band | 40~75 GHz |
| *W*-band | 75~110 GHz |
| Millimeter | 110~300 GHz |

# 부록 B 물질 데이터와 기타 상수들

*Material Data and Constants*

## B.1 양도체의 도전율

| Conductor | Conductivity (S/m) |
|---|---|
| Silicon steel | $2 \times 10^6$ |
| Brass | $1.1 \times 10^7$ |
| Aluminum | $3.5 \times 10^7$ |
| Gold | $4.1 \times 10^7$ |
| Copper | $5.8 \times 10^7$ |
| Silver | $6.1 \times 10^7$ |

## B.2 도선 데이터

| Wire Size AWG | Diameter in mm (in.) | Single Copper Wire Continuous Duty Current Capacity (A) | Copper Wire dc Resistance per Unit Length (Ω/100 m) |
|---|---|---|---|
| 8 | 3.264 (0.1285) | 73 | 0.1952 |
| 9 | 2.906 (0.1144) | — | 0.2462 |
| 10 | 2.588 (0.1019) | 55 | 0.3103 |
| 11 | 2.305 (0.0907) | — | 0.3914 |
| 12 | 2.053 (0.0808) | 41 | 0.4935 |
| 13 | 1.828 (0.0720) | — | 0.6224 |
| 14 | 1.628 (0.0641) | 32 | 0.7849 |
| 16 | 1.291 (0.0508) | 22 | 1.248 |
| 18 | 1.024 (0.0403) | 16 | 1.984 |
| 20 | 0.812 (0.0320) | 11 | 3.155 |
| 22 | 0.644 (0.0253) | — | 5.017 |
| 24 | 0.511 (0.0201) | — | 7.98 |
| 26 | 0.405 (0.0159) | — | 12.69 |
| 28 | 0.321 (0.0129) | — | 20.17 |
| 30 | 0.255 (0.0100) | — | 32.06 |

## B.3 유전상수: 자유공간의 유전율

$$\varepsilon_o = 8.854 \times 10^{-12} \text{ F/m} \approx 10^{-9}/36\pi \text{ F/m}$$

## B.4 자유공간의 투자율

$$\mu_o = 1.2566 \times 10^{-6} \text{ H/m} \approx 4\pi \times 10^{-7} \text{ H/m}$$

## B.5 자유공간의 빛의 속도

$$c = 1/\sqrt{\mu_o \varepsilon_o} = 2.997925 \times 10^8 \text{ m/s}$$

## B.6 자유공간의 고유 임피던스

$$\eta_o = \sqrt{\frac{\mu_o}{\varepsilon_o}} = 376.73\ \Omega \approx 120\pi\ \Omega$$

## B.7 몇 가지 유전체의 특성

| Dielectric | | Permittivity at 10 GHz | |
|---|---|---|---|
| **Type** | **Name** | $\varepsilon_r'$ | **tan** $\delta$ |
| Foam | Styrofoam | 1.03 | 0.00015 |
| Plastic | Teflon (PTFE) | 2.08 | 0.00037 |
| Plastic | Duroid 5870 | 2.33 | 0.0012 |
| Plastic | Polystyrene | 2.54 | 0.00043 |
| Plastic | Duroid 6006 | 6.15 | 0.0027 |
| Ceramic | Aluminum Oxide | 8.79 | 0.0018 |

주의: 유전체의 손실은 복소상대유전율로 나타낸다. $\varepsilon_r = \varepsilon_r' - j\varepsilon_r'' = \varepsilon_r'(1 - j \tan \delta)$, 여기서 $\tan \delta$는 *손실탄젠트*라고 한다.

# 부록 C 좌표계와 벡터

*Coordinate Systems and Vectors*

## C.1 좌표계와 단위벡터

### C.1.1 좌표계

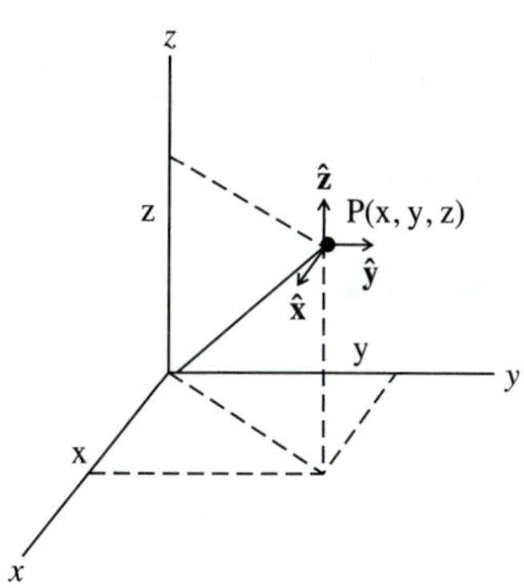


직각 좌표계

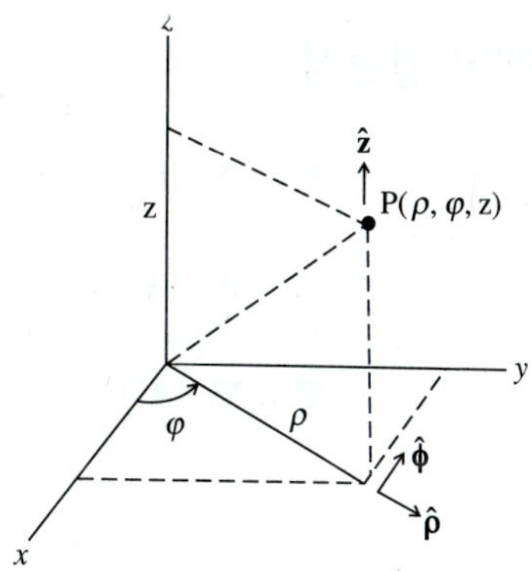


원통 좌표계

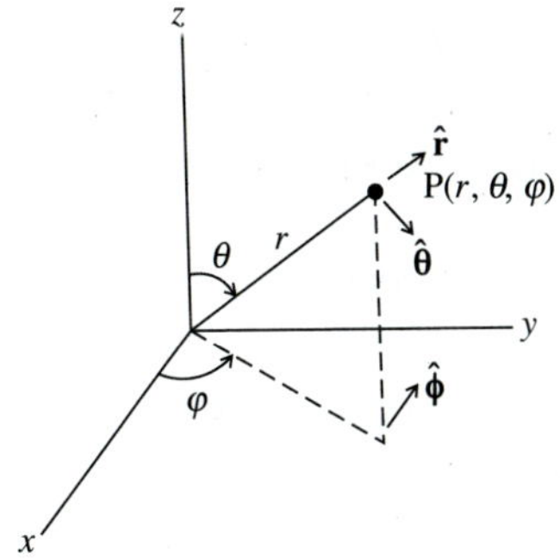


구 좌표계

### C.1.2 단위벡터 표현

$$\hat{\mathbf{x}} = \hat{\mathbf{r}} \sin\theta \cos\phi + \hat{\boldsymbol{\theta}} \cos\theta \cos\phi - \hat{\boldsymbol{\phi}} \sin\phi \tag{C-1}$$

$$\hat{\mathbf{y}} = \hat{\mathbf{r}} \sin\theta \sin\phi + \hat{\boldsymbol{\theta}} \cos\theta \cos\phi + \hat{\boldsymbol{\phi}} \cos\phi \tag{C-2}$$

$$\hat{\mathbf{z}} = \hat{\mathbf{r}} \cos\theta - \hat{\boldsymbol{\theta}} \sin\theta \tag{C-3}$$

$$\hat{\mathbf{r}} = \hat{\mathbf{x}} \sin\theta \cos\phi + \hat{\mathbf{y}} \sin\theta \sin\phi + \hat{\mathbf{z}} \cos\theta \tag{C-4}$$

$$\hat{\boldsymbol{\theta}} = \hat{\mathbf{x}} \cos\theta \cos\phi + \hat{\mathbf{y}} \cos\theta \sin\phi - \hat{\mathbf{z}} \sin\theta \tag{C-5}$$

$$\hat{\boldsymbol{\phi}} = -\hat{\mathbf{x}} \sin\phi + \hat{\mathbf{y}} \cos\phi \tag{C-6}$$

## C.2 벡터 항등식

$$\mathbf{A} \times (\mathbf{B} \times \mathbf{C}) = (\mathbf{A} \cdot \mathbf{C})\mathbf{B} - (\mathbf{A} \cdot \mathbf{B})\mathbf{C} \tag{C-7}$$

$$(\mathbf{A} \times \mathbf{B}) \times \mathbf{C} = (\mathbf{C} \cdot \mathbf{A})\mathbf{B} - (\mathbf{C} \cdot \mathbf{B})\mathbf{A} \tag{C-8}$$

$$\nabla \cdot (\nabla \times \mathbf{G}) = 0 \tag{C-9}$$

$$\nabla \times \nabla g = 0 \tag{C-10}$$

$$\nabla \cdot \nabla g = \nabla^2 g \tag{C-11}$$

$$\nabla(f + g) = \nabla f + \nabla g \tag{C-12}$$

$$\nabla \cdot (\mathbf{F} + \mathbf{G}) = \nabla \cdot \mathbf{F} + \nabla \cdot \mathbf{G} \tag{C-13}$$

$$\nabla(fg) = g\nabla f + f\nabla g \tag{C-14}$$

$$\nabla \cdot (f\mathbf{G}) = \mathbf{G} \cdot (\nabla f) + f(\nabla \cdot \mathbf{G}) \tag{C-15}$$

$$\nabla \times (f\mathbf{G}) = (\nabla f) \times \mathbf{G} + f(\nabla \times \mathbf{G}) \tag{C-16}$$

$$\nabla \times (\nabla \times \mathbf{G}) = \nabla(\nabla \cdot \mathbf{G}) - \nabla^2 \mathbf{G} \tag{C-17}$$

$$\nabla^2 \mathbf{G} = \hat{\mathbf{x}}\nabla^2 G_x + \hat{\mathbf{y}}\nabla^2 G_y + \hat{\mathbf{z}}\nabla^2 G_z \tag{C-18}$$

$$\nabla \cdot (\mathbf{F} \times \mathbf{G}) = \mathbf{G} \cdot (\nabla \times \mathbf{F}) - \mathbf{F} \cdot (\nabla \times \mathbf{G}) \tag{C-19}$$

$$\mathbf{F}\cdot(\mathbf{G}\times\mathbf{H})=\mathbf{G}\cdot(\mathbf{H}\times\mathbf{F})=\mathbf{H}\cdot(\mathbf{F}\times\mathbf{G}) \quad \text{(C-20)}$$

$$\nabla\times(\mathbf{F}\times\mathbf{G})=\mathbf{F}(\nabla\cdot\mathbf{G})-\mathbf{G}(\nabla\cdot\mathbf{F})+(\mathbf{G}\cdot\nabla)\mathbf{F}-(\mathbf{F}\cdot\nabla)\mathbf{G} \quad \text{(C-21)}$$

$$\nabla(\mathbf{F}\cdot\mathbf{G})=(\mathbf{F}\cdot\nabla)\mathbf{G}+(\mathbf{G}\cdot\nabla)\mathbf{F}+\mathbf{F}\times(\nabla\times\mathbf{G})+\mathbf{G}\times(\nabla\times\mathbf{F}) \quad \text{(C-22)}$$

$$\iiint_v \nabla\cdot\mathbf{G}\,dv=\oiint_s \mathbf{G}\cdot d\mathbf{s} \quad \text{divergence theorem} \quad \text{(C-23)}$$

$$\iint_s (\nabla\times\mathbf{G})\cdot d\mathbf{s}=\oint_l \mathbf{G}\cdot d\mathbf{l} \quad \text{Stokes' theorem} \quad \text{(C-24)}$$

## C.3 벡터 미분 연산자

### C.3.1 직각 좌표계

$$\nabla g=\hat{\mathbf{x}}\frac{\partial g}{\partial x}+\hat{\mathbf{y}}\frac{\partial g}{\partial y}+\hat{\mathbf{z}}\frac{\partial g}{\partial z} \quad \text{(C-25)}$$

$$\nabla\cdot\mathbf{G}=\frac{\partial G_x}{\partial x}+\frac{\partial G_y}{\partial y}+\frac{\partial G_z}{\partial z} \quad \text{(C-26)}$$

$$\nabla\times\mathbf{G}=\hat{\mathbf{x}}\left(\frac{\partial G_z}{\partial y}-\frac{\partial G_y}{\partial z}\right)+\hat{\mathbf{y}}\left(\frac{\partial G_x}{\partial z}-\frac{\partial G_z}{\partial x}\right)+\hat{\mathbf{z}}\left(\frac{\partial G_y}{\partial x}-\frac{\partial G_x}{\partial y}\right) \quad \text{(C-27)}$$

$$\nabla^2 g=\frac{\partial^2 g}{\partial x^2}+\frac{\partial^2 g}{\partial y^2}+\frac{\partial^2 g}{\partial z^2} \quad \text{(C-28)}$$

### C.3.2 원통 좌표계

$$\nabla g=\hat{\boldsymbol{\rho}}\frac{\partial g}{\partial \rho}+\hat{\boldsymbol{\phi}}\frac{1}{\rho}\frac{\partial g}{\partial \phi}+\hat{\mathbf{z}}\frac{\partial g}{\partial z} \quad \text{(C-29)}$$

$$\nabla\cdot\mathbf{G}=\frac{1}{\rho}\frac{\partial}{\partial \rho}(\rho G_\rho)+\frac{1}{\rho}\frac{\partial G_\phi}{\partial \phi}+\frac{\partial G_z}{\partial z} \quad \text{(C-30)}$$

$$\nabla\times\mathbf{G}=\hat{\boldsymbol{\rho}}\left(\frac{1}{\rho}\frac{\partial G_z}{\partial \phi}-\frac{\partial G_\phi}{\partial z}\right)+\hat{\boldsymbol{\phi}}\left(\frac{\partial G_\rho}{\partial z}-\frac{\partial G_z}{\partial \rho}\right)+\hat{\mathbf{z}}\frac{1}{\rho}\left[\frac{\partial}{\partial \rho}(\rho G_\phi)-\frac{\partial G_\rho}{\partial \phi}\right] \quad \text{(C-31)}$$

$$\nabla^2 g=\frac{1}{\rho}\frac{\partial}{\partial \rho}\left(\rho\frac{\partial g}{\partial \rho}\right)+\frac{1}{\rho^2}\frac{\partial^2 g}{\partial \phi^2}+\frac{\partial^2 g}{\partial z^2} \quad \text{(C-32)}$$

### C.3.3 구 좌표계

$$\nabla g = \hat{\mathbf{r}}\frac{\partial g}{\partial r} + \hat{\boldsymbol{\theta}}\frac{1}{r}\frac{\partial g}{\partial \theta} + \hat{\boldsymbol{\phi}}\frac{1}{r\sin\theta}\frac{\partial g}{\partial \phi} \quad \text{(C-33)}$$

$$\nabla \cdot \mathbf{G} = \frac{1}{r^2}\frac{\partial}{\partial r}(r^2 G_r) + \frac{1}{r\sin\theta}\frac{\partial}{\partial \theta}(G_\theta \sin\theta) + \frac{1}{r\sin\theta}\frac{\partial G_\phi}{\partial \phi} \quad \text{(C-34)}$$

$$\begin{aligned} \nabla \times \mathbf{G} = {} & \hat{\mathbf{r}}\frac{1}{r\sin\theta}\left[\frac{\partial}{\partial \theta}(G_\phi \sin\theta) - \frac{\partial G_\theta}{\partial \phi}\right] \\ & + \hat{\boldsymbol{\theta}}\frac{1}{r}\left[\frac{1}{\sin\theta}\frac{\partial G_r}{\partial \phi} - \frac{\partial}{\partial r}(rG_\phi)\right] \\ & + \hat{\boldsymbol{\phi}}\frac{1}{r}\left[\frac{\partial}{\partial r}(rG_\theta) - \frac{\partial G_r}{\partial \theta}\right] \end{aligned} \quad \text{(C-35)}$$

$$\nabla^2 g = \frac{1}{r^2}\frac{\partial}{\partial r}\left(r^2\frac{\partial g}{\partial r}\right) + \frac{1}{r^2\sin\theta}\frac{\partial}{\partial \theta}\left(\sin\theta\frac{\partial g}{\partial \theta}\right) + \frac{1}{r^2\sin^2\theta}\frac{\partial^2 g}{\partial \phi^2} \quad \text{(C-36)}$$

# 부록 D 삼각함수 관계식
## Trigonometric Relations

$$\sin(\alpha \pm \beta) = \sin\alpha\cos\beta \pm \cos\alpha\sin\beta \qquad \text{(D-1)}$$

$$\cos(\alpha \pm \beta) = \cos\alpha\cos\beta \mp \sin\alpha\sin\beta \qquad \text{(D-2)}$$

$$\sin\left(\frac{\pi}{2} \pm \alpha\right) = \cos\alpha \qquad \text{(D-3)}$$

$$\cos\left(\frac{\pi}{2} \pm \alpha\right) = \mp\sin\alpha \qquad \text{(D-4)}$$

$$\sin\alpha\cos\beta = \tfrac{1}{2}[\sin(\alpha+\beta) + \sin(\alpha-\beta)] \qquad \text{(D-5)}$$

$$\cos\alpha\sin\beta = \tfrac{1}{2}[\sin(\alpha+\beta) + \sin(\alpha-\beta)] \qquad \text{(D-6)}$$

$$\cos\alpha\cos\beta = \tfrac{1}{2}[\cos(\alpha+\beta) + \cos(\alpha-\beta)] \qquad \text{(D-7)}$$

$$\sin\alpha\sin\beta = -\tfrac{1}{2}[\cos(\alpha+\beta) - \cos(\alpha-\beta)] \qquad \text{(D-8)}$$

$$\sin\alpha = 2\sin\frac{\alpha}{2}\cos\frac{\alpha}{2} \qquad \text{(D-9)}$$

$$\sin 2\alpha = 2\sin\alpha\cos\alpha \qquad \text{(D-10)}$$

$$\cos\alpha = 2\cos^2\frac{\alpha}{2} - 1 = 1 - 2\sin^2\frac{\alpha}{2} \qquad \text{(D-11)}$$

$$\cos 2\alpha = 2\cos^2\alpha - 1 = \cos^2\alpha - \sin^2\alpha = 1 - 2\sin^2\alpha \qquad \text{(D-12)}$$

$$\cos 3\alpha = 4\cos^3\alpha - 3\cos\alpha \qquad \text{(D-13)}$$

$$\cos 4\alpha = 8\cos^4\alpha - 8\cos^2\alpha + 1 \qquad \text{(D-14)}$$

$$\cos m\alpha = 2^{m-1}\cos^{m}\alpha - \frac{m}{1!}2^{m-3}\cos^{m-2}\alpha + \frac{m(m-3)}{2!}2^{m-5}\cos^{m-4}\alpha + \cdots \qquad \text{(D-15)}$$

$$1 = \sin^2\alpha + \cos^2\alpha \qquad \text{(D-16)}$$

$$\sec^2\alpha = \frac{1}{\cos^2\alpha} = 1 + \tan^2\alpha \qquad \text{(D-17)}$$

$$\sin\alpha = \alpha - \frac{\alpha^3}{3!} + \frac{\alpha^5}{5!} - \frac{\alpha^7}{7!} + \cdots \qquad \text{(D-18)}$$

$$\cos\alpha = 1 - \frac{\alpha^2}{2!} + \frac{\alpha^4}{4!} - \frac{\alpha^6}{6!} + \cdots \qquad \text{(D-19)}$$

$$e^{\pm j\alpha} = \cos\alpha \pm j\sin\alpha \qquad \text{(D-20)}$$

$$\tan\alpha = \frac{\sin\alpha}{\cos\alpha} \qquad \text{(D-21)}$$

$$\sin\alpha = \frac{e^{j\alpha} - e^{-j\alpha}}{2j} \qquad \text{(D-22)}$$

$$\cos\alpha = \frac{e^{j\alpha} + e^{-j\alpha}}{2} \qquad \text{(D-23)}$$

$$\sin^{-1}\alpha = \alpha + \frac{\alpha^3}{2\cdot 3} + \frac{3\alpha^5}{2\cdot 4\cdot 5} + \cdots \qquad \text{(D-24)}$$

$$\cos^{-1}\alpha = \frac{\pi}{2} - \left(\alpha + \frac{\alpha^3}{2\cdot 3} + \frac{3\alpha^5}{2\cdot 4\cdot 5} + \cdots\right) \qquad \text{(D-25)}$$

# 부록 E 쌍곡선 함수 관계식

## *Hyperbolic Relations*

$$\sinh \alpha = \frac{e^{\alpha} - e^{-\alpha}}{2} = \alpha + \frac{\alpha^3}{3!} + \frac{\alpha^5}{5!} + \frac{\alpha^7}{7!} + \cdots \tag{E-1}$$

$$\cosh \alpha = \frac{e^{\alpha} + e^{-\alpha}}{2} = 1 + \frac{\alpha^2}{2!} + \frac{\alpha^4}{4!} + \frac{\alpha^6}{6!} + \cdots \tag{E-2}$$

$$\tanh \alpha = \frac{\sinh \alpha}{\cosh \alpha} = \frac{1}{\coth \alpha} \tag{E-3}$$

$$\sinh(\alpha \pm j\beta) = \sinh \alpha \ \cos \beta \pm j \cosh \alpha \sin \beta \tag{E-4}$$

$$\cosh(\alpha \pm j\beta) = \cosh \alpha \ \cos \beta \pm j \sinh \alpha \sin \beta \tag{E-5}$$

$$\sinh(j\alpha) = j \sin \alpha = \frac{e^{j\alpha} - e^{-j\alpha}}{2} \tag{E-6}$$

$$\cosh(j\alpha) = \cos \alpha = \frac{e^{j\alpha} + e^{-j\alpha}}{2} \tag{E-7}$$

# 부록 F 수학적인 관계식

## Mathematical Relations

## F.1 디랙 델타 함수

디랙 델타 함수(또는 임펄스 함수)는 변수가 0이 될 때를 제외하고 다른 모든 곳에서 0이다.

$$\delta(x - x_o) = 0 \qquad \text{for} \qquad x \neq x_o \tag{F-1}$$

변수가 0이 될 때 함수는 특이점을 갖고 면적이 1이 된다. 즉

$$\int_{-\infty}^{\infty} \delta(x - x_o)dx = 1 \tag{F-2}$$

이다. 또 다른 디랙 델타 함수의 유용한 성질은 다음과 같다.

$$\int_{-\infty}^{\infty} g(x)\delta(x - x_o)dx = g(x_o) \tag{F-3}$$

## F.2 이항이론

$$(a+b)^n = a^n + na^{n-1}b + \frac{n(n-1)}{2!}a^{n-2}b^2 + \frac{n(n-1)(n-2)}{3!}a^{n-3}b^3 + \cdots \tag{F-4}$$

$$(1 \pm x)^n \approx 1 \pm nx \qquad \text{for} \qquad x \ll 1 \tag{F-5}$$

## F.3 베셀 함수

$$J_o(x) = \frac{1}{2\pi}\int_0^{2\pi} e^{jx\cos\alpha}\,d\alpha \tag{F-6}$$

$$J_n(x) = \frac{j^{-n}}{2\pi}\int_0^{2\pi} e^{jx\cos\alpha}\cos(n\alpha)\,d\alpha = \sum_{m=0}^{\infty}\frac{(-1)^m x^{2m+n}}{m!(m+n)!2^{2m+n}} \tag{F-7}$$

$$J_n(x) = \frac{2(n-1)}{x} J_{n-1}(x) - J_{n-2}(x) \tag{F-8}$$

$$\int x^{n+1} J_n(x) dx = x^{n+1} J_{n+1}(x) \tag{F-9}$$

$$\int_0^1 (1-x^2)^n x J_0(bx)\, dx = \frac{2^n n!}{b^{n+1}} J_{n+1}(b) \tag{F-10}$$

## F.4 유용한 적분식들

$$\int \sin(a+bx) e^{cx}\, dx = \frac{e^{cx}}{b^2+c^2} [c \sin(a+bx) - b\cos(a+bx)] \tag{F-11}$$

$$\int_{-\infty}^{\infty} \frac{\sin^2 x}{x^2} dx = \pi \tag{F-12}$$

$$\mathrm{Si}(x) = \int_0^x \frac{\sin \tau}{\tau} d\tau \qquad \text{sine integral} \tag{F-13}$$

$$\mathrm{Ci}(x) = -\int_x^{\infty} \frac{\cos \tau}{\tau} d\tau \qquad \text{cosine integral} \tag{F-14}$$

$$\mathrm{Cin}(x) = \int_0^x \frac{1-\cos \tau}{\tau} d\tau \tag{F-15}$$

$$\mathrm{Cin}(x) = 0.5772 + \ln(x) - \mathrm{Ci}(x) \tag{F-16}$$

$$C(x) = \int_0^x \cos\left(\frac{\pi}{2}\tau^2\right) d\tau; \qquad C(-x) = -C(x) \tag{F-17a}$$

$$S(x) = \int_0^x \sin\left(\frac{\pi}{2}\tau^2\right) d\tau; \qquad S(-x) = -S(x) \tag{F-17b}$$

(F-17a), (F-17b): Fresnel integrals

# 부록 G 안테나 설계를 위한 계산 도구

*Computing Tools for Antennas*

MATLAB, Mathcad, 그리고 Mathematica와 같은 몇 가지 잘 만들어진 상업용 수학응용 패키지들이 있다. 학생들과 견습 중인 공학자들은 일반적으로 이 계산 도구들 중 적어도 하나를 사용한다. 어느 패키지라도 수치 결과, 그래프 결과와 심지어 기호해석 결과를 얻기 위해 이 책에 나타내고 있는 코드 공식에 이용될 수 있다. 이 책에서는 코드 문장 목록을 나타내지 않았다. 왜냐하면 누구도 표준 패키지를 사용하고 있지 않고, 자신의 코드로 개발된 학습 값을 쓰기 때문이다.

서문에서 학습도구로서의 시뮬레이션 주제를 언급했다. 안테나의 시뮬레이션은 이제 일반적이며, 학생들은 이 책을 공부하는 동안 적어도 하나의 패키지에 익숙하게 될 것이다. 몇몇 장 끝부분에 있는 연습문제들에 시뮬레이션을 포함시켰다. 시뮬레이션 패키지의 영역은 매우 역동적이다. 새로운 패키지와 업그레이드는 자주 소개되었으며, 이전의 패키지는 지원되지 않는다. 따라서 이 책에서는 어떠한 패키지도 추천하지 않는다. 부록 H.10절에는 계산 방법에 대한 주제에 초점을 맞춘 몇몇 책들이 나열되어 있고, 어떤 소스들은 코드를 포함한다. 다음은 저가의 시뮬레이션 계산패키지의 몇 가지 제안된 목록이다. 학생들은 적어도 하나의 도선 안테나 패키지를 습득하고 사용해야 한다. 대부분의 패키지들은 3차원의 기하학적인 구조를 다룰 수 있는 우수한 사용자 인터페이스를 제공하며, 이 패키지들은 잘 정리된 출력자료를 제공한다.

## G.1 도선 안테나용 시뮬레이션 패키지

### G.1.1 NEC Family

NEC(수치 전자기학 코드)는 큰 안테나 구조 문제를 해결할 수 있는 첫 번째 모멘트법 코드이다. 다음의 웹사이트는 몇 가지 NEC 기반 코드에 대하여 나타내고 있다. 홈페이지: www.nec2.org

### G.1.2 EZNEC Family

EZNEC는 NEC 모멘트법 알고리즘에 기초를 둔 다양한 능력 레벨의 패키지이다. 하지만 모든 것이 입수 가능하다. 제한된 구조에 대해 계산해 볼 수 있도록 하는 무료데모 버전이 있다. EZNEC는 초보자들에게는 매우 유용한 툴이라 할 수 있다. EZNEC를 사용한 예는 [H.3: Huang and Boyle, Sec. 6.3]에서 볼 수 있다. 홈페이지: www.eznec.com

### G.1.3 GRADMAX

GRADMAX는 사용하는 데 있어서 구매나 다운로드가 필요하지 않은 완전히 온라인상에서 제공하는 도선 코드이다. GRADMAX는 자바 애플릿 기법을 사용하고 공동 운영 시스템의 웹 브라우저로부터 직접적으로 수행된다. 또한 모멘트법을 기반으로 하고 있으며, 최적화 기능을 포함한다. 더 자세한 것을 알고 싶다면 다음의 참고문현을 보라: R. Ravelo and M. Terada, "Analysis and Optimization of Wire Antennas over the Internet," *IEEE Ant. & Prop. Mag.*, Vol. 52, pp. 188-193, Feb. 2010. 홈페이지: www.ene.unb.br/~terada/antennas

### G.1.4 WIRE

WIRE는 모멘트법에 기반을 둔 무료 코드이다. WIRE는 사용자가 임의 연결과 집중소자 유무를 선택할 수 있게 하는 임의 분포된 유한 길이 직도선(straight wire)을 지정할 수 있게 해 준다. 안테나와 산란 문제 모두 해결될 수 있다. 배열을 포함한 많은 안테나 구성을 모델링할 수 있다. 모멘트 해결 접근법이 사용되고 충분한 상호 커플링이 고려된다. 다음은 가능한 출력값들이다: 선에 있는 전류분포, 입력 임피던스, 방사패턴, 이득, 그리고 전류분포와 패턴에 대한 그림. 홈페이지: https://firebox.vt.edu/users/wadavis/

## G.2 포물면 반사판 안테나용 시뮬레이션 패키지

### G.2.1 WebPRAC—웹 기반 포물면 반사판 안테나 코드

WebPRAC는 반사판 안테나의 해석을 위한 사용자 친화적 프로그램이다. 그것은 온라인상에서 상호적으로 동작된다. 구매나 다운로드가 필요 없다. WebPRAC는 자바애플릿 기법을 사용하고 공동 운영 시스템의 웹 브라우저로부터 직접적으로 계산을 수행한다. 사용자에 의해 오프셋 반사판을 포함한 반사판의 형태뿐만 아니라 원하는 조사(illumination)까지 설정할 수 있다. 프로그램은 요구되는 급전패턴, 이득, 그리고 교차편파 패턴을 포함한 방사패턴을 나타낼 수 있다. 더 자세한 것을 알고 싶다면 다음의 참고문헌을 보라: R. Ravelo, M. Terada, and W. Stutzman, "Analysis of Reflector Antennas through the World Wide Web," *IEEE Ant. & Prop*. Mag., Vol.49, pp. 113-116, April 2007. 홈페이지: www.ene.unb.br/~terada/antennas

### G.2.2 GRASP—일반적인 반사판과 안테나군 해석 프로그램

GRASP는 반사판 안테나에 관한 모든 것을 다룰 수 있는 코드다. 학생 버전은 다운로드를 통해 무료로 이용할 수 있다. 홈페이지: www.ticra.com

## G.3 안테나 계산과 모델링 툴을 가진 웹 사이트

- 다이폴과 배열 패턴 계산과 플로팅 프로그램
  홈페이지: www.amanogawa.com
- ANCAN—안테나 배열의 해석과 특성
  홈페이지: www.tsc.uniovi.es/~flasheras/ancan.html
- 저렴한 하드웨어 모델링 접근
  홈페이지: www.freeantenans.com

# 부록 H 도서 목록

*Book List*

## H.1 소개

이 부록은 영어로 쓰여진 거의 모든 안테나 책들에 관하여 기록하고 있다. 이 목록은 기술적인 주제로 정리되어 있고, 각각의 주제는 주 저자의 성(last name)을 기준으로 알파벳순으로 정리되어 있다. 이 책은 역사적으로 주목받는 기사와 유용한 정보를 다루고 있어 독자들이 유용하게 사용할 수 있을 것이다.[1]

## H.2 안테나의 정의

여기에 기록되어 있는 IEEE 표준은 안테나 용어들과 그 의미에 대한 주요한 참고문헌이다. 하지만 독자가 책이나 논문에서 발견한 용어들이 IEEE 표준 따르지 않는다고 판단된다면, 독자는 반드시 저자의 정의에 대한 책이나 논문을 찾아보아야 한다.

*IEEE Standard Definitions of Terms for Antennas:*
*IEEE Standard 145-1993*, IEEE, 28 pp.. 1993.

## H.3 안테나에 관한 기본적인 서적

기본적인 서적은 안테나 교과서 또는 몇 가지 안테나 주제를 다룬 책이다. 대부분의 참고문헌은 일관된 표기법과 주제들 사이의 연결성을 가진다.

J. Aharoni, *Antennae*, Oxford, 265 pp., 1946.

C. A. Balanis, *Antenna Theory: Analysis and Design*, 1st ed., Harper & Row, 790 pp., 1982; 2nd ed., Wiley, 941 pp., 1997; 3rd ed., Wiley, 1117 pp., 2005.

S. Best, *Introduction to Antennas*, SciTech Pub., 3 CDs, 2004.

Lamont Blake, *Antennas*, 1st ed., Wiley, 415 pp., 1966; 2nd ed., Artech House, 461 pp., 1984; 3rd ed., L. Blake and M. W. Long, *Antennas: Fundamentals, Design, and Measurements*, Scitech Pub., 650 pp., 2009.

G. A. Briggs and R. S. Roberts, *Aerial Handbook*, Rank Wharfedale, 175 pp., 1964. (revised,

[1] W. L. Stutzman. "Bibliography for Antennas: A List of Every English-Language Book Ever Written." *IEEE Aniennas & Propagation Magazine*, Vol. 50, pp. 128-143. Aug. 2008. 최신화된 기사 버전은 http://www.wiley.com/college/stutzman/에 있다.

1968)

R. A. Burberry, *VHF and UHF Antennas*, IEE Electromagnetic Waves Series No. 35-Peter Peregrinus, 301 pp., 1992.

R. Chatterjee, *Antenna Theory and Practice*, 1st ed., Wiley, 314 pp., 1988; 2nd ed., New Age International Ltd., 394 pp., 1998.

C. Christodoulou and P. Wahid, *Fundamentals of Antennas: Concepts and Applications*, SPIE Press, 94 pp., 2001.

R. E. Collin and F. J. Zucker, Eds., *Antenna Theory*, McGraw-Hill, Part 1, 666 pp., 1969; Part 2, 683 pp., 1969.

F. R. Connor, *Antennas*, 1st ed., Edward Arnold, 99 pp., 1972; 2nd ed., 125 pp., 1989.

L. M. Dezettel, *Introduction to Antennas*, Radio Shack, 127 pp., 1972.

S. Drabowitch, A. Papiernik, and J. Encianas, *Modern Antennas*, 1st ed., Chapman & Hall, 631 pp., 1998; 2nd ed. (with H. Griffiths), Springer, 689 pp., 2005.

R. S. Elliott, *Antenna Theory and Design*, 1st ed., Prentice-Hall, 594 pp., 1981. Revised ed., Wiley–IEEE Press, 594 pp., 2003.

A. Z. Fradin, *Microwave Antennas*, Pergamon Press, 668 pp., 1961.

D. W. Fry and F. K. Goward, *Aerials for Centimetre Wave-Lengths*, Cambridge University Press, 172 pp., 1950.

V. Fusco, *Foundations of Antenna Theory and Techniques*, Prentice-Hall, 230 pp., 2005.

W. Gosling, *Radio Antennas and Propagation*, Newnes (Elsevier), 192 pp., 1998.

Heinrich Hertz, *Electric Waves*, MacMillan Company, 279 pp., 1893. *Comment:* This is the first book on antennas.

Y. Huang and K. Boyle, *Antennas: From Theory to Practice*, Wiley, 378 pp., 2008.

P.-S. Kildal, *Foundations of Antennas: A Unified Approach*, Studentlitteratur, 394 pp., 2000.

G. J. King, *The Practical Aerial Handbook*, 1st ed., Odhams, 224 pp., 1967; 2nd ed., Newnes-Butterworth, 232 pp., 1970.

R. W. P. King and C. W. Harrison, *Antennas and Waves: A Modern Approach*, MIT Press, 778 pp., 1969.

J. D. Kraus, *Antennas*, 1st ed., McGraw-Hill, 553 pp., 1950; 2nd ed., McGraw-Hill, 892 pp., 1988; J. Kraus and R. Marhefka, *Antennas for All Applications*, 3rd ed., McGraw-Hill, 938 pp., 2002.

E. A. Laport, *Radio Antenna Engineering*, McGraw-Hill, 563 pp., 1952.

Kai Fong Lee, *Principles of Antenna Theory*, Wiley, 324 pp., 1984.

T .S. M. Maclean, *Principles of Antennas—Wire and Aperture*, Cambridge Press, 360 pp., 1986.

Thomas A. Milligan, *Modern Antenna Design*, 1st ed., McGraw-Hill, 408 pp., 1985; 2nd ed., Wiley–IEEE Press, 614 pp., 2005.

George Monser, *Antenna Design: A Practical Guide*, McGraw-Hill, 163 pp., 1996.

E. B. Moullin, *Radio Aerials*, Oxford U. Press, 514 pp., 1949.

H. Page, *Principles of Aerial Design*, Van Nostrand, 172 pp., 1966.

E. Roubine and J. C. Bolomey, *Antennas, Volume 1: General Principles*, Hemisphere, 218 pp., 1987. S. Drabowitch and C. Ancona, *Antennas, Volume 2: Applications*, Hemisphere, 305 pp., 1988.

S. A. Schelkunoff, *Advanced Antenna Theory*, Wiley, 216 pp., 1952.

S. A. Schelkunoff and H. T. Friis, *Antenna Theory and Practice*, Wiley, 639 pp., 1952.

S. Silver, Editor, *Microwave Antenna Theory and Design*, MIT Radiation Laboratory Series Vol. 12, McGraw-Hill,, 623 pp., 1949.

Carl E. Smith, *Theory and Design of Directional Antenna Systems*, Cleveland Inst. of Radio Elec., 1946.

Martin S. Smith, *Introduction to Antennas*, Springer-Verlag, 128 pp., 1988.

Robert A. Smith, *Aerials for Metre and Centimetre Wave-Lengths*, Cambridge U. Press, 218 pp., 1949.

Woodrow Smith, *Antenna Manual*, Editors and Engineers, 301 pp., 1948.

W. L. Stutzman and G. A Thiele, *Antenna Theory and Design*, 1st ed., Wiley, 598 pp., 1981; 2nd ed., Wiley, 648 pp., 1998; 3rd ed., Wiley, 822 pp., 2012.

L. Thourel, *The Antenna* (Translation of *Les Antennes*, 1956), Wiley, 407 pp., 1960.

W. H. Watson, *The Physical Principles of Wave Guide Transmission and Antenna Systems*, Oxford U. Press, 208 pp., 1947.

W. L. Weeks, *Antenna Engineering*, McGraw-Hill, 370 pp., 1968.

H. PaulWilliams, *Antenna Theory and Design*, Vol. 1:*Foundations ofAntenna Theory*; Vol. 2: *The Electrical Design of Antennae*, 1st ed., Pitman, 1950; 2nd ed., Pitman, 795 pp., 1966.

E. Wolff, *Antenna Analysis*, Wiley, 514 pp., 1966.

## H.4 전파를 다룬 안테나에 관한 서적

S. Cloude, *An Introduction to Electromagnetic Wave Propagation & Antennas*, Springer, 176 pp., 1996.

R. E. Collin, *Antennas and Radiowave Propagation*, McGraw-Hill, 508 pp., 1985.

John Griffiths, *Radio Wave Propagation and Antennas: An Introduction*, Prentice-Hall, 384 pp., 1987.

A. Harish and M. Sachidananda, *Antennas and Wave Propagation*, Oxford, 402 pp., 2007.

E. Jordan, *Electromagnetic Waves and Radiating Systems*, 1st ed., Prentice-Hall, 1950; E. Jordan and K. Balmain, 2nd ed., Prentice-Hall, 753 pp., 1968.

G. Raju, *Antennas and Wave Propagation*, Akhil Books, 402 pp., 2007.

S. R. Saunders, *Antennas and Propagation for Wireless Communication Systems*, 1st ed., Wiley, 409 pp., 1999; 2nd ed. (with A. Aragon-Zavala), Wiley, 524 pp., 2007.

K. Siwiak, *Radiowave Propagation and Antennas for Personal Communication*, 1st ed., Artech House, 320 pp., 1995; 2nd ed., Artech House, 418 pp., 1998; 3rd ed., (with Y.Bahreini), Artech House, 464 pp., 2007.

W. Sinnema, *Electronic Transmission Technology: Lines, Waves, and Antennas*, 1st ed., Prentice-Hall, 264 pp., 1979; 2nd ed., Prentice-Hall, 400 pp., 1988.

Albert Smith, *Radio Frequency Principles and Applications: The Generation, Propagation, and Reception of Signals and Noise*, Wiley, 217 pp., 1998.

R. Vaughan and J. Bach Anderson, *Channels, Propagation, and Antennas for Mobile Communications*, IET, 753 pp., 2003.

J. Wait, *Introduction to Antennas and Propagation*, Peregrinus, 256 pp., 1986.

G. Welch, *Wave Propagation and Antennas*, Van Nostrand, 257 pp., 1958.

## H.5 기타 주제들을 다룬 안테나에 관한 서적

R. G. Brown, R. A. Sharpe, and W. L. Hughes, *Lines, Waves, and Antennas: The Transmission of Electrical Energy*, 1st ed., Ronald Press, 279 pp., 1961; 2nd ed., 471 pp., 1973.

R. W. P. King, H. R. Mimno, and A. H. Wing, *Transmission Lines, Antennas and Waveguides*, McGraw-Hill, 347 pp., 1945.

J. A. Kuecken, *Antennas and Transmission Lines*, Howard Sams, 320 pp., 1969.

H. Mott, *Antennas for Radar and Communications: A Polarimetric Approach*, Wiley, 521 pp., 1992.

S. Roman, *Transmission Lines and Antennas*, Holt, Rinehart, Winston, 146 pp.,1969.

B. Rulf and G. Robertshaw, *Understanding Antennas for Radar, Communications, and Avionics*, Van Nostrand Reinhold, 335 pp.,1987.

K. Warnick and P. Russer, *Problem Solving in Electromagnetics, Microwave Circuits, and Antenna Design in Communication Engineering*, 2nd ed., Artech House, 688 pp., 2006.

## H.6 안테나에 관한 핸드북 및 일반 참고서적

*Antenna Engineering Handbook*

1st ed.: H. Jasik, Ed., McGraw-Hill, 1021 pp., 1961.

2nd ed.: R. C. Johnson and H. Jasik, Eds., McGraw-Hill, 1408 pp., 1984.

Chapters 24 through 41 of 2nd ed. also published as: R. C. Johnson and H. Jasik, Eds., *Antenna Applications Reference Guide*, McGraw-Hill, 480 pp., 1987.

3rd ed.: R. C. Johnson, Ed., McGraw-Hill, 1392 pp., 1993.

4th ed.: J. Volakis, Ed., McGraw-Hill, 1900 pp., 2007.

C. Balanis, Ed., *Modern Antenna Handbook*, Wiley, 1650 pp., 2008.

R. Bansal, Ed., *Handbook of Engineering Electromagnetics*, Marcel Decker, 706 pp., 2004.

J. Carr, *Practical Antenna Handbook*, 1st ed., TAB Books, 439 pp., 1989; 2nd ed., TAB Books, 560 pp., 1994; 3rd ed., McGraw-Hill, 574 p., 1998; 4th ed., McGraw-Hill, 609 pp., 2001.

Kai Chang, Ed., *Encyclopedia of RF and Microwave and Engineering*, Wiley, 6 volumes, 5832 pp., 2005.

Kai Chang, Ed., *Handbook of RF/Microwave Components and Engineering*, Wiley, 1784 pp., 2003.

Kai Chang, Ed., *Handbook of Microwave and Optical Components*, Vol. 1: Microwave Passive and Antenna Components, Wiley, 907 pp., 1989.

P. J. B. Clarricoats, Ed., *Advanced Antenna Technology*, Microwave Exhibitions and Publications, 454 pp., 1981.

L. B. Felsen and N. Marcuvitz, *Radiation and Scattering of Waves*, Prentice-Hall, 888 pp., 1973.

L. C. Godara, Ed., *Handbook of Antennas in Wireless Communications*, CRC Press, 936 pp., 2002.

R. C. Hansen, Ed., *Microwave Scanning Antennas*, Academic Press, Vol. I–Apertures, 442 pp., 1964; Vol. II–Arrays, 400 pp., 1966; Vol. III–Frequency Scanning Arrays, 422 pp., 1966.

R. C. Johnson, *Designer Notes for Microwave Antennas*, Artech House, 195 pp., 1991.

E.C. Jordan, Ed., *Symposium on Electromagnetic Theory and Antennas*, Part 2, 669 pp., Pergamon Press, 1963.

Y. T. Lo and S. W. Lee, Eds., *Antenna Handbook: Theory, Applications, and Design*, Van Nostrand Reinhold, 2284 pp., 1988.

A. W. Rudge, K. Milne, A. D. Olver, and P. Knight, Eds., *The Handbook of Antenna Design*, Peregrinus, Vol. I, 708 pp., 1981 and Vol. II, 945 pp., 1983.

B. L. Smith and M. H. Carpentier, Eds., *The Microwave Engineering Handbook,* Vol. 2: *Microwave Circuits, Antennas and Propagation*, Van Nostrand Reinhold, 1993.

## H.7 안테나 측정에 관한 서적

H. Arai, *Measurement of Mobile Antenna Systems*, Artech House, 214 pp., 2001.

G. E. Evans, *Antenna Measurement Techniques*, Artech House, 229 pp., 1990.

S. Gregson, J. McCormick, and C. Panini, *Principles of Planar Near-Field Antenna Measurements*, IET, 424 pp., 2007.

J. E. Hansen, Ed., *Spherical Near-Field Antenna Measurements*, IET, 387 pp., 1988.

T. B. Hansen and A. D. Yaghijian, *Plane-Wave Theory of Time-Domain Fields: Near-Field Scanning Applications*, IEEE Press, 376 pp., 1999.

L. H. Hemming, *Electromagnetic Anechoic Chambers: A Fundamental Design and Specification Guide*, Wiley, 220 pp., 2002.

J. S. Hollis, T. J. Lyon, and L. Clayton, Eds., *Microwave Antenna Measurements*, Scientific-Atlanta, 604 pp., 1970.

*IEEE Standard Test Procedures for Antennas*, IEEE Standard 149-1979, IEEE, 143 pp., 1979.

D. Kerns, *Plane-Wave Scattering-Matrix Theory of Antennas and Antenna-Antenna Interactions*, U.S. Government Printing Office, 162 pp., 1981.

A. D. Kuz'min and A. E. Solmenovich, *Radio-Astronomical Methods of Antenna Measurement*, Academic Press, 182 pp., 1966.

E. Skomal and A. A. Smith, *Measuring the Radio Frequency Environment*, Van Nostrand Reinhold, Chapter 6, "Antennas," 45 pp., 1985.

Dan Slater, *Near-Field Antenna Measurements*, Artech House, 310 pp., 1991.

## H.8 특정 안테나 주제에 관한 서적

### H.8.1 도선 안테나

A. Banos, *Dipole Radiation in the Presence of a Conducting Half-Space*, Pergamon Press, 245 pp., 1966.

R. M. Bevensee, *Handbook of Conical Antennas and Scatterers*, Gordon and Breach Science, 173 pp., 1973.

M. L. Burrows, *ELF Communications Antennas*, Peregrinus, 245 pp., 1978.

J. Carr, *Antenna Toolkit*, 1st ed., Elsevier, 215 pp., 1997; 2nd ed., Elsevier, 253 pp., 2001.

J. E. Cunningham, *The Complete Broadcast Antenna Handbook: Design, Installation, Operation & Maintenance*, G/L Tab Books, 450 pp., 1977.

A. E. Harper, *Rhombic Antenna Design*, Van Nostrand, 111 pp., 1941.

R. W. P. King, *Tables of Antenna Characteristics*, IFI/Plenum, 393 pp., 1971.

R. W. P. King, *The Theory of Linear Antennas*, Harvard University Press, 944 pp., 1956.

F. M. Landstorfer and R.R. Sacher, *Optimisation of Wire Antennas*, Wiley, 174 pp., 1985.

D. B. Miron, *Small Antenna Design*, Elsevier, 283 pp., 2006.

L. A. Moxon, *HF Antennas for All Locations*, Radio Society of Great Britain, 260 pp., 1982.

B. D. Popovic, M. B. Dragovic, and A. R. Djordjevic, *Analysis and Synthesis of Wire Antennas*, Research Studies Press, 304 pp., 1982.

B. D. Popovic and B. M. Kolundzija, *Analysis of Metallic Antennas and Scatterers*, IET-Stevenage, 193 pp., 1994.

J. Raines, *Folded Unipole Antennas: Theory and Applications*, McGraw-Hill, 400 pp., 2007.

J. R. Wait, *Electromagnetic Radiation from Cylindrical Structures*, Pergamon, 200 pp., 1959.

M. M. Weiner, *Monopole Antennas*, Marcel Dekker, 740 pp., 2003.

M. M. Weiner, S. P. Cruze, C. C. Li, and W. J. Wilson, *Monopole Elements on Circular Ground Planes*, Artech House, 306 pp., 1987.

S. Uda and Y. Mushiake, *Yagi-Uda Antenna*, Saski Printing and Publishing Co., 198 pp., 1954.

American Radio Relay League (ARRL) publications on antennas:

*The ARRL Antenna Book*, frequent editions.

*The ARRL Antenna Compendium*, several volumes.

W. N. Caron, *Antenna Impedance Matching*, ARRL, 195 pp., 1989.

J. L. Lawson, *Yagi-Antenna Design*, ARRL, 196 pp., 1986.

D. B. Leeson, *Physical Design of Yagi Antennas*, ARRL, 340 pp., 1992.

M. Walter Maxwell, *Reflections: Transmission Lines and Antennas*, ARRL, 435 pp., 1990.

### H.8.2 배열

N. Amitay, V. Galindo, and C. P. Wu, *Theory and Analysis of Phased Array Antennas*, Wiley, 443 pp., 1972.

A. K. Bhattacharyya, *Phased Array Antennas: Floquet Analysis, Synthesis, BFNs, and Active Array Systems*, Wiley, 496 pp., 2006.

E. Brookner, Ed., *Practical Phased Array Systems*, Artech House, 258 pp., 1991.

N. Fourikis, *Advanced Array Systems, Applications, and RF Technologies*, Academic Press, 323 pp., 2000.

N. Fourikis, *Phased Array-Based Systems and Applications*, Wiley, 426 pp., 1997.

R. C. Hansen, *Phased Array Antennas*, 1st ed., Wiley, 486 pp., 1998; 2nd ed., Wiley, 547 pp., 2009.

R. C. Hansen, Ed., *Significant Phased Array Papers*, Artech House, 271 pp., 1973.

Randy Haupt, *Antenna Arrays: A Computational Approach*, Wiley, 534 pp., 2010.

S. Haykin, Ed., *Array Signal Processing*, Prentice-Hall, 433 pp., 1985.

Don H. Johnson and D. E. Dugeon, *Array Signal Processing: Concepts and Techniques*, Prentice-Hall, 512 pp., 1993.

L. Josefsson and P. Persson, *Conformal Array Antenna Theory and Design*, Wiley-IEEE Press, 472 pp., 2006.

R. W. P. King, G. J. Fikioris, and R. B. Mack, *Cylindrical Antennas and Arrays*, Cambridge, 628 pp., 2002.

R. W. P. King, R. B. Mack, and S. S. Sandler, *Arrays of Cylindrical Dipoles*, Cambridge, 494 pp.,

1968.

A. Kumar, *Antenna Design with Fiber Optics*, Artech House, 201 pp., 1996.

J. Litva and T. K-Y Lo, *Digital Beamforming and Wireless Communications*, Artech House, 301 pp., 1996.

M. T. Ma, *Theory and Application of Antenna Arrays*, Wiley, 413 pp., 1974.

M. T. Ma and D. C. Hyovalti, *A Table of Radiation Characteristics of Uniformly Spaced Optimum Endfire Arrays with Equal Sidelobes*, National Bureau of Standards, 65 pp., 1965.

B. Mahafza and A. Elsherbeni, *MATLAB Simulations for Radar and Systems Design*, Chapman & Hall (CRC Press), 682 pp., 2004.

R. J. Mailloux, *Phased Array Antenna Handbook*, 1st ed., Artech House, 534 pp., 1994. 2nd ed., Artech House, 496 pp., 2005.

M. Mikavica and A. Nesic, *CAD for Linear and Planar Antenna Arrays of Various Radiating Elements*, Disks and Users Manual, Artech House, 1991.

A. Mortazawi, T. Itoh, and J. Harvey, *Active Antennas and Quasi-Optical Arrays*, Wiley–IEEE, 337 pp., 1998.

B. Munk, *Finite Antenna Arrays and FSS*, Wiley, 357 pp., 2003.

A. A. Oliner and G. H. Knittel, Eds., *Phased Array Antennas*, Artech House, 394 pp., 1972.

J. N. Sahalos, *Orthogonal Methods for Array Synthesis*, Wiley, 216 pp., 2006.

J. P. Scherer, *LAARAN: Linear Antenna Array Analysis Software and User's Manual*, Artech House, 1989.

B. D. Steinberg, *Microwave Imaging with Large Antenna Arrays*, Wiley, 308 pp., 1983.

B. D. Steinberg, *Principles of Aperture and Array System Design, Including Random and Adaptive Arrays*, Wiley, 356 pp., 1976.

H. J. Visser, *Array and Phased Array Antenna Basics*, Wiley, 359 pp., 2005.

D. I. Voskresenskii, A. I. Grinev, and E. N. Voronin, *Electrooptical Arrays*, Springer-Verlag, 318 pp., 1989.

### H.8.3 광대역 및 초과대역(UWB) 안테나

B. Allen, M. Dohler, E. Okon, W. Malik, A. Brown, and D. Edwards, Eds., *Ultra Wideband Antennas and Propagation for Communications, Radar, and Imaging*, Wiley, 475 pp., 2007.

Z. N. Chen and M. Y. W. Chia, *Broadband Planar Antennas*, Wiley, 243 pp., 2006.

R. G. Corzine and J. A. Mosko, *Four-Arm Spiral Antennas*, Artech House, 265 pp., 1989.

Y. Mushiake, *Self-Complementary Antennas*, Springer-Verlag, 128 pp., 1996.

H. Nakano, *Helical and Spiral Antennas — A Numerical Approach*, Wiley–Research Studies Press, 261 pp., 1987.

V. Rumsey, *Frequency Independent Antennas*, Academic Press, 150 pp., 1966.

Hans Schantz, *The Art and Science of Ultrawideband Antennas*, Artech House, 331 pp., 2005.

Carl E. Smith, *Log Periodic Antenna Design Handbook*, Smith Electronics, Inc., Cleveland, 1966.

D. H. Werner and Raj Mittra, Eds., *Frontiers in Electromagnetics*, IEEE Press, 787 pp., 2000.

### H.8.4 마이크로스트립 안테나 및 인쇄형 안테나

I. J. Bahl and P. Bhartia, *Microstrip Antennas*, Artech House, 348 pp., 1980.

R. Bancroft, *Microstrip and Printed Antenna Design*, Noble, 250 pp., 2004; 2nd ed., Scitech Pub., 300 pp., 2009.

P. Bhartia, K. V. S. Rao, and R. S. Tomar, *Millimeter-Wave Microstrip and Printed Circuit Antennas*, Artech House, 322 pp., 1991.

A. Bhattacharyya, *Electromagnetic Fields in Multilayered Structures: Theory and Applications*, Artech House, 179 pp., 1994.

G. Dubost, *Flat Radiating Dipoles and Applications to Arrays*, Wiley–Research Studies Press, 103 pp., 1981.

D. G. Fang, *Antenna Theory and Microstrip Antennas*, CRC Press, 311 pp., 2009.

R. Garg, P. Bhartia, I. Bahl, and A. Ittipiboon, *Microstrip Antenna Design Handbook*, Artech House, 845 pp., 2001.

K. C. Gupta and A. Benella, Eds., *Microstrip Antenna Design*, Artech House, 395 pp., 1988.

N. Herscovici, *CAD of Aperture-Fed Microstrip Transmission Lines and Antennas*, Artech House, 1996.

J. R. James and P. S. Hall, Eds., *Handbook of Microstrip Antennas*, Vols. I and II, IET-Peregrinus, 1350 pp., 1989.

J. R. James, P. S. Hall, and C. Wood, *Microstrip Antenna Theory and Design*, IET-Peregrinus, Electromagnetic Waves Series 12, 290 pp., 1981.

G. Kumar and K. P. Ray, *Broadband Microstrip Antennas*, Artech House, 424 pp., 2003.

K. F. Lee and W. Chen, Eds., *Advances in Microstrip and Printed Antennas*, Wiley, 599 pp., 1997.

D. M. Pozar and D. H. Schaubert, Eds., *Microstrip Antennas: The Analysis and Design of Microstrip Antennas and Arrays*, Wiley-IEEE Press, 431 pp., 1995.

R. A. Sainati, *CAD of Microstrip Antennas for Wireless Applications*, Artech House, 255 pp., 1996.

R. B. Waterhouse, *Microstrip Patch Antennas: A Designer's Guide*, Kluwer, 421 pp., 2003.

K-L Wong, *Compact and Broadband Microstrip Antennas*, Wiley, 327 pp., 2002.

K-L Wong, *Design of Nonplanar Microstrip Antennas and Transmission Lines*, Wiley, 372 pp., 1999.

J.-F. Zurcher and F. Gardiol, *Broadband Patch Antennas*, Artech House, 209 pp., 1995.

### H.8.5 반사판 및 렌즈 안테나

J. Baars, *The Parabaloidal Reflector Antenna in Radio Astronomy and Communication: Theory and Practice*, Springer, 253 pp., 2007.

J. Brown, *Microwave Lenses*, Wiley, 125 pp., 1953.

B. S. Cornbleet, *Microwave Optics: The Optics of Microwave Antenna Design*, Academic Press, 416 pp., 1976.

A. Fradin, *Microwave Antennas*, Pergamon, 668 pp., 1961.

J. Y. Guo and S. K. Barton, *Fresnel Zone Antennas*, Springer, 120 pp., 2002.

H. D. Hristov, *Fresnel Zones in Wireless Links, Zone Plate Lenses and Antennas*, Artech House, 323 pp., 2000.

J. Huang and J. A. Encinar, *Reflectarray Antennas*, Wiley–IEEE Press, 216 pp., 2007.

T. Kitsuregawa, *Advanced Technology in Satellite Communication Antennas*, Artech House, 515 pp., 1990.

Roy Levy, *Structural Engineering of Microwave Antennas for Electrical, Mechanical, and Structural Engineers*, IEEE Press, 354 pp., 1996.

A. W. Love, Ed., *Reflector Antennas*, Wiley–IEEE Press, 427 pp., 1978.

W. V. T. Rusch and P. D. Potter, *Analysis of Reflector Antennas*, Academic Press, 178 pp., 1970.

Craig R. Scott, *Modern Methods of Reflector Antenna Analysis and Design*, Artech House, 130 pp., 1990.

C. J. Sletten, Ed., *Reflector and Lens Antennas: Analysis and Design Using Personal Computers*, Artech House, 432 pp., 1988. *Reflector and Lens Antennas: Analysis and Design Using PCs, Software and Users Manual*, Version 2.0, 1991.

B. S. Westcott, *Shaped Antenna Reflector Design*, Wiley–Research Studies Press, 186 pp., 1983.

P. J. Wood, *Reflector Antenna Analysis and Design*, Peregrinus–IET, 221 pp., 1986.

### H.8.6 혼 및 급전

P. J. B. Clarricoats and A. D. Olver, *Corrugated Horns for Microwave Antennas*, IET, 232 pp., 1983.

E. V. Jull, *Aperture Antennas and Diffraction Theory*, IET-Peregrinus, 173 pp., 1981.

A. W. Love, Ed., *Electromagnetic Horn Antennas*, IEEE Press, 451 pp., 1976.

A. D. Olver, P. J. B. Clarricoats, A. A. Kishk and L. Shafai, *Microwave Horns and Feeds*, IET, 486 pp., 1994.

I. Shumljansky, *Horn Radiators of Complex Configuration*, World Scientific, 160 pp., 1993.

J. Uher, J. Bornemann, and U. Rosenberg, *Waveguide Components for Antenna Feed Systems: Theory and CAD*, Artech House, 457 pp., 1993.

### H.8.7 유전체 안테나

J. Bach Anderson, *Metallic and Dielectric Antennas*, Polyteknisk Forlag, 217 pp., 1971.

Rajeswari Chatterjee, *Dielectric and Dielectric-Loaded Antennas*, Wiley–Research Studies Press, 1985.

D. G. Kiely, *Dielectric Aerials*, Methuen, 132 pp., 1953.

K. M. Luk and K. W. Leung, Eds., *Dielectric Resonator Antennas*, Research Studies Press, 388 pp., 2003.

A. Petosa, *Dielectric Resonator Antenna Handbook*, Artech House, 336 pp., 2007.

C. Salema, C. Fernandes, and R. K. Jha, *Solid Dielectric Horn Antennas*, Artech House, 244 pp., 1998.

### H.8.8 진행파 안테나

C. H. Walter, *Traveling Wave Antennas*, McGraw-Hill, 429 pp., 1965.

### H.8.9 슬롯 안테나

James R. Wait, *Electromagnetic Radiation from Cylindrical Structures*, IEE-Peregrinus, 202 pp., 1988.

### H.8.10 매질 내부 또는 근처에 위치하거나, 매질로 채워진 안테나

J. Galejs, *Antennas in Inhomogeneus Media*, Pergamon Press, 294 pp., 1969.

Volkert W. Hansen, *Numerical Solution of Antennas in Layered Media*, Wiley, 294 pp., 1989.

R. W. P. King and G. S. Smith, *Antennas in Matter: Fundamentals, Theory, and Applications*, MIT Press, 868 pp., 1981.

D. Liu, U. Pfeiffer, J. Grzyb, and B. Gaucher, Eds., *Advanced Millimeter-Wave Technologies: Antennas, Packaging, and Circuits*, Wiley, 850 pp., 2009.

Fan Yang and Y. Rahmat-Samii, *Electromagnetic Band Gap Structures in Antenna Engineering*, Cambridge U. Press, 280 pp., 2008.

### H.8.11 전기적 소형 안테나

K. Fujimoto, A. Henderson, K. Hirasawa, and J. James, *Small Antennas*, Wiley, 300 pp., 1987

R. C. Hansen, *Electrically Small, Superdirective, and Superconducting Antennas*, Wiley, 168 pp., 2006.

J. Volakis, C-C Chen, and K. Fujimoto, *Small Antennas: Miniaturization Techniques & Applications*, McGraw-Hill, 428 pp., 2010.

### H.8.12 여러 종류의 안테나 주제

Kumar and H. D. Hristov, *Microwave Cavity Antennas*, Artech House, 471 pp., 1989.

D. R. Rhodes, *Synthesis of Planar Antenna Sources*, Clarendon Press, 210 pp., 1974.

Y. Shifrin, *Statistical Antenna Theory*, Golem Press, 370 pp., 1971.

## H.9 특정한 응용을 위한 안테나 서적

### H.9.1 이동통신 및 개인 무선 통신을 위한 안테나

Z. N. Chen, *Antennas for Portable Devices*, Wiley, 290 pp., 2007.

Z. N. Chen and K-M Luk, *Antennas for Base Stations in Wireless Communications*, McGraw-Hill, 412 pp., 2009.

K. Fujimoto and J. R. James, Eds., *Mobile Antenna Systems Handbook*, 1st ed., Artech House, 617 pp., 1994; 2nd ed., Artech House, 680 pp., 2001; 3rd ed., Artech House, 710 pp., 2008.

B. L. Grananstein, *Physical Principles of Wireless Communications*, Auerbach Publications, 288 pp., 2007.

P. S. Hall and Y. Hao, *Antennas and Propagation for Body-Centric Wireless Communications*, Artech House, 291 pp., 2006.

K. Hirasawa and M. Haneishi, *Analysis, Design, and Measurement of Small and Low-Profile Antennas*, Artech House, 270 pp., 1992.

H. Hu, Y. Zhang, and J. Luo, *Distributed Antenna Systems: Open Architecture for Future Wireless Communications*, SciTech Publishing, 496 pp., 2007.

K.-C. Huang and D. J. Edwards, *Millimetre Wave Antennas for Gigabit Wireless Communications: A Practical Guide to Design and Analysis in a System Context*, Wiley, 286 pp., 2008.

A. Kumar, *Fixed and Mobile Terminal Antennas*, Artech House, 357 pp., 1991.

Preston E. Law, *Shipboard Antennas*, 1st ed., Artech House, 561 pp., 1983; 2nd ed., Artech House, 566 pp., 1986.

P. Neelakanta and R. Chatterjee, *Antennas for Information Super-Highways–An Exposition on*

*Outdoor and Indoor Wireless Antennas*, Research Studies Press, 525 pp., 2003.

V. Rabinovich, N. Alexandrov, and B. Alkhateeb, *Automotive Antenna Design and Applications*, CRC Press, 330 pp., 2010.

D. A. Sanchez-Hernandez, Ed., *Multiband Integrated Antennas for 4G Terminals*, Artech House, 336 pp., 2008.

L. Setian, *Practical Communication Antennas with Wireless Applications*, Prentice-Hall, 569 pp., 1998.

D. Thiel and S. Smith, *Switched Parasitic Antennas for Cellular Communications*, Artech House, 254 pp., 2002.

R. Waterhouse, Ed., *Printed Antennas for Wireless Communications*, Wiley, 472 pp., 2007.

K-L Wong, *Planar Antennas for Wireless Communications*, Wiley, 301 pp., 2003.

### H.9.2 스마트 안테나를 포함한 적응 안테나, 전자적 안테나, 그리고 신호 처리 안테나

B. Allen and M. Ghavami, *Adaptive Array Systems: Fundamentals and Applications*, Wiley, 253 pp., 2005.

N. Blaunstein and C. Christodoulou, *Radio Propagation and Adaptive Antennas for Wireless Communication Links: Terrestrial, Atmospheric, and Ionospheric*, Wiley, 614 pp., 2007.

J. Blogh and L. Hanzo, *Third-Generation Systems and Intellectual Wireless Networking: Smart Antennas and Adaptive Modulation*, IEEE Press–Wiley, 413 pp., 2002.

S. Chandran, Ed., *Adaptive Antenna Arrays*, Springer, 660 pp., 2004.

R. T. Compton, Jr., *Adaptive Antennas: Concepts and Performance*, Prentice-Hall, 448 pp., 1988.

A. Farina, *Antenna-Based Signal Processing Techniques for Radar Systems*, Artech House, 370 pp., 1992.

A. Fenn, *Adaptive Antennas and Phased Arrays for Radar and Communications*, Artech House, 394 pp., 2008.

L. C. Godara, *Smart Antennas*, CRC Press, 448 pp., 2004.

F. Gross, *Smart Antennas for Wireless Communications: With MATLAB*, McGraw-Hill, 270 pp., 2006.

M. A. Halim, *Adaptive Array Measurements in Communications*, Artech House, 308 pp., 2001.

L. Hanzo, J. Blogh, and S. Ni, *3G, HSPA, and FDD Networking: Smart Antennas and Adaptive Modulation*, 1st ed., Wiley, 413 pp., 2002; 2nd ed., Wiley, 596 pp., 2008.

P. Hoole, *Smart Antennas and Signal Processing for Communications, Biomedical, and Radar Systems*, WIT Press, 304 pp., 2001.

J. E. Hudson, *Adaptive Array Principles*, IEE–Peregrinus, 253 pp., 1981.

R. Janaswamy, *Radiowave Propagation, and Smart Antennas for Wireless Communications*, Kluwer Publishing, 312 pp., 2001.

V. Kuhn, *Wireless Communications over MIMO Channels: Applications to CDMA and Multiple Antenna Systems*, Wiley, 363 pp., 2006.

J. C. Liberti and T. S. Rappaport, *Smart Antennas for Wireless Communications*, Prentice- Hall, 376 pp., 1999.

M. Martone, *Multiantenna Digital Radio Transmission*, Artech House, 401 pp., 2002.

R. A. Monzingo and T. W. Miller, *Introduction to Adaptive Arrays*, 1st ed., Wiley, 543 pp., 1980; 2nd ed. (with R. Haupt), 530 pp., 2011.

E. Nicolau and D. Zaharia, *Adaptive Arrays*, Elsevier, 297 pp., 1989.

G. T. Okamoto, *Smart Antenna Systems and Wireless LANs*, Kluwer Academic Publishers, 207 pp., 1999.

B. Pattan, *Robust Modulation Methods and Smart Antennas in Wireless Communications*, Prentice-Hall, 304 pp., 2000.

T. S. Rappaport, *Smart Antennas: Adaptive Arrays, Algorithms, and Wireless Position Location*, IEEE Press, 817 pp., 1998.

T. K. Sarkar, M. Wicks, M. Salazar-Palma, and R. Bonneau, *Smart Antennas*, Wiley, 452 pp., 2003.

T. K. Sarkar and M. Salazar-Palma, *Physics of Multiantenna Systems and Broadband Processing*, Wiley, 562 pp., 2008.

G. Tsoulos, Ed., *Adaptive Antennas for Wireless Communications*, Wiley, 764 pp., 2001.

M. Weiner, Ed., *Adaptive Antennas and Receivers*, CRC Press, 1204 pp., 2006.

A. Zooghby, *Smart Antenna Engineering*, Artech House, 324 pp., 2005.

### H.9.3 위성 통신 안테나

R. Dybdal, *Communication Satellite Antennas: System Architecture, Technology, and Evaluation*, McGraw-Hill, 340 pp., 2009.

W. A. Imbriale, *Large Antennas of the Deep Space Network*, Wiley, 302 pp., 2003.

W. A. Imbriale and J. H. Yuen, Eds., *Spaceborne Antennas for Planetary Exploration*, Wiley, 570 pp., 2006.

T. Kitsuregawa, *Advanced Technology in Satellite Communication Antennas: Electrical and Mechanical Design*, Artech House, 415 pp., 1989.

R. Mittra, W. Imbriale, and, I. Maanders, Eds., *Satellite Communication Antenna Technology*, Elsevier, 652 pp., 1983.

D. Mudgway, *Big Dish: Building America's Deep Space Connection to the Planets*, U. of Florida Press, 253 pp., 2005.

T. Y. Otoshi, *Noise Temperature Theory and Applications for Deep Space Communications Antenna Systems*, Artech House, 300 pp., 2008.

D. Rogstad, A. Mileant, and T. Pham, *Antenna Arraying Techniques in the Deep Space Network*, Wiley, 166 pp., 2003.

## H.10 안테나의 계산방법에 관한 서적

### H.10.1 다중방법에 관한 서적

Richard C. Booton, Jr., *Computational Methods for Electromagnetics and Microwaves*, Wiley, 182 pp., 1992.

W. C. Chew, J-M Jin, E. Michielssen, and J. Song, *Fast and Efficient Algorithms in Computational Electromagnetics*, Artech House, 931 pp., 2001.

D. B. Davidson, *Computational Electromagnetics for RF and Microwave Engineering*, Cambridge, 411 pp., 2005.

F. Gustrau and D. Manteuffel, *EM Modeling of Antennas and RF Components for Wireless Communication Systems*, Springer, 276 pp., 2006.

H. Kogure, Y. Kogure, and J. Rautio, *Introduction to Antenna Analysis Using EM Simulators*, Artech House, 250 pp., 2011.

R. Mittra, Ed., *Topics in Applied Physics*, Vol. 3, Numerical and Asymptotic Techniques in Electromagnetics, Springer-Verlag, 260 pp., 1974.

D. Poljak, *Electromagnetic Modelling of Wire Antennas Structures*, WIT Press, 162 pp., 2002.

M. N. O. Sadiku, *Numerical Techniques in Electromagnetics*, 1st ed., CRC Press, 690 pp., 1992; 2nd ed., CRC Press, 743 pp., 2000; 3rd ed., CRC Press, 648 pp., 2009.

H. Visser, *Approximate Antenna Modeling for CAD*, Wiley, 320 pp., 2009.

## H.10.2 도선 안테나에 대한 모멘트법과 소프트웨어

***NEC***

J. L. Smith, *Basic NEC with Broadcast Applications*, Elsevier–Focal Press, 304 pp., 2008.

***AWAS (Analysis of Wire Antennas and Scatterers)***

A. R. Djordjevic, M. B. Bazdar, V. Petrovic, D. Olcan, T. K. Sarkar, and R. F. Harrington, *AWAS for Windows 2.0: Analysis of Wire Antennas and Scatterers, Software and User's Manual*, Artech House, 280 pp., 2002.

A. R. Djordjevic, M. B. Bazdar, T. K. Sarkar, and R. F. Harrington, *AWAS for Windows: Analysis of Wire Antennas and Scatterers*, Artech House, 1995.

A. R. Djordjevic, M. B. Bazdar, G. M. Vitosevic, T. K. Sarkar, and R. F. Harrington, *Analysis of Wire Antennas and Scatterers: Software and User's Manual*, Artech House, 228 pp., 1990.

***MININEC***

S. T. Li, J. W. Rockway, J. C. Logan, and D. W. S. Tam, *Microcomputer Tools for Communications Engineering*, Artech House, 269 pp., 1983.

J. Rockway, J. Logan, D. Tam, and S. Li, *The MININEC SYSTEM: Microcomputer Analysis of Wire Antennas*, Artech House, 256 pp., 1988.

***WIPL-D***

B. K. Kolundzija, J. S. Ognjanovic, and T. K. Sarkar, Book 1; B. K. Kolundzija and A. Djordjevic, *WIPL-D Microwave: Circuit and 3D EM Simulation for RF & Microwave Applications — Software and User's Manual*, Artech House, 2006.

B. K. Kolundzija, J. S. Ognjanovic, T. K. Sarkar, and R. F. Harrington, *WIPL: Electromagnetic Modeling of Composite Wire and Plate Structures — Software and User's Manual*, Artech House, 1995.

W. C. Gibson, *The Method of Moments in Electromagnetics*, CRC Press, 272 pp., 2008.

C. Hafner, *The Generalized Multipole Technique for Computational Electromagnetics*, Artech House, 297 pp., 1990.

Robert C. Hansen, *Moment Methods in Antennas and Scattering*, Artech House, 465 pp., 1990.

R. F. Harrington, *Field Computation by Moment Methods*, Macmillan, 229 pp., 1968.

B. Kolundzija and A. Djordjevic, *Electromagnetic Modeling of Composite Metallic and Dielectric Structures*, Artech House, 408 pp., 2002.

E. K. Miller, L. Medgyesi-Mitschang, and E. H. Newman, Eds., *Computational Electromagnetics: Frequency-Domain Method of Moments*, Wiley–IEEE Press, 508 pp., 1991.

J. Moore and R. Pizer, Eds., *Moment Methods in Electromagnetics*, Wiley–Research Studies

Press, 398 pp., 1984.

B. D. Popovic, *CAD of Wire Antennas and Related Radiating Structures*, Wiley–Research Studies Press, 324 pp., 1991.

R. Mittra, Ed., *Computer Techniques for Electromagnetics*, Pergamon Press, 403 pp., 1973.

B. J. Strait, Ed., *Applications of the Method of Moments to Electromagnetic Fields*, SCEEE Press, 574 pp., 1980.

K. Umashankar and A. Taflove, *Computational Electromagnetics*, Artech House, 717 pp., 1993.

Johnson J. H. Wang, *Generalized Moment Methods in Electromagnetics*, Wiley, 553 pp., 1991.

### ▸ H.10.3 시간영역 유한차분법

A. Elsherbeni and V. Demir, *The Finite Difference Time Domain Method for Electromagnetics: With Matlab Simulations*, SciTech Publishing, 500 pp., 2009.

K. S. Kunz and R. J. Luebbers, *Finite Difference Time Domain Method for Electromagnetics*, CRC Press, 448 pp., 1993.

W. Yu, R. Mittra, T. Su, Y Liu, and X. Yang, *Parallel Finite-Difference Time-Domain Method*, Artech House, 262 pp., 2006.

A. Taflove, *Computational Electrodynamics: The Finite-Difference Time-Domain Method*, 1st ed., Artech House, 599 pp., 1995; A. Taflove and S. Hagness, 2nd ed., Artech House, 852 pp., 2000; A. Taflove and S. Hagness, 3rd ed., Artech House, 1006 pp., 2005.

### ▸ H.10.4 고주파수기법

V. A. Borovikov and B. Kinber, *Geometrical Theory of Diffraction*, IET, 390 pp., 1994.

R. H. Clarke and J. Brown, *Diffraction Theory and Antennas*, Wiley, 292 pp., 1980.

R. C. Hansen, Ed., *Geometric Theory of Diffraction*, IEEE Press, 406 pp., 1981.

G. L. James, *Geometrical Theory of Diffraction for Electromagnetic Waves*, P. Peregrinus, 253 pp., 1976; Revised ed., P. Peregrinus, 253 pp.,1980; 3rd ed., P. Peregrinus-IET, 293 pp., 1986.

D. A. McNamara, C. W. Pistorius, and J. A. G. Malherbe, *Introduction to the Uniform Geometrical Theory of Diffraction*, Artech House, 471 pp., 1990.

P. Ufimtsev, *Fundamentals of the Physical Theory of Diffraction*, Wiley, 329 pp., 2007.

P. Ufimtsev, *Theory of Edge Diffraction in Electromagnetics: Origination and Validation of the Physical Theory of Diffraction*, SciTech Publishing, 444 pp., 2009.

### ▸ H.10.5 유한 요소 수치 기법

J. Jin and D. Riley, *Finite Element Analysis of Antennas and Arrays*, Wiley, 452 pp., 2008.

J. Volakis, A. Chatterjee, and L. Kempel, *Finite Element Method Electromagnetics: Antennas, Microwave Circuits, and Scattering Applications*, Wiley, 344 pp., 1998. Update volume: J. Volakis, K. Sertel, and B. Usner, *Frequency Domain Hybrid Finite Element Methods for Electromagnetics*, Morgan & Claypool Publishers, 148 pp., 2006.

### ▸ H.10.6 기타 수치 기법

C. Christodoulou and M. Georgiopoulos, *Applications of Neural Networks in Electromagnetics*, Artech House, 512 pp., 2001.

R. L. Haupt and D. H. Werner, *Genetic Algorithms in Electromagnetics*, Wiley, 301 pp., 2007.

Y. Rahmat-Samii and E. Michielssen, *Electromagnetic Optimization by Genetic Algorithms*, Wiley, 480 pp., 1999.

### H.10.7 일반적으로 안테나에 적용할 수 있는 소프트웨어

L. Diaz and T. Milligan, *Antenna Engineering Using Physical Optics: Practical CAD Techniques and Software*, Artech House, 343 pp., 1996.

A. Elsherbeni and M. Inman, *Antenna Design and Visualization Using MATLAB*, SciTech Publishing, 2006.

J. A. Kuecken, *Exploring Antennas and Transmission Lines by Personal Computer*, Van Nostrand, 318 pp., 1986.

S. Makarov, *Antenna and EM Modeling with Matlab*, Wiley, 273 pp., 2002.

D. Pozar, *PCAAD — Personal Computer Aided Antenna Design*, Antenna Design Associates, updated versions released periodically.

D. Pozar, *Antenna Design Using Personal Computers*, Artech House, 141 pp., 1985.

## H.11 안테나와 매우 관련된 주제에 관한 서적

### H.11.1 편파

P. Beckmann, *The Depolarization of Electromagnetic Waves*, Golem Press, 214 pp., 1968.

H. Mott, *Polarization in Antennas and Radar*, Wiley, 297 pp., 1986.

W. L. Stutzman, *Polarization in Electromagnetic Systems*, Artech House, 239 pp., 1993.

### H.11.2 레이돔

D. Lynch, *Introduction to RF Stealth*, SciTech, 573 pp., 2004.

H. L. Hirsch and D. C. Grove, *Practical Simulation of Radar Antennas and Radomes*, Artech House, 287 pp., 1987.

D. J. Kozakoff, *Analysis of Radome Enclosed Antennas*, Artech House, 265 pp., 1997.

J. D. Walton, Jr., Ed., *Radome Engineering Handbook*, Marcel Dekker, 592 pp., 1970.

### H.11.3 안테나에 유용한 인공적인 매질

C. Caloz and T. Itoh, *Electromagnetic Metamaterials: Transmission Line Theory and Microwave Applications*, Wiley–IEEE Press, 352 pp., 2005.

F. Capolino, *Artificial Materials Handbook*, Vol. I: Theory and Phenomena of Artificial Materials, 800 pp., 2008; Vol. II: Applications of Artificial Materials, 800 pp., 2008.

G. V. Eleftheriandes and K. G. Balmain, *Negative-Refraction Metamaterials: Fundamental Principles and Applications*, Wiley–IEEE Press, 440 pp., 2005.

N. Engheta, and R. Ziolkowski, Eds., *Metamaterials: Physics and Engineering Explorations*, Wiley, 414 pp., 2006.

B. Munk, *Frequency Selective Surfaces: Theory and Design*, Wiley, 440 pp., 2000.

B. Munk, *Metamaterials: Critique and Alternatives*, Wiley, 189 pp., 2009.

### H.11.4 기타

K. C. Gupta and P. S. Hall, Eds., *Analysis and Design of Integrated Circuit-Antenna Modules*, Wiley, 440 pp., 1999.

S. E. Lipsky, *Microwave Passive Direction Finding*, Wiley, 298 pp., 1987.

T. Macnamara, *Handbook of Antennas for EMC*, Artech House, 328 pp., 1995.

T. Macnamara, *Introduction to Antenna Placement and Installation*, Wiley, 394 pp., 2010.

J. A. Navarro and Kai Chang, *Integrated Active Antennas and Spatial Power Combining*, Wiley, 368 pp., 1996.

G. A. Savitskii, *Calculations for Antenna Installations*, Amerind Pub., 181 pp., 1982.

G. Wiskin, R. Manton, and J. Causebrook, *Masts, Antennas, and Service Planning*, Focal Press, 233 pp., 1992.

B. S. Yarman, *Design of Ultra Wideband Antenna Matching Networks*, Springer, 310 pp., 2008.

# 찾아보기
## Index

## ㄴ



## ㄷ

## ㅅ

## ㅇ

## ㅈ

## ㅊ



## ㅋ

## 기타

## GREEK SYMBOLS

$\alpha$ = interelement phase shift in an array; the amount an element leads its left neighboring element [rad]
$\alpha$ = pitch angle of a helix antenna [rad]
$\alpha_h$ = turn-to-turn phase shift in a helix antenna in the axial mode [rad]
$\beta$ = phase constant = $2\pi/\lambda$ [rad/m]
$\beta_g$ = phase constant in a waveguide [rad/m]
$\beta_o$ = excitation phase per meter across a line source [rad/m]
$\Gamma$ = voltage reflection coefficient
$\Delta z$ = length of an ideal dipole [m]
$\varepsilon$ = polarization ellipticity angle [rad] = $\cot^{-1}(-AR)$
$\varepsilon$ = permittivity [F/m]
$\varepsilon_r$ = relative permittivity = $\varepsilon/\varepsilon_o$ where $\varepsilon_o$ = permittivity of free space = $10^{-9}/36\pi$ F/m
$\varepsilon'$ = effective permittivity = $\varepsilon - j(\sigma/\omega)$ [F/m]
$\varepsilon_{ap}$ = aperture efficiency
$\varepsilon_t$ = aperture taper efficiency
$\eta$ = intrinsic impedance = $\sqrt{\frac{\mu}{\varepsilon}}$ [Ω]
$\theta_o$ = angle of the pattern main beam peak relative to the endfire direction in one-dimensional antennas and relative to broadside for multidimensional antennas [rad]
$\lambda$ = free-space wavelength [m]
$\mu$ = permeability [H/m]
$\mu_r$ = relative permeability = $\mu/\mu_o$ where $\mu_o$ = permeability of free space = $4\pi \times 10^{-7}$ H/m
$\rho$ = charge density [C/m$^3$]
$\sigma$ = conductivity [S/m]
$\tau$ = polarization tilt angle [rad]
$\Phi$ = (electric) scalar potential [V]
$\psi$ = array factor argument = $\beta d \cos\theta + \alpha$ [rad]
$\omega$ = radian frequency = $2\pi f$ [rad/s]
$\Omega_A$ = beam solid angle [steradians]
$\Omega_M$ = main beam solid angle [steradians]